Design & Construction of Fire Protection Systems

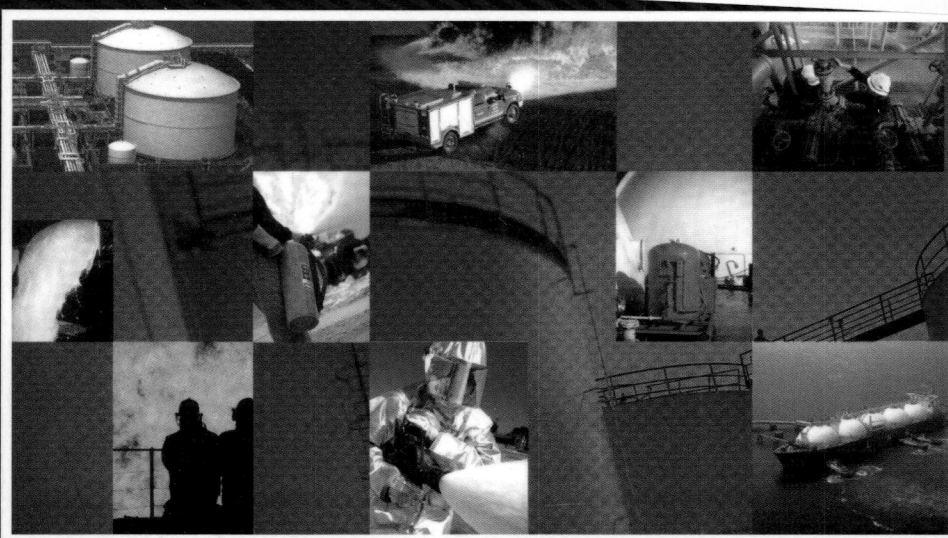

소방시설의 설계 및 시공

소방 기술사 / 관리사 **남상욱** 지음

제**1**권 소화기구 및 수계소화설비

최신
개정판

BM (주)도서출판 **성안당**

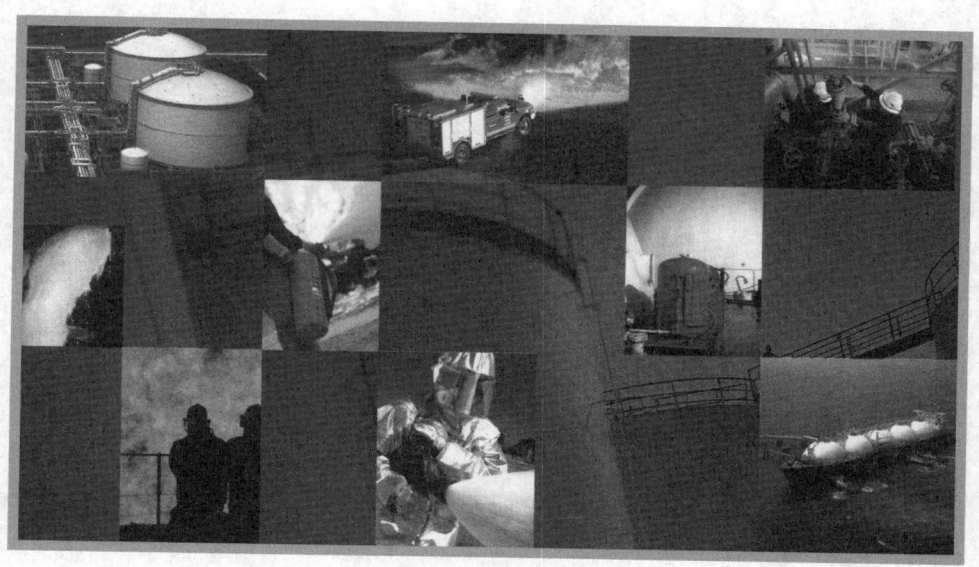

소방시설의 설계 및 시공

소방 기술사 / 관리사 **남상욱** 지음

제1권 소화기구 및 수계소화설비

BM (주)도서출판 **성안당**

■ 도서 A/S 안내

성안당에서 발행하는 모든 도서는 저자와 출판사, 그리고 독자가 함께 만들어 나갑니다.

좋은 책을 펴내기 위해 많은 노력을 기울이고 있습니다. 혹시라도 내용상의 오류나 오탈자 등이 발견되면 **"좋은 책은 나라의 보배"**로서 우리 모두가 함께 만들어 간다는 마음으로 연락주시기 바랍니다. 수정 보완하여 더 나은 책이 되도록 최선을 다하겠습니다.

성안당은 늘 독자 여러분들의 소중한 의견을 기다리고 있습니다. 좋은 의견을 보내주시는 분께는 성안당 쇼핑몰의 포인트(3,000포인트)를 적립해 드립니다.

잘못 만들어진 책이나 부록 등이 파손된 경우에는 교환해 드립니다.

저자 문의 e-mail : yyfpec@naver.com(남상욱)

본서 기획자 e-mail : coh@cyber.co.kr(최옥현)

홈페이지 : http://www.cyber.co.kr   전화 : 031) 950-6300

2019년 3월에 개정판을 출간한 지 4년 만에 또다시 2023년 전면 개정판을 출간하게 되었습니다. 지난 한 해는 소방법령 분야에 매우 큰 변화가 발생한 시기입니다. 그동안 NFSC(국가화재안전기준) 체계에 변화를 주어 2022년 12월 1일자로 고시기준인 NFPC(성능기준)와 공고기준인 NFTC(기술기준)로 분리되고 NFPC는 소방청에서, NFTC는 국립소방연구원에서 담당하는 이원화 구조의 화재안전기준으로 변모하였습니다.

이는 그동안 화재안전기준을 통하여 법적 사항들이 제정되고 이를 준수하여야 하지만, 신기술이나 신제품이 지속적으로 개발될 경우 이를 빠르게 수용하여 기준을 변경하거나 개정하기에는 여러 행정 절차를 거쳐야 하기에, 이에 유연하게 대처하고자 이원화 체계를 갖추게 된 것입니다.

성능기준인 NFPC(National Fire Perfomance Code)는 소방시설이 갖추어야 할 재료, 공간, 설비 등에 요구되는 주요 성능으로 기술 변화에도 변함없이 반드시 유지되는 필수기준을 말합니다. 이는 화재안전기준에서 기본적인 틀을 이루는 핵심기준이 이에 해당합니다. 이에 비해 기술기준인 NFTC(National Fire Technical Code)는 성능을 구현하기 위한 특정 수치 및 사항, 설치나 시험방법 등 기술환경 변화에 따라 적시에 개정할 수 있는 기준을 말합니다. 이는 화재안전기준에서 상세하고 세부적인 기술적 사항이 이에 해당합니다.

또한 NFPC와 NFTC로 이원화되면서 화재안전기준에서 사용하는 법령 용어도 대폭 변경되었으며, 이 시기를 전후하여 경보방식의 변경, 무통설비에 대한 옥외안테나 도입, 거실제연설비 및 유도등의 설치기준 변경 등 많은 분야의 기준이 대폭 개정되었습니다. 필자는 이러한 여러 개정사항 이외 국내 화재안전기준의 출전과 관련된 NFPA Code와 일본소방법 및 관련고시를 모두 입수하여 이를 모두 반영하고 해설을 한 전면적인 개정판을 이번에 출간하게 되었습니다.

본 저서는 소방기술사 수험생부터 관리사, 기사 수험생까지 또 소방관련학과의 재학생부터 현장에서 소방업무를 담당하는 현장종사자까지 누구나 평소에 의문을 가졌던 소방의 궁금한 제반사항에 대하여 그 원리를 설명하고 화재안전기준의 출전을 규명한 책입니다. 본 저서는 문제집이나 Sub-Note 위주인 시중의 책과 달리 입법의 취지를 설명하고 그 근거를 제시한 소방전문 해설서로서 본 저서의 특징은 다음과 같습니다.

1. 국내 최초로 내진설계에 대한 상세한 해설을 하고 내진기준에 대한 출전을 일일이 밝혀, 내진 분야 공부에 계기를 마련하였다.
2. 소방에서 사용하는 모든 관련 Table에 대하여 원전을 직접 찾아 모든 자료의 출전을 명시하고 소방에 관련된 모든 공식을 유도하였다.
3. 화재안전기준에 대하여 NFPA Code와 일본소방법을 비교하여 기술하고, 화재안전기준의 각 조문에 대한 해설을 하였다.
4. 본문 내용에서 용어해설, 각주(脚註), 보충설명, 법규해설, 법 적용시 유의사항 등을 별도의 항목으로 기술하였다.
5. NFPC와 NFTC로 이원화된 모든 기준을 병기하여 제시하였으며, 가장 최신의 NFPA Code와 일본소방법령을 확인하여 이를 반영하고 출전을 명기하였다.

본 저서는 소방기술사 및 관리사, 기사를 공부하는 분들의 소방수험서로, 소방공무원이나 현장에서 설계, 감리, 점검, 공사업무를 수행하는 소방인의 현장지침서 및 대학에서 소방을 전공하는 학생들의 교재로 활용되기를 바랍니다.

그동안 출판에 심혈을 기울여 주신 성안당 관계자 여러분께 감사드리며, 본 저서를 수십 차례 개정할 때마다 가족과 대화의 시간도 없이 원고를 직접 쓰고 자료를 찾고 정리하기 위해 책과 씨름한 가장이자 남편을 위하여 배려해 주고 언제나 마음속으로 성원을 아끼지 않은 안사람에게 이 책을 바칩니다.

2023년 7월
저자 남상욱(yyfpec@naver.com)

Preface

I 본 교재의 인용자료

본 교재에서 인용한 법령 및 각종 자료명은 좌측의 약어(略語)를 사용하며 이는 우측의 음영부분에 기재한 법령이나 자료를 뜻한다.

1. 적용법령 : 국내 소방기준

(1) 법, 시행령, 시행규칙

• 소방기본법(법, 시행령, 시행규칙)	• 소방기본법(법률, 시행령, 시행규칙)
• 소방시설법(법, 시행령, 시행규칙)	• 소방시설 설치 및 관리에 관한 법률(법률, 시행령, 시행규칙)
• 위험물안전관리법(법, 시행령, 시행규칙, 세부기준)	• 위험물안전관리법(법, 시행령, 시행규칙, 위험물안전관리에 관한 세부기준)
• 다중이용업소법(법, 시행령, 시행규칙)	• 다중이용업소의 안전관리에 관한 특별법(법률, 시행령, 시행규칙)

(2) 화재안전성능기준(NFPC) & 화재안전기술기준(NFTC)

	• NFPC(NFTC) 101	• 소화기구 및 자동소화장치
	• NFPC(NFTC) 102	• 옥내소화전설비
	• NFPC(NFTC) 103	• 스프링클러설비
	• NFPC(NFTC) 103A	• 간이스프링클러설비
	• NFPC(NFTC) 103B	• 화재조기진압용 스프링클러설비
	• NFPC(NFTC) 104	• 물분무소화설비
① 소화설비	• NFPC(NFTC) 104A	• 미분무소화설비
	• NFPC(NFTC) 105	• 포소화설비
	• NFPC(NFTC) 106	• 이산화탄소소화설비
	• NFPC(NFTC) 107	• 할론소화설비
	• NFPC(NFTC) 107A	• 할로겐화합물 및 불활성기체 소화설비
	• NFPC(NFTC) 108	• 분말소화설비
	• NFPC(NFTC) 109	• 옥외소화전설비

② 경보설비	• NFPC(NFTC) 201	• 비상경보설비
	• NFPC(NFTC) 202	• 비상방송설비
	• NFPC(NFTC) 203	• 자동화재탐지설비 및 시각경보장치
③ 피난구조 설비	• NFPC(NFTC) 301	• 피난기구
	• NFPC(NFTC) 302	• 인명구조기구
	• NFPC(NFTC) 303	• 유도등 및 유도표지
	• NFPC(NFTC) 304	• 비상조명설비
④ 소화활동 설비	• NFPC(NFTC) 501	• 거실제연설비
	• NFPC(NFTC) 501A	• 부속실제연설비
	• NFPC(NFTC) 502	• 연결송수관설비
	• NFPC(NFTC) 503	• 연결살수설비
	• NFPC(NFTC) 504	• 비상콘센트설비
	• NFPC(NFTC) 505	• 무선통신보조설비
⑤ 소화용수 설비	• NFPC(NFTC) 401	• 상수도 소화용수설비
	• NFPC(NFTC) 402	• 소화수조 및 저수조
⑥ 용도별 설비	• NFPC(NFTC) 602	• 비상전원수전설비
	• NFPC(NFTC) 603	• 도로터널
	• NFPC(NFTC) 604	• 고층건축물
	• NFPC(NFTC) 605	• 지하구
	• NFPC(NFTC) 606	• 임시소방시설
	• NFPC(NFTC) 607	• 전기저장시설

㈜ 본 교재의 「NFPC 및 NFTC」 표기 방법 : 해당하는 화재안전기준에 대해 NFPC는 앞에, NFTC는
뒤에 괄호 속에 병기하거나 또는 단독으로 표기함.
예 소화기구(화재안전기준 101)의 경우 → 제4조 2항 3호(2.1.2.3)
예 옥내소화전(화재안전기준 102)의 경우 → NFTC 2.1.2(2)

2. 인용법령 : 일본 소방기준

(1) 일본소방법 시행령	일본소방법 시행령(2022. 9. 14. 개정) 政令 제305호
(2) 일본소방법 시행규칙	일본소방법 시행규칙(2023. 4. 1. 개정) 總務省令 제28호
(3) 사찰편람	일본 동경소방청 간행 "화재예방 사찰편람(査察便覽)"

3. 인용기준 : 영미 Code & Standard

(1) CODE

• NFPA 10 (2022 edition)	Standard for Portable Fire Extinguishers
• NFPA 11 (2021 edition)	Standard for Low, Medium and High-Expansion Foam Systems
• NFPA 12 (2022 edition)	Standard on Carbon Dioxide Extinguishing Systems
• NFPA 12A (2022 edition)	Standard on Halon 1301 Fire Extinguishing Systems
• NFPA 13 (2022 edition)	Standard for the Installation of Sprinkler Systems
• NFPA 13D (2022 edition)	Standard for the Installation of Sprinkler Systems in one and two-family dwellings and manufactured homes
• NFPA 14 (2019 edition)	Standard for the Installation of Standpipe and Hose Systems
• NFPA 15 (2022 edition)	Standard for Water Spray Fixed Systems for Fire Protection
• NFPA 17 (2024 edition)	Standard for Dry Chemical Extinguishing Systems
• NFPA 20 (2022 edition)	Standard for the Installation of Stationary Pumps for Fire Protection
• NFPA 72 (2022 edition)	National Fire Alarm and Signaling Code
• NFPA 92 (2021 edition)	Standard for Smoke-Control Systems

• NFPA 101 (2021 edition)	Life Safety Code
• NFPA 750 (2023 edition)	Standard on Water Mist Fire Protection Systems
• NFPA 855 (2023 edition)	Standard for the Installation of Stationary Energy Storage Systems(ESS)
• NFPA 2001 (2022 edition)	Standard on Clean Agent Fire Extinguishing Systems
• B.S EN 12101-6	Smoke and Heat Control Systems-Specification for Pressure Differential Systems(2005 edition)

㊟ NFPA code는 edition(판)별로 Article(조문) 번호가 변경되는 경우가 대단히 많으므로 내용 검토 시 필히 edition을 확인 바람.

(2) HandBook

• Sprinkler Handbook	Automatic Sprinkler Systems Handbook(2010 edition)
• Fire Alarm Handbook	National Fire Alarm and Signaling Code Handbook(2013 edition), NFPA
• Life Safety Code Handbook	Life Safety Code Handbook(2012 edition), NFPA
• Fire Protection Handbook	Fire Protection Handbook(19th edition), NFPA
• SFPE Handbook	The Scientific Fire Protecton Engieering Handbook (3rd edition)

Ⅱ 본 교재의 활용 방법

1. 기술사 수험생

● 본 교재의 전반적인 내용을 공부하되 특히 공식의 유도과정, 입법의 취지, 장단점과 특징, 법령 기준의 출전, 외국 기준과의 적용상 차이점, 교재의 각 주(脚註) 내용 등에 대해 유의할 것
● 부속실 제연설비-보충량계산(삭제된 별표 2) 등의 경우는 난이도가 높으므로 취사선택하여 공부할 것
● 화재안전기준에 대해 조문별로 해설한 것을 검토하면서 도입의 배경, 현 기준의 문제점과 개선방향에 대해 유의할 것

2. 관리사 수험생

- 책에 대해 전체를 공부하기보다는 책의 내용 중 난이도가 높은 부분은 제외하고 난이도가 높지 않은 부분에 대하여 선택하여 집중적으로 공부할 것
- 설계 및 시공에서 문제풀이시 1문항의 풀이가 1쪽을 초과할 정도의 계산은 관리사 시험에서는 적절하지 않으므로 취사선택하여 공부하고 본문의 예제풀이 등에 대해 유의할 것
- 특히 화재안전기준의 완벽한 이해가 필수적이므로 법령에 대한 입법의 취지, 법령기준의 항목별 해설, 각 조문의 문귀에 유의할 것
- NFPA 등 외국기준의 검토는 기술사와 달리 관리사 공부의 경우는 단순 참고만 할 것

3. 기사 수험생 및 재학생

- 위와 마찬가지로 책에 대해 전체를 공부하기보다는 책의 내용 중 난이도가 높은 부분은 제외하고 난이도가 높지 않은 부분에 대하여 선택하여 공부할 것
- 직접적인 소방설계에 대한 사항(소방펌프 및 급기가압 제연설비 등)은 내용 중 필요한 부분만 선택적으로 공부하고 법령의 항목별 해설을 숙지하여 개념을 이해하도록 할 것
- 교재에서 법령에 대한 입법의 취지, 법령 기준의 항목별 해설, 본문의 예제풀이 등에 대해 유의할 것

4. 현업업무 종사자

- 화재안전기준의 해설을 위주로 검토하되 법령 기준의 해설과 보충설명 자료, 특히 법 적용시 유의사항은 현장업무를 위하여 필히 숙지하도록 할 것
- 계산문제보다는 본문의 해설과 이에 대한 내용설명을 적극 검토할 것

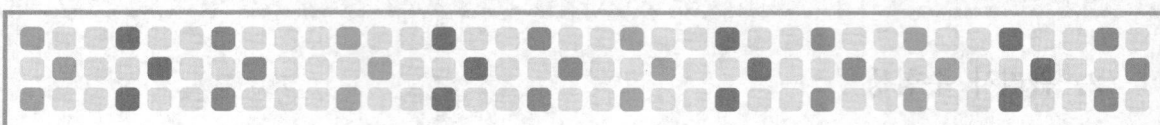

Contents/차 례

5장   소화용수설비   (총 12쪽)

제6절 전기저장시설의 화재안전기준
(NFPC & NFTC 607)

찾·아·보·기

(총 12쪽)

1장 소화설비

제1장 소화설비

제1절
소화기구 및 자동소화장치
(NFPC & NFTC 101)

1 개요(용어의 정의 및 대상)

1. 소화기구의 용어 및 설치대상

(1) 용어의 정의

소화기구는 소방시설법 시행령 별표 1에 따르면 소화기, 간이소화용구, 자동확산소화기의 3종류로 구분한다.

1) **소화기** : "소화기"란 소화약제를 압력에 따라 방사하는 기구로서 사람이 수동으로 조작하여 소화하는 것으로 종류에는 소형소화기와 대형소화기가 있으며 자동소화장치가 자동식 소화기라면 소화기는 수동식 소화기에 해당된다.

2) **간이소화용구** : "간이소화용구"란 소화기 및 자동확산소화기 이외의 것으로 간이소화용으로 사용하는 것을 말하며 투척용 소화용구, 에어로졸식 소화용구, 소공간용 소화용구와 소화약제 외의 것을 이용한 소화용구가 있다. 간이소화용구와 소화기와의 차이점은 간이소화용구는 능력단위 1단위 미만의 제품으로 화재 발생 초기 단계에서 사용하지 않으면 소화효과를 기대하기 어려운 1회용의 소화보조 용구이다.

 소화약제 외의 것을 이용한 간이소화용구

1. 팽창질석
2. 팽창진주암
3. 마른 모래

3) **자동확산소화기** : "자동확산소화기"란 화재를 감지하여 자동으로 소화약제를 방출·확산시켜 국소적으로 소화하는 소화기를 말한다.

(2) 설치대상 : 소방시설법 시행령 별표 4

  1) 소화기구 및 간이소화용구 : 소화기 또는 간이소화용구를 설치하여야 하는 특정 소방대상물은 다음과 같다.

    ① 설치대상

      ㉮ 연면적 33m² 이상인 것. 다만, 노유자시설의 경우에는 투척용 소화용구 등을 화재안전기준에 따라 산정된 소화기 수량의 1/2 이상으로 설치할 수 있다.

      ㉯ 위에 해당하지 아니하는 시설로서 가스시설, 발전시설 중 전기저장시설 및 문화재

      ㉰ 터널

      ㉱ 지하구

    ② 감소 또는 제외대상 : NFPC 101(이하 동일) 제5조/NFTC 101(이하 동일) 2.2

      ㉮ 소형소화기의 경우 소화설비(옥내소화전설비·스프링클러설비·물분무등소화설비·옥외소화전설비) 또는 대형소화기를 설치한 경우에는 해당 설비의 유효범위의 부분에 대하여는 소형소화기의 일부를 감소할 수 있다.

      ㉯ 대형소화기의 경우 소화설비(옥내소화전설비, 스프링클러소화설비, 물분무등소화설비, 옥외소화전설비)를 설치한 경우에는 해당 설비의 유효범위 안의 부분에 대해서는 대형소화기를 설치하지 않을 수 있다.

  2) 자동확산소화용구 : 부속용도별로 사용하는 부분에 대하여 NFTC 표 2.1.1.3에 따라 다음의 장소에 추가하여 설치하여야 한다. 단, 스프링클러설비·간이스프링클러설비·물분무등소화설비 또는 상업용 주방자동소화장치가 설치된 경우와 방화구획된 아파트의 보일러실은 설치하지 않을 수 있다.

    ① 화기취급장소 : 보일러실·건조실·세탁소·대량화기취급소

    ② 주방 : 음식점·다중이용업소·호텔·기숙사·노유자시설·의료시설·업무시설·공장·장례식장·교육연구시설·교정 및 군사시설의 주방. 다만, 의료시설, 업무시설 및 공장의 주방은 공동취사를 위한 것에 한한다.

    ③ 전기관련실 : 관리자의 출입이 곤란한 변전실·송전실·변압기실 및 배전반실(불연재료로 된 상자 안에 장치된 것은 제외한다)

2. 자동소화장치의 용어 및 설치대상

자동소화장치란, 소화약제를 자동으로 방사하는 고정된 소화장치로서 형식승인이나 성능인증을 받은 유효설치범위(설계방호체적, 최대설치높이, 방호면적 등) 이내에 설치하여 소화하는 자동식 소화장치를 말한다.

(1) 주거용 주방 자동소화장치

1) 용어의 정의

제3조 4호 가목[1.7.1.4(1)]에서는 "주거용 주방에 설치된 열발생 조리기구의 사용으로 인한 화재 발생시 열원(전기 또는 가스)을 자동으로 차단하며 소화약제를 방출하는 소화장치를 말한다"로 정의하고 있다. 그러나 형식승인 기준[1]에 의하면 "주거용 주방 자동소화장치"란 가정용 열발생 조리장치의 사용으로 인해 발생되는 가연성가스의 누출(연료 공급원이 가스인 경우에 한함) 및 화재를 자동으로 감지하여 경보를 발하고 열원(전기 또는 가스)을 차단하면서 화재를 진압하는 장치를 말한다"라고 정의하고 있다. 즉, 주거용 주방 자동소화장치와 소화기와의 차이점은 주거용 주방에서 화재시 전기나 가스를 자동으로 차단하고 경보하는 기능이 있어야 하며 화재시 소화약제를 자동으로 방사되는 소화기이며, 가스나 전기를 열원으로 사용하는 주거용 주방에 설치하는 용도의 소화기이다.

2) 설치대상 : 아파트 및 오피스텔의 모든 층(소방시설법 시행령 별표 4)

3) 설치장소 : 해당 장소의 주방

(2) 상업용 주방 자동소화장치

1) 용어의 정의

제3조 4호 나목[1.7.1.4(2)]에서는 "상업용 주방 자동소화장치"란 상업용 주방에 설치된 열발생 조리기구의 사용으로 인한 화재 발생시 열원(전기 또는 가스)을 자동으로 차단하며 소화약제를 방출하는 소화장치를 말한다. 상업용 주방은 주거용 주방과 달리 조리기구 크기가 크고 그 형태가 다양하며, 주방의 후드덕트 안에서도 가연성 기름찌꺼기가 끼여 있어 화염확산의 통로가 되는 관계로, 종전의 주방용 자동소화장치로는 효율적으로 소화를 할 수 없는 실정이다. 이에 따라 상업용 주방에 효과적으로 적용할 수 있는 자동소화장치에 관한 성능인증기준(상업용 주방 자동소화장치의 성능인증 및 제품검사의 기술기준 ; 소방청 고시)을 제정하고 이를 별도의 자동소화장치로 분류하였다.

2) 설치대상(시행일 2023. 12. 1.)

① 판매시설 중 유통산업발전법 제2조 3호에 해당하는 대규모점포에 입점해 있는 일반음식점

② 식품위생법 제2조 12호에 따른 집단급식소

---

[1] 주거용 주방 자동소화장치의 형식승인 및 제품검사의 기술기준(소방청 고시) 제2조 1호

> 대규모 점포와 집단급식소
>
> 1. 대규모 점포(유통산업발전법 제2조 3호) : 다음의 요건을 모두 만족하는 매장을 보유한 점포의 집단으로 대형마트, 전문점, 백화점, 쇼핑센터, 복합쇼핑몰, 그 밖의 대규모 점포를 말한다.
>   ① 하나 또는 시행령으로 정하는 둘 이상의 연접되어 있는 건물 안에 하나 또는 여러 개로 나누어 설치되는 매장일 것
>   ② 상시 운영되는 매장일 것
>   ③ 매장면적의 합계가 3,000m² 이상일 것
> 2. 집단급식소(식품위생법 제2조 12호) : 영리를 목적으로 하지 아니하면서 특정 다수인에게 계속하여 음식물을 공급하는 다음의 어느 하나에 해당하는 곳의 급식시설로서 시행령으로 정하는 시설을 말한다.
>   ① 기숙사
>   ② 학교, 유치원, 어린이집
>   ③ 병원
>   ④ 사회복지사업법 제2조 4호의 사회복지시설
>   ⑤ 산업체
>   ⑥ 국가, 지방자치단체 및 공공기관의 운영에 관한 법률 제4조 1항에 따른 공공기관
>   ⑦ 그 밖의 후생기관 등

(3) 기타 자동소화장치

자동소화장치에서 주방용(주거용 및 상업용) 자동소화장치를 제외한 "캐비닛형 자동소화장치·가스·분말 자동소화장치·고체에어로졸 자동소화장치"를 총칭한 용어를 "기타 자동소화장치"로 본 교재에서 사용하였다. 기타 자동소화장치와 주방용 자동소화장치와의 차이점은 기타 자동소화장치는 사용목적이 소공간에 대한 화재시 이를 자동으로 감지하여 소화약제를 자동으로 방사하는 기능이 있는 소화장치로 구획된 소공간이나 특정된 장치류에 설치하는 소화장치이다. 이에 비해, 주방용 자동소화장치는 가스누출 등을 자동으로 감지하여 차단하고 경보하는 기능이 있는 주방용의 자동소화장치이다.

1) 용어의 정의

① 캐비닛형 자동소화장치 : 감지부, 방출구, 방출유도관, 소화약제저장용기, 수신장치, 작동장치 등으로 구성되어 화재(열, 연기, 또는 불꽃)를 자동으로 감지하여 소화약제를 압력에 의하여 방사하는 고정된 소화장치를 말한다(일반적으로 패키지용 가스계설비로 칭하는 것이 캐비닛형 자동소화장치이다).

② 가스·분말 자동소화장치 : 밀폐된 소공간에서 발생하는 화재(열, 연기, 또는 불꽃)를 감지하여 자동으로 가스 소화약제나 분말 소화약제를 방사하여 소화하는 소화장치를 말한다.

③ 고체에어로졸 자동소화장치 : 고체에어로졸 화합물이란 과산화물질, 가연성물질 등의 혼합물로서 화재를 소화하는 비전도성의 미세입자인 에어로졸을 만드는 고체화합물이다. 밀폐된 소공간에서 발생하는 화재(열, 연기, 또는 불꽃)를 감지하고 비전도성의 미세입자인 에어로졸을 만드는 고체화합물을 활성화시켜 자동으로 에어로졸 소화약제를 방사하여 소화하는 소화장치를 말한다.

2) 설치 및 면제대상

① 설치대상 : NFTC 표 2.1.1.3에서 정하는 개별 장소에 설치한다.

② 면제대상 : 물분무등소화설비를 설치한 경우에는 그 유효범위 내에서 설치가 면제된다(소방시설법 시행령 별표 5).

② 소화기구 및 자동소화장치의 종류

소화기구는 시행령 별표 1에서 소화기, 간이소화용구 및 자동확산소화기로 구분하고 있다.

1. 소화기구의 종류

화재발생시 사람이 직접 조작하여 물이나 소화약제를 방사하는 수동식의 소화기로 소화약제, 가압방식, 약제용량, 방출방식, 운반방식에 따라 다음과 같이 분류한다.

(1) 소화기의 종류

1) 소화약제에 의한 종류

① 수계(水系) 소화기 : 물소화기, 산알칼리 소화기, 강화액(强化液) 소화기, 포말소화기

② 가스계 소화기 : CO_2 소화기, 할로겐화물(Halogen化物) 소화기

할로겐화물소화기

NFTC 2.1(설치기준)에서는 Halon 12110이나 1301소화기의 약제를 할론소화약제로, 기존의 청정약제는 할로겐화합물 및 불활성기체 소화약제로 표현하고 있으나, "소화기의 형식승인 및 제품검사의 기술기준"에서는 이를 총칭하여 "할로겐화물소화기"로 표현하고 있다.

③ 분말계 소화기 : 분말소화기

2) 가압방식(가스 사용)에 의한 종류

① 축압식(蓄壓式) 소화기[2]

㉮ 소화기의 용기 내부에 소화약제를 방사시키기 위한 압력원으로서 CO_2(또는 N_2)를 축압시킨 후 소화기 작동시 축압된 가스압력에 의해 소화약제를 방사시키는 방식이다.

㉯ CO_2 소화기의 경우는 증기압이 높아 자체 증기압으로 방사가 되며 이는 일종의 축압식에 해당한다.

---

2) 축압식에 사용이 가능한 압축가스는 공기·Ar(아르곤)·CO_2·He(헬륨)·N_2 또는 이들의 혼합가스이다(소화기의 형식승인 및 제품검사의 기술기준 제29조).

② 가압식(加壓式) 소화기
  ㉮ 소화기 내부 또는 외부에 별도의 가압용기(Gas cartridge)를 설치한 후 소화기 작동시 가압용기 내의 가스압력에 의해 소화약제를 방사시키는 방식으로 국내에서는 현재 생산이 중단되어 단종된 상태이다.
  ㉯ 물소화기의 경우 소화기에 내장된 수동펌프를 사용하여 가압하는 방식의 경우도 일종의 가압식에 해당한다.
③ 축압식과 가압식의 비교
  ㉮ 사용가스
    ㉠ N_2는 다른 물질과 반응하지 않는 안정된 기체이므로 약제와 가스가 직접 접촉하는 축압식의 경우는 주로 N_2를 사용하나, 약제와 가스가 접촉하지 않는 가압식의 경우는 압축 압력이 더 큰 CO_2를 주로 사용한다.
    ㉡ 또한 대형소화기는 높은 압력으로 인한 용기 구조상 문제 때문에 가압식의 경우 주로 N_2를 사용하며, 소형소화기에는 CO_2를 사용한다.
  ㉯ 장기보관
    ㉠ 축압식은 소화기 내부의 N_2가스로 인하여 습기의 침투가 어려워 약제의 응고현상이 가압식보다 적다.
    ㉡ 가압식은 소화기 용기 내 별도의 압축가스가 없는 관계로 장기 보관시 외부에서 습기가 침투되어 약제의 응고현상이 발생할 수 있다.
  ㉰ 압력계
    ㉠ 축압식은 소화기에 충전한 압력가스의 누설 등 내부압력의 변화를 확인할 수 있도록 지시압력계를 설치한다(CO_2 및 할론 1301 소화기 제외).
    ㉡ 가압식은 소화기 내부가 압축상태가 아니므로 지시압력계를 별도로 설치하지 않는다.

> **지시압력계**
> 1. 지시압력계는 고압가스 안전관리법의 규제(1MPa)를 받지 않도록 최대사용압력을 0.98MPa로 한다.
> 2. CO_2 및 할론 1301 소화기는 축압식에서 자기증기압으로 방출되므로 지시압력계를 설치하지 아니한다.

3) 약제용량에 의한 종류
  ① 대형소화기 : 능력단위가 A급은 10단위 이상, B급은 20단위 이상의 소화기로 보통 바퀴가 있는 차륜식(車輪式)으로 사용하며 소화약제량은 다음 [표 1-1-1] 이상이 되어야 한다.

[표 1-1-1] 대형소화기의 소화약제량 기준

소화기 종류	물	강화액	포	CO_2	Halogen화물	분말
소화약제량(이상)	80l	60l	20l	50kg	30kg	20kg

[표 1-1-1]의 출전(出典)

소화기의 형식승인 및 제품검사의 기술기준 제10조

chapter

1

소화설비

② 소형소화기 : 능력단위가 A급 또는 B급 1단위 이상으로서 대형소화기에 해당되지 않는 A급 10단위 미만, B급 20단위 미만의 소화기를 말한다.[3)]

4) 방출방식(Expelling method)에 의한 종류

① 자기방출식(Self expelling type) : 가스계 소화기 중 소화약제의 포화증기압력이 높아 자기(自己)증기압으로 소화약제를 방사하는 방식

② 축압식(Stored pressure type) : 용기 내에 소화약제 및 축압용 가스를 혼합하여 설치하고 축압용 가스의 가스압으로 소화약제를 방사하는 방식

③ 가압식(Gas cartridge type) : 용기 외부 또는 내부에 가압용기를 설치하고, 가압용기의 가스압으로 용기 내에 있는 소화약제를 방사하는 방식

④ 반응식(Self-generating type) : 소화약제가 화학적으로 반응하여 그 결과 발생된 가스압력에 의해 소화약제를 방사하는 방식

⑤ 수동펌프식(Mechanically pumped type) : 내장된 수동식 펌프를 사용하여 펌프의 압력으로 소화약제를 방사하는 방식

[표 1-1-2] 소화기 종류별 방출방식

구 분			축압식	가압식	반응식	수동펌프식	비 고
수계 소화기	물소화기		○			○	
	산알칼리 소화기				○		
	강화액 소화기		○	○	○		
	포말 소화기	화학포			○		
		기계포	○	○			
가스계 소화기	CO$_2$ 소화기		○				자기방출식
	Halogen화물 소화기		○				
분말계 소화기	ABC 분말소화기		○	○			
	BC 분말소화기		○	○			

㊟ Halogen화물 소화기 중 Halon 1301 소화기는 자기방출식을 이용할 수 있다.

---

3) C급 및 K급 화재의 경우는 능력단위를 지정하지 아니한다.

5) 운반방식에 의한 종류

① 용어의 정의

⑦ 휴대식 : 사용자가 손으로 휴대하고 운반할 수 있는 중량이 작은 일반 수동식 소화기를 말한다.

④ 멜빵식 : 휴대하기에는 중량이 약간 무거워서 등에 짊어지는 형식의 소화기를 말한다.

④ 차륜식(車輪式) : 휴대할 수 없을 정도로 중량이 매우 큰 소화기로서 일반적으로 바퀴를 달아서 사용하는 소화기를 말한다.

(휴대식)   (멜빵식)   (차륜식)

[그림 1-1-1] 운반방식에 의한 분류

② 운반방식의 분류(국가별)

⑦ 국내(형식승인 기준) : 휴대식, 멜빵식, 차륜식

㉠ 소화기 무게가 28kg 이하일 경우는 휴대식이나 멜빵식으로 한다.

㉡ 소화기 무게가 28kg 초과 35kg 이하인 경우는 멜빵식이나 차륜식으로 한다.

㉢ 소화기 무게가 35kg을 초과할 경우는 차륜식으로만 가능하다.

28kg		35kg	
휴대식 또는 멜빵식 ↑	멜빵식 또는 차륜식 ↑	차륜식

④ NFPA : Portable type(휴대식), Back pack type(멜빵식), Wheeled type (차륜식)

휴대식에 대한 NFPA의 기준
소화기의 휴대 여부는 아래의 요소에 의하여 영향을 받는다.[4]
① 소화기의 무게(Weight of the fire extinguisher)
② 화재 예상지점까지의 보행거리(Travel distance to a possible fire)

4) NFPA 10(Portable fire extinguisher) 2022 edition D.2.3.2

③ 계단이나 사다리를 이용한 상하 이동의 필요성(Need for carrying the unit up or down stairs or ladders)
④ (보호용)장갑 사용의 필요성(Need for using gloves)
⑤ 건물내의 종합적인 혼잡도(Overall congestion of the premises)
⑥ 소화기 사용자의 신체적 능력(Physical ability of the operators)

㉰ 일본 : 휴대식, 거치식(据置式), 배부식(背負式 → 멜빵식), 차재식(車載式 → 차륜식)

→ 일본의 거치식 소화기
① 소화기를 바닥면에 고정하여 놓고 노즐이 부착된 소화기용 호스를 연장하여 사용하는 소화기로서 바퀴가 없는 것을 말한다.
② 호스는 소화기 옆에 있는 수납용기 안에 수납되어 있으며 소화기는 사용 후 재충전하는 것이 아니라 다른 제품으로 교환하여야 한다.

(2) 간이소화용구의 종류

1) 소화약제의 경우 : 소화약제를 방사하는 1단위 미만 소규모의 수동식 소화용구(用具)로 투척식, 에어로졸식, 소화용구가 있다.

2) 기타의 경우 : 마른모래·팽창질석(膨脹蛭石)·팽창진주암(膨脹眞珠岩)

(3) 자동확산소화기의 종류

밀폐 또는 반밀폐된 장소에 고정 부착하여 화재 시 화염이나 열에 의해 소화약제가 자동으로 방출하여 국소적으로 소화하는 소화장치로서 감지부, 방출구, 방출도관 등으로 구성하고 열 발생장소, 주방, 전기실 등의 천장 상부에 고정 부착하는 형태로 종류는 다음과 같이 구분할 수 있다.

1) 설치 용도별 : 일반화재용, 주방화재용, 전기설비화재용

2) 방사방식별

① 분사식 자동확산소화기
② 파열식 자동확산소화기

3) 가압방식별

① 가압식 자동확산소화기
② 축압식 자동확산소화기

2. 자동소화장치의 종류

(1) 주거용 주방 자동소화장치의 종류

1) 압력형 자동소화장치

① **가압식 자동소화장치** : 소화약제의 방출원이 되는 가압가스를 별도의 용기에 저장하고 외부조작으로 가압가스가 방출되도록 하여 소화약제를 방출시키는 자동소화장치이다.

② **축압식 자동소화장치** : 소화약제저장용기에 소화약제와 소화약제 방출원인 압축가스를 함께 저장하고 있다가 외부조작에 의하여 소화약제를 방출시키는 자동소화장치이다.

2) 비압력형 자동소화장치 : 소화약제에 가스압력을 직접 가하지 아니하는 방식에 의하여 소화약제를 방출하는 구조의 자동소화장치를 말한다.

(2) 상업용 주방 자동소화장치의 종류

1) 가압식 자동소화장치 : 가압가스를 별도의 용기에 저장하고 외부조작으로 가압가스가 방출되도록 하여 소화약제를 방출시키는 상업용 주방 자동소화장치를 말한다.

2) 축압식 자동소화장치 : 소화약제 저장용기에 소화약제와 압축가스를 함께 저장하고 있다가 외부조작에 의하여 소화약제를 방출시키는 상업용 주방 자동소화장치를 말한다.

(3) 기타 자동소화장치의 종류

구획된 소공간이나 특정된 장치류에 설치하는 자동소화장치이다.

1) 캐비닛형 자동소화장치

2) 가스 · 분말 자동소화장치

① **단독형 자동소화장치** : 다른 소화장치와 연동하지 않고 자동소화장치 1개만 단독으로 사용되는 자동소화장치를 말한다.

② **일체형 자동소화장치** : 2개 이상의 자동소화장치가 연동되어 있는 구조로 용기와 용기간 방출구와 방출구간의 거리가 고정되어 있어 조정이 불가한 구조의 자동소화장치를 말한다.

③ **분리형 자동소화장치** : 2개 이상의 자동소화장치를 연동하여 사용하는 구조로 용기와 용기간 방출구와 방출구간의 거리를 승인받은 거리 내에서 수직 또는 수평방향으로 조정이 가능한 구조의 자동소화장치를 말한다.

3) 고체에어로졸 자동소화장치

① **설비용 자동소화장치** : 고체에어로졸소화설비를 구성하기 위해 승인된 설계 매뉴얼에 따라 다수의 고체에어로졸 발생기를 연동으로 설치하는 것으로서 고체에어로졸 발생기, 감지부, 제어부 등으로 구성되어 있다.

② **패키지용 자동소화장치** : 하나의 방호구역 내에 형식승인된 범위의 제품이 독립적으로 설치되는 것으로서 고체에어로졸 발생기, 감지부, 제어부(해당되는 경우) 등으로 구성된 것을 말하며 구조에 따라 단독형, 일체형, 분리형으로 구분한다.

③ **등급용 자동소화장치** : 패키지용 자동소화장치와 동일한 형태의 것이나 등급별 소화시험을 실시하여 소화시험등급(1~5등급)으로 구분된 것을 말한다.

③ 소화기의 각론

1. 소화약제

소화기의 종류별 소화약제는 다음과 같다.

[표 1-1-3] (수동식) 소화기 종류별 소화약제

구 분			주성분
수계 소화기	물소화기		H_2O＋침윤제(浸潤劑) 첨가
	산알칼리 소화기		A제 : $NaHCO_3$, B제 : H_2SO_4
	강화액 소화기		K_2CO_3
	포 소화기	화학포	A제 : $NaHCO_3$, B제 : $Al_2(SO_4)_3$
		기계포	AFFF(수성막포) FFFP(막형성 불화단백포)
가스계 소화기	CO_2 소화기		CO_2
	Halogen화물 소화기	Halon 1211	CF_2ClBr
		Halon 1301	CF_3Br
		HCFC-123	$CCHCl_2CF_3$
		HCFC Blend B	HCFC-123, FC-1-4, Ar
		FK-5-1-12	$CF_3CF_2C(O)CF(CF_3)_2$
		HFC-236fa	$CF_3CH_2CF_3$
분말계 소화기	ABC급 소화기		$NH_4 \cdot H_2PO_4$(제1인산암모늄)
	BC급 소화기		$NaHCO_3$ 또는 $KHCO_3$

> **주성분**
>
> 1. 침윤제란 인산염, 황산염, 계면활성제가 주성분으로 물에 첨가하여 사용할 경우 물의 침투 능력, 분산능력 및 유화(乳化)능력 등을 증대하기 위한 첨가물이다.
> 2. AFFF(Aqueous Film Forming Foam)는 수성막포(水成膜泡)를 말한다.
> 3. FFFP(Film Forming Fluoroprotein Foam)는 수성막을 형성하는 불화단백포의 일종이다.
> 4. 할로겐화물소화기 중 HCFC-123, HCFC Blend B, FK-5-1-2, HFC-236fa 소화기는 국내의 "소화기의 형식승인 및 제품검사의 기술기준"에서 규정하고 있다.
> 5. HCFC Blend B의 약제는 HCFC-123(wt 93%), FC-1-4(wt 4%), Ar(wt 3%)의 혼합물이다.

2. 소화효과 및 적응성

연소의 4요소는 열(점화에너지)·산소·가연물·연쇄반응으로서 4가지 중에서 어느 한 가지라도 성립되지 못할 경우 연소는 발생하지 못한다. 소화기의 소화효과 및 화재에 대한 적응성은 다음과 같다.

[표 1-1-4] 소화기 종류별 소화효과 및 적응성

구 분		소화효과			적응성		
		냉 각	질 식	억 제	A급	B급	C급
수계 소화기	물 또는 산알칼리 소화기	◎			○		
	강화액소화기	◎	○	○	○	○	
	포말소화기	○	◎		○	○	
가스계 소화기	CO₂ 소화기	○	◎			○	○
	Halogen화물 소화기 1211		△	◎	○	○	○
	1301		△	◎	○	○	○
분말계 소화기	ABC급 소화기	△	○	◎	○	○	
	BC급 소화기	△	○	◎		○	○

㈜ 1. ◎표시는 소화의 주체로서 소화의 효과가 매우 크며, ○표시는 소화효과에 보조적인 역할을 하며, △표시는 미소한 효과가 있는 것을 나타낸다.
　 2. 산알칼리 소화기는 무상(霧狀)방사의 경우 C급화재에도 적응성이 있다.
　 3. 강화액 소화기는 무상(霧狀)방사의 경우 BC급화재에도 적응성이 있다.

(1) 냉각소화

약제방사시 약제가 열분해되는 반응식은 흡열반응에 의하거나 또는 액상의 약제인 경우 기화하면서 연소면의 열을 탈취하여 온도가 내려가고 연소열을 제거시켜준다.

(2) 질식소화

약제방사시 약제가 연소면을 차단하여 산소의 공급을 차단하고 약제와 반응시 발생하는 CO_2 가스 등으로 인하여 연소면 주위의 산소 농도를 연소한계 농도 이하로 조성시켜 준다.

(3) 억제소화

약제방사시 약제가 열분해되어 발생하는 활성 Radical로 인하여 부촉매 효과를 나타내어 연쇄반응을 차단시켜 준다.

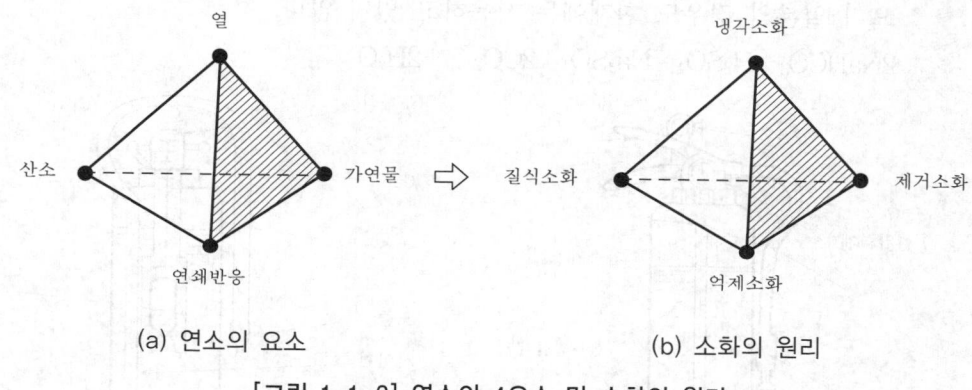

(a) 연소의 요소   (b) 소화의 원리

[그림 1-1-2] 연소의 4요소 및 소화의 원리

3. 소화약제별 소화기의 종류

(1) 물소화기

1) 소화기 용기내에 물과 소화효과를 증대시키기 위하여 인산염(燐酸鹽), 황산염, 계면활성제 등의 침윤제(浸潤劑)를 첨가한 수용액을 소화약제로 사용하는 소화기이다.

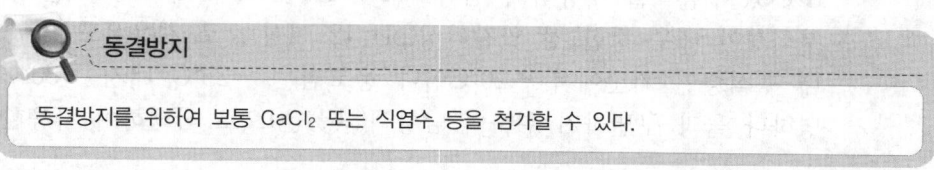

동결방지

동결방지를 위하여 보통 $CaCl_2$ 또는 식염수 등을 첨가할 수 있다.

2) 가압방식은 축압식과 수동펌프식이 있으며 소화 적응성은 A급 전용으로 노즐구조에 따라 봉상(棒狀) 또는 무상(霧狀) 방사도 가능하다. 국내의 경우 형식승인기준은 있으나 제조된 사례가 없으며 일본에서도 현재는 생산되지 않고 있다.

(2) 산알칼리 소화기

1) 소화기 내부에는 알칼리성의 중탄산나트륨($NaHCO_3$) 수용액이 충전되어 있으며 산성의 황산(H_2SO_4)은 별도의 용기(유리병)에 수납한 후 전도(顚倒) 또는 파병(破瓶)에 의해 두 약제가 혼합되면 이때 화학적 반응에 의해 발생하는 CO_2 가스압력에 의해 약제를 방사시키는 소화기이다.

2) 방사 후 CO_2를 함유한 반응액의 냉각작용에 의해 소화되며 적응성은 A급으로, 화학반응식은 다음과 같다. 무상방사의 경우는 C급에도 적응성이 있으나 고압에서는 사용할 수 없으며 현재 산알칼리 소화기는 국내에서 생산되고 있지 않으며 일본의 경우도 현재에는 사용하고 있지 않다.

$$2NaHCO_3 + H_2SO_4 = Na_2SO_4 + 2CO_2 \uparrow + 2H_2O$$

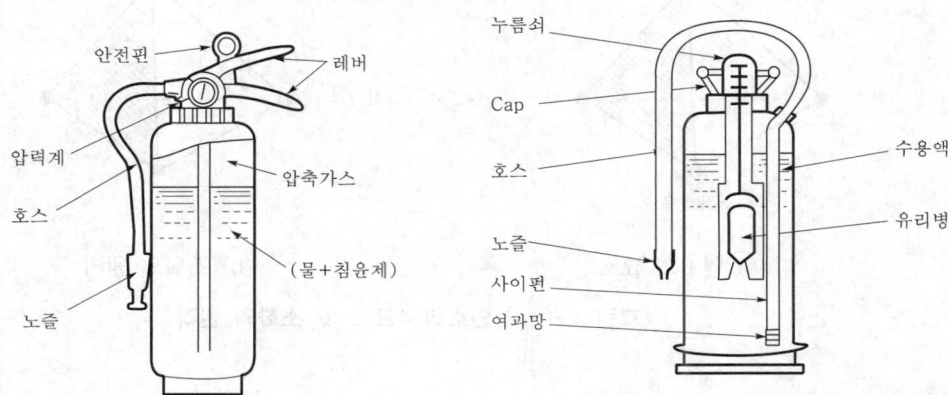

[그림 1-1-3] 물소화기(축압식)   [그림 1-1-4] 산알칼리 소화기

(3) 강화액 소화기

1) 강화액(强化液 ; Loaded stream)이란 물에 다량의 알칼리 금속염류 등을 첨가하여 사용하는 소화약제로서 일반화재에 적응성이 있으며 응고점이 매우 낮아 영하의 온도에서도 사용할 수 있는 특징이 있다. 보통 알칼리 금속염류(鹽類)인 K_2CO_3 수용액을 사용하며 첨가제로 $(NH_4)_2SO_4$와 $(NH_4)_2PO_4$를 첨가한다. 이는 부식성이 매우 강한 강 알칼리성(pH 12 이상)으로 사용온도 범위의 하한은 국내 형식승인 기준에서 $-20°C$이나 응고점은 $-25°C$ 내지 $-30°C$이다. 무색투명하나 물과 구별하기 위하여 담황색(淡黃色)으로 착색하여 사용한다.

 pH와 사용온도 범위

1. pH란 수소 ion 지수로서 수용액의 액성을 나타내는 수치이다. pH< 7의 수용액은 산성, pH>7의 수용액은 알칼리성이다.
2. 국내 형식승인 기준상 강화액 소화기의 사용온도 범위는 "$-20°C$ 이상 $40°C$ 이하"이다.

2) 축압식, 가압식, 반응식의 3종류가 있으며 축압식은 압축공기 또는 질소(N_2)가스를 사용하며, 가압식은 CO_2 가스, 반응식은 화학반응 후 황산(H_2SO_4)과의 반응에 의해 발생하는 CO_2 가스를 가압원으로 사용한다. 일반적으로는 축압식 소화기를 가장 많이 사용한다.

3) 냉각소화가 소화의 주체이나 강화액은 연쇄반응을 단절하는 부촉매(負觸媒)효과도 있어 이로 인하여 억제소화도 보조적으로 작용한다. 또한 강화액은 재연(再燃)을 억제하는 효과가 크고 동결점이 낮다. 국내의 경우 AB급이 출시되어 있으며 K급화재에도 적응성이 있는 제품이 개발되어 있다.

$$K_2CO_3 + H_2SO_4 = K_2SO_4 + H_2O + CO_2 \uparrow$$

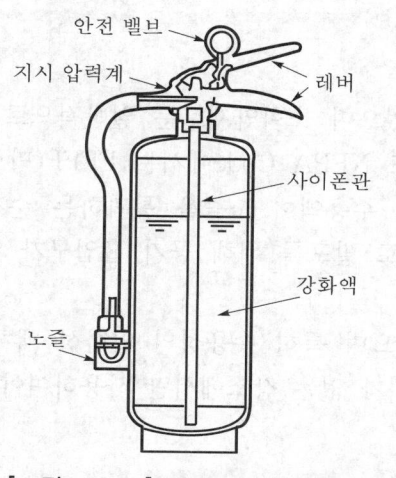

[그림 1-1-5] 강화액 소화기(축압식)

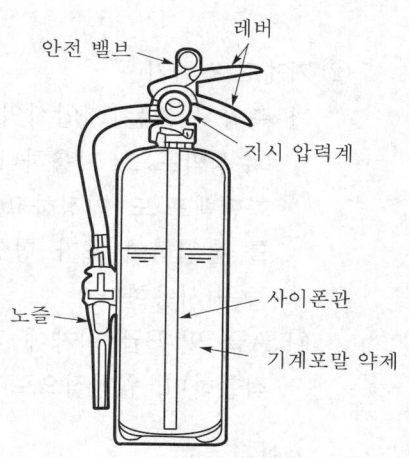

[그림 1-1-6] 포 소화기(기계포)

(4) 포 소화기

1) 포 약제는 화학적 방법으로 포를 생성하는 화학포와 천연단백질을 이용하여 포를 생성하는 기계포의 2가지 종류가 있다. 화학포 소화기의 경우 1980년도 이전에는 국내에서도 제조와 사용을 하였으나 약제 변질 및 정기적인 재충약의 문제로 인하여 1980년도 중반부터 제조가 완전 중단된 상태이다.

2) 약제구분

① 화학포 소화기

㉮ 외통에 A제[$NaHCO_3$], 내통에 B제[$Al_2(SO_4)_3$]를 수용액 상태로 내장한 후, 일반적으로 전도식(顚倒式 소화기 용기를 뒤집음)으로 약제를 혼합시키면 A, B약제가 화학반응을 일으키고 이때 포가 생성되고 화학반응에 의해 발생하는 CO_2 가스에 의해 포를 외부로 방사하게 되며 포는 점착성(粘着性)이 있어 연소물질에 부착하여 냉각과 질식소화의 역할을 하게 된다.

④ 내통은 약 37.5%의 수용액으로 충전하고, 외통은 약 8%의 수용액으로 충전되어 있으며 B약제인 황산알루미늄은 일명 황산반토(礬土)라 하며 고형(固形)상태의 황산알루미늄[$Al_2(SO_4)_3$]과 액상의 황산알루미늄[$Al_2(SO_4)_3 \cdot H_2O$]으로 구분하며, 포가 발생할 때의 화학반응식은 다음과 같다.

$$6NaHCO_3 + Al_2(SO_4)_3 \cdot 18H_2O = 3Na_2SO_4 + 2Al(OH)_3 + 6CO_2 \uparrow + 18H_2O$$

> **$Al_2(SO_4)_3$와 $Al_2(SO_4)_3 \cdot 18H_2O$와의 차이점**
>
> 황산알루미늄은 물분자가 없는 무수물(無水物)과 물분자가 있는 수화물(水化物)이 있으며 상온에서는 물분자가 있는 수화물 중 $Al_2(SO_4)_3 \cdot 18H_2O$가 가장 안정된 물질이다.

② 기계포 소화기

㉮ 축압식 또는 가압식의 2종류가 있으며 소화약제로는 일반적으로 AFFF(수성막포)를 사용하나, 이 외에도 NFPA Code에서는 FFFP(막형성 불화단백포)도 인정하고 있으며, 포 수용액이 노즐을 통과하는 순간 공기를 흡입하여 포가 형성되는 것으로 발포를 위해 공기 흡입구가 있는 노즐을 사용한다.

㉯ A급 및 B급 화재에 적응성이 있으며 특히 수용성의 인화성 액체화재에 적합하며, 원칙적으로 동결의 우려가 없는 장소에서만 사용하여야 한다.

(5) CO_2 소화기

1) 개념

① CO_2 가스는 포화증기압이 상온에서 6MPa($60kg/cm^2$)로 매우 높아 이를 압축하여 액상으로 용기 내 저장하며 방사시 별도의 가압원이 필요없이 자체 증기압으로 방사된다. 따라서 CO_2 소화기 용기는 고압가스 안전관리법의 규제를 받는 고압가스 용기로서 내압시험에 합격하여야 하며 과압으로 인한 사고를 방지하기 위하여 봉판식의 안전밸브를 소화기 용기밸브에 설치하고 있다.

② CO_2 가스 방사시 질식작용 이외에 기화시에 기화열을 탈취함으로서 냉각작용이 보조적으로 작용하며 BC급화재에 한하여 소화적응성이 있다. 방사관(CO_2가 통과되는 호스 전단부)은 CO_2의 냉각작용으로 인하여 열에 대한 불량도체로 제작하고, 방사나팔(노즐 앞에 붙어 있는 원뿔 모양으로 가스가 분사되는 부위)은 전기절연성이 있는 재료이어야 한다.

③ CO_2 소화기의 경우 자기증기압으로 방사되므로 압력계를 설치하지 아니하며 또한 용기 내부가 포화상태이므로 일부 가스 누설이 되어도 압력의 변화가 없다. 따라서 충전되어 있는 소화기가 어느 정도 누설되었을 때 재충전할 것인가 하는 사항은 중량측정에 의해 판정하여야 한다.

2) CO_2와 Halogen화물 소화기의 비교

① 소화작용 : CO_2 소화기는 질식소화가 소화의 주체이나(보조적으로 냉각소화가 작용한다), Halogen화물 소화기는 억제소화가 소화의 주체이다.

② 가압원 : CO_2 소화기는 증기압이 높아 자기증기압을 가압원으로 사용하나 Halogen화물 소화기는 보통 질소로 축압하여 사용한다(할론 1301은 자기증기압을 이용).

③ 소화의 적응성 : CO_2 소화기는 BC급화재에 적응성이 있으나 Halogen화물 소화기는 1211의 경우는 ABC급에, 1301 소화기는 BC급화재에 적응성이 있다.

④ 약제의 형식승인 : CO_2 소화약제는 형식승인 대상품목이 아니나 Halogen화물 소화약제는 형식승인 대상품목이다.

⑤ 장소의 제한 : CO_2 소화기 및 할로겐화합물 소화기는 지하층, 무창층 또는 밀폐된 거실로서 바닥면적이 $20m^2$ 미만의 장소에는 환기상태가 불량한 장소로 간주하여, 배기를 위한 유효한 개구부가 있는 경우가 아니라면 사용할 수 없다.

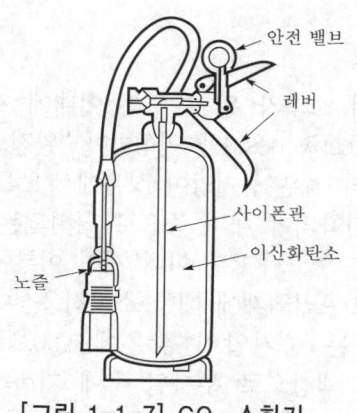

[그림 1-1-7] CO_2 소화기

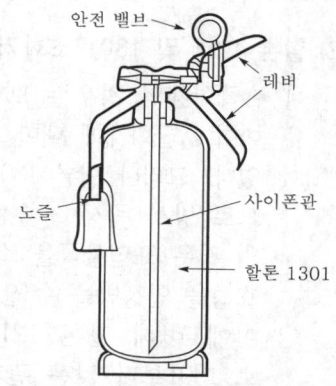

[그림 1-1-8] 할론 소화기(1301)

3) 충전약제 중량

형식승인 기준에서 소화기 등의 약제중량에 대한 허용범위(약제충전량)를 다음과 같이 규정하고 있다.

[표 1-1-5] 충전약제 중량 허용범위

약제표시 질량	허용범위(충전 보충용)
1kg 미만	+50∼-40g
1∼2kg 미만	+100∼-40g
2∼5kg 미만	+150∼-50g
5∼8kg 미만	+200∼-100g
8∼10kg 미만	+250∼-150g
10∼20kg 미만	+350∼-200g
20∼40kg 미만	+500∼-300g
40∼100kg 미만	+800∼-400g
100kg 이상	+1,200∼-500g

 [표 1-1-5]의 출전(出典)

소화기의 형식승인 및 제품검사의 기술기준 별표 1

(6) Halogen화물 소화기

1) 할론약제는 연쇄반응을 억제하는 부촉매효과 즉, 억제소화가 소화의 주체로서 소화약제는 보통 할론 1211, 1301을 사용하며 소화기의 경우 1211은 ABC급, 1301은 BC급화재에 적응성이 있다.

2) **할론 1211 및 1301 소화기의 적응성**

① A급화재의 경우는 모형시험에서 소화가 된 후 2분 이내에 재연(再燃)되지 않아야 A급화재에 대한 유효성(Effectiveness)을 인정받아 "완전소화"로 적용할 수 있다. 그러나 할론 1301 소화기의 경우 증기압이 상온에서 $1.4MPa(14kg/cm^2)$이므로 방사 즉시 노즐선단에서 기화되어 대기 중으로 확산되는 관계로 A급화재의 경우 표면불꽃을 소화할 수는 있으나 2분 이내 재연 여부에 대해서는 그 유효성을 인정받을 수 없는 관계로 A급화재에 대한 소화적응성이 없다.

② 이에 비해 할론 1211 소화기는 증기압이 상온에서 $0.25MPa(2.5kg/cm^2)$로 1301보다 낮은 관계로 일단 액상으로 분사된 후에 기화하게 된다. 따라서 1301보다 방사시 소화액의 유효 거리가 길며, A급화재의 경우 가연물 표면을 직접 적시는 효과가 있어 완전소화가 되므로 A급화재에 대한 유효성을 인정받을 수 있다. 다만 일정한 용량(최소 A급 1단위) 이상이 되어야 이러한 효과를 발휘할 수 있으므로 NFPA 10에서는 용량 5.5lb(약 2.5kg) 이상일 경우에 한하여 A급으로 인정하고 있다.[5]

---

5) NFPA 10(2022 edition) Table H.2(Characteristics of extinguishers)

(7) 분말소화기

1) 분말소화기의 종류

① BC급 소화기 : $NaHCO_3$(중탄산나트륨) 또는 $KHCO_3$(중탄산칼륨)를 사용하며 화재시 열분해 반응식은 다음과 같다.[6]

㉮ 소형소화기의 경우 : 소형소화기용으로 주로 사용하는 $NaHCO_3$의 경우 약 60℃ 전후에서 분해가 시작되어 다음과 같이 온도에 따라 2단계로 열분해가 된다.

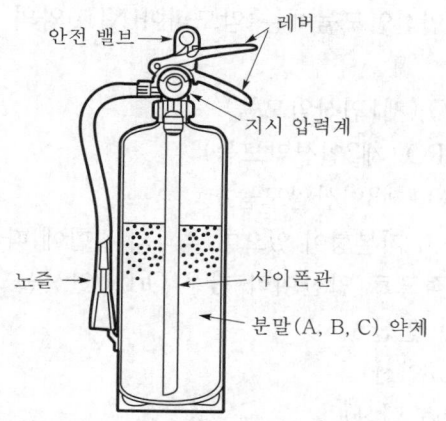

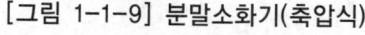

[그림 1-1-9] 분말소화기(축압식)

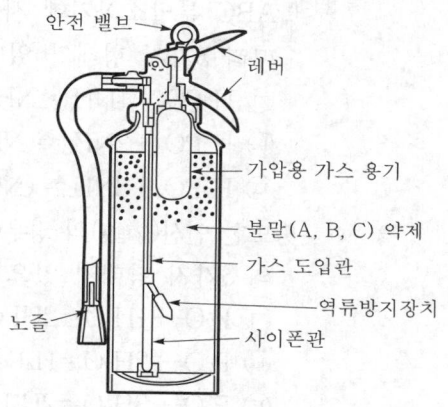

[그림 1-1-10] 분말소화기(가압식)

$$㉠ \; 2NaHCO_3 \xrightarrow[\triangle]{270^{\circ}C} Na_2CO_3 + CO_2\uparrow + H_2O\uparrow - 30.3kcal$$

$$㉡ \; 2NaHCO_3 \xrightarrow[\triangle]{850^{\circ}C} Na_2O + 2CO_2\uparrow + H_2O\uparrow - 104.4kcal$$

㉯ 대형소화기의 경우 : 대형소화기용으로 주로 사용하는 $KHCO_3$의 경우 다음과 같이 온도에 따라 2단계로 열분해가 된다.

$$㉠ \; 2KHCO_3 \xrightarrow[\triangle]{190^{\circ}C} K_2CO_3 + CO_2\uparrow + H_2O\uparrow - 29.82kcal$$

$$㉡ \; 2KHCO_3 \xrightarrow[\triangle]{891^{\circ}C} K_2O + 2CO_2\uparrow + H_2O\uparrow - 127.1kcal$$

② ABC급 소화기 : ABC급화재에는 $NH_4 \cdot H_2PO_4$(제1인산암모늄)를 사용하며 화재시 온도에 따라 여러 단계의 열분해 과정을 거치며 반응식은 다음과 같다.

---

6) 최회형(崔晦炯), 불과 소화약제 자치소방, 1997년 6월호 및 7월호

$$\text{㉠ } NH_4H_2PO_4 \xrightarrow[\triangle]{166°C} H_3PO_4+NH_3\uparrow \qquad \text{☞ 탈수탄화작용 및 부촉매작용}$$

$$\text{㉡ } 2H_3PO_4 \xrightarrow[\triangle]{216°C} H_4P_2O_7+H_2O\uparrow -77kcal \qquad \text{☞ 냉각작용}$$

$$\text{㉢ } H_4P_2O_7 \xrightarrow[\triangle]{360°C} 2HPO_3+H_2O\uparrow \qquad \text{☞ 피막형성으로 재연(再燃) 방지}$$

따라서 위 과정을 종합하면 다음과 같이 정리할 수 있다.

$$NH_4H_2PO_4 \xrightarrow[\triangle]{} HPO_3+NH_3\uparrow +H_2O\uparrow - Q(kcal)$$

㉮ ABC 분말소화기에 사용하는 인산암모늄에는 암모니아(NH_3)와의 결합에 따라 3가지 형태가 있다.

㉠ $H_3PO_4+1NH_3=NH_4 \cdot H_2PO_4$(제1인산암모늄)

㉡ $H_3PO_4+2NH_3=(NH_4)_2 \cdot HPO_4$(제2인산암모늄)

㉢ $H_3PO_4+3NH_3=(NH_4)_3 \cdot PO_4$(제3인산암모늄)

㉯ 또한 인산(燐酸)의 경우에는 3가지 기본형이 있으며 물과의 결합에 따라 다음의 3가지 형태가 있으며 일반적으로 인산이라 함은 Ortho인산을 말한다.

㉠ $P_2O_5+1H_2O=2HPO_3$(Meta 인산)

㉡ $P_2O_5+2H_2O=H_4P_2O_7$(Pyro 인산)

㉢ $P_2O_5+3H_2O=2H_3PO_4$(Ortho 인산)

2) 가압방식

① **축압식** : 가압식은 CO_2를 사용하나 축압식은 약제와 직접 접촉하게 되므로 보통 N_2(질소)를 사용하며, 이로 인해 가압식에 비해 온도변화에 따른 내부압력의 변화가 적다. 소화기 용기 상부는 축압용 가스가 소화기의 최고허용온도(형식승인 기준상 40℃)까지 팽창하는 것을 감안하여야 하므로 언제나 일정한 공간(최소 6cm 정도)을 확보하여야 한다.

② **가압식** : 가압식은 소화약제를 노즐로 보내주는 사이펀(Siphon)관 이외에 가스도입관과 역류방지장치를 필수적으로 설치하여야 한다.

㉮ 가스도입관 : 가스도입관은 [그림 1-1-11(A)]와 같이 가압용 가스용기에서 가압가스가 방출되는 부분으로서, 분말약제 내부에 삽입되어 있다. 분말소화기의 경우 약제를 용기 내 장기간 저장하다보면 침전되어 분말이 응고될 수 있으며, 이 상태에서 용기 상부에서 가압용가스를 방사한다면 약제가 유동하게 되어 방사효율이 매우 불량하게 된다. 따라서 가스도입관을 설치하여 도입관 앞부분을 분말약제 내부에 깊게 삽입하면, 가스 방사시 응고되어 있는 분말은 가스압으로 분리되고 사이펀관으로 용이하게 유입하게 되어 방사효율을 개선시켜 주는 역할을 하게 된다.

㉯ 역류방지장치 : 분말약제 내부에 삽입되어 있는 가스도입관의 방출구는 언제나 개방되어 있는 관계로 장기간 저장시 분말약제가 도입관 내부로 유입되어 관내에서 응고되어 가압용 가스가 방출되지 않을 우려가 있다. 이를 방지하기 위하여 가스도입관의 맨 앞쪽은 막혀 있으며 옆쪽으로 가스방출구를 설치하고 평상시는 고무 Tube의 탄력에 의해 가스방출구를 막고 있으므로 분말약제가 유입되지 아니한다. 이후 가압용 가스가 방출되면 가스압에 의해 고무 Tube가 확장되어 방출구가 개방되므로 가스는 약제 내부로 방사하게 되며 방사가 종료되면 다시 고무는 원상으로 회복하게 되어 방출구가 닫히게 되며 이러한 구조를 가압용 소화기의 "역류방지장치"라 한다. 구조는 제조사마다 다르나 그 기능은 동일하다.

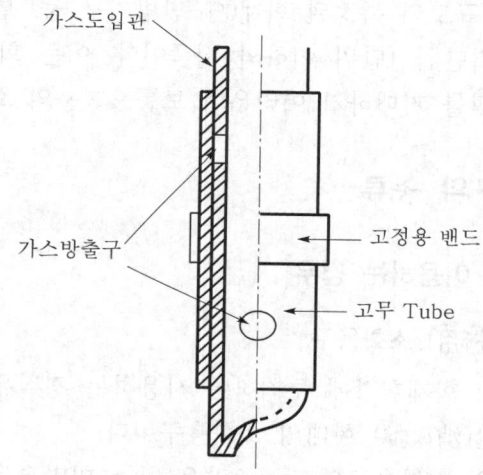

[그림 1-1-11(A)] 역류방지장치의 일례

3) 소화의 원리

소형소화기 약제인 $NaHCO_3$보다 대형소화기 약제인 $KHCO_3$ 소화약제가 소화능력이 더 우수한 이유는 칼륨(K)이 나트륨(Na)보다 반응성이 더 크기 때문이다. 알칼리금속원소에서 화학적 소화는 원자번호가 클수록 반응성이 커지는 관계로 Li < Na < K < Rb < Cs < Fr의 순서대로 소화력이 우수해진다. 그러나 Rb, Cs, Fr는 경제성으로 인하여 소화약제로 사용하지 않는다. 분말소화기의 소화의 주체는 불연성가스에 의한 질식소화, 흡열반응에 의한 냉각소화, 부촉매작용에 의한 억제소화의 3요소가 복합적으로 작용한다.

① 질식작용 : 열분해시 BC 분말소화기의 경우는 CO_2와 수증기가 발생하며, ABC 분말소화기의 경우는 $(NH_3)^+$와 H_2O(수증기)가 연소면과 주위의 공기를 차단한다. 동시에 분말이 화면을 뒤덮고 또한 열분해 최종 단계에서 발생되는 HPO_3의 경우 가연물의 표면에 피막을 형성하여 질식효과를 발휘한다.

② 냉각작용 : 분말소화약제의 열분해 반응은 흡열반응으로서 연소면으로부터 열을 탈취하여 냉각효과를 발휘한다.

③ 억제작용 : 불꽃 속에 분말약제를 살포하면 분말약제가 열분해되어 Na원자, K원자, NH_3^+ 등의 래디칼(Radical ; 분해되지 않는 원자의 집단)이 생성되어 이들이 연쇄반응을 일으키는 원인물질인 활성 래디칼(Free radical)과 화학적 반응을 하여 연쇄반응을 차단하는 부촉매효과를 발휘한다.

4 간이소화용구의 각론

화재 초기에 소규모의 특정된 화재(예 난방기구 등) 발생시 사용하는 소화용구(用具)로서, 보통 능력단위 1단위 이하의 제품이다. 이는 화재발생 초기단계에서 사용하지 않으면 소화효과를 기대하기 어려우며 보통 1회용의 소화보조용구이다.

1. 간이소화용구의 종류

(1) 소화약제를 이용하는 경우

1) 투척용(投擲用) 소화용구

① 화재시 화재현장에 투척하여 사용하는 경질유리 또는 합성수지류 재질로 된 소화탄(消火彈) 형태의 소화용구이다.

② 투척용 소화용구의 총 중량은 2kg 미만으로 축압가스를 제외한 소화약제만을 충전한 것으로 4개 이하의 소화용구를 1세트로 구성하여 화재가 발생한 곳에 던져서 소화하는 것을 말한다.

> 🔍 투척용 소화용구의 기준
>
> 투척용 소화용구의 형식승인 및 제품검사의 기술기준(소방청 고시)

 투척용 소화용구
① 적용사항 : 당초 노유자시설에 대한 투척용 소화용구 적용은 소방시설법 시행령 별표 4의 개정(2006. 12. 7.)에 따라 부칙에서 공포 후 6월이 경과한 날부터 시행하도록 하고 이를 소급적용하였으나, 이후 관리적 측면 등 문제점으로 인하여 2010. 2. 4. 시행령 별표 4를 개정하여 "산정된 소화기 수량의 $\frac{1}{2}$ 이하로 설치할 수 있다"로 의무사항에서 선택사항으로 개정하였다.

② 노유자시설 : "노유자시설"이란 소방시설법 시행령 별표 2의 9호로서 다음의 것을 뜻한다.

㉮ 노인관련시설 : 노인주거복지시설 · 노인의료복지시설 · 노인여가복지시설 · 재가노인 복지시설 · 노인보호전문기관 · 노인일자리지원기관 · 학대피해노인 전용쉼터 및 그 밖에 이와 비슷한 것

㉯ 아동관련시설 : 아동복지시설 · 어린이집 · 유치원 및 그 밖에 이와 비슷한 것

㉰ 장애인관련시설 : 장애인 거주시설 · 장애인 지역사회재활시설 · 장애인 직업재활시 설 및 그 밖에 이와 비슷한 것

㉱ 정신질환자관련시설 : 정신재활시설(생산품 판매시설은 제외) · 정신요양시설 및 그 밖 에 이와 비슷한 것

㉲ 노숙인 관련시설 : 노숙인 복지시설 · 노숙인 종합지원센터 및 그 밖에 이와 비슷한 것

㉳ 기타 사회복지시설 : 결핵환자 또는 한센인 요양시설 등 다른 용도로 분류되지 않는 사회복지시설

▶ 수동펌프식

수동펌프식은 설치사례가 없어 소방청 고시 2012-95호(2012. 2. 16.)에 따라 2012. 2. 16. 자로 폐지되었다.

2) 에어로졸(Aerosol)식 소화용구

① 능력단위는 1단위 미만의 분사식 형태의 1회용 소화용구로서 소화약제는 할론 1211, 강화액, BC분말 등을 주로 사용한다.

② 보관이 편리하며 적응성이 있는 화재는 휴지통 화재, 석유난로 화재, 커튼 화재, 방석 화재, 튀김냄비 화재, 자동차엔진실 화재이며, 화재발생 초기단계 에서 사용시 효과적으로 불을 끌 수 있는 간이용 소화용구이며, 에어로졸식 소화용구는 사용온도 범위 안의 무풍상태에서 6가지의 유형별 화재시험을 실시하는 경우 1종 이상의 소화능력이 있어야 한다.

휴지통 화재

석유난로 화재

커튼 화재

방석 화재

튀김냄비 화재

자동차 엔진실 화재

[그림 1-1-11(B)] 에어로졸식 소화용구의 적응성 화재

☞ 각 그림표시의 크기는 한 변이 2cm의 정방형으로 소화기 표면에 표시하여 적응성 화재를 알려 주고 있다(2개 이상 복수 표시가능).

3) 소공간용 소화용구

① 소공간이란 분전반이나 배전반 등으로 체적 0.36m³ 미만의 작은 공간을 말하며 이러한 장소에 설치하는 소화용구이다. 이는, 분배전반 같은 소규모 공간의 화재안전성 강화를 위하여 전기설비의 발화위험성이 높은 분배전반 내부화재를 감지하고 자동으로 이를 소화할 수 있도록 소방시설법 시행령 별표 1(소방시설)을 2020. 9. 15. 개정하여 소공간용 소화용구를 간이소화소화용구로 추가하였다. 이후 본 제품의 소화성능 확보를 위하여 「소공간용 소화용구의 형식승인 및 제품검사의 기술기준」을 소방청 고시로 제정하였다.

② 소공간용 소화용구의 소화약제는 기체나 고체에 한하며 액체소화약제는 사용하지 않는다. 설계농도는 소화농도×1.3이며, 설계방호체적은 해당 제품에 의하여 방호 가능한 최대방호체적이 된다. 소화시험을 실시할 경우 A급 소화시험(목재 소화시험)과 B급 소화시험(유류 소화시험)이 있다.

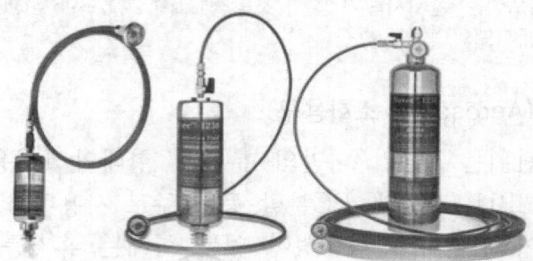

[그림 1-1-11(C)] 소공간 자동소화장치(예)

(2) 소화약제 외의 것을 이용하는 경우

1) 팽창질석 및 팽창진주암

① 팽창질석(膨脹蛭石 ; Expanded vermiculite) : 질석은 운모(雲母)가 풍화 변질되어 생성된 것으로 불연성 및 내화성의 재질로서 내화도는 1,400℃ 전후로 단열, 흡음, 방부(防腐)성능이 있어 건축자재 및 요업(窯業) 등에 이용한다. 질석을 가열하면 팽창하는 성질을 이용한 팽창질석은 질석의 가열공정에서 1,300℃로 가열하면 이때 3~4배로 팽창하며 주성분은 SiO_2, Al_2O_3, MgO로서 불연성 및 단열효과가 우수하여 방음, 보온, 내화재로 사용하며 화재시 질식소화의 약제로 이용할 수 있다.

② 팽창진주암(膨脹眞珠岩 ; Expanded perlite) : 화산암 지대에서 화산활동으로 생성되는 용암이 냉각되어 생성되는 유리질 암석으로 이를 분해 후 급속 가열하여 팽창한 것으로 성상은 팽창질석과 유사하다. 소성단계에서 8~20배로 팽창되며 내화도는 1,200℃이며 단열, 보온, 내화용으로 사용되며 주성분은 SiO_2, Al_2O_3이다. 열처리된 팽창진주암은 비중이 낮아 경량골재의 원료로 쓰이며, 다공성(多孔性)이어서 내열효과가 매우 우수하다.

③ 능력단위 산정 : 제3조 6호(표 1.7.1.6)

팽창질석이나 팽창진주암의 경우는 최소 80*l* 이상을 최소체적으로 하여 1포대(包袋)를 0.5단위로 인정하며 반드시 삽을 비치하여야 한다.

구 분		능력단위
팽창질석 또는 팽창진주암	80*l* 이상(1포)+삽	0.5단위

2) 마른모래

① 모래가 아니라 마른모래라고 한 것은 건조사(乾燥沙)를 의미하며 즉, 습기가 없는 충분히 건조한 모래이어야 한다. 마른모래도 최소 50*l* 이상을 최소체적으로 하여 1포대(包袋)를 0.5단위로 인정하며 마른모래 역시 반드시 삽을 비치하여야 한다.

② 능력단위 산정 : 제3조 6호(표 1.7.1.6)

구 분		능력단위
마른모래	50*l* 이상(1포)+삽	0.5단위

> 팽창질석, 팽창진주암, 마른모래 등의 간이소화용구는 일본소방법 기준을 준용하여 규정하고 있으나 실질적으로 관리 및 사용상 문제점 등으로 설치 사례는 극소한 편이며, 일본의 경우는 이 외에도 물통(8*l* 이상의 물양동이, 80*l*나 190*l* 이상의 소화수조)을 간이소화용구로 인정하고 있다.

2. 설치기준

1) 능력단위 2단위 이상의 소화기를 설치하는 경우 간이소화용구는 전체 능력단위 합계수의 $\frac{1}{2}$을 초과하지 않게 할 것. 다만, 노유자시설의 경우에는 그렇지 않다 (NFTC 2.1.1.5).

> 간이소화용구는 소화기의 소요단위수 기준 50%까지만 이를 인정하고 있으나, 노유자시설의 경우는 노인, 유아, 장애인 등이 쉽게 소화기를 사용하기 위하여 총 소요단위수의 $\frac{1}{2}$을 초과하여 간이소화용구인 투척용 소화용구 등을 설치하여도 무방하다는 의미이다.

2) 거주자 등이 손쉽게 사용할 수 있는 장소에 바닥으로부터 높이 1.5m 이하의 곳에 비치하고, 투척용 소화용구에 있어서는 "투척용 소화용구", 마른모래에 있어서는 "소화용 모래", 팽창질석 및 팽창진주암에 있어서는 "소화질석"이라고 표시한 표지를 보기 쉬운 곳에 부착할 것. 다만, 소화기 및 투척용 소화용구의 표지는 축광식 표지로 설치하고, 주차장의 경우 표지를 바닥으로부터 1.5m 이상의 높이에 설치할 것(NFTC 2.1.1.6)

5 자동확산소화기의 각론

1. 구성

화재를 감지한 후 소화약제를 자동적으로 방사하여 국소적으로 소화시키는 소화장치를 말하며 구성은 감지부, 방출구, 방출도관으로 되어 있다.

(1) 감지부

화재시 발생하는 열에 의하여 자동으로 화재를 감지하는 부분으로 일반적으로 사용하는 감지부는 이융성(易融性)금속, 유리벌브(Bulb)의 2종류가 있으며, 자동확산소화기의 감지부는 열이나 화염에 대해서만 이를 감지한다.

(2) 방출구

자동확산소화기에 부착되어 화재 발생시 소화약제를 유효하게 방사시키는 부분이다. 방출구의 재질은 금속재료로 내식성이 있는 것이어야 하며 유증기나 연기 등에 의하여 성능 및 기능이 지장을 받지 아니하도록 방호조치가 되어야 한다.

(3) 방출도관

소화약제를 저장용기로부터 방출구로 이송시켜 주는 신축성 있는 관으로 길이는 10m 이하이어야 한다. 방출도관의 재질은 KS D 6006(다이캐스팅용 알루미늄합금), KS D 6763(알루미늄 및 알루미늄합금 봉 및 선) 또는 KS D 5101(구리 및 구리합금 봉)에 적합하거나 이와 동등 이상의 강도 및 내식성이 있어야 한다.

2. 종류

(1) 방사방식에 의한 종류

1) **분사식 자동확산소화기** : 소화약제를 충전한 용기가 감지부에서 열을 감지한 후 분리되면 감지부의 작동으로 인하여 용기내 저장된 소화약제가 방출구를 통하여 분사되는 방식으로, 소화에 유효한 분사각도가 확보되어야 하며 소화약제는 충전된 소화약제 중량(또는 용량)의 90% 이상이 방사되어야 한다.

2) **파열식 자동확산소화기** : 소화약제를 충전한 용기가 파열되어 약제가 분사되는 방식으로, 보통 두께 3mm 이내의 경질유리를 사용한다. 용기는 91℃(±9)에서 파열되며, 50℃ 이하에서는 파열되지 아니하여야 한다. 파열식은 2023. 7. 12. 형식승인 기준을 개정하여 용기의 재질은 금속제로 한정하고 파열식은 이를 삭제하였다.

(2) 가압방식에 의한 종류

1) **가압식 자동확산소화기** : 소화약제와 방출원이 되는 질소 등의 압축가스를 별도의 가압용 용기에 저장하고 가압가스가 방출하여 소화약제를 방사시키는 자동확산소화기이다.

2) **축압식 자동확산소화기** : 소화약제와 방출원이 되는 질소 등의 압축가스를 약제저장 용기내에 함께 저장한 형식으로 지시압력계가 부착되어 있는 자동확산소화기이다.

(3) 설치용도에 의한 종류

1) **일반화재용 자동확산소화기** : 부속용도별로 추가하여야 할 소화기구에서 보일러실, 건조실, 세탁소, 대량화기취급소 등에 설치되는 자동확산소화기이다.

2) **주방화재용 자동확산소화기** : 부속용도별로 추가하여야 할 소화기구에서 음식점, 다중이용업소, 호텔, 기숙사, 노유자시설, 의료시설, 업무시설, 공장의 주방 등에 설치하는 자동확산소화기이다.

3) **전기설비용 자동확산소화기** : 부속용도별로 추가하여야 할 소화기구에서 관리자의 출입이 곤란한 변전실·송전실·변압기실·배전반실에 설치하는 자동확산소화기이다.

3. 성능

소화약제는 일반적으로 질소가스를 축압한 ABC분말약제나 또는 가스계 소화약제도 가능하다. 소화성능시험은 "자동확산소화기의 형식승인 및 제품검사의 기술기준"에 따라 제조사에서 신청한 화재 유형에 대해서만 소화시험을 하며 소화시험의 종류에는 제1~4시험의 4종류가 있다. 일반화재용은 제1, 제2 및 제4소화시험을 적용하며, 주방화재용은 제1, 제2 및 제3소화시험을 적용하고, 전기설비화재용은 일반화재용 또는 주방화재용에 적합한 것으로 소화약제가 전기적으로 비전도성이어야 한다. 공칭방호면적은 해당 소화시험에 의해 해당 방호면적을 정하며, 최소 $1m^2$ 이상으로 한변의 길이가 1m 이상이어야 한다.

4. 설치대상 : NFTC 표 2.1.1.3

부속용도별로 사용하는 부분에 대하여 다음의 장소에 추가하여 설치하여야 한다. 단, 스프링클러설비·간이스프링클러설비·물분무등소화설비 또는 상업용 주방 자동소화장치가 설치된 경우와 방화구획된 아파트의 보일러실은 설치하지 않을 수 있다.

(1) **화기취급장소** : 보일러실·건조실·세탁소·대량화기취급소

(2) **주방** : 음식점·다중이용업소·호텔·기숙사·노유자시설·의료시설·업무시설·공장·장례식장·교육연구시설·교정 및 군사시설의 주방. 다만, 의료시설, 업무시설 및 공장의 주방은 공동취사를 위한 것에 한한다.

(3) **전기관련실** : 관리자의 출입이 곤란한 변전실·송전실·변압기실 및 배전반실(불연재료로 된 상자 안에 장치된 것은 제외한다)

불연재료로 된 상자

불연재료로 된 상자란 Cubicle 형태의 함을 뜻한다.

5. 설치수량

자동확산소화기를 바닥면적 $10m^2$ 이하는 1개, $10m^2$를 초과할 경우는 2개를 설치한다.

6 주거용 주방 자동소화장치의 각론

1. 기능

1) 가연성가스 누설 감지(열원이 가스인 경우) 및 자동 경보기능

2) 열원(가스 또는 전기)을 자동으로 차단하는 기능

3) 주방의 연소기 화재시 감지 및 자동 경보기능

4) 주방의 연소기 화재시 소화약제 자동 방사기능

2. 주거용 주방 자동소화장치의 종류

(1) 압력형 자동소화장치

1) **축압식 자동소화장치** : 소화약제 저장용기에 소화약제와 소화약제 방출원인 압축가스를 함께 저장하고 있다가 외부조작에 의하여 소화약제를 방출시키는 주방용 자동소화장치를 말한다.

2) **가압식 자동소화장치** : 소화약제의 방출원이 되는 가압가스를 별도의 용기인 가압용 가스용기에 저장하고 외부조작으로 가압가스가 방출되도록 하여 소화약제를 방출시키는 주방용 자동소화장치를 말한다.

(2) 비압력형 자동소화장치

소화약제에 가스압력을 직접 가하지 아니하는 방식에 의하여 소화약제를 방출하는 구조의 주방용 자동소화장치를 말한다.

3. 구성 부품

(1) 소화기 본체

1) 소화약제로는 보통 ABC 분말이나 강화액 약제를 사용하여 약제를 자동으로 방사하며, 형식승인 기준에 의한 소화성능 시험시 각 방출구의 최소공칭방호면적은 형식승인 기준상 0.4m^2 이상이어야 하며 방출구별 공칭방호면적은 다음과 같이 적용한다.

소
화
설
비

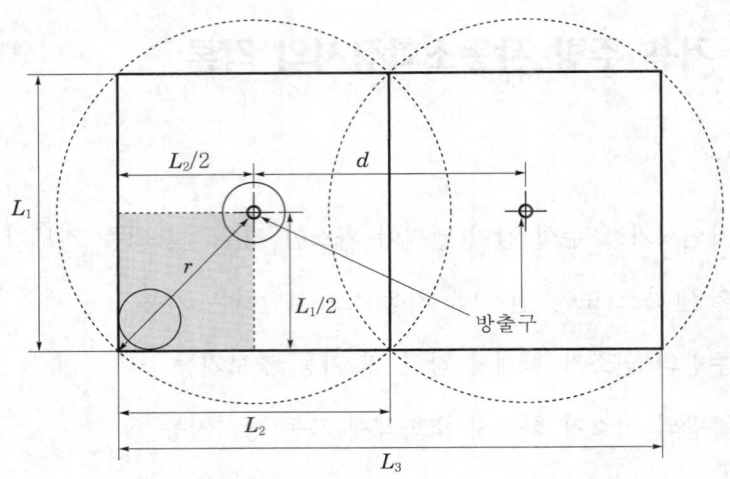

[그림 1-1-12(A)] 주거용 주방 자동소화장치의 공칭방호면적 계산방법

주 1. 그림과 같이 방출구를 위치시키고 소화시험을 실시하여 소화되었을 때 방출구의 방호면적
  (A)은 πr^2이다.
 2. 이때 공칭방호면적은 $L_1 \times L_2$이며 공칭방호면적($L_1 \times L_2$)은 방출구 방호면적 내에 위치하여
  야 한다.
 3. 방출구가 2개 이상인 경우 방출구와의 거리가 d일 때 공칭방호면적은 $L_1 \times L_3$이며 공칭방
  호면적($L_1 \times L_3$)은 방출구 방호면적 내에 위치하여야 한다.

2) 작동장치(소화약제 저장용기의 밸브를 개방하여 주는 부분)의 구동에 의해 소
  화약제의 방출관이 자동으로 개방되며 약제방출 도관(導管)은 동관으로 구성하
  고 말단에 분사노즐을 설치한다.

(2) 감지부

화재시 발생하는 열이나 불꽃을 감지하는 장치로서 보통 1차 온도감지부 및 2차
온도감지부로 구성되어 있으며, 감지부의 종류에는 ① 감지기, ② 이융성금속(易融
性 金屬 ; Fusible-link), ③ 유리벌브(Bulb), ④ 온도센서의 4가지 종류가 있다.

1) 1차 온도감지부 : 가스기구 과열시 감지하여 주위온도가 100℃ 전후가 되면 경
  보를 발하고 가스밸브를 차단하며, 수신기에 신호를 전달한다.

2) 2차 온도감지부 : 주위온도가 140℃ 전후가 되면 이를 화재로 인식하여 작동장
  치를 개방하여 자동으로 내장된 소화약제가 자동으로 방사되며 수신부에 약제
  방사 신호를 표시하여 준다.

(3) 탐지부

가스가 누설되어 사전에 설정된 농도 이상이 되면 이를 탐지하여 음향을 경보하고 동시에 수신부에 가스누설 신호를 발신하는 장치로서, 다음 표와 같이 작동시험농도에서는 가스농도를 수신부에 20초 이내에 발신하여야 한다.

[표 1-1-6] 작동 시험농도(%) 및 부작동 시험농도(%)

대상가스	시험가스	작동 시험농도(%)	부작동 시험농도(%)
액화석유가스 (예 LPG 등)	C_4H_{10}(부탄) 또는 이소부탄	0.45%	0.05%
도시가스 및 액화천연가스 (예 LNG 등)	이소부탄	0.45%	0.05%
	H_2(수소)	1.00%	0.04%
	CH_4(메탄)	1.25%	0.05%

[표 1-1-6]의 출전(出典)

탐지부의 성능인증 및 제품검사의 기술기준(소방청 고시) 제6조

(4) 수신부

제어장치 부분으로서 감지부(온도) 또는 탐지부(가스)의 발신신호를 수신하여 경보를 발하도록 하고 가스차단장치나 소화약제를 방출하는 작동장치에 제어신호를 발신하는 장치이다.

(5) 가스차단장치

수신부에서 발하는 가스누설 신호에 따라 원격으로 가스밸브를 자동으로 차단하는 구동장치로서 전동 개폐식 또는 전자 솔레노이드밸브를 이용한다. 자동기능 이외에 손잡이를 수동으로도 돌려서 조작할 수도 있다.

(6) 작동장치

수신부나 감지부로부터의 작동신호를 받아 소화약제 저장용기의 밸브를 개방시켜 소화약제를 방출시켜주는 장치로 전기적 방식, 기계적 방식, 가스압 방식의 3가지 방식이 있다.

(7) 방출구

약제저장 용기로부터 소화약제를 유효하게 방사되도록 하는 노즐부분으로 저장용기로부터 방출구에 이르는 배관을 방출도관이라 한다.

4. 동작의 개요

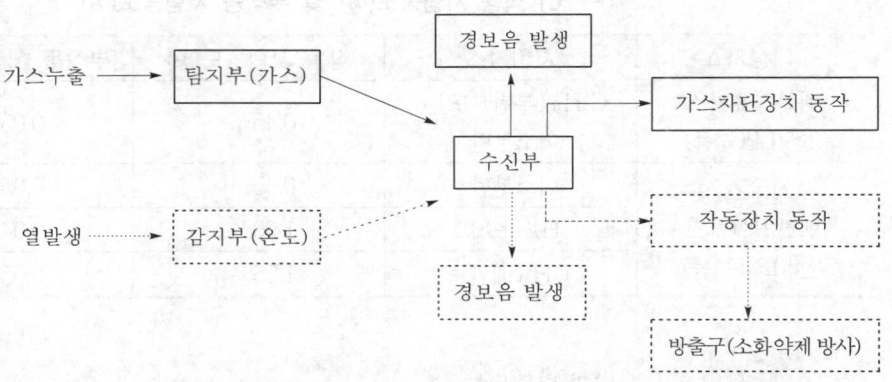

[그림 1-1-12(B)] 주거용 주방 자동소화장치의 동작개요(열원이 가스인 경우)

㊟ 작동장치는 감지부로부터의 동작신호에 의해 작동할 수도 있다.

5. 설치기준 : 제4조 2항 1호(2.1.2.1)

(1) 소화약제 방출구는 환기구(주방에서 사용하는 열기류 등을 밖으로 배출하는 장치를 말한다)의 청소부분과 분리되어 있어야 하며 형식승인을 받은 유효설치 높이 및 방호면적에 따라 설치할 것 : 형식승인 기준에 따르면 제조사는 방출구의 설치개수, 설치위치 및 높이, 공칭방호면적(가로×세로)을 표시하여야 한다.

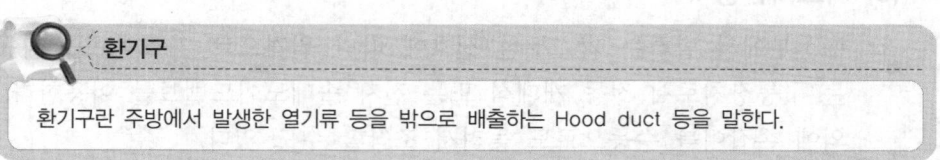

환기구

환기구란 주방에서 발생한 열기류 등을 밖으로 배출하는 Hood duct 등을 말한다.

(2) 감지부는 형식승인 받은 유효한 높이 및 위치에 설치할 것

> 과거기준은 환기구의 중앙 근처에 설치하도록 하였으나, 이는 감지부의 위치를 제한함과 동시에 환기구 근처는 오히려 감지기의 감지에 효과적인 장소가 아닌 관계로 위와 같이 개정하였으며, 형식승인 기준에 따르면 제조사는 감지부의 설치개수, 설치위치 및 설치높이의 범위를 표시하여야 한다.

(3) 차단장치(전기 또는 가스)는 상시 확인 및 점검이 가능하도록 설치할 것

(4) 가스용 주방 자동소화장치를 사용하는 경우 탐지부는 수신부와 분리하여 다음과 같이 설치한다.

  1) 공기보다 가벼운 가스의 경우 : 천장면으로부터 30cm 이하 위치에 설치

  2) 공기보다 무거운 가스의 경우 : 바닥면으로부터 30cm 이하 위치에 설치

LNG와 LPG

LNG는 주성분이 CH_4(메탄)으로 메탄의 기체비중은 0.55로서 공기보다 가벼우며, LPG의 주성분은 C_3H_8(프로판)과 C_4H_{10}(부탄)으로 프로판의 비중은 1.55이며 부탄의 비중은 2.08로서 공기보다 무겁다.

(5) 수신부는 주위의 열기류 또는 습기 등과 주위온도에 영향을 받지 아니하고 사용자가 상시 볼 수 있는 장소에 설치할 것

7 기타 자동소화장치의 각론

시행령 별표 1(소방시설)의 소화기구 중 "캐비닛형 자동소화장치, 가스·분말 자동소화장치, 고체에어로졸 자동소화장치"를 총칭하여 본 서에서는 기타 자동소화장치라고 하였다. 기타 자동소화장치는 최근에 스프링클러헤드를 설치하기 곤란한 EPS(전기 피트실)실이나 TPS(통신 피트실)실 등에 설치하는 대체 소화설비로서 각광받고 있는 실정이다.

1. 캐비닛형 자동소화장치

(1) 개념

  1) 캐비닛형 자동소화장치란 감지부, 방출구, 방출유도관, 소화약제 저장용기, 수신장치, 작동장치 등으로 구성되어 화재(열, 연기 또는 불꽃 등)를 자동으로 감지하여 소화약제를 방사하는 고정된 자동소화장치를 말한다. 일반적으로 소형 전산실이나 방재실에 설치하며 패키지형 가스계설비로 칭하는 것이 캐비닛형 자동소화장치이다. 소화약제는 대부분 가스계 약제를 사용하며 약제저장량은 200kg 이하[7]이어야 하며 캐비닛(철제함) 본체에 저장용기, 수신장치와 방출구가 수납되어 있는 형태이다. 따라서 저장용기가 200kg을 초과하는 약제량은 캐비닛형 자동소화장치로 사용할 수 없다.

---

7) 캐비닛형 자동소화장치의 형식승인 및 제품검사의 기술기준 제15조 2항

2) 동 제품은 형식승인을 받아야 하는 대상품목(캐비닛형 자동소화장치)으로, 과거에는 전역방출방식의 방호구역에도 이를 설치한 사례가 있었으나 소방시설법 시행령 별표 1에서 패키지형 가스용기를 캐비닛형 자동소화장치로 호칭하고 이를 소화설비가 아닌 자동 소화장치로 분류하고 있어 물분무등소화설비로서의 법 적용을 받을 수 없다.

3) 전역방출방식에 설치된 가스계 소화설비와의 차이점은 가스계 소화설비의 경우는 공인기관에서 승인받은 설계프로그램을 사용하여 유량(Flow rate)과 마찰손실(Friction loss)을 계산하며 관경, 노즐의 분구면적을 산정하고 방사시간이나 방사압, 소화농도에 대해 검증을 할 수 있다. 그러나 패키지설비인 캐비닛형 자동소화장치는 설계프로그램을 사용하지 않는 제품으로 NFPA에서는 이를 Preengineering system 이라고 칭하고 있다. 즉, 이는 설계자가 설계과정을 거쳐 시스템을 적용하는 것이 아니라 유량, 방사압, 약제량 등이 사전에 제조사에서 결정된 시스템이라고 할 수 있다.

4) 캐비닛형 자동소화장치는 방출압력에 견딜 수 있도록 고정하고 구획된 장소의 방호체적 이상을 방호할 수 있는 설계농도 이상으로 적용하여야 하며 기타 사항은 할로겐화합물 및 불활성기체 소화약제 기준을 준용하도록 한다.

(2) 구성 : 캐비닛형 자동소화장치는 다음과 같은 항목으로 구성되어 있다.

1) **감지부** : 화재시에 발생하는 열, 연기 등을 이용하여 화재발생을 자동적으로 감지하여 수신장치에 신호를 발신하는 장치로 감지기는 교체회로 방식으로 구성하여야 한다.

2) **방출구** : 화재시에 소화약제를 유효하게 방사하도록 하는 분사노즐에 해당하는 부분으로 개방형의 구조로서 4개 이하이며 캐비닛에 부착되어 있어야 한다.

3) **방출유도관** : 소화약제 저장용기로부터 방출구에 이르는 캐비닛 내부의 유도관을 말한다.

4) **소화약제 저장용기 등** : 소화약제를 저장하는 용기, 가압용가스 저장용기 및 부속류를 말한다.

5) **수신장치** : 감지부에서 발하는 화재신호를 수신하여 음향장치로 경보를 발하고 작동장치에 제어신호를 발신하는 장치이며 예비전원이 부설되어 있다.

6) **작동장치** : 수신장치에서 발하여진 화재신호를 받아 밸브 등을 개방하여 소화약제 저장용기 등으로부터 소화약제를 방출하기 위한 장치를 말한다.

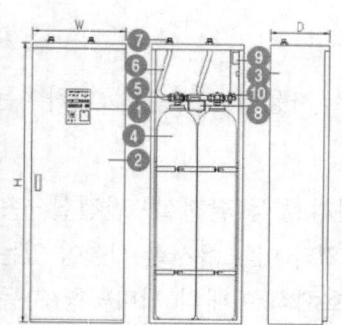

① 수신장치
② 문
③ 외함
④ 소화약제 저장용기
⑤ 용기밸브
⑥ 플렉시블 튜브
⑦ 방출구
⑧ 솔레노이드밸브
⑨ 단자대
⑩ 니들밸브

chapter
1
소화설비

[그림 1-1-13(A)] 캐비닛형 자동소화장치(예)

(3) 설치기준 : 제4조 2항 3호(2.1.2.3)

캐비닛형 자동소화장치의 경우는 사용하는 소화약제에 대하여 방사시간, 설계농도 (소화농도×1.3배), 방호체적을 표시하도록 규정하고 있다. 방호체적은 최대설치높이 3.7m일 때를 기준으로 하며 방호체적 범위 내에서 설계농도가 유지되는 소요 약제량을 선정하여야 한다. 캐비닛형 자동소화장치에 대해 별도의 소화성능 검사는 하지 않고 있으나, 형식승인 검사시 방사성능과 약제성능시험을 실시하고 있다. 최근에는 스프링클러헤드가 없는 EPS나 TPS실 등에 대해서도 본 제품을 적용하고 있는 실정이다.

1) 분사헤드의(방출구) 설치 높이는 방호구역의 바닥으로부터 형식승인을 받은 범위 내에서 유효하게 소화약제를 방출시킬 수 있는 높이에 설치할 것

2) 화재감지기는 방호구역 내의 천장 또는 옥내에 면하는 부분에 설치하되 NFPC 203 (자동화재탐지설비) 제7조(NFTC 203 2.4)에 적합하도록 할 것

3) 방호구역 내의 화재감지기의 감지에 따라 작동되도록 할 것

4) 화재감지기의 회로는 교차회로방식으로 설치할 것. 다만, 화재감지기는 NFTC 203 2.4.1 단서의 각 감지기로 설치하는 경우에는 그렇지 않다.

5) 교차회로 내의 각 화재감지기 회로별로 설치된 화재감지기 1개가 담당하는 바닥면적은 NFTC 203에 따른 바닥면적으로 할 것

6) 개구부 및 통기구(환기장치 포함)를 설치한 것에 있어서는 소화약제가 방출되기 전에 해당 개구부 및 통기구를 자동으로 폐쇄할 수 있도록 할 것. 다만, 가스압에 의하여 폐쇄되는 것은 소화약제 방출과 동시에 폐쇄할 수 있다.

7) 작동에 지장이 없도록 견고하게 고정할 것

8) 구획된 장소의 방호체적 이상을 방호할 수 있는 소화성능이 있을 것

(4) 설치장소

1) 부속용도별로 사용되는 부분에 대하여는 추가하여 설치할 것[NFTC 표 2.1.1.3 2호 및 3호]

2) 지하구 내 전기실 등(발전실 · 변전실 · 송전실 · 변압기실 · 배전반실 · 통신기기실 · 전산기기실 · 기타 이와 유사한 시설이 있는 장소) 중 바닥면적이 300m² 미만인 곳에는 유효설치 방호체적 이내의 캐비닛형 자동소화장치를 설치해야 한다[NFTC 605(지하구) 2.1.2].

2. 가스 · 분말 자동소화장치

(1) 개념

1) 밀폐된 소공간에서 발생하는 화재(열, 연기 또는 불꽃 등)를 감지하여 자동으로 가스 또는 분말소화약제를 방사하여 소화를 시키는 소화장치를 말한다. 이를 위하여 형식승인 기준[8]이 제정되어 있으며, NFTC 표 2.1.1.3(부속용도별로 추가하여야 할 소화기구 및 자동소화장치)에서는 가스 · 분말 자동소화장치에 대한 적용범위를 전기실 등(발전실 · 변전실 · 송전실 · 변압기실 · 배전반실 · 전산기기실)이나 지하구의 제어반 또는 분전반 내부나 위험물 소량취급소에 대하여 적용한다.

2) 가스 · 분말 자동소화장치의 당초 설치 목적은 소공간 내부 등에 설치하여 발생하는 소규모 화재에 대해 소화하는 것을 목적으로 하는 소화장치이다. 동 장치에 대한 소화성능시험은 A급과 B급 화재로 구분하여 어느 하나에 적합하여야 하며, 이 중 A급화재의 경우는 목재 소화시험과 중합(重合)재료 소화시험을 실시하고 있다. 동 제품에는 노즐의 최대방호면적, 최대설치높이, 적응화재별 설계방호체적 및 소화등급을 표시하여야 하며, 소화성능시 시험공간은 최소 27m³(가로 3m×세로 3m×높이 3m 이상)가 되어야 한다.

3) 가스 · 분말 자동소화장치는 소화기의 밸브가 개방되면서 용기 내 약제가 방사되는 직접분사식과 약제 방출은 별도의 배관에 연결된 노즐을 통하여 방사되는 간접분사식이 있다. 최근에는 EPS나 TPS실 등에 스프링클러헤드가 없을 경우 이를 대처하기 위하여 동 소화장치를 설치하는 경우가 있으며 약제는 대부분 할로겐화합물 및 불활성기체 또는 분말약제를 사용하며 외형은 일반소화기 형태의 모습이다.

---

8) 가스 · 분말 자동소화장치의 형식승인 및 제품검사의 기술기준

(2) 구성

1) **감지부** : 화재에 의해 발생하는 열, 연기 및 불꽃 등을 이용하여 자동적으로 화재의 발생을 감지하는 장치를 말한다. 감지부에는 감지기, 이융성금속, 유리벌브(Bulb), 온도센서, 열감지 튜브 사용방식의 5가지 종류가 있다.

2) **제어부** : 감지부에서 발하는 신호를 수신하여 경보를 발하고 작동장치에 신호를 발신하는 장치를 말하며, 제어부는 선택사항으로 제어부가 없이도 가스식 및 분말식 자동소화장치를 구성할 수 있다.

3) **작동장치** : 제어부(설치된 경우) 또는 감지부로부터 발하여진 신호를 받아 밸브 등을 개방하여 약제 저장용기로부터 소화약제를 방출해주는 장치를 말하며 작동장치는 다음과 같은 종류가 있다.

① 전기적인 작동방식인 경우 : 제어부로부터 발하여진 신호를 수신하여 자동적으로 밸브를 개방하여 약제를 방출하는 방식이다.

② 기계적인 작동방식인 경우 : 소화약제가 방출도관에 충전되어 있어 감지부 작동 후 약제를 방출하거나 또는 감지부의 작동을 기계적인 연결장치에 연결하여 밸브가 작동되어 소화약제를 방출하는 방식이다.

③ 열감지튜브 작동방식인 경우 : 열을 감지하는 열감지튜브를 사용하여 화재시 발생하는 열을 감지한 후 감지신호를 수신한 즉시 소화약제를 방출하는 방식이다.

[그림 1-1-13(B)] 가스 · 분말 자동소화장치(예)

(3) 설치기준 : 제4조 2항 4호(2.1.2.4)

1) 소화약제 방출구는 형식승인 받은 유효설치범위 내에 설치할 것

2) 자동소화장치는 방호구역 내에 형식승인된 1개의 제품을 설치할 것. 이 경우 연동방식으로서 하나의 형식을 받은 경우에는 1개의 제품으로 본다.

3) 감지부는 형식승인된 유효설치범위 내에 설치하여야 하며 설치장소의 평상시 최고주위온도에 따라 적합한 표시온도의 것으로 설치할 것

설치장소의 최고주위온도	표시온도
39℃ 미만	79℃ 미만
39℃ 이상 64℃ 미만	79℃ 이상 121℃ 미만
64℃ 이상 106℃ 미만	121℃ 이상 162℃ 미만
106℃ 이상	162℃ 이상

4) 위의 기준에도 불구하고 화재감지기 감지부를 사용하는 경우에는 캐비닛형 자동소화장치의 설치방법에 따를 것

(4) 설치장소

1) 부속용도로 소화기구를 추가하는 장소 : NFTC 표 2.1.1.3 2호 및 3호

2) 지하구의 경우 : NFTC 605 2.1.2~2.1.4

① 지하구 내 전기실 등(발전실·변전실·송전실·변압기실·배전반실·통신기기실·전산기기실·기타 이와 유사한 시설이 있는 장소) 중 바닥면적이 $300m^2$ 미만인 곳에는 유효설치 방호체적 이내의 가스·분말·고체에어로졸·캐비닛형 자동소화장치를 설치해야 한다. 다만, 해당 장소에 물분무등소화설비를 설치한 경우에는 설치하지 않을 수 있다.

② 제어반 또는 분전반마다 가스·분말·고체에어로졸 자동소화장치 또는 유효설치 방호체적 이내의 소공간용 소화용구를 설치해야 한다.

③ 케이블접속부(절연유를 포함한 접속부)마다 가스·분말·고체에어로졸 자동소화장치 또는 케이블 화재에 적응성이 있다고 인정된 자동소화장치를 설치하되 소화성능이 확보될 수 있도록 방호공간을 구획하는 등 유효한 조치를 해야 한다.

3. 고체에어로졸 자동소화장치

(1) 개념

1) 화재를 감지한 후 구획된 소공간에 자동적으로 에어로졸을 방사하여 소화하는 고정된 자동소화장치이다. 감지기를 감지장치로 사용할 경우는 교차회로 방식으로

구성하여야 하며, 소화약제는 활성화될 경우 에어로졸을 방사하는 고체화합물을 사용하고 있다. 고체에어로졸식 자동소화장치는 국제적으로 이미 NFPA[9] 및 ISO[10)]에서 별도의 고정식 소화설비로 인정하고 있다. 국내의 경우는 2010. 12. 27. NFSC 101 개정시 반영된 것으로 종전에는 KFI 인정기준(고체에어로졸 자동소화장치) 대상품목이었으나, 현재는 형식승인 대상품목으로 조정되어 "고체에어로졸 자동소화장치의 형식승인 및 제품검사의 기술기준"(소방청 고시)을 제정하여 제품검사를 실시하고 있다.

2) 고체에어로졸식 자동소화장치의 경우는 NFTC 표 2.1.1.3에서 부속용도의 일부 장소에 대해 "추가할 자동소화장치"로 설치를 인정해 주고 있으며 주로 전기관련시설이나 지하구의 제어반이나 분전반의 경우 그 내부에 설치하고 있다. 동 제품의 경우는 형식승인 기준에 따라 A급화재 및 B급화재에 대해 소화성능시험을 실시하여 설계방호체적을 적용하고 있다. 이에 따라 제품에 설계방호체적을 반드시 표기하도록 규정하고 있으며 시험시는 최소 $27m^3$(각 $3m \times 3m \times 3m$ 이상)의 모형에서 소화성능시험을 실시하고 있다. 따라서 동 제품은 설계방호체적 범위 내에서만 유효한 것으로 이를 초과하는 대형 EPS실이나 피트공간에 설치하여서는 아니 된다.

3) 이를 여러 개 설치할 경우는 동시 작동되는 일괄방출구조로 하여야 하며 제품에 표시된 적응화재별 설계 방호체적에 따라 설치하도록 한다. 아울러 최대방호면적, 소화성능에 유효한 최대설치높이를 만족하고 방호공간에 개구부가 있는 경우에는 자동폐쇄장치를 설치하도록 한다.

(2) 구성

1) 고체에어로졸 화합물

소화약제는 미세입자인 에어로졸(Aerosol)을 만드는 역할을 하는 안정된 고체화합물로 주성분은 과산화물질, 가연성물질 등의 혼합물로 되어 있다. 주로 사용하는 고체에어로졸 화합물은 KNO_3, K_2CO_3 등의 칼륨염을 주성분으로 하며 활성(점화)시 N, H_2O, K의 화학적 반응으로 에어로졸이 방출된다. 고체화합물은 안전성을 위하여 화약성분이 없는 물질을 사용하며 방사시에는 방출구에서 화염이 발생하지 않아야 한다.

---

9) NFPA 2010(2020 edition) : Standard for fixed aerosol fire extinguishing systems
10) ISO 15779(2017 edition) : Condensed aerosol fire extinguishing systems

2) 에어로졸 발생기

고체에어로졸 화합물, 냉각장치, 작동장치, 방출구, 저장용기로 구성되어 에어로졸을 발생시키는 장치를 말한다.

3) 감지부

화재시 발생하는 열이나 연기 또는 불꽃을 감지하여 화재발생을 감지하는 장치를 말하며, 감지부의 종류에는 감지기, 이융성금속(Fusible-link), 유리벌브(Bulb), 열감지선, 온도센서의 5가지 종류가 있다.

4) 제어부

감지부의 화재신호를 수신하여 경보를 발하고 작동장치에 신호를 보내는 장치를 말하며 제어부는 선택사항이며 제어부가 없이 제품을 구성할 수도 있다. 감지부로부터 화재신호를 수신할 경우는 화재신호를 자동적으로 표시하며 동시에 경보음을 발하고 제어부에는 에어로졸의 방출을 나타내는 작동표시 기능이 있어야 한다.

5) 작동장치

제어부(설치한 경우) 또는 감지부의 작동에 따라 고체에어로졸 화합물을 활성화(점화)시켜 에어로졸을 발생시키는 장치를 말한다. 작동장치가 작동 후 즉시 에어로졸이 유효하게 방사되어야 하며 방출구로부터 화염이 나오지 않아야 하고 방사시간은 60초 이내가 되어야 한다.

[그림 1-1-13(C)] 고체에어로졸 자동소화장치(예)

(3) 설치기준 : 제4조 2항 4호(2.1.2.4)

설치기준은 가스·분말 자동소화장치와 동일하므로 이를 참고하도록 한다.

(4) 설치장소 : 설치장소는 가스·분말 자동소화장치와 동일하므로 이를 참고하도록 한다.

(5) 소화원리

1) 화재시 열이나 불꽃 등을 감지한 후 감지신호를 이용하여 고체에어로졸 화합물을 활성화시켜 에어로졸을 방사하게 된다. 활성화가 되기 위해서는 열감지기방식이나 전기작동방식 등을 이용하게 된다.

2) 고체에어로졸 자동식 소화기의 동작 Mechanism은 다음과 같다. 화재시 감지부가 감지하면 이와 연동하여 고체에어로졸이 활성화(점화)하게 되며, 점화시 고체화합물에서 K 래디칼(Radical)이 발생하게 된다. 한편 물질이 연소하여 화재로 진전될 경우에는 화학 반응식으로 O, OH, H 래디칼 같은 활성 래디칼이 발생하며, 이때 활성화된 K 래디칼이 OH 래디칼 등과 화학적으로 반응하여 이를 제거하게 되며, 이로 인하여 연쇄반응이 차단되는 억제소화가 소화의 주체가 된다.

 래디칼(Radical)

> 화학변화가 일어날 때 분해되지 않고 다른 분자로 이동하는 원자의 무리로서 화재시에는 화학적 반응시 O, OH, H 래디칼이 발생하여 연쇄반응을 지속시켜 준다.

(6) 장·단점

장 점	① 방사되는 에어로졸은 환경지수(ODP, GWP, ALT)가 0인 친환경적인 약제이다. ② 기존의 가스계 소화설비에 비해 소화농도가 저농도로 약제질량 대비 소화성능이 우수하다. ③ 독성가스나 질식위험이 없는 인명안전에 우수한 약제이다. ④ 배관이나 약제용기 등 부속장치가 필요 없으며 이동이나 설치가 간편하다.
단 점	① 구획된 소규모 공간에 한하여 소화적응성이 있다. ② 승인받은 설계방호체적 범위 내의 구획공간에서만 유효하다. ③ 수명이 10년 이내로 재설치 비용이 발생하게 된다. ④ 에어로졸 방사시 부산물인 칼륨(K)이 발생하여 주변 장치류에 고착(固着)하게 된다.

8 소화기구의 화재적응성과 NFPA 기준

1. 화재의 구분(Classification of Fires)

(1) 개념

1) 소화기의 화재적응성에 대한 화재구분을 국내의 경우는 A급(일반화재), B급(유류화재), C급(전기화재), K급(주방화재) 화재로 분류하며 이에 대해 능력단위를 산정하는 소화능력시험을 형식승인 기준에서 별도로 규정하고 있다. 전원이 단전된 상태에서의 전기설비는 A급화재임에도 C급화재를 별도로 분류하는 이유는 금수성(禁水性) 화재인 관계로 소화약제의 적용성을 별도로 검토하여야 하기 때문이다.

2) NFPA 10에서는 화재구분을 A, B, C, D, K급 화재로 분류하며[11] 이에 대한 화재시험기준(Fire test standard)은 UL 711(Standard for rating and fire testing of fire extinguishers)을 적용하고 있으며, 아울러 해당 소화기별로 성능기준(Performance standards) 역시 UL 제정의 관련 Standard를 적용하고 있다.

(2) 국내의 경우

일반화재용 소화기의 경우 A(일반화재용), 유류화재용 소화기의 경우에는 B(유류화재용), 전기화재용 소화기의 경우 C(전기화재용), 식용유를 사용하는 주방화재용의 경우 K(주방화재용)로 소화기 본체 용기에 표시하여야 한다.[12]

1) "일반화재(A급화재)"란 나무, 섬유, 종이, 고무, 플라스틱류와 같은 일반 가연물이 타고 나서 재가 남는 화재를 말한다. 일반화재에 대한 소화기의 적응 화재별 표시는 'A'로 표시한다.

2) "유류화재(B급화재)"란 인화성 액체, 가연성 액체, 석유 그리스, 타르, 오일, 유성도료, 솔벤트, 래커, 알코올 및 인화성 가스와 같은 유류가 타고 나서 재가 남지 않는 화재를 말한다. 유류화재에 대한 소화기의 적응 화재별 표시는 'B'로 표시한다.

3) "전기화재(C급화재)"란 전류가 흐르고 있는 전기기기, 배선과 관련된 화재를 말한다. 전기화재에 대한 소화기의 적응 화재별 표시는 'C'로 표시한다.

---

11) NFPA 10(Portable fire extinguishers 2022 edition) 5.2(Classification of fires)
12) 소화기의 형식승인 및 제품검사의 기술기준 제38조 1항 11호

4) "주방화재(K급화재)"란 주방에서 동·식물유를 취급하는 조리기구에서 일어나는 화재를 말하며 화재별 표시는 'K'로 표시한다.

(a) 일반화재용   (b) 유류화재용   (c) 전기화재용   (d) 주방화재용

[그림 1-1-14(A)] 국내 소화기의 적응화재별 표시방법

➡ 국내의 경우 형식승인 기준 이외에 화재분류에 대해서는 소방기기의 국제경쟁력을 강화하기 위하여 KS 기준이 별도로 제정되어 있으며(KS B 6259 화재분류 : 2007. 11. 12.) 동 기준은 국제규격인 ISO의 화재분류기준(ISO 3941 Classification of fires : 2007)과 국내 형식승인 기준을 준용하여 제정한 것이다.

[표 1-1-7] 국가별 화재분류 기준

화재분류	국내		일본	미국(NFPA)	국제규격(ISO)
	형식승인 기준	KS 기준			
일반화재	A급	A급	A급	A급	A급
유류 및 가스 화재	B급	B급	B급	B급	B급(유류)
					C급(가스)
전기화재	C급	C급	C급	C급	–
금속화재	–	D급	–	D급	D급
주방화재	K급	–	–	K급	F급

(3) NFPA의 경우

NFPA 10에서는 화재구분을 A, B, C, D, K급 화재로 분류하며, 국내에는 없는 D급화재를 별도로 규정하고 있다.

A Trash-Wood-Paper   B Liquids   C Electrical Equip   D Metals   K Cooking Media

(a) A급화재   (b) B급화재   (c) C급화재   (d) D급화재   (e) K급화재

[그림 1-1-14(B)] NFPA 화재분류 그림표시

D급화재는 금속화재로서 다른 화재에 비하여 발생 빈도는 높지 않으나 화재시 높은 온도가 발생하며 발화 후 소화가 매우 어려운 관계로 별도의 소화약제를 개발하기 위하여 제정하였으며, K급화재란 식용유(食用油)화재로서 일반 ABC분말 소화기로 소화가 곤란한 화재인 관계로 별도의 화재로 구분하고 있다. NFPA에서 화재구분에 따라 적용하는 소화기에는 다음과 같은 표시를 하여 소화기 사용시 일반인이 이용하는 데 참고가 되도록 하고 있다.

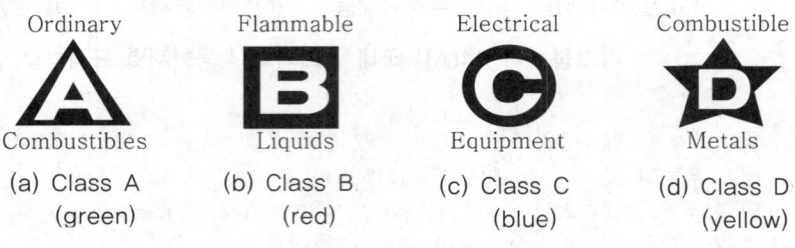

[그림 1-1-14(C)] NFPA 화재분류 문자표시

1) **A급화재(Class A Fires)** : 목재, 섬유, 종이, 고무, 플라스틱과 같은 일반적인 가연성물질의 화재(Fires in ordinary combustible materials, such as wood, cloth, paper, rubber, and many plastics)

2) **B급화재(Class B Fires)** : 인화성 및 가연성 액체, 타르, 석유류 유지, 유류, 유성페인트, 솔벤트, 래커, 알코올 및 인화성 가스의 화재(Fires in flammable liquids, combustible liquids, petroleum greases, tars, oils, oil-based paints, solvents, lacquers, alcohols, and flammable gases)

3) **C급화재(Class C Fires)** : 통전 중인 전기장치를 포함하는 화재(Fires that involve energized electrical equipment)

4) **D급화재(Class D Fires)** : 마그네슘, 티타늄, 지르코늄, 나트륨, 리튬, 칼륨과 같은 가연성 금속의 화재(Fires in combustible metals, such as magnesium, titanium, zirconium sodium, lithium and potassium)

5) **K급화재(Class K Fires)** : 가연성 요리재료(식물성 또는 동물성 기름이나 지방)를 포함한 조리기구의 화재(Fires in cooking appliances that involve combustible cooking media[vegetable or animal oils and fats])

(4) ISO의 경우[13]

ISO(International Organization for Standardization)는 1947년도에 설립된 비정부조직으로서 전 세계 국가표준기관의 연합체이다. 우리나라는 1999년 이후로 ISO

---

13) ISO 3941(Classification of fires) 2007 edition 2. Definitions and designation of classes of fires

의 정회원으로 활동 중에 있으며 ISO의 규격은 법적인 구속력은 없으나 대부분의 회원국들이 ISO의 규격에 따라가는 추세이며 국가의 개별규격이 ISO 규격과 차이가 있을 경우 대외 무역은 국제적으로 큰 불편을 겪을 수 있다. ISO에서는 K급화재를 F급화재로 분류하고 있으며 또한 A, B, C, D급에 대한 화재의 정의가 NFPA Code와는 서로 다르다.

1) **A급화재** : 잔재(殘災)의 작열(灼熱)에 의해 발생하는 연소에서 일반 유기성질의 고체 물질화재(Fires involving solid materials, usually of an organic nature, in which combustion normally takes place with the formation of glowing embers)

2) **B급화재** : 액체 또는 액화할 수 있는 고체화재(Fires involving liquids or liquefiable solids)

3) **C급화재** : 가스화재(Fires involving gases)

4) **D급화재** : 금속화재(Fires involving metals)

5) **F급화재** : ISO 7165(Fire fighting－Portable fire extinguishers－Performance and construction 2017)에서는 F급화재를 가연성 튀김기름(식물성 또는 동물성 기름 및 지방)을 포함한 조리로 인한 화재로 정의하고 있다.

2. NFPA의 소화기 기준

국내의 경우 소화기 능력단위는 용도별로 소요되는 바닥면적을 기준으로 하나 NFPA에서는 소화기의 능력단위는 위험용도(Hazardous occupancy)별로 구분한 후 각 위험용도별로 해당하는 능력단위에 대해 소요되는 바닥면적을 기준으로 적용한다.

(1) 위험용도[14]

NFPA 10에서 소화기를 적용할 경우는 모든 용도를 3가지의 위험용도인 Extra, Ordinary, Light hazard로 구분하여 소화기를 적용하며 위험용도란 위험도로 보아 상(Extra), 중(Ordinary), 하(Light)의 개념이다.

1) **Light hazard(경급위험)** : 경급위험용도란 가연성이 있는 A급 물질이 일정량 있는 장소라고 할 수 있다. 아울러 B급 인화성 물질의 경우는 양이 적으며 상대적으로 낮은 열방출률이 예상되는 화재이다. 또한 경급위험용도에서 A급 가연성 집기비품의 저장량은 보통이며, B급 인화성 물질의 저장량은 모든 거실이나 장소에서 1gal(3.8l) 미만으로 예상되는 용도이다.

---

14) NFPA 10(2022 edition) 5.4(Classification of hazard)

2) Ordinary hazard(중급위험)

중급위험용도란 가연성이 있는 A급 물질이나 B급 인화성 물질이 중간급으로 있는 장소로서, 화재시 열방출률이 중간 정도로 예상되는 화재이다. 중급위험용도는 때때로 집기비품이 일반적인 양을 초과할 정도의 A급 가연성 물품을 포함할 수 있다. B급 인화성 물질의 저장량은 모든 거실이나 장소에서 1gal(3.8l) 이상 5gal(18.9l) 미만으로 예상되는 용도이다.

3) Extre hazard(특급위험)

특급위험용도란 A급의 가연성 물질과 B급의 인화성 물질이 다량으로 있는 장소로서, 높은 열방출률이 예상되는 화재가 신속하게 전개되는 것이 예상되는 용도이다. 이 용도는 A급의 가연성 물질을 저장, 포장, 취급, 제조하거나 B급의 인화성 물질의 양이 어떤 실이나 장소에서도 5gal(18.9l) 이상으로 예상되는 용도이다.

(2) A급화재의 경우

1) 적용기준

[표 1-1-8(A)] A급화재에서의 소화기 적용기준

Criteria(구분)	Light hazard occupancy (Low)	Ordinary hazard occupancy (Moderate)	Extra hazard occupancy (High)
Minimum rated single extinguisher (최소능력단위)	A급 2단위	A급 2단위	A급 4단위
Maximum floor area per unit of A (A급 1단위당 최대바닥면적)	3,000 sq ft (279m^2)	1,500 sq ft (139m^2)	1,000 sq ft (92.9m^2)
Maximum floor area per extinguisher (소화기 1대당 최대바닥면적)	11,250 sq ft (1,045m^2)	11,250 sq ft (1,045m^2)	11,250 sq ft (1,045m^2)
Maximum travel distance to extinguisher(최대보행거리)	75ft (22.9m)	75ft (22.9m)	75ft (22.9m)

[표 1-1-8(A)]의 출전(出典)

NFPA Code 10(2022 edition) Table 6.2.1.1(Fire extinguisher size & placement for clss A hazards)

국내에서 소형소화기의 보행거리 20m의 근거는 NFPA 10에서 소화기의 최대 보행거리를 A급화재의 경우 75ft(22.9m) 이하로 규정한 것을 준용한 것이다.

2) 소화기 배치

① [표 1-1-8(A)]에서 각 위험용도별로 최대보행거리가 75ft이므로 건물이 완전한 원형건물로서 보행거리가 75ft 이내라면 정중앙에 소화기를 1개 배치하는 것도 가능할 수는 있다. 그러나 [그림 1-1-15(A)]와 같이 보행거리 75ft를 초과하지 않는 범위 내에서 빈공간이 없이 원을 배치해보면 대부분의 건물은 직사각형의 구조인 관계로 가장 넓은 사각형의 면적은 반경 75ft의 원에 내접하는 정사각형으로 면적은 11,250ft^2(1,045m^2)가 된다. 따라서 이를 소화기 1대당 최대방호면적 기준으로 정한 것이다.

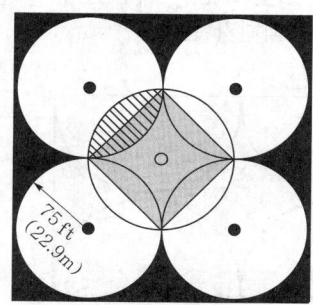
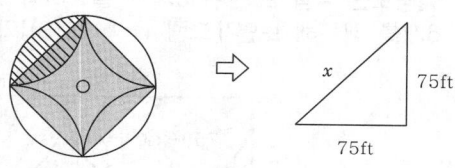

정사각형 1변의 길이를 x라고 하면
$$x^2 = 75^2 + 75^2, \quad x = \sqrt{5,625 + 5,625} = 106.07\,\text{ft}$$
정사각형의 면적 $S = 106.07 \times 106.07 \fallingdotseq 11,250\,\text{ft}^2$

[그림 1-1-15(A)] 소화기 1개의 최대방호면적(NFPA)

② 소화기 1대당 최대방호면적이란 어느 경우에도 11,250ft^2(sq ft)를 초과할 수 없다는 뜻으로 실제로 소화기를 배치할 경우는 소화기의 단위수에 대한 최대바닥면적(방호면적)은 [표 1-1-8(B)]와 같이 적용한다.

[표 1-1-8(B)] 소화기 단위별 최대방호면적

Class A rating shown on extinguisher	Light hazard occupancy sq feet(sq meter)	Ordinary hazard occupancy sq feet(sq meter)	Extra hazard occupancy sq feet(sq meter)
1-A	−	−	−
2-A	6,000(557)	3,000(279)	−
3-A	9,000(836)	4,500(418)	−
4-A	11,250(1,045)	6,000(557)	4,000(372)
6-A	11,250(1,045)	9,000(836)	6,000(557)
10-A	11,250(1,045)	11,250(1,045)	10,000(929)
20-A	11,250(1,045)	11,250(1,045)	11,250(1,045)
30-A	11,250(1,045)	11,250(1,045)	11,250(1,045)
40-A	11,250(1,045)	11,250(1,045)	11,250(1,045)

[표 1-1-8(B)]의 출전(出典)

NFPA Code 10(2022 edition) Table E.3.5(Maximum area in square feet to be protected for extinguisher)

 바닥면적이 67,500ft²(450ft×150ft)인 경우에 위험용도별로 소요되는 소화기 수량을 산정하고 배치하여라.

 [표 1-1-8(B)]에서 방호면적 11,250 sq ft의 경우 Light는 A급 4단위, Ordinary는 A급 10단위, Extra는 A급 20단위가 최저단위수가 된다. 이때 바닥면적 67,500÷11,250 =6이므로 따라서 저 위험용도는 A급 4단위 6개 중 위험용도는 A급 10단위 6개 고 위험용도는 A급 20단위 6개가 필요하다. 이를 가로 450ft, 세로 150ft인 건물에 소화기 6개를 배치해 보면 [그림 1-1-15(B)]와 같은 배치가 된다.

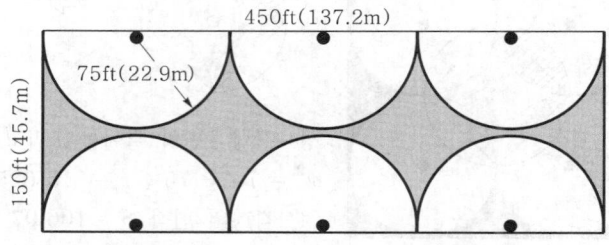

[그림 1-1-15(B)] 소화기 6개의 배치

위와 같이 건물 외벽을 따라 6개의 소화기를 배치하면 반원 외부는 소화기 보행거리 75ft가 초과되므로 소화기 6개로 적용할 수 없다. 따라서 소화기를 다시 산정하여야 하므로 6,000 sq ft로 적용해보면 67,500÷6,000=11.25 → 12개이므로 저위험용도는 A급 2단위 12개, 중위험용도는 A급 4단위 12개, 고위험용도는 A급 6단위 12개가 필요하다. 따라서 소화기 12개를 다시 배치해 보면 [그림 1-1-15(C)]와 같으며 이는 소화기 배치에 대한 보행거리 기준을 만족하게 된다.

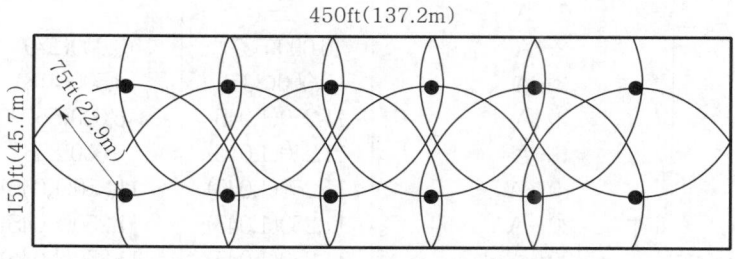

[그림 1-1-15(C)] 소화기 12개의 배치

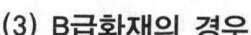

(3) B급화재의 경우

1) NFPA에서는 B급화재의 경우 보행거리가 단위수에 따라 30ft(9.15m)와 50ft (15.25m)로 구분하며 A급화재의 보행거리인 75ft(22.9m)보다 거리가 매우 짧다. 이는 화재의 성상의 차이에 기인하는 것으로 인화성 액체류의 화재인 B급화 재는 A급화재에 비해 즉시 최대강도에 도달하기 때문에 천천히 화재가 진행 되는 A급화재보다 훨씬 짧은 시간 내에 소화기를 사용하여야 하기 때문이다.

2) 하나의 실이나 지역 전체가 B급화재 위험으로 판단되는 경우 소화기는 어느 위치에서나 가장 가까운 소화기까지의 보행거리가 [표 1-1-9]에서 규정한 거 리를 초과하지 않아야 한다. 동시에 B급화재인 경우는 최소소요단위수에 대한 보행거리가 다음과 같이 별도로 규정되어 있다.

[표 1-1-9] B급화재에서의 소화기 적용기준

위험별 구분 (Type of Hazard)	최소소요단위수 (Basic mimimum rating)	소화기 최대보행거리 (Maximum travel distance)
Light(Low)	B급 5단위	30ft(9.14m)
	B급 10단위	50ft(15.25m)
Ordinary(Moderate)	B급 10단위	30ft(9.14m)
	B급 20단위	50ft(15.25m)
Extra(High)	B급 40단위	30ft(9.14m)
	B급 80단위	50ft(15.25m)

[표 1-1-9]의 출전(出典)

NFPA 10(2022 edition) Table 6.3.1.1(Fire extinguisher size & placement for class B hazards)

(4) C급화재의 경우

국내와 마찬가지로 전원이 차단된 경우는 화재 자체는 결국 A급 또는 B급 화재 위험이므로 A급이나 B급 위험을 기준으로 능력단위 및 배치가 결정되도록 한다. 전기를 계속하여 공급하여야 하는 중요한 장소에 대해서는 소화기보다는 고정식 소화설비를 하여야 하며 초기화재를 위하여 C급소화기를 구비하도록 규정하고 있다.

NFPA에서 C급화재에서 설치하는 소화기의 용량은 다음에 따라 개별적으로 판단하도록 하고 있다.[15]

1) 전기기기의 크기(Size of the electrical equipment)

2) 약제방사에 영향을 주는 전기기기(특히 밀폐된 장치)의 배치(Configuration of the electrical equipment(particularly the enclosures of units) that influences agent distribution)

3) 소화기 방사시의 유효범위(Effective range of the fire extinguisher stream)

4) 전기화재시 포함되는 A급 및 B급 물질의 양(Amount of class A & B material involved)

(5) D급화재의 경우

1) 능력단위 결정은 금속의 가연성, 입자의 크기, 설치장소 및 시험자료를 기초로 제조사의 시방에 따른다.

2) D급 소화약제의 경우 기체, 액체, 고체(분말)의 여러 종류의 소화약제가 미국에서 개발되어 있으며 주요 약제의 종류는 [표 1−1−10]과 같다.

3) 소화기 배치는 D급위험으로부터 보행거리 75ft(22.9m) 이내에 설치하도록 한다.

(6) K급화재의 경우

1) 가연성 요리재료(식물성 또는 동물성 기름이나 지방)에 대한 화재가 예상되는 장소에 K급소화기를 설치하도록 한다.

2) 소화기 배치는 K급위험으로부터 보행거리 30ft(9.15m) 이내에 설치하도록 한다.

---

15) NFPA 10(2022 edition) E.5.4

[표 1-1-10] D급 소화약제의 종류

Agent(약제명)	Main ingredients(주성분)	Used on(적용물질)
"Powders"		
① "Pyrene G-1" or "Metal Guard"	Graphitized coke+Organic phosphate	Mg, Al, U, Na, K
② Met-L-X	NaCl+Ca$_3$(PO$_4$)$_2$	Na
③ Foundry flux	Mixed chlorides+fluorides	Mg
④ Lith-X	Graphite+additives	Li, Mg, Zr, Na
⑤ Pyromet	(NH$_4$)$_2$H(PO$_4$)+NaCl	Na, Ca, Zr, Ti, Mg, Al
⑥ T.E.C	KCl+NaCl+BaCl$_2$	Mg, Na, K
⑦ Dry sand	SiO$_2$	Various
⑧ Sodium chloride	NaCl	Na, K
⑨ Soda ash	Na$_2$CO$_3$	Na, K
⑩ Lithium chloride	LiCl	Li
⑪ Zirconium silicate	ZrSiO$_4$	Li
"Liquids"		
① TMB	Trimethoxyborane	Mg, Zr, Ti
"Gases"		
① Boron trifluoride	BF$_3$	Mg
② Boron trichloride	BCl$_3$	Mg
③ Helium	He	Any metal
④ Argon	Ar	Any metal
⑤ Nitrogen	N$_2$	Na, K

[표 1-1-10]의 출전(出典)

Fire Protection Handbook Section 11 Chapter 7(Extinguishing agents & application techniques for combustible metal fires)

3. 소화기의 능력단위 시험기준

소화기 설치의 기준은 소요대수가 아닌 소요단위수로서 산정하며 이때 기준이 되는 소화기의 능력단위는 최소 1단위 이상으로 능력단위의 시험은 A급과 B급으로 구분하여 실시한다. 국내 소화시험 모형은 일본의 기준을 준용한 것으로 A급의 단위산정은 제1 소화시험, B급의 단위산정은 제2, 제3 소화시험으로 실시하며 이러한 소화기의 능력단위의 산정기준 및 시험방법은 다음과 같다.[16]

16) 소화기의 형식승인 및 제품검사의 기술기준 별표 2~6

(1) A급화재

1) **능력단위** : 소화기의 A급화재에 대한 능력단위의 수치는 2)의 규정에 의한 제1소화시험에 의하여 측정한다.

2) **제1소화시험** : 다음 ①호부터 ⑦호까지의 정해진 바에 의하며 단위수 산정은 3)의 기준에 의한다.

　① 다음의 [그림 1-1-16]의 제1모형 또는 제2모형에 의하여 행하되, 제2모형은 이를 2개 이상 사용할 수 없다.

　② 모형의 배열방법은 다음과 같이 한다.

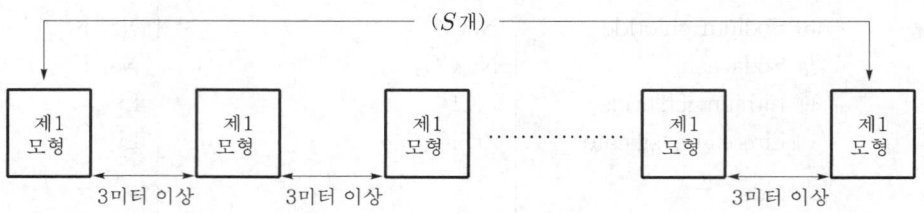

(a) S(임의의 수치를 말함)개의 제1모형을 사용할 경우의 배열

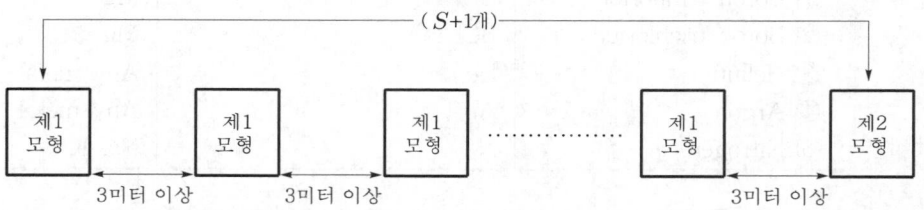

(b) S개의 제1모형 및 1개의 제2모형을 사용할 경우의 배열

[그림 1-1-16] A급화재 능력단위 시험모형의 배열

　③ 제1모형의 연소대에는 3.0l, 제2모형의 연소대에는 1.5l의 휘발유를 넣어 최초의 제1모형으로부터 순차적으로 불을 붙인다.

　④ 소화는 최초의 모형에 불을 붙인 다음 3분 후에 시작하되 불을 붙인 순으로 한다. 이 경우 그 모형에 잔염(殘炎 불꽃을 알아볼 수 있는 상태를 말한다)이 있다고 인정될 경우에는 다음 모형에 대한 소화를 계속할 수 없다.

⑤ 소화기를 조작하는 자는 적합한 작업복(안전모, 내열성의 얼굴가리개, 장갑 등)을 착용할 수 있다.

⑥ 소화는 무풍(無風)의 상태(풍속 0.5m/sec 이하인 상태를 말한다)와 사용상 태(휴대식은 손에 휴대한 상태, 멜빵식은 멜빵으로 착용한 상태, 차륜식은 고정된 상태를 말한다)에서 실시한다.

⑦ 소화약제의 방사가 완료된 때 잔염이 없어야 하며, 방사 완료 후 2분 이내에 다시 불타지 아니한 경우 그 모형은 완전히 소화된 것으로 본다.

3) 단위수 산정 : 제1소화시험 규정에 의하여 소화시험을 한 A급화재 소화기의 소화능력단위의 수치는 S개의 제1모형을 완전히 소화한 것은 $2S$로, S개의 제1모형과 1개의 제2모형을 완전히 소화한 것은 $2S+1$로 한다.

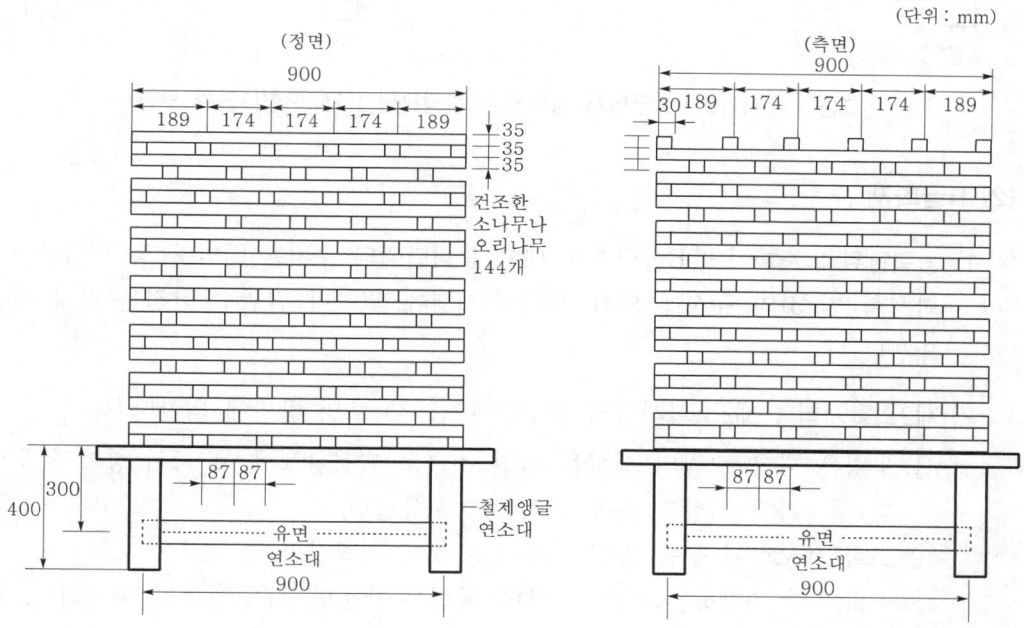

[그림 1-1-17(A)] A급화재 능력단위 시험모형 : 제1모형(2단위 모형)

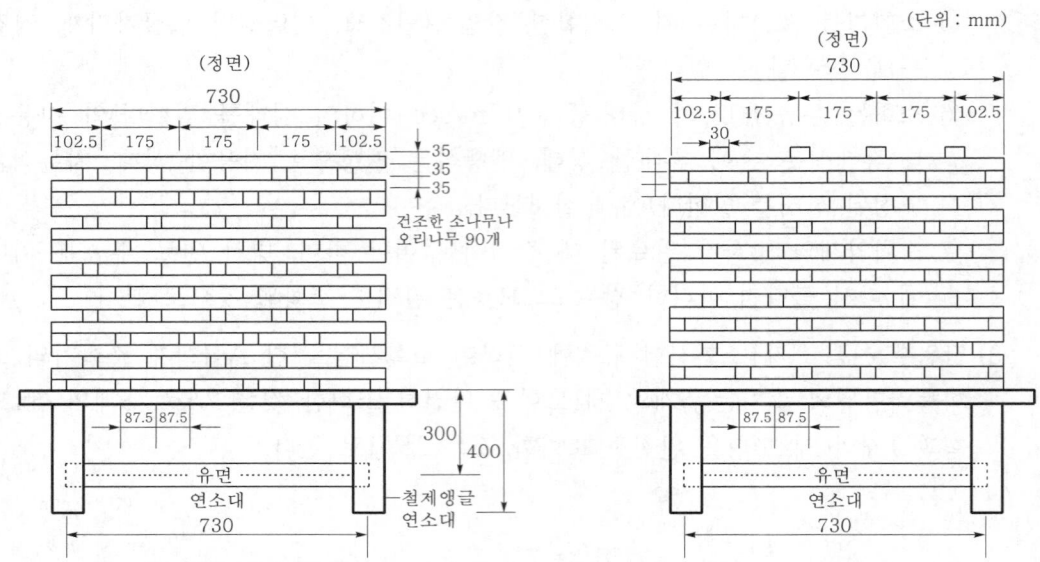

(단위 : mm)

[그림 1-1-17(B)] A급화재 능력단위 시험모형 : 제2모형(1단위 모형)

(2) B급화재

1) **능력단위** : 소화기의 B급화재에 대한 능력단위의 수치는 2)의 규정에 의한 제2소화시험 및 3)의 규정에 의한 제3소화시험에 의하며 단위수 산정은 4)의 기준에 의한다.

2) **제2소화시험** : 제2소화시험의 측정은 다음 각 호의 방법에 의한다.[17]

① 모형은 다음 그림의 형상을 가진 것으로 다음 [표 1-1-11] 중에서 모형번호 수치가 1 이상인 것을 1개 이상 사용한다.

② 소화는 모형에 불을 붙인 다음 1분 후에 시작한다.

③ 소화기를 조작하는 자는 적합한 작업복(안전모, 내열성의 얼굴가리개, 장갑 등)을 착용할 수 있다.

④ 소화는 무풍(無風)상태와 사용상태에서 실시한다.

⑤ 소화약제의 방사 완료 후 1분 이내에 다시 불타지 아니한 경우 그 모형은 완전히 소화된 것으로 본다.

---

17) 소화기의 형식승인 및 제품검사의 기술기준 별표 3

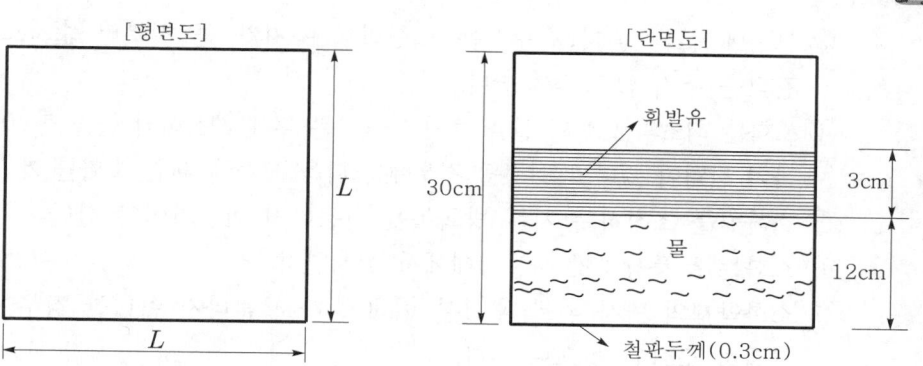

[그림 1-1-18] B급화재 능력단위 시험모형(단위 : cm)

[표 1-1-11] 모형의 종류

모형번호 수치(T)	연소 표면적(m²)	한 변의 길이 : L(cm)
0.5	0.1	31.6
1	0.2	44.7
2	0.4	63.3
3	0.6	77.5
4	0.8	89.4
5	1.0	100.0
6	1.2	109.5
7	1.4	118.3
8	1.6	126.5
9	1.8	134.1
10	2.0	141.3
12	2.4	155.0
14	2.8	167.4
16	3.2	178.9
18	3.6	189.7
20	4.0	200.0

3) **제3소화시험** : 제3소화시험의 측정은 다음 각 호의 방법에 의한다.

① 제2소화시험에서 그 소화기가 완전히 소화한 모형번호 수치의 $\frac{1}{2}$ 이하인 것을 2개 이상 5개 이하 사용한다.

② 모형의 배열방법은 모형번호의 수치가 큰 모형부터 작은 모형순으로 평면상에 일직선으로 배열하고, 모형과 모형간의 간격은 상호 인접한 모형 중 그 번호의 수치가 큰 모형의 한 변의 길이보다 길게 하여야 한다.

③ 모형에 불을 붙이는 순서는 모형번호 수치가 큰 것부터 순차로 하되 시간 간격을 두지 않고 점화한다.

④ 소화는 최초의 모형에 불을 붙인 다음 1분 후에 시작하되 불을 붙인 순으로 실시하며 잔염이 있다고 인정될 경우에는 다음 모형에 대한 소화를 계속할 수 없다.

⑤ 소화기를 조작하는 자는 방화복을 착용하지 아니하여야 한다.

⑥ 소화는 무풍상태의 사용상태에서 실시한다.

⑦ 소화약제의 방사 완료 후 1분 이내에 다시 불타지 아니한 경우에 그 모형은 완전히 소화된 것으로 본다.

4) **단위수 산정** : 제2소화시험 및 제3소화시험을 실시한 B급화재에 대한 능력단위 수치는 제2소화시험에서 완전히 소화한 모형번호의 수치와 제3소화시험에서 완전히 소화한 모형번호 수치의 합계 수와의 산술평균치로 한다. 이 경우 산술평균치에서 1 미만의 끝자리는 버린다.

단위수 산정

소화기의 단위수 산정 및 적응성 여부 등은 위와 같이 소화기 능력단위 시험에 의거 결정하는 것이다.
1. C급의 경우 능력단위는 지정하지 아니한다.
2. B급 능력단위의 경우 10단위 이하는 각 수치별로 능력단위가 있으나, 10단위를 초과할 경우는 짝수 단위만 사용하며 홀수단위는 사용하지 아니한다.

(3) C급화재

소화기의 C급화재에 대한 능력단위는 지정하지 아니하며, 전기전도성시험에 적합하여야 한다. 전기전도성은 다음의 이격거리(소화기 방사노즐 선단과 금속판 중심의 이격거리) 및 전압을 가한 상태에서 소화약제를 방사하는 경우 통전전류가 0.5mA 이하이어야 한다.

이격거리	인가전압
이격거리 50cm인 경우	A.C(35±3.5)kV
이격거리 90cm인 경우	A.C(100±10)kV

(4) K급화재

1) **능력단위** : 소화기의 K급화재에 대한 능력단위는 지정하지 아니하며, 기본적으로 A급화재용 소화기의 능력단위 시험 또는 B급화재용 소화기의 능력단위 시

험에서 1단위 이상이 되어야 하고, 아래의 K급화재용 소화기의 소화성능시험과 스플래시시험에 모두 적합하여야 한다. 시험의 공통사항은 다음과 같다.

① 시험은 최소 6m×6m×4m(가로×세로×높이) 크기 이상의 실내에서 실시한다.
② 시험 조건은 주위온도 5~30℃, 무풍상태에서 실시한다.
③ 소화성능시험과 스플래시시험에 모두 양호한 경우에만 적합한 것으로 판정한다.

2) 소화성능시험

① 모형은 다음 그림의 형상을 가진 것으로 사용하여 실시한다.

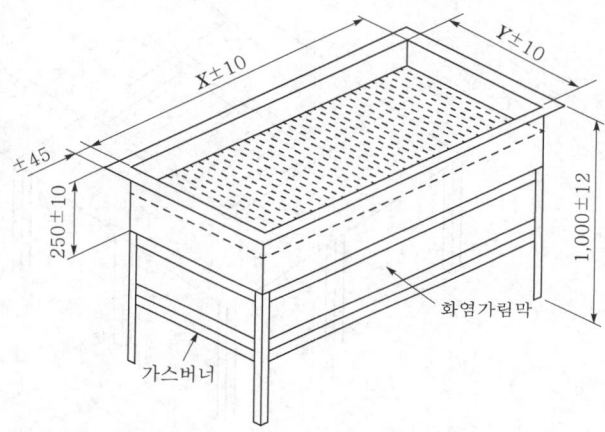

[그림 1-1-19(A)] K급화재의 소화성능시험 모형

㈜ 1. 가스버너(전기적 가열장치 사용 가능)지지대
2. 화염가림막(자연발화 전 점화방지용)
3. 바닥으로부터 높이(X=610mm, Y=460mm)

② 시험모형에 대두유를 모형 상단에서 기름 표면까지의 수직거리가 75mm가 되도록 붓고(대두유의 온도가 175~195℃일 때 75mm가 되도록 한다) 열원을 배치하여 가열하였을 때 260℃부터 자연발화될 때까지의 가열속도는 5℃/min(±2) 범위 이내이어야 한다. 이 경우 기름의 온도 측정을 위한 온도센서는 기름 표면으로부터 아래로 25mm 지점에 모형 벽면으로부터 75mm 이격하여 설치한다.

③ 계속 가열하여 대두유를 자연 발화시킨다. 자연발화가 되면 열원을 차단하고 2분간 자유 연소시킨 후 소화기를 완전히 방출하여 소화한다.

④ 소화시험시 소화기를 작동하는 동안 연료모형과 노즐 간의 거리가 최소 1m 이상 유지되도록 하여야 한다.

⑤ 소화시험에 사용되는 소화기는 사용 상한온도 및 사용 하한온도에서 각각 16시간 이상 보존 후 시험하여야 하며, 각각 2회 연속 시험하여 다음에 모두 적합한 경우 소화된 것으로 판정한다.

㉮ 완전히 소화되어야 한다.

㉯ 방사 종료 후 20분 동안 재연되지 않아야 한다.

㉰ 대두유의 온도가 발화온도의 35℃ 이하로 내려갈 때까지 재연되지 않아야 한다.

3) 스플레시시험

① 모형은 다음 그림의 형상을 가진 것으로 사용하여 실시한다.

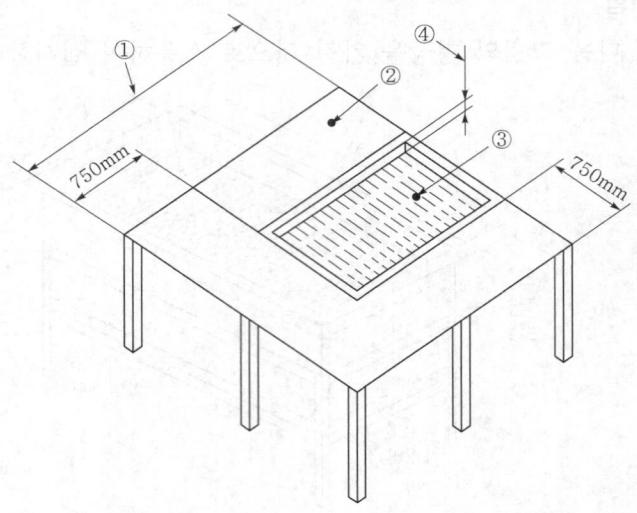

① : 연료대 길이+750mm
② : 표면에 약 2mm 두께로 중탄산나트륨 도포
③ : 연료대(소화성능시험 모형과 동일한 것)
④ : 모형 상단에서 기름 표면까지의 수직거리(대두유의 온도가 175~195℃일 때 75mm)

[그림 1-1-19(B)] K급화재 스플래시시험 모형

② 시험모형에 소화성능시험시와 동일하게 대두유를 붓고 열원을 배치하여 175~190℃까지 가열한다. 이 경우 기름의 온도 측정을 위한 온도센서는 기름 표면으로부터 아래로 25mm 지점에 모형 벽면으로부터 75mm 이격하여 설치한다.

③ 기름의 온도가 175~190℃가 된 후 소화기를 연료대 중앙을 향해 연속적으로 완전히 방사한다. 이 경우 노즐과 연료대 모서리와의 최대거리가 2m를 초과해서는 안 된다.

④ 시험에 사용하는 소화기는 20±5℃ 및 소화기의 사용한 온도에서 각 16시간 이상 보존한 소화기로 각 실시(시험을 위하여 소화기의 온도조건을 해지한 경우에는 5분 이내에 방사 개시)한다.

⑤ 소화기 방사 완료 후 2mm 두께로 도포된 중탄산나트륨 표면에 소화기 방사시 비산된 기름의 액적 크기를 측정하였을 때 그 크기가 5mm 이내이어야 한다.

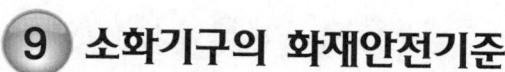

chapter
1
소화설비

9 소화기구의 화재안전기준

1. 적응성 기준 : NFTC 표 2.1.1.1

(1) 기준 : 특정소방대상물의 설치장소에 따라 다음 표에 적합한 종류의 것으로 설치할 것

[표 1-1-12] 소화기구의 소화약제별 적응성

소화약제 구분 / 적응대상	가 스			분 말		액 체				기 타			
	이산화탄소소화약제	할론소화약제	할로겐화합물 및 불활성기체 소화약제	인산염류소화약제	중탄산염류소화약제	산알카리소화약제	강화액소화약제	포소화약제	물·침윤소화약제	고체에어로졸화합물	마른모래	팽창질석·팽창진주암	그밖의 것
일반화재 (A급화재)	-	○	○	○	-	○	○	○	○	○	○	○	-
유류화재 (B급화재)	○	○	○	○	○	○	○	○	○	○	○	○	-
전기화재 (C급화재)	○	○	○	○	○	*	*	*	*	○	-	-	
주방화재 (K급화재)	-	-	-	-	*	-	*	*	*	-	-	-	*

주 "*"의 소화약제별 적응성은 소방시설법 제37조에 의한 "형식승인 및 제품검사의 기술기준"에 따라 화재 종류별 적응성에 적합한 것으로 인정되는 경우에 한한다.

(2) 해설

1) 표의 해설

종전에는 [표 1-1-12]의 소화약제의 적응성을 설치장소별로 규정하였으나 화재의 성상에 따라 이를 규정하는 것이 더욱 합리적인 관계로 2015. 1. 23. 해당 표를 개정하여 소화약제에 대응하는 화재성상에 따라 이를 분류하였다. 아울러 2018. 11. 19. K급화재를 도입함에 따라 [표 1-1-12]와 같이 개정하였다.

2) 할론소화약제의 경우

최근에는 국내의 경우에도 A급소화가 가능한 할론 1301 소화기 제품이 생산되고 있으나, 할론 1301 소화기는 기본적으로 BC급소화기로서 건축물이나 기타 공작물인 A급화재에 대해 "소화의 적응성"이 없다. 따라서 할론 1301 소화기나 할로겐화합물 및 불활성기체 소화약제(기존의 청정소화약제) 소화기의 경우는 [표 1-1-12]에도 불구하고 A급으로 형식승인 받은 제품에 한하여 일반건축물 화재에 사용할 수 있다.

3) 분말약제에서 인산염류(燐酸鹽類)약제란 제1인산암모늄($NH_4 \cdot H_2PO_4$)을 사용하는 ABC급 분말소화기를 뜻하며, 중탄산염류 약제란 중탄산나트륨($NaHCO_3$)이나 중탄산칼륨($KHCO_3$)을 사용하는 BC급 분말소화기를 뜻한다. 따라서 인산염류 약제는 ABC급이므로 건축물인 A급화재에 적응성이 있으나, 중탄산염류 약제는 BC급이므로 건축물인 A급화재에 적응성이 없다.

4) 액체계 소화약제는 A급화재인 건축물에 적응성이 있으나 전기의 전도성으로 인하여 금수성 화재인 전기실이나 통신기기실에는 적응성이 없는 약제로 적용한다.

5) 위험물의 경우

① [표 1-1-12]에서 위험물에 대한 기준이 없는 것은 위험물의 경우 소화기의 적응성 기준은 위험물안전관리법 시행규칙 별표 17의 제4호 "소화설비의 적응성"에서 별도로 규정하고 있기 때문이다.

아울러 동 시행규칙 별표 17의 제4호 "소화설비의 적응성"에 따르면 할론 소화기의 경우 건축물에 대해서는 소화적응성이 없는 것으로 규정하고 있다.

② 또한 위험물안전관리법 시행규칙 별표 17에서는 [표 1-1-12]와 달리 물소화기, 강화액소화기에 대해 봉상(棒狀)과 무상(霧狀)으로 구분하여 소화적응성에 대해 별도로 규정하고 있다.

2. 소요단위기준

(1) 기본 소요단위 : NFTC 표 2.1.1.2

1) 기준 : 특정소방대상물의 용도별로 소화기를 산정할 경우 능력단위 적용은 다음 표에 의한 기준 이상이어야 한다. 소화기를 산정할 경우는 소화기 수량을 구하는 것이 아니라 먼저 소요능력단위를 구한 후 능력단위에 맞는 소화기 수량을 산정하고 이를 보행거리 이내가 되도록 배치하여야 한다.

[표 1-1-13] 특정소방대상물별 소화기구의 능력단위

특정소방대상물	소화기구의 능력 단위
① 위락시설	1단위 이상/해당 용도 바닥면적 30m²
② 공연장·집회장·관람장·문화재·장례식장 및 의료시설	1단위 이상/해당 용도 바닥면적 50m²
③ 근린생활시설·판매시설·운수시설·숙박시설·노유자시설·전시장·공동주택·업무시설·방송통신시설·공장·창고시설·항공기 및 자동차관련시설·관광휴게시설	1단위 이상/해당 용도 바닥면적 100m²
④ 그 밖의 것	1단위 이상/해당 용도 바닥면적 200m²

㈜ 건물의 주요구조부가 내화구조이고, 내장재(벽 및 반자의 실내에 면하는 부분)가 불연재료, 준불연재료 또는 난연재료로 된 특정소방대상물에 있어서는 위 표의 바닥면적의 2배를 해당 특정소방대상물의 기준면적으로 한다.

2) 해설

① 능력단위 : 소화기 산정시 층별로 설치수량(소화기 대수)을 구하기 위해서는 먼저 층별로 해당 용도에 대한 능력단위를 구하여야 하며, 능력단위란 소화기의 형식승인 기준에 따른 소화기의 성능으로서 본 교재 "소화기의 능력단위 시험기준"을 말하며 이를 바닥면적별로 계량화한 것이 [표 1-1-13]의 기준이다.

② 복합건축물 용도의 적용 : 소화기는 2개 이상의 용도가 복합된 경우에도 이를 복합건축물(그 밖의 것)로 적용하지 않아야 하며 각 층에 대해 "해당 용도"별로 단위수를 개별적으로 산정하여 적용하여야 한다. 즉, 소화기 산정은 건물의 용도단위로 산정하는 것이 아니라 층별로 사용 중인 해당 용도에 대해 각각 바닥면적별로 [표 1-1-13]을 적용하는 것이 입법의 취지이다.

(2) 추가 소요단위 : NFTC 표 2.1.1.3

1) 기준 : [표 1-1-13] 이외에 부속용도로 사용하는 부분에 대해서는 다음 표의 소화기구를 추가로 설치하여야 한다. 이는 NFTC 표 2.1.1.3으로, 1호는 자동확산소화기 및 소화기에 대한 추가 설치기준이며, 2~6호는 고압의 전기사용장소, 소량취급소(위험물), 특수가연물, 가스사용 장소에 국한하여 추가로 소화기를 설치하는 기준이다. 위험물에 관한 추가 기준이 없는 것은 "위험물안전관리법"에서 별도로 규정하고 있기 때문이다.

[표 1-1-14] 부속용도별로 추가하여야 할 소화기구 및 자동소화장치

용도별	소화기구의 능력단위
1. 다음 각 목의 시설. 다만, 스프링클러설비·간이스프링클러설비·물분무등소화설비 또는 상업용 주방 자동소화장치가 설치된 경우에는 자동확산소화기를 설치하지 아니할 수 있다. 가. 보일러실(아파트의 경우 방화구획된 것을 제외한다)·건조실·세탁소·대량화기취급소 나. 음식점(지하가의 음식점을 포함한다)·다중이용업소·호텔·기숙사·노유자시설·의료시설·업무시설·공장·장례식장·교육연구시설·교정 및 군사시설의 주방. 다만 의료시설, 업무시설 및 공장의 주방은 공동취사를 위한 것에 한한다. 다. 관리자의 출입이 곤란한 변전실·송전실·변압기실 및 배전반실(불연재료로 된 상자 안에 장치된 것을 제외한다)	1. 소화기 및 자동확산소화기 ① 소화기 : 능력단위 1단위 이상/해당 용도 바닥면적 25m²마다 ② 자동확산소화기 : • 바닥면적 10m² 이하 → 1개 • 바닥면적 10m² 초과 → 2개 2. K급소화기 나목의 주방의 경우 설치하는 소화기 중 1개 이상은 주방 화재용 소화기(K급)를 설치할 것
2. 발전실·변전실·송전실·변압기실·배전반실·통신기기실·전산기기실·기타 이와 유사한 시설이 있는 장소. 다만, 1호 다목의 장소를 제외한다.	적응소화기 1개 이상 또는 유효설치 방호체적 이내의 가스·분말·고체에어로졸 자동소화장치·캐비닛형 자동소화장치/해당 바닥면적 50m²(다만, 통신기기실·전산기기실을 제외한 장소는 교류 600V 또는 직류 750V 이상의 것에 한한다)
3. 위험물안전관리법 시행령 별표 1에 따른 지정수량 $\frac{1}{5}$ 이상 지정수량 미만의 위험물 저장 또는 취급하는 장소	능력단위 2단위 이상 또는 유효설치방호체적 이내의 가스·분말·고체에어로졸 자동소화장치·캐비닛형 자동소화장치

4. 화재예방법 시행령 별표 2에 따른 특수가연물을 저장 또는 취급하는 장소	지정수량 이상		능력단위 1단위 이상/지정수량 50배마다
	지정수량의 500배 이상		대형소화기 1개 이상
5. 가스 3법에서 규정하는 가연성가스를 연료로 사용하는 장소	액화석유가스 기타 가연성가스를 연료로 사용하는 연소기기가 있는 장소		각 연소기로부터 보행거리 10m 이내에 3단위 이상 소화기 1개 이상. 다만, 상업용 주방 자동소화장치가 설치된 장소는 제외한다.
	액화석유가스 기타 가연성가스를 연료로 사용하기 위하여 저장하는 저장실(저장량 300kg 미만은 제외한다)		5단위 이상 소화기 2개 이상 및 대형소화기 1개 이상
6. 가스 3법에서 규정하는 가연성가스를 제조하거나 연료외의 용도로 저장·사용하는 장소	저장하고 있는 양 또는 1개월 동안 제조·사용하는 양	200kg 미만 저장, 제조, 사용 장소	3단위 이상 소화기 2개 이상
		200kg 이상 300kg 미만 저장 장소	5단위 이상 소화기 2개 이상
		200kg 이상 300kg 미만 제조, 사용 장소	5단위 소화기 1개 이상/바닥면적 50m^2 마다
		300kg 이상 저장 장소	대형소화기 2개 이상
		300kg 이상 제조, 사용 장소	5단위 소화기 1개 이상/바닥면적 50m^2 마다

[비고] 액화석유가스·기타 가연성가스를 제조하거나 연료 외의 용도로 사용하는 장소에 소화기를 설치하는 때에는 해당 장소 바닥면적 50m^2 이하인 경우에도 해당 소화기를 2개 이상 비치해야 한다.

[주] 가스 3법이란 원문에서는 고압가스안전관리법·액화석유가스의 안전 관리 및 사업법·도시가스 사업법으로 명기되어 있으나 약칭으로 가스 3법이라고 표현한다.

2) 해설

① [표 1-1-14]의 해설

㉮ 1호 본문 중 자동확산소화기 설치 제외 장소에 간이스프링클러설비와 상업용 주방 자동소화장치를 신설하여 해당 설비가 설치된 경우에도 자동확산소화기를 설치하는 문제점을 보완하였으며, 1호 나목에서 다중이용업소의 주방이 도입된 것은 음식점 이외의 다중이용업소에도 주방이 있는 경우에는 자동확산소화기를 주방에 설치하도록 하기 위함이다.

㉯ 2호의 능력단위에서 교류 600V 또는 직류 750V 이상이라는 표현은 종전까지 저압과 고압의 기준이 되는 전압이나, 국제표준인 IEC 기준을 반영하여 새로운 전압체계 개편으로 2021. 1. 1. 시행하여 전압의 기준을 개정하였다.[18]

㉰ 3호에서 지정수량 미만의 위험물에 대해서만 규정한 것은 지정수량 이상의 경우는 위험물안전관리법령에서 별도로 규정하고 있기 때문이다.

㉱ 5호 연소기기가 있는 장소에서 "다만, 상업용 주방 자동소화장치가 설치된 장소는 제외한다."로 2017. 4. 11. 개정되었으나, 이는 아파트 각 세대를 반영하지 않은 것으로 시급히 개정되어야 한다. 즉, 아파트의 경우 각 세대에서 연소기기(가스레인지)를 사용하므로 바닥면적별로 필요한 세대 내 소화기 이외에 연소기로부터 10m 이내에 추가로 소화기를 배치하여야 하는 문제가 발생하게 된다.

② 대량 화기취급소(1호 가목) : 1호 가목에서 "대량 화기취급소"에 대한 용어의 정의가 국내법에는 없으나 일본의 경우 이를 "다량의 화기를 사용하는 장소"로 표현하고 있으며 다음과 같은 장소를 예시하고 있다.[19]

㉮ 주방(개인용 주방은 제외)

㉯ 영업용 식품가공로(加工爐) 설치장소

㉰ 공업용 식품가공로 설치장소

㉱ 열풍로 설치장소

㉲ 사우나실

㉳ 공중목욕탕용 화덕

㉴ 소각로 설치장소

③ 기타 이와 유사한 시설이 있는 장소(2호 본문) : 2호에서 "기타 이와 유사한 시설이 있는 장소"에 대한 용어 역시 일본의 사찰편람에서는 다음과 같은 장소를 예시하고 있다.[20]

㉮ 고압 또는 특별고압의 전로에 접속되어 있는 리액터(Reactor)

㉯ 전압조정기(Voltage regulator)

㉰ 유입개폐기(Oil switch)

㉱ 유입콘덴서(Oil condenser)

㉲ 유입차단기(Oil circuit breaker)

㉳ 계기용 변성기(變成器) 등이 있는 장소

---

18) 전기설비기술기준 제3조 2항 1호 : 저압(직류는 1,500V 이하, 교류는 1,000V 이하)
19) 동경소방청 사찰편람 5.1 소화기구(消火器具)−5.1.1 설치(設置) (2)
20) 동경소방청 사찰편람 5.1 소화기구(消火器具)−5.1.1 설치(設置) (3) 주(注) 2

계기용 변성기(Instrument transformer)

1. 계기용 변성기란 고압이나 대전류가 직접 배전반에 있는 각종 계측기나 계전기에 유입되면 위험하므로 이를 저전압이나 소전류로 변성시켜 계측기나 계전기의 입력전원으로 사용하기 위한 장치이다.
2. 계기용 변성기에는 계기용 변압기(Potential transformer), 계기용 변류기(Current transformer), 계기용 변압변류기(MOF), 영상변류기(ZCT) 등이 있다.

chapter

1

소화설비

3. 설치기준

(1) 기본 배치기준 : NFTC 2.1.1.4.2

1) **기준** : 각 층마다 설치하되 특정소방대상물의 각 부분으로부터 1개의 소화기까지의 거리는 다음과 같이 배치하도록 한다. 다만, 가연성물질이 없는 작업장의 경우에는 작업장의 실정에 맞게 보행거리를 완화하여 배치할 수 있다.

① 소형소화기 : 보행거리 20m 이내
② 대형소화기 : 보행거리 30m 이내

2) **해설**

① 보행거리(Travel distance)

㉮ 층별로 특정지점에서 해당지점까지 복도나 실내의 통로를 이용하거나, 구획된 경우에는 출입문을 이용하는 동선(動線)상의 이동거리를 말한다.

㉯ 보행거리 적용 : 소화기, 복도의 연감지기, 통로유도등(복도나 거실), 연결송수관 방수기구함 배치 등

② 수평거리(Horizontal distance)

㉮ 층별로 특정지점에서 해당지점까지 통로 유무, 출입문 유무, 각 실의 구획여부와 관계없이 일정한 반경 내에 있는 직선상의 거리를 말한다.

㉯ 수평거리 적용 : 소화전함, 음향장치, 연결송수관 방수구 수량, 비상콘센트 수량 등

(2) 배치 제한기준 : 제4조 3항(2.1.3)

1) **기준** : 이산화탄소 또는 할로겐화합물을 방사하는 소화기구(자동확산소화기를 제외한다)는 지하층이나 무창층 또는 밀폐된 거실로서 그 바닥면적이 $20m^2$ 미만의 장소에는 설치할 수 없다. 다만, 배기를 위한 유효한 개구부가 있는 장소인 경우에는 그렇지 않다.

2) 해설

① CO_2소화기는 산소농도를 줄여주는 질식소화가 주체이며, 할로겐화합물 소화기는 열분해시 분해 부산물로 인한 독성물질의 발생 가능성이 있어 인명안전을 위하여 $20m^2$ 미만의 소규모 밀폐 공간(지하층, 무창층, 밀폐된 거실)에서는 사용을 제한한 것으로 배기를 위한 유효한 개구부가 있는 경우에 한하여 적용할 수 있다. 과거에는 할론 1301과 기존의 청정약제의 경우 적용을 제외하였으나 HCFC-123 소화기의 경우 열분해시 독성물질이 발생하여(국내에서 인명사고가 발생함) 할론 1301과 기존의 청정약제의 경우도 적용하도록 2017. 4. 11. 개정하였다.

② 다만, 자동확산소화기의 경우는 단위수가 작으며 소화기와 달리 사람이 직접 조작하는 것이 아닌 관계로 설치장소에 대한 사용제한이 없다.

③ 이 경우 "바닥면적 $20m^2$ 미만"이란 지하층으로 $20m^2$ 미만 또는 무창층으로 $20m^2$ 미만 또는 밀폐된 거실로서 $20m^2$ 미만을 의미한다.

(3) 추가 배치기준 : NFTC 2.1.1.4.1

1) 기준 : 특정소방대상물의 각 층이 2 이상의 거실로 구획된 경우에는 위 배치기준에 따라 각 층마다 설치하는 것 외에 바닥면적 $33m^2$ 이상으로 구획된 각 거실(아파트의 경우에는 각 세대)에도 배치할 것

2) 해설

① 기본배치 기준에 따라 산정된 소화기 수량을 해당층 전체에 보행거리 20m마다 전부 배치한 경우에도, 바닥면적이 $33m^2$(10평 기준임) 이상인 거실이 2 이상 있는 경우에는 거실 외부(예 복도등)의 소화기가 거실 내부까지 보행거리 20m 이내가 될지라도 거실 내부에 추가로 소화기를 배치하라는 뜻이다. 또한 이때의 구획은 방화구획이 아니므로 일반 칸막이로 구획된 경우도 해당되는 사항이다.

② 아울러 아파트의 경우에는 각 세대 내의 방을 구획된 거실로 적용하지 말고 세대 그 자체를 하나의 구획된 거실로 적용하라는 것으로 아파트의 경우 $33m^2$ 이상의 방이 있는 경우에도(소화기까지 보행거리가 20m 이내라면) 소화기 추가 배치를 아파트에 한하여 완화시켜 준 것이다.

③ 거실이라 함은 건축법상 용어로 제3조 5호(1.7.1.5)에서 "거주·집무·작업·집회·오락, 그 밖에 이와 유사한 목적을 위하여 사용하는 방"이라고 정의하고 있다. 즉 거실이란 일반적인 실을 의미하며, 예를 들어 주차장이나 유류탱크실, 창고 등은 거실로 보지 아니한다.

(4) 감소 및 제외기준 : NFTC 2.2

1) 기준

① 소형소화기를 설치하여야 할 특정소방대상물 또는 그 부분에 소화설비 또는 대형소화기를 설치한 경우에는 해당 설비의 유효범위의 부분에 대해서는 소형소화기의 2/3(대형소화기를 둔 경우에는 1/2)를 감소할 수 있다. 다만, 11층 이상인 부분, 근린생활시설, 위락시설, 문화 및 집회시설, 운동시설, 판매시설, 운수시설, 숙박시설, 노유자시설, 의료시설, 아파트, 업무시설(무인변전소는 제외), 방송통신시설, 교육연구시설, 항공기 및 자동차관련시설, 관광휴게시설은 그렇지 않다.

㉮ 소화설비가 있는 경우 : 소형소화기 소요단위수의 $\frac{2}{3}$를 감소 → 즉, $\frac{1}{3}$만 설치할 수 있다.

㉯ 대형소화기가 있는 경우 : 소형소화기 소요단위수의 $\frac{1}{2}$을 감소 → 즉, $\frac{1}{2}$만 설치할 수 있다.

㉰ 단서조항의 경우 : 해당 용도의 경우는 소형소화기 단위수 감소를 적용하지 않는다.

② 대형소화기를 설치해야 할 경우, 소화설비를 설치할 경우에는 해당 설비의 유효범위의 부분에 대하여 대형소화기를 설치하지 않을 수 있다.

> **보충 자료**
>
> 본 교재에서는 편의상 화재안전기준에서 옥내소화전설비·스프링클러설비·물분무등소화설비·옥외소화전설비라는 표현을 "소화설비"라고 기재하였다.

2) 해설

① 감소기준의 적용범위

㉮ 소화설비 등을 설치한 경우 감소기준의 적용은 기본 단위수(바닥면적별 소요단위수)만 해당하는 것이 아니라, 추가단위수(특정 용도별 소요단위수)도 감소되는 것이며 아울러 소화기의 대수(수량)를 감소하는 것이 아니라 소화기의 소요단위수를 감소하는 것이다.

㉯ 다만, 고층부분(11층 이상의 층), 화재위험도가 높은 용도(위락시설, 판매시설), 화재시 인명피해의 우려가 높은 장소(문화 및 집회시설, 숙박시설, 노유자시설, 의료시설 등) 등 13개 용도 등에 대해서는 감소하지 아니한다.

② 해당 설비의 유효범위

㉮ 소화설비 등을 설치한 경우 해당 설비의 유효범위 부분에 한하여 이를 감소하는 것으로 첫 번째로 소화설비에 대해 소화기가 감소되는 장소가 소화 적응성이 있어야 하며, 두 번째는 소화기가 감소되는 장소가 해당 소화설비의 유효범위 내에 있어야 한다.

㉯ 소화설비의 유효범위에 대해서는 일본의 경우 다음과 같이 적용하고 있으므로 이를 준용하도록 한다.[21]

㉠ 옥내소화전 : 호스접결구를 중심으로 반경 25m 이내에 포함된 장소

㉡ 스프링클러, 물분무, 포소화설비 : 헤드의 유효방사 범위 내에 포함된 장소 (이동식의 경우는 호스접결구를 중심으로 반경 15m 이내에 포함된 장소)

㉢ 가스계 및 분말소화설비 : 전역방출방식은 유효범위를 방호구역으로 적용하고, 국소방출방식의 경우는 유효한 방호범위 내로 한다(이동식의 경우는 호스접결구를 중심으로 CO_2는 반경 15m, 할론은 반경 20m 이내에 포함된 장소).

(5) 다중이용업소 기준 : 다중이용업소법 시행규칙 별표 2

1) 소화기 또는 자동확산소화기는 영업장 안의 구획된 실마다 설치할 것

2) "구획된 실(室)"이라 함은 영업장 내부에 이용객 등이 사용할 수 있는 공간을 벽 또는 칸막이 등으로 구획한 공간을 말한다. 다만, 영업장 내부를 벽 또는 칸막이 등으로 구획한 공간이 없는 경우에는 영업장 내부 전체 공간을 하나의 구획된 실(室)로 본다.

> 다중이용업소의 경우는 NFPC나 NFTC를 적용하는 것이 아니라 "다중이용업소법"을 적용하여야 한다. 따라서 33m² 이상이 아닌 경우에도 영업장 내부를 칸막이 등으로 구획된 경우에는 면적에 관계없이 구획된 장소마다 소화기 또는 자동확산소화기를 설치하여야 한다.

---

21) 동경소방청 사찰편람 5.1 소화기구(消火器具)−5.1.3 설치수(設置數) (6) 완화기준

10 소화기의 설계실무

1. 설계 예제 및 풀이

예제

다음 건물의 각 층에 기본적으로 ABC분말소화기(2단위) 및 K급소화기를 설치하고자 한다. 각 층별 최저로 필요한 소요 소화기구 개수를 구하여라. (단, 풀이 과정을 제시하여라)

[조건] 지하층에서 10층까지는 구획된 장소가 없이 개방된 공간이며, 11층은 20m²×1개소, 40m²×2개소, 50m²×4개소의 구획된 사무실이 별도로 있다.

1) B1-B2 : 주차장
   B2의 경우 : 보일러실(200m²) 내 경유 800*l* 사용, 주차장(400m²), 변전실(150m²)
2) 1-11층 : 주용도는 사무실
   단, 11층의 구내식당 주방(40m²)에 LPG 20kg×2대 사용(연소기는 1개소이며 용기실은 주방 옆에 있다)
3) 전 층에 옥내소화전 설치, 지하주차장 및 보일러실에 한하여 스프링클러 설치 (기존건물로 11층은 스프링클러 미설치)
4) 건물구조는 내화구조이며 내장재는 불연재이다.
5) 각 층의 바닥면적은 25m×30m=750m²이다.
6) 11층 주방에 상업용 주방 자동소화장치는 없다.
7) 지하주차장 용도는 "항공기 및 자동차관련시설로" 적용한다.

11층	사무실·구내식당(주방 40m²)	
1-10층	사무실(750m²)	
B1	주차장(750m²)	Sprinkler
B2	주차장(400m²)·변전실(150m²)·보일러실(200m²)	

옥내소화전

풀이 NFTC의 표 2.1.1.2에 의거하여 다음과 같이 적용한다.
1. 기본 소요량([표 1-1-13] 참조)
   ㉮ 전 층은 주용도가 업무시설(사무실, 변전실, 보일러실) 및 항공기 및 자동차관련시설(지하주차장) 등이며 기타 부속용도이므로 기본적으로 100m²당 1단위이다. 그러나 내장재가 불연재이므로 2배를 완화하여 200m²당 1단위가 된다.
   ∴ 기준층의 소요단위수=750m²÷200m²=3.75단위
   ㉯ 동 건물은 소화설비가 설치되어 있으나 업무시설, 항공기 및 자동차관련시설이므로 소화기 감소기준은 적용하지 않는다.
   ∴ 감소 조항을 적용받지 않으므로 기준층의 3.75단위 → A급 4단위(2단위×2개)로 한다.
   ㉰ 11층의 경우 7개의 실 중에서 33m² 이상의 구획된 실이 6개소 있으므로 해당 실마다 적응성(A급) 소화기를 총 6개 추가로 설치하여야 한다.

2. 추가 소요량([표 1-1-14] 참조)
　㉮ 주방 : 11층 이상으로 감면조항을 적용하지 아니한다.
　　① 주방 $40m^2 \div 25m^2 = 1.6$단위 → B급 2단위×1개
　　② 주방이 $40m^2$로 $10m^2$를 초과하므로 → 자동확산소화기 2개(스프링클러 없음)
　　③ LPG 가스의 경우 → [표 1-1-14]의 제5호에서 연소기는 1개소이므로 보행거리 10m 이내에 B급 3단위 소화기 1개(LPG 용기실은 저장량이 300kg 미만이므로 추가 소화기 해당 없음)
　　④ 주방에 설치한 소화기 중 1대는 K급소화기로 적용
　㉯ 변전실
　　① $150m^2 \div 50m^2 =$소화기 3개(C급) → C급은 단위수와 무관하다.
　㉰ 보일러실 : 업무시설로 적용
　　① $200m^2 \div 25m^2 =$B급 8단위 → 스프링클러 설치되어 있으나 업무시설이므로 감면 안 됨
　　② 스프링클러 설치로 자동확산소화기는 면제됨
　　③ 경유는 지정수량이 1,000l이므로 지정수량 미만으로 → B급 2단위 1개
3. 결론
　㉮ 조건에 의해 ABC 분말소화기로 2단위 소화기를 비치하여야 하므로 층별 수량은 다음과 같다.
　　① 지상층
　　　• 기본 수량 → 층별 A급 2단위×2개씩
　　　• 추가 수량(11층) → ㉠ 11층 구획된 장소=$40m^2$×2개소, $50m^2$×4개소 각각 A급 2단위 소화기 총 6대 설치
　　　　　　　　　　　　　㉡ 주방=자동확산소화기×2개, B급 2단위×1개, B급 3단위×1개(=이는 2단위로 2개), K급소화기 1대 포함
　　② B1층 : 기본 수량 → A급 2단위×2개
　　③ B2층 : 기본 수량 → A급 2단위×2개
　　　　추가 수량 → 변전실(C급 소화기 3대), 보일러실(B급 8단위=따라서 2단위 ×4개)+경유사용(B급 2단위×1개)

　㉯ 층별배치(ABC 분말소화기 2단위 기준)
　　① 11층 : 11개(기본수량 2개+구획된 사무실 추가 6개+주방 3개)+자동확산소화기 2개, 주방소화기 3대중 1대는 K급소화기로 비치
　　② 1~10층 : 각 층별로 2개씩
　　③ 지하 1층 : 2개
　　④ 지하 2층 : 10개(기본수량 2개+변전실 추가 3개, 보일러실 추가 5개)
∴ 총 43개(2단위 기준)를 설치하여야 한다.

 최종 검토

위와 같이 소화기를 배치하고 난 후, 각 부분으로부터의 보행거리가 20m를 초과하게 된다면 위의 경우에 불구하고 20m 이내가 되도록 소화기를 추가로 배치하여야 한다.

2. 법 적용시 유의사항

(1) 소화기의 보행거리

1) 소화기의 설치기준은 소화기 수량으로 정하는 것이 아니고 관련기준에 따라 용도별, 면적별로 "소요단위수"로 산정하도록 되어 있다.

   따라서 소요단위가 큰 소화기를 구비할 경우 소화기 수량을 줄일 수 있으나 소방대상물의 각 부분으로부터 보행거리 20m(소형소화기의 경우) 이내를 언제나 만족하여야 하므로 적정한 단위수로 선정하여야 한다.

2) 또한 바닥면적별로 소요단위수를 전부 만족한 경우에도 보행거리 20m를 초과할 경우에는 면적별 소요단위수에 불구하고 추가로 소화기를 배치하여야 한다.

3) 아울러 소화설비가 있는 경우는 그 유효범위에 한하여 감소하는 것이며 용도별, 바닥면적별 소요단위수와 부속용도별 추가 단위수는 감소조항을 적용할 수 있으나 보행거리 20m 기준을 만족하는 데 필요한 소화기는 감소 조항을 적용하지 아니한다.

(2) 복합건축물 용도의 소화기 적용

1) 소화기는 원칙적으로 각 층에 대해 "해당용도"별로 단위수를 개별적으로 산정하여 적용하여야 하며 2개 이상의 용도가 복합된 경우에도 이를 복합건축물로 적용하지 말아야 한다. 예를 들면 [표 1−1−13]에서 1호와 2호가 복합된 복합건축물의 경우는 기준상 "4호. 그 밖의 것"으로 적용하여 바닥면적 200m²당 1단위로서 다른 용도보다 가장 완화된 조항을 적용한다면 이는 매우 잘못된 것이다.

2) 소화기 능력단위의 출전은 일본소방법 시행규칙 제6조[22]를 준용한 것으로 일본의 경우는 소화기의 단위수 산정시 [표 1−1−13]에 해당하는 능력단위 기준에서 소방대상물의 각 난에 해당하는 용도를 전부 예시하고 있으며 복합건축물 용도는 어느 난에도 이를 포함시키고 있지 않다. 이와 같이, 소화기 산정은 건물 단위로 산정하는 것이 아니라 층별로 사용 중인 해당용도에 대해 각각 바닥면적별로 표를 적용하는 것이 입법의 취지이다.

---

22) 일본소방법 시행규칙 제6조 : 대형소화기 이외의 소화기구 설치(大型消火器以外の消火器具の設置)

(3) 아파트 보일러실의 자동확산소화기

1) 아파트의 경우 보일러실에는 자동확산소화기를 설치하여야 하며 이는 주방의 연소기기 상부에 설치하는 주방용 자동소화장치와는 다른 별도의 자동소화장치 이다. 따라서 베란다에 벽걸이형 가스보일러를 설치할 경우에도 자동확산소화기 를 설치하여야 한다.

2) 다만, 아파트 개별세대 보일러실의 경우 방화구획을 한 경우(방화문 설치)에는 설 치를 제외할 수 있으며, "방화문에 그릴 등의 환기구가 있는 경우에도 이는 방화 구획 된 것으로 적용하여 자동확산소화기를 제외할 수 있다."(질의회신 → 예방 13807-323호 : 1998. 7. 6.)

3) 아울러 스프링클러헤드를 설치한 경우는 아파트 보일러실의 방화구획 여부와 관계없이 자동확산소화기를 제외할 수 있다.

(4) 보조주방의 주거용 주방 자동소화장치 적용

1) 아파트의 주방 외에 뒷 베란다에 보조주방을 설치하는 경우 해당 장소의 주거용 주방 자동소화장치의 적용 여부는 선택적으로 판단하여야 한다. 주방 자동소화장 치는 단순히 주방의 연소기에서 화재가 발생할 경우 이를 감지하여 자동으로 소 화약제를 방사하는 기능만 있는 것이 아니라 가스 누설을 감지하고 이에 대해 경 보를 하며 가스밸브를 자동으로 차단하는 기능을 가지고 있다.

2) 과거에는 열원이 가스만 해당되었으나 현재는 가스(가스차단)나 전기(전원차단) 모두가 해당되기에 보조주방에서 전기레인지(예 인덕션)를 사용하는 경우에도 검 토가 필요하다. 그러나 보조주방이 가스레인지를 사용할 경우는 보조주방의 위치 (인근에 창문설치 유무), 사용하는 연소기의 수량, 후드덕트 설치여부, 주거용 주 방 자동소화장치를 설치할 수납공간의 유무 등을 종합적으로 판단하여 선택적으 로 결정하여야 한다.

(5) 주거용 주방 자동소화장치와 자동확산소화기

1) 자동확산소화기는 주거용 주방 자동소화장치와 같이 자동식 소화기구의 일종이나 설치하는 장소 및 사용 목적이 서로 다르며 형식승인 및 제품검사의 기술기준도 별도 의 기준으로 달리 적용하고 있다. 근본적으로 주거용 주방 자동소화장치는 소화 기 능 이외에 주방에 설치된 가연성 가스의 누설을 탐지하고 해당밸브를 자동으로 차단 시켜주는 기능이 있으나, 자동확산소화기는 단순히 주방의 가스레인지나 보일러 등 의 상부에 부착하여 화재시 자동으로 소화되는 기능만 보유한 자동식 소화기구이다.

2) 두 종류에 대해 관계를 상호 비교하면 다음과 같다.

구 분	주거용 주방 소화장치	자동확산소화기
① 분류	자동소화장치	소화기구
② 설치대상	아파트 및 오피스텔의 주방	부속용도별 추가에 해당하는 장소 (주방, 화기사용장소나 전기적 위험이 있는 장소 등)
③ 기능	• 경보발생 기능 • 가스 또는 전기차단 기능 • 약제 자동방사 기능	약제 자동방사 기능
④ 부대설비	있음 (탐지부, 감지부, 수신부, 가스차단장치 등)	없음
⑤ 스프링클러 설치시	면제 안 됨	면제 가능함
⑥ 설치기준	아파트 및 오피스텔의 세대별 주방	• 바닥면적 $10m^2$ 이하 : 1개 • 바닥면적 $10m^2$ 초과 : 2개
⑦ 방호면적	공칭 방호면적(방출구별) : $0.4m^2$ 이상	최대방호면적 : 소화시험을 실시

(6) 소화기 개정사항시 소급 적용 여부

1) 소방시설법 제13조 "소방시설 기준 적용의 특례"에 의하면 소방시설에 대한 조항이 강화된 경우 원칙적으로 소급을 하지 아니하나 다만, 동법 제13조 1항에서는 대통령령으로 정하는 소화기, 비상경보설비, 자동화재탐지설비, 자동화재속보설비, 피난구조설비에 대해서는 소급하도록 규정하고 있다. 이는 법령이 개정될 경우마다 기존건축물의 시설을 소급하여 적용하는 것이 국민의 안전 측면을 보호하기보다는 법률불소급의 원칙이 더욱 중시되기 때문이다.

2) 다만, 소화기나 피난설비의 경우 건물의 구조 변경이 없이 추가 배치하는 시설물이며, 비상경보설비, 자동화재탐지설비, 속보설비의 경우도 건물의 훼손이 없이 시설물을 설치할 수 있는 특성으로 인하여 이는 소급하여도 관계인에게 큰 불편을 주지 않기 때문이다.

3) 그러나 소화기구 및 자동소화장치의 경우 NFPC 101의 부칙 제2조(경과조치)에서, "이 고시 시행 전에 건축허가 등의 신청 또는 신고를 하거나 소방시설공사의 착공신고를 한 특정소방대상물에 대해서는 종전의 소화기구 및 자동소화장치의 화재안전기준(NFSC 101)에 따른다"라고 경과조치를 두고 있기에 NFPC나 NFTC의 개정과 무관하게 소화기에 대해서는 소급하지 않고 종전의 규정에 따른다.

(7) 가스계 소화기의 지시압력계 설치여부

1) 소화기는 약제가 방사될 때의 추진력으로 ① 별도의 가압원이 있는 경우 ② 약제 자체의 자기증기압으로 방사되는 경우 ③ 화학적 반응에 의해 생성되는 가스압으로 방사되는 경우 등 3종류로 크게 구분할 수 있다. 이중 별도의 가압원에 해당하는 축압식 소화기는 축압용 가스로 보통 질소를 사용하며, 압력이 1MPa 이상일 경우는 고압가스안전관리법의 고압가스 용기 적용을 받게 되므로 상온에서 1MPa 미만이 되도록 0.85MPa의 압력으로 축압하고 소화기 사용온도 범위 내에서도 압력범위가 1MPa 이상이 되지 않는 0.7~0.98MPa의 범위가 되도록 제작한다.

2) 이때 축압식 분말소화기는 축압용 가스의 누설 등을 확인하기 위해서 관리 차원에서 지시압력계를 설치하고 있으나, CO_2나 할론 1301 소화기의 경우는 약제 자체는 상온에서는 기체이나 압축하여 소화기 용기 내에는 액상으로 저장하며 액면 상부에서는 기화되어 용기 내 포화상태가 된 후 기체와 액체가 평형을 이루고 있다. 이 경우 약제가 일부 누설되어도 포화상태를 유지할 경우는 압력이 동일하므로 지시압력계를 부착하지 않으며 따라서 방사시에는 외부 가스의 도움없이 자기증기압으로 방사가 된다. 이로 인하여 약제량의 누설여부판정은 압력이 아니라 소화기 용기 내의 약제 무게를 측정하여 이를 판단하여야 한다.

3) 또한 축압식 소화기의 경우 소화기 사용압력은 사용온도 범위 내에서 온도와 압력을 고려하여 제조사에서 설정하는 것으로 이를 확인하기 위해서도 지시압력계가 부착되어야 하나, CO_2나 할론 1301 소화기는 사용압력범위가 없으며 사용온도범위(0~40℃)만 규정되어 있다.

사용온도범위 : 소화기의 형식승인 및 제품검사의 기술기준 제36조

1. 분말소화기 : -20~40℃
2. CO_2 소화기, 할론 1301 소화기 : 0~40℃

1 소화기에서 사용하는 가압방식의 종류에 대하여 소화기별로 분류하여라.

구 분			축압식	가압식	반응식	수동펌프식	비 고
수계 소화기	물		○			○	
	산·알칼리				○		
	강화액		○	○	○		
	포 말	화학포			○		
		기계포	○	○			
가스계 소화기	CO₂		○				자기증기압
	할로겐화물 소화기		○				
분말계 소화기	ABC분말		○	○			
	BC분말		○	○			

(보충) 할론 1301의 경우 자기증기압을 이용할 수 있다.

2 소화기에 대하여 용량에 의한 분류방법을 기술하여라.

1. 대형소화기 : A급은 10단위 이상, B급은 20단위 이상의 소화기로 보통 바퀴가 있는 차륜식(車輪式)으로 사용하며 소화약제량은 다음과 같다.

소화기 종류	물	강화액	포	CO₂	할로겐화물	분말
소화약제량(이상)	80l	60l	20l	50kg	30kg	20kg

2. 소형소화기 : 1단위 이상으로 대형소화기에 해당되지 않는 A급 10단위 미만, B급 20단위 미만의 소화기를 말한다.

3 분말소화기의 소화약제 및 약제의 반응식에 대하여 기술하여라.

1. ABC급의 경우
   ㉮ 소화약제 : $NH_4 \cdot H_2PO_4$(제1인산암모늄)
   ㉯ 반응식 : $NH_4 \cdot H_2PO_4 = HPO_3$(meta인산)$+ NH_3 \uparrow + H_2O - Q$(kcal)

    2. BC급의 경우

      ㉮ 소화약제(소형소화기) : $NaHCO_3$(重炭酸나트륨)

        반응식 : $2NaHCO_3 = Na_2CO_3 + CO_2 \uparrow + H_2O - Q(kcal)$: 270℃의 경우

        반응식 : $2NaHCO_3 = Na_2O + 2CO_2 \uparrow + H_2O - Q(kcal)$: 850℃의 경우

      ㉯ 소화약제(대형소화기) : $KHCO_3$(重炭酸칼륨)

        반응식 : $2KHCO_3 = K_2CO_3 + CO_2 \uparrow + H_2O - Q(kcal)$: 190℃의 경우

        반응식 : $2KHCO_3 = K_2O + 2CO_2 \uparrow + H_2O - Q(kcal)$: 891℃의 경우

4 ABC분말소화기에 있어서 분말약제의 사용 가능여부를 판정하는 시험 항목을 기술하여라.

  1. 액상의 소화약제가 아닌 분말약제에 한해 실시하는 것으로서 침강시험(沈降試驗) 방법을 사용한다.

  2. 200cc Beaker에 물 200cc를 담은 후 수면 위에 분말약제($NH_4 \cdot H_2PO_4$) 시료 2g을 골고루 살포한 후 1시간 이내 침강이 전혀 없어야 한다.

  3. $NH_4 \cdot H_2PO_4$는 분말에 발수제(撥水劑 : 물기의 침투를 방지하는 목적)인 Silicon oil을 코팅한 것으로 방습과 발수성이 높은 피막이 표면에 형성되어 침강하지 않으며 침강하는 것은 실리콘이 파괴된 것이다.

5 연료가 가스인 경우 주거용 주방 자동소화장치의 기능 4가지를 쓰시오.

  1. 가스누설 감지 및 자동 경보기능

  2. 가스누설시 가스밸브의 자동 차단기능

  3. 주방의 연소기 화재시 감지 및 자동 경보기능

  4. 주방의 연소기 화재시 소화약제 자동 방사기능

6 CO_2 소화기의 설치 및 사용상 주의할 점을 5가지 이상 기술하여라.

  1. 직사광선 및 고온 다습한 장소에 두지 말 것 : CO_2 소화기는 충전시에는 액화상태나 온도와 함께 내부 충전압력이 크게 증가한다.

  2. 화점(火點)에 가장 근접함과 동시에 바람을 등지고 방사할 것 : CO_2 소화기는 모든 소화기 중에서 가장 방사거리가 짧다.

  3. 유류화재시에는 방사압력으로 유류가 비산되지 않도록 주의할 것

  4. 방사시 CO_2 가스가 신체에 접촉되지 않도록 주의할 것 : CO_2 가스가 신체에 접촉시에는 동상의 우려가 있다.

  5. A급화재는 적응성이 없으므로 사용하지 말 것

6. 방사 Horn은 금속제를 사용하지 말 것 : 동상, 감전, 정전기 발생의 가능성으로 합성수지 계통의 제품을 사용한다.
7. 지하층, 무창층 또는 좁은 장소(바닥면적 20m² 이하)에서는 사용하지 말 것 : CO_2 가스는 질식의 우려가 있으므로 환기가 되지 않는 장소에서는 사용할 수 없다.

7 할로겐화물소화기 중 할론 1301 소화기는 BC급이나 할론 1211 소화기는 ABC급인 이유를 설명하여라.

1. 할론 1301 소화기
   ㉮ 증기압이 1211보다 높아(20℃ : 1.4MPa) 방사 즉시 노즐선단에서 기화되어 대기 중으로 확산되므로
   ㉯ B급화재는 적응성이 있으나 A급 심부성화재는 약제가 물체 내부에 침투하여, 2분 이내에 재연(再燃)되지 말아야 완전소화로 판정되므로 적응성이 없다.
2. 할론 1211 소화기
   ㉮ 증기압이 1301보다 낮아(20℃ : 0.25MPa) 액상으로 분사 된 후에 기화하므로 1301보다 방사시 소화액의 유효거리가 길며 A급화재에 적응성이 있다.
   ㉯ 그러나 일정한 용량 이상이 되어야 A급화재에 적응성이 있으므로 3kg 이상일 경우에 한해 A급 인정이 된다.

(보충) 할로겐화물소화기의 화재 적응성은 국소부분에 사용하는 소화기의 경우이며 전역방출방식의 할로겐소화설비 시스템의 경우는 소화기와는 적응성이 다르다.

8 소화기 방사거리를 소화기별로 비교하여 설명하여라.

1. 방사성능
   소화기는 정상적인 조작방법으로 방사할 때 그 성능이 다음 각 호에 적합하여야 한다.
   ㉮ 방사 조작완료 즉시 소화약제를 유효하게 방사할 수 있어야 한다.
   ㉯ 방사거리가 소화에 지장 없을 만큼 길어야 한다.
   ㉰ 충전된 소화약제의 용량 또는 중량의 90% 이상이 방사되어야 한다.

(보충) 1. 방사거리 및 방사시간은 형식승인 기준에서 별도의 기준이 있는 것이 아니라 소화기의 종류 및 약제량에 따라 제조사에서 결정하는 것이다.
2. 형식승인시에는 제조사가 신청한 방사거리 및 방사시간의 상위(相違) 여부만을 검사한다.

2. 약제별 소화기의 방사거리(일반적인 경우)

산·알칼리	강화액	포 말	할로겐화물	CO₂	분말(BC)	분말(ABC)
5~6l용	6l용	A급 1단위	1.0~1.25l	1.3~1.4kg	1.5~2kg	1.2~1.5kg
7~10m	7~12m	6~10m	2.5m	2m	3~7m	4~7m

즉, 방사거리는 가스계<분말계<수계 소화기의 순이다.

9 소화기의 방사시간에 대한 기준을 설명하여라.

1. 방사시간
   ㉮ (20±2)℃ 온도에서 최소 8초 이상일 것
   ㉯ 사용 상한온도, (20±2)℃의 온도, 사용 하한온도에서 각각 설계값의 ±30%
      이내일 것
2. 방사성능
   ㉮ 방사조작완료 즉시 소화약제를 유효하게 방사할 수 있어야 한다.
   ㉯ 충전된 소화약제의 용량 또는 중량의 90% 이상이 방사되어야 한다.

10 CO₂와 할로겐화물소화기를 항목별로 상호 비교하여라.

1. 소화작용 : CO₂ 소화기는 질식소화가 소화의 주체이나(보조적으로 냉각소화가
   영향을 준다) 할로겐화물소화기는 억제소화가 소화의 주체이다.
2. 가압원 : CO₂ 소화기는 증기압이 높아 자체증기압을 가압원으로 사용하나 할로
   겐화물소화기는 보통 질소로 축압하여 사용한다.
3. 소화의 적응성 : CO₂ 소화기는 BC급화재에 적응성이 있으나 할로겐화물소화기
   는 1211의 경우는 ABC급에, 1301 소화기는 BC급화재에 적응성이 있다.
4. 약제의 형식승인 : CO₂ 소화약제는 형식승인 대상품목이 아니나 할로겐화물소화
   기(할론 1301, 1211, 할로겐화합물약제 포함)는 형식승인을 받아야 한다.
5. 장소의 제한 : CO₂ 소화기 및 할로겐화물소화기는 환기가 불량한 장소(지하층,
   무창층, 밀폐된 거실 및 사무실로서 바닥면적이 20m² 미만)에서는 사용할 수
   없다.

11 A, B, C, K급 화재의 정의와 표시사항에 대해 기술하여라.

1. A급화재
   ㉮ 정의 : 일반가연물이 타고 나서 재가 남는 화재(예 나무, 종이, 섬유, 고무,
      플리스틱류)
   ㉯ 표시 : A(일반화재용)

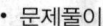

2. B급화재
  ㉮ 정의 : 가연성 및 인화성액체, 가연성가스와 같이 타고 나서 재가 남지 않는 화재(예 유류화재, 가스화재)
  ㉯ 표시 : B(유류화재용)
3. C급화재
  ㉮ 정의 : 전류가 흐르고 있는 전기기기, 배선과 관련된 화재(예 수·변전설비의 화재)
  ㉯ 표시 : C(전기화재용)
4. K급화재
  ㉮ 정의 : 주방에서 동·식물유를 취급하는 조리기구에서 일어나는 화재
  ㉯ 표시 : K(주방화재용)

12 자동차용 소화기에 사용할 수 있는 소화약제를 예시하여라.

1. 강화액소화기 : 안개 모양으로 방사되는 것에 한함
2. 할로겐화물소화기
3. CO_2 소화기
4. 포소화기
5. 분말소화기

13 호스를 부착하지 아니할 수 있는 소화기를 예시하여라.

1. 소화약제의 중량이 4kg 이하인 할로겐화물소화기
2. 소화약제의 중량이 3kg 이하인 CO_2 소화기
3. 소화약제의 중량이 2kg 이하인 분말소화기
4. 소화약제 용량이 3l 이하인 액체계 소화약제소화기

14 소화기의 사용온도범위를 예시하여라.

1. 강화액소화기 : −20℃ 이상 40℃ 이하
2. 분말소화기 : −20℃ 이상 40℃ 이하
3. 그 밖의 소화기 : 0℃ 이상 40℃ 이하

15 에어로졸식 소화용구에 대해 적응성 있는 화재의 종류 6개를 예시하여라.

1. 휴지통 화재　　　　2. 석유난로 화재
3. 커튼 화재　　　　　4. 방석 화재
5. 튀김냄비 화재　　　6. 자동차 엔진실 화재

16 축압식 소화기에 축압할 수 있는 가스를 예시하여라.

 이슬점의 온도가 −40℃ 이하로서 다음의 가스가 해당한다. (단, 액상소화기의 경우에는 이슬점을 적용하지 아니한다)

1. 공기
2. Ar(아르곤)
3. CO_2
4. He(헬륨)
5. N_2
6. 또는 이들의 혼합가스

보충 이슬점(Dew point)

공기 속에서 물체를 서서히 냉각시키면 그 주변의 공기 온도도 내려가서, 어떤 온도에 달하면 공기 속의 수증기가 응결하여 물체의 표면에 이슬이 생길 때의 온도로서. 이슬점은 공기 속에 함유된 수증기의 양을 나타내는 기준이 된다.

17 다음 소화기구 중에 대해 내부에 장착되어 감지부 역할을 할 수 있는 종류를 기입하라. (단, 외부에 설치된 감지기는 제외한다)

1. 고체에어로졸 자동소화장치

2. 가스 · 분말 자동소화장치

3. 자동확산소화기

1. 고체에어로졸 자동소화장치	2. 가스 · 분말 자동소화장치	3. 자동확산소화기
① 이융성금속 ② 유리벌브(Bulb) ③ 온도센서 ④ 열감지선	① 이융성금속 ② 유리벌브 ③ 온도센서 ④ 열감지튜브	① 이융성금속 ② 유리벌브

18 도로터널 화재안전기준에 대한 소화기의 기준 중에서 괄호 속에 알맞는 말을 기입하여라.

1. 소화기의 능력단위는 A급화재에 (①) 이상, B급화재에 (②) 이상 및 C급화재에 (③)이 있는 것으로 할 것

2. 소화기의 총 중량은 사용 및 운반의 편리성을 고려하여 (①) 이하로 할 것

3. 소화기는 주행차로의 우측 측벽에 (①) 이내의 간격으로 (②) 이상 설치하며, 편도 (③) 이상의 (④) 터널과 (⑤) 이상의 (⑥) 터널의 경우에는 양쪽 측벽에 각각 (⑦) 이내의 간격으로 엇갈리게 (⑧) 이상을 설치할 것

 1. ① 3단위, ② 5단위, ③ 적응성
2. ① 7kg
3. ① 50m, ② 2개, ③ 2차선, ④ 양방향, ⑤ 4차로, ⑥ 일방향, ⑦ 50m, ⑧ 2개

제1장 소화설비

제2절
소방 유체역학 및 소방펌프

① 소방 유체역학

1. 연속의 법칙

유체(流體 ; Fluid)란 전단응력(剪斷應力 ; Shear stress)을 가할 때 매우 작은 힘에 의해서도 변형이 일어나서 운동을 행하는 물체를 의미하며, 이에 반하여 고체는 전단응력을 가할 때 작은 힘에 대하여는 변형되어 운동을 행하지 않는 물체가 된다.

유체는 압축성 및 비압축성 유체(Incompressible fluid)로 구분하며 소방 분야에서 취급하는 물은 비압축성 유체이며 온도 및 점성을 고려하지 않는 유체로 간주한다. 배관 내를 정상류(定常流 ; Steady flow)가 흐를 때 2개의 단면을 가정하고 다음 그림과 같이 각각의 단면적을 A_1, A_2, 유속을 V_1, V_2라고 하자.

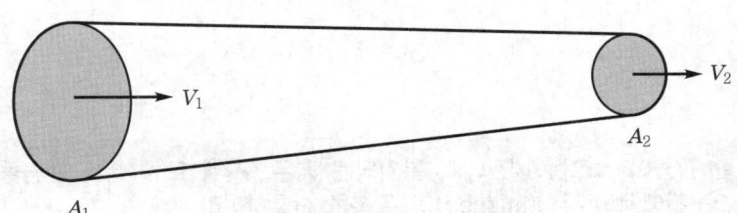

[그림 1-2-1] 배관 내의 유속과 단면

이때 단면 A_1과 단면 A_2를 유체가 연속하여 흐를 때, 질량보존의 법칙에 따라 단면 A_1을 통과하는 유입량과 단면 A_2를 통과하는 유출량은 동일하다. 만일 그렇치 않다면 흐르는 유체가 도중에서 소멸 또는 생성되었다는 뜻으로 이는 불가하다. 유체의 밀도를 ρ_1, ρ_2라면 단위시간 동안 단면을 통과하는 질량유량(kg/sec) $m = \rho_1 A_1 V_1 = \rho_2 A_2 V_2$가 된다. 소방에서 취급하는 물의 경우는 비압축성 유체이므로 모든 구간에서 $\rho_1 = \rho_2$가 되므로 결국 $A_1 \cdot V_1 = A_2 \cdot V_2 = Q(\mathrm{m}^3/\mathrm{sec})$가 된다. 이와 같이 단위시간당 모든 단면을 통과하는 유량의 체적은 같으며 이를 연속의 법칙(Principle of continuity)이라 하며 비압축성 유체에 대해서는 $Q(\mathrm{m^3/sec}) = A_1 \cdot V_1 = A_2 \cdot V_2 = \mathrm{const}$(일정)하며, 따라서 $\dfrac{V_1}{V_2} = \dfrac{A_2}{A_1}$ 가 된다.

$$Q = A_1 \cdot V_1 = A_2 \cdot V_2$$

·················· [식 1-2-1]

여기서, Q : 단면을 통과하는 체적유량($\mathrm{m^3/sec}$)

　　　A_1, A_2 : 배관의 단면($\mathrm{m^2}$)

　　　V_1, V_2 : 단면에서의 유속(m/sec)

위의 식을 연속방정식(Continuity equation)이라 하며 이때 Q를 체적유량(体積流量)이라 한다. 위 식은 "단위시간당 단면 A를 통과하는 체적유량 Q는 관경에 관계없이 일정하다"는 의미로 이는 질량이 중간에서 증가하거나 감소하지 않는 것을 나타낸 유체에 대한 질량보존의 법칙으로 "배관 내를 흐르는 체적유량은 언제나 일정하다"는 의미이다.

따라서 소방유체의 경우 배관에서는 다음의 사항이 성립한다.

(1) 유속은 배관 단면적과 반비례한다(=유속은 관경의 2승에 반비례한다).

(2) 단위시간당 배관 단면을 흐르는 유량(체적유량)은 관경의 크기에 관계없이 일정하다.

예제 다음과 같이 물이 흐르는 배관에서 분기되는 경우 구간별로 유속과 관경을 알고 있을 경우 구간 3구간에서의 유량($\mathrm{m^3/sec}$)과 유속을 산출하여라.

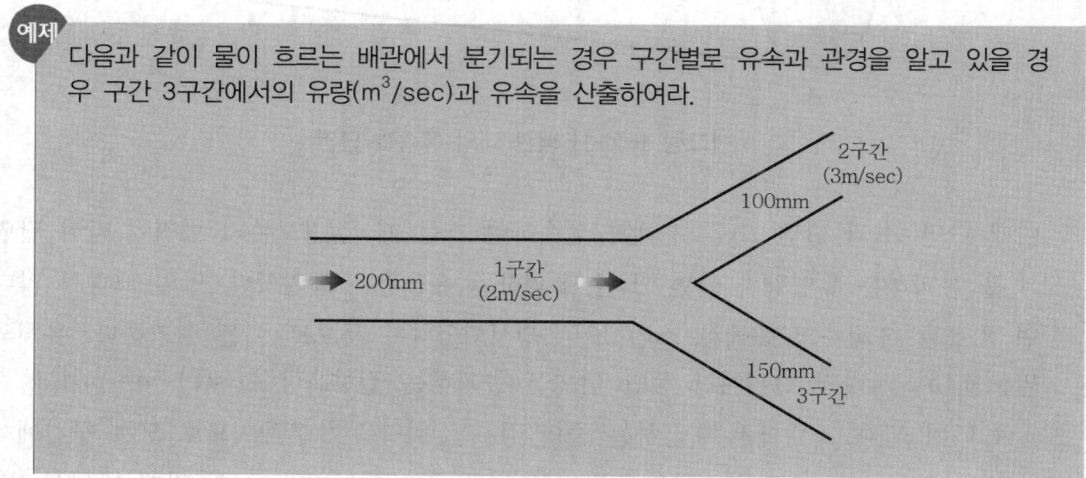

풀이 연속의 법칙에서 $Q= VA = V \times \frac{\pi}{4}d^2$이 된다.

1구간 : $Q_1 = 2 \times \frac{\pi}{4} \times 0.2^2 = 0.0628\,\text{m}^3/\text{sec}$

2구간 : $Q_2 = 3 \times \frac{\pi}{4} \times 0.1^2 = 0.0236\,\text{m}^3/\text{sec}$

또한 $Q_1 = Q_2 + Q_3$이다.

따라서 $Q_3 = Q_1 - Q_2 = 0.0628 - 0.0236 = 0.0392\,\text{m}^3/\text{sec}$

$Q_3 = V_3 \times A_3$이므로

$$V_3 = \frac{Q_3}{A_3} = \frac{0.0392}{\frac{\pi}{4} \times 0.15^2} = \frac{0.0392 \times 4}{\pi \times 0.15^2} = 2.2194\,\text{m}^3/\text{sec}$$

2. 베르누이(Bernoulli)의 정리

(1) 에너지로 표현한 베르누이 정리

유체는 배관 내에서도 에너지보존법칙이 성립하므로 배관 내를 흐르는 유체는 모든 위치에서 일정한 에너지 값을 가지며 즉 에너지는 보존(保存)된다.

따라서 배관 내 어느 지점에서든지 유체가 갖는 역학적 에너지는 같으며 역학적 에너지란 운동에너지(Kinetic energy), 위치에너지(Potential energy), 압력에너지(Pressure energy)의 합으로 이를 수식으로 표현하면 다음과 같다.

[역학적 에너지]

① 운동 Energy $= \frac{1}{2}mv^2$
② 위치 Energy $= mg \cdot h$
③ 압력 Energy $= P \cdot V$

여기서, m : 유체의 질량(kg)

v : 단면을 통과하는 유체의 속도(m/sec)

g : 중력가속도

h : 기준위치에서 배관단면 중심까지의 높이(m)

P : 배관에 작용하는 유체의 압력(N/m^2)

V : 유체 질량의 체적(m^3)

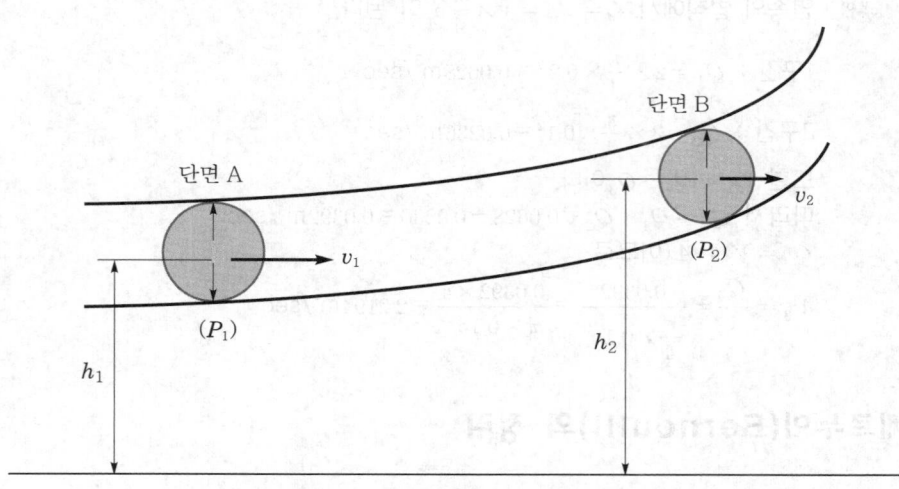

[그림 1-2-2] 배관 내의 소방유체

에너지란 결국 일(Work)의 개념으로 이는 "일(W)=힘(F)×거리(S)"이므로 에너지인 일은 다음과 같이 표시할 수 있다. 즉 운동에너지, 위치에너지, 압력에너지는 모두 $\int f ds$이며 이를 해당 개념에 맞게 각각 다음과 같이 표현할 수 있다.

1) 운동에너지 : 어떤 속도로 이동하는 물체가 가지고 있는 에너지로서

$$운동에너지 = \int f ds = \int (ma)ds = \int \left(m\frac{dv}{dt} \right)ds = m\int v \cdot dv = m\left(\frac{1}{2}v^2 \right) = \frac{1}{2}mv^2$$

> **보충 자료**
>
> 힘(f)은 질량(m)×가속도(a)이며, 가속도(a)는 시간(t)에 대한 속도의 변화율인 $\dfrac{dv}{dt}$이며, $\dfrac{ds}{dt}$(거리에 대한 시간변화율)은 속도 v가 된다.

2) 위치에너지 : 높은 곳에 있는 물체가 중력가속도에 의해 가지고 있는 에너지로서

$$위치에너지 = \int f ds = \int (mg)ds = mg\int ds = mgS \;\rightarrow\; mgh \,로\, 표기$$

보충 자료

위치에너지에서의 가속도(a)는 중력가속도(g)이며, h는 $\int ds$에 대한 결과로 중력가속도가 작용하는 바닥면(기준위치)에서부터 배관 내 유체 중심점까지의 수직높이가 된다.

3) **압력에너지** : 일정한 압력으로 배관 내 유체가 흐를 때 유체가 배관 내면에 수직으로 작용하는 에너지로서 압력에너지 $= \int f ds = \int (PA) ds = P \int dV = PV$

보충 자료

힘(f)=압력(P)×면적(A)이며, $A \times ds$는 "단위면적×미소거리"로서 이는 dV가 된다.

따라서 손실을 고려하지 않는 이상유체라면 에너지보존법칙에 따라 모든 위치에서 "운동에너지+위치에너지+압력에너지=일정"하므로 다음의 식이 성립하며 이 식을 베르누이 정리(Bernoulli's theorm)라 하며 이는 결국 유체에 대한 에너지보존법칙을 의미하며 각 항은 (N·m)로 SI 단위로 표시되었다.

$$\frac{1}{2}mv^2 + mg \cdot h + P \cdot V = \text{const.}$$

·············· [식 1-2-2(A)]
: 에너지로 표현한 식

이때 Bernoulli 정리가 성립되기 위해서는 다음의 조건이 전제되어야 한다.

① 적용되는 임의의 2점은 같은 유선(流線 ; Stream line)상에 있다(유체입자는 유선에 따라 흐른다).

② 정상상태의 흐름이다.

③ 마찰이 없는 흐름이다(=점성력은 0이다).

④ 비압축성 유체의 흐름이다.

(2) 수두(Head)로 표현한 베르누이 정리

[식 1-2-2(A)]에서 mg는 물을 기준으로 할 때 일정한 상수값이 되므로 양 변을 유체의 중량 mg로 나누면 $P \cdot V$의 항은 $\dfrac{PV}{mg} = \dfrac{P}{\rho g} = \dfrac{P}{\gamma}$가 된다.

이때 ρ는 밀도(密度 ; Density)이며 γ는 비중량(比重量 ; Specific weight)이다. 밀도 ρ란 단위체적당 유체의 질량으로 물의 밀도는 1,000kg/m^{3}이며, 비중량 γ란 단위체적당 유체의 무게(중량)로서 물의 비중량은 1,000kgf/m^{3}이므로 $\gamma = \rho g$의 관계가 된다. 따라서 [식 1-2-2(A)]는 다음의 식이 되며 각 항의 단위는 (m)로 SI 단위로 표시되었다.

$$\frac{v^2}{2g} + h + \frac{P}{\gamma} = \text{const.}$$

·················· [식 1-2-2(B)]
: 수두로 표현한 식

각 항은 물리적 성격이 다른 물성량이나 $\frac{v^2}{2g} = \left(\frac{L}{T}\right)^2 \bigg/ \left(\frac{L}{T^2}\right) = [L]$이 되며, $h = [L]$

이며, $\frac{P}{\gamma} = \left(\frac{F}{L^2}\right) \bigg/ \left(\frac{F}{L^3}\right) = [L]$로서 모두 길이 $[L]$의 차원으로 표시할 수 있다. 즉,

이는 에너지로 된 각 항을 길이 $[L]$의 단위로 변환된 것으로 이때 각 항을 수두(水頭 ; Head)라 하며 SI 단위는 미터(m)가 된다. 결국 수두란 물 1kgf가 가지고 있는 에너지를 물 기둥의 높이(m)로 표시한 것이다.

이때 각 항은 이를 mg로 나눈 것이므로 유체의 단위중량에 대한 에너지 개념으로 다음의 의미를 갖는다.

① $\frac{v^2}{2g}$ =속도수두(Velocity Head) $\rightarrow$ H_v(m)

② h =위치수두(Potential Head) $\rightarrow$ H_h(m)

③ $\frac{P}{\gamma}$ =압력수두(Pressure Head) $\rightarrow$ H_p(m)

따라서 전 수두(Total Head)를 H라고 하면 전 수두 "$H(\text{m}) = H_v + H_h + H_p = \text{const}$" 가 된다.

"속도수두＋위치수두＋압력수두＝일정"하므로 동일 높이에서는 위치수두가 같으므로 결국 "속도수두＋압력수두＝일정"하며, 이는 배관 내에 유체가 흐를 때 속도가 증가하면 압력이 감소하고 속도가 감소하면 압력이 증가한다는 속도와 압력과의 관계를 나타내는 것으로 이것이 베르누이정리의 핵심이라 할 수 있다.

이것을 Graph로 그리면 전수두 H는 Total Head Line(일명 Energy Line),

"$h + \frac{P}{\gamma}$"는 수력구배선(Hydraulic Grade Line) 또는 동수(動水)경사곡선이라 하

며 H.G.L은 Total Head Line보다 속도수두만큼 아래에 위치한다.

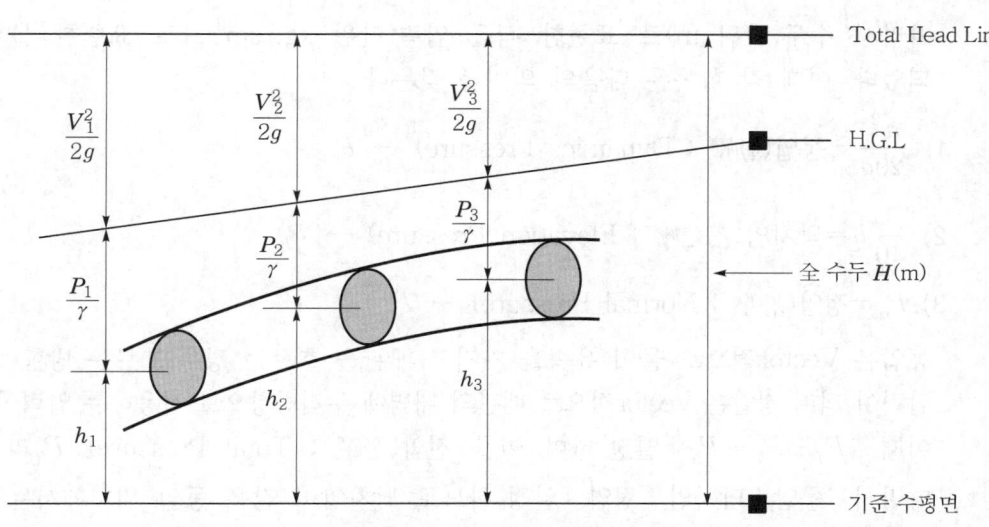

[그림 1-2-3] 수력구배선(水力句配線)

㊀ Total Head Line은 기준 수평면과 평행이어야 한다

(3) 압력으로 표현한 베르누이 정리

물의 γ(비중량)은 $1{,}000\text{kgf/m}^3$로 SI 단위로는 $9{,}800\text{N/m}^3$이 된다.

[$\because \ \gamma = \rho \cdot g = (1{,}000\text{kg/m}^3) \times (9.8\text{m/sec}^2) = 9{,}800\text{N/m}^3$]

따라서 $\dfrac{P}{\gamma} = \dfrac{P}{9{,}800}$ 이므로 이것을 [식 1-2-2(B)]에 대입하면

좌변은 $\dfrac{v^2}{2g} + h + \dfrac{P}{9{,}800} = \text{const.}$ ⋯⋯ [식 ⓐ]

이때 위의 식에서 압력 P의 단위는 SI 단위인 (N/m^2)이므로 이를 소방분야에서 사용하는 중력단위(kgf/cm^2)로 변환하면 다음과 같다.

$1\text{N/m}^2 = 1/9.8\text{kgf/m}^2 = 1/(9.8 \times 10^4\text{kg/cm}^2)$, 즉 $P(\text{N/m}^2) : P_n(\text{kg/cm}^2) = 1 : 1/(9.8 \times 10^4)$

$\therefore \ P(\text{N/m}^2) = (9.8 \times 10^4) \times P_n(\text{kg/cm}^2)$

이를 [식 ⓐ]에 대입하면 $\dfrac{v^2}{2g} + h + 10P_n$가 되며 P_n의 단위는 중력단위인 (kgf/cm^2)가 되고, 공학에서는 (kg/cm^2)로 표기한다. 10m의 수두는 중력단위로는 $1(\text{kgf/cm}^2)$가 되므로 양 변을 10으로 나누면 $\dfrac{v^2}{2g}$와 h는 중력단위에 해당하는 수치가 되며 P_n은 이미 중력단위의 값이므로, 최종적으로 다음과 같은 식이 되며 각 항의 단위는 중력단위 (kg/cm^2)가 된다.

$$\frac{v^2}{20g} + \frac{1}{10}h + P_n = \text{const.}$$

⋯⋯⋯⋯⋯ [식 1-2-2(C)]
: 압력으로 표현한 식

따라서 수두(단위 m)로 표현한 식은 압력(단위 kgf/cm^2)으로 표현한 물성량이 되었다. 이때 각 항목은 다음의 의미를 갖는다.

1) $\dfrac{v^2}{20g}$ = 동압(動壓 ; Dynamics Pressure) → P_v

2) $\dfrac{1}{10}h$ = 낙차압(落差壓 ; Elevation Pressure) → P_h

3) P_n = 정압(靜壓 ; Normal Pressure) → P_n

동압은 Vector적으로 물이 유속을 가지고 배관을 흐르는 경우 흐르는 방향에 대한 압력이 되며 정압은 Vector적으로 배관의 내벽에 수직방향으로 작용하는 압력이 된다. 이때 "$P_v + P_h + P_n$ = 일정"하며 이를 전압(全壓 ; Total Pressure) P_T라 한다. 따라서 "동압 + 낙차압 + 정압 = 일정"하므로 낙차압이 같은 동일 위치에서는 "동압 + 정압 = 일정"하며, 이는 전압이 된다.

(4) 결론

1) **수두 $\dfrac{v^2}{2g}$ (= 압력 $\dfrac{v^2}{20g}$)의 의미** : 이는 에너지로는 "운동에너지(Kinetic energy)"에 해당하며 이를 수두에서는 속도수두(Velocity head)라 하며, 배관 내 압력에서는 동압(動壓 ; Dynamic pressure)에 해당한다.

2) **수두 h(= 압력 $0.1h$)의 의미** : 이는 에너지로는 "위치에너지(Potential energy)"에 해당하며 이를 수두에서는 위치수두(Potential head)라 하며, 배관 내 압력에서는 낙차압(落差壓 ; Elevation pressure)에 해당한다.

3) **수두 $\dfrac{P}{\gamma}$(= 압력 P_n)의 의미** : 이는 에너지로는 "압력에너지(Pressure energy)"에 해당하며 이를 수두에서는 압력수두(Pressure head), 배관 내 압력에서는 정압 (靜壓 ; Normal pressure)에 해당한다. 정압의 경우 유체가 흐름이 없는 상태에서는 Static pressure, 유체가 흐르는 상태에서는 Residual pressure, 유체의 흐름에 관계없이 이를 총칭하여 Normal pressure라고 표현한다.[23]

---

23) Fire Protection Handbook(19th edition 2003) p.10−71 Normal pressure : Net or normal pressure is the pressure exerted against the side of a pipe or container by the liquid in the pipe or container with or without flow. Without flow, this pressure is called "static pressure" or "static head". With flow, this pressure is called "residual" pressure[정상압력 또는 노멀 프레셔는 유체의 흐름이 있거나 없는 배관에 용기 내 유체에 의해 배관이나 용기의 측면에 가해지는 압력이다. 흐름이 없을 때 이 압력을 "정압" 또는 "정압수두"라고 하며, 흐름이 있을 때는 이 압력을 "잔류압력(Residual pressure)"이라고 한다].

구 분	베르누이 정리의 표현					
① 에너지 개념 ➡	운동에너지	+	위치에너지	+	압력에너지	=일정
② 수두 개념 ➡	속도수두	+	위치수두	+	압력수두	=일정
③ 압력 개념 ➡	동압	+	낙차압	+	정압	=일정

예제

직경 400mm의 대형 배관에 직경 75mm이고 속도계수가 0.96인 노즐이 부착되어 물이 분출되고 있다. 이때 400mm 관내의 압력수두가 6m라면 노즐 출구에서의 유속(m/sec)은 얼마인가?

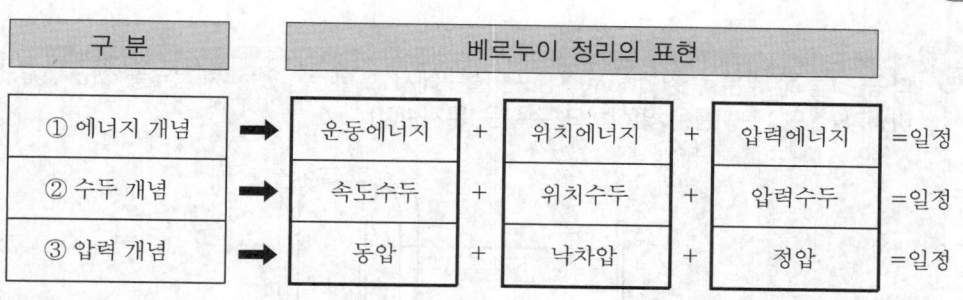

풀이 관경 내부 ①과 동일 위치의 노즐출구 ②에서 베르누이의 정리는 다음과 같다.

$$\frac{P_1}{\gamma} + \frac{V_1^2}{2g} + h_1 = \frac{P_2}{\gamma} + \frac{V_2^2}{2g} + h_2$$

이때 $h_1 = h_2$이며 정압인 $P_2 = 0$, $\frac{P_1}{\gamma} = 6$m이다.

따라서 $6 + \dfrac{V_1^2}{2g} = \dfrac{V_2^2}{2g}$ ·· [식 ⓐ]

또 ①지점과 ②지점에서 연속방정식이 성립하므로 $V_1 \times A_1 = V_2 \times A_2$,

$$V_1 \times \frac{\pi}{4} d_1^2 = V_2 \times \frac{\pi}{4} d_2^2$$

$$V_1 = V_2 \times \left(\frac{d_2}{d_1}\right)^2 = (75/400)^2 \times V_2 \fallingdotseq (0.035) \times V_2 \cdots\cdots \text{[식 ⓑ]}$$

따라서 [식 ⓑ]를 [식 ⓐ]에 대입하고, $g = 9.81$이므로

$6 + \dfrac{(0.035 V_2)^2}{2 \times 9.81} = \dfrac{V_2^2}{2 \times 9.81}$, 양변에 2×9.81을 곱하면

$$V_2^2(1 - 0.035^2) = 6 \times 19.62$$

$$V_2 = \sqrt{\frac{6 \times 19.62}{(1 - 0.035^2)}} \fallingdotseq \sqrt{\frac{117.72}{0.999}} \fallingdotseq 10.855$$

그런데 속도계수가 0.96이므로
유속 $V = C \times V_2 = 0.96 \times 10.855 \fallingdotseq 10.42$m/sec

예제 다음 그림과 같은 관경 10cm 사이펀 출구에서 흐를 수 있는 체적유량 Q(m³/sec)는 얼마인가? (단, 관지름은 일정하고 손실은 무시한다)

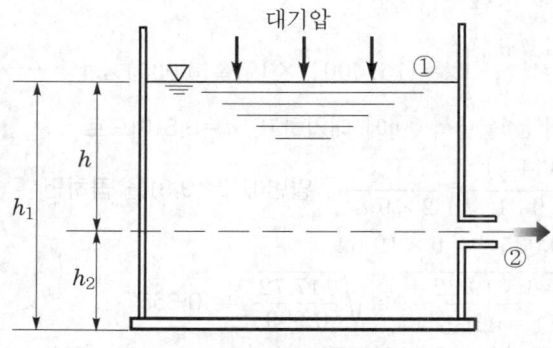

풀이 수면상부 A와 사이펀 출구 B에서 Bernoulli 정리를 적용하면

$$\frac{P_A}{\gamma} + \frac{V_A^2}{2g} + h_A = \frac{P_B}{\gamma} + \frac{V_B^2}{2g} + h_B$$

이때 $P_A = P_B$ = 대기압이며, 또 $V_A \fallingdotseq 0$ 이므로 $\dfrac{V_B^2}{2g} = h_A - h_B$

$V_B = \sqrt{2g(h_A - h_B)}$, 그런데 $h_A - h_B = 5\text{m}$ 이므로
$V_B = \sqrt{2 \times 9.8 \times 5} = 9.9\text{m/sec}$

$$\therefore Q = A_B \times V_B = \frac{\pi}{4} \times 0.1^2 \times 9.9 = 0.078\,\text{m}^3/\text{sec}$$

3. 토리첼리(Torricelli)의 정리

다음 그림과 같은 저수조의 하단부에서 대기 중으로 노출된 노즐에서 물이 유출되고 있을 경우를 가정하자.

[그림 1-2-4] 토리첼리의 저수조

이때 저수조의 윗면 ①과 노즐의 출구 단면 ②에서 베르누이 정리를 적용하면,

$\dfrac{P_1}{\gamma}+\dfrac{V_1^2}{2g}+h_1=\dfrac{P_2}{\gamma}+\dfrac{V_2^2}{2g}+h_2$가 된다. 이 경우 ①과 ②는 개방된 위치이므로

대기압상태가 되어 $P_1=P_2$이며 $V_1=0$, $h_1=h_1$, $h_2=h_2$이다.

따라서 $h_1=\dfrac{V_2^2}{2g}+h_2$ 이때 $h_1-h_2=h$라면 결국 $V_2=\sqrt{2gh}$이며 이를 토리첼리의

정리(Torricelli's theorem)라 한다.

$$V=\sqrt{2gh}$$

·············· [식 1-2-3]

여기서, V : 출구에서의 유체의 속도(m/sec)
  g : 중력가속도(m/sec^2)
  h : 수면과 출구 중심선과의 높이 차(m)

이는 결국 유출속도에 관한 식으로서 높이가 h인 물체의 자유낙하속도와 같으며 또한 이때의 출구에서의 Q(체적유량)$=V$(유속)$\times A$(단면적)가 된다. 토리첼리의 정리란 물이 가지고 있는 중력에 의한 위치에너지는 모두 속도에너지로 변환되는 것을 의미한다. 이 경우 물의 유출속도는 오직 물의 수직높이와 중력가속도만으로 결정된다는 것을 나타내고 있다.

물체의 자유낙하속도

물체가 직선운동을 한다면 t초 후의 물체의 속도는 $V=V_0+at$이다.
(V_0＝물체의 처음 속도, a＝가속도)

그리고 t초 동안의 이동거리는 $\int Vdt$로서 이를 S라면 $S=\int Vdt=V_0t+\dfrac{1}{2}at^2$이다.

그런데 자유낙하의 경우 초속도 $V_0=0$, 가속도 $a=g$ (중력가속도)이므로 $V=gt$ ···[식 ①]
이라 하자.

또한 t초 후의 변위(変位) S는 $S=\dfrac{1}{2}gt^2$이 되며 이때 변위 S는 수조에서는 높이 h에 해

당하므로 결국 $h=\dfrac{1}{2}gt^2$이 된다. 따라서 $t=\sqrt{\dfrac{2h}{g}}$ ········ [식 ②]라 하자.

[식 ②]를 [식 ①]에 대입하면 $V=gt=g\times\sqrt{\dfrac{2h}{g}}=\sqrt{2gh}$ 가 되므로 토리첼리의 정리와 같다.

이는 즉, 토리첼리의 정리란 물체가 자유낙하를 할 경우의 속도와 같다는 것을 의미한다.

예제 그림과 같은 직육면체의 물탱크에서 밸브를 완전히 개방할 경우 최저유효수면까지 물이 배수되는 소요시간을 구하여라. (단, 밸브 및 배수관의 마찰손실은 무시한다)

수면의 면적=20m²

H(10m)
최저 유효수면

안지름 =100mm

풀이 수면의 단면적과 유속을 A_1, V_1, 출구의 단면적과 유속을 A_2, V_2라면

출구의 단면적 $A_2 = (\pi/4) \times 0.1^2 = 0.00785 \,\mathrm{m}^2$, 출구의 유속은 $V_2 = \sqrt{2gH}$

최초의 V_2 속도 : $\sqrt{2 \times 9.8 \times 10} = 14\,\mathrm{m/sec}$

최초의 V_1 하강속도 : $A_1 \times V_1 = A_2 \times V_2$에서 $20 \times V_1 = 0.00785 \times 14$

∴ $V_1 = 0.0055\,\mathrm{m/sec}$

"표면하강 가속도 $a =$ 속도의 변화 ÷ 시간"이므로

$a = \dfrac{0 - 0.0055}{t} = -\dfrac{0.0055}{t}$

물체의 속도 $V = V_0$(초속도)$+ at$이므로, t초 동안 이동거리 $S = V_0 t + \dfrac{1}{2}at^2$이다.

∴ 이동거리 $10 = 0.0055 \times t + \dfrac{1}{2}\left(-\dfrac{0.0055}{t}\right) \times t^2$, $10 = \dfrac{0.0055t}{2}$

∴ $t = 3{,}636$초 $= 1.01$시간

4. 다르시−바이스바하(Darcy−Weisbach)의 식

(1) 개념

유체가 배관 내를 흐를 때 마찰손실을 구하는 이론식은 여러 방법이 있으나 일반적으로 유체역학에서는 배관의 마찰계산에서 다르시−바이스바하(Darcy−Weisbach)의 식을 사용한다. 실험에 의하면 손실수두는 속도수두$\left(\dfrac{V^2}{2g}\right)$와 배관길이($L$)에 비례하고 관경($d$)에 반비례한다. 이때 비례상수를 f(관마찰계수 ; Friction factor)라 하면 f는 유체의 밀도, 점성(粘性) 등에 관계되는 무차원의 값으로 이를 정리하면 다음과 같은 다르시−바이스바하의 공식이 된다.

$$h = f \cdot \frac{L}{d} \cdot \frac{V^2}{2g}$$ ·············· [식 1-2-4]

여기서, h : 마찰손실수두(mAq)

　　　　f : 관마찰계수(무차원)

　　　　L : 배관의 길이(m)

　　　　d : 관경(m)

　　　　V : 유속(m/sec)

　　　　g : 중력가속도(9.8m/sec^2)

예제

관경이 400mm인 배관을 사용하여 200m 떨어져 있는 장소까지 2시간 이내에 300ton의 물을 송수하고자 한다. 이 경우 해당 구간에서 발생하는 마찰손실압력(kg/cm^2)은 얼마인가? (단, 관마찰계수는 0.02이다)

풀이 300톤의 물은 300m^3이며 2시간 동안 흐르는 유량이므로 $Q(\text{m}^3/\text{sec}) = 300/7,200$이다.

연속의 법칙

$Q = A \cdot V$에서 $V = \dfrac{Q}{A}$ 이므로

$V = \dfrac{300/7,200}{\dfrac{\pi}{4} \times 0.4^2} = \dfrac{1}{24} \times \dfrac{4}{\pi \times 0.4^2} \doteqdot \dfrac{1}{3.014} \doteqdot 0.332\text{m/sec}$

다르시-바이스바하식에서 $h = f \cdot \dfrac{L}{d} \cdot \dfrac{V^2}{2g}$

$= 0.02 \times \dfrac{200}{0.4} \times \dfrac{0.332^2}{2 \times 9.8}$

$\doteqdot \dfrac{0.441}{7.84} = 0.056\text{mAq}$

따라서, 손실압력은 0.0056kg/cm^2이다.

(2) 층류에서의 관마찰계수

층류(層流 ; Laminar flow)란 유체 층간에 미끄러짐이 있을 뿐 질서정연하게 흐르는 흐름이며, 이에 비해 난류(亂流 ; Turbulent flow)란 유체입자가 불규칙한 활발한 흐름으로 인하여 무질서하게 흐르는 흐름을 말한다. 층류와 난류의 구분은 속도만이 작용하는 것이 아니라 유체의 점성(黏性 ; Viscosity), 밀도, 관경과도 연관되므로 레이놀즈(Reynolds)는 이들 변수에 의한 무차원 함수를 정의하여 이를 레이놀즈 수(Reynolds number) Re 라 하며 원형배관에서는 다음과 같은 식이 성립한다. 관마찰계수 f를 구하기 위해서는 레이놀즈 수를 구한 후 이를 이용하여 계산할 수 있다.

$$Re = \frac{\rho V d}{\mu} = \frac{Vd}{\nu}$$ ················· [식 1-2-5(A)]

여기서, Re : 레이놀즈의 수
ρ : 유체의 밀도(kg/m^3)
V : 유체의 평균속도(m/sec)
d : 배관의 직경(m)
μ : 유체의 점성계수(kg/m · sec)
ν : 유체의 동점성계수(m^2/sec)

단면이 일정한 원형배관에서는 레이놀즈 수에 의한 실험결과 층류와 난류는 Re가 약 2,100보다 작은 값일 경우는 층류가 되며 2,100~4,000 사이에서는 층류에서 난류로 이동하는 과도적인 천이(遷移)흐름(Transition flow)이 되며 Re가 4,000을 넘으면 난류가 된다.

수평원형 배관에서 비압축성 유체가 정상류로 흐르는 층류의 경우에는 이를 수리적으로 계산하면 관마찰계수 $f = \frac{64}{Re}$가 된다.

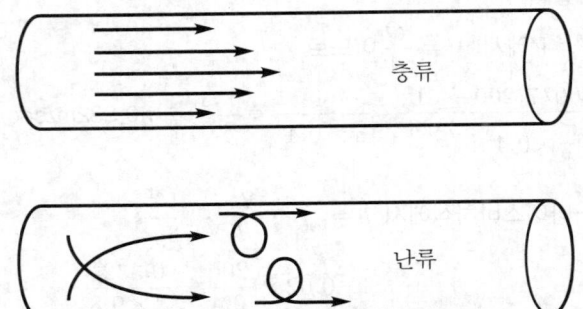

[그림 1-2-5] 층류와 난류

(3) 난류에서의 관마찰계수

층류운동일 때는 마찰계수 f는 오직 레이놀즈 수와 배관의 형태에 의해서만 결정되며 배관의 조도(粗度)와는 무관하다. 이는 층류일 경우는 유속이 포물선의 형태가 되어 배관벽 부근에서는 속도가 매우 느린 관계로 속도에 별로 영향을 미치지 않기 때문이다. 그러나 난류에서는 속도가 벽 근처에서도 매우 빠르기 때문에 배관의 조도가 속도에 영향을 주므로 관마찰계수 f는 조도와 관계가 있다. 따라서 난류일 때는 관의 조도로 인하여 f는 실측에 의해 구하여야 하며 여러 실험식이 있으나 보통 다음의 식을 사용한다.

$$f = \left[1.14 - 2\log\left(\frac{\varepsilon}{d} + \frac{9.35}{Re\sqrt{5}} \right) \right]^{-2}$$ ·················· [식 1-2-5(B)]

여기서, f : 난류의 관마찰계수
ε : 절대조도(m)
d : 배관의 직경(m)
Re : Reynolds 수

[식 1-2-5(B)의 출전(出典)]

SFPE Handbook(3rd edition) 4-51쪽의 식(20a)

이때 절대조도(絕對粗度 ; Absolute roughness) ε 란 배관의 재질에 따라 다르며 실제 적용할 경우는 별도의 Table을 이용하고 있다.
또 위의 식을 토대로 하여 그린 그래프를 무디선도(線圖)(Moody diagram)라 하며 이는 배관에 대한 Reynolds 수에 대한 관마찰계수 f를 적용할 때 실무적으로 사용하고 있는 그래프이다.
※ 무디선도의 사용법은 "제5-1절 미분무소화설비 - 4. 미분무설비의 설계실무
    - 2. 마찰손실의 계산"을 참고하기 바람.

5. 하젠-윌리엄스(Hazen-Williams)의 식

(1) 개념

소화설비에서 다루는 물은 비압축성 유체이며 온도 및 점성을 고려할 필요가 없는 유체인 관계로 배관의 마찰손실 계산은 다르시-바이스바하 공식보다는 특별히 물만을 기준으로 한 하젠-윌리엄스의 공식을 소방분야에서는 더 많이 사용한다. 실험을 기초로 하여 제정한 하젠-윌리엄스의 공식은 물에 대해서만 적용이 가능하며 기타 유체에서는 적용할 수 없다.
NFPA 13[24]에 의하면 하젠-윌리엄스의 공식은 다음과 같다.

[ft-lb 단위] $P = \dfrac{4.52 \times Q^{1.85}}{C^{1.85} \times d^{4.87}}$ ·················· [식 1-2-6(A)]

여기서, P : 마찰손실압력(psi/ft)
Q : 유량(gpm)
C : 마찰손실계수(상수)
d : 내경(in)

---

24) NFPA 13(Sprinkler system) 2022 edition : 28.2.2.1(Friction loss formula)

하젠-윌리엄스의 식에서 설계시에 일반적으로 $C=120$으로 적용하므로 이 경우 유량 Q와 관경 d를 알 경우는 단위길이당 손실압력을 구할 수 있으며 Fire Protection Handbook(19th) 10-91쪽의 Table 10.5.6에서는 이를 다음과 같은 그 래프로 제시하고 있다.

다음 그림에서 손실압력 P는 100m당 (kPa)이며 유량은 $Q(l\text{pm})$, 관경은 호칭경(mm) 으로 적용하고 있다.

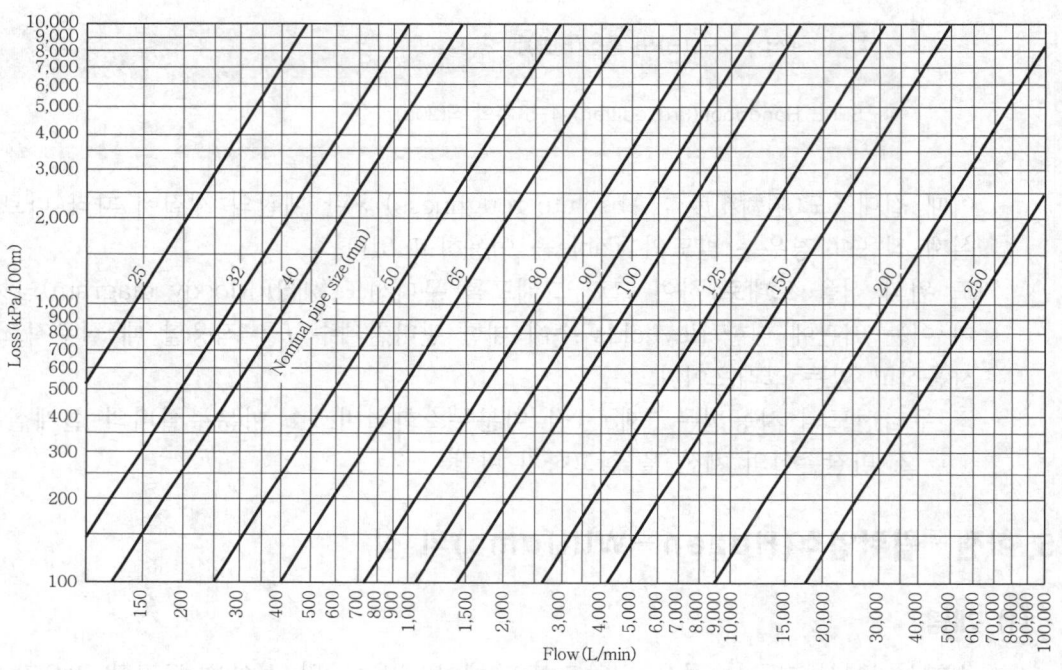

[그림 1-2-6] 하젠-윌리엄스식의 그래프

(2) 하젠-윌리엄스식의 변환

1) **SI 단위로 변환** : [식 1-2-6(A)]를 SI 단위로 변환하기 위해서 각 항에 대한 SI 단위에 대응하는 값은 다음과 같다.

1psi=0.0689bar≒0.069bar ····· ⓐ

1ft=0.3048m≒0.305m ········· ⓑ

1gpm=3.785$l$pm ··············· ⓒ

1in=25.4mm ·················· ⓓ

ⓐ, ⓑ에서 $P(\text{psi/ft})$를 압력의 SI 단위인 $P_S(\text{bar/m})$로 변환하면 다음과 같다.

$$P\left(\frac{\text{psi}}{\text{ft}}\right) : P_S\left(\frac{\text{bar}}{\text{m}}\right) = \left(\frac{1}{1}\right) : \left(\frac{0.069}{0.305}\right)$$

$$P \times \frac{0.069}{0.305} = P_S \ \text{따라서} \ P = \frac{0.305}{0.069} P_S \ \cdots\cdots\cdots\cdots\cdots\cdots\cdots \ [\text{식 ①}]$$

ⓒ에서 $Q(\text{gpm})$을 $Q_S(l\text{pm})$으로 변환하면 다음과 같다.

$$Q(\text{gpm}) : Q_S(l\text{pm}) = 1 : 3.785 \ \text{따라서} \ Q(\text{gpm}) = \frac{Q_S}{3.785} \ \cdots\cdots \ [\text{식 ②}]$$

ⓓ에서 $d(\text{in})$를 $d_S(\text{mm})$로 변환하면 다음과 같다.

$$d(\text{in}) : d_S(\text{mm}) = 1 : 25.4 \ \text{따라서} \ d = \frac{d_S}{25.4} \ \cdots\cdots\cdots\cdots\cdots \ [\text{식 ③}]$$

변환식 ①, ②, ③을 [식 1-2-6(A)]에 대입하면 다음과 같다.

$$\frac{0.305}{0.069} P_S = \frac{4.52 \times \left(\dfrac{Q_S}{3.785}\right)^{1.85}}{C^{1.85} \times \left(\dfrac{d_S}{25.4}\right)^{4.87}}$$

$$P_S = \frac{0.069 \times 4.52}{0.305} \times \frac{\left(\dfrac{Q_S}{3.785}\right)^{1.85}}{C^{1.85} \times \left(\dfrac{d_S}{25.4}\right)^{4.87}} \fallingdotseq 1.023 \times \frac{\left(\dfrac{Q_S}{3.785}\right)^{1.85}}{C^{1.85} \times \left(\dfrac{d_S}{25.4}\right)^{4.87}}$$

$$= 1.023 \times \frac{Q_S^{1.85}}{C^{1.85} \times d_S^{4.87}} \times \frac{(25.4)^{4.87}}{(3.785)^{1.85}}$$

$$= 1.023 \times \frac{6,942,888.647}{11.733} \times \frac{Q_S^{1.85}}{C^{1.85} \times d_S^{4.87}} = 605,305.3 \times \frac{Q_S^{1.85}}{C^{1.85} \times d_S^{4.87}}$$

$$\therefore \ P_S(\text{bar}) = 6.053 \times 10^5 \times \frac{Q_S^{1.85}}{C^{1.85} \times d_S^{4.87}} \ [\rightarrow \text{SI 단위 (bar)로 표시한 식}] \cdots [\text{식 ④}]$$

이를 (MPa)로 변환하려면 $1\text{bar} = 10^5\text{Pa} = 10^{-1}\text{MPa}$이므로

$P_S(\text{bar}) : P(\text{MPa}) = 1 : 0.1$

$$\therefore \ P_S = \frac{P}{0.1} = 10P$$

이를 [식 ④]에 대입하면 $10P = 6.053 \times 10^5 \times \dfrac{Q^{1.85}}{C^{1.85} \times d^{4.87}}$

$$\therefore \ P(\text{MPa}) = 6.053 \times 10^4 \times \frac{Q^{1.85}}{C^{1.85} \times d^{4.87}} \ [\rightarrow \text{SI 단위인 (MPa)로 표시한 식}]$$

2) 중력단위로 변환 : 이 식을 소방에서 일반적으로 사용하는 중력단위로 변환하면, $1\text{bar} = 1.01972\text{kgf/cm}^2 \fallingdotseq 1.02\text{kgf/cm}^2$이다.

$$P_S(\text{bar}) : P_f(\text{kg/cm}^2) = 1 : 1.02 \qquad \therefore \ P_S = \frac{P_f}{1.02} \ \cdots \cdots \ [식 ⑤]$$

[식 ⑤]를 [식 ④]에 대입하면 다음과 같다.

$$P_f = 1.02 \times 6.053 \times 10^5 \times \frac{Q_S^{1.85}}{C^{1.85} \times d_S^{4.87}}$$

$$P_f(\text{kg/cm}^2) \doteqdot 6.174 \times 10^5 \times \frac{Q_S^{1.85}}{C^{1.85} \times d_S^{4.87}} \quad (\rightarrow \text{중력단위로 표시한 식})$$

이 식은 단위길이(1meter)당 손실압력의 식으로서 배관의 길이 L(m)를 도입하면 다음과 같은 하젠-윌리엄스의 최종 공식이 완성된다.

$$\boxed{[\text{SI 단위}] \ P = 6.053 \times 10^4 \times \frac{Q^{1.85}}{C^{1.85} \times d^{4.87}} \times L} \qquad \cdots\cdots\cdots [식 \ 1\text{-}2\text{-}6(\text{B})]$$

$$\boxed{[\text{중력단위}] \ P_f = 6.174 \times 10^5 \times \frac{Q^{1.85}}{C^{1.85} \times d^{4.87}} \times L} \qquad \cdots\cdots\cdots [식 \ 1\text{-}2\text{-}6(\text{C})]$$

여기서, P : 마찰손실압력(MPa)
P_f : 마찰손실압력(kgf/cm^2)
Q : 유량(l/min)
C : 관의 마찰손실계수(상수)
d : 관의 내경(mm)
L : 배관의 길이(m)

근사값으로 P와 P_f의 상수값(6.053과 6.174)을 같다고 보면, 배관의 마찰손실압력은 "SI (MPa) 단위의 수치 $\times 10$ = 중력단위(kg/cm^2)의 수치"가 된다.

(3) C factor

1) **개념** : C값은 무차원의 수로 배관의 재질, 상태, 조건에 관련된 수치로 이를 마찰손실계수(Friction loss coefficient)라 하며 이는 전기공학에서 말하는 전기회로에서 도전율(導電率 ; Conductivity)과 유사한 개념이다.

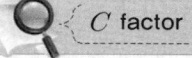
C factor

C factor를 일명 유량(流量)계수 또는 조도(粗度)계수라고도 한다.

배관의 재질이나 상태에 따라서 C값이 달라지며, C값이 작아지면 손실압력이

증가하며 C값이 커지면 손실압력이 감소하게 된다. 따라서 경년(經年)변화에 따라 C값은 점차로 감소하게 되며 강관보다 동관이나 스테인리스관의 경우는 C값이 증가하게 된다.

2) 적용

① 하젠-윌리엄스의 식을 적용할 경우 유량(Q), 배관의 내경(d) 및 배관 길이 (L)는 사전에 알 수 있는 값이나 C factor에 대해서는 무차원의 수로 배관의 재질, 상태, 경년(經年)에 따라 관련 Table을 이용하여야 하며 NFPA에서는 배관의 재질에 따라 다음의 표를 제시하고 있다.

[표 1-2-1] 배관 종류별 C의 수치

백 관		흑 관		① 동관
① 습식 ② 일제살수식	① 준비작동식 ② 건식	① 습식 ② 일제살수식	① 준비작동식 ② 건식	② 스테인리스관 ③ PVC관
C=120	C=100	C=120	C=100	C=150

🔍 [표 1-2-1]의 출전(出典)

NFPA 13(2022 edition) Table 28.2.4.8.1 Hazen-Williams C values

② C값은 원칙적으로 신규 건물은 C=140이나 경년변화를 감안하여 설계시에는 일반적으로 C=120으로 적용하며, 또한 시스템별로 C값이 다를 경우에는 Conversion factor(환산계수)를 이용하여 각 수두값을 변환시켜 사용하여야 하며 이 경우는 다음의 표를 이용하여 계산하여야 한다. 다음의 [표 1-2-2]는 C값을 120을 기준으로 하고 C값이 다른 경우 이를 환산하는 계수를 나타낸 것이다.

③ 예를 들면 준비작동식의 경우는 C=100이므로 C=120일 때 해당하는 스프링클러설비의 부속류에 대한 등가길이 값에 0.713을 곱한 값으로 각종 부속류의 등가길이를 적용하라는 뜻이다. 그런데 C=100이면 마찰손실이 더 큰데도 1.0보다 작은 값을 곱하는 이유는 다음과 같다. 예를 들면 C=120, Sch 40, 100mm 배관에서 90° Elbow의 등가길이가 3m라면 이것이 의미하는 것은 이 수치가 마찰손실이 아니라 90° Elbow(Sch 40, 100mm배관 조건에서)가 배관 길이로 환산하면 3m 길이의 배관과 마찰손실이 같다는 뜻이다. 따라서 C factor값이 120보다 작은 경우의 배관은, 단위길이당 마찰손실이 커지게 되므로 90° Elbow가 같은 마찰손실 값이 되려면 배관길이(즉, 등가길이)가 짧아져야 하기 때문이다.[25]

---

25) NFPA 13(Sprinkler) Handbook(2010년) 22.4.3.2.1 : FAQ

[표 1-2-2] C의 환산계수(C=120을 기준으로 할 경우)

C의 값	100	120	130	140	150
환산계수	0.713	1.00	1.16	1.33	1.51

[표 1-2-2]의 출전(出典)

NFPA 13(Sprinkler system) 2022 edition Table 28.2.3.2.1 C value multiplier

예제

그림과 같은 배관에 물이 흐를 경우 배관 ①, ②, ③에 흐르는 각각의 유량($l$pm)을 자연수값으로 계산하여라. (단, A, B 사이의 배관 ①, ②, ③의 마찰손실수두는 모두 각각 10m로 같고, 관경 및 유량은 다음 그림과 같다. 이때 다음의 하젠－윌리엄스의 식을 이용하여라)

$$P(\text{kg/cm}^2) = 6.174 \times \frac{Q^{1.85} \times 10^5}{C^{1.85} \times d^{4.87}} \times L$$

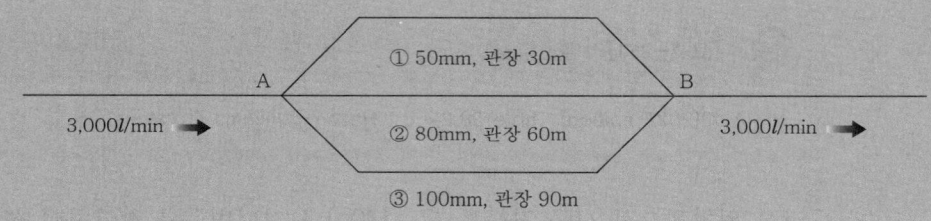

풀이

배관의 마찰손실을 P라면, 주어진 조건에 의해 $P_1 = P_2 = P_3$ ················ [식 ⓐ]

각 배관에 흐르는 유량을 Q_1, Q_2, Q_3라면 $Q_1 + Q_2 + Q_3 = 3,000 l/\text{min}$ ······ [식 ⓑ]

위의 배관에 하젠－윌리엄스의 식을 이용하면

① $P_1(\text{kg/cm}^2) = 6.174 \times \dfrac{Q_1^{1.85} \times 10^5}{C^{1.85} \times 50^{4.87}} \times 30$

② $P_2(\text{kg/cm}^2) = 6.174 \times \dfrac{Q_2^{1.85} \times 10^5}{C^{1.85} \times 80^{4.87}} \times 60$

③ $P_3(\text{kg/cm}^2) = 6.174 \times \dfrac{Q_3^{1.85} \times 10^5}{C^{1.85} \times 100^{4.87}} \times 90$

[식 ⓐ]에 의해 $P_1 = P_2 = P_3$이므로

$$\frac{Q_1^{1.85}}{50^{4.87}} \times 30 = \frac{Q_2^{1.85}}{80^{4.87}} \times 60 = \frac{Q_3^{1.85}}{100^{4.87}} \times 90 \quad \cdots\cdots\cdots\cdots\cdots\cdots\cdots\cdots\cdots \text{[식 ⓒ]}$$

[식 ⓒ]의 각 항에 $\left(\dfrac{100^{4.87}}{30}\right)$을 곱하면

$$\left(\frac{100}{50}\right)^{4.87} \times Q_1^{1.85} \times 1 = \left(\frac{100}{80}\right)^{4.87} \times Q_2^{1.85} \times 2 = Q_3^{1.85} \times 3$$

$$Q_2^{1.85} = \left(\frac{100/50}{100/80}\right)^{4.87} \times \frac{1}{2} \times Q_1^{1.85}$$

양 변을 (1/1.85)승을 곱하면

$$Q_2 = 1.6^{\frac{4.87}{1.85}} \times \left(\frac{1}{2}\right)^{\frac{1}{1.85}} Q_1 = 2.369\,Q_1$$

$$Q_3^{1.85} = \left(\frac{100}{50}\right)^{4.87} \times \frac{1}{3} \times Q_1^{1.85}$$

양 변을 (1/1.85)승을 곱하면

$$Q_3 = 2^{\frac{4.87}{1.85}} \times \left(\frac{1}{3}\right)^{\frac{1}{1.85}} Q_1 = 3.42\,Q_1$$

[식 ⓑ]에서 $Q_1 + Q_2 + Q_3 = 3{,}000\,l/\min$ 이므로

$Q_1 + 2.369\,Q_1 + 3.42\,Q_1 = 3{,}000$

$\therefore\ Q_1 = 442\,l/\min,\ \ Q_2 = 1{,}047\,l/\min,\ \ Q_3 = 1{,}511\,l/\min$

② 소방펌프의 수리적 특성

1. NPSH

수조의 수위가 펌프의 수위보다 낮은 경우 물이 자연적으로 상승하여 펌프에서 흡입 (Suction)되는 것이 아니라 펌프가 동작되는 순간에 배관 내 기압이 대기압 이하로 내려가면 이때 외부의 대기압에 의해 배관 내로 물이 자연적으로 상승하는 것이다. 따라서 흡입배관을 통해 물이 정상적으로 상승하려면, 물을 밀어주는 역할을 하는 수면에 작용하는 대기압이 모든 손실(펌프나 배관에서 물을 흡입하려는 것을 방해하는 모든 요소의 손실)보다 커야만 한다.

즉 "대기압 > 전체손실"이 되어야 한다. ································· [식 ①]

(1) 유효흡입수두($NPSH_{av}$)

1) 유효흡입수두의 개념

펌프 운전시 Cavitation 발생이 없이 펌프를 안전하게 운전할 수 있는 흡입에 필요한 수두를 유효흡입수두($NPSH_{av}$)라 한다.

위의 [식 ①]에서 전체 손실요소를 분석하면 다음과 같다.

① 흡입수면에서 펌프 중심까지의 흡입 실양정에 의해 형성되는 수압(이는 수면상에서 펌프 중심까지의 높이가 된다)에 의한 낙차환산수두 : 이를 수두로 H_h(m)라 하자.

② 흡입측 배관에서 물에 의한 마찰손실 : 이를 수두로 H_f(m)라 하자.

③ 흡입측 배관 내 물의 포화증기압 : 흡입배관은 흡입시 대기압 이하가 되므로 이때 유체의 온도에 해당하는 포화증기압이 존재하며(상온 20℃의 경우 비중이 1.0인 물의 포화증기압은 수두로 0.238m이다), 이를 수두로 H_v(m)라 하자.

> **포화증기압**
>
> 물은 대기압에서는 100℃에서 증발하나 대기압보다 낮은 기압에서는 100℃ 이하에서도 증발하며 그것에 대한 포화상태의 압력이 배관 내 포화증기압이 된다. 이는 흡입배관 내에서 공기의 압력을 형성하여 물의 흡입을 방해하는 요소가 된다.

따라서 [식 ①]은 대기압을 수두로 약 10.3m로 가정하면 다음과 같이 된다.

$10.3 > (H_h + H_f + H_V)$ 따라서 $10.3 - (H_h + H_f + H_V) > 0$ ····· [식 ②]

이때 [식 ②]의 좌변은 손실부분을 전부 공제하고 물이 대기압에 의해 펌프 속으로 "유입되는 순간"가지고 들어가는 잔여분의 에너지(수두)로서 이는 손실을 이기고 대기압으로 인해 물이 펌프 속으로 유입되는 유효한 흡입양정이 된다. 따라서 $10.3 - (H_h + H_f + H_V)$를 "유효흡입수두(Available Net Positive Suction Head)"라 하며 보통 $NPSH_{av}$로 표시한다.

2) 유효흡입수두의 적용

① 수조가 펌프보다 위쪽에 있는 경우에는 H_h 수두만큼의 에너지를 받게 되므로 이 경우 유효흡입수두는 $10.3 + H_h - H_f - H_V$가 된다. 따라서 최종적으로 $NPSH_{av}$는 다음의 식으로 표현할 수 있다.

$$NPSH_{av} = 10.3 \pm H_h - H_f - H_V \qquad \text{················ [식 1-2-7]}$$

여기서, $NPSH_{av}$: 유효흡입수두(m)

　　　　H_h : 펌프의 흡입양정(m)

　　　　$\begin{bmatrix} \text{펌프가 수조 위} = -H_h \\ \text{펌프가 수조 아래} = +H_h \end{bmatrix}$

　　　　H_f : 흡입배관의 마찰손실수두(m)

　　　　H_V : 물의 포화증기압 환산수두(m)

유효 $NPSH$에서 H_h는 수면과 펌프 위치와의 관계, H_f는 흡입배관의 재질 및 배관길이, 관경과의 관계, H_V는 유체의 온도에 따라 결정되는 것으로 이

는 결국 설계시 건물의 펌프시스템 설치조건에 따라 좌우되는 값이다. 즉 유효흡입수두($NPSH_{av}$)란 펌프의 특성과는 관계가 없이 펌프를 설치하는 위치(주변조건 및 환경)에 따라 결정되는 값이다. 펌프의 특성곡선상 토출량의 과부하점이 150%이므로 H_f의 경우는 150%시의 유량으로 적용하여야 한다. 참고로 수온에 따른 물의 포화증기압은 다음 표와 같다.

수온(℃)	0℃	20℃	40℃	60℃	80℃
포화증기압(kg/cm^2)	0.0062	0.0238	0.0752	0.2032	0.4830

② 흡수면에 대기압이 작용할 때의 NPSH는 [그림 1-2-7]에서 A Pipe는 배관에 물을 채운 후 거꾸로 수면에 놓게 되면 대기압에서 그 유체의 온도에 의한 포화증기압을 뺀 위치까지 수위가 내려간다. B Pipe는 대기압에서 유체의 온도에 의한 포화증기압력, 마찰손실수두, 속도수두, 흡입수두(흡입 실양정)를 뺀 빗금친 부분만큼 수위가 올라간다. 따라서 B Pipe의 빗금부분이 펌프 흡입구에서 물이 가지고 있는 흡입양정이며 이것에 흡입관의 속도수두를 더한 것이 펌프가 이용할 수 있는 유효흡입양정($NPSH_{av}$)이다.

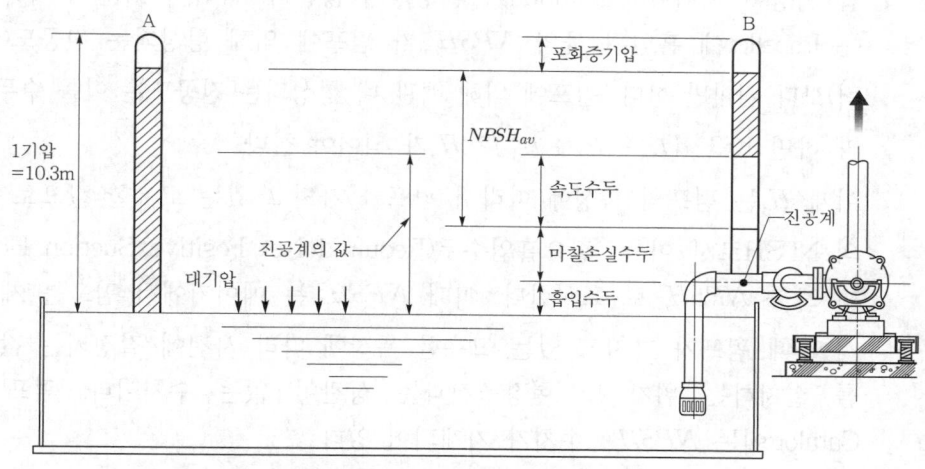

[그림 1-2-7] 대기압과 진공계의 관계

예제

수조가 펌프 밑에 있을 경우 펌프 중심선과 수면과의 높이가 4m, 흡입측 손실수두가 0.7m일 경우 20℃에서의 $NPSH_{av}$는 얼마인가? (단, 대기압은 1.03kg/cm^{2}로 한다)

풀이 대기압은 1.03kg/cm^{2}이며 상온 20℃에서 물의 포화증기압은 0.0238kg/cm^{2}이다.
$NPSH_{av} = 10.3 \pm H_h - H_f - H_V$이므로
따라서 $NPSH_{av} = 10.3m - 4m - 0.7m - 0.238m ≒ 5.4m$

(2) 필요흡입수두($NPSH_{re}$)

펌프에서 Impeller 입구까지 유입된 액체는 펌프도 회전체이므로 Impeller에서 가압되기 직전에 일시적으로 압력강하가 발생하는데 이에 해당하는 수두가 $NPSH_{re}$가 된다.

1) 필요흡입수두의 개념

Impeller에 의해 흡입된 물은 원심력에 의해 운동에너지를 얻게 되나 펌프 Casing에 부딪히는 순간 속도에너지를 잃으면서 에너지보존법칙에 따라 압력에너지로 변환하여 배관에 압력을 가하게 된다.

이때 흡입된 물의 $NPSH_{av}$가 너무 작으면 남아 있는 유효에너지가 작다는 뜻으로 Impeller 내부는 압력이 떨어져 이로 인하여 물이 국부적으로 포화증기압 이하로 되므로 Impeller의 일부분에서 물의 증발이 발생하게 된다. 결국 이는 물이 정상적으로 토출되지 못하며 증발된 기포가 파괴되면서 Cavitation이 발생하게 된다. 따라서, 펌프 흡입구에서는 포화증기압 이상으로 압력이 유지되어야 Cavitation을 방지할 수 있듯이 펌프 내부에서도 액체온도에 대응하는 포화증기압 이상이 되어야 Cavitation이 발생하지 않는다. 따라서 이를 방지하기 위해서는 Impeller에 흡입된 물의 $NPSH_{av}$가 펌프에 의해 형성되는 진공도(펌프의 능력)보다 커야만 한다. 펌프에 의해 배관 내 형성되는 진공도는 이를 수두로 H_p(m)라 하면 $10.3 - (H_h + H_f + H_V) > H_p$가 되어야 한다.

이때 H_p는 펌프의 특성에 따라서 펌프가 가지고 있는 고유한 값으로 이는 펌프의 NPSH로서 이를 "필요흡입수두(Required Net Positive Suction Head)"라 하며 보통 $NPSH_{re}$로 표시한다. 이때 $NPSH_{re}$는 메이커에서 펌프를 제작하여 출시할 때 펌프가 가지고 있는 고유한 특성에 따라 사전에 결정되는 값으로 펌프를 설치하는 위치 및 현장조건과는 상관이 없는 수치이다. 펌프 메이커의 Catalog에는 $NPSH_{re}$ 수치가 기재되어 있다.

2) 필요흡입수두의 적용

$NPSH_{re}$는 필요흡입수두이므로 이만큼 펌프가 물을 흡입할 수 있다고 오해하기가 쉬우나 펌프는 회전하는 기기이므로 물을 흡입하기 위해서는 펌프 자체에서 이만큼의 수두가 필요하다는 것으로 즉, 손실이 발생한다고 생각하면 이해하기 쉽다. 예를 들면, $NPSH_{re}$가 6m라면 이것이 의미하는 것은 대기압 10.33m-6m =4.33m가 되므로 펌프의 진공도 능력이 지하 4.33m까지는 물을 흡입할 수 있는 능력이 있다는 의미이다.

① 따라서 어느 경우에도 $NPSH_{av} > NPSH_{re}$가 되어야 Cavitation 발생이 없이 펌프가 정상작동을 할 수 있다. 결국 $NPSH_{re}$는 펌프 메이커에 의해 결정되는 흡입수두로 동일한 사양의 펌프일지라도 메이커에 따라 달리 결정된다. $NPSH_{re}$는 실험에 의해서 구하는 방법과 계산에 의해서 구하는 2가지 방법이 있으며 실험에 의한 측정치가 더 정확한 값이 된다. 실험에 의한 방법은 흡입배관에 진공을 걸어서 Cavitation이 발생하는 시점의 진공압력을 수두로 환산하는 것으로 보통 양정의 3%가 감소하는 것을 기준으로 한다.

② 계산에 의한 방법은 [식 1-2-8(A)]의 토마(Thoma)의 캐비테이션계수를 구하거나 또는 [식 1-2-8(B)]의 흡입비속도를 구하여 계산하게 된다.

(3) 설계시 NPSH의 적용

1) 토출량이 증가하면 $NPSH_{av}$는 감소하나 반면에 토출량이 증가하면 $NPSH_{re}$는 증가한다.

2) Cavitation을 방지하고 펌프를 사용할 수 있는 최소범위는 $NPSH_{av} \geq NPSH_{re}$ 영역이 된다.

3) 펌프 설계시 $NPSH_{av}$는 $NPSH_{re}$에 대해 130% 이상 여유율을 두어야 한다. 따라서 $NPSH_{av} \geq NPSH_{re} \times 1.3$으로 적용한다.

[결론] 펌프 선정시는 $\dfrac{NPSH_{av}}{1.3}$의 값을 구하여 이것보다 $NPSH_{re}$가 작아야 한다.

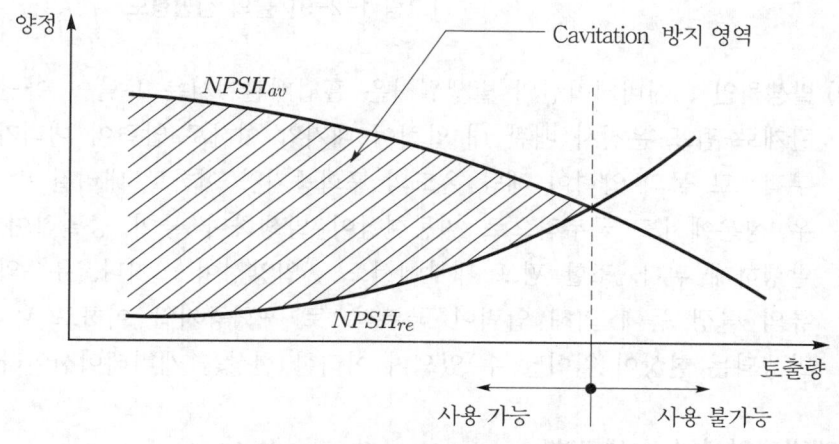

[그림 1-2-8] Cavitation 방지 영역

2. 캐비테이션(Cavitation)

(1) 개념과 발생원인

1) **개념** : 캐비테이션(空洞 ; 공동)이란 펌프의 내부나 흡입배관에서 물이 국부적으로 증발하여 증기 공동이 발생하는 현상을 말한다. 일반적으로 물은 100℃, 1기압(760mmHg)에서 비등하게 되나 압력이 내려갈 경우는 그 이하의 온도에서도 비등하게 되며 압력이 매우 낮아지면 상온에서도 비등하는 현상이 발생하게 된다. 이는 다음 그림의 물의 상평형도에서 액체상태에서는 물의 압력이 그 온도에 대응하는 포화증기압 이하로 압력이 내려가면 내부에서 증발하여 기포가 생기게 되며 상온 20℃에서의 물의 포화증기압은 17.51mmHg(0.0238kg/cm^2)이다.

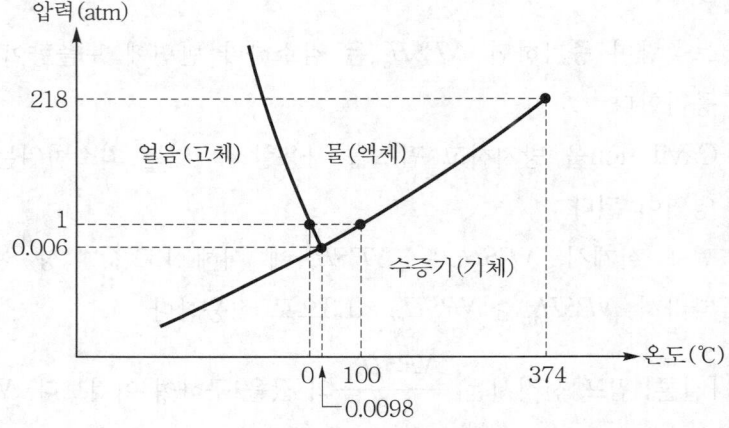

[그림 1-2-9] 물의 상평형도

2) **발생원인** : 캐비테이션의 발생원인은 흡입배관에서는 토출이 아닌 흡입을 하는 관계로 펌프 운전시 배관 내 압력이 대기압 이하로 압력이 내려가게 되므로 국부적으로 물의 압력이 해당 온도의 포화증기압 이하로 내려갈 수 있으며 이 경우 상온에서도 국부적으로 비등현상이 발생하며 물이 증발하여 기포(氣泡)가 발생하게 된다. 또한 펌프 내부에서도 흡입양정이 크거나, 유속의 급변이나 와류의 발생 등에 의해 압력이 국부적으로 포화증기압 이하로 내려가면 기포가 발생되는 현상이 일어날 수 있으며 이러한 현상을 캐비테이션이라 한다.

(2) 캐비테이션의 발생한계

캐비테이션이 발생하지 않으려면 $NPSH_{av} \geqq NPSH_{re} \times 1.3$이 되어야 하며 이 경우 $NPSH_{re}$를 구하여야 하나 이는 펌프의 실험에 의해서 구하는 것을 원칙으로 설계단계에서는 편의상 다음의 계산방법을 이용하여 캐비테이션 발생여부를 판단할 수 있다.

1) **토마의 캐비테이션계수(Thoma's Cavitation constant)** : Thoma의 캐비테이션 계수인 σ(sigma)를 사용하며 다음과 같이 정의하고 있다. 이때 H는 펌프의 전양정이며 $NPSH_{re}$는 필요흡입수두가 된다.

$$\sigma = NPSH_{re}/H$$ ················· [식 1-2-8(A)]

여기서, σ : 토마의 캐비테이션계수(무차원)
$NPSH_{re}$: 필요흡입수두(m)
H : 펌프의 전양정

미국의 기준[26])에서는 편흡입펌프의 경우 $\sigma = 7.88 \times 10^{-5} \times (N_S)^{\frac{4}{3}}$, 양흡입펌프의 경우는 $\sigma = 5.0 \times 10^{-5} \times (N_S)^{\frac{4}{3}}$을 권장하고 있다. 즉, 토마의 계수는 펌프의 크기나 종류에 상관없이 N_S(비속도)에 의해서 정해지는 무차원의 상수이다.

2) **흡입비속도** : 흡입비속도란 펌프의 캐비테이션에 대한 흡입성능의 양부(良否)를 나타내는 것으로서 흡입비속도 S값은 펌프형식에 관계없이 편흡입펌프의 경우 $S=1,200$ 이하(양흡입펌프는 1,740 이하)이면 캐비테이션이 발생하지 않으며 Q의 값은 양흡입펌프의 경우는 펌프유량의 $\frac{1}{2}$로 적용한다. 흡입비속도 S에 대해서는 다음과 같이 정의한다.

$$S = \frac{NQ^{\frac{1}{2}}}{(NPSH_{re})^{\frac{3}{4}}}$$ ················· [식 1-2-8(B)]

여기서, S : 흡입비속도(무차원)
N : 펌프의 회전수(rpm)
Q : 펌프의 토출량(m^3/min)
$NPSH_{re}$: 필요흡입수두(m)

3) **NPSH와의 관계** : 캐비테이션을 일으킬 경우는 $(NPSH_{av} - NPSH_{re}) \leq 0$일 경우 해당된다.
소화설비용 펌프의 경우 $NPSH_{re}$를 알게 되면 캐비테이션을 일으키지 않고 운

---

26) Hydraulic institute standard

전할 수 있는 펌프의 고정된 위치(수면상 높이)를 결정할 수 있다.

① $NPSH_{av} = NPSH_{re}$: 캐비테이션 발생한계

② $NPSH_{av} > NPSH_{re}$: 캐비테이션 발생하지 않음

③ $NPSH_{av} \geqq NPSH_{re} \times 1.3$: 설계시 적용기준

(3) 캐비테이션의 영향 및 방지대책

1) **캐비테이션의 영향** : 펌프가 수원의 수위보다 높을 경우 소화설비용 흡입배관의 경우 입구는 대기압 이하이므로 캐비테이션이 발생할 수 있다. 흡입배관에서는 흡입양정이 높거나 유속이 빠른 부위에서 발생하기가 쉬우며 펌프에서는 회전차 입구부분에서 발생하기가 쉽다.

   ① 발생된 기포는 액체의 흐름에 따라 이동하여 고압부에 이르러 급격히 파괴되는 현상이 반복됨에 따라 펌프의 성능이 저하하게 된다.

   ② 캐비테이션이 발생하면 기포는 펌프의 토출부위에서 급격히 파괴되면서 주위에 진동이나 소음, 충격을 주게 된다.

   ③ 캐비테이션이 장기간 발생되면 고압의 충격파로 인하여 재료의 피로현상, 부식 등의 원인이 된다.

2) **방지대책** : 방지대책의 핵심은 펌프에서는 캐비테이션의 발생을 막기 위해 포화증기압 이하의 부분이 생기지 않도록 하여야 하며 이는 결국 펌프의 유효흡입수두($NPSH_{av}$)가 충분한 값이 되도록 조치하는 것으로 다음과 같은 방법을 고려하여야 한다.

   ① 펌프위치를 가능한 수면에 가깝게 설치하도록 하고 흡입배관의 길이를 최소화하도록 하여 흡입양정을 작게 한다.

   ② 펌프의 회전수를 작게 한다.

   ③ 흡입배관의 유속을 줄여주도록 흡입조건을 개선한다.

   ④ 흡입관의 손실수두를 작게 한다. 따라서 흡입배관의 관경, 재질, 배관의 설치상태, 배관의 내부상태 등은 손실이 경감되는 방향으로 적용하여야 한다.

   ⑤ 편흡입펌프보다는 양흡입(Dual suction)펌프로 설치한다.

   ⑥ 펌프의 흡입측 밸브에서는 유량을 조절하지 말고 설계토출량보다 현저하게 벗어나는 범위에서의 펌프운전을 삼가해야 한다.

예제 다음과 같은 조건에서 그림과 같은 옥내소화전 펌프와 $NPSH_{re}$ 그래프가 있을 경우 $NPSH$ 개념으로 보아 펌프의 사용가능성 여부를 검토하여라.

[조건] 대기압 1.0kg/cm^2, 수온 20℃, 포화증기압 0.025kg/cm^2, 흡입배관의 마찰손실 0.03kg/cm^{2}로 한다.

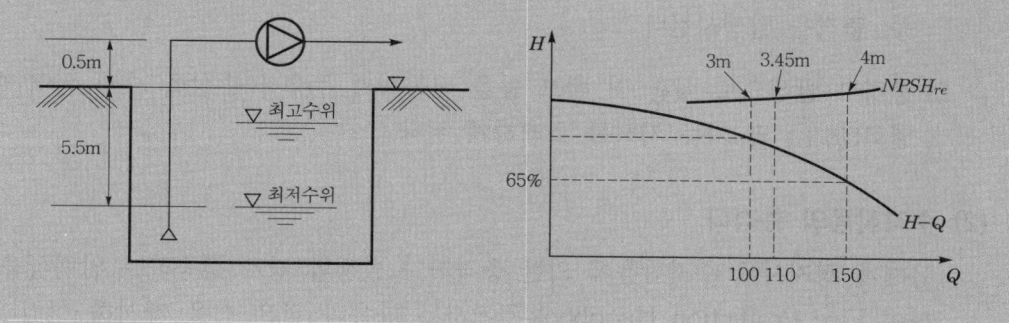

풀이 $NPSH_{av}$ = 대기압수두 − (흡입양정+손실수두+증기압수두)이다.

흡입양정은 최저수위에서 펌프 중심까지의 높이는 6m가 되므로

따라서 $NPSH_{av} = 10 - (H_h + H_f + H_v) = 10 - (6+0.3+0.25) = 3.45m$

그런데 앞의 그래프에 의하면 정격운전시 $NPSH_{re}$가 3m이다.

일반적으로 $NPSH_{av}$와 $NPSH_{re}$의 관계는 다음과 같다.

① $NPSH_{av} = NPSH_{re}$: 캐비테이션 발생한계

② $NPSH_{av} > NPSH_{re}$: 캐비테이션 발생하지 않음

③ $NPSH_{av} \geqq NPSH_{re} \times 1.3$: 설계시 적용기준

그런데 실제 발생하는 상황은 다음과 같다.

① 정격운전시 : $NPSH_{av}$(3.45m) $> NPSH_{re}$(3m)

② 110% 운전시 : $NPSH_{av}$(3.45m) $= NPSH_{re}$(3.45m)

③ 150% 운전시 : $NPSH_{av}$(3.45m) $< NPSH_{re}$(4m)가 된다.

따라서 정격운전시 및 110% 운전시에는 캐비테이션이 발생하지 않으나, 150% 운전시에는 캐비테이션이 발생하여 펌프운전이 불가하다.

[결론] 현재와 같은 조건에서는 펌프운전이 불가하다(왜냐하면, 소화설비용 펌프는 150% 유량일 경우 양정이 65% 이상이 되어야 한다).

3. Water hammer

(1) 수격작용의 개념과 영향

배관 내를 유체가 흐를 때 펌프의 순간적인 정지, 밸브의 급격한 개폐, 배관의 급격한 굴곡 등에 의해 유체의 속도가 급히 변화하면 유체가 가지고 있는 운동에너지가 압력에너지로 변하여 순간적으로 큰 압력변화가 발생하는 현상으로 이러한

압력의 상승으로 충격파가 발생하는 것을 수격작용(水擊作用 ; Water hammer)이라 한다. 이때 유체가 가지고 있는 운동에너지는 유속의 급격한 변화에 의하여 압력에너지로 변환되어 다음과 같은 영향을 주게 된다.

1) 수압이 급상승하여 이로 인하여 충격파(Elastic wave)가 발생하여 소음 및 진동, 충격을 발생시킨다.

2) 충격파 발생으로 배관 및 밸브 등을 진동시켜 누수나 손상을 주게 되어 설비의 열화(劣化) 및 기능 저하를 초래하게 된다.

(2) 수격작용의 충격파

유체가 정지시에 수격작용에 의한 충격파가 발생할 경우 상승하는 압력상승에 대하여 Fire Protection Handbook[27])에서는 다음과 같은 식을 제시하고 있다.

$$\Delta P = \frac{9.81 \times a \times V}{g}$$ .... [식 1-2-9]

여기서, ΔP : 상승압력(kPa)
  a : 압력파의 속도(m/sec)
  V : 유속(m/sec)
  g : 중력가속도(m/sec^2)

수격작용시 발생하는 충격파는 다음과 같은 특징이 있다.

1) 상승되는 압력의 변화는 유체의 속도 및 압력파의 속도에 비례하여 상승한다.

2) 압력상승은 배관의 길이 및 형태와는 무관하다.

3) 충격파의 속도는 유체 속에서 음속과 동일하다.

(3) 수격작용의 방지대책

1) Pump에 Fly wheel을 설치한다. : Fly wheel이란 펌프에 부착하여 관성효과를 증가시켜 속도가 급격히 변화하는 것을 방지하는 장치로 플랜트시설 등의 대용량 펌프의 경우에 적용한다.

2) 펌프 토출측에 Air chamber를 설치한다. : 국내의 경우 소화설비에 적용하는 압력체임버도 일종의 Air chamber에 해당하며 체임버 내의 공기가 압축되어 압력 상승을 흡수하게 된다.

---

27) Fire Protection Handbook(19th edition) p.10-94 Elastic wave theory

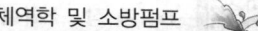

3) 충격을 흡수하는 Water hammer cushion을 배관에 설치한다.

4) 관경을 크게 하여 관내의 유속을 저하시켜 준다.

5) 상수도나 공업용수와 같은 대규모설비에서는 Surge Tank를 설치한다. : Surge Tank란 조압(調壓)수조를 말하는 것으로 펌프 주변에 부압의 발생장소에 물을 공급하여 압력강하와 상승을 흡수한다.

6) 펌프운전 중에는 각종 밸브의 개폐는 서서히 조작하도록 한다.

7) 펌프 토출측의 체크밸브는 수격을 방지하는 체크밸브를 설치하도록 하며 수격 방지용에는 급폐용과 완폐용 체크밸브가 있다.

　① 급폐용(急閉用) 체크밸브 : 일반 체크밸브는 물이 역류할 경우 폐쇄가 지연되어 역류가 증가한 후에 폐쇄되어 압력상승이 증가하게 되므로 역류가 시작되기 직전에 스프링에 의해 강제적으로 밸브가 닫히는 구조로서 대표적으로 스모렌스키(Smolensky) 체크밸브가 있다.

　② 완폐용(緩閉用) 체크밸브 : 배관에서 역류가 시작될 경우 즉시 닫히지 않으나 유압에 의해 처음에는 빠르게 나중에는 서서히 닫히는 구조의 체크밸브이다.

4. 비속도(Specific speed)

(1) 개념

실제 펌프와 기하학적으로 닮은 펌프를 가상하고 이 가상의 펌프가 토출량이 1m³/min, 전양정이 1m일 때 펌프 임펠러의 회전수를 비속도, 일명 비교회전도라 하며 다음 식으로 나타낸다. 펌프의 비속도(比速度)는 펌프의 구조와 유체의 유동상태가 같을 때에는 일정하고 펌프의 크기나 회전수에 따라 변화하지 않는 값이 된다. 그러므로 임펠러의 형상을 나타내는 척도가 되며 펌프의 성능을 표시하거나 양정과 유량을 주고 가장 적합한 임펠러의 형상이나 회전수를 결정할 때 사용한다. 비속도는 한 개의 임펠러만을 고려하므로 다단펌프에서는 양정을 "전 양정 $H \div$ 단수"로 계산하며, 양흡입펌프에서는 토출량을 "토출량$\div 2$"로 계산하여야 한다.

$$\text{비속도} : N_S = \frac{N \times Q^{\frac{1}{2}}}{H^{\frac{3}{4}}}$$ ················· [식 1-2-10]

여기서, N : 펌프의 회전수(rpm)
　　　　Q : 펌프의 토출량(m³/min)
　　　　H : 전양정(m)

(2) 특징

일반적으로 양정이 높고 토출량이 적은 펌프는 대체로 비속도가 낮고, 양정이 낮고 토출량이 많은 펌프는 비속도가 높게 된다. 또 양정, 토출량이 동일할 경우는 회전수가 높을수록 비속도가 커지게 된다.

구 분	전양정, 토출량, 회전수	비속도(N_S)
양정과 토출량이 다를 경우	고양정이며 소유량일수록 →	낮다.
	저양정이며 대유량일수록	크다.
양정과 토출량이 같을 경우	회전수가 높을수록	크다.

비속도는 펌프의 임펠러 형식을 나타내는 대표적인 수치로서 각종 펌프의 특성을 연구하거나 설계 및 펌프 선정을 비교할 경우 사용되는 표준이 된다. 비속도를 적용할 경우 각 수치는 펌프의 최고효율점에서의 수치를 적용하여야 하며, 양흡입펌프의 경우 토출량은 $\frac{1}{2}$로 계산하고, 다단펌프의 경우 전양정은 임펠러 1단의 양정으로 적용하여야 한다.

이에 비해 흡입비속도(Suction specific speed)는 비속도(Specific speed)와 다른 것으로 흡입비속도란 펌프의 캐비테이션에 대한 흡입성능의 양부(良否)를 나타내는 것으로서 [식 1-2-8(B)]와 같다.

예제 전양정 100m, 토출량 14m³/min, 회전수 1,750rpm인 펌프가 있다. 이때 편흡입 1단 펌프와 2단 펌프, 양흡입 1단 펌프에 대한 비속도를 구하여라.

풀이

① 편흡입 1단의 경우 : $N_S = \dfrac{1,750 \times 14^{\frac{1}{2}}}{100^{\frac{3}{4}}} = \dfrac{1,750 \times 3.74}{31.62} = 207$

② 편흡입 2단의 경우 : $N_S = \dfrac{1,750 \times 14^{\frac{1}{2}}}{50^{\frac{3}{4}}} = \dfrac{1,750 \times 3.74}{18.8} = 348.1$

③ 양흡입 1단의 경우 : $N_S = \dfrac{1,750 \times 7^{\frac{1}{2}}}{100^{\frac{3}{4}}} = \dfrac{1,750 \times 2.65}{31.62} = 146$

5. 상사(相似)의 법칙(Affinity law)

비속도가 같으면 펌프의 크기가 다른 경우에도 이를 상사(相似 ; 닮은꼴)라고 표현한다. 원심펌프에 있어서는 상사의 경우 회전수(N)나 임펠러의 지름(D)에 따라 토출량

(Q), 양정(H), 축동력(L)이 다음과 같은 관련식이 성립하며 이를 상사의 법칙(Law of affinity) 또는 비례의 법칙(Law of ratio)이라 한다.

(1) 펌프 2대가 상사일 경우(원심펌프 기준)

2대의 펌프가 크기가 다르고$(D_1 \neq D_2)$ 회전수가 다를 경우$(N_1 \neq N_2)$ 토출량, 양정, 축동력의 관계는 다음과 같다.

1) 토출량의 경우 : 회전수에 비례하며 지름의 3승에 비례한다.

2) 양정의 경우 : 회전수 및 지름의 2승에 비례하여 양정이 증가한다.

3) 축동력의 경우 : 회전수의 3승, 지름의 5승에 비례하여 축동력이 증가한다. 이 경우 동력은 축동력을 의미하며 모터동력을 의미하는 것이 아니다.

[표 1-2-3] 펌프 2대가 상사일 경우

토출량비	양정비	축동력비
$\dfrac{Q_1}{Q_2} = \dfrac{N_1}{N_2} \times \left(\dfrac{D_1}{D_2}\right)^3$	$\dfrac{H_1}{H_2} = \left(\dfrac{N_1}{N_2}\right)^2 \times \left(\dfrac{D_1}{D_2}\right)^2$	$\dfrac{L_1}{L_2} = \left(\dfrac{N_1}{N_2}\right)^3 \times \left(\dfrac{D_1}{D_2}\right)^5$

(2) 한 대의 펌프를 다른 속도에서 운전할 경우(원심펌프 기준)

동일한 펌프를 회전수를 달리하여 운전할 경우에는 [표 1-2-3]에서 $D_1 = D_2$가 되므로 각각의 운전시 펌프회전수를 N_1, N_2라면 회전수에 따라 토출량은 회전수에 비례하며, 양정은 회전수의 2승에 비례하며, 축동력은 회전수의 3승에 비례한다. 이 경우 효율 η_1과 η_2는 같다고 간주한 것이다.

[표 1-2-4] 한 대의 펌프를 다른 속도에서 운전할 경우

토출량비	양정비	축동력비
$\dfrac{Q_1}{Q_2} = \dfrac{N_1}{N_2}$	$\dfrac{H_1}{H_2} = \left(\dfrac{N_1}{N_2}\right)^2$	$\dfrac{L_1}{L_2} = \left(\dfrac{N_1}{N_2}\right)^3$

예제

원심펌프의 설계사양에서는 유량 100m³/h, 양정 80m를 요구했다. 그러나 시운전했을 때 실제양정이 70m이며 회전수는 1,650rpm이 되었다. 설계양정 80m를 얻기 위해 회전수를 얼마로 조정해야 되는지 설명하여라. 또 펌프의 축동력이 최초에는 15HP일 경우 위와 같이 조건이 변경되면 축동력은 얼마나 되는가?

풀이 원심펌프가 동일한 펌프이므로 펌프의 회전수와의 관계는 다음과 같다.

양정에 대해서 ⇨ $\dfrac{H_1}{H_2} = \left(\dfrac{N_1}{N_2}\right)^2$

축동력에 대해서 ⇨ $\dfrac{L_1}{L_2} = \left(\dfrac{N_1}{N_2}\right)^3$

위의 식에서 양정은 회전수의 제곱에 비례하므로, 다음 식이 된다.

$\dfrac{70}{80} = \dfrac{1,650^2}{N_2^2}$ 따라서 $N_2 = \sqrt{\left(\dfrac{80}{70}\right) \times 1,650^2} = 1,650 \times \sqrt{\dfrac{80}{70}} \fallingdotseq 1,764\text{rpm}$

그때의 축동력은 $\dfrac{15}{L_2} = \left(\dfrac{1,650}{1,764}\right)^3 \fallingdotseq 0.9354^3 \fallingdotseq 0.8184$

따라서 축동력 $L_2 = \dfrac{15}{0.8184} \fallingdotseq 18.4\text{HP}$

→ 실제 적용시는 20HP으로 선정한다.

③ 소방펌프의 개요

1. 원심펌프의 분류

원심(遠心)펌프(Centrifugal pump)란 펌프 회전시의 토출량이 부하에 따라 일정하지 않은 비용적(Turbo)형의 펌프로서 이는 임펠러(회전차)의 회전으로 유체에 회전운동을 주어 이때 발생하는 원심력에 의한 속도에너지를 압력에너지로 변환하는 방식의 펌프이다. 펌프 동체(胴體)에 물을 채운 후 임펠러를 고속으로 회전시키면 원심력에 의해 중심부의 물이 밖으로 흘러나오게 되며, 중심부는 압력이 저하되어 진공에 가까워진다. 이때 대기압에 의해 임펠러 중심을 향해 흡입구로부터 계속해서 물이 흘러들어오게 되며 이후 흡입배관으로부터 물을 항상 보충하여 주면 물은 연속적으로 흡입되고 이후 속도에너지에 의해 가압상태로 변환하게 된다.

이러한 비용적식의 펌프는 용적식에 비해 소형 경량이며, 맥동(脈動 ; Surging)이 없이 연속 송수할 수 있으며, 구조가 간단하고 취급이 용이한 장점이 있다. 소방용펌프는 일반적으로 원심식펌프를 사용하며 다음과 같이 구분할 수 있다.

(1) 안내날개에 의한 분류

1) **볼류트(Volute)펌프** : 임펠러의 바깥 둘레에 안내날개(Guide vane)가 없으며 이로 인하여 임펠러가 직접 물을 케이싱(Casing)으로 유도하는 펌프로서 주로 저양정이나 중양정 펌프에 사용한다.

2) **터빈(Turbine)펌프** : 임펠러의 바깥 둘레에 안내날개가 있어 임펠러 회전운동시 물을 일정하게 유도하는 펌프로서 주로 고양정펌프에 사용한다.

구 분	볼류트(Volute)펌프	터빈(Turbine)펌프
① 안내날개	없다.	있다.
② 임펠러의 수량	1단인 경우가 많다.	다단인 경우가 많다.
③ 양정	저양정·중양정	고양정
④ 토출량	터빈펌프보다 소량이다.	볼류트펌프보다 다량이다.
⑤ 캐비테이션현상	발생하기 쉽다.	발생하기 어렵다.
⑥ 형상	소형으로 간단하다.	대형으로 복잡하다.

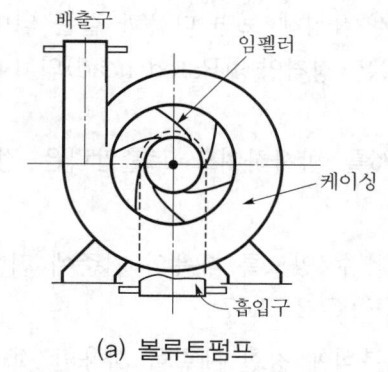
(a) 볼류트펌프

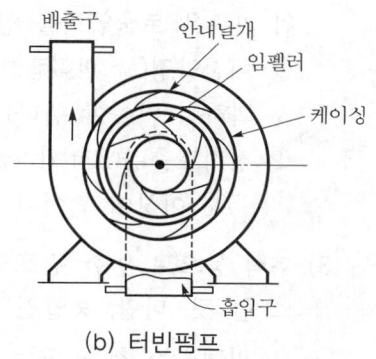
(b) 터빈펌프

[그림 1-2-10] 볼류트펌프와 터빈펌프

(2) 단수에 의한 분류

1) **1단펌프(Single stage)** : 하나의 케이싱 내에 1개의 임펠러를 가지고 있는 펌프로 저양정의 경우에 주로 사용한다.

2) **다단(Multi stage)펌프** : 하나의 케이싱 내의 동일 축상에 2개 이상의 임펠러가 나란히 배열된 펌프로 고양정의 경우에 주로 사용한다. 다단펌프의 경우는 제1단을 통과한 물이 다음 임펠러의 중심으로 흡입되어 압력이 증가된 후 또 다음 단으로 흡입되며 이를 연속적으로 수행하여 높은 토출압력을 얻게 된다. 다단의 경우에 토출능력은 증가시킬 수 있으나 흡입능력을 증가시킬 수는 없다.

(3) 흡입구에 의한 분류

1) **편흡입(Single suction)펌프** : 임펠러의 한쪽에서만 물을 흡입하는 펌프로 토출 유량이 양정에 비해 적은 경우에 주로 사용한다.

2) **양흡입(Double suction)펌프** : 임펠러의 양쪽에서 흡입하는 펌프로 1단 펌프에 비해 토출량이 큰 경우에 주로 사용한다.

2. 소방펌프의 특성

(1) 기준

1) 주 펌프는 전동기에 따른 펌프로 설치하여야 한다[NFPC 102(이하 동일) 제5조 1항 단서/NFTC 102(이하 동일) 2.2.1 단서].

2) 체절운전시 정격토출압력의 140%를 초과하지 아니하고, 정격토출량의 150%로 운전시 정격토출압력의 65% 이상이 되어야 한다[제5조 1항 7호(2.2.1.7)].

   위 기준은 토출압력을 양정으로 변환시켜 작성해 보면 다음과 같은 의미가 된다.
   ① 체절양정(締切揚程 ; Shut off head)은 정격양정(Rated head)의 140%를 초과하지 않아야 한다.
   ② 정격토출량(Rated capacity)의 150%를 방사하여도 토출압력은 정격양정의 65% 이상이 되어야 한다.

3) 부식 등으로 인한 펌프의 고착을 방지할 수 있도록 다음의 기준에 적합한 것으로 할 것. 다만, 충압펌프는 제외한다(NFTC 2.2.1.17).
   ① 임펠러는 청동 또는 스테인리스 등 부식에 강한 재질을 사용할 것
   ② 펌프축은 스테인리스 등 부식에 강한 재질을 사용할 것

(2) 해설

1) 소방펌프의 조건

옥내소화전설비의 경우 펌프 정격토출량은 제5조 1항 4호(2.2.1.4)에 따라 최대로 소화전 2개(층별)의 소요방사량이며, 스프링클러설비의 경우 정격토출량은 기준개수의 헤드 소요방사량이 된다. 따라서 펌프동작시 최소방사유량은 소화전 1개(또는 헤드 1개)의 방사량부터 정격토출량을 초과하여 방사되는 경우 등 여러 가지 상황이 발생할 수 있다. 일반 공업용펌프와 달리 이와 같이 소화설비용 펌프는 방사량이 매우 가변적이므로, 정격토출량에서는 규정방사압을 유지하여야 하면서 방사량이 정격점보다 지나치게 작을 경우와 방사량이 정격점을 초과할 경우 양정의 급격한 상승이나 하강이 되는 것을 방지하여야 한다.

따라서 제5조 1항 7호(2.2.1.7)의 조건은 소방펌프의 경우 다양한 유량변동에 따라, 압력이 급격하게 상승하거나, 감소하지 않도록 요구한 것으로 이러한 상황 때문에 소방펌프는 별도의 특성이 필요하다. 이에 비해 일반펌프의 경우에는 정격점 전후의 90~110% 사이에서 항상 운전이 되므로 체절운전이나 과부하운전에 대해 별도의 특성을 요구하지 않는다.

2) 소방펌프의 특성(Characteristic)

① 펌프의 특성곡선 : 소방펌프는 다음과 같은 별도의 특성을 요구하며 이를 그
래프화하여 펌프의 토출량과 양정과의 변화를 나타낸 곡선을 펌프의 특성곡
선(일명 성능곡선)이라 한다.

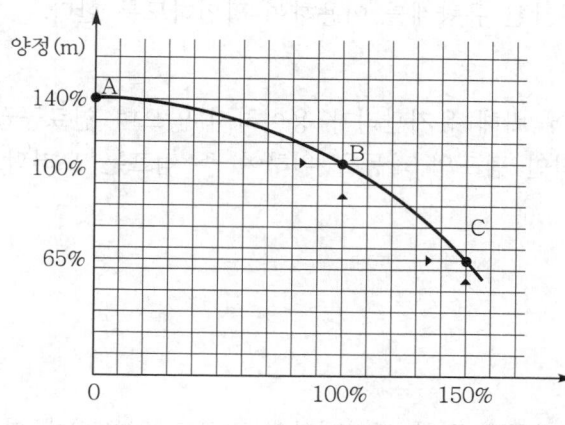

- A : 체절점(締切點)(Shut off point)
- B : 정격점(定格點)(Rating point)
- C : 과부하점(過負荷點)(Overload point)

[그림 1-2-11] 소방펌프의 특성곡선

② 체절운전 : 펌프의 토출측 밸브를 잠그고 펌프를 가동시키는 무부하 운전
상태를 체절운전이라고 하며 이 경우에는 압력 및 수온이 상승하고 펌프가
공회전하게 된다. 이러한 체절운전시의 압력은 펌프가 발생하는 상한압이
되며 이를 체절압력(수두는 체절양정)이라 하며 NFPA Code에서는 Churn
pressure라 한다. 체절(締切)이란 일본식 한자 표현으로 전부 닫혀 있다는
뜻으로 밸브를 전부 잠그고 시험한다는 의미이다. 체절운전시는 소방펌프의
경우 NFPA에서 정격토출압의 최소 101%에서 최대 140% 이하가 되어야 한
다.[28] 이는 토출유량이 0이므로 배관 내 압력이 급격히 상승하는 것을 방지하
기 위한 조치이다. 옥내소화전설비에서 체절운전시에는 압력이 급격히 상승하
므로 배관이나 부속류의 안전을 위하여 펌프의 토출측에 릴리프밸브를 설치하
여, 체절압력 직전에 개방하도록 하여, 토출측의 사용압력(Working pressure)을
옥내소화전설비의 최대발생압력인 체절압력 이하가 되게 하여야 한다.

---

28) NFPA 20(Stationary pumps for fire protection) 2022 edition A.6.2 : The shut off head will
range from a minimum of 101 percent to a maximum of 140 percent of rated head. At
150 percent of rated capacity, head will range from a minimum of 65 percent to a
maximum of just below rated head(체절압력의 범위는 정격수두의 최소 101%에서부터 최
대 140%까지의 구간이다. 정격용량의 150%에서, 수두는 최소 65%에서부터 최대로는 정격수두
바로 아래까지의 구간이다).

③ 과부하운전 : 정격토출량의 1.5배를 방사하는 과부하운전의 경우 과부하운전 점에서의 펌프압력은 정격압력의 65% 이상이 되어야 한다. 체절운전이나 과부하운전에서의 유량과 압력은 성능시험배관을 이용하여 측정하며 이 경우 압력은 펌프 토출측의 체크밸브 하단에 설치된 압력계로 확인하며, 유량은 성능시험배관상에 부착된 유량계를 이용하여 확인하도록 한다.

3) 주 펌프의 선정

엔진펌프의 경우 모터펌프에 비해 유지관리가 용이하지 않으며 연료공급 등 신뢰성 측면에서 보다 안정적인 펌프의 작동을 위하여 주 펌프는 모터펌프로 설치하도록 개정하였다.

3. 소방펌프의 선정

(1) 양정

펌프가 물을 흡입하는 것은 펌프에 의한 흡입배관의 진공도(眞空度)에 따라 대기압에 의해 물이 올라오는 것으로 펌프의 흡입능력은 물에 대해 절대진공인 경우 이론상으로 10.332m까지 흡입할 수 있으나 펌프에서는 손실 등으로 인하여 절대진공으로 할 수 없으며 일반적으로 원심펌프의 경우는 5~6m 정도가 흡입 능력의 상한값이 된다. 대기압(Atmospheric pressure)이란 지구를 둘러싼 공기의 무게에 의해 발생하는 것으로 공기란 지구에서의 위치, 해면으로부터의 높이 및 온도에 따라 무게가 미소하나마 차이가 발생하며 그 기준을 정한 것을 표준기압이라 한다. 공학에서는 해발의 높이나 온도를 특별하게 보정하여야 하는 정밀한 상태가 아니라면 표준기압을 사용하며 표준기압은 온도 $0℃$, 해발 0m에서 높이 760mm의 수은주가 단위면적에 작용하는 압력으로 이 값은 $1.0332kgf/cm^2$이며 최대밀도를 갖는 4℃의 물(비중=1)을 기준으로 수주(水柱)로 표현하면 10.332mAq가 된다.

1) 실양정(實揚程 ; Actual head)
실양정이란 펌프의 흡입수면에서 토출수면(방수구)까지의 수직거리로서 펌프의 중심에서 흡입수면까지의 수직거리를 흡입 실양정, 펌프의 중심에서 토출수면(방수구)까지의 수직거리를 토출 실양정이라 한다.

① 펌프가 수조 상부에 있는 경우 : 흡입측은 연성계(連成計), 토출측은 압력계를 사용하며 흡입측 배관은 대기압 이하로 연성계는 진공압력을 표시하는 부압(負壓 ; 대기압보다 낮은 압력)을 측정하며 토출측의 압력계는 토출측의 양압(陽壓)을 측정하게 된다.

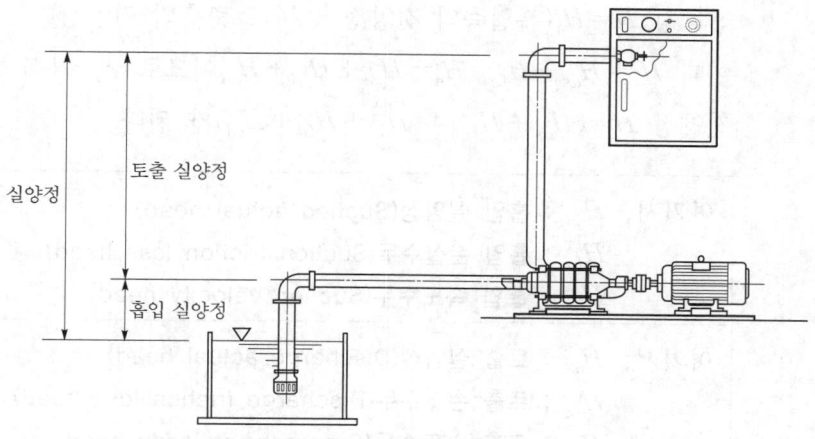

[그림 1-2-12] 실양정(펌프가 수조 위에 있을 경우)

펌프의 실양정은 위와 같이 펌프가 수면 위쪽에 있는 경우는 흡입측 수두는 흡입에 소요되는 에너지를 필요로 하는 것으로 펌프 입장에서는 에너지를 소비하는 것으로 결국 "펌프의 실양정=토출 실양정+흡입 실양정"이 된다.

② 펌프가 수조 하부에 있는 경우 : 흡입측 및 토출측은 압력계를 사용하며 흡입측 배관은 펌프측에 에너지를 가하는(펌프가 에너지를 받는) 상태이므로 펌프 입장에서 필요한 "펌프의 실양정=토출 실양정-흡입 실양정"이 된다.

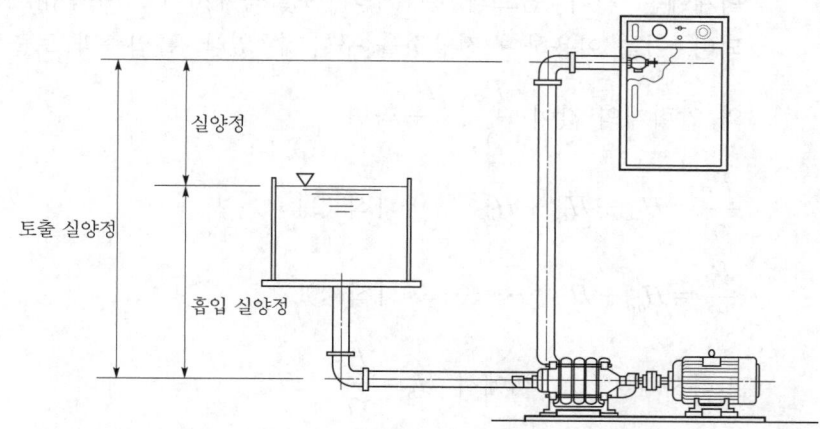

[그림 1-2-13] 실양정(펌프가 수조 밑에 있을 경우)

2) 전양정(全揚程 ; Total head)

① 실양정의 경우는 오직 수직높이만을 적용한 것이나 실제로 펌프에서의 양정은 실양정 이외에 각종 손실이 발생하고 있다. 따라서 실양정에 이러한 흡입측과 토출측의 손실수두, 방사되는 토출측의 속도수두를 고려한 것을 전양정이라 하며 이는 총 수두에 해당한다.

전양정 $H = H_s$(흡입측의 전양정)$+ H_d$(토출측의 전양정)

이때 $H_s = H_{as} + H_{fs}$, $H_d = H_{ad} + H_{fd} + H_{vd}$이므로 ····· [식 ①]

전양정 $H = (H_{as} + H_{fs}) + (H_{ad} + H_{fd} + H_{vd})$가 된다.

여기서, H_{as} : 흡입 실양정(Suction actual head)
　　　　H_{fs} : 흡입 손실수두(Suction friction loss head)
　　　　H_{vs} : 흡입 속도수두(Suction velocity head)

여기서, H_{ad} : 토출 실양정(Discharge actual head)
　　　　H_{fd} : 토출 손실수두(Discharge friction loss head)
　　　　H_{vd} : 토출 속도수두(Discharge velocity head)

---

② 펌프에 대한 이론계산은 수두로 하나 실제 펌프운전에서는 펌프의 진공계와 압력계에 의한 압력을 측정하여 구하는 것으로 진공계와 압력계에 의한 압력과 수두는 다음의 관계가 성립한다.

$P(\text{N/m}^2) = H(\text{m}) \times \gamma$(비중량 N/m^3) 따라서 $H = \dfrac{P}{\gamma}$

펌프 흡입측과 토출측에 진공계와 압력계를 설치하여 측정하면 진공계와 압력계에는 각각 펌프의 흡입구와 토출측에서의 정수두(靜水頭)를 표시하게 되며, 이를 이용하여 전양정을 구할 수 있다. 흡입측과 토출측에서의 진공계와 압력계의 값이 $\dfrac{P_S}{\gamma}$, $\dfrac{P_d}{\gamma}$라면

$$\frac{P_S}{\gamma} = H_{as} + H_{fs} + H_{vs} \quad \cdots\cdots \text{[식 ②]}$$

$$\frac{P_d}{\gamma} = H_{ad} + H_{fd} \quad \cdots\cdots\cdots\cdots \text{[식 ③]}$$

따라서 [식 ①, ②]에서 $H_S = \dfrac{P_S}{\gamma} - H_{vs}$

[식 ①, ③]에서 $H_d = \dfrac{P_d}{\gamma} + H_{vd}$가 된다.

∴ 전양정 $H = H_s + H_d = \dfrac{P_S}{\gamma} + \dfrac{P_d}{\gamma} + H_{vd} - H_{vs}$

만일 흡입관경과 토출관경이 같으면 유속의 변화가 없으므로 $V_s = V_d$이므로

$H_{vd} - H_{vs} = 0$이 되어 $H = \dfrac{P_S}{\gamma} + \dfrac{P_d}{\gamma}$가 된다.

$$전양정 : H = \frac{P_S}{\gamma} + \frac{P_d}{\gamma}$$ ················· [식 1-2-11]

또한 일반적으로 유속이 작은 경우에는 속도수두의 값($V^2/2g$)이 매우 작아 실무에서는 속도수두는 무시하여도 무방하다.

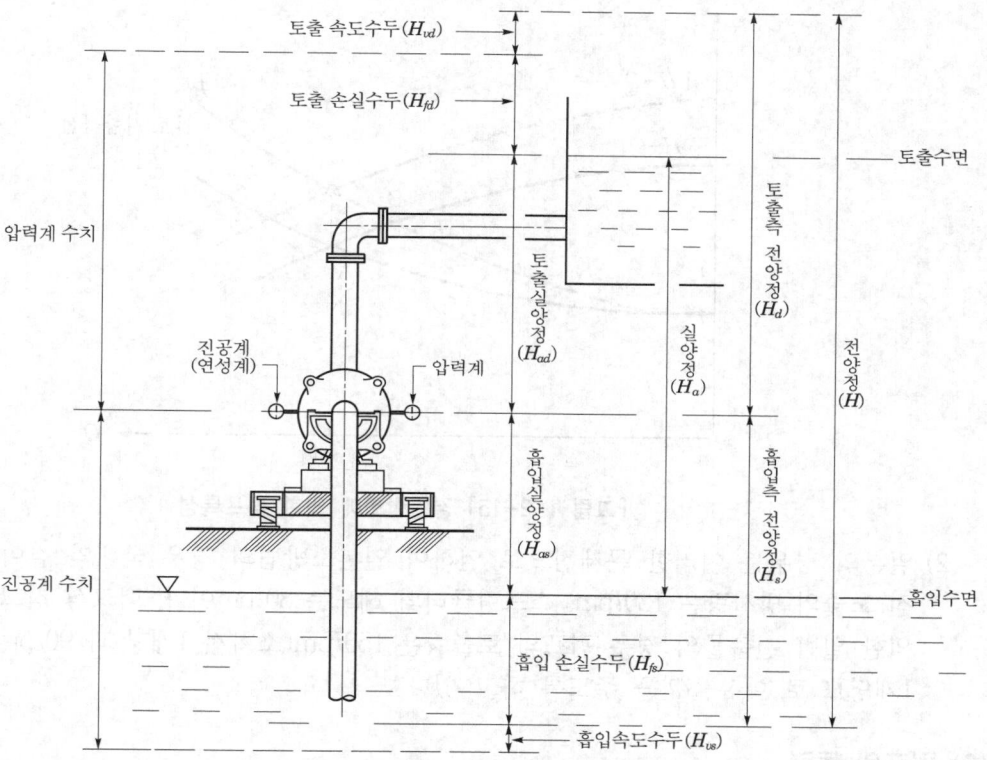

[그림 1-2-14] 흡입측과 토출측의 전양정 구성요소

(2) 토출량

1) 단위시간당 방사되는 펌프의 유량으로서 펌프의 종류, 형식, 관경에 따라서 차이가 있으나 소방용펌프의 경우는 설치된 층별 소화전 기준수량이나 스프링클러헤드의 기준개수에 따라 펌프토출량이 결정된다. 소방용펌프는 일반 공정용펌프와 달리 펌프에서 방사되는 토출유량이 항상 일정한 것이 아니고 정격토출량까지는 옥내소화전의 경우 소화전이 최소 1개~최대 2개까지, 스프링클러의 경우 헤드 1개~기준개수까지 유량변동이 발생할 수 있으며 이와 같이 유량과 양정이 가변되는 특징이 있다.

펌프가 다음 그림과 같이 최초의 특성곡선(구 $H-Q$커브)에 대하여 이때의 실양정에 대한 배관의 저항곡선 R과의 교점 A가 운전점이 된다. 그러나 장기간 사용에 의한 경년(經年)변화에 의해 배관에 Scale 등이 발생한다면 관로(管路) 저항곡선은 R'로 증가하므로, 이때의 운전점은 B가 되어 펌프의 토출량은 감소하게 된다. 따라서 설계시에는 이러한 배관의 경년변화를 감안하여 펌프토출량에 여유율을 주어야 하므로 신 $H-Q$커브로 펌프를 선정하도록 한다.

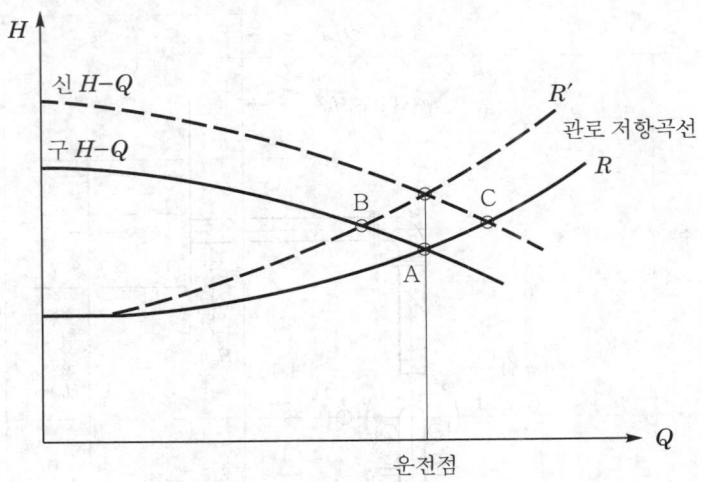

[그림 1-2-15] 경년변화에 의한 펌프특성

2) 일본의 경우는 이러한 문제점으로 인하여 일본소방법의 경우 국내와 같이 소화전 노즐의 방사량은 $130l$pm, 스프링클러의 헤드는 $80l$pm이나, 랙크식 창고를 제외한 일반 건축물의 경우 펌프의 토출량은 $150l$pm(소화전 1개당)과 $90l$pm(헤드 1개당)으로 여유율[29]을 주도록 하고 있다.

(3) 펌프의 동력

1) **펌프동력의 개념** : 펌프에 의해 유체(소화수)에 주어지는 동력을 수동력(水動力) P_W라 하며 또 모터에 의해 펌프에 주어지는 동력을 축동력(軸動力) P_S라 한다.

이 경우 실제 운전에 필요한 실제 소요동력 즉 모터 자체의 동력인 모터동력을 P라면 $P > P_S > P_W$가 된다.

이때 축동력 에너지가 물에 주는 에너지의 비(수동력과 축동력의 비)를 효율(Efficiency)이라 하며 $\eta(효율) = \dfrac{P_W}{P_S}$가 되며, 모터동력과 축동력의 비가 전달계수 $K = \dfrac{P}{P_S}$가 된다.

따라서 모터동력 $P = K \times P_S = K \times \left(\dfrac{P_W}{\eta}\right)$이 된다.

---

29) 일본소방법 시행규칙 : 옥내소화전설비(제12조 1항 7호 "ハ"목), 스프링클러설비(제14조 1항 11호 "ハ"목)

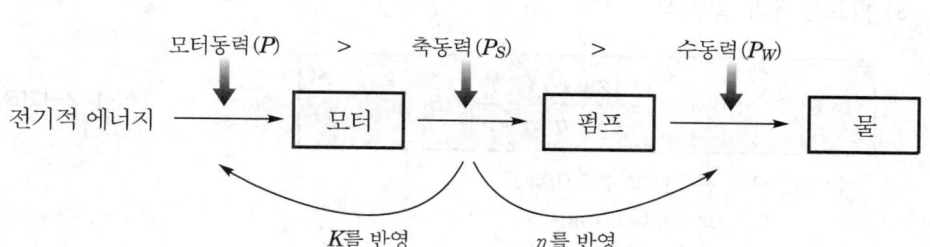

[그림 1-2-16] 수동력 · 축동력 · 모터동력의 관계

$$K = \frac{P}{P_S} \text{ 및 } \eta = \frac{P_W}{P_S}$$ ·············· [식 1-2-12(A)]

여기서, K : 전달계수(1보다 크다)
P : 모터동력(kW)
η : 효율(1보다 작다)
P_S : 축동력
P_W : 수동력

2) **전달계수(K)** : 전달계수는 결국 모터에 의해 발생되는 동력이 축(Shaft)에 의해 펌프에 전달될 때 발생하는 손실을 보정한 것으로 여유율의 개념이다. 전동기 직결의 경우 K=1.1, 전동기 직결이 아닌 경우(내연기관 등)는 K=1.15~1.2를 적용한다.

[표 1-2-5] 전달계수

동력의 종류	K의 값
전동기 직결	1.1~1.2
V-Belt	1.15~1.25
平-Belt	1.25~1.35
스퍼(Spur) Gear	1.20~1.25
베벨(Bevel) Gear	1.15~1.25

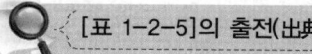
[표 1-2-5]의 출전(出典)

공조냉동 위생공학 편람 Vol 1(공조냉동공학회 刊 1-109)

3) 펌프동력의 일반식

$$P(\text{kW}) = \frac{0.163 \times Q \times H}{\eta} \times K \qquad \text{.................. [식 1-2-12(B)]}$$

여기서, P : 전동기의 출력(kW)
  Q : 토출량(m^3/min)
  H : 양정(m)
  η : 효율(소수값)
  K : 전달계수

[풀이 1] [식 1-2-12(B)]의 유도

결국 모터의 동력은 $P = P_S \times K = (P_W/\eta) \times K$에서 수동력 P_W를 구하는 것으로 귀결된다.

흡수면에서 방수구까지 소요양정 H(m)만큼 소화수를 이동시키려면 소화수에 일정한 힘을 가하여야 하며 이는 물리적으로 "일"을 하는 것과 같다.

이때 SI 단위로 펌프양정 $= H$(m), 토출량 $= q(\text{m}^3/\text{sec})$, 중력가속도 $= g(\text{m}/\text{sec}^2)$, 소요에너지 $= L$(Joule), 유체질량 $= m$(kg), 유체밀도 $= \rho(\text{kg}/\text{m}^3)$라 하자.

"일$=$힘$\times$거리"이므로 "일$=$힘(유체질량$\times$가속도)$\times$거리(양정)로 표현된다.

따라서 소요에너지 $L(\text{Joule}) = (m \times g) \times H$ ········ [식 ①]

그런데 (Joule)은 일의 단위이나, 일률($=$단위시간당 일)의 단위는 (W)이며 이것이 펌프의 수동력이 된다.

또 질량유량 m/t(kg/sec)는 "밀도 $\rho(\text{kg}/\text{m}^3) \times$토출량 $q(\text{m}^3/\text{sec})$"이므로 [식 ①]을 t(sec)로 나누면 $\dfrac{L}{t} =$수동력 P_W(단위 W)가 된다.

$$\therefore \ P_W = \left(\frac{m}{t}\right) \times g \times H = (\rho \times q) \times g \times H \quad \cdots\cdots\cdots \text{[식 ②]}$$

이때 물의 $\rho = 1{,}000\text{kg}/\text{m}^3$, $g = 9.8\text{m}/\text{sec}^2$이며 $q(\text{m}^3/\text{sec})$를 $Q(\text{m}^3/\text{min})$로 단위변환을 하면 $1\left(\dfrac{\text{m}^3}{\text{sec}}\right) = 60\left(\dfrac{\text{m}^3}{\text{min}}\right)$

$$q\left(\frac{\text{m}^3}{\text{sec}}\right) : Q\left(\frac{\text{m}^3}{\text{min}}\right) = \frac{1}{1} : \frac{1}{1/60}$$

따라서 $q(\text{m}^3/\text{sec}) = \dfrac{Q}{60}(\text{m}^3/\text{min})$이므로 위의 각 항을 [식 ②]에 대입하고, (kW)로 환산하면 수동력 $(\rho \times q) \times g \times H$는 다음과 같이 된다.

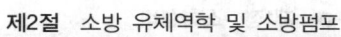

$$\left(1,000 \times \frac{Q}{60} \times 9.8 \times H\right) \div 1,000 \doteqdot 0.163 \times Q \times H = \text{수동력(단위 kW)}$$

그런데 모터동력＝(수동력/효율)×전달계수이므로

$\therefore$ 모터동력 일반식은 $P(\text{kW}) = \dfrac{0.163 \times Q \times H}{\eta} \times K$가 된다.

일과 일률

일의 단위는 에너지와 같은 줄(Joule)이며, 일률(일/단위시간)의 단위는 와트(W : Joule/sec)이다.

[풀이 2] [식 1-2-12(B)]의 별해(別解)

펌프의 토출량을 $q(\text{m}^3/\text{sec})$라면 [풀이 1]에서와 같이

$q(\text{m}^3/\text{sec}) = \dfrac{Q}{60}(\text{m}^3/\text{min})$이 된다.

펌프로부터 방사되는 물의 압력에너지는 P(압력)× V(체적)가 된다(베르누이 정리의 역학적 에너지 참조).

이때 단위시간당 $P \times V$의 단위는 다음과 같이 (Watt)가 된다.

$$P \times V/t = \text{압력 } P(\text{N/m}^2) \times \text{체적유량 } q(\text{m}^3/\text{sec}) = [\text{N} \cdot \text{m/sec}] = [\text{Joule/sec}] = [\text{Watt}]$$

따라서 $P \times V/t = P \times q(\text{m}^3/\text{sec}) = P \times \dfrac{Q}{60}(\text{m}^3/\text{min}) \rightarrow$ 단위 Watt ····· [식 ⓐ]

그런데 소요양정을 $H(\text{m})$라면 이에 대한 수두압력은 중력단위로 $0.1H(\text{kgf/cm}^2)$가 되며 이를 SI 단위로 표시하면(g는 중력가속도) 수두압력은 $0.1H \times g(\text{N/cm}^2)$ $= 0.1H \times g \times 10^4 (\text{N/m}^2) = P$가 된다.

따라서 [식 ⓐ]는

$$P \times \frac{Q}{60} = (1,000 \times g \times H) \times \left(\frac{Q}{60}\right) = 1,000 \times 9.8 \times H \times \frac{Q}{60} = 163.3 \times Q \times H$$

이를 (kW)로 하면 수동력 $P(\text{kW}) \doteqdot 0.163 \times Q \times H$

그런데 모터동력＝(수동력/효율)×전달계수이므로

$\therefore$ 일반식은 모터동력 $P(\text{kW}) = \dfrac{0.163 \times Q \times H}{\eta} \times K$가 된다.

(4) 회전수

회전수는 r.p.m(revolution per minute)으로 표현하며 분당 모터의 회전수를 의미한다. 회전수에 영향을 주는 요인으로는 모터의 극수(極數), 주파수, 전압, 부하상태, 구동방식에 따라 달라지며 회전수의 변화에 따라 펌프의 양정, 토출량, 소요동력에 변화를 주게 된다. 회전수를 변화시키면 동일한 펌프의 경우 다음과 같이 변화하게 된다.

1) 원심펌프의 경우 회전수에 비례하여 토출량이 증가한다.

2) 원심펌프의 경우 회전수의 제곱에 비례하여 양정이 증가한다.

3) 원심펌프의 경우 회전수의 세제곱에 비례하여 축동력이 증가한다.

토출량비	양정비	축동력비
$\left(\dfrac{N_1}{N_2}\right)=\dfrac{Q_1}{Q_2}$	$\left(\dfrac{N_1}{N_2}\right)^2=\dfrac{H_1}{H_2}$	$\left(\dfrac{N_1}{N_2}\right)^3=\dfrac{L_1}{L_2}$

위의 식은 최고효율점뿐만 아니라 $H-Q$ 곡선상의 모든 점에서도 적용할 수가 있으며 다만 회전수의 변동이 큰 경우에는 다소 오차가 발생할 수 있다.

(5) 효율

효율이란 축동력(모터에 의해 펌프에 주어지는 동력)에 의한 동력과 수동력(소방유체에 전달되는 동력)과의 비율로서 수력효율(η_h), 체적효율(η_v), 기계효율(η_m)로 구분한다. 따라서 전(Total) 효율 $\eta=\dfrac{P_W}{P_S}=\eta_h\times\eta_v\times\eta_m$ 이 된다.

펌프의 효율은 펌프의 종류, 규격, 형식 등에 따라 다양하므로 계산으로 구하기보다 제조자의 사양을 참조하여 결정하도록 한다.

참고로 KS B 7501(소형 Volute Pump) 5.4(펌프효율)에서는 "펌프효율의 최고치는 그 토출량(m^3/min)에 있어서는 A효율(최대효율) 이상으로, 또 규정토출량(m^3/min)에 있어서의 펌프효율은 B효율(정격효율) 이상이어야 한다"로 규정하고 있다. KS 기준에 적합하려면 펌프특성곡선에서 효율이 최대인 지점이 있는데, 최대효율은 그 지점에 해당하는 유량에서는 A효율 이상이어야 하며, 정격토출량에서의 정격효율은 최대효율보다는 낮으나 반드시 B효율 이상이 되어야 하며 2가지를 모두 만족하여야 한다.

[표 1-2-6] A효율(최대효율) 및 B효율(정격효율)

토출량(m^3/min)	0.08	0.1	0.15	0.2	0.3	0.4	0.5	0.6	0.8
A효율(%)	32	37	44	48	53.5	57	59	60.5	63.5
B효율(%)	26	30.5	36	39.5	44	46.5	48.5	49.5	52
토출량(m^3/min)	1.0	1.5	2	3	4	5	6	8	10
A효율(%)	65.5	68.5	70.5	73	74	74.5	75	75.5	76
B효율(%)	53.5	56	58	60	60.5	61	61.5	62	62.5

[표 1-2-6]의 출전(出典)

KS B 7501(소형 Volute pump) 그림 2. 펌프효율

1) 수력효율(水力效率 ; Hydraulic efficiency) : η_h

펌프의 실제 발생하는 양정 대 펌프의 이론양정의 비로 펌프 내 유체의 마찰, 충돌, 방향변화, 와류(渦流)손실 등에 의해 발생하는 것으로 원심펌프의 경우 값은 80~96% 정도이다.

실제 발생하는 양정을 H, 전양정(이론양정)을 H_{th}라면 수력효율 $\eta_h = \dfrac{H}{H_{th}}$ 가 된다. 이때 펌프에서 발생하는 수력손실수두(H_f)를 전양정 H_{th}에서 뺀 것이 실제 발생양정 H이므로 $H = H_{th} - H_f$이다.

따라서 $\eta_h = \dfrac{H}{H_{th}} = \dfrac{H_{th} - H_f}{H_{th}} = 1 - \dfrac{H_f}{H_{th}}$ 로 표시할 수 있다.

2) 체적효율(體積 效率 ; Volumetric efficiency) : η_v

실제토출유량 대 펌프흡입유량의 비로 펌프에서 누설 및 역류되는 유량손실에 의해 발생하는 것으로 원심펌프의 경우 값은 90~95% 정도이다.

Impeller를 통과하여 유입되는 공급유량을 Q_{th}, 실제토출유량을 Q, 펌프 내부에서 누설되는 유량을 q라면 $Q_{th} = Q + q$가 된다.

따라서 $\eta_v = \dfrac{Q}{Q_{th}} = \dfrac{Q_{th} - q}{Q_{th}} = 1 - \dfrac{q}{Q_{th}}$ 로 표시된다.

3) 기계효율(機械 效率 ; Mechanical efficiency) : η_m

펌프측에 공급되는 동력 대 실제 일로 변환되는 동력의 비로 펌프의 베어링, 축(軸) 등에 의한 기계적 마찰손실 등에 의해 발생하는 것으로 원심펌프의 경우 값은 90~97% 정도이다. 실제의 양정과 실제의 토출량을 각각 H, Q라면 유체가 필요로 하는 축동력인 $P_S = \gamma \times Q \times H$가 된다. 이때 기계적 마찰손실분에 의한 손실동력을 P_f라면 기계효율이란 축동력에서 기계적 손실동력을 뺀 값과 축동력과의 비를 말한다. 따라서 $\eta_m = \dfrac{P_S - P_f}{P_S} = 1 - \dfrac{P_f}{P_S}$ 로 표시된다.

4. 펌프의 직 · 병렬운전

(1) 개념

펌프의 단수(段數 ; Stage)가 1단일 경우는 낮은 출력 범위 내에서만 적용이 가능하나, 대용량의 펌프일 경우는 다단형 펌프(Multistage pump)를 사용하거나, 펌프를 2대 이상 연결하여 사용하여야 한다. 대용량의 스프링클러펌프를 설계할 경우 주펌프를 2대로 분할하여 병렬운전을 많이 하게 되는데, 이 경우 펌프를 직렬 또는 병렬 연결함에 따라 펌프의 양정 및 토출량은 다음과 같이 변화하게 된다.

1) 병렬운전일 경우 : 양정은 변동이 없으나 토출량은 대략 2배가 된다.

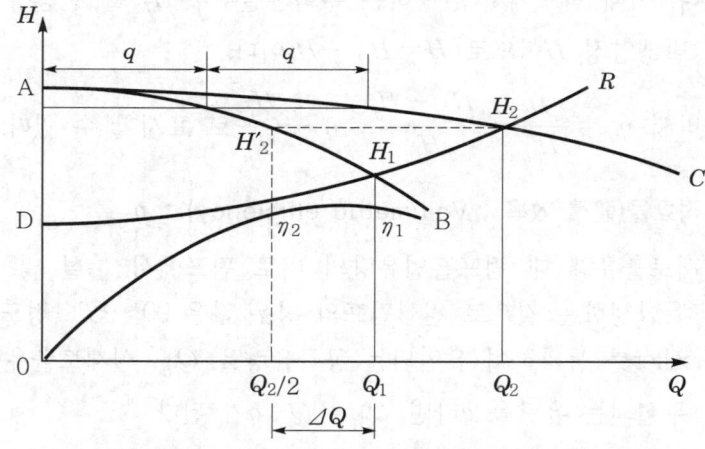

[그림 1-2-17] 펌프의 병렬운전

같은 특성을 갖는 펌프 2대를 병렬운전시 펌프 1대의 $H-Q$ 곡선이 AB, 동일한 펌프 2대의 병렬운전은 AC가 된다(양정은 동일하며 토출량은 증가한다). 이때 배관의 저항곡선을 DR이라면 저항곡선과 $H-Q$ 곡선과의 교점이 실제운전점으로 펌프 1대 운행시의 유량은 Q_1 및 양정은 H_1이며, 2대 병렬운전시의 유량은 Q_2 및 양정 H_2가 된다. 이때 배관의 마찰저항 증가로 인하여 유량은 정확히 2배로 증가하지는 않으며 1대의 펌프에서는 $Q_2/2$의 유량으로 운전을 하게 된다. 즉 1개의 펌프는 유량 $Q_1 \rightarrow Q_2/2$가 되므로 $Q_1 - (Q_2/2) = \Delta Q$만큼 유량이 감소하게 된다.

2) **직렬운전일 경우** : 유량은 변동이 없으나 양정은 대략 2배가 된다.

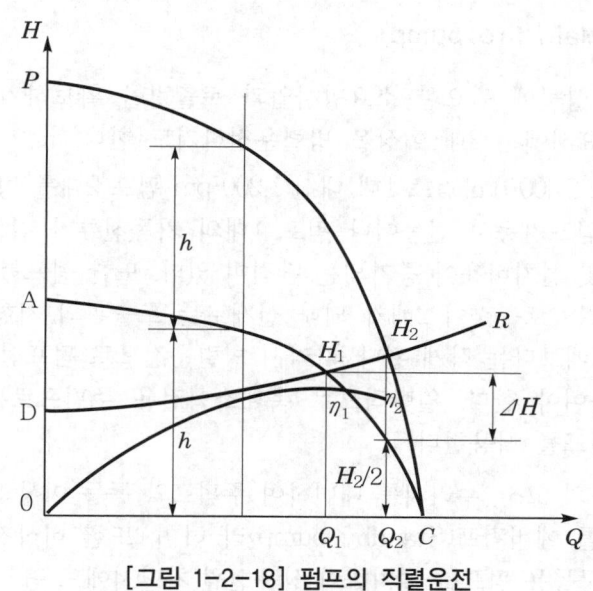

[그림 1-2-18] 펌프의 직렬운전

같은 특성을 갖는 펌프 2대를 직렬 운전시 펌프 1대의 $H-Q$ 곡선을 AC라면 펌프 2대의 경우 곡선 PC가 된다(토출량은 일정하나 양정은 증가하게 된다). 이때 저항곡선을 DR라면 펌프 1대의 경우 유량이 Q_1, 양정이 H_1인 것이 직렬운전을 하면 실제운전점은 Q_2, H_2가 되며 각각의 펌프는 양정이 $H_2/2$로 운전하게 되며, 즉 1개의 펌프는 양정 $H_1 \rightarrow H_2/2$가 되므로 $H_1 - \dfrac{H_2}{2} = \Delta H$만큼 양정이 감소하게 된다.

(2) 실제 설계시 유의사항

설계시 특히 유의할 것은 병렬운전의 경우 토출량을 100% 합산하는 것은 유량이 대기로 방출될 경우에 적용하는 것으로 실제 대기로 방출되지 않는 배관 내에서는 마찰저항으로 인하여 병렬로 작동되는 펌프 2대는 더 큰 마찰저항을 갖게 된다.

따라서 펌프의 실제 특성곡선은 단형 펌프유량의 2배보다 작게 된다. 마찬가지로 직렬로 사용할 경우도 실제양정은 단독 운전시의 2배보다는 작게 된다. 국내의 경우 보통 스프링클러펌프 설계시 2,400$l$pm의 경우 이를 1,200$l$pm×2대를 병렬로 설계하고 있으나 이는 위와 같은 사유로 인하여 "병렬운전시 펌프토출량 선정은 반드시 여유율을 반영하여 선정하여야 한다."

5. 주펌프 및 충압펌프

(1) 주펌프(Main fire pump)

1) 소방대상물에 필요한 소요방사압과 토출량을 확보하기 위하여 설치하는 펌프로서 필요시에는 2대 이상을 병렬운전하기도 한다.

  일례로 2,400$l$pm 펌프 1대 대신 1,200$l$pm 펌프 2대를 병렬로 설치할 수 있으며 이 경우 펌프기동시 진동이나 펌프 1대의 기동전류가 감소되는 반면에 설치공간의 확대 및 설치비용이 증가되는 단점이 있다. 또한 펌프를 병렬로 연결할 경우 이론상으로는 토출량이 2배가 되나 실제로는 토출관의 저항손실로 인하여 단독 운전시의 2배보다는 작게 된다. 따라서 병렬운전으로 펌프선정시에는 반드시 여유율을 감안하여야 한다. 일반적으로 옥내소화전용 주펌프로는 원심식의 볼류트펌프나 터빈펌프를 사용한다.

2) 주펌프의 고장, 수리시를 대비하여 주펌프와 동등 이상의 펌프를 추가로 설치할 경우 이를 예비펌프(Standby pump)라 하며, 또한 비상전원 확보가 어려운 경우는 엔진 구동용 펌프를 설치하여 상용전원 차단시에도 펌프가 동작되도록 조치하여야 한다. NFTC 2.1.2(5)에서는 옥상의 2차 수원 대신에 주펌프와 동등 이상으로 비상전원이 연결된 예비펌프를 설치할 수 있으며 이때는 예비펌프를 2차 수원으로 갈음하는 것이다.

(2) 충압펌프(Pressure maintenance pump)

1) 수압개폐방식의 소화설비 배관은 언제나 배관 내 일정한 압력이 충압되어 있어 방수구에서 토출할 경우 압력체임버가 배관 내 압력변동을 감지하여 자동으로 펌프가 기동 및 정지되는 구조이다. 이 경우 밸브 및 부속장치 등에서 미소하게 압력이 누설될 경우 압력을 보충하여 배관 내 항상 일정한 충압상태를 유지하여 주펌프가 기동할 수 있는 상태를 만들어 주는 것이 충압펌프의 목적이다. 일반적으로 옥내소화전용 충압펌프로는 볼류트펌프 이외에 웨스코(Westco)펌프를 사용하기도 한다. 웨스코펌프는 저유량, 고양정의 특성이 있는 펌프로서 주펌프와 달리 배관 등의 누수에 따른 압력을 보충하는 기능으로는 적합한 펌프이다. 웨스코펌프는 임펠러 외부 테두리에 날개(Vane)를 2중으로 설치하여 날개에

유입된 물이 안쪽 테두리에서 바깥쪽 테두리까지 가는 동안 날개에 의해 여러번 충격을 받아 에너지가 부가되면서 고압을 얻게 되는 구조의 펌프이다. 충압펌프에 대한 정식명칭을 NFPA에서는 Pressure maintenance pump라고 하며 이외에도 보조펌프(Jockey pump 또는 make-up pump)라고도 한다.

2) 토출압력은 NFTC 2.2.1.13.1에 따라 주펌프의 정격토출압력과 같거나 최고위 호스접결구의 자연압보다 0.2MPa이 더 크도록 한다. 따라서 설계시 일반적으로 충압펌프와 주펌프의 정격양정을 동일하게 적용하고 있다. 토출량의 경우는 예전에는 토출량을 무조건 60$l$pm 이하로 하였으나, NFTC 2.2.1.13.2와 같이 현 기준은 "펌프의 정격토출량은 정상적인 누설량보다 적어서는 아니되며 옥내소화전설비가 자동적으로 작동할 수 있도록 충분한 토출량을 유지할 것"으로 규정하였다. 즉 이는 소화전이나 스프링클러설비에서 충압펌프의 토출량을 설계자가 결정할 경우 이제는 "법규에 의한 설계(Coded based design)"로 일률적으로 60$l$pm으로 할 것이 아니라, 어떠한 시스템에서 발생할 수 있는 정상적인 누수량을 파악하여 이를 최소치로 하는 토출량을 산정하는 이른바 "성능위주의 설계(Performance based design)"를 요구하고 있는 것이다.

3) 그러나 동 조항은 선언(宣言)적인 의미로는 가치가 있으나 실험에 의한 Engineering data가 없는 이상 별 의미가 없으며, 현실적으로 설계자가 설계시 누수량을 정량적으로 산정하는 것이 곤란한 관계로 설계시 여전히 60$l$pm으로 적용하고 있다. 초대형 건축물이나 대형 Plant 시설은 예외로 하더라도 일반 건축물에서는 현실적으로 충압 Pump의 토출량을 현재와 같이 60$l$pm으로 적용하여도 특별한 문제는 없다고 판단된다. NFPA 20에서는 충압펌프의 누설량을 충압펌프가 동작하여 10분 이내에 허용누설량 이상을 토출할 수 있거나 또는 3.8$l$pm(1gpm) 중 큰쪽으로 적용하고 있다.[30] 화재시 소화전 방사나 헤드가 개방될 경우 배관 내 압력강하로 인하여 충압펌프가 먼저 작동하게 되며, 이후 충압펌프의 토출로 소요방사량을 만족할 수 없으므로 압력이 더 내려가게 되면 주펌프가 작동하게 된다. 따라서 충압펌프의 토출은 이러한 과정이 신속하게 이루어지는 것이 주펌프가 기동하는 데 효과적이므로 토출량은 큰 것보다는 작은 것이 매우 효과적이다. 미국의 경우는 국내와 배관의 규격이나 설치방법이 같지 않아 동일한 비교를 할 수는 없으나 충압펌프의 최대토출량을 분당 3.8l를 적용할 정도로 매우 작은 값으로 규정하고 있다.

---

30) NFPA 20(Installation of stationary pumps for fire protection) (2022 edition) A.4.27.2.1 : One guideline that has been successfully used to size pressure maintenance pumps is to select a pump that will make up the allowable leakage rate 10 minutes or 1 gpm(3.8lpm) whichever is larger(충압펌프의 용량을 결정하는 데 성공적으로 사용된 한 가지 지침은 10분 또는 1gpm(3.8$l$pm) 중 더 큰 허용누설량을 구성하는 펌프를 선정하는 것이다).

(3) 소방펌프의 압력세팅방법

1) 관련기준

① 기동용 수압개폐장치를 기동장치로 사용할 경우에는 다음의 기준에 따른 충압펌프를 설치할 것(NFTC 2.2.1.13)

㉮ 펌프의 토출압력은 그 설비의 최고위 호스접결구의 자연압보다 적어도 0.2MPa이 더 크도록 하거나 가압송수장치의 정격토출압력과 같게 할 것

㉯ 펌프의 정격토출량은 정상적인 누설량보다 적어서는 아니되며, 옥내소화전설비가 자동적으로 작동할 수 있도록 충분한 토출량을 유지할 것

② 가압송수장치가 기동이 된 경우에는 자동으로 정지되지 않도록 할 것. 다만, 충압펌프의 경우에는 그렇지 않다(NFTC 2.2.1.16).

2) 펌프의 기동과 정지

① **주펌프의 기동** : 주펌프가 자동으로 기동을 하기 위해서는 평상시 배관 내 압력유지를 자연낙차압 이상으로 유지하고 있어야 한다. 화재시 소화전이나 헤드가 개방되어 방수구에서 물이 토출될 경우 배관 내 압력의 변화로 인하여 충압펌프가 작동된 후 계속하여 압력이 내려가게 되므로 주펌프가 자연적으로 기동하게 된다. 따라서 주펌프의 기동점은 "옥상수조로부터 펌프까지의 자연낙차압에 해당하는 낙차압＋방수구의 방사압＋여유율"을 감안한 압력점이 되어야 한다.

② **주펌프의 정지**

㉮ 정지점의 개념 : 소화전이 1개나 헤드가 1개만 개방시에는 $H-Q$ 곡선에서 펌프유량이 정격유량보다 매우 작은 유량이 되므로 펌프작동시 방사압은 즉시 체절점에 근접하게 된다. 만일 정지점을 정격양정으로 한 경우는 이 경우 펌프가 즉시 정지압력에 도달하므로 정지하게 되며 이후 압력이 떨어지면 다시 운전이 진행되는 현상이 반복되는 단속(斷續)운전을 하게 되어 전동기 손상의 요인이 될 수 있다. 이에 따라 종전까지는 주펌프의 정지점은 체절운전 직전의 압력점으로 설정하여 정지점을 체절운전에 근접한 릴리프밸브 작동점 직전으로 사용하였다. 그러나 NFPA의 경우는 펌프의 정지점을 설정하지 않고 펌프는 수동정지를 원칙으로 하며 이를 참고하여 소화설비용 주펌프(충압펌프 제외)는 제5조 1항 14호(2.2.1.16)와 같이 자동으로 정지되지 않도록 규정하고 있다.

㉯ 수동정지의 개념 : 주펌프가 자동으로 정지되지 않는다는 개념은 화재가 발생할 경우에는 화재 종료시까지 펌프는 계속하여 운행되도록 하고 화재 종료 후 관계인이 현장 상황을 판단하여 이를 수동으로 정지하도록

하여 펌프 운행중에는 항상 안정적인 방사량과 방사압을 확보하도록 하기 위함이다. 이는 펌프가 배관 내 압력변동을 감지하여 화재가 진행 중임에도 스스로 펌프의 동작을 일시 정지하거나 재가동하는 문제점을 해소하고, 관계인이 확실하게 소화가 종료된 후에 조작에 의해 펌프의 작동을 중단하라는 의미이다. 그러나 이는 화재 발생시에만 펌프가 작동한다고 가정한 것으로 실제 화재가 아닌 펌프의 오동작까지를 고려하여 적용한 것은 아니다.

장 점	① 화재시 펌프의 가동중단이 없으므로 지속적으로 소화수를 공급할 수 있다. ② 화재시 안정적인 방사량과 방사압을 확보할 수 있다. ③ 펌프를 자동기동만 결정하면 되므로 대형건물이나 복잡한 시스템일 경우에도 펌프운전이 단순해진다.
단 점	① 펌프 오동작시 관계인이 없는 소규모 건물의 경우는 대처하기가 곤란하다. ② 펌프가 장시간 운전하게 될 경우 배관의 취약한 부분에서 누수가 발생하거나 모터의 고장을 초래할 수 있다. ③ 펌프 작동 후에는 반드시 관계인이 펌프를 수동으로 정지시켜야 한다.

③ **펌프의 연속운전** : 압력체임버 형식에서 펌프가 자동정지되지 않도록 하기 위해서는 주펌프가 작동시 최소토출유량(소화전 1개소 또는 헤드 1개 개방시의 토출유량)을 방사할 경우의 압력점보다 높은 압력으로 설정하여야 한다. 예를 들면 다음 그림과 같이 소화전 5개를 기준개수로 한 펌프의 정격압력을 P_n, 정격토출량을 Q_n이라 하자. 이 경우 소화전 5개 개방시의 배관의 저항곡선이 B라면 유량에 대한 설계점의 경우는 곡선 B에서 운전하게 된다. 그러나 소화전 1개소를 개방할 경우는 유량 Q_0는 정격유량의 $\frac{1}{5}$이 되어 배관의 저항곡선을 A라면 A 위를 운전하게 되며 이 경우 유량 Q_0에서의 토출압력 P_0는 체절압력 P_S에 거의 접근하게 된다. 그런데 유량 Q_0는 시스템에서 최소유량에 해당하므로 이때의 압력점인 P_0보다 정지점이 높을 경우에는 이론적으로 펌프는 연속운전을 하게 된다. 그러나 압력체임버에 부착되어 판매하고 있는 국내의 압력스위치는 1kg/cm^2 이하의 간격을 미세하게 조정할 정도의 정밀도가 없으며 압력스위치의 DIFF 간격이 10kg/cm^2용은 3kg/cm^2, 20kg/cm^2용은 5kg/cm^2로 매우 낮아 현실적으로 국내제품으로는 소화전 압력세팅 적용에 많은 문제점을 내포하고 있다.

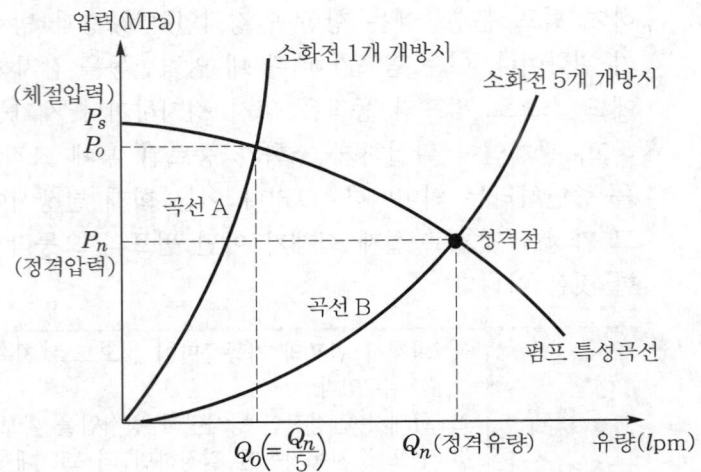

배관의 저항곡선이란 유량별로 H−W식을 이용하여 마찰손실을 구하여 이를 그래프화한 것으로 소화전 개방수량이나 헤드의 수량, 위치에 따라 배관의 저항곡선이 달라지게 된다.

3) **국내의 경우 적용** : 압력스위치에는 "RANGE"와 "DIFF"의 눈금이 있으며 압력스위치 상단부의 나사를 이용하여 조정하게 되어 있다. RANGE는 펌프의 정지점이며 DIFF는 "정지점과 기동점의 차"로 펌프가 DIFF만큼 압력이 떨어지면 펌프는 다시 기동하게 된다. 펌프세팅의 정형화된 방법은 없으나 현장 적용시 대체적으로 다음을 기준으로 하여 적용하도록 한다.

① 주, 충압펌프의 기동점은 자연낙차압보다 높아야 한다 : 펌프양정이 옥상수조에서 펌프위치의 자연낙차압보다 작은 경우는 절대로 자동기동이 될 수 없다. 왜냐하면 언제나 압력체임버 위치에서는 옥상수조에 의한 자연낙차압이 가해지므로 평상시 압력체임버 내의 압력이 건물의 자연낙차압 이하로 내려가지 않아 자동기동이 불가능해진다.

② 주펌프의 기동 및 정지점은 다음과 같이 한다.

㉮ 기동점은 "자연낙차압＋K"(kg/cm^2)로 하고 옥내소화전의 경우 $K=2$ 이상(스프링클러의 경우 $K=1.5$ 이상)으로 설정한다. : 방사압이 옥내소화전 0.17MPa, 스프링클러 0.1MPa이므로 방사압력과 배관의 손실을 감안하여 기동점을 결정한다.

㉯ 정지점은 주펌프의 체절운전점(또는 그 이상)으로 적용한다. : 화재시 한번 기동된 주펌프는 정지되어서는 아니되며 수동으로 작동을 중지하여야 한다. 주펌프는 체절점 이상으로 설정하여 기동 후 정지되지 않도록 한다.

③ 충압펌프는 주펌프의 기동 및 정지점 범위 내에 있도록 설정한다.

④ 주펌프와 충압펌프와의 기동점 간격은 원활한 주, 충압펌프간의 기동을 위하여 최소 0.5kg/cm² 이상 차이를 둔다.

⑤ 주펌프의 오동작을 고려하여 펌프의 연속운전을 제한할 수 있는 조치를 할 수 있다. : 주펌프의 수동정지는 화재시 즉, 유수가 발생할 경우는 자동으로 정지하지 말라는 뜻이지 유수가 발생하지 않는 경우에도 펌프를 정지하지 말라는 의미는 아니다. 따라서 관계인이 없는 건물의 경우 오동작 발생을 고려하여 법정 유효수량의 공급시간을 초과하여 펌프가 운행을 계속할 경우 이를 중단시킬 필요가 있다. 이는 실제 화재가 발생한 경우에도 유효수량의 공급시간이 경과하면 소방대가 출동한 이후가 되므로 특별한 문제가 발생하지 않는다. 따라서 여유시간을 고려하여 일정시간이 지나면 타이머에 의해 펌프가 정지하는 제어회로 구성을 설치하는 것이 바람직하다. 일본의 경우 가압송수장치의 기준(1997. 6. 30. 소방청 고시 제8호) 제5조 5호 전동기(電動機)에서 전동기는 정격출력에서 연속운전을 하는 경우 및 정격출력의 110% 출력에서 1시간 운전을 한 경우에 기능에 이상이 발생하지 않도록 규정하고 있다. 즉, 이는 모터의 연속운전을 최소 1시간까지만 운전하여도 유효한 것으로 국내의 경우도 이를 참고하기 바란다.

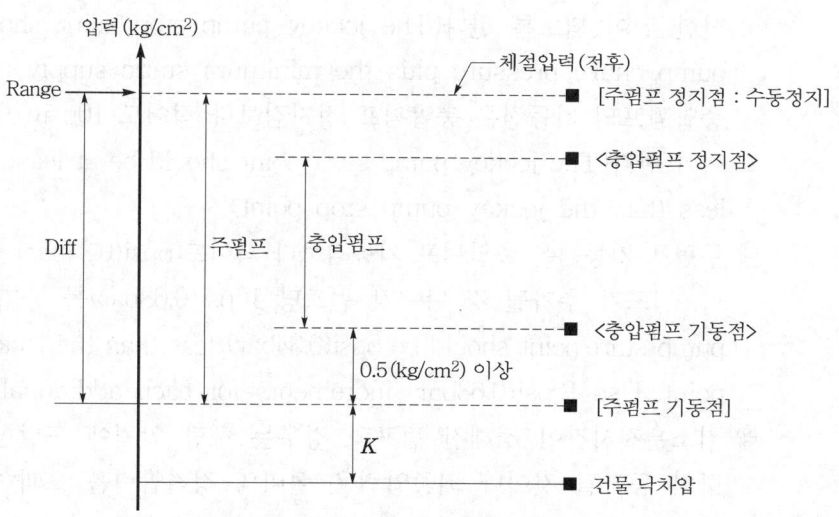

[그림 1-2-19] 펌프의 압력세팅방법(국내)

⑥ 펌프가 자동기동은 되나 정지는 수동으로만 되도록 전기적인 조치를 할 수 있다. : 펌프가 기동점에서 기동 후 정지점에 도달할 때까지 계속적으로 운행되는 것은 동력제어반 내 마그넷 스위치의 자기유지 접점회로의 기능에 의한 것이다. 즉, 압력 Chamber의 압력스위치가 기계적으로 접점을 구성하게 되면 마그넷 스위치의 코일에 전류가 흐르며 이로 인하여 코일이 자화(磁化)되고 회로구성이 되어 모터가 동작하게 된다. 이 경우 자기유지회로의 특성으로 릴레이 코일이 자화(磁化)되어 있는 상태가 되므로 기동점에서 압력이 내려가도 정지점이 될 때까지는 모터는 계속하여 운행하게 된다. 이 후 정지점에 도달하게 되면 주접점인 마그넷 스위치가 Off되고 따라서 릴레이 코일이 자화되지 않으므로 모터는 정지하게 된다. 따라서 기동점에서의 접점신호는 전달이 되나 정지점이 될 경우 정지점의 접점신호는 전달되지 않도록 동력제어반 내부에서 회로구성을 할 경우는 수동으로 전원을 차단하지 않는 한 모터는 한번 기동하게 되면 계속하여 동작하게 된다.

4) NFPA의 경우 적용

① NFPA 기준 : NFPA 20[31])에서는 소화설비용 펌프의 압력세팅방법을 다음과 같이 규정하고 있다.

㉮ 충압펌프의 정지점은 펌프의 체절압력에 정지상태의 최소급수압력을 가산한 점이 되도록 한다(The jockey pump stop point should equal the pump churn pressure plus the minimum static supply pressure).

㉯ 충압펌프의 기동점은 충압펌프 정지점보다 적어도 10psi(0.68bar) 이상 낮아야 한다(The jockey pump start point should be at least 10psi(0.68bar) less than the jockey pump stop point).

㉰ 주펌프 기동점은 충압펌프 기동점보다 적어도 5psi(0.34bar) 이상 낮도록 한다. 펌프가 추가될 경우는 각 펌프당 10psi(0.68bar)를 증가한다(The fire pump start point should be 5psi(0.34bar) less than the jockey pump start point. Use 10psi(0.68bar) increments for each additional pump).

㉱ 최소운전시간이 정해진 펌프의 경우는 해당 압력에 도달한 후에도 계속하여 동작될 것이나 최종압력은 설비의 정격압력을 초과하지 않도록 한다(Where minimum run times are provided the pump will continue to operate after attaining these pressure. The final pressure should not exceed the pressure rating of the system).

---

31) NFPA 20(Installation of stationary pumps for fire protection) 2022 edition A.14.2.6 Fire pump setting

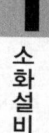

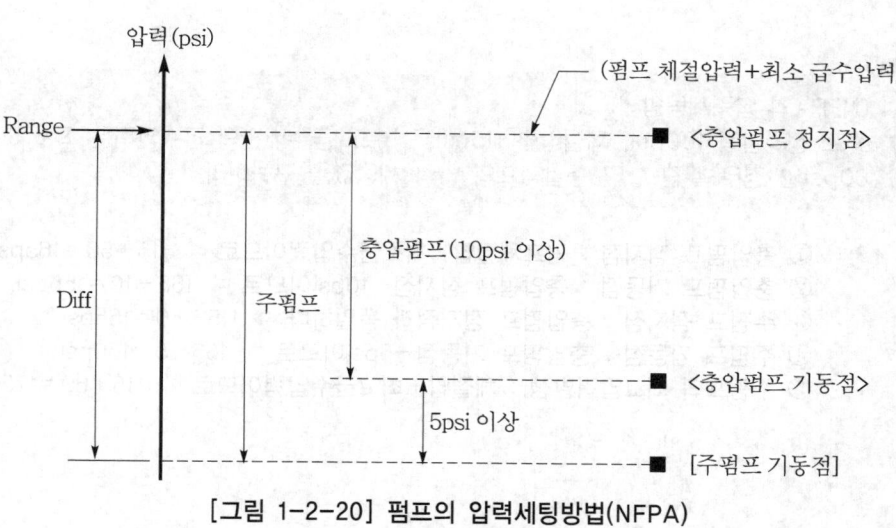

[그림 1-2-20] 펌프의 압력세팅방법(NFPA)

㉠ 최소운전 타이머가 설치된 경우, 펌프는 정지점을 초과하는 체절압력에서도 계속해서 작동되어야 한다. 최종압력은 시스템 구성 요소의 압력등급을 초과하지 않아야 한다(Where minimum-run timers are provided, the pumps will continue to operate at churn pressure beyond the stop setting. The final pressures should not exceed the pressure rating of the system components).

② 해설

㉮ NFPA에서는 주펌프를 정지할 경우는 수동정지를 원칙으로 하며, 자동기동시 적용은 타이머 등을 이용하여 일정시간 운전이 지속되도록 조치하고 있다. 따라서 주펌프의 정지점에 대한 기준은 없으며 제5조 1항 14호(2.2.1.16)의 주펌프를 자동으로 정지되지 않도록 한 것은 NFPA 기준을 준용한 것이다.

㉯ NFPA의 경우는 수량과 수질에 이상이 없는 경우 모든 수원을 소화설비용 펌프에 사용할 수 있다. 따라서 상수도의 주관(Public service main)에 소화설비용 펌프를 접속할 수 있으며 이 경우는 펌프의 기동점이나 정지점을 산정할 경우 펌프의 토출압력에 상수도의 급수압력을 합산한 것을 기준으로 하고 있다. 아울러 정지점을 결정하는 기준 역시 정격토출압력인 펌프의 양정이 아니라 펌프의 체절압력을 기준으로 하고 있다.

(NFPA의 압력세팅방법)
펌프 정격압력 100psi, 체절압력 115psi, 상수도 급수배관의 급수압력은 최소 50psi, 최대 60psi일 경우 주펌프 및 충압펌프의 압력 세팅값을 구하여라.

풀이 ① 충압펌프 정지점 : 펌프체절압＋최소급수압력이므로 ⇨ 115＋50＝165psi
② 충압펌프 기동점 : 충압펌프 정지점－10psi이므로 ⇨ 165－10＝155psi
③ 주펌프 정지점 : 충압펌프 정지점과 동일하다 ⇨ 115＋50＝165psi
④ 주펌프 기동점 : 충압펌프 기동점－5psi이므로 ⇨ 155－5＝150psi
⑤ 주펌프의 최고압력발생 : 체절압＋최고급수압력이므로 ⇨ 115＋60＝175psi

제3절
옥내소화전설비(NFPC & NFTC 102)

1 개 요

1. 적용기준

(1) 설치대상 : 소방시설법 시행령 별표 4

옥내소화전을 설치해야 하는 특정소방대상물은 다음과 같다. 다만, 위험물 저장 및 처리시설 중 가스시설, 지하구, 업무시설 중 무인변전소(방재실 등에서 스프링 클러설비 또는 물분무등소화설비를 원격으로 조정할 수 있는 무인변전소로 한정한다)는 옥내소화전을 제외한다.

[표 1-3-1] 옥내소화전설비 설치대상 기준

특정 소방대상물		설치대상	
① 용도별	연면적(지하가 중 터널은 제외)	3,000m² 이상	전층 설치
	지하층·무창층(축사는 제외한다)·4층 이상인 것 중 바닥면적	바닥면적 600m² 이상	
	위에 해당되지 아니하는 근린생활시설, 판매시설, 운수시설, 의료시설, 노유자시설, 업무시설, 숙박시설, 위락시설, 공장, 창고시설, 항공기 및 자동차관련시설, 교정 및 군사시설 중 국방·군사시설, 방송통신시설, 발전시설, 장례식장 또는 복합건축물	연면적 1,500m² 이상	
		지하층·무창층·4층 이상인 층의 바닥면적이 300m² 이상	
② 지하가 중 터널		길이 1,000m 이상	
		행정안전부령으로 정하는 터널(주)	
③ 건물 옥상에 설치된 차고 또는 주차장		차고 또는 주차의 용도로 사용되는 부분의 면적이 200m² 이상	
④ 위에 해당되지 아니하는 공장 또는 창고시설		지정수량 750배 이상의 특수가연물을 저장·취급하는 것	

㈜ 예상 교통량, 경사도 등 터널의 특성을 고려하여 행정안전부령으로 정하는 터널

(2) 제외대상

1) 설치면제 : 소방시설법 시행령 별표 5 제2호

소방본부장 또는 소방서장이 옥내소화전설비의 설치가 곤란하다고 인정하는 경우로서, 호스릴 방식의 미분무소화설비 또는 옥외소화전설비를 화재안전기준에 적합하게 설치한 경우에는 그 설비의 유효범위에서 설치가 면제된다.

2) 특례조항 : 소방시설법 시행령 별표 6

위험물안전관리법 제19조에 의한 자체소방대가 설치된 위험물제조소 등에 부속된 사무실

> ➡ 스프링클러 설치나 옥외소화전 설치시 옥내소화전을 면제하는 조항(옥외소화전의 경우는 1, 2층 부분)을 전면 삭제하였기에, 옥내소화전은 원칙적으로 일반건축물에 면제 조항이 없으며 소방기본법 제2조 및 위험물안전관리법 제19조의 규정에 의한 소방대 설치시에만 일부장소에 한하여 설치를 제외할 수 있다.

3) 설치제외(방수구) : NFPC 102(이하 동일) 제11조

불연재료로 된 특정소방대상물 또는 그 부분으로서 옥내소화전설비 작동시 소화효과를 기대할 수 없는 장소이거나 2차 피해가 예상되는 장소 또는 화재발생 위험이 적은 장소에는 옥내소화전 방수구를 설치하지 않을 수 있다. 방수구 설치제외에 대한 대상은 NFTC 2.8(방수구의 설치제외)에서 다음과 같이 규정하고 있다.

① 냉장창고 중 온도가 영하인 냉장실 또는 냉동창고의 냉동실

냉장과 냉동

냉장은 0℃ 이상인 온도를 유지하는 것이며 냉동은 0℃ 이하인 온도를 유지하는 것이다.

② 고온의 노(爐)가 설치된 장소 또는 물과 격렬하게 반응하는 물품의 저장 또는 취급장소

③ 발전소·변전소 등으로서 전기시설이 설치된 장소

④ 식물원·수족관·목욕실·수영장(관람석 부분은 제외) 또는 그 밖의 이와 비슷한 장소

⑤ 야외음악당·야외극장 또는 그 밖의 이와 비슷한 장소

> ➡ ① 설치면제는 옥내소화전 시스템 자체를 면제하는 것이며, 설치제외(방수구)는 시스템 자체를 면제하는 것이 아니라 해당 장소에 국한하여 옥내소화전 방수구를 제외시켜 주는 것이다.
> ② 따라서 변전실 건물의 경우 옥내소화전설비를 면제하는 것이 아니라 방수구 설치를 제외한다는 의미는 변전실 내부에 대해서는 방수구를 설치하지 아니하나 변전실 건물의 사무실, 복도 및 계단 등은 옥내소화전이 포용되도록 설치하라는 것이 입법의 취지이다.

chapter
1

소
화
설
비

2. 옥내소화전설비의 분류

(1) 설비방식별 종류

1) 호스방식과 호스릴방식

① 개념

㉮ 일본에는 기존의 호스형 소화전을 "1호 소화전"이라 하고, 호스릴 형태의 소화전을 "2호 소화전"이라 하여 1987년부터 이를 도입하여 적용하고 있다. 2호 소화전은 1호 소화전에 비해 방사량(60$l$pm)과 호스구경(25mm)이 작으며, 대신 방사압(0.25MPa)은 1호 소화전보다 크며 이의 도입 배경은 아파트등의 용도에서 노유자를 포함한 주민 누구라도 한 사람이 용이하게 소화전을 사용할 수 있도록 하기 위한 조치이다. 일본의 경우는 1호 및 2호 소화전 외에도 방수구 높이가 바닥에서 1.5m를 초과하는 "천장형 소화전"도 인정하고 있다.

㉯ 국내에서도 이 취지를 도입하여 당초 아파트, 노유자시설, 업무시설에 한하여 수원, 수평거리, 방사압, 방사량과 관경 기준을 옥내소화전과 다르게 한 호스릴방식의 소화전을 2004. 6. 4.일자로 도입하였다. 이후 수원, 수평거리, 방사압과 방사량 기준을 옥내소화전과 동일하도록 2008. 12. 15.에 이를 개정하였으며, 또한 2011. 10. 28. 당시 별표 4를 개정하여 호스릴소화전을 모든 용도에 설치할 수 있도록 완화하였다. 현재 형식승인 기준에서는 호스릴방식의 호스에 대하여는 "사용하거나 보관 중에 호스 단면이 항상 원형 모양을 유지하도록" 하고 구경 25mm 및 32mm에 길이는 15m 이상으로 5m씩 추가할 수 있으며, "소방용 릴호스"로 규정하고 있다.[32]

② 호스방식과 호스릴방식의 비교

[표 1-3-2] 옥내소화전 비교(일본 대 한국 기준)

구 분	일본기준		한국기준	
	호스방식	호스릴방식	호스방식	호스릴방식
① 수평거리	25m 이내	15m 이내	25m 이내	
② 수원	1개=2.6m^3	1개=1.2m^3	1개=2.6m^3	
	최대=5.2m^3 (2개)	최대=2.4m^3 (2개)	최대=5.2m^3(2개)	
③ 방사압	0.17~0.7MPa	0.25~0.7MPa	0.17~0.7MPa	

32) 소방호스의 형식승인 및 제품검사의 기술기준 제28조

④ 방사량	130ℓpm 이상	60ℓpm 이상	130ℓpm 이상	
⑤ Pump	150ℓpm 이상	70ℓpm 이상	130ℓpm 이상	
⑥ 개폐장치 (노즐)	해당 없음	필요함	해당 없음	필요함 [제7조 2항 4호 (2.4.2.4)]
⑦ 호스구경	40mm 이상	25mm 이상	40mm 이상	25mm 이상
⑧ 최소 배관구경	주관 50mm 가지관 40mm	주관 32mm 가지관 25mm	주간 50mm 가지관 40mm	주관 32mm 가지관 25mm

2) 호스릴방식의 기준

① 호스릴방식의 적용

㉮ 국내의 경우 : 당초 아파트, 업무시설, 노유자시설에 국한하여 사용할 수 있도록 한 것을 용도에 관계 없이 사용가능하도록 시행령 당시 별표 4를 2011. 10. 28. 개정하였다.

㉯ 일본의 경우 : 다음의 용도에 대해 적용한다.

[표 1-3-3] 1호 및 2호 소화전 적용 용도(일본기준)

	적용 용도	호스방식	호스릴방식
①	공장 또는 작업장	○	×
②	창고	○	×
③	'①' 또는 '②'의 지하층, 무창층, 4층 이상의 층	○	×
④	지정가연물(가연성액체는 제외) 저장이나 취급하는 장소	○	×
⑤	'①~④' 이외의 소방대상물	○	○

㊟ ○ : 적용 가능함, × : 적용 불가함

② 호스릴방식의 특징 : 호스릴 소화전은 호스방식 소화전에 비해 호스의 중량이 가벼우며 이로 인하여 방수시 압력에 의한 반발력도 적기 때문에 노약자나 부녀자, 어린이 등 누구나 혼자서 손쉽게 한 사람이 사용하도록 배려한 설비로서 다음과 같은 특징이 있다.

㉮ 소화전을 한 사람이 용이하게 조작하여 노약자 등도 간편하게 사용할 수 있는 설비이다.

㉯ 호스 구경이 작은(25mm) 관계로 무게가 가벼워 사용하기에 편리하다.

㉰ 호스는 회전하는 호스릴(원형의 Drum)에 감아두고, 감아둔 상태에서도 호스 단면이 원형을 유지하도록 보형(保形)호스를 사용한다.

㉱ 사용시 호스가 중간에서 꺾이지 않아 즉각적으로 호스를 인출할 수 있다.

㉲ 호스 앞부분에는 노즐을 개폐할 수 있는 노즐개폐장치가 있다.

㉳ 호스가 접히지 않고 릴에 감겨져 있으므로 장기간 보관시 소화전 호스와 같이 내장고무가 점착(粘着)되지 아니한다.

㉴ 수평거리, 방사압, 방사량, 수원의 기준은 소화전과 동일하나 주관 및 가지관의 관경은 다르다.

③ **호스릴방식의 문제점**

㉮ 2004년도 당시 도입된 호스릴방식의 경우는 수평거리가 15m인 관계로 기존의 소화전방식보다 더 많은 수량(數量)을 필요로 하며 릴호스의 경우도 기존호스보다 고가인 관계로 경제성 문제로 인하여 보급이 중단되었다. 이를 보완하기 위하여 호스릴 소화전의 수평거리를 포함한 수원, 방사압, 방사량을 소화전과 동일하게 개정하였으나, 주관 및 가지관의 관경은 종전의 호스릴 소화전 관경을 그대로 유지하고 있다.

㉯ 이 결과 방사압과 방사량이 동일함에도 소화전에 비해 가지관 구경이 40mm에서 25mm로 줄어들고 주관은 50mm에서 32mm로 시공할 수 있게 되어 경제성은 반영될 수 있으나 관경에 대한 문제점이 있는 설비가 되었다. 이와 연관되어 주배관의 유속을 종전의 3m/sec 이하에서 4m/sec 이하로 개정하여 배관경을 줄일 수 있도록 조치하였으나, 그럼에도 불구하고 수원과 펌프의 기준은 소화전과 동일함에도 관경만 달리 적용하는 모순이 발생하게 되었다.

④ **호스릴방식의 호스** : 호스릴용 호스는 사용 중이거나 원형으로 감은 수납상태에서도 사용이 용이하도록 호스 단면(斷面)이 항상 원형을 유지하여야 하며 일본에서는 이를 보형(保形)호스라 한다. 이러한 조건이 되기 위해서 바깥부분에 수지(樹脂)나 철심 등을 보강하여 변형되지 않도록 하고 호스 내외면에 합성수지나 고무를 사용한 호스 구조이다.

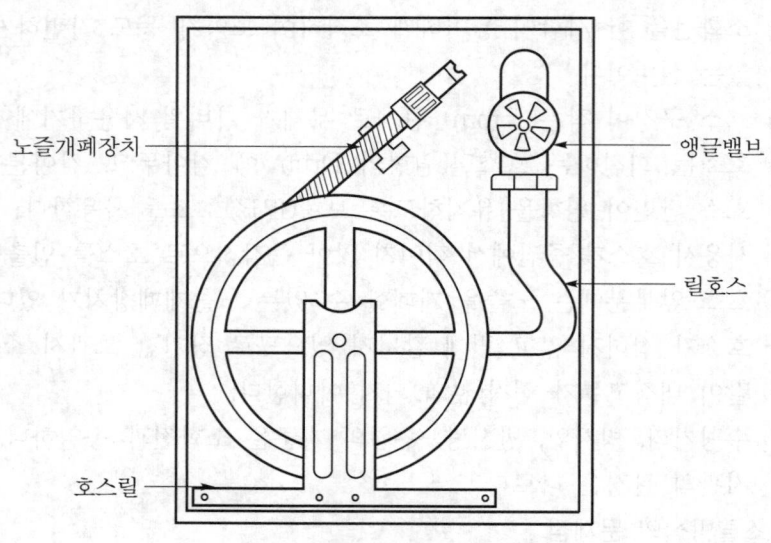

노즐개폐장치

앵글밸브

릴호스

호스릴

[그림 1-3-1] 호스릴용 호스와 노즐

(2) 기동방식별 종류

1) **수동기동방식(＝원격기동방식)** : ON−OFF 버튼을 이용하여 펌프를 원격으로 기동하는 방식을 말한다.

　① 기준

　　㉮ 기동장치로는 기동용 수압개폐장치 또는 이와 동등 이상의 성능이 있는 것을 설치할 것. 다만, 학교, 공장, 창고시설(옥상에 2차 수원으로 옥상수조를 설치한 대상은 제외한다)로서 동결의 우려가 있는 장소에 있어서는 기동스위치에 보호판을 부착하여 옥내소화전함 내에 설치할 수 있다[제5조 1항 9호 단서(2.2.1.9 단서)].

　　㉯ 단서의 경우, 주펌프와 동등 이상의 성능이 있는 별도의 펌프로서 내연기관의 기동과 연동하여 작동되거나 비상전원을 연결한 펌프를 추가 설치할 것. 다만, 다음의 어느 하나에 해당하는 경우는 제외한다(NFTC 2.2.1.10).

　　　㉠ 지하층만 있는 건축물

　　　㉡ 고가수조를 가압송수장치로 설치한 경우

　　　㉢ 수원이 건축물의 최상층에 설치된 방수구보다 높은 위치에 설치된 경우

　　　㉣ 건축물의 높이가 지표면으로부터 10m 이하인 경우

　　　㉤ 가압수조를 가압송수장치로 설치한 경우

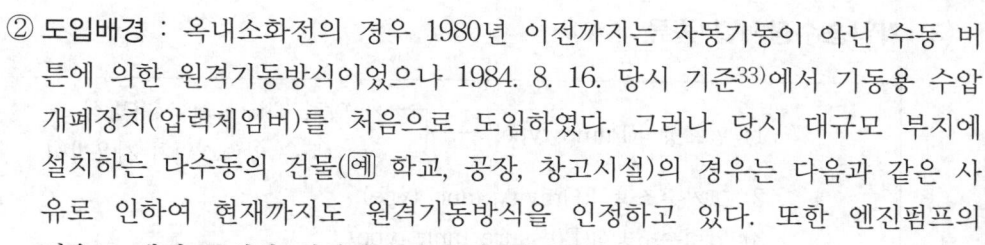

chapter

1

소화설비

② **도입배경** : 옥내소화전의 경우 1980년 이전까지는 자동기동이 아닌 수동 버튼에 의한 원격기동방식이었으나 1984. 8. 16. 당시 기준[33]에서 기동용 수압개폐장치(압력체임버)를 처음으로 도입하였다. 그러나 당시 대규모 부지에 설치하는 다수동의 건물(예 학교, 공장, 창고시설)의 경우는 다음과 같은 사유로 인하여 현재까지도 원격기동방식을 인정하고 있다. 또한 엔진펌프의 경우도 엔진 특성상 원격기동에 의한 방식을 인정하고 있다.

㉮ 넓은 부지에 많은 건물이 있는 경우 모든 동에 대하여 난방시설이 완비되지 않아 배관 내 충수되어 있는 경우에는 동파의 우려가 높다.

㉯ 외부에서 불특정 다수인이 출입하는 장소가 아닌 근무자만 출입하는 장소이므로 수동기동방식을 사용하여도 오조작의 가능성이 높지 않다.

㉰ 부지가 넓어 소화전 배관 내 충전되어 있는 소화수의 체적이 큰 관계로 소화전에서 방수를 하여도 배관 내 감압이 되는 데 장시간이 소요되어 압력체임버를 사용하는 자동기동방식의 경우 배관 내 감압을 즉시 감지하여 조기 작동하기가 곤란하다.

③ **수동기동방식의 적용** : 따라서 위와 같은 사유로 인하여 제5조 1항 9호(2.2.1.9)의 단서 조항이 제정된 것이다. 그 후 1993. 11. 11. 당시 기준[34]에서 아파트와 종교시설이 추가되었으나 다시 2016. 5. 16. 개정 삭제되어 현재의 기준이 된 것으로 이는 결국 특정된 용도에 한하여 수동기동방식을 인정한 것으로 다만, 2차 수원이 있는 경우는 배관 내 상시 충수상태가 되어야 하므로 이를 제외하도록 한 것이다.

2) 자동기동방식(＝기동용 수압개폐방식)

기동용 수압개폐장치 또는 이와 동등 이상의 성능이 있는 것을 이용하여 펌프를 자동으로 기동하는 방식을 말한다.

제3조 9호(1.7.1.9)에서 "기동용 수압개폐장치"란 소화설비의 배관 내 압력변동을 검지하여 자동적으로 펌프를 기동 및 정지시킬 수 있는 것으로서 압력 Chamber 또는 기동용 압력 S/W 등으로 정의하고 있다. 이와 같이 기동용 수압개폐장치란 펌프방식에서 토출측 배관에 연결하여 펌프를 자동으로 기동시키기 위한 장치로서 종류에는 압력 Chamber에 압력 S/W를 설치하는 방식(국내, 일본)과 배관에 기동용 압력 S/W를 설치하는 방식(NFPA)이 있다. "기동용 수압개폐장치"라는 용어는 일본소방법에서 사용하는 용어로 화재안전기준에서 이를 그대로 준용하고 있으나, 일본의 경우는 압력 Chamber에 사용하는 압력 S/W를 "수압개폐기"라고 칭하고 있다.

---

33) 소방시설의 설치 유지 및 위험물제조소등 시설기준 등에 관한 규칙(내무부령 419호)
34) 소방기술기준에 관한 규칙(내무부령 597호)

(3) 가압송수장치별 종류

```
        1) 펌프방식(Pump type) ─┬─ ㉮ 압력 Chamber 사용방식
                              └─ ㉯ 기동용 압력스위치 사용방식
        2) 고가수조방식(Gravity tank type)
        3) 압력수조방식(Pressure tank type)
        4) 가압수조방식(Cylinder tank type)
```

1) 펌프방식 : NFTC 2.2.1

① **펌프의 기동방식** : 유지관리 및 소화설비의 성능 확보를 위하여 가압송수장 치 중 주펌프는 전동기 펌프를 설치하도록 2015. 1. 23. 개정하였다.

㉮ 압력체임버 사용방식 : 국내와 일본에서 사용하는 방식으로 압력체임버 외 부에 부착된 압력스위치가 압력체임버 내의 물의 압력에 따른 변위(變位) 를 검출하여 이를 전기적 접점신호로 출력하는 장치로서 펌프를 기동하거 나 정지시킬 수 있다. 압력체임버 외부에는 주펌프 및 충압펌프용 압력스위 치를 부착하고, 압력스위치 내부에는 압력체임버의 수압변화에 따라 팽창과 수축을 하여 이를 감지하는 주름통인 벨로스(Bellows)가 설치되어 있다. 압력체임버 내의 수압변화에 따라 벨로스의 접점이 On−Off를 하면 이에 따라 펌프가 기동하거나 정지될 수 있다. 압력체임버 상부에는 압축공기가 있어 미소한 압력변화에는 배관 내의 맥동(脈動)압력을 흡수하게 된다.

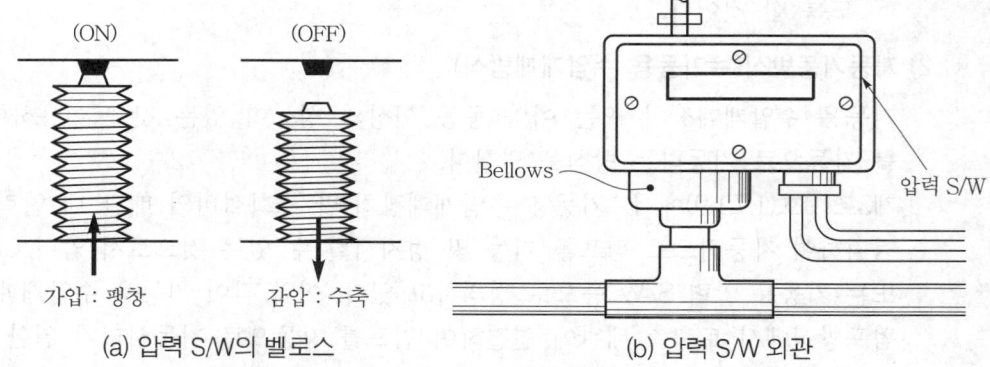

(a) 압력 S/W의 벨로스   (b) 압력 S/W 외관

[그림 1-3-2(A)] 압력체임버방식의 압력스위치

㉯ 기동용 압력스위치 사용방식 : NFPA[35])에서 사용하는 방식으로 배관에 압력스위치를 직접 설치하는 방식이다. 입상관에 압력스위치를 직접 설 치하게 되면 맥동압력에 대해서 즉각적으로 펌프가 작동하게 되어 단속 (斷續)운전을 하게 된다. 따라서 NFPA에서는 이를 방지하기 위하여 펌프

---

35) NFPA 20(Installation of stationary pumps for fire protection) 2022 edition : Fig A.4.32(a)

토출측에서 분기한 15mm 이상의 황동관에 체크밸브를 2개 설치하고 체크밸브 내부의 디스크에 2mm 크기의 오리피스 구멍을 뚫은 후 두 체크밸브간의 거리는 최소 1,524mm(5ft) 이상 이격시키고, 황동관의 한쪽은 펌프의 토출측에 접속하고 한쪽은 이 곳에 압력스위치를 설치하는 방식이다. 현재 국내에서도 형식승인을 받은 기동용 압력스위치가 생산되고 있다.

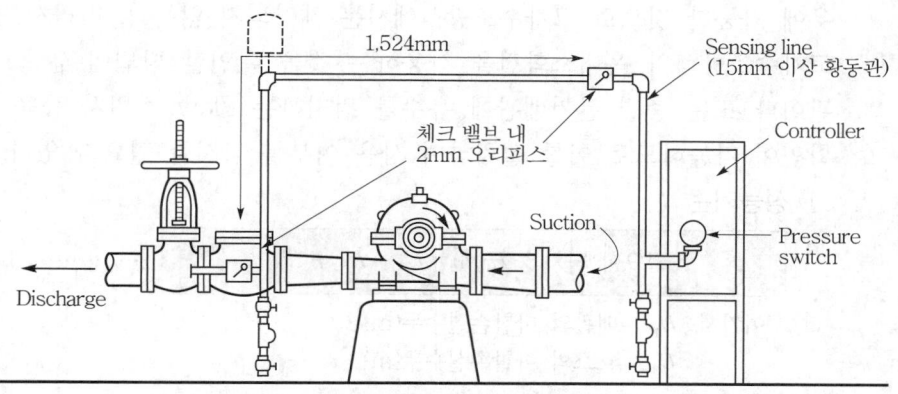

[그림 1-3-2(B)] 압력스위치 직결방식

② 성능기준

펌프의 양정 : $H(m) = H_1 + H_2 + H_3 + 17$

·············· [식 1-3-1]

여기서, H_1 : 건물의 실양정(Actual Head)(m)
　　　　H_2 : 배관의 마찰손실수두(m)
　　　　H_3 : 호스의 마찰손실수두(m)

㊟ 호스릴 옥내소화전설비를 포함한다.

단, 고층건축물(30층 이상이거나 높이 120m 이상)은 펌프를 전용으로 설치하여야 하며, 주펌프 외에 동등 이상인 별도의 펌프로서 내연기관의 기동과 연동하여 작동되거나 비상전원을 연결한 예비펌프를 추가로 설치해야 한다[NFPC 604(고층건축물) 제5조 3항].

③ 장・단점 : 가압펌프방식에는 주펌프, 충압펌프, 압력체임버, 물올림장치 등을 설치한다.

장 점	단 점
① 건물의 위치나 구조에 관계없이 설치가 가능하다. ② 소요양정 및 토출량을 임의로 선정할 수 있다.	① 일정규모 이상의 소방대상물에서는 비상전원이 필요하다. ② 2차 수원이나 또는 예비펌프를 설치하여야 한다.

2) 고가수조방식 : NFTC 2.2.2

저수와 송수를 겸하는 설비로서 고가수조의 자연낙차압을 이용하여 가압송수하는 방식이다. 고가수조방식은 방수구를 열게 되면 펌프 및 전원이 없이 자연압으로 수조에서 가압수가 토출하게 된다. 가압송수장치가 작동할 경우 "시동표시등"을 설치하도록 규정하고 있으나 이는 펌프 등과 같이 구동을 하는 장치인 경우에 가능한 것으로 고가수조방식에서는 해당되지 않는다. 따라서 방재실에서는 고가수조방식의 옥내소화전을 사용하는 것을 확인할 방법이 없으므로 입상 주관이나 또는 층별 분기배관에 유수를 검지하는 Flow 스위치 등을 설치할 경우 확인이 가능하므로 이를 설치하여 사용 여부를 감시할 필요가 있다.

① 성능기준

$$필요한\ 낙차 : H(m) = H_1 + H_2 + 17$$ .... [식 1-3-2]

여기서, H_1 : 배관의 마찰손실수두(m)
H_2 : 호스의 마찰손실수두(m)

㈜ 호스릴 옥내소화전설비를 포함한다.

② 장·단점 : 고가수조방식에는 수위계, 배수관, 급수관, Over-flow관 및 맨홀을 설치한다.

장 점	단 점
① 가장 안전하고 신뢰성이 높은 방식이다.	① 필요한 낙차수두를 만족하는 저층부에 한하여 규정압력이 발생하게 된다.
② 별도의 동력원 및 비상전원을 필요로 하지 않는다.	② 고층부에서도 규정압이 발생하려면 건물보다 높은 위치에 수조를 설치하여야 한다.

3) 압력수조방식 : NFTC 2.2.3

① 압력수조의 구조 : 압력수조(Pressure tank)란 가압송수장치의 일종으로서 물을 가압송수하는 설비이며, 소방분야에서 흔히 압력탱크로 칭하는 것은 압력수조가 아닌 압력체임버(Pressure chamber)를 말한다. 압력수조란 물을 압입(壓入)하고 컴프레서를 이용하여 압축한 공기압에 의해 가압송수하는 방식으로 국제적으로 만수(滿水)시 물의 부피는 탱크의 $\frac{2}{3}$이며 나머지 $\frac{1}{3}$은 압축공기를 충전하여 탱크용적의 $\frac{2}{3}$가 저수량의 최대한도가 된다. 수량은 탱크의 $\frac{2}{3}$밖에 저수할 수 없으며 또한 방수를 함에 따라 압축공기 누설에 따라 수압이 저하되므로 저수량 모두를 유효수량이라고 볼 수 없는 단점이 있다.

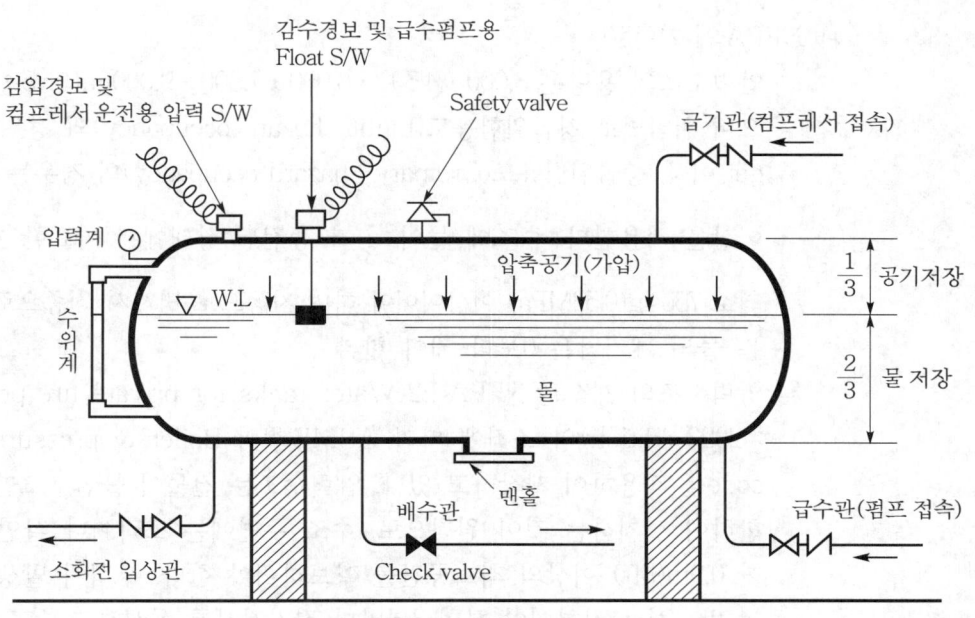

[그림 1-3-2(C)] 압력수조방식의 압력수조

㉮ 일본의 기준

　㉠ 국내는 압력수조 내 수량의 비율에 대한 법적기준이 없으나 일본의 경
　　우는 수량이 수조체적의 $\frac{2}{3}$ 이하가 되도록 법적 사항으로 규정하고
　　있다.[36] 압력수조에서 방사시 물속에 수조의 압축공기가 포함되어 공
　　기압이 저하되는 것을 막기 위하여 최근에 생산되는 제품은 공기 저
　　장실과 물 저장실 사이를 격막(膈膜)으로 분리하고 있다. 격막에 사용
　　하는 재료에는 기밀성이 있는 두께 1.5mm 이상의 "스티렌부타디엔
　　고무(Styrene butadiene rubber)"나 "부틸고무(Isoprene-isobutylene
　　rubber)"를 주로 사용하며 격막을 설치한 후 공기 저장실에는 미리
　　압축공기를 봉입하여 둔다.

　㉡ 스티렌부타디엔 고무란 스티렌과 부타디엔을 혼성·중합하여 만든 합
　　성고무의 약칭으로 SBR이라고 한다. 천연고무에 비하여 가격이 싸고,
　　품질이 고르며 열에 강하고 쉽게 마모되지 않는다. 또한 부틸고무란
　　아이소부틸렌 중합체를 주성분으로 하는 합성고무로서 약칭으로 IIR이
　　라고도 한다. 내노화성·내오존성이 우수하나, 탄성과 접착성이 적은
　　결점이 있다.

---

36) 일본소방법 시행규칙 제12조 1항 7호 "ㅁ"목 : 壓力水槽の水量は, 當該壓力水槽の體積の3分の2以
　下ぞあること(압력수조의 수량은 당해 압력수조 체적의 $\frac{2}{3}$ 이하일 것).

④ NFPA의 기준[37]

㉠ 압력수조의 용량은 3,000 · 4,500 · 6,000 · 7,500 · 9,000gal의 5종류가 있으며 위험별로 경급위험용도(Light−hazard occupancy)의 경우는 3,000 gal 이상, 중급위험용도(Ordinary−hazard occupancy)의 경우는 4,500gal 이상을 적용한다. 수조에 물이 $\frac{2}{3}$가 충전된 상태에서 필요한 계기압은 최소 75psig(0.52MPa) 이상이어야 하며 자동으로 방사시 최종으로 잔류하는 물의 계기압은 0보다 커야 한다.

㉡ 압력수조의 제작은 NFPA 22(Water tanks for private fire protection : 2023 edition)의 조건에 따라 ASME[38]의 Boiler & pressure vessel code를 적용하여 제작하고 있다. 압력수조는 건물이 불연구조인 경우에 한하여 설치하는 것이 원칙으로, 수조 주변에는 조작이나 확인에 필요한 0.9m(3ft) 이상의 최소공간을 확보하여야 한다. 부식이 발생한 경우는 반드시 도장하여야 하며 3년마다 정기검사를 실시하고 수조 내 물을 충전할 경우는 소요시간이 4시간 이내가 되어야 한다.

② 성능기준

> 필요한 압력 : $P(\text{MPa}) = P_1 + P_2 + P_3 + 0.17$ ········ [식 1-3-3(A)]

여기서, P_1 : 낙차에 의한 환산수두압(MPa)
P_2 : 배관의 마찰손실수두압(MPa)
P_3 : 호스의 마찰손실수두압(MPa)

㊟ 호스릴 옥내소화전설비를 포함한다.

③ 장 · 단점 : 압력수조방식에는 수위계, 급수관, 배수관, 급기관, 맨홀, 압력계, 안전장치, 자동식 공기압축기(컴프레서)를 설치한다.

장 점	단 점
펌프방식보다 신속하게 기준수량에 대한 토출이 가능하다.	① 만수(滿水)시 탱크용량의 $\frac{2}{3}$만 저수가 가능하다($\frac{1}{3}$은 압축공기). ② 방사시 시간경과에 따라 방사압이 감소하게 된다. ③ 컴프레셔 등 부대설비가 필요하다.

---

37) Fire Protection Handbook 19th edition Vol Ⅱ : 10−29의 33쪽(Pressure tank)
38) ASME ; American Society of Mechanical Engineers(미국기계학회).

4) 가압수조방식 : NFTC 2.2.4

① **가압수조의 개념** : 가압수조란 제3조 13호(1.7.1.13)에서 "가압원인 압축공기 또는 불연성 고압기체의 압력으로 소화용수를 가압하여 그 압력으로 급수하는 수조"로 정의하고 있다. 가압수조란 사전에 충전한 압축공기나 불연성의 고압가스(주로 질소를 사용함)를 별도의 용기에 충전시킨 후 소화배관 내 압력변화가 발생하면 이를 감지하여 자동으로 용기밸브가 개방되면 수조 내 물을 가압하여 그 압력으로 수조 내의 물을 송수하는 방식이다. 이는 가압송수장치의 일종으로서 종전에는 간이스프링클러설비에서만 적용이 가능하였으나 2008. 12. 15. 기준을 개정하여 옥내 및 옥외 소화전, 스프링클러, ESFR 스프링클러, 물분무, 미분무, 포소화설비에도 적용할 수 있도록 하였다.

② **가압수조의 구조** : 압력수조와의 차이점은 컴프레서가 없이 가압원으로 가압수조 외부에 가압가스(공기나 불연성 가스 등을 압축한 것)의 용기 Set를 설치하고 가압수조와 연결되어 있으며 가압가스 용기와 가압수조 사이에 압력조정기(압축공기의 압력을 감압하는 부분) 및 제어용 밸브가 부착되어 있다. 가압수조 내의 물은 가압가스에 의해 항상 가압상태로 저장되어 있으며 화재시 옥내소화전 밸브를 개방하게 되면 전원과 관계없이 배관 내 압력을 자동으로 감지하여 가압가스가 물을 자동으로 송수시켜주는 형식의 가압송수장치이다. 따라서 가압수조방식의 경우는 송수시에 정전 등 전기공급이나 비상전원과 무관하게 안정적으로 가압수를 송수할 수 있는 특징을 가지고 있으며 또한 옥상수조 설치를 제외하도록 규정하고 있다. 가압수조에 대한 기준으로 "가압수조식 가압송수장치의 성능인증 및 제품검사의 기술기준(소방청 고시)"이 제정되어 가압수조에 대한 성능인증을 받도록 하고 있다.

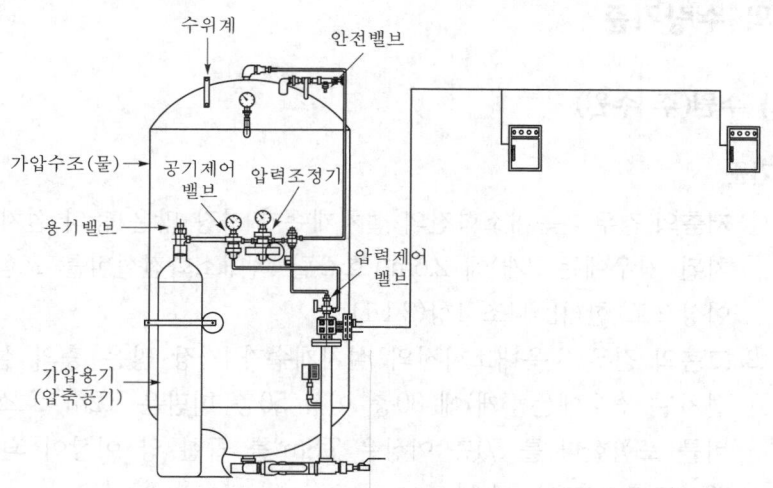

[그림 1-3-2(D)] 가압수조방식의 송수장치

③ 성능기준 : 가압수조의 성능은 펌프방식과 동일하게 규정 방사압과 방사량이 20분 이상이며, 30~49층의 경우는 40분 이상, 50층 이상은 60분 이상으로 하여야 한다. 성능인증기준에 의하면 수조의 수위와 가압용기의 압력이 저하될 경우 이를 경보하여야 하며 수위와 가압가스의 압력을 보충할 수 있는 구조가 되어야 한다.

$$필요한 \ 압력 : P(MPa) = P_1 + P_2 + P_3 + 0.17$$ ········ [식 1-3-3(B)]

여기서, P_1 : 낙차에 의한 환산수두압(MPa)
P_2 : 배관의 마찰손실수두압(MPa)
P_3 : 호스의 마찰손실수두압(MPa)

④ 장·단점 : 가압수조방식에는 수위계·급수관·배수관·급기관·압력계·안전장치 및 수조에 소화수와 압력을 보충하는 장치를 설치한다.

장 점	단 점
① 수조 내의 수위나 가압가스의 압력을 임의로 설정하여 조정할 수 있다. ② 비상전원이 필요없는 가압송수장치이다.	① 가압용기의 압력누설이 발생할 경우 이를 보충하지 않으면 규정 방사압과 방사량을 확보할 수 없게 된다. ② 수조 및 가압용기는 방화구획된 장소에 한하여 설치가 가능하다.

2 옥내소화전의 수원

1. 수원의 수량기준

(1) 1차 수원(주 수원)

1) 기준

① 저층의 경우 : 옥내소화전의 설치개수가 가장 많은 층의 설치개수(2개 이상 설치된 경우에는 2개)에 2.6m³(호스릴 옥내소화전설비를 포함한다)을 곱한 양 이상으로 한다[제4조 1항(2.1.1)].

② 고층의 경우 : 옥내소화전의 설치개수가 가장 많은 층의 설치개수(5개 이상 설치된 경우에는 5개)에 30층 이상 50층 미만은 5.2m³(호스릴 옥내소화전설비를 포함한다)를 50층 이상은 7.8m³를 곱한 양 이상이 되어야 한다[NFTC 604(고층건축물) 2.1.1].

$$수원의 양(m^3) = N \times K \qquad \cdots\cdots\cdots \text{[식 1-3-4]}$$

여기서, N : 1개층당 최대소화전수(30층 미만 최대 2개, 30층 이상 최대 5개)
K : 2.6(30층 미만), 5.2(30층 이상 50층 미만), 7.8(50층 이상)

K값의 개념

K는 유효방사시간 내 토출되는 노즐 1개당 토출량으로 2.6은 130$l$pm×20분, 5.2는 40분, 7.8은 60분을 방사하는 것을 기준으로 한 것이다.

2) 해설

① 옥내소화전 수원의 유효수량 산정시 소화전 기준개수를 종전까지는 수십년 간 층당 최대 5개를 기준개수로 하였으나, 이는 실제 화재시에 1개층 기준으로 최대 5개까지의 소화전을 동시에 사용할 수 있다는 것으로 매우 부적절한 기준이다. 유효방사시간 내 1개층에서 동시에 5개의 소화전을 사용한다는 것은 초기소화의 단계가 아닐뿐더러 실제 초기화재시 그럴 가능성이 있다고 보기에는 무리가 있다. 이에 따라 외국(NFPA, 일본)의 기준과 같이 종전의 화재안전기준(NFSC 102 옥내소화전)에서 기준개수를 2개로 2021. 4. 1. 개정하였다.

② 고층건물의 증가에 따라 옥내소화전 방사시간을 고층건물 화재 특성에 맞도록 수원의 기준을 강화하여 30층 미만 건축물은 종전처럼 20분이나, 50층 미만은 40분, 50층 이상은 60분으로 2012. 2. 15. 개정하였다(NFTC 604 2.1.1).

③ 일본의 경우는 옥내소화전 기준개수를 층별로 최대 2개로 적용하며 수원은 $5.2m^3(=130l\text{pm}×20분×2개)$ 이상으로 적용하고 있다.[39] 또한 NFPA의 경우도 옥내소화전(Stand pipe)의 경우 가장 먼 거리(Hydraulically most remote standpipe)의 소화전 1개를 기준으로 1개의 유량이 100gpm(380$l$pm) 이상을 요구하고 있다. 옥내소화전 기준개수 2개는 필자가 본 교재에서 오랫동안 개정을 주장한 사안으로 드디어 국내에서도 일본의 기준을 준용하여 기준개수를 2개로 개정한 것이다.

---

39) 일본소방법 시행령 제11조 3항 1호 "ハ"목

(2) 2차 수원(옥상수원)

1) 기준

① 저층건축물 : NFTC 2.1.2

산출된 유효수량 외 유효수량의 $\frac{1}{3}$ 이상을 옥상(옥내소화전이 설치된 건축물의 주된 옥상을 뜻한다)에 설치해야 한다. 다만, 다음의 어느 하나에 해당하는 경우에는 그렇지 않다.

㉮ 지하층만 있는 건축물

㉯ 고가수조를 가압송수장치로 설치한 경우

㉰ 수원이 건축물의 최상층에 설치된 방수구보다 높은 위치에 설치된 경우

㉱ 건축물의 높이가 지표면으로 부터 10m 이하인 경우

㉲ 주펌프와 동등 이상의 성능이 있는 별도의 펌프로서 내연기관과 연동하여 작동되거나 비상전원을 연결하여 설치한 경우

> 최근에는 경제성 등의 문제로 인하여 2차 수원으로 옥상수조 대신 예비펌프 설치를 선호하고 있으며 옥상수조보다 예비펌프로 설치하는 비율이 압도적으로 높다.

㉳ NFTC 2.2.1.9의 단서에 해당하는 경우

NFTC 2.2.1.9 단서

학교·공장·창고시설로서 동결의 우려가 있는 장소에 있어서 기동스위치에 보호판을 부착하여 함 내에 설치한 경우를 말한다.

㉴ 가압수조를 가압송수장치로 설치한 옥내소화전설비

② 고층건축물 : NFTC 604 2.1.2

30층 이상의 경우는 유효수량의 $\frac{1}{3}$ 이상을 옥상에 설치해야 한다. 다만, 다음의 어느 하나에 해당하는 경우에는 그렇지 않다.

㉮ 고가수조를 가압송수장치로 설치한 경우

㉯ 수원이 건축물의 최상층에 설치된 방수구보다 높은 위치에 설치된 경우

2) 해설

① 옥상수조(2차 수원)의 목적

㉮ 옥상수조는 화재시에 주펌프 고장 등과 같은 비상상황이 발생할 경우 옥상에 설치한 고가수조를 이용하여 자연낙차압으로 방사되는 물을 가지고 소화전을 사용하기 위한 조치이다. 그러나 이는 어디까지나 보조적인 조치인 것이 옥상의 아래쪽에 있는 고층부에서는 규정압이 발생하지 못하기 때문이다.

㉯ 옥상수조 설치의 도입은 화재보험요율과 관련하여 보험목적물의 소화설비 할인율을 정하는 국내의 "소화설비할인규정"[40])에서 주 수원을 1차 급수원 으로 하고 옥상수조를 2차 급수원으로 하며 2차 급수원은 1차 급수원의 50% 이상을 확보하도록 하고 있는 기준을 참고하여 제정한 것이다. 1차 수원(예 지하수조)과 2차 수원(예 옥상수조)이란 용어는 화재안전기준상 용어는 아니고 위 소화설비할인규정에서 사용하는 용어이나 수원에 대한 개념을 명확히 알려주는 매우 합당한 용어이다.

② 옥상수조의 설치제외 : 2차 수원인 옥상수조의 경우 크게 3가지로 구분하여 설치를 제외하고 있으며, 저층건축물에서 "공간적으로 설치가 어려운 경우" (㉮의 경우), "설치의 실질적인 효과가 없는 경우"(㉯, ㉰, ㉱, ㉳, ㉴의 경우), "대처설비를 설치한 경우"(㉲의 경우)로 구분할 수 있다. 다만, 고층건물의 특 성상 30층 이상의 경우는 고가수조용 가압송수장치나 수원이 최상층 방수구 보다 높은 경우에만 제외하도록 하고 있다.

㉮ "지표면으로부터 당해 건축물의 상단까지의 높이"란 건축법 시행령 제119 조 1항 5호에서 규정하고 있는 건축물의 높이를 의미하며 이는 건축법상 건축물의 높이가 10m 이하인 것을 뜻한다.

㉯ "주펌프와 동등 이상의 성능이 있는 별도의 펌프"란 옥상수조에 대한 대처 설비로서 예비펌프를 적용한 기준으로 주펌프와 동등 이상의 모터펌프나 엔진펌프를 설치할 경우 주펌프 고장시에도 예비펌프를 사용할 수 있으므 로 옥상수조 설치를 대처한 것이다.

㉰ "수동 스위치를 사용하는 경우"는 동결의 우려가 있는 장소에서 펌프기동 을 원격기동 스위치를 설치하여 사용하기에 배관에 충수를 하지 않고 사용 하기 때문이다.

③ 예비펌프의 적용

㉮ 동등 이상의 별도의 펌프란 주펌프가 모터펌프 또는 엔진펌프에 불문하고 동등 이상의 펌프를 추가로 설치하여야 한다. 비상전원을 연결할 경우 옥 내소화전은 "비상전원수전설비"를 비상전원으로 인정하지 아니하므로, 예 비펌프의 경우도 비상전원수전설비를 비상전원으로 적용할 수 없으며 따 라서 예비펌프가 모터펌프인 경우에는 반드시 발전기와 접속되어야 한다.

㉯ 예비펌프는 주펌프와 동시에 기동하는 것이 아니라 주펌프가 작동불능 상태일 경우 사용하는 설비이므로 발전기 용량 산정시에는 큰 용량 1대 에 대해서만 반영되도록 한다. 또한 예비펌프의 경우는 주펌프 작동이 불가할 경우(주펌프 고장 등) 이를 대처하는 설비이므로 수동으로 이를 관리하여도 실용상 문제가 있는 것은 아니다.

---

40) 소화설비규정(보험개발원 : 2013. 4. 1. 개정)

(3) 옥상수조와 연결된 경우

1) 기준 : 제4조 4항(2.1.3)

옥상수조는 이와 연결된 배관을 통하여 상시 소화수를 공급할 수 있는 구조인 경우에는 둘 이상의 소방대상물이 있더라도 하나의 소방대상물에만 이를 설치할 수 있다.

2) 해설 : 아파트나 공장과 같이 동일 부지 내에 다수동이 있을 경우 하나의 건물에 옥상수조를 설치하고 해당 옥상수조와 다른 건물의 옥내소화전설비가 배관으로 접속된 경우에는(보통 지하배관으로 접속됨) 2차 수원을 제외할 수 있다. 이 경우 반드시 부지 내 대지의 고저차와 동별 층수를 고려하여 부지 내의 지표면에서 높이가 가장 높은 동의 옥상에 고가수조를 설치하여야 한다.

(4) 설비 겸용시 수원

1) 기준 : 제12조 1항(2.9.1)

옥내소화전설비의 수원을 수계소화설비의 수원과 겸용하여 설치하는 경우 각 소화설비에 필요한 저수량을 합한 양 이상이 되도록 하여야 한다. 다만, 이들 소화설비 중 고정식 소화설비(펌프·배관과 소화수 또는 소화약제를 최종 방출하는 방출구가 고정된 설비를 말한다. 이하 같다)가 2 이상 설치되어 있고, 그 소화설비가 설치된 부분이 방화벽과 방화문으로 구획되어 있는 경우에는 각 고정식 소화설비에 필요한 저수량 중 최대의 것 이상으로 할 수 있다.

 수계소화설비

본 교재에서 수계소화설비라고 기술한 것은 스프링클러설비(간이 및 화재조기진압용 포함)·물분무소화설비·미분무소화설비·포소화설비 및 옥외소화전설비를 총칭한 단어이다.

2) 해설

① 겸용설비의 수원

㉮ 2개 이상의 소화설비가 설치된 경우 해당하는 유효수량을 서로 합산하여 1개의 저수조에 이를 설치할 수 있다는 근거를 제시함과 동시에, 2개 이상의 고정식 소화설비가 각각 설비별로 방화구획 되어 있을 경우에는(물론 완전구획을 포함하여) 각 해당 설비의 유효수량 중에서 최대량을 겸용설비의 수량으로 적용할 수 있다는 뜻이다.

㉯ 이는 설비별로 방화구획(완전구획 포함하여)이 되어 있으므로 화재가 동시에 2개소에서 발생하지 않는다는 Single risk 개념에 따라 화재 초기에

방화구획된 2개의 장소에서 동시에 소화설비를 사용하지 않는다는 전제 하에 위 기준을 제정한 것이다.

② 고정식과 이동식 소화설비

㉮ 수원의 산정에서 고정식설비와 이동식설비를 구분하는 이유는 설비 자체가 이동이 가능하여 방화구획 여부에 불문하고 다른 방화구획 내로 해당 설비를 이설할 수 있거나 또는 사용이 가능한 경우 고정식과 이동식설비를 동시에 만족하는 수원을 확보하기 위하여 산정된 유효수량이 증가되어 수조를 늘려야 되는 문제가 발생하기 때문이다.

㉯ 이 경우 소화수를 최종방출하는 방출구가 고정된 것을 고정식설비라고 정의하였으나 소화전의 경우 호스와 노즐을 사용하므로 최종방출구를 노즐로 보아 이를 이동식설비로 적용할 수는 있으나 소화전의 경우에는 다른 설비와 다른 특수성이 있다. 즉, 옥내소화전은 층별로 설치하는 설비이며 또한 소화전의 경우는 노즐은 이동할 수 있으나 호스접결구가 고정된 시설물로서 소화전함 자체가 다른 구역으로 이설될 수 있는 설비가 아니기 때문이다. 따라서 접결구가 고정된 소화전의 경우 이를 다른층으로 이동하여 사용한다고 적용하여서는 아니되며 예를 들면 다음과 같이 적용하도록 한다.

㉠ 층별로 방화구획된 건물에서 고층부에는 스프링클러설비만 있으며, 저층부에는 옥내소화전만 설치된 경우 : 소화전을 이동식설비로 적용하여 저층부의 옥내소화전을 고층부 지역에서도 사용하는 것으로 적용하여 수원량을 합산하는 것은 입법의 취지가 아니며 합리적이지 않다.

㉡ 동일층에서 소화전과 스프링클러설비가 분리되어 설치되고 상호간에 방화구획이 된 경우 : 동일층이므로 소화전 수평거리 범위 내에서는 스프링클러설비 설치 지역에서도 사용할 수 있으므로 수원량을 합산하는 것이 합리적이다.

㉢ 다만, 현재 옥내소화전에 대한 고정식설비나 이동식설비에 대한 소방청의 유권해석은 이를 이동식설비로 적용하도록 해석하고 있다.

2. 유효수량의 기준

(1) 유효수량의 개념

1) **기준** : 제4조 5항(2.1.5)

지하수조 및 옥상수조의 저수량을 산정함에 있어서 다른 설비와 겸용하여 수조를 설치하는 경우에는 옥내소화전설비의 풋밸브(Foot valve)·흡수구 또는 수직배관의 급수구와 다른 설비의 풋밸브·흡수구 또는 수직배관의 급수구와의 사이의 수량을 그 유효수량으로 한다.

2) 해설

① 유효수량의 개념

㉮ 건물에 설치한 소화설비용 수원을 소화설비 전용으로만 수조에 확보하기보다는 대부분 일반용수(위생수, 식수) 등과 겸용으로 사용하는 사례가 많다. 위의 기준에서 다른 설비란 소화설비 이외의 설비를 뜻하며 수조를 겸용으로 사용할 경우 일반용수의 사용에 관계없이 최소한 수조 내에서는 소화설비의 법정수량(＝공간적 개념)이 언제나(＝시간적 개념) 확보되어 있어야 한다.

㉯ 타 용도와 겸용으로 사용할 경우 소방용 수원으로 인정받으려면 다음 그림과 같이 소화설비용 풋밸브와 다른 설비용 풋밸브간의 수량만 인정되며 이를 유효수량(有效水量)이라고 한다. 이는 타 용도의 설비에서 해당 수원을 전부 사용할지라도 최소한 소화설비용 수원은 확보하여야 하기 때문이다.

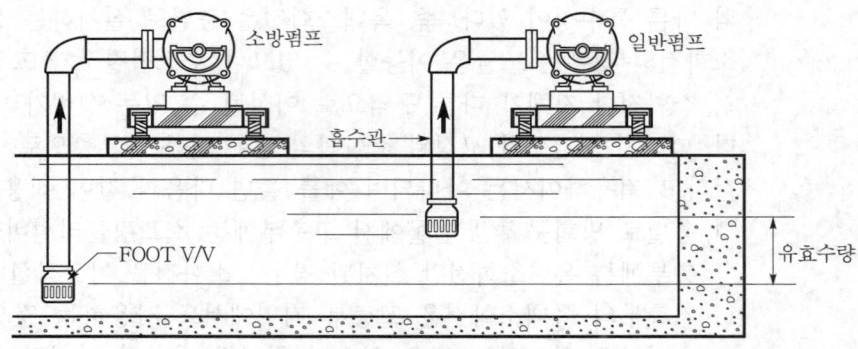

[그림 1-3-3] 유효수량(지하수조)

② 유효수량의 최저위치 : 국내는 유효수량의 최저위치 레벨에 대한 법적기준이 없으며 일반적으로 단순히 풋밸브의 밑부분 여과장치(Strainer)에서 개폐되는 시트면을 기준으로 하나, 일본의 경우는 풋밸브에서 취수하는 경우 순간적인 와류(渦流)에 의해 발생되는 공기를 흡입하지 않기 위하여 흡입배관 관경의 1.65배를 감한 높이를 유효수량의 최저위치로 적용한다.

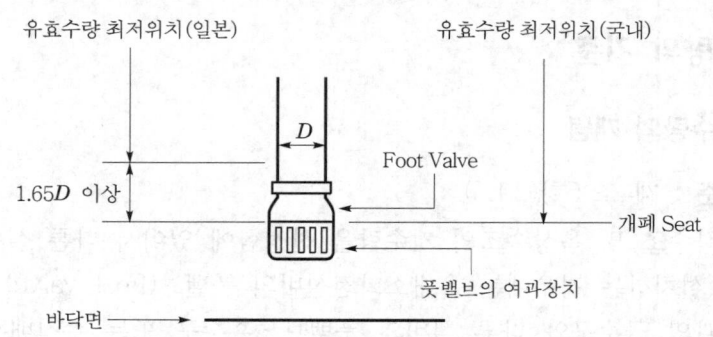

[그림 1-3-4] 풋밸브와 유효수량의 최저위치

(2) 설비 겸용시 유효수량 : NFTC 2.1.4

　수원을 수조로 설치하는 경우에는 소방설비의 전용수조로 해야 한다. 다만, 다음의 어느 하나에 해당하는 경우에는 그렇지 않다.

　1) 옥내소화전펌프의 풋밸브 또는 흡수배관의 흡수구를 다른 설비(소방용설비 외의 것을 말한다)의 풋밸브 또는 흡수구보다 낮은 위치에 설치한 때

　2) 고가수조로부터 옥내소화전설비의 수직배관에 물을 공급하는 급수구를 다른 설비의 급수구보다 낮은 위치에 설치한 때

3. 수조(水槽)의 설치기준 : NFTC 2.1.6

(1) 점검이 편리한 곳에 설치할 것

(2) 동결방지 조치를 하거나 동결의 우려가 없는 장소에 설치할 것

(3) 수조의 외측에 수위계를 설치할 것. 다만, 구조상 불가피한 경우에는 수조의 맨홀 등을 통하여 수조 안의 물의 양을 쉽게 확인할 수 있도록 해야 한다.

(4) 수조의 상단이 바닥보다 높은 때에는 수조의 외측에 고정식 사다리를 설치할 것

(5) 수조가 실내에 설치된 때에는 그 실내에 조명설비를 설치할 것

(6) 수조의 밑부분에는 청소용 배수밸브 또는 배수관을 설치할 것

(7) 수조의 외측의 보기 쉬운 곳에 "옥내소화전설비용 수조"라고 표시한 표지를 할 것(다른 설비와 겸용시 겸용되는 설비의 이름을 함께 표시)

(8) 펌프의 흡수배관 또는 수직배관과 수조의 접속부분에는 "옥내소화전설비용 배관"이라고 표시한 표지를 할 것. 다만, 수조와 가까운 장소에 옥내소화전펌프가 설치되고 규정에 따른 표지를 설치한 때에는 그렇지 않다.

3 소화전펌프의 양정기준

펌프의 설계는 결국 양정 및 토출량을 설계하는 것으로 양정(揚程) 계산은 가압펌프의 성능을 결정하는 가장 중요한 요소로 다음의 기준에 의해 적용한다.

$$호스 및 호스릴 방식 : H(\text{m}) = H_1 + H_2 + H_3 + 17\text{m}$$ ⋯⋯⋯⋯ [식 1-3-5]

여기서, H : 펌프의 양정(m)
　　　　H_1 : 건물의 실양정(m)
　　　　H_2 : 배관의 마찰손실수두(m)
　　　　H_3 : 호스의 마찰손실수두(m)

국내의 경우 마찰손실수두인 H_2 및 H_3에 대하여 공인된 Table이 없는 관계로 실무에서는 설계시 미국이나 일본 등 외국의 여러 기준을 준용하고 있으며 설계 Table이 통일되어 있지 않는 실정이다. 특히 부속류의 경우는 각 제조사에서 자사 제품에 대한 손실압력을 시험 후 공인된 등가길이를 반드시 제시하여야 한다. H_1, H_2, H_3에 대하여 각각 개별사항을 상세히 검토하면 다음과 같다.

1. 건물의 실양정(=낙차 및 흡입수두) : H_1

H_1의 개념은 최고위치에 설치된 방수구 높이로부터 수조 내 펌프의 흡수면까지의 수직높이를 뜻하며 따라서 H_1은 다음과 같이 표현할 수 있다.

$$H_1(m)=흡입 실양정(Actual\ suction\ head)+토출 실양정(Actual\ delivery\ head)$$

이때 흡입 실양정이란 흡수면에서 펌프축 중심까지의 수직거리이며, 토출 실양정이란 최고위치에 설치된 소화전 방수구의 높이에서 펌프축 중심까지의 수직거리를 뜻한다. 따라서 H_1은 실양정(實揚程 ; Actual Head)을 말한다.

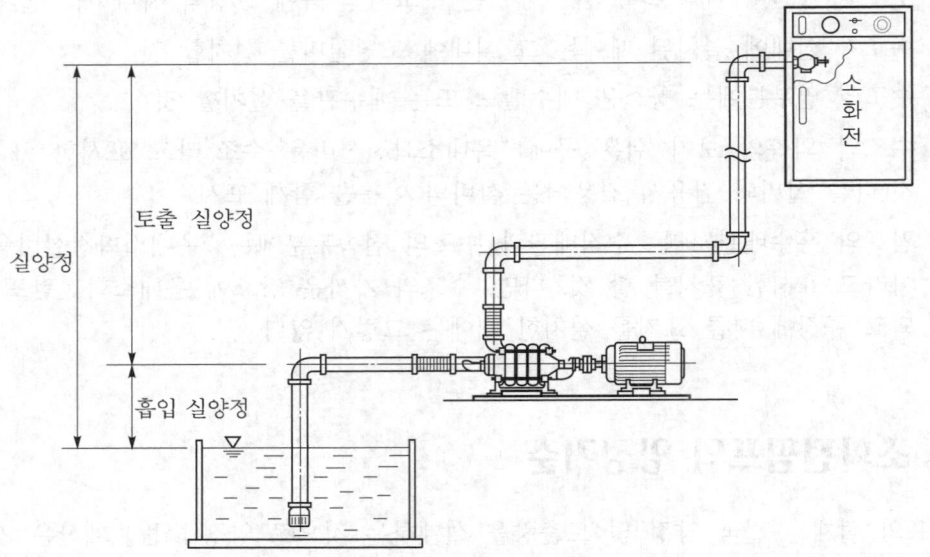

[그림 1-3-5] 펌프의 실양정

2. 배관의 마찰손실수두 : H_2

물이 배관 내를 흐르면 마찰손실에 의하여 압력강하가 일어나며 이때 발생하는 배관 및 관부속류의 마찰손실(Friction loss)을 수두로 나타낸 것이 배관의 "마찰손실수두"로서 이는 관경, 유량, 배관의 종류 및 관의 상태, 부속류의 종류에 따라 달라진다.

배관의 마찰손실수두 H_2는 다음과 같이 구분할 수 있다.

$$H_2(\text{m}) = 직관(直管)의 \ 손실수두 + 관부속류 \ 등의 \ 손실수두$$

직관의 마찰손실을 구하는 이론식은 여러 방법이 있으나 물을 대상으로 하는 소방유체역학에서는 직관의 손실계산에서 하젠-윌리엄스의 식을 사용한다. 그러나 부속류의 경우는 식에 의해 손실수두를 구할 수가 없으므로 부속류별로 배관의 등가(等價)길이(Equivalent length)로 환산하여 직관으로 변환한 후 이를 부속류의 손실로 계산하여야 한다.

(1) 국내의 경우

1) **직관의 경우** : 정확한 직관의 마찰손실을 구하기 위해서는 하젠-윌리엄스의 식을 이용하여 매번 수계산을 하여야 하나, 소화전의 경우 유량이 130$l$pm의 1~2배수가 되는 특정한 값에 국한하여 적용되기에 대부분 규약배관의 Table을 이용하여 직관의 손실을 구한다. 흔히 사용하는 직관의 손실수두표는 다음의 [표 1-3-4(A)] 및 [표 1-3-4(B)]로서 이 수치의 근거는 일본 소방청에서 고시한 "배관의 마찰손실 계산기준"에서 직관의 마찰손실 계산식인 [식 1-3-6] 및 [식 1-3-7]을 이용하여 계산한 것이다.

① 옥내소화전설비의 경우

본 교재에서는 소화전 기준개수가 현재 2개로 조정되었지만 기존건축물 증개축 시 적용하기 위해 유량 1300$l$pm 기준으로 소화전 1~5개에 대한 손실수두를 [표 1-3-4(A)]에 제시하였다.

[표 1-3-4(A)] 옥내소화전 직관의 마찰손실수두(관길이 100m당)

유량 (l/min)	40mm	50mm	65mm	80mm	100mm	125mm	150mm
	마찰손실수두(m)						
130(1개)	13.32	4.15	1.23	0.53	0.14	0.05	0.02
260(2개)	47.84	14.90	4.40	1.90	0.52	0.18	0.08
390(3개)	–	31.60	9.34	4.02	1.10	0.38	0.17
520(4개)	–	–	15.65	6.76	1.86	0.64	0.28
650(5개)	–	–	–	10.37	2.84	0.99	0.43

 [표 1-3-4(A)]의 출전(出典)

소방설비 Attack강좌 (上) p.255(일본 근대소방사 2002년)

[표 1-3-4(B)] 옥내소화전 직관의 마찰손실수두(관길이 100m당)

유량 (l/min)	40mm	50mm	65mm	80mm	100mm	125mm	150mm	200mm
	마찰손실수두(m)							
150(1개)	12.30	3.82	1.13	0.49	0.13	0.05	0.02	–
300(2개)	44.35	13.76	4.08	1.76	0.48	0.17	0.07	0.02

[표 1-3-4(B)]의 출전(出典)

동경소방청 사찰편람(査察便覽) 1984년 판 : 5.2 옥내소화전-표 2

[표 1-3-4(A)] 및 [표 1-3-4(B)]는 JIS G 3452를 기준으로 한 것으로, 이는 KS D 3507에 해당하며 국내기준과 내경이 약간 다르나 실무상 적용에는 큰 지장이 없다. 또한 [표 1-3-4(B)]의 경우 130$l$pm이 아니라 150$l$pm의 배수인 것은 펌프의 경우는 경년변화에 따른 여유율을 감안하여 적용하고 있기 때문으로 일본의 경우 노즐방사량은 130$l$pm이나 펌프의 토출량은 150$l$pm의 배수로 적용하고 있다. 따라서 배관 및 펌프의 경년변화를 감안하여 여유율을 고려할 경우는 [표 1-3-4(B)]를 적용하는 것이 가장 합리적이라고 판단한다.

② 호스릴소화전의 경우

동경소방청 간행 사찰편람의 경우에 호스릴설비를 위한 마찰손실수두를 [표 1-3-4(C)]와 같이 제시하고 있다. 일본은 호스방식과 마찬가지로 노즐의 방사량은 60$l$pm이나 펌프의 경우는 여유율을 감안하여 70$l$pm으로 적용하고 있으며 일본의 경우 기준개수는 2개인 관계로 2개까지의 손실수두를 제시하고 있다. 국내의 경우도 호스릴 도입 당시의 노즐 유량은 60$l$pm이었으나 현재는 옥내소화전과 동일하게 130$l$pm으로 개정한 것이다.

[표 1-3-4(C)] 호스릴설비의 마찰손실수두(관길이 100m당)   (단위 : m)

유량 (l/min)	25mm	32mm	40mm	50mm	65mm	80mm	100mm	125mm	150mm
	마찰손실수두(m)								
60(1개)	16.65	4.76	2.26	0.70	0.21	0.09	0.02	0.01	–
120(2개)	60.04	17.15	8.14	2.53	0.75	0.32	0.09	0.03	0.01
70(1개)	22.15	6.33	3.00	0.93	0.28	0.12	0.03	0.01	–
140(2개)	79.85	22.80	10.83	3.71	1.00	0.43	0.11	0.04	0.02

🔍 **[표 1-3-4(C)]의 출전(出典)**

동경소방청 사찰편람(査察便覽) 2001년판 : 5.2 옥내소화전-표 4

2) 관부속 및 밸브류의 경우 : 관부속 및 밸브류는 직관의 마찰손실과 같이 H−W식을 사용하여서 구할 수 없으므로 부속류 등의 손실은 일반적으로 시험에 의해 측정된 손실수두를 배관의 등가(等價)길이로 환산하여 적용한다. 즉 각종 밸브 및 부속류를 등가길이의 직관(直管)으로 변환하여 직관의 손실로 계산하는 것이다.

국내에서는 설계시 외국에서 사용하는 각종 마찰손실 테이블을 준용하고 있으며 대체로 [표 1−3−5]를 가장 많이 사용하고 있다.

[표 1−3−5] 관부속 및 밸브류의 상당 직관장(相當 直管長) (단위 : m)

관 경	90° Elbow	45° Elbow	분류 Tee	직류 Tee	Gate 밸브	Ball 밸브	Angle 밸브	Check 밸브
25mm	0.90	0.54	1.50	0.27	0.18	7.5	4.5	2.0
32mm	1.20	0.72	1.80	0.36	0.24	10.5	5.4	2.5
40mm	1.50	0.90	2.10	0.45	0.30	13.5	6.5	3.1
50mm	2.10	1.20	3.00	0.60	0.39	16.5	8.4	4.0
65mm	2.40	1.50	3.60	0.75	0.48	19.5	10.2	4.6
80mm	3.00	1.80	4.50	0.90	0.63	24.0	12.0	5.7
100mm	4.20	2.40	6.30	1.20	0.81	37.5	16.5	7.6
125mm	5.10	3.00	7.50	1.50	0.99	42.0	21.0	10.0
150mm	6.00	3.60	9.00	1.80	1.20	49.5	24.0	12.0
200mm	6.50	3.70	14.0	4.00	1.40	70.0	33.0	15.0

비고 1. 위의 표의 elbow, tee는 나사접합을 기준으로 한 것임(용접의 경우는 일반적으로 손실을 더 작게 적용한다).
2. Reducer는 45° elbow와 같다(다만 관경이 작은 쪽에 따른다).
3. Coupling은 직류 T와 같다.
4. Union, Flange, Socket은 손실수두가 미소하여 생략한다.
5. Auto 밸브(포소화설비), Globe 밸브는 Ball 밸브와 같다.
6. Alarm 밸브, Foot 밸브 및 Strainer는 Angle 밸브와 같다.

> **[표 1-3-5]의 출전(出典)**
>
> 1. ASHRAE(American Society of Heating, Refrigerating & Air-conditioning Engineers)
>   의 Heating ventilating air conditioning guide를 출전으로 하나 이는 소화설비에 적용
>   하는 것이 아니고 위생설비 배관 등에 사용하는 것이 원칙이다.
> 2. 국내에서는 관행상 규약배관 설계시 이를 가장 많이 사용하고 있다.

(2) NFPA의 경우

1) **직관의 경우** : 하젠-윌리엄스의 식을 이용하여 직관의 손실수두를 계산하며 C
factor에 대해서는 [표 1-3-6(B)]를 적용하며 일반적으로 $C=120$으로 적용한다.

2) **관부속 및 밸브류의 경우** : 각종 배관부속류 및 밸브류의 경우는 원칙적으로 제조
업체에서 제시하는 Data를 적용하여야 하며, 이것이 제시되지 않을 경우는 공인
된 시험 Table을 적용하고 있으며 NFPA에서는 다음의 표를 제시하고 있다.

[표 1-3-6(A)] 관부속 및 밸브류의 등가길이 (단위 : m)

관 경	45° Elbow	90° Elbow		Tee & Cross	Valve				
		Standard	Long		Butterfly	Gate	Check	Globe	Angle
25mm	0.3	0.6	0.6	1.5	–	–	1.5	–	–
32mm	0.3	0.9	0.6	1.8	–	–	2.1	–	–
40mm	0.6	1.2	0.6	2.4	–	–	2.7	14.0	6.1
50mm	0.6	1.5	0.9	3.1	1.8	0.3	3.4	–	–
65mm	0.9	1.8	1.2	3.7	2.1	0.3	4.3	21.3	9.5
80mm	0.9	2.1	1.5	4.6	3.1	0.3	4.9	–	–
100mm	1.2	3.1	1.8	6.1	3.7	0.6	6.8	–	–
125mm	1.5	3.7	2.4	7.6	2.7	0.6	8.2	–	–
150mm	2.1	4.3	2.7	9.2	3.1	0.9	9.8	–	–
200mm	2.7	5.5	4.0	10.7	3.7	1.2	13.7	–	–

[표 1-3-6(A)]의 출전(出典)

NFPA 14 Standpipe and hose systems(2019 edition) Table 8.3.1.3(Equivalent pipe length chart) : 원래의 자료는 단위가 ft이나 meter로 변환하여 기재함.

비고 1. Tee 및 Cross는 분류(分流)에 한하여 적용한다.
2. Check valve는 Swing형으로 한다.
3. C factors는 120으로 적용한다.
4. 유수검지장치, 스트레이너, 기타 부속류는 관할 기관에 따른다.

앞의 표는 $C=120$으로 적용한 것으로 C값이 다를 경우는 다음과 같이 환산하여 적용하여야 한다.

[표 1-3-6(B)] 배관에서의 C factor

C의 값	100	120	130	140	150
환산계수	0.713	1.00(기준)	1.16	1.33	1.51

[표 1-3-6(B)] 출전(出典)

NFPA 13 Sprinkler(2022 edition) Table 28.2.3.2.1 C value multiplier

(3) 일본의 경우

국내 소방법령과 가장 유사한 일본의 경우는 배관의 마찰손실에 대하여 국가에서 소방청 고시로 배관의 마찰손실 계산 기준을 제정하여 적용하고 있다.[41] 동 고시에 따르면 직관의 경우는 하젠-윌리엄스의 공식을 간략식으로 변형하여 마찰손실 계산식을 제시하고, 관부속류에 대해서는 관경에 따라 부속류별로 손실수두값을 제시하고 있다.

1) 직관의 경우

① 일본소방청 고시

[유수검지장치가 있는 경우]

$$배관의 \ 손실수두 : H(\mathrm{m}) = \sum_{n=1}^{n} H_n + 5$$ ················ [식 1-3-6]

단, $H_n = 1.2 \times \dfrac{Q_k^{1.85}}{D_k^{4.87}} \left(\dfrac{I_K^{'} + I_K^{''}}{100} \right)$(단위 : m)

---

41) 배관의 마찰손실 계산 기준(配管の摩擦損失計算の基準) : 2008. 12. 26. 일본의 소방청 고시 32호로 제정된 이후 몇 차례 개정을 거쳐 현재는 소방청 고시 2호(2019. 6. 28. 개정)로 시행 중임.

여기서, n : 배관의 마찰손실 계산에 필요한 H_n의 수

Q_K : 호칭경이 k인 배관 내를 흐르는 물 또는 포수용액($l$pm)

D_K : 호칭경이 k인 배관의 기준 내경(cm)

$I_K^{'}$: 호칭경이 k인 직관길이의 합(m)

$I_K^{''}$: 호칭경이 k인 배관 관부속 및 밸브류의 등가관장의 합(m)

[유수검지장치가 없는 경우]

$$배관의 손실수두 : H(\text{m}) = \sum_{n=1}^{n} H_n$$ ················ [식 1-3-7]

위의 두 식은 각각 하젠-윌리엄스의 식을 간략식으로 변형한 것이며 주의할 것은 관경 D_K의 단위가 (mm)가 아니고 (cm)이며 또한 관경은 호칭경이 아닌 실제의 내경(內徑)으로 적용하여야 한다. 또한 유수검지장치에 대하여 일률적으로 손실수두를 5m로 산정하고 있으며, 물 이외에 포수용액을 포함한 수계소화설비 전체에 대해서도 위의 식을 적용하고 있다.

② 실제 계산방법

㉮ $D^{4.87}(\text{mm})$, $D^{4.87}(\text{cm})$의 계산 : 배관길이 100m에 대한 손실수두에서 H_n의 식 중에서 "$1.2 \times (Q_k^{1.85} / D_k^{4.87})$"를 쉽게 계산하기 위하여 일본 JIS G 3452(KS D 3507 해당) 및 일본 JIS G 3454(KS D 3562 해당) Sch 40 및 Sch 80 3가지 배관 종류에 대한 그래프를 일본의 동경소방청 고시에서는 별도로 제시하고 있다.

설계시 일본소방청의 간략식을 사용할 경우 실무에 대단히 편리하며 실제 계산을 할 경우는 $D^{4.87}(\text{mm})$, $D^{4.87}(\text{cm})$, $Q^{1.85}(l\text{pm})$을 관경 및 유량별로 Table을 만들어서 사용하면 대단히 유용하다. 또한 관경은 호칭경이 아닌 내경으로 적용하여야 하며 이를 위하여 일반탄소 강관에 대하여 관경별 내경, 관경별 $D^{4.87}(\text{mm})$, $D^{4.87}(\text{cm})$을 구하면 [표 1-3-7]과 같다. 다음의 표는 일본기준인 관계로 배관이 JIS G 3452로서 이는 국내의 KS D 3507과 같으나 다만 내경은 다소 차이가 있으므로 정확성을 요할 경우는 국내설계 적용시 [표 1-3-7]을 참고하여 KS 내경 크기로 환산하여야 한다.

[표 1-3-7] 일본기준에 의한 $D^{4.87}$(mm), $D^{4.87}$(cm)값 : 일반 탄소강관(JIS G 3452)

호칭경 →	JIS내경	KS내경	$D^{4.87}$(mm) : 일본	$D^{4.87}$(cm) : 일본
40mm →	41.6mm	42.1mm	8.133×10^7	1.097×10^3
50mm →	52.9mm	53.2mm	2.542×10^8	3.429×10^3
65mm →	67.9mm	69.0mm	9.020×10^8	1.217×10^4
80mm →	80.7mm	81.0mm	1.969×10^9	2.657×10^4
100mm →	105.3mm	105.3mm	7.066×10^9	9.533×10^4
125mm →	130.8mm	130.1mm	1.979×10^{10}	2.670×10^5
150mm →	155.2mm	155.5mm	4.718×10^{10}	6.364×10^5
200mm →	204.7mm	204.6mm	1.795×10^{11}	2.422×10^6

㉯ $Q^{1.85}$($l$pm)의 계산 : 계산의 편리성을 위하여 130$l$pm과 150$l$pm의 배수인 소화전 수량에 의한 $Q^{1.85}$($l$pm)의 값을 구해 보면 다음 표와 같다.

[표 1-3-8] 소화전 수량에 따른 $Q^{1.85}$($l$pm)값

$l$pm(수량)	$Q^{1.85}$($l$pm)	$l$pm(수량)	$Q^{1.85}$($l$pm)
130(1ea)	8.143×10^3	150(1ea)	1.061×10^4
260(2ea)	2.936×10^4	300(2ea)	3.825×10^4
390(3ea)	6.215×10^4	450(3ea)	8.099×10^4
520(4ea)	1.058×10^5	600(4ea)	1.379×10^5
650(5ea)	1.599×10^5	750(1ea)	2.084×10^5

옥내소화전을 국내에서는 수원, 펌프토출량, 노즐방사량에 대해 동일하게 소화전 1개당 130$l$pm으로 적용하고 있으나 일본의 경우 수원의 기준 및 소화전 노즐방사량은 130$l$pm이나, 펌프의 토출량은 소화전 1개당 유량을 150$l$pm으로 적용하여 계산한다. 이것은 대단히 합리적인 기준으로 방사량은 130$l$pm이어도 경년변화에 따른 배관의 상태 및 누수를 감안하여 펌프에서 송수하는 양은 150$l$pm으로 여유율을 반영한 것이다(마찬가지로 옥외소화전의 경우에는 소화전 1개당 펌프토출량을 400$l$pm으로 적용하고 있다). 따라서 일본의 배관의 마찰손실 계산시에는 유량을 130$l$pm 대신 150$l$pm으로 적용하여야 한다.

2) 관부속 및 밸브류의 경우

① 개폐밸브의 경우 : 부속류 중에서 특히 옥내외소화전, 연결송수관설비의 개폐밸브에 대한 등가관장에 대하여는 별도의 고시가 제정되어 있으며 설계시 이를 적용하고 있다.

[표 1-3-9] 앵글, 글로브, 볼밸브의 등가길이

밸 브		관 경	등가길이(m)
앵글밸브(Angle valve)		25A	6.0
		40A	8.0
		50A	10.0
		65A	15.0
글로브밸브 (Globe valve)	180°형	25A	9.0
		40A	16.0
		50A	18.0
		65A	24.0
	90°형	25A	12.0
		40A	19.0
		50A	21.0
		65A	27.0
볼밸브(Ball valve)		25A	4.0

[표 1-3-9]의 출전(出典)

옥내소화전설비의 옥내소화전 등의 기준(屋內消火栓設備の屋內消火栓等の基準) 제10조(소화전 밸브의 등가관장) : 제정 2013. 3. 27. 일본소방청 고시 제2호(개정 2019. 6. 28. 소방청 고시 제2호)

② 일반적인 부속류의 경우 : 일반배관용 탄소강관에 대해서 [표 1-3-10(A)]로, 압력배관(Sch 40)에 대해서는 [표 1-3-10(B)]를 고시에서 제시하고 있으며 나사식과 용접식으로 구분하고 매우 구체성이 있어 규약배관 설계시 국내 실정에 가장 적합하다.

[표 1-3-5]의 경우는 출전이 불분명하며 소화설비용이 아닌 위생설비 배관에 사용하는 표이기에, 필자는 국내 소방공사 현장과 가장 유사하며, 일본소방청에서 고시한 "배관의 마찰손실 계산 기준"에서 제시한 다음 [표 1-3-10(A)]를 추천드린다. 이는 법적 근거가 있는 자료로 동 표는 일본의 배관용 탄소강관인 JIS G 3452에 대한 소화설비용 관부속류별 손실수두(단위 m)로써 관부속류를 나사식과 용접식으로 구분하고 국내 현장과 매우 유사한 장점이 있다.

[표 1-3-10(A)] 관부속 및 밸브류의 상당 직관장 : JIS G 3452 배관용 탄소강관(단위 : m)

종별		관경(mm)	25	32	40	50	65	80	100	125	150	200
부속류	나사식	45° Elbow	0.4	0.5	0.6	0.7	0.9	1.1	1.5	1.8	2.2	2.9
		90° Elbow	0.8	1.1	1.3	1.6	2.0	2.4	3.2	3.9	4.7	6.2
		Return Bend (180°)	2.0	2.6	3.0	3.9	5.0	5.9	7.7	9.6	11.3	15.0
		분류 Tee 또는 Cross (분류 90°)	1.7	2.2	2.5	3.2	4.1	4.9	6.3	7.9	9.3	12.3
	용접식	45° 엘보 (Long)	0.2	0.2	0.3	0.3	0.4	0.5	0.7	0.8	0.9	1.2
		90° 엘보 (Short)	0.5	0.6	0.7	0.9	1.1	1.3	1.7	2.1	2.5	3.3
		90° 엘보 (Long)	0.3	0.4	0.5	0.6	0.8	1.0	1.3	1.6	1.9	2.5
		분류 Tee 또는 Cross (분류 90°)	1.3	1.6	1.9	2.4	3.1	3.6	4.7	5.9	7.0	9.2
밸브류		Gate valve	0.2	0.2	0.3	0.3	0.4	0.5	0.7	0.8	1.0	1.3
		Globe valve	9.2	11.9	13.9	17.6	22.6	26.9	35.1	43.6	51.7	68.2
		Angle valve	4.6	6.0	7.0	8.9	11.3	13.5	17.6	21.9	26.0	34.2
		Check valve (Swing형)	2.3	3.0	3.5	4.4	5.6	6.7	8.7	10.9	12.9	17.0

 티 및 크로스(구경이 다른 것을 포함)를 직류로 사용하거나, 소켓(용접식의 경우 레듀서)에 대해서는 이 표를 적용하지 않고 그 크기의 호칭경(구경이 다른 것에 대해서는 각각의 호칭경)에 대한 직관으로 계산하여야 한다.

[표 1-3-10(A)]의 출전(出典)

1. 일본의 소방청 고시 제2호 별표 1로 고시한 "배관의 마찰손실 계산 기준" 중 배관용 탄소강관 마찰손실 기준으로 일반강관 [표 1-3-10(A)], Sch 40 [표 1-3-10(B)], Sch 80 [본 교재 생략함]의 3종류가 있다.
2. 표는 일본 JIS G 3452 탄소강관으로 국내는 KS D 3507에 해당된다.
3. 유수검지장치는 제조사가 제시한 값을 우선하되 Check valve로 준용하여 적용하여도 무방하다.

[표 1-3-10(B)] 관부속 및 밸브류의 상당 직관장 : JIS G 3454 압력배관 Sch 40 (단위 : m)

종별		관경(mm)	25	32	40	50	65	80	100	125	150	200
부속류	나사식	45° Elbow	0.4	0.5	0.6	0.7	0.9	1.1	1.4	1.8	2.1	2.8
		90° Elbow	0.8	1.1	1.2	1.6	2.0	2.4	3.1	3.8	4.5	6.0
		Return Bend (180°)	2.0	2.6	3.0	3.9	4.8	5.7	7.5	9.3	11.0	14.6
		분류 Tee 또는 Cross(분류 90°)	1.6	2.1	2.5	3.2	4.0	4.7	6.1	7.6	9.1	12.0
	용접식	45° 엘보(Long)	0.2	0.2	0.3	0.3	0.4	0.5	0.6	0.8	0.9	1.2
		90° 엘보(Short)	0.4	0.6	0.7	0.9	1.1	1.3	1.6	2.0	2.4	3.2
		90° 엘보(Long)	0.3	0.4	0.5	0.6	0.8	0.9	1.2	1.5	1.8	2.4
		분류 Tee 또는 Cross(분류 90°)	1.2	1.6	1.9	2.4	3.0	3.5	4.6	5.7	6.8	9.0
밸브류		Gate valve	0.2	0.2	0.3	0.3	0.4	0.5	0.7	0.8	1.0	1.3
		Globe valve	9.0	11.8	13.7	17.6	22.0	26.0	34.0	42.0	50.3	66.6
		Angle valve	4.6	5.9	6.9	8.8	11.0	13.1	17.1	21.2	25.2	33.4
		Check valve (Swing형)	2.3	3.0	3.4	4.4	5.5	6.5	8.5	10.5	12.5	16.6

비고 1. 비고는 [표 1-3-10(A)]와 동일함.

[표 1-3-10(B)]의 출전(出典)

1. 일본의 소방청 고시 제2호 별표 2로 고시한 "배관의 마찰손실 계산 기준" 중 압력배관용 탄소강관의 마찰손실 기준이다.
2. 표는 일본 JIS G 3454 압력배관용(Sch 40) 탄소강관으로 국내는 KS D 3562 압력배관용 탄소강관(Sch 40)에 해당된다.

위에 설명한 밸브류, 각종 부속류와 같이 관내에서 단면의 변화, 각종 밸브 (Valve) 및 기타 부속류 등에 의해 흐름을 방해받게 되는데서 생기는 손실을 통틀어 미소손실(Minor loss) 또는 부차적(副次的)손실이라고 한다.

3. 호스의 마찰손실수두 : H_3

(1) 호스의 종류

국내 형식승인 기준상 소방용 호스의 재질은 대부분 고무내장호스이며, 고무내장호스란 재킷(Jacket)에 두께 0.2mm 이상의 고무 또는 합성수지를 내장한 소방호스를 말한다. 호스의 종류에는 옥내소화전용, 호스릴용, 옥외소화전용, 소방자동차용이 있으며 옥내외 소화전의 경우 호스구경은 40mm, 65mm의 2종류가 있으며 별도로 호스릴의 경우는 호스구경이 25mm, 32mm의 2종류이다. 소화전호스의 길이는 옥내소화전용에 있어서는 10m 이상으로 5m씩 추가하며 호스릴의 경우는 15m 이상으로 5m씩 추가할 수 있다.[42]

> **호스의 재질**
>
> 재킷(Jacket)이라 함은 경사(經絲 ; 세로줄)와 위사(緯絲 ; 가로줄)로 짜인 섬유제의 원통형 직물을 말하며 재킷에 고무 또는 합성수지가 접착되어 있는 것을 단일재킷, 고무내장호스의 바깥쪽에 재킷을 피복한 구조의 것을 이중재킷이라 한다.

(2) 손실수두 적용

설계시 호스의 마찰손실수두는 국내의 경우 [표 1-3-11]을 대부분 사용하나 이는 일본기준의 호스손실수두를 그대로 준용한 것으로 호스의 경우 고무내장호스는 마(麻)호스보다 손실수두가 작다. 다음의 표는 옥내와 옥외소화전으로 구분하여 국내기준과 일본기준을 모두 제시하였다. 일본의 경우 펌프의 경년변화에 따른 여유율을 감안하여 옥내소화전 펌프 토출량은 150$l$pm, 옥외소화전 펌프 토출량은 400$l$pm으로 적용하고 있다. 또한 과거 마호스는 국내의 경우 2016. 4. 1. 형식승인 기준이 폐지되어 단종되었기에 고무내장호스만 게재하였다.

[표 1-3-11] 호스의 마찰손실수두(호스 100m당)   (단위 : m)

유량(l/min)	호스의 구경(mm)			비 고
	40(고무내장)	50(고무내장)	65(고무내장)	
130(옥내)	12m	3m	–	국내기준
350(옥외)	–	15m	5mm	
150(옥내)	12m	3m	–	일본기준
400(옥외)	–	–	6m	

> **[표 1-3-11]의 출전**
>
> 일본의 소방설계 실무자료 : 호스의 손실압력 조견표(ホースの損失圧力早見表)

---

42) 소방호스의 형식승인 및 제품검사의 기술기준 제16조, 제28조

④ 소화전펌프의 토출량기준

1. 방사량의 기준 : 제5조 1항 3호(2.2.1.4)

> 호스 및 호스릴 방식 : $Q = 130 \times N$ ················ [식 1-3-8]

여기서, Q : 방사량($l$pm)
   N : 층별 소화전 수량(최대 5개)

(1) 소화전 노즐에서 측정하여 방사량은 $130 l$pm 이상이어야 하며, 측정은 1개층당 소화전 2개를 한도로 하여 2개를 동시에 사용하는 경우를 기준으로 한다.

(2) 국내는 옥내소화전 기준개수가 종전에는 층별로 5개이나 NFPA나 일본의 경우는 수원 및 펌프의 방사량기준이 층별로 소화전 1~2개로서, 이는 옥내소화전설비는 초기화재용이기 때문에 소화전을 5개를 동시에 사용할 정도이면 이미 그것은 중기(中期)화재의 상태로서 수동식설비로 화재를 진압하는 것이 불가능하기 때문이다. 따라서 국내의 경우도 이를 합리적으로 반영하여 NFPA나 일본의 기준과 같이 층별 최대사용수량인 기준개수를 2개로 2021. 4. 1. 개정하였다.

2. 방사압과 방사량의 관계

노즐의 단면적 A를 통하여 소화수가 방사될 때의 방사 압력(P)과 방사량(q)과의 관계를 구하면 다음 식과 같다.

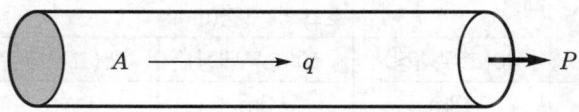

> [중력단위] $q = 0.65 d^2 \sqrt{P}$ ················ [식 1-3-9(A)]

여기서, q : 노즐의 방사량($l$pm)
   d : 노즐의 내경(mm)
   P : 노즐방사압(kg/cm²)

$$[\text{SI 단위}]\ q = 0.65\,d^2\sqrt{10P}$$ ················· [식 1-3-9(B)]

여기서, q : 노즐의 방사량($l$pm)
  d : 노즐의 내경(mm)
  P : 노즐방사압(MPa)

㈜ 1kg/cm²를 0.1MPa로 환산한 것임.

🔍 **d의 경우**

옥내소화전의 경우 d=13mm이며, 옥외소화전의 경우 d=19mm이다.

[해설] [식 1-3-9(A)]의 유도

위의 식에서 체적유량을 $Q(\text{m}^3/\text{sec})$, 배관의 단면적을 $A(\text{m}^2)$, 유속을 $V(\text{m/sec})$, 관경을 $D(\text{m})$라면 우선 다음의 식이 성립한다.

$Q = V \times A$ ······························· [식 ①]

이때 소화전 호스에서 노즐을 통하여 방사되는 순간은 배관 내 모든 흐름이 동압으로 전환되어 작용하게 된다.

동압 $P_V = \dfrac{V^2}{20g}$ 이며(㏄ 2절 : 소방용펌프-베르누이 정리)

중력가속도 g=9.81

$\therefore\ V = \sqrt{20g \cdot P_V} = \sqrt{20 \times 9.81 \times P_V} = 14\sqrt{P_V}$ ··· [식 ②]

$A(\text{m}^2) = \dfrac{\pi D^2}{4}$ 이므로 ······························· [식 ③]

[식 ②]와 [식 ③]을 [식 ①]에 대입하면

$Q = 14\sqrt{P_V} \times \dfrac{\pi D^2}{4} = 3.5\pi D^2\sqrt{P_V}$ ················· [식 ④]

이때 유량 $Q(\text{m}^3/\text{sec})$를 $q(l\text{pm})$으로, 관경 $D(\text{m})$를 $d(\text{mm})$로 단위변환하면

1m=1,000mm이므로 $D(\text{m})$: $d(\text{mm})$=1 : 1,000

$\therefore\ D(\text{m}) = \dfrac{d(\text{mm})}{10^3}$ ······························· [식 ⑤]

또 1m³/sec=1,000×60l/min

$Q(\text{m}^3/\text{sec})$: $q(l\text{pm})$=1 : 1,000×60

$\therefore\ Q(\text{m}^3/\text{sec}) = \dfrac{q(l\text{pm})}{6 \times 10^4}$ ······························· [식 ⑥]

[식 ④]에 [식 ⑤, ⑥]을 대입하면 다음과 같다.

$$\frac{q(\text{lpm})}{6 \times 10^4} = 3.5\pi \times \frac{d^2}{10^6} \times \sqrt{P_V}$$

$$\therefore \quad q(l\text{pm}) = \frac{6 \times 10^4 \times 3.5 \times \pi}{10^6} \times d^2 \times \sqrt{P_V} = 0.6597 d^2 \sqrt{P_V}$$

이를 일반식으로 표현하면 $q(l\text{pm}) = 0.6597 \times d(\text{mm})^2 \sqrt{P(\text{kg/cm}^2)}$ 가 된다.

Pitot gauge로 방수압을 측정할 경우는 동압을 측정하는 것으로 이때의 토출량이 q가 되는 것이다.

이 식은 Orifice 구조 및 재질에 따라 방출률에 차이가 발생하므로 보정계수로써 C를 도입하여 실제의 상황과 일치시켜야 한다. 이 경우 $q = 0.6597 \times C \times d^2 \times \sqrt{P}$ 가 된다 (단, $0 < C < 1$).

노즐이 일정할 경우 $0.6597 \times C \times d^2$은 상수가 되므로 $q = K\sqrt{P}$가 된다. 즉 방사량과 방수압과의 관계는 $y = a\sqrt{x}$ 의 그래프가 된다.

이때 C를 방출계수(또는 유출계수 ; Coefficient of discharge), K를 K factor라 한다. 옥내소화전 노즐의 경우 일본은 봉상(棒狀)방수의 경우 C값을 0.985로 하여 q는 $0.65d^2\sqrt{P}$로 적용하며 국내의 경우도 이를 사용하고 있다. 따라서 방사압과 방사량의 최종식은 [식 1-3-9(A)]와 같은 일반식이 된다.

방사압을 측정할 경우 피토게이지(Pitot gauge)를 사용하며 측정위치는 노즐전면의 중심선에서 노즐구경 d의 $d/2$되는 위치에서 측정한다. 노즐에서 물이 방사될 경우 유체는 Jet류를 형성하게 되는데 Jet 흐름이 축소되다가 다시 넓어지게 되는데 이 지점이 최소단면적이 되며, 이 지점은 유속은 가장 빠르나 수압은 낮아지는 지점으로 이를 Vena contracta(흐름의 축소)라 한다.

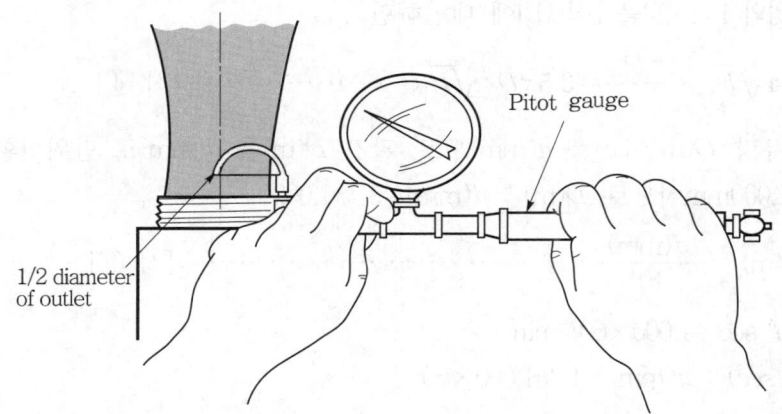

Pitot gauge

1/2 diameter of outlet

[그림 1-3-6] 방수압의 측정위치(Vena contracta)

방출계수 C는 Orifice의 구조 및 형태에 따라 결정되는 것으로 원래는 제조사에서 공인된 시험을 하여 결정된 값을 제시하여야 한다. 소화설비의 방수구에 대해 다음의 C값이 제시되어 있다.[43]

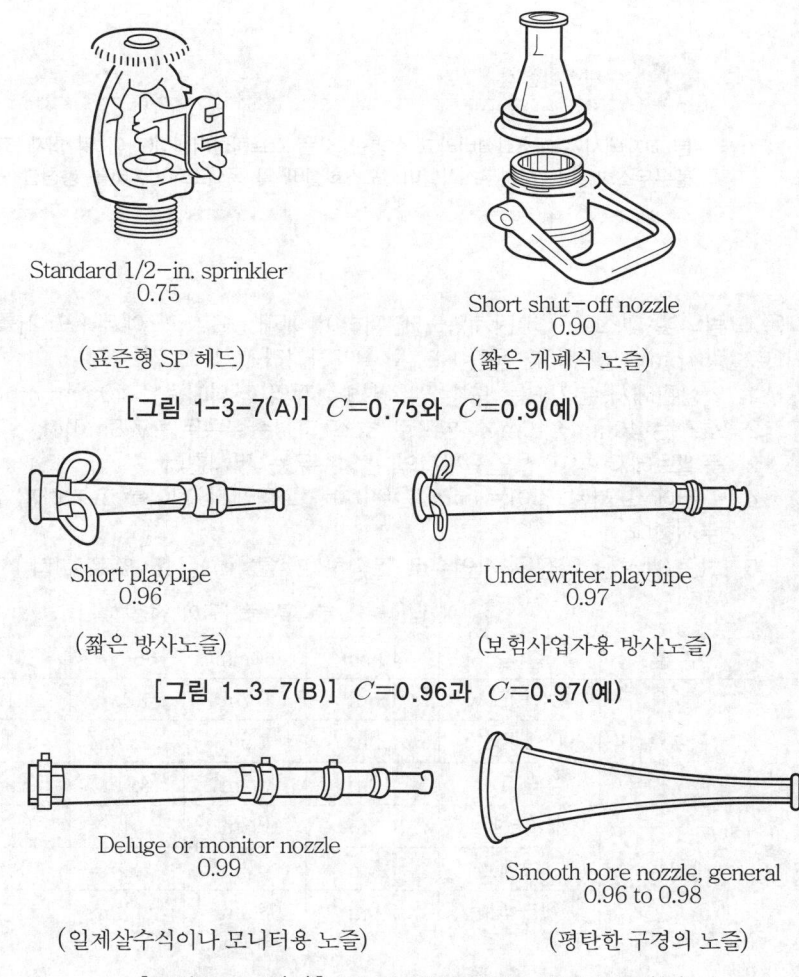

Standard 1/2-in. sprinkler
0.75
(표준형 SP 헤드)

Short shut-off nozzle
0.90
(짧은 개폐식 노즐)

[그림 1-3-7(A)] C=0.75와 C=0.9(예)

Short playpipe
0.96
(짧은 방사노즐)

Underwriter playpipe
0.97
(보험사업자용 방사노즐)

[그림 1-3-7(B)] C=0.96과 C=0.97(예)

Deluge or monitor nozzle
0.99
(일제살수식이나 모니터용 노즐)

Smooth bore nozzle, general
0.96 to 0.98
(평탄한 구경의 노즐)

[그림 1-3-7(C)] C=0.99와 C=0.96~0.98(예)

3. 설비 겸용시 방사량 : 제12조 2항(2.9.2)

(1) 옥내소화전설비의 가압송수장치로 사용하는 펌프를 수계소화설비의 가압송수장치와 겸용하여 설치하는 경우 펌프의 토출량은 각 소화설비에 해당하는 토출량을 합한 양 이상이 되도록 해야 한다.

---

43) John. L. Byran "Automatic sprinkler standpipe system 4th edition" p.184(2006)

(2) 다만, 이들 소화설비 중 고정식 소화설비가 2 이상 설치되어 있고, 그 소화설비가 설치된 부분이 방화벽과 방화문으로 구획되어 있으며 각 소화설비에 지장이 없는 경우에는 펌프의 토출량 중 최대의 것 이상으로 할 수 있다.

> 🔍 **수계소화설비**
>
> 본 교재에서 수계소화설비라고 설명한 것은 스프링클러설비(간이 및 화재 조기진압용 포함)·물분무소화설비·미분무소화설비·포소화설비 및 옥외소화전설비를 총칭한 단어이다.

예제

다음 그림의 옥내소화전 배관계통도에 대하여 예제 [표 1]과 예제 [표 2]를 이용하여 펌프의 토출량($l$pm), 양정(m), 용량(HP)을 설계하여라.
(단, 1. 입상관에서 분기되는 층별 앵글밸브까지의 가지배관은 40mm, 1.5m이다.
  2. 호스는 40mm×15m×2본으로 호스 마찰손실수두는 7.8m이다.
  3. 풋밸브에서 펌프 흡입구까지의 흡입수두는 무시한다.
  4. 구간에 표시된 길이는 mm 단위이며, 그림에서 길이를 표기하지 않은 구간손실은 무시한다.
  5. 최종 계산한 양정은 자연수로 조정하고, 효율(η)은 60%로 한다.)

예제 [표 1] 부속류 등가길이 적용

구 분	종 류	40mm	50mm	65mm	80mm	100mm
관부속	45° Elbow	0.6m	0.7m	1.0m	1.1m	1.5m
	90° Elbow	1.3m	1.6m	2.0m	2.4m	3.2m
	분류 Tee	2.5m	3.2m	4.1m	4.9m	6.3m
밸브류	게이트밸브	0.3m	0.3m	0.4m	0.5m	0.7m
	체크밸브	3.5m	4.4m	5.6m	6.7m	8.7m
	앵글밸브	7.0m	8.9m	11.3m	13.5m	17.6m

예제 [표 2] 마찰손실수두 적용(단위 : 관길이 100m당 손실수두)

유 량 \ 관 경	40mm	50mm	65mm	80mm	100mm
130$l$pm	9.4m	2.9m	0.7m	0.3m	0.1m
260$l$pm	34.0m	10.5m	3.0m	1.3m	0.3m

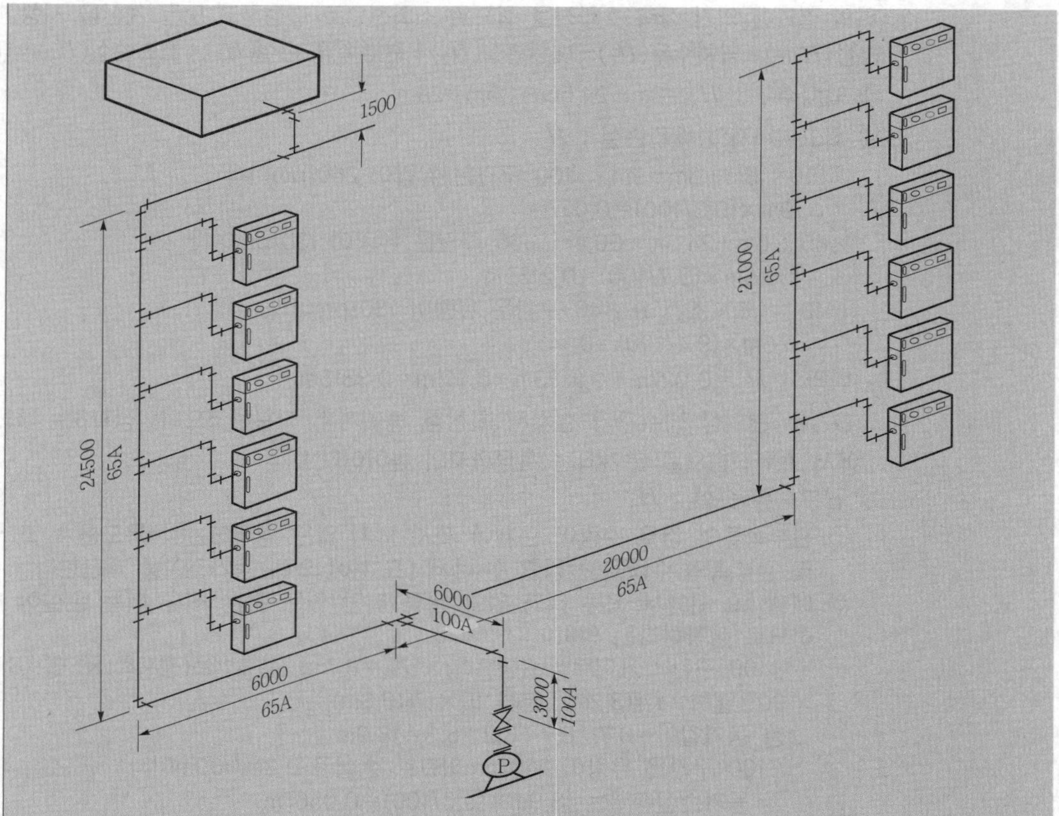

[그림 1-3-8] 펌프 양정산정의 예제

1. 토출량 : 1개층당 옥내소화전 2개 ∴ 130l/min×2=260l/min → 260l/min
2. 양정 : 입상관이 2개 이상일 경우는 소요양정이 더 큰 쪽으로 양정을 정하여야 하므로 다음 사항을 고려하여 정하여야 한다.
   - 마찰손실(배관길이 및 관부속)이 더 큰쪽을 선정한다. ········ ⓐ
   - 낙차수두가 더 큰 쪽을 선정한다. ······························ ⓑ

   즉 "ⓐ와 ⓑ"를 고려하여 마찰손실이 더 큰쪽을 선정하여야 한다.

   그림에서 최고위층의 좌측 소화전과 우측 소화전을 비교하면 다음과 같다.

구 분	좌측 소화전	우측 소화전
ⓐ 배관길이 (공통부분은 제외)	6m+24.5m=30.5m → 마찰손실은 예제 [표 2]에서 65mm, 130$l$pm이므로 30.5×(0.7/100)≒0.214m	20m+21m=41m → 마찰손실은 예제 [표 2]에서 65mm, 130$l$pm이므로 41×(0.7/100)≒0.287m
ⓑ 낙차수두 (공통부분은 제외)	24.5+1.5=26m	21m
마찰손실 계	26.214m	21.287m

따라서 좌측 소화전의 마찰손실>우측 소화전의 마찰손실

3. 위의 결과에 의거 좌측 소화전을 최고위 소화전으로 결정하고 모든 계산을 시행한다.

양정 H(m) = 낙차수두(H_1) + 배관손실(H_2) + 관부속류 손실(H_3) + 호스손실(H_4) + 17m

㉮ 낙차수두 : H_1 = 3m + 24.5m + 1.5m = 29m

㉯ 최고위까지의 배관손실 : H_2

ϕ100 : 3m + 6m = 9m, ϕ100 구간은 유량이 260$l$pm이다.

∴ 9m × (0.3/100) = 0.027m

ϕ65 : 6m + 24.5m = 30.5m ϕ65 구간은 유량이 130$l$pm이다.

∴ 30.5m × (0.7/100) = 0.2135m

ϕ40 : 1.5m(조건 1) ϕ40 구간은 유량이 130$l$pm이다.

∴ 1.5m × (9.4/100) = 0.141m

따라서 H_2 = 0.027m + 0.2135m + 0.141m = 0.3815m

(H_2는 편의상 방수구가 설치된 최상층 높이까지 적용하였으나, 정확히는 최상층에서 소화전함으로 분기되는 지점까지의 높이이다.)

㉰ 관부속류 손실 : H_3

① 관부속류의 경우 수량이 문제에 제시 되지 않은 경우에는 계통도를 보고 밸브 및 관부속의 수량을 산정한 후 예제 [표 1]에 의해 등가길이를 계산한다.

② 예제 [표 1]에서 직류 티가 없고 분류 티만 있는 것은 직류 티는 손실이 미소하므로 생략하라는 의미이다.

- ϕ100 구간 : 게이트밸브(펌프측)×1개(=0.7m), 체크밸브(펌프측)×1개(=8.7m), 90° 엘보×1개(3.2m), 분류 티×1개(6.3m)
총 등가길이 = 0.7 + 8.7 + 3.2 + 6.3 = 18.9m
ϕ100 구간은 유량이 260$l$pm이므로 손실은 0.3m/100m이다.
∴ 등가손실수두는 18.9m × (0.3/100) = 0.0567m

- ϕ65 구간 : 90° 엘보×1개(=2.0m), 분류 티×1개(=4.1m)
총 등가길이 = 2.0 + 4.1 = 6.1m
ϕ65 구간은 유량이 130$l$pm이므로 손실은 0.7m/100m이다.
∴ 등가손실수두 = 6.1m × (0.7/100) = 0.0427m

- ϕ40 구간 : 90° 엘보×2개(=1.3m×2=2.6m), 소화전 앵글밸브×1개(=7.0m)
총 등가길이 = 2.6 + 7 = 9.6m
ϕ40 구간은 유량이 130$l$pm이므로 손실은 9.4m/100m이다.
∴ 등가손실수두 = 9.6m × (9.4/100) = 0.9024m

전체 관부속류 손실 : H_3 = ① + ② + ③ = 0.0567 + 0.0427 + 0.9024 = 1.0018m

㉱ 호스 손실 H_4 = 7.8m(조건에 제시)

㉲ 방사압은 17m이다.

따라서 전양정 = H_1(29m) + H_2(0.3815m) + H_3(1.0018m) + H_4(7.8m) + 17m

= 55.1833m ≒ 56m(자연수로 조정 ; 조건에 제시)

4. 펌프의 용량 P(kW) = (0.163QH/η) × K에서

P(kW) = (0.163 × 0.26 × 56/0.6) × 1.1 ≒ 4.351kW

따라서 4.351kW ÷ 0.746 ≒ 5.83HP(실제 설치시 선정은 7.5HP으로 한다)

5 옥내소화전 배관의 기준

1. 배관의 규격 : 제6조 1항(2.3)

1) 옥내소화전설비에서 사용할 수 있는 배관은 화재안전기준에서 ① 배관용 탄소강관(KS D 3507) ② 압력배관용 탄소강관(KS D 3562) ③ 이음매 없는 구리 및 구리합금관(KS D 5301) ④ 배관용 스테인리스강관(KS D 3576)이나 일반배관용 스테인리스강관(KS D 3595) ⑤ 덕타일 주철관(KS D 4311) ⑥ 배관용 아크 용접 탄소강강관(KS D 3583) ⑦ 합성수지배관(CPVC)의 8종류(스테인리스 2종)로 규정하고 있다. 또한 금속관의 경우는 동등 이상의 강도·내식성·내열성 등을 국내외 공인기관으로부터 인정받은 것을 사용해야 하고, 배관용 스테인리스 강관(KS D 3576)의 이음을 용접으로 할 경우에는 텅스텐 불활성 가스 아크용접(Tungsten inertgas arc welding)방식에 따른다. 강관은 일반건축물에서 급수 이외에 급탕, 증기, 가스용으로 광범위하게 사용하고 있으며 강관의 호칭은 A(mm) 또는 B(inch)로 표시한다.

2) 국내는 소화전 금속배관의 사용압력이 1.2MPa 이상일 경우는 일반강관이 아닌 압력배관용 탄소강관을 사용하여야 한다. NFPA에서는 옥내소화전에 탄소강관 및 동관(銅管 ; Copper pipe)을 적용하고 있으며 일본에서는 탄소강관, 합성수지배관이나 스테인리스관으로 적용하고 있다. 국내에서 가장 대표적으로 사용하는 배관용 탄소강관, 압력배관용 탄소강관에 대한 미국과 일본의 대응 규격은 다음 표와 같다.

[표 1-3-12] 옥내소화전 배관의 국가별 대응규격

배관 국가별	배관용 탄소강관		압력배관용 탄소강관	
	규 격	Grade	규 격	Grade
① 국내	KS D 3507	SPP	KS D 3562	SPPS
② 미국	ASTM A 135	Grade A Grade B	ASTM A 53	Grade A Grade B
③ 일본	JIS G 3452	SGP	JIS G 3454	STPG

3) 급수배관은 전용으로 하여야 하며 다만, 옥내소화전의 기동장치의 조작과 동시에 다른 설비의 용도에 사용하는 배관의 송수를 차단할 수 있거나, 옥내소화전설비의 성능에 지장이 없는 경우에는 다른 설비와 겸용할 수 있다(NFTC 2.3.3). 배관을 겸용할 경우 다른 설비란 소방시설에 국한하는 것으로 예를 들면 옥내소화전과 스프링클러설비의 주배관을 겸용할 수 있다는 의미이며 소방시설 이외의 설비(위생용, 난방용 등)와 절대로 겸용하여서는 아니 된다. 다만, 30층 이상의 경우는 고층건축물의 안전을 위하여 NFPC 604(고층건축물)에서 옥내소화전 배관은 전용으로 하도록 규정하고 있다.

(1) 국내의 기준

1) 배관용 탄소강관 : 사용압력이 1.2MPa 미만일 경우

① KS D 3507로 규정하고 있으며 등급(Grade)은 SPP로 이는 carbon Steel Pipe for ordinary Piping의 약어(略語)이다. 일본에서는 JIS의 G 3452(Grade : SGP)에 해당한다. 사용압력이 비교적 낮은 유체에 사용하는 배관으로서 탄소강관에 일차 방청(防靑)도장만 한 것을 흑관, 흑관에 아연도금($1m^2$당 400g)한 것을 백관이라고 한다.

② 옥내소화전등 소화설비용 배관에서 사용하는 대표적인 강관으로서 제조방법은 단접관(鍛接管 ; Welded steel pipe)이나 전기저항 용접관의 2종류가 있으며, 수압시험의 경우 흑관기준으로 2.5MPa의 수압을 가했을 때, 이에 견디며 누수가 없어야 한다.

> **단접관과 용접관**
>
> 1. 단접관 : 강대 또는 소정의 폭으로 절단한 판재를 약 1,400℃ 정도로 가열하여 연속식 단접기에서 관 형태로 성형하여 양단을 Roll로 압축하여 단접한 강관이다.
> 2. 용접관 : 강대 또는 판재를 상온에서 연속 Roll 성형기에 관형태로 성형한 후 배관의 길이 방향으로 접합부를 용접하여 제조하는 강관으로 용접에 따라 전기저항용접(Electric resistance welded pipe) 강관, 가스용접 강관, 아크용접 강관으로 구분한다.

2) 압력배관용 탄소강관 : 사용압력이 1.2MPa 이상일 경우

① KS D 3562로 규정하고 있으며 등급(Grade)은 SPPS로 이는 carbon Steel Pipe for Pressure Service의 약어이다. 기계적 강도와 화학적 조성에 따라 SPPS 38과 42의 2종류가 있으며 일본에서는 JIS의 G 3454(STPG 38, 42)에 해당한다. 온도 350℃ 이하에서 압력배관에 사용하는 것으로서 소방에서는 사용압력이 높은 소화설비용 배관이나 가스계 소화설비배관에 사용한다.

② 제조방법에 따라 "전기저항용접관(ERW pipe)"과 "이음매 없는 관(Seamless pipe)"의 2가지로 구분한다. 배관두께에 대하여는 Schedule 번호로 나타내며 번호가 클수록 두께가 두꺼워지며 Schedule 번호로는 Sch 10, 20, 30, 40, 60, 80이 있으며 소방분야에서 사용빈도가 높은 압력배관은 Sch 40, 80이다. 수압시험의 경우 Sch 번호에 따라 다음의 수압을 가했을 때, 이에 견디며 누수가 없어야 한다.

[표 1-3-13] 배관의 Schedule별 수압 시험압력

수압 \ Sch	10	20	30	40	60	80
수압 시험압력 (kg/cm²)	20	35	50	60	90	120

3) 이음매 없는 구리 및 구리합금관 : 사용압력이 1.2MPa 미만일 경우(습식의 경우)

① KS D 5301로 규정하고 있으며, 동관을 옥내소화전설비의 배관에 사용할 수 있도록 2008. 12. 15.에 개정하였으나 반드시 이음매 없는 관(Seamless pipe)에 한하여 사용할 수 있다. 이음매 없는 관만을 사용하도록 한 것은 동관은 내열성이 약하므로 열성이 약한 동관에서 화재시 화열에 의한 용접부위의 용융문제에 대한 안전성으로 인하여 이를 금하고 있는 것이다. 따라서 습식배관이 아닌 건식배관(에 배관에 물이 충전되어 있지 않는 동파지역에 설치된 수동기동방식의 소화전설비)에 적용하는 것은 바람직하지 않다. 다만, Seamless pipe인 관계로 사용압력이 1.2MPa 이상인 경우에도 사용이 가능하지만 2013. 6. 10.에 1.2MPa 미만에만 사용할 수 있도록 개정하였다.

② 국내의 경우 "동 및 동합금관"은 KS D 5301에서 규정하고 있으며 이는 국내뿐만 아니라 국제적인 기준으로 NFPA 14(2019 edition) Table 4.2.1에서도 옥내소화전 배관에서의 동관은 이음매 없는 동관(ASTM B 75, ASTM B 88)이나 동합금관(ASTM B 251)을 사용할 수 있도록 규정하고 있다.

4) 스테인리스강관 : 사용압력이 1.2MPa 미만일 경우

① 배관용 스테인리스강관 : KS D 3576으로 규정하고 있으며, 보통 내식용, 저온이나 고온용, 수도용 등에 사용하며 수도용일 경우는 용출(溶出;성분의 일부가 물에 녹음)성능을 만족하여야 한다. 제6조 1항(2.3)에서는 1.2MPa 미만에서 사용하도록 하고 있으나 일반배관용 스테인리스강관에 비해 높은 압력(KS D 3562와 동일함)에 사용하는 배관이다. 배관의 종류는 30여 종이 있으며 수압시험은 일반배관용 탄소강관(KS D 3562)과 동일하며 관이음은 무용접 방식인 그루브 이음(Groove joint)을 주로 사용하고 있다.

② 일반배관용 스테인리스강관 : KS D 3595로 규정하고 있으며 최고사용압력 10kg/cm² 이하의 급수, 급탕, 난방 등에 널리 사용하고 있는 스테인리스강관으로, 소화설비용 배관에 사용할 경우는 대부분 일반배관용 스테인리스강관을 사용한다. 배관의 종류는 통상의 급수, 급탕, 배수, 냉온수용 배관에 사용하는 STS 304와 수질, 환경 등에서 보다 높은 내식성을 요구하는 STS 316의 2종류가 있으며 수압시험은 35kg/cm²를 가할 때 누수가 없어야 한다. 일반배관용 스테인리스강관의 경우 기존의 용접방식보다는 무용접방식을 주

로 이용하고 있으며, 부속류의 이음방법에는 압착식 이음(Press joint), 확관식 이음(Expanded joint), 삽입식 이음(Inserted joint) 등을 사용한다.

5) **덕타일 주철관** : 사용압력이 1.2MPa 미만일 경우

덕타일 주철관(Ductile cast iron pipe)은 KS D 4311로 규정하고 있으며, 탄소성분이 2% 미만인 것을 강(鋼 ; Steel)이라 하며, 2% 이상인 것을 주철(鑄鐵 ; Cast iron)이라 한다. 해당 배관의 적용은 지상이나 지하구간에 압력 또는 무압력상태의 상하수도, 공업용 수도, 농업용 수도와 같은 급수에 사용하는 급수용 배관이다. 관의 두께에 따라 1~4종관의 4종류가 있으며 관의 내부처리는 모르타르 라이닝(Mortar lining) 또는 에폭시 분체도장을 실시하여야 한다.

6) **배관용 아크용접 탄소강강관** : 사용압력이 1.2MPa 이상일 경우

KS D 3583으로 규정하고 있으며 물, 증기, 가스, 기름 및 공기를 수송하는 데 사용되는 배관용 강관으로 산업현장에서 다양하게 사용하고 있다. 종류는 기계적 성질에 따라 SPW 400과 SPW 600의 2종류가 있으며 배관의 최소길이는 4m이며 대구경이 요구되는 배관에 사용하고 있다. 수압시험은 SPW 400은 2.5MPa, SPW 600은 5MPa의 수압을 5초 이상 유지할 때 이에 견디고 누수가 없어야 한다.

7) **합성수지배관(제6조 2항)** : 제한적인 범위 내에서 사용할 경우

제한적인 범위 내에서 옥내소화전설비에 합성수지관을 허용하고 있으며, 아울러 합성수지관 배관의 경우는 한국소방산업기술원 성능인증기준[44]에 적합하여야 하며 다음의 어느 하나에 해당하는 경우 사용할 수 있다(NFTC 2.3.2).

① 기준
    ㉮ 배관을 지하에 매설하는 경우
    ㉯ 다른 부분과 내화구조로 구획된 덕트 또는 피트의 내부에 설치하는 경우
    ㉰ 천장(상층이 있는 경우에는 상층바닥의 하단을 포함)과 반자를 불연재료 또는 준불연재료로 설치하고 그 내부에 습식으로 배관을 설치하는 경우

② 해설
    ㉮ 합성수지관배관
        ㉠ 합성수지배관을 사용하는 장소에 대한 기준은 직접 화열에 접하지 아니하고, 배관에 소화수가 충수(充水)되어 있어야 하며, 천장의 내장재는 가연재가 아닌 경우에 한하여 사용할 수 있다. 합성수지용 배관의 경우 소방용 배관으로 사용하는 재료로는 CPVC 배관이 있으며 소방용 합성수지관의 경우는 성능인증에 합격한 제품에 한하여 사용할 수 있다.

---

44) 소방용 합성수지배관의 성능인증 및 제품검사의 기술기준(소방청 고시)

ⓒ 한국소방산업기술원의 성능인증기준에서 합성수지배관의 경우는 1종 배관과 2종배관으로 이를 분류하고 있다. 1종배관은 옥내소화전과 스프링클러설비와 같이 옥내에 사용하는 소화설비용 배관 및 부속류를 뜻하며, 2종배관은 옥외소화전설비와 같이 지하에 매립되는 배관 및 부속류를 뜻한다.

ⓒ NFPA에서는 합성수지관의 경우 스프링클러배관에서는 이를 인정하고 있으나 옥내소화전 배관에서는 인정하고 있지 않다. 일본의 경우는 소방용 합성수지관에 대해 기밀성, 강도, 내식성, 내후성(耐候性)을 감안하여 관련고시[45]가 제정되어 있다.

ⓑ CPVC(Chlorinated polyvinyl chloride)

ⓐ 소방용 합성수지관배관에 사용하는 제품은 CPVC 배관으로 이는 내화성 경질염화비닐관으로 C factor는 150이며 배관접속 및 부속용 이음쇠도 동일 성상의 CPVC를 이용하여 접착제를 사용하여 시공한다.

ⓑ CPVC란 염소화 염화비닐수지로서 PVC의 최대 약점인 내열성, 내후성(耐候性), 내식성을 향상시킨 제품으로 내열배관, 이음관, 밸브, 판, 시트, 가정용 내장재, 전기부품 등으로 사용하는 소재이다. 국내 규격은 KS M 3414(내열성 경질 염화비닐관)로 규정되어 있으며 성상은 백색분말로서 PVC에 비하여 연화점(軟化点 ; Softening point)이 50~60℃ 높기 때문에 열적 특성이 매우 우수하다.

(2) NFPA의 기준

옥내소화전용의 경우 CPVC 배관은 인정하지 않으며 금속제 배관에 대해서만 이를 인정하고 있으며 NFPA에서는 다음과 같이 규정하고 있다.

[표 1-3-14(A)] NFPA 옥내소화전 배관의 규격

Material & Dimensions(Specification)	Standard
Ferrous Piping	① AWWA C 151 ② AWWA C 115
Electrical-Resistance Welded Steel Pipe	ASTM A 135
Welded & Seamless Steel Pipe	① ASTM A 795 ② ASTM A 53
Copper tube(drawn, seamless)	① ASTM B 75 ② ASTM B 88 ③ ASTM B 251
Brazing filler metal	① AWS A5.8M ② ASTM B32 ③ ASTM B446
Brass pipe	ASTM B43

45) 합성수지제의 관 및 관부속류의 기준(合成樹脂製の管及び管継手の基準) : 일본소방청 고시 제19호 (2001. 3. 30.)

(3) 일본의 기준

일본의 경우 옥내소화전 배관에 사용하는 재료 및 규격은 다음과 같으며, 국내와 달리 구리 및 구리합금관(일본규격 JIS H3300)은 소화전 배관에 사용할 수 없다.

[표 1-3-14(B)] 옥내소화전설비 배관의 규격(일본)

옥내소화전 배관	규격(JIS)
① 배관용 탄소강관	JIS G 3452
② 압력배관용 탄소강관	JIS G 3454
③ 수도배관용 아연도강관	JIS G 3442
④ 일반배관용 스테인리스강관	JIS G 3448
⑤ 배관용 스테인리스강관	JIS G 3459
⑥ 합성수지관	JIS K 6776

2. 배관의 압력

(1) 배관의 사용압력

1) 기준 : 제6조 1항 2호(2.3.1.2)

배관 내 사용압력이 1.2MPa 이상일 경우에는 압력배관용 탄소강관 또는 배관용 아크용접 탄소강강관(KS D 3583)이나 이와 동등 이상의 강도·내식성 및 내열성을 가진 것으로 하여야 한다.

2) 해설

① 사용압력의 적용 : 종전에는 1MPa 이상일 경우에는 압력배관을 사용하도록 한 규정을 사용압력이 2007. 4. 12.에 1.2MPa 이상일 경우에 압력배관을 사용하도록 개정되었다. 이 경우 사용압력(Working pressure)이란 펌프에서 발생하는

압력을 의미하며 배관규격의 적정성 여부를 판단하기 위해서는 펌프의 정격 상태에서의 토출압력인 설계압력(Design pressure)으로 적용하기 보다는 가장 불리한 조건인 펌프토출측에서 측정한 최대압력을 기준으로 적용하여야 한다. 따라서 사용압력을 펌프의 양정에 해당하는 정격압력으로 적용하지 않고 펌프가 발생할 수 있는 최대사용압력인 체절압력(Shutoff pressure)으로 적용하는 것이 원칙으로 소방청에서 사용압력에 대한 질의회신에서도 이를 펌프의 체절압력으로 적용하도록 회신하고 있다(소방제도운영팀-715호 : 2006. 2. 16.).

② **배관의 내압기준** : 배관용 탄소강관(KS D 3507)의 KS 기준에 따르면 내압시험기준은 "2.5MPa의 수압을 가했을 때 이에 견디며 누수가 없어야 한다"라고 규정하고 있다.[46] 따라서 배관자체의 내압 기준만으로는 1.2MPa 이상일 경우 압력배관을 사용하는 것은 과도한 기준이라 할 수 있다. 그러나 소화설비 시스템에서 배관계통 내에 설치되는 배관 구성요소 중 가장 취약한 부분은 배관 자체가 아니라 배관의 플렌지(Flange) 등 각종 접합부분으로 국내의 경우는 KS B 1501(철강제 플랜지의 압력)에 의하면 호칭압력 10K의 경우는 최고사용압력이 1.37MPa로 되어 있으므로 이를 감안하여야 한다.

③ **일본과 국내의 비교** : 일본의 경우는 소화전 배관의 내압기준에 대해 정(靜)수압뿐 아니라 체절압력과 같은 동(動)수압도 고려하고 이에 여유율까지 반영하여 "펌프의 체절압력×1.5배"의 수압을 가한 경우 이를 견딜 수 있도록 규정하고 있다.[47] 즉, 펌프 체절압력은 양정의 1.4배 이하이어야 하므로 소화전 배관은 결국 "(펌프양정×1.4)×1.5 = 펌프양정×2.1배"가 수압시험에 견딜 수 있는지 여부에 따라 배관을 선정하도록 하고 있다. 이에 비해 국내의 경우는 체절압력은 정격압력의 1.4배이므로 일반강관을 사용하려면 체절압력(=정격압력×1.4) < 120m가 되어야 하므로 정격압력(펌프양정)=120/1.4≒85.7m가 되어 펌프양정이 약 86m 이상일 경우는 압력배관을 사용하여야 한다.

④ **압력배관의 적용** : 펌프의 사용압력이 1.2MPa일 경우 사용하는 압력배관용 탄소강관(KS D 3562 : SPPS)은 전기용접(ERW) 또는 이음매 없는 관(Seamless pipe)으로 제조하며 SPPS의 경우 종류는 SPPS 38과 SPPS 42의 2종류가 있다. 압력배관의 경우 외경은 일반탄소강관과 동일하며 다만, 관두께가 다를 뿐으로 배관의 호칭은 호칭지름 및 두께로 나타내며 관의 두께를 구하는 방법은 다음의 2가지 방법이 있다.

---

46) 배관용 탄소강관(KS D 3507) 7. 수압시험특성 또는 비파괴검사특성
47) 일본소방법 시행규칙 제12조 1항 6호 "リ"목

㉮ Schedule 번호 이용 : Schedule 번호에는 Sch 10, 20, 30, 40, 60, 80 등이 있으며 번호가 증가할수록 배관의 두께가 두꺼워진다. 배관의 두께를 Schedule 번호로 표시하는 방법은 다음의 식을 이용한다.

$$[중력단위]\ Schedule\ 번호 = 10 \times \frac{P}{S}$$ ················ [식 1-3-10]

여기서, P : 최고사용압력(kg/cm^2)
S : 허용인장응력(kg/mm^2)

$$[SI\ 단위]\ Schedule\ 번호 = 1,000 \times \frac{P}{S}$$ ················ [식 1-3-11]

여기서, P : 최고사용압력(MPa)
S : 허용인장응력(N/mm^2)

㉯ 배관의 두께 계산식 이용

㉠ 배관을 양끝에서 잡아당길 때 가해지는 힘에 의해 변형이 될 경우 이는 배관 단면에 수직으로 작용하는 압력에 의한 것으로 이를 인장응력(引張應力 ; Tensile stress)이라 한다. 이 경우 배관에 힘을 가해도 변형이 일어나지 않는 범위 내에서 일정한 정도까지는 허용할 수 있는 응력을 "허용(인장)응력(Allowable tensile stress)"이라 한다.

㉡ 또한 배관에 힘을 가할 경우 재료가 견딜 수 있는 한계를 최대강도(强度)라 하며 최대강도를 초과하게 되면 재료는 파괴되어 버린다. 따라서 안전을 위해서는 최대강도에 대해 $\frac{1}{4}$ 내지 $\frac{1}{10}$ 정도의 압력만 허용하며 이때 4~10을 안전율이라 한다. 이 경우 "허용인장응력×안전율=최대인장강도(Maximum tensile strength)"의 관계가 성립하며 배관의 두께에 대한 식은 다음 식과 같다.

$$[중력단위]\ t = \left(\frac{P}{S} \times \frac{D}{175} + 2.54 \right)$$ ················ [식 1-3-12(A)]

여기서, t : 관의 두께(mm)
P : 최고사용압력(kg/cm^2)
S : 허용인장응력(kg/mm^2)
D : 관의 외경(mm)

$$[SI\ 단위]\ t = \left(\frac{P}{S} \times \frac{D}{1.75} + 2.54 \right)$$ ················ [식 1-3-12(B)]

여기서, t : 관의 두께(mm)

　　　P : 최고사용압력(MPa)

　　　S : 허용인장응력(N/mm^2)

　　　D : 관의 외경(mm)

예제

최고사용압력이 80kg/cm^{2}일 경우 관경(호칭경) 50mm의 KS D 3562(SPPS 42)를 사용할 경우 적정한 배관 두께를 구하여라. (단, 안전율은 4로 적용한다)

배관 규격	최대인장강도	
KS D 3562(SPPS 38)	38kgf/mm^2 이상	372N/mm^2 이상
KS D 3562(SPPS 42)	42kgf/mm^2 이상	412N/mm^2 이상

풀이 ① Schedule No에 의한 방법 : 중력단위로 계산하면 다음과 같다.

P=80kg/cm^2, 조건에서 SPPS 42의 최대인장강도는 42, 안전율이 4이므로

S(허용인장응력)=최대인장강도/안전율=42/4=10.5

이때 [식 1-3-10]에 의해 Schedule 번호=$10 \times \dfrac{P}{S}$ 이므로

Schedule 번호=$10 \times \dfrac{80}{10.5} \fallingdotseq 76.2$ 따라서 Sch 80으로 선정한다.

② 두께계산식에 의한 방법

관경 50mm일 경우 압력배관의 외경은 60.5mm이다([표 1-3-16(A) 참조]).

P=80kg/cm^{2}이므로 따라서 [식 1-3-12(A)]에 의해 $t = \left(\dfrac{P}{S} \times \dfrac{D}{175} + 2.54 \right)$ 이므로

$t = \dfrac{80}{10.5} \times \dfrac{60.5}{175} + 2.54 \fallingdotseq 5.17$mm 따라서 호칭경이 50mm로서, 두께가 5.17mm 이상인 규격을 찾아보면 Sch 80([표 1-3-16(B) 참조])으로 선정할 수 있다.

(2) 방수압력의 상한

1) **기준** : 제5조 1항 3호 단서(2.2.1.3)

노즐선단에서의 방수압력이 0.7MPa을 초과할 경우 호스접결구의 인입측에 감압장치를 설치해야 한다.

2) **해설** : 일반인이 소화활동상 지장을 받지 않으려면 소방대의 1인당 반동력을 20kgf로 제한하고 있다. 따라서 옥내소화전 노즐압력이 0.7MPa 이상일 경우 감압조치를 하여야 한다. 이때 반동력에 대한 식 $R = 0.015 \times P(\text{kg/cm}^2) \times d(\text{mm})^2$ 에 의거 노즐구경 d=13mm, 반동력 R=20kgf일 경우 압력을 구하면 압력은 20 $= 0.015 \times P \times (13 \times 13)$가 된다. 따라서, $P=20/(0.015 \times 13 \times 13)=7.89$kg/cm^{2}으로서 이를 참조하여 소화전 노즐방사시 압력을 0.7MPa로 제한한 것이다.

(3) 배관의 감압방법

1) 감압밸브방식

① 앵글밸브용 감압밸브 : 가장 많이 사용하는 방식으로 호스접결구인 앵글밸브 (Angle valve)의 인입구측에 감압용 밸브(Pressure reducing valve) 또는 Orifice를 설치하는 방식으로 다음과 같은 특징이 있다.

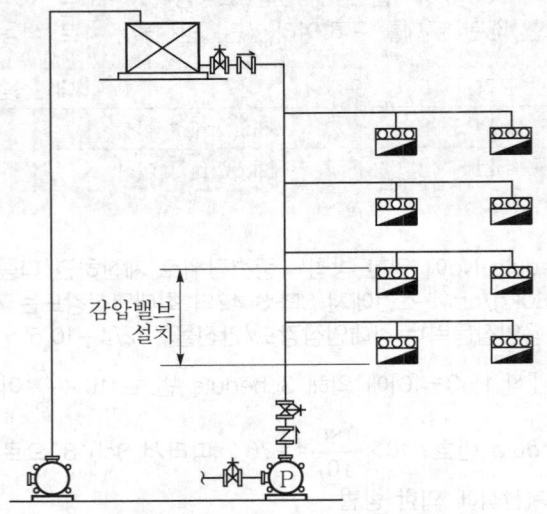

[그림 1-3-9(A)] 감압밸브방식

㉮ 설치가 용이하며 기존건물의 경우에도 적용할 수 있다.

㉯ 수계산을 하여 층별로 방사압력이 0.7MPa 이상인 위치를 선정하여 해당 구간의 소화전 앵글밸브 내에 설치한다.

㉰ 모든 감압방식에 공통적으로 적용할 수 있는 범용의 방식이다.

㉱ 시스템을 변경하지 않아도 사용이 가능하며 경제성이 높은 방법이다.

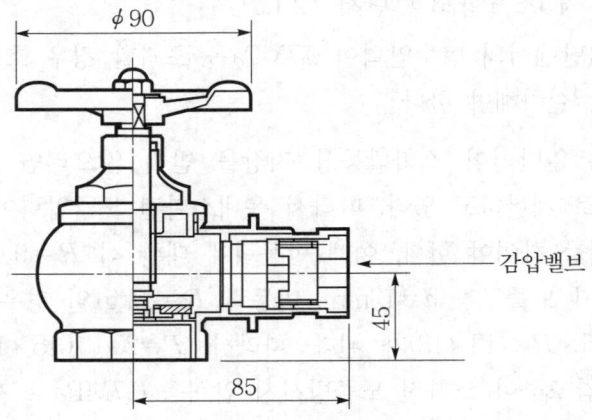

[그림 1-3-9(B)] 앵글밸브 내 감압밸브

② 배관용 감압밸브

㉮ 주펌프가 자동으로 정지하지 않게 시스템 구성을 하고 아울러 초고층건물이 급격히 건설되고 있기에 단순히 소화전 앵글밸브 내에 오리피스 타입의 감압밸브를 설치하여 감압 문제를 해결할 수 없는 건물이 많이 발생하고 있다. 이로 인해 최근에는 펌프 주변에 배관용 감압밸브를 직접 설치함으로서 이를 해결하고 있으며 배관용 감압밸브는 대구경과 소구경으로 구분하여 "대-대 감압형"과 "대-소 감압형"의 2가지가 있으나 일반적으로 대-소감압형을 사용하며 소구경 및 대구경의 배관에 2대의 감압밸브를 병렬로 각각 설치하고 있다.

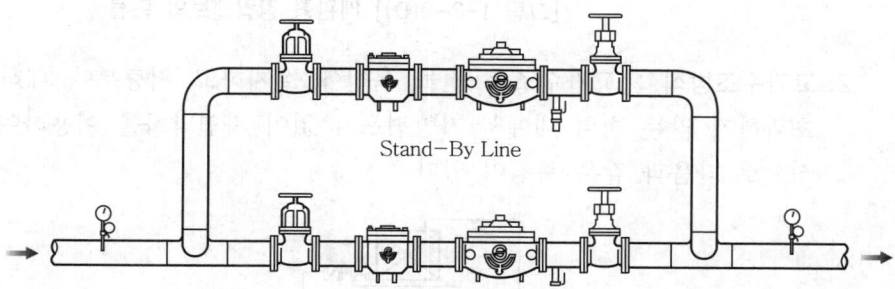

Stand-By Line

[그림 1-3-9(C)] 배관형 감압밸브(대-대감압형)

㉯ "대-소 감압형"의 경우에는 소형 감압밸브를 통하여는 화재 초기에 소유량에 맞게 적은 유량을 적정압력으로 보내주다가, 화재가 진전되어 소요유량이 증가하여 소형 감압밸브로는 유량이 부족하게 되어 압력이 내려가면 이 경우 대형 감압밸브가 개방되어 적정한 압력조건으로 소요유량이 통과하는 시스템이다. 보통 사용하는 감압밸브는 작동형(Direct type) 밸브와 유도형(Pilot type)의 밸브가 있다. 작동형 밸브는 다이어프렘이 부착된 스프링 타입의 밸브로서 배관 내 흐르는 유수의 압력으로 다이어프렘을 밀어줌으로서 스프링에 의해 밸브가 상하로 개폐되는 구조이며, 유도형 밸브는 감압밸브 바로 위에 소형의 파일롯 밸브를 별도로 부착하여 배관 내 유수의 압력으로 파일롯 밸브가 감압밸브의 상부체임버에 압력을 가함으로서 폐쇄하고 압력변화에 따라 개폐를 조절하게 된다.

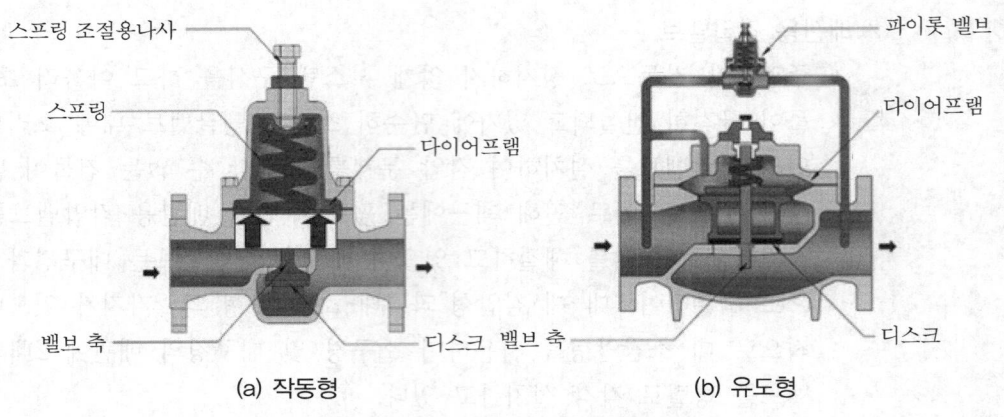

스프링 조절용나사
스프링
다이어프램
밸브 축
디스크 밸브 축

파이롯 밸브
다이어프램
디스크

(a) 작동형 (b) 유도형

[그림 1-3-9(D)] 배관형 감압밸브의 종류

2) 고가수조방식 : 고가수조를 건물 옥상에 설치하고 저층부에 대하여 0.7MPa를 초과하지 않는 범위 내에서 가압펌프가 없이 자연낙차를 이용하여 사용하는 방식으로 다음과 같은 특징이 있다.

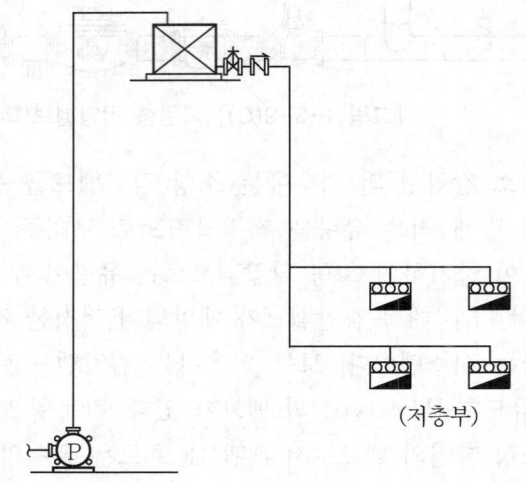

(저층부)

[그림 1-3-10] 고가수조방식

① 고가수조 하부의 몇 개층의 경우는 자연낙차압이 부족하여 소요방수압력이 발생하지 않으므로 고가수조방식을 적용할 수 없으므로 저층부에 한하여 유효하다.
② 건물의 층고가 높을 경우 건물의 하부층에서는 자연낙차압에 의해 과압이 발생하게 되므로 해당층에는 별도로 감압밸브를 설치하여야 한다.
③ 가압펌프 및 비상전원이 필요없는 가장 신뢰도가 높은 방식이다.

3) 전용배관방식 : 시스템을 고층부 Zone과 저층부 Zone로 분리한 후 Zone별로 입상관 및 펌프 등을 각각 별도로 구분 설치하는 방식으로 다음과 같은 특징이 있다.

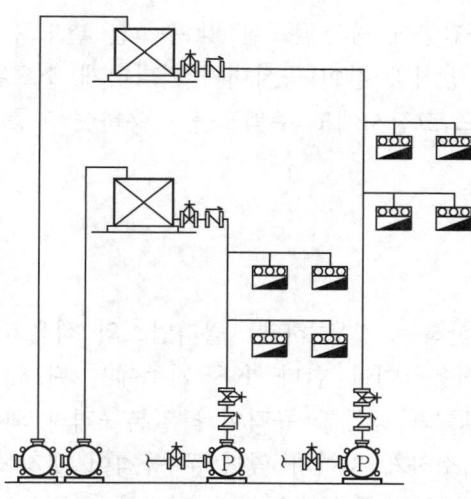

[그림 1-3-11] 전용배관방식

① 고층부와 저층부 Zone의 펌프를 분리한 관계로 각 층에서 소화전 방사압력이 0.7MPa 이상이 되지 않도록 펌프의 양정을 선정할 수 있다.

② 고층부 Zone의 경우는 펌프실은 지하층 이외 건물 중간층에도 설치할 수 있다.

③ 설비를 별도로 구분하여 시공하여야 하므로 공사비가 과다하게 소요된다.

④ 하나의 소방대상물임에도 소화전설비의 감시, 제어 및 관리를 2중으로 하여야 한다.

4) Booster pump 방식 : 고층부 지역의 경우는 중간 Booster 펌프[48] 및 중간수조를 별도로 설치하는 방식으로 다음과 같은 특징이 있다.

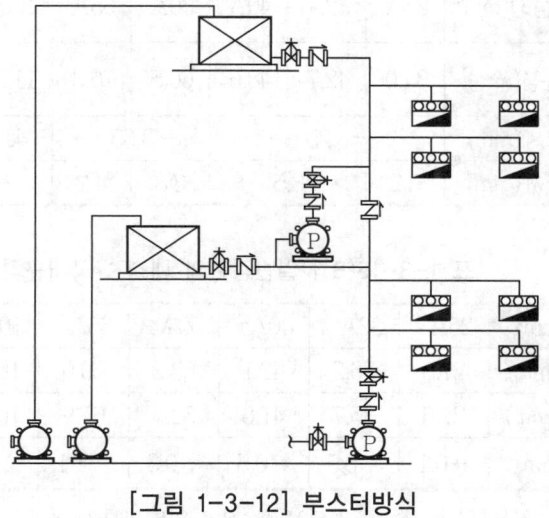

[그림 1-3-12] 부스터방식

---

48) 중계(中繼)펌프 또는 증압(增壓)펌프라고도 한다.

① 건물의 중간층에 중간펌프실 및 수조를 별도로 설치하여야 한다.
② 전용배관 방식과 같이 공사비가 과다하게 소요된다.
③ 부스터펌프 고장시에도 주펌프를 이용하여 고층부에 송수할 수 있어야 한다.

3. 배관의 관경

(1) 외경과 내경

마찰손실을 계산하는 경우 하젠-윌리엄스의 식을 적용하면 배관의 관경은 내경을 기준으로 적용하여야 한다. KS 기준에서 탄소강관인 KS D 3507은 일본의 경우 JIS G 3452와 동등한 규격이나 일본규격과 외경(外徑)의 치수는 같으나 배관의 두께가 미소하게 차이가 있어 두 규격이 내경에 약간의 차이가 발생하게 된다. 그러나 현재 국내에서 소화설비 설계시 마찰손실을 적용할 경우 일본의 각종 Table을 이용하고 있으나 이는 내경의 차이가 있어 원칙적으로 국내규격(KS D 3507)의 내경에 따라 계산을 하여야 정확성을 기할 수 있다. 다만, 허용오차 범위 내에 있으므로 적용상 큰 무리는 없다고 판단되며, 압력배관용 탄소강관인 KS D 3562의 경우는 Sch 40, Sch 80의 규격은 일본규격에 해당하는 JIS G 3454와 외경 및 두께 기준이 동일하여 내경 역시 동일하므로 차이가 없다. 아울러, 압력배관의 경우 외경은 일반탄소강관과 동일하나 관두께가 달라 외경에 차이가 있다.

1) 일반강관(KS D 3507)의 경우

[표 1-3-15(A)] 일반강관의 외경 : 국내규격 대 일본규격

구 분	호칭경(mm)	25A	32A	40A	50A	65A	100A	125A	150A	200A
	외경(mm)	34.0	42.7	48.6	60.5	76.3	114.3	139.8	165.2	216.3
KS	두께(mm)	← 3.25 →			← 3.65 →		4.50	← 4.85 →		5.85
JIS	두께(mm)	3.2	← 3.5 →		3.8	4.2	← 4.5 →		5.0	5.8

[표 1-3-15(B)] 일반강관의 내경 : 국내규격 대 일본규격

호칭경(mm)	25A	32A	40A	50A	65A	100A	125A	150A	200A
KS 내경(mm)	27.5	36.2	42.1	53.2	69.0	105.3	130.1	155.5	204.6
JIS 내경(mm)	27.6	35.7	41.6	52.9	67.9	105.3	130.8	155.2	204.7
내경차(mm)	+0.1	−0.5	−0.5	−0.3	−1.1	0	+0.7	−0.3	+0.1

㊀ 내경차 : 국내(KS) 내경을 표준으로 할 경우 일본(JIS) 내경의 차이를 말한다.

2) 압력배관의 경우

[표 1-3-16(A)] 압력배관(Sch 40)의 내경 : 국내규격 대 일본규격

호칭경	25A	32A	40A	50A	65A	100A	125A	150A	200A
외경(mm)	34.0	42.7	48.6	60.5	76.3	114.3	139.8	165.2	216.3
두께(mm)	3.4	3.6	3.7	3.9	5.2	6.0	6.6	7.1	8.2
내경(KS=JIS)	27.2	35.5	41.2	52.7	65.9	102.3	126.6	151	199.9

㈜ 압력배관 Sch 40의 경우 국내와 일본의 규격은 동일하다.

[표 1-3-16(B)] 압력배관(Sch 80)의 내경 : 국내규격 대 일본규격

호칭경	25A	32A	40A	50A	65A	100A	125A	150A	200A
외경(mm)	34.0	42.7	48.6	60.5	76.3	114.3	139.8	165.2	216.3
두께(mm)	4.5	4.9	5.1	5.5	7.0	8.6	9.5	11.0	12.7
내경(KS=JIS)	25.0	32.9	38.4	49.5	62.3	97.1	120.8	143.2	190.9

㈜ 압력배관 Sch 80의 경우 국내와 일본의 규격은 동일하다.

(2) 유속과 관경

1) 기준 : NFTC 2.3.5

펌프의 토출측 주배관의 관경은 유속이 4m/sec 이하가 될 수 있는 크기 이상으로 하여야 하고, 옥내소화전방수구와 연결되는 가지배관의 관경은 40mm(호스릴의 경우에는 25mm) 이상으로 하여야 하며, 주배관 중 수직배관의 관경은 50mm(호스릴의 경우에는 32mm) 이상으로 하여야 한다.

2) 해설

① 관경과 유속 : 일반적으로 소방설비용 배관의 경우는 유속을 제한하고 있으며 이는 유속이 일정한 값 이상을 초과할 경우 배관 내의 흐름이 극심한 난류상태가 되어 안정된 압력으로 소화수를 균일하게 공급할 수 없기 때문이다. 이로 인하여 NFTC 2.3.5에서 옥내소화전 주배관의 유속을 4m/sec 이하로 제한하고 있으며 종전까지는 유속 3m/sec 이하이었으나 2008. 12. 15.에 이를 개정하였다. 유속을 제한한다는 것은 "유량 $Q(\text{m}^3/\text{sec})$=단면적 $A(\text{m}^2)$×유속 $V(\text{m/sec})$"이며, 옥내소화전이나 스프링클러설비의 경우 유량(Q)은 이미 법적으로 결정된 상태이므로 4m/sec 이하의 유속을 만족하려면 결국 배관의 관경(단면적)이 제한된다는 것을 의미한다.

NFPA[49]에서는 150% 유량에서 펌프토출측의 유속을 6.1m/sec(20ft/sec) 이하로 제한하고 있다.

② 관경의 계산방법 : 소화설비 배관에서 유속을 4m/sec 이하로 제한하는 것을 이용하여 흐름률에 적합한 배관의 관경을 구해보면 다음 식이 성립된다.

$$d = 72.86\sqrt{Q}$$ ·················· [식 1-3-13]

여기서, d : 배관구경(mm)
Q : 유량(m³/min)

[해설] [식 1-3-13]의 유도

$q(\text{m}^3/\text{sec}) = V(\text{m/sec}) \times A(\text{m}^2)$ ················ [식 ①]

위의 식에서 토출량 $q(\text{m}^3/\text{sec})$를 $Q(\text{m}^3/\text{min})$로 변환하고, 단면적 $A(\text{m}^2)$를 $a(\text{mm}^2)$로 변환하면 다음과 같다.

$$q\left(\frac{\text{m}^3}{\text{sec}}\right) : Q\left(\frac{\text{m}^3}{\text{min}}\right) = \left(\frac{1}{1}\right) : \left(\frac{1}{1/60}\right)$$

따라서 $Q(\text{m}^3/\text{min}) = q(\text{m}^3/\text{sec}) \times 60$

따라서 $q(\text{m}^3/\text{sec}) = Q(\text{m}^3/\text{min})/60$ ··········· [식 ②]

또 $1\text{m}^2 = 10^6\text{mm}^2$이므로 $A(\text{m}^2) : a(\text{mm}^2) = 1 : 10^6$

따라서 $a = 10^6 \times A$, $A(\text{m}^2) = \dfrac{a}{10^6}(\text{mm}^2)$ ····· [식 ③]

[식 ②]와 [식 ③]을 [식 ①]에 대입하면 $\dfrac{Q}{60} = V \times \dfrac{a}{10^6}$ 가 된다.

이때 관경을 $d(\text{mm})$라면 단면적 $a = \dfrac{\pi}{4}d^2$이 되며, V=최대 4m/sec이므로

$\therefore \dfrac{Q}{60} = 4 \times \dfrac{1}{10^6} \times \dfrac{\pi}{4}d^2$, $d^2 = \dfrac{Q}{60} \times \dfrac{10^6}{4} \times \dfrac{4}{\pi}$

$$d = \sqrt{\dfrac{Q}{60} \times \dfrac{10^6}{\pi}} = \sqrt{\dfrac{10^6}{60\pi}}Q ≒ 72.86\sqrt{Q}$$

3) **소화전 배관의 적용** : 위의 식을 이용하여 소화전 주배관의 관경을 계산할 수 있으나 일반적으로 옥내소화전의 표준 유수량에 대한 허용관경은 설계시 다음과 같이 적용한다. 다음 표의 출전은 일본에서 소화전 유수량에 대한 배관선정에 사용하는 기준으로 이는 위의 계산식에서 정격유량의 150% 유량(펌프 특성곡선에서 과부하점의 유량)을 반영하여 적용한 결과와 유사하다.

---

49) NFPA 20(Installation of stationary pumps for fire protection) 2022 edition A.4.17.6 : The discharge pipe size should be such that, with the pumps operating at 150% of rated capacity, the velocity in the discharge pipe does not exceed 20ft/sec(6.1m/sec)[펌프가 정격용량의 150%로 운전할 때 토출배관의 관경은 토출배관 내 유속이 20ft/sec(6.1m/sec)를 초과하지 않는 크기여야 한다].

[표 1-3-17] 옥내소화전 표준유수량 대 관경

소화전 수량	1개	2개	3개	4개	5개
표준유수량(l/mim)	130	260	390	520	650
주배관(mm)	40	50	65	80	100

앞의 표에 불구하고 제6조 5항(2.3.5) 후단 기준에 따라 소화전의 주배관 중 입상관은 반드시 50mm(호스릴의 경우는 32mm) 이상이며, 가지관은 40mm(호스릴의 경우는 25mm) 이상이어야 한다. 또한 제6조 6항(2.3.6)에서 연결송수관과 겸용일 경우 주배관은 관경 100mm 이상, 방수구로 연결되는 배관의 관경은 65mm 이상의 것으로 하여야 한다.

4. 밸브 및 관이음쇠

(1) 밸브의 종류

소방설비에서의 밸브는 유수의 유량을 조절하고, 유수의 방향을 전환시키며, 유수의 압력을 제어하며 유수를 차단하는 등의 역할을 한다.

1) **게이트(Gate)밸브** : 개폐밸브의 대표적인 밸브로서 게이트밸브는 유체의 흐름을 밸브 디스크(Disk)가 몸체에서 수직으로 차단하는 것으로 밸브를 완전히 열면 배관 관경과 같은 단면적을 가지게 된다. 일명 슬루스(Sluice)밸브라 하며 대표적인 개폐표시형밸브로서 그 특징은 다음과 같다.

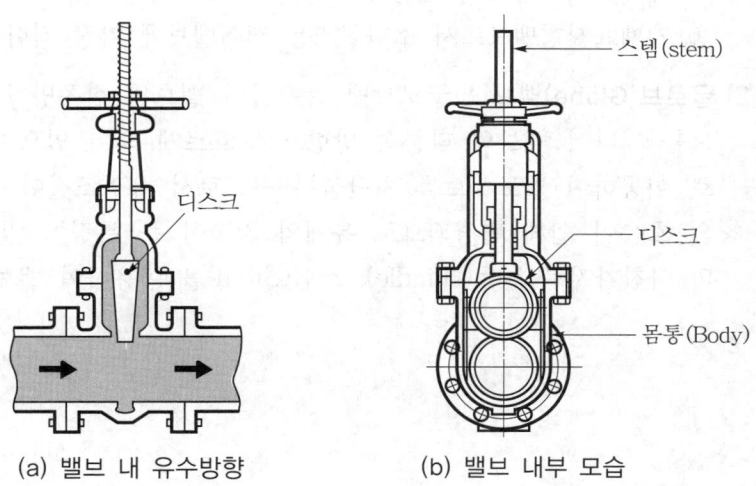

(a) 밸브 내 유수방향   (b) 밸브 내부 모습

[그림 1-3-13(A)] OS & Y밸브의 개방상태

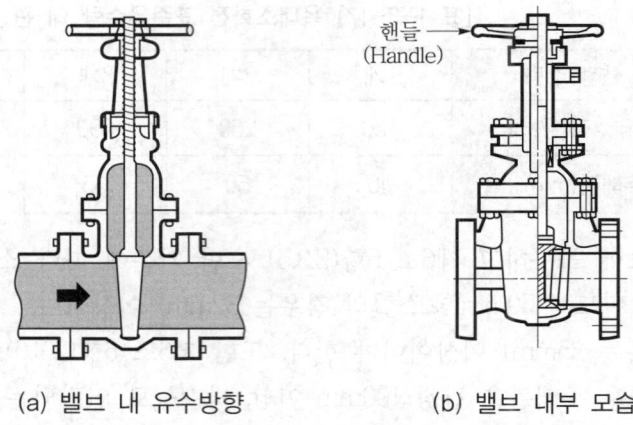

(a) 밸브 내 유수방향   (b) 밸브 내부 모습

[그림 1-3-13(B)] OS & Y밸브의 폐쇄상태

① Disk가 유체의 흐름을 직각으로 폐쇄한다.

② 급속한 개폐조작은 부적절하며 개폐에 시간이 소요된다.

③ 완전 개방시에는 유체의 마찰저항이 적다.

④ 대형배관 및 고압용 밸브에도 사용할 수 있다.

⑤ 안나사식(Inside screw type)과 바깥나사식(Out side screw & yoke type ; OS & Y)이 있다. : 안나사식의 경우는 밸브의 스템(Stem)이 상하로 움직이지 않아 개폐여부를 확인할 수 없으나, 바깥나사식의 경우는 밸브의 스템(Stem)이 밸브 개방시에는 위로 올라오고, 밸브 폐쇄시에는 아래로 내려가서 밸브의 개폐상태를 원거리에서 육안으로 쉽게 확인할 수 있는 대표적인 개폐표시형밸브에 속한다.

⑥ 개폐표시형밸브로서 소화설비용 제어밸브에 가장 적합하다.

2) **글로브(Globe)밸브** : 글로브밸브는 물이 밸브의 한쪽방향에서 유입되어 밸브시트를 지나서 밸브의 다른쪽 방향으로 흐르게 되어 있으며 개폐시 마개가 상하로 이동하여 밸브시트를 차단하는 구조로서 유량조절이 용이하나 반면에 유체의 흐름이 쉽게 변경되므로 유체의 저항이 큰 특징이 있다. 게이트(Gate) 밸브와 마찬가지로 핸들(Handle), 스템(Stem)을 이용하여 밸브개폐를 조절한다.

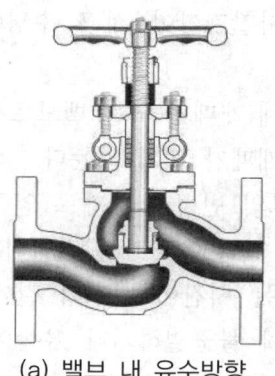

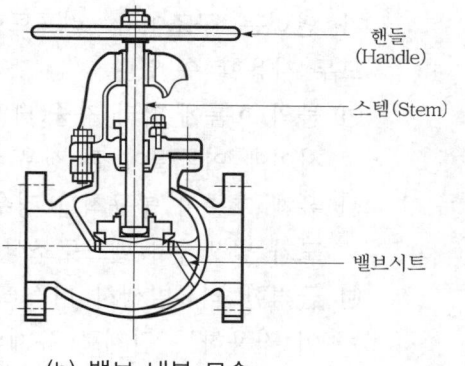

핸들
(Handle)

스템(Stem)

밸브시트

(a) 밸브 내 유수방향   (b) 밸브 내부 모습

[그림 1-3-14] 글로브밸브

① Gate 밸브에 비해 스템의 길이가 짧아서 개폐시간이 짧고 유량조절이 용이하다.

② 밸브 몸체에 밸브 시트(Valve seat)가 있어 유체의 마찰저항이 크다.

③ 주로 200mm 이하의 배관에 사용한다.

④ 소화전용 앵글밸브는 유수의 방향을 90°로 변환시켜 주는 Globe밸브의 일종이다.

3) 체크(Check)밸브 : 유체를 한쪽방향으로만 흐르게 하고 반대방향으로는 흐르지 못하게 하는 역할의 밸브로서 밸브구조에 따라 여러가지 다양한 종류가 있어 이를 분류하고 있으나 소화설비에서 사용하는 가장 대표적인 체크밸브는 스윙(Swing)타입과 리프트(Lift)타입이 있다. 체크밸브는 게이트밸브나 글로브밸브와 달리 유체의 흐름에 따라 자력으로 개폐가 되는 유일한 밸브이다.

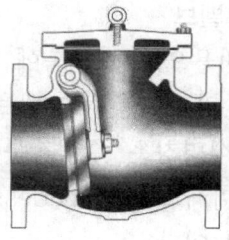

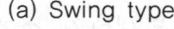

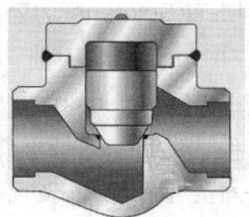

(a) Swing type   (b) Lift type

[그림 1-3-15(A)] 체크밸브의 종류

① 스윙형(Swing type) : 밸브 시트의 고정핀을 축으로 하여 유체의 흐름에 따라 디스크가 상하로 개폐되는(Swing) 구조로서 스윙각도는 45° 이하이며 밸브가 개방 후 유체가 정지되면 출구쪽의 압력과 디스크의 자중에 따라 밸브

가 닫히는 구조이다. 리프트형보다 마찰저항이 적고 수평이나 수직배관에 모두 사용할 수 있다.

㉮ 물의 흐름에 따라 자중(自重)에 의해 개폐가 되는 밸브로서 디스크와 시트 사이에 이물질이 낄 경우 완전한 개폐가 되지 않는다.

㉯ 유체 흐름이 불규칙할 경우 디스크의 빈번한 개폐로 인하여 고정핀의 마모가 발생하며 밸브구조상 완벽한 기밀 유지가 곤란하다.

㉰ 급격한 역류발생시 디스크가 닫히는 시간이 비교적 길어지며 큰 충격력이 작용하는 관계로 유체의 흐름이 불균일하거나 유속이 빠른 계통에서는 리프트형 체크밸브보다 불리하다.

㉱ 마찰손실이 리프트형 체크밸브보다 적다.

㉲ 수평배관에서도 사용할 수 있으나 수직배관의 경우가 신뢰도가 더 우수하며, 다만 수격에 약하기 때문에 펌프토출측 수직배관에서는 일반적으로 사용하지 않는다.

② 리프트형(Lift type) : 글로브밸브와 유사한 밸브 시트의 구조로서 유체의 압력에 밸브가 수직으로 올라가게(Lift) 되어 있는 구조이다.

㉮ 스윙 체크밸브에 비하여 맥동(脈動)이 있는 유체나 비교적 유속이 빠른 배관에 적합한 구조를 가지고 있다.

㉯ 디스크면에 고무처리(Rubber facing)를 하여 기능은 우수하나 유량이 통과하는 면으로 인하여 마찰손실이 매우 크다.

㉰ 수평 및 수직배관에 모두 사용이 가능하다.

㉱ 디스크가 완전개방되는데 필요한 유속이 스윙형보다 큰 관계로 유속이 낮거나 중력에 의해 물이 흐르는 관에는 적용시 유의하여야 한다.

③ 스모렌스키(Smolensky)형[50] 체크밸브

㉮ 서지(Surge)에 강해 소화설비용으로 토출측에 가장 많이 사용하는 스모렌스키(Smolensky)형밸브는 리프트형 체크밸브의 일종이다. 스모렌스키라는 용어는 상품명으로 공식명칭은 수격작용(Water hammer)이 없는 관계로 KS B 2350에서 "해머레스(Hammerless) 체크밸브"라 하며 이는 결국 리프트형 스프링체크밸브이다.

㉯ 스모렌스키 체크밸브는 역류가 발생하기 전에 스프링의 힘과 자중에 의해 신속하게 폐쇄되는 관계로 수격작용 등을 방지하게 되어 펌프토출측에 설치하는 가장 대표적인 체크밸브이다.

㉰ 펌프 동작시 토출측의 압력에 의해 물이 스프링을 밀어 올려 디스크가

---

50) 스모렌스키 체크밸브는 상품명으로 공식적인 밸브 명칭이 아니다.

열리면 아래쪽의 물이 상승하여 위쪽으로 토출되며, 펌프가 정지하면 흐름이 정지되어 역류가 되려는 순간 스프링과 완충부(Buffer)의 자중으로 디스크가 시트에 완전히 밀착하게 되어 순간적으로 폐쇄하게 되므로 역류나 수격을 방지하게 된다. 또한 일반적인 체크밸브는 토출측으로 공급된 물은 밸브 하단으로 배수시킬 수 없으나 스모렌스키 체크밸브의 경우는 바이패스밸브를 이용하여 평소에는 Off 상태이나 필요시에는 개방하여 물을 위쪽(토출측)에서 아래쪽(흡입측)으로 배수시킬 수 있다.

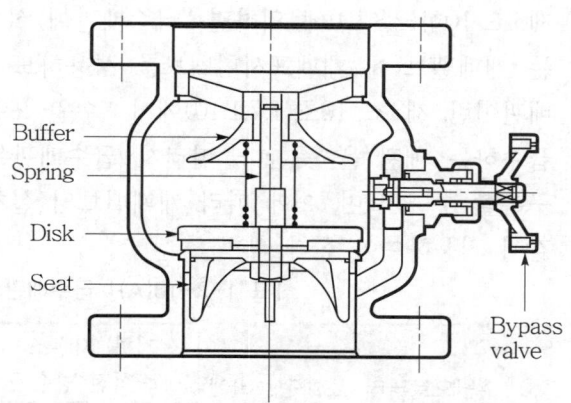

[그림 1-3-15(B)] 스모렌스키 체크밸브

(2) 개폐표시형밸브

1) 기준 : 제6조 10항(2.3.10)

급수배관에 설치되어 급수를 차단할 수 있는 개폐밸브(옥내소화전 방수구를 제외한다)는 개폐표시형으로 해야 한다. 이 경우 펌프의 흡입측배관에는 버터플라이밸브 외의 개폐표시형밸브를 설치해야 한다.

2) 해설

① 개폐표시형밸브의 개념

㉮ 개폐표시형밸브란 개폐상태를 외부에서 식별할 수 있는 밸브로서 소화설비에서는 대표적으로 OS & Y밸브(바깥나사식의 게이트밸브), 버터플라이밸브(개폐의 표시기능이 있는)를 사용한다. OS & Y밸브의 경우는 밸브가 열린 때에는 스템(Stem : 작동 나사봉)이 밖으로 나와 있고 밸브가 닫힌 때는 스템이 안으로 들어가 있어 개폐여부를 외부에서 용이하게 식별할 수 있다.

⑭ 개폐표시형밸브의 경우 최초에는 "개폐표시형 밸브의 성능시험기술기준"을 제정하고 동 기준에서는 밸브의 개폐여부를 제어반에 신호로써 전달할 수 있는 스위치가 부착되어 소방용으로 사용하는 밸브를 개폐표시형밸브로 규정하였다. 그러나 화재안전기준과 같이 개폐여부를 외부에서 식별이 가능한 기능이 있는 경우 이를 개폐표시형밸브로 적용하는 것으로 용어를 통일하고[51] 동 성능 기준은 "소방용 밸브의 성능인증 및 제품검사의 기술 기준"으로 변경 개정되었다.

② 개폐표시형밸브의 적용

㉮ 제6조 10항(2.3.10)에 의하면 "급수배관에 설치하여 급수를 차단할 수 있는 개폐밸브"에 개폐표시형밸브를 사용하도록 하고 있다. 이 경우 급수배관이란 제3조 10호(1.7.1.10)에서 "수원 또는 송수구로부터 소화설비에 급수하는 배관"을 뜻한다. 따라서 급수배관은 [표 1-3-18(A)]와 같이 구분할 수 있으며, 이에 따라 개폐밸브의 설치위치는 [표 1-3-18(B)]와 같이 적용하여야 한다.

[표 1-3-18(A)] 급수배관의 적용

① 수원으로부터 소화전설비에 급수하는 배관	• 지하 저수조-(소화펌프)-주배관-가지배관-소화전 방수구까지의 경로
	• 옥상 저수조-(소화펌프)-주배관-가지배관-소화전 방수구까지의 경로
② 옥외송수구로부터 소화전설비에 급수하는 배관	• 옥외송수구-주배관-가지배관-소화전 방수구까지의 경로

㊟ 소화전 방수구는 제외한다.

㉯ 충압펌프의 경우는 방수구에서 규정방사압과 방사량을 토출하기 위한 목적이 아니고 배관의 누설압을 충압하기 위한 목적이다. 제3조 10호(1.7.1.10)에서 급수배관이란 수원이나 송수구로부터 소화설비에 급수하는 배관으로 정의한 바와 같이 충압펌프란 방수구에 급수하는 목적이 아니므로 개폐표시형밸브의 경우 주펌프의 경우는 설계시 적용하고 있으나, 충압펌프는 일반적으로 적용하지 않는다. 또한 옥외송수구로부터 소화전 주배관 사이에 개폐밸브가 있을 경우에는 이것도 개폐표시형밸브 설치대상이 되어야 하나, NFTC 2.3.12.2에서는 옥외송수구로부터 연결되는 옥내소화전 주배관에는 개폐밸브 설치를 금지하고 있다. 다만, 다른 수계소화설비나 연결송수관설

---

51) 소방용 밸브의 성능인증 및 제품검사의 기술기준 제3조

비와 겸용시에는 개폐밸브를 설치할 수 있으며 이 경우는 개폐표시형밸브로 설치하여야 한다. 따라서 성능시험배관이나 물올림수조에 설치하는 개폐밸브는 개폐표시형밸브로 설치하는 위치에 해당하지 아니한다.

[표 1-3-18(B)] 개폐표시형밸브의 설치위치

급수를 차단할 수 있는 개폐밸브의 위치 (소화전 방수구는 제외함)	① 주펌프의 흡입측 개폐밸브
	② 주펌프의 토출측 개폐밸브
	③ 옥상수조와 소화전 주배관(가지관 포함)과 접속된 부분의 개폐밸브
	④ 지하수조로부터 소화전 펌프의 흡입측 배관에 설치한 개폐밸브
	⑤ 옥외송수구로부터 주배관(가지관 포함)에 접속된 부분의 개폐밸브(다른 설비와 겸용하는 경우)

③ 펌프흡입측의 버터플라이밸브

㉮ 버터플라이밸브의 종류 : 버터플라이(Butterfly)밸브란 원통형의 Body 내부에 밸브봉을 축으로 하여 원반형태의 디스크가 회전함으로서 배관의 유수를 개폐시키는 밸브로서 동작방식에 따라 수동식(Lever식, Gear식)과 자동식(Cylinder식, Motor식)이 있다.

㉠ 레버(Lever)식 : 기다란 밸브 손잡이를 90°로 조작하여 밸브를 개폐하는 방식이다.

㉡ 기어(Gear)식 : 웜(worm)과 웜 기어(worm gear)로 구성된 기어박스가 있으며 이를 핸들로 돌려서 밸브를 개폐하는 방식이다.

㉢ 실린더(Cylinder)식 : 랙(Rack)과 피니언(Pinion)으로 구성되는 공기 또는 유압실린더를 이용하여 밸브를 개폐하는 방식이다.

㉣ 모터(Motor)식 : 소형모터를 이용하여 밸브를 개폐하는 방식이다.

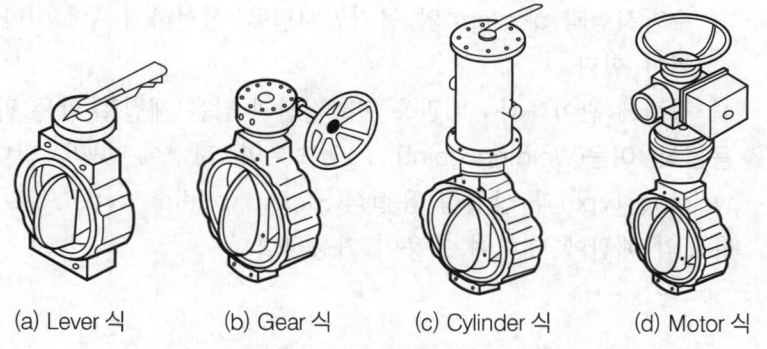

(a) Lever 식   (b) Gear 식   (c) Cylinder 식   (d) Motor 식

[그림 1-3-16] 버터플라이밸브의 종류

ⓝ 흡입측에 설치를 제한하는 이유 : 버터플라이밸브는 펌프의 흡입측에만
이를 금지하는 것으로 이를 펌프 토출측까지 금지하는 것은 아니다. 펌
프흡입측(수조와 펌프 사이)에 한하여 버터플라이밸브를 제한하는 것은
다음과 같은 사유 때문이다.

ⓐ 원반형태의 디스크가 배관 내에 설치되어 있으므로 물의 유체저항이
매우 큰 밸브로서 펌프에서 흡입시 원활한 흡입을 방해하게 되며 이
로 인하여 유효 NPSH가 감소되어 캐비테이션(공동현상)이 발생할 우
려가 있다.

ⓑ 구조상 밸브 개방상태에서도 배관 내부의 유효단면의 일부를 차지하고
있어 흡입측에 설치할 경우 물공급에 장애를 주게 되어 펌프의 성능
에 지장을 초래하게 된다.

ⓒ 개폐조작이 순간적이어서 펌프 기동 중에 순간적으로 개폐조작을 할 경우
Water hammer(수격작용)가 발생할 우려가 있다.

(3) 관이음쇠의 종류

강관의 이음방법에는 나사식, 용접식, 플랜지(Flange)식, 그루브(Groove)식의 관
이음방법이 있다.

1) 관이음의 방법

① 나사식 이음(Thread joint) : 저압의 일반용 배관에 사용하는 것으로 심한 마
모, 충격, 진동, 부식이나 균열 등이 발생할 수 있는 장소에는 나사식 이음
쇠를 사용하지 않는 것이 원칙이다. 나사식 관이음쇠에는 "가단 주철제 관
이음쇠"와 "강관제 관이음쇠" 등이 있다.

ⓐ 가단 주철제(可鍛 鑄鐵製 ; Malleable cast iron) 관이음쇠 : 배관용 탄소
강관을 나사식 이음할 때 사용하는 것으로 이음쇠는 제조 후 25kg/cm^2의
수압시험과 5kg/cm^2의 공기압시험을 실시하여 누설이나 기타 이상이 없
어야 한다.

ⓑ 강관제 관이음쇠 : 배관용 탄소강관과 같은 재질로 만든 관이음쇠를 말한다.

② 용접식 이음(Welding joint) : 접속부의 모양에 따라 맞대기 용접식(Butt
welding type)과 삽입형 용접식(Slipon welding type)으로 구분하며 다양한
유체의 배관에 대하여 적용이 가능하다.

③ 플랜지 이음(Flange joint) : 배관의 각종 기기를 해체하거나 교환할 필요가 있는 경우에는 플랜지 이음으로 시공하며 이는 플랜지를 볼트나 너트로 접속 시키는 것으로 플랜지 사이에는 유체가 새는 것을 방지하기 위하여 개스켓 (Gasket)을 삽입한다.

④ 그루브 이음(Groove joint) : 용접을 하지 않는 무용접 이음방법으로 배관에 홈(Groove)을 만들고 서로 연결하는 것으로 밀봉 역할을 하는 개스켓과 이를 감싸 조여주는 하우징(Housing), 그리고 하우징을 서로 연결하는 볼트, 너트로 구성되어 있다. 용접이 필요 없는 관계로 시공이 간편하며 안전한 작업환경을 부여할 수 있으나 다른 관이음방식보다 설치비가 가장 높다.

2) 관이음쇠의 종류

① 관의 방향을 변경시키는 이음쇠＝Elbow, Bend

② 관을 분기시키는데 사용하는 이음쇠＝Tee, Cross, Y

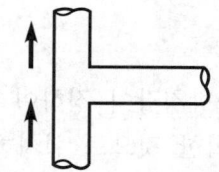   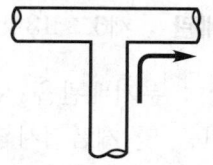

(a) 직류 T(유수의 방향 : 180°)   (b) 분류 T(유수의 방향 : 90°)

[그림 1-3-17] 직류 티와 분류 티

🔍 분류 T와 직류 T

분류 T 및 직류 T는 설치된 T의 위치에 따라 적용이 고정된 것이 아니라 설계 적용구간에 대하여 유수의 흐름에 따라서 직류 T 또는 분류 T가 된다.

③ 관과 관 또는 부속 기기를 연결하는 이음쇠＝소켓(Socket), 니플(Nipple), 유니온(Union)

④ 지름이 다른 관을 서로 연결하는 이음쇠＝부싱(Bushing), 레두셔(Reducer)

⑤ 관의 끝을 막는 이음쇠＝플러그(Plug), 캡(Cap)

⑥ 관의 수리나 교체를 위하여 설치하는 이음쇠＝유니온(Union), 플랜지(Flange)

[그림 1-3-18] 관이음쇠의 종류

(4) 분기배관 : 제6조 13항(2.3.13)

1) **기준 :** 분기배관을 사용할 경우에는 소방청장이 정하여 고시한 "분기배관의 성능인증 및 제품검사의 기술기준"에 적합한 것으로 설치해야 한다.

2) **해설**

① 제정 배경 : 현장에서 소화설비에 사용되는 배관자재 중 배관이음쇠인 티 대신에 배관을 확관(擴管)하거나 또는 인발(引拔)하는 등의 가공으로 가공 티(일명 티뽑기)를 제작하여 사용하는 사례가 빈번히 발생하고 있으며 심지어는 가공 티도 사용하지 않고 배관에 용접으로 직접 구멍을 뚫어서 관을 접속하는 경우도 발생하고 있다. 따라서 이러한 현실을 감안하여 가공 티인 분기배관에 한하여 이를 허용하되 반드시 공인기관에서 성능인정을 받은 제품을 사용하도록 하여 배관의 안전성을 확보하도록 조치한 것이다. 따라서 현장에서 티나 분기배관(가공 티) 대신 배관 자체에 용접으로 구멍을 뚫어서 배관을 접속하는 경우는 엄격히 금지되어야 한다.

② 성능기준

㉮ 분기배관이란 "배관의 측면에 구멍을 뚫어 2 이상의 관로가 생기도록 가공한 배관으로서 확관형 분기배관과 비확관형 분기배관을 말한다."라고 정의하고 있다. 이를 위하여 한국소방산업기술원에서는 성능인증 기준[52]을 제

---

52) 분기배관의 성능인증 및 제품검사의 기술기준(소방청 고시)

정하여 분기배관에 대한 성능시험을 실시하고 있다. 제3조 11호(1.7.1.11)에 따르면, 확관형 분기배관이란 배관의 측면에 조그만 구멍을 뚫고 소성가공으로 확관시켜 배관 용접 이음자리를 만들거나 배관용접 이음자리에 배관이음쇠를 용접이음한 배관(돌출형 T분기관)을 말하며, 비확관형 분기배관이란 배관의 측면에 분기 호칭내경 이상의 구멍을 뚫고 배관이음쇠를 용접 이음한 배관을 말한다.

④ 비확관형을 성능인증 대상품목에서 제외한 것은 비확관형 분기배관은 시공현장에서 배관 천공 및 배관이음쇠 용접이 가능하도록 기준을 완화시켜 준 것이다. 분기배관은 배관축의 중심으로부터 직각이 되도록 분기되어야 하며, 이음매가 있는 관으로 분기배관을 제조하는 경우에는 배관 이음매의 반대쪽에서 분기되도록 하여야 한다. 현재 성능인증 기준에서 규정하는 분기배관은 배관용 탄소강관(KS D 3507), 압력배관용 탄소강관(KS D 3562), 배관용 스테인리스강관(KS D 3576)의 Sch 10 · Sch 20, 일반배관용 스테인리스 강관(KS D 3595)의 4종류이다. 설계시에는 선정하는 분기배관의 제품별 등가길이를 적용하여야 하며 현재 인정받은 모든 분기배관의 치수는 배관길이 0.3m 이상 6m 이하로 되어 있다.

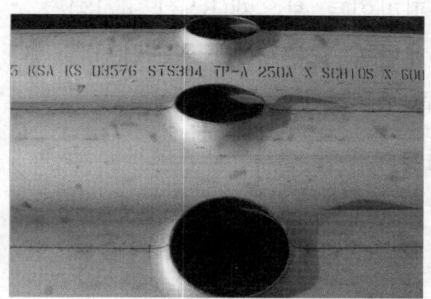

[그림 1-3-19] 분기배관의 외형

5. 배관의 보온

소화설비용 배관은 급탕이나 냉온수 배관이 아닌 관계로 동파 및 결로를 방지하기 위한 목적으로 보온을 실시한다. 그러나 소화설비용 배관의 경우는 평상시 유수가 흐르는 배관이 아니라 급수가 상시 정체되어 있는 관계로 소화설비용 배관에 대해 공조용 냉온수배관이나 급탕용 배관과 동일한 기준으로 보온을 적용할 필요는 없다.

(1) 옥내소화전 배관 보온재의 기준

1) 동결방지조치를 하거나 동결의 우려가 없는 장소에 설치해야 한다. 다만, 보온재를 사용할 경우에는 난연재료 성능 이상의 것으로 해야 한다[제6조 9항(2.3.9)].

2) 배관은 다른 설비의 배관과 쉽게 구분이 될 수 있는 위치에 설치하거나, 그 배관 표면 또는 배관 보온재표면의 색상은 "한국산업표준(배관계의 식별 표시, KS A 0503)" 또는 적색으로 식별이 가능하도록 소방용설비의 배관임을 표시해야 한다. (NFTC 2.3.11)

(2) 보온재의 종류

배관의 보온재료 종류는 유리섬유(Glasswool), 아티론(Artilon), 스티로폼(Styrofoam) 등의 보온재를 사용하며 국토교통부에서 제정한 "건축기계설비공사 표준시방서" 보온공사(01020)에 따르면 보온재는 다음과 같이 구분한다.

1) 보온재의 종류
① 미네랄울 보온재(KS L 9102)
② 유리면 보온재(KS L 9102)
③ 발포 폴리스틸렌 보온재(KS M 3808)
④ 발포 폴리에틸렌 보온재(KS M 3862)
⑤ 규산칼슘 보온재(KS L 9101)
⑥ 발수성 펄라이트 보온재(KS L 4714)
⑦ 경질 우레탄폼 보온재(KS M 3809)
⑧ 고무발포 보온재(KS M 6962)

2) 외장재의 종류
① 금속판
㉮ 아연철판(KS D 3506)
㉯ 컬러 아연철판(KS D 3520)
㉰ 알루미늄판(KS D 6701)
㉱ 스테인리스강판(KS D 3698)
② 외장용 Tape
㉮ 면포
㉯ 유리직물(KS L 2508)
㉰ 알루미늄 유리직물(KS L 2508)
㉱ 포리마 테이프
㉲ 방식용 폴리염화비닐 점착테이프(KS T 1060)
③ 기타 재료
알루미늄 가공시트 : 알루미늄 박판(KS D 6705)

(3) 배관 보온재의 두께

건축기계설비공사 표준시방서 기준(조건 : 관내 수온 5℃, 냉수관의 일반적인 경우)

관 경	15~25mm	32mm 이상
보온두께	25mm	40mm
보온재의 종류	① 암면 보온통, 보온대 1호 ② 유리면 보온통, 보온판 24K ③ 발포 폴리스틸렌 보온통 3호	

(4) 보온재의 적용 기준

1) 건축관련 법령상 기준

난연재료에 대한 용어의 정의는 건축법 시행령 제2조 9호에 따르면 "난연재료란 불에 잘 타지 아니하는 성능을 가진 재료로서 국토교통부령으로 정하는 기준에 적합한 재료"를 말한다. 이 경우 국토교통부령으로 정하는 기준이란 "건축물의 피난·방화구조 등의 기준에 관한 규칙" 제5조를 뜻하며 동 기준에서는 시험방법을 "한국산업표준에 따라 시험한 결과 가스유해성, 열방출량 등이 국토교통부장관이 고시하는 난연재료의 성능 기준을 충족하는 것"으로 규정하고 있다. 이에 국토교통부장관이 고시하는 난연재료의 성능 기준이란 "건축자재등 품질인정 및 관리기준"을 말하는 것으로 동 기준 제25조(난연재료의 성능기준)에서 열방출률과 가스유해성 시험 등에 대한 성능 기준이 제시되어 있다.

정의		시험방법		성능 기준
건축법 시행령 제2조 9호	➡	건축물의 피난·방화구조 등의 기준에 관한 규칙 제5조	➡	건축자재등 품질인정 및 관리기준(제25조)

2) 공사 표준시방서상 기준

건축관련 법령에 따른 위의 난연재 성능 기준 이외에 2011년도에 국토교통부(당시 국토해양부)에서 제정 고시한 "건축기계설비 공사 표준시방서"에서는 별도로 "보온재료의 화재안전성능"으로 보온재에 대한 성능 기준을 다음과 같이 규정하고 있다.

시험방법	시험항목	기 준		
		난연 1급	난연 2급 (자기소화성)	가연성
KS M ISO 4589-2	산소지수(LOI)	≥ 32	≥ 28	< 28
KS M ISO 5659-2	CFE(kW/m^2)	≥ 20	≥ 10	< 10

위 표에서 CFE란 "Critical Flux at Extinguishment"를 의미하며, 난연 1급은 불연재, 난연 2급은 준불연재에 해당한다. 소방배관 보온재에 대한 소방청의 지침(소방제도과-4632 : 2016. 9. 2.)에 따르면 KS시험방법에 의한 난연성 시험은 일정 성능 확인시 사용 가능한 것으로 유권 해석한 바 있다. 동 지침에서 일정 성능이란 산소지수시험(LOI)은 28 이상, 수평연소시험은 HF-1등급을 말한다.

(5) 배관의 동파방지

배관 및 부속설비의 동파를 방지하기 위한 보온방법은 다음의 1가지 또는 2가지 이상을 복합적으로 적용한다.

1) 단열재로 보온조치한다.

2) 배관에 전열전선(Heating Cable)을 설치한다.

3) 부동액을 혼입한다. : NFPA에서는 동파방지를 위한 Antifreezing solution을 첨가하는 것을 인정하고 있으나 이 경우 배관부식에 영향을 주지 말아야 한다.

4) 배관 내 상시 물을 유동시킨다.

5) 지하배관을 동결심도(深度) 이상으로 매설한다. : 옥외배관의 경우 동절기에는 각 지방의 동결심도를 감안하여 공사시 배관의 상부가 "동결심도+30cm" 깊이로 매설되도록 한다.

6) 수조 내 배관(Heating pipe)이나 히팅코일을 설치한다. : 수조 내 난방배관 또는 Heating coil을 설치하여 수온을 빙점 이상으로 유지한다.

6 옥내소화전설비의 화재안전기준

1. 방수구와 소화전함

(1) 방수구의 배치

1) 기준

① 특정소방대상물의 층마다 설치하되, 해당 특정소방대상물의 각 부분으로부터 하나의 옥내소화전 방수구까지의 수평거리가 25m(호스릴 옥내소화전설비를 포함한다) 이하가 되도록 할 것. 다만, 복층형 구조의 공동주택의 경우에는 세대의 출입구가 설치된 층에만 설치할 수 있다(NFTC 2.4.2.1).

② 호스는 구경 40mm(호스릴의 경우에는 25mm) 이상의 것으로서 특정소방대
상물의 각 부분에 물이 유효하게 뿌려질 수 있는 길이로 설치할 것(NFTC
2.4.2.3)

③ (수평거리) 기준을 초과하는 경우로서 기둥 또는 벽이 설치되지 아니한 대
형공간의 경우는 다음의 기준에 따라 설치할 수 있다(NFTC 2.4.1.2).

　　㉮ 호스 및 관창은 방수구의 가장 가까운 장소의 벽 또는 기둥 등에 함을
　　　설치하여 비치할 것

　　㉯ 방수구의 위치표지는 표시등 또는 축광도료 등으로 상시 확인이 가능토
　　　록 할 것

2) 해설

① 수평거리 : 소화전 포용거리는 수평거리이므로 칸막이나 벽 설치여부에 불
구하고 설계시 평면상에서 반경 25m 이내에 전 건물이 포용되도록 배치하
도록 한다. 소화기의 경우는 이동이 가능하므로 보행거리 기준이나 소화전
은 위치변동이 불가하므로 이를 수평거리 기준으로 정한 것이다.

② 호스수량 : 수평거리 기준인 관계로 칸막이나 벽 등으로 인하여 소화전으로
부터 소방대상물의 각 부분까지 호스 1개로 살수가 불가한 경우에는 호스를
2개 이상 접속하여 유효한 방수가 되도록 한다. 따라서 옥내소화전의 경우
는 함 내 설치하는 호스의 수량을 규정하지 않고 "소방대상물의 각 부분에
물이 유효하게 뿌려질 수 있는 길이로 설치할 것"으로 규정한 것이다. 즉,
이는 소화전함의 위치에 따라 수평거리 25m 이내에 있는 소방대상물의 모
든 부분에 살수가 될 수 있는 적정한 호스 수량을 각 소화전함별로 판단하
여 보유하도록 한 것이다.

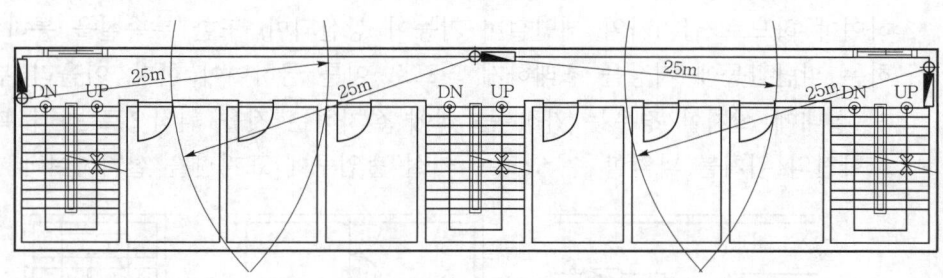

[그림 1-3-20] 소화전의 수평거리

③ 대공간의 적용 : 실내경기장 등과 같은 대공간의 경우는 수평거리 25m 기준
에 불구하고 25m 수평거리 이내에 벽이나 기둥이 없어 소화전함 자체를 설
치할 수 없는 경우가 있으며 NFTC 2.4.1.2는 이를 보완하기 위하여 제정된

조항이다. 그러나 동 기준은 소화전함만을 완화시켜 준 것이며 소화전 방수구까지 완화시킨 것은 아니다. 따라서 방수구는 바닥면 아래쪽에 일정한 공간을 만든 후 방수구를 설치하고 상부에 보호판을 설치하도록 하고 소화전함(호스 포함)의 경우는 방수구에서 가장 가까운 벽이나 기둥에 설치하도록 하여 소화전함(호스와 노즐 보관용)과 방수구를 분리하여도 무방하도록 완화시킨 것이 입법의 취지이다. 이를 위하여 소화전함의 규격(예 두께 1.5mm 이상의 강판)을 적용하지 않도록 하기 위하여 NFTC 2.4.1.2에서 "2.4.1.1(소화전함의 제품검사 기술기준)에도 불구하고"란 표현을 하였으며 위치표시등에 대해서는 표시등 이외에 이 경우 축광도료로 표시할 수 있도록 완화하였다.

④ **복층형 구조의 적용** : 아파트 세대의 내부에 계단이 있는 복층형 구조인 경우는 복층 구조의 위층에는 소화전 설치를 제외할 수 있다. 복층형 구조의 위층은 해당 층의 외부에 있는 복도와 벽으로 막혀 있는 관계로 복도에 소화전을 설치하여도 세대 내부에서 사용할 수 없으므로 이를 감안하여 제외할 수 있도록 한 것이다. 이 경우 세대 내부에 계단이 있는 복층형 구조일지라도 외부 복도로 출입하는 출입문이 있는 경우에는 소화전을 설치하여야 한다.

(2) 방수구의 높이 : NFTC 2.4.2.2

1) 기준 : 바닥으로부터 높이가 1.5m 이하가 되도록 할 것

2) 해설 : 바닥으로부터의 높이는 개폐밸브로부터 개폐밸브 직하에 있는 바닥면까지의 높이를 뜻한다. 소화전 방수구의 설치위치는 설계시 복도에 설치하는 것이 원칙이며, 복도에 설치할 수 없는 경우에 한하여 실내에 설치하여야 한다. 또한 특별피난계단 부속실이나 계단실에 설치할 경우는 사용시 부속실 출입문을 개방하여야 하므로 급기가압 제연설비 기능이 상실되며, 또한 부속실을 통하여 대피하는 피난활동에 지장을 초래하게 되므로 이를 금하여야 한다. 아울러 부득이하게 실내에 설치할 경우는 가장 큰 실에 설치하는 것을 원칙으로 하되 복도에서 소화전의 위치를 파악할 수 있도록 거실 출입구에 표지판을 설치하여야 한다.

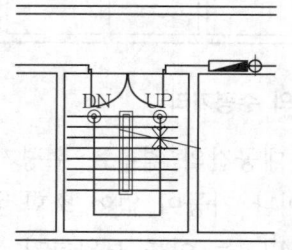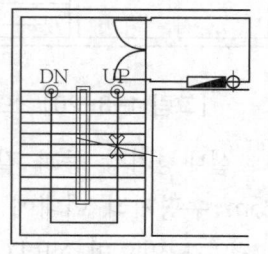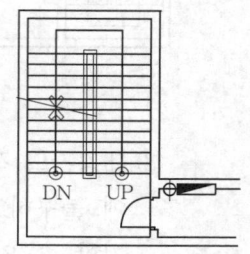

[그림 1-3-21] 소화전 설치위치

(3) 소화전함

1) 기준

① 함은 소방청장이 정하여 고시한 "소화전함 성능인증 및 제품검사의 기술기준"에 적합한 것으로 설치하되 밸브의 조작, 호스의 수납 및 문의 개방 등 옥내소화전의 사용에 장애가 없도록 설치할 것. 연결송수관의 방수구를 같이 설치하는 경우에도 또한 같다(NFTC 2.4.1.1).

② 옥내소화전설비의 위치를 표시하는 표시등은 함의 상부에 설치하되, 소방청장이 고시하는 "표시등의 성능인증 및 제품검사의 기술기준"에 적합한 것으로 할 것(NFTC 2.4.3.1)

③ 가압송수장치의 기동을 표시하는 표시등은 옥내소화전함의 상부 또는 그 직근에 설치하되 적색등으로 할 것. 다만, 자체소방대를 구성하여 운영하는 경우(위험물안전관리법 시행령 별표 8에서 정한 소방자동차와 자체소방대원의 규모를 말한다) 가압송수장치의 기동표시등을 설치하지 않을 수 있다(NFTC 2.4.3.2).

④ 옥내소화전설비의 함에는 그 표면에 "소화전"이라는 표시를 해야 한다(NFTC 2.4.4).

⑤ 옥내소화전설비의 함에는 함 가까이 보기 쉬운 곳에 그 사용요령을 기재한 표지판을 붙여야 하며, 표지판을 함의 문에 붙이는 경우에는 문의 내부 및 외부 모두에 붙여야 한다. 이 경우, 사용요령은 외국어와 시각적인 그림을 포함하여 작성해야 한다(NFTC 2.4.5).

2) 해설

① 옥내소화전함에 대해서는 한국소방산업기술원의 성능인증기준[53]이 제정되어 있으며, 성능인증기준에 의하면 소화전함의 재질은 두께 1.5mm 이상의 강판이나 두께 4mm 이상의 내열성이나 난연성의 합성수지제이어야 하며 문의 일부를 난연재료 또는 망유리로 할 수 있다. 문의 면적은 $0.5m^2$ 이상이며 짧은 변의 길이는 50cm 이상이어야 한다.

② 소화전함에는 위치를 식별할 수 있는 적색의 위치표시등과 펌프가 작동시 작동 중임을 알려주는 기동표시등을 설치하여야 하며 위치표시등은 함의 상부에, 기동표시등은 함의 상부나 그 직근에 설치하여야 한다. 소화전 시동표시등의 입력전압은 보통 A.C 220V를 사용하나 시동 표시등의 램프 자체는 24V용인 관계로 램프 자체에 220/24V용 Adaptor를 부설하여 사용한다.

---

53) 소화전함의 성능인증 및 제품검사의 기술기준(소방청 고시)

소화전의 위치표시등도 한국소방산업기술원의 성능인증기준[54]이 제정되어 있으며 발신기의 위치표시등과 동일한 기준을 적용하고 있다. 따라서 위치표시등은 발신기 표시등과 식별도(識別度) 기준이 같으며 이 경우 시험시에는 주위의 조도를 0lx로 하고 시험을 실시한다. 기동표시등의 경우 자체소방대가 있는 경우는 이를 제외할 수 있다.

2. 펌프 주변 배관의 기준

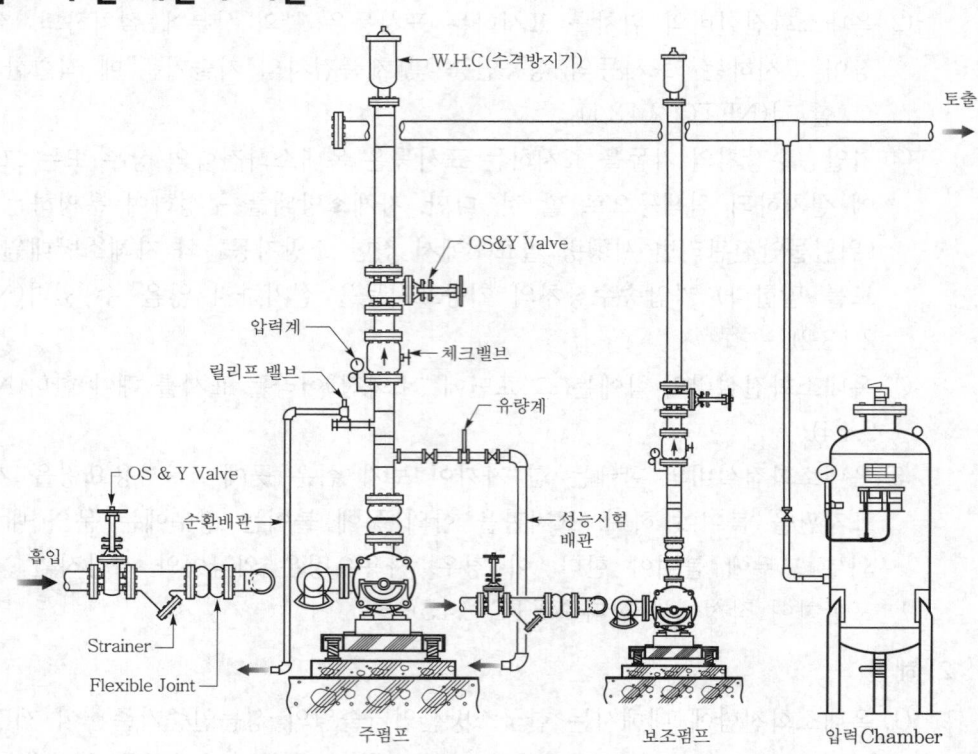

[그림 1-3-22] 옥내소화전 펌프의 주위 상세도

(1) 흡입측 배관

1) 기준 : 제6조 4항(2.3.4)

펌프의 흡입측 배관은 다음 각 호의 기준에 따라 설치해야 한다.
① 공기고임이 생기지 아니하는 구조로 하고 여과장치를 설치할 것
② 수조가 펌프보다 낮게 설치된 경우에는 각 펌프(충압펌프를 포함한다)마다 수조로부터 별도로 설치할 것

---

54) 표시등의 성능인증 및 제품검사의 기술기준(소방청 고시)

chapter
1
소화설비

2) 해설

① **풋밸브** : 풋밸브(Foot valve)란 펌프가 수조의 위에 있는 경우 수면 내에 있는 흡입배관의 흡수구와 펌프의 임펠러(Impeller) 사이의 배관에 물을 채워주기 위하여 흡수구의 끝 부분에 체크밸브가 달려있고, 이물질이 흡입되는 것을 방지하기 위하여 여과망이 부착되어 있는 밸브이다. 만일 풋밸브가 고장이 나서 체크밸브가 기능을 상실한다면 흡입배관 내부에는 물이 충전되어 있지 않아 펌프가 물을 정상적으로 흡입할 수 없게 된다. 풋밸브는 한국소방산업기술원의 성능인증기준[55]이 제정되어 있으며 동 기준에서 풋밸브란 "흡수관 말단에 설치하는 수직형 체크밸브로서 역류방지기능을 하며, 이물질이 유입되지 않도록 여과장치를 설치한 밸브"로 정의하고 있다. 풋밸브란 일종의 체크밸브이므로 동작방식도 스윙형과 리프트형으로 구분할 수 있으며 동 기술기준 제25조의 작동시험에 따르면 30kPa 이내의 압력에서 개방되어야 하며, 무부하상태에서 개폐작동을 하는 경우 원활하게 작동되어야 하고 밸브디스크는 닫힘 위치까지 되돌아와야 한다.

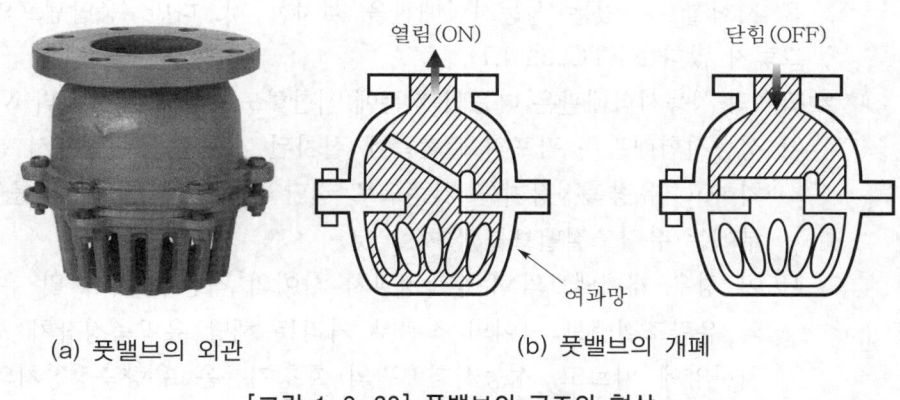

(a) 풋밸브의 외관 (b) 풋밸브의 개폐

[그림 1-3-23] 풋밸브의 구조와 형상

② **여과장치** : 저수조 바닥 등에 침전되어 있는 각종 이물질을 펌프가 흡입할 경우 펌프 내부에 침입하여 펌프의 고장이나 기능의 저하를 초래하므로 이를 방지하기 위하여 펌프 흡입측 배관에 여과(濾過)장치(Strainer)를 설치하게 된다.

③ **공기고임(Air pocket)** : 펌프의 흡입배관 내에 공기가 고이게 되면, 펌프로 물을 흡입하는 경우 펌프의 흡입배관 내부에서 공기의 압력이 형성되어 물의 흡입을 방해하고 펌프의 성능저하를 가져오게 된다. 특히 공기고임은 엘보를 사용

55) 소방용 밸브의 성능인증 및 제품검사의 기술기준(소방청 고시)

하는 부위나 역 구배(逆 勾配)부분 또는 레듀서 사용부위에서 발생이 용이하므로 수평을 유지하고 흡입측 배관은 편심(偏心) 레듀서(Eccentric reducer)를 사용하여 공기고임을 방지하여야 한다. 공기고임이 발생하면 임펠러로 이송된 공기가 임펠러의 회전에 의하여 증기압이 높아지면서, 펌프의 송수능력을 저하시키고, 임펠러 및 케이싱의 손상을 초래하는 요인이 된다.

④ **펌프별 흡입배관 설치** : 수조가 펌프보다 낮게 설치된 경우에는 펌프흡입측 배관에는 부압이 발생하여 대기압보다 낮은 압력이 형성된다. 이로 인하여 유효흡입수두가 불량할 경우 펌프에서 물을 흡입하지 못하는 경우가 발생할 수 있다. 따라서 펌프의 급수불능이 다른 펌프에 영향을 주지 않기 위하여 흡입배관은 펌프별로 별도로 설치하여야 한다.

(2) 성능시험배관

1) 기준

① 펌프의 성능은 체절운전시 정격토출압력의 140%를 초과하지 않고, 정격토출량의 150%로 운전시 정격토출압력의 65% 이상이 되어야 하며, 펌프의 성능을 시험할 수 있는 성능시험배관을 설치할 것. 다만, 충압펌프의 경우에는 그렇지 않다(NFTC 2.2.1.7).

② 펌프의 성능시험배관은 다음의 기준에 적합하도록 설치해야 한다(NFTC 2.3.7).

㉮ 성능시험배관은 펌프의 토출측에 설치된 개폐밸브 이전에서 분기하여 설치하고, 유량측정장치를 기준으로 전단 직관부에 개폐밸브를, 후단 직관부에는 유량조절밸브를 설치할 것

㉯ 이 경우 개폐밸브와 유량측정장치 사이의 직관부 거리 및 유량측정장치와 유량조절밸브 사이의 직관부 거리는 해당 유량측정장치 제조사의 설치사양에 따르고, 성능시험배관의 호칭지름은 유량측정장치의 호칭지름에 따른다.

㉰ 유량측정장치는 펌프의 정격토출량의 175% 이상 측정할 수 있는 성능이 있을 것

2) 해설

① **성능시험배관의 목적** : 성능시험배관을 이용하여 정기적으로 펌프의 체절점(유량 0), 정격점(유량 100%), 과부하점(유량 150%)에서의 유량과 토출압력을 측정하여 펌프특성곡선의 이상유무를 판단하기 위한 것이다. 성능시험배관의 목적을 단순히 펌프의 유량과 압력을 측정하는 것으로 오해할 수 있으나,

이는 성능시험배관의 목적이 아니라 방법일뿐이며 성능시험의 목적은 측정한 결과치를 이용하여 펌프특성곡선과 비교하여 펌프특성의 적정여부를 검토하여 이상이 있을 경우 펌프를 수리하여 항시 소방용펌프로서 펌프의 특성곡선을 만족하기 위한 것이다.

② 성능시험배관의 위치 : 성능시험배관의 분기위치는 펌프와 펌프의 토출측 개폐밸브 이전에서 분기하여 설치하여야 한다.

③ 유량계의 설치기준

⑦ 밸브와 유량계의 간격 : 성능시험배관에 설치하는 유량계는 유량조절밸브 사이의 직관부 거리는 해당 유량측정장치 제조사의 설치사양에 따른다. 보통은 현장에서 다음 그림과 같이 유량계 상류측은 성능시험배관 관경의 8배 이상($8D$), 하류측은 5배이상($5D$)의 간격을 두고 밸브를 설치하고 있다. 유량을 측정하기 위해서는 배관 내 물의 흐름이 난류가 아닌 층류상태가 되도록 하여 안정적인 상태에서 측정하여야 정확한 측정이 되므로 유량계 전후에 충분한 길이의 직관부가 필요하다. 이를 위하여 일반적으로 유량계의 전단과 후단에 성능시험배관의 관경에 따라 제조사의 사양을 참고하여 일정한 직관부를 확보하도록 한다.

⑭ 유량계용 밸브 : 유량계 설치시 밸브 V_1만 설치할 경우는 짧은 성능시험배관 말단에서 대기 중으로 토출되는 물로 인하여 배관 내에서 난류(亂流)가 형성되므로 정확한 유량측정이 곤란하다. 따라서 다음 그림과 같이 밸브 V_1 이외 별도의 밸브 V_2를 설치하고, 측정시 V_1은 완전 개방한 후 V_2로 유량을 조절하면서 측정하여야 하며 이때 V_1을 개폐밸브, V_2를 유량조절밸브라 한다.

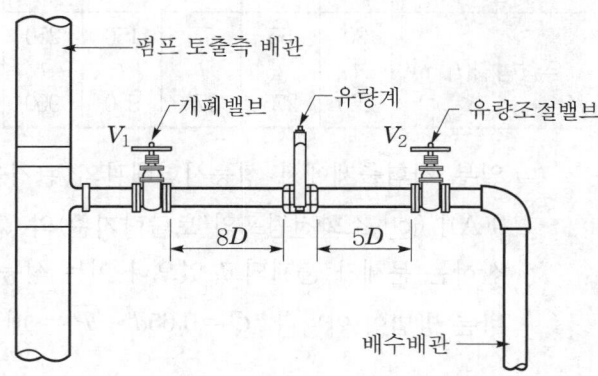

[그림 1-3-24] 성능시험배관의 설치

④ 성능시험배관의 관경
㉮ 국내의 경우
㉠ 종전에는 화재안전기준에서 성능시험배관의 관경에 대한 별도의 기준은 없었으나, NFTC 2.3.7에서 "성능시험배관의 호칭지름은 유량측정장치의 호칭지름에 따른다"라고 규정하였다. 유량계에 대해 펌프 정격토출량의 175% 이상의 유량을 측정할 수 있는 성능이 있을 것을 요구하고 있다. 175%의 유량측정은 NFPA[56]에서 요구하는 사항으로 국내는 이를 준용한 것으로 일반적으로 유량계는 측정유량에 대응하여 유량계를 설치하는 해당 관경이 규격화되어 있다. 따라서 최대 175%의 유량을 측정할 수 있는 조건이 되어야 하므로 정격토출량의 175% 유량에 대한 유량계를 접속할 관경 이상이 되어야 한다. 이에 따라 성능시험배관의 관경은 국내에서 시공하고 있는 유량계 규격 및 접속배관에 따라 [표 1-3-19(A)] 또는 [표 1-3-19(B)]를 참조하여 유량계 구경에 적합한 배관경을 선정하도록 한다.

[표 1-3-19(A)] 유량계 규격 : Orifice type

구경(mm)	25A	32A	40A	50A	65A	80A	100A	125A	150A
유량범위($l$pm)	35 ~ 180	70 ~ 360	110 ~ 550	220 ~ 1,100	450 ~ 2,200	700 ~ 3,300	900 ~ 4,500	1,200 ~ 6,000	2,000 ~ 10,000
1눈금($l$pm)	5	10	10	20	50	100	100	200	200

[표 1-3-19(B)] 유량계 규격 : Clamp type

구경(mm)	25A	32A	40A	50A	65A	80A	100A	150A	200A
유량범위($l$pm)	20 ~ 150	55 ~ 275	75 ~ 375	150 ~ 550	250 ~ 900	300 ~ 1,125	500 ~ 2,000	900 ~ 3,900	1,800 ~ 7,200

㉡ 일부 시험출제에서 성능시험배관의 관경을 구하는 방법을 [식 1-3-9(A)] cf 소화전펌프의 토출량기준)의 $Q=0.65d^2\sqrt{P}$를 이용하여 계산하는 문제가 출제되고 있으나 이는 성능시험배관의 관경을 구하는 올바른 방법이 아니다. $Q=0.65d^2\sqrt{P}$는 배관 내를 흐르는 유체가 노즐을

---

56) NFPA 20(2022 edition) 4.22.2.2(Testing devices) : Metering devices or fixed nozzles shall be capable of water flow of not less than 175 percent of rated pump capacity(유량계나 고정된 노즐은 펌프 정격용량의 175% 이상으로 토출할 수 있어야 한다).

통하여 대기 중으로 방사되는 경우에 배관 내 전압이 순간적으로 동압으로 전환되면서 노즐구경에 따른 방사압과 방사량과의 관계를 나타내는 공식이다. 그러나 유체가 배관 내를 흐르는 경우 관 내에서 정압과 동압이 존재하는 상황에서 유속을 고려하지 않고 유체가 배관 밖으로 토출되지 않는 배관 내부에서 $Q=0.65d^2\sqrt{P}$를 이용하여 배관경을 구하는 것은 올바른 방식이 아니다.

㉯ NFPA의 경우 : NFPA에서는 펌프의 성능시험방법은 Test header(시험용 헤더)를 이용하는 방법과 Flow meter(유량계)를 이용하는 2가지 방법이 있다. NFPA 20에서는 펌프의 토출량을 25~5,000gpm까지 21단계로 구분하여 펌프 토출량별로 성능시험배관의 관경을 규정하고 있으나 본서에서는 다음 표와 같이 국내의 소화전 토출량과 가장 유사한 4단계에 대해서만 이를 설명하였다.

㉠ Test header방식 : 테스트 헤더(Test header)의 경우는 건물 외벽에 펌프와 연결된 성능시험배관 및 호스접결구(Hose valve)를 설치하고 여기에 호스를 접속하고 피토 게이지(Pitot gauge)를 이용하여 성능시험을 하는 방법이다. 호스밸브는 65mm로서 펌프토출량에 따라 접속하는 호스의 수량이 정해져 있으며 호스밸브가 접속되어 있는 Test header의 경우는 펌프 토출량에 따라 관경이 다음과 같이 정해져 있다.

[표 1-3-20(A)] Test header방식의 규격(일부)

펌프토출량	Test header관경	호스밸브(수량-관경)
50gpm(189$l$pm)	1.5in(38mm)	1개-1.5in(38mm)
100gpm(379$l$pm)	2.5in(65mm)	1개-2.5in(65mm)
150gpm(568$l$pm)	2.5in(65mm)	1개-2.5in(65mm)
200gpm(757$l$pm)	2.5in(65mm)	1개-2.5in(65mm)

㈜ Test header와 펌프의 토출측 접속부간의 거리는 15ft(4.5m) 이내이어야 하며 초과할 경우는 한단계 높은쪽의 수치를 적용하여야 한다.

[표 1-3-20(A)]의 출전(出典)

NFPA 20(Stationary pump for fire protection systems) 2022 edition Table 4.28(a) Summary of centrifugal fire pump data

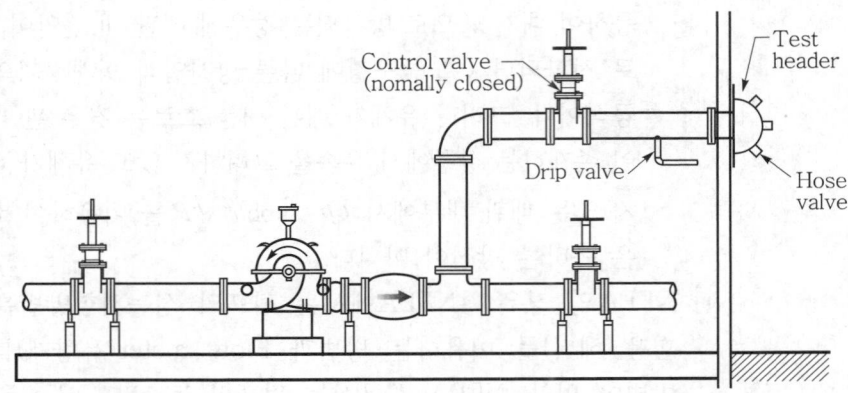

[그림 1-3-25(A)] Test header방식

ⓛ Flow meter방식 : Flow meter(유량계)를 이용하는 방법은 건물 옥
내에 펌프와 연결되는 성능시험배관상에 유량계를 설치하여 성능시험
을 행하는 방법으로 국내의 성능시험배관과 유사하며 각각 이에 대한
규격 및 펌프토출량은 다음 표와 같다. 대체적으로 성능시험배관은
200gpm(757*l*pm)까지는 토출측 관경과 같거나 한단계 높은 관경으로
적용하고 있다. Flow meter의 경우에도 본서에서는 국내의 소화전
토출량과 가장 유사한 4단계에 대해서만 이를 기술하였다.

[표 1-3-20(B)] Flow meter방식(일부)

펌프토출량	토출측 관경	성능시험배관 관경
50gpm(189*l*pm)	1.25in(32mm)	2.0in(50mm)
100gpm(379*l*pm)	2.0in(50mm)	2.5in(65mm)
150gpm(568*l*pm)	2.5in(65mm)	3.0in(75mm)
200gpm(757*l*pm)	3.0in(75mm)	3.0in(75mm)

㈜ 성능시험배관의 등가길이(배관 및 각종 계기류의 손실 포함)가 100ft(30m)를 초과할
경우는 한단계 높은 쪽의 수치를 적용하여야 한다.

 [표 1-3-20(B)]의 출전(出典)

NFPA 20(Stationary pump for fire protection systems) 2022 edition Table 4.28(a)
Summary of centrifugal fire pump data

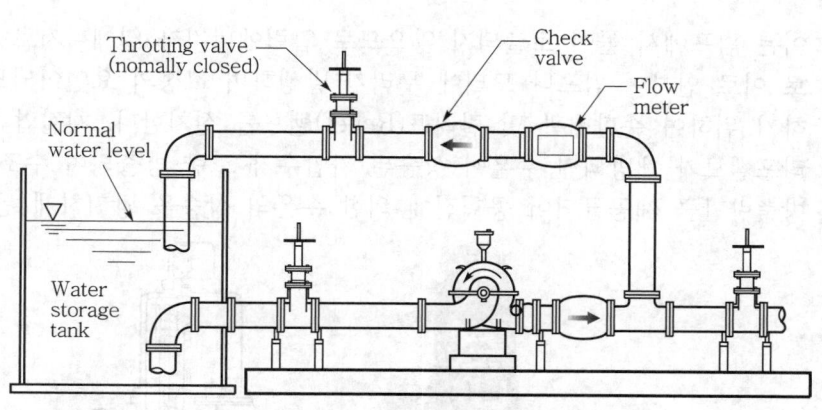

[그림 1-3-25(B)] Flow meter(유량계) 방식

    ㉰ 일본의 경우 : 일본의 경우는 "가압송수장치의 기준(일본소방청 고시 제2호 : 2019. 6. 28. 개정)" 제6조 4호(펌프의 성능시험장치)에서 다음과 같이 규정하고 있다.

        ㉠ 성능시험배관은 펌프토출측의 체크밸브 1차측에 접속하고 유량조절밸브와 유량계 등을 설치할 것. 이 경우 유량계의 유입측과 유출측의 원활한 물 흐름을 위해서 직관부의 길이는 당해 유량계의 성능에 대응하는 것으로 할 것

        ㉡ 유량계를 설치할 경우 차압식 유량계로 정격토출량을 측정할 수 있는 것으로 할 것

        ㉢ 성능시험배관의 구경은 펌프의 정격토출량을 충분히 토출할 수 있을 것[57]

(3) 순환배관

  1) 기준 : NFTC 2.2.1.8 & 2.3.8

    ① 가압송수장치에는 체절운전시 수온의 상승을 방지하기 위한 순환배관을 설치할 것. 다만, 충압펌프의 경우에는 그렇지 않다.

    ② 가압송수장치의 체절운전시 수온의 상승을 방지하기 위하여 체크밸브와 펌프사이에서 분기한 구경 20mm 이상의 배관에 체절압력 미만에서 개방되는 릴리프밸브를 설치할 것

  2) 해설 : 순환배관의 설치목적은 펌프의 체절운전시 유량은 토출되지 않으나 펌프는 계속하여 운전을 하게 되며, 또한 물은 비압축성 유체인 관계로 배관 내 유체가 압축이나 순환이 되지 않으므로 임펠러 부위의 수온이 상승하며 기포가 발생하게 된다.

---

57) 일본소방청 고시 제2호(가압송수장치의 기준 2019. 6. 28. 개정) 제6조 4호(펌프성능시험장치) : (3) 配管の口径は, ポンプの定格吐出量を十分に流すことができること(배관의 구경은 펌프의 정격토출량을 충분히 흐를 수 있도록 할 것).

이는 펌프에서 물이 토출되지 않으므로 압력에너지가 열에너지로 변환되는 것으로 이로 인하여 펌프나 모터에 무리가 발생하며 고장의 요인이되므로 이를 방지하기 위하여 순환배관 및 릴리프(Relief)밸브를 설치한다. 체절압력 직전에서 릴리프밸브가 개방되면 수온이 상승된 가압수가 소량 방출되며 수조에서 냉각수가 방출량만큼 재공급되어 공회전에 의한 수온의 상승을 방지하게 된다.

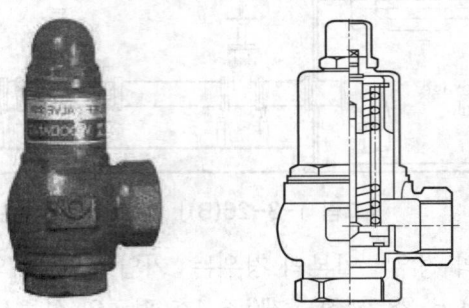

[그림 1-3-26(A)] 릴리프밸브

① 국내의 경우 : 구경은 20mm 이상으로 펌프와 체크밸브 사이에서 분기한 순환배관을 설치하며, 릴리프밸브는 체절압력 미만에서 개방되도록 조정한다. 이 경우 주펌프 이외 충압펌프의 경우는 가압의 목적이 아닌 배관 내 누설압을 보충해 주는 역할을 하므로 순환배관을 제외하도록 하고 있다. 릴리프밸브에 대해서는 한국소방산업기술원에서 성능인증기준[58]이 제정되어 있으며 성능인증기준에서는 소방용 릴리프밸브의 정의를 "소방펌프 등에 설치하여 액체가 일정압력이 될 때 그 압력의 상승에 따라 자동적으로 개방되는 기능이 있는 밸브"로 정의하고 있다.

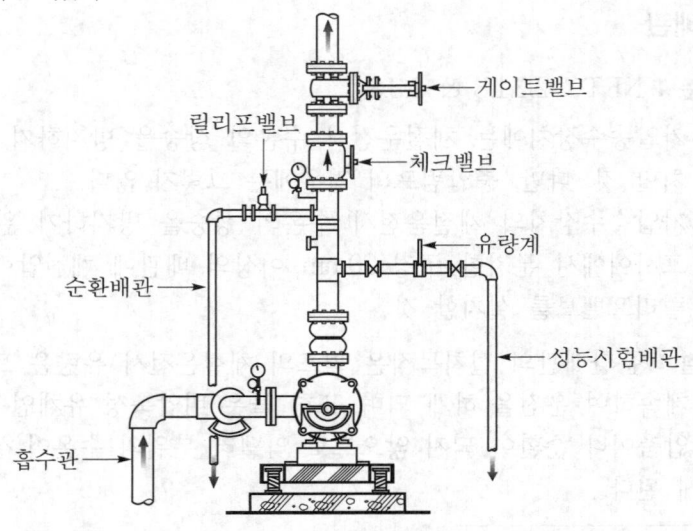

[그림 1-3-26(B)] 순환배관

---

58) 소방용 밸브의 성능인증 및 제품검사의 기술기준(소방청 고시)

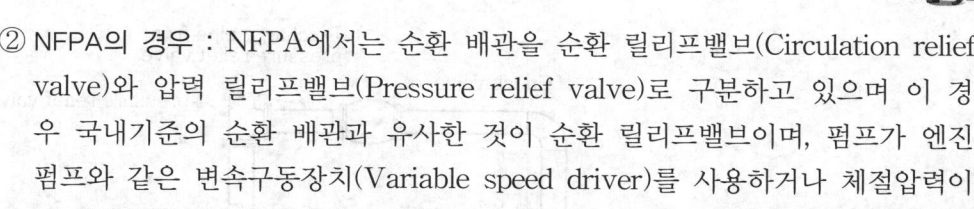

② NFPA의 경우 : NFPA에서는 순환 배관을 순환 릴리프밸브(Circulation relief valve)와 압력 릴리프밸브(Pressure relief valve)로 구분하고 있으며 이 경우 국내기준의 순환 배관과 유사한 것이 순환 릴리프밸브이며, 펌프가 엔진펌프와 같은 변속구동장치(Variable speed driver)를 사용하거나 체절압력이나 최대급수압력이 최대사용압력(Maximum working pressure)을 초과할 경우 동작하는 것이 압력 릴리프밸브이다.

결국 순환 릴리프밸브는 펌프를 보호하기 위한 것이며, 압력 릴리프밸브는 배관을 보호하기 위한 것이다. 순환 릴리프밸브 및 압력 릴리프밸브의 그림 및 규격은 다음과 같다.

㉮ 순환 릴리프밸브(Circulation relief valve)의 규격[59] : 모터펌프용

순환 릴리프밸브는 국내의 순환 배관과 같은 개념으로 모터펌프에서는 필수적인 조치이나 엔진펌프의 경우는 엔진냉각수가 펌프토출측으로부터 공급되어 엔진냉각용으로 사용하는 경우에는 적용하지 아니한다.

NFPA에서는 원심식 소화펌프의 정격유량을 2,500gpm 이상은 2,500gpm·3,000gpm·4,000gpm·4,500gpm·5,000gpm으로 지정하고 있으며 이에 따라 순환 배관의 관경이 결정된다. 국내의 경우는 펌프의 토출량과 무관하게 20mm 이상을 요구하고 있으나 NFPA에서는 토출량에 따라 20mm와 25mm의 2종류로 적용하고 있다.

[표 1-3-21] (순환)릴리프밸브의 관경

펌프토출량	릴리프밸브 관경
2,500gpm(9,500$l$pm)까지	3/4in(20mm)
3,000gpm(11,400$l$pm)~5,000gpm(19,000$l$pm)	1in(25mm)

 [표 1-3-21]의 출전(出典)

NFPA 20(Stationary pump for fire protection systems) 2022 edition 4.13.1.7

---

59) NFPA 20(Installation of stationary pump for fire protection) 2022 edition 4.13 Circulation relief valve

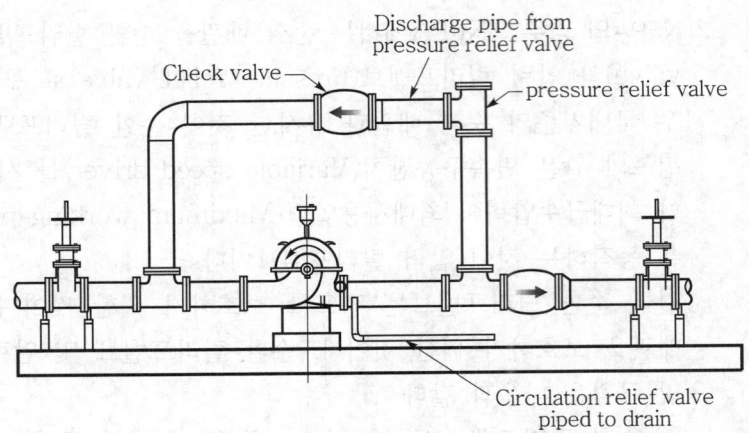

Check valve

Discharge pipe from
pressure relief valve

pressure relief valve

Circulation relief valve
piped to drain

[그림 1-3-27] 순환 릴리프밸브 및 압력 릴리프밸브

㉴ 압력 릴리프밸브(Pressure relief valve)의 규격 : 엔진펌프용

모터펌프는 체절압력을 초과할 수 없으나 엔진펌프의 경우는 연료공급이 순간적으로 과도하게 공급되는 경우 회전수가 급격히 상승하게 되어 설비의 최대사용압력을 초과할 수 있다. 이 경우 펌프토출측과 체크밸브 사이에서 배관 내 과압수를 배출시키는 것이 압력 릴리프밸브로서 이는 일종의 안전밸브의 개념이다. 밸브의 구경은 펌프의 토출량에 따라 다음과 같이 구분하며 이 경우 NFPA에서의 펌프토출량(gpm)은 정형화된 고정값이다. 또한 수원공급이 저수조가 아닌 상수도와 직결된 경우와 같이 압력 릴리프밸브를 통한 가압수를 수조로 되돌릴 수 없는 경우에 설치하기도 한다. 이 경우 펌프를 통해 재순환되는 물은 펌프를 통해 가압되기 보다는 수온을 올리는 에너지로 작용하게 된다.

[표 1-3-22] (압력)릴리프밸브의 관경

펌프토출량(gpm)	릴리프밸브(mm)	밸브의 방출관(mm)
25	0.75in(19mm)	1.0in(25mm)
50	1.25in(32mm)	1.5in(38mm)
100	1.5in(38mm)	2.0in(50mm)
150, 200, 250	2in(50mm)	2.5in(65mm)
300	2.5in(65mm)	3.5in(85mm)
400, 450, 500	3in(75mm)	5in(125mm)
750, 1,000	4in(100mm)	6in(150mm) 또는 8in(200mm)
1,250, 1,500, 2,000, 2,500	6in(150mm)	8in(200mm) 또는 10in(250mm)
3,000, 3,500, 4,000, 4,500, 5,000	8in(200mm)	12in(300mm) 또는 14in(350mm)

[표 1-3-22]의 출전(出典)

NFPA 20(Stationary pump for fire protection systems) 2022 edition Table 4.28(a)

③ 일본의 경우

㉮ 일본소방법 시행규칙 제12조 7호 "ハ"목에서 순환배관은 수온상승방지 개념으로 규정하고 있으며, 순환배관과 릴리프밸브에 대한 세부기준은 별도의 기준60)으로 고시하고 있다. 일본에서는 순환배관을 도피(逃避)배 관61)이라 하며 도피배관과 릴리프밸브를 포함하여 이를 "수온상승방지장 치"라 칭하고 있다.

㉯ 일본의 "가압송수장치의 기준" 제6조 3호(수온상승방지장치용 도피배관) 에 의하면 관경은 15mm 이상을 사용하며, 펌프 연속운전시 펌프 내부의 수온은 30℃를 초과하지 않아야 한다. 물올림수조가 설치된 경우에는 도 피배관은 물올림수조의 내부에 방류하도록 배관을 구성할 수 있다.

㉰ 순환배관은 펌프토출량의 3~5%(최대 40lpm)를 배수하도록 하며 도피 배관의 중간에는 오리피스를 설치하여 유출량을 조절할 수 있으며 오리 피스에서 유수가 통과되는 단면의 최소구경은 3mm 이상이어야 한다. 수 온상승방지장치의 적정여부를 판단하기 위해서는 배수되는 수량을 산정 하는 식은 다음과 같으며 점검시 실제 측정한 배수량이 식에서 계산한 순환수량 Q보다 커야 하며, 점검시 이를 측정하여 수온상승방지장치의 적정성 여부를 판정하도록 하고 있다.

$$Q = \frac{L_S \times C}{60 \times \Delta t}$$ ·············· [식 1-3-14]

여기서, Q : 순환수량(lpm)
  L_S : 펌프 체절운전시 출력(kW)
  C : 860kcal(1kWh에 해당하는 물의 발열량)
  Δt : 30℃(펌프 내부의 수온한계)

[식 1-3-14]의 출전(出典)

일본 소방용 설비 등의 점검요령(消防予 172호, 2002. 6. 11.)

---

60) 일본소방청 고시 제2호(가압송수장치의 기준 2019. 6. 28. 개정)
61) 도피(逃避)배관의 일본 원어는 "逃し配管"이라 표기한다.

3. 펌프 주변 부속장치의 기준

(1) 압력계, 연성계, 진공계

1) **기준** : 제5조 1항 6호(2.2.16)

   펌프의 토출측에는 압력계를 체크밸브 이전에 펌프토출측 플랜지에서 가까운 곳에 설치하고, 흡입측에는 연성계 또는 진공계를 설치할 것. 다만, 수원의 수위가 펌프의 위치보다 높거나 수직회전축 펌프의 경우에는 연성계 또는 진공계를 설치하지 않을 수 있다.

2) **해설**

   ① 압력계의 구분

종 류	계 기	설치 목적
압력계		"양의 게이지압을 측정하는 것"으로 펌프의 토출측에 설치하여 대기압 이상의 압력을 측정한다.
진공계		"음의 게이지압을 측정하는 것"으로 수조가 펌프보다 아래쪽에 있는 경우 펌프의 흡입측에 설치하여 대기압 이하의 압력을 측정한다.
연성계 (連成計)		"양 및 음의 게이지압을 측정하는 것"으로 수조가 펌프보다 아래쪽에 있는 경우 펌프의 흡입측 배관에 설치한다. 연성계는 펌프의 흡입측에 설치할 경우에는 대기압 이하의 흡입압력을 측정하며, 토출측에 설치할 경우에는 대기압 이상의 토출압력을 측정한다.

   ② 압력계 설치

   ㉮ 압력계(Pressure gauge)는 펌프의 토출측에 설치하여 펌프의 토출압력(양의 게이지압력)을 측정하게 된다. 게이지압이란 대기압력을 포함한 절대압력에 대칭되는 개념으로 대기압을 "0"으로 보고 측정한 압력으로 일반 압력계에 나타나는 압력은 게이지압이 된다.

㉯ 종전에는 펌프토출측에 설치하는 압력계는 과거 설치위치에 관한 기준이
없는 관계로 토출측 체크밸브 위쪽이나 아래쪽 어느 위치에 설치하여도
이를 규제할 수 없었으나, NFTC 2.2.16에 따라 "토출측에 설치하는 압
력계는 체크밸브 이전에 펌프토출측 플랜지에서 가장 가까운 곳에 설치
하도록" 규정하여 반드시 체크밸브 하단에 설치하여야 한다. 펌프토출측
의 압력계는 성능시험시 펌프의 정확한 토출압을 측정하는 것이 목적이
므로, 체크밸브 상부에 있을 경우는 압력측정시 체크밸브에 대한 손실수
두가 반영되어 펌프의 정확한 토출압력 측정에 장애가 된다.

그대신 체크밸브 상단에 압력계를 설치할 경우는 배관의 충수(充水)여부
및 설비의 자연압을 육안으로 확인할 수 있으므로 매우 편리한 면이 있
다. 체크밸브 하단에 압력계를 설치한 경우에는 압력계의 눈금은 평상시
0이므로 주배관의 자연압은 펌프 직근에 있는 압력체임버에 부착된 압력
계를 이용하여 확인하도록 한다.

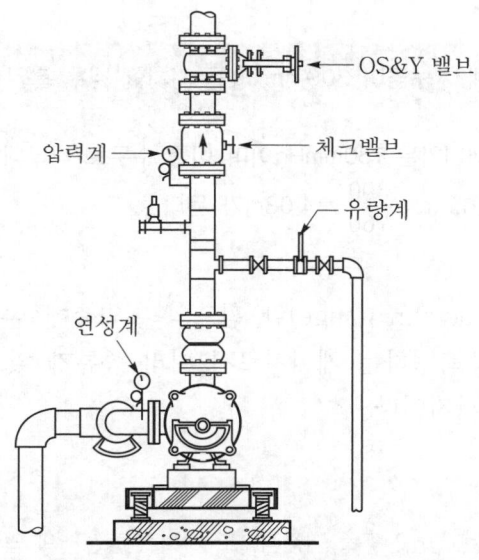

[그림 1-3-28(A)] 압력계의 설치위치

③ 연성계 및 진공계 설치

㉮ 연성계(連成計 ; Compound gauge)란 수조가 펌프보다 아래쪽에 위치하
는 흡입방식에서는 흡입배관 내의 압력은 항상 대기압 이하가 되므로 흡
입배관의 부압(負壓)을 측정하도록 하여 물의 흡입상황을 파악하기 위한
일종의 압력계이다. 연성계는 일반 수압계와 구조원리는 같으나 대기압
과 절대진공 사이의 부압(負壓) 측정도 가능하여야 하므로 진공눈금(단
위 mmHg)과 압력눈금(단위 kg/cm^2)이 같이 표시되어 있다.

④ 연성계의 설치위치는 수원의 수위가 펌프보다 아래쪽에 위치하는 흡입방식에서는 펌프의 흡입측 배관에 설치한다.

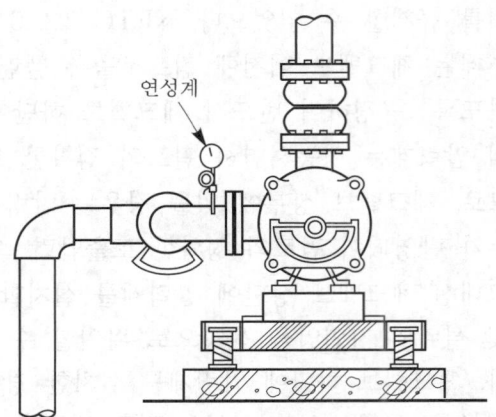

연성계

[그림 1-3-28(B)] 연성계의 설치위치

예제 연성계의 눈금이 300mmHg를 지시할 경우 흡입측 양정은 얼마인가?

풀이 대기압은 760mmHg이며 이를 수두로 나타내면 10.33mAq가 된다. 따라서 $10.33 \times \dfrac{300}{760} \fallingdotseq 4.08m$가 된다.

⑤ 진공계(Vacuum gauge)란 펌프의 흡입측에 설치하여 부압(負壓)의 게이지압력을 측정하는 게이지로서 여러 종류가 있으나 측정되는 범위는 0~76cmHg까지이다.

진공도
① 물리학에서는 완전진공을 기준점으로 하여 진공상태의 압력을 0으로 하는 절대압력을 사용하나 실무에서는 대기압이 존재하고 있으므로 대기압을 기준으로 하여 대기압을 0으로 하는 게이지압력을 적용한다. 이 경우 "절대압력=대기압+게이지압력"이 된다.
② 게이지압력으로 측정할 경우 대기압보다 낮은 압력(예 흡입측배관의 경우)을 부압이라고 하며 이를 일명 진공압력이라고 한다. 진공압력은 이를 수은주(mmHg)나 백분율(%)로도 표시하며, 완전진공은 절대압력 0mmHg, 게이지압력 −760mmHg, 진공도 100%라고 할 수 있다. 이에 비해 대기압의 경우는 절대압력 760mmHg, 게이지압력 0, 진공도 0%라고 표시할 수 있다.

(2) 물올림장치(Priming tank)

1) 기준 : 제5조 1항 11호(2.2.1.12)

수원의 수위가 펌프보다 낮은 위치에 있는 가압송수장치에는 다음 각 목의 기준에 따른 물올림장치를 설치할 것

① 물올림장치에는 전용의 수조를 설치할 것

② 수조의 유효수량은 100ℓ 이상으로 하되, 구경 15mm 이상의 급수배관에 따라 해당 수조에 물이 계속 보급되도록 할 것

2) 해설

① **국내의 경우** : 풋밸브가 고장 등으로 누수되어 흡입관에 물이 없을 경우 펌프가 공회전을 하게 되는데 이를 방지하기 위하여 설치하는 보충수의 역할을 하는 탱크이다. 따라서 물올림장치는 펌프의 위치가 수원의 위치보다 높을 경우에 한하여 설치하는 것으로, 탱크의 유효수량 100ℓ는 일본기준을 준용한 것으로 일본에서는 물올림수조의 수위가 저수위가 되는 것을 확인하기 위하여 감수경보장치를 하도록 하고 있으나 화재안전기준에서는 이를 별도로 규정하고 있지 않다. 물올림장치는 펌프 흡입배관에 물을 공급하는 것이 목적이지만 펌프 토출측에 접속하여야 한다. 만일 흡입측에 접속할 경우는 펌프가 물올림장치의 물을 흡입하게 되므로 펌프 흡입측에 접속하여서는 아니 된다.

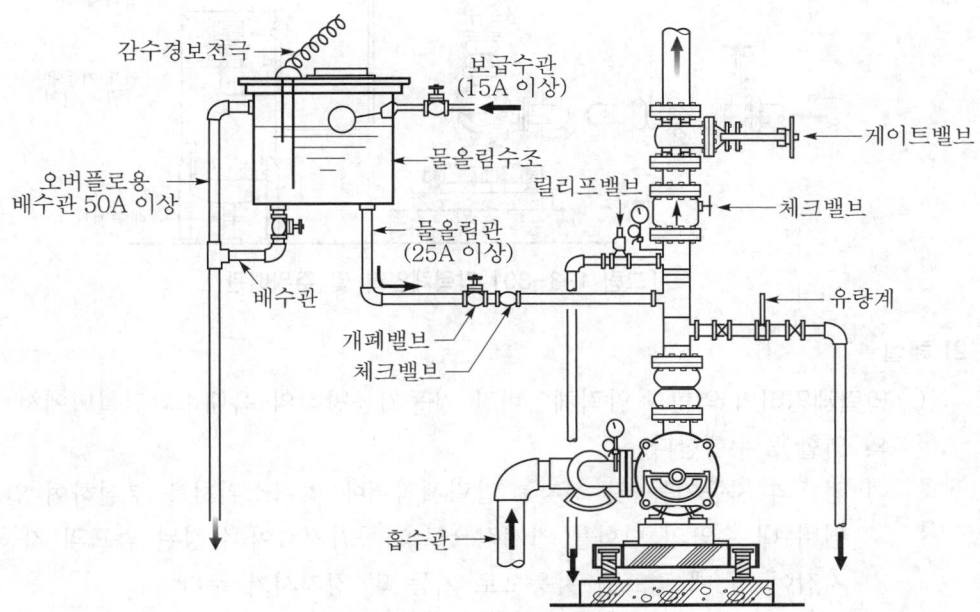

[그림 1-3-29] 물올림장치

② 일본의 경우 : 일본의 경우 물올림장치를 호수(呼水)장치라 하며 호수장치에는 호수조(呼水槽 ; 물올림수조), Overflow관, 배수관, 감수경보장치 등을 설치하도록 하고 있다. 호수조의 용량은 100*l* 이상으로 하되 풋밸브의 호칭구경이 150mm 이하인 경우는 50*l* 이상으로 할 수 있다.

(3) 압력체임버(Chamber)

1) 기준

① 기동장치로는 기동용 수압개폐장치 또는 이와 동등 이상의 성능이 있는 것을 설치할 것(NFTC 2.2.1.9)

② 기동용 수압개폐장치(압력체임버)를 사용할 경우 그 용적은 100*l* 이상의 것으로 할 것(NFTC 2.2.1.11)

③ 기동용 수압개폐장치를 기동장치로 사용할 경우에는 충압펌프를 설치할 것(NFTC 2.2.1.13)

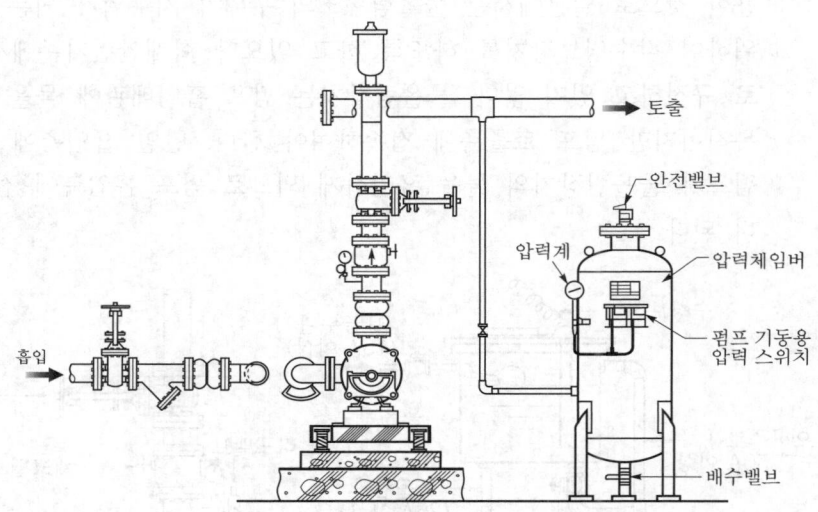

[그림 1-3-30] 압력체임버 및 주위배관

2) 해설

① 압력체임버의 역할 : 압력체임버란 자동기동방식의 옥내소화전설비에서 다음의 역할을 수행한다.

㉮ 펌프의 자동기동 및 정지 : 압력체임버에 압력스위치를 부설하여 압력체임버 내 수압의 변화를 기계적으로 자동감지하여 설정된 펌프의 기동, 정지점이 될 때 펌프를 자동으로 기동 및 정지시켜 준다.

㉯ 압력변화의 완충작용 : 배관에 직접 압력스위치를 달아도 펌프는 자동기동이 되나 이 경우 배관 내부에서 순간적으로 변하는 모든 압력변화가 그대로 전달되어 기동 및 정지를 단속(斷續)적으로 하게 된다. 그러나 압력체임버를 사용하면 체임버 상부에 체류하는 공기가 완충작용을 하여 상부공기가 압축 또는 팽창하게 되어 급격한 압력변화를 방지하게 된다. 즉 배관 내 수압의 변화가 미소하게 감소할 경우는 체임버 내 압축공기가 팽창하게 되며, 미소하게 증가할 경우는 체임버 내 압축공기가 압축하여 이를 흡수하게 된다.

㉰ 압력변동에 따른 설비의 보호 : 펌프의 기동시 토출압의 변화에 대하여 압력체임버 상부의 공기가 완충역할을 하게 되어 주변기기의 충격과 손상을 사전에 예방하게 된다.

② 압력체임버의 규격 : 압력체임버에 대해서는 한국소방산업기술원의 형식승인기준[62]이 제정되어 있으며 동 기준에 의하면 "압력체임버라 함은 수격 또는 순간압력변동 등으로부터 안정적으로 압력을 검지할 수 있도록 동체와 경판(압력체임버 몸체의 압력을 지탱하는 동체의 양단의 곡면판을 말한다)으로 구성된 원통형 탱크에 압력스위치를 부착한 기동용 수압개폐장치"로 정의하고 있다.

㉠ 압력체임버의 체적 : 압력체임버에는 체적단위로 100ℓ와 200ℓ용의 2가지가 있으며 형식승인 기준으로는 100ℓ용 이상의 경우는 100ℓ 단위로 체적의 제한이 없다. 체임버의 체적이 문제가 될 수 있는 것은 펌프토출량이 클 경우 이에 비례하여 압력체임버나 체임버의 인입배관이 조정되어야 하나, 설계시 대부분 체임버 인입배관을 25mm로 적용하므로 대용량의 펌프 기동시 주배관의 토출압력이 체임버 내의 압력스위치에 즉시 대응하지 못하는 사례가 발생할 수 있으므로 토출량이 큰 대용량 펌프의 경우는 200ℓ 이상의 체임버를 사용하여야 한다. 그러나 국내나 일본의 경우에 국한하여 소화용 펌프에 압력체임버를 적용하고 있기 때문에 압력체임버 체적과 관련된 Engineering data가 거의 없는 실정이다.

㉡ 압력체임버의 호칭압력 : 압력체임버의 압력은 체임버의 호칭압력이 1MPa의 경우 시스템의 사용압력은 1MPa 미만이며, 체임버의 호칭압력이 2MPa의 경우는 시스템의 사용압력이 1MPa 이상 2MPa 미만으로 형식승인 기준에서 규정하고 있다. 사용압력에 대한 용어의 정의는 없으나 일반적으로 펌프가 발휘할 수 있는 최고의 압력인 체절압력으로 적용하도록 한다. 사용압력의 적용은 압력체임버 이외 펌프토출측에 설치하는 배관이나 각종 부속류에 대해서도 똑같이 적용하여야 한다.

---

[62] 기동용 수압개폐장치의 형식승인 및 제품검사의 기술기준(소방청 고시)

[표 1-3-23] 압력체임버의 호칭압력 기준

압력체임버의 호칭압력(MPa)	1MPa	2MPa
사용압력(MPa)	1MPa 미만	1MPa 이상 2MPa 미만

[표 1-3-23]의 출전(出典)

기동용 수압개폐장치의 형식승인 및 제품검사의 기술기준 제9조 2항

③ 충압펌프의 의무 설치

종전에는 옥내소화전이 각 층에 1개씩 설치된 경우는 조건에 따라 충압펌프를 제외할 수 있었으나, 충압펌프가 설치되지 않은 건물에서 누수 등으로 인해 배관 내 압력이 낮아지면, 이 경우 압력을 보충하기 위하여 주펌프가 기동하게 되며 주펌프는 자동으로 정지되지 않으므로 주펌프가 수시로 기동되어 유지관리에 어려움이 발생하였다. 이에 따라 주펌프를 기동상태로 방치되는 경우 배관 내 압력 및 수온 상승에 따라 옥내소화전설비 계통에 고장이 발생하게 되어 2022. 10. 13. 충압펌프 제외규정을 삭제하고 압력체임버를 설치할 경우는 충압펌프를 의무적으로 설치하도록 하였다.

④ 안전밸브와 릴리프밸브

㉮ 동 형식승인 기준 제10조에서 기능시험은 압력체임버의 안전밸브는 호칭압력과 호칭압력의 1.3배의 압력범위 내에서 작동되어야 한다. 또한 제4조에서 내압시험은 압력체임버의 내압은 호칭압력의 2배의 수압을 5분간 가해도 물이 새거나 현저한 변형이 생기지 아니하여야 한다.

㉯ 압력체임버 상부에 안전밸브(Safety valve) 대신 릴리프밸브를 설치하는 경우가 있으나 이는 체임버 상부는 압축공기이며 물이 아닌 관계로 반드시 안전밸브로 설치하여야 한다. 릴리프밸브는 작동압력의 설정을 임의로 변경할 수 있으나 이에 비하여 안전밸브는 작동압력이 고정되어 있는 구조이다. 다만, 릴리프 밸브인 경우에도 압력체임버에 적합한 압력 설정값을 주어 그 설정값을 변경할 수 없도록 하여 출시된 제품의 경우는 사용에 문제가 없다.

(4) 송수구 : 제6조 12항 & 제12조 4항(2.3.12 & 2.9.4)

소방펌프차로부터 소화전에 송수하는 송수구는 다음의 기준에 의할 것

1) 소방차가 쉽게 접근할 수 있는 잘 보이는 장소에 설치하되 화재층으로부터 지면으로 떨어지는 유리창 등이 송수 및 그 밖의 소화작업에 지장을 주지 아니하는 장소에 설치할 것

2) 송수구로부터 주배관에 이르는 연결배관에는 개폐밸브를 설치하지 아니할 것. 다만, 스프링클러설비·물분무소화설비·포소화설비 또는 연결송수관설비의 배관과 겸용하는 경우에는 그렇지 않다.

> ① 자동식 소화설비인 스프링클러, 물분무소화설비, 포소화설비 등의 경우에는 주배관에 이르는 연결배관에 개폐밸브를 설치할 경우 Tamper S/W를 설치하는 관계로 개폐밸브의 Off(차단)상태를 즉시 확인할 수 있으므로 언제나 정상적인 유지관리가 가능하다. 따라서 이러한 설비와 옥내소화전설비가 겸용일 경우에도 마찬가지 사유로 인하여 연결배관에 개폐밸브를 설치하여도 Tamper S/W를 설치하여야 하므로 정상적인 유지관리가 가능하다.
> ② 이에 비하여 옥내소화전 전용 송수구의 경우는 옥내소화전설비가 수동식설비인 관계로 Tamper S/W 설치가 의무사항이 아니므로 연결배관에 개폐밸브가 설치된 경우에는 이의 Off상태 여부를 관계인이 확인하기가 곤란하다. 따라서 이 경우는 밸브 Off시 옥외송수구를 통한 급수불능 상태가 발생하게 되므로 개폐밸브의 설치를 금지한 것이다.

3) 지면으로부터 높이가 0.5m 이상 1m 이하의 위치에 설치할 것

4) 구경 65mm의 쌍구형 또는 단구형으로 할 것

5) 송수구의 부분에는 자동배수밸브(또는 직경 5mm의 배수공) 및 체크밸브를 설치할 것. 이 경우 자동배수밸브는 배관 안의 물이 잘 빠질 수 있는 위치에 설치하되, 배수로 인하여 다른 물건 또는 장소에 피해를 주지 않아야 한다.

6) 송수구에는 이물질을 막기 위한 마개를 씌울 것

7) 송수구를 스프링클러, 물분무, 포 또는 연결송수관설비와 겸용시에는 스프링클러의 송수구 기준에 따르고, 연결살수설비와 겸용시에는 옥내소화전 송수구설치기준에 따르되 각각의 기능에 지장이 없도록 할 것

4. 전원 및 배선기준

(1) 상용전원 : 제8조 1항(2.5)

옥내소화전설비에는 그 특정소방대상물의 수전방식에 따라 다음의 기준에 따른 상용전원회로의 배선을 설치해야 한다. 다만, 가압수조방식으로서 모든 기능이 20분 이상(층수가 30층 이상 50층 미만은 40분 이상, 50층 이상은 60분 이상 : NFPC 604 제5조 7항) 유효하게 지속될 수 있는 경우에는 그렇지 않다.

1) 저압수전인 경우

① 인입 개폐기 직후에서 분기하여야 한다.

② 전용배선으로 하고, 전용의 전선관에 보호되도록 한다.

2) 고압(또는 특별고압)수전인 경우

① 전력용 변압기 2차측의 주차단기 1차측에서 분기하여 전용배선으로 하되, 상용전원의 상시공급에 지장이 없을 경우에는 주차단기 2차측에서 분기하여 전용배선으로 할 것

② 다만, 가압송수장치의 정격입력전압이 수전전압과 같은 경우에는 제1호(저압수전 기준)의 기준에 따를 것

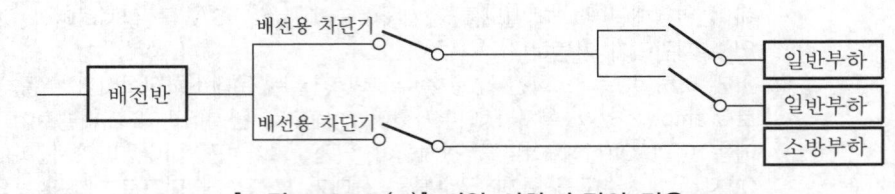

[그림 1-3-31(A)] 저압 이하 수전의 경우

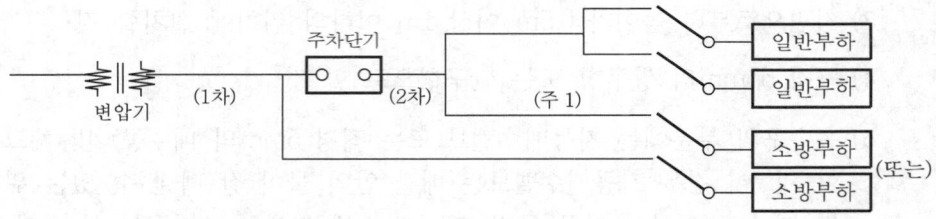

[그림 1-3-31(B)] 고압 이상 수전의 경우

㈜ 고압 이상의 경우는 상용전원의 상시공급에 지장이 없는 경우임.

(2) 비상전원

1) 기준

① 비상전원 설치대상 : 제8조 2항(2.5.2)

다음에 어느 하나에 해당하는 특정소방대상물의 옥내소화전설비에는 비상전원을 설치해야 한다. 다만, 2 이상의 변전소에서 전력을 동시에 공급받을 수 있거나 하나의 변전소로부터 전력의 공급이 중단되는 때에는 자동으로 다른 변전소로부터 전원을 공급받을 수 있도록 상용전원을 설치한 경우와 가압수조방식의 경우에는 비상전원을 설치하지 않을 수 있다.

가압수조설비의 정전시 적용

가압수조설비는 압력변동을 감지한 후 자동으로 가압원을 이용하여 가압송수하는 관계로 비상전원 설치대상에서 제외하고 있다. 그러나 성능인증기준에서는 가압수조의 경우 제어반을 설치하여야 하며 제어반이란 가압수조설비의 감시 및 경보, 부가장치 등의 조작을 하기 위한 제어장치이다. 따라서 정전시에는 제어반의 감시를 위하여 제어반에 20분 이상 용량으로 예비전원을 설치하도록 규정하고 있으며 이는 정전시 자동절환이 되는 구조로서 보통 내장형의 축전지설비를 설치하고 있다.

㉮ 층수가 7층 이상으로서 연면적 2,000m² 이상인 것

㉯ 위에 해당하지 아니하는 특정소방대상물로서 지하층 바닥면적의 합계가 3,000m² 이상인 것

② **비상전원의 적용** : 자가발전설비, 축전지설비(내연기관에 따른 펌프를 사용하는 경우에는 내연기관의 기동 및 제어용 축전지를 말한다) 또는 전기저장장치(외부 전기에너지를 저장해 두었다가 필요한 때 전기를 공급하는 장치)에 한한다.

전기저장장치(ESS ; Energy Storage System)

전기저장장치란 에너지를 저장하는 장치로 배터리방식과 비(非)배터리방식으로 구분한다. 휴대폰 배터리는 대표적인 전기저장장치로서, 산업발전에 따라 이를 소방용 비상전원으로 도입한 것으로 일본의 경우에는 소방용 비상전원으로 배터리방식의 전기저장장치인 "연료전지"를 적용하고 있다.

③ **비상전원의 설치기준** : 제8조 3항(2.5.3)

㉮ 점검에 편리하고 화재 및 침수 등의 재해로 인한 피해를 받을 우려가 없는 곳에 설치할 것

㉯ 옥내소화전설비를 유효하게 20분 이상(층수가 30층 이상 50층 미만은 40분 이상, 50층 이상은 60분 이상) 작동할 수 있도록 할 것

㉰ 상용전원으로부터 전력의 공급이 중단된 때에는 자동으로 비상전원으로부터 전력을 공급받을 수 있도록 할 것

㉱ 비상전원(내연기관의 기동 및 제어용 축전지를 제외한다)의 설치장소는 다른 장소와 방화구획 할 것. 이 경우 그 장소에는 비상전원의 공급에 필요한 기구나 설비 외의 것(열병합 발전설비에 있어서 필요한 기구나 설비는 제외)을 두지 말 것

㉲ 비상전원을 실내에 설치할 때에는 그 실내에 비상조명등을 설치할 것

2) 해설

① **비상전원 설치대상** : 건축법 제64조에 따르면 승강기 설치대상은 6층 이상, 연면적 2,000m² 이상이며 6층의 경우는 바닥면적 300m²당 계단 1개소이면 동 시행령 제89조에서 제외 조항이 있으므로 7층 이상, 2,000m² 이상은 언제나 승강기 설치대상이 된다. 따라서 승강기 설치시에는 보통 발전기를 설치하므로 이 기준을 옥내소화전설비의 비상전원 대상 기준으로 한 것이다.

② **비상전원의 적용** : 옥내소화전의 경우 비상전원은 발전설비, 축전지설비 또는 전기저장장치로서, 이 경우 축전지설비란 엔진펌프를 사용하는 경우 엔진펌프의 기동용 축전지를 의미하며 옥내소화전의 경우는 비상전원수전설비는 비상전원으로 인정하지 아니한다. 2개의 변전소에서 동시에 급전(給電)을 받거나 하나의 변전소에서 정전시 자동으로 다른 변전소의 수전라인으로 절체(切替)되는 경우와 가압수조방식의 경우는 비상전원을 면제하고 있다.

③ **비상전원 설치장소의 방화구획**

㉮ 비상전원 설치장소의 경우는 가압송수장치나 감시제어반에서 규정하는 바와 같이 화재 및 침수 등의 재해로부터 피해를 받을 우려가 없는 장소에 설치하도록 규정하고 있다. 따라서 비상전원설비는 가압송수장치나 감시제어반과 같이 화재의 위험이 있는 열발생장치 직근이나 침수의 위험이 있는 배수시설 직근에 설치하는 것을 제한하여야 한다.

㉯ 또한 비상전원의 경우는 제8조 3항 4호(2.5.3.4)에서 타부분과 방화구획을 할 것을 별도로 규정하고 있다. 이는 화재시의 화열에 의한 비상전원의 방호를 위한 것으로 이로 인하여 비상전원의 배선 역시 내열배선은 불가하며 내화배선을 요구하고 있다. 따라서 비상전원 용도의 발전실 방화구획은 건축법상의 용도별 방화구획에 근거하는 것이 아니라 화재안전기준에서 규제하고 있는 사항임을 유의하여야 한다.

(3) 배선의 기준 : 제10조(2.7)

옥내소화전설비의 배선에 대한 적용기준은 다음과 같다(cf 배선에 대한 상세 내용은 제2장 자동화재탐지설비의 내화 및 내열 배선을 참조할 것).

1) 내화배선 이상 : 비상전원으로부터 동력제어반 및 가압송수장치에 이르는 전원회로의 배선(다만, 자가발전설비와 동력제어반이 동일한 실에 설치된 경우에는 자가발전기로부터 그 제어반에 이르는 전원회로 배선은 그렇지 않다)

2) 내열배선 이상

① 상용전원으로부터 동력제어반에 이르는 배선

② 그 밖의 옥내소화전설비의 감시·조작 또는 표시등회로의 배선(다만, 감시제어반 또는 동력제어반 안의 감시·조작 또는 표시등회로의 배선은 그렇지 않다)

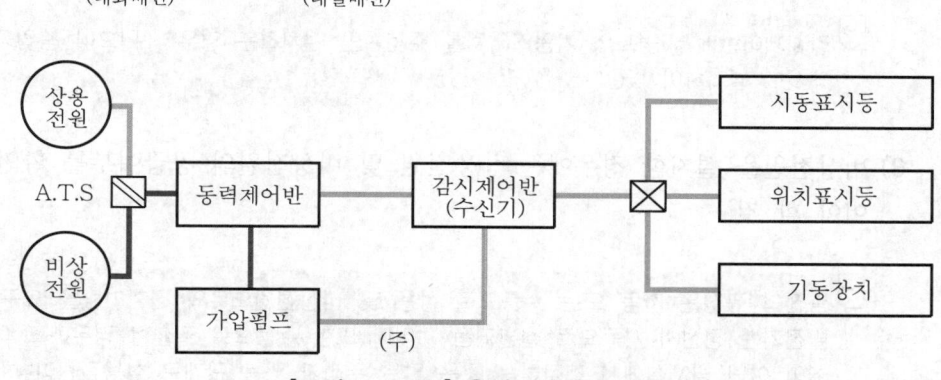

(내화배선)   (내열배선)

[그림 1-3-32] 옥내소화전의 배선

㊟ 가압펌프~감시제어반 간의 배선은 탬퍼 S/W 및 압력체임버용 압력 S/W 배선임.

5. 제어반의 기준

(1) 제어반의 구분 : NFTC 2.6.1

제어반은 감시제어반과 동력제어반으로 구분하여 설치하여야 하며 다만, 다음의 어느 하나에 해당하는 경우에는 감시제어반과 동력제어반으로 구분하여 설치하지 않을 수 있다.

1) 비상전원 설치대상에 해당하지 않는 특정소방대상물의 옥내소화전설비

2) 내연기관에 따른 가압송수장치를 사용하는 옥내소화전설비

3) 고가수조에 따른 가압송수장치를 사용하는 옥내소화전설비

4) 가압수조에 따른 가압송수장치를 사용하는 옥내소화전설비

 제어반

1. 감시제어반이란 소화설비용 수신반으로서 제어기능이 있는 것을 말한다.
2. 동력제어반이란 속칭 MCC Panel로서 이는 Motor Control Center의 약어로서 각종 동력장치의 제어기능이 포함된 주분전반을 의미한다.

(2) 감시제어반의 기능 : NFTC 2.6.2

감시제어반의 기능은 다음 각 호의 기준에 적합해야 한다.

1) 각 펌프의 작동여부를 확인할 수 있는 표시등 및 음향경보 기능

2) 각 펌프를 자동 및 수동으로 작동시키거나 중단시킬 수 있어야 할 것

> ⮕ 감시제어반에서 펌프의 기동스위치를 주펌프만 설치하는 경우가 있으나 충압펌프에 대해서도 설치하여야 한다.

3) 비상전원을 설치한 경우에는 상용전원 및 비상전원의 공급여부를 확인할 수 있어야 할 것

> ⮕ 종전의 규정은 자동 또는 수동으로 상용 및 비상전원으로의 전환기능을 요구하였으나 발전기는 정전시 자동으로 절환되는 것이며 또한 수동으로 절환할 경우에도 이를 발전실이 아닌 방재실에서 조작하는 것은 많은 무리가 있는 관계로 상용전원이나 비상전원의 공급상태를 확인할 수 있는 것으로 개정하였다.

4) 수조 또는 물올림수조가 저수위가 될 때 표시등 및 음향 경보기능

5) 각 확인회로(기동용 수압개폐장치의 압력스위치 회로·수조 또는 물올림수조의 감시회로, 개폐밸브의 폐쇄상태 확인, 그 밖의 이와 비슷한 회로)의 도통시험 및 작동시험 기능

6) 예비전원의 확보 및 예비전원의 적합여부 시험기능

>  **예비전원**
>
> 감시제어반(수신반)에서의 예비전원이란 감시제어반에 내장되어 있는 비상용 배터리를 뜻한다.

(3) 감시제어반의 설치기준

1) 기준 : 제9조 3항(2.6.3)

① 화재 및 침수 등의 재해로 인한 피해를 받을 우려가 없는 곳에 설치할 것
② 옥내소화전설비 전용으로 할 것. 단, 옥내소화전설비의 제어에 지장이 없을 경우 다른설비와 겸용할 수 있다.

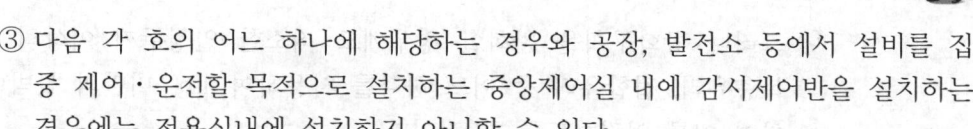

③ 다음 각 호의 어느 하나에 해당하는 경우와 공장, 발전소 등에서 설비를 집중 제어·운전할 목적으로 설치하는 중앙제어실 내에 감시제어반을 설치하는 경우에는 전용실내에 설치하지 아니할 수 있다.

㉮ 비상전원 설치대상에 해당하지 않는 소방대상물의 옥내소화전설비

㉯ 내연기관에 따른 가압송수장치를 사용하는 옥내소화전설비

㉰ 고가수조에 따른 가압송수장치를 사용하는 옥내소화전설비

㉱ 가압수조에 따른 가압송수장치를 사용하는 옥내소화전설비

④ 다음 각 목의 기준에 따른 전용실내에 설치할 것

㉮ 다른 부분과 방화구획을 할 것. 이 경우 전용실의 벽에는 기계실 또는 전기실 등의 감시를 위하여 두께 7mm 이상의 망입유리(두께 16.3mm 이상의 접합유리 또는 두께 28mm 이상의 복층유리를 포함한다)로 된 $4m^2$ 미만의 붙박이창을 설치할 수 있다.

㉯ 피난층 또는 지하 1층에 설치할 것. 다만, 다음의 어느 하나에 해당하는 경우에는 지상 2층에 설치하거나 지하 1층 외의 지하층에 설치할 수 있다.

㉠ 특별피난계단이 설치되고 그 계단(부속실 포함) 출입구로부터 보행거리 5m 이내 전용실의 출입구가 있는 경우

㉡ 아파트의 관리동(관리동이 없는 경우에는 경비실)에 설치하는 경우

㉰ 비상조명등 및 급·배기 설비를 설치

> 제연설비의 경우에도 원칙적으로 지하층이나 무창층을 위주로 적용하는 것과 같이, 감시제어반 내 급배기설비의 경우에도 창이 있는 유창층 구조로서 피난층일 경우에는 급배기설비를 제외하도록 법의 개정이 필요하다.

㉲ NFPC/NFTC 505(무선통신보조설비)에 따라 유효한 통신이 가능할 것(무선통신보조설비가 설치된 경우에 한함)

㉳ 바닥면적은 감시제어반의 설치에 필요한 면적 외에 화재시 소방대원이 감시 제어반의 조작에 필요한 최소면적 이상으로 할 것

⑤ 특정소방대상물의 기계·기구 또는 시설 등의 제어 및 감시설비 외의 것을 두지 않을 것

2) 해설

① 전용실의 방화구획

㉮ 감시제어반이 있는 장소는 타부분과 반드시 방화구획하여야 하나, 감시제어반실은 대부분 지하층의 전기실이나 기계실을 감시하기 위한 중앙감시실에 설치하는 관계로 이 경우 다른 실에 대한 감시를 하기 위한 조치로서 방화구획을 완화한 것이다.

④ 그러나 방화구획을 완화할 경우에도 최소한 일정두께 이상의 망입유리, 복층유리, 접합유리 중 어느 하나를 사용하여 4m² 미만의 붙박이창에 한하여 이를 인정하도록 한 것이다.

② **전용실의 유리창**

㉮ 망입(網入)유리(Wired glass) : 판유리 가운데에 금속망을 넣어 만든 망입유리는 화재가 발생시 불꽃의 침입을 일시적으로 방지해 주며, 외부로부터 충격을 받았을 때 쉽게 파손되지 않으며 파손되더라도 유리 파편이 금속망에 그대로 붙어 있는 특징이 있다. 망입유리는 KS 기준에서 KS L 2006(망 판유리 및 선판 유리)으로 규정되어 있으며 최소두께는 7mm로서 화재안전기준에서 이를 두께로 규정한 것이다.

㉯ 접합(接合)유리(Laminated glass) : 두 장의 판유리 사이에 투명하면서도 내열성이 강한 폴리비닐 부티랄 필름(polyvinyl butyral film)을 삽입하고 진공상태에서 판유리 사이에 있는 공기를 완전히 제거한 뒤에 온도와 압력을 높여 완벽하게 밀착시켜 만든 유리이다. 접합에 사용되는 필름은 외부 충격을 흡수할 뿐만 아니라 파손되더라도 유리 파편을 붙잡아 주어 유리에 의한 사고를 방지해 주며, 우수한 방음성능을 가지고 있다. 두께는 평판의 경우 4.3~24.3mm까지이며 두꺼운 규격으로는 16.3mm, 20.3mm, 24.3mm가 있으며 일명 합판(合板)유리라 한다.

㉰ 복층(複層)유리(Pair glass) : 두 장의 판유리와 유리판의 내부 공간을 이용하여 건조한 공기층을 갖도록 만들어진 제품으로 열에너지의 양을 현저하게 줄여 단열 및 소음차단 특성이 우수한 제품이다. 두께는 12~28mm가 있으며 화재안전기준에서는 가장 두꺼운 제품인 28mm에 한하여 이를 인정한 것으로 28mm의 경우는 8mm 유리 2장과 내부에 12mm의 공간이 있는 구조로 일명 이중유리라 한다.

③ **전용실의 위치** : 감시제어반용 전용실의 경우는 화재시에도 관계인이 남아서 각종 소방시설에 대한 조작을 수행하여야 하므로 화재로부터 피해의 우려가 없으며 근무자가 용이하게 피난이 가능한 위치에 설치하여야 한다. 따라서 원칙적으로 피난층이나 지하 1층에만 가능한 것이나 다만 특별피난계단 부속실로부터 5m 이내인 전용실의 출입구가 있거나 아파트의 관리동이나 경비실(관리동이 없는 경우에 한함)에 설치할 경우는 모든 지하층과 지상 2층에 한하여 설치할 수 있도록 완화하였다.

(4) 동력제어반의 설치기준 : NFTC 2.6.4

1) 앞면은 적색으로 하고 "옥내소화전설비용 동력제어반"이라 표시한 표지를 설치할 것

2) 외함은 두께 1.5mm 이상 강판 또는 동등 이상의 강도 및 내열성능이 있는 것으로 할 것

3) 그 밖의 동력제어반의 설치에 관하여는 NFTC 2.6.3.1 및 2.6.3.2의 기준을 준용할 것

chapter

1

소
화
설
비

7 옥내소화전 설계실무

1. 계통도

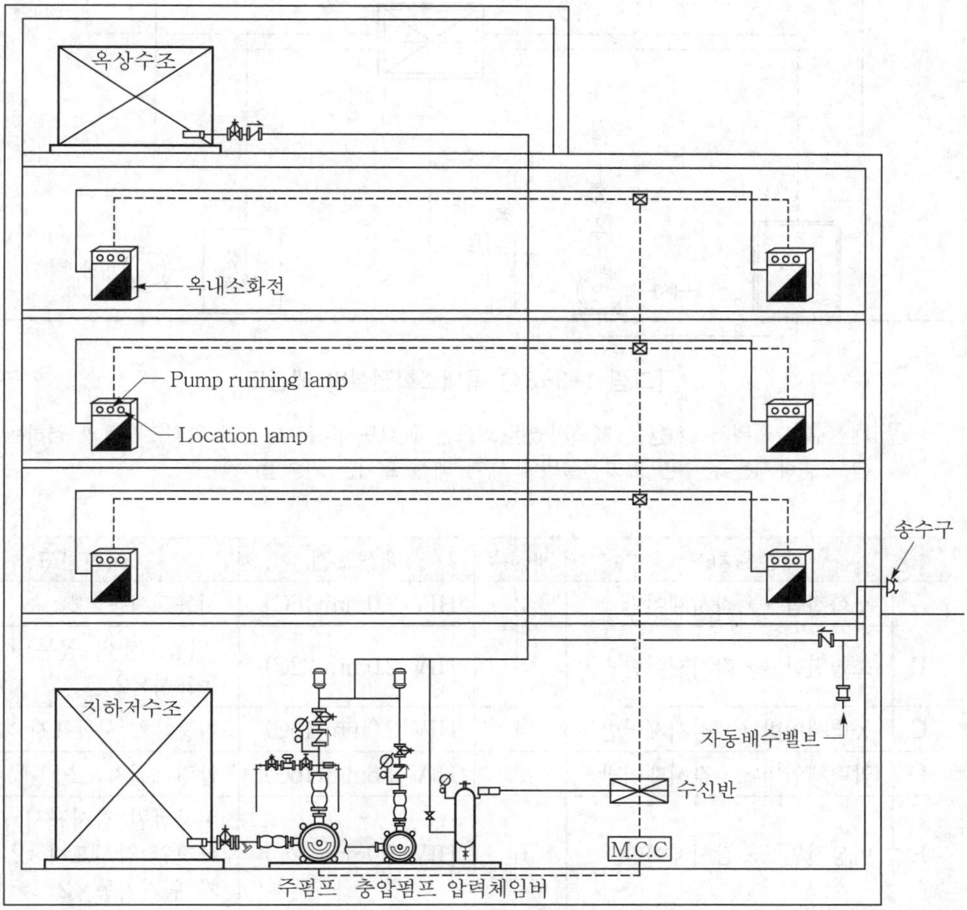

옥상수조

옥내소화전

Pump running lamp

Location lamp

송수구

자동배수밸브

지하저수조

수신반

M.C.C

주펌프 충압펌프 압력체임버

[그림 1-3-33] 옥내소화전설비 계통도

2. 배선도

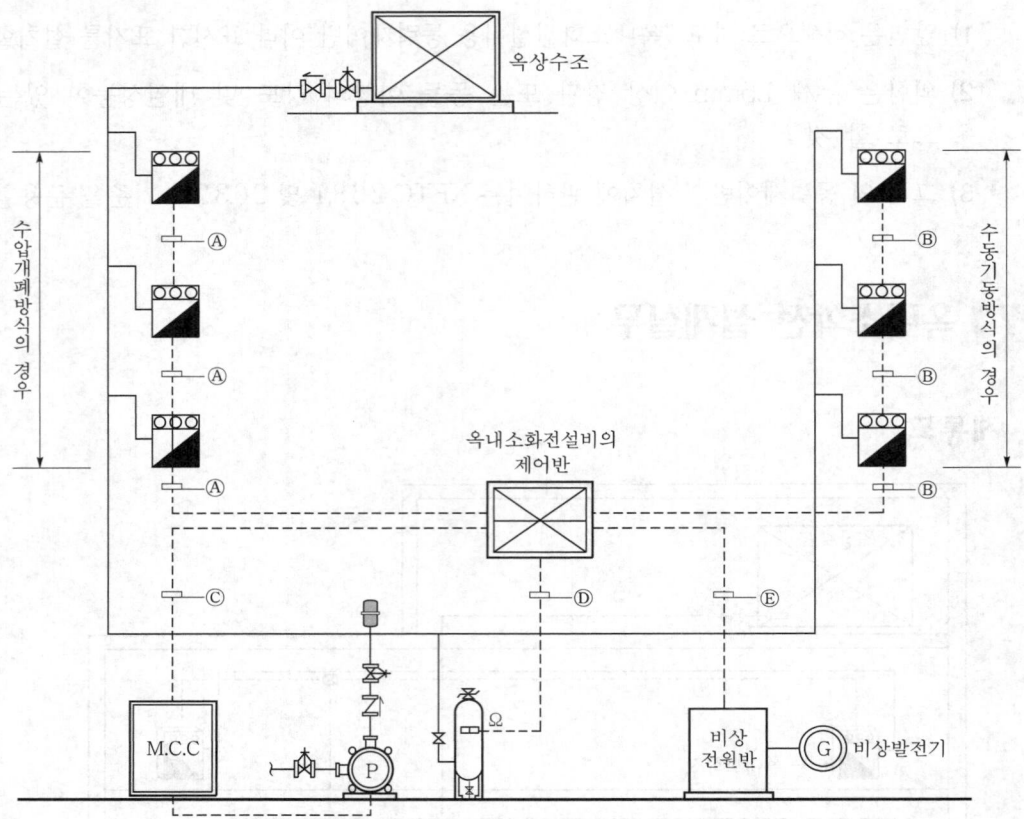

옥상수조

수압개폐방식의 경우

수동기동방식의 경우

옥내소화전설비의 제어반

Ⓐ

Ⓐ

Ⓐ

Ⓑ

Ⓑ

Ⓑ

Ⓒ

Ⓓ

Ⓔ

M.C.C

비상 전원반

Ⓖ 비상발전기

[그림 1-3-34] 옥내소화전설비 배선도

㈜ 배선수에서 위치표시등은 제외하였음(소화전 위치표시등은 발신기 위치표시등과 겸하는 관계로 본 그림에서는 순수한 소화전설비에 대한 배선 표시만 기술함).

	배선위치	배선수	배선조건	배선용도
A	소화전함 ↔ 감시제어반	2	HIV 2.0mm(16C)	시동표시등×2
B	소화전함 ↔ 감시제어반	5	HIV 2.0mm(22C)	(기동, 정지, 공통)×1, 시동표시×2
C	동력제어반 ↔ 감시제어반	4	HIV 2.0mm(16C)	기동×2, 시동표시×2
D	압력체임버 ↔ 감시제어반	2	HIV 1.6mm(16C)	압력스위치×2
E	비상전원 ↔ 감시제어반	6	HIV 2.0mm(22C)	비상전원 감시표시×2, 상용전원 감시표시×2, 발전기 원격기동×2

㈜ 개정된 전선규격에 따르면 HIV 1.6mm는 2.5mm²로, 2.0mm는 4mm²로 적용하도록 한다.

3. 법 적용시 유의사항

(1) 수평거리의 개념

1) 옥내소화전 방수구는 소방대상물의 각 부분으로부터 수평거리 25m로서 수평거리의 개념은 직선거리를 뜻한다. 즉 수평거리는 중간에 벽이나 장애물이 있어도 이를 무시하고 두 점간의 직선거리로만 산정하며, 수평거리에 대칭되는 보행거리의 경우는 이동경로에 따른 실제거리를 뜻한다.

옥내소화전의 위치는 수평거리로 산정하므로 보행거리가 25m를 초과하게 되며 이 경우는 소방대상물의 각 부분은 호스를 추가하여 화재시 유효하게 살수하는데 지장이 없도록 하여야 한다. 이로 인하여 옥내소화전 호스의 수량은 별도로 규정하지 않고 제7조 2항 3호(2.4.2.3)에 "특정소방대상물의 각 부분에 물이 유효하게 뿌려질 수 있는 길이로 할 것"으로 규정한 것이다.

2) 또한 연결송수관설비는 화재시 외부에서 건물에 침투하는 소방대가 사용하는 것이므로 방수구는 계단에서 5m 이내에 있어야 하나, 이에 비하여 옥내소화전 방수구는 초기소화에 사용하는 것으로서 건물 내 관계인이 용이하게 발견하고 사용이 편리한 장소인 복도 및 통로에 설치하여야 하므로 계단으로부터 5m 이내 기준을 적용하지 아니한다.

(2) 옥내소화전 기준개수의 합리적인 개정

1) **국내의 경우** : 화재안전기준의 경우 옥내소화전 펌프의 토출량 산정을 위한 소화전 기준개수가 종전까지는 5개로 되어 있어 이에 따라 수원, 펌프의 토출량 산정 및 배관의 압력손실 계산시 유량을 최대 5개로 적용하여 국제적으로 과도한 수원의 양과 펌프의 토출량을 요구하였다. 왜냐하면 옥내소화전은 초기 소화설비로서 화재시 건물의 관계자가 사용하는 설비이며 중기(中期)화재 이후에 사용하는 설비가 아니다.

따라서 화재초기에 소화전 5개를 동시에 사용한다는 개념자체가 합리적이지 않으며 또한 5개의 소화전을 한 층에서 동시에 사용할 정도라면 이는 이미 초기화재의 범위를 넘는 것이다. 이에 따라 외국(NFPA, 일본)의 기준과 같이 종전의 화재안전기준(NFSC) 102(옥내소화전)에서 기준개수를 2개로 2021. 4. 1. 개정하였다.

2) **일본의 경우** : 일본의 경우는 "일본소방법 시행령 제11조 3항 1호"에서 옥내소화전 기준개수를 2개로 규정하고 있으며 이에 의한 수원 및 펌프의 토출량을 적용하고 있다. 다만, 옥내소화전 노즐의 방사량은 국내와 같이 130$l$pm(호스릴은 60$l$pm)이나 펌프의 유량은 여유율을 감안하여 150$l$pm(호스릴은 70$l$pm)으로 적용하고 있다.

3) **NFPA의 경우** : NFPA 14의 Standpipe에는 화재안전기준과 비교하면 연결송수관과 유사한 Class Ⅰ, 옥내소화전과 유사한 Class Ⅱ, 연결송구관과 소화전의 겸용인 Class Ⅲ의 3가지 Type이 있으며, 이 중 옥내소화전과 유사한 Class Ⅱ에서는 기준개수의 개념은 없으나 "수리적 최원거리의 호스접결구(Hydraulically most remote hose connection)"에서 소화전 1개의 유량을 기준으로 한다.

① 옥내소화전 설치는 40mm 호스일 경우는 호스접결구에서 층별로 모든 부분이 보행거리(Path of travel originating)가 130ft(39.7m) 이내이거나 또는 40mm 미만의 호스일 경우는 접결구로부터 120ft(36.6m) 이내일 것[63]

② 40mm 호스접결구에서의 최소설계압력은 65psi(4.5kg/cm^2) 이상일 것[64]

③ 방사량은 호스접결구에서 1개의 유량이 100gpm(380$l$pm) 이상일 것[65]

④ 수원의 기준은 설계유량 및 설계압력에 대해 최소 30분 이상일 것(NFPA 14 : 9.2 Minimum supply)

(3) 충압펌프의 부속설비

압력체임버를 사용하는 옥내소화전 등 수계소화설비의 경우 주펌프는 가압수를 공급하는 것이 목적이나, 충압펌프는 가압수 공급이 목적이 아니라 평시에 누설압을 보충하여 주는 것이 목적이다.

위의 목적과 같이 충압펌프란 평시에 누설량을 보충하기 위한 것으로 일반적으로 평시에 밸브가 차단된 상태에서 충압펌프가 구동되고 있으며, 토출량이 적은 관계로 체절운전상태가 되는 경우를 고려할 필요는 없다. 따라서 충압펌프의 경우는 릴리프밸브를 설치하지 아니하여도 실무상 무리가 없다고 판단되며, 이와 관련하여 NFTC 2.2.1.8에서 충압펌프의 순환배관의 설치를 면제하고 있다.

아울러 누설량을 보충하기 위한 충압펌프의 목적상 충압펌프에 대하여는 성능시험배관의 설치도 NFTC 2.2.1.7에서 이를 면제하고 있다.

(4) 압력체임버의 릴리프 밸브(Relief valve) 및 안전밸브(Safety valve)

1) 압력체임버의 상부에는 반드시 안전밸브(Safety valve)를 설치하여야 하나 많은 현장에서 이를 릴리프 밸브로 설치하고 있으며 이는 잘못된 관행으로 시급히 개선되어야 한다. 압력체임버 내부는 모두 물로 충전된 것이 아니라 최상부에는 공기가 있어야 하며 이로 인하여 미소한 압력의 변화가 발생할 경우 공기가 압축하거나 팽창하게 되며, 미소압력 변화에 탄력적으로 대응하게 되어 있으

---

63) NFPA 14(Installation of standpipe and hose system) 2019 edition 7.3.3.1~733.2
64) NFPA 14(2019 edition) : 7.8.1(Minimum & Maximum pressure limits)
65) NFPA 14(2019 edition) : 7.10.2.1(Minimum flow rate)

며 체임버가 과도한 압력을 받게 되면 안전밸브가 개방되어 이를 해소하도록 되어 있다. 릴리프밸브는 작동압력의 설정을 임의로 변경할 수 있으나 이에 비하여 안전밸브는 작동압력이 고정되어 있는 구조이다.

2) 압력체임버의 구조 및 모양에 대해서 형식승인 기준[66]에서 제7조 1호에서는 "압력체임버의 구조는 몸체, 압력스위치, 안전밸브, 드레인밸브, 유입구 및 압력계로 이루어져야 한다."라고 규정하고 있으며 동 기준 제10조 2호에서는 "압력체임버의 안전밸브는 호칭압력과 호칭압력의 1.3배의 압력범위 내에서 작동되어야 한다."라고 규정하고 있다. 다만, 릴리프밸브인 경우에도 압력체임버에 적합한 압력 설정값을 주어 그 설정값을 변경할 수 없도록 하여 출시된 제품의 경우는 사용에 문제가 없다.

3) 압력체임버의 내부가 완전히 물로만 충전된 경우는 미소한 압력변화가 그대로 압력스위치에 전달되며 이는 배관 자체에 압력스위치를 설치한 것과 동일하며 이 경우 수시로 충압펌프가 운행하거나 주펌프 기동시에 단속(斷續)적으로 운전되는 등 맥동(脈動)운전을 할 수가 있다. 즉 압력체임버 상부는 공기를 배출시키는 밸브가 필요한 것이지 물을 배출하는 밸브가 필요한 것이 아니다. 압력체임버의 물을 배수시킬 경우는 체임버 하부의 배수밸브(Drain valve)를 사용하여 배수하여야 한다.

(5) 압력체임버에 설치하는 3개의 압력스위치

1) 일반적으로 하나의 압력체임버에 설치하는 압력스위치는 주펌프용 및 충압펌프용으로 2개를 설치하고 있으나, 주펌프를 2개로 분리하여 병렬운전을 하거나 또는 예비펌프를 설치하는 경우 압력체임버에 설치하는 압력스위치는 3개가 필요하게 된다. 압력체임버는 형식승인 품목으로 일반적으로 제조사에서 압력스위치가 2개 부착된 상태로 형식승인을 받은 제품을 제작할 경우 현장에서 압력스위치 1개를 추가로 설치하게 되면 이를 적법한 형식승인 품목으로 간주할 수 있는지 논란이 될 소지가 있다.

2) 그러나 압력스위치를 추가로 부착한 것이 압력체임버 용기에 필요한 기밀시험, 내구성시험, 내압시험, 기능시험에 영향을 주는 것은 아니며 따라서 압력체임버의 구조 및 기능에 지장이 없는 경미한 변경으로 간주할 수 있으므로 사용상 문제가 없다고 판단된다. 그러나 필요시 압력스위치를 3개 부착한 상태에서도 형식승인이 가능하므로 압력스위치 3개가 필요한 경우는 이를 정식으로 형식승인을 받은 제품을 사용하여야 한다.

---

66) 기동용 수압개폐장치의 형식승인 및 제품검사의 기술기준

제3 - 1절
옥외소화전설비(NFPC & NFTC 10

1 개 요

1. 적용기준

(1) 설치대상 : 소방시설법 시행령 별표 4

설치대상 소방대상물		비 고
①	1층 및 2층의 바닥면적의 합계 9,000m² 이상	같은 구내에 2 이상의 특정소방대상물이 "연소우려가 있는 구조"인 경우에는 이를 하나의 특정소방대상물로 본다.
②	문화재보호법 제23조에 따라 국보 또는 보물로 지정된 목조건축물	
③	공장 또는 창고시설로서 지정수량 750배 이상의 특수가연물을 저장·취급하는 것	①에 해당하지 아니하는 공장 및 창고를 말한다.

비고 1. 아파트등, 위험물 저장 및 처리시설 중 가스시설, 지하구 및 지하가 중 터널은 제외한다.
    2. "연소(延燒) 우려가 있는 구조"란 다음 각 호의 기준에 모두 해당하는 구조를 말한다(소방시설법 시행규칙 제17조).
      (1) 건축물대장의 건축물 현황도에 표시된 대지경계선 안에 둘 이상의 건축물이 있는 경우
      (2) 각각의 건축물이 다른 건축물의 외벽으로부터 수평거리가 1층의 경우에는 6m 이하, 2층 이상의 층의 경우에는 10m 이하인 경우
      (3) 개구부(시행령 제2조 1호에 따른 개구부를 말한다)가 다른 건축물을 향하여 설치되어 있는 경우
    3. 문화재보호법 제23조(보물 및 국보의 지정)
      (1) 문화재청장은 문화재위원회의 심의를 거쳐 유형문화재 중 중요한 것을 보물로 지정할 수 있다.
      (2) 문화재청장은 제1항의 보물에 해당하는 문화재 중 인류문화의 관점에서 볼 때 그 가치가 크고 유례가 드문 것을 문화재위원회의 심의를 거쳐 국보로 지정할 수 있다.
(저자 주) 1. 시행령 별표 4의 옥외소화전 대상에서 2013. 1. 9.자로 동일구내를 "같은 구(區)내"로 개정하였으나, 이는 "같은 구내(構內)"의 오류이므로 수정되어야 한다.
      2. 연소우려가 있는 구조에서 개구부란, 소방기본법 시행령 제2조 1호에 해당하는 무창층에 해당하는 개구부를 말한다.

(2) 제외대상

1) **면제조항** : 소방시설법 시행령 별표 5 제6호

   문화재인 목조문화재에 상수도소화용수설비를 옥외소화전설비의 화재안전기준
   에서 정하는 방수압력·방수량·옥외소화전함 및 호스의 기준에 적합하게 설치
   한 경우에는 설치가 면제된다.

2) **특례조항** : 소방시설법 시행령 별표 6

   화재위험도가 낮은 특정소방대상물로서 소방대상물에 따라 소방시설을 설치하
   지 아니할 수 있는 범위는 다음과 같다. : 석재·불연성금속·불연성 건축재료
   등의 가공공장·기계조립공장·주물공장 또는 불연성 물품을 저장하는 창고

2. 옥외소화전설비의 특징 및 방식

(1) 설비의 특징

1) **적응성** : 옥외소화전설비는 옥외에서 옥내의 소방대상물에 대한 방호조치이며
   근본적으로 1층 및 2층부분에 한하여 소화의 유효성이 있는 설비이다. 이로 인
   하여 옥외소화전에 대한 대상기준에서 1, 2층 바닥면적의 합계가 9,000m^2 이상
   일 경우를 대상으로 적용하고 있으며, 또한 연소할 우려가 있는 경우(1층에 있
   어서는 6m 이하, 2층 이상의 층에 있어서는 10m 이하) 이를 옥외소화전대상
   적용시 합산하여 적용하는 것도 1층과 2층에 대한 유효성 때문이다.

2) **비상전원** : 옥외소화전설비의 경우는 화재안전기준에서 비상전원을 별도로 규정
   하고 있지 않다. 이는 옥외소화전의 경우는 건물 외부에서 방수하여 사용하는 수
   동식설비이므로 결국 소방차가 옥외소화전 역할을 대신할 수 있기 때문이다. 그러
   나 소화전을 사용하는 것은 초기화재의 단계이며 소방차가 출동하여 소화작업을
   하는 것은 중기화재 이후의 단계이다. 따라서 옥외소화전을 소방차가 대처한다는
   개념은 적절한 것이 아니며 비상전원 역시 적용하는 것이 바람직하며 이에 대한
   법의 개정이 필요하다. 일본의 경우는 일본소방법 시행규칙 제22조 6호에서 옥외
   소화전의 비상전원은 옥내소화전의 비상전원 기준을 준용하도록 규정하고 있다.

(2) 설비의 방식

국내는 설치방식에 대한 별도의 기준이 없으나 옥외소화전설비는 지상식과 지하
식이 있으며 지상식은 건물 외부의 지면에 스탠드형으로 노출하여 설치하며, 지
하식은 지하전용 맨홀에 설치하여 사용하는 방식이다.

1) 지상식

① 호스 접결구는 지면으로부터 높이 0.5~1m 위치에 설치해야 한다[NFPC 109 (이하 동일) 제6조/NFTC 109(이하 동일) 2.3.1].

일본의 경우 지상식은 개폐밸브가 지면으로부터 1.5m 이하에 설치하고 있다. 지상식의 경우 호스를 접결하는 방수구는 단구형과 쌍구형이 있으며 밸브의 개폐는 맨 상단의 밸브 나사를 스패너를 이용하여 회전시켜 개방한다. 지상식 소화전을 설치할 경우는 차량에 의해 파손되는 경우가 많으므로 차량의 운행이 빈번한 장소는 피하고 필요시에는 주변에 방호장치를 설치하거나 지하식으로 설치하도록 한다.

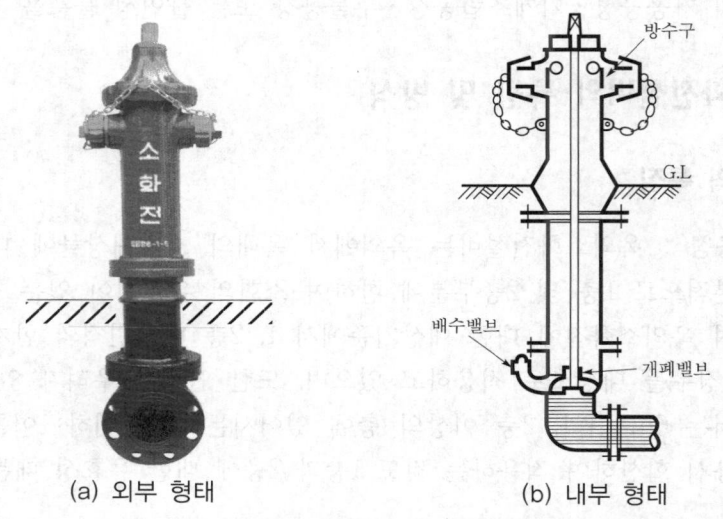

(a) 외부 형태　　　　　　　　　　(b) 내부 형태

[그림 1-3-35(A)] 지상식 옥외소화전설비

② 옥외소화전의 사용을 마친 후에는 밸브를 잠그면 지상배관과 지하 급수배관이 접속되는 구간에 있는 땅속의 개폐밸브가 잠기게 된다. 이후 지상부분의 배관에 있는 물이 체류하게 되면 동절기에 동파의 우려가 있으므로 개폐밸브의 옆쪽에 설치된 Ball valve가 자연히 개방되어 지상 구간의 배관 안에 있는 물이 자연적으로 땅속으로 배수가 되는 구조이다.

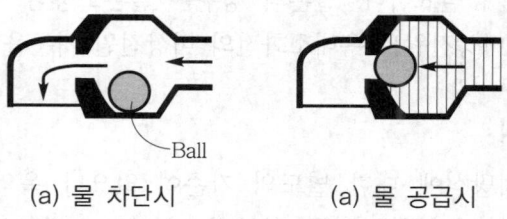

(a) 물 차단시　　　　　　　　　(a) 물 공급시

[그림 1-3-35(B)] 배수밸브의 구조(볼밸브형)

2) 지하식 : 지하식은 일본의 경우 지면으로부터 60cm 이내의 깊이에 설치하고, 또한 지하에 설치하는 호스접결구는 지면으로부터 30cm 이내의 깊이에 설치하도록 규정하고 있다.[67] 지하식은 차량의 통행이 잦은 장소에 설치하며 지하에 맨홀을 만든 후 맨홀 내에 옥외소화전을 설치하는 것으로 소화전 상부에는 철제판을 덮어 대형 차량이 통과할 경우에도 이에 견디는 구조이어야 한다. 밸브를 개방할 경우에는 맨홀에 들어가지 않아도 외부에서 개방할 수 있도록 긴 장대형의 지하용 밸브개폐장치를 비치하도록 한다.

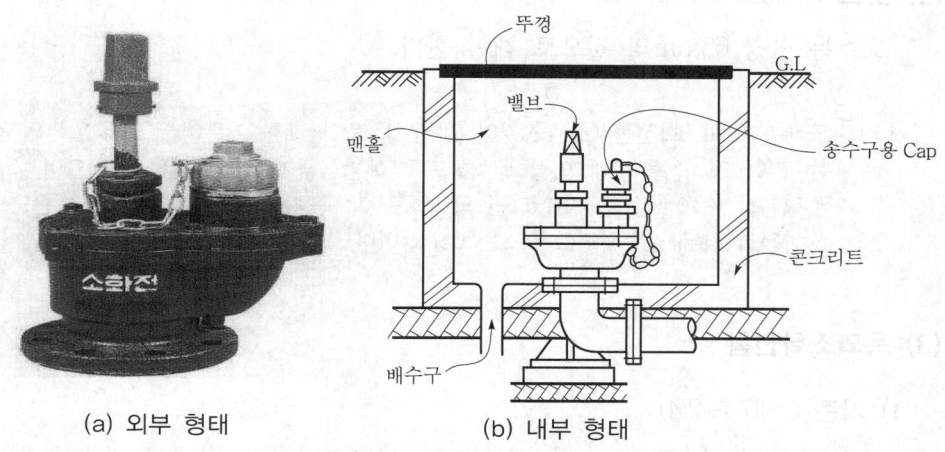

(a) 외부 형태   (b) 내부 형태

[그림 1-3-36] 지하식 옥외소화전설비

2 옥외소화전설비의 화재안전기준

1. 옥외소화전 설치기준

(1) 설치수량 : 제6조 1항(2.3.1)

호스접결구는 특정소방대상물의 각 부분으로부터 하나의 호스접결구까지의 수평거리가 40m 이하가 되도록 설치해야 한다.

> ① 바닥면적이 큰 대규모의 공장이나 창고 등의 건물이 옥외소화전 대상일 경우 옥외소화전의 수평거리는 40m로서 공장이나 창고 건물의 폭 또는 길이가 80m를 초과할 경우는 건물 내부에 옥외소화전 40m의 수평거리가 초과되는 부분이 발생하게 된다.

---

67) 일본소방법 시행규칙 제22조 1호

② 종전에는 이 경우 옥외소화전이 포용되지 않는 부분을 위하여 보완책으로 해당 미포용부분에 대하여는 건물의 옥내부분에 옥외소화전 기준의 방수구를 설치하였으나, 건물 옥내의 부분에 옥외소화전 방수구를 설치하는 모순을 해소하기 위하여 단서 조항(=이 경우 수평거리가 40m인 옥내부분에는 지름 65mm의 것으로 하여야 한다)을 2008. 12. 15.에 삭제하였다. 따라서 수평거리 40m를 초과하는 옥내의 부분에는 옥외소화전 방수구를 적용하지 아니하여도 무방하다.

(2) 호스 : 제6조 2항(2.3.2)

호스는 구경 65mm의 것으로 해야 한다.

> 국내는 옥외소화전함 내 호스길이 및 설치수량에 대한 기준이 없으나 일본의 경우 호스는 길이 20m용을 2개 이상 비치하도록 예방심사기준에서 정하고 있으며, 옥외소화전 수평거리가 40m임을 감안한다면 국내에도 이 규정을 도입하여야 한다고 판단되며 옥외소화전의 경우 일반적으로 호스는 65mm이며, 노즐은 19mm를 사용한다.

(3) 옥외소화전함

1) 기준 : 제7조(2.4)

① 함의 설치수량은 옥외소화전마다 그로부터 5m 이내의 장소에 다음의 표와 같이 설치하며 위치표시등 및 기동표시등은 옥내소화전설비를 준용한다.

[표 1-3-24] 옥외소화전함 설치기준

옥외소화전	옥외소화전함
옥외소화전 10개 이하인 경우	옥외소화전마다 5m 이내의 장소에 1개 이상의 소화전함을 설치
옥외소화전 11개 이상 30개 이하	11개 이상의 소화전함을 각각 분산하여 설치
옥외소화전 31개 이상	옥외소화전 3개마다 1개 이상의 소화전함을 설치

② 함은 소방청장이 정하여 고시한 "소화전함의 성능인증 및 제품검사의 기술기준"에 적합한 것으로 설치하되, 밸브의 조작, 호스의 수납 등에 충분한 여유를 가질 수 있도록 할 것. 연결송수관의 방수구를 같이 설치하는 경우에도 또한 같다.

2) 해설 : 옥내소화전은 항상 호스를 방수구에 접결하도록 하고 있으나 옥외소화전의 경우는 별도의 호스함에 호스와 노즐을 비치하고 있다. 호스의 수량은 규정하고 있지 않으나 옥외소화전 수평거리가 40m이므로 20m용 호스를 2개 설치하는 것이 원칙이며 별도로 노즐을 설치하여야 한다.

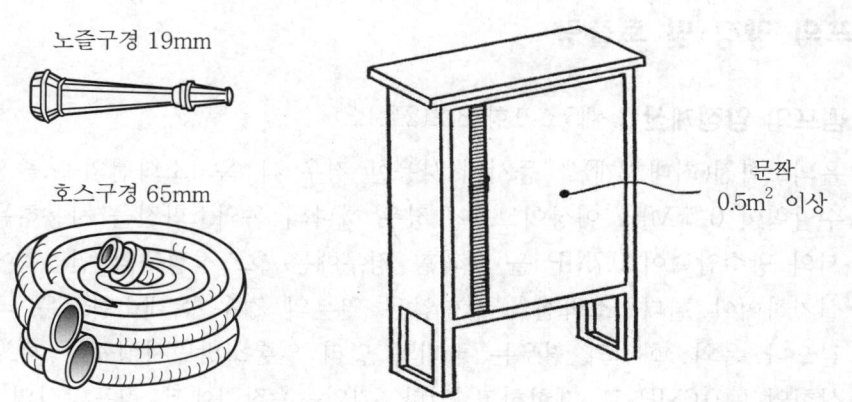

노즐구경 19mm

호스구경 65mm

문짝
0.5m² 이상

[그림 1-3-37] 옥외소화전 호스함

2. 수원의 기준

(1) 1차 수원(주 수원) : 제4조(2.1)

옥외소화전설비의 수원은 그 저수량이 옥외소화전의 설치개수(2개 이상 설치된 경우에는 2개)에 7m³를 곱한 양 이상이 되도록 하여야 하며 다음 식과 같다.

$$Q = 7 \times N$$

·············· [식 1-3-15]

여기서, Q : 수원의 양(m³)

N : 옥외소화전 설치개수(최대 2개)

㈜ 이 경우 7m³는 350$l$pm×20분간의 값을 말한다.

(2) 2차 수원(옥상수원)

옥외소화전설비의 2차 수원인 옥상수조는 당초 옥내소화전설비와 마찬가지로 법정 유효수량의 $\frac{1}{3}$ 이상을 옥상에 설치하도록 규정하였으나, 옥외소화전설비의 경우 수원의 양은 소방차 출동으로 인하여 법정 수원만으로 기능유지에 문제점이 없으며 옥상수조 설치에 따른 물탱크 설치와 옥외소화전의 경우 대지에 매립하는 경우 동파로 인한 기능정지 등을 고려하여 2차수원인 옥상수조 설치기준을 2015. 1. 23. 삭제하였다.

※ 상세한 내용은 옥내소화전 기준을 참고하도록 한다.

3. 펌프의 양정 및 토출량

(1) 펌프의 양정계산 : 제5조 1항 3호(2.2.1.3)

옥외소화전(최대 2개)을 동시에 사용할 경우 각 옥외소화전의 노즐선단에서의 방수압력이 0.25MPa 이상이고, 이 경우 하나의 옥외소화전을 사용하는 노즐선단에서의 방수압력이 0.7MPa을 초과할 경우에는 호스접결구의 인입측에 감압장치를 설치하여야 한다. 소화전의 상한압은 일본의 경우 옥내소화전은 국내와 기준이 같으나 옥외소화전의 경우는 국내와 달리 일본소방법시행규칙 제22조 10호에서 상한압을 0.6MPa로 제한하고 있다. 가압송수장치에서 펌프방식의 경우 양정은 다음 식과 같다.

$$양정 : H(m) = H_1 + H_2 + H_3 + 25m$$ ·················· [식 1-3-16]

여기서, H_1 : 필요한 실양정(m)
H_2 : 배관의 마찰손실수두(m)
H_3 : 호스의 마찰손실수두(m)

1) 필요한 실양정 : H_1

옥외소화전의 경우는 건물 내부가 아닌 옥외에 설치하는 관계로 펌프와 옥외소화전의 낙차수두 H_1은 고려하지 않는 것으로 생각할 수 있으나, 펌프실의 위치와 대지 내 설치되는 옥외소화전방수구의 위치에 대해 고저차를 반드시 검토하여야 한다. 즉 부지가 넓은 공장이나 아파트 단지의 경우 평탄한 대지가 아닌 고저차가 있는 경우가 많으며 이 경우 펌프실과 최고위치의 옥외소화전방수구 간에는 수직높이 차에 대한 낙차수두를 반드시 반영하여야 한다.

2) 배관의 마찰손실수두 : H_2

① 직관의 손실수두 : 옥외소화전 최대기준수량은 2개로 하고 노즐 1개당 350$l$pm 으로 토출량을 적용하고 있다. 그러나 일본의 경우는 노즐방사량은 350$l$pm 이나 펌프의 정격토출량은 경년(經年)변화를 감안하여 여유율을 두어 1개소당 400$l$pm으로 적용하고 있다.

옥외소화전의 배관손실수두는 일반적으로 다음 표를 사용하며 옥내소화전부분에서 언급한 일본소방청 고시의 하젠-윌리엄스 간략식을 이용하여 손실수두를 구한 후 셋째자리에서 반올림한 것이다.

[표 1-3-25] 직관의 마찰손실수두 (관장 100m당)

관경 유량	50mm	65mm	80mm	100mm	125mm	150mm	200mm	비 고
				마찰손실수두(m)				
350ℓpm(1개) 700ℓpm(2개)	− −	5.02 −	2.30 −	0.64 2.31	0.23 0.82	0.10 0.35	0.03 0.09	➡ 국내 기준
400ℓpm(1개) 800ℓpm(2개)	− −	6.94 25.25	2.99 10.79	0.81 2.95	0.28 1.02	0.12 0.44	0.03 0.11	➡ 일본 기준

[표 1-3-25]의 출전(出典)

동경소방청 사찰편람(査察便覽) : 5.2 옥내소화전 표 4

② 밸브 및 부속류의 손실수두 : 옥내소화전에서 설명한 내용을 참고한다.

3) 호스의 마찰손실수두 : H_3

일본은 펌프의 여유율 관계로 옥외소화전 노즐은 350ℓpm이나 펌프 토출량은 400ℓpm으로 적용한다. 마호스는 2016. 4. 1. 형식승인 기준이 폐지되어 국내 생산이 단종되었기에 고무내장호스만 게재하였다.

[표 1-3-26] 호스의 마찰손실수두 (호스 100m당)

유량(ℓ/min)	40mm(고무내장)	50mm(고무내장)	65mm(고무내장)	비 고
350(옥외)	−	15m	5m	국내기준
400(옥외)	−	−	6m	일본기준

[표 1-3-26]의 출전(出典)

일본 동경소방청 사찰편람(査察便覽) 1984년판/2001년판 : 5.2 옥내소화전

(2) 펌프의 토출량계산 : 제5조 1항 3호(2.2.1.3)

옥외소화전(최대 2개)을 동시에 사용할 경우 각 옥외소화전의 노즐선단에서의 방수량이 350*l*pm 이상이 되는 성능의 것으로 할 것

$$\text{토출량} : Q = 350l/\text{mim} \times N$$ ················ [식 1-3-17]

여기서, Q : 펌프의 토출량($l$pm)
N : 옥외소화전 수량(최대 2개)

규약배관방식의 경우 유수량에 대한 관경은 설계시 다음 표를 적용한다.

[표 1-3-27] 옥외소화전 표준유수량 對 관경

표준유수량(l/mim)	350(1ea)	700(2ea)
관경(mm)	65	100

4. 옥외소화전설비의 배관

(1) 배관의 규격

1) **국내의 경우 :** 제6조 3항(2.3.3)

① 옥외소화전 배관내 사용압력이 1.2MPa 미만일 경우 : KS D 3507(배관용 탄소강관), KS D 5301(이음매 없는 구리 및 구리합금관으로 습식배관에 한한다), KS D 3576(배관용 스테인리스 강관) 또는 KS D 3595(일반배관용 스테인리스 강관), KS D 4311(덕타일 주철)을 사용한다.

② 옥외소화전 배관내 사용압력이 1.2MPa 이상일 경우 : KS D 3562(압력배관용 탄소강), KS D 3583(배관용 아크용접 탄소강강관)을 사용한다. 또한 동등 이상의 강도・내식성 및 내열성 등을 국내외 공인기관으로부터 인정받은 것을 사용해야 하고, 배관용 스테인리스 강관(KS D 3576)의 이음을 용접으로 할 경우에는 텅스텐 불활성 가스 아크용접(Tungsten inertgas arc welding) 방식에 따른다.

③ 옥외소화전 배관의 재질은 옥내소화전을 준용하는 것 이외에 옥내소화전과 동일하게 소방용 합성수지배관(CPVC 배관)을 사용할 수 있다. 옥내소화전의 경우는 벽체에 매립 또는 노출상태이나 옥외소화전의 경우는 지하매설 상태이므로 특히 강도 및 내식성에 유의하여야 한다.

※ 배관의 규격 및 특징은 "옥내소화전 배관의 기준"을 참고하기 바람

chapter

1

소
화
설
비

2) **미국의 경우** : 미국의 경우 옥외소화전 배관에 사용하는 배관의 재질을 예로 들면 다음과 같다.[68]

① Ductile iron underground piping, class 50.

② Ductile iron underground piping, class 52.

③ PVC underground piping, class 150 plastic pipe

④ Cement lined underground piping

⑤ Cast iron underground piping

⑥ CPVC underground, plastic pipe

3) **일본의 경우** : 일본의 경우도 국내와 같이 옥내소화전 배관을 준용하도록 규정하고 있으며 일본소방법 시행규칙 제22조 8호에서 옥외소화전설비에 사용하는 배관의 종류를 다음과 같이 규정하고 있다.

[표 1-3-28] 옥외소화전의 배관규격

종 류	규격(JIS)
옥외소화전 배관	① JIS G 3452(배관용 탄소강관) ② JIS G 3454(압력배관용 탄소강관) ③ JIS G 3442(수도배관용 아연도강관) ④ JIS G 3448(일반배관용 스테인리스 강관) ⑤ JIS G 3459(배관용 스테인리스 강관) ⑥ JIS K 6776(합성수지관)

(2) 방사압과 방사량 : 제5조 1항 3호(2.2.1.3)

해당 특정소방대상물에 설치된 옥외소화전(최대 2개소)을 동시에 사용할 경우 각 옥외소화전의 노즐선단에서의 방수압력이 0.25MPa 이상이고, 방수량이 350$l$pm 이상이 되는 성능의 것으로 할 것. 이 경우 하나의 옥외소화전을 사용하는 노즐선단에서의 방수압력이 0.7MPa을 초과할 경우에는 호스접결구의 인입측에 감압장치를 설치해야 한다.

> ① 옥외소화전 2개를 동시에 사용할 경우를 기준으로 하며 2개소 이상 설치시에는 2개를 최대로 한다. 이 경우 방수압력이 0.7MPa를 초과할 경우에는 호스접결구의 인입측에 감압장치를 설치하여야 한다.
> ② 옥외소화전의 경우도 옥내소화전을 준용하여 노즐 방사압이 0.7MPa을 초과할 수 없도록 하고 있으나 일본의 경우 일본소방법 시행규칙 제22조 10호에서는 0.6MPa를 초과하지 못하도록 하고 있다. 왜냐하면 옥외소화전의 경우는 규정방사압이 옥내소화전보다 높아서 옥외소화전 호스를 사용 중 놓칠 경우에는 사용자에게 큰 위해를 미칠 수 있으므로 이를 방지하기 위하여 상한값을 옥내소화전보다 하향하여 제정한 것이다.

---

68) Robert M. Gagnon : Design of water based fire protection systems(1997) p.50

(3) 포스트 인디케이트밸브(Post indicator valve)

1) 옥내소화전 배관의 경우는 입상관에서 각 층별로 배관을 분기하여 가지관을 설치하며 이러한 배관망을 데드 앤드(Dead-end)식 배관이라고 한다. 이 경우는 배관 중간의 관로에 이상(배관의 누설, 부식 등)이 발생하거나 공사를 할 경우 송수가 불가능한 배관망이 된다.

   그러나 옥외소화전 배관의 경우는 부지 내에 소화전에 소화수를 공급하기 위하여 루프(Loop)로 배관망을 형성할 수 있으며 이 경우는 한쪽 방향의 배관에 이상이 있는 경우에도 다른쪽 방향으로 소화수를 공급할 수 있으며 또한 배관 내 유량이 양쪽으로 분배되므로 마찰손실을 경감시킬 수 있다.

2) 루프식 배관망의 경우에는 소화수를 차단 및 송수하기 위하여 유지관리 차원에서 구간별로 개폐밸브를 설치하여야 한다. 옥외소화전설비에 사용하는 옥외용 개폐밸브 역시 개폐표시형이어야 하며 이 경우에 사용하는 밸브를 포스트 인디케이트밸브(Post Indicator Valve ; PIV)라 한다.

   PIV는 지하에 매설된 소화수배관에 설치하는 개폐표시형밸브로 지상용 제수(制水)밸브에 해당하는 매립형 밸브이나 지상에서도 개폐여부를 식별할 수 있는 구조로서, 외관에 개폐표시의 Indicator(보통 창에 Open/Close로 글씨로 표시됨)가 부착되어 있으며 보통 PIV로 칭하고 있으며, 종류에는 레버식과 기어식의 2종류가 있다.

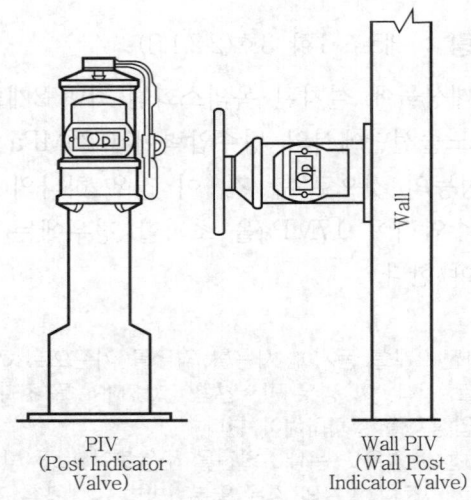

PIV
(Post Indicator
Valve)

Wall PIV
(Wall Post
Indicator Valve)

[그림 1-3-38] Post Indicator Valve

(4) 동결심도(凍結深度 ; Freezing depth)

옥외소화전 배관을 땅속에 매설할 경우는 동절기에 동파를 방지하기 위하여 "동결심도+30cm" 깊이로 매설[69]하여야 한다. 동결심도(深度)의 결정은 건교부 도로조사단에서 우리나라 22개의 측후소와 농업기상관측 분실 70개소 등 총 92개소의 기상자료에 의하여 최근에 만들어진 전국 동결지수도(指數圖) 및 동결지수표를 이용하여 동결지수 F를 산정하고 다음 식에 의해 동결심도를 구한다. 여기서 동결지수 F란 "0℃ 이하의 기온(℃)×지속일자(연간)"를 동결지수(단위 : ℃·day)라 한다.

$$Z = C\sqrt{F}$$ ·················· [식 1-3-18]

여기서, Z : 동결심도(cm)
C : 정수(3~5)
F : 동결지수(℃·day)

정수 C(토질 및 지역 조건에 의한 계수)는 노면의 일조(日照)조건, 토질, 배수조건 등을 고려하여 3~5의 값을 취한다. 가령 북쪽으로 향한 산악도로의 부분에서 용수의 침투가 많고 실트(Silt)분이 많은 토질로 된 노상(路上)의 경우에는 C=5로 하며, 햇빛이 적당히 있고 토질조건 및 배수조건이 비교적 나쁘지 않으면 C=3으로 한다.

> 🔍 **실트(Silt)**
>
> 동결작용은 흙에 포함되어 있는 수분으로 인하여 발생하는 것으로서 자갈과 같은 입자가 큰 흙에서는 발생하지 않으며 세립토(細粒土 ; Silt)와 같은 비교적 입자가 가는 흙에서 발생하기 쉽다.

동결심도는 지역에 따라서 다음 표를 적용하도록 한다.

[표 1-3-29] 동결심도 기준
(단위 : cm)

지 역		서울	부산	대구	인천	광주	대전
동결심도	최 소	81	32	55	77	52	74
	최 고	99	36	66	94	61	91

---

69) NFPA 13(Sprinkler) 2022 edition 6.4.2.1.1 : The top of the pipe shall be buried not less than 1ft(0.3m) below the frost line for the locality(배관의 상부는 해당 지역의 동결심도보다 밑으로 1ft(30cm) 이상 매설하여야 한다).

1 소화설비 배관을 설치함에 있어 동파방지를 위한 방법을 나열하여라.

1. 단열재로 보온조치
2. 배관에 Heating coil 설치
3. 부동액을 주입
4. 배관 내 물이 유동되도록 조치
5. 동결심도 이상으로 매설
6. 수조 내 전열선 설치

2 지상 4층 건축물에 옥내소화전을 설치하고자 한다. 각 층에 소화전을 3개씩 설치하고, 이때의 실양정은 40m이며, 배관의 손실수두는 실양정의 25%일 때 다음 조건을 가지고 물음에 답하여라.

조건 1) 호스 마찰손실수두=3.5m, 펌프효율=75%
2) 소화전 층별 기준개수는 2개로 한다.
3) 소수 둘째자리까지 구한다.

1. 펌프의 최소토출량(m^3/min)은?
2. 전 양정(m)은?
3. 펌프의 최소용량(kW)은?
4. 수원의 최소저수량(m^3)은?

1. 펌프의 토출량은 개정법령에 따라 기준개수 2개로 한다.
   토출량=130l/min×2=0.26m^3/min
2. 전 양정=$H_1 + H_2 + H_3$ +17
   =40+(40×0.25)+3.5+17=70.5m
3. 펌프 용량
   $$P(\text{kW}) = \frac{0.163 \times Q \times H}{E} \times K$$
   $$= \frac{0.163 \times 0.26 \times 70.5}{0.75} \times 1.1 = 4.38\text{kW}$$
4. 수원의 양=130l/min×개수×20분=130×2×20=5,200l=5.2m^3

3 다음의 기존건축물에 대해 설계 당시의 옥내소화전설비에 대하여 물음에 답하여라. (단,
배관 및 호스손실수두는 총 30m이며, 기준개수는 종전과 같이 5개로 한다)

1. 수원의 수량은 얼마인가?
2. 펌프의 토출량은 얼마인가?
3. 펌프의 전양정은 얼마인가?

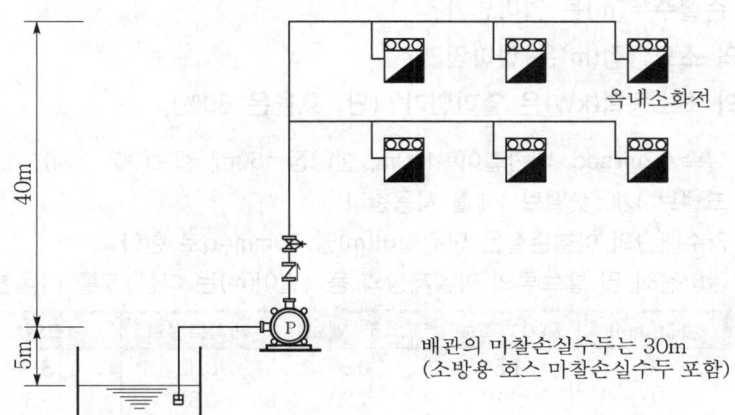

옥내소화전

배관의 마찰손실수두는 30m
(소방용 호스 마찰손실수두 포함)

1. 수원의 양 = $130l/\text{min} \times 3$개 $\times 20$분 $= 7.8\text{m}^3$

2. 토출량 = $130l/\text{min} \times 3$개 $= 390l/\text{min}$

3. 전 양정 : $H = H_1 + H_2 + H_3 + 17\text{m} = 40\text{m} + 5\text{m} + 30\text{m} + 17\text{m} = 92\text{m}$

4 어느 층의 소화전의 개폐밸브를 열고 방수량과 방사압을 측정하였더니 방사압 =
1.7kg/cm², 방사량 = $130l/\text{min}$가 되었다. 이 소화전에서 유량을 $200l/\text{min}$로 할 경우
압력(kg/cm²)은 얼마가 되겠는가? (단, 소수 셋째자리까지 구한다)

$Q = K\sqrt{P}$ 에서 $K = \dfrac{Q_1}{\sqrt{P_1}} = \dfrac{130}{\sqrt{1.7}} = 99.705$

따라서 K factor가 99.705가 된다.

즉, $Q = 99.705\sqrt{P}$

$\therefore P_2 = \left(\dfrac{Q_2}{K}\right)^2 = \left(\dfrac{200}{99.705}\right)^2 = 4.204\,\text{kg/cm}^2$

5 펌프를 이용하여 지하탱크의 물을 매시간 36m³의 비율로 소화설비의 옥상수조의 수원으로 사용하기 위하여 옥상수조에 양수하는 경우 다음 물음에 답하여라. (단, 각 항의 답은 소수 둘째자리까지 구한다)

1. 배관의 최소구경(mm)은 얼마인가?
2. 밸브류 및 관이음쇠의 등가길이(m)는 얼마인가?
3. 배관의 총 등가길이(m)는 얼마인가?
4. 전체 손실수두(m)는 얼마인가?
5. 펌프의 소요양정(m)은 얼마인가?
6. 펌프의 최소동력(kW)은 얼마인가? (단, 효율은 60%)

조건 1) 유속=2m/sec, 배관길이=100m, 실양정=50m, 엘보(90° 5개), 게이트밸브 2개, 체크밸브 1개, 풋밸브 1개를 사용한다.
2) 양수배관의 마찰손실은 단위길이(m)당 80mmAq로 한다.
3) 관이음쇠 및 밸브류의 마찰저항의 등가길이(m)는 다음 표를 이용한다.

관경(mm)	90° 엘보	45° 엘보	게이트밸브	체크밸브	풋밸브
40	1.50	0.90	0.30	13.5	13.5
50	2.10	1.20	0.39	16.5	16.5
65	2.40	1.50	0.48	19.5	19.5
80	3.00	1.80	0.60	24.0	24.0

4) π는 3.14로 한다.

 1. 조건에서 $V=2\text{m}$, $Q=36\,\text{m}^3/\text{h}=0.01\text{m}^3/\text{sec}$

$$Q(\text{m}^3/\text{sec})=A(\text{m}^2)\times V(\text{m/sec})=\pi\frac{d^2}{4}\times V$$

$$\therefore\ d=\sqrt{\frac{4Q}{\pi V}}=\sqrt{\frac{4\times0.01}{3.14\times2}}=0.07981\text{m}=79.81\text{mm}$$

2. 배관의 구경이 79.81mm이므로 80mm 배관을 기준으로 한다.
   ㉮ 90°엘보=3.00m×5개=15m
   ㉯ 게이트밸브=0.60m×2개=1.2m
   ㉰ 체크밸브=24.0m×1개=24m
   ㉱ 풋밸브=24.0m×1개=24m
   따라서 밸브 및 관이음쇠의 등가길이=15+1.2+24+24=64.2m
3. 총 등가길이=실제배관길이+밸브 및 이음쇠 등가길이=100m+64.2m=164.2m
4. 조건에서 마찰손실수두 80mmAq/m=0.08mAq/m이므로
   전체손실수두=총 등가길이×0.08mAq=164.2m×0.08mAq/m=13.136m≒13.14m
5. 펌프의 소요양정(H) : $H=$실양정+전체 손실수두=50+13.14=63.14m
6. 이때 $Q=36\text{m}^3/\text{h}=0.6\text{m}^3/\text{min}$이다.

$$P(\text{kW})=\frac{0.163\times Q\times H}{E}\times K=\frac{0.163\times0.6\times63.14}{0.6}\times1.1=11.32\text{kW}$$

6 양정이 75m, 토출량이 1,600$l$pm, 회전수가 1,500rpm, 효율 60%의 펌프가 있다. 이때 다음 물음에 답하시오.

1. 회전수를 조절하여 토출량을 20% 증가시키려고 한다. 이때 필요한 회전수는 얼마인가?

2. 위와 같은 경우 펌프의 양정(m)은 얼마가 되는가?

3. 위와 같이 토출량을 20% 증가시킨 후 모터를 50kW로 교체할 경우 이를 계속하여 사용할 수 있는가? (단, 전달계수는 1.1로 한다)

 1. 1,600$l$pm×1.2=1,920$l$pm이므로 상사의 법칙에서 $\frac{Q_1}{Q_2}=\frac{N_1}{N_2}$ 에서 $\frac{1,600}{1,920}=\frac{1,500}{N_2}$

$$\therefore N_2 = \frac{1,500 \times 1,920}{1,600} = 1,800\text{rpm}$$

2. $\frac{H_1}{H_2}=\left(\frac{N_1}{N_2}\right)^2$ 에서 $\frac{75}{H_2}=\left(\frac{1,500}{1,800}\right)^2$

$$\therefore H_2 = \frac{36}{25} \times 75 = 108\text{m}$$

3. 당초의 축동력 $L_1(\text{kW}) = \frac{0.163 \times Q \times H}{\eta} = \frac{0.163 \times 1.6 \times 75}{0.6} = 32.6\text{kW}$

축동력 $\frac{L_1}{L_2}=\left(\frac{N_1}{N_2}\right)^3$ 에서 $\frac{32.6}{L_2}=\left(\frac{1,500}{1,800}\right)^3$

$$\therefore L_2 = \frac{216}{125} \times 32.6 \doteqdot 56.34\text{kW}$$

따라서 모터동력은 56.34×1.1≒62kW가 되므로 사용할 수 없다.

7 최소양정 40m의 성능으로 펌프가 운전 중 노즐방수압이 1.5kg/cm²이었다. 그러나 이 노즐에 필요한 방수압이 2.5kg/cm²이라 가정하면 이때 펌프가 필요로 하는 양정은 얼마인가? (단, 급수배관의 압력손실은 H-W 공식을 사용하며, 펌프의 특성곡선은 송출유량과 무관하며 노즐의 K값은 100이며, 각 항은 소수 첫째자리까지 구한다)

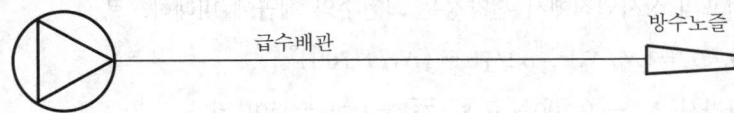

급수배관   방수노즐

 압력변동시 이에 따라 유량이 변화하므로 유량변동에 대한 마찰손실을 구하여야 한다.

1. 방사압이 1.5kg/cm²인 경우

방수압력 1.5kg/cm²이며 노즐의 K=100이므로

방수량 $Q_1 = K\sqrt{P} = 100\sqrt{1.5} = 122.5l$pm가 된다.

이때 제시된 그림에 의하면 펌프와 노즐이 동일 평면으로 낙차압＝0이므로

따라서 양정 40m−방사압력 15m＝25m(2.5kg/cm²)이므로

이를 하젠−윌리엄스 공식을 사용하면 총 마찰손실은

$$\Delta P_1 = 6.174 \times 10^5 \times \frac{Q^{1.85}}{C^{1.85} \times D^{4.87}} \times L = 2.5 \text{kg/cm}^2$$가 된다.

2. 방사압이 2.5kg/cm²인 경우

필요한 방수압은 2.5kg/cm²이므로

이때의 방수량은 $Q_2 = K\sqrt{P} = 100 \times \sqrt{2.5} = 158.1 l\text{pm}$가 된다.

마찰손실은 C, d, L이 동일하므로 $Q^{1.85}$에 비례하게 된다.

$$\Delta P_2 = \Delta P_1 \times \left(\frac{Q_2}{Q_1}\right)^{1.85} = 2.5 \text{kg/cm}^2 \times \left(\frac{158.1}{122.5}\right)^{1.85} = 4.0 \text{kg/cm}^2$$

따라서, 펌프양정＝낙차＋마찰손실＋소요방수압＝0＋4.0＋2.5

$$= 6.5 \text{kg/cm}^2 = 65\text{m}$$가 필요하다.

8 외국에서 디젤엔진 소방펌프를 도입한 결과 정격용량이 82psi에서 1,000gpm이며, 제조업체의 성능시험 성적서 내용은 다음과 같다.

구 분	체절운전	정격운전시	최대운전시
유량	0gpm	1,000gpm	1,500gpm
토출압력	99psi	82psi	54psi

그런데 현장에서 펌프성능시험시 시험결과치는 다음과 같으며 이때 회전수는 1,700rpm에서 운전되고 있다. 이 경우 펌프 제조업체의 펌프 성능시험 성적서의 양부를 판단하여라.

구 분	체절운전	정격운전시	최대운전시
유량	0gpm	955gpm	1,434gpm
토출압력	90psi	75psi	50psi

 펌프의 상사법칙에서 전양정은 회전수의 제곱에 비례하므로

$$H_1/H_2 = (N_1/N_2)^2, \quad 82/75 = (N_1/1,700)^2$$

따라서 $N_1 = 1,700 \times \sqrt{(82/75)} = 1,778\text{rpm}$이 된다.

이때 유량은 회전수에 비례하므로 $Q_1/Q_2 = (N_1/N_2)$

성능시험시 정격유량이 955gpm이므로 $Q_1/955 = (1,778/1,700)$

따라서 제조업체의 정격유량 $Q_1 = 955 \times (1,778/1,700) = 999\text{gpm}$

동일 펌프이므로 제조업체의 펌프특성에서 제시한 1,000gpm과 거의 일치하므로 시험성적서는 양호하다고 판단할 수 있다.

9 다음 그림과 같이 옥내소화전설비를 다음 조건과 화재안전기준에 따라 설치하려 한다.
다음 각 물음에 답하여라.

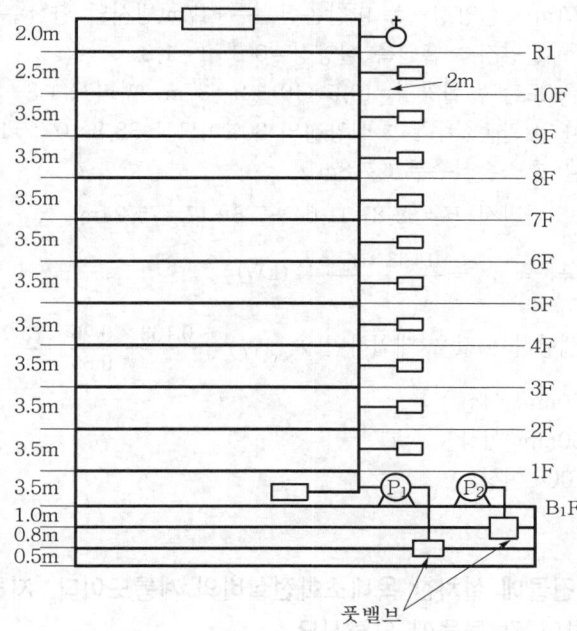

풋밸브

<u>조건</u> 소수 둘째자리까지 구한다.

1) P_1 : 옥내소화전 소화펌프

2) P_2 : 일반 급수펌프

3) 펌프의 풋밸브에서 10층 소화전함의 호스접결구까지의 마찰손실수두는 실양정의 30%로 한다.

4) 펌프의 효율은 65%이다.

5) 소방용호스의 마찰손실수두는 7.8m이다.

6) 옥내소화전은 각 층에 2개씩 설치되어 있다.

1. 수원의 최소유효저수량(m^3)은 얼마인가?

2. 펌프의 최소토출량($l$pm)은 얼마인가?

3. 펌프의 양정(m)은 얼마인가?

4. 펌프의 축동력(kW)은 얼마 이상인가?

5. 체절운전시 수온상승방지를 위한 순환배관의 최소구경(mm)을 쓰시오.

6. 주배관용 입상관의 최소구경(mm)을 쓰시오.

7. 물올림수조의 최소유효수량(l)을 쓰시오.

1. 한층에 2개씩 설치되어 있으므로 $Q = 2 \times 2.6 = 5.2\text{m}^3$

2. $Q = N \times 130 l\text{pm} = 2 \times 130 = 260 l\text{pm}$

3. $H(\text{m}) = $ 실양정 + 총 마찰손실수두 + 17m(방사압 환산수두)

   ㉮ 실양정 : 흡입측 실양정 = 0.8 + 1 = 1.8

     토출측 실양정 = (3.5 × 10) + 2 = 37m 따라서 1.8 + 37 = 38.8m

   ㉯ 배관손실수두 : 실양정의 30%이므로 38.8 × 0.3 = 11.64m

   ㉰ 호스손실수두 : 7.8m

     따라서 $H = 38.8 + 11.64 + 7.8 + 17 = 75.24$m

4. 축동력 $P_S = \dfrac{0.163 \times Q \times H}{\eta}$ (kW)

   해당하는 값을 대입하면 $P_S(\text{kW}) = \dfrac{0.163 \times 0.26 \times 75.24}{0.65} \doteqdot 4.91\text{kW}$

5. 20mm 이상

6. 50mm 이상

7. 100l 이상

10 다음은 10층 건물에 설치한 옥내소화전설비의 계통도이다. 지하층에 펌프가 있는 경우 그림을 이용하여 각 물음에 답하시오.

[조건] 소수 둘째자리까지 구한다.

  1) 배관의 마찰손실수두는 20m(소방호스, 각 부속품의 마찰손실수두 포함)

  2) 펌프의 효율은 65%이다.

  3) 펌프의 여유율은 10%로 한다.

  4) 기준개수는 종전처럼 층별 5개로 한다.

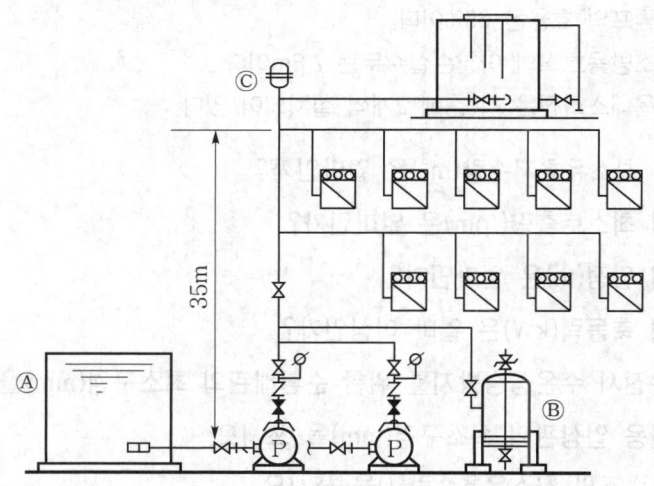

1. Ⓐ~Ⓒ의 명칭을 쓰시오.
2. 옥상수조에 보유하여야 할 최소유효저수량(m^3)은 얼마인가?
3. Ⓑ의 주된 기능은?
4. Ⓒ의 설치목적은 무엇인가?
5. 설치된 소화전함의 두께는 강판인 경우와 합성수지재인 경우 얼마로 하여야 하는가?
6. 펌프의 전동기 용량(kW)은 얼마인가?

1. Ⓐ : 지하수조
   Ⓑ : 기동용 수압개폐장치
   Ⓒ : 수격방지기

2. 지하수조의 유효수량=$130l\text{pm}\times5$개$\times20$분$=13,000l=13\text{m}^3$

   옥상수조의 최소유효저수량은 유효수량의 $\frac{1}{3}$ 이상이다.

   따라서 최소유효수량 : $\frac{13}{3}\text{m}^3=4.33\text{m}^3$

3. 가압펌프의 자동기동 기능

4. 배관 내 수격작용을 방지한다.

5. ㉮ 강판인 경우 : 두께 1.5mm 이상
   ㉯ 합성수지재의 경우 : 두께 4mm 이상

6. $P(\text{kW})=\dfrac{0.163\times Q\times H}{\eta}\times K$

   $Q=N\times130l\text{pm}=5\times130l\text{pm}=650l\text{pm}=0.65\text{m}^3/\text{min}$

   $H(\text{m})=$ 실양정+총 마찰손실수두+17m(방사압 환산수두)
   $\qquad\quad=35\text{m}+20\text{m}+17\text{m}=72\text{m}$

   $\eta=\dfrac{65}{100}=0.65$, 여유율 10%이므로 $K=1.1$로 한다.

   $\therefore\ P(\text{kW})=\dfrac{0.163\times0.65\times72}{0.65}\times1.1\fallingdotseq12.91\text{kW}$

11 다음 소화배관 계통도에 대한 압력 분포도를 작성하고, A점의 압력을 구하여라.

조건 1) 펌프양정 130m 배관 내 압력손실 4m/100m당
    2) 부속류 등가길이
      • 90° 엘보 : 4m
      • 게이트밸브 : 1m
      • 체크밸브 : 16m

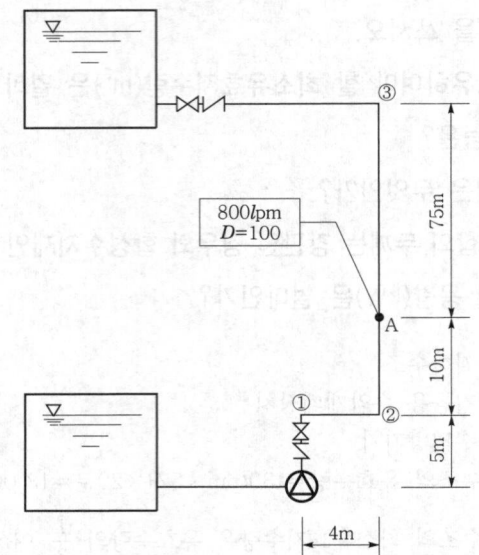

펌프의 양정은 130m이므로 마찰손실을 고려하면 다음과 같다.

㉮ 펌프~①점 : 전 등가길이＝직관장 5m＋게이트밸브(1m)＋체크밸브(16m)＝22m

마찰손실은 22×4/100＝88/100＝0.88m, 높이차는 5m이므로

①점의 수두는 130－(0.88+5)＝124.12m

㉯ ①점 직후 : Elbow로 수두는 124.12－4m×(4/100)＝124.12－0.16＝123.96m

㉰ ①점~②점 : 직관장 4m이므로 마찰손실은 4×4/100＝16/100＝0.16m

②점의 수두는 123.96－0.16＝123.80m

㉱ ②점 직후 : ①점과 마찬가지로 Elbow로 압력강하 0.16m가 발생하므로

②점 직후의 수두는 123.80－0.16＝123.64m

㉲ ②점~A점 : 직관장 10m이므로 마찰손실은 10×4/100＝0.4m 높이차 10m

A점의 압력 123.64－(10+0.4)＝113.24m

㉳ A점~③점 : 직관장 75m이므로 마찰손실은 75×4/100＝3m

높이차 75m이므로 ③점의 압력 113.24m－(75+3)＝35.24m

따라서 압력분포도는 다음과 같다.

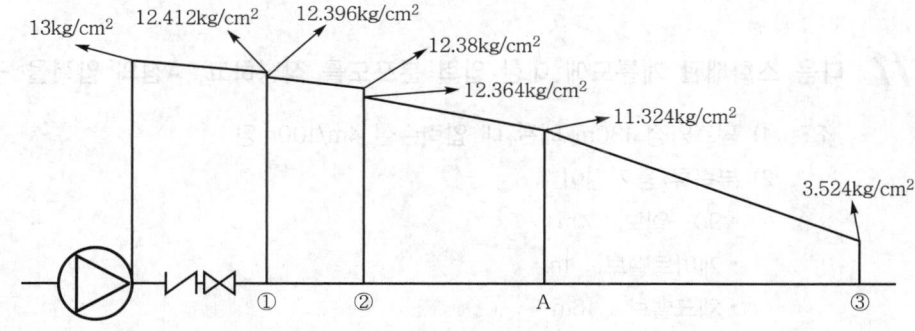

12 건물의 증축시 옥내소화전설비를 설계함에 있어서 다음 그림을 참조하여 B점의 압력이 2.5kg/cm², 700lpm이 되려면 기존펌프를 이용할 수 있는지 판단하여라.

조건 1) 입상관 구경 : 100mm, C값 : 120

2) a점 압력 : 5kgf/cm²(호스 끝 구경 13mm)

3) A~a 마찰손실 : 1.5kgf/cm²

4) A점 이전은 도면이 분실된 상태임

5) 펌프 정격유량 : 2,000lpm

6) 정격압력 : 10kgf/cm²

7) 체절압력 : 12kgf/cm²

8) 증축부분 소화전 5개 신설(소화전 a에서 방사시험 결과 압력은 5kgf/cm²이고, 이때 펌프토출측 압력계는 11kgf/cm²를 지시하였다)

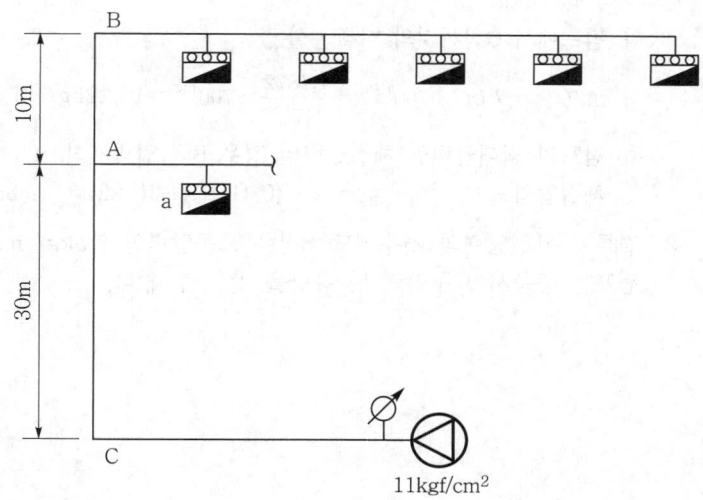

1. a점에서 방사시험

㉮ 소화전 노즐 유량공식 : $Q = 0.653 \times d^2 \times \sqrt{P} = 0.653 \times (13)^2 \times \sqrt{5}$
$$= 246.76 \fallingdotseq 247 l/min$$

따라서, 펌프의 토출압력 11kg/cm²에서 토출량이 247l/min가 된다.

㉯ A점 압력 : $5 + 1.5 = 6.5kg/cm^2$(조건에서 A~a 마찰손실 1.5kgf/cm²) ····· ①

㉰ A~C간 배관마찰손실 : 하젠-윌리엄스식을 이용

$$\Delta P \,(\text{kg/cm}^2) = 6.174 \times 10^5 \times \frac{Q^{1.85}}{C^{1.85} \times d^{4.87}} \times L$$

$$\therefore \ \Delta P_{A-C} = 6.174 \times 10^5 \times \frac{247^{1.85}}{120^{1.85} \times 100^{4.87}} \times 30 = 0.0128 kg/cm^2 \ \cdots\cdots\cdots\cdots ②$$

㉑ A~C간 높이에 의한 손실 : 30m=3kg/cm^2 ·· ③

㉙ C점에서의 압력 : ①+②+③=6.5+0.0128+3=9.5128kg/cm^2

㉚ 펌프에서 C점까지의 마찰손실 : ΔP_{C-P}=11-9.5128=1.4872kg/cm^2

하젠-윌리엄스식에서 유량을 제외한 C, d, L의 각 항은 정해진 상수이므로 이를 FLC라 하면 $\Delta P = FLC \times Q^{1.85}$가 된다.

$$\Delta P_{C-P} = 1.4872 = FLC \times 247^{1.85}, \quad FLC = \frac{1.4872}{247^{1.85}}$$ ···························· ④

2. B점에서 요구조건 : P=2.5kg/cm^2, Q=700$l$pm이므로

㉮ B~C간의 마찰손실

$$\Delta P_{B-C} = 6.174 \times 10^5 \times \frac{700^{1.85}}{120^{1.85} \times 100^{4.87}} \times 40 = 0.117 kg/cm^2$$

㉯ B~C간 높이에 의한 손실

40m=4kg/cm^2

㉰ 펌프에서 C점까지의 마찰손실

$$\Delta P_{C-P} = FLC \times 700^{1.85} = \frac{1.4872}{247^{1.85}} \times 700^{1.85} = 10.22 kg/cm^2$$

㉱ 펌프의 최대압력인 체절압력의 경우 B점 압력계산

체절압력-(㉮+㉯+㉰)=12-(0.117+4+10.22)=-2.337kg/cm^2

3. 결론 : 체절압력의 경우에도 B점은 요구압력인 2.5kg/cm^{2}에 미달되므로 기존 펌프는 증축시 요구압력 및 유량을 맞출 수 없다.

제1장 소화설비

제4절
스프링클러설비(NFPC & NFTC 103)

1 개 요

1. 적용기준

(1) **설치대상 :** 소방시설법 시행령 별표 4

특정소방대상물		스프링클러설비 적용기준	설치장소
① 6층 이상 특정소방대상물		다음의 어느 하나일 경우 제외한다. ㉮ 주택관련법령에 의하여 기존의 아파트를 리모델링하는 경우로서 건축물의 연면적 및 층높이가 변경되지 않는 경우에는 해당 아파트의 사용검사 당시의 소방시설 설치기준을 적용한다. ㉯ 스프링클러가 없는 기존건물을 용도변경하는 경우(다만, ②~⑥까지 및 ⑨~⑫까지의 규정에 해당하는 특정소방대상물의 용도변경은 설치한다)	모든 층
② 기숙사(교육연구시설·수련시설 내에 있는 학생수용을 위한 것을 말한다) 또는 복합건축물		연면적 5,000m^2 이상인 경우	
③	문화 및 집회시설 : 동·식물원은 제외	다음의 어느 하나에 해당하는 경우 ㉮ 수용인원 100명 이상 ㉯ 영화상영관 용도로 쓰이는 층의 바닥면적 • 지하층, 무창층 : 500m^2 이상인 경우 • 기타층 : 1,000m^2 이상인 경우 ㉰ 무대부 면적 • 지하층·무창층·4층 이상의 층 : 300m^2 이상인 경우 • 기타층 : 500m^2 이상인 경우	
	종교시설 : 주요구조부가 목조인 것은 제외		
	운동시설 : 물놀이형 시설 및 바닥이 불연재료이고 관람석이 있는 경우는 제외		

④ 판매시설, 운수시설 및 창고시설 중 물류터미널	다음의 어느 하나에 해당하는 경우 ㉮ 바닥면적의 합계가 5,000m² 이상 ㉯ 수용인원 500명 이상	
⑤	조산원 및 산후조리원	어느 하나에 해당하는 용도로 사용되는 시설의 바닥면적의 합계가 600m² 이상	모든 층
	정신의료기관		
	종합병원, 병원, 치과병원, 한방병원 및 요양병원		
	노유자시설		
	숙박 가능한 수련시설		
	숙박시설		
⑥ 창고시설(물류터미널 제외)	바닥면적의 합계가 5,000m² 이상	
⑦ 특정소방대상물의 경우	지하층·무창층(축사는 제외한다) 또는 4층 이상인 층의 바닥면적 1,000m² 이상인 층이 있는 경우	해당하는 층
⑧ 랙식 창고(주 1)	천장 또는 반자(반자가 없는 경우에는 지붕의 옥내에 면하는 부분)의 높이가 10m를 초과하면서 랙이 설치된 바닥면적의 합계가 1,500m² 이상	모든 층
⑨ 공장 또는 창고시설	다음의 어느 하나에 해당하는 경우 ㉮ 지정수량 1,000배 이상의 특수가연물의 저장·취급하는 시설 ㉯ 중·저준위방사성폐기물의 저장시설 중 소화수를 수집·처리하는 설비가 있는 저장시설	해당하는 시설
⑩ 공장 또는 창고시설(지붕 또는 외벽이 불연재가 아니거나 내화구조가 아닌 경우)	다음의 어느 하나에 해당하는 경우 ㉮ 창고시설(물류터미널에 한함)로 바닥면적의 합계가 2,500m² 이상이거나 수용인원 250명 이상 ㉯ 창고시설(물류터미널 제외)로 바닥면적의 합계가 2,500m² 이상 ㉰ 랙식 창고시설 중 바닥면적의 합계가 750m² 이상 ㉱ 공장 또는 창고시설 중 지하층, 무창층, 4층 이상인 것 중 바닥면적이 500m² 이상 ㉲ 공장 또는 창고시설 중 지정수량 500배 이상의 특수가연물을 저장·취급하는 시설	모든 층
⑪ 교정 및 군사시설	다음의 어느 하나에 해당하는 경우 ㉮ 보호감호소, 교도소, 구치소 및 그 지소, 보호관찰소, 갱생보호시설, 치료감호시설, 소년원 및 소년분류심사원의 수용거실	해당 장소

⑪ 교정 및 군사시설	㉯ 출입국관리법에 따른 보호시설(외국인보호소의 경우는 보호대상자의 생활공간에 한함)로 사용하는 부분(다만, 보호시설이 임차건물에 있는 경우는 제외한다) ㉰ 유치장	해당 장소
⑫ 지하가(터널 제외)	연면적 1,000m² 이상	해당하는 지하가
⑬ 발전시설 중	전기저장시설	해당하는 시설
⑭ 위 ①~⑬까지의 특정소방대상물에 부속된 장소	보일러실 또는 연결통로 등	해당하는 보일러실 또는 연결통로

참 1. 랙식 창고(Rack warehouse)란 물건을 수납할 수 있는 선반이나 이와 비슷한 것을 갖춘 것을 말한다.
2. 위험물저장 및 처리시설 중 가스시설 및 지하구는 스프링클러 대상에서 제외한다.
(저자 주) 소방시설법 시행령 별표 4의 경우 랙크(Rack)를 랙으로 표기하나, 화재안전기준은 랙크(Rack)식으로 표기하고 있어 본 교재에서는 시행령의 경우만 랙으로 표기하였음.

(2) 제외대상

1) 설치면제 : 소방시설법 시행령 별표 5 제2호

① 스프링클러설비를 설치해야 하는 특정소방대상물(전기저장시설은 제외)에 적응성 있는 자동소화장치 또는 물분무등소화설비를 화재안전기준에 적합하게 설치한 경우에는 그 설비의 유효범위에서 설치가 면제된다.

② 스프링클러설비를 설치해야 할 전기저장시설에 소화설비를 소방청장이 고시하는 방법에 따라 설치한 경우에는 그 설비의 유효범위에서 설치가 면제된다.

2) 특례조항 : 소방시설법 시행령 별표 6 제2호

화재안전기준을 적용하기 어려운 특정 소방대상물로서, 펄프공장의 작업장·음료수공장의 세정(洗淨) 또는 충전하는 작업장 등 그 밖에 이와 비슷한 용도로 사용하는 장소

3) 설치제외 : 설치제외란 스프링클러설비를 면제한 것과 달리 스프링클러설비는 대상이나 해당 장소의 용도와 적응성으로 인하여 해당 장소에 한하여 스프링클러설비 구성요소 중 헤드에 한하여 설치를 제외할 수 있도록 한 것이다.

① NFPC 103(이하 동일) 제15조 1항/NFTC 103(이하 동일) 2.12

스프링클러설비를 설치해야 할 특정소방대상물에 있어서 스프링클러설비 작동시 소화효과를 기대할 수 없는 장소이거나 2차 피해가 예상되는 장소 또는 화재발생위험이 적은 장소에는 스프링클러헤드를 설치하지 않을 수 있다.

② 제15조 2항(2.12.2)

연소할 우려가 있는 개구부에 드렌처설비를 적합하게 설치한 경우에는 해당 개구부에 한하여 스프링클러헤드를 설치하지 않을 수 있다.

2. 스프링클러설비의 종류

스프링클러설비의 종류는 방호대상물이나 설치장소 등에 따라 구분하여 적용하며 폐쇄형 헤드를 사용하는 경우와 개방형 헤드를 사용하는 경우에 따라 다음과 같이 구분한다.

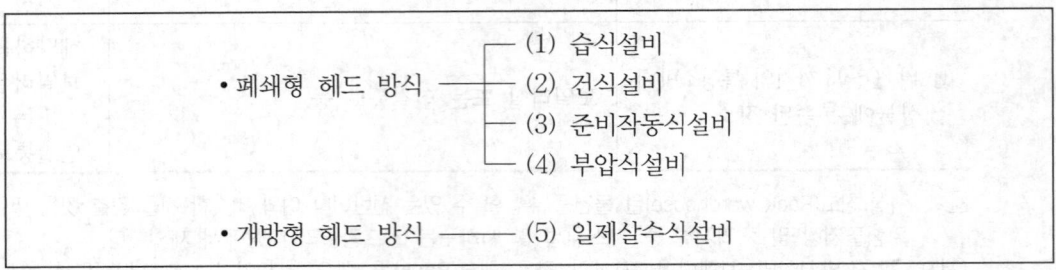

- 폐쇄형 헤드 방식
  - (1) 습식설비
  - (2) 건식설비
  - (3) 준비작동식설비
  - (4) 부압식설비
- 개방형 헤드 방식 ——— (5) 일제살수식설비

(1) 습식 스프링클러설비(Wet pipe sprinkler system)

1) **개요** : 가장 일반적인 스프링클러설비로서 유수검지는 Alarm valve를 사용하며 Alarm valve의 1차측과 2차측에는 가압수가 충수되어 있으며 폐쇄형 헤드를 사용한다. 화재가 발생하여 헤드가 개방되면 Alarm valve의 2차측 물이 방출되며 이때 valve가 개방되어 1차측의 가압수가 2차측으로 유입되어 방사되는 방식이다.

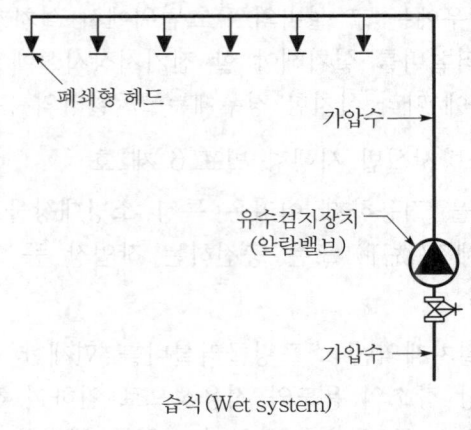

폐쇄형 헤드
가압수
유수검지장치
(알람밸브)
가압수
습식(Wet system)

[그림 1-4-1] 습식설비

유수검지장치	배관(1차/2차측)	헤 드	감지기 유무	수동기동장치
Alarm valve	가압수/가압수	폐쇄형	×	×

chapter

1

소화설비

2) **적용** : 동결의 우려가 없는 장소로서 층고가 높지 않은 장소

　ⓔ 사무실·옥내판매장·숙박업소 등

3) **장·단점**

장 점	단 점
① 다른 스프링클러설비보다 구조가 간단하고 경제성이 높다. ② 다른 방식에 비해 유지 관리가 용이하다. ③ 헤드 개방시 즉시 살수가 개시된다.	① 동결의 우려가 있는 장소에는 사용이 제한된다. ② 헤드 오동작시에는 수손(水損)의 피해가 크다. ③ 층고가 높을 경우 헤드 개방이 지연되어 초기화재에 즉시 대처할 수 없다.

(2) 건식 스프링클러설비(Dry pipe sprinkler system)

1) **개요** : 난방이 되지 않는 대공간에 설치하는 스프링클러설비로서 유수검지는 건식밸브(Dry valve)를 사용하며 건식밸브의 1차측에는 가압수가 2차측에는 컴프레셔를 이용한 압축공기가 충전되어 있으며 폐쇄형 헤드를 사용한다. 화재가 발생하여 헤드가 개방되면 건식밸브 2차측 압축공기가 방출되며 이때 건식밸브가 개방되어 1차측의 가압수가 2차측으로 유입되어 방사되는 방식이다.

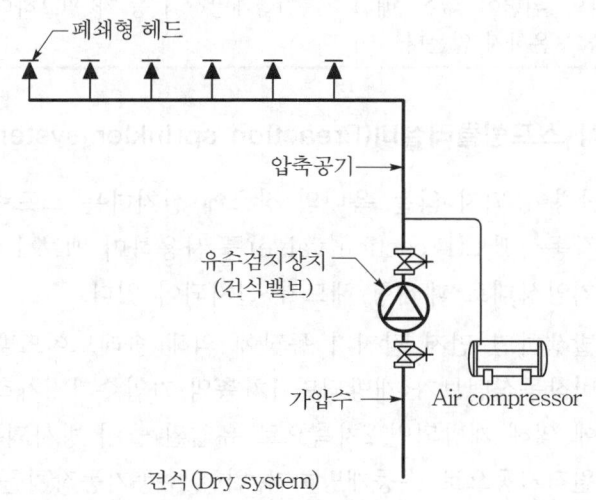

[그림 1-4-2] 건식설비

유수검지장치	배관(1차/2차측)	헤 드	감지기 유무	수동기동장치
Dry valve	가압수/압축공기	폐쇄형	×	×

2) 적용

① 난방이 되지 않는 옥내외의 대규모 장소
② 전원 공급이 불가하여 기동용 감지기를 설치할 수 없는 장소
　㉠ 동결의 우려가 있는 장소·주차장·대단위 옥외창고 등

 주차장의 경우

주차장의 경우는 습식 외의 방식으로 해야 한다[제8조 15항(2.5.15)].

3) 장·단점

장 점	단 점
① 동결의 우려가 있는 장소에도 사용이 가능하며 보온을 하지 않는다. ② 옥외에서도 사용이 가능하다. ③ 별도의 감지장치가 필요하지 않다. ④ 동파의 위험이 없어 배관을 보온하지 않는다.	① 압축공기가 전부 방출된 후에 살수가 개시되므로 살수 개시까지의 시간이 지연된다. ② 화재 초기에는 압축공기가 방출되므로 화점 주위에서는 화세(火勢)를 촉진시킬 우려가 있다. ③ 일반 헤드의 경우에는 원칙적으로 상향형으로만 사용하여야 한다. ④ 공기압축 및 신속한 개방을 위한 부대설비(컴프레서, 긴급개방장치 등)가 필요하다.

(3) 준비작동식 스프링클러설비(Preaction sprinkler system)

1) 개요 : 난방이 되지 않는 옥내의 장소에 설치하는 스프링클러설비로서 유수검지는 준비작동식밸브(Preaction valve)를 사용하며 밸브 1차측에는 가압수가 2차측에는 대기압상태로 폐쇄형 헤드가 설치되어 있다.

화재가 발생하면 먼저 감지기 동작에 의해 솔레노이드밸브가 작동되고 이로 인하여 준비작동식밸브가 개방되면 1차측의 가압수가 2차측으로 유입된다. 이후 헤드가 열에 의해 개방되면 2차측으로 유입된 물이 방사되는 방식이다. 준비작동식밸브를 원격기동으로 수동개방하기 위한 수동기동장치를 설치하여야 한다.

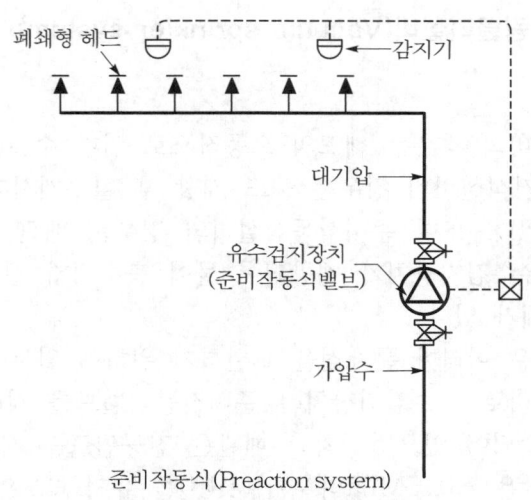

폐쇄형 헤드

감지기

대기압

유수검지장치
(준비작동식밸브)

가압수

준비작동식(Preaction system)

[그림 1-4-3(A)] 준비작동식설비

유수검지장치	배관(1차/2차측)	헤 드	감지기 유무	수동기동장치
준비작동식밸브	가압수/ 공기(대기압)	폐쇄형	○	○

2) 적용 : 난방이 되지 않는 옥내의 장소 등

예 로비부분·주차장·공장·창고 등

> 🔍 **하향식 헤드 설치**
>
> NFPA에서는 건식이나 준비작동식의 경우 4℃ 이상 유지가 되는 장소는 하향식이나 측벽형
> 헤드를 설치할 수 있다[NFPA 13(2022 edition) 8.2.2.2(3) & 8.3.2.6(3)].

3) 장·단점

장 점	단 점
① 동결의 우려가 있는 장소에도 사용이 가능하며 보온을 하지 않는다. ② 헤드가 개방되기 전에 감지기에 의한 경보가 발생하므로 조기대응이 가능하다. ③ 평상시 헤드가 파손 등으로 개방되어도 밸브 개방 전까지는 수손의 피해가 없다.	① 감지장치로 감지기 등을 별도로 설치하여야 한다. ② 일반 헤드의 경우에는 원칙적으로 상향형으로만 사용하여야 한다. ③ 헤드나 배관에 손상이 있어도 배관 내 물이나 압축공기가 없으므로 설비동작 전까지는 발견이 용이하지 않다.

(4) 부압식 스프링클러설비(Vacuum sprinkler system)

1) 개요

① 습식설비의 경우는 헤드의 오동작으로 인한 수손(水損)피해가 발생할 수 있으며, 건식설비의 경우는 헤드 개방 후 살수개시까지의 시간이 지연되는 단점이 있다. 또한 준비작동식설비의 경우는 배관이나 헤드에 이상이 발생하여도 유수검지장치가 개방되어 물이 충수되기 전까지는 이를 발견할 수 없는 문제가 있다.

② 부압식은 이러한 문제점을 보완하기 위하여 일본에서 개발된 새로운 스프링클러설비로 유수검지장치는 준비작동식밸브를 사용하고 2차측에는 항상 물이 충수되어 있으며 2차측 배관은 진공펌프를 사용하여 평상시에는 대기압보다 낮은 -0.05MPa의 부압(負壓)을 유지하고 있다.

③ 화재시 감지기 기동신호에 따라 화재수신기의 동작신호가 진공펌프 제어반으로 송신되면 진공펌프는 그 순간 작동이 정지되며 동시에 감지기 기동신호에 따라 유수검지장치가 개방되어 가압수가 흐르고 2차측 배관은 정압(正壓)상태가 된다. 이후 헤드가 개방되면 2차측으로 가압수가 유입되면서 헤드에서 물이 방사되는 방식이다.

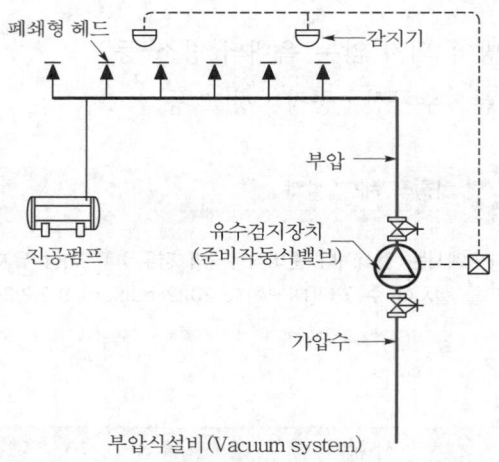

[그림 1-4-3(B)] 부압식설비

유수검지장치	배관(1차/2차측)	헤 드	감지기 유무	수동기동장치
준비작동식밸브	가압수/부압	폐쇄형	○	○

2) 적용

① 오동작에 의한 수손피해를 방지해야 할 장소
② 배관이나 헤드에서 누수시 심각한 수손피해가 우려되는 장소

3) 장·단점

장 점	단 점
① 비화재시에는 헤드가 파손되어도 배관 내 부압으로 인하여 누수가 되지 않아 수손의 피해가 없다. ② 배관의 부식으로 인해 핀홀(Pin hole)이 발생하여도 누수가 되지 아니한다.	① 진공펌프가 고장시에는 부압식의 기능이 상실된다. ② 2차측은 충수상태이므로 동파의 우려가 있는 장소에서는 사용이 제한된다. ③ 화재시 감지기 동작보다 헤드 개방이 빠를 경우에는 살수가 개시되지 않는다.

※ 부압식의 구조 및 작동사항에 대해서는 "⑧ 스프링클러설비별 구조 및 부속장치−4. 부압식 스프링클러설비의 구조 및 부속장치"를 참고 바람.

(5) 일제살수식 스프링클러설비(Deluge sprinkler system)

1) **개요** : 화재 초기에 연소확대가 빠른 장소에 대해 신속하게 대처하여 다량의 물을 주수하여야 하는 목적으로 설치하는 스프링클러설비로서 유수검지는 일제개방밸브(Deluge valve)를 사용한다. 밸브 1차측에는 가압수가 2차측에는 대기압상태로 개방형 헤드가 설치되어 있으며 화재가 발생하면 먼저 감지기 동작에 의해 솔레노이드밸브가 작동되고 이로 인하여 일제개방밸브가 개방되면 1차측의 가압수가 2차측으로 유입되어 해당 방호구역의 전체 헤드(개방형)에서 물이 방사되는 설비이다. 일제개방밸브란 일제살수식에서 사용하는 일제개방밸브로서 일종의 자동밸브(Auto valve)로 개방형 헤드에 사용되므로 배수관(Drain line) 등의 부속장치가 없는 단순 기능의 개폐밸브이며, 일제개방밸브를 원격기동으로 수동개방하기 위한 수동기동장치를 설치하여야 한다.

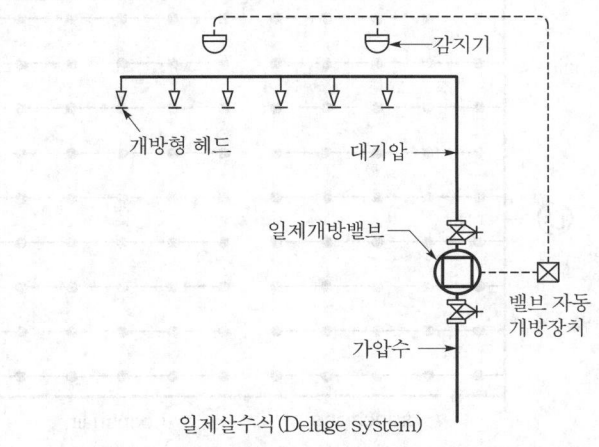

[그림 1-4-4] 일제살수식설비

일제개방밸브	배관(1차/2차측)	헤 드	감지기 유무	수동기동장치
일제개방밸브	가압수/ 공기(대기압)	개방형	○	○

2) 적용

① 천장이 높아서 폐쇄형 헤드가 개방되기 곤란한 장소
② 화재가 발생하면 순간적으로 연소 확대가 우려되어 초기에 대량의 주수(注水)가 필요한 장소
　예 무대부·연소할 우려가 있는 개구부·랙크식 창고 등

3) 장·단점

장 점	단 점
① 밸브 개방시 전체 헤드에서 동시에 살수가 개시되므로 대형화재나 급속한 화재에도 신속하게 대처할 수 있다. ② 감지기에 의한 기동방식이므로 층고가 높은 경우에도 적용할 수 있다.	① 대량의 급수체계가 필요하다. ② 헤드가 개방형인 관계로 오동작시에는 수손에 의한 피해가 매우 크다. ③ 감지장치를 별도로 설치하여야 한다.

(6) 루프식 스프링클러설비(Looped sprinkler system)

습식, 건식, 준비작동식, 일제살수식 이외에 NFPA 13[70]에서는 국내와 달리 루프식 설비를 별도의 설비로 분류하고 있다.

루프식설비란 "작동 중인 스프링클러헤드에 둘 이상의 배관에서 물이 공급되도록 여러개의 교차배관을 서로 연결한 스프링클러설비이며 가지배관은 서로 연결하지 아니하는 설비를 말한다."[71]

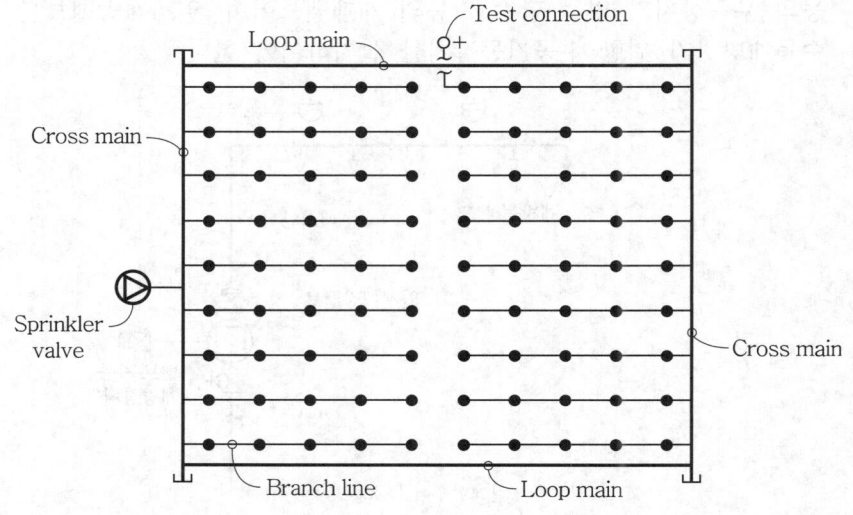

[그림 1-4-5] Loop식 설비

---

70) NFPA 13(Sprinkler) 2022 edition 3.3.216 : Sprinkler system
71) NFPA 13(2022 edition) 3.3.216.6 : A sprinkler system in which multiple cross mains are tied together so as to provide more than one path for water to flow to operating sprinkler and branch lines are not tied together.

(7) 그리드식 스프링클러설비(Gridded sprinkler system)

1) 개요

① 화재안전기준에서는 격자형 배관방식이라고 하며, 이는 NFTC 103의 2.5.9.2.2
에 따르면 "2 이상의 수평주행배관 사이를 가지배관으로 연결하는 방식"이라
고 정의하고 있다. NFPA 13에서는 그리드설비를 별도의 설비로 분류하고 있
으며, 그리드설비란 "평행한 교차배관(Cross main)들 사이에 다수의 가지배
관(Branch line)을 접속한 스프링클러설비로서 다른 가지배관이 교차배관 사
이의 물 이송을 보조하는 동안 작동 중인 스프링클러헤드가 그 가지배관의 양
끝에서 물을 공급받는 설비"로 규정하고 있다.[72]

② 그리드설비는 헤드까지 접속되는 배관의 경로가 다양하므로 다른 System에 비
해 배관의 압력손실이 줄어들게 된다. 이러한 우수한 수리특성(Hydraulic
characteristic)이 있음에도 이는 습식설비에서만 적용하는 제한이 따르게 된다.
왜냐하면, 배관과 헤드가 전부 접속되어 있는 관계로 습식 이외의 경우에는 배
관 내부에 과다한 공기가 잔류하게 되어 헤드에 물이 이송되는 시간이 매우 지
연되기 때문이다. 따라서 습식인 경우에도 그리드설비는 배관 내부의 공기를 배
출하기 위하여 릴리프밸브를 설치하여야 한다. 또한 그리드설비는 설계시 매우
복잡한 수리계산을 하여야 하므로 반드시 프로그램에 의해 설계하여야 한다.

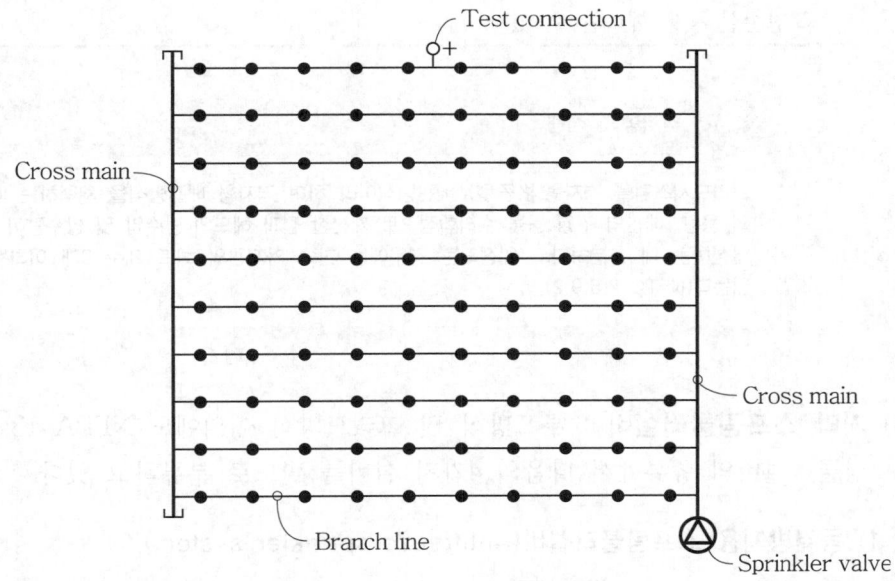

[그림 1-4-6] Grid 설비

---

[72] NFPA 13(2022 edition) 3.3.216.5 : A sprinkler system in which parallel cross mains are
connected by multiple branch lines. An operating sprinkler will receive water from both
ends of its branch line while other branch lines help transfer water between cross mains.

2) **특징** : 그리드설비는 다음과 같은 특징이 있다.

① 유수의 흐름이 분산되어 압력손실이 적고 중간이나 말단에서 공급압력 차이를 줄일 수 있으며 고른 압력분포가 가능하다.

② 중간에 배관이 차단될 경우 대처가 가능하며, 고장수리시에도 공급이 가능하여 소화수 공급의 안정성을 기할 수 있다.

③ 배관 내 압력변동이 적고 충격파가 발생되어도 분산이 가능하다.

④ 소화설비의 증개축시 매우 유리하다.

⑤ 소화용수 및 가압장치의 분산배치가 용이하다.

3) **장·단점**

장 점	단 점
① 기존의 가지(Tree)식 배관방식에 비하여 배관의 마찰손실을 감소시킬 수 있다.	① 수계산(手計算)이 불가하며 PC 프로그램에 의해서 수리계산을 하여야 한다.
② 유수의 흐름이 분산되어 압력손실이 적고 중간이나 말단에서 공급압력 차이를 줄일 수 있으며 고른 압력분포가 가능하다.	② 설계 수행과정이 복잡하며 입력 데이터를 잘못 적용할 경우는 결과에 대한 검증이 용이하지 않다.
③ 프로그램으로 설계하는 방식이므로 특정구간에 대하여 방사압력, 방사량, 마찰손실 등을 예측할 수 있다.	③ 습식설비에서만 사용할 수 있으며 건식이나 준비작동식에서는 사용하지 않는다.

 격자형의 적용

그리드시스템을 격자형(格子型) 배관방식이라 하며 격자형 배관방식을 채택하는 때에는 펌프의 용량, 배관의 구경 등을 수리학적으로 계산한 결과 헤드의 방수압 및 방수량이 소화목적을 달성하는 데 충분하다고 인정되는 경우에는 한쪽 가지관의 헤드 개수 8개 이하는 적용하지 않는다(NFTC 2.5.9.2).

(8) **기타 스프링클러설비** : 루프방식 및 그리드방식 이외에도 NFPA 13에서는 스프링클러설비의 종류에서 다음의 4가지 설비를 별도로 분류하고 있다.[73]

1) **동결방지용 스프링클러설비(Antifreeze sprinkler system)**

① 폐쇄형 헤드를 사용하는 습식설비의 보조용으로서 배관 내 부동액을 넣어 사용하는 것으로 화재시 헤드가 개방되면 부동액이 방출되면서 이어서 소화수가 방출하게 되는 설비로 동파방지가 필요한 장소에 적용한다.

---

73) NFPA 13(2022 edition) 3.3.216 : General definition-sprinkler system

② 음용수 배관에 의해 급수가 되는 경우에는 부동액으로는 Glycerine, Propylene glycol, 음용수 배관과 연결되지 않는 경우에는 Glycerine, Propylene glycol, Diethylene glycol, Ethylene glycol 등을 사용한다.

2) 배관 스케줄 스프링클러설비(Pipe schedule system)

① NFPA의 정의에 따르면 배관 스케줄 설비란 "위험용도별 분류를 반영하고 주어진 수량의 헤드가 특정한 크기의 배관에 설치될 수 있도록 배관의 크기가 결정되는 스프링클러설비"를 뜻한다.

② 이는 국내식으로 표현하면 스프링클러 배관의 관경 등을 선정할 경우 별표 1(스프링클러 수별 급수관의 구경)에 의한 규약배관 방식을 적용하지 않고 수리계산에 따라 성능설계를 통해 배관의 관경을 정하는 수리계산 방식에 의한 스프링클러설비를 의미한다.

3) 건식–준비작동식 조합형 스프링클러설비(Combined dry pipe–preaction sprinkler system)

① 급수주관과 입상관 사이에 2개의 건식밸브를 병렬로 설치하고, 압축공기가 들어 있는 배관에 폐쇄형 스프링클러헤드를 사용하는 설비로서 헤드가 있는 장소에 감지기를 설치한다. 감지기가 작동되면 건식밸브가 개방되며 공기배출(Exhauster)밸브가 개방되며 물이 배관으로 유입되고 이후 헤드가 개방되면 즉시 살수하게 된다. 이는 건식설비이나 살수개시시간을 단축하고 배관의 열노출로 인한 손상을 방지할 수 있다.

② 본 설비가 주로 사용되고 있는 곳은 길이가 매우 긴 배관을 필요로 하는 부두(埠頭 ; Pier), 선창(船艙 ; Wharf), 대형 냉장창고(Very large cold storage warehouse) 등이다.

4) 다단계 스프링클러설비(Multicycle system) : 화재시 발생하는 열에 대응하여 유량을 조절하는 밸브의 자동개폐를 반복할 수 있는 기능을 가지고 있는 스프링클러설비이다.

② 스프링클러헤드의 분류 및 특성

1. 감열부(感熱部)별 구분

(1) 폐쇄형(Close type) : 감열부가 있어 방수구가 폐쇄되어 있는 구조의 헤드

1) 퓨지블 링크형(Fusible link type) : 화재시 열에 의해 녹는 이융성(易融性)의 금속을 레버(Lever)형으로 조립한 것을 감열체를 이용하는 것으로 국내는 주로 감열동판에 이융성 금속으로 납(Pb)을 융착시킨 감열체를 사용한다.

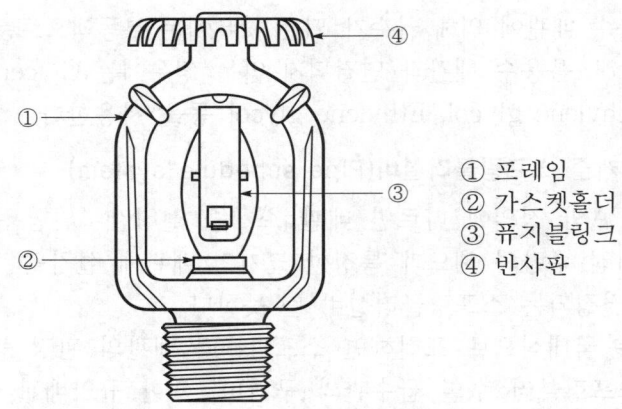

[그림 1-4-7(A)] 폐쇄형(퓨지블링크형)

① 프레임
② 가스켓홀더
③ 퓨지블링크
④ 반사판

2) 유리벌브형(Glass bulb type) : 화재시 열에 의해 파열되는 유리구(球) 내에 알코올, 에테르 등 액체를 봉입하여 밀봉한 것을 감열체로 이용하는 것

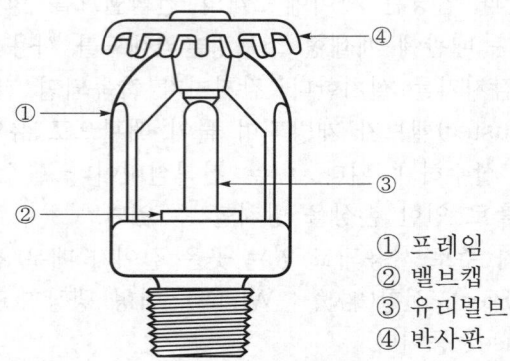

① 프레임
② 밸브캡
③ 유리벌브
④ 반사판

[그림 1-4-7(B)] 폐쇄형(유리벌브형)

(2) 개방형(Open type) : 감열부가 없이 방수구가 개방되어 있는 구조의 헤드

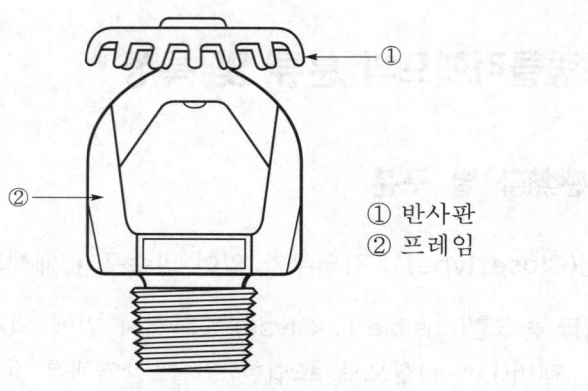

① 반사판
② 프레임

[그림 1-4-8] 개방형 헤드

2. 감도별 구분

감도란 화재시 헤드의 열감도에 해당하는 것으로 이러한 헤드의 열에 의한 민감도를 수치화한 것이 RTI[74]로서 이는 화재시 기류의 온도·속도 및 작동시간에 대하여 스프링클러헤드의 반응을 예상한 지수로서 표준형 헤드의 경우 RTI값에 따라 감도를 다음과 같이 구분하고 하며 RTI를 시험하는 감도시험장치에서 기류온도와 기류속도는 다음 표와 같다.

(1) 표준반응(Standard response) 헤드

가장 일반적인 스프링클러헤드로서 RTI가 80 초과 350 이하인 헤드

(2) 특수반응(Special response) 헤드

특수용도의 방호를 위하여 사용하는 스프링클러헤드로서 RTI가 51 초과 80 이하인 헤드

(3) 조기반응(Fast response) 헤드

속동형에 사용하는 스프링클러헤드로서 RTI가 50 이하인 헤드

[표 1-4-1] 감도시험기준

표시온도 구분	표준반응		특수반응		조기반응	
	기류온도 (°C)	기류속도 (m/sec)	기류온도 (°C)	기류속도 (m/sec)	기류온도 (°C)	기류속도 (m/sec)
57~77°C	191~203	2.4~2.6	129~141	2.4~2.6	129~141	1.65~1.85
79~107°C	282~300	2.4~2.6	191~203	2.4~2.6	191~203	1.65~1.85
121~149°C	382~432	2.4~2.6	282~300	2.4~2.6	282~300	1.65~1.85
163~191°C	382~432	3.4~3.6	382~432	2.4~2.6	382~432	1.65~1.85

[표 1-4-1]의 출전(出典)

스프링클러헤드의 형식승인 및 제품검사의 기술기준 제13조(감도시험)

---

74) RTI : 반응시간지수(Response Time Index)

3. 최고주위온도별 구분 : NFTC 2.7.6

(1) 기준 : 폐쇄형 헤드는 설치장소의 평상시 최고주위온도에 따라 다음 표에 의한 표시온도의 헤드로 설치해야 한다. 다만, 높이가 4m 이상인 공장 및 창고(랙크식 창고 포함)에 설치하는 헤드는 그 설치장소의 평상시 최고주위온도에 관계없이 121℃ 이상의 것으로 할 수 있다.

[표 1-4-2] 폐쇄형 헤드의 표시온도

설치장소의 최고주위온도	표시온도(℃)
39℃ 미만	79℃ 미만
39℃ 이상~64℃ 미만	79℃ 이상~121℃ 미만
64℃ 이상~106℃ 미만	121℃ 이상~162℃ 미만
106℃ 이상	162℃ 이상

(2) 해설

1) 표시온도(Temperature rating)란 폐쇄형 헤드에서 감열체가 작동하는 온도로서 제조시 헤드에 표시되어 있으며, 최고주위온도(Maximum ceiling temperature)란 연중(年中) 헤드가 설치된 장소에서 발생하는 가장 높은 온도를 최고주위온도라 한다. NFTC 2.7.6의 최고주위온도별 표시온도의 기준은 일본소방법 시행규칙 제14조 1항 7호를 준용한 것으로 이는 설치장소에 대한 헤드 선정기준이 되는 온도이다.

2) 형식승인 기준에 의하면 최고주위온도는 다음 식과 같으며, 다만 식에도 불구하고 표시온도가 75℃ 미만인 경우의 최고주위온도는 39℃로 한다. 주방의 경우에 표시온도 72℃ 헤드를 설치하는 경우가 있으나 하절기에 주방에서 조리시 주방 천장부근의 최고주위온도는 39℃를 초과할 수 있으므로 주방은 원칙적으로 표시온도 79℃ 미만의 헤드를 사용하여서는 아니 된다.

$$T_a = 0.9\,T_m - 27.3$$ ················· [식 1-4-1]

여기서, T_a : 최고주위온도(℃)
T_m : 헤드 표시온도(℃)

4. 색 표시별 구분

폐쇄형 헤드의 표시온도에 따른 색 표시는 퓨지블링크(Fusible-link)형은 Frame에, 유리벌브(Glass-bulb)형은 감열부의 액체 색상을 뜻하며 국내 형식승인 기준에 따르면 다음과 같다.

chapter

1

소화설비

[표 1-4-3(A)] 폐쇄형 헤드의 표시온도 및 색상

퓨지블 링크형		유리벌브형	
표시온도(°C)	Frame의 색표시	표시온도(°C)	액체의 색상
77 미만	색표시 안 함.	57°C	오렌지
78~120°C	흰색	68°C	빨강
121~162°C	파랑	79°C	노랑
163~203°C	빨강	93°C	초록
204~259°C	초록	141°C	파랑
260~319°C	오렌지	182°C	연한 자주
320°C 이상	검정	227°C 이상	검정

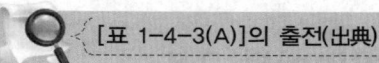

[표 1-4-3(A)]의 출전(出典)

스프링클러헤드의 형식승인 및 제품검사의 기술기준 제12조의 6(표시) 제9호

이에 비하여 NFPA에서는 색 표시에 대한 온도등급(Temperature rating)을 2022 edition부터는 유리벌브형을 9단계로, 퓨지블링크형을 7단계로 분류하여 구분하고 있다.

[표 1-4-3(B)] 폐쇄형 헤드의 표시온도 및 색상(퓨지블링크형)

온도 구분	최고주위온도	표시온도	Fusible-link 형
① Ordinary	38°C	57~77°C	Uncolored or Black
② Intermediate	66°C	79~107°C	White
③ High	107°C	121~149°C	Blue
④ Extra-high	149°C	163~191°C	Red
⑤ Very extra-high	191°C	204~246°C	Green
⑥ Ultra-high	246°C	260~302°C	Orange
⑦ Ultra-high	329°C	343°C	Orange

[표 1-4-3(C)] 폐쇄형 헤드의 표시온도 및 색상(유리벌브형)

온도 구분	최고주위온도	표시온도	Glass-bulb형
① Ordinary	38°C	57°C	Orange
② Ordinary	49°C	68°C	Red
③ Intermediate	66°C	79°C	Yellow
④ Intermediate	66°C	93°C	Green
⑤ High	107°C	121~149°C	Blue
⑥ Extra-high	149°C	163~191°C	Purple
⑦ Very extra-high	191°C	204~246°C	Black
⑧ Ultra-high	246°C	260~302°C	Black
⑨ Ultra-high	329°C	343°C	Black

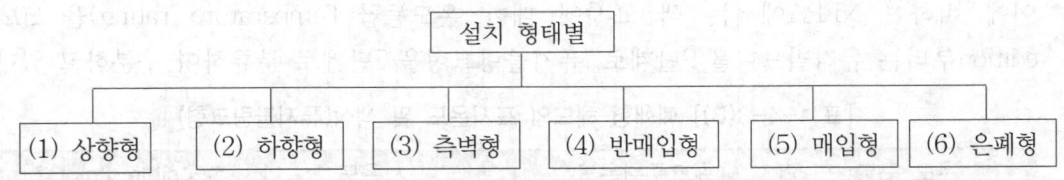

[표 1-4-3(B)] & [표 1-4-3(C)]의 출전(出典)

NFPA 13(2022 edition) Table 7.2.4.1(a) & 7.2.4.1(b) : Temperature characteristics

5. 설치형태(Installation orientation)별 구분

헤드의 설치형태에 따라 다음과 같이 구분할 수 있다.

```
                        설치 형태별
   ┌─────────┬─────────┬─────────┬─────────┬─────────┬─────────┐
(1) 상향형  (2) 하향형  (3) 측벽형  (4) 반매입형  (5) 매입형  (6) 은폐형
```

(1) 상향형(Upright type)

반사판(Deflector)이 헤드의 부착방향으로 구부러진 것이 상향형이고, 반사판이 수평면으로 되어 있는 것이 하향형이다.

1) 일반적으로 반자가 없는 곳에 적용한다.

2) 분사 패턴이 가장 우수하다.

3) 습식설비 또는 부압식설비 이외의 경우(준비작동식 및 건식설비)는 상향형 헤드를 사용하여야 하나 다음의 경우는 예외로 한다(NFTC 2.7.7.7).

① 드라이 펜던트 헤드(Dry pendent head)를 사용하는 경우

② 스프링클러헤드의 설치장소가 동파의 우려가 없는 곳인 경우

③ 개방형 헤드를 사용하는 경우

chapter

1

소
화
설
비

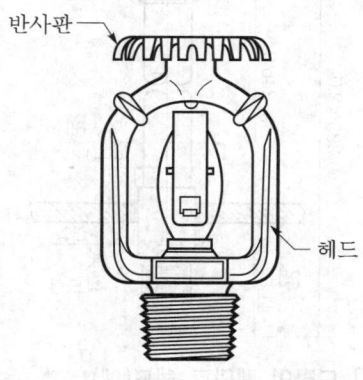

반사판

헤드

[그림 1-4-9(A)] 상향형 헤드

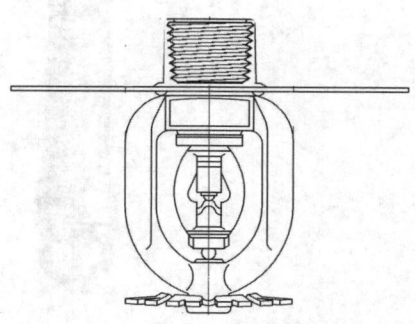

[그림 1-4-9(B)] 하향형 헤드

(2) 하향형(Pendent type)

1) 습식설비에 사용하며 일반적으로 반자가 있는 경우 적용한다. 습식의 경우 하향식 헤드 설치시에는 회향식으로 가지관 상부에서 분기해야 한다. 다만, 음용수 수질기준(먹는물 관리법 제5조)에 적합하고, 덮개가 있는 저수조로부터 물을 공급받는 경우에는 가지배관의 측면 또는 하부에서 분기할 수 있다(NFTC 2.5.10.3).

 회향식(回向式 ; Return bend type)

> 하향식 헤드를 설치할 경우 물속에 있는 침전물로 인하여 헤드가 막히는 것을 방지하기 위하여 위로 한 번 꺽은 후 밑으로 내리는 헤드설치 방식으로, 수질이 음용수 기준인 경우는 하향식 헤드의 경우도 가지배관의 측면이나 하부에서도 분기할 수 있다.

2) 분사패턴이 상향형보다 못하다.

3) 습식설비 이외의 경우(준비작동식 및 건식설비)는 하향식일 경우 반드시 드라이 펜던트 헤드를 사용하여야 한다. : 난방이 되지 않는 장소는 습식을 적용할 수 없으므로 준비작동식이나 건식설비를 적용하고 상향식 헤드를 설치하는 것이 원칙이다. 그러나 실내에 반자가 있을 경우는 부득이 하게 헤드를 하향식으로 하여야 하므로, 이때는 평상시에는 헤드부분으로 물이 유입되지 않는 구조의 헤드인 드라이 펜던트 헤드를 설치하여야 하며, 이는 헤드 입구쪽에 압축공기나 질소 등을 충전한 헤드이다. 일부 제품의 경우는 평상시에는 물이 유입되지 않다가 헤드가 개방될 경우에 물이 유입되는 구조의 제품도 있다.

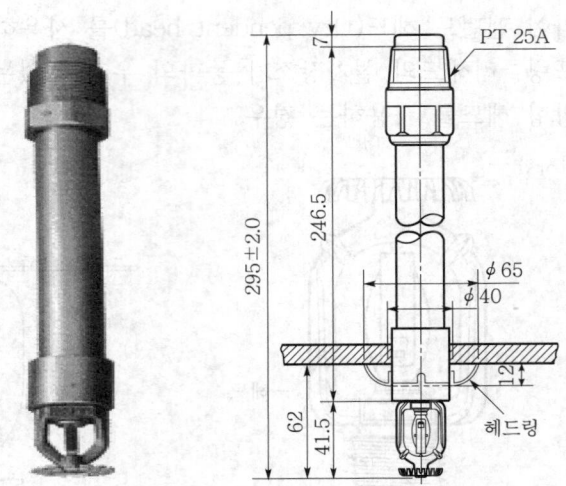

[그림 1-4-10] 드라이 펜던트 헤드(예)

(3) 측벽형(Side wall type)

반사판이 90° 방향으로 꺾어져 있으며, 헤드의 설치방향에 따라 바닥면과 수직이나 수평방향으로 설치하며 한쪽방향으로만 살수가 가능하다.

1) 실내의 폭이 9m 이하인 경우에 한하여 적용한다[제10조 7항 4호(2.7.7.8)].

2) 옥내의 벽면에 설치한다.

3) 분사 패턴은 축심(軸心)을 중심으로 한 반원상으로 균일하게 방사된다.

4) 국내는 측벽형 헤드의 설치장소에 대한 용도별 기준이 없으나 NFPA에서는 측벽형헤드는 다음의 장소에 설치할 수 있다.[75]
   ① 균일천장, 수평천장 또는 경사천장, 단면천장으로 되어 있는 경급위험용도(Light hazard occupancies with smooth, horizontal or sloped, flat ceilings)
   ② 어떤 용도로 특별히 등록된 균일천장, 단면천장이 있는 중급위험용도(Ordinary hazard occupancies with smooth, flat ceilings where specifically listed for such use)
   ③ 오버헤드 도어 아랫부분의 방호구역(To protect areas below overhead door) : Over head door란 출입문을 머리 위쪽으로 90° 회전시켜 개방하는 문으로 문을 개방할 경우 헤드가 살수 방해되므로 보완책으로 측벽형을 설치할 수 있도록 한 것이다.

---

75) NFPA 13(2022 edition) 10.3.2 : Sidewall spray sprinklers

④ 승강기 승강로의 상하부(At the top and bottom elevator hoistways)
⑤ 철골구조건물의 기둥 방호용(For the protection of steel building columns)
⑥ 헤드가 필요한 살수장애 지역 아래(Under obstructions that require sprinklers)

chapter

1

소화설비

---

① 위험용도(Occupancy) : NFPA 13(2022 edition) 3.3.141(Occupancy)
위험용도란 헤드 및 수원의 산정시 분류하는 용도로서 NFPA 13에서는 경급위험(輕級 ; Light hazard), 중급위험(中級 ; Ordinary hazard), 상급위험(上級 ; Extra hazard)의 3종류로 대별하고, 중급 및 상급은 이를 Groupe 1, 2로 세분하여(OH1, OH2, EH1, EH2로 표기) 총 5단계로 구분하고 있다.
② 천장의 형태(Ceiling type) : NFPA 13(2022 edition) 3.3.28(Ceiling type)
천장 형태에 대해 NFPA 13에서는 스프링클러헤드 설치시 천장의 형태를 다음의 4가지로 구분하여 이를 적용하고 있다.
㉮ 균일천장(Smooth ceiling) : 심한 요철(凹凸)이 없이 연속되는 천장(A continuous ceiling free from significant irregularities, lumps or indentations)
㉯ 수평천장(Horizontal ceiling) : 경사도가 2in 12를 초과하지 않는 천장(A ceiling with a slop not exceeding 2in 12)
㉰ 경사천장(Sloped ceiling) : 경사도가 2in 12를 초과하는 천장(A ceiling with a slop exceeding 2in 12)
㉱ 단면천장(Flat ceiling) : 단일평면으로 연속되는 천장(A continuous ceiling in a single plane)

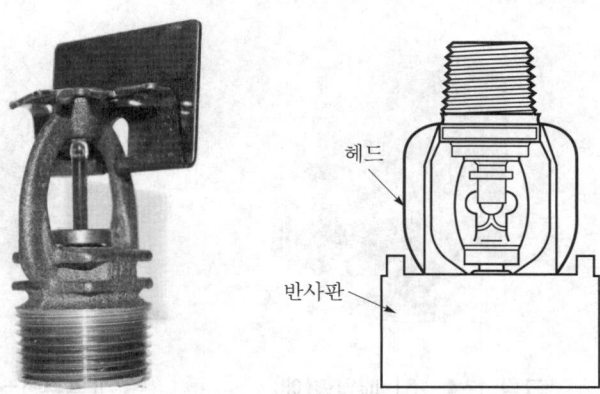

헤드

반사판

[그림 1-4-11] 측벽형(예)

(4) 반(半)매입형(Flush type) : 반매입형은 NFPA 13(3.3.215.3.2)에서는 "Flush head"로 표기하고 있으며, 이는 부착나사를 포함한 몸체의 일부나 전부가 천장면 위에 설치되어 천장면과 거의 평탄하게 부착하고 화재시 반사판이 내려오는 헤드로, 업무용 건물과 같이 사람의 출입이 많을 때 미관을 고려할 경우 반매입형을 설치한다. 국내는 헤드의 형식승인 기준에서 종전까지 "플러시"형으로 정의를 하였으나 화재안전기준에서 별도의 해당 규정이 없어 2016. 4. 1. 용어를 삭제하였다.

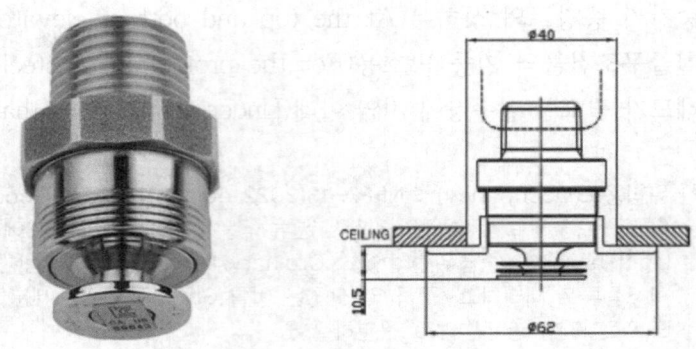

[그림 1-4-12] 반매입(플러시)형(예)

(5) 매입형(Recessed type) : 매입형은 NFPA 13(3.3.215.3.4)에서는 "Recessed head"로 표기하고 있으며, 이는 부착나사 외 몸체 일부나 전부가 보호집 안에 설치되어 있는 스프링클러헤드로서 설치 후 천장면 밖으로 돌출될 수 있는 높이를 조정할 수 있는 특징이 있으며 내부배관과 천장면과의 차이로 인한 높이 조정폭이 크므로 설치작업이 매우 편리한 헤드이다. 국내는 당초 헤드의 형식승인 기준에서 "리세스드형"으로 용어의 정의를 하였으나 화재안전기준에서 별도의 해당 규정이 없어 2016. 4. 1. 용어를 삭제하였다.

[그림 1-4-13] 매입형(예)   [그림 1-4-14] 은폐형(예)

(6) 은폐형(Concealed type)

1) 은폐형은 NFPA 13(3.3.215.3.1)에서는 "Concealed head"로 표기하고 있으며, 이는 헤드에 덮개가 부착된 스프링클러헤드로서 설치 후 외부에서 보이지 않도록 설계된 헤드로서 천장면과 동일한 표면에 설치되는 덮개 판에 의해 헤드가 은폐되도록 되어 있다. 헤드가 덮개 판에 의해 감추어지는 고품격의 제품으로 실내가구 이동이나 부주의에 의한 파손의 우려가 없으며 내부배관과 천장면과의 차이로 인한 높이의 조정이 가능한 구조로 되어 있다.

2) 동작은 이중 작동구조로 되어 있으며 1단계 온도에 도달하면 퓨즈 합금체인 퓨즈 메탈에 의해 덮개 판이 이탈하며 2단계 온도가 되면 조기반응형 헤드와 동일한 원리로 작동이 되어 살수가 개시된다. 국내는 당초 헤드의 형식승인 기준에서 "컨실드형"으로 용어의 정의를 하였으나 화재안전기준에서 별도의 해당 규정이 없어 2016. 4. 1. 용어를 삭제하였다.

6. 사용목적별 구분

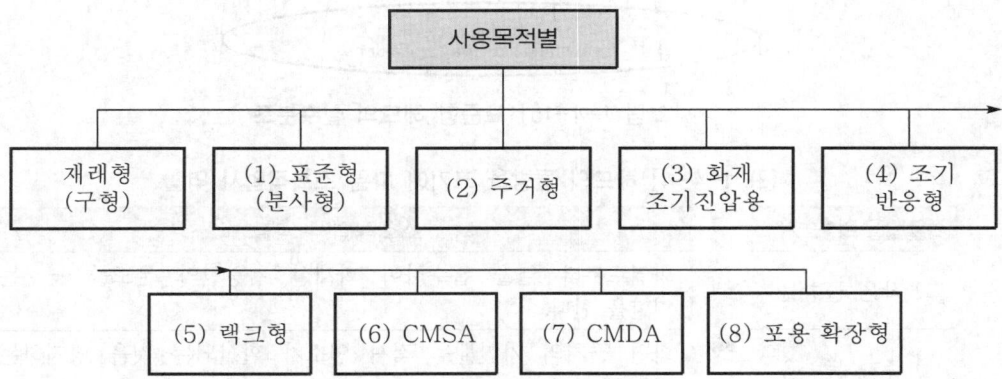

(1) 표준형(Standard spray) 헤드

1) 헤드에서 방사시 헤드의 축심(軸心)을 중심으로 한 원상에 균일하게 물이 분사되는 일반형의 헤드를 말한다. 최초로 개발된 스프링클러헤드의 경우는 천장과 반자를 보호하기 위하여 약 50%의 물은 위쪽으로, 그리고 나머지 50%는 아래쪽으로 분사되는 구조로 이를 재래형 헤드(Conventional head 또는 Old style head)라 한다. 그러나 현재의 헤드와 같이 100% 아래 방향으로만 분사할 경우 화재의 진압에 더 효과적이며 결과적으로 천장과 반자의 보호에 더욱 유리한 것이 판명되었으며 이러한 기능의 헤드를 분사형 헤드(Spray head)라 하며 가장 대표적인 표준형의 일반헤드이다.

2) 표준형 분사헤드의 경우 작은 물방울은 쉽게 증발하여 화열로부터 열을 흡수하여 천장의 온도를 낮추는 역할을 하며, 중간 크기 물방울은 화면(火面) 근처의 가연물을 적셔 연소확대를 방지하는 역할을 하며, 큰 물방울은 화염속을 침투하여 연소를 제어하거나 화재를 진압하는 역할을 한다.

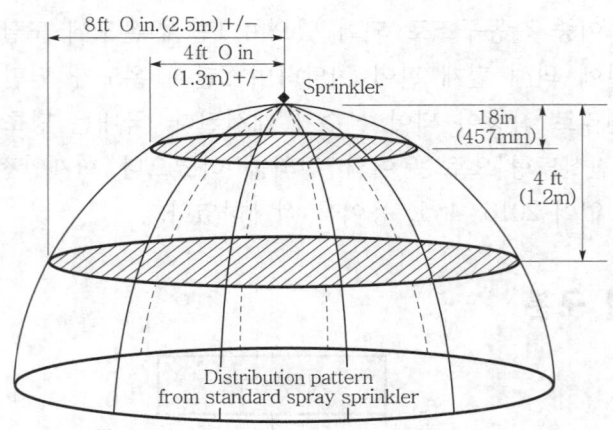

[그림 1-4-15] 표준형 헤드의 살수분포

[표 1-4-4] 헤드의 물방울 크기에 따른 소화작업시 역할

물방울의 크기	소화작업시 역할
① 작은 물방울	화열로부터 열을 흡수하여 화재실 천장면의 온도를 낮추는 역할을 한다.
② 중간 물방울	화면 근처의 가연물을 적셔 연소가 확산되는 것을 방지하는 역할을 한다.
③ 큰 물방울	화염속을 직접 침투하여 연소를 제어(Fire control)하거나 화재를 진압(Fire suppression)하는 역할을 한다.

(2) 주거형(Residential) 헤드

1) 개념 : 형식승인 기준[76]에서는 "폐쇄형 헤드의 일종으로 주거지역의 화재에 적합한 감도·방수량 및 살수분포를 갖는 헤드로서 간이형 스프링클러헤드를 포함한다."로 정의하고 있다. 이는 주택용도에서 인명의 안전을 위하여 사용하는 헤드로서 주거형 헤드의 주목적은 화재시 거주자가 안전하게 대피할 수 있도록 대피시간을 연장하는 데 있으며, 이를 위하여 거주자의 생명을 보존할 수 있는 안전허용치로서 UL 1626[77]에서 방호구역에서 2개 이하의 헤드를 작동시켜 행하는 주거형 헤드의 시험기준은 다음과 같다.

　① 천장 아래 3in(76mm) 및 헤드로부터 수평으로 8in(203mm) 떨어진 곳의 가스나 공기의 최대온도는 600°F(316°C) 이하이어야 한다.

---

76) 스프링클러헤드의 형식승인 및 제품검사의 기술기준 제2조 24호
77) UL 1626 : Standard for safety residential sprinklers for fire-protection service

② 바닥에서 위로 5ft 3in(1.6m) 및 각 벽에서 방 길이의 $\frac{1}{2}$만큼 떨어진 곳의 최대온도는 200°F(93℃) 미만이어야 하며, 130°F(54℃)를 초과한 상태로 2분 이상을 지속하여서는 아니 된다.

③ 화재시험의 직상부 천장재 마감면 뒤쪽 $\frac{1}{4}$in(6.3mm) 지점의 최대온도는 500°F(260℃) 이하이어야 한다.

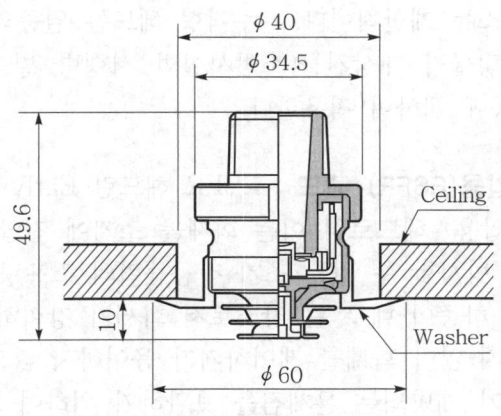

[그림 1-4-16] 주거형 헤드(예)

2) 특징 : 주거형 헤드는 화재시 실내에서 위의 조건이 유지될 수 있도록 설계된 것으로 화재시 발생된 열이 발화 초기에 실내에 체류하고 있으므로 거주자의 안전한 대피를 위해서는 헤드에 의한 물방울의 냉각효과가 화염을 침투하는 것보다 더 중요하게 된다. 또한 화재로부터 열을 흡수하는 데 최고의 효율을 발휘하여야 하므로 이에 따라 NFPA에서는 최소살수밀도를 규정하고 있다. 형식승인 기준에서는 간이형 스프링클러헤드도 주거형 헤드로 분류하고 있다.

① 살수분포가 전 방향에 걸쳐 매우 균일하다. : 주거형 헤드의 특성상 실내에 헤드를 1개만 설치하는 경우가 많이 발생하므로, 이러한 경우는 일반형 헤드와 같이 여러 개의 헤드가 동시에 개방되어 살수분포가 중복되는 효과를 기대할 수 없기 때문이다.

② 감도특성은 조기반응형(Fast response)이다. : 주거형 헤드는 특성상 화재가 확산되기 전에 조기에 개방되어야 하므로 RTI값은 50 이하로 규정되어 있다.

③ 헤드의 표준방사량은 80$l$pm이 아닌 50$l$pm이다. : 주거형 헤드는 방수압력 0.1MPa에서 방수량을 측정할 경우, K값이 50인 관계로 표준방수량은 50$l$pm이 된다.

④ 표준형 헤드보다 방사각도가 크다. : 주거형 헤드는 표준형 헤드보다 방사각도를 크게 하여 벽면을 더 높이 주수하는 방사형태의 헤드로서 형식승인기준에서는 벽면에 대한 살수분포시험을 할 경우 바닥으로부터 천장면 아래 0.5m까지의 벽면을 유효하게 적시도록 규정하고 있다.

⑤ 습식설비에서만 사용할 수 있다. : 감도가 조기반응형 헤드이므로 초기에 작동하여 소화를 하여야 하므로 습식설비가 아닌 건식이나 준비작동식설비에서는 사용할 수 없다.

⑥ 설치장소는 제한적이다. : 주거형 헤드는 일종의 간이스프링클러헤드로서 간이스프링클러 대상건물(소방시설법 시행령 별표 4)이나 다중이용업소의 영업장 등에 대하여 적용한다.

(3) 화재조기진압용(ESFR) 헤드 : ESFR 헤드란 Early Suppression Fast Response (화재조기진압용) 헤드로서 이는 화재를 조기에 진압할 수 있도록 정해진 면적에 충분한 물을 방사할 수 있는 조기 작동능력의 스프링클러헤드이다. 랙크식 창고의 경우는 화재 하중이 매우 큰 장소로서 화세가 강력하여 불길 속으로 물방울의 침투가 용이하지 않아 화재를 제어하기가 용이하지 않으며, 또한 열에 의해 필요 이상으로 헤드가 개방되는 문제점을 보완하기 위하여 개발된 헤드가 ESFR 헤드이다. ESFR 헤드는 속동형 헤드의 감도성능을 가지고 있으며 화재발생 초기에 강력한 화세를 침투할 수 있도록 입자가 큰 물방울을 방사하도록 헤드 오리피스 구경이 큰 헤드로서 랙크식 창고와 같이 천장이 높은 장소에 사용한다.

(4) 조기반응형(Quick response) 헤드

1) 개념 : 표준형(Standard spray) 헤드 중 감도가 표준반응(Standard response)이 아니라 조기반응(Fast response)의 기능을 갖는 헤드로서 일반표준형 헤드에 비해 응답특성이 빨라 화재초기에 개방이 되므로 헤드의 개방 개수를 줄일 수 있고 이로 인해 방사량을 줄일 수 있으며 따라서 관경의 크기를 줄일 수 있다. 또한 수손에 의한 2차 피해도 방지할 수 있으며 특히 유의할 것은 조기반응형 헤드는 소규모 화재에 적용하는 것으로, 다량의 열방출속도를 갖는 상급위험용도에는 적용할 수 없다는 것이다.[78] 이는 다량의 열방출속도를 갖는 급속히 성장하는 화재는 헤드가 화재를 제어할 시간을 갖기 이전에 많은 수의 헤드가 개방됨으로서 설비의 과부하가 발생할 우려가 있기 때문이다.

---

78) NFPA 13(2022 edition) 19.2.3.2.2.2 : Quick-response sprinklers shall not be permitted for use in extra hazard occupancies or other occupancies where there are substantial amounts of flammable liquids or combustible dusts(인화성 액체나 가연성 분진이 상당량 존재하는 상급위험이나 다른 용도에서는 조기반응형 헤드 사용을 허용하지 않는다).

유리벌브
3mm

유리벌브
5mm

[그림 1-4-17] 조기반응형 헤드 　　[그림 1-4-18] 표준형 헤드

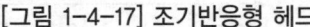

2) 특징 : 조기반응형인 관계로 RTI값은 50 이하인 속동형 타입의 헤드로서 일반적으로 조기반응형 헤드는 퓨지블링크형보다는 유리벌브형으로서 이는 온도에 감응하는 특수한 액체로 구성되어 있으므로 표시된 주위온도에 도달하면 충전된 액체가 팽창을 시작하여 작동온도에서 유리가 해체되면서 살수가 개시하게 된다. 주거형 헤드는 K값이 50이나 조기반응형 헤드는 표준형 헤드이므로 K값은 80으로 국내는 현재 표준형과 플러시형의 2종류가 생산되고 있다. 감열체의 표시온도는 유리벌브는 68℃(주방용 93℃), 퓨지블링크는 72℃(주방용 105℃)를 주로 사용하며 헤드 감열체 부근에 영문으로 "QR"이라고 타각(打刻)되어 있다.

① 감도특성은 조기반응형(Fast response)이다.
② 습식 유수검지장치를 설치할 것[제6조 7호(2.3.1.7)]
③ 상승 열기류를 예방하므로 초기소화 능력을 증대시켜주므로 조기에 화재의 확산을 방지할 수 있다.
④ 모든 조건이 동일하면 화재성장 초기에 동작하게 되므로 헤드의 개방 개수와 방사량을 줄일 수 있다.
⑤ 이로 인한 수손에 의한 2차 피해를 줄일 수 있다.
⑥ 다량의 열방출속도를 갖는 화재에는 적합하지 않다.
⑦ 훈소화재에서는 신속히 작동하지 않으므로 모든 화재에서 인명안전을 보장하지는 못한다.
⑧ 설치장소를 별도로 규정하고 있다. : 설치장소는 공동주택의 거실, 노유자시설의 거실, 오피스텔이나 숙박시설의 침실, 병원의 입원실 같이 숙박을 하거나 노유자가 거주하는 장소에 대하여 적용하고 있다.

(5) **인랙(In-rack)형 헤드** : 랙크식 창고에 설치하는 랙크형 헤드로서, 헤드 위쪽에서 헤드가 개방되어 살수될 경우 방사된 물에 의해 헤드개방에 지장이 생기지 아니하도록 차폐판이 부착된 헤드로서 작동원리는 표준형 헤드와 동일하다. 랙크형 헤드는 일반 스프링클러와 차이가 없으나 랙크 내부에 설치하여, 잠재적인 화재에 최대한 가깝게 설치하는 것이 목적이다.

랙크식 창고에는 Rack의 수용품에 따라 4~6m 높이로 헤드를 설치하며 만일 일반형 헤드를 설치한다면 헤드방사시 주수되는 물에 의해 아래쪽의 헤드가 계속하여 냉각되며, 또한 분사된 물방울이 화열의 상승기류에 따라 증발되어 주위 헤드를 젖게 만들므로 이로 인하여 다른 헤드의 동작을 지연시키게 된다. 이러한 현상을 스키핑(Skipping)현상이라 하며 스키핑을 방지하기 위하여 랙크형 헤드를 설치한다. 이를 NFPA에서는 In-rack 헤드 또는 랙크식 창고형 헤드(Rack storage sprinkler)라 한다.

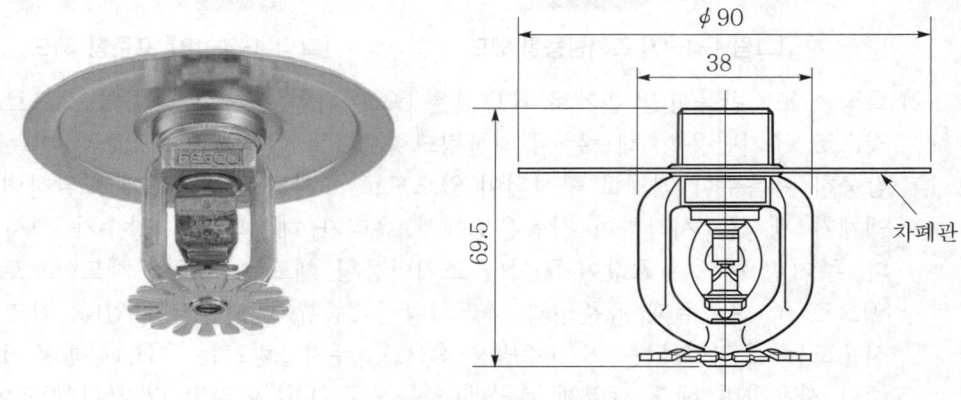

[그림 1-4-19] 랙크형 Head(예)

(6) CMSA(Control mode specific application) 헤드

NFPA에서는 종전까지는 라지드롭형 헤드를 Large drop head라고 표기하였으나 2010 edition부터는 CMSA(Control Mode Specific Application) Head로 분류하고 있다. 그러나 국내 형식승인 기준에서는 현재 이를 라지드롭형 헤드(ELO)라고 하며 "동일 조건의 수압력에서 큰 물방울을 방출하여 화염의 전파속도가 빠르고 발열량이 큰 저장창고 등에서 발생하는 대형화재를 제압할 수 있는 헤드"로 정의하고 있다.

1) 개념 : 빠른 화염전파속도와 큰 열방출량으로 화재가 진행되는 고소(高所)화재위험(High-challenge fire hazard)[79]에서는 순간적으로 화염이 천장면에 도달하게 되나, 표준형 헤드의 경우는 분사된 물방울이 작아서 발생하는 화열의 상승기류에 밀려서 화심(火心)으로부터 밀려가기 때문에 상승기류를 침투하여 화심까지 도달할 수가 없게 되므로 화재의 조기진화를 달성할 수 없게 된다.

---

79) 고소화재위험(High-challenge fire hazard) NFPA 13(2022 edition) 3.3.99 : 높이가 3.7m(12ft)를 초과하는 고형(固形)상태로 운반이 가능한 선반저장물, 저장용 상자, Rack 저장물을 "고적재(高積載) 저장소(High-piled storage)"라 하며, 이러한 가연성의 고적재 저장소에서 발생하는 화재위험을 "고소화재위험(High-challenge fire hazard)"이라 한다.

따라서 동일 조건의 방사압력에서 표준형 헤드보다 큰 물방울을 방출하여 물방울이 화염을 뚫고 침투하도록 하여 저장창고 등에서 발생하는 대형화재를 진압할 수 있도록 개발된 헤드이다.

2) **기준** : CMSA 헤드는 다양한 물방울 크기와 스프레이 패턴을 생성하는 고유한 스프링클러 디플렉터가 있으며, 따라서 특수용도에 적합하다. K값은 크며, 고온도등급의 온도등급을 적용한다. 국내 형식승인 기준에서는 라지 드롭형 헤드의 RTI값은 감도시험 결과에 따라 구분하여 적용할 수 있으며 K값은 방사압 0.1MPa 기준으로 162(±8)이나, NFPA 13(Table 7.2.2.1)에서는 최소 160 이상을 요구하고 있다. CMSA형 헤드는 습식·건식·준비작동식설비에 모두 사용할 수 있으며[80], 동 헤드를 사용하는 설비의 방호면적(Head protection area)과 헤드간 최대간격(Maximum spacing)은 NFPA 13(2022 edition) Table 13.2.5.2.1에서 살수장애물의 유무와 살수장애물의 가연성이나 불연성 여부에 따라 달리 규정하고 있다.

(a) ESFR 헤드(예) (b) CMSA 헤드(예) (c) CMDA 헤드(예) (d) EC헤드(예)

[그림 1-4-20] ESFR, CMSA, CMDA, EC 헤드(예)

(7) CMDA(Control Mode Density Area) 헤드

1) 창고 용도는 일반 용도의 사무실 건물과 바닥면적이 같은 경우에도 수용품으로 인해 화재시의 연소특성이 다르게 전개되는 장소이다. 이에 따라 NFPA 13(2022 edition)에서는 사무실 용도와 달리 창고 및 저장시설에 대한 별도의 설계기준을 제공하며 해당 장소에는 표준형 헤드로 방호하지 않는다. 즉, 해당장소에는 화재하중이 큰 용도에 적합한 형태의 특수설계된 디플렉터 구조인 창고용 스프링클러헤드(Storage sprinklers)를 설치하며 이에 해당하는 것이 랙크형, ESFR, CMSA, CMDA 헤드이다.

---

80) NFPA 13(2022 edition) 13.2.2 : CMSA sprinklers shall be permitted to be used in wet, dry or preaction systems and shall be in accordance with their listing(CMSA 헤드는 등재된 바에 따라 습식·건식·준비작동식 설비에 사용할 수 있다).

2) 랙크식 창고에 설치하는 랙크형 헤드(In-rack head)는 랙크 내 수용품에 접하여 설치하는 관계로 창고 물품의 하역 작업 중 헤드가 손상될 우려가 높고 창고의 구조를 변경하기 어려운 관계로 건축주 입장에서는 천장형 헤드를 선호하게 된다. 이러한 요구에 맞추기 위해 K값이 크고 대구경 오리피스의 천장형 헤드로 개발된 것이 CMSA, CMDA, ESFR 헤드이다.

3) CMSA는 "특수적용 목적의 제어모드" 헤드이며, CMDA는 "살수밀도 목적의 제어모드" 헤드이다. 즉, CMSA 헤드는 특정 용도에서 스프링클러의 최소압력, 최소개수로 동작하도록 설계된 것으로, 라지드롭형 헤드는 대표적인 CMSA 헤드이다. 이에 비해 CMDA 헤드는 표준형 헤드와 모양과 기능면에서 유사하지만 표준형 헤드와 비교하면 K값이 크며 높은 온도등급(Temperature rating)을 필요로 한다. 또한 살수밀도(Water density) 계산에 근거한 시스템 설계방법인 저장창고 용도로 개발된 고온도등급의 헤드이다.

① ESFR 헤드와 차이점은 ESFR 헤드는 화재진압(Fire suppression)이 목적이나, CMSA나 CMDA 헤드는 화재제어(Fire control)가 목적이다.

② CMSA 헤드는 CMDA 헤드에 비해 다양하고 더 큰 물방울 크기와 분사패턴을 갖는 고유한 디플렉터 헤드이다. 따라서 CMSA 헤드는 고소화재위험(High-challenge fire hazard)과 같은 특수 용도에 적합한 헤드이다.

③ CMDA 헤드는 NFPA 13에서 채택한 밀도·면적곡선(Density·area curve)을 적용한 설계 개념(Design concept)을 사용하지만, CMSA 헤드는 설계 개념 대신 시스템에 필요한 유량과 압력을 계산하기 위해 다양한 변수들을 분석하여 설계한다.

[표 1-4-5] ESFR, CMSA, CMDA 헤드의 차이

헤 드	차이점
ESFR	• CMSA나 CMDA는 화재제어(Fire control)가 목적이나 ESFR은 화재진압(Fire suppression)이 목적이다.
CMSA	• 특수용도에 적합한 다양한 물방울 크기와 분사패턴을 생성하는 큰 값의 K-factor(160 이상)를 갖는 고유한 디플렉터 구조 • 중온도~고온도등급 • 설계 개념(Design concept)을 적용하지 않기에, 대신 스프링클러에 필요한 유량과 압력을 계산하기 위해 다양한 변수를 분석한다.
CMDA	• 표준형 헤드와 모양과 기능면에서 유사하지만 큰 값의 K-factor(160 이상)를 갖는 디플렉터 구조 • 고온도등급 • 설계개념(Design concept)을 적용하기에 스프링클러에 밀도·면적곡선을 사용하여 필요한 유량과 압력을 기반으로 설계한다.

(8) 포용 확장형 헤드(Extended coverage head ; EC)

1) 표준형 헤드와 같은 분사형(Spray)의 방사형태를 갖는 헤드로서, 1개당 방호면적이 표준형 헤드보다 훨씬 넓은 공간의 화재를 제어하기 위하여 개발된 헤드로서 방호면적은 정사각형으로 적용하며 표준반응 또는 조기반응의 감도특성을 갖는 헤드이다.

2) 포용 확장형 헤드는 표준형 분사헤드나 측벽형 헤드보다도 더 넓은 면적을 방호할 수 있으므로 헤드 수량도 줄어드는 장점이 있다. 그러나 반면에 포용 확장형 헤드의 단점은 사용하는 장소의 구조(장애물과 관련된)에 따라 제한을 받는다는 것이다. 왜냐하면 포용 확장형 헤드는 표준형 헤드에 비해 살수분포가 더 길고 넓게 이루어지므로 이와 같이 넓은 살수패턴은 다른 헤드보다 장애물이나 천장의 경사도에 매우 민감하게 영향을 받기 때문이다. 따라서 NFPA에서는 포용 확장형 헤드를 설치할 수 있는 경사도 등에 대해 별도로 규정하고 있으며, 일반적으로 전체 방호면적에서 적절한 방수가 이루어지도록 완만한 경사를 갖는 균일천장(Smooth ceiling)이나 단면천장(Flat ceiling)에 국한하여 사용하여야 한다.[81]

7. 스프링클러헤드의 살수특성

(1) 소화의 원리와 Mechanism

스프링클러설비의 소화원리는 냉각소화(Extinguishment by cooling)가 주체이며 보조적으로 질식소화(Extinguishment by smothering)가 작용하여 소화하게 된다.

1) 소화의 원리

① 냉각소화 : 열에 의한 물 1kg의 기화잠열(氣化潛熱)은 100℃ 기준 약 539kcal로서, 헤드로부터 방사되는 물이 화재시 열에 의해 증발하면서 주위로부터 열을 탈취하게 되므로 연소의 한 요소인 점화에너지가 감소하게 되어 소화가 이루어진다. 이 경우에 필요한 소요수량은 화재시 실내의 온도, 헤드방사시간, 방사밀도(lpm/m^2), 물방울 입자의 크기와 관련이 있다. 화재시 실내온도가 올라갈수록 기화가 촉진되며 수증기의 발생량이 증가하게 되므로, 화재 초기에 헤드가 방사될 경우에는 필요한 소요수량을 감소시킬 수 있다. 또한 방사밀도가 클 경우는 소화효과 이외 주위의 가연물을 적시게 되어 주위 가연물의 연소를 지연시키게 되며, 물방울의 입자가 작을수록 물의 표면적이 증가하므로 기화를 촉진시키게 된다.

---

81) NFPA 13(2022 edition) 11.2.1(Extended coverage sprinklers)

② 질식소화 : 물이 기화할 경우 체적대비 약 1,600배 이상의 부피로 팽창하여 수증기를 발생시키므로 이로 인하여 주위로부터의 산소공급을 차단하거나 희석시키게 하고 연소가 진행되는 경우 화심(火心) 속에서 산소의 공급이 차단되어 연소를 억제시켜 준다.

2) **소화의 Mechanism** : NFPA 13[82]에서는 스프링클러헤드를 구분할 경우 헤드에 대한 특성을 화재제어(Fire control)와 화재진압(Fire suppression)의 능력에 따라 이를 구분하고 있다. 이는 결국 스프링클러의 소화 Mechanism은 "화재제어"와 "화재진압"에 기인한다는 의미이다.

① 화재제어(Fire control) : 헤드에서 살수시 가연물에 도달하는 살수량 및 살수분포가 직접 화심 속으로 침투하는 비율이 낮은 경우 연소속도(Burning rate)와 열방출률(Heat release rate)을 급격히 감소시키지는 못하지만, 화재발생 주변에서는 열방출률을 억제하거나 제한시켜 화세를 줄여 주고 연소시 화염에 의해 확산되는 화재시의 온도를 감소시켜 온도의 상승을 제한하고 주변의 구조물에도 손상이 되지 않도록 천장의 가스온도를 제어하는 특성을 뜻한다. 이는 직접소화보다는 화재의 규모를 제한하고, 화재가 성장하고 전파하는 것을 방지하는 것이 주 목적으로 일반적인 헤드는 화재제어 기능에 중점을 둔다.

② 화재진압(Fire suppression) : 불을 끄는 과정 중에 물에 의해 완전히 연소가 중단되는 소화의 개념으로 화염과 연소 중인 연료표면에 충분한 양의 물을 직접 방사하여 가연물로부터 발생되는 열방출률을 급격히 감소시켜 화재를 억제하고 연소를 정지시켜 소화되는 과정을 말한다. 헤드에서 살수시 물방울의 입자가 화재시 발생하는 화염의 부력을 이기고 화염 속으로 침투하여 가연물까지 도달하게 되면 이러한 효과는 더욱 커지게 된다. 즉, 물방울이 화염 속을 통과하면서 일부는 기화하여 열을 탈취하게 되며 수증기에 의한 외부의 산소공급을 차단시켜 준다. 이로 인하여 온도가 내려가면서 가연성 가스의 발생량이 줄어들고 최종적으로 화염 속을 침투한 물방울은 약해진 연소면을 적시어 열발생을 직접적으로 감소시켜 소화에 이르게 한다.

> **보충 자료**
>
> 1. 연소속도(Burning rate) : 화재시 연소되어 소비되는 단위시간당 가연물의 양을 말한다.
> 2. 열방출률(Heat release rate) : 화재시 발생하는 열에너지의 방출속도로서 이는 화재발생 장소의 가연물 조건, 헤드에서의 살수되는 방사압과 방사량, Flash over의 발생여부와 관련이 있다.

---

82) NFPA 13(2022 edition) 3.3.78 & 3.3.81

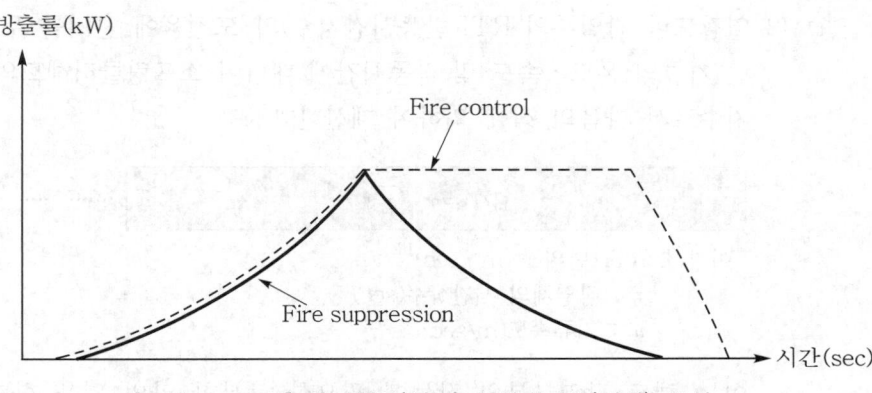

[그림 1-4-21] 화재진압(실선)과 화재제어(점선) 곡선

3) 결론 : 헤드에서 물이 방사되는 경우 물에 의한 소화 Mechanism은 다음과 같은 화재진압과 화재제어 기능이 복합된 과정으로 구성되어 다음과 같이 이루어지게 된다.

① 화염 속을 침투한 물방울이 연소면에 직접 작용하여 열을 탈취함으로서 점화에너지를 감소시켜 준다.

② 가연물에 물을 직접 방사하여 온도가 내려갈 경우 열에 의한 가연성 분해가스의 발생을 억제시켜 준다.

③ 열에 의해 기화된 물이 주위로부터 열을 탈취하여 연소물 주변의 온도를 낮추는 역할을 한다.

④ 열에 의해 물이 기화하여 발생한 수증기가 화열로부터 가연물에 영향을 주는 복사열을 차단시켜 준다.

⑤ 기화시 발생하는 다량의 수증기에 의해 주위의 공기가 화심 속으로 공급되는 것을 제한시켜 준다.

⑥ 가연물 주위를 물로 미리 적셔 더 이상의 화재가 확산되는 것을 억제시켜 준다.

(2) RTI(반응시간지수) 및 감도

1) 개념

① 스프링클러헤드에서 가장 중요한 특성은 화재시 열을 감지하는 헤드의 열감도(Thermal Sensitivity)로서 열감도의 개념은 열응답에 대한 헤드의 민감도를 "반응시간지수(Response Time Index ; RTI)"라는 개념을 도입한 것으로 이러한 특성에 대해서는 미국의 FMRC(Factory Mutual Research Corporation)와 영국의 F.R.S(Fire Research Station)에 의해 시험 연구결과 측정방법 및 관련이론이 1980년대 후반에 성립되었다.

② 열감도란 감열부의 RTI(반응시간지수)와 도전율에 근거를 두고 있으며, RTI 란 기류의 온도·속도 및 작동시간에 대하여 스프링클러헤드의 반응을 예상한 지수로서 다음의 식에 의하여 계산한다.

$$RTI = \tau \sqrt{u}$$ ·················· [식 1-4-2]

여기서, RTI 단위 : $(m \cdot sec)^{1/2}$
　　　　τ : 감열체의 시간상수(sec)
　　　　u : 기류속도(m/sec)

이는 헤드 감열부분의 작동에 필요한 충분한 양의 열을 화재시 주위로부터 얼마나 빠른 시간 내에 흡수할 수 있는지의 척도로서 화재시 기류의 온도 및 가열된 공기의 속도에 따라 결정된다. RTI가 작을수록 헤드가 개방되는 온도에 일찍 도달하게 되므로 헤드가 조기에 반응하게 된다. RTI를 검토하는 것은 동일한 화재조건에서 헤드의 종류에 따라 반응시간의 차이를 평가하기 위한 것으로 헤드 자체의 성능에 따라 반응시간이 달라질 수 있으며 그에 따라 헤드의 분류와 사용목적을 달리할 수 있기 때문이다. 국내의 경우도 스프링클러헤드 형식승인 기준[83]에 RTI에 대한 감도시험기준이 제정되어 있다.

2) RTI의 기준

① ISO기준[84]에서는 표준형 스프링클러헤드의 감도를 RTI값에 따라 표준반응(Standard response), 특수반응(Special response), 조기반응(Fast response)의 3가지로 구분하며 다음 그래프에서 x축의 C값은 열전도계수(Conductivity factor)로서 단위는 $(m/sec)^{1/2}$이 된다. 열전도계수란 헤드의 감열체가 주위로부터 흡수된 열량과 방출되는 열손실량에 대한 특성치이다. 현재 국내 형식승인에서는 헤드에 대한 RTI 산정시 열전도계수 C를 고려하지 않고 있으나 보다 정확한 헤드의 작동시간을 예측하려면 C를 적용하여 RTI를 산출하여야 하며 스프링클러헤드의 형식승인 및 제품검사의 기술기준 제13조에서는 다음과 같이 규정하고 있다.

㉮ 표준반응(Standard response)의 RTI값은 80 초과 350 이하이어야 한다.
㉯ 특수반응(Special response)의 RTI값은 51 초과 80 이하이어야 한다.
㉰ 조기반응(Fast response)의 RTI값은 50 이하이어야 한다.

---

83) 스프링클러헤드의 형식승인 및 제품검사의 기술기준 제13조(감도시험)
84) ISO 6182-1(Fire protection-automatic sprinkler systems) : Sensitivity classification of sprinkler head

특수반응이란 이 범위에 속하는 헤드를 특수형 스프링클러헤드(Special sprinkler)라고 한다. 특수형 헤드란 특정된 위험이나 건축물의 방호목적을 위하여 사용하는 헤드로서 이는 반드시 등록되고 그 성가를 평가받아야 한다. 또한 특수형 헤드는 화재시험성능, 살수분포, 열감도 등을 평가받아 다양한 제품을 개발할 수 있으나 $K-$factor와 표시온도기준은 준수하여야 한다.

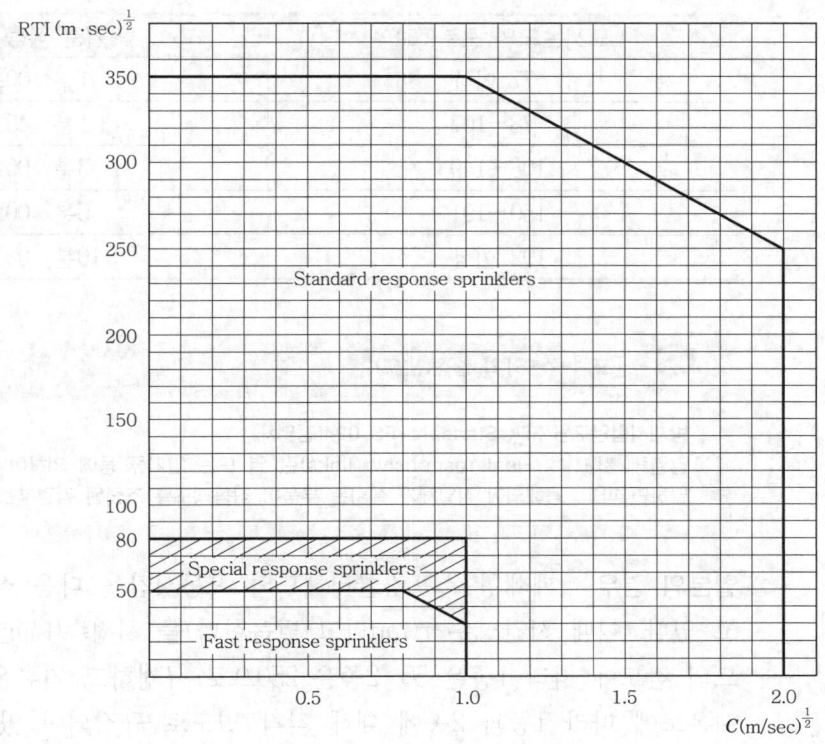

[그림 1-4-22] 스프링클러헤드의 RTI 범위

② 스프링클러설비의 헤드 감열부에서 RTI를 시험할 경우에는 시험용 오븐 속의 가열된 층류(層流)에 헤드를 넣고 측정하며, RTI의 계산에 필요한 항목을 NFPA에서는 다음과 같이 제시하고 있다.[85]

㉮ 헤드의 작동시간(The operating time of the sprinkler)

㉯ 헤드 감열부의 작동온도(The operating temperature of the sprinkler's heat responsive element)

㉰ 시험오븐의 공기온도(The air temperature of the test oven)

㉱ 시험오븐의 공기속도(The air velocity of the test oven)

㉲ 헤드의 열전도계수(The sprinkler's conductivity C factor)

---

85) NFPA 13(2022 edition) A.3.3.215.2 General sprinkler characteristics

3) 헤드의 작동시간

① **국내의 경우** : 형식승인 기준에는 스프링클러헤드의 표시온도별 기준 작동시간에 대한 기준이 없으나 방재시험연구원의 인증기준에서는 표시온도별 작동시간을 다음과 같이 규정하고 있다.

[표 1-4-6] 헤드의 표시온도별 작동시간

표시온도의 구분(°C)	기준 작동시간
77 이하	1분 00초
78~107	1분 45초
108~149	3분 00초
150~191	5분 00초
192 이상	10분 00초

[표 1-4-6]의 출전(出典)

방재시험연구원 Filk Standard FS 024(감열체)
감열체(感熱体 ; Heat responsive links)란 열 또는 열기류 등에 의하여 일정한 온도에 도달하면 파괴, 용해되어 감열체가 설치된 부품이 작동되도록 조립된 감열부품 일체를 말한다.

② **일본의 경우** : 폐쇄형 스프링클러헤드의 작동시간을 다음 식과 같이 적용하고 있다. 이때 시간상수 τ(tau라고 발음한다)를 시정수(時定數)라고 하여 헤드의 감도에 따라 1종은 50, 2종은 250으로 규정하고 기류온도는 헤드별 표시온도에 따라 1종과 2종에 대해 각각 별도로 규정되어 있다. 따라서 항목별 데이터를 측정함으로서 해당 식을 이용하여 화재시 헤드의 동작시간을 예측할 수 있다.

$$t = \tau \log_e \left(1 + \frac{\theta - \theta_r}{\delta}\right)$$ ················ [식 1-4-3]

여기서, t : 헤드 작동시간(sec)
  τ : 시정수(시간상수) (sec)
  θ : 헤드의 표시온도(°C)
  θ_r : (시험기에) 투입 전 헤드의 온도(°C)
  δ : 기류온도와 표시온도의 차(°C)

(3) RDD와 ADD

1) **헤드의 특성** : 스프링클러헤드의 소화 과정은 화재제어와 화재진압 능력으로서 "화재제어(Fire control)"란 헤드에서 방사되는 물이 화재실의 연소속도(Burning rate)를 감소시키고 주위 가연물에 미리 방수함으로서 화재규모를 제한시키며 화재실 내 화면 상부의 온도를 제어하는 조치이다. 이에 비하여 "화재진압(Fire extinguishment)"이란 연소 중인 가연물 표면과 불꽃에 충분한 양의 물을 방사하여 물방울이 화심(火心)을 뚫고 침투하여 화재시 열방출률을 경감시키고 재발화를 방지하여 소화에 이르게 하는 조치이다. 이와 같이 화재를 제어하고 진압하는 능력을 나타내는 헤드의 특성에는 다음과 같은 요소와 연관이 있다.[86]

① **열 감도(Thermal sensitivity)** : RTI에 대한 사항을 뜻한다.

② **온도등급(Temperature rating)** : 화재시 작동되는 헤드의 표시온도를 뜻한다.

③ **오리피스 구경(Orifice size)** : 헤드의 오리피스 구경은 살수시 물방울의 크기 및 살수밀도와 관련되어 있다.

④ **설치 방향(Installation orientation)** : 상향형, 하향형, 측벽형 등의 헤드 설치 방향에 따라 헤드에서 살수되는 살수 패턴(Pattern)이 달라진다.

⑤ **살수특성(Water distribution characteristics)** : 헤드의 살수특성은 대표적으로 헤드방사량을 말하며 이 외에도 벽의 조건 등이 해당한다.

⑥ **특수한 적용조건(Special service condition)** : 특수한 적용조건이란 특수한 환경에서 사용하기 위한 목적을 가지고 있는 헤드의 특성으로서 예를 들면 내식성 헤드(Corrosion resistant sprinkler), 랙크식 창고형 헤드(Rack storage sprinkler), 드라이 펜던트 헤드(Dry pendent head) 등이 해당된다.

2) **RDD와 ADD의 개념**

① **RDD(Required Delivered Density ; 필요방사밀도)** : 화재진압에 필요한 물의 양을 뜻하며 소방대상물의 화재하중(荷重)(Fire load) 및 화재가혹도(苛酷度)(Fire Severity)에 관련된 사항으로, 화재시 소화를 시키기 위한 연소물 표면에서 필요로 하는 방사밀도가 된다. 이는 "소화가 되기 위해 연소물 표면에서 필요로 하는 방사량(lpm) ÷ 연소물 상단의 표면적(m^2)"에 해당하는 값이다. 이는 소방대상물의 용도 및 화재하중에 따라 스프링클러 시스템에 필요한 방사량이 되며 결국 RDD는 헤드 작동 당시의 화재의 크기에 따라 정해진다.

---

86) NFPA 13(2022 edition) 3.3.215.2 General sprinkler characteristics

화재가혹도

Fire severity란 화재실에서의 화재의 세기를 나타내는 척도로서 화재실에서 최성기의 온도와 그 온도의 지속시간에 따라 결정되며 화재가혹도가 크면 화재로 인한 건물에 피해를 크게 미치게 된다.

② ADD(Actual Delivered Density ; 실제방사밀도) : 이에 비해 ADD란 헤드로부터 방사된 물이 화면에 실제 도달한 양을 뜻하며 화재시 소화작업에 이용되는 실제방사밀도로 스프링클러헤드의 방사형태와 관련된 것이다. 이는 "화재시 화심(火心) 속으로 침투하여 실제로 연소물 표면에 도달된 방사량($l$pm)÷연소물 상단의 표면적(m^2)"에 해당하는 값이다. 이는 화염(Fire plume)의 상승기류를 극복하고 통과하는 물방울의 투과율과 헤드의 평면적인 관계(살수패턴)의 최적성 여부를 판단하는 척도가 된다. 실험시에는 n−Heptane에 의한 연소 후 연소면 위쪽에 일정한 규격의 채수통을 설치하고 헤드에서 채수(探水)되는 통 안의 물높이(mm/min)로 물의 양을 측정한다. ADD와 관련된 요소는 화세의 강도·열방출률·물의 입자크기·물의 운동량 등이 된다.

3) RDD와 ADD와의 관계

① 스프링클러헤드의 반응이 빠를수록(즉, RTI가 작을수록) 조기에 살수가 되므로 RDD는 작아지고 ADD는 증가하게 된다. 반대로 헤드의 반응이 느릴수록(즉, RTI가 클수록) RDD는 커지고 ADD는 작아지게 된다.

② ADD가 RDD보다 작을 경우는 헤드에서 방사되는 것은 조기화재 진압(Early suppression)에 영향을 주지 못한다. 그러므로 조기에 화재를 진압하기 위해서는 ADD가 RDD보다 커야 하며 이와 같이 스프링클러설비에서의 조기진압을 위한 헤드의 특성은 RTI, ADD, RDD의 성능을 만족하여야 한다.

RTI	헤드의 열감도	RDD	ADD	조기진화 조건
작아질수록 ➡	빨라진다	더 작아진다	더 커진다	ADD > RDD
커질수록	늦어진다	더 커진다	더 작아진다	

③ 일반적인 화재발생시 다음 그래프에서 RDD는 시간이 경과될수록 화세가 확대되므로 더 많은 주수(注水)를 필요로 하므로 시간에 따라 증가하게 된다. 그러나 ADD의 경우는 시간이 지나면 확대된 화세로 인하여 화염 주위로 물방울이 비산되거나 증발하는 양이 증가하게 되어 실제 화심 속으로 침투하는 양은 줄어들게 되며 또한 시간이 지날수록 연소면 주변의 헤드가 개방하게 되므로 고정된 수원량일 경우 연소면에서의 실제 방사밀도는 상대적으로

줄어들게 된다. 따라서 화재시 조기에 진화가 될 수 있는 조건은 ADD ≧ RDD인 빗금 친 영역이 되며 RDD 및 ADD의 단위는 (lpm/m^2)이다. 다만, 이는 헤드에서 최초로 방사된 물이 연소 중인 가연물에 도달한다는 것을 가정한 것으로 따라서 ESFR(화재조기 진압용) 헤드의 경우는 살수장애를 최소화하여야 한다. 국내 형식승인 기준에서는 ESFR 헤드의 경우에 한하여 ADD를 시험하도록 규정하고 있으며 형식승인 기준에서는 ADD를 "실제살수밀도"로 표현하고 있다.

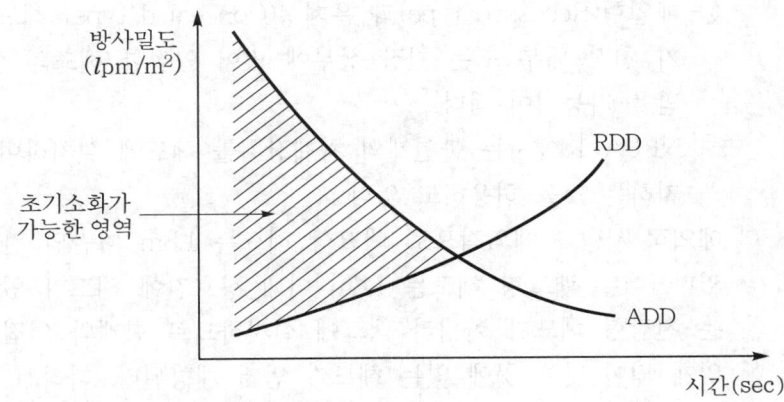

[그림 1-4-23] ADD와 RDD의 관계

(4) 헤드의 개방 지연현상

화재시 스프링클러헤드의 배치간격, 헤드를 부착한 천장면의 구조, 화재가 진행되는 강세, 헤드 부품의 불량 등에 따라 헤드 개방이 지연되는 다음과 같은 현상이 발생할 수 있다.

1) 스키핑(Skipping)현상

① 개념 : 헤드 간 배치가 너무 가까울 경우는 인접한 개방 헤드에서 살수되는 물이 미개방상태의 헤드를 냉각시켜, 개방된 헤드 주변에 있는 헤드의 개방을 지연시키는 현상을 말한다. NFPA 13에서는 "스프링클러헤드의 작동요소에 영향을 미쳐서 헤드의 작동을 지연시키거나 방해하는 현상인 냉각에 의한 미작동"이라고 표현하고 있다. 즉, 화재시 먼저 개방된 헤드에서의 살수가 상승하는 열기류를 타고 인접 헤드를 적시게 되어 인접 헤드가 냉각되고 작동온도가 낮아져 헤드 개방이 지연되는 현상이 발생하게 된다.

② 발생 원인에 따른 대책

㉮ 이는 헤드가 너무 근접되어 발생하는 것으로 이를 방지하기 위하여 NFPA 13에서는 위험용도(Hazard occupancy)와 헤드 종류에 따라 헤드 간 최소

간격(Minimum distance between sprinklers)이 지정되어 있다. 표준형 헤드의 경우 최소간격은 1.8m(6ft)로 이는 실험에 의해 스키핑현상이 발생하지 않는 최소한의 헤드 간 간격이 된다. 국내 화재안전기준에서는 헤드의 최소간격 개념이 없이 헤드의 수평거리만 규정하고 있으나, 국내의 경우도 향후 헤드 간 최소간격 기준을 도입할 필요가 있다. NFPA에서는 헤드 간 수평거리 개념이 없으며 헤드별로 최소거리와 최대거리에 따라 헤드 1개당 방호면적(Head protection area)을 산출하고 있다.

ⓝ 매입형(Recessed type)과 은폐형(Concealed type) 헤드의 경우는 감열부가 천장 내부 또는 천장 상부에 있어 인접한 헤드의 살수개시에 영향을 받을 가능성이 적다.

ⓓ NFPA 13에서는 불연재의 차폐장치를 헤드에 설치하여 스키핑현상을 방지하는 것을 허용하고 있다.

③ 예외적 사항 : 예외적으로 랙크형 헤드는 1.8m 미만의 간격으로 설치할 수 있다. 이는 랙크형 헤드는 1.8m 이내 상호간에 헤드가 있어도 열이 축적되는 천장형 헤드가 아니라 랙크에 설치하므로 화재와 인접한 위치에 헤드가 있게 되어 낮은 곳에 있는 헤드가 먼저 개방된다. 따라서 살수되는 물에 의한 냉각으로 헤드가 미개방되는 현상에 영향을 받지 않는다.

2) 콜드 솔더링(Cold soldering) 현상

① 개념

ⓐ NFPA 13에서는 콜드 솔더링도 스키핑현상에 포함되는 개념으로 보며 물로 인한 헤드 개방의 지연현상이기에 동일한 현상으로 달리 표현하지 않는다. 그러나 국내의 경우는 일본에서 사용한 개념을 그대로 준용하여 국제적이지 않은 우리만의 용어로 "콜드 솔더링" 용어를 사용하고 있다. 국내 및 일본에서 적용하는 콜드 솔더링 현상은 유리벌브 헤드에서는 발생하지 않으며, 플러시 헤드에서 대부분 발생하고 있다.

ⓑ 국내에서 콜드 솔더링 발생 요인은 습식설비에서 플러시 헤드의 구조와 관련이 있다. 즉, 플러시 헤드의 경우는 헤드를 개방시켜주는 가용합금이 외기에 면하는 것이 아니라 감열부의 판 내부에 있는 복잡한 구조로 저성장화재일 경우 납으로 융착(融着 : 열에 의해 둘 이상의 도체를 물리적으로 접합시킨 것)시킨 가용합금이 서서히 녹으면서 틈새로 누수가 발생하고 이로 인하여 감열부를 적시면서 헤드 개방을 지연시키거나 개방 자체가 불가능하게 되는 현상을 말한다.

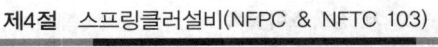

② 발생원인에 따른 대책

㉮ 소방산업기술원에서는 콜드 솔더링 현상에 대한 논란으로 인하여 UL Standard 199의 31.3에서 규정한 Room heat test를 참고하여 2022. 9. 21. 열반응시험을 다음과 같이 신설하였다. 이에 따라 하향식의 퓨지블링크 타입의 폐쇄형 헤드는 표시온도 구분에 따라 헤드 개방여부에 대해 직접 열반응시험을 실시하여 규정된 작동시간 내에 헤드 개방이 이루어져야 한다.

㉯ 열반응시험(스프링클러헤드의 형식승인 및 제품검사의 기술기준 제13조의 2) : 퓨지블링크 구조의 폐쇄형 헤드(상향형 헤드는 제외한다)는 별도 15의 장치에 헤드를 설치하여 열반응시험을 실시하는 경우 아래 표에서 정한 기준에 적합하여야 한다.

표시온도		작동시간
표준반응형 헤드	57~77℃	231초 이하
	79~107℃	189초 이하
조기반응형 헤드		75초 이하

3) 로지먼트(Lodgement : 헤드 걸림) 현상

① 개념 : 헤드걸림현상이란, 헤드의 감열부가 열기류에 의해 탈락시 부품의 일부가 내부나 반사판(디플렉터) 등에 걸려 살수장애가 발생하는 현상을 말한다. UL Standard 199의 32(Operation-Lodgement test)에서는 헤드걸림시험에 대해 시험압력별로 공급 수량과 표본 테스트 헤드수가 규정되어 있다.

② 발생원인에 따른 대책 : 국내에서는 헤드걸림현상을 방지하기 위해 스프링클러헤드의 형식승인 기준에서 제12조의 2(걸림작동시험)를 2017. 12. 28. 신설하여 헤드걸림현상 여부를 확인하고 있다. 이는 소정의 시험장치에 헤드를 설치하여 0.1, 0.4, 0.7, 1.2MPa의 수압을 각각 가하여 작동시킬 경우 분해되는 부품이 걸리지 않아야 한다. 이후 동 기준을 좀 더 강화하여 선진화된 헤드 기준을 정립하고자 2022. 9. 21. 걸림작동시험을 다음과 같이 개정하였다. 개정된 조문에 따르면 부품의 헤드걸림 방지 외에 부품이 변형되거나 파손되지 않아야 한다.

변경 전 기준 (2017. 12. 28. 제정)	(전략) 수압을 각각 가하여 작동시킬 때, 분해되는 부품이 걸리지 말아야 한다.
변경 후 기준 (2022. 9. 21. 제정)	(전략) 수압을 각각 가하여 작동시키는 경우 분해되는 부품이 걸리지 말아야 하며, 반사판 등 분해되지 않는 부품은 변형 또는 파손이 되지 않아야 한다.

㊊ 스프링클러헤드의 형식승인 및 제품검사의 기술기준 제12조의 2(걸림작동시험)

(5) 방사압과 방사량

1) **방사압과 상한압의 개념** : 스프링클러설비는 화재를 유효하게 제어하고 소화할 수 있도록 설계되어야 하며 화재시 스프링클러헤드의 물방울이 화염을 뚫고 침투하여 연소면까지 도달하여야 소화효과가 발생하게 된다. 이때 디플렉터에 부딪힌 물방울은 순간적으로 속도가 떨어지며 물방울 무게로 인해 낙하하며, 물방울의 입자에 따라 화재시 화염에 의해 증발하거나, 물방울이 확산되어 소화에 이르지 못하게 된다.

따라서 물방울입자가 일정한 크기 이상이 되어야 방사압력에 따라 화염을 이기고 침투하여 소화시키게 된다. 이와 같이 소화효과를 증대시키기 위해서는 물방울입자의 크기·방사압력·방사량이 중요한 3가지 인자가 된다. 실험에 의하면 0.1MPa의 압력에서 가장 이상적인 크기의 물방울입자가 형성되며, 1.2MPa 이상에서는 반사판(Deflector)에 부딪친 물방울의 크기가 너무 작아서 화염을 이기고 화염 속으로 침투할 수 없어 이를 상한압으로 정한 것이다.

2) **방사량과 K factor의 개념** : 스프링클러설비에서 방사압과 방사량과의 관계는 다음과 같다.

$$[\text{중력단위}]\ Q = K\sqrt{P}$$ ················· [식 1-4-4(A)]

여기서, Q : 방사량(l/min)
K : K factor
P : 방사압(kg/cm^2)

$$[\text{SI 단위}]\ Q = K\sqrt{10P}$$ ················· [식 1-4-4(B)]

여기서, Q : 방사량(l/min)
K : K factor
P : 방사압(MPa)

㈜ 1kg/cm^2≒0.098MPa이나 편의상 0.1MPa로 환산한 것임.

방사압과 방사량의 식에서 Q와 P는 변수이며 K는 상수값이므로 이는 결국 $y = a\sqrt{x}$ 의 함수가 되며, 방사압(x)에 따라 방사량(y)이 직선적으로 증가하는 것이 아니라 지수 함수적으로 증가하며 방사압과 방사량과의 그래프는 다음과 같다.

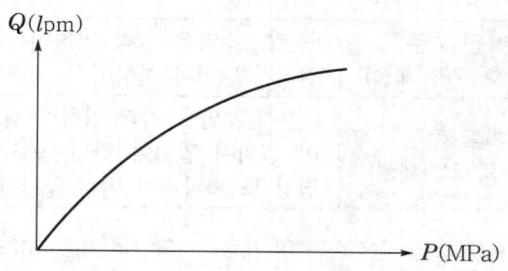

방사압이 증가되면 방사량도 증가되어 소화효과가 높아지나 반면에 물방울의 입자는 작아진다. 물방울의 입자가 너무 작거나 유속이 낮으면 화염에 의해 증발하거나 상승 기류로 인하여 비산되어 화염 속으로 침투하지 못하게 된다. [식 1-4-4(A)]에서 K factor는 $0.6597 \times C \times d^2$을 표현한 식이다(옥내소화전 : 소화전펌프의 토출량 기준 참조).

이를 스프링클러설비에 적용하면 공칭구경 15mm(1/2inch)의 표준형 Orifice 스프링클러헤드의 경우 오리피스 내경 $d=12.7$mm이며, 이때 방출계수 C(Coefficient of discharge)는 표준형 헤드일 경우 0.75로 적용한다(원칙적으로 헤드별로 제조사에서 제시한 값을 사용하여야 한다). 따라서 $Q=0.6597 \times 0.75 \times 12.7^2 \times \sqrt{P}$ $=79.8\sqrt{P} \fallingdotseq 80\sqrt{P(\mathrm{kg/cm^2})}$가 된다. 결국 헤드구경 15mm의 표준형 헤드 스프링클러설비의 K factor(표준형 헤드)는 80이 되는 것이다(SI 단위에서도 표준형 헤드의 K factor는 80으로 동일하다).

NFPA 13에서는 K factor의 범위를 15mm의 표준형 헤드에서 SI 단위로 76~84를 적용하고 있으며[87] 국내 형식승인 기준에서도 K factor를 방수상수(放水常數)라 칭하고 NFPA와 같이 76~84(=80±4)로 규정하고 있다. 또한 동 기준에서는 건식설비의 경우 K factor의 범위를 더 넓게 인정하고 있으며 헤드 방사압이 0.1MPa(1kg/cm²) 기준일 경우 K factor(표준형 헤드)의 기준은 다음 표와 같다.

[표 1-4-7] 스프링클러설비의 K factor

호칭경(mm)		10mm	15mm	20mm
K값	건식설비 이외의 경우	50(±3)	80(±4)	115(±6)
	건식설비의 경우	50(±5)	80(±6)	115(±9)

[표 1-4-7]의 출전(出典)

스프링클러헤드의 형식승인 및 제품검사의 기술기준 제14조

---

87) NFPA 13(2022 edition) Table 7.2.2.1 Sprinkler discharge characteristics identification

3 수원의 기준

1. 주 수원(1차 수원) : 제4조 1항(2.1.1)

(1) 기준

1) 폐쇄형 스프링클러헤드를 사용하는 경우

① 스프링클러설비 설치장소별 헤드의 기준개수[헤드의 설치개수가 가장 많은 층(아파트의 경우에는 설치개수가 가장 많은 세대)에 설치된 헤드의 개수가 기준개수보다 작은 경우에는 그 설치개수를 말한다]에 1.6m³를 곱한 양 이상이 되도록 할 것

② 층수가 30층 이상 50층 미만은 3.2m³, 50층 이상은 4.8m³를 곱한 양 이상이 되도록 할 것[NFPC 604(고층건축물) 제6조 1항/NFTC 604 2.2.1]

[표 1-4-8] 스프링클러설비의 기준개수 : 제4조 1호(NFTC 표 2.1.1.1)

스프링클러설비 설치장소			기준개수
지하층을 제외한 층수가 10층 이하인 소방대상물	공장 또는 창고 (랙크식 창고 포함)	특수가연물을 저장 취급하는 것	30개
		그 밖의 것	20개
	근린생활시설·판매시설·운수시설 또는 복합건축물	판매시설 또는 복합건축물(판매시설이 설치된 복합건축물을 말한다)	30개
		그 밖의 것	20개
	그 밖의 것	헤드의 부착높이가 8m 이상	20개
		헤드의 부착높이가 8m 미만	10개
아파트			10개
지하층을 제외한 층수가 11층 이상인 소방대상물(아파트를 제외한다)·지하가 또는 지하역사			30개

비고 하나의 소방대상물이 2 이상의 스프링클러헤드의 기준개수란에 해당하는 때에는 기준개수가 많은 난을 기준으로 한다. 다만, 각 기준개수에 해당하는 수원을 별도로 설치하는 경우에는 그러하지 아니한다.

2) 개방형 스프링클러헤드를 사용하는 경우 : 스프링클러설비의 수원은 최대방수구역에 설치된 헤드의 개수가 30개 이하인 경우에는 설치 헤드수에 1.6m³를 곱한 양 이상으로 하고, 30개를 초과하는 경우에는 규정에 의해 산출된 가압송수장치의 1분당 송수량의 20을 곱한 양 이상이 되도록 할 것

(2) 해설

1) 기준개수의 개념

① 기준개수란 스프링클러설비가 설치된 소방대상물에서 화재실의 화재하중과 화재가혹도(최성기의 온도와 지속시간)에 따라 소요되는 소요급수량 및 살수밀도의 대소를 근거로 제정한 것이다. 즉, 화재시에는 기준개수의 헤드가 동작한다고 가정하고 이에 따른 소요수량을 수원량으로 하며, 기준개수의 헤드가 동작할 경우 개방된 헤드에서 80$l$pm의 방사량이 발생하도록 펌프의 토출량을 정하는 기준이 된다. 따라서 화재하중이나 화재가혹도가 비교적 큰 특수가연물 저장·취급장소, 판매시설, 지하가, 고층건물 등의 경우는 기준개수를 30개로 적용한 것이다.

② 기준개수 적용시 NFTC 표 2.1.1.1 상단에 있는 용도에 대한 제목을 구 기술기준에서는 "소방대상물"로 규정하였으나 2004. 6. 4. NFSC 도입시 이를 "스프링클러설비 설치장소"로 현재와 같이 개정하였다. 이는 헤드의 기준개수 적용을 소방대상물(건물용도 단위)별로 적용하는 것이 아니라 헤드를 설치하는 장소의 당해 용도(설치용도 단위)에 따라 적용하도록 한 것이다. 물론 한 건물에 2 이상의 기준개수가 적용되는 용도의 경우에는 기준개수가 큰 수치를 그 건물의 기준개수로 적용하여야 하되, 수원을 분리한 경우는 수원별로 각각의 기준개수를 적용한다.

2) 기준개수의 근거

① 기준개수의 근거는 일본소방법[88]을 준용한 것으로 국내와 달리 일본은 표준형 헤드(일반형 헤드)와 고감도형 헤드(속동형 헤드)로 구분하여 소방대상물의 용도 및 층수에 따라 기준개수를 10개(고감도형은 8개), 15개(고감도형은 12개), 20개(고감도형은 16개), 30개(고감도형은 24개)의 4단계로 구분한다. 이와 같이 표준형 헤드는 5의 배수로, 속동형 헤드인 고감도형 헤드는 4의 배수로 기준개수를 적용하고 있다.

② 일본의 경우 기준개수 이외에 건식이나 준비작동식의 경우는 기준개수의 50%를 할증하여 기준개수의 1.5배로 적용한다. 할증을 하는 이유는 건식이나 준비작동식의 경우 살수개시까지의 소요시간 증가에 따른 안전율을 감안하여 충분한 수원량을 확보하도록 한 것이다. 특히 화재하중이 높은 랙크식 창고는 NFPA 13을 참고하여 수용물품에 따라 I~IV단계로 등급을 정하여 I~III등급은 30개(고감도형은 24개), IV등급은 20개(고감도형은 16개)로 적용하고 있다.

[88] 일본소방법 시행규칙 제13조의 6 제1항 1호

3) 화재안전기준의 수원량 요약

① 폐쇄형 헤드를 사용하는 경우

[표 1-4-9] 폐쇄형 헤드의 수원량 기준

스프링클러설비의 설치장소		수원의 양(m³)
아파트	세대별 최대설치헤드수 < 기준개수	설치개수 × 1.6m³
	세대별 최대설치헤드수 ≧ 기준개수	기준개수 × 1.6m³
아파트 이외의 용도	층별 최대설치헤드수 < 기준개수	설치개수 × 1.6m³
	층별 최대설치헤드수 ≧ 기준개수	기준개수 × 1.6m³
고층건축물	층수가 30층 이상 50층 미만	기준개수 × 3.2m³
	층수가 50층 이상	기준개수 × 4.8m³

> 🔍 **아파트의 경우**
>
> 아파트는 세대별로 헤드가 10개 이하인 경우가 많으므로 이 경우 기준개수는 10개가 아닌 세대별 헤드 수량이므로 수원의 양을 절감할 수 있다.

② 개방형 헤드를 사용하는 경우

[표 1-4-10] 개방형 헤드의 수원량 기준

스프링클러의 설치장소		기준개수
최대방수구역 헤드수	헤드수 ≦ 30개	설치개수 × 1.6m³
	헤드수 > 30개	펌프 소요 토출량 × 20분

2. 옥상수조(2차 수원) : 제4조 2항(2.1.2)

산출된 유효수량 외 유효수량의 $\frac{1}{3}$ 이상을 옥상(스프링클러설비가 설치된 건축물의 주된 옥상을 뜻한다)에 설치해야 한다.

※ 옥상수조에 관한 관련사항은 옥내소화전설비편을 참고 바람.

4 스프링클러펌프의 양정 및 토출량

1. 펌프의 양정기준

펌프방식에서 가압펌프의 양정은 다음과 같이 적용한다.

> 펌프의 양정 : $H(\text{m}) = H_1 + H_2 + 10\text{m}$

여기서, H_1 : 건물의 실양정(낙차 및 흡입수두)(m)
H_2 : 배관의 마찰손실수두(m)

(1) 건물의 실양정(낙차 및 흡입수두) : H_1

최고위 말단에 설치된 헤드 높이로부터 수조 내 펌프의 흡수면까지의 높이를 뜻하며 따라서 H_1은 다음과 같다.

> $H_1(\text{m}) =$ 흡입 실양정(Actual suction head)＋토출 실양정(Actual delivery head)

이때 흡입 실양정이란 흡수면에서 펌프축 중심까지의 수직거리이며, 토출 실양정이란 최고위치에 설치된 말단의 헤드에서 펌프축 중심까지의 수직거리를 뜻한다. 따라서 H_1은 실양정(實揚程 ; Actual Head)을 의미한다.

(2) 배관의 마찰손실 : H_2

배관의 마찰손실수두 H_2는 다음과 같이 구분할 수 있다.

> $H_2(\text{m}) =$ 직관(直管)의 손실수두＋각종 부속류 및 밸브의 손실수두

직관의 마찰손실을 구하는 이론식은 여러 방법이 있으나 소방 유체역학에서는 직관의 손실계산에서는 하젠－윌리엄스의 식을 사용한다. 그러나 부속류의 경우는 식에 의해 손실수두를 구할 수가 없으므로 부속류별로 배관의 등가(等價) 길이(Equivalent length)로 환산하여 직관으로 변환한 후 이를 부속류의 손실로 계산하여야 한다.

1) **국내의 경우 적용** : 국내에서 스프링클러설계시 사용하는 배관 또는 관부속류의 마찰손실 수두표는 일본의 동경 소방청 사찰편람(査察便覽), 미국의 NFPA Code, 기타 ASHRAE Handbook 등에 근거를 두고 있으나 각각의 Table이 통일되어 있지 않으며 국내 각 설계업체마다 출전이 불분명하거나 정확한 사용

지침이 지켜지지 않는 채 과거부터 사용해 오던 것을 답습하거나, 관행적으로 사용하고 있는 실정이다.

따라서 각 설계업체에서 사용하는 손실수두기준이 통일되어 있지 않으므로, 외국의 여러 기준을 참고로 하여 관련부처에서는 이에 대한 기준을 제정할 필요가 있다. 또한 소방의 선진화를 위해서는 수리계산을 원칙으로 하고 관련 프로그램이 국내에서도 시급히 개발되어야 한다.

아울러 국내의 각종 부속류 및 밸브류를 생산하는 제조업체는 공인기관에서 자사의 제품을 시험하여 모든 제품별로 등가길이를 제시하여 설계자가 설계시 이를 반영하도록 제시하여야 하나 국내는 이런 시도가 별로 없는 실정이다.

① 직관의 마찰손실

㉮ 수계산 방법

㉠ 직접 수계산을 하는 경우는 하젠-윌리엄스의 식을 이용하여야 하며 일반 강관(KS D 3507)의 경우 $C=120$으로 적용하고, 관경은 내경을 기준으로 적용하여야 한다.

따라서 중력단위의 식 $\Delta P_m(\text{kg/cm}^2) = 6.174 \times 10^5 \times \dfrac{Q^{1.85}}{C^{1.85} \times D^{4.87}}$ 에서 $C=120$, $D=$관경별로 내경수치를 대입하여 1m당 마찰손실압력을 호칭경별로 구하면 다음 표와 같다. 이를 실무에서 배관 1m당 마찰손실압력(kg/cm^2)의 Table로 사용하면 대단히 편리하다.

[표 1-4-11] 일반 강관의 관경별 마찰손실압력(1m당)

호칭경(mm)	내경(mm)	배관 1m당 마찰손실압력(kg/cm²)
25	27.5	$\Delta P = 8.6 \times 10^{-6} \times Q^{1.85}$
32	36.2	$\Delta P = 2.26 \times 10^{-6} \times Q^{1.85}$
40	42.1	$\Delta P = 1.08 \times 10^{-6} \times Q^{1.85}$
50	53.2	$\Delta P = 3.46 \times 10^{-7} \times Q^{1.85}$
65	69.0	$\Delta P = 9.75 \times 10^{-8} \times Q^{1.85}$
80	81.0	$\Delta P = 4.46 \times 10^{-8} \times Q^{1.85}$
100	105.3	$\Delta P = 1.24 \times 10^{-8} \times Q^{1.85}$
125	130.1	$\Delta P = 4.44 \times 10^{-9} \times Q^{1.85}$
150	155.5	$\Delta P = 1.86 \times 10^{-9} \times Q^{1.85}$
200	204.6	$\Delta P = 4.37 \times 10^{-10} \times Q^{1.85}$

ⓛ 하젠-윌리엄스의 식에서 D(mm)는 관의 내경을 의미하므로 내경으로 적용하여 공식을 계산하여야 하나 대부분 편의상 호칭경으로 계산하는 경우가 많다. 그러나 이러할 경우 실제 계산시 상당한 차이가 발생하게 되며 특히 압력배관용 탄소강관의 경우는 많은 차이가 발생하게 된다.

예를 들어 가장 많이 쓰이는 KS D 3507(일반 배관용 탄소강관)은 호칭경 25mm일 때 바깥지름은 34mm이나 두께가 3.25mm이므로 내경은 27.5mm가 된다. 또한 KS D 3562(Sch 40)의 경우 호칭경은 25mm이지만 두께는 3.4mm이므로 실내경은 27.2mm가 된다.

ⓒ 이에 대해 헤드 1개(80$l$pm)의 경우 KS D 3507(일반배관용 탄소강관)을 예로 들어 하젠-윌리엄스식을 적용하면 다음과 같다.

$$\Delta P_m = 6.174 \times 10^5 \times \frac{Q^{1.85}}{C^{1.85} \times D^{4.87}} \text{에서}$$

• 호칭경 25mm로 적용시 ⇨

$$\Delta P_m = 6.174 \times 10^5 \times \frac{80^{1.85}}{120^{1.85} \times 25^{4.87}} = 0.045 \text{kg/cm}^2$$

• 내경 27.5mm로 적용시 ⇨

$$\Delta P_m = 6.174 \times 10^5 \times \frac{80^{1.85}}{120^{1.85} \times 27.5^{4.87}} = 0.029 \text{kg/cm}^2$$

따라서 이 경우 1m당 관마찰손실 계산이 약 1.55배 정도 차이가 나게 된다. 일반강관이나 압력배관에 대하여 호칭경에 따른 내경은 다음과 같으며 국내(KS D)의 경우 일반 탄소강관에서는 일본(JIS)의 관경별 내경과 차이가 발생하므로 정확한 계산을 위해서는 반드시 국내 내경 수치로 적용하여야 한다.

[표 1-4-12(A)] 배관별 내경 : 국내기준(KS)　　　　(단위 : mm)

호칭경 (mm)	25	32	40	50	65	80	100	125	150	200	비고
일반강관	27.5	36.2	42.1	53.2	69.0	81.0	105.3	130.1	155.5	204.6	KS D 3507
압력배관 Sch 40	27.2	35.5	41.2	52.7	65.9	78.1	102.3	126.6	151.0	199.9	KS D 3562
압력배관 Sch 80	25.0	32.9	38.4	49.5	62.3	73.9	97.1	120.8	143.2	190.9	

[표 1-4-12(B)] 배관별 내경 : 일본기준(JIS)　　　(단위 : mm)

호칭경 (mm)	25	32	40	50	65	80	100	125	150	200	비고
일반강관	27.6	35.7	41.6	52.9	67.9	80.7	105.3	130.8	155.2	204.7	JIS G 3452
압력배관 Sch 40	KS D 3562(Sch 40)와 같다.										JIS G 3454
Sch 80	KS D 3562(Sch 80)와 같다.										

[표 1-4-12(C)] 일반강관의 경우 : 국내와 일본 내경의 차이　(단위 : mm)

호칭경 (mm)	25A	32A	40A	50A	65A	80A	100A	125A	150A	200A
KS D 3507 (내경)	27.5	36.2	42.1	53.2	69.0	81.0	105.3	130.1	155.5	204.6
JIS G 3452 (내경)	27.6	35.7	41.6	52.9	67.9	80.7	105.3	130.8	155.2	204.7
내경차 (mm)	+0.1	−0.5	−0.5	−0.3	−1.1	−0.3	0	+0.7	−0.3	+0.1

㈜ 내경차(mm)는 KS 내경을 기준으로 한 경우 일본 JIS 내경과의 차이를 말한다.

㉯ Table 이용방법 : 스프링클러 급수관의 마찰손실은 관경별로 하젠-윌리엄스의 공식을 이용하여 계산하는 것이 원칙이나, 스프링클러헤드의 경우 유량이 80*l*pm의 배수가 되는 특정한 값에 국한하여 적용하는 것이며, 또한 폐쇄형 헤드의 경우 펌프토출량의 적용은 기준개수가 10, 20, 30개로 규정되어 있으므로 수계산으로 적용할 경우에는 대부분 규약배관으로 다음의 표를 이용하여 직관의 손실을 구한다. 다만, 해당 표에서의 손실수두는 일본의 내경기준을 근거로 일본에서 사용하는 것으로 국내의 경우 일반강관은 일본과 내경기준이 다르나 Table을 이용하는 경우 오차범위 내 있으므로 적용시 무리가 없다고 생각된다.

[표 1-4-13(A)]의 경우는 강관의 기준으로 일본에서는 현재 스프링클러설비에 압력배관을 사용하기 위하여 2005년도에 삭제되었으나 국내에서는 아직도 관행적으로 이를 가장 많이 사용하고 있다.

[표 1-4-13(A)] 배관의 마찰손실수두(길이 100m당) JIS G 3452   (단위 : m)

Head 개수	토출량 (lpm)	25mm	32mm	40mm	50mm	65mm	80mm	100mm	125mm	150mm	200mm
1	80	28.36	8.10	3.85	1.19	0.35	0.15	·	·	·	·
2	160	102.23	29.19	13.86	4.30	1.28	0.55	0.15	·	·	·
3	240	216.44	61.81	29.35	9.11	2.70	1.16	0.32	0.11	·	·
4	320	368.54	105.25	49.97	15.51	4.60	1.98	0.54	0.19	·	·
5	400	556.88	159.04	75.51	23.43	6.95	3.00	0.82	0.29	0.12	·
6	480	780.27	222.83	105.80	32.83	9.73	4.20	1.15	0.40	0.17	·
7	560	·	296.37	140.72	43.66	12.95	5.58	1.53	0.53	0.23	·
8	640	·	379.42	180.15	55.90	16.57	7.15	1.96	0.68	0.30	·
9	720	·	471.79	224.01	69.50	20.61	8.89	2.43	0.85	0.37	0.10
10	800	·	573.32	272.21	84.46	25.04	10.80	2.96	1.03	0.45	0.12
11	880	·	683.87	324.70	100.75	29.87	12.88	3.53	1.23	0.53	0.14
12	960	·	803.31	381.41	118.35	35.09	15.13	4.14	1.44	0.63	0.16
13	1040	·	931.53	442.29	137.23	40.69	17.55	4.80	1.67	0.73	0.19
14	1120	·	·	507.28	157.40	46.67	20.13	5.51	1.92	0.83	0.22
15	1200	·	·	576.34	178.83	53.02	22.87	6.26	2.18	0.95	0.25
16	1280	·	·	649.43	201.51	59.75	25.77	7.05	2.45	1.07	0.28
17	1360	·	·	726.51	225.42	66.84	28.82	7.89	2.74	1.19	0.31
18	1440	·	·	807.54	250.57	74.29	32.04	8.77	3.05	1.33	0.34
19	1520	·	·	892.49	276.92	82.11	35.41	9.69	3.37	1.47	0.38
20	1600	·	·	981.33	304.49	90.28	38.93	10.66	3.71	1.61	0.42
21	1680	·	·	·	333.25	98.81	42.61	11.66	4.06	1.76	0.46
22	1760	·	·	·	363.20	107.69	46.44	12.71	4.42	1.92	0.50
23	1840	·	·	·	394.33	116.92	50.42	13.80	4.80	2.09	0.54
24	1920	·	·	·	426.64	126.50	54.55	14.93	5.19	2.26	0.59
25	2000	·	·	·	460.10	136.42	58.83	16.10	5.60	2.43	0.63
26	2080	·	·	·	494.73	146.69	63.26	17.31	6.02	2.62	0.68
27	2160	·	·	·	530.50	157.29	67.83	18.56	6.46	2.81	0.73
28	2240	·	·	·	567.43	168.24	72.55	19.86	6.91	3.00	0.78
29	2320	·	·	·	605.48	179.53	77.42	21.19	7.37	3.20	0.83
30	2400	·	·	·	644.68	191.15	82.43	22.56	7.85	3.41	0.89

[표 1-4-13(A)]의 출전(出典)

일본의 동경 소방청 사찰편람(査察便覽) 스프링클러설비 5.4.4 표 1에 당초 제시된 것으로 일반강관(JIS G 3452)을 사용하는 경우이나 압력배관을 사용하도록 하기 위하여 2005년(平成 17년) 6월 1일자로 삭제되었다.

[표 1-4-13(B)] 배관의 마찰손실수두(길이 100m당) JIS G 3454(Sch 40) (단위 : m)

Head 개수	토출량 (lpm)	25mm	32mm	40mm	50mm	65mm	80mm	100mm	125mm	150mm	200mm
1	80	30.45	8.32	4.03	1.22	0.41	0.18	·	·	·	·
2	160	109.76	30.00	14.53	4.38	1.48	0.65	0.17	·	·	·
3	240	232.39	63.53	30.76	9.28	3.12	1.37	0.37	0.13	·	·
4	320	395.69	108.17	52.38	15.79	5.32	2.33	0.62	0.22	·	·
5	400	597.92	163.45	79.15	23.87	8.04	3.51	0.94	0.33	0.14	·
6	480	837.76	229.01	110.90	33.44	11.26	4.92	1.32	0.47	0.20	·
7	560	·	304.59	147.50	44.47	14.97	6.55	1.76	0.62	0.26	·
8	640	·	389.94	188.83	56.94	19.17	8.36	2.25	0.80	0.34	·
9	720	·	484.88	234.80	70.80	23.84	10.42	2.80	0.99	0.42	0.11
10	800	·	589.22	285.33	86.04	28.97	12.67	3.40	1.21	0.51	0.13
11	880	·	702.84	340.34	102.62	34.55	15.11	4.06	1.44	0.61	0.16
12	960	·	825.60	399.79	120.55	40.59	17.75	4.77	1.69	0.72	0.18
13	1040	·	957.37	463.60	139.79	47.07	20.58	5.53	1.96	0.83	0.21
14	1120			531.72	160.33	53.98	23.61	6.34	2.25	0.95	0.24
15	1200	·		604.11	182.16	61.33	26.82	7.20	2.55	1.08	0.28
16	1280			680.72	205.26	69.11	30.22	8.12	2.88	1.22	0.31
17	1360			761.51	229.62	77.31	33.81	9.08	3.22	1.36	0.35
18	1440			846.45	255.23	85.94	37.58	10.09	3.58	1.52	0.39
19	1520	·	·	935.49	282.08	94.98	41.53	11.16	3.95	1.67	0.43
20	1600		·	·	310.16	104.43	45.67	12.27	4.34	1.84	0.47
21	1680				339.46	114.30	49.98	13.42	4.76	2.02	0.51
22	1760	·	·	·	369.96	124.57	54.47	14.63	5.18	2.20	0.56
23	1840				401.67	135.24	59.14	15.89	5.63	2.38	0.61
24	1920	·	·		434.58	146.32	63.98	17.19	6.09	2.58	0.66
25	2000				468.67	157.80	69.00	18.53	6.57	2.78	0.71
26	2080				503.94	169.68	74.20	19.93	7.06	2.99	0.76
27	2160	·	·	·	540.38	181.96	79.56	21.37	7.57	3.21	0.82
28	2240	·	·	·	577.99	194.61	85.10	22.86	8.10	3.43	0.88
29	2320	·	·		616.76	207.68	90.81	24.39	8.64	3.66	0.93
30	2400	·	·	·	656.68	221.11	96.69	25.97	9.20	3.90	0.99

 [표 1-4-13(B)]의 출전(出典)

일본의 동경 소방청 사찰편람(査察便覽) 스프링클러설비 5.4.4의 표 2에 제시된 것으로 Sch 40의 압력배관(JIS G 3454)을 사용하는 것이다.

② 부속류 및 밸브류의 마찰손실 : 부속류의 경우는 옥내소화전과 동일하며 관부속 및 밸브류의 상당 직관장을 고려하여 다음의 표로 적용한다. 직관 이외에 이러한 단면의 변화·관의 굴곡·밸브 및 관부속류에 의해 발생하는 손실을 총칭(總稱)하여 미소손실(Minor loss)이라 한다. 국내에서 가장 오래된 Table로서 관행적으로 가장 많이 사용하는 것은 [표 1-4-14]로서 ASHRAE Handbook에 근거하고 있는 것으로 알려져 있으나 출전을 현재 확인할 수 없으며 소화설비용이 아닌 위생설비용에 사용하는 것으로 전해지고 있다.

[표 1-4-14] 관부속 및 밸브류의 상당(相當) 직관장   (단위 : m)

관경	90° Elbow	45° Elbow	분류 Tee	직류 Tee	Gate 밸브	Ball 밸브	Angle 밸브	Check 밸브
25mm	0.90	0.54	1.50	0.27	0.18	7.5	4.5	2.0
32mm	1.20	0.72	1.80	0.36	0.24	10.5	5.4	2.5
40mm	1.50	0.90	2.10	0.45	0.30	13.5	6.5	3.1
50mm	2.10	1.20	3.00	0.60	0.39	16.5	8.4	4.0
65mm	2.40	1.50	3.60	0.75	0.48	19.5	10.2	4.6
80mm	3.00	1.80	4.50	0.90	0.63	24.0	12.0	5.7
100mm	4.20	2.40	6.30	1.20	0.81	37.5	16.5	7.6
125mm	5.10	3.00	7.50	1.50	0.99	42.0	21.0	10.0
150mm	6.00	3.60	9.00	1.80	1.20	49.5	24.0	12.0
200mm	6.50	3.70	14.00	4.00	1.40	70.0	33.0	15.0

㈜ 1. 위의 표의 Elbow, Tee는 나사접합을 기준으로 한 것이다(용접의 경우는 일반적으로 손실을 더 작게 적용한다).
2. Reducer는 45° Elbow와 같다(다만, 관경이 작은 쪽에 따른다).
3. Coupling은 직류 Tee와 같다.
4. Union, Flange, Socket은 손실수두가 미소하여 생략한다.
5. Auto 밸브(포소화설비), Globe 밸브는 Ball 밸브와 같다.
6. Alarm 밸브, Foot 밸브 및 Strainer는 Angle 밸브와 같다.

 [표 1-4-14]의 출전(出典)

ASHRAE Handbook를 출전으로 하는 것으로 알려져 있으나 이는 소화설비에 적용하는 것이 아니고 위생설비 배관 등에 사용하는 것이 원칙이다(국내에서는 관행상 규약배관 설계시 이를 가장 많이 사용하고 있다).

2) NFPA의 경우 적용

① **직관의 마찰손실** : 하젠-윌리엄스의 식을 이용하여 직관의 손실수두를 계산하며 C factor는 일반적으로 120으로 적용한다. 또 각종 손실수두표를 이용할 경우 C값이 이와 다른 경우는 환산계수(Conversion factor)를 수두값에 곱하여 변환된 값을 적용하여야 한다.

[표 1-4-15(A)] C factor(C=120을 기준으로 할 경우)

C의 값	100	120	130	140	150
환산계수	0.713	1.00	1.16	1.33	1.51

🔍 **[표 1-4-15(A)]의 출전(出典)**

NFPA 13(2022 edition) Table 28.2.3.2.1 C value multiplier

> 예 관경 100mm 90° 표준 엘보의 경우 C=120인 강관의 경우 등가길이가 3.05m라면, 준비작동식설비로 적용할 경우는 C=100으로 적용하게 된다. 따라서 이 경우는 위의 표에서 환산계수(Conversion factor)가 0.713이므로, 3.05m×0.713=2.17m로 등가길이를 적용하여야 한다.

② **부속류 및 밸브류의 마찰손실**

㉮ 각종 배관부속류 및 밸브류의 경우는 원칙적으로 제조업체에서 제시하는 등가길이 데이터를 우선적으로 적용하여야 한다. 예를 들면 건식밸브의 경우 미국 Viking사에서는 C=120일 경우 관경 80A → 등가길이 1.5m, 100A → 4.3m, 150A → 6.7m의 수치를 제시하고 있다. 이러한 제조사의 시험값이 제시되지 않을 경우는 공인된 데이터를 적용하여야 하며 NFPA 13에서는 다음 [표 1-4-15(B)]를 제시하고 있다.

㉯ 내경이 다른 경우는 다음의 식을 이용하여 환산된 계수 K를 등가배관 길이에 곱하여 사용하여야 한다.

이때 K를 등가길이 보정계수(Equivalent length modifier)라 한다.

$$K = \left(\frac{D_{\text{Act}}}{D_{\text{Sch 40}}}\right)^{4.87}$$ ·········· [식 1-4-5]

여기서, K : 등가길이 보정계수
D_{Act} : 배관의 실제 내경
$D_{\text{Sch 40}}$: Sch 40의 강관의 내경

[표 1-4-15(B)] 관부속 및 밸브류의 상당(相當) 직관장 Sch 40 강관 (단위 : m)

관경	45° Elbow	90° Elbow (Standard)	90° Elbow (Long-turn)	분류 Tee cross	Butterfly valve	Gate valve	Swing check
15mm	−	0.3	0.2	0.9	−	−	−
20mm	0.3	0.6	0.3	1.2	−	−	−
25mm	0.3	0.6	0.6	1.5	−	−	1.5
32mm	0.3	0.9	0.6	1.8	−	−	2.1
40mm	0.6	1.2	0.6	2.4	−	−	2.7
50mm	0.6	1.5	0.9	3.0	1.8	0.3	3.3
65mm	0.9	1.8	1.2	3.7	2.1	0.3	4.3
80mm	0.9	2.1	1.5	4.6	3.0	0.3	4.9
100mm	1.2	3.0	1.8	6.1	3.7	0.6	6.7
125mm	1.5	3.7	2.4	7.6	2.7	0.6	8.2
150mm	2.1	4.3	2.7	9.1	3.0	0.9	10.0
200mm	2.7	5.5	4.0	10.7	3.7	1.2	14.0

㈜ 1. 위의 표는 배관 재질에 관계없이 모두 적용할 수 있다.
   2. C=120으로 적용하여야 한다.
   3. 스프링클러헤드에 직접 연결된 관 부속품에 대한 손실은 제외한다.

[표 1-4-15(B)]의 출전(出典)

NFPA 13(2022 edition) Table 28.2.3.1.1 Equivalent steel pipe length(Sch 40)

3) 일본의 경우 적용 : 2가지 방법에 의해 스프링클러의 마찰손실을 계산할 수 있으며 간략히 소개하면 다음과 같다.

① 고시를 이용하는 방법

㉮ 직관의 마찰손실 : 옥내소화전과 동일하게 일본의 소방청 고시인 배관의 마찰손실 계산기준(소방청 고시 제2호 : 2019. 6. 28. 개정)에 의해 배관의 손실을 구할 수 있다.

유수검지장치가 있는 경우 손실수두 : $H(\mathrm{m}) = \sum_{n=1}^{n} H_n + 5$

단, $H_n(\mathrm{m}) = 1.2 \times \dfrac{Q_k^{1.85}}{D_k^{4.87}} \left(\dfrac{I_K^{'} + I_K^{''}}{100} \right)$

여기서, n : 배관의 마찰손실 계산에 필요한 H_n의 수

Q_k : 호칭경이 k인 배관 내를 흐르는 물 또는 포수용액($l$pm)

D_k : 호칭경이 k인 배관의 기준 내경(cm)

$I_k^{'}$: 호칭경이 k인 직관 길이의 합(m)

$I_k^{''}$: 호칭경이 k인 배관 관부속 및 밸브류의 등가 관장의 합(m)

위의 식은 하젠-윌리엄스의 식을 간략식으로 변형한 것으로 유수검지장치에 대하여 일률적으로 손실수두를 5m로 적용하고 있으며, 스프링클러설비 전체에 대하여 위 식을 적용하고 있다. 관부속류에 대한 사항 및 실제 적용방법은 옥내소화전과 동일하므로 해당 항목을 참고하기 바란다.

㉮ 부속류 및 밸브류의 마찰손실 : 부속류의 경우는 일본 동경소방청 고시나 통달(通達 ; 일본소방청 예방구급과의 제정기준)에 따른 관부속 및 밸브류의 마찰손실표(옥내소화전 참조)를 적용하고 있다.

② 표를 이용하는 방법 : 두 번째 방법으로 표를 이용하여 계산하는 방법이 있으나 이 경우는 별도로 다음과 같은 조건을 준수하여야 한다.

[표를 이용시 준수하여야 하는 조건] : 일본의 경우

1. 한쪽 가지관의 헤드수가 5개 이하인 경우에만 적용할 수 있다.
2. 배관에 설치된 헤드 수량에 대한 펌프의 토출량은 다음과 같이 적용한다.
   • 10개 → 900$l$pm, 20개 → 1,800$l$pm, 30개 → 2,700$l$pm
3. 헤드 수량에 따라 구해진 마찰손실 수두값에 다음의 수치를 더하여 사용한다.
   • 헤드 10개 → 4m, 11~20개 → 6m, 21~30개 → 8m, 40개 이상 → 10m를 가산한다.
4. 헤드 수량에 따른 배관의 관경은 다음과 같이 적용한다.
   • 헤드 2개 이하 → 25A, 3개 이하 → 32A, 5개 이하 → 40A, 10개 이하 → 50A, 11개 이상 → 65A로 한다.

위 조건을 국내의 기준개수 10개, 20개, 30개와 비교하여 표로 구성하면 다음과 같다(일본의 경우).

준수조건[표 1]		준수조건[표 2]	
헤드개수	수두(m)	헤드개수	펌프토출량(l/min)
10개까지	4	10개까지	900 이하
20개까지	6	20개까지	1,800 이하
30개까지	8	30개까지	2,700 이하

준수조건 [표 3]	헤드개수	2개 이하	3개 이하	5개 이하	10개 이하	11개 이상
	배관경	25A 이상	32A 이상	40A 이상	50A 이상	65A 이상

각 구간별 등가관장은 부속류의 경우 표를 이용하여 계산한다(옥내소화전 참조).

2. 펌프의 토출량 기준

(1) 폐쇄형 헤드의 경우

$$토출량 \ Q(l/min) = 기준 \ 개수 \times 80l/min$$ .... [식 1-4-6]

1) 폐쇄형의 경우 펌프토출량은 기준개수가 10개의 경우는 800$l$pm, 20개의 경우는 1,600$l$pm, 30개의 경우는 2,400$l$pm이 된다. 국내에서는 설계시 양정의 경우는 여유율을 주고 있으나 유량에 대해서는 일반적으로 여유율을 적용하지 않고 있다. 그러나 이는 합리적이지 않은 것으로 소화설비용 펌프 및 배관은 자주 사용하는 설비가 아닌 관계로 배관 내 소화수가 항상 체류하고 있으며 경년(經年)변화에 따라 배관 내 Scale이 발생하여 관경이 좁아지며, 또한 펌프의 기능상 효율저하 등을 감안하여야 한다.

2) 이를 보정하기 위하여 일본에서는 스프링클러설비에서 표준형 헤드 1개의 방사량은 국내와 동일하게 80$l$pm이나 펌프토출량 산정은 90$l$pm으로 적용하여 여유를 주고 있다. 즉, 기준개수 10개까지는 900$l$pm, 20개까지는 1,800$l$pm, 30개는 2,700$l$pm으로 적용하고 있으며[89] 이는 경년변화를 감안한 매우 합리적인 유량설계 방법이다.

기준개수	펌프토출량		비 고
	국내(80$l$pm/개)	일본(90$l$pm/개)	
10개 ➡	800$l$pm	900$l$pm	헤드 1개당 방사량은 80$l$pm 으로 동일하다.
20개 ➡	1,600$l$pm	1,800$l$pm	
30개 ➡	2,400$l$pm	2,700$l$pm	

(2) 개방형 헤드의 경우

1) 설치 헤드수가 30개 이하일 때

$$토출량 \ Q(l/min) = 설치 \ 개수 \times 80l/min$$ .... [식 1-4-7]

---

89) 일본 동경소방청 사찰편람(査察便覽) : 스프링클러설비 5.4.4 가압송수장치 – 기준 (3)

2) **설치 헤드수가 30개 초과할 때** : 헤드가 30개를 초과할 경우는 별표 1(스프링클러헤드 수량별 급수관의 구경)의 주 제5호에 의해 모든 헤드에서 규정방사압(0.1~1.2MPa) 범위 내에서 규정방사량(80$l$pm)이 발생할 수 있는 펌프의 토출량을 수리계산에 의해 산출하여야 한다.

$$\text{토출량 } \ Q(l/min) = \text{수리계산에 의할 것}$$

3. 전동기의 출력

펌프의 전양정 및 토출량이 구해지면 다음의 식을 이용하여 전동기의 출력을 구할 수 있다.

$$P(\text{kW}) = \frac{0.163 \times Q \times H}{\eta} \times K \qquad \cdots\cdots\cdots\cdots [\text{식 } 1\text{-}4\text{-}8]$$

여기서, P : 전동기의 출력(kW)
 Q : 토출량(m³/min)
 H : 양정(m)
 η : 효율(소수점 수치)
 K : 전달계수

⑤ 가압방식과 배관의 기준

1. 가압방식별 기준

(1) 펌프방식 : 제5조 1항(2.2.1)

1) **적용** : 30층 이상의 경우는 스프링클러 전용펌프로 설치해야 하며, 내연기관의 연료 용량은 40분(50층 이상은 60분) 이상 운전할 수 있는 용량일 것[NFPC 604(고층건축물) 제6조 3항 & 4항/NFTC 603 22.3 & 22.4]

$$\text{펌프의 양정 : } H(\text{m}) = H_1 + H_2 + 10\text{m} \qquad \cdots\cdots\cdots\cdots [\text{식 } 1\text{-}4\text{-}9]$$

여기서, H_1 : 건물의 실양정(Actual Head)(m)
 H_2 : 배관의 마찰손실수두(m)

2) 가압펌프의 성능기준

① 기준 : 제5조 1항 9~13호(2.2.1.10~2.2.1.14)

전동기 또는 내연기관에 따른 펌프를 이용하는 가압송수장치는 다음의 기준에 따라 설치해야 한다. 다만, 가압송수장치의 주펌프는 전동기에 따른 펌프로 설치해야 한다.

㉮ 정격토출압력은 하나의 헤드 선단에 0.1MPa 이상 1.2MPa 이하의 방수 압력이 될 수 있게 하는 크기일 것

㉯ 송수량은 0.1MPa의 방수압력 기준으로 $80l/\min$ 이상의 성능을 가진 기준개수의 모든 헤드로부터의 방수량을 충족시킬 수 있는 양 이상의 것으로 할 것. 이 경우 속도수두는 계산에 포함하지 않을 수 있다.

㉰ 위의 기준에 불구하고 가압송수장치의 1분간 송수량은 폐쇄형 스프링클러설비의 헤드를 사용하는 설비의 경우 기준개수에 $80l$를 곱한 양 이상으로 할 수 있다.

㉱ 위의 기준에 불구하고 가압송수장치의 1분간 송수량은 개방형 스프링클러설비의 헤드수가 30개 이하인 경우에는 그 개수에 $80l$를 곱한 양으로 할 수 있으나, 30개를 초과하는 경우에는 ㉮ 및 ㉯의 규정에 의한 기준에 적합하도록 한다.

㉲ 기동용 수압개폐장치를 기동장치로 사용하는 경우에는 다음의 기준에 따른 충압펌프를 설치한다.

  ㉠ 펌프의 토출압력은 그 설비의 최고위 살수장치(일제 개방밸브의 경우는 그 밸브)의 자연압보다 적어도 0.2MPa이 더 크도록 하거나 가압송수장치의 정격토출압력과 같게 한다.

  ㉡ 펌프의 정격토출량은 정상적인 누설량보다 적어서는 아니되며 스프링클러설비가 자동적으로 작동할 수 있도록 충분한 토출량을 유지한다.

② 해설

㉮ 정격토출압

  ㉠ 헤드의 방사압이 높을수록 $Q(lpm)=K\sqrt{10P(\text{MPa})}$에 따라 방사량도 증가하게 되므로 일반적으로 소화작업에는 매우 효과적이다. 그러나 방사압이 매우 높을 경우는 디플렉터에 부딪힌 물방울의 크기가 작아지게 되어 화심 속으로 침투할 수 없는 조건이 된다. 디플렉터에 부딪혀 낙하하는 물방울의 평균직경은 방사압이 높을수록 물방울 크기가 작아지기 때문이다.

    ⓒ 실험을 통하여 물방울 입자의 크기가 화재를 소화시킬 수 있는 가장 적정한 압력이 0.1MPa 이상 1.2MPa까지로 이를 스프링클러설비의 "토출압력"으로 규정한 것이다. 따라서 펌프의 체절압력이 1.2MPa을 초과할 경우는 감압조치를 하여야 하며 특히 헤드가 1~2개만 동작될 경우는 펌프는 체절운전상태가 되며 이 경우 고층부보다 저층부에서 과압이 발생할 우려가 높다.

    ⓓ 정격토출압력을 계산할 경우 전압을 계산하는 것이 가장 정확하나 배관에서 헤드를 통하여 방사되는 경우 실질적으로 물을 배관 밖으로 방사시키는 것은 관벽에 수직으로 작용하는 정압이며 또한 동압은 정압에 비해 매우 작은 값인 관계로 이를 무시하고 적용하여도 실무에서는 무리가 없다. 다만, 속도수두인 동압을 무시할 경우는 동압 분량의 손실을 무시한 것이므로 모든 헤드에서 충분한 방사압이 발생하도록 여유율을 주어야 한다.

  ⓑ 정격유량

    ⓐ 헤드의 기준개수는 10개, 20개, 30개의 3종류로 구분되고 모든 소방대상물은 용도에 불문하고 3가지의 기준개수 중 어느 하나에 해당하도록 규정하고 있다. 따라서 스프링클러설비 펌프의 정격유량은 헤드의 1개당 방사량 80$l$pm을 곱하면 결국 800$l$pm, 1600$l$pm, 2400$l$pm 중 어느 하나가 된다.

    ⓑ 화재시 헤드 개방 수량이 기준개수에 미달될 경우는 펌프의 $H-Q$곡선에서 유량이 정격유량보다 적으므로 헤드 방사압력은 상승하게 되며, 기준개수를 초과하여 헤드가 개방될 경우 펌프의 유량은 정격유량을 초과하게 되므로 헤드 방사압은 정격토출압보다 미달하게 된다.

  ⓒ 펌프의 선정 : 엔진펌프의 경우 모터펌프에 비해 유지관리가 용이하지 않으며 연료공급 등 신뢰성 측면에서 보다 안정적인 펌프의 작동을 위하여 주 펌프는 모터펌프로 설치하도록 하였다.

  ⓓ 충압펌프

    ⓐ 충압펌프에서 "정상적인 누설량"이란 배관의 나사부위나 플렌지에서의 미소한 누수나 펌프 주변의 패킹 등에 의한 누수 등이 이에 해당한다. 이로 인하여 배관계통의 압력이 내려갈 때 이를 일정압력 이상으로 유지시켜 주는 것이 충압펌프의 역할로서 정확한 누설량을 계측할 수는 없다. NFPA에서는[90] 충압펌프의 누설량을 충압펌프가 동작하여 10분 이내에 허용누설량 이상을 토출할 수 있거나 또는 3.8$l$pm(1gpm) 중 큰쪽으로 적용하고 있다.

---

90) NFPA 20(Stationary pumps for fire protection) 2022 edition A.4.27.2.1 : (전략) Pressure maintenance pump is to select a pump that will make up the allowable leakage rate in 10 minutes or 1 gpm(=3.8$l$pm), whichever is larger.

ⓛ 국내의 경우는 충압펌프의 토출량을 관행적으로 60lpm으로 적용하고 있으며 스프링클러의 경우 헤드 1개의 방사량인 80lpm이므로 헤드 1개가 작동된 것보다 작은 값으로 적용하여도 무방하다. 따라서 초고층 빌딩이나 초대형 공장과 같이 배관의 체적이 매우 큰 Plant 시설은 예외로 하고 일반건축물의 경우 충압펌프토출량을 60lpm으로 적용하여도 실무상 문제는 없다.

(2) 고가수조방식 : 제5조 2항(2.2.2)

$$\text{필요한 낙차 : } H(\text{m}) = H_1 + 10\text{m}$$ ·············· [식 1-4-10]

여기서, H_1 : 배관의 마찰손실수두(m)

상용전원이나 비상전원이 필요하지 않으므로 가압송수장치 중 가장 확실하고 신뢰성이 있는 설비이나 최고층의 방수구에서는 규정 방수압을 발생할 수 있는 높이에 수조를 설치하여야 하므로 일반건물에서는 보통 저층부 부분에 한하여 적용이 가능하며, 고층부의 경우는 외부의 고가탱크를 이용하도록 한다.

(3) 압력수조방식 : 제5조 3항(2.2.3)

$$\text{필요한 압력 : } P(\text{MPa}) = P_1 + P_2 + 0.1$$ ·············· [식 1-4-11(A)]

여기서, P_1 : 낙차에 의한 환산수두압(MPa)
　　　　P_2 : 배관의 마찰손실수두압(MPa)

압력수조방식은 탱크 내에 물을 압입하고, 압축된 공기를 충전하여 공기압력에 의하여 송수하는 방식으로, 탱크의 설치위치에 구애받지 않는 장점은 있으나 방수구 탱크용량의 $\dfrac{2}{3}$밖에 물을 저장할 수 없고, 방수(防水)에 따라서 수압이 저하하기 때문에 모두 유효수량으로 볼 수 없는 단점이 있다.

(4) 가압수조방식 : 제5조 4항(2.2.4)

$$\text{필요한 압력 : } P(\text{MPa}) = P_1 + P_2 + 0.1$$ ·············· [식 1-4-11(B)]

여기서, P_1 : 낙차에 의한 환산수두압(MPa)
　　　　P_2 : 배관의 마찰손실수두압(MPa)

① 가압수조란 사전에 별도의 용기에 충전한 압축공기나 질소 등 불연성의 고압가스를 충전시킨 후 헤드 개방에 의해 배관 내 압력변화가 발생하면 이를 감지하여 자동으로 용기밸브가 개방되면 수조 내 물을 가압하여 그 압력으로

수조 내의 물을 송수하는 방식이다. 컴프레서가 없이 가압수조 내의 물은 가압용기의 압축공기(또는 고압가스)에 의해 항상 가압상태로 저장되어 있으며 이를 가압원으로 하여 물을 자동으로 송수시켜주는 형식의 가압송수장치이다. 따라서 가압수조방식의 경우는 송수시에 정전 등 전기공급이나 비상전원과 무관하게 안정적으로 가압수를 송수할 수 있는 특징을 가지고 있다.

② 가압수조의 압력은 기준 방수압 및 방수량이 20분(층수가 30층 이상 50층 미만은 40분, 50층 이상은 60분) 이상 유지되도록 할 것

2. 배관의 기준

(1) 배관의 일반기준

1) 배관의 규격

① 기준 : 제8조 1항 & 2항(2.5.1 & 2.5.2)

㉮ 사용압력이 1.2MPa 미만일 경우는 배관용 탄소강관(KS D 3507), 이음매 없는 구리 및 구리합금관(KS D 5301)(습식에 한함), 배관용 스테인리스강관(KS D 3576) 또는 일반배관용 스테인리스강관(KS D 3595), 덕타일 주철관(KS D 4311)을 사용하며, 사용압력이 1.2MPa 이상일 경우는 압력배관용 탄소강관(KS D 3562), 배관용 아크용접 탄소강강관(KS D 3583) 또는 이와 동등 이상의 강도·내식성 및 내열성을 가진 것을 사용해야 한다.

㉯ 위 규정에 불구하고 다음의 어느 하나에 해당하는 장소에는 성능인증 및 제품검사의 기술기준에 적합한 소방용 합성수지배관으로 설치할 수 있다.

㉠ 배관을 지하에 매설하는 경우

㉡ 다른 부분과 내화구조로 구획된 덕트 또는 피트의 내부에 설치하는 경우

㉢ 천장(상층이 있는 경우에는 상층바닥의 하단을 포함)과 반자를 불연재료 또는 준불연재료로 설치하고 소화배관 내부에 항상 소화수가 채워진 상태로 설치하는 경우

② 해설

㉮ 스프링클러 배관의 규격에 대한 기준은 옥내소화전의 배관규격과 같으므로 옥내소화전의 내용을 참조하도록 한다. 다만, 스프링클러설비의 경우에는 배관의 규격을 탄소강관(2종), 동관(구리관), 스테인리스 강관(2종), 덕타일 주철관, 아크용접 탄소강강관, 합성수지관 등 8종류로 적용하고 있으며 습식설비에 한하여 이음매 없는 구리 및 구리합금용 배관을 허용하고 있다. 구리관의 경우 NFPA에서도 이를 인정하고 있으며 구 NFSC(화재안전기준)의 경우는 2008. 12. 15.에 옥내소화전의 경우도 이를 허용하도록 개정하였다. 그러나 다른 규격의 배관일 경우에도 동등 이상의 강도·내식

성 및 내열성을 만족하는 경우 이를 허용할 수 있다. 이에 따라 2013. 6. 10. 스테인리스 강관을 스프링클러설비 배관에 사용할 수 있도록 하였다.

㉯ 그러나 동관의 경우는 이음매 없는 관(Seamless pipe)에 한하여 사용할 수 있으며 습식 스프링클러설비에 한하여 이를 적용하고 있다. 이는 NFPA에서도 다음의 표와 같이 동관은 Seamless pipe에 한하며, 국내의 경우 습식설비로 한정한 것은 동관은 내열성이 약하므로 용접부위 등을 감안할 경우 배관에 물이 충전되어 있지 않는 형식의 스프링클러설비는 이를 제한한 것이다. 또한 용접관(Welded type)의 경우는 내열성이 약한 동관에서 화재시 화열에 의한 용접부위의 용융 문제에 대한 안전성으로 인하여 이를 금하고 있는 것이다. NFPA의 경우 스프링클러설비용 배관 규격은 다음의 표와 같으며 국내 화재안전기준의 경우 배관규격을 강관, 동관, 비금속관으로 한 기준과 매우 유사성이 있다. 다만, 특이하게 황동관(Brass pipe)을 스프링클러 배관으로 인정하고 있다.

[표 1-4-16] 스프링클러설비용 배관(NFPA 13의 경우)

강관 : 용접 및 심레스 배관	• ASTM A795/A795M • ASME B36. 10M	• ASTM A53/A53M • ASTM A135/A135M
구리관 : 인발(引技 및 심레스 배관]	• ASTM B75/B75M • ASTM B251 • ASTM B32 • AWS A5.8M/A5.8	• ASTM B88 • ASTM B813 • ASTM B446
CPVC배관	• ASTM F442/F442M	
황동관(Brass pipe)	• ASTM B43	
스테인리스 강관	• ASTM A312/A312M	

 [표 1-4-16]의 출전(出典)

NFPA 13(2022 edition) Table 7.3.1.1

㉰ CPVC(합성수지관)배관의 경우는 반자 내부에 설치된 경우에도 항상 배관에 물이 충수되어 있는 경우에만 사용할 수 있어 종전에는 습식설비에 한하여 사용할 수 있었으나 부압식 스프링클러설비의 도입으로 인하여 배관 내 항상 물이 채워져 있는 부압식도 사용할 수 있도록 이를 개정하였다.

2) 배관의 유속

① 기준 : 별표 1(표 2.5.3.3)

급수배관의 구경은 수리계산에 의하거나 별표 1(표 2.5.3.3)의 기준에 따라 설치할 것. 다만, 수리계산에 따르는 경우 가지배관의 유속은 6m/sec, 그 밖의 배관의 유속은 10m/sec를 초과할 수 없다.

② 해설

㉮ 배관의 유속 개념

㉠ 일반적으로 기계설비용 배관에서는 소음이나 배관의 침식을 고려하여 유속에 대해 제한을 하고 있으나 소방용 배관은 화재나 시험시를 제외하고는 평상시 배관 내 소화수가 정체되어 있으므로 원칙적으로 유속을 제한하지 않는다. 따라서 스프링클러설비의 배관에 대해서도 원칙적으로 유속의 제한은 불필요하며 NFPA 13에서도 하젠-윌리엄스의 식을 사용하여 계산할 경우 유속을 제한할 필요가 없다고 이를 명시하고 있으며[91] NFPA 13 Handbook에서도 배관의 어떠한 부분에서도 유속을 제한하지 않는 것을 명확히 하기 위하여 해당 문장을 추가하였다고 언급하고 있다.[92] 왜냐하면 배관 내 유속이 크게 증가하면 해당 구간의 압력손실이 증가하게 되며 압력손실이 지나치게 증가하게 되면 결국 이를 보완하기 위하여 배관의 구경을 늘려 압력손실을 감소시켜야 한다. 이 경우 자연히 유속이 그에 상응하게 줄어들게 되므로 큰 유속의 영향은 자기보정(Self-correcting)의 경향이 있어 별도로 이를 제한하지 않고 있다.

㉡ 그러나 NFPA 13을 적용하는 미국에서도 일부 보험사에서는 배관의 안정성을 위하여 최대유속을 제한하는 자체 기준을 제정하고 있다. 수리이론상 주관은 가지관에 비해 유속이 느리고 가지관은 주관에 비해 유속이 빠른 것이 일반적인 상황이나 가지관의 유속 6m/sec 이하와 기타 배관의 유속 10m/sec 이하의 근거는 미국의 재보험(再保險)회사의 자체 Code에 근거하여 제정한 것이다.

㉯ 100개 이상 헤드의 구경

과거 기준에서는 헤드가 100개 이상 설치된 경우 수리계산을 통하지 않고도 100mm로 적용할 수 있다는 단서조항으로 인하여 관행적으로 100mm로 적용하는 설계를 하였다. 그러나 헤드 100개 이상의 경우에는 별표 1(표 2.5.3.3)에서 규정한 헤드 수량별 적정한 관경을 선정하여야 한다.

---

91) NFPA 13(2022 edition) 28.2.1.4 : Unless required by other NFPA standards, the velocity of water flow shall not be limited when hydraulic calculations are performed using the Hazen-Williams or Darcy Weisbach formulas(다른 NFPA 스탠다드에서 요구하지 않는 한 하젠-윌리엄스 또는 다르시-바이스바하 공식을 사용하여 수리계산을 할 경우 배관의 유속은 제한되지 않는다).

92) Sprinkler Handbook 9th edition(NFPA) A.14.4.1 : The last sentence was added to state definitively that NFPA 13 has no limits on water velocity in any of the pipes(마지막 문장은 NFPA 13이 모든 배관의 유속에 제한이 없음을 명확하게 설명하기 위해 추가되었다).

다만, 이 경우 관경을 100mm로 적용하려면 배관 내 유속의 적정여부에 대해 수리계산을 하여 이를 검증하여야 한다. 이 경우 유속이란 "수리계산에 의하는 경우 가지배관의 유속은 6m/sec 그 밖의 배관의 유속은 10m/sec를 초과할 수 없다"는 NFTC 2.5.3.3의 단서를 말한다.

3) 급수배관의 구경 : 별표 1(표 2.5.3.3)

① 기준

㉠ 급수배관은 전용으로 할 것. 다만, 스프링클러설비의 기동장치의 조작과 동시에 다른 설비의 용도에 사용하는 배관의 송수를 차단할 수 있거나, 스프링클러설비의 성능에 지장이 없는 경우에는 다른 설비와 겸용할 수 있다(NFTC 2.5.3.1).

㉡ 급수배관의 구경은 수리계산에 의하거나 NFTC 표 2.5.3.3의 기준에 따라 설치할 것. 다만, 수리계산에 따르는 경우 가지배관의 유속은 6m/sec, 그 밖의 배관의 유속은 10m/sec를 초과할 수 없다(NFTC 2.5.3.3).

[표 1-4-17] 스프링클러헤드 급수관의 구경 : 별표 1(표 2.5.3.3)

급수관 구경(mm)		25	32	40	50	65	80	90	100	125	150
헤드수 (개)	가	2	3	5	10	30	60	80	100	160	161 이상
	나	2	4	7	15	30	60	65	100	160	161 이상
	다	1	2	5	8	15	27	40	55	90	91 이상

㉠ 폐쇄형 스프링클러헤드를 사용하는 설비의 경우로서 1개층에 하나의 급수배관(또는 밸브 등)이 담당하는 구역의 최대면적은 3,000m²를 초과하지 아니할 것

㉡ 폐쇄형 스프링클러헤드를 설치하는 경우에는 "가"란의 헤드수에 따를 것. 다만, 100개 이상의 헤드를 담당하는 급수배관(또는 밸브)의 구경을 100mm로 할 경우에는 수리계산을 통하여 NFTC 2.5.3.3의 단서에서 규정한 배관의 유속에 적합하도록 할 것

㉢ 폐쇄형 스프링클러헤드를 설치하고 반자 아래의 헤드와 반자속의 헤드를 동일 급수관의 가지관상에 병설하는 경우에는 "나"란의 헤드수에 따를 것

㉣ 제10조 3항 1호/2.7.3.1(무대부나 특수가연물 저장취급장소)의 경우로서 폐쇄형 스프링클러헤드를 설치하는 설비의 배관구경은 "다"란에 따를 것

㉤ 개방형 스프링클러헤드를 설치하는 경우 하나의 방수구역이 담당하는 헤드의 개수가 30개 이하일 때는 "다"란의 헤드수에 의하고, 30개를 초과할 때는 수리계산 방법에 따를 것

② 해설

㉮ 별표 1(표 2.5.3.3)의 '가' : 가장 일반적인 헤드별 관경 기준으로 상향형
이나 하향형으로 설치된 경우에 적용하는 기준이다. 이 경우 주차장이나
기계실 등과 같은 장소에 반자가 없이 살수장애 문제로 인하여 헤드를
상하형으로 병설(併設)한 경우에도 당연히 "가"란을 적용하여야 한다.

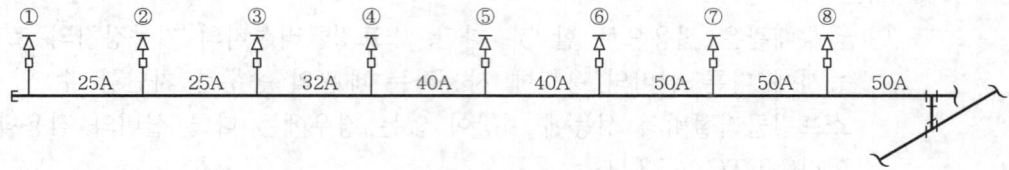

[그림 1-4-24] 한쪽 방향만 헤드설치시 관경 : 별표 1(표 2.5.3.3)의 "가"

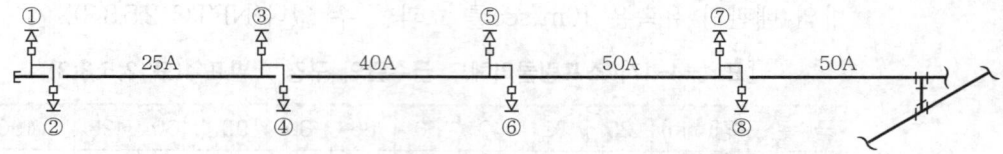

[그림 1-4-25] 상하형 헤드병설시 관경(반자 없음) : 별표 1(표 2.5.3.3)의 "가"

㉯ 별표 1(표 2.5.3.3)의 "나" : 반자를 설치하고 반자 속의 헤드와 반자 밖
의 헤드를 같은 급수관에 상하형으로 설치할 경우는 일반적인 헤드 설치
기준인 "가"란으로 적용하지 않고 "나"란으로 적용하여야 한다. 왜냐하면
반자상부와 반자하부의 헤드는 화재시 반자로 인하여 하부의 헤드가 먼
저 개방되며, 반자상부의 헤드는 하부에서 계속하여 살수가 되므로 개방
이 지연될 가능성이 있다. 따라서 이 경우는 상하형 헤드가 병설되어 설
치한 경우보다 헤드 수량별 배관경을 완화하여 적용하도록 한 것이다.
또한 반자가 있는 경우 반자아래와 반자 속의 헤드를 하나의 가지관 상
에 병설하는 경우에 한쪽 가지관의 헤드 8개 적용은 NFTC 2.5.9.2의 기
준에 따라 "반자 아래에 설치하는 헤드의 개수"를 기준으로 다음과 같이
8개 이하로 적용하여야 한다.

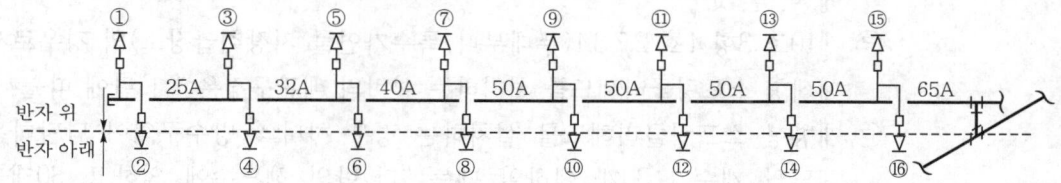

[그림 1-4-26] 상하형 헤드병설시 관경(반자 있음) : 별표 1(표 2.5.3.3)의 "나"

㉔ 별표 1(표 2.5.3.3)의 "다" : 무대부나 특수가연물을 저장 또는 취급하는 장소의 경우는 천장고가 높거나 가연성물품 등으로 인하여 화재시 연소가 확대되기 쉬운 장소이며 또한 소화가 곤란한 장소인 관계로 헤드별 관경을 가장 엄격한 "다"란을 적용하도록 한 것이다.

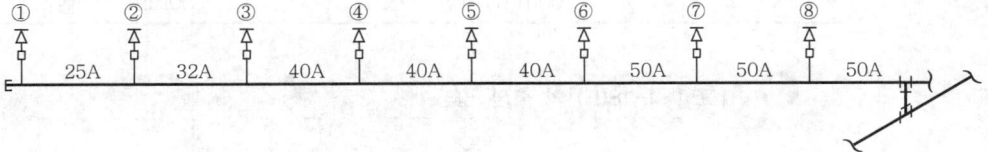

[그림 1-4-27] 무대부 등의 경우 관경적용 : NFTC 표 2.5.3.3의 "다"

4) 주관, 교차배관, 배수배관의 구경

① 연결송수관설비의 배관과 겸용할 경우의 주배관은 구경 100mm 이상, 방수구로 연결되는 배관의 구경은 65mm 이상의 것으로 해야 한다. [제8조 5항(2.5.5)]

② 교차배관의 구경은 NFTC 2.5.3.3에 따르되 최소구경이 40mm 이상이 되도록 할 것. 다만, 패들형 유수검지장치를 사용하는 경우에는 교차배관의 구경과 동일하게 설치할 수 있다(NFTC 2.5.10.1).

③ 수직배수배관의 구경은 50mm 이상으로 해야 한다. 다만, 수직배관의 구경이 50mm 미만인 경우에는 수직배관과 동일한 구경으로 할 수 있다(NFTC 2.5.14).

위 사항을 요약하면 다음 표와 같다.

구 분	관 경	비 고
주관	100mm 이상 (방수구용은 65mm 이상)	연결송수관설비와 겸용시
교차배관	최소 40mm 이상	수리계산에 의하거나 별표 1(표 2.5.3.3) 을 따른다.
	패들형 유수검지장치를 사용할 경우	교차배관 구경과 같게 할 수 있다. : 40mm 이상의 제한이 없이 패들형 장치를 접속하는 구경과 같게 할 수 있다.
수직 배수배관	최소 50mm 이상	수직배관이 50mm 미만인 경우는 수직배관과 같게 할 수 있다.

배수(Drain) 배관의 관경은 주배관의 관경에 따라 구분하여 적용하며 일반적으로 50mm로 적용하고 있으며 이는 NFPA 13에서 [표 1-4-18]과 같이 규정한 것을 준용한 것이다. 또한 물을 공급하는 급수주관인 입상관이 50mm 미만일 경우 배수하는 관경도 당연히 50mm 이상일 필요가 없으므로 수직배관과 동일한 구경으로 하도록 한 것이다.

[표 1-4-18] NFPA의 배수관 관경

	주관의 관경	배수관의 관경
NFPA 13	50mm 이하	20mm 이상
	65mm, 80mm, 90mm	32mm 이상
	100mm 이상	50mm로 한다.

[표 1-4-18(B)]의 출전(出典)

NFPA 13(2022 edition) Table 16.10.4.2(Drain size)

5) 배관의 보온 : 제8조 8항(2.5.8 & 2.5.18)

① 배관은 동결방지조치를 하거나 동결의 우려가 없는 장소에 설치해야 한다. 다만, 보온재를 사용할 경우에는 난연재료 성능 이상의 것으로 해야 한다.

② 배관은 다른 설비의 배관과 쉽게 구분이 될 수 있는 위치에 설치하거나, 그 배관표면 또는 배관 보온재표면의 색상은 KS A 0503(배관계의 식별표시) 또는 적색으로 식별이 가능하도록 소방용설비의 배관임을 표시해야 한다.

① NFPA 13에서는 동파방지용으로 배관 내 부동액을 첨가하는 동결방지용 스프링클러 설비(Antifreeze sprinkler system)를 인정하고 있으나 국내는 이를 인정하지 않는다. 따라서 동결을 방지하기 위하여 일반적으로 보온을 실시하며 보온을 한 경우에도 동절기에 동파의 우려가 있는 장소에는 별도로 동파방지용 열선을 설치하도록 한다.

② 동결의 우려가 없는 장소란 동절기에 해당 지역의 최저온도를 감안하여 선택적으로 이를 적용할 수 있으나 지하층에서 심층(深層)인 경우나 상시 난방을 하는 장소 이외에는 일반적으로 동결의 우려가 있는 것으로 간주한다.

③ 배관 내 상시 소화수가 충전되어 있는 습식의 경우에만 동결방지 조항을 적용하며, 배관 내 소화수가 충전되어 있지 않은 건식이나 일제살수식의 2차측 배관(일제개방 밸브 이후)에 대해서는 이를 적용하지 않는다.

④ 습식설비의 경우는 동파방지를 위하여 보온을 하게 되므로, 도색을 하게 될 경우는 보온재 표면의 색상을 적색으로 하여야 하며, 건식이나 준비작동식설비의 경우는 노출배관이므로 이 경우는 배관표면을 적색으로 도색하여야 한다.

6) 배관의 기울기 : 제8조 17항(2.5.17)

① 습식설비 또는 부압식설비의 경우 : 배관을 수평으로 할 것. 다만, 배관의 구조상 소화수가 남아 있는 곳에는 배수밸브를 설치해야 한다.

chapter

1

소
화
설
비

> 가지관 등이 보를 관통하기 위해 보 아래쪽으로 꺾어서 지나갈 경우 보 하부의 구간은 유수검지장치의 배수배관을 통하여 배수를 할 수 없게 된다. 따라서 이러한 위치에는 배수밸브를 설치하여야 하며 현장에서는 보통 자동배수밸브(Auto drip valve)를 설치하여 배수되도록 한다.

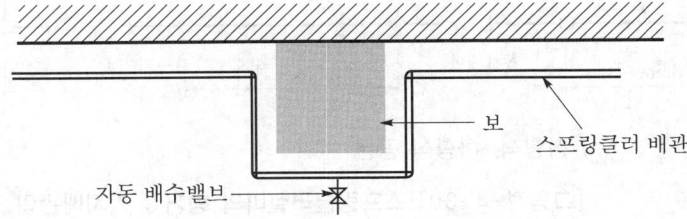

[그림 1-4-28] 꺾인 배관에 배수밸브 설치

② 습식설비 또는 부압식설비 이외의 경우 : 헤드를 향하여 상향으로 2차측의 수평주행배관의 기울기를 $\frac{1}{500}$ 이상, 가지관의 기울기는 $\frac{1}{250}$ 이상으로 할 것. 다만, 배관의 구조상 기울기를 줄 수 없는 경우에는 배수를 원활하게 할 수 있도록 배수밸브를 설치해야 한다.

> 기울기는 배수를 용이하게 하기 위한 조치이나, 구조상 기울기를 줄 수 없는 경우는 배수밸브를 설치하여 이를 갈음할 수 있다.

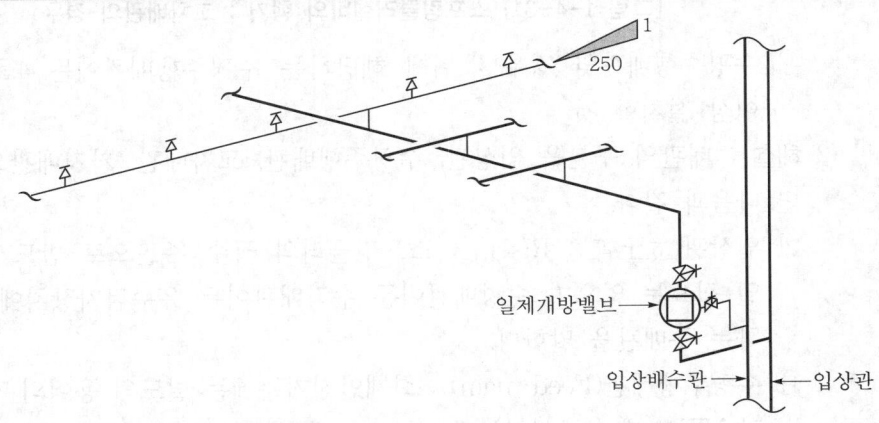

[그림 1-4-29] 가지관의 기울기

7) 배관용 행거(Hanger) : 제8조 13항(2.5.13)

① 기준

㉮ 가지배관의 경우

㉠ 가지배관에는 헤드의 설치지점 사이마다 1개 이상의 행거를 설치할 것

ⓛ 헤드간의 거리가 3.5m를 초과할 경우에는 3.5m마다 1개 이상 설치할 것. 이 경우 상향식 헤드의 경우 그 헤드와 행거 사이에 8cm 이상의 간격을 둘 것

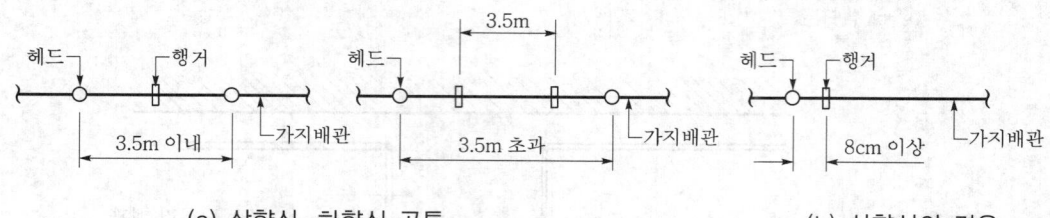

(a) 상향식, 하향식 공통 (b) 상향식의 경우

[그림 1-4-30] 스프링클러설비의 행거 : 가지배관의 경우

ⓝ 교차배관의 경우

ⓐ 가지배관과 가지배관 사이마다 1개 이상의 행거를 설치할 것
ⓛ 가지배관 사이의 거리가 4.5m를 초과할 경우 4.5m마다 1개 이상 설치할 것

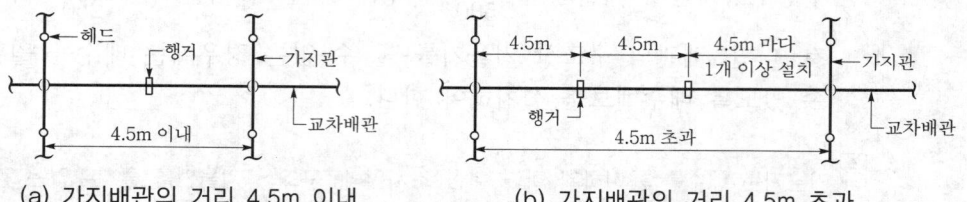

(a) 가지배관의 거리 4.5m 이내 (b) 가지배관의 거리 4.5m 초과

[그림 1-4-31] 스프링클러설비의 행거 : 교차배관의 경우

ⓓ 수평주행배관의 경우 : 위에 해당하는 수평주행배관에는 4.5m마다 1개 이상 설치할 것
② 해설 : 배관의 구분을 입상관, 수평주행배관, 교차배관, 가지배관으로 구분하면 다음과 같다.
ⓐ 입상관(立上管 ; Riser) : 스프링클러의 급수 주관으로 반드시 수직배관일 필요는 없으며 수평배관이든 수직배관이든 유수검지장치에 물을 공급하는 주배관을 말한다.
ⓝ 수평주행배관(Feed main) : 화재안전기준에는 별도의 용어의 정의는 없지만 NFPA에서 규정하는 Feed main에 해당한다. 수평주행배관(Feed main)이란 직접 또는 입상관을 통하여 교차배관에 급수하는 배관을 말한다.
ⓓ 교차배관(Cross main) : 직접 또는 수직배관을 통하여 가지배관에 급수하는 배관을 말한다.
ⓡ 가지배관(Branch line) : 스프링클러헤드가 접속되어 있는 배관을 말한다.

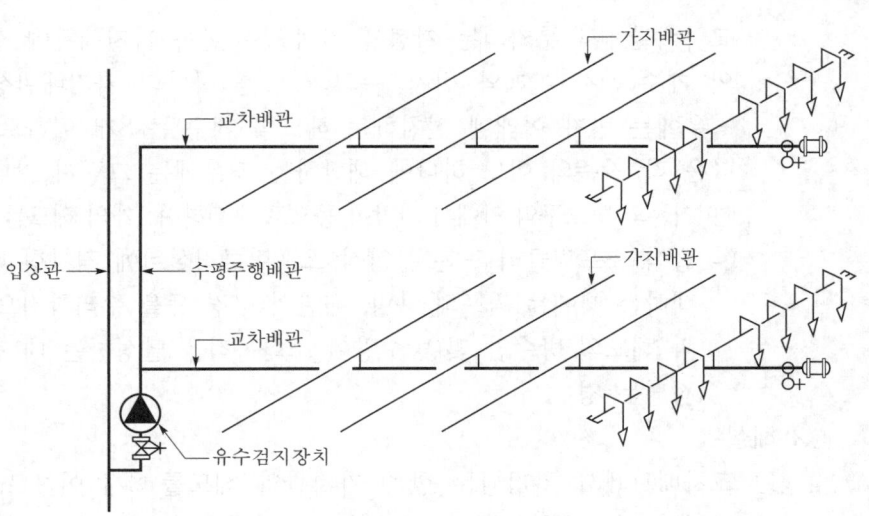

[그림 1-4-32] 배관의 구분

(2) 구간별 배관기준

1) 급수배관 : NFTC 2.5.3

① 전용으로 할 것. 다만, 스프링클러설비의 기동장치의 조작과 동시에 다른 설비의 용도에 사용하는 배관의 송수를 차단할 수 있거나, 스프링클러의 성능에 지장이 없는 경우에는 다른 설비와 겸용할 수 있다.

② 층수가 30층 이상의 경우는 전용으로 해야 한다[NFPC 604(고층건축물) 제6조 4항/NFTC 604 2.2.5].

③ 급수를 차단할 수 있는 개폐밸브는 개폐표시형으로 할 것. 이 경우 펌프의 흡입측 배관에는 버터플라이밸브 외의 개폐표시형밸브를 설치해야 한다.

> ① 다른 설비란 소방설비에 국한하는 것으로(예 옥내소화전, 연결송수관 등) 소방설비 이외의 설비와 겸용하는 것은 인정하지 않는다.
> ② 버터플라이(Butterfly)밸브는 펌프의 흡입측에만 제한하는 것으로 유수검지장치는 펌프 토출측에 해당하므로 유수검지장치에는 개폐표시형밸브로 버터플라이밸브를 사용할 수 있다.

2) 가지배관 : 제8조 9항(2.5.9)

① 기준

㉮ 토너먼트(tournament)방식이 아닐 것

> 가스계 소화설비 및 분말소화설비에서는 각각의 헤드에서 균일하게 약제가 방사되기 위해서 토너먼트방식으로 설계하고 있으나, 토너먼트방식은 유체의 마찰손실이 매우 큰 관계로 스프링클러설비나 포소화설비에서는 이를 엄격히 금지하고 있다.

④ 교차배관에서 분기되는 지점을 기점으로 한쪽 가지배관에 설치되는 헤드의 개수(반자 아래와 반자 속의 헤드를 하나의 가지배관상에 병설하는 경우에는 반자 아래에 설치하는 헤드의 개수)는 8개 이하로 할 것. 다만, 다음 각 기준의 어느 하나에 해당하는 경우에는 그렇지 않다.

㉠ 기존의 방호구역 안에서 칸막이 등으로 구획하여 1개의 헤드를 증설하는 경우

㉡ 습식 스프링클러 또는 부압식 스프링클러설비에 격자형 배관방식을 채택하는 때에는 펌프의 용량, 배관의 구경 등을 수리학적으로 계산한 결과 헤드의 방수압 및 방수량이 소화목적을 달성하는 데 충분하다고 인정되는 경우

② 해설

㉮ 교차배관에서 분기되는 한쪽 가지관의 헤드를 8개 이하로 제한한 것은 관경이 작고 길이가 긴 배관에서는 마찰손실에 의한 압력의 감소가 큰 관계로 과도한 압력감소를 방지하기 위하여 가지배관상의 헤드 개수를 8개 이하로 제한한 것이다. 이는 NFPA 13에서 경급이나 중급위험의 경우 한쪽 가지관의 헤드를 8개 이하로 제한한 기준을 준용한 것이다.[93]

㉯ 교차배관에서 분기되는 한쪽 가지관의 헤드수는 8개 이하이어야 하나, 특히 반자가 없이 노출된 상태에서 상하향으로 설치시에는 상향헤드 및 하향헤드를 합산하여 다음과 같이 8개 이하가 되어야 한다.

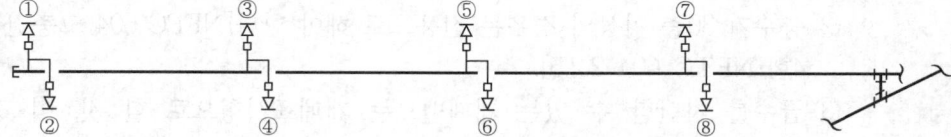

[그림 1-4-33(A)] 반자가 없는 경우 : 한쪽 가지관 헤드수량

㉰ 그러나 반자가 설치되어 있어 반자를 경계로 하여 반자 내부와 반자하부에 상하향으로 설치하는 경우에는 화재시 상하형 헤드가 동시에 개방된다고 볼 수 없으며, 우선적으로 반자 하부의 헤드가 동작하게 되므로 헤드수 8개 이하는 다음과 같이 반자하부의 헤드만 산정하도록 규정한 것이다.

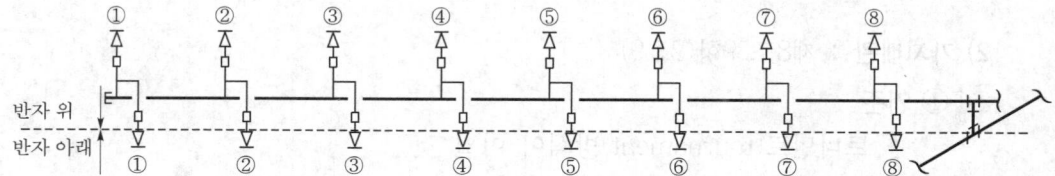

[그림 1-4-33(B)] 반자가 있는 경우 : 한쪽 가지관 헤드수량

---

93) NFPA 13(2022 edition) : 27.5.2.1.1(Light hazard) & 27.5.3.1(Ordinary hazard)

3) 교차배관 : 제8조 10항 1호(2.5.10.1)

교차배관은 가지배관과 수평으로 설치하거나 또는 가지배관 밑에 설치할 것

※ 관련사항은 "⑧ 스프링클러설비별 구조 및 부속장치-1. 습식 스프링클러설비의 구조 및 부속장치"를 참고할 것

4) 신축배관 : 제8조 9항 3호(2.5.9.3)

① 기준 : 가지배관과 스프링클러헤드 사이의 배관을 신축배관으로 하는 경우에는 소방청장이 정하여 고시한 "스프링클러설비 신축배관의 성능인증 및 제품검사의 기술기준"에 적합한 것으로 설치할 것. 이 경우 신축배관의 설치길이는 NFTC 2.7.3의 거리를 초과하지 않아야 한다.

② 해설

㉮ 신축배관은 가지배관에서 헤드를 접속하는 구간에 한하여 공사의 편리성과 효율성을 위하여 이를 허용한 것이나 아파트의 경우 입상관에서 접속구를 만든 후 이 곳에서 헤드 말단까지 전체구간을 신축배관으로 시공하는 사례가 발생하고 있다. 신축배관은 길이가 너무 길면 강관과 달리 중간에 구부려서 시공할 가능성이 있으므로 배관의 마찰손실이 크게 증가하게 되며 유수의 흐름을 방해할 우려가 있다. 따라서 헤드에서 안정적인 방사압을 확보하기 위해서는 가지관에서 헤드를 접속하는 헤드 접속구간에 대해서만 이를 사용하도록 한 것이다. 신축배관은 용도별로 헤드의 수평거리 구간(가지배관에서 헤드까지의 구간)에 한하여 사용할 수 있으며 가지관 구간에 신축배관을 사용하여서는 아니 된다.

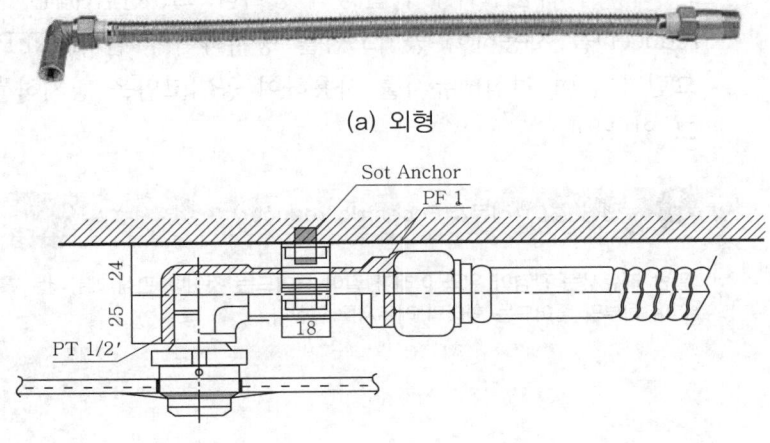

(a) 외형

(b) 설치모습

[그림 1-4-34] 신축배관의 외형과 설치 모습

ⓐ 신축배관에 대해서는 성능인증 기술기준이 제정되어 있으며[94] 동 기술기준에 의해 한국소방산업기술원에서 성능을 인정받을 수 있다. 성능인증 기준에서는 신축배관의 정의를 "신축배관이라 함은 스프링클러설비의 배관 중 가지배관과 헤드를 연결하는 구부림이 용이하도록 유연성을 가진 배관을 말한다"라고 규정하고 있으며 신축배관은 스테인리스 구조의 플렉시블 파이프, 접합부, 헤드 연결용 레듀서 등으로 구성되어 있다. 신축배관의 규격은 KS D 3628(스테인리스 주름관)을 적용하며 플렉시블 파이프의 길이는 3.2m 이하이어야 한다.

5) **흡입측 배관** : 제8조 4항(2.5.4)

① 기준

ⓐ 공기고임이 생기지 아니하는 구조로 하고 여과장치를 설치할 것

ⓑ 수조가 펌프보다 낮게 설치된 경우에는 각 펌프(충압펌프 포함)마다 수조로부터 별도로 설치할 것. 펌프의 흡입측 배관은 공기고임이 생기지 아니하는 구조로 하고 여과장치를 설치하여야 한다.

② 해설

ⓐ 공기고임 : 저수조의 수위가 펌프보다 낮은 경우 펌프가 동작하면 흡입측 배관의 압력은 대기압 이하로 낮아지게 된다. 따라서 흡입배관 내에 공기고임(Air Pocket)이 생길 경우에는 펌프의 흡입배관 내부에서 공기의 압력이 형성되어 물의 흡입을 방해하고 펌프의 성능저하를 가져오게 된다. 특히 공기고임은 엘보를 사용하는 부위나 역구배(逆 勾配)부분 또는 레듀서 사용부위에서 발생이 용이하므로 편심(偏心) 레듀서(Eccentric reducer)를 사용하여 공기고임을 방지하여야 한다. NFPA에서는 다음의 그림과 같이 편심레듀서를 사용하여 공기고임을 방지하는 그림을 예시하고 있다.[95]

편심(偏心) 레듀서(Eccentric reducer)

일반 레듀서는 관경이 위와 아래가 같이 줄어드는 것이나 편심 레듀서는 흡입측 상부는 수평이며 하부만 줄어드는 형태의 레듀서를 말한다.

---

94) 스프링클러설비의 신축배관의 성능인증 및 제품검사의 기술기준(소방청 고시)
95) NFPA 20(Stationary pump for fire protection) 2022 edition Fig A.4.16.6

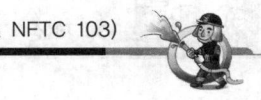

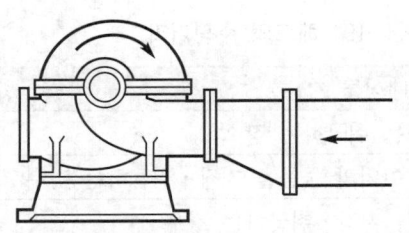
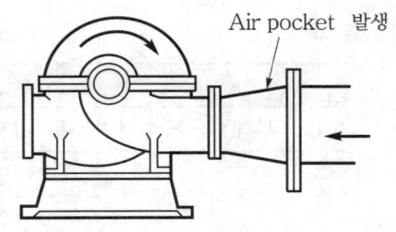

Air pocket 발생

(a) 양호(편심 레듀서 사용) (b) 불량(일반 레듀서 사용)

[그림 1-4-35(A)] 펌프 흡입측 배관의 레듀서

㉰ 여과장치 : 저수조 바닥 등에 침전되어 있는 각종 이물질을 펌프가 흡입할 경우 펌프 내부에 침입하여 펌프의 고장이나 기능의 저하를 초래하게 된다. 따라서 이를 방지하기 위하여 펌프 흡입측 배관에 설치하는 것이 여과(濾過)장치(Strainer)이며 소화설비에는 일반적으로 다음 그림과 같은 Y자 모습의 여과장치를 설치한다. 여과장치에는 여과망을 설치하여 침전물이 하부에 고여 있도록 하고 침전물은 후에 여과장치를 분해하여 제거하여야 한다.

[그림 1-4-35(B)] 여과장치(예)

6 헤드의 화재안전기준

1. 헤드의 배치기준

(1) 헤드의 수평거리

1) **기준** : 제10조 3항(2.7.3)

천장·반자·천장과 반자 사이·덕트·선반 등의 각 부분으로부터 하나의 스프링클러헤드까지의 수평거리는 다음의 기준과 같이 해야 한다. 다만, 성능이 별도로 인정된 스프링클러헤드를 수리계산에 따라 설치하는 경우에는 그렇지 않다.

[표 1-4-19] 헤드의 수평거리

소방대상물			수평거리
①	무대부 · 특수가연물을 저장 또는 취급하는 장소		1.7m 이하
②	랙크식 창고	특수가연물 이외의 물품을 저장 · 취급하는 경우	2.5m 이하
		특수가연물을 저장 · 취급하는 경우	1.7m 이하
③	아파트 세대 내의 거실(스프링클러헤드의 형식승인 기준의 유효반경의 것으로 한다)		3.2m 이하
④	기타(①~③ 이외) 소방대상물	비내화구조	2.1m 이하
		내화구조	2.3m 이하

2) 해설

① 수평거리 개념 : 헤드의 수평거리란 소방대상물의 각 부분이 헤드의 수평거리 범위 내에 포함되어야 하므로, 결국 이는 헤드를 중심으로 한 반경의 원을 의미하며 원 내에 바닥면적이 포용되어야 하며 이를 "유효살수반경"이라고 한다. 유효살수반경인 수평거리의 근거는 일본소방법 시행규칙 "제13조의 2"를 준용한 것으로 일본에서 수평거리를 제정할 경우 기본적으로 내화구조 건축물의 유효살수반경인 2.3m를 기준으로 하고, 건물의 구조 및 용도에 따라 2.3m에 가감비율을 적용하여 수평거리를 제정한 것이다. 즉, 헤드가 같은 경우에는 유효살수반경이 당연히 동일하지만 건물의 구조 및 용도에 따라 다음의 표와 같이 비율(%)로 조정하고 이로 인하여 헤드의 배치간격이 자연적으로 결정된 것이다.

용도별	수평거리	수평거리 비율(%)
① 무대부 · 특수가연물 저장 · 취급 장소	1.7m 이하	2.3m의 75% 적용
② 랙크식 창고(일반물품)	2.5m 이하	2.3m의 110% 적용
③ 비내화구조 건축물	2.1m 이하	2.3m의 90% 적용

② 방호면적의 개념 : 헤드 수평거리 개념은 NFPA에서는 규정하지 않는 개념으로 NFPA에서는 헤드를 배치할 경우 위험용도(Hazard occupancy)와 헤드 종류에 따라 헤드간 간격(최소간격과 최대간격), 벽간 거리(벽과의 최소간격과 최대간격), 가지배관의 간격[96]을 정하고 이에 따라 바닥면적별 헤드

---

96) 1. 헤드간 최소/최대간격(Minimum/Maximum distance between sprinklers)
　　2. 벽과의 최소/최대간격(Minimum/Maximum distance from walls)
　　3. 가지배관의 간격(Between branch lines)

1개의 방호면적(Head protection area)이 산출되는 것이다. 그러나 국내와 일본의 경우는 표준이 되는 유효살수반경을 정한 후 소방대상물의 구조 및 용도에 따라 유효살수반경을 가감하여 수평거리를 정한 후 이에 따라 헤드 간 간격이 산정되며 이는 결국 바닥면적별로 헤드의 수량이 결정된다. 이로 인하여 바닥면적에 대한 헤드 1개의 방호면적이 산정되는 방식이다.

③ 랙크식 창고의 경우 : 일반물품을 저장하는 랙크식 창고의 경우 수평거리를 내화구조건축물보다 완화시킨 것은 일반건축물과 달리 수평적으로만 헤드를 설치하는 것이 아니라 수직적(4m 또는 6m)으로도 헤드를 설치하여야 하므로 이를 감안한 것이다. 랙크식 창고에서 특수가연물을 저장 또는 취급하는 경우의 수평거리 1.7m는 2007. 4. 12. 국내에서 제정한 신설조항이다.

④ 아파트의 경우 : 아파트의 경우 수평거리 3.2m는 용도상 헤드 수평거리를 완화하기 위하여 1995. 5. 27. 국내에서 제정한 기준이다. 그러나 이 경우 헤드의 형식승인 기준 중 살수분포시험에서 시험장치 및 시험방법은 유효살수반경 2.3m와 2.6m를 기준으로 하여 살수분포곡선의 적정성여부를 판단하고 있다. 따라서 이를 감안하여 헤드의 형식승인시 제품별로 승인받은 유효반경에 대하여 인정하는 것으로 2008. 12. 15. 이를 개정하였다. 또한 이는 아파트 세대 내부에 한하여 적용하는 조항이며 아파트의 주차장이나 부속용도(기계실 등)에 대해서는 "기타 소방대상물" 조항을 적용하여야 한다.

(2) 헤드의 간격

1) **기준** : 헤드의 간격은 [표 1-4-19]의 수평거리와는 개념이 다르다. 수평거리란 헤드 1개당 포용하는 거리(유효살수반경)이나 헤드의 간격은 헤드와 헤드 사이의 간격을 말한다. 정사각형 헤드 배치에서 다음 그림과 같이 헤드 간격을 밑변으로 하는 △ABC에서 $\overline{AB}$ 및 $\overline{AC}$는 헤드의 수평거리 즉 포용거리이며, $\overline{BC}$는 헤드의 간격이다.

① 정방형(정사각형) 배치 → $\sqrt{2}\,R$

[정사각형 배치시 헤드간격]

$$S = 2R\cos 45° = \sqrt{2}\,R$$ ·············· [식 1-4-12]

여기서, S : 헤드와 헤드간의 간격
R : 헤드 1개의 수평거리

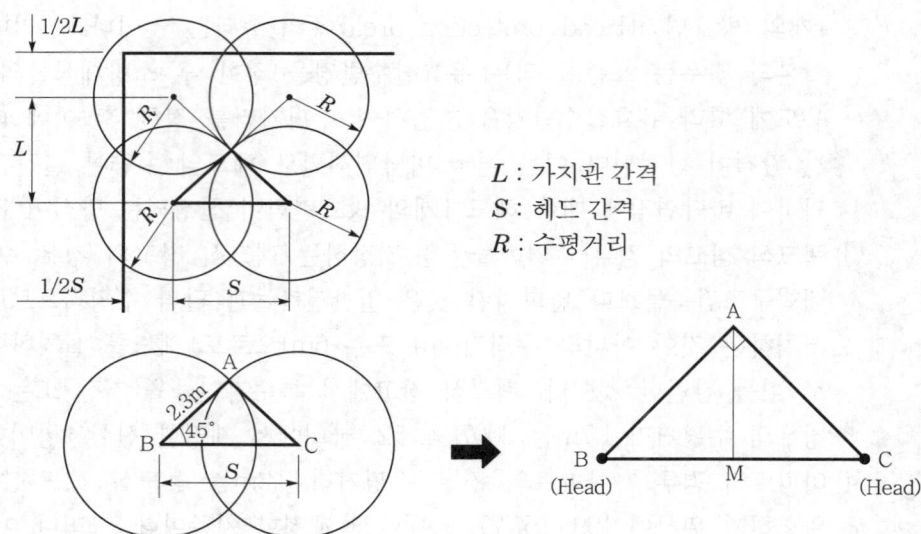

L : 가지관 간격
S : 헤드 간격
R : 수평거리

[그림 1-4-36] 정사각형의 헤드배치

원의 반지름인 $\overline{AB}=\overline{AC}$이므로 $\triangle ABC$는 이등변삼각형이 된다.
이때 $\angle A=90°$이므로 $\angle B = \angle C=45°$가 된다.

따라서 $\triangle ABM$에서 $\dfrac{BM}{AB}=\dfrac{\left(\dfrac{1}{2}\right)S}{R}=\cos 45°$

$BM=AB\times\cos45°=R\cos45°$

$\therefore$ 헤드간격 : $S(\overline{BC})=2\times BM$

$\qquad\qquad\qquad\quad =2\times R(\text{반지름})\times\cos45°$

$\qquad\qquad\qquad\quad =2R\times\dfrac{1}{\sqrt{2}}=\sqrt{2}\,R$

② 장방형(직사각형) 배치 → 대각선의 헤드간격 $X=2R$

[직사각형 배치시 헤드간격]

$$X=2R$$

·················· [식 1-4-13]

여기서, R : 수평거리
$\qquad\quad X$: 대각선의 길이

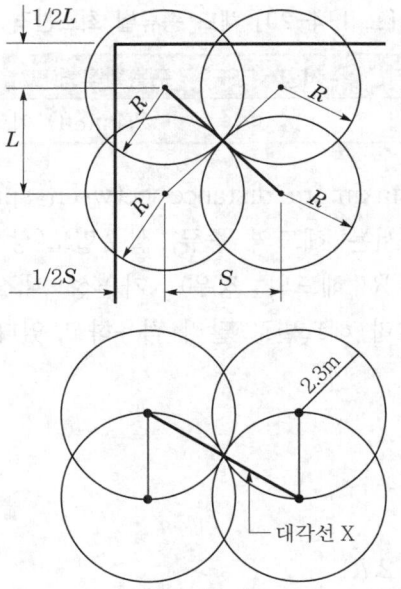

L : 가지관 간격
S : 헤드 간격
R : 수평거리
X : 대각선 길이

[그림 1-4-37] 직사각형의 헤드배치

2) 해설

① 국내는 헤드의 수평거리 기준을 규정하고 있으므로 이에 따라 정방형이나 장방형으로 헤드를 배치하며 헤드간 간격이 정하여진다. 헤드간 간격이란 결국 헤드간 배치방법으로 헤드의 배치상태에 따라 방호구역에 대한 헤드 1개의 포용면적을 구할 수 있다. 실제 설계시에는 스프링클러헤드 배열은 천장면의 기구(전등, 공조용 디퓨저 등)에 관한 배치 도면을 밑그림으로 하여 등기구 등과 중복되지 않게 헤드를 배치한 후 헤드의 수평거리를 조정하여 최종 확정하게 된다.

② 화재안전기준에는 헤드 간격에서 최소간격 및 최대간격에 대한 기준이 없으나 NFPA에서는 스키핑(Skipping)현상 때문에 "헤드 최소간격"을 헤드 종류에 따라 규정하고 있다. 스키핑현상이란 헤드가 인접하여 설치될 경우 인접 헤드에서 방사되는 물로 인하여 헤드의 감열부가 냉각되어 감열의 지연이나 작동불능상태가 발생되는 현상으로 이를 억제하기 위하여 최소헤드간격을 준수하여야 하며 헤드란 기준을 초과하여 많이 설치한다고 좋은 것이 아니다. 또한 헤드 1개가 포용할 수 있는 한계가 있으므로 헤드 1개당 "헤드 최대간격" 역시 규정하고 있으며 NFPA에서 규정하는 헤드의 최소간격과 최대간격에 대한 기준은 다음과 같다.

㉮ 헤드간 최소간격(Minimum distance between sprinklers) : 헤드간 최소간격은 NFPA에서는 헤드의 종류에 따라 1.8m와 2.4m의 2가지로 적용하고 있다.

[표 1-4-20] 헤드 종류별 최소간격

상향형 · 하향형 · 측벽형	주거형 · ESFR · 포용확장형(EC) · CMSA(Large drop)
1.8m(6ft) 이상	2.4m(8ft) 이상

 ④ 헤드간 최대간격(Maximum distance between sprinklers) : 헤드간 최대간격은 NFPA에서는 헤드의 종류, 살수밀도(상하형의 상급위험의 경우), 천장높이(ESFR 헤드의 경우), 가연성 내장재여부(CMSA[Large drop]의 경우)에 따라 헤드별로 달리 적용하고 있다.

2. 헤드설치의 세부기준

(1) 헤드의 기본 설치기준

1) 헤드의 설치위치 : NFTC 2.7.1

 ① 기준 : 스프링클러헤드는 특정소방대상물의 천장, 반자, 선반, 덕트 기타 이와 유사한 부분(폭이 1.2m를 초과하는 것에 한한다)에 설치해야 한다. 다만 폭이 9m 이하인 실내에 있어서는 측벽에 설치할 수 있다.

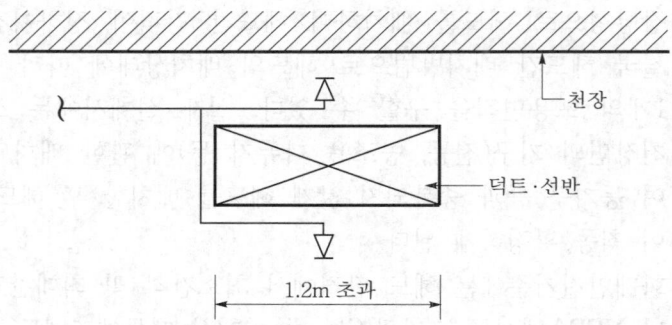

천장

덕트 · 선반

1.2m 초과

[그림 1-4-38] 덕트 · 선반의 헤드 설치

 ② 해설

  ㉮ 헤드 설치시 덕트나 선반 등이 있는 경우에는 덕트나 선반의 폭이 1.2m 이하일 경우는 덕트 등의 상부나 하부를 각각 별도의 방호공간으로 간주하지 않고 동일한 방호공간으로 간주한다는 의미이다. 이의 의미는 다음 2가지로서 첫째, 폭 1.2m까지는 덕트나 선반이 있을지라도 화재시 화열에 의한 열기류의 유동으로 헤드의 개방에 큰 장애가 없다는 것과 둘째, 헤드 개방시 폭 1.2m까지는 인접 헤드로 인하여 바닥면의 화세진압에 큰 지장이 없다고 적용한 것이다. 따라서 덕트나 선반이 1.2m 이하인

경우는 동일한 방호공간이므로 한쪽에만 헤드를 설치하도록 하나(입법의 취지는 덕트나 선반 위쪽임), 덕트나 선반이 1.2m를 초과할 경우에는 헤드 개방이나 살수장애로 인한 화세진압에 문제가 있으므로 이를 별도의 방호공간으로 적용하여 덕트의 상부나 하부에 대해 양쪽에 각각 헤드를 설치하되 위쪽에는 상향식 헤드를 아래쪽에는 하향식 헤드를 동일 가지관에서 상하형으로 설치하도록 한다.

㉯ 1.2m의 근거는 NFPA에서 "덕트 등의 고정 장애물로서 4ft(1.2m)를 초과할 경우에는 장애물 아래에도 헤드를 설치하여야 한다."라는 조항을 준용한 것이다. 1.2m 이하의 덕트일 경우 위쪽이나 아래쪽 중 어느 쪽에 헤드를 설치할 것인가 하는 문제는 NFPA에서 1.2m를 초과할 경우 고정 장애물 아래에도 헤드를 설치하라고 한 것은 1.2m 이하인 경우는 헤드에서 장애물까지 일정한 거리가 유지될 경우 위쪽만 헤드를 설치하라는 의도이다.[97] 이 경우 NFTC 2.7.1(선반이 1.2m 초과하는 것에 한한다)과 NFTC 2.7.7.3(배관·행거 및 조명기구 등 살수를 방해하는 것이 있는 경우에는 아래에 설치)은 서로 모순되는 것이 아니다. NFTC 2.7.1은 헤드를 설치하여야 할 위치 및 장소(공간)에 대한 법적 기준이며, NFTC 2.7.7.3은 헤드를 설치할 경우 살수장애 발생 여부에 대한 기준으로 1.2m 이하의 선반은 살수장애물로 간주하지 않아 추기로 헤드를 설치하는 공간이 아니기 때문이다.

㉰ 단서조항은 측벽형 헤드는 덕트 등의 상부나 하부에 설치하는 것이 아니라 벽면에 설치할 수 있는 근거를 규정한 것으로 조건을 폭이 9m 이하인 실내로 제한한 것은 측벽형 헤드의 최대살수거리가 4.5m이므로 좌우벽의 양쪽에서 살수할 경우 9m까지만 유효성을 인정한 것으로 따라서 폭이 9m를 초과할 경우는 측벽형헤드를 설치할 수 없다. 측벽형의 경우에는 살수 방향이 좌우측에서 살수되므로 덕트 등의 폭이 1.2m를 초과할 경우는 살수장애를 적용하지 않으며, 대신 헤드와 덕트 등과의 이격거리와 덕트의 두께에 따라 살수장애가 발생할 수 있다. 이에 대해 NFPA에서는 살수장애를 방지하기 위하여 덕트 등의 두께에 따른 헤드까지의 거리를 다양하게 규정하고 있으나[98] 국내에서는 이에 대한 관련 기준이 없는 실정이다.

---

97) NFPA 13(2022 edition) 10.2.7.2(7) : Sprinklers shall not be required under obstructions 4ft (1.2m) or less wide when the provisions of Table 10.2.7.2(a) or Table 10.2.7.2(b) and Figure 10.2.7.2(a) are maintained[스프링클러헤드는 표 10.2.7.2(a) 또는 표 10.2.7.2(b) 및 그림 10.2.7.2(a)의 조항이 유지되는 경우 폭이 4피트(1.2m) 이하인 장애물 아래에는 필요하지 않다].

98) NFPA 13(2022 edition) 10.3.6 : Obstruction to sprinkler discharge(Standard side wall spray sprinklers)

2) 헤드 주위의 공간 확보 : NFTC 2.7.7.1

헤드로부터 반경 60cm 이상 공간을 보유할 것. 다만, 벽과 헤드간의 공간은 10cm 이상으로 한다.

> ① 헤드로부터 반경 60cm의 공간을 확보하라는 의미는 구(球)를 이등분한 반구의 원 중심에 헤드가 있다고 할 경우 헤드로부터 반구까지의 모든 거리가 60cm 이상이어야 하며 해당 공간에는 장애물이 없어야 한다는 의미이다.
> ② 벽과의 이격거리를 최소 10cm 이상으로 한 것은 NFPA[99]의 기준을 준용한 것으로 벽에 너무 근접되어 있으면 화재시 작동시간이 지연되므로 헤드의 원활한 작동을 위하여 4inch(≒10cm) 이상 이격하도록 한 것이다.

3) 헤드와 천장 부착면간 거리 : NFTC 2.7.7.2

스프링클러헤드와 그 부착면(상향식 헤드의 경우에는 그 헤드의 직상부의 천장·반자 또는 이와 비슷한 것을 말한다)과의 거리는 30cm 이하로 할 것

> 부착면과의 거리 제한은 화재시 헤드의 집열(集熱)을 위하여 제한을 둔 것으로, NFPA에서는 천장과의 이격거리를 살수장애물이 없는 경우에는 최소 1in(2.54cm) 이상 최대 12in(30.5cm) 이하로 규정하고 있다.[100] 따라서 이를 준용하여 부착면과의 거리를 30cm 이하(이내)로 한 것이다. 살수장애물 아래쪽에 설치하여 천장으로부터 30cm를 초과하게 되어 집열에 문제가 발생할 우려가 있는 경우에는 다음 그림과 같은 집열판을 설치하도록 한다.

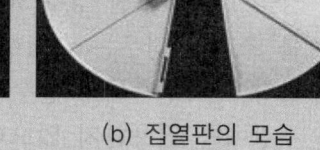
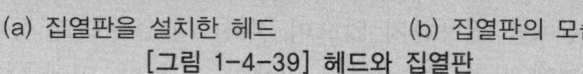

(a) 집열판을 설치한 헤드　　　(b) 집열판의 모습
[그림 1-4-39] 헤드와 집열판

---

99) NFPA 13(2022 edition) 10.3.4.3(Minimum distances from walls) : Sprinklers shall be located a minimum of 4in(100mm) from wall(스프링클러헤드는 벽으로부터 .최소 100mm 이상 이격하여야 한다).
100) NFPA 13(2022 edition) 10.2.6.1(Distance below ceilings)

4) 헤드의 살수장애 : NFTC 2.7.7.3

① 기준 : 배관·행거 및 조명기구 등 살수를 방해하는 것이 있는 경우에는 1호 및 2호의 규정에 불구하고 그로부터 아래에 설치하여 살수에 장애가 없도록 할 것. 다만, 스프링클러헤드와 장애물과의 이격거리를 장애물 폭의 3배 이상 확보한 경우에는 그렇지 않다.

② 해설

㉮ 헤드로부터 60cm 이내 공간에 장애물이 있어 반경 60cm의 공간을 확보하라는 1호의 규정이나, 조명기구 등과 같이 살수를 방해하는 것이 있어 천장면에서 30cm 이내 설치하라는 2호의 규정에 불구하고 장애물 밑으로 헤드를 설치할 수 있는 근거를 마련한 조항이다. 즉 위와 같은 경우에도 헤드와 장애물간의 간격을 장애물 폭의 3배를 확보한 경우에는 살수를 방해하는 것으로 보지 않는다는 의미이다.

㉯ 종전까지는 2호의 규정에 대해서만 완화하였으나 2008. 12. 15. 동 기준을 개정하여 헤드 주변에 장애물이 있을 경우 1호 및 2호 모두의 기준에 불구하고 장애물 폭의 3배 거리를 확보한 경우에는 이를 살수장애로 간주하지 않도록 하였다.

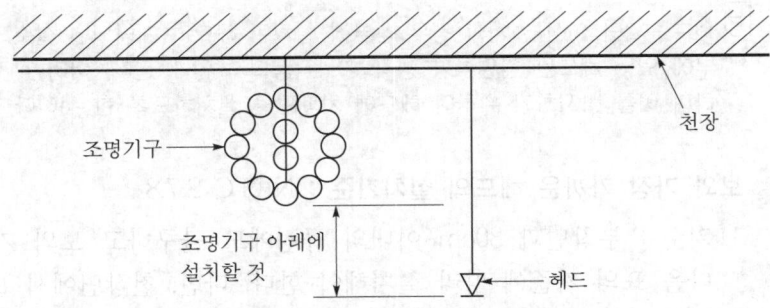

[그림 1-4-40(A)] 살수장애시 헤드배치

㉰ NFPA에서는 헤드와 장애물과의 이격시 설치규정을 만족하지 않을 경우에는 헤드와 장애물간의 이격거리를 장애물의 최대치수 보다 3배 이상이고 24in(609mm) 이내가 되도록 설치하도록 규정하고 있으며,[101] 이를 NFPA에서는 Three times rule(3배 규정)이라 한다. NFTC 2.7.7.3의 단서 규정은 이를 준용한 것으로 NFPA에서 뜻하는 최대치수란 장애물의 폭과 높이 중 가장 큰 값을 뜻하나 화재안전기준은 이를 폭으로만 규정하고 있다.

---

101) NFPA 13(2022 edition) 10.2.7.3.1.3 Minimum distance from obstructions(장애물로부터 최소간격)

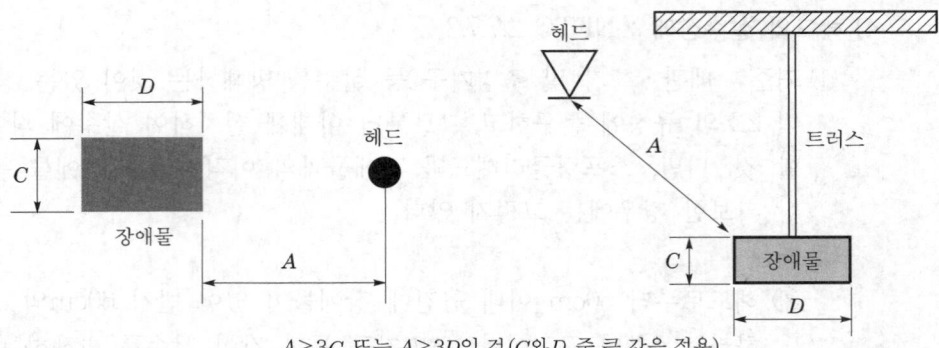

$A \geq 3C$ 또는 $A \geq 3D$일 것 (C와 D 중 큰 값을 적용)

[그림 1-4-40(B)] 살수장애 3배 규정(Three times rule) : NFPA 기준

5) 헤드의 반사판 방향 : NFTC 2.7.7.4

헤드의 반사판은 그 부착면과 평행하게 설치한다. 다만, 측벽형 헤드 및 연소할 우려가 있는 개구부에 설치하는 헤드의 경우에는 그렇지 않다.

6) 헤드의 차폐판 설치 : 제10조 7항 5호(2.7.7.9)

상부에 설치된 헤드의 방출수에 따라 감열부에 영향을 받을 우려가 있는 헤드는 유효한 차폐판을 설치할 것

> 헤드를 2단 이상 설치할 경우 상부에 설치된 헤드가 개방되면 살수되는 물로 인하여 하부에 있는 헤드는 감열부가 냉각되어 작동되지 않게 된다. 이러한 것을 스키핑현상이라 하며 이를 방지하기 위하여 헤드에 차폐판을 설치하도록 한 것이다.

7) 보와 가장 가까운 헤드의 설치기준 : NFTC 2.7.8

① 기준 : 부착면과 30cm 이내의 규정에도 불구하고 보와 가장 가까운 헤드는 다음 표의 기준에 따라 설치해야 한다. 다만, 천장면에서 보의 하단까지의 길이가 55cm를 초과하고 보의 하단 측면 끝으로부터 헤드까지의 거리가 헤드 상호간 거리의 $\frac{1}{2}$ 이하가 되는 경우에는 헤드와 부착면과의 거리를 55cm 이하로 할 수 있다.

[표 1-4-21] 보와 가장 가까운 헤드의 기준

헤드의 반사판 중심과 보의 수평거리 : 그림의 (a)	헤드의 반사판 높이와 보의 하단 높이의 수직거리 : 그림의 (b)
0.75m 미만	보의 하단보다 낮을 것
0.75m 이상 1m 미만	0.1m 미만
1m 이상 1.5m 미만	0.15m 미만
1.5m 이상	0.3m 미만

② 해설

㉮ 근거 : 본 기준의 출전은 NFPA 13에서 상향식이나 하향식 헤드의 경우 살수장애를 피하기 위한 헤드배치에 대한 14단계의 기준[102]을 준용하여 만든 것이다.

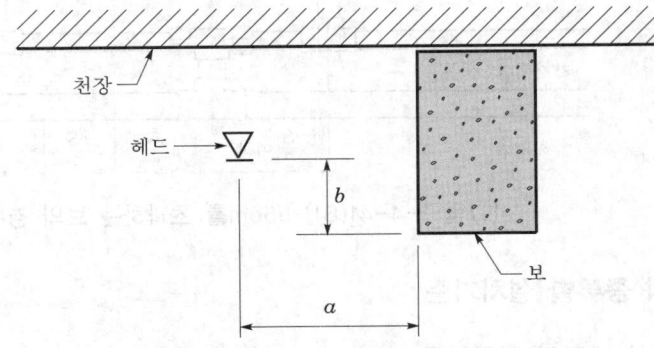

[그림 1-4-41(A)] 보에 가까운 헤드설치

㉯ 개념 : 헤드를 설치할 경우 헤드는 천장과 30cm 이내가 되어야 하며 따라서 "보"보다 위에 천장면에 근접하게 설치하여야 한다. 이는 천장에서 헤드가 멀리 이격되어 있으면 집열(集熱)이 불량하여 신속한 헤드 개방이 안 되므로 거리 제한을 둔 것이다. 그러나 보와 가장 가까운 헤드의 경우는 천장에서 30cm 이내로 헤드를 설치할 경우 보로 인하여 살수장애를 받게 되는 문제가 발생하게 되므로, 따라서 이러한 조항(천장면으로부터 30cm 이내)에도 불구하고 표와 같이 보의 하단부를 기준으로 일정거리를 이격하여 설치할 수 있도록 완화조치를 한 것으로 이 경우는 보 바로 옆의 헤드(보에서 좌우 직근의 헤드)만 적용할 수 있으며 다른 헤드는 적용할 수 없다. 이 경우 보와 헤드간의 거리 (a)는 수평거리이므로 보에서 헤드간의 직선거리를 말하며 헤드에서 보의 중심선까지의 거리로 적용하지 않는다.

㉰ 단서조항의 의미 : 보의 깊이가 매우 긴 보의 경우는 보의 하단을 기준으로 헤드를 설치할 경우 헤드가 공중에 매달려 있는 형상이 되므로 보의 깊이가 55cm를 초과할 경우에는 보의 측면에서 헤드까지의 거리가 헤드간격의 $\frac{1}{2}$ 이하가 되는 다음 그림과 같은 경우에는 헤드의 설치를 천장면에서 최대 55cm 이하까지 설치할 수 있도록 표에 대한 기준을 일부 보완한 것이다.

---

102) NFPA 13(2022 edition) Table 10.2.7.2.7(b) : Position of sprinkler to avoid obstruction to discharge(살수장애를 피하기 위한 헤드 배치)

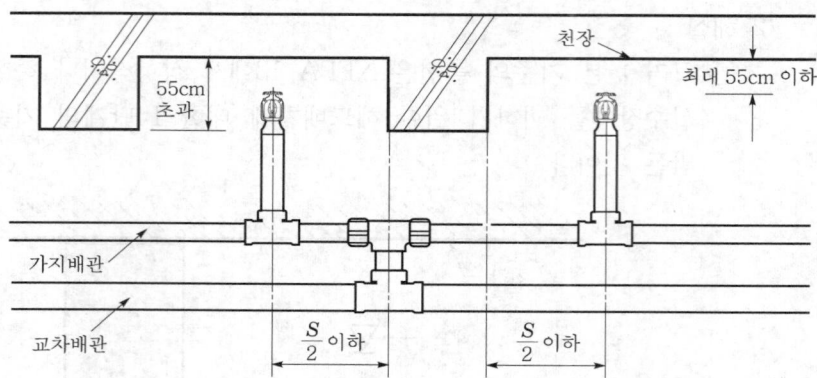

[그림 1-4-41(B)] 55cm를 초과하는 보의 경우 헤드설치

(2) 헤드의 종류별 설치기준

1) 하향식 헤드의 설치기준

① 하향식 헤드의 분기 : 제8조 10항 3호(2.5.10.3)

하향식 헤드를 설치하는 경우에 가지배관으로부터 헤드에 이르는 헤드 접속 배관은 가지관상부에서 분기할 것. 다만, 소화설비용 수원의 수질이 먹는물 관리법 제5조의 규정에 따라 먹는물의 수질기준에 적합하고 덮개가 있는 저 수조로부터 물을 공급받는 경우에는 가지배관의 측면 또는 하부에서 분기할 수 있다.

일반 급수를 사용할 경우는 배관 내 정체되어 있는 물속의 침전물로 인하여 헤드가 막히 는 것을 방지하기 위하여 상부 분기방식인 회향식(回向式 ; Return bend)으로 설치하 도록 한다. 그러나 급수원이 식수 기준이며 덮개가 있는 저수조로부터 공급받을 경우에 는 침전물의 영향을 무시할 수 있다고 간주하여 가지관의 측면분기 또는 하부분기를 인 정한 것이다.

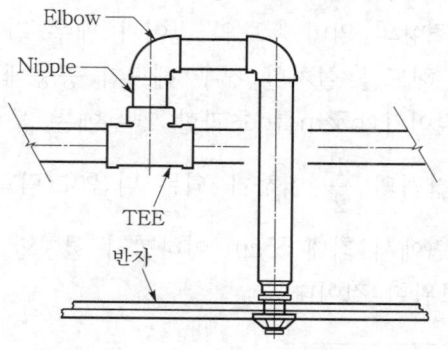

[그림 1-4-42] 회향식 헤드

② 하향식 헤드의 설치 : NFTC 2.7.7.7

습식 스프링클러설비 및 부압식 스프링클러설비 외의 설비에는 상향식 스프링클러헤드를 설치할 것. 다만, 다음의 어느 하나에 해당하는 경우에는 그렇지 않다.

㉮ 드라이펜던트 스프링클러헤드를 사용하는 경우

㉯ 스프링클러헤드의 설치장소가 동파의 우려가 없는 곳인 경우

㉰ 개방형 스프링클러헤드를 사용하는 경우

> 준비작동식이나 건식설비는 일반적으로 난방이 되지 않는 장소에 설치하는 설비인 관계로 동파의 우려가 있는 장소에 설치하게 된다. 이 경우 유수검지장치 등이 오동작으로 인하여 개방하면, 하향식 헤드의 경우는 가지관에서 헤드까지의 접속부위에 충전된 물은 배수가 되지 않아 동파가 발생하게 된다. 따라서 원칙적으로 상향식 헤드를 사용하여야 하나 드라이 팬던트 헤드의 경우는 헤드 입구에 공기 등이 압축된 배관이 있는 헤드 구조로서 유수검지장치가 오동작 되어도 헤드 입구쪽으로 물이 유입되지 않으므로 하향식으로 설치할 수 있다.

2) 조기반응형 헤드의 설치기준 : 제10조 5항(2.7.5)

① 기준 : 다음의 어느 하나에 해당하는 장소에는 조기반응형 헤드를 설치해야 한다.

㉮ 공동주택·노유자시설의 거실

㉯ 오피스텔·숙박시설의 침실, 병원의 입원실

② 해설

㉮ 조기반응형 헤드란 기류온도 및 기류속도에 대해 표준형 헤드보다 조기에 반응하는 헤드로서 RTI가 50 이하인 속동형(Fast response) 헤드를 말한다. 조기반응형 헤드의 특징은 습식설비 또는 부압식설비에서만 사용할 수 있으며 오피스텔의 침실, 숙박시설의 침실, 병원의 입원실 등에 설치하여 조기에 화재를 감지하여 인명피해를 방지하는 것이 조기반응형 헤드의 목적이다. 공동주택이나 노유자시설의 거실은 침실용도 여부에 불구하고 상시 거주하는 노유자(老幼者)의 안전을 위하여 조기반응형 헤드를 설치하도록 한 것이다.

㉯ 설치장소는 위와 같은 사유로 인하여 공동주택의 거실, 노유자시설의 거실이나 오피스텔의 침실, 숙박시설의 침실, 병원의 입원실에 국한하여 설치하여야 한다. 예를 들면 병원의 경우는 숙박을 하는 입원실 자체만 대상이며 입원실 이외의 장소는 조기반응형 헤드의 설치대상이 아니다.

일반적으로 조기반응형 헤드는 퓨지블링크형보다는 유리벌브형으로서 이는 온도에 감응하는 특수한 액체로 구성되어 있으므로 표시된 주위온도에 도달하면 충전된 액체가 팽창을 시작하여 작동온도에서 유리가 해체되면서 살수가 개시하게 된다. 국내는 현재 표준형과 플래시형의 2종류가 생산되고 있다.

㉓ 조기반응형 헤드를 부압식 스프링클러설비에서도 사용할 수 있도록 2011. 11. 24. 당시 화재안전기준(NFSC) 제6조 7호를 개정하였으나 이는 매우 잘못된 기준이다. 왜냐하면 부압식의 경우는 습식설비임에도 준비작동식 유수검지장치를 사용하므로 감지기작동(전기적 방식) 이전에 헤드가 먼저 개방(기계적 방식)될 경우에는 준비작동식 유수검지장치가 작동하지 않는다. 이에 2022. 2. 10. 표준형보다 조기에 작동하는 속동형인 조기반응형 헤드는 습식 유수검지장치를 설치하도록 제6조 7호(2.3.1.7)를 개정하였으나 개정의 효과가 없다. 왜냐하면 제3조 35호(1.7.1.35) 용어의 정의에서 "습식 유수검지장치란 습식 스프링클러설비 또는 부압식 스프링클러설비에 설치하는 유수검지장치를 말한다"라고 잘못 정의하고 있기 때문이다. 부압식설비는 습식설비이지만, 유수검지는 준비작동식밸브를 사용하고 있다.

3) 측벽형 헤드의 설치기준 : 제10조 7항 4호(2.7.7.8)

① 기준

㉮ 폭이 4.5m 미만의 경우 : 긴 변의 한쪽 벽에 일렬로 설치하고, 3.6m 이내마다 설치한다.

㉯ 폭이 4.5m 이상 9m 이하인 경우 : 긴 변의 양쪽에 각각 일렬로 설치하되 헤드가 나란히꼴이 되도록 설치하고, 3.6m 이내마다 설치할 것

② 해설

㉮ 개념 : 측벽형의 경우 국내는 용도에 불문하고 측벽형을 적용할 수 있으며 다만, 폭이 9m 미만까지로 거리기준으로 제한하고 있다. 그러나 측벽형 헤드란 헤드의 축심(軸心)을 중심으로 반원에 균일하게 물이 분사되는 관계로 NFPA나 일본의 경우는 천장이 낮으며 화재하중이나 위험도가 낮은 용도에 한해서만 적용하고 있다. NFPA는 경급위험(Light hazard) 및 중급위험(Ordinary hazard)의 경우만 적용하며, 일본의 경우 여관, 호텔 공동주택, 병원, 복리시설, 유치원 등의 용도에 국한하여 객실, 병실, 소구획된 부분, 복도, 로비 등에 설치하도록 하고 있다. 따라서 국내와 같이 설계 화재하중이 많은 장소(예 백화점, 창고 등)에 측벽형 헤드를 적용하는 것은 바람직하지 않다.

㉯ 적용

㉠ 국내의 경우 : 국내의 경우는 헤드 간격은 NFPA나 일본기준과 동일하나 벽과의 폭 4.5m는 재검토가 필요한 수치이다. 또한 양쪽벽에 헤드를 설치하는 경우 NFPA는 경급위험의 경우 7.3m(24ft), 중급위험은 6.1m(20ft)로 방호면적의 최대폭을 초과하는 경우 양쪽벽에 설치

하도록 하고 있으나 국내의 경우는 헤드 1개당 방호면적의 개념이 없이 벽간의 폭이 무조건 4.5m일 경우(9m까지) 양쪽벽에 설치하도록 하고 있다.

• 폭이 4.5m 미만의 경우 : 한쪽면에 한하여 다음 그림과 같이 설치하며 헤드 간격($S=3.6m$)은 벽에서 $\frac{S}{2}(=1.8m)$ 띄우고 3.6m마다 설치한다.

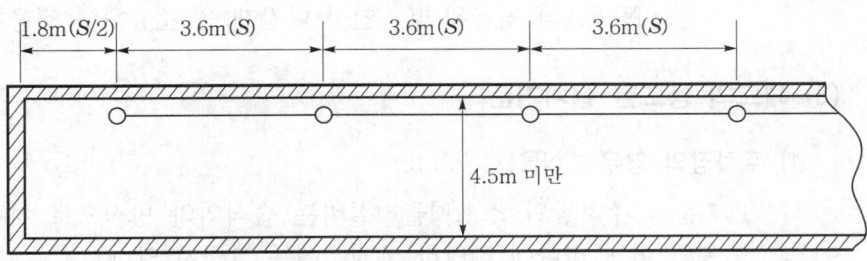

[그림 1-4-43(A)] 폭이 4.5m 미만인 경우

• 폭이 4.5m 이상 9m 이하인 경우 : 헤드설치는 헤드간격을 $S(=3.6m)$ 라면 한쪽 줄은 $\frac{S}{2}(=1.8m)$, 다른 줄은 $\frac{S}{4}(=0.9m)$를 띄우고 3.6m마다 설치하며 이 경우 양쪽벽의 헤드 배치는 나란히꼴(평행사변형)이 된다. 측벽형 헤드의 살수반경을 감안하여 폭이 4.5m 이상일 경우 다음 그림과 같이 2열로 설치하는 것으로, 9m를 초과할 경우에는 중간부분에 살수 미포용 구역이 발생하므로 측벽형 헤드를 적용할 수 없다.

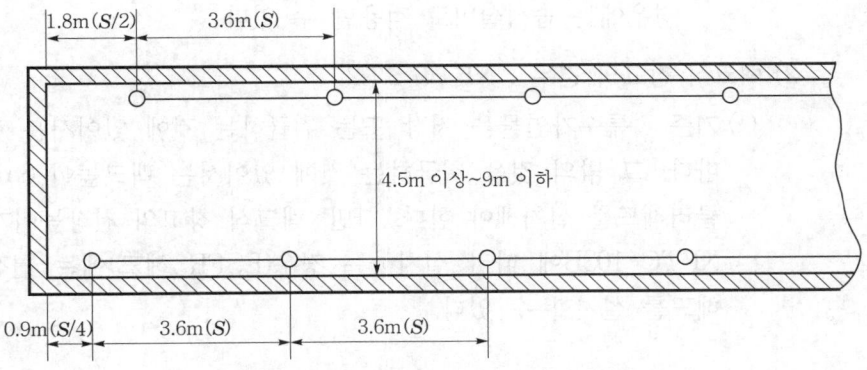

[그림 1-4-43(B)] 폭이 4.5m 이상 9m 이하인 경우

ⓒ NFPA의 경우 : 측벽형 헤드간격은 NFPA[103]에서 중심선으로부터 1.8m(6ft) 즉 헤드간격은 3.6m(=1.8m×2) 간격으로 설치하며, 실내의 최대폭(Maximum room width)은 헤드 1개당 방호면적(Head protection area) 범위 내에서 경급위험은 가연성 마감일 경우 최대폭을 3.6m(12ft), 불연성 마감일 경우 4.3m(14ft), 중급위험은 내장재에 관계없이 3m(10ft)로 적용하고 있다.[104]

ⓒ 일본의 경우 : 일본은 헤드 간격 3.6m에 벽과의 거리는 1.8m 이내로 NFPA의 경급위험(가연성 마감재)을 준용하여 적용하고 있다.

(3) 헤드의 용도별 설치기준

1) 주차장의 경우 : NFTC 2.5.15

① 기준 : 주차장의 스프링클러설비는 습식외의 방식으로 해야 한다. 다만, 다음의 어느 하나에 해당하는 경우에는 그렇지 않다.

㉮ 동절기에 상시 난방이 되는 곳이거나 그 밖에 동결의 염려가 없는 곳

㉯ 스프링클러설비의 동결을 방지할 수 있는 구조 또는 장치가 된 것

② 해설

㉮ 주차장은 일반적으로 난방을 하지 않는 장소이므로 동절기에 동파의 우려가 매우 높은 장소이다. 따라서 주차장은 원칙적으로 습식 이외의 설비인 건식이나 준비작동식 등으로 시스템 적용을 하는 것이 원칙이다.

㉯ 단서조항의 장소는 이를 예외로 하여 습식설비를 설치할 수 있도록 한 것이다. 동절기에 언제나 난방을 하는 장소이거나, 동결의 염려가 없거나(㉲ 지하층이 심층구조로서 동절기에도 온도가 영하로 내려가지 않는 경우 등), 동결을 방지할 수 있는 구조 또는 장치(㉲ 열선설치 등)가 있는 경우에는 습식설비로 적용할 수 있다.

2) 랙크식 창고의 경우 : NFTC 2.7.2

① 기준 : 특수가연물을 저장 또는 취급하는 것에 있어서는 랙크높이 4m 이하마다, 그 밖의 것을 취급하는 것에 있어서는 랙크높이 6m 이하마다 스프링클러헤드를 설치해야 한다. 다만, 랙크식 창고의 천장높이가 13.7m 이하로서 NFTC 103B에 따라 설치하는 경우(ESFR 헤드)에는 천장에만 스프링클러헤드를 설치할 수 있다.

---

103) NFPA 13(2022 edition) 10.3.4.1(Minimum distance between sprinklers)
104) NFPA 13(2022 edition) Table 10.3.3.2.1(Protection areas and maximum spacing)

[표 1-4-22] 랙크식 창고의 헤드배치

구 분	헤드 설치
특수가연물을 저장 또는 취급하는 경우	랙크높이 4m 이하마다
그 밖의 것을 취급하는 경우	랙크높이 6m 이하마다

chapter

1

소화설비

② 해설

㉮ 개념 : 랙크식 창고란 층고가 10m 이상으로 선반 등을 설치하고 자동식 승강장치에 의해 수납물을 운반하는 장치를 갖춘 자동화창고(Automatic storage-type rack)의 일종으로 랙크 단위로 물품을 보관하므로 화재하중이 매우 높은 장소이며 헤드의 경우도 랙크 단위로 설치하는 것이 원칙이다. 랙크식 창고의 경우는 화재시 피해의 범위가 매우 큰 장소로 NFPA나 일본의 경우는 이에 대한 상세한 적용지침을 제정하고 있으나 국내기준은 [표 1-4-22]에 의한 헤드배치 외에는 기준이 없는 실정으로 국내도 랙크식 창고에 저장하는 물품별로 등급을 정하여 이에 맞는 헤드 기준을 적용하여야 한다.

㉯ 적용

㉠ 국내기준 : 국내의 경우는 보관품을 특수가연물과 그 밖의 것으로 단순하게 분류하여 적용하고 있으며 랙크마다 설치하는 것이 아니라 랙크높이를 기준으로 4m 또는 6m 이하마다 설치하도록 하고 있다. 그러나 랙크마다 헤드를 설치하는 것이 아니라 높이 기준으로 헤드를 설치할 경우는 랙크 단위로 살수되지 않는 문제점이 발생할 수 있다. 단서 조항의 경우는 랙크식 창고 등에 설치하는 ESFR 헤드에 관한 기준으로 이는 천장면에만 설치하는 헤드이며 설치하는 천장높이는 NFPA 에서는 45ft(13.7m) 이하인 경우에만 유효하므로 이를 준용한 것이다.

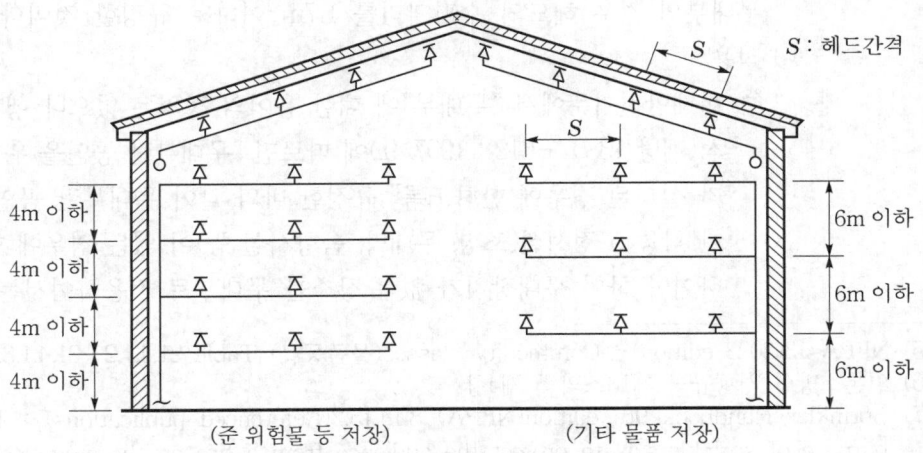

[그림 1-4-44] 랙크식 창고의 헤드(국내기준)

ⓛ NFPA 기준 : 랙크식 창고의 경우 수용물품에 따라 헤드 설치기준이 달라지므로 보관하는 수용물품의 종류를 NFPA에서는 Class Ⅰ~Ⅳ까지로 분류하여 적용하고 있으며[105] 상세하게 품목을 예시하고 있다. 또한 NFPA에서는 창고 용도에서의 각종 물품의 방호를 위한 별도기준을 상세히 규정하고 있으며 동 기준에서는 Class Ⅰ~Ⅳ의 물품 이외, 고무타이어(Rubber tire), 두루마리 종이(Roll paper), 가연성 및 인화성 물품에 대해 별도의 기준을 제정하고 있다.

ⓒ 일본기준 : 일본의 경우에도[106] 등급 Ⅰ~Ⅳ까지로 랙크식 창고를 분류하며, Ⅰ, Ⅱ, Ⅲ등급은 헤드높이 4m로, Ⅳ등급은 헤드높이 6m로서 국내의 기준인 높이 4m, 6m의 높이 기준은 일본기준을 준용한 것이다.

3) 무대부의 경우 : 제10조 4항(2.7.4)

① 기준 : 시행령 별표 4의 소화설비의 소방시설 적용기준란 1호 라목 3)에 따른 무대부에는 개방형 헤드를 설치해야 한다.

② 해설

㉮ 개념 : 무대부는 일반적으로 층고가 높은 관계로, 천장면에 열이 집적되어 폐쇄형 헤드가 개방되기에는 많은 시간이 경과되며 또한 무대막 등에 착화시 연소속도가 매우 빠른 관계로 소화특성상 신속하고 광범위하게 살수하기 위하여 무대부는 개방형 헤드에 국한하여 설치하도록 한 것이다. NFPA에서는 무대부에 설치하는 헤드의 주목적은 관중을 보호하는 것이라고 명시하고 있으며[107] NFPA 13 2022 edition(9.3.13.2 Stages)에 의하면 무대부에는 일제살수식의 개방형 헤드를 설치하며 헤드의 최대간격은 6ft(1.8m)로 규정되어 있다. 따라서 국내 및 일본에서는 이를 참조하여 무대부의 경우 헤드의 수평거리를 1.7m 이하로 규정한 것이다.

㉯ 적용

㉠ 화재안전기준에서 "무대부"에 대한 용어의 정의는 없으나 행자부 유권해석(예방 13807-612 : 1997. 9.)에 따르면 "무대부란 공연을 위한 무대장치가 설치된 경우에 한하도록" 규정한 바와 같이 무대부란 공연을 하기 위한 각종 고정시설(조명, 무대막, 음향시설 등)이 있는 경우에 한하여 적용하여야 하며 무대장치가 없는 장소를 무대부로 적용하여서는 아니 된다.

---

105) NFPA 13(2022 edition) : Commodity classes(물품등급) Table 21.4.1.2~21.4.1.3.2

106) 일본소방법 시행규칙 제13조의 5 제4항

107) Sprinkler Handbook 9th edition(NFPA) 8.14.15.2(Referenced publications) : The primary purpose of sprinklers is to protect the audience from a fire on the stage(스프링클러헤드의 주요 목적은 무대 위에서 발생하는 화재로부터 관객을 보호하는 것이다).

ⓛ 또한 모든 무대부에 대하여 개방형 헤드를 설치하는 것이 아니며, 제 10조 4항(2.7.4)에서 규정한 무대부에 국한하는 것으로, 동 조문에서 시행령 별표 4의 소방시설 적용기준란 제1호 라목 3)은 스프링클러 대상이 되는 건물의 무대부를 말한다.

용 도	개방형 헤드대상인 무대부 : 제10조 4항(2.7.4)	
• 문화 및 집회시설 • 종교시설 • 운동시설	지하층·무창층 또는 4층 이상의 층에 있는 무대부	무대부 면적이 300m² 이상인 경우
	기타 층에 있는 무대부	무대부 면적이 500m² 이상인 경우

4) 연소할 우려가 있는 개구부의 경우

① 기준

㉮ 개방형 헤드설치 : 제10조 4항 & 7항 2호(2.7.4 & 2.7.7.6)

ㄱ 연소할 우려가 있는 개구부에는 개방형 헤드를 설치해야 한다.

ㄴ 연소할 우려가 있는 개구부에는 그 상하좌우에 2.5m 간격으로(개구부의 폭이 2.5m 이하인 경우에는 그 중앙에) 설치하되, 헤드와 개구부 내측면으로부터의 직선거리는 15cm 이하로 할 것

ㄷ 이 경우 사람이 상시 출입하는 개구부로서 통행에 지장이 있는 경우에는 개구부의 상부 또는 측면(개구부의 폭이 9m 이하에 한한다)에 설치하되 헤드 상호간 간격은 1.2m 이하로 설치해야 한다.

㉯ 드렌처 헤드설치 : 제15조 2항(2.12.2)

연소할 우려가 있는 개구부에 다음의 기준에 따른 드렌처설비를 설치한 경우에는 해당 개구부에 한하여 스프링클러헤드를 설치하지 않을 수 있다.

ㄱ 드렌처헤드는 개구부 위측에 2.5m 이내마다 1개를 설치할 것

ㄴ 제어밸브(일제개방밸브·개폐표시형밸브 및 수동 조작부를 합한 것)는 특정소방대상물 층마다 바닥면으로부터 0.8~1.5m 내의 위치에 설치할 것

ㄷ 수원의 수량은 드렌처헤드가 가장 많이 설치된 제어밸브의 드렌처헤드의 설치개수에 1.6m³를 곱하여 얻은 수치 이상이 되도록 할 것

ㄹ 드렌처설비는 드렌처헤드가 가장 많이 설치된 제어밸브에 설치된 드렌처헤드를 동시에 사용하는 경우에 각각의 헤드선단에 방수압력이 0.1MPa 이상, 방수량이 80ℓ/min 이상이 되도록 할 것

ㅁ 수원에 연결하는 가압송수장치는 점검이 쉽고 화재 등의 재해로 인한 피해우려가 없는 장소에 설치할 것

② 해설

㉮ 개념

㉠ 화재안전기준 : "연소할 우려가 있는 개구부"란 NFTC 103 용어의
정의 제3조 30호(1.7.1.30)에서 "각 방화구획을 관통하는 컨베이어 · 에
스컬레이터 또는 이와 유사한 시설의 주위로서 방화구획을 할 수 없
는 부분"을 말한다. 따라서 방화구획을 관통하는 개구부가 방화구획
이 불가능할 경우 이의 보완책으로 개방형 스프링클러헤드를 설치하
거나 개방형의 드렌처(Drencher)설비를 설치하여야 한다. 드렌처설비
란 일종의 수막(水幕)설비로서 소화목적보다는 개구부 등에 설치하여
연소확산을 차단하는 역할을 하는 설비로서 개방형 헤드를 사용하는
간이형의 일제살수식설비이다.

㉡ 건축법 기준 : "연소할 우려가 있는 부분"이란 건축관련규칙[108] 제22
조에서 인접대지경계선 · 도로중심선 또는 동일 대지 안에 있는 2동 이
상의 건축물 상호의 외벽간의 중심선으로부터 1층은 3m 이내, 2층은
5m 이내의 거리에 있는 건축물의 각 부분을 말한다. 아울러 동 규칙
제23조 2항에 따르면 방화지구 안의 건축물의 인접대지경계선에 접하
는 외벽에 설치하는 창문 등으로서 "연소할 우려가 있는 부분"에는
방화문 또는 소방법령에 의한 드렌처설비를 하도록 규정하고 있다.

㉯ 적용 1(개방형 스프링클러헤드 설치) : 제10조 7항 2호(2.7.7.6)

개구부에 설치하는 개방형 헤드의 근거는 일본소방법 시행령 제12조 2항
3호에 의한 것으로 일본의 경우는 국내와 달리 개구부의 상하좌우가 아니
라 개구부의 윗 인방(引枋 ; 개구부의 위쪽을 지지하는 틀)에 한하여 2.5m
간격으로 15cm 이내의 벽면에 설치하도록 하고 있다. 그러나 국내는 이를
개구부의 내측면으로부터 직선거리 15cm 이하가 되도록 규정하고 있다.

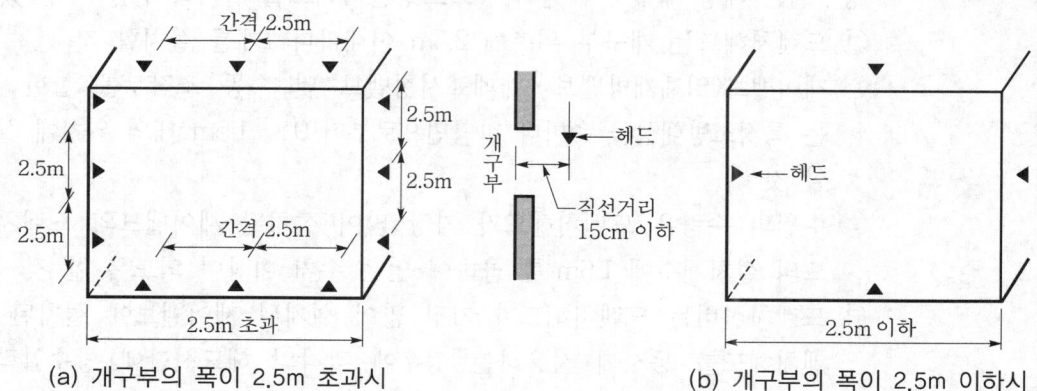

(a) 개구부의 폭이 2.5m 초과시   (b) 개구부의 폭이 2.5m 이하시

[그림 1-4-45(A)] 사람의 통행에 지장이 없는 개구부의 경우

---

108) 건축물의 피난 · 방화구조 등의 기준에 관한 규칙 제22조

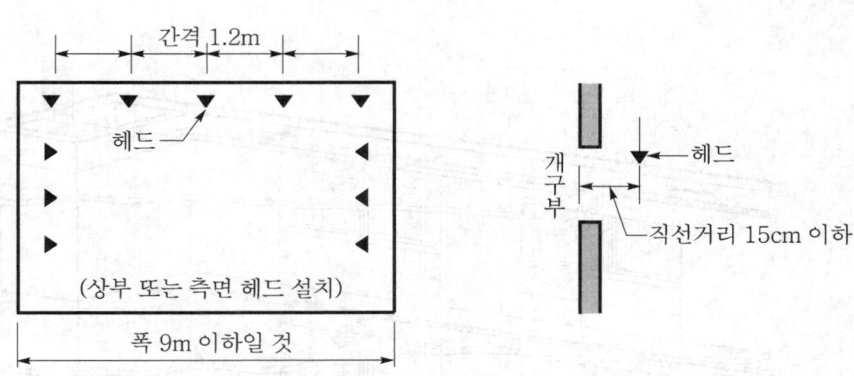

[그림 1-4-45(B)] 사람의 통행에 지장이 있는 개구부의 경우

㉰ 적용 2(드렌처설치) : 제15조 2항(2.12.2)

　㉠ 드렌처설비란 화재 발생장소에 대한 소화목적의 소화설비가 아닌 개
　　구부를 통하여 연소가 확산되는 것을 차단하는 수막(Water curtain)
　　설비의 개념으로 이에 대해 일본에서는 드렌처설비를 일본소방법 시
　　행규칙 제15조에서 "방화설비(防火設備)"로 호칭하고 있다. 드렌처헤
　　드의 설치는 개구부 위쪽에 한하여 2.5m마다 설치하여 인접구역에서
　　화재시 개구부 상부에서 수막을 형성하여 화염이 개구부를 통하여 전
　　파되는 것을 차단하는 역할을 하게 된다. 드렌처 설치의 근거는 일본
　　소방법 시행규칙 제15조에 의한 것으로 개구부의 윗 인방에 한하여
　　2.5m 간격으로 벽면에 설치하도록 하고 있다. 따라서 본 조항에서는
　　개방형 헤드를 설치하는 NFTC 2.7.7.6과 달리 개구부 내측면 15cm
　　조항이 없으므로 이는 일본기준을 그대로 준용한 것으로 판단된다.

　㉡ 드렌처의 수원은 "드렌처 헤드개수×1.6m³"로서 이 경우 드렌처 헤드
　　개수는 1개의 제어밸브에 접속되어 있는 드렌처 헤드의 최대수량을
　　말한다. 드렌처헤드는 일반적으로 개방형 헤드를 사용하고 있으며
　　NFTC 2.12.2.2에서 말하는 제어밸브(Control valve)란 드렌처설비의
　　개폐표시형밸브 이외에 일제개방밸브 및 수동조작부까지를 총칭(總
　　稱)한 것이며 드렌처설비의 헤드별 방사압과 방사량은 스프링클러설
　　비와 동일하다.

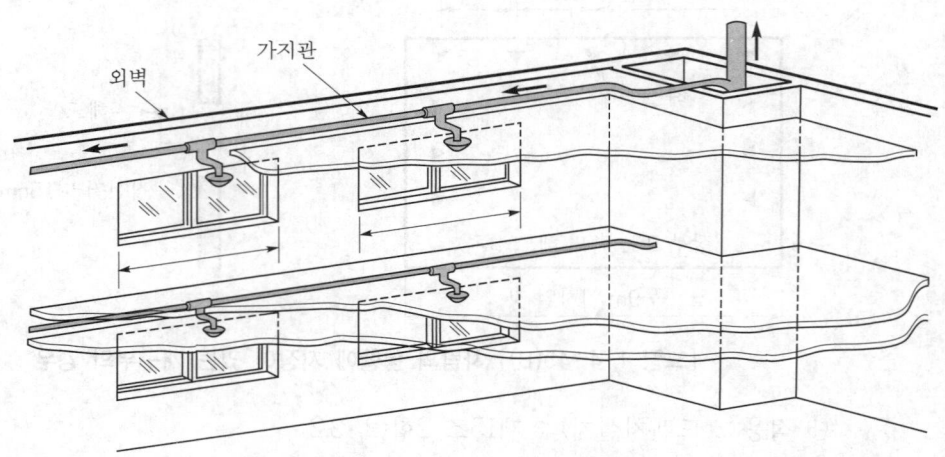

[그림 1-4-45(C)] 드렌처의 경우(개구부 2.5m 이하의 경우)

5) 경사지붕의 경우 : NFTC 2.7.7.5

① 기준 : 천장의 기울기가 $\frac{1}{10}$을 초과하는 경우에는 가지관을 천장의 마루와

평형하게 설치하고, 헤드는 다음의 어느 하나에 적합하게 설치할 것

㉮ 천장의 최상부에 헤드를 설치하는 경우 : 최상부에 설치하는 헤드의 반
사판을 수평으로 설치할 것

㉯ 천장의 최상부를 중심으로 가지관을 서로 마주보게 설치하는 경우 : 최

상부의 가지관 상호간의 거리가 가지관상의 헤드 상호간 거리의 $\frac{1}{2}$ 이

하(최소 1m 이상)가 되게 설치하고, 가지관의 최상부에 설치하는 헤드는
천장의 최상부로부터의 수직거리가 90cm 이하가 되도록 할 것

㉰ 톱날지붕, 둥근지붕 기타 이와 유사한 지붕의 경우에도 이에 준한다.

② 해설

㉮ 개념 : 경사지붕의 경우 경사도가 $\frac{1}{10}$(경사도 10%)을 초과하는 경우에

는 수평지붕에 의한 설계 적용시 헤드 부착방법에 따른 살수효과가 달라
지므로 별도의 기준을 제정한 것으로 이는 NFPA 기준을 준용한 것으
로[109] 이외 톱날지붕·둥근지붕 등 이와 유사한 지붕의 경우에도 이를
준용하도록 한다. 물론 천장의 기울기가 있는 경우에도 천장 하부의 헤
드와 천장과의 이격거리는 NFTC 2.7.7.2에 따라 반드시 30cm 이내가
되도록 설치하여야 한다.

---

109) NFPA 13(2022 edition) 10.2.6.1.3 Peaked roofs and ceiling

④ 적용

　　㉠ 천장의 최상부에 헤드를 설치하는 경우 : 천장 최상부 꼭지점 바로 아래에 헤드를 설치할 경우는 다음 그림과 같이 헤드의 반사판(Deflector)을 바닥과 수평되게 설치하고 헤드간 간격 S는 최상부 헤드에 대해서 다음 그림과 같이 적용한다.

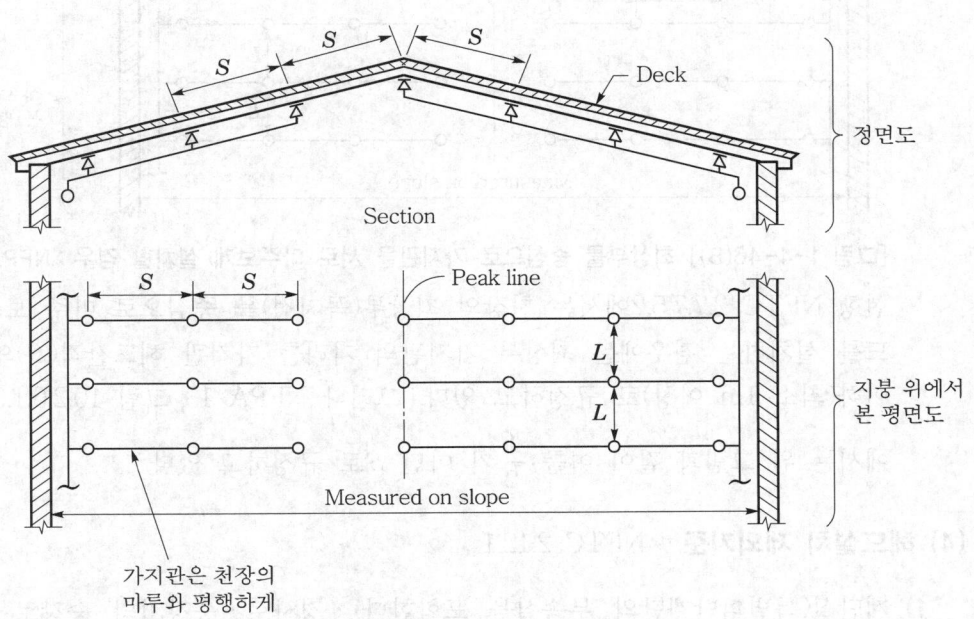

[그림 1-4-46(A)] 천장의 최상부에 헤드를 설치하는 경우

　　㉡ 천장의 최상부를 중심으로 가지관을 서로 마주보게 설치하는 경우 : 천장 꼭지점 바로 아래에는 헤드를 설치하지 않는 경우는 헤드간격을 S라면, 다음 그림과 같이 천장 최상부에 이격되어 있는 헤드간격 역시 S가 되어야 한다. 최상부 가지관의 상호거리는 $\dfrac{S}{2}$ 이하(최소 1m 이상)가 되어야 하며 아울러 최상부의 헤드에서 천장 최상부의 수직거리는 90cm 이하가 되어야 한다. 꼭지점에서 90cm 이하를 필요로 하는 것은 화재시 경사지붕의 경우 화열이 천장 꼭대기로 모이기 때문에 헤드가 꼭대기로부터 멀리 있는 경우 헤드의 동작이 지연되게 되므로 이를 방지하기 위하여 규제한 것으로 90cm는 NFPA에서 3ft(90cm) 이내로 설치하도록 한 것을 준용한 것이다.[110]

---

110) NFPA 13(2022 edition) 10.2.6.1.4

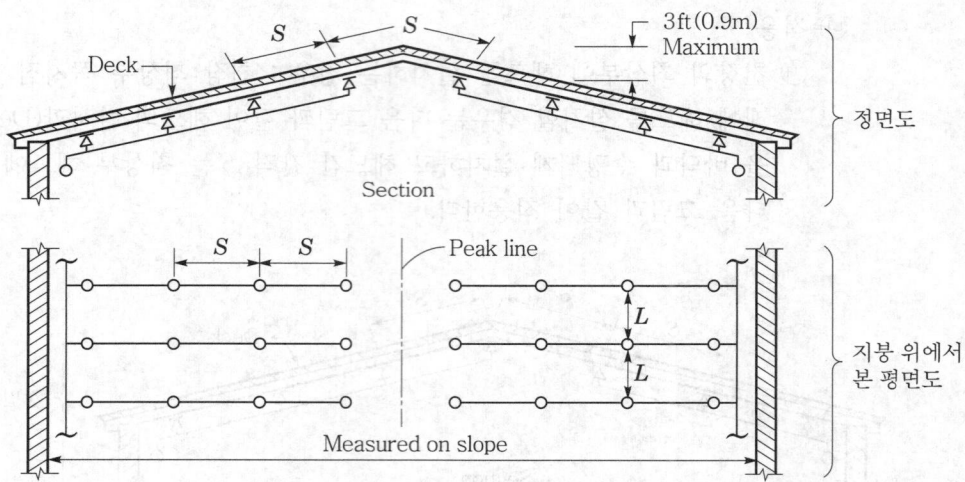

[그림 1-4-46(B)] 최상부를 중심으로 가지관을 서로 마주보게 설치할 경우 : NFPA기준

현행 NFTC 2.7.7.5.2에서는 천장의 최상부(꼭지점)를 중심으로 마주 보게 헤드를 설치하는 경우에는 최상부 가지관의 거리를 가지관 헤드간격(S)의 1/2 이하(최소 1m 이상)로 규정하고 있다. 그러나 NFPA 13 그림 10.2.6.1.3.1(b)에서는 위 그림과 같이 이를 $\dfrac{S}{2}$가 아닌 S로 규정하고 있다.

(4) 헤드설치 제외기준 : NFTC 2.12.1

1) 계단실(특별피난계단의 부속실을 포함한다)·경사로·승강기의 승강로·비상용 승강기의 승강장·파이프 덕트 및 덕트 피트(파이프 덕트를 통과시키기 위한 구획된 구멍에 한한다)·목욕실·수영장(관람석부분을 제외한다)·화장실·직접 외기에 개방되어 있는 복도·기타 이와 유사한 장소

> ① 계단실의 적용 : 계단실에 부속실이 포함되므로 특별피난계단의 부속실은 헤드를 제외할 수 있으나, 비상용승강기의 승강장의 경우는 특별피난계단 부속실을 겸하는 경우가 많으므로 이를 감안하여 2008. 12. 15. 헤드 제외장소를 개정하여 이를 추가하였다.
> ② 경사로 및 승강로의 적용 : 주차장의 경우 주차 Ramp는 경사로에 해당하며, 카리프트의 리프트가 상하로 운행하는 공간은 승강로에 해당하므로 헤드를 제외할 수 있다.
> ③ 파이프 덕트 및 덕트 피트 : PD(파이프 덕트)가 통과하는 공간으로 상하가 관통되어 있으며 구획된 장소일 경우에 한하여 헤드를 제외할 수 있다. 그러나 EPS나 TPS실인 경우에도 해당 장소에 통신용 기기나 전자기기가 설치되어 NFTC 2.12.1.2에 해당할 경우는 헤드를 제외할 수 있다.

2) 통신기기실·전자기기실·기타 이와 유사한 장소

3) 발전실·변전실·변압기·기타 이와 유사한 전기설비가 설치되어 있는 장소

4) 병원의 수술실·응급처치실·기타 이와 유사한 장소

> ➡ 수술실 등은 헤드개방시 살수되는 물로 인하여 수술 중인 환자에게 위해를 줄 수 있는
> 위험 때문에 헤드설치를 제한한 것으로 일본의 경우는 이외 다음과 같은 장소에 대해서
> 도 헤드설치를 제외하고 있다.[111]
>
> ① 수술실·분만실·내시경검사실·인공혈액투석실·마취실·중환자실 기타 이와 유사
>   한 장소
> ② X-ray실 등 방사능물질을 사용, 저장 또는 폐기하는 실

5) **천장과 반자 양쪽이 불연재료로 되어 있는 경우로서 그 사이의 거리 및 구조가 다음의 어느 하나에 해당하는 부분**
   ① 천장과 반자 사이의 거리가 2m 미만인 부분
   ② 천장과 반자 사이의 벽이 불연재료이고, 천장과 반자 사이의 거리가 2m 이상으로서 그 사이에 가연물이 존재하지 않는 부분

6) 천장·반자 중 한쪽이 불연재료로 되어있고, 천장과 반자 사이의 거리가 1m 미만인 부분

7) 천장 및 반자가 불연재료 외의 것으로 되어 있고, 천장과 반자 사이의 거리가 0.5m 미만인 부분

8) 펌프실·물탱크실·엘리베이터 권상기실 그 밖의 이와 비슷한 장소

> ➡ ① 기계실은 구 기술기준에서는 헤드설치 제외장소이었으나 동 기준을 삭제하고 헤드를
>   설치하도록 개정하였다. 따라서 일반 기계실 이외에 송풍기실, 열교환실, 공조실 등
>   에도 헤드를 설치하여야 한다.
> ② 승강기기계실(엘리베이터 권상기실)의 경우는 헤드로부터 방사되는 물이 권상기실뿐
>   만 아니라 승강로에도 유입되는 문제점과 비상용승강기의 운행에 대한 안전성 등을
>   고려하여 2008. 12. 15. 헤드 제외장소를 개정하여 이를 추가하였다.

9) 현관 또는 로비 등으로서 바닥으로부터의 높이가 20m 이상인 장소

---

111) 일본소방법 시행규칙 제13조 3항 7호 및 8호

10) 영하의 냉장창고의 냉장실 또는 냉동창고의 냉동실

> ➡ 냉동실의 경우는 영하의 온도를 유지하고 있으나 냉장실의 경우는 영상의 온도를 유지하는 보관장소도 있으므로 영하 이하의 온도를 유지하는 냉장실에 국한하여 헤드를 제외하도록 2008. 12. 15. 기준을 강화하였다.

11) 고온의 노(爐)가 설치된 장소 또는 물과 격렬하게 반응하는 물품의 저장 또는 취급장소

> ➡ 찜질방 내 전기가마가 있는 장소는 전기가마의 온도가 수백도의 온도로 가열되고 있으므로 고온의 노(爐)가 설치된 장소로 적용하여 헤드를 제외할 수 있다.

12) **불연재로 된 특정소방대상물 또는 그 부분으로서 다음의 어느 하나에 해당하는 장소**
   ① 정수장·오물처리장, 그 밖의 이와 비슷한 장소
   ② 펄프공장의 작업장·음료수 공장의 세정 또는 충전하는 작업장, 그 밖의 이와 비슷한 장소
   ③ 불연성의 금속·석재 등의 가공공장으로서 가연성 물질을 저장 또는 취급하지 않는 장소
   ④ 가연성물질이 존재하지 않는 "건축물의 에너지절약 설계기준"에 따른 방풍실

13) 실내에 설치된 테니스장·게이트볼장·정구장 또는 이와 비슷한 장소로서 실내 바닥·벽·천장이 불연재료 또는 준불연재료로 구성되어 있고 가연물이 존재하지 않는 장소로서 관람석이 없는 운동시설(지하층은 제외한다)

> ➡ ① 지상층에 있는 실내 스포츠 경기장에서 관람석이 없이 운동을 하는 실내 운동시설의 경우 내장재 등이 준불연재 이상이고 가연물이 없을 경우 헤드설치를 제외하도록 한 것이다. 제15조 14호에 해당하는 장소는 기구를 이용하여 공을 치는 운동경기로서 공이 천장면에 부딪힌 후 헤드 등에 닿을 경우 헤드 파손으로 인한 오동작의 우려가 있으며 또한 천장에 부딪힌 공이 불규칙하게 반동하게 되므로 운동시설의 용도상 천장은 평판구조로 되어야 하는 것을 감안하여 헤드를 제외한 것이다. 다만, 지하층의 경우는 연기의 배출 및 피난의 어려움, 소화작업의 난이도 등을 감안하여 지상층에 한하여 이를 제외하도록 하였다.
> ② 테니스(Tennis)장, 게이트볼(Gate ball)장, 정구(庭球 ; Soft tennis)장 이외에 이와 비슷한 장소로는 라켓볼(Racquet ball), 스쿼시(Squash) 경기장, 실내 골프장 등이 있다. 정구(庭球)는 테니스에서 기원한 운동경기로 테니스는 공이 단단한 하드볼임에 반해 정구는 소프트볼을 사용하며 일부 경기규칙 및 경기장 구조가 다르고 이로 인해 정구를 일명 연식정구(軟式庭球 ; Soft tennis)라 한다.

14) 건축법 시행령 제46조 4항에 따른 공동주택 중 아파트의 대피공간

> 건축법시행령 제46조 4항 : 공동주택 중 아파트로서 4층 이상인 층의 각 세대가 2개 이상의 직통계단을 사용할 수 없는 경우에는 발코니에 인접 세대와 공동으로 또는 각 세대별로 다음 각 호의 요건을 모두 갖춘 대피공간을 하나 이상 설치하여야 한다.

7 구역과 유수검지장치

1. 방호구역과 방수구역

(1) 방호구역의 기준

폐쇄형 헤드를 사용하는 설비의 방호구역은 다음의 기준에 적합해야 한다.

1) **기준** : 제6조 1~3호(2.3.1)

① 하나의 방호구역은 바닥면적 $3,000m^2$를 초과하지 아니할 것. 다만, 폐쇄형 스프링클러설비에 격자형 배관방식을 채택하는 때에는 $3,700m^2$의 범위 내에서 펌프의 용량, 배관의 구경 등을 수리학적으로 계산한 결과 헤드의 방수압 및 방수량이 방호구역 범위 내에서 소화목적을 달성하는 데 충분하도록 해야 한다.

② 하나의 방호구역은 2개층에 미치지 아니할 것. 다만, 1개층에 설치되는 헤드가 10개 이하인 경우와 복층형 구조의 공동주택에는 3개층 이내로 할 수 있다.

2) **해설**

① **방호구역의 개념** : 폐쇄형 헤드의 경우 밸브 1개당 담당구역을 방호구역(System protection area)이라 하며 개방형 헤드의 경우는 "방수구역"이라 한다. 제6조 (2.3.1) 본문에서 방호구역을 "스프링클러설비의 소화범위에 포함된 영역을 말한다"로 규정하고 있으며 정의에서 나타내는 의미는 스프링클러설비의 소화범위란 결국 헤드를 설치하여 살수되는 장소이므로 하나의 유수검지장치별로 헤드를 설치하여 살수가 유효한 부분의 바닥면적을 방호구역이라고 할 수 있다. 따라서 바닥면적 $3,400m^2$에서 전기실 면적이 $500m^2$라면 이 경우 방호구역은 2개가 아니라 헤드를 설치하지 않는 전기실 면적을 제외한 바닥면적(소화범위에 포함된 영역)으로 산정하여 방호구역 1개로 구성할 수 있다.

② **방호구역의 면적** : 방호구역의 면적은 시스템의 수리적 특성보다는 소요시간 동안에 하나의 유수검지장치로 방호하여야 하는 최대면적에 관한 판단에 따른 것이다. 이를 NFPA에서는 [표 1-4-23]과 같이 경급이나 중급위험일 경우 방호구역을 $52,000ft^2(4,830m^2)$로 적용하고 있다.[112] 이는 중급위험지역에 헤드를 400개 이하로 제한하는 NFPA의 예전기준과 헤드 1개당 최대방호면적인 $130ft^2(12m^2)$를 곱하여 $52,000ft^2(=400×130ft)$로 규정한 것으로 NFPA에서 위험별 방호구역 면적은 다음과 같다.

[표 1-4-23] NFPA의 방호구역 면적기준

위험용도별	방호구역 면적(최대바닥면적 기준)
경급위험	$52,000ft^2(4,830m^2)$
중급위험	$52,000ft^2(4,830m^2)$
상급위험	① 규약배관방식 : $25,000ft^2(2,320m^2)$ ② 수리계산방식 : $40,000ft^2(3,720m^2)$
고적재 물품창고(High piled storage) 및 랙크식 창고	$40,000ft^2(3,720m^2)$

③ **단서조항의 의미** : NFPA에서는 위와 같이 최대 $4,830m^2$까지 방호구역을 적용하는 것을 감안하여 $3,000m^2$를 초과할 경우라도 수리계산을 한 경우에는 이를 인정하도록 하였다. 따라서 격자형 설비로서 수리계산을 하여 방수압과 방수량이 적절한 경우에는 방호구역 $3,000m^2$를 초과할 수 있으며, 이 경우 NFPA에서는 상급위험의 수리계산시 $3,720m^2(40,000ft^2)$을 하나의 방호구역 면적으로 적용하는 것을 준용하여 $3,700m^2$로 개정하였다.

④ **방호구역 층별 적용시 예외** : 방호구역은 원칙적으로 층별로 설치하여야 하며 바닥면적 $3,000m^2$ 이내이어야 한다. 그러나 예외적으로 1개층에 설치되는 헤드의 수가 10개 이하인 경우와 복층형 구조의 아파트는 3개층까지를 하나의 방호구역으로 할 수 있도록 완화하였다. 복층형 아파트의 경우 스프링클러설비 헤드는 설치하되 아래층 구역과 동일 방호구역으로 설정할 수 있도록 하였다. 이에 비해 옥내소화전의 경우는 복층의 상층에는 설치를 제외하고 있다.

(2) 방수구역의 기준 : 제7조(2.4.1)

1) 기준

① 하나의 방수구역은 2개층에 미치지 아니할 것
② 방수구역마다 일제개방밸브를 설치할 것

---

112) NFPA 13(2022 edition) : 4.4(System protection area limitation)

③ 하나의 방수구역을 담당하는 헤드의 개수는 50개 이하로 할 것. 다만, 2개 이상의 방수구역으로 나눌 경우에는 하나의 방수구역을 담당하는 헤드의 개수는 25개 이상으로 할 것

2) 해설

① 방수구역이란 개방형 헤드를 사용하는 설비에서 일제개방밸브 1개가 담당하는 구역을 의미하며 폐쇄형 헤드의 방호구역에 대응되는 용어이다. 방호구역은 원칙적으로 3,000m² 이하의 면적으로 제한하고 있으나 방수구역은 개방형 헤드 50개 이하가 담당하는 구역으로 제한하고 있으며 반드시 층별로 구분하여 적용하여야 한다.

② 일본의 경우는 방수구역이 2개 이상일 경우는 화재를 유효하게 소화시키기 위하여 방수구역의 인접부분은 상호 중복되게 설정하도록 규정하고 있으며[113] 이를 위하여 방수구역 인접구간의 개방형 헤드간격은 다음 그림과 같이 50cm 이내로 적용하고 있다.

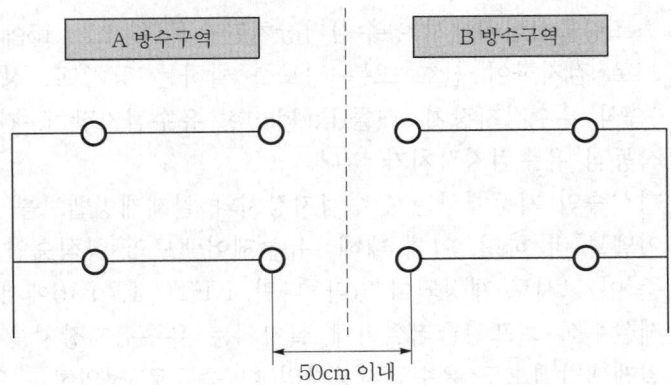

2. 유수검지장치와 일제개방밸브

(1) 기준 : 제6조(2.3.1)

1) 설치수량 : 하나의 방호구역에는 1개 이상의 유수검지장치를 설치하되, 화재발생시 접근이 쉽고 점검하기 편리한 장소에 설치할 것

2) 설치위치 : 유수검지장치를 실내에 설치하거나 보호용 철망 등으로 구획하여 바닥으로부터 0.8m 이상 1.5m 이하의 위치에 설치하되, 그 실 등에는 가로 0.5m 이상 세로 1m 이상의 출입문을 설치하고, 그 출입문 상단에 "유수검지장치실"이라고

---

113) 일본소방법 시행규칙 제14조 1항 2호

표시한 표지를 설치할 것. 다만, 유수검지장치를 기계실(공조용 기계실을 포함한다) 안에 설치하는 경우에는 별도의 실 또는 보호용 철망을 설치하지 아니하고 기계실 출입문 상단에 "유수검지장치실"이라고 표시한 표지를 설치할 수 있다.

3) 유수검지장치 기준

① 스프링클러헤드에 공급되는 물은 유수검지장치를 지나도록 할 것. 다만, 송수구를 통하여 공급되는 물은 그렇지 않다(NFTC 2.3.1.5).
② 자연낙차에 따른 압력수가 흐르는 배관상에 설치된 유수검지장치 등은 화재 시 물의 흐름을 검지할 수 있는 최소한의 압력이 얻어질 수 있도록 수조의 하단으로부터 낙차를 두어 설치할 것[제6조 6호(2.3.1.6)]
③ 조기반응형 헤드를 설치하는 경우에는 습식 유수검지장치를 설치할 것[제6조 7호(2.3.1.7)]

(2) 해설

1) "유수검지장치"의 용어의 정의

① 스프링클러설비에서 유수검지장치란 NFTC 1.7.1.15에서 "유수현상을 자동적으로 검지하여 신호 또는 경보를 발하는 장치"로 정의하고 있다. 종류에는 "습식 유수검지장치, 패들(Paddle)형 유수검지장치, 건식 유수검지장치, 준비작동식 유수검지장치가 있다.
② 형식승인 기준에서는 유수검지장치와 일제개방밸브를 포함하여 이를 "유수제어밸브"라 하며, 이에 대해 "유수제어밸브의 형식승인 및 제품검사의 기술기준"이 고시로 제정되어 있다. 다만, NFTC 1.7.1.16에서는 "일제개방밸브란 일제살수식 스프링클러설비에 설치되는 유수검지장치를 말한다"라고 정의하여 일제개발밸브도 유수검지장치의 한 종류로 정의하고 있다.

[표 1-4-24(A)] 유수제어밸브의 적용

화재안전기준	형식승인기준	종 류
유수검지장치	유수제어밸브	① 습식 유수검지장치 ② 건식 유수검지장치 ③ 준비작동식 유수검지장치
일제개방밸브		① 일제살수식 일제개방밸브

2) 유수검지장치의 수량

① "하나의 방호구역에는 1개 이상의 유수검지장치"를 설치하라는 의미는 방호구역 3,000m²당 유수검지장치를 1개씩 설치하라는 유수검지장치 수량의 기준이며, 이를 방호구역 마다 방호구역 내에 유수검지장치를 설치하라는 설치위치의 개념으로 적용하여서는 아니 된다.

② 유수검지장치는 필요시 해당층의 유수검지장치를 별도의 유수검지장치실에 일괄적으로 설치하여 관리할 수도 있으며 다만, 층을 달리하여 다른 층에 설치하는 경우는 긴급시 즉각적으로 대응하기에는 문제가 있으므로 적용하여서는 아니 된다.

3) **유수검지장치의 위치** : 유수검지장치 설치는 다음의 표와 같이 3가지 방법이 있다. 실내에 설치한다는 것은 전용으로 된 별도의 실에 설치한다는 뜻이며, 보호용 철망 등으로 구획한다는 것은 노출된 장소에 철망 등으로 펜스(Fence)를 설치하여 외부의 위해(危害)나 충격 등으로 부터 이를 보호하려는 것이다. 또한 공조실이나 보일러실 등과 같은 기계실의 경우는 기계실 내부에 노출상태로 설치하는 현실을 감안하여, 이 경우는 펜스나 전용실 등 별도의 구획을 요구하지 않으며 이 경우 유수검지장치의 위치를 파악하기 위하여 표지를 기계실 출입문 밖에 부착하여야 한다.

[표 1-4-24(B)] 유수검지장치의 위치

설치위치	의 미
① 실내에 설치하는 방법	① 별도의 전용실에 설치하는 것임
② 보호용 철망 등으로 구획하는 방법	② 노출된 장소에 철망 등으로 펜스를 설치하는 것임
③ 기계실 안에 설치하는 방법	③ 기계실(예) 보일러실, 공조실 등) 내부에 노출상태로 설치하는 것임

4) **송수구의 접속**

① 국내의 경우

㉮ 연결송수관 송수구에서 송수하는 경우 유수검지장치 자체의 불량으로 인하여 헤드쪽으로는 송수 불능의 사태가 발생할 가능성이 있으므로 유수검지장치에 접속시 장치의 2차측(헤드쪽)에 접속하는 것이 신뢰도가 높게 된다. 그러나 구 기준에서는 "유수검지장치 등을 지나서 흐르는 물만이 스프링클러헤드에 공급되도록" 규정되어 있어 유수검지장치 등의 2차측에 송수구 배관을 접속할 수 없었기에 2차측 접속도 가능하도록 하기 위하여 "다만, 송수구를 통하여 공급되는 물은 그러하지 아니하다"라는 단서조항을 2001. 7. 27. 추가하고, 2022. 12. 1. NFTC 103 전면 개정시 NFTC 2.3.1.5를 "다만, 송수구를 통하여 공급되는 물은 그렇지 않다"로 개정하였다.

㉯ NFTC 2.3.1.5에서 "그렇지 않다"란 의미를 반드시 유수검지장치를 지나지 않게 하라는 강제사항으로 해석하는 것은 온당하지 않다. 왜냐하면 동 기준 개정시 개정내용에 대해 당시 행정자치부에서 작성된 당시 운용지침에서도 유수검지장치 1차측 또는 2차측에 접속할 수 있도록 개정한 것이라고 입법의 취지를 명시하고 있다.

② 일본의 경우 : 일본의 경우는 일본소방법 시행규칙 제14조 1항 6호에서 가압펌프로부터 유수검지장치나 압력검지장치에 또는 일제개방밸브나 수동식개방밸브까지의 배관에 전용배관으로 접속하도록 규정하고 있다. 이와 같이 유수검지장치나 일제개방밸브의 1차측에 접속하도록 요구하고 있다.

③ NFPA의 경우 : NFPA에서는 습식, 준비작동식, 일제살수식의 경우 유수감지장치의 2차측(헤드쪽)에, 건식의 경우는 유수검지장치의 1차측(펌프쪽)에 송수구를 접속하도록 하고 있다.[114] 그러나 이는 유수검지장치가 1개인 단일설비(Single system)에만 해당하는 것으로 유수검지장치가 2개 이상인 다중설비(Multiple system)인 경우는 1차측에 설치하고 있다.[115] 다음의 그림은 NFPA[116]에서 규정한 것으로 반드시 유수검지장치가 1개인 경우에 한하여 적용하여야 한다.

[표 1-4-25] NFPA의 송수구 접속

유수검지장치 및 일제개방밸브		송수구 접속 방법
단일설비 (Single system)	습식설비	개폐밸브, 체크밸브, 알람밸브의 2차측
	건식설비	개폐밸브와 건식밸브 사이
	준비작동식설비	준비작동식밸브와 밸브 2차측의 체크밸브 사이
	일제살수식설비	일제살수식밸브의 2차측
다중설비 (Multiple system)	습식설비 건식설비 준비작동식설비 일제살수식설비	급수용 개폐밸브와 설비용 개폐밸브 사이

---

114) NFPA 13(2022 edition) : Figure A.16.9.3(Example of acceptable valve arrangements)
115) 1. NFPA 13(2022 edition) 16.12.5.2 : For single systems, the fire department connection shall be installed as follows.
   (1) Wet system—on the system side of system control, check and alarm valves.
   (2) Dry system—between the system control valve and the dry pipe valve.
   (3) Preaction system—between the preaction valve and the check valve on the system side of the preaction valve.
   (4) Deluge valve—on the system side of the deluge valve.
   2. NFPA 13(2022 edition) 16.12.5.4 : For multiple systems, the fire department connection shall be installed connected between the supply control valves and the system control valves.
116) Automatic sprinkler standpipe systems 4th edition(John L. Bryan) NFPA p.68

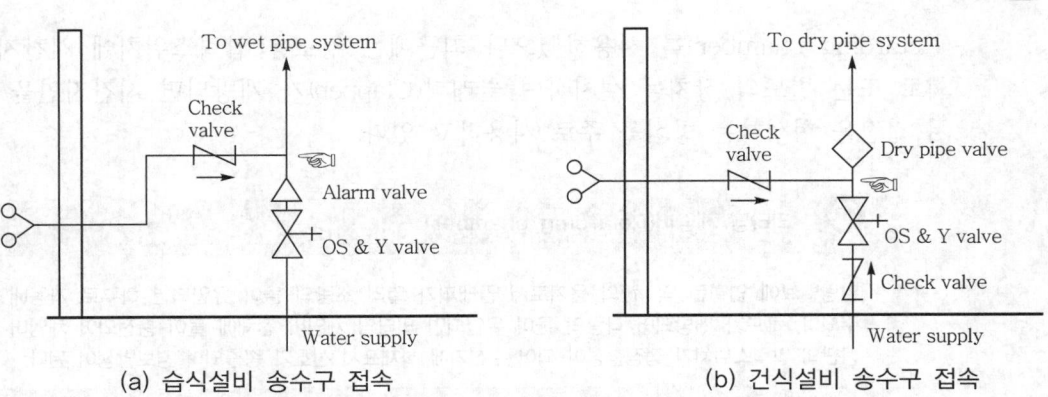

(a) 습식설비 송수구 접속   (b) 건식설비 송수구 접속

[그림 1-4-47(A)] 유수검지장치의 송수구 접속(단일설비의 경우(NFPA))

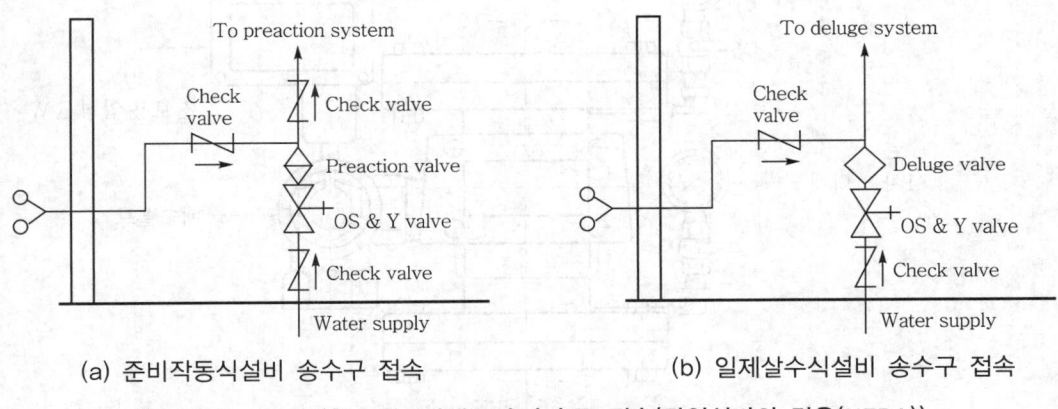

(a) 준비작동식설비 송수구 접속   (b) 일제살수식설비 송수구 접속

[그림 1-4-47(B)] 일제개방밸브의 송수구 접속(단일설비의 경우(NFPA))

chapter

1

소화설비

8 스프링클러설비별 구조 및 부속장치

1. 습식 스프링클러설비의 구조 및 부속장치

용어의 정의(제3조 23호/1.7.1.23)에 따르면 "습식 스프링클러설비"란 가압송수장치에서 폐쇄형 스프링클러헤드까지 배관 내에 항상 물이 가압되어 있다가 화재로 인한 열로 폐쇄형 스프링클러헤드가 개방되면 배관 내에 유수가 발생하여 습식 유수검지장치가 작동하게 되는 스프링클러설비를 말한다.

(1) 알람밸브(Alarm valve)의 구조 및 기능

1) **구조** : 알람밸브에 고정 부착된 장비는 1차측 및 2차측 압력계, 경보용 압력스위치, 배수밸브 등이 있다. 오동작을 방지하기 위하여 과거에는 리타딩 체임버

(Retarding chamber)를 사용하였으나 최근에는 경보용 압력스위치에 시간지연 회로 또는 별도의 장치를 설치하여 클래퍼(Clapper)가 개방되면 시간지연을 거쳐 접점을 형성하는 방식을 주로 사용하고 있다.

> **리타딩 체임버(Retarding chamber)**
>
> 알람밸브에 연결된 약 1ℓ의 용기로서 클래퍼가 열려 소량의 물이 유입되면 하부로 자동배수되며, 헤드가 개방되어 다량의 물이 유입되면 리타딩 체임버 전체에 물이 충전되어 체임버 상단의 압력스위치가 접점형성이 되어 수신기에 화재표시 신호가 송출되며 경보발생이 된다.

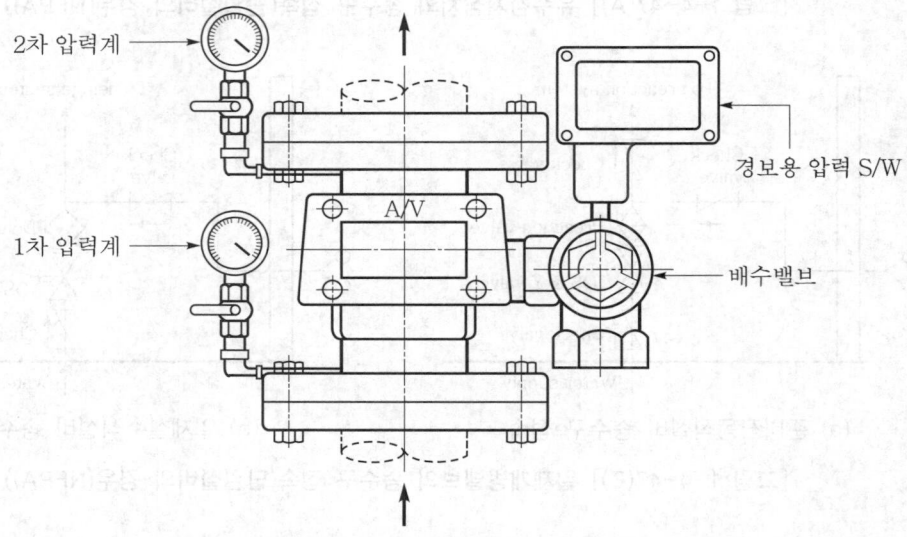

[그림 1-4-48(A)] 알람밸브의 구성(예)

2) **기능** : 습식설비에서의 유수검지장치인 알람밸브는 경보와 체크밸브의 기능을 가지고 있는 알람체크밸브이다. 폐쇄형 헤드의 감열부가 작동하여 개방되면 2차측으로 유수가 발생하며 이로 인하여 알람밸브의 클래퍼가 개방되어 2차측으로 배관의 물이 흘러가며 이때 경보용 압력스위치가 작동하여 수신반에 알람밸브의 개방구역을 표시하게 되고 경보(전자사이렌 등)가 발생하게 된다. 이후 펌프실의 압력체임버에서는 배관 내 압력의 변화를 감지하여 펌프를 자동으로 기동시켜 준다. 클래퍼의 개방은 제조회사마다 다르나 보통 17ℓpm 초과시 클래퍼가 열리도록 제작하고 있다.

3) **세팅방법**

① OS & Y 밸브, 경보용 압력스위치밸브, 배수밸브 및 배관말단의 시험밸브(Test valve)를 모두 Off한다.

② 가압펌프를 수동으로 작동시킨다.

③ 1차측과 2차측 압력계의 볼밸브를 연다.

④ OS & Y 밸브를 서서히 개방시키면 클래퍼가 개방된 후 배관 내 압력이 가압되어 1차측과 2차측의 압력이 같아지면 클래퍼가 자동으로 닫히게 된다.

⑤ 이때 1, 2차측 압력계가 동일한 압력으로 설정되는지를 확인한 후 알람밸브 뒤쪽에 있는 경보용 압력스위치밸브를 열어둔다.

⑥ 이후 클래퍼의 개방이나 경보가 발생하지 않으면 세팅이 정상적으로 완료된 것이다.

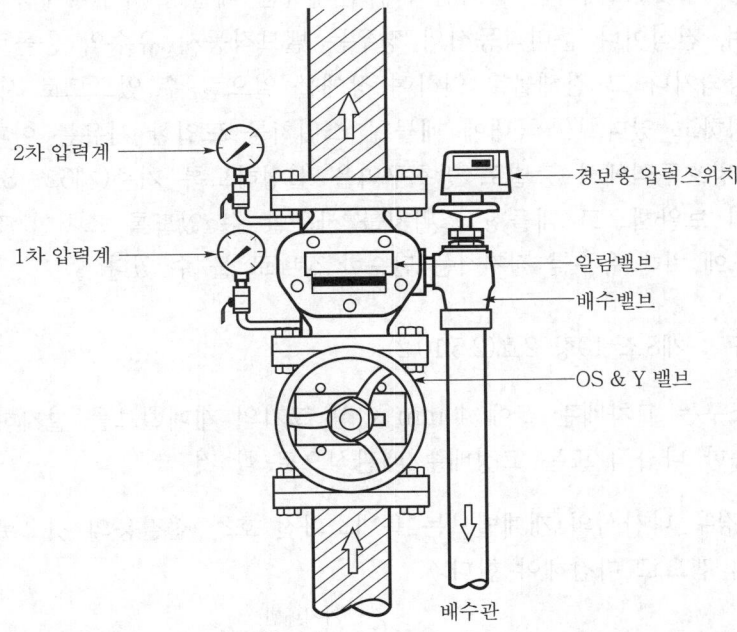

[그림 1-4-48(B)] 습식설비의 밸브 주변(예)

(2) 패들형 스위치(Paddle switch)

1) **개념** : 패들형 스위치란 플로우 스위치(Flow switch)의 일종으로 알람밸브와의 차이점은 체크밸브로서의 기능은 없으며, 작동은 2차측으로 배관 내 유체가 흐르면 패들이 움직이게 되어 접점이 형성되므로 유수의 흐름을 감지하고 접점신호를 이용하여 경보를 발하고 펌프에 기동신호를 주게 된다. 즉, 패들형 스위치는 유수방향의 흐름에 대해서만 신호를 발하는 구조이며 패들형 스위치를 습식 유수검지장치에 포함하도록 규정하고 있다.

패들스위치

[그림 1-4-49] 패들 S/W형 유수검지장치(예)

2) 기능 : NFPA에서는 습식설비에 한해서만 패들형 유수검지장치를 적용하고 있으며, 건식이나 준비작동식의 경우는 밸브작동시 유수의 충돌로 인하여 장치가 손상되거나 그 잔해물로 인하여 장애를 일으킬 수 있으므로 사용하지 못하도록 규정하고 있다.[117] 국내에 패들형 스위치를 도입한 사유는 아파트의 경우 계단별 방호구역에서 층별로 방호구역을 설정하도록 기준(제6조 3호)을 강화한 후 이의 보완책으로 패들형 스위치를 사용할 수 있도록 조치한 것으로, 이는 알람밸브에 비해 유수를 검지하는 단순한 장비로 볼 수 있다.

(3) 청소구 : 제8조 10항 2호(2.5.10.2)

1) 청소구는 교차배관 끝에 40mm 이상 크기의 개폐밸브를 설치하고, 호스 접결이 가능한 나사식 또는 고정배수 배관식으로 할 것

2) 이 경우 나사식의 개폐밸브는 옥내소화전 호스 접결용의 것으로 하고, 나사보호용의 캡으로 마감해야 한다.

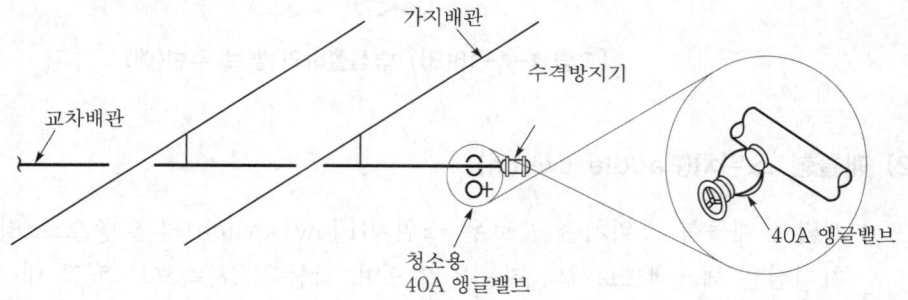

가지배관

수격방지기

교차배관

청소용
40A 앵글밸브

40A 앵글밸브

[그림 1-4-50] 청소구 설치 모습(예)

---

117) NFPA 13(2022 edition) 16.11.3.4(Paddle-type water flow devices) : Paddle-type water flow alarm indicators shall be installed in wet systems only(패들형 유수경보장치는 단지 습식설비에서만 설치하도록 한다).

(4) 시험장치 배관 : NFTC 2.5.12

1) **기준 :** 습식 유수검지장치 또는 건식 유수검지장치를 사용하는 스프링클러설비
와 부압식 스프링클러설비에는 동 장치를 시험할 수 있는 시험장치를 다음의
기준에 따라 설치해야 한다.

① 설치위치

㉮ 습식 스프링클러설비 및 부압식 스프링클러설비에 있어서는 유수검지장치
2차측 배관에 연결하여 설치한다.

㉯ 건식 스프링클러설비인 경우 유수검지장치에서 가장 먼 거리에 위치한 가
지배관의 끝으로부터 연결하여 설치할 것. 이 경우 유수검지장치 2차측 설
비의 내용적이 2,840*l*를 초과하는 건식 스프링클러설비는 시험장치 개폐
밸브를 완전 개방 후 1분 이내에 물이 방사되어야 한다.

② 관경 : 시험장치 배관의 구경은 25mm 이상으로 하고 그 끝에 개폐밸브 및
개방형헤드 또는 스프링클러헤드와 동등한 방수성능을 가진 오리피스를 설
치할 것. 이 경우 개방형헤드는 반사판 및 프레임을 제거한 오리피스만으로
설치할 수 있다.

③ 배수시설 : 시험배관의 끝에는 물받이통 및 배수관을 설치하여 시험 중 방
사된 물이 바닥에 흘러내리지 아니하도록 할 것. 다만, 목욕실·화장실 또는
그 밖의 곳으로서 배수처리가 쉬운 장소에 시험배관을 설치한 경우에는 그
렇지 않다.

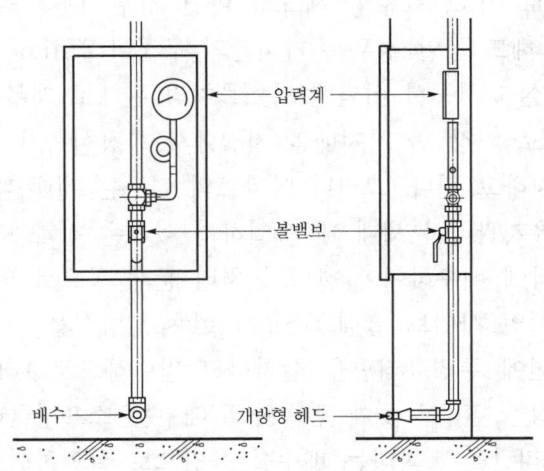

[그림 1-4-51(A)] 시험밸브의 모습

2) 해설

① 설치위치

㉮ 습식 및 부압식의 경우 : 시험장치의 목적은 시험밸브를 개방할 경우 펌프의 자동기동, 경보의 발생유무, 시스템의 정상작동 여부 등을 확인하기 위한 것이지 헤드의 적정 방사압 여부를 확인하기 위한 것이 아니다. 왜냐하면 $H-Q$곡선에서 헤드 1개 개방시 유량은 체절상태에 접근하므로 방사압은 무조건 정격토출압을 초과하게 되기 때문이다. 따라서 2차측에 유수가 충전되어 있는 습식 및 부압식의 경우 시험장치의 접속은 헤드의 최말단이 아니어도 무방하며 2차측 배관에 접속만 하면 된다. 또한 압력계를 설치할 필요는 없으며 유수를 확인하기 위한 개방형 헤드나 오리피스를 설치하도록 한다.

㉯ 건식의 경우 : 건식인 경우에는 헤드 개방시 배관 내 압축공기가 모두 방출된 후 유수가 흐르므로 시험밸브를 개방할 경우 최악의 조건에서 자동기동 여부를 확인해야 하기에 가장 먼 가지배관 끝에 연결하도록 한다. 또한 배관의 내용적이 클 경우는 방수개시 시간이 연장되므로 NFPA 13에서는 방호구역당 배관 내용적을 750gal(2,850l) 이하로 규제하고 있으며 화재안전기준은 이를 준용하여 이를 내용적 2,840l일 경우 방수시간 1분으로 제한한 것이다.

② 관경
표준형 헤드를 기준으로 하여 시험배관 구경은 가지관의 최소구경인 25mm로 하고, 표준형 헤드가 아닌 경우, 예를 들면 ESFR, CMSA(Large Drop) 헤드 등일 경우는 가지관의 구경이 25mm 이상이 될 수 있다.

③ 배수시설
시공시 시험밸브는 물처리 관계로 대부분 화장실 내 피트실에 설치하므로 가장 먼 가지배관 지점에서 화장실까지 배관을 연장하여 시험밸브를 설치하고 있다. 그러나 아파트의 경우는 세대 내에 설치하는 관계로 점검이나 유지관리시 세대 내 출입하기 어려운 점과 또한 시험배관을 개방할 경우 바닥에 배수하여야 하나 물처리 문제 등으로 인하여 이를 개선한 시험배관 방식인 사이트 글래스(Sight glass) 방식을 사용하고 있다. 이는 알람밸브 옆면에 투명유리판을 설치하고 말단헤드로부터 Test line을 알람밸브까지 연장한 후 이 곳에 접속하고 배수는 스프링클러의 배수배관을 이용하여 투명유리판을 통과하는 배수를 육안으로 확인하면서 시험할 수 있는 방법을 사용하기도 한다.

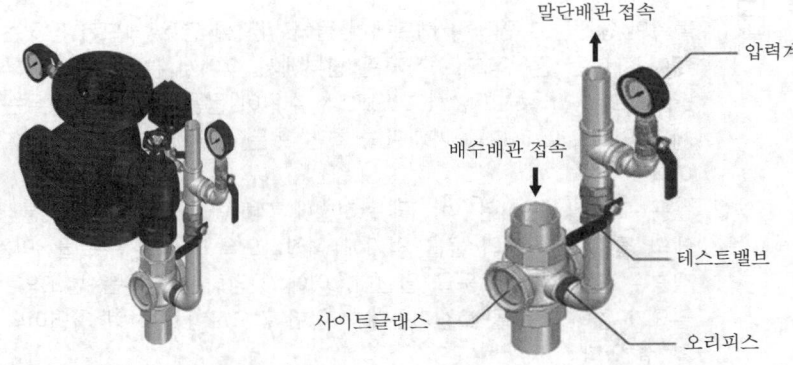

(a) 알람밸브에 설치한 경우   (b) 사이트글래스 확대도

[그림 1-4-51(B)] 사이트글래스를 설치한 시험밸브

(5) 습식설비의 배관

1) 교차배관 : NFTC 2.5.10.1

교차배관은 가지배관과 수평으로 설치하거나 또는 가지배관 밑에 설치하고, 그 구경은 별표 1(표 2.5.3.3)의 규정에 따르되 최소구경이 40mm 이상이 되도록 할 것. 다만, 패들형 유수검지장치를 사용하는 경우에는 교차배관의 구경과 동일하게 설치할 수 있다.

> ① 가지배관을 교차배관보다 위쪽에 설치하는 것은 다음의 2가지 이유 때문이다. 첫째는 스프링클러설비에서 이물질이 가장 많이 축적되는 배관이 교차배관이며 교차배관 내의 물은 정체되어 있으므로 이물질이 퇴적하여 가지관의 헤드를 폐쇄할 경우 헤드 개방을 방해할 우려가 있기 때문이다. 두 번째는 유수검지장치에서 배관 내의 물을 배수할 경우 가지관이 교차배관 밑에 있을 경우는 가지관의 물을 배수할 수 없기 때문이다.
> ② 따라서 종전까지는 가지배관을 교차배관 위쪽에만 설치를 허용하였으나 가지배관이 교차배관보다 관경이 적으므로 가지배관을 교차배관의 측면에서 분기하여도 교차배관의 하단이 가지배관의 하단보다 아래쪽에 위치하게 되므로 이물질 퇴적 및 배수에 별다른 문제점이 없다고 판단하여 가지배관을 교차배관과 수평으로 설치하는 측면분기도 허용하도록 개정(2007. 4. 12.)한 것이다.

2) 헤드 접속배관 : NFTC 2.5.10.3

하향식 헤드를 설치하는 경우에 가지배관으로부터 헤드에 이르는 헤드 접속배관은 가지관 상부에서 분기할 것. 다만, 먹는물의 수질기준에 적합하고(먹는물관리법 제5조) 덮개가 있는 저수조로부터 물을 공급받는 경우에는 가지배관의 측면 또는 하부에서 분기할 수 있다.

① 물속의 침전물로 인하여 헤드에서 물이 방사될 경우 헤드가 막히는 것을 방지하기 위하여 헤드는 원칙적으로 가지관 상부에서 꺾어서 분기하는 회향식(回向式 ; Return bend)으로 접속하도록 하고 있으나, 수원이 음용수 기준일 경우는 침전물에 대한 문제가 없으므로 헤드를 가지관의 측면 또는 하부에서도 분기할 수 있도록 완화한 것이다.

② 음용수 수질기준이란 먹는물 관리법에 의하면 "먹는물"이란, 통상 사용하는 자연상태의 물, 자연상태의 물을 먹기에 적합하도록 처리한 수돗물, 먹는 샘물, 먹는 해양심층수(海洋深層水) 등을 말한다. 이에 해당하는 경우는 별도의 수질검사를 요구할 필요가 없이 먹는물 수질기준에 적합한 것으로 판단하여 측면이나 하부 분기를 적용할 수 있다.

2. 건식 스프링클러설비의 구조 및 부속장치

용어의 정의(제3조 26호/1.7.1.26)에 따르면 "건식 스프링클러설비"란 건식 유수검지장치 2차측에 압축공기 또는 질소 등의 기체로 충전된 배관에 폐쇄형 스프링클러헤드가 부착된 스프링클러설비로서, 폐쇄형 스프링클러헤드가 개방되어 배관 내의 압축공기 등이 방출되면 건식 유수검지장치 1차측의 수압에 의하여 건식 유수검지장치가 작동하게 되는 스프링클러설비를 말한다.

(1) 건식밸브(Dry valve)의 구조 및 기능

1) **구조** : 건식밸브에 고정 부착된 장비는 1차측 수압계, 2차측 공기압력계, 경보용 압력스위치, 배수밸브, 긴급개방장치 등이 있다.

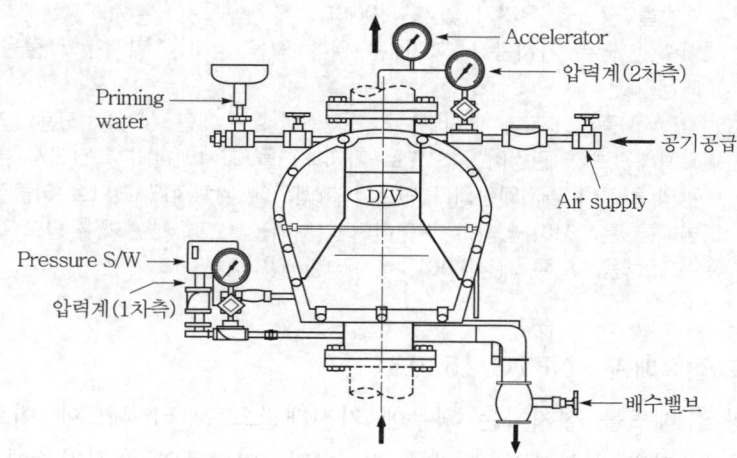

[그림 1-4-52(A)] 건식밸브의 구성(예)

2) 기능 : 건식설비에서의 유수검지장치는 드라이 밸브를 사용하며 경보와 체크밸브의 기능을 가지고 있다. 폐쇄형 헤드의 감열부가 작동하여 개방되면 2차측 배관 내의 압축공기가 누설되며 이로 인하여 드라이 밸브의 클래퍼가 개방되어 2차측으로 배관의 물이 흘러가며 이때 경보용 압력스위치가 작동하여 수신반에 신호를 송출하고 경보가 발생하게 된다. 건식밸브는 1차측 물 공급압력과 2차측 공기 공급압력의 비를 약 3~4 : 1 정도로 하며 이를 차압비(差壓比)라 한다. 습식설비는 2차측과 1차측 압력이 유사하므로 고압 유지로 인한 누수와 위험이 존재하는 반면에 건식밸브는 1차측 수압에 비해 약 $\frac{1}{3}$ 정도의 낮은 공기압력을 유지하므로 배관 내 무리를 주지 않으며 또한 물 대신 공기를 충압하므로 동파의 우려가 없다.

2차측이 낮은 공기압임에도 1차측의 높은 수압에 의해 클래퍼가 개방되지 않는 이유는 1차측의 클래퍼 단면적에 비해 2차측의 단면적을 크게 하여 상호간에 힘의 균형을 이루고 있기 때문이다.

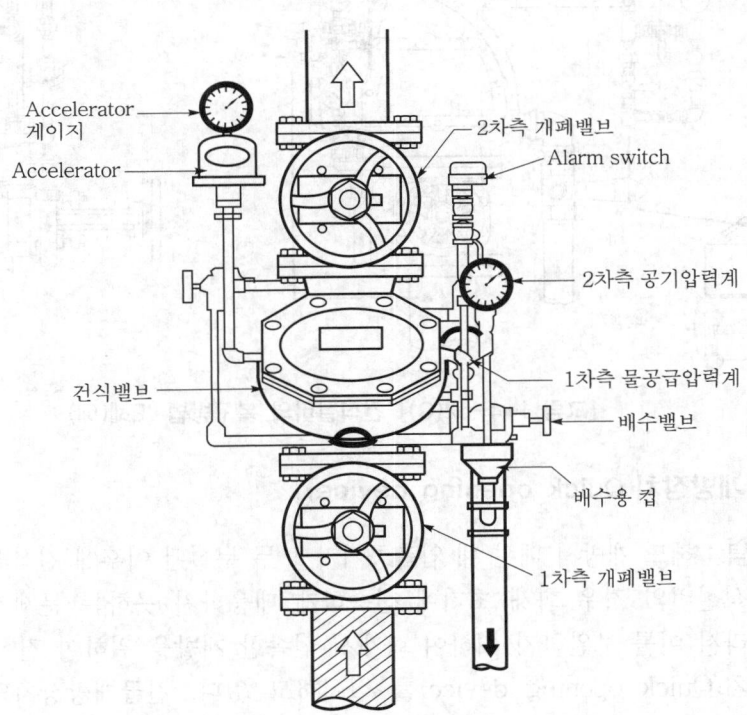

[그림 1-4-52(B)] 건식설비의 밸브주변(예)

3) 작동 후 복구방법(예) : 복구방법은 제품별로 구조가 다르므로 제조사마다 동일하지 않으나 일반적인 예를 들면 다음과 같다.

① 1차측 개폐밸브(①)를 OFF하여 펌프로부터의 급수를 차단시킨다.

② 경보를 차단하기 위해 경보밸브(⑦)를 잠근다.

③ Accelerator의 입구와 출구쪽 밸브(⑤ 및 ⑨)를 잠근다.

④ 배수밸브(⑲)를 개방하여 2차측의 물을 완전히 배수시킨 후 다시 잠근다.

⑤ 개방된 클래퍼는 수동으로 원상태로 복구시켜 준다.

⑥ 악셀레이터의 공기배출 주입구(⑱)를 눌러 악셀레이터의 압력계(⑯)가 0이 되게 한다.

⑦ 배수가 종료되면 세팅 절차에 의해 다시 세팅을 한다.

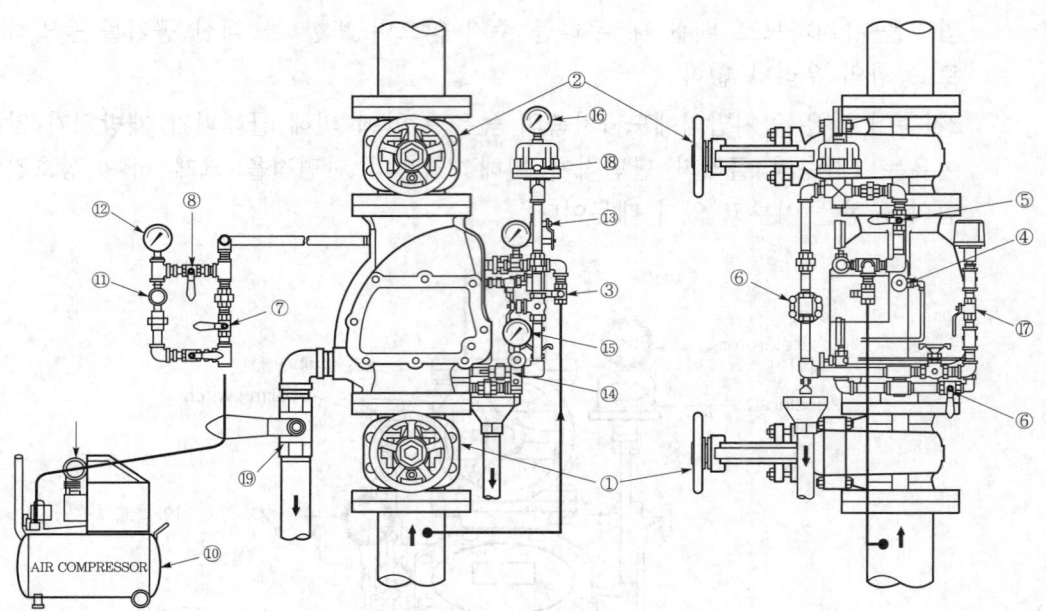

[그림 1-4-52(C)] 건식설비의 복구방법 도해(예)

(2) 긴급개방장치(Quick opening device)

1) **개념** : 헤드 개방시 배관 내 압축공기가 모두 누설된 이후에 건식밸브가 개방되므로 건식설비의 경우 화재 초기에 신속하게 대응하지 못하는 문제가 발생하게 된다. 따라서 이를 보완하기 위하여 화재시 신속한 개방을 위하여 건식밸브에 긴급개방 장치(Quick opening device)를 설치하고 있다. 긴급개방장치의 근거는 NFPA 13[118])에 의하면 60초 이내에 방수가 되는 경우에는 긴급개방장치를 필요로 하지 않으나, 500gal(1,900l)을 초과하는 경우에는 60초 이상의 방수소요시간에 해당한 다고 판단하여 밸브당 배관 내용적이 500gal(1,900l)을 초과할 경우에는 긴급개방

---

118) NFPA 13(2022 edition) 8.2.3.3

장치를 설치하도록 하고 있다. 국내의 경우 현재 모든 건식밸브 제품에 설치되어 있으며 긴급개방장치로는 액셀레이터(Accelerator)와 익조스터(Exhauster)의 2가지 종류가 있으나 국내는 대부분 액셀레이터를 사용하고 있다.

2) 긴급개방장치의 종류

① 액셀레이터(Accelerator) : 액셀레이터의 설치위치는 액셀레이터의 입구는 설비의 2차측 토출측 배관에, 출구는 건식밸브의 중간체임버에 연결하고, 작동은 내부에 차압(差壓)체임버가 있고 일정한 압력으로 조정되어 있다. 헤드가 개방되어 2차측 배관의 공기압이 내려가면 차압체임버의 압력에 의해 건식밸브의 중간체임버로 공기가 배출되어 건식밸브의 클래퍼를 밀어주게 된다.

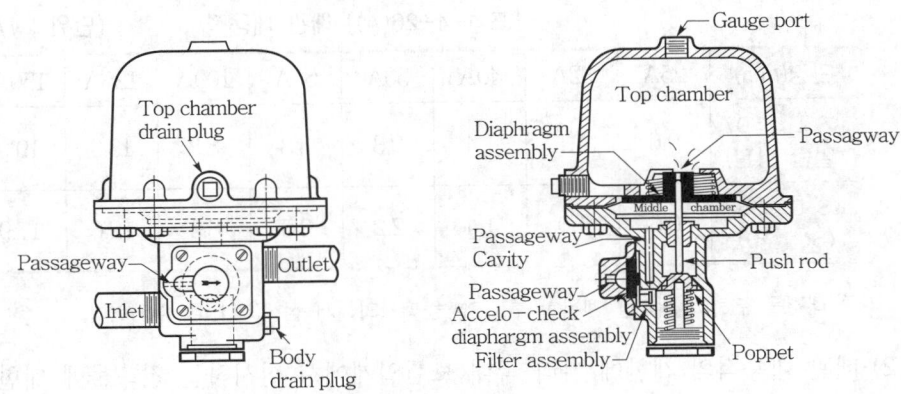

[그림 1-4-53(A)] 액셀레이터(Accelerator) 외관(예)

② 익조스터(Exhauster) : 익조스터의 설치위치는 입구는 설비의 2차측 토출측 배관에, 출구는 대기 중에 노출되어 있으며, 작동은 헤드가 개방되어 2차측의 공기압이 내려가면 익조스터 내부에 설치된 체임버의 압력변화로 인하여 익조스터 내부 밸브가 열려 건식밸브 2차측의 공기를 대기 중으로 방출시킨다. 또 일부는 건식밸브의 중간체임버에도 전달되어 건식밸브의 클래퍼를 동시에 밀어주게 된다.

(3) 배관의 내용적

1) 긴급개방장치 이외에 건식밸브의 신속한 기동을 위해서는 압축공기가 충전되어 있는 배관의 체적을 제한하여야 한다. 따라서 건식밸브당 하나의 방호구역 배관 내용적은 NFPA에서는 750gal(2,850*l*) 이하로 제한하고 있다.[119] 다만, 정상

---

119) NFPA 13(2022 edition) 8.2.3.4 : A system size of not more than 750gal(2,850*l*) shall be permitted with a quick opening device and shall not be required to meet any specific water delivery requirement to the inspection test connection.

공기압에서 60초 이내 방수되도록 설계한 경우나 공인된 프로그램에 의해 배관 내용적을 적용한 경우는 적용하지 않는다. 따라서 방호구역이 3,000m² 이하일 경우에도 배관의 내용적이 2,850*l*를 초과하면 신속한 기동을 위하여 방호구역 수를 조정하여야 하며, 국내의 경우도 당시 NFSC 103에서 2021. 1. 29. 이를 신설하였다. 750gal은 2,840*l*이 맞으나 NFPA에서는 간략화시켜 2,850*l*로 표기 하고 있다. 이에 따라 NFTC 2.5.12.1에서 "2,840*l*를 초과하는 건식 스프링클러 설비는 시험장치 개폐밸브를 완전 개방 후 1분 이내에 물이 방사되어야 한다" 고 규정한 것이다. 이때 배관의 내용적은 내경을 기준으로 체적을 계산하는 것 으로 설계시 다음표와 같이 적용하도록 한다.

[표 1-4-26(A)] 배관 내용적　　　　(단위 : *l*/관장 1m당)

관경(mm)	25A	32A	40A	50A	65A	100A	125A	150A	200A
KS D 3507 (일반 강관)	0.6	1.1	1.4	2.3	3.8	8.8	13.3	19.0	33.0
KS D 3562 (Sch 40)	0.6	1.0	1.4	2.2	3.5	8.3	12.6	17.9	31.5

㊟ 내경을 구하여 체적을 계산한 후 소수 둘째자리에서 절상(切上)한 수치이다.

2) 배관 내용적의 제한에 따라 국내 보험업계에서 실시하는 건축물에 대한 소화설비 할인규정에서는 다음의 표와 같이 이를 적용하고 있다.

[표 1-4-26(B)] 배관 내용적　　　　(단위 : *l*/관장 1m당)

관경(mm)	25A	32A	40A	50A	65A	100A	125A	150A	200A
내용적(*l*) /관길이(m)	0.5	1.0	1.5	2.2	3.6	8.7	13.4	18.9	32.9

[표 1-4-26(B)]의 출전(出典)

소화설비 규정(보험개발원) Ⅵ-22쪽 표 6-2(2013. 4. 1. 개정)

(4) Priming water(예비수)

건식밸브에서 밸브 바로 위의 몸체(2차측)에 물을 채워두고 있으며 이를 Priming Water(예비수 ; 豫備水)라고 한다.

1) **개념** : 건식밸브에서는 1차측에는 가압수가, 2차측에는 압축공기가 채워져 있어 건식밸브의 클래퍼를 사이에 두고 압력이 상호 가해져서 평형을 이루고 있다. 건식밸브 클래퍼의 경우, 공기가 있는 상부 클래퍼의 표면적이 물이 있는 하부 클래퍼의 표면적보다 큰데 이것은 2차측의 낮은 공기압일지라도 단면적을 넓게 하여 더 많은 힘을 발생시켜야 평형을 유지하기가 용이하기 때문이다. 보통 건식밸브 2차측의 공기압력은 각 제조업체에서 정하는 차압비(差壓比)에 의하여 정해진다.

2) **Priming Water의 목적**

① 압력이 작용하는 방향과 크기는 Vector로 표시될 수 있으며 이 경우 압력은 모든 표면의 접선에 수직으로 작용하게 되므로 표면이 평면이 아닐 경우는 바닥면에 대해 균일한 힘을 가할 수 없다. 따라서 2차측에 물을 채워둠으로써 클래퍼쪽으로 작용하는 공기압력은 클래퍼에 수직으로 균일하게 작용하게 되며 물 자체의 중력, 공기압 그리고 클래퍼 자체의 무게에 의해 물에 의한 1차측 압력과 평형을 이룰 수 있고 이로 인하여 2차측의 낮은 공기압으로도 클래퍼의 폐쇄가 가능하게 된다.

② 물을 채워둠으로써 클래퍼가 정확히 닫혀 있는지를 확실하게 확인할 수 있으며, 만일 클래퍼에 틈새가 생기면 누수가 발생하고 이로 인하여 건식밸브의 배수배관에서 물방울이 떨어지게 되므로 기밀(氣密) 여부를 정확히 확인할 수 있다.

(5) 방사시간(Delivery time)

1) 화재시 헤드가 개방된 후 건식밸브가 개방되어 헤드에서 물이 방사될 때까지의 소요되는 총 소요시간을 방사시간(Delivery time)이라 한다. 방사시간은 첫 번째로, 헤드가 개방된 후 밸브 2차측에 압축된 공기가 누설된 후 건식밸브가 개방되어 물이 밸브 2차측으로 유입되는 데 소요되는 "압축공기 배출시간"(Trip time)과 두 번째로 건식밸브로부터 유입되는 가압수가 배관을 통하여 개방된 헤드까지 흘러가는 "소화수 이송시간"(Transit time)을 합산한 것이 된다. 방사시간의 산정은 건식시스템에서 헤드가 최초로 개방된 순간부터 측정하여 이를 산정한다.

> 방사시간(Delivery time)=압축공기 배출시간(Trip time)+소화수 이송시간(Transit time)

2) NFPA에서는 정상공기압에서 방사시간이 60초 이내이어야 하며 이를 위하여 건식밸브당 하나의 방호구역 배관 내용적을 2,850l(750gal) 이하로 제한하고 있다. SFPE Handbook[120]에서는 FMRC에서 연구한 Trip time에 대하여 다음과 같은 식을 제시하고 있으며 이를 이용하여 Trip time을 계산할 수 있다.

$$t = 0.0352 \frac{V_T}{A_n T_0^{1/2}} \ln\left(\frac{P_{a0}}{P_a}\right)$$ ················ [식 1-4-14]

여기서, t : Trip time(sec)
V_T : 건식설비의 2차측 배관체적(ft^3)
T_0 : 공기온도(°R)
A_n : 개방된 헤드의 살수면적(ft^2)
P_{a0} : 초기 대기압력(절대압)
P_a : 작동시험 압력(절대압)

또한 NFPA 13(2022 edition)에서는 건식설비에 대해 다음과 같이 방사시간 (Delivery time)에 대한 기준을 위험용도별로 제시하고 있다.

[표 1-4-26(C)] 건식설비의 방사시간

위험의 구분(Hazard)		최대방사시간 (Maximum time of water delivery)
주거용 건물(Dwelling umit)		15초 이하
경급위험(Light hazard)		60초 이하
중급위험(Ordinary hazard)	Group I	50초 이하
	Group II	50초 이하
상급위험(Extra hazard)	Group I	45초 이하
	Group II	45초 이하
고적재 물품(High piled)		40초 이하

[표 1-4-26(C)]의 출전(出典)

NFPA 13(2022 edition) Table 8.2.3.6.1(Dry pipe system water delivery)

---

120) SFPE Handbook 3rd edition : p.4-85(Dry system water delivery time)

(6) 저압건식밸브(Low pressure dry pipe valve)

1) **개념** : 건식밸브의 최대 단점인 방사시간의 지연을 보완하기 위하여 2차측 공기압력을 낮춘 형식의 건식밸브를 저압건식밸브라 한다. 저압건식밸브의 경우는 클래퍼 측면에 래치(Latch)를 설치하고 1차측의 수압을 이용하여 래치를 밀어주게 되어 클래퍼가 닫힌 상태를 유지하고 있으며 래치는 한번 작동하면 자동복구가 되지 않는 구조이다. 국내의 경우도 저압건식밸브를 사용하는 제품이 생산되고 있으며 저압건식밸브의 특징은 다음과 같다.

특 징	① 밸브 2차측의 압축공기 설정압력이 기존건식밸브보다 낮아 클래퍼 개방시간과 방수시간을 단축시킬 수 있다. ② 방수개시 시간이 단축되므로 일반 건식시스템에 비해 초기화재 진압에 효과적이다. ③ 공기 압축압력이 낮아서 여러 개의 건식밸브에 하나의 대용량 컴프레서를 설치하여 사용할 수 있다. ④ 2차측 공기압력을 낮출 수 있으므로 컴프레서 용량을 줄일 수 있다.

2) 컴프레서(Compressor)

① 2차측 배관 내 압축공기를 충전하기 위하여 언제나 컴프레서가 2차측(밸브 주변의 공기공급밸브)과 접속되어 있어야 한다. 건식설비에서 사용하는 2차측 배관의 공기압을 충전하는 컴프레서에 대하여 국내에서는 별도의 기준을 제정하지 않고 있다. 건식밸브에서 수압 대 공기의 비는 우선적으로 제조사의 기준을 따르는 것이 원칙이나 일반건식설비의 경우 국내는 대체적으로 3~4 : 1 정도이며 NFPA[121]에서는 대략 5.5 : 1로 하고 있다. 이에 비해 저압건식설비의 경우는 2차측 공기압을 대폭 낮춘 것으로 국내 제품 저압건식밸브의 경우는 1차측 수압이 $10kg/cm^2$까지는 2차측 공기압이 $0.9~1.3$ kg/cm^2, $10kg/cm^2$를 초과할 경우는 $1.2~1.5kg/cm^2$로 세팅하고 있다.

② NFPA에서는 컴프레서의 용량은 30분 이내에 설비의 정상 공기압력을 충전할 수 있어야 하므로[122] 이에 적절한 컴프레서 용량을 선정하도록 한다. 또한 하나의 건식밸브마다 하나의 컴프레서를 사용하는 것이 원칙이나, 방호구역의 상황에 따라 하나의 컴프레서에 다수의 건식밸브를 연결하여 사용할 수도 있다.

---

121) Sprinkler Handbook 9th edition(NFPA) : 7.2.6 Air pressure & Supply
122) NFPA 13(2022 edition) 8.2.6.3.2(Air supply) : The air supply shall have a capacity capable of restoring normal air pressure in the system within 30 minutes(공기 공급 장치는 30분 이내에 시스템의 정상 공기압력을 복원할 수 있는 용량을 가져야 한다).

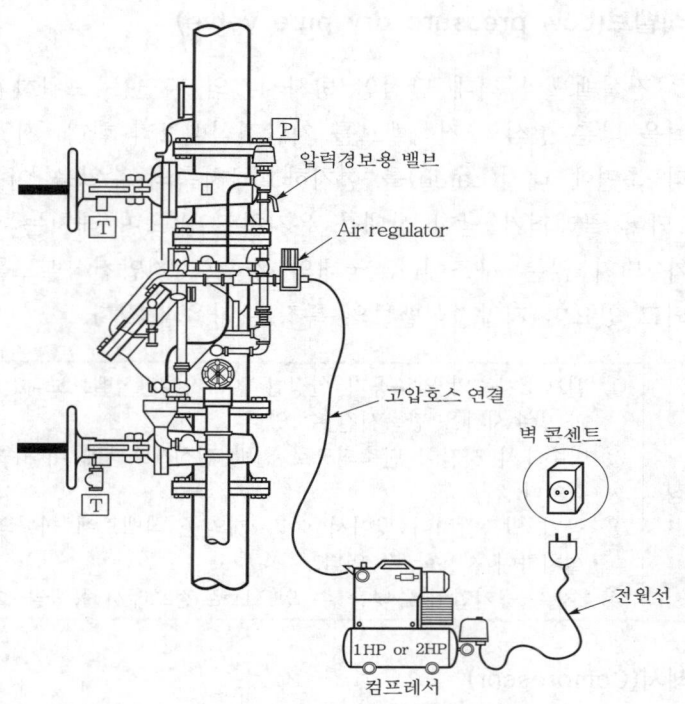

압력경보용 밸브

P

T

Air regulator

고압호스 연결

벽 콘센트

전원선

1HP or 2HP

컴프레서

[그림 1-4-53(B)] 컴프레서 연결

(7) 시험장치 배관 : 시험장치(Test valve)가 준비작동식은 법적대상이 아니나, 건식은 시험장치가 법적대상이다. 왜냐하면 건식밸브는 물 대신 압축공기나 또는 저압의 공기를 충전한 것이므로 시험장치를 개방하여 압축공기 등을 배출시켜 설비의 시험을 행할 수 있어야 하므로 건식밸브에는 반드시 시험장치(Test valve)를 설치하여야 한다. 설계 및 감리시 많이 누락되는 부분이므로 유의하여야 한다.

3. 준비작동식 스프링클러설비의 구조 및 부속장치

용어의 정의(제3조 25호/1.7.1.25)에 따르면 "준비작동식 스프링클러설비"란 가압송수장치에서 준비작동식 유수검지장치 1차측까지 배관 내에 항상 물이 가압되어 있고 2차측에서 폐쇄형 스프링클러헤드까지 대기압 또는 저압으로 있다가 화재발생시 감지기의 작동으로 준비작동식 유수검지장치가 작동하여 폐쇄형 스프링클러헤드까지 소화용수가 송수되어 폐쇄형 스프링클러헤드가 열에 따라 개방되는 방식의 스프링클러설비를 말한다.

(1) 준비작동식밸브의 구조 및 기능

1) 구조

① 준비작동식밸브에 고정 부착된 장비는 1차측 및 2차측 압력계, 경보용 압력 스위치, 솔레노이드밸브, 비상개방밸브, 배수밸브 등이 있다. 또한 준비작동 식밸브는 밸브 1차측과 2차측에 반드시 개폐표시형밸브(예 OS & Y valve)를 설치하여야 한다. 준비작동식밸브의 경우는 자동개방은 기계적 방식이 아닌 전기적인 방식으로 개방하게 된다.

② 따라서 수동으로 개방하기 위해서는 전기적인 방법으로는 수동기동장치인 SVP(Super Visory Panel)를 설치하며, 기계적인 방법으로는 밸브자체에 비 상개방밸브를 설치하여 이를 수동으로 개방할 경우 배관의 압력균형이 깨져 클래퍼가 개방되도록 된다.

SVP는 수동기동장치 기능 이외에 준비작동식밸브와 전원상태를 감시하는 기능을 가지고 있다. 즉, 밸브가 정상상태일 때에는 전원표시등만 점등이 되 나 밸브에서 누수가 되거나 클래퍼의 복구상태가 정상이 아닐 경우에는 "밸 브주의 표시등"이 점등하게 된다.

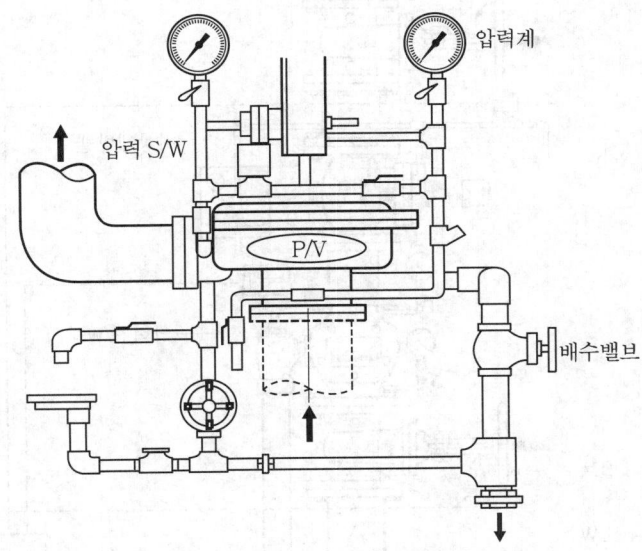

[그림 1-4-54(A)] 준비작동식밸브의 구성(예)

2) 기능

① 준비작동식설비에서의 유수검지는 준비작동식밸브(Preaction valve)를 사용 하며 이는 체크밸브의 기능을 가지고 있는 일제개방밸브의 일종이다. 밸브

의 1차측에는 가압수가 2차측에는 대기압상태로 되어 있다. 교차회로 구성에 의한 감지기가 동작하게 되면 준비작동식밸브 내에 있는 솔레노이드밸브가 개방되어 클래퍼가 열리게 된다. 이로 인하여 밸브 2차측으로 가압수가 유입되어 수신기에 신호가 표시되며 음향경보를 발하게 된다. 준비작동식의 경우에는 헤드가 개방될 때까지는 배관 내 가압수가 대기상태로 있다가 실제 화열에 의해 헤드가 개방될 경우 가압수를 방출하게 된다.

② 준비작동식밸브는 클래퍼 타입과 다이아프램 타입의 2가지 종류가 있으며 클래퍼 타입은 Push rod(걸쇠)에 의해 레버가 클래퍼를 밀고 있는 형태로서 수압에 의해 클래퍼가 위로 열리는 형태로 한번 열리면 닫히지 않는 구조이므로 수동으로 복구하여야 한다.

이에 비해 다이아프램 타입은 수평형과 수직형이 있으며 수압에 의해 Valve disk가 밀려서 개방되는 구조로서 개방시 자동으로 복구가 될 수 있으므로 개방된 밸브가 자동으로 복구되는 것을 방지해 주는 역할의 PORV(Pressure Operated Relief Valve)를 설치하고 있다.

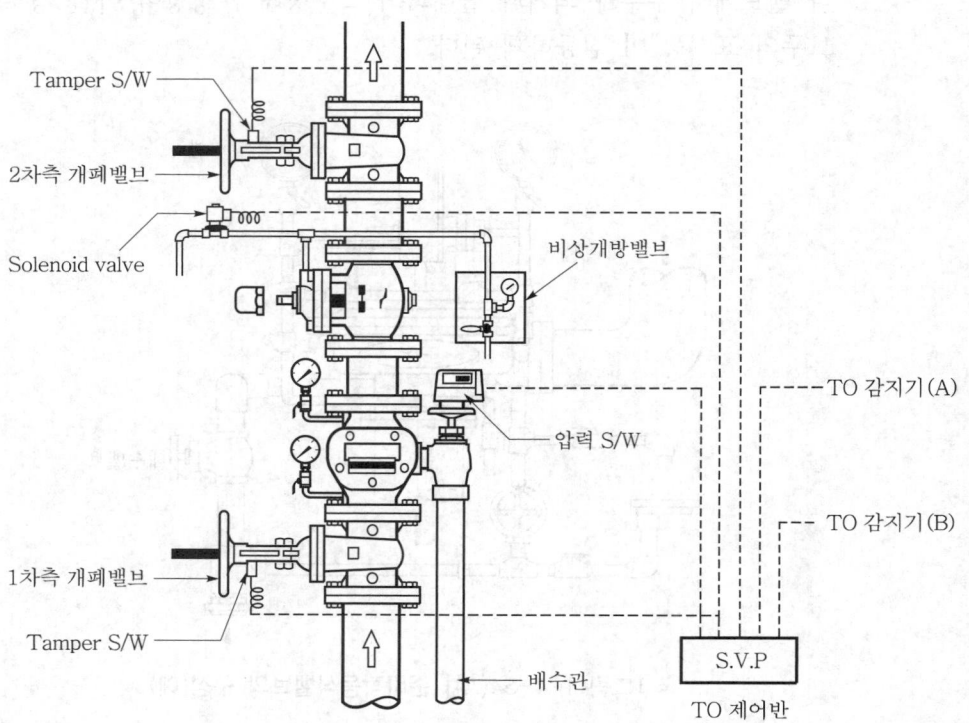

[그림 1-4-54(B)] 준비작동식설비의 밸브주변(예)

㈜ 점선은 Tamper S/W, 경보용 압력 S/W, Solenoid valve의 신호전달용 전선임.

3) 작동 후 복구방법 : 복구방법은 제품별로 구조가 다르므로 제조사마다 동일하지 않으나 한가지 예를 들면 다음과 같다.

① 소화작업 후 1차측 개폐밸브(①)와 세팅용 밸브(⑥)를 Off시킨다.

② 배수밸브(③)를 개방하여 2차측의 물을 완전히 배수시킨다[밸브 내 남아있는 물은 배수밸브 내(③)에 있는 자동 드레인밸브(⑫)에 의해 자동으로 배수된다].

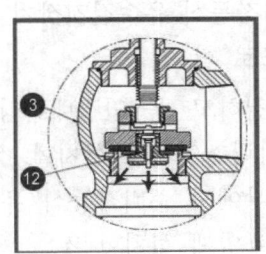

[배수밸브 내부]

③ 각 구간의 배수가 완료되면 세팅절차에 의해 다시 세팅을 한다.

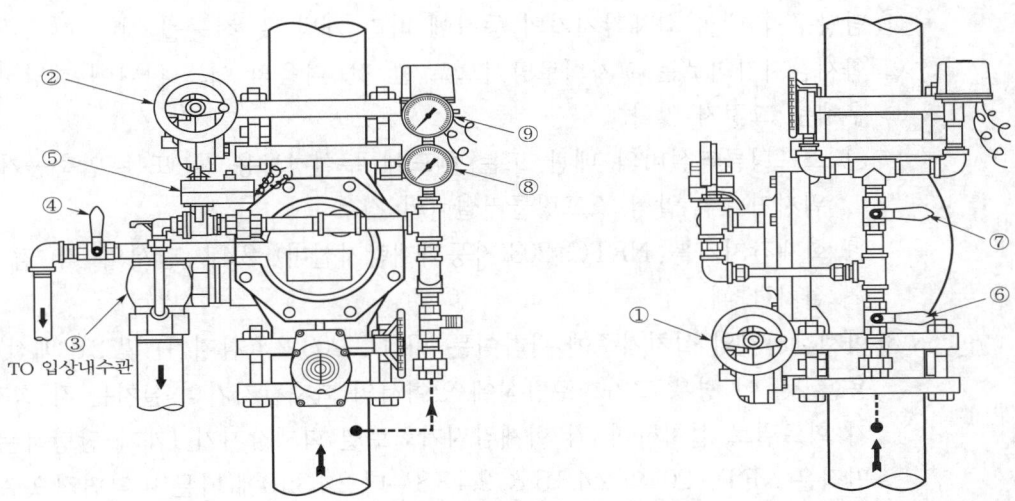

[그림 1-4-54(C)] 준비작동식설비의 복구방법 도해(예)

(2) 2차측 배관의 부대설비 : NFTC 2.5.11

준비작동식 유수검지장치 또는 일제개방밸브를 사용하는 스프링클러설비에 있어서 밸브 2차측 배관의 부대설비는 다음의 기준에 따른다.

1) 개폐표시형밸브를 설치할 것

> 준비작동식밸브와 일제살수식밸브는 밸브 2차측에 반드시 개폐표시형밸브를 설치하여야 한다. 아울러 이는 수리, 보수 등의 유지관리 차원이나 기능점검을 위해서도 반드시 필요한 조치이다.

2) 개폐표시형밸브와 준비작동식 유수검지장치 또는 일제개방밸브 사이의 배관은 다음의 기준과 같은 구조로 할 것

　① 수직배수배관과 연결하고, 동 연결배관상에는 개폐밸브를 설치할 것

　② 자동배수장치 및 압력스위치를 설치할 것

　③ 압력스위치는 수신부에서 준비작동식 유수검지장치 또는 일제개방밸브의 개방여부를 확인할 수 있게 설치할 것

(3) 준비작동식 유수검지장치 또는 일제개방밸브의 기동방식

1) 자동기동방식의 기준 : NFTC 2.6.3

　① 담당구역 내의 화재감지기의 동작에 따라 개방 및 작동될 것

　② 화재감지기회로는 교차회로방식으로 할 것. 다음의 어느 하나에 해당하는 경우에는 그렇지 않다.

　　㉮ 스프링클러설비의 배관 또는 헤드에 누설경보용 물 또는 압축공기가 채워지거나 부압식 스프링클러설비의 경우

　　㉯ 화재감지기를 NFTC 203(자동화재탐지설비) 2.4.1 단서의 각 감지기로 설치한 때

　③ 화재감지기의 설치기준에 관하여는 NFTC 203 2.4(감지기) 및 2.8(배선)을 준용할 것. 이 경우 교차회로방식에 있어서의 화재감지기의 설치는 각 화재감지기 회로별로 설치하되, 각 화재감지기회로별 화재감지기 1개가 담당하는 바닥면적은 NFTC 203의 2.4.3.5 & 2.4.3.8부터 2.4.3.10에 따른 바닥면적으로 한다.

2) 수동기동방식의 기준 : NFTC 2.6.3.3 & 2.6.3.5

　① 준비작동식 유수검지장치 또는 일제개방밸브의 인근에서 수동기동(전기식 및 배수식)에 따라서도 개방 및 작동될 수 있게 할 것

　② 발신기 설치
　　화재감지기회로에는 다음 기준에 따른 발신기를 설치할 것. 다만, 자동화재탐지설비의 발신기가 설치된 경우에는 그렇지 않다.

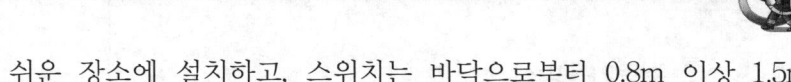

㉮ 조작이 쉬운 장소에 설치하고, 스위치는 바닥으로부터 0.8m 이상 1.5m 이하의 높이에 설치할 것

㉯ 특정소방대상물의 층마다 설치하되, 해당 특정소방대상물의 각 부분으로부터 하나의 발신기까지의 수평거리가 25m 이하가 되도록 할 것. 다만, 복도 또는 별도로 구획된 실로서 보행거리가 40m 이상일 경우에는 추가로 설치해야 한다.

3) 기동방식의 해설

① 자동기동방식

㉮ 누설경보용 물 또는 압축공기를 충전하는 경우

㉠ 누설경보용 물이나 압축공기란 배관 내 소화수 또는 압축공기를 충전하는 것을 말하며, 준비작동식의 경우 밸브 2차측은 대기압상태이므로 평상시에는 배관의 파손이나 헤드불량 등이 발생하여도 실제 화재 발생시 물이 헤드에 공급되기 전까지는 이에 대해 확인을 할 수 없다. 그러나 2차측에 물이나 압축공기를 사전에 충전할 경우는 2차측 배관의 누설이나 헤드불량을 쉽게 확인할 수 있는 장점이 있다. 부압식의 경우는 유수검지장치가 감지기에 의해 개방되는 형식이나 2차측에 물이 충전되어 있으므로 이 경우는 일종의 "누설경보용 물"이 있는 것으로 간주하여 감지기의 교차회로 적용을 하지 아니할 수 있다.

㉡ 그러나 준비작동식설비는 일반적으로 난방이 되지 않는 장소에 설치하므로 누설경보용 물을 충전하는 것은 동절기 동파의 우려가 있어 적용하기가 곤란하며, 압축공기를 충전할 경우는 유수검지장치 2차측에 OS & Y 밸브 이외에 가스누설을 방지하기 위한 가스용 체크밸브를 별도로 설치하여야 한다.

㉯ 특정된 감지기(NFTC 203 2.4.1 단서)를 설치하는 경우

㉠ NFTC 203(자동화재탐지설비) 2.4.1 단서의 각 호의 감지기란 다음의 감지기를 말한다.

① 불꽃감지기	② 정온식감지선형 감지기
③ 분포형감지기	④ 복합형감지기
⑤ 광전식분리형감지기	⑥ 아날로그방식의 감지기
⑦ 다신호방식의 감지기	⑧ 축적방식의 감지기

㉡ 위에 해당하는 감지기의 경우는 신뢰도가 우수하여 오동작의 가능성이 낮으므로 교차회로로 적용하지 않아도 큰 문제가 없으므로 이를 완화시킨 것이다.

② 수동기동방식

㉮ 전기식 및 배수식의 경우

㉠ 수동기동방식에서 NFTC 2.6.3.3의 "전기식"이란 버튼을 기동하여 원격으로 솔레노이드밸브를 동작시켜 준비작동식 유수검지장치 또는 일제개방밸브를 개방시키는 전기적 방식을 말하며 이러한 수동기동장치를 SVP(Super Visory Panel)라 한다. "배수식"이란 준비작동식 유수검지장치 또는 일제개방밸브에 수동개방밸브를 설치하여 수동으로 이 밸브를 직접 조작하여 밸브를 개방시키는 기계적방식을 말한다. NFPA에서는 준비작동식 유수검지장치 또는 일제개방밸브에 사용하는 수동기동방식을 뉴메틱식(Pneumatic type), 수압식(Hydraulic type), 기계식(Mechanical type)의 3종류로 구분하여 적용하고 있다.[123]

㉡ 자동식설비에는 반드시 사람이 화재를 먼저 발견할 경우 즉시 설비를 작동시키기 위하여 수동기동이 수반되어야 한다. 그러나 습식이나 건식에는 적용하지 않는 수동기동장치를 준비작동식설비와 일제살수식설비에만 적용하는 이유는 다음과 같다.

습식이나 건식설비의 경우는 유수검지장치 2차측에 물이나 압축공기가 충전되어 있어 헤드가 개방하면 배관 내 압력의 변화로 인하여 즉시 유수검지장치가 개방하는 구조이다. 이에 비해 준비작동식 유수검지장치 또는 일제개방밸브를 사용하는 경우 헤드가 먼저 개방되어도 준비작동식 유수검지장치가 개방하지 않으면 설비가 기동되지 않으며, 일제살수식의 경우에도 헤드가 개방형이므로 준비작동식 유수검지장치가 개방되지 않으면 설비가 기동되지 않으므로 사람이 먼저 화재를 발견한 경우 준비작동식 유수검지장치 또는 일제개방밸브를 수동개방하기 위해서 수동기동장치를 필히 설치하여야 한다.

㉢ 수동기동장치의 설치수량에 대해서는 밸브의 인근에서 수동기동 하도록 규정하고 있으며 이에 국내는 준비작동식 유수검지장치 또는 일제개방밸브별로 방호구역 내에 1개씩 설치하고 있다. 이로 인하여 3,000m²의 넓은 방호구역에서 수동기동장치를 용이하게 발견할 수 없는 문제점이 발생할 수 있다.

---

123) NFPA 13(2022 edition) 8.3.1.2 : The automatic water control valve shall be provided with hydraulic, pneumatic, or mechanical manual means for operation that is independent of detection devices and of the sprinklers(자동식 유수검지장치는 감지기 및 스프링클러헤드와 독립적으로 동작할 수 있는 수압이나 공기압 또는 기계적인 수동기동방식을 제공해야 한다).

㉯ 발신기의 경우 : NFTC 2.6.3의 본문에서는 "준비작동식 유수검지장치 또는 일제개방밸브의 작동은 다음의 기준에 적합하여야 한다"라고 규정하고 있으며 발신기는 이에 속하는 하위기준(NFTC 2.6.3.5)이므로 발신기도 준비작동식 유수검지장치 또는 일제개방밸브의 작동에 적합하여야 하고 화재감지기를 설치하는 준비작동식 유수검지장치 또는 일제개방밸브에는 화재감지기 회로에 회로별로 발신기를 설치하여야 한다. 그러나 자동화재 탐지설비의 발신기가 설치된 경우는 발신기를 추가로 설치하지 않고 이를 대처할 수 있다.

4. 부압식 스프링클러설비의 구조 및 부속장치

(1) 개념

1) 용어의 정의(제3조 24호/1.7.1.24)에 따르면 "부압식 스프링클러설비"란 가압송수장치에서 준비작동식 유수검지장치의 1차측까지는 항상 정압의 물이 가압되고, 2차측 폐쇄형 스프링클러헤드까지는 소화수가 부압으로 되어 있다가 화재 시 감지기의 작동에 의해 정압으로 변하여 유수가 발생하면 작동하는 스프링클러설비를 말한다. 이때 정압(正壓)이란 부압(負壓)에 반대되는 용어로 대기압보다 높은 양압을 의미하며 부압이란 펌프의 흡입측 배관과 같이 대기압보다 낮은 압력을 의미한다.

2) 부압식 스프링클러설비를 화재안전기준에서는 2차측 배관 내 물이 항상 충수되어 있으므로 일종의 습식설비로 간주하여 조기반응형 헤드 사용, 격자형 배관방식 사용, CPVC배관 사용 등을 허용하고 있으나 부압식은 습식설비가 아닌 준비작동식 설비의 일종이다. 왜냐하면 스프링클러설비는 작동방법에 따라 분류할 경우, 유체의 흐름에 따라 유수검지장치 등이 개방되는 기계적 방식(습식, 건식)과 감지기 작동에 따라 유수검지장치 등이 개방되는 전기적 방식(준비작동식, 일제살수식)으로 구분할 수 있으며 부압식의 경우 유수검지장치는 준비작동식밸브를 사용하며 감지기 동작에 따라 개방되는 전기적 개방방식이기 때문이다. 따라서 부압식 스프링클러설비는 2차측에 물이 충수된 준비작동식설비로 다만 2차측이 부압상태를 유지하는 특징이 있는 스프링클러설비이다.

(2) 구조 및 기능 : [그림 1-4-54(D)]에서 흐린 음영은 부압상태이며 진한 음영은 정압상태이다.

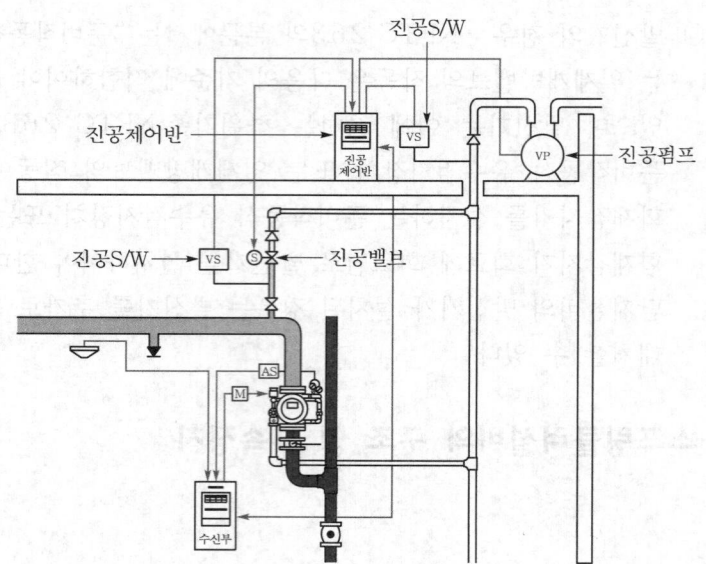

[그림 1-4-54(D)] 부압식 설비의 구성(예)

1) 진공펌프(Vacuum pump)

① **기능** : 진공펌프는 평상시 2차측 배관의 압력을 대기압 이하인 부압으로 유지하는 역할을 한다. 진공펌프의 동작에 따라 2차측 배관 및 접속된 배관의 압력은 대기압보다 낮은 약 $-0.05MPa$의 부압을 유지하고 있으며 헤드가 오동작 등으로 파손되면 외부의 대기압으로 인하여 2차측 배관의 압력이 상승하여 $-0.03MPa$이 되면 진공S/W 동작으로 진공펌프가 자동으로 작동되어 배관 내 부압이 유지되며 헤드에서 살수가 되지 않도록 한다. 아울러 2차측 배관의 부압이 $-0.08MPa$이 되면 진공펌프는 자동으로 정지하고 진공S/W에 의해 진공밸브를 차단시키게 된다(부압 표시에서 예를 들어 $-0.05MPa$이란 대기압을 0으로 한 계기압으로 진공계에서 표시된 부압의 수치를 의미한다).

② **설치** : 2차측 배관에 물을 채우고 2차측 배관에서 분기된 지점에 진공펌프를 설치하고 진공펌프를 제어하는 진공 제어반과 동 제어반에 의해 개폐되는 진공S/W 및 진공밸브를 부착한다. 진공S/W는 유수검지장치별로 설치하나 진공펌프는 부압식 시스템에 1대를 설치하며 2차측 배관은 진공펌프의 작동에 따라 모두 부압을 유지하고 있으며, 진공밸브 후단에는 체크밸브를 설치한 후 T분기하여 한쪽은 진공펌프와 접속하고 다른 쪽은 배수배관과 접속되어 있다.

2) **진공 제어반(Vacuum system controller)** : 진공 제어반은 평상시에는 2차측 배관의 압력변화에 따라 2차측의 압력이 언제나 부압상태(−0.05~−0.08MPa)를 유지하도록 진공밸브를 개폐시키고 진공펌프나 가압펌프가 작동되게 한다. 화재 시에는 감지기나 SVP의 신호입력에 따라 화재수신기에 기동신호가 수신되면 해당 출력이 진공 제어반으로 송출되고 이 신호에 따라 제어반에서는 진공펌프를 정지시키게 된다. 헤드 오동작시에는 진공펌프의 연속운전에 의해 2차측 배관의 물은 배수배관으로 배출시키게 되며 이 경우는 진공 제어반에 오동작 표시등이 점등하게 된다.

3) **진공밸브(Vacuum valve)** : 2차측 배관에서 분기된 지점에 부착하여 진공제어반의 신호에 따라 진공S/W와 연동에 따라 개폐되어 진공펌프에 의한 2차측 배관의 압력이 부압을 유지하도록 한다. 부압이 형성되면 진공S/W가 정지하여 밸브를 차단시키며 아울러 헤드 오동작시에는 진공펌프 작동에 따라 개방되어 2차측 배관의 물이 배수되게 한다.

4) **유수검지장치** : 유수검지장치는 준비작동식밸브를 사용하며 감지기 동작이나 SVP의 동작에 따라 밸브가 개방하게 된다. 부압식의 경우는 준비작동식밸브이나 교차회로방식을 적용하지 아니할 수 있다.

(3) 시스템 동작 흐름

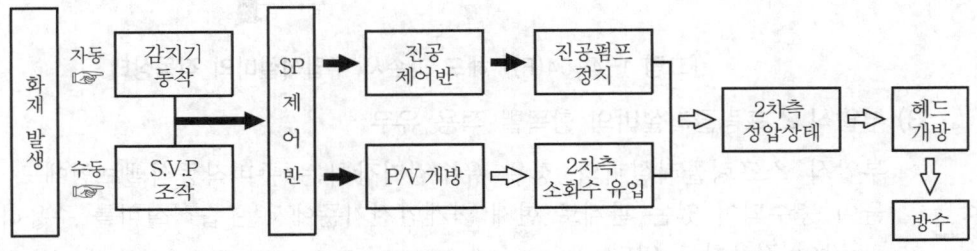

[그림 1-4-54(E)] 부압식 스프링클러설비의 동작흐름

㈜ ➡ : 전기적 상황/⇨ : 기계적 사항

1) **화재시 헤드 개방(=유수검지장치 개방)** : 유수검지장치 2차측에는 항상 물이 충수되어 있고 2차측 배관은 진공펌프가 작동되어 평상시에는 대기압보다 낮은 −0.05 MPa의 부압(負壓)을 유지하고 있다. 화재시 감지기 기동신호에 따라 화재수신기의 동작신호가 진공 제어반으로 송신되면 진공펌프는 그 순간 작동이 정지되며 아울러 유수검지장치가 개방되어 1차측의 가압수가 2차측으로 유입하게 된다. 이로 인하여 2차측 배관은 정압(正壓)상태가 되며 이후 화재진전에 따라 헤드가 개방되면 2차측으로 유입된 가압수가 헤드에서 방사되는 방식이다.

2) **비화재보시 헤드 개방(=유수검지장치 비개방)** : 화재가 아닌 경우 외력에 의해 헤드가 파손되거나 배관에 핀홀(Pin hole)이 발생되는 경우는 감지기가 작동되지 않은 상태이므로 이에 따라 유수검지장치가 개방되지 않는다. 이 경우 배관은 부압상태에서 파손된 헤드를 통하여 공기가 유입되므로 순간적으로 배관의 압력이 상승하게 되며, 2차측 배관 압력이 −0.03MPa이 되면 이때 진공S/W가 작동하여 진공밸브의 솔레노이드가 개방하게 된다. 이로 인하여 2차측 배관의 물은 진공펌프 방향으로 유입되면서 배수배관으로 배출하게 되며 동시에 2차측 배관은 계속하여 공기를 흡입하게 되어 배관이 부압상태를 유지하게 되어 헤드에서 살수가 진행되지 아니한다. 결국 부압식설비에서는 유수검지장치가 작동하기 전까지는 헤드가 먼저 개방될 경우, 즉 화재수신기로부터 신호입력이 없는 상태에서 헤드가 개방될 경우는 이를 오동작이라고 판단하며 평상시는 2차측의 압력이 부압상태를 유지하는 구조가 된다.

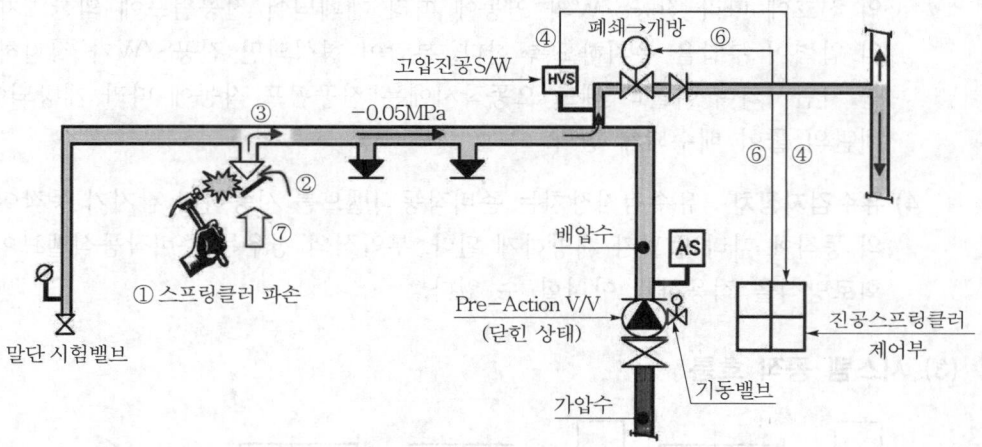

[그림 1-4-54(F)] 헤드 파손시 부압식설비의 작동상태

3) **부압식 스프링클러설비의 항목별 적용 유무**

부압식 스프링클러설비의 경우 유수검지장치는 준비작동식밸브임에도 2차측에 물이 충수되어 있는 관계로 현재 화재안전기준에서는 습식설비를 준용하여 다음과 같이 적용하고 있다.

항목별 사항	적용함	적용 안 함
① 조기반응식 헤드		○(주)
② 격자형 배관방식	○	
③ 시험배관	○	
④ 배관의 기울기	○	
⑤ CPVC배관	○	
⑥ 교차회로 방식		○
⑦ 하향식 헤드를 설치	○	
⑧ 보온조치(2차측 배관)	○	

㈜ 제6조 7호(2.3.1.7)에서는 조기반응형 헤드에는 습식 유수검지장치를 설치하도록 개정하였으나,

제3조 35호(1.7.1.35) 용어의 정의에서 "습식 유수검지장치"란 습식설비나 부압식설비에 설치하는 유수검지장치로 정의하고 있다. 이에 따라 부압식에서도 조기반응형 헤드를 사용할 수 있으며 부압식설비는 준비작동식 유수검지장치이므로 용어의 정의는 반드시 개정되어야 한다.

5. 일제살수식 스프링클러설비의 구조 및 부속장치

용어의 정의(제3조 27호/1.7.1.27)에 따르면 "일제살수식 스프링클러설비"란 가압송수장치에서 일제개방밸브 1차측까지 배관 내에 항상 물이 가압되어 있고 2차측에서 개방형 스프링클러헤드까지 대기압으로 있다가 화재발생시 자동감지장치 또는 수동식 기동장치의 작동으로 일제개방밸브가 개방되면 스프링클러헤드까지 소화용수가 송수되는 방식의 스프링클러설비를 말한다.

(1) 구조 및 기능

1) 준비작동식설비는 헤드가 폐쇄형이나 일제살수식설비는 개방형 헤드를 사용한다. 두 설비의 밸브구조는 유사하나 밸브 주위의 배관구성은 일부 다르며 예를 들면 준비작동식밸브는 배수배관이 있으나 일제살수식밸브의 경우는 배수배관이 없다. 일제살수식에 사용하는 Deluge valve의 경우는 개방형 헤드를 사용하므로 비화재보 또는 오작동으로 인해 물이 방사되었을 때 방수구역 전체에 동시에 물이 방사되므로 수손에 의한 피해가 매우 크게 된다.

2) 일제개방밸브에서 일제살수식설비는 개방형 헤드를 사용하여 다량의 물을 신속히 방수하는 스프링클러설비로서 화재시 급격히 연소확대가 예상되는 무대부 등에 설치하는 설비이다.

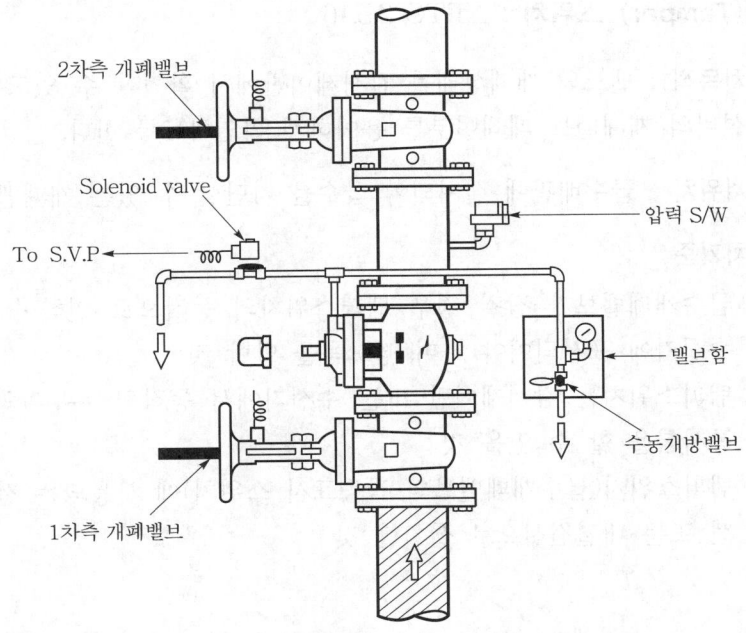

[그림 1-4-55] 일제살수식밸브 주변(예)

3) **일제살수식밸브 관련** : 준비작동식밸브와 동일하므로 "준비작동식밸브 관련기준"
을 참고할 것

(2) 시스템 동작흐름

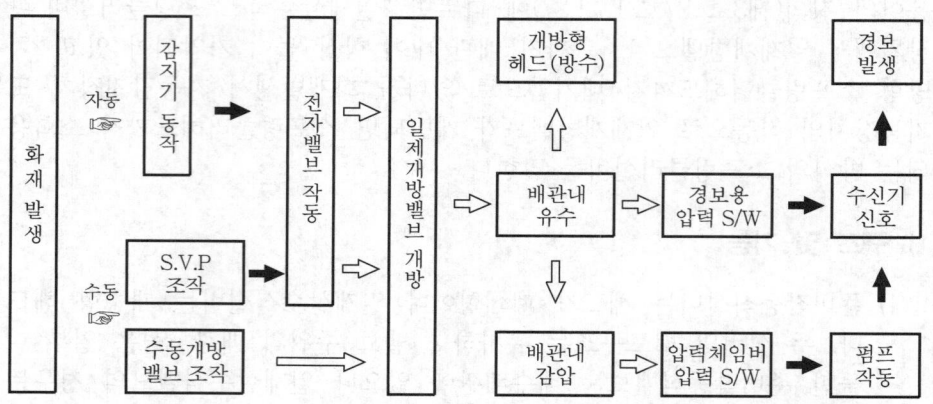

[그림 1-4-56] 일제살수식 스프링클러설비의 동작흐름

㈜ ➡ : 전기적 상황/⇨ : 기계적 사항

6. 스프링클러설비의 부속장치

(1) 탬퍼(Tamper) 스위치 : NFTC 2.5.16

1) **설치목적** : 밸브의 개폐상태를 감시제어반에서 확인할 수 있도록 하여 자동식소
화설비의 개폐밸브 폐쇄여부를 용이하게 확인하도록 한다.

2) **설치위치** : 급수배관에 설치되어 급수를 차단할 수 있는 개폐밸브에 설치한다.

3) **설치기준**

① 급수개폐밸브가 잠길 경우 탬퍼스위치의 동작으로 인하여 감시제어반 또는
수신기에 표시되어야 하며 경보음을 발할 것

② 탬퍼스위치는 감시제어반 또는 수신기에서 동작의 유무확인과 동작시험, 도
통시험을 할 수 있을 것

③ 탬퍼스위치(급수개폐밸브의 작동표시 스위치)에 사용되는 전기배선은 내화전
선 또는 내열전선으로 설치할 것

① 스프링클러설비의 최대 장점은 자동식 소화설비로서 야간 또는 감시자가 없는 경우에도 화재시 이를 감지하고 자동으로 펌프를 기동하여 가압수를 방사할 수 있는 자동식소화설비이다. 그러나 배관에 설치된 각종 개폐밸브를 차단할 경우에는 송수 불능으로 인하여 설비 자체의 자동기동이 불가하므로 이를 방재실에서 감시하기 위하여 탬퍼스위치(급수개폐밸브의 작동표시 스위치)를 도입한 것이다.

② 탬퍼스위치는 급수배관에 설치하여 급수를 차단할 수 있는 개폐밸브에 설치하는 것으로 밸브를 차단(Off)할 경우에는 이에 따라 전기적으로 밸브차단 접점신호 및 경보음을 방재실에 발하는 부속장치이다. "급수배관에 설치하여 급수를 차단할 수 있는 것"이란 상세 기준은 없으나 설계시 다음과 같은 장소에 적용하도록 한다.

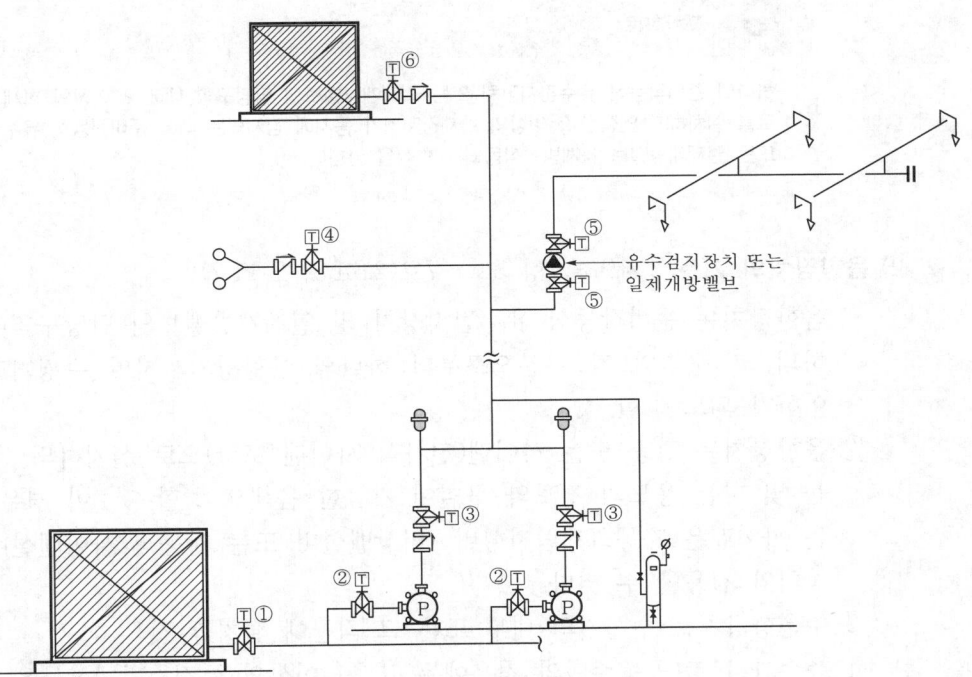

[그림 1-4-57] 탬퍼스위치 설치위치

급수를 차단할 수 있는 개폐밸브	①	지하수조로부터 펌프 흡입측 배관에 설치한 개폐밸브
	②	주펌프 및 충압펌프의 흡입측 개폐밸브
	③	주펌프 및 충압펌프의 토출측 개폐밸브
	④	스프링클러설비의 송수구에 설치하는 개폐표시형밸브
	⑤	• 유수검지장치나 일제개방밸브의 1차측 개폐밸브 • 준비작동식 유수검지장치나 일제개방밸브의 2차측 개폐밸브
	⑥	스프링클러 입상관과 접속된 고가수조의 개폐밸브

㉾ 충압펌프의 경우 헤드에 급수하는 목적이 아니므로 제외하여도 무방하다.

(2) 음향장치

1) 음향장치의 작동 : 제9조 1항 1호 & 2호(2.6.1.1 & 2.6.1.2)

① 습식 유수검지장치 또는 건식 유수검지장치의 경우의 경우 : 헤드가 개방되면 유수검지장치가 화재신호를 발신하고 음향장치가 경보될 것

② 준비작동식 유수검지장치 또는 일제개방밸브의 경우 : 화재감지기에 의해 음향장치가 경보될 것. 이 경우 화재감지기를 교차회로로 하는 경우에는 하나의 감지기회로가 화재를 감지하는 때에도 음향장치가 경보될 것

교차회로

하나의 준비작동식 유수검지장치 또는 일제개방밸브의 담당구역 내에 2 이상의 화재감지기회로를 설치하고 인접한 2 이상의 화재감지기가 동시에 감지되는 때에 준비작동식 유수검지장치 또는 일제개방밸브가 개방·작동되는 방식을 말한다.

2) 음향장치의 기준 : 제9조 1항 3호~7호(2.6.1.3~2.6.1.7)

① 음향장치는 준비작동식 유수검지장치 및 일제개방밸브의 담당구역마다 설치하되 그 구역의 각 부분으로부터 하나의 음향장치까지의 수평거리는 25m 이하가 되도록 할 것

② 음향장치는 경종 또는 사이렌(전자식 사이렌 포함)으로 설치하되, 주위의 소음 및 다른 용도의 경보와 구별이 가능한 음색으로 할 것. 이 경우 경종 또는 사이렌은 자동화재탐지설비·비상벨설비 또는 자동식 사이렌설비의 음향장치와 겸용할 수 있다.

③ 주음향장치는 수신기의 내부 또는 그 직근에 설치할 것

④ 층수가 11층(공동주택의 경우에는 16층) 이상의 특정소방대상물은 발화층에 따라 경보하는 층을 달리하여 경보를 발할 수 있도록 할 것

스프링클러의 경보방식

1. 경보방식 중 우선경보방식을 종전까지 5층 이상 3,000m² 초과에서 11층 이상(공동주택은 16층)으로 자동화재탐지설비 화재안전기준(NFPC/NFTC 203)을 2022. 12. 1. 시행으로 개정하였다. 이후 이에 맞추기 위해 비상방송설비 및 스프링클러설비의 경보방식도 우선경보를 11층 이상(공동주택은 16층)으로 2023. 2. 10.자로 개정하였다.

2. 최근에 스프링클러설비의 전용 음향장치(예 전자사이렌)를 생략하고 자동화재탐지설비의 경종으로 겸용하는 경우가 있으나 이는 매우 잘못된 설계방식이다. 왜냐하면 겸용할 경우는 화재감지기 작동시 발신기 경종음과 스프링클러헤드 기동시 발신기 경종음은 구별이 가능한 음색으로 하여야 하기에 동일한 음색일 경우는 절대로 겸용하여서는 아니 된다.

⑤ 음향의 크기는 부착된 음향장치의 중심으로부터 1m 떨어진 위치에서 90dB 이상이 되는 것으로 할 것

※ 음향장치의 상세기준은 "제2장 경보설비-제1절 자동화재탐지설비 및 시각경보장치"를 참고 바람.

(3) 제어반

1) 제어반을 감시용과 동력용으로 구분하지 않는 경우 : NFTC 2.10.1

스프링클러설비에는 제어반을 설치하되, 감시제어반과 동력제어반으로 구분하여 설치해야 한다. 다만, 다음의 어느 하나에 해당하는 경우에는 감시제어반과 동력제어반으로 구분하여 설치하지 않을 수 있다.

① 다음의 어느 하나에 해당하지 않는 특정소방대상물에 설치되는 스프링클러설비

㉮ 지하층을 제외한 층수가 7층 이상으로서 연면적이 2,000m² 이상인 것

㉯ 위에 해당하지 아니하는 소방대상물로서 지하층 바닥면적의 합계가 3,000m² 이상인 것

② 내연기관에 따른 가압송수장치를 사용하는 경우

③ 고가수조에 따른 가압송수장치를 사용하는 경우

④ 가압수조에 따른 가압송수장치를 사용하는 경우

➡ 결국 제어반을 감시제어반과 동력제어반으로 구분하지 아니할 수 있는 경우는 다음과 같다.

제어반을 구분하지 않는 경우	
• 펌프방식의 경우	① 7층 미만이거나 또는 연면적 2,000m² 미만에 해당하는 경우 ② 지하층 바닥면적의 합계가 3,000m² 미만에 해당하는 경우 ㈜ 위 ②의 경우는 ①에 해당하지 않는 경우에 한한다.
• 엔진펌프방식의 경우 • 고가수조방식의 경우 • 가압수조방식의 경우	(규모에 관계없이) 엔진펌프, 고가수조방식, 가압수조방식을 사용하는 스프링클러설비의 경우

2) 감시제어반의 기능 및 시험 : NFTC 2.10.2 & 2.10.3.8

① 기능

㉮ 각 펌프의 작동여부를 확인할 수 있는 표시등 및 음향경보기능이 있어야 할 것

㉯ 각 펌프를 자동 및 수동으로 작동시키거나 중단시킬 수 있어야 할 것

㉰ 비상전원을 설치한 경우에는 상용전원 및 비상전원의 공급여부를 확인할 수 있어야 할 것

　　㉣ 수조 또는 물올림수조가 저수위로 될 때 표시등 및 음향으로 경보할 것

　　㉤ 예비전원이 확보되고 예비전원의 적합여부를 시험할 수 있어야 할 것

② **시험** : 다음의 각 확인회로마다 도통시험 및 작동시험을 할 수 있도록 할 것

　　㉮ 기동용 수압개폐장치의 압력스위치회로

　　㉯ 수조 또는 물올림수조의 저수위감시회로

　　㉰ 유수검지장치 또는 일제개방밸브의 압력스위치회로

　　㉱ 일제개방밸브를 사용하는 설비의 화재감지기회로

　　㉲ 개폐밸브의 폐쇄상태 확인회로

> **보충 자료**
> ---
> 개폐밸브의 폐쇄상태 확인회로란 탬퍼스위치 회로를 말한다.

　　㉳ 그 밖의 이와 비슷한 회로

　　※ 제어반의 상세기준은 "제3절 옥내소화전설비"를 참고 바람.

(4) 송수구

　1) **송수구의 기준** : 제11조(2.8.1)

　　① **설치장소** : 소방차가 쉽게 접근할 수 있고 잘 보이는 장소에 설치하고 화재층으로부터 지면으로 떨어지는 유리창 등이 송수 및 그 밖의 소화작업에 지장을 주지 아니하는 장소에 설치할 것

　　② **개폐밸브** : 송수구로부터 스프링클러설비의 주배관에 이르는 연결배관에 개폐밸브를 설치한 때에는 그 개폐상태를 쉽게 확인 및 조작할 수 있는 옥외 또는 기계실 등의 장소에 설치할 것

　　③ **송수구의 구경** : 65mm의 쌍구형으로 할 것

　　④ **송수압력의 표시** : 송수구에는 그 가까운 곳의 보기 쉬운 곳에 송수압력 범위를 표시한 표지를 설치할 것

　　⑤ **송수구의 수량** : 폐쇄형 헤드를 사용하는 경우의 송수구는 하나의 층의 바닥면적이 3,000m^{2}를 넘을 때마다 1개 이상(5개 초과시 5개로 한다)을 설치할 것

　　⑥ **송수구의 높이** : 지면으로부터 높이 0.5m 이상 1m 이하에 설치할 것

　　⑦ **자동배수밸브** : 송수구의 부근에는 자동배수밸브(직경 5mm의 배수공) 및 체크밸브를 설치할 것. 이 경우 자동배수밸브는 배관 안의 물이 잘 빠질 수 있는 위치에 설치하되, 배수로 인하여 다른 물건 또는 장소에 피해를 주지 않아야 한다.

　　⑧ **마개** : 송수구에는 이물질을 막기 위한 마개를 씌울 것

2) 송수구의 해설

① 송수구의 접속방법

㉮ 하나의 소방대상물 1개층에 여러 구역의 유수검지장치가 있는 경우에 송수구를 접속할 경우 스프링클러 유수검지장치별로 송수구를 설치하는 것이 합리적이나 이는 다음과 같은 문제점이 발생하게 된다.

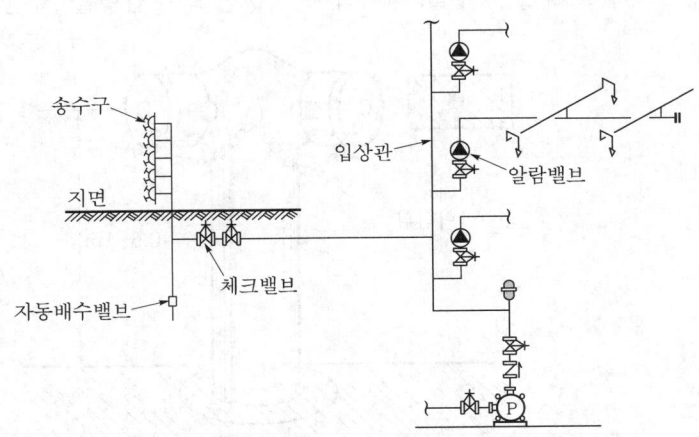

[그림 1-4-58] 송수구와 SP설비의 입상관 접속

㉯ 첫 번째, 유수검지장치별로 송수구를 설치하려면 유수검지장치 수만큼의 송수구 수량이 필요하게 된다. 그러나 송수구는 5개 초과시 최고 5개까지만 설치하여도 무방하므로 5개만 설치할 경우 실제로는 유수검지장치별로 송수구를 설치할 수 없게 된다.

두 번째, 유수검지장치의 1차측에 접속하는 것은 결국 입상배관에 접속하는 것으로 이 경우는 유수검지장치별로 구분할 필요가 없어진다. 따라서 1차측에 접속할 경우는 여러 개의 송수구를 전부 접속하여 스프링클러 펌프 토출측 입상관에 접속하도록 한다.

② 송수압력의 표지

㉮ 연결송수관의 경우는 NFTC 502(연결송수관) 2.1.1.9에 송수구 명칭에 대한 표지를 하도록 규정하고 있으나 스프링클러용 송수구에 대해서는 송수구의 명칭에 대한 표지판 규정이 별도로 없다. 그러나 일본의 경우는 일본소방법 시행규칙 제14조 1항 6호에 "스프링클러설비 송수구"라는 표지판을 하도록 규정하고 있으며, 설치는 긴 변은 30cm 이상, 폭을 10cm 이상으로 하며 붉은색 바탕에 백색 문자로 표시하고 있다.

㉯ 이에 비해 송수압력에 대해서는 송수구의 가까운 보기 쉬운 곳에 송수압력표지를 하여야 하며 이는 "송수압력범위 ○○(MPa) 이상"으로 표시하도록 한다. 송수압력의 범위란 송수구에서 소방차로부터 물을 공급할 경우 배관의 마찰손실 등을 감안하여 각 헤드로부터 최소 0.1MPa 이상의 압력을 발생하기 위해 필요한 소방차의 송수압력을 의미하며, 이는 소방차가 주수할 경우를 대비하여 적정한 송수압력을 사전에 게시하는 것이다.

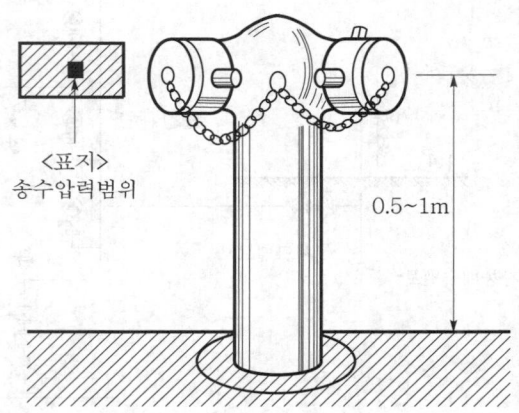

<표지>
송수압력범위

0.5~1m

[그림 1-4-59] 송수구의 송수압력표시

③ 송수구 접속배관의 관경 : 송수구에서 스프링클러 입상관까지의 접속배관의 관경에 대한 기준이 국내에는 없으나, 일본의 경우는 원칙적으로 호칭경 100mm 이상으로 하되 2개 이상의 송수구를 접속할 경우는 호칭경 150mm 이상으로 하도록 규정하고 있다.124) 국내는 유수검지장치별로 접속되는 헤드수량을 파악하여 적정한 입상주관의 관경을 적용하도록 한다.

9 비상전원 및 배선의 기준

※ 상용전원은 옥내소화전 항목과 내용이 동일하므로 "제3절 옥내소화전설비"를 참고바람.

1. 비상전원 설치대상 및 면제대상 : NFTC 2.9.2

(1) 기준

---

124) 일본 예방심사규정 : 동경소방청 사찰편람 5.4 스프링클러설비 5.4.16 送水口 p.231의 2

1) 설치대상

① 스프링클러설비에는 자가발전설비, 축전지설비 또는 전기저장장치에 따른 비상전원을 설치해야 한다.

② 다만, 차고·주차장으로서 스프링클러가 설치된 부분의 바닥면적(포소화설비가 설치된 차고·주차장 바닥면적을 포함한다)의 합계가 1,000m^2 미만인 경우에는 비상전원수전설비로 설치할 수 있다.

2) 면제대상 : 다음의 경우에는 비상전원을 설치하지 않을 수 있다.

① 2 이상의 변전소에서 전력을 동시에 공급받을 수 있거나 하나의 변전소로부터 전력의 공급이 중단되는 때에는 자동으로 다른 변전소로부터 전원을 공급받을 수 있도록 상용전원을 설치한 경우에는 비상전원을 설치하지 아니할 수 있다.

② 가압수조방식의 경우

(2) 해설

1) 옥내소화전설비의 경우 비상전원은 모든 소방대상물이 대상이 아니며 일정한 층이나 연면적 이상일 경우에 한하여 적용대상이 된다. 이에 비해 스프링클러설비와 같은 자동식 소화설비의 경우는 층수나 연면적의 대소에 불문하고 스프링클러를 설치한 모든 소방대상물이 비상전원 설치대상이 된다.

2) 비상전원으로서 축전지설비란 엔진펌프를 사용할 경우에 엔진펌프의 기동용 축전지를 의미하며, 비상전원수전설비는 상용전원에 대해 내화도 및 신뢰도를 보강한 설비로서 정전시에는 사용할 수 없으나 초기화재에는 정전이 없다고 판단하여 소규모의 건물(차고, 주차장으로서 바닥면적의 합계가 1,000m^2 미만일 경우)에 국한하여 적용하도록 한 것이다.

3) 포소화설비가 설치된 차고·주차장의 바닥면적이란 NFTC 105(포) 2.1.1.2에 따라, 포워터스프링클러설비·포 헤드설비 또는 고정포 방출설비, 압축공기포소화설비가 설치된 부분의 바닥면적으로 합계가 1,000m^2 미만일 경우를 말한다.

4) 2개소 이상의 변전소에서 동시에 수전을 받거나, 하나의 변전소에서 급전(給電)이 중단되면 자동으로 다른 변전소에서 전력을 공급받을 수 있는 경우는 원칙적으로 정전사태가 없다고 판단하여 비상전원을 면제하고 있다.

2. 발전기의 부하와 출력산정방법

(1) 부하 구분

1) **소방부하** : 소방부하에 대한 용어의 정의는 제3조 32호(1.7.1.32)에 따르면, "소방시설 및 피난·방화·소화활동을 위한 시설의 전력부하"로 정의하고 있다. 이때, 소방시설은 소화설비, 경보설비, 피난구조설비, 소화용수설비, 소화활동설비를 말하며, "피난·방화·소화활동을 위한 시설"이란, 건축법령에 의한 방화, 피난시설(비상용 승강기, 피난용 승강기, 피난구 조명등, 배연설비, 방화문, 방화셔터 등)을 말한다.

2) **비상부하** : 비상부하에 대한 용어의 정의는 제3조 33호(1.7.1.33)에 따르면, 발전기 용량산정에서 소방부하 이외의 부하로 정의하고 있다. 즉, 비상부하란, 편의시설인 일반부하 중 중요부하에 해당하는 승용 승강기, 냉동·냉장시설, 환기시설, 오배수시설 등 일반 "정전시의 부하(정선시 발전기가 공급해 주는 부하)"로서 화재시 차단이 가능한 부하이다.

부하구분	개 념	화재시 적용	비 고
소방부하	소방 및 건축법령상 비상전원	화재시 차단불가	화재시 부하
비상부하	일반부하 중 중요부하	화재시 차단가능	정전시 부하

※ 이는 화재안전기준상 개념이며 타법(전기 또는 건설기준)에서는 이와 달리 적용하고 있음.

3) **소방부하 적용 방법** : 소방부하 적용시 오해하지 말아야 할 것은 대전제가 하나의 소방대상물이냐 완전구획이냐에 따라 적용을 달리 한다는 것이다. 즉, 동일 대지 내에 다수동이 완전구획(방화구획이 아님)된 경우에는 각 동별로 소방부하의 용량을 계산하여 가장 용량이 큰 동을 기준으로 발전기 출력을 적용하는 것이며, 하나의 소방대상물에 2 이상의 소방부하가 있을 경우에는 설치된 소방부하를 동시에 사용 가능한 출력으로 적용하는 것이다. 따라서 완전구획된 다수동일 경우에는 모든 동의 소방부하를 산술적으로 합산하는 것이 아니라 하나의 소방대상물별로 소방부하의 용량을 각각 계산하여 가장 큰 건물을 기준으로 반영하는 것으로 이에 대해서는 일본에서는 일본소방청의 통지사항[125]으로 이를 명확히 규정하고 있다. 본 조문에서 말하는 "동시에 운전될 수 있는 모든 부하"란 소방부하와 비상부하를 말하는 것이며 아울러 이는 하나의 소방대상물에 대한 것을 기준으로 한 것이다.

---

125) 통지(通知) : 소방설비 등에서 비상전원으로 사용하는 비상용 발전설비의 출력산정방법(消防用設備等の非常用電源として用いる非常用発電設備の出力の算定方法) 소방예(消防豫) 제178호(1996. 11. 10. 개정)

(2) 발전기의 출력산정(PG와 RG방식)

1) 국내에서 비상발전기의 출력을 산정하는 방법은 전통적으로 PG(Power generator) 방식과 RG(Reference generator)방식을 적용하고 있다. PG 및 RG방식의 출전은 일본에서 제정한 발전기 출력계산방식(일본내연력발전설비협회에서 제정한 자가 발전설비의 출력산정법)으로 국내에서도 모든 전기설계업체에서 이를 준용하고 있 다. 그러나 일본내연력발전설비협회에서는 1986. 9. 30 PG방식 대신 새로운 RG방 식을 제정하여 현재 일본에서는 RG방식만을 사용하고 있으나 국내는 현재까지 PG 방식이나 RG방식을 모두 인정하고 있으며, 국내관련기준(국토교통부 공고 건축전 기설비 설계기준)에서도 이를 허용하고 있다.

2) RG와 PG방식의 발전기 출력

① RG방식 : 발전기의 출력 중 RG방식은 다음 식으로 산출하는 것으로 발전기 출력계수(RG)의 산출은 다음의 4개의 계수를 각각 구한 후 그 수치 중 가 장 큰 값으로 정한다.

$$G = RG \cdot K$$ ················· [식 1-4-15]

여기서, G : 발전기 출력(kVA)
RG : 발전기 출력계수(kVA/kW)
K : 부하출력합계(kW)

㉮ RG_1(정상부하 출력계수) : 발전기에 연결된 정상부하전류에 의해 결정되 는 계수이다.

㉯ RG_2(허용전압강하 출력계수) : 전동기의 시동시 기동전류에 의해 발생하 는 발전기에 연결된 전압강하의 허용량에 따라 결정되는 계수이다.

㉰ RG_3(단시간 과전류내력 출력계수) : 발전기에 연결되는 과부하전류의 최 대치에 따라 결정되는 계수이다.

㉱ RG_4(허용역상전류 출력계수) : 발전기 연결부하에서 발생하는 역상전류, 고조파전류에 의해 결정되는 계수이다.

② PG방식 : 발전기의 출력 중 PG방식은 다음 값에 대해 식으로 계산한 값을 구한 후 PG_1, PG_2, PG_3 중 가장 큰 값이 발전기의 출력(kVA)이 된다.

㉮ PG_1 : 정상상태 부하운용에 필요한 용량(kVA)이다.

㉯ PG_2 : 부하 중 최대기동값을 갖는 전동기 기동시 순시허용전압강하 대 비용량(kVA)이다.

㉰ PG_3 : 발전기를 기동하여 부하에 사용 중 최대기동값을 갖는 전동기를 마지막으로 기동할 때 필요한 용량(kVA)이다.

3. 비상발전기 출력용량의 기준

NFTC 2.9.3.7에서 규정한 비상발전기 출력용량의 3가지 기준은 발전기 출력산정시 결정하는 출력계수를 말하는 것으로 이는 "건축전기설비 설계기준(국토교통부 공고)"을 참고하여 발전기 출력산정방법을 규정한 것에 대해 소방분야에서도 이를 적용하도록 법적 근거를 마련해준 것이다.

(1) 발전기의 부하용량 : NFTC 2.9.3.7.1

1) 기준 : 비상전원설비에 설치되어 동시에 운전될 수 있는 모든 부하의 합계입력 용량을 기준으로 정격출력을 선정할 것. 다만, 소방전원보존형 발전기를 사용할 경우에는 그렇지 않다.

2) 해설

① **조문의 뜻** : NFTC 2.9.3.7.1의 뜻은 발전기의 출력계산방식 중 현재의 관행처럼 소방부하나 비상부하 중 큰 쪽으로 적용한 단일용량 발전기방식으로 하지 말고 이를 모두 합산한 합산용량 발전기방식을 부하운전시의 정격출력용량으로 적용하라는 의미이다. 물론 보존형 발전기는 과부하시에 비상부하를 차단하는 기능이 있으므로 소방부하나 비상부하 중 용량이 큰 쪽으로 적용할 수 있다.

② **부하의 구분** : 현행 화재안전기준의 "소방부하"는 화재시 부하로서 시행령 별표 1의 소방시설 부하와 타 법에서 비상전원의 공급을 정하고 있는 부하를 포함하며, "비상부하"는 일반부하 중 중요한 부하이며 화재와 무관한 정전 발생시의 부하이고, 화재시 차단이 가능한 부하이다.

(2) 발전기의 출력전압 유지 : NFTC 2.9.3.7.2

1) 기준 : 기동전류가 가장 큰 부하가 기동될 때에도 부하의 허용최저입력전압 이상의 출력전압을 유지할 것

2) 해설

① 발전기가 작동된 이후 부하변동에 따라 발전기는 이에 대응하여 발전출력이 변화하게 된다. 모든 부하는 정격상태보다 기동시에 기동전류가 급격히 증가하는데 특히 유도전동기와 같은 모터 기동시에는 기동하는 순간 대전류가 흘러 순간적으로 발전기 전압이 강하하고 릴레이 전자접촉기 등이 개방하여 기동불능이 발생할 우려가 있다. 따라서 발전기에 접속된 부하 중에서 최대 기동전류가 발생하는 가장 큰 부하가 작동(기동)할 경우에도 발전기 출력전압은 허용가능한 최저입력전압 이상이 발생하여야 한다.

② 이러한 조건을 만족하여야 발전기는 안정적인 운행을 할 수 있게 된다. 이는 실무적으로는 발전기 용량을 산정하는 RG방식과 PG방식에서 RG_2나 PG_2계수에 관련된 기준으로 최대용량의 부하가 작동되어 기동전류가 순간적으로 증가하여도 발전기 출력전압에 이상이 없도록 하라는 의미로 일본에서는 이를 "부하투입시 전압강하에 따른 용량"으로 표기하고 있다.

(3) 발전기의 과전류 내력(耐力) : NFTC 2.9.3.7.3

1) **기준** : 단시간 과전류내력은 입력용량이 가장 큰 부하가 최종 기동할 경우에도 견딜 수 있을 것

2) **해설** : 단시간 과전류내력은 RG_3나 PG_3계수를 칭하는 것으로 발전기 부하 중 입력용량이 가장 큰 부하가 가장 나중에 기동할지라도 이때 발생하는 과전류에 대하여는 발전기가 이를 견딜 수 있어야 한다는 뜻이다. 단시간이란 용어를 사용한 것은 일본의 기준이 15초를 기준으로 하기 때문으로 15초 동안 150%의 전류에 견디도록 규정하고 있다. 결국 이는 실무적으로는 RG방식과 PG방식에서 발전기 용량계산방식에서 RG_3나 PG_3계수에 관련된 기준이 되며 일본에서는 이를 "부하투입시 기동전류에 따른 용량"으로 표기하고 있다.

4. 비상전원용 발전기의 선정

(1) 비상전원용 발전기의 구분 : NFTC 2.9.3.8

1) **기준** : 자가발전설비는 부하의 용도와 조건에 따라 다음의 어느 하나를 설치하고 그 부하용도별 표지를 부착해야 한다.
   ① 소방 전용발전기
   ② 소방부하 겸용발전기
   ③ 소방전원보존형 발전기

2) **해설** : 비상전원으로 인정받으려면 발전기는 다음의 3종류 중 어느 하나이어야 한다.
   ① **소방 전용발전기** : 소방부하용량을 기준으로 정격출력용량을 산정하여 소방 전용으로 사용하는 발전기를 말한다. 따라서 소방 전용발전기란 소방시설 등을 위한 전용의 발전기를 말하나 현재 국내에서 소방부하 전용발전기를 설치한 사례는 거의 없는 상황이다.

장 점	• 소방부하에 대한 안정적인 전력공급이 가능하다.
단 점	• 비상부하에 대한 발전기를 추가로 설치하여야 하므로 경제성이 없어 설치를 기대하기 어렵다.

② **소방부하 겸용발전기** : 소방 및 비상부하 겸용으로서 소방부하와 비상부하의 전원용량을 합산하여 정격출력용량을 산정하여 사용하는 합산용량의 발전기를 말한다. 이 경우 NFTC 2.9.3.8 본문의 단서조항에 따라 비상부하는 국토교통부장관이 정한 건축전기설비설계기준의 수용률 범위 중 최대값 이상으로 적용하여야 한다. 따라서 합산용량으로 설계는 하였으나 설계자가 수용률을 임의로 조정하여 실질적으로 발전기의 용량을 낮추는 편법을 사용해서는 아니 된다.

장 점	• 발전기 용량이 충분하여 소방부하에 대해 안정적으로 전력을 공급할 수 있다.
단 점	• 설비용량 증가에 따라 발전실의 면적이나 연관시설이 증가하게 된다.

③ **소방전원보존형 발전기** : 소방 및 비상부하 겸용으로서 소방부하의 전원용량을 기준으로 정격출력용량을 산정하여 사용하는 발전기를 말한다. 보존형 발전기는 소방부하와 비상부하를 겸용으로 사용하고는 있으나 다른 발전기와의 차이점은 과부하로 인하여 소방부하에 피해를 주지 않도록 비상부하를 차단할 수 있는 기능이 있는 발전기이다.

장 점	• 화재시 요구되는 소방부하에 대해 안전성을 확보할 수 있다. • 합산용량발전기에 비해 용량이 경감되어 경제성이 높다. • 정전 및 화재시 비상부하에 대하여 일괄제어뿐 아니라 순차제어가 가능하다.
단 점	• 기존발전기의 경우는 제어장치 및 연관된 부대설비를 별도로 시공하여야 한다.

(2) 발전기 부하의 수용률 적용 : NFTC 2.9.3.8의 단서조항

1) **기준** : 자가발전설비의 정격출력용량은 하나의 건축물에 있어서 소방부하의 설비용량을 기준으로 하고, 소방부하 겸용발전기의 경우 비상부하는 국토교통부장관이 정한 "건축전기설비 설계기준"의 수용률 범위 중 최대값 이상을 적용한다.

2) **해설**

① **수용률의 개념** : 수용률(需用率 ; Demand factor)이란 전기를 사용하는 수용가 내에서 최대수용전력과 설치된 부하 전체 용량과의 비를 말한다.

$$수용률(\%) = \frac{최대수용전력}{설치된\ 전체\ 부하용량} \times 100 \quad \cdots\cdots\cdots\cdots [식\ 1\text{-}4\text{-}16]$$

이는 전력을 소비하는 전기기기가 동시에 어느 정도 접속되어 사용되는지 여부를 나타낸 것으로 발전기의 출력용량을 결정하는 데 매우 중요한 요소가 된다. 일반적으로 모든 전기기기가 동시에 사용하는 것은 아니므로 수용률은 100%보다는 작게 적용하나 소방설비의 경우는 보통 수용률을 100%로 적용하여 발전기 출력용량에 필수적인 부하로 반영하고 있다.

② **설계기준 적용의 의미** : 비상용 발전기 용량을 계산할 경우는 정격출력용량 산정시 수용률은 소방부하는 1, 비상부하는 1 또는 "건축전기설비 설계기준"에서 제시된 최대값 이상으로 적용하여야 한다. 이에 대한 의미는 소방부하 겸용발전기(합산용량발전기)를 설계할 경우 설계자가 임의로 해당 부하에 대한 수용률을 낮은 수치를 적용하지 못하도록 한 조치이다. 아울러 화재안전기준에서 비상전원용 발전기에 대한 수용률 적용방법을 입법화시켜 이를 법적 기준으로 고시하였다는 데 큰 의의가 있다. 따라서 건물감리시 신축건물에 설치하는 비상용 발전기의 경우는 용량계산서를 확인하여 출력용량산정시 [표 1-4-27]의 수용률(소방부하 100%, 기타 부하는 100% 또는 국토교통부 "건축전기설비 기술기준"의 건축물 전력수용률 중 최대값)의 적정여부를 확인하여야 한다. 아울러 본문의 단서조항에서 말하는 비상부하란, 소방부하를 제외한 비상부하를 의미한다.

[표 1-4-27] 건축물 전력수용률 최대값 (단위 : %)

구 분	사무실	백화점	종합병원	호 텔
일반전등전열부하	57~83	58~92	45~75	49~71
일반동력부하	38~72	47~83	40~70	42~68
OA기기부하	42~78	–	45~75	–
냉방동력부하	59~91	65~95	70~100	64~96

㈜ 건축전기설비 설계기준[126]

(3) 소방전원보존형 발전기

1) 보존형 발전기의 개념

① 발전기를 선정할 경우 소방부하만을 전용으로 사용하는 발전기를 설치하는 경우는 매우 드문 사례이며 대부분은 소방부하와 비상부하를 발전기의 정전부하로 선정하게 된다. 그러나 발전기 정격출력 결정시 일반적으로 정전과

---

126) 건축전기설비 설계기준(국토교통부 공고 2011-1198호 : 2011. 12. 16.) 부록 3. 수용률

화재를 동시에 반영하지는 않는 관계로 이 경우 소방부하나 비상부하 중 큰 쪽의 부하(주로 비상부하)를 기준으로 하여 출력을 결정하는 경우가 많이 발생한다. 이로 인하여 화재로 인한 정전이 동시에 발생한다면 화재진전에 따라 점차 소방부하의 출력이 증가하게 되어 과부하로 인한 발전기의 용량 초과로 소방시설이 작동되지 않는 상황이 발생할 수 있다.

② 발전기는 과부하가 발생할 경우 발전기의 보호를 위하여 부하회로를 차단하거나 운전이 중단될 수 있다. 이에 비해, 보존형 발전기란 소방부하 및 비상부하 겸용의 비상발전기로서, 상용전원 중단시에는 소방부하 및 비상부하에 비상전원이 동시에 공급되고 화재시 과부하에 접근될 경우 비상부하의 일부 또는 전부를 자동적으로 차단하는 제어장치를 구비하여 화재시 소방부하에 비상전원을 연속 공급하는 제어장치가 부착된 자가발전기이다. 즉 보존형 발전기는 화재시 출력증가에 따라서 과부하로 인한 소방부하가 차단되지 않는 발전기라 할 수 있으며, 2011. 11. 24. 화재안전기준에 도입하게 되었다.

[그림 1-4-60] 보존형 발전기[별치형](예)

2) 보존형 발전기의 특징

① 보존형 발전기는 정전시 소방부하 및 비상부하에 동시에 전력을 공급하는 겸용의 발전기이다.

② 두 부하(소방부하 및 비상부하) 중 어느 한쪽 부하를 기준으로 발전기 용량이 산정된 경우 용량 부족 방지를 위해 개발된 발전기이다.

③ 화재시 정전이 발생할 경우에는 발전기의 부하용량을 감시하여 과부하에 접근되는 경우에는 비상부하의 일부 또는 전부를 제어장치(Controller)에서 자동적으로 차단시켜 주는 발전기이다.

④ 화재시에는 소방부하에 대해서 과부하로 인한 발전기의 전력이 중단되지 않고 연속하여 공급할 수 있는 기능을 가지고 있는 발전기이다.

⑤ 정전부하(소방부하 및 비상부하를 합산한 용량) 대비 보존형 발전기는 약 40% 이상 발전기 용량을 감소시킬 수 있다.

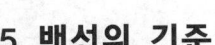

5. 배선의 기준

(1) 기준 : 제14조(2.11)

1) 비상전원으로부터 동력제어반 및 가압송수장치에 이르는 전원회로 배선은 내화 배선으로 할 것. 다만, 자가발전설비와 동력제어반이 동일한 실에 설치된 경우에는 자가발전기로부터 그 제어반에 이르는 전원회로 배선은 그렇지 않다.

2) 상용전원으로부터 동력제어반에 이르는 배선, 그 밖의 스프링클러설비의 감시·조작 또는 표시등 회로의 배선은 내화배선 또는 내열배선으로 할 것. 다만, 감시제어반 또는 동력제어반 안의 감시·조작 또는 표시등 회로의 배선은 그렇지 않다.

(2) 해설 : 스프링클러설비에 사용하는 배선의 적용은 다음 그림과 같다.

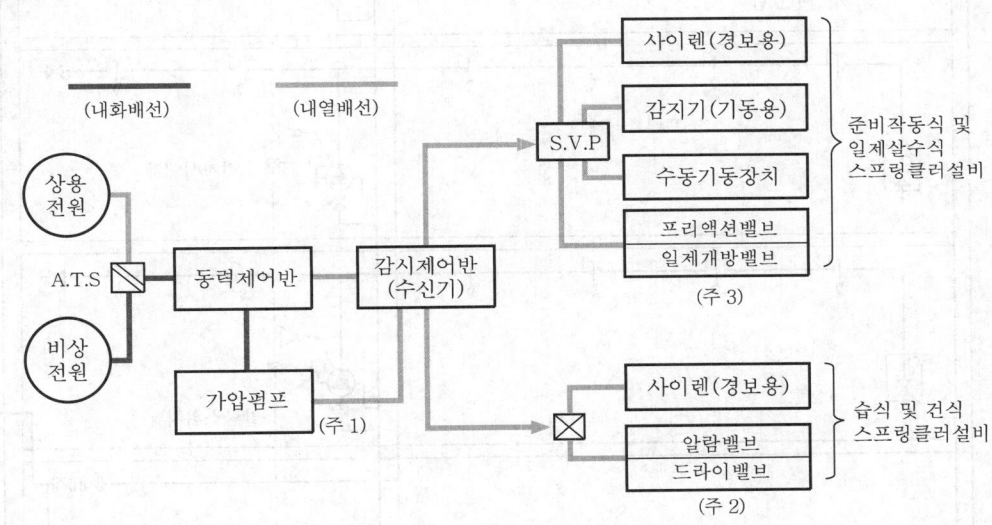

[그림 1-4-61] 스프링클러설비의 배선기준

㈜ 1. 압력스위치(압력체임버용), 탬퍼스위치(개폐밸브)의 배선임.
    2. 압력스위치, 탬퍼스위치의 배선임.
    3. 압력스위치, 탬퍼스위치, 솔레노이드밸브의 배선임.
    ※ 수동기동장치는 S.V.P에 내장된 것임.

10 스프링클러설비 설계실무

1. 계통도

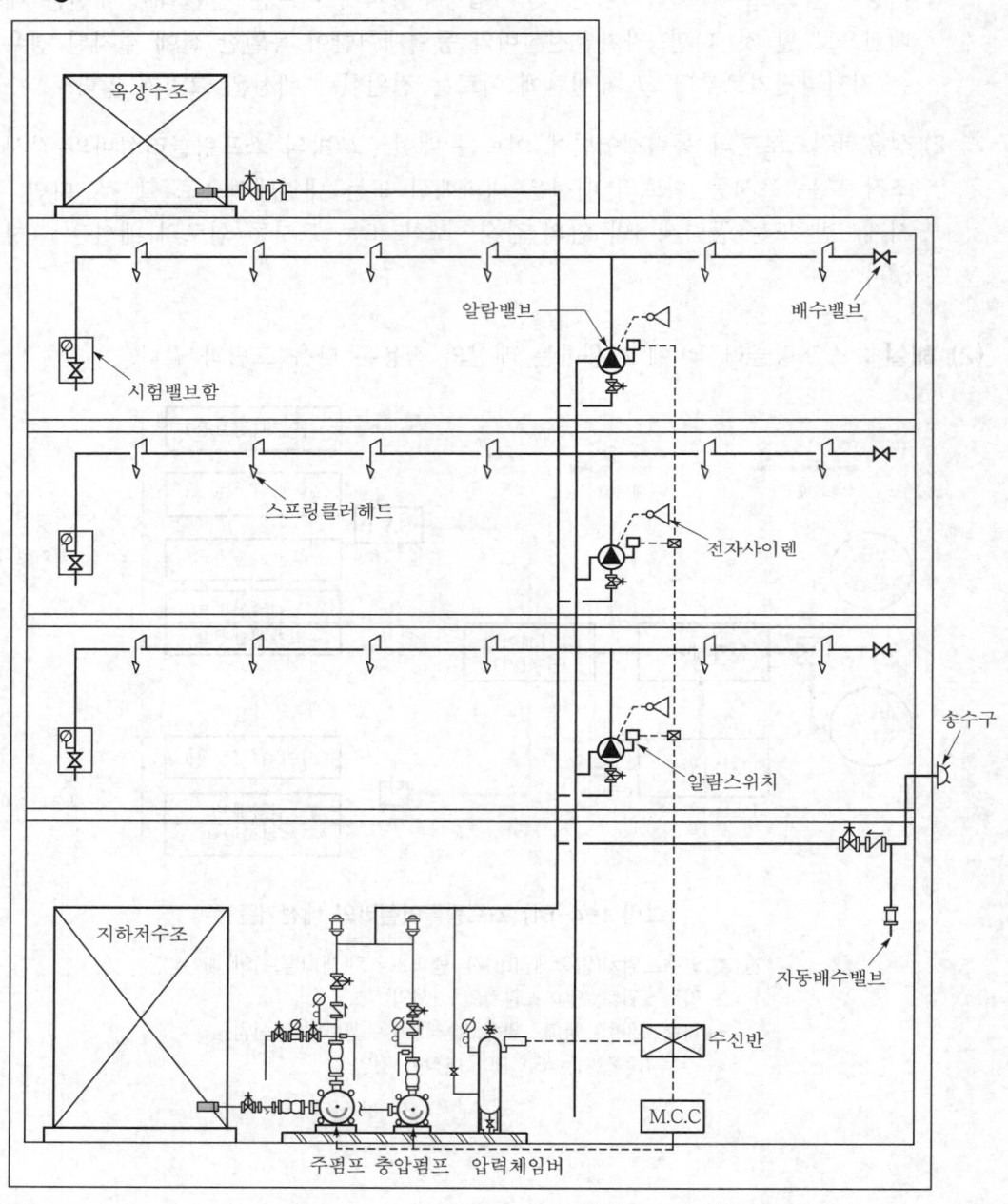

[그림 1-4-62(A)] 스프링클러설비(습식)계통도

2. 배선도

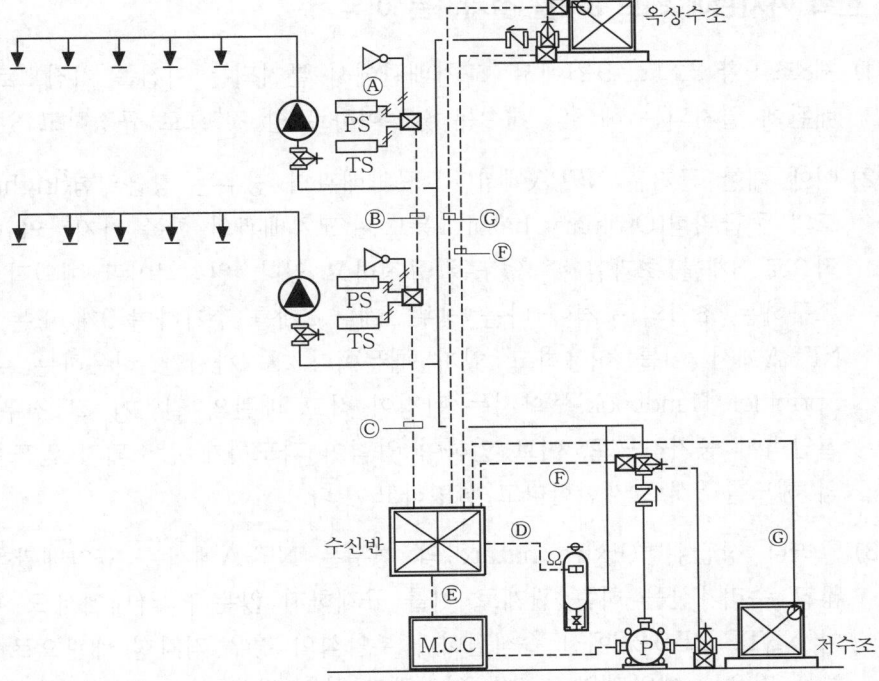

[그림 1-4-62(B)] 스프링클러설비 배선도

조건 1) 습식 스프링클러 : Alarm valve×2개, 충압펌프는 생략
2) 1차 및 2차 수조는 리미트 스위치 사용

	배선위치	배선수	배선조건	배선용도
A	압력스위치 ↔ 4각 box	2	HIV 1.6mm(16C)	유수검지 스위치×2
B	4각 box ↔ 4각 box	4	HIV 1.6mm(16C)	사이렌, 압력 S/W, 탬퍼 S/W, 공통
C	4각 box ↔ 수신반	7	HIV 1.6mm(22C)	사이렌×2, 압력 S/W×2, 탬퍼 S/W×2, 공통
D	압력탱크 ↔ 수신반	2	HIV 1.6mm(16C)	압력 S/W×2
E	MCC ↔ 수신반	4	HIV 2.0mm(22C)	기동×2, 확인×2
F	개폐밸브 ↔ 수신반	3	HIV 1.6mm(16C)	탬퍼 S/W×2, 공통×1
G	저수조 ↔ 수신반	2	HIV 1.6mm(16C)	저수위감시

주 개정된 전선규격에 따르면 HIV 1.6mm는 2.5mm²로, 2.0mm는 4mm²로 적용하도록 한다.

3. 법 적용시 유의사항

(1) 한쪽 가지관에 헤드 8개를 설치하는 이유

1) 제8조 9항 2호(2.5.9.2)에서 "교차배관에서 분기되는 지점을 기점으로 한쪽 가지 배관에 설치되는 헤드의 개수는 8개 이하로 할 것"으로 규정하고 있다.

2) 이에 대한 근거는 NFPA에서[127] 규약배관의 경우는 경급위험(Light hazard)용 도와 중급위험(Ordinary hazard)용도는 교차배관의 한쪽 가지관의 헤드를 원칙 적으로 8개를 초과할 수 없도록 규정하고 있다. 원칙적이란 예외적으로 헤드를 요구하는 조건의 구경에 따를 경우 1개나 2개를 추가하여 9개 또는 10개까지는 NFPA에서 이를 허용하고 있기 때문이다. 8개까지만 허용하는 이유에 대해 Sprinkler Handbook[128]에서는 관경이 작고 배관의 길이가 길 경우 배관의 손 실압력이 증가하므로, 이로 인하여 압력이 과도하게 감소되지 않도록 가지배관 의 헤드를 8개로 제한한다고 설명하고 있다.

3) 그러나 상급위험(Extra hazard)의 경우는 NFPA에서는 규약배관을 적용하지 않고 수리계산을 하는 관계로 이를 규제하지 않는다. 국내에서도 이를 준용하 여 NFTC 2.5.9.2.2에서 습식설비나 부압식의 경우 격자형 배관으로 수리계산을 하는 경우는 예외적으로 이를 인정하고 있는 것은 위와 같은 사유 때문이다.

(2) 스프링클러 기준개수의 적용과 문제점

1) **기준개수의 적용** : 스프링클러의 기준개수에 대한 현재 기준인 NFTC 표 2.1.1.1 의 내용에서 "스프링클러설비의 설치장소"는 2004. 6. 4. NFSC 제정 당시 "소 방대상물"에서 해당 용어를 수정한 것이다. 이는 기준개수를 산정하는 기준을 소방대상물이 아니라 그 대상물 중에서 헤드를 설치하는 해당 용도로 적용하라 는 의미이다. 예를 들면 10층 건물에 지상층은 근린생활시설이나 지하층은 주 차장으로 지하층만 스프링클러 대상인 건물의 경우, 지상층의 용도와 헤드를 설치하는 지하층의 용도와 연관지어서는 아니 된다. 따라서 10층 이하 건물에서 근린생활시설 용도의 주차장일 경우 기준개수를 20개로 하는 것이 아니라 "스

---

127) NFPA 13(2022 edition) : 28.5.2.1.1(Light hazard) & 28.5.3.1(Ordinary hazard)

128) Sprinkler Handbook 9th edition 14.5.2.1.3 : The amount of pressure lost to friction in long runs of small-diameter pipe is significant. To ensure that pressure is not excessively reduced, the number of sprinklers on branch line is limited to 8 sprinklers in light hazard occupancies(작은 직경의 배관을 장기간 사용할 때 마찰손실압력의 양은 상당하다. 압력이 과도하게 감소하지 않도록 가지관에서 스프링클러헤드 수는 경급위험용도에 서 8개로 제한된다).

프링클러설비 설치장소"인 주차장 자체의 용도 및 구조로 적용하여 "10층 이하
-그 밖의 것-부착높이 8m 이하"에 해당되므로 기준개수는 10개로 적용하여야
한다.

2) 기준개수의 문제점

① 스프링클러설비의 기준개수는 국내의 경우 스프링클러설비 설치장소의 화재
하중 및 화재가혹도에 따라 살수밀도를 근거로 하여 제정된 것이다. 즉 화
재가 발생할 경우 기준개수의 헤드가 동작한다고 가정하고 이에 대한 소요
수량을 수원량으로 하여 펌프의 토출유량을 결정하는 기준이 되는 것이다.
그러나 이는 화재시 동일한 용도분류 내의 대상물일지라도 수용품의 종류,
내장재의 유무에 따라 발열량이 다르며 건물의 구조 및 수용인원에 따라 피
난의 난이도 역시 달라짐에도 현재의 기준은 일률적으로 건물의 층수 및 건
축적 용도에만 의존하여 기준개수를 정한 것으로 이는 매우 불합리한 조항
이다. NFPA의 경우는 건축물의 다양한 용도를 위험용도(Hazard occupancy)
별로 구분한 뒤 해당 위험용도에 해당하는 살수밀도(Water density)의 개념
을 적용하고 있다.

② 또 기준개수에 대한 펌프의 토출량 적용은 화재시 기준개수가 모두 개방된
다고 가정하고 이를 펌프의 토출량으로 설계하고 있다. 이로 인하여 중기화
재 이후에 기준개수가 개방되는 시기에는 정격유량이 토출될 수 있으나, 초
기화재시 헤드가 1~2개만 개방될 시점이나 말단의 시험밸브에서 시험할 경
우는 $H-Q$곡선에서 펌프의 방사량은 유량축(x축)에서 원점에 근접하게 되
므로 펌프의 방사압(y축)은 체절점에 근접하게 되어 스프링클러 상한압인
1.2MPa을 초과하게 되는 경우가 발생할 수 있다.

(3) 펌프의 양정이 자연낙차압보다 작은 경우

1) 지하층만 스프링클러설비를 설치할 경우 펌프의 양정계산시 낙차수두를 스프링
클러가 설치된 지하층만 적용하는 경우가 있으나 이는 다음과 같은 문제점이
발생하게 된다. 만일 옥상의 수조에 2차 수원으로 스프링클러 입상관이 접속된
경우 펌프의 전 양정보다 자연낙차압이 더 크게 되어 펌프가 자동기동을 하지
못하게 된다.

2) 왜냐하면 압력체임버는 입상관 내 자연낙차압으로 인하여 언제나 자연낙차압 이
하로 압력이 내려가지 않으므로 헤드가 개방되어도 펌프가 자동기동을 하지 못
하게 된다. 따라서 유수검지장치를 사용하는 설비의 경우 방호구역 말단에 있

는 테스트밸브를 개방하여도 펌프가 자동으로 기동되지 않으며 클래퍼가 개방되지 않으므로 경보가 발생하지 않는다.

3) 다만, 이 경우 펌프가 기동하지 않을 경우에도 저층부의 헤드가 개방된 경우에는 자연낙차압에 의해 방사압은 0.1MPa 이상이 발생하게 되므로 소화작업에 지장은 없으나 펌프기동은 옥상수조의 물이 전부 방사된 이후에 자동으로 기동할 수 있게 된다. 따라서 이러한 경우는 펌프방식보다는 고가수조방식을 적용하는 것이 원칙이며 평시에 펌프의 자동기동 여부를 확인할 수 없고 각 층의 시험밸브를 이용하여 펌프의 동작상태, 경보상태 등을 점검할 수 없으므로 펌프양정 산정시 낙차수두를 지하층만 적용하여서는 아니 된다.

(4) 스프링클러설비의 비상전원수전설비 적용

1) 수동식 소화설비인 옥내소화전의 경우는 모든 대상물이 비상전원 대상이 아니라 일정규모 이상의 건물에 대해서만 비상전원을 요구하고 있다. 이에 반해 자동식 소화설비인 스프링클러설비의 경우에는 규모에 불구하고 모든 스프링클러설비 대상물에 비상전원을 설치하여야 한다. 이는 자동식 소화설비인 관계로 정전시에도 언제나 자동식 소화설비로서의 기능을 확보하여야 하기 때문이다.

2) 이 경우 차고・주차장에 스프링클러가 설치된 경우 설치된 면적(바닥면적의 합계)이 $1,000m^2$ 미만일 소규모 건물의 경우에도 비상전원으로 발전설비를 설치하여야 한다. 그러나 소규모 건물의 경우는 발전설비에 대한 관리나 조작이 가능하지 않기에 이를 위하여 비상전원수전설비를 비상전원으로 인정하고 있다. 비상전원수전설비는 상용전원의 배선 등에 대한 내화도를 강화하고 회로 구성의 안전성을 보강한 설비이나 정전시에는 상용전원이 공급 중단으로 사용할 수가 없다. 다만, 상용전원에 대한 내화성능의 보강 및 회로의 안전성 보강으로 인하여 화재초기에는 정전이 없다고 판단하여 제한적으로 소규모 건물에 한하여 이를 적용한 것이다.

(5) 보의 폭이 1.2m를 넘는 경우의 헤드적용 : NFPC 103의 표 2.7.8

1) NFPC 표 2.7.8의 경우는 보에 가장 가까운 헤드에 대하여 보와 헤드간의 수평거리에 따른 헤드의 설치위치(보의 하단과의 거리)를 규정한 기준이다. 이의 입법의 취지는 헤드가 천장면과 30cm 이내에 부착되어 집열에 지장이 없어야 하므로 이와 같이 천장면 부근에 설치할 경우 집열에는 문제가 없으나 옆에 있는 긴 보로 인하여 바닥살수에 장애가 되므로 헤드를 보의 하단부까지 끌어 내릴 수 있도록 허용한 것이다.

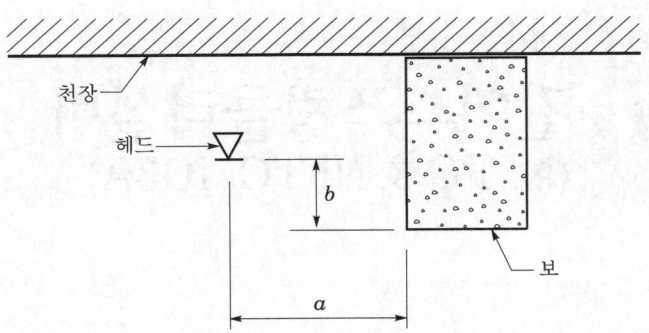

헤드의 반사판 중심과 보의 수평거리 : 그림의 (a)	헤드의 반사판 높이와 보의 하단 높이의 수직거리 : 그림의 (b)
0.75m 미만	보의 하단보다 낮을 것
0.75m 이상 1m 미만	0.1m 미만
1m 이상 1.5m 미만	0.15m 미만
1.5m 이상	0.3m 미만

2) 이 경우 그림에서 헤드와 보의 간격인 a는 수평거리를 의미하므로 헤드에서 보까지의 직선거리를 말하며 보의 중심에서 헤드까지의 거리가 아니다. 또한 NFPC 표 2.7.8에서는 보와의 수평거리는 0.75m, 1m, 1.5m의 3단계로 구분하여 각각 적용하고 있다. 이 경우 최소 1.5m가 이격되어 있으면 보 하단에서 30cm 이내까지 헤드를 올려서 설치하여야 한다. 그런데 보의 폭이 1.5m를 넘을 경우에는 보의 폭 자체가 헤드와의 수평거리인 1.5m 이상이 되어 보의 하단부 바로 아래쪽에서도 살수장애 공간이 발생하게 된다.

제1장 소화설비

제4-1절
간이스프링클러설비
(NFPC & NFTC 103A)

1 개 요

1. 간이스프링클러설비의 개념

(1) 간이스프링클러설비란 불특정다수인이 이용하는 다중이용업소나 노유자시설, 근린 생활시설 등의 경우에 화재시 예상되는 인명피해 및 재산피해를 최소화하기 위하 여 자동식 스프링클러설비를 간소화하여 이를 약식으로 도입한 간이식 형태의 스 프링클러설비이다. 국내 NFPC/NFTC 103A(간이스프링클러설비)의 경우 헤드, 수 원, 방사량 등 관련기준은 주택화재시 이를 소화시키는 주거용 스프링클러 시스템 인 NFPA 13D[129]에서 주거형 헤드기준을 준용하여 제정하였다.

(2) 그러나 NFPA 13D의 목적은 1가구나 2가구 주택을 주목적으로 하는 것으로 다 가구 주택(Multifamily housing)에 이를 적용하지 않고 있으며 이는 다가구의 경 우 거주밀도가 높고 건물규모가 크고 복잡한 형태이기 때문이다. 그럼에도 불구 하고 다중이용업소 등에 대해 NFPA 13D의 기준을 준용한 것은 건물전체에 대 해 간이스프링클러를 적용하는 것이 아니라 다중이용업소 등으로 사용하는 부분 에 국한하여 이를 적용하기 때문이다.

(3) 주거형 헤드에 대한 국제적인 화재시험 기준인 UL 1626[130]에서는 시험용 방호구 역에 2개 이하의 주거형 헤드가 작동되는 것으로 하여 기준을 제정한 것으로, 이 와 같이 간이스프링클러의 경우는 국내의 기존 스프링클러설비와는 헤드 관련기 준이 매우 다르다.

(4) NFPC/NFTC 103A(용어의 정의)에서 간이헤드란 "폐쇄형 헤드의 일종으로 간이 스프링클러설비를 설치하여야 하는 특정소방대상물의 화재에 적합한 감도·방수량

---

129) NFPA 13D 2022 edition(Standard for the installation of sprinkler systems in one and two －family dwellings and manufactured homes) : 1가구 및 2가구 주택과 조립식 주택용 스프링 클러설비
130) UL 1626 : Standard for residential sprinklers for fire－protection service

및 살수분포를 갖는 헤드"로 규정하고 있다. 아울러 형식승인 기준(스프링클러헤드의 형식승인 및 제품검사의 기술기준)에서는 간이형 헤드는 주거형 헤드의 일종으로 주거지역의 화재에 적합한 감도·방수량 및 살수분포를 갖는 헤드로 규정하고 있다. 이 경우에 감도는 RTI가 50 이하인 조기반응형이어야 하며, 방수량은 K factor가 50(허용범위 50±2.5)이고, 살수분포는 바닥면 살수분포와 벽면 살수분포로 구분하되 바닥면은 각 채수통의 평균채수량이 0.2$l$pm 이상이고 벽면의 경우 바닥으로부터 천장면 아래 0.5m까지의 벽면을 유효하게 적셔지는 헤드이어야 한다.

[그림 1-4-63] 간이헤드(Flash형 K=50)

(5) 아울러 헤드는 조기반응형 헤드인 관계로 2011. 11. 24.자로 습식설비만 인정하고 기타 스프링클러설비는 전부 삭제하였으나, 간이스프링클러 대상물에 부설된 주차장에도 간이스프링클러를 설치할 수 있도록 하기 위하여 2013. 6. 10.에 준비작동식 설비와 표준형 헤드를 사용할 수 있도록 다시 개정하였다.

2. 적용기준

(1) 설치대상 : 소방시설법 시행령 별표 4

1) 소방시설법 시행령 별표 4

특정소방대상물		적용기준 및 설치장소
① 공동주택 중 연립주택 및 다세대주택		이 경우는 주택전용 간이스프링클러설비로 설치한다.
② 근린생활시설	㉮ 근린생활시설로 사용하는 부분	바닥면적 합계가 1,000m² 이상인 것은 모든 층
	㉯ 의원, 치과의원 및 한의원	입원실이 있는 시설
	㉰ 조산원 및 산후조리원	연면적 600m² 미만인 시설
③ 의료시설	㉮ 종합병원, 병원, 치과병원, 한방병원 및 요양병원(의료재활시설은 제외)	사용되는 바닥면적의 합계가 600m² 미만인 시설

③ 의료시설	㉯ 정신의료기관 또는 의료 재활시설	사용되는 바닥면적의 합계가 $300m^2$ 이상 $600m^2$ 미만인 시설
	㉰ 정신의료기관 또는 의료 재활시설	사용되는 바닥면적의 합계가 $300m^2$ 미만이고, 창살이 설치된 시설[주 1]
④ 교육연구시설 내 합숙소		연면적 $100m^2$ 이상인 경우 모든 층
⑤ 노유자 시설	㉮ 시행령 제7조 1항 7호 각 목에 따른 시설[주 2]	단독주택 또는 공동주택에 설치되는 시설은 제외
	㉯ 위에 해당하지 않는 노유 자시설	사용되는 바닥면적의 합계가 $300m^2$ 이상 $600m^2$ 미만인 시설
	㉰ 위에 해당하진 않는 노유 자시설	사용되는 바닥면적의 합계가 $300m^2$ 미만이고, 창살이 설치된 시설[주 1]
⑥ 숙박시설[주 3]		사용되는 바닥면적의 합계가 $300m^2$ 이상 $600m^2$ 미만인 시설
⑦ 건물을 임차하여 사용하는 출입국관리법에 따른 보호시설		사용하는 부분
⑧ 복합건물물(시행령 별표 2 나목의 경우) : 근생, 판매, 업무, 숙박 또는 위락시설 용도와 주택용도가 함께 사용되는 경우		연면적 $1,000m^2$ 이상인 것은 모든 층

㈜ 1 창살이란, 철재·플라스틱 또는 목재 등으로 사람의 탈출 등을 막기 위하여 설치한 것을 말하며, 화재시 자동으로 열리는 구조로 되어 있는 창살은 제외한다.
 2. • 노인복지법관련시설 : 노인주거복지시설, 노인의료복지시설, 재가노인복지시설, 학대피해노인 전용쉼터
  • 이동복지법관련시설 : 아동복지시설
  • 장애인복지법관련시설 : 장애인거주시설
  • 정신질환관련시설 : 재활훈련시설, 종합시설(24시간 주거제공 시설은 제외)
  • 노숙인관련시설 : 노숙인자활시설, 노숙인재활시설 및 노숙인요양시설
  • 결핵환자나 한센인이 24시간 생활하는 노유자 시설
 3. 이 경우를 본서에서는 "생활용 숙박시설"이라고 표기하였음.

2) 다중이용업소법 시행령 별표 1의 2

특정소방대상물	적용기준 및 설치장소
① 지하층에 설치된 영업장	해당 영업장
숙박을 제공하는 형태의 다중이용업소의 영업장 중 ② 산후조리업의 영업장 ③ 고시원업의 영업장	지상 1층에 있거나 지상과 직접 맞닿아 있는 층(영업장의 주된 출입구가 건축물 외부의 지면과 직접 연결된 경우를 포함한다)에 설치된 영업장은 제외한다.
④ 밀폐구조의 영업장[주]	혜당 영업장
⑤ 권총사격장	해당 영업장

㈜ 밀폐구조의 영업장이란, 다중이용업소법에서는 개구부 면적의 합계가 영업장으로 사용하는 바닥면적의 1/30 이하가 되는 것을 말한다(다중이용업소법 시행령 제3조의 2).

(2) 설치면제 : 소방시설법 시행령 별표 5

스프링클러설비, 물분무소화설비 또는 미분무소화설비를 화재안전기준에 적합하게 설치한 경우에는 그 설비의 유효범위 안의 부분에서 설치가 면제된다.

3. 다중이용업소의 종류

(1) 다중이용업소법 시행령의 장소 : 다중이용업소법 시행령 제2조에서 지정한 대상을 뜻한다.

1) 식품접객업[131] 중 다음의 어느 하나에 해당하는 경우

① 휴게음식점영업·제과점영업 또는 일반음식점영업 : 영업장으로 사용하는 바닥면적의 합계가 100m²(영업장이 지하층인 경우에는 66m²) 이상인 것. 다만, 영업장(내부계단으로 연결된 복층구조의 영업장을 제외한다)이 지상 1층 또는 지상과 직접 접하는 층에 설치되고 그 영업장의 주된 출입구가 건축물 외부의 지면과 직접 연결되는 곳에서 하는 영업은 제외한다.

② 단란주점영업과 유흥주점영업

③ 공유주방 운영업 중 휴게음식점영업·제과점영업 또는 일반음식점영업에 사용되는 공유주방을 운영하는 영업

2) 영화상영관·비디오감상실업·비디오물 소극장업 및 복합영상물제공업[132]

3) 학원[133]으로서 다음의 어느 하나에 해당하는 경우

① 수용인원이 300명 이상인 것

② 수용인원이 100명 이상 300명 미만으로 다음의 어느 하나에 해당하는 것. 다만, 학원으로 사용하는 부분과 다른 용도로 사용하는 부분(학원의 운영권자를 달리하는 학원과 학원을 포함한다)이 방화구획으로 나누어진 경우는 제외한다.

㉮ 하나의 건축물에 학원과 기숙사가 함께 있는 학원

㉯ 하나의 건축물에 학원이 둘 이상 있는 경우로서 학원의 수용인원이 300명 이상인 학원

㉰ 하나의 건축물에 다른 다중이용업 중 어느 하나 이상의 다중이용업과 학원이 함께 있는 경우

---

131) 「식품위생법 시행령」 제21조 8호 및 9호
132) 「영화 및 비디오물의 진흥에 관한 법률」 제2조 10호 및 16호
133) 「학원의 설립·운영 및 과외교습에 관한 법률」 제2조 1호

4) 목욕장업으로서 다음의 어느 하나에 해당하는 것

① 목욕장업[134] 중 맥반석이나 대리석·황토·옥 등을 직접 또는 간접 가열하여 발생하는 열기나 원적외선 등을 이용하여 땀을 배출하게 할 수 있는 시설을 갖춘 것으로서 수용인원(물로 목욕을 할 수 있는 시설부분의 수용인원은 제외한다)이 100명 이상인 것

② "공중위생관리법" 제2조 1항 3호 나목의 시설을 갖춘 목욕장업

5) 게임제공업 · 인터넷컴퓨터 게임시설제공업 및 복합유통 게임제공업[135]

다만, 게임제공업 및 인터넷컴퓨터 게임시설제공업의 경우에는 영업장(내부계단으로 연결된 복층구조의 영업장은 제외한다)이 지상 1층 또는 지상과 직접 접하는 층에 설치되고, 그 영업장의 주된 출입구가 건축물 외부의 지면과 직접 연결된 구조에 해당하는 경우는 제외한다.

6) 노래연습장업[136]

7) 산후조리업[137]

8) 고시원업 : 구획된 실(室) 안에 학습자가 공부할 수 있는 시설을 갖추고 숙박 또는 숙식을 제공하는 형태의 영업

9) 권총사격장[138] : 실내사격장에 한정하며, 같은 조 제1항에 따른 종합사격장에 설치된 경우를 포함한다.

10) 가상체험 체육시설업[139] : 실내에 1개 이상의 별도의 구획된 실을 만들어 골프 종목의 운동이 가능한 시설을 경영하는 영업으로 한정한다.

11) 안마시술소[140]

12) 기타의 경우 : 화재위험평가 결과 위험유발지수가 다중이용업소법 시행령 제11조 1항에 해당하는 경우

---

134) 「공중위생관리법」 제2조 1항 3호 가목
135) 「게임산업진흥에 관한 법률」 제2조 6호, 6호의 2, 7호 및 8호
136) 「음악산업진흥에 관한 법률」 제2조 13호
137) 「모자보건법」 제2조 12호
138) 「사격 및 사격장 안전관리에 관한 법률 시행령」 제2조 1항 및 별표 1
139) 「체육시설의 설치·이용에 관한 법률」 제10조 1항 2호
140) 「의료법」 제82조 4항

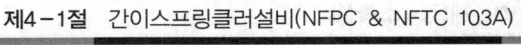

> ➡ 위험유발지수
> ① 위험유발지수란 다중이용업소법 시행령 별표 1에 의거 평가점수와 위험수준의 2가지로 평가하며 D등급(평가점수 20~39/위험수준 61~80 미만의 경우)과 E등급(평가점수 20 미만/위험수준 80 이상)에 해당할 경우는 다중이용업으로 적용한다.
> ② 평가점수란 영업소 등에서 사용 또는 설치된 가연물의 양, 소방시설의 화재진화를 위한 성능 등을 고려한 영업소의 화재안정성을 100점 만점 기준으로 환산한 점수이다.
> ③ 위험수준이란 영업소 등에 사용 또는 설치된 가연물의 양, 화기취급의 종류 등을 고려한 영업소의 화재발생 가능성을 100점 만점 기준으로 환산한 점수를 말한다.

(2) 다중이용업소법 시행규칙의 장소

이는 화재발생시 인명피해가 발생할 우려가 높은 불특정다수인이 출입하는 영업으로서 행정안전부령으로 정하는 영업을 뜻하며, 다중이용업소법 시행규칙 제2조에서 지정한 대상은 다음과 같으며, 이 경우 소방청장은 관계 중앙행정기관의 장과 미리 협의하여야 한다.

> ➡ "행정안전부령으로 정하는 영업"이란 다중이용업소법 시행규칙 제2조에서 다음의 어느 하나에 해당하는 영업을 말하며 이를 일명 "신종(新種)다중이용업"이라 한다.

1) 전화방업 · 화상대화방업 : 구획된 실(室) 안에 전화기 · 텔레비전 · 모니터 또는 카메라 등 상대방과 대화할 수 있는 시설을 갖춘 형태의 영업

2) 수면방업 : 구획된 실(室) 안에 침대 · 간이침대, 그 밖에 휴식을 취할 수 있는 시설을 갖춘 형태의 영업

3) 콜라텍업 : 손님이 춤을 추는 시설 등을 갖춘 형태의 영업으로서 주류판매가 허용되지 아니하는 영업

4) 방탈출카페업 : 제한된 시간 내에 방을 탈출하는 놀이 형태의 영업

5) 키즈카페업 : 기타 유원시설업, 어린이놀이시설을 갖춘 영업, 실내공간에서 어린이에게 놀이를 제공하고 부수적으로 음식류를 판매제공하는 영업

6) 만화카페업 : 만화책 등 다수의 도서를 갖춘 다음 각 목의 영업. 다만, 도서를 대여 · 판매만 하는 영업인 경우와 영업장으로 사용하는 바닥면적의 합계가 $50m^2$ 미만인 경우는 제외한다.

2 간이스프링클러의 화재안전기준

1. 수원의 기준

(1) 수원의 종류 및 수량

1) 기준 : NFPC 103A(이하 동일) 제4조 1항/NFTC 103A(이하 동일) 2.1.1

　① 상수도설비 직결형 : 수돗물 그 자체가 수원이 된다.

　② 수조(캐비닛형을 포함)를 설치하는 경우 : 적어도 1개 이상의 자동급수장치를 갖추어야 하며, 다음의 양 이상을 확보할 것

　　㉮ 2개의 간이헤드에서 최소 10분 이상

　　㉯ 5개의 간이헤드에서 최소 20분 이상

　　　㉠ 근린생활시설로 사용하는 바닥면적 합계가 1,000m² 이상일 때

　　　㉡ 숙박시설로 사용되는 바닥면적 합계가 300m² 이상 600m² 미만일 때

　　　㉢ 복합건축물로서 연면적 1,000m² 이상일 때

2) 해설

　① 상수도직결형의 경우

　　㉮ 개념 : 상수도설비에 직결하는 경우는 수도배관에 직접 연결하는 것으로 수량은 무한수원이 될 수 있으나, 이는 단수가 될 경우는 수원확보가 불가하다. 그럼에도 불구하고 다중이용업소의 특수성을 감안하여 간이스프링클러설비에 한하여 이를 법정수원으로 인정한 것이다. 따라서 상수도의 경우는 별도의 자동급수장치가 필요하지 않으나, 물탱크가 있는 간이스프링클러설비의 경우는 저수조내 물이 일정수량 이하가 되면 자동으로 급수가 공급되는 자동급수장치가 있어야 한다. 캐비닛형은 상수도에 접속함에도 별도로 펌프와 수조를 설치하여야 하며 상수도와 펌프에서 각각 공급받도록 하여야 한다. 아울러 간이스프링클러설비의 경우는 다른 수계소화설비와 같이 옥상수조 등의 2차 수원을 적용하지 않는다.

　　㉯ 상수도수원의 근거 : 간이스프링클러설비에서 수원으로 상수도설비를 인정한 것은 NFPA 13D의 급수원(Water supply sources)[141]을 참고한 것으로 동 기준에서 규정한 주거형 스프링클러설비에서의 급수원 종류는 다음과 같다.

---

141) NFPA 13D(2022 edition) : 6.2(Water supply sources)

⑦ 자동식 펌프의 유무에 상관없이 신뢰할 수 있는 상수도설비에 접속된 것(A connection to a reliable waterworks system wiith or without an automatically operated pump)

ⓛ 고가수조(An elevated tank)

ⓒ 신뢰할 수 있는 압력원을 가진 압력용기로 ASME 기준에 따라 설계된 압력수조(A pressure tank designed to ASME standards for a pressure vessel with a reliable pressure source)

ASME

American Society of Mechanical Engineers(미국 기계기술자협회)

ⓡ 자동식 펌프가 있는 저수조(A stored water source with an automatically operated pump)

ⓜ 간이 SP설비에 필요한 충분한 방사압과 방사량이 확보된 펌프가 부설된 우물(A well with a pump of sufficient capacity and pressure to meet the sprinkler system demand)

② **수조를 설치하는 경우** : 일반적으로 수계소화설비 유효수량의 방사시간은 20분이나 간이헤드의 경우가 10분인 것은 NFPA 13D에서 방사시간 기준을 준용[142]한 결과이다. 아울러, 다중이용업 등의 경우는 주거용시설로 간주하여 10분으로 적용하고 근린생활시설, 생활형 숙박시설(바닥면적 합계가 300~600m² 미만), 복합건축물의 경우는 기존용도와 동일하게 20분으로 적용하고 있다. 이는 간이헤드의 경우 급수량 기준에서 근린생활시설, 생활형 숙박시설, 복합건축물의 용도는 일반 스프링클러 대상 건물규모와 큰 차이가 없으므로 급수량 기준 시간을 20분으로 한 것으로, 마찬가지로 일반 스프링클러설비의 경우 근린생활시설이나 복합건축물은 기준개수가 20개이나 간이스프링클러는 종전에는 2개로 하고 있어 수원의 부족이 우려되어 2013. 6. 10.에 이를 5개로 개정하였다.

(2) 저수조의 기준

※ 기타 저수조 관련기준(설비겸용시 수원, 유효수량, 저수조에 대한 제반 기준 등)은 스프링클러설비 기준을 준용하므로 이를 참고하기 바람.

---

142) NFPA 13D(2022 edition) 6.1.2 : Where stored water is used as the sole source of supply the minimum quantity shall equal the water demand rate times 10 minutes(하략)(저장 수원이 유일하게 공급되는 최소급수량일 경우는 10분 동안의 소요수량과 같은 수량이어야 한다).

2. 가압송수장치의 기준

(1) 방사압과 방사량 : 제5조 1항(2.2.1)

1) 기준 : 방수압력(상수도직결형의 상수도압력)은 가장 먼 가지배관에서 2개의 간이헤드(근린생활시설, 생활형 숙박시설, 복합건축물의 경우에는 5개)를 동시에 개방할 경우 각각의 간이헤드 선단 방수압력은 0.1MPa 이상, 방수량은 50$l$pm 이상이어야 한다. 다만, 주차장에 표준반응형 스프링클러헤드를 사용할 경우 헤드 1개의 방수량은 80$l$pm 이상이어야 한다.

2) 해설

① 종전의 NFPA 13D에서는 헤드 방사량은 구획된 실내에서 헤드가 1개일 경우는 18gpm(68$l$pm), 2개일 경우는 13gpm(49$l$pm)으로 규정하였다. 따라서 기준개수가 2개이므로 이 기준을 준용하여 손실이 가장 많은 가장 먼 가지배관에서 2개의 헤드가 동시에 방사시 헤드 1개당 50$l$pm을 기준 방사량으로 채택한 것이다. 그러나 개정된 NFPA 13D[143]에서는 헤드에 대한 방사량을 살수밀도(Discharge density) 개념으로 변경하고 주거형에서의 살수밀도는 최소 0.05gpm/sq ft 이상으로 규정하였다.

② 간이스프링클러설비의 헤드는 인명안전을 중시하기 위하여 주거용 헤드이어야 하며, 아울러 조기반응형 헤드로 습식설비에서만 사용하여야 한다. 그러나, 다중이용업소에 부설된 주차장에도 간이스프링클러를 설치할 경우를 감안하여 준비작동식 설비를 인정하고, 이 경우 헤드는 표준반응형 헤드를 설치할 수 있으며, 방수량은 표준반응형이므로 80$l$pm으로 하였다.

(2) 가압송수장치의 종류

1) 상수도직결방식 : 제5조 1항(2.2.1)

① 상수도직결형은 제3조 20호(1.7.1.20) 용어의 정의에서 "수조를 사용하지 아니하고 상수도에 직접 연결하여 항상 기준 방수압 및 방수량 이상을 확보할 수 있는 설비"를 말한다. 따라서 상수도직결형은 부스터 펌프(Booster pump : 증압펌프)를 사용하는 것은 인정하지 않으며 상수도에 직결한 조건에서 방사압과 방사량이 확보되어야만 가능하다. 캐비닛형의 경우는 상수도에 연결하여 사용하여도 이는 별도의 수조와 펌프가 있는 설비이므로 본 조문에서 말하는 "상수도직결형"에 해당하지 아니한다.

---

143) NFPA 13D(2022 edition) : 10.1(Design discharge)

② 상수도에 직결하려면 수도 배관 직경은 32mm 이상이 되어야 하고, 간이헤드가 개방될 경우에는 유수신호 작동과 동시에 소화 용수로만 사용하여야 하므로 다른 용도로 사용하는 배관의 송수를 자동 차단할 수 있도록 하여야 한다. 아울러 배관과 연결되는 이음쇠 등의 부속품은 물이 고여서 부패하지 않도록 물고임 현상을 방지하는 조치를 하여야 한다.

③ 상수도압력은 상수도 접속배관 지점에서 가장 먼 위치에 있는 2개의 간이헤드를 동시에 개방하여 각각의 헤드에서 방사압(0.1MPa 이상)과 방사량(50$l$pm 이상)을 만족하여야 하므로 시험밸브는 1개가 아니라 2개를 설치하여야 한다.

2) 펌프방식 또는 캐비닛방식 : 제5조 2항 & 6항(2.2.2 & 2.2.6)

① 개념 : 전동기 또는 내연기관(예 : 엔진펌프)을 이용하는 방식으로 펌프와 수조 및 유수검지장치 등을 집적(集積)화시킨 캐비닛형도 펌프방식에 해당한다.

㉮ 전동기나 내연기관의 경우 : 종전까지는 간이스프링클러설비는 일반 스프링클러설비에 비해 기준개수가 2개로 정격토출량이 100$l$pm(50$l$pm×2개)이기에 옥내소화전이나 스프링클러설비에 비해 상대적으로 정격토출량이 매우 적고 다중이용업소 등에 설치하는 관계로 배관체적이 적어 충압펌프가 없어도 주펌프가 역할을 할 수 있으므로 충압펌프에 대한 기준이 없었다. 그러나 간이설비이지만 스프링클러 시스템의 적정한 유지관리를 위하여 펌프방식에서는 충압펌프를 설치하도록 2013. 6. 10. 개정하였다.

㉯ 캐비닛형의 경우 : 가압송수장치, 수조 및 유수검지장치 등을 집적화시켜 캐비닛 형태의 함 내부에 구성시킨 것이나, 수조의 경우는 설치 및 공사의 편리성을 위하여 캐비닛함 내부뿐 아니라 함 외부에도 설치할 수 있도록 2013. 6. 10. 개정하였다. 아울러 수조와 펌프를 집적화시킨 것을 감안하여 충압펌프 설치를 제외하고(NFTC 2.2.2.8), 흡입측 수두가 매우 작으므로 물올림장치는 설치하지 아니한다(NFTC 2.2.2.9). 캐비닛형은 형식승인 대상품목으로 "캐비닛형 간이스프링클러설비 성능인증 및 제품검사의 기술기준(소방청 고시)"이 제정되어 있다.

㉰ 간이스프링클러설비는 유량의 범위가 작아 다른 소화설비용 펌프와 같이 유량의 변화에 따른 압력의 편차가 크지 않으므로 옥내소화전이나 스프링클러설비와 같이 수동정지가 아니라 자동정지도 가능할 수 있다. 이에 따라 간이스프링클러설비의 경우에는 가압펌프에 대한 수동정지 조항을 삭제(종전의 NFSC 103A 제5조 2항 10호)하였기에 펌프의 자동정지도 가능하다. 또한 NFTC 2.2.2.10에 따라 내연기관의 경우는 자동기동뿐 아니라 수동기동도 가능하도록 조치하였다.

② 성능기준

$$\text{펌프의 양정} : H(\text{m}) = H_1 + H_2 + 10 \qquad \cdots\cdots\cdots [\text{식 } 1\text{-}4\text{-}17]$$

여기서, H_1 : 건물의 실양정(Actual Head)(m)

H_2 : 배관의 마찰손실수두(m)

3) 고가수조방식 : 제5조 3항(2.2.3)

① 개념 : 자연낙차를 이용한 가압송수장치로서 이 경우 자연낙차수두란 수조의 하단으로부터 최고층에 설치된 헤드까지의 수직거리를 말하며 구성은 수위계·배수관·급수관·오버플로우(Overflow)관 및 맨홀을 설치하여야 한다.

② 성능기준

$$\text{필요한 낙차} : H(\text{m}) = H_1 + 10 \qquad \cdots\cdots\cdots [\text{식 } 1\text{-}4\text{-}18]$$

여기서, H_1 : 배관의 마찰손실수두(m)

4) 압력수조방식 : 제5조 4항(2.2.4)

① 개념 : 수조내에 소화수와 공기를 충전시킨 후 컴프레서를 이용하여 일정압력 이상으로 가압하고 방사시 그 압력으로 송수하는 방식이다. 구성은 수위계·급수관·배수관·급기관·맨홀·압력계·안전장치 및 압력저하 방지를 위한 자동식 공기압축기를 설치하여야 한다.

② 성능기준

$$\text{필요한 압력} : P(\text{MPa}) = P_1 + P_2 + 0.1 \qquad \cdots\cdots\cdots [\text{식 } 1\text{-}4\text{-}19]$$

여기서, P_1 : 낙차에 의한 환산수두압(MPa)

P_2 : 배관의 마찰손실수두압(MPa)

5) 가압수조방식 : 제5조 5항(2.2.5)

① 개념 : 가압수조란 가압송수장치의 한 종류로서, 압력수조와의 차이점은 컴프레서가 없이 가압원으로 가압수조 외부에 공기 등을 압축한 압축공기의 용기세트(Set)를 설치하고 가압수조와 연결되어 있으며 압축공기의 가압용기와 가압수조 사이에 압력조정기(압축공기의 압력을 감압하는 부분) 및 제어용 밸브가 부착되어 있다. 가압수조내의 물은 가압용기의 압축공기에 의해 항상 가압상태로 저장되어 있다. 성능은 한국소방산업기술원 등 성능시험기관으로 지정받은 기관에서 그 성능을 인증받은 것이어야 하며 이를 위하여 소방청 고시로 "가압수조식 가압송수장치의 성능인증 및 제품검사의 기술기준"이 제정되어 있다.

② 성능기준 : 방사압은 간이헤드 2개를 동시에 개방할 때 규정방수량 및 방수압이 유지되어야 한다. 가압수조의 구성은 수위계·급수관·배수관·급기관·압력계 및 안전장치를 설치하여야 한다.

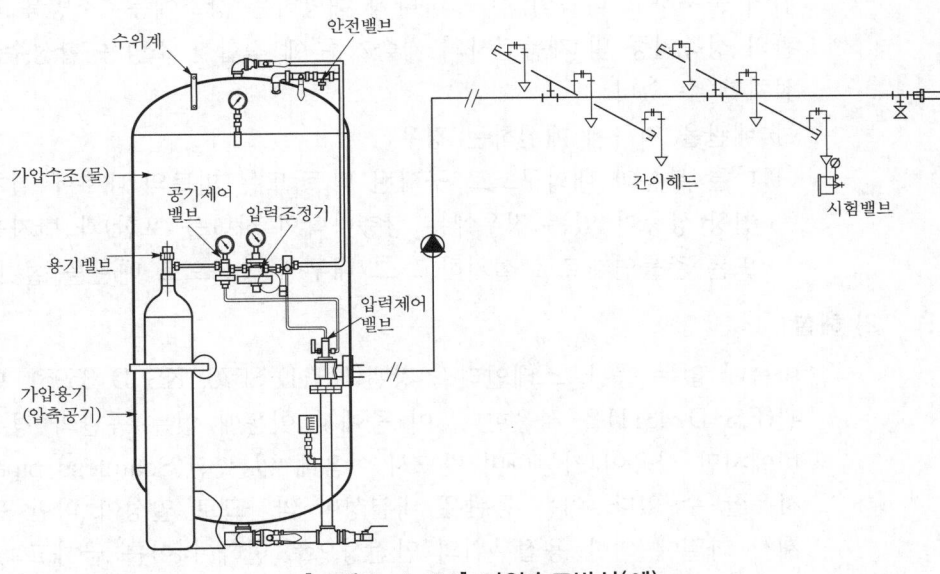

[그림 1-4-64] 가압수조방식(예)

3. 배관 및 밸브의 기준

(1) 배관의 규격

1) **기준** : 제8조 1항 & 2항(2.5.1 & 2.5.2)

배관과 배관 이음쇠는 다음의 어느 하나에 해당하는 것 또는 동등 이상의 강도·내식성 및 내열성 등을 국내외 공인기관으로부터 인정받은 것을 사용해야 한다. 다만, 상수도직결형에 사용하는 배관 및 밸브는 수도법 제14조(수도용 자재와 제품의 인증 등)에 적합한 제품을 사용해야 한다.

① 사용압력이 1.2MPa 미만일 경우 : 다음의 어느 하나에 해당 하는 것

   ㉮ 배관용 탄소강관(KS D 3507)

   ㉯ 이음매 없는 구리 및 구리합금관(KS D 5301)

   ㉰ 배관용 스테인리스 강관(KS D 3576)

   ㉱ 일반배관용 스테인리스 강관(KS D 3595)

   ㉲ 덕타일 주철관(KS D 4311)

② 사용압력이 1.2MPa 이상일 경우 : 다음의 어느 하나에 해당 하는 것
 ㉮ 압력배관용 탄소강관(KS D 3562)
 ㉯ 배관용 아크용접 탄소강강관(KS D 3583)
③ 위에 불구하고 다음의 어느 하나에 해당하는 장소에는 "소방용 합성수지 배관의 성능인증 및 제품검사의 기술기준"에 적합한 소방용 합성수지 배관으로 설치할 수 있다.
 ㉮ 배관을 지하에 매설하는 경우
 ㉯ 다른 부분과 내화구조로 구획된 덕트 또는 피트의 내부에 설치하는 경우
 ㉰ 천장(상층이 있는 경우에는 상층바닥의 하단을 포함)과 반자를 불연재료 또는 준불연재료로 설치하고 그 내부에 습식으로 배관을 설치하는 경우

2) 해설

① 이음매 없는 동관, 스테인리스 강관(KS D 3576, KS D 3595), 덕타일 주철관(KS D 4311)을 사용한다. 이 중에서 이음매 없는 동관의 경우는 습식설비에서만 사용이 가능하며 반드시 이음매 없는 관(Seamless pipe)에 한하여 사용할 수 있다. 이는 동관은 내열성이 약하므로 열성이 약한 동관에서 화재시 화열에 의한 용접부위의 안전성으로 인하여 이를 금하고 있기 때문이다. 아울러 스테인리스 강관(KS D 3576, KS D 3595)의 경우는 배관용 탄소강관에 대해 동등 이상의 강도·내식성·내열성을 만족하므로 이를 추가한 것이다.
② 상수도직결형의 경우는 수도법 제14조에 따라 인증받은 배관을 사용하도록 하였으며, "인증받은 배관"이란 물에 접촉하는 자재와 제품에 대해서 환경부장관으로부터 위생안전기준에 적합한지 여부를 인증받은 배관이나 부속류를 말한다.

(2) 급수배관의 구경

1) 급수배관의 기준 : 제8조 3항 & 5항(2.5.3 & 2.5.5)

① 전용으로 할 것. 다만, 상수도직결형의 경우에는 수도배관 호칭지름 32mm 이상의 배관이어야 하고, 간이헤드가 개방될 경우에는 유수신호 작동과 동시에 다른 용도로 사용하는 배관의 송수를 자동 차단할 수 있도록 하여야 하며, 배관과 연결되는 이음쇠 등의 부속품은 물이 고이는 현상을 방지하는 조치를 해야 한다.
② 급수배관에 설치되어 급수를 차단할 수 있는 개폐밸브는 개폐표시형으로 할 것. 이 경우 펌프의 흡입측 배관에는 버터플라이밸브 외의 개폐표시형밸브를 설치해야 한다.

③ 배관의 구경은 수리계산에 의하거나 규정 방수압과 방수량 기준에 따라 설치할 것. 다만, 수리계산에 따르는 경우 가지배관의 유속은 6m/sec, 그 밖의 배관의 유속은 10m/sec를 초과할 수 없다.

간이헤드 급수관의 구경 : 별표 1(표 2.5.3.3) (단위 : mm)

구 분 \ 급수관의 구경	25	32	40	50	65	80	100	125	150
가	2	3	5	10	30	60	100	160	161 이상
나	2	4	7	15	30	60	100	160	161 이상

㈜ 1. 폐쇄형 간이헤드를 사용하는 설비의 경우로서 1개층에 하나의 급수배관(또는 밸브 등)이 담당하는 구역의 최대면적은 1,000m²를 초과하지 아니할 것
2. 폐쇄형 간이헤드를 설치하는 경우에는 "가"란의 헤드수에 따를 것
3. 폐쇄형 간이헤드를 설치하고 반자 아래의 헤드와 반자속의 헤드를 동일 급수관의 가지관상에 병설하는 경우에는 "나"란의 헤드수에 따를 것.
4. "캐비닛형" 및 "상수도직결형"을 사용하는 경우 주배관은 32mm, 수평주행 배관은 32mm, 가지배관은 25mm 이상으로 할 것. 이 경우 최장배관은 NFTC 2.2.6에 따라 인정받은 길이로 하며 하나의 가지배관에는 간이헤드를 3개 이내로 설치해야 한다.

④ 연결송수관설비의 배관과 겸용할 경우의 주배관은 구경 100mm 이상, 방수구로 연결되는 배관의 구경은 65mm 이상의 것으로 해야 한다.

2) 해설

① 종전의 기준에서 개방형에 해당하는 항목은 삭제되었으며 배관의 구경은 수리계산에 의하지 않을 경우는 NFTC 표 2.5.3.3의 급수관의 구경을 적용하도록 하고 있으며 이는 스프링클러설비의 급수관 구경을 준용한 것이므로 해당 내용을 참고하도록 한다.

② 위 사항에 불구하고 캐비닛형 및 상수도 직결형의 경우는 상수도에 접속하므로 NFTC 표 2.5.3.3 ㈜ 4에 따라 주배관 및 수평주행 배관은 32mm, 가지배관은 25mm 이상으로 하여야 한다. 또한 32mm 이상의 수도배관에 접속하는 것은 적어도 32mm 이상의 수도배관이어야 헤드 방사압력이 발생하며, 연결송수관설비와 겸용일 경우 주관은 100mm 이상, 방수구로 분기되는 가지관은 65mm 이상이 되어야 한다.

③ 캐비닛형은 한국소방산업기술원에서 "캐비닛형 간이스프링클러설비 성능인증 및 제품 검사의 기술기준"이 제정되어 제품검사를 받아야 하며 배관 길이도 성능인정을 받은 범위를 초과할 수 없다. 아울러 캐비닛형과 상수도직결형은 NFTC 표 2.5.3.3의 급수관경의 구경에 불구하고 하나의 가지배관에는 간이헤드를 3개 이내로 설치하여야 한다.

(3) 배관 및 밸브의 설치순서

1) 방식별 밸브의 접속순서

① 상수도 직결형의 경우 : NFTC 2.5.16.1

㉮ 배관 및 밸브의 순서 : 다음에 따라 설치해야 한다.

수도용계량기, 급수차단장치, 개폐표시형밸브, 체크밸브, 압력계, 유수검지장치(압력스위치 등 유수검지장치와 동등 이상의 기능과 성능이 있는 것을 포함한다), 2개의 시험밸브의 순으로 설치하며 상수도 직결형의 경우 성능시험배관 및 옥외송수구는 설치하지 아니한다.

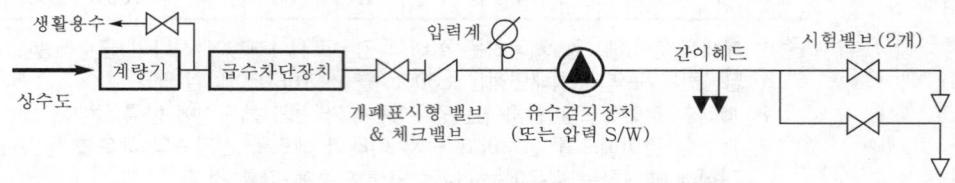

[그림 1-4-65(A)] 상수도에 접촉하는 경우(예)

㉵ 근린생활시설(바닥면적 1,000m² 이상), 생활형 숙박시설(바닥면적 300~600m² 미만의 숙박시설), 복합건축물에는 설치할 수 없다(NFTC 2.2.7).

㉯ 급수차단장치 : 간이스프링클러설비 이외의 배관에는 화재시 배관을 차단할 수 있는 급수차단장치를 설치할 것 : 상수도직결형에서는 간이스프링클러설비뿐 아니라 식수나 위생수 설비 공급용 배관이 접속되어 있으므로 화재시에는 유수검지장치나 압력스위치 등의 유수신호를 검지하여 동 신호에 따라 타 설비 배관의 급수를 자동으로 차단할 수 있는 급수차단장치를 설치하도록 규정한 것이다. 동 장치는 따라서 간이스프링클러설비용 배관에 설치하는 것이 아니라 타 설비의 배관에 설치하는 것으로 차단장치에 대한 상세 규격 등에 대해서는 별도로 규정하지 않고 있다.

② 펌프 등의 가압송수장치를 이용하는 경우 : NFTC 2.5.16.2

㉮ 수원, 연성계 또는 진공계(수원이 펌프보다 높은 경우는 제외), 펌프 또는 압력수조, 압력계, 체크밸브, 성능시험배관, 개폐표시형밸브, 유수검지장치, 시험밸브의 순으로 설치할 것

㉯ 간이스프링클러설비의 경우는 2차수원 및 예비펌프는 적용하지 아니한다.

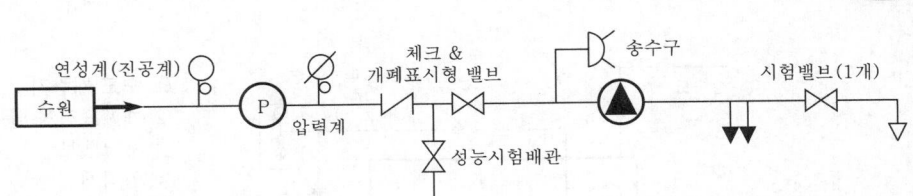

[그림 1-4-65(B)] 펌프 등의 가압송수장치에 접속하는 경우(예)

③ 가압수조를 가압송수장치로 이용하는 경우 : NFTC 2.5.16.3

㉮ 수원, 가압수조, 압력계, 체크밸브, 성능시험배관, 개폐표시형밸브, 유수검
지장치, 2개의 시험밸브의 순으로 설치할 것

㉯ 화재시 헤드가 개방하게 되면 전원과 관계없이 배관내 압력을 자동으로
감지하여 압축공기가 물을 자동으로 공급하는 형식의 가압송수 설비이
다. 따라서 가압수조방식의 경우는 정전 등 전기공급이나 전원과 무관하
게 안정적으로 가압송수를 언제나 할 수 있는 특징을 가지고 있다.

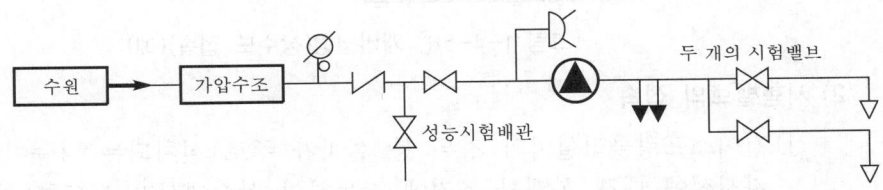

[그림 1-4-65(C)] 가압수조를 가압송수장치로 접속하는 경우(예)

④ 캐비닛형의 가압송수장치를 설치하는 경우 : NFTC 2.5.16.4

㉮ 수원, 연성계 또는 진공계(수원이 펌프보다 높은 경우는 제외), 펌프 또는
압력수조, 압력계, 체크밸브, 개폐표시형밸브, 2개의 시험밸브의 순으로
설치할 것. 다만, 소화용수의 공급은 상수도와 직결된 바이패스관 및 펌
프에서 공급받아야 한다.

㉯ 캐비닛형의 경우 수원을 상수도에 접속하는 관계로 옥외송수구를 설치하
지 아니할 수 있으며, 캐비닛형에 대해서는 성능인증에 따른 제품검사를
받도록 조치하고 있다.

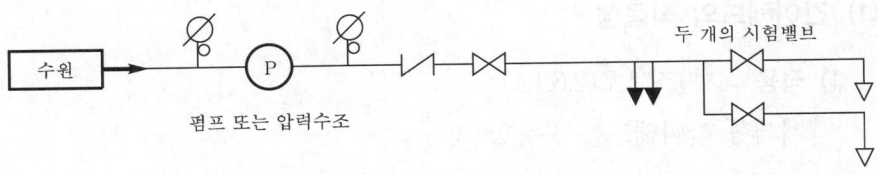

[그림 1-4-65(D)] 캐비닛형의 가압송수장치를 접속하는 경우(예)

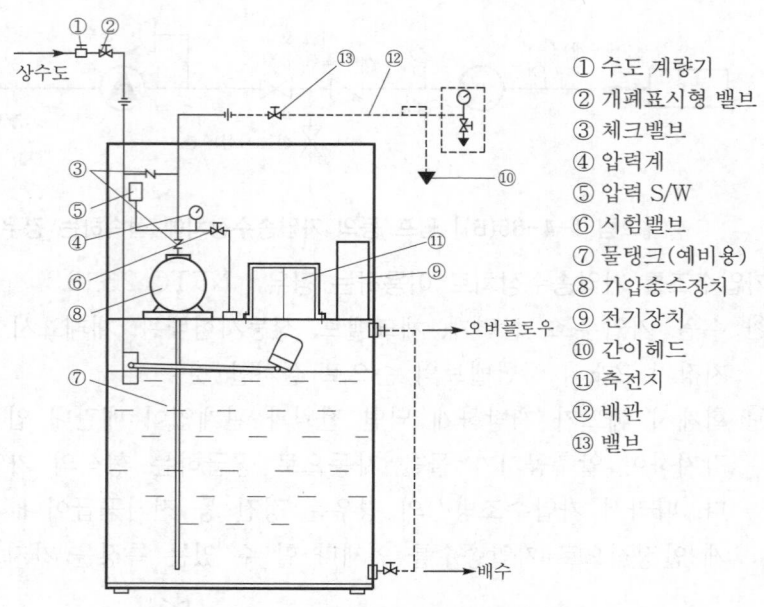

① 수도 계량기
② 개폐표시형 밸브
③ 체크밸브
④ 압력계
⑤ 압력 S/W
⑥ 시험밸브
⑦ 물탱크(예비용)
⑧ 가압송수장치
⑨ 전기장치
⑩ 간이헤드
⑪ 축전지
⑫ 배관
⑬ 밸브

[그림 1-4-66] 캐비닛형(상수도 접속)(예)

2) 시험밸브의 접속

① 간이스프링클러설비의 경우 동 설비가 주로 설치되는 다중이용업소나 노유자시설에 대해 화재시 조기에 작동하여 살수개시가 되도록 하기 위하여 간이스프링클러설비는 습식설비를 기본으로 사용하고 있다.

② 시험밸브의 경우 펌프방식은 헤드에서의 소요 방사량과 방사압에 대응한 설계적용이 가능하며 또한 펌프의 성능시험배관을 이용하여 펌프의 방사압과 방사량 확인이 가능하므로 간이스프링클러는 시험밸브를 1개만 설치하도록 하였다. 그러나, 펌프가 없거나 제조사의 사양에 따라야 하는 상수도직결식, 가압수조방식, 캐비닛식의 경우는 기준개수가 2개인 것을 감안하여 시험밸브를 2개의 시험용 헤드에 대해 각각 별개로 설치하도록 하였다.

4. 간이스프링클러의 헤드 관련기준 : 제9조(2.6.1)

(1) 간이헤드의 적응성

1) 적용 : 제9조 1호(2.6.1.1)

폐쇄형 간이헤드를 사용할 것

> 간이스프링클러설비는 주로 습식설비를 사용하므로 종전의 단서조항인 "동파의 우려가 있는 경우는 개방형 간이헤드를 사용할 수 있다"는 조문은 삭제되었다. 따라서 동파의 우려가 있는 경우는 드라이 펜던트 헤드를 설치하여야 한다.

2) 작동온도 : 제9조 2호(2.6.1.2)

① 기준 : 간이헤드의 작동온도는 실내외 최고주위천장온도에 따라 적합한 공칭 작동온도의 것으로 설치할 것

실내 최대온도(천장 주위)		헤드의 공칭작동온도
0~38℃ 이하	➡	57~77℃
39~66℃ 이하		79~109℃

② 해설

㉮ 표시온도는 스프링클러헤드(폐쇄형)에서 감열체가 작동하는 온도로서 미리 헤드에 표시하여 기재되어 있는 온도를 말한다. 형식승인 기준의 경우 표시온도는 [표 1−4−2]와 같이 ① 39℃ 미만, ② 39℃ 이상 64℃ 미만, ③ 64℃ 이상 106℃ 미만, ④ 106℃ 이상의 4단계로 구분하고 있다. 그러나 작동온도란 헤드가 동작되는 온도로서 원칙적으로 표시온도와 개념상의 차이는 없으나 헤드 형식승인시 "헤드 작동시험"을 별도로 수행하고 있다. 작동온도를 측정하는 작동시험은 폐쇄형 헤드를 액조내에 넣어 그 헤드의 표시온도보다 10℃ 낮은 온도로부터 매분 1℃ 이내의 비율로 온도를 상승시키는 경우 헤드가 작동하는 실제 측정한 온도로서 퓨지블링크 타입은 표시온도의 ±3% 이내이어야 한다.

㉯ 주거형 헤드에 대한 작동온도는 NFPA 13D[144]에서 다음과 같이 규정하고 있다.

㉠ 천장의 최고주위온도가 38℃(100°F)를 초과하지 않는 곳에는 표준온도 등급의 헤드를 설치하여야 한다.

㉡ 천장의 최고주위온도가 39℃(101°F) 내지 66℃(150°F)인 곳에서는 중간온도 등급헤드를 설치하여야 한다.

㉢ NFPA 13(2022 edition) Table 7.2.4.1(b)에 따르면 스프링클러헤드에 대한 온도 구분은 퓨지블링크를 기준으로 최고주위온도 38℃는 표시온도는 57~ 77℃(135~170°F)로 표준온도등급(Ordinary temperature rating)이며, 최고주위온도 66℃는 표시온도는 79~107℃(175~225°F)로 중간온도등급(Intermediate temperature rating)에 해당한다.

㉰ 따라서 화재안전기준에서 간이헤드의 실내 최고온도(천장주위)에 따른 헤드의 공칭작동온도는 위 NFPA 기준을 준용한 것이다. NFPA 기준을 준용한 결과 국내 형식승인상 헤드 표시온도와 기준이 다르며, 또한 NFTC 2.6.1.2에서 109℃는 107℃(NFPA 225°F)의 오류로 개정되어야 한다.

---

144) NFPA 13D(2022 edition) : 7.5.6 Temperature rating(온도등급)

(2) 간이헤드의 설치기준

1) 기준

① 헤드의 수평거리 : 제9조 3호(2.6.1.3)

간이헤드를 설치하는 천장·반자·천장과 반자사이·덕트·선반 등의 각 부분으로부터 간이헤드까지의 수평거리는 2.3m(스프링클러헤드의 형식승인 및 검정기술기준 유효반경의 것으로 한다) 이하가 되도록 해야 한다. 다만, 성능이 별도로 인정된 간이헤드를 수리계산에 따라 설치하는 경우에는 그렇지 않다.

② 천장(반자)간 거리 : NFTC 2.6.1.4

상향식 간이헤드 또는 하향식 간이헤드의 경우에는 간이헤드의 디플렉터에서 천장 또는 반자까지의 거리는 25mm에서 102mm 이내가 되도록 설치하여야 하며, 측벽형 간이헤드의 경우에는 102mm에서 152mm 사이에 설치할 것. 다만, 플러시 헤드의 경우에는 천장 또는 반자까지의 거리를 102mm 이하가 되도록 설치할 수 있다.

[표 1-4-28(A)] 헤드 설치방향별 천장간 거리

거리 간이헤드	디플렉터~천장(또는 반자)까지 거리
상향식 또는 하향식	25~102mm
측벽형	102~152mm
플러시(Flush)형	102mm 이하

2) 해설

① 헤드의 수평거리

㉮ NFPA[145]에서는 헤드에 대한 설치기준이 헤드 1개당 방호면적을 기준으로 하며 국내와 같이 수평거리 기준을 사용하지 않는다. NFPA에서는 헤드를 배치할 경우 위험용도(Hazard occupancy)와 헤드 종류에 따라 헤드간 간격(최소간격과 최대간격), 벽간 거리(벽과의 최소간격과 최대간격), 가지배관의 간격을 정하고 이에 따라 바닥면적별 헤드 1개의 방호면적(Head protection area)을 산출하여 적용하고 있다.

㉯ 이에 비해 국내의 경우는 일본소방법을 준용하여 헤드를 중심으로 한 반원을 그린 유효살수반경의 개념을 적용하고 있으며 이에 따라 수평거리를 기준으로 헤드 설치를 규정하고 있다. 종전까지는 간이스프링클러설비의 경우 NFPA 13D를 준용하여 헤드 1개당 방호면적기준으로 적용하였으나 스프링클러설비(NFPC/NFTC 103)의 수평거리 기준과 상이하여 현장에서

---

145) NFPA 13D(2022 edition) : 8.1.3(Sprinkler coverage)

적용시 많은 문제점이 발생하고 아울러 국내의 형식승인 기준은 수평거리 기준으로 헤드를 적용하므로 이에 따라 헤드간 거리나 헤드 1개의 방호면적 적용에 차이가 발생하므로 이를 감안하여 2011. 11. 24. 방호면적 기준을 수평거리 기준으로 개정하였다.

[표 1-4-28(B)] 간이형 SP헤드의 설치기준 변경사항

종전 기준		현행 기준	
방호면적	$13.4m^2$ 이하	수평거리	2.3m 이하
헤드간 거리	3.7m 이하	헤드간격	$2r\cos 45°$

② 천장(반자)간 거리(Distance below ceilings) : 헤드의 디플렉터와 천장간의 거리는 헤드의 구조와 형식에 따라 달리 정해지고 있으며, 헤드와 천장간의 거리가 짧을수록 헤드 응답시간이 짧아서 조기에 작동을 할 수 있다. 그러나 헤드 방사시 유효한 살수패턴을 형성하여야 하는 관계로 최소일정거리 이상을 이격하여야 한다. NFPA 13D[146])에 의하면 상하향형 헤드는 25mm (1in)~102mm(4in)이고 측벽형 헤드는 102mm(4in)~152mm(6in)로 규정하고 있으며 [표 1-4-28(A)]의 화재안전기준은 이를 준용하여 제정한 것이다.

(3) 간이헤드의 방호구역 및 유수검지장치

1) 기준 : 제6조(2.3)

간이스프링클러설비의 방호구역(간이스프링클러설비의 소화범위에 포함된 영역을 말한다)·유수검지장치는 다음의 기준에 적합해야 한다. 다만, 캐비닛형의 경우에는 제3호의 기준에 적합해야 한다.

① 하나의 방호구역의 바닥면적은 1,000m²를 초과하지 아니할 것
② 하나의 방호구역에는 1개 이상의 유수검지장치를 설치하되, 화재발생시 접근이 쉽고 점검하기 편리한 장소에 설치할 것
③ 하나의 방호구역은 2개층에 미치지 아니하도록 할 것. 다만, 1개층에 설치되는 간이헤드의 수가 10개 이하인 경우에는 3개층 이내로 할 수 있다.

2) 해설

① 간이스프링클러설비에 대한 방호구역 기준은 일반 스프링클러설비와 동일하며 간이설비의 경우도 원칙적으로 유수검지장치를 설치하여야 한다. 다만, 종전까지는 방호구역이 3,000m²이었으나 간이스프링클러 설치 대상 중 가장

---

146) NFPA 13D(2022 edition) : 8.2 Position of sprinklers(헤드의 배치)

큰 바닥면적이 1,000m²임을 감안하여 방호구역 면적을 1,000m²로 2013. 6. 10. 개정하였다.

② 또한 캐비닛형 간이스프링클러설비의 경우는 가압송수장치, 수조 및 유수검지 장치 등을 집적화하여 캐비닛 형태로 집적시킨 간이 형태의 스프링클러설비인 관계로 이 경우는 별도의 유수검지장치를 설치하지 아니하며 따라서 유수검지 장치에 대한 각 조항의 적용을 받지 아니한다.

5. 음향장치 및 기동장치 : 제10조(2.7.1)

(1) 습식 유수검지장치를 사용하는 설비에 있어서는 간이헤드가 개방되면 유수검지장 치가 화재신호를 발신하고 그에 따라 음향장치가 경보되도록 할 것

(2) 준비작동식 유수검지장치의 작동 기준은 스프링클러설비의 화재안전기준[NFPC 103 (스프링클러설비) 제9조 3항/NFTC 103 2.6.3]을 준용한다.

6. 송수구 : 제11조(2.8)

간이스프링클러설비에는 소방차로부터 그 설비에 송수할 수 있는 송수구를 설치해야 한 다. 다만, 영업장(건축물 전체가 하나의 영업장일 경우는 제외)에 설치되는 상수도직결형 또는 캐비닛형의 경우에는 송수구를 설치하지 않을 수 있다.

> 상수도직결형은 수원이 무한수원이지만, 캐비닛형의 경우는 상수도에 접속하여도 NFTC 2.1.1.2에 따라 유효한 수조 용량을 확보하여야 하며 또한 자동급수장치가 장착되어 있 다. 아울러 캐비닛 제품 특성상 유수검지장치가 내장되어 있으며 송수구를 설치하기 어 려운 구조적인 문제점 등을 감안하여 송수구 설치를 면제하였다.

※ 송수구에 대한 기타 기준은 스프링클러설비 관련기준을 준용하므로 이를 참고하기 바람.

7. 비상전원 : 제12조(2.9)

다음의 기준에 적합한 비상전원 또는 비상전원수전설비를 설치해야 한다. 다만, 무전원 으로 작동되는 간이스프링클러설비의 경우에는 모든 기능이 10분(근린생활시설, 생활형 숙박시설, 복합건축물은 20분) 이상 유효하게 지속될 수 있는 구조를 갖추어야 한다.

(1) 간이스프링클러설비를 유효하게 10분(근린생활시설, 생활형 숙박시설, 복합건축물 의 경우에는 20분) 이상 작동할 수 있도록 할 것

(2) 상용전원으로부터 전력의 공급이 중단된 때에는 자동으로 비상전원으로부터 전원 을 공급받을 수 있는 구조로 할 것

제4 – 2절
화재조기진압용 스프링클러설비
(NFPC & NFTC 103B)

1 개 요

1. ESFR 헤드 기준의 변천

국내의 경우 ESFR 헤드에 대한 기준을 1995년 행정자치부 고시(화재조기진압용 스프링클러설비에 관한 기술기준)로 처음 제정하였으며, 이후 개정을 거쳐 소방방재청 고시인 국가화재안전기준(NFSC) 103B로 도입하게 되었다. 이후 K factor 및 수원에 대한 사항을 대폭 수정하여 현재의 기준이 된 것으로, 2022. 12. 1.자로 화재안전기준 분법화에 따라 소방청 고시인 NFPC 103B와 소방청 공고인 NFTC 103B로 개편되었다. 참고로 조문의 대부분 내용은 NFPA 13[147]에서 ESFR 헤드에 관한 내용을 준용하여 제정한 것이다.

2. ESFR 헤드의 개념

(1) ESFR 헤드의 정의

1) NFPC 103B(이하 동일) 제3조 1호 및 NFTC 103B(이하 동일) 1.7.1.1에서는 ESFR 헤드의 정의를 "특정(한) 높은 장소의 화재위험에 대하여 조기에 진화할 수 있도록 설계된 스프링클러헤드"로 표현하고 있다. 일반적으로 열에 의한 감도 성능이 우수하여 화재시 초기에 작동될 수 있도록된 조기 작동형 헤드를 속동형(速動型 ; Quick response) 헤드라 하는데, 이러한 속동형 헤드의 감도성능을 보유하면서 화재발생 초기에 강력한 화세를 이기고 침투할 수 있도록 입자가 큰 물방울(오리피스 직경 18mm)을 방사하도록 설계된 헤드가 ESFR 헤드이다.

2) 주로 천장고가 높은 장소, 랙크식 창고, 고위험물질을 저장하는 장소 등에서 주로 사용하며 시험장치에서 시험할 경우 국내 형식승인 기준상 RTI값은 "표준방향"에서

---

147) NFPA 13(2022 edition) : Chapter 14. Installation requirement for ESFR Sprinklers

20~36 이내의 Fast response형이며, "최악의 방향"에서 138을 초과하지 않아야 한다.[148] 공칭 K값은 200, 240, 320, 360 중 하나이며 보통 200이나 240을 사용한다.

> **보충 자료**
>
> 1. 표준방향
>   (1) 대칭 감열체인 경우 : 공기의 흐름이 유수방향과 프레임의 평면과 서로 직각이 되는 방향
>   (2) 비대칭 감열체인 경우 : 공기의 흐름이 유수방향과 반응시간이 가장 짧게 소요되는 프레임의 평면과 직각을 이루는 방향
> 2. 최악의 방향
>   공기의 흐름과 유수방향이 서로 수평이 되도록 설치되어 감열체와 기류의 접촉이 부속품에 의해 방해되게 설치되어 반응시간지수가 가장 큰 방향

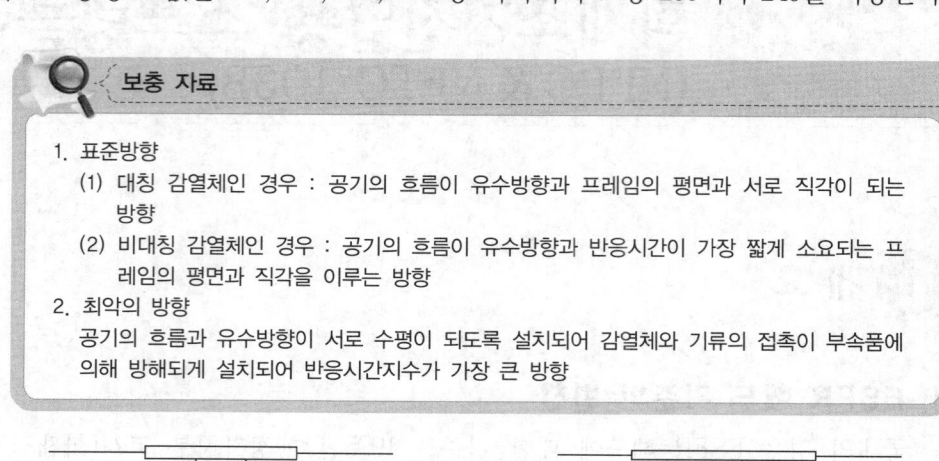

[그림 1-4-67] ESFR 헤드의 RTI 시험(예)

(2) ESFR 헤드의 적응성

1) 천장고가 높고 다량의 가연성 물품을 보관하고 있는 창고(예 랙크식 창고) 등의 경우는 화재하중이 크고 화재시 화세(火勢)가 강력한 장소로서 화재발생시 다음의 2가지 요인으로 화재진압이 용이하지 않다. 첫 번째는 헤드에서 방사되는 물이 화세가 강력한 불길 속으로 물방울의 침투가 용이하지 않으며 침투된 물방울도 바닥면에 도달하기 전에 증발되거나 화열에 의한 부력으로 인하여 물방울이 주변으로 날리게 된다. 두 번째는 강력한 화세로 인하여 화재발생 지점에서 먼 곳에 위치한 헤드도 개방하게 되어 화점(火點)에서 실제 필요한 헤드의 방사량은 상대적으로 감소하게 된다.

2) 따라서 이러한 창고형 화재를 조기에 완전 진압하기 위해서는 화재 초기에 대응하기 위한 헤드의 감도특성이 빠르고 충분한 물을 방사할 수 있는 살수특성을 갖는 헤드를 요구하게 되었으며, 이러한 특성의 헤드를 화재조기진압형(Early Suppression Fast Response) 헤드라 하며 약칭으로 ESFR 헤드라 한다. 이는 화재를 초기에 진압할 수 있도록 정해진 면적에 충분한 양의 물을 방사할 수 있는 조기 작동능력의 스프링클러헤드이다.

---

148) 스프링클러헤드의 형식승인 및 제품검사의 기술기준(소방청 고시) 제16조

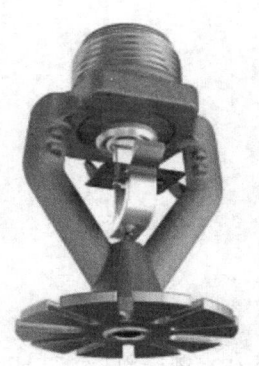

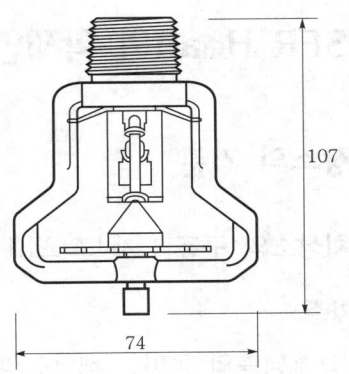

107

74

[그림 1-4-68] ESFR 헤드(예)

3. ESFR 헤드의 특징

(1) 랙크식 창고 등과 같이 가연성 물품이 많아 화재하중이 크고 화세가 급격히 확산되는 장소에 사용하기 위한 목적의 헤드이다.

(2) RTI값이 50 이하인 조기반응(Fast response)형 헤드의 감도성능을 가지고 있다.

(3) 강력한 화세를 침투하여야 하므로 입자가 큰 물방울을 방사할 수 있도록 헤드 오리피스 구경이 큰 헤드이다.

(4) 헤드의 살수특성은 화재제어가 아닌 화재진압용 헤드이다.

(5) 표준형 헤드에 비해 화재발생 초기에 작동하며 화세가 강력하게 전개되는 경우에도 화재진압에 필요한 적절한 양의 물을 침투시킬 수 있다.

(6) ESFR 헤드를 사용하는 설비에서는 방사된 물이 연소면에 충분히 도달하여야 하므로 헤드의 살수장애를 최소화하여야 한다.

(7) ESFR 헤드는 천장의 장애물이나 헤드 아래의 장애물에 대한 헤드의 설치기준을 엄격하게 준수하여야 하며 이를 강제조항으로 규제하고 있다.

(8) ESFR 헤드는 K값이 크고 다양하며 건물이나 적재물 높이별, 헤드설치방향(상향이나 하향)별로 최소방사압력 및 수원의 양이 달라진다.

(9) 초기에 화재를 효과적으로 진압하기 위하여 헤드방사시간이 지연되는 건식이나 준비작동식에는 사용할 수 없으며 습식설비에서만 사용할 수 있다.

(10) 효과적으로 화재를 감지하고 조기에 진압하기 위하여 ESFR 헤드를 설치하는 장소는 층의 최고높이가 13.7m(45ft)로 제한되어 있다.

2 ESFR Head의 화재안전기준

1. 설치장소의 기준

(1) 설치장소의 구조 : 제4조(2.1.1)

1) 기준

① 해당층의 높이 : 해당층의 높이가 13.7m 이하일 것. 다만, 2층 이상일 경우에는 해당층의 바닥을 내화구조로 하고 다른 부분과 방화구획할 것

② 천장의 기울기 : 천장의 기울기가 168/1,000을 초과하지 않아야 하고, 이를 초과하는 경우에는 반자를 지면과 수평으로 설치할 것

③ 트러스 구조의 돌출부분 : 천장은 평평해야 하며 철재나 목재 트러스구조인 경우, 철재나 목재의 돌출부분이 102mm를 초과하지 아니할 것

④ 보가 있는 천장의 경우 : 보로 사용되는 목재·콘크리트 및 철재 사이의 간격이 0.9m 이상 2.3m 이하일 것. 다만, 보의 간격이 2.3m 이상인 경우에는 화재조기진압용 스프링클러헤드의 동작을 원활히 하기 위하여 보로 구획된 부분의 천장 및 반자의 넓이가 28m²를 초과하지 아니할 것

⑤ 창고 선반의 형태 : 창고내의 선반의 형태는 하부로 물이 침투되는 구조로 할 것

2) 해설

① 해당층의 높이 : 해당층의 높이란 바닥에서 헤드를 부착하는 천장이나 반자까지의 높이를 말하는 것으로 ESFR 헤드는 헤드별로 등록된 높이 이하의 건물에서만 사용하여야 한다. 왜냐하면 ESFR 헤드의 성능은 천장의 높이에 따라 달라지는 것으로 NFPA[149]에서는 ESFR 헤드로 방호할 수 있는 최대 천장높이를 13.7m(45ft)까지만 허용하고 있다. 이 경우 해당층의 높이란 방호해야 할 장소의 최고천장높이(Maximum ceiling height)를 말하는 것으로 이를 천장의 평균높이로 적용하여서는 아니 된다. 화재안전기준 103B의 각종 수치가 자연수가 아닌 것은 NFPA에서 규정하는 수치인 ft, lb단위를 SI 단위로 변환한 결과로 국내 적용시 차후에는 자연수 단위로 수치를 조정하도록 개정하는 것이 필요하다(NFPA의 경우 2019년부터는 ft-lb를 SI 단위로 할 경우 자연수 5, 10 단위로 조정하여 기준을 제시하고 있음).

---

149) Automatic Sprinkler System Handbook 9th edition : 12.1.2.2(NFPA)

② **천장의 기울기** : 창고건물에 대한 ESFR 헤드를 설치할 수 있는 천장의 기울기를 NFPA에서는 16.7%까지만 이를 허용하고 있다.[150] 16.7%의 수치는 모형실험을 한 결과에 따른 실험적 데이터로서 헤드 부착면의 기울기가 16.7% 이하인 경우는 헤드의 작동패턴 및 작동순서에 영향이 없으나 16.7%를 초과할 경우는 방호면적 및 작동순서가 바뀔 수 있기 때문이다. 즉, 화재시 기울기가 클 경우에는 열이 천장 꼭대기로 모이게 되므로 화재가 발생하는 상부의 헤드가 작동되지 않고 천장 최상부 꼭대기의 헤드가 먼저 작동하게 되는 문제점이 발생하게 된다. 이러한 열 이동은 화점(火點) 부근에 있는 헤드의 작동을 지연시키고 오히려 화점으로부터 떨어져 있는 헤드를 먼저 작동시켜서 화재의 조기진압을 방해할 우려가 있다.

③ **트러스구조의 돌출부분** : ESFR 헤드는 조기에 화재를 감지하여 동작하여야 하므로 살수장애를 최소화하여야 한다. 이에 따라 화재안전기준에서는 NFPA에서 요구하는 살수장애물과 비장애물에 대한 기준을 도입한 것이다. 가장 이상적인 경우는 천장이 평평한 구조이나 만일 천장에 철골이나 목재 트러스가 있는 경우는 NFPA에서는 천장면에서 높이 102mm(4in)를 초과할 경우는 이를 "목재 트러스구조"로 간주하므로[151] 결국 돌출부분이 102mm 이내인 경우는 "살수 비장애물구조"(Unobstructed construction)로 간주한다는 의미이다.

④ **보가 있는 천장의 경우** : 천장면이 큰 보나 작은 보로 구성되어 있는 경우에는 기둥과 기둥 사이가 보에 의해 하나의 천장구획(Ceiling bay)을 형성하게 된다. Ceiling bay에서는 보의 간격이 너무 가까우면 헤드의 살수패턴을 방해하게 되며 화재시 발부위의 헤드만을 작동시킬 우려가 있다. 따라서 NFPA에서는 "작은 보 및 큰 보 구조"(Beam & Girder construction)에[152] 대한 용어의 정의를 보의 중심선의 간격이 0.9m(3ft)~2.3m(7.5ft)인 것으로 적용하고 있으며 NFTC 2.1.1.4에서 0.9m 이상 2.3m 이하는 이 조항을 준용한 것이다.

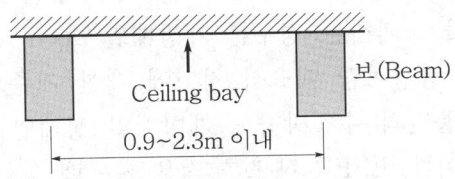

보(Beam)

Ceiling bay

0.9~2.3m 이내

[그림 1-4-69(A)] 천장 보의 기준

---

150) NFPA 13(2022 edition) 14.2.3
151) NFPA 13(2022 edition) : A.3.3.43.2 Unobstructed construction(살수 비장애구조물) - (5) Truss construction(wood or steel)
152) NFPA 13(2022 edition) : A.3.3.43.1 Obstructed construction(살수장애구조물) - (1) Beam & Girder construction

또한 NFPA의 살수장애 구조물에서는 천장구조에서 헤드의 작동이 용이하도록 열을 체류시키는 부재(部材)로 구성된 천장 판넬(Panel)의 경우 면적을 최대 $28m^2(300ft^2)$로 제한하고 있다. 따라서 ESFR 헤드의 조기동작을 위하여 보로 구획된 Ceiling bay의 경우에 이를 준용하여 NFTC 2.1.1.4에서 $28m^2$를 초과하지 않도록 한 것이다. 또한 NFTC에서 "보의 간격이 2.3m 이상인 경우"는 "보의 간격이 2.3m 초과"로 개정되어야 한다.

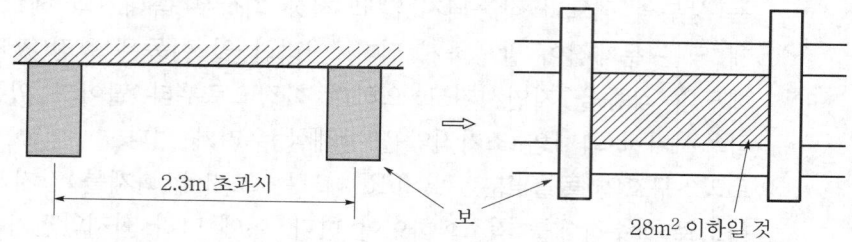

2.3m 초과시   보   28m² 이하일 것

[그림 1-4-69(B)] 보의 간격이 2.3m를 초과할 경우

⑤ 창고 선반의 형태 : 랙크식 창고에서 밀폐형 선반(Solid shelf)일 경우는 헤드로부터 살수되는 물이 아래쪽으로 침투할 수 없으므로 개방형 선반을 설치하여야 한다. NFPA 13(2022 edition) 20.5.3.1.1에서는 랙크식 창고의 경우 선반의 개구율이 50% 미만인 선반재료는 밀폐형 선반으로 간주한다.

(2) 저장물의 간격 : 제11조(2.8.1)

1) 기준 : 저장물품 사이의 간격은 모든 방향에서 152mm 이상의 간격을 유지해야 한다.

2) 해설

① 랙크식 창고내의 저장물품을 적재할 경우 NFPA에서는 적재된 물품과 물품 사이의 간격이 6in(152mm) 이하인 경우를 밀집배열(Closed array)이라 하며, 6in를 초과하는 경우를 개방배열(Open array)이라 한다. NFTC 2.8.1에서 모든 방향이란 랙크식 창고에 대한 기준으로서 물품간의 수평방향뿐 아니라 물품간의 수직방향도 개방배열 상태인 152mm 이상을 이격하도록 요구한 것이다. ESFR 헤드를 적용하는 랙크식 창고에서 저장물품에 대해 "개방배열"을 요구하는 이유는 다음과 같다.

② 저장물품에서 화재가 발생할 경우 물품 사이에 152mm 이상의 공간을 확보하게 되면 수직으로 연소가 되도록 보조하여 열을 수직으로 상승시켜 헤드를 조기에 작동시키게 된다. 또한 이로 인하여 152mm의 해당 공간을 통하여 헤드에서 살수된 물이 화면에 도달하도록 유도하는 것으로 이러한 공간

을 송기공간(送氣空間 ; Flue space)이라 한다. 만약 이러한 공간이 없는 경우 화재가 랙크 상부를 통하여 확대하지 못하므로 랙크를 중심으로 수평이나 통로측의 면을 따라 위로 확대하게 된다. 이 경우 헤드의 작동을 현저히 지연시키게 되며 또한 방수된 물이 랙크를 통하여 화면에 도달할 수 없게 된다. NFPA에서는 이러한 물품간의 간격(152mm 이상) 부분에 헤드를 설치하고, 화세가 수직방향으로 성장하는 것을 억제하는 데 사용되는 이러한 표준형 헤드를 Face(대면 ; 對面) sprinkler head라 한다.

chapter

1

소화설비

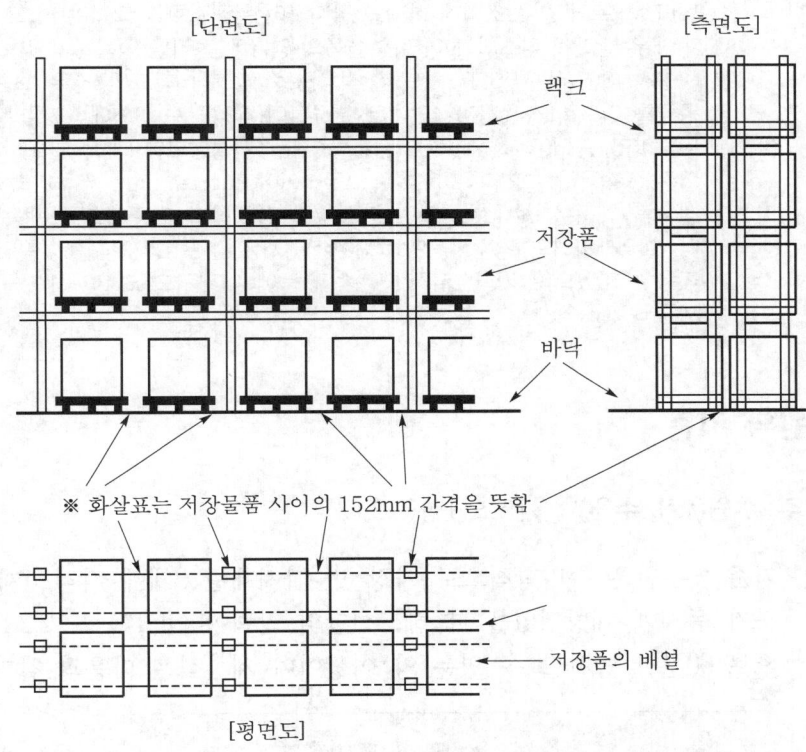

[그림 1-4-70] 저장물품 사이의 간격

(3) 환기구 : 제12조(2.9.1)

환기구는 다음 각 호에 적합해야 한다.

1) 공기의 유동으로 인하여 헤드의 작동온도에 영향을 주지 않는 구조일 것

2) 화재감지기와 연동하여 동작하는 자동식 환기장치를 설치하지 아니할 것. 다만, 자동식 환기장치를 설치할 경우에는 최소작동온도가 180℃ 이상일 것

(4) 헤드의 설치제외 장소 : 제17조(2.14.1)

다음의 기준에 해당하는 물품의 경우에는 화재조기진압용 스프링클러를 설치하여서는 아니 된다. 다만, 물품에 대한 화재시험 등 공인기관의 시험을 받은 것은 제외한다.

1) 제4류 위험물

2) 타이어, 두루마리 종이 및 섬유류, 섬유제품 등 연소시 화염의 속도가 빠르고 방사된 물이 하부까지에 도달하지 못하는 것

> ① ESFR 헤드의 경우 조기에 화재를 감지하여 완전소화가 되어야 하므로 연소시 연소확대가 매우 빨라 완전소화가 어려운 물품의 경우에는 이를 적용하지 않도록 규정한 것이다.
> ② NFPA 13에서는 ESFR 헤드를 적용하는 랙크식 창고의 경우 보관하는 수용물품의 종류를 Class I ～IV까지 4단계로 분류하여 적용하는 이외에, 고무타이어(Rubber tire), 두루마리 종이(Roll paper), 섬유류 제품 저장창고에 대해 별도의 기준을 제정하여 기준을 적용하고 있다. 이 경우 고무타이어(Rubber tire), 두루마리 종이(Roll paper), 섬유류 제품은 K factor와 소요살수밀도에 따라 표준헤드를 적용할 수 있다. 그러나 고무타이어의 경우 NFPA 230[153])에서는 별도로 시험을 수행하여 ESFR 헤드를 적용하고 있으며 기타 두루마리 종이 등에 대해서도 ESFR 헤드를 적용하는 기준이 제정되어 있다.

2. 수원의 기준

(1) 주 수원(1차 수원) : 제5조 1항(2.2.1)

1) 기준 : 수원은 수리학적으로 가장 먼 가지배관 3개에 각각 4개의 스프링클러헤드가 동시에 개방되었을 때 헤드선단의 압력이 NFTC 표 2.2.1에 의한 값 이상으로 60분간 방사할 수 있는 양 이상이며 계산식은 다음과 같다.

$$Q = 12 \times 60 \times K\sqrt{10P}$$ ················· [식 1-4-20]

여기서, Q : 수원의 양(l)
K : 상수($l$pm/$\sqrt{MPa}$)
P : 헤드선단의 (최소방사)압력(MPa) → NFTC 표 2.2.1

2) 해설

① 수원적용시 헤드 : ESFR 헤드의 경우 수원의 양을 정하는 기준헤드는 가장 먼 가지배관 3개에 각각 4개의 헤드 즉, 총 12개의 헤드를 기준개수로 하여

---

153) NFPA 230(2003 edition) Standard for the fire protection of storage : Appendix C explanation of rack storage test data & procedures(랙크식 창고에 대한 시험 데이터 및 절차에 대한 설명).

동시개방시 방사압이 NFTC 표 2.2.1에 의한 값이 되도록 60분간 방사하는 양이 된다. 이는 NFPA 13에서 랙크식 창고에서 요구하는 ESFR 헤드의 소요수량의 기준으로서 화재안전기준은 이를 준용한 것이다.

② **수리적으로 가장 먼 가지배관** : 수리적으로 가장 먼 가지배관의 개념은 원래는 "수리적 최대수량구역"(Hydraulically most demending area)의 개념으로 이는 펌프에서 가장 멀리 떨어진 "지리적 최원거리"(Geographically most remote area)의 개념이 아니라 수리적으로 헤드방사압을 만족하면서 최대의 수량을 필요로 하는 위치를 의미한다. 그러나 이는 최적의 요구사항을 만족하기 위하여 다양한 계산을 전제로 하므로 국내에서는 이를 단순화하기 위하여 수리적으로 가장 먼 즉, 펌프의 소요양정을 가장 많이 필요로 하는 위치에 해당하는 가지배관으로 규정한 것이다.

③ **방사시간** : NFPA에서는 창고의 경우 밀폐형 용기(No open-top container)나 밀폐형 선반(Solid shelving) 랙크에 저장물품을 비닐로 각각 포장한 랙크식 창고의 경우 ESFR 헤드의 방사시간(Water supply duration)은 60분으로 규정하고 있다. 이를 준용하여 [식 1-4-20]에서는 방사시간을 60분으로 한 것이다.

④ **계산식** : 수원의 식 $Q = 12 \times 60 \times K\sqrt{10P}$ 에서 12는 헤드 12개(가지관 3개에 각각 4개의 헤드)를, 60은 방사시간 60분을 의미한다. 이 식에서 P는 기준개수 12개를 동시에 개방할 경우 헤드의 최소방사압(MPa)을 말한다. 이때 K factor는 제조사의 제품에 따라 헤드를 부착하는 층의 높이별, 저정물품의 최대적재높이별, 헤드의 설치형태별(상향식, 하향식)로 NFTC 표 2.2.1에서 다양하게 규정하고 있다. [식 1-4-20]은 SI 단위이며 중력단위로는 수원의 양(l)은 $Q = 12 \times 60 \times K\sqrt{P(\text{kg/cm}^2)}$ 가 된다.

(2) 최소방사압력 : NFTC 표 2.2.1

1) 기준

[표 1-4-29(A)] ESFR 헤드의 최소방사압력(MPa) : NFTC 표 2.2.1

최대층고	최대 저장높이	화재조기진압용 스프링클러헤드의 최소방사압력(MPa)				
		$K=360$ 하향식	$K=320$ 하향식	$K=240$ 하향식	$K=240$ 상향식	$K=200$ 하향식
13.7m	12.2m	0.28MPa	0.28MPa	–	–	–
13.7m	10.7m	0.28MPa	0.28MPa	–	–	–
12.2m	10.7m	0.17MPa	0.28MPa	0.36MPa	0.36MPa	0.52MPa
10.7m	9.1m	0.14MPa	0.24MPa	0.36MPa	0.36MPa	0.52MPa
9.1m	7.6m	0.10MPa	0.17MPa	0.24MPa	0.24MPa	0.34MPa

2) 해설

① NFTC 표 2.2.1의 개념 : 화재안전기준 도입 당시에는 K factor를 한 가지만 규정하여 수원의 양을 동일하게 적용하였으나 NFPA 13의 랙크식 창고에 대한 방사압력의 기준을 준용하여 천장 높이별로 K factor에 따라서 수원의 양을 달리 적용하도록 개정하였다. 따라서 수원은 일률적으로 적용하는 것이 아니라 수용품이 저장된 창고의 높이, 헤드의 설치형태(상향 또는 하향) 및 선정하는 ESFR 헤드의 제품별 K factor에 따라 필요로 하는 방사압이 다르며, 이를 각각 공식에 대입하여 필요한 수원의 양을 구분하여 적용하여야 한다.

② NFTC 표 2.2.1의 근거 : 표 2.2.1의 근거는 NFPA에서 규정한 것[154]으로 다음의 [표 1-4-29(B)]를 준용한 것으로 이는 팰릿 적재창고(Pallet storage ; 팰릿 위에 물품을 저장하는 창고)나 밀집적재창고(Solid-piled storage)에 대한 ESFR 헤드의 최소작동압력(Minimum operating pressure)에 대한 기준이다.

[표 1-4-29(B)] ESFR Protection of storage of Class I~IV commodity

Maximum ceiling height	Maximum storage height	Minimum operating pressure				
		$K=360$ pendent	$K=320$ pendent	$K=240$ pendent	$K=240$ upright	$K=200$ pendent upright
14m	12m	2.7Bar	2.7Bar	—	—	—
14m	11m	2.7Bar	2.7Bar	—	—	—
12m	11m	1.7Bar	2.7Bar	3.6Bar	—	—
11m	9.1m	1.4Bar	2.4Bar	3.6Bar	3.6Bar	5.2Bar
9.1m	7.6m	1.0Bar	1.7Bar	2.4Bar	2.4Bar	3.4Bar

[표 1-4-29(B)]의 출전(出典)

NFPA 13(2022 edition) Table 23.3.1

NFPA의 원전은 위 표와 같으나 국내 형식승인 기준[155]에서는 ESFR 헤드의 K factor는 200, 240, 320, 360의 4가지로 규정하고 있다. 예를 들어 수원의 양을 구하면 다음과 같다.

---

154) NFPA 13(2022 edition) Table 23.3.1 : Protection of palletized, solid-piled, or rack storage of Class I through Class IV and Group A commodities shall be in accordance with Table 23.3.1(ESFR 헤드는 클래스 I에서 클래스 IV까지의 팰릿 적재 및 밀집적재된 클래스 1~4등급 물품의 랙크식 저장과 그룹 A 저장품의 방호는 표 23.3.1에 따라야 한다).

155) 스프링클러헤드의 형식승인 및 제품검사의 기술기준(소방청 고시) 제17조

예제

층고 12m의 창고에 ESFR 헤드를 설치할 경우, 물품의 적재높이가 10m, 헤드의 K factor는 200일 경우 필요한 1차 수원량(m^3)을 구하라. (단, 소수 첫째리까지 구한다.)

풀이 $Q = 12 \times 60 \times K\sqrt{10P}$ 에서, $Q = 12 \times 60 \times 200 \times \sqrt{10P}$ 이다.
이때, 최소방사압은 NFTC 표 2.2.1를 보면, 최대층고(12m → 2.2m에 해당함), 최대저장높이(10m → 10.7m에 해당함), $K=200$의 3가지 조건에 맞는 것은 표에서 하향식 헤드로 0.52MPa이다.
따라서 $P=0.52$이므로 $Q = 12 \times 60 \times 200 \times \sqrt{10 \times 0.52} = 328,370.6l \fallingdotseq 328.4m^3$가 되며 헤드는 하향식 헤드로 선정하여야 한다.

3. 가압송수장치의 기준

(1) 펌프방식 : 제6조 1항(2.3.1)

NFTC 2.2.1의 방사량 및 헤드선단의 압력을 충족할 것(제6조 1항 9호)

$$\text{펌프의 양정} : H(m) = H_1 + H_2 + H_3 \qquad [식 1-4-21]$$

여기서, H_1 : 건물의 실양정(Actual Head)(m)
H_2 : 배관의 마찰손실수두(m)
H_3 : NFTC 표 2.2.1에 의한 최소방사압력의 환산수두(m)

(2) 고가수조방식 : 제6조 2항(2.3.2)

고가수조의 자연낙차수두(수조의 하단으로부터 최고층에 설치된 헤드까지의 수직거리를 말한다)는 다음의 식에 따라 산출한 수치 이상이 되도록 할 것

$$\text{필요한 낙차} : H(m) = H_1 + H_2 \qquad [식 1-4-22]$$

여기서, H_1 : 배관의 마찰손실수두(m)
H_2 : NFTC 표 2.2.1에 의한 최소방사압력의 환산수두(m)

(3) 압력수조방식 : 제6조 3항(2.3.3)

압력수조의 압력은 다음의 식에 따라 산출한 수치 이상으로 할 것

$$\text{필요한 압력} : P(MPa) = P_1 + P_2 + P_3 \qquad [식 1-4-23]$$

여기서, P_1 : 낙차의 환산수두압(MPa)
P_2 : 배관의 마찰손실수두압(MPa)
P_3 : NFTC 표 2.2.1에 의한 최소방사압력(MPa)

(4) 가압수조방식 : 제6조 4항(2.3.4)

가압수조의 압력은 제1항 9호(2.3.4.1) 규정에 따른 방수량 및 방수압이 20분 이상 유지 되도록 할 것

$$필요한 ~압력 : P(\text{MPa}) = P_1 + P_2 + P_3$$ ·············· [식 1-4-24]

여기서, P_1 : 낙차의 환산수두압(MPa)
P_2 : 배관의 마찰손실수두압(MPa)
P_3 : NFTC 표 2.2.1에 의한 최소방사압력(MPa)

4. 배관 및 헤드의 기준

(1) ESFR 스프링클러설비의 적용 : 제8조 1항(2.5.1)

화재조기진압용 스프링클러설비의 배관은 습식으로 해야 한다.

> ESFR 스프링클러설비의 경우는 속동형 헤드이며 화재시 빠른 시간에 물이 방사되어 화재를 진압하여야 하므로 습식설비만 인정한 것이다.

(2) 가지배관의 배열 : 제8조 10항 2호(2.5.10.2)

1) **기준** : 가지배관 사이의 거리는 2.4m 이상 3.7m 이하로 할 것. 다만, 천장의 높이가 9.1m 이상 13.7m 이하인 경우에는 2.4m 이상 3.1m 이하로 한다.

2) **해설**

① NFPA[156]에서는 ESFR 헤드를 사용할 경우 천장높이에 따라 헤드의 가지관의 간격을 천장높이 9.1m(30ft)까지는 가지관 간격 3.7m(12ft) 이하로, 천장높이 9.1m(30ft) 초과시는 가지관 간격 3.1m(10ft)로 규정하고 있으며 NFTC 2.5.10.2는 이를 준용한 것이다. 또 ESFR SP설비의 경우 천장높이는 13.7m 이하이므로 결국 9.1m 초과는 9.1~13.7m의 범위가 된다. 따라서 ESFR SP 설비의 경우는 어떠한 경우에도 가지배관 간격이 3.7m를 초과하여서는 아니된다.

② 또한 헤드간 최소간격은 2.4m(8ft)이며 정방형 배치시 헤드간격은 가지관의 간격이 되므로 결론적으로 천장높이별 가지관의 간격은 다음과 같이 된다.

---

156) NFPA 13(2022 edition) : Table 14.2.8.2.1(Protection area & Maximum spacing of ESFR sprinklers)

[표 1-4-30(A)] ESFR Head의 가지배관의 간격

천장 높이	가지배관의 간격
9.1m(30ft) 미만	2.4m(8ft)~3.7m(12ft)
9.1m(30ft) 이상~13.7m(45ft)	2.4m(8ft)~3.1m(10ft)

㊟ 정확히는 NFPA에서는 9.1m(30ft) 이하와 9.1m(30ft) 초과로 규정하고 있다.

(3) 헤드의 설치기준 : 제10조(2.7.1)

1) **기준** : 화재조기진압용 스프링클러설비의 헤드는 다음의 기준에 적합해야 한다.

① **헤드의 방호면적(NFTC 2.7.1.1)** : 헤드 하나의 방호면적은 $6.0m^2$ 이상 $9.3m^2$ 이하로 할 것

② **헤드간 간격(NFTC 2.7.1.1)** : 가지배관의 헤드 사이의 거리는 천장의 높이가 9.1m 미만인 경우에는 2.4m 이상 3.7m 이하로, 9.1m 이상 13.7m 이하인 경우에는 3.1m 이하로 할 것

③ **적재물간 이격거리(NFTC 2.7.1.3)** : 헤드의 반사판은 천장 또는 반자와 평행하게 설치하고 저장물의 최상부와 914mm 이상 확보되도록 할 것

④ **하향식 헤드의 천장간 이격거리(NFTC 2.7.1.4)** : 하향식 헤드의 반사판의 위치는 천장이나 반자 아래 125mm 이상 355mm 이하일 것

⑤ **상향식 헤드의 천장 및 배관간 이격거리(NFTC 2.7.1.5)** : 상향식 헤드의 감지부 중앙은 천장 또는 반자와 101mm 이상 152mm 이하이어야 하며, 반사판의 위치는 스프링클러배관의 윗부분에서 최소 178mm 상부에 설치되도록 할 것

⑥ **헤드와 벽간의 수평거리(NFTC 2.7.1.6)** : 헤드 상호간 거리의 $\frac{1}{2}$을 초과하지 않아야 하며 최소 102mm 이상일 것

⑦ **헤드의 작동온도(NFTC 2.7.1.7)** : 작동온도는 74℃ 이하일 것. 다만, 헤드 주위의 온도가 38℃ 이상의 경우에는 그 온도에서의 화재시험 등에서 헤드작동에 관하여 공인기관의 시험을 거친 것을 사용할 것

⑧ **헤드의 차폐판(NFTC 2.7.19)** : 상부에 설치된 헤드의 방출수에 따라 감열부에 영향을 받을 우려가 있는 헤드에는 방출수를 차단할 수 있는 유효한 차폐판을 설치할 것

2) **해설**

① **헤드의 방호면적(NFTC 2.7.1.1)** : ESFR 헤드의 방호면적(Protection area of coverage)에 대해서 NFPA에서는 최소방호면적은 $5.9m^2(64ft^2)$로, 최대방호

면적은 $9.3m^2(100ft^2)$로 규정하고 있다.[157] NFPA에서 최소방호면적을 $5.9m^2$로 규정한 것은 스키핑현상을 방지하기 위한 목적이다. 이에 따라 NFTC 2.7.1.1에서는 방호면적을 $6\sim9.3m^2$ 이하로 규정한 것이다.

② 헤드간 간격(NFTC 2.7.1.1) : 헤드간 간격(Distance between sprinklers)에 대해서는 정방형 배치시 헤드간격은 가지관의 간격과 동일하다. 따라서 앞에서 해설한 가지배관의 배열과 같이 천장높이에 따라 헤드의 간격을 천장높이 9.1m(30ft)까지는 헤드간격 3.7m(12ft) 이하로, 천장높이 9.1m(30ft) 초과시는 헤드간격 3.1m(10ft)로 규정하고 있다. 또한 천장높이는 최대 13.7m 이하이므로 결국 9.1m 초과는 9.1~13.7m의 범위가 된다. 또한 헤드간 최소간격은 2.4m(8ft)로 규정하고 있으므로 이를 정리하면 다음의 표와 같다.

[표 1-4-30(B)] ESFR Head의 헤드간 간격

천장높이	헤드간격
9.1m(30ft) 미만	2.4m(8ft)~3.7m(12ft)
9.1m(30ft)~13.7m(45ft)	2.4m(8ft)~3.1m(10ft)

🔲 정확히는 NFPA에서는 9.1m(30ft) 이하와 9.1m(30ft) 초과로 규정하고 있다.

③ 적재물간 이격거리(NFTC 2.7.1.3) : NFPA에서는 적재물과 천장간의 거리(Clearance to storage)를 914mm(36in) 이격하도록 요구하고 있다.[158] 이격거리가 914mm 미만이 되면 ESFR 헤드의 배치간격 기준을 만족하면서 허용된 범위 내에 설치할 경우 인접하는 헤드의 살수 패턴이 충분하게 겹쳐지지 않게 된다. 따라서 이를 방지하기 위하여 일정한 이격거리를 요구하고 있다.

④ 하향식 헤드의 천장간 이격거리(NFTC 2.7.1.4) : NFPA에서는 헤드 반사판(Deflector)과 천장간의 이격거리(Distance below ceiling)를 K factor와 헤드의 설치방향(상향이나 하향)에 따라 다음의 [표 1-4-30(C)]와 같이 규정하고 있다. K Factor가 200, 240일 경우 최소간격은 6in(152mm), 최대간격

157) NFPA 13(2022 edition)
　• 14.2.8.3(Minimum protection area of coverage) : The minimum allowable protection area of coverage for a sprinkler shall not be less than $64ft^2(5.9m^2)$(스프링클러헤드 1개에 대한 최소방호면적은 $5.9m^2$ 이상이어야 한다).
　• 14.2.8.2.2(Maximum protection area of coverage) : (전략) The maximum area of coverage of any sprinkler shall not exceed $100ft^2(9.3m^2)$(스프링클러헤드 1개의 최대방호면적은 $9.3m^2$를 초과하지 않아야 한다).
158) NFPA 13(2022 edition) 14.2.12 : The clearance between the deflector and the top of storage shall be 36 in(914mm) or greater(디플렉터와 저장품 상단 사이의 이격거리는 914mm 이상이어야 한다).

은 14in(355mm)로, NFTC 2.7.1.4는 NFPA의 [표 1-4-30(C)]를 준용한 것이다. 현재 NFTC 2.7.1.4에서는 125mm로 되어 있으나 이는 152mm(6in)의 오류로 시급히 개정하여야 한다.

[표 1-4-30(C)] ESFR head의 헤드 천장간 이격거리

헤드	K factor	디플렉터와 천장간 간격
하향식(Pendent)	K=200, 240, 400	150~350mm(6~14in)
하향식(Pendent)	K=320, 360, 480	150~450mm(6~18in)
상향식(Upright)	K=200, 240	75~300mm(3~12in)
살수장애구조물 (Obstructed construction)	장애물이 있는 구조에서는 보를 가로질러 가지관을 설치할 수 있으나 헤드는 보 아래가 아닌 천장면에 설치해야 한다(With obstructed construction, the branch lines shall be permitted to be installed across the beams, but sprinklers shall be located in the bays and not under the beams).	

㈜ NFPA는 현재 모든 단위에 SI 단위를 병기하고 있으며, 이 경우 적용의 편리성을 위해 단위 변환시 반올림 또는 절상이나 절삭을 하여 수치를 조절하여 표기하고 있다.
예 6in(152mm) → 6in(150mm)

 [표 1-4-30(C)]의 출전(出典)

NFPA 13(2022 edition) 14.2.10.1(Distance below ceilings)

⑤ 상향식 헤드의 천장 및 배관간 이격거리(NFTC 2.7.1.5) : 상향식의 경우 화재안전기준에서는 천장(또는 반자)간은 101~152mm을 이격하고 SP배관과는 디플렉터에서 178mm의 이격을 요구하고 있다.

㉮ 감지부 중앙과 천장(반자)간 거리 : NFPA에서는 [표 1-4-30(C)]를 보면 상향식의 경우 K factor에 따라 75~300mm를 이격하도록 하고 있어 화재안전기준과는 기준이 다르다.

㉯ 디플렉터와 스프링클러 배관간 거리 : NFPA에서는 헤드 아래 연속한 장애물(Continuous obstruction below the sprinklers)에서 상향식 헤드의 반사판(Deflector)이 배관 위쪽으로 178mm(7in) 이상 떨어져서 배치되는 것을 요구하고 있다.[159] 화재안전기준은 이를 준용한 것으로 이는 헤드 아래쪽의 살수장애물의 영향을 최소화하기 위한 기준이다.

---

159) Sprinkler Handbook 9th edition : 8.12.5.3.2(Upright sprinklers)

⑥ 헤드와 벽과의 수평거리(NFTC 2.7.1.6) : NFPA에서 헤드와 벽과의 최소이격거리(Minimum distance from walls)는 102mm(4in)가 되어야 하며[160] NFTC 2.7.1.6은 이를 준용한 것이다. 이는 벽에서 가장 가까이 있는 헤드의 주변은 열의 유동에 제한이 되는 Dead-air space(사장공간)로서 헤드의 작동시간을 지연시킬 수 있기 때문이다. 즉, 벽에서 최소한 4in 이상을 이격하여 헤드가 적절하게 작동하도록 하기 위한 조치이다. 일반 스프링클러헤드의 경우도 벽에서 10cm 이상 이격하는 것은 이와 동일한 개념으로 규정한 것이다.

⑦ 헤드 작동온도(NFTC 2.7.1.7) : NFTC 2.7.1.7에서 공인기관의 시험을 요구한 주위온도가 38℃ 이상이 된 것은 [표 1-4-3(B)]와 같이 NFPA에서 헤드의 표시온도 구분은 38℃부터이며 국내의 경우도 [표 1-4-2]에서 39℃ 미만이므로 38℃ 이상으로 표기한 것이다. 작동온도란 헤드가 동작되는 온도로서 원칙적으로 표시온도와 개념상의 차이는 없으나 헤드 형식승인시 "헤드 작동시험"을 별도로 수행하고 있다. 작동온도를 측정하는 작동시험은 폐쇄형 헤드를 액조내에 넣어 그 헤드의 표시온도보다 10℃ 낮은 온도로부터 매분 1℃ 이내의 비율로 온도를 상승시키는 경우 헤드가 작동하는 실제 측정한 온도이다.

3 ESFR 헤드의 살수장애물 기준

ESFR 헤드를 사용하는 설비에서는 방사된 물이 연소면에 충분히 도달하여야 하므로 헤드의 살수장애를 최소화하여야 한다. 이에, ESFR 헤드는 천장의 장애물이나 헤드 아래 장애물에 대한 헤드 설치기준을 엄격하게 준수하며 살수장애물이 발생할 경우 이를 배치하기 위한 관련된 표와 그림이 별표와 별도로 고시되어 있다. NFPC에서는 이를 별표와 별도로 표기하고 있으나, NFTC에서는 해당 표 및 그림에 코드번호가 부여되어 있어 매우 복잡하다. 이에 본 교재에서는 용어를 NFPC와 같이 별표와 별도로만 표기하였으니 아래의 [표 1-4-31(A)]를 참고하기 바란다.

[표 1-4-31(A)] NFPC 103B(고시)와 NFTC 103B(공고)의 표와 그림 대비

NFPC (성능기준)	NFTC (기술기준)	내 용	비 고
별표 1	표 2.7.1.8(1)	보 또는 기타 장애물 아래에 헤드가 설치된 경우의 반사판 위치	-
별표 2	표 2.7.1.8(2)	저장물 위에 장애물이 있는 경우의 헤드 설치기준	-

160) NFPA 13(2022 edition) 14.2.9.3 : Sprinklers shall be located a minimum of 4in(100mm) from a wall[헤드는 벽으로부터 최소 4in(100mm) 이격하여야 한다].

별도 1	그림 2.7.1.8(1)	보 또는 기타 장애물 위에 헤드가 설치된 경우의 반사판 위치	별도 3 또는 별표 1을 함께 사용할 것
별도 2	그림 2.7.1.8(2)	장애물이 헤드 아래에 연속적으로 설치된 경우의 반사판 위치	
별도 3	그림 2.7.1.8(3)	장애물 아래에 설치되는 헤드 반사판의 위치	−

㊟ 별표 3은 NFTC 표 2.2.1(ESFR 헤드의 최소방사압력)이며 [표 1-4-29(A)]이므로 생략함.

1. 개념(ESFR 헤드의 살수장애물)

(1) 헤드의 살수분포에 장애물이 있는 경우 ESFR 스프링클러설비에서는 살수장애물 적용을 표준형 스프링클러설비보다 더욱 엄격하게 적용하여야 한다. 왜냐하면 ESFR 헤드의 경우 화재하중이 크고 화세가 급격히 확산되는 장소에 설치하는 헤드인 관계로 살수분포에 장애가 없어야 하며, 화점에 충분한 물을 즉시 살수하여야 하기 때문이다.

(2) ESFR 헤드에 대한 살수장애물의 경우 NFPA에서는 천장 근처 장애물(Obstructions at near the ceiling)과 연속장애물(Continuous obstructions)로 분류한다. 이 경우 "천장 근처 장애물"이란 헤드 위에 설치된 천장이나 천장 주변의 보, 덕트, 기둥, 트러스, 전선관, 배관 및 각종 기계기구 등을 말한다. "연속 장애물"이란 헤드 아래에 설치된 덕트, 전선관, 배관, 컨베이어 벨트 등과 같이 연속된 일반적인 장애물을 말한다.

용어의 정의	내 용
천장 근처 장애물 (Obstructions at near the ceiling)	헤드 위에 설치된 천장이나 천장 주변의 보, 덕트, 기둥, 트러스, 전선관, 배관 및 각종 기계기구 등
연속장애물 (Continuous obstructions)	헤드 아래에 설치된 덕트, 전선관, 배관, 컨베이어 벨트 등과 같이 연속된 일반적인 장애물

(3) 연속장애물의 경우는 최소한 인접한 2개 이상의 ESFR 헤드의 살수패턴을 방해하는 수평장애물이 되어야 한다. 이유는 2개 이상의 스프링클러헤드의 살수패턴에 영향을 미치는 연속장애물은 스프링클러헤드의 성능에 심각한 영향을 미치기 때문이다.[161] 따라서 헤드 아래쪽에 살수가 분포될 경우 헤드 1개에서만 살수장애가 발생한다면 이는 헤드 윗부분(헤드 밑부분이 아님)에 살수장애가 있는 것으로 간주한다.

---

161) NFPA 13 Sprinkler Handbook(2010) 8.12.5 : Continuous obstructions affecting the discharge pattern of more than one sprinkler can have a significant impact on sprinkler performance (두 개 이상 스프링클러헤드의 살수분포에 영향을 주는 연속장애물은 스프링클러헤드 성능에 심각한 영향을 미칠 수 있다).

2. 별표와 별도의 의미

(1) 개념

1) 살수장애물에 대해 화재안전기준에서는 천장 근처 장애물의 헤드 설치기준은 별표 1로 규정하고, 연속장애물은 이를 돌출장애물과 연속장애물로 구분하여 별표 2로 규정한 것이다. 아울러 별도 1은 별표 1의 헤드 위치를 예시한 것이며, 별도 2는 별표 2의 헤드 위치를 예시한 것이다.

2) 또한 별도 3의 경우는 별표 1의 수평거리와 수직거리를 세분화시킨 그림으로, 별표 1의 경우는 ESFR 헤드의 살수분포곡선을 이용하여 수평거리를 계단식으로 분류하여 수직거리를 적용한 것이나, 별도 3은 살수분포곡선 자체를 사용하여 임의의 모든 수평거리에 대응한 수직거리를 결정할 수 있도록 한 것으로 별표와 별도의 의미는 다음과 같다.

[표 1-4-31(B)] 별표와 별도의 의미

종 류	구 분	적용 사항	비 고
별표 1	헤드 설치기준	헤드 위에 장애물 있음(=장애물 아래 헤드가 설치됨)	수평거리를 계단식으로 적용함
별표 2		헤드 아래에 장애물 있음(=장애물 위에 헤드가 설치됨)	−
별도 1	헤드 위치기준	별표 1의 헤드(반사판) 위치 예시	−
별도 2		별표 2의 헤드(반사판) 위치 예시	−
별도 3	헤드 설치기준	헤드 위에 장애물 있음(=장애물 아래 헤드가 설치됨)	임의의 수평거리에 대해 적용 가능함

☞ 헤드 아래쪽에 장애물이 있는 경우 헤드 1개만 살수장애가 발생한 것은 헤드 위쪽에 장애물이 있는 것으로 간주한다.

(2) 별표의 의미

1) 별표 1(보 또는 기타 장애물 아래에 헤드가 설치된 경우의 반사판 위치)

① 별표 1은 다음의 [표 1-4-32(A)]를 말하며 이는 보 또는 기타 장애물 아래에 대한 헤드 설치기준으로 NFPC 별표 1과 NFTC 표 2.7.1.8(1)로 규정하고 있다. 동 표는 헤드 설치를 12단계로 구분하여 수직거리(장애물 하단과 헤드 반사판 사이)에 대한 최대값을 정한 것으로 NFPA 13에서 정한 [표 1-4-32(B)]를 준용하여 제정한 것이다. 별표 1의 12번째 칸에서 1.8m 이상이 상

한값인 이유는 ESFR 헤드는 NFTC 2.7.1.1과 같이 최대방호면적이 9.3m^2 이하이므로 헤드의 최대반경 $r = \sqrt{9.3/\pi} = 1.72\text{m}$ 이고 1.8m를 상한값으로 한 것이다.

② 별표 1의 원전인 [표 1-4-32(B)]의 NFPA 수치를 보면, ft-lb 단위를 SI 단위로 변환하면서 수치를 간략화하고 있다. 따라서 15in(380mm→NFPA 375mm), 18in(460mm → NFPA 450mm), 22in(560mm → NFPA 550mm), 26in(660mm → NFPA 650mm), 31in(790mm → 775mm)로 조정하여 수치를 제시하고 있으며, 이에 따라 별표 1과 NFPA 기준은 미소한 차이가 있다. 별표 1을 그림 없이 표만 볼 경우 의미를 알 수 없으나 관련 그림인 [그림 1-4-71(A)]를 같이 보면 헤드와 장애물간의 배치 관계를 이해할 수 있다.

[표 1-4-32(A)] 별표 1(보 또는 기타 장애물 아래에 설치된 헤드의 반사판 위치)

장애물과 헤드 사이의 수평거리(a)	장애물의 하단과 헤드의 반사판 사이의 수직거리(b)	장애물과 헤드 사이의 수평거리(a)	장애물의 하단과 헤드의 반사판 사이의 수직거리(b)
0.3m 미만	0mm	1.1m 이상~1.2m 미만	300mm
0.3m 이상~0.5m 미만	40mm	1.2m 이상~1.4m 미만	380mm
0.5m 이상~0.7m 미만	75mm	1.4m 이상~1.5m 미만	460mm
0.7m 이상~0.8m 미만	140mm	1.5m 이상~1.7m 미만	560mm
0.8m 이상~0.9m 미만	200mm	1.7m 이상~1.8m 미만	660mm
0.9m 이상~1.1m 미만	250mm	1.8m 이상	790mm

[표 1-4-32(B)] NFPA 기준(보 또는 기타 장애물 아래에 설치된 헤드의 반사판 위치)

장애물과 헤드 사이의 수평거리(a)	장애물의 하단과 헤드의 반사판 사이의 수직거리(b)	장애물과 헤드 사이의 수평거리(a)	장애물의 하단과 헤드의 반사판 사이의 수직거리(b)
300mm(1ft) 미만	0mm	1,100mm(3.5ft) 이상	300mm(12in) 이하
300mm(1ft) 이상	40mm(1.5in) 이하	1,200mm(4ft) 이상	375mm(15in) 이하
450mm(1.5ft) 이상	75mm(3in) 이하	1,400mm(4.5ft) 이상	450mm(18in) 이하
600mm(2ft) 이상	140mm(5.5in) 이하	1,500mm(5ft) 이상	550mm(22in) 이하
750mm(2.5ft) 이상	200mm(8in) 이하	1,700mm(5.5ft) 이상	650mm(26in) 이하
900mm(3ft) 이상	250mm(10in) 이하	1,800mm(6ft) 이상	775mm(31in) 이하

 [표 1-4-32(B)]의 출전(出典)

NFPA 13(2022 edition) Table 14.2.11.1.1(b)

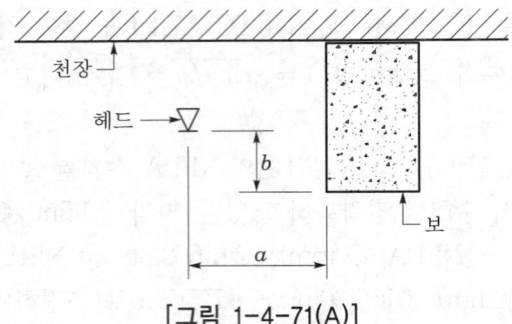

[그림 1-4-71(A)]

2) 별표 2(저장물 위에 장애물이 있는 경우의 헤드설치 기준)

① 별표 2는 다음의 [표 1-4-33]을 말하며 이는 헤드 아래에 장애물(장애물 위에 헤드 설치)이 있는 경우에 대한 헤드 설치기준으로 NFPC 별표 2와 NFTC 표 2.7.1.8(2)로 규정하고 있다. 동 표는 돌출장애물과 연속장애물로 구분하여 헤드 설치기준을 정하고 있으며, "돌출장애물"이란 NFPA 13에서 Isolated obstruction(NFPA 13의 14.2.11.2)을 의미하고 "연속장애물"은 "Continuous obstruction(NFPA 13의 14.2.11.3)"을 뜻한다.

② 별표 2에서 저장물이란, 랙크식 창고 등에 저장하는 품목인 저장품(Commodities)을 뜻하며 이는 헤드와 저장품간에 살수장애물이 있다는 의미이다.

[표 1-4-33] 별표 2 : 저장물 위에 장애물이 있는 경우의 헤드 설치기준

장애물의 분류(폭)		조 건
돌출장애물	0.6m 이하	① 별표 1 또는 별도 2에 적합하거나 ② 장애물의 끝 부근에서 헤드 반사판까지의 수평거리가 0.3m 이하로 설치할 것
	0.6m 초과	별표 1 또는 별도 3에 적합할 것
연속장애물	5cm 이하	① 별표 1 또는 별도 3에 적합하거나 ② 장애물이 헤드 반사판 아래 0.6m 이하로 설치된 경우는 허용한다.
	5cm 초과 0.3m 이하	① 별표 1 또는 별도 3에 적합하거나 ② 장애물의 끝 부근에서 헤드 반사판까지의 수평거리가 0.3m 이하로 설치할 것
	0.3m 초과 0.6m 이하	① 별표 1 또는 별도 3에 적합하거나 ② 장애물이 끝 부근에서 헤드 반사판까지의 수평거리가 0.6m 이하로 설치할 것
	0.6m 초과	① 별표 1 또는 별도 3에 적합하거나 ② 장애물이 평편하고 견고하며 수평적인 경우에는 저장물의 최상단과 헤드반사판의 간격이 0.9m 이하로 설치할 것 ③ 장애물이 평편하지 않거나 비연속적인 경우에는 저장물 아래에 평편한 판을 설치한 후 헤드를 설치할 것

(3) 별도의 의미

1) 별도 1(보 또는 기타 장애물 위에 헤드가 설치된 경우의 반사판 위치)

별도 1은 다음의 [그림 1-4-71(B)]를 말하며 이는 별표 1에 따라 장애물 아래에 설치된 헤드의 반사판을 기준으로 헤드위치 및 수직거리와 수평거리 산정방법을 예시한 것으로 그림과 같이 적용하여야 한다. 별도 1의 의미는 수직이나 수평거리 적용시 헤드에서 장애물 끝단까지의 직선거리가 아니다. 수평거리란 장애물의 측면 끝에서 헤드의 중심선간의 수평거리이며, 수직거리란 헤드 반사판에서 장애물 하단부까지의 수직한 이격거리를 뜻한다. 아울러 헤드와 반자와의 간격은 제10조 4호(2.7.1.4)에 따라 355mm 이하가 되어야 한다.

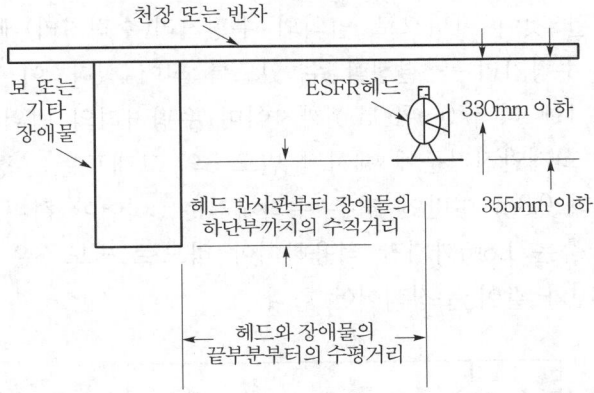

[그림 1-4-71(B)] 별도 1 : 보 또는 기타 장애물 위에 헤드가 설치된 경우의 반사판 위치

2) 별도 2(장애물 아래 설치한 헤드 반사판의 위치)

별도 2는 다음의 [그림 1-4-72]를 말하며 별도 1과 마찬가지로 별표 2에 따라 장애물 위에 설치된 헤드에 대해 반사판을 기준으로 헤드위치 및 수직거리와 수평거리를 예시한 것으로 그림과 같이 적용하여야 한다. 별도 2 그림에서 천장과 헤드 간격 330mm 이하(반사판 아래쪽 수치)는 오류로 355mm 이하로 수정하여야 한다.

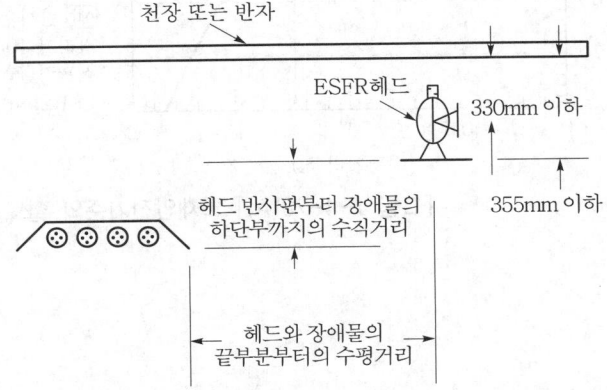

[그림 1-4-72] 별도 2 : 장애물이 헤드 아래에 연속적으로 설치된 경우의 반사판 위치

3) 별도 3(장애물 아래 설치되는 헤드 반사판의 위치)

① 별도 3은 다음의 [그림 1-4-73(A)]를 말하며 장애물 아래 설치되는 헤드 반사판의 위치를 규정한 것이다. 별표 1의 경우는 헤드 옆 직근에 살수장애물인 보 등이 있을 경우 살수분포에 지장이 없도록 하기 위한 헤드 설치기준으로, 수평거리의 경우 이를 계단식으로 구분하여 수직거리를 적용한 것이다. 따라서 별표 1에서 수평거리를 x축으로 하고 수직거리를 y축으로 하여 계단식 그래프를 그리면 [그림 1-4-73(B)]와 같으며 이를 포물선 형태의 그래프로 그리면 [그림 1-4-73(A)]의 별도 3이 된다.

② 결국 별도 3은 별표 1을 그래프화 한 것이나 다만, 수평거리가 계단식으로 구분된 것이 아니므로 임의의 수평거리(수직거리)에 대하여 해당하는 수직거리(수평거리)를 결정할 수 있도록 되어 있다. 이 경우 수직거리의 범위는 별표 1에 따라 0~790mm까지이며 수평거리의 범위는 0~1.8m까지이다. 아울러 화재안전기준에 제시된 별도 3의 그래프는 부정확한 틀린 그림으로 수평거리 0.3m 미만인 경우 수직거리는 0이어야 하며, y축은 최대 79cm까지만 x축은 1.8m까지만 적용하여야 하므로 별도 3은 정확하게 [그림 1-4-73(B)]와 같이 수정되어야 한다.

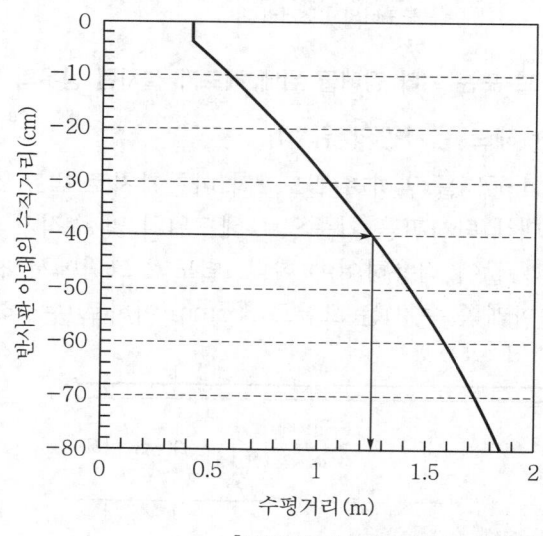

예 : 반사판에서 장애물의 하단까지의 거리가 40cm일 때 장애물의 측단에서 스프링클러헤드의 중심선까지의 거리는 1.25m

[그림 1-4-73(A)] 화재안전기준의 별도 3

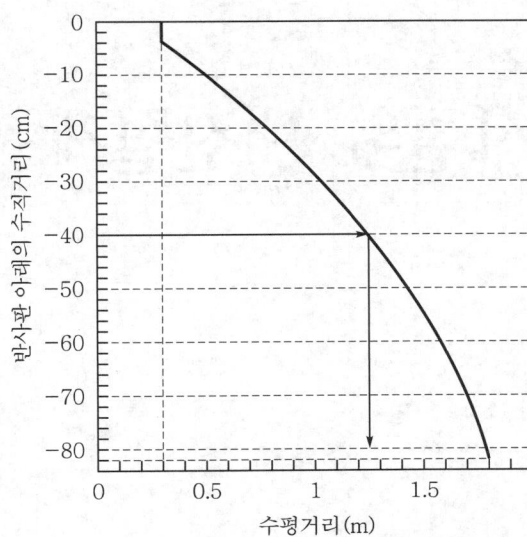

예 : 반사판에서 장애물의 하단까지의 거리가 40cm일 때 장애물의 측단에서 스프링클러헤드의 중심선까지의 거리는 1.25m

[그림 1-4-73(B)] 오류를 수정한 별도 3

3. 결론(살수장애시 헤드 설치방법)

헤드의 살수분포에 장애를 주는 장애물이 있는 경우에는 다음의 어느 하나에 적합하도록 헤드를 설치하여야 한다.

(1) 천장 또는 천장 근처에 장애물이 있는 경우(제10조 8호 가목 전단/2.7.1.8.1 전단)

장애물과 반사판의 위치는 별도 1 또는 별도 2와 같이 설치한다.

(2) 보 · 덕트 · 기둥 · 난방기구 · 조명기구 · 전선관 및 배관 등의 기타 장애물이 천장이나 천장 부근에 있는 경우(제10조 8호 가목 후단/2.7.1.8.1 후단)

장애물 하단과 반사판의 수직거리는 별표 1 또는 별도 3에 따를 것

(3) 헤드 아래에 덕트 · 전선관 · 난방용 배관 등이 설치되어 헤드의 살수를 방해하는 경우

1) 헤드 1개가 방해되는 경우(제10조 8호 나목 본문/2.7.1.8.2 본문)

별표 1 또는 별도 3 따를 것

2) 헤드 2개 이상이 방해되는 경우(제10조 8호 나목 단서/2.7.1.8.2 단서)

별표 2를 참고로 한다.

제4 - 3절
소방시설의 내진설계 기준

1 개 요

1. 건축물의 내진설계 도입

(1) 국내의 경우 지진으로 인한 피해는 지진 최대 발생국가 중 하나인 주변국 일본에 비해서는 매우 경미한 수준으로, 이로 인해 과거 소방시설에 내진설계가 적용된 사례는 매우 드문 실정이다. 그러나 환태평양 일대에서 빈번하게 발생하는 지진을 계기로 앞으로 국내에서도 일정 규모 이상의 지진 발생을 대비해서 건축물이나 소방시설에 대한 내진설계를 도입하자는 논의가 2010년 이후부터 활발하게 논의되기 시작하였다.

(2) 건축법 제48조 1항 및 2항에서는 건축물을 건축하거나 대수선하는 경우에는 고정하중, 적재(積載)하중, 적설(積雪)하중, 풍압, 지진, 그 밖의 진동 및 충격 등에 대하여 안전한 구조를 갖도록 요구하고 있으며, 이에 따라 설계자는 건축이나 대수선하는 건축물에 대한 설계시 구조안전을 반영하여야 한다. 또한 동법 제48조 3항에서는 지방자치단체의 장은 "구조안전 확인대상 건축물"에 대해서는 건축물 착공신고시 내진성능 확보 여부를 확인하도록 하는 기준을 2012. 3. 17.부터 시행하고 있다.

> **구조안전 확인대상 건축물(건축법 시행령 제32조 2항)**
>
> 1. 층수가 2층(목조구조건축물은 3층) 이상인 건축물
> 2. 연면적이 200m² (목조구조건축물은 500m²) 이상인 건축물. 다만, 창고, 축사, 작물재배사는 제외
> 3. 높이가 13m 이상인 건축물
> 4. 처마높이가 9m 이상인 건축물
> 5. 기둥과 기둥 사이의 거리가 10m 이상인 건축물

6. 건축물의 용도 및 규모를 고려한 중요도가 높은 건축물로서 국토교통부령으로 정하는 건축물
7. 국가적 문화유산으로 보존할 가치가 있는 건축물(국토교통부령으로 정하는 것)
8. 특수구조건축물로서 다음의 것
   • 한쪽 끝은 고정되고 다른 끝은 지지(支持)되지 아니한 구조로 된 보·차양 등이 외벽의 중심선으로부터 3m 이상 돌출된 건축물
   • 특수한 설계·시공·공법 등이 필요한 건축물로서 국토교통부장관이 정하여 고시하는 구조로 된 건축물
9. 단독주택 및 공동주택

2. 소방시설의 내진설계 도입

(1) 건축물에 비해 건축물에 설치하는 시설물에 대해서는 내진설계를 쉽게 도입하지 못한 실정이나 국토교통부에서는 "건축구조 기준(국토교통부 고시)"을 전면 개정하여 2016. 5. 31.부터 내진설계를 적용하도록 하였다. 기존의 내진설계 기준은 외국 연구결과를 바탕으로 하였으나, 우리나라의 지반 연구결과를 반영한 새로운 내진설계 기준을 동 고시에서는 반영하였다. 이에 따르면 하중을 받지 않는 비구조요소인 건축설비, 기계설비 및 전기설비 등에 대해서는 내진성능 검증에 필요한 사항을 책임구조기술자가 정하는 바에 따르도록 규정하였다.

(2) 소방시설의 경우는 시설물로서는 첫 번째로 내진설계를 적용하기로 결정하고, 2011. 8. 4. "소방시설법" 제9조의 2(소방시설의 내진설계 기준) 조항을 신설하여 소방시설에 대한 내진설계 기준을 도입하는 법적 근거를 마련하였다.

> **소방시설법 제9조의 2(소방시설의 내진설계 기준)**
>
> "지진·화산재해대책법" 제14조 1항 각 호의 시설 중 대통령령으로 정하는 특정소방대상물에 대통령령으로 정하는 소방시설을 설치하려는 자는 지진이 발생할 경우 소방시설이 정상적으로 작동될 수 있도록 소방청장이 정하는 내진설계 기준에 맞게 소방시설을 설치하여야 한다.

(3) 소방시설법 제9조의 2에서 내진설계 대상인 "대통령령으로 정하는 특정소방대상물이란 동법 시행령 제15조의 2(소방시설의 내진설계) 제1항에 따르면 지진·화산재해대책법 시행령 제10조 1항 각 호에 해당하는 시설"을 말한다. 이 경우 제10조 1항 각 호에 해당하는 시설이란 구조안전 확인대상 건축물 이외에도 각종 구축물(예 교량 및 터널, 방조제, 저수지, 댐 등)이나 시설이나 설비(예 석유저장시설, 송유관, 수도시설, 송배전설비 등)의 경우에도 이에 해당한다.

(4) 아울러 동법 제9조의 2에서 "대통령령으로 정하는 소방시설"이란 소방시설법 시행령 제15조의 2 제2항에 따르면 소방시설 중 옥내소화전설비, 스프링클러설비, 물분무등소화설비를 말한다.

3. 소방시설의 내진설계 적용

(1) 내진설계 기준 고시

1) 위와 같은 법적 뒷받침에 따라 소방시설에 대한 내진설계가 도입되었으며 이에 관련세부기준으로 "소방시설의 내진설계 기준"을 2015. 11. 30. 국민안전처에서 고시로 제정하고,[162] 몇 차례 개정을 거쳐 현재는 소방청 고시로 시행 중에 있다. 고시 내용은 전적으로 당시 NFPA 13(스프링클러설비)에서 규정한 "9.3 지진에 대한 배관 방호(Protection of piping against damage where subject to earthquake)"를 준용하여 제정한 것이다. 그러나 NFPA 13의 경우 2019 edition부터는 스프링클러 배관에 대한 지진방호를 위하여 "지진보호를 위한 설치요구 사항(Installation requirement for seismic protection)"을 별도의 장(章)인 Chapter 18로 제정하여 운용하고 있다.

2) 스프링클러설비에 대한 화재안전기준 체계는 일본소방법을 준용하였음에도 소방시설에 대한 내진설계 고시는 NFPA를 준용하였다. 또한 처음 제정된 소방 내진설계 기준인 관계로 조문 중 일부는 미비한 부분이 있어 2021. 2. 19.자로 수조 자체의 내진성능 확보, 흔들림 방지 버팀대 설치기준 등 미흡한 기준에 대한 세부기준을 전면 재정비하여 현재는 소방청고시 제2022-76호(2022. 12. 1.) "소방시설의 내진설계 기준"으로 현재에 이르고 있다.

(2) 내진설계 대상 특정소방대상물

1) **소방내진의 법적 근거** : "소방시설의 내진설계 기준"은 소방내진에 대한 기술적 사항을 취급한 기준인 관계로 소방내진의 근거가 되는 법령(대상물 및 대상시설 등)은 소방시설법 제7조(소방시설의 내진설계 기준)가 된다. 이에 따르면, "지진·화산재해대책법" 제14조 1항 각 호의 시설 중 대통령령으로 정하는 특정소방대상물에 소방시설을 설치하려는 자는 지진이 발생할 경우 소방시설이 정상적으로 작동될 수 있도록 소방청장이 정하는 내진설계 기준에 맞게 소방시설을 설치하도록 규정하고 있다.

---

162) 동 고시의 시행일자는 2016. 1. 25.이나 내진설계 도서는 소방시설 착공신고시까지 제출하도록 부칙에서 규정하고 있다.

2) **소방내진 대상 건축물** : 이에 따라 소방시설법 시행령 제8조에서 내진 대상은 건축법 제2조 1항 2호에 따른 건축물로서 지진·화산재해대책법 시행령 제10조 1항 각 호에 해당하는 시설로 규정하고 있다. 이 경우 건축법 제2조 1항이란 건축법에서 건축물이라고 칭하는 모든 대상건물을 말하며, 지진·화산재해대책법 시행령 제10조 1항 각 호에 해당하는 시설이란, "내진설계 기준의 설정 대상 시설"을 의미하며 총 30개 종류가 지정되어 있다.

(3) 내진설계 대상 소방시설

1) 내진설계 대상은 소방시설법 시행령 제8조 2항에서 소방시설 중 "옥내소화전설비, 스프링클러설비, 물분무소화설비등 소화설비"로 규정하고 있다. 물분무등소화설비란 물분무, 미분무, 포, 가스계, 분말, 강화액, 고체에어로졸 소화설비를 말한다. 따라서 간이스프링클러설비(NFPC/NFTC 103A)나 화재조기진압용 스프링클러설비(NFPC/NFTC 103B)는 현행 기준상 내진설계 대상이 아니다. 다만, 호스릴방식의 이동식 가스계 소화설비에 대해서는 제외조항이 없으나 이는 고정식이 아닌 이동식 설비이므로 내진설계에서 제외하는 것이 타당하며 고시의 개정이 필요하다.

2) 소방시설의 내진설계 고시 제2조(적용 범위)에 따르면 설비의 성능시험배관이나, 지중매설배관, 배수배관은 내진 대상에서 제외하도록 하고 있다. 성능시험배관이나 배수배관은 평상시 충수상태가 아니고 소화작업용 급수배관이 아니며, 또한 지중매설배관은 땅속에 매설되어 지진으로부터 안전성이 확보되기에 내진설계 대상에서 제외한 것이다.

❷ 용어의 정의 및 개념

1. 지진 대응방법

(1) 기준

1) "내진"이란 면진, 제진을 포함한 지진으로부터 소방시설의 피해를 줄일 수 있는 구조를 의미하는 포괄적인 개념을 말한다[소방시설의 내진설계 기준(이하 동일) 제3조 1호].

2) "면진"이란 건축물과 소방시설을 지진동으로부터 격리시켜 지반진동으로 인한 지진력이 직접 구조물로 전달되는 양을 감소시킴으로써 내진성을 확보하는 수동적인 지진 제어 기술을 말한다(제3조 2호).

3) "제진"이란 별도의 장치를 이용하여 지진력에 상응하는 힘을 구조물 내에서 발생시키거나 지진력을 흡수하여 구조물이 부담해야 하는 지진력을 감소시키는 지진 제어 기술을 말한다(제3조 3호).

(2) 해설

1) 지진 대응방법의 구분

건축물이나 시설물의 경우 지표면에 작용하는 지구중력에 대한 수직하중에 대해서는 보통 잘 견딜 수 있으나, 지진이나 태풍시 발생하는 수평하중에 대해서는 대부분 취약한 것이 보통이다. 이에 따라 "지진 발생시 건축물에 가해지는 진동(이하 지진동)"에 대한 대응방법으로는 다음의 3가지 기법을 사용하고 있다.

① **내진**(耐震 ; Earthquake proof)[163] : 광의(廣義 ; 넓은 의미)의 내진은 면진이나 제진을 포함하고 있으나, 협의(狹義 ; 좁은 의미)의 내진은 구조물을 튼튼하게 건축하여 지진동이 발생하여도 구조물이 파손되지 않고, 아울러 발생하는 지진력에 대항할 수 있는 것을 말한다. 즉, 내진이란 지진에 대해 구조물이 이를 감당하고 견딜 수 있는 대응방법이다.

② **면진**(免震 ; Seismic isolation) : 면진은 구조물에 설치하는 소방시설을 구조물과 직접 접촉하지 않고 중간에 완충재를 설치함으로써, 지진동이 구조물에 직접 전달되는 효과를 감소시키는 대응방법이다. 면진의 이론은 구조물의 고유진동수 대역과 지진동에 의한 진동수 대역을 서로 어긋나게 함으로써 지진동과 구조물이 공진(共振)을 피하도록 하여 구조물에 상대적으로 약한 지진동이 전달되도록 하는 수동적 대응방법이다.

③ **제진**(制震 ; Vibration isolation) : 제진이란 구조물에 장치를 설치하여 지진이 발생하여도 지진동에 대해 구조물 자체가 이를 제어할 수 있는 대응방법을 말하며 2가지 방법이 있다.

㉠ 첫 번째 방법은 구조물에 장치를 설치하여 지진동과 이에 따른 구조물의 진동을 감지하고, 구조물의 내외부에서 지진동에 대응하는 제어력을 가하여 구조물의 진동을 줄여주는 방법이다. 이 원리는 구조물에 입력되는 지진동과 구조물의 응답을 계산하여 이와 반대방향의 제어력을 구조물에 인위적으로 가함으로써 진동을 저감시켜 주는 기법이다.

㉡ 두 번째 방법은 구조물의 내외부에 강제적인 제어력을 가하지는 않으나 구조물의 강성이나 감쇠 등을 지진동의 특성에 따라 순간적으로 변화시켜 구조물을 제어하는 방법이다. 이 원리는 지진동의 성분을 즉각적으로 분석하여 구조물이 공진을 피하도록 구조물의 진동특성을 변경해 주는 기법이다.

---

163) 내진은 영어로 Earthquake resistance라고도 하며 내진설계는 Seismic design이라 한다.

2) 지진 대응방법의 비교

[표 1-4-34] 내진 · 면진 · 제진의 비교

종류	구분	해당하는 내용
내진	개념	지진에 견딘다.
	방법	구조물 자체의 내력으로 구조물에 가해지는 지진력의 전달을 감당하여 지진력에 견딘다.
	제어기법	일반적 지진 제어기법
면진	개념	지진을 피한다.
	방법	소방시설을 구조물과 분리시켜 구조물에 가해지는 지진력의 전달을 감소시킨다.
	제어기법	수동적 지진 제어기법
제진	개념	지진에 대항한다.
	방법	구조물에 제어장치를 설치하여 구조물이 부담해야 하는 지진력을 감소시킨다.
	제어기법	능동적 지진 제어기법

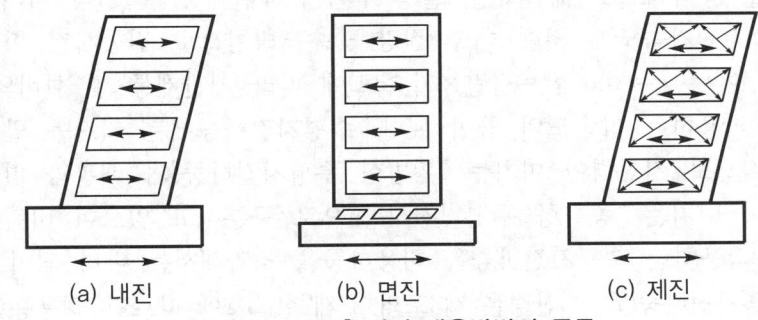

(a) 내진　　　　　(b) 면진　　　　　(c) 제진

[그림 1-4-74] 지진 대응방법의 종류

2. 지진과 관련된 하중(중량)

(1) 기준

1) "수평지진하중(F_{pw})"이란 지진시 흔들림 방지 버팀대에 전달되는 배관의 동적 지지하중 또는 같은 크기의 정적 지지하중으로 환산한 값으로 허용응력설계법으로 산정한 지진하중을 말한다(제3조 4호).

2) "가동중량(W_p)"이란 수조, 가압송수장치, 함류, 제어반등, 가스계 및 분말소화설비의 저장용기, 비상전원, 배관의 작동상태를 고려한 무게를 말하며 다음의 기준에 따른다.

　① 배관의 작동상태를 고려한 무게란 배관 및 기타 부속품의 무게를 포함하기 위한 중량으로 용수가 충전된 배관 무게의 1.15배를 적용한다.

② 수조, 가압송수장치, 함류, 제어반등, 가스계 및 분말소화설비의 저장용기, 비상전원의 작동상태를 고려한 무게란 유효중량에 안전율을 고려하여 적용한다(제3조 10호).

3) "지진하중"이란 지진에 의한 지반운동으로 구조물에 작용하는 하중을 말한다(제3조 14호).

4) "편심하중"이란 하중의 합력방향이 그 물체의 중심을 지나지 않을 때의 하중을 말한다(제3조 15호).

(2) 해설

1) 수평지진하중(F_{pw}) : 제6조 2항

① 수평지진하중(Horizontal seismic load)이란, 수평력을 뜻하며 이는 지진동이 발생할 경우 버팀대에 가해지는 바닥면과 평행한 방향의 힘을 말한다. 이를 공학적으로 해설하면, 일정 구획의 배관계통 및 기타 설비들에 전달되는 지진가속도에 의해 해당 질량을 수평방향으로 진동시킨 힘으로 정의된다. 이는 $F = ma$(힘＝질량×가속도)에 따라 배관계통 및 설비의 질량과 이에 작용하는 가속도의 곱이 된다. 수평지진하중에는 지진동 발생시 배관과 수직으로 지진력이 미치는 "횡방향 수평지진하중"과 배관과 평행하게 지진력이 미치는 "종방향 수평지진하중"으로 구분하고 있으며 버팀대 고정장치에 작용하는 수평지진하중은 허용하중을 초과해서는 아니 되며, 소화배관의 수평지진하중(F_{pw}) 산정은 제3조의 2 제2항 3호에 따르면, 허용응력설계법으로 하며 다음 각 호 중 어느 하나를 적용한다.

㉮ 가동중량 이용시 : 계산식은 다음과 같으며 지진계수는 별표 1에 따른다.

$$F_{pw} = C_p \times W_p$$ ·············· [식 1-4-25]

여기서 F_{pw} : 수평지진하중
C_p : 소화배관의 지진계수(별표 1)
W_p : 가동중량

㉯ 설계지진력 이용시 : 제1호에 따른 산정방법 중 허용응력설계법 외의 방법으로 산정된 설계지진력에 0.7을 곱한 값을 수평지진하중(F_{pw})으로 적용한다.

② 버팀대(Sway bracing)란 건물구조물(벽, 기둥, 바닥, 천장 등)에 배관 등이 설치되어 있을 경우 지진발생시 배관이 움직이지 않도록 이를 고정시켜 과도한 움직임을 막아주는 흔들림 방지장치를 말한다.

2) 가동중량(W_p) : 제3조 10호

가동중량이란, 제3조(정의) 10호에 따르면 배관 및 기타 부속품의 작동상태 무게와 장치류의 작동상태 무게로 크게 대별된다.

① 배관 및 기타 부속품의 경우(작동상태시 무게)

   ⑦ 건축물의 지진동 발생시 버팀대에 가해지는 무게인 작동상태시의 중량은 배관 자체의 무게 이외에 장치물(밸브, 부속류 등)과 배관 내 충수된 소화용수까지 포함하여 합산된 무게로 적용하여야 한다. 이 경우 배관, 밸브류, 부속류의 무게 및 충수된 배관 내 소화용수의 무게를 합산한 것을 "배관 및 기타 부속품"의 가동중량(W_p)이라고 한다. 가동중량을 계산할 경우는 실제 이를 각각 계산하기가 용이하지 않으므로 충수된 배관 무게의 1.15배, 즉 15%를 할증한 값으로 적용한다.

   ⑭ 내진설계시 가동중량을 산정하기 위해서는 배관에 충수된 무게를 계산하여야 한다. 이 경우 배관에 충수한 상태에서 국내 및 NFPA에서 제시하고 있는 충수된 배관의 무게는 [표 1-4-35]와 같다.

[표 1-4-35] 단위길이당 충수된 배관의 무게(kg/m)

호칭지름(mm)	KS D		ASTM	
	3507 (sch 10)	3562 (sch 40)	ASTM A135 (sch 10)	ASTM A53 (sch 40)
25	3.04	3.15	2.69	3.05
32	4.19	4.46	3.75	4.36
40	5.02	5.43	4.52	5.37
50	7.34	7.62	6.28	7.63
65	10.08	12.53	8.76	11.74
80	13.64	16.09	11.81	16.10
100	20.90	24.22	17.53	24.40
125	29.39	34.28	25.74	34.92
150	38.18	45.60	34.27	47.15
200	63.26	73.47	59.64	70.98

 [표 1-4-35]의 출전(出典)

1. KS D : 소방시설의 내진설계 기준 해설(양수금속기술연구소)
2. ASTM : NFPA 13(2022 edition) Table A.18.5.9(Pipe weight for determining horizontal load)

② 장치류의 경우(작동상태시 무게)

각종 장치류(수조, 가압송수장치, 함류, 제어반, 가스계 및 분말소화설비의 저장용기, 비상전원) 등의 작동상태시 중량은 유효중량에 안전율을 반영한 것으로 한다. 이 경우 안전율은 ASCE[164] 자료를 참고하여 국내에서 수조는 1.0으로, 기타 장치류는 1.2로 적용하고 있으며, 결론은 다음과 같다.

소방시설별 항목	여유율	W의 의미
배관의 경우	$W \times 1.15$	W(충수된 배관 및 부속류 중량)
수조	$W \times 1.0$	W(유효중량)
기타 장치류	$W \times 1.2$	W(유효중량)

3) 지진하중(Seismic load) 및 편심하중(偏心荷重 ; Eccentric load) : 제3조 14호 및 15호

① 하중(荷重)이란 구조역학에서 물체에 작용하는 외력을 말하며, 이는 외력이 물체에 고정되어 움직임이 없는 정적하중(Static load)과 움직임이 있는 동적하중(Dynamic load)으로 구분할 수 있다. 지진하중은 지진 발생시 지진동에 따라 구조물에 미치는 하중으로 이는 동적하중이지만, 계산의 편리성 때문에 가속도에 비례한 정적인 힘인 정적하중으로 계산하는 것을 원칙으로 한다. 따라서 버팀대에 작용하는 힘인 수평력은 동적하중을 같은 크기의 정적하중으로 환산하여 계산한 것이다.

② 편심하중이란 지면을 향한 하중의 방향이 지면에서 중심을 향하지 않고 편심(중심이 한쪽으로 치우쳐 있는 것)된 위치에 작용하는 하중으로, 편심하중이 있으면 벽이나 기둥 등의 구조체가 휘어지는 현상이 발생하게 된다.

3. 내진관련 배관 용어

(1) 기준

1) "세장비(L/r)"란 흔들림 방지 버팀대 지지대의 길이(L)와 최소단면 2차 반경(r)의 비율을 말하며, 세장비가 커질수록 좌굴(Buckling)현상이 발생하여 지진 발생시 파괴되거나 손상을 입기 쉽다(제3조 5호).

2) "근입깊이(Embed depth)"란 앵커볼트가 벽면 또는 바닥면 속으로 들어가 인발력에 저항할 수 있는 구간의 길이를 말한다(제3조 11호).

---

164) ASCE(American Society of Civil Engineers) : 1852년에 설립된 미국의 토목공학회로 미국에서 가장 역사가 깊은 엔지니어링 학회이다.

3) "단부(端部)"란 직선배관에서 방향전환하는 지점과 배관이 끝나는 지점을 말한다. (제3조 17호)

4) "상쇄배관(offset)"이란 영향구역 내의 직선배관이 방향전환 한 후 다시 같은 방향으로 연속될 경우, 중간에 방향전환된 짧은 배관은 단부로 보지 않고 상쇄하여 직선으로 볼 수 있는 것을 말하며, 짧은 배관의 합산길이는 3.7m 이하여야 한다(제3조 21호).

5) "수직직선배관"이란 중력방향으로 설치된 주배관, 교차배관, 가지배관 등으로서 어떠한 방향전환도 없는 직선배관을 말한다. 단, 방향전환부분의 배관길이가 상쇄배관(offset)길이 이하인 경우 하나의 수직직선배관으로 간주한다(제3조 22호).

6) "수평직선배관"이란 수평방향으로 설치된 주배관, 교차배관, 가지배관 등으로서 어떠한 방향전환도 없는 직선배관을 말한다. 단, 방향전환부분의 배관길이가 상쇄배관(offset)길이 이하인 경우 하나의 수평직선배관으로 간주한다(제3조 23호).

(2) 해설

1) 세장비(細長比 ; Slenderness ratio)

① 개념 : 흔들림 방지 버팀대 지지대의 길이(L)를 최소회전반경인 최소단면 2차 반경(r)으로 나눈 값이다. 세장비가 커질수록 회전반경에 비해 버팀대의 길이가 긴 것으로 이 경우는 지진발생시 버팀대가 좌굴(座屈 ; Bukling)현상에 따라 버팀대가 파괴되거나 손상을 입기 쉽다. 결국 세장비는 흔들림 방지 버팀대가 수평지진하중을 잘 견디면서 재료의 좌굴이 발생하지 않도록 제한하는 조건이 된다.

② 계산식

흔들림 방지 버팀대에서의 세장비는 300을 초과해서는 아니 되며(제9조 1항 4호) 일반적인 계산식은 다음의 식과 같다.

$$\lambda = \frac{L}{r} \quad 단, \ r = \sqrt{\frac{I}{A}}$$ ················ [식 1-4-26]

여기서 λ : 세장비(무차원)
  L : 흔들림 방지 버팀대 길이(mm)
  r : 최소단면 2차 반경(mm)
  I : 버팀대 단면 2차 모멘트(mm^4)
  A : 버팀대의 단면적(mm^2)

좌굴(座屈 ; Buckling)현상

가느다란 기둥을 축방향으로 누르게 되면 하중이 어느 크기에 도달하는 순간 횡방향으로 과
도하게 휘어지는 축방향 변위가 발생하게 되며 이러한 현상을 좌굴이라 한다. 좌굴이 발생하
게 되면 구조물의 안전성에 치명적인 문제점을 야기하게 된다.

2) 근입깊이(Embed depth) : 앵커볼트를 사용하여 장비를 부착면에 고정시킬 경
   우 완전히 장착하여 지진동에서도 파손이 없도록 하기 위한 앵커볼트의 삽입
   깊이를 "근입(根入)깊이"라 한다.

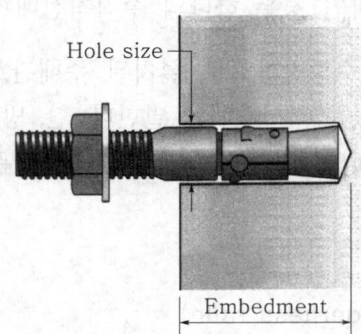

[그림 1-4-75] 근입깊이

3) "단부(단部)" : 직선배관에서 방향이 전환되는 지점과 끝나는 부분으로 횡방향이
   나 종방향 버팀대를 기준으로 예시하면 다음의 [그림 1-4-76]과 같다. 횡방향
   버팀대의 경우 최대단부거리는 1.8m 이며, 종방향 버팀대의 경우 최대단부거리
   는 12m이다.

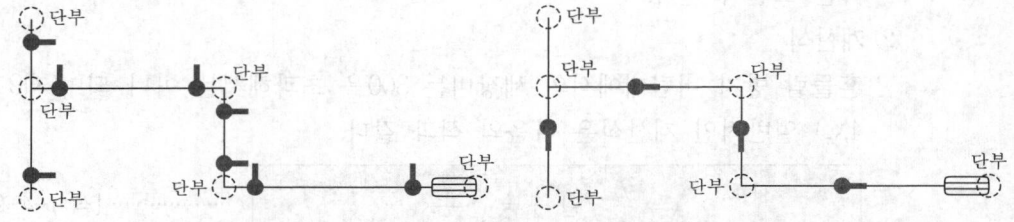

(a) 횡방향 버팀대 설치시 단부   (b) 종방향 버팀대 설치시 단부

[그림 1-4-76] 단부의 위치

4) 상쇄배관(offset) : 영향구역이란, "흔들림 방지 버팀대가 수평지진하중을 지지할
   수 있는 예상구역"을 영향구역이라 하며, 이는 하나의 흔들림 방지 버팀대가 그 영
   향을 미치는 구간을 말한다. 영향구역 내의 직선배관이 방향전환한 후 다시 같은
   방향으로 연속될 경우, 중간에 방향전환된 짧은 배관은 단부로 보지 않고 상쇄하여
   직선으로 볼 수 있는 것을 말하며, 짧은 배관의 합산길이는 3.7m 이하여야 한다.

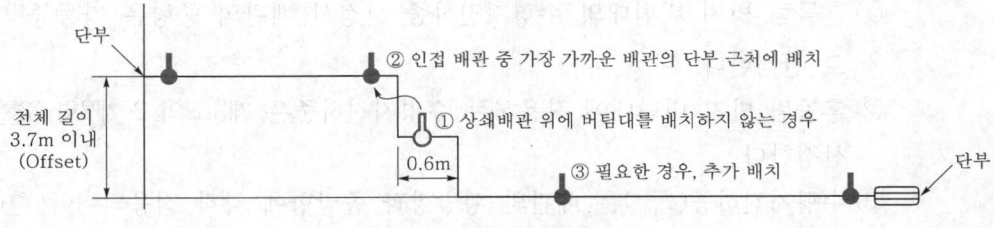

[그림 1-4-77] 상쇄배관

5) **수직직선과 수평직선배관** : 주배관, 교차배관, 가지배관 등으로 어떠한 방향전환도 없는 것을 직선배관이라 하며 상쇄배관(방향이 바뀌지만 3.7m 이내의 짧은 배관)은 직선배관에 포함시켜서 적용한다. 이 경우 입상관과 수평주행배관은 급수주관이므로 주배관으로 적용한다. 수직직선배관은 직선배관 중 바닥면을 기준으로 수직방향(중력방향)의 배관이며, 수평직선배관은 바닥면을 기준으로 수평방향(바닥면방향)의 배관을 말한다.

③ 소화설비용 배관의 내진 기준

1. 소화설비용 배관

(1) 기준

1) **총괄기준의 적용** : 배관은 다음 각 호의 기준에 따라 설치하여야 한다.

① 건물구조부재간의 상대변위에 의한 배관의 응력을 최소화하기 위하여 지진분리이음 또는 지진분리장치를 사용하거나 이격거리를 유지하여야 한다.

② 건축물 지진분리이음 설치위치 및 건축물간의 연결배관 중 지상노출 배관이 건축물로 인입되는 위치의 배관에는 관경에 관계없이 지진분리장치를 설치하여야 한다.

③ 천장과 일체 거동을 하는 부분에 배관이 지지되어 있을 경우 배관을 단단히 고정시키기 위해 흔들림 방지 버팀대를 사용하여야 한다.

④ 배관의 흔들림을 방지하기 위하여 흔들림 방지 버팀대를 사용하여야 한다.

⑤ 흔들림 방지 버팀대와 그 고정장치는 소화설비의 동작 및 살수를 방해하지 않아야 한다.

2) **수평지진하중의 적용** : 배관의 수평지진하중의 산정은 다음 각 호의 기준에 따라 계산하여야 한다.

① 흔들림 방지 버팀대의 수평지진하중 산정시 배관의 중량은 가동중량(W_p)으로 산정한다.

② 흔들림 방지 버팀대에 작용하는 수평지진하중은 제3조의 2 제2항 3호에 따라 산정한다.

③ 수평지진하중(F_{pw})은 배관의 횡방향과 종방향에 각각 적용되어야 한다.

④ 소방시설의 배관과 연결된 타 설비배관을 포함한 수평지진하중은 제2항의 기준에 따라 결정하여야 한다.

3) **관통배관의 적용** : 벽, 바닥 또는 기초를 관통하는 배관 주위에는 다음 각 호의 기준에 따라 이격거리를 확보하여야 한다. 다만, 벽, 바닥 또는 기초의 각 면에서 300mm 이내에 지진분리이음을 설치하거나, 내화성능이 요구되지 않는 석고보드나 이와 유사한 부서지기 쉬운 부재를 관통하는 배관은 그러하지 아니하다.

① 관통구 및 배관 슬리브의 호칭구경은 배관의 호칭구경이 25mm 내지 100mm 미만인 경우 배관의 호칭구경보다 50mm 이상, 배관의 호칭구경이 100mm 이상인 경우에는 배관의 호칭구경보다 100mm 이상 커야 한다. 다만, 배관의 호칭구경이 50mm 이하인 경우에는 배관의 호칭구경 보다 50mm 미만의 더 큰 관통구 및 배관 슬리브를 설치할 수 있다.

② 방화구획을 관통하는 배관의 틈새는 건축물의 피난·방화구조 등의 기준에 관한 규칙 제14조 2항에 따라 내화채움성능이 인정된 구조 중 신축성이 있는 것으로 메워야 한다.

(2) 해설

1) 총괄기준의 적용

① 배관에 내진설계를 할 경우는 수평지진하중을 산정하고 지진분리이음(관이음쇠)을 설치하여야 한다. 이때, 지진분리이음을 설치한 구간에서 지상노출 배관이 건축물로 인입되는 위치의 배관에는 반드시 지진분리장치를 동시에 적용하여야 한다.

② 배관에 내진조치를 할 경우는 변형을 최소화하기 위하여 부품 사이의 유연성을 증가시키도록 설치하거나, 배관을 고정하기 위한 버팀대를 사용하도록 한다. 따라서 배관의 파손을 방지하기 위해서는 가요성이 있는 신축배관을 사용하거나, 배관의 상대적인 변위를 흡수하거나 흔들림 방지 버팀대를 사용하여 배관을 고정시키도록 한다.

[표 1-4-36(A)] 배관 내진의 결과

내진의 목적	내진의 조치	배관 내진의 결과
배관의 일반적인 내진조치	지진(분리이음＋분리장치)	• 배관의 변위를 흡수
배관 변형의 최소화 조치	가요성 신축배관	• 배관의 흔들림을 방지
배관 유동의 최소화 조치	버팀대 사용	• 배관의 파손을 방지

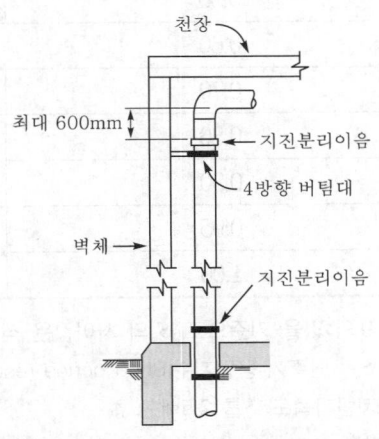

[그림 1-4-78] 내진배관의 일반 설치기준

2) 수평지진하중의 적용

① 배관중량은 가동중량 : 버팀대의 수평력(수평지진하중)을 계산할 경우배관의 중량(W_p)은 가동중량으로 산정하며, 수평지진하중은 제3조의 2 2항 3호에 따른다.

② 수평지진하중의 계산식 : 제3조의 2 제2항 3호에서는, 수평지진하중(F_{pw}) 산정은 허용응력설계법으로 하며 다음 각 호 중 어느 하나를 적용한다.

㉮ 가동중량 이용 : [식 1-4-27]을 사용하는 방법

㉠ 계산식은 다음과 같으며 지진계수는 별표 1에 따른다.

$$F_{pw} = C_p \times W_p$$ ················· [식 1-4-27]

여기서 F_{pw} : 수평지진하중(수평력)
C_p : 소화배관의 지진계수(별표 1)
W_p : 가동중량

ⓛ 별표 1(소화배관의 지진계수)

[표 1-4-36(B)] 단주기 응답지수별 소화배관의 지진계수

단주기 응답지수(S_s)	지진계수(C_p)
0.33 이하	0.35
0.40	0.38
0.50	0.40
0.60	0.42
0.70	0.42
0.80	0.44
0.90	0.48
0.95	0.50
1.00	0.51

㈜ 1. 표의 값을 기준으로 S_s의 사이값은 직선보간법 이용하여 적용할 수 있다.
　　2. S_s : 단주기 응답지수(Short period response parameter)로서 최대고려지진의 유효 지반가속도 S를 2.5배한 값

㈐ 설계지진력 이용 : 제1호에 따른 산정방법 중 허용응력설계법 외의 방법으로 산정된 설계지진력에 0.7을 곱한 값을 수평지진하중(F_{pw})으로 적용한다.

③ NFPA 13의 경우 : 지진계수인 C_p는 NFPA 13에서 0.5로 적용한다. 따라서 NFPA에서는 "수평지진하중=0.5×가동중량"이 된다. 이때 수평지진하중 F_{pw}는 배관의 길이방향과 직각방향에 각각 적용되어야 한다. 여기서, 길이방향이란 배관의 축과 평행한 방향으로 종방향을 의미하며, 직각방향이란 배관의 축과 수직한 방향으로 작용하는 하중으로 횡방향을 의미한다.

NFPA 13에서 지진방호 기준은 전통적으로 횡방향의 가속도를 중력의 절반인 0.5g로 적용하였다. 이 가정에 따라 횡방향 힘의 계수인 F_{pw}는 $50 \times W_p$로 계산하거나 횡방향의 힘이 충수된 배관 무게의 절반으로 계산하였다. 이 가정은 지진이 자주 발생하는 지역에서도 충분히 보수적인 값으로 판단되나, 지진위험이 낮은 지역에서 경제적인 측면으로 볼 때는 비효율적이라고 간주된다. 그러나, 0.5g의 값은 버팀대 기준의 기본값으로서 꾸준히 사용되었다. 아울러, 지진 방호가 요구되는 설비의 경우 법령에서 별도로 횡방향의 지진계수를 지정하지 않는 한 기본값인 "$F_{pw} = 50 \times W_p$"가 사용되어야 한다.

3) 관통배관의 적용

① 지진동 발생시 배관의 파손은 배관의 변위로 인한 파손과 주변 장치류와 충돌에 의한 파손으로 크게 대별할 수 있다. 그러므로 소방시설에서는 배관의 경우 다른 장치류와 충돌 파손을 방지하기 위해서는 충분한 이격거리를 확보하여야 한다. 특히 벽, 바닥 또는 기초를 통과하는 모든 배관에는 반드시 충분한 이격거리 확보를 의무화하고 있다. 다만, 벽, 바닥 또는 기초의 각 면에서 300mm 이내에 지진분리이음을 설치하거나 내화성능이 요구되지 않는 석고보드나 이와 유사한 부서지기 쉬운 부재를 관통하는 배관은 이격거리 확보를 면제해 주고 있다.

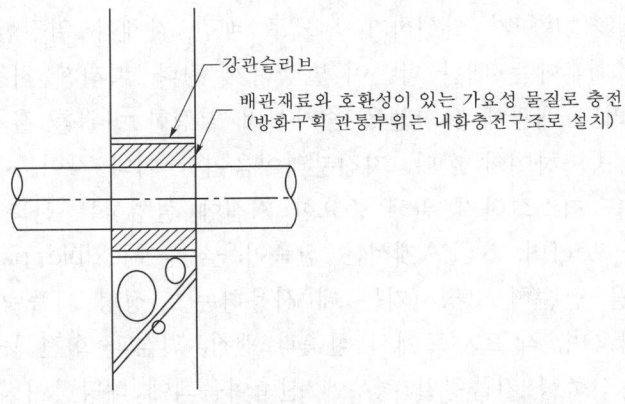

강관슬리브
배관재료와 호환성이 있는 가요성 물질로 충전
(방화구획 관통부위는 내화충전구조로 설치)

[그림 1-4-79] 벽을 관통하는 배관의 내진조치

② 충분한 이격거리 확보를 위해서 관통구 및 슬리브의 규격은 사용 배관의 크기에 따라 다음의 표와 같이 결정된다. 이는 소형 배관일 경우는 대형 배관에 비해 유연성을 가지고 있으므로 관통구의 크기를 작게 설계하여도 문제가 되지 않기 때문이다.

[표 1-4-37] 관통부 등의 구경

배관구경	25~100mm 미만	100mm 이상
관통부 및 배관 슬리브 호칭구경	(배관 호칭구경+50mm) 이상	(배관 호칭구경+100mm) 이상

③ 그러나 이러한 이격거리 확보시에는 관통구가 화재 확산의 연결통로로 작용할 수 있으므로 배관과 관통구 또는 슬리브 사이에는 내화채움성능이 인정된 구조 중 신축성이 있는 것으로 메워야 한다. 이 경우 해당 물질은 건축물의 피난·방화구조 등의 기준에 관한 규칙 제14조 2항에 따라야 한다. 동 규칙은 방화구획 관통부에 개구부가 있을 경우 내화채움성능이 인정되는 구성 부재에 대한 시험기준을 뜻한다.

2. 지진분리이음

(1) 개념 : 제3조 7호

1) 목적 : 지진분리이음(Seismic separation joint)이란 제3조(정의) 7호에 따르면 "지진발생시 지진으로 인한 진동이 배관에 손상을 주지 않고 배관의 축방향 변위, 회전, 1° 이상의 각도 변위를 허용하는 이음을 말한다. 단, 구경 200mm 이상의 배관은 허용하는 각도 변위를 0.5° 이상으로 한다"로 규정하고 있다. 즉, 지진분리이음이란 지진동이 배관 등에 전달되지 않도록 진동을 흡수할 수 있는 성능을 보유한 관이음쇠를 말한다. 지진 발생시 소화설비 배관에서는 차등변위(差等變位)[165]가 발생하게 되므로 배관 자체가 일정한 변위를 허용하지 않게 되면 최후에는 배관 파손이 발생하게 된다. 따라서 지진동시 배관의 손상을 방지하려면 배관에 유연성을 증가시켜 일정한 변위를 흡수하도록 하여 배관의 손상을 방지하여야 한다. 지진분리이음이란 이와 같이 지진동시 배관에 가해지는 외력을 최소화하기 위해 중요한 지점에 설치하는 신축 관이음쇠(이하 신축이음쇠)를 뜻하며, NFPA에서는 신축이음쇠를 Flexible pipe coupling이라고 한다. 배관을 단순히 고정시키는 데 사용하는 고정형 커플링은 신축이음쇠에 해당되지 않으며, 각 조인트에서 신축과 팽창, 편심과 회전 등을 흡수할 수 있도록 설계된 신축형 커플링일 경우에 신축이음쇠에 해당하여 지진분리이음으로 사용할 수 있다.

2) NFPA의 경우 : 배관의 유연성을 가지고 있는 신축이음쇠는 대표적으로 무용접의 관이음쇠인 그루브 조인트(Groove joint)가 있다. 지진분리이음으로 무조건 그루브 조인트만 가능한 것은 아니며 다른 제품의 신축이음쇠도 배관의 유연성에 대한 근거자료를 제출할 경우 사용이 가능하다. NFPA에서는 지진에 사용하는 신축이음쇠는 공인기관에 의해 인증받은 제품만을 사용하여야 하며 이 경우 신축이음쇠는 배관에 대해 축방향변위(Axial displacement), 회전(Rotation), 1° 이상의 각도 변위(At least 1 degree of angular movement of the pipe)를 허용하는 성능기준이 있는 배관부속품이어야 한다.

---

[165] 차등변위(Differential displacement) : 건물에 지진동이 발생할 경우 배관이 움직이는 거리(변위)에 차이가 발생하는 것으로 예를 들면 입상관의 경우 상층과 하층 간에는 차등변위가 발생한다.

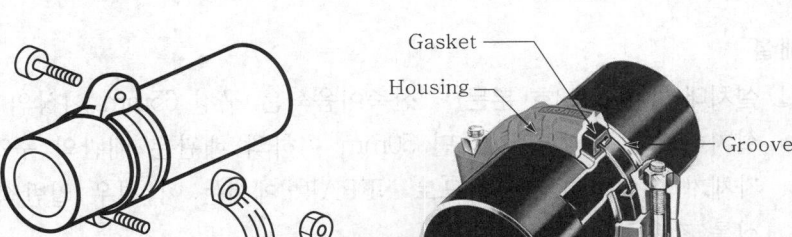

(a) 체결하는 방법　　　　(b) 체결 후 형태

[그림 1-4-80(A)] 지진분리이음(예)

(2) 기준 및 해설

1) 기준 : 제7조

① 배관의 변형을 최소화하고 소화설비 주요 부품 사이의 유연성을 증가시킬 필요가 있는 위치에 설치하여야 한다.

② 구경 65mm 이상의 배관에는 지진분리이음을 다음 각 호의 위치에 설치하여야 한다.

㉮ 모든 수직직선배관은 상부 및 하부의 단부로부터 0.6m 이내에 설치하여야 한다. 다만, 길이가 0.9m 미만인 수직직선배관은 지진분리이음을 설치하지 아니할 수 있으며, 0.9~2.1m 사이의 수직직선배관은 하나의 지진분리이음을 설치할 수 있다(제7조 2항 1호).

㉯ 2층 이상의 건물인 경우 각 층의 바닥으로부터 0.3m, 천장으로부터 0.6m 이내에 설치하여야 한다(제7조 2항 2호).

㉰ 수직직선배관에서 티분기된 수평배관 분기지점이 천장 아래 설치된 지진분리이음보다 아래에 위치한 경우 분기된 수평배관에 지진분리이음을 다음 각 목의 기준에 적합하게 설치하여야 한다(제7조 2항 3호).

　㉠ 티분기 수평직선배관으로부터 0.6m 이내에 지진분리이음을 설치한다.

　㉡ 티분기 수평직선배관 이후 2차측에 수직직선배관이 설치된 경우 1차측 수직직선배관의 지진분리이음 위치와 동일선상에 지진분리이음을 설치하고, 티분기 수평직선배관의 길이가 0.6m 이하인 경우에는 그 티분기된 수평직선배관에 가목에 따른 지진분리이음을 설치하지 아니한다.

㉱ 수직직선배관에 중간 지지부가 있는 경우에는 지지부로부터 0.6m 이내의 윗부분 및 아랫부분에 설치해야 한다(제7조 2항 4호).

2) 해설

① 설치대상(제7조 2호 본문) : 신축이음쇠는 구경 65mm 이상의 배관에 한하여 설치하도록 한다. 왜냐하면 50mm 이하의 배관은 배관의 구경이 작아 배관 자체가 유연성이 충분하므로 NFPA[166]에서는 이 경우 일반적으로 신축이음쇠를 적용하지 않는다.

② 설치위치

㉮ 수직직선배관의 경우(제7조 2항 1호 & 2항 2호)

㉠ NFPA[167]에서는 일반적인 경우 "모든 입상관의 최상부 및 최하부 (The top and bottom of all risers)"로부터 24in(0.6m) 이내에 신축 이음쇠를 설치하고 있다. 다만, 길이가 3ft(0.9m) 미만의 짧은 입상 관의 경우는 [그림 1-4-80(B)]와 같이 신축이음쇠를 생략할 수 있으 며 3ft(0.9m)~7ft(2.1m)인 경우는 1개만 설치할 수 있다.

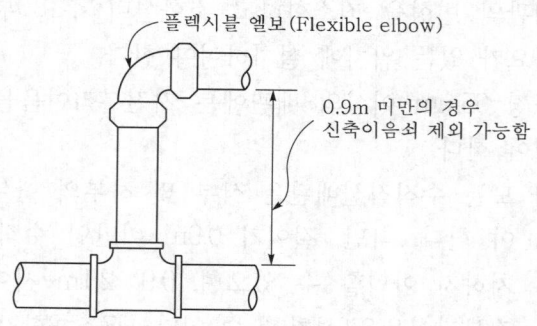

플렉시블 엘보(Flexible elbow)

0.9m 미만의 경우 신축이음쇠 제외 가능함

[그림 1-4-80(B)] 짧은 입상관의 경우(예)

제7조 2항 1호는 이를 준용하여 모든 수직직선배관은 상하단부로부터 0.6m 이내에 신축이음쇠를 설치하되 입상관 길이가 0.9m 미만은 생 략할 수 있으며 0.9~2.1m 이내일 경우는 신축이음쇠를 1개만 설치하 도록 규정하였다.

모든 수직배관	설치여부	설치위치
0.9m 미만	생략 가능	① 수직배관의 상하단부 0.6m 이내에 설치
0.9~2.1m 이하	1개만 설치	② 2층 이상은 바닥쪽은 0.3m, 천장은 0.6m 이내에 설치
2.1m 초과	양 끝단에 설치	

---

166) NFPA 13(2022 edition) A.18.2 : Piping 2in(50mm) or smaller in size is pliable enough so that flexible couplings are not usually necessary(50mm 이하의 배관은 유연성이 충분하여 일반적으로 신축이음쇠를 필요로 하지 않는다).
167) NFPA 13(2022 edition) 18.2.3.1

ⓛ 길이 0.9m 미만의 배관을 제외한 것은 지진동시 배관의 변위는 배관 길이에 영향을 받게 되는데 0.9m 미만의 배관은 큰 영향이 없기에 NFPA에서는 이 경우 신축이음쇠를 제외할 수 있도록 한 것이다. 아울러 입상관의 경우는 원칙적으로 배관 양 끝단에 신축이음쇠를 설치하여야 하나, 0.9~2.1m 이하인 경우는 위험도가 낮아 양 끝단이 아닌 어느 한쪽에만 설치할 수 있도록 한 것이다.

ⓒ NFPA에서는 2층 이상인 경우에는 신축이음쇠를 층마다 2개를 설치하되, 바닥으로부터는 0.3m 이내, 천장으로부터는 0.6m 이내에 설치하도록 하였다. 2층 이상인 경우 각 층마다 2개를 설치하는 이유는 지진동시 배관이 바닥이나 천장과 충돌에 의한 파손을 최소화하기 위해서이다. 또한 입상관에서 수평으로 분기된 배관이 있을 경우는 신축이음쇠를 입상관에서 분기된 0.6m 이내의 수평배관 위치에 [그림 1-4-80(C)]와 같이 설치하여야 한다.

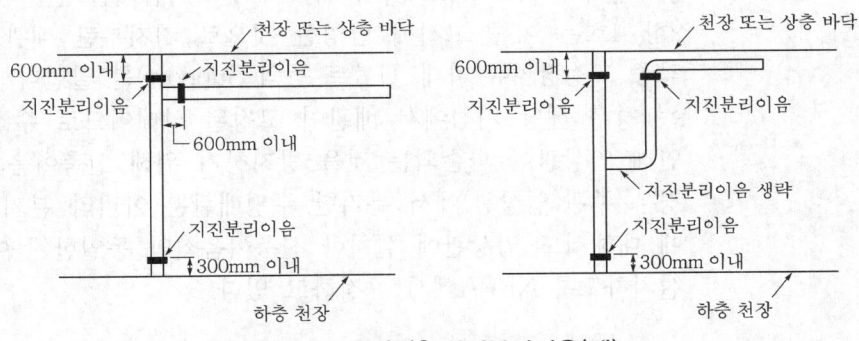

[그림 1-4-80(C)] 지진분리이음(예)

ⓔ 티분기된 수평배관의 경우(제7조 2항 3호) : 수직배관에 수평으로 분기한 배관이 있을 경우는 티분기로부터 0.6m 이내에 지진분리이음을 설치한다. 또한 수평직선배관 이후 2차측에 수직직선배관이 설치된 경우 1차측 수직직선배관의 지진분리이음 위치와 동일선상에 지진분리이음을 설치한다. 다만, 티분기 수평직선배관의 길이가 0.6m 이하인 경우에는 지진분리이음을 설치하지 아니하며, 이는 [그림 1-4-80(D)]와 같이 설치하여야 한다.

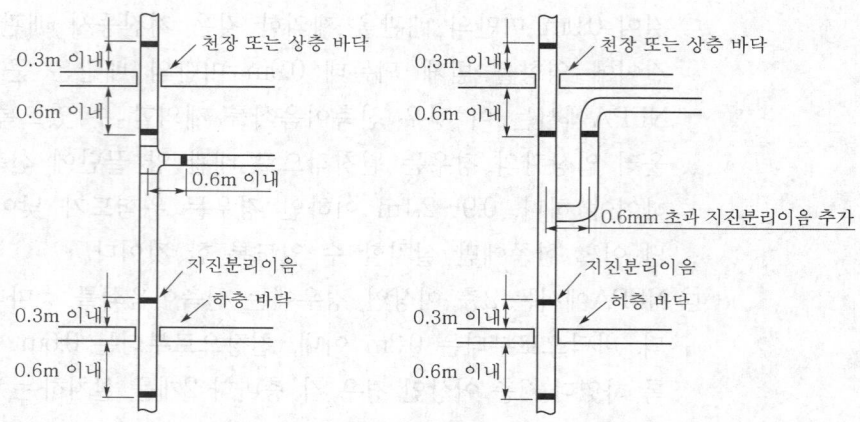

[그림 1-4-80(D)] 스프링클러 수평분기시 지진분리이음 설치

㉰ 중간 지지부가 있는 경우(제7조 2항 4호) : NFPA[168]에서는 입상관 또는 기타 수직배관의 중간에 지지부가 있는 경우에는 지지부의 윗부분 및 아랫부분으로부터 0.6m 이내 위치에 신축이음쇠를 설치하여야 한다. 제7조 2항 4호는 이를 고시에 반영한 것으로 지지부란 배관을 고정시켜 주는 각종 고정장치류(가대, U볼트 등의 Support)를 말한다. 중간 지지부가 있는 경우 해당 지점에서 배관이 고정된 상태이므로 수직배관의 진동으로 인해 입상관이 파손되는 것을 방지하기 위해 신축이음쇠가 필요하다. 이 경우 주관(입상관)에서 분기한 수평배관뿐 아니라 분기한 수직배관 구간에 대해서도 입상관에 설치한 신축이음쇠와 동일한 높이에 신축이음쇠를 설치하도록 NFPA에서 규정하고 있다.

3. 지진분리장치

(1) 개념 : 제8조

1) 지진분리장치란(Seismic separation assembly) 제3조(정의) 9호에 따르면 "지진 발생시 건축물 지진분리이음 설치위치 및 지상에 노출된 건축물과 건축물 사이 등에서 발생하는 상대변위 발생에 대응하기 위해 모든 방향에서의 변위를 허용하는 커플링, 플렉시블 조인트, 관부속품 등의 집합체"로 정의하고 있다. 즉, 지진분리장치는 지진분리이음(신축이음쇠)이 설치된 배관 시스템에서 상대적으로 움직이는 변위를 최소화시키며, 건축물 간에 설치하여 배관이 파손되는 것을 방지하고 예상되는 배관의 유동을 충분히 허용하여 유동성을 확보하기 위한 장치

---

168) NFPA 13(2022 edition) 18.2.3.1(6) : Within 24in(600mm) above and 24in(600mm) below any intermediate points of support for a riser or other vertical pipe[입상주관이나 기타 수직배관에 대해 지지부의 중간 지점 위 24인치(600mm) 및 아래 24인치(600mm) 이내].

이다. 쉽게 표현하면 지진분리장치는 모든 방향으로 움직임이 가능한 커플링 장치를 의미한다.

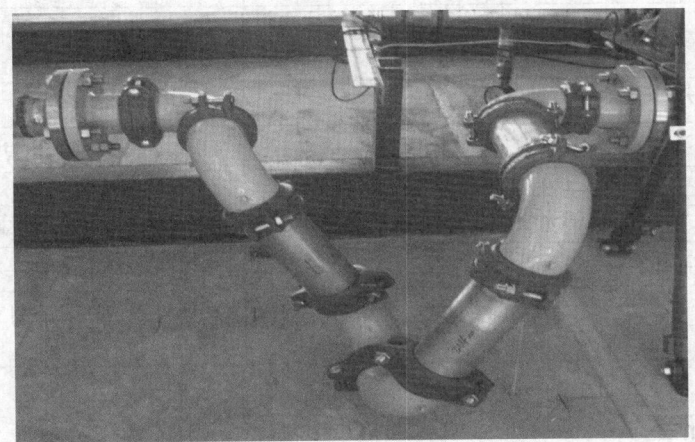

[그림 1-4-81(A)] 지진분리장치 설치(예 : Six elbow)

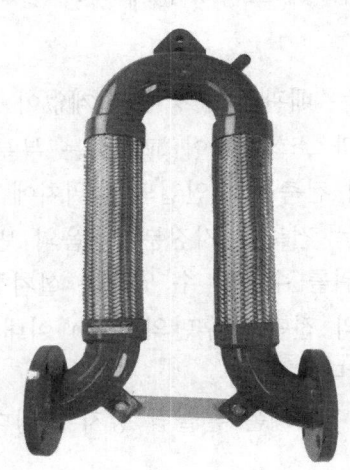

[그림 1-4-81(B)] 지진분리장치 설치(예 : U Type flexible pipe)

2) 지진분리장치가 지진분리이음과 차이점은 분리이음은 작은 변위를 흡수하는 장치물이나 분리장치는 큰 변위를 흡수하는 장치물이다. 또한 분리이음은 모든 입상관의 상하단부에 설치하는 것이나 분리장치는 건축물의 인입배관 부분이나 건물의 신축구간(익스팬션 조인트)에 설치한다.

3) 지진분리장치 역시 NFPA에서는 관련기관의 인증을 받은 제품에 한하여 사용할 수 있으며, 4방향의 변위를 모두 허용할 수 있어야 한다. 지진분리장치는 관부속품, 배관, 신축이음쇠 등을 사용한 집합체로 구성되어 있으며 모든 방향으로 유동이 가능한 배관과 커플링을 이용한 것이다. 지진분리이음과 지진분리장치의 차이점은 [표 1-4-38]과 같다.

[표 1-4-38] 지진분리이음과 지진분리장치의 비교

구 분	지진분리이음	지진분리장치
설치목적	지진동이 전달되지 않도록 진동을 흡수한다.	지진하중이 전달되지 않도록 지진을 격리시킨다.
설치개념	작은 변위를 흡수	큰 변위를 흡수
변위 흡수	축방향 및 회전방향의 변위	4방향(동서남북)의 변위
배관구경	구경과 관계가 있다. (65mm 이상 배관에 설치)	구경과 관계가 없다. (지진분리이음을 설치하는 모든 배관)
설치위치	입상관의 양 끝	인입배관이나 신축구간
해당 용품	그루브 조인트	플렉시블 엘보, 스윙조인트, 익스팬션 루프

(2) 기준 및 해설

지진분리장치는 다음 각 호의 기준에 따라 설치하여야 한다.

1) 기준 : 제8조

① 지진분리장치는 배관의 구경에 관계없이 지상층에 설치된 배관으로 건축물 지진분리이음과 소화배관이 교차하는 부분 및 건축물 간의 연결배관 중 지상노출 배관이 건축물로 인입되는 위치에 설치하여야 한다.

② 지진분리장치는 건축물 지진분리이음의 변위량을 흡수할 수 있도록 전후좌우 방향의 변위를 수용할 수 있도록 설치하여야 한다.

③ 지진분리장치의 전단과 후단의 1.8m 이내에는 4방향 흔들림 방지 버팀대를 설치하여야 한다.

④ 지진분리장치 자체에는 흔들림 방지 버팀대를 설치할 수 없다.

2) 해설

① 지진분리장치는 배관이 움직이는 변위를 최소화하고 배관의 변위를 충분히 허용하기 위하여 4방향 변위를 모두 수용하여야 한다. NFPA 13[169]에서는 지진분리장치 6ft(1.8m) 이내에 4방향 버팀대(4 Way brace)를 설치하도록 하고 있으며 고시는 이를 준용하여 1.8m 이내에 4방향 버팀대를 설치하도록 하였다.

---

[169] NFPA 13(2022 edition) 18.3.3 : The seismic separation assembly shall include a 4 way brace upstream and downstream within 6ft(1.8m) of the seisminc separation assembly(지진분리장치는 지진분리장치의 6ft(1.8m) 이내 위와 아래 방향에 4방향 버팀대를 설치해야 한다).

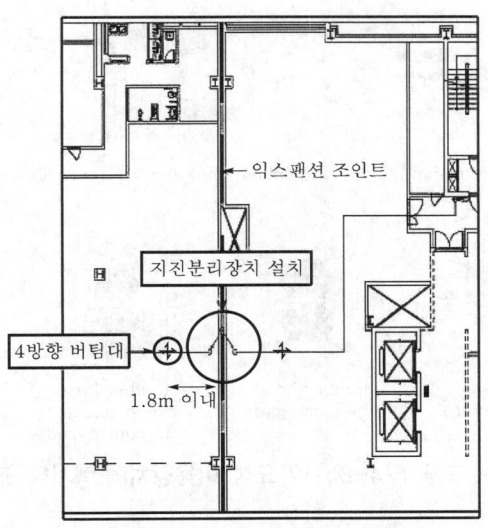

익스팬션 조인트

지진분리장치 설치

4방향 버팀대

1.8m 이내

[그림 1-4-82] 지진분리장치 설치

② 버팀대를 설치할 경우 1.8m 이내에 설치한다고 하여 지진분리장치 그 자체에 버팀대를 설치하여서는 아니 된다. 왜냐하면 지진분리장치는 4방향에 대한 유동을 확보하여야 하므로 자체에 직접 버팀대를 설치하게 되면 그 기능을 상실하기 때문이다.

4. 가요성 이음장치

(1) **기준** : 제3조(정의) 9호에 따르면, 가요성 이음장치란 "지진시 수조 또는 가압송수장치와 배관 사이 등에서 발생하는 상대변위 발생에 대응하기 위해 수평 및 수직 방향의 변위를 허용하는 플렉시블 조인트"라고 규정하고 있다.

(2) **해설**

가요성(可撓性)은 플렉시블(Flexible)을 번역한 용어로 일반 강관에 비해 유연성이 매우 높아 굴곡이나 신축 등이 일정한 범위 내에서 허용되는 부속류이다. 이는 상대변위 발생에 대응하기 위한 것으로 그 종류에는 플렉시블 조인트, 플렉시블 커넥터, 익스팬션 조인트 등이 있으며 다음의 [그림 1-4-83]을 참고한다.

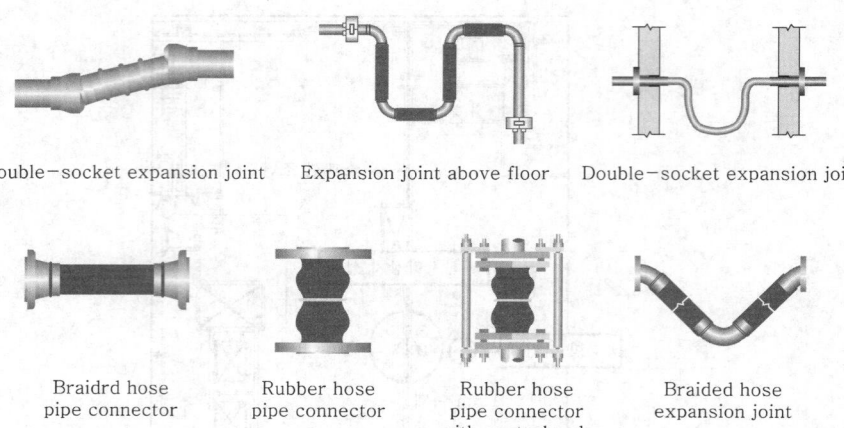

Double-socket expansion joint   Expansion joint above floor   Double-socket expansion joint

Braidrd hose
pipe connector

Rubber hose
pipe connector

Rubber hose
pipe connector
with control rods

Braided hose
expansion joint

[그림 1-4-83] 가요성 이음장치(플렉시블 조인트)

5. 버팀대

(1) 흔들림 방지 버팀대 개요 : 제9조

1) 개념

① "흔들림 방지 버팀대(Sway bracing)"란 지진동 발생시 대형 배관의 경우 행거에서 배관이 빠지거나 또는 관부속품이 파손되는 경우가 발생할 수 있다. 이에 대한 대책으로 배관의 과도한 움직임을 방지하여 배관이 흔들리지 않도록 해주는 흔들림 방지 버팀대가 필요하며 보통 버팀대라 칭한다. 버팀대의 일반적인 구조는 다음 그림과 같이 고정장치(배관과 건물에 고정시키는 부착부분), 버팀대 본체인 지지대, 조임장치(부착부분을 조여 주는 장치)로 구성한다.

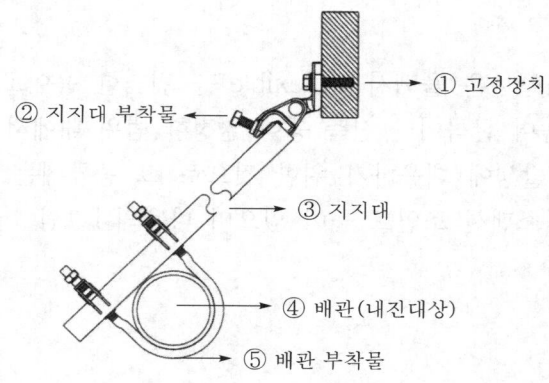

① 고정장치
② 지지대 부착물
③ 지지대
④ 배관(내진대상)
⑤ 배관 부착물

[그림 1-4-84] 버팀대의 구조(예)

② 버팀대의 종류는 다음의 표와 같이 양방향, 4방향, 가지배관용 버팀대와 같이 크게 3가지로 분류할 수 있다. 이 경우 가지배관의 흔들림 방지는 고시에서 환봉(丸棒) 타입(고정대방식)과 와이어(Wire) 타입으로 구분하고 있다.

버팀대 종류	해당 버팀대	비 고
양방향 버팀대	횡방향 버팀대, 종방향 버팀대	수평배관
4방향 버팀대	4방향 버팀대	입상배관
가지배관 버팀대	가지배관 고정대 (흔들림 방지)	65mm 이상 가지배관 (고정대 대신 와이어 설치 가능)

③ 구경 50mm 이하의 가지배관은 파손이 없이 유동이 가능한 것으로 간주하므로 버팀대를 생략할 수 있다. 이와 같이 50mm 이하의 가지관에 내진성능을 요구하지는 않으나, 그럼에도 불구하고 헤드의 파손을 방지하기 위해서는 가지배관의 움직임을 방지하는 버팀대를 설치할 수 있다. NFPA[170]에서는 다음의 3가지 장소에 흔들림 방지 버팀대를 설치하도록 규정하고 있다.

㉮ 설비 입상관의 최상부

㉯ 모든 급수 주관 및 교차배관

㉰ 65mm 이상의 가지배관(단, 이 경우는 횡방향 버팀대에 한함)

2) 기준

흔들림 방지 버팀대 설치는 다음의 기준에 따라 설치하여야 한다.

① 버팀대의 일반기준

㉮ 흔들림 방지 버팀대는 내력을 충분히 발휘할 수 있도록 견고하게 설치하여야 한다.

㉯ 배관에는 제6조 2항(수평지진하중)에서 산정된 횡방향 및 종방향의 수평지진하중에 모두 견디도록 흔들림 방지 버팀대를 설치하여야 한다.

㉰ 흔들림 방지 버팀대가 부착된 건축구조부재는 소화배관에 의해 추가된 지진하중을 견딜 수 있어야 한다.

㉱ 버팀대의 세장비(L/r)는 300을 초과하지 않아야 한다.

㉲ 4방향 흔들림 방지 버팀대는 횡방향 및 종방향 버팀대의 역할을 동시에 수행할 수 있어야 한다.

㉳ 하나의 수평직선배관은 최소 2개의 횡방향 흔들림 방지 버팀대와 1개의 종방향흔들림 방지 버팀대를 설치하여야 한다. 다만, 영향구역 내 배관의 길이가 6m 미만인 경우에는 횡방향과 종방향 흔들림 방지 버팀대를 각 1개씩 설치할 수 있다.

---

170) NFPA 13(2022 edition) 18.5(Sway bracing)

② 소화펌프(충압펌프 포함) 기준

㉮ 소화펌프 흡입측 수평직선배관 및 수직직선배관의 수평지진하중을 계산하여 흔들림 방지 버팀대를 설치하여야 한다.

㉯ 소화펌프 토출측 수평직선배관 및 수직직선배관의 수평지진하중을 계산하여 흔들림 방지 버팀대를 설치하여야 한다.

③ 버팀대의 성능인증 : 소방청장이 고시한 흔들림 방지 버팀대의 성능인증 및 제품검사의 기술기준에 따라 성능인증 및 제품검사를 받은 것으로 설치하여야 한다.

3) 해설

① 버팀대의 일반기준

㉮ NFPA 13 9.3.5.11에서는 버팀대는 횡방향과 종방향의 수평지진하중에 모두 견디고, 지진하중에 의한 수직방향 움직임을 방지하도록 배관에 버팀대를 설치하도록 규정하고 있다. 지진동이 발생할 경우 지진동에 의해 버팀대에는 바닥면과 평행한 힘인 수평력, 즉 수평지진하중이 작용하게 된다. 수평지진하중 작용시에도 배관과 수직방향으로 지진력이 미치는 "횡방향 수평지진하중"과 배관과 수평방향으로 지진력이 미치는 "종방향 수평지진하중"에 모두 견디어야 한다.

㉯ NFPA 13 9.3.5.1.2에서는 버팀대가 부착된 구조부재(Structural components ; 構造部材)는 배관설비에 의해 추가된 지진하중을 견디도록 규정하고 있으며 고시 제9조 3호는 이를 준용한 것이다. 구조부재란 건축물에 작용하는 설계하중에 대하여 그 건축물을 안전하게 지지하는 기능을 가지는 건축물의 구조 내력상 주요한 부분(건축물의 기초·벽·기둥·보·바닥판·지붕틀 등)을 말하며 이는 건물구조체의 구성요소가 된다.

② 버팀대의 세장비(L/r)

버팀대의 세장비는 NFPA[171)]에서는 300 이하를 요구하고 있으며 고시는 이를 준용한 것이다. NFPA에서 세장비는 100, 200, 300의 3종류가 있으며 1994년 이전까지는 200으로 적용하였으나 이후 300으로 완화하였다. 세장비를 제한하는 이유는 대부분의 버팀대가 수평 및 수직하중을 견딜 때에는 이를 긴 기둥으로 간주하기 때문이다. 즉, 긴 기둥은 지진의 힘을 일부 흡수할 수 있으나 지나치게 길면 좌굴에 견디는 기둥의 힘을 감소시켜 시간 경과에 따라 피로현상이 발생하여 파손되기 때문이다.

---

171) NFPA 13(2022 edition) A.18.5.9(2) : (전략) Such that the maximum slenderness ratio (L/r) do not exceed 300.

③ 버팀대의 성능인증

버팀대의 경우 고시에서는 성능인증제품을 사용하도록 하고 있으나, 아직 버팀대에 대한 관련고시는 미제정으로 현재는 KFI 인정기준을 적용하고 있다.

(2) 수평직선 배관의 횡방향 흔들림 방지 버팀대 : 제10조 1항

1) 개념

흔들림 방지 버팀대는 양방향 버팀대와 4방향 버팀대로 구분하며, 이 경우 수평직선배관에 설치하는 양방향 버팀대는 횡방향 또는 종방향 버팀대의 2종류가 있고 수직직선배관에 설치하는 4방향 버팀대는 횡방향과 종방향이 모두 포함된 4방향 버팀대이다. 수평직선배관에서 "횡방향 버팀대(Lateral sway bracing)"는 배관이 횡방향(배관의 수직방향)으로 움직이는 것을 방지하는 버팀대가 되며, [그림 1-4-85]는 NFPA에서 예시로 제시한 횡방향 버팀대이다.

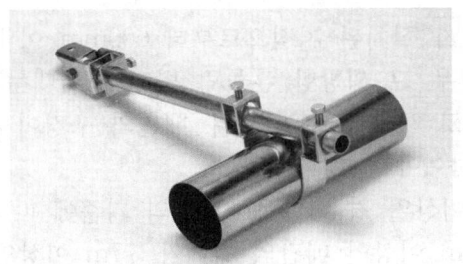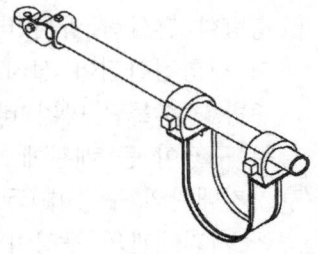

[그림 1-4-85] 횡방향 버팀대(예)

또한 횡방형 버팀대의 경우 적합한 공사방법과 부적합한 공사방법을 예시하면 [그림 1-4-86]와 같다.

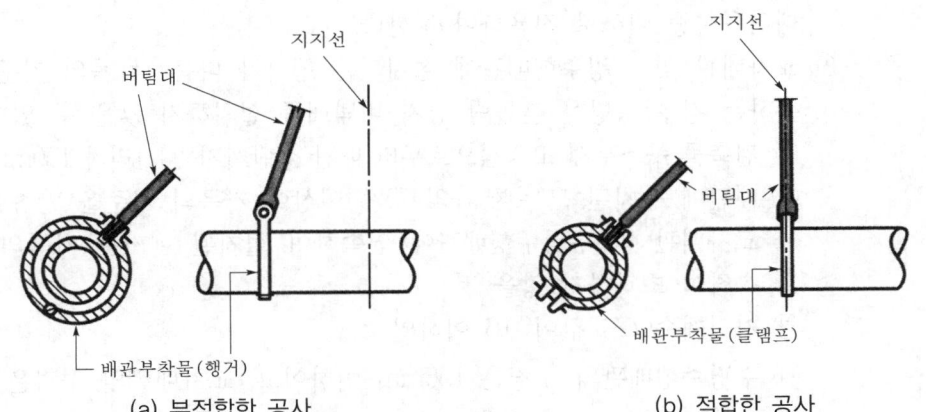

(a) 부적합한 공사   (b) 적합한 공사

[그림 1-4-86] 횡방향 버팀대의 공사방법

2) 기준

횡방향 흔들림 방지 버팀대는 다음에 따라 설치하여야 한다.

① 배관구경에 관계없이 수평주행배관·교차배관 및 옥내소화전설비의 수평배관에 설치하여야 하고, 가지배관 및 기타 배관에는 구경 65mm 이상인 배관에 설치하여야 한다. 다만, 옥내소화전설비의 수직배관에서 분기된 구경 50mm 이하의 수평배관에 설치되는 소화전함이 1개인 경우에는 횡방향 흔들림 방지 버팀대를 설치하지 않을 수 있다.

② 횡방향 흔들림 방지 버팀대의 설계하중은 설치된 위치의 좌우 6m를 포함한 12m 내의 배관에 작용하는 횡방향 수평지진하중으로 영향구역 내의 수평주행배관, 교차배관, 가지배관의 하중을 포함하여 산정한다.

③ 버팀대의 간격은 중심선 기준으로 최대간격이 12m를 초과하지 않아야 한다.

④ 마지막 버팀대와 배관 단부 사이의 거리는 1.8m를 초과하지 않아야 한다.

⑤ 영향구역 내에 상쇄배관이 설치되어 있는 경우 배관의 길이는 그 상쇄배관 길이를 합산하여 산정한다.

⑥ 횡방향 흔들림 방지 버팀대가 설치된 지점으로부터 600mm 이내에 그 배관이 방향전환되어 설치된 경우 그 횡방향 흔들림 방지 버팀대는 인접배관의 종방향 흔들림 방지 버팀대로 사용할 수 있으며, 배관의 구경이 다른 경우에는 구경이 큰 배관에 설치하여야 한다.

⑦ 가지배관의 구경이 65mm 이상일 경우 다음 각 목의 기준에 따라 설치한다.

　㉮ 가지배관의 구경이 65mm 이상인 배관의 길이가 3.7m 이상인 경우에 횡방향 흔들림 방지 버팀대를 제9조 1항에 따라 설치한다.

　㉯ 가지배관의 구경이 65mm 이상인 배관의 길이가 3.7m 미만인 경우에는 횡방향 흔들림 방지 버팀대를 설치하지 않을 수 있다.

⑧ 횡방향 흔들림 방지 버팀대의 수평지진하중은 별표 2에 따른 영향구역의 최대허용하중 이하로 적용하여야 한다.

⑨ 교차배관 및 수평주행배관에 설치되는 행가가 다음 각 목의 기준을 모두 만족하는 경우 횡방향 흔들림 방지 버팀대를 설치하지 않을 수 있다.

　㉮ 건축물 구조부재 고정점으로부터 배관 상단까지의 거리가 150mm 이내일 것

　㉯ 배관에 설치된 모든 행가의 75% 이상이 가목의 기준을 만족할 것

　㉰ 교차배관 및 수평주행배관에 연속하여 설치된 행가는 가목의 기준을 연속하여 초과하지 않을 것

　㉱ 지진계수(C_p) 값이 0.5 이하일 것

　㉲ 수평주행배관의 구경은 150mm 이하이고, 교차배관의 구경은 100mm 이하일 것

　㉳ 행가는 NFPC 103(스프링클러설비) 제8조 13항에 따라 설치할 것

3) 해설

① **설치대상** : 횡방향 버팀대 설치는 NFPA 13 9.3.5.5.1(Lateral sway bracing)에서 구경에 관계없이 모든 급수용 주배관(Feed main), 교차배관(Cross main)에 설치하여야 하며, 가지배관(Branch line) 및 그 이외의 배관은 65mm 이상인 경우에 한하여 설치하도록 규정하고 있다. 가지배관은 65mm 이상일 경우에 한하여 설치하도록 한 이유는 50mm 이하의 배관은 배관 자체에 유연성이 있어 파손을 면할 수 있으므로 버팀대 설치를 제외하도록 한 것이다.

② **최대허용하중(설계하중)** : 횡방향 버팀대에 작용하는 수평지진하중은 버팀대 최대간격이 12m이므로 좌우 6m를 포함한 12m 배관에 작용하는 횡방향 수평지진하중으로 적용하며, 수평지진하중은 $F_{pw} = C_p \times W_p$의 식을 사용한다. 이 경우 배관의 재질이나 규격에 따라 배관의 간격별로 견딜 수 있는 최대허용하중을 별표 2로 고시하였으며, 이는 해당 범위를 초과하지 않아야 한다. 별표 2의 경우는 내진용 소화배관의 종류를 6개로 구분하고(KS D 3507, KS D 3562 Sch 40, KS D 3576 Sch 10, KS D 3576 Sch 20, KS D 3595, CPVC) 소화배관 종류별로 버팀대 간격에 따른 영향구역의 최대허용하중[단위 (N)]을 관경별로 제시하고 있다. 가장 대표적인 KS D 3507을 예시하면 다음의 [표 1-4-39(A)]와 같다.

[표 1-4-39(A)] 영향구역의 최대허용하중(N) : KS D 3507(Sch 10)

배관구경 (mm)	횡방향 흔들림 방지 버팀대의 간격(m)				
	6m	8m	9m	11m	12m
25	450	338	295	245	212
32	729	547	478	397	343
40	969	727	635	528	456
50	1,770	1,328	1,160	964	832
65	2,836	2,128	1,859	1,545	1,334
80	4,452	3,341	2,918	2,425	2,094
100	8,168	6,130	5,354	4,449	3,842
125	13,424	10,074	8,798	7,311	6,315
150	19,054	14,299	12,488	10,378	8,963
200	39,897	29,943	26,150	21,731	18,769

③ **설치간격** : 버팀대를 곧게 뻗은 배관에 설치할 경우 버팀대간격을 정하는 것은 2가지를 고려하여 결정하여야 한다. 첫째는 배관의 구부러짐(Deflection)이며 둘째는 배관의 응력(應力 ; Stress)이다. 배관의 구부러짐과 응력은 버팀대의 간격이 벌어질수록 커지게 되며 배관에 가해지는 응력이 증가하면

배관이나 관이음쇠가 파열될 우려가 높다. NFPA에서는 버팀대의 간격은 최근의 건축물에 대해 허용 가능한 응력을 기준으로 최대 40ft(12m)로 결정된 것이다. 고시에서는 이를 준용하여 버팀대간격(중심선 기준)은 12m를 초과하지 않도록 하였다. 아울러 버팀대와 배관의 마지막 끝부분(단부) 사이의 거리는 6ft(1.8m)를 초과하지 않아야 한다. 이는 버팀대를 배관의 마지막 부분에 근접하여 설치하도록 제한한 것이다. 이는 끝부분에 설치한 버팀대 이후 구간에 큰 하중을 가할 수 있는 가지배관이 설치되는 것을 방지하기 위한 조치로 설치 예시는 다음 그림을 참고 바란다.

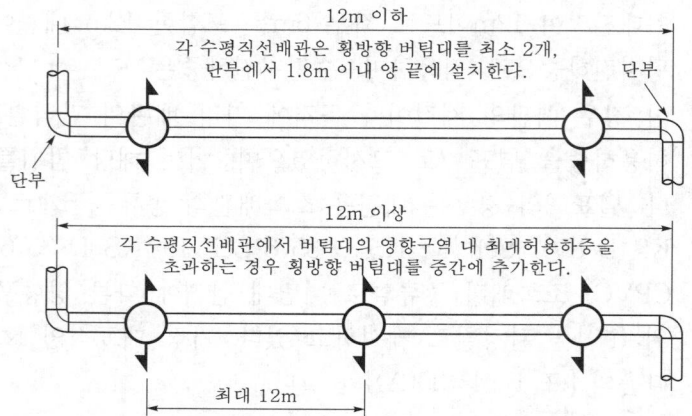

[그림 1-4-87] 수평직선배관에서 횡방향 버팀대의 설치(예)

횡방향 버팀대의 설치기준을 요약하면 다음의 [표 1-4-39(B)]와 같다.

[표 1-4-39(B)] 수평직선배관에 설치하는 횡방향 흔들림 방지 버팀대

구 분	횡방향 버팀대
설치대상	• SP설비 등 : 수평주행배관/교차배관(모든 관경) • 옥내소화전설비 : 수평배관(모든 관경) • 가지배관 및 기타 배관 : 구경 65mm인 경우
설치제외	• SP설비 등 : 구경 65mm 이상으로 3.7m 미만의 가지배관 • 옥내소화전 : 수직배관에서 분기된 소화전함 1개로 50mm 이하의 수평배관인 경우
설계하중	• 횡방향 수평지진하중 : 구간 12m 이내 영향구역 내 수평주행배관, 교차배관, 가지배관 • 영향구역 내 상쇄배관이 있는 경우 합산
설치수량	수평직선배관×2개 이상(6m 미만은 1개)
최대간격	최대 12m(좌우 6m)
단부거리	최대 1.8m
방향전환	0.6m 이내 방향전환시 인접배관의 종방향 버팀대로 사용 가능

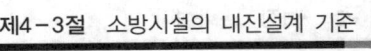

(3) 수평직선배관의 종방향 흔들림 방지 버팀대 : 제10조 2항

1) 개념

"종방향 흔들림 방지 버팀대(Longitudinal sway bracing)"란 배관이 종방향(배관과 수평방향)으로 움직이는 것을 방지하는 버팀대가 된다. 횡방향이나 종방향 버팀대는 결국 양방향 버팀대로서 양방향 버팀대는 배관이 상하 또는 좌우의 한쪽 방향으로 움직이는 것을 방지하게 된다. [그림 1-4-88(A)]는 NFPA에서 예시로 제시한 종방향 버팀대이다.

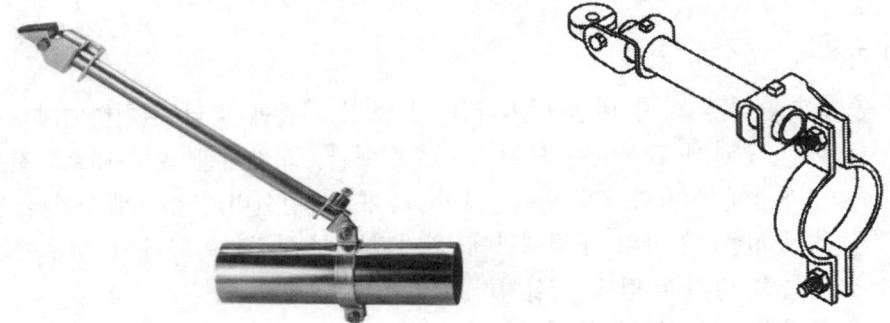

[그림 1-4-88(A)] 종방향 버팀대 도면(예)

[그림 1-4-88(B)] 종방향 버팀대 설치모습(예)

횡방향과 종방향 버팀대를 쉽게 구분하는 방법은 다음과 같다. [그림 1-4-89]와 같이 횡방향 버팀대의 경우는 배관을 고정하는 배관용 클램프(Clamp)와 버팀대용 지지대가 지지대 방향으로 동일 평면상에 있으나, 종방향의 경우는 배관용 클램프가 동일 평면상이 아닌 수직한 면에 꺾여 있는 것으로 구별이 가능하다.

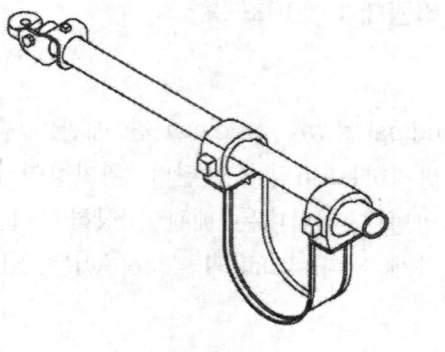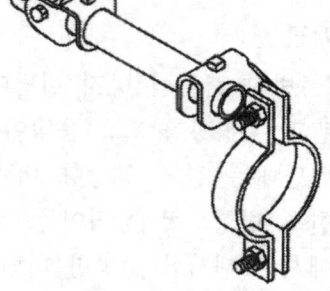

(a) 횡방향 버팀대   (b) 종방향 버팀대

[그림 1-4-89] 횡방향과 종방향 버팀대의 비교

2) 기준

종방향 흔들림 방지 버팀대는 다음 각 호의 기준에 따라 설치하여야 한다.

① 배관 구경에 관계없이 모든 수평주행배관·교차배관 및 옥내소화전설비의 수평배관에 설치하여야 한다. 다만, 옥내소화전설비의 수직배관에서 분기된 구경 50mm 이하의 수평배관에 설치되는 소화전함이 1개인 경우에는 종방향 흔들림 방지 버팀대를 설치하지 않을 수 있다.

② 종방향 흔들림 방지 버팀대의 설계하중은 설치된 위치의 좌우 12m를 포함한 24m 이내의 배관에 작용하는 수평지진하중으로 영향구역 내의 수평주행배관, 교차배관 하중을 포함하여 산정하며, 가지배관의 하중은 제외한다.

③ 수평주행배관 및 교차배관에 설치된 종방향 흔들림 방지 버팀대의 간격은 중심선을 기준으로 24m를 넘지 않아야 한다.

④ 마지막 흔들림 방지 버팀대와 배관 단부 사이의 거리는 12m를 초과하지 않아야 한다.

⑤ 영향구역 내에 상쇄배관이 설치되어 있는 경우 배관 길이는 그 상쇄배관 길이를 합산하여 산정한다.

⑥ 종방향 흔들림 방지 버팀대가 설치된 지점으로부터 600mm 이내에 그 배관이 방향전환되어 설치된 경우 그 종방향 흔들림방지 버팀대는 인접배관의 횡방향 흔들림 방지 버팀대로 사용할 수 있으며, 배관의 구경이 다른 경우에는 구경이 큰 배관에 설치하여야 한다.

3) 해설

① 설치대상 : 양방향 버팀대는 "횡방향 버팀대와 종방향 버팀대"의 2가지가 있으며, 종방향 버팀대는 스프링클러설비의 경우 주배관이나 교차배관에 설치하고 옥내소화전설비의 경우는 수평배관에 설치한다.

② 설계하중 및 설치간격 : 횡방향 버팀대의 경우 설계하중은 설치된 위치의 좌우 6m를 포함한 12m 내의 배관에 작용하는 횡방향 수평지진하중으로 산정한다. 간격 24m의 근거는 NFPA 13(18.5.6.1)에서 80ft(24m) 간격으로 종방향 버팀대를 하도록 규정한 것을 준용한 것이다. 아울러 마지막 버팀대는 배관 말단과의 간격은 40ft 이내로 규정한 것을 준용하여 12m를 초과하지 않도록 한 것이다. 횡방향과 종방향 버팀대의 설치기준을 요약해 보면 다음의 [표 1-4-40]과 같다.

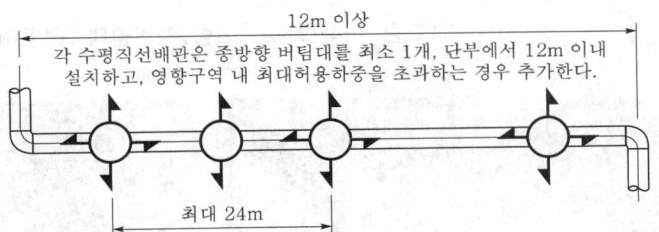

[그림 1-4-90] 수평직선배관에서 종방향 버팀대의 설치(예)

[표 1-4-40] 수평직선배관에 설치하는 종방향 흔들림 방지 버팀대

구 분	종방향 버팀대
설치대상	• SP설비 등: 수평주행배관/교차배관(모든 관경) • 옥내소화전설비 : 수평배관(모든 관경)
설치제외	• 옥내소화전 : 수직배관에서 분기된 소화전함 1개로 50mm 이하의 수평배관인 경우
설계하중	• 수평지진하중 : 구간 24m 이내 영향구역 내 수평주행배관, 교차배관 (가지배관은 제외) • 영향구역 내 상쇄배관이 있는 경우 합산
설치수량	수평직선배관×1개 이상(6m 미만은 1개)
최대간격	최대 24m(좌우 12m)
단부거리	최대 12m
방향전환	0.6m 이내 방향전환시 인접배관의 종방향 버팀대로 사용 가능

(4) 수직직선배관의 흔들림 방지 버팀대 : 제11조

1) 개념

입상관과 같은 수직직선배관에 설치하는 흔들림 방지 버팀대는 4방향(종방향과 횡방향)의 버팀대를 설치하여야 한다. 4방향 흔들림 방지 버팀대란, 제3조(정의) 28호에 따르면 "건축물 평면상에서 종방향 및 횡방향 수평지진하중을 지지하거나, 종·횡단면상에서 전·후·좌·우방향의 수평지진하중을 지지하는 버팀대"로 규정하고 있다.

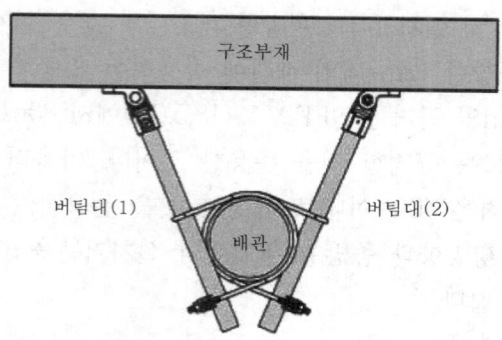

[그림 1-4-91(A)] 4방향 버팀대 도면(예)

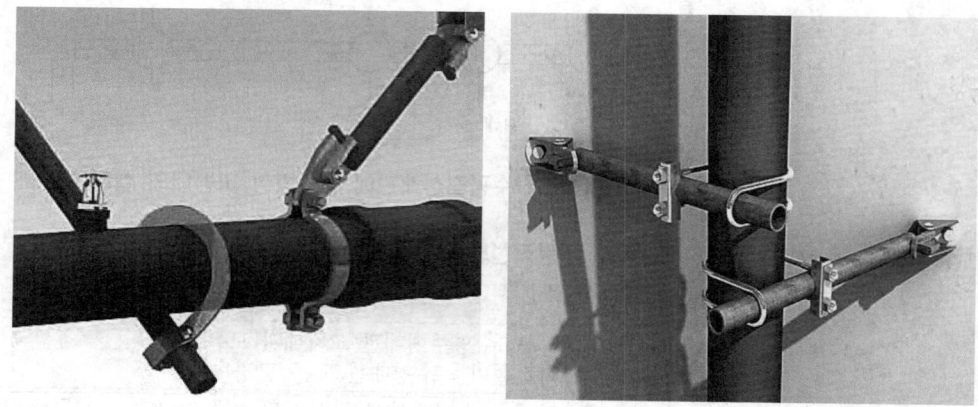

[그림 1-4-91(B)] 4방향 버팀대 설치모습(예)

2) 기준 : 제11조

수직직선배관 흔들림 방지 버팀대는 다음 각 호의 기준에 따라 설치하여야 한다.

① 길이 1m를 초과하는 주배관의 최상부에는 4방향 흔들림 방지 버팀대를 설치하여야 한다. 다만, 가지배관은 설치하지 아니할 수 있다.

② 수직직선배관 최상부에 설치된 4방향 흔들림 방지 버팀대가 수평직선배관에 부착된 경우 그 흔들림 방지 버팀대는 수직직선배관의 중심선으로부터 0.6m 이내에 설치되어야 하고, 그 흔들림 방지 버팀대의 하중은 수직 및 수평방향의 배관을 모두 포함하여야 한다.

③ 수직직선배관 4방향 흔들림 방지 버팀대 사이의 거리는 8m를 초과하지 않아야 한다.

④ 소화전함에 아래 또는 위쪽으로 설치되는 65mm 이상의 수직직선배관은 다음 각 목의 기준에 따라 설치한다.

㉮ 수직직선배관의 길이가 3.7m 이상인 경우 4방향 흔들림 방지 버팀대를 1개 이상 설치하고, 말단에 U볼트 등의 고정장치를 설치한다.

㉴ 수직직선배관의 길이가 3.7m 미만인 경우 4방향 흔들림 방지 버팀대를 설치하지 아니할 수 있고, U볼트 등의 고정장치를 설치한다.

⑤ 수직직선배관에 4방향 흔들림 방지 버팀대를 설치하고 수평방향으로 분기된 수평직선배관의 길이가 1.2m 이하인 경우, 수직직선배관에 수평직선배관의 지진하중을 포함하는 경우 수평직선배관의 흔들림 방지 버팀대를 설치하지 않을 수 있다.

⑥ 수직직선배관이 다층 건물의 중간층을 관통하며, 관통구 및 슬리브의 구경이 제6조 3항 1호에 따른 배관 구경별 관통구 및 슬리브 구경 미만인 경우에는 4방향 흔들림 방지 버팀대를 설치하지 아니할 수 있다.

3) 해설

① NFPA 13(18.5.8 ; Sway bracing of risers)에서 입상관의 경우 길이 3ft(0.9m)를 초과하는 경우 최상부에는 4방향 버팀대를 설치하도록 규정한 것을 준용하여 1m를 초과하는 주배관에 설치하도록 하였다. 또한 입상관에 설치하는 4방향 버팀대는 인접 주배관에 대한 종방향과 횡방향 버팀대 역할을 하여야 한다. 또한 입상관 최상부의 4방향 버팀대가 수평배관에 부착된 경우, 입상관 중심선의 24in 이내로 규정하고 있으며, 이를 준용하여 0.6m 이내로 제한하였다.

② 아울러 버팀대 사이의 간격은 4방향 버팀대의 경우 25ft(7.6m) 이내이어야 하므로 이를 준용하여 8m를 초과하지 않도록 하였다.

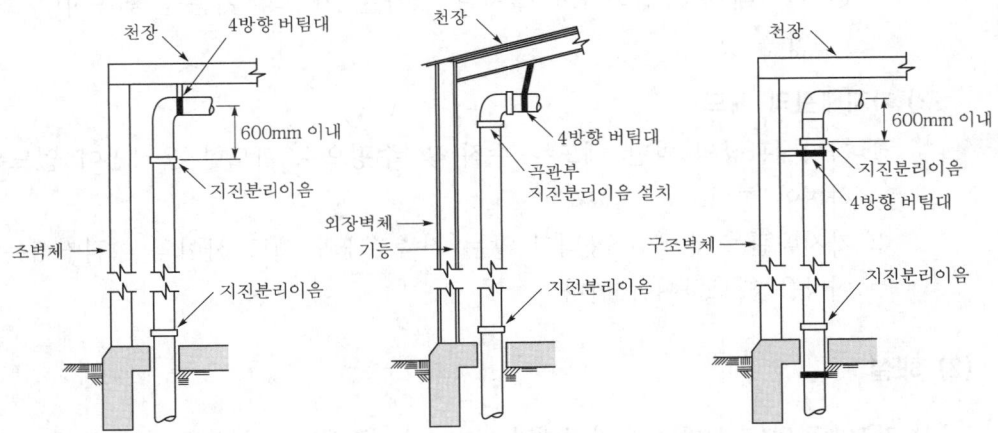

[그림 1-4-92] 수직직선배관의 최상부에 설치한 4방향 버팀대(예)

6. 가지배관 및 헤드의 고정장치

(1) 기준 : 가지배관의 고정장치는 다음 각 호에 따라 설치하여야 한다(제13조).

1) 가지배관의 고정장치

① 가지배관에는 별표 3의 간격에 따라 고정장치를 설치한다.

② 와이어타입 고정장치는 행가로부터 600mm 이내에 설치하여야 한다. 와이어 고정점에 가장 가까운 행가는 가지배관의 상방향 움직임을 지지할 수 있는 유형이어야 한다.

③ 환봉타입 고정장치는 행가로부터 150mm 이내에 설치한다.

④ 환봉타입 고정장치의 세장비는 400을 초과하여서는 아니 된다. 단, 양쪽 방향으로 두 개의 고정장치를 설치하는 경우 세장비를 적용하지 아니한다.

⑤ 고정장치는 수직으로부터 45° 이상의 각도로 설치하여야 하고, 설치 각도에서 최소 1,340N 이상의 인장 및 압축하중을 견딜 수 있어야 하며 와이어를 사용하는 경우 와이어는 1,960N 이상의 인장하중을 견디는 것으로 설치하여야 한다.

⑥ 가지배관에 설치되는 행가는 NFPC 103(스프링클러설비) 제8조 13항에 따라 설치한다.

⑦ 가지배관에 설치되는 행가가 다음 각 목의 기준을 모두 만족하는 경우 고정장치를 설치하지 않을 수 있다.

   ㉮ 건축물 구조부재 고정점으로부터 배관 상단까지의 거리가 150mm 이내일 것

   ㉯ 가지배관에 설치된 모든 행가의 75% 이상이 가목의 기준을 만족할 것

   ㉰ 가지배관에 연속하여 설치된 행가는 가목의 기준을 연속하여 초과하지 않을 것

2) 가지배관의 헤드

① 가지배관상의 말단 헤드는 수직 및 수평으로 과도한 움직임이 없도록 고정하여야 한다.

② 가지배관 고정에 사용되지 않는 건축부재와 헤드 사이의 이격거리는 75mm 이상을 확보하여야 한다.

(2) 해설

1) **가지배관의 고정방법** : 가지배관의 경우는 주배관이나 교차배관 등에 비해 지지하중이 낮은 관계로 반드시 버팀대만을 요구하지는 않고 있다. 따라서 가지배관을 고정하는 방법은 NFPA 13 18.6(Restraint of branch line)에서는 가지관용 고정대, 원형의 U자형 후크, 승인된 고정식 와이어, 행가 등을 제시하고 있다.

2) 가지배관 고정방식의 비교

[표 1-4-41] 가지배관 고정방식의 비교

고정방식	개별기준	공통기준
와이어타입	행가로부터 600mm 이내	• 별표 3의 간격에 따라 설치 • 수직으로부터 45° 이상 • 인장 및 압축하중 최소 1,340N 이상(와이어의 경우는 1,960N)
환봉타입	① 행가로부터 150mm 이내 ② 세정비는 400 이하 : 양쪽으로 2개 설치시 제외	

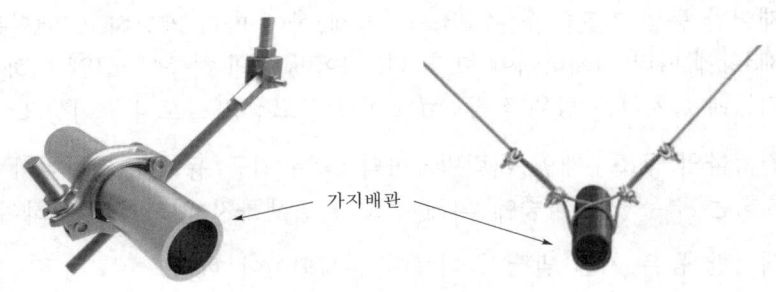

(a) 환봉형   (b) 와이형

[그림 1-4-93] 가지배관의 고정방식(예)

3) 가지배관 고정장치의 최대설치간격 : 고시 별표 3에서는 배관 종류와 지진계수(C_p)에 따라 배관 관경별로 고정장치에 대한 설치간격(m)을 다음과 같이 규정하고 있다.

[표 1-4-42] 고정장치의 최대설치간격(m)

(a) 강관 및 스테인리스(KS D 3576) 배관

호칭구경	지진계수(C_p)			
	$C_p \leq 0.50$	$0.5 < C_p \leq 0.71$	$0.71 < C_p \leq 1.4$	$1.4 < C_p$
25A	13.1	11.0	7.9	6.7
32A	14.0	11.9	8.2	7.3
40A	14.9	12.5	8.8	7.6
50A	16.1	13.7	9.4	8.2

(b) 동관, CPVC 및 스테인리스(KS D 3595) 배관

호칭구경	지진계수(C_p)			
	$C_p \leq 0.50$	$0.5 < C_p \leq 0.71$	$0.71 < C_p \leq 1.4$	$1.4 < C_p$
25A	10.3	8.5	6.1	5.2
32A	11.3	9.4	6.7	5.8
40A	12.2	10.3	7.3	6.1
50A	13.7	11.6	8.2	7.0

4 소방시설 장치류의 내진 기준

1. 제어반 등 : 제14조

(1) 기준

제어반 등은 다음의 기준에 따라 설치하여야 한다.

1) 제어반 등의 지진하중은 제3조의 2 제2항에 따라 계산하고, 앵커볼트는 제3조의 2 제3항에 따라 설치하여야 한다. 단, 제어반 등의 하중이 450N 이하이고 내력벽 또는 기둥에 설치하는 경우 직경 8mm 이상의 고정용 볼트 4개 이상으로 고정할 수 있다.

2) 건축물의 구조부재인 내력벽·바닥 또는 기둥 등에 고정하여야 하며, 바닥에 설치하는 경우 지진하중에 의해 전도가 발생하지 않도록 설치하여야 한다.

3) 제어반 등은 지진 발생시 기능이 유지되어야 한다.

(2) 해설

1) 제어반 등의 경우는 지진하중을 계산하여 적용하되 하중이 450N 이하라면 내력벽이나 기둥에 고정부착하여 설치하고 직경 8mm 이상의 고정용 볼트로 제어반의 각 모퉁이에 최소 4개 이상 고정하도록 한다. 이 경우 제어반은 동력제어반과 감시제어반 모두가 내진설계 대상에 해당된다.

2) 벽면이 아닌 바닥에 고정시킬 경우는 지진동시 제어반이 넘어지지 않도록 고정 설치하여야 한다.

2. 유수검지장치 : 제15조

(1) 기준

유수검지장치는 지진 발생시 기능을 상실하지 않아야 하며, 연결부위는 파손되지 않아야 한다.

(2) 해설

유수검지장치는 지진동에 의해서 구조적으로 파손되거나 연결부 파손이 발생하지 않아야 하며, 기능을 상실하지 않아야 한다. 유수검지장치는 수직직선배관에 설치되므로 수직직선배관 설치에 따른 보호조치를 만족하여야 한다. 즉, 유수검지장치의 무게를 지탱하도록 받침대를 설치하고, 수직직선배관에 4방향 흔들림 방지 버팀대를 설치해야 한다.

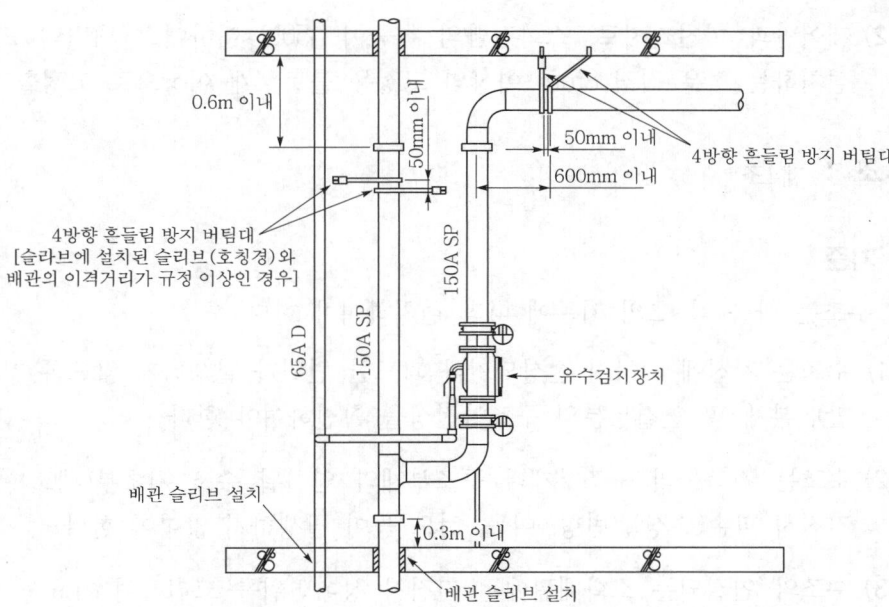

[그림 1-4-94] 유수검지장치 주변의 내진조치(예)

3. 소화전함 : 제16조

(1) 기준

소화전함은 다음 각 호의 기준에 따라 설치하여야 한다.

1) 지진시 파손 및 변형이 발생하지 않아야 하며, 개폐에 장애가 발생하지 않아야 한다.

2) 건축물의 구조부재인 내력벽·바닥 또는 기둥 등에 고정하여야 하며, 바닥에 설치하는 경우 지진하중에 의해 전도가 발생하지 않도록 설치하여야 한다.

3) 소화전함의 지진하중은 제3조의 2 제2항에 따라 계산하고, 앵커볼트는 제3조의 2 제3항에 따라 설치하여야 한다. 단, 소화전함의 하중이 450N 이하이고 내력벽 또는 기둥에 설치하는 경우 직경 8mm 이상의 고정용 볼트 4개 이상으로 고정할 수 있다.

(2) 해설

1) 소화전함의 지진하중은 제3조의 2 제2항에 따라 건축물 내진설계 기준에서 "비구조요소의 설계지진력 산정방법"으로 계산하고, 앵커볼트는 제3조의 2 제3항에 따라 건축물 내진설계 기준에서 "비구조요소의 정착부의 기준"에 따라 설치하여야 한다.

2) 제어반과 마찬가지로, 소화전함의 하중이 450N 이하이고 내력벽 또는 기둥에 설치하는 경우 직경 8mm 이상의 고정용 볼트 4개 이상으로 고정할 수 있다.

4. 수조 : 제4조

(1) 기준

수조는 다음 각 호의 기준에 따라 설치하여야 한다.

1) 수조는 지진에 의하여 손상되거나 과도한 변위가 발생하지 않도록 기초(패드 포함), 본체 및 연결부분의 구조안전성을 확인하여야 한다.

2) 수조는 건축물의 구조부재나 구조부재와 연결된 수조 기초부(패드)에 고정하여 지진시 파손(손상), 변형, 이동, 전도 등이 발생하지 않아야 한다.

3) 수조와 연결되는 소화배관에는 지진시 상대변위를 고려하여 가요성 이음장치를 설치하여야 한다.

(2) 해설

1) 슬로싱(Sloshing)의 방지

수조가 지진동시 파손되는 것은 보통 2가지 요인이 있다. 첫째는 슬로싱현상으로 수조 내 수원의 출렁임으로 과도한 하중이 수조에 작용하여 수조가 파손되는 내부적 요인과 둘째는 수조의 설치가 견고하지 못하여 수조가 이탈하여 파손되는 외부적 요인이 있다. 이 경우 슬로싱현상을 방지하기 위해서는 수조 내 출렁임을 방지하는 방파판(防波板)을 설치하여 슬로싱현상을 감소시켜야 한다. 특히 수조의 슬로싱은 수조 내 수원이 부분적으로 충수되어 있을 경우 지진으로 인해 수조 내부가 격렬하게 움직이는 현상으로 구조물에 영향을 주게 된다.

2) 수조의 파손

① 콘크리트 재료로 설치된 소화수조는 일반적으로 건축구조물의 일부로 간주하기 때문에 내진 대상에서는 제외하고 있다. 콘크리트 수조 이외의 경우는 내진 대상이며 최근에 많이 사용하는 SMC 수조의 경우도 내진조치를 할 경우 사용이 가능하다.

② 수원에서 내진조치 대상은 수조 본체, 기초(패드 포함), 배관의 각 연결부위 등이 해당하며, 수조 및 연결배관 주변의 내진조치는 다음의 [그림 1-4-95]를 참고하기 바란다.

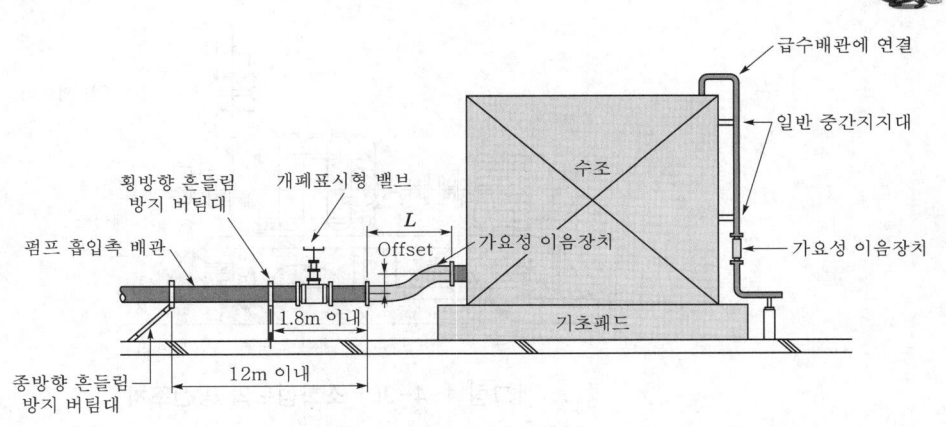

[그림 1-4-95] 수조와 연결배관의 내진조치

5. 가압송수장치 : 제5조

(1) 기준

가압송수장치에 방진장치가 있어 앵커볼트로 지지 및 고정할 수 없는 경우에는 다음 각 호의 기준에 따라 내진스토퍼 등을 설치하여야 한다. 다만, 방진장치에 이 기준에 따른 내진성능이 있는 경우는 제외한다.

1) 정상운전에 지장이 없도록 내진스토퍼와 본체 사이에 최소 3mm 이상 이격하여 설치한다.

2) 내진스토퍼는 제조사에서 제시한 허용하중이 제3조의 2 제2항에 따른 지진하중 이상을 견딜 수 있는 것으로 설치하여야 한다. 단, 내진스토퍼와 본체 사이의 이격거리가 6mm를 초과한 경우에는 수평지진하중의 2배 이상을 견딜 수 있는 것으로 설치하여야 한다.

3) 가압송수장치의 흡입측 및 토출측에는 지진시 상대변위를 고려하여 가요성 이음장치를 설치하여야 한다.

(2) 해설

1) 방진장치 유무에 따른 공사방법

① 방진장치가 없는 경우 : 전동기용이나 내연기관용 펌프일 경우 바닥면에 직접 앵커볼트로 고정하되, "건축물 내진설계 기준" 비구조요소의 정착부의 기준에 따라 앵커볼트를 설치하여야 한다.

② 방진장치가 있는 경우 : 펌프 하단에 방진장치가 있어 앵커볼트로 고정할 수 없는 경우는 스토퍼(Stopper)를 설치하여 보강하여야 한다. 이 경우 스토퍼는 내진용 스토퍼를 사용하고, 수평지진하중 산정을 위해 제조사에서 제시한 허용중량 이상을 견딜 수 있는 스토퍼로 설치하여야 한다.

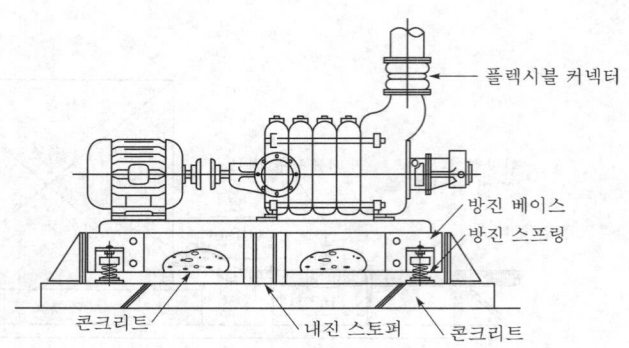

[그림 1-4-96] 소화펌프의 방진조치

2) 내진스토퍼

① 가압송수장치에 내진조치를 위하여 사용하는 내진스토퍼에 대하여 소방산업 기술원에서는 KFI 인정기준(내진스토퍼의 KFI 인정기준)을 제정하여 적용하고 있다. 동 인정기준에 따르면, 내진스토퍼란, "지진하중에 의해 설비(가압송수장치 등)의 과도한 변위가 발생하지 않도록 제한하는 장치"로 정의하고 있다.

[그림 1-4-97] 내진스토퍼(예)

② KFI 인정기준에서는 "이동방지형" 스토퍼와 "이동·전도방지형" 스토퍼의 2종류로 구분하여 다른 시험기준을 적용하여 시험하고 있다.

이동방지형 스토퍼는 수평지진하중을 견디기 위한 스토퍼이며, 이동·전도방지형 스토퍼는 수평지진하중과 가압송수장치 등 설비의 전도를 견디기 위한 스토퍼이다.

1 스프링클러설비에 대한 다음의 질문에 대하여 올바른 답을 각각 3가지씩 쓰시오.

1. 습식 스프링클러설비 외의 설비에는 헤드 설치시 상향식으로 설치하여야 한다. 그러나 하향식으로 설치가 가능한 경우는 무엇인가?

2. 조기반응형 헤드를 설치하여야 하는 경우 설치장소는 어디인가?

3. 소방용 합성수지배관을 사용할 수 있는 경우는 어떠한 경우인가?

4. 일제개방밸브에서 화재감지기 회로를 교차회로 방식으로 하지 않을 수 있는 경우는 어떠한 경우인가?

1. ㉮ 드라이펜던트 스프링클러헤드를 사용하는 경우
   ㉯ 스프링클러헤드의 설치장소가 동파의 우려가 없는 곳인 경우
   ㉰ 개방형 스프링클러헤드를 사용하는 경우

2. ㉮ 공동주택·노유자시설의 거실
   ㉯ 오피스텔·숙박시설의 침실
   ㉰ 병원의 입원실

3. ㉮ 배관을 지하에 매설하는 경우
   ㉯ 다른 부분과 내화구조로 구획된 덕트 또는 피트의 내부에 설치하는 경우
   ㉰ 천장과 반자를 불연재료 또는 준불연재료로 설치하고 그 내부에 습식으로 배관을 설치하는 경우

4. ㉮ 스프링클러설비의 배관 또는 헤드에 누설경보용 물을 채우는 경우
   ㉯ 스프링클러설비의 배관 또는 헤드에 압축공기를 채우는 경우
   ㉰ 화재감지기를 다음과 같은 감지기로 설치할 경우
   • 불꽃감지기
   • 정온식 감지선형 감지기
   • 분포형 감지기
   • 복합형 감지기
   • 광전식 분리형 감지기
   • 아날로그방식의 감지기
   • 다신호방식의 감지기
   • 축적방식의 감지기

2 스프링클러설비에서 유효수량 외 유효수량의 $\frac{1}{3}$ 이상을 옥상에 설치하지 아니할 수 있는 6가지 경우를 쓰시오.

1. 지하층만 있는 건축물의 경우
2. 고가수조를 가압송수장치로 설치한 스프링클러설비의 경우
3. 수원이 건축물의 최상층에 설치된 헤드보다 높은 위치에 설치된 경우
4. 건축물의 높이가 지표면으로부터 10m 이하인 경우
5. 주펌프와 동등 이상의 성능이 있는 별도의 펌프로서 내연기관의 기동과 연동하여 작동되거나 비상전원을 연결하여 설치한 경우
6. 가압수조를 가압송수장치로 설치한 스프링클러설비의 경우

3 리타딩 체임버가 설치된 습식 스프링클러설비에서 말단에 설치된 시험밸브를 개방하여 자동으로 주펌프를 작동시켰으나 경보가 울리지 않았다. 이의 발생원인을 5가지 기술하여라.

1. 수신반에서 경종스위치를 차단한 경우
2. 압력스위치와 수신기간의 배선이 단선된 경우
3. 압력스위치의 코크(cock)밸브(경보조절용밸브)를 잠근 경우
4. 전원 전압이 저전압 상태일 경우
5. 경종이나 압력스위치의 고장일 경우

4 폭 8m, 길이 16m인 사무실에 측벽형 헤드를 설치하려고 한다. 헤드를 배치하고 헤드간의 거리, 헤드와 벽간의 거리(m)를 표시하여라.

조건 1) 각각의 헤드 간격 $S=3.6$m로 한다.

2) 위쪽 헤드는 벽과의 간격을 $\frac{1}{2}S(=1.8\text{m})$ 거리를 두고 설치한다.

3) 아래쪽 헤드는 $\frac{1}{4}S(=0.9\text{m})$ 거리를 두고 설치한다.

4) 위쪽 헤드와 아래쪽 헤드는 나란히꼴로 배치한다.

A와 B는 3.6m 미만이어야 한다.

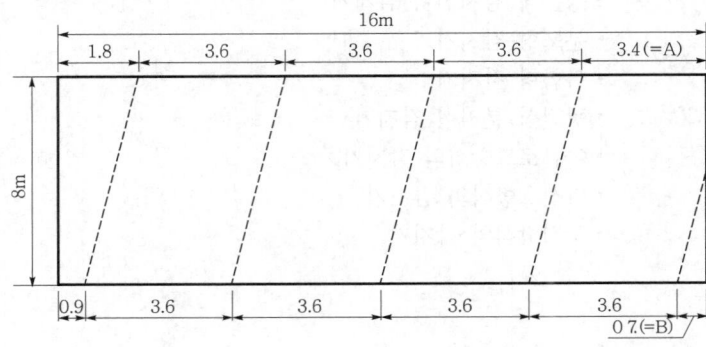

5 바닥면적이 가로 25m, 세로 15m되는 10층 사무실(내화구조, 반자높이 4m)에 헤드를
정방향으로 설치할 경우 소요 헤드수와 수원의 양(m^3)을 구하여라.

 1. 설치기준

정방형배치의 경우 헤드 간격 $d = 2r \cos45°$이며, 수평거리=2.3m이다.

㉮ 가로의 경우 $d = 2r\cos45° = 2 \times 2.3 \times \dfrac{1}{\sqrt{2}} ≒ 3.25$

∴ 가로열의 헤드 수 = 25m ÷ 3.25 = 7.69 ∴ 8개

㉯ 세로의 경우 $d = 2r\cos45° = 2 \times 2.3 \times \dfrac{1}{\sqrt{2}} ≒ 3.25$

∴ 세로열의 헤드 수 = 15m ÷ 3.25 = 4.61 ∴ 5개

따라서 총 헤드 수 = 8개 × 5개 = 40개

2. 수원의 양

10층의 사무실 용도이므로 기준개수가 10개이다.

∴ 수원의 양(m^3) = 10개 × 80$l$pm × 20분 = 16m^3

6 스프링클러 펌프의 흡입측에 설치한 연성계의 진공눈금이 352mmHg를 지시하고 있다.
이때 펌프의 이론흡입양정(m)은 얼마인가?

보충 1. 1기압 = 760mmHg = 10.3mAq(1.03kg/cm^2)이다 ➡ 기본적인 수치이므로 반드시 암기
할 것

2. 연성계의 경우 언제나 대기압보다 낮은 압력이 되며 따라서 연성계의 압력은 흡입수
두를 의미한다. 또한 이것은 대기압에 대한 진공눈금이 된다.

 1기압 = 760mmHg = 10.3mAq이다. 손실을 무시할 경우 즉, 이론흡입양정은 x(연성
계 눈금) : 352mmHg = 1기압 : 760mmHg

∴ $x = $ 1기압 $\times \dfrac{352}{760} = 10.3\text{m} \times \dfrac{352}{760} = 4.77\text{m}$

7 습식 스프링클러헤드(폐쇄형)를 사용한 설비로서 5층 건물의 도매시장이 있다. 다음 물
음에 답하시오.

조건 1) 헤드 수 : 1~5층까지 각층 25개씩

2) 펌프에서 최상층 헤드까지의 높이 : 40m(흡입양정은 무시한다)

3) 배관의 마찰손실수두 : 15m

4) 펌프의 효율 : 65%

1. 수원의 최소수량(m^3)을 구하여라.

2. 펌프의 토출량(m^3/min)을 구하여라.

3. 펌프의 양정(m)을 구하여라.

4. 펌프의 용량(kW)을 구하여라.

 1. 판매시설의 기준개수는 30개이나, 각 층의 헤드설치가 기준개수보다 적으므로 기준개수는 설치개수가 된다.

∴ 수원의 양＝설치개수(25개)×$1.6m^3$＝$40m^3$

2. 토출량＝설치개수(25개)×80$l$pm＝25×80＝2,000$l$pm＝$2m^3$/min

3. H(m)＝H_1＋H_2＋H_3＝40＋15＋10＝65m

4. P(kW)＝$\dfrac{0.163 \times Q \times H}{E} \times K = \dfrac{0.163 \times 2 \times 65}{0.65} \times 1.1 = 35.86\,\text{kW}$

보충 실제 선정은 37kW(50HP)로 선정한다.

8 다음과 같은 말단이 막혀 있는 배관(Dead end pipe)에서 속도수두는 무시하고 구간별 유량($l$pm) 및 손실압력(kg/cm²)을 구하시오.

조건 1) 설치된 헤드의 K(방출계수)＝100이다.

2) 살수시 최저방사압이 발생하는 헤드는 방사압을 1kg/cm²로 한다.

3) 배관의 내경은 32mm로 하고, C factor는 100으로 한다.

4) 배관 내의 유수에 따른 마찰손실압력은 하젠－윌리엄스 식으로 적용하되, 계산의 편의상 공식은 다음으로 한다.

$P = 6 \times \dfrac{Q^2}{C^2 \times D^5} \times 10^5 (\text{kg/cm}^2)$

5) 각 구간별 배관의 등가길이는 3m로 일정하다.

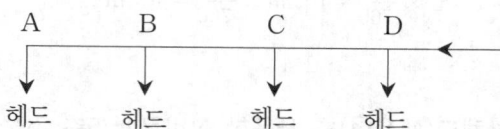

 속도수두를 무시한다는 것은 동압을 무시하는 것으로 이는 헤드에서의 방사압이 전압(Total pressure)이라는 의미이며 그림에서 최저방사압이 발생하는 헤드는 A가 된다.

1. AB 구간

㉮ 유량 : $Q_A = K\sqrt{P} = 100\sqrt{1} = 100\,l\text{pm}$

㉯ 마찰손실압력 : 구간의 등가길이는 3m, C값은 100, 내경은 32mm이므로

$$P_{AB} = 6 \times \frac{100^2}{100^2 \times 32^5} \times 10^5 \times 3 = \frac{6 \times 3 \times 10^5}{32^5} = 0.0536 \text{kg/cm}^2$$

2. BC 구간

㉮ 유량 : B점의 압력 P_B는 "A헤드의 방사압 + P_{AB}"이므로

$$P_B = 1 + 0.0536 ≒ 1.054 \text{kg/cm}^2$$

$$Q_{BC} = Q_A + Q_B (= K\sqrt{P_B})\text{이므로}$$

$$Q_{BC} = 100 + 100\sqrt{1.054} = 202.665 l\text{pm}$$

㉯ 마찰손실압력 : $P_{BC} = 6 \times \dfrac{202.665^2}{100^2 \times 32^5} \times 10^5 \times 3$

$$= \frac{6 \times 3 \times 10 \times 202.665^2}{32^5} ≒ 0.22 \text{kg/cm}^2$$

3. CD구간

㉮ 유량 : C점의 압력 P_C는 "A헤드의 방사압 + P_{AB} + P_{BC}"이므로

$$P_C = 1 + 0.0536 + 0.22 ≒ 1.274 \text{kg/cm}^2$$

$$Q_{CD} = Q_A + Q_B + Q_C (= K\sqrt{P_C})\text{이므로}$$

$$Q_{CD} = 100 + 100\sqrt{1.054} + 100\sqrt{1.274} = 100 \times (1 + \sqrt{1.054} + \sqrt{1.274})$$
$$= 100 \times 3.156 = 315.536 l\text{pm}$$

㉯ 마찰손실압력 : $P_{CL} = 6 \times \dfrac{315.536^2}{100^2 \times 32^5} \times 10^5 \times 3$

$$= \frac{6 \times 3 \times 10 \times 315.665^2}{32^5} ≒ 0.534 \text{kg/cm}^2$$

9 습식 스프링클러설비를 다음의 조건을 이용하여 그림과 같이 8층 건물(용도는 판매시설이 없는 근린생활시설)에 시공할 경우 다음 물음에 해당하는 올바른 답을 구하여라. (단, 소수 둘째자리까지 계산한다)

조건 1) 펌프에서 최고위 말단 헤드까지의 배관 및 부속류의 총 마찰손실은 펌프 자연낙차압의 35%이다.
　　 2) 펌프의 연성계 눈금은 355mmHg이다. (단, 1기압 = 1.03kg/cm²이다)
　　 3) 펌프의 체적효율(η_v) = 0.95, 기계효율(η_m) = 0.9, 수력효율(η_h) = 0.80이다.

1. 주펌프의 양정(m)을 구하여라. (교차배관과 가지배관 간의 높이는 무시한다)

2. 주펌프의 토출량($l$pm)을 구하여라.

3. 주펌프의 효율(%)을 구하여라.

4. 주펌프의 최소소요동력(kW)을 구하여라.

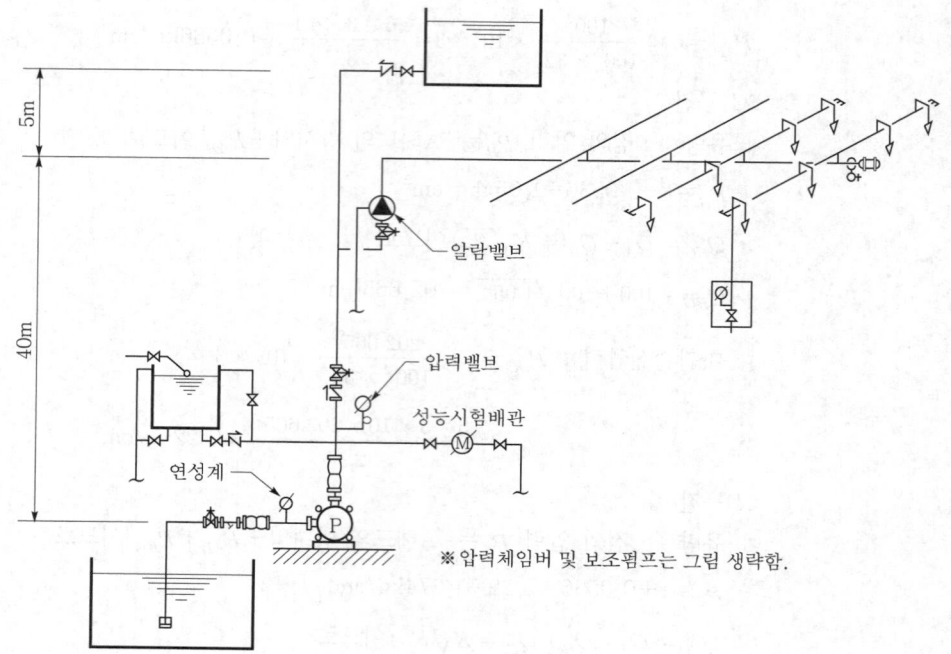

※ 압력체임버 및 보조펌프는 그림 생략함.

1. 펌프의 양정

    펌프의 양정 H(m)=흡입측 양정+토출측 양정+마찰손실+10m

    ㉮ 흡입측 양정 : 연성계 눈금이 355mmHg이고,
       1기압=760mmHg=1.03kg/cm² =10.3m이므로

    $$\therefore \ 1기압\times\frac{355}{760}=10.3m\times\frac{355}{760} \fallingdotseq 4.81m$$

    ㉯ 토출측 양정 : 40m(최고위 헤드까지의 높이로 한다)

    ㉰ 마찰손실 : 자연낙차압(옥상저수조에서부터 펌프까지의 자연압)은 45m(=40
       +5)이므로 조건에 의해 총 마찰손실은 45m×0.35=15.75m
       따라서 양정(m)=4.81+40+15.75+10=70.56m

2. 펌프의 토출량

    10층 건물 이하로서 근린생활시설이므로 기준헤드는 20개이다.

    $\therefore$ 토출량 $Q=80l/min\times20개=1,600l$pm

3. 펌프의 효율

    펌프효율=체적효율×기계효율×수력효율이므로

    $\eta=\eta_v\times\eta_m\times\eta_h=0.95\times0.9\times0.8=0.684$

4. 펌프의 동력

    $$P(kW)=\frac{0.163\times Q\times H}{\eta}\times K \quad (이때 \ Q=1,600l pm=1.6m^3/min이므로)$$

    $$\therefore \ P(kW)=\frac{0.163\times1.6\times70.56}{0.684}\times1.1 \fallingdotseq 29.59kW$$

10 개방형 헤드를 사용한 다음 그림과 같은 스프링클러설비의 배관 계통도가 있다. 이 도면과 주어진 조건에 따라 다음 물음에 답하시오.

조건 1) 배관 마찰손실압력은 하젠-윌리엄스 공식을 따르되 계산의 편의상 다음 식과 같다고 가정한다.

$$\triangle P = 6 \times \frac{Q^2}{C^2 \times D^5} \times 10^5 \times L (\text{kg/cm}^2)$$

2) 배관의 호칭구경과 내경은 같다고 가정한다.

3) 관부속의 마찰손실은 무시한다.

4) 헤드는 개방형 헤드이며 조도 C는 100으로 한다.

5) 가지관에서 각 헤드간의 간격은 2.4m이며, 헤드 A의 방사압과 방사량은 1kg/cm², 80lpm으로 한다.

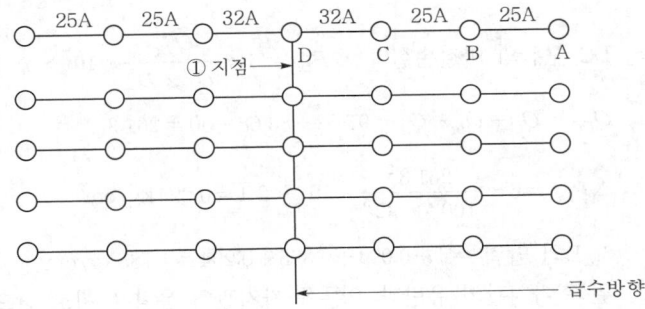

1. BA 구간의 마찰손실압을 구하여라.

2. B점에서의 방사량($l$pm)을 구하여라.

3. CB 구간의 마찰손실압(kg/cm²)을 구하여라.

4. C점에서의 방사량($l$pm)을 구하여라.

5. D점에서의 압력(kg/cm²)을 구하여라.

6. ① 지점의 배관 내 유량($l$pm)을 구하여라.

 1. BA 구간의 마찰손실압력(kg/cm²)을 계산하면,

$P_A = 1\text{kg/cm}^2$, $Q_A = 80 l\text{pm}$

A 헤드에서는 $Q_A = K\sqrt{P_A}$, $K = \dfrac{Q_A}{\sqrt{P_A}} = \dfrac{80}{\sqrt{1}} = 80$

$\triangle P_{BA} = 6 \times \dfrac{Q_A^2}{C^2 \times D^5} \times 10^5 \times L$ 에서

$Q_A = 80 l\text{pm}$, $C = 100 l\text{pm}$, $D = 25\text{mm}$, $L = 2.4\text{m}$

$$\therefore \triangle P_{BA} = 6 \times \frac{80^2}{100^2 \times 25^5} \times 10^5 \times 2.4 = 0.094$$

2. B점의 압력 $P_B = P_A + \triangle P_{BA} = 1 + 0.094 = 1.094\,\text{kg/cm}^2$

   B점의 방사량 $Q_B = K\sqrt{P_B} = 80\sqrt{1.094} = 83.68\,l\text{pm}$

3. CB간의 유량 $Q_{CB} = Q_B + Q_A = 83.68 + 80 = 163.68\,l\text{pm}$

$$\therefore \triangle P_{CB} = 6 \times \frac{Q_{CB}^2}{C^2 \times D^5} \times 10^5 \times L$$

$$= \frac{6 \times (163.68)^2}{100^2 \times 25^5} \times 10^5 \times 2.4 = 0.395\,\text{kg/cm}^2$$

4. $Q_C = K\sqrt{P_C}$, $K = 80$

   $P_C = P_{CB} + P_{BA} + P_A = 0.395 + 0.094 + 1 = 1.489\,\text{kg/cm}^2$

   $\therefore Q_C = 80\sqrt{1.489} = 97.62\,l\text{pm}$

5. DC 구간의 마찰손실압 $\triangle P_{DC} = 6 \times \dfrac{Q_{DC}^2}{C^2 \times D^5} \times 10^5 \times L$에서

   $Q_{DC} = Q_C + Q_B + Q_A = 97.62 + 83.68 + 80 = 261.3$

   $\triangle P_{DC} = 6 \times \dfrac{261.3^2}{100^2 \times 32^5} \times 10^5 \times 2.4 = 0.294\,\text{kg/cm}^2$

   $\therefore$ D의 압력 $= 1 + 0.094 + 0.395 + 0.294 = 1.783\,\text{kg/cm}^2$

6. 왼쪽 가지관의 유량과 오른쪽 가지관의 유량은 서로 같으므로

   $Q = (80 + 83.68 + 97.62) \times 2 = 522.61\,l\text{pm}$

11 폐쇄형 헤드를 사용한 스프링클러설비에서 A지점에 설치된 헤드 1개만이 개방되었을 때 A지점에서의 헤드방사압력(kg/cm^2)은 얼마인가? (단, 소수 넷째자리까지 구하여라. 그리고 도면의 길이는 mm이다)

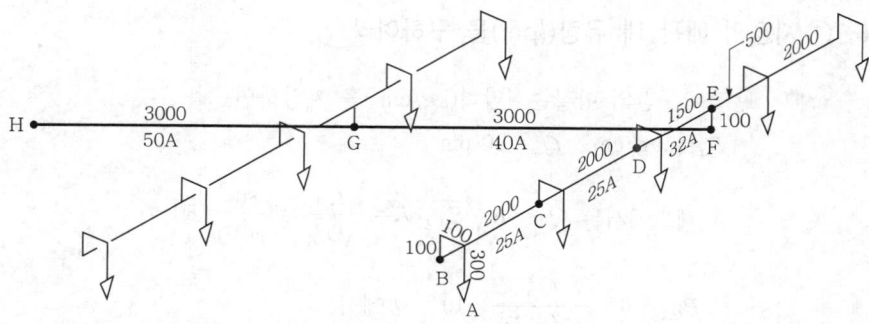

조건 1) 급수배관 H지점에서의 압력은 1.5kg/cm²이다.

2) 티 및 엘보는 직경이 다른 티 및 엘보는 사용하지 않는다.

3) 스프링클러헤드 접속부위는 15mm로 한다.

4) 직관 마찰손실(100m당)은 다음 표를 이용한다.

유 량	25A	32A	40A	50A
80ℓ/min	39.82m	11.38m	5.40m	1.68m

(A점에서의 헤드방수량을 80ℓ/min로 계산한다)

5) 관 이음쇠 마찰손실에 해당하는 직관길이는 다음 표를 이용한다.

구 분	25A	32A	40A	50A
엘보(90도)	0.90	1.20	1.50	2.10
레듀서	(25×15A) 0.54	(32×25A) 0.72	(40×32A) 0.90	(50×40A) 1.20
직류 Tee	0.27	0.36	0.45	0.60
분류 Tee	1.50	1.80	2.10	3.00

 우선 레듀서의 규격이 표에서 큰쪽의 구경에 해당하는 칸에 속해 있으므로 이는 큰 구경으로 적용하라는 의미이다.

1. 배관의 마찰손실수두

　㉮ A~D 구간

　　① 25A 직관＝0.3m＋0.1＋0.1m＋2m＋2m＝4.5m

　　② 레듀서(25A×15A) : 1개×0.54m＝0.54m → 헤드 접속부위

　　③ 엘보(90°) 3개 : 3개×0.9＝2.7m → 헤드의 리턴벤드 부분

　　④ 티(직류) : 1개×0.27m＝0.27m → C점 부위

　　　따라서 총 등가길이는 8.01m이며 조건의 직관 마찰손실표(100m당 손실임)를 25A 부분에 대해 이를 적용하면 손실수두는 다음과 같다.

$$8.01m \times \frac{39.82}{100} = 3.189582$$ 이하 다른 부분도 동일한 방법으로 적용한다.

　㉯ D~E 구간

　　① 32A 직관 : 1.5m

　　② 레듀서(32×25A) : 0.72m

　　③ 티(직류) → D점 : 0.36m 총 등가길이 2.58m,

　　∴ $2.58m \times \frac{11.38}{100} = 0.293604$

　㉰ E~G 구간

　　① 40A 직관 : 0.1m＋3m＝3.1m

　　② 레듀서(40×32A) : 0.9m

　　③ 티(분류) → E점 : 2.1m

　　④ 엘보(90°) : 1.5m 총 등가길이 7.6m

$$\therefore\ 7.6\text{m} \times \frac{5.4}{100} = 0.4104$$

㉑ G~H 구간

① 50A 직관 : 3m

② 레듀서(50×40A) : 1.2m

③ 티(직류) → G점 : 0.6m 총 등가길이 4.8m

$$\therefore\ 4.8\text{m} \times \frac{1.68}{100} = 0.08064$$

∴ 총 마찰손실두수=3.189582m+0.293604m+0.4104m+0.08064m=3.9742m

⇨ 0.39742kg/cm²

2. 구간의 낙차수두

EF(0.1m)+헤드 A의 리턴벤드(0.1m−0.3m)=−0.1m ⇨ −0.01kg/cm²

3. A지점의 방사압=H지점 압력−낙차수두압력−총 마찰손실압력

$$=1.5\text{kg/cm}^2-(-0.01\text{kg/cm})-0.39742\text{kg/cm}$$

$$=(1.5+0.01-0.39742)\text{kg/cm}^2 \fallingdotseq 1.1125\text{kg/cm}^2$$

12 다음 그림 및 조건을 참조하여 물음에 답하여라. 배관구간 그림에서 괄호 앞의 수치는 관경(mm), 괄호 뒤의 수치는 배관의 길이(m)이다.

조건 1) 하젠−윌리엄스의 공식은 간략하게 다음의 식으로 한다.

단위길이(m)당 $P(\text{kg/cm}^2)=6\times 10^5 \times \dfrac{Q^2}{C^2 \times d^5}$ (C=120으로 한다)

2) 등가길이 산정시 분류 티와 직류 티는 구분하지 아니하며 레듀서는 가지관과 주관의 경우에만 적용한다. (단, 레듀서는 작은쪽의 구경을 따른다)

3) 풋밸브에서 최고위 헤드까지의 높이는 70m이다.

4) 마찰손실의 상당 직관장은 다음 표에 의한다. (단위 : m)

관경(mm)	엘 보	티	레듀서	알람밸브	게이트밸브	체크밸브
25	0.9	1.5	0.54	−	0.18	4.5
32	1.2	1.8	0.72	−	0.24	5.4
40	1.5	2.1	0.90	−	0.30	6.5
50	2.1	3.0	1.20	8.4	0.39	8.4
100	4.2	6.3	2.40	16.5	0.81	16.5

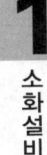

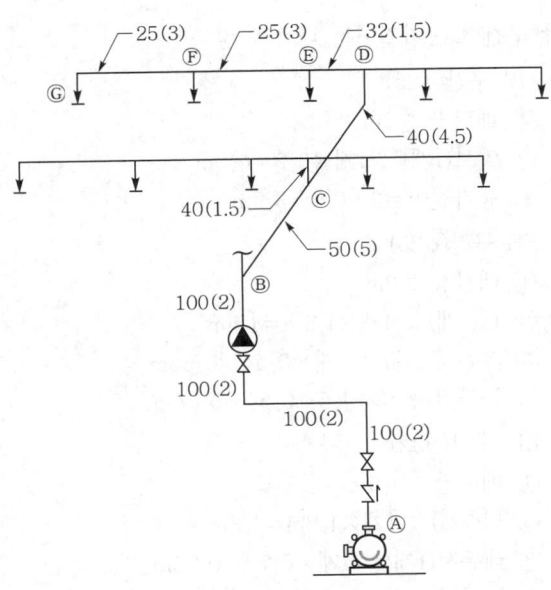

[구간이 다를 경우 레듀서 표기는 생략함]

1. 각 구간별 유량($l$pm)은 얼마인가?

2. 각 구간별 관부속(품명 및 수량)은?

3. 관부속을 포함한 각 구간별 배관의 등가길이(m)는?

4. 각 구간별 마찰손실 수두(m)는?

5. 펌프의 양정(m)은 얼마인가?

 1. 각 구간별 유량은 다음과 같다.

구 간	GF(ϕ25)	FE(ϕ25)	ED(ϕ32)	DC(ϕ40)	CB(ϕ50)	BA(ϕ100)
유량($l$pm)	80	160	240	400	800	800
비 고	헤드 1개	헤드 2개	헤드 3개	헤드 5개	헤드 10개	헤드 10개

2. 각 구간별 관 부속은 다음과 같다.

㉮ GF 구간	엘보×1
㉯ FE 구간	티×1, 레듀서×1
㉰ ED 구간	티×1, 레듀서×1
㉱ DC 구간	티×1, 엘보×1, 레듀서×1
㉲ CB 구간	티×1, 레듀서×1
㉳ BA 구간	티×1, 엘보×2, 알람×1, 게이트밸브×2, 체크밸브×1

3. 각 구간별 등가길이는 다음과 같다.

   ㉮ GF 구간($\phi 25$)

      ① 배관장 : 3m

      ② 엘보(1개) : 1개×0.9=0.9m

      ∴ 등가길이=3+0.9=3.9m

   ㉯ FE 구간($\phi 25$)

      ① 배관장 : 3m

      ② 티(1개) : 1개×1.5m=1.5m

      ③ 레듀서(1개) : 1개×0.54=0.54m

      ∴ 등가길이=3+1.5+0.54=5.04m

   ㉰ ED 구간($\phi 32$)

      ① 배관장 : 1.5m

      ② 티(1개) : 1개×1.8m=1.8m

      ③ 레듀서(1개) : 1개×0.72=0.72m

      ∴ 등가길이=1.5+1.8+0.72=4.02m

   ㉱ DC 구간($\phi 40$)

      ① 배관장 : 4.5m

      ② 티(1개) : 1개×2.1=2.1m

      ③ 엘보(1개) : 1개×1.5=1.5m

      ④ 레듀서(1개) : 1개×0.9m=0.9m

      ∴ 등가길이=4.5+2.1+1.5+0.9=9m

   ㉲ CB구간($\phi 50$)

      ① 배관장 : 5m

      ② 티(1개) : 1개×3.0=3m

      ③ 레듀서(1개) : 1개×1.2=1.2m

      ∴ 등가길이=5+3+1.2=9.2m

   ㉳ BA 구간($\phi 100$)

      ① 배관장 : 8m

      ② 티(1개) : 1×6.3=6.3m

      ③ 엘보(2개) : 2×4.2=8.4m

      ④ 알람밸브(1개) : 1×16.5=16.5m

      ⑤ 게이트밸브(2개) : 2×0.81=1.62m

      ⑥ 체크밸브(1개) : 1×16.5=16.5m

      ∴ 등가길이=8+6.3+8.4+16.5+1.62+16.5=57.32m

4. 구간별 마찰손실수두는 조건에 있는 하젠－윌리엄스 공식을 이용하면 다음과 같다.

㉮ GF 구간 : 단위길이당 $P = 6 \times 10^5 \times \dfrac{80^2}{120^2 \times 25^5} = 0.0273 \text{kg/cm}^2/\text{m}$

∴ 구간별 등가길이＝3.9m이므로
손실수두＝3.9m×0.0273＝0.106496kg/cm² → 1.06496m

㉯ FE 구간 : $P = 6 \times 10^5 \times \dfrac{160^2}{120^2 \times 25^5} = 0.109227 \text{kg/cm}^2/\text{m}$

∴ 손실수두＝5.4m×0.109227＝0.5505kg/cm² → 5.505m

㉰ ED 구간 : $P = 6 \times 10^5 \times \dfrac{240^2}{120^2 \times 32^5} = 0.071525 \text{kg/cm}^2/\text{m}$

∴ 손실수두＝4.02m×0.071525＝0.2875kg/cm² → 2.875m

㉱ DC 구간 : $P = 6 \times 10^5 \times \dfrac{400^2}{120^2 \times 40^5} = 0.065104 \text{kg/cm}^2/\text{m}$

∴ 손실수두＝9m×0.065104＝0.58594kg/cm² → 5.8594m

㉲ CB 구간 : $P = 6 \times 10^5 \times \dfrac{800^2}{120^2 \times 50^5} = 0.08533$

∴ 손실수두＝9.2m×0.08533＝0.785kg/cm² → 7.85m

㉳ BA 구간 : $P = 6 \times 10^5 \times \dfrac{800^2}{120^2 \times 100^5} = 0.002666 \text{kg/cm}^2/\text{m}$

∴ 손실수두＝57.32m×0.02666＝0.15285kg/cm² → 1.5285m
총 마찰손실수두는 위의 결과에서
1.06496＋5.505＋2.875＋5.8594＋7.85＋1.5285＝24.68286m≒25m

5. 펌프의 양정＝건물 낙차수두＋배관의 총 마찰손실수두＋10m이다.
∴ 펌프의 양정＝70m＋25m＋10m＝105m

13 다음의 계통도를 보고 물음에 답하여라. 10층의 사무실 용도로 반자높이는 4m이며, 펌프의 효율은 55%이다.

조건 1) 구간별 배관길이는 AB＝10m, BC＝4m, CD＝4m, DE＝4.5m, EF＝3m, FG＝3m, GH ＝3m, HI＝3.5m로 하며 [표 1-4-13(A)]와 [표 1-4-14]를 이용하여라.

2) AB 구간의 관경은 100mm, BC 구간은 80mm이며, 헤드는 하향식으로 설치한다.

3) 말단 헤드의 리턴벤드부분의 엘보 손실은 무시한다.

1. 각 구간별 관경(mm) 및 유량(ℓpm)을 구하여라.

2. 각 구간별 관부속(품명 및 수량)을 구하여라. (단, 레듀서는 생략한다)

3. 각 구간별 배관(관 부속을 포함한)의 등가길이(m)를 구하여라.

4. 각 구간별 마찰손실수두(m)를 구하여라.

5. 펌프의 양정(m) 및 토출량(ℓpm)을 구하여라.

6. 펌프의 최소동력(kW)을 구하여라.

7. 수원의 최소수량(m^3)을 구하여라.

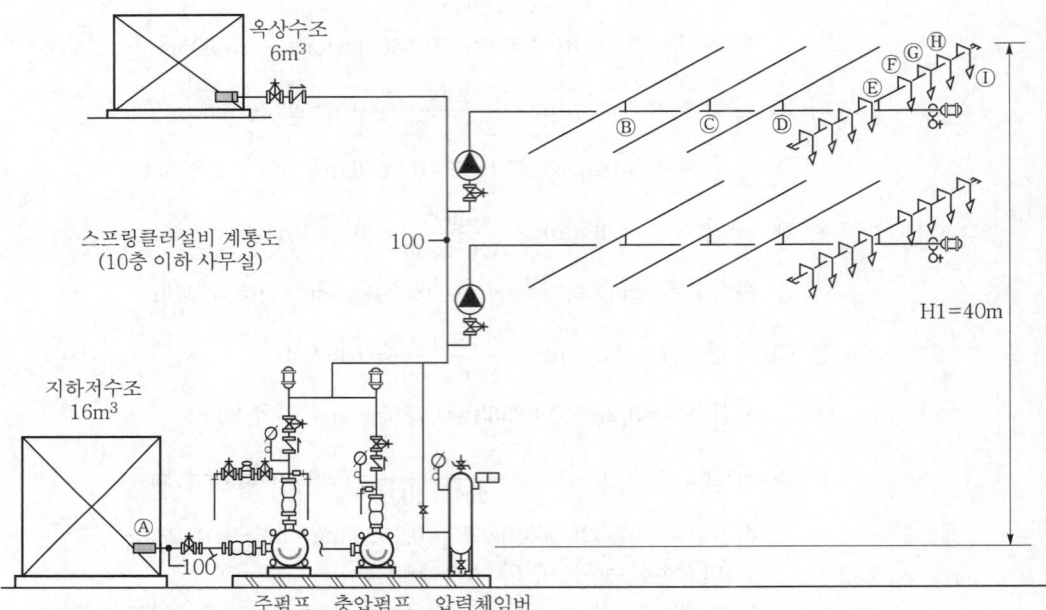

1. 각 구간별 유량은 기준개수 범위 내에서 동시 개방되는 헤드수에 따르며 관경은 NFPC 103 별표 1/NFTC 103 표 2.5.3.3을 적용하면 다음과 같다.

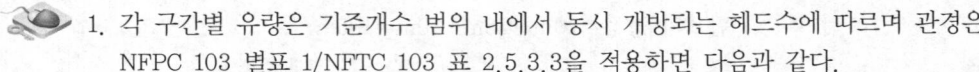

구 간	관경(mm)	유량(ℓpm)	비 고
A−B 구간	100(조건 제시)	800	기준개수를 초과하므로 유량은 기준개수 10개를 기준으로 함.
B−C 구간	80(조건 제시)	800	
C−D 구간	65(헤드 16개)	800	
D−E 구간	50(헤드 8개)	640	헤드 8개 동시 개방
E−F 구간	40(헤드 4개)	320	헤드 4개 동시 개방
F−G 구간	32(헤드 3개)	240	헤드 3개 동시 개방
G−H 구간	25(헤드 2개)	160	헤드 2개 동시 개방
H−I 구간	25(헤드 1개)	80	헤드 1개 동시 개방

2. 구간별 관 부속은 다음과 같다.
   ㉮ A-B 구간 : 엘보×4, 분류 티×2, 직류 티×2, 개폐밸브×3, 체크밸브×1, 스트레너×1, 풋밸브×1, 알람밸브×1
   ㉯ B-C 및 C-D 구간 : 각 직류 티×1
   ㉰ D-E 구간 : 각 분류 티×2
   ㉱ E-F, F-G, G-H 구간 : 각 직류 티×1
   ㉲ H-I 구간 : 분류 티×1

3. 각 구간별 등가길이는 [표 1-4-14]를 이용하여 다음과 같이 계산한다.

구 간	상당장 길이	총 계
A-B 구간 (100φ)	① 직관 : 10m ② 90도 엘보 : 4.2m×4개=16.8m ③ 분류 티 : 6.3m×3개=18.9m ④ 직류 티 : 1.2m×2개=2.4m ⑤ 개폐밸브 : 0.81m×3개=2.43m ⑥ 체크밸브 : 7.6m×1개=7.6m ⑦ 스트레너 : 16.5m×1개=16.5m ⑧ 풋밸브 : 16.5m×1개=16.5m ⑨ 알람밸브 : 16.5m×1개=16.5m	계 : 107.63m
B-C 구간 (80φ)	① 직관 : 4m ② 직류 티 : 0.9m×1개=0.9m	계 : 4.9m
C-D 구간 (65φ)	① 직관 : 4m ② 직류 티 : 0.75m×1개=0.75m	계 : 4.75m
D-E 구간 (50φ)	① 직관 : 4.5m ② 분류 티 : 3.0m×2개=6.0m	계 : 10.5m
E-F 구간 (40φ)	① 직관 : 3m ② 직류 티 : 0.45m×1개=0.45m	계 : 3.45m
F-G 구간 (32φ)	① 직관 : 3m ② 직류 티 : 0.36m×1개=0.36m	계 : 3.36m
G-H 구간 (25φ)	① 직관 : 3m ② 직류 티 : 0.27×1개=0.27m	계 : 3.27m
H-I 구간 (25φ)	① 직관 : 3.5m ② 분류 티 : 1.5m×1개=1.5m	계 : 5m

4. 스프링클러설비의 구간별 마찰손실수두는 [표 1-4-13(A)]를 이용하여 계산한다.

구 간	총상당장(m) : ①	손실계수 : ②	마찰손실수두(m) ①×②=③
A-B 구간 (800lpm, 100φ)	107.63	0.0296	3.186
B-C 구간 (800lpm, 80φ)	4.9	0.108	0.529

C-D 구간 (800*l*pm, 65φ)	4.75	0.2504	1.189
D-E 구간 (640*l*pm, 50φ)	10.5	0.559	5.870
E-F 구간 (320*l*pm, 40φ)	3.45	0.4997	1.724
F-G 구간 (240*l*pm, 32φ)	3.36	0.6181	2.077
G-H 구간 (160*l*pm, 25φ)	3.27	1.0223	3.343
H-I 구간 (80*l*pm, 25φ)	5.0	0.2836	1.418
	계		19.336

5. 펌프의 양정 및 토출량
   ㉮ 펌프의 양정=건물 낙차수두+총 마찰손실수두+10m
      건물 낙차는 그림에서 40m이며, 총 마찰손실수두는 위에서 19.336m이다.
      ∴ 펌프의 양정=40m+19.336m+10m=69.336m≒70m
   ㉯ 펌프의 토출량=기준개수(10개)×80*l*pm=800*l*pm

6. 펌프의 동력
   토출량 800lpm=0.8m³/min

   따라서 $P(kW)=\dfrac{0.163\times Q\times H}{E}\times K=\dfrac{0.163\times 0.8\times 70}{0.55}\times 1.1≒18.256kW$

   예 설계 적용시 선정은 25HP(18.65kW)으로 선정한다.

7. 수원의 수량
   10층 이하 건물로서 사무실용도이므로 기준개수는 10개이다.
   따라서 수원=기준개수(10개)×80*l*pm×20분=16m³

제5절
물분무소화설비(NFPC & NFTC 104)

1 개 요

1. 적용기준

(1) 설치대상 : 소방시설법 시행령 별표 4

물분무등소화설비를 설치하여야 하는 특정소방대상물(위험물 저장 및 처리시설 중 가스시설 또는 지하구를 제외한다)은 다음의 어느 하나와 같다.

특정소방대상물		물분무등소화설비 적용기준	비 고
① 항공기 격납고		모든 대상물	–
② 차고, 주차용 건축물 또는 철골조립식 주차시설		연면적 800m² 이상인 것	–
③ 건축물 내부에 설치된 차고 또는 주차장		차고 또는 주차의 용도로 사용되는 부분의 바닥면적이 200m² 이상인 층	50세대 미만 연립주택 및 다세대주택은 제외
④ 기계장치에 의한 주차시설		20대 이상의 차량을 주차할 수 있는 시설	–
⑤	전기실·발전실·변전실[주 1]	바닥면적이 300m² 이상인 것[주 2]	단서조항[주 3]
	축전지실·통신기기실·전산실		
⑥ 중·저준위방사성폐기물의 저장시설		소화수를 수집·처리하는 설비가 설치되어 있지 않은 경우	다만, 이 경우에는 가스계 소화설비(CO_2, 할론소화설비 또는 할로겐화합물 및 불활성기체 소화설비)를 설치해야 한다.
⑦ 터널[주 4]		위험등급 이상의 터널	다만, 이 경우에는 물분무소화설비를 설치해야 한다.

⑧ 문화재	지정문화재 중 소방청장이 문화재청장과 협의하여 정하는 것	문화재보호법 제2조 3항 1호 및 2호에 따른 지정문화재

주 1. 가연성 절연유를 사용하지 아니하는 변압기·전류차단기 등의 전기기기와 가연성 피복을 사용하지 아니한 전선 및 케이블만을 설치한 전기실·발전실 및 변전실은 제외한다.
2. 하나의 방화구획 내에 2 이상의 실이 설치되어 있는 경우에는 이를 1개의 실로 보아 바닥면적을 산정한다.
3. 다만, 내화구조로 된 공정제어실 내에 설치된 주조정실로서 양압시설이 설치되고 전기기기에 220V 이하인 저전압이 사용되며 종업원이 24시간 상주하는 곳은 제외한다.
4. 예상 교통량·경사도 등 터널의 특성을 고려하여 행정안전부령으로 정하는 터널

(2) 설치면제 : 소방시설법 시행령 별표 5

물분무등소화설비를 설치하여야 하는 차고·주차장에 스프링클러설비를 화재안전기준에 적합하게 설치한 경우에는 그 설비의 유효범위에서 설치가 면제된다.

2. 소화의 원리

물분무소화설비가 화재를 소화하거나 제어하는 방법은 다음과 같은 5가지 요인이 있으며 이러한 요인이 한가지 또는 복합적으로 작용하게 된다.[172]

(1) 냉각작용(Surface cooling)

미세한 물분무 입자로 인하여 화재시 화열에 의해 증발하면서 주위의 열을 탈취(奪取)하며, 연소면 전체를 물방울이 덮을 경우 매우 효과적으로 냉각작용을 한다. 그러나 이는 인화성 액체(Flammable liquid)나 가스 생성물에 대해서는 효과가 없으며, 또한 인화점이 60℃ 미만인 가연성 액체(Combustible liquid)의 경우는 적응성이 낮다.

(2) 질식작용(Smothering by produced steam)

물분무 입자가 화재시 기화되어 수증기가 되면 화면(火面)을 차단하여 산소의 공급을 억제하여 질식작용을 한다. 특히 물분무 입자의 경우와 같이 물방울의 크기가 작은 경우는 상대적으로 표면적이 크므로 질식작용에 매우 효과적이다. 질식작용의 경우는 물분무설비가 화재발생구역 전체에 설치되어 있고 화재의 강도가 수증기를 충분히 발생시킬 수 있는 상태가 되어야 효과적이며 화재시 열에 의해 가연물 내부에서 산소가 생성되는 물질의 경우에는 적응성이 낮다.

---

172) NFPA 15(Water spray fixed systems 2022 edition) 7.2.1.2(Extinguishment method)

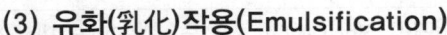

(3) 유화(乳化)작용(Emulsification)

1) 일반적으로 물과 비수용성 액체 위험물은 혼합되지 않으나, 용기 속에서 세차게 섞어주면 일시적으로 이들의 혼합상태를 유지하게 되며 특히 액체표면에서는 물과 기름의 혼합으로 극히 얇지만 에멀젼(Emulsion) 상태가 되며 점도(粘度 ; Viscosity)가 저하되어 액체의 표면에서 가연성의 증기가 증발하는 것을 억제하게 된다.

2) 따라서 물분무 입자가 속도에너지를 가지고 유표면에 방사되면 유면에 부딪치면서 산란하여 위와 같은 조건에 따라 유화층(乳化層)을 형성하게 되며 이러한 유화층이 유면을 덮는 것을 유화작용이라 한다. 유화작용이란 비수용성의 가연성 액체류에 해당하는 사항으로 유화(乳化)상태가 된 가연성 액체류는 표면에서 가연성기체의 증발능력이 저하되어 가연성가스의 발생이 연소범위 이하가 되므로 연소성을 상실하게 된다.

(4) 희석작용(Dilution)

수용성의 액체 위험물에 해당하는 사항으로, 방사되는 물분무 입자의 수량에 따라 액체 위험물이 비인화성의 농도로 희석되는 것으로서, 희석작용에 의해 효과를 발생하려면 수용성 액체류를 비인화성으로 만드는 데 필요한 양 이상의 수량을 방사하여야 한다.

(5) 기타 요인(Other factors)

1) 예를 들면 1.0 이상의 밀도를 가지고 있는 비수용성물질(예 CS_2)의 경우 표면에 지속적인 수막(Film of water)을 형성해 줌으로서 소화될 수 있다.

2) 물질에 따라서는 물분무를 살수할 경우 물질이 화학적으로 분해되어 온도가 내려가서 급격히 냉각됨으로서 소화될 수 있다.

3. 설비의 장·단점

장 점	① 소화효과 이외에 연소의 제어(Control of burning)·노출부분의 방호(Exposure protection)·출화의 예방(Prevention of fire)에도 효과가 있다. ② 물을 주체로 한 수계소화설비이나 BC급화재에도 소화적응성이 있다. ③ 수손(水損)의 피해가 스프링클러설비보다 적다.

	① 물방울의 입자크기가 작아 부력을 이기고 화심(火心) 속으로 침투하는 비율이 낮아 스프링클러설비보다 냉각소화 능력이 낮다.
단 점	② 물방울 입자가 작고 가벼우므로 열기류, 바람 등의 영향을 받게 되므로 분사시 입자의 도달거리가 짧다.
	③ 용도에 따라 배수설비를 필수적으로 설치하여야 한다.

4. 적응성과 비적응성

(1) **적응성** : NFPA 15(2022 edition) 1.3(Application)

물분무설비는 다음과 같이 ABC급화재 전역에 걸쳐 적응성이 있다.

1) **인화성 가스 및 액체류(Gaseous & liquid flammable materials)**

2) **전기적 위험(Electrical hazards)**

예 변압기, 유입개폐기, 전동기, 케이블트레이, 케이블 노선(Transformers, oil switches, motors, cable trays & cable runs)

3) **일반 가연물(Ordinary combustible)**

예 종이 · 목재 · 직물(Paper, wood & textiles)

4) **특정한 위험성 있는 고체(Certain hazardous solids)**

(2) **비적응성** : NFPC 104(이하 동일) 제15조/NFTC 104(이하 동일) 2.12

다음 각 호의 장소에는 물분무헤드를 설치하지 아니할 수 있다.

1) 물에 심하게 반응하는 물질 또는 물과 반응하여 위험한 물질을 생성하는 물질의 저장 또는 취급 장소

2) 고온의 물질 및 증류(蒸溜)범위가 넓어 끓어넘치는 위험이 있는 물질을 저장 또는 취급하는 장소

증류(蒸溜 ; distillation)

어떤 용질이 녹아 있는 용액을 가열하여 얻고자 하는 액체의 끓는점에 도달하면 기체상태의 물질이 생긴다. 이를 다시 냉각시켜 액체상태로 만들고 이를 모으면 순수한 액체를 얻어낼 수 있는데 이러한 과정을 증류라 한다.

3) 운전시에 표면의 온도가 260℃ 이상으로 되는 등 직접분무를 하는 경우 그 부분에 손상을 입힐 우려가 있는 기계장치 등이 있는 장소

chapter

1

소화설비

5. 물분무설비의 설계목적 : NFPA 15(2022 edition) 4.1(Design objectives)

물분무설비의 경우는 다음과 같은 4가지의 설계목적이 있으며 이에 따라 설계목적별로 유효 살수량(Water application rate)에 차이가 있다. 즉, 살수량의 크기는 "노출부분의 방호 > 소화 > 연소의 제어"순으로 NFPA 15에서는 국내와 달리 동일한 대상물일 경우에도 물분무설비의 설계목적에 따라 수원량을 달리 적용하고 있다.

(1) 소화(Extinguishment of fire)

화재를 완전히 진압시키는 현상으로 물분무 입자에 의한 냉각, 수증기로 인한 질식, 액체의 유화(乳化), 희석작용 등의 복합적 요인에 따라 연소하고 있는 가연물에 대해 화재를 직접 소화하게 된다.

(2) 연소의 제어(Control of burning)

소화의 경우는 다량의 물 입자의 공급에 따라 물방울 입자가 화심 속을 침투하여 열방출률을 급격히 감소시켜 완전하게 진화시키는 것이나, 이에 비해 연소의 제어란 물분무 입자 방사시 가연물에 도달한 수량 및 분포가 충분치 못하여 열방출률을 급격히 감소시키지는 못하나 이를 서서히 감소시켜 더이상 연소가 확대되지 않도록 하여 화세(火勢)를 제한시키는 현상으로 이는 재발화방지에 매우 큰 효과를 발휘하게 된다.

(3) 노출부분의 방호(Exposure protection)

화재가 발생한 근처에서 화재로 인한 열이 복사(輻射), 대류(對流), 전도(傳導)에 따라 주위에 확산되면 주변의 착화되지 않는 가연물이 연소하게 되거나, 주변의 구조물을 손상시키게 되므로, 화재시 발생하는 열확산을 물분무 입자가 차단하여 이를 방지하도록 하는 현상이다.

(4) 출화의 예방(Prevention of fire)

화재 초기에 화재 요인이 되는 인화성 물질을 용해(溶解 ; Dissolve), 희석(稀釋 ; Dilute), 확산(擴散 ; Disperse), 냉각(冷却 ; Cooling) 및 연소한계 이하로 증기 농도를 감소시키는 현상으로 이로 인하여 화재로 진전되지 않도록 출화(出火 ; 화재발생)를 예방하게 된다.

2 수원의 기준

1. 물분무설비의 방호 대상

(1) 물분무설비는 ABC급 전체 화재에 적응성이 있는 관계로 용도 및 규모에 관계없이 소화적응성이 있다고 판단하여 국내기준에서는 차고(또는 주차장)의 경우 적응성 있는 소화설비를 우선적으로 물분무설비로 규정하고 있다. 그러나 스프링클러설비와 물분무설비의 차이점은 스프링클러설비는 화재시 방호대상물의 전체 바닥면적을 기준으로 살수하는 설비이나, 물분무설비는 특정 시설물의 화재시 이를 소화하는 것으로 원칙적으로 장치류(Equipment) 표면에 물입자를 살수하여 해당 장치물의 화재를 소화시키는 것이 주목적이다.

(2) 따라서 스프링클러설비의 경우 물방울의 크기가 크며, 파괴주수(注水)의 효과도 있으며 화심 속으로 물방울이 침투하여야 하나, 이에 비해 물분무설비는 물방울의 크기는 작으나 속도를 가지고 있어 일정한 운동량을 보유하게 되기 때문에 옥내외를 막론하고 물방울을 분사하면 장치류의 전체 표면에 침투할 수 있게 된다.

(3) 이로 인하여 NFPA 15에서는 장치류가 아닌 차고(또는 주차장)의 경우는 물분무설비에 대한 기준이 없으며, 장치류인 유입변압기, 케이블트레이, 컨베이어 벨트, 펌프 및 컴프레서, 용기류(Vessel), 강철부재(部材), 금속배관 등에 대해서는 관련 기준이 규정되어 있다.

2. 수원의 기준 : 제4조(2.1)

(1) 화재안전기준

물분무소화설비의 수원은 그 저수량이 다음 표에 의한 각 호의 기준에 적합하여야 하며 표의 근거는 다음과 같다.

[표 1-5-1] 수원의 기준

소방대상물	수원(l)	기준면적 S(m^2)
① 특수가연물 저장 또는 취급	$(10lpm/m^2 \times 20분) \times S$	최대방수구역의 바닥면적(단, 50m^2 이하인 경우는 50m^2)
② 차고 또는 주차장	$(20lpm/m^2 \times 20분) \times S$	최대방수구역의 바닥면적(단, 50m^2 이하인 경우는 50m^2)

③ 절연유 봉입변압기	$(10l\text{pm/m}^2 \times 20분) \times S$	바닥부분을 제외한(변압기의) 표면적을 합산한 면적
④ 케이블트레이・케이블덕트	$(12l\text{pm/m}^2 \times 20분) \times S$	투영된 바닥면적
⑤ 컨베이어 벨트	$(10l\text{pm/m}^2 \times 20분) \times S$	벨트부분의 바닥면적

 표면적・투영된 바닥면적

1. 변압기 표면적이란 바닥면을 제외한 변압기의 4면 및 윗면의 면적을 뜻한다.
2. 투영(投影)된 바닥면적이란 Cable tray나 Duct의 형태에 무관하게 위에서 빛을 비춘 경우 바닥에 그림자로 투영(投影)된 케이블이나 덕트의 밑면적(수평투영면적)을 뜻한다.

(2) 화재안전기준의 근거 및 출전

1) 특수가연물

일본소방법 시행규칙 제16조 2항에서 특수가연물은 방사량 $10l\text{pm}$이며, 최대바닥면적이 50m^2를 초과할 경우는 당해 바닥면적을 50m^2로 계산한다고 규정한 것을 준용한 것이다.

2) 차고(주차장)의 경우

NFPA 15에서는 앞에서 "물분무설비의 대상물"에서 언급한 바와 같이 주차장의 수원량 기준은 없는 관계로, 일본소방법 시행규칙 제17조 3항에서 방사량은 $20l\text{pm}$이며 최대바닥면적이 50m^2를 초과할 경우는 당해 바닥면적을 50m^2로 계산한다고 규정한 것을 준용한 것이다.

3) 유입식 변압기의 경우

절연유(絕緣油)를 봉입(封入)한 변압기란 보통 유입식 변압기로 호칭한다. 절연유는 변압기에 전기가 급전되면 온도가 올라가므로 냉각 및 절연을 위한 목적으로 봉입한다. 일본소방법에서는 변압기에 대한 기준은 없으며, NFPA 15 2022 edition(7.4.4.3)에서는 변압기 표면에 대하여 노출부분의 방호(Exposure protection)를 목적으로 하며 물분무 방사율은 $10.2l\text{pm/m}^2(0.25\text{gpm/ft}^2)$로 규정하고 있으며 이를 준용한 것이다.

4) 케이블트레이

NFPA 15 2022 edition(7.2.2.1)에서 케이블트레이의 경우 소화목적(Extinguishment of fire)일 경우는 방사율이 $6.1l\text{pm/m}^2(0.15\text{gpm/ft}^2)$이며, 노출부분의 방호(Exposure protection) 목적일 경우는 NFPA 15의 2022 edition(7.4.3.8)에서 $12.2l\text{pm/m}^2(0.3\text{gpm/ft}^2)$로 규정하고 있다. 따라서 $6.1l\text{pm}$과 $12.2l\text{pm}$ 중 더 큰 값을 준용한 것이다.

5) 컨베이어 벨트

NFPA 15 2022 edition(7.2.3.3.2)에서 컨베이어 벨트는 소화(Extinguishment of fire) 목적으로 방사율을 $10.2l\text{pm/m}^2(0.25\text{gpm/ft}^2)$로 규정하고 있어 이를 준용한 것이다.

3 물분무설비의 화재안전기준

1. 헤드의 기준

(1) 헤드의 종류

[그림 1-5-1(A)] 물분무헤드 (외형)

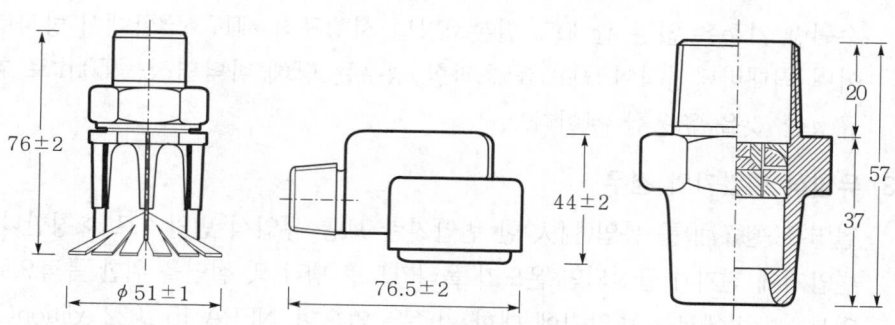

[그림 1-5-1(B)] 물분무헤드 (도면)

1) 개념

① 물분무헤드는 개방형 스프링클러헤드와 같이 일제살수식의 헤드이나 물을 분사할 때의 살수 Mechanism은 스프링클러의 개방형 헤드와 동일하지 않다. 물이 분사될 때 헤드의 구경이 작을수록 물의 유출속도가 커지면서 물의 난류성이 더욱 격심해지나, 반면에 방사율은 크게 감소하게 된다.

물을 물분무와 같이 미세하게 분무상태로 분사하기 위해서는 물을 방사하기 직전에 심하게 교란시켜주면 물의 응집력(凝集力 ; Cohesive force)이 파괴되면서 물이 미분화(微分化)된다.[173] 스프링클러 개방형 헤드는 펌프의 가압에 의해 헤드까지 송수된 물이 디플렉터에 부딪히면서 속도가 순간적으로 감소한 후 화면에 포물선의 형태로 분사하게 된다. 이에 비해 물분무헤드는 물을 다양한 방법을 이용하여 물을 미분화시켜 작은 입자의 물방울 상태에서 디플렉터가 없어도 (일부 제품은 디플렉터가 있음) 헤드에서 유속을 가지고 바로 대상물에 분사하게 된다.

② 일반적으로 물분무헤드는 스프링클러헤드에 비하여 물을 미세한 입자상태로 방사하기 위하여 높은 방사압력이 필요하며, 스프링클러헤드와 달리 노즐의 분사각은 제품마다 다르며 국내의 경우 성능인증 기준에서 30~140°까지로 인정하고 있으나, 일본의 경우는 30~120°까지만 인정하며 다양한 제품이 현재 생산되고 있다.

2) 헤드의 미분화방식

물분무헤드는 위와 같은 원리를 이용하여 물을 미분화시키는 것으로 국내의 경우는 물분무헤드의 미분화방식에 대해 성능인증 및 제품검사 기술기준에서 다음과 같이 5가지 종류로 분류하고 있다.[174]

① **충돌형** : 유수와 유수의 충돌에 의해 미세한 물방울을 만드는 물분무헤드를 말한다.

② **분사형** : 소구경의 오리피스로부터 고압으로 분사하여 미세한 물방울을 만드는 물분무헤드를 말한다.

③ **선회류(旋回流)형** : 선회류에 의해 확산 방출하든가 선회류와 직선류의 충돌에 의해 확산 방출하여 미세한 물방울로 만드는 물분무헤드를 말한다.

④ **디플렉터형** : 수류(水流)를 살수판(撒水板)에 충돌시켜 미세한 물방울을 만드는 물분무헤드를 말한다.

⑤ **슬리트(Slit)형** : 수류를 슬리트에 의해 방출시켜 수막상의 분무를 만드는 물분무헤드를 말한다.

Slit

물이 통과하도록 만든 좁은 틈새를 말한다.

---

173) 물을 교란시켜 응집력을 파괴하는 것은 가정에서 사용하는 가습기와 동일한 원리이다.
174) 소화설비용 헤드의 성능인증 및 제품검사의 기술기준 제2조

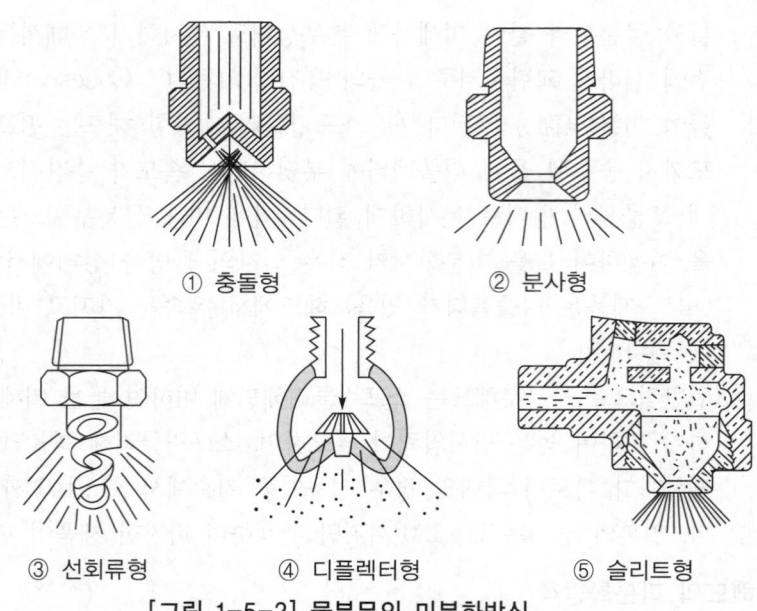

① 충돌형   ② 분사형

③ 선회류형   ④ 디플렉터형   ⑤ 슬리트형

[그림 1-5-2] 물분무의 미분화방식

(2) 헤드의 수량 : 제10조 1항(2.7.1)

물분무헤드는 표준방사량으로 당해 방호대상물의 화재를 유효하게 소화하는 데 필요한 수를 적정한 위치에 설치해야 한다.

1) 개념

물분무헤드의 경우는 스프링클러나 포 헤드와 같이 헤드의 수평거리나 헤드간의 거리에 대하여 규정하고 있지 않으며, 화재를 유효하게 소화하는 데 필요한 헤드 수량을 적절하게 배치하도록 선언적으로 규정하고 있다. 왜냐하면 물분무헤드란 제조사별로 유효 사정(射程)거리, 분사각도, 살수유효반경 등 형식에 따른 사양이 다르기 때문으로 따라서 물분무헤드의 소요개수 및 배치방법은 설계자가 선정한 헤드에 대해 다음 그림과 같이 제조사의 헤드 특성을 고려하여 결정하여야 한다.

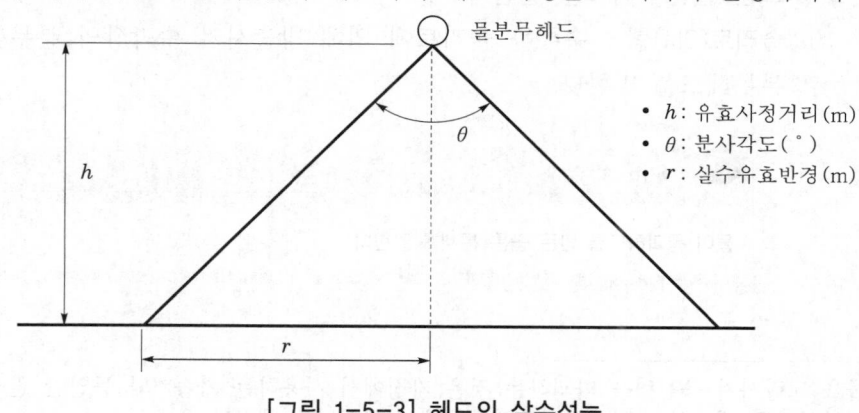

* h : 유효사정거리(m)
* θ : 분사각도(°)
* r : 살수유효반경(m)

[그림 1-5-3] 헤드의 살수성능

2) 해설

물분무헤드에 대한 국내의 성능인증 기준은 표준방사압을 0.35MPa로 하여 1개의 헤드를 시험장치에 부착하고 2회 방사하여 분사각도, 표준방수량(lpm), 유효사정거리(m)를 측정하는 것으로 헤드에 대한 기준은 다음 표와 같이 규정하고 있다.

[표 1-5-2] 물분무헤드의 살수성능

분사각도 $\theta(°)$	표준방수량 (이상~이하) (lpm)	유효사정거리 h(m)	분사각도 $\theta(°)$	표준방수량 (이상~이하) (lpm)	유효사정거리 h(m)
30° 이상 60° 미만	30~33 40~44 50~55	4 이상 4 이상 4 이상	90° 이상 110° 미만	30~33 40~44 50~55 60~66 70~77	2 이상 2 이상 3 이상 3 이상 4 이상
60° 이상 90° 미만	30~33 40~44 50~55 60~66 75~83	2 이상 3 이상 4 이상 4 이상 4 이상	110° 이상 140° 미만	30~33 60~66	2 이상 2 이상

㈜ 표준방사압은 0.35MPa를 기준으로 한다.

[표 1-5-2]의 출전(出典)

소화설비용 헤드의 성능인증 및 제품검사의 기술기준 제7조

(3) 전기적 이격거리(Electrical clearance) : NFTC 2.7.2

고압의 전기 기기가 있는 장소는 전기의 절연을 위하여 다음 표의 거리를 이격하여야 한다.

[표 1-5-3] 전기기기와 물분무헤드 사이의 거리

전압(kV)	거리(cm)	전압(kV)	거리(cm)
66 이하	70 이상	154 초과 181 이하	180 이상
66 초과 77 이하	80 이상	181 초과 220 이하	210 이상
77 초과 110 이하	110 이상	220 초과 275 이하	260 이상
110 초과 154 이하	150 이상	—	—

🔍 **고압기기 이격거리**

고압 기기 이격거리 기준인 [표 1-5-3]의 경우 미국은 국내와 전압구분이 다른 관계로 일본의 기준을 준용한 것이다.

2. 기동장치 기준

(1) 수동식 기동장치 : 제8조 1항(2.5.1)

1) 직접조작 또는 원격조작에 따라 각각의 가압송수장치 및 수동식 개방밸브 또는 가압송수장치 및 자동개방밸브를 개방할 수 있도록 설치할 것

➡ ① 물분무설비와 같은 개방형의 헤드는 비감지형 헤드인 관계로 일제개방밸브를 수동이나 자동으로 개방시켜 주어야 시스템이 작동하게 된다. 이 경우 주관에 설치된 밸브(수동식 개방밸브 또는 자동식 개방밸브)를 수동으로 조작하는 장치가 수동식 기동장치이며 종류에는 직접 조작에 의한 기계적 방식과 원격조작에 의한 전기적 방식이 있다.

② 수동식 개방밸브에서 직접 조작이란 밸브 자체를 손으로 개폐조작하는 것을 말하며, 원격조작이란 예를 들면 전동으로 동작하는 MOV(Motor Operating Valve)를 설치하고 조작버튼을 설치하여 버튼을 눌러 원격조작 하는 것을 말한다. 제8조에서 수동식 개방밸브란 자동식 개방밸브 대신 수동식의 개폐밸브를 설치한 것으로 이는 일본소방법 시행규칙 제14조 1항 8호의 내용을 준용한 것이다.[175)]

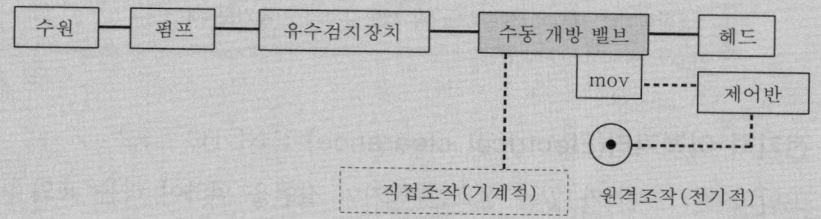

[그림 1-5-4(A)] 수동식 개방밸브 : 수동기동장치(예)

③ 자동식 개방밸브란 일제개방밸브를 뜻하며 일반적으로 화재감지기의 기동과 폐쇄형 스프링클러헤드의 기동에 따라 자동 개방되는 밸브이나 수동으로 개방할 경우 적용하는 것이 수동기동장치이다. 직접 조작의 경우는 자동개방밸브에 조작용 개폐밸브를 접속하고 이를 개폐 조작하는 방식이며, 원격조작은 원격버튼(예 발신기)을 설치하여 수신기의 신호입력에 따라 자동개방밸브의 전자밸브가 작동하여 개방하는 것을 말한다.

---

175) 일본소방법 시행규칙 제14조 1항 8호 : 直接操作又は遠隔操作により、それぞれ加壓送水裝置及び手動式開放瓣又は加壓送水裝置及び一齊開放瓣を起動することができるものとすること(직접조작 또는 원격조작에 의해, 각각 가압송수장치 및 수동식 개방밸브 또는 가압송수장치와 일제개방밸브를 기동할 수 있는 것으로 할 것).

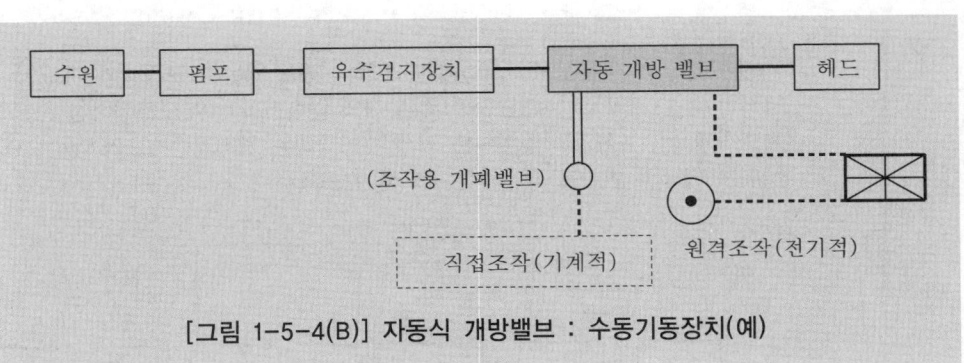

[그림 1-5-4(B)] 자동식 개방밸브 : 수동기동장치(예)

2) 기동장치의 가까운 곳의 보기 쉬운 곳에 기동장치라고 표시한 표지를 할 것

➡️ 국내는 기동장치의 표시판에 대한 별도의 기준이 없으나 일본의 경우 물분무소화설비의 기동장치 표시판은 가로 30cm 이상, 세로 10cm 이상으로 적색바탕에 백색글씨로 규정하고 있다.[176]

(2) 자동식 기동장치 : 제8조 2항(2.5.2)

자동화재탐지설비의 감지기 작동 또는 폐쇄형 스프링클러헤드의 개방과 연동하여 경보를 발하고, 가압송수장치 및 자동개방밸브를 기동할 수 있을 것. 다만, 자동화재탐지설비 수신기가 설치되어 있는 장소에 상시 사람이 근무하고, 화재시 물분무소화설비를 즉시 작동시킬 수 있는 경우에는 그렇지 않다.

➡️ ① 자동식 기동장치 : 감지기 이용방식
자동식 기동장치는 감지기를 이용하는 전기적 기동방식과 스프링클러 폐쇄형 헤드를 이용하는 기계적 방식이 있다. 전기적 방식의 경우 감지기가 동작하면 수신기로 신호가 입력되고 이에 따라 일제개방밸브의 전자밸브가 작동하여 일제개방밸브(자동개방밸브)가 자동으로 개방하게 된다. 가압송수장치는 일제개방밸브가 개방되면 배관 내 압력의 변화를 압력체임버가 감지하여 자동으로 기동하게 된다.

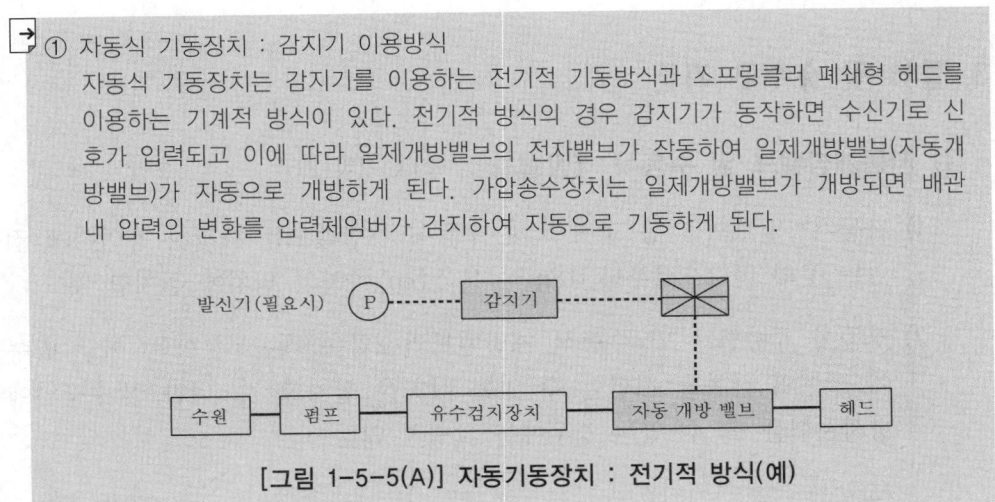

[그림 1-5-5(A)] 자동기동장치 : 전기적 방식(예)

176) 동경소방청 사찰편람(査察便覽) 5.5 水噴霧消火設備 5.5.12 수동식 기동장치 p.2,333

② 자동식 기동장치 : 스프링클러헤드 이용방식

기계적 방식의 경우는 일제개방밸브와 접속되어 있는 스프링클러 폐쇄형 헤드가 개방되면 배관 내의 유수로 인하여 배관 내의 압력변화에 따라 일제개방밸브가 자동으로 개방하게 된다. 전기적 방식이든 기계적 방식이든 일제개방밸브가 개방되면 압력체임버에서 압력의 변화를 감지하여 펌프를 자동으로 기동시켜 준다.

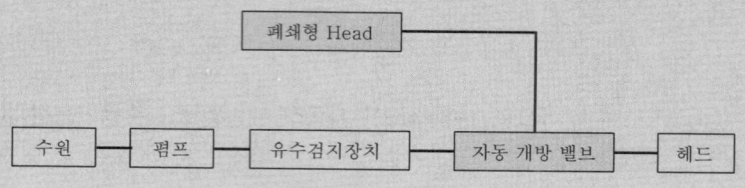

[그림 1-5-5(B)] 자동기동장치 : 기계적 방식(예)

③ 위의 기동장치 내용을 요약하면 다음 표와 같다.

[표 1-5-4(A)] 수동식 기동장치를 이용한 개방방식

해당밸브	개방방식	개방방법
수동 개방밸브	직접조작(기계적 방식)	개방밸브를 직접 개폐조작하여 개방
자동 개방밸브	원격조작(전기적 방식)	원격버튼을 눌러 원격조작으로 개방

[표 1-5-4(B)] 자동식 기동장치를 이용한 개방방식

해당밸브	개방방식	개방방법
자동 개방밸브	헤드 이용(기계적 방식)	폐쇄형 스프링클러헤드를 이용하여 개방
	감지기 이용(전기적 방식)	자동화재탐지설비의 감지기를 이용하여 개방

3. 밸브 및 송수구 기준

(1) 자동개방밸브 및 수동식 개방밸브 : 제9조 2항(2.6)

1) 자동개방밸브의 기동 조작부 및 수동식 개방밸브는 화재시 용이하게 접근할 수 있는 곳의 바닥으로부터 0.8m 이상 1.5m 이하의 위치에 설치할 것

2) 자동식 개방밸브 및 수동식 개방밸브의 2차측 배관부분에는 해당 방수구역 외에 밸브의 작동을 시험할 수 있는 장치를 설치할 것. 다만, 방수구역에서 직접 방사시험을 할 수 있는 경우에는 그렇지 않다.

> 자동개방밸브의 기동 조작부란 자동개방밸브(일제개방밸브)에 개폐밸브를 접속하여 바닥에서 수동으로 용이하게 개폐 조작할 수 있도록 한 직접조작방식의 "수동기동장치"를 말한다.

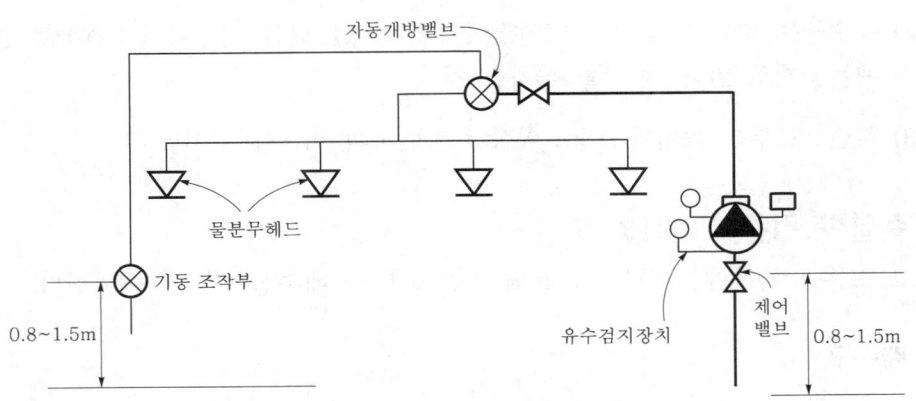

[그림 1-5-6] 자동개방밸브와 기동 조작부

㊟ 감지기나 헤드 등의 자동기동장치는 그림에서 생략함.

(2) 제어밸브 : 제9조 1항(2.6)

1) 제어밸브는 바닥으로부터 0.8~1.5m 이하의 위치에 설치할 것

2) 제어밸브의 가까운 곳의 보기 쉬운 곳에 "제어밸브"라고 표시한 표지를 설치할 것

> ① 제어밸브란 유수검지장치 1차측에 설치하여 급수를 차단하는 개폐표시형 밸브를 말한다. 제어밸브의 목적은 물분무헤드로부터 방수가 될 경우 필요에 따라 방수를 중단할 필요가 있거나, 소화 후 설비를 종료시키거나, 수리나 보수를 위하여 유수검지장치나 일제개방밸브를 보수할 경우 등 급수를 차단할 목적으로 설치한다([그림 1-5-6] 참조).
>
>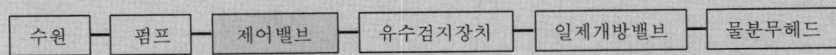
>
> ② 제어밸브는 제6조 9항(2.3.9)에 따라 "급수배관에 설치되어 급수를 차단할 수 있는 개폐밸브"에 해당하므로 Tamper S/W를 설치하여 폐쇄시 수신기 등에 표시되고 경보를 발생하여야 한다.
> ③ 제9조 1항은 일본소방법 시행규칙 제16조 3항 4호를 준용한 것이나 일본의 경우는 방수구역(일제개방밸브가 담당하는 구역)마다 제어밸브를 설치하도록 하고 있으나 국내는 준용과정에서 설치 수량의 기준이 누락된 상태이므로 현장 적용시는 방수구역마다 설치하도록 한다.

(3) 송수구(주요 기준) : NFTC 2.4.1.1

1) 송수구는 화재층으로부터 지면으로 떨어지는 유리창 등이 송수 및 그 밖의 소화작업에 지장을 주지 아니하는 장소에 설치할 것. 이 경우 가연성가스의 저장·취급시설에 설치하는 송수구는 그 방호대상물로부터 20m 이상의 거리를 두거나 방호대상물에 면하는 부분이 높이 1.5m 이상 폭 2.5m 이상의 철근콘크리트 벽으로 가려진 장소에 설치하여야 한다.

2) 송수구는 하나의 층의 바닥면적이 3,000m² 를 넘을 때마다 1개(5개를 넘을 경우에는 5개로 한다) 이상을 설치할 것

3) 지면으로부터 높이가 0.5m 이상 1m 이하의 위치에 설치할 것

4. 배수설비 기준 : 제11조(2.8)

차고 또는 주차장에는 다음 각 호의 기준에 따라 배수설비를 하여야 한다.

(1) 배수구

1) 차량이 주차하는 장소의 적당한 곳에 높이 10cm 이상의 경계턱으로 배수구를 설치할 것

2) 차량이 주차하는 바닥은 배수구를 향하여 $\frac{2}{100}$ 이상의 기울기를 유지할 것

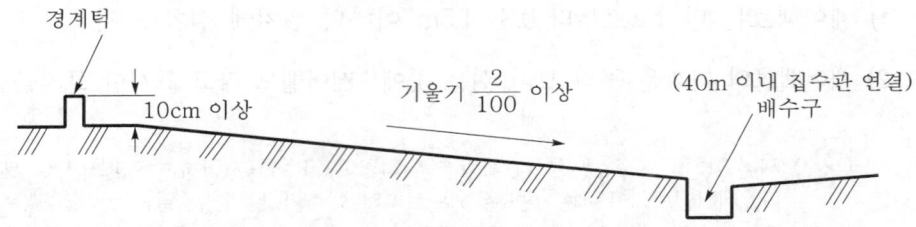

[그림 1-5-7] 배수구 및 경계턱

> ① 배수설비를 하는 이유
> ㉮ 스프링클러설비는 배수설비 대상이 아니나 물분무설비의 경우는 배수설비가 대상인 이유는 다음과 같다. 물분무설비는 BC급화재에도 적응성이 있는 관계로, B급화재의 경우 물분무헤드에서 물입자가 방사될 경우 기름이 외부로 유출하게 되면 물과 기름이 혼합된 액체 등이 바닥으로 흐르게 된다. 따라서 방호대상물의 바닥면에는 물과 기름이 혼합된 액체가 흐르므로 이로 인한 연소확대 등을 방지하기 위하여 이를 신속하고 효과적으로 제거하여야 하므로 물분무설비의 경우는 반드시 배수설비를 설치하여야 한다. 그러나 국내의 경우는 주차시설의 경우에만 배수시설을 요구하고 있다.
> ㉯ 스프링클러설비를 주차장에 설치하는 경우 배수설비를 제외하는 것은 스프링클러설비는 BC급에 적응성 있는 설비가 아니므로 주차장은 스프링클러설비 대상이 아니며, 물분무등소화설비 대상이나 다만, 물분무 대신 스프링클러설비로 대처하기 때문이다.
> ② NFPA에서의 배수설비
> 국내의 경우는 차고(또는 주차장)에 대해서만 배수설비 설치를 의무화하고 있으나, NFPA 15에서는 물분무설비의 경우 용도에 관계없이 배수시설에 대해 규정하고 있다. 배수설비에 대하여 NFPA(2022 edition) 4.4.3(Control of run-off)에서는 다음의 5가지를 규정하고 있다.

ⓐ 둔덕 또는 경사(Curbing & Grading)
ⓑ 지하배수구 또는 밀폐된 배수구(Underground or Enclosed drains)
ⓒ 개방된 트렌치 또는 도랑(Open trenches or Ditches)
ⓓ 방유제 또는 저수지(Diking or Impoundment)
ⓔ 위 ⓐ에서 ⓓ까지의 어떠한 조합(Any combination of ⓐ through ⓓ)

(2) 기름분리(油分離) 장치 : NFTC 2.8.1.2

배수구에는 새어 나온 기름을 모아 소화할 수 있도록 길이 40m 이하마다 집수관, 소화 피트 등 기름분리장치를 할 것

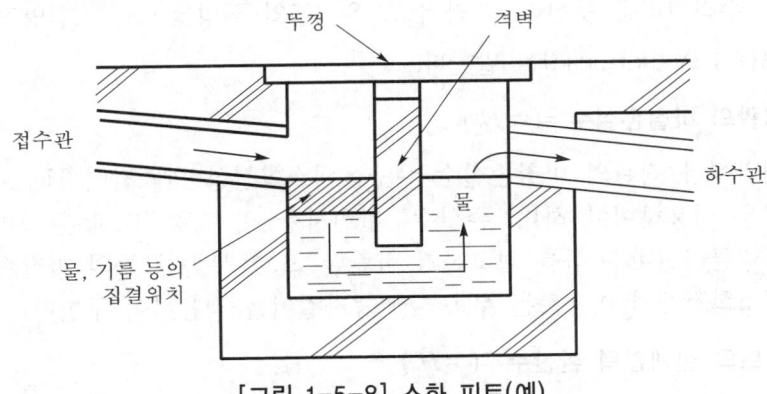

뚜껑   격벽

접수관   하수관

물

물, 기름 등의
집결위치

[그림 1-5-8] 소화 피트(예)

(3) 배수설비 용량 : NFTC 2.8.1.4

배수설비는 가압송수장치의 최대송수능력의 수량을 유효하게 배수할 수 있는 크기 및 기울기로 할 것

④ 물분무설비의 설계실무

1. 펌프의 기준

(1) 양정계산 : 제5조 1항 3호(2.2.1.3)

가압송수장치 중 펌프방식에서 펌프의 양정은 다음과 같이 적용한다.

$$\text{펌프의 양정} : H(\text{m}) = H_1 + H_2 + H_3$$ ·················· [식 1-5-1]

여기서, H_1 : 건물높이의 낙차(실양정)
H_2 : 배관의 마찰손실수두
H_3 : 물분무헤드의 설계압력 환산수두

> **펌프의 양정**
>
> 제5조 1항 3호(2.2.1.3)에서 펌프의 양정산정식에서 건물높이의 낙차수두가 누락되어 있으므로 개정이 필요하다.

1) 건물높이의 낙차(실양정)($=H_1$)

H_1의 개념은 최고위치에 설치된 물분무헤드 높이로부터 수조 내 펌프의 흡수면까지의 높이를 뜻한다. 이때 흡입 실양정이란 흡수면에서 펌프축 중심까지의 수직거리이며, 토출 실양정이란 최고위치에 설치된 헤드높이에서 펌프축 중심까지의 수직거리를 뜻한다. 따라서 H_1은 "흡입 실양정＋토출 실양정", 즉 실양정(實揚程 ; Actual head)을 말한다.

2) 배관의 마찰손실수두($=H_2$)

배관에서 직관의 마찰손실수두는 옥내소화전설비와 같이 Hazen & Williams의 식을 이용하여야 하며, 손실수두관련사항 및 각종 Table은 옥내소화전이나 스프링클러설비 항목을 참고하기 바란다. 또한 부속류 등의 마찰손실수두 역시 옥내소화전에서 이용하는 부속류별 등가길이를 적용하여 구한다.

3) 헤드의 설계압력 환산수두($=H_3$)

물분무설비는 옥내소화전의 노즐선단 방사압이나 스프링클러설비의 헤드방사압과 같이 법적방사압이 규정되어 있는 것이 아니고 제조사의 설계압력에 따르도록 되어있다. 현재 국내에서 제조하는 물분무헤드의 방사압은 0.35MPa로 제조하고 있으며 이 경우 물분무설비의 헤드압력 환산수두는 35m로 적용한다.

(2) 토출량계산 : 제5조 1항 2호(2.2.1.2)

펌프의 1분당 토출량은 다음 표와 같이 적용한다.

[표 1-5-5] 펌프의 토출량

소방대상물	토출량($l$pm)	기준면적 S(m^2)
① 특수가연물 저장 또는 취급	$(10 l\text{pm/m}^2) \times S$	최대방수구역의 바닥면적(단, 50m^2 이하인 경우는 50m^2)
② 차고 또는 주차장	$(20 l\text{pm/m}^2) \times S$	최대방수구역의 바닥면적(단, 50m^2 이하인 경우는 50m^2)
③ 절연유 봉입 변압기	$(10 l\text{pm/m}^2) \times S$	바닥부분을 제외한 변압기의 표면적을 합산한 면적
④ 케이블트레이 · 케이블덕트	$(12 l\text{pm/m}^2) \times S$	투영된 바닥면적
⑤ 컨베이어 벨트	$(10 l\text{pm/m}^2) \times S$	벨트부분의 바닥면적

2. 계통도

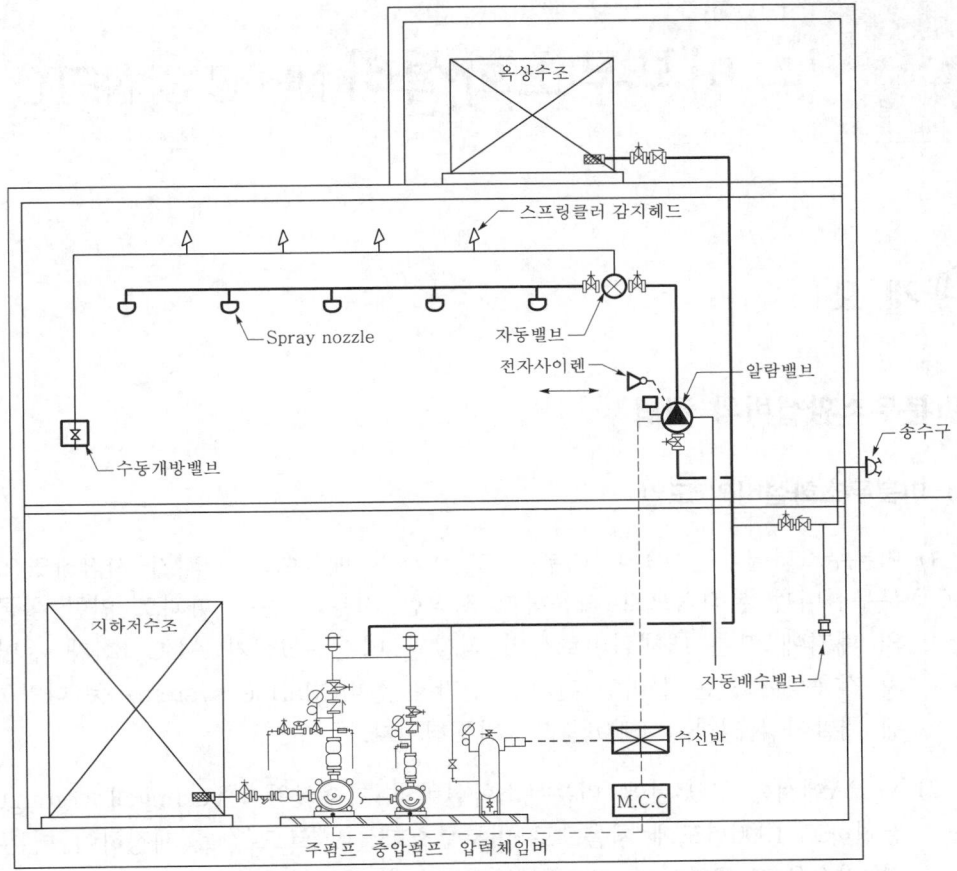

[그림 1-5-9] 물분무소화설비 계통도(스프링클러헤드 기동방식)

제5-1절
미분무소화설비(NFPC & NFTC 104A)

1 개 요

1. 미분무소화설비의 개념

(1) 미분무소화설비의 도입

1) 미분무소화설비는 1940년대부터 그 이론적 배경이 소개되기 시작하였으나, 미분무설비를 본격적으로 사용하기 시작한 것은 오존층 파괴로 인한 할론 1301의 폐기에 따른 대체설비로서의 역할과 미분무설비가 ABC급화재 전반에 걸쳐 적응성이 있는 설비인 관계로 선박용 설비(Marine system) 등 다양한 시스템 개발이 본격화된 1990년대 후반부터이다.

2) NFPA에서는 1993년에 미분무소화설비의 기술위원회(Technical committee)를 결성하고 1996년도에 처음으로 미분무소화설비 코드[177]를 제정하여 미분무설비의 기술을 표준화하고 기준을 확립하였다. NFPA에서는 미분무설비 시스템에 대해 원칙적으로 화재시험을 통한 성능인증을 받고 등록(List)할 것을 요구하고 있다. 미분무설비가 특정위험에서 정상 기능을 수행하고 화재를 소화할 수 있을지의 여부는 시험절차에 따라 화재시험을 실시하여야 하며, 이를 위하여 국제적으로 공인된 기관에서 화재시험규약(Fire test protocol)을 개발하여 이를 적용하고 있다. 이에 관해 NFPA 750 Annex C에서는 대표적으로 IMO, FMRC, UL[178]에서 제정한 화재시험규약을 상세히 소개하고 있다.

3) 국내의 경우 미분무소화설비를 소방법령에 최초로 도입한 것은 2010. 9. 10.으로, 소방시설법 시행령을 개정하여 별표 1(소방시설)에 미분무소화설비를 소화설비에 포함시키고 아울러 동 시행령 제9조 1항 2호에서 미분무소화설비를 물분무등소화

---

177) NFPA 750(Standard on water mist fire protection systems)
178) IMO(International Maritime Organization : 국제해사기구), FMRC(Factory Mutual Research Corporation : 미국 공장상호보험업자 시험연구소), UL(Underwriters Laboratories : 미국 보험협회 시험소)

설비에 포함시키는 것으로 개정하였다. 그러나 이후 이에 대한 화재안전기준이 제정되지 아니하여 소방대상물에 본격적으로 적용하지 못하였으나, 2011. 11. 24.자로 NFSC 104A를 신설하게 되어 국내에서도 미분무소화설비에 대해 시설기준을 적용할 수 있게 되었다. 그러나 타 분야에서는 2003년도에 이미 선박용 기관실과 펌프실에 할론 1301설비를 대체할 설비로 IMO에서 규정한 선박용 미분무설비에 대해 국가표준(KS)인 KS V 4006[179])을 제정하였다. 한편, 특정소방대상물에 대한 미분무소화설비의 설치대상(적용장소)은 물분무소화설비와 동일하므로 해당 기준을 참고하기 바란다.

(2) 미분무수(微噴霧水 ; Water mist)

1) **정의** : NFPC 104A(이하 동일) 제3조 2호/NFTC 104A(이하 동일) 1.7.1.2에서 미분무수에 대해 "미분무라 함은 물만을 사용하여 소화하는 방식으로 최소설계압력에서 헤드로부터 방출되는 물입자 중 99%의 누적체적분포가 400μm 이하로 분무되고 A, B, C급 화재에 적응성을 갖는 것을 말한다"라고 정의하고 있다. 이에 대해 NFPA[180])에서는 국내와 달리 미분무수에 대해 "미분무 노즐의 최소작동압력에서 물방울의 누적체적분포에 대한 $D_{V0.99}$ 측정값이 1,000μm(= 1mm) 미만인 물의 분무"라고 정의하고 있다.

2) **국내의 경우 적용** : 국내의 경우 NFPA와 달리 미분무수를 400μm 이하로 정한 것은 다음의 2가지 이유 때문이다.

① 미분무수는 B, C급 화재와 A급화재에 모두 적응성이 있으나 NFPA 750 2023 edition A.3.3.24(Water mist)에 따르면 미분무수에 대한 연구결과 B급화재를 원활히 소화하기 위해서는 물방울의 크기가 400μm 이하가 필수적이며 A급화재의 경우는 가연물을 적시는 효과 때문에 B급화재보다 다소 큰 물방울이 효과적이라고 언급하고 있다. 이에 따라 NFPA에서는 미분무수의 정의를 1,000μm까지로 넓은 범위로 규정하고 있으나 국내의 경우는 C급화재에서 더욱 안전한 적응성을 위하여 미분무수를 $D_{V0.99} \leq 400\mu m$로 규정하였다.

② 물방울이 1,000μm일 경우는 물분무설비 및 고압으로 방사하는 스프링클러설비까지도 이 범위에 들어가게 되나, 미분무설비의 경우 실제로 방사되는 물방울의 크기는 대부분 400μm를 크게 벗어나지 않으므로 이를 감안할 경우 $D_{V0.99} \leq 400\mu m$로 규정하여도 실용상 큰 무리가 없다고 판단한 것이다.

---

179) KS V 4006(선박용 미수분무 소화장치) 2003. 6. 4. 제정 : 현재는 단체표준 전환을 위해 폐지됨.
180) NFPA 750(2023 edition) 3.3.24(Water mist) : A water spray for which the $D_{V0.99}$, for the flow-weighted cumulative volumetric distribution of water droplet, is less than 1,000μm within the nozzle operating pressure range(물방울의 누적체적분포에 대한 $D_{V0.99}$는 노즐 작동압력 범위 내에서 1,000μm 미만인 미분무수이다).

(3) 누적체적분포(累積體積分布 ; Cumulative volumetric distribution)

1) **개념** : 미분무 헤드에서 방사되는 물방울의 크기(물방울 직경)를 작은 것부터 순서대로 누적시켰을 때의 체적 분포를 말하는 것으로, 이는 미분무설비에서 매우 중요한 개념으로 헤드에서 방사되는 물이 미분무수로 적용되려면 즉, 유효한 미분무소화설비로 인정받기 위해서는 누적체적분포의 99% 값이 어떤 특정한 물방울 크기 이하가 되어야 한다. $D_{V0.99}$의 의미는 물방울(Droplet)의 누적체적(Volume)에 대한 분율(分率)이 0.99라는 의미로 %로 표시하면 99%가 된다. 이 경우 NFPA에서는 미분무수를 $D_{V0.99} < 1,000\mu m$로 규정하고 있으나 화재안전기준에서는 $D_{V0.99} \leq 400\mu m$로 규정하고 있다. 따라서 국내의 경우 미분무수로 적용받으려면 노즐에서 방사한 물방울의 99%(누적체적)가 $400\mu m$ 이하의 크기가 되어야 한다.

2) **측정방법** : 누적체적분포 계산을 위한 기준은 헤드 1m 아래쪽 수평면에 도달하는 물방울의 누적체적을 기준으로 하며, 이를 측정할 경우는 다음 그림과 같이 미분무 노즐을 중앙에 설치하고 방사상으로 헤드 1m 하방에 1ft×1ft의 채수통을 24개의 위치에 동심원으로 배치한 후 단위면적당 물방울의 가중분포 유량을 측정하는 것으로 채수통은 방출되는 물의 90%를 채수할 수 있어야 한다. 이때 그림에서 D는 미분무 헤드의 분사패턴의 직

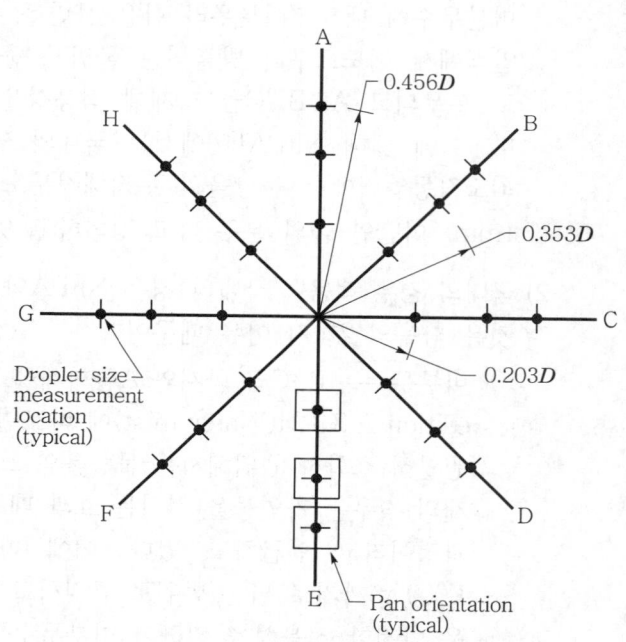

[그림 1-5-10] 미분무수의 누적체적분포 측정위치

경으로 채수통은 $0.203D$, $0.353D$, $0.456D$의 위치에 3개씩 8줄로 배치하게 된다. 노즐 1m 아래 수평면에 대한 물방울 크기 분포 및 방수분포는 노즐의 최소설계압력에 따라 측정위치에서 물방울의 분사밀도(Flux density)를 측정하고 일련의 공식을 사용하여 물방울의 크기와 크기 분포를 계산하게 되며 이 경우 ASTM E 799[181]를 지침으로 사용하고 있다.

---

181) ASTM E 799 : Standard practice for determining data criteria and processing for liquid drop size analysis.

2. 소화의 원리

미분무소화설비가 화재를 소화하거나 제어하는 방법은 아래와 같은 3가지 요인이 있으며 이러한 요인이 1가지 또는 복합적으로 작용하게 된다.[182]

(1) 냉각작용(Heat extraction)

1) 미분무수의 경우 매우 미세한 물방울인 관계로 물방울의 비표면적(체적대비 표면적)이 매우 커서 열 흡수가 용이하여 물방울이 주변의 열을 탈취(奪取)하는 데 매우 효과적이다. 아울러 물방울의 입자가 작은 관계로 화재시 화열에 의해 쉽게 증발하여 연소면 전체를 증기상태의 물 입자가 덮게 되므로 매우 효과적으로 냉각작용을 하게 된다.

2) 아울러 표면에서 가연성 증기가 쉽게 발생되지 않는 고체 가연물의 경우는 헤드에서 방사되는 미분무수로 인하여 표면을 미리 적셔 주어 냉각시킴으로서 고체 가연물의 열분해 속도를 현저히 감소시켜주며, 이로 인해 가연물 표면에서 분해된 가연성 가스를 연소범위 이하로 낮추게 되므로 화재를 소멸시키게 된다.

(2) 질식작용(Oxygen displacement)

1) 미분무수는 화재시 쉽게 기화되어 수증기가 되면 화면(火面)을 차단하여 외부로부터 공기(산소)의 공급을 억제하게 된다. 특히 미분무수의 경우는 물방울의 크기가 매우 작아 전역방출방식의 가스와 같이 방호공간 주위를 순환하게 되므로 이러한 미소 입자상태로 인하여 질식작용에 매우 효과적이다.

2) 아울러 화열에 의해 발생하는 미분무수의 수증기 때문에 화재실의 산소농도를 현저히 떨어뜨리게 된다. 연소에 필요한 산소량은 화재의 크기, 화재실의 체적, 화재실의 환기조건에 따라 결정되나, 화재가 진행될 경우 화열에 의한 온도상승으로 화재실에서는 더 많은 산소를 소모하게 되며 동시에 미분무수가 수증기가 되어 산소를 희석(稀釋 ; Oxygen dilution)시켜 산소농도가 감소하게 되므로 화재를 소멸시키게 된다.

(3) 복사열의 감소(Radiant heat attenuation)

1) 연소되지 않는 가연물에 복사열이 전달되면 가연물의 분해성 가스발생을 촉진시키게 되고, 실내 화재시 Flash over 현상은 이러한 복사열에 따라 분해된 연

---

182) Fire Protection Handbook(19th) : Extinguishing mechanism p.10-308

소가스에 기인하게 된다. 미분무수의 물방울은 열을 쉽게 흡수한 후 주변으로 확산되므로 결과적으로 화재 발생 주변의 복사열을 흡수한 후 주변의 공기 중으로 부유하게 된다. 이러한 효과는 물방울이 작을수록 더욱 효과적으로 발휘하게 되며 실험에 의하면 50μm 이하의 작은 물방울은 이 보다 큰 물입자에 비하여 복사열 흡수효과가 우수한 것으로 알려져 있다.

2) 따라서 헤드에서 방사되는 미분무수와 이로 인해 발생하는 수증기는 화재실에서의 복사열을 현저히 감소시켜 연소되지 않은 주변의 가연물로 화재가 확산되는 것을 억제시키게 된다. 또한 화재시 연소되지 않은 주변의 가연물 표면을 미리 적셔줌으로서 불꽃이나 화점 부근에서 발생되는 복사열의 전달을 억제시키게 되어 화재성장이 제한되고 Flash over를 방지할 수 있게 되므로 화재를 소멸시키게 된다.

3. 설비의 장·단점

장 점	① 독성이 없고 환경 친화적이다 ② 수계소화설비이나 B, C급 화재에도 소화적응성이 있다. ③ 다른 자동식 소화설비에 비해 유효수량이 적어 수손(水損)을 경감시킬 수 있다. ④ 물을 사용하므로 가스 약제를 사용하는 가스계 소화설비에 비해 경제성이 높다. ⑤ 다른 수계소화설비에 비해 방사량이 매우 적어 수원의 양과 관경을 대폭 절감할 수 있다. ⑥ 소화설비 이외 폭발억제설비(Explosion suppression system)로도 활용할 수 있다.
단 점	① 차폐되거나 장애가 있는 장소는 완전히 소화할 수 없다. : 노즐의 분사패턴에서 멀리 떨어진 장소는 미분무수의 밀도가 현저히 감소하게 된다. ② A급 심부화재는 완전히 소화할 수 없다. : 플래밍 모드(Flaming mode)에는 적응성이 있으나 물방울의 운동량이 작아 연료심부에 침투할 수 없어 글로윙 모드(Glowing mode)에는 적응성이 약하다.

 플래밍 모드(Flaming mode)와 글로윙 모드(Glowing mode)

플래밍 모드는 불꽃이 보이는 표면성의 불꽃화재를 뜻하며, 글로윙 모드는 불꽃이 보이지 않고 빛만 보이는 심부성의 작열(灼熱)화재를 뜻한다.

4. 적응성과 비적응성

(1) **적응성 :** NFPA 750(Water mist 2023 edition) A.4.1

미분무소화설비는 다음과 같이 ABC급화재 모두에 대해 적응성이 있다.

1) 가스 분출 화재(Gas jet fires)

2) 인화성 및 가연성 액체(Flammable and combustible liquids)

3) 고체 위험물(발포 플라스틱 가구 포함)(Hazardous solid, including fires involving plastic foam furnishing)

4) 항공기 탑승자들이 탈출하는 동안 외부 액면 화재로부터의 방호(Protection of aircraft occupants from an external pool fire long enough to provide time to escape)

5) 일반 A급가연물[Ordinary(Class A) combustible fires]

6) 위험용도 분류(Occupancy classifications)

> **🔍 위험용도 분류**
>
> 위험용도 분류란 미분무소화설비가 소화적응성이 있는 위험용도를 NFPA 750의 Chapter 5
> 에서 분류한 것을 말하며 이는 ① 경급위험용도(Light hazard occupancy) ② 중급위험 용도
> (그룹 1)(Ordinary hazard ; Group 1) ③ 중급위험용도(그룹 2)(Ordinary hazard ; Group 2)
> ④ 특별 적용 용도(Specific application)의 4단계로 구분한다.

7) 전기적 위험(Electrical hazards)

8) 통신장치를 포함한 전자장치(Electronic equipment, including telecommunications equipment)

9) 고속도로 및 철도의 터널(Highway and railway tunnels)

(2) 비적응성 : NFPA 750(Water mist 2023 edition) 4.1.1.2

물과 반응하여 격렬한 반응을 일으키거나 미분무수와 반응하여 위험물질을 생성
하는 경우에는 이를 사용하여서는 아니 된다.

1) 반응성 금속(Reactive metals) : 예 Li, Na, K, Mg, Ti, Zr, U, Pu 등

2) 금속 알콕시드류(Metal alkoxides)[183] : 예 CH_3ONa(메톡사이드나트륨 ; Sodium methoxide)

---

183) 알코올($C_nH_{2n+1}OH$)에서 수산기(水酸基) OH의 수소원자를 금속원자로 치환한 화합물의 총칭

3) 금속 아미드류(Metal amides)[184] : 예 $NaNH_2$(나트륨아미드 ; Sodium amide)

4) 카바이드류(Carbides) : 예 CaC_2(카바이드)

5) 할로겐화합물류(Halides) : 예 C_6H_5COCl(염화벤조일), $AlCl_3$(염화알루미늄)

6) 수소화물류(Hydrides)[185] : 예 $LiAlH_4$(수소화리튬알루미늄)

7) 옥시할로겐화물류(Oxyhalides) : 예 Br_3OP(옥시브롬화인)

8) 실란류(Silanes) : 예 CCl_3Si(삼염화메틸실란)

9) 황화물류(Sulfides) : 예 P_2S_5(오산화인)

10) 시안화물류(Cyanates)[186] : 예 CH_3NCO(아이소시안산메틸)

2 미분무설비의 특성

1. 미분무설비의 성능목적(Performance objectives)

미분무설비는 단순히 화재를 소화시키는 성능만 있는 것이 아니라 다음과 같은 다양한 성능을 가지고 있으며 이를 참고하여 성능목적에 따라 미분무설비를 설계하는 데 참고할 수 있다(NFPA 750 4.1.1.1). 이는 물분무설비도 마찬가지이며 이로 인하여 NFPA에서는 미분무설비를 소화설비(Fire extinguishing system)라고 하지 않고 방호설비(Fire protection system)라고 칭하고 있다.

(1) 화재소화(Fire extinguishment)

연소 중인 가연물이 완전히 소진될 때까지 화재를 완전하게 진압하는 과정으로 미분무 입자에 의한 냉각, 수증기로 인한 질식, 산소농도의 희석작용 등의 복합적 요인에 따라 연소하고 있는 가연물에 대해 화재가 직접 소화되는 성능을 말한다. 소화의 경우는 추가적인 수동조치가 필요하지 않은 완전소화의 단계를 말한다.

---

184) 암모니아(NH_3)나 아민(Amine)의 수소 원자를 금속 원자로 치환한 화합물을 총칭하는 용어로 흰색 결정성 물질이며 물에 넣으면 쉽게 분해하게 된다.
185) 수소와 다른 원소가 화합한 2원소 화합물의 총칭으로 대표적으로 금속수소화물이 있다.
186) 무색의 결정체로 시안산염이라고 한다.

(2) 화재진압(Fire suppression)

충분한 미분무수 방출로 인하여 가연물로부터 발생되는 열방출률을 급격히 감소시켜 화재를 억제하고 화재의 재성장을 방지하게 되는 성능을 말한다. 이는 미분무수가 화재시 발생하는 화염의 부력을 이기고 화염 속으로 침투하여 가연물까지 도달할 경우 이러한 효과는 더욱 커지게 되며 화재진압의 경우도 소화가 성립되려면 추가적인 수동조치가 필요하다.

(3) 화재제어(Fire control)

방출되는 미분무수가 화심속으로 침투하여 가연물에 도달하는 것보다, 화재발생 주변에서 열방출률을 억제하고 제한시켜 화세를 줄여 주며 연소시 화염에 의해 확산되는 온도를 감소시켜 온도 상승을 제한시키는 성능을 말한다. 일부 위험(Hazard)의 경우는 미분무수의 작동에 따른 화재제어만으로도 화재가 성장하는 것을 억제하거나 화재를 중지할 수 있으나 소화가 성립되려면 추가적인 수동조치가 필요하다. 미분무설비에서 화재제어는 다음의 3가지 접근방법에 따라 결정되어야 한다.

1) 건물구조에 대한 보전을 유지하거나 화열에 대한 구조물의 노출을 방호하기 위한 것

2) 인명손실을 최소화하거나 거주자에 대한 위험을 감소시키기 위한 것

3) 화재관련 특성(열방출속도, 화재성장속도, 복사열 등)을 낮추기 위한 것

(4) 온도제어(Temperature control)

화재시 발생하는 화열에 대해 화면에 직접 물을 방사함으로서 화재실에서 화열을 억제하여 상승하는 화염을 제한하게 되고 화재실의 온도를 낮추어 주는 성능을 말한다. 아울러, 헤드에서 방사된 물이 주변을 미리 적셔주어 온도를 낮추는 데 더욱 효과를 발휘하게 된다.

(5) 노출부분의 방호(Exposure protection)

화재가 발생한 근처에서 화재로 인한 열이 복사, 대류, 전도에 따라 주위에 확산되면 주변의 착화되지 않는 가연물이 연소함으로서, 주변의 구조물을 손상시키게 되므로, 화재시 발생하는 열확산을 미분무 입자가 차단하여 구조물의 붕괴, 파손 등 구조물의 손상을 방지하도록 하는 성능을 말한다.

2. 미분무수의 분사특성(Spray characteristics)

미분무수는 다음과 같은 분사특성이 있으며 분사하는 물방울에 대해 특성을 완벽하게 파악하려면 이러한 3가지 요소에 대한 정보가 필요하다.[187]

(1) 물방울의 크기 분포(Drop size distribution)

1) 물방울의 크기 분포란 미분무수의 정의에 해당하는 물방울의 크기별 분포상태를 말하는 것으로 물방울의 위치는 어떠한 표본인 경우에도 시간경과에 따라 변화하게 된다. 즉, 화재시 헤드에서 분사되는 미분무수는 서로 충돌하거나, 화열에 의해 증발하거나, 또는 방호대상물이나 바닥면에 바로 분사하게 되므로 이러한 상황으로 인하여 방호구역 내에서는 특정한 위치에서 측정한 방호공간에서의 물방울의 크기별 분포가 시간에 따라 변화하게 된다. NFPA에서는 물방울의 크기 분포를 시각화하기 위하여 물방울의 누적체적 대비 물방울의 직경을 [그림 1-5-11]과 같은 그래프로 나타내고 있다. 다음 커브는 물방울의 크기에 따른 누적체적분포의 비율과 물방울 입자수를 시각적으로 알려줄 뿐만 아니라 이를 질량분포로 변환시킬 경우 컴퓨터 모델링(Modeling)을 하는 기초자료(열전달, 증발률 계산 등)로도 활용할 수 있다.

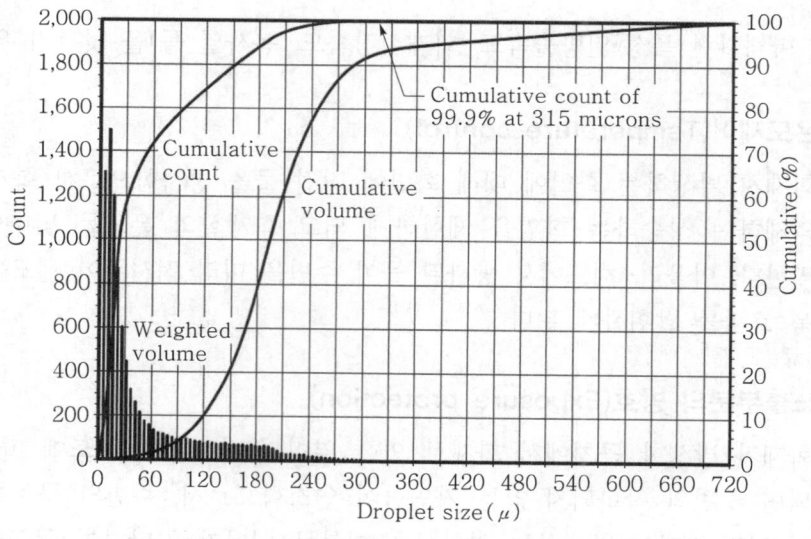

[그림 1-5-11] 물방울의 누적체적 분포와 크기 그래프

---

187) Fire Protection Handbook(19th) : Spray characteristics p.10-315

2) B급화재의 경우 물방울의 크기는 400μm 이하인 경우가 효과적이며 A급화재의 경우는 좀더 큰 물방울이 효과적이라고 알려져 있다. 물방울의 크기 분포와 소화능력의 관계는 단순하지 않으며 미세한 물방울이 분포될수록 열흡수의 효력과 수증기의 발생은 증가하게 되며 B급화재의 경우 큰 물방울이 많으면 연소면의 표면을 교란시키고 연소강도(Burning intensity)를 상승시키게 된다. 물방울의 크기 분포만으로 화재를 소화하기 위한 분사능력을 결정할 수는 없으며, 연료특성(Fuel property), 방호구역의 영향-환기와 열 제한(Enclosure effect-ventilation & Heat confinement), 분사밀도(Spray flux density), 운동량(Momentum)과 같은 요소가 화재의 진압 여부를 결정하게 된다.[188]

(2) 물방울의 분사밀도(Spray flux density)

1) 화재를 소화하는 데 중요한 미분무수의 능력은 분사하는 물입자의 크기 분포 이외 분사밀도(Spray flux density)도 매우 중요한 인자가 된다. 미분무수가 화재시 화열을 흡수하려면 분사된 물방울의 분사밀도에 따라 열을 흡수할 수 있는 능력이 달라진다. 분사밀도란 방호공간의 체적(m^3)에 대한 토출유량($l$pm)이므로 이는 결국 단위 체적당 농도(Volume concentration)의 개념으로 표현할 수 있으며 이는 화재진압을 위한 미분무의 성능에 매우 중요한 인자가 된다. 이를 측정시에는 채수통의 단위면적당 유량($l$pm)으로 계산하여 구역에서의 분사밀도로서 측정하고 있다.

2) 설계과정에서 분사밀도를 결정하는 지표로 NRCC(National Research Council Canada)에서는 공칭분사밀도(Nominal flux density)를 사용하고 있다. NRCC는 공학 목적으로 노즐로부터 1m 이격된 거리에서 원추형으로 분사되는 물방울 크기를 중심축으로부터 15°와 30°에서 측정하여 노즐의 특성을 판단하는 데 이용하고 있다.

(3) 물방울의 운동량(Spray momentum)

1) 화재를 소화하는 데 중요한 미분무수의 능력은 물방울의 크기, 분사밀도 및 운동량과도 밀접한 관계가 있다. 미분무수가 방사되는 공간에서 물입자의 체적도 중요하지만, 보다 중요한 것은 입자의 크기로 어떤 크기의 물방울 입자가 화재발생시 어떠한 속도를 가지고 화면에 분사되느냐 하는 것은 미분무수의 중요한 분사

---

188) NFPA 750(2023 edition) A.3.3.24(Water mist)

특성이 된다. 물방울의 운동량은 물방울의 낙하속도와 질량을 곱한 것으로(운동량=속도×질량), 속도는 방향과 크기를 갖는 벡터량으로 물방울의 크기(질량)가 결정되었다면 결국 운동량은 물방울의 속도와 밀접한 관계를 이루게 된다.

2) 물방울의 운동량은 방호공간의 환기 및 구획 여부와도 밀접한 관계가 있다. 즉, 화재가 환기가 잘 되는 개방된 공간에서 발생한 것과 환기가 안 되는 구획된 장소에서 발생한 것과의 차이는 미분무수의 운동량에 영향을 주게 된다. 예를 들어 환기가 유효한 개방공간에서 소화가 되기 위해서는 미분무수가 주변의 기류나 화염의 부력에 의해 사라지지 않고 화심을 뚫고 침투하여 가연물의 표면에 도달하기 위한 충분한 운동량이 확보되어야 한다. 그러나 환기가 불량한 밀폐된 공간의 경우에는 운동량이 낮아도 산소농도를 쉽게 낮출 수 있어 연소를 효과적으로 지연시키게 된다.

3) 또한 운동량이 큰 미분무수의 경우는 주변의 공기와 쉽게 혼합되어 산소농도를 희석시키게 되어 가연물에서 발생되는 분해성가스를 연소범위 이하로 낮추게 된다. 이는 미분무수에 의해 발생되는 수증기가 분해성가스와 공기와의 혼합기체를 희석시키게 되어 농도를 연소범위 이하로 낮추기 때문이다. 아울러 고온에서는 저온의 경우보다 수증기의 농도가 높은 관계로 더욱 효과를 발휘하게 된다.

3. 소화설비별 물방울의 비교

(1) **스프링클러설비의 경우** : 스프링클러설비는 물이 디플렉터에 부딪혀 속도가 순간적으로 감소한 후 일정한 유속을 갖고 방호구역의 바닥에 분사하게 된다. 헤드에서 방사되는 물방울은 크기가 큰 관계로 화심(火心)속으로 직접 침투하게 되므로 소화의 주체는 냉각소화이며, 작은 물방울은 불꽃 주변에서 증발하여 보조적으로 질식소화가 작용하게 된다.

(2) **물분무설비의 경우** : 물분무설비는 디플렉터 구조가 있는 헤드도 있으나, 대부분은 디플렉터가 없이 헤드에서 방사되는 물이 유속을 가지고 직접 장치류(Equipment)에 분사하게 되며 분사시 운동량(Momentum)을 갖게 된다. 물방울의 크기가 스프링클러보다는 작기 때문에 질식소화의 비율이 스프링클러설비보다 크다. 아울러 작은 입자가 운동량을 가지고 물 표면을 타격하게 되므로 유화작용(Emulsification)이 존재하게 된다.

(3) 미분무설비의 경우 : 미분무설비에는 대부분 디플렉터가 없는 구조로서 유속과 운동량을 가지고 헤드에서 분사하게 된다. 그러나 물입자의 크기가 매우 작기 때문에 질량이 작으므로 유속이 있어도 운동량이 작아서 주위로 비산하게 되므로 물분무설비와 같은 유화작용은 없다. 그러나 미분무의 특성상 질식효과는 물분무설비보다 훨씬 크며 또한 기온이나 바람 등 기후에 영향을 받으므로 옥외에서는 소화효과를 기대할 수 없다.

(4) 소화설비별 소화효과 비교

1) 스프링클러설비의 경우 : 냉각소화가 소화의 주체로 냉각소화의 경우는 스프링클러 > 물분무 > 미분무설비의 순으로 영향이 크며, 스프링클러설비의 소화적응성은 실내화재에 대한 구역 방호의 개념으로 헤드가 바닥면에 물을 방사하여 소화하는 개념이다.

2) 물분무설비의 경우 : 냉각소화와 질식소화의 효과는 스프링클러설비와 미분무설비의 중간이며 다른 소화설비에는 없는 유화작용이 존재한다. 소화적응성은 방호구역 바닥면보다는 방호구역 내에 설치된 장치류에 대한 방호의 개념으로 헤드가 장치류에 직접 물을 방사하여 소화하는 개념이다. 이로 인하여 스프링클러설비의 경우는 천장이나 반자에만 헤드를 설치하지만 물분무설비의 경우는 장치물의 측면이나 아래쪽에도 헤드를 설치하게 된다.

3) 미분무설비의 경우 : 냉각소화는 다른 설비에 비해 가장 영향이 적으나(스프링클러 > 물분무 > 미분무설비), 질식소화는 가장 영향이 크며(스프링클러 < 물분무 < 미분무설비), 소화적응성은 작게 구분된 소구역(Small compartment)에 대한 구역방호의 개념이다.

③ 미분무설비의 종류별 분류

1. 설비별 분류

미분무수화설비는 제3조 1호(1.7.1.1)에서 "가압된 물이 헤드 통과 후 미세한 입자로 분무됨으로써 소화성능을 가지는 설비를 말하며, 소화력을 증가시키기 위해 강화액을 첨가할 수 있다"라고 정의하고 있다. 미분무수는 표면화재에 적응성이 있으나 강화액을 첨가할 경우는 심부화재에도 적응성을 갖게 되어 소화력이 증가하게 된다. 미분무소화설비의 종류는 방호대상물이나 설치장소 등에 따라 구분하여 적용하며 폐쇄형 헤드를 사용하는 경우와 개방형 헤드를 사용하는 경우에 따라 다음과 같이 구분한다.

```
                                  ┌── (1) 습식설비
              1. 폐쇄형 미분무설비 ──┤── (2) 건식설비
                                  └── (3) 준비작동식설비
              2. 개방형 미분무설비 ──── (4) 일제살수식설비
```

(1) 습식설비 : 배관에 가압수가 충전되어 있으며 헤드는 자동식 헤드(폐쇄형)를 사용한다. 화재시 화열에 의해 헤드가 개방되어 배관 내 압력이 내려가면 제어밸브가 작동하여 가압수가 공급되어 분사되는 방식으로 동파의 우려가 있는 곳에서는 사용을 제한하여야 한다.

(2) 건식설비 : 배관에 압축공기나 가압용 가스(질소 등)가 충전되어 있으며 헤드는 자동식 헤드를 사용한다. 화재시 화열에 의해 헤드가 작동하여 압축공기 등이 누설되어 배관 내 압력이 내려가면 제어밸브가 작동하여 가압수가 공급되어 분사되는 방식으로 동파의 우려가 있는 곳에서도 사용이 가능하다.

(3) 준비작동식설비 : 배관에 대기압 상태의 공기나 가압용 가스(질소 등)가 충전되어 있으며 헤드는 자동식 헤드를 사용한다. 방호구역에 설치된 화재감지기 등에 의해 제어밸브가 작동하여 가압수가 공급된 후 헤드가 화열에 의해 개방되면 분사되는 방식으로 동파의 우려가 있는 곳에서도 사용이 가능하다.

(4) 일제살수식설비 : 대기압 상태의 배관 말단에는 비자동식(개방형)의 헤드가 설치되어 있으며 방호구역에 설치된 화재감지기 등에 의해 제어밸브가 작동하여 가압수가 공급되어 분사되는 방식으로 동파의 우려가 있는 곳에서도 사용이 가능하다.

2. 방출방식별 분류

(1) 국내기준의 경우

1) **전역방출방식[제3조 12호(1.7.12)] :** 고정식 미분무소화설비에 배관 및 헤드를 고정 설치하여 구획된 방호구역 전체에 소화수를 방출하는 방식을 말한다. 화재안전기준에서는 전역방출방식이라는 용어를 사용하고, 방호구역이 구획된 것을 전제하고 있으나 미분무설비에서 "전역방출방식"이란 용어 및 개념은 국제적인 기준과 일치되지 않으므로 명칭과 용어의 정의는 개정되어야 한다.

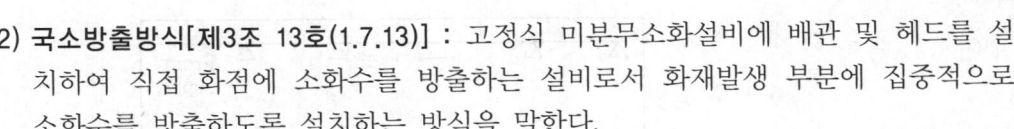

2) **국소방출방식[제3조 13호(1.7.13)]** : 고정식 미분무소화설비에 배관 및 헤드를 설치하여 직접 화점에 소화수를 방출하는 설비로서 화재발생 부분에 집중적으로 소화수를 방출하도록 설치하는 방식을 말한다.

3) **호스릴방식[제3조 14호(1.7.14)]**

① 소화수 또는 소화약제 저장용기 등에 연결된 호스릴을 이용하여 사람이 직접 화점에 소화수 또는 소화약제를 방출하는 방식을 말한다. 주로 미분무건을 소화수 저장용기 등에 연결하여 사람이 직접 화점에 소화수를 방출하는 형식이다. 현재 미세 물분무를 방사하는 포그건(Fog gun)을 사용하여 이동이나 휴대가 가능한 호스릴방식이 제품으로 생산되고 있으며 화재안전기준에서는 이를 하나의 시스템으로 인정하고 있으나 미분무설비에서 호스릴방식의 경우는 화재시험에 의한 유효성과 수동식 시스템의 신뢰성으로 인하여 NFPA에서는 이를 미분무시스템의 종류로 인정하지 않고 있다.

② 호스릴의 경우 차고 또는 주차장 외의 장소에 설치하되, 방호대상물의 각 부분으로부터 하나의 호스 접결구까지의 수평거리가 25m 이하가 되도록 할 것 (NFTC 2.8.14.1)

(2) NFPA의 경우 : NFPA 750(2023 edition) 7.2(System application)

1) **구획실방출방식(Total compartment application system)**

① 하나의 방호구역(Enclosure)이나 공간 전체를 하나의 구획실(Compartment)로 간주하고 이를 방호하기 위해 미분무수를 방사하는 시스템으로, 동작은 자동이나 수동기동방식을 사용하며 구획실에 설치된 모든 헤드가 동시에 작동하는 방식이다. NFPA에서 방호구역이란 화재실만을 의미하지 않으며 이는 건물, 선박, 저장고, 배관, 덕트 등도 포함하는 개념이다.

② 구획실방출방식은 개방형의 헤드를 사용하며 제어밸브가 개방되는 순간 모든 헤드에서 미분무수가 동시에 분사하게 된다. 이 방식을 NFPA에서 전역방출방식(Total flooding system)으로 표현하지 않는 이유는 가스계설비에서 전역방출방식은 방호구역에 대한 구획을 전제로 하여 개구부를 폐쇄하거나 개구부에 대한 약제 가산량을 적용하여야 하나, 구획실방출방식의 경우는 개구부가 있어도 지장이 없으며 화재제어가 될 때까지 충분한 시간동안 전체 헤드에서 미분무수가 계속하여 방사되는 것으로, 이때 필요한 방사시간은 구획실의 크기 및 화재 크기와 연관이 있다.

③ 구획실방출방식의 단점은 미분무설비 중 수량이 가장 많이 필요한 시스템으로, 이는 미분무 헤드 자체의 방사량은 크지 않으나 일국소에서 화재가 발생하여도 구획실 전체에 설치된 모든 물이 헤드에서 방사되기 때문이다.

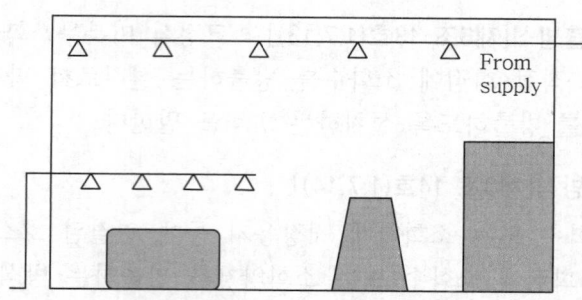

[그림 1-5-12(A)] 구획실방출방식[189]

2) 국소방출방식(Local application system)

① 국소방출방식은 구획 여부와는 관계없이 완전밀폐나 부분 밀폐를 모두 포함하며, 옥외에 있는 경우에도 적용시킬 수 있다. 이러한 장소에 노출상태로 설치된 위험이나 장치류의 표면에 미분무수를 방사하는 시스템으로, 자동식 헤드나 별도의 감지장치를 사용하여 해당 위험에 직접 방사하는 방식이다. 또한 구획실방출방식을 설치한 공간에서도 천장이 높은 경우에는 특정된 장치물에 대해 부가적으로 국소방출방식을 적용할 수 있다.

② 국소방출방식은 질식의 효과는 없으나 냉각효과와 가연물의 표면을 적셔줌으로서 소화에 이르게 하는 것으로, 국소방출방식은 소화설비로서의 기능을 부여하지 않고 복사열을 차단하거나 구조물의 손상을 방지하는 기능만을 위하여 설치할 수도 있다.

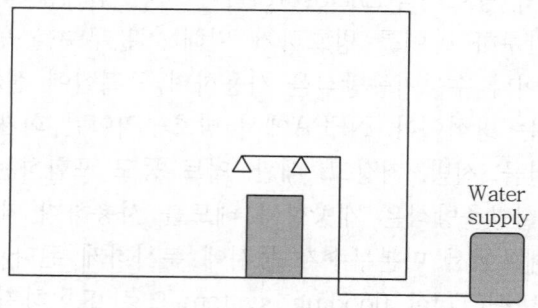

[그림 1-5-12(B)] 국소방출방식

3) 구역방출방식(Zoned application system)

① 구역방출방식은 방호구역이나 공간에 대하여 특정된 부분에 국한하여 미분무수를 방사하는 시스템으로 자동식 헤드나 별도의 감지장치를 사용하여 특정부분에 설치된 노즐만을 동작시키는 방식이다.

---

189) Fire Protection Handbook(19th) : Fig 10.17.23 p.10-37

② 구역방출방식을 선정하는 이유는 구획실방출방식에 비해 필요 수량이 $\frac{1}{3}$ ~ $\frac{1}{4}$ 수준으로 감소하기 때문이며[190] 이 방식은 화점 주변에 위치한 헤드만 개별적으로 작동되는 방식이다. 이에 따라 구역방출방식의 헤드는, 구획실에서 발생한 화재를 감지할 수 있는 감지장치와 이에 따라 개폐 기능이 있는 구역밸브(Zone valve)에 접속되어 있다.

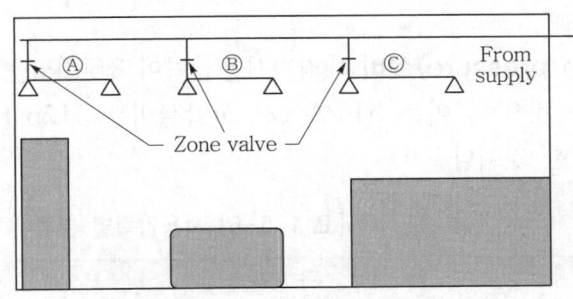

[그림 1-5-12(C)] 구역방출방식

4) 용도별 보호방식(Occupancy protection system)

① 특정한 건축물이나 용도에 대해 설치하는 자동식 미분무소화설비 시스템이다. 용도는 위험도가 낮은 경급(Light hazard)이나 중급위험 용도(Ordinary hazard)가 해당되며, 건축물의 경우는 주거시설(4층 이하의 주택, 2인 가구 이하의 주거시설)로서 높이가 18m(60ft)를 초과하지 않는 건물이 해당된다.

② 이는 스프링클러설비를 대처하기 위해 설치하는 미분무소화설비 시스템으로 시스템은 습식, 건식, 준비작동식이 가능하며 작동은 자동식 헤드(Automatic nozzle)나 통합감지설비(Intergrated detection system)에 의해 기동하여야 한다.

③ "용도별 보호방식"은 주거용도에서 점유자가 피난층까지 대피하는 데 기여하며, 화원이 있는 해당 실에서 플래시 오버를 방지하는 것을 목적으로 한다.

3. 사용압력별 분류 : 제3조 6~8호(1.7.1.6~1.7.1.8)

미분무설비의 경우는 사용압력에 따라 다음과 같이 구분하게 된다. 일반적으로 저압이나 중압설비인 경우의 가압송수장치로는 펌프방식이나 가압수조방식을 이용한다. 그러나 고압 미분무설비의 경우는 펌프를 사용할 경우 전형적인 소방펌프인 원심펌프보다는 높은 압력에 도달하기 위하여 용적형 펌프[191]를 사용하며, 고압설비의 경우는 주로 스프링클러설비의 대안으로 선박이나 플랜트 기계실 등에 설치하고 있다.

---

190) SFPE Handbook(3rd edition) : Zoned application systems p.4-328
191) 용적형 펌프의 특징은 고양정에 적합한 구조의 펌프이다.

(1) **저압(Low pressure)설비 :** 최고사용압력이 1.2MPa 이하인 미분무소화설비를 말하는 것으로, 이는 NFPA에서 저압설비는 12.1bar(175psi) 이하로 규정한 것을 준용한 것이다.[192]

(2) **중압(Intermediate pressure)설비 :** 사용압력이 1.2MPa을 초과하고 3.5MPa이하 인 미분무소화설비를 말하는 것으로, 이는 NFPA에서 중압설비는 12.1bar(175psi) 초과 34.5bar(500psi) 미만으로 규정한 것을 준용한 것이다.[193]

(3) **고압(High pressure)설비 :** 최저사용압력이 3.5MPa을 초과하는 미분무소화설비 를 말하는 것으로, 이는 NFPA에서 고압설비는 34.5bar(500psi) 이상으로 규정한 것을 준용한 것이다.[194]

[표 1-5-6] 사용압력별 분류

종 류	국내의 경우		NFPA의 경우
저압설비	최고사용압력	1.2MPa 이하	12.1bar(175psi) 이하
중압설비	사용압력	1.2MPa 초과 3.5MPa 이하	12.1bar(175psi) 초과 34.5bar(500psi) 미만
고압설비	최저사용압력	3.5MPa 초과	34.5bar(500psi) 이상

4. 헤드 종류별 분류(Nozzle type) : NFPA 750(2023 edition) 7.3

NFPA에서 미분무 헤드[195]란 "미분무수의 정의나 승인된 미분무수 화재시험규약의 특정 요구사항을 준수하는 미분무수를 만들도록 설계된 하나 이상의 오리피스가 있 는 장치"로 정의한다. 미분무 헤드의 경우는 단일유체뿐 아니라 2유체를 사용하는 형 식의 헤드도 있으며 미분무수를 생성하는 방식에 따라 다양한 형태의 헤드가 있으며 폐쇄형 및 개방형 구조 이외 다기능의 헤드도 있는 관계로, 이를 스프링클러설비와 같이 폐쇄형 헤드와 개방형 헤드로 구분하지 않고 자동식, 비자동식, 전자 기동식, 다 기능식의 4종류로 구분하고 있다.

---

192) NFPA 750(2023 edition) 3.3.13 : A water mist system where the distribution system piping is exposed to pressures of 12.1bar(175psi) or less.
193) NFPA 750(2023 edition) 3.3.12 : A water mist system where the distribution system piping is exposed to pressures greater than 12.1bar(175psi) but less than 34.5bar(500psi).
194) NFPA 750(2023 edition) 3.3.11 : A water mist system where the distribution system piping is exposed to pressures of 34.5bar(500psi) or greater.
195) NFPA에서는 미분무 노즐(Nozzle)로 표현하고 있으나 본 교재에서는 화재안전기준에 따라 모 두 미분무 헤드로 표기하였다.

(1) 자동식 헤드(Automatic nozzle) : 헤드 내부에 설치된 각종 장치에 의해 평상시에는 폐쇄상태를 유지하다가 열 감지 소자의 동작으로 자동으로 개방되도록 설계되어 정격압력하에 미분무수를 방사하며 다른 헤드와 독립적으로 작동하는 헤드를 말하며 폐쇄형 헤드로 볼 수 있다.

(2) 비자동식 헤드(Nonautomatic nozzle) : 헤드 내부가 평상시에는 개방상태로 있는 헤드로서 별도의 감지설비에 따라 작동하여 전체 구역의 헤드가 동시에 작동하는 것으로 일제살수식설비의 개방형 헤드로 볼 수 있다.

(3) 전자 기동식 헤드(Electronically-operated automatic nozzle) : 평상시에는 폐쇄형이나 화재시 감지기와 제어장치의 동작으로 전기적 신호에 따라 자동으로 개방되는 헤드이다.

(4) 다기능식 헤드(Multifunctional nozzle) : 자동식 헤드와 비자동식 헤드의 기능이 복합된 다기능 헤드로 장치를 사용하여 조작이 가능한 헤드이다. 즉, 복합식 헤드는 평상시에는 자동식 헤드처럼 열감지 소자를 가지고 있는 폐쇄형의 헤드이나 동시에 제어반으로부터 신호에 따라 개방이 가능한 구조의 헤드이다.

5. 미분화 방식별 분류

미분무수가 발생하는 과정은 물의 응집력이 파괴되도록 물에다 여러 가지 형태의 타격, 고속분사, 진동 등 외력을 가하게 되면 이때 물의 응집력이 파괴되어 미세한 물방울이 발생하게 되며, 미분무수를 발생시키는 방법은 NFPA에서 다음과 같이 2가지 방법으로 구분하고 있다.

(1) 충돌형(Impingement type) : 충돌형이란 물을 충돌시켜 미분무수를 생성하는 방식으로 외부충돌형과 내부충돌형의 2종류로 구분할 수 있다. 스프링클러설비의 경우 분사되는 물입자의 방사패턴은 포물선을 그리나 외부 및 내부충돌형의 미분무 헤드는 물입자의 분사형태가 원뿔모양의 형상을 그리게 된다. 스프링클러의 경우 포물선의 분사패턴에서는 강제속도를 갖고 분사되는 물방울의 분포비율이 줄어들며, 이는 운동량을 갖는 물방울의 분포비율이 줄어드는 것을 의미한다. 이에 비해 미분무설비의 경우는 물방울의 크기가 미세하여 연소하는 화염에 대한 부력과 열기류에 영향을 받기 쉬우며 공기저항의 영향을 극복하여야 하므로 적당한 운동량을 갖는 속도로 분사되기 위해 스프링클러설비에 비해 분사패턴은 원뿔의 형상을 갖고 고속으로 분사하게 되며 이러한 충돌형의 미분무 헤드를 충돌형 헤드라고 한다.

1) **외부충돌형** : 액체(물)를 고정된 외부표면에 충돌시키면 액체가 부딪히는 충격에 의해 액체가 미분화되는 방식을 말한다.

① 외부충돌형은 노즐로부터 분사되는 외부에 충돌판을 설치하고 노즐을 통하여 방사되는 물이 이곳에 부딪혀 미분무수가 되도록 살수판을 부착된 헤드이다.

② 외부충돌형은 노즐의 안쪽에 물입자에 대한 저항요소가 적어 비교적 방사율이 큰 반면에 물방울이 다소 크게 분사되며 보다 미세한 미분무수가 되려면 노즐의 구경을 더 작게 하여야 한다. 노즐 구경이 작을수록 물의 분사속도가 증가하여 물의 응집력이 파괴되므로 더욱 미분화되며 대신에 방사율은 감소하게 된다.

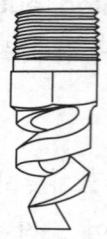 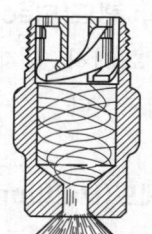

        (a) 외부충돌형   (b) 내부충돌형

[그림 1-5-13(A)] 충돌형 헤드(Impingement nozzle)(예)

2) **내부충돌형** : 동일한 액체(물)의 흐름 2개를 헤드 내부에서 서로 충돌시키면 2개의 흐름이 서로 충돌하면서 액체가 미분화된다.

① 내부충돌형은 헤드 안쪽 내부에 물이 노즐로부터 분사되기 직전 충돌하여 미분화되도록 기하학적인 구조가 되어 있는 헤드이다.

② 내부충돌형은 하나의 물줄기가 내부에서 소용돌이를 일으키는 방법과 물의 소용돌이를 더욱 촉진시키기 위해 회전하는 두 개의 물줄기가 상호간에 소용돌이를 일으켜 충돌하는 방법이 있다. 내부충돌형은 물이 충돌하면서 좁은 노즐을 통하여 분사하기 때문에 외부충돌형에 비해 더 작은 물방울을 발생시킬 수 있다.

(2) **고속분사형(Pressure jet type)** : 액체(물)를 주변 공기에 대하여 높은 속도로 방사시키면 액체와 주변공기와의 속도차이로 인하여 액체가 미분화된다.

1) 고속분사형은 노즐을 통과하는 물을 고속으로 방사하여 물이 난류성을 갖도록 하여 미분무수를 생성하는 것으로 노즐의 구경이 작을수록 유속이 증가되며 이로 인하여 난류현상이 심해져서 더 가는 미분무수를 생성할 수 있다. 따라서, 노즐의 구경을 줄이면서 방사압력을 증가시키면 물방울은 더욱 미세해지지만 대신 방사율은 감소하며 이러한 고속분사형의 미분무 헤드를 고속분사형 헤드라고 한다.

2) 작은 방사압력으로 필요한 크기의 물방울을 적정한 방사율로 얻고자 할 때에는 오리피스 구경만을 줄이는 고속분사방식만으로는 한계가 있기 때문에 충돌에 의한 물의 난류 형성에 더 비중을 두게 되며 이것이 고속분사형과 충돌형의 차이점이다. 따라서 고속분사형의 경우에는 방사율은 비록 작더라도 보다 미세한 물입자를 얻기 위해 노즐의 구경에 비중을 두는 것이며 이로 인해 고속분사형의 경우는 하나의 헤드 속에 둘 이상의 오리피스가 포함된 형태의 것이 많다. 그런데 둘 이상의 오리피스를 갖는 것은 방사패턴이 단일 분출구의 것과 달라서, 방호대상물을 둘러싸는 국소방출방식의 헤드로는 사용하지 아니한다.

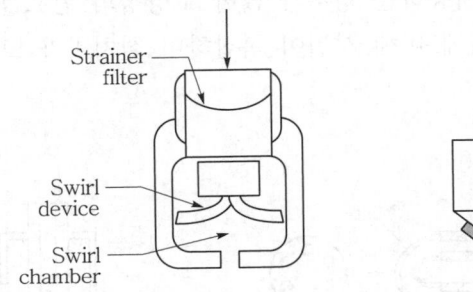
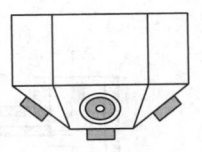

[그림 1-5-13(B)] 고속분사형 헤드(Pressure jet nozzle)(예)

6. 분무 매체별 분류

(1) **단일 유체설비(Single fluid media system)** : 미분무수를 헤드에서 발생시킬 때 한 가지 유체만을 사용하는 것이 단일유체설비이며 단일유체설비의 경우는 유체로 오직 물만을 사용한다. 미분무설비는 일반적으로 단일유체설비를 사용하고 있다.

(2) **2유체 설비(Twin fluid media system)**

1) 미분무수를 헤드에서 발생시킬 때 2가지 유체를 사용하는 것이 2유체설비이며, 미분무수를 발생시키는 방법은 소화수를 공급하는 배관 이외에 별도의 배관에 의해 다른 유체를 공급하고 두 개의 유체가 상호충돌하여 액체가 미분화되는 설비를 말한다. 이때 물 이외 사용하는 다른 유체를 분무매체(噴霧媒體 ; Atomizing media)라고 한다.

2) 일반적으로 물 이외 다른 유체로는 압축공기를 사용하며 헤드에 물 흡입구와 공기흡입구가 별도로 있으며 헤드의 물 흐름 속으로 분사하게 된다. 그러나 물을 헤드까지 가압송수하기 위해 가압용 가스(보통 질소)를 사용하는 경우 이는 2유체설비가 아니다. 2유체설비란 물을 미분화하기 위한 목적으로 물공급 배관과 압축공기 공급 배관이 헤드까지 별도로 설치되고 급수원인 물과 압축공기의 저장은 전용으로 설치되어 있는 헤드이다.

3) 장·단점

① 장점

㉮ 2유체설비를 사용하는 헤드는 비교적 작은 압력으로 물방울의 크기를 작은 것부터 다소 큰 것까지 다양하게 발생시킬 수 있다.

㉯ 비교적 넓은 범위의 방사율을 얻을 수 있다.

② 단점

㉮ 물 이외에 별도의 기체를 공급하는 장치를 설치하여야 한다.

㉯ 고압설비에 사용하는 경우가 많아 고양정의 펌프를 사용하여야 한다.

㉰ 단일유체설비에 비해 시설이 복잡하며 설치비가 고가이다.

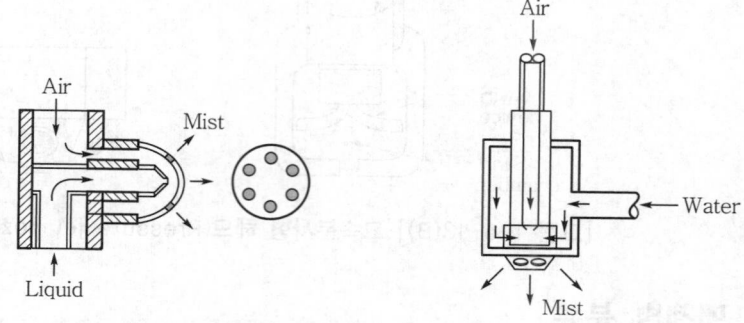

[그림 1-5-14] 2유체설비용 헤드(Twin fluid nozzle)(예)

4 미분무설비의 화재안전기준

1. 수원의 기준

(1) 기준 : 제6조(2.3)

1) 미분무수소화설비에 사용되는 용수는 "먹는 물 관리법" 제5조의 규정에 적합하고, 저수조 등에 충수할 경우 필터 또는 스트레이너를 통하여야 하며, 사용되는 물에는 입자·용해고체 또는 염분이 없어야 한다.

2) 배관의 연결부(용접부 제외) 또는 주배관의 유입측에는 필터 또는 스트레이너를 설치하여야 하고, 사용되는 스트레이너에는 청소구가 있어야 하며, 검사·유지관리 및 보수 시에 배치위치를 변경하지 아니하여야 한다. 다만, 노즐이 막힐 우려가 없는 경우에는 설치하지 아니할 수 있다.

3) 사용되는 필터 또는 스트레이너의 메시는 헤드 오리피스 지름의 80% 이하가 되어야 한다.

4) 수원의 양은 다음의 식을 이용하여 계산한 양 이상으로 하여야 한다.

$$\text{수원의 양} : Q(\text{m}^3) = N \times D \times T \times S + V \quad \cdots\cdots\cdots\cdots [\text{식 1-5-2}]$$

여기서, N : 방호구역(방수구역) 내 헤드의 개수
D : 설계유량(m^3/min)
T : 설계방수시간(min)
S : 안전율(1.2 이상)
V : 배관의 총 체적(m^3)

5) 첨가제의 양은 설계방수시간 내에 충분히 사용될 수 있는 양 이상으로 산정한다. 이 경우 첨가제가 소화약제인 경우 「소화약제의 형식승인 및 제품검사의 기술기준」에 적합한 것으로 사용하여야 한다.

(2) 해설

1) 필터(또는 스트레이너) : 미분무 헤드의 경우는 유량이 작고 방사압이 높은 관계로 노즐구경이 매우 미소하여 물속의 이물질로 인해 분사시 노즐이 막히지 않도록 하기 위하여 필터나 스트레이너를 설치하여야 하며 설치위치는 저수조에 물을 충수할 경우, 배관의 연결부(용접부 제외), 주배관의 유입측을 예시한 것으로 동 조항은 NFPA[196])의 내용을 준용한 것이다.

① 설치위치

㉮ 저수조에 충수할 경우 : 저수조에 물을 받을 때 필터(또는 스트레이너)를 통하도록 하여 급수를 할 때 이물질의 유입을 방지하도록 한다.

㉯ 배관의 연결부(용접부 제외)란 저수조에서 시스템에 물을 공급하는 배관의 연결부위로서 용접부는 제외하므로 용접이 아닌 연결부위를 뜻하며, 주배관의 유입측이란 저수조로부터 접속된 입상관의 유입지점을 뜻한다.[197])

② 시설기준

㉮ 스트레이너는 점검이나 유지관리와 교환을 하기 위하여 청소구가 있어야 한다.

---

196) NFPA 750(2023 edition) 12.5.1.5(Filters & Strainers-water supply connection & Risers)
197) NFPA 750(2023 edition) 12.5.1.5.1 : A filter or a strainer shall be provided at each water supply connection or system riser.

⑭ 미분무설비에 설치할 필터나 스트레이너의 규격은 망사구멍(Mesh opening) 크기를 기준으로 이것이 분무노즐 지름의 80% 이하가 되도록 하여 노즐구경보다 망사구멍이 더 작으므로 이물질에 의해 노즐이 막히지 않도록 한 것으로 80%의 근거는 NFPA 기준을 준용한 것이다.[198]

2) 수원의 품질

① 다른 소화설비와 달리 수질의 경우도 노즐의 막힘을 방지하기 위하여 입자, 용해고체 또는 염분이 없도록 규정하고 있으나, NFPA에서는 고체입자(Particulate)나 고형물(Dissolved solid)의 경우 해당 기준으로 음용수 수준을 요구하고 있으므로 필터나 스트레이너를 통하여 공급받은 식수 수준의 경우에는 동 조항을 적용할 필요는 없다.

② 또한 NFPA에서는 액체류나 용해된 화학물질의 첨가를 허용하는 "비정상거주지역(Normally unoccupied area)"에 설치하는 미분무수의 경우에는 제6조 1호를 적용하지 아니한다. 다만, 분무노즐이 $51\mu m$ 미만일 경우는 수원으로 순수를 사용하도록 하고 있다.

순수(純水 ; Demineralized water)

불순물을 포함하지 않은 물을 말하며 용질이 적은 천연수를 여과 및 살균하여 얻는다. 순수는 물의 전기분해 공급수, 보일러 용수, 원자로 용수, 화학실험의 경우에 사용하기도 한다.

3) 수원의 양

① 설계유량(D) : 수원의 양에서 설계유량이란 헤드의 설계유량(m^3/min)을 뜻하며 이는 화재안전기준에서 일정한 값으로 규정하는 것이 아니라 설계자가 선정한 특정 제조사의 미분무 헤드에 따라 다르며 제조사에서 사전에 승인받은 값으로 결정되는 것이다.

② 설계방수시간(T) : 설계방수시간(min)의 경우도 선정한 미분무 헤드의 성능특성 및 화재의 위험종류에 따라 결정되는 것이 원칙이나, NFPA에서는 급수에 대해 최소지속시간(Minimum duration)을 30분으로 규정하고 있다.[199] 그러나 이는 오직 소화목적으로만 30분간 계속하여 연속방수하는 것을 뜻하는 것이 아니라, 인명안전이나 구조물 방호를 위한 미분무수의 사용까지도 포함시킨 개념이다.

---

198) NFPA 750(2023 edition) 12.5.1.6(Filter rating or strainer mesh openings)
199) NFPA 750(2023 edition) 12.3(Duration)

③ 수원의 양(Q)

    ㉮ 방호구역이나 방수구역에 설치된 헤드 개수(N)에 헤드 1개당 설계유량 (D)을 곱할 경우 이는 하나의 구역 내 설치된 헤드에서 "1분간 방사되는 수량(수원의 양)"이 된다. 여기에 20%의 안전율을 감안하고 설계방수시간 (T)을 곱하면 해당 구역의 방사에 필요한 수량이 계산되며, 최종적으로 배관의 총 체적(V)을 합산하면 [식 1-5-2]의 미분무설비에 필요한 수량 (Q)이 계산되며 배관의 총 체적이란 전체 구역에 대한 배관의 총 체적을 말한다. 안전율은 충분한 방수가 이루어지기 위하여 적용한 일종의 여유율 이며 동시에 배관의 체적에 상당하는 수량도 포함하도록 하였다.

    ㉯ 일반용도의 경우 수원의 양 계산시 방호구역(방수구역)이 2개 이상일 때 헤드 개수(N)는 헤드가 가장 많이 설치된 구역의 헤드 개수이다. 또한 지하가(지하상가, 터널) 및 지하구의 경우 수원의 양 계산시 방수구역 적 용은 해당 구역 및 인접한 방수구역도 포함하여야 한다.

4) 첨가제(Additive)

① 개념 : 첨가제란 미분무설비에서 수원에 어떠한 사용 목적을 가지고 첨가한 화학물질 또는 혼합물로서 이는 물의 화학적 성분에 영향을 주어 화재 진압시 미분무수설비의 성능에 영향을 미치게 된다. 제6조 5항(2.3.5)에서 첨가제의 사용을 인정하고 있음에도 제3조 2호(1.7.1.2)에서 미분무를 "물만을 사용하여 소화하는 방식"으로 정의한 것은 모순으로 미분무에 대한 용어의 정의는 수정 되어야 한다.

② 종류 : SFPE Handbook에 따르면 미분무수에 첨가하는 첨가제로는 AFFF(수 성막포), 불활성기체(질소, CO_2 등), 부동액, 살생물제(Biocide) 등을 예시하고 있다. AFFF의 첨가제는 가연물에서 분해된 가연성 증기의 발생을 차단하고 은폐된 장소의 작은 화염도 소멸시킬 수 있으며, 불활성기체류의 기상(氣相) 첨가제는 밀폐된 장소에서 산소희석을 초래하여 소화를 촉진시키게 된다.

③ 화재안전기준

    ㉮ 첨가제가 소화약제일 경우에는 제6조 5항(2.3.5)에서 소화약제의 형식승인 및 제품검사의 기술기준에 적합한 것으로 사용해야 하며, 이 경우 CO_2 가 스는 소방용품에서 제외되어 해당되지 않는다. 첨가제로 인한 인체의 부 작용을 최소화하기 위하여 미국의 경우는 첨가제를 사용하려면 해당 첨가 제가 인체에 무해하다는 사실을 EPA[200]에 입증하여야 한다.

---

200) 미국 환경청(EPA ; Environmental Protection Agency)

㉮ 미분무설비의 수원에 사용하는 첨가제의 농도가 독성이나 생리적으로 무해하다는 것이 증명된다면, NFPA에서는 첨가제 때문에 발생하는 수원의 입자나 용해고체에 대한 제6조 1항(2.3.1)의 기준을 적용하지 않고 있다.

2. 수조의 기준

(1) 기준

1) 수조의 재료는 냉간 압연 스테인리스 강판 및 강대(KS D 3698)의 STS 304 또는 이와 동등 이상의 강도·내식성·내열성이 있는 것으로 하여야 한다[제7조 1항(2.4.1)].

2) 수조를 용접할 경우 용접찌꺼기 등이 남아 있지 아니하여야 하며, 부식의 우려가 없는 용접방식으로 하여야 한다[제7조 2항(2.4.2)].

(2) 해설

1) 수조의 재질

① 일반 수계소화설비의 경우 수조의 재질에 대한 기준이 없으나, 미분무설비의 경우에는 수원의 품질을 규제한 것과 동일한 사유로 인하여 수조의 재질은 강도·내식성(耐蝕性)·내열성이 우수한 재질을 사용하여야 한다.

② 이에 따라 재질은 KS D 3698(냉간압연 스테인리스 강판 및 강대)에서 냉간압연 스테인리스(Stainless) 강판을 사용한다. 이에 해당하는 종류는 수십 종이 있으나 그 중에서 대표적으로 가장 많이 사용하는 스테인리스 강판이 STS 304로 내식성, 내산성, 용접성이 우수하며 주방에서 사용하는 싱크대의 재질이 보통 STS 304이다.

냉간압연(冷間壓延 ; Cold rolling) 강판

압연이란 금속재료를 회전하는 2개의 롤 사이로 통과시켜서 파이프나 판재 등 여러 가지 형태의 재료로 가공하는 것을 말하며 이 중 고온으로 하는 열간압연과 저온에서 하는 냉간압연이 있다. 일반적으로 냉간압연은 열간 압연 강판에 비해 더 고급화된 제품으로 강판 표면의 산화물을 제거하며 평활하고 미려한 표면이 얻어진다.

2) 수조의 용접

① 용접부위는 일반적으로 고온이나 균열에 취약하며 특히 시간경과에 따라 산화가 될 경우 부식의 우려가 있으며 탄소의 함량이 높을수록 부식의 발생 우려가 높다. 스테인리스 강판에서 부식의 우려가 없는 용접방식이란 대표

적으로 TIG용접이 있으며, 미분무 수조의 스테인리스 용접시에는 규정에 맞는 용접방법을 사용하거나, 적절한 용접재료의 선정, 브러시나 와이어에 의한 표면처리, 방식도장 등에 대해 필요시 이를 적용하도록 한다.

TIG용접(Tungsten Inert Gas welding)

금속을 접합하는 데 아크방전을 이용하는 아크용접의 한 종류이나 용접시 불활성기체를 사용한다. 아르곤이나 헬륨가스 등의 불활성기체를 사용하여 아크발생 부위를 덮어서 용접을 하게된다. 일반적으로 비철금속의 용접에 사용되며 텅스텐을 전극으로 하나 전극은 비소모성이며 용접부위는 미려한 금속면을 얻을 수 있다.

② TIG용접 중 스테인리스 강판의 경우는 아르곤(Argon)가스 용접을 주로 사용하며, 전기적인 아크가 발생되는 부분에 아르곤가스로 에워싸서 용접부위가 산화되는 것을 막아주며 특징은 Slag가 발생하지 않아 용접면이 깨끗하고, 용접부위를 눈으로 직접 확인하며 작업할 수 있다.

3. 미분무 헤드의 기준

(1) 기준 : 제13조(2.10)

1) 미분무 헤드는 소방대상물의 천장 · 반자 · 천장과 반자 사이 · 덕트 · 선반 기타 이와 유사한 부분에 설계자의 의도에 적합하도록 설치하여야 한다.

2) 하나의 헤드까지의 수평거리 산정은 설계자가 제시하여야 한다.

3) 미분무설비에 사용되는 헤드는 조기반응형 헤드를 설치하여야 한다.

4) 폐쇄형 미분무 헤드는 그 설치장소의 평상시 최고주위온도에 따라 다음 식에 따른 표시온도의 것으로 설치하여야 한다.

$$T_a = 0.9\,T_m - 27.3$$

여기서, T_a : 최고주위온도(℃)
T_m : 헤드의 표시온도(℃)

5) 미분무 헤드는 배관, 행거 등으로부터 살수가 방해되지 아니하도록 설치하여야 한다.

6) 미분무 헤드는 설계도면과 동일하게 설치하여야 한다.

7) 미분무 헤드는 '한국소방산업기술원' 또는 소방시설법 제46조 1항의 규정에 따라 성능시험기관으로 지정받은 기관에서 검증받아야 한다.

(2) 해설

1) 헤드의 설치기준

① 미분무설비에 있어서 헤드에 관한 설치기준은 제조사의 헤드 등록기준에 따르는 것이 원칙으로 등록될 사항으로 NFPA에서는 다음의 항목을 요구하고 있다.[201]

② 헤드의 등록에 포함될 항목

관련된 항목 중 중요한 사항을 요약하여 예시하면 다음과 같다.

㉮ 방사유량 특성(Volumetric flow rate characteristic of water discharge)

㉯ 최고방호높이(Maximum height of protected space)

㉰ 헤드 사이의 최대 및 최소 간격(Maximum & Minimum spacing between nozzles)

㉱ 최대포용면적(Maximum coverage area)

㉲ 벽간의 최대이격거리(Maximum spacing of nozzle from walls)

㉳ 작동압력 범위(Operating pressure range)

㉴ 살수장애 간격(Obstruction spacing criteria)

㉵ 열응답 특성(Thermal response characteristic)

2) 헤드의 선정 : 제13조 3항(2.10.3)에서는 미분무설비의 헤드는 조기반응형 헤드로 설치하도록 규정하고 있으나 이는 다음과 같은 사유로 인하여 잘못된 조항으로 개정되어야 한다.

① 조기반응형 헤드란 RTI(반응시간지수)의 값이 50 이하인 속동형의 헤드를 말하는 것으로 조기반응형 헤드는 일반 표준형 헤드에 비해 응답 특성이 빨라 화재초기에 헤드가 개방이 되므로 헤드의 개방 개수를 줄일 수 있으며 이로 인해 방사량을 줄일 수 있다. 그러나 이로 인하여 소규모화재에만 적용하는 것으로, 다량의 열방출속도를 갖는 급속히 성장하는 화재는 헤드가 화재를 제어할 시간을 갖기 이전에 많은 수의 헤드가 개방됨으로서 설비의 과부하가 발생할 우려가 있어 사용하지 않는다.

② 또한 조기반응형 헤드는 조기에 반응하여 작동하여야 하는 설비의 특성상 습식설비에서만 사용할 수 있다. 그러나 미분무설비의 경우는 건식이나 준비작동식설비도 시스템 구성을 할 수 있으므로 국제적으로 미분무설비에 조기반응형 헤드만을 사용하도록 규정하고 있지 않으며 동 조항은 개정되어야 한다.

3) 헤드의 온도 기준

① 최고주위온도[202]

---

201) NFPA 750(2023 edition) 6.6(Nozzle)

202) 스프링클러설비에서는 최고주위온도를 "Maximum ceiling temperature"라고 하나 미분무소화설비에서는 "Maximum ambient temperature"라 한다.

㉮ 최고주위온도란 헤드가 설치된 장소에서 연중(年中) 발생하는 가장 높은 온도를 최고주위온도라 한다. 스프링클러설비의 경우도 설치장소의 최고주위온도가 규정되어 있으며 저압식 미분무설비의 경우도 스프링클러설비와 유사하므로 동 기준을 준용하여도 무방하다.

㉯ 최고주위온도는 미분무 구역에 설치하는 헤드의 선정 기준인 표시온도와 연관이 있다. NFTC 2.10.4의 [식 1-5-3]은 원래 스프링클러설비의 형식 승인 기준[203]에서 최고주위온도와 표시온도와의 관계식으로 미분무설비에서도 이를 준용한 것이다.

$$최고주위온도 :\ T_a = 0.9\,T_m - 27.3$$ ⋯⋯⋯⋯⋯ [식 1-5-3]

여기서, T_a : 최고주위온도(℃)
T_m : 헤드의 표시온도(℃)

② 표시온도

㉮ 표시온도(Temperature rating)란 폐쇄형 헤드에서 감열체가 작동하는 온도로서 제조시 미리 헤드에 표시되어 있는 온도를 말한다.

㉯ 스프링클러설비의 경우는 최고주위온도에 따른 표시온도가 규정되어 있으며 표시온도에 따라 헤드의 색 표시가 Fusible-link형은 Frame에, Glass-bulb형은 감열부의 액체색상으로 규정되어 있다. NFPA에서는 미분무 헤드에 대해서도 스프링클러설비와 같이 7단계의 온도등급(Temperature classification)별로 최고주위온도, 표시온도, 헤드의 색표시를 규정하고 있다. 다음의 표에서 ⑥과 ⑦의 경우는 온도구분 및 색상은 동일하나 최고주위온도와 표시온도가 서로 다르다.

[표 1-5-7] 미분무 헤드의 표시온도 및 색상

온도 구분	최고주위온도	표시온도	Fusible-link형	Glass-bulb형
① Ordinary	38℃	57~77℃	Uncolored or Black	Orange or Red
② Intermediate	66℃	79~107℃	White	Yellow or Green
③ High	107℃	121~149℃	Blue	Blue
④ Extra-high	149℃	163~191℃	Red	Purple
⑤ Very extra-high	191℃	204~246℃	Green	Black
⑥ Ultra-high	246℃	260~302℃	Orange	Black
⑦ Ultra-high	329℃	343℃	Orange	Black

203) 스프링클러헤드의 형식승인 및 제품검사의 기술기준 제2조 12호

4) 전기적 이격거리

① 물분무 헤드의 경우는 전기적 절연(絕緣 ; Insulation)을 위하여 고압의 전 기시설에 대해서 일정한 거리를 이격하도록 규정(NFTC 2.7.2)하고 있다. 미 분무설비의 경우도 C급화재에 적응성이 있는 관계로 마찬가지로 전기적 절 연을 위하여 고압의 전기기기와 일정 거리를 이격하여야 하나 미분무설비의 화재안전기준에서는 해당기준이 누락되어 있다.

② NFPA의 경우는 물분무와 미분무설비 헤드의 충전부 이격거리가 동일하며 기 본적으로 161kV까지는 NEC[204]에서 규정한 이격거리를 적용하며 230kV 이 상은 ANSI의 이격거리[205]를 적용한다. 그러나 국내의 경우는 미국과 전압분 류 방식이 상이하여 물분무설비의 경우 전기적 이격거리는 일본기준[206]을 준 용한 것이므로 미분무 헤드의 경우도 마찬가지로 물분무 헤드의 이격거리를 준용하도록 한다.

③ 이격거리를 적용할 경우는 충전부가 노출되어 있는 고압의 전기기기에 대해 절연을 위하여 일정한 거리를 이격하는 것으로, 대지전압이 0전위로 충전부가 아니거나 또는 절연조치가 된 전기기기(예 변압기의 표면, 케이블 등)에 대해 서는 동 기준을 적용하여서는 아니 된다. 이에 대해 NFPA에서는 밀봉되지 않거나 절연되지 않은 상태로 통전(通電) 중인 전기부품에 대해서 최소이격거 리를 적용한다고 명시하고 있다.[207]

4. 가압송수장치의 기준

(1) 가압송수장치의 적용 : 제8조(2.5)

제8조(2.5)에서 미분무설비의 가압송수장치로는 펌프방식, 압력수조방식, 가압수조 방식의 3가지 종류만을 적용하고 고가수조방식은 제외하고 있으나 이는 잘못된

---

204) NEC : National Electrical Code(NFPA 70)
205) ANSI C2(National electrical safety code) Table 24
206) 동경소방청 사찰편람(査察便覽) 5.5 水噴霧消火設備 5.5.1 設置 p.2,328
207) NFPA 750(2023 edition) 4.2.1.1 : All system component shall be to maintain minimum clearances from unenclosed and uninsulated energized electrical component in accordance with NEC[모든 시스템 구성요소는 NEC에 근거하여 (충전부가) 노출되고 절연조치가 없는 통전 중인 전기 구성품으로부터 최소간격을 유지해야 한다].

것으로 고가수조방식도 가압송수장치로 적용하여야 한다. 고가수조방식은 전원이 필요하지 않는 가장 확실하고 신뢰성이 우수한 가압송수장치로서 다만, 수조를 최고층의 헤드에서도 규정 방사압이 발생될 수 있는 높이에 설치하여야 하므로 일반건물에서는 저층부에 한하여 적용이 가능하며, 고층부의 경우는 외부의 고가 탱크를 이용하여야 한다.

(2) 가압송수장치의 종류

1) 펌프방식

① 전동기(모터펌프)나 내연기관(엔진펌프)을 이용하여 펌프를 작동시키는 방식으로 시스템에서 필요로 하는 소요양정 및 소요유량을 임의로 설정할 수 있으며 비상전원을 설치하여야 한다.

② 미분무설비의 펌프방식에서는 다른 수계소화설비와는 다음과 같이 몇 가지 차이점이 있다.

㉮ 옥상 저수조 및 예비펌프 : 미분무설비에서는 주펌프의 고장을 대비한 옥상 탱크나 예비펌프에 대해서는 규정하고 있지 않다. 대신 모든 소화설비용 펌프는 다른 소화설비 펌프와 겸용을 허용하고 있으나 미분무설비용 펌프의 경우는 겸용을 허용하지 않고 오직 전용으로만 사용하도록 규정하고 있다 [제8조 1항 3호(2.5.1.3)].

㉯ 순환배관 추가 : 순환배관의 경우는 수온상승방지를 목적으로 설치하는 것이나 미분무설비의 경우는 설계소화시간이 다른 수계소화설비에 비해 상대적으로 짧으며 토출유량도 크지 않아 장시간 펌프의 운전이 없다고 판단되어 종전까지는 규정하지 않았으나 NFTC 2.8.4.4에서 "체크밸브와 펌프 사이에서 분기한 구경 20mm 이상의 배관에 체절압력 이하에서 개방되는 릴리프밸브를 설치하도록" 2022. 12. 1. 추가되었다.

㉰ 충압펌프 규정 없음 : 다른 수계소화설비에 비해 상대적으로 토출유량이 적은 관계로 충압펌프에 대해서는 별도로 규정하고 있지 않다.

2) 압력수조방식

① 컴프레서를 이용하여 압축한 공기압에 의해 가압송수 하는 방식으로 만수(滿水)시 물의 부피는 탱크의 $\frac{2}{3}$이며 나머지 $\frac{1}{3}$은 압축공기를 충전하여 탱크용적의 $\frac{2}{3}$가 저수량의 최대한도가 된다. 또한 방수를 함에 따라 압축공기가 누설되어 수압이 저하되므로 저수량 모두를 유효수량이라고 볼 수 없는 단점이 있으나 펌프방식보다 신속하게 기준수량에 대한 토출이 가능한 장점이 있다.

② 압력수조의 토출측에는 사용압력의 1.5배를 초과하는 압력계를 설치하도록 하고[제8조 2항 7호(2.5.2.7)], 화재감지기와 연동하여 자동으로 압력수조의 토출측 밸브가 개방되어 소화수를 송출할 수 있어야 한다[제8조 2항 8호(2.5.2.8.1)].

3) 가압수조방식

① 가압수조와 압력수조와의 차이점은 가압수조는 컴프레서가 없이 고압의 공기나 불연성 가스 등을 압축한 가압원을 이용하여 송수하는 장치이다. 구성은 물을 가압하기 위한 가압원(고압의 공기 또는 불연성 기체)을 저장하는 가압용기, 가압된 소화수를 저장하는 수조, 부속장치(제어반, 압력조정장치 등)와 가압가스나 소화수를 보충하는 장치 등으로 구성되어 있다. 배관 내 압력변화가 발생하면 이를 감지하여 자동으로 용기밸브가 개방되고 수조 내 물을 가압하여 그 압력으로 물을 송수하는 방식이다.

② 가압수조방식은 상용전원의 공급이나 비상전원과 무관하게 안정적으로 가압수를 송수할 수 있는 장점을 가지고 있다. 가압원은 방화구획된 장소에 설치하여야 하며[제8조 3항 2호(2.5.3.2)], 가압수조는 성능시험기관에서 성능을 인정받은 제품으로 설치하고[제8조 3항 3호(2.5.3.3)], 이에 따라 현재 "가압수조식 가압송수장치의 성능인증 및 제품검사의 기술기준"이 제정되어 있다.

③ 가압수조의 시험압력이나 부속설비는 성능인증 기술기준에서 상세히 규정하고 있으며, 해당 시험기준에서는 호칭압력의 1.5배의 수압을 가할 경우 누수 또는 파손되거나 국부적인 팽창 또는 현저한 변형 등의 이상이 생기지 않도록 규정하고 있다.[208]

5. 방호구역 및 방수구역의 기준

(1) 기준 : 제9조 & 제10조(2.6 & 2.7)

1) 방호구역의 기준 : 폐쇄형 미분무 헤드를 사용하는 설비의 방호구역(미분무소화설비의 소화범위에 포함된 영역을 말한다)은 다음의 기준에 적합해야 한다.

① 하나의 방호구역의 바닥면적은 펌프용량, 배관의 구경 등을 수리학적으로 계산한 결과 헤드의 방수압 및 방수량이 방호구역 범위 내에서 소화목적을 달성할 수 있도록 산정해야 한다.

② 하나의 방호구역은 2개층에 미치지 아니하도록 할 것

---

208) 가압수조식 가압송수장치의 성능인증 및 제품검사의 기술기준 제5조 7항

2) **방수구역의 기준** : 개방형 미분무소화설비의 방수구역은 다음의 기준에 적합해야 한다.

　① 하나의 방수구역은 2개층에 미치지 아니할 것

　② 하나의 방수구역을 담당하는 헤드의 개수는 최대설계개수 이하로 할 것. 다만, 2개 이상의 방수구역으로 나눌 경우에는 하나의 방수구역을 담당하는 헤드의 개수는 최대설계개수의 $\dfrac{1}{2}$ 이상으로 할 것

　③ 터널, 지하가 등에 설치할 경우 동시에 방수되어야 하는 방수구역은 화재가 발생된 방수구역 및 접한 방수구역으로 할 것

(2) 해설

1) **방호구역** : 일반적으로 자동식 소화설비의 방호구역은 일정한 면적 기준으로 적용하고 있으나 이와 달리 미분무설비의 경우는 방호구역 면적이 일정하게 규정되어 있지 않다. 이는 제조사의 등록된 헤드에 따라 설계 방사압과 방사량이 결정되며 위험별로 수원의 양이 결정되므로 이에 따라 각 미분무설비의 펌프용량과 배관의 구경을 결정하여 소화목적 달성이 가능한 범위를 방호구역으로 수리계산을 통한 성능설계를 하도록 한 것이다. 따라서 폐쇄형 헤드를 사용하는 방호구역의 면적은 위험의 종류와 헤드의 특성에 따라 성능설계에 의해 다양한 면적으로 결정하게 된다.

2) **방수구역**

　① **일반용도의 경우**

　　㉮ 하나의 방수구역에 설치하는 헤드의 수량이 최대설계개수 이하로 하라는 뜻은 펌프의 설계유량을 산정할 때 적용할 기준이 되는 헤드 수량을 말한다. 또한 이는 여러 개의 방수구역이 있을 경우 방수구역에 설치된 최대 헤드개수가 된다.

　　㉯ 방수구역이 2개 이상일 경우 하나의 방수구역을 담당하는 헤드 개수가 최대설계개수의 $\dfrac{1}{2}$ 이상으로 하라는 것은 방수구역을 분할할 경우는 균등하게 분할하라는 뜻이다.

　② **터널, 지하가의 경우**

　　㉮ 지하가(地下街)와 지하상가는 다른 용어로서, 지하가는 지하상가 및 터널을 포함하는 특정소방대상물에 대한 법적 용어이다. 따라서 동 규정은 지하상가, 터널 또는 지하가로 개정하여야 한다.

ⓐ 지하가(지하상가, 터널)의 경우는 순수한 지하층 건물인 관계로 지상층에 비해 화재시 소화활동 및 대피가 어려운 공간이므로 미분무설비의 방수구역을 1개의 구역만 방수하지 않고 인접구역도 동시에 방수하도록 규정한 것이다. 예를 들어 터널 내 방수구역이 3개 구역이고 가운데 구역에서 화재가 발생할 경우 인접한 좌우의 방수구역을 포함한 3개 방수구역에서 동시에 방수가 될 것을 요구하고 있으나 이는 매우 과도한 규정으로 볼 수 있다. 일반적으로는 방수구역에서 경계부분에 한하여 중복시켜 설정하고 겹치는 부분(경계부분)의 헤드가 개방될 경우에만 인접구역도 작동되도록 하고 있다.

ⓓ 이에 대해 경계구역을 중복시켜 설정하는 근거는 일본소방법에서 규정하고 있는 조항으로, 일본소방법 시행규칙 제14조 1항 2호에서 개방형 스프링클러설비의 경우 방수구역이 2개 이상일 경우 화재를 유효하게 소화시키기 위하여 방수구역의 인접부분은 상호 중복되게 설정하도록 규정하고 있다.[209]

6. 배관 및 부속장치의 기준

(1) 배관의 규격 : 제11조 1항 & 2항(2.8.1 & 2.8.2)

1) 기준

① 설비에 사용되는 구성요소는 STS 304 이상의 재료를 사용하여야 한다.
② 배관은 배관용 스테인리스 강관(KS D 3576)이나 이와 동등 이상의 강도·내식성 및 내열성을 가진 것으로 하여야 하고, 용접할 경우 용접찌꺼기 등이 남아 있지 아니하여야 하며, 부식의 우려가 없는 용접방식으로 하여야 한다.

2) 해설

① 옥내소화전이나 스프링클러설비의 경우 사용할 수 있는 금속제 배관은 배관용 탄소강관(KS D 3507), 압력배관용 탄소강관(KS D 3562), 이음매 없는 구리 및 구리합금관(KS D 5301), 스테인리스 강관, 덕타일 주철관, 배관용 아크용

---

209) 開放型スプリンクラーヘッドを用いるスプリンクラー設備の放水区域の数は、一の舞台部又は居室につき四以下とし、二以上の放水区域を設けるときは、火災を有効に消火できるように隣接する放水区域が相互に重複するようにすること。ただし、火災時に有効に放水することができるものにあつては、居室の放水区域の数を五以上とすることができる(개방형 스프링클러헤드를 이용한 스프링클러설비의 방수구역 수는 1개의 무대부 또는 거실에 대해 4 이하로 하고, 2 이상의 방수구역을 설치할 때는 화재를 유효하게 소화할 수 있도록 인접한 방수구역이 서로 중복되도록 할 것. 다만, 화재시에 유효하게 방수할 수 있는 것에 대해 거실의 방수구역의 수를 5 이상으로 할 수 있다).

접 탄소강강관의 6종류로 규정하고 있다. 그러나 미분무설비의 경우는 노즐의 막힘을 최대한 방지하기 위하여 내식성을 고려하여 "배관용 스테인리스 강관 (KS D 3576)"을 사용하도록 하였다. 따라서 아연도금강관(백관)은 배관용 탄소강관에 부식방지 조치를 한 것이지만 이를 사용할 수 없다.

> **KS D 3576(배관용 스테인리스 강관)**
>
> 1. 스테인리스 배관의 경우는 급배수나 냉온수의 배관 등에 사용하는 "일반 배관용 스테인리스 강관(KS D 3595)"과 내식용, 저온용, 고온용 등의 배관에 사용하는 "배관용 스테인리스 강관(KS D 3576)"이 있다. 미분무설비에서는 소화설비용으로 내식성을 고려하여 KS D 3595 대신 KS D 3576을 사용하도록 하였다.
> 2. 그러나 NFPA 750에서는 KS D 3576(배관용 스테인리스 강관)의 대응규격인 ASTM A 312[210]는 규정하고 있지 않으며 KS D 3595(일반배관용 스테인리스 강관)의 대응규격인 ASTM A269[211]를 사용하도록 하고 있다.

② 설비에 사용하는 구성요소란 부속류 및 부속장치 등을 말하며 이 역시 스테인리스 재질 중 가장 대표적인 STS 304를 사용하도록 하였다. 용접시에는 아르곤용접을 실시하여 부식의 우려가 없도록 하고 용접시에는 용접찌꺼기 (Slag)가 남아 있을 경우 헤드의 노즐을 막히게 하므로 주의하여야 한다.

(2) 급수배관 : NFTC 2.8.3 & 2.8.11

1) **기준** : 급수배관은 다음의 기준에 따라 설치해야 한다.

① 전용으로 할 것

② 급수배관에 설치하여 급수를 차단할 수 있는 개폐밸브는 개폐표시형으로 할 것. 이 경우 펌프의 흡입측 배관에는 버터플라이밸브 외의 개폐표시형밸브를 설치해야 한다.

③ 급수배관에 설치되어 급수를 차단할 수 있는 개폐밸브에는 그 밸브의 개폐상태를 감시제어반에서 확인할 수 있도록 급수개폐밸브 작동표시 스위치를 다음의 기준에 따라 설치해야 한다.

㉮ 급수개폐밸브가 잠길 경우 탬퍼스위치의 동작으로 인하여 감시제어반 또는 수신기에 표시되어야 하며 경보음을 발할 것

---

210) ASTM A 312(Seamless, welded, and heavily cold worked austenitic stainless steel pipes : 이음매 없거나 용접의 저온 오스테나이트계열 스테인리스 강관)
211) ASTM A 269(Seamless & welded austenitic stainless steel tubing for general service : 이음매 없거나 용접의 오스테나이트계열 일반용 스테인리스 강관)

ⓒ 탬퍼스위치는 감시제어반 또는 수신기에서 동작의 유무확인과 동작시험, 도통시험을 할 수 있을 것

ⓓ 급수개폐밸브의 작동표시 스위치에 사용되는 전기배선은 내화전선 및 내열전선으로 설치할 것

2) 해설

① 급수배관의 설치

ⓐ 소화설비의 경우 급수배관은 전용을 원칙으로 하되 해당설비의 사용에 지장이 없는 경우에는 다른 설비와 겸용을 할 수 있도록 허용하고 있다. 이때 다른 설비란 소방용설비를 말하는 것으로 소방용 이외의 설비와는 겸용을 할 수 없다. 이에 따라 옥내소화전과 스프링클러설비의 경우 주배관을 겸용으로 설계할 수 있으나 주관이 동파되거나 수리보수를 할 경우는 옥내소화전 및 스프링클러설비가 모두 사용불능 상태가 되므로 신뢰도 측면으로는 바람직하지 않다.

ⓑ 그러나 미분무설비에서는 급수배관의 경우 가압펌프와 마찬가지로 다른 소화설비와 겸용을 허용하지 않으며 단독설비로만 하여야 한다. 이는 화재실험을 해서 성능을 입증받아야 할 정도로 엄격한 미분무설비의 신뢰도 때문에 단독설비를 요구한 것이다.

② 급수배관의 개폐밸브

ⓐ 급수를 차단할 수 있는 개폐밸브를 개폐표시형으로 하는 것은 수계소화설비의 기본사항으로 이 경우 급수배관이란 수원에서 미분무 헤드까지 급수하는 배관을 뜻한다. 따라서 저수조 – 펌프 – 주배관 – 가지배관 – 미분무 헤드까지의 경로에 설치하는 모든 개폐밸브가 이에 해당된다.

ⓑ 성능시험기술기준에 의한 개폐표시형밸브의 공통구조[212]는 다음과 같다. 개폐는 핸들을 시계 반대방향으로 돌릴 때는 "열림", 시계방향으로 돌릴 때는 "닫힘"이어야 하며, 밸브 작동시 개폐 여부를 외부에서 식별할 수 있어야 한다. 또한 밸브의 작동에 의해 개폐 여부를 표시하는 신호스위치를 설치하여야 한다. 따라서 미분무설비는 밸브가 닫힐 경우 Tamper S/W가 작동하여 감시제어반 등에 경보음이 발생하여야 한다.

ⓒ 동작의 유무확인 등을 위해 필요한 작동표시 스위치에 사용하는 전기배선은 내열배선 이상으로 설치하여야 하나, NFTC 2.8.11.3에서는 "내화전선 및 내열전선"은 "내화배선 및 내열배선"의 오류로 개정되어야 한다. 내화 및 내열전선은 전선의 재질은 동일하나 다만, 공사방법에 따라 내화 및 내열배선으로 구분하게 되는 것이다.

---

212) 소방용 밸브의 성능인증 및 제품검사의 기술기준 제3조(구조)

(3) 성능시험배관

1) 기준 : NFTC 2.8.4

펌프의 성능시험배관은 다음의 기준에 적합하도록 설치해야 한다.

① 성능시험배관은 펌프의 토출측에 설치된 개폐밸브 이전에서 분기하여 직선으로 설치하고, 유량측정장치를 기준으로 전단 직관부에는 개폐밸브를 후단 직관부에는 유량조절밸브를 설치할 것. 이 경우 개폐밸브와 유량측정장치 사이의 직관부 거리 및 유량측정장치와 유량조절밸브 사이의 직관부 거리는 해당 유량측정장치 제조사의 설치사양에 따르고, 성능시험배관의 호칭지름은 유량측정장치의 호칭지름에 따른다.

② 유입구에는 개폐밸브를 둘 것

③ 유량측정장치는 펌프의 정격토출량의 175% 이상까지 측정할 수 있는 성능이 있을 것

④ 가압송수장치의 체절운전시 수온의 상승을 방지하기 위하여 체크밸브와 펌프 사이에서 분기한 구경 20mm 이상의 배관에 체절압력 이하에서 개방되는 릴리프밸브를 설치할 것

2) 해설

① 성능시험배관의 경우 국내 대부분의 현장에서는 8D-5D로 설계 및 시공을 하고 있는 실정이나, 이는 제조사마다 다양한 유량측정장치를 설치할 수 있는 관계로 설계자가 제조사 사양에 맞게 선정할 수 있도록 2014. 8. 18. 성능시험배관의 거리기준을 삭제하였다.

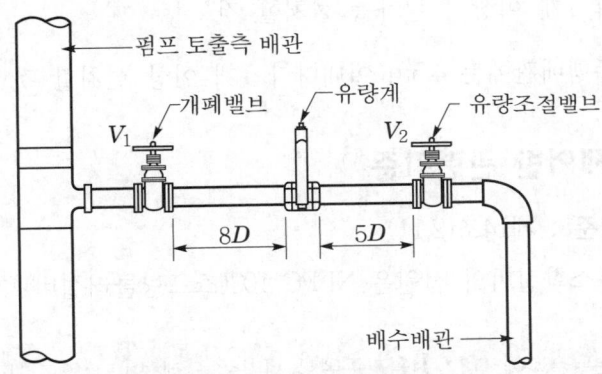

[그림 1-5-15] 성능시험배관의 설치

② 이에 따라 유량계와 밸브 간의 거리는 제조사의 설치사양에 따르도록 하였다. 일반적으로 유량계는 측정 유량에 대응하여 유량계를 설치하는 해당 관경이 규격화되어 있다. 따라서 최대 175%의 유량을 측정할 수 있는 조건이

되어야 하므로 정격토출량의 175% 유량에 대한 유량계를 접속할 관경 이상이 되어야 한다. 이에 따라 성능시험배관의 관경은 국내에서 시공하고 있는 유량계 규격 및 접속배관에 따라 [표 1-5-8] 또는 [표 1-5-9]를 참조하여 유량계 구경에 적합한 배관경을 선정하도록 한다.

[표 1-5-8] 유량계 규격 : Orifice type

구경(mm)	25A	32A	40A	50A	65A	80A	100A	125A	150A
유량범위($l$pm)	35 ~ 180	70 ~ 360	110 ~ 550	220 ~ 1,100	450 ~ 2,200	700 ~ 3,300	900 ~ 4,500	1,200 ~ 6,000	2,000 ~ 10,000
1눈금($l$pm)	5	10	10	20	50	100	100	200	200

[표 1-5-9] 유량계 규격 : Clamp type

구경(mm)	25A	32A	40A	50A	65A	80A	100A	150A	200A
유량범위($l$pm)	20 ~ 150	55 ~ 275	75 ~ 375	150 ~ 550	250 ~ 900	300 ~ 1,125	500 ~ 2,000	900 ~ 3,900	1,800 ~ 7,200

(4) 행거 : 제11조 8항(2.8.8)

배관에 설치되는 행거는 가지배관, 교차배관 및 수평주행배관에 설치하고, 배관을 충분히 지지할 수 있도록 설치해야 한다.

1) 가지배관에는 헤드의 설치지점 사이마다, 교차배관에는 가지배관과 가지배관 사이마다 1개 이상의 행가를 설치할 것

2) 수평주행배관에는 4.5m 이내마다 1개 이상 설치할 것

7. 전원 및 제어반 관련기준

1) **전원기준 :** 제14조(2.11)

미분무소화설비의 전원은 NFPC 103(스프링클러설비) 제12조를 준용한다.

> ➡ 미분무설비에 대한 전원기준은 상세기준을 제정하지 않고 NFPC 103(스프링클러설비)의 전원기준을 준용하도록 되어 있다. 이 결과 비상전원의 경우 물분무설비에서는 인정하지 않는 비상전원수전설비(차고, 주차장으로 바닥면적의 합계가 1,000m² 미만인 경우)를 미분무설비에서는 비상전원으로 적용할 수 있다.

2) 제어반의 기준 : NFTC 2.12.1

미분무소화설비에는 제어반을 설치하되, 감시제어반과 동력제어반으로 구분하여 설치하여야 한다. 다만, 가압수조에 따른 가압송수장치를 사용하는 미분무소화설비의 경우와 별도의 시방서를 제시할 경우에는 그렇지 않을 수 있다.

> ① 스프링클러설비에서는 감시제어반과 동력제어반을 구분하여 설치하는 것을 원칙으로 하되 여러 가지 예외조항을 인정하고 있다. 이에 따라 고가수조방식, 가압수조방식, 엔진펌프방식과 펌프방식의 경우는 ㉠ 7층 미만이거나 또는 연면적 2,000m² 미만에 해당하는 경우와 ㉡ 지하층 바닥면적(차고ㆍ주차장 또는 보일러실ㆍ기계실ㆍ전기실 등은 제외)의 합계가 3,000m² 미만에 해당하는 경우는 구분하여 설치하지 않을 수 있다.
> ② 이에 대해 미분무설비에서는 예외규정을 인정하지 않고 있으며 다만, 가압수조와 별도의 시방서를 제시할 경우는 예외를 인정하고 있다. 그러나 고가수조방식의 경우도 동력제어반이 필요 없는 시스템으로 당연히 예외조항에 포함되어야 하며 본 조항은 개정되어야 한다.

3) 감시 제어반의 기준 : 제15조 3항

① 감시제어반은 피난층 또는 지하 1층에 설치할 것

② 다른 부분과 방화구획을 할 것

> ① 옥내소화전이나 스프링클러설비의 경우 감시제어반 설치는 피난층이나 지하 1층에 설치하되 예외규정이 있어 ㉠ 특별피난계단이 있고 계단의 출입구로부터 5m 이내에 전용실의 출입구가 있거나 ㉡ 아파트의 관리동일 경우에는 지상 2층이나 기타 지하층에 설치할 수 있다.
> ② 그러나 미분무설비에서는 예외조항을 규정하지 않아 어떠한 경우에도 미분무용 감시제어반은 피난층이나 지하 1층에 설치하여야 한다. 그러나 미분무설비라고 하여 감시제어반이 다른 자동식 소화설비의 감시제어반과 다른 기준을 적용받을 필요가 없으며 이는 매우 과도한 조항으로 개정되어야 한다.

※ 기타 전원과 관련된 제반사항에 대한 기술기준은 NFTC 103(스프링클러설비) 2.9(전원)를 준용해서 참고하기 바람.

5 미분무설비의 설계실무

1. 설계도서의 기준 : 제4조(2.1)

(1) 공통 사항

1) 기준

미분무소화설비의 성능을 확인하기 위하여 하나의 발화원을 가정한 설계도서는 다음의 기준을 고려하여 작성되어야 하며, 설계도서는 일반설계도서와 특별설계도서로 구분한다. 설계도서는 건축물에서 발생 가능한 상황을 선정하되, 건축물의 특성에 따라 다음의 일반설계도서와 특별설계도서 중 1개 이상을 작성한다.
① 점화원의 형태
② 초기 점화되는 연료 유형
③ 화재위치
④ 문과 창문의 초기상태(열림, 닫힘) 및 시간에 따른 변화상태
⑤ 공기조화설비, 자연형(문, 창문) 및 기계형 여부
⑥ 시공 유형과 내장재 유형

2) 해설(설계도의 개념)

① 설계도서란 NFPC 제3조 19호에서 "특정소방대상물의 점화원, 연료의 특성과 형태 등에 따라서 발생할 수 있는 화재의 유형이 고려되어 작성된 것"으로 정의하고 있다. 즉, 미분무설비에서 설계도서란 단순히 도면을 말하는 것이 아니라 미분무설비의 소화성능을 확인하고 이를 검증받기 위해 방호공간의 형상이나 가연물 상황을 고려하여 작성된 도서로 관련기관에서 승인을 받아야 한다.
② 여기서 말하는 도서란 도면을 포함하여 관련자료 일체를 말하는 것으로 이는 일반설계도서와 특별설계도서로 구분하며 특정업체의 미분무설비가 사전에 등록된 경우에는 설계도서에 반영된 내용과 시공상태가 등록사항과 일치하여야 한다.

(2) 일반설계도서 유형

1) 기준 : 건물용도, 사용자 중심의 일반적인 화재를 가상하며, 설계도서에는 다음 사항이 필수적으로 명확히 설명되어야 한다.

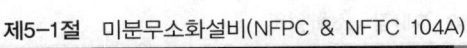

① 건물사용자 특성

② 사용자의 수와 장소

③ 실 크기

④ 가구와 실내 내용물

⑤ 연소 가능한 물질들과 그 특성 및 발화원

⑥ 환기조건

⑦ 최초 점화원과 점화원의 위치

2) **해설** : 일반설계도서란 건물에서 발생하는 일반적인 화재사례를 가정하여 작성하는 것으로 NFPA에서는 설계시 반영할 적용인자(Application parameter)로 다음의 3가지를 제시하고 있다.[213] 따라서 설계도서에서 언급한 내용은 다음 3가지 적용인자를 말하는 것으로 설계도서 작성시 이러한 것들을 고려하여 미분무설비를 설계 및 선정하여야 한다.

① **구획실의 변수(Component variables)** : 방호공간에 대한 기하학적 형상(천장높이, 체적, 바닥면적, 장애물 등)과 방호공간의 환기조건(자연환기와 연관된 개구부 사항, 공조설비와 같은 강제환기와 연관된 사항 등)을 말한다.

② **가연물의 유형(Fuel type)** : A급, B급, C급 화재에 대한 가연물의 형태와 가연물의 양을 말한다. A급화재에서는 가연물에 대한 화재하중 및 가연물의 배치상태(Configuration)를 고려하여야 하며 B급화재에서는 화재하중, 배치상태, 인화점, 연소속도를 고려하여야 한다.

③ **화재위치(Fire location)** : 화재시 방호공간 내 설치된 가연물의 위치에 따라 화재의 양상이 달라지므로 설계시 이를 고려하여야 하며 다음의 4가지 상태로 구분하게 된다.

㉮ 가연물이 방호공간에서 높은 위치에 있는 경우

㉯ 가연물이 환기구 근처에 있는 경우

㉰ 가연물이 방호공간의 모퉁이에 있는 경우

㉱ 가연물이 벽에 기대어 쌓여 있는 경우

(3) 특별설계도서 유형

1) 기준

① 특별설계도서 1

㉮ 내부 문들이 개방되어 있는 상황에서 피난로에 화재가 발생하여 급격한 화재연소가 이루어지는 상황을 가상한다.

㉯ 화재시 가능한 피난방법의 수에 중심을 두고 작성한다.

---

213) NFPA 750(2023 edition) 9.4(Application parameter)

② 특별설계도서 2

㉮ 사람이 상주하지 않는 실에서 화재가 발생하지만, 잠재적으로 많은 재실 자에게 위험이 되는 상황을 가상한다.

㉯ 건축물 내의 재실자가 없는 곳에서 화재가 발생하여 많은 재실자가 있는 공간으로 연소 확대되는 상황에 중심을 두고 작성한다.

③ 특별설계도서 3

㉮ 많은 사람들이 있는 실에 인접한 벽이나 덕트 공간 등에서 화재가 발생 한 상황을 가상한다.

㉯ 화재감지기가 없는 곳이나 자동으로 작동하는 소화설비가 없는 장소에서 화재가 발생하여 많은 재실자가 있는 곳으로의 연소 확대가 가능한 상황 에 중심을 두고 작성한다.

④ 특별설계도서 4

㉮ 많은 거주자가 있는 아주 인접한 장소 중 소방시설의 작동범위에 들어가 지 않는 장소에서 아주 천천히 성장하는 화재를 가상한다.

㉯ 작은 화재에서 시작하지만 큰 대형화재를 일으킬 수 있는 화재에 중심을 두고 작성한다.

⑤ 특별설계도서 5

㉮ 건축물의 일반적인 사용 특성과 관련, 화재하중이 가장 큰 장소에서 발 생한 아주 심각한 화재를 가상한다.

㉯ 재실자가 있는 공간에서 급격하게 연소 확대되는 화재를 중심으로 작성한다.

⑥ 특별설계도서 6

㉮ 외부에서 발생하여 본 건물로 화재가 확대되는 경우를 가상한다.

㉯ 본 건물에서 떨어진 장소에서 화재가 발생하여 본 건물로 화재가 확대되 거나 피난로를 막거나 거주가 불가능한 조건을 만드는 화재에 중심을 두 고 작성한다.

2) 해설

① 특별설계도서의 개념

㉮ 일반설계도서는 특정소방대상물의 화재사례 등을 이용하여 작성한 것이나, 특별설계도서는 일반설계도서에서 발화 장소 등을 변경하여 위험도를 높 게 만들어 작성한 도서를 말한다. 이에 따라 NFTC 2.1에서는 모두 6가지 의 화재유형을 제시하고 있으며 설계자는 이 중에서 설계하고자 하는 방호 구역의 조건과 가장 유사한 한 가지 이상을 선택한 후 해당조건에 맞도록 특별설계도서를 작성하는 것이다.

⑭ 이는 설치된 미분무설비가 특별설계도서에서 화재시나리오로서의 성능을 확인하고 이에 대한 검증을 받으라는 의도이다. 결국 특별설계도서는 설계하고자 하는 방호구역의 조건에 가장 부합되는 화재유형을 화재시나리오로 선정하여 검증하자는 것이다. 이는 소방대상물에서 발생할 수 있는 화재조건 중 한 가지를 대표적인 "설계화재"로 선정하고자 함이며 이 경우 화재시 스프링클러설비가 정상적으로 작동하여 화재성장을 제어하는 화재제어(Fire control) 모드상태에서 시나리오를 적용하는 것이 원칙이다.

설계화재(Design fire)

설계화재를 선정하는 목적은 화재가 발생할 것을 예측한 모델링을 적용하기 위한 것으로 먼저 건물에서 화재발생 예상장소를 선정한 후 해당장소에서 화재하중에 따른 열방출률(Heat release rate), 독성물질 발생률, 연기발생률, 화재성장속도 등을 정량적으로 평가하여 재실자가 안전하게 피난하기 위한 화재영향 평가를 하고자 함이다.

② 특별설계도서의 근거 : 미분무설비에서 NFTC 2.1의 특별설계도서 내용은 당초 소방청 고시(소방시설 등의 성능위주설계 방법 및 기준)의 별표 1(화재 및 피난시뮬레이션의 시나리오 작성 기준)을 준용하여 제정한 것이다. 다만, 현재는 소방시설법 및 화재예방법의 분법으로 성능위주설계에 대한 소방청 고시 내용 중 일부가 소방시설법 시행규칙으로 법제화되고 해당 고시는 2022. 12. 1.자로 폐지되었다.

(4) 설계도서의 평가 및 분석

특별설계도서 내용과 연관하여 성능위주설계 기준에 대한 소방시설법 시행규칙 제9조 2호에서 "화재·피난 모의실험을 통한 화재위험성 및 피난안전성 검증"을 하도록 하고 있다. 특별설계도서의 출전은 NFPA[214]에서 규정한 화재시나리오(Fire scenario)를 준용하여 제정한 것이다.

특별설계도서 즉, 화재시나리오에 대해서는 Modeling을 실시한 후 성능평가를 하여야 하며 평가는 인명안전과 피난안전의 2가지 측면으로 실시하여야 한다.

1) 인명안전성 평가

① 개념 : 특별설계도서 검증시 인명안전성 평가는 화재가 발생한 층에서 재실자가 피난출구를 통과할 때까지 화재시 발생하는 화열, 연기, 독성가스의 범위가 허용범위 이하가 되어야 한다는 조건이다. 이때 피난자의 호흡한계선은 피난

214) NFPA 110(Life safety code) 2021 edition : 5.5.3 Required design fire scenario

자의 눈이나 코에 대한 영향때문에 머리 높이를 기준으로 하며 성능설계 고시에서는 바닥으로부터 1.8m를 기준으로 하고 있다. 화열, 연기, 독성가스에 대한 인명안전기준은 성능위주설계 구 고시(현재 폐지) 별표 1의 제3호 가목에 [표 1-5-10]와 같이 규정하고 있다.

[표 1-5-10] 인명안전기준 평가항목

구 분	성능기준		비 고
① 열에 의한 영향	60℃ 이하		-
② 가시거리에 의한 영향	용 도	허용가시거리 한계	단, 고휘도 유도등, 바닥유도등, 축광유도표지 설치시 : 집회시설 판매시설은 7m 적용 가능
	기타시설	5m	
	집회시설, 판매시설	10m	
③ 독성에 의한 영향	성 분	독성기준치	기타 독성가스는 실험결과에 따른 기준치를 적용 가능
	CO	1,400ppm	
	O_2	15% 이상	
	CO_2	5% 이하	

비고 이 기준을 적용하지 않을 경우 실험적·공학적 또는 국제적으로 검증된 명확한 근거 및 출처 또는 기술적인 검토 자료를 제출하여야 한다.

② 인명안전기준(Life safety criteria)
㉮ 열의 영향(Thermal effect) : 화재시 피난자가 있는 장소의 호흡한계선(바닥에서 1.8m 높이)에서는 주변 온도가 60℃ 이하가 되어야 하며 이 경우 열에 대해서는 피난자의 피난에 지장이 없다는 뜻이다.
㉯ 가시거리의 영향(Effect of visibility) : 화재시 통로에서 피난구까지 경로를 찾아갈 때 장애를 주는 연기발생량을 가시거리로 환산하여 기준을 제정한 것이다. 일반용도는 가시거리 5m를 확보하여야 하나, 집회시설이나 판매시설의 경우는 수용인원의 밀도가 높거나 화재하중이 큰 용도이므로 가시거리가 10m가 되도록 강화하였다. 다만 고휘도 유도등, 바닥유도등, 축광유도표지 설치시에는 연기가 발생하여도 피난방향 식별에 도움을 주게 되므로 가시거리를 7m로 완화하였다.
㉰ 독성의 영향(Effect of toxicity) : 화재시 가연물에서 분해된 가스로 인한 독성물질(CO, HCN, CO_2) 발생이나 잔류산소농도(O_2)를 예측하는 것으로 실제 화재Simulation에서는 대부분 CO 농도를 예측하여 평가하고 있다.

③ 결과분석

㉮ 6가지 종류의 특별설계도서(화재시나리오)에 대한 인명안전성 평가는 화재실(시나리오에서 화재발생을 설정한 장소)이 위치하는 바닥면적에 대해 화재시 발생하는 화열, 연기, 독성가스 발생량을 예측한 후 피난자가 3가지 물질에 대해 받는 영향을 평가하게 된다. 평가방법은 화재 발생층에서 계단으로 나가는 피난 출구쪽에 측정지점(Point)을 수 개소 선정한 후 프로그램을 이용한 화재Simulation을 실시하면, 해당하는 포인트에서 호흡한계선 높이에 따른 열, 가시거리, 독성(예 CO) 발생의 시간대별 변화 그래프를 구할 수 있게 된다.

㉯ 이를 이용하여 측정지점별로 [표 1-5-11]에서 요구하는 항목별로 인명안전기준에 해당하는 소요시간을 구할 수 있으며 이때의 시간(Sec)이 "허용피난시간(ASET)[215]"이며 이 시간 안에 모든 피난이 종료되어야 한다. 국내의 경우 화재Simulation용 프로그램은 미국 NIST의 산하단체[216]에서 개발한 FDS(Fire Dynamics Simulator)를 많이 사용하고 있다.

2) 피난안전성 평가

① 개념 : 피난안전성 평가는 ASET(허용피난시간)이 산정되면 이제는 피난Simulation을 실시하여 각 측정지점별로 예상되는 실제피난시간 즉, "필요 피난시간(RSET)[217]"을 구하게 된다. 어떠한 경우에도 RSET < ASET이 되어야 화재시 재실자 모두가 안전하게 피난을 할 수 있게 된다.

② 피난안전기준 : 총 피난시간(Total egress time)은 [식 1-5-4]와 같이 4개의 항목으로 구성되어 있으며 피난안전성 평가시에는 해당하는 시간(sec)을 각각 구하여 이를 합산하여야 한다. 다음 식에 따라 산정된 총 피난시간은 결국 RSET으로 간주할 수 있으며 이는 화재발생 후부터 피난이 종료되는 시점까지에 소요되는 해당층에서의 피난완료시간에 해당한다.

---

215) 허용피난시간(Available Safe Egress Time ; ASET)은 화재로 인하여 위험에 도달하는 시간이므로 허용할 수 있는 최소피난시간이 된다.

216) NIST(National Institute of Standards and Technology)의 산하단체인 BFRL(Building and Fire Research Laboratory : 건물화재연구소)에서 개발한 것이다.

217) 필요피난시간(Required Safe Egress Time ; RSET)은 실제 피난에 소요되는 시간으로 피난을 완료하는 데 소요되는 "피난완료시간"이자 "총 피난시간"이다.

$$\boxed{\text{총 피난시간 항목} : E_t = T_d + T_n + T_o + T_t}$$ ·················· [식 1-5-4]

여기서, E_t : 총 피난시간(Total egress time)
    T_d : 감지시간(Detection time)
    T_n : 통보시간(Notification time)
    T_o : 지연시간(Delay time)
    T_t : 이동시간(Travel time)

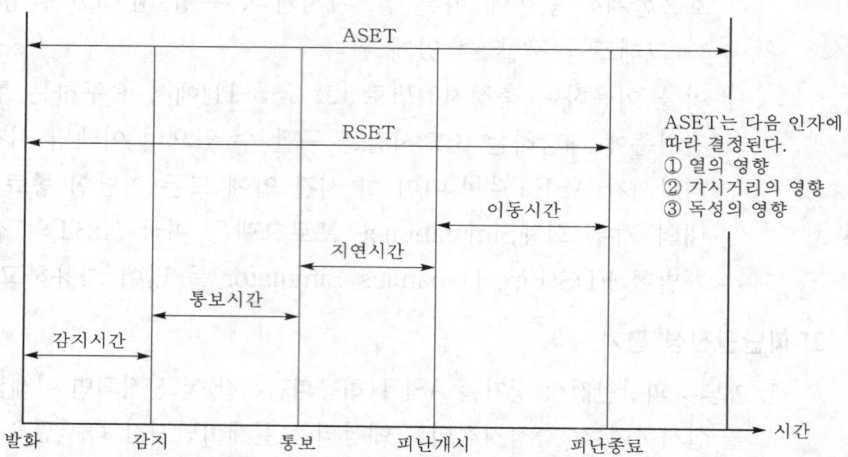

[ASET(허용피난시간)과 RSET(필요피난시간)과의 관계]

㉮ 감지시간(T_d) : 발화로부터 화재감지기나 스프링클러헤드 등이 화재를 감지하기까지의 소요시간을 말한다.

㉯ 통보시간(T_n) : 화재를 감지 후 이를 수신기에 통보하여 경보가 발생할 때까지의 소요시간을 말한다.

㉰ 지연시간(T_o) : 경보가 발생하여도 재실자가 즉각적으로 피난을 개시하지는 않으며, 재실자가 화재 여부를 판단하는 데 소비되는 시간과 피난을 결정하여도 대피하기까지 여러 행동에 소요되는 행동 결정시간을 포함한 것으로 이 값은 고시 별표 1에서 [표 1-5-11]와 같이 규정하고 있다. 이의 근거는 SFPE Handbook Table 3-13.1(3-351쪽)에 게재되어 있으며 원명은 "피난개시 지연시간(Delay time to start evacuation)"이나 본 교재에는 편의상 지연시간(Delay time)으로 표기하였으며, 일부는 이를 "피난개시 지연시간(Pre-movement delay time)"으로 칭하기도 한다. 이의 출전은 1977년 BSI(British Standards Institute)에서 화재안전

공학과 관련되어 발간한 개발초안(Draft for development) 240[218])의 내용 중 Table 21로 게재되어 있다. 고시 별표 1의 제3호 나목에서 규정한 [표 1-5-11]의 피난가능시간은 "통보시간(T_n)+지연시간(T_o)"으로 적용하며 감지시간(T_d)은 화재Simulation에 의해 결정되고 이동시간(T_t)은 피난Simulation에 의해 구해진다.

[표 1-5-11] 피난가능시간 기준

용 도	W1	W2	W3
사무실, 상업 및 산업건물, 학교, 대학교 (거주자는 건물의 내부, 경보, 탈출로에 익숙하고, 상시 깨어 있음)	< 1분	3분	> 4분
상점, 박물관, 레저스포츠 센터, 그 밖의 문화집회시설 (거주자는 상시 깨어 있으나, 건물의 내부, 경보, 탈출로에 익숙하지 않음)	< 2분	3분	> 6분
기숙사, 중·고층 주택 (거주자는 건물의 내부, 경보, 탈출로에 익숙하고, 수면상태일 가능성 있음)	< 2분	4분	> 5분
호텔, 하숙용도 (거주자는 건물의 내부, 경보, 탈출로에 익숙하지도 않고, 수면상태일 가능성 있음)	< 2분	4분	> 6분
병원, 요양소, 그 밖의 공공 숙소 (대부분의 거주자는 주변의 도움이 필요함)	< 3분	5분	> 8분

[비고] W1 : 방재센터 등 CCTV 설비가 갖춰진 통제실의 방송을 통해 육성 지침을 제공할 수 있는 경우 또는 훈련된 직원에 의하여 해당 공간 내의 모든 거주자들이 인지할 수 있는 육성지침을 제공할 수 있는 경우

W2 : 녹음된 음성 메시지 또는 훈련된 직원과 함께 경고방송을 제공할 수 있는 경우

W3 : 화재경보신호를 이용한 경보설비와 함께 비훈련 직원을 활용할 경우

㉑ 이동시간(T_t) : 화재시 해당층의 재실자 모두가 안전구역(보통 피난출구인 특별피난계단 부속실로 지정한다)까지 피난을 완료하는 데 소요되는 실제 이동시간을 말하며 이는 수용인원 및 재실자의 보행시간과 밀접한 관계가 있다.

---

218) Fire safety engineering in buildings Part I : Guide to the application of fire safety engineering principles Table 21 : BSI DD 240(1997)

③ 수용인원의 기준

㉮ 수용인원의 근거 : 수용인원 산정은 성능위주설계 구 고시(현재 폐지) 별표 1의 3호 다목에서 [표 1-5-12]와 같이 규정하고 있다. 이 표의 근거는 NFPA 101(인명안전코드 2021 edition) Table 7.3.1.2에서 수용인원계수(Occupant load factor)로 규정된 것으로 성능위주설계에서는 이를 준용한 것이다. 해당하는 9개의 용도가 국내 특정소방대상물의 용도분류와 다른 것은 이는 NFPA의 용도기준을 적용하였기 때문이다.[219] 따라서 특별설계도서 작성시 해당용도(대분류)에 대한 세부용도 분류(소분류)는 국내 용도기준이 아닌 NFPA의 세부용도 기준으로 분류하여 적용하는 것이 원칙이다. 아울러 적용시 유의할 점은 NFPA에서는 표에서 용도(Occupancy)로 표현하지 않고 "사용용도(Use)"로 표현하고 있다. 이 뜻은 예를 들면 대학교는 교육용도이나 대학교의 대형 강의실은 교육용도가 아닌 집회용도로, 즉 실제 수용인원을 적용할 사용용도(Use)로 적용하라는 의미이다. 아울러 NFPA에서는 해당 표를 적용할 경우 해당층의 바닥면적(Gross floor area)을 기준으로 하나 일부는 전용면적(Net floor area)을 기준으로 하고 있으나 [표 1-5-12]에서는 이를 적용하지 아니하였다.

㉯ 수용인원의 적용 : 수용인원 산정시 단위는 "인/m^2"가 아니라 "m^2/인"이므로 예를 들면, 수영장의 내부(수영하는 풀장)는 1인당 $4.6m^2$를 점유하므로 해당 바닥면적을 4.6으로 나누면 수용인원이 산정된다. 따라서 NFPA에서는 이를 수용인원 계수라고 표현한 것이다. 공업용도 중 특수공업(Special purpose industrial)용도란 특별한 작업을 하는 일상적이고 경급위험의 공업용도로 상대적으로 적은 종업원과 기계장치에 점유되는 면적이 많은 일상적인 공업활동을 뜻하며, 정유공장과 같은 상급위험(High hazard)용도는 고위험공업으로 분류한다. 공업용도 중 특수공업용도와 창고용도의 수용인원 기준은 NFPA에서 적용을 제외하고(Not applicable) 있으며 이는 실제 예상되는 해당장소의 최대점유자수로 결정하도록 하고 있다. 아울러 성능위주설계 구 고시(현재 폐지)에서는 "9. 창고용도(사업용도 외)"로 공포하였으나 이는 "9. 창고용도(상업용도 외)"의 오류이니 참고하기 바란다.

219) NFPA는 건축물의 용도분류를 집회용도, 교육용도, 상업용도, 보호용도, 의료용도, 주거용도, 공업용도, 업무용도, 창고용도 등으로 구분한다. 다만, 2021년 현재는 외래환자 의료용도, 교정용도, 숙박용도, 아파트, 갱생보호(Residebtial board & care)용도가 추가된 상태이다.

[표 1-5-12] 수용인원 산정기준

용도별	세부사항	m²/인	세부사항	m²/인
1. 집회용도	고밀도지역 (고정좌석 없음)	0.65	수영장	4.6 (물 표면)
	저밀도지역 (고정좌석 없음)	1.4	수영장 데크	2.8
	벤치형 좌석	1인/좌석길이 45.7cm	헬스장	4.6
	고정좌석	고정좌석 수	운동실	1.4
	취사장	9.3	무대	1.4
	서가지역	9.3	접근출입구, 좁은 통로, 회랑	9.3
	열람실	4.6	카지노 등	1
			스케이트장	4.6

용도별	세부사항	m²/인	용도별	세부사항	m²/인
2. 교육용도	교실	1.9	6. 주거용도	호텔, 기숙사	18.6
	매점, 도서관, 작업실	4.6		아파트	18.6
3. 상업용도	피난층 판매지역	2.8		대형 숙식주거	18.6
	2층 이상 판매지역	3.7	7. 공업용도	일반 및 고위 험공업	9.3
	지하층 판매지역	2.8		특수공업	수용 인원 이상
4. 보호용도	3.3		8. 업무용도		9.3
5. 의료용도	입원치료구역	22.3	9. 창고용도 (상업용도 외)		수용인원 이상
	수면구역 (구내 숙소)	11.1			
	교정, 감호용도	11.1			

④ **결과분석** : 수용인원 산정기준을 적용하고 [식 1-5-4]에 따라 구한 총 피난시간 값에 따라 RSET 값이 산정되며 이 과정은 프로그램을 이용하여 피난 Simulation을 실시하게 된다. 위와 같이 하여 RSET이 구하여지면 모든 측정지점에 대해 화재Simulation에서 구해진 ASET과 RSET 값을 비교하여 반드시 RSET < ASET이 되어야 하며 이를 만족하는지 여부를 확인하는 것이다. 총 피난시간을 산정할 경우 화재실과 비화재실을 구분하여 적용할 수도 있으

며 경우에 따라서는 이동시간(Travel time)에 안전율을 반영할 수도 있다. RSET < ASET의 의미는 성능설계 분석에 따라 화재시 재실자가 해당층에서 화재로 인한 화열, 연기 및 독성가스로부터 해당공간에서 피난이 불가능한 조건이 되기 전에 피난할 수 있다는 것을 의미한다.

(5) 설계도서의 검증 : 제5조(2.2)

소방관서에 허가동의를 받기 전에 법 제46조 1항의 규정에 따라 성능시험기관으로 지정받은 기관에서 그 성능을 검증받아야 한다. 설계도서의 변경이 필요한 경우 NFPC 2.2.1에 의해 재검증을 받아야 한다.

> 현재 미분무설비에 대한 성능검증은 소방산업기술원에서 자체 기준인 "미분무소화설비 설계도서의 인정기준(KFI 제389호 : 2021. 12. 30. 개정)"을 제정하여 이를 수행하고 있다. 동 기준에 따르면 일반설계도서는 소화시험으로 유효성을 검증하며, 특별설계도서는 다음 중 하나에 대하여 유효성을 검증한다.
> ① 발화장소에 대한 화재제어 또는 화재진압 대책
> ② 인근 방호구역 또는 근접한 건물로의 연소확대방지 대책
> ③ 재실자의 안전한 피난로 확보를 위한 피난계획 대책

2. 마찰손실의 계산

미분무설비에서 배관에 대한 마찰손실 계산은 저압설비와 중·고압설비의 경우로 구분하여 적용하여야 한다. 왜냐하면 저압설비에서는 하젠-윌리엄스(Hazen-Williams ; H-W)식을 사용하나, 중·고압설비의 경우는 저압설비에 비해 유속이 빠르고 배관의 직경도 작은 관계로 마찰손실 계산시 다르시-바이스바하(Darcy-Weisbach ; D-W)식을 사용하고 있다. 미분무설비에서 밸브 등 관 부속류의 마찰손실 적용은 원칙적으로 제조자가 등가길이(Equivalent length)값을 제공하고 이를 사용하는 것이 원칙이다.

(1) 저압설비의 마찰손실 : NFPA에서는 저압 미분무설비는 표준형의 스프링클러설비나 물분무설비와 유사하므로 배관 직경은 해당설비의 기준과 같게 적용하고 있다. 이는 저압 미분무설비의 유속이 스프링클러설비의 유속 범위에 있는 것을 의미하며 저압 미분무설비의 마찰손실 적용은 다음과 같은 특징을 가지고 있다.[220]

1) 저압설비의 마찰손실 적용시 특징

① 수온(水溫)은 상온으로 가정하고 밀도와 점도를 고려하지 않는다.
② 물에 첨가제를 사용하지 않는 것을 기준으로 한다.

---
220) NFPA 750 A.11.3 : Hazen-Williams calculation method(Low pressure systems)

③ 점도나 수온이 일반적인 급수원과 크게 다를 경우에는 D-W식을 사용할 수 있다.

④ 관경 등 미분무설비의 특징이 일반 스프링클러설비와 차이가 클 경우에는 D-W식을 사용할 수 있다.

2) **H-W식 계산** : [식 1-5-5(A)]의 H-W식은 토목기사인 Allen Hazen과 미시건대학교 토목공학과 Stewart Williams교수가 공동으로 20세기 초에 개발한 식으로 물을 유체로 하는 배관 시스템에서 마찰손실을 구하는 데 가장 많이 사용하고 있다. H-W식은 내경, 유량, C factor만으로 단위길이당 마찰손실을 구하는 식으로 이 경우 C factor는 배관 내부의 연마상태를 뜻하며 H-W식을 사용하여 계산할 경우 유속은 고려하지 않는다. 미분무설비에서의 C factor는 스테인리스관이나 동관 모두 150으로 적용하는 것을 원칙으로 한다.[221] 실험을 바탕으로 제정한 H-W식은 물에 대해서만 적용이 가능하며 또한 부동액이나 기타 첨가제 등이 없는 물만을 대상으로 하는 것으로 기타 유체에서는 적용할 수 없다.

$$\text{SI 단위 H-W식} : P = 6.053 \times 10^4 \times \frac{Q^{1.85}}{C^{1.85} \times d^{4.87}} \times L \quad \cdots \cdots \text{[식 1-5-5(A)]}$$

$$\text{중력단위 H-W식} : P_f = 6.174 \times 10^5 \times \frac{Q^{1.85}}{C^{1.85} \times d^{4.87}} \times L \quad \cdots \cdots \text{[식 1-5-5(B)]}$$

여기서, P : 마찰손실압력(MPa), P_f : 마찰손실압력(kgf/cm^2)
Q : 유량(l/min), C : 관의 마찰손실 계수(상수)
d : 관의 내경(mm), L : 배관의 길이(m)

☞ 식에 대한 유도과정은 "제2절 소방 유체역학 및 소방펌프 – ① 소방 유체역학"을 참고하기 바람

(2) 중·고압설비의 마찰손실 : H-W식의 경우는 유체의 유속, 수온, 점도 등에 대해서는 이에 대한 영향을 반영할 수 없다. 또한 배관에서 난류가 발생하는 경우 이러한 요소는 배관의 마찰손실에 큰 영향을 주게 된다. 따라서 저압설비에 비해 높은 유속을 가지고 있고 배관의 직경이 저압설비보다 작은 중·고압설비에서는 이에 따라 D-W식을 사용하여 마찰손실을 계산하여야 한다. 특히 첨가제나 부동액 등을 혼합한 경우는 저압식설비인 경우에도 점도 및 밀도로 인하여 H-W식으로 마찰손실을 예측하는 것은 매우 곤란하기 때문에 D-W식을 사용하고 있다.

---

221) NFPA 750(2023 edition) Table 11.3.6.5(Hazen-Williams C value)

1) 중·고압설비의 마찰손실 적용시 특징

① 유체의 특성(온도, 점도, 밀도)이 반영되어야 할 경우는 H-W식보다 D-W식을 사용하여야 더 정확하게 계산할 수 있다.

② 물에 첨가제를 사용할 경우는 D-W식을 사용하여야 한다.

③ 물의 특성이 일반적인 수원과 크게 다를 경우에는 압력이나 유속과 무관하게 D-W식을 사용하여야 한다.

2) D-W식 계산

① D-W의 계산식 : 일반적으로 D-W식은 $h = f \dfrac{L}{d} \dfrac{V^2}{2g}$ 이나 NFPA에서는 실무상 D-W식으로 [식 1-5-6]의 계산식을 제시하고 있으며 D-W식에서는 관마찰계수 f(Friction factor)를 계산하기가 용이하지 않다.

$$\text{D-W의 계산식} : \Delta P = 2.252 \times \frac{f \rho Q^2}{d^5} \times L \quad \cdots\cdots \text{[식 1-5-6]}$$

여기서, ΔP : 마찰손실압력(bar)
f : 관마찰계수(bar/m)
ρ : 유체의 밀도(kg/m³)
Q : 유량($l$pm)
d : 관의 내경(mm)
L : 배관의 길이(m)

㈜ 1bar=10⁵Pa

[식 1-5-6]의 출전(出典)

NFPA 750(2023 edition) Table 11.2.1

위 식에서 유체의 밀도(ρ), 유량(Q), 내경(d), 배관의 길이(L)는 사전에 알 수 있는 값이나 관마찰계수(f)는 알 수 없으므로 무디 선도를 이용하여 구하게 되며 이 경우는 다음의 방법에 따라 수행하도록 한다.

무디 선도(Moody diagram)

1. 마찰 손실을 계산할 때 사용되는 직관 내부의 관마찰계수(f)의 값을 구하는 선도로 Moody (Lewis F.Moody : 1880~1953년)에 의해서 작성되었다. 무디선도는 실험결과를 하나의 도표로써 조합시킨 것으로, 층류영역에서 난류영역을 통하여 레이놀즈 수(Re)나 관벽의 조도(ε)와의 관계를 나타내고 있다.
2. 무디선도는 유체의 종류나 관경의 크기와는 무관하나 원형배관에서 적용하는 선도이다.

② 무디선도를 이용해 f를 구하는 방법

㉮ 첫째, 유체의 밀도 ρ와 점성계수 μ를 [표 1-5-13]를 이용하여 구한다. : 중·고압설비에서 사용하는 유체의 온도범위는 40~100°F로서 해당 범위에서만 적용하여야 한다. 점성계수(Dynamic viscosity) μ란 유체에서 접선방향의 힘이나 전단응력에 대한 저항의 크기를 나타내는 값으로 SI단위는 $(N \cdot sec/m^2)$이며 공학단위에서는 $(kg/m \cdot sec)$가 된다. 점성계수에 대한 MKS의 공학단위가 $(kg/m \cdot sec)$이나, 점성계수 값이 미소하므로 실무에서는 CGS단위인 $(g/cm \cdot sec)$를 사용하며 이를 1푸아즈(Poise ; P로 표기)라 한다.[222] 또한 1P=100cP(centi-Poise)이며 1cP의 단위는 $(mg/mm \cdot sec)$가 되며 실무에서는 cP를 주로 사용한다. 첨가제를 사용할 경우는 첨가제에 대한 점성계수는 제조사에서 제공받아야 한다.

[표 1-5-13] 온도별 물의 밀도(ρ)와 점성계수(μ)

물의 온도	밀도 $\rho(kg/m^3)$	점성계수 $\mu(cP)$
40°F(=4.4℃)	999.9	1.5
50°F(=10.0℃)	999.7	1.3
60°F(=15.6℃)	998.8	1.1
70°F(=21.1℃)	998.0	0.95
80°F(=26.7℃)	996.6	0.85
90°F(=32.2℃)	995.4	0.74
100°F(=37.8℃)	993.6	0.66

[표 1-5-13]의 출전(出典)

NFPA 750(2023 edition) Table 11.2.2(b)

㉯ 둘째, 레이놀즈 수(Reynolds number)를 계산한다. : 위에서 구한 밀도(ρ)와 점성계수(μ)를 이용하여 레이놀즈 수를 계산한다. 레이놀즈 수(Re)란 배관 내에 유체가 흐를 때의 난류상태에 대한 함수 값으로 배관 내를 흐르는 유체의 밀도, 점도, 내경과 관계가 있다. 레이놀즈 식은 [식 1-5-7(A)]와 같이 점성계수와 동점성계수를 사용한 2가지 식이 있으며 이 식에서 동점

---

222) 프랑스의 유체학자 푸아즈(Poiseuille : 1799~1869년)를 기념하여 명명한 것으로 영미에서는 "포이즈"라 발음한다.

성계수(Kinematic viscosity) ν란 점성계수를 밀도로 나눈 값$\left(\nu = \dfrac{\mu}{\rho}\right)$으로 단위는 (m²/sec)가 되며 실무에서는 CGS단위인 (cm²/sec)를 사용하며 이를 1스톡스(Stokes)라 한다.

$$\text{Reynolds number(SI단위)} : Re = \frac{\rho V d}{\mu} = \frac{V d}{\nu}$$ ················· [식 1-5-7(A)]

여기서, Re : 레이놀즈 수(무차원)
  ρ : 유체의 밀도(kg/m³)
  V : 유체의 평균속도(m/sec)
  d : 배관의 내경(m)
  μ : 유체의 점성계수(kg/m·sec)
  ν : 유체의 동점성계수(m²/sec)

레이놀즈 수가 2,100보다 작은 경우는 층류상태이며 2,100~4,000 사이는 임계영역(천이흐름)이며 4,000을 넘으면 난류상태이다. 그러나 실무적으로는 유량은 (lpm), 내경은 (mm), 점성계수는 (cP)를 사용할 경우 NFPA에서는 실무 계산식으로 [식 1-5-7(B)]를 제시하고 있다.

$$\text{Reynolds number 실무식} : Re = 21.22\frac{\rho Q}{d\mu}$$ ················· [식 1-5-7(B)]

여기서, Re : 레이놀즈 수
  ρ : 유체의 밀도(kg/m³)
  Q : 유량(lpm)
  d : 배관의 내경(m)
  μ : 유체의 점성계수(cP)

[식 1-5-7(B)]의 출전(出典)

NFPA 750(2023 edition) Table 11.2.1

㉰ 셋째, 상대조도(ε/d)를 구한다. : 절대조도(絕對粗度 : Absolute roughness) ε(mm)란 배관의 재질에 따른 값으로 C factor와 유사한 개념으로 배관의 내면에 대한 상대적인 척도로서 [표 1-5-14]을 이용하여 구한다. 상대조도(Relative roughness)란 절대조도를 내경으로 나눈 값(ε/d)으로 무차원의 수이다.

[표 1-5-14] 배관별 절대조도(ε) 값

물의 온도	절대조도 ε(mm)
동관, 동니켈관	0.0015
스테인리스 강관	0.045
백관	0.15

 [표 1-5-14]의 출전(出典)

Fire Protection Handbook(19th) Table 10.17.8

㉴ 넷째, 무디(Moody)선도(線圖)를 사용하여 f를 구한다. : [그림 1-5-16]의 무디선도를 보면 두 번째에서 계산한 레이놀즈 수는 x축에 $a \times 10^b$의 형식으로 표시되어 있다. 또한 세 번째에서 구한 상대조도(ε/d)는 오른쪽 y축에 표시되어 있다. 이제 ε/d 값에 해당하는 오른쪽 y축 지점에서 왼쪽으로 수평하게 움직이면 선도의 중앙에 위치한 많은 곡선 중 어느 하나와 만나게 된다. 이 곡선 위를 따라 좌상부 쪽으로 이동하면서 동시에 x축의 레이놀즈 수에 해당하는 지점에서 수직선을 그어 서로 만나는 교차점을 구한다. 이때 만나는 교차점에서 수평으로 왼쪽 y축의 값을 읽으면 이것이 해당하는 조건에서의 관마찰계수 f가 된다.

 Re값이 2×10^6이며, $\varepsilon = 0.1$(mm), 배관 내경이 50mm일 경우 f를 구하라.

 ① Re값 2×10^6을 x축에서 해당위치를 지정한다(x축 중간 정도 위치에 있음).
② ε/d를 계산하면 $\varepsilon/d = 0.1/50 = 0.002$가 된다. ε/d 값인 0.002를 오른쪽 y축에서 해당위치를 지정한다(중간보다 약간 아래쪽에 있음).
③ y축의 0.002에서 수평으로 왼쪽으로 이동하여 곡선과 만나는 위치를 정한다.
④ 해당 위치에서 곡선을 따라(곡선 위에서) 좌상부 쪽으로 이동하면서, 동시에 x축의 2×10^6에서의 수직선을 그어서 만나는 교점을 정한다.
⑤ 만나는 교점에서 왼쪽으로 수평선을 그어보면 왼쪽 y축에 해당하는 값이 0.02와 0.03의 중간 값인 0.025로 이것이 f값으로 결국 $f = 0.025$가 된다.

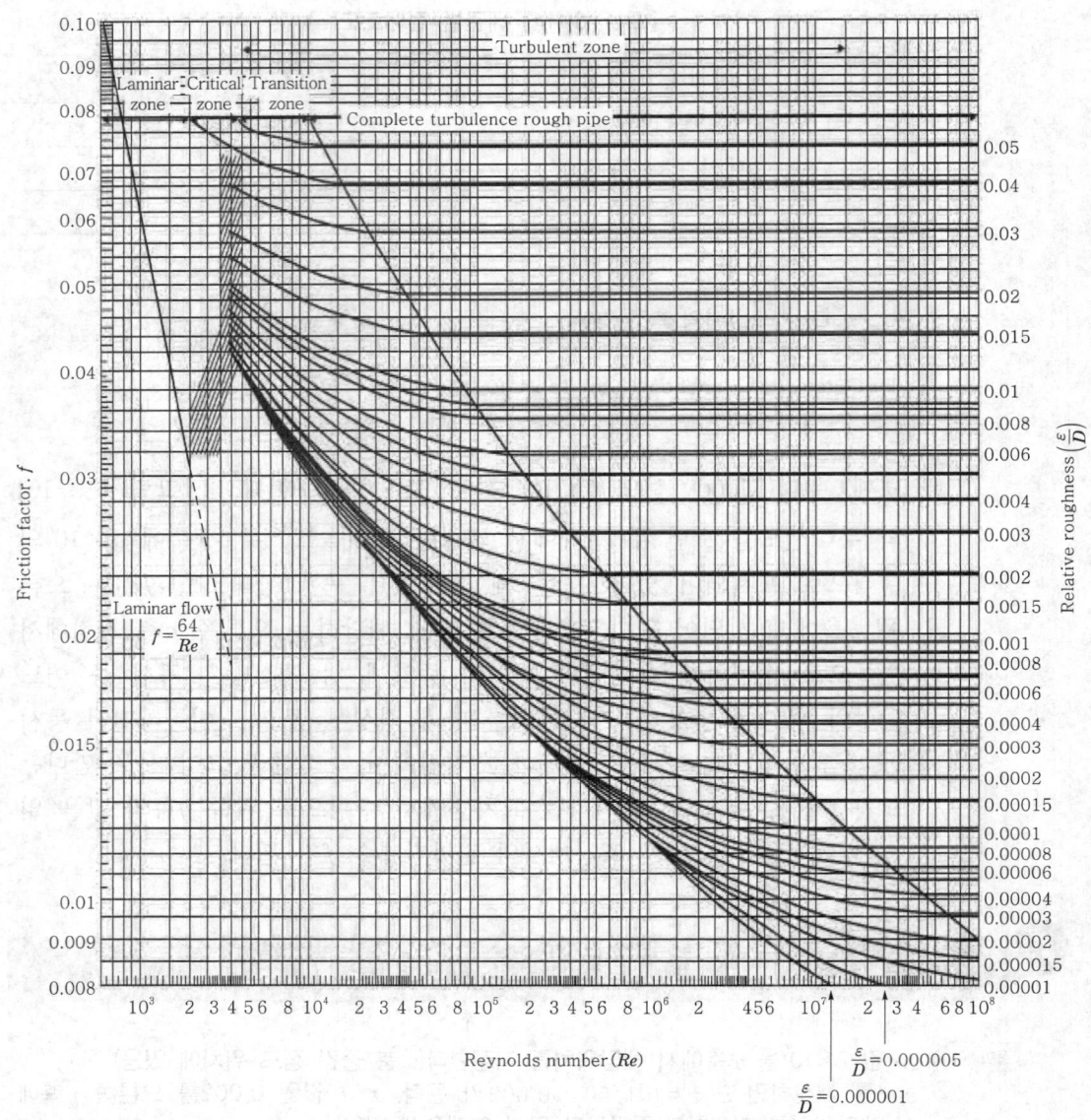

[그림 1-5-16] 무디선도(Moody diagram)

1 미분무소화설비(Water mist fire protection system)의 정의, 미분무수의 효과, 화재시 소화특성, 설비의 장·단점, 적응성을 기술하여라.

 1. 정의 : 미분무수(Water mist)란 노즐로부터 1m의 직하의 평면에 도달한 가장 미세한 것부터 합산하여 누적한 물방울 입자의 99%가 1mm(1,000μm) 이하인 미분무수로 이를 누적체적 분율(累積体積 分率 ; Cumulative volume fraction)로 표시하면 D_V 0.99=1,000μm로 표시한다.

㉮ 이는 공기, 고압력 또는 충격 등을 이용하여 물을 미분화시킴으로서 이를 소화설비에 이용하는 방식으로 NFPA 750(Water Mist Fire Protection Systems)에 규정되어 있다.

㉯ 최초는 상업용 선박의 소화설비를 저충격, 고성능, 경량의 설비로 하려는 IMO의 방향과 입장에 따라 개발되었으며 또한 Halon의 단계적 철수에 따른 Clean agent의 대체물질 개발에 의해 연구되기 시작하였다.

보충 IMO ; International Marine Organization(국제海事기구)

2. 미분무수의 효과
㉮ 소화(Fire extinguishment)
㉯ 화재진압(Fire suppression)
㉰ 화재제어(Fire control)
　　㉠ 플래시 오버(Flash over) 방지
　　㉡ 피난자의 인명손실을 최소화
　　㉢ 인접건물로 연소확산을 차단
㉱ 온도제어(Temperature control)
㉲ 노출방호(Exposure protection)

3. 화재시 소화특성
소화시 물방울의 입자크기와 물방울의 밀도는 매우 중요하며 미분무방사시 분무 패턴의 형상, 물방울의 속도, 크기, 분무분사의 혼합특성 등이 소화효과를 좌우하게 된다. 기동은 감지기 기동 또는 헤드 기동방식에 의해 동작하며 일반적인 소화특성은 다음과 같다.
㉮ 체적 대비 표면적이 크므로 높은 열전달 특성이 있다.
　→ 냉각소화의 특성이 우수하다.

④ 물방울이 미세하므로 전역방출방식의 가스와 같이 방호공간 주위를 순환하면서 소화하게 된다.

→ 질식소화의 효과가 우수하다.

4. 설비의 장·단점

장 점	① 독성이 없고 환경 친화적이다. ② 수계 소화설비이나 BC급화재에도 적용성이 있다. ③ 유효수량이 제한적으로 스프링클러에 비해 수손(水損)을 경감시킬 수 있다(스프링클러 수원의 1/10 정도임). ④ 가스계설비보다 시설에 따른 공사비가 저렴하여 경제성이 높다. ⑤ 소화설비 이외 폭발억제설비(Explosion suppression system)로도 이용할 수 있다.
단 점	① 차폐되거나 장애가 있는 장소는 완전히 소화할 수 없다(노즐의 분사패턴에서 멀리 떨어진 장소는 미분무수의 밀도가 현저히 감소한다). ② A급 심부화재는 완전히 소화할 수 없다[물방울의 낙하속도가 낮아 연료표면을 적절히 적셔주지 못하므로 플래밍 모드(Flaming mode)에는 강하나 글로윙 모드(Glowing mode)에는 약하다].

5. 적응성

㉮ 전기설비

㉯ 수손의 피해가 우려되는 장소

㉰ 선박관련장소 : 가스 및 증기터빈, 기계류 설치 공간

㉱ 항공기 : 화물칸, 엔진실 등

㉲ 소화용수가 제한되는 지역

㉳ 폭발 억제장소

2 스프링클러설비, 물분무설비, 미분무설비에 대해 물방울과 연관된 설비의 특징, 소화효과와 적응성을 설비별로 비교하여라.

1. 물방울과 연관된 설비의 특징

㉮ 스프링클러설비

㉠ 물이 디플렉터에 부딪혀 속도가 순간적으로 감소한 후 자중(自重)으로 자연낙하하여 대상물에 분사된다.

㉡ 물방울의 크기가 큰 관계로 화심(火心) 속으로 침투하게 되므로 냉각소화가 주체이며, 작은 물방울은 불꽃(flare) 주위에서 증발하여 질식소화를 보조적으로 행한다.

㉯ 물분무설비

㉠ 디플렉터 구조가 있는 헤드도 있으나, 대부분은 유속을 가지고 직접 대상물에 분사된다. → 즉, 운동 모멘트가 있다.

ⓛ 물방울의 크기가 스프링클러보다도 작은 관계로 냉각소화 이외 질식소화
의 비율이 스프링클러보다 크다.

ⓒ 작은 입자가 운동 모멘트를 가지고 물 표면을 타격하므로 유화작용(Emulsifica
-tion)이 있다.

㉺ 미분무설비

㉠ 물이 디플렉터에 부딪히지 않고 유속과 운동 모멘트를 가지고 바로 낙하
한다.

ⓛ 또한 물입자가 매우 작기 때문에 유속이 있어도 운동 모멘트가 작아서(질
량이 작으므로), 주위로 비산되므로 유화작용(Emulsification)은 없다.

ⓒ 그러나 질식효과는 물분무보다 훨씬 크며 또한 기후에 영향을 받으므로
옥외에서는 효과가 없다.

2. 소화의 효과 비교

㉮ 냉각소화 : 스프링클러설비 > 물분무설비 > 미분무설비

→ 연소물(Burning material)에 대한 소화

㉯ 질식소화 : 스프링클러설비 < 물분무설비 < 미분무설비

→ 불꽃(Flare)에 대한 소화

㉰ 물분무설비는 다른 소화설비에 없는 유화작용(Emulsification)이 있다.

3. 적응성의 비교

㉮ 스프링클러설비 : 대공간(Large area)에 대한 전체 방호(Total protecting)

㉯ 물분무설비 : 장치류(Equipment)에 대한 표면 보호(Surface coverage)

㉰ 미분무설비 : 소규모 구획실(Small compartment)에 대한 방호(Protecting)

3 다음 그림과 같이 바닥면적이 자갈로 되어 있는 절연유 봉입변압기에 물분무소화설비를
설치하고자 한다. 물분무설비에 관하여 다음의 각 물음에 답하여라.

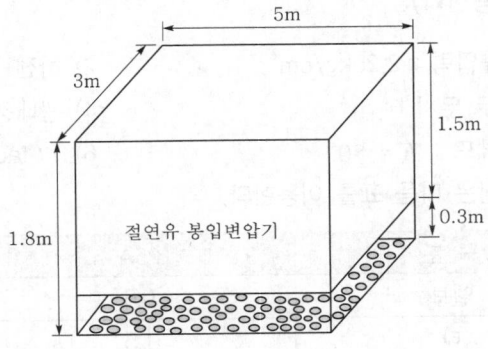

1. 소화펌프의 최소토출량(l/min)을 구하라.

2. 필요한 최소수원의 양(m^3)을 구하라.

1. 소화펌프의 최소토출량
   물분무설비의 수원량 계산에서 절연유 변압기는 바닥면을 제외한 표면적의 합인 기준면적을 구하여야 한다.

   기준면적 $S = (5\text{m} \times 3\text{m} \times 1\text{면}) + (1.5\text{m} \times 3\text{m} \times 2\text{면}) + (5\text{m} \times 1.5\text{m} \times 2\text{면}) = 39\text{m}^2$

   최소토출량 $= 10l\,\text{pm/m}^2 \times S$ 이므로 $10l\,\text{pm/m}^2 \times 39\text{m}^2 = 390l/\text{min}$

2. 필요한 최소수원의 양
   수원의 양은 최소토출량 × 20분이다.

   ∴ 최소수원의 양 $= 390l/\text{min} \times 20\text{min} = 7,800l = 7.8\text{m}^3$

4 다음 조건을 참고하여 미분무소화설비에서 수원의 저수량(m^3)을 구하라.

조건 1) 헤드 개수는 30개, 설계유량은 $50l/\text{min}$이다.
    2) 설계방수시간은 1시간, 배관의 총 체적은 0.07m^3이다.

 미분무소화설비에서 수원의 저수량 $Q(\text{m}^3) = N \times D \times T \times S + V$
   여기서, N : 방호구역(방수구역) 내 헤드의 개수
         D : 설계유량(m^3/min)
         T : 설계방수시간(min)
         S : 안전율(1.2 이상)
         V : 배관의 총 체적(m^3)
   따라서 $Q(\text{m}^3) = (30\text{개} \times 0.05\text{m}^3/\text{min} \times 60\text{min} \times 1.2) + 0.07\text{m}^3 = 108.07\text{m}^3$

5 다음 물분무설비에서 'A'점의 최소유량 및 압력을 구하시오. (단, ③－⑥ 구간의 레듀서는 무시하고 적용한다)

조건 1) 최소방출압력 : 2.25kg/cm^2 2) 하젠－윌리엄스 공식을 사용
    3) 속도수두 무시   4) 관내경은 호칭경으로 한다.
    5) 물분무헤드 : $K = 80$ 6) C factor $= 100$으로 한다.
    7) 등가관장은 다음 표를 이용한다.

구 분	25A	50A
엘보	0.6	1.5
티	1.5	3.1
디류지 밸브	－	0.3
게이트 밸브	1.5	3.4

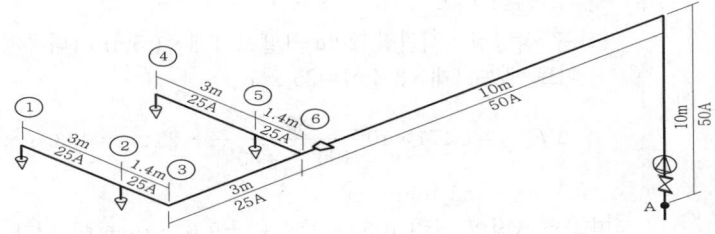

1. ①점의 압력은 2.25kg/cm^2이므로

   ①점 헤드의 방사량 $Q_1 = k\sqrt{P} = 80\sqrt{2.25} \doteqdot 120l\text{pm}$

   ①-② 간의 마찰손실

   ∴ 총 상당직관장 직관장 3m+(엘보 1개×0.6m)+(Tee 1개×1.5m)=5.1m

   $$\Delta P_{1-2} = 6.174 \times 10^5 \frac{120^{1.85}}{100^{1.85} \times 25^{4.87}} \times 5.1\text{m}$$

   $$= 123.19 \times \frac{120^{1.85}}{25^{4.87}} \times 5.1\text{m} \doteqdot 0.69\text{kg/cm}^2$$

2. ②점의 압력은 $2.25 + 0.69 = 2.94 \text{kg/cm}^2$

   ②점 헤드의 방출량 $Q_2 = k\sqrt{P} = 80\sqrt{2.94} \doteqdot 137l\text{pm}$

   ②-③ 간의 유량은 $120 + 137 = 257l\text{pm}$

   ②-③ 간의 마찰손실

   ∴ 총 상당장은 직관장 1.4m+(엘보 1개×0.6m)=2m

   $$\Delta P_{2-3} = 6.174 \times 10^5 \frac{257^{1.85}}{100^{1.85} \times 25^{4.87}} \times 2\text{m}$$

   $$= 123.19 \times \frac{257^{1.85}}{25^{4.87}} \times 2\text{m} \doteqdot 1.10\text{kg/cm}^2$$

3. ③점의 압력 $2.94 + 1.10 = 4.04\text{kg/cm}^2$

   ③-⑥ 간의 마찰손실 : ③-⑥ 구간의 레듀서는 조건에 따라 무시한다.

   ∴ 총 상당직관장 직관장 3m+(Tee 1개×1.5m)=4.5m

   $$\Delta P_{3-6} = 6.174 \times 10^5 \frac{257^{1.85}}{100^{1.85} \times 25^{4.87}} \times 4.5\text{m} = 123.19 \times \frac{257^{1.85}}{25^{4.87}} \times 4.5\text{m}$$

   $$\doteqdot 2.48\text{kg/cm}^2$$

4. ⑥점의 압력 $4.04 + 2.48 = 6.52\text{kg/cm}^2$

   ㉮ ④-⑥ 간의 배관과 ①-③ 간의 배관은 모든 조건이 동일하므로, $Q = K\sqrt{P}$ 에서 두 배관으로의 유량은 ③점과 ⑥점의 압력비의 제곱근에 비례한다.

   ㉯ ③점의 압력은 4.04kg/cm^2이고, ⑥점의 압력은 6.52kg/cm^2이므로

   $$Q_{1-3} : Q_{4-6} = K\sqrt{4.04} : K\sqrt{6.52}$$

   $$\therefore Q_{4-6} = \frac{257 \times \sqrt{6.52}}{\sqrt{4.04}} \doteqdot 326.5l\text{pm}$$

   따라서 ⑥-A 사이의 유량은 $257 + 326.5 = 583.5l\text{pm}$이 된다.

5. ⑥-A 간의 마찰손실

∴ 총 상당장=직관장 20m+(엘보 1개×1.5m)+(디류지 밸브 1개×0.3m)+(게이트 밸브 1개×3.4m)=25.2m

$$\Delta P_{6-A}=6.174\times10^5\frac{583.5^{1.85}}{100^{1.85}\times50^{4.87}}\times25.2m=123.19\times\frac{583.5^{1.85}}{50^{4.87}}\times25.2m$$

$$=2.16kg/cm^2$$

따라서 A점의 압력 6.52+2.16+1=9.68kg/cm²이 된다.

6 그림과 같이 6개의 물분무 노즐에서 물이 분무되고 있을 때 배관상의 "A"점을 통과하는 유량과 이 지점에서의 수압을 계산하여라. (단, 주어진 조건은 다음과 같다)

조건 1) 각 노즐의 방출계수는 서로 같다.

2) 수리 계산시 동압은 무시한다.

3) 직관 이외의 관로상 마찰은 무시한다.

4) 직관에서의 마찰손실은 하젠-윌리엄스의 공식을 적용하되 계산의 편의상 다음과 같다고 가정한다.

$$\Delta P=6.174\times10^5\times\frac{Q^2}{100^2\times d^{4.87}}$$

여기서, ΔP : 1m당 마찰손실압력(kg/cm²)

Q : 유량(l/min)

d : 배관의 안지름(mm)

5) "E"점은 방사압 3.5kg/cm², 유량 60$l$pm으로 가정한다.

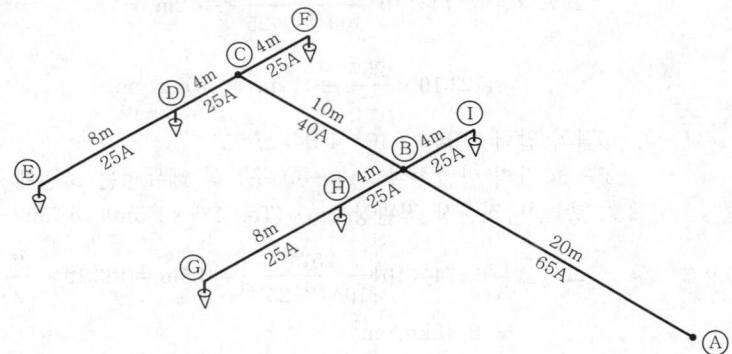

 1. $P_E=3.5\,kg/cm^2$, $Q_E=60l$pm

$Q=K\sqrt{P}$ 에서 방출계수 $K=\dfrac{Q}{\sqrt{P}}=60/\sqrt{3.5}\fallingdotseq32$

2. 구간 E-D의 유량 및 압력손실

$Q_{E-D}=60l$pm, 조건에서 주어진 하젠-윌리엄스의 식을 이용한다.

$$\Delta P_{E-D}=6.174\times10^5\times\frac{60^2}{100^2\times25^{4.87}}\times길이\ 8m\fallingdotseq0.28kg/cm^2$$

3. D점의 압력 및 유량

$$P_D = P_E + \Delta P_{E-D} = 3.5 + 0.28 = 3.78 \text{kg/cm}^2$$

$$Q_D = K\sqrt{P_D} = 32\sqrt{3.78} \fallingdotseq 62.2 l\text{pm}$$

4. 구간 D–C의 유량 및 압력손실

$$Q_{D-C} = Q_E + Q_D = 60 l\text{pm} + 62.2 l\text{pm} = 122.2 l\text{pm}$$

$$\Delta P_{D-C} = 6.174 \times 10^5 \times \frac{122.2^2}{100^2 \times 25^{4.87}} \times \text{길이 } 4\text{m} \fallingdotseq 0.57 \text{kg/cm}^2$$

5. C점의 압력

$$P_C = P_D + \Delta P_{D-C} = 3.78 \text{kg/cm}^2 + 0.57 \text{kg/cm}^2 = 4.35 \text{kg/cm}^2$$

6. 노즐 F의 경우는 C–F 구간의 유량을 알 수 없으므로 다음과 같은 과정을 거쳐서 계산하여야 한다.

㉮ 노즐 F에 대해서도 노즐 E와 동일하게 헤드 1개당 유량 60lpm, 방사압력 3.5kg/cm²로 가정하고, 구간 C–F의 압력손실을 구하면 다음과 같다.

$$Q_{C-F} = 60 \, l\text{pm}, \quad \Delta P_{C-F} = 6.174 \times 10^5 \times \frac{60^2}{100^2 \times 25^{4.87}} \times \text{길이 } 4\text{m} \fallingdotseq 0.14 \text{kg/cm}^2$$

㉯ 6항과 같이 유량과 압력을 가정하였을 때

C점의 압력 $P_C = P_F + \Delta P_{C-F} = 3.5 \text{kg/cm}^2 + 0.14 \text{kg/cm}^2 = 3.64 \text{kg/cm}^2$

㉰ 위 계산결과는 C점의 압력이 3.64kg/cm²임을 나타내나 실제 "C"점의 압력은 5번에서 구한 바와 같이 4.35kg/cm²이므로 유량을 보정하여야 한다.

㉱ $Q = K\sqrt{P}$ 이므로 유량은 $\sqrt{P}$ 에 비례하므로 보정유량은

$$Q_{C-F} = 60 \times \sqrt{\frac{4.35}{3.64}} = 65.6 l\text{pm}$$

따라서 보정된 C점의 실제유량은

$$Q_C = Q_{D-C} + Q_{C-F} = 122.2 + 65.6 = 187.8 l\text{pm}$$

7. 구간 C–B의 유량 및 압력손실

$$Q_{C-B} = 187.8 l\text{pm}$$

$$\Delta P_{C-B} = 6.174 \times 10^5 \times \frac{187.8^2}{100^2 \times 40^{4.87}} \times \text{길이 } 10\text{m} \fallingdotseq 0.34 \text{kg/cm}^2$$

8. B점의 압력과 유량

$$P_B = P_C + \Delta P_{C-B} = 4.35 + 0.34 = 4.69 \text{kg/cm}^2$$

㉮ B점과 C점은 양쪽 가지관으로 설치된 헤드 모양이 동일하다.

따라서, B점에서 양쪽 가지관으로 흐르는 유량과 C점에서 양쪽 가지관으로 흐르는 유량은 $\sqrt{P}$ 에 비례하게 된다.

$P_C = 4.35 \text{kg/cm}^2$, $Q_C = 187.8 l\text{pm}$, $P_B = 4.69 \text{kg/cm}^2$이므로

㉯ B점에서 양쪽 가지관으로 흐르는 유량

$$Q_{B}' = Q_{C} \times \frac{\sqrt{P_{B}}}{\sqrt{P_{C}}} = 187.8l\text{pm} \times \frac{\sqrt{4.69}}{\sqrt{4.35}} \doteqdot 195l\text{pm}$$

$$Q_{B} = Q_{C-B} + Q_{B}' = 187.8 + 195 = 382.8l\text{pm}$$

9. 구간 B-A의 유량 및 압력손실

$$Q_{B-A} = 382.8l\text{pm}$$

$$\Delta P_{B-A} = 6.174 \times 10^{5} \times \frac{382.8^{2}}{100^{2} \times 65^{4.87}} \times 20\text{m}(길이) = 0.27\text{kg/cm}^{2}$$

10. A점의 압력과 유량

$$Q_{A} = Q_{B-A} = 382.8l\text{pm}$$

$$P_{A} = P_{B} + \Delta P_{B-A} = 4.69\text{kg/cm}^{2} + 0.27\text{kg/cm}^{2} = 4.96\text{kg/cm}^{2}$$

제6절
포소화설비(NFPC & NFTC 105)

 **개 요**

1. 설치장소 : 소방시설법 시행령 별표 4

물분무등소화설비 설치대상 중에서 포소화설비를 설치할 수 있는 적응성이 있는 장소를 포소화설비의 설치장소로 적용하면 다음과 같다.

[표 1-6-1] 포소화설비 설치장소

특정소방대상물	적용기준	비 고
① 항공기 격납고	규모에 관계없이 적용	−
② 차고, 주차용 건축물 또는 철골 조립식 주차시설	연면적 800m² 이상	−
③ 건물 내의 차고 또는 주차장	주차의 용도로 사용되는 부분의 바닥면적이 200m² 이상인 층	50세대 미만 연립주택 및 다세대주택은 제외
④ 기계장치에 의한 주차시설	주차용량 20대 이상	−
⑤ 위험물제조소등의 시설^(주)	소화난이도 I등급의 제조소등	−

주 위험물제조소등의 시설에 대한 근거는 위험물안전관리법 시행규칙 별표 17의 제1호 소화설비를 참고할 것

🔍 **주차장법**

1. "기계식 주차장치"라 함은 노외(路外)주차장 및 부설주차장에 설치하는 주차설비로서 기계장치에 의하여 자동차를 주차할 장소로 이동시키는 설비를 말한다.
2. "기계식 주차장"이라 함은 기계식 주차장치를 설치한 노외(路外)주차장 및 부설주차장을 말한다.

2. 소화의 원리

(1) 냉각작용

포는 수용액 상태이므로 방호대상물에 방출되면 주위의 열을 흡수하여 기화하면서 연소면의 열을 탈취하는 냉각소화작용을 한다.

 물의 기화잠열

물의 기화잠열은 539kcal/kg이며, 기화팽창률은 1,650배이다.

(2) 질식작용

포를 방호대상물에 방출하면 연소면을 뒤덮어 산소공급을 차단함으로써 질식소화작용을 한다.

> **포소화설비의 적응성화재**
> SFPE Handbook[223])에서는 포소화설비에 대해 가장 효과적인 화재 상황으로 다음의 몇 가지를 제시하고 있다.
> ① 연소하지 않고 있는 인화성 및 가연성 액체의 표면에 대한 방호(Secure the surface of a flammable or combustible liquid that is not burning)
> ② 건물 내부에 국부적으로 있는 인화성 및 가연성 액체 위험장소에 대한 화재제어 및 소화(Control and extinguish fires in flammable and combustible liquid hazardous locations in local areas within buildings)
> ③ 대기압 저장탱크에 대한 소화(Extinguish fires in atmospheric storage tanks)
> ④ 옥내외 공정지역에 대한 소화(Extinguish fires in outdoor and indoor processing areas)
> ⑤ 선정된 특수위험으로서 다루기 어려운 화재의 방호, 예방, 제어, 소화(Protect, prevent, control and extinguish fire problem in selected special hazards)

3. 포소화설비의 적용 : NFPC 105(이하 동일) 제4조/NFTC 105(이하 동일) 2.1.1

화재안전기준은 일반건축물이나 특수가연물관련시설과 같이 위험물이 아닌 시설에 대한 기준이며, 위험물과 관련된 각종 시설(예 옥외탱크 저장소 등)에 대한 기준은 위험물안전관리법에서 별도로 규정하고 있다.

---

223) SFPE Handbook 3rd edition : Objective classification of fire problems for foam agent fire protection(p.4－123)

[표 1-6-2] 특정소방대상물별 적용 포소화설비

특정소방대상물		적용설비
① 특수가연물을 저장·취급하는 공장 또는 창고		• 포워터스프링클러설비 • 포 헤드설비 • 고정포 방출설비 • 압축공기포소화설비
② 차고 또는 주차장	일반적인 경우	• 포워터스프링클러설비 • 포 헤드설비 • 고정포 방출설비 • 압축공기포소화설비
	특정한 경우[주 1]	• 포 소화전설비 • 호스릴포소화설비
③ 항공기 격납고	일반적인 경우	• 포워터스프링클러설비 • 포 헤드설비 • 고정포 방출설비 • 압축공기포소화설비
	특정한 경우[주 2]	• 호스릴포소화설비
④ 발전기실, 엔진펌프실, 변압기, 전기케이블실, 유압설비	바닥면적의 합계가 $300m^2$ 미만의 장소	• 고정식 압축공기포소화설비

주 1. 다음의 어느 하나에 해당하는 차고·주차장의 부분에는 포 소화전설비 또는 호스릴포소화설비를 설치할 수 있다.
   • 완전 개방된 옥상주차장 또는 고가 밑의 주차장 등으로서 주된 벽이 없고 기둥뿐이거나 주위가 위해(危害) 방지용 철주 등으로 둘러싸인 부분
   • 지상 1층으로서 지붕이 없는 부분
2. 바닥면적의 합계가 $1,000m^2$ 이상이고, 항공기의 격납위치가 한정되어 있는 경우 그 한정된 장소 이외의 부분에 대하여는 호스릴포소화설비를 설치할 수 있다.

4. 설비의 장·단점

장 점	① 인화성 액체 화재시 절대적인 소화위력을 나타낸다. ② 옥내 이외에 옥외에서도 충분한 소화효과를 발휘한다. ③ 약제는 인체에 무해하며 화재시 열분해에 의한 독성가스의 발생이 없다.
단 점	① 소화 후 약제의 잔존물(殘存物)로 인한 2차 피해가 발생한다. ② 동절기에는 포의 유동성으로 인하여 옥외의 경우 사용상 제한이 따른다. ③ 단백포 약제의 경우 변질 및 부패 등으로 정기적으로 재충약이 필요하다.

2 포소화설비의 분류

1. 설치 방식별 종류

국내의 경우 포소화설비의 설치방식에 대한 분류를 규정한 기준이 없으나 NFPA 11[224)에서는 이를 다음과 같이 ① 고정식, ② 반고정식, ③ 이동식, ④ 간이식, ⑤ 압축공기포식의 5가지 종류로 구분한다.

(1) 고정식(Fixed system)

방호대상물에 포 방출장치가 고정되어 있고 고정식 배관을 통하여 고정된 포 발생장치에서 포 수용액을 이송하는 방식으로, 이는 최소의 인력과 장비를 보유한 규모가 작은 경우에 적합한 방식이다.

예 옥외탱크의 폼 체임버(Foam chamber), 옥내 건물의 포 헤드설비

(2) 반고정식(Semi fixed system)

포소화설비 구성부분 중 일부는 고정식으로 하고 일부는 이동식으로 사용하는 방식으로 방호대상물 주위까지는 고정식으로 배관 및 포 방출장치를 설치하고, 포 수용액을 차량 등으로 현장에 운송하여 배관에 접속하여 포 수용액을 공급하는 방식이다. 이는 대규모의 정유공장과 같이 자체소방대 및 화학소방차를 보유하고, 대형 옥외탱크가 산재(散在)한 넓은 지역의 경우에 적합한 방식이다. 반고정식에서 소방차가 호스를 이용하여 고정식 배관에 포를 주입하는 개소를 연결송액구(送液口)라 하며 송액구에는 덮개를 부속으로 하고 체크밸브나 개폐밸브를 설치하도록 한다.

예 옥외탱크용 폼 체임버 및 고정배관+소방차

> **반고정식**
>
> 반고정식은 국내기준에는 규정이 없으나 NFPA에서 인정하는 시스템으로 국내의 경우도 대규모 석유화학단지에서는 많이 채용하고 있는 방식이다.

(3) 이동식(Mobile system)

포 발생장치 등을 이동용으로 차량에 탑재(搭載)하여 사용하거나 또는 차량에 의해 견인(牽引)되는 방식으로 사전에 제조된 포 수용액을 사용하는 방식이다. 이에

---

224) NFPA 11(2021 edition) 3.3.17(Foam system types)

대해서는 NFPA 1900(2024 edition)[225]에 관련기준이 제시되어 있다.

예 화학소방차

(4) 간이식(Portable system)

포 발생장치, 포 수용액, 포 방출장치 등을 손으로 직접 이동하여 사용하는 방식
으로, 간단하게 작동할 수 있으나 포에 대한 방출량은 매우 제한적인 방식이다.

예 휴대용 간이 포설비

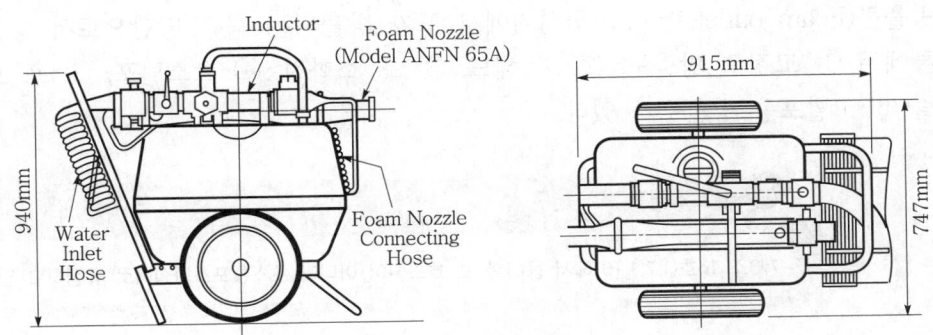

[그림 1-6-1] 간이식 포소화설비(예)

(5) 압축공기포식(Compressed Air Foam System ; CAFS)

1) 압축공기포식이란 물과 포원액에 가압된 공기(또는 질소)를 압입하여 발포시키
는 시스템으로 포소화설비의 성능을 개선시킨 방식이다. 일반적인 포소화설비는
고속방출이 어렵고 팽창비의 한계로 인하여 오염된 환경에서는 포가 파괴되는
현상이 발생하게 되나 압축공기포는 물과 공기(또는 질소), 포 약제를 혼합시켜
물의 표면장력을 감소시킴으로서 연소물에 침투되는 속도를 빠르게 하여 소화를
유도하게 되며 이 과정에서 고압축의 기포를 생성하는 것이 가장 큰 특성이다.

2) 압축공기포의 경우는 강제적으로 공기나 질소를 압입함으로서 포의 체적이나
표면적을 대폭 증가시키게 되어 포가 열을 흡수하는 능력이 증가할 뿐 아니라
높은 소화효과를 얻을 수 있으며 현재 국내에서도 압축공기포 시스템이 자체기
술로 개발되어 있는 상태이다.

---

225) NFPA 1900(Aircraft rescue and Firefighting vehicles, Automotive fire apparatus, Wildland
fire apparatus and Automotive ambulances : 항공기 구조 및 소방차량, 자동차 소방장치, 산불화
재장치 및 구급자동차)

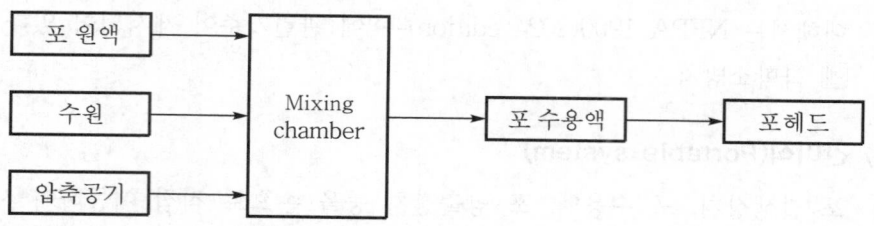

2. 방출구별 종류

방출구(Foam outlet)란 포소화설비에서 포가 방출되는 최종 말단으로서 방출구의 종류에는 ① 고정포 방출구, ② 포 헤드, ③ 포 소화전, ④ 호스릴포, ⑤ 포 모니터 노즐 ⑥ 고발포용 방출구가 있다.

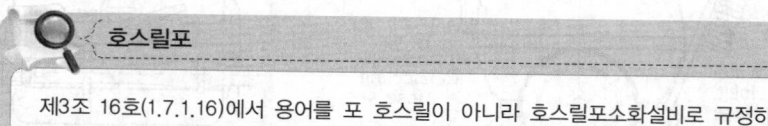

호스릴포

제3조 16호(1.7.1.16)에서 용어를 포 호스릴이 아니라 호스릴포소화설비로 규정하고 있다.

(1) 고정포 방출구

1) 주로 위험물 옥외탱크 저장소에 폼 체임버를 설치하여 포를 방출하는 방식의 방출구로서 옥외위험물탱크 이외에 공장, 창고, 주차장, 격납고 등에 설치할 수 있다.

2) 탱크의 직경, 포 방출구의 종류에 따라 일정한 수량의 방출구를 탱크 측면에 설치한다. 일반적으로 고정포 방출구의 접속배관은 건식으로 하고, 펌프는 수동으로 작동할 수도 있다.

3) 폼 체임버의 종류에는 ① I형(고정지붕 탱크에 사용하는 통·튜브 등의 부대시설이 있는 경우), ② II형(반사판이 있는 경우), ③ III형(표면하 주입식 방출구), ④ IV형(반표면하 주입식 방출구), ⑤ 특형(부상지붕 탱크에 사용하는 경우) 등이 있다.

고정지붕 탱크와 부상지붕 탱크

위험물 옥외탱크구조는 상압저장탱크로 이는 상온에서 액체상태의 소방법상 위험물을 저장하는 탱크이다. 해당 탱크는 지붕이 원뿔형이며 고정된 "고정지붕 탱크(Fixed roof tank, 일명 Cone roof tank)와 온도에 따라 저장유류가 팽창이나 수축을 할 경우 지붕이 상하로 움직일 수 있는 부유식 지붕구조인" 부상(浮上)지붕 탱크(Floating roof tank)의 2종류가 있으며, 이는 포소화약제량을 달리 계산하여야 한다.

chapter

1

소
화
설
비

(2) 포 헤드

1) 소방대상물에 고정식 배관을 설치하고, 배관에 접속된 포 헤드를 이용하여 포를 방출하는 방식의 방출구이다.

2) 포 헤드의 종류에는 포 헤드, 포워터스프링클러 헤드의 2종류가 있으며 주로 위험물 저장소, 격납고 등에 사용한다.

 NFPA의 포 헤드의 종류

포 헤드의 종류를 NFPA에서는 ① Foam head, ② Foam water sprinkler head, ③ Foam water spray head의 3종류로 구분한다.

(3) 포 소화전

1) 고정식 배관을 설치하고 소화전과 같이 포 호스를 사용하여 포 노즐을 통하여 사람이 직접 포를 방출하는 방식의 방출구이다.

2) 주로 개방된 주차장, 옥외탱크저장소의 보조포 설비용으로 사용한다.

(4) 호스릴포

1) 포를 직접 방출하는 호스릴을 이용한 이동식 포 방출방식의 방출구이다.

2) 방출량도 적고 취급이 간편한 간이설비이다.

(5) 포 모니터(Monitor) 노즐

1) 위치가 고정된 노즐의 방출각도를 수동 또는 자동으로 조준하여 포를 대량으로 방출하는 데 사용하는 방출구로서 고정식 배관이나 호스를 접속하여 포 수용액을 공급하고 모니터 노즐을 이용하여 방유제 주변 등에서 사용하는 일종의 보조포설비로서 화재현장에 대한 화재진압 이외 냉각효과도 발휘한다.

2) 바퀴가 달린 차륜식 형태의 이동식과 대규모의 포 수용액을 방출하기 위해 바닥에 고정 부착되어 있는 고정식으로 구분한다.

3) NFPA에서는 일명 Canon이라고 칭하며 위험물안전관리법 세부기준 제133조 1호 다목에 의하면 위험물을 저장하는 옥외저장탱크 또는 이송(移送)취급소의 펌프설비 등을 방호하기 위해 설치하도록 하고 있다.

[그림 1-6-2] 포 모니터(예)

(6) 고발포용 방출구

팽창비가 80 이상 1,000 미만인 고발포용 포 수용액을 방사하는 데 사용하는 고발포 전용의 방출구이다. 옥내의 경우 주로 비행기 격납고나 대형 주차장 등에 사용하며 발포하는 방식인 발포장치(Foam generator)에 따라 다음과 같이 2종류로 구분한다.

1) **Aspirator type(흡입식 또는 흡출형)** : 포 수용액이 분사될 때 공기를 자연적으로 흡입하고 포가 포 스크린을 통과하면서 보통 250배 이하의 중팽창포를 생성한다. 발포기는 고정식 또는 이동식으로 적용할 수 있다.

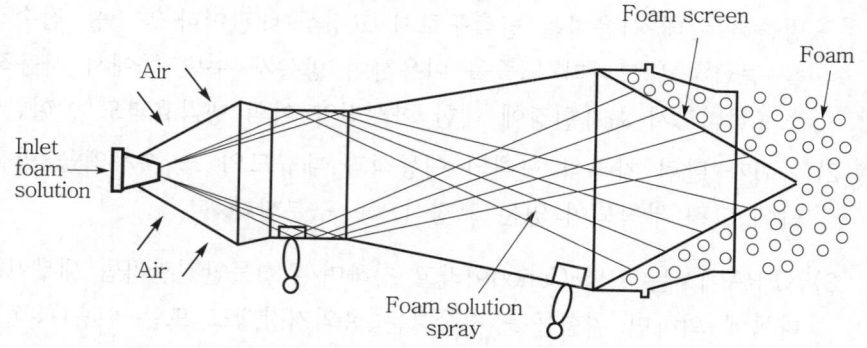

[그림 1-6-3(A)] Aspirator type 발포장치 NFPA 11(2021 edition) A.7.7.4(b)

2) **Blower type(압입식 또는 송출형)** : 포 수용액이 분사될 때 송풍기를 이용하여 강제로 공기를 공급하고 포 수용액이 포 스크린을 통과하면서 고팽창포를 생성한다. 발포기는 고정식 또는 이동식으로 적용할 수 있다.

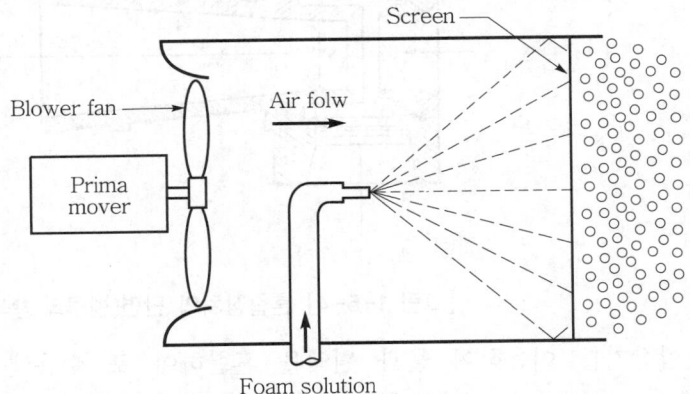

[그림 1-6-3(B)] Blower type 발포장치 NFPA 11(2021 edition) A.7.7.4(c)

3. 혼합방식별 종류 : 제9조(2.6)

(1) 혼합장치(Proportioner)

1) 혼합장치란 포소화설비에서 물과 포 약제를 혼합하여 일정한 비율로 포 수용액을 만들어 주는 장치로서 국제적으로 3%형 및 6%형이 있으며, 혼합장치는 벤투리(Venturi)관이나 오리피스(Orifice)를 이용한다. 혼합장치는 방출유량에 비례하여 소화원액을 지정 농도범위 내로 혼합시키는 성능을 가지고 있으며 포 소화약제가 혼합되는 것은 유수가 탱크 내 압입(壓入)되어 약제를 밀어내는 힘과 벤투리관에 의한 약제흡입의 2가지 방법에 의해 이루어진다.

 Orifice 방식의 혼합기

> 배관 내에 오리피스를 설치하여 압력차를 발생시켜 그 압력차에 의해 포 약제를 배관 내로 유입시키는 방식으로 국내에서는 사용하지 아니한다.

2) 혼합장치는 제9조(2.6)에서 제품검사에 합격한 제품을 설치해야 한다. 이에 따라 혼합장치의 성능을 시험하기 위한 기준이 제정[226]되어 있으며 해당 제품에 대해 한국소방산업기술원에서는 성능인증제도를 실시하고 있다. 동 기준에 의하면 혼합장치에는 사용 가능한 포 소화약제 및 혼합비율, 사용압력 및 유량범위를 반드시 표기하도록 규정하고 있다.

---

226) 포 소화약제 혼합장치등의 성능인증 및 제품검사의 기술기준(소방청 고시)

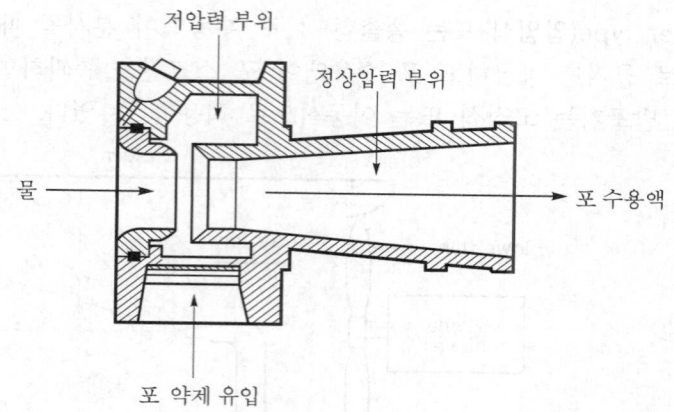

저압력 부위

정상압력 부위

물 → 포 수용액

포 약제 유입

[그림 1-6-4] 혼합장치의 단면(벤투리 방식)

3) 혼합장치를 이용하여 물과 원액을 혼합하여 포 수용액을 조성하는 혼합방식(Proportioning method)에는 여러 가지 방법이 있으나 국내에서는 다음과 같은 5가지 방법을 화재안전기준에서 규정하고 있다.

(2) 혼합방식의 종류

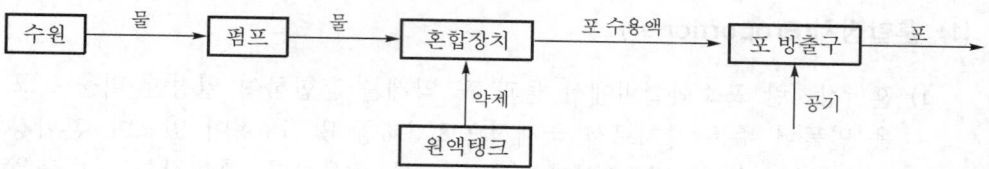

1) 프레셔 프로포셔너방식(Pressure proportioner type) : 차압(差壓)혼합방식

펌프와 발포기의 중간에 설치된 벤투리관의 벤투리 작용과 펌프 가압수의 포 소화약제 저장탱크에 대한 압력에 따라 포 소화약제를 흡입·혼합하는 방식을 말한다 [제3조 22호(1.7.1.22)].

① 특징

㉮ 펌프와 발포기(發泡器)간의 배관 중간에 포 소화약제 저장탱크 및 혼합기를 설치하여 약제탱크로 소화용수를 유입시켜 소화용수의 수압에 의한 압입(壓入)과 혼합기의 벤투리 효과에 의한 흡입(吸入)을 이용한 것으로 약제탱크에는 격막(膈膜 ; Bladder bag)이 있는 것과 없는 것의 2종류가 있다.

벤투리 효과

유체가 빠른 속도로 흐를 때 유속이 증가하며 이는 곧 동압이 증가하는 것으로 따라서 상대적으로 정압이 감소하게 되며, 이때 정압이 대기압 이하가 되면 용기 내의 유체가 대기압에 의해 위로 밀려 올라오는 현상으로 이를 이용하여 탱크 내의 약제를 혼합기에서 물과 혼합하도록 한다.

④ 압입식은 약제탱크 내로 물을 직접 주입하여(압입) 약제가 혼합기로 유입
되는 방식이나, 압송식은 이동식의 격막을 설치하고 약제탱크의 격막 밑
으로 물을 주입하면 격막이 밀려 올라가 반대쪽에 있는 포 약제가 밀려
서 혼합기로 유입되는 방식이다.

⑤ 단백포의 경우는 비(非)격막식도 사용이 가능하나 최근에는 비격막식은
사용하지 않고 있으며 다만, 수성막포의 경우는 물과 비중이 비슷하여
혼합에 어려움이 있으므로 격막식에 한하여 사용하여야 한다.

② 적용 : 가장 일반적인 혼합방식으로 국내의 경우 대부분의 포소화설비는 프
레셔 프로포셔너 타입을 사용하고 있다. 일명 차압혼합방식이라 하며 압입
식(壓入式)과 압송식(壓送式)의 2가지 방식으로 구분한다.

※ 그림에서 빗금선 → 수원, 검정선 → 포약제, 음영 → 포 수용액을 의미한다.

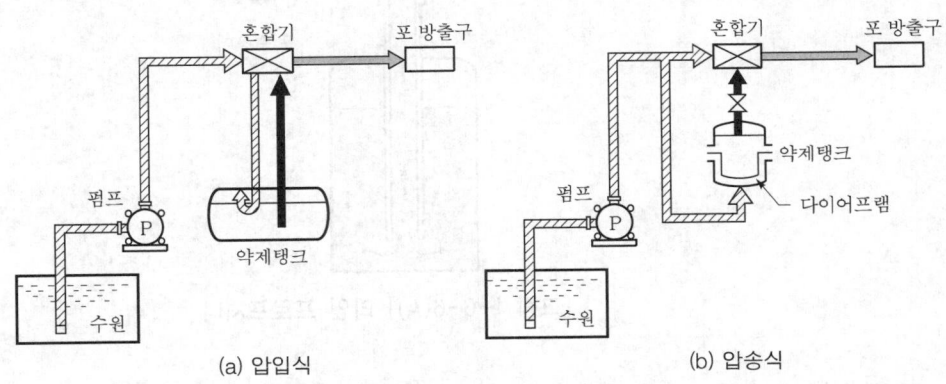

(a) 압입식   (b) 압송식

[그림 1-6-5] 프레셔 프로포셔너 방식

③ 장·단점

장 점	① 혼합기에 의한 압력손실(0.035~0.21MPa)이 적다. ② 혼합 가능한 유량범위는 50~200%(정격용량 대비)로 넓어서 1개의 혼합기로 다수의 소방대상물을 어느 정도 충족시킬 수 있다.
단 점	① 물과 비중이 비슷한 소화약제(수성막포 등)에는 혼합에 어려움이 있다. ② 압입이나 압송시에 혼합비에 도달하는 시간이 다소 소요된다. (소형 : 2~3분, 대형 : 15분) ③ 격막이 없는 저장탱크의 경우 물이 유입되면 재사용이 불가능해진다.

2) 라인 프로포셔너방식(Line proportioner type) : 관로(管路)혼합방식

펌프와 발포기의 중간에 설치된 벤투리관의 벤투리작용에 따라 포 소화약제를
흡입·혼합하는 방식을 말한다[제3조 23호(1.7.1.23)].

① 특징

㉮ 송수배관의 도중에 포 약제와 혼합기를 접속하여 벤투리 효과를 이용하여 유수 중에 포 약제를 흡입시켜서 지정농도의 포 수용액으로 조정하여 발포기로 보내주는 방식이다.

㉯ 프레셔 프로포셔너 타입은 벤투리 효과와 펌프의 급수가 약제 저장탱크에 유입되어 압력을 가함으로서 포 약제를 흡입하여 혼합하는 타입이나, 라인 프로포셔너 타입의 경우는 전적으로 벤투리 효과에 의해서만 포 약제가 흡입되는 방식이다.

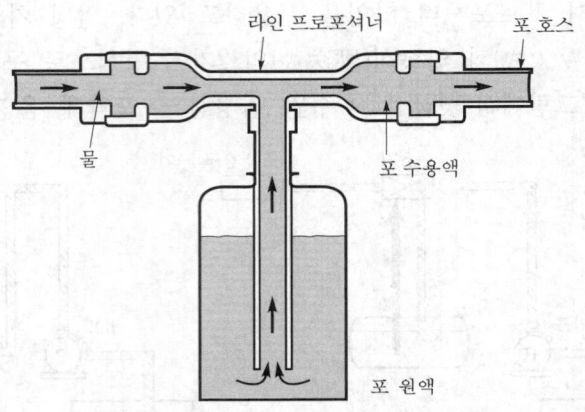

[그림 1-6-6(A)] 라인 프로포셔너

② 적용 : 소규모 또는 이동식 간이설비에 사용되는 방법으로 일명 관로혼합방식이라 한다. 포 소화전 또는 한정된 방호대상물의 포소화설비에 적용한다.

※ 그림에서 빗금선 → 수원, 검정선 → 포 약제, 음영 → 포 수용액을 의미한다.

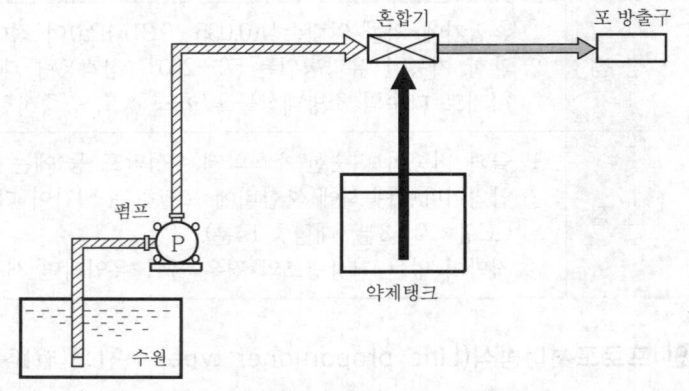

[그림 1-6-6(B)] 라인 프로포셔너방식

③ 장·단점

장 점	가격이 저렴하고 시설이 용이하다.
단 점	① 대기압을 이용하므로 혼합기를 통한 압력손실이 $\frac{1}{3}$ 정도로 매우 높다. ② 이로 인하여 혼합기의 흡입 가능 높이가 제한(1.8m 이하)된다. ③ 혼합 가능한 유량의 범위가 좁다(따라서 포 소요량이 현저히 다른 방호대상물과는 같이 사용하는 것은 불가하다).

3) 펌프 프로포셔너방식(Pump proportioner type) : 펌프혼합방식

펌프의 토출관과 흡입관 사이의 배관 도중에 설치한 흡입기에 펌프에서 토출된 물의 일부를 보내고, 농도조정밸브에서 조정된 포 소화약제의 필요량을 포 소화약제 탱크에서 펌프 흡입측으로 보내어 이를 혼합하는 방식을 말한다[제3조 21호 (1.7.1.21)].

① 특징

㉮ 펌프의 토출측과 흡입측 사이를 By-pass 배관으로 연결하고, 그 바이패스 배관 도중에 혼합기와 포 약제를 접속한 후 펌프에서 토출된 물의 일부를 보내고, 벤투리 효과에 의해 포 원액이 흡입된다. 또한 포 약제탱크에서 농도조절밸브(Metering valve)를 통하여 펌프 흡입측으로 흡입된 약제가 유입되어 이를 지정농도로 혼합하여 발포기로 보내주는 방식이다. NFPA 11의 A.3.3.27에서 약제탱크에서 혼합기까지의 높이(Elevation)는 1.8m(6ft) 이내이어야 한다.

㉯ 외국의 경우 농도조절밸브에서 농도를 자동으로 조절하기 위하여 급수라인과 포 약제라인에 유량계를 설치하고 각 유량계로부터 전기적 신호를 받아 농도조절밸브를 자동으로 제어하는 구조를 사용하며, 이 경우 전용의 제어기(controller)가 유량의 신호를 받으면 급수량에 맞게 농도조절밸브를 제어하여 포 약제탱크에서 유입되는 약제량을 제어하여 일정한 농도를 유지하도록 한다.

② 적용

㉮ 화학소방차에서 사용하는 방식으로 국내에서도 이를 사용하고 있다.

㉯ 일명 펌프혼합방식이라고 하며 NFPA 11(2021 edition) 3.3.28에서는 일명 Around the pump proportioner type(순환펌프 프로포셔너 타입)이라고 한다.

※ 그림에서 빗금선 → 수원, 검정선 → 포 약제, 음영 → 포 수용액을 의미한다.

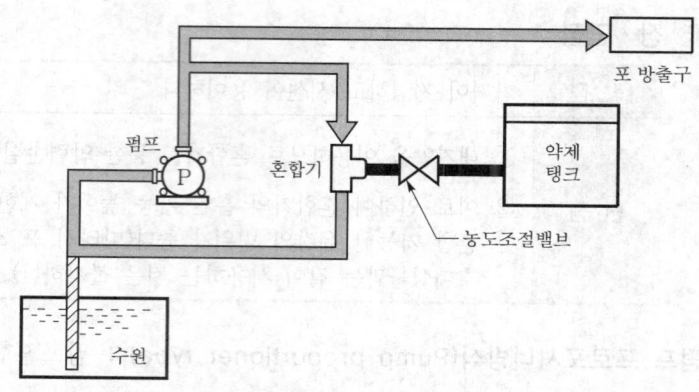

[그림 1-6-7] 펌프 프로포셔너 방식

③ 장·단점

장 점	원액을 사용하기 위한 손실이 적고 보수가 용이하다.
단 점	① 펌프의 흡입측 배관의 압력손실이 거의 없어야 하며 압력손실이 있을 경우 방출될 소화약제의 양을 감소시키거나 원액탱크쪽으로 물이 역류할 수 있다. ② 펌프는 흡입측으로 포가 유입되므로 포소화설비 전용이어야 한다. ③ 포 소화약제로 인하여 소방펌프의 부식이 발생하게 된다.

4) **프레셔 사이드 프로포셔너방식(Pressure side proportioner type)** : 압력혼합방식

펌프의 토출관에 압입기를 설치하여 포 소화약제 압입용 펌프로 포 소화약제를 압입시켜 혼합하는 방식을 말한다[제3조 24호(1.7.1.24)].

① 특징

㉮ 가압송수용 펌프 이외에 별도의 포 원액용 펌프를 설치하고 원액을 송수관의 유수에 압입시켜 송수하면 혼합기에서 흡입되어 지정농도의 포 수용액을 만든 후 발포기로 보내는 방식으로 원액펌프의 토출압이 급수펌프의 토출압보다 높아야 한다.

㉯ 지정농도의 포 수용액을 얻기 위해서는 급수용 펌프로부터 송수되는 물에 따라 비례적으로 혼합되는 것이 필요하므로 급수량에 따라 포 원액의 유입량을 자동적으로 조절하는 농도조절밸브(일명 유량조절밸브)를 설치하여야 한다. 포 원액용 펌프의 경우는 약제에 따라 부식이 되므로 특별히 재질을 고려하여 선정하여야 한다.

② 적용

㉮ 항공기 격납고, 대규모 유류저장소, 석유화학 플랜트시설 등과 같은 대단위 고정식 포소화설비에 사용하며 일명 압력(壓力)혼합방식이라 한다.

㉯ 산업시설 등의 현장에 주로 설치하는 방식으로 NFPA에서는 일명 Water motor foam proportioner type[227]이라고도 하며 최근에 국내의 경우도 소

227) NFPA 11(2021 edition) A.3.3.26.3(C)

방펌프차에 본 방식을 일부 적용하고 있다.

※ 그림에서 빗금선 → 수원, 검정선 → 포 약제, 음영 → 포 수용액을 의미한다.

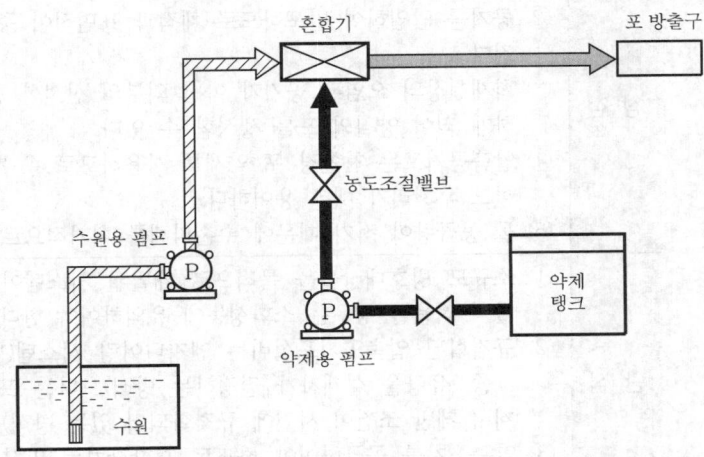

[그림 1-6-8] 프레셔 사이드 프로포셔너방식

③ 장·단점

장 점	① 소화용수와 약제의 혼합 우려가 없어 장기간 보존하며 사용할 수 있으며 운전 후 재사용이 가능하다. ② 혼합기를 통한 압력손실은 0.05~0.34MPa로 낮다.
단 점	① 플랜트시설에 주로 사용하는 것으로 시설이 거대해지며 설치비가 비싸다. ② 원액펌프의 토출압력이 급수펌프의 토출압력보다 낮으면 원액이 혼합기에 유입되지 못한다.

5) 압축공기포 믹싱 체임버방식(CAFS Mixing chamber type)

압축공기 또는 압축질소를 일정 비율로 포 수용액에 강제 주입·혼합하는 방식을 말한다.

① 특징 : 일반적인 발포방식은 포수용액이 말단의 방출구에서 방사될 때 외부의 공기를 흡기하여 노즐이나 헤드에서 거품이 생성되는 방식이다. 이에 비해 압축공기포는 외부에서 수원, 포약제, 공기의 3가지 매체를 믹싱체임버(혼합체임버)로 강제 주입시켜 체임버 내에서 포수용액을 생성한다. 이후 배관을 통하여 포수용액이 유동하면서 포가 만들어지고 방출구에서 포를 방사하는 방식이다. 전통적인 포소화설비는 물이 약 95% 전후로 물과 포 약제로 구성되어 다량의 소화수를 사용하므로 수손에 의한 2차 피해가 발생하게 된다. 이에 비해 압축공기포의 경우는 압축공기가 90% 이상으로 수손의 피해가 없으며 가스계 소화설비로 적용하기가 어려운 구획된 장소의 바닥에 누출되는 가연성 액체의 화재에 매우 적합한 시스템이다.

② 장·단점

장 점	① 포에 공기가 압입되어 포의 분사속도가 높으며 원거리 방사가 가능하다. ② 공기를 압입하여 발포하므로 체적과 표면적이 증가하여 소화효율이 높아진다. ③ 화재현장의 오염된 공기가 아닌 외부의 신선한 공기를 포 수용액에 공급하게 되어 양질의 포를 생성할 수 있다. ④ 압축공기포는 친환경 포 약제를 사용하므로 옥내 방호대상물에서 사용하여도 후처리가 매우 용이하다. ⑤ 물 공급량이 적기 때문에 수손피해를 획기적으로 감소시킬 수 있다.
단 점	① 소규모 방호대상물을 목적으로 개발된 시스템이기에 대규모의 방호대상물에 적용할 경우는 소화성능에 유의하여야 한다. ② 규격화된 압축공기포설비는 엔지니어링 시스템(방호대상물에 맞는 관경, 노즐, 유량을 설계자가 결정하는 방식)보다는 프리엔지니어링 시스템(설계시 제반 조건이 사전에 규격화되어 있는 방식)에 적합한 방식이다. ③ 압축공기를 공급하여야 하므로 혼합장치는 믹싱 체임버방식으로만 사용하여야 한다.

3 포 소화약제 각론

1. 포 약제의 구비조건

포소화설비에서 사용하는 포 소화약제는 다음과 같은 구비조건이 필요하다.

(1) 구비조건

1) 내열성(耐熱性)

① 화염 및 화열에 대한 내력이 강해야 화재시 방출한 포가 쉽게 파괴되지 아니하며, A급화재의 경우 소화의 효력이 물의 냉각에 의존하나 B급화재의 경우는 포의 내열성능이 매우 중요한 요소가 된다. 발포배율이 낮을수록, 환원시간이 길수록 내열성이 우수하다.

② 일반적으로 단백포는 수성막포나 계면활성제포에 비해 내열성이 매우 우수하다. 이는 단백포란 금속염(주로 철염)을 소량 첨가한 것으로 침전이 잘 일어나는 대신 단백질 분자가 응집하게 되어 이로 인하여 안정성 있는 거품이 되며 화재시 불길이 닿으면 거품은 그을어지나 잘 소멸되지 아니한다.

2) 발포성(發泡性)

① 포 수용액(방수포용은 제외)이 발포할 경우 발포성능은 팽창비(＝팽창률)를 기준으로 구분하며, 팽창비란 포 수용액의 체적에 대해 발생하는 포 거품의 체적비를 말한다.[228]

 팽창비(Expansion ratio)

발포된 포의 체적 $V_f(\text{m}^3) \div$ 포를 만드는 데 필요한 포 수용액의 체적 $V_l(\text{m}^3)$

② 환원시간(還元時間 ; Drainage time)이란 발포상태에서 포가 깨져서 원래의 포 수용액으로 환원되는 시간으로서 일반적으로 포 중량의 25%가 깨져서 당초의 수용액이 되는 시간인 "25% 환원시간"으로 측정한다. 이는 포에서 거품 속의 물이 빠지는 것 때문에 포가 파괴되는 것으로 국내 형식승인 기준은 다음과 같다.

㉮ 저발포 : 1분 이상
㉯ 고발포 : 3분 이상

3) 유동성(流動性)

① 포가 연소하는 유면상을 자유로이 유동하여 확산되어야 소화가 가능해지므로 유동성은 매우 중요하다. 비등하는 액체의 경우 포의 유효방호 거리를 NFPA 11 2021 edition(5.2.6.2.4)에서는 30m(100ft)로 간주하므로 직경 60m 이상의 탱크는 유동성으로 인하여 전통적인 표면 주입식으로는 소화하기가 곤란하다.

② 일반적으로 환원시간이 길면 안정성과 내열성이 증가하는 반면에 유동성은 불량해지게 된다. 철염을 많이 첨가하면 거품이 너무 딱딱해져 유동성이 저하되어 포를 방출할 경우 유면을 덮는 속도가 느려져서 조기소화에 지장이 있다. 또한 발포기의 방출압력이 규정압력보다 지나치게 높을 경우는 포의 입자가 미세해지므로 유동성이 불량한 포가 형성된다.

4) 내유성(耐油性)

① 포가 유류에 오염되어 파괴되지 않아야 하므로 내유성 또한 중요하며 특히 표면하(表面下) 주입식의 경우는 포 약제가 유류에 오염될 경우 적용할 수 없다.

② 일반적으로 불화단백포는 내유성이 강하여 표면하 주입으로 사용할 수 있으며 또한 내열성이 강한 관계로 탱크화재에 최적의 약제로 적용하고 있다.

---

228) 화재안전기준은 팽창비로 표기하나 형식승인 기준에서는 팽창률로 표기하고 있다.

5) 점착성(粘着性)

① 포가 표면에 잘 흡착하여야 질식의 효과를 극대화시킬 수 있으며 특히 점착성이 불량할 경우 바람에 의하여 포가 달아나게 된다.

② 고팽창의 경우 수분이 적은 관계로 저팽창포보다 점착성이 부족하여 바람에 대한 저항력이 약한 관계로 옥외시설물에 대해서는 영향을 받는다.

(2) 상호비교

1) 내열성과 유동성

① 내열성과 유동성이 좋아야 우수한 포이나 일반적으로 유동성이 양호할 경우 내열성은 불량하다.

② 팽창비가 작으면 내열성은 증가하게 되나 대신에 유동성은 감소하게 된다.

2) 발포성과 유동성

① 팽창비가 같은 경우에도 포 약제의 종류에 따라 유동성은 달라진다.

② 일반적으로 팽창비가 크면 유동성이 증가하게 된다.

3) 내열성과 환원시간

① 환원시간이 긴 경우는 화열에 의해 포가 쉽게 파괴되지 않아 내열성이 우수하다.

② 단백포는 내열성이 가장 우수한 포 약제이다.

4) 발포성과 환원시간

팽창비가 크면 일반적으로 포의 직경이 커지는 관계로 포층의 막이 얇어지게 되며 이로 인하여 환원시간이 짧아지게 된다.

2. 팽창비별 분류

(1) 팽창비

팽창비는 "발포된 포의 체적 $V_f(\mathrm{m}^3)$ ÷ 포를 만드는 데 필요한 포 수용액의 체적 $V_l(\mathrm{m}^3)$"으로서 팽창비에 따라 저발포와 고발포로 구분하며 저발포는 자연발포이며, 고발포는 강제발포이다.

팽창비의 국내기준은 일본소방법을 참고한 것으로 팽창비는 국제적으로 각 국마다 달리 적용하고 있다. 국내나 일본은 중팽창이 없이 저·고팽창비만 규정하고 있으나 NFPA의 경우 팽창비를 저·중·고팽창비로 적용하고 있다.

1) **국내기준** : 제12조 1항(표 2.9.1)

　① 저발포(팽창비 20 이하) : 포 헤드, 압축공기포 헤드의 경우

　② 고발포(팽창비 80 이상 1,000 미만) : 고발포용 고정포 방출구의 경우

chapter

1

소화설비

 팽창비 20의 6% 원액량이 $200l$라면 방출 후 포의 체적(V_f)은 얼마(m³)인가?

> **풀이** 포 수용액 체적을 V_l라면, $V_l \times 0.06 = 200l$
>
> 　따라서 포 수용액 체적 $V_l = \dfrac{200}{0.06} = 3333.3l$ 팽창비가 20이므로 $\dfrac{V_f}{V_l} = 20$
>
> 　∴ 포 체적 $V_f = 20 \times 3333.3l = 66.67$m³

2) **NFPA 기준** : NFPA 11(2021 edition) A.3.3.10(Foam concentrate)

　① 저발포(Low expansion foam) : 팽창비 20 미만

　② 중발포(Medium expansion foam) : 팽창비 20 이상 200 미만

　③ 고발포(High expansion foam) : 팽창비 200 이상 1,000 미만

3) **일본기준** : 일본소방법 시행규칙 제18조 1항 1호 및 3호

　① 저발포 : 팽창비 20 이하

　② 고발포

　　㉮ 1종 : 팽창비 80 이상 250 미만

　　㉯ 2종 : 팽창비 250 이상 500 미만

　　㉰ 3종 : 팽창비 500 이상 1,000 미만

(2) 저발포 약제

1) **정의** : 화재안전기준에서는 팽창비가 20 이하인 가장 일반적인 형태의 포를 뜻하나, 형식승인 기준에서는 구체적으로 다음과 같이 정하고 있다. 팽창비의 측정 조건은 상온에서 0.7MPa의 수압력에서 $10l$pm의 방사량으로 표준발포노즐을 사용하여 측정한다.[229]

　① 수성막포 : 팽창비는 5배 이상 20배 이하일 것

　② 기타의 포 : 팽창비는 6배 이상 20배 이하일 것

2) **적용** : 저발포의 경우는 포 헤드, 고정포 방출구, 포 소화전, 호스릴포, 포 모니터 노즐 등 모든 포 방출구를 사용할 수 있으며, 특히 차고·주차장에 사용하는 포 소화전 또는 호스릴포는 반드시 저발포 약제이어야 한다[제12조 3항 2호(9.3.2)].

---

229) 소화약제의 형식승인 및 제품검사의 기술기준 제4조 11호

(3) 고발포 약제

1) 정의 : 화재안전기준에서는 팽창비 80 이상 1,000 미만인 포를 뜻하나, 형식승인 기준에서는 구체적으로 다음과 같이 정하고 있다. 측정 조건은 상온에서 0.1MPa의 수압력에, $6l$pm의 방사량으로, 풍량은 $13cm^3/min$인 조건에서 표준발포노즐을 사용하여 측정한다.
팽창비는 500배 이상이어야 하며 합성 계면활성제포를 사용하며 자연발포가 아닌 발포장치를 사용하여 강제로 발포를 시켜주어야 한다.

2) 적용 : 고발포는 고발포용 고정포 방출구를 사용하며 창고, 물류시설, 격납고 등과 같은 넓은 장소의 급속한 소화, 지하층 등 소방대의 진입이 곤란한 장소에 매우 효과적이다. 또한 A급화재에 적합하며 B급화재의 경우는 저발포보다 적응성이 떨어진다.

3. 성분별 분류

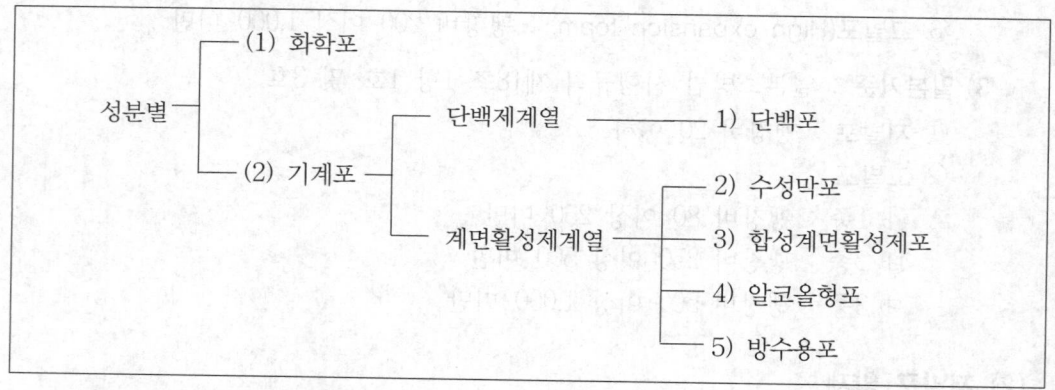

(1) 화학포(Chemical foam)

황산알미늄$[Al_2(SO_4)_3]$과 중탄산나트륨$[NaHCO_3]$의 두 약제가 반응시 화학적으로 생성되는 CO_2에 의해 포를 발생하며 일반적으로 고정식 설비에서는 소화약제의 유지 관리상 사용하지 않는다.

(2) 기계포(Mechanical foam)

단백포나 합성포 등을 물에 혼합하여 방출할 때 공기를 흡입하여 포를 발생시키는 것으로 일명 공기포(Air foam)라 한다. 기계포의 종류에는 다음의 5가지 종류가 있으며 약제별 특징은 다음과 같다.[230]

---

230) 소화약제의 형식승인 및 제품검사의 기술기준 제2조(용어의 정의)

1) **단백포(蛋白泡 ; Protein foam)** : 단백질을 가수분해한 것을 주원료로 하는 포 소화약제를 말한다. 불화(弗化) 단백포(Fluoroprotein foam)는 불소계의 계면활성제를 첨가한 단백포로서 형식승인 기준에서는 별도로 정의하지 않고 단백포의 일종으로 분류하고 있다.

2) **수성막포(Aqueous Film Forming Foam ; AFFF)** : 합성계면활성제를 주원료로 하는 포 소화약제 중 유면에서 수성막(水成膜)을 형성하는 포 소화약제를 말한다.

 수성막포

불소계의 계면활성제포로서 상품명으로 Light water가 있다.

3) **합성계면활성제포(Synthetic foam)** : 수성막포를 제외하고 합성계면활성제를 주원료로 하는 포 소화약제를 말한다. 유동성이 우수하고 저발포, 고발포 모두 사용이 가능하다.

4) **알코올형포(Alcohol resistant foam)** : 단백질 가수분해물이나 합성계면활성제 중에 지방산(脂肪酸)금속염이나 다른 계통의 합성계면활성제 또는 고분자 겔(Gell)생성물 등을 첨가한 포 소화약제로서 수용성 용제의 소화에 사용하는 약제를 말한다.

5) **방수용포** : 대용량의 포를 방수하기 위한 방수포 장치에 사용하는 포 소화약제를 말하며 압축공기포 소화장치를 포함한다.

NFPA 포 약제 분류

NFPA 11 2021 edition 3.3.12(Foam concentrate)
1. 단백포(Protein foam)
2. 불화단백포(Fluoroprotein foam)
3. 막(膜)형성 불화단백포(Film-Forming FluoroProtein foam ; FFFP)
4. 막형성포(Film-forming foam)
5. 수성막포(Aqueous Film-Forming Foam ; AFFF)
6. 알코올형포(Alcohol-resistant foam)
7. 중·고팽창포(Medium & High expansion foam)
8. 합성 불소제거포(Synthetic Fluorine-Free Foam ; SFFF)
9. 합성포(Synthetic foam)
10. 기타 합성포(Other synthetic foam)

4. 약제의 개별특성

포 약제는 저발포와 고발포의 팽창비별 분류 외에 성분별로 다음과 같이 화학포와 기계포(일명 공기포 ; Air foam)로 구분할 수 있다.

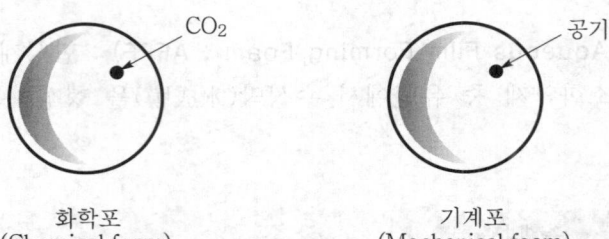

화학포
(Chemical foam)

기계포
(Mechanical foam)

(1) 화학포

두 가지 소화약제의 수용액이 화학적반응에 의해서 다량의 포가 만들어지며 포 내부에는 화학적반응에 의해 생성된 CO_2 가스가 있다. 현재 소방설비용 시스템으로 화학포를 사용하는 경우는 없는 실정이다.

$$6NaHCO_3 + Al_2(SO_4)_3 \cdot 18H_2O = 3Na_2SO_4 + 2Al(OH)_3 + 6CO_2 \uparrow + 18H_2O$$

(2) 기계포

1) 단백포

① 특징 : 짐승의 뼈, 뿔 등을 주원료로 한 젤라틴(Gelatin)을 주성분으로 하여 가성소다로 분해하고 중화시켜 농축시킨 것으로 흑갈색의 특이한 냄새가 나는 점도가 있는 약제로서 탱크류의 화재 및 Pool fire의 소화에 적합하다.

② 장·단점

장 점	① 단백포는 안정성이 높고 내열성이 우수하여 화재시 포가 잘 소멸되지 않는다. ② 포층(泡層)이 장시간 유면에 남아 있어 재연소 방지효과가 우수하다.
단 점	① 포의 유동성이 낮아 유면을 덮는데 시간이 걸리며 이로 인하여 소화의 속도가 늦다. ② 유류에 대한 내유성이 약하여 오염되기 쉽다. ③ 변질, 부패의 우려가 있어 경년(經年)기간이 짧아 장기저장이 불가하다.

2) 불화 단백포

① 특징 : 단백포에 불소 계통의 계면활성제를 소량 첨가한 것으로 이로 인하여 단백포의 장점인 내열성 및 안정성에 표면장력이 상실되므로 높은 유동

성을 겸하게 된다. 또한 기름에 포가 오염되지 않으므로 열에 의해 소멸되
지 않아 대형 유류탱크에 가장 적합하며 표면하 주입식에도 사용할 수 있다.

② 장·단점

chapter

1

소
화
설
비

장 점	① 유동성이 좋아 소화속도가 빠르며 대형 유류저장탱크 화재시 가장 적합한 약제이다. ② 내열성과 유동성은 단백포보다 우수하고 내열성은 수성막포보다 우수하다. ③ 철염(鐵鹽)의 첨가가 적어 단백포보다 장기보관(8~10년)이 가능하다.
단 점	① 단백포보다 가격이 비싸다.

 불화 단백포

> 국내는 불화 단백포에 대해서는 별도의 기준이 없으며 단백포로 분류한다.

3) 합성 계면활성제포

① 특징 : 계면활성제를 기제(基劑)로 하여 기포안정제를 첨가하여 제조한 것으로 고발포용과 저발포용의 2가지가 있다. 저발포로 사용할 경우는 내열성 및 내유성이 불량하여 단백포보다 유류화재에 적응성이 낮으며, 이로 인하여 일반적으로는 고발포용으로 사용한다.

② 장·단점

장 점	① 저발포에서 고발포까지 팽창비를 조정할 수 있어 유류화재 이외에 기체, 고체연료 또는 일반건물 화재 등 광범위하게 사용할 수 있다. ② 중·고팽창포의 경우 유동성이 좋아 단백포보다 소화속도가 빠르다. ③ 단백포에 비해 장기간 보존이 가능하며 품질의 열화가 적다.
단 점	① 내유성이 떨어지므로 포층(泡層)이 급격히 소멸하여 유면이 노출되므로 재발화의 위험이 있는 대규모의 석유탱크 화재에는 부적합하다. ② 고팽창포로 사용하는 경우 방출거리가 짧게 된다. ③ 저팽창포로 사용할 경우는 단백포보다 유류화재에 불리하다.

 계면활성제

> 계면(界面)이란 표면을 의미하며 계면활성제란 표면장력을 현저하게 감소시키는 물질로서 대표적으로 합성세제 등이 있으며 이로 인하여 액체의 응집력이 낮아져서 침투성, 기포성(起泡性), 가용성(可溶性)의 특징을 갖게 된다.

4) 수성막포(AFFF)

① 특징 : 불소계 계면활성제의 일종으로 액면상에서 거품 이외에 수용액 상태의 박막(薄膜) 즉, 수성막(水成膜 ; Aqueous film)을 형성하게 되며 대표적인 상품으로는 미국 3M사의 Light water가 있다. 수성막은 유표면에 신속하게 퍼져 피막을 형성하게 되므로 유동성이 매우 우수하여 신속한 소화를 요하는 화재에 효과적이다. 내열성이 약한 관계로 비등상태의 화재가 아닌 소화에 적합하다.

② 장·단점

장 점	① 화학적으로 매우 안정되며 장기보존이 가능하다. ② 타 약제에 비해 유동성이 좋아 소화속도가 매우 빠르므로 항공기 화재 등에 효과적이다. ③ 영하에서도 포의 유동이 가능하다.
단 점	① 내열성이 낮아 고온의 비등 상태인 유면에서는 포가 파괴되기 쉬워 탱크 화재에서는 적합하지 않다. ② 고발포로 사용할 수 없다.

5) 알코올형포 : 수용성 위험물에 적용

① 특징

㉮ 수용성 용제에 보통의 기계포를 방출하면 포는 수용성 물질이므로 발포된 거품이 액체에 닿는 순간 즉시 파괴되어 소화가 불가능해진다. 따라서 알코올류 등의 수용성 용제는 별도의 알코올형포를 사용하여야 한다.

㉯ 알코올형포는 성분에 따라 금속비누형·고분자 젤(Gel)형·불소단백형의 3가지로 구분하며 일반적으로 금속비누형보다는 고분자 젤(Gel)형과 불소단백형이 개량된 제품이다. 알코올형포의 유류에 대한 적응성 여부는 제조자가 적응성이 있다고 형식승인을 신청하는 경우 알코올류와 유류에 대한 발포성능 및 소화성능에 대한 시험을 실시하여 결정하고 있다.

② 장·단점

장 점	① 금속비누형 : 내화성능이 좋으며, 가격이 저렴하다. ② 고분자 젤형 : 소화적용 범위가 넓다. ③ 불소단백형 : 기름에 오염이 되지 않아 수용성 이외 유류화재시에도 사용이 가능하며, 표면하 주입식도 가능하다.
단 점	① 금속비누형 • 물과 혼합 후 2~3분 이내에 사용하지 않으면 포가 생성되기 전에 금속염의 침전물이 생겨 이전(移轉)시간이 제한된다. • 경년(經年)기간이 짧다. ② 고분자 젤형 : 점도가 높아 5℃ 이하에서는 사용할 수 없으므로 별도의 원액탱크 가열장치가 필요하다. ③ 불소단백형 : 단백포에 비해 가격이 비싸다.

> **이전(移轉)시간(Transfer time)**
>
> 원액과 물을 혼합하여 발포되기까지의 소요시간을 뜻한다.

③ **수용성 용제[231]** : 알코올포를 사용하여야 하는 수용성 용제의 종류에는 위험물안전관리법 시행령 별표 1의 위험물 중 다음과 같은 물질이 있다.[232]

㉮ 알코올(Alcohol)류	㉯ 에터(Ether)류
㉰ 케톤(Keton)류	㉱ 에스터(Ester)류
㉲ 아민(Amine)류	㉳ 나이트릴(Nitryl)류
㉴ 알데하이드(Aldehyde)류	㉵ 유기산(有機酸)류

6) 방수용포

① **특징** : 방수용포란 "소화약제의 형식승인 및 제품검사의 기술기준"에서 규정한 포 약제로서 대용량의 포를 방수하기 위한 방수포 장치에 사용하는 포 소화약제이며 압축공기포에 사용하는 포 약제도 방수용포로 분류하고 있다. 압축공기포 약제의 경우는 물 사용량을 제한하고 고압의 공기(또는 질소)를 주입하는 관계로 높은 분사속도와 고발포의 발포성능, 그리고 화면에 점착하는 점착성이 탁월한 특징이 있다.

② **장·단점(압축공기포의 경우)**

장 점	① 주입하는 공기량의 증가에 따라 수분의 양이 감소하고 포의 내부압력이 증가하게 된다. 이로 인하여 포의 표면적이 증가되어 소화효과가 높아지며 원거리 방사가 가능하다. ② 압축된 포 기포는 일반적인 구(球)형태에서 평면의 다면체 형태가 되어 수직하는 표면에 점착하는 능력이 높아진다. ③ 일반적인 포 약제는 폐기물로 처리하여야 하나 압축공기포는 생분해성이 뛰어난 친환경 약제로 방사 후 후처리가 용이하다.
단 점	① 인화성 및 가연성 액체화재에서 유출된 액면화재용으로 개발된 약제이다. ② 혼합장치는 일반적인 혼합장치가 아닌 믹싱 체임버방식으로만 사용하여야 한다.

---

231) 소화약제의 형식승인 및 제품검사의 기술기준 제2조 6호
232) 포 소화약제기준은 소화약제기준으로 통합되었다.

4 수원의 기준

수원의 수량 기준은 위험물이 아닌 물품(예 특수가연물)을 저장이나 취급하는 장소 또는 주차장이나 격납고 등에 대한 수원량을 규정한 화재안전기준과 위험물을 사용하는 위험물제조소 등에 대한 수원량을 규정한 위험물안전관리법 세부기준의 2가지 방법으로 대별하여 적용할 수 있다.

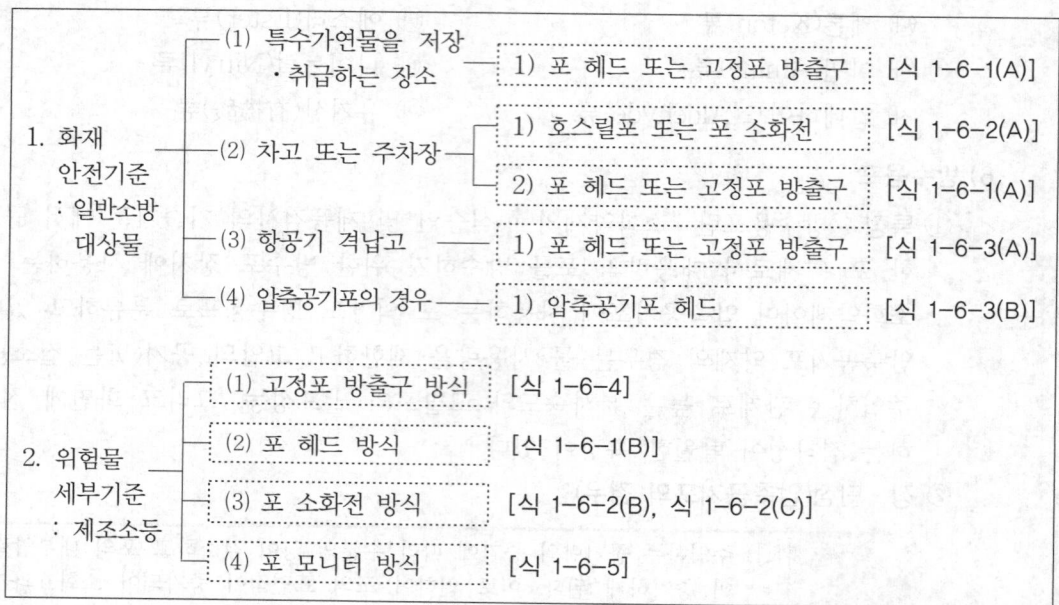

1. 화재안전기준 : 일반소방대상물의 경우

(1) 특수가연물을 저장·취급하는 공장 또는 창고

포워터스프링클러 헤드나 포 헤드 또는 고정포 방출구설비[제5조 1항 1호(2.2.1.1)]

$$Q = N \times Q_S \times 10$$ ················ [식 1-6-1(A)]

여기서, Q : 수원의 양(l)

　N : ① (포 헤드의 경우)=가장 많이 설치된 층의 포 헤드수(바닥면적 200m² 이내)
　　② (고정포 방출구의 경우)=고정포 방출구가 가장 많이 설치된 방호구역 안의 고정포 방출구의 수

　Q_S : 표준방사량(l/min)

　10 : 방사시간(분)

주 1. 바닥면적이 200m²를 초과할 경우는 바닥면적 200m² 이내에 설치된 헤드가 최대인 것으로 적용한다.
　2. 하나의 공장 또는 창고에 포워터스프링클러설비·포 헤드설비 또는 고정포 방출설비가 함께 설치된 때에는 각 설비별로 산출된 저수량 중 최대의 것을 그 특정소방대상물에 설치해야 할 수원의 양으로 한다.

3. 표준방사량이란 포 헤드에 대해 방출량을 법적으로 일정하게 규정한 것이 아니라 제조사별로 헤드 설계압력에 대해 방출되는 방출량($l$pm)을 뜻한다. 이는 제조사에서 판매하고 있는 포 헤드 제품에 대해 헤드별 설계 방출량을 의미한다. 다만, 포워터스프링클러 헤드의 경우는 75$l$pm 으로 규정되어 있다[제6조 5항(표 2.3.5)].

(2) 차고 또는 주차장 : 제5조 1항 2호(2.2.1.2)

1) 호스릴포소화설비 또는 포 소화전설비

$$Q = N \times 6,000$$ ·············· [식 1-6-2(A)]

여기서, Q : 수원의 양(l)
N : 층별로 설치된 최대방수구 수(최대 5개 이내)
6,000 : 300$l$pm×20분

2) 포워터스프링클러 헤드나 포 헤드 또는 고정포 방출구설비

[식 1-6-1(A)]의 기준을 준용한다.

$$Q = N \times Q_S \times 10$$ ·············· [식 1-6-1(A)] 준용

☞ 하나의 차고 또는 주차장에 호스릴포소화설비·포소화전설비·포 헤드설비·고정포 방출설비가 함께 설치된 때에는 각 설비별로 산출된 저수량 중 최대의 것을 그 특정소방대상물에 설치해야 할 수원의 양으로 한다.

(3) 항공기 격납고

포워터스프링클러 헤드나 포 헤드 또는 고정포 방출구설비[제5조 1항 3호(2.2.1.3)]

$$Q = [N_1 \times Q_S \times 10] + [N_2 \times 6,000]$$ ·············· [식 1-6-3(A)]
호스릴포의 경우는 설치된 경우에 한하여 적용한다.

여기서, Q : 수원의 양(l)
N_1 : 포 헤드(또는 고정포 방출구)가 가장 많이 설치된 격납고의 포 헤드(또는 고정포 방출구)의 수
Q_S : 표준방사량(l/min)
N_2 : 가장 많이 설치된 격납고의 호스릴포 방수구 수(최대 5개 이내)
6,000 : 300$l$pm×20분

(4) 압축공기포소화설비의 경우 : 제5조 1항 4호 & 5호(2.2.1.4 & 2.2.1.5)

$$Q = d \times S \times 10$$ ·············· [식 1-6-3(B)]

여기서, d : 설계방출밀도($l/\min \cdot m^2$)

① 일반가연물, 탄화수소류 : $d = 1.63$ 이상

② 특수가연물, 알코올류, 케톤류 : $d = 2.3$ 이상

S : 방호구역의 면적(m^2)

10 : 방사시간(분)

※ [참고] 고발포용 방출구의 수원 : NFPA 11이나 일본의 경우 고발포용 방출구에 대한 수원의 기준을 별도로 규정하고 있으나, 국내는 고발포용 방출구에 대한 수원의 기준이 누락되어 규정되어 있지 않다.

2. 위험물안전관리에 관한 세부기준 : 위험물제조소 등의 경우

(1) 고정포 방출구방식 : 위험물 세부기준 제133조 3호 가목

$$Q = [A \times Q_1 \times T] + [N \times 8,000]$$ ·············· [식 1-6-4]

여기서, Q : 수원의 양(l)

A : 탱크의 액표면적(m^2)

Q_1 : 방출률($l/m^2 \cdot \min$) → ([표 1-6-3(A)] 참조)

T : 방출시간(분) → (포 수용액량 ÷ 방출률)

N : 방유제의 보조포 소화전수(최대 3개 이내)

8,000 : 400$l$pm × 20분

㈜ $[A \times Q_1 \times T]$: 고정포 방출구에 필요한 수원

$[N \times 8,000]$: 옥외 보조포 소화전에 필요한 수원

(2) 포 헤드방식 : 위험물 세부기준 제133조 3호 나목

$$Q = N \times Q_S \times 10$$ ·············· [식 1-6-1(B)]

여기서, Q : 수원의 양(l)

N : 가장 많이 설치된 방사구역 내의 포 헤드수

Q_S : 표준방사량($l/\min$)

10 : 방사시간(분)

㈜ 방사구역은 100m^2 이상으로 할 것(방호대상물의 바닥면적이 100m^2 미만인 경우에는 해당 면적)

(3) 포 소화전방식(옥내 또는 옥외) : 위험물 세부기준 제133조 3호 라목

$$(옥내 포 소화전) \quad Q = N \times 6,000$$ ·············· [식 1-6-2(B)]

여기서, Q : 수원의 양(l)

N : 호스 접속구의 수(최대 4개 이내)

6,000 : 200$l$pm × 방사시간 30분(옥내 포 소화전 방사량)

$$\text{(옥외 포 소화전) } Q = N \times 12,000$$

·············· [식 1-6-2(C)]

여기서, Q : 수원의 양(l)

　　　N : 호스 접속구의 수(최대 4개 이내)

　　　12,000 : 400$l$pm×방사시간 30분(옥외 포 소화전 방사량)

㈜ 포 소화전 방사량은 최대수량(4개 이내)을 동시에 사용할 경우 각 노즐선단의 방사압력은 0.35MPa 이상을 기준으로 한다.

➡ 호스 접속구의 수이므로 옥외 포 소화전이 쌍구형일 경우는 2개로 적용하여야 한다.

(4) 포 모니터 노즐 방식 : 위험물 세부기준 제133조 3호 다목

$$Q = N \times 57,000$$

·············· [식 1-6-5]

여기서, Q : 수원의 양(l)

　　　N : 모니터 노즐의 수

　　　57,000 : 1,900$l$pm×방사시간 30분

㈜ 포 모니터 노즐은 모든 노즐을 동시에 사용할 경우에 각 노즐선단의 방사량이 1,900$l$pm 이상이고 수평방사거리가 30m 이상이 되도록 설치할 것

3. 해설

(1) 수원의 양

1) **화재안전기준** : 수원의 양에 대한 제5조(2.2)에서는 수원의 저수량은 표준방사량으로 해당시간 만큼 방출하는 양 이상이므로 법규상 수원의 양은 농도와 관계 없이 100%의 수원량을 요구하고 있다. 따라서 약제농도가 3%일 경우는 "수원의 양 100%+원액 3%"=103%의 포 수용액을 적용하게 된다.

2) **위험물안전관리법** : 그러나 위험물안전관리법 세부기준(이하 위험물 세부기준이라 한다) 제133조 3호에서는 일본의 기준[233]을 준용하여 수원량에 대한 정의를 "포 수용액을 만들기 위하여 필요한 양 이상"으로 규정하고 있다. 즉, 순수한 수량이 아니라 포 수용액(수원+약제량)의 양으로 이를 규정하고 있다. 따라서 원액이 3%일 경우 포 수용액을 만들기 위해 필요한 수원은 97%의 물이 된다. 또한

---

233) 일본소방법 시행규칙 제18조 2항 5호 : 前各号に掲げる泡水溶液の量のほか、配管内を満たすに要する泡水溶液の量(앞의 각 호에 게기하는 포 수용액의 양 이외에 배관 내를 충전하는 데 필요한 포 수용액의 양).

동 기준 제133조 4호에서는 "포 소화약제의 저장량은 제3호에 정한 포 수용액량에 각 포 소화약제의 적정 희석용량농도를 곱하여 얻은 양 이상이 되도록 할 것"으로 하여 3호의 양이 포 수용액의 양임을 명확히 하고 있다. 따라서 위험물이 아닌 화재안전기준에서는 100%의 수원을 요구하나, 위험물을 취급하는 위험물 세부기준에서는 97%(원액 3%)나 94%(원액 6%)의 수원을 요구하고 있다.

3) 실무적 적용 : 이는 공학적으로 개념의 차이가 있는 것이 아니라 실무적으로는 위험물안전관리법과 같이 3%의 약제 농도라면 포 수용액을 만들기 위해서는 최소 97%의 물을 필요로 한다. 다만, 화재안전기준에서는 오차의 범위로 간주하여 세밀하게 이를 규정하지 않은 것으로 판단되며, 실무에서는 약제농도에 따라 농도 3%일 경우는 수원의 양은 97%, 농도 6%일 경우는 수원의 양은 94%로 적용하여도 실무상 무방하다.

(2) 배관의 수원량 적용

1) 포 약제량의 경우는 배관 충전량을 반영하도록 NFTC 2.5.2.1.3에서 규정하고 있으나(내경 75mm 이하 제외) 수원의 경우는 배관 충전량에 대해 별도의 기준이 없는 실정이다. 그러나 배관에 대한 약제 충전량을 적용한다면 당연히 배관에 대한 수원의 충전량도 적용하는 것이 원칙이나 화재안전기준에서는 해당 기준이 규정되어 있지 않다. 내경 75mm 이하란, KS D 3507 기준으로 호칭경 65mm 이하의 배관에 해당한다.

2) 이에 비해 일본의 경우는 배관의 충전에 필요한 포 수용액의 양을 추가하도록 별도로 규정하고 있으며[234], 이를 준용한 위험물 세부기준 제133조 3호 마목에서는 배관 충전량(배관의 충전에 필요한 포 수용액의 양)을 관경의 크기에 불구하고 반영하도록 하고 있다. 따라서 배관 충전량은 설계 실무에서는 적용하는 것을 원칙으로 한다.

---

234) 일본소방법 시행규칙 제18조 2항 5호

5 포소화설비의 약제량 계산

포소화설비 약제량의 경우도 수원의 경우처럼 화재안전기준과 위험물 세부기준의 2가지로 대별하여 적용하고 있으며 화재안전기준의 경우는 위험물이 아닌 물품을 저장이나 취급하는 장소를 기준으로 한 것이며, 위험물을 사용하는 제조소 등에 대한 기준은 위험물 세부기준에서 규정하도록 하고 있다.

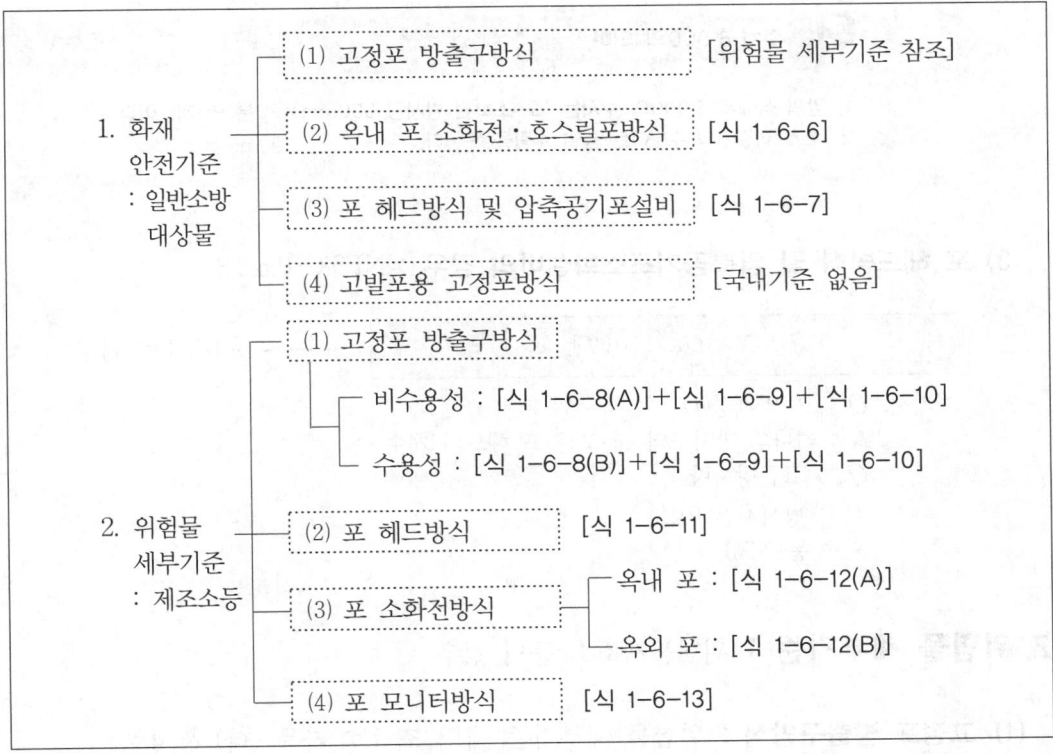

1. 화재
   안전기준
   : 일반소방
   대상물
   - (1) 고정포 방출구방식 ......[위험물 세부기준 참조]
   - (2) 옥내 포 소화전·호스릴포방식 ......[식 1-6-6]
   - (3) 포 헤드방식 및 압축공기포설비 ......[식 1-6-7]
   - (4) 고발포용 고정포방식 ......[국내기준 없음]

2. 위험물
   세부기준
   : 제조소등
   - (1) 고정포 방출구방식
     - 비수용성 : [식 1-6-8(A)]+[식 1-6-9]+[식 1-6-10]
     - 수용성 : [식 1-6-8(B)]+[식 1-6-9]+[식 1-6-10]
   - (2) 포 헤드방식 ......[식 1-6-11]
   - (3) 포 소화전방식
     - 옥내 포 : [식 1-6-12(A)]
     - 옥외 포 : [식 1-6-12(B)]
   - (4) 포 모니터방식 ......[식 1-6-13]

1. 화재안전기준 : 일반소방대상물의 경우

(1) 고정포 방출구방식 : NFTC 2.5.2.1

현 화재안전기준에 포함되어 있는 탱크에 대한 고정포 방출구의 약제량 적용은 위험물안전관리법에서 규정하여야 할 사항으로 원칙적으로 화재안전기준에서 삭제되어야 한다. 이로 인하여 현재 화재안전기준에서는 공식만 제시하고 있으며 관련세부사항은 규정되어 있지 않다. 따라서 해당 기준은 다음의 "2. 위험물 세부기준"을 참고하기 바란다.

(2) 옥내 포 소화전(또는 호스릴포) 방식 : NFTC 2.5.2.2

$$Q = N \times S \times 6{,}000$$ ················ [식 1-6-6]

여기서, Q : 포 약제량(l)

　　　　N : 호스 접결구 수(최대 5개)

　　　　S : 농도(%)

㊟ 바닥면적 200m² 미만일 경우 산출량의 75%를 적용할 수 있다.

 수치 6,000의 의미

1. 앞의 식에서 6,000의 수치는 "포 소화전 방사량 300$l$pm×20분"의 개념이다.
2. 호스 접결구의 수(N)는 층별 수량을 뜻한다.

(3) 포 헤드방식 및 압축공기포소화설비의 경우 : NFTC 2.5.2.3

$$Q = N \times Q_S \times 10(T) \times S$$ ················ [식 1-6-7]

여기서, Q : 포 약제량(l)

　　　　N : 하나의 방사구역 내 모든 포 헤드의 개수

　　　　Q_S : 표준방사량

　　　　T : 방사시간(10분)

　　　　S : 농도(%)

2. 위험물 세부기준 : 위험물제조소 등의 경우

(1) 고정포 방출구방식 : 위험물 세부기준 제133조 1호 가목 (다) & 4호

고정포 방출구방식	=	1) 고정포 방출구의 양	+	2) 보조포 소화전의 양	+	3) 송액관의 양
1. 비수용성 위험물 =		[식 1-6-8(A)]	+	[식 1-6-9]	+	[식 1-6-10]
2. 수용성 위험물 =		[식 1-6-8(B)]	+	[식 1-6-9]	+	[식 1-6-10]

약제량은 "1) 고정포 방출구의 양 [식 1-6-8(A)] 또는 [식 1-6-8(B)]+2) 보조포소화전의 양 [식 1-6-9]+3) 송액관의 양 [식 1-6-10]"의 합으로 하며, 각각에 해당하는 관련사항은 다음과 같다.

1) **고정포 방출구의 양(약제량)** : 위험물 세부기준 제133조 1호 가목 (1)의 (다)

① 기준

㉮ 포 약제량기준

$$\text{(비수용성 위험물)} \quad Q = A \times Q_1 \times T \times S$$ .... [식 1-6-8(A)]

여기서, Q : 포 약제량(l)

A : 탱크의 액표면적(m^2)

Q_1 : 단위 포 방출률($l/min \cdot m^2$)
→ 비수용성 [표 1-6-3(A)](방출률)

T : 방출시간(분)
→ 포 수용액량÷방출률

S : 농도(%)

$$\text{[수용성 위험물]} \quad Q = [A \times Q_1 \times T \times S] \times N$$ .... [식 1-6-8(B)]

여기서, Q : 포 약제량(l)

A : 탱크의 액표면적(m^2)

Q_1 : 단위 포 방출률($l/min \cdot m^2$)
→ 수용성 [표 1-6-3(B)](방출률)

S : 농도(%)

N : 위험물계수 → [표 1-6-4]

㉯ 비수용성 위험물의 포 방출률 기준 : 비수용성 위험물의 방출률(Application rate)은 다음 표와 같으며 방출시간은 포 수용액량을 방출률로 나눈 값이 된다.

[표 1-6-3(A)] 비수용성 위험물(포 수용액량 및 방출률)

4류 위험물	Ⅰ형		Ⅱ형		특형		Ⅲ형		Ⅳ형	
	포 수 용액량 (l/m^2)	방출률 ($l/m^2 \cdot min$)	포 수 용액량 (l/m^2)	방출률 ($l/m^2 \cdot min$)	포 수 용액량 (l/m^2)	방출률 ($l/m^2 \cdot min$)	포 수용액 액량 (l/m^2)	방출률 ($l/m^2 \cdot min$)	포 수 용액량 (l/m^2)	방출률 ($l/m^2 \cdot min$)
인화점 21℃ 미만	120	4	220	4	240	8	220	4	220	4
인화점 21~70℃	80	4	120	4	160	8	120	4	120	4
인화점 70℃ 이상	60	4	100	4	120	8	100	4	100	4

㊟ 방출구가 특형일 경우는 탱크의 액표면적 A는 환상(環狀)부분의 면적이 된다.

㉰ 수용성 위험물의 포 방출률 기준 : 수용성 위험물의 방출률은 다음 표와 같으며 위험물 중 수용성인 것에 대해서는 다음 표에서 정한 포 수용액량에 [표 1-6-4]에서 품목에 따라 정한 "위험물계수"를 곱한 값 이상으로 하여야 한다.

[표 1-6-3(B)] 수용성 위험물(포 수용액량 및 방출률)

구 분	Ⅰ형	Ⅱ형	특 형	Ⅲ형	Ⅳ형
포 수용액량 (l/m^2)	160	240	−	−	240
방출률 $(l/\mathrm{m}^2 \cdot \min)$	8	8			8

㊟ 방출구가 특형일 경우는 탱크의 액표면적 A는 환상(環狀)부분의 면적이 된다.

② 해설

㉮ 포 방출률 $Q_1(l\mathrm{pm}/\mathrm{m}^2)$의 개념 : 단위 포 방출률 Q_1이란 1분간 탱크 액표면적 $1\mathrm{m}^2$에 방출되는 포 수용액(＝원액＋물)의 개념으로 방출시간(Discharge time) $T(\min)$는 포를 방출하는 시간으로 포 수용액량(l/m^2)을 방출률 $(l\mathrm{pm}/\mathrm{m}^2)$로 나눈 값$(\min)$이 된다. 실무적으로는 방출률$(Q_1) \times$방출시간$(T)$ ＝포 수용액량$(Q_1 \times T)$이므로 해당하는 포 수용액 양을 직접 적용하는 것이 편리하다.

㉯ 비수용성 위험물의 포 방출률

㉠ [표 1-6-3(A)]의 원전은 NFPA 11[235]로서 해당 기준은 실험에 의해 방출률을 $0.1\mathrm{gpm}/\mathrm{ft}^2$로 제정한 것으로 이는 $4.1l\mathrm{pm}/\min$에 해당되며, 이후 일본에서 제조소등의 포소화설비와 관련된 고시[236]를 제정하여 공포하고 동 고시 별표 2에서 포 방출률을 $4.0l\mathrm{pm}/\min$로 조정한 것이 [표 1-6-3(A)]로 국내는 이를 준용한 것이다.

㉡ 국내에서는 이를 준용하여 위험물 세부기준 제133조 1호 가목에서 규정하고 있으며 방출시간$(\min)$은 "포 수용액량÷방출률"이므로 위 기준에 대한 방출시간은 다음 표와 같다.

[표 1-6-3(C)] [비수용성(포 방출구별 방사시간)]

4류 위험물	Ⅰ형	Ⅱ형	특 형	Ⅲ형	Ⅳ형
	방출시간	방출시간	방출시간	방출시간	방출시간
인화점 21℃ 미만	30분	55분	30분	55분	55분
인화점 21~70℃	20분	30분	20분	30분	30분
인화점 70℃ 이상	15분	25분	15분	25분	25분

---

235) NFPA 11(2021 edition) Table 5.2.5.2.2(Minimum discharge time & application rates)
236) 고시는 「제조소등 포소화설비의 기술상 기준에 대한 세목(製造所等の泡消火設備の技術上の基準の細目を定める告示)」으로 현재 총무성 고시 제559호로 개정(2011. 12. 21.)되었으며, 국내의 위험물안전관리법 세부기준 중 포소화설비 조항은 일본의 해당 고시를 준용한 것이다.

㈜ 인화점이 21℃ 미만이란 제4류 위험물의 제1석유류, 인화점 21~70℃란 제2석유류, 인화점이 70℃ 이상이란 제3석유류를 의미한다.

㉰ 수용성 위험물의 포 방출률 : 위험물에 사용하는 알코올형포의 경우 NFPA 11에서는 방사시간을 Ⅰ형은 30분, Ⅱ형은 55분으로 하고 방출률은 제조사의 사양을 따르도록 하고 있다.[237] 이에 비해 일본의 경우 위험물 운용지침의 규칙 제7조에서 [표 1-6-3(B)]와 같이 고정된 방출률로 Ⅰ형 및 Ⅱ형 이외 Ⅳ형을 적용하고 있으며 국내는 이를 준용한 것으로 위험물 세부기준 제133조 1호 가목의 표 1로 규정하고 있으며, 방출시간(min)은 "포 수용액량÷방출률"이므로 위 기준에 대한 방출시간은 다음과 같다.

[표 1-6-3(D)] 수용성(포 방출구별 방사시간)

구 분	Ⅰ형	Ⅱ형	특 형	Ⅲ형	Ⅳ형
방사시간 (min)	20	30	–	–	30

③ 위험물계수 : 위험물계수란 수용성 위험물의 종류에 따라 연소의 난이(難易)를 측정하여 이를 계량화한 것으로 약제량을 구할 경우 계수만큼(최소 1.0~최대 2.0) 할증을 하라는 의미이다. 위험물계수는 위험물 세부기준 제133조 1호 가목의 표 2에서 규정되어 있다. 동 계수에 대한 수치를 정하는 시험방법은 국내에는 자료가 없으며, 국내 포소화약제의 형식승인에 대한 일본 기준인 관련법령[238]을 근거로 하고 있다. 따라서 [표 1-6-4]에 없는 품목은 동 법령의 시험방법에 의해 계수를 산정할 수 있다. 시험을 할 경우 수용성 위험물의 종류마다 대표물질을 이용하여 수행하며 각 종류별 대표물질은 다음과 같다.

㉮ 알코올류 : 메틸알코올

㉯ 에터류 : 다이아이소프로필에터

㉰ 에스터류 : 아세트산에틸

㉱ 케톤류 : 아세톤

㉲ 아민류 : 에틸렌다이아민

㉳ 나이트릴류 : 아크릴로나이트릴

㉴ 유기산(有機酸) : 아세트산

---

237) NFPA 11(2021 edition) Table 5.2.5.3.4(Minimum application rates & discharge times for alcohol-resistant foams)
238) 포소화약제 기술상의 규격을 정하는 성령(泡消火藥劑の技術上の規格を定める省令) 자치성령 제26호(1975. 12. 9.)이며 현재는 총무성령 제19호로 2019. 7. 1. 개정되었다.

[표 1-6-4] 수용성 위험물의 위험물계수

위험물의 구분		계 수
종 류	세부 구분	
알코올류	메틸알코올, 3-메틸-2-뷰틸알코올, 에틸알코올, 알릴알코올, 1-펜틸알코올, 2-펜틸알코올, t-펜틸알코올, 아이소펜틸알코올, 1-헥실알코올, 사이클로헥산올, 푸르퓨릴알코올, 벤질알코올, 프로필렌글리콜, 에틸렌글리콜, 다이에틸렌글리콜, 다이프로필렌글리콜, 글리세린	1.0
	2-프로필알코올, 1-프로필알코올, 아이소뷰틸알코올, 1-뷰틸알코올, 2-뷰틸알코올	1.25
	t-뷰틸알코올	2.0
에터류	다이아이소프로필에터, 에틸렌글리콜에틸에터, 에틸렌글리콜메틸에터, 다이에틸렌글리콜에틸에터, 다이에틸렌글리콜메틸에터	1.25
	1, 4-다이옥세인	1.5
	다이아에틸에터, 아세트알데하이드다이에틸아세탈, 에틸프로필에터, 테트라하이드로퓨란, 아이소뷰틸바이닐에터, 뷰틸에틸에터, 바이닐에틸에터	2.0
에스터류	아세트산에틸, 폼산에틸, 폼산메틸, 아세트산메틸, 아세트산바이닐, 폼산프로필, 아크릴산메틸, 아크릴산에틸, 메타크릴산메틸, 메타크릴산에틸, 아세트산프로필, 폼산뷰틸, 에틸렌글리콜모노에틸에터아세테이트, 에틸렌글리콜모노메틸에터아세테이트	1.0
케톤류	아세톤, 메틸에틸케톤, 메틸아이소뷰틸케톤, 아세틸아세톤, 사이클로헥산올	1.0
알데하이드류	아크릴알데하이드, 크로톤알데하이드, 파라알데하이드	1.25
	아세트알데하이드	2.0
아민류	에틸렌다이아민, 사이클로헥실아민, 아닐린, 에탄올아민, 다이에탄올아민, 트라이에탄올아민	1.0
	에틸아민, 프로필아민, 알릴아민, 다이에틸아민, n-뷰틸아민, 아이소뷰틸아민, 트라이에틸아민, 펜틸아민, t-뷰틸아민	1.25
	아이소프로필아민	2.0
나이트릴류	아크릴로나이트릴, 아세트나이트릴, 뷰티로나이트릴	1.25
유기산	아세트산, 아세트산무수물, 아크릴산, 프로피온산, 폼산	1.25
그 밖에 비수용성인 것	프로필렌옥사이드, 그밖의 것	2.0

2) 보조포 소화전의 양(약제량) : 위험물 세부기준 제133조 1호 가목 (2)

$$Q = N \times S \times 8,000$$ ················ [식 1-6-9]

여기서, Q : 포 약제량(l)

N : 호스 접결구 수(최대 3개)

S : 농도(%)

보조포

① 보조포는 옥외 포 소화전을 의미하며, 8,000의 수치는 옥외탱크의 "포 소화전 방출량 400$l$pm $\times$ 20분"의 개념이다.

② N은 보조포의 수량이 아니라 호스 접결구의 수이므로 쌍구형일 경우는 $N = 2$가 된다.

3) 송액관의 양(약제량)

$$Q = 배관체적 \times S$$ ················ [식 1-6-10]

여기서, Q : 포 약제량(l)

S : 농도(%)

☞ 화재안전기준의 경우는 송액관으로 내경 75mm 이하의 송액관은 제외하도록 하고 있으나 위험물 세부기준에서는 제외 조항이 없다.

송액관의 배관 체적을 계산할 경우는 관경별로 내경을 구하여 직접 계산을 하여도 되나 다음 표를 참고로 한다.

[표 1-6-5] 송액관의 포약제량 : 배관 1m당 약제량(l)

배관 관경(mm)	농도 3%형	농도 6%형
50A	0.066l	0.132l
65A	0.109l	0.217l
80A	0.153l	0.307l
100A	0.261l	0.523l
125A	0.403l	0.806l
150A	0.568l	1.135l
200A	0.987l	1.975l

[표 1-6-5]의 출전(出典)

일본 Yamato사의 포소화설비에 관한 Reference data for designing에 수록된 내용으로 JIS G 3452(국내의 경우 KS D 3507에 해당)에 적용되는 자료이다.

(2) 포 헤드방식 : 위험물 세부기준 제133조 3호 나목 및 4호

$$Q = N \times Q_S \times 10 \times S$$

.... [식 1-6-11]

여기서, Q : 포 약제량(l)
      N : 가장 많이 설치된 방사구역 내의 모든 포 헤드수
      Q_S : 표준방사량(l/min)
      10 : 방사시간(분)
      S : 농도(%)

㊟ 방사구역은 100m² 이상으로 할 것(방호대상물의 바닥면적이 100m² 미만인 경우에는 해당 면적)

(3) 포 소화전방식(옥내 또는 옥외) : 위험물 세부기준 제133조 3호 라목 및 4호

$$\text{(옥내 포 소화전) } Q = N \times 6,000 \times S$$

.... [식 1-6-12(A)]

여기서, Q : 포 약제량(l)
      N : 호스 접속구의 수(최대 4개 이내)
      6,000 : 200$l$pm×30분(옥내 포 소화전 방사량)
      S : 농도(%)

$$\text{(옥외 포 소화전) } Q = N \times 12,000 \times S$$

.... [식 1-6-12(B)]

여기서, Q : 포 약제량(l)
      N : 호스 접속구의 수(최대 4개 이내)
      12,000 : 400$l$pm×30분(옥외 포 소화전 방사량)
      S : 농도(%)

㊟ 포 소화전 방사량은 최대수량(4개 이내)을 동시에 사용할 경우 각 노즐선단의 방사압력은 0.35MPa 이상을 기준으로 한다.

(4) 포 모니터 노즐방식 : 위험물 세부기준 제133조 3호 다목 및 4호

$$Q = N \times 57,000 \times S$$ ················· [식 1-6-13]

여기서, Q : 수원의 양(l)
  N : 모니터 노즐의 수
  57,000 : 1,900$l$pm × 방사시간 30분
  S : 농도(%)

㈜ 포 모니터 노즐은 모든 노즐을 동시에 사용할 경우에 각 노즐선단의 방사량이 1,900$l$pm 이상이고 수평방사거리가 30m 이상이 되도록 설치할 것

6 포 방출구의 구조 및 기준

포 방출구로는 ① 포 헤드(또는 압축공기포 헤드), ② 포워터스프링클러 헤드, ③ 고정포 방출구, ④ 포 소화전(또는 호스릴포), ⑤ 포 모니터 노즐, ⑥ 고발포용 방출구가 있으며 방출구별 관련기준은 다음과 같다.

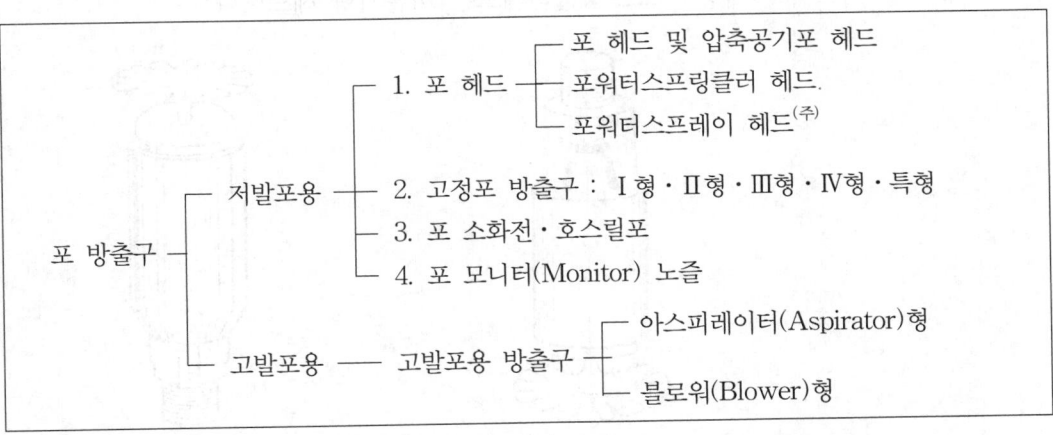

㈜ 포워터스프레이 헤드는 NFPA에서 인정하는 헤드 방식임.

1. 포(泡) 헤드의 구조 및 기준

(1) 포 헤드의 종류

1) **포 헤드** : 가장 일반적인 포소화설비용 헤드로서 일반적으로 저발포용에 사용한다. 포가 형성되는 과정은 배관 내에서는 포 수용액 상태로 흐르다가 헤드에서 방출시 공기 흡입구에서 공기를 흡입하여 헤드 그물망(Screen)에 부딪친 후 포를 생성하게 된다.

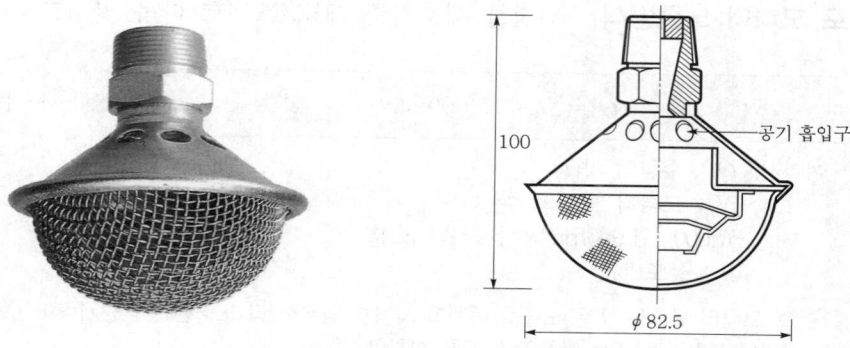

[그림 1-6-9(A)] 포 헤드(예)

2) 포워터스프링클러 헤드

① 항공기 격납고 등에서 사용하는 디플렉터의 구조가 있는 포 헤드로서 포 수용액을 방출할 때 헤드 내 흡입된 공기에 의해 포를 형성하며 발생된 포를 디플렉터로 방출시킨다. 물만을 방수할 경우는 스프링클러의 개방형 헤드와 유사한 특성이 있으며, 개방형 헤드와의 차이점은 포워터스프링클러 헤드는 흡기(吸氣)형 헤드이나 개방형 스프링클러헤드는 비흡기형 헤드이다.

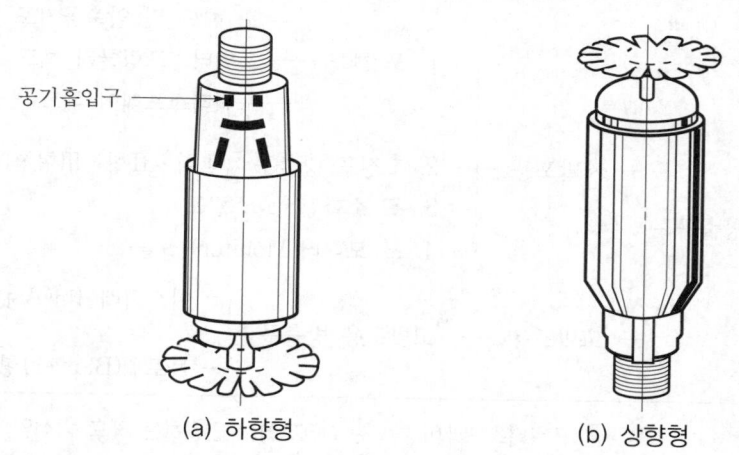

[그림 1-6-9(B)] 포워터스프링클러 헤드

② 개방형 헤드를 사용할 경우는 공기가 들어가지 않아 포 형성이 되지 않으나, 수성막포를 사용할 경우는 개방형 스프링클러헤드에서도 포워터스프링클러 헤드와 동일한 효과를 발생한다. NFPA 409(Aircraft hangars 2022 edition)에서는 비행기 격납고에서 수성막포(AFFF)를 사용할 경우는 포워터스프링클러 헤드 대신 개방형 헤드를 사용할 수 있도록 인정하고 있다.

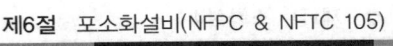

(2) 포 헤드의 수량

1) **기준** : 제12조 2항 1호 & 2호 & 7호(2.9.2.1 & 2.9.2.2 & 2.9.2.7)

특정소방대상물의 천장 또는 반자에 다음과 같이 설치하되 압축공기포설비 헤드의 경우는 방호대상물에 따라 측벽에 설치할 수 있다.

[표 1-6-6(A)] 포 헤드의 종류별 소요수량

포 헤드 종류별	헤드 소요수량
① 포워터스프링클러 헤드	1개 이상 /바닥면적 8m² 마다
② 포 헤드	1개 이상 /바닥면적 9m² 마다
③ 압축공기포설비의 헤드	1개 이상/유류탱크 주위 바닥면적 13.9m²마다 1개 이상/특수가연물 저장소 바닥면적 9.3m²마다

2) **해설** : [표 1-6-6(A)]의 의미는 단지 건물의 바닥면적만을 고려한 최소소요 헤드수를 말한다. 따라서 이는 건물의 형태나 헤드 배치사항을 고려하지 않고 단순히 바닥면적으로만 헤드 수량을 개략적으로(estimate) 산정한 경우에 해당하는 값이다. 따라서 설계자가 해당 건물에 대해 실제 포 헤드를 설계할 경우 건물의 형태에 따른 헤드 배치를 하고(정방형이나 장방형 등) 또 헤드 상호간 거리기준[제12조 2항 5호(2.9.2.5)]을 만족하여야 하므로 앞의 표의 수량보다 헤드 수량은 설계시 증가하게 된다.

(3) 포 헤드의 방출량

1) **기준** : 제12조 2항 3호 & 7호(2.9.2.3 & 2.9.2.7)

포 헤드 및 압축공기포설비의 헤드는 특정소방대상물별로 그에 사용되는 포 소화약제에 따라 1분당 방사량이 다음 표에 따른 양 이상이 되는 것으로 할 것

[표 1-6-6(B)] 특정소방대상물 및 포소화약제의 종류에 따른 포 헤드의 방출량

특정소방대상물	포 약제의 종류	방출량(lpm/m^2)
① 차고・주차장 및 항공기 격납고	• 단백포 • 합성계면활성제포 • 수성막포	6.5 이상 8.0 이상 3.7 이상
② 특수가연물을 저장・취급하는 특정소방대상물	• 단백포 • 합성계면활성제포 • 수성막포	6.5 이상 6.5 이상 6.5 이상

[표 1-6-6(C)] 방호대상물별 압축공기포 분사헤드의 방출량

방호대상물	포 약제의 종류	방출량(lpm/m^2)
① 특수가연물의 경우	• 압축공기포	2.3 이상
② 기타의 경우	• 압축공기포	1.63 이상

2) 해설

① [표 1-6-6(B)]의 포 헤드 방출량은 일본소방법 시행규칙 제18조 1항 2호를 준용한 것으로 포워터스프링클러 헤드에는 해당되지 않으며 포 헤드에 대한 기준이다. 위 표를 특정소방대상물의 포 약제량을 계산하는 값으로 잘못 알고 있는 경우가 많으나, 위 기준의 개념은 단위 바닥면적($1m^2$)당 포 수용액($=$ 포 원액+물)을 1분당 헤드에서 얼마(l) 이상 방출이 가능하냐 하는 헤드의 방사밀도(lpm/m^2), 즉 헤드 특성을 나타낸 것으로 이는 헤드의 표준방사량을 선정하는 기준이 된다. 즉, 이는 방호구역에 대해 헤드별로 바닥면적 $1m^2$당 방출하여야 하는 최소 포 수용액의 양(방사밀도)을 의미한다.

② [표 1-6-6(B)]를 적용할 경우 방호구역별로 해당하는 포 수용액량이 계산되므로 이를 설치하고자 하는 헤드 수량으로 나누면 헤드의 최소방사량(방사밀도)이 구해진다. 이 경우 설계자가 여러 제조사의 제품에서 선정한 헤드의 표준방사량은 이와 같이 계산된 최소방사량(방사밀도)보다 반드시 큰 값으로 선정하여야 하는 것을 의미하며 다음의 예를 참고하기 바란다.

예제

가로 9m, 세로 11m로 바닥면적이 $99m^2$인 주차장 건물에 단백포 약제를 사용하는 포 헤드를 설치하고자 한다. 헤드를 정방형으로 배치하고자 할 경우 소요되는 최소헤드수를 구하고, 이 경우 헤드의 표준방사량은 얼마 이상이 되어야 하는가?

풀이 1. 최소소요헤드수

[표 1-6-6(A)]에 따라 $99m^2 \div 9m^2 = 11$개가 된다. ⋯⋯⋯⋯⋯ ㉠

그런데 11개의 헤드는 건물의 형태나 헤드 배치를 고려하지 않은 오직 바닥면적에 의한 최소소요헤드수일 뿐이다.

이를 정방형으로 배치하려면 [식 1-6-14(A)]에 따라 유효반경 2.1m에 대해 정방형의 헤드 간격은 항상 3m가 되어야 한다.

이때 가로 9m÷3m=가로 3개,

세로 11m÷3m=3.7 → 세로 4개가 필요하다.

따라서 가로 3개×세로 4개=총 12개가 필요하다. ⋯⋯⋯⋯⋯ ㉡

식 ㉠과 식 ㉡ 중에서 큰쪽을 선택하여야 모두를 만족하므로 헤드를 배치할 경우는 12개가 필요한 최소헤드수가 된다.

2. 최소표준방사량

해당 장소를 Foam head로 설계하면 해당 장소에 대해 1분간 방출되는 포 수용액의 양은 다음과 같다.

바닥면적 $99m^2 \times 6.5 l pm/m^2$ [표 1-6-6(B)]$=643.5 l pm$

이때의 $643.5 l pm$은 포 수용액의 양으로서 이 값은 설계자가 표준방사량을 선정하기 위한 기본값이 된다. 이때 위 1번과 같이 총 12개의 헤드가 필요하므로 $643.5 l pm \div 12$개$=53.7(l pm/$헤드 1개$)$가 된다.

이는 설계자가 선정하고자 하는 헤드의 표준방사량이 적어도 53.7*l*pm 이상의 방사량이 나오는 제품으로 선정하여야 한다는 것의 의미이다. 즉, 설계자가 각 제조사 제품 중 임의로 헤드를 선정하여서는 아니되며 [표 1-6-6(B)]의 조건을 만족하는 헤드를 선정하여야 한다는 의미이다.

※ 또한 중요한 것은 위와 같은 방법을 이용하여 수원이나 약제량을 구하여서는 절대로 아니 된다는 것이며, 반드시 수원은 NFTC 2.2.1을 적용하고, 약제량은 NFTC 2.5.2를 적용하여 계산하여야 한다.

(4) 포 헤드의 배치

1) 보가 있을 경우 : 제12조 2항 4호(표 2.9.2.4)

특정소방대상물의 보가 있는 부분의 포 헤드는 다음 표의 기준에 따라 설치할 것

[표 1-6-7] 보가 있는 경우의 헤드의 배치

헤드와 보의 하단 수직거리(H)	헤드와 보의 수평거리(D)
0m	0.75m 미만
0.1m 미만	0.75m 이상 1m 미만
0.1m 이상 0.15m 미만	1m 이상 1.5m 미만
0.15m 이상 0.3m 미만	1.5m 이상

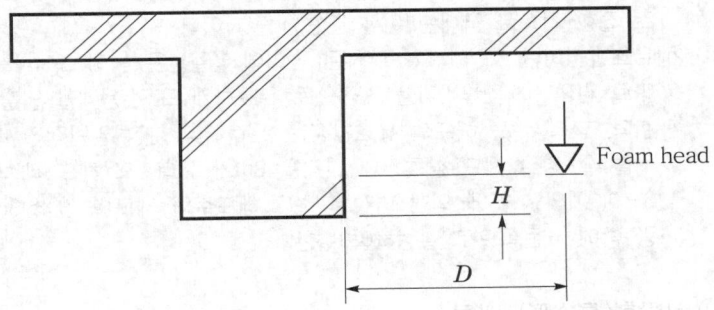

[그림 1-6-10] 보가 있는 경우 헤드 배치

헤드가 보 바로 옆에 있을 경우는 헤드가 천장쪽으로 올라갈수록 살수시에 보에 의해 장애가 발생하며 헤드가 바닥쪽으로 내려올수록 보에 의한 살수장애가 완화된다. 따라서 이를 감안하여 헤드와 보의 수직거리(H)에 따라 헤드와 보의 수평거리(D)를 가감시켜 준 기준이다.

2) 포 헤드의 간격 : 제12조 2항 5호(2.9.2.5)

① 정방형(正方形) 배치

$$S = 2r \cdot \cos 45°$$ ·················· [식 1-6-14(A)]

여기서, S : 포 헤드 상호간의 거리(m)

r : 유효반경(2.1m)

∴ 유효반경 $r = 2.1$m일 때 헤드 간격 $S = 2 \times 2.1 \times \cos 45° ≒ 3$m가 된다.

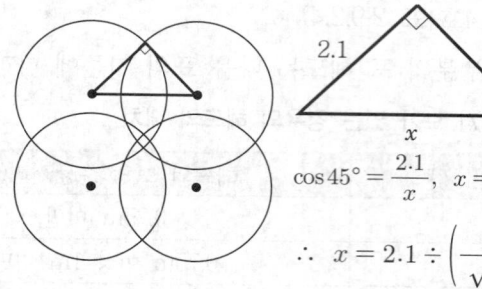

$$\cos 45° = \frac{2.1}{x}, \quad x = \frac{2.1}{\cos 45°}, \quad \cos 45° = \frac{1}{\sqrt{2}}$$

$$\therefore x = 2.1 \div \left(\frac{1}{\sqrt{2}}\right) = 2.1 \times \sqrt{2} ≒ 3$$

> **정방형 배치시 포 헤드 간격**
> ① 포 헤드의 유효반경이 2.1m인 것은 지하주차장을 기준으로 차량 1대의 주차구획 공간의 크기와 포 헤드의 방출능력을 고려하여 포 헤드의 유효반경을 일본에서 2.1m로 정한 것으로 국내는 이를 준용한 결과이다.
> ② 유효반경이란 포 헤드가 부착된 높이에서(일본은 높이 2.3m를 기준으로 함) 헤드의 바로 밑의 바닥면 위치를 기점으로 유효하게 포 수용액을 방출하는 한계거리를 의미한다. 따라서 포 헤드의 유효반경은 2.1m이나 가장 일반적인 배치 방법인 정방형 배치를 할 경우 헤드 상호간의 간격은 3m가 된다. 또 헤드 배치를 할 경우는 [표 1-6-6(A)]의 기준에 의한 면적별 소요 헤드수와 헤드별 간격 3m를 만족하는 헤드 수량 중에서 큰쪽으로 결정하여야 한다.

② 장방형(長方形) 배치

$$X = 2r$$ ·················· [식 1-6-14(B)]

여기서, X : 포 헤드 대각선의 거리(m)

r : 유효반경(2.1m)

> **장방형 배치시 대각선 간격**
> 화재안전기준에서 장방형이란 직사각형 배치를 말하며, 이 경우는 헤드간 간격이 아니라 헤드간 대각선의 간격을 산정하는 것으로 유효반경 $r = 2.1$m일 때 헤드간 대각선의 간격 $X = 2 \times 2.1 = 4.2$m가 된다.

2. 고정포 방출구의 구조 및 기준

위험물 탱크에 고정설치하여 포를 탱크의 유면에 방출하는 방출구로서 수평형과 수직형이 있으며 공기흡입구를 통하여 공기를 흡입하면 발포기(發泡器 ; Foam maker)에서 포가 형성되고 방출구를 통하여 방출하게 된다.

(1) 위험물탱크의 종류

위험물탱크는 고정지붕 탱크(Cone Roof Tank ; CRT)와 부상지붕 탱크(Floating Roof Tank ; FRT)의 2종류로 구분한다.

> 옥외 위험물탱크에 감지기를 설치하지 않고, 수동기동으로 작동시킬 경우에는 배관에 MOV(Motor Operated Valve)를 설치한 후 탱크 주변에 CCTV 등을 설치하여 상시 감시를 하고 비상시에는 중앙감시실에서 원격조작으로 MOV를 개방시켜 시스템을 기동하도록 하는 것이 효과적이다.

1) **고정지붕 탱크(이하 CRT) :** CRT란 가장 전형적인 원뿔형(Cone)의 탱크로서, 증기압이 낮은 제품의 저장은 일반적으로 지붕이 고정되어 있는 CRT에 저장하며 부상지붕형 탱크에 저장하지 않는 위험물을 저장하며 FRT에 비해 경제성이 높은 탱크 저장방식이다. CRT는 화재시 콘 형태의 지붕판이 소실되어 유면 전체가 화면(火面)이 되므로 탱크의 유(油)표면적을 기준으로 약제량을 계산하여야 한다. 아울러 탱크에는 탱크 크기(직경)와 연관된 적정한 수량의 고정포 방출구를 설치하여야 한다.

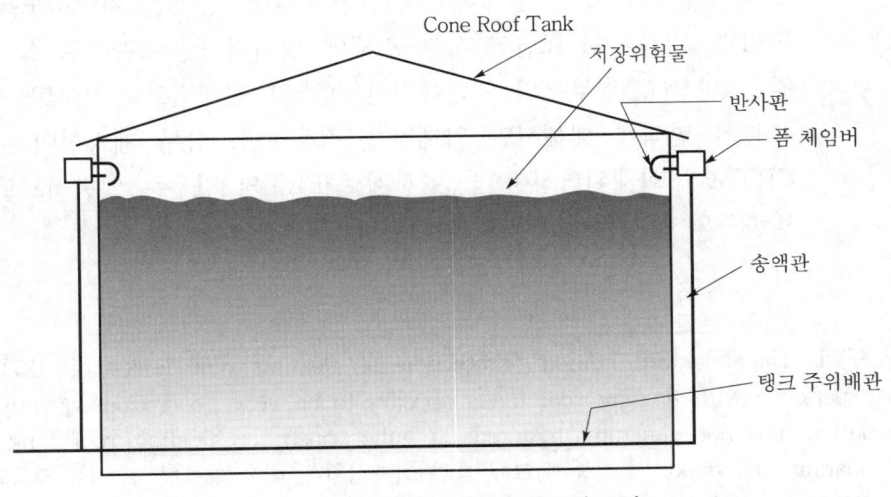

[그림 1-6-11] 고정지붕 탱크의 모습

2) **부상지분 탱크(이하 FRT)** : FRT란 지붕이 고정되어 있는 형태의 탱크가 아니라 지붕판이 상하로 이동할 수 있는 부상(浮上)형 지붕, 즉 Floating roof 형태의 탱크를 말한다. 이는 지붕의 상판과 지붕의 하판이 지붕 측판(옆면)으로 연결되어 있으며 지붕 옆면과 탱크 벽면(Shell) 사이에 완충역할을 하는 실(Seal)이 설치되어 있다. 온도에 따라 탱크 내의 액면이 변화하면 이에 따라 지붕이 상하로 움직이는 형태이다. 부상하는 지붕으로 인하여 탱크 내부 증기공간이 없는 관계로 일반적으로 휘발성의 위험물을 대량으로 저장하는 탱크에 적용한다.

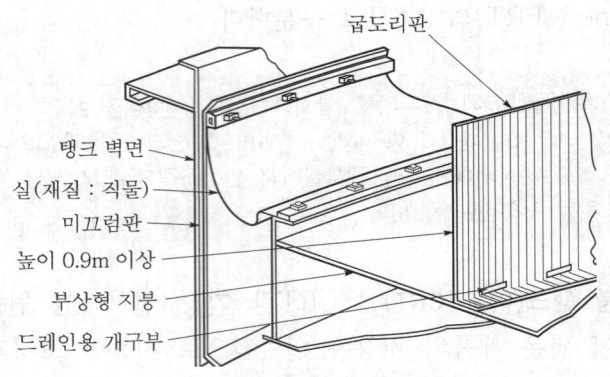

[그림 1-6-12(A)] FRT의 부상지붕

① FRT에는 일반적인 형태의 "상부 개방형 부상탱크(Open top FRT)"와 고정지붕 탱크 구조 내에 설치되어 있는 "밀폐형 부상탱크" 또는 일명 "부상덮개 부착 고정지붕 탱크(Covered FRT)"의 2종류로 세분된다.

② 실(Seal)은 부상지붕의 옆판과 탱크 벽면 사이에 설치되어 지붕이 부상하여도 위험물의 증발을 억제하고 위험물과 외부 공기를 차단하도록 되어 있다. FRT는 지붕이 유표면의 상부 전체에 덮여져 있는 관계로 실 부분인 링과 같은 환상(環狀)부분의 액면에서만 연소가 진행되므로 약제량 계산시 환상부분의 면적에 대해서만 약제량을 적용한다. 상부 개방형이든 밀폐형이든 CRT보다 화재위험성이 낮은 관계로 FRT의 경우는 일반적으로 고정식 포방출구의 설치는 적용하지 아니한다.[239]

---

239) SFPE Handbook(3rd edition) Protection of floating roof tanks(p.4-127) : The fire experience with floating roof tanks appears to be very good. Consequently, fixed foam outlets are not generally required on either open top floating roof tanks or covered floating roof tank(부상지붕 탱크에 대한 화재상황은 매우 양호한 편이다. 결과적으로 고정식 포방출구는 상부 개방형 부상탱크나 부상덮개 부착 고정지붕 탱크 모두에 일반적으로 필요하지는 않다).

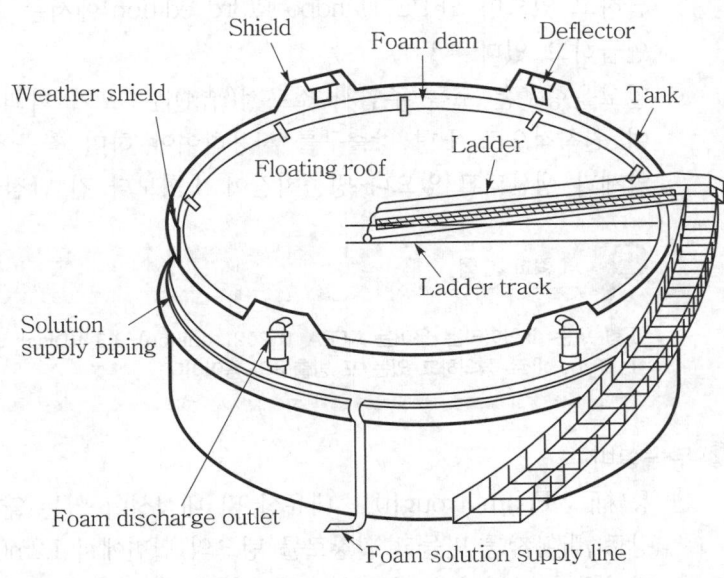

[그림 1-6-12(B)] FRT의 모습 : NFPA 11(2021 edition) Fig A.5.3.5.2 (a)

 부상지붕 탱크의 소화설비 적용

화재위험도는 낮으나 씰(Seal) 화재를 예방하기 위해 소화설비를 적용할 경우에 NFPA 11(2021 edition) 5.3.4.1(Method of seal fire protection)에서는 다음의 3가지 설비를 기준으로 하고 있다.

1. Fixed discharge outlets(고정식 포 방출구)
2. Foam handline(이동식 포 설비)
3. Small portable monitor(소형의 이동식 포 모니터) : 1,900ℓpm 이하

(2) 고정포 방출구의 종류

1) Ⅰ형 방출구

① 개념

㉮ Ⅰ형 포 방출구란 CRT에 설치하는 방출구의 한 종류로서 방출된 포가 유면에서 신속하게 전개되어 유면을 덮어 소화가 되도록 통(桶 ; Foam trough)이나 튜브 등의 부속설비가 있는 포 방출구이다. 최근에는 탱크 방호를 위한 포소화설비의 발전으로 인하여 통과 같은 부대설비를 설치하지 않는다. 또한 부대설비를 시중 교재에서는 흔히 통이나 계단으로 표현하고 있으나 이는 잘못된 것으로 계단은 현재 사용하지 않고 있으며 NFPA 11(2021 edition A.3.3.4.2)에서는 기계포에 대해 통(Trough)만 언

급하고 있으며 SFPE Handbook(3rd edition)에서는 통과 튜브의 2가지만 언급하고 있다.[240)]

ⓔ 알코올형포는 포를 주입시 소포성(消泡性; 포가 파괴되는 특성)으로 인하여 원칙적으로 Ⅰ형 방출구를 사용하여야 하며 최근에는 Ⅱ형을 사용하는 약제가 생산되고 있으나 방출시간이 Ⅰ형보다 긴 단점이 있다.

> 🔍 **Ⅰ형과 Ⅱ형**
>
> Ⅰ형 또는 Ⅱ형이라는 용어는 NFPA 11(2021 edition) 3.3.4(Discharge outlet)에서 Type Ⅰ, Type Ⅱ로 정의하고 있는 포 방출구의 용어이다.

② **부속설비**

ⓐ 통(桶; Foam trough) : 내유성 및 내식성이 있는 얇은 철판으로 포의 활강로(滑降路)를 만들고 활강로를 탱크의 밑면에서 1.2m(4ft) 정도의 높이까지 달아내려 고정되게 설치하고 포가 방출되면 나선형의 활강로를 따라 유면 속으로 방출하게 된다. 이러한 설비는 유면의 심부에서 포를 방출하므로 포가 아래에서 부유(浮遊)하면서 질식효과를 높여주어 소화력을 증대시켜 주나 CRT에만 적용할 수 있다.

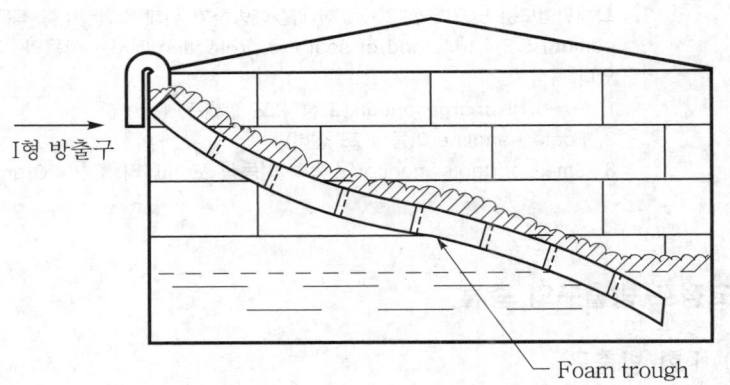

[그림 1-6-13] Ⅰ형 포 방출구의 통(Foam trough)

ⓑ 다공(多孔) 튜브(Porous tube) : 폼 체임버 속에 석면 튜브를 둥글게 감아서 체임버에 수납시키고, 한쪽은 체임버 흡입측에 연결하여 다이아프램(Diaphragm)으로 밀봉하고 말단은 열려 있는 상태로 둔다. 약제가 방출되면 압력에 의하여 다이아프램이 파괴되고 튜브가 펼쳐지며 포의 부력으로 인해 튜브가 유표면까지 상승하게 되며, 유면 위에서 튜브의 기공(氣孔)을 통하여 포가 방출하게 된다.

---

240) SFPE Handbook 3rd edition(Surface application of foam) p.4-126

　　㉰ 계단(Chute) : 이는 화학포 소화약제에 사용하는 설비로서 탱크 내측면에 부채꼴 모양$\left(원의 \ \dfrac{1}{4} \ 형태\right)$의 포 방출구를 다수 설치한 계단을 이용하여 탱크의 밑면에서 상부에 이르는 각 부위에서 포를 방출하는 형태이나 기계포가 아닌 화학포설비는 현재 국제적으로 사용하지 않고 있다.

2) **Ⅱ형 방출구** : Ⅱ형 포 방출구란 보통 CRT 또는 밀폐형 부상탱크(Covered FRT)에 설치하는 방출구로서 반사판(Deflector)을 부착하여 방출된 포가 반사판에서 반사하여 탱크 벽면의 내면을 따라 흘러 들어가 유면을 덮도록 한 포 방출구이다.

　　Ⅱ형 방출구용 폼 체임버를 탱크에 부착하기 위해서는 배관과의 사이에 [그림 1-6-14]의 (a)와 같이 플렉시블(Flexible)로 연결하여야 한다. 이는 지진 등으로 인하여 배관에 균열이 생길 경우 이를 대비하기 위한 것이다.

3) **특형(特型) 방출구** : 특형 포 방출구란 FRT에 설치하는 포 방출구로서 부상지붕 위에서 탱크 내측으로부터 1.2m 떨어진 곳에 높이 0.9m 이상의 금속제 굽도리판(Circular foam dam)을 설치하고 양쪽 사이의 환상(環狀) 부위에 포를 방출하는 방식의 방출구이다. 특형이란 용어 및 관련수치는 NFPA 기준이 아니라 일본 위험물관련기준에서 규정하는 사항으로서 국내는 이를 준용한 것이다. NFPA 11[241]에서는 FRT에 대해 실화재를 예방하기 위해 고정식 포 방출구를 설치할 경우 실의 종류와 굽도리판의 길이와 관계없이 포 방출량은 12.2$l$pm/m^{2}이며 방사시간은 20분으로 규정하고 있다.

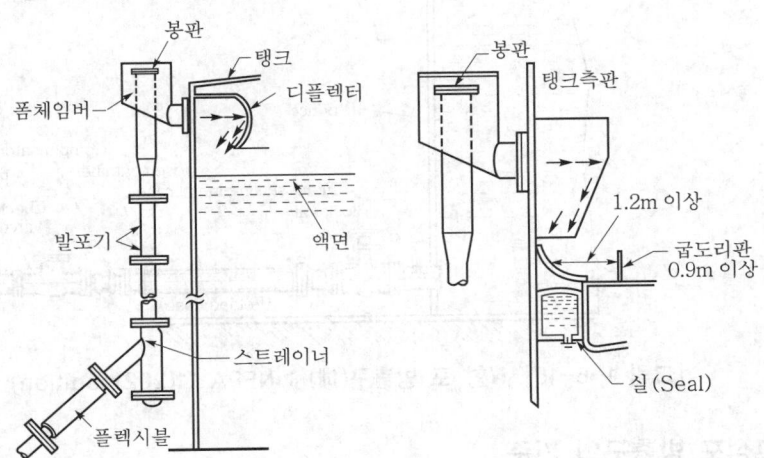

(a) Ⅱ형 포 방출구　　　　　(b) 특형 포 방출구
[그림 1-6-14] Ⅱ형 및 특형 포 방출구

---

241) NFPA 11 Table 5.3.5.3.1(Top-of-seal fixed discharge protection for open-top FRT)

4) **Ⅲ형 방출구** : CRT에서 표면하(表面下)주입식을 이용하는 데 사용하는 고정식 포 방출구로서, 탱크하부에서 포를 주입하므로 발포기에서 생성된 포가 위험물에 의해 역류되는 것을 방지할 수 있는 구조를 갖는 포 방출구이다.

> 🔍 **Ⅲ형과 Ⅳ형**
>
> Ⅲ형(표면하 주입식)이나 Ⅳ형(반표면하 주입식)이란 방출구 용어는 NFPA에서 사용하는 용어가 아니라 일본의 위험물관련기준에서 사용하는 용어이다.

5) **Ⅳ형 방출구** : CRT에서 반(半)표면하 주입식을 이용할 경우 사용하는 고정식 포 방출구이다. 이의 구조는 호스 수납함(Hose container), 베이스 호스(수납함과 길이가 같다), 메인 호스(탱크 높이와 길이가 같다) 등으로 구성되어 있다. 내유성(耐油性) 있는 호스가 수납함 속에 넣어져 캡으로 봉합되어 탱크 내 액체로부터 보호되고 있으며, 호스 입구와 출구는 에어 쇼크 파이프(Air shock pipe)로 우회(By-pass)되고 있다. 화재시 배관 내에 포가 공급되면 공기가 압축되어 쇼크 파이프(Shock pipe)를 통하여 캡을 깨뜨리게 되며 이때 포의 부력에 의해 호스가 액체 표면에 떠올라 호스가 펼쳐지면서 호스 앞부분이 액면까지 도달한 후 포를 방출하는 포 방출구이다.

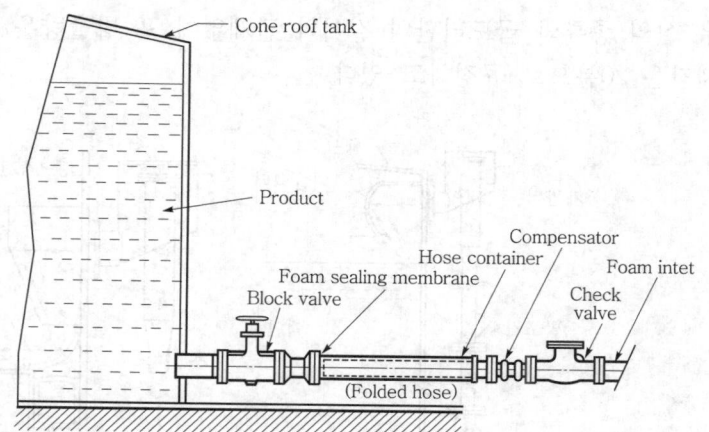

[그림 1-6-15] Ⅳ형 포 방출구(예) : NFPA 11(2021 edition) Fig A.5.2.7

(3) 고정포 방출구의 기준

1) **방출구의 수량** : 탱크 주위에 균등하게 설치하되 수량은 탱크 크기에 따라 해당 방호대상물의 화재를 유효하게 소화할 수 있도록 위험물 세부기준 제133조에서 정한 수량([표 1-6-10]) 이상으로 한다.

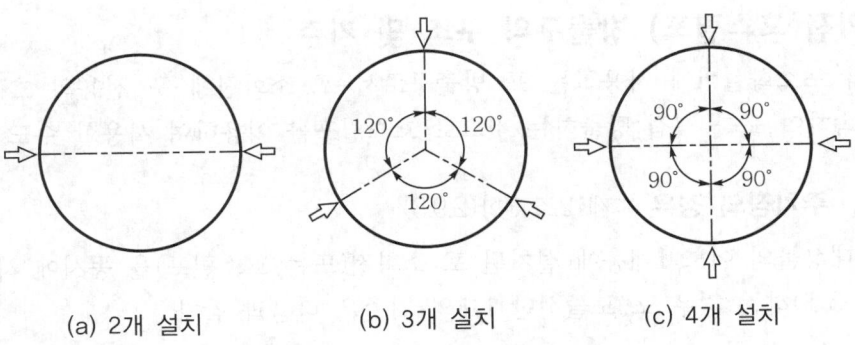

[그림 1-6-16(A)] 포 방출구의 균등 배치

2) 방출량 및 방출시간 : 액표면적(FRT에 적용하는 특형은 환상부분의 면적)당 방출량 및 방출시간은 비수용성 및 수용성 위험물에 따라 위험물 세부기준 제133조에서 정한 기준인 [표 1-6-3(A)] 및 [표 1-6-3(B)]로 한다.

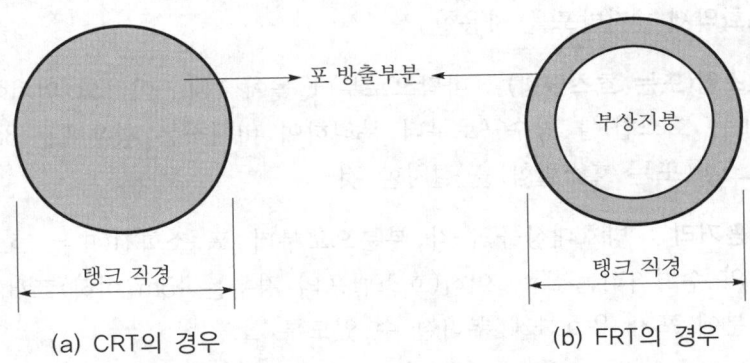

[그림 1-6-16(B)] 탱크별 액표면적 적용

3) 방출구별 적용 : 고정포 방출구의 종류에 따라 적용하는 위험물 탱크 종류나 탱크의 유표면에 포를 방사하는 방식은 다음과 같다.

[표 1-6-8] 옥외 위험물탱크의 고정포 방출구 종류

고정포 방출구	설치장소 (위험물탱크)	체임버 방출방식	비 고
I형	고정지붕 탱크	표면 주입식	부속장비가 있다.
II형	① 고정지붕 탱크 ② 부상덮개 부착형 고정지붕 탱크	표면 주입식	반사판이 있다.
III형	고정지붕 탱크	표면하 주입식	탱크하부에 송포관(발포기와 포를 이송하는 배관)이 접속되어 있다.
IV형	고정지붕 탱크	반표면하 주입식 (저부 주입식)	호스 수납함이 탱크 하부에 내장되어 있다.
특형	부상지붕 탱크	표면 주입식	굽도리판을 설치하여 탱크의 환상(링)부분에 포를 방사한다.

3. 포 소화전(호스릴포) 방출구의 구조 및 기준

수동식의 포소화설비에 사용하는 포 방출구로서 포 소화전에 포 전용의 호스·노즐 등을 접속하여 포를 직접 방출하는 것으로 호스릴포를 이용하여 사용할 수도 있다.

(1) 차고·주차장의 경우 : 제12조 3항(2.9.3)

소방대상물의 어느 1개층에 설치된 포 소화전(또는 호스릴포)을 동시에 사용(층별 최대 5개)하는 경우 포 노즐선단 1개의 기준은 다음과 같다.

1) **방사압력** : 0.35MPa 이상

2) **방사량** : 300l/min 이상(단, 1개층의 바닥면적이 200m^2 이하인 경우 230l/min 이상)

3) **방사거리** : 포 수용액을 수평거리 15m 이상 방사할 수 있을 것

4) **소화약제** : 저발포를 사용할 것

5) **호스함(또는 호스릴함)** : 바닥으로부터 높이 1.5m 이하의 위치에 설치하고, 호스 (또는 호스릴)를 방수구로부터 분리하여 비치하는 경우에는 3m 이내의 거리에 호스함(또는 호스릴함)을 설치할 것

6) **수평거리** : 방호대상물의 각 부분으로부터 포 소화전(또는 호스릴포) 방수구까 지의 수평거리는 25m 이하(호스릴포의 경우는 15m 이하)로서 방호대상물의 각 부분에 포가 유효하게 뿌려질 수 있도록 할 것

(2) 포 소화전(호스릴포)의 방출구

포 소화전이나 호스릴포의 방출구는 포 소화전 전용의 노즐을 말하며, 배관을 통해 흐르는 포수용약을 노즐에서 공기를 흡입하여 발포가 되므로 포 소화전 노즐에 공기흡입구가 설치되어 있다.

[그림 1-6-17] 포 소화전 노즐(좌) 및 포 모니터 노즐(우)

4. 포 모니터 노즐의 구조 및 기준

(1) 기준 : 위험물 세부기준 제133조 1호 다목

1) 포 모니터 노즐은 옥외저장탱크 또는 이송취급소의 펌프설비 등이 안벽(岸壁), 부두, 해상 구조물, 그 밖의 이와 유사한 장소에 설치되어 있는 경우에 당해 장소의 끝선(해면과 접하는 선)으로부터 수평거리 15m 이내의 해면 및 주입구 등 위험물 취급설비의 모든 부분이 수평 방사거리 내에 있도록 설치할 것 이 경우에 그 설치개수가 1개인 경우에는 2개로 할 것

2) 포 모니터 노즐은 소화활동상 지장이 없는 위치에서 기동 및 조작이 가능하도록 고정하여 설치할 것

3) 포 모니터 노즐은 모든 노즐을 동시에 사용할 경우에 각 노즐선단의 방사량이 1,900l/min 이상이고, 수평방사거리가 30m 이상이 되도록 설치할 것

(2) 포 모니터 방출구

포 모니터 방출구는 포 모니터 전용의 노즐을 말하며, 소방자동차, 소방경비정 등에 장착되어 있거나 공항 및 주유소, 발전소, 화학공장 등 플랜트설비의 포소화설비로 사용한다. 조작방법에 따라 레버나 기어타입의 수동식과 전동식, 유압식의 자동식이 있다. 포 모니터는 방사거리가 길고 대용량의 포수용액을 방사할 수 있는 구조이다.

5. 고발포용 방출구의 구조 및 기준

(1) 적응성과 비적응성 : 고발포용 방출구란 팽창비 80 이상 1,000 미만인 포로서 약제는 주로 합성계면 활성제포를 사용하고 발포장치를 이용하여 강제로 고팽창포를 발생시키는 방출구로서 이를 이용하여 격납고 등과 같은 넓은 장소의 급속한 소화에 사용하는 포소화설비이다. NFPA 11에서는 저팽창포를 제외한 중·고 팽창포설비(Medium & High expansion system)로 분류하고 있으며 NFPA 11에서는 중·고 팽창포의 경우 다음과 같이 적응성과 비적응성을 제시하고 있다.[242]

1) 적응성이 있는 경우

① 일반 가연성물질(Ordinary combustibles)

---

242) NFPA 11(2021 edition) 7.3(Hazards protected)

② 인화성이나 가연성 액체(Flammable & Combustible liquids)

③ ①와 ②의 복합(Combinations of ① & ②)

④ 액화천연가스(Liquefied natural gas)(고팽창포에 한함)

2) 적응성이 없는 경우

① 연소를 유지시켜 주는 충분한 산소나 다른 산화성 물질을 방출하는 화학물질 (Chemicals that release sufficient oxygen or other oxidizing agents to sustain combustion)

  예 니트로셀룰로스(Cellulose nitrate)

② 노출되어 있는 통전상태인 전기장치(Energized unenclosed electrical equipment)

③ 물과 반응하는 금속(Water reactive metals)

  예 나트륨, 칼륨

④ 물과 반응하는 위험성 물질(Hazardous water-reactive materials)

  예 • 트리에틸알루미늄(Triethylaluminium) : $(C_2H_5)_3Al$

   • 오산화인(Phosphorus pentoxide) : P_2O_5

⑤ 액화 인화성가스(Liquefied flammable gas)[243]

(2) 고발포의 특징

1) A급화재에 대해서는 포가 화염과 가연물을 완전히 덮을 경우 화재를 제어할 수 있으며, 포가 충분한 습기를 가지고 있으며 그 상태가 긴 시간 유지된다면 A급 화재를 소화시킬 수 있다.

2) 낮은 인화점을 가지고 있는 B급 액체위험물에 대해서는 액체 표면위로 충분한 두께가 되게 포를 방사한다면 이를 소화시킬 수 있다.

3) 높은 인화점을 가지고 있는 B급 액체위험물에 대해서는 연료의 표면을 인화점 밑으로 냉각시켜 주어야만 이를 소화시킬 수 있다.

4) LNG 화재는 일반적으로 고팽창포로 이를 완벽하게 소화시킬 수 없으나 연료의 공급이 차단된다면 화세(Fire intensity)를 경감시킬 수 있다.

---

243) 인화점이 높은 액상의 B급화재는 액체 표면이 인화점 밑으로 냉각되어야 소화될 수 있는 반면에, 인화점이 낮은 액상의 B급화재는 액체표면 위로 충분하게 두꺼운 포층을 형성할 경우 소화될 수 있다.

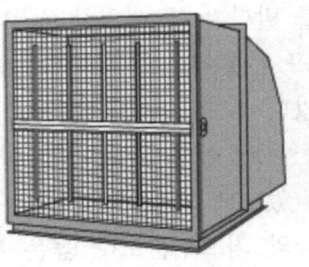

(a) 포 발생기   (b) 고발포 방출 모습

[그림 1-6-18(A)] 고발포용 고정포 방출구

(3) 고발포의 장·단점

장 점	① 화재 현장에 신선한 공기를 공급하면서 화재를 소화하므로 질식의 우려가 적다(지하층이나 지하 갱도, 지하가 등에 적합하다). ② 고팽창이므로 빠른 시간에 포가 채워지므로 넓은 장소의 급격한 소화, 소방대의 진입이 곤란한 장소 등에 매우 효과적이다. ③ 열에 의한 냉각 및 신속하게 고팽창의 포를 침투시킬 수 있으므로 지하 LNG 탱크 화재시 효과적으로 이를 제어할 수 있다. ④ 포의 수분 함유량이 적어 수손의 피해를 최소화시킬 수 있다.
단 점	① 고발포는 수분이 매우 적어서 유류에 대한 내성 및 바람에 대한 저항력이 약하다. ② 옥내에서는 효과가 있으나 옥외설비에서는 기후(온도·바람·습도 등)에 영향을 받는다. ③ B급화재에서는 수분이 적고 내유성이 불량하여 가연성 액체화재에는 소화효과가 떨어진다. ④ 사용하는 포 약제는 합성포 약제만 가능하다.

(4) 고발포의 방출방식 :

고발포설비의 경우는 방호공간의 체적 전체에 대해서 또는 방호대상물 주변의 지역에 대해서 다량의 포를 방출하게 되므로 가스계설비와 같이 전역방출방식이나 국소방출방식으로 이를 구분하여 적용하게 된다. NFPA 11에서는 전역이나 국소방출방식 이외에 "이동식 포 발생장치(Portable foam generating devices)"의 3종류로 구분하고 있다. 국내의 경우는 고발포 포소화설비가 일반적으로 대중화된 시설이 아닌 관계로 현재 수원이나 약제량에 대한 기준이 없으며 여러 기준의 보완이 필요한 실정이다.

1) **전역방출방식** : 제12조 4항 1호(2.9.4.1)

① 기준

㉮ 방호구역의 구획 : 개구부에 자동폐쇄장치(건축법 시행령 제64조 1항에 따른 방화문 또는 불연재로된 문으로 포 수용액이 방출되기 직전에 자동적

으로 폐쇄될 수 있는 장치를 말한다)를 설치할 것. 다만, 해당 방호구역에서 외부로 새는 양 이상의 포 수용액을 유효하게 추가하여 방출하는 설비가 있는 경우에는 그렇지 않다.

㉯ 방출구의 수량 : 바닥면적 500m²마다 1개 이상 설치하여 방호대상물의 화재를 유효하게 소화할 수 있도록 할 것

㉰ 방출구의 위치 : 방호대상물의 최고부분보다 높은 위치에 설치할 것. 다만, 밀어올리는 능력을 가진 것에 있어서는 방호대상물과 같은 높이로 할 수 있다.

㉱ 방출량 : 전역방출방식의 경우 고발포용 고정포 방출구의 방출량($l$pm/m³)은 방호구역의 관포체적 1m³에 대하여 특정소방대상물 및 팽창비에 따라 [표 1-6-9(A)]에 따른 양 이상이 되도록 할 것

[표 1-6-9(A)] 고발포용 고정포 방출구의 방출량 : NFTC 표 2.9.4.1.2

특정소방대상물	포의 팽창비	방출량($l$pm/m³)
항공기 격납고	80 이상 250 미만	2.0
	250 이상 500 미만	0.5
	500 이상 1,000 미만	0.29
차고 또는 주차장	80 이상 250 미만	1.11
	250 이상 500 미만	0.28
	500 이상 1,000 미만	0.16
특수가연물 저장·취급하는 특정소방대상물	80 이상 250 미만	1.25
	250 이상 500 미만	0.31
	500 이상 1,000 미만	0.18

② 해설

㉮ 방호구역의 구획 : 건축법 시행령 제64조 1항에서 방화문 구분은 60분+방화문, 60분 방화문, 30분 방화문의 3종류로 구분한다. 가스계 소화설비와 같이 약제가 방사되기 전에 개구부는 자동폐쇄를 하되, 개구부에 대한 약제량을 가산한 경우는 자동폐쇄를 하지 않아도 무관하다는 뜻이다.

㉯ 방출구의 위치 : 일반적으로 일정한 공간에 대해 포를 방출할 경우는 방호공간보다 더 높은 곳에서 방출하는 것을 원칙으로 하나, 부득이 방호공간의 높이에서 방출할 경우는 방호공간 높이에서 관포체적 높이까지 필요한 양정을 펌프가 추가로 확보하여야 한다.

㉰ 방출량

㉠ 관포체적(冠泡体積 ; Submergence volume)이란 방호대상물의 바닥면으로부터 방호대상물 높이보다 50cm 높은 위치까지의 체적으로서 이는 전역방출방식에서 방호대상물의 실체적에 여유율(Safety factor)을 감안한 체적으로 고발포의 경우는 약제량이나 수원의 양을 적용하는 기준을 관포체적으로 적용한다. 관포체적이란 용어는 일본소방법상 용어로서 이의 근거는 NFPA 11에서 2ft(0.6m)[244]를 요구하고 있는 것을 참고하여 일본에서 50cm로 하고 화재안전기준은 이를 준용한 것이다.

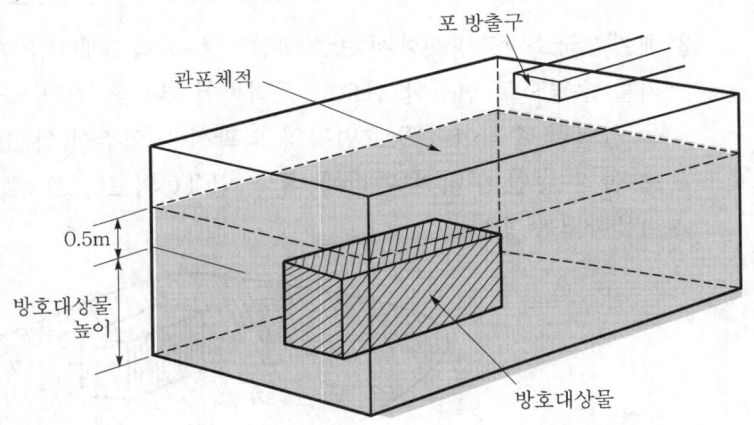

포 방출구

관포체적

0.5m

방호대상물 높이

방호대상물

[그림 1-6-18(B)] 관포(冠泡)체적

㉡ NFTC의 표 2.9.4.1.2인 [표 1-6-9(A)]의 출전은 일본소방법 시행규칙 제18조 1항 3호로서, 국내기준에서 팽창비를 80, 250, 500의 3단계로 구태여 구분한 것은 일본의 경우 고팽창비를 1종(팽창비 80 이상 250 미만), 2종(팽창비 250 이상 500 미만), 3종(팽창비 500 이상 1,000 미만)으로 구분하기 때문이다.

2) 국소방출방식 : 제12조 4항 2호(2.9.4.2)

① 기준

㉮ 방호대상물 : 방호대상물이 상호 인접하여 불이 쉽게 붙을 우려가 있는 경우에는 불이 옮겨 붙을 우려가 있는 범위 내의 방호대상물을 하나의 방호대상물로 설치할 것

---

244) NFPA 11(2021 edition) 7.12.5.2.1(High expansion foam) : The minimum total depth of foam shall be not less than 1.1 times the height of the highest hazard but in no case less than 24in(600mm) over this hazard[포의 최소깊이는 가장 높은 위치에 있는 위험 높이보다 1.1배 이상이어야 하며, 어떠한 경우에도 이 위험보다 24in(600mm) 이상이 되어야 한다].

㉴ 방출량 : 국소방출방식의 경우 포 수용액의 방출량(lpm/m^2)은 해당 방호대상물 높이의 3배(1m 미만인 경우는 1m)의 거리를 수평으로 연장한 선으로 둘러싸인 부분의 면적 $1m^2$에 대하여 방호대상물에 따라 [표 1-6-9(B)]에 따른 양 이상이 되도록 할 것

[표 1-6-9(B)] 고발포용 고정포 방출구의 방출량 : NFTC 표 2.9.4.2.2

방호대상물	방출량(lpm/m^2)
특수가연물	3
기타의 것	2

② 해설 : 국소방출방식에서 방호대상물 높이의 3배(1m 미만인 경우는 1m)의 거리를 수평으로 연장한 선으로 둘러싸인 부분은 결국 국소방출방식에서 여유율을 감안한 수치이며 방호면적의 외곽선을 외주선(外周線)이라 한다. 외주선으로 둘러 쌓인 구역의 면적에 대해 NFTC의 표 2.9.4.2.2인 [표 1-6-9(B)]를 적용하도록 한다.

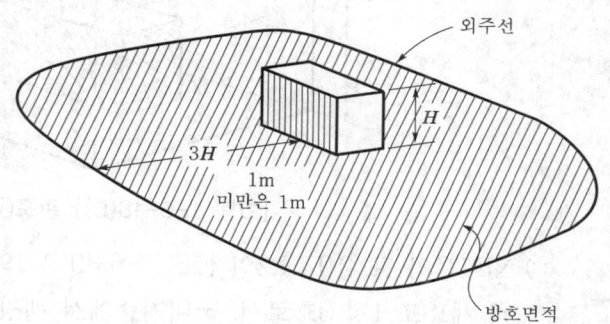

[그림 1-6-19] 방호면적

3) 고발포 방출방식에서 방출량과 수원의 양

① 앞에서 언급한 포 헤드의 기준에서 포 헤드의 방출량 기준인 [표 1-6-6(B)]의 방출량은 포 헤드가 바닥면적을 기준으로 포 수용액을 방출하는 방사밀도(lpm/m^2)로서 포 헤드가 포 수용액을 방출하는 헤드의 방사특성을 규정한 것이다. 이와 마찬가지로, 고발포의 전역방출방식인 [표 1-6-9(A)]나, 국소방출방식인 [표 1-6-9(B)]도 고발포용 방출구의 방사특성을 규정한 것이다. 포 헤드의 경우는 바닥면적을 기준으로 하나, 고발포용 포방출구는 전역방출방식에서는 체적(관포체적)을 기준으로 하며 국소방출방식에서는 면적(방호면적)을 기준으로 한다.

② 고발포 방출구의 방출량은 일본소방법 시행규칙 제18조 1항 3호를 준용한 것으로, NFPA 11에서는 방출량을 "Rate of discharge"라 하며 고발포의 경우 국내나 일본과 같이 Table이 아니라 식을 이용하여 계산에 의해 구하도록 하고 있다. 즉, NFPA 11에서는 스프링클러의 유무에 따라 포가 파괴되는 것이 다르며 포가 누설되는 비율을 고려하며 포의 수축률을 보정하여야 하므로 공식을 이용하여 방출량을 구하고 있다.[245]

③ 고발포 방출구 방식의 수원

㉮ 적용 : [표 1-6-9(A)]나 [표 1-6-9(B)]에 대한 고발포용 방출량을 고발포설비의 포 약제나 수원을 계산하는 값으로 사용할 경우 이는 잘못된 것으로 해당하는 표는 고발포용 방출구의 방사특성을 규정한 기준일 뿐이다. 현재 국내는 고발포용 방출구에 대한 수원(약제량 포함)의 기준이 누락되어 있으며 이는 법령 작업시 일본기준을 준용하는 과정에서 누락된 것으로 추정되며 일본의 경우 고발포용 고정포 방출량이 국내와 동일하므로 일본의 현 기준을 참고로 예시하면 다음 ㉯와 같다.

㉯ 수원(포 수용액)의 계산방법

㉠ 전역방출방식의 수원 : 포 수용액량이 바닥면적이 최대가 되는 방호구역의 관포체적(m³)에 대해 [표 1-6-9(C)]에 제시한 팽창비에 따라 계산한 양에 배관 충전에 필요한 소요량을 합산한다. 단, 방호구역의 개구부에 자동폐쇄장치를 설치하지 않은 경우에는 해당 방호구역에서 외부로 누출되는 양 이상으로 포 수용액을 추가하여야 한다.

$$\boxed{\text{전역방출방식 } Q = (V \times Q_S) + Q_P} \qquad \text{[식 1-6-15(A)]}$$

여기서, Q : 포 수용액(m³)
V : 바닥면적이 최대가 되는 방호구역의 관포체적(m³)
Q_S : 팽창비별 포수용액 [표 1-6-9(C)]의 값(m³)-팽창비 1종(0.04), 2종(0.013), 3종(0.008)
Q_P : 배관 내 충전량(m³)

[표 1-6-9(C)] 관포체적 1m³당 포 수용액량(l)

팽창비	포 수용액(l)/관포체적 1m³
80 이상 250 미만(1종)	$40l$(0.04m³)
250 이상 500 미만(2종)	$13l$(0.013m³)
500 이상 1,000 미만(3종)	$8l$(0.008m³)

---

245) 상세한 내용은 NFPA 11(2021 edition) 7.12.8.2(High expansion foam)을 참고하기 바람.

ⓛ 국소방출방식의 수원 : 바닥면적이 최대가 되는 방호면적에 NFTC 표 2.9.4.2.2인 [표 1-6-9(D)]에서 제시한 포 수용액량으로 20분간 방사할 수 있는 양과 배관 충전량을 합산한다. 20분간 방사량이란 결국 [표 1-6-9(D)]에서 $Q_S \times 20$의 방사량에 해당하는 값이 된다.

$$국소방출방식\ Q = (Q_S \times 20) + Q_P$$ ················ [식 1-6-15(B)]

여기서, Q : 포 수용액(m^3)
  Q_S : NFTC 표 2.9.4.2.2[바닥면적이 최대가 되는 방호면적에 국소방출방식의 방출량인 [표 1-6-9(B)](m^3)]
  방사시간 : 20분
  Q_P : 배관 내 충전량(m^3)

[표 1-6-9(D)] 방호면적 1m^2당 포 수용액량(l)

팽창비	포 수용액(l)/방호면적 1m^2	$Q_S \times 20$
특수가연물	3$l$pm/m^2	3$l$pm/m^2×20분=0.06m^3/m^2
기타의 것	2$l$pm/m^2	2$l$pm/m^2×20분=0.046m^3/m^2

7 옥외 위험물탱크의 방출방식

1. 표면 주입식(Surface foam injection method)

(1) 개념 : CRT와 같은 지붕이 있는 탱크에 사용하는 가장 일반적인 포 방출방식으로, 탱크 벽면에 폼 체임버를 설치하고 유면에 포를 방출하는 방식으로 적용하는 방출구는 Ⅰ형·Ⅱ형·특형이 있다.
포 방출구의 수는 다음 표에 의하며 탱크의 직경 및 포 방출구의 종류에 따라 해당하는 수량의 방출구를 탱크 옆판의 둘레에 균등한 간격으로 설치하여야 한다.

[표 1-6-10] 옥외 탱크저장소의 고정포 방출구수(위험물 세부기준 제133조)

탱크의 구조 및 포 방출구의 종류 / 탱크 직경	포 방출구의 개수			
	고정지붕 탱크		부상덮개 부착 고정지붕 탱크	부상지붕 탱크
	I형 또는 II형	III형 또는 IV형	II형	특형
13m 미만	2		2	2
13m 이상 19m 미만	2	1	3	3
19m 이상 24m 미만	2	1	4	4
24m 이상 35m 미만	2	2	5	5
35m 이상 42m 미만	3	3	6	6
42m 이상 46m 미만	4	4	7	7
46m 이상 53m 미만	6	6	8	8
53m 이상 60m 미만	8	8	10	10
60m 이상 67m 미만	왼쪽란에 해당하는 직경의 탱크에는 I형 또는 II형의 포 방출구를 8개 설치하는 것 이외에, 오른쪽란에 표시한 직경에 따른 포 방출구의 수에서 8을 뺀 수의 III형 또는 IV형의 포 방출구를 폭 30m의 환상부분을 제외한 중심부의 액표면에 방출할 수 있도록 추가로 설치할 것	10		10
67m 이상 73m 미만		12		12
73m 이상 79m 미만		14		12
79m 이상 85m 미만		16		14
85m 이상 90m 미만		18		14
90m 이상 95m 미만		20		16
95m 이상 99m 미만		22		16
99m 이상		24		18

※ III형의 포 방출구를 이용하는 것은 온도 20℃의 물 100g에 용해되는 양이 1g 미만인 위험물(이하 "비수용성"이라 한다.) 또는 저장 온도가 50℃ 이하 또는 동점도(動粘度)가 100cSt 이하인 위험물을 저장 또는 취급하는 탱크에 한하여 설치 가능하다.

1) 화재시 수평거리 30m(100ft)까지는 효과적으로 포가 이동하므로 직경이 60m(= 반지름 30m)를 초과하는 CRT의 경우는 빠른 소화를 위하여 표면하방식을 사용하도록 요구하고 있다.

2) 또한 일본의 경우도 표면 주입식은 탱크 직경 60m 미만일 경우에 한하여 I형·II형 방출구를 설치하며 60m를 초과할 경우는 표면하 주입식(III형)이나, 반표면하 주입식(IV형) 방출구를 설치하도록 규정하고 있다.

따라서 국내에서도 이를 준용하여 위험물 세부기준 제133조 1호 가목 (1)의 (나)에서 [표 1-6-10]과 같이 기준을 제정한 것이다.

→ 탱크의 포 방출구수(NFPA의 경우)

탱크화재의 경우 포 약제의 유동성으로 인하여 초대형 탱크일 경우는 화재시 비등하는 유면 위에서 포 약제가 탱크의 중심부까지 쉽게 도달하여 유효한 소화를 하기가 곤란하게 된다. NFPA 11에 의하면 CRT에 설치하는 폼 체임버의 경우 위와 같은 사유로 다음과 같이 탱크 직경 61m(200ft) 이하에 대해서는 방출구의 수가 고정되고 61m 초과시에는 면적에 따라 방출구 수를 증가한다.

탱크 직경(m)	포 방출구의 수량
24m 이하	1개
24m 초과 37m 이하	2개
37m 초과 43m 이하	3개
43m 초과 49m 이하	4개
49m 초과 55m 이하	5개
55m 초과 61m 이하	6개
61m 초과	1개씩 추가/465m^2(5,000ft^2)마다

🔍 탱크의 포 방출구수의 출전(出典)

NFPA 11(2021 edition) Table 5.2.5.2.1(Number of fixed foam discharge outlets for fixed roof tanks)

(2) 적용

1) 포 방출구는 [표 1-6-10]에 의하여 탱크의 직경, 구조 및 포 방출구의 종류에 따른 수 이상의 개수를 탱크옆판의 외주에 균등한 간격으로 설치할 것

2) 탱크에 설치된 포 방출구에서는 [표 1-6-3(A)]에 따른 방출률 이상으로 "포 수용액량×액표면적(특형은 환상부분)"에 해당하는 양을 방사하여야 한다. 이 경우 [표 1-6-10]에서 정한 개수에서 Ⅰ형 또는 Ⅱ형의 고정지붕구조 탱크(Cone roof tank)는 탱크 직경이 24m 미만인 것은 당해 포방출구의 개수에서 1을 뺀 개수로 한다[위험물 세부기준 제133조 1호 가목 (1)의 (다)].

→ 방출률 적용

① 탱크 직경이 24m 미만인 Ⅰ형이나 Ⅱ형의 고정지붕 탱크에서의 포 방출구 수량은 [표 1-6-10]과 같이 2개를 무조건 설치하여야 한다.

② 그러나 위와 같은 경우는 폼 체임버에서의 방출률($l$pm/m^2) 적용시 2개의 방출구가 아닌 1개의 방출구에서 해당하는 방출률 이상이 발생하라는 의미이다. 이를 24m 미만인 탱크의 방출구는 1개를 설치할 수 있는 것으로 해석하여서는 아니 된다.

(3) 특징

1) CRT 및 FRT 전부 사용할 수 있다.

2) 포 방출구에 따라 I형·II형·특형의 3종류가 있다.

3) 포 방출은 대기압 상태에서 행한다.

4) 초대형 탱크(상한 : 직경 60m 이상)의 경우는 유효한 소화가 곤란하다.

5) 화재시 탱크가 파손되면 폼 체임버가 파손될 위험이 있다.

2. 표면하(表面下) 주입식(Subsurface foam injection method)

(1) **개념** : 옥외 탱크 화재시 표면 주입식의 경우는 화재로 인하여 탱크 옆면에 설치
된 폼 체임버가 파손되는 단점이 있으며 또한 직경 60m 이상의 초대형 탱크에서
는 표면에서 주입하는 기존의 방식으로는 유효한 소화가 곤란하다. NFPA 11에
서는 비등하는 액체일 경우 포의 유효방호거리를 30m로 간주하므로 직경 60m
이하의 탱크까지만 표면 주입식으로 적용하고 있다. 따라서 이를 보완하기 위하여
탱크 밑면에서 포를 주입하는 표면하 주입식이 개발된 것으로 방출구의 구조는 III
형 방출구로서 이 경우 포 방출구를 일본에서는 III형이라 하며 국내의 경우도 이
를 준용하여 III형 방출구로 표현하고 있다.

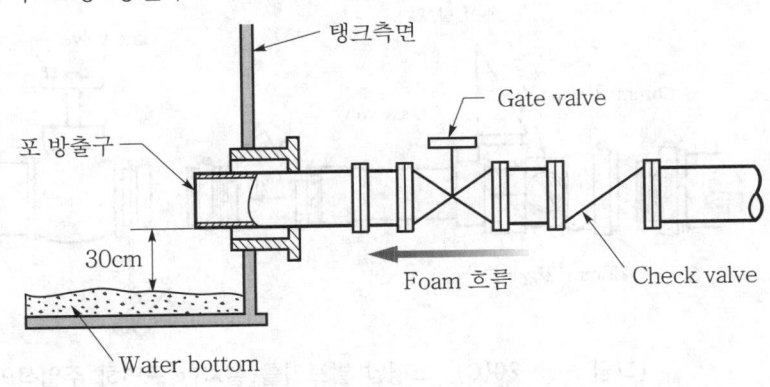

[그림 1-6-20(A)] 표면하 주입식

(2) 특징

1) CRT와 같은 대기압 탱크에 가장 효과적이다.

2) 포 방출량 및 방출시간은 표면 주입식의 II형 방출구와 동일하다.

3) 포가 바닥에서 부상(浮上)하므로 유류에 오염되는 포는 사용할 수 없다.

4) 표면 주입식은 대기압에서 행해지나 표면하 주입식은 탱크 유압에 대항하기 위하여 높은 압력으로 주입하여야 한다.

> 표면하 주입식의 경우 탱크의 유압을 받는 하부에서 포를 형성하고 이를 주입하여야 하므로, 벤투리효과를 이용하여 포 수용액에 공기를 흡입시켜주는 발포기를 사용한다. 이를 고배압 발포기(高背壓 發泡器 ; High back pressure foam maker)라 하며, 배압이란 출구측에 작용하는 압력을 말한다.

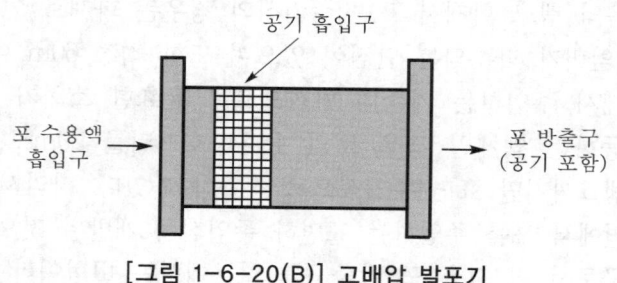

[그림 1-6-20(B)] 고배압 발포기

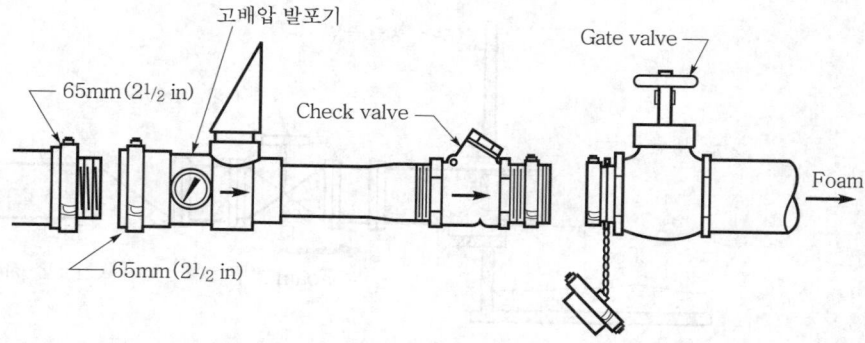

[그림 1-6-20(C)] 고배압 발포기를 설치한 표면하 주입식의 예

5) 포 방출구의 높이는 탱크바닥에 고인 물 높이 이상 위치에 설치하여야 한다.

6) 다음의 경우는 표면하 주입식을 적용하지 아니한다.[246]

① FRT : FRT의 화재는 실부분[환상(環狀) 부분의 액면부위]에서 화재가 발생하므로 포를 하부에서 주입할 경우 FRT는 유면이 개방된 부분이 아니므로 포가 실부분으로 균일하게 전달되지 않는다.

② 수용성 액체위험물 : 알코올·에스터·케톤·알데하이드와 같은 수용성 액체위험물은 표면하 주입식의 경우 포가 위험물을 통하여 부상(浮上)하는 동안 수용성 액체에 녹아 포가 파괴되기 쉬운 관계로 사용하지 않는다.

③ 점도가 높은 액체위험물 : 포가 위험물을 뚫고 부상하여야 하나 점도가 높아서 균일하게 부상하지 않거나 기름에 오염되기 쉽다.

④ Class I A 탄화수소 액체 : Class I A 액체란 73°F(22.8°C) 미만의 인화점과 100°F(37.8°C) 미만의 비점(沸點)을 갖는 인화성 액체로서 포 방출이 중단된 이후에는 재발화의 위험이 있으므로 계속하여 포가 유면을 뒤덮어야 하며, 또한 저속으로 포를 방출하여야 하므로 적용하지 아니한다.

🔍 **인화성 액체 및 가연성 액체**

NFPA 30(Flammable and combustible liquids code) 2021 edition 3.3.34(Liquid)
1. 인화성 액체(Flammable liquid) : Class I
   인화점이 100°F(37.8°C) 미만이고, 증기압이 100°F(37.8°C)에서 40psia(2,068mmHg)를 초과하지 않는 액체로서 다음의 3종류로 구분한다.
   (1) Class I A : 73°F(22.8°C) 미만의 인화점과 100°F(37.8°C) 미만의 비점을 갖는 액체
   (2) Class I B : 73°F(22.8°C) 미만의 인화점과 100°F(37.8°C) 이상의 비점을 갖는 액체
   (3) Class I C : 73°F(22.8°C) 이상 100°F(37.8°C) 미만의 인화점을 갖는 액체
2. 가연성 액체(Combustible liquid) : Class II & Class III
   인화점이 100°F(37.8°C) 이상인 액체로서 다음의 3종류로 구분한다.
   (1) Class II : 인화점이 100°F(37.8°C) 이상 140°F(60°C) 미만인 액체
   (2) Class IIIA : 인화점이 140°F(60°C) 이상 200°F(93°C) 미만인 액체
   (3) Class IIIB : 인화점이 200°F(93°C) 이상인 액체

---

(3) 장점

1) 화재시 탱크가 변형되어도 포 주입에 영향이 적다.

2) 바닥에서 포가 부상하면서 탱크 유면의 온도를 저하시켜 준다.

3) 포가 유면상에 넓게 고르게 퍼지면서 확산되므로 초대형 탱크에서도 적용할 수 있다.

---

246) NFPA 11(2021 edition) 5.2.6(Design criteria for subsurface application)

3. 반(半)표면하 주입식(Semisubsurface foam injection method)

(1) 개념 : 표면하 주입식을 더욱 개량한 것으로 표면하 주입식의 경우 포 방출시 포가 탱크바닥에서 액면까지 떠오르면서 유류에 오염되어 포가 일부 파괴되므로 이로 인하여 소화효과가 저하되는 것을 막기 위하여 개발된 방식으로 호스가 액체 표면에 떠올라 포를 방출하는 방식이다. 방출구의 구조는 Ⅳ형 방출구로서 본 설비는 미국보다는 유럽에서 주로 사용하는 방식이다. 일본에서는 반표면하 주입식의 포 방출구를 Ⅳ형 방출구라 하며, 국내의 경우도 이를 준용하여 Ⅳ형 방출구로 표현하고 있다.

(2) 특징

1) 반표면하식은 고점도의 액체위험물에 대해서는 적합하지 않다.

2) 반표면하설비는 평소에 유지관리 및 점검을 하기가 용이하지 않다.

3) 방출량 및 방사시간은 비수용성 위험물일 경우는 [표 1-6-3(A)] 및 [표 1-6-3(C)]를, 수용성 위험물일 경우는 [표 1-6-3(B)] 및 [표 1-6-3(D)]에서 Ⅳ형 기준을, 포 방출구의 수는 [표 1-6-10]의 Ⅳ형 기준을 적용한다.

(3) 장점

1) 포가 유류에 오염 및 파괴되는 것을 방지한다.

2) 화재시 탱크 상부가 변형되어도 포 주입에 영향이 적다.

3) 포가 유면상에 넓게 고르게 퍼질 수 있는 관계로 대형탱크에도 적용이 가능하다.

4) 포 방출시 탱크바닥에 고여 있는 물을 교반(攪拌)하지 않는다.

5) 단백포, AFFF, 불화단백포, 알코올형포 등 모든 포에 대해 적용이 가능하다.[247]

8 포화설비 부속장치의 구조 및 기준

1. 저장탱크 : 제8조(2.5)

포 소화약제의 저장탱크는 다음의 기준에 따라 설치하고 혼합장치와 배관 등으로 연결해야 한다.

---

247) NFPA 11(2021 edition) Table A.5.2.7.(a) Duration of discharge for semisubsurface systems

(1) 설치장소

1) 화재 등의 재해로 인한 피해를 받을 우려가 없는 장소에 설치할 것

2) 기온의 변동으로 포의 발생에 장애를 주지 않는 장소에 설치할 것. 다만, 기온의 변동에 영향을 받지 않는 포 소화약제의 경우에는 그렇지 않다.

3) 포 소화약제가 변질될 우려가 없고 점검에 편리한 장소에 설치할 것

(2) 시설기준

1) 가압송수장치 또는 혼합장치의 기동에 의하여 압력이 가해지는 것 또는 상시 가압된 상태로 사용되는 것은 압력계를 설치할 것

2) 포 소화약제 저장량의 확인이 쉽도록 액면계 또는 계량봉을 설치할 것

3) 가압식이 아닌 저장탱크는 글라스 게이지(Glass gauge)를 설치하여 액량을 측정할 수 있는 구조로 할 것

> ① 약제 저장탱크의 경우는 탱크 내부에 가압수를 가압하는 것과 가압을 하지 않는 2가지로 구분할 수 있으며 프레셔 프로포셔너방식인 경우는 약제탱크가 가압식에 해당하며 펌프 프로포셔너방식이나 프레셔 사이드 프로포셔너방식의 경우는 비가압식에 해당한다.
> ② 약제 저장탱크가 가압이 되는 경우에는 압력계를 설치하고 약제탱크의 저장량 확인은 액면계나 계량봉을 설치한다. 이 경우 약제탱크가 비가압식인 경우에는 액량 측정을 유리재질의 글라스 게이지(용기 안에 들어 있는 액체의 높이를 밖에서 볼 수 있도록 눈금을 새긴 유리관)를 설치할 수 있다.
> ③ 저장탱크의 액량의 측정은 탱크에 액면계를 고정 부착하거나 또는 계량봉(計量棒 ; 잣대)을 직접 사용하여 수동으로 액면의 높이를 확인하는 방법이 있으나 일반적으로 액면계를 설치한다.

2. 개방밸브 : 제10조(2.7)

포소화설비의 개방밸브는 다음의 기준에 따라 설치해야 한다.

(1) 자동식 개방밸브

자동식 개방밸브는 화재감지장치의 작동에 따라 자동으로 개방되는 것으로 할 것

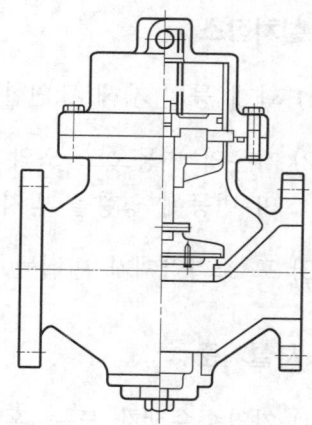

(a) 외부 모습   (b) 내부 모습

[그림 1-6-21] 자동식 개방밸브

① 자동식 개방밸브란 포 헤드의 구역별로 설치하는 일제개방밸브 일명 오토(Auto)밸브를 말하며 화재감지장치에 의해 화재시 자동으로 개방되는 구조의 밸브이다. 이 경우 화재감지장치란 감지기를 말하는 것이 아니라 화재를 감지하는 장치(Device)로서, 기계적 장치 또는 전기적 장치에 의한 2가지 방식으로 구분할 수 있다.

② 기계적 장치는 스프링클러 폐쇄형 헤드의 개방을 이용하는 방식이며, 전기적 장치란 화재감지기의 동작을 이용하는 방식을 말한다. 자동식 개방밸브와 유수검지장치의 차이점은 유수검지장치는 경보기능, 동작신호 검출 및 신호전송, 배수처리 등의 다양한 부대기능이 있으나 이에 비해 자동식 개방밸브는 다른 부대설비가 없이 단순히 화재감지장치에 의해 밸브를 개방시켜 물을 송수하도록 하는 역할만 하며 개방형설비에서 구역별로 해당 위치에 설치한다.

(2) 수동식 개방밸브

수동개방밸브는 화재시 쉽게 접근할 수 있는 곳에 설치할 것

자동식 개방밸브가 자동으로 개방되는 일제개방밸브라면, 수동식 개방밸브란 손으로 직접 조작하여 개방하는 밸브를 말한다. 이 경우 자동식 개방밸브에 개폐조작을 할 수 있는 개폐조작용 수동밸브를 설치하는 것이 있으나 이는 정확히 표현하면 NFPC 제11조 1항에 해당하는 "수동식 기동장치"로 표현하여야 하며 "수동개방밸브"란 원칙적으로 수동식의 일제개방밸브를 의미하며 이는 사람이 직접 개폐조작을 하여야 하므로 화재시 접근이 용이한 장소에 설치하여야 한다.

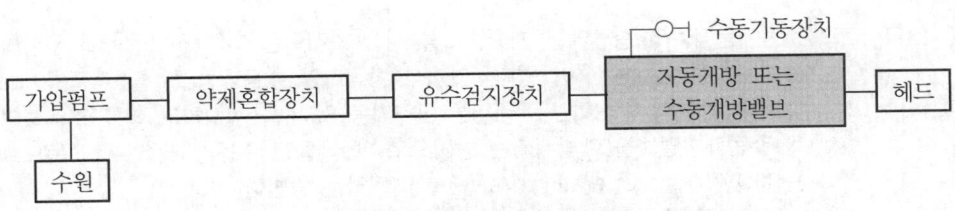

[그림 1-6-22(A)] 자동식 또는 수동식 개방밸브

3. 기동장치 : 제11조(2.8)

(1) 기동장치의 종류

1) **수동식** : 직접조작 또는 원격조작에 따라 포소화설비(가압송수장치·수동식 개방밸브·약제혼합장치)를 기동시키는 방식이다.

⇨ 수동식 기동장치는 자동식밸브의 경우에도 동일하게 적용할 수 있다.

2) **자동식** : 자동화재탐지설비의 감지기 작동 또는 폐쇄형 스프링클러헤드의 개방과 연동하여 포소화설비(가압송수장치·일제개방밸브·약제혼합장치)를 기동시키는 방식이다.

① **스프링클러헤드 기동방식** : 폐쇄형 스프링클러헤드개방시 배관 내 유수의 압력변화를 감지하여 일제개방밸브가 작동하여 포소화설비를 기동시키는 기계적인 방식이다.

② **감지기 기동방식** : 감지기 동작시 동작신호에 따라 일제개방밸브에 설치된 솔레노이드밸브가 개방되어 포소화설비를 기동시키는 전기적인 방식이다.

(2) 기동장치의 기준

1) **수동식 기동장치** : NFTC 2.8.1

① 직접조작 또는 원격조작에 따라 가압송수장치·수동식 개방밸브 및 소화약제 혼합장치를 기동할 수 있을 것

⇨ 수동식 기동장치
① 수동기동장치란 수동으로 조작을 하여 수동개방밸브를 개방시켜 주는 장치로 가압송수장치나 약제 혼합장치는 수동식 개방밸브가 개방되면 자동으로 기동되는 것으로 결국 포소화설비를 작동시켜 주는 수동기동방식의 장치를 뜻한다.

② 수동기동장치의 종류에는 개폐밸브를 직접 조작하는 "기계식 방식"과 누름버튼을 사용하는 "전기식 방식"이 있다. 기계식 방식이란 수동개방밸브를 직접 개폐조작하는 것이며, 전기식 방식이란 누름버튼(원격기동 S/W)을 설치하고 이를 조작하여 원격으로 수동개방밸브를 개방시키는 방법으로 예를 들면 수동개폐밸브에 전동으로 동작하는 MOV(Motor Operating Valve)를 설치하는 방법이 있다.

③ 수동기동장치는 수동식 개방밸브 외에 자동식 개방밸브에도 설치할 수 있다.

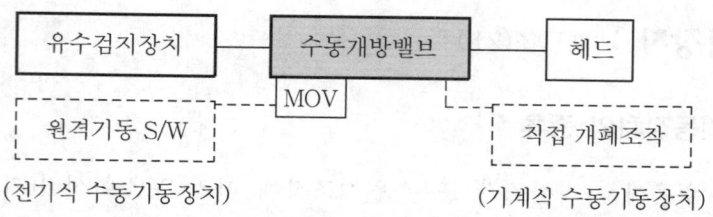

[그림 1-6-22(B)] 수동개방밸브의 수동기동장치

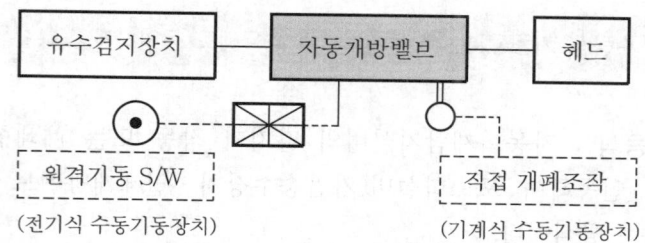

[그림 1-6-22(C)] 자동개방밸브의 수동기동장치

② 방사구역이 2 이상일 경우 방사구역을 선택할 수 있는 구조로 할 것

③ 기동장치의 조작부는 화재시 쉽게 접근할 수 있는 곳에 설치하되, 바닥으로부터 0.8m 이상 1.5m 이하에 설치하고 유효한 보호장치를 설치할 것

④ 수동식 기동장치 수량

㉮ 차고 또는 주차장 : 방사구역마다 1개 이상

㉯ 항공기 격납고 : 방사구역마다 2개 이상

㉠ 그중 1개는 방사구역으로부터 가장 가까운 곳 또는 조작이 편리한 장소에 설치할 것

㉡ 나머지 1개는 화재감지 수신기를 설치한 감시실 등에 설치할 것

2) 자동식 기동장치 : NFTC 2.8.2

감지기 작동 또는 스프링클러헤드의 개방과 연동하여 포소화설비(가압송수장치·일제개방밸브·약제혼합장치)을 기동시키는 방식으로 다음 기준에 의하여 설치해야 한다. 다만, 자동화재탐지설비 수신기가 설치된 장소에 상시 사람이 근무하고 있고, 화재시 즉시 해당 조작부를 작동시킬 수 있는 경우에는 그렇지 않다.

① 폐쇄형 스프링클러헤드를 사용하는 경우(＝기계식 자동기동장치)

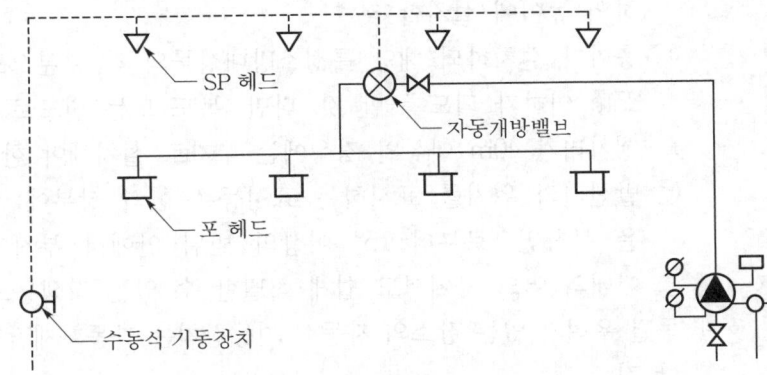

[그림 1-6-23(A)] 자동식 기동장치(SP헤드 이용)

㉮ 헤드의 표시온도는 79℃ 미만일 것

㉯ 스프링클러헤드 1개당 경계면적은 $20m^2$ 이하일 것

㉰ 부착면의 높이는 바닥으로부터 5m 이하로서 화재를 유효하게 감지할 수 있도록 할 것

> 자동식 기동장치로 폐쇄형 헤드를 사용하는 경우는 화재시 1차적으로 헤드가 개방되어 스프링클러 배관 내의 물이 흐르면 이로 인한 배관 내의 압력변화에 따라 일제개방밸브 (자동개방밸브)가 작동한다. 이후 유수검지장치(알람밸브)가 개방되고 경보가 발생하며, 압력체임버에서 압력변화를 감지하여 포소화설비용 펌프가 자동으로 기동하게 된다. 즉, 폐쇄형 헤드를 이용한 것은 기계식 자동기동방식이 된다.

② 화재감지기를 사용하는 경우(＝전기식 자동기동장치)

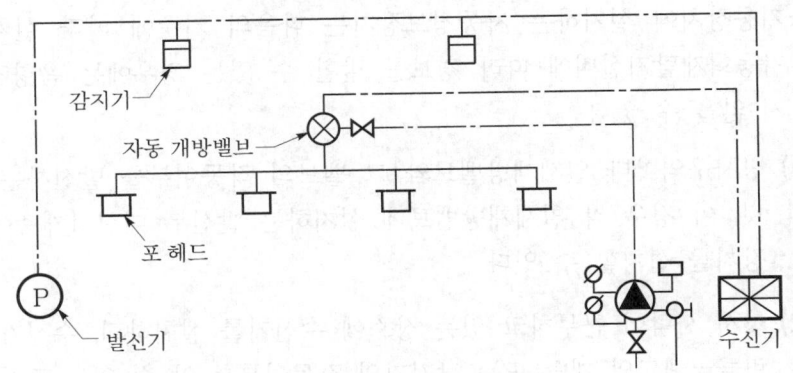

[그림 1-6-23(B)] 자동식 기동장치(감지기 이용)

㉮ 화재감지기는 NFTC 203(자동화재탐지설비) 2.4(감지기) 기준에 따라 설치할 것

㉯ 감지기회로에는 다음의 기준에 맞는 발신기를 설치할 것

⊙ 조작이 쉬운 장소에 설치하고 스위치는 바닥에서 0.8m 이상 1.5m 이하의 높이에 설치할 것

ⓒ 층마다 설치하되 해당 특정소방대상물의 각 부분으로부터 수평거리가 25m 이하가 되도록 할 것. 다만, 복도 또는 별도로 구획된 실로서 보행거리가 40m 이상일 경우에는 추가로 설치해야 한다.

ⓒ 발신기의 위치를 표시하는 표시등은 함의 상부에 설치하되, 그 불빛은 부착면으로부터 15° 이상의 범위 안에서 부착지점으로부터 10m 이내의 어느 곳에서도 쉽게 식별할 수 있는 적색등으로 할 것

ⓔ 동결 우려가 있는 장소의 자동식 기동장치는 자동화재탐지설비와 연동으로 할 것

① 자동식 기동장치로 감지기를 사용하는 경우는 감지기 동작에 의해 수신기로 신호가 입력되면 이에 따라 일제개방밸브(자동개방밸브)의 전자밸브가 작동하여 자동개방밸브가 개방하게 된다. 이후의 과정은 폐쇄형 헤드를 사용하는 경우와 동일한 과정으로 진행하게 된다. 즉, 감지기를 이용한 것은 전기식 자동기동방식이 된다.

② 비행기 격납고 등과 같이 고발포를 사용하는 포소화설비의 경우는 자동기동방식으로 반드시 감지기에 의한 기동방식으로만 적용하여야 한다. 이는 고발포의 경우 스프링클러헤드에 의한 기동방식을 적용할 경우는 헤드에서 살수되는 물로 인하여 고발포의 포가 소멸되어 소화효과가 현저히 떨어지게 되기 때문이다.

③ 또한 동절기에 동파의 우려가 있는 장소도 스프링클러설비를 사용할 수 없으므로 기동용으로 감지기에 의한 전기식 자동기동방식을 사용하여야 한다.

(3) 기동장치의 경보 : NFTC 2.8.3

기동장치에 설치하는 자동경보장치는 다음의 기준에 따라 설치해야 한다. 다만, 자동화재탐지설비에 따라 경보를 발할 수 있는 경우에는 음향경보장치를 설치하지 않을 수 있다.

1) 방사구역마다 일제개방밸브와 그 밸브의 작동여부를 발신하는 발신부를 설치할 것. 이 경우 각 일제개방밸브에 설치하는 발신부 대신 1개층에 1개의 유수검지장치를 설치할 수 있다.

2) 상시 사람이 근무하고 있는 장소에 수신기를 설치하되, 수신기에는 폐쇄형 스프링클러헤드의 개방 또는 감지기의 작동여부를 알 수 있는 표시장치를 설치할 것

3) 하나의 소방대상물에 2 이상의 수신기를 설치하는 경우에는 수신기가 설치된 장소 상호간에 동시 통화가 가능한 설비를 할 것

→ 하나의 건물에 2대의 수신기가 있는 경우 NFPC 203(자동화재탐지설비) 제5조 3항 8호 (NFTC 203 2.2.3.8)에서 "하나의 특정소방대상물에 2 이상의 수신기를 설치하는 경우에는 수신기를 상호간 연동하여 화재발생 상황을 각 수신기마다 확인할 수 있도록 할 것"으로 개정되었다. 따라서 포소화설비에 대한 NFTC 2.8.3의 내용도 NFPC/NFTC 203의 현행 조항과 같이 개정하여야 한다.

⑨ 펌프 및 배관의 기준

1. 펌프설치 기준 : 제6조 1항(2.3.1)

(1) 소화약제가 변질될 우려가 없는 곳에 설치할 것

(2) 가압송수장치에는 "포소화설비 펌프"라고 표시한 표지를 할 것. 이 경우 그 가압송수장치를 다른 설비와 겸용하는 때에는 그 겸용되는 설비의 이름을 표시한 표지를 함께 해야 한다.

※ 기타 부속설비의 경우는 "제3절 옥내소화전설비"를 참고할 것

2. 배관(송수구, 송액관) 기준

(1) 배관의 규격 : NFTC 2.4.1 & 2.4.2

1) 배관 내 사용압력이 1.2MPa 미만일 경우에는 다음의 어느 하나에 해당하는 것
   ① 배관은 배관용 탄소강관(KS D 3507)
   ② 이음매 없는 구리 및 구리합금관(KS D 5301). 다만, 습식의 배관에 한한다.
   ③ 배관용 스테인리스 강관(KS D 3576) 또는 일반배관용 스테인리스 강관(KS D 3595)
   ④ 덕타일 주철관(KS D 4311)

2) 배관 내 사용압력이 1.2MPa 이상일 경우에는 다음의 어느 하나에 해당하는 것
   ① 압력배관용 탄소강관(KS D 3562)
   ② 배관용 아크용접 탄소강강관(KS D 3583)

3) 다만, 다음의 어느 하나에 해당하는 장소에는 소방청장이 정하여 고시하는 성능인증 및 제품검사의 기술기준에 적합한 소방용 합성수지배관으로 설치할 수 있다.

① 배관을 지하에 매설하는 경우

② 다른 부분과 내화구조로 구획된 덕트 또는 피트의 내부에 설치하는 경우

③ 천장(상층이 있는 경우에는 상층바닥의 하단을 포함한다)과 반자를 불연재료 또는 준불연재료로 설치하고 그 내부에 습식으로 배관을 설치하는 경우

(2) 헤드 배열 : 제7조 4항(2.4.4)

포워터스프링클러설비 또는 포 헤드설비의 가지배관 배열은 토너먼트방식이 아니어야 하며, 교차배관에서 분기하는 지점을 기점으로 한쪽 가지배관에 설치하는 헤드수는 8개 이하로 한다.

> 일반적으로 포소화설비는 압력손실을 최소화하기 위하여 스프링클러설비와 같이 토너먼트방식을 금하고 있다. 그럼에도 불구하고, 압축공기포소화설비는 토너먼트방식으로 하여야 하며 소화약제가 균일하게 방출되는 등거리 배관구조로 하여야 한다(NFTC 2.4.15).

3. 송수구 : NFTC 2.4.14.9

압축공기포소화설비를 스프링클러 보조설비로 설치하거나 압축공기포소화설비에 자동으로 급수되는 장치를 설치한 때에는 송수구 설치를 아니할 수 있다.

4. 송액관

(1) 송액관이란 수원으로부터 포 헤드·고정포 방출구 또는 이동식 포 노즐 등에 급수하는 배관을 말한다[제3조 18호(1.7.1.18)].

(2) 송액관은 포의 방출 종료 후 배관 내의 액을 배출시키기 위하여 적당한 기울기를 유지하도록 하고 그 낮은 부분에 배액(排液)밸브를 설치할 것[제7조 3항(2.4.3)]

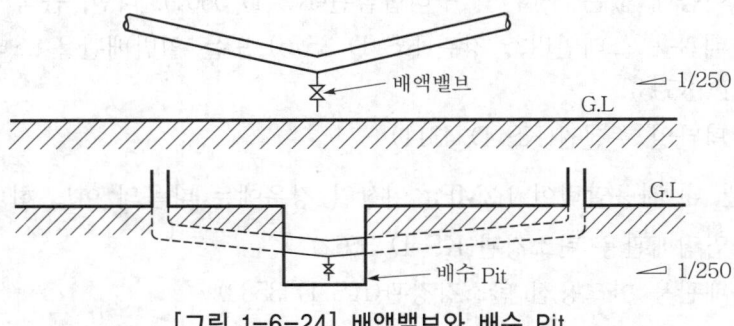

[그림 1-6-24] 배액밸브와 배수 Pit

> **→ 배액밸브**
> ① 배관 내를 청소하거나 배관 내의 잔류액을 배출하기 위하여 설치하는 것이 배액밸브로서, 배액밸브 아래쪽에는 배수피트를 설치하여 포 수용액을 배출시키도록 한다.
> ② 배액이 되도록 하기 위해 배관의 기울기를 주어야 하며 화재안전기준에는 규정이 없으나 스프링클러의 가지배관의 기울기를 준용하여 일본에서는 $\frac{1}{250}$ 이상으로 하고 있다.

(3) 송액관은 전용으로 해야 한다. 다만, 포 소화전의 기동장치의 조작과 동시에 다른 설비의 용도에 사용하는 배관의 송수를 차단할 수 있거나, 포소화설비의 성능에 지장이 없는 경우에는 다른 설비와 겸용할 수 있다(NFTC 2.4.5).

5. 개폐밸브

(1) 급수배관에 설치되어 급수를 차단할 수 있는 개폐밸브(포 헤드, 고정포 방출구 또는 이동식 포 노즐은 제외한다)는 개폐표시형으로 해야 한다. 이 경우 펌프의 흡입측배관에는 버터플라이밸브 외의 개폐표시형밸브를 설치해야 한다(NFTC 2.4.11).

(2) 개폐밸브에는 그 밸브의 개폐상태를 감시제어반에서 확인할 수 있도록 급수개폐밸브 작동표시 스위치를 다음의 기준에 따라 설치해야 한다(NFTC 2.4.12).

1) 급수개폐밸브가 잠길 경우 탬퍼스위치의 동작으로 인하여 감시제어반 또는 수신기에 표시되고 경보음을 발할 것

2) 탬퍼스위치는 감시제어반에서 동작의 유무확인과 동작시험, 도통시험을 할 수 있을 것

3) 급수개폐밸브의 작동표시 스위치에 사용되는 전기배선은 내화전선 또는 내열전선으로 설치할 것

> **탬퍼(Tamper) 스위치**
>
> 1. 자동식 수계소화설비인 스프링클러설비 및 포소화설비의 경우는 야간이나 무인의 경우에도 소화설비가 자동 기동되어 헤드에서 물 또는 포 약제량이 방사가 되어야 하므로 탬퍼 스위치 설치를 의무화한 것이다.
> 2. 포소화설비의 경우는 탬퍼 스위치가 스프링클러 기준과 동일하나 다만, 포의 경우에는 약제탱크에 있는 개폐밸브도 급수를 차단할 수 있으므로 탬퍼스위치를 설치하여야 한다.

소화설비

chapter
1

10 포소화설비의 설계실무

1. 펌프의 양정과 토출량

(1) 펌프의 양정계산

주 펌프는 전동기에 따른 펌프를 설치하여야 하며(NFTC 2.3.1), 압축공기포소화설비의 경우 펌프의 양정은 0.4MPa 이상이어야 한다. 다만, 자동으로 급수장치를 설치한 때에는 전용펌프를 설치하지 않을 수 있고(NFTC 2.3.1.16) 펌프의 양정은 다음의 [식 1-6-16]에 따라 산출한 수치 이상이 되도록 할 것(NFTC 2.3.1.6)

$$펌프의 양정\ H(m) = H_1 + H_2 + H_3 + H_4$$ ·················· [식 1-6-16]

여기서, H_1 : 실양정(m)
H_2 : 배관의 마찰손실수두(m)
H_3 : 호스의 마찰손실수두(m)
H_4 : 방출구의 설계압력 환산수두(m) 또는 노즐선단의 방사압력 환산수두(m)

펌프양정에 대한 항목별 H_1, H_2, H_3, H_4에 대하여 각각 검토하면 다음과 같다.

1) 건물높이의 실양정($=H_1$)

H_1의 개념은 최고위치에 설치된 포 방출구(폼 체임버, 포 헤드, 포 소화전 노즐 등) 높이로부터 수조 내 펌프의 흡수면까지의 높이를 뜻하며 따라서 H_1은 다음과 같이 표현할 수 있다.

$$H_1(m) = 흡입\ 실양정(Actual\ suction\ head) + 토출\ 실양정(Actual\ delivery\ head)$$

이때 흡입 실양정이란 흡수면에서 펌프축 중심까지의 수직높이이며, 토출 실양정이란 최고위치에 설치된 포 방출구 높이에서 펌프축 중심까지의 수직거리를 뜻한다. 따라서 H_1은 실양정(實揚程 ; Actual Head)을 의미한다.

2) 배관의 마찰손실수두($=H_2$)

직관의 마찰손실수두 산정은 혼합기(Proportioner) 이후는 포 약제 및 물이 혼합된 포 수용액이므로 일반적인 상태의 물보다는 점성이 있으나 마찰손실을 계산할 경우 포의 농도가 3% 또는 6%로 저농도이므로 물과 유사하게 간주하여도 실무상 큰 차이가 없다.

① 직관의 손실수두 : 직관의 손실수두를 계산할 경우 하젠−윌리엄스의 식을 이용하는 수계산하는 방식과 일정한 표를 이용하는 규약배관방식이 있다.

㉮ 수계산방식 : 하젠−윌리엄스의 식을 이용하여 직관의 손실수두를 계산할 수 있으며 포 수용액의 경우에도 포 수용액을 물로 간주하여 이 공식을 적용하도록 한다.

㉠ 일본의 경우 : 일본은 동경소방청의 고시(배관의 마찰손실 계산기준)에서 옥내소화전설비의 마찰손실과 관련된 식을 포소화설비에 대해서도 적용한다(제3절 옥내소화전설비를 참조).

옥내소화전에서 해당식은

$$H_n(\mathrm{m}) = 1.2 \times \frac{Q_k^{1.85}}{D_k^{4.87}} \left(\frac{I_K' + I_K''}{100} \right) 로서$$

$Q_K(l\mathrm{pm})$를 "호칭경이 K인 배관 내를 흐르는 물 또는 포 수용액의 양"으로 정의하고 있다.

㉡ 미국의 경우 : SFPE Handbook의 경우에도 포소화설비의 수리계산은 하젠−윌리엄스의 식을 적용하도록 하고 있다.[248] 아울러 부속류에 대한 손실계산은 스프링클러설비의 부속류 계산을 준용하도록 하고 있으며 부록(Appendix)의 [Fig 4−5A.1] 및 [Fig 4−5A.2]에서는 포소화설비의 관경별(inch)로 유량($l$pm)에 대한 마찰손실(100ft당 psi) 그래프[249]가 제시되어 있으므로 이를 이용할 수 있다. 아울러 관경별로 포의 흐름률(Flow rate)에 대한 "포의 속도(Foam velocity)"가 제시되어 있다.

㉯ 규약배관방식 : 국내의 경우는 포 헤드가 형식승인 대상품목이 아니며 제조사에서 제품별로 제시하는 기준에 의해 표준방사압과 표준방사량을 적용하고 있다. 국내 각 제조사에서는 대체적으로 포 약제에 관계없이 포 헤드 15mm를 기준으로 표준방사량은 35$l$pm, 표준방사압은 0.25MPa이나 0.3MPa이 주류를 이루며, 포 헤드 20mm에서는 표준방사량은 대체로 80~85$l$pm이다. 국내와 가장 유사한 일본의 경우도 제조사의 포 헤드별 표준방사량은 제조사마다 약간의 차이는 있으나 포 헤드의 경우 표준방사압이 0.25MPa 또는 0.3MPa이며 표준방사량은 수성막포의 경우 35$l$pm이며 합성계면활성제포는 75~80$l$pm이다. 따라서 [표 1−6−11]은 35$l$pm의 배수로서 수성막포에 적용하며, [표 1−6−12]는 75$l$pm의 배수로서 단백포 또는 합성계면활성제포에 적용할 수 있다.

248) SFPE Handbook(3rd edition) Hydraulic analysis for example p.4−134
249) SFPE Handbook(3rd edition) Foam system calculation pp.4−146~4−147

직관의 손실수두

[표 1-6-11] 및 [표 1-6-12]는 수성막포나 단백포에 대하여 포 헤드를 사용할 경우 직관의 손실수두를 간략식으로 구하는 데 이용하는 일본에서의 관행화된 과거의 자료이다.

규약배관방식의 경우는 포 헤드에 한하여 직관의 손실수두값을 적용하는 것으로 일본의 경우는 포 헤드를 합성계면활성제포 및 수성막포에 사용하기 위해서는 "소화설비인정 업무위원회"에서 검사를 실시하여 합격한 경우250)에 한하여 포 헤드를 사용할 수 있다.

② 부속류 등의 손실수두 : 부속류 및 밸브류도 옥내소화전의 등가길이 표를 이용하여 옥내소화전설비와 동일하게 직관의 등가길이를 구하여 적용한다. 방법은 "제3절 옥내소화전설비"에서 소방펌프의 양정기준 중 관 부속 및 밸브류의 상당 직관장인 [표 1-3-10(A)]를 참고하여 적용하면 된다.

[표 1-6-11] [수성막포 사용시 배관(100m당)의 마찰손실수두 (단위 : m)

헤드	유량 (lpm)	20A	25A	32A	40A	50A	65A	80A	100A	125A
1	35	28.60	8.67	2.48	1.18	0.36	0.11	0.05	0.01	0.00
2	70	103.09	31.25	8.92	4.24	1.31	0.39	0.17	0.05	0.02
3	105	218.27	66.15	18.89	8.97	2.78	0.83	0.36	0.10	0.03
4	140	371.65	112.64	32.17	15.27	4.74	1.41	0.61	0.17	0.06
5	175	561.58	170.21	48.61	23.08	7.16	2.12	0.92	0.25	0.09
6	210	786.86	238.49	68.11	32.34	10.03	2.97	1.28	0.35	0.12
7	245	1046.53	317.19	90.58	43.01	13.34	3.96	1.71	0.47	0.16
8	280	1339.79	406.07	115.97	55.06	17.08	5.07	2.18	0.60	0.21
9	315	1665.97	504.93	144.20	68.47	21.24	6.30	2.72	0.74	0.26
10	350	2024.51	613.60	175.23	83.20	25.82	7.65	3.30	0.90	0.31
11	385	2414.89	731.91	209.02	99.24	30.79	9.13	3.94	1.08	0.37
12	420	2836.65	859.74	245.53	116.58	36.17	10.72	4.63	1.27	0.44
13	455	3289.39	996.96	284.72	135.18	41.94	12.44	5.36	1.47	0.51
14	490	3772.74	1143.46	326.55	155.05	48.11	14.26	6.15	1.68	0.59
15	525	—	1299.13	371.01	176.15	54.66	16.21	6.99	1.91	0.67
16	560		1463.88	418.06	198.49	61.59	18.26	7.88	2.16	0.75
17	595		—	467.68	222.05	68.90	20.43	8.81	2.41	0.84
18	630			519.84	246.82	76.58	22.71	9.79	2.68	0.93
19	665			—	272.78	84.64	25.10	10.82	2.96	1.03
20	700				299.94	93.07	27.59	11.90	3.26	1.13
21	735				—	101.86	30.20	13.02	3.56	1.24
22	770					111.01	32.91	14.19	3.88	1.35
23	805					120.53	35.74	15.41	4.22	1.47
24	840					130.40	38.66	16.67	4.56	1.59
25	875					140.63	41.70	17.98	4.92	1.71
26	910					—	44.83	19.33	5.29	1.84
27	945						48.08	20.73	5.67	1.97

250) 사단법인 "일본소화장치공업회"의 산하단체로서 동 검사를 "自主管理를 위한 認定試驗"이라 한다.

헤드	유량	20A	25A	32A	40A	50A	65A	80A	100A	125A	150A
28	980							—	22.18	6.07	2.11
29	1015								23.66	6.48	2.25
30	1050								—	6.90	2.40
31	1085									7.33	2.55
32	1120									7.77	2.70
33	1155									8.22	2.86
34	1190									8.69	3.02
35	1225									9.17	3.19
36	1260									9.66	3.36
37	1295									10.16	3.54
38	1330									10.68	3.71
39	1365									11.20	3.90
40	1400									11.74	4.08

☞ 관장 100m당 수성막포의 마찰손실 수두표이며, 표준방사량은 35lpm 기준이다.

[표 1-6-12] 배관(100m당)의 마찰손실수두(단백포, 합성계면활성제포)   (단위 : m)

헤드	유량 (lpm)	20A	25A	32A	40A	50A	65A	80A	100A	125A	150A
1	75	117.13	35.50	10.14	4.81	1.54	0.44	0.19	0.05	0.02	0.01
2	150	422.25	127.98	36.55	17.35	5.54	1.60	0.69	0.19	0.07	0.03
3	225	894.00	270.96	77.38	36.74	11.72	3.38	1.46	0.40	0.14	0.06
4	300	1522.21	461.36	131.76	62.56	19.96	5.76	2.48	0.68	0.24	0.10
5	375	2300.16	697.14	199.09	94.53	30.15	8.70	3.75	1.03	0.36	0.16
6	450	3222.88	976.81	278.96	132.45	42.25	12.19	5.25	1.44	0.50	0.22
7	525	4286.43	1299.15	371.02	176.16	56.19	16.21	6.99	1.91	0.67	0.29
8	600	—	1663.20	474.98	225.52	71.94	20.75	8.95	2.45	0.85	0.37
9	675		2065.13	590.62	280.42	89.45	25.80	11.13	3.04	1.06	0.46
10	750		—	717.73	340.77	108.71	31.35	13.52	3.70	1.29	0.56
11	825			856.13	406.48	129.67	37.40	16.13	4.41	1.54	0.67
12	900			—	477.48	152.31	43.93	18.94	5.18	1.80	0.78
13	975				553.69	176.62	50.94	21.97	6.01	2.09	0.91
14	1050				—	202.58	58.42	25.20	6.90	2.40	1.04
15	1125					230.15	65.38	28.63	7.83	2.72	1.18
16	1200					—	74.79	32.26	8.83	3.07	1.33
17	1275						83.67	36.08	9.88	3.43	1.49
18	1350						—	40.11	10.98	3.82	1.66
19	1425							44.33	12.13	4.22	1.83
20	1500							—	13.34	4.64	2.02
21	1575								14.60	5.08	2.21
22	1650								15.91	5.53	2.41
23	1725								17.28	6.01	2.61
24	1800								18.69	6.50	2.83
25	1875								20.16	7.01	3.05
26	1950								21.67	7.54	3.28
27	2025								23.24	8.08	3.51
28	2100								24.86	8.65	3.76
29	2175								26.53	9.23	4.01
30	2250								28.24	9.82	4.27

㈜ 1. 관장 100m당 포 수용액의 마찰손실 수두표이다.
   2. 단백포 및 합성계면활성제 포의 경우에 적용한다.
   3. 헤드 1개당 표준방사량을 75$l$pm을 기준으로 적용한 것이다.

3) 호스의 마찰손실수두($= H_3$)

포 소화전이나 호스릴포의 경우에 적용하는 포 약제량에 대한 호스의 마찰손실로서 일반적으로 옥내소화전에 대해서 호스 손실값으로는 표(옥내소화전 참조)를 이용하나 포소화설비에서는 유량이 다른 관계로 이를 적용할 수가 없다. 또한 "위험물 세부기준" 제113조 7호 마목에서는 소방용 호스 및 배관의 마찰손실계산은 하젠－윌리엄스 식에 의하는 것으로 규정하고 있다.

따라서 호스의 경우에도 하젠－윌리엄스의 식을 적용하여 포 소화전의 모든 호스에 대하여 손실수두값을 정하여야 한다. H－W의 식을 이용하여 일반호스의 손실값을 측정한 자료로는 다음과 같은 FMRC[251]의 자료가 있으며, 이는 C값을 135로 적용하여 15m 소방호스에 대하여 최대마찰손실값은 시험을 통하여 측정한 것으로 마찰손실수두값으로 다음의 자료를 활용하기 바란다.[252]

[표 1-6-13] 호스의 마찰손실수두(시험 데이터)

구 경	노 즐	유 량	최대마찰손실
1 1/2″(40mm)	7/8″(20mm)	100gpm(380$l$pm)	18psi(1.25kg/cm^2)
2″(50mm)	1″(25mm)	155gpm(585$l$pm)	10psi(0.7kg/cm^2)
2 1/2″(65mm)	1 1/8″(30mm)	250gpm(945$l$pm)	8psi(0.55kg/cm^2)
3″(80mm)	1 1/8″(30mm)	400gpm(1,515$l$pm)	8psi(0.55kg/cm^2)

4) 방출구의 설계압력 환산수두 또는 노즐선단의 방사압력 환산수두($= H_4$)

H_4의 개념은 "해당 소방대상물에 설치된 고정식 포 방출구(폼 체임버, 포 헤드)의 설계압력 환산수두 또는 이동식 포소화설비(포 소화전, 호스릴포)의 노즐선단의 방사압력 환산수두"이다.

① 헤드의 경우 : 제6조 5항에 의하면 포워터스프링클러 헤드는 표준방사량이 75($l$pm) 이상으로 규격화되어 있으나 반면에 포 헤드 등의 표준방사량은 제조사에 의해 결정한 설계압력에 따라 방출되는 방사량으로 하는 것으로 이는 제조사마다 표준방사압 및 표준방사량을 제시하여야 하며 설계자는 이를

251) Factory mutual research corporation
252) 한국소방산업기술원 간행 소방검정 통권 제42호 2000. 4. 15.(p.32)

이용하여 표준방사압을 H_4로 적용하는 것으로 국내의 경우 포 헤드의 표준 방사압은 대부분 0.25MPa 또는 0.3MPa이므로 방사압력 환산수두는 25m 또는 30m로 적용한다.

② **폼 체임버의 경우** : 폼 체임버 역시 제조사에서 제시한 표준방사압을 우선적으로 적용하여야 한다. 참고로 폼 체임버의 경우 폐지된 구 기술기준에서는 폼 체임버 방사압은 0.3~0.7MPa이며 표면하 주입식은 0.7~2.1MPa로 규정한 바 있으므로 폼 체임버의 경우 방사압력 환산수두는 30~70m로 적용한다.

③ **포 소화전의 경우** : 포 소화전의 경우 노즐 방사압은 제12조 3항 1호(2.9.3.1) 에서 0.35MPa로 되어 있다. 따라서 포 소화전의 경우 방사압력 환산수두는 35m로 적용한다.

(2) 펌프의 토출량계산 : 제6조 1항 4호(2.3.1.4)

> 토출량=설계압력 또는 방사압력의 허용범위 안에서 포 수용액을 방출할 수 있는 양

1) 이는 헤드의 표준방사량만을 의미하는 것이 아니라 포소화설비 시스템 전체에 필요한 포 수용액량(포 헤드, 포 방출구, 포 소화전 등의 방사량 및 송액관의 용량)을 각각의 헤드, 폼 체임버, 포 노즐 등에서 설계압력(또는 법정방사압력)을 만족하면서 동시에 토출할 수 있는 전체 방출량의 최소값($l/\min$)을 의미한다.

2) 또한 펌프의 토출량을 결정할 경우 수원의 양이 아니라 포 수용액의 양(수원+약제량)으로 적용하여야 한다. 이는 제6조 1항 4호(2.3.1.4)에서 포 수용액을 방출 또는 방사하는 양 이상이라고 규정하고 있기 때문이다.

3) 다음 표에 따른 표준방사량을 방사할 수 있어야 한다.

구 분	표준방사량
포워터스프링클러 헤드	75$l/\min$ 이상
포 헤드 고정포 방출구 또는 이동식 포 노즐·압축공기포 헤드	각 포 헤드·고정포 방출구 또는 이동식 포 노즐의 설계압력에 따라 방출되는 소화약제의 양

2. 포소화설비 계통도

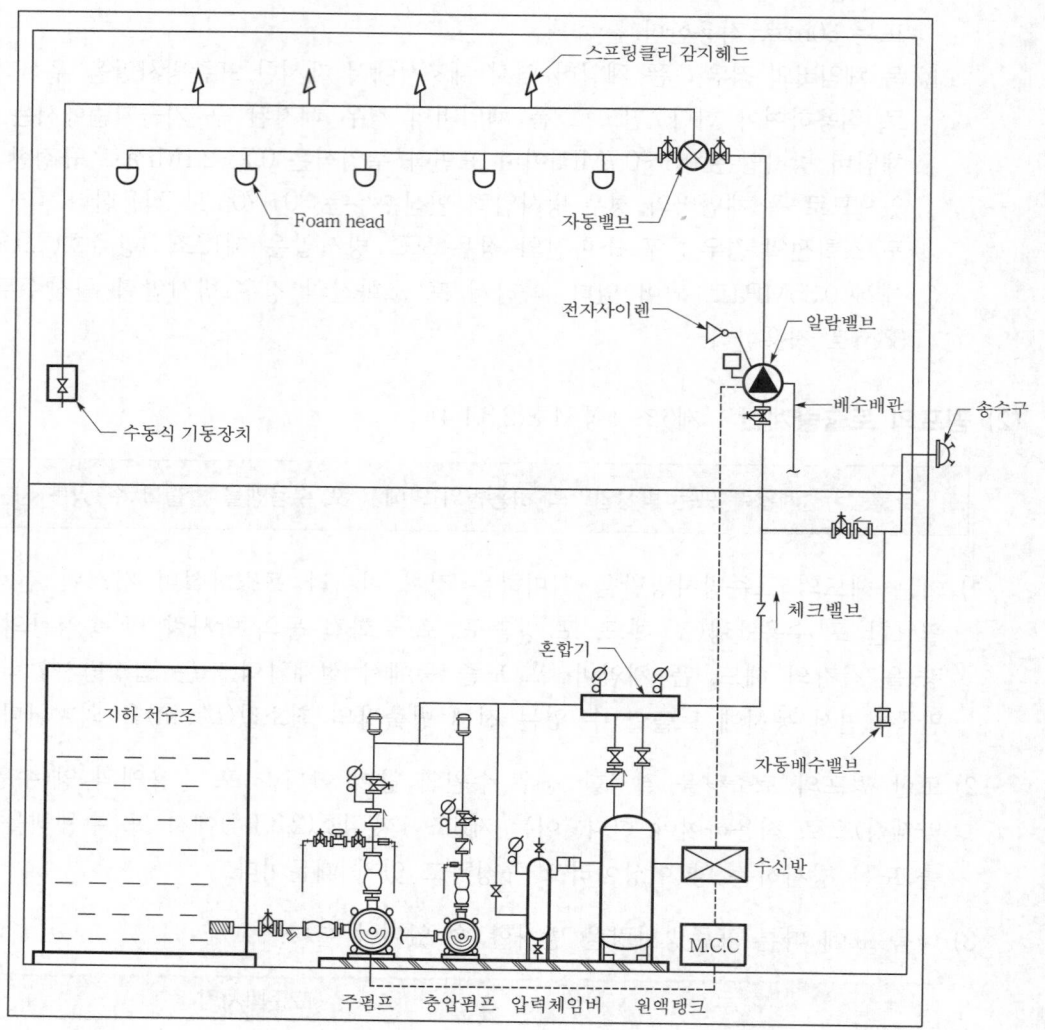

스프링클러 감지헤드

Foam head

자동밸브

전자사이렌

알람밸브

수동식 기동장치

배수배관

송수구

체크밸브

혼합기

자동배수밸브

지하 저수조

수신반

M.C.C

주펌프 충압펌프 압력체임버 원액탱크

[그림 1-6-25] 포소화설비 계통도(스프링클러헤드 기동방식)

chapter

1

소화설비

---

3. 설계 예제 및 풀이

예제 높이 12m, 직경 26m의 경유(輕油) 저장용 고정지붕 탱크가 있다. 포 방출구는 Ⅱ형을 사용하며, 소화약제는 3%의 단백포로 한다. 보조포 소화전은 4개를 설치하며 송액관은 관경 100mm가 330m, 125mm가 120m이다. 이때 다음 조건을 가지고 물음에 답하여라. (단, π는 3.14로 하고, 펌프토출량에서 배관충전량은 적용하지 아니한다)

[조건] 1) 약제탱크의 충전량은 85%로 하며 유속은 3m/sec로 한다.

2) 약제량 계산은 [표 1-6-3(A)]를 이용하며 송액관의 체적은 [표 1-6-5]를 이용한다.

3) 폼 체임버의 방사압은 3.5kg/cm²이다.

4) 배관의 총 마찰손실수두는 18m이다.

5) 혼합기(Proportioner)는 500, 1,000, 1,500, 2,000, 3,000, 4,000, 5,000$l$pm 중에서 선정한다.

6) 폼 체임버는 100, 200, 350, 500, 750, 1,250, 1,500, 1,900$l$pm 중에서 선정한다.

7) 펌프의 효율은 70%이다.

8) 계산된 포 약제량은 여유율을 감안하여 백단위(l)에서 무조건 절상하되, 기타 각 항은 소수 첫째자리까지 구한다.

1. 필요한 최소 포 약제량(l)을 구하여라.

2. 약제 저장탱크의 용량(l)을 구하여라.

3. 포 약제탱크에 설치하는 혼합기(Pressure proportioner)의 방출량(l/min)을 구하고, 이를 선정하여라.

4. 폼 체임버의 방출량(l/min)을 구하고, 이를 선정하여라.

5. 펌프의 주배관, Foam chamber의 주배관, 보조포 소화전의 주배관을 구하여라. (단, 유속은 3m/sec로 한다)

6. 펌프의 최소동력(HP)을 구하여라. (단, 자연수값으로 한다)

7. 수원의 양(m³)을 구하여라. (단, 수원은 포 수용액의 97%로 적용한다)

풀이 1. 포 약제량 : 옥외탱크 저장소의 포 약제량은 [식 1-6-8(A)], [식 1-6-9], [식 1-6-10]에 따라 다음과 같다.

㉮ 고정포 방출구의 양(l) : 경유는 제2석유류이며 포 방출구는 Ⅱ형이다. 방사시간은 [표 1-6-3(C)]를 참고한다.

$$약제량 = A \times Q_1 \times T \times S = \left(\frac{\pi}{4} \times 26^2\right) \times 4(l/m^2 \cdot min) \times 30분 \times 0.03 ≒ 1,910.4l$$

㉯ 보조포 소화전의 양(l) : 최대 3개만 적용하므로

약제량 $= N \times S \times 8,000 = 3 \times 0.03 \times 8,000 ≒ 720l$

㉰ 송액관의 양(l) : [표 1-6-5]를 이용한다.

① 관경 100mm의 경우 : 3%일 경우 0.261l/m이다.

② 관경 125mm의 경우 : 3%일 경우 0.403l/m이다.

따라서 $(0.261l/m \times 330m) + (0.403l/m \times 120m) ≒ 134.5l$

따라서 총 소요 약제량 $= ㉮ + ㉯ + ㉰ = 1910.4 + 720 + 134.5 ≒ 2764.9l \rightarrow 3,000l$

※ 최소 포 약제량은 2,764.9l이나 조건 8)과 같이 실제 설계시에는 여유율을 감안하여 3,000l로 적용한다.

2. 약제 탱크용량 : 조건 1)에 따라 일반적으로 소화약제 충전시는 탱크용량의 85% 이하가 되도록 하므로

   ∴ 3,000÷0.85=3529.4l

3. 혼합기(Proportioner)의 1분당 방출량="1분당 탱크 액표면적에 필요한 포 수용액+1분당 포 소화전에 필요한 포 수용액"이 된다.

   ㉮ 탱크 액표면적에 필요한 포 수용액=(옥외탱크 액표면적)×4l/m²·min

   $$= \frac{\pi}{4} \times 26^2 \times 4 \fallingdotseq 2122.6 l/min$$

   ㉯ 포 소화전에 필요한 포 수용액=소화전 수량(최대 3개)×400l/min=3×400=1,200l/min

   ∴ ㉮+㉯=3,322.6l/min

   따라서 선정은 조건 5)에 의해 4,000$l$pm용을 선정한다.

4. 폼 체임버의 경우 탱크 직경 26m일 때 Ⅱ형의 경우 필요한 수량은 [표 1-6-10]에 따라 2개가 필요하며, 풀이 3의 ㉮에서 폼 체임버의 총 방출량은 2122.6l/min이고 폼 체임버 2개에서 이를 방출하여야 하므로 2122.6÷2≒1061.3l/min이 된다. 따라서 선정은 조건 6)에 의해 1,250$l$pm용을 선정한다.

5. 유속은 조건에서 V=3m/sec이므로 관경 $d = 84.13\sqrt{Q}$의 식(cf 옥내소화전편에서 관경의 식 유도과정 [식 1-3-13]을 참조하기 바람)을 이용한다. 이때 Q의 단위는 (m³/min)이다.

   ㉮ 펌프의 주관 : 펌프는 풀이 3번에서 3322.6l/min을 토출하므로

   ∴ $d \fallingdotseq 84.13\sqrt{3.323} \fallingdotseq 153.4$ → 따라서 주관은 175mm 이상으로 한다.

   ※ 참고로 실무(설계나 시공)에서는 175mm의 경우 가장 일반적으로 200mm로 선정한다.

   ㉯ 폼 체임버용 주관 : 풀이 3번의 ㉮에서 2122.6l/min을 토출하므로

   ∴ $d \fallingdotseq 84.13\sqrt{2.123} \fallingdotseq 122.6$ → 따라서 125mm로 한다.

   ㉰ 보조포 소화전용 주관

   풀이 3번의 ㉯에서 1200l/min을 토출하므로

   ∴ $d \fallingdotseq 84.13\sqrt{1.2} \fallingdotseq 92.2$ → 따라서 100mm로 한다.

6. 펌프의 동력식은 $P(\text{kW}) = \dfrac{0.163 \times Q \times H}{E} \times K$이다.

   ㉮ 문제의 단서에 펌프 토출량에서 배관 충전량은 적용하지 않는다. 이때 토출량 Q는 풀이 3번의 "㉮+㉯"가 되므로 약 3.3226m³/min이다.

   ㉯ 양정 H=낙차수두+손실수두+압력수두에서

   본문에서 높이는 12m이면서 조건 4)에서 배관의 총 마찰손실수두는 18m이며, 폼 체임버의 방사압력수두는 35m이므로, 양정 H=12m+18m+35m=65m가 된다.

   따라서 $P(\text{kW}) = \dfrac{0.163 \times 3.3226 \times 65}{0.7} \times 1.1 \fallingdotseq 55.3\text{kW}=74.1\text{HP}$

   자연수 값으로 구하라는 문제에 따라서 최소동력은 75HP가 된다.

7. 약제량이 3%이므로 비례식에 의해

   3% : 약제량 3,000l=97% : x

   따라서 수원의 양 $x = \dfrac{3,000 \times 0.97}{0.3} = 97\text{m}^3$

   ※ 화재안전기준에서 규정은 100%의 양을 수원으로 적용한다.

4. 법 적용시 유의사항

(1) 화재안전기준상 수원량 산출의 문제점

수원의 수량 산정방법은 위험물을 사용하지 않는 일반소방대상물(화재안전기준 적용)과 위험물을 사용하는 위험물제조소등(위험물 세부기준 적용)에 따라 2가지 방법으로 대별(大別)할 수 있으며 두 법령상의 차이점에 대한 검토 의견은 다음과 같다.

1) 첫 번째, 화재안전기준과 위험물 세부기준(이하 세부기준)의 수원량 산정방법이 통일되어 있지 않다는 것이다. 즉, 제5조(2.2)에서는 용도별 또는 방출구별로 수원을 적용하도록 하고 고정된 값의 방출량($l$pm)이나, 표준방사량을 곱하여 수원을 구하도록 하고 있다. 이에 비해 세부기준에서는 방출구 종류별로 수원을 적용하도록 하고 고정된 값의 방출량($l$pm)이나 표준방사량을 곱하여 수원을 구하도록 하고 있다. 그러나 기본적으로 고정식 방출구(폼 체임버, 포 헤드, 고정포 방출구)에서는 표준방사량이나 방출률을 적용하도록 하며, 이동식 방출구(포 소화전, 호스릴포, 포 모니터)에서는 200, 300, 400, 1,900$l$pm 중에서 선정된 값을 적용하도록 규정한 것이다.

2) 두 번째, 세부기준은 수원량과 약제량 사이에 인과관계가 있으나 화재안전기준에서는 인과관계가 없다는 것이다. 즉, 세부기준에서는 산정한 수원량이 순수한 수원이 아니라 포 수용액을 만드는데 필요한 양 이상으로 세부기준 제133조 3호에서 정의하고 있으며 또한 제133조 4호에서는 "포 소화약제의 저장량은 3호에 정한 포 수용액량에 각 포 소화약제의 적정 희석용량 농도를 곱하여 얻은 양 이상"을 요구하고 있다. 따라서 세부기준에서는 100%의 수원을 요구하는 것이 아니라 약제량을 제외한 97%(약제량 3%)나 94%(약제량 6%)의 수원량을 요구하고 있다. 이에 비해 화재안전기준 제5조에서는 포 수용액이 아니라 순수한 수원으로서 농도와 무관하게 수원은 언제나 100%의 수량을 요구하고 있다. 격막이 있는 P.P.T(Pressure Proportioner Type)의 경우에는 격막으로 유입되는 물이 있으므로 이를 감안할 경우 수원의 양을 100%로 하는 것이 타당하나 모든 포소화설비에 대해 공통적인 사항으로 적용할 수는 없다.

3) 세 번째, 세부기준에서는 제133조 3호 마목에서 배관의 충전에 필요한 포 수용액의 양을 포함하도록 규정하고 있다. 이는 배관의 충전에 필요한 약제량을 적용하여야 하므로 수원의 양도 적용하는 것이 합리적이다. 이에 비해 화재안전기준에서는 배관의 충전량에 대한 수원의 기준을 별도로 규정하고 있지 아니하며 이로 인하여 일반적으로 수원 산정시 적용하지 않고 있다.

(2) 표준방사량의 개념

1) 스프링클러헤드는 정격토출량이 80*l*pm 이상으로 특정소방대상물 용도별로 기준 개수 수량의 헤드가 모두 개방될 경우 각 헤드에서 방사량 80*l*pm 이상을 만족하여야 한다. 그러나 포 헤드의 경우 표준방사량은 법에서 규정한 것이 아니라 각 제조사에서 만든 제품별 헤드의 방사특성으로서, 제조사에서 제품별로 사전에 결정한 설계압력에서 방사되는 헤드의 방사량이 된다. 따라서 포 헤드 적용시 설계자는 선정한 포 헤드에 대한 제조사의 표준방사량 사양을 확인한 후 헤드를 선정하여야 한다.

2) 제12조 2항 3호(2.9.2.3)의 [표 1-6-6(B)]는 표준방사량이 아니라 포 헤드의 용도 및 약제량별 최소방사밀도($l$pm/m^2)가 된다. 즉, "방호구역의 바닥면적×[표 1-6-6(B)]의 방출량=해당 구역에 대해 전체 헤드에서 1분당 방사하는 포 수용액량($l$pm)"이 산정된다. 이렇게 계산된 포 수용액값($l$pm)을 헤드 수량(건물의 형상에 따라 배치할 실제 헤드수)으로 나누어주면 포 헤드 1개에 대한 최소소요방사량($l$pm)이 결정된다. 설계자는 헤드를 선정할 경우 이와 같이 구한 헤드별 최소 소요방사량보다 큰 방사특성을 가지고 있는 표준방사량의 헤드를 선정하여야 한다. 즉, 헤드의 표준방사량은 헤드의 최소소요방사량으로 단위가 ($l$pm)이며, [표 1-6-6(B)]는 특정소방대상물별, 약제량별 포 헤드의 방사밀도($l$pm/m^2)이다.

(3) 펌프의 토출량 적용

1) 포소화설비에서 펌프의 토출량을 산정할 경우 수원의 양으로 하여야 하는지 또는 포 수용액(수원+약제량)의 양으로 하여야 하는지 검토가 필요하다. 이에 대해 제6조 1항 4호(2.3.1.4)에서는 "(전략) 방사압력의 허용범위 안에서 포 수용액을 방출 또는 방사할 수 있는 양 이상이 되도록 할 것"으로 규정하고 있다. 또한 세부기준에서는 제133조 7호 다목 (1)에서는 "펌프의 토출량은 고정식 포 방출구의 설계압력 또는 노즐의 방사압력의 허용범위로 포 수용액을 방출 또는 방사하는 것이 가능한 양으로 할 것"으로 규정하고 있다.

2) 즉, 양 법령에서 펌프의 토출량은 수원이 아니라 포 수용액을 방출할 수 있는 양으로 규정하고 있으며, 이는 일본소방법 시행규칙 제18조 4항 9호를 준용한 것으로 동 기준에서는 노즐방사압의 허용범위에서 포 수용액을 방출하는 데 필요한 양으로 규정하고 있다. 따라서 국내 설계시 펌프의 토출량은 포 수용액의 양으로 적용하도록 한다.

(4) 2차 수원의 적용

1) 포소화설비의 경우는 수계소화설비임에도 옥내소화전이나 스프링클러설비와 같이 2차 수원(옥상수조)을 필요로 하지 아니한다. 2차 수원의 개념은 소화전 펌프가 고장 등의 사고가 발생할 경우 옥상수조의 자연낙차압이라도 이용하여 소화를 하고자 하는 목적으로 규정한 것이다.

2) 이에 비해 포소화설비의 경우는 순수한 물이 아니라 방출구까지는 포 수용액(＝포 원액＋물)을 방사하여야 하는 관계로 옥상수조를 설치하여도 적응성 있는 소화가 되지 않아 소기의 목적을 달성할 수 없는 관계로 이를 제외하고 있다. 국내에서 2차 수원을 최초로 도입한 소화설비 할인규정[253]에서도 포소화설비에 대해서는 2차 수원을 적용하지 않는다. 만일 2차 수원을 설치한다면 혼합기 2차측에 접속할 수도 있으나 혼합기 1차측(앞부분)에 접속하여 고가수조의 자연압에 의해 약제가 혼합되어 포 헤드로 방출되도록 설치하여도 가능하다.

(5) 옥외 송수구의 접속위치

1) 포소화설비의 경우 옥외 송수구에 대해 "소방차로부터 그 설비에 송수할 수 있는 송수구를 설치하도록" 제7조 14항(2.4.1.4)에서 규정하고 있으며 이는 1993. 11. 11. 구 기술기준을 개정하면서 당시에 신설된 내용이다.

2) 이 경우 옥외 송수구를 설치할 경우 접속되는 위치를 혼합기의 2차측(혼합기와 유수검지장치 사이 : [그림 1-6-25] 참조)인 포소화설비의 입상주관에 접속할 것이 아니라 혼합기의 1차측에 접속하여 약제탱크에 물을 주수하여 포 수용액 상태로 유수검지장치에 공급하는 것으로 생각할 수 있으나 이는 올바른 방법이 아니다.

3) 즉 옥외 송수구는 포소화설비의 경우 물을 공급하는 것이 아니라 소방차에 의해 포 수용액을 공급하는 것으로서 1993. 11. 11. 당시 관보 제12564호의 57쪽 소방법 개정이유 및 주요골자에 의하면 다음과 같이 기술하고 있다. "포소화설비에는 소방차로부터 직접 당해 설비에 포 수용액을 공급할 수 있는 옥외 송수구를 부착하도록 하여 화재를 신속하고 효율적으로 진압할 수 있도록 함." 따라서 포소화설비의 옥외 송수구는 혼합기의 2차측 입상 주관에 접속하여 포 수용액을 주입하는 것이 원칙이다.

---

253) 소화설비규정(보험개발원 : 2013. 4. 1. 개정)

(6) 선택밸브관련기준

1) 제10조(2.7)에서 개방밸브에 대해 규정하고 있으며 이중 수동식 개방밸브의 경우 구 기술기준에서는 구간별 밸브를 별도로 선택밸브라고 칭하여 제1 · 2 선택밸브로 분류하였으나 화재안전기준으로 개정하면서 해당 조항을 삭제하였다.

2) 우선, 선택밸브는 위험물제조소 등에 설치하는 것이므로 화재안전기준에서 제외 하였으나 위험물 세부기준에서도 별도로 선택밸브에 대해서는 규정하고 있지 않다.

3) 현장에서 주로 설치하는 선택밸브를 기준으로 이를 적용하면 다음과 같다.
   ① 방호구역별 선택밸브(일명 제1 선택밸브)
      ㉮ 주배관에서 각 방호구역으로 절환되는 주 선택밸브이다.
      ㉯ 펌프실 또는 송액(送液) 주배관의 분기점에 설치한다.
   ② 방호대상물별 선택밸브(일명 제2 선택밸브)
      ㉮ 방호대상물마다 절환되는 선택밸브이다.
      ㉯ 화재시 안전하게 조작할 수 있는 장소에 설치한다.
   ③ 고정포 방출구별 선택밸브(일명 제3 선택밸브)
      ㉮ 옥외탱크에서 하나의 탱크에 고정포 방출구가 2 이상 있을 경우 설치하 는 폼 체임버별 선택밸브로서 제3 선택밸브는 설계시 일반적으로 적용하 지 아니한다.

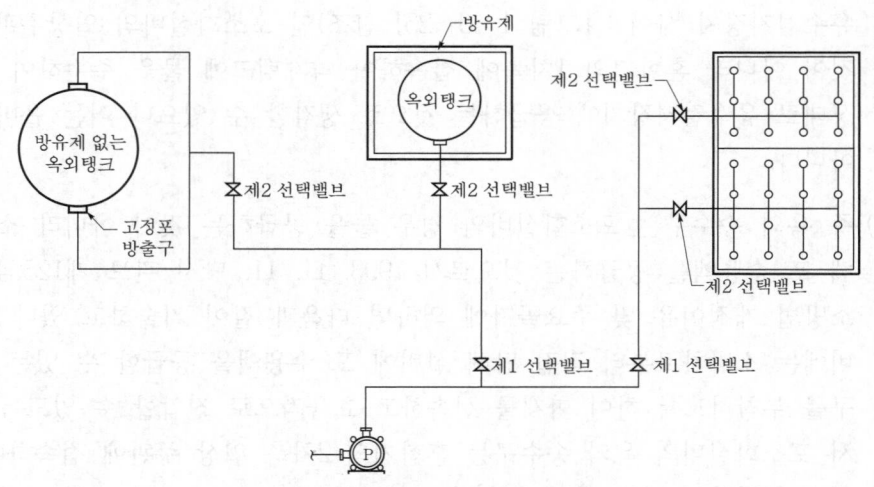

[그림 1-6-26] 선택밸브의 종류

(7) 프레셔 프로포셔너(Pressure proportioner type)의 개념

1) Pressure proportioner type(P.P.T)에는 압송식(壓送式)과 압입식(壓入式)의 2가지 방식이 있다. 압송식의 경우는 약제탱크 내 고무재질의 격막(膈膜)인 다이어프램(Diaphragm)이 있으며 혼합기에서의 흡입작용과 가압수가 탱크하부에서 밀어주는 작용에 의해 지정농도로 물과 약제가 섞어지게 된다. 이 경우는 약제와 물이 탱크 내에서 직접 섞어지지 않으므로 1번 동작 후에도 재사용이 가능하며 P.P.T에서 사용하는 가장 일반적인 혼합방식이다. 그러나 격막의 크기 관계로 저장탱크 용량에 한계가 있으며 또한 장기 보관시 격막이 경화(硬化)되어 파손될 경우에는 약제 사용시 물과 약제가 혼합되므로 사용 후 교체하여야 한다.

2) 이에 비해 압입식은 고무재질의 격막이 없이 포 약제를 탱크 내에 직접 저장한 후 물이 탱크 내부로 압입되어 혼합된 후 혼합기에서 지정한 농도로 물과 약제가 섞어지게 된다. 이는 한 번 사용 후 내용물을 교체하고 재충약하여야 하며 단백포 및 불화단백포의 경우에만 적용이 가능하며 수성막포의 경우는 물과 비중이 비슷하여 원활하게 혼합이 되지 않는다. 또한 약제가 물과 탱크 내에서 혼합되므로 방호구역이 2개 이상일 경우는 적합하지 않다.

(8) 개방형 헤드에서 AFFF(수성막포)를 사용할 경우

1) 포소화설비에서 포의 형성은 헤드 입구까지는 포 수용액상태이나 흡기형 헤드를 사용하여 헤드에서 공기를 흡입함으로서 포를 형성하게 되나 AFFF의 경우는 단백포와 달리 얇은 막을 형성하여 수성막이 장시간 지속되어 냉각 및 질식소화를 하는 것으로 포의 팽창비율이 소화효과에 직접적으로 영향을 주지는 않는다.

2) 포워터스프링클러 헤드란 개방형 헤드가 공기를 흡입하는 구조의 흡기형(吸氣型) 헤드이나 위와 같은 사유로 인하여 AFFF를 사용할 경우는 포워터스프링클러 헤드 대신 비흡기형 헤드인 일반 개방형 스프링클러헤드를 사용하여도 유사한 특성이 된다.

3) NFPA 409(Standard on aircraft hangars)에 의하면 격납고 중 규모가 가장 큰 Group Ⅰ 격납고의 경우에도 흡기형과 비흡기형 헤드 사용을 인정하고 있으며, 또한 AFFF를 사용할 경우 비흡기형 헤드(개방형 헤드를 말함)의 방사량을 $6.5 l/\min \cdot m^2$로 규정하고 있다.

1 팽창비가 18인 포소화설비에서 6%의 포 원액 저장량이 200l라면 포를 방출한 후의 포의 체적은 얼마(m³)가 되는가?

 농도가 6%라면 물은 94%이므로 수원의 양을 구하면 $94 : 6 = x : 200$

$x = (94 \times 200)/6 \fallingdotseq 3133.3l$

따라서 포 수용액의 양 $= 3133.3 + 200 \fallingdotseq 3333.3l$

팽창비는 "발포된 포의 체적 $V_f \div$포를 만드는 데 필요한 포 수용액의 체적 V_l"이다.

조건에서 팽창비 $18 = V_f/3333.3$

∴ 포의 체적 $V_f = 3333.3 \times 18 = 59999.4l \fallingdotseq 60 \text{m}^3$

2 액표면적이 962m²인 위험물(4류 1석유류) 탱크가 있다. 고정포 방출구를 Ⅰ형으로 하고 보조포 소화전이 3개일 경우 필요한 최소포소화약제량(l)을 구하여라. (단, 화재안전기준에 따른다)

조건 1) 포약제는 단백포, 농도는 3%, 송액관의 관경은 65mm로 한다.

2) 단위 포 방출량 및 방사시간은 [표 1-6-3(A)]를 이용한다.

 1. 고정포 방출구에 필요한 약제량 $= A \times Q_1 \times T \times S$ 이때 단위포 방출량(Q_1) 및 방사시간(T)은 표에 의하면 $4l/\text{m}^2 \cdot \min$ 및 30분이다.

∴ $A \times Q_1 \times T \times S = 962 \times 4 \times 30 \times 0.03 = 3463.2l$

2. 보조포 소화전에 필요한 약제량 $= N \times S \times 8,000 = 3 \times 0.03 \times 8,000 = 720l$

∴ 소요 약제량 $= 3463.2 + 720 = 4183.2l$

보충 송액관은 65mm로 75mm 이하이므로 약제량 산정에서 제외한다.

3 탱크 내부 측판으로부터 0.5m 떨어져서 설치된 직경 20m의 부상지붕 탱크에서 특형 방출구로부터의 1분당 포 방출량을 구하여라. (단, 환상(環狀)부분 면적에 대한 방출량은 $4l/\text{m}^2 \cdot \min$이다)

 0.5m 떨어진 경우 부상지붕의 직경은 19m이다.

환상부분 면적 $= \dfrac{\pi}{4}(20^2 - 19^2) \fallingdotseq 30.62 \text{m}^2$

∴ 포 방출량 $= 30.62 \text{m}^2 \times 4l/\text{m}^2 \cdot \min \fallingdotseq 122.5l/\min$

4 포소화설비에서 6%용 혼합장치를 사용할 경우 포 원액이 분당 20*l*가 사용되었다. 이때 포소화설비를 30분 동안 작동하면 수원(*l*)은 얼마가 필요한가?

 포 원액 소요량=20*l*pm×30분=600*l* 농도 6%의 경우 수원은 94%가 되므로

수원의 소요량을 x라면

6% : 600*l*=94% : x

∴ $x = 600 \times \dfrac{94}{6} = 9,400l$

5 직경 26m의 경유를 저장하는 Ⅱ형의 고정지붕 탱크가 있다. 포소화약제로 수성막포를 사용할 경우 폼 체임버 1개의 방출량(*l*/min)을 구하고 폼 체임버를 선정하여라. (단, 폼 체임버의 표준방출량은 100 · 200 · 350 · 550 · 750 · 1,000 · 1,250 · 1,500 · 1,900*l*/min으로 한다)

 1. 고정지붕 탱크이며 방출구는 Ⅱ형이다. [표 1-6-10]에 의하면 직경 26m의 경우 폼 체임버는 2개를 설치하여야 한다.
또한 폼 체임버의 1분당 방출량은 경유는 2석유류이므로 [표 1-6-3(A)]에 따라 4*l*/min · m²가 된다.

2. 직경 26m의 경우 유표면적(A)=$\dfrac{\pi}{4} \times 26^2 = 530.66$m² 따라서 1분당 포 수용액

=530.66×4*l*/min · m²≒2122.64*l*pm

그런데 폼 체임버는 총 2개이므로 폼 체임버 1개의 방출량은

2122.64÷2≒1061.32*l*/min · m²이다.

따라서 선정은 조건에 의해 1,250*l*/min으로 선정한다.

6 포소화설비에서 사용하는 혼합장치의 종류를 열거하고, 대표적으로 적용되는 실례를 1개씩 나열하여라.

 1. 프레셔 프로포셔너 방식
㈜ 주차장 건물에 폼헤드를 설치하는 등 일반적인 경우
2. 라인 프로포셔너 방식
㈜ 휴대용 또는 이동식 간이설비에 사용할 경우
3. 펌프 프로포셔너 방식
㈜ 소방자동차에 사용하는 경우
4. 프레셔 사이드 프로포셔너 방식
㈜ 석유화학 플랜트 또는 비행기 격납고 등 대단위 포소화설비에 사용하는 경우

7 다음과 같이 주차장에 포소화설비를 할 경우 물음에 답하여라.

1. 설치할 포 헤드의 종류는?

2. 필요한 최소설치헤드수량은? (단, 헤드 간격은 소수 첫째자리에서 반올림한다)

3. 일제개방밸브가 3개일 경우 그림에서 포 헤드를 도시하여라.

4. 포 헤드에서 약제 종류별로 1분당 방호구역에 방사하여야 할 최저 포 수용액은 얼마인가?

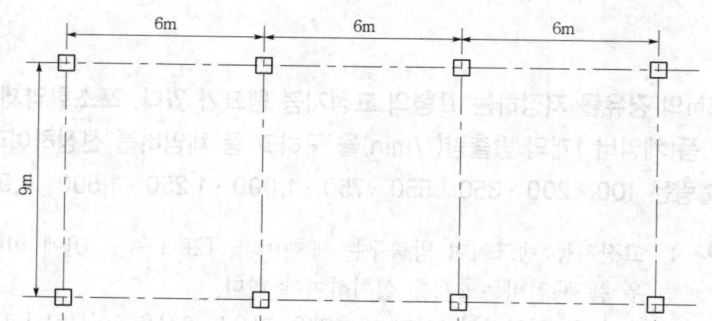

 1. 포 헤드

2. 헤드의 간격 $S=2r\cos45°$ 이때 $r=2.1\text{m}$(NFPC 105 제12조 2항 5호/NFTC 105 2.9.2.5)이므로 $S=2\times2.1\times\dfrac{1}{\sqrt{2}}=2.1\times\sqrt{2}=2.98\fallingdotseq3$

가로열=18m÷3m=6개, 세로열=9m÷3m=3개

∴ 6×3=18개

3.

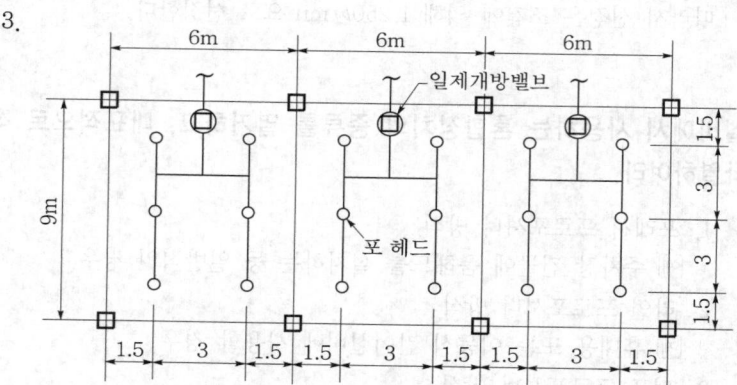

4. [표 1-6-6(B)]를 참조한다.

㉮ $9\text{m}\times6\text{m}\times6.5l/\min\cdot\text{m}^2=351l\text{pm}$: 단백포의 경우

㉯ $9\text{m}\times6\text{m}\times8.0l/\min\cdot\text{m}^2=432l\text{pm}$: 합성계면활성제포의 경우

㉰ $9\text{m}\times6\text{m}\times3.7l/\min\cdot\text{m}^2=200l\text{pm}$: 수성막포의 경우

8 휘발유 저장용 부상지붕 탱크(Floating roof tank)에 있어 다음의 조건하에서 최소 포 약제량(l), 수원의 양(m³)을 구하여라. (단, 계산과정은 화재안전기준에 따른다)

조건 1) 탱크의 직경은 30m
2) 보조포 소화전은 5개
3) 포 수용액의 농도는 6%
4) 굽도리 간격은 1.2m
5) 송액관은 65mm로서 길이 100m이다.

구 분	I 형		II 형		특 형	
	방출량	방사시간	방출량	방사시간	방출량	방사시간
인화점 21°C 미만	4	30분	4	55분	8	30분

㈜ 방출량의 단위는 ($l/m^2 \cdot min$)이다.

 1. 약제 소요량

㉮ 고정포의 경우 → [식 1-6-8(A)]에 의해 약제량=$A \times Q_1 \times T \times S$이다.

이때 환상면적은 굽도리 간격이 1.2m이므로 루프의 직경은

30-(1.2×2)=27.6m가 된다.

$$\therefore A = \frac{\pi}{4} \times 30^2 - \frac{\pi}{4} \times 27.6^2 \fallingdotseq 108.5 m^2$$

또 부상지붕 탱크(floating roof tank)이므로 폼 체임버는 특형으로 한다.

따라서 $Q = 8l/m^2 \cdot min$, $T = 30$분이다.

$S = 6\%$이므로 고정포 방출구의 약제량=108.5×8×30×0.06=1562.4l

㉯ 보조포의 경우 → [식 1-6-9]에 의거 소화전은 최대 3개만을 산정하므로

약제량=3×8,000×0.06=1,440l

㉰ 송액관은 65mm이므로 약제량을 적용하지 않는다.

∴ 최소소요 포 약제량=1562.4+1,440=3002.4l

2. 수원의 양

㉮ 고정포의 경우=108.5×8×30=26,040l=26.04m³

㉯ 포 소화전의 경우=3×8,000=24,000l=24m³

∴ 26.04+24=50.04m³

보충 수원의 경우 실제는 농도 6%일 경우 실무에서는

6% : 3002.4l=94% : x로 하여

$x = (3002.4 \times 94)/6 \fallingdotseq 47m^3$로 하는 것도 가능하다.

9 직경이 40m인 경유 부상지붕 탱크에 포소화설비를 하려고 한다. 다음의 조건에 대하여 물음에 답하여라. (단, 송액관의 양은 적용하지 아니한다)

조건 답은 소수 첫째자리까지만 구한다.
1) 탱크 내면과 굽도리판의 간격은 2.5m로 한다.
2) 소화약제는 단백포 3%를 사용하며 분당 방출량은 $10l/m^2 \cdot min$이며, 방사시간은 20분으로 한다. (포 소화전은 설치하지 않는다)
3) 펌프효율은 60%로 한다.
4) 펌프의 전 양정은 100m이다.
5) 펌프의 토출량은 포 수용액이 아닌 수원의 양으로 적용한다.
6) 수원은 포 수용액의 97%로 적용한다.

1. 최소 포 수용액의 양(l), 포 약제량(l), 수원의 양(l)을 구하여라.

2. 전동기의 최소출력(kW)을 구하여라.

1. ㉮ 포 수용액의 양 : 탱크 직경 $d_1 = 40$m, 탱크의 부상지붕 직경 $d_2 = 35$m이므로

$$A_1 = \frac{\pi}{4} \times 40^2 = 1,256m^2, \quad A_2 = \frac{\pi}{4} \times 35^2 = 961.6m^2$$

∴ 환상면적 $= A_1 - A_2 = 294.4m^2$

포 수용액의 양 $=$ 환상면적 $\times 10l/m^2 \cdot min \times 20$분 $= 294.4 \times 10 \times 20 = 58,880l$

㉯ 포 약제량 : $58,880 \times 0.03 = 1766.4l$

㉰ 수원의 양 : 농도 3%이므로 97%가 물이다.

∴ 수원 $=$ 탱크 액표면적 방출량 $\times 97\% = 58,880 \times 0.97 = 57113.6l$

2. $P(kW) = \dfrac{0.163 \times Q \times H}{E} \times K$

이때 $Q = \dfrac{\text{수원의 수량}}{20\text{분}} = \dfrac{57,113.6}{20} = 2.8557m^3/min$

조건에서 $H = 100$m, $E = 0.6$

∴ $P(kW) = \dfrac{0.163 \times 2.8557 \times 100}{0.6} \times 1.1 = 85.3kW$

10 바닥면적이 175m²인 차고에 그림과 같이 옥내 포 소화전이 설치되어 있다. 이 경우에 허용하는 최소 포 약제량을 구하여라. (단, 농도는 3%로 한다)

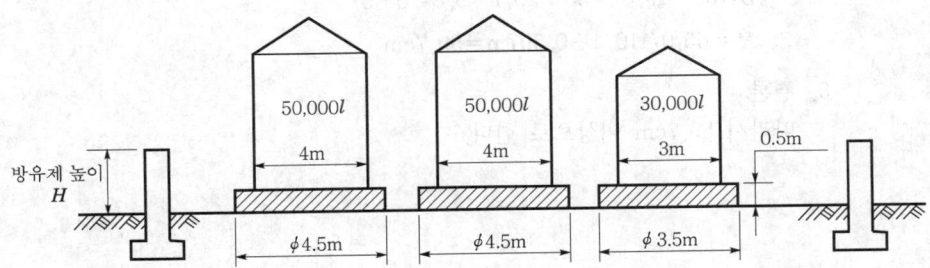

 옥내 포 소화전에 있어서 포 약제량은 [식 1-6-6]에 의거

$$Q = N \times S \times 6,000$$

여기서 $N=3$, $S=0.03$이므로

$$Q = 3 \times 0.03 \times 6,000 = 540l$$

그러나 바닥면적이 200m² 미만의 경우 75%로 할 수 있다(NFTC 2.5.2.2).

따라서 최소필요약제량 $= 540 \times 0.75 = 405l$가 된다.

11 위험물 옥외 탱크 저장소의 방유제에 용량 50,000l(직경 4m, 높이 46m의 탱크 2기)와 용량 30,000l(직경 3m, 높이 45m의 탱크 1기)를 다음 그림과 같이 설치할 경우 필요한 방유제의 높이(cm)를 구하여라. (단, 방유제 바닥면적은 130m², 각 탱크의 기초 높이는 0.5m이며 기초의 폭은 그림과 같이 4.5m, 3.5m이며 기타 구조물 및 탱크의 두께, 보온 은 무시한다)

조건 답은 소수 첫째자리까지만 구한다.

방유제 안에 설치된 탱크가 2개 이상이므로 방유제의 용량은 최대용량인 50m³의
110%로 적용한다. 또한 방유제 내부에 있는 탱크의 기초부분 및 기타 탱크 2개의
방유제 하부의 탱크체적을 공제하고 방유제 체적을 구하도록 한다.
즉, 방유제 전체체적－탱크(3개)의 기초부분의 체적－기타 탱크 2개의 방유제 높
이까지의 체적＝최대탱크용량의 110%가 되어야 한다.
그러므로 방유제의 전체 체적을 구하려면 "방유제 체적＝최대탱크용량(V_1이라 하
자)의 110%＋탱크 3개의 기초부분의 체적(V_2라 하자)＋기타 탱크 2개의 방유제 높이
까지의 체적(V_3라 하자)"이 된다.

1. 최대탱크용량(V_1)＝50,000l
   → 110%는 $V_1 \times 110\% = 55m^3$

2. 탱크 3개의 기초부분 체적(V_2)은
$$V_2 = \left(\frac{\pi}{4} \times 4.5^2 \times 0.5\right) \times 2개 + \left(\frac{\pi}{4} \times 3.5^2 \times 0.5\right) \times 1개 = 15.9 + 4.8 = 20.7m^3$$

3. 조건에서 탱크의 직경은 각각 4m, 3m이며 방유제 높이를 H(m)라면
   기준 탱크를 제외한 나머지 탱크 2개의 방유제까지 높이의 체적(V_3)은
$$V_3 = \frac{\pi}{4}(4^2 + 3^2) \times (H-0.5) = 19.6(H-0.5) = 19.6H - 9.8m^3$$

4. 방유제의 바닥면적＝130m², 높이가 H(m)이므로
   $130 \times H = V_1 + V_2 + V_3$
   ∴ $130 \times H = 55 + 20.7 + 19.6H - 9.8$
   $H(130-19.6) = 55 + 20.7 - 9.8 = 65.9$
   ∴ $H = 65.9/110.4 ≒ 0.597m = 59.7cm$

5. 결론
   따라서 59.7cm 이상으로 한다.

12 포소화설비 설계시 다음의 조건을 참고하여 물음에 답하여라. (단, 계산과정은 화재안전
기준에 따른다)

조건 1) Ⅱ형 방출구 사용

2) 탱크 직경=35m, 높이 15m의 휘발유 탱크

3) 6%의 수성막포 사용

4) 보조포 소화전 5개 설치

5) 설치된 송액관의 구경 및 길이는 150mm×100m, 125mm×80m, 80mm×70m, 65mm×50m
이다.

1. 포 소화약제 저장량(l)을 구하여라.

2. 고정포 방출구의 수량을 구하여라.

3. 혼합장치(Proportioner)의 방출량($l$pm)을 구하여라.

 1. 포 약제 저장량은 다음의 양을 합한 양 이상으로 한다.
㉮ 고정포 방출구에 필요한 양 : 휘발유는 제1석유류이다.
따라서 [표 1−6−3(A)]에 따라

$$㉮ = A \times Q_1 \times T \times S = \frac{\pi}{4} \times 35^2 \times 4 \times 55 \times 0.06 = 12693.5l$$

㉯ 보조포 소화전에 필요한 양 : ㉯$= N \times S \times 8,000 = 3개 \times 0.06 \times 8,000 = 1,440l$

㉰ 송액관에 충전하는 데 필요한 양(65mm는 제외)

$$㉰ = \frac{\pi}{4} \times (0.15^2 \times 100m + 0.125^2 \times 80m + 0.08^2 \times 70m) \times 0.06$$

$$= \frac{\pi}{4} \times (2.25 + 1.25 + 0.448) \times 0.06 = 0.1859m^3 ≒ 186l$$

따라서 $12693.5 + 1,440 + 186 = 14319.5l$

2. 고정포 방출구의 수는 [표 1−6−10]에 따라 3개가 필요하다.
∴ 3개

3. 혼합장치의 방출량($l$pm)은 1분당 포 수용액 방출량으로서 이는 ㉮ 탱크의 포
수용액 방출량과 ㉯ 포 소화전 포 수용액 방출량으로 구분할 수 있다.

㉮ 탱크의 포 수용액 방출량 : $\frac{\pi}{4} \times 35^2 \times 4 = 3846.5l$pm

㉯ 포 소화전 포 수용액 방출량 : $400l$pm$\times 3개 = 1,200l$pm

∴ 혼합장치의 방출량$=3846.5 + 1,200 = 5046.5l$pm

13 옥외 탱크 저장소에 고정포 Ⅱ형 방출구로 포소화설비를 설치하려고 한다. 다음 조건에 따라 설계하여라. (단, 송액관에 해당하는 수원의 양은 적용하지 아니 하며, 각각 소수 첫째자리까지 구하여라)

조건 1) 탱크 용량＝500,000*l*　　　　2) 탱크 직경＝12m
　　　3) 탱크높이＝47m　　　　　　4) 액표면적＝90m²
　　　5) 위험물＝4류 2석유류　　　 6) 보조포 소화전＝1개소 설치
　　　7) 배관경＝100mm, 길이＝10m(포 원액 탱크에서 포 방출구까지)
　　　8) 배관 및 부속류의 마찰손실수두＝(펌프 토출측 이후 : 6m, 펌프 흡입측 이전 : 5m, 혼합장치 : 7m)
　　　9) 폼 체임버의 방사압력＝3.5kg/cm²　　　10) 펌프효율＝60%

1. 수성막포 6%를 사용할 경우 최소 포 원액량(*l*)은 얼마인가?
2. 배관은 어떠한 규격의 배관을 사용해야 하는가?
3. 수원의 최소량(m³)은 얼마인가? (단, 수원량은 94%로 한다)
4. 전동기의 최소용량은 얼마(kW)인가?

🐭 1. 포 원액량
　　　㉮ 고정포 방출구의 양 : $Q_1 = 4l/m^2 \cdot min$, $T = 30$분

　　　　$\therefore A \times Q_1 \times T \times S = 90\,m^2 \times 4\,m^2 \cdot min \times 30분 \times 0.06 = 648l$

　　　㉯ 보조포의 양 : $N \times S \times 8,000 = 1개 \times 0.06 \times 8,000 = 480l$

　　　㉰ 송액관의 양 : $\frac{\pi}{4}d^2 \times S(농도) \times L(길이) = \frac{\pi}{4}(0.1)2 \times 0.06 \times 10m = 0.0047m^3 = 4.7l$

　　　$\therefore$ 원액의 총계 ＝ ㉮＋㉯＋㉰＝648＋480＋4.7＝1132.7*l*

　　2. 배관의 재질(NFTC 2.4.1 및 2.4.2)
　　　㉮ 배관 내 사용압력이 1.2MPa 미만일 경우
　　　　① 배관은 배관용 탄소강관(KS D 3507)
　　　　② 이음매 없는 구리 및 구리합금관(KS D 5301)(다만, 습식의 배관에 한한다)
　　　　③ 배관용 스테인리스 강관(KS D 3576) 또는 일반배관용 스테인리스 강관(KS D 3595)
　　　　④ 덕타일 주철관(KS D 4311)
　　　㉯ 배관 내 사용압력이 1.2MPa 이상일 경우
　　　　① 압력배관용 탄소강관(KS D 3562)
　　　　② 배관용 아크용접 탄소강강관(KS D 3583)

　　3. 수원의 수량
　　　농도 6%이면 수원의 양은 포 수용액의 94%이다.

㉮ 폼 체임버에 소요되는 수원의 양＝(탱크 내 포 방출량)×94%

$$= (90 \times 4 \times 30) \times 0.94 = 10,152l$$

㉯ 포 소화전에 소요되는 수원의 양＝(포 노즐 방사량)×94%

$$= (8,000 \times 소화전수) \times 94\% = 8,000 \times 1 \times 0.94$$

$$= 7,520l$$

∴ 수원의 양＝$10,152l + 7,520l = 17,672l = 17.7\text{m}^3$

4. 전동기의 용량

$$P(\text{kW}) = \frac{0.163 \times Q \times H}{E} \times K$$

이때 토출량(Q)는 1분당 토출되는 폼 체임버의 토출량 및 포 소화전 노즐의 토출량을 합산한 것이다.

㉮ 토출량

① 폼 체임버의 1분당 토출량 : $A \times Q_1 = 90 \times 4 = 360l\text{pm}$

② 포 소화전 노즐의 토출량 : $400l\text{pm} \times 1\text{개} = 400l\text{pm}$

보충 포 노즐의 법상 방사량은 $400l\text{pm}$이다.

∴ 토출량＝$360 + 400 = 760l\text{pm} = 0.76\text{m}^3/\text{min}$

㉯ 양정

폼 체임버의 방사압 환산수두는 35m이므로

조건에서 양정 : H ＝낙차손실＋마찰손실＋방사압 환산수두

$$= (47\text{m}) + (6\text{m} + 5\text{m} + 7\text{m}) + (35\text{m}) = 100\text{m}$$

$E = 0.6$이므로

∴ $P(\text{kW}) = \dfrac{0.163 \times 0.76 \times 100}{0.6} \times 1.1 = 22.7\text{kW}$

14 고정포 방출설비에서 탱크 용량 600kl, 직경 13m, 높이 6.1m, 저장물질 제1석유류(가솔린), 고정포 방출구는 Ⅱ형을 2개 설치, 포 소화약제의 농도 6%, 포 수용액량 220l/m², 송액관 내경 105mm, 배관길이 100m, 보조 소화전 5개가 설치되어 있다. 다음 물음에 답하시오.

1) 포 수용액량을 계산하시오. (단, 배관도 적용한다)

2) 원액량을 계산하시오.

옥외위험물 저장탱크에 대한 관련 기준을 적용하여야 하므로 "고정포 방출구의 양＋보조포 소화전의 양＋송액관의 양"으로 적용한다.

1. 고정포 방출구의 양

   ㉮ 수원량 : $A = \dfrac{\pi}{4} \times 13^2 = 132.67\text{m}^2$, 방출률과 방출시간은 [표 1-6-3(A)]에 따라

   방출률=4, 시간=55분이다.

   포 수용액은 [식 1-6-8(A)]에서 $A \times Q_1 \times T$가 되므로

   따라서 $132.67 \times 4 \times 55 = 29187.4l$이다.

   ㉯ 원액량 : 농도 6%이므로 $29187.4 \times 0.06 = 1751.2l$

2. 보조포 소화전의 양

   ㉮ 수원량 : 보조포는 최대 3개까지만 적용한다.

   [식 1-6-9]에서 $N \times 8,000$이므로 $3 \times 8,000 = 24,000l$

   ㉯ 원액량 : 농도 6%이므로 $24,000 \times 0.06 = 1,440l$

3. 송액관의 양

   ㉮ 수원량 : 내경 105mm, 배관길이 100m이므로 실제 계산에 의해 적용한다.

   단면적 $\dfrac{\pi}{4}d^2$이므로 배관체적은 $\dfrac{\pi}{4} \times 0.105^2 \times 100 = 0.865\text{m}^3 = 865l$

   ㉯ 원액량 : $865l \times 0.06 = 51.9l$

4. 결론

   ㉮ 수원량=①+②+③=$29187.4 + 24,000 + 865 = 54052.4l$

   ㉯ 원액량=①+②+③=$1751.2 + 1,440 + 51.9 = 3243.1l$

15 항공기 격납고에 포 소화설비를 설치할 경우 다음 조건을 참고하여 각 물음에 답하라.

조건 1) 출격납고의 바닥면적은 1,800m², 높이는 12m이다.
2) 격납고의 주요 구조부는 내화구조이고, 벽 및 천장의 실내에 면하는 부분은 난연재료이다.
3) 격납고 주변에 호스릴포소화전을 6개 설치한다.
4) 항공기의 높이는 5.5m이다.
5) 전역방출방식의 고발포용 고정포 방출구를 설치한다.
6) 포약제는 팽창비 220인 수성막포를 사용한다.

1. 격납고의 소화기구의 총 능력단위를 구하라.

2. 고정포 방출구의 최소설치개수를 구하라.

3. 고정포 방출구 1개당 최소방출량(l/min)을 구하라.

4. 전체 포소화설비에 필요한 포수용액량(m³)을 구하라.

1. 소화기구의 총 능력단위 : 격납고의 소방 용도는 "항공기 및 자동차관련시설"에 해당한다. 이 경우 NFTC 101(소화기구)의 2.1.1.2에 따라 바닥면적 100m²당 1단 위 이상이 필요하며, 내화구조 및 내장재가 불연재 등일 경우는 기준면적을 2배 완화한다.

   $\therefore$ 총 능력단위 $=1,800\text{m}^2 \div 200\text{m}^2 = 9$단위

2. 고정포 방출구의 수 : 고발포의 전역방출방식에서 방출구는 바닥면적 500m²마 다 1개 이상을 설치한다[제12조 4항 1호 다목(2.9.4.1.3)].

   $\therefore$ $1,800\text{m}^2 \div 500\text{m}^2 = 3.6 \rightarrow 4$개

3. 고정포 방출구 1개당 방출량[제12조 4항 1호 나목(2.9.4.1.2)]

   ㉮ 항공기 격납고의 경우 팽창비 220의 포 수용액 방출량은 $2l\,\text{pm/m}^3$이다.

   ※ [표 1−6−9(A)] 참조

   ㉯ 고발포 전역방출방식에서 포체적은 방호대상물인 항공기 높이보다 50cm 높은 관포체적으로 적용한다.

   관포체적 $V = 6\text{m} \times 1,800\text{m}^2 = 10,800\text{m}^3$

   총 방출량$(Q) = V(\text{m}^3) \times 2(l\,\text{pm/m}^3) = 10,800 \times 2 = 21,600l\,\text{pm}$

   방출구가 4개이므로 1개당 방출량은 $21,600 \div 4 = 5,400l/\text{min}$

4. 전체 포소화설비의 포수용액량 : 위에서 계산한 방출량이 포수용액량이므로 전체 포수용액은 다음 식을 사용한다.

   $Q = [N_1 \times Q_S \times 10] + [N_2 \times 6,000]$

   ※ [식 1−6−3(A)] 참조

   ㉮ 고정포 방출구에 필요한 포수용액 : $5,400l/\text{min} \times 4$개$\times 10\text{min} = 216\text{m}^3$

   ㉯ 호스릴포소화전에 필요한 포수용액 : 포소화전은 최대 5개까지만 적용하므로
   5개$\times 6,000 = 30\text{m}^3$

   따라서, 전체 포수용액량 $= 216 + 30 = 246\text{m}^3$

Memo

찾 · 아 · 보 · 기

한글

ㄱ

ㅈ

ㅊ

ㅎ

Design & Construction of Fire Protection System

소방시설의 설계 및 시공

제1권

제1장 : 소화기구 및 수계소화설비 (제1~6절)

정가 : 73,000원(1 · 2권 SE

BM Book Multimedia Group

ISBN 978-89-315-2907-4
http://www.cyber.co.kr

성안당은 선진화된 출판 및 영상교육 시스템을 구축하고
항상 연구하는 자세로 독자 앞에 다가갑니다.

esign & Construction of Fire Protection Systems

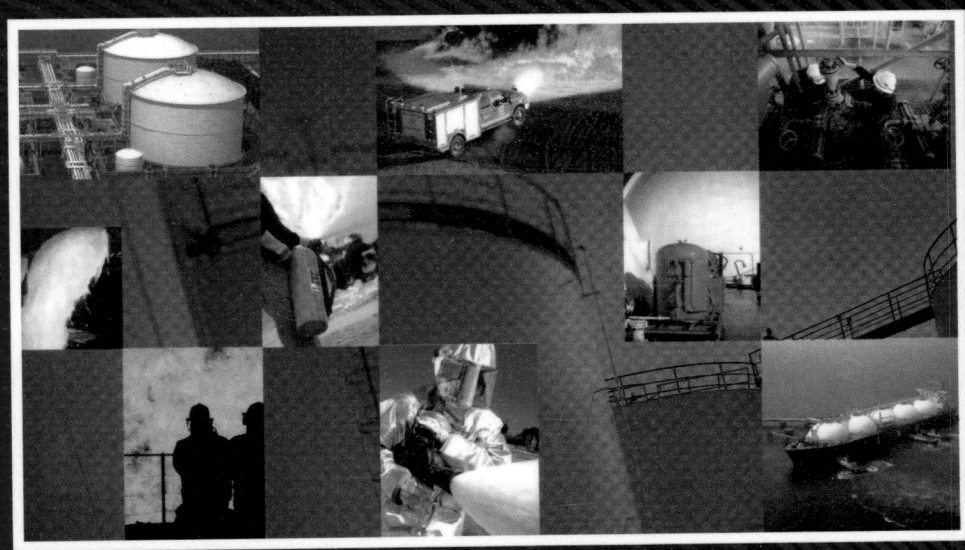

소방시설의 설계 및 시공

— 소방 기술사 / 관리사 **남상욱** 지음 —

제2권 가스 및 분말소화설비 / 경보설비 / 피난구조설비 / 소화활동설비 / 소화용수설비 / 용도별 설비

최신 개정판

BM (주)도서출판 **성안당**

소방시설의 설계 및 시공

소방 기술사 / 관리사 **남상욱** 지음

제2권 가스 및 분말소화설비 / 경보설비 / 피난구조설비 / 소화활동설비 / 소화용수설비 / 용도별 설비

BM (주)도서출판 **성안당**

■ 도서 A/S 안내

성안당에서 발행하는 모든 도서는 저자와 출판사, 그리고 독자가 함께 만들어 나갑니다.

좋은 책을 펴내기 위해 많은 노력을 기울이고 있습니다. 혹시라도 내용상의 오류나 오탈자 등이 발견되면 **"좋은 책은 나라의 보배"**로서 우리 모두가 함께 만들어 간다는 마음으로 연락주시기 바랍니다. 수정 보완하여 더 나은 책이 되도록 최선을 다하겠습니다.

성안당은 늘 독자 여러분들의 소중한 의견을 기다리고 있습니다. 좋은 의견을 보내주시는 분께는 성안당 쇼핑몰의 포인트(3,000포인트)를 적립해 드립니다.

잘못 만들어진 책이나 부록 등이 파손된 경우에는 교환해 드립니다.

저자 문의 e-mail : yyfpec@naver.com(남상욱)
본서 기획자 e-mail : coh@cyber.co.kr(최옥현)
홈페이지 : http://www.cyber.co.kr   전화 : 031) 950-6300

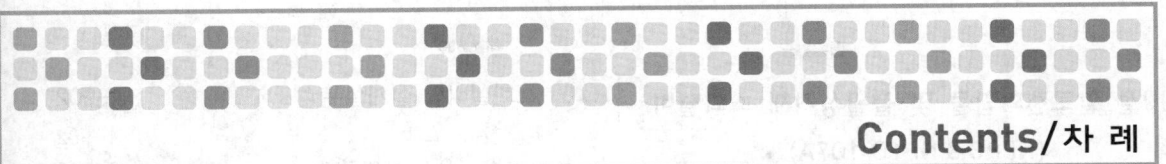

Contents/차 례

1장 소화설비 (총 956쪽)

2장   경보설비   (총 182쪽)

5장　소화용수설비　　　(총 12쪽)

찾·아·보·기　　　　　　　　　　　　　　　(총 12쪽)

1장 소화설비

제7절
이산화탄소소화설비
(NFPC & NFTC 106)

① 개 요

1. 설치대상

(1) 일반소방대상물의 경우 : 소방시설법 시행령 별표 4

CO_2소화설비에 해당하는 물분무등소화설비를 설치하여야 하는 특정소방대상물 (위험물 저장 및 처리시설 중 가스시설 또는 지하구를 제외한다)은 다음의 어느 하나와 같다. 이 중에서 ⑥에 해당하는 중·저준위방사성 폐기물의 저장시설은 가스계 소화설비만을 설치하여야 한다.

특정소방대상물	적용기준	비 고
① 항공기격납고	모든 대상물	–
② 차고, 주차용 건축물 또는 철골조립식 주차시설	연면적 800m² 이상인 것	–
③ 건축물 내부에 설치된 차고 또는 주차장	차고 또는 주차의 용도로 사용되는 부분의 바닥면적이 200m² 이상인 층	50세대 미만 연립주택 및 다세대주택은 제외
④ 기계장치에 의한 주차시설	20대 이상의 차량을 주차할 수 있는 시설	–
⑤ 전기실·발전실·변전실(주 1) 축전지실·통신기기실·전산실	바닥면적이 300m² 이상인 것(주 2)	단서 조항(주 3)
⑥ 중·저준위방사성 폐기물의 저장시설	소화수를 수집·처리하는 설비가 설치되어 있지 않은 경우	다만, 이 경우에는 가스계 소화설비(CO_2, 할론소화설비 또는 할로겐화합물 및 불활성기체 소화설비)를 설치해야 한다.

⑦ 터널[주 4]	위험등급 이상의 터널	다만, 이 경우에는 물분무 소화설비를 설치해야 한다.
⑧ 문화재	지정문화재 중 소방청장이 문화재청장과 협의하여 정하는 것	문화재보호법 제2조 3항 1호 및 2호에 따른 지정 문화재

㊀ 1. 가연성 절연유를 사용하지 아니하는 변압기·전류차단기 등의 전기기기와 가연성 피복을 사용하지 아니한 전선 및 케이블만을 설치한 전기실·발전실 및 변전실은 제외한다.
　2. 하나의 방화구획 내에 2 이상의 실이 설치되어 있는 경우에는 이를 1개의 실로 보아 바닥면적을 산정한다.
　3. 다만, 내화구조로 된 공정제어실 내에 설치된 주조정실로서 양압시설이 설치되고 전기기기에 220V 이하인 저전압이 사용되며 종업원이 24시간 상주하는 곳은 제외한다.
　4. 예상 교통량·경사도 등 터널의 특성을 고려하여 행정안전부령으로 정하는 터널

(2) 위험물제조소등의 경우 : 위험물안전관리법 세부기준 제134조 4호 "러"목

전역방출방식의 불활성가스소화설비에 사용하는 소화약제는 다음 표에 의할 것. 다만, 방호구획 체적이 1,000m³ 이상인 4류 위험물을 저장 또는 취급하는 제조소등과 제4류 외의 위험물을 저장 또는 취급하는 제조소등에 있어서 「가스계 소화설비 설계프로그램의 성능인증 및 제품검사의 기술기준」에 적합한 경우에는 IG-100, IG-55 또는 IG-541 소화약제를 사용할 수 있다.

제조소등의 구분		소화약제
제4류 위험물을 저장 또는 취급하는 제조소등	방호구획 1,000m³ 이상	CO_2
	방호구획 1,000m³ 미만	CO_2, IG-100, IG-55, IG-541
제4류 외의 위험물을 저장 또는 취급하는 제조소등		CO_2

➡ 4류 위험물 저장소나 취급소의 경우, 방호구역이 1,000m² 이상인 경우 종전에는 CO_2소화설비만 가능하였으나, CO_2 누출로 인한 인명피해가 발생하여 설계프로그램에 의해 인증받은 경우 불화성가스소화설비(IG-100, IG-55, IG-541)도 설치할 수 있도록 2023. 5. 3. 개정하였다.

2. 소화의 원리

(1) CO_2의 열역학적 특성

1) CO_2 가스는 플래밍 모드(Flaming mode)에 의한 표면화재와 글로윙 모드(Glowing mode)에 의한 심부화재에 공히 적용성이 있으며, 표준상태[254]에서는 기체상태이나

---

254) 표준상태란 기체의 경우 0℃, 1기압에서의 상태를 의미하며 이를 STP(Standard Temperature Pressure)라 하며, STP하에서는 이상기체는 1mol의 경우 22.4l가 된다.

압축에 의해 쉽게 액화되므로 용기 내에는 액상으로 보관하여 사용한다. 그러나 CO_2 의 경우 임계온도(臨界溫度 ; Critical temperature)가 31.35℃로서 상온보다 약간 높아, 이 온도 이상에서는 어떠한 압력을 가해도 액화되지 않는 특성을 가지고 있다. 임계온도란 액체상태에서 기체상태로 상전이(相轉移)가 이루어지는 온도점으로 열역학적으로는 압력이나 부피 등을 변화시켜도 상태변화가 일어나지 않는 온도를 뜻한다. 임계온도보다 낮은 온도의 기체는 일정한 압력을 가하면 액화될 수 있으나, 임계온도보다 높을 경우는 어떠한 경우에도 액화되지 아니한다.

2) CO_2에 대한 상평형도(相平衡圖 ; Phase diagram)를 보면 [그림 1−7−1]의 상평형도와 같다. 상평형도란 온도와 압력에 따라 어떠한 물질이 기체, 액체, 고체로 서로 변하면서 이루어지는 평형관계로서 CO_2의 경우 기체, 액체, 고체의 상변화에 따른 온도와 압력과의 관계를 나타내는 그림이다. 그림에서 대기압(1기압)일 경우 A점 이하의 온도에서는 CO_2는 고체로만 존재한다. 또한 대기압 상태에서 A점의 CO_2는 온도가 올라가면 우측으로 이동하여 고체에서 액체를 거치지 않고 바로 기체가 되며 이를 승화(昇華 ; Sublimation)라 한다.

B점의 경우 이를 삼중점(三重點 ; Triple point)이라 하며 기체, 액체, 고체가 모두 평형을 이루어 공존하는 지점이며 또한 CO_2가 액상으로 존재할 수 있는 온도와 압력의 하한점이므로 용기 내에 액상으로 CO_2를 저장하는 경우의 최저 압력점이 된다. C점의 경우는 임계점으로 임계점 이상에서는 기체상태로만 존재하며 압력을 아무리 가해도 액화상태로 존재하지 않는다.

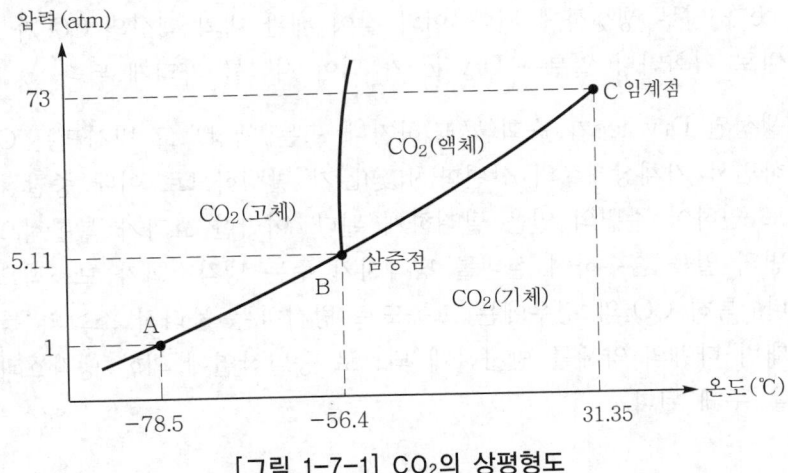

[그림 1−7−1] CO_2의 상평형도

(2) 소화의 주체

1) 대기 중에서 공기 중의 산소농도는 21%이나, 일반적인 탄화수소 가연물의 경우 산소농도가 연소한계농도인 15% 이하가 될 경우 더 이상 연소가 지속되지 않는다. CO_2 가스는 방사시 실내의 산소농도를 연소한계 농도인 15% 이하로 낮추어주는 질식소화가 소화의 주체이다. 산소의 농도를 낮춘다는 것은 산소의 양이 줄어드는 것이 아니라 방호구역 내에 있는 산소의 농도비(vol%)가 줄어드는 것이다.

2) 일반적으로 질식소화를 소화의 주체로 하는 물리적 소화는 화학적 소화에 비해 다량의 약제량을 방사함으로서 인위적으로 실내의 산소농도를 낮추어 주는 것으로 질식소화는 고농도·장시간형(방사시간)의 특성을 가지고 있으며 이에 비해 화학적 소화인 억제소화는 저농도·단시간형의 특징을 가지고 있다.

(3) 소화의 보조

1) 줄−톰슨 효과(Joule−Thomson effect)란 압축한 기체를 단열된 좁은 구멍으로 분출시켜 팽창하게 되면 온도가 내려가는 현상으로 압력차에 비례하여 그 효과가 더욱 커진다. 따라서 높은 압력으로 액화시킨 CO_2 가스가 용기밸브가 개방되어 기화하면서 노즐에서 압력이 낮은 대기압상태의 방호구역으로 방사될 경우 전형적인 줄−톰슨 효과가 나타난다. 이로 인하여 줄−톰슨 효과에 의해 방사되는 CO_2 가스의 온도가 급격히 낮아지게 되며 아울러 헤드 주변에서 Dry ice가 일부 생성하게 된다. 이와 같이 배관 내의 액상의 CO_2가 방사되어 일부는 바로 기화하나 일부는 Dry ice가 되어 시야를 가리게 된다.

2) 생성된 Dry ice가 승화(昇華)하거나 또는 액상으로 방사되는 CO_2가 즉시 기화하면서 기체상태로의 상변화(相變化)가 발생하므로 이때 증발잠열(蒸發潛熱)[255]로 인하여 주변의 열을 탈취하게 된다. 이러한 효과가 복합적으로 작용하여 주변의 열을 흡수하여 실내를 냉각시켜 주는 냉각소화가 보조적으로 작용하게 된다. 특히 CO_2의 경우에는 고농도로 방사하는 물리적 소화의 특성상 실내 체적 대비 다량의 약제를 방사하게 되므로 증발잠열에 의한 냉각효과가 상당한 영향을 주게 된다.

---

[255] 증발잠열(Latent heat of vaporization) : 액체가 기화되면서 주변의 열을 탈취하는 현상으로 이로 인하여 주변의 온도가 내려가게 된다.

3. 설비의 장·단점

장 점	① 방사 후 약제의 잔존물이 없다. ② 방사체적이 큰 관계로 기화잠열로 인한 열 흡수에 따른 냉각작용이 크다. ③ 전기에 대해 비전도성으로 C급화재에 매우 효과적이다. ④ 공기보다 비중(1.53)이 크며 가스상태로 물질 심부까지 침투가 용이하다. ⑤ 약제 수명이 반영구적이며 가격이 저렴하다.
단 점	① 질식의 위험이 있어 정상거주 지역에서는 사용이 제한된다. ② 기화시 온도가 급랭(急冷)하여 동결의 위험이 있는 관계로 정밀 기기에 손상을 줄 수 있다. ③ 할론설비에 비해 충전압력이 높아 배관 및 밸브에 대한 내압강도가 높아야 한다. ④ 방사시 Dry ice 생성으로 시야를 가려 초기 피난에 장애를 주게 된다.

기화잠열(氣化潛熱 ; Latent heat of vaporization)

기화잠열은 고압식의 경우 149kJ/kg, 저압식의 경우는 279kJ/kg이다.

4. 적응성과 비적응성

(1) 적응성[256]

1) 인화성 액체물질(Flammable liquid materials)

2) 전기적 위험(Electrical hazards)

3) 인화성 액체연료를 사용하는 엔진(Engines utilizing gasoline & other flammable liquid fuels)

4) 일반가연물(Ordinary combustibles)

5) 고체 위험물(Hazardous solids)

NFPA에서는 CO_2의 소화적응성을 위와 같이 제시하고 있으며 이 경우 A급화재인 일반가연물(Ordinary combustibles)에 대한 적응성을 인정하고 있다. CO_2 소화설비는 이와 같이 일반가연물인 A급화재에 대해서도 적응성이 있으나 소화기의 경우는 구획되어 있지 않은 공간에서 방사시 즉시 기화되어 일시적으로 표면불꽃은 소화시킬 수 있으나 재발화의 위험이 있으므로 A급화재에 대한 유효성을 인정할 수 없으며, B, C급화재에 대해서만 소화적응성을 인정받고 있다.

---

256) NFPA 12(Carbon dioxide extinguishing systems) 2022 edition : Annex G

(2) 비적응성

1) 국내의 경우 : NFPC 106(이하 동일) 제6조/NFTC 106(이하 동일) 2.8

화재안전기준은 NFPA 12의 비적응성 조항을 준용하여 NFTC 2.8(분사헤드 설치 제외)를 제정하였으며, 현재 비적응성 관련 화재안전기준은 다음과 같다.

① 방재실·제어실 등 사람이 상시 근무하는 장소

> 동 조항은 국내에서 제정한 기준으로 방재실 등은 화재시에도 최후까지 관계인이 잔류하여 소화활동을 지원하여야 하는 장소인 관계로 CO_2의 적용을 제외한 것이다. 그러나 NFPA 12에서는 적응성이 없는 장소 이외에는 설치장소의 규제는 없으며 다만, 인명안전을 위한 각종 안전조치를 별도로 규정하고 있다.

② 니트로셀룰로스(Nitrocellulose), 셀룰로이드(Celluloid)제품 등 자기연소성 물질을 저장·취급하는 장소

③ 나트륨(Na), 칼륨(K), 칼슘(Ca) 등 활성 금속물질을 저장·취급하는 장소

활성금속

마그네슘(Mg)이 없으나 누락된 것으로 개정이 필요함

④ 전시장 등의 관람을 위하여 다수인이 출입·통행하는 통로 및 전시실 등

전시장

"소방시설법 시행령" 별표 2의 특정소방대상물에서 전시장이란 문화 및 집회시설에 속하며, 전시장에는 박물관, 미술관, 과학관, 문화관, 체험관, 기념관, 산업전시장, 박람회장, 견본주택, 그 밖에 이와 비슷한 것을 말한다.

⑤ 위험물의 경우[257]

1류	2류		3류	4류	5류	6류
산화성 고체	가연성 고체		자연발화성 및 금수성	인화성 액체	자기반응성 물질	산화성 액체
	인화성 고체	금속분 등 기타				
×	○	×	×	○	×	×

㊟ ×는 적응성이 없는 것, ○는 적응성이 있는 것을 의미한다.

---

257) 위험물안전관리법 시행규칙 별표 17(소화, 경보, 피난설비의 기준) I. 소화설비 4. 소화설비의 적응성

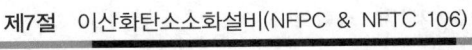

2) NFPA의 경우[258]

① 자체에서 산소를 공급하는 화합물(Chemicals containing their own oxygen supply)

  예 니트로셀룰로스

② 반응성 금속(Reactive metals)

  예 Na, K, Mg, Ti, Zr

③ 금속수소화물(Metal hydride)

> 금속수소화물이란 금속원소와 수소원소와의 화합물로서 대부분 자연발화성 가스이며 예를 들면 다음과 같은 종류가 있다.
> ① SiH_4(Silane)   ② PH_3(Phosphine)
> ③ AsH_3(Arsine)   ④ B_2H_6(Diborane)

5. 동작의 개요

(1) 기동

감지기 작동(A, B 감지기의 AND 회로구성) 또는 수동기동장치에 의해 화재신호가 수신기에 통보되면 경보장치가 작동되며(A감지기나 B감지기가 1개만 작동할 경우에도 경보는 발생함) 화재 지구표시등이 점등된다. 이때 타이머에 의해 설정된 일정시간 (보통 60초 이하)이 경과되면 기동용기의 솔레노이드(Solenoid)밸브 동작에 따라 기동용 가스(5l 이상의 질소 등 비활성가스)가 방출하게 된다.

(2) 가스방출

이후, 방출된 기동용 가스가 선택밸브 및 해당 구역의 저장용기 밸브를 개방시켜 준다. 이로 인하여 저장용기 내의 CO_2 가스가 방출되며 CO_2 가스가 선택밸브를 통과하는 순간 압력스위치가 감지하여 방출표시등이 점등되며 이후 분사헤드를 통하여 CO_2 가스가 방출하게 된다.

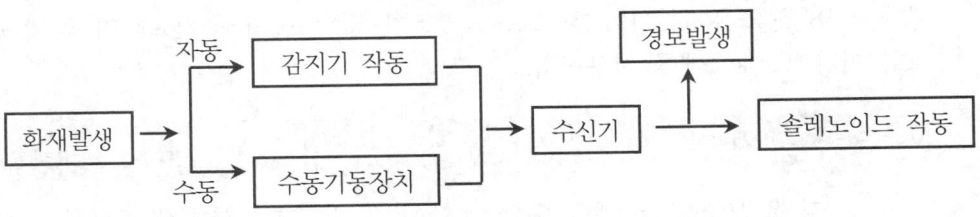

---

258) NFPA 12(2022 edition) : A.4.2.1

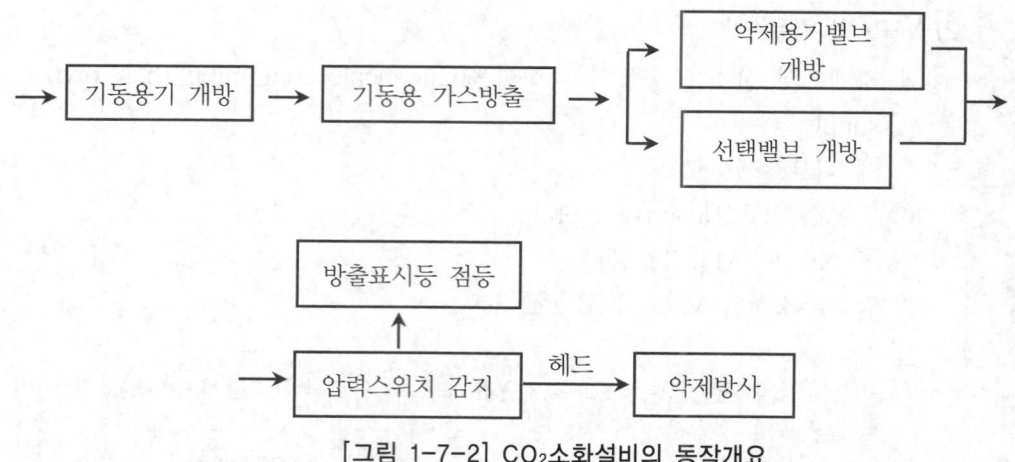

[그림 1-7-2] CO_2소화설비의 동작개요

2 CO_2소화설비의 분류

1. 압력별 구분

CO_2소화설비에서 고압식, 저압식의 용어는 NFPA 12(3.3.9 Pressure)에서 정의한 것으로 이는 국내의 "고압가스 안전관리법"에서 규정한 고압가스의 압력기준과는 무관한 것으로, 상대적으로 압력이 높은 것은 고압식(High pressure system), 압력이 낮은 것을 저압식(Low pressure system)이라고 명명한 것이다.

(1) 고압식 설비

상온 20℃에서 6MPa의 압력으로 CO_2를 액상으로 저장하는 방식으로 따라서 고압식은 액상으로 저장된 고압가스 용기로서 외부 온도에 따라 용기 내부압력이 변화하며 밸브 개방시 기화되면서 방사된다.

(2) 저압식 설비 : NFTC 2.1.2.4

-18℃에서 2.1MPa의 압력으로 CO_2를 액상으로 저장하는 방식으로 저압식은 언제나 -18℃를 유지하여야 하므로 단열조치 및 냉동기가 필요하며 약제 용기는 대형 저장 Tank 1개를 사용한다.

 저압식

화재안전기준에서는 -18℃ 이하로 표현하고 있으나 이는 잘못된 것으로 저압식은 항상 -18℃로서 2.1MPa을 유지하여야 한다.

1) 저압식 설비의 적용

① 일반건축물로서 고압식 용기를 다량으로 설치하기가 곤란한 경우(CO_2 저장량이 약 2ton 이상인 경우는 경제성이 있다)[259]

② 원자력발전소와 같이 CO_2 방호구역이 많으며 Turbine generator 등의 폭발방지용 Inert gas로 CO_2를 사용하는 경우

③ 화력발전소의 석탄, 시멘트 공장의 분쇄 및 저장, 운반설비 등 다량의 CO_2가 필요하고 Inert gas를 사용해야 하는 경우

2) 저압식 설비의 안전관리

① 용기의 충전압력이 상승하게 될 경우 수신반에 이상경보를 알려줄 수 있을 것

② 내부압력이 일정한 값을 초과하게 되면 용기 내 안전밸브가 개방되어 이를 배출할 수 있을 것

③ 냉동기 고장시 용기 온도가 상승하게 되므로 이러한 경우 경보발생이 될 수 있을 것

(3) 고압식과 저압식의 비교

[표 1-7-1] 고압식과 저압식의 비교

항 목	고압식	저압식
① 저장압력	상온(20℃)에서 6MPa(주) (70°F/850psi)	−18℃에서 2.1MPa (0°F/300psi)
② 저장용기	45kg/68l 용기를 표준으로 설치	대형 저장탱크 1대를 설치
③ 충전비	1.5~1.9	1.1~1.4
④ 배관	압력배관용 탄소강관(Sch 80)	압력배관용 탄소강관(Sch 40)
⑤ 방사압	분사헤드 기준 2.1MPa	분사헤드 기준 1.05MPa
⑥ 용기실	저압식에 비해 일정한 용기실 면적을 확보하여야 함	고압식에 비해 용기실 면적의 축소가 가능함
⑦ 약제량 검측	현장측정 (액화가스 레벨메터 또는 저울 이용)	원격감시 (CO Level monitor 장치를 이용)
⑧ 충전	불편(재충전시는 용기별로 해체 및 재부착함)	편리(설비 분리없이 현장 충전 가능함)
⑨ 안전장치	안전밸브	액면계, 압력계, 압력경보장치, 안전밸브, 파괴봉판 등[제4조 2항 2호(2.1.2)]
⑩ 적용	소용량의 방호구역	대용량의 방호구역

㈜ 70°F는 21℃이나 국내의 경우 상온은 20℃이므로 이에 해당하는 압력으로 조정하여 기재함.

---

259) API recommended practice 2001(6th edition 1984)

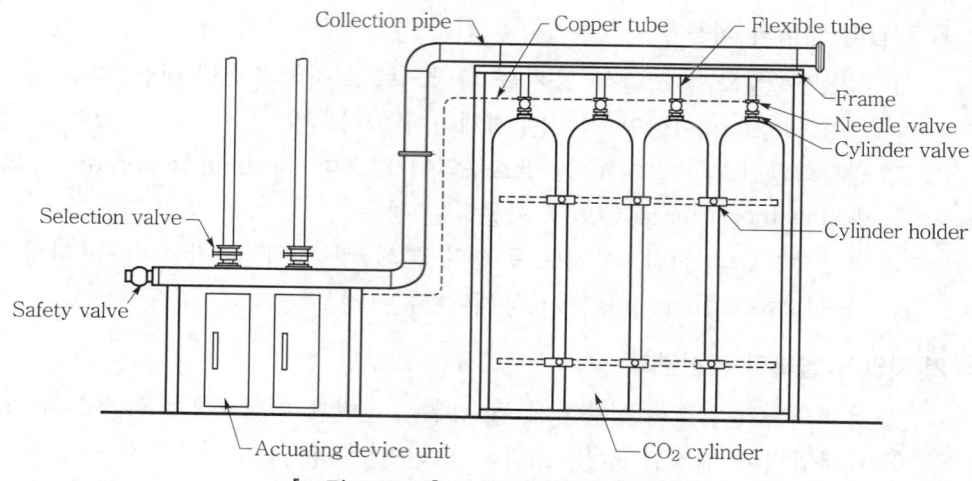

[그림 1-7-3] 고압식의 저장용기 (예)

2. 방출방식별 구분

(1) 전역방출방식(Total flooding system) : 제10조 1항(2.7.1)

1) **개념** : 하나의 방호구역을 방호대상물로 하여 타부분과 구획하고, 분사헤드를 이용하여 방호구역 전체 체적에 CO_2 가스를 방사하는 방식으로서 이 경우는 방호구역에 대한 구획이 전제되어야 한다.

2) **기준**

① 방출된 소화약제가 방호구역의 전역에 균일하게 신속히 확산할 수 있도록 할 것[제10조 1항(2.7.1.1)]

② 분사헤드의 방출압력은 [표 1-7-2]와 같으며 소화약제의 저장량은 다음의 기준에서 정한 시간 이내에 방출할 수 있는 것으로 할 것[제8조 2항(2.5.2.1 & 2.5.2.2)]

㉮ 가연성 액체 또는 가연성 가스 등 표면화재 방호대상물의 경우에는 1분

㉯ 종이, 목재, 석탄, 섬유류, 합성수지류 등 심부화재 방호대상물의 경우에는 7분, 이 경우 설계농도가 2분 이내에 30%에 도달해야 한다.

[표 1-7-2] 전역방출방식의 방사시간 및 방사압

방사시간		분사헤드 방사압	
표면화재	심부화재	고압식	저압식
1분 이내	7분 이내 (2분 이내 설계농도의 30%일 것)	2.1MPa	1.05MPa

③ 개구부면적은 방호구역 全 표면적의 3% 이하일 것[제5조 1호 다목(2.2.1.1.3)]

개구부에 대한 가산량이 방호구역 체적에 대한 기본 가스량보다 많을 경우는 원칙적으로 전역방출방식보다는 국소방출방식을 적용하여야 하며[260] 개구부의 면적은 가스방사 시 농도 및 잔류 시간에 큰 영향을 주게 되므로 개구부의 최대치를 규제한 것이다. 표면적 3%의 근거는 I.S.O 6183[261]에서 규정하고 있으며 방호구역의 전 표면적이란 방호구역 벽면 4면과 천장 및 바닥부분을 포함한 6면체의 표면적을 말한다.

(2) 국소방출방식(Local application system) : 제10조 2항(2.7.2)

1) **개념** : 방호대상물을 일정한 공간으로 구획할 수 없는 경우 미 구획상태에서 방호공간 내에 설치된 장치류를 대상으로 CO_2를 방출하는 방식으로서 NFPA에서 적용하는 국소방출방식의 예는 다음과 같다.

① 인화성 증기 및 가스의 안전한 배출을 할 수 없는 공정이나 저장탱크[262]

② 전역방출방식의 요구조건에 맞지 않는 방호구역 내의 인화성 액체, 가스 또는 두께가 얇은 고체의 표면화재[263]

2) **기준**

① 소화약제의 방출에 따라 가연물이 비산하지 아니하는 장소에 설치할 것[제10조 2항 1호(2.7.2.1)]

② 소화약제의 저장량은 최소 30초 이내에 방출할 수 있는 것으로 하고, 성능 및 방출압력이 다음 기준에 적합한 것으로 할 것[제10조 2항 2호(2.7.2.2)]

[표 1-7-3] 국소방출방식의 방사시간 및 방사압

방사시간	분사헤드 방사압	
	고압식	저압식
30초 이상	2.1MPa	1.05MPa

---

260) NFPA 12(2022 edition) : 5.2.1.2
261) ISO 6183(CO₂ Extinguishing systems for use on premises-design and installation) : 2009 2nd edition 15.5
262) NFPA 12(2022 edition) 5.2.1.5 : In the case of process and storage tanks where safe venting of flammable vapors and gases can not be realized.
263) NFPA 12(2022 edition) 6.1.2 : Surface fires in flammable liquids, gases and shallow solids, where the hazard is not enclosed or where the enclosure does not conform to the requirements for total flooding.

국소방출방식의 방사시간

① 국소방출방식의 경우 방사시간은 NFPA 12 6.3.3.1[264])에 의하면 모든 노즐로부터 최소 액상방출시간(The minimum liquid discharge time)은 최소 30초의 개념으로 NFPC 제10조 2항 2호에서 "30초 이내에 방출"이라는 표현은 잘못된 것으로 "30초 이상 방출"로 개정되어야 한다.

② 국소방출방식의 경우 방사시간을 전역방출방식과 같이 표면화재 및 심부화재로 구분하지 않는 이유는 국소방출방식의 경우는 구획되지 않은 공간에서 가스를 방사하는 관계로 심부화재의 경우 소화의 유효성을 인정할 수 없으므로 표면화재에 국한하여 적용하고 있기 때문이다.

③ 따라서 국소방출방식의 경우 약제량을 적용할 경우는 표면화재에 국한하며 다음과 같이 적용하고 있다.

㉮ NFPA : 표면화재에 대해 평면화재(Rate by area method)와 입면화재(Rate by volume method)로 구분한다.

㉯ 한국, 일본 : 특수가연물과 위험물에 대해 면적식(평면화재)과 체적식(입면화재)으로 구분한다.

(3) 호스릴방식(Hand hose line system)

1) **개념** : 이동식 설비로서 화재시 호스를 이용하여 사람이 직접 조작하는 간이설비로서 사용자가 화재시 직접 사용하는 수동식 설비이다. 이 경우는 방호대상물의 국부적인 화재에 대해 수동식으로 대처하는 것으로 조작 후 사용자가 대피할 수 있어야 하므로 화재시 현저하게 연기가 찰 우려가 없는 장소로서 다음에 해당하는 장소(차고 또는 주차의 용도로 사용되는 부분 제외)에 한한다.
차고 또는 주차장으로 사용하는 부분은 화재시 신속한 대응이 어려워 화재가 확대되는 사례가 빈번하기에 호스릴방식과 같은 수동방식이 아닌 자동방식으로만 설치가 가능하다. 또한 연기발생시 피난이 즉시 가능하여야 하므로 이를 고려하여 피난층으로 연기가 체류하지 않도록 개구부가 있거나 또는 대상물이 소규모인 것에 국한하여 적용하도록 하고 있다.

---

264) NFPA(2022 edition) 6.3.3.1 : The minimum liquid discharge time from all nozzles shall be 30 seconds.

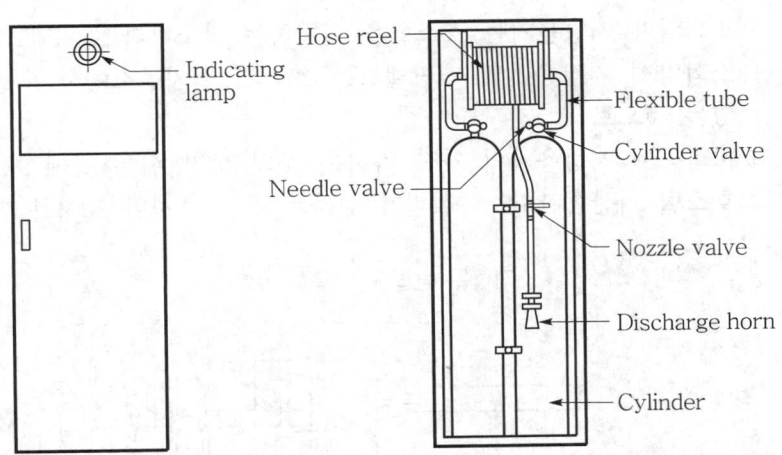

[그림 1-7-4] 호스릴설비

2) 장소의 기준 : 제10조 3항(2.7.3)

① 지상 1층 및 피난층에 있는 부분으로서 지상에서 수동 또는 원격조작에 따라 개방할 수 있는 개구부의 유효면적의 합계가 바닥면적의 15% 이상이 되는 부분

② 전기설비가 설치되어 있는 부분 또는 다량의 화기를 사용하는 부분(해당 설비의 주위 5m 이내 부분을 포함)의 바닥면적이 해당설비가 설치되어 있는 구획의 바닥면적 1/5 미만이 되는 부분

3) 설비의 기준 : 제10조 4항(2.7.4)

① 방호대상물의 각 부분으로부터 하나의 호스접결구까지의 수평거리가 15m 이하가 되도록 할 것

② 노즐은 20℃에서 하나의 노즐마다 60kg/min 이상의 소화약제를 방출할 수 있는 것으로 할 것

수평거리	노즐 방사량	저장용기	약제량(노즐당)
15m 이하	60kg/min 이상	호스릴마다	90kg 이상

> 방사량이 60kg/min 이상이나 약제량은 제5조 4호(2.2.1.4)에서 90kg 이상이므로 결국 최소방사시간은 1분 30초 이상이 된다. 이는 일본소방법의 기준을 준용한 것으로 NFPA 에서는 호스릴의 경우 방사시간을 1분 이상으로 규정하고 있다.[265]

---

265) NFPA 12(2022 edition) 7.4.1.2 : A hand hose line shall have a quantity of carbon dioxide to permit its use for at least 1 minute.

③ 소화약제 저장용기는 호스릴을 설치하는 장소마다 설치할 것
④ 소화약제 저장용기의 개방밸브는 호스의 설치장소에서 수동으로 개폐할 수 있는 것으로 할 것
⑤ 소화약제 저장용기의 가장 가까운 곳의 보기 쉬운 곳에 표시등을 설치하고, 호스릴 이산화탄소소화설비가 있다는 뜻을 표시한 표지를 할 것

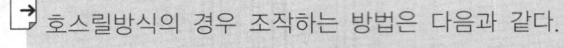
호스릴방식의 경우 조작하는 방법은 다음과 같다.

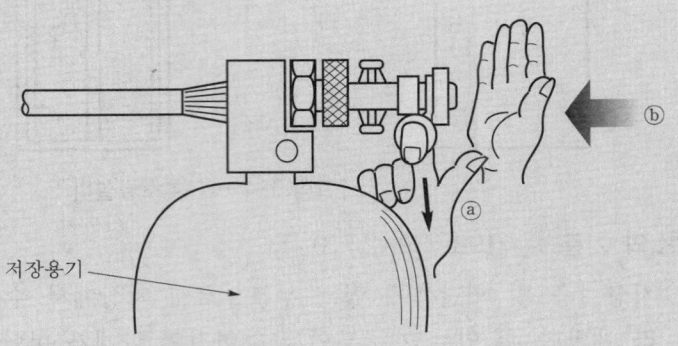

① 호스릴의 호스를 풀어서 화재가 발생한 장소까지 끌고 간다.
② 봉인을 그림에서 ⓐ와 같이 잡아당긴 후, 손바닥으로 그림에서 ⓑ와 같이 니들밸브의 머리 부분을 강하게 친다.
③ 노즐을 불꽃의 방향으로 향하게 한 후 밸브 핸들을 "열림방향"으로 젖히면 가스가 방출하게 된다.

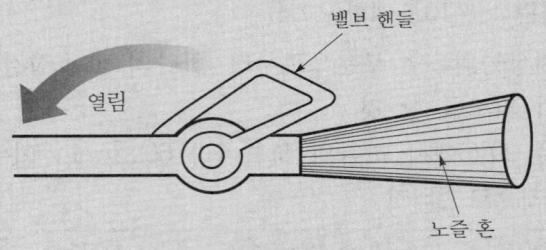

④ 노즐을 좌우로 움직여서 화면 위를 가스가 고르게 살포되도록 한다.
⑤ 사용 후에는 필히 가스의 잔량을 방출하고, 호스 내에 압력이 남아있지 않도록 한다.

3. 압력 및 방출방식별 방사시간

CO_2 방사시 표면화재는 질식을 소화의 주체로 하고 방사시간 내 소화되는 것이 원칙이나 심부화재는 질식 이외 반드시 냉각효과를 필요로 하며 이로 인하여 표면화재보다 심부화재는 고농도로 일정시간을 유지하여야 한다.
따라서 심부화재의 경우는 밀폐공간을 전제로 하며 CO_2 약제량 산정은 방호대상물에 따라 표면화재와 심부화재로 구분하여 약제량 및 방사시간을 달리 적용하여야 한다.

(1) 압력별 방사시간

1) **고압식 설비의 경우** : 용기 내 액상(액체상태)으로 압축하여 저장하고 있는 CO_2가 용기밸브가 개방될 경우 순간적으로 압력이 낮아지며 저장용기에서 배관을 통하여 약제가 흐르게 될 때 기체와 액체가 혼재(混在)된 상태가 된다. 이 경우 CO_2는 액상온도에 비해 배관의 온도가 높으므로 배관 내에서 급격하게 증발하여 기상(기체상태)이 되며 이는 액상에 비해 매우 큰 체적으로 변하게 되어 마찰손실의 증가와 약제 흐름에 의한 시간의 지연이 발생하게 된다. 그러나 고압식의 경우는 충전압력이 높고 용기실이 대체로 상온이므로 평균 흐름률(Equilibrium flow)이 되는데 소요되는 시간지연은 일반적으로 무시할 수 있다. 따라서 방사율은 1분 동안 고르게 전체 약제량이 방사될 수 있다.

2) **저압식 설비의 경우** : 그러나 저압식의 경우는 충전압력이 낮고 언제나 $-18^{\circ}C$를 유지하여야 하는 관계로 약제방사시 액상의 CO_2가 배관을 통과할 경우 고압식에 비해 배관에서 급격하게 증가하여 기상이 되므로 이로 인한 시간지연이 발생하게 된다. 이 경우 증발되는 CO_2의 양은 배관에서 흡수되는 열량과 CO_2의 증발잠열에 따라 좌우된다. 이러한 증발로 인하여 발생하는 배관 내 흐름에 관한 시간지연을 Vapor delay time(증발지연시간)이라 한다.[266] 따라서 저압식에서는 이러한 시간지연을 포함하여 방사 초기부터 1분 이내에 약제량을 방사할 수 있도록 평균 흐름률을 증가시켜야 한다.

(2) 방출방식별 방사시간

1) **전역방출방식** : 표면화재는 방사시간 1분 이내로서 질식소화가 소화의 주체이며 방사시간 내 소화되는 것이 원칙이다. 이에 비해 심부화재는 7분 이내이나 냉각소화가 보조적으로 작용하여야 하며 이를 위하여 NFPA에서는 전역방출방식의 경우 심부화재시 20분 이상의 설계농도를 유지하도록 요구하고 있으며[267] 이를 별도로 Holding time(유지시간)이라고 하며[268] 장시간의 설계농도를 유지하려면 심부화재시는 누설을 최소화하여야 한다.

266) FM : Loss prevention data 4-11N(CO_2 systems) 2-5.2.1(2011년 4월)
267) NFPA 12(2022 edition) 5.4.1(General) : After the design concentration is reached, the concentration shall be maintained for a substantial period of time, but not less than 20minutes(설계농도에 도달한 후에는 상당한 시간 동안 농도를 유지하되 20분 이상 유지해야 한다).
268) NFPA 12(2022 edition) A.5.4.1

방사시간(일본기준)

일본의 경우는 표면화재는 방사시간 1분, 준(準)심부화재는 방사시간 3.5분, 심부화재는 방사시간 7분 이내로 규정하고 있다.

2) **국소방출방식** : 국소방출방식은 원칙적으로 표면화재에만 적용하는 것으로 이 경우 방사시간은 모든 노즐로부터 최소액상방사시간(The minimum liquid discharge time)이라 하며 따라서 방사시간은 30초 이상이어야 한다.[269]

3 CO₂ 약제의 농도이론

1. 표면화재와 심부화재

(1) 연소의 요소

1) 연소의 조건이 성립하기 위해서는 가연물·산소·점화에너지의 연소의 3요소 (3Basic requirement of combustion)가 필요하나(연소의 3요소설), 이때 연소가 계속되면서 불꽃을 내면서 지속되기 위해서는 연소의 3요소 이외 추가로 연쇄반응(連鎖反應 ; Chain reaction)이 4번째 요소로 작용하여야 한다(연소의 4요소설).

2) 이 경우 플래밍 모드(Flaming mode)는 연소의 4요소, 글로윙 모드(Glowing mode)는 연소의 3요소가 관계되며 한편 이것은 화재의 제어수단이 되기도 한다.

구 분	산 소	가연물	점화에너지	연쇄반응	화재의 유형
3요소	○	○	○	×	심부화재 & 글로윙 모드
4요소	○	○	○	○	표면화재 & 플래밍 모드

(2) 화재의 성상

1) 연소에는 2가지 유형이 있으며 불꽃을 내면서 연소하는 플래밍 모드와 불꽃을 내지 않고 주로 빛만을 내면서 연소하는 글로윙 모드가 있다.

2) 화재의 경우 표면화재(Surface fire)는 플래밍 모드이며, 심부화재(Deep seated fire)는 글로윙 모드로 구분할 수 있다. 표면화재는 가연물의 표면에서 불꽃을

---

269) NFPA 12(2022 edition) 6.3.3(Duration of discharge)

발생하며 신속하게 연소가 진행되는 반면에 심부화재는 가연물 내부에서 서서히 화재가 진행되는 훈소(薰燒)화재(Smoldering fire)의 개념이다.

3) 플래밍 모드와 글로윙 모드는 독립적으로 진행되는 것이 아니라 화재시 동시에 발생될 수 있으며 B, C급화재는 전형적인 표면화재이나, A급화재는 발생부위 및 물질에 따라 표면화재나 심부화재로 전개될 수 있다.

(3) 화재의 구분

모든 종류의 화재를 표면화재와 심부화재로 정확히 양분하여 구분할 수는 없으나, 화재의 진행이 불꽃을 발생하는 표면성의 화재인지 불꽃이 없는 심부성의 화재로 전개될지 예측할 수 있으며, CO_2설비의 경우는 화재의 구분에 따라 이에 대한 CO_2가스 소요약제량을 달리 적용하게 된다. 일본의 경우는 CO_2설비의 화재구분에 대하여 지정가연물(가연성 고체 및 액체류는 제외)은 심부화재, 통신기기실은 준(準)심부화재, 기타 소방대상물은 표면화재로 적용하고 있다.[270]

지정가연물

지정가연물이란 일본소방법상의 용어로, 국내에서는 특수가연물에 해당하는 제품을 말한다.

국내의 경우 CO_2 소화설비는 약제량산정 및 방사시간을 NFPA 12의 각종 기준을 준용한 결과 표면화재와 심부화재로 구분하여 제정하고 있으며 일반적으로 표면화재 및 심부화재의 화재구분은 다음과 같이 적용할 수 있다.

1) 표면화재

[표 1-7-4] 표면화재의 성상

구 분	표면화재
① 화재의 성상	• B, C급화재를 위주로 하는 불꽃화재 • 연소의 4요소가 작용하는 플래밍 모드의 화재 • 고에너지 화재
② CO_2소화방법	• 최소설계농도 34%로서 질식소화가 주체인 소화 • 방사시간은 1분 이내 소화가 원칙
③ 방호대상물	• 유입(油入)기기가 있는 전기실 • 보일러실, 발전실, 축전지실, 주차장(차고) 등

---

270) 일본소방법 시행규칙 제19조 2항 3호

2) 심부화재

[표 1-7-5] 심부화재의 성상

구 분	심부화재
① 화재의 성상	• A급화재를 위주로 하는 훈소화재(薰燒火災 ; Smoldering fire) • 연소의 3요소가 작용하는 글로윙 모드의 화재 • 저에너지 화재
② CO_2소화방법	• 설계농도가 34%보다 높으며 질식소화 이외 재발화되지 않도록 냉각소화가 필요한 화재 • 방사시간은 7분 이내이며 20분 이상의 농도 유지시간이 필요
③ 방호대상물	• 유입기기가 없는 전기실, 통신기기실 • A급 가연물이 대량으로 있는 장소(예 박물관, 도서관, 창고 등) • 종이, 목재, 석탄, 섬유류 등의 특수가연물 보관 장소

2. 농도의 기본 개념

(1) CO_2 가스량과 농도

1) **CO_2 방사시의 상황** : 공기 중의 산소농도는 21%이며 이 농도를 계속 감소시키면 연소는 정지하게 되며 연소가 정지되는 이때의 농도를 "연소한계농도"라 한다. 이 값은 가연성 물질의 종류에 따라 다르나 보통 탄화수소계열의 물질의 경우 15%(Vol%)이며 기타 특정한 가연성 가스 및 위험물의 경우는 더 낮은 산소농도에서 연소가 정지하게 된다. 일반적인 가연성 물질의 화재시 CO_2를 방사할 경우 소화가 되기 위한 최소 CO_2 가스량 및 농도를 구하면 다음과 같다. 우선 방호구역 내에서 CO_2 가스가 방출될 경우 다음의 3가지 상황을 가정할 수 있다.

① CO_2 가스 방사시 방사된 CO_2 가스의 부피만큼 실내공기가 외부로 배출되는 경우 : 이를 완전치환(完全置換 ; Complete displacement)이라 한다.

② CO_2 가스 방사시 방사된 CO_2 가스의 부피만큼 실내공기와 CO_2의 혼합기체가 외부로 배출되는 경우 : 이를 자유유출(Free efflux)이라 한다.

③ CO_2 가스 방사시 완전 밀폐공간으로 방사된 CO_2 가스가 방호구역 내에 잔류하는 경우 : 이를 무유출(No efflux)이라 한다.

2) 방사시 CO₂의 양 : 일단 무유출(No efflux)의 경우를 전제로 계산하면 이는 누설이 없는 것으로 소요 CO₂ 가스농도의 최소치가 되므로 동일 약제량 대비 최소농도가 된다. 따라서 누설이 없는 완전 밀폐공간으로 가정하고, CO₂ 가스가 방호구역 내 잔류할 경우 밀폐공간에서 실부피 V(m³)인 공간에 CO₂ 가스 x(m³)를 방사하고, CO₂를 방사하기 전의 상태를 A, 방사한 후의 상태를 B라 하자.

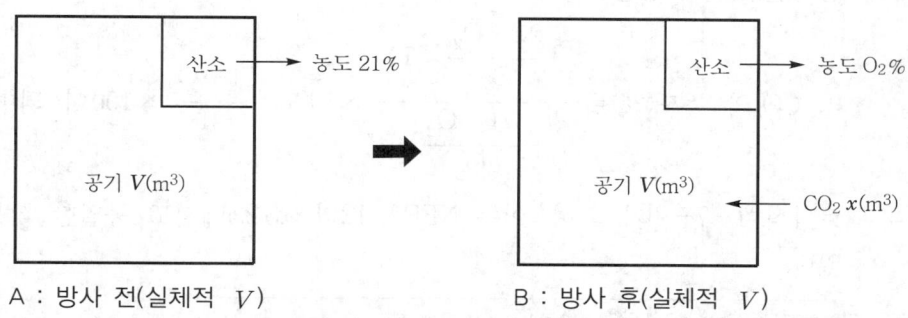

A : 방사 전(실체적 V)   B : 방사 후(실체적 V)

[그림 1-7-5] 방사 전과 방사 후

방사 전 A의 경우는 실내 산소농도가 21%이며, 방사 후 B의 경우는 x(m³)의 CO₂를 방사하였으므로 실내 산소농도가 감소되며 이를 O₂(%)라 하자.

이때 A에서의 산소의 체적(m³)은 ($V \times 21\%$)이며 B에서의 산소의 체적은 ($V + x$)$\times$O₂(%)가 된다. 외부에서 CO₂의 유입으로 실내 산소의 농도는 변화하여도 누설이 없는 밀폐공간이라는 가정하에서는 실내의 산소 절대량(kg)은 변동이 없으므로 방사 전 A와 방사 후 B에 있어서 산소의 총량은 동일하게 된다.

$\rho(V \times 21\%) = \rho(V + x) \times O_2(\%)$: ρ(산소의 밀도)

$$\therefore \ x = \frac{V \times 21\%}{O_2\%} - V = V \times \frac{(21 - O_2)\%}{O_2\%}$$

따라서 이때의 CO₂의 양 x(m³)$= \dfrac{21 - O_2\%}{O_2\%} \times V$

$$Q(\text{m}^3) = \frac{21 - O_2}{O_2} \times V \qquad \cdots\cdots\cdots\cdots [\text{식 } 1\text{-}7\text{-}1]$$

여기서, Q : 방호구역 내 방사한 CO₂ 체적(m³)
  O₂ : CO₂ 방사 후 실내의 산소농도(%)
  V : 방호구역의 부피(m³)

3) 방사시 CO_2의 농도 : 이번에는 약제방사 후 실내의 CO_2 농도를 구해 보면 다음과 같다.

실내 체적만큼의 공기에 추가로 CO_2 가스를 방사한 경우이므로

$$CO_2의\ 농도(\%) = \frac{방사된\ CO_2\ 가스량}{실내\ 부피의\ 공기량 + 방사된\ CO_2\ 가스량} \times 100 이\ 된다.$$

방사된 CO_2의 양은 [식 1−7−1]이므로

$$\therefore\ CO_2의\ 농도(\%) = \frac{\dfrac{21 - O_2}{O_2} \times V}{V + \dfrac{21 - O_2}{O_2} \times V} \times 100 = \frac{21 - O_2}{21} \times 100 이\ 되며,\ 최종적으$$

로 [식 1−7−2]가 되며, 이는 NFPA 12의 5.3.2.4에서도 동일한 식을 제시하고 있다.

$$C(\%) = \frac{21 - O_2}{21} \times 100 \qquad \cdots\cdots\cdots\cdots\cdots [식\ 1-7-2]$$

여기서, C : CO_2 방사 후 실내의 CO_2의 농도(%)
O_2 : CO_2 방사 후 실내의 산소농도(%)

최소농도

최소농도를 구할 경우 CO_2의 농도(%)$= \dfrac{CO_2\ 체적}{방호구역체적} \times 100$로 적용하는 경우가 있으나 이는 무유출이 아닌 완전치환의 경우로 잘못된 것이다.

(2) 최소이론농도 및 최소설계농도

1) 최소이론농도 : [식 1−7−2]에 연소한계농도 O_2=15%를 적용하면 $CO_2(\%) = \dfrac{21 - 15}{21} \times 100 ≒ 28\%$가 되며 이 값은 무유출(No efflux)을 전제로 한 것이므로 최소농도가 되며 이는 실험이 아닌 계산에 의해 산정한 것이다. 따라서 이를 CO_2 가스의 "최소이론농도(Theoretical minimum concentration)"라 한다.

2) 최소설계농도 : 최소이론농도는 결국 최소소화농도이며, 설계시 적용하는 설계농도는 CO_2의 경우에도 NFPA 12 5.3.2(Flammable materials)에서 할론 등의 가스계 설비와 같이 안전율 20%를 고려하도록 하고 있다. 따라서 28%×1.2=

34%가 되므로 이를 "최소설계농도(Minimum design concentration)"라 한다. 따라서 화재안전기준에서 CO_2 약제량은 최소이론농도×1.2배를 한 설계농도의 값이며 어떠한 경우에도 CO_2설비의 경우 설계농도가 34% 미만이 되어서는 안 된다.

3. 자유유출시 적용과 농도

(1) 개념

CO_2설비에서 가스가 방사될 경우, CO_2 가스는 헤드방사압이 높으며 방사체적이 매우 큰 관계로 개구부 또는 창문이나 출입문 등의 누설틈새를 통하여 방호구역으로부터 공기와 함께 자유로이 외부로 유출되어 소실하게 된다. 이러한 상황은 CO_2 설비 이외에도 설계농도가 높아 방사체적이 큰 Clean agent 중 불활성기체의 경우에도 동일한 것으로 이러한 상태의 유출을 "자유유출(Free efflux)"이라 한다. 따라서 전역방출방식에서 실제로 방사된 방호구역 내의 CO_2 농도 및 약제량을 계산할 경우는 전통적인 무유출로 계산하면 오차가 발생하며 반드시 자유유출상태로 적용하여야 한다. CO_2와 관련된 화재안전기준의 각종 수치는 NFPA에서 자유유출상태로 적용하여 제정한 각종 Table을 준용한 것이다. 또한 기사시험 수준에서 주로 사용하는 기체상태방정식을 사용하여 계산하는 것은 유출이 없는 무유출이라는 가정하에 CO_2를 이상기체(理想氣體 ; Ideal gas)로 가정하고 적용한 것으로 결과는 근사값에 해당하며 이제는 기사시험 수준에서도 이를 탈피하여야 한다.

(2) 자유유출에서의 농도

1) 자유유출에 대하여 NFPA에서는 다음과 같은 식을 제시하고 있다.[271]

방호구역 내 1m³당 방사되는 CO_2의 방사체적을 $x(\mathrm{m^3/m^3})$, CO_2 가스의 농도를 $C(\%)$ 라면 자유유출에서는 $e^x = \dfrac{100}{100-C}$와 같은 관계식이 성립한다.

윗 식을 대수(對數 ; logarithm)로 변환하면 $x = \log_e\left(\dfrac{100}{100-C}\right)$이 된다.

이를 다시 상용대수로 변환하면 $x = 2.303 \times \log\dfrac{100}{100-C}$이 되며 이때 CO_2의 비체적을 S라 하면 단위는 $(\mathrm{m^3/kg})$이며 비체적의 역수인 밀도는 $1/S(\mathrm{kg/m^3})$이 된다.

---

271) NFPA 12(2022 edition) Annex D(Total flooding systems)

따라서 방호구역 $1m^3$당 CO_2의 체적이 $x(m^3/m^3)$이므로 "$x(m^3/m^3) \times 1/S(kg/m^3)$"는 방호구역 $1m^3$당 CO_2 방사량(kg)이 된다. 즉 이는 방호구역 체적당 약제량 w로서(이를 보통 방사량 Flooding factor라 한다) 식으로 표시하면 $w = x \times \dfrac{1}{S} = 2.303 \log \dfrac{100}{100-C} \times \dfrac{1}{S}$ 이 된다.

$$w = 2.303 \times \log \frac{100}{100-C} \times \frac{1}{S}$$ .... [식 1-7-3]

여기서, w : 방사량[방호구역 $1m^3$당 CO_2 약제량](kg/m^3)
　　　　C : 방사 후 CO_2 농도(vol%)
　　　　S : 비체적(m^3/kg)

결국 CO_2설비에서 자유유출 상태에서 농도나 방사량(체적당 약제량)은 [식 1-7-3]에서 농도 C나 약제량 w를 계산하는 것이 된다.

2) CO_2설비의 경우 약제량을 구하는 공식이 [식 1-7-3]과 같이 존재하고 있으며 또한 윗 식은 Clean agent 중 불활성기체에서도 공통으로 적용되는 식이다. 왜냐 하면 고농도, 장시간 방사형의 불활성기체계열의 경우 자유유출(Free-efflux)로 적용하기 때문에 CO_2의 약제량 공식은 Clean agent 중 불활성기체와 약제량 식이 동일한 것이다. 따라서 제5조(2.2) 소화약제에서 표면화재 및 심부화재에서의 방사량은 [식 1-7-3]에 특정된 농도와 특정된 온도를 적용하여 산정된 수치인 것이다.

3) Clean agent와 같이 공식을 사용하여 약제량을 구하지 않고 제5조(2.2) 소화약제와 같이 고정된 값을 적용하는 이유는 Clean agent의 경우는 제조사에서 다양한 물성의 약제를 개발할 때마다 다양한 설계농도가 존재하게 되므로 설계농도를 사전에 예측할 수 없는 상태에서 특정된 값으로 약제량을 규정할 수 없으나 CO_2의 경우는 물성이 동일하며 오랫동안 수계산을 해 온 전통적인 가스계설비인 관계로 구태여 공식을 사용하지 않고 특정 설계농도와 특정온도를 적용한 Table을 규범화한 것이다.

4) 따라서 [식 1-7-3]을 사용하여 다양한 온도와 다양한 농도조건에서 CO_2의 약제량을 계산에 의해 구할 수 있으며 결론적으로 화재안전기준의 약제량은 특정 설계농도와 특정온도에서의 약제량일 뿐이다. 그렇다면 공식도 동일한데 CO_2 법령에 Clean agent 중 불활성기체를 포함할 수 있는지 의문을 제기할 수 있다. 이에 대해, 일본의 경우는 Clean agent의 법령이 별도로 없으며, Clean agent 중

할로겐계열의 화합물은 할론소화설비 법령에 포함하여 "할로겐화합물 소화설비"로, Clean agent 중 불활성기체는 CO_2소화설비 법령에 포함하여 "불활성기체 소화설비"로 법을 적용하고 있다.

4. 화재안전기준의 농도적용

(1) 표면화재시 농도

1) **개념** : NFPA에서는 CO_2 가스의 농도 및 약제량을 계산할 경우 30℃(86℉)와 10℃(50℉)의 2가지를 적용하고 있으며 표면화재시는 30℃를 적용하여야 하며 CO_2 표면화재시의 온도는 30℃(86℉)를 기준으로 하여 모든 Table을 제정한 것이다.[272] 0℃, 1기압에서 CO_2의 비체적은 Avogadro법칙에 의거 "22.4m³/분자량(kg)"이므로 22.4/44=0.509가 된다. 이때 0℃에서 30℃로 온도상승의 변화가 있으므로 샤를(Charles)법칙에 의거 30℃에서의 비체적 S=0.509+0.509×(30/273)=0.565m³/kg가 된다. 그러나 NFPA 12 Annex D에서 30℃의 CO_2 비체적을 9ft³/lb로 적용하므로 이는 단위변환시 0.56m³/kg이므로 표면화재시 비체적은 이 값을 적용하기로 한다.

2) **예제** : 제5조 1호 가목(표 2.2.1.1.1)의 경우, 체적 1,450m³에서 약제량이 0.75kg/m³인 경우 CO_2 방사량에 대한 방호구역의 농도를 구해보자.

① 풀이 : S=0.56이며 조건에서 w=0.75, 농도는 C(%)이므로

[식 1-7-3]에서 $2.303 \times \log \dfrac{100}{100-C} \times \dfrac{1}{0.56} = 0.75$

$\log \dfrac{100}{100-C} = \dfrac{0.56}{2.303} \times 0.75 ≒ 0.1824$

$10^{0.1824} = \dfrac{100}{100-C}$

$100 - C = \dfrac{100}{10^{0.1824}}$

따라서 농도

$C = 100 - \dfrac{100}{10^{0.1824}} = 100 - \dfrac{100}{1.522} ≒ 34.3\%$

② 해설 : 제5조 1호 가목(표 2.2.1.1.1)의 표를 위의 방식을 이용하여 각 약제량별 농도를 계산하면 다음과 같다.

---

272) NFPA 12(2022 edition) Annex D(Total flooding systems)

방호구역 체적(m³)	약제량(kg/m³)	설계농도
① 45 미만	1.0	43%
② 45 이상~150 미만	0.9	40%
③ 150 이상~1,450 미만	0.8	36%
④ 1,450 이상	0.75	34%

위의 경우 방호구역의 체적이 작을수록 설계농도는 커지고 있으며 이는 체적이 작은 구역일수록 큰 체적에 비해 상대적으로 표면적 비율이 큰 관계로 인하여 누설이 많이 발생하므로 설계농도가 커져야 한다. 아울러 방사시 설계농도는 반드시 최소설계농도인 34% 이상이 되어야 하며, 체적이 줄어들수록 설계농도가 증가하게 된다.

(2) 심부화재시 농도

1) **개념** : NFPA에서 제시하는 30℃와 10℃의 조건에서 심부화재는 더 많은 약제량을 필요로 하므로 심부화재시에는 10℃의 비체적을 적용하도록 하며 이를 계산하면 비체적은 심부화재시 $S = 0.509 + 0.509 \times 10/273 = 0.527$에 해당한다. 그러나 NFPA Annex D에서 10℃의 CO_2 비체적을 8.35ft³/lb로 적용하며 이는 단위변환시 0.52m³/kg이므로 심부화재시 이 값을 적용하기로 한다.

2) **예제** : 제5조 2호 가목(표 2.2.1.2.1)에서, 각 농도에 대한 약제량이 ㉮ 50% → 1.3kg/m³ ㉯ 50% → 1.6kg/m³ ㉰ 65% → 2.0kg/m³ ㉱ 75% → 2.7kg/m³인 것을 구해보자.

① 풀이 : 위의 경우 심부화재이므로 비체적 $S(\text{m}^3/\text{kg}) = 0.52$로 적용하며 [식 1-7-3]을 이용하여 $2.303 \times \log \dfrac{100}{100-C} \times \dfrac{1}{0.52} = w$가 되므로

㉮ 50% 농도시 → $2.303 \times \log \dfrac{100}{100-50} \times \dfrac{1}{0.52} = 1.33\text{kg/m}^3$가 된다.

그런데 화재안전기준에서는 방사량을 1.3kg/m³으로 하고 있으나, NFPA에서는 위의 계산과 같이 정확히 1.33으로 적용하고 있으며[273] 따라서 화재안전기준에서는 이를 1.4 정도로 기준 개정이 필요하다.

㉰ 65% 농도시 → $2.303 \times \log \dfrac{100}{100-65} \times \dfrac{1}{0.52} = 2.0\text{kg/m}^3$가 된다.

㉱ 75% 농도시 → $2.303 \times \log \dfrac{100}{100-75} \times \dfrac{1}{0.52} = 2.7\text{kg/m}^3$가 된다.

---

273) NFPA 12(2022 edition) Table 5.4.2.1(Voume factors & Flooding factors for specific hazard)

② 해설 : ⑦, ⑨, ④ 이외에 ⑭의 경우 1.6kg/m³은 55m³ 미만의 경우로 방호구역 체적이 작을수록 표면적이 비례적으로 증가하기 때문에 ⑦의 1.3(원래는 1.33)에 비하여 20%를 할증하여 1.33×1.2=1.6kg으로 한 것으로 따라서 이는 실제방사시 농도를 계산하면 50%가 아니라 57%가 된다.

위의 방법에 따라 설계농도를 계산한 결과 약제량은 다음과 같이 제5조 2호 가목(표 2.2.1.2.1)와 일치하게 된다. 다음의 표 ①번의 "유압기기를 제외한 전기설비, 케이블실"은 반드시 체적 55m³ 이상의 경우에만 적용하여야 하며 NFPA 12 Table 5.4.2.1에서는 이를 2,000 cubic ft(56.6m³) 이상으로 적용하고 있다.

방호대상물	약제량(kg/m³)	설계농도(%)
① 유압기기를 제외한 전기설비, 케이블실	1.3	50
② 체적 55m³ 미만의 전기설비	1.6	50(실제는 57%)
③ 서고, 전자제품 창고, 목재가공 창고, 박물관	2.0	65
④ 고무류·면화류 창고, 모피 창고, 석탄 창고, 집진설비	2.7	75

(3) 2분 내 30%의 농도

심부화재시 설계농도가 2분 이내 30% 농도에 도달해야 한다[제8조 2항 2호 단서 (2.5.2.2 단서)].

1) **개념** : 심부화재는 위 표와 같이 최소설계농도가 50% 이상이며 7분 이내에 약제를 방사하여야 한다. 이와 같이 고농도로 장시간을 방사하여야 하므로 소화의 유효성을 확보하기 위하여 방사시간 2분 이내에 30%의 설계농도를 요구하고 있다. 2분 이내 30%의 농도에 대한 기준은 NFPA의 기준[274]을 근거로 한 것으로 일반적으로 심부화재의 경우는 본 조항으로 인하여 실제방사시간은 7분보다 짧아지게 된다. 2분 이내 설계농도 30% 농도에 대해 FM의 Loss prevention data를 비롯한 미국의 소방업체 Manual에서는 해당값을 0.042(lb/ft³)로 적용하고 있으며 이를 SI 단위로 변환하면 0.673kg/m³에 해당한다. 이 경우 비체적은 위에서 계산한 10℃의 심부화재시 $S=0.509+0.509\times10/273=0.527 \fallingdotseq 0.53$에서 $S=0.53$을 적용하면 정확히 $2.303\times\log\dfrac{100}{100-30}\times\dfrac{1}{0.53}=0.673$kg/m³

가 된다.

---

274) NFPA 12(2022 edition) 5.5.2.3(Rate of application) : For deep-seated fires the design concentration shall be achieved within 7 minutes, but the rate shall be not less than that required to develop a concentration of 30 percent in 2 minutes.

2) **예제** : 가로 6m, 세로 6m, 높이 3m의 목제가공품 창고의 경우 이를 심부화재로 적용할 경우 2분 이내 30%의 농도가 될 때 필요한 CO_2 방사시간을 구해보자.

① 풀이

㉮ 2분 이내 30% 농도시 비체적은 위와 같이 $S(m^3/kg)=0.53$으로 적용한다. 목재가공품 창고의 경우 제5조 2호 가목(표 2.2.1.1.1)에 의해 w(Flooding factor)는 농도 65% 기준 $2kg/m^3$이다. 체적은 $6 \times 6 \times 3 = 108m^3$이므로 전체 체적에 필요한 소요약제량 $Q=108m^3 \times w(2kg/m^3)=216kg$(이때 농도는 65%이다).

㉯ 그런데 30% 농도에 필요한 w(방사량 ; Flooding factor)는 위의 해설과 같이 $2.303 \times \log \dfrac{100}{100-30} \times \dfrac{1}{0.53} ≒ 0.673kg/m^3$이므로 따라서 창고의 경우 $108m^3 \times 0.673kg/m^3 = 73kg$이 된다.

㉰ 따라서 73kg의 약제가 2분 이내에 방사가 되어야 하므로 $73 \div 2 = 36.5kg/min$의 Flow rate가 필요하다.

방사시간은 총량 $216kg \div 36.5kg/min = 6min$으로 7분 이내가 된다.

> **풀이 내용**
>
> 위의 풀이 내용은 미국의 유명한 소방 제조업체인 Kidde-Fenwal社의 Manual Sheet에 있는 계산결과로 자유유출에 의해 계산하고 있는 것을 명확히 나타내고 있다.

② 해설

㉮ 위와 같이 2분 내 30% 농도를 적용한 심부화재의 경우 방사시간 계산은 "약제 총량을 계산 → 30% 농도에 필요한 약제량을 계산 → 1분당 흐름률을 계산 → 방사시간(약제 총량/1분당 흐름률) 계산"의 과정으로 구하도록 한다. 심부화재는 2분 내 30%의 농도를 만족하기 위해서는 방사시간은 7분보다 짧은 시간 내에 방사되어야 한다.

㉯ CO_2에서의 농도나 약제량 계산은 언제나 자유유출로 적용하여 [식 1-7-3]에 의해 계산하여야 한다. 따라서 시중의 기사시험 문제 풀이와 같이 30%의 농도에 해당하는 약제량을 비례식으로 계산하여서는 아니 된다. 즉, 65% 농도일 경우 방사량이 $2kg/m^3$이므로 이를 65% : 2=30% : x로 하여 $x=(2 \times 0.3)/0.65 = 0.923kg/m^3$으로 적용하여서는 아니 된다. 왜냐하면 CO_2설비에서 농도와 약제량 함수는 비례적으로 증가하는 식이 아니라 자유유출인 관계로 대수(對數)적으로 증가하기 때문이다. 만일 구태

여 비례식으로 이를 푼다면 65%에 해당하는 방사량(Flooding factor)인 2.303
$\times \log \dfrac{100}{100-65} \times \dfrac{1}{S}$ 과 30%에 해당하는 방사량인 $2.303 \times \log \dfrac{100}{100-30} \times \dfrac{1}{S}$
를 비례식으로 구하여야 한다.

즉, $2.303 \times \log \dfrac{100}{100-65} \times \dfrac{1}{S} : 2.303 \times \log \dfrac{100}{100-30} \times \dfrac{1}{S} = \log \dfrac{100}{35} : \log \dfrac{100}{70}$

$= 0.456 : 0.155 = \dfrac{0.155}{0.456} = 0.34$배가 된다. 따라서 65%의 약제량인 $2kg/m^3$
$\times 0.34$배$\fallingdotseq 0.68kg/m^3$로 동일한 값이 나오게 된다. 그러나 이를 일반 비례식
으로 할 경우는 65% : 30%가 되어 0.46배가 되므로 올바른 값이 되지 않
는다. 제5조 1호 나목(그림 2.2.1.1.2)의 보정계수 그래프에서도 농도와 보
정계수가 비례식이 아닌 이유는 이와 같이 농도와 보정계수 역시 자유유출
이므로 대수함수(對數函數; Logarithmic function)의 관계이기 때문이다.

4 CO_2설비의 약제량 계산

1. 화재안전기준의 경우

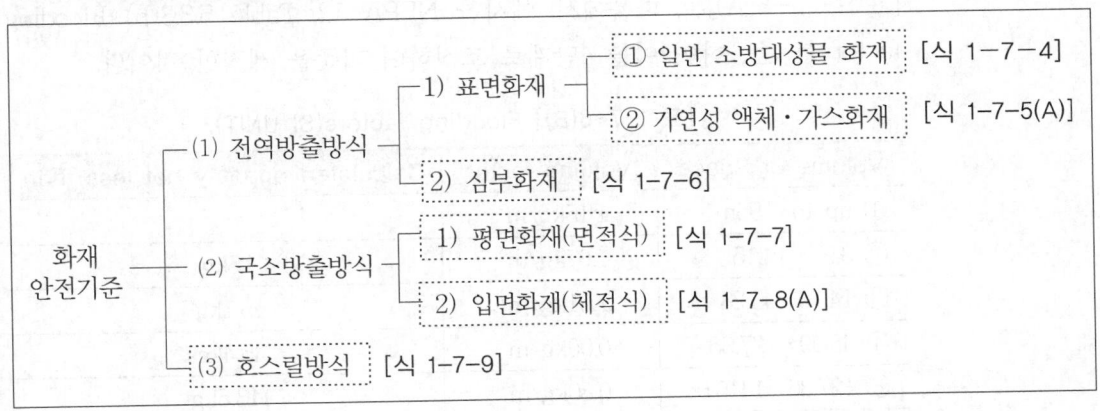

(1) 전역방출방식

1) **표면화재** : B급 및 C급화재 등과 같은 표면화재의 경우 다음과 같이 적용한다.

① 일반 소방대상물의 경우 : 제5조 1호 가목(2.2.1.1.1)
방호구역의 체적에 대해 약제량을 구하는 일반적인 용도의 소방대상물에 적용하
며 최소설계농도는 34%로서 방출계수(Flooding factor)는 체적별로 결정한다.

$$Q = V \cdot K_1(\text{기본량}) + A \cdot K_2(\text{가산량}) \qquad \cdots\cdots\cdots\cdots\cdots \text{[식 1-7-4]}$$

여기서, Q : 약제량(kg)

V : 방호구역의 체적(m^3)

A : 방호구역의 개구부 면적(m^2)

$K_1,\ K_2$: 방출계수(Flooding factor)

㉮ 기본량($= V \cdot K_1$) : 방호구역 체적에 대한 기본 가스량으로 K_1은 [표 1-7-6(A)]의 방출계수(Flooding factor)로 적용한다.

[표 1-7-6(A)] 표면화재의 방출계수(K_1)

방호구역 체적(m^3)	방출계수 K_1(m^3당)	최저한도의 양(kg)
① 45 미만	1.00kg	45kg
② 45 이상~150 미만	0.90kg	
③ 150 이상~1,450 미만	0.80kg	135kg
④ 1,450 이상	0.75kg	1,125kg

주 1. 불연재료나 내열성의 재료로 밀폐된 구조물의 경우는 그 체적을 제외한다.
　 2. 산출한 양이 최저한도의 양 미만일 경우는 최저한도의 양으로 한다.

[표 1-7-6(A)]는 다음에서 예시한 NFPA 12 Table 5.3.3(b) Flooding factors를 준용하여 이를 4단계로 조정하여 기준을 제정한 것이다.

[표 1-7-6(B)] Flooding factors(SI UNIT)

Volume of Space	Volume factor	Calculated quantity not less than
① up to 3.96m^3	1.15kg/m^3	–
② 3.97~14.15	1.07kg/m^3	4.5kg
③ 14.16~45.28	1.01kg/m^3	15.1kg
④ 45.29~127.35	0.90kg/m^3	45.4kg
⑤ 127.36~1415.0	0.80kg/m^3	113.5kg
⑥ over 1415.0	0.77kg/m^3	1135.0kg

 [표 1-7-6(B)]의 출전(出典)

NFPA 12(2022 edition) Table 5.3.3(b)

㉯ 가산량(=$A \cdot K_2$) : 자동폐쇄장치가 없는 개구부가 있을 경우 누설되는 가스량을 보충하는 양으로 방출계수(K_2)는 개구부면적(m^2)당 5kg으로 적용한다.

> 🔍 **보충 자료**
>
> 방출계수 중 K_1을 체적계수(Volume factor), K_2를 면적계수(Opening factor)라 한다.

② **가연성 액체 · 가스 등의 경우** : 제5조 1호 나목(2.2.1.1.2)

가연성 액체 · 가스 등을 저장이나 취급하는 소방대상물에 적용하며 설계농도가 34% 이상으로서 방출계수는 물질별로 보정(補正)계수를 구하여 방출계수를 적용한다.

$$Q = (V \cdot K_1) \times C + (A \cdot K_2)$$ ·················· [식 1-7-5(A)]

여기서, Q : 약제량(kg)
V : 방호구역의 체적(m^3)
A : 방호구역의 개구부면적(m^2)
K_1, K_2 : 방출계수(Flooding factor)
C : 보정계수

㉮ 기본량(=$V \cdot K_1 \times$보정계수) : 체적에 대한 기본 가스량 적용은 별표 1 [표 1-7-7]에서 제시한 설계농도에 대해 [그림 1-7-6]을 이용하여 보정계수 C를 구한 후 기본량에 이를 곱하여 산출한다. 가연성 가스 등에 대한 설계농도인 NFTC의 표 2.2.1.1.2는 NFPA 기준을 준용하여 제정한 것이다.[275]

㉯ 가산량(=$A \cdot K_2$) : 개구부에 자동폐쇄장치가 없는 경우에 누설되는 양을 보충하는 양으로 방출계수(K_2)는 개구부 면적(m^2)당 5kg으로 적용한다.

㉰ 보정계수(Material Conversion factor) : C

---

275) NFPA 12(2022 edition) : Table 5.3.2.2(Minimum CO_2 concentration for extinguishment)

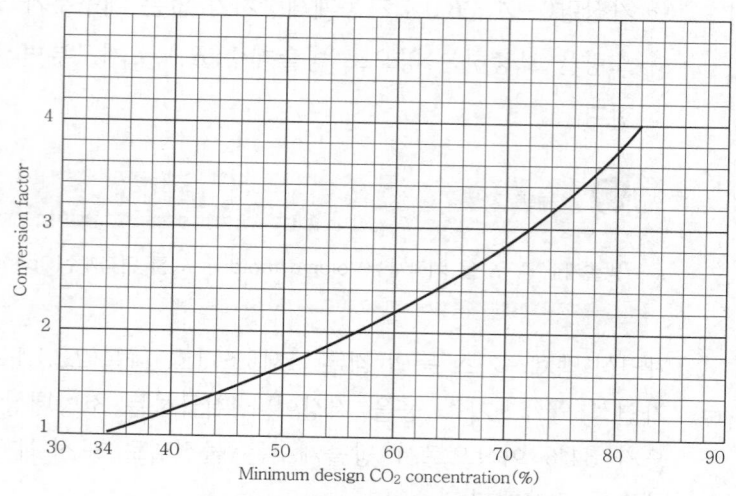

[그림 1-7-6] 보정계수 그래프

 보정계수 그래프

화재안전기준의 보정계수 그래프는 다소 부정확하므로 NFPA 12 Fig 5.3.4에서 제시한 위의 그래프를 참조할 것

㉠ 보정계수 그래프의 개념 : 예를 들어 CO_2는 설계농도 68%의 방사량 이 설계농도 34% 방사량의 2배(34%×2)가 아니다.

왜냐하면, [식 1-7-3]$\left(w = 2.303 \log \dfrac{100}{100-C} \times \dfrac{1}{S}\right)$에서 C=68%라면 (비체적 S=0.56) $w = 2.303 \log \dfrac{100}{100-68} \times \left(\dfrac{1}{0.56}\right) = 2.035$, 즉 방사량 $w = 2.035\mathrm{kg/m^3}$이며, C=34%라면 $w = 2.303 \log \dfrac{100}{100-34} \times \left(\dfrac{1}{0.56}\right) = 0.742$, 즉 방사량 $w = 0.742\mathrm{kg/m^3}$이고 약 2.743배(2.035/0.742)가 된다. 이는 자유유출로 약제량을 적용하여야 하므로 자유유출에서의 약제량은 직선적인 비례식이 아니라 대수(對數 ; Logarithm)적으로 증가하는 값 이기 때문이다. 따라서 설계농도 34%를 초과하는 경우 설계농도에 대한 약제량 계산을 용이하게 하기 위해서 최소설계농도인 34%를 기준값 1 로 하고, 각각에 해당하는 농도%를 기준값에 대해 대수적으로 값을 구 하여 이를 그래프로 그린 것이 [그림 1-7-6]의 보정계수 그래프이다.

ⓛ 보정계수 그래프의 식 : 보정계수 그래프에 대한 근거는 NFPA 12 Fig 5.3.4(Material conversion factors)에 의한 것으로 보정계수 함수를 구해 보면 다음과 같다. 최소설계농도 34%가 기준점 1이 되므로 농도 34%에 대한 방사량은 $w=2.303 \times \log \frac{100}{(100-34)} \times \left(\frac{1}{0.56}\right)=0.742$가 되며 즉 $0.742 kg/m^3$가 기준점 1이 된다는 의미이다. 그렇다면 예를 들어 농도 40%라면 $w=2.303 \times \log \frac{100}{(100-40)} \times \left(\frac{1}{0.56}\right)=0.912$가 되므로, 이때 $0.742:1=0.912:y$로 하면, 이때의 y값인 1.23이 40%에서 해당하는 보정계수값이 되며 이와 똑같이 50, 60, 70, 80%일 경우 값을 구하여 그래프를 그릴 수 있다.

따라서 임의의 농도 $x(\%)$일 경우는

$$2.303 \log \frac{100}{(100-34)} \times \left(\frac{1}{0.56}\right) : 1 = 2.303 \log \frac{100}{100-x} \times \frac{1}{0.56} : y \text{ 가 된다.}$$

즉, $2.303 \times \log \frac{100}{100-x} \times \frac{1}{0.56} = y \times 0.742$이므로

$$y = \frac{2.303}{0.56 \times 0.742} \times \log \frac{100}{100-x}, \quad y = 5.542 \times \log \frac{100}{100-x} \text{ 가 되며 이것이}$$

보정계수의 함수식이 된다.

보정계수 그림은 이 함수를 그래프화 한 것으로 그래프에서의 오차는 계산과정에서 오차의 범위로 간주하여도 무방하다.

> 보정계수의 함수식 : $y = 5.542 \times \log \frac{100}{100-x}$ ·················· [식 1-7-5(B)]

여기서, y : 보정계수의 값, x : CO_2의 설계농도(%)

보정계수의 함수가 중요한 것은 그래프를 육안으로 판단하여 정확한 값을 구하는 것이 한계가 있으나 함수식을 이용할 경우는 농도에 따른 정확한 보정계수값을 구할 수 있다.

㉰ 가연성 액체나 가스(NFTC 표 2.2.1.1.2)의 설계농도 : 가연성 액체나 가스류의 경우는 급격한 발화와 더불어 발화시의 물질의 연소조건이 다르므로 더 많은 약제량을 필요로 하며 대부분 소화농도가 34%를 초과하게 된다. 이에 따라 해당 설계농도를 표로 예시한 것이 NFTC 표 2.2.1.1.2로서 이의 출전은 NFPA 12[276)]에서 제시한 것으로 해당 표에는 가연성 액체와

---

276) NFPA 12(2022 edition) : Table 5.3.2.2(Minimum CO2 concentration for extinguishment)

가연성 기체 등 40여 종의 설계농도를 제시하고 있다. 그런데 NFTC 표 2.2.1.1.2에는 가연성 가스류인 12종만 적용하고 있는 이유는 나머지 가연성 액체류는 위험물안전관리법 세부기준에서 별도로 적용하고 있기 때문이다. 즉, 소방에서 위험물이란 가연성 액체 및 고체류에 한하는 것으로 NFTC에서는 위험물이 아닌 가연성 기체류를 주로 적용한 것이다. 따라서 현재는 약제량 계산시 가연성 가스류에 대해서는 NFPA 기준을 준용하여 NFTC 표 2.2.1.1.2의 농도를 이용한 보정계수를 적용하고 있으나, 이에 비하여 위험물안전관리법으로 이관된 가연성 액체류는 위험물안전관리법 세부기준 제134조 3호 가목, 동 세부기준 별표 2에 의하여 소화약제별 계수를 적용하고 있다. 이 경우, 소화약제별 계수는 [표 1−7−10]의 내용으로 해당 기준은 일본기준[277]을 준용한 것이다. 이와 같이 가연성 가스나 액체류 적용시 화재안전기준은 NFPA 기준으로, 위험물안전관리법은 일본의 운용지침으로 이원화되어 있으며 이로 인하여 보정계수 적용은 화재안전기준 적용시에만 해당하게 된다.

[표 1-7-7] 가연성 액체 또는 가스의 설계농도(NFTC 표 2.2.1.1.2)

방호대상물	설계농도(%)
① 수소(Hydrogen)	75
② 아세틸렌(Acetylene)	66
③ 일산화탄소(Carbon Monoxide)	64
④ 산화에틸렌(Ethylene Oxide)	53
⑤ 에틸렌(Ethylene)	49
⑥ 에탄(Ethane)	40
⑦ 석탄가스, 천연가스(Coal, Natural Gas)	37
⑧ 사이크로프로판(Cyclopropane)	37
⑨ 이소부탄(Isobutane)	36
⑩ 프로판(Propane)	36
⑪ 부탄(Butane)	34
⑫ 메탄(Methane)	34

2) **심부화재** : 제5조 2호 가목(2.2.1.2)

　종이·목재·석탄·섬유류·합성수지류 등과 같은 A급의 심부성 화재일 경우

---

277) 일본의 경우 「소화설비 및 경보설비에 대한 위험물 규제에 관한 규칙(1991년 6월 개정 消防危 71호)」의 하위 기준으로 「소화설비 및 경보설비에 대한 운용지침」이 있으며 동 운용지침의 별표로 "위험물의 종류에 대응하는 가스계 소화제의 계수(危險物の種類に對するガス系消化劑の係數)"가 있다.

적용하며 방출계수는 해당 물질이나 장소별로 방출계수를 결정한다.

$$Q = V \cdot K_1(\text{기본량}) + A \cdot K_2(\text{가산량}) \quad\text{·············· [식 1-7-6]}$$

여기서, Q : 약제량(kg)
　　　　V : 방호구역의 체적(m^3)
　　　　A : 방호구역의 개구부면적(m^2)
　　　　K_1, K_2 : 방출계수(Flooding factor)

① 기본량($= V \cdot K_1$) : 방호구역 체적에 따른 기본 가스량이다. 체적에 대한 기본 가스량은 다음 표의 방출계수(K_1)로 적용한다.

[표 1-7-8(A)] 심부화재의 방출계수(K_1)

방호대상물	방출계수 K_1(m^3당)	설계농도(%)
① 유압 기기를 제외한 전기설비・케이블실	1.3kg	50%
② 체적 55m^3 미만의 전기설비	1.6kg	50%
③ 서고・전자제품 창고・목재가공품 창고・박물관	2.0kg	65%
④ 고무류・면화류 창고・모피 창고・석탄 창고・집진설비	2.7kg	75%

[표 1-7-8(A)]는 다음에 예시한 NFPA의 기준[278]을 준용하여 화재안전기준을 제정한 것이다.

[표 1-7-8(B)] Flooding factors for specific hazards

Specific Hazard	Volume factors	Design concentration
① Dry electrical hazards in general [Spaces 0~2000 sq ft(56.6m^3)] [Spaces greater than 2000 sq ft(56.6m^3)]	1.60kg/m^3 1.33kg/m^3 (minimum 91kg)	50% 50%
② Record(bulk paper)storage, ducts, covered trenches	2.00kg/m^3	65%
③ Fur storage vaults, dust collectors	2.66kg/m^3	75%

[표 1-7-8(B)]의 출전(出典)

NFPA 12(2022 edition) Table 5.4.2.1

278) NFPA 12(2022 edition) : Table 5.4.2.1(Volime factoes & Flooding factors for specific hazard)

② 가산량(＝$A \cdot K_2$) : 개구부에 자동폐쇄장치가 없는 경우 누설되는 양을 가산하는 가스량으로 방출계수(K_2)는 개구부면적(m^2)당 10kg으로 적용한다.

③ 용도별 적용 : "유압기기 제외"란 표현은 NFPA에서 "Dry electrical hazards"를 번역한 것으로 이는 절연유나 연료 등 가연성의 유류나 가스를 사용하지 않는 건식(乾式) 타입의 기기장치를 의미한다. 따라서 화재안전 기준의 유압(油壓)은 유입(油入)이 올바른 표현이며, 아울러 NFPA에서 보듯이 이는 반드시 $55m^3$ 이상의 경우에 해당하는 것이다. 또한 $55m^3$ 미만의 경우에도 [표 1−7−8(B)]와 같이 반드시 건식 타입의 기기장치로 적용하는 것으로, 예를 들어 경유탱크가 내장된 발전실의 경우에 이는 표면화재로 적용하여야 하므로 절대로 본 조항을 적용하여 심부화재로 적용하여서는 아니 된다.

(2) 국소방출방식

1) 평면화재(면적식) : 제5조 3호 가목(2.2.1.3.1)

윗면이 개방된 용기에 저장하거나, 화재시 연소면이 한정되고 가연물이 비산할 우려가 없는 경우 적용하며 방출계수는 방호대상물의 표면적에 대하여 결정하며 기본식은 [식 1−7−7]과 같다.

$$Q = S \cdot K(기본량) \times h(할증계수) \quad \cdots\cdots\cdots\cdots [식 1\text{-}7\text{-}7]$$

여기서, Q : 약제량(kg), S : 방호대상물의 표면적(m^2)

K : 방출계수(＝13)(kg/m^2), h(할증계수) : 고압식(＝1.4), 저압식(＝1.1)

→ 할증계수(h)

① 전역방출방식과 달리 국소방출방식의 경우는 구획된 공간이 아니므로 노즐에서 방출되는 CO_2의 경우 액상으로 방출되는 양이 소화에 결정적으로 영향을 주게 된다. 용기가 정상적인 충전비 범위 내로 충전되었을 때 헤드에서 방출되는 CO_2의 양은 고압식의 경우 70~75%가 액상이며 나머지 20~25%가 기상이 된다. 따라서 액상과 기상의 비율이 대략 7 : 3 정도로서 기상에 해당하는 양은 비산되므로 방호대상물에 실제로 반영되는 양은 70%이므로 이를 보정하기 위하여 0.7로 나눈 값인 1.4(＝1/0.7)를 할증계수로 한 것으로 결국 여유율을 40% 반영한 값이다.
② 저압식은 방사시 압력이 고압식보다 낮으며 저온인 관계로 액상의 비율이 고압식보다 높은 관계로 할증계수도 고압식보다 낮은 1.1로 10%만 반영한 것이다.

2) 입면화재(체적식) : 제5조 3호 나목(2.2.1.3.2)

화재의 연소면이 입면(立面)일 경우는 입면화재로 적용하며 방출계수는 대상물의 체적에 대하여 결정한다. 연소면이 입면이라는 것은 소방대상물 전체가 연소면인 것을 의미하며, 기본식은 [식 1-7-8(A)]와 같다.

$$Q = V \cdot K(\text{기본량}) \times h(\text{할증계수})$$ ················ [식 1-7-8(A)]

여기서, Q : 약제량(kg)

V : 방호공간의 체적(m^3)

K : 방출계수([식 1-7-8(B)])(kg/m^3)

h(할증계수) : 고압식(=1.4), 저압식(=1.1)

🔍 **보충 자료**

1. 방호공간이란 방호대상물의 각 부분으로부터 0.6m의 거리에 의하여 둘러싸인 공간을 말한다.
2. 평면화재시 단위는 $K(kg/m^2)$이나 입면화재시 단위는 $K=kg/m^3$이다.

$$K = 8 - 6\frac{a}{A}$$ ················ [식 1-7-8(B)]

여기서, K : 방호공간 체적당 약제량(kg/m^3)

a : 방호대상물 주위에 설치된 벽의 면적의 합계(m^2)

A : 방호공간의 벽면적(벽이 없는 경우에는 벽이 있는 것으로 가정한 해당 부분의 면적)(m^2)

3) 국소방출방식 적용시 항목별 개념

① **방호대상물의 표면적(S)** : 약제를 방사할 방호대상물의 표면적이다.

CO_2를 실제로 방사할 대상물이 윗면이 개방된 유류탱크와 같은 평면화재에서는 방호대상물의 표면적은 유면의 표면적을 의미하며 이는 방호대상물에 약제가 방사되는 유효표면적을 의미한다.

② **방호대상물의 (주위에 설치된) 벽면적의 합계(a)** : 방호대상물로부터 60cm 안쪽 부분에 실제로 설치된 벽면적의 합계이다.

㉮ 방호대상물 주위에 고정된 벽이나 칸막이 등이 설치되어 있는 경우 방호대상물 주변에 실제 설치되어 있는 4면(전후 좌우)의 고정벽(칸막이 등)에 대한 면적의 합계를 말한다.

㉯ 이 경우 설치된 벽이란 방호대상물로부터 0.6m 이내에 있는 벽에 한하며 벽이 없는 경우에는 0으로 적용한다. 구획을 하지 않는 국소방출의 경우 약제가 주위로 달아나게 되므로 방호대상물 주변에 벽이 있느냐 없

느냐에 따라 약제량 적용을 가감(加減)하기 위하여 실제 설치된 벽면적 (a)을 구하는 것이다.

③ 방호공간(Assumed enclosure)의 체적(V) : 방호대상물에서 60cm 연장한 가상공간(방호공간)의 체적이다.

㉮ 방호공간이란 입면(立面)화재에서 [그림 1-7-7(A)]와 같이 방호하고자 하는 방호대상물(빗금친 부분)의 각 변에서 0.6m를 연장하여 둘러싸인 부분의 공간(점선의 공간)을 말한다. 국소방출방식에서 입면화재의 경우 는 약제를 방사하는 체적이 방호대상물 자체의 체적이 아니라 방호공간 의 체적(V)으로 적용하는 것이다. 이는 구획을 하지 않는 국소방출방식 의 특성상 여유율을 감안하여 방호대상물이 아닌 방호공간의 체적에 필 요한 약제를 방사하여 일부 약제가 비산되어 주변으로 달아나도 유효한 소화를 하기 위한 목적이다.

㉯ 바닥은 밀폐된 것을 원칙으로 하며 별도의 규정이 없는 한 바닥으로는 0.6m 연장을 적용하여서는 아니되며, NFPA에서는 이에 대해 바닥은 원 칙적으로 연장하지 않도록 규정하고 있다.[279] 또한 0.6m 이내 부분에 기 둥이나 칸막이가 있어 더이상 연장할 수 없는 상황이라면 해당 부분까지 만 연장하여야 한다. 즉, 연장할 수 없는 상황일 경우는 연장하지 않는다 는 개념이다.

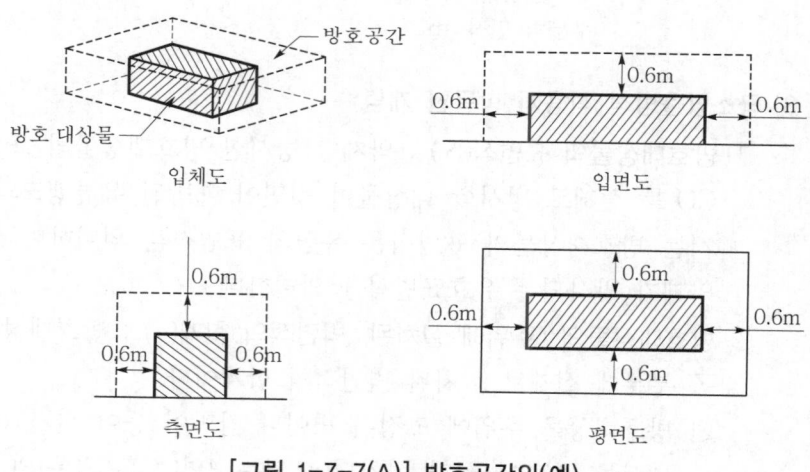

[그림 1-7-7(A)] 방호공간의(예)

---

279) NFPA 12(2022 edition) 6.5.2.1 : The assumed enclosure shall be based on an actual closed floor unless special provisions are made to take care of bottom conditions(방호공 간은 바닥조건을 관리하기 위한 특별조항이 없는 한 실제 밀폐된 바닥을 기준으로 해야 한다).

④ **방호공간의 벽면적(A)** : 방호공간에 있어서 방호공간의 상부를 제외하고 옆면에 설치된 벽면적의 합계이다.

㉮ 방호대상물이 아닌 방호공간의 체적에 약제량을 방사하여야 하므로 방호대상물로부터 0.6m 이내에 벽이 없는 경우에도 0.6m를 연장한 가상방호공간의 벽을 만들어 가상의 벽면적을 구하는 것이다.

㉯ 이 경우 연장할 수 없는 경우(기둥이나 벽 때문에)에는 당연히 연장을 적용하지 않으며 아울러 방호공간의 벽면적(A)을 구할 경우 벽의 면적(4면)만 계산하는 것이며 상부(윗부분 뚜껑)의 면적은 계산하는 것이 아니다. 국내의 경우 방호공간의 벽면적(A)을 구할 경우 상부(뚜껑)의 면적을 관행상 적용하고 있으나 이는 매우 잘못된 것으로 사면의 벽면적만으로 적용하여야 한다. 왜냐하면 a와 A를 구하여 상호간 비율만큼 약제량을 가감하는 것임에도, a의 경우 상부의 면적을 적용하지 않으면서 A의 경우는 상부의 면적을 적용할 경우는 비교대상이 상이하여 올바른 비율의 가감을 할 수 없기 때문이다.

㉰ 또한 일반적으로 헤드를 방호공간의 위쪽에 설치하여 방사하게 되며, CO_2의 비중이 공기보다 무거운 관계로 상부로 비산하는 비율이 적어 상부의 면적은 약제량 적용에 영향을 주지 않기 때문이다. 제5조 3호 나목(2.2.1.3.2)에서도 A를 "방호공간의 벽면적"이라고 분명히 벽의 면적임을 표현하고 있으며 또한 "$8-6\dfrac{a}{A}$"의 식은 일본소방법 시행규칙 제19조 4항 2호를 준용한 것으로 일본의 경우도 계산시 상부면적을 적용하지 않고 있다. 아울러 국소방출방식을 예로 들어 계산한 NFPA 12 Annex E에서도 방호공간의 벽면적은 주변 4면의 벽면적만 적용하고 있다.

⑤ $K=8-6\dfrac{a}{A}$: 방호공간의 단위체적에 대한 약제방사량(kg/m³)이다.

㉮ 구획을 하지 않는 국소방출방식의 경우 약제가 주위로 비산(飛散)하여 달아나게 되므로 방호대상물인 장치류 주변에 벽이 있느냐 없느냐에 따라 약제량 적용을 달리하여 가감(加減)하여야 한다. 따라서 고정벽이 있는 경우와 없는 경우를 감안한 방사량 즉, Flooding factor(체적당 약제량)가 바로 "$8-6(a/A)$"인 것이다.

벽이 전혀 없는 경우는 $a=0$이므로 $8-6(a/A)$에서 CO_2의 Flooding factor는 $8kg/m^3$이 되어 최대량을 방사하여야 하며, 벽의 4면이 완전히 막힌 경우는 $a=A$이므로 Flooding factor는 최소량인 $2kg/m^3$가 되는 것이다. 이와 같이 최대 $8kg/m^3$～최소 $2kg/m^3$의 값 사이에서 벽면적에 비례하여 방사량을 결정하는 식을 만든 것이다.

㉯ 다음의 그래프에서 y축은 (a/A)의 비율(%)로서 구획된 비율을 의미하며 100%라면 설치된 벽이 방호공간의 벽면적과 같다는 의미이다. x축은 구획비율에 따른 해당하는 방사량 $K(kg/m^3)$가 되며 이 그래프에서 구획비율이 100%이면 방사량은 2가 되며 구획비율이 0%이면 방사량은 8이 되며 $8-6(a/A)$의 함수식은 y축의 100%와 x축의 8을 연결하는 그래프가 된다.

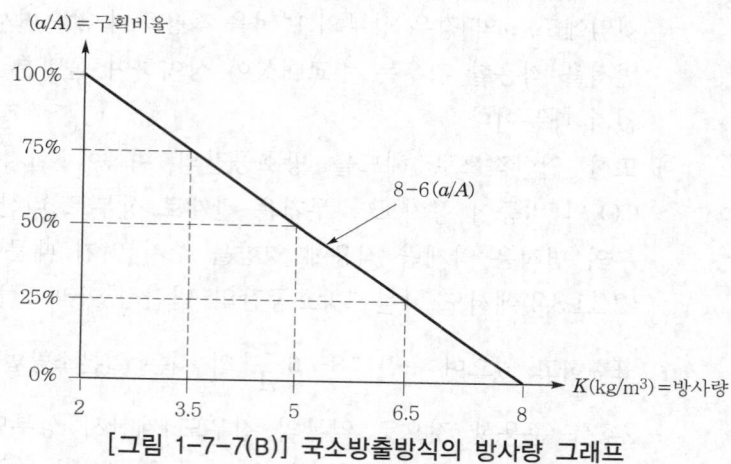

[그림 1-7-7(B)] 국소방출방식의 방사량 그래프

(3) 호스릴방식

약제량(저장량)은 노즐당 90kg이나 방사량은 60kg/min[제10조 4항 2호(2.7.4.2)]이므로 호스릴의 최소방사시간은 1분 30초 이상이 된다.

$$Q = N \times K$$

·············· [식 1-7-9]

여기서, Q : 소요약제량(kg)
N : 호스릴의 노즐수량
K : 노즐당 약제량(90kg)

chapter

1

소
화
설
비

예제 **(고정벽이 없는 경우)**

가로 2m, 세로 1m, 높이 1.5m의 가연물에 CO_2 국소방출방식(입면화재)을 적용할 경우 해당하는 최소 CO_2 약제량 및 용기수를 구하여라.

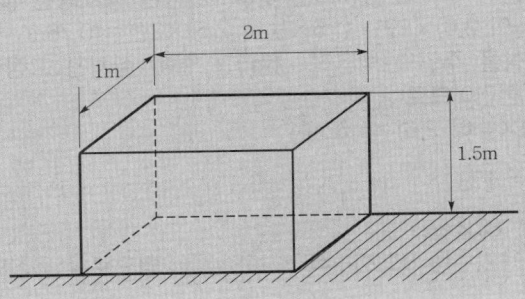

풀이 입면화재이므로 [식 1-7-8(A)]에서 $Q = V \times K \times h = V \times \left(8 - 6\dfrac{a}{A}\right) \times h$

① 방호공간의 체적 $V(\text{m}^3)$를 구하면 가로, 세로는 좌우로 0.6m씩, 높이는 위쪽으로만 0.6m 연장한 공간이므로 $V = (2 + 0.6 \times 2) \times (1 + 0.6 \times 2) \times (1.5 + 0.6) = 3.2 \times 2.2 \times 2.1$
$= 14.78\text{m}^3$

② 방호공간의 벽면적 $A(\text{m}^2)$는 방호공간 둘레(4면)의 60cm 연장한 벽면적이므로
$A = (3.2 \times 2.1) \times 2 + (2.2 \times 2.1) \times 2 = 22.68\text{m}^2$

③ 방호대상물 주위의 벽면적 $a(\text{m}^2)$는 실제 설치된 고정 측벽이 없으므로 $a = 0$이 된다.

결국 $Q = V \times \left(8 - 6\dfrac{a}{A}\right) \times h = 14.78 \times \left(8 - 6 \times \dfrac{0}{22.68}\right) \times 1.4 = 14.78 \times 8 \times 1.4$
$= 165.536\text{kg}$

따라서 용기수는 $165.536 \div 45 \fallingdotseq 3.68 \rightarrow$ 4병으로 적용한다.

예제 **(고정벽이 있는 경우)**

가로 1m, 세로 1m, 높이 2m의 버너가 보일러 전면 바닥부분에 다음 그림과 같이 고정 부착되어 있으며, 보일러 버너부분에 CO_2 국소방출방식을 적용할 경우 이에 해당하는 최소 CO_2 약제량 및 용기수를 구하여라. (단, 버너는 특수가연물로 적용하여라)

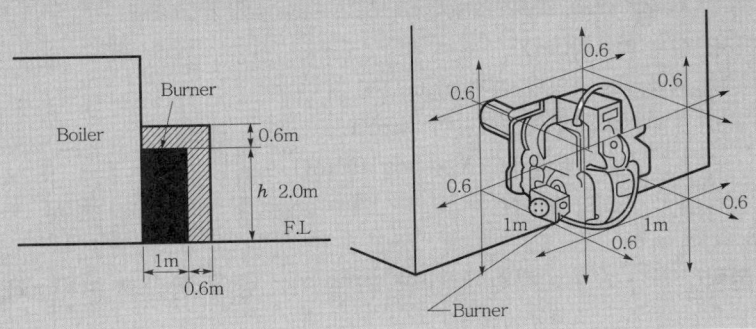

> **풀이** 위와 동일한 방법으로 계산하도록 한다.
> ① 방호공간 $V(m^3)$를 구하면 버너 전면에서 가로는 좌우로 0.6m씩, 세로(옆면)는 보일러 때문에 한쪽(앞쪽)으로만 0.6m, 높이는 위쪽으로만 0.6m 연장한 공간이므로
> $$V = (1+0.6\times2)\times(1+0.6)\times(2+0.6) = 2.2\times1.6\times2.6 = 9.152m^3$$
> ② 방호공간의 벽면적 $A(m^2)$는 0.6m 연장한 방호공간 둘레(4면)의 가상 벽면적이므로
> $$(2.2\times높이\ 2.6)\times2면 + (1.6\times높이\ 2.6)\times2면 = 19.76m^2$$
> ③ 방호대상물 주위의 벽면적 $a(m^2)$는 실제 설치된 고정측벽의 형태는 버너가 부착된 보일러 전면이므로
> $$a = (2.2\times높이\ 2.6) = 5.72m^2$$
> 결국 $Q = V\times\left(8 - 6\dfrac{a}{A}\right)\times h = 9.152\times\left(8 - 6\times\dfrac{5.72}{19.76}\right)\times1.4 = 9.152\times6.263\times1.4$
> $= 80.25kg$
> 따라서 용기수는 80.25÷45 = 1.783 → 2병으로 적용한다.

2. 위험물안전관리법의 경우

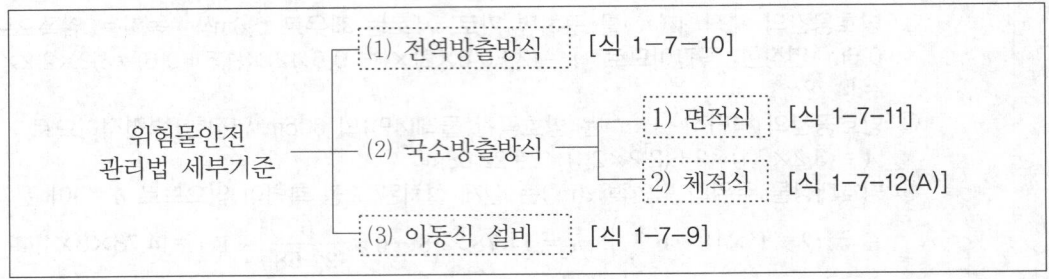

(1) 전역방출방식 : 위험물안전관리법 세부기준 제134조 3호 가목

위험물에 관련된 소화설비의 적용기준 중 각 설비별 약제량 사항은 화재안전기준에서 관련 기준을 전부 삭제하고, "위험물안전관리법 세부기준"에서 이를 규정하고 있다. 약제량은 기본량과 가산량 전체에 대하여 소화약제 계수를 곱한 양으로 한다.

$$Q = [(V \cdot K_1) + (A \cdot K_2)]\times N \qquad \text{[식 1-7-10]}$$

여기서, Q : 약제량(kg)
V : 방호구역의 체적(m^3)
A : 방호구역의 개구부면적(m^2)
K_1, K_2 : 방출계수(Flooding factor)
N : 소화약제계수

1) 기본량($= V \cdot K_1$) : 체적에 대한 기본 가스량의 방출계수(Flooding factor) K_1은 다음 표와 같이 적용한다.

[표 1-7-9] 표면화재의 방출계수(K_1)

방호구획 체적(m³)	방출계수 K_1(m³당)	최저한도의 양(kg)
① 5 미만	1.20	—
② 5 이상~15 미만	1.10	6
③ 15 이상~50 미만	1.00	17
④ 50 이상~150 미만	0.90	50
⑤ 150 이상~1,500 미만	0.80	135
⑥ 1,500 이상	0.75	1,200

2) **가산량($= A \cdot K_2$)** : 개구부에 자동폐쇄장치가 없는 경우에 누설되는 양을 보충하는 가스량으로 방출계수(K_2)는 개구부 면적(m²)당 5kg으로 적용한다.

3) **소화약제 계수(N)** : 위험물안전관리법 세부기준 별표 2

[표 1-7-10]의 소화약제 계수는 "위험물안전관리법 세부기준" 중 별표 2의 내용으로서 이는 일본의 기준을 준용한 것으로 출전은 일본에서 1991년 6월 개정된 「소화설비 및 경보설비에 대한 위험물 규제에 관한 규칙(消防危 제71호)」의 하위기준인 운용지침(運用指針)의 별표를 인용한 것이다.

[표 1-7-10] 소화약제계수(N)

위험물의 종류	소화제 CO₂	위험물의 종류	소화제 CO₂
① 아크릴로나이트릴	1.2	㉘ 다이에틸아민	1.0
② 아세트알데하이드	1.1	㉙ 다이에틸에터	1.2
③ 아세트나이트릴	1.0	㉚ 다이옥세인	1.6
④ 아세톤	1.0	㉛ 중유	1.0
⑤ 아닐린	1.1	㉜ 윤활유	1.0
⑥ 아이소옥탄	1.0	㉝ 테트라하이드로퓨란	1.0
⑦ 아이소프렌	1.0	㉞ 등유	1.0
⑧ 아이소프로필아민	1.0	㉟ 트라이에틸아민	1.0
⑨ 아이소프로필에터	1.0	㊱ 톨루엔	1.0
⑩ 아이소헥산	1.0	㊲ 나프타	1.0
⑪ 아이소헵탄	1.0	㊳ 채종유(菜種油)	1.1
⑫ 아이소펜탄	1.0	㊴ 이황화탄소	3.0
⑬ 에탄올	1.2	㊵ 바이닐에틸에터	1.2
⑭ 에틸아민	1.0	㊶ 피리딘	1.1
⑮ 염화바이닐	1.1	㊷ 뷰탄올	1.1
⑯ 옥탄	1.2	㊸ 프로판올	1.0
⑰ 휘발유	1.0	㊹ 2-프로판올	1.0
⑱ 폼산에틸	1.0	㊺ 프로필아민	1.0

⑲ 폼산프로필	1.0	㊻ 헥산	1.0
⑳ 폼산메틸	1.0	㊼ 헵탄	1.0
㉑ 경유	1.0	㊽ 벤젠	1.0
㉒ 원유	1.0	㊾ 펜탄	1.0
㉓ 아세트산	1.1	㊿ 메탄올	1.6
㉔ 아세트산에틸	1.0	51 메틸에틸케톤	1.0
㉕ 아세트산메틸	1.0	52 클로로벤젠	1.1
㉖ 산화프로필렌	1.8	53 그 밖의 것	1.1
㉗ 사이클로헥산	1.0		

4) 해설 : CO_2에 대한 현행 약제량 기준은 주로 NFPA를 준용하고 있으나, 이에 비해 위험물안전관리법 세부기준은 일본기준을 전적으로 준용하고 있다. 이로 인하여 전역방출방식(표면화재 기준)에서 다음과 같은 적용상의 차이점이 발생하고 있다.

항목(표면화재)	NFPC & NFTC 106	위험물 세부기준
① 약제량 적용	기본량만 할증 [식 1-7-4]	(기본량+가산량)을 할증 [식 1-7-10]
② 할증 사항	보정계수 적용	소화약제계수 적용
③ 방사량 기준	체적을 4단계로 구분 [표 1-7-6(A)]	체적을 6단계로 구분 [표 1-7-9]

(2) 국소방출방식

전역방출방식의 필요조건에 맞지 않는 경우나(예 개구부가 많아 가산량이 기본량보다 많은 경우 등), 인화성 액체, 인화성 가스, 얇은 고체(Shallow solid)의 표면화재용에 대하여 적용한다. NFPA 12에서는 국소방출방식의 예로 침지(沈漬)탱크(Dip tank), 퀜치탱크(Quench tank ; 소입조(燒入槽), 도장부스(Spray booth), 유입식 변압기, 증기배기관(Vapor vent), 압연기(壓延機), 인쇄기 등을 제시하고 있다.[280]

1) 면적식 : 위험물안전관리법 세부기준 제134조 3호 나목 (1)

방호대상물의 표면적에 소화약제계수를 곱한 값으로 한다.

---

280) NFPA 12(2022 edition) : A.6.1.2

$$Q = [S \cdot K(\text{기본량})] \times N \times h \qquad \cdots\cdots\cdots\cdots\cdots \text{[식 1-7-11]}$$

여기서, Q : 약제량(kg)

　　　S : 방호대상물의 표면적(m^2)

　　　K : 방출계수($=13$)(kg/m^2)

　　　N : 소화약제계수

　　　h(할증계수) : 고압식($=1.4$), 저압식($=1.1$)

단, 방호대상물의 한 변의 길이가 0.6m 이하인 경우에는 해당 변의 길이를 0.6m로 해서 계산한다.

2) 체적식 : 위험물안전관리법 세부기준 제134조 3호 나목 (2)

[식 1-7-11]에 소화약제계수(N)를 곱한 값으로 한다.

$$Q = [V \cdot K(\text{기본량})] \times N \times h \qquad \cdots\cdots\cdots\cdots\cdots \text{[식 1-7-12(A)]}$$

여기서, Q : 약제량(kg)

　　　V : 방호공간의 체적(m^3)

　　　K : 방출계수([식 1-7-12(B)])(kg/m^3)

　　　N : 소화약제계수

　　　h(할증계수) : 고압식($=1.4$), 저압식($=1.1$)

$$K = 8 - 6\frac{a}{A} \qquad \cdots\cdots\cdots\cdots\cdots \text{[식 1-7-12(B)]}$$

여기서, K : 방호공간 체적당 약제량(kg/m^3)

　　　a : 방호대상물의 주위에 실제로 설치된 고정벽(방호대상 물로부터 0.6m 미만의 거리에 있는 것에 한한다)의 면적의 합계(m^2)

　　　A : 방호공간 전체둘레의 면적(m^2)

☞ 방호공간 전체 둘레의 면적이란 4면의 벽면적을 의미한다.

(3) 이동식 설비 : 위험물안전관리법 세부기준 제134조 3호 라목

위험물안전관리법 세부기준에서는 호스릴방식을 이동식 CO_2설비로 표현하고 있으나 화재안전기준의 호스릴설비를 말한다. 약제량은 화재안전기준과 같으며 [식 1-7-9]로 적용한다. 그러나 약제량(저장량)은 화재안전기준과 같으나 방사량은 90kg/min(제134조 5호 나목)이므로 이동식의 최소방사시간은 1분 이상이 된다.

5 CO_2소화설비의 화재안전기준

1. 저장용기(Cylinder)의 기준

(1) 장소의 기준 : NFTC 2.1.1

1) 방호구역 외의 장소에 설치할 것. 다만, 방호구역 내에 설치할 경우에는 피난 및 조작이 용이하도록 피난구 부근에 설치해야 한다.

① 과거에는 일본기준[281]을 준용하여, CO_2 용기실이 방호구역 내에 있으면 화재로 인한 피해의 우려가 있으므로 이를 금지하고, 패키지형에 한하여 부득이하게 방호구역 내 설치를 인정하였으나, NFPA에서는 용기는 방호위험(구역)에 가능한 가까이 있어야 하며 다만, 방호구역 내의 화재나 폭발에 노출되지 아니하여야 한다.[282] 따라서 이를 참조하여 방호구역 내 용기설치를 인정한 것으로 다만, 조작을 행한 후 피난이 용이하여야 하므로 출입구 부근으로 설치를 제한한 것이다.

② 방호구역 내부 또는 외부란 의미는 용기실을 출입하는 경우 방호구역을 경유하여야 출입할 수 있는 경우는 방호구역 내부로 간주하고, 방호구역을 경유하지 않고도 용기실을 출입하는 구조를 방호구역 외부라고 표현한 것이다. 예를 들면 변전실 내부에 용기실이 있는 경우에도 용기실 출입은 복도에서만 용기실로 바로 출입이 가능하고 변전실 내부에서 용기실로 출입할 수 없는 구조는 방호구역 외부에 설치된 것으로 간주한다.

2) 온도가 40°C 이하이고, 온도변화가 적은 곳에 설치할 것

CO_2는 40°C부터 온도상승에 따라 압력이 급격히 증가하므로 이를 방지하기 위한 것이나 이는 일본기준(일본소방법 시행규칙 제19조 5항 6호 "ㅁ"목)을 준용한 결과이며 NFPA에서는 전역방출방식은 55°C(130℉) 이하, 국소방출방식은 50°C(120℉) 이하로 규정하고 있다.[283]

---

281) 일본소방법 시행규칙 제19조 5항 6호 "ㅓ"목
282) NFPA 12(2022 edition) 4.6.4.3(Storage containers) : Storage containers shall be located as near as possible to the hazard or hazards they protect, but they shall not be located where they will be exposed to a fire or explosion in these hazards.
283) • NFPA 12(2022 edition) 4.6.5.5 : The ambient storage temperatures for local application systems shall not exceed 120℉(50℃) nor be less than 32℉(0℃).
  • NFPA 12(2022 edition) 4.6.5.5.1 : For total flooding systems, the ambient storage temperatures shall not exceed 130℉(55℃) nor be less than 0℉(-18℃) unless the systems is designed for proper operation with storage temperatures outside of this range.

3) 직사광선 및 빗물이 침투할 우려가 없는 곳에 설치할 것

4) 방화문으로 방화구획한 실에 설치할 것

> **저장실의 방화구획 적용**
> 종전까지 용기저장실은 출입문은 방화문이지만 방화구획 여부에 대한 규정이 없었으나, NFPC와 NFTC를 도입하면서 2022. 12. 1.자로 용기저장실에 대해 방화구획하도록 개정하였다. 이 경우 방화문은 「건축법 시행령」 제64조의 규정에 따른 60분+방화문, 60분 방화문 또는 30분 방화문을 말한다.

5) 용기의 설치장소에는 해당 용기가 설치된 곳임을 표시하는 표지를 할 것

(2) 용기의 기준

1) 용기의 일반기준 : NFTC 2.1.1.7

① 용기간의 간격은 점검에 지장이 없도록 3cm 이상의 간격을 유지할 것

② 저장용기와 집합관을 연결하는 연결배관에는 체크밸브를 설치할 것. 다만, 저장용기가 하나의 방호구역만을 담당하는 경우에는 그렇지 않다.

2) 충전비(充塡比) : 제4조 2항 3호(2.1.2.1)

① **기준** : 고압식은 충전비가 1.5 이상~1.9 이하이며, 저압식은 1.1 이상~1.4 이하일 것

② **해설**

㉮ 용기의 충전비는 "용기 내용적(l)÷약제 무게(kg)"로서 가스충전량에 대한 용기체적비(比)로서 충전비는 내용적이 일정할 경우 약제 무게와 반비례한다. 충전비는 용기부피가 일정하면 충전비와 약제량은 $y=a/x$의 그래프가 되므로 충전비가 클수록 약제 저장량은 줄어든다. 국내의 CO_2 용기는 68l/45kg이 기본형으로 충전비(고압식)는 1.5가 되며 따라서 68l 용기로는 CO_2 45kg이 최대저장량이 된다.

$$\text{충전비} : C = \frac{V(l)}{W(\text{kg})}$$ ·········· [식 1-7-13]

여기서, V : 용기의 체적(l)
W : 약제의 무게(kg)

㉯ 충전비(充塡比)란 일본소방법을 준용한 것으로 용기별 가스충전량의 기준이나, NFPA에서는 이를 Filling density(충전밀도)로 표현하고 있다. 이는 용기 내에 약제를 얼마까지 충전할 것이냐의 물리적 의미는 같으나, 충전비

는 "용기체적/약제량(l/kg)"이며, 충전밀도는 "약제량/용기체적(kg/m^3)"으로 상호 역수(逆數) 관계에 해당한다. 화재안전기준의 경우 CO_2나 할론소화설비는 일본소방법을 준용하여 충전비로 표시하고, 할로겐화합물 및 불활성기체 소화설비는 NFPA를 준용하여 충전밀도로 표시하고 있으므로 결과적으로 국내기준은 충전량에 대한 기준을 2가지 기준으로 표시하고 있다.

3) 용기의 내압 : 제4조 2항 1호(2.1.2.5)

고압식은 25MPa 이상, 저압식은 3.5MPa의 내압시험에 합격한 용기일 것

> 국내 고압가스안전관리법상 용기의 검사기준을 적용하여 저압식 용기의 내압기준을 신설하였다. 고압가스안전관리법 용기의 검사기준에 의하면 설계압력이 210kg/cm^2 이하인 것은 설계압력의 1.5배로 하도록 규정하고 있으며, NFPA에서는 저압식의 경우 용기의 설계압력(Design pressure)은 325psi(22.8kg/cm^2)이므로 이를 참고하여 "설계압력 22.8kg/cm^2×1.5배"≒35kg/cm^{2}로 정한 것이다.[284]

4) 안전장치 : 제4조 3항, 4항

① CO_2 소화약제 저장용기의 개방밸브는 전기식·가스압력식 또는 기계식에 따라 자동으로 개방되고 수동으로도 개방되는 것으로서 안전장치가 부착된 것으로 해야 한다[제4조 3항(2.1.3)].

② CO_2 소화약제 저장용기와 선택밸브 또는 개폐밸브 사이에는 내압시험압력 0.8배에서 작동하는 안전장치를 설치해야 한다(NFTC 2.1.4).

③ CO_2 소화약제 저장용기와 집합관을 연결하는 연결배관에는 체크밸브를 설치하고, 선택밸브(또는 개폐밸브)와의 사이에는 과압방지를 위한 안전장치를 설치해야 한다. (제4조 4항)

④ 저장용기와 집합관을 연결하는 연결배관에는 체크밸브를 설치할 것. 다만, 저장용기가 하나의 방호구역만을 담당하는 경우에는 그렇지 않다(NFTC 2.1.1.7).

> ① 저장용기의 안전장치
> 안전장치(Pressure relief device)는 저장용기의 용기밸브(개방밸브)에 설치하는 것과 저장용기와 선택밸브 사이에 설치하는 것의 2가지가 있다. 용기밸브에 설치하는 안전장치는 CO_2 저장실의 온도가 저장온도 범위를 초과하면 용기의 내압이 급격하게 상승하여 소정의 압력을 초과하게 된다. 이때 가스압력이 안전장치의 작동압력 범위 내에 도달하면 봉판(封版)이 파괴되어 내압을 자동적으로 방출시켜 주어 용기의 파손을 보호하게 된다.

---

284) NFPA 12(2022 edition) 4.6.6.1(Container requirement)

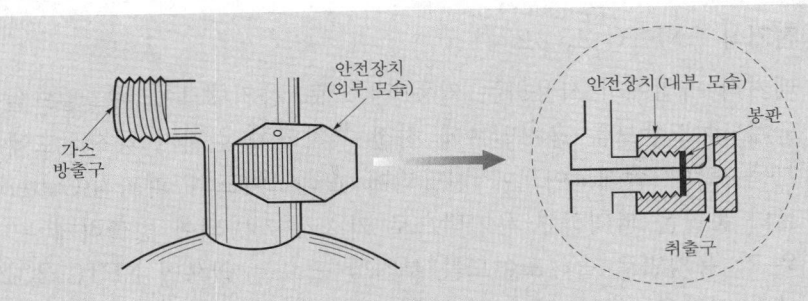

[그림 1-7-8] 저장용기의 안전장치

② 저장용기와 선택밸브 사이의 안전장치

㉮ 저장용기와 선택밸브 사이에 설치하는 안전장치는 보통 집합관 말단에 설치하며 저장용기로부터 가스누설이 있는 경우 배관 내 압력이 상승하게 되어 소정의 압력에 도달하면 안전판이 파괴되어 과압가스가 방출되는 구조로 부착 나사규격은 20A이다. 개폐밸브란 표현은 선택밸브가 1개 있을 경우는 밸브를 선택하는 것이 아니므로 개폐밸브란 표현을 사용한 것이다.

㉯ 안전장치는 내압시험 압력의 0.8배에서 작동하므로 제4조 2항 5호에 의거 고압식은 25×0.8≒20MPa, 저압식은 3.5MPa×0.8≒2.8MPa에서 작동하게 된다. 이때 작동압력의 범위에 대한 근거는 NFPA에 의하면 고압식은 2,400~3,000psi(약 17~21MPa)에서, 저압식은 450psi(약 3MPa)에서 안전장치가 작동되도록 규정하고 있다.[285]

5) 저압식 저장용기의 기준

이산화탄소 소화약제의 저압식 저장용기는 다음의 기준에 따라 설치해야 한다.

① 저압식 저장용기에는 내압시험압력의 0.64배부터 0.8배의 압력에서 작동하는 안전밸브와 내압시험압력의 0.8배부터 내압시험압력에서 작동하는 봉판을 설치할 것(NFTC 2.1.2.2)

② 저압식 저장용기에는 액면계 및 압력계와 2.3MPa 이상 1.9MPa 이하의 압력에서 작동하는 압력경보장치를 설치할 것(NFTC 2.1.2.3)

③ 저압식 저장용기에는 용기 내부의 온도가 섭씨 영하 18℃ 이하에서 2.1MPa의 압력을 유지할 수 있는 자동냉동장치를 설치할 것(NFTC 2.1.2.4)

2. 기동장치의 기준

(1) 자동식 기동장치 : 제6조 2항(2.3.2)

전기식·가스압식·기계식 등에 의해 화재시 용기밸브를 자동으로 개방시켜 주는 방식이다. CO_2 약제 용기상부에는 용기밸브가 부착되어 있으며 화재감지기의 동작에 따라 용기밸브가 개방되는 방법은 전기식·가스압식·기계식으로 구분한다.

---

285) NFPA 12(2022 edition) 4.7.1.8 : Low pressure supply

1) **전기식** : NFTC 2.3.2.2

패키지 타입에서 사용하는 기동방식으로, 용기밸브에 니들밸브를 부착하는 대신 솔레노이드밸브를 용기밸브에 직접 부착하여 감지기 동작신호에 의해 수신기의 기동출력이 솔레노이드에 전달되어 솔레노이드의 파괴침(Cutter pin)이 용기밸브의 봉판을 파괴하면 용기밖으로 가스가 개방되어 방출하게 된다. 전기식의 경우 각 용기별로 솔레노이드를 부착할 필요는 없으며 NFTC 2.3.2.2에서 "7병 이상의 저장용기를 동시에 개방하는 경우 전자개방밸브를 2병 이상의 저장용기에 부착할 것"의 의미는 2병을 Master cylinder로 사용하고 나머지 용기는 Master cylinder에서 방출된 가스를 이용하여 개방되는 Slave cylinder로 사용하여도 무방하다는 의미이다.

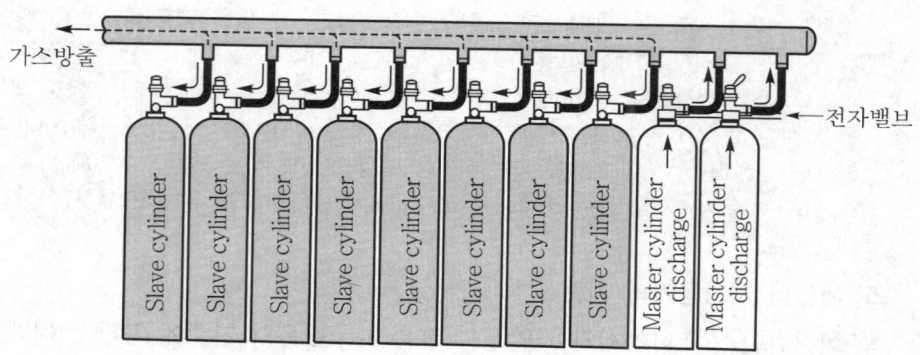

[그림 1-7-9(A)] Master와 Slave cylinder

🔍 **전기식에서 7병 이상의 경우**

전자밸브에 의해 Master cylinder 2병이 개방되면 개방된 실린더로부터 집합관을 통하여 Slave cylinder를 개방시켜 준다.

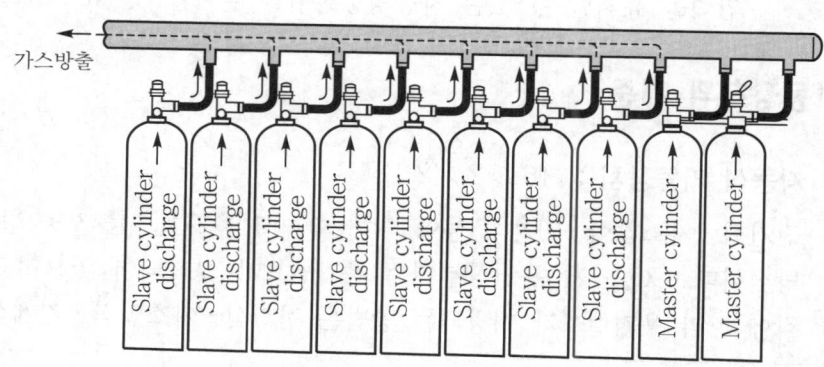

[그림 1-7-9(B)] Slave cylinder 방출

chapter

1

소화설비

2) 가스압식 : NFTC 2.3.2.3

① 기준

㉮ 기동용 가스용기 및 해당 용기에 사용하는 밸브는 25MPa 이상의 압력에 견딜 수 있는 것으로 할 것

㉯ 기동용 가스용기에는 내압시험압력의 0.8배부터 내압시험압력 이하에서 작동하는 안전장치를 설치할 것

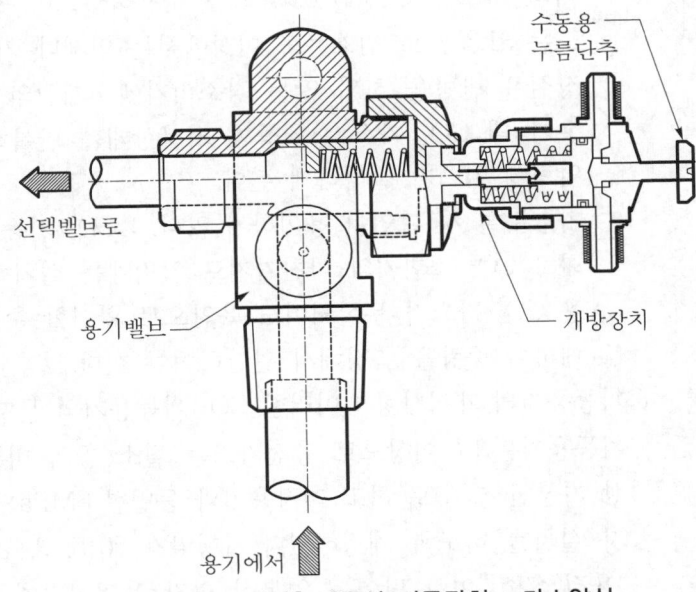

[그림 1-7-10(A)] 자동식 기동장치 : 가스압식

㉰ 기동용 가스용기의 체적은 $5l$ 이상으로 하고, 해당 용기에 저장하는 질소 등의 비활성기체는 6.0MPa 이상(21℃ 기준)의 압력으로 충전할 것

㉱ 질소 등의 비활성기체 기동용 가스용기에는 충전 여부를 확인할 수 있는 압력게이지를 설치할 것

② 해설

㉮ 기동용기의 동작방식 : 가스계 소화설비에서 사용하는 가장 일반적인 기동방식으로, 감지기 동작신호에 따라 솔레노이드밸브의 파괴침이 작동하면 소형의 기동용기(Actuating cylinder) 내에 있는 기동용 가스가 동관을 통하여 방출된다. 이때 방출된 가스압에 의해 용기밸브에 부착된 니들밸

브(Needle valve)의 니들 핀(Needle pin)이 용기 안으로 움직여 저장용기의 봉판을 파괴하면 용기 밖으로 가스가 개방되어 방출하게 된다.

㉯ 기동용기(CO_2 가스 사용)의 문제점

  ㉠ 접속하는 저장용기 수량에 제한이 없다 : 하나의 기동용기에서 방출되는 기동용 가스가 저장용기의 봉판을 몇 개까지 파괴할 수 있는지에 대한 논란은 오랫동안 소방업계의 고민이었다. 하나의 기동용기에 접속되는 저장용기의 수량에 대한 제한이 없다 보니 하나의 방호구역에 100병 이상의 CO_2 저장용기가 있어 실제 화재 발생시 개방되지 않는 저장용기가 존재할 가능성이 매우 높은 것이 현실이다.

  ㉡ 온도변화에 따라 압력의 변화가 발생한다. : 과거 전통적으로 기동용기의 가스는 CO_2($1l/0.65kg$)를 사용하였으며, 이 경우 CO_2의 임계온도는 $31.35℃$로 임계온도 이상에서는 언제나 기체상태가 된다. 용기저장실은 난방을 하지 않는 장소이기에 4계절의 온도변화에 따라 기동용기 내 CO_2 가스는 액상과 기상상태를 반복하게 되며 방출시 방출압력에 차이가 발생하게 된다.

  ㉢ 가스누설 시 확인이 용이하지 않다. : CO_2 기동용기는 가스 성상의 변화로 CO_2 소화기와 마찬가지로 압력계를 설치하지 않는다. 이에 기동용 CO_2 가스가 누설되어도 육안으로 확인할 수 없으며 기동용기를 해체하여 중량을 측정해서 판단하여야 한다.

㉰ 기동용기의 개정사항 : 이러한 CO_2 기동용기의 문제점을 해소하기 위하여 기동용기는 $5l$ 이상으로 충전가스는 질소 등의 비활성 기체(상온에서 항상 기상인 기체)로 하고 저장용기와 동일한 6MPa의 충전압력과 압력게이지 설치를 하도록 개정하였다(시행일자 2015. 3. 24.). $5l$ 이상 용적에서 "용적(容積)"이란 단어는 일본식 한자 용어이기에 2022. 12. 1.에 NFTC(기술기준)로 개정·시행하면서 우리식 표현인 "체적"으로 변경하였다.

3) 기계식 : NFTC 2.3.2.4

기계식 기동장치에 있어서는 저장용기를 쉽게 개방할 수 있는 구조로 할 것

➡ 국내에는 설치 사례가 없는 특수한 구조의 경우로 공기팽창을 이용하는 뉴메틱(Pneumatic) 감지기 및 뉴메틱 튜브를 설치하는 것으로, 열에 의해 감지기 내의 공기가 팽창하면 튜브를 통해 미소한 팽창압력이 전달되어 용기밸브에 부착된 뉴메틱 컨트롤 헤드(Pneumatic control head)의 기계적 동작에 따라 용기밸브를 기계적인 힘으로 개방시켜 주는 방식이다.

4) 방출표시등 : 제6조 3항(2.3.3)

CO_2소화설비가 설치된 부분의 출입구 등의 보기 쉬운 곳에 소화약제의 방출을 표시하는 표시등을 설치해야 한다.

> ➡️ 방출표시등은 방호구역에 출입문이 2개소 이상 있는 경우에는 출입문마다 설치하여야 하며, 보통 외부쪽의 출입문 상부에 설치하여 방호구역 외부에 있는 관계인에게 방호구역 내에 소화설비용 가스가 방사 중임을 알려주는 역할을 한다.

(2) 수동식 기동장치 : 제6조 1항(2.3.1)

수동식 기동장치의 부근에는 소화약제의 방출을 지연시킬 수 있는 비상스위치(자동복귀형 스위치로서 수동식 기동장치의 타이머를 순간 정지시키는 기능의 스위치를 말한다)를 설치해야 한다.

> ➡️ 비상스위치란 오동작의 경우 이를 누름으로서 수동식 기동장치의 타이머를 순간 정지시켜 시스템을 일단 정지시키는 기능으로서 다시 누를 경우 타이머가 작동되며 이를 비상스위치(Abort switch)라 한다. 국내의 경우 이를 의무화하고 있으나 NFPA의 경우는 가스계 소화설비에서 Abort switch의 사용을 금하고 있다.[286]

1) 전역방출방식은 방호구역마다, 국소방출방식은 방호대상물마다 설치할 것

2) 해당 방호구역의 출입구 부근 등 조작을 하는 자가 쉽게 피난할 수 있는 장소에 설치할 것

3) 기동장치의 조작부는 바닥으로부터 높이 0.8m 이상 1.5m 이하의 위치에 설치하고, 보호판 등에 따른 보호장치를 설치할 것

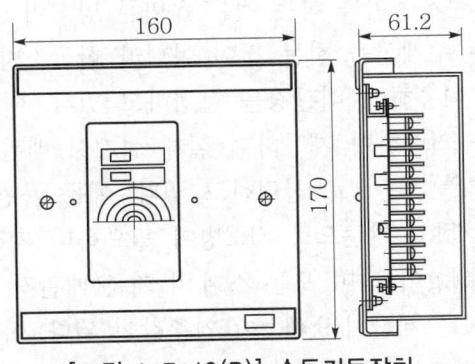

[그림 1-7-10(B)] 수동기동장치

---

286) NFPA 12(2022 edition) 4.5.4.11 Abort switches shall not be used on carbon dioxide systems.

4) 기동장치에는 그 가까운 곳의 보기 쉬운 곳에 "이산화탄소소화설비 기동장치"라고 표시한 표지를 할 것

5) 전기를 사용하는 기동장치에는 전원표시등을 설치할 것

6) 기동장치의 방출용 스위치는 음향경보장치와 연동하여 조작될 수 있는 것으로 할 것

3. 배관의 기준

(1) 배관의 구경 : 제8조 2항(2.5.2)

1) **기준** : 배관의 구경은 CO_2의 소요량이 다음의 기준에 따른 시간 내에 방출될 수 있는 크기 이상일 것

구 분	전역방출방식		국소방출방식
	표면화재	심부화재	
방사시간	1분	7분	30초

2) **해설**

① 방사시간에서 전역방출방식은 표면화재 1분, 심부화재 7분 이내이나, 국소방출방식은 30초 이상이 올바른 것으로 국소방출방식의 경우 30초 이내에 방사될 수 있도록 규정한 것은 개정되어야 한다.

② NFTC 2.5.2에서 배관의 구경은 "CO_2의 소요량"이 해당 시간에 방사될 수 있는 크기로 규정하고 있으며, 이를 근거로 배관의 구경을 저장량이 아닌 소요량으로 문제풀이를 하는 것은 올바른 방식이 아니다. 현재 가스계 소화설비의 경우는 수계산을 하는 것이 아니라 한국소방산업기술원에서 승인받은 프로그램을 이용하여 배관경을 산정하고 있다. 이 경우 소요량이 아닌 저장량으로 값을 입력하여 계산하며 실제 설계시 배관의 구경 및 노즐의 분구면적은 저장량을 기준으로 산정하고 있다. 예를 들면 소요량이 954kg일 경우 저장용기는 45kg 기준으로 21.2병이 필요하나 저장은 22병이 되므로 실제 저장량은 990kg이 되며 모든 설계의 기준(배관경, 분구면적, 방사시간, 방사압, 흐름률 등)은 계산시 990kg이 기준값이 된다. 아울러 제10조 1항 3호(2.7.1.3)에서 분사헤드는 약제 저장량을 기준으로 방사시간을 정하도록 규정하고 있다.

(2) 배관의 규격

1) 기준 : 제8조 1항(2.5.1.1~2.5.1.3)

① 배관은 전용으로 설치할 것

② 강관 또는 동관을 사용할 것

㉮ 강관을 사용하는 경우 : 압력배관용 탄소강관(KS D 3562)으로 Sch 80 이상(저압은 Sch 40) 또는 이와 동등 이상의 강도를 가진 것으로 아연도금 등으로 방식(防蝕)처리된 것을 사용할 것. 다만, 호칭구경이 20mm 이하는 Sch 40 이상인 것을 사용할 수 있다.

 KS D 3562

KS D 3562는 등급에 따라 SPPS 38과 42의 2종류가 있으며 이는 화학적 성분과 기계적 강도에 따라 구분되며, Sch 80의 수압시험압력은 12MPa이 된다.

㉯ 동관을 사용하는 경우 : 이음이 없는 관으로 동(銅) 및 동 합금관(KS D 5301)으로 고압식은 내압 16.5MPa 이상, 저압식 3.75MPa 이상일 것

2) 해설

① 이음이 없는 관 : 과거에는 CO_2 소화설비의 경우 강관의 경우는 "이음이 없는 관 (Seamless pipe)"을 사용하도록 규정하였으나 2002. 4. 12. 개정시 이를 삭제하였다. 이는 NFPA 12에서는 가스계 설비에서 반드시 Seamless 배관만을 사용하는 것이 아니라 아래 사항을 고려하여 일반 압력배관도 사용이 가능하기 때문이다.

② 이음이 있는 관

㉮ NFPA 12에서는 CO_2설비에 사용하는 배관으로 ASTM A 53의 이음이 없는 배관(Seamless pipe)이나 "ERW 배관으로 ASTM A 53 Grade A 또는 Grade B"를 사용하도록 규정하고 있으며,[287] 25mm(1in)~100mm(4in) 까지는 최소 Sch 80을 요구하고 있다.

㉯ ERW 배관이란 Electrical resistance welding pipe(전기저항 용접강관)의 약자로 배관의 접합을 전기저항을 이용하여 접합한 것으로 가장 일반적인 강관은 일반적으로 ERW Pipe이다. 국내 압력배관의 경우 KS D 3562 SPPS 38은 ASTM A 53의 Grade A와 동등하며, KS D 3562

---

287) NFPA 12(2022 edition) 4.7.1.2.1(Distribution systems) : Black or galvanized steel pipe shall be either ASTM A 53 seamless or electric welded, Grade A or B ; or ASTM A 106, Grade A, B or C.

SPPS 42는 ASTM A 53의 Grade B와 동등하다. 따라서 Seamless 배관이 아닐지라도 국내 압력배관으로 Sch 80을 사용할 경우는 NFPA 기준으로도 적정하다고 판단하여 이를 삭제한 것이다.

미국(ASTM 규격)		국내 KS 대응규격
ASTM A 53 ERW Grade A	⇨	KS D 3562(압력배관) SPPS 38
ASTM A 53 ERW Grade B	⇨	KS D 3562(압력배관) SPPS 42

3) **배관의 선정조건** : 가스계 소화설비의 배관선정시 고려할 사항은 NFPA 12에서 다음과 같이 규정하고 있다.

① 배관 내부의 최대예상압력(Maximum pressure expected within the pipe)

② 배관의 구조재료, 재료의 장력(張力)강도, 재료의 항복(降伏)강도, 재료의 온도한계(Material of the constructions of the pipe, tensile strength of the material, yield strength of the material, & temperature limitations of the material)

③ 이음방법(Joining method)

　예 나사이음, 용접이음, Groove 이음 등

④ 배관의 제조방법(Pipe construction method)

　예 Seamless, ERW 등

⑤ 배관의 직경(Pipe diameter)

⑥ 배관의 두께(Wall thickness of the pipe)

(3) 개폐밸브 및 부속류 : 제8조 1항 4호(2.5.1.4)

1) **고압식의 경우**

① 개폐밸브 또는 선택밸브의 2차측 배관부속 : 호칭압력 2MPa 이상의 것을 사용할 것

② 1차측 배관부속 : 호칭압력 4MPa 이상의 것을 사용할 것

2) **저압식의 경우** : 저압식의 경우에는 2MPa의 압력에 견딜 수 있는 배관부속을 사용할 것

4. 분사헤드의 기준

(1) 전역방출방식의 경우 : 제10조 1항(2.71)

1) 방출된 소화약제가 방호구역의 전역에 균일하게 신속히 확산할 수 있도록 할 것

2) 분사헤드의 방출압력은 고압식은 2.1MPa, 저압식은 1.05MPa 이상일 것

> 헤드 방사압력의 근거
> 1. NFPA 12(2022 edition) 4.7.5.3.2에서 상온(70℉ ; 21℃)에서 고압식은 300psi → 2.1MPa, 저압식은 4.7.5.2.2에서 150psi → 1.05MPa 이상으로 규정하고 있으며 국내는 이를 준용한 것이다.
> 2. 이에 비해 일본의 경우는 일본 소방법시행규칙 제19조 2항 2호에서 고압식은 1.4MPa 저압식은 0.9MPa 이상으로 적용하고 있다.

3) 특정소방대상물 또는 그 부분에 설치된 이산화탄소소화설비의 소화약제의 저장량은 제8조 2항 1호 및 2호(2.5.2.1 및 2.5.2.2)의 기준에서 정한 시간 이내에 방출할 수 있는 것으로 할 것

(2) 오리피스 구경 : 제10조 5항(2.7.5)

1) 분사헤드에는 부식방지조치를 하여야 하며 오리피스의 크기, 제조일자, 제조업체가 표시되도록 할 것

2) 분사헤드의 개수는 방호구역에 방출시간이 충족되도록 설치할 것

3) 분사헤드의 방출률 및 방출압력은 제조업체에서 정한 값으로 할 것

4) 분사헤드의 오리피스의 면적은 분사헤드가 연결되는 배관구경 면적의 70% 이하가 되도록 할 것

> 프로그램으로 설계시에는 정확한 오리피스 구경이 산정되므로 도면에 헤드별 분구면적을 표시하고 분사헤드별 방사압력, 흐름률 등을 제시할 수 있다. 일본의 경우는 "이산화탄소소화설비 등의 분사헤드 기준(1995. 6. 6. 소방청 고시 제7호)"을 고시하여 오리피스 Code 번호에 대한 등가(等價)분구면적을 제정하고 있다.

(3) 헤드 제외장소 : 제11조(2.8)

다음의 장소에 분사헤드를 설치해서는 안 된다.

1) 방재실·제어실 등 사람이 상시 근무하는 장소

2) 니트로셀룰로스(Nitro cellulose)·셀룰로이드(Celluloid) 제품 등 자기연소성 물질을 저장·취급하는 장소

> 화재시 외부의 가열이나 충격 등에 의해 산소를 방출하므로 질식소화인 CO_2설비의 경우 소화적응성이 낮다.

3) 나트륨(Na) · 칼륨(K) · 칼슘(Ca) 등 활성 금속물질을 저장 · 취급하는 장소

> 활성 금속의 경우는 NFPA 484(Standard for Combustible Metals ; 2022 edition)에 의하면 CO_2 가스 방사시 폭발반응이 가능하므로 적용할 수 없다.

4) 전시장 등의 관람을 위하여 다수인이 출입 · 통행하는 통로 및 전시실 등

5. 개구부 관련기준

전역방출방식의 CO_2소화설비를 설치한 특정소방대상물 또는 그 부분에 대하여는 다음의 기준에 따라 자동폐쇄장치를 설치해야 한다.

(1) 환기장치가 있는 경우 : 제14조(2.11.1.1)

환기장치 등을 설치한 것은 소화약제가 방출되기 전에 해당 환기장치 등이 정지될 수 있도록 할 것

> 공조설비 등과 같은 환기장치가 있는 경우는 환기구를 폐쇄할 수가 없으므로 CO_2 방사 직전에 공조설비가 정지되도록 하고, 방사 직전에 정지가 되기 위해서는 CO_2 구역의 방출표시등이나 경종 동작시 신호출력의 접점신호를 받아 송풍기가 정지되도록 한다.

(2) 개구부 또는 통기구가 있는 경우 : 제14조(2.11.1.2)

개구부가 있거나 천장으로부터 1m 이상의 아래 부분 또는 바닥으로부터 해당층의 높이의 2/3 이내의 부분에 통기구(通氣口)가 있어 소화약제의 유출에 따라 소화효과를 감소시킬 우려가 있는 것은 소화약제가 방출되기 전에 해당 개구부 및 통기구를 폐쇄할 수 있도록 할 것

1) 국내의 기준

① 제5조 1호 다목(2.2.1.1.3)에서 약제량 산정시 "개구부에 자동폐쇄장치가 없을 경우에는" 가산량을 추가하도록 규정되어 있으며 이는 개구부를 인정한 것으로 NFTC 2.11.1.2는 개구부나 통기구가 있을 경우 이를 무조건 폐쇄하라는 것이 아니라 CO_2의 비중이 공기보다 무겁기 때문에 아래쪽에 개구부 등이 있어 "CO_2 유출에 의해 소화효과를 감소시킬 우려가 있는 경우로" 한정하고 있다. 즉, CO_2 유출에 의해 소화효과를 감소시킬 우려가 있다는 전제가 성립되어야 개구부 등을 폐쇄하는 것으로, 이때 개구부는 위치에 관계없이 폐쇄를 원칙으로 하나 통기구(通氣口)는 CO_2의 비중이 1.53이므로 하부의 경우에 한하여 폐쇄하도록 조치한 것이다.

② 또한 환기장치는 폐쇄가 아니라 환기장치를 정지하도록 하고 가산량을 보충하는 것으로 따라서 무조건 방호구역 내의 개구부 등을 무조건 폐쇄하도록 하는 것은 입법의 취지가 아니다.

③ 개구부일 경우에도 폐쇄하기가 곤란한 개구부(예 공조용 디퓨저, 환기용 팬의 개구부, 케이블 트레이용 개구부, 벽체의 환기용 그릴 등)에는 가산량을 적용할 수 있으며 설계 적용시 덕트나 벽체에 그릴이 있는 경우는 자동폐쇄를 위하여 CO_2 가스의 방사압을 이용하여 동작되는 PRD(Piston Release Damper)를 설치하도록 한다.

④ 유리창의 경우는 약제방사시 방사압력에 의해 유리창이 파손될 우려가 있으므로 원칙적으로 개구부로 간주하여야 하나 다만, 망입유리, 복층유리 등과 같은 경우는 개구부로 간주하지 아니한다.[288]

2) NFPA의 기준

① 기준

㉮ 출입문 및 창의 경우 : 출입문이나 창문등의 개구부는 약제방사 직전 또는 방사시 자동폐쇄되어야 한다. 만일 자동폐쇄가 불가한 경우는 1분동안 설계농도에서 예상되는 손실과 같은 양의 가스를 가산량으로 추가하여야 한다[NFPA 12(2022 edition) 5.2.2.1(Leakage & ventilation)].

㉯ 환기설비(기계식)가 설치된 경우 : 약제방사전 또는 방사시 자동폐쇄가 되거나 환기장치를 정지하거나 또는 가산량을 추가하도록 한다[NFPA 12(2022 edition) 5.2.2.2]. 만일 환기설비를 정지시킬 수 없는 경우에는 CO_2를 방사하는 동안에 해당하는 양을 가산량으로 추가하여야 하며 설계농도가 34%를 초과할 경우는 보정계수(Conversion factor)를 곱하여 계산하여야 한다[NFPA 12(2022 edition) 5.3.4].

② 해설

㉮ 다음 그림의 경우는 NFPA 12(2022 edition) Fig E.1.(b)에서 제시한 CO_2 누설량(Leakage rate : CO_2 $lb/ft^2 \cdot min$) 그래프로 상온인 70°F(21℃)에서 개구부 높이별로 CO_2 농도에 따라 제시된 개구부 누설량에 대한 내용이다. y축은 누설되는 양($lb/ft^2 \cdot min$)이며 x축은 개구부 중심선에서 반자까지 위쪽의 높이(ft)에 해당하는 값이며 사선은 CO_2의 설계농도(%)이다. 본 그래프를 이용하여 개구부 높이별로 설계농도에 해당하는 누설량 y값을 구하여 적용한다.

---

288) 행정자치부 유권해석(예방 13807-274 : 2000. 3. 8.)

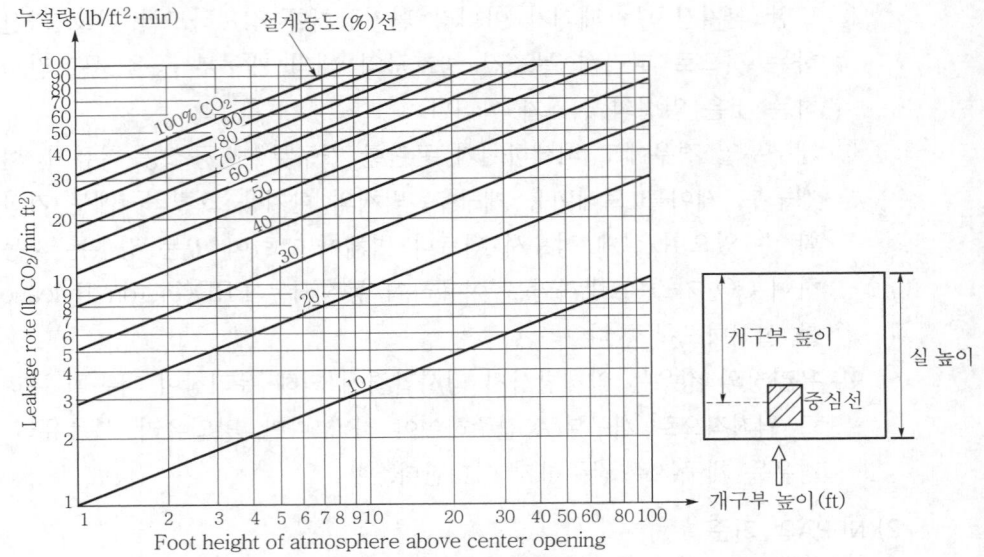

[그림 1-7-11] 설계농도 및 개구부 높이별 누설량 적용

④ 이와 같이 NFPA 12의 경우 가산량 적용은 국내와 같이 개구부 면적에 따라 일률적으로 고정된 값을 적용하지 않는다. 이는 약제방사시 누설되는 양은 방호구역의 온도, 개구부의 위치 및 크기, 방호구역의 농도 및 체적에 따라 달리 적용되기 때문이다.

3) **일본의 기준** : 일본의 경우 CO_2 방호구역의 개구부 조건에 대해 별도로 규정하고 있으며 관련 기준은 다음과 같다.

① **방호구역 조건** : 불연재로된 벽·기둥·바닥 또는 천장(천장이 없는 경우에는 반자)으로 구획할 것

② **개구부 조건** : 계단실, 비상용 승강기의 승강로비 기타 이와 유사한 장소에 면하여 설치하지 아니할 것

㉮ 환기장치는 소화약제 방사전에 정지되는 구조일 것

㉯ 자동폐쇄장치를 설치할 개구부 조건 : 바닥으로부터 높이가 당해층의 2/3 이하의 위치에 있거나, 방사된 소화약제의 유출에 의해 소화효과를 감소시키거나 보안상의 위험이 있는 개구부는 약제방사전에 자동폐쇄 되도록 할 것

㉰ 자동폐쇄장치가 필요없는 개구부 조건

㉠ 통신기기실 또는 지정가연물을 저장·취급하는 소방대상물 : 위벽(囲壁)면적[289]의 1% 이하일 것

---

289) 위벽면적(囲壁面積) : 일본소방법 시행규칙 제19조 5항 4호에 근거하는 용어로 방호구역 내의 벽, 바닥, 천장 면적의 총 합계를 말한다.

ⓛ 기타 용도의 소방대상물 : 위벽면적이나 방호구역 체적 중 작은 수치에 해당하는 값의 10% 이하일 것

ⓒ 자동폐쇄장치가 없는 개구부 면적에 대해서는 소화약제를 가산한다.

chapter

1

소
화
설
비

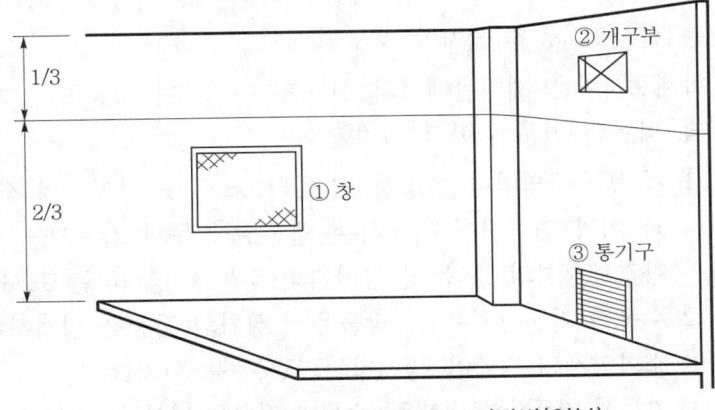

[그림 1-7-12] 개구부상태와 조치방법(일본)

보충 자료

개구부=① 창 : 망입유리로 설치 ② 개구부 : 가산량 적용 ③ 통기구 : 댐퍼로 폐쇄

(3) 최종 결론

1) 가스계 소화설비가 설치된 방호구역의 경우 개구부 및 통기구에 대하여 원칙적으로 폐쇄하여야 한다.

2) 개구부가 위쪽에 있을 때 폐쇄할 수 없는 경우는 약제량을 가산한다.

3) 개구부가 아래쪽에 있을 경우는 폐쇄를 원칙으로 한다.

4) 환기장치가 있는 개구부는 환기장치를 정지시키도록 하고 약제량을 가산한다.

5) 창문 등의 경우는 가스방사압력에 의해 파손될 우려가 있는 경우는 약제량을 가산하여야 한다.

6. 부속장치 등의 기준

(1) 제어반 및 화재표시반 : 제7조(2.4)

CO_2소화설비의 제어반 및 화재표시반은 다음의 기준에 따라 설치해야 한다. 다

만, 자동화재탐지설비 수신기의 제어반이 화재표시반의 기능을 가지고 있는 것은 화재표시반을 설치하지 않을 수 있다.

1) 제어반은 수동기동장치 또는 감지기에서의 신호를 수신하여 음향경보장치의 작동, 소화약제의 방출 또는 지연 기타의 제어기능을 가진 것으로 하고, 제어반에는 전원표시등을 설치할 것

2) 화재표시반은 제어반에서의 신호를 수신하여 작동하는 기능을 가진 것으로 하되, 다음의 기준에 따라 설치할 것

① 각 방호구역마다 음향경보장치의 조작 및 감지기의 작동을 명시하는 표시등과 이와 연동하여 작동하는 벨·부저 등의 경보기를 설치할 것. 이 경우 음향경보장치의 조작 및 감지기의 작동을 명시하는 표시등을 겸용할 수 있다.

② 수동식 기동장치는 그 방출용 스위치의 작동을 명시하는 표시등을 설치할 것

③ 소화약제의 방출을 명시하는 표시등을 설치할 것

④ 자동식 기동장치는 자동·수동의 절환을 명시하는 표시등을 설치할 것

3) 제어반 및 화재표시반의 설치장소는 화재에 따른 영향, 진동 및 충격에 따른 영향 및 부식의 우려가 없고 점검에 편리한 장소에 설치할 것

4) 제어반 및 화재표시반에는 해당 회로도 및 취급설명서를 비치할 것

5) 수동잠금밸브의 개폐여부를 확인할 수 있는 표시등을 설치할 것

① 제어반 및 화재표시반의 개념 : 제어반은 CO_2설비에 대한 제어기능(신호수신과 경보송출, 소화약제의 방출이나 지연기능 등)을 가지고 있으나 화재표시반은 제어기능을 가지고 있지 않다. 따라서 단순히 감지기나 방출용 스위치의 작동에 대한 표시나 약제방출을 알리는 표시등의 동작에 관한 기능만 있으며, 일반적으로는 화재표시반과 제어반이 복합되어 있는 복합식의 수신기를 사용하고 있다. 가스계 설비가 설치된 경우, 일반적으로 용기 저장실 내에는 가스계 설비의 복합식 수신기를 설치하고, 방재센터 내에서는 직접제어를 하지 않고 방호구역의 가스계 설비가 동작시 신호만을 수신하여 작동여부를 확인하고 방재센터 내에서도 경보는 청취되도록 하고 있다.

② 제어반의 기능 : 가스계 소화설비에서 제어반은 다음의 기능이 있어야 한다.[290]

㉮ 수동기동장치 또는 감지기에서의 신호를 수신하여 음향경보장치를 작동, 소화약제의 방출 또는 지연 등의 제어기능을 가져야 한다.

㉯ 각 방호구역마다 음향경보장치의 조작 및 감지기의 작동을 명시하는 표시등과 이와 연동하여 작동하는 벨, 부저 등의 경보장치를 부착하여야 한다.

㉰ 수동식 기동장치에 있어서는 그 방출용 스위치와 작동을 명시하는 표시등을 설치해야 한다.

㉱ 소화약제의 방출을 명시하는 표시등을 설치해야 한다.

㉲ 자동식 기동장치에 있어서는 자동, 수동의 전환을 명시하는 표시등을 설치해야 한다.

---

290) 수신기의 형식승인 및 제품검사의 기술기준 제11조(수신기의 제어기능) 4항

(2) 선택밸브 : 제9조(2.6)

하나의 특정소방대상물 또는 그 부분에 2 이상의 방호구역 또는 방호대상물이 있어 소화약제 저장용기를 공용하는 경우에는 다음의 기준에 따라 선택밸브를 설치해야 한다.

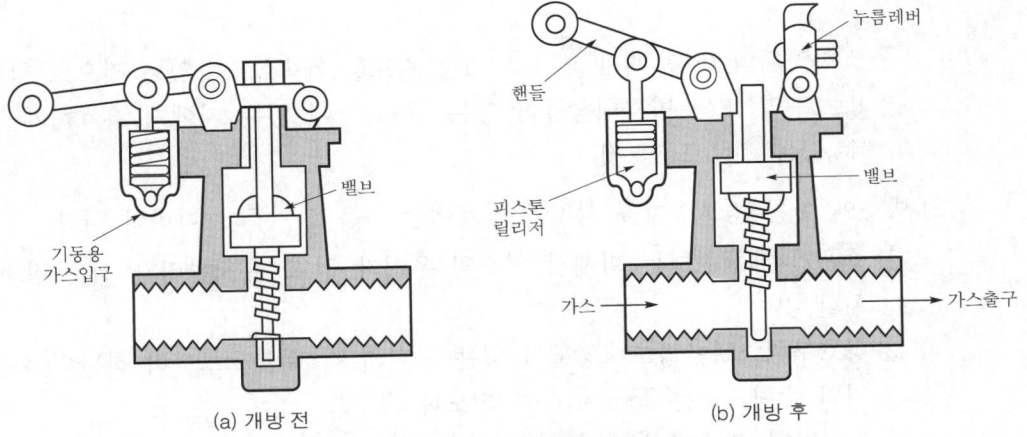

[그림 1-7-13(A)] 선택밸브의 개방 전, 개방 후 모습

1) 방호구역 또는 방호대상물마다 설치할 것

2) 각 선택밸브에는 그 담당방호구역 또는 방호대상물을 표시할 것

(3) 자동식 기동장치의 화재감지기 : 제12조(2.9)

1) 각 방호구역 내의 화재감지기의 감지에 따라 작동되도록 할 것

2) 화재감지기의 회로는 교차회로방식으로 설치할 것. 다만, 화재감지기를 NFTC 203(자동화재탐지설비) 2.4.1 단서의 각 감지기로 설치하는 경우에는 그렇지 않다.

> 단서에 해당하는 감지기(NFTC 203 2.4.1 단서)는 다음과 같으며 이는 신뢰도가 높은 감지기로 간주할 수 있으므로 교차회로를 면제한 것이다.
> ① 불꽃감지기　　　　　　　　　　② 정온식 감지선형 감지기
> ③ 분포형 감지기　　　　　　　　　④ 복합형 감지기
> ⑤ 광전식 분리형 감지기　　　　　⑥ 아날로그방식의 감지기
> ⑦ 다신호방식의 감지기　　　　　⑧ 축적방식의 감지기

3) 교차회로 내의 각 화재감지기 회로별로 설치된 화재감지기 1개가 담당하는 바닥면적은 NFTC 203의 2.4.3.5, 2.4.3.8부터 2.4.3.10까지의 규정에 따른 바닥면적으로 할 것

(4) 음향경보장치 : 제13조(2.10)

1) CO_2소화설비의 음향경보장치는 다음의 기준에 따라 설치해야 한다.

① 수동식 기동장치를 설치한 것은 그 기동장치의 조작과정에서, 자동식 기동장치를 설치한 것은 화재감지기와 연동하여 자동으로 경보를 발하는 것으로 할 것

② 소화약제의 방출 개시 후 1분 이상 경보를 계속할 수 있는 것으로 할 것

③ 방호구역 또는 방호대상물이 있는 구획 안에 있는 자에게 유효하게 경보할 수 있는 것으로 할 것

2) 방송에 따른 경보장치를 설치할 경우에는 다음의 기준에 따라야 한다.

① 증폭기 재생장치는 화재시 연소의 우려가 없고, 유지관리가 쉬운 장소에 설치할 것

② 방호구역 또는 방호대상물이 있는 구획의 각 부분으로부터 하나의 확성기까지의 수평거리는 25m 이하가 되도록 할 것

③ 제어반의 복구 스위치를 조작하여도 경보를 계속 발할 수 있는 것으로 할 것

(5) 배출설비 : 제16조(2.13)

1) **기준 :** 지하층, 무창층 및 밀폐된 거실 등에 CO_2소화설비를 설치한 경우에는 방출된 소화약제를 배출하기 위한 배출설비를 갖추어야 한다.

2) **해설**

① 화재가 진압된 이후에 실내에 잔류하고 있는 CO_2 가스를 안전한 장소로 배출하여야 한다. 배출설비는 방사된 가스가 배출되기 어려운 지하층이나 무창층, 밀폐거실의 방호구역에 한하여 적용하여야 하며, 이를 위해 배기 팬을 설치하고 약제가 방출되기 직전에는 정지하도록 한다. 또한 창문이나 출입문을 개방하여 자연배기가 가능한 경우에는 자연배기방식을 적용할 수도 있다.

② 화재안전기준에는 배출설비에 대한 상세기준이 없으나 일본의 경우 예방심사기준[291]에서는 배기장치에 의한 배출방식과 자연배기에 의한 배출방식의 2가지 방식을 적용하고 있다.

---

291) 동경소방청 사찰편람(査察便覧) 5.7 이산화탄소소화설비 5.7.11 자동폐쇄장치, 배출조치등(自動閉鎖裝置, 排出措置等) p.2,385

(6) 안전시설 등

1) 이산화탄소소화설비가 설치된 장소에는 다음의 기준에 따른 안전시설을 설치해야 한다(NFTC 2.16).

   ① 소화약제 방출시 방호구역 내와 부근에 가스방출시 영향을 미칠 수 있는 장소에 시각경보장치를 설치하여 소화약제가 방출되었음을 알도록 할 것

   ② 방호구역의 출입구 부근 잘 보이는 장소에 약제방출에 따른 위험경고표지를 부착할 것

[그림 1-7-13(B)] 위험경고 표지(예)

2) 소화약제의 저장용기와 선택밸브 사이의 집합배관에는 수동잠금밸브를 설치하되 선택밸브 직전에 설치할 것. 다만, 선택밸브가 없는 설비의 경우에는 저장용기실 내에 설치하되 조작 및 점검이 쉬운 위치에 설치해야 한다(NFTC 2.5.3).

> 일본의 안전시설 조치 : CO_2소화설비로 인한 인명피해를 방지하기 위해 전역방출방식일 경우는 직접조작이나 원격으로 작동하여 약제방사를 차단하는 폐쇄밸브를 의무적으로 설치하도록 한다.
>
> ① 고시 : 불활성가스 소화설비의 폐쇄밸브의 기준(不活性ガス消火設備の閉止弁の基準) 일본소방청 고시 제8호(2022. 9. 14. 공포)
>
> ② 2023. 3. 31.까지 의무적으로 모든 대상물에 설치하여야 하고 폐쇄밸브 작동시 제어반에 신호가 송출된다.
>
> ③ 방호구역 내에 출입할 경우는 제어반에서 수동으로 절환하고 폐쇄밸브를 작동시켜 약제방출을 사전에 방지하도록 한다.

(7) 과압배출구 : 제17조(2.14)

1) **기준** : CO_2소화설비가 설치된 방호구역에는 소화약제 방출시 과압으로 인하여 구조물 등의 손상을 방지하기 위하여 과압배출구를 설치해야 한다.

2) 해설

① 과압배출구의 적용 : 전역방출방식과 같은 완전밀폐공간(Very tight encloser)의 경우 압력 및 가연성 가스의 방출을 위해 NFPA에서는 과압배출구(Pressure relief venting)를 적용하고 있으며[292] 출입문이나 창문, 댐퍼 등의 누설틈새도 과압배출구로 인정하고 있다.[293] 과압배출구를 설치할 경우 배출구의 위치는 CO_2의 비중이 공기보다 무거우므로 바닥에서 높은 곳에 설치하여 약제 방사시 실내 농도가 저하되지 않도록 한다.

② 과압배출구의 크기

㉮ NFPA의 경우 : 과압배출구의 크기에 대해서는 화재안전기준에서는 별도의 규정이 없으나 과압배출구의 크기는 NFPA 12(2022 edition) 5.6.2.1에 의하면 다음과 같다.

$$[\text{SI 단위}] \quad X = \frac{239Q}{\sqrt{P}}$$ .... [식 1-7-14(A)]

여기서, X : 과압배출구의 면적(mm^2)
Q : CO_2의 흐름률(kg/min)
P : 방호구역의 허용강도(kPa)

㉠ 이때 허용강도 P는 NFPA 12 Table A.5.6.2에 의하면 다음 표와 같이 경량 구조물(Light building), 일반 구조물(Normal building), 둥근 구조물(Vault building)로 구분하여 적용한다. 둥근 구조물에 대한 허용강도가 큰 것은 아치형의 건물인 경우 일반건축물에 비해 강도가 더 우수하기 때문이다.

[표 1-7-11] 일반적인 방호구역에 대한 강도 및 허용압력(Strength & allowable pressure for average enclosures)

건물구조 (Type construction)		경량구조물 (Light building)	일반구조물 (Normal building)	둥근구조물 (Vault building)
허용강도 (Allowable strength)	(kPa)	1.2kPa	2.4kPa	4.8kPa
	(lb/ft²)	25lb/ft²	50lb/ft²	100lb/ft²

㉡ 과압배출구에 관한 면적의 식을 Fire Protection Handbook(19th edition) 11−74쪽에서는 다음과 같이 적용하고 있으나 이 경우는 방

---

292) NFPA 12(2022 edition) 5.6(Venting consideration)
293) Porosity and leakages such as at doors, windows, and dampers, though not readily apparent or easily calculated, have been found to provide sufficient relief for the normal CO_2 flooding systems without need for additional venting.

호구역의 허용강도 P의 단위가 (kPa)이 아니라 중력단위인 (kg/cm^2)인 것이므로 결국은 [식 1-7-14(A)]와 동일한 식이 된다.

$$[\text{중력단위}] \quad X = \frac{23.9Q}{\sqrt{P}}$$ .... [식 1-7-14(B)]

여기서, X : 과압배출구의 면적(mm^2)
       Q : CO_2의 흐름률(kg/min)
       P : 방호구역의 허용강도(kg/cm^2)

$1kgf=9.8N$, $1kgf/m^2=9.8N/m^2=9.8Pa$, $1Pa=(1/9.8)kgf/m^2 \doteqdot \frac{1}{10} \times \frac{1}{10^4}kgf/cm^2$

$\therefore 1kPa=10^{-2}kg/cm^2$,

$\quad P_S(kPa) : P_f(kg/cm^2)=1 : 10^{-2}$

$\quad P_S=10^2 P_f$

$\therefore$ [식 1-7-14(A)]에서

$$X(mm^2)=\frac{239Q}{\sqrt{P_S}}=\frac{239Q}{\sqrt{100P_f}}=\frac{23.9Q}{\sqrt{P_f}}$$

㉯ 국내의 경우 : 제조사에서 사용하는 설계용 프로그램도 [식 1-7-14(A)]를 기준으로 하고 [표 1-7-11]의 허용강도를 적용하고 있으며 이는 CO_2 1kg이 상온에서 $0.56m^3$로 팽창한다는 것을 기준으로 한 것이다. 이 경우 흐름률을 약제소요량(화재안전기준에서 구한 약제중량)으로 계산하는 것은 잘못된 것이며 이는 반드시 약제저장량(소요량을 용기 단위로 저장하는 약제중량)을 기준으로 계산하여야 한다.

③ 할로겐설비에 과압배출구가 없는 이유 : CO_2설비와 같은 질식소화약제는 방사형태가 고농도 장시간형인 관계로 실내의 공기와 약제가 혼합되어 외부로 유출하게 되므로 자유유출방식으로 적용하고 있다. 이에 비하여 억제소화인 할로겐설비의 경우는 방사형태가 저농도 단시간형인 관계로 무유출방식으로 적용하고 있다. 예를 들면, CO_2의 경우 설계농도가 34%일 경우에는 실내 산소농도는 약 14%([식 1-7-2] 참조)이다. 이 경우 CO_2의 방사체적은 실 체적의 50%에 해당하는 약제를 방사하게 되므로([식 1-7-1] 참조) 매우 큰 체적의 약제량을 고압(2.1MPa)으로 방사하는 관계로 방호구역 내에서 과압이 발생할 우려가 있다. 그러나 할로겐설비의 경우는 설계농도 5%로서 매우 적은 양이 그것도 10초라는 단시간에 방사되기 때문에 과압이 발생할 조건이 아니다. Clean agent의 경우에도 위와 동일하게 할로겐계열의 물질은 할론 1301처럼 과압배출구가 필요하지 않으나, Clean agent에서 불활성기체의 경우는 CO_2와 유사한 상황으로 과압이 발생할 우려가 있어 과압배출구가 필요하다.

6 CO_2소화설비의 설계실무

1. 시스템 설계

(1) 설계프로그램 : 제18조(2.15)

CO_2소화설비를 설계 프로그램을 이용하여 설계할 경우에는 "가스계 소화설비의 설계프로그램 성능인증 및 제품검사의 기술기준"에 적합한 설계프로그램을 사용해야 한다.

1) CO_2설비의 경우 용기 내에는 액상으로 저장된 상태이며, 방사시는 배관에서 액상과 기상으로 혼재(混在)하게 되며 헤드에서는 기화하여 기상으로 변화하는 2상유체인 관계로 이에 대하여 정확한 흐름률(Flow rate)과 배관의 손실수두를 수계산으로 계산하는 것은 한계가 있을 수 밖에 없다. 그러나 가스계 소화설비의 경우 전통적으로 Table을 이용한 수계산방식으로 설계를 하여 왔으나 이는 실제 화재시 헤드방사압과 약제량의 방사시간에 대한 검증을 할 수 없는 관계로 원칙적으로 Computer program에 의해 설계를 하여야 한다.

2) 화재안전기준에서는 프로그램으로 설계할 경우 공인된 프로그램을 사용하라는 의미이지만 현재 국내에서 CO_2소화설비에 대한 한국소방산업기술원의 개정된 성능시험 인증을 받은 업체는 고압식의 경우 현재 4개소(동아화이어테크, 엔케이텍, 포트텍, 에스텍시스템)이나 시스템의 신뢰성을 위하여 개정된 성능시험에 따라 인증된 프로그램으로 설계를 하여야 한다.

3) 가스계 소화설비에 대해서는 기존의 KFI인증을 받은 시스템은 더 이상 사용할 수 없으며 개정된 성능인증 및 제품 검사의 기술기준에 따라 신규로 성능인증을 받아야 한다. 기존의 KFI인증기준은 소방청장의 단체기준으로 국제적인 가스계설비의 성능기준에 매우 미달되어 소방청장의 고시로 국제적인 기준으로 상향된 성능시험기술기준[294]을 제정하고 2011. 9. 1.부터는 개정된 성능인증에 따라 승인된 가스계 소화설비 시스템만 사용하도록 하였다. 국내에서 CO_2에 대해 개정된 성능인증에 따라 인증을 받은 업체와 상품명은 고압식인 경우 현재 ① DAFT-CO_2(동아화이어테크) ② NKFS-HPCO_2(엔케이텍) ③ Fort-CO_2(포트텍) ④ Anyfire CO_2(에스텍시스템)의 4개 품목이 있다.

---

[294] 가스계 소화설비의 설계프로그램 성능인증 및 제품검사의 기술기준

(2) 프로그램 설계 과정

전역방출방식의 경우 설계용 프로그램에 의한 수행절차는 다음과 같다.

방호구역 선정

⬇

방호구역의 체적 계산

⬇

기본 약제량 계산 ➡ 표면화재 또는 심부화재 선택

⬇

약제누출에 대한 추가정보량 계산

⬇

추가약제 방출시 추가방출량 결정 ➡ 용기사양 결정 분사헤드 수량 결정

⬇

총 약제량 계산

⬇

과압배출구 조건결정 및 크기 계산

⬇

노즐위치 및 배관 도면 설계

⬇

프로그램용 도면(ISOMETRIC) 작성

⬇

컴퓨터 계산에 의한 배관크기 및 노즐오리피스 결정

⬇

시스템 작동방법 결정

⬇

보조기능 설정

⬇

시스템 설계도면 완성

(3) 관경의 적용

1) **수계산방식의 경우** : 국내에서 전통적인 수(手)계산방식에 의해 관경을 적용하는 경우 약제의 흐름률에 대한 배관 구경은 [표 1-7-12]를 주로 사용한다. 그러나 수계산의 경우는 계산의 복잡성으로 장시간 시간이 소요되며, 정확성을 검증할 수 없어 효과적인 소화성능을 확인할 수 없다.

[표 1-7-12] CO_2 배관의 관경(고압식의 경우)

관경(mm)	15A	20A	25A	32A	40A	50A	65A	80A	90A	100A	125A
유량(kg/min) 50m 이내	40	85	155	300	420	760	1,280	1,850	2,550	3,400	5,500
유량(kg/min) 75m 이내	35	75	135	270	380	700	1,200	1,750	2,400	3,200	5,200
유량(kg/min) 100m 이내	30	65	120	238	342	650	1,100	1,600	2,200	3,000	4,900

㈜ 거리(50m, 75m, 100m)는 약제용기부터 방사헤드까지의 최장거리를 말한다.

> **[표 1-7-12]의 출전(出典)**
>
> 일본 Yamato社 제품 Manual로서 헤드별 방사량 기준으로 국내는 동 기준을 수계산에 의한 설계시 주로 사용하고 있다.

2) **프로그램 설계방식의 경우** : 관경의 결정이란 약제의 방출시간 및 방출압력을 확보할 수 있는 가장 합리적이고 적정한 크기의 배관을 결정하는 것으로 현재 CO_2에 대한 성능시험 인정을 받은 프로그램 중 설계시 적용하는 유량 대비 관경을 예로 들면 다음과 같다.

[표 1-7-13] CO_2 배관의 유량대비 관경(Sch 80)

관경(mm)	15A	20A	25A	32A	40A	50A	65A	80A	100A	125A	150A
최소유량 (kg/min)	15	30	45	83.3	140	243	380	600	1,133	1,833	2,500
최대유량 (kg/min)	45	90	135	250	420	730	1,140	1,800	3,400	5,500	7,500

㈜ 위 기준은 Fort-CO_2 프로그램에 의한 기준임(인정업체 : 포트텍)

(4) 부속류의 등가길이

국내에서는 CO_2설비의 부속류에 대한 등가길이 관련 기준이 없으나 관부속의 등가길이에 대해 NFPA와 일본의 경우는 다음의 표를 제시하고 있다.

1) NFPA의 경우

[표 1-7-14(A)] 관 부속류의 등가길이(용접의 경우)   (단위 : m)

구경(mm)	45° Elbow	90° Elbow	직류 Tee	분류 Tee	Gate valve
15A	0.091	0.244	0.213	0.640	0.122
20A	0.122	0.335	0.274	0.853	0.152
25A	0.152	0.427	0.335	1.067	0.183
32A	0.213	0.549	0.457	1.402	0.244
40A	0.244	0.640	0.518	1.646	0.274
50A	0.305	0.853	0.671	2.103	0.366
65A	0.366	1.006	0.823	2.500	0.427
80A	0.549	1.250	1.006	3.109	0.549
100A	0.610	1.646	1.341	4.084	0.732
125A	0.762	2.042	1.676	5.120	0.914
150A	0.914	2.469	2.012	6.157	1.067

㊟ 1. 90° Elbow는 표준형이며, 곡률반경이 큰 90° Elbow는 직류 Tee와 같다.
　 2. Union, Coupling은 Gate valve와 같다.
　 3. 원래 단위는 ft이나 m로 변환하여 수록한다.

 [표 1-7-14(A)]의 출전(出典)

NFPA 12(2022 edition) Annex C Table C.1(e)

2) 일본의 경우

[표 1-7-14(B)] 관 부속류의 등가길이 : JIS G 3454(Sch 80)　(단위 : m)

종 별		관 경	15A	20A	25A	32A	40A	50A	65A	80A	90A	100A	125A	150A
관이음쇠	나사식	45° Elbow	0.2	0.3	0.4	0.6	0.7	1.0	1.3	1.6	1.9	2.2	2.8	3.5
		90° Elbow	0.5	0.7	1.0	1.4	1.6	2.2	3.0	3.7	4.4	5.1	6.6	8.2
		Tee(직류)	0.3	0.4	0.6	0.8	0.9	1.3	1.7	2.1	2.5	2.9	3.8	4.7
		Tee(분류)	0.9	1.3	1.8	2.5	3.1	4.2	5.5	6.8	8.1	9.5	12.3	15.2
		Union 및 Gate valve	0.1	0.2	0.2	0.3	0.4	0.5	0.6	0.8	0.9	1.1	1.4	1.8
	용접식	45° Elbow	0.1	0.2	0.2	0.3	0.4	0.5	0.6	0.8	0.9	1.1	1.4	1.8
		90° Elbow	0.2	0.4	0.5	0.7	0.8	1.1	1.5	1.8	2.2	2.5	3.3	4.1
		Tee(직류)	0.2	0.3	0.4	0.6	0.7	1.0	1.3	1.6	1.9	2.2	2.8	3.5
		Tee(분류)	0.7	1.0	1.4	1.9	2.3	3.2	4.2	5.2	6.2	7.3	9.5	11.7
		Union 및 Gate valve	0.1	0.2	0.2	0.3	0.4	0.5	0.6	0.8	0.9	1.1	1.4	1.8

[표 1-7-14(B)]의 출전(出典)

일본 위험물시설 기준 4권(동경법령출판) p.161 [표 5-5]

(5) 헤드의 분구면적

1) **국내(프로그램설계)의 경우** : 분구면적이란 헤드 1개에 대해 1분당 방사되는 양 (kg/min)을 헤드의 방사율(kg/min·mm²)(헤드 1분당 단위 분구면적당 방사량) 으로 나눈값으로 원칙적으로 배관의 압력계산을 거쳐 헤드의 분구면적을 산정 하게 되며 이로서 정확한 약제량이 소요시간 내에 방사하게 된다. 분구면적은 수계산으로 정확히 계산할 수 없으며 국내의 경우 방출률, 방출압력, 분구면적 은 프로그램에 의하여 결정된 값으로 정하게 된다.

2) **NFPA의 경우** : NFPA 12에서는 위의 표에 대해 오리피스 분구면적의 표준으 로 다음의 표를 제시하고 있으며 동 표는 Orifice 직경에 대한 Orifice 분구면 적별 Code 번호가 직경이 0.8mm 증가할 때마다 번호를 1단계씩 증가시키고 있으며 분구면적별로 32단계의 헤드로 구분하고 있다.

[표 1-7-15] 오리피스 분구면적(예)

Orifice code No.	# 1	# 1.5	# 2	# 2.5	# 3	# 3.5	# 4	# 4.5
직경(mm)	0.79	1.19	1.59	1.98	2.38	2.78	3.18	3.57
분구면적(mm²)	0.49	1.11	1.98	3.09	4.45	6.06	7.94	10.00
Orifice code No.	# 5	# 5.5	# 6	# 6.5	# 7	# 7.5	# 8	# 8.5
직경(mm)	3.97	4.37	4.76	5.16	5.56	5.95	6.35	6.75
분구면적(mm²)	12.39	14.97	17.81	20.90	24.26	27.81	31.68	35.74
Orifice code No.	# 9	# 9.5	# 10	# 11	# 12	# 13	# 14	# 15
직경(mm)	7.14	7.54	7.94	8.73	9.53	10.32	11.11	11.91
분구면적(mm²)	40.06	44.65	49.48	59.87	71.29	83.61	96.97	111.29
Orifice code No.	# 16	# 18	# 20	# 22	# 24	# 32	# 48	# 64
직경(mm)	12.70	14.29	15.88	17.46	19.05	25.40	38.40	50.80
분구면적(mm²)	126.71	160.32	197.94	239.48	285.03	506.45	1138.71	2025.80

[표 1-7-15]의 출전(出典)

NFPA 12(2022 edition) Table A.4.7.4.4.3 Equivalent orifice sizes

3) **일본의 경우** : 일본의 경우는 가스계설비의 헤드 분구면적에 대하여 일본소방청에서 고시한 "불활성가스소화설비 등의 분사헤드기준[295]"이 있으며 동 고시의 별표에서는 오리피스 코드 번호와 이에 따른 등가 분구면적을 제시하고 있다. 동 기준에 의하면 코드 번호는 #-4번(등가 분구면적 0.5mm²)부터 #64번(1,257mm²)까지 코드 0번을 포함하여 총 69종으로 헤드별 분구면적을 분류하여 설계 및 시공에 적용하고 있다.

---

295) 불활성가스소화설비 등의 분사헤드기준(不活性ガス消火設備等の噴射ヘッドの基準) : 소방청 고시 제18호(2001. 3. 30. 개정)

2. 계통도

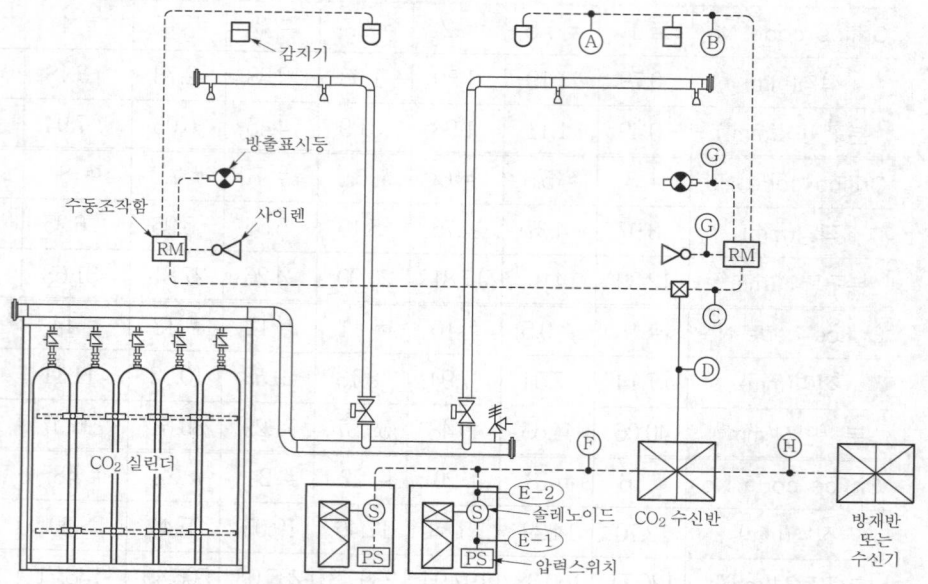

[그림 1-7-14] CO_2소화설비 배선도

㊟ 배선도이므로 가스용 동관은 생략하고 전선관만 표시함.

기 호	배선위치	배선수	배선조건	배선용도
A	감지기 ↔ 감지기	4	1.2mm(16C)	(지구, 공통)×2선
B	감지기 ↔ 수동조작함	8	1.2mm(22C)	(지구, 공통)×4선
C	수동조작함 사이	7	1.6mm(22C)	전원×2, 감지기 A, B, 기동 S/W, 사이렌, 방출표시등
D	수동조작함 ↔ 수신기	12	1.6mm(28C)	전원×2, (감지기 A, B, 기동 S/W, 사이렌, 방출표시등)×2
E	압력 S/W ↔ 솔레노이드	2	1.6mm(16C)	기동, 공통 ⇨ (E-1)
	압력 S/W, 솔레노이드 ↔ 수신기	3	1.6mm(16C)	기동×2, 공통 ⇨ (E-2)
F	압력 S/W, 솔레노이드 ↔ 수신기	5	1.6mm(16C)	기동×4, 공통
G	사이렌, 방출표시등 ↔ 수동조작함	2	1.6mm(16C)	기동, 공통
H	수신반 ↔ 방재반	9	1.6mm(28C)	(감지기 A, B, 방출표시등)×구역수, 공통, 화재, 전원감시

㊟ 1. 배선수는 최소가닥수로 적용하며, 구역수는 2구역일 때를 기준으로 예시한 것이다.
　　2. 개정된 전선규격에 따르면 HIV 1.2mm는 1.5mm^{2}로, 1.6mm는 2.5mm^{2}로 적용하도록 한다.

3. 설계 예제 및 풀이

가스계 소화설비는 일반적으로 용기 내 저장상태가 액상이고 화재시 배관과 노즐을 통하여 분사되는 과정에서 기화가 일어나 방호대상물에 분사된 후에는 가스상태로 소화작용을 하게 되므로 수계소화설비와는 다른 설계계산을 요구한다. CO_2 저장용기 부근의 배관 내 유체는 액상이지만 배관 내부를 흐르며 점차 기화되어 액체와 기체가 혼합되므로 마찰손실은 일정하지 않게 된다. 따라서 배관 내에서는 액상과 기상이 혼합된 상태로 흐르므로 그 계산이 까다롭고 해석이 어려우며 Program에 의한 계산이 원칙이며 수계산으로 하는 전통적인 설계방식은 검증할 수가 없어 그 설비의 성능을 보장받을 수가 없다.

예제
본 예제 풀이에서는 위와 같은 문제점을 고려하여 CO_2소화설비의 계산을 다음과 같은 설계 조건하에서 계산하시오.
[조건] 용기로부터 헤드까지는 50m 이내로 한다.
　　　1) 방호구역 : 발전기실
　　　2) 방호구역 체적 : 15m(가로)×6m(세로)×4m(높이)
　　　3) 개구부 면적 : 1.8m×2.1m(자동폐쇄 안 됨)
　　　4) 방출시간 : 1분(표면화재)
　　　5) 헤드 구경 : 20mm로 한다.
　　　6) 용기 : 68l/45kg을 사용
1. 규약배관에 의한 수계산 방법
2. PC program에 의한 계산 방법으로 비교 검토하여 보기로 하자.

풀이 ① 규약배관에 의한 수계산 방법
　　　규약배관의 경우 국내에서는 일본 Yamato社의 Data를 주로 사용하고 있으며 이 경우 소요약제량은 [식 1-7-4]를 적용하며, 흐름률에 따른 관경은 [표 1-7-12]를 적용하여 계산한다.
　　　[참고 자료]
　　　• [식 1-7-4] ⇨ $Q = V \cdot K_1$(기본량)$+ A \cdot K_2$(가산량)
　　　• [표 1-7-12] ⇨ CO_2 배관 관경

관경(mm)	15	20	25	32	40	50	65	80	90	100
유량(kg/min)	40	85	155	300	420	760	1,280	1,850	2,550	3,400

　㉮ 규약배관에 의한 예제풀이 : CO_2 약제량 계산

번 호	항 목		내 용	비 고
A	실명		발전실	표면화재
B	실의 체적	(m³)	360m³	$=15\times6\times4$m
C	Volume factor	(kg/m)	0.8kg/m³	—

D	기본량	(kg)	288kg	B×C
E	개구부 면적	(m²)	3.78m²	=1.8m×2.1m
F	Opening factor	(kg/m²)	5kg/m²	-
G	가산량	(kg)	18.9kg	E×F
H	소요 약제량	(kg)	306.9kg	D+G
I	소요 용기수량(68ℓ/45kg)	(ea)	6.8병	H/45
J	설치 약제량	(kg)	315kg	7병×45kg
K	헤드 구경	(mm)	20mm	조건에 제시됨
L	헤드 1개당 방사량	(kg/min)	85kg/min	[표 1-7-12]
M	헤드 수량	(ea)	4ea	J/(L)
N	헤드 구간별 관경	(mm)	-	Reference data Ⅰ

- [Reference data Ⅰ : 헤드 구간별 관경(mm)]
- [표 1-7-12]에 따라, 헤드 4개에 대해 수량별 관경을 구하면 다음과 같다.

헤드수량	1ea	2ea	3ea	4ea
방사량(kg/min)	85	170	255	340
관경(mm)	20A	32A	32A	40A

계산된 결과에 따라 발전실의 헤드 및 배관을 도시(圖示)하면 다음 그림과 같다.

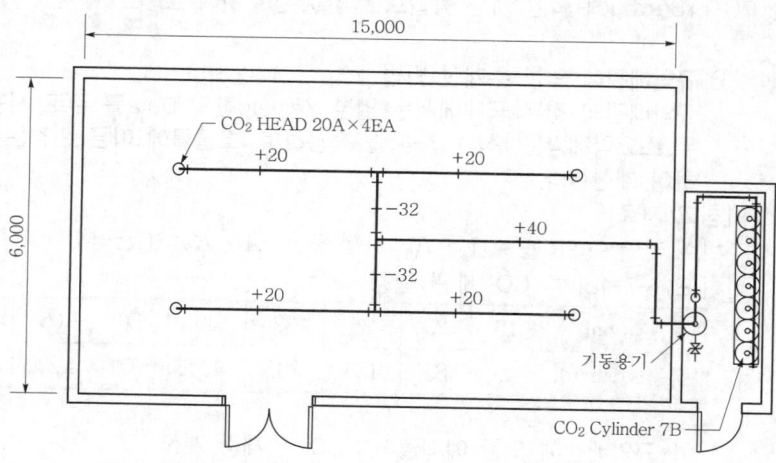

[그림 1-7-15(A)] 규약배관방식의 경우

④ 규약배관의 특징
　㉠ 설계자료의 신뢰성 : 특정회사의 Flow rate(흐름률)를 사용하는 관계로 설치하는 CO_2소화설비에 대해 방사압, 방사량, 방사시간, 관경을 검증할 수 없으며 전체적으로 개략적인 수치를 파악하기 위한 자료로만 사용할 수 있다.

ⓛ 노즐의 선정 : 노즐선단에서 해당 방사압력으로 설계유량이 방출되어야 하므로 분사노즐의 오리피스 면적 및 구경이 계산되어야 하나 규약배관방식으로는 산정하기가 용이하지 않다.

② 컴퓨터 프로그램에 의한 계산방법

㉮ 프로그램에 의한 예제풀이

㉠ 가스량 계산 : 약제량 7병(315kg)의 계산과정은 규약배관방식과 동일하다.

㉡ 헤드수 산출 : 노즐의 수량은 약제가 균등하게 방사할 수 있도록 배치하며, 4개로 가정하여 배치한다.

㉢ Isometric을 작성한다.

㉣ 1개의 노즐에서의 방사량 : 78.75kg/min이다(315÷4=78.75).

㉤ CO_2 Calculation Program을 수행한다.

㉥ Program data sheet의 계산결과에 따라 다음과 같은 결과를 얻을 수 있다.

구 간	A—B	B—①	①—②	②—③
관 경	32A	32A	25A	20A

㊟ Program data sheet는 기재를 생략한다.

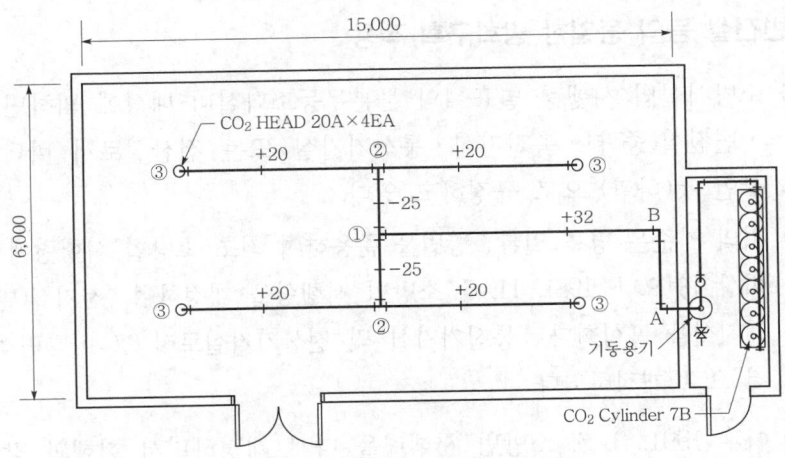

[그림 1-7-15(B)] 프로그램방식의 경우

㊟ 발전기실 높이=4m

㉯ 프로그램방식의 특징

㉠ 설비의 신뢰성 : CO_2 Calculation Program을 실행하면 배관 및 분구면적이 공인된 방법에 의거 결정되며, 계산된 data를 이용하여 정확한 설계도면 작성 및 현장시공의 신뢰도를 높일 수 있다(실제 PC Program을 이용할 경우 배관의 크기는 줄어들고, 오리피스의 분구면적으로 가스량의 방출을 조정할 수 있다).

㉡ 계산의 정확성 : 배관구경의 선정을 흐름률 표를 참조하여 결정할 경우에는 배관 내 약제량의 성상이 변하는 관계(기체, 액체)로 배관의 직선거리에 비례하지 않게 된다. 이로 인하여 배관 말단 부위쪽으로 갈수록 마찰손실이 커져 수계산으로는 정확한 마찰손실을 구하기 어려우나 Program에 의한 설계의 경우 정확한 손실을 계산할 수 있다.

㉢ 입력값의 실수 : 그러나 프로그램으로 설계할 경우는 data를 잘못 입력한 경우 전혀 다른 결과를 도출할 수 있으므로 결과에 대한 검증이 필요하다.

③ 최종결론 : 설계방법에 따른 비교 검토

구 분		1. 규약배관방식	2. 컴퓨터 이용방식
배관 구간	A−B	40A	32A
	B−①	40A	32A
	①−②	32A	25A
	②−③	20A	20A
Orifice 면적(cm²)		−	$0.49cm^2$
노즐방사압력(kg/cm²)		−	$41.39kg/cm^2$(589psi)
노즐 수량(개)		4개	4개

4. 법 적용시 유의사항

(1) 변전실 등의 동일한 방화구획 적용

1) 소방시설법 시행령 별표 4의 물분무등소화설비 대상에 의하면, "전기실·발전실·변전실(중략)·축전지실·통신기기실 또는 전산실로서 바닥면적이 $300m^2$ 이상인 것(하략)"으로 규정하고 있다.

위의 기준은 당초 일본소방법을 준용하여 최초 소방법 시행령에서 바닥면적 $200m^2$ 이상이었으나, 1981. 11. 6. 소방법 시행령을 개정하여 "전기실(발전실·변전실·축전지실을 포함한다), 통신기기실 및 전산기기실로서 그 바닥면적이 $300m^2$ 이상인 것"으로 개정하였다.

2) 이후 1991. 2. 6. 소방법 시행령을 다시 개정하면서 현행과 같이 "전기실·발전실·변전실(중략)·축전지실·통신기기실 또는 전산실로서 바닥면적이 $300m^2$ 이상인 것(하나의 방화구획 내에 2 이상의 실이 설치되어 있는 경우에는 이를 1개의 실로 보아 바닥면적을 산정한다)"로 개정하여 현재와 같은 기준이 된 것이다. 즉 과거에는 "전기실(발전실·변전실·축전지실을 포함한다)"로 표현하였던 것을 현실적으로 변전실, 발전실, 축전지실이 각각 방화구획되어 있는 현실을 감안하여 방화구획시에는 해당 용도별로 바닥면적을 구분 적용하도록 하기 위하여 "하나의 방화구획 내에 2 이상의 실이 설치되어 있는 경우에는 이를 1개의 실로 보아 바닥면적을 산정한다"를 삽입한 것이다.

3) 위의 기준에서 "하나의 방화구획"이란 결국 "별개의 방화구획"을 뜻하는 것으로 이는 각각 해당실을 방화구획하였을 경우는 하나의 방화구획이 아니므로, 방

화구획이 완전구획이 될 수는 없지만, 물분무등소화설비의 대상 적용시에 대해서는 방화구획 단위로 구분하여 바닥면적을 적용하도록 규정한 것이다. 따라서 각 용도별(변전실, 발전실, 축전지실 등)로 방화구획이 되어 있다면 이는 방화구획된 용도별로 각각 바닥면적을 적용하여야 하며 합산하여 바닥면적을 산정하여서는 아니 된다. 또한 위의 내용에 대해서는 "갑종방화문으로 구획된 실은 별개의 방화구획으로 보아(각각 300m² 미만일 경우) 물분무등소화설비를 설치하여야 할 대상이 아니다"라는 유권해석(예방 13807-492호 : 2002. 5. 31.)도 있으므로 이를 준용하도록 한다.

(2) 표면화재와 심부화재의 구분

CO_2소화설비 약제량 산정시 방호대상물을 구분할 경우 표면화재인지, 심부화재인지에 따라 약제량 산정이 달라지며 구분하는 방법 또한 매우 주관적이라 할 수 있으나 가장 기본적인 검토방법은 다음과 같다.

1) 표면화재

① B, C급화재를 위주로 한 불꽃화재로서 소화는 최소설계농도 34%로서 1분 이내 소화를 원칙으로 한다.

② 유입(油入)기기가 있는 전기실, 연료가 있는 발전실, 차량이 있는 주차장 등의 소방대상물은 표면화재로 적용한다.

주차타워

주차타워의 경우 표면화재로 행자부에서 유권해석(예방 13807-246 : '96.3)을 한 바 있다.

2) 심부화재

① A급화재를 위주로 한 훈소화재로서 소화는 질식소화 이외 냉각소화를 필요로 하며 최소설계농도는 34% 이상으로서, 2분 이내 30%의 설계농도를 유지하여야 한다.

② 특수가연물이나 종이, 목재, 석탄, 섬유류, 합성수지류 등의 화재 또는 A급 가연물이 다량으로 있는 창고, 박물관, 도서관 등은 심부화재로 적용한다.

3) 위의 사항을 기초로 하여 용도별로 구분하면 다음과 같다.

① 변전실의 경우는 변전실 내에 설치하는 기기류에 따라 유입식(油入式) 변압기나 유입식 차단기류를 사용하는 경우는 표면화재로 적용하고, 몰드(Mold) 변압기

나 ACB, VCB 등의 건식(乾式) 타입의 기기를 사용하는 경우는 심부화재로 적용한다.

 변전실 내의 기기류

일부 건물의 경우 변압기는 절연유를 사용하지 않는 Mold 변압기(건식 변압기)를, 차단기는 OCB(Oil Circuit Breaker) 대신 ACB(Air Circuit Breaker), VCB(Vacuum Circuit Breaker) 등을 사용한다.

② 발전실의 경우는 연료보관이 내장형이거나, 별도의 연료저장 탱크가 소량취급소 등으로 있거나를 불문하고 경유 또는 가스를 사용하는 장소이므로 표면화재로 적용하여야 한다.

③ 축전지실, 주차장(주차타워 포함), 보일러실, 기름탱크실은 표면화재로 적용한다.

④ 통신기기실, 승강기기계실, MDF실, 기계실(보일러실 제외), 전산실 등은 심부화재로 적용한다. 일본의 경우는 표면화재와 심부화재 이외 준심부화재의 3단계로 구분하며 일본소방법 시행규칙 제19조 2항 3호에서는 통신기기실을 준심부화재로 분류하고 있다.

⑤ 창고, 박물관, 도서관 등 A급 가연물을 위주로 하는 장소는 심부화재로 적용한다.

⑥ 특수가연물은 가연성 고체류나 가연성 액체류는 표면화재로, 기타는 심부화재로 적용한다.

특수가연물

1. 특수가연물은 종전의 소방기본법에서 「화재예방법」으로 이관되어 동법 시행령 별표 2에서 규정하고 있다.
2. 종류에는 화재가 발생하는 경우 불길이 빠르게 번지는 것으로, 면화류·나무껍질 및 대팻밥·넝마 및 종이부스러기·사류(絲類)·볏집류·가연성 고체류·석탄 및 목탄류·가연성 액체류·목재가공품 및 나무부스러기·고무류 및 플라스틱류기 있다.

(3) 분사헤드의 설치방법

1) 스프링클러나 포소화설비의 경우 헤드설치시 마찰손실을 최소화하기 위하여 토너먼트방식을 금지하고 있으나 가스계 소화설비의 경우는 마찰손실보다는 모든 헤드에서 균일하게 약제가 방사되어 실 전체에 고르게 가스가 확산되어 조기에 소화하기 위해서는 토너먼트방식으로 분사헤드를 설치하는 것을 원칙으로 한다.

2) 그러나 CO_2의 경우는 용기 내 충전압력이 상온에서 6MPa로 매우 커서 자기증기압으로 방사가 가능하므로 가지(Tree)식 방식으로 분사헤드를 설치하여도 가스의 방사 및 조기 확산에 큰 문제는 없으며, Clean agent에서 Inergen의 경우도 마찬가지로 가지식으로 분사헤드를 설치할 수 있다. 그러나 가지식 배관방식일 경우에도 주관에서는 균등하게 분기가 될 수 있도록 설계하는 것이 약제의 방출시간 및 방출압력을 조정하는 데 유리하며 이를 통하여 효과적인 소화성능을 확보할 수 있다.

(4) 1층 피로티의 주차장에 설치된 CO_2 호스릴설비

1) 호스릴방식의 경우는 화재시 현저하게 연기가 찰 우려가 없는 장소가 전제되어야 한다. 왜냐하면 이는 수동식 설비로서 화재시 호스를 이용하여 사람이 직접 조작하여야 하므로 사용자가 화재시 조작 후 대피가 가능하여야 한다. 따라서 피난이 용이하도록 피난층으로서 연기가 체류하지 않도록 개구부가 있거나 또는 대상물이 소규모인 것에 국한하여 적용하도록 하고 있다.

2) 과거 NFSC 106의 제10조 3항에 의거 적용할 수 있는 장소는 ① 지상 1층 및 피난층에 있는 부분으로서 지상에서 수동 또는 원격조작에 따라 개방할 수 있는 개구부의 유효면적의 합계가 바닥면적의 15% 이상이 되거나 ② 전기설비가 설치되어 있는 부분 또는 다량의 화기를 사용하는 부분(해당 설비의 주위 5m 이내의 부분을 포함)의 바닥면적이 해당 설비가 설치되어 있는 구획의 바닥면적 1/5 미만이 되는 부분에 국한하고 있다.

3) 이에 따라 그 동안 지상 1층의 피로피에 주자창이 있는 경우 대부분 CO_2 호스릴설비를 설치하였으나 주차장 화재시 호스릴은 수동식 설비인 관계로 신속한 대응이 어려워 화재가 확대되는 사례가 자주 발생하게 되었다. 이에 차고 또는 주차창의 용도로 사용되는 부분은 호스릴 CO_2소화설비를 금지하도록 2019. 8. 13. 당시 NFSC 106의 제10조 3항을 개정하여 현재 기준 NFPC 제10조 3항/NFTC 2.7.3이 된 것이다.

(5) 방호구역 내 방화댐퍼 설치

1) 가스계설비의 방호구역 내에 개구부가 있을 경우 개구부에 방화댐퍼(Fire damper)를 설치하는 것은 잘못된 방법으로 방화댐퍼란 화재시 화열에 의해 댐퍼 내의 온도 퓨즈가 일정온도에 도달할 경우 용융하여 댐퍼 날개가 작동하여 개구부를 차단하는 것으로 이는 방화구획을 하는 경우에 한하여 적용하여야 한다.

2) 따라서 가스계 소화설비가 작동하는 방호구역의 경우는 가스용기가 개방될 경우 즉시 개구부를 차단하여야 하므로 일반적으로 저장용기 내의 가스압을 이용한 가스댐퍼인 PRD(Piston Release Damper)로 설치하여야 한다.

(6) 반자상부에 가스계 설비용 헤드 적용여부

1) NFTC 103(스프링클러설비)의 2.12.1.5에서는 천장과 반자 사이의 거리와 불연재나 가연재 등과 같은 내장재의 조건에 따라 스프링클러헤드를 반자 내에 설치하여야 한다. 이 경우 가스계설비를 적용하는 장소가 위와 같을 경우 반자상부에 가스계설비의 헤드 적용여부에 대해서는 현재 화재안전기준에서 이를 규정하고 있지 않다.

2) 이는 스프링클러의 경우는 방호구역 내의 모든 헤드가 작동하는 것이 아니라 기준개수의 헤드만 작동하여 소화를 하는 것을 기본으로 설계하고 있으나, 가스계설비의 경우 전역방출방식에서는 구획을 전제로 하여 설치된 모든 헤드에서 방호구역 전체의 체적에 약제를 방사하여 소화를 하는 차이점이 있다. 따라서 수계소화설비의 경우는 방호구역에서 일부 헤드만 작동할 수 있으므로 반자의 높이에 따라 반자상부에서도 살수하는 것을 요구하고 있으나 가스계설비의 경우는 반자 자체를 밀폐된 구조물로 간주하고 밀폐된 방호구역 내에서는 완전소화가 되는 것으로 적용한다. 따라서 액세스 플로어(Access floor)와 같이 방호구역과 개구부로 관통되는 경우를 제외하고 반자 상부나 바닥 하부에 대해 헤드를 추가로 적용하지 아니한다.

1 용기 설치장소의 조건으로 필요한 기준을 5가지 이상 기술하여라.

1. 방호구역 외의 장소에 설치할 것. 다만, 방호구역 내에 설치할 경우에는 피난 및 조작이 용이하도록 피난구 부근에 설치해야 한다.
2. 온도가 40°C 이하이고, 온도변화가 적은 곳에 설치할 것
3. 직사광선 및 빗물이 침투할 우려가 없는 곳일 것
4. 방화문으로 방화구획된 실에 설치할 것
5. 용기간의 간격은 점검에 지장이 없도록 3cm의 간격을 유지할 것

2 이산화탄소소화설비의 기동용 감지기 중 교차회로방식으로 사용하지 아니할 수 있는 감지기는 무엇인가?

1. 불꽃감지기
2. 정온식 감지선형 감지기
3. 분포형 감지기
4. 복합형 감지기
5. 광전식 분리형 감지기
6. 아날로그방식의 감지기
7. 다신호방식의 감지기
8. 축적방식의 감지기

[참고사항] NFTC 203(자동화재탐지설비) 2.4.1 단서

3 주차장(가로 5m, 세로 8m, 높이 4m) 용도에 전역방출방식으로 이산화탄소소화설비를 하려고 한다. 출입문은 1.8m×3m의 2개소이며, 도어체크가 설치되어 있다. 다음 사항을 구하여라.

1. 약제 저장 용기수(68l/45kg)
2. 용기밸브 개방 후 선택밸브를 통과하는 약제의 최소흐름률(kg/sec)
3. 헤드 방사압력
4. 경보 작동시간

1. 체적=5×8×4=160m³, [표 1−7−6(A)]에 의해 160×0.8kg/m³=128kg
   그러나 최저저장량이 135kg이므로 135kg으로 선정한다.
   따라서 135÷45=3병
2. 방사시간이 1분이므로 135kg÷60sec=2.25kg/sec
3. 방사압력 : 21kg/cm²
4. 약제 방출 후 1분 이상 ⇨ 제13조 1항 2호

4 실내에 CO_2를 방사할 경우 물음에 답하여라.

1. CO_2 농도가 34%일 경우 실내의 최소이론산소농도는 몇 %인가?

2. 이 경우 CO_2는 실부피의 몇 %를 방사하여야 하는가?

    1. [식 1-7-2]에 의해 $C = \dfrac{21 - O_2}{21} \times 100$

      $\therefore \ 34 = \dfrac{21 - x}{21} \times 100$

      $x = 21 - 32 \times (21/100) = 13.86\%$

    2. [식 1-7-1]에 의해 CO_2의 양 $Q = \dfrac{21 - 13.86}{13.86} \times V$

      $\therefore \ CO_2$의 양 $\fallingdotseq V \times 0.515$

      따라서 실부피의 51.5%를 방사하여야 한다.

5 바닥면적 $400m^2$, 높이 3.5m 되는 통신실에 이산화탄소소화설비를 설치하려고 한다. 다음의 조건을 가지고 물음에 답하여라.

조건 1) 기계실과 $5m^2$의 유리창으로 된 창문이 있다.

      2) CO_2 방사는 20°C를 기준으로 한다.

      3) CO_2의 비체적(0°C, 1기압) 0.509를 이용하여라.

1. 필요한 CO_2 용기(68ℓ/45kg)수를 구하여라.

2. 상온에서 방사시간이 7분이라면 방호구역 선택밸브 1차측의 최소체적흐름률(m^3/min)은 얼마인가? (단, 2분 이내 30% 농도는 적용하지 아니한다)

    1. 심부화재로 적용하여야 하므로 체적 $= 400 \times 3.5 = 1,400m^3$

      유리창은 개구부로 간주하므로 $5m^2$에서 [식 1-7-6]에 의해

      약제량 $Q = V \cdot K_1 + A \cdot K_2 = 1,400 \times 1.3 + 5 \times 10 = 1,870$kg

      $1,870 \div 45$kg $= 41.5$병 따라서 42병으로 설치한다.

      [참고사항] 본(本)은 일본식 표기법으로 우리말로는 병(瓶)으로 표기할 것

    2. 42병에 대한 방사량 $= 42 \times 45$kg $= 1,890$kg

      20°C에서의 비체적 $= 0.509 + 0.509 \times \dfrac{20}{273} = 0.5463m^3$/kg

      따라서 CO_2 1,890kg을 체적으로 환산하면 $1,890 \times 0.5463 = 1032.5m^3$

      방사시간 7분이므로 체적흐름률 $= 1032.5m^3 \div 7$분 $= 147.5m^3$/min

6 빌딩의 지하층에 있는 발전기실 및 축전지실에 전역방출방식으로 이산화탄소소화설비를 설치하였다. 다음의 조건에 의하여 다음 각 물음에 답하시오. (단, 개구부 면적에 대한 제한(표면적의 3% 이하)은 적용하지 아니한다)

조건 1) 발전실 : 체적＝가로 6m×세로 5m×높이 4m

　　　　　　개구부＝2m×2m×2개소

　　　2) 축전지실 : 체적＝가로 5m×세로 3m×높이 3.5m

　　　　　　개구부＝1m×2m×1개소

　　　3) 가스량은 다음에 제시한 표를 이용하여 산출한다.

방호구역의 체적	소화약제량(kg/m³)	최소저장량(kg)
45 이상~150 미만	0.9	45
150 이상~1450 미만	0.8	135

1. 방호 구역별로 필요한 소요약제량 및 설치할 최소약제량(kg)은?

2. 하나의 용기실에 설치할 최소가스용기는 몇 병인가?

3. 축전지실의 분사헤드 최소방사압력(kg/cm²)은?

4. 가스용기의 개방밸브는 작동방식에 따라 3가지로 분류한다. 그 종류를 쓰시오.

5. 발전실에 설치하는 압력배관용 탄소강관의 기준은?

6. 용기실의 온도는 얼마(℃) 이하이어야 하는가?

1. ㉮ 발전실 체적＝6×5×4＝120m³

표면화재이므로 [표 1-7-6(A)]에 따라 방출계수(w)는 0.9kg/m³이다.

∴ 기본량＝120×0.9＝108kg

개구부＝8m²이므로, 가산량＝8×5kg/m²＝40kg

∴ 소요량＝108＋40＝148kg, 용기수＝148÷45kg＝3.29≒4병

∴ 설치량＝4병×45kg＝180kg

㉯ 축전지실 체적＝5×3×3.5＝52.5m³

표면화재이므로 방출계수는 0.9kg/m³

기본량＝52.5×0.9＝47.25kg 또한 개구부 2m²이므로 가산량＝2m²×5kg

∴ 소요량＝47.25＋10＝57.25kg

용기수＝57.25÷45kg＝1.27≒2병

∴ 설치량＝2×45kg＝90kg

2. 발전실이 4병, 축전지실이 2병이므로 4병을 기준으로 설치한다.

3. 고압식이므로 21kg/cm²

4. 작동방식의 종류 : 기계식·전기식·가스압력식

5. 스케줄 80 이상으로 아연도금 등으로 방식처리 된 것

6. 40℃

7 이산화탄소소화설비를 다음의 조건에 의하여 설치하려고 한다. 조건에 알맞은 답을 구하시오.

조건 1) 방호구역은 변전실(유입변압기 사용) 및 기계실 내의 경유 탱크실이다.

2) 각 실의 체적 및 개구부면적은 다음과 같다.

㉮ 변전실 : 체적 $90m^3$, 개구부 $2m^2 \times 1$개 자동폐쇄장치 미설치

㉯ 탱크실 : 체적 $40m^3$, 개구부 $1m^2 \times 2$개 자동폐쇄장치 설치

3) 저장용기는 $68l/45kg$로 설치하며, 방사율은 $1kg/mm^2/min$이다.

4) 변전실은 헤드 5개, 탱크실은 헤드 4개를 설치한다.

5) 가스 소요량은 다음 표에 의한다. (가산량은 $5kg/m^2$로 한다)

방호구역의 체적(m^3)	소화약제량(kg/m^3)	최소저장량(kg)
45 미만	1.0	45
45 이상~150 미만	0.9	
150 이상~1,450 미만	0.8	135
1,450 이상	0.75	1,125

1. 각 실의 소요가스량(kg)을 구하여라.

2. 각 실별 설치가스량(kg)을 구하여라.

3. 충전비를 계산하여라.

4. 안전장치는 어느 위치에 설치하는가?

5. 각 실별 헤드 1개당 분구면적은 최소 얼마(mm^2)인가?

1. 변전실 : 기본량$=90 \times 0.9 = 81kg$, 가산량$=2 \times 5 = 10$

∴ 소요량$=91kg$

탱크실 : 기본량$=40 \times 1.0 = 40kg$ → 용기 최저량이 $45kg$임.

가산량$=$도어체크가 설치됨.

∴ 소요량$=45kg$

2. 변전실 : $91 \div 45 = 2.02 \div 3$병, 따라서 설치량$=45 \times 3 = 135kg$

탱크실 : $45 \div 45 = 1.0 \div 1$병, 따라서 설치량$=45 \times 1 = 45kg$

3. 충전비는 $68l/45kg \div 1.51$

4. 저장용기와 선택밸브 사이 또는 개폐밸브 사이에 설치 : 제4조 4항

5. 조건에서 방사율이 $1kg/mm^2/min$이므로

㉮ 변전실$=135kg \div 1min \div 5$개$\div 1kg/mm^2/min = 27mm^2$

㉯ 탱크실$=45 \div 1min \div 4$개$\div 1kg/mm^2/min = 11.25mm^2$

8 보일러실 · 변전실 · 발전실 및 축전지실에 다음과 같은 조건으로 이산화탄소소화설비를 설치할 경우(전역방출방식의 고압식) 다음 물음에 답하여라.

조건 1) 방호구역의 조건

방호구역	크기(m)		개구부 면적(m²)	개구부 상태	헤드 설치 수량(개)
	면 적	높 이			
보일러실	17×18	5	6.3	자동폐쇄 불가	45
변전실	10×18	6	4.2	자동폐쇄 가능	35
발전실	5×8	4	4.2	자동폐쇄 불가	7
축전지실	5×3	4	2.1	자동폐쇄 가능	2

2) 소화약제 산정기준

방호구역의 체적(m³)	소화약제량(kg/m³)	최소저장량(kg)
45 미만	1.0	45
45 이상~150 미만	0.9	
150 이상~1,450 미만	0.8	135
1,450 이상	0.75	1,125

3) 개구부 가산량=5kg/m²로 한다.

4) 각 실의 분사헤드 방사율은 헤드 1개당 1.16kg/mm² · min으로 하며, 방사시간은 1분으로 한다.

5) 저장용기는 68 l/45kg용을 사용한다.

1. 방호구역의 각 실에 필요한 소요가스량(kg)을 구하여라.

2. 각 실별로 필요한 소화약제 용기수는 얼마인가?

3. 용기 저장실에 저장하는 소화약제의 최소용기수는 얼마인가?

4. 각 실별 헤드의 분구면적(mm²)은 얼마인가?

 1. ㉮ 보일러실 : 체적=17×18×5=1,530m³, 기본량=1,530×0.75=1,147.5kg

가산량=6.3×5=31.5kg ∴ 소요량=1,147.5+31.5=1,179kg

㉯ 변전실 : 체적=10×18×6=1,080m³, 기본량=1,080×0.8=864kg

가산량=해당 없음 ∴ 소요량=864kg

㉰ 발전실 : 체적=5×8×4=160m³, 기본량=160×0.8=128kg

그런데 최저저장량에 미달되므로 기본량=135kg으로 한다.

[참고사항] 기본량 산정 후 항상 최저저장량과의 대소를 판정한 후 가산량을 추가할 것

가산량=4.2×5=21kg ∴ 소요량=135+21=156kg

㉱ 축전지실 : 체적=5×3×4=60m³, 기본량=60×0.9=54kg

가산량=해당 없음 ∴ 소요량=54kg

2. ㉮ 보일러실 : 1,179kg÷45kg=26.2≒27병

  ㉯ 변전실 : 864kg÷45kg=19.2≒20병

  ㉰ 발전실 : 156kg÷45kg=3.47≒4병

  ㉱ 축전지실 : 54kg÷45kg=1.2≒2병

3. 가장 많은 용기수인 27병으로 한다.

4. ㉮ 보일러실 : 27병×45kg=1,215kg

    $1,215÷1분÷45개÷1.16kg/mm^2 \cdot 분≒23.28mm^2$

  ㉯ 변전실 : 20병×45kg=900kg, $900÷1분÷35개÷1.16kg/mm^2 \cdot 분≒22.17mm^2$

  ㉰ 발전실 : 4병×45kg=180kg, $180÷1분÷7개÷1.16kg/mm^2 \cdot 분≒22.17mm^2$

  ㉱ 축전지실 : 2병×45kg=90kg, $90÷1분÷2개÷1.16kg/mm^2 \cdot 분≒38.79mm^2$

  [참고사항] 분구면적 산정은 실제로 방사되는 약제량으로 산정한다.

9 CO_2소화설비(고압식)를 화재안전기준(NFPC/NFTC 106) 및 아래 조건에 따라 설치하고 자 한다. 이 경우 다음의 물음에 답하라.

조건 1) 방호구역은 2개 구역으로 한다.

  • A구역 : 가로 20m, 세로 25m, 높이 5m

  • B구역 : 가로 6m, 세로 5m, 높이 5m

2) 개구부는 다음과 같다.

구 분	개구부 면적	비고
A구역	NFPC/NFTC 106에서 정한 최대값	자동폐쇄장치 미설치
B구역	NFPC/NFTC 106에서 정한 최대값	자동폐쇄장치 미설치

3) 전역방출방식이며, 방출시간은 60초 이내로 한다.

4) 충전비는 1.5, 저장용기의 내용적은 68ℓ이다.

5) 각 구역 모두 아세틸렌 저장창고이다.

6) 개구부 면적 계산시 바닥면적을 포함하고 주어진 조건 외에는 고려하지 않는다.

7) 설계농도에 따른 보정계수는 아래의 그래프를 참고한다.

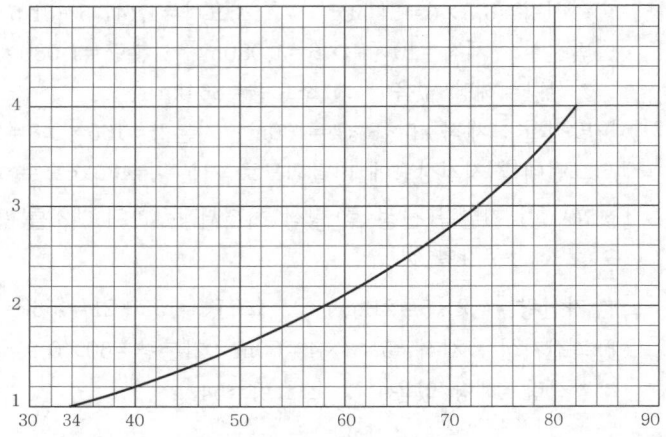

1. 각 방호구역 내 개구부의 최대면적(m^2)을 구하라.

2. 각 방호구역의 최소소화약제 산출량(kg)을 구하라.

3. 용기실의 최소저장용기수 및 소화약제 저장량(kg)을 각각 구하라.

 1. CO_2소화설비의 경우 개구부는 표면적의 3% 이하이어야 한다.

    ㉮ A구역의 표면적$=(20\times25\times2면)+(20\times5\times2면)+(25\times5\times2면)=1,450m^2$

        따라서 개구부 최대면적은 $1,450\times0.03=43.5m^2$

    ㉯ B구역의 표면적$=(6\times5\times2면)+(6\times5\times2면)+(5\times5\times2면)=170m^2$

        따라서 개구부 최대면적은 $170\times0.03=5.1m^2$

2. 최소소화약제량(kg)

    ㉮ A구역의 소요약제량

        체적은 $2,500m^3$이므로 [표 $1-7-6(A)$]에서 $w=0.75kg/m^3$이며, 개구부 가산량은 $5kg/m^2$)이다. 이때 아세틸렌의 설계농도는 [표 $1-7-7$]에서 66%이므로 제시한 보정계수 그래프에서 보정계수는 약 2.6으로 적용한다.

        • A구역의 기본량 : $A_1=2,500\times0.75\times2.6=4,875kg$

        • 개구부 가산량 : $A_2=43.5(m^2)\times5(kg/m^2)=217.5kg$

    ∴ A구역 최소약제량 $A_T=4,875+217.5=5092.5kg$

    ㉯ B구역의 소요약제량

        체적은 $150m^3$이므로 [표 $1-7-6(A)$]에서 $w=0.8kg/m^3$이며, 개구부 가산량은 $5kg/m^2$이다.

        따라서 B구역의 기본량 $B_1=150\times0.8=120kg$이나, 최저한도량이 135kg이므로

        • B구역의 기본량 : 최저한도량인 135kg을 기본을 하여 $B_1=135\times2.6=351kg$

        • 개구부 가산량 : $B_2=5.1\times5=25.5kg$

    ∴ B구역 최소약제량 $B_T=351+25.5=376.5kg$

3. 최소저장용기수 및 저장량

    충전비$\left(=\dfrac{내용적}{약제량}\right)$가 1.5이며 내용적이 $68l$이므로

    약제량$=\dfrac{내용적}{충전비}=\dfrac{68}{1.5}=45.33kg$

    ㉮ A구역 저장용기 : $\dfrac{5092.5}{45.33}=112.34 \rightarrow 113병$

        따라서 저장량$=113\times45.33=5122.29kg$

    ㉯ B구역 저장용기 : $\dfrac{376.5}{45.33}=8.31 \rightarrow 9병$

        따라서 저장량$=9\times45.33=407.97kg$

    ㉰ 용기실에 저장하는 약제량은 큰 값에 해당하는 5122.29kg을 저장한다.

제8절
할론소화설비(NFPC & NFTC 107

 **개 요**

1. 설치대상

(1) 일반소방대상물의 경우 : 소방시설법 시행령 별표 4

할론소화설비에 해당하는 물분무등소화설비를 설치하여야 하는 특정소방대상물 (위험물 저장 및 처리시설 중 가스시설 또는 지하구를 제외한다)은 다음의 어느 하나와 같다. 이 중에서 ⑥에 해당하는 중·저준위방사성 폐기물의 저장시설은 가 스계소화설비만을 설치하여야 한다.

특정소방대상물		적용기준	비 고
① 항공기 격납고		모든 대상물	-
② 차고, 주차용 건축물 또는 철골조립식 주차시설		연면적 $800m^2$ 이상인 것	-
③ 건축물 내부에 설치된 차고 또는 주차장		차고 또는 주차의 용도로 사용되는 부분의 바닥면적이 $200m^2$ 이상인 층	50세대 미만 연립주택 및 다세대주택은 제외
④ 기계장치에 의한 주차시설		20대 이상의 차량을 주차할 수 있는 시설	-
⑤	전기실·발전실·변전실[주 1]	바닥면적이 $300m^2$ 이상인 것[주 2]	단서조항[주 3]
	축전지실·통신기기실·전산실		
⑥ 중·저준위 방사성 폐기물의 저장시설		소화수를 수집·처리하는 설비가 설치되어 있지 않은 경우	다만, 이 경우에는 가스계 소화설비(CO_2, 할론소화설비 또는 할로겐화합물 및 불활성기체 소화설비)를 설치해야 한다.
⑦ 터널[주 4]		위험등급 이상의 터널	다만, 이 경우에는 물분무소화설비를 설치해야 한다.

| ⑧ 문화재 | 지정문화재 중 소방청장이 문화재청장과 협의하여 정하는 것 | 문화재보호법 제2조 3항 1호 및 2호에 따른 지정문화재 |

🗒 1. 가연성 절연유를 사용하지 아니하는 변압기·전류차단기 등의 전기기기와 가연성 피복을 사용하지 아니한 전선 및 케이블만을 설치한 전기실·발전실 및 변전실은 제외한다.

2. 하나의 방화구획 내에 2 이상의 실이 설치되어 있는 경우에는 이를 1개의 실로 보아 바닥면적을 산정한다.

3. 다만, 내화구조로 된 공정제어실 내에 설치된 주조정실로서 양압시설이 설치되고 전기기기에 220V 이하인 저전압이 사용되며 종업원이 24시간 상주하는 곳은 제외한다.

4. 예상 교통량·경사도 등 터널의 특성을 고려하여 행정안전부령으로 정하는 터널

(2) 위험물제조소등의 경우 : 위험물안전관리법 세부기준 제135조 4호 "머"목

전역방출방식의 할로겐화합물소화설비에 사용하는 소화약제는 다음 표에 의할 것. 다만, 방호구획 체적이 1,000m³ 이상인 4류 위험물을 저장 또는 취급하는 제조소등과 제4류 외의 위험물을 저장 또는 취급하는 제조소등에 있어서 「가스계 소화설비 설계프로그램의 성능인증 및 제품검사의 기술기준」에 적합한 경우에는 FC-23, HFC-125, HFC-227ea 또는 FK-5-1-12 소화약제를 사용할 수 있다.

제조소등 외 구분		소화약제
제4류 위험물을 저장 또는 취급하는 제조소등	방호구획 1,000m³ 이상	할론소화설비 (1301, 1211, 2402)
	방호구획 1,000m³ 미만	할론소화설비(1301, 1211, 2402), HFC-23, HFC-125, HFC-227ea, FK-5-1-12
제4류 외의 위험물을 저장 또는 취급하는 제조소등		할론소화설비 (1301, 1211, 2402)

➡ 4류 위험물 저장소나 취급소의 경우, 방호구역이 1,000m² 이상인 경우 종전에는 할론소화설비만 가능하였으나, 설계프로그램에 의해 인증받은 경우 불활성가스 소화약제인 FC-23, HFC-125, HFC-227ea 또는 FK-5-1-12도 사용할 수 있도록 2023. 5. 3. 개정하였다.

2. 소화의 원리

(1) 연소에는 2가지 유형이 있으며 불꽃을 내면서 연소하는 플래밍 모드와 불꽃을 내지 않고 주로 빛만을 내면서 연소하는 글로윙 모드가 있다.

연소가 화재로 전개될 경우 플래밍 모드는 표면화재(Surface fire)이며, 글로윙 모드는 심부화재(Deep seated fire)가 된다. 표면화재는 가연물의 표면에서 불꽃을 발생하며 신속하게 연소가 진행되는 반면에, 심부화재는 가연물 내부에서 서서히 화재가 진행되는 훈소(薰燒)화재(Smoldering fire)의 형태이다.

표면화재와 심부화재는 반드시 독립적으로 진행되는 것은 아니며 화재시 동시에 발생될 수도 있으나 B, C급화재는 전형적인 표면화재이나, A급화재는 발화조건이나 물질의 성상에 따라 심부화재가 될 수 있다.

(2) CO_2 가스의 소화작용은 산소농도를 줄여주는 질식소화를 주체로 하는 물리적 소화인 관계로 표면화재 및 심부화재에 모두 유효하게 작용하게 된다. 반면에 할론 소화약제의 작용은 연쇄반응을 차단하는 억제소화를 주체로 하는 화학적 소화로서 이는 표면화재에 국한하여 유효하게 작용하게 된다.

(3) 연쇄반응(連鎖反應 ; Chain reaction)이란 연소의 4요소 중 하나로서 화재시 화학적 반응에서 지속적으로 OH^*, H^*같은 활성 Radical이 발생되는 과정으로서, 억제소화란 이러한 Chain carrier[296]의 발생을 억제하여 연쇄반응을 차단함으로써 소화하게 된다. 이와 같이 할론소화약제는 방사시 열분해되어 반응 중에 부촉매(負觸媒 ; Negative catalyst) 역할을 함으로써 화학적 소화방법인 억제소화에 의해 소화가 되는 것이다.

> **소화의 종류**
>
> 1. 물리적 소화(Physical extinguishment)
>   ① 냉각소화(Cooling extinguishment)
>   ② 질식소화(Smothering extinguishment)
>   ③ 제거소화(Fuel Removal extinguishment)
> 2. 화학적 소화(Chemical extinguishment)
>   ① 억제소화(Inhibition extinguishment)

3. 설비의 장·단점

장 점	① 저농도로서 소화가 가능하므로 질식의 우려가 없다. ② 전기에 대해 비전도성으로 C급화재에 매우 효과적이다. ③ 약제로 인한 독성이나 부식성의 우려가 매우 낮다. ④ 방사 후 잔존물이 없으며 물질의 내부까지 침투가 가능하다. ⑤ 냉각효과가 없어 약제방사 후 정밀기기에 영향을 주지 않는다.
단 점	① CFC계열의 물질로 오존층 파괴의 원인물질이다. ② 약제 생산 및 공급이 제한되어 장래 안정적인 수급이 불가하다. ③ A급의 심부성 화재에는 소화적응성이 낮다. ④ CO_2 약제에 비해 가격이 매우 고가이다.

296) 연쇄반응을 지속시켜 주는 활성화된 Free radical 상태의 원자를 의미한다.

CFC란 Chloro Fluoro Carbon(弗化염화탄소)를 말한다.

4. 적응성과 비적응성

(1) 적응성 : NFPA 12A(2022 edition) 1.4.1

1) 전기나 전자적 위험(Electrical & electronic hazards)

2) 원격 전기통신설비(Telecommunications)

3) 인화성 및 가연성 액체나 기체류(Flammable & combustible liquids and gases)

4) 그 외 고가의 재산(Other high value assets)

(2) 비적응성 : NFPA 12A(2022 edition) 1.4.2

1) 공기가 없이 급격한 산화반응을 일으킬 수 있는 화합물(Certain chemicals or mixtures of chemicals which are capable of rapid oxidation in the absence of air)

   예 니트로셀룰로스(Nitrocellulose)

2) 활성 금속류(Reactive metals)

   예 나트륨(Na), 칼륨(K), 칼슘(Ca), 마그네슘(Mg)

3) 금속 수소화물(Metal hydrides)

   예 SiH_4(Silane)

4) 자체의 열로 분해를 일으킬 수 있는 화합물(Chemicals capable of undergoing autothermal decomposition)[297]

   예 유기과산화물, Hydrazine

2 할론소화설비의 분류

1. 가압방식별 구분

---

297) 일명 자기반응성 물질이라 한다.

(1) 축압식

가장 일반적인 할론 시스템으로 저장용기 내 할론 1301 약제를 질소로 축압하고 방사시에는 할론 및 축압된 질소압력을 이용하여 할론소화약제를 방사하는 방식이다.

1) 축압을 하는 이유

① 할론 1301은 자체 증기압이 상온에서 1.4MPa이므로 약제방사 압력으로는 큰 문제가 없으나, 용기 내 압축하여 액상으로 저장하므로 외부 온도변화에 따라 고온시에는 액면에서 기화현상이 발생하여 기상부분이 증가하고 액상부분은 감소하며 이로 인하여 용기 내 압력이 증가하고, 저온시에는 다시 액화되어 기상부분이 감소하고 액상부분이 증가하며 이로 인하여 용기 내 압력이 감소하게 된다. 즉 이는 온도변화에 따라 저장용기 내 액면의 변화와 아울러 용기 내부압력의 불균일로 인하여 안정적인 방사압을 확보하는 데 장애가 될 수 있다.

② 특히 영하 이하의 저온[298]에서는 이러한 현상으로 인하여 온도변화에 따라 방사시 방사압이 균일하지 않게 되므로 저온에서도 할론의 증기압을 일정하게 안정적으로 유지하기 위해서 질소로 축압을 하는 것이다. 질소 축압 후 용기 내 압력은 상온기준으로 할론 1301 포화증기압의 3배에 해당하는 4.2MPa이 되어 방사시 일정한 압력을 유지할 수 있게 된다.

③ 이렇게 질소로 축압한 것을 질소 가압(Nitrogen superpressurization)이라 하며 할론 1301의 경우 질소 축압 후 용기 내 할론 1301 대 질소의 무게비는 상온에서 대략 96.2 : 3.8의 비율이다.

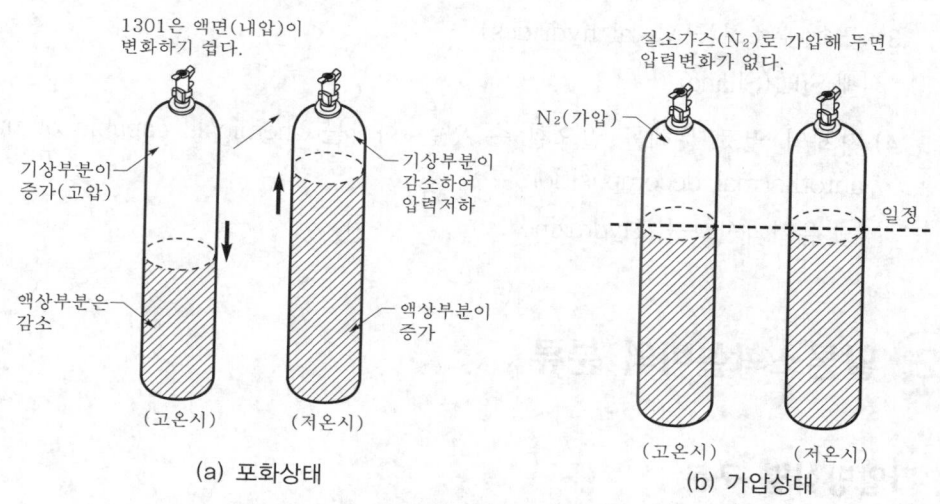

[그림 1-8-1] 약제저장 용기의 질소 축압

---

298) 국내에는 기준이 없으나 NFPA에서는 저장실의 온도를 −20°F(−29°C) 이상을 요구하고 있다.

2) 축압시 질소가스를 사용하는 이유

① 불연성의 기체로 화재시 연소되지 아니한다.

② 화학적으로 매우 안정되어 할로겐(Halogen) 물질과 반응하지 않는다.

③ 임계온도($-147.1℃$)가 매우 낮아 상온에서는 액화되지 않으므로 축압용 가스로 적합하다.

④ 대기 중에 존재하는 기체(78% ; vol%)이므로 인체에 유해하지 않다.

⑤ 가격이 저렴하여 경제성이 높아 구입이 용이하다.

임계온도(臨界溫度 ; Critical temperature)

온도와 압력, 부피를 변화시키면 기체는 액화되거나, 액체는 기화되는 등의 상변화가 발생하게 된다. 그러나 특정온도 이상이 될 경우에는 아무리 압력을 가해도 더 이상 압력에 따른 상변화가 발생하지 않으며 이때의 온도를 임계온도라 한다. 따라서 질소의 경우는 임계온도인 $-147.1℃$ 이상에서는 가압을 하여도 액화되지 아니한다.

(2) 가압식

약제 저장용기 외부에 별도의 가압용 질소탱크를 부설하고 방사시 외부의 가압용 질소를 이용하여 할론소화약제를 방사하는 방식이다.

1) 가압식은 할론 2402 시스템에 적용하는 방식으로, 할론 2402는 상온에서 액상인 관계로 자체 증기압에 의하여 방사할 수 없으며 방사시 별도의 외부 가압원이 필요하므로 가압원으로는 질소 가압용기를 설치하여 질소의 압력으로 약제를 방사하도록 한다.

2) 이 경우 약제 저장용기는 대형 저장탱크 하나를 사용하며, 국내의 경우는 설치사례가 없으나 일본의 경우는 독성 관계로 옥내시설이 아닌 옥외 위험물탱크 저장소에 국한하여 제한적으로 설치한다.

3) 가압원인 질소용기는 15MPa의 압력으로 저장한 후 사용시에는 압력 조정기에 의해 2MPa 이하의 압력으로 감압되어 할론 2402 저장용기로 유입하게 된다.

2. 방출방식별 구분

(1) 전역방출방식(Total flooding system)

하나의 방호구역을 방호대상물로 하여 타부분과 구획하고 분사헤드를 이용하여 구획된 방호구역 전체 체적에 약제를 방출하는 방식이다. NFPC 107(이하 동일)

제3조 1호/NFTC 107(이하 동일) 1.7.1.1에서는 "소화약제 공급장치에 배관 및 분사헤드를 고정 설치하여 밀폐 방호구역 내에 소화약제를 방출하는 방식"으로 정의하고 있다.

1) 전역방출방식은 차단할 수 없는 개구부의 면적을 최소화하여야 한다.

> 방호구역을 타부분과 구획한다는 것은 방화구획을 의미하는 것이 아니라 약제방사시 약제가 방호구역 이외의 공간으로 확산되지 않기 위한 칸막이 구획 등을 뜻하며 이에 따라 반자상부는 구획된 것으로 간주한다. 개구부에 대해서는 기계식 환기설비가 작동할 경우는 가스 방사시 자동으로 이를 정지되도록 하고 환기 그릴의 경우는 자동폐쇄 되도록 하며 구획할 수 없는 경우는 가산량을 적용하도록 한다.

2) 약제량 적용은 최대방호구역 하나의 체적에 대해 약제량을 적용하는 방식이다.

> NFPA에서는 차단할 수 없는 개구부의 면적을 최소화하고 약제량을 해당 방호구역 내에 한정할 수 없다면 인접한 구역까지 방호구역에 포함하도록 하고 있다.[299] 일례로 만일 액세스 플로어(Access floor) 윗 부분만 할론소화설비를 적용할 경우 액세스 플로어를 상부와 밀폐할 수 없다면 액세스 플로어도 방호구역에 포함시켜야 한다.

(2) 국소방출방식(Local application system)

설치된 방호대상물을 일정한 방호구역으로 구획할 수 없는 경우 미구획상태에서 방호대상물 자체에 대하여 약제를 방출하는 방식이다. 제3조 2호(1.7.1.2)에서는 "소화약제 공급장치에 배관 및 분사헤드를 설치하여 직접 화점에 소화약제를 방출하는 방식"으로 정의하고 있다.

1) 구획된 공간이 대상이 아니라 공간 내에 설치된 구획할 수 없는 방호대상물인 장치류(Equipment)를 대상으로 한다.

2) 약제량 적용은 화재의 성상에 따라 방호대상물인 장치류의 표면적(평면화재)이나 체적(입면화재)에 대해 약제량을 적용하는 방식이다.

> 국소방출방식의 유효성
> ① 화재안전기준은 일본소방법을 준용한 결과 일본과 마찬가지로 CO_2나 할론 1301의 경우 전역방출방식, 국소방출방식 및 호스릴방식을 전부 인정하고 있으나 NFPA 12A(2022 edition)에서는 할론 1301의 경우는 국소방출방식과 호스릴방식을 인정하지 않고 있다.

---

299) NFPA 12A(2022 edition) 5.3.3 Enclosure(방호구역) : Where reasonable confinement of agent is not practicable, protection shall be extended to include the adjacent connected hazards or work areas(약제량의 합당한 제한이 실행 불가능한 경우 인접되어 연결된 위험요소 또는 작업구간을 포함하도록 방호범위를 확장해야 한다).

② 왜냐하면 할론 1301의 경우 CO_2에 비해 저농도인 관계로 약제량이 적고, 방사압이 낮으며 방사시간 또한 CO_2에 비해 단시간인 관계로 방호구역을 구획하지 않는 국소 및 호스릴방식에 대해서는 소화의 유효성을 인정하지 않기 때문이다.

(3) 호스릴방식(Hand hose line system)

이동식 설비로서 화재시 호스를 이용하여 사람이 직접 조작하는 간이설비로서 사용자가 화재시 화재 현장주변에서 사용하는 수동식 설비이다. 제3조 3호(1.7.1.3)에서는 "소화수 또는 소화약제 저장용기 등에 연결된 호스릴을 이용하여 사람이 직접 화점에 소화수 또는 소화약제를 방출하는 방식"으로 정의하고 있다.

제10조 3항(2.7.3)에서는 화재시 현저하게 연기가 찰 우려가 없는 장소로서 다음의 어느 하나에 해당하는 장소에는 설치할 수 있으나, 다만, 차고 또는 주차의 용도로 사용되는 장소는 제외한다.

1) 지상 1층 및 피난층에 있는 부분으로서 지상에서 수동 또는 원격조작에 따라 개방할 수 있는 개구부의 유효면적의 합계가 바닥면적의 15% 이상이 되는 부분

2) 전기설비가 설치되어 있는 부분 또는 다량의 화기를 사용하는 부분(해당 설비 주위 5m 이내의 부분을 포함)의 바닥면적이 해당 설비가 설치되어 있는 구획의 바닥면적의 1/5 미만이 되는 부분

3 할론소화약제의 농도이론

물질의 화재에는 연료 표면이 가열되거나 분해될 때 나오는 가연성가스가 연소하는 불꽃화재(표면성 화재)와 연료의 심부 또는 표면에서의 산화작용으로 연소되는 훈소화재(심부성 화재)가 있다. 불꽃화재는 적은 양의 할론 1301로 신속하게 진화할 수 있으나 훈소화재의 경우는 이를 소화하려면 연료표면에서 발화가 계속되지 않도록 표면온도를 냉각시켜 주어야 한다.

할론은 대표적인 표면화재의 약제로서 심부화재 소화시는 적응성이 낮으며 심부화재를 소화하려면 고농도로 장시간 방사하여야 하나 이는 경제성이 없어 적용하기 어렵다. 심부화재에서 일정시간 동안 설계농도를 유지하기 위해 필요한 시간을 Soaking time(농도유지시간)이라고 하며, 심부화재의 경우는 Soaking time의 해당 시간에 물질 내부로 약제가 침투하며 동시에 냉각효과가 작용하여 연소가 정지하게 된다. 할론소화농도의 기준은 시험실에서 표준시료를 사용하여 불꽃소화시험을 행하여[300] 소화가 될 때의 농도를 기준으로 한 것으로 농도 측정에는 다음과 같은 방법이 있다.

---

300) 시험방법은 Cup-burner test에 의하며 표준시료는 n-Heptane을 사용한다.

1. 소화농도의 적용

(1) 절대적 농도측정

Full scale field test(=실제 형태의 시험)를 하는 것으로 할론소화약제나 할론 시스템이 특정한 화재를 진압할 수 있는지의 여부를 결정하는 시험이다. 일반적으로 막대한 시간과 비용이 소모되므로 제조사의 경우는 시스템 채택의 마지막 단계에서, 인증기관은 인증여부를 검사하는 경우 실시하게 된다. 일반적으로 소화모형(模型)을 이용하여 A급 소화시험과 B급 소화시험으로 구분하여 실시한다.

(2) 상대적 농도측정

1) 불활성시험(Inerting test)

① 공기와 연료의 가연성 혼합물을 불연성 혼합물로 만드는 데 필요한 소화약제의 소화농도를 측정하는 방식으로 이 방식은 할론이 폭발 방지제로 사용될 때의 기준농도가 되며 NFPA 12A(2022 edition) 5.4.1.1 "Inerting(불활성)"에 의하면 "설계농도=불활성시험 소화농도×110%"로 적용한다.

② 불활성 농도는 계속적인 재발화나 폭발상황을 방지하는 경우에 사용하며 일반적으로 "불활성시험 농도"가 "불꽃소화시험 농도"보다 높으며 설계농도가 5% 미만일 경우는 최소설계농도를 5%로 적용한다.

[표 1-8-1] 할론 1301 불활성시험의 최소설계농도

연 료	설계농도(%)	비 고
아세톤(Acetone)	7.6	
벤젠(Benzene)	5.0	
에탄올(Ethanol)	11.1	
에틸렌(Ethylene)	13.2	① 설계농도=소화농도×110%
메탄(Methane)	7.7	② 5% 이하는 최소 5%로 적용한다.
노말헵탄(n-Heptane)	6.9	
프로판(Propane)	6.7	

[표 1-8-1]의 출전(出典)

NFPA 12A(2022 edition) : Table 5.4.1.1.1(Halon 1301 design concentration for inerting)

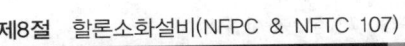

2) 불꽃소화시험(Flame extinguishment test)

① 컵버너(Cup-burner) 장치를 이용하여 표준시료에 의한 불꽃에 소화제를 방사하여 소화가 되는데 필요한 약제의 소화농도를 시험장치에서 측정하는 방식으로, 시험이 용이하고 소화약제 사용량이 불활성시험보다 적어 가장 많이 사용하는 대표적인 소화농도 측정방법이다.

② 이 시험은 할론이 화재 진압용으로 사용할 때의 기준농도가 되며 NFPA 12A(2022 edition) 5.4.1.2 "Flame extinguishment(불꽃소화)"에 의하면 설계 적용시 "설계농도=불꽃소화시험 농도×120%"로 적용한다. 본 시험에 의해 결정된 설계농도가 5% 미만일 경우는 최소설계농도를 5%로 적용하며, 각종 연료에 대한 불꽃소화시험 결과는 다음과 같다.

[표 1-8-2] 불꽃소화시험의 최소설계농도

연 료	불꽃소화시험(25℃, 1기압 기준)		
	소화농도	×1.2(safety factor)	설계농도(%)
아세톤(Acetone)	3.3	+0.7	= 4.0 → 5.0
벤젠(Benzene)	3.3	+0.7	= 4.0 → 5.0
에탄올(Ethanol)	3.8	+0.8	= 4.6 → 5.0
에틸렌(Ethylene)	6.8	+1.4	= 8.2 → 8.2
메탄(Methane)	3.1	+0.7	= 3.8 → 5.0
노말헵탄(n-Heptane)	4.1	+0.8	= 4.9 → 5.0
프로판(Propane)	4.3	+0.9	= 5.2 → 5.2

> **[표 1-8-2]의 출전(出典)**
>
> NFPA 12A(2022 edition) Table 5.4.1.2(Halon 1301 design concentration for flame extinguishment)

2. 설계농도의 적용

(1) 최소설계농도(Minimum design concentration)

1) 할론 1301은 농도측정시 표준시료로서 n-Heptane을 사용하며 1기압, 25℃에서 불꽃소화시험을 한 결과 4.1%의 소화농도가 측정되었다.[301] 따라서 설계농

---

301) NFPA 12A(2022 edition) J.2.1 : Halon 1301 requirements for surface fires(표면화재에 대한 할론 1301의 요구사항)

도는 불꽃소화 농도의 120%를 적용하므로 4.1%×1.2=4.9%이므로 5%를 표면화재에서의 최소설계농도로 한다. 설계농도가 5% 미만일 경우는 최소설계농도를 5%로 적용하여야 하며 컵버너 시험시 기체연료의 경우는 25℃와 150℃의 2가지 온도에서 시험하고 있다.

2) 심부화재의 경우는 더 높은 농도로 Soaking time 동안 할론 농도를 유지하여야 하나 이것은 경제성이 없는 방법이다. NFPA 12A의 "Annex I. Fire extinguishment(소화)"에 의하면 일반적으로 할론 1301로 심부화재를 진화하기 위해서는 10% 이상의 농도로 10분 이상의 Soaking time이 필요하며 5%의 농도로 10분 이내에 진화되지 않으면 이는 심부화재로 간주하도록 규정하고 있다. 따라서 고농도로 장시간을 방사하면 심부화재도 소화가 가능하나 경제성 문제로 실용상 적용하기가 곤란하다. 심부화재시에 할론 1301을 사용하는 것은 약제 소요량의 확실한 산출근거가 개발되지 아니하였으며 Soaking time이 필요하므로 효과적인 적용이라 할 수 없으며, 따라서 할론 1301은 국제적으로 심부로 전개되지 않는 표면성 화재에 국한하여 적용하고 있다.

(2) 최대설계농도(Maximum design concentration)

1) CO_2의 경우는 질식소화이므로 실내의 산소농도가 15% 이하인 연소한계농도가 되어야 소화가 가능하며 이때의 CO_2 농도는 인체에 치명적인 영향을 주게 되므로 소요약제량의 상한값을 제한하는 것이 무의미하다. 그러나 할론 1301은 산소농도를 낮추는 질식소화가 아니라, 연쇄반응을 차단하는 억제소화인 관계로 최소설계농도가 5%일 경우 이때의 실내의 산소농도는 20%가 된다. 따라서 가능한 약제방사시 소화도 되면서, 분해부산물(주로 HF, HBr)로 인한 인체의 안전성 확보를 위하여 약제량의 상한값, 즉 최대설계농도를 제한하고 있으며 이에 따라 최소설계농도인 5%의 2배인 10% 농도를 상한값으로 제한하고 있다. 따라서 제5조 1호(2.2.1.1.1)의 할론 1301의 방사량 $0.32 \sim 0.64kg/m^3$는 설계농도 5~10%를 의미하며 이때 5%가 최소설계농도, 10%가 최대설계농도가 된다.

2) 이로 인하여 할론 1301 전역방출방식에서 정상거주지역(Normally occupied area)은 10% 농도를 초과하여서는 아니되며, NFPA 12A에서도 정상거주지역에서는 설계농도 10%를 초과하지 못하도록 규정하고 있다.[302] "정상거주지역"이란 NFPA의

---

302) NFPA 12A(2022 edition) 5.2.6 : Halon 1301 total flooding systems shall not be used in concentrations greater than 10 percent in normally occupied areas. Areas that might contain 10 percent Halon 1301 shall be evacuated immediately upon discharge of the agent(할론 1301 전역방출방은 정상거주지역에서 10%를 초과하는 농도로 사용해서는 안 된다. 10%의 할론 1301을 포함할 수 있는 구역은 약제를 배출하는 즉시 대피하여야 한다).

용어로서 사람들이 상시 근무하는 장소를 의미하며, 변전실, 펌프실, 위험물저장소 등과 같이 가끔씩 사람이 출입하는 곳은 정상거주지역에 해당되지 않는다.

(3) 농도계산방법

1) 할론설비의 경우는 CO_2설비에 비해 가스가 방사될 경우, 약제농도가 저농도 (5%)이며 분사헤드 방사압이 낮은 관계로 개구부나 누설틈새를 통하여 미소하게 누설이 되고 있으나 CO_2와 같은 자유유출(Free efflux) 상태로 적용하지 않는다. 물론 할론의 경우도 특히 농도가 높을수록 누설이 더 커지게 되나 10초라는 매우 짧은 시간 동안 저농도로 방사가 되므로 이렇게 누설된 할론 1301과 공기 혼합상태는 방호구역으로부터 정상누설에 대한 허용오차를 포함하는 것으로 하고 최종설계농도에 포함된 것으로 추정하여 적용한다.[303] 따라서 할론설비의 경우는 CO_2설비와 달리 무유출(No efflux)상태로 적용하여 농도계산을 하여야 한다.

2) 농도계산시 무유출상태(No efflux)이므로 다음과 같이 계산하게 된다.

농도 $C(\%) = \dfrac{\text{방사한 약제부피}(v)}{\text{방호구역 체적}(V) + \text{방사한 약제부피}(v)} \times 100$이 되며 이때 단위 체적당 약제량인 방사량(Flooding factor)(kg/m^3)을 w, 비체적을 $S(m^3/kg)$, 방호구역의 체적을 $V(m^3)$라 하자. 그러면 방사한 약제체적 $v(m^3)$는 "방호구역 내의 약제량$(V \times w)$과 비체적(S)을 곱한 값"이 된다. 즉, 약제 체적 $v(m^3) = V(m^3) \times w(kg/m^3) \times S(m^3/kg)$가 되며 이를 정리하면 다음과 같다.

$$C(\%) = \frac{v}{V+v} \times 100, \text{ 이때 } v = V \times w \times S$$ ·················· [식 1-8-1]

여기서, C : 설계농도(vol%)(%), v : 방사한 약제체적(m^3)
   V : 방호구역의 체적(m^3), w : 방호구역 단위체적당 약제량(kg/m^3)
   S : 할론 1301 비체적$(m^3/kg)(=0.162)$

그런데 할론의 비체적 S는 NFPA 12A(2022 edition) 5.5.1(Total flooding system)에서 SI 단위로 $S=0.14781+0.000567t(℃)$를 제시하고 있다. 따라서 할론의 불꽃소화시험 측정 기준인 25℃의 경우에는 비체적 $S=0.14781+0.000567\times25 ≒ 0.162m^3/kg$가 된다.

---

303) NFPA 12A(2022 edition) Annex K.1 : For the purpose of this standard, it is assumed that the Halon 1301/air mixture lost in this manner contains the final design concentration of Halon 1301(이 기준의 목적상, 이러한 방식으로 손실된 할론 1301/공기혼합기는 할론 1301의 최종 설계농도에 포함된 것으로 추정한다).

예제 [식 1-8-1]을 이용하여 할론 1301 전역방출방식의 약제량 W(kg)를 구하는 일반공식을 구하여라.

풀이 $C(\%) = \dfrac{v}{V+v} \times 100$, 이때 $v = V \times w \times S$이므로 이를 대입하면

$C(\%) = \dfrac{V \times w \times S}{V + V \times w \times S} \times 100$, 그런데 V(m³)$\times w$(kg/m³)=방사한 약제량 무게이므로

이를 W(kg)라 하면 위 식은 $C = \dfrac{W \times S}{V + W \times S} \times 100$이 된다.

$\therefore\ C(V + W \cdot S) = W \cdot S \times 100,\ W \cdot S(100 - C) = C \times V$

따라서 $W = \dfrac{C \times V}{S(100 - C)} = \dfrac{V}{S} \times \dfrac{C}{100 - C}$이므로

최종식은 $W(\text{kg}) = \dfrac{V}{S} \times \dfrac{C}{100 - C}$가 된다.

예제 제5조 1호 가목(2.2.1.1.1)에서 규정한 전역방출방식의 할론 1301 설비 중 방사량이 0.32kg/m³, 0.52kg/m³, 0.64kg/m³인 경우에 대한 설계농도(자연수)를 구하여라.

풀이 할론 농도측정 온도인 25℃의 경우 비체적 $S = 0.14781 + 0.000567 \times 25 ≒ 0.16199$ ≒0.162m³/kg이다.

① 방사량(flooding factor) w가 0.32kg/m³인 경우
[식 1-8-1]에서 $S = 0.162$, $w = 0.320$이므로 따라서

농도 $C(\%) = \dfrac{v}{V+v} \times 100 = \dfrac{V \cdot w \cdot S}{V + V \cdot w \cdot S} \times 100 = \dfrac{1 \cdot w \cdot S}{1 + 1 \cdot w \cdot S} \times 100$

$= \dfrac{0.32 \times 0.162}{1 + 0.32 \times 0.162} \times 100 = \dfrac{0.05184}{1.05184} \times 100 ≒ 4.9$

⇨ 설계농도 약 5%에 해당함.

② 방사량(flooding factor) w가 0.52kg/m³인 경우
위와 동일하게 구하면

농도 $C(\%) = \dfrac{v}{V+v} \times 100 = \dfrac{0.52 \times 0.162}{1 + 0.52 \times 0.162} \times 100$

$= \dfrac{0.08424}{1.08424} \times 100 ≒ 7.8$

⇨ 설계농도 약 8%에 해당함.

③ 방사량(flooding factor) w가 0.64kg/m³인 경우
위와 동일하게 구하면

농도 $C(\text{vol}\%) = \dfrac{v}{V+v} \times 100 = \dfrac{0.64 \times 0.162}{1 + 0.64 \times 0.162} \times 100$

$= \dfrac{0.10368}{1.10368} \times 100 ≒ 9.4$

⇨ 설계농도 약 10%에 해당함.

4 할론소화약제

1. 개요

(1) 할론 명명법(命名法)(Halon nomenclature system)

1) 할론소화약제는 탄화수소의 수소원자를 단주기율표 Ⅶ족의 할로겐원소로 치환한 것으로 할로겐원소란 F(Fluorine ; 불소), Cl(Chlorine ; 염소), Br(Bromine ; 브롬), I(Iodine ; 요오드)를 말한다. 할론소화약제의 명칭은 CF_3Br의 경우 브로모트리플루오로메탄(Bromotrifluoro methane)으로 불러지는 긴 이름이다. 따라서 이와 같이 긴 명칭으로 인한 불편함을 해소하기 위하여 미국 육군에서 고안한 방법인 할론 명명법을 국제적으로 사용하고 있다.[304]

2) 할론 명명법은 C(탄소)를 맨앞에 두고 할로겐원소를 주기율표 순서대로 F → Cl → Br → I의 원자수 만큼 해당하는 숫자를 부여하며 맨 끝의 숫자가 0일 경우는 이를 생략한다.

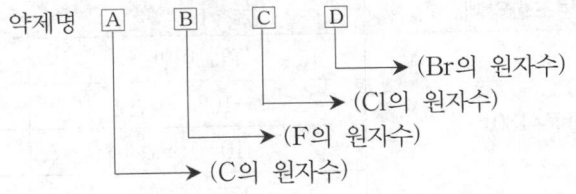

약제명 Ⓐ Ⓑ Ⓒ Ⓓ
→ (Br의 원자수)
→ (Cl의 원자수)
→ (F의 원자수)
→ (C의 원자수)

예 ① CF_3Br → Halon 1301   ② CF_2ClBr → Halon 1211
   ③ CF_2BrCF_2Br → Halon 2402   ④ CF_2Br_2 → Halon 1202

(2) 할론의 구조식(Structural formula)

할론은 파라핀(Paraffin)계 탄화수소(C_nH_{2n+2})에서 수소원자 H를 할로겐원자로 치환한 것으로 따라서 탄소원자 1개에 대하여 할로겐족 원소 4개, 탄소원자 2개이면 할로겐족 원소 6개가 연결되는 구조식이 되어야 한다.

---

304) NFPA 12A(2022 edition) C.2(Halon nomenclature systems) : The halon systems for naming halogenated hydrocarbons was devised by the U.S Army Corps of Engineers to provide a convenient and quick means of reference to candidate fire extinguishing agents(할로겐탄화수소를 명명하기 위한 할론 시스템은 미육군 공병대가 대상이 되는 소화약제에 대해 편리하고 빠른 참조 수단을 제공하기 위해 고안했다).

구조식에서 탄소는 원자가(原子價)가 4가이며 할로겐족은 7족으로 원자가가 −1가이므로 탄소원자 1개에 4개의 할로겐족 원자가 연결되는 구조로서 이를 구조식으로 표현하면 다음과 같다.

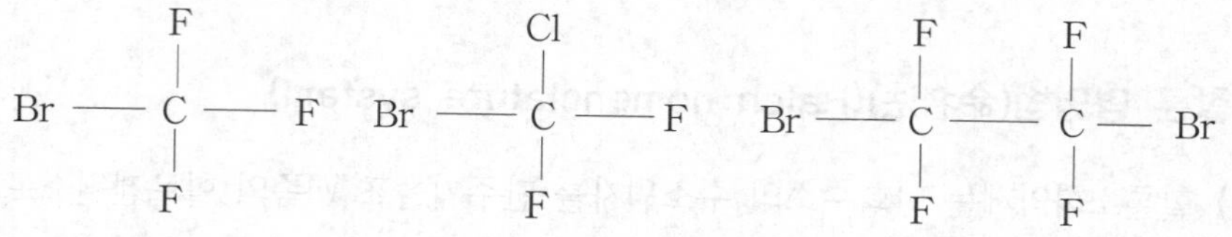

1301(CF₃Br)   1211(CF₂ClBr)   2402(CF₂BrCF₂Br)

[그림 1-8-2] 할론소화약제의 구조식

(3) 할론소화약제의 독성

할론소화약제는 열분해 과정에서 분해부산물에 의해 독성물질이 생성되며, 인체 안전성에 관한 1301, 1211, 2402를 상호 비교하면 다음과 같다.

[표 1-8-3] 할론소화약제의 허용노출시간

할론소화약제	농도(vol%)	허용노출시간
할론 1301	7% 미만	15분
	7~10% 미만	1분
	10~15%	30초
	15% 초과	노출 금지
할론 1211	4% 미만	5분
	4~5%	1분
	5% 초과	노출 금지
할론 2402	0.05%	10분
	0.10%	1분

[표 1-8-3]의 출전(出典)

Fire Protection Handbook p.11-8 Table 11.1.7

2. 소화의 강도

(1) 원소의 전기적 음성도(陰性度 ; Electronegativity)란 화학적 반응에서 분자 내의 전자가 원자와 결합되는 능력의 척도로서 L. Pauling[305])에 의하면 연구결과 Halogen 원소에 대한 전기적 음성도를 F(4.0)>Cl(3.0)>Br(2.8)>I(2.5)로 발표하고 있다. 따라서 비금속원소인 할로겐원소의 화합물의 경우는 전기적 음성도에 따라 F>Cl>Br>I 의 순서로 강하게 결합되는 안정성(Stability)을 가지게 된다. 그러나 소화약제방사 후 Halogen 물질이 열분해되어 부촉매 역할을 하는 Halogen 원소가 공기 중에서 연쇄반응을 억제하여 소화작용을 하게 된다. 즉 화합물이 빨리 분해되어야 소화작용이 시작되므로 약제방사 후 분해되는 능력은 안정성과 반대이므로 할로겐화합물의 소화의 강도는 안정성과 반대인 "F 화합물<Cl 화합물<Br 화합물<I 화합물"의 순서가 된다.

(2) 그러나 I(Iodine ; 요오드) 화합물은 소화의 강도는 가장 강하나 너무 분해가 용이하여 다른 물질과 쉽게 결합하여 많은 분해부산물을 생성하게 되고, 또한 경제성이 없어 일반적으로 소화약제로서는 잘 사용하지 않는다. 따라서 소화의 강도가 가장 높은 것으로 사용하는 것이 I 화합물 다음인 Br 화합물로서 할론 1301은 Br을 주체로 한 소화약제이다.

할로겐화합물	안정성(Stability)		소화의 강도
F 화합물	1위		4위
Cl 화합물	2위	➡	3위
Br 화합물	3위		2위
I 화합물	4위		1위

3. 약제의 종류

화재안전기준에서 할론 시스템의 소화약제는 다음의 3가지를 규정하고 있으나, 시스템이나 소화기에 사용하는 1301 이외에 1211의 경우는 주로 소형 소화기용으로 사용하며 2402의 경우는 독성으로 인하여 원칙적으로 소화약제로 사용하지 않으며 외국의 경우 특수한 용도에 한하여 선택적으로 사용하고 있다.

---

305) Linus Carl Pauling(1901~1994년) : 미국의 양자역학을 전공한 과학자로서 1954년 "화합결합의 특성에 관한 연구"로 노벨화학상을 수상하였다.

(1) 할론 1301(CF₃Br) : 증기압 1.4MPa, 비점 −57.8°C

원래의 용도는 저온 냉매로 사용하는 화합물로서 상온에서 공기밀도는 약 5배이며 무색무취(無臭)의 기체이다. 임계온도는 67°C로서 임계온도까지는 압축하여 액화시켜 사용할 수 있다.

특 징	① 상온에서는 기체상태이나 액화시켜 액상으로 저장하여 사용한다. ② 할론소화약제 중 대표적인 소화약제로서 CO_2에 비해 저농도(5%)로 사용할 수 있다. ③ 열분해시 HF 등 미량의 독성물질이 발생되나 인체에 대한 안전성은 매우 높은 편이다. ④ 전역방출방식 등 고정식 설비에 주로 사용한다.

(2) 할론 1211(CF₂ClBr) : 증기압 0.25MPa, 비점 −3.4°C

주로 소화기용으로 사용하며 사용시 독성의 우려가 있으므로 1211 소화기는 NFPC(NFTC) 101(소화기) 제4조 3항(2.1.3)에서 지하층·무창층·밀폐된 거실로서 바닥면적 $20m^2$ 미만의 경우에는 사용을 제한하고 있다. NFPA의 경우 할론 1211의 관련 Code인 NFPA 12B를 1997년 삭제하였으며 할론 1211의 경우는 소화기에서 사용하는 소화약제로만 한정하여 관련 사항만을 규정하고 있다.[306]

특 징	① 1301보다 독성이 높은 관계로 밀폐된 소규모의 공간에서는 사용이 제한된다. (화재안전기준에서는 지하층이나 무창층 또는 밀폐된 거실로서 바닥면적이 $20m^2$ 미만인 장소에는 적용할 수 없다) ② 증기압이 낮아 낮은 압력에서도 액화시켜 저장할 수 있다. ③ ABC급의 소화기에 주로 사용한다.

(3) 할론 2402(CF₂BrCF₂Br) : 증기압 0.048MPa, 비점 47.5°C

독성문제로 인하여 할론 2402는 ISO 및 NFPA에서 소화약제에 관한 기준에서 제외되었으며 국내의 경우도 형식승인 및 제품검사의 기술기준에서 3가지 할론약제 중 할론 2402 약제는 제외하고 1301 및 1211에 대해서만 소화약제로 인정하고 있다. 화재안전기준은 일본소방법을 준용하여 현재 소화약제로 적용하고 있으나 이는 할론소화약제에서 반드시 삭제되어야 한다.

특 징	① 상온에서 액상으로 증기의 비중이 크며(공기 對 9.4) 독성이 강하다. ② 약제가 액상이므로 가압식으로 사용한다. ③ Floating roof tank 등 옥외 위험물탱크시설과 같은 옥외 시설물에 국한되어 사용한다.

---

306) NFPA 10 Standard for portable fire extinguishers(2022 edition) : Table H.2

5 할론설비의 약제량계산

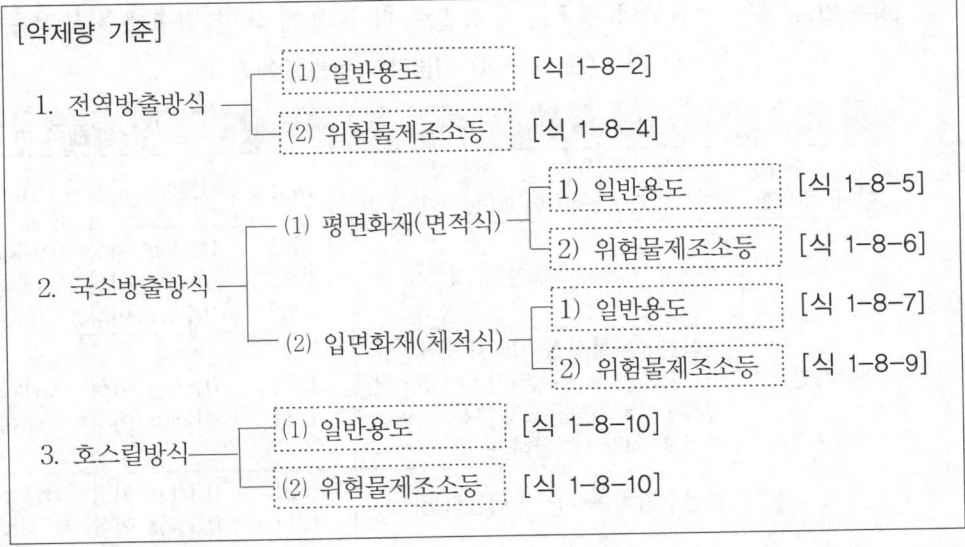

[약제량 기준]

1. 전역방출방식
   - (1) 일반용도 .... [식 1-8-2]
   - (2) 위험물제조소등 .... [식 1-8-4]

2. 국소방출방식
   - (1) 평면화재(면적식)
     - 1) 일반용도 .... [식 1-8-5]
     - 2) 위험물제조소등 ... [식 1-8-6]
   - (2) 입면화재(체적식)
     - 1) 일반용도 .... [식 1-8-7]
     - 2) 위험물제조소등 ... [식 1-8-9]

3. 호스릴방식
   - (1) 일반용도 .... [식 1-8-10]
   - (2) 위험물제조소등 .... [식 1-8-10]

1. 전역방출방식

$$[화재안전기준] \quad Q= V \cdot K_1(기본량)+ A \cdot K_2(가산량)$$ .... [식 1-8-2]

여기서, Q : 소요약제량(kg)
 V : 방호구역의 체적(m^3)
 A : 방호구역의 개구부면적(m^2)
 $K_1,\ K_2$: 방출계수(Flooding factor)

할론의 약제량계산은 제5조 1호(2.2.1.1)에서 [식 1-8-2]를 적용하고 있으나 동 공식의 문제점은 다양한 온도조건과 다양한 농도에 대응하는 약제량의 경우는 계산을 할 수가 없다. 따라서 NFPA 12A(2022 edition) 5.5.1에서는 할론의 약제량 계산시 앞의 예제와 같이 [식 1-8-3]을 사용하고 있으며 이 식은 비체적 S 및 농도 C가 있으므로 다양한 온도조건과 다양한 설계농도에 맞는 약제량 산정이 가능하다.

$$[NFPA 기준] \quad W= \frac{V}{S} \times \left[\frac{C}{100-C} \right]$$ .... [식 1-8-3]

여기서, W : 소요약제량(kg)
 V : 방호구역의 체적(m^3)
 S : 비체적(Specific volume)(m^3/kg)
  $- S = 0.14781 + 0.000567 \times t$
  $- t = $ 방호구역의 온도(℃)
 C : 설계농도(%)

(1) 일반용도의 경우 : 제5조 1호(2.2.1)

1) 기본량($= V \cdot K_1$) : 방호구역 체적에 해당하는 기본량은 일반소방대상물의 경우는 용도별로, 특수가연물의 경우는 물질별로 다음 표에 의한 방출계수를 적용한다.

[표 1-8-4] 기본량의 방출계수(K_1)

소방대상물		약제종별	K_1(kg/체적 m³당)
차고·주차장·전기실·통신기기실·전산실 기타 이와 유사한 전기설비가 설치되어 있는 부분		1301	0.32kg 이상~0.64kg 이하
특수가연물	가연성 고체류·가연성 액체류	1301	0.32kg 이상~0.64kg 이하
		1211	0.36kg 이상~0.71kg 이하
		2402	0.40kg 이상~1.10kg 이하
	면화류·나무껍질 및 대팻밥·넝마 및 종이 부스러기·사류·볏짚류·목재가공품 및 나무 부스러기를 저장·취급하는 것	1301	0.52kg 이상~0.64kg 이하
		1211	0.60kg 이상~0.71kg 이하
	합성수지류를 저장·취급하는 것	1301	0.32kg 이상~0.64kg 이하
		1211	0.36kg 이상~0.71kg 이하

㈜ 불연재료나 내열성의 재료로 밀폐된 구조물이 있는 경우는 그 체적을 제외한다.

2) 가산량($= A \cdot K_2$) : 가산량은 개구부에 자동폐쇄장치가 없는 경우에 누설되는 양을 보충하는 것으로 다음 표에 의한 방출계수를 적용한다.

[표 1-8-5] 가산량의 방출계수(K_2)

소방대상물		약제종별	K_2(kg/개구부 m²당)
차고·주차장·전기실·통신기기실·전산실 기타 이와 유사한 전기설비가 설치되어 있는 부분		1301	2.4kg
특수가연물	가연성 고체류·가연성 액체류	1301	2.4kg
		1211	2.7kg
		2402	3.0kg
	면화류·나무껍질 및 대팻밥·넝마 및 종이 부스러기·사류·볏짚류·목재가공품 및 나무 부스러기를 저장·취급하는 것	1301	3.9kg
		1211	4.5kg
	합성수지류를 저장·취급하는 것	1301	2.4kg
		1211	2.7kg

K_1과 K_2

NFPA 12A에서는 K_1(kg/m³)을 Volume factor(체적계수), K_2(kg/m²)를 Opening factor(면적계수)라 하며, 이를 총칭하여 Flooding factor(방출계수)라 한다.

3) 특수가연물 : 화재예방법 시행령 별표 2

[표 1-8-5]에서 말하는 특수가연물이란, 화재예방법 제17조 5항에 의하면 화재가 발생하는 경우 화재의 확대가 빠른 고무류·면화류·석탄 및 목탄 등으로 대통령령으로 정하는 별도의 품목을 말하며, 소방기본법 시행령 별표 2에서 다음 표와 같이 정의하고 있다.

[표 1-8-6] 특수가연물의 종류

품 명		수 량(kg)
면화류		200kg 이상
나무껍질 및 대팻밥		400kg 이상
넝마 및 종이 부스러기		1,000kg 이상
사류(絲類)		1,000kg 이상
볏짚류		1,000kg 이상
가연성 고체류		3,000kg 이상
석탄·목탄류		10,000kg 이상
가연성 액체류		$2m^3$ 이상
목재가공품 및 나무 부스러기		$10m^3$ 이상
고무류·플라스틱류	발포시킨 것	$20m^3$ 이상
	그 밖의 것	3,000kg 이상

비고
1. "면화류"란 불연성 또는 난연성이 아닌 면상 또는 팽이 모양의 섬유와 마사(麻絲) 원료를 말한다.
2. 넝마 및 종이 부스러기는 불연성 또는 난연성이 아닌 것(동·식물유가 깊이 스며들어 있는 옷감·종이 및 이들의 제품을 포함한다)에 한한다.
3. "사류(絲類)"란 불연성 또는 난연성이 아닌 실(실 부스러기와 솜털을 포함한다)과 누에고치를 말한다.
4. "볏짚류"란 마른 볏짚·마른 북데기와 이들의 제품 및 건초를 말한다. 다만, 축산용도로 사용하는 것은 제외한다.
5. "가연성 고체류"란 고체로서 다음 각 목의 것을 말한다.
    가. 인화점이 40℃ 이상 100℃ 미만인 것
    나. 인화점이 100℃ 이상 200℃ 미만이고, 연소열량이 8kcal/g 이상인 것
    다. 인화점이 200℃ 이상이고, 연소열량이 8kcal/g 이상인 것으로서 융점이 100℃ 미만인 것
    라. 1기압과 20℃ 초과 40℃ 이하에서 액상인 것으로서 인화점이 70℃ 이상 200℃ 미만이거나 나목 또는 다목에 해당하는 것
6. 석탄·목탄류에는 코크스, 석탄가루를 물에 갠 것, 조개탄, 연탄, 석유 코크스, 활성탄 및 이와 유사한 것을 포함한다.
7. "가연성 액체류"란 다음 각 목의 것을 말한다.
    가. 1기압과 20℃ 이하에서 액상인 것으로서 가연성 액체량이 40중량퍼센트(wt%) 이하이면서 인화점이 40℃ 이상 70℃ 미만이고, 연소점이 60℃ 이상인 물품

나. 1기압과 20℃에서 액상인 것으로서 가연성 액체량이 40중량퍼센트 이하이고, 인화점이 70℃ 이상 250℃ 미만인 물품

다. 동물의 기름기와 살코기 또는 식물의 씨나 과일의 살에서 추출한 것으로서 다음의 어느 하나에 해당하는 것

　(1) 1기압과 20℃에서 액상이고 인화점이 250℃ 미만인 것으로서 "위험물안전관리법" 제20조 1항의 규정에 의한 용기 기준과 수납·저장 기준에 적합하고 용기 외부에 물품명·수량 및 "화기엄금" 등의 표시를 한 것

　(2) 1기압과 섭씨 20℃에서 액상이고 인화점이 섭씨 250℃ 이상인 것

8. "고무류·플라스틱류"란 불연성 또는 난연성이 아닌 고체의 합성수지제품, 합성수지반제품, 원료합성수지 및 합성수지 부스러기(불연성 또는 난연성이 아닌 고무제품, 고무 반제품, 원료고무 및 고무 부스러기를 포함한다)를 말한다. 다만, 합성수지의 섬유·옷감·종이 및 실과 이들의 넝마와 부스러기는 제외한다.

(2) 위험물제조소등의 경우 : 위험물안전관리법 세부기준 제135조 3호 가목

위험물의 경우 약제량 기준은 화재안전기준에서 규정하지 않고 "위험물안전관리법 세부기준"에서 이를 규정하고 있다.

1) 약제량식

$$Q = (V \cdot K_1 + A \cdot K_2) \times N$$ ·················· [식 1-8-4]

여기서, Q : 소요약제량(kg)

　　　　V : 방호구역의 체적(m³)

　　　　A : 방호구역의 개구부면적(m²)

　　　　K_1, K_2 : 방출계수(Flooding factor)

　　　　N : 소화약제계수

① 기본량($V \cdot K_1 \times$소화약제계수) : 계산방식은 [표 1-8-4]에서 "가연성 고체류·가연성 액체류"에 해당하는 다음의 방출계수(K_1)에 [표 1-8-7]에서 규정한 소화약제계수(N)를 곱하여 산출한다.

방출계수	할론 1301	할론 1211	할론 2402
K_1(kg/m³)	0.32	0.36	0.4

② 가산량(=$A \cdot K_2 \times$소화약제계수) : 계산방식은 [표 1-8-5]에서 "가연성 고체류·가연성 액체류"에 해당하는 다음의 방출계수(K_2)에 [표 1-8-7]에서 규정한 소화약제계수(N)를 곱하여 산출한다.

방출계수	할론 1301	할론 1211	할론 2402
K_2(kg/m²)	2.4	2.7	3.0

2) 소화약제계수(N) : 위험물안전관리법 세부기준 별표 2

[표 1-8-7] 소화약제계수

위험물의 종류 \ 소화약제	할로겐화물 1301	할로겐화물 1211	위험물의 종류 \ 소화약제	할로겐화물 1301	할로겐화물 1211
① 아크릴로나이트릴	1.4	1.2	㉘ 다이에틸아민	1.0	1.0
② 아세트알데하이드	1.1	1.1	㉙ 다이에틸에터	1.2	1.0
③ 아세트나이트릴	1.0	1.0	㉚ 다이옥세인	1.8	1.6
④ 아세톤	1.0	1.0	㉛ 중유	1.0	1.0
⑤ 아닐린	1.1	1.1	㉜ 윤활유	1.0	1.0
⑥ 아이소옥탄	1.0	1.0	㉝ 테트라하이드로퓨란	1.4	1.4
⑦ 아이소프렌	1.2	1.0	㉞ 등유	1.0	1.0
⑧ 아이소프로필아민	1.0	1.0	㉟ 트라이에틸아민	1.0	1.0
⑨ 아이소프로필에터	1.0	1.0	㊱ 톨루엔	1.0	1.0
⑩ 아이소헥산	1.0	1.0	㊲ 나프타	1.0	1.0
⑪ 아이소헵탄	1.0	1.0	㊳ 채종유(菜種油)	1.1	1.1
⑫ 아이소펜탄	1.0	1.0	㊴ 이황화탄소	4.2	1.0
⑬ 에탄올	1.0	1.2	㊵ 바이닐에틸에터	1.6	1.4
⑭ 에틸아민	1.0	1.0	㊶ 피리딘	1.1	1.1
⑮ 염화바이닐	1.1	1.1	㊷ 뷰탄올	1.1	1.1
⑯ 옥탄	1.0	1.0	㊸ 프로판올	1.0	1.2
⑰ 휘발유	1.0	1.0	㊹ 2-프로판올	1.0	1.0
⑱ 폼산에틸	1.0	1.0	㊺ 프로필아민	1.0	1.0
⑲ 폼산프로필	1.0	1.0	㊻ 헥산	1.0	1.0
⑳ 폼산메틸	1.4	1.4	㊼ 헵탄	1.0	1.0
㉑ 경유	1.0	1.0	㊽ 벤젠	1.0	1.0
㉒ 원유	1.0	1.0	㊾ 펜탄	1.0	1.0
㉓ 아세트산	1.1	1.1	㊿ 메탄올	2.2	2.4
㉔ 아세트산에틸	1.0	1.0	(51) 메틸에틸케톤	1.0	1.0
㉕ 아세트산메틸	1.0	1.0	(52) 클로로벤젠	1.1	1.1
㉖ 산화프로필렌	2.0	1.8	(53) 그 밖의 것	1.1	1.1
㉗ 사이클로헥산	1.0	1.0			

㈜ 위의 표는 "위험물안전관리법 세부기준" 중 별표 2의 내용임.

① 할론의 경우 위험물에 대한 [표 1-8-7]의 소화약제계수는 위험물안전관리법 세부기준 중 별표 2의 내용으로서 이는 일본의 기준을 준용한 것으로 출전은 일본에서 2011년 개정·고시된 총무성령 제558호(제조소등의 할로겐화합물소화설비에 대한 기술상 기준의 세목 2011. 12. 21. 개정)에서 별표 1을 준용한 것이다.

② 할론 2402는 소화약제계수가 지정되어 있지 않다.

2. 국소방출방식

국소방출방식의 경우는 평면화재와 입면화재가 있으며 방호구역을 구획하지 않는 관계로 소방대상물에 약제를 방사할 경우 주위로 약제가 비산하게 된다. 따라서 이를 감안하여 소요약제량에 다음 표에 해당하는 할증계수를 곱하여 이를 보정하여 주는 것으로 할증계수란 결국 해당 비율만큼의 여유율을 반영한 것이다.

[표 1-8-8] 할증계수 h (국소방출방식)

약제의 종별	할론 1301	할론 1211	할론 2402
할증계수	1.25	1.10	1.10

(1) **평면화재(면적식)의 경우** : 윗면이 개방된 용기에 저장하는 경우와 화재시 연소면이 1면에 한정되고 가연물이 비산할 우려가 없는 경우 적용하며 다음 식에 의한다. 예를 들면 이 경우는 개방된 원형용기 내에 가연성 액체나 위험물이 있는 경우 연소면은 원형의 용기 단면적이 되므로 평면화재로 적용하는 것이다.

1) **일반용도의 경우** : 제5조 2호 가목(2.2.1.2.1)

$$Q = S \cdot K(기본량) \times h(할증계수)$$ ················· [식 1-8-5]

여기서, Q : 소요약제량(kg)
S : 방호대상물의 표면적(m^2)
K : 방출계수[표 1-8-9](kg/cm^3)
h : 할증계수[표 1-8-8]

[표 1-8-9] 방출계수 $K(kg/m^2)$: 국소방출방식 평면화재

약제의 종별	할론 1301	할론 1211	할론 2402
약제(kg/m^2당)	6.8kg	7.6kg	8.8kg

2) **위험물제조소등의 경우** : 위험물안전관리법 세부기준 제135조 3호 나목의 (1)

$$Q = (S \cdot K \times h) \times N$$ ················· [식 1-8-6]

여기서, Q : 소요약제량(kg)
S : 방호대상물의 표면적(m^2)
K : 방출계수[표 1-8-9](kg/m^2)
h : 할증계수[표 1-8-8]
N : 소화약제계수[표 1-8-7]

(2) **입면화재(체적식)의 경우** : 화재의 연소면이 입면일 경우 적용하며 다음 식에 의한다. 이 경우는 장치물(Equipment) 자체가 방호대상물로서 이에 대해 약제를 방사하는 것으로 결국 연소면은 장치물의 전체 체적(=용적)이 되므로 입면화재로 적용하는 것이다.

1) **일반용도의 경우** : 제5조 2호 나목(2.2.1.2.2)

$$Q = V \cdot K(기본량) \times h$$ ·················· [식 1-8-7]

여기서, Q : 소요약제량(kg)
      V : 방호공간의 체적(m^3)
      K : 방출계수[식 1-8-8](kg/m^3)
      h : 할증계수[표 1-8-8]

이때 방출계수 K는 다음과 같이 적용한다.

$$K = X - Y\frac{a}{A}$$ ·················· [식 1-8-8]

여기서, X, Y : [표 1-8-10]의 수치
      a : 방호대상물 주위에 설치된 벽면적의 합계(m^2)
      A : 방호공간의 벽면적(벽이 없는 경우는 벽이 있는 것으로 가정한 해당 부분의 면적)의 합계(m^2)

🔍 **방호공간**

방호공간이란 방호대상물의 각 부분으로부터 0.6m의 거리에 의하여 둘러싸인 공간을 말하며, 바닥쪽으로는 0.6m를 연장하지 아니한다.

[표 1-8-10] X 및 Y의 수치(국소방출방식의 입면화재)

약제의 종별	X의 수치	Y의 수치
할론 1301	4.0	3.0
할론 1211	4.4	3.3
할론 2402	5.2	3.9

2) **위험물제조소등의 경우** : 위험물안전관리법 세부기준 제135조 3호 나목의 (2)

$$Q = (V \cdot K \times h) \times N$$ ·················· [식 1-8-9]

여기서, Q : 소요약제량(kg)
V : 방호공간의 체적(m^3)
K : 방출계수[식 1-8-8](kg/m^3)
h : 할증계수[표 1-8-8]
N : 소화약제계수[표 1-8-7]

3. 호스릴방식

(1) 저장량

1) **일반 용도의 경우** : 제5조 3호(2.2.1.3)

2) **위험물제조소등의 경우** : 위험물안전관리법 세부기준 제135조 3호 라목

일반용도 및 위험물제조소등의 약제량 산정은 하나의 노즐에 대하여 다음 식에 의한 양 이상으로 한다. 이 말은 방사량을 말하는 것이 아니라 단순한 저장량 (=소요량)을 뜻하는 것이다. 위험물안전관리법에서는 호스릴이라는 용어 대신 "이동식 소화설비"라고 칭하고 있으며 호스릴(또는 이동식)의 경우는 별도의 할증계수를 적용하지 아니한다.

$$Q = N \times K$$ ·················· [식 1-8-10]

여기서, Q : 소요약제량(kg)
N : 호스릴의 노즐수량
K : 노즐당 약제량[표 1-8-11(A)]

[표 1-8-11(A)] 호스릴의 노즐당 "저장량"

약제의 종별		할론 1301	할론 1211	할론 2402
노즐당 약제량	① 화재안전기준	45kg 이상	50kg 이상	50kg 이상
	② 위험물안전관리법 세부기준	45kg 이상	45kg 이상	50kg 이상

할론 1211의 경우 화재안전기준과 위험물안전관리법 세부기준의 두 법령에 대한 호스릴의 약제량이 일치하지 않고 있으나, 이는 출전이 일본소방법 시행규칙 제20조 3항 4호로서 동 기준에는 할론 1211이 45kg으로 되어 있으나 화재안전기준은 50kg으로 되어있다. 따라서 화재안전기준의 경우 준용 과정에서 잘못 인용한 것으로 위험물안전관리법 세부기준처럼 개정되어야 한다.

(2) 방출량

1) 일반 용도의 경우 : 제10조 4항 4호(표 2.7.4.4)

2) 위험물제조소등의 경우 : 위험물안전관리법 세부기준 제135조 5호

호스릴의 경우는 약제량(저장량)과 노즐방사량이 동일하지 않으며 약제방출량은 저장량과 달리 다음과 같이 규정하고 있다.

[표 1-8-11(B)] 호스릴의 노즐당 "방출량"

약제의 종별		할론 1301	할론 1211	할론 2402
노즐당 방출량	① 화재안전기준	35kg/min 이상	40kg/min 이상	45kg/min 이상
	② 위험물안전관리법 세부기준			

---

6 할론소화설비의 화재안전기준

1. 저장용기(Cylinder)의 기준

(1) 장소의 기준 : NFTC 2.1.1.1~2.1.1.5

1) 방호구역 외의 장소에 설치할 것. 다만, 방호구역 내에 설치할 경우에는 피난 및 조작이 용이하도록 피난구 부근에 설치해야 한다.

2) 온도가 40℃ 이하이고, 온도변화가 적은 곳에 설치할 것

3) 직사광선 및 빗물이 침투할 우려가 없는 곳에 설치할 것

4) 방화문으로 방화구획된 실에 설치할 것

5) 용기의 설치장소에는 해당 용기가 설치된 곳임을 표시하는 표지를 할 것

> ▷ 저장실의 온도기준
> ① 용기저장실의 온도기준은 일본소방법을 준용하여 40℃로 규정하고 있으나, NFPA 12A(Halon 1301) 4.1.4.7에서는 전역방출방식은 용기에 대한 설계압력을 최대 55℃ (130℉)로 규정하고 있다. 이의 물리적 의미는 저장실의 최고저장온도에서 최대로 충전한 경우가 용기 내의 최고압력이 되므로, 이 경우 배관의 최소설계압력은 해당 압력 이상이 되어야 하므로, 결국은 배관의 규격을 정하는 요소가 된다.
> ② 국내 및 일본의 할론 용기저장실 온도기준은 NFPA 기준보다 더 강화된 상태로서 현행 Clean agent와 같이 최고저장온도를 40℃에서 55℃로 개정되어야 한다.

(2) 용기의 기준

1) 용기의 일반기준 : NFTC 2.1.1.6~2.1.1.7

① 용기간의 간격은 점검에 지장이 없도록 3cm 이상의 간격을 유지할 것

② 저장용기와 집합관을 연결하는 연결배관에는 체크밸브를 설치할 것. 다만, 저장용기가 하나의 방호구역만을 담당하는 경우에는 그렇지 않다.

2) 용기의 압력

① 축압식 : NFTC 2.1.2

축압식 저장용기의 압력은 온도 20℃에서 할론 1211을 저장하는 것은 1.1MPa 또는 2.5MPa, 할론 1301을 저장하는 것은 2.5Pa 또는 4.2MPa이 되도록 질소가스로 축압할 것

> 저장용기 압력
> ① 저장용기의 압력이 2가지인 것은 국제적으로 할론 1301의 충전압력은 360psi(≒ 2.5MPa)와 600psi(≒4.2MPa)의 2가지 충전압력 레벨이 있으며 할론 1211의 경우도 2가지 충전압력($11kg/cm^2$와 $25kg/cm^2$)이 있다. 이는 질소가압을 달리하여 충전압력을 조절하는 것으로 이로 인하여 배관 및 부속장치의 규격이 다르며 저장용기에서 헤드까지의 약제의 이송거리가 달라진다. 즉, 설계자가 충전압력을 선택적으로 적용하여 시스템을 다양화하도록 한 것으로 일반적으로 높은 압력의 충전레벨을 사용한다. 국내의 경우 현재 프로그램 인정을 받은 할론 1301 제품의 경우 용기의 충전압력을 4.2MPa(600psi)를 조건으로 프로그램을 한 것이므로 국내에서는 저장용기 충전압력을 2.5MPa(360psi)로 사용할 수 없으며 4.2MPa(600psi)로만 적용하여야 한다.
> ② 축압식이란 용어가 CO_2설비에는 없으나 할론 설비에만 있는 이유는 할론은 CO_2보다 증기압이 낮은 기체로서 온도변화에 의한 용기 내 압력변화를 최소화하기 위하여 질소로 축압을 하기 때문이다. CO_2의 경우는 포화증기압이 높기 때문에 방사시 질소축압이 없이 자기증기압을 이용한다.
> ③ 할론 2402 용기의 압력기준이 없는 것은 2402는 축압식이 아니라 질소탱크를 이용한 가압식으로만 사용하기 때문이다.

② 가압식 : NFTC 2.1.3

㉮ 가압용 가스용기는 질소가스가 충전된 것으로 하고, 그 압력은 21℃에서 2.5MPa 또는 4.2MPa의 압력을 유지할 것

> 실제로 할론 2402에 적용하는 가압용 질소용기는 일본의 경우 15MPa의 압력으로 저장한 후 사용시에는 압력조정기에 의해 2MPa 이하의 압력으로 감압되는 방식으로 사용하고 있다.

ⓑ 가압식 저장용기에는 2MPa 이하의 압력으로 조정할 수 있는 압력 조정 장치를 설치해야 한다.

3) 충전비 : NFTC 2.1.2.2

충전비란 용기 내용적과 약제무게의 비(比)인 $C = V(l)/W(\text{kg})$로서 용기의 내용적(V)이 일정하면 충전비(C)는 약제무게(W)와 반비례하므로 $y = a/x$의 그래프가 된다.

① 약제별 충전비

[표 1-8-12] 할론소화설비 저장용기의 충전비

축압식	1301 1211 2402	0.9 이상~1.6 이하 0.7 이상~1.4 이하 0.67 이상~2.75 이하
가압식	2402	0.51 이상~0.67 미만

➡ 할론 1301은 국내의 경우 68l/50kg를 표준으로 하여 충전하고 있으나 이 경우 충전비는 1.36이 된다. 그러나 충전비를 0.9까지 허용하고 있으므로 최대충전량은 68÷0.9≒75.5kg까지 충전이 가능한 것이다.

② 동일 집합관에 접속되는 용기의 소화약제 충전량은 동일 충전비의 것이어야 한다(NFTC 2.1.2.3).

2. 분사헤드의 기준

(1) 헤드의 일반기준 : 제10조 5항(2.7.5)

분사헤드의 오리피스 구경·방출률·크기 등에 관하여는 다음의 기준에 따라야 한다.

1) 분사헤드에는 부식방지조치를 하여야 하며 오리피스의 크기, 제조일자, 제조업체가 표시되도록 할 것

2) 분사헤드의 개수는 방호구역에 방출시간이 충족되도록 설치할 것

➡ 헤드의 설치수량은 방호구역의 크기(바닥면적이나 체적 등)로 적용하는 것이 아니라 소요약제량을 방사시간에 유효하게 방사하기 위해 관경별 분사헤드의 헤드방사량(분구면적별)을 산정하여 필요한 헤드수량을 구하게 된다.

3) 분사헤드의 방출률 및 방출압력은 제조업체에서 정한 값으로 할 것

4) 분사헤드의 오리피스 면적은 분사헤드가 연결되는 배관구경 면적의 70%를 초과하지 아니할 것

(2) 방출압과 방출량

1) **전역방출방식의 경우** : 제10조 1항(2.7.1)

① 방출된 소화약제가 방호구역의 전역에 균일하게 신속히 확산할 수 있도록 할 것
② 기준 저장량의 소화약제를 10초 이내에 방출할 수 있는 것으로 할 것
③ 분사헤드의 방출시간 및 방출압력은 다음과 같다.

[표 1-8-13(A)] 전역방출방식의 헤드 방출압력

할론 1301	할론 1211	할론 2402
0.9MPa 이상	0.2MPa 이상	0.1MPa 이상

④ 할론 2402를 방출하는 분사헤드는 해당 소화약제가 무상(霧狀)으로 분무되는 것으로 할 것

2) **국소방출방식의 경우** : 제10조 2항(2.7.2)

① 소화약제의 방출에 따라 가연물이 비산하지 아니하는 장소에 설치할 것
② 기준 저장량의 소화약제를 10초 이내에 방출할 수 있는 것으로 할 것
③ 분사헤드의 방출시간 및 방출압력은 다음과 같다.

[표 1-8-13(B)] 국소방출방식의 헤드 방출압력

할론 1301	할론 1211	할론 2402
0.9MPa 이상	0.2MPa 이상	0.1MPa 이상

④ 할론 2402를 방출하는 분사헤드는 해당 소화약제가 무상으로 분무되는 것으로 할 것

3) **호스릴방식의 경우** : 제10조 4항(2.7.4)

① 방호대상물의 각 부분으로부터 하나의 호스 접결구까지의 수평거리가 20m 이하가 되도록 할 것
② 저장용기의 개방밸브는 호스릴 설치장소에서 수동으로 개폐할 수 있는 것으로 할 것
③ 소화약제의 저장용기는 호스릴을 설치장소마다 설치할 것

④ 소화약제 저장용기의 가까운 곳의 보기 쉬운 곳에 적색의 표시등을 설치하고, 호스릴 할로겐화합물소화설비가 있다는 뜻을 표시한 표지를 할 것

⑤ 노즐은 20℃에서 하나의 노즐마다 1분당 방출량은 다음과 같다.

[표 1-8-13(C)] 호스릴방식의 노즐 방출량

할론 1301	할론 1211	할론 2402
35kg/min 이상	40kg/min 이상	45kg/min 이상

(3) 방출시간

1) 기준 : 제10조 1항 4호 & 2항 4호(2.7.1.4 & 2.7.2.4)

① **화재안전기준** : 방출시간은 NFPA 12A(2022 edition) 5.7.1.2(Discharge time) 에서 10초 이내로 규정하고 있으며 10초 이내 방출 ISO를 비롯한 모든 국제적인 기준이 동일하게 통일되어 있으나, 이에 비해 일본의 경우는 일본소방법 시행규칙 제20조 1항 3호에 할론소화설비의 방출시간을 30초로 규정하고 있으며 과거 국내기준도 일본기준을 준용한 결과 30초 이내이었으나 이는 공학적 근거가 없는 수치인 관계로 2004. 6. 4. 화재안전기준(NFSC) 제정시 10초로 개정하였다.

② **위험물안전관리법 세부기준** : 위험물안전관리법 세부기준 제135조 1호 및 2호에서는 전역방출방식이나 국소방출방식의 경우 방출시간을 30초로 규정하고 있으며 이는 세부기준이 일본의 위험물 관련기준을 그대로 준용한 결과이다.

2) 10초 방출의 이유 : 할론소화설비의 방출시간이 국제적으로 10초 이내로 제한하고 있는 주요 이유는 다음의 사항으로 가장 중요한 것은 분해 생성물의 최소화이다.

① **분해 생성물의 최소화** : 할론 1301(CF_3Br)의 경우 열분해된 후 분해부산물로 독성의 HF 및 HBr가 생성되나 분해부산물의 생성여부는 소화약제의 방사시간과 화재의 규모에 따라 결정되며 10초 방사인 경우 소화가 가능한 범위 내에서 분해부산물을 최소화할 수 있다.[307]

---

307) SFPE Handbook Chap. 6 Section 4(Halon design calculation p.4−162) : The reason for a rapid discharge time include keeping unwanted products of decomposition to a minimum and achieving complete dispersal of agent throughout the enclosure(빠른 방출시간이 필요한 이유는 불필요한 분해부산물은 최소화하고, 방호구역 전체에 소화약제를 완전하게 확산시키는 것이다).

② 일정한 유속의 확보 : 헤드가 개방되어 용기에서 배관으로 약제가 흐를 때 용기 내의 액상이 기화하면서 배관 내에서는 기액(氣液)이 혼재하는 2상 유체가 되며 큰 체적으로 증가하게 된다. 만일 충분한 유속을 확보하지 못할 경우에는 액상(약제)과 기상(질소) 부분이 혼합되지 못하고 분리되며 이로 인하여 마찰손실이 크게 증가하게 되므로 일정한 유속 이상을 확보하여 단시간 내에 방사함으로서 손실을 최소화할 수 있다.

③ 높은 유량의 확보 : 화재시 방호구역 내에 약제를 단시간에 방사하여 방호구역 내에 신속하게 약제가 확산되어 소정의 설계농도에 도달하기 위해서는 높은 유량(Flow rate)을 확보하여야 하며 결국 10초 이내의 단시간의 방사시간을 필요로 한다.

3) Soaking time(농도유지시간) : Soaking time이란 재발화가 일어나지 않는 완전소화에 필요한 "농도유지시간"을 뜻한다. 할로겐화합물은 억제소화가 소화의 주체이므로 표면화재에 한하여 적응성이 있는 관계로 냉각소화에 필수적인 Soaking time을 일반적으로 고려하지 않는다. 그러나 심부화재의 경우는 일반적으로 10% 이상의 농도로 10분 이상의 Soaking time을 필요로 하며 Soaking time이 필요한 화재는 할론 1301의 경우 경제성 있는 소화방법이 아니다.

3. 배관의 기준

(1) 배관의 설치 : 제8조(2.5)

1) 배관은 전용으로 할 것

2) 배관의 규격

① 강관(鋼管)을 사용하는 경우 : 압력배관용 탄소강관(KS D 3562) 중 Sch 40 이상의 것 또는 이와 동등 이상의 강도를 가진 것으로서 아연도금 등에 따라 방식(防蝕)처리된 것을 사용할 것

> 강관의 규격
> ① 구 기준은 이음매 없는 관(Seamless pipe)을 할론 설비의 강관규격으로 하였으나 NFPA의 배관규격을 참조하여 이음매 있는 압력배관도 사용이 가능하도록 개정하였다.
> ② 배관의 최소규격은 저장실의 최고저장온도 조건에서 최대로 충전할 경우 저장용기 내의 가스압에 대한 배관의 내압을 기준으로 한 것이다. NFPA 12A에서 Halon 1301 시스템의 경우 4.2MPa(600psi) 기준에서 Sch 40을 사용할 경우(용접이음) 강관의 최소규격[308]은 다음과 같다.

---

308) NFPA 12A(2022 edition) Table A.4.2.1.5(b) : Minimum piping requirement Halon 1301 system 600psi

| 강관 Sch 40
(용접이음의 경우) | ASTM A 53 ERW Grade A → 150ϕ까지 가능 |
| | ASTM A 53 ERW Grade B → 200ϕ까지 가능 |

ASTM A 53은 강관의 규격이며 ERW란 전기저항용접(Electric Resistance Welding)으로 접합한 강관을 의미하며 Grade A, B는 등급을 나타낸다. 이 경우 NFPA에서 제시한 것과 내압이 유사한 국내 대응규격은 다음과 같다.

미국(ASTM 규격)	국내 KS 대응규격
ASTM A 53 ERW Grade A ➡	KS D 3562(압력배관) SPPS 38
ASTM A 53 ERW Grade B ➡	KS D 3562(압력배관) SPPS 42

③ 위와 같이 NFPA에서는 이음매 없는 강관만을 요구하지는 않으며 ERW 배관의 경우도 규격이 맞으면 사용이 가능하다. 또한 국내의 경우 용기저장실 온도는 일본의 기준을 준용한 결과 40℃를 최고저장온도로 규정하고 있으나 NFPA에서는 130℉(55℃)로서 국내기준이 더 강화된 기준인 관계로 이를 참고하여 강관에 대한 국내 배관규격을 개정한 것이다.

② **동관을 사용하는 경우** : 이음이 없는 동(銅) (KS D 5301) 및 동 합금관의 것으로서 고압식은 16.5MPa 이상, 저압식은 3.75MPa 이상의 압력에 견딜 수 있는 것을 사용할 것

① 국내 동관(銅管)의 기준
  ㉮ 위 조항에서 동관을 고압식과 저압식으로 구분한 것은 잘못된 내용으로 할론에 대해서도 이를 고압식과 저압식으로 구분하는 것은 CO_2설비의 배관규격을 그대로 적용한 것으로 수정되어야 한다.
  ㉯ 화재안전기준의 배관규격은 일본소방법 시행규칙을 준용한 것으로 동관의 경우 일본소방법 시행규칙 제20조 4항 7호에서는 "JIS H 3300 터프피치 동(Tough pitch 銅)"을 사용하도록 하고 압력기준을 별도로 구분하지 아니하며 이는 국내의 경우 KS D 5301과 동일한 규격이다.
② NFPA에서 동관의 기준
  NFPA의 경우는 동관에 대해 충전압력 2.5MPa인 경우에는 ASTM B 88의 규격을 배관으로 사용할 수 있으나, 4.2MPa인 경우에는 ASTM B 88규격에 대해 최대 1.25인치까지만 적용하고 있다.

🔍 **Tough pitch 동**

구리의 순도가 매우 높아(99.96%) 전기 공업용으로 사용하는 구리제품을 말한다.

3) **관 부속 및 밸브류** : 강관 또는 동관과 동등 이상의 강도 및 내식성이 있는 것으로 할 것

(2) 독립배관방식 : 제4조 7항(2.1.6)

하나의 구역을 담당하는 소화약제 저장용기의 소화약제량의 체적합계보다 그 소화약제 방출시 방출경로가 되는 배관(집합관 포함)의 내용적이 1.5배 이상일 경우에는 해당 방호구역에 대한 설비는 별도 독립방식으로 해야 한다.

1) 국내기준

① **개념** : NFTC 1.7.1.8에서는 "별도 독립방식이란 소화약제 저장용기와 배관을 방호구역별로 독립적으로 설치하는 방식을 말한다"라고 정의하고 있다. 저장용기의 약제 체적합계보다 하나의 구역에 대해 집합관을 포함한 방출경로의 배관 내용적이 1.5배 이상이 되는 경우는 회로구역을 별도로 분리하라는 의미로 이를 보통 배관비(配管比)라고 부른다.

이때 약제의 체적이란 상온(20℃)에서 소요약제량(kg)을 액밀도로 환산한 체적(m^3)을 의미하며 설계시 배관의 내용적 산정은 [표 1-8-14]를 이용한다.

이를 수식으로 표현하면 상온에서 방호구역별 용기 내 약제량(액밀도로 환산한 값)의 체적을 $V_l(l)$라 하고, 방호구역별로 방출경로 구간의 내용적, 즉 배관체적을 $V_P(l)$라면 $V_P < V_l \times 1.5$가 되어야 한다.

이는 $V_l > \dfrac{V_P}{1.5}$이므로 따라서 $V_l > \dfrac{2}{3} \times V_P ≒ V_P \times 67\%$이므로 다음 그림과 같이 약제량이 배관체적의 약 $67\%(=2/3)$ 이상이 되어야 한다는 의미와 같다. 이를 식으로 표현하면 "약제 체적>배관 내용적×67%"의 의미가 된다.

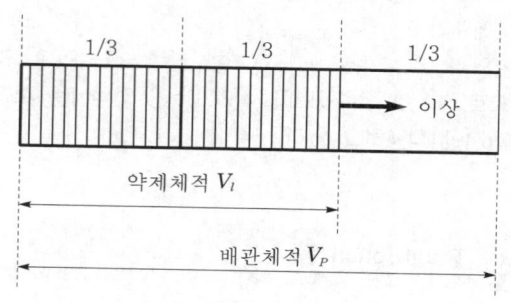

[그림 1-8-3] 체적대비 내용적

[표 1-8-14] 할론 1301의 배관길이 1m당 내용적

Sch 40			Sch 80		
관경(mm)	내경(mm)	내용적(l/m)	관경(mm)	내경(mm)	내용적(l/m)
15	11.6	0.2	15	14.3	0.16
20	21.4	0.36	20	19.4	0.30
25	27.2	0.58	25	25.0	0.49
32	35.5	0.99	32	32.9	0.85
40	41.2	1.33	40	38.4	1.16
50	52.7	2.18	50	49.5	1.92
65	65.9	3.41	65	62.3	3.05
80	78.1	4.79	80	73.9	4.29
100	102.3	8.22	100	97.1	7.41
125	126.6	12.59	120	120.8	11.46
150	151.0	17.91	150	143.2	16.11

[표 1-8-14]의 출전(出典)

할론 1301 설계 매뉴얼(한주 케미컬)

② 물리적 의미

㉮ 독립배관방식이란 결국 배관 내용적을 제한하는 의미가 되며 약제량은 방호구역이 결정되면 이에 따라 최소량이 결정되므로 약제 체적에 대한 배관길이의 상한값을 정한 것으로 이를 배관비라고 한다. 이는 결국 약제별로 배관의 이송거리를 제한한다는 의미가 내포되어 있다. 즉 상온에서 할론의 용기 내 저장압력 4.2MPa(42kg/cm^2)로 10초 이내 방사를 하기 위해서는 약제를 이송할 수 있는 거리에 한계가 있다는 의미이다.

㉯ 경로상 배관의 체적이 약제의 체적에 비하여 너무 클 경우는 약제가 헤드를 통하여 방사될 때 시간이 오래 경과하게 되므로 배관 내에서 기화하는 비율이 커진다. 배관 체적이 약제 체적의 1.5배 이상일 경우는 헤드에서의 방사압이 현저히 떨어지며 소화약제를 빠른 시간에 균일하게 방사하여 일정한 농도를 유지하는 데 장애가 발생하게 된다.

㉰ 약제방사시 배관 내에는 기상과 액상이 혼재되어 있으며 기상 20~30%와 액상 70~80%의 비율이 된다. 이로 인하여 용기 내 할론 비중은 1.58이나

배관 내 비중은 1.1로 낮아지게 된다. 할론이 기화할 경우는 액상 체적 대비 수백배의 체적으로 변하게 되므로 이로 인하여 기상의 경우는 액상에 비해 마찰손실이 매우 크게 증가하게 된다. 따라서 배관 내 흐름률(Flow rate)을 결정할 경우는 기액(氣液)의 와류(渦流)로 인하여 최소값으로 선정하여야 한다.

③ 결론

㉮ 할론 1301은 방사시간이 짧고 방사압이 낮은 관계로 약제량에 비해 배관의 내용적이 크면 불가하므로 "배관 내용적 $V_P(l)$<약제 체적 $V_l(l)$×1.5가 되어야 한다. 이를 약제량 기준으로 표현하면 "약제 체적 $V_l(l)$>배관 내용적 $V_P(l)$×1/1.5=배관 내용적 V_P×67%"로서 이를 수치화한 것으로 즉 이는 배관의 길이에 제한이 있다는 의미이다.

㉯ 결론적으로 상온에서 용기 내 충전압력 4.2MPa(42kg/cm²) 및 방사시간 10초로 약제를 이송할 수 있는 한계거리에 대해 규정한 것이다.

[표 1-8-15] 할론의 액밀도(kg/l)

온도(°C)	할론 1301	할론 1211
−20	1.81	1.97
−15	1.79	1.95
−10	1.76	1.94
−5	1.73	1.92
0	1.70	1.90
5	1.67	1.88
10	1.64	1.86
15	1.61	1.85
20	1.58	1.83
25	1.54	1.81
35	1.45	1.77
40	1.41	1.75
45	1.36	1.73
50	1.31	1.70

[표 1-8-15]의 출전(出典)

할론 1301 설계 매뉴얼(한주 케미컬)

예제

(독립배관방식 문제풀이)
전기실용으로 450kg의 할론 1301 약제가 저장되어 있을 경우 배관 평면도가 다음 그림
과 같다. 이 경우 상온기준으로 독립배관방식의 적용여부에 대해 이를 검토하여라. (단, 배
관 내용적은 소수 둘째자리에서 절상하도록 한다)

[조건] 1) 배관은 Sch 40을 사용한다.
2) 배관은 토너먼트방식을 적용한다.
3) 용기에서 집합관에 접속하는 플렉시블은 관경 20mm로 각 45cm이다.
4) 약제 저장용기는 9병으로 각 68ℓ용으로 50kg으로 충전되어 있다.
5) 가지관에 접속되는 헤드 접속부분은 관경 25mm, 길이 30cm로 하고 헤드수량
은 총 14개이다.

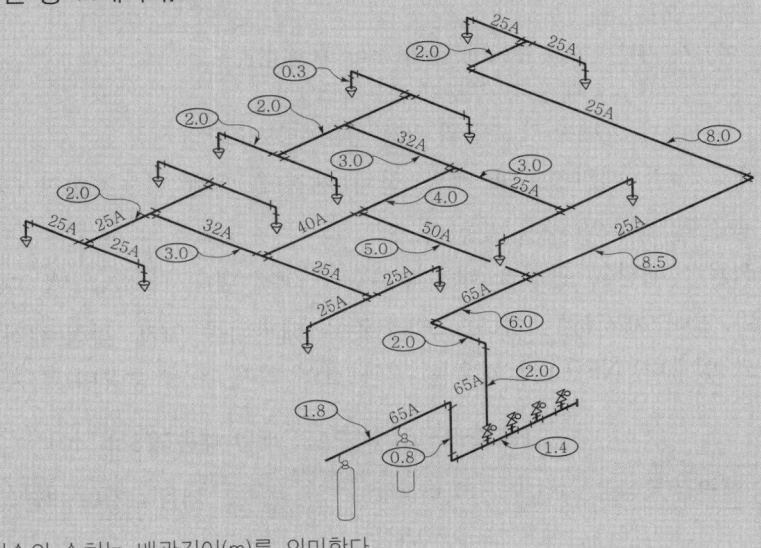

㈜ 타원속의 수치는 배관길이(m)를 의미한다.

풀이 ① 배관의 내용적은 [표 1-8-14]를 적용한다.
   • 25A 배관 : ㉠ 2m×19개=38m ㉡ 3m×2개=6m ㉢ 8m×1개
     ㉣ 8.5m×1개 ㉤ 헤드 접속부 0.3m×14개=4.2m
   따라서 총 64.7m   ∴ 0.58ℓ/m×64.7m≒37.6ℓ
   • 32A 배관 : 3m×2개=6m   ∴ 0.99ℓ/m×6m≒6ℓ
   • 40A 배관 : 4m×2개=8m   ∴ 1.33ℓ/m×8m≒10.7ℓ
   • 50A 배관 : 5m×1개   ∴ 2.18ℓ/m×5m≒10.9ℓ
   • 65A의 경우 : 6+2+2+1.4+0.8+1.8=14m ∴ 3.41ℓ/m×14m≒47.8ℓ
   • Flexible : 집합관에 접속하는 Flexible관은 20A 및 길이 45cm이며 용기는 9병이다.
     0.45×9≒4.1m ∴ 0.36ℓ/m×4.1≒1.5ℓ
     따라서 전체 배관 내용적의 합계 : 114.5ℓ이다. ······································· ⓐ
② 독립배관방식을 검토할 경우의 약제량 체적은 할론의 액밀도(液密度)를 이용하여 기상이
   아닌 상온에서 액상일 때의 할론 약제의 체적을 구한다. 할론 액밀도는 [표 1-8-15]의
   경우 상온 20℃에서 1.58kg/ℓ이므로 전기실의 약제량 450kg의 체적은 다음과 같다. ········· ⓑ
   용기 1개가 50kg이며 9병이므로 450kg÷1.58kg/ℓ=284.8ℓ가 된다.

③ 결론 : 따라서 [방출경로의 배관체적 (ⓐ)]÷[약제의 체적합계 (ⓑ)]=114.5÷284.8≒ 0.402로 이는 배관비 1.5 이하가 된다.
따라서 해당 방호구역은 별도의 독립배관방식으로 적용하지 아니한다.

2) NFPA의 기준

① 개념 : 독립배관방식에 대한 화재안전기준의 개념을 NFPA에서는 배관 내 약제량 비율이 80% 이하가 되도록 다음의 식으로 규정하고 있다.[309]

$$\text{배관 내 약제량 비율} \leq 80\%$$
$$\text{단, 배관 내 약제량 비율(\%)} = \left[\sum \frac{V_P \times \rho}{W} \right] \times 100$$ ·················· [식 1-8-11]

여기서, W : 할론 1301의 초기 충약 무게(lb)
V_P : 배관 각 부분의 내용적(ft³)
ρ : 배관 각 부분의 약제 평균액밀도(lb/ft³)

$V_P \times \rho$란 배관경로의 배관 전체 체적에 대해 할론소화약제가 배관에 가득 충전될 경우의 양을 뜻한다.

② 적용 : 배관의 관경별 내용적 V_P의 값에 대해서는 NFPA 12A에서 다음 표와 같이 제시하고 있다. 국내기준은 배관비를 약제 체적(체적비)으로 제한하고 있으나, NFPA의 경우는 위와 같이 약제 무게(중량비)로 제한하고 있다.

[표 1-8-16] NFPA의 배관 내용적(Sch 40)

배관경(호칭경 ; in)	내경(in)	내용적(길이 1ft당 내용적 ft³)
0.5	0.622	0.0021
1.0	1.049	0.0060
1.5	1.610	0.0141
2.0	2.067	0.0233
2.5	2.469	0.0332
3.0	3.068	0.0513
3.5	3.548	0.0687
4.0	4.026	0.0884

 [표 1-8-16]의 출전(出典)

NFPA 12A Table H-1(b) Internal volume of steel pipe ft³/ft length

---

309) NFPA 12A(2022 edition) Annex H(Nozzles) : The percent of agent in piping is defined by the following equation and should not exceed 80 percent of the charged weight(배관 내 약제 비율은 다음 방정식으로 정의되며 충전 중량의 80%를 초과해서는 아니 된다).

4. 부속장치의 기준

아래의 각 조항의 기준은 CO_2소화설비와 내용이 동일하므로 항목별 관련 사항은 해당 조항을 참고 바람.

(1) 기동장치의 기준 : 제6조 & 제11조(2.3 & 2.8)

(2) 제어반의 기준 : 제7조(2.4)

(3) 음향경보장치 : 제12조(2.9)

(4) 자동폐쇄장치 : 제13조(2.10)

⑦ 할론소화설비의 설계실무

1. 관경의 적용

1) 헤드의 관경 및 수량

① 할론 1301의 경우 성능시험 인정을 받은 설계 Program이 있는 관계로 전통적인 수계산을 하여서는 아니되며 반드시 프로그램에 의해서만 설계를 하여야 한다. 그러나 프로그램에 의할 경우에도 분사헤드의 관경 및 수량은 제조사의 설계 매뉴얼에서 제시된 헤드의 표준 유량표를 이용하여 설계자가 사전에 결정해 주어야 한다.

② 할론 1301의 성능시험 인정 프로그램에서 제조사에서 승인받은 방출헤드의 규격은 20A, 25A, 32A, 40A의 4종류가 있으며 방출유량은 다음 표를 적용하도록 한다.

[표 1-8-17] 헤드의 표준유량표(할론 1301)

헤드 규격	최소유량(kg/sec)	최대유량(kg/sec)
① 20mm	0.9	1.55
② 25mm	1.55	2.64
③ 32mm	2.64	4.80
④ 40mm	3.82	7.00

 [표 1-8-17]의 출전(出典)

할론 1301 설계 매뉴얼(한주 케미컬)

③ 분사헤드에서 오리피스의 분구(噴口)면적은 방사압과 방사량에 의거 결정되는 것으로 약제의 유량을 조절하는 기능과 관계가 있다. 프로그램에 의해 배관의 구간별로 압력손실이 자동으로 계산되면 헤드의 위치에 따라 방사압과 분구면적이 자동으로 계산된다. 이에 따라 분사헤드는 오리피스 분구면적에 대해 고유번호(Orifice code number)를 부여받게 되므로 반드시 지정된 코드번호에 맞는 분사헤드를 설치하여야 한다.

예제

50kg의 할론 1301 약제 10병을 저장하는 장소(가로 27m×세로 20m)에 대해 분사각도가 360°인 32mm 헤드를 설치할 경우 필요한 최소헤드수량을 구하여라.

아래 풀이는 일반적인 계산방법이 아니라 할론 1301에 대해 성능인증 및 제품 검사를 받은 해당 제조사의 설계 매뉴얼에 따른 방법이며 분사헤드의 관경선정 및 배치하는 방법을 이해하기 위하여 게재한 것이다.

풀이 ① 헤드수량

약제량이 총 500kg이며 10초 방사이므로 1초당 방사량은 50kg/sec가 된다.
32A에 대한 최소헤드수량은 [표 1-8-17]에 따라 최대유량인 4.8kg/sec로 방사하는 것이 된다.
따라서 1초당 방사량을 최대유량으로 나누어 주면, 50kg/sec÷4.8kg/sec≒10.4 → 헤드 11개가 된다. 그런데 일반적으로 방호구역은 장방형의 형태이므로 헤드 12개로 선정하도록 한다. 이 경우 헤드당 방사량은 4.17kg/sec가 된다.

② 헤드배치

헤드배치는 헤드의 약제방사거리를 고려하여 배치하며 할론 1301의 경우 180° 분사형의 경우는 천장높이 7m 이하에서 도달거리가 9m이며, 360° 분사형의 경우는 도달거리가 13m이다(할론 1301의 성능인증 및 제품검사 기준). 따라서 12개의 헤드는 헤드 분사거리를 고려할 경우 가로 4.5m 간격으로 6개(27m), 세로 10m 간격으로 2줄(20m)로 하여 총 12개를 설치하도록 한다.

2) 배관경

① 배관의 관경이 표준유량의 관경보다 작은 경우는 압력손실이 커져 방사압이 미달하게 되며, 반면에 관경이 클 경우에는 배관 내 액상의 약제가 유속이 감소하게 되므로 질소가 할론을 밀어주지 못하고 할론소화약제를 통과해 버리게 된다. 이러한 현상은 과도한 압력손실을 발생시키며 흐름률(Flow rate)을 떨어뜨리는 결과가 발생하게 된다.

② 배관의 크기도 표준유량표를 이용하여 가(假)설계를 할 수 있으며 또는 데이터 입력과정에서 배관의 흐름률을 기준으로 자동으로 선택할 수도 있다. 이후 설계프로그램의 결과가 정상으로 나오면 이를 근거로 확정하는 것이며

에러가 나올 경우는 다시 수정한 후 정상이 나올 때까지 계속하여 작업을 수행하는 것이다. 할론 1301의 성능시험 인정프로그램에서 제조사에서 적용하는 배관의 방출유량은 다음 표를 사용하고 있다.

[표 1-8-18] 배관의 표준유량표(할론 1301)

배관 규격	최소유량(kg/sec)	최대유량(kg/sec)
① 15mm	0.46	0.90
② 20mm	0.90	1.55
③ 25mm	1.55	2.64
④ 32mm	2.64	4.80
⑤ 40mm	4.80	7.00
⑥ 50mm	7.00	14.00
⑦ 65mm	14.00	25.00
⑧ 80mm	25.00	38.00
⑨ 100mm	38.00	55.00
⑩ 125mm	55.00	80.00
⑪ 150mm	80.00	140.00

[표 1-8-18]의 출전(出典)

할론 1301 설계 매뉴얼(한주 케미컬)

2. 부속류의 등가길이

1) 할론의 경우 밸브류 및 관부속의 등가길이는 NFPA 12A에서 나사이음과 용접으로 구분하여 Sch 40과 Sch 80으로 각각 제시하고 있으며 또한 일본의 경우는 사찰편람(할로겐소화설비 5.8.15 표 1 p.2,406)에서 나사이음에 대하여 각 부속류별로 별도의 등가길이를 제시하고 있다.

2) 성능인증된 프로그램을 사용할 경우는 용기밸브, 선택밸브, 플렉시블 호스, 체크밸브 등은 설계프로그램에서 적용된 규격의 부속류를 사용하여야 한다. 이는 해당 프로그램에서 적용된 규격의 제품에 따라 선정된 등가길이를 적용하여야 하기 때문으로 프로그램에서 적용하는 부속류의 등가길이는 다음 표를 사용하도록 한다.

[표 1-8-19] 주요 부속류의 등가길이(Sch 40 기준)   (단위 : m)

구경 (mm)	선택 밸브	나사이음			용접이음		
		Elbow	직류 티	분류 티	Elbow	직류 티	분류 티
10A	−	0.40	0.24	0.82	0.21	0.15	0.49
15A	−	0.52	0.30	1.04	0.24	0.21	0.64
20A	−	0.67	0.43	1.37	0.34	0.27	0.85
25A	3.50	0.85	0.55	1.74	0.43	0.34	1.07
32A	2.60	1.13	0.70	2.29	0.55	0.46	1.40
40A	9.30	1.31	0.82	2.65	0.64	0.52	1.65
50A	6.40	1.68	1.07	3.41	0.85	0.67	2.10
65A	8.20	2.01	1.25	4.08	1.01	0.82	2.50
80A	9.95	2.50	1.55	5.06	1.25	1.01	3.11
100A	13.80	3.26	2.04	6.64	1.65	1.34	4.08
125A	17.10	4.08	2.56	8.35	2.04	1.68	5.12
150A	20.34	4.94	3.08	10.0	2.47	2.01	6.16

 [표 1-8-19]의 출전(出典)

할론 1301 설계 매뉴얼(한주 케미컬)

3. 설계프로그램

(1) 근거 : 제15조(2.12)

설계 프로그램을 이용하여 설계할 경우에는 "가스계 소화설비의 설계프로그램 성능인증 및 제품검사의 기술기준"에 적합한 설계프로그램을 사용해야 한다.

> 프로그램에 의한 설계과정은 먼저 시스템에 대한 Isometric diagram을 작성한 후 →
> 각 구간별 배관길이, 배관경을 표시하며 → 각 구간별로 부속류를 파악하고 → 구간별
> 로 해당 Data(배관길이, 관경, 배관높이, 부속류 수량, 용접인지 나사이음인지 여부 등)
> 를 입력한다.

(2) 설계프로그램의 계산범위

1) 계산할 수 있는 범위

프로그램을 사용하여 계산 및 적정성 여부를 판단할 수 있는 범위는 다음과 같다.

① 배관구간 및 헤드별 유량(kg/sec)

② 헤드의 방사압력(kg/cm^2)

③ 총 등가관장

④ 방사시간

⑤ 배관비

⑥ 헤드 분구면적 : 프로그램 적용시 분구면적은 가스의 저장량으로 적용하며 법정 소요량으로 적용하지 아니한다.

2) 프로그램에서 기본적인 검증절차

① 방사헤드의 종단(終端)압력이 0.9MPa 이상인지 여부를 확인한다.

② 방사시간이 10초 이내인지 여부를 확인한다.

③ 배관비가 기준에 적합한지를 확인한다.

> 할론 1301 프로그램에서 현재 성능시험 인정을 받은 배관비 적용은 화재안전기준에 의한 체적비가 아니라 NFPA 12A에 의한 중량비([식 1-8-11])로 적용하도록 되어있다.

위의 검증과정이 모두 적합하면 프로그램은 유효하나 한 가지라도 부적합하면 에러가 발생하며 이 경우 다음의 방법을 이용하여 수정한 후 다시 프로그램을 실시하여야 한다.

3) 에러 발생시 보완방법

① 용기실의 위치를 조정하는 방법

② 배관의 루트를 조정하는 방법

③ 배관경을 조정하는 방법

④ 약제용기를 추가하여 초기압을 높여 주는 4가지 방법이 있다.

4. 계통도(전역방출방식)

할론 1301에 대한 성능시험 인정제품은 "한주 케미칼"의 할론 1301 HJC로서 관련 부속류는 설계프로그램에서 적용된 규격의 제품에 국한하여 사용하여야 한다.

① 용기밸브 : 10초 방사는 공칭규격이 40mm이며, 30초 방사는 15mm이다.

② 선택밸브 : 25~150mm로 형식승인 제품을 사용하여야 한다.

③ Flexible 호스 및 체크밸브 : 일체형으로 공칭규격은 40mm와 15mm이다.

④ 분사헤드 : 20mm, 25mm, 32mm, 40mm의 4종류로 분사각도는 180°와 360°의 2종류이다.

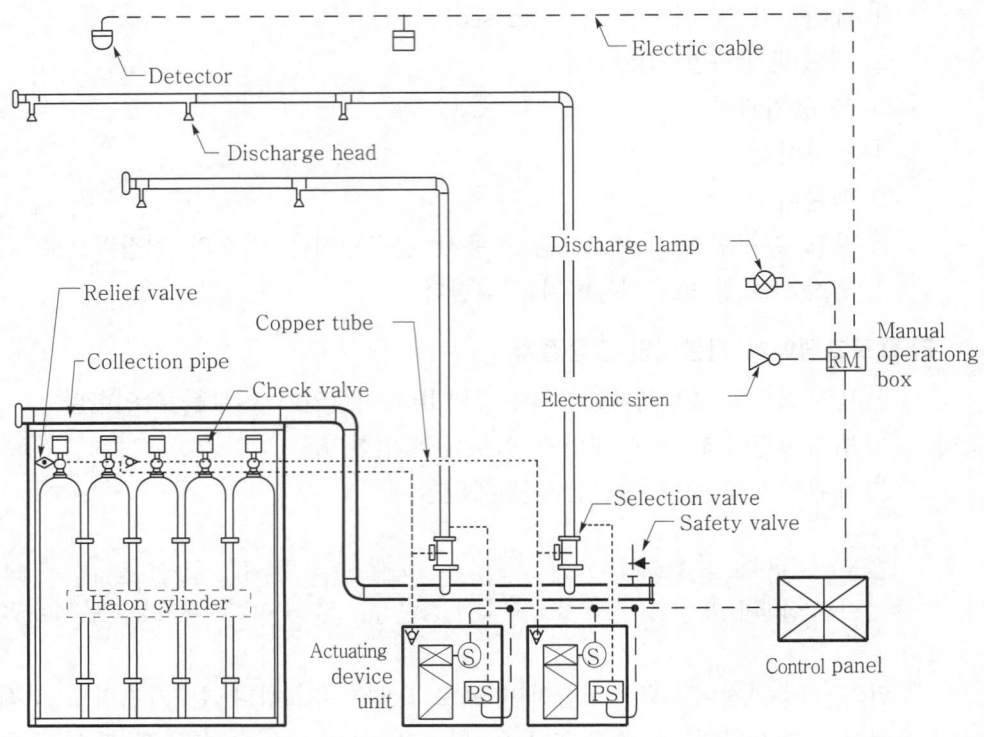

[그림 1-8-4] 할론 1301 소화설비 계통도

5. 설계 예제 및 풀이

예제

상온 20°C에서 체적이 1,238m³인 전기실의 경우 출입문은 자동폐쇄장치가 부설된 방화문으로 구획되어 있을 경우 할론 1301 소요약제량, 최대헤드수량, 구간별 최소관경, 농도를 수계산에 의한 간략 계산방식으로 구하여라.

[조건] 1) 방사시간은 10초로 한다.
  2) 개구부는 13m²이다.
  3) 분사헤드 구경은 20mm로 선정한다.
  4) 용기는 68ℓ/50kg으로 선정한다.
  5) 비체적 $S=0.15915$m³/kg이다.

번 호	항 목	내 용	비 고
A	실명	전기실	−
B	실의 체적(m³)	1,238m³	−
C	Volume factor(kg/m³)	0.32kg/m³	제5조 1호(2.2.1.1)
D	기본약제량(kg)	396.2kg	B×C
E	개구부 면적(m²)	13m²	−
F	Opening factor(kg/m²)	2.4kg/m²	제5조 1호(2.2.1.1)
G	보충약제량(kg)	31.2kg	E×F
H	소요약제량(kg)	427.4kg	D+G
I	소요 용기수량(68l/50kg)(ea)	8.6병	H÷50
J	설치 약제량(kg)	9병(450kg)	9병×50kg
K	헤드구경(mm)	20mm	조건
L	헤드 1개당 방사량(kg/sec)	0.9kg/sec	[표 1-8-17] (최소값)
M	헤드 수량(최대)(ea)	50(ea)	J/(L×10초)
N	구간별 최소관경(mm)	−	Reference data I
O	농도(%)	−	Reference data II

• N : 구간별 최소관경(mm) ☞ Reference data I
  50개의 헤드는 토너먼트방식으로 설계하며, 헤드 1개의 방사량=450kg÷(50개×10초)
  =0.9kg/sec가 된다. 이에 따라 [표 1-8-18]에 따라, 헤드수량별 접속되는 최소크
  기의 관경은 최대유량을 적용한다.

헤드수량	5ea	10ea	15ea	20ea	25ea
방사량(kg/sec)	4.5	9.0	13.5	18	22.5
최소관경(mm)	32	50	50	65	65
헤드수량	30ea	35ea	40ea	45ea	50ea
방사량(kg/sec)	27	31.5	36	40.5	45
최소관경(mm)	80	80	80	100	100

• O : 방사 농도(%) ☞ Reference data II
  [식 1-8-3]을 이용하면 다음과 같이 계산할 수 있다.

$$W = \frac{V}{S} \times \left[\frac{C}{100-C} \right]$$ 에서 $S(\text{m}^3/\text{kg}) = 0.15915$ 이다.

(조건) ($S = 0.14781 + 0.000567t$, $t = 20°C$)
이때 $W = 450\text{kg}$, $V = 1,238\text{m}^3$ 이므로 이를 대입하면

$$\therefore \ 450 = \frac{1,238}{0.15915} \times \frac{C}{(100-C)}$$

$$450 \times 0.15915 \times (100-C) = 1,238 \times C$$

$$450 \times 0.15915 \times 100 = C(1,238 + 450 \times 0.15915)$$

$$C = \frac{450 \times 0.15915 \times 100}{1,238 + (450 \times 0.15915)} ≒ \frac{7161.75}{1,309.62} ≒ 5.47\%(\text{농도 } C\text{의 단위는 vol}\%)$$

6. 법 적용시 유의사항

(1) 할론설비의 대처설비

1) 소방시설법 시행령 별표 5(소방시설 설치의 면제기준)의 제5호에 의하면 "물분무등소화설비를 설치하여야 하는 차고·주차장에 스프링클러설비를 설치한 경우 그 설비의 유효범위 내에서 설치가 면제된다"라고 규정하고 있다. 즉, 이 조항의 의미는 면제용도는 차고나 주차장으로 제한하고 면제설비는 스프링클러설비에 한하여 대처설비로 인정한다는 의미이다. 따라서 주차장 이외의 용도인 전산실 등이 물분무등소화설비가 대상일 경우 가스계 소화설비 대신 스프링클러설비를 설치하여도 이를 물분무등소화설비의 대처설비로 인정하지 않고 있다.

2) 그러나 이는 합리적이지 않은 기준으로, 변전실이나 발전실 등의 경우는 금수성(禁水性) 지역이기 때문에 수계소화설비를 적용할 수 없으나, 고압의 전기기기가 없는 일반 전산실이나 통신실 등에 가스계 소화설비를 적용하는 것은 수손(水損)으로 인한 전자제품의 피해를 방지하기 위한 것이지 수계소화설비의 적응성과는 무관하다. 따라서 화재 후 수손으로 인한 경제적인 피해를 사유로 적응성과 무관한 장소에 스프링클러설비를 인정하지 않는 것은 합리적인 기준이 아니며 이는 건축주나 설계자가 해당 건물에 가장 적합한 시설을 선택할 수 있도록 하여야 한다.

(2) 할론설비의 장소 제한

1) 제5조(2.2)(소화약제)의 해당 용도를 보면 할로겐소화설비의 경우 ① 주차장(차고) ② 전기통신 관련 장소(전기실, 통신기기실, 전산실 기타 이와 유사한 전기설비가 설치된 부분) ③ 특수가연물 저장·취급장소의 3종류에 대해서만 약제량을 규정하고 있다. 그러나 이러한 장소 이외의 용도(예 문서보관소 등)에 수손의 피해를 방지하기 위하여 스프링클러설비 대신 가스계 소화설비를 설치하여도 종전까지는 이를 동 시행령 별표 5의 면제기준에서 해당 사항이 없어 적응설비로 인정하지 않는 문제점이 있어, 2010. 2. 4. 별표 5의 제3호를 개정하여 물분무등소화설비 설치시 스프링클러설비를 면제할 수 있도록 하였다.

2) 건축주나 설계자가 판단하여 수손의 피해를 방지하고자 가스계 소화설비를 설치한다면 이를 적응성 설비로 당연히 인정하여야 한다. 일본의 경우 수손의 피해가 예상되는 장소에 대해 수계소화설비 대신 할론소화설비를 설치할 수 있도록 허용하고 있다. 일본소방청의 경우 할론소화설비 억제를 위하여 강제조항은 아

니나 권장사항으로 할론설비를 설치할 수 있는 대상(일본은 이를 Critical use 라 함)을 예시하고 이외에는 설치를 억제하고 있다(2014. 11. 13. 消防豫 466호). 이 경우 크리티컬 유즈는 할론설비가 인명안전, 소화제의 적성, 2차 피해방지, 조기복구의 필요성, 설계나 경제적인 부담 등에 대해 방화안전상 필요한 설비로 인정되는 장소로 다음과 같은 장소를 예시하고 있다.

① 통신관련 장소(例 통신기기실, 방송실, 필름보관실, 제어실 등)
② 역사적 유산이 있는 장소(例 미술품 전시 및 가공작업실 등)
③ 위험물 관련 장소(例 위험물제조소, 도장취급소, 주유취급소, 위험물탱크 본체 등)
④ 주차장(例 격납고, 자동차 수리, 자동차연구실, 기계식 주차장 등)
⑤ 의료 관련 장소(例 세균실, 실험실, 분석실, 암실, 병리실, 방사선실, 세정실 등)
⑥ 기타(例 승강기기계실, 가공이나 작업장, 연구시험실, 서고, 귀중품보관실 등)

(3) 수동기동장치의 설치

1) 수동기동장치는 전역방출방식의 경우 방호구역마다 설치하도록 하고, 출입구 부분 등 조작을 하는 자가 쉽게 피난할 수 있는 장소에 설치하여야 한다. 또한 수동식 기동장치 부근에는 반드시 비상스위치(Abort S/W)를 설치하여야 하며 비상스위치란 수동기동장치를 잘못 눌렀을 경우에 수신기에 내장된 타이머의 기능을 순간 정지시키는 역할을 하며 다시 누를 경우에는 타이머가 작동하도록 되어 있다. 최근의 수동식 기동장치에는 비상스위치가 내장된 제품이 생산되고 있다.

2) 수동기동장치는 반드시 방호구역의 외부에 설치하는 것이 아니라 실내에 근무자가 있는 장소에는 내부에서 사용할 수 있도록 방호구역 내부에 설치하여도 무방하다. 즉, 제6조 1항(2.3.1.2)은 방호구역의 내부나 외부를 규정하지 않고 출입구 부분 등 조작을 하는 자가 쉽게 피난이 가능한 위치만을 요구하고 있다. 다만 수동기동장치를 조작한 후 쉽게 대피하기 위해서 내부에 설치할 경우는 반드시 출입문 직근(直近)에 설치하여야 한다. 그러나 내부 근무자가 없는 장소(例 무인변전소 등)에는 출입문 밖의 복도 등에 설치하여야 하며, 복도에 설치할 경우 하나의 방호구역에 출입문이 2개소 이상 있는 경우에는 출입문 마다 각각 설치하여야 한다.

(4) 약제량 산정시 농도와 온도조건

1) **할론의 경우** : 전역방출방식에서 제5조 1호(2.2.1.1)의 경우 체적 $1m^3$당 할론 1301(전역방출방식) 소요약제량은 전기실의 경우 $0.32 \sim 0.64kg/m^3$로 되어 있으며,

이에 따라 설계시 방사량(Flooding factor)은 온도나 농도와 무관하게 일률적으로 최소 0.32kg/m^3로 적용하고 있다. 그러나 NFPA 12A에서는 할론소화약제량은 온도와 연관된 비체적을 이용하여 [식 1-8-3]의 $W = \dfrac{V}{S} \times \left[\dfrac{C}{100 - C} \right]$를 사용하고 있다.

할론 1301의 경우 최소설계농도가 5%이며, 비체적 $S = 0.14781 + 0.000567 \times t$이므로, 상온(20℃)에서는 위의 식은 $W = \dfrac{V}{(0.14781 + 0.000567 \times 20)} \times \left(\dfrac{5}{100 - 5} \right) \fallingdotseq 0.32 \times V$가 된다.

이는 결국 국내 화재안전기준은 상온에서 설계농도 5% 기준일 경우 체적당 0.32kg의 약제량이 소요된다는 것을 나타낸다. 아울러 상온이 아닌 다양한 온도와 농도 조건일 때의 소요약제량 계산은 식 $W(\text{kg}) = \dfrac{V}{S} \times \left[\dfrac{C}{100 - C} \right]$를 사용하여 구할 수 있다.

2) **CO_2의 경우** : CO_2의 경우도 마찬가지로 온도 및 농도 조건에 따라 약제량을 다양하게 적용할 수 있다. 할론의 경우는 상온에서 일률적으로 최소설계농도 5%를 적용하게 되므로 동일한 방사량을 적용하고 있으나, CO_2의 경우는 자유유출(Free-efflux) 상태로 적용해야 하므로 체적별로 설계농도를 달리하게 되며 동일한 방사량을 적용할 수 없다.

방호공간 1m^3당 방사한 CO_2 체적$= x(\text{m}^3/\text{m}^3)$라면, $x = 2.303 \log \dfrac{100}{100 - C}$의 식이 성립한다(7절 CO_2 [식 1-7-3] 참조). 이때 CO_2의 비체적을 $S(\text{m}^3/\text{kg})$라면, 약제량 $W(\text{kg}) = x \left(\dfrac{\text{m}^3}{\text{m}^3} \right) \times V(\text{m}^3) \times \dfrac{1}{S} \left(\dfrac{\text{kg}}{\text{m}^3} \right)$이 된다. 이를 윗 식에 대입하면 $W(\text{kg}) = \dfrac{V}{S} \times 2.303 \times \log \dfrac{100}{100 - C}$가 되며, 이는 할론의 경우 $W(\text{kg}) = \dfrac{V}{S} \times \left[\dfrac{C}{100 - C} \right]$와 비교하면 유사한 식이 된다.

제9절
할로겐화합물 및 불활성기체 소화설비
(NFPC & NFTC 107A)

1 개 요

1. 소화약제의 배경

(1) 할론 1301의 규제

1) 오존층 파괴물질인 할론 등 특정물질을 규제하여 오존층을 보호하고자 1987. 9. 몬트리올(Montreal) 의정서(議定書 ; Protocol)[310]를 채택한 이후 1999. 11. 29. 북경(北京)에서 개최된 몬트리올 의정서 11차 당사국 회의에서 할론 1301의 경우 개발도상국(우리나라 포함)은 2010. 1. 1.부터 전폐(全廢 ; Phase out)하되 기준수량 (1995~1997년의 평균생산량)의 15%만 필수용도(Essential use)로 추가 생산할 수 있도록 규정하고 있다.

2) 필수용도란 건강 및 안전에 필요하며 기술적이나 경제적으로 실용가능한 대체물 질이나 대체기술이 없는 경우에 한해 사용할 수 있도록 예외 조항으로 협정서에 서 인정하는 수량이나 선진국의 경우 할론 Bank를 운영하여 필수용도에서의 수 요를 공급하고 있으며 일부는 의학용이나 군사장비 보수유지용으로 필수용도를 승인받고 있는 실정이다.

3) 한국은 OECD에 가입된 상태이나 1인당 할로겐화합물의 1인당 연간소비량이 0.3kg 미만인 관계로 할론소화약제에 대해서는 개도국(開途國)의 지위를 부여받고 있다.

(2) 소화설비의 도입

1) 국내의 경우 1992년에 몬트리올 의정서에 가입하고 가입 전단계로 오존층 파괴 물질에 관한 몬트리올 의정서의 시행과 특정물질의 제조 및 사용 등을 규제하고 자 1991. 1. 14. "오존층 보호를 위한 특정물질의 제조규제 등에 관한 법률"을 제

---

310) 오존층을 파괴하는 물질에 관한 몬트리올 의정서(발효일자 1989. 1. 1.)

정하였으며, 이로 인하여 소방분야에서도 소화설비를 도입하고자 NFPA 2001[311]을 참조하여 1994년 관련 고시를 제정하게 되었다.

2) 이후 수차의 개정을 거쳐 2004. 6. 4. "청정소화약제소화설비에 대한 화재안전기준(NFSC 107A)"을 제정하고 이후 2018. 6. 26.자로 소방시설법 시행령 별표 1을 개정하여 "할로겐화합물 및 불활성기체 소화설비의 화재안전기준"으로 명칭을 변경하고, 2022. 12. 1.자로 NFPC(성능기준) 107A와 NFTC(기술기준) 107A로 전면 개정하였다.

3) 청정약제란 용어를 개정하게 된 배경은 다음과 같다. NFPA에서 Clean agent라고 명명한 이유는 약제가 기존 할론 1301보다 오존층파괴지수(O.D.P)가 현저히 낮아 지구의 환경적 측면에서 청정한 약제라는 의미이다. 그러나 청정이란 용어 때문에 인체에 전혀 해가 없는 무독한 약제로 오인할 우려가 있으며 실제 국내에서도 2017년 HCFC-123소화기를 충전하는 제조업체에서 작업자가 독성 간염(肝炎)으로 사망한 사건이 발생하였다. 정도의 차이는 있으나 할로겐계열 화합물의 경우는 화재시 열분해로 인해 생성되는 분해부산물 중 인체에 영향을 주는 독성 물질이 발생한다. 이를 계기로 청정약제라는 명칭을 할로겐계열의 약제는 "할로겐화합물"로, 불활성계열의 약제는 "불활성기체"로 변경하게 되었다. 이에 따라 종전의 "청정소화약제소화설비"는 "할로겐화합물 및 불활성기체 소화설비"로 변경되었다. 본 교재에서는 할로겐화합물 및 불활성기체를 모두 가르키는 용어로 이를 간략히 표기하기 위해 Clean agent라고도 일부 기재하였다.

2. 설치대상

"제8절 할론소화설비-1. 설치대상"과 동일하므로 해당 내용을 참고하기 바란다.

3. 소화의 원리

(1) 약제별 소화원리

소화약제는 할로겐화합물 약제(Halocarbon agent)와 불활성기체 약제(Inert gas agent)로 분류할 수 있다. 할로겐화합물 약제는 불활성기체 약제에 비해 상대적으로 저농도로 단시간 방사하는 약제이며, 불활성기체 약제는 할로겐화합물 약제에 비해 상대적으로 고농도로 장시간 방사하는 약제이다. 아울러 2개 계열의 약제는 화재시 이를 소화시키는 소화 Mechanism이 다음과 같이 서로 상이하다.

---

311) NFPA Code 2001(2022 edition) : Standard on clean agent fire extinguishing systems

1) **할로겐화합물 소화약제** : 할로겐화합물에서 브롬(Br)이나 요오드(I)는 소화의 강도가 강하여 열분해하여 화재시 연쇄반응을 차단시켜주는 부촉매 역할을 한다. 그러나 Cleant agent 중 할로겐화합물계열은 오존층 파괴의 원인물질인 브롬대신 불소(F)를 주로 사용하며 불소는 이러한 부촉매 역할이 매우 낮아서 화학적 소화에 크게 기여하지 못한다. 대신, 소화약제 방사시 액상으로 저장된 약제가 기화하면서 분해시 열흡수를 이용하여 열을 탈취하게 된다. 이로 인하여 화재시 반응속도를 유지하기에 필요한 수준 이하로 불꽃의 온도를 낮추게 되어 냉각소화에 의한 물리적 소화가 소화의 주체가 된다. 그러나 요오드가 결합된 FIC계열(예 : CF_3I)의 경우는 할론 1301과 매우 유사하여 요오드의 부촉매역할로 인하여 연쇄반응을 차단하는 억제소화인 화학적 소화가 소화의 주체가 된다.

2) **불활성기체 소화약제** : 불활성기체계열(IG-541, IG-100, IG-55, IG-01)은 질소(N_2)나 아르곤(Ar)을 주성분으로 하며, 이로 인하여 실내의 산소농도가 연소한계농도 이하가 되는 질식소화로 화재를 소화시키게 되는 물리적 소화가 소화의 주체가 된다.

(2) 약제량 적용

저농도로 방사하는 할로겐화합물 약제는 무유출(No efflux)로 약제량을 적용하고 있으나 고농도로 방사하는 불활성기체 약제는 자유유출(Free efflux)로 약제량을 적용하고 있다. 따라서 약제량을 계산하는 식은 무유출과 자유유출에 따라 국제적으로 2종류의 식을 사용하고 있으며 화재안전기준은 이를 준용한 것이다. 또한 소화약제는 기존의 할론 1301보다 일반적으로 소화의 강도가 낮은 관계로 더 많은 약제량을 필요로 하며 따라서 할론 1301보다 더 넓은 용기실을 확보하여야 한다.

4. 설비의 장·단점

장 점	① 할론 1301에 비해 지구 환경적인 측면에서 환경친화적인 약제이다. ② 대부분의 약제는 인체에 영향을 주는 독성이 낮아 정상 거주지역에서도 사용이 가능하다. ③ A, B, C급 전 화재에 대해서 소화적응성이 있다. ④ 방사 후 약제의 잔존물이 없으며 물질의 내부까지 침투가 가능하다.
단 점	① 할론 1301 보다 소요약제량이 많으며 더 많은 저장용기를 필요로 한다. ② 동일 약제인 경우에도 제조사의 설계 프로그램에 따라 설치기준이 달라진다. ③ 헤드 부착높이는 원칙적으로 3.7m 이하로 제한되어 있다. ④ 약제별로 설계프로그램이 다르므로 설계가 단순하지 않고 설비 구성품 중 일부는 프로그램별로 승인된 자재만을 사용하여야 한다.

5. 소화약제 관련규정

(1) 국제기준

1) ISO 14520(Gaseous fire-extinguishing systems)

ISO 14520은 Clean agent에 대한 국제적인 규격으로 주로 유럽에서 많이 적용하고 있으며 15개의 파트로 구분되어 있는 시리즈로 각각의 Clean agent에 대한 "물리적 특성과 시스템설계(Physical properties and system design)"에 대해 기술하고 있다.

ISO 14520은 NFPA와의 일부 차이점이 있는데 예를 들면, 화재의 유형별 종류에 대한 정의, A급화재의 설계농도에 대한 안전계수(Safety factor) 적용 등에 차이가 있다.

2) NFPA 2001(Standard on clean agent fire extinguishing system)

NFPA 2001은 Clean agent의 종류 및 약제별 시스템에 관한 기준을 제정한 미국의 기준으로 소화약제로서의 지침 및 시스템의 규격을 정해주는 국제적인 기준이다.

3) SNAP(Significant New Alternative Policy) program

SNAP 프로그램이란 미국 환경청(EPA ; Environmental Protection Agency)에서 규정한 대기청정법(Clean Air Act)에 따른 대체 약제로서의 기준으로 소화성능의 목적이 아닌 환경지수 및 인체독성 등에 관한 인명안전 등을 판단하기 위한 기준이다.

4) UL, FMRC[312] Standard

UL이나 FMRC는 소화설비의 개별 시스템에 관한 국제적인 인증기관으로, 최종적으로 소방대상물에 설치하여 사용하는 소화시스템에 대한 방사압력, 방사량, 소화농도, 방사시간, 소화적응성 등의 시험이나 적정성 여부를 판단하기 위한 기준이다. Clean agent에 대한 UL Standard 중 할로겐화합물계열의 소화약제는 UL 2166[313]을 적용하며 불활성기체계열의 소화약제는 UL 2127[314]을 적용한다. FMRC의 경우는 인증규격으로 FM-5600(Clean agent extinguishing system)을 적용한다.

---

312) UL(Underwriter's Laboratory)/FMRC(Factory Mutual Research Corporation)
313) UL 2166 : Standard for halocarbon clean agent extinguishing system units.
314) UL 2127 : Standard for inert gas clean agent extinguishing system units.

(2) 국내기준

1) 화재안전기준 NFPC 107A(이하 동일)/NFTC 107A(이하 동일)

최초의 국내기준은 당시 내무부 고시(청정소화약제의 종류 및 소화설비의 기술기준)로 제정(1964. 6. 18.) 공포되어 적용하였으며, 이후 2004. 6. 4. 화재안전기준(NFSC 107A)으로 개정되고 2022. 12. 1.자로 고시기준의 NFPC(화재안전성능기준)와 공고기준의 NFTC(화재안전기술기준)로 구분되어 전면 개정되었다.

2) 성능인증 및 제품검사의 기술기준(가스계 소화설비의 설계프로그램)

① 인증의 개요

㉮ 설계시에는 수계산으로 계산하여서는 아니 되며 반드시 프로그램에 의하여 설계를 하여야 하며 이 경우 설계 프로그램에 대해서는 해당 약제별로 성능인증기관에서 검증 받은 프로그램을 사용하여야 한다. 국내에서는 한국소방산업기술원에서 해당 소화약제에 대한 인증 업무를 시행하고 있다.

㉯ 이에 따라 소방청 고시로 「가스계 소화설비의 설계프로그램 성능인증 및 제품검사 기술기준」이 제정되어 있으며 성능인증 기술기준에 따라 승인 받은 경우에만 이를 사용할 수 있다.

② 시험방법 및 절차[315]

㉮ 성능인증 기준은 국제기준인 ISO 14520이나 UL Standard를 준용하여 국제적인 기준으로 상향 조정한 것으로 종전의 KFI인증 기준에서는 검증되지 않은 분사헤드 방호면적, 최소 및 최대방출시간, 분사헤드별 방출량, 최대 및 최소 흐름률, 분사헤드 간 압력편차 및 약제도달 시간 편차 등 다양한 항목에 대해 성능확인을 실시하고 있다. 특히 종전의 A급 소화성능의 경우는 목재시험만을 실시하였으나 개정된 성능기준에서는 전기화재시 관련된 중합재료 3종류[316]에 대한 소화시험을 실시하고 있다. 이러한 사유로 인하여 방출시간, 방출량, 분사헤드에 대한 제반기준이 획기적으로 개선되었다.

㉯ 설계프로그램에 대한 유효성 확인시험의 경우 시험방법 및 절차는 다음과 같으며 신청자가 제시하는 20개 이상의 시험모델 중에서 임의로 5개 이상을 선정하고 이를 설치하여 유효성 확인을 시험한다.

---

315) 가스계 소화설비의 설계프로그램 성능인증 및 제품검사의 기술기준 제3~5조
316) 중합재료 3종류는 열가소성 합성수지인 PMMA(Polymethyl methacrylate), PP(Polypropylene), ABS로 중합(重合 : Polymerization)이란 고분자화합물을 생성하는 방법 중 하나이다.

```
┌─────────────────────────────────┐
│  1. 서류검토(설계도서 및 명세서)  │
└─────────────────────────────────┘
              ▼
┌─────────────────────────────────┐
│  2. 설계매뉴얼 구성확인          │
└─────────────────────────────────┘
              ▼
┌─────────────────────────────────┐
│  3. 설계프로그램 구성확인        │
└─────────────────────────────────┘
              ▼
┌─────────────────────────────────┐
│  4. 설계모델의 일치성 확인       │ : 설계모델에 대한 확인
└─────────────────────────────────┘
              ▼
┌─────────────────────────────────┐
│  5. 설계프로그램의 유효성 확인   │ : 5종류의 시험을 실시
└─────────────────────────────────┘
```

프로그램 유효성 확인시험		비 고
1. 소화약제시험		• 소화약제의 형식승인 및 제품검사의 기술기준
2. 기밀시험		• 용기부터 분사헤드까지의 누설시험
3. 방출 시험	① 방출시간 측정	• 시험모델 20개 이상 검토 후 5개 이상 선정
	② 방출압력 측정	
	③ 방출량 측정	
	④ 소화약제 도달시간 및 방출종료 시간측정(분사헤드별 최대 편차 측정)	
4. 분사헤드 방출면적시험		• 분사헤드의 최소 및 최대 높이, 소화성능시험
5. 소화시험		• A급 및 B급 소화시험(시험유형별 각각 2회 실시)

② 소화약제의 농도이론

1. 소화농도(Extinguishing concentration)

(1) 소화농도란 화재를 직접 소멸시키는 최소농도로 화재안전기준에서는 "규정된 실험조건의 화재를 소화하는 데 필요한 소화약제의 농도이며, 형식승인 대상인 소화약제는 형식승인된 소화농도"로 정의하고 있다. Clean agent 소화약제를 개발하여 이를

시스템화할 경우 소화농도는 직접 시험에 의해 측정하는 것으로 NFPA 2001에서는 다음과 같이 규정하고 있다. A급화재에 대한 소화시험 기준은 할로겐화합물 소화약제는 UL Standard 2166의 기준을, 불활성기체 소화약제는 UL Standard 2127의 기준을 적용하여 불꽃소화시험을 하며, B급화재의 경우 소화시험 기준은 NFPA 2001 부록(Annex) C(2022 edition)에 수록된 "컵버너시험 절차(Cup-burner method)"에 따라 불꽃소화시험을 행하여 결정한다.

(2) 불꽃소화시험 절차는 그 동안 컵버너시험 기준이 일부 미흡한 것을 재정립하여 NFPA 2001의 Annex C에 등재되었다. NFPA 2001(2022 edition)에서는 일부 약제를 대상으로 A급화재에 대한 불꽃소화농도를 시험한 결과(UL Standard 2166과 2127 적용)를 다음과 같이 제시하고 있다.

[표 1-9-1(A)] A급 불꽃소화농도 및 최소설계농도(UL 2166 & 2127 적용)

구 분	소화약제	불꽃소화농도(%) (A급화재)	최소설계농도(%)	
			(A급화재)	(C급화재)
할로겐화합물	FK-5-1-12	3.3	4.5	4.5
	HFC-125	6.7	8.7	9.0
	HFC-227ea	5.2	6.7	7.0
	HFC-23	15.0	18.0	20.3
불활성기체	IG-541	28.5	34.2	38.5
	IG-55	31.6	37.9	42.7
	IG-100	31.0	37.2	41.9

[표 1-9-1(A)]의 출전(出典)

NFPA 2001(2022 edition) Table A.7.2.2.3(b)

(3) 국내의 경우도 UL standard를 준용하여 Clean agent에 대한 소화농도를 시험할 수 있는 기준(가스계 소화설비의 설계프로그램 성능인증 및 제품검사의 기술기준)을 고시하고 제조사에서 의뢰한 설계 프로그램에 대한 소화농도 값을 직접 시험하여 적정 여부를 확인 후 설계프로그램에 대해 성능시험 인증을 하고 있다.
따라서 국내에서 성능시험 인증을 받은 Clean agent의 경우는 NFPA에서 제시하는 소화농도 관련 데이터와 무관하게 성능시험 인증서에 의한 A급이나 B급 소화농도를 적용하여야 한다.

2. 설계농도(Design concentration)

(1) 기준 : 제7조 1항 3호(2.4.1.3)

설계농도란, 화재안전기준에서는 "방호대상물 또는 방호구역의 소화약제 저장량을 산출하기 위한 농도로서 소화농도에 안전율을 고려하여 설정한 농도를 말한다"라고 정의하고 있다. 이에 따라 소화약제의 설계농도(%)는 상온에서 제조업체의 설계기준에서 정한 실험수치를 적용한다. 이 경우 설계농도는 소화농도(%)에 안전계수(A급 · C급화재는 1.2, B급화재는 1.3)를 곱한 값으로 한다.

할로겐화합물 및 불활성기체 소화설비 : 설계농도와 소화농도	A급화재, C급화재	설계농도(%)=소화농도(%)×1.2
	B급화재	설계농도(%)=소화농도(%)×1.3

(2) 해설

1) NFPA의 기준과 적용

① 설계농도의 적용 : NFPA 2001에서 A, B, C급화재에 대해 규정한 것을 화재안전기준에서도 이를 준용하여 제정하였다. 이에 따라 국내의 경우도 성능시험 인정을 받은 약제는 인정서에 기록된 A급 또는 B급 소화농도에 대해 1.2배(A급)나 1.3배(B급)의 안전계수(Safety factor)를 곱한 것을 설계농도로 적용하고 있다. 안전계수란 소화약제의 최소설계농도를 결정하기 위해 소화농도에 곱해주는 계수로서 여유율에 해당한다. 그러나 NFPA 2001에서 2012년판부터는 다음과 같이 안전계수를 달리하여 설계농도를 강화시키고 있으며 특히 종전에 C급화재의 설계농도는 A급화재와 동등 이상이었으나 현재는 안전계수를 높게 적용하고 있다.

NFPA 2001(2022 edition) 7.2 Design concentration requirements(설계농도 요구사항)

① A급 표면화재의 최소설계농도 : 다음의 2가지 중에서 큰 값으로 적용한다.
   ㉠ A급화재 소화시험 기준(할로겐화합물 소화약제는 UL standard 2166 적용, 불활성기체 소화약제는 UL standard 2127 적용)으로 측정한 표면화재용 불꽃소화농도×1.2배
   ㉡ Heptane에 대한 B급화재 소화시험 기준(부록 C에 수록된 컵버너시험 절차)으로 측정한 최소소화농도
② B급화재의 최소설계농도 : 부록 C에 수록된 컵버너시험 절차에 따라 측정한 표면화재용 불꽃소화농도×1.3배
③ C급화재의 최소설계농도 : A급화재 소화시험 기준으로 측정한 최소소화농도×1.35배
④ 심부화재의 최소설계농도 : 심부성의 훈소화재에 대한 설계농도는 별도의 시험방식(Application-specific test)에 따라 결정되어야 한다.

(요약) NFPA 2001의 표면화재 설계농도(2022 edition)

NFPA 2008년판(종전)		NFPA 2012년판(개정)		비 고
A급 화재	소화농도×1.2	A급 화재	우측의 값 중 큰 것	① A급화재 소화농도×1.2 ② B급화재 소화농도
B급 화재	소화농도×1.3	B급 화재	소화농도×1.3	컵버너시험 기준
C급 화재	소화농도×1.2	C급 화재	소화농도×1.35	A급화재 소화시험 기준

② **NFPA에서 농도의 분류** : NFPA 2001에서는 약제량 적용시 소화농도, 최소설계농도, 보정설계농도, 최종농도의 4단계로 이를 구분하고 있다. 국내의 경우 보정설계농도는 아직 적용하지 못하고 있으며 압력환산계수를 사용한 최종설계농도는 가스계 설계 프로그램에서 적용할 수 있도록 되어 있으나 특수한 경우를 제외하고는 제조사에서 1기압으로 설계할 것을 권장하고 있다.

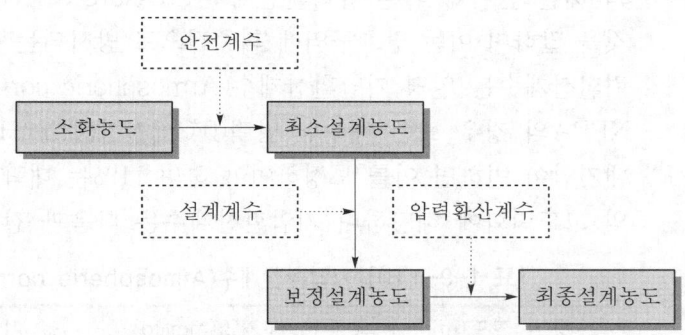

㉮ 소화농도(Extinguishing concentration) : 모형시험에서 소화가 되는 농도를 뜻하며 NFPA에서는 A급/C급은 UL Standard를, B급은 컵버너시험을 적용하여 불꽃을 소화시킬 수 있는 소화농도를 구하게 된다. B급 소화농도에서 사용하는 연료는 액체는 n-Heptane을, 기체는 메탄을 사용한다.

㉯ 최소설계농도(Minimum design concentration) : 소화농도에 안전계수를 곱한 것을 말하며 일반적인 방호구역의 경우는 최소설계농도로 적용하게 되며 국내의 경우는 대부분 최소설계농도로 적용하고 있다.

㉰ 보정(補正)설계농도(Adjusted minimum design concentration)[317] : 최소설계농도에 설계계수(Design factor)를 곱한 것을 말한다. 설계계수란 방호구역의 특성이나 설계특성상 특수한 조건을 보완하기 위하여 설계계

---

317) NFPA 2001(2022 edition) 3.3.2 : The minimum design quantity of agent that has been adjusted in consideration of design factors(설계계수를 고려하여 조정한 최소설계량).

수를 선택적으로 사용하여 약제량을 추가하는 것으로 설계계수는 개별적인 실측을 하여 적용하고 있으며 NFPA에서는 설계계수가 필요한 요인으로 다음과 같은 경우를 제시[318]하고 있다.

㉠ 차단불가능한 개구부(Unclosable openings) : 차단이 불가능한 개구부의 경우는 약제를 추가 적용하여야 하며 이때 연장된 시간만큼 약제의 농도가 유지되어야 한다.

㉡ 산성가스의 존재(Acid gas formation consideration) : 대표적인 산성가스는 HF가 있으며 설계농도를 30% 정도 증가시키면 HF는 급격히 감소하게 된다.

㉢ 가연물의 형태에 대한 고려사항(Fuel geometry consideration)

㉣ 방호구역의 형태(Enclosure geometry)

㉤ 방호구역 내의 장애물(Obstruction within the enclosure)

㉳ 최종설계농도(Final design concentration)[319] : 보정설계농도에 방호구역의 해발 높이에 따른 압력환산계수(Pressure correction factor)를 곱하는 것을 말하며 이는 방호구역에 최종적으로 방사되는 실제 약제량이 되며 압력환산계수는 일명 기압환산계수(Atmospheric correction factor)라 한다. NFPA의 경우 표준 해수면 압력(0℃에서 760mmHg)으로부터 11% 이상 대기압이 변하면 이를 보정하여야 하며 11%는 대략 915m(=3,000ft) 정도의 고도변화에 해당하며 기압환산계수는 다음과 같다.

[표 1-9-1(B)] 기압환산계수(Atmospheric correction factor)

해발 고도(m) (Equivalent altitude)	주변 대기압(mmHg) (Enclosure pressure)	기압환산계수(상수값) (Atmospheric correction factor)
-30	787	1.04
0	760	1.00
300	733	0.96
610	705	0.93
910	678	0.89
1,220	650	0.86
1,520	622	0.82
1,830	596	0.78

318) NFPA 2001(2022 edition) A.7.3.3
319) NFPA 2001(2022 edition) 3.3.11.1 : The actual concentration of agent discharge into the enclosure(방호구역으로 방출되는 약제량의 실제 농도).

 [표 1-9-1(B)]의 출전(出典)

NFPA 2001(2022 edition) Table 7.3.3.3

chapter

1

소화설비

2) 국내의 기준과 적용

① Clean agent의 약제량을 구하는 식인 제7조(2.4.1)의 경우 해당 농도는 최소 설계농도로 적용하는 것으로 소화농도를 적용하여서는 아니 된다. 현재까지 국내에서 개정된 성능인증 및 제품검사의 기술기준에 따라 인증을 받은 소화약제에 대한 A급화재의 소화농도와 설계농도를 비교하면 다음과 같다(B 급의 농도는 A급과 다름).

② 국내 Clean agent의 A급 최소 소화 및 설계농도(2023. 5. 현재)

[표 1-9-2(A)] 국내 할로겐화합물계열의 소화약제 농도(예)

약제명	소화농도(%)	설계농도(%)
HFC-227ea	5.8~5.9%(A급)	×1.2 → 7~7.1%(A급)
HFC-23	11.64%(A급)	×1.2 → 13.97%(A급)
	12.0%(A급)	×1.2 → 14.40%(A급)
HFC-125	6.7~7.25%(A급)	×1.2 → 8~8.7%(A급)
FK-5-1-12	4.5%(A급)	×1.2 → 5.4%(A급)

[표 1-9-2(B)] 국내 불활성기체계열의 소화약제 농도(예)

약제명	소화농도(%)	설계농도(%)
IG-541	31.75%(A급)	×1.2 → 38.1%(A급)
	32.25%(A급)	×1.2 → 38.7%(A급)
IG-100	31%(A급)	×1.2 → 37.2%(A급)
	31.5%(A급)	×1.2 → 37.8%(A급)

3. 최대허용설계농도(NOAEL)

(1) 기준 : 제7조 2항(표 2.4.2)

소화농도에 따라 산출한 약제량은 "사람이 상주하는 곳"에 대해서는 최대허용설계농도를 초과할 수 없다.

[표 1-9-3(A)] 최대허용농도(NOAEL)

소화약제		최대허용설계농도(%)	
① FC-3-1-10	② HCFC BLEND A	① 40	② 10
③ HCFC-124	④ HFC-125	③ 1.0	④ 11.5
⑤ HFC-227ea	⑥ HFC-23	⑤ 10.5	⑥ 30
⑦ HFC-236fa	⑧ FIC-13I1	⑦ 12.5	⑧ 0.3
⑨ FK-5-1-12	⑩ IG-01	⑨ 10	⑩ 43
⑪ IG-100	⑫ IG-541	⑪ 43	⑫ 43
⑬ IG-55		⑬ 43	

(2) 해설

1) NOAEL

① NOAEL(No Observed Adverse Effect Level)이란 "무독성량"을 뜻한다.[320] 정의는 "인간의 심장에 영향을 주지 않는 최대허용농도로서 관찰이 불가능한 부작용 수준"을 의미한다. 즉 이는 해당 농도만큼 방사가 되어도 인간에게 부작용이 발생하지 않는 최대로 허용이 가능한 농도를 뜻한다. NFTC 표 2.4.2에서 규정하고 있는 최대허용설계농도는 결국 최대허용농도인 NOAEL을 의미하며 이에 대한 출전은 NFPA 2001에서 규정[321]한 것으로 화재안전기준에서는 이를 준용한 것이다. NOAEL이란 부작용이 발생하지 않는 최대허용농도이며, 반면 부작용이 측정되는 최소허용농도는 LOAEL이라 한다. 따라서 NOAEL이 큰 약제는 설계농도가 높아도 인체 안전성에 문제가 없으나 NOAEL이 작은 약제는 설계농도가 크다면 인체 안전성 때문에 사람이 상주하는 장소에서는 사용이 곤란해진다.

② 그런데 [표 1-9-3(A)]를 보면 할로겐화합물 4개의 NOAEL이 NFPA 2001 Table 4.3.2.3.(a)와 다음의 [표 1-9-3(B)]와 같이 차이가 있다.

[표 1-9-3(B)] 할로겐화합물의 NOAEL 비교

NOAEL(NFPA 2001)	국내 NFTC 표 2.4.2
HFC-125 : 7.5%	→ 11.5%
HFC-227ea : 9%	→ 10.5%
HFC-236fa : 10%	→ 12.5%
FIC-13I1 : 0.2%	→ 0.3%

---

320) NOAEL은 부작용이 발생하지 않는 최대허용농도를 의미하며, 반면 부작용이 측정되는 최소농도는 LOAEL(Lowest Observed Adverse Effect Level)이라 한다.

321) NFPA 2001(2022 edition) Table 4.3.2.3.(a) Information for halocarbon clean agent

이는 화재안전기준의 경우, 2008. 12. 15.에 NOAEL을 PBPK Model에 따라 상향하여 개정한 것으로 이에 대한 내용은 다음의 PBPK Model 및 농도를 참고하도록 한다. 따라서 최대허용설계농도 중 4개는 PBPK 모델에 의한 허용농도가 된다.

③ 또한 불활성기체의 경우는 대기 중에 존재하는 천연기체이므로 분해되지 않으며 유독성의 분해물질이 생성되지 않으므로 인체 안전성의 문제는 약제량 방사시 실내 산소저하로 인한 질식의 문제가 된다. 따라서 NOAEL 대신 이것과 함수적으로는 동등하나 인체에 생리학적 영향(Physiological effect)을 주는 No Effect Level(NEL)로 표시하고 있으며 정상 거주지역(사람이 상주하는 곳)의 경우 산소농도는 12%(해수면 기준) 이상이어야 하며 이는 43%의 소화농도에 해당하므로 공통적으로 NEL을 43%로 적용하고 있다. 따라서 NFTC 표 2.4.2([표 1-9-3(A)])에서 규정하고 있는 불활성기체의 경우 최대허용설계농도는 모두 43%인 것으로 이는 NEL을 의미한다. 별표 2에 규정한 최대허용농도인 NOAEL의 경우 약제별로 해당농도까지는 허용할지라도 이를 시간개념 없이 무한정 허용하는 것이 아니라 모든 Clean agent에 대해서 최대허용농도에서의 노출시간은 5분 이내[322]로 엄격히 제한하고 있다.

2) **사람이 상주하는 구역(Normally Occupied Enclosure : 정상거주지역)** : 제7조 2항 (표 2.4.2)에서 사람이 상주하는 곳이란 NFPA에서 말하는 "Normally Occupied Area(정상 거주지역)"을 말하는 것으로 사람이 언제나 상주하는 장소를 뜻하며 변전실, 배전반실, 펌프실, 위험물저장소 등과 같이 사람이 필요에 의해 가끔씩 출입하는 장소는 정상 거주지역으로 적용하지 아니한다.[323]

4. PBPK Model 및 농도

(1) PBPK Model의 개념

1) **NOAEL의 결정방식** : NOAEL 측정은 인체에 대한 유해성 여부를 결정하는 것이나 인간을 대상으로 실험을 할 수 없는 관계로 인체실험에 의한 것이 아니라

---

322) NFPA 2001(2022 edition) 4.3.2.1(Halocarbon agent) & 4.3.3.1(Inert gas agent)
323) NFPA 2001(2022 edition) A.3.3.31 Areas considered not normally occupied include spaces occasionally visited by personnel, such as transformer bays, switch-houses, pump rooms, vaults, engine test stands, cable trays, tunnels, micro-wave relay stations, flammable liquid storage areas, and enclosed energy systems(일반적으로 상주하지 않는 것으로 간주되는 장소는 변압기 베이, 배전반실, 펌프실, 금고, 엔진 테스트 스탠드, 케이블 트레이, 터널, 극초단파 릴레이 스테이션, 인화성 액체 저장소 및 밀폐된 에너지 시스템과 같이 담당자가 가끔 방문하는 장소가 포함된다).

동물실험에 의해 NOAEL 수치를 결정하고 있다. 일반적인 NOAEL 측정방법은 사냥개인 비글(Beagle)을 실험대상으로 하여 할로겐화합물에 5분간 노출시킨 후 인위적으로 아드레날린을 투여하여 심장발작여부를 판단하여 NOAEL을 결정하는 방식이다.

아드레날린(Adrenalin)

아드레날린을 투여할 경우 교감신경이 흥분하여 심장의 박동이 빨라지고 모세혈관이 수축하므로 혈압이 상승하게 된다. 따라서 교감신경 흥분제 · 혈관수축제 · 혈압상승제로 사용되며 출혈을 멈추는 효과가 있다.

2) PBPK Model의 개발

① 동물실험에서는 인체 내에서 자연적으로 분비될 수 없는 많은 양의 아드레날린을 주입함으로써 개의 심장발작을 유도하는 것으로 이러한 동물실험은 폐를 통한 인체의 자연적인 약제흡수율과 약제가 심장으로 이송되어 발작을 일으키는 것에 대하여 동물과 인간의 생리학적인 차이를 무시한 실험이 된다. 따라서 일반적인 NOAEL 수치는 사람과 개의 생리학적 차이를 간과한 것이므로 이에 대해 좀 더 과학적인 연구가 요구되었다. 즉, 인체를 모델로 하여 인간이 폐를 통하여 직접 흡입한 독성물질에 대해 실제로 심장발작을 일으키는지 여부를 Clean agent에 대해 판단할 필요가 있는 것이다.

② 이를 위하여 유해물질의 노출평가 및 위해성 평가를 위한 모델을 개발하고 시뮬레이션을 실시하여 이에 따라 할로겐물질의 시간에 따른 신체흡수율을 반영하고 이에 따른 노출한계를 결정하는 방식이다. 이는 인체장기의 분포 및 흡수상태, 각 장기의 반응 및 체내 축적관계 등 생리학에 기초한 약물동역학을 이용한 노출기준을 제정하는 것으로 이를 위하여 개발한 모델을 PBPK Model이라고 한다.

PBPK Model의 뜻

PBPK Model의 뜻은 "Physiologically Based Pharmacokinetics Model"의 의미로 이는 "생리학에 기초한 약물 동역학 모델"이라는 의미이다.

(2) PBPK Model의 특징 및 농도

1) 특징

① PBPK Model은 인체노출에 대한 안전한 농도와 허용노출시간을 반영한 과학적인 접근방식으로 허용노출시간은 5분 이내이어야 한다.

② PBPK Model은 방사된 약제를 흡입할 경우 인체노출로 인한 심장발작에 한한 것으로 따라서 할로겐계열의 약제에 대해서만 적용할 수 있으며, 인체노출시 질식을 주체한 불활성기체의 경우는 저산소증이나 산소결핍 사항이므로 이를 적용할 수 없다.

③ 동물시험이 PBPK Model에 비해 보수적인 기준이지만 PBPK Model로 적용하여도 안전성에 문제가 있는 것은 아니다. 동물실험은 생체 내에서 자연분비될 수 있는 양을 훨씬 초과한 아드레날린을 주입한 동물실험이다. 따라서, 폐를 통하여 흡입한 인체의 혈중 흡수율에 따라 예측한 혈중 약제농도가 심장과민 반응보다 낮다면 노출조건을 기준으로 제정한 PBPK Model은 인체에 안전하다고 판단할 수 있다.

④ 현재까지 Model로 개발되고 공인기관(미국의 EPA 등)에서 승인받은 약제는 4개(HFC-125, HFC-227ea, HFC-236fa, FIC-13I1)로서 NFPA 2001에는 PBPK Model에 대해 현재 4개 약제만 등재되어 있다.

2) PBPK Model의 농도 : 일반적으로 PBPK Model에 의해 측정한 NOAEL 값은 동물실험에 의한 기존의 NOAEL 보다 높으며 이는 좀 더 높은 노출을 허용하는 것이나, 노출허용시간은 5분 이내로 엄격히 제한하고 있다.

따라서 PBPK Model에 의해 NOAEL을 상향조정할 경우는 반드시 방호구역 내에서 5분 이내에 피난이 종료되는 것을 전제로 하여야 한다. 아울러 PBPK Model에 근거한 5분간 노출허용기준을 만족하는 조건에서는 정상거주지역에서 설계농도가 기존의 NOAEL 이상으로 되는 것을 허용하고 있다. 이에 따라 NFPA 2001(4.3 Hazards to personnel)에서 제시한 PBPK Model을 준용하여 4개의 할로겐화합물 약제(HFC-125, HFC-227ea, HFC-236fa, FIC-13I1)에 대해 2008. 12. 15.에 NOAEL을 상향시켜 개정한 것이다.

3 소화약제 각론

1. 소화약제의 개요

(1) 소화약제의 정의

소화약제는 할로겐화합물 소화약제(Halocarbon agent)와 불활성기체 소화약제(Inert gas agent)의 2종류로 구분할 수 있다.

1) 할로겐화합물 소화약제는 "불소(F), 염소(Cl), 브롬(Br), 요오드(I) 중 하나 이상의 원소를 포함하고 있는 유기화합물을 기본 성분으로 하는 소화약제"로 정의하고 있다. 이는 다시 HFC계열, HCFC계열, PFC(또는 FC)계열, FIC계열로 구분할 수 있다.

2) 불활성기체 소화약제는 "헬륨(He), 네온(Ne), 이르곤(Ar), 질소(N_2)가스 중 하나 이상의 원소를 기본 성분으로 하는 소화약제"로 정의하고 있다.

(2) 소화약제의 소화성능

현재의 소화약제는 주로 1세대 대체물질(Substitute)인 관계로 기존 할론 1301에 비해 소화성능이 낮다.

1) 소화약제는 소화의 강도 및 오존층파괴지수(ODP)에 따라 제1세대 대체물질과 제2세대 대체물질로 구분하게 되며 제4조(표 2.1.1) 약제의 종류에서 FIC-13I1(CF_3I)은 2세대 물질이며 기타는 1세대 물질로 분류할 수 있다.

제1세대 대체물질	① 소화성능은 우수하지만 ODP가 높은 물질
	② ODP는 낮으나 소화성능이 우수하지 않은 물질
제2세대 대체물질	ODP도 낮고 소화성능도 우수한 물질

2) 할로겐화합물이 대기 중에 방사되어 성층권(成層圈)에 도달하게 되면 자외선에 의해 분해되어 Br, Cl 등이 발생하게 된다. 이때 이들은 촉매로서 역할을 하며 오존(O_3)과 화학적 반응을 하여 오존이 산소(O_2)로 변화되어 오존분자를 파괴하게 된다. 오존층 파괴에 대해 가장 영향을 미치는 원소는 주로 Cl과 Br화합물로, 따라서 할로겐계열의 소화약제는 오존파괴능력을 낮추기 위해 원인물질인 Br이나 Cl 등을 첨가하지 않고 F를 사용하게 되므로 이로 인하여 할론 1301보다 소화성능이 떨어지게 된다.

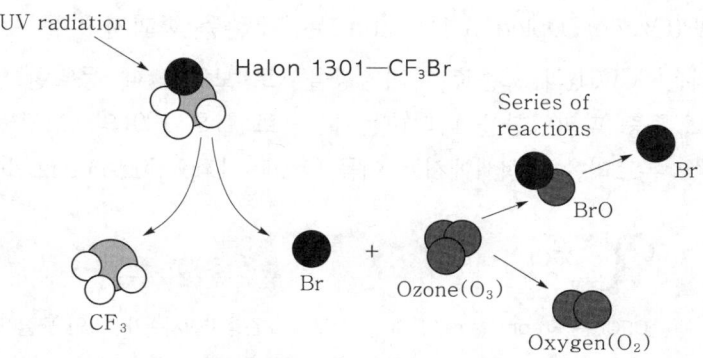

[그림 1-9-1] 할론 1301의 오존층 파괴 Mechanism

3) I(Iodine ; 요오드) 화합물은 소화의 강도는 제일 우수하나 활성이 높은 관계로 다른 물질과 반응이 활발하여 많은 분해부산물의 생성으로 인하여 독성의 문제 가 있으며 또한 부식성 및 경제성 등으로 인하여 소화약제로서의 실용성이 부 족하여 소화약제로는 사용하는 빈도가 낮다.

4) 할로겐화합물 소화약제의 경우는 탄소수가 많을수록 소화성능이 우수하다.

① 할로겐화합물 소화약제 중 일반식 C_nH_{2n+2}의 화합물인 Alkane의 유도체 (Alkane의 치환물질)인 경우는 C_nH_{2n+2}에서 수소 대신 할로겐족 원소 등이 치환되는 것으로 결국 탄소수가 많은 것은 수소원자가 많게 되며 이는 곧 치환되는 할로겐원소가 증가하는 것을 의미한다.

② 따라서 화재시 방사된 할로겐화합물이 열분해되어 많은 할로겐원소가 생성 됨으로서 소화효과가 증대되며 이로 인하여 탄소수가 많을수록 일반적으로 소화성능이 우수하다.

> **Alkane(일명 Paraffin계 탄화수소라 한다)**
>
> C_nH_{2n+2}의 화합물로서 $n=1$(Methane), $n=2$(Ethane), $n=3$(Propane), $n=4$(Butane), $n=5$(Pentane), $n=6$(Hexane)이 된다.

(3) 소화약제의 환경지수

소화약제는 환경지수가 매우 우수한 친환경적인 약제이어야 한다.

환경지수(Environmental factor)란 지구의 환경적 측면에서 규제하고자 하는 다 음의 항목들을 말한다.

1) ODP(Ozone Depletion Potential)는 "오존층 파괴지수"를 뜻한다.

정의는 "$CFCl_3$의 오존층 파괴영향을 1로 보았을 때 동일한 양의 다른 물질에 대한 오존층 파괴영향을 나타내는 값"으로 할론 1301의 O.D.P는 10으로 매우 높으며[324] 몬트리올 의정서에서는 이를 Ozone－Depleting Potential이라고 표현한다.

CFCl₃은 Freon name이 CFC-11로서 오존층파괴지수가 1.0인 물질이다.

2) GWP(Global Warming Potential)는 "지구온난화(溫暖化)지수"를 뜻한다.

정의는 "CO_2 1kg이 지구온난화에 미치는 영향을 1로 보았을 때 동일한 양의 다른 기체가 대기 중에 방출된 후 특정기간 동안 그 기체 1kg의 가열효과(지구온난화 효과)"로서 기간을 100년을 기준으로 할 경우 이를 특히 "100년 GWP"라 한다. 교토협약에서 정한 감축 대상가스는 CO_2, CH_4(메탄), N_2O(아산화질소), HFC, PFC, SF_6(육불화황)의 6종류이며 이 중 대표적인 것이 CO_2, CH_4(메탄), N_2O(아산화질소), HFC계열의 가스로서 지구온난화 대상가스를 온실가스(Greenhouse gas)라 한다.

1997년 12월 지구온난화 규제를 위해 일본 교토(京都)에서 개최시 채택된 국제협약이다.

3) ALT(Atmospheric Life Time)는 "대기권 잔존수명"을 뜻한다.

정의는 "어떤 물질이 방사된 후 대기권 내에서 분해되지 않고 체류하는 잔류시간(단위는 year)"으로 대기권에서 분해되는 분해의 난이도(難易度)를 나타낸 값이다. Clean agent가 대기 중에 방출하여 증발하게 되면 대기권에 체류하고 있는 동안에 물성에 따라 서서히 분해가 되기 시작한다. 이 때 분해되지 않고 대기권에 잔류하고 있는 기간을 나타내는 지표로서, ALT가 긴 경우는 약제가 성층권으로 확산되어 오존층을 파괴시킬 수 있는 요인이 증가하게 된다.

---

324) 오존층 보호를 위한 특정물질의 제조규제 등에 관한 법률 시행령 별표 1(특정물질 및 오존파괴지수)에서 Halon 1301 ODP는 10.0, Halon 1211은 3.0, Halon 2402는 6.0으로 국내법으로 규정하고 있다.

2. 소화약제의 구비조건

(1) 소화성능

1) 소화성능은 기존의 가스계 소화설비에 비해 크게 미달되지 아니한 우수한 소화성능을 확보한 약제이어야 한다. 소화약제는 대부분 1세대 대체물질로서 소화성능이 우수하면 ODP가 높거나 또는 ODP가 낮으면 소화성능이 미흡한 상태이다.

2) 할론 1301이 오존층을 파괴하는 것은 할론에 포함된 Br이 성층권에 도달하여 오존과 반응하기 때문이다. 따라서 할로겐계열의 경우에는 오존층파괴의 반응을 낮추기 위해 Br이나 Cl를 첨가하지 않고 F를 사용하고 있으며, 이 경우 소화의 강도는 Br보다 F가 낮기 때문에 할로겐계열의 약제는 일반적으로 할론 1301보다 소화성능이 떨어지게 된다. 또한 불활성기체의 계열의 경우는 질식소화를 주체로 한 약제이므로 방사체적의 양으로 인하여 할로겐계열의 약제에 비해 더 큰 소화농도를 필요로 하므로 할론 1301보다 더 많은 약제량을 필요로 하게 된다.

(2) 독성

1) 분해부산물에 의한 인체독성이 허용범위 내에 있도록 최소화하여야 한다. Clean agent의 경우 자체독성이 있는 것이 아니라 약제방사시 열에 의해 분해된 물질이 공기 중의 다른 원소와 결합하여 생성되는 분해부산물에 의한 인체독성이 문제가 되고 있다. 특히 문제가 되는 대표적인 물질은 HF이며 이외에도 HCl, $COCl_2$ 등이 있다(HBr도 대표적인 독성물질이나 Clean agent는 Br을 사용하지 않는다).

2) 따라서 약제를 개발할 경우 분해부산물에 의한 인체독성을 최소화하여야 하며, 화재시 발생하는 분해생성물은 화재의 크기, 약제의 성상, 약제의 농도, 화열에 의한 노출시간에 따라 다르며 특히 노출시간이 길수록 분해부산물의 생성이 급격히 증가하므로 할로겐계열의 경우는 방사시간을 10초 이내로 제한한 것이다. 또한 독성물질로 인한 인체의 안전성을 위하여 약제별로 NOAEL이 제정되어 있으며 정상거주지역에서는 NOAEL을 초과하는 농도의 경우는 적용할 수 없으므로 NOAEL은 결국 "최고허용설계농도"라고 할 수 있다. NFPA에서는 Clean agent에 의한 인체 노출은 5분을 초과하지 않도록 규정하고 있다.

(3) 환경지수

1) 지구환경에 영향을 주는 환경지수인 ODP(오존층파괴지수), GWP(지구온난화지수), ALT(대기권잔존지수)가 낮아서 친환경적이어야 한다. 국제적으로 지구를 보호하기 위한 친환경적인 정책으로 인하여 환경지수에 대해서는 더욱 엄격한 규제가 이루어지고 있다.

2) 당초에 Clean agent로 NFPA에서 규정하여 화재안전기준에도 등재된 FC-2-1-8(C_3H_8)의 경우 ALT가 긴 관계로 지구환경에 미치는 영향이 커서 NFPA에서는 Clean agent에서 이를 삭제하였다. HCFC-B/A의 경우에도 경과물질로 규정되어 개도국(우리나라는 Clean agent 생산 및 소비량에서 개도국으로 분류됨)은 당초 2040. 1. 1.부터 전폐(全廢)하도록 되었으나 2007. 9. 17. 제19차 몬트리올회의에서 HCFC 물질에 대해 10년을 단축하기로 전격결정하였으며 이로 인하여 HCFC B/A의 경우 개도국은 2009~2010년 평균 생산량 및 소비량을 기준으로 2013년에 동결하고 이후 점진적으로 감축하여 2030. 1. 1.부터 전폐하여야 한다.

(4) 물성

1) 방사 후 방호구역 내에 약제의 잔존물이 없고 전기적으로 비전도성이어야 한다. 할로겐계열의 약제는 용기 내 압축하여 액상으로 저장하고 있으며 방사시 배관에서는 기체와 액체가 혼재된 상태로 흐르다가 헤드에서 완전기화가 되고 있으며, 불활성기체의 경우는 용기 내 압축상태의 기체로 저장하고 동작시 압축상태가 풀리면서 분사헤드에서 기체로 방사되는 형태이다.

2) 이 경우 방사 후 Clean agent로 인해 방호구역 내의 장치물에 잔존물이 발생하지 않아 약제방사로 인한 장비의 오염이나 교체가 없어야 한다. 아울러 C급화재에 적응성이 있어야 하므로 전기적으로 비전도성이 되어야 한다.

(5) 안정성

용기 내 약제저장시 분해되지 않도록 안정성이 있으며 금속용기를 부식시키지 않아야 한다. 용기 내에서 주변환경에 따라 자연적으로 분해가 될 경우 Clean agent로서 사용할 수 없으며 결국 이는 화학적으로 안정성을 필요로 한다. 특히 할로겐계열의 경우는 일반적으로 질소로 가압하여 저장하는 관계로 질소와 반응하지 않아야 하며 아울러 약제는 저장용기를 부식시키지 않는 내부식성을 가지고 있어야 한다.

(6) 경제성

기존의 가스계 소화설비에 비해 설치비용이 크게 높지 않아 경제성이 있어야 한다. Clean agent를 사용하여 시스템을 구성할 경우는 일반적으로 기존의 할론 1301이나 CO_2소화설비보다 공사비가 증가하는 관계로 Clean agent 소화설비 설치시에는 경제적인 측면을 고려하지 않을 수 없으며 1차적으로 약제의 가격과 시스템 구성시 설치하는 각종 장치류가 경제성이 있어야 한다. 약제에서 I(요오드)를 주체로 한 소화약제의 경우 소화의 강도는 훨씬 강하나 경제성이 없으며 많은 분해부산물의 생성 등으로 인하여 대중화되지 못하고 있는 실정이다.

3. 소화약제의 종류 : 제4조(2.1.1)

소화약제는 할로겐화합물 소화약제(Halocarbon agent)와 불활성기체 소화약제(Inert gas agent)의 2종류로 크게 구분할 수 있다. 소화약제는 NFPA 2001의 2004년판(Edition)에서 FC−2−1−8(C_3H_8)을 삭제하고, FK−5−1−12가 추가되었으며 2008년판에서는 FC−3−1−10(C_4F_{10})을 삭제하고, HCFC Blend B를 추가하였다. 또한 2022년판에서는 HB−55가 추가되었다.

PFC계열의 약제는 다른 약제에 비해 ALT가 긴 관계로 지구환경에 미치는 영향이 크기때문에 SNAP Program에서는 다른 대체물질이 없는 제한된 용도에서만 사용이 허용되고 있다. 이런 사유로 NFPA에서는 Clean agent에서 FC−2−1−8과 FC−3−1−10이 삭제된 것이다.

따라서 현재 NFPA(2022 edition)에 등재된 소화약제는 총 14종으로 이 중 할로겐화합물계열은 10종, 불활성기체계열은 4종으로, 화재안전기준에서도 이를 준용하여 2007. 4. 12. NFSC 107A 개정시 FC−2−1−8을 삭제하고 FK−5−1−12를 추가하였으나 FC−3−1−10의 삭제와 HCFC Blend B의 추가는 시기적으로 반영하지 못하였으며 현재 화재안전기준의 약제수량은 총 13종으로 다음의 표와 같다.

소화약제	NFPA 2001(2022 edition)	NFPC/NFTC 107A
① 할로겐화합물	10종	9종
	• FC−3−1−10 삭제 • HCFC Blend B 신설 • HB−55 신설	• FC−3−1−10 삭제 안 됨 • HCFC Blend B 반영 안 됨 • HB−55 반영 안 됨
② 불활성기체	4종	4종
합계	총 14종	총 13종

(1) 할로겐화합물계열(총 13종 중 9종)

1) 구분 : 할로겐화합물계열은 HFC(수소-불소-탄소화합물)계열, HCFC(수소-염소-불소-탄소 화합물)계열, PFC(또는 FC)(불소-탄소화합물)계열, FIC(불소-요오드-탄소화합물)계열로 다음과 같이 구분한다.

① HFC(HydroFluoroCarbons)계열	• HFC-125　　　　• HFC-227ea • HFC-23　　　　　• HFC-236fa
② HCFC(Hydro-ChloroFluoroCarbons)계열	• HCFC B/A　　　　• HCFC-124
③ PFC(PerFluoroCarbons)계열	• FC-3-1-10　　　• FK-5-1-12
④ FIC(FluoroIodoCarbons)계열	• FIC-13I1

① HFC계열이란 C에 F와 H가 결합된 것으로, HFC계열은 HFC-23을 제외하고 할론 1301과 마찬가지 이유로 전부 질소 가압을 하고 있으며, HFC-23의 경우는 포화증기압이 높아 자체증기압으로 방출이 되므로 별도의 질소 가압을 필요로 하지 않는다.

② HCFC계열이란 C에 Cl, F, H가 결합된 것으로 HCFC Blend A(이하 HCFC B/A)는 4가지 물질이 혼합된 복합물질이며 이로 인하여 Blend라는 명칭을 사용하게 된 것으로 화학식의 %비율은 중량%(wt%)이다.

③ PFC계열이란 C에 F가 결합된 것으로 Per는 모두(all)라는 뜻으로 탄소의 모든 결합이 F와 결합된 것을 의미한다. EPA(미국 환경청)에서는 FC-3-1-10의 경우 ALT(대기권 잔존수명)가 큰 관계로 기술적인 대안이 전혀 없는 경우에 한하여 사용을 허용하고 있는 관계[325]로 NFPA 2001에서 삭제되었다.

④ FIC계열이란 C에 F와 I가 결합된 것을 의미한다.

2) 할로겐화합물계열의 약제

[표 1-9-4(A)] 할로겐화합물계열 소화약제

연번	소화약제	화학식	질소가압 여부
①	FC-3-1-10	C_4F_{10}	○
②	HCFC Blend A	HCFC-22(82%), HCFC-124(9.5%), HCFC-123(4.75%), $C_{10}H_{16}$(3.75%)	○
③	HCFC-124	$CHClFCF_3$	○
④	HFC-125	CHF_2CF_3	○
⑤	HFC-227ea	CF_3CHFCF_3	○
⑥	HFC-23	CHF_3	×
⑦	HFC-236fa	$CF_3CH_2CF_3$	○
⑧	FIC-13I1(주)	CF_3I	○
⑨	FK-5-1-12	$CF_3CF_2C(O)CF(CF_3)_2$	○

㊟ 8번 약제는 FIC 후단이 "13(숫자)-I(영문자)-1(숫자)"이므로 착오없기 바람.

---

325) SFPE Handbook 3rd edition Chap. 4-7 p.4-184

3) 할로겐화합물계열의 명명법(命名法)

① 기본 명명법(숫자 부여)

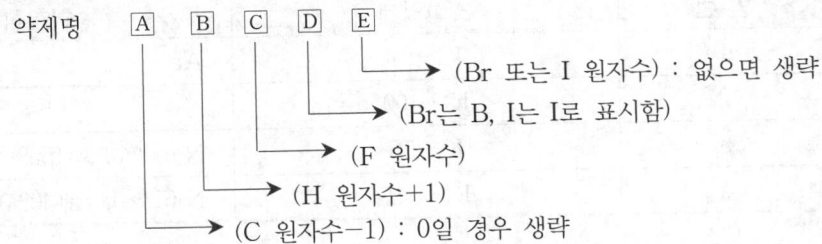

약제명   Ⓐ Ⓑ Ⓒ Ⓓ Ⓔ

→ (Br 또는 I 원자수) : 없으면 생략

→ (Br는 B, I는 I로 표시함)

→ (F 원자수)

→ (H 원자수+1)

→ (C 원자수-1) : 0일 경우 생략

예 ① C_4F_{10} : Ⓐ → C(4)-1=3, Ⓑ → H(0)+1=1, Ⓒ → F(10)=10
   따라서 FC계열이므로 FC-3-1-10

② $CHClFCF_3$: Ⓐ → C(2)-1=1, Ⓑ → H(1)+1=2, Ⓒ → F(4)=4
   따라서 HCFC계열이므로 HCFC-124

③ CF_3CHFCF_3 : Ⓐ → C(3)-1=2, Ⓑ → H(1)+1=2, Ⓒ → F(7)=7
   따라서 HFC계열이므로 HFC-227

④ CF_3I : Ⓐ → C(1)-1=0 생략, Ⓑ → H(0)+1=1, Ⓒ → F(3)=3,
   Ⓓ → I로 표기 Ⓔ → I(1)=1 따라서 FIC계열이므로 FIC-13-I-1

② 부가 명명법(영문자 부여) : HFC-227ea나 HFC-236fa와 같이 숫자 뒤에 오는 영문자(예 ea, fa)는 탄소가 2 이상인 에탄계나 프로판계의 화합물의 경우는 분자식이 동일하여도 구조식이 다른 이성체(異性體 : Isomer)가 존재하게 된다. 따라서 이성체는 전혀 다른 물성을 갖게되므로 이러한 이성체를 구별하여야 하므로 이를 구분하기 위한 별도의 표시로서 영문자를 부기(附記)한다. 영문자는 a~f까지 탄소원자에 연결된 원소들의 원자량을 비교하여 대칭성을 비교하여 부기하는 것으로 자세한 사항은 소방 이외의 영역이므로 본서에서는 생략하였다.

(2) 불활성기체계열(총 13종 중 4종)

1) 구분

① 불활성계열은 아르곤(Ar)이나 질소(N_2)와 같은 불활성의 기체를 주성분으로 하는 약제이다.

② 불활성기체계열은 소화의 성상이 질식에 의한 물리적 소화로서 할로겐화합물계열은 상대적으로 저농도, 단시간형(방사시간)이라면 불활성기체계열은 상대적으로 고농도, 장시간형에 해당한다.

2) 불활성기체계열의 약제

[표 1-9-4(B)] 불활성기체계열 소화약제

연 번	소화약제	화학식
1	IG-01	Ar
2	IG-100	N_2
3	IG-55	$N_2(50\%)$, $Ar(50\%)$
4	IG-541	$N_2(52\%)$, $Ar(40\%)$, $CO_2(8\%)$

3) 불활성기체계열의 명명법 : 소화약제 명칭 중 IG는 Inert Gas(불활성 기체)를 의미하며 뒤의 숫자는 소화약제의 해당 가스별 체적비(vol %)를 의미한다. 다음은 공식적인 명명법은 아니나 약제명을 제정한 과정을 설명한 것이다.

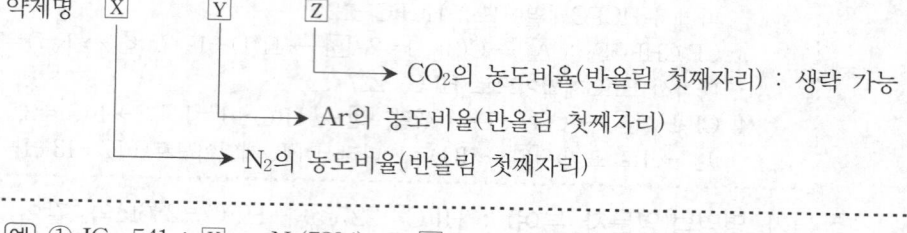

약제명 X Y Z
→ CO_2의 농도비율(반올림 첫째자리) : 생략 가능
→ Ar의 농도비율(반올림 첫째자리)
→ N_2의 농도비율(반올림 첫째자리)

예 ① IG-541 : X → $N_2(52\%)$=5, Y → $Ar(40\%)$=4,
　　 Z → $CO_2(8\%≒10\%)$=1　　따라서 불활성기체이므로 IG-541
② IG-55 : X → $N_2(50\%)$=5, Y → $Ar(50\%)$=5,
　　 Z → $CO_2(0\%)$=0 생략,　　따라서 불활성기체이므로 IG-55
③ IG-100 : X → $N_2(100\%)$=1, Y → $Ar(0\%)$=0,
　　 Z → $CO_2(0\%)$=0　　따라서 불활성기체이므로 IG-100
④ IG-01 : X → $N_2(0\%)$=0, Y → $Ar(100\%)$=1,
　　 Z → $CO_2(0\%)$=0 생략,　　따라서 불활성기체이므로 IG-01

4. 약제의 개별특성

① 소화약제에 대한 환경지수 및 소화농도 등은 관련 제조사마다 세계 각 국의 연구소에서 발표한 내용 중 자사에 가장 유리한 Data를 선별하여 인용하는 관계로 제조사마다 발표하는 수치가 국제적으로 통일되어 있지 않으며 신뢰성이 부족한 수치인 경우가 많다. 또한 동일 약제인 경우에도 제조사별로 설계프로그램이 다른 관계로 근소하게 소화농도에 차이가 발생한다.

② 따라서 본 교재에 수록한 개별 약제에 대한 환경지수는 UN에서 환경을 담당하는 국제기구인 UNEP(United Nations Environment Program)의 산하

단체인 HTOC에서 가장 최근인 2018년 12월에 작성된 보고서[326]를 기준으로 작성하였으며 국제적인 공식문건으로 간주할 수 있다. 국내는 1992년부터 몬트리올 의정서에 가입하여 그 당시부터 의정서에 대한 각 조항을 적용받고 있다.

③ 소화농도의 경우는 NFPA 2001에서 컵버너시험 결과 소화농도를 제시하고 있으나 국내의 경우는 설계프로그램을 인증받아야 사용할 수 있는 관계로 NFPA 2001의 소화농도는 참고사항일 뿐이며 반드시 성능인증을 받은 제품별 소화농도를 우선적으로 적용하여야 한다. 현재 국내에서 한국소방산업기술원의 개정된 성능인증 및 제품검사의 기술기준에 따라 인정을 받은 약제는 현재 ① HFC-227ea ② HFC-23 ③ HFC-125 ④ FK-5-1-12 ⑤ IG-541 ⑥ IG-100이나 기존의 제품도 계속하여 개정된 성능인정에 맞도록 프로그램을 개발 중에 있다.

[표 1-9-5] 국내 Clean agent 성능인증 현황(2023. 5. 기준)

구 분	법정명	상품명	
할로겐화합물계열	① HFC-227ea	• MG 227KSS Ⅱ • Blazero-227 • NKFS-227	• Anyfire HFC-227ea • FM200PFS Ⅱ
	② HFC-23	• Anyfire • Blazero-Ⅲ • Fine-23	
	③ HFC-125	• Fone 25 • MG-125 KSS • Fort-125 Ⅲ • Green-125 • Anyfire 125 • MG125KSS	• DA-125 • DY-125 • NKFS-125 • FESCO-125 • Blazero-125
	④ FK-5-1-12	• Blazero-1230-2 • MG5112KSS	• Fort-H1230
불활성기체계열	⑤ IG-541	• Hero IG-541 • FS-541	• Inert-Zero • SMN IG-541
	⑥ IG-100	• FineN-100 • NKFS-100 • JH Silent IG-100	• Anyfire IG-100 • Blazero-100

㈜ 동일한 약제인 경우에도 상품명은 제조사별로 다르다.

---

326) 2018 HTOC(Halons Technical Options Committee) Technical note(revision 5)

(1) HCFC Blend A

1) 특징

① NFPA, SNAP Program에서 채택하고 있으나 UL이나 FM에서는 인증을 받지 못하고, 인증은 Pre-engineering system을 ULC(UL Canada)에서 받은 상태이다.

② HCFC-22(CHClF$_2$)를 주체(wt 82%)로 한 혼합가스로서 충전압력은 낮은 압력(약 2.4MPa)과 높은 압력(약 4.2MPa)의 2가지로 분류한다.

③ HCFC계열의 물질로서 몬트리올 의정서상 경과물질로 규정되어 개도국은 2030. 1. 1.부터 전폐(全廢)하도록 되어 있다.

④ 국내에 가장 많이 설치된 제품으로 소화와 관련된 약제의 성상은 기존 할론 1301과 매우 유사하다.

2) 인증사항

① 국내에서 설치 사례가 가장 많은 제품인 관계로 4개 업체가 구 기준의 KFI 인증을 받은 상태이며 배관은 Sch 40을 사용한다.

② 할론 1301과 마찬가지로 68l/50kg 용기를 표준저장용기로 사용한다.

3) 환경지수(주성분 HFC-22 기준) : UNEP 자료

ODP	GWP(100year)	ALT(year)	NOAEL(vol%)
0.055	1,760	11.9	10

(2) HFC-227ea

1) 특징

① NFPA, SNAP program에서 채택 및 UL 및 FM에서 인증된 제품이다.

② 충전압력은 저압, 중압, 고압의 3종류이나 국내는 상온에서 충전압력이 2.53MPa의 중간압력으로 최초 KFI인증을 받았지만 포화증기압이 낮은 관계로 약제의 이송거리를 연장하기 위하여 약제 저장용기 외부에 질소용기를 부설하여 사용하는 가압식 시스템(상품명 Piston Flow System ; PFS)을 채택하고 있다.

③ 약제가격이 다른 약제에 비해 높은 편이다.

2) 인증사항

① 기존의 KFI인증을 받은 상태이며 PFS형 소화시스템은 저장용기 1병마다 질소용기 1병을 사용하며 저장용기의 충전압력은 20℃에서 2.53MPa이다. 아울러 개정된 성능시험 기준에 대해 인증을 받았으며 성능인증을 받은 제품인 MG 227PFS는 Piston Flow System 방식을 의미한다.

② 저장용기는 제조사에 따라 다르나 59*l*(표준충전량 50kg), 89*l*(표준충전량 75kg), 115*l*(표준충전량 100kg) 등을 사용하며 배관은 Sch 40을 사용한다.

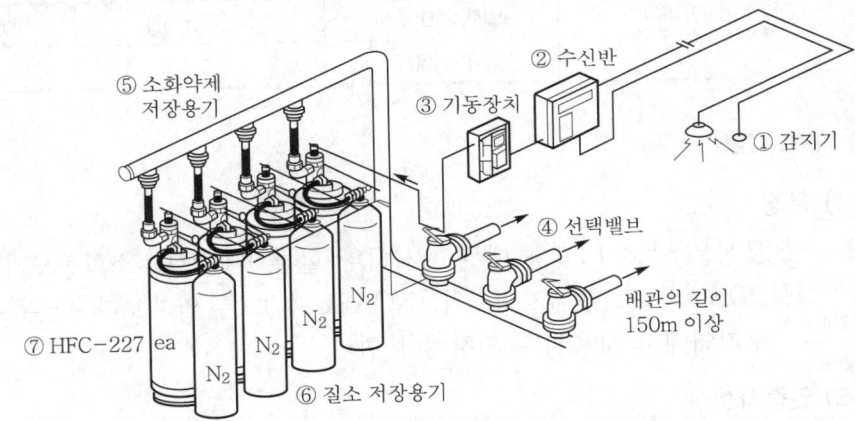

[그림 1-9-2] HFC-227ea Piston flow system

3) 환경지수 : UNEP 자료

환경기준 및 소화능력 측면은 HFC계 소화약제 중 가장 우수하다.

ODP	GWP(100year)	ALT(year)	NOAEL(vol%)
0	3,350	38.9	9

(3) HFC-23

1) 특징

① NFPA, SNAP program에서 채택 및 UL 및 FM에서 인증된 제품이다.

② 화학적 소화(억제소화)와 물리적 소화(냉각소화)가 공동으로 작용하여 소화되는 약제로서, 빙점이 매우 낮아(-155.2℃) -40℃까지의 한냉지역에서도 사용할 수 있다.

③ 포화증기압이 다른 약제에 비해 높은 관계(상온에서 $42kg/cm^2$)로 할로겐화합물 소화약제 중 유일하게 질소가압을 하지 않으며 자기증기압으로 방사된다.

④ 임계온도가 낮은(25.9℃) 관계로 저장용기실의 온도가 임계온도보다 높은 경우에는 기체로 배출되므로 방사거리가 짧고 방사시간이 지연될 수 있다.

2) 인증사항

① 저장용기는 제조사에 따라 다르나 40*l*, 68*l*, 125*l*용 등을 사용하며 배관은 Sch 40을 사용하며 개정된 성능시험기준에 대해 인증을 받은 제품이다.

② 헤드부착 높이에 대해 인증받은 성능시험기준 품목은 제조사별로 4.4m와 6.6m가 있다.

3) 환경지수 : UNEP 자료

NOAEL이 50%로 매우 높아 인체의 안전성 측면은 매우 우수한 약제이다.

ODP	GWP(100year)	ALT(year)	NOAEL(%)
0	12,460	222	30

(4) HFC-125

1) 특징

① 물성은 할론 1301과 매우 유사하나 할론 1301보다 소화농도가 떨어진다.

② ODP=0으로 친환경적이나, NOAEL이 다른 약제보다 낮은 관계로 정상거주지역에서 사용시 유의하여야 한다.

2) 인증사항

① 기동방식은 Master-slave방식(저장용기 중 주용기 1개가 먼저 개방한 후 해당 소화가스가 다른 저장용기를 개방시켜 주는 방식)으로 사용한다.

② 국내에서 가장 인증을 많이 받고 있는 제품으로 저장용기 규격은은 제조사에 따라 다르며 배관은 Sch 40을 사용한다. 헤드 높이는 5~7.5m로 인증받은 소화농도는 업체별로 약간의 차이가 있다.

3) 환경지수 : UNEP 자료

ODP	GWP(100year)	ALT(year)	NOAEL(%)
0	3,170	28.2	7.5

(5) FK-5-1-12

1) 특징

① 3M사에서 개발한 소화약제로 ODP가 0이며 GWP가 Clean agent 중 제일 낮아 매우 우수한 친환경적인 약제이다.

② 일명 "젖지 않는 물"로 알려진 NOVEC 1230을 소화약제로 사용하는 제품으로 국내는 충전압력이 상온에서 $25.3kg/cm^2$의 낮은 압력인 관계로 약제의 이송거리를 연장하기 위하여 약제 저장용기 외부에 질소용기를 부설하여 사용하는 가압식 시스템(상품명 Nitogen Drive System ; NDS)을 채택하고 있다.

2) 인증사항

① NDS형 소화시스템은 저장용기 1병마다 질소용기 1병을 사용하며 저장용기는 방호구역에 필요한 소화약제량을 적용하도록 가변충전방식을 사용한다.

② 저장용기는 60l(48~67.2kg 가변충전), 90l(43.2~100.8kg 가변충전), 140l(67.2~156.8kg)의 3종류이며 배관은 Sch 40을 사용한다.

③ 헤드 부착높이에 대해 별도로 성능인정을 받아 높이 5m까지 사용할 수 있다.

3) 환경지수 : UNEP 자료

ODP	GWP(100year)	ALT(year)	NOAEL(%)
0	≤ 1	0.02	10

(6) IG-541

1) 특징

① NFPA, SNAP program에서 채택 및 UL 및 FM에서 인증된 제품이다.

② 불활성기체계열의 물질인 관계로 화학적 소화가 아닌 물리적 소화에 의한 질식소화 약제이나, 질소 및 아르곤이 주성분으로 인체질식은 발생하지 않는다.

③ 질식소화의 특성상 타 약제에 비해 많은 양의 용기수를 필요로 하며 이로 인하여 넓은 용기실 면적을 확보하여야 한다.

④ 용기 저장압력 및 헤드 방사압력이 고압인 관계로 방호구역 내에 릴리프 벤팅(Relief venting)이 필요하다.

2) 인증사항

① 기동방식은 Master-Slave방식으로 사용하며 용기밸브는 방호구역별로 첫 번째 Master cylinder에만 부착하며 개정된 성능시험기준에 대해 인증을 받은 제품이다.

② 제조사에 따라 충전압력이나 방호높이에 차이가 있으며 용기 수량을 줄이기 위하여 12.4m^3 또는 17.37m^{3}로 충약하고, 충전압력은 약 15MPa 또는 20MPa이며 방호높이는 7.5m 또는 6.5m이다.

③ 선택밸브 접속배관의 앞쪽에 감압을 해주는 오리피스 플레이트(Orifice plate)를 설치하고, 이전은 Sch 80으로 이후는 Sch 40으로 사용한다.

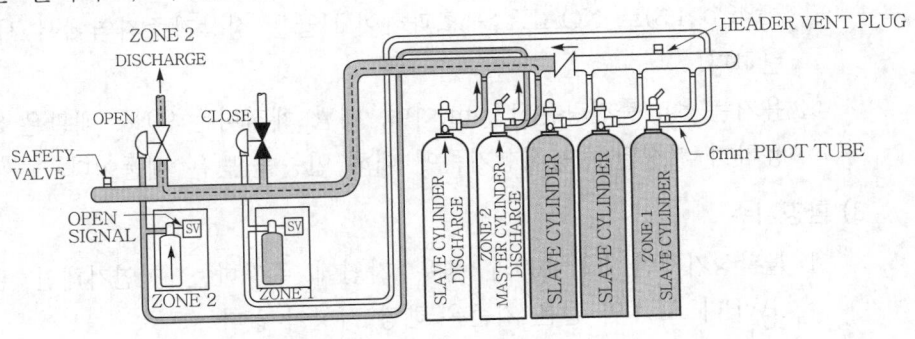

[그림 1-9-3] IG-541 System(예)

3) 환경지수

① 불활성기체인 IG−541의 경우 자연에 존재하는 천연기체인 관계로 ODP, GWP나 ALT와 같은 기준은 해당 사항이 없다.

② NOAEL의 경우 천연 기체인 관계로 NOAEL과 함수적으로 동등한 NEL(No Effect Level)을 적용한다. 불활성기체란 분해되지 않으며 유독성의 분해물질이 생성되지 않으므로 인체 안전성의 문제는 약제량 방사로 인한 실내의 산소 저하로 인한 질식의 문제이다. 정상거주지역의 경우 산소농도는 12% 이상(해수면 기준)이어야 하며 이는 43%의 소화농도에 해당하므로 이를 NEL로 한 것이다.

ODP	GWP(100 year)	ALT(year)	NEL(%)
0	N/A	N/A	43

㈜ N/A는 No Account의 뜻임.

(7) IG−100

1) 특징

① ABC급 전 화재에 적응성이 있으며 질소 100%를 사용한 전형적인 불활성 기체 약제이다.

② 질식소화의 특성상 타 약제에 비해 많은 양의 용기수를 필요로 하며 이로 인하여 넓은 용기실 면적을 확보하여야 한다.

③ 용기 저장압력 및 헤드 방사압력이 고압인 관계로 방호구역 내에 릴리프 벤팅이 필요하다.

④ 질식소화약제이나 질소는 공기 중 비율이 78%인 천연가스인 관계로 지구환경에 영향을 주지 않으며 정상거주지역에서도 사용이 가능하다.

2) 인증사항

① 질소용기의 저장압력은 223(kg/cm²)의 고압이며, B급 설계농도가 46%(= 35.4%×1.3)로 NOAEL을 초과하여 B급은 정상거주지역에서 사용하기가 곤란하다.

② 용기는 84*l*/충전량은 17.4m³이며, 배관 체적비는 90%, 배관은 Sch 40을 사용하며 개정된 성능시험기준에 대해 인증을 받은 제품이다.

3) 환경지수

① 불활성기체인 IG−100의 경우 자연에 존재하는 천연기체인 관계로 ODP, GWP나 ALT와 같은 기준은 해당 사항이 없다.

② NOAEL에 해당하는 NEL이 43%이므로 정상거주지역에서도 사용이 가능하다.

ODP	GWP(100 year)	ALT(year)	NEL(%)
0	N/A	N/A	43

4 소화설비의 약제량 계산

1. 할로겐화합물의 경우 : 제7조 1항 1호(2.4.1.1)

(1) 약제량

1) 일반적으로 할로겐화합물의 경우는 약제를 저농도로 단시간 방사하는 특징이 있으며 이에 비해 불활성기체는 질식소화를 주체로 하므로 약제를 고농도로 장시간(상대적으로) 방사하는 특징이 있다. 화재시 방사된 소화약제가 기화하여 방호구역의 개구부를 통하여 방호구역 외부로 약제가 공기와 함께 배출되어 그 양이 줄어들게 되며 약제의 농도가 높을수록 손실되는 양도 증가하게 된다.

2) 그러나 저농도로 방사되는 할로겐화합물의 경우는 일반적으로 약제량 계산식에 누설량에 대한 여유분이 포함되어 있는 것으로 간주한다.[327] 즉 손실되는 양이 무시할 수 있는 정도이므로 오차의 범위로 간주한다는 의미이다. 따라서 할로겐화합물 소화약제의 경우는 유출이 없는 무유출(No efflux)로 약제량을 계산하며 이를 식으로 표현한 것이 [식 1-9-1]이 된다.

$$W = \frac{V}{S} \times \left[\frac{C}{100 - C} \right]$$ .... [식 1-9-1]

여기서, W : 소화약제의 중량(kg)
　　　 V : 방호구역의 체적(m^3)
　　　 S : 비체적(Specific volume)
　　　　　 $S = K_1 + K_2 \times t(℃)$(1기압)($m^3$/kg)
　　　 t : 방호구역의 최소예상온도(℃)
　　　 C : 설계농도(vol%)

---

327) 이 계산에는 소화약제의 팽창으로 인한 밀폐 방호구역으로부터 통상적인 누설량에 대한 여유분이 포함되어 있다.

(2) 식의 유도

무유출의 경우는, 농도 = $\dfrac{\text{방사한 약제부피}}{\text{방호구역체적} + \text{방사한 약제부피}} \times 100$ 이므로

농도 $C = \dfrac{v}{V+v} \times 100$

이때 v(약제부피) = S(비체적) $\times$ W(약제질량)이므로

농도 $C = \dfrac{W \times S}{V + W \times S} \times 100$,

$C \times (V + W \times S) = W \times S \times 100$

$(W \times S \times 100) - (W \times S \times C) = V \times C$,

$W \times S(100 - C) = V \times C$

따라서 $W = \dfrac{V \times C}{S(100 - C)} = \dfrac{V}{S} \times \left[\dfrac{C}{100 - C} \right]$ 가 된다.

(3) 선형상수의 개념

1) [식 1-9-1]을 이용하여 약제량을 구할 경우는 비체적 S가 온도의 함수가 되며 농도 C가 있는 관계로 다양한 온도 t(℃)와 다양한 농도 C(vol%)에 대응하는 소화약제량을 구할 수 있다. 비체적 $S = K_1 + K_2 \times t$(℃)에서 K_1 및 K_2를 선형상수(線型常數 ; Specific volume constant)라 하며 대표적인 할로겐화합물 소화약제의 선형상수를 기재하면 다음 표와 같다.

[표 1-9-6(A)] 할로겐화합물의 선형상수의 값

할로겐계열 소화약제	분자량	K_1	K_2
HCFC B/A	92.9	0.2413(← 22.4/92.90)	0.00088(← 0.2413/273)
HFC-227ea	170.0	0.1269(← 22.4/170.03)	0.0005(← 0.1269/273)
HFC-23	70.01	0.3164(← 22.4/70.01)	0.0012(← 0.3164/273)
HFC-125	120	0.1825(← 22.4/120)	0.0007(← 0.1825/273)

2) 선형상수에 대한 이론적인 개념은 다음과 같다.

① 모든 기체는 0℃, 1기압(표준상태)에서는 1mol(g분자량)은 22.4l가 되며 이를 아보가드로(Avogadro)의 법칙이라고 한다. 따라서 1kg 분자량은 22.4m³가 된다. 또 모든 기체의 부피는 온도에 따라 증가하며 1℃ 증가할 때마다 0℃ 부피의 1/273씩 증가한다. 이를 샤를(Charles)의 법칙이라 한다.

② 1기압에서 임의의 기체에 대한 비체적의 정의는 "단위 질량당 기체의 체적"이므로 위의 아보가드로 법칙에 의거 표준상태(0℃, 1기압)에서 기체의 비체적 $S = (22.4\text{m}^3/1\text{kg 분자량})$이 되며 이것을 K_1이라고 하자.

③ 임의의 온도 $t(℃)$에서는 위의 샤를의 법칙에 의해 비체적 $S = K_1 + K_1 \times (t/273)$ 가 되므로 $S = (K_1/273) \times t + K_1$에서 $K_1/273 = K_2$라면 $S = K_2 \times t + K_1$으로 표시할 수 있다. 최종적으로 $S = K_2 \times t + K_1$에서 이는 $y = ax + b$의 1차 함수로서 기울기가 K_2, y절편이 K_1인 온도변수 t에서 비체적 S에 대한 그래프 ([그림 1-9-4])가 된다. 이때 y축의 교점인 절편 "$K_1 = 22.4\text{m}^3/1\text{kg}$ 분자량"이 되며, 기울기 $K_2 = K_1/273$이 된다. 본 그래프인 비체적 S는 온도 t에 대해 비례 관계가 있으며 온도 t는 $-273℃$ 이하는 존재하지 않는 값이며 본 그래프의 x축(온도)은 원칙적으로 용기저장실의 사용 온도 조건에서만 유효한 값이 된다. 결국 K_1은 표준상태에서의 비체적을 의미하며 K_2는 $0℃$에서 $1℃$ 상승하는 데 해당하는 비체적 증가분을 의미한다.

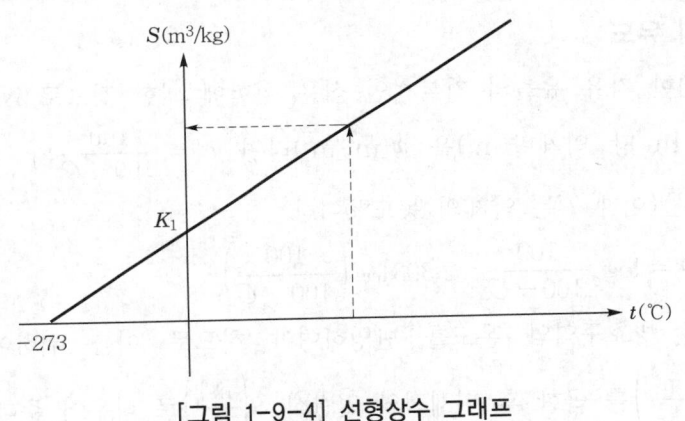

[그림 1-9-4] 선형상수 그래프

따라서 제7조 1항 1호(2.4.1.1)에서 제시한 선형상수 K_1과 K_2의 값은 위와 같은 방법에 따라 산출된 것으로 [표 1-9-6(A)]에서 계산 수치가 정확히 일치되지 않는 것은 약제 팽창시 외부로의 누설을 고려한 공차(公差)를 포함하고 있기 때문이다.

2. 불활성기체의 경우 : 제7조 1항 1호(2.4.1.2)

(1) 약제량

전역방출방식에서 불활성기체의 경우는 질식소화를 주체로 하는 고농도 장시간 방사형에 해당한다. 이에 따라 불활성기체의 소화약제는 고농도로 방사되는 까닭에 약제의 체적이 매우 크므로 약제의 방사압력으로 인하여 공기가 자유롭게 외부로 누설하게 되는데 특히 농도가 높을수록 그 손실되는 양도 증가하게 된다.

이에 따라 국제적으로 불활성기체의 경우는 무유출로 적용하지 않으며 CO_2와 같이 자유유출로 소화약제량을 적용하여야 한다. 따라서 할로겐화합물과는 다른 별도의 약제량식을 적용하여야 하며 이를 표현한 것이 [식 1-9-2]가 된다.

$$x = 2.303 \times \frac{V_S}{S} \times \left(\log \frac{100}{100-C} \right)$$ ················ [식 1-9-2]

여기서, x : 방호구역 $1m^3$당 소화약제의 체적(m^3/m^3)
V_S : 1기압, 상온($20℃$)에서의 비체적(m^3/kg)
S : 비체적(Specific volume)
$\quad S = K_1 + K_2 \times t(℃)$ (1기압)(m^3/kg)
t : 방호구역의 최소예상온도($℃$)
C : 설계농도(vol%)

(2) 식의 유도

이러한 자유 유출의 기본적인 식은 실험에 의한 것으로 NFPA에 의하면 방호구역 $1m^3$당 약제량(m^3)을 $x(m^3/m^3)$라면 $e^x = \dfrac{100}{100-C}$와 같은 관계식이 성립한다.[328] (이때 C는 약제의 농도%이다)

$$\therefore \ x = \log_e \frac{100}{100-C} = 2.303 \log \left(\frac{100}{100-C} \right)$$

이때 방호구역의 온도를 반영하여야 하므로 이를 위하여 상온에서의 비체적 $V_S \left(\dfrac{m^3}{kg} \right)$를 곱한 후 비체적의 일반식 $S \left(\dfrac{m^3}{kg} \right)$로 나누어 준다($\because \ \dfrac{V_S}{S}$의 단위는 상쇄되어 무차원이 된다). 그러면 비체적이 반영된 최종식으로 $x = 2.303 \times \left(\dfrac{V_S}{S} \right) \times \log \left(\dfrac{100}{100-C} \right)$이 된다.

1) 유의할 것은 할로겐화합물의 경우는 약제량식이 방호구역 전체에 대한 약제량은 중량(kg)으로 되어 있으나 불활성기체의 경우는 방호구역 체적당 약제 체적(m^3/m^3)으로 되어 있다. 이는 불활성기체는 상온 상압에서 항상 기체이므로 중량이 아닌 체적으로 적용한 것이다. 따라서 불활성기체의 경우 방호구역 전체 체적에 대한 약제량(이때의 단위 m^3)은 $2.303 \times \dfrac{V_S}{S} \times \left(\log \dfrac{100}{100-C} \right) \times V$가 된다.

---

328) NFPA 12(CO_2 extinguishing system) 2022 edition Annex D(Total flooding systems)

2) V_S/S의 개념은 약제량 식에 온도의 요소를 반영하여 온도변화에 따른 약제체적의 증감을 반영하기 위한 것으로 상온에서의 비체적과 임의 온도에서의 비체적을 이용한 것이다. 이의 개념은 상온에서는 $V_S/S=1$이므로 약제량을 기본값 1로 하여, 상온 미만에서는 $V_S/S>1$이므로 더 많은 약제량을 적용하여야 하며 즉 이는 온도가 낮을수록 약제체적 팽창률이 작아지므로 약제량을 증가시켜주는 것이다. 상온 초과에서는 $V_S/S<1$이므로 더 적은 약제량을 적용하여야 하며 이는 온도가 높을수록 약제체적 팽창률이 커지므로 약제량을 감소시켜 준다는 의미이다.

온 도	상온미만	상 온	상온 초과
$\dfrac{V_S}{S}$ 값	$\dfrac{V_S}{S}>1$	$\dfrac{V_S}{S}=1$	$\dfrac{V_S}{S}<1$
약제량 가감	상온보다 약제 증가율을 크게 함	기준 약제량	상온보다 약제 증가율을 작게 함

(3) 선형상수의 값

선형상수는 [표 1-9-6(A)]에서 설명한 내용과 동일하므로 이를 근거로 작성한 것이 제7조 1항 2호에서 규정한 다음 표로서, 마찬가지로 계산결과가 정확히 일치되지 않는 것은 약제 팽창시 외부로의 누설을 고려한 공차(公差)를 포함하고 있기 때문이다.

[표 1-9-6(B)] 불활성기체의 선형상수의 값

소화약제	분자량	K_1	K_2
IG-01	39.9	0.5685(← 22.4/39.9)	0.00208(← 0.5685/273)
IG-100	28.0	0.7997(← 22.4/28)	0.00293(← 0.7997/273)
IG-541	34.0	0.65799(← 22.4/34)	0.00239(← 0.65799/273)
IG-55	33.95	0.6598(← 22.4/33.95)	0.00242(← 0.6598/273)

5 소화설비의 화재안전기준

방사(放射)와 방출(放出)

그동안 수계소화설비는 방사, 가스계 소화설비는 방사와 방출을 혼용하였으나 NFPC와 NFTC를 도입하면서 가스계 소화설비의 경우는 모두 "방출"로 통일하였다. 이에, 본 교재에서는 가스계 소화설비의 경우 법령 조문의 문구는 방출로 통일하고, 해설이나 설명문에서는 방사와 방출을 혼용하여 기술하였다.

1. 비적응성 장소 : 제5조(2.2)

(1) 사람이 상주하는 곳으로 최대허용설계농도를 초과하는 장소

 최대허용설계농도

최대허용설계농도란 NOAEL을 말하며, NFTC 표 2.4.2에서 규정하고 있다.

(2) 3류 및 5류 위험물을 사용하는 장소. 다만, 소화성능이 인정되는 위험물은 제외한다.

> NFPA에서는 비적응성 장소로 CO_2나 할론 1301과 마찬가지로 다음의 4가지를 제시하고 있다.[329]
> ① 공기가 없는 곳에서 신속히 산화하는 물질 : 니트로셀룰로스(Cellulose nitrate)나 화약류(gunpowder) 등이 해당되며, 국내의 5류 위험물에 해당한다.
> ② 반응성 금속 : Na, Li, Mg, K 등이 해당되며 국내의 3류 위험물에 해당한다.
> ③ 금속수소화합물 : 일명 반도체 가스라 칭하는 것으로 실란(Silane ; SiH_4), 포스핀(Phosphine ; PH_3), 아르신(Arsine ; ASH_3), 디보란(Diborane ; B_2H_6) 등이 해당한다.
> ④ 자기열분해물질 : 유기과산화물(Organic peroxide) 및 하이드라진(Hydrazine) 등이 해당되며 국내의 5류 위험물에 해당한다.

 하이드라진(Hydrazine)

질소와 수소의 화합물로서 화학식은 NH_2NH_2이며 공기 속에서 발연하는 무색의 액체이다. 인화점이 37.8℃로 낮으며 로켓연료나 연료전지 등에 사용되고 있다.

2. 저장용기

(1) 용기저장실의 기준 : NFTC 2.3.1.1~2.3.1.6

1) 방호구역 외의 장소로서 방화구획된 실에 설치해야 한다(제6조 1항).

2) 방호구역 외의 장소에 설치할 것. 다만, 방호구역 내에 설치할 경우에는 피난 및 조작이 용이하도록 피난구 부근에 설치해야 한다(NFTC 2.3.1.1).

3) 온도가 55℃ 이하로 온도변화가 작은 곳에 설치할 것

---

329) NFPA 2001(2022 edition) 4.2.2(Incompatible hazards)

① CO_2 및 할론의 경우는 화재안전기준에서 저장실 온도가 40℃ 이하이나 이와 달리 할로겐화합물 및 불활성기체의 경우는 저장실 온도를 55℃ 이하로 규정하고 있다. 이는 CO_2 및 할론의 용기실 온도기준은 일본소방법을 준용한 결과이고 소화약제의 경우는 NFPA 2001에서 저장실 온도의 상한값인 130℉(55℃)[330]를 준용한 결과이다.

② 저장실 온도의 상한값은 결국 저장실의 최고저장온도에서 최대충전밀도로 충전할 경우, 용기 내부 압력이 최대로 상승하게 되므로, 이 경우 사용하는 배관의 규격이 시스템별로 적정한지를 판단하는 배관 규격의 기준이 되는 것이다. 따라서 현재 화재안전기준상 40℃의 CO_2나 할론의 용기저장실 기준은 55℃로 개정되어야 한다.

[표 1-9-7] 용기저장실 온도 비교

소화설비	할로겐화합물 및 불활성기체 소화설비	CO_2소화설비	할론 소화설비
용기저장실 온도	55℃ 이하	40℃ 이하	
근 거	NFPA 2001 기준을 준용	일본소방법 기준을 준용	

☞ 일본의 경우 할로겐화합물은 할론 소화설비로, 불활성기체는 CO_2소화설비로 분류하고 있다.

4) 직사광선 및 빗물이 침투할 우려가 없는 곳에 설치할 것

5) 저장용기를 방호구역 외에 설치한 경우에는 방화문으로 구획된 실에 설치할 것

① 방호구역 내부나 외부 어느 곳에도 용기실을 설치할 수 있으나, 용기실은 방화문으로 구획하여야 한다. 방호구역 내부에 설치할 경우는 화재시 필요에 따라 용기실에 관계인이 출입하여야 하므로 피난이나 조작이 용이한 출입구 부근에 설치하여야 한다.

② 또한 방화문은 「건축법 시행령」 제64조의 규정에 의한 60분+방화문, 60분 방화문 또는 30분 방화문을 말한다.

6) 용기의 설치장소에는 해당 용기가 설치된 곳임을 표시하는 표지를 할 것

7) 용기간의 간격은 점검에 지장이 없도록 3cm 이상의 간격을 유지할 것

(2) 저장용기의 일반기준 : NFTC 2.3.2.2~2.3.2.5

1) 저장용기는 약제명·저장용기의 자체중량과 총중량·충전일시·충전압력 및 약제의 체적을 표시할 것

2) 동일 집합관에 접속되는 저장용기는 동일한 내용적을 가진 것으로 충전량 및 충전압력이 같도록 할 것

---

330) NFPA 2001(2022 edition) 5.1.4(Agent storage containers)

3) 저장용기에 충전량 및 충전압력을 확인할 수 있는 장치를 하는 경우에는 해당 소화약제에 적합한 구조로 할 것

4) 저장용기의 약제량 손실이 5%를 초과하거나 압력손실이 10%를 초과할 경우에는 재충전하거나 저장용기를 교체할 것. 다만, 불활성기체 소화약제 저장용기의 경우에는 압력손실이 5%를 초과할 경우 재충전하거나 저장용기를 교체해야 한다.

3. 저장용기의 기술기준 : 제6조 2항 1호[표 2.3.2.1(1)]

(1) 최대충전밀도(Maximum fill density)

1) 기준 : 저장용기의 충전밀도는 다음의 표에 따를 것

[표 1-9-8] 할로겐화합물 소화약제의 최대충전밀도(kg/m^3)

HFC-227ea	FC-3-1-10	HCFC B/A	HFC-23	HCFC-124	HFC-125	HFC-236fa	FK-5-1-12
① 1,201.4 ② 1,153.3	1,281.4	900.2	① 768.9 ② 720.8 ③ 640.7 ④ 560.6 ⑤ 480.6	1,185.4	① 897 ② 865	① 1,201.4 ② 1,185.4	1,441.7

2) 해설 : 저장용기 등에 대한 최대충전밀도 및 충전압력, 최소사용설계압력은 NFPA 2001에서 약제별로 제시하고 있으며[331] 화재안전기준은 이를 준용한 것이다.

① 충전비와 충전밀도

㉮ 충전비란 충전하는 약제무게(kg)당 용기체적(l)이며 이에 비해 충전밀도란 용기체적(m^3)당 충전하는 약제무게(kg)이다. 일본소방법은 소화용 가스용기에 충전하는 약제량을 충전비로 표시하며, NFPA에서는 이를 충전밀도로 표시하고 있다. 또한 충전비와 충전밀도는 서로 역수(逆數)의 관계가 된다.

㉯ 일본소방법의 경우 CO_2, 할론, 할로겐화합물 및 불활성기체 소화설비 모두 충전비로 표시하며 NFPA의 경우는 CO_2, 할론, 할로겐화합물 및 불활성기체 소화설비 모두 충전밀도로 표시한다. 화재안전기준에서는 전통적인 설비인 CO_2나 할론설비의 경우 일본소방법을 준용하여 충전비로 적용하나, 새로운 설비인 할로겐화합물 및 불활성기체 소화설비의 경우는 NFPA를 준용하여 충전밀도로 적용하고 있다.

---

331) NFPA 2001(2022 edition) Table 5.2.1.1.1(b)

[표 1-9-9] 충전비와 충전밀도 비교

구 분	충전비(充塡比)	충전밀도(Fill density)
정 의	단위 약제중량당 용기의 체적	단위 용기체적당 약제의 중량
계산식	$C = \dfrac{V(l)}{W(\text{kg})}$	$F = \dfrac{W(\text{kg})}{V(\text{m}^3)}$
개 념	① 용기 체적(V)이 일정하므로 $y = a\,/\,x$의 반비례식이 된다. → 충전비가 커지면 약제량 감소 ② 최소충전비와 최대충전비를 적용한다.	① 용기 체적(V)이 일정하므로 $y = ax$의 비례식이 된다. → 충전밀도가 커지면 약제량 증가 ② 최대충전밀도만 적용한다.
적 용	CO_2 및 할론 소화설비	할로겐화합물 및 불활성기체 소화설비
근 거	일본소방법 기준	NFPA 기준 (NFPA 12, 12A, 2001)

② 최대충전밀도

㉮ 할로겐화합물 및 불활성기체 소화설비의 경우 약제별로 다양한 충전밀도를 적용하고 있는 것은 동일 체적의 용기에 약제 충전량을 달리하여 약제별 저장용기 적용을 다양화시키는데 있다. 같은 충전밀도일 경우에도 질소가압에 따라 충전압력을 달리 할 수 있으며 충전밀도가 가장 큰 경우에도 질소가압에 따라 충전압력을 가장 낮게 할 수도 있다.

㉯ NFTC 표 2.3.2.1(1)에서 제시하는 약제별 최대충전밀도(Maximum fill density)는 어느 경우에도 이를 초과하는 약제량을 충전하여서는 아니 된다. 불활성기체에서 충전밀도를 적용하지 않는 이유는 충전밀도는 용기 내 충전하는 약제의 중량을 정하는 것이나 불활성기체는 상온에서 기상으로 용기 내 기체상태로 저장하므로 충전밀도는 적용하지 아니한다.

(2) 충전압력(Charging pressure)

1) 기준 : 저장용기의 충전압력은 다음의 표에 따를 것

[표 1-9-10(A)] 할로겐화합물 소화약제의 충전압력(kPa) : NFTC 표 2.3.2.1(1)

소화약제 압력(kPa)	HFC-227ea			FC-3-1-10	HCFC B/A		HFC-23	
21°C 충전압력	1,034	2,482	4,137	2,482	4,137	2,482	4,198	
소화약제 압력(kPa)	HCFC-124		HFC-125		HFC-236fa			FK-5-1-12	
21°C 충전압력	1,655	2,482	2,482	4,137	1,655	2,482	4,137	2,482	4,206

[표 1-9-10(B)] 불활성기체 소화약제의 충전압력(kPa) : NFTC 표 2.3.2.1(2)

소화약제 압력 (kPa)	IG-01		IG-541			IG-55			IG-100		
21°C 충전압력	16,341	20,436	14,997	19,996	31,125	15,320	20,423	30,634	16,575	22,312	28,000

㈜ 충전압력 및 사용설계압력의 단위는 MPa이 아니라 kPa로 표시하고 있다.

2) 해설

① 소화약제 중 할로겐계열의 경우는 용기 내 질소로 축압을 하고 질소 축압의 차이에 따라 상응하는 다양한 충전압력을 가지게 되며 HFC-23을 제외하고는 할로겐화합물은 전부 질소로 축압하여 저장한다. 이에 비해 불활성기체의 경우는 약제를 기체상태로 압축하여 저장하고 있으므로 압축한 약제의 양에 따라 용기 내 다양한 충전압력을 보유하게 된다.

② NFPA에 따르면[332] FK-5-1-2는 21°C 충전압력이 150, 195, 360, 500, 610 psi의 5단계이며 이 중에서 150psi는 자체 포화증기압이나 기타는 질소가압을 하여 충전압력을 조정한 것이다. 이 중 360psi가 2,482kPa이며 610psi가 4,206kPa로 국내에서 사용되는 2가지만 제시한 것이다.

③ FC-3-1-10의 경우에는 다른 약제에 비해 ALT가 긴 관계로 지구환경에 미치는 영향이 크기 때문에 SNAP Program에서는 다른 대체물질이 없는 제한된 용도에서만 사용이 허용되기에 현재 NFPA의 Clean agent 항목에서 삭제되었다.

---

332) NFPA 2001(2022 edition) Table 5.2.1.1.1(b)

④ NFTC 표 2.3.2.1의 (1) 및 (2)는 NFPA 2001을 인용하여 [표 1−9−10(A)] 및 [표 1−9−10(B)]와 같이 21℃의 충전압력으로 표시하고 있으나 영미의 경우 상온은 70℉로서 21℃에 해당하나 국제적 기준인 ISO에서는 국내와 같이 상온이 20℃이므로 이를 20℃의 온도에 해당하는 충전압력으로 변환 하여 표시해 주는 것이 보다 합리적이다.

⑤ 따라서 UN의 산하단체인 UNEP에서 작성하여 발표하고 있는 국제적인 공 식문건인 2007년 1월의 "평가보고서(Assessment report)"는 ISO 기준에 따 라 상온을 20℃로 하여 [표 1−9−11]과 같이 할로겐화합물 및 불활성기체의 충전압력을 나타내고 있다.

[표 1−9−11] UNEP의 평가보고서상 충전압력(단위 bar : 20℃)

HFC−227ea	FC−3−1−10	HCFC B/A	HFC−23
25 또는 42	25	25 또는 42	42
HCFC−124	HFC−125	HFC−236fa	FK−5−1−12
25	25	25 또는 42	25
IG−01	IG−541	IG−55	IG−100
180	150 또는 200	150 또는 200	180 또는 240

[표 1−9−11]의 출전(出典)

2006 Assessment report of the HTOC Table 11−6

(3) 최소사용설계압력(Minimum design working pressure)

1) 기준 : 최소사용설계압력은 다음과 같다.

[표 1−9−12(A)] 할로겐화합물 소화약제의 최소사용설계압력 : NFTC 표 2.3.2.1(1)

소화약제 압력(kPa)		HFC−227ea			FC−3−1−10	HCFC B/A		HFC−23				
21℃ 충전압력	kPa (psi)	1,034 (150)	2,482 (360)	4,137 (600)	2,482 (360)	4,137 (600)	2,482 (360)	4,198 (608.9)				
55℃ 충전압력	(psi)	(249)	(520)	(1,025)	(450)	(850)	(540)	(1,713)	(1,560)	(1,382)	(1,258)	(1,158)
최소사용 설계압력	kPa (psi)	↓ 1,379 (200)	2,868 (416)	5,654 (820)	↓ 2,482 (360)	↓ 4,689 (680)	2,979 (432)	↓ 9,453 (1,371)	8,605 (1,248)	7,626 (1,106)	6,943 (1,007)	6,392 (927)

㈜ 1psi=6.895Pa이다.

압력(kPa)		HCFC-124		HFC-125		HFC-236fa			FK-5-1-12	
21℃ 충전압력	kPa (psi)	1,655 (240)	2,482 (360)	2,482 (360)	4,137 (600)	1,665 (240)	2,482 (360)	4,137 (600)	2,482 (360)	4,206 (610)
55℃ 충전압력	(psi)	(354)	(580)	(615)	(1,045)	(360)	(600)	(1,100)	(413)	(700)
최소사용 설계압력	kPa (psi)	↓ 1,951 (284)	3,199 (464)	↓ 3,392 (492)	5,764 (836)	↓ 1,931 (280)	3,310 (480)	6,068 (880)	↓ 2,482 (360)	4,206 (610)

[표 1-9-12(B)] 불활성기체 소화약제의 최소사용설계압력 : NFTC 표 2.3.2.1(2)

압력(kPa)			IG-01		IG-541			IG-55			IG-100		
21℃ 충전압력		kPa (psi)	16,341 (2,370)	20,436 (2,964)	14,997 (2,175)	19,996 (2,900)	31,125 (4,515)	15,320 (2,222)	20,423 (2,962)	30,634 (4,443)	16,575 (2,404)	22,312 (3,236)	28,000 (4,061)
55℃ 충전압력		(psi)	(2,650)	(3,304)	(2,575)	(3,433)	(5,367)	(2,475)	(3,300)	(4,950)	(2,799)	(3,773)	(4,754)
최소사용 설계압력	1차측 kPa (psi)		↓ 16,341 (2,370)	20,436 (2,964)	↓ 14,997 (2,175)	19,996 (2,900)	31,125 (4,515)	↓ 15,320 (2,222)	20,423 (2,962)	30,634 (4,443)	↓ 16,575 (2,404)	22,312 (3,236)	28,000 (4,061)
	2차측		비고 2 참조										

비고 1. 1차측과 2차측은 감압장치를 기준으로 한다.
　　　2. 2차측 최소사용설계압력은 제조사의 설계프로그램에 의한 압력값에 따른다.

주) 1psi=6.895Pa이다.

2) 해설

① 개념 : 할로겐화합물 및 불활성기체 소화설비의 배관 규격을 선정할 경우 배관의 압력등급은 NFTC 2.3.2.1에 제시한 최소사용설계압력 이상의 내압력을 가지고 있는 배관으로 선정하여야 한다. 최소사용설계압력이란 배관 및 부속류의 규격을 선정하기 위한 기준으로 해당 소화설비에 사용하는 배관의 압력 등급은 NFTC 2.3.2.1에 규정된 최소설계압력 이상의 내압을 갖는 규격의 배관을 사용하여야 하며 결국 이는 해당 소화설비 배관 규격을 정해주는 최소압력요구사항이다. 최소사용설계압력을 정하는 기준은 다음의 점선 박스 안에 있는 값 중 큰 쪽을 택한 것으로 이해를 돕기 위하여 참고 자료로 55℃에서의 충전압력을 [표 1-9-12(A)]와 [표 1-9-12(B)]에 각각 게재하였다.

① 70°F(21℃)에서의 소화약제 저장용기 내부의 정상 충전압력
② 최대충전밀도(허용 최대충전밀도)로 충전된 용기가 130°F(55℃) 이상 최대저장온도 상태에서 용기 내부 최고압력의 80%

② 할로겐화합물의 경우

㉮ 최소사용설계압력은 충전압력 마다 이에 대한 압력 값을 정한 것이므로, 따라서 약제별로 충전압력의 수와 최소사용설계압력의 수는 같다. 다만, HFC-23의 경우는 질소가압을 하지 않아 충전압력이 1종류이므로 이러한 경우는 충전밀도(5가지)로 최소사용설계압력(5가지)을 구분하고 있다.

㉯ 최소사용설계압력을 정하는 방법을 몇 가지 설명하면, [표 1-9-12(A)]에서 HFC-227ea의 경우 21℃ 충전압력이 150psi일 때 55℃에서는 249psi이다. 249psi×80%≒200psi이므로 따라서 둘 중 큰 값인 200psi에 해당하는 1,379kPa이 최소사용설계압력이 된 것이다. 또한 FK-5-1-12의 경우 21℃ 충전압력이 360psi일 때 55℃에서는 413psi이다. 413psi×80%≒331psi이므로 따라서 둘 중 큰 값인 360psi에 해당하는 2,482kPa이 최소사용설계압력이 된 것이다. 다만, HFC-236fa의 경우 21℃ 충전압력이 240psi일 때 55℃는 360psi이므로 360×80%인 288psi(1,986kPa)가 최소사용설계압력이 되어야 하나 현재 화재안전기준은 280psi(1,931kPa)로 되어 있다.

③ **불활성기체의 경우** : 불활성기체의 2차측 설계압력을 제시하지 않은 이유는 2차측의 압력이 감압장치에 의해 결정되는 것이 아니라 제조사의 설계프로그램에 따라 압력이 결정되는 것이므로 이에 따라 "2차측 최소사용설계압력은 제조사의 설계프로그램에 의한 압력값에 따른다"로 규정하고 있다.

(4) 배관비(=독립배관방식)

1) 기준 : 제6조 3항(2.3.3)

하나의 방호구역을 담당하는 저장용기의 소화약제의 체적합계보다 소화약제의 방출시 방출경로가 되는 배관(집합관을 포함한다)의 내용적의 비율이 Clean agent 제조업체의 설계기준에서 정한 값 이상일 경우에는 해당 방호구역에 대한 설비는 별도 독립방식으로 해야 한다.

2) 해설

① 할로겐화합물 및 불활성기체의 경우도 할론 1301처럼 배관비를 제한하고 있으나, 할론 1301의 경우는 물성이 동일하므로 약제 체적의 1.5배 이하로 하도

록 기준을 제시하고 있으나, 할로겐화합물 및 불활성기체 소화약제의 경우는 물성이 다양하므로 일정한 값을 제시하지 않고 제조사의 기준(설계프로그램에 의한)에 따르도록 하고 있다. 소화약제의 배관비는 따라서 할론 1301과 같이 배관 체적 대비 67%(1/1.5) 이상일 필요는 없으며 배관비에 대한 상세한 공학적 해설은 본 교재의 할론소화설비편을 참고하기 바란다.

② 제조사별로 프로그램에 대한 성능인증을 받은 제품의 경우는 설계프로그램에서 반드시 해당 약제에 대한 배관비를 인정받아야 한다. 설계프로그램 적용시 배관비가 제조사의 기준에 맞지 않는 경우는 에러가 발생하게 되어 있으며 현재 성능인증제품에 대한 배관비는 제조사별 소화약제에 따라 매우 큰 차이가 있으며 국내에서 프로그램을 인증받은 제품 중에서 약제별로 배관비의 최대치를 제시하면 다음과 같다.

[표 1-9-13] 소화약제별 배관비의 최대치(약제량체적/배관체적)

할로겐화합물계열(%)				불활성기체계열(%)	
HFC-227ea	HFC-125	HFC-23	FK-5-1-12	IG-541	IG-100
210%	315%	120%	360%	88%	90%

참고로 할론 1301의 최소배관비는 67%이다.

4. 배관

(1) 배관의 기준 : 제10조 1항 1호 & 2항(2.7.1.1 & 2.7.2)

1) 배관은 전용으로 할 것

2) 배관과 배관, 배관과 배관부속 및 밸브류의 접속은 나사접합, 용접접합, 압축접합 또는 플랜지접합 등의 방법을 사용해야 한다.

압축접합

배관접속의 한 방법으로 점검이나 보수를 할 때 편리하게 하기 위하여 배관에 슬리브 너트를 끼우고 관 끝을 플레어 공구(Flare tool)를 이용하여 나팔 모양으로 벌린 후 압축 이음쇠로 접합하는 방식이다.

(2) 배관의 규격 : 제10조 1항 2호(2.7.1.2)

배관·배관부속 및 밸브류는 저장용기의 방출내압을 견딜 수 있어야 하며 다음의 기준에 적합할 것. 이 경우 설계내압은 표 2.3.2.1(1) 및 표 2.3.2.1(2)에서 정한 최소사용설계압력 이상으로 해야 한다.

1) 강관을 사용하는 경우의 배관은 압력배관용 탄소강관(KS D 3562) 또는 이와 동등 이상의 강도를 가진 것으로서 아연도금 등에 따라 방식처리된 것을 사용할 것

2) 동관을 사용하는 경우 배관은 이음이 없는 동 및 동합금관(KS D 5301)의 것을 사용할 것

chapter

1

소화설비

▷ 성능인증을 받은 시스템의 경우 사용하는 배관의 규격은 다음과 같다.

할로겐화합물 및 불활성기체 소화약제의 최소배관규격(인증사항)

할로겐화합물계열					불활성기체계열	
HCFC B/A	HFC-227ea	HFC-125	HFC-23	FK-5-1-12	IG-541	IG-100
Sch 40	Sch 40	Sch 40	Sch 40	Sch 40	Sch 40~80	

(3) 배관의 두께 : 제10조 1항 2호 다목(2.7.1.2.3)

1) **기준** : 배관의 두께는 다음의 계산식에서 구한 값(t) 이상일 것. 다만, 방출헤드 설치부는 제외한다.

$$t = \frac{PD}{2SE} + A$$

·················· [식 1-9-3]

여기서, t : 관의 두께(mm)

P : 최대허용압력(kPa)

D : 배관의 바깥지름(mm)

SE : 최대허용응력(kPa)

A : 이음 허용값(mm) (헤드설치 부분은 제외한다)

🗒 1. SE(최대허용응력)="배관재질 인장강도의 1/4값과 항복점(降伏點)의 2/3값 중 적은 값"×배관 이음효율×1.2

2. A=이음 허용값(헤드설치 부분은 제외한다)
   • 나사이음(Threaded connection) : 나사의 높이
   • 절단 홈이음(Cut groove connection) : 홈의 깊이
   • 용접이음(Welded connection) : 0

3. 배관이음효율(Joint efficiency factor)
   • 이음매 없는 배관 : 1.0
   • 전기저항 용접배관 : 0.85
   • 가열맞대기 용접배관 : 0.60

2) **개념** : 가스계 소화설비 배관의 경우는 일반 배관과 달리 지속적으로 압력을 받는 것은 아니지만, 설치된 배관의 경우는 가스방사시를 고려하여 최대저장온도에서 최대충전밀도를 감안한 허용압력(최대값이 된다)을 견디어야 하며 또한 이러한 상황에서 배관의 재료나 공사방법에 따른 배관의 변형이 발생하지 않도록 최대허용응력에 견딜 수 있는 상태가 되어야 한다. 이를 만족하기 위하여

① 허용압력(최대), ② 허용응력(최대), ③ 배관의 직경, ④ 배관의 접합방법, ⑤ 배관의 이음방법 등을 감안하여 배관의 두께가 산정되며 이를 식으로 표현한 것이 [식 1−9−3]이며 최대허용응력(SE)에서 1.2를 곱한 것은 20%의 여유율을 감안한 할증값이다.

3) 용어 해설

① **최대허용압력(Maximum allowable pressure)** : P(kPa)

배관 내부의 최고사용압력에 해당하는 값으로 배관의 재질이나 규격에 따라 허용하는 배관의 최고압력이 된다.

② **최대허용응력(應力)(Maximum allowable stress)** : SE(kPa)

소화설비용 배관은 여러 가지의 외력을 받게 되면 외력에 의해 배관의 내부에는 응력(변형되는 힘)이 발생한다. 이 응력이 배관의 재료, 규격, 공사방법에 의해서 정해진 어떠한 값 이상이 되면 변형이 일어나거나 배관이 파손될 우려가 있다. 따라서 배관은 이러한 발생하는 응력이 어떠한 한도 이하 즉, 최대허용응력 이하가 되어야 한다. 최대허용응력은 기본적으로 배관의 최대인장강도(Maximum tensile strength)의 25%(=1/4) 또는 최대항복강도(Maximum yield strength)의 67%(=2/3) 중 낮은 값으로 결정한다.

③ **이음 허용값** : A(mm)

배관이나 관부속을 이음하는 방법에 따른 허용치로서 결국 관내면의 부식(腐蝕)이나 마모 등을 고려한 부식여유(Corrosion allowance) 값에 해당한다.

㉮ 나사이음의 경우는 나사산의 높이(mm)가 이음 허용값이 된다.

㉯ 홈이음이란 무용접배관 방식인 그루브 이음(Groove joint)을 말하며 이 경우는 홈(groove를 뜻함)의 깊이(mm)가 이음 허용값이 된다.

㉰ 용접이음의 경우는 이음 허용값을 0으로 적용한다.

④ **배관이음효율(Joint efficiency factor)** : 배관이음효율이란 배관을 제작하는 공정에서 배관을 접합하는 방법에 따라 적용하는 배관접합의 안전성을 수치화 한 값이다.

㉮ 이음매 없는 배관(Seamless pipe) : 강괴(鋼塊 ; Ingot)를 단조하여 이음매가 없이 제작하는 배관으로 이음효율이 1.0으로 가장 우수하다.

㉯ 전기저항 용접배관(Electric resistance welding pipe) : 강판을 둥글게 말아 이음매 부분을 전기용접으로 접합하는 가장 일반적인 배관 제작방식으로 탄소강관 등의 제작에 사용하며 이음효율은 중간 정도이다.

㉰ 가열 맞대기 용접배관(Furnace butt welding pipe) : 노(爐)에서 용접온도까지 가열한 후 노로부터 인발(引拔)하는 과정에서, 배관형태로 성형되며 발생하는 기계적 압력에 의해 강관 양 끝이 단접되는 방식으로 저온 저압의 작은 구경의 탄소강관 제작에 사용하며 이음효율은 낮다.

예제 할로겐화합물 및 불활성기체 소화설비에 사용하는 Sch 40의 압력배관을 사용하여 용접이음방법으로 공사하고자 한다. KS D 3562(SPPS 38)의 인장강도는 380,000kPa이며, 항복점은 220,000kPa이고 배관의 규격은 다음 표와 같을 경우 65mm 배관에 대한 최대 허용압력을 구하여라.

(예제의 표) : KS D 3562 (Sch 40)

호칭경	25A	32A	40A	50A	65A	100A	125A	150A	200A
외경(mm)	34.0	42.7	48.6	60.5	76.3	114.3	139.8	165.2	216.3
두께(mm)	3.4	3.6	3.7	3.9	5.2	6.0	6.6	7.1	8.2
내경(mm)	27.2	35.5	41.2	52.7	65.9	102.3	126.6	151	199.9

풀이 $t = \dfrac{PD}{2SE} + A$에서 이를 P에 대해 정리하면 다음과 같다.

$$t - A = \frac{PD}{2SE} \quad \therefore \ P = \frac{2SE}{D} \times (t-A) = 2SE \ \frac{t-A}{D}$$

① 이때 인장강도의 1/4은 380,000/4=95,000kPa, 항복점의 2/3는 220,000×2/3≒146,667kPa
따라서 둘 중에서 작은 값인 95,000kPa을 최대허용응력으로 선택한다.

② 배관이음효율은 0.85이다(KS D 3562의 압력배관은 전기저항용접 배관이다).
따라서 SE=95,000×0.85×1.2≒96,900kPa

③ 이음 허용값은 용접이음이므로 $A=0$

④ 표에서 KS D 3562 Sch 40의 경우 65mm의 외경은 76.3mm이며, 두께는 5.2mm이므로 따라서 $P = 2SE\dfrac{t-A}{D} = 2 \times 96{,}900 \times \dfrac{5.2-0}{76.3} ≒ 13{,}208$kPa

주 위 계산은 [식 1-9-3]의 계산과정을 알도록 하기 위한 예시일 뿐 실제 가스계설비에서 사용하는 배관의 최대허용압력인 P값은 Table을 사용하여 적용하며 이 값은 NFTC 2.3.2.1의 최소사용설계압력 [표 1-9-12(A)]보다 더 커야 한다.

5. 방출시간 : 제10조 3항(2.7.3)

배관의 구경은 해당 방호구역에 할로겐화합물 소화약제는 10초 이내에, 불활성기체 소화약제는 A · C급화재 2분, B급화재 1분 이내에 방호구역 각 부분에 최소설계농도의 95% 이상 해당하는 약제량이 방출되도록 해야 한다.

(1) 방출시간의 정의

1) 저장용기 밸브가 개방된 직후 소화약제가 헤드에서 방사되기 직전에는 약제가 증발하여 배관 내를 충전시켜 주는 상황이 벌어지게 된다. 이후 약제가 노즐에 도달해서 배관 내부에 압력이 형성되면 노즐의 최고압력시점이 되며 이때부터 약제는 각 노즐을 통하여 방사하게 된다. 이후 질소기체와 액체의 약제가 혼재

되어 배관을 흐르게 되며 노즐 내부의 액체가 먼저 전부 방사되고 나면 이후 질소와 기체상태의 소화약제 혼합물이 방사하게 된다.

2) 그런데 액상부분이 모두 방출하게 되면 대부분의 소화약제는 이미 노즐을 통하여 방출된 상태이므로 배관 내 잔류하는 질소와 기체부분은 무시하여도 무방하며 이 경우 액체가 모두 방출된 시점에서 노즐을 통해 방사된 약제량은 대체로 최소설계농도의 95% 이상에 해당하는 약제량이 된다.[333] 따라서 방사시간의 정의는 최소설계농도의 95%에 해당하는 약제량을 방사하는 데 소요되는 시간으로 정한 것으로 100%의 약제가 방사되는 시간이 아니다. 이 경우 방사시간을 측정하기 위한 최소설계농도의 기준은 안전계수 1.2를 기준으로 한 불꽃소화농도이며 온도기준은 70°F(21℃)를 기준으로 한다. 이는 할로겐화합물이나 불활성기체계열이나 모든 Clean agent에 공통되는 사항으로 NFPA에서 이를 정의하고 있으며[334] 제10조 3항(2.7.3)은 이를 준용한 것이다. 따라서 방사시간 내 방호구역의 최소설계농도는 95% 농도가 된다.

3) NFPA에서는 종전까지는 불활성기체에 대한 방사시간은 화재종류에 무관하게 60초 이하였으나 2012년판(NFPA 2001)부터는 불활성기체의 방사시간[335]을 B급 화재는 60초 이내, A급이나 C급화재의 경우는 120초 이내로 개정되었다. 이에 따라 화재안전기준의 방사시간을 2018. 11. 19.자로 NFPA 기준과 같이 개정하였다.

[표 1-9-14] 불활성기체 방사시간(NFPA 2001)

NFPA 2008년 판(종전)		NFPA 2018년 판(개정)		비 고
A급화재		A급화재	120초 이내	A급화재는 표면화재기준임.
B급화재	60초 이내	B급화재	60초 이내	
C급화재		C급화재	120초 이내	—

㊟ 적용은 불꽃소화농도에 안전계수 20%를 반영한 상태를 기준으로 한다.

---

333) SFPE Handbook 3rd edition p.4-193

334) NFPA 2001(2022 edition) 7.5.1.1. : For halocarbon agents, the discharge time shall not exceed 10 seconds or otherwise required by authority having jurisdiction(할로카본 소화약제의 경우, 관할기관에서 요구하지 않는 한 방출시간은 10초를 초과하지 않아야 한다).

335) NFPA 2001(2022 edition) 7.5.1.2 : For inert gas agents, the discharge time shall not exceed 60 seconds for Class B fuel hazards, 120 seconds for Class A surface fire hazards or Class C hazards or as otherwise required by the authority having jurisdiction(불활성가스 소화약제의 경우, 관할기관에서 요구하지 않는 한 방출시간은 B급 연료위험은 60초, A급 표면화재의 위험이나 C급 위험은 120초를 초과하지 않아야 한다).

 가로 15m×세로 10m×높이 4m인 전산 기기실에 HCFC B/A를 설치하고자 한다. 이 경우 배관의 구경을 적용하기 위해서 10초 이내에 방사되어야 할 95% 농도에 해당하는 약제량은 얼마 이상이어야 하는가?

[조건] 1) 해당 약제의 소화농도는 A, C급화재는 8.5%, B급화재는 10%로 적용한다.
　　　 2) 선형상수에서 K_1＝0.2413, K_2＝0.00088로 한다.
　　　 3) 전산기기실의 예상 최저온도는 20℃이다.

 ① 실체적 : 체적은 15×10×4＝600m³
　② 농도 : 적응성화재는 A, C급화재이므로 소화농도×1.2＝설계농도이므로 설계농도는 8.5×1.2＝10.2%가 된다.
　③ 비체적 $S = K_1 + K_2 \times t = 0.2413 + 0.00088 \times 20 = 0.2589 \text{m}^3/\text{kg}$
　④ 최소방사약제량은 10초 방사시 설계농도의 95%가 방사되는 값이므로 설계농도의 95%는 10.2%×0.95＝9.69%로 적용한다.

$$\therefore \text{최소방사약제량 } W(\text{kg}) = \frac{V \times C}{S \times (100 - C)}$$
$$= \frac{(600 \times 9.69)}{0.2589 \times (100 - 9.69)}$$
$$= \frac{5,814}{0.2589 \times 90.31} = 248.7\text{kg}$$

답 248.7kg

10초 이내 방사량

10초 이내 최소방사량은 약제량의 95%가 아니라 설계농도의 95%에 해당하는 약제량이다.

---

(2) 방출시간 10초

1) 방사시간의 측정은 약제 저장용기가 개방될 때부터 시작하여 약제가 헤드에서 방사될 때까지의 시간이 아니라, "용기밸브가 개방된 후 용기에서 헤드까지 약제가 충만한 상태(Initial discharge condition라 한다)부터 시작하여 약제가 헤드에서 전부 방사될 때까지의 소요시간"을 의미한다. 그러나 소화약제에서 할로겐화합물의 방사시간 10초는 소요약제량 100%가 방사되는 시간이 아니라 상온에서 소요량의 95%가 아니라 최소설계농도의 95%에 해당하는 약제량이 방사되는데 소요되는 시간이다. 방사시간을 10초 이내로 제한한 것은 NFPA 2001에서 규정한 것으로 화재안전기준에서도 이를 준용한 것이다.

2) 방사시간을 배관의 구경으로 규정한 것은 10초 이내에 해당하는 약제량을 방사하기 위해서는 흐름률(Flow rate)에 맞는 관경을 선정하여야 되기 때문이며 따라서 소화약제 중 할로겐화합물의 경우 100% 약제량이 실제 방사되는 시간은 10초를 초과할 수 있다.

(3) 방출시간의 제한

1) 할로겐화합물의 방사시간을 10초라는 단시간으로 제한하는 가장 큰 이유는 약제 방사시 HF 등의 분해부산물 발생을 최소화하여 독성물질의 발생을 감소시켜 인명안전을 도모하기 위한 것이다. 이에 비해 Inergen과 같은 불활성기체 소화약제는 질식소화를 주체로 하므로 농도가 할로겐화합물계열보다 고농도인 관계로 방사시간을 10초라는 단시간으로 제한할 수 없으므로 1분으로 규정한 것이다. 아울러 심부화재의 경우는 고농도로 장시간을 방사하여 냉각효과를 주어야 하므로 Clean agent의 경우는 심부성화재에는 적응성이 매우 낮게 된다.

2) 소화약제가 방사될 경우 발생할 수 있는 독성의 부산물은 HCl, HF, $COCl_2$ 등이 있으며 이 중 가장 문제가 되는 것은 HF의 발생이다. 분해 생성물의 발생을 결정하는 요인에는 여러 가지가 있으나 방사시간과 화재 규모는 분해생성물의 양을 결정하는 핵심이 된다. 즉, 방사시간이 짧을수록 화재의 규모가 작을수록 열분해 생성물의 발생을 억제시킬 수 있다.

3) 할로겐화합물 및 불활성기체 소화설비의 경우 방사시간을 결정하게 된 요인은 다음의 5가지로 요약할 수 있다.[336]
   ① 분해 생성물의 제한(Limitation of decomposition product)
   ② 화재피해 및 그 영향의 제한(Limitation of fire damage & its effects)
   ③ 약제혼합의 개선(Enhanced agent mixing)
   ④ 방호구획 내 과압발생의 제한(Limitation of compartment overpressure)
   ⑤ 노즐의 2차적 영향(Secondary nozzle effects)

6. 방출압력 : 제11조 2항(2.9.2)

분사헤드의 방출률 및 방출압력은 제조업체에서 정한 값으로 할 것
   1) CO_2나 할론 1301과 같은 전통적인 설비는 화재안전기준에서 헤드방사압을 별도로 규정하고 있으나 Clean agent의 경우는 제조사에서 프로그램에 따라 분사 헤드별

---

336) NFPA 2001(2022 edition) A.7.5.1

로 최소설계압력(노즐 최소압력)을 제시하도록 하고 있다. 따라서 성능시험에서는 제조사가 제공한 프로그램에 의거 헤드방사압의 부합여부를 확인하는 것으로 현재 개정된 성능시험기준에 대해 인증받은 분사헤드에 대한 최소설계압력(노즐 최소압력)에 대해 할로겐계열과 불활성계열에 대해 한 종류씩 예를 들면 다음 표와 같다.

[표 1-9-15] 노즐 최소설계압력(예)

분 류	시스템	노즐 최소설계압력(Bar)
할로겐화합물계열	HFC-23 HFC-125(Fort-125)	14.4Bar 11Bar
불활성기체계열	IG-541 IG-100	10.2Bar 29Bar

㈜ 방사압은 동일 약제의 경우에도 제조사별 프로그램에 따라 차이가 있다.

2) [표 1-9-15]와 같이 할로겐화합물 설비의 경우 헤드방사압이 할론 1301의 헤드 방사압인 0.9MPa(9Bar)과 유사하며 불활성기체 설비의 경우는 CO_2의 고압식 기준 헤드방사압인 2.1MPa(21Bar)과 유사하거나 그 이하인 것을 알 수 있다. 이는 소화의 성상이나 물성으로 보아 할로겐화합물계열의 소화설비는 할론 1301 설비의 대체설비이며 불활성기체계열의 소화설비는 CO_2설비의 대체설비이기 때문이다. 헤드별 최소설계압력은 약제 방사시 방호구역에 약제가 조기에 확산되어 소화농도가 달성되어 화재를 소화시킬 수 있는 헤드의 방사압력으로 이 중에서 최소치를 의미한다.

7. 분사헤드 : 제12조(2.9)

(1) 헤드높이는 바닥에서 0.2m 이상 최대 3.7m 이하로 해야 하며, 천장높이가 3.7m를 초과할 경우에는 추가로 다른 열의 분사헤드를 설치할 것. 다만, 분사헤드의 성능인정 범위 내에서 설치하는 경우에는 그렇지 않다.

> ① 높이를 규제하는 이유
> ㉮ 소화약제를 10초(불활성기체는 1분 또는 2분)라는 짧은 시간 내에 방사하여 방호구역 내에 신속히 확산시켜 적정한 설계농도에 도달하기 위해서는 헤드의 방사높이가 중요하며 이를 위하여 헤드 부착높이에 대해 제한을 둔 것이다.
> ㉯ 소화설비의 경우 NFPA에서는 헤드 부착높이에 대한 기준이 별도로 없으나 Clean agent의 시험기준인 UL Standard에서는 시험실의 최고천장높이를 11.5ft(3.5m)로

규정하고 있다.[337] 따라서 화재안전기준에서는 헤드의 부착부위 20cm 여유를 두어 3.7m로 정한 것으로 이에 따라 가스계설비의 소화성능시험을 할 경우에도 시험실의 최소실높이는 3.7m로 하여 시험하고 있다.

② 높이가 초과되는 방호구역의 경우

㉮ 방호구역의 높이가 헤드 부착 최대치인 3.7m를 초과할 경우는 하단의 헤드는 측벽으로 설치하고 상단의 헤드는 천장에 설치한다. 이 경우 바닥면에서 하단 헤드까지와 하단 헤드에서 상단 헤드까지의 높이가 3.7m 이내가 되도록 적용하여야 한다.

㉯ NFTC 2.9.1.1의 단서 조항과 같이 분사헤드의 성능인정이 실험에 의해 인정될 경우는 헤드 부착높이가 3.7m를 초과할 수 있으며 현재 헤드부착 높이가 성능기준에 따라 3.7m를 초과하여 인증을 받은 제품은 HFC-23, HFC-125, FK-5-1-12, IG-100, IG-541 등이 있다.

(2) 분사헤드 개수는 방호구역에 NFTC 2.7.3에 따른 방출시간이 충족되도록 설치할 것

(3) 분사헤드에는 부식방지조치를 하여야 하며 오리피스의 크기, 제조일자, 제조업체가 표시되도록 할 것

(4) 분사헤드의 오리피스 면적은 분사헤드가 연결되는 배관구경 면적의 70% 이하가 되도록 할 것

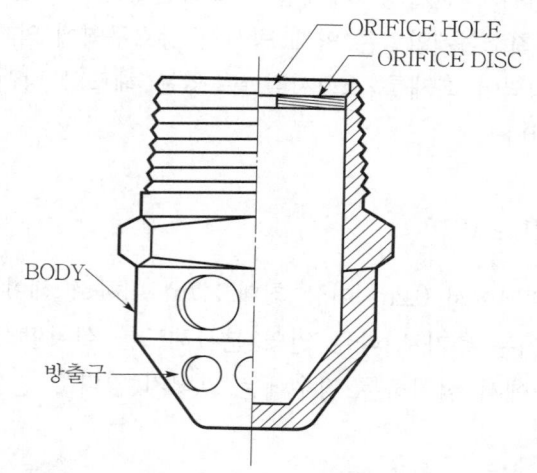

[그림 1-9-5] 분사헤드(예)

---

337) • Clean agent에서 할로겐화합물의 경우 : UL Standard 2166(34.1.2.1)
    • Clean agent에서 불활성기체의 경우 : UL Standard 2127(34.1.2)

> ① 오리피스(Orifice)면적이란 헤드의 분구(噴口)면적을 뜻하는 것으로 분구면적은 헤드 구경의 70% 이하가 되어야 한다. 따라서 할로겐화합물 및 불활성기체 소화설비에서는 보통 호칭구경 20A, 25A, 32A, 40A, 50A를 사용하므로 헤드 분구면적은 해당하는 구경에 상응하는 단면적의 70% 이하가 되어야 한다.
> ② 할로겐화합물 및 불활성기체 소화약제의 분사헤드는 180°형과 360°형의 2가지가 있으며 이러한 분사각도는 [그림 1-9-5]와 같이 Body 부분에 설치하는 방출구의 수량이나 위치를 이용하여 방사각도를 적용하고 있다.

예제

Sch 40의 배관 호칭구경이 25mm인 가스배관에 할로겐화합물 및 불활성기체 소화설비의 분사헤드가 접속되어 있다. 이 경우 분사헤드의 오리피스 최대구경을 구하여라. (단, Sch 40의 경우 25mm의 외경은 34mm이며, 두께는 3.4mm이다)

풀이 분구면적은 배관 단면적의 70% 이하이어야 하므로 구하는 오리피스 구경은 최대구경이 된다.
① 호칭경 25mm의 경우 내경은 외경 34mm − 3.4mm × 2 = 27.2mm가 된다.

② 배관 단면적은 $\frac{\pi}{4} \times 27.2^2 \fallingdotseq 580.77mm^2$ 분구면적은 접속배관 구경의 70% 이하이므로 최대분구면적은 580.77 × 0.7 ≒ 406.54mm²가 된다.

③ 오리피스 구경을 d라 하면 $\frac{\pi}{4} \times d^2 = 406.54$ ∴ $d = \sqrt{406.54 \times \frac{4}{\pi}} = 22.76mm$
따라서 제조사에서 프로그램을 성능시험 인정을 받을 경우 25mm 헤드의 경우는 오리피스 직경을 22.76mm 이하인 값에 해당하는 오리피스로 선정하여야 한다.

8. 과압배출구 : 제17조(2.14)

할로겐화합물 및 불활성기체 소화설비가 설치된 방호구역에는 소화약제가 방출시 과압으로 인한 구조물 등에 손상을 방지하기 위해 과압배출구를 설치해야 한다.

(1) 개요

1) **개념** : 할로겐화합물 및 불활성기체 소화설비의 경우는 과압이 발생할 우려가 있는 경우 과압배출구를 적용하도록 하고 있으나 저농도의 단시간형인 할로겐화합물 약제를 사용하는 설비는 과압의 발생 우려가 적어 일반적으로 적용하지 아니하나, 고농도로 장시간 방사하는 불활성기체 소화약제의 경우는 과압의 발생 우려가 있으므로 적용하는 것이 원칙이다.

2) **성능시험 기준**
① 개정된 성능인증 기준에 의하면 과압배출구의 경우는 설치면적 및 위치를 제조사에서 제시하여 시험실을 구성하여 해당조건하에서 분사헤드 방출

면적 시험을 하도록 되어 있다. 따라서 과압배출구의 크기 이외에 과압배출구의 설치위치가 천장인지 벽체인지에 따라 성능인증의 적용이 달라지며 건물에서 시스템 적용을 할 경우는 과압배출구를 성능인증 받은 해당조건대로만 시공하여야 한다.

② 과압배출구를 적용할 경우 제조사의 설계 프로그램에 의해 결정하여야 하며 이 경우 적용하는 피압구(避壓口 ; Relief vent)에 대한 면적 공식도 프로그램에서 제시하는 식을 사용하여야 한다. 왜냐하면 할로겐화합물 및 불활성기체 소화약제의 경우는 설비마다 배관의 흐름률, 최소헤드방사압, 설계농도, 배관비 등이 다르기 때문에 일률적으로 이를 공식화할 수 없기 때문이다.

(2) 해설

1) 과압배출구(＝피압구)의 적용

① 할로겐화합물 및 불활성기체 소화설비의 경우 제조사별로 성능시험 인정을 받은 독자적인 프로그램을 개발하여 시스템 적용을 하고 있는 관계로 약제별로 충전밀도, 충전압력, 소화농도, 배관의 흐름률, 헤드방사압, 배관비 등이 동일하지 않으며 같은 소화약제인 경우에도 소화농도 및 헤드방사압 등의 기초적인 기준이 제조사별로 다르게 적용될 수 있다.

② NFTC 2.14에서는 "소화약제 방출시 과압으로 인한 구조물 등의 손상을 방지하기 위하여" 과압배출구를 설치하도록 규정하고 있다. 그러나 일반적으로 할로겐화합물약제의 경우는 약제방사의 특성이 저농도의 단시간 방사형인 관계로 헤드방사압이 낮으며 과압의 발생가능성도 매우 낮다고 할 수 있으나, 반면에 불활성기체 약제의 경우는 약제방사의 특성이 고농도의 장시간 방사형인 관계로 헤드방사압도 높으며 방호구역 내 구조물의 상태에 따라 과압발생의 우려가 있으므로 피압구를 적용하는 것이 원칙이다.

[표 1-9-16] 할로겐화합물과 불활성기체의 비교

소화약제	계 열	소화농도	방사시간	헤드방사압	피압구
Clean agent	할로겐화합물	저농도	단시간	낮다.	과압발생의 우려 : 낮다.
	불활성기체	고농도	장시간	높다.	과압발생의 우려 : 높다.

㈜ 고저나 장단의 의미는 상대적인 표현을 뜻한다.

③ 그러나 피압구의 적용여부, 피압구용 개구부의 면적, 피압구의 위치, 방호구역 내 구조물의 강도(强度) 기준 등을 적용할 경우 이는 설계자가 판단할 사항이 아니라 설계프로그램의 절차에 따르는 것으로 할로겐화합물 및 불활성기체 소화약제의 경우는 설비마다 프로그램이 다르기 때문에 피압구의 경우에도 일률적인 피압구의 식을 적용할 수가 없다.

2) 약제별 과압배출구의 식

현재 국내에서 개정된 성능시험 기준에 따라 인증을 받은 프로그램에 대한 피압구의 적용기준에 대해 할로겐화합물계열과 불활성기체계열에 대해 예를 들면 다음과 같다.

① HFC−23 예

$$X = 0.008407 \times \frac{Q}{\sqrt{P}}$$ ·············· [식 1-9-4(A)]

여기서, X : 피압구의 개구부면적(m^2)
　　　　Q : 소화약제 방출유량(kg/sec)
　　　　P : 방호구역 내의 허용압력(kPa)
　　　　　− 경량구조물=1.2kPa
　　　　　− 일반구조물=2.4kPa
　　　　　− 콘크리트구조물=4.8kPa

② IG−541 예

$$X = \frac{42.9Q}{\sqrt{P}}$$ ·············· [식 1-9-4(B)]

여기서, X : 피압구의 개구부면적(cm^2)
　　　　Q : 소화약제 방출유량(m^3/min)
　　　　P : 방호구역 내의 허용압력(kg/m^2)
　　　　　− 경량구조=10kg/m^2
　　　　　− 블록마감=50kg/m^2
　　　　　− 철근콘크리트벽=100kg/m^2
　　　　　− 벽체의 종류를 알 수 없는 경우=49kg/m^2

③ IG−100 예

$$X = 15 \times \frac{Q}{\sqrt{P}}$$ ·············· [식 1-9-4(C)]

여기서, X : 피압구의 개구부면적(cm^2)
　　　　Q : 소화약제 최대방출유량(m^3/min)
　　　　P : 방호구역 내의 허용압력(Pa)
　　　　　− 경량구조=1.2kPa
　　　　　− 일반구조=2.4kPa
　　　　　− 중량구조=4.8kPa

9. 설계프로그램 : 제18조(2.15)

할로겐화합물 및 불활성기체 소화설비를 설계프로그램을 이용하여 설계할 경우에는 "가스계 소화설비의 설계프로그램 성능인증 및 제품검사의 기술기준"에 적합한 설계 프로그램을 사용해야 한다.

> Clean agent의 경우는 2010. 1. 6. 「가스계 소화설비의 설계프로그램 성능인증 및 제품 검사의 기술기준」을 당시 소방방재청 고시 2010-1호로 제정하고, 이에 따라 한국소방 산업기술원에서 성능인증을 받은 설계프로그램에 한하여 가스계 소화설비 설계에 사용하 여야 한다.

6 소화설비의 설계실무

1. 설계프로그램

(1) 할로겐화합물의 경우 : 예 HCFC B/A의 경우

1) **1단계** : 방호구역의 순 체적을 계산한다.

약제의 침투가 불가능하고 이동할 수 없는 물체의 체적(a)는 제외하고, (b)의 경우는 체적을 추가한다.

(a) : 비가연성을 띄면서 약제의 침투가 불가능하고 이동시킬 수 없는 물체 (예 기둥, 보, 저장탱크 등)

(b) : 선박의 엔진실 등에 있는 고압 공기탱크 등으로 파손되면 화재시에 방호구 역 내의 공기량을 높여줄 수 있는 경우

2) **2단계** : 일반소방대상물의 경우 성능시험 인정을 받은 소화농도를 적용하여야 하며 개구부가 있을 경우는 이를 감안하여야 한다.

[표 1-9-17] HCFC B/A의 설계농도(일례) 1기압, 20°C

방호대상물	설계농도	Flooding factor(kg/m³)
일반소방대상물	8.6%	0.363
Methanol	15.48%	0.363
Ethanol	9.8%	0.419
Methane, n-Heptane Propane	8.6%	0.707

3) **3단계** : 방호구역 내 예상되는 최소온도에서의 비체적을 구한다. 비체적은 $S = 0.2413 + 0.00088t$의 식을 이용한다.

4) **4단계** : 필요한 약제량을 구한다.

① 화재안전기준의 공식을 이용하는 방법

$$W = \frac{V}{S} \times \left[\frac{C}{100 - C} \right]$$

여기서, W : 소화약제의 중량(kg), V : 방호구역의 체적(m^3)

　　S : 비체적(Specific volume)

　　　$S = K_1 + K_2 \times t(℃)$ (1기압)(m^3/kg)

　　C : 설계농도(vol%), t : 방호구역의 최소예상온도(℃)

② Flooding factor를 이용하는 방법 : 상온(20℃)에서 설계농도 8.6%일 경우 Flooding factor는 0.3634kg/m^3이므로 이를 사용하여 계산한다.

5) **5단계** : 필요한 Cylinder 수를 결정한다.

6) **6단계** : 방호대상물에 필요한 최소한의 헤드개수를 결정한다.

분사헤드의 설치개수와 위치는 방호구역의 전 지역에 골고루 설정한 소화농도를 유지할 수 있도록 정해야 한다.

7) **7단계** : 저장용기와 분사헤드에 이르는 배관의 Lay-out을 그리되 배관의 길이는 가능한 짧게 되도록 한다.

8) **8단계** : Computer program manual에 따라 Input data sheet를 준비하고 입력한다.

9) **9단계** : Program에 의해 배관의 관경, 압력손실, 분사헤드의 Orifice 크기 등이 결정된다.

[표 1-9-18(A)] Pipe estimation chart(HCFC B/A)

배관경	최소흐름률 (kg/sec)	최대흐름률(kg/sec)		
		0~5m 미만	5~10m 미만	10m 이상
15A	0.5	1.0	0.7	0.5
20A	1.0	2.0	1.4	1.0
25A	1.5	4.0	2.7	1.5
32A	2.6	8.0	5.6	3.5
40A	3.8	12.2	8.6	5.0
50A	5.9	23.5	16.3	8.8
65A	8.8	37.0	25.4	15.0
80A	15.0	63.5	45.0	25.0
100A	26.3	131.5	90	50.0
125A	43.0	250.0	172.0	95.0
150A	57.5	408.0	272.0	150.0

[표 1-9-18(A)]의 출전

위의 표는 제조사에서 제시된 기준이다.

(2) 불활성기체의 경우 : 예 IG-541의 경우

용기저장실에서 방호구역까지의 거리는 100m, 방호구역은 가로 15m, 세로 15m, 천장고 3.5m이며 구역 내 1m×1m의 기둥이 있다. 이 경우를 예로 들면 다음과 같다.

1) 1단계 : 방호구역의 전체 부피를 결정한다.

방호구역이 15m×15m×3.5m이므로 전체 부피는 787.5m^{3}이다.

2) 2단계 : 고형구조물이나 장비의 부피를 공제한다.

예에서 1×1×3.5m=3.5m^{3}의 기둥이 위치하므로 방호구역 부피에서 이를 공제한다.

∴ 787.5m^3-3.5m^3=784m^{3}가 된다.

3) 3단계 : 필요한 Inergen gas의 양을 결정한다.

① 화재안전기준의 공식을 이용하는 방법

$$x = 2.303 \times \frac{V_S}{S} \times \left(\log \frac{100}{100 - C} \right)$$

여기서, x : 방호구역 1m^{3}당 소화약제의 체적(m^3/m^3)

V_S : 1기압, 상온(20℃)에서의 비체적(m^3/kg)

S : 비체적(Specific volume)

$S = K_1 + K_2 \times t$(℃) (1기압)(m^3/kg)

C : 설계농도(vol%)

t : 방호구역의 최소예상온도(℃)

② Flooding factor를 이용하는 방법 : 상온(20℃)에서 설계농도 38.7%일 경우 Flooding factor는 0.49m^{3}이다. 따라서 784m^3×0.49=384.16m^{3}가 필요한 최저약제량이 된다.

4) 4단계 : 필요한 Inergen의 Cylinder 수를 결정한다.

현재 실린더 용기는 13.4m^{3}를 적용하므로 384.16m^3÷13.4=28.7

따라서 29병으로 적용한다.

5) 5단계 : 배관경 및 방출헤드의 Size와 위치를 결정한다.

① 분사헤드는 다음 각 사항의 기준에 따라 설치해야 한다.

　㉮ 분사헤드의 설치높이는 방호구역의 바닥으로부터 최소 0.3m 이상 최대 6.5m 이하로 하여야 하며 천장높이가 6.5m를 초과할 경우에는 추가로 다른 열의 분사헤드를 설치한다.

　㉯ 분사헤드는 천장에서 0.3m 이내에 설치되어야 한다.

② 분사헤드 방호면적 및 설치방법

　㉮ 분사헤드 1개당 방호면적은 반경 5m인 원을 기준으로 78.5m²이다.

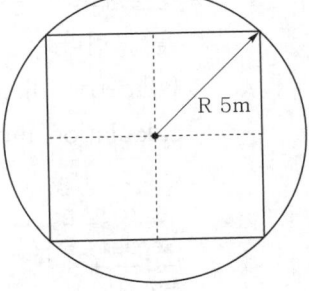

　㉯ 분사헤드는 벽체와의 거리를 최소 2m 이상, 분사헤드간 거리를 최대 7m 이하가 되도록 설치되어야 한다.

[분사헤드 별 최소 및 최대유량]　　　　단위(m³/min)

구 분	15A	20A	25A	32A	40A
최소유량	3.6	6.4	10.6	18.8	26.0
최대유량	14.7	26.5	44.0	78.4	108.3

[표 1-9-18(B)] 배관 내 최대 및 최소 흐름률(IG 541)

배관경	최소유량(m³/min)	최대유량(m³/min)
15A	3.512	20.959
20A	6.344	37.859
25A	10.538	62.888
32A	18.756	111.931
40A	25.935	154.773
50A	43.855	261.715
65A	63.72	380.265
80A	100.60	600.355
100A	178.117	1062.956
125A	286.461	1709.525
150A	421.525	2515.552

6) 6단계 : Computer program을 이용하여 각 구간별로 계산한다.

① 방출헤드의 수량을 정하고, Cylinder로부터 방출헤드까지의 Isometric diagram을 그린다.

② Isometric diagram상의 번호와 배관길이, Fitting 종류 등의 내용을 Flow calculation input form에 기재한다.

[Flow calculation input form]

Section I.D		Length or Orif.Un.ID	Elevation Change	Pipe	Elbow	Thru Tee	Side Tee	Manifold ID or Agent Qty	Remark
From	To								

③ Flow calculation input form의 기입된 내용대로 Computer calculation program에 입력한다. 출력되는 계산서에는 모든 부분의 배관경, 선택밸브의 구경, 방출헤드의 Orifice 크기, 방출압력 및 방출시간 등이 명시된다. 출력계산서에 계산 이상이 나타나지 않으면 출력된 자료를 도면에 표시하여 완성시킨다.

㈜ Computer calculation용 Data sheet는 기재 생략함.

2. 법 적용시 유의사항

(1) 개구부 가산량의 적용

1) 할로겐화합물 및 불활성기체 소화설비의 경우 개구부 가산량에 대해 화재안전기준에서는 할론 1301이나 CO_2설비와 같이 별도의 기준을 규정하고 있지 않다. 해당 소화설비의 경우는 원칙적으로 개구부를 반드시 자동폐쇄가 되도록 하라는 개념이 반영되어 있는 것으로 설계프로그램을 적용할 경우 개구부에 대한 가산량 적용을 일률적으로 산정하기가 매우 어렵기 때문이다.

2) 일부 프로그램의 경우(예 HCFC B/A)는 개구부에 대한 가산량을 수치화하여 적용하고 있으나 대부분의 경우 개구부를 자동폐쇄하기를 요구하고 있다. 프로그램에 의해 설계되는 설비의 경우 개구부에 대한 가산량을 적용할 경우 해당 프로그램이 에러가 없이 적용되기 위해서는 누설에 대한 벽의 접합부, 덕트, 출입문과 창문의 누설틈새, 환기장치 등을 포함한 모든 개구부의 누설량을 산정하

여야 하므로 유량 누설에 대한 보정이 대단히 어려운 관계로 누설을 차단하는 것을 최선의 목표로 하여 적용한 것이다.

(2) 방호구역 내 저장용기 설치

1) 방호구역의 내부나 외부 여부

① 당초 할론 1301이나 CO_2설비의 경우는 일본소방법을 준용한 관계로 방호구역 내부에 약제저장실 설치를 인정하지 아니하였으나, Clean agent의 경우는 NFPA 2001을 준용하여 방호구역 내에 약제저장실 설치를 인정한 관계로 추가적으로 할론 1301과 CO_2설비도 기준을 개정하게 된 것이다.

② NFPA에서는 저장용기는 방호구역 내에 또는 방호구역에 가장 근접한 곳에 설치하도록 하고 있다.[338] 이는 방호구역에 근접된 장소에 약제를 설치하여 약제방사시 이송거리를 최대한 짧게 하여 신속하게 약제가 방호구역 내에 확산되기 위한 것으로 국내에서도 이를 준용하여 모든 가스계설비에 대하여 방호구역 내부에 저장용기 설치를 인정한 것이다. 이 경우 방호구역 내부란 의미는 용기실에 출입할 경우 방호구역을 경유하여야만 출입이 가능한 구조를 말한다.

2) 용기실의 구획 여부

① 방호구역 내부에 용기실을 설치할 경우 구획 여부에 대해 NFPA에서는 다음과 같이 규정하고 있다. NFPA 2001(2022 edition) A.5.1.3.2에서는 소화설비의 성능을 손상시킬 우려가 있는 화재에 대해서는 용기가 노출되지 않도록 권장하고 있으며[339] 또한 NFPA에서는 "소화약제 저장용기는 기계적 손상이나 화학물질이나 악천후에의 노출 또는 기타 예측이 가능한 원인 등으로 인하여 그 작동이 불가능해지거나 방호기능이 위축될 우려가 없는 곳에 설치하여야 한다. 저장용기가 그러한 위험조건에 불가피하게 노출될 경우에는 적절한 구획(Suitable enclosures)이나 방호조치(Protective measures)를 적용하여야 한다."라고 규정하고 있다.

② NFTC 2.3.1.1에서 "방호구역 외의 장소에 설치할 것. 다만, 방호구역 내에 설치할 경우에는 피난 및 조작이 용이하도록 피난구 부근에 설치해야 한다." 와 NFTC 2.3.1.4에서 "저장용기를 방호구역 외에 설치한 경우에는 방화문

---

338) NFPA 2001(2022 edition) 5.1.3.2 : Storage containers shall be permitted to be located within or outside the hazard or hazard they protect(저장용기는 보호해야 할 위험 또는 그 위험 내부나 외부에 위치할 수 있도록 허용되어야 한다).

339) NFPA 2001(2022 edition) A.5.1.3.2 : Storage containers should not be exposed to a fire in a manner likely to impair system performance(저장용기는 시스템 성능을 손상시킬 가능성이 있는 방식으로 화재에 노출되어서는 아니 된다).

으로 구획된 실에 설치할 것"이라는 두 조항의 의미는 방호구역 외에 용기실을 설치할 경우는 방화구획을 필요로 하나 방호구역 내부에 설치한 경우는 이를 제외한다는 의미가 포함되어 있다. 이는 방호구역 내에 패키지 타입의 용기를 노출상태로 설치하는 것을 감안하여 개정한 조항이나, 용기실을 방호구역 내부에 설치할 경우는 저장용기는 반드시 피난이나 조작이 용이한 출입구 부근에 설치하여 수동조작이나 오동작시 확인이 용이하고 조작 후 쉽게 대피할 수 있도록 하여야 한다.

(3) 국소방출과 호스릴방식 적용

1) NFPA에서는 할론 1301에 대하여 국소방출방식과 호스릴방식을 인정하지 아니한다. 이는 방호구역을 구획하지 않는 것을 전제로 하는 해당 설비에 대하여 저농도로 단시간 방사하는 할로겐화합물 약제의 경우 소화약제의 비산(飛散)에 따른 소화의 유효성을 인정할 수 없기 때문이다. 그러나 화재안전기준의 경우 할론 1301에 대해서는 일본소방법을 준용한 결과 국소방출방식과 호스릴방식을 인정하고 있다. 다만, 할로겐화합물 및 불활성기체 소화약제의 경우는 NFPA 기준을 준용하고 있기에 현재 국내에서도 국소방출방식과 호스릴방식을 현재 인정하지 않고 있다.

2) 그러나 2008년판부터 NFPA에서는 표면화재(가연성 액체나 기체류 등)에 한하여 Clean agent에 대한 국소방출방식을 인정하고 있다. 다만, 구획되지 않은 대상물에 대한 소화임을 감안하여 소화약제량은 소요량의 1.5배 이상으로 적용하도록 규정[340]하고 있다. 또한 방사시간은 할로겐화합물계열은 10초 이내이나 불활성기체계열은 30초 이내로 제한하고 있다.

종 류 기 준	CO_2소화설비		할론 1301 소화설비		할로겐화합물 및 불활성기체 소화설비	
	전 역	국소/호스릴	전 역	국소/호스릴	전 역	국 소
① 화재안전기준	○	○	○	○	○	×
	일본기준을 준용		일본기준을 준용		NFPA 기준을 준용	
② 일본기준	○	○	○	○	○	○
③ NFPA 기준	○	○	○	×	○	○(표면화재)

주 1. 일본소방법에서는 할로겐화합물 및 불활성기체 소화설비 중 할로겐화합물 약제는 할론소화설비로, 불활성기체 약제는 CO_2소화설비로 적용한다.
　 2. ○표시는 해당 기준에서 적용 가능한 것을 뜻하며, ×는 적용불가를 뜻한다.

---

340) NFPA 2001(2022 edition) Chapter 8(Local application systems)

(4) 할로겐화합물 및 불활성기체 소화설비의 장비 및 부속류

1) 가스계 소화설비에서 제품에 대한 설계프로그램을 성능시험 인정을 받은 경우는 가스계설비에서 사용하는 구성품(장비 및 부속류 등)의 경우 반드시 프로그램에서 지정하는 제품만을 사용하여야 한다. 이는 배관의 흐름률, 헤드방사압, 분사헤드의 분구면적, 부속류에 대한 등가길이 등이 제품별로 다르기 때문이다. 따라서 설계자 및 감리자는 반드시 제조사별로 설계프로그램에 대한 설계매뉴얼을 확인하여 성능 인정시험시 전제가 되는 용기, 용기밸브, 선택밸브, 분사헤드 등 각종 구성품의 적합 여부를 확인하여야 한다.

2) 또한 현장 상황이 변경되어 최초 설계한 도면과 가스계설비의 배관 루트가 수정된 경우에는 반드시 다시 설계를 하여야 한다. 왜냐하면 도면상의 배관 루트에 대하여 설계자는 Isometric diagram을 그린 후 이에 따라 프로그램을 적용하기 때문이다. 따라서 이 경우는 Isometric diagram을 다시 그린 후 변경된 것에 대해 프로그램을 다시 적용하여야 하며 어떠한 경우에도 최종 준공도서와 허가된 도면이 다를 경우는 반드시 중간에 설계변경을 하여 이를 다시 검토하여야 한다.

1 할로겐화합물 및 불활성기체 소화설비 구성요소 중 하나인 "저장용기"의 점검항목 중 5
가지 항목 이상을 기술하시오.

 1. 방호구역 외의 장소에 설치할 것. 다만, 방호구역 내에 설치할 경우에는 피난 및
조작이 용이하도록 피난구 부근에 설치하여야 한다.
2. 온도가 55℃ 이하이고, 온도의 변화가 작은 곳에 설치할 것
3. 직사광선 및 빗물이 침투할 우려가 없는 곳에 설치할 것
4. 방화문으로 방화구획된 실에 설치할 것
5. 용기의 설치장소에는 해당 용기가 설치된 곳임을 표시하는 표지를 할 것
6. 용기간의 간격은 점검에 지장이 없도록 3cm 이상의 간격을 유지할 것
7. 저장용기와 집합관을 연결하는 연결배관에는 체크밸브를 설치할 것. 다만, 저장
용기가 하나의 방호구역만을 담당하는 경우에는 그렇지 않다.

2 할로겐화합물 및 불활성기체 소화약제 중 할로겐계열의 다음의 약제량 산정식을 유도하
여라.

$$W = \frac{V}{S} \times \left[\frac{C}{100 - C} \right]$$

 농도 $= \dfrac{\text{방사한 약제부피}}{\text{방호구역체적} + \text{방사한 약제부피}} \times 100$이므로

농도 $C = \dfrac{v}{V+v} \times 100$, 이때 v(약제부피) $= S$(비체적) $\times W$(약제질량)이므로

농도 $C = \dfrac{W \times S}{V + W \times S} \times 100$

$C \times (V + W \times S) = W \times S \times 100$

$(W \times S \times 100) - (W \times S \times C) = V \times C$

$W \times S(100 - C) = V \times C$

따라서 $W = \dfrac{V \times C}{S(100 - C)}$ 이 된다.

3 할론 1301 설비에서 소요약제량 300kg이 설치된 분사헤드는 10개, 1개의 헤드당 방사압력이 9kg/cm², 방사율은 2kg/sec · cm²이다. 이때, 다음 물음에 답하시오.

1. 이때 각 헤드의 오리피스 분구면적(mm²)은 얼마인가?

2. 해당하는 분사헤드를 접속할 배관의 최소호칭구경(mm)은 얼마인가?

 1. 오리피스 분구면적＝소요약제량÷(노즐 수량×방사율×방사시간)이다.

∴ 분구면적＝300kg÷(10개×2kg/sec · cm²×10초)＝1.5cm²＝150mm²

2. 오리피스 면적은 배관구경의 70%를 초과할 수 없다.

헤드를 접속하는 배관의 단면적을 S라면 $S×0.7=150$, $S=150/0.7=214.3mm²$,

$$\frac{\pi}{4}D^2 = 214.3$$

$$D = \sqrt{\frac{4}{\pi} \times 214.3} \fallingdotseq \sqrt{273} = 16.53$$

따라서 선정할 최소호칭구경은 20mm로 한다.

4 할론소화설비(1301)를 설계할 경우 소요약제량 450kg, 약제방사헤드는 12개, 헤드당 방사압력은 9kg/cm², 헤드 방사율은 1.25kg/sec · cm²라면 다음 물음에 답하여라.

1. 헤드 1개당 약제방사량(kg/sec)은 얼마인가?

2. 헤드의 오리피스 등가 분구면적(mm²)은 얼마인가?

3. 헤드의 오리피스 구경(mm)은 얼마인가?

4. 헤드를 접속할 배관의 최소호칭구경(mm)은 얼마인가?

 1. 10초 동안에 약제 전량을 방사하여야 하므로 $450÷(12개×10초)=3.75kg/sec$

2. 헤드의 분구면적＝$3.75kg/sec÷1.25kg/sec · cm²=3cm²$ ∴ $300mm²$

3. $\pi r^2 = 300$ 직경을 d라면 $\frac{\pi}{4}d^2=300$, $d=\sqrt{\frac{300 \times 4}{\pi}} \fallingdotseq 19.5mm$

4. 헤드를 접속하는 배관의 단면적을 S라면 70% 이하이어야 하므로

$S×0.7=300$, $S=300/0.7=428.6mm$

$$\frac{\pi}{4}D^2 = 428.6, \quad D = \sqrt{\frac{4}{\pi} \times 428.6} \fallingdotseq \sqrt{546} = 23.4$$

따라서 선정할 최소호칭구경은 25mm로 한다.

5 가로 30m, 세로 20m, 높이 6m이고 출입구가 서로 반대방향으로 2개가 있는 전기실에 할론 1301 설비를 전역방출방식으로 설치하고자 한다. 사용할 용기는 70ℓ에 충전비는 1.4로 한다. 이때 다음 물음에 답하여라.

1. 약제량 산정시 전기실 체적 1m³당 최소약제량은 얼마(kg)가 필요한가?

2. 자동폐쇄장치가 있을 경우 전기실에 필요한 소요약제량은 얼마(kg)인가?

3. 약제 저장용기는 모두 몇 병이 필요한가?

4. 2번의 소요약제량이 방사될 때 실내의 약제농도가 5%라면 3번의 저장량이 모두 방사된 경우에는 약제농도가 몇 %가 되는가?

5. 이 경우에 방출표시등은 모두 몇 개가 필요한가?

1. 할론 1301의 경우 전기실은 방출계수=0.32kg/m³

2. 전기실 체적=30×20×6=3,600m³
   따라서 소요약제량은 3,600×0.32kg/m³=1,152kg

3. 충전비를 이용하여 저장용기 1병당 충전 약제량을 구하면,
   충전비(1.4)=70l/약제량(kg)
   따라서 약제량=70÷1.4=50kg
   따라서 용기수=1,152kg÷50kg=23.04병   ∴ 24병

4. ㉮ 먼저 할론 1301의 비체적을 구하여야 한다. 조건에 농도가 5%이므로
   비체적을 x(m³/kg)라면, 실부피 V(m³)의 경우에는

   $$농도 = \frac{방출된\ 가스량}{실부피+방출된\ 가스량} \times 100 = \frac{V \times 0.32 \times x}{V + V \times 0.32 \times x} \times 100 = 5\%$$

   $$\therefore\ x \fallingdotseq 0.1644m^3/kg$$

   ㉯ 따라서 24병의 약제 부피는 24병×50kg×0.1644m³=197.3m³

   $$\therefore\ 농도 = \frac{197.3}{3,600+197.3} \times 100 \fallingdotseq 5.2\%$$

5. 방출표시등은 출입구의 문 상부에 설치하여야 하므로 2개가 필요하다.

6 가로, 세로, 높이가 2m인 도장부스(booth)가 설치되어 있으며 정면에서 본 모습은 다음과 같으며 도장 부스의 주위에 벽은 없다. 부스에 국소방출방식으로 할론 1301 설비가 설치할 경우 이때 필요한 약제소요량(kg)은 얼마인가? (단, 취급하는 위험물의 소화약제 계수는 1.0으로 하며 방호공간의 벽면적은 4면의 벽면적으로만 적용한다)

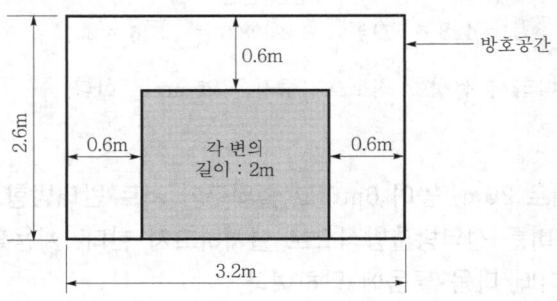

 할론설비의 국소방출방식 중 [식 1-8-9]에서 소화약제계수는 1.0이므로

$Q = V \times K \times h \times 1$ 또 $K = X - Y(a/A)$ 이다.

주위 벽면의 합계 : a =주변에 벽이 없으므로 0으로 한다.

방호공간 벽면의 합계 A : 가로=2+0.6+0.6=3.2m, 높이=2+0.6=2.6m,

따라서 측면(4면)의 면적=(3.2×2.6)×4면=33.28m^2

이때 [표 1-8-10]에 의해 $X = 4$, $Y = 3$이므로 $K = 4 - 3 \times (0/33.28) = 4 kg/m^2$

또 방호공간의 부피 $V = 3.2 \times 3.2 \times 2.6 ≒ 26.62 m^3$, 할증계수 $h = 1.25$이므로

∴ $Q = V \times K \times h \times 1 = 26.62 \times 4 \times 1.25 ≒ 133.1 kg$

7 바닥면적 320m^2, 경유를 연료로 하는 높이 3.5m의 발전실에 할로겐화합물 및 불활성 기체 소화설비를 설치하려고 한다. 다음의 조건을 이용하여 물음에 알맞은 답을 기술하여라.

조건 1) HCFC Blend A의 A급 소화농도는 7.2%, B급 소화농도는 10%로 한다.

2) IG-541의 A급 및 B급 소화농도는 32%로 한다.

3) 방사시 온도는 20℃를 기준으로 한다.

4) 선형상수를 이용하도록 한다.

5) HCFC Blend A 용기는 68l용 50kg으로 하며, IG-541 용기는 80l용 12.4m^{3}로 적용한다.

1. 발전실에 필요한 HCFC Blend A의 최소용기수는 몇 병인가?

2. 발전실에 필요한 IG-541의 최소용기수는 몇 병인가?

보충 약제량 산정시 IG-541은 부피(m^3)로 기타 소화약제는 무게(kg)로 계산한다.

 1. HCFC Blend A의 경우

㉮ 설계농도 : 발전실은 경유를 연료로 하므로 B급화재로 적용하여야 한다. B급 소화농도가 10%이므로 설계농도는 제7조 1항 3호(2.4.1.3)에 의거 10%×1.3 =13%가 된다.

㉯ 약제용기수 : 발전실 체적=320×3.5=1,120m^3 [표 1-9-6(A)] 및 [식 1-9-1]

에 의거 $S = 0.2413 + 0.00088 \times 20 = 0.2589$, $W = \dfrac{V}{S} \times \left[\dfrac{C}{100 - C} \right]$ 이므로

$$W = \frac{1,120}{0.2589} \times \frac{13}{(100 - 13)} = 646.4 kg$$

∴ 646.4÷50=12.9 → 68l용 13병으로 설치한다.

2. IG-541의 경우

㉮ 소화농도는 32%이므로 설계농도=32×1.3=41.6%가 된다.

㉯ 약제용기수 : [표 1-9-6(B)] 및 [식 1-9-2]에 의거 온도가 상온이므로

$$V_S = S$$

$$\therefore \ x(\text{m}^3/\text{m}^3) = 2.303 \times \frac{V_S}{S} \times \left(\log \frac{100}{100-C} \right)$$

$$= 2.303 \times 1 \times \left(\log \frac{100}{100-41.6} \right)$$

약제량 $X(\text{m}^3) = x \times$ 체적 $V(\text{m}^3)$이므로

$$X = 2.303 \times \left(\log \frac{100}{100-41.6} \right) \times 1{,}120 \doteqdot 602.5\text{m}^3$$

$$\therefore \ 602.5 \div 12.4 \doteqdot 48.6 \ \rightarrow \ 80l \text{용 } 49병으로 \ 설치한다.$$

8 할로겐화합물 및 불활성기체 소화약제로서의 필요한 구비조건을 5가지 이상 기술하여라.

1. 소화성능 : 소화성능이 기존의 가스계 소화설비에 비해 크게 미달되지 아니하여야 한다.
2. 독성 : 독성이 낮아야 하며 최고허용설계농도인 NOAEL이 적정하여 정상거주지역에서도 사용이 가능하여야 한다.
3. 환경지수 : ODP(오존층파괴지수), GWP(지구온난화지수), ALT(대기권잔존지수)가 낮아서 친환경적이어야 한다.
4. 물성 : 방사 후 방호구역 내에 약제의 잔존물이 없고 전기적으로 비전도성이어야 한다.
5. 안정성 : 용기 내 저장시 분해되지 않고 금속용기를 부식시키지 않아야 한다.
6. 경제성 : 기존의 가스계 소화설비에 비해 설치비용이 크게 높지 않아 경제성이 있어야 한다.

9 다음 할론 1301의 계통도를 보고 물음에 답하라. (단, 충전비는 1.51, 용기는 68l를 사용한다)

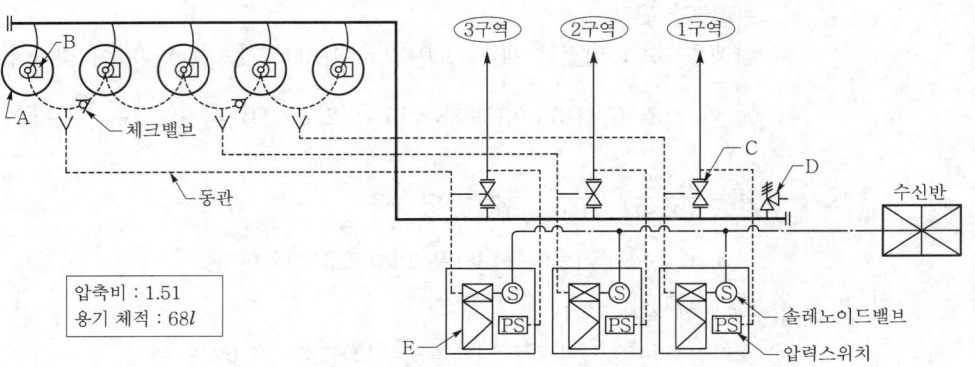

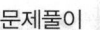
1. A, B, C, D, E의 명칭은 무엇인가?

2. 솔레노이드밸브의 설치목적은 무엇인가?

3. 그림에서 저장용기 주변의 체크밸브의 설치목적은 무엇인가?

4. 1구역, 2구역, 3구역에는 각각 몇 병씩의 용기가 방사되는가?

5. 저장용기에는 각각 몇 kg의 약제가 저장되어 있는가?

6. 저장용기에 압력계를 설치하는 이유는 무엇인가?

1. A=저장용기, B=용기밸브, C=선택밸브, D=안전밸브, E=기동용기

2. 기동용기를 개방하여 기동용 가스의 방출압력으로 저장용기를 개방시켜 준다.

3. 저장용기 개방시 방사하려는 방호구역 이외에는 가스를 방출시키지 못하게 하기 위하여 설치한다.

4. 1구역=5병, 2구역=3병, 3구역=1병

5. 충전비(1.51)=68l/약제량 ∴ 약제량(kg)=68÷1.51≒45kg

6. 용기 내 누설되는 가스의 압력을 확인하도록 하여 이상시 조치할 수 있도록 한다.

10 할론 1301 설비에서 다음의 조건을 가지고 물음에 답하여라.

조건 1) 바닥면적은 A실=6m×5m, B실=12m×7m, C실=6m×6m, D실=10m×5m이다.

2) 모든 실의 높이는 5m이다.

3) 충전비는 1.36으로 한다(용기 내용적은 68l로 한다.)

4) 방출계수는 A실=0.33kg/m³, B실=0.52kg/m³, C실=0.33kg/m³, D실=0.52kg/m³이다.

5) 방사시 온도는 20℃이며, 할론 1301의 체적은 비체적의 식은 $S=0.14781+0.000567t$를 사용한다.

1. A, B, C, D실에 필요한 최저소요용기수를 구하여라.

2. 할론 방사시 B실 및 C실의 설계농도(%)를 구하여라.

3. 저장용기, 기동용기, 선택밸브를 위주로 각 구역별 Isometric diagram을 도시하여라.

1. 충전비가 1.36이므로 용기의 약제량은 68l÷1.36=50kg이다.

㉮ A실의 체적=6m×5m×5m=150m³ ∴ 0.33kg/m³×150m³=49.5kg

49.5kg÷50kg=0.99≒1병

㉯ B실의 체적=12m×7m×5m=420m³ ∴ 0.52kg/m³×420m³=218.4kg

218.4kg÷50kg=4.368≒5병

㉰ C실의 체적=6m×6m×5m=180m³ ∴ 0.33kg/m³×180m³=59.4kg

59.4kg÷50kg=1.188≒2병

㉱ D실의 체적=10m×5m×5m=250m^3 ∴ 0.52kg/m^3×250m^3=130kg

130kg÷50kg=2.6≒3병

2. ㉮ B실은 5병이 방출되므로 B실의 할론 중량=50×5=250kg,

이를 20°C에서의 체적을 구하려면 비체적 식을 이용한다.

$S=0.14781+0.000567t$에서 $t=20$°C이므로 $S≒0.16$m^3/kg

따라서 체적은 250kg×0.16=40m^{3}가 된다.

$$\therefore \text{농도}(\%)=\frac{40}{420+40}\times 100 \fallingdotseq 8.7\%$$

㉯ C실은 2병이 방사되므로 C실의 할론량=50×2=100kg,

20°C에서 $S≒0.16$m^3/kg이므로

따라서 체적은 100kg×0.16=16m^{3}가 된다.

$$\therefore \text{농도}(\%)=\frac{16}{180+16}\times 100 = 8.16\%$$

3. Isometric diagram

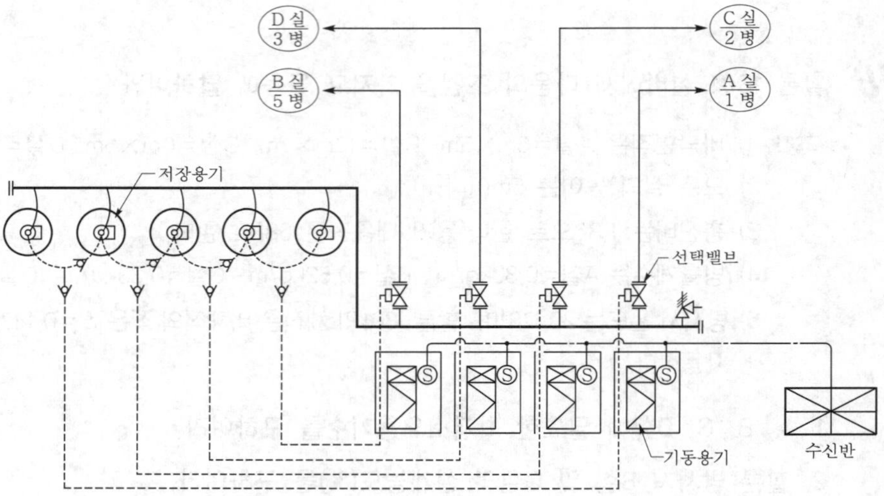

11 그림과 같이 내화구조의 벽과 출입문은 방화문(자동폐쇄장치 있음)으로 구획된 전산기기실과 통신기기실이 있는 건물에서 해당실별로 방호구역을 설정하고 전산기기실은 할로겐화합물 소화약제로, 통신기기실은 불활성기체 소화약제를 각각의 용기실을 설치하여 구분하여 설계하려고 한다. 이때 다음 조건을 이용하여 각 번호에 알맞은 답을 적으시오.

조건 1) 전산기기실의 경우

　① 해당약제의 소화농도는 A, C급화재는 8.5%, B급화재는 10%로 적용한다.

　② 선형상수에서 $K_1 = 0.2413$, $K_2 = 0.00088$이다.

　③ 전산기기실의 예상 최저온도는 20℃이다.

　2) 통신기기실의 경우(단, 방사시간은 1분으로 한다)

　① 해당약제의 소화농도는 A, C급화재는 32.5%, B급화재는 31%로 적용한다.

　② 선형상수에서 $K_1 = 0.65799$, $K_2 = 0.002390$이다.

　③ 통신기기실의 예상 최저온도는 5℃이다.

　④ 중력가속도의 값 $g = 9.8$로 한다.

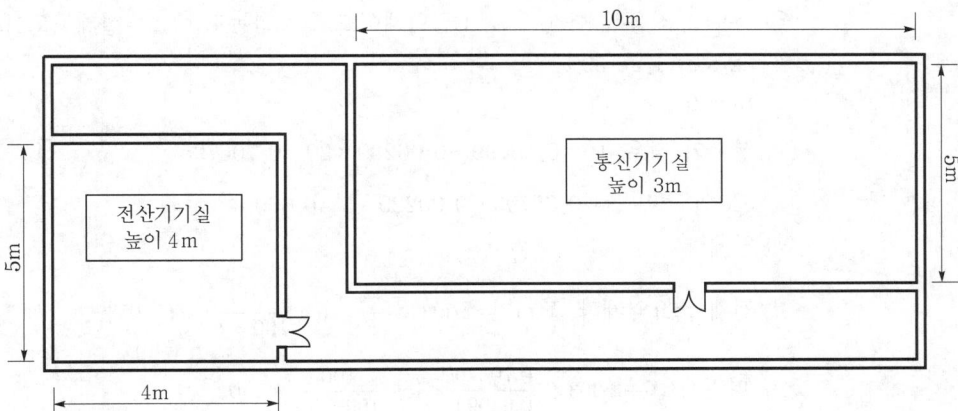

1. 화재안전기준에서 요구하는 배관구경의 선정조건(NFPC 107A 제10조 3항/NFTC 107A 2.7.3)에 의거, 전산기기실의 방호구역에 10초 이내에 방사하여야 할 약제량 (kg)은 최소 얼마 이상이어야 하는가? (단, 소수 첫째자리까지 구한다)

2. 불활성기체 소화약제를 내용적 80ℓ용기를 사용하여 1병당 12.5m³ 충전하려고 한다. 이 경우 통신기기실용으로 저장하여야 할 약제량(m³)은 얼마가 되는가?

3. 다음의 통신기기실에 설치하는 과압배출구의 유효 개구(開口)면적을 $X(\mathrm{cm}^2) = \dfrac{43 \times Q(\mathrm{m^3/min})}{\sqrt{P(\mathrm{kg/m^2})}}$ 라고 할 경우 $Q(\mathrm{m^3/min})$는 방출되는 불활성기체 소화약제의 저장량이 방출되는 것으로 적용하고, $P(\mathrm{kg/m^2})$는 방호구역의 허용강도로 한다. 이때 SI 단위로 허용강도 $P = 2.4\mathrm{kPa}$이라면, 과압배출구의 유효 개구면적(cm²)은 얼마로 하여야 하는가? (단, 소수 첫째자리까지 구한다)

1. ㉮ 실체적 : 체적은 $5 \times 4 \times 4 = 80\text{m}^3$

㉯ 농도 : 적응성 화재는 A, C급 화재이며 소화농도×1.2＝설계농도이므로
$8.5 \times 1.2 = 10.2\%$

㉰ 비체적 $S = 0.2413 + 0.00088 \times 20 = 0.2589\text{m}^3/\text{kg}$

㉱ 배관구경 선정시 최소소요약제량은 10초 방사시 설계농도의 95%가 방사되는 값이므로 $10.2\% \times 0.95 = 9.69\%$

$\therefore$ 소요약제량 $W(\text{kg}) = \dfrac{V \times C}{S \times (100 - C)} = \dfrac{(80 \times 9.69)}{0.2589 \times (100 - 9.69)}$

$= \dfrac{775.2}{0.2589 \times 90.31} = 33.2\text{kg}$

답 33.2kg

2. ㉮ 실체적 : 체적은 $10 \times 5 \times 3 = 150\text{m}^3$

㉯ 농도 : 적응성 화재는 A, C급화재이므로 소화농도×1.2＝설계농도이므로
$32.5\% \times 1.2 = 39\%$

㉰ 비체적

상온의 경우 $V_s = 0.65799 + 0.00239 \times 20 = 0.705795$

5℃의 경우 $S = 0.65799 + 0.00239 \times 5 = 0.66994$

㉱ 약제량

전체 소요약제량 $X(\text{m}^3) = 2.303 \times \dfrac{V_S}{S} \times \log \dfrac{100}{100 - C} \times V$ 이다.

따라서 $X = 2.303 \times \dfrac{0.70579}{0.66994} \times \log \dfrac{100}{100 - 39} \times 150$

$= \dfrac{2.303 \times 0.70579}{0.66994} \times \log \dfrac{100}{61} \times 150 \fallingdotseq 2.426 \times 0.215 \times 150$

$\fallingdotseq 78.239\text{m}^3$

㉲ 용기수

$78.239 \div 12.5 = 6.3$

따라서 7병이 필요하므로 저장량＝$7 \times 12.5 = 87.5\text{m}^3$

답 87.5m³

3. ㉮ $1\text{kgf} = 9.8\text{N}$, $1\text{kgf/m}^2 = 9.8\text{N/m}^2 = 9.8\text{Pa}$, $1\text{Pa} = (1/9.8)(\text{kgf/m}^2)$

따라서 $2.4\text{kPa} = (1/9.8) \times 2.4 \times 10^3 \text{kgf/m}^2 = 244.898\text{kgf/m}^2$로 이것이 P가 된다.

㉯ 또한 불활성기체 약제의 방사시간이 1분이므로 $Q(\text{m}^3/\text{min})$는 전산실 7병의 약제량이 1분에 방사되므로 $Q = 87.5\text{m}^3/\text{min}$

$\therefore X(\text{cm}^2) = \dfrac{43 \times Q}{\sqrt{p}} = \dfrac{43 \times 87.5}{\sqrt{244.898}} = \dfrac{3762.5}{15.649}\text{cm}^2 \fallingdotseq 240.4\text{cm}^2$

답 240.4cm²

제10절
분말소화설비(NFPC & NFTC 108)

1 개 요

1. 소화의 원리

(1) 질식효과

분말약제가 방사되면 분말이 연소면을 차단하며 약제와 반응시 발생하는 CO_2와 수증기(H_2O)가 산소의 공급을 차단하는 질식소화작용을 하게 된다.

(2) 냉각효과

분말약제는 방사시 열분해 되어 생성되는 반응식은 전부 흡열반응으로서 이로 인 하여 연소면의 열을 탈취하게 되어 냉각소화 작용을 하게 된다.

(3) 억제효과

불꽃 속에 분말약제를 살포하면 분말약제가 열분해되어 나트륨(Na) 원자, 칼륨(K) 원자, NH_3^* 등의 래디칼(Radical ; 분해되지 않는 원자의 집단)이 생성되어 이들이 연쇄반응을 일으키는 원인물질인 H^*나 OH^*와 같은 활성 래디칼(Free radical)과 화학적 반응을 하여 연쇄반응을 차단하는 부촉매 효과를 발휘한다.

2. 설비의 장·단점

장 점	① 소화능력이 우수하며 인체에 무해하다. ② 포말 등의 타 소화약제를 첨가하여 병용하여 사용할 수 있다. ③ 전기에 대해 비전도성으로 C급화재에 매우 효과적이다. ④ 소화약제의 수명이 반영구적이며 경제성이 매우 높다.
단 점	① A급의 심부화재에는 적응성이 낮다. ② 소화약제의 잔존물로 인하여 2차 피해가 발생한다. ③ 분말약제의 특성상 고압의 가압원이 필요하다.

3. 적용성과 비적용성

(1) 적용성

NFPA 17(2024 edition)에서는 분말소화설비의 소화적응성을 다음과 같이 제시하고 있다.[341]

1) 인화성 및 가연성액체(Flammable or combustible liquids)

2) 인화성 및 가연성가스(Flammable or combustible gases)

3) 합성수지를 포함하여 화재시 용해되는 가연성고체류(Combustible solids, including plastics, which melt when involved fire)

4) 유입식 변압기나 차단기 등과 같은 전기적 위험(Electrical hazards such as oil-filled transformers or circuit breakers)

5) 표면화재를 일으킬 수 있는 섬유제조 공정(Textile operations subject to flash surface fires)

6) 목재, 종이, 섬유 등과 같은 일반가연물(Ordinary combustibles such as wood, paper or cloth)

7) 식당이나 영업용 후드, 덕트 및 대형 프라이 냄비 같은 조리용 기구의 위험 (Restaurant and commercial hood, ducts, and associated cooking appliance hazards such as deep-fat fryers)

분말소화설비의 경우는 일반가연물인 A급화재 이외에 유류나 가스화재인 B급화재 및 전기화재인 C급화재를 포함한 넓은 범위의 화재에 대하여 소화적응성이 있다. 식당의 주방에서 조리과정에서 발생하는 기름 찌꺼기가 조리기구나 후드, 덕트 등에 장기간 축적되어 있을 경우 화재위험도가 매우 높으며 분말의 경우는 이에 대해 별도의 소화적응성을 나타내고 있다. 분말약제가 방사될 경우 인화성액체는 점화원이 제거되지 않는 한 소화 종료 후 재발화가 될 수 있으며[342], 인화성가스의 경우는 가스방출이 소화작업 중이나 직전에 멈추지 않는다면 폭발의 가능성을 내포하고 있다.[343]

---

341) NFPA 17(2024 edition) 5.1.1 Use(적응성)

342) NFPA 17(2024 edition) 5.1.1(1) : Extinguishment of flammable liquid fires, especially Class Ⅰ liquids, can result in a reflash unless all source of ignition have been removed(가연성액체 화재, 특히 Class Ⅰ 액체 화재를 진압하면 모든 발화원을 제거하지 않는 한 재점화가 발생할 수 있다).

343) NFPA 17(2024 edition) 5.1.1(2) : Flammable gases present a potential explosion hazard if the flow of gas is not stopped before or during extinguishment(가연성가스는 소화 중에 가스 흐름을 멈추지 않으면 잠재적인 폭발위험이 있다).

(2) 비적응성(Limitation)

분말소화설비로 소화적응성이 없는 경우를 NFPA 17에서는 다음과 같이 규정하고 있다.[344]

1) 니트로셀룰로스와 같이 자체에서 산소를 공급하는 화합물(Chemicals containing their own oxygen supply, such as cellulose nitrate)

2) 나트륨, 칼륨, 마그네슘, 지르코늄과 같은 가연성금속(Combustible metals such as sodium, potassium, magnesium, titanium, and zirconium)

3) 분말약제가 연소부위에 침투되지 않는 일반가연물에 있어서 심부성화재나 잠복성(潛伏性)화재(Deep-seated or burrowing fires in ordinary combustibles where the dry chemical can not reach the point of combustion)

4. 동작의 개요

감지기 동작에 의해 화재를 감지하면 감지기의 동작신호가 수신반에 통보되고 경보장치가 동작되며, 이후 화세가 진전되어 교차회로에 의한 감지기 신호가 추가 입력되면 기동용기의 솔레노이드밸브 작동으로 기동용기 내 CO_2 가스가 방출된다. 기동용 CO_2 가스는 가압용 질소용기 밸브와 선택밸브를 개방시키며, 이로 인하여 가압용 가스인 질소가 압력조정기를 거쳐 분말약제 저장용기로 들어가 분말과 섞어진 후 소정의 방사압력이 되면 정압작동장치가 동작하여 분말약제 저장용기의 주밸브(방출밸브)를 개방시킨 후 미리 개방된 선택밸브를 거쳐 배관을 통하여 해당 방호구역으로 분말약제가 분사헤드에서 방사하게 된다.

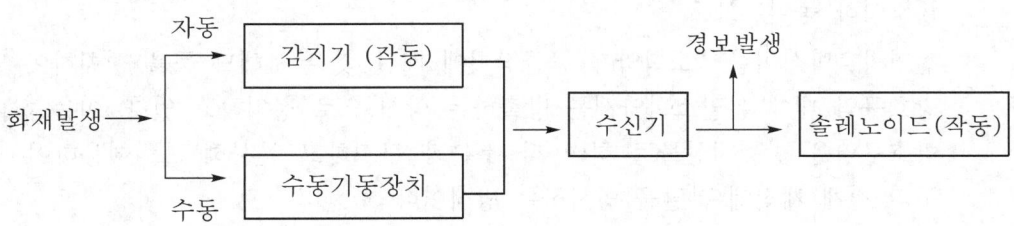

---

344) NFPA 17(2024 edition) 5.1.2 Limitation(비적응성)

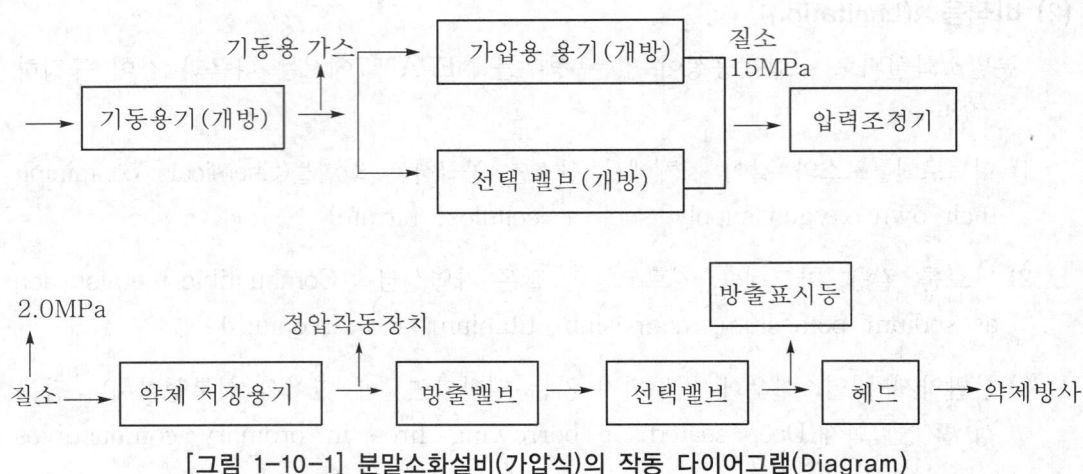

[그림 1-10-1] 분말소화설비(가압식)의 작동 다이어그램(Diagram)

5. 설비의 분류

(1) 가압방식에 의한 종류

1) **축압식(蓄壓式)** : 용기 내부에 분말약제를 방사시키기 위한 압력원(가스)을 축압시킨 후 화재시에 축압된 가스압력에 의해 분말약제를 방사시키는 방식이다.

2) **가압식(加壓式)** : 분말약제 저장용기 외부에 별도의 가압용 압력용기를 설치한 후 화재시에 가압용 용기 내의 가스압력에 의해 분말약제를 방사시키는 방식이다.

(2) 방출방식에 의한 종류

1) **전역방출방식(Total flooding system)** : NFPC 108(이하 동일) 제11조 1항/NFTC 108(이하 동일) 2.8.1

전역방출방식이란, "소화약제 공급장치에 배관 및 분사헤드 등을 설치하여 밀폐 방호구역 내에 분말소화약제를 방출하는 방식"으로 정의하고 있다. 이는 하나의 방호구역을 방호대상물로 하여 타 부분과 구획하고 분사헤드를 이용하여 방호구역 전체 체적에 분말을 방사하는 방식이다.

① 방사된 소화약제가 방호구역의 전역(全域)에 균일하고, 신속하게 확산할 수 있도록 분사헤드를 배치할 것

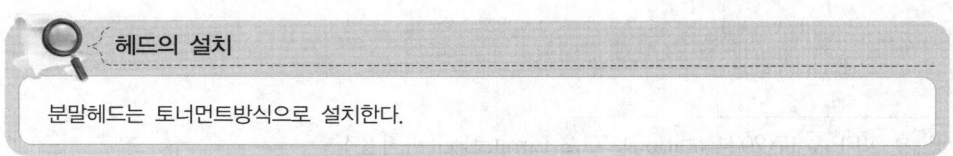

헤드의 설치

분말헤드는 토너먼트방식으로 설치한다.

② 소화약제 저장량을 30초 이내에 방사할 수 있도록 할 것

2) 국소방출방식(Local application system) : 제11조 2항(2.8.2)

국소방출방식이란 "소화약제 공급장치에 배관 및 분사헤드 등을 설치하여 직접 화점에 분말소화약제를 방출하는 방식"으로 정의하고 있다. 이는 방호대상물을 일정한 공간으로 구획할 수 없는 경우 방호대상물(장치류) 부분에 국한하여 분말을 방사하는 방식이다.

① 소화약제의 방사에 의하여 가연물이 비산하지 아니하는 장소에 헤드를 설치할 것
② 소화약제 저장량을 30초 이내에 방사될 수 있도록 할 것

3) 호스릴방식(Hand hose line system)

호스릴방식이란, "소화수 또는 소화약제 저장용기 등에 연결된 호스릴을 이용하여 사람이 직접 화점에 소화수 또는 소화약제를 방출하는 방식"으로 정의하고 있다. 이는 분사헤드가 배관에 고정되어 있지 않고 소화약제 저장용기에 호스를 연결하여 사용하는 이동식 설비로서, 사람이 직접 화점(火點)에 소화약제를 방사하는 방식이다.

① 장소의 기준 : 제11조 3항(2.8.3)

화재시 현저하게 연기가 찰 우려가 없는 장소로서 다음의 어느 하나에 해당하는 장소에는 설치할 수 있다. 다만, 차고 또는 주차의 용도로 사용되는 장소는 제외한다.

㉮ 지상 1층 및 피난층에 있는 부분으로서 지상에서 수동 또는 원격조작에 따라 개방할 수 있는 개구부의 유효면적의 합계가 바닥면적의 15% 이상이 되는 부분

㉯ 전기설비가 설치되어 있는 부분 또는 다량의 화기를 사용하는 부분(해당 설비의 주위 5m 이내의 부분을 포함)의 바닥면적이 해당 설비가 설치되어 있는 구획의 바닥면적의 1/5 미만이 되는 부분

② 설비의 기준 : 제11조 4항(2.8.4)

㉮ 방호대상물의 각 부분으로부터 하나의 호스접결구의 수평거리는 15m 이하일 것

㉯ 소화약제 저장용기의 개방밸브는 호스릴의 설치장소에서 수동으로 개폐할 수 있는 것으로 할 것

㉰ 소화약제의 저장용기는 호스릴을 설치하는 장소마다 설치할 것

㉱ 하나의 노즐마다 1분당 방사하는 소화약제량은 다음과 같이 할 것

㉠ 1종 분말 : 45kg 이상

㉡ 2종 또는 3종 분말 : 27kg 이상

㉢ 4종 분말 : 18kg 이상

⑪ 저장용기에는 그 가까운 곳의 보기 쉬운 곳에 적색의 표시등을 설치하고, 호스릴방식의 분말소화설비가 있다는 뜻을 표시한 표지를 할 것

4) 프리엔지니어드방식(Pre-engineered system)

① 개념 : 방출방식의 경우 화재안전기준에서는 위와 같이 전역방출, 국소방출, 호스릴방식의 3가지 종류로 구분하고 있으나, NFPA 17에서는 이 외에도 프리엔지니어드방식을 별도의 방식으로 인정하고 있다.[345] 프리엔지니어드 방식이란 고정식 분말설비와 같이 설계자가 용도별로 방호대상물에 적합한 방사압, 방사량 등에 대해 설계과정을 거쳐 시스템을 적용하는 것이 아니라 이러한 사항이 제조자에 의해 사전에 결정된 방식을 뜻한다. NFPA 17에서는 프리엔지니어드방식을 ① 유량(Flow rate), ② 방사압(Nozzle pressure), ③ 약제량(Quantity)을 사전에 결정한 시스템이라고 정의하고 있다.

② 적용 : 일반적으로는 프리엔지니어드방식은 식당 주방의 후드(Hood) 덕트나 조리장치 주위, 배기덕트 등에 가장 많이 설치하는 방식으로 이 경우 덕트 내에 열감지기나 퓨지블링크(Fusible-link)를 설치한 후 이의 기동신호를 이용하여 분말소화설비를 동작시키는 방식이다.

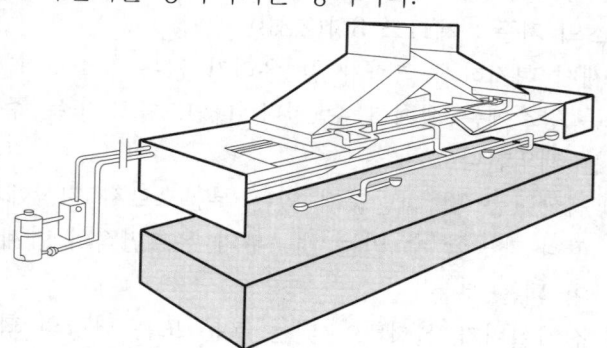

[그림 1-10-2] 주방 후드에 설치한 분말소화설비

NFPA 17에서는 프리엔지니어드방식의 적용대상을 다음과 같이 별도로 규정하고 있다.

㉮ 영업용 주방의 후드, 덕트 및 조리용 기구의 설비(Commercial kitchen hood, duct and cooking appliance systems)[NFPA 17(9.3)]

㉯ 교통기관의 연료공급장치(Vehicle fueling service station systems)[NFPA 17(9.8)]

㉰ 이동식 장비의 방호설비(Systems for the protection of mobile equipment)[NFPA 17(9.9)]

㉱ 호스릴방식설비(Hand hose line systems)[NFPA 17(9.10)]

---

345) NFPA 17(2024 edition) 3.4 Systems definitions

2 분말소화설비 약제의 각론

1. 분말소화설비 약제의 종류

분말소화약제는 다음과 같이 1종에서 4종까지 4가지로 구분하며, 차고 또는 주차장에 설치하는 소화약제는 반드시 3종 분말로 하여야 한다.

분말소화설비 약제 중 ABC급이나 BC급화재에 사용하는 것은 "Dry chemical"이라 하며 금속화재(D급화재)에 사용하는 분말약제는 "Dry powder"라 한다.

(1) 국내 및 일본의 경우

[표 1-10-1] 분말소화약제의 종류

종 별	주성분	적응 화재	색 상	비 고
1종	탄산수소나트륨 ($NaHCO_3$)	BC급화재	백색	BC급 소형 소화기용
2종	탄산수소칼륨 ($KHCO_3$)	BC급화재	담회색(淡灰色)	BC급 대형 소화기용
3종	제1 인산암모늄 ($NH_4 \cdot H_2PO_4$)	ABC급화재	담홍색(淡紅色) 또는 황색	ABC급 소화기용
4종	탄산수소칼륨과 요소가 화합된 분말 ($KC_2N_2H_3O_3$)	BC급화재	회색	국내 생산 안 됨

> **🔍 약제별 보충내용**
>
> 1. 탄산수소나트륨, 탄산수소칼륨은 일명 중(重)탄산나트륨, 중탄산칼륨이라고도 한다.
> 2. 4종 분말의 경우 NFPA 17에서는 "Urea-based potassium bicarbonate"라고 하며, 분자식을 $KC_2N_2H_3O_3$로 표시하고 있다.
> 3. 위험물안전관리법 세부기준 제136조 3호 가목에서는 특정의 위험물에 적응성이 있는 것으로 인정되는 것을 "제5종 분말"이라고 별도로 칭하고 있다.

(2) NFPA의 경우

NFPA 17(2024 edition) A.4.7.1에 의하면 분말소화약제를 다음의 4종류로 구분하고 있다.

1) 탄산수소나트륨을 주성분으로 하는 분말약제(Sodium bicarbonate-based dry chemical)

예 NaHCO₃

2) 칼륨염을 주성분으로 하는 분말약제(Dry chemicals based on the salts of potassium)

예 KHCO₃(2종 분말), KC₂N₂H₃O₃(4종 분말), KCl

3) 다목적 분말약제(Multipurpose dry chemical)

예 NH₄·H₂PO₄(3종 분말)

4) 포 겸용 분말약제(Foam-compatible dry chemical)

예 Twin agent system

① 유류화재의 경우 분말소화약제의 장점은 빠른 소화성이나 그 반면에 분말인 관계로 재발화의 우려가 높다. 이에 비하여 포 소화약제의 경우는 포가 유동하여 포층(泡層)이 유면을 덮고 있으므로 소화에 시간은 소요되나 재발화의 위험은 적다. 따라서 이러한 분말의 신속성과 포의 안정성인 양자의 장점을 고려하여 분말소화약제와 포 소화약제를 병용한 소화약제를 "포 겸용 분말약제(Foam Compatible Dry Chemical[NFPA 용어로 일명 CDC라 한다])"라 하며, 이를 상품화 시킨 제품이 Twin agent system이다.

약 제	장 점	포말+분말=C.D.C
포말약제	안정성	➡ "안정성+신속성"을 확보
분말약제	신속성	

② Twin agent system은 주로 항공기 화재시 신속한 인명구조를 위하여 개발된 것으로 다량의 유류를 가지고 있는 각종 운송장치(비행기, 열차 등)에서 화재발생시 최적의 제품이며, 소화속도가 빠른 분말약제(상품에 따라 2종 또는 3종 분말)와 포 소화약제는 병용시 분말약제에 의해 포가 파괴되지 않는 수성막포를 병용하도록 별도로 개발한 것이다.

③ 호스릴방식의 수동식과 차량에 탑재하여 이동식으로 사용하는 2가지 타입이 있으며 일명 Combined agent라고도 한다. 장비는 질소용기가 별도로 설치되어 질소압력을 이용하여 분말을 방사하며, 노즐은 분말과 포가 독립적이거나 또는 하나의 노즐을 이용하고 혼합하여 사용하기도 한다. 일반적으로 분말소화약제와 포 소화약제를 병용하게 되면 포가 깨지는 현상이 발생하나 수성막포(AFFF)의 경우는 얇은 막을 형성하게 되므로 분말과 병용하여도 포가 깨지는 현상이 발생하지 아니한다. 다음 그림은 ANSUL[346]社 제품인 100/30UNIT로 100lb의 2종 분말과 30gallon 6%의 AFFF로 구성되어 있다.

---

346) 미국에 있는 세계적인 소방제품 전문업체로서 Inergen은 ANSUL사의 특허제품이다.

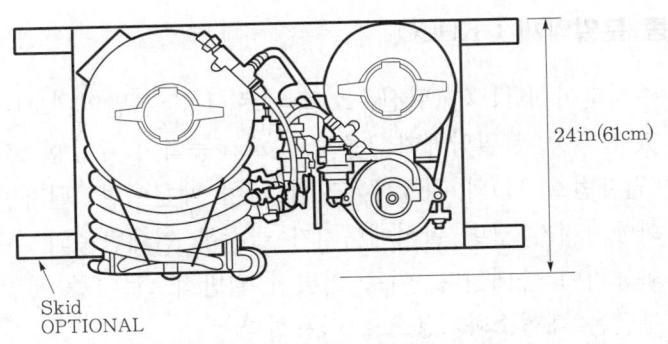

24in(61cm)

Skid
OPTIONAL

[그림 1-10-3] Twin agent system(위에서 본 모습)

2. 분말소화설비 약제의 개별 특성

분말약제는 소화에 사용할 수 있는 고체 물질을 미세한 분말로 만들어 유동성을 높인 것으로서 습기에 의해 굳어지는 것을 막기 위하여 실리콘 등으로 표면처리 하여 사용한다.
분말약제의 입도(粒度)는 $10\sim75\mu m$ 범위에서 소화효과가 크며, $20\sim25\mu m$일 때 최대의 효과를 나타낸다.
분말소화약제 자체는 독성이 없으나 방사시 사람에 노출되면 호흡장애나 시야 장애를 일으킬 수 있다. 또한 분말약제를 종별로 구별하기 위하여 색소를 첨가하여 사용하며 분말약제의 소화의 강도는 4종 > 2종 > 3종 ≧ 1종이다.

(1) 1종 분말약제 : $NaHCO_3$

1) 주성분이 $NaHCO_3$(탄산수소나트륨)로 BC급화재 전용의 약제이며, 화재시 열분해된 후 반응식은 다음과 같다.

$$2NaHCO_3 \xrightarrow[\triangle]{270°C} Na_2CO_3 + CO_2\uparrow + H_2O\uparrow - 30.3kcal$$

$$2NaHCO_3 \xrightarrow[\triangle]{850°C} Na_2O + 2CO_2\uparrow + H_2O\uparrow - 104.4kcal$$

2) 일명 중탄산나트륨이라 하고 주로 소형 소화기용으로 사용하며, 형식승인 기준에서 소화약제의 경우에는 주성분인 $NaHCO_3$가 90%(wt%) 이상이어야 하며, 색상은 백색이다.

소화설비

(2) 2종 분말약제 : $KHCO_3$

1) 주성분이 $KHCO_3$(탄산수소칼륨)로 1종 분말약제보다 약 1.67배의 소화효과가 있다. 2종 분말약제가 1종보다 소화능력이 우수한 것은 K(원자번호 19)와 Na (원자번호 11)의 활성에너지의 차이 때문이다. 원자번호가 클수록 화학적 활성 화에너지가 크며 활성에너지가 클수록 연쇄반응의 부촉매 작용이 크게 되어 소화능력이 증대된다. 이로 인하여 일반적으로 1종 분말은 소형소화기용으로, 2종 분말은 대형소화기용으로 사용한다.

2) 일명 중탄산칼륨이라 하며 색상은 1종 분말과 구별하기 위하여 담회색(淡灰色 ; 엷은 회색)으로 착색하도록 되어 있으며, 형식승인 기준에서 소화약제의 경우에는 주성분인 $KHCO_3$가 92%(wt%) 이상이어야 한다. 분말약제의 주성분은 주기율표에서 알칼리금속으로 화학적 유사성이 있으며 원자번호가 클수록 화학적 활성에너지가 크다. 따라서 활성에너지는 Li<Na<K<Rb<Cs<Fr순이나 Rb, Cs, Fr 은 경제성이 없어 소화약제로 사용하지 않는다.

3) 화재시 열분해 된 후 반응식은 다음과 같다.

$$2KHCO_3 \xrightarrow[\triangle]{190°C} K_2CO_3 + CO_2 \uparrow + H_2O \uparrow - 29.82kcal$$

$$2KHCO_3 \xrightarrow[\triangle]{891°C} K_2O + 2CO_2 \uparrow + H_2O \uparrow - 127.1kcal$$

(3) 3종 분말약제 : $NH_4 \cdot H_2PO_4$

1) 주성분이 인산염으로 $NH_4 \cdot H_2PO_4$(제1 인산암모늄)을 사용한다. 1종 및 2종 분말은 BC급화재에 적응성이 있으나, 3종은 ABC급화재에 적응성이 있으며 이에 대한 사유는 다음과 같다.

① 1종, 2종의 분말은 아주 미세하여 분말이어도 가스상태와 유사한 상황이 연출하며 이로 인하여 $NaHCO_3$, $KHCO_3$는 표면불꽃을 일시적으로 소화하기 때문에 A급 적응성이 낮다(즉 심부에서 재발화가 될 우려가 있다).

② 이에 비해 $NH_4 \cdot H_2PO_4$는 열에 의해 분해되어 섬유소(纖維素)의 탄소를 분해하고 그 후 고온에서 용융하는 잔류물을 형성하여 유리상의 HPO_3(Meta 인산)을 생성한다. 이는 가연물의 표면에 피막을 형성하여 A급화재에서 화염의 전파에 필요한 산소를 차단하게 되며 재발화를 방지하게 된다.

2) 색상은 1종 분말과 구별하기 위하여 담홍색 또는 황색으로 착색하도록 되어 있으며, 형식승인 기준에서 소화약제의 경우에는 주성분인 $NH_4 \cdot H_2PO_4$가 75%(wt%) 이상이어야 한다.

3) 3종 분말은 ABC급화재에 적응성이 있으며 화재시 열분해 된 후 반응식은 다음과 같다.

$$NH_4H_2PO_4 \xrightarrow{\triangle} HPO_3 \uparrow + NH_3 + H_2O \uparrow - Q(kcal)$$

 인산

인산(燐酸)의 경우에는 3가지 기본형이 있으며 물과의 결합에 따라 다음과 같다. 일반적으로 인산이라 함은 Ortho 인산을 말한다.
- $P_2O_5 + 1H_2O = 2HPO_3$(Meta 인산)
- $P_2O_5 + 2H_2O = H_4P_2O_7$(Pyro 인산)
- $P_2O_5 + 3H_2O = 2H_3PO_4$(Ortho 인산)

---

(4) 4종 분말약제

1) 탄산수소칼륨[$KHCO_3$]과 요소[$CO(NH_2)_2$]와의 반응물을 주성분으로 하며 이는 2종 분말에다 요소를 반응시킨 것이다.

4종 분말의 개발은 영국의 세계적인 화학기업체인 ICI(Imperial Chemical Industries) 社가 생산한 제품(상품명 Monex)으로 국내에서는 생산되지 않고 있으며 화재시 반응식은 다음과 같다.

$$2KHCO_3 + CO(NH_2)_2 \xrightarrow{\triangle} K_2CO_3 + 2NH_3 + 2CO_2 \uparrow - Q(kcal)$$

2) 소화력이 1종, 2종, 3종보다 높은 이유는 4종 분말의 경우 방사 직전까지는 입자의 크기가 일정하나 방사 후 불꽃과 접촉하면서 아주 미세한 입자로 분해되는 특성이 있다. 이로 인하여 약제의 표면적이 크게 증가하게 되어 큰 소화력을 갖게 된다. 그러나 이는 A급화재는 적응성이 없으며 BC급화재에 한하여 적응성이 있으며 가격이 높아 대중화되지 못하였다.

3. 분말소화설비 약제의 장·단점

(1) 장점

1종	① 타 약제보다 가격이 저렴하다. ② 일반적인 조리용 기름이나 지방질 기름의 화재시 이들 물질과 결합하여 비누화반응을 생성하므로 지방나 기름화재에 대해 소화적응성이 있다.
2종	① 1종 분말보다 BC급 약제 대비 소화의 강도가 약 2배가량 높다. ② CDC 소화약제로 사용할 수 있다.
3종	① ABC급 화재에 대해 적응성을 가지고 있다(일반가연물의 경우 플래밍 모드 및 글로윙 모드에 모두 소화효과가 있다). ② CDC 소화약제로 사용할 수 있다.
4종	분말약제 중 가장 소화력이 가장 우수하다.

 비누화반응(Saponification)

동·식물성 기름인 유지(油脂)와 알칼리가 반응하여 비누와 글리세린으로 변하는 반응으로, 주방화재시 조리용 기름이나 지방질 기름에 분말이 방사되면 이것과 분말약제가 반응하여 비누상태의 물질이 생성되는 현상이다. 이로 인하여 가연성 액체류의 표면을 뒤덮어 산소를 차단하고 재발화가 되지 않도록 한다.

(2) 단점

1종	① 분말약제 중 소화의 강도가 가장 낮다. ② A급화재에 대한 소화적응성이 없다.
2종	① 비누화반응이 없어 주방용 기름화재에는 적응성이 낮다. ② A급화재에 대한 소화적응성이 없다.
3종	비누화반응이 없어 주방용 기름화재에는 적응성이 낮다.
4종	① A급화재에 대한 소화적응성이 없다. ② 가격이 타 약제보다 고가이며 국내에서는 제조 사례가 없다.

4. 분말소화설비 약제의 구비조건

(1) 미세도(微細度)

1) 분말은 미세할수록 표면적이 커져서 화염과 접촉시 반응이 빨라지며 소화의 효과가 크다. 그러나 입자가 너무 미세할 경우 화재시 상승기류로 인하여 분말

약제가 화심(火心) 속으로 침투하지 못하고 비산되므로 입자의 미세도가 크기 별로 적당히 배합되어 있어야 한다. 높은 미세도 효율을 위하여 과거에는 첨가 제로 운모(雲母)를 사용하였으나 최근에는 규소(硅素)를 사용하고 있다.

2) 분말의 미세도 측정은 형식승인 및 제품검사의 기술기준에서 45, 75, 150, 425μm 의 표준체 4종류를 통과시킨 후 그 잔량(殘量)의 비율로 미세도를 판단한다.[347]

mesh

체의 구멍이나 입자의 크기를 나타내는 단위로 1inch(인치) 길이 안에 들어 있는 눈금의 수를 말한다.

(2) 내습성(耐濕性)

1) 분말의 방습이 불완전하면 시간 경과에 따라 수분을 흡수하여 유동성이 감소되 며 입자간의 응집으로 인하여 소화효과가 감소하게 된다. 이는 분말의 가장 치 명적인 결함으로 침강(沈降)시험을 이용하여 이를 확인한다.

2) 침강시험이란 200cc의 비이커에 분말시료 20g을 수면에 고르게 살포한 후 1시 간 이내에 침강 여부를 판단하는 것으로 1시간 이내에 침강(沈降 ; 바닥으로 갈아 앉음)된 경우는 분말에 실리콘으로 코팅한 것이 파손되어 내습성이 불량 해진 것으로 분말약제를 교체하여야 한다.

(3) 유동성(流動性)

1) 소화기 방사효율 및 소화성능이 향상되려면 분말이 가스압에 의해 균일하게 혼 합되고 유동성이 좋아야 하므로 이를 위해서는 활제(滑劑)를 첨가하여 입자간 의 내부 마찰을 감소시켜 준다.

2) 유동성 측정은 깔때기를 이용하여 일정한 높이에서 바닥면에 분말을 쏟으면 바 닥면에 원뿔 형태로 분말이 쌓이게 된다. 이때 원뿔형의 분말이 바닥면과 이루 는 안식각(安息角)을 측정하여 판단한다.

---

347) 소화약제의 형식승인 및 제품검사의 기술기준 제7조

안식각

분말이 바닥에서 원뿔형으로 쌓일 때 바닥면과 원뿔형의 옆면이 이루는 각을 안식각이라 하여 유동성을 판단하는 기준이 된다. 안식각이 작을수록 유동성이 양호하며 보통 30~40°가 일반적이다.

(4) 비고화성(非固化性)

1) 분말은 미세할수록 입자간의 인력이 강해져 응집현상이 발생하게 되며 여기에 습기가 침투하면 굳거나 덩어리가 지게 되며 이 경우 압력을 가하여도 방사되지 않는다. 따라서 분말약제는 굳거나 덩어리지거나 변질 등 그 밖의 이상이 생기지 아니하여야 한다.

2) 고화(固化)를 방지하기 위해서는 고화방지제를 첨가하여 내습성을 높여주며 이를 시험할 경우는 페네트로메타(Penetrometer) 시험기로 시험한 경우 분말에 15mm 이상 침투되어야 한다.

페네트로메타(Penetrometer) 시험기

반고체 물질의 굳기나 조밀성(稠密性)을 측정하는 데 사용하는 X선을 이용한 경도계(硬度計)이다.

(5) 겉보기 비중

1) 분말약제의 겉보기비중은 "시료의 중량/시료의 부피"이며 형식승인 및 제품검사의 기술기준에서 0.82g/ml 이상이어야 한다. : 겉보기 비중의 단위는 g/ml로 시료 100g에 대한 분말약제의 체적(ml=c.c)을 측정하는 것으로 일부 자료에 겉보기 비중의 단위를 g/mm로 표기한 것은 잘못된 것이다.

2) 약제의 입도 분포에 따라 좌우되며 입자가 고울수록 겉보기 비중은 작아진다. : 입자가 고울수록 입자간 사이의 간격이 작아져 겉보기 비중이 커질 것 같으나 실제로는 작아지는 이유는 다음과 같다. 분말입자란 대부분이 매우 미세한 입자이며 겉보기 비중 측정시에는 100g의 시료를 250ml의 뚜껑 있는 실린더에 넣어서 1분간 10회 상하 거꾸로 한 후 1분 동안 대기 후 그 시료의 부피를 측정(3회 평균)하도록 하고 있다.[348] 이때 입자의 크기가 클수록 흔들어 줄 때 잘 다져져서 1분간

---

348) 소화약제의 형식승인 및 제품검사 시험세칙(細則) 4.6 겉보기 비중

대기할 때 실린더 밑바닥에 밀착되어 오히려 부피가 줄어들게 된다. 그러나 입자의 크기가 가늘면 입자 사이에 있는 공기로 인하여 잘 다져지지 않고 약간 떠 있는 상태가 되어 상대적으로 부피가 약간 증가하게 되며 이로 인하여 입자가 고울수록 겉보기 비중이 작아지게 된다.

> **겉보기 비중(Apparent specific gravity)**
>
> 1. 분말 입자의 경우는 입자간에 수 많은 크고 작은 틈새를 가지고 있고 틈새간에 공기로 채워져 있으므로 용기에 분말을 담을 경우 이의 부피는 참값에 해당하는 부피가 아니라 외관상의 부피 즉 겉보기 부피에 해당한다.
> 2. 이때 용기 내 분말의 무게를 분말의 겉보기 부피(입자간격 때문에 참 부피가 아님)로 나눈 값을 겉보기 비중이라 한다. 겉보기 비중은 분말 저장용기의 크기를 결정하거나 축압용 가스를 저장할 수 있는 공간과 관계가 있다.

(6) 무독성 및 내(耐)부식성

1) 정상적인 상태에서 독성이나 부식성이 없어야 한다.

2) 아울러 외적인 조건인 열과 수분에 따라 용해 및 분해현상으로 용기의 재질이 부식되는 원인이 발생할 수 있다.

3 분말소화설비의 약제량계산

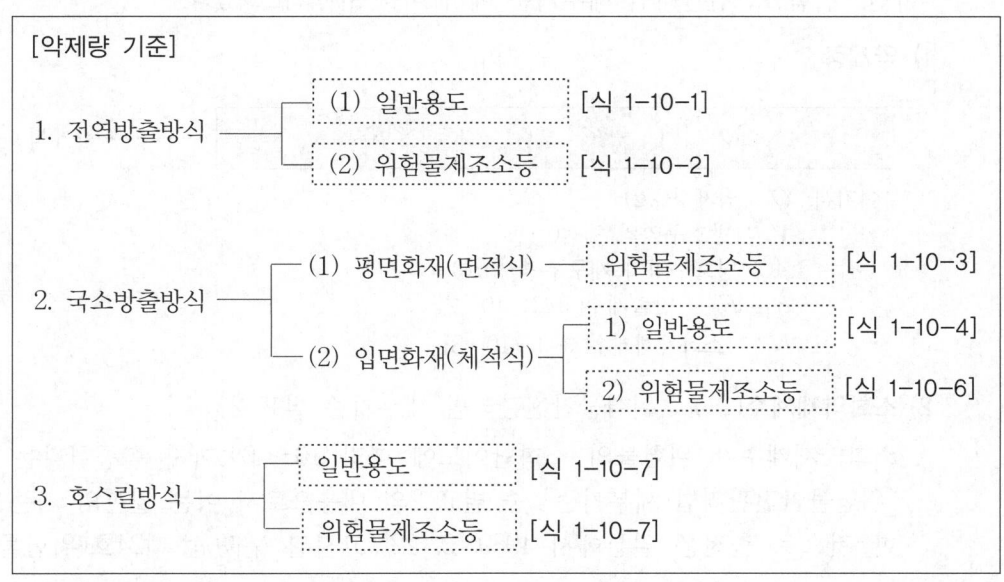

[약제량 기준]

1. 전역방출방식 ─┬─ (1) 일반용도 [식 1-10-1]
   └─ (2) 위험물제조소등 [식 1-10-2]

2. 국소방출방식 ─┬─ (1) 평면화재(면적식) ── 위험물제조소등 [식 1-10-3]
   └─ (2) 입면화재(체적식) ─┬─ 1) 일반용도 [식 1-10-4]
      └─ 2) 위험물제조소등 [식 1-10-6]

3. 호스릴방식 ─┬─ 일반용도 [식 1-10-7]
   └─ 위험물제조소등 [식 1-10-7]

1. 전역방출방식

(1) 일반소방대상물의 경우 : 제6조 2항 1호(2.3.2.1)

방호구역별 체적에 따른 기본소요량($V \cdot K_1$)에다 개구부별 가산량($A \cdot K_1$)을 합한 양으로 [식 1-10-1]에 의한 약제량을 적용한다.

$$Q = (V \cdot K_1 + A \cdot K_2)$$ ·················· [식 1-10-1]

여기서, Q : 약제량(kg)
V : 방호구역의 체적(m^3)
A : 방호구역의 개구부면적(m^2)
K_1, K_2 : 방출계수[표 1-10-2]

체적별 방출계수 K_1(kg/m^3) 및 개구부별 방출계수 K_2(kg/m^2)는 다음 표로 적용한다.

[표 1-10-2] 전역방출방식의 방출계수

소화약제	K_1(kg/m^3)	K_2(kg/m^2)
1종 분말	0.60	4.5
2종 분말 또는 3종 분말	0.36	2.7
4종 분말	0.24	1.8

(2) 위험물제조소등의 경우 : 위험물안전관리법 세부기준 제136조 3호 가목

분말소화설비의 약제량 기준에서 위험물제조소등에 대한 사항은 화재안전기준이 아닌 "위험물안전관리법 세부기준"에서 이를 규정하고 있다.

1) 약제량

$$Q = [(V \cdot K_1) + (A \cdot K_2)] \times N$$ ·················· [식 1-10-2]

여기서, Q : 약제량(kg)
V : 방호구역의 체적(m^3)
A : 방호구역의 개구부면적(m^2)
K_1, K_2 : 방출계수[표 1-10-2]
N : 소화약제계수[표 1-10-3]

2) 소화약제계수(N) : 위험물안전관리법 세부기준 별표 2

소화약제계수란 위험물의 소화난이도에 따라 10~40%까지 할증한다는 의미로 "위험물안전관리법 세부기준" 중 별표 2의 내용으로서 이는 일본의 기준을 준용한 것으로 출전은 일본에서 1989. 3. 22. 고시된 消防危 제24호(위험물규제에 관한 규칙 중 소화설비 및 경보설비에 관한 운용지침) 중 제10조 3호의 별표를 인용한 것이다.

[표 1-10-3] 분말소화설비의 소화약제계수(N)

소화제 / 위험물의 종류	분말 소화설비	소화제 / 위험물의 종류	분말 소화설비
① 아크릴로나이트릴	1.2	㉘ 다이에틸아민	1.1
② 아세트알데하이드	—	㉙ 다이에틸에터	—
③ 아세트나이트릴	1.0	㉚ 다이옥세인	1.2
④ 아세톤	1.0	㉛ 중유	1.0
⑤ 아닐린	1.0	㉜ 윤활유	1.0
⑥ 아이소옥탄	1.1	㉝ 테트라하이드로퓨란	1.2
⑦ 아이소프렌	1.1	㉞ 등유	1.0
⑧ 아이소프로필아민	1.1	㉟ 트라이에틸아민	1.1
⑨ 아이소프로필에터	1.1	㊱ 톨루엔	1.0
⑩ 아이소헥산	1.1	㊲ 나프타	1.0
⑪ 아이소헵탄	1.1	㊳ 채종유(菜種油)	1.0
⑫ 아이소펜탄	1.1	㊴ 이황화탄소	—
⑬ 에탄올	1.2	㊵ 바이닐에틸에터	1.1
⑭ 에틸아민	1.1	㊶ 피리딘	1.0
⑮ 염화바이닐	(1.0)(주 2)	㊷ 뷰탄올	1.0
⑯ 옥탄	1.1	㊸ 프로판올	1.0
⑰ 휘발유	1.0	㊹ 2-프로판올	1.1
⑱ 폼산에틸	1.2	㊺ 프로필아민	1.1
⑲ 폼산프로필	1.1	㊻ 헥산	1.2
⑳ 폼산메틸	1.1	㊼ 헵탄	1.0
㉑ 경유	1.0	㊽ 벤젠	1.2
㉒ 원유	1.0	㊾ 펜탄	1.4
㉓ 아세트산	1.0	㊿ 메탄올	1.2
㉔ 아세트산에틸	1.0	(51) 메틸에틸케톤	1.0(주 3)
㉕ 아세트산메틸	1.1	(52) 클로로벤젠	(1.0)(주 2)
㉖ 산화프로필렌	—	(53) 그 밖의 것	1.1
㉗ 사이클로헥산	1.1		

㈜ 1. "—" 표시는 분말소화약제를 해당 위험물에 사용할 수 없음을 뜻한다.
2. 염화바이닐, 클로로벤젠의 경우 괄호 속의 1.0은 3종 분말에 국한하여 적용한다.
3. 메틸에틸케톤의 경우 1.0은 1종 및 2종 분말이며 3종 분말은 1.2이다.

2. 국소방출방식

국소방출방식에 이용이 가능한 설비를 NFPA 17(2024 edition) A.7.1에서는 여러 장치류에 대해 예를 들고 있다.[349]

(1) 평면화재(면적식)의 경우 : 위험물안전관리법 세부기준 제136조 3호 나목 (1)

액체 위험물을 상부를 개방한 용기에 저장하는 경우 등 화재시 연소면이 한면에 한정되고 위험물이 비산할 우려가 없는 경우에 적용하는 것으로 이는 곧 평면화재를 뜻하며 [식 1−10−3]에 의한 약제량을 적용하며 방출계수 K는 [표 1−10−4]로 한다. 아울러 화재안전기준에서는 평면화재에 대하여 규정하고 있지 않으며 위험물관련 법령에서만 이를 규정하고 있다.

$$Q = [S \cdot K(기본량) \times N] \times h \qquad \cdots\cdots\cdots\cdots\cdots [식 1-10-3]$$

여기서, Q : 약제량(kg)
S : 방호구역의 표면적(m^2)
K : 방출계수[표 1−10−4](kg/m^2)
N : 소화약제계수[표 1−10−3]
h : 1.1(할증계수)

할증계수 h

할증계수 h는 약제 비산으로 인한 여유율을 감안한 수치이다.

[표 1−10−4] 국소방출방식 중 평면화재의 방출계수

소화약제	$K(kg/m^2)$
1종 분말	8.8
2종 분말·3종 분말	5.2
4종 분말	3.6

---

349) Dip tank(딥탱크), Quenching oil tank(퀜칭 오일탱크), Spray booth(도장용 부스), Oil−filled electrical transformers(유입식 변압기), Vapor vents(증기배출기), Deep−fat fryer(대형 프라이팬)

(2) 입면화재(체적식)의 경우

1) 일반소방대상물의 경우 : 제6조 2항 2호(2.3.2.2)

화재의 연소면이 입면(立面 : 체적을 의미함)일 경우에 해당하는 것을 뜻하며 [식 1−10−4]에 의한 약제량을 적용하며 방출계수 K는 [식 1−10−5]로 한다.

$$Q = V \cdot K(\text{기본량}) \times h(\text{할증계수}) \quad \cdots\cdots\cdots\cdots \text{[식 1−10−4]}$$

여기서, Q : 약제량(kg)
V : 방호구역의 체적(m^3)
K : 방출계수[식 1−10−5](kg/m^3)
h : 1.1(할증계수)

$$K = X - Y\,\frac{a}{A} \quad \cdots\cdots\cdots\cdots \text{[식 1−10−5]}$$

여기서, K : 방호공간 체적당 약제량(kg/m^3)
X, Y : [표 1−10−5]의 수치
a : 방호대상물 주변에 설치된 벽면적의 합계(m^2)
A : 방호공간의 벽면적의 합계(m^2)

> **🔍 방호공간**
>
> 1. 방호공간이란 방호대상물의 각 부분으로부터 0.6m의 거리에 의하여 둘러싸인 공간을 말한다.
> 2. 방호공간의 벽면적은 벽이 없는 경우에는 벽이 있는 것으로 가정한 해당 부분의 면적의 합계이다.
> 3. 평면화재시 K의 단위는 $K(kg/m^2)$이나 입체화재시 K의 단위는 $K(kg/m^3)$이다.

[표 1−10−5] X 및 Y의 수치

소화약제	X	Y
1종 분말	5.2	3.9
2종 분말 또는 3종 분말	3.2	2.4
4종 분말	2.0	1.5

2) 위험물제조소등의 경우 : 위험물안전관리법 세부기준 제136조 3호 나목 (2)

[식 1−10−6]에 [표 1−10−3]의 소화약제계수를 곱한 값으로 한다.

$$Q = [V \cdot K(\text{기본량}) \times N] \times h$$ ················ [식 1-10-6]

여기서, Q : 약제량(kg)
        V : 방호구역의 체적(m^3)
        K : 방출계수([식 1-10-5])(kg/m^3)
        N : 소화약제계수([표 1-10-3])
        h : 1.1(할증계수)

3. 호스릴방식 : 제6조 2항 3호(2.3.2.3)/위험물안전관리법 세부기준 제136조 5호

[약제량] Q(kg)=노즐 개수$\times K$ ················ [식 1-10-7]

여기서, K : 노즐당 약제량
        - 1종=50kg
        - 2종 또는 3종=30kg
        - 4종 분말=20kg

> 호스릴방식의 기준은 일본의 이동식 분말소화설비를 준용한 것으로 노즐당 약제량 50kg, 30kg, 20kg은 최소약제저장량이지 노즐에서 방사되는 양이 아니다. 노즐에서의 방사량은 1종 45kg/min, 2종 또는 3종은 27kg/min, 4종은 18kg/min으로 제11조 4항 4호(2.8.4.4)에서 규정하고 있으며 위험물안전관리법 세부기준 제136조 5호에서도 규정하고 있다. 즉, 이는 저장량의 90%를 1분간 방사하는 것을 분말 노즐의 방사량으로 규정한 것이다.

소화약제의 종류	저장량(kg)	방사량(노즐당)
제1종 분말	50kg	45kg/min
제2종 분말 또는 제3종 분말	30kg	27kg/min
제4종 분말	20kg	18kg/min

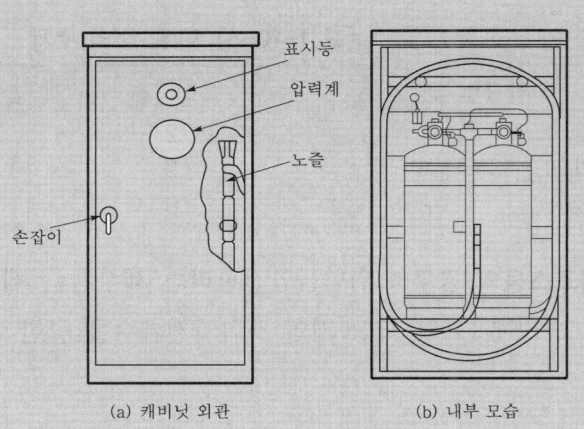

(a) 캐비닛 외관   (b) 내부 모습

[그림 1-10-4] 호스릴(이동식) 분말소화설비

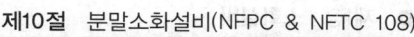

4 분말소화설비의 화재안전기준

1. 용기 Unit

(1) 약제 저장용기 : NFTC 2.1.1

1) 장소의 기준

① 방호구역 외의 장소에 설치할 것. 다만, 방호구역 내에 설치할 경우에는 피난 및 조작이 용이하도록 피난구 부근에 설치해야 한다.

② 온도가 40℃ 이하이고, 온도변화가 적은 곳에 설치할 것

③ 직사광선 및 빗물이 침투할 우려가 없는 곳에 설치할 것

④ 방화문으로 방화구획된 실에 설치할 것

 방화문

> 「건축법 시행령」 제64조의 규정에 따른 60분＋방화문, 60분 방화문 또는 30분 방화문을 말한다.

⑤ 용기 설치장소에는 해당 용기가 설치된 곳임을 표시하는 표지를 할 것

⑥ 용기간의 간격은 점검에 지장이 없도록 3cm 이상의 간격을 유지할 것

⑦ 저장용기와 집합관을 연결하는 연결배관에는 체크밸브를 설치할 것. 다만, 저장용기가 하나의 방호구역만을 담당하는 경우에는 그렇지 않다.

2) 용기의 기준 : NFTC 2.1.2

① 저장용기의 내용적은 다음 표에 의한다.

[표 1-10-6] 저장용기의 내용적(내용적 l/약제 1kg)

소화약제의 종별		내용적	충전비 적용
제1종 분말	$NaHCO_3$를 주성분으로 한 분말	0.80	0.8
제2종 분말	$KHCO_3$를 주성분으로 한 분말	1.00 →	1
제3종 분말	인산염을 주성분으로 한 분말	1.00	1
제4종 분말	탄산수소칼륨과 요소가 화합된 분말	1.25	1.25

① 앞의 [표 1-10-6]은 소화약제 1kg에 대한 저장용기의 내용적(l)으로 제4조 2항 1호 (2.1.2.1)에서 규정하고 있으며 일종의 충전비와 동일한 개념이나, 가스계 소화설비의 충전비처럼 내용적의 상한값과 하한값이 없다. 위의 기준은 일본의 구 기준을 준용한 것이나 현재 일본에서는 내용적이 아닌 상한값과 하한값이 있는 충전비로 1982. 1. 22. 소방법 시행규칙을 개정하였다.[350]

② 또한 제4조 2항 4호(2.1.2.4)에서는 저장용기의 충전비를 0.8 이상으로 하라는 기준이 있으나 내용적 기준도 동시에 만족하여야 하므로 실제 적용되는 충전비는 내용적비와 같다. 이에 비해서 위험물안전관리법 세부기준 제136조 4호 다목에서는 다음의 표와 같이 일본의 현행 기준인 상한값과 하한값이 있는 충전비로 규정하고 있다. 따라서 현행 기준이 보완되기까지는 일반소방대상물의 경우는 내용적비로 적용하고, 위험물안전관리법을 적용받는 경우는 다음의 충전비로 적용하도록 한다.

소화약제의 종별	충전비의 범위
제1종 분말	0.85~1.45
제2종 분말 또는 제3종 분말	1.05~1.75
제4종 분말	1.50~2.50

② 다음의 압력에서 작동하는 안전밸브를 설치할 것

㉮ 가압식 : 최고사용압력의 1.8배 이하

㉯ 축압식 : 용기 내압시험압력의 0.8배 이하

③ 저장용기의 내부압력이 설정압력이 되었을 때 주밸브를 개방하는 정압작동장치를 설치할 것

④ 충전비는 0.8 이상으로 할 것

⑤ 축압식의 경우 사용압력의 범위를 표시한 지시압력계를 설치할 것

압력계

축압식의 경우는 일반적으로 소규모 설비에 적용하며 소화기와 같이 사용압력의 범위를 녹색으로 표시한 압력계를 부착한다.

(2) 가압용 가스용기

1) 용기의 기준 : NFTC 2.2.1~2.2.3

① 분말소화약제의 가스용기는 분말소화약제의 저장용기에 접속하여 설치해야한다.

---

350) 일본소방법 시행규칙 제21조 4항 2호

② 가압용 가스용기를 3병 이상 설치한 경우에는 2개 이상의 용기에 전자개방 밸브를 부착해야 한다.

① 가압식의 경우 3병 이상의 가압용기인 경우에는 가압용기에 기동장치인 전자개방밸 브를 최소 2병 이상에 설치하여 2병의 가스를 이용하여 나머지 가압용 가스용기를 개방시켜 주는 Master−Slave방식을 사용할 수 있다는 의미이다.
② CO_2나 할론에서는 7병 이상의 저장용기를 동시에 개방할 경우 2병 이상에 전자개 방밸브를 설치하도록 하고 있으나 제5조 2항(2.2.2)의 기준은 일본의 기준을 준용한 것이다.[351]

③ 분말소화약제의 가압용가스 용기에는 2.5MPa 이하의 압력에서 조정이 가능 한 압력조정기를 설치해야 한다.

2) 가압용 가스(축압용 포함) 기준 : NFTC 2.2.4

① 가압용 또는 축압용 가스는 N_2 또는 CO_2 가스를 사용할 것(제5조 4항 1호)

> **적용가스의 종류**
>
> 가압식의 경우 주로 질소를 사용하며 소규모시설에 한하여 CO_2를 사용한다.

② 가압용 및 축압용 가스의 양은 다음 표와 같이 적용한다.

[표 1-10-7] 가압용 및 축압용 가스

사용가스	가압용	축압용
N_2 사용시	40l 이상/소화약제 1kg당 (35℃ 1기압으로 환산한 것)	10l 이상/소화약제 1kg당 (35℃ 1기압으로 환산한 것)
CO_2 사용시	20g 이상/소화약제 1kg당(배관 청소에 필요한 양을 가산한다)	

> **가스의 저장방식**
>
> CO_2는 액화시켜서 저장하므로 무게를 기준으로 저장량을 규정하며, 질소는 상온에서 액화되 지 않아 기체로 저장하므로 부피를 기준으로 저장량을 적용한다.

---

351) 동경소방청 사찰편람(査察便覽) 5.9 분말소화설비 5.9.3.2 용기밸브 p.2,411
加圧ガス容器に、直接電磁開放弁をとりつける方式で、加圧ガス容器を3本以上設置する場合にあ つては 2個の電磁開放弁を設けると(가압가스 용기에 직접 전자개방밸브를 부착하는 방식에서, 가압가스 용기를 3병 이상 설치하는 경우에는 2개의 전자개방밸브를 설치할 것).

(3) 기동용 가스용기 : NFTC 2.4.2.3

1) 기동용 가스용기 및 해당 용기에 사용하는 밸브는 25MPa 이상의 압력에 견딜 수 있는 것으로 할 것

2) 기동용 가스용기에는 내압시험압력의 0.8배 내지 내압시험압력 이하에서 작동하는 안전장치를 설치할 것

3) 기동용 가스용기의 체적은 $5l$ 이상으로 하고, 해당 용기에 저장하는 질소 등의 비활성기체는 6.0MPa 이상(21℃ 기준)의 압력으로 충전할 것. 다만, 기동용 가스용기의 체적을 $1l$ 이상으로 하고, 해당 용기에 저장하는 이산화탄소의 양은 0.6kg 이상으로 하며, 충전비는 1.5 이상 1.9 이하의 기동용 가스용기로 할 수 있다.

2. 부속장치류

(1) 청소장치(Cleaning device)

1) 기준

① 저장용기 및 배관에는 잔류 소화약제를 처리할 수 있는 청소장치를 설치할 것 [제4조 2항 5호(2.1.2.5)]

② 배관의 청소에 필요한 양의 가스는 별도의 용기에 저장 할 것[제5조 4항 4호(2.2.4.4)]

2) 청소(클리닝)의 목적

① 청소장치란 청소용 밸브 및 배관을 총칭하는 것으로 질소를 사용하는 경우에는 배관청소에 필요한 양을 가산하지 않고 CO_2를 사용할 경우에 한하여 [표 1-10-7]과 같이 배관 청소에 필요한 양을 별도 가산하도록 하고 있다. 동 기준은 일본의 기준을 준용[352]한 것으로 질소의 경우는 기체상태로 배관을 통과하므로 약제방사 후 배관에 분말 등이 체류될 가능성이 매우 적으나 CO_2의 경우는 가압용기 내에 액상으로 저장 후 기화하여 배관을 통과하므로 배관 일부에 분말 가루가 잔류하게 되므로 이를 청소하기 위하여 배관 청소에 필요한 가스량을 정하여 규정화시킨 것이다. 그러나 N_2를 사용하는 경우에도 청소를 하는 것이 효과적이므로 청소(클리닝)용 가스를 추가로 저장하는 것이 바람직하다.

---

352) 일본소방법 시행규칙 제21조 4항 6호

② 만일에 배관에 잔류한 분말가루를 배출하지 않으면 관내에 고화(固化)되어 재사용할 경우 기능저하를 초래하게 된다. 분말소화설비는 주로 가압식을 사용하나, 축압식과 가압식을 불문하고 청소에 필요한 가산량은 별도의 용기에 저장하여야 한다.

③ 그러나 화재안전기준과 달리 위험물안전관리법 세부기준에서는 다음과 같이 질소나 CO_2의 경우에도 청소용 가스를 추가로 요구하고 있다. "축압용 가스로 질소가스를 사용하는 것은 소화약제 1kg당 온도 35℃에서 0MPa의 상태로 환산한 체적 10ℓ에 배관의 청소에 필요한 양을 더한 양 이상, 이산화탄소를 사용하는 것은 소화약제 1kg당 20g에 배관의 청소에 필요한 양을 더한 양 이상일 것"

3) 청소 방법

예제

그림과 같은 분말시스템에서 청소(클리닝)를 하기 위한 각 밸브의 개폐상태를 표시하고 클리닝하는 방법을 설명하여라. (단, A : 가스도입 및 클리닝 절환밸브, B : 방출밸브, C : 배기밸브, D : 선택밸브이다)

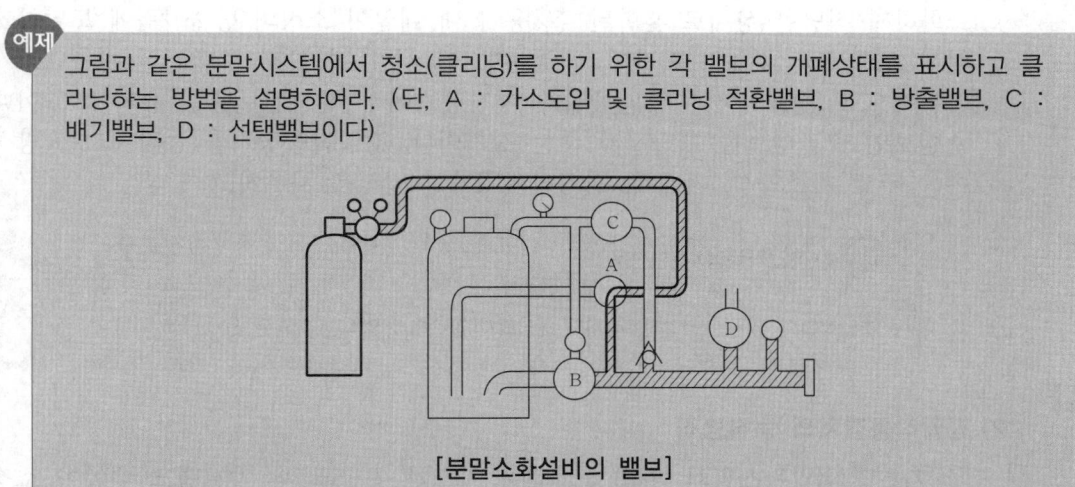

[분말소화설비의 밸브]

풀이 ① 청소(클리닝) 절차

㉮ 청소하고자 하는 구역의 선택밸브(Ⓓ)를 개방시켜 준다.

㉯ 가스도입 절환밸브(Ⓐ)를 가스도입밸브 폐쇄방향으로 절환한다. (이때 청소(클리닝)밸브 쪽으로는 개방방향이 되는 것이다)

㉰ 방출밸브(Ⓑ)를 폐쇄한다.

㉱ 이후에 배기밸브(Ⓒ)를 열어서 약제탱크 내의 잔압(殘壓)을 배출시킨다.

㉲ 배기밸브(Ⓒ)를 다시 폐쇄한다.

㉳ 별도의 청소(클리닝)용 질소용기를 수동조작하여 질소가스를 방출시켜 준다.

[참고] 본 그림에는 가스도입밸브와 청소(클리닝)밸브가 하나의 밸브로 절환하도록 되어 있으나 시스템에 따라서는 각각 구분하여 별개의 밸브를 설치하기도 한다.

② 청소(클리닝)시 밸브의 개폐상태

밸브의 구분	Ⓒ 배기밸브	Ⓐ 가스도입밸브	Ⓐ 클리닝밸브	Ⓑ 방출밸브	Ⓓ 선택밸브
개폐 여부	폐쇄	폐쇄	개방	폐쇄	개방

(2) 배출장치

화재안전기준에는 배출장치에 대한 기준이 없으나 "위험물안전관리법 세부기준" 제136조 4호 마목에서는 동작 후 가압용 가스가 약제 저장용기 내에 잔류할 수 있으므로 이를 배출하기 위하여 배출장치를 설치하도록 규정하고 있다.

> 배출장치의 입구쪽은 약제 저장용기와 접속하고 중간에 배기밸브(Exhaust valve)를 설치하고 출구쪽은 약제 저장용기에서 선택밸브로 접속되는 배관 중간에 접속하도록 한다.

(3) 정압(定壓)작동장치(Constant pressure valve)

가압식 저장용기에는 저장용기의 내부압력이 설정압력으로 되었을 때 주밸브를 개방하는 정압작동장치를 설치할 것[제4조 2항 3호(2.1.2.3)]

1) **개념** : 가압용 가스가 약제저장 용기 내로 유입되면 분말약제와 가압용 가스가 소화하기 적당한 상태로 혼합된 후, 용기 내 내압이 소정의 방출압력에 도달하기까지 보통 15~30초의 시간이 소요된다. 이 시간 경과 후 주밸브인 방출밸브가 자동적으로 개방되어야 분말약제가 저장용기에서 선택밸브로 이송되므로 이때 주밸브인 방출밸브를 개방시켜 주는 장치이다. 정압작동장치를 동작시키는 방식에는 주로 가스압식, 기계식, 전기식의 3가지 방식을 사용하고 있다.

> **정압작동장치의 적용**
>
> 축압식의 경우에는 정압작동장치가 해당되지 않으며 가압식만 해당된다.

2) **정압작동장치의 동작방식**

① 가스압식(압력스위치 방식) : 가압용 가스가 공급된 후 약제탱크 내압이 소정의 압력에 달하였을 때 압력스위치가 압력을 감지하여 솔레노이드밸브를 개방시켜 이에 따라 피스톤 릴리저가 작동하여 방출밸브를 개방시켜 준다.

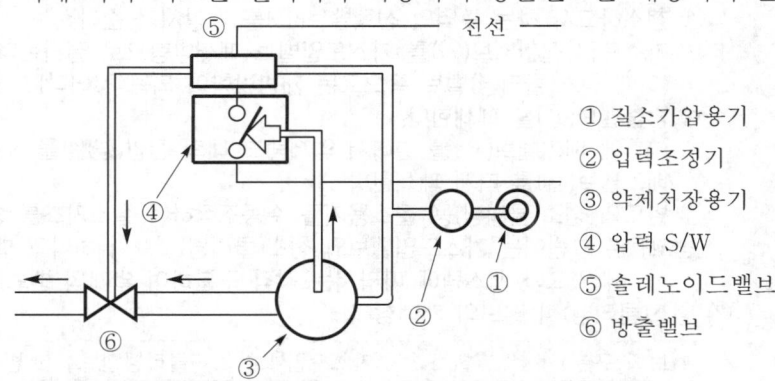

① 질소가압용기
② 입력조정기
③ 약제저장용기
④ 압력 S/W
⑤ 솔레노이드밸브
⑥ 방출밸브

[그림 1-10-5(A)] 가스압식 정압작동장치

② 기계식(Spring 방식) : 가압용 가스가 공급된 후 가스압에 의해 약제탱크 내의 압력이 작동압력 이상이 되면 정압작동장치 내 내장된 스프링의 힘으로 핸들이 움직여 작동용 레버의 힘으로 방출밸브를 개방시켜 준다.

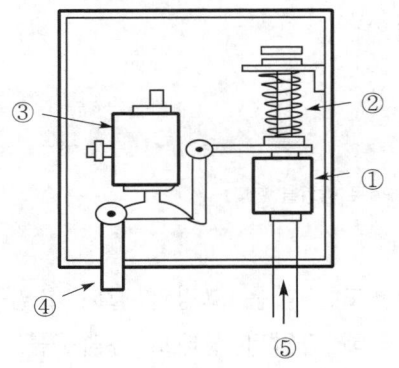

① 실린더
② 스프링
③ 조정밸브
④ 정압작동용 레버
⑤ 가압용 가스

[그림 1-10-5(B)] 기계식 정압작동장치

③ 전기식(Timer 방식) : 가압용 가스가 공급되면 약제 탱크내압이 소정의 압력이 되는 시간을 사전에 설정하여 타이머에 설정된 시간이 경과되면 릴레이가 움직여 솔레노이드밸브를 개방시켜 피스톤 릴리저가 작동하여 방출밸브를 개방시킨다.

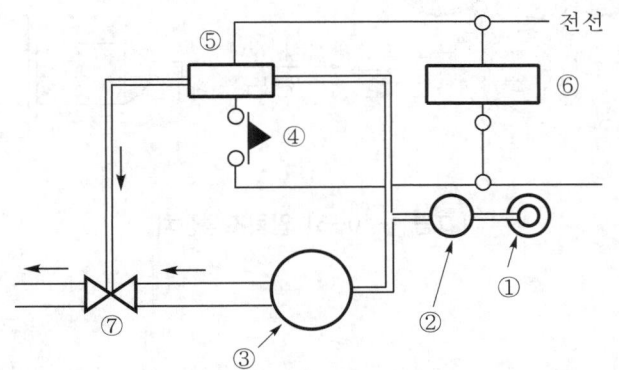

전선

① 질소가압용기
② 압력조정기
③ 약제저장용기
④ 릴레이
⑤ 솔레노이드 밸브
⑥ 타이머
⑦ 방출밸브

[그림 1-10-5(C)] 전기식 정압작동장치

(4) 압력조정장치

가압용 가스용기의 경우는 용기 내 질소가스가 일반적으로 15MPa(150kg/cm^2)의 고압으로 충전되어 있으므로 이를 그대로 약제 저장용기 내로 공급을 하면 매우 위험하므로 사용압력인 1.5~2MPa로 감압을 하여 약제 저장용기에 보내주는 역할을 해 주는 것이 압력조정기이다. 약제 저장용기의 내부압력이 낮을 때에는 질소가스를 공급하고 소정의 압력이 되면 공급을 정지하며 압력계 계기는 보통 1차는 25MPa 이하, 2차는 2.5MPa 이하를 사용하며 질소 가압용기 1병마다 1개씩 설치한다.

1) 가압용 가스용기에는 2.5MPa 이하의 압력에서 조정이 가능한 압력조정기를 설치해야 한다[제5조 3항(2.2.3)].

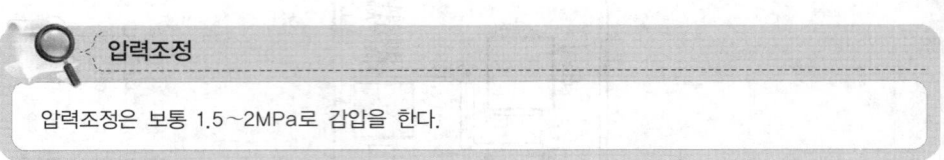

압력조정

압력조정은 보통 1.5~2MPa로 감압을 한다.

2) 압력조정기의 일반적인 상세도는 다음 그림과 같이 유입구를 통하여 들어가는 질소가스는 압력조정기에 의해 감압된 상태로 유출구를 통하여 분말약제 저장용기로 들어간다.

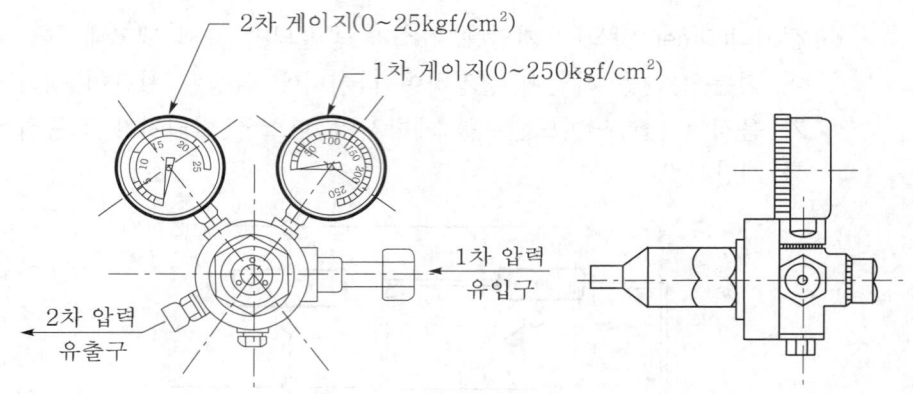

[그림 1-10-6] 압력조정장치

3. 기동장치

분말소화설비를 동작시켜 주는 기동방식에는 수동식(화재시 수동으로 누름버튼을 사용하는 작동방식)과 자동식(화재시 감지기의 동작신호를 이용한 작동방식)이 있으며 자동식의 경우 기동장치는 가스압식, 전기식, 기계식의 3종류가 있다.

(1) 수동식 기동장치 : 제7조 1항(2.4.1)

1) 기동장치의 부근에 소화약제의 방출을 지연시킬 수 있는 비상스위치(이를 Abort S/W라 한다)를 설치해야 한다.

> **비상 S/W**
>
> 비상 S/W는 자동복귀형 스위치로서 수신기에 내장된 타이머(보통 60초 이내)를 순간 정지시키는 것으로 다시 누르면 타이머 작동이 진행된다.

2) 전역방출방식은 방호구역마다, 국소방출방식은 방호대상물마다 설치할 것

3) 해당 방호구역의 출입구부분 등 조작을 하는 자가 쉽게 피난할 수 있는 장소에 설치할 것

4) 기동장치의 조작부는 바닥으로부터 높이 0.8m 이상 1.5m 이하의 위치에 설치하고, 보호판 등에 따른 보호장치를 설치할 것

5) 기동장치 인근의 보기 쉬운 곳에 "분말소화설비 수동식 기동장치"라는 표지를 할 것

6) 전기를 사용하는 기동장치에는 전원표시등을 설치할 것

7) 기동장치의 방출용 스위치는 음향경보장치와 연동하여 조작될 수 있는 것으로 할 것

(2) 자동식 기동장치 : 제7조 2항(2.4.2)

자동화재탐지설비의 감지기의 작동과 연동하는 것으로서 다음 기준에 따라 설치하여야 한다.

1) 전기식 기동장치 : NFTC 2.4.2.2

7병 이상의 저장용기를 동시에 개방하는 설비에 있어서는 2병 이상의 저장용기에 전자개방밸브를 부착할 것

> ① 제7조 2항(2.4.2)에서 7병 이상의 저장용기를 동시에 개방하는 설비에 있어서는 2병 이상의 저장용기에 전자개방밸브를 부착하라는 조항은 CO_2나 할론설비의 조항에 있는 내용을 그대로 준용한 오류로서 삭제되어야 한다.
> ② 이는 제5조 2항(2.2.2)에서 "가압용 가스용기를 3병 이상 설치할 경우에는 2개 이상의 용기에 전자개방밸브를 부착하여야 한다"라는 조항이 있으므로 이를 적용하는 것이 원칙이다.

2) 가스압력식 기동장치 : NFTC 2.4.2.3

① 기동용 가스용기 및 해당 용기에 사용하는 밸브는 25MPa 이상의 압력에 견딜 수 있는 것으로 할 것

② 기동용 가스용기에는 내압시험압력의 0.8배 내지 내압시험압력 이하에서 작동하는 안전장치를 설치할 것

③ 기동용 가스용기의 체적은 5l 이상으로 하고, 해당 용기에 저장하는 질소 등의 비활성기체는 6.0 MPa 이상(21℃ 기준)의 압력으로 충전할 것. 다만, 기동용 가스용기의 체적을 1l 이상으로 하고, 해당 용기에 저장하는 이산화탄소의 양은 0.6 kg 이상으로 하며, 충전비는 1.5 이상 1.9 이하의 기동용 가스용기로 할 수 있다.

3) 기계식 기동장치 : NFTC 2.4.2.4

> 국내에서는 기계식 기동장치를 사용한 사례는 없다.

4. 분사헤드 : 제11조(2.8)

(1) 방사시간

규정에 따른 기준저장량의 소화약제 저장량을 30초 이내에 방사할 수 있는 것으로 할 것

(2) 방사압력 : 위험물안전관리법 세부기준 제136조 1호 나목

전역방출방식에서 분사헤드의 방사압력은 0.1MPa 이상일 것

(3) 분사헤드 설치

1) 전역방출방식 : 방사된 소화약제가 방호구역의 전역에 균일하고 신속하게 확산할 수 있도록 할 것

2) 국소방출방식 : 소화약제의 방사에 따라 가연물이 비산하지 아니하는 장소에 설치할 것

> 가스계 설비용 헤드는 짧은 시간 내에 다량의 소화약제를 방사하기 위하여 일반적으로 혼(Horn)형으로 되어 있다. 그러나 분말헤드의 경우는 가스계설비의 헤드와 달리 사용하지 않는 평소에는 습기가 침투하여서는 작동이 불량해지므로 습기방지를 위하여 헤드 입구에 봉판을 설치하거나 커버를 설치한다. 화재시에는 소화약제의 방사압에 의해 제거되며 평소에는 습기를 방지하여 준다.

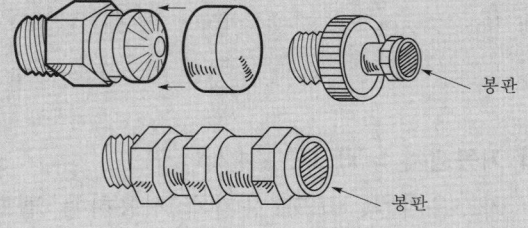

커버
봉판
봉판

[그림 1-10-7] 분말헤드

5. 배관

(1) 배관의 기준 : 제9조 1호(2.6.1.1)

1) 분말소화설비는 전용배관으로 할 것

2) 약제 저장용기 주밸브로부터 직관장의 배관길이는 150m 이하일 것[353]

3) 낙차는 50m 이상일 것[354]

(2) 배관의 규격 : 제9조 2호 & 3호(2.6.1.2 & 2.6.1.3)

1) **강관** : 아연도금에 의한 배관용 탄소강관(KS D 3507)이나 이와 동등 이상의 강도·내식성 및 내열성이 있을 것. 다만, 축압식의 경우 20℃에서 압력이 2.5MPa 이상 4.2MPa 이하인 것에 있어서는 압력배관용 탄소강관(KS D 3562) 중 이음이 없는 Sch 40 이상의 것으로 아연도금으로 방식처리된 것을 사용해야 한다.

2) **동관** : 고정압력 또는 최고사용압력의 1.5배 이상의 압력에 견딜 수 있는 것을 사용할 것

(3) 배관의 분기

1) 분사헤드를 설치한 가지배관에 이르는 배관의 분기는 토너먼트방식으로 한다.

2) 배관을 분기하는 경우 관경(분말 용기쪽의 굴곡부분)의 20배 이상 간격을 두고 분기한다.[355]

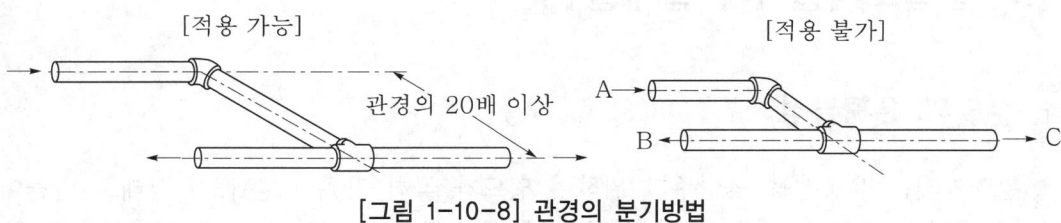

[그림 1-10-8] 관경의 분기방법

---

353) 동경소방청 사찰편람(査察便覧) 분말소화설비 5.9.10−(2)
354) 위험물안전관리법 세부기준 제136조 4호 자목 (7)
355) NFPA 17(2024 edition) Fig A.5.9.1(b)

▷ 배관 내에서 분말이 이동할 경우 분말과 가스의 비중차가 있으므로 굴곡진 부분인 엘보를 통과하는 순간 내측보다 외측부분이 길이가 긴 관계로 비중차에 의해 분말과 가스가 분리되어 짧은 거리인 내측에는 분말보다 가스가, 긴 거리인 외측에는 가스보다 분말이 더 많이 통과하게 된다. 이러한 양자간의 차이점은 비중이 낮으며 비중간의 차이점으로 인한 것으로 불균일은 대략 관경의 20배 정도의 거리를 지나면 균일해질 수 있다.

3) Tee를 사용하여 분기시에는 2방향은 대칭이 되도록 한다.[356]

이는 2방향이 180°가 되어 대칭이 되도록 하는 것으로 결국 이는 배관 단면적의 합계가 일정하도록 하여 배관 내 유속을 동일하게 하기 위한 것이다.

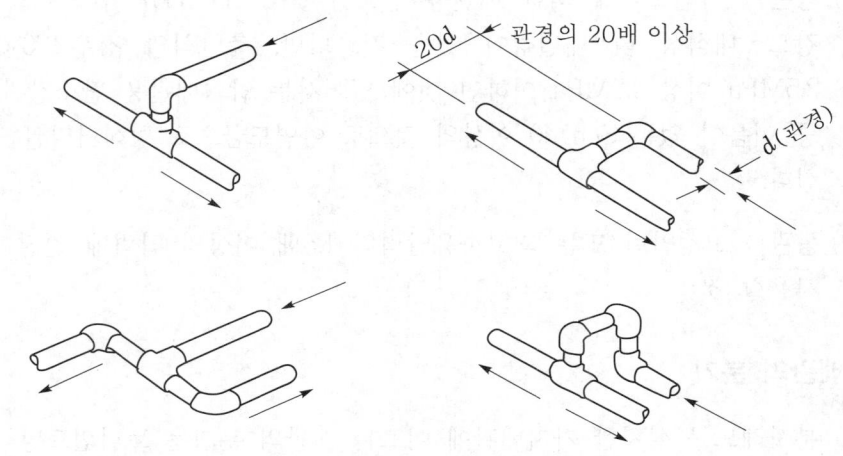

[그림 1-10-9] T의 접속 방법

⑤ 분말소화설비의 설계실무

1. 분말의 유체특성

분말약제는 유동성을 높여주기 위하여 입도가 극히 작은 미분(微分)상태로 만들어지며 분말은 유체가 아니므로 분말의 이송(移送)을 위해서는 고압의 기체를 이용한다. 따라서 분말이 배관 내에서 고압 기체의 흐름속에 분산 및 혼합되어 흐를 수 있도록 적절한 설계 및 시공이 되어야 한다.

---

356) NFPA 17(2024 edition) Fig A-5.9.1(a)

(1) 분말약제는 유체가 아니므로 설계 및 시공이 불량할 경우 방출 불능 또는 헤드에서 불균일한 방출 등이 발생할 수 있다.

(2) 분말소화설비는 배관 내에서 질소(또는 CO_2)와 분말의 2상유체이므로 일반적인 수리적(水理的)특성을 적용하여 계산할 수 없다.

(3) 약제용기로부터 배관을 통하여 노즐까지 일정한 압력을 갖고 분사되기 위해서는 배관의 분기와 헤드의 배치, 관경의 크기 등이 적절히 고려되어야 한다.

(4) 배관 내 유량에 따른 적정 관경을 선정하여야 하며 관경이 너무 작으면 마찰손실이 증가하며, 관경이 너무 크면 분말의 유속저하 때문에 가압용 가스와 분말이 완전히 혼합되지 못하고 가스와 분말이 분리하여 흐르게 된다.

2. 설계기준

(1) 배관의 압력손실

분말소화설비에서 배관의 압력손실 계산방법은 다음 [식 1-10-8]을 이용한다.[357]

$$\frac{\Delta P}{l} = 0.7 \frac{q^{2.4}}{d^{5.2}}$$ .... [식 1-10-8]

여기서, ΔP : 배관의 압력손실(kg/cm²)
   l : 배관 및 부속류의 전 등가길이(m)
   q : 소화약제 흐름률(kg/sec)
   d : 배관경(cm)

[식 1-10-8]을 그래프로 표현하면 분말소화약제의 흐름률 대 단위길이(m)당 압력손실(kg/cm²)은 다음과 같다.

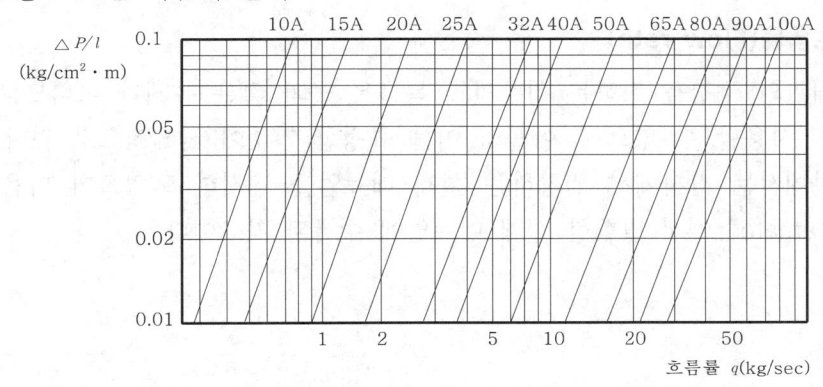

[그림 1-10-10] 배관의 압력손실 그래프

---

357) 동경소방청 사찰편람(査察便覽) 분말소화설비 5.9.15 소화약제 방사시의 압력손실

(2) 부속류의 등가길이 및 내용적

[식 1-10-8]에서 전체 등가길이(l)는 직관의 길이 및 부속류의 등가길이의 합이된다. 이때 부속류의 등가길이 및 배관의 내용적은 다음 표와 같다.

[표 1-10-8] 부속류의 등가길이 및 내용적

관경(mm)	부속류의 등가길이		내용적(l/m)
	Elbow(m)	Tee(m)	
10A	9.1	27.2	0.126
15A	7.1	21.4	0.203
20A	5.3	16.0	0.367
25A	4.2	12.5	0.598
32A	3.2	9.7	1.00
40A	2.8	8.3	1.36
50A	2.2	6.5	2.20
65A	1.7	5.1	3.62
80A	1.4	4.3	5.11
90A	1.2	3.7	6.82

 [표 1-10-8]의 출전(出典)

일본 동경소방청 사찰편람 분말소화설비 5.9.10 [표 3]

(3) 흐름률(Flow rate)

배관의 구경을 정하는 기준인 흐름률은 물과 같은 유체가 아니므로 수리적 공식을 사용할 수 없으며, 아울러 이를 규정한 기준이 국제적으로 없다. 따라서 제조사에서는 각사에서 권장하는 설계 매뉴얼을 제시하고 있으며 다음 표는 일본의 Yamato社에서 발행한 설계 매뉴얼에 수록된 자료이다.

[표 1-10-9] 배관의 흐름률

관경(mm)	흐름률	
	(kg/sec)	(kg/30sec)
15A	0.56~1.07	16.8~32.1
20A	1.07~2.02	32.1~60.6
25A	1.82~3.45	54.6~103.5
32A	3.15~6.05	94.5~181.5
40A	4.40~8.40	132~252
50A	7.40~14.0	222~420
65A	12.80~24.0	384~720
80A	18.50~35.2	555~1056
100A	32.80~63.0	984~1890
125A	52.80~100.0	1584~3000

[표 1-10-9]의 출전(出典)

일본 Yamato社의 분말소화설비 Reference data for design(Pipe & Discharge head)
에 수록된 자료이다.

3. 분말설비의 상세도

(1) 계통도

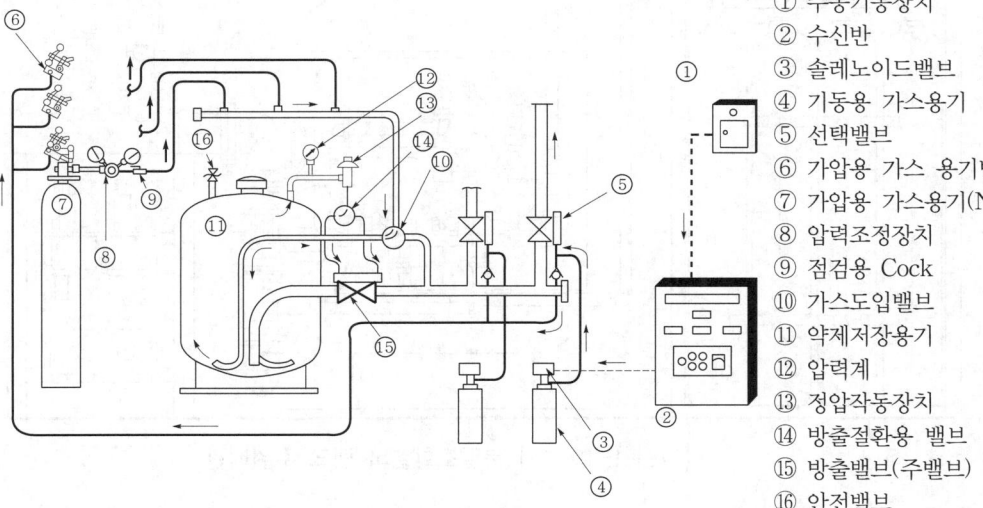

① 수동기동장치
② 수신반
③ 솔레노이드밸브
④ 기동용 가스용기
⑤ 선택밸브
⑥ 가압용 가스 용기밸브
⑦ 가압용 가스용기(N₂)
⑧ 압력조정장치
⑨ 점검용 Cock
⑩ 가스도입밸브
⑪ 약제저장용기
⑫ 압력계
⑬ 정압작동장치
⑭ 방출절환용 밸브
⑮ 방출밸브(주밸브)
⑯ 안전밸브

[그림 1-10-11] 분말소화설비의 P & I.D(Pipe & Instrument diagram)

(2) 탱크 상세도

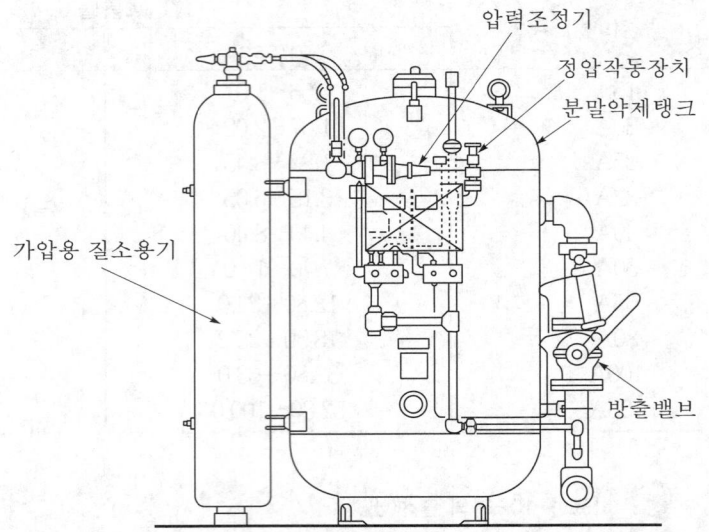

압력조정기
정압작동장치
분말약제탱크
가압용 질소용기
방출밸브

[그림 1-10-12] 분말소화설비의 탱크 상세도

(3) 탱크 주위 배관도

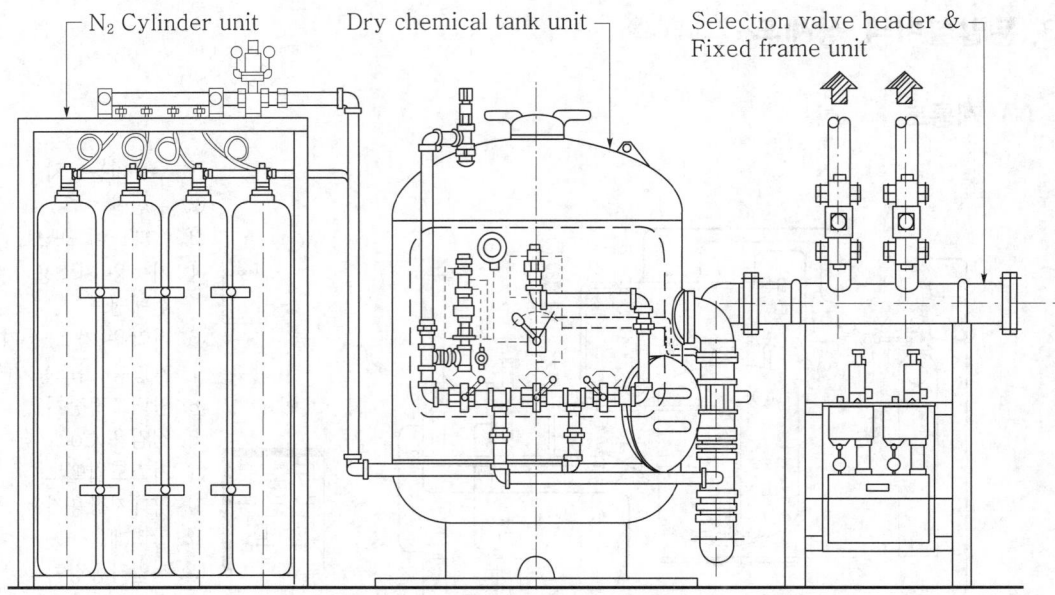

N₂ Cylinder unit Dry chemical tank unit Selection valve header & Fixed frame unit

[그림 1-10-13] 분말소화설비 탱크 주위배관

4. 법 적용시 유의사항

(1) 가지 배관방식(Tree type)과 토너먼트 배관방식(Tournament type)의 비교

1) 적용

가지식 배관방식	토너먼트 배관방식
① 스프링클러설비 ② 포소화설비	① 분말소화설비 ② 가스계 소화설비

2) 특징

가지식 배관방식	토너먼트 배관방식
① Tee에 의한 분기점은 가지배관당 1개소로 마찰손실이 토너먼트방식보다 줄어들게 된다. ② 헤드의 방사압력은 각 지점에서 균일하지 않으며 헤드의 방사량도 균일하지 않다. ③ 배관주위에 각종 살수장애용 시설물(덕트, 보, 케이블, 타 배관 등)이 있어도 적절한 배관 설계가 가능하다. ④ 시공이 용이하며 편리하다. ⑤ 마찰손실을 최소화하기 위하여 수계 소화설비에서 사용하는 방식이다.	① Tee에 의한 분기점의 수량이 과다하여 마찰손실이 증가하게 되며, 이로 인하여 말단의 헤드 방사압이 저하된다. ② 최말단의 헤드 방사압력이 균등하며 방사량이 균일하게 된다. ③ 배관주위에 각종 살수장애용 시설물(덕트, 보, 케이블, 타 배관 등)이 있을 경우 균등한 배관설계가 불가능하다. ④ 시공시 Tee를 많이 사용하여야 하므로 시공이 불편하다. ⑤ 약제의 균등한 방사 및 빠른 시간 내 확산이 되기 위하여 가스계 및 분말 소화설비에서 사용하는 방식이다.

3) 예시

가지식 배관방식	토너먼트 배관방식
① 각 헤드에 공급되는 유량이 일정하지 않다. ② 각 헤드로의 경로가 불규칙하다.	① 각 헤드에 공급되는 유량은 일정하다. ② 각 헤드로의 경로가 동일하다.

(2) 분말소화설비의 청소(Cleaning)

1) 분말설비는 소화약제가 고체의 파우더이므로 이것이 배관을 통하여 방사 후에는 배관 내 잔류하고 있는 분말가루를 청소하기 위해 필요한 것이 클리닝(Cleaning)장치이다. 시스템 동작 후 배관의 클리닝이 필요한 이유는 첫 번째는 소화기와 같이 짧은 이동경로인 호스를 통하여 방사되는 것이 아니라 저장용기에서 헤드까지 긴 거리와 엘보를 통하여 꺾어지는 배관경로를 지나다 보면 배관의 도중에 압력이 불균일한 부분이 발생하게 되며, 이때 가스와 분말이 분리되어 그 부분에 분말이 정체하게 된다. 두 번째는 분말이 배관 내를 지나게 되면 사용 후 분말가루가 배관 내 자연히 남게 되며 이를 깨끗하게 청소하지 않으면 찌꺼기가 생겨 다음 번 사용시 장애를 주기 때문이다.

2) 클리닝용 가스는 고압가스를 배관 내 불어 넣어 약제를 클리닝 라인을 통하여 헤드 쪽으로 날려 보내는 것으로, CO_2를 사용하는 경우는 클리닝용 가스를 추가로 확보하여야 하며 별도의 용기에 저장하여야 한다. N_2를 사용하는 분말소화설비는 별도의 클리닝용 가스를 규정하고 있지 않으며 이는 N_2는 상온에서는 압축하여도 액화되지 아니하여 언제나 기체상태로 존재하며 또한 CO_2보다 압축압력이 높기 때문이다. N_2의 경우 가스량을 정하는 기준은 35℃, 1기압을 기준으로 체적을 정하고 있다. 그러나 N_2의 경우도 클리닝용 가스를 추가로 저장하여 약제 방사후 클리닝하는 것이 바람직하다.

3) 일본의 경우 N_2 용기의 최소용량은 40리터 이상을 사용하며, 국내와 같이 가압용 가스에 N_2와 CO_2를 모두 인정하고는 있으나 일본 사찰편람 "5.9 분말소화설비 5.8.3.6 가스량 (2)"에서는 가압용 가스에 CO_2보다 N_2가스를 사용하기를 권장하고 있다.

제1절
자동화재탐지설비 및 시각경보장치
(NFPC & NFTC 203)

 **개 요**

1. 적용기준

(1) **설치대상** : 소방시설법 시행령 별표 4

특정소방대상물		적용기준
①	공동주택 중 아파트등·가술사 및 숙박시설	모든 층
②	층수가 6층 이상인 건축물	모든 층
③	근린생활시설(목욕장 제외)·의료시설(정신의료기관 또는 요양병원 제외)·위락시설·장례식장 및 복합건축물	연면적 $600m^2$ 이상인 경우 모든 층
④	근린생활시설 중 목욕장·문화 및 집회시설·종교시설·판매시설·운수시설·운동시설·업무시설·공장·창고시설·위험물저장 및 처리시설·항공기 및 자동차관련시설·교정 및 군사시설 중 국방, 군사시설·방송통신시설·발전시설·관광휴게시설·지하가(터널 제외)	연면적 $1,000m^2$ 이상인 경우 모든 층
⑤	교육연구시설(교육연구시설 내에 있는 기숙사 및 합숙소를 포함)·수련시설(수련시설 내에 있는 기숙사 및 합숙소를 포함하며, 숙박시설이 있는 수련시설은 제외)·동물 및 식물 관련시설(기둥과 지붕만으로 구성되어 외부와 기류가 통하는 장소는 제외)·자원순환 관련시설, 교정 및 군사시설(국방, 군사시설은 제외)·묘지관련시설	연면적 $2,000m^2$ 이상인 경우 모든 층
⑥	노유자 생활시설	모든 층
⑦	⑥에 해당하지 않는 노유자시설로서, 연면적 $400m^2$ 이상인 노유자시설 및 숙박시설이 있는 수련시설(수용인원 100명 이상)	모든 층

⑧	의료시설 중 정신의료기관 또는 요양병원	요양병원	의료재활시설은 제외
		정신의료기관 또는 의료재활시설	해당시설로 사용하는 바닥면적의 합계가 300m² 이상인 경우
			해당시설로 사용하는 바닥면적의 합계가 300m² 미만이고 창살이 설치된 경우[주]
⑨	판매시설 중		전통시장
⑩	지하가		터널로서 길이가 1,000m 이상인 것
⑪	지하구		—
⑫	③에 해당하지 않는 근린생활시설 중 조산원 및 산후조리원		—
⑬	④에 해당하지 않는 공장 및 창고시설로서 지정수량의 500배 이상의 특수가연물을 저장·취급하는 것		—
⑭	④에 해당하지 않는 발전시설 중 전기저장시설		—

㊟ 창살이란 철재·플라스틱 또는 목재 등으로 사람의 탈출 등을 막기 위하여 설치한 것을 말하며, 화재시 자동으로 열리는 구조로 되어 있는 창살은 제외한다.

(2) 제외대상

1) 설치면제 : 소방시설법 시행령 별표 5의 9호

자동화재탐지설비의 기능(감지·수신·경보 기능을 말한다)과 성능을 가진 화재알림설비, 스프링클러설비 또는 물분무등소화설비를 화재안전기준에 적합하게 설치한 경우에는 그 설비의 유효범위 안의 부분에서 설치가 면제된다.

> **설치면제**
>
> 설치 면제란 법적 대상에서 자동화재탐지설비를 제외시킨 것을 의미하며 준비작동식 스프링클러설비나 물분무소화설비의 경우 기동용 감지기가 있어 감지·수신·경보가 가능할 경우 자동화재탐지설비를 면제할 수 있도록 한 것이다.

2) 설치제외 : 설치제외란 감지기 또는 발신기를 제외할 수 있는 것으로 이는 자동화재탐지설비를 면제한 것과 달리, 자동화재탐지설비는 대상이나 해당 장소의 용도와 적응성으로 인하여 해당 장소에 한하여 자동화재탐지설비 구성요소 중 감지기 또는 발신기에 한하여 설치를 제외할 수 있도록 한 것이다.

① 감지기 설치제외 : NFTC 203(이하 동일) 2.4.5

감지기 설치를 제외할 수 있는 장소를 8개로 구분하여 적용하고 있다.

② 발신기 설치제외 : NFTC 605(지하구) 2.2.2.

지하구의 경우에는 발신기, 지구음향장치 및 시각경보기는 설치하지 않을 수 있다.

3) 특례 조항 : 소방시설법 제13조 4항

화재안전기준을 적용하기가 어려운 소방대상물에는 소방시설을 설치하지 아니할 수 있는 "적용의 특례"를 규정하고 위 기준을 근거로 하여 동 시행령 별표 6의 2호에서 정수장 등에 대해서는 자동화재탐지설비를 면제할 수 있도록 하였다. 설치면제와 특례 조항의 차이는 설치면제는 법적으로 면제가 되므로 해당되는 경우에는 소방대상물의 관계인이 판단하여 제외시킬 수 있으나, 특례 조항의 경우는 조건에 해당될지라도 건물의 형태 및 구조, 용도, 화재의 위험도 등을 종합적으로 판단하여 적용 여부를 결정하여야 하므로 소방대상물의 관계인이 이를 판단하여 결정할 수 없다.

① 특례 조항에 해당하는 소방대상물

㉮ 화재위험도가 낮은 특정소방대상물

㉯ 화재안전기준을 적용하기가 어려운 특정소방대상물

㉰ 화재안전기준을 달리 적용하여야 하는 특수한 용도 또는 구조를 가진 특정소방대상물

㉱ 위험물안전관리법 제19조의 규정에 따른 자체소방대가 설치된 특정소방대상물

② 특례 조항을 적용 받는 자동화재탐지설비의 경우

㉮ 화재안전기준을 적용하기가 어려운 특정소방대상물 중 정수장, 수영장, 목욕장, 농예·축산·어류 양식용 시설, 그 밖에 이와 비슷한 용도로 사용되는 것에는 자동화재탐지설비를 설치하지 않을 수 있다(소방시설법 시행령 별표 6).

㉯ 소방본부장 또는 소방서장은 기존건축물이 증축·개축·대수선(大修繕)되거나 용도 변경되는 경우에 있어서 이 기준이 정하는 바에 따라 해당 건축물에 설치하여야 할 자동화재탐지설비의 배관·배선 등의 공사가 현저하게 곤란하다고 인정되는 경우에는 해당 설비의 기능 및 사용에 지장이 없는 범위 안에서 이 기준의 일부를 적용하지 않을 수 있다[NFPC 203(이하 동일) 제12조/NFTC 203(이하 동일) 1.4.1].

chapter

2

경보설비

2. 자동화재탐지설비의 구성

화재안전기준에서 소화설비 관련사항의 제정 배경을 보면, 수리적 이론을 바탕으로 하여 많은 실험적 검증 과정을 통하여 규정한 NFPA Code와 이를 일본에서 도입하여 일본화시킨 일본소방법을 혼용하여 준용하고 있다. 이에 비해 경보설비는 경보설비의 구성요소, 경보의 방식 및 경보체재 운영 등이 NFPA Code와 일본소방법이 근본적으로 상이한 관계로 일본의 자동화재탐지설비의 기준은 대부분 일본 자체에서 독자적으로 제정한 내용으로 국내의 경보설비 기준은 일본소방법 기준을 대부분 준용하고 있다.

이로 인하여 국내 경보설비의 세부 항목은 NFPA Code와 무관하며 전적으로 일본의 소방법과 일치하고 있는 실정이다. 자동화재탐지설비의 구성은 수신기·감지기·중계기·발신기의 4요소로 구성되어 있다.

화재신호 및 상태신호 등을 송수신하는 방식에는 유선식(화재신호 등을 배선으로 송수신하는 방식), 무선식(화재신호 등을 전파에 의해 송수신하는 방식), 유무선식(유선식과 무선식을 겸용으로 사용하는 방식)이 있으며 자동화재탐지설비의 구성 요소는 다음과 같으며 상세한 내용은 개별 항목의 각론을 참조하기 바란다.

(1) 감지기(Detector)

열·연기·불꽃 등 화재시 발생하는 연소 생성물을 자동으로 감지하여 화재 신호를 수신기나 중계기에 발신하거나 또는 자체에 부착된 음향장치로 경보를 발하는 것으로(단독경보형 감지기의 경우) 감지기의 종류에는 열감지기·연기감지기·불꽃감지기·복합식 감지기 등이 있다.

1) 감지기의 종류

① 열감지기(Heat detector) : 화재시 발생하는 열을 감지하는 것으로 주위가 일정한 온도상승률이나 또는 일정한 온도 이상이 될 경우 작동하는 감지기로 차동식, 정온식, 보상식의 3종류로 구분한다.

㉮ 차동식(差動式 ; Rate of rise type) : 주위온도가 일정한 온도상승률(℃/sec) 이상이 되는 경우에 작동하는 감지기로서 일국소에서의 열효과에 의하여 작동되는 스포트형과 넓은 범위 내에서의 열효과의 누적에 의하여 작동되는 분포형(分布形)으로 구분한다.

㉠ 스포트형(1종, 2종)

㉡ 분포형(1종, 2종, 3종)

• 공기관식(Pneumatic rate of rise tubing type)
• 열전대(熱電對)식(Thermoelectric effect type)
• 열반도체식(Thermosemiconductor type)

    ④ 정온식(定溫式 ; Fixed temperature type)(특종, 1종, 2종) : 일국소의 주위온도가 일정한 온도(℃) 이상이 되는 경우에 작동하는 감지기로서 스포트형과 외관이 전선으로 되어 있는 감지선형(線形)으로 구분한다.
        ㉠ 스포트형
        ㉡ 분포형 : 감지선형(感知線型)(Heat sensitive cable type)
    ⑤ 보상식(補償式 ; Rate compensation type)(1종, 2종) : 차동식과 정온식의 성능을 모두 가지고 있는 감지기로서 스포트형만 있으며, 어느 한 가지 성능의 요소가 먼저 작동되면 해당하는 성능의 작동 신호만을 발하는 감지기이다.
② **연기감지기**(Smoke detector) : 화재시 발생하는 연기를 감지하는 것으로 주위의 공기가 일정한 농도의 연기를 포함하는 경우에 작동하는 감지기로 이온화식, 광전식, 분리형, 공기흡입식의 4종류로 구분한다.
    ㉮ 스포트형(1종, 2종, 3종)
        ㉠ 이온화식(Ionization type) : 주위의 공기가 일정한 농도의 연기를 포함하는 경우 일국소의 연기에 의하여 이온전류의 변화를 검출하여 작동한다.
        ㉡ 광전식(光電式 ; Photoelectric type) : 주위의 공기가 일정한 농도의 연기를 포함하는 경우 일국소의 연기에 의하여 광전소자에 접하는 광량의 변화를 검출하여 작동한다.
    ㉯ 광전식 분리형(1종, 2종) : 광전식 분리형 연감지기(Projected beam smoke detector)란 광전식 감지기의 원리를 이용한 감지기로서 광(光)을 보내주는 발광부와 이를 받는 수광부로 구성된 구조로 발광부와 수광부가 분리되어 있는 감지기이다.
    ㉰ 공기흡입형(Air sampling type) : 감지기 내부에 장착된 공기흡입장치를 이용하여 주위의 공기를 흡입하고 흡입된 공기에 일정한 농도의 연기가 포함된 경우 이를 광전식 감지기의 원리를 이용하여 작동하는 감지기이다.
③ **불꽃감지기**(Flame detector) : 화재시 발생하는 불꽃에서 방사되는 불꽃의 변화가 일정량 이상이 되었을 때 불꽃 중의 적외선 및 자외선의 특정 파장을 검출하여 화재신호를 발신하는 것으로서 다음 4종류로 구분한다.
    ㉮ 자외선식(Ultraviolet type)
    ㉯ 적외선식(Infrared type)
    ㉰ 자외선·적외선 겸용식 : 불꽃에서 방사되는 불꽃의 변화가 일정량 이상이 되었을 때 작동하는 것으로서 자외선 또는 적외선에 의한 수광소자의 수광량 변화에 의하여 1개의 화재신호를 발신하는 불꽃감지기이다.
    ㉱ 영상분석식 : 불꽃의 실시간 영상 이미지를 자동 분석하여 화재신호를 발신하는 불꽃감지기이다.

④ 복합형 감지기(Combination detector) : 두 가지의 성능에 따른 감지요소가 복합되어 있는 감지기로 두 가지 성능의 감지기능이 동시에 작동될 때 화재신호를 발신하거나(AND 회로) 또는 두 개의 화재신호를 각각 발신하는 것(OR 회로)으로 구분하며, 종류는 다음의 7종류로 구분한다.

㉮ "열복합형"이란 열감지기 중 차동식과 정온식 감지기의 성능이 있는 것으로서 두 가지 성능의 감지기능이 함께 작동될 때 화재신호를 발신하거나 또는 두 개의 화재신호를 각각 발신하는 것을 말한다.

㉯ "연복합형"이란 연기감지기 중 이온화식과 광전식 감지기의 성능이 있는 것으로서 두 가지 성능의 감지기능이 함께 작동될 때 화재신호를 발신하거나 또는 두 개의 화재신호를 각각 발신하는 것을 말한다.

㉰ "불꽃복합형"이란 자외선식, 적외선식 및 영상분석식의 성능 중 두 가지 이상 성능을 가진 것으로서 두 가지 이상의 감지기능이 함께 작동될 때 화재신호를 발신하거나 또는 두 개의 화재신호를 각각 발신하는 것을 말한다.

㉱ "열·연기 복합형"이란 열감지기 및 연기감지기의 성능이 있는 것으로 두 가지 성능의 감지기능이 함께 작동될 때 화재신호를 발신하거나 또는 두 개의 화재신호를 각각 발신하는 것을 말한다.

㉲ "열·불꽃 복합형"이란 열감지기 및 불꽃감지기의 성능이 있는 것으로 두 가지 성능의 감지기능이 함께 작동될 때 화재신호를 발신하거나 또는 두 개의 화재신호를 각각 발신하는 것을 말한다.

㉳ "연기·불꽃 복합형"이란 연기감지기 및 불꽃감지기의 성능이 있는 것으로 두 가지 성능의 감지기능이 함께 작동될 때 화재신호를 발신하거나 또는 두 개의 화재신호를 각각 발신하는 것을 말한다.

㉴ "열·연기·불꽃 복합형"이란 열, 연기 및 불꽃감지기의 성능이 있는 것으로 세 가지 성능의 감지기능이 함께 작동될 때 화재신호를 발신하거나 또는 세 개의 화재신호를 각각 발신하는 것을 말한다.

2) 감지기의 형식

① 분포상태 : 감지면적이 일국소인지 광범위한 부분인지에 따라 스포트형과 분포형으로 구분한다.

㉮ 스포트형 : 일국소의 열의 효과에 의해 작동되며, 감지부와 검출부가 통합되어 있다.

㉯ 분포형 : 광범위한 주위의 열의 축적 효과에 의해 작동되며, 감지부와 검출부가 분리되어 있다.

② **신호출력** : 화재신호를 수신한 후 수신기에 출력할 때의 신호가 1개의 출력 신호, 2개 이상의 출력신호, 변화하는 연속적인 출력신호인지에 따라 단신호 식·다신호식·Analog식으로 구분한다.

③ **감도** : 감지기별로 특정 조건(온도, 풍속, 온도상승률, 연기 농도 등)을 부여 한 후 소정의 시간에 작동되는 "작동시험"과 소정의 시간에 작동되지 않는 "부작동시험"에 따라 특종·1종·2종·3종으로 구분한다.

④ **축적기능** : 감지기가 화재신호를 감지한 후 즉시 화재신호를 발하지 않고 공 칭축적시간(10초 이상 60초 이내로 10초 단위로 분류) 이후에 수신기에 작동 신호를 발신하는 기능의 여부에 따라 축적형과 비축적형으로 구분한다.

⑤ **설치장소** : 불꽃감지기의 경우 설치장소에 따라 옥내형·옥외형·도로형으로 이를 구분한다.

⑥ **방폭기능** : 감지기의 방폭성능(폭발성 가스가 용기 내부에서 폭발하였을 때 용기가 그 압력에 견디거나 또는 외부의 폭발성 가스에 인화될 우려가 없는 성능) 여부에 따라 방폭형과 비방폭형으로 구분한다.

⑦ **재용성(再用性)** : 감지기가 동작된 후 이를 다시 사용할 수 있는지의 여부에 따라 재용형과 비재용형으로 구분한다.

 비재용형

감지선형 감지기는 일반적으로 비재용형이다.

(2) 수신기(Fire alarm control panel)

감지기나 발신기의 동작에 의한 신호를 직접 수신하거나 또는 중계기를 통하여 수신한 신호에 대해 주경보를 발령하고 화재발생상태를 표시하며 중계기를 통하거 나 또는 직접 이에 대응하는 출력신호를 송출하는 장치이다.

종류에는 P형·R형·M형 수신기가 있다. 국내에는 없으나 일본, 미국 등에 설치 되어 있는 공공용 수신기로서 도로에 설치된 공공 발신기(M형)를 이용하여 소방 서에 설치된 M형 수신기에 화재발생을 통보하는 M형 수신기의 경우 국내는 2016. 1. 11. 「수신기의 형식승인 제품검사의 기술기준」을 개정하여 수신기 종류 에서 삭제하였다.

1) **P(Proprietary)형** : 가장 기본이 되는 형태의 수신기로서 신호전달은 각 경계구 역별로 개별 신호선에 의한 공통신호 방식이다.

2) **R(Record)형** : 전압강하 및 간선수의 증가에 따른 문제점으로 인하여 대규모 단지 및 고층빌딩의 경우에 적용하며, 신호전달은 다중(多重) 통신선에 의한 고유 신호방식이다.

3) **GP형 또는 GR형** : P형 수신기의 기능과 가스누설경보기의 수신부 기능을 겸한 수신기(GP형), 또는 R형 수신기의 기능과 가스누설경보기의 수신부 기능을 겸한 수신기(GR형)이다.

(3) 중계기(Transponder)

감지기나 발신기 작동에 의한 입력신호를 받아 이를 화재수신기나 또는 제어반에 발신하며, 이에 대응하는 제어신호를 발신하는 것으로 구역 내의 작동된 신호를 수신기 등에 중계하여 통보하고 제어기능을 중계하여 송출하는 장치이다.

1) **감시기능의 중계** : 감지기, 발신기 등 Local 기기의 동작에 따른 P형 입력신호를 R형 고유의 신호로 변환하여 수신기나 제어반에 통보하는 중계기능을 행한다.

2) **제어기능의 중계** : 수신기나 제어반에서 이에 대응하는 출력신호를 중계기를 통하여 P형 신호로 송출하여 Local 기기(각종 경보장치·스프링클러 밸브·제연 Damper·유도등·방화셔터·각종 기동장치 등)를 제어한다.

(4) 발신기(Manual fire alarm box)

화재가 발생할 경우 수동으로 화재발생신호를 중계기를 통하거나 또는 직접 수신기에 발신하는 장치로서 종류에는 P형·M형·T형이 있다. 국내의 경우 발신기 종류를 P, M, T형으로 구분하는 것을 2016. 4. 1. 발신기 형식승인 기술기준에서 M형과 T형 발신기를 발신기 종류에서 삭제하였다.

1) **설치장소별** : 옥내형과 옥외형으로 구분한다.

2) **방수기능별** : 방수형과 비방수형으로 구분한다.

3) **방폭구조별** : 방폭형과 비방폭형으로 구분한다.

② 경계구역의 기준

경계구역(警戒區域 ; Zone)이란 특정소방대상물 중 화재신호를 발신하고, 그 신호를 수신 및 유효하게 제어할 수 있는 구역을 말한다.[358] 자동화재탐지설비에서 경계구역은

---

358) 일본소방법 시행령 제21조 2항 1호 : 일본소방법에서는 경계구역이란 "화재가 발생한 구역을 다른 구역과 구분하여 식별할 수 있도록 하기 위한 최소단위의 구역을 말한다(火災の發生した 区域を他の区域と区別して識別することができる最小単位の区域をいう)."

다음 기준에 따라 설정하여야 하며 다만, 감지기의 형식승인시 감지거리, 감지면적 등에 대한 성능을 별도로 인정받은 경우에는 그 성능인정 범위를 경계구역으로 할 수 있다[제4조 1항(2.11)].

1. 기본 기준 : 제4조 1항 1호 & 2호(2.1.1.1 & 2.1.1.2)

(1) 기준

1) 하나의 경계구역이 둘 이상의 건축물에 미치지 아니하도록 할 것

2) 하나의 경계구역이 둘 이상의 층에 미치지 아니하도록 할 것. 다만, 500m^2 이하의 범위 안에서는 2개의 층을 하나의 경계구역으로 할 수 있다.

(2) 해설

국내는 경계구역에 대한 층별 적용에 대한 세부지침이 없으나 일본의 적용지침과 국내에서의 일반적인 설계는 다음과 같이 적용하도록 한다.

1) 옥상의 경우

① 건축법상 층수에 산입되지 아니하는 옥상 등의 경우[359]는 경계구역 산정시 "2개층 이상"에 해당하는 것으로 보지 않는다.

② 그러나 별도의 층(2개층)으로는 적용하지 아니하여도 경계구역 면적에는 산입하여 600m^{2}당 1회로 기준을 만족하여야 한다.

2) 계단의 경우

"2개층 이상에 미치지 아니한다"라는 조항은 계단, 경사로 등 수직회로부분에는 적용되지 않는 것으로, 이는 화재안전기준에서도 해당 조문이 반드시 추가되도록 개정되어야 한다.

3) 반자 속의 경우

① 국내는 반자 속에 감지기를 설치하는 기준이 없으나 일본의 경우는 반자 상부의 높이가 50cm 이상인 경우 감지기를 설치하도록 하고 있다(일본소방법 시행규칙 제23조 4항 1호 "ハ"목).

② 국내에서도 반자 속에 감지기를 설치할 경우 이는 별도의 층으로 볼 수 없으므로 2개층 이상에 해당하는 것으로 적용하지 아니한다. 그러나 별도의

---

359) 건축법 시행령 제119조 1항 9호 "층수" : 승강기탑·계단탑·망루·장식탑·옥탑, 그 밖의 이와 비슷한 건축물의 옥상부분으로서 그 수평투영면적의 합계가 해당 건축물의 건축면적의 1/8 이하인 것과 지하층은 층수에 산입하지 아니한다.

층으로는 적용하지 아니하여도 경계구역 면적에는 산입하여야 하며, 해당층의 바닥면적과 반자 속의 면적을 합산하여 다음 그림과 같이 $600m^2$당 1회로로 적용하여야 한다.

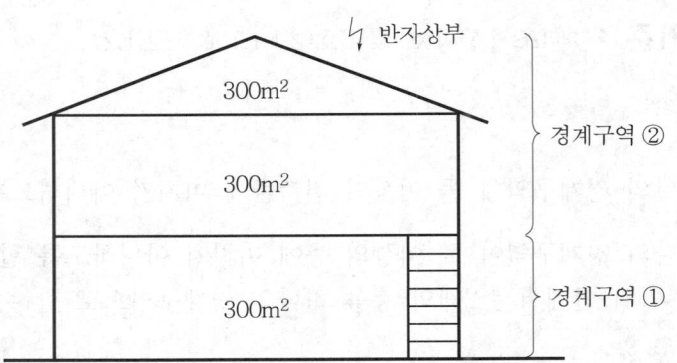

4) 500m² 미만의 경우

① 일반적으로 동 기준은 최상부의 옥상과 옥상의 직하층이 $500m^2$ 미만인 것을 고려하여 제정한 기준으로 $500m^2$ 미만의 경우는 2개층을 하나의 경계구역으로 할 수 있으나 인접한 층에 대해서 적용하는 것을 원칙으로 하며, 인접하지 않거나(예 4층 부분과 6층 부분), 2개층을 초과한 경우(예 3개층의 바닥면적 합계가 $500m^2$ 미만)에는 적용할 수 없다.

② 2개층이 $500m^2$ 미만일 경우에도 발신기는 층별로 설치하여야 하며, 이 경우 2개층이 동일 회로이므로 화재경보는 직상층・발화층 우선경보 적용시 2개층에 동시에 경보가 되도록 하여야 한다.

5) 아날로그 감지기의 경우

① 아날로그 감지기의 경우는 감지기 하나 하나가 고유의 자기 주소(Address)를 가지고 있으며, 수신기에 감지기별로 주변의 열이나 연기의 농도에 대한 정보를 개별적으로 수신기에 통보할 수 있다. 따라서 경계구역의 용어의 정의(화재신호를 발신하고, 그 신호를 수신 및 유효하게 제어할 수 있는 구역)에는 부합하나 아날로그 감지기는 법적인 경계구역으로는 적용하지 않으며, 이는 "감시구역"의 개념으로 적용하여야 한다.

② 경계구역으로 적용하려면 경계구역(회로)별 발신기를 설치하여야 하며, 경계구역별로 경보를 발생하여야 한다. 또한 아날로그 감지기를 1개라도 설치시 경계구역의 변경으로 인한 시공 신고 등의 행정적 절차도 포함하여야 한다. 이러한 복합적인 사유로 인하여 이는 경계구역이 아닌 단순한 감시구역의 개념으로 적용하도록 한다.

2. 세부 기준

(1) 면적 기준

1) **기준** : 제4조 1항 본문 & 3호(2.1.1.3)

① 자동화재탐지설비에서 경계구역은 다음 기준에 따라 설정하여야 하며 다만, 감지기의 형식승인시 감지거리, 감지면적 등에 대한 성능을 별도로 인정받은 경우에는 그 성능인정 범위를 경계구역으로 할 수 있다.

② 하나의 경계구역의 면적은 600m² 이하로 하며, 한 변의 길이는 50m 이하로 할 것

③ 다만, 해당 특정소방대상물의 주된 출입구에서 그 내부 전체가 보이는 것에 있어서는 한 변의 길이가 50m의 범위 내에서 1,000m² 이하로 할 수 있다.

2) **해설**

① **면적 및 길이** : 경계구역은 면적(600m² 이하)만 규제한 것이 아니라 한 변의 길이(50m)도 동시에 규제함으로서 경계구역의 형상에 대해서도 제한을 하여 면적은 만족하여도 길이가 긴 경우 화재시 경계구역의 확인이 용이하지 않으므로 이를 보완한 것이다. 형식승인시 감지거리, 감지면적 등에 대한 성능을 별도로 인정받은 경우에는 그 성능인정 범위를 경계구역으로 할 수 있으므로 광전식 분리형 감지기의 경우 공칭감시거리가 최대 100m이므로 이 경우는 이를 경계구역의 한 변으로 적용하게 된다.

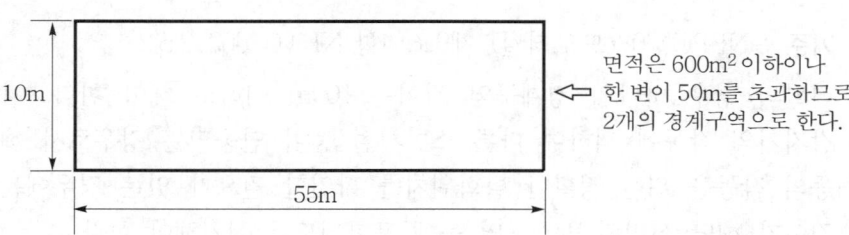

② **한 변의 정의** : 국내에는 "한 변"에 대한 용어의 정의가 없으나 일본소방법에서는 경계구역의 "한 변"에 대하여 다음과 같이 적용하고 있다.

㉮ 원형의 내측이나 외측에 실이 있는 경우 : 동심원 통로의 반주(半周)를 한 변으로 본다.

㉯ 원 및 타원형의 경우 : 지름 또는 장축(長軸)을 한 변으로 본다.

㉰ 삼각형의 경우 : 제일 긴 변을 한 변으로 본다.

㉱ 다각형의 경우 : 제일 긴 대각선을 한 변으로 본다.

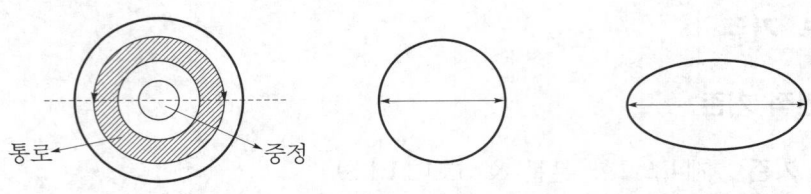

[그림 2-1-1] 한 변의 적용(원형 통로 · 원형 · 타원형의 경우)

③ 내부 전체가 보이는 경우

㉮ 1,000m^2 이하로 하는 것은 일본소방법 시행령 제21조 제2항 2호를 준용한 것으로서 본 조항은 내부가 개방되어 주 출입구에서 화재발생 상황을 용이하게 확인할 수 있는 경우에 경계구역을 완화해 주려는 것이다. 이 경우에 주의할 것은 이 조항은 경계구역의 면적만 완화한 것(600m^2→1,000m^2)이지 경계구역의 한 변의 길이(50m)까지 완화해 준 것은 아니므로 반드시 한 변의 길이 50m 이하는 준수하여야 한다.

㉯ 주 출입구에서 내부 전체를 볼 수 있는 경우에 대한 적용을 일본의 경우는 "학교의 강당 · 옥내 경기장 · 체육관 · 집회장 · 관람장 · 극장의 객석부 · 공장 등으로서 장애물이 없고 사람이 서서 용이하게 화점(火點)을 발견할 수 있는 장소"로 적용하고 있다.[360]

(2) 거리 기준

1) **기준** : NFPC 603(도로터널) 제9조 4항/NFTC 603 2.5.2

터널의 경우 하나의 경계구역 길이는 100m 이하로 해야 한다. 이에 불구하고 감지기의 작동에 의하여 다른 소방시설 등이 연동되는 경우로서 해당 소방시설 등의 작동을 위한 정확한 발화위치를 확인할 필요가 있는 경우에는 경계구역의 길이가 해당 설비의 방호구역 등에 포함되도록 설치해야 한다.

2) **해설**

종전까지 터널의 경우 경계구역은 길이 700m 이하이었으나, 2007. 7. 27. 도로터널 화재안전기준(NFSC 603)을 제정하여 터널의 경우 경계구역을 100m로 개정하고, 자동화재탐지설비 및 시각경보장치 화재안전기준에서 터널에 대한 조항은 삭제하였다.

---

360) 동경소방청 사찰편람(査察便覽) 자동화재탐지설비 6.1.2 경계구역 p.2,479

(3) 수직높이 기준

1) 기준 : 제4조 2항(2.1.2)

① 계단(직통계단 외의 것에 있어서는 떨어져 있는 상하 계단의 수평거리가 5m 이하로서 서로 간에 구획되지 아니한 것에 한한다.)·경사로·에스컬레이터 경사로·엘리베이터 승강로(권상기실이 있는 경우에는 권상기실)·린넨 슈트(Linen chute)·파이프 피트 및 덕트 기타 이와 유사한 부분은 별도로 경계구역으로 설정한다.

② 하나의 경계구역은 높이 45m 이하(계단 및 경사로에 한한다)로 하고, 지하층의 계단 및 경사로(지하층의 층수가 한 개층일 경우는 제외한다)는 별도로 하나의 경계구역으로 해야 한다.

2) 해설

① 떨어져 있는 계단의 경우 : 수직높이의 경우 해당 장소별로 별도 구역을 설정하는 것이나, 직통계단이 아닌 계단의 경우는 상호 떨어져 있는 경우라도 거리가 5m 이하이면서 동시에 계단별로 구획되지 않은 경우에는 이 두 계단을 동일 경계구역으로 설정할 수 있다는 의미이다.

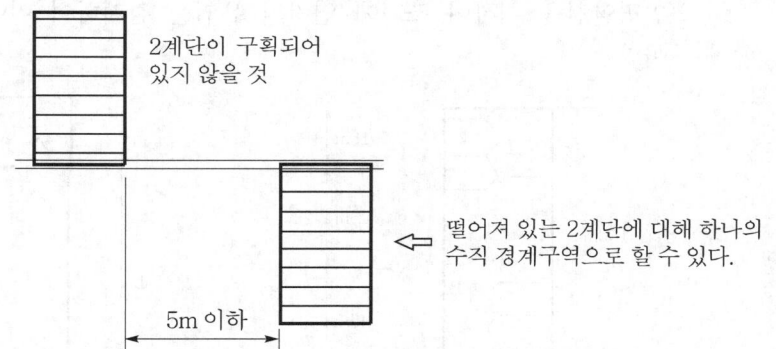

2계단이 구획되어 있지 않을 것

떨어져 있는 2계단에 대해 하나의 수직 경계구역으로 할 수 있다.

5m 이하

② 수직회로의 적용 : 권상기(卷上機)란 위로 감아올리는 기계란 의미로 권상기실이란 승강기 기계실을 뜻하며, 린넨슈트(Linen chute)란 호텔이나 병원 등에서 투숙객이나 환자의 세탁물 등을 지하 세탁실로 직접 투하하기 위한 세탁물용 전용 덕트를 말한다. 과거 1980년도 이전에는 승강로(Elevator shaft)에 연감지기를 설치하도록 규정하였으나 승강로에 연감지기 설치시 오동작 발생이 심하고, 오동작시 감지기 교체가 용이하지 않는 등 유지관리 상 문제가 많아 승강로를 경계구역에서 제외하였다. 그러나 최근에 권상기실이 없는 유압식 승강기로 인하여 2015. 1. 23. 승강로에 설치(권상기실이 있는 경우는 권상기실)하도록 개정하였다. 따라서 권상기실의 감지기는 승강로를 감시하는 것이므로 연기감지기로 설치하여야 한다.

③ **경계구역 높이 45m** : 계단이나 경사로에 대한 경계구역 설정은 지상층과 지하층의 계단(경사로)으로 구분하여 별개의 회로로 구성하되 지하층의 층수가 지하 1층일 경우 지하층 계단(경사로)은 별개 회로로 하지 않고 지상층의 계단(경사로)과 동일한 경계구역으로 설정할 수 있다는 의미이다.

㉮ 경사로란 주차장 등에서 차량이 오르내리는 램프(ramp) 또는 병원이나 판매시설 등에서 계단의 형태가 단(段)이 없어 물품용 카트(Cart)나 장애인도 이용할 수 있도록 경사진 구조를 뜻한다.

㉯ 수직높이 기준에서 계단이나 경사로의 경우는 높이 45m(수직높이를 뜻한다)까지를 하나의 경계구역으로 하고 있으므로 계단이나 경사로는 1개 회로의 수직높이가 45m를 초과할 수 없으나, 계단이나 경사로 이외의 경우 예를 들면 엘리베이터 권상기실·린넨 슈트·파이프 덕트 등의 경우에는 1개 회로에 대한 높이의 제한이 없으므로 높이에 관계없이 다음 그림과 같이 건물의 최상층부터 최하층까지 1회로로 적용할 수 있다.

㉰ 파이프 덕트나 피트 등의 경우는 높이에 관계없이 이를 1회로로 적용하고 있음에도 동일한 수직높이 기준인 계단이나 경사로의 경우 1회로를 45m로 제한하는 이유는 계단(경사로 포함)의 경우는 화재시 피난경로인 관계로 인명안전을 위하여 조기에 연기의 유입을 감지하여 이에 대처하기 위해서이다.

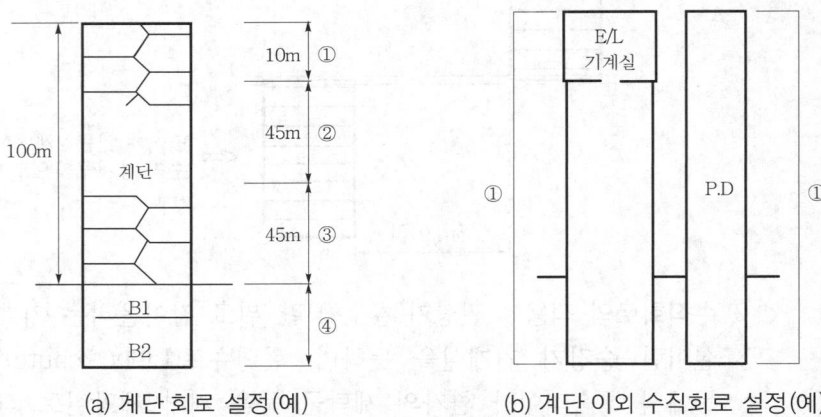

(a) 계단 회로 설정(예)   (b) 계단 이외 수직회로 설정(예)

[그림 2-1-2] 수직회로의 경계구역

(4) 외기 개방시 기준 : 제4조 3항(2.1.3)

외기에 면하여 상시 개방된 부분이 있는 차고·주차장·창고 등에 있어서는 외기에 면하는 각 부분으로부터 5m 미만의 범위 안에 있는 부분은 경계구역 면적에 산입하지 않는다.

벽이 없이 1면 이상이 외기에 개방되어 있는 구조(천장 또는 반자가 있으며 바닥면적에 산입되는 경우이어야 한다)의 경우 외기에 인접해 있는 쪽은 기류가 유통되므로 화재를 조기에 감지하기가 곤란하게 된다. 따라서 이를 감안하여 외기에 접하는 부분의 경우는 5m를 공제하고 나머지 부분에 한하여 감지기를 설치하고 이를 경계구역 범위로 설정하라는 의미이다.

(5) 기동용 감지기의 기준 : 제4조 4항(2.1.4)

스프링클러설비 또는 물분무등소화설비 또는 제연설비의 화재감지장치로서 화재감지기를 설치한 경우의 경계구역은 해당 소화설비의 방호구역 또는 제연구역과 동일하게 설정할 수 있다.

① 준비작동식 스프링클러설비에서 방호구역은 최대 $3,000m^2$까지 가능하므로 해당 구역의 감지기 경계구역도 5개 회로($600m^2 \times 5$)가 아닌 1개의 단일 회로로 적용할 수 있다.
② 그러나 법에서는 감지기의 경계구역 면적을 방호구역과 동일하게 설정하여도 무방하다고 완화하고 있으나 이를 1개의 경계구역으로 설정할 경우는 하나의 경계구역당 설치하는 감지기의 수량이 과다해진다. 이 경우 수신기나 중계기는 기종에 따라 감지기의 감시전류를 제한하고 있으므로 많은 감지기를 한 회로에 접속하게 되면 정상적인 화재신호를 수신하기가 어려워지므로 경계구역을 분할하여 1회로당 접속되는 감지기 수량을 제한하여야 한다.

3. 경계구역의 설정

실무적용시 적용하여야 할 기본이 되는 경계구역의 설정은 다음과 같다.

(1) 경계구역 설정방법

1) 경계구역의 면적은 감지기의 설치를 필요로 하지 않는 부분이나 설치가 면제되는 장소(예 목욕탕·세면장 등)도 포함하여 산출한다.

바닥면적이 $1,230m^2$인 건물에서 목욕탕 면적이 $40m^2$일 경우에 목욕탕 부분에 감지기 설치는 제외하나 경계구역 산정시에는 $1,230 \div 600 = 2.1 \rightarrow 3$회로 적용하여야 한다.

2) 발코니가 있는 공동주택의 경계구역 설정시에는 외기와 접하는 발코니가 있는 아파트의 경우 이를 경계구역의 면적에 산입하지 않아도 무방하나, 발코니를 확장하는 경우에는 경계구역의 면적에 산입하여 거실부분과 발코니부분을 합하여 경계구역을 설정하여야 한다.

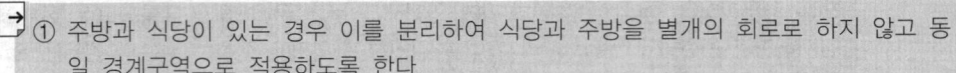

3) 용도상 관련이 있는 장소는 동일 경계구역으로 설정하도록 한다.

> ① 주방과 식당이 있는 경우 이를 분리하여 식당과 주방을 별개의 회로로 하지 않고 동일 경계구역으로 적용하도록 한다.
> ② 동일 거실의 경우는 경계구역을 분리하지 말고, 가급적 동일 경계구역이 되도록 구역을 조정하여야 한다.

4) 경계구역은 가능한 동일 방화구획 내에 있도록 설정한다.

5) 경계구역의 구분은 거실 내부의 중앙을 중심으로 구분하기 보다는 벽·복도 등을 따라 구분하도록 한다.

(2) 경계구역 표기방법

일반적으로 소방도면에 표기하는 도시(圖示) 기호는 KS C 0301 "옥내배선용 그림기호"에서 "6. 방화" 조항에서의 기호를 사용하고 있다. 국제적으로는 ISO 6309 (Fire protection safety sign)가 있으며, NFPA에서는 NFPA 170(Standard for fire safety & emergency symbols 2021 edition)을 제정하여 소방관련 도시기호를 표시하고 있다. 소방청에서는 NFPA 170을 준용하여 2022. 12. 1. 전면개정한 "소방시설 자체점검사항 등에 관한 고시"의 별표(소방시설 도시기호)를 제정하였으나 이는 강제 규정이 아닌 권장사항인 관계로 현재 소방설계시 사용하지 않고 있다.

1) 수신기에서 가장 가까운(또는 하층에서 상층으로) 곳에서 먼 곳의 순으로 경계구역 번호를 명기한다.

2) 대형 건물의 경우는 각 층별, 각 동별로 경계구역 번호를 부여하되 설계변경이나 증축 등으로 인하여 번호가 증감되어도 전체번호가 변경되지 않도록 한다.

3) 번호표기는 다음과 같이 한다.

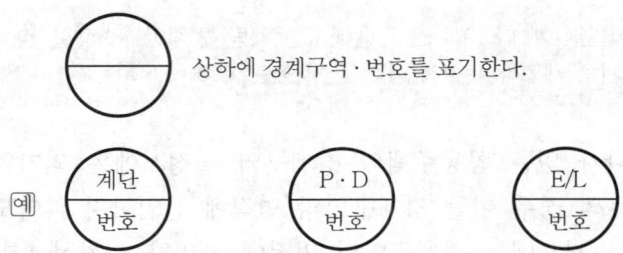

3 감지기(Detector) 각론(구조 및 기준)

1. 열감지기의 구조 및 기준

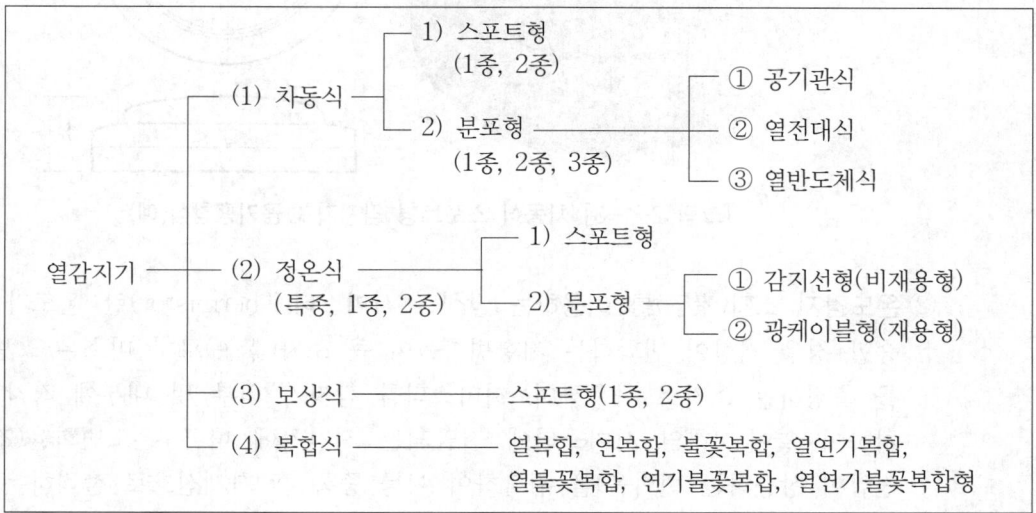

(1) 차동식 감지기의 구조

주위 온도가 일정 온도상승률(℃/sec) 이상이 될 경우에 이를 감지하는 방식으로 일국소의 열효과에 의한 스포트형과 광범위한 주위의 열효과 누적에 의한 분포형으로 구분한다.

1) 스포트형 : 일국소의 열의 효과를 검출하며 감지부와 검출부가 통합되어 있는 구조이다. 열을 검출하는 방식은 다음의 3가지로 구분한다.

① 공기의 팽창을 이용하는 방식 : 가장 일반적인 방식의 열감지기로서 주변의 열에 의해 공기실의 공기가 팽창하면 공기압에 의해 다이어프램(Diaphragm : 0.03~0.04mm의 얇은 주름살의 황동판)이 위로 올라가 접점이 형성되는 방식이다. 완만한 온도 상승은 리크공(Leak孔)을 통하여 팽창된 공기가 누설되므로 비화재보를 방지하게 된다.

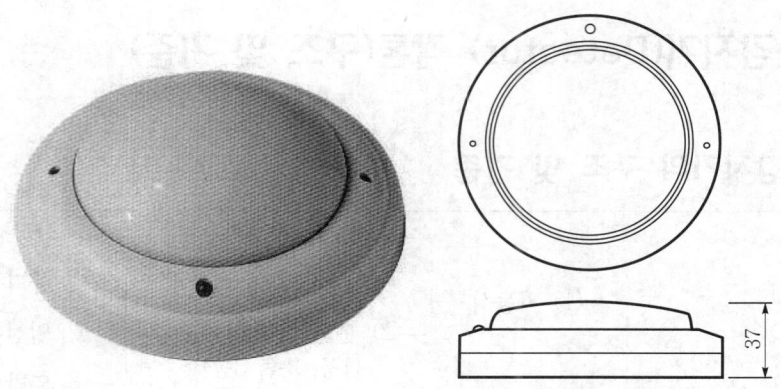

[그림 2-1-3] 차동식 스포트형 감지기 : 공기팽창식(예)

② 온도감지 소자(素子)를 이용하는 방식 : 서미스터(Thermistor)란 온도가 상승할 경우 저항이 변화하는 저항변화율이 큰 소자(素子)로서 미소온도 변화를 측정하는 소자로 사용하며, 서미스터를 감지기 외부 및 내부에 각각 설치하여 열이 2개의 서미스터에 전달되는 시간차에 따른 온도변화율(결국 전압이 상승하는 변화율)을 검출하여 이를 증폭 후 화재신호로 출력하는 방식으로 감지기 소자는 부(負) 특성의 서미스터를 사용한다.

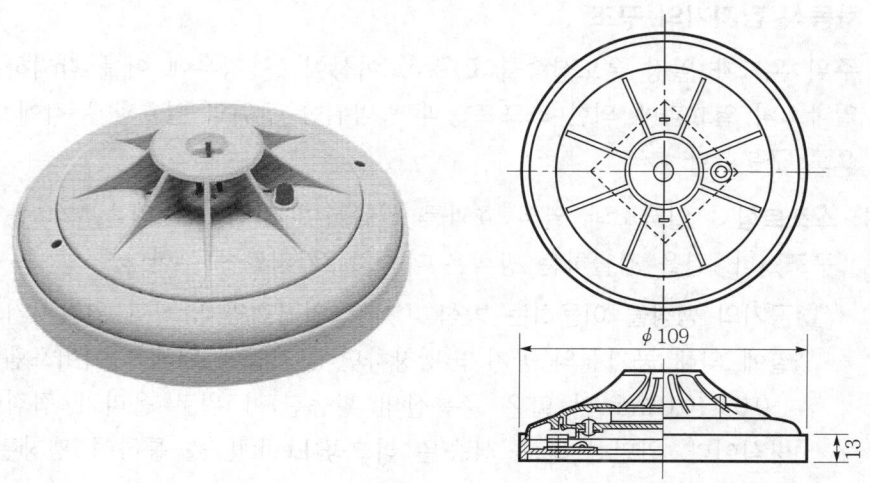

[그림 2-1-4] 차동식 스포트형 감지기 : 온도감지 소자방식(예)

③ **열기전력을 이용하는 방식** : 반도체형 열전대(熱電對)의 열기전력(熱起電力)을 이용하는 것으로 감압실(感壓室)에 고정부착된 반도체형의 열전대가 화재시 발생하는 열에 의해 열기전력이 발생하여 기전력이 일정한 값에 도달하면 Meter relay가 동작하여 접점을 형성하는 방식으로, 이때 사용하는 반도체형 열전대는 반도체의 P형과 N형이 결합되어 열기전력을 발생시키는 열전대이다.

2) 분포형 : 광범위한 주위의 열의 축적을 검출하고, 감지부와 검출부가 분리되어 있는 형식으로 분포형의 종류에는 일반적으로 다음 3가지로 구분한다.

① **공기관식** : 외경이 2mm의 구리관을 사용하여 화재시 공기관 내의 공기팽창에 따라 검출부에서 다이어프램을 눌러주어 기계적으로 접점을 구성하는 방식이다. 검출부는 공기관과는 별도로 설치하며 검출부 내에는 다이어프램과 접점부분을 수납하여 공기팽창에 따른 기계적인 접점을 형성하도록 한다.

② **열전대(熱電對)식**

㉮ 열전대(Thermo-electric couple)란 두 종류의 다른 금속을 접합하여 하나의 폐회로를 만들고, 그 두 접합점에서의 온도를 달리하면 이 폐회로에 자연적으로 기전력이 발생하는 현상으로 이는 온도차에 의한 열에너지의 이동이 전기적 에너지로 변환되는 것으로 이를 "제벡(Seebeck) 효과"라 하며, 이러한 한 쌍의 금속을 열전대(熱電對)라 한다.

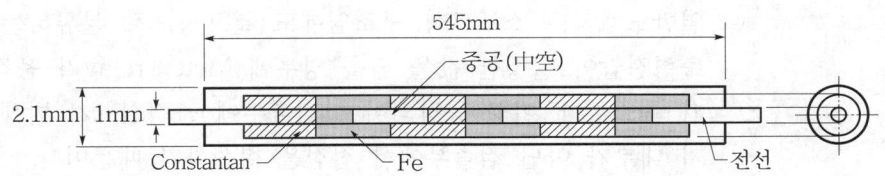

[그림 2-1-5] Constantan을 이용한 열전대부

㉯ 열전대 효과가 가장 큰 금속은 Constantan(Cu 55%＋Ni 45%의 합금)이라는 합금으로서 이를 이용하여 열전대부(열전대의 집합체)를 회로별로 4~20개를 직렬로 접속한 형태의 감지기로서 화재시 온도차에 의한 제벡효과에 의해 발생하는 열기전력을 이용하여 전기적으로 접점을 구성하는 방식이다.

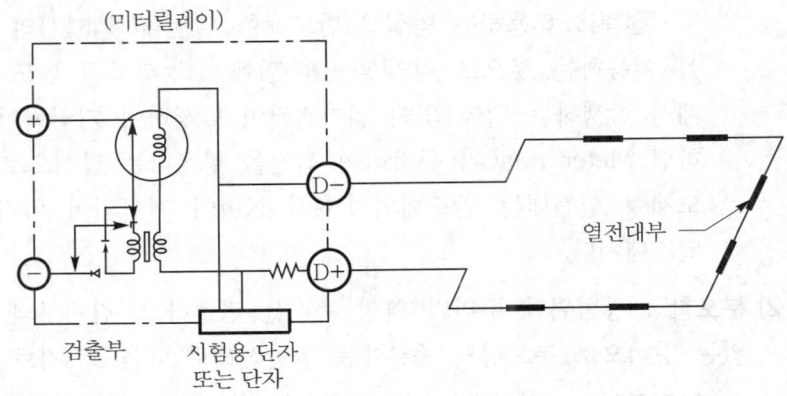

[그림 2-1-6] 열전대식 감지기

③ **열반도체식**

㉮ 열반도체를 이용한 감지부를 검출부별로 2~15개 이하로 구성하고, 화재 시 감지부(동 니켈선, 열반도체 소자, 수열판으로 구성됨)가 급격하게 온도가 상승하는 열을 받게 되면 열반도체 소자에서 발생하는 큰 온도차에 의해 열기전력이 발생하며 이를 이용하여 전기적으로 접점을 구성하는 방식으로 난방이나 완만한 온도 상승에는 열기전력이 작은 관계로 작동되지 않는다. 열전대나 열반도체나 열에 의해 기전력이 발생하는 것이나 열전대는 일반 금속이나 열반도체는 반도체 물질이다.

㉯ 열반도체식은 스포트형 구조임에도 분포형으로 분류하는 것은 감지부의 출력전압이 일정한 값을 넘을 경우에 Meter relay가 움직이므로, 감지부가 최소 2개 이상 동작되어야 검출부에 출력신호가 발생하며 또한 감지기 내부가 아닌 검출부에서 접점을 형성하기 때문이다.

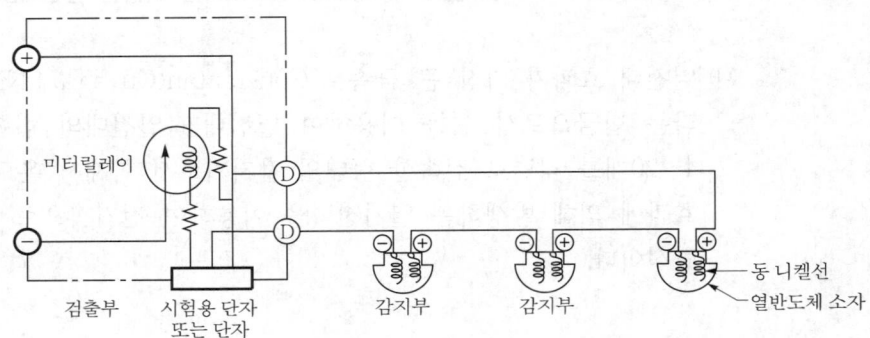

[그림 2-1-7] 열반도체식 감지기

(2) 차동식 감지기의 기준

1) 스포트형 : 제7조 3항(2.4.3)

① 감지기(차동식 분포형의 것을 제외한다)는 실내로의 공기유입구로부터 1.5m 이상 떨어진 위치에 설치할 것

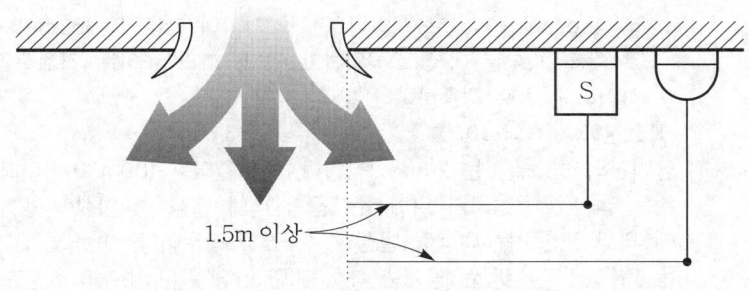

1.5m 이상

[그림 2-1-8] 유입구와 감지기 거리

② 감지기는 천장 또는 반자의 옥내에 면하는 부분에 설치할 것

③ 부착높이 및 특정소방대상물에 따라 설치하는 차동식 스포트형 감지기의 감지기 1개당 배치기준은 다음 표와 같다(NFTC 표 2.4.3.5).

[표 2-1-1] 차동식 스포트형 감지기의 배치기준　　　　　　(단위 : m²)

부착높이 및 소방대상물의 구분		차동식 스포트형	
		1종	2종
4m 미만	주요 구조부가 내화구조인 경우	90 이하	70 이하
	주요 구조부가 비내화구조인 경우	50 이하	40 이하
4m 이상~8m 미만	주요 구조부가 내화구조인 경우	45 이하	35 이하
	주요 구조부가 비내화구조인 경우	30 이하	25 이하

➡ 소방대상물의 구분에서 주요 구조부란 건축법 제2조 1항 7호에 따라 내력벽·기둥·바닥·보·지붕틀 및 주계단을 말한다. 따라서 천장의 내장재가 가연재일 경우에는 지붕틀이 아니므로 비내화구조로 적용하지 아니한다.

2) 분포형

① 공기관식 : 제7조 3항 7호(2.4.3.7)

㉮ 공기관의 노출부분은 감지구역마다 20m 이상이 되도록 할 것

㉯ 하나의 검출부에 접속하는 공기관의 길이는 100m 이하로 할 것

① 감지구역

㉮ 화재안전기준에서는 분포형 감지기의 설치기준을 "감지구역(感知區域)"마다 적용하도록 하고 있으나 화재안전기준에서는 감지구역에 대한 용어의 정의가 없어 이것이 경계구역인지, 검출부인지, 거실인지 혼란을 일으킬 수 있다.

㉯ 이는 일본 기준을 준용하는 과정에서 용어의 정의가 누락된 것으로 일본소방법 시행규칙 제23조 4항 3호에서는 감지구역에 대한 정의를 "각 벽 또는 부착면으로부터 40cm(차동식 분포형이나 연기감지기의 경우에는 60cm) 이상 돌출된 보 등으로 구획된 부분"이라고 정의하고 있다. 따라서 이는 경계구역별로 적용하는 것이 아니라 실별로 적용하여야 한다.

② 최소길이와 최대길이

공기관의 최소길이는 20m 이상이며, 최대길이는 100m 이하이다. 최소길이를 규정한 것은 접점을 형성하기 위해서는 공기관 내 일정 양 이상의 공기량이 확보되어야 열에 의해 팽창하는 압력이 발생할 수 있기 때문이다. 아울러 최대길이를 제한하는 것은 너무 긴 경우에는 공기관 내 공기량이 많은 관계로 미소온도 변화에 의해서도 공기량이 팽창하여 접점이 형성될 우려가 있기 때문이다.

③ 작은 실의 경우 설치방법

설치하는 장소의 면적이 좁은 관계로 해당 구역에 설치하는 공기관의 길이가 20m에 미달될 경우는 다음과 같이 두 번 감기나 코일 감기를 하여 공기관의 길이가 최소한 20m 이상이 되도록 하여야 한다.

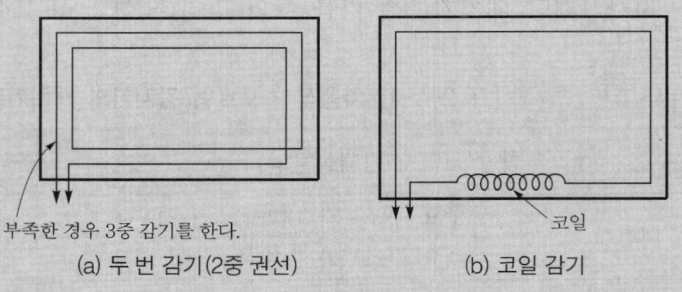

부족한 경우 3중 감기를 한다.

(a) 두 번 감기(2중 권선)   (b) 코일 감기

[그림 2-1-9(A)] 작은 실의 공기관식 분포형 감지기 설치

[표 2-1-2] 공기관식 분포형 감지기의 설치길이

동작 방식		공기팽창 → 기계적 접점	
공기관	길 이	최소길이 20m 이상(감지구역당)	최대길이 100m 이하(감지구역당)
	제한 이유	최소 일정 양 이상의 공기량을 확보하지 않으면 팽창량이 미소하여 접점을 형성하기가 어려워진다.	공기량이 많을 경우에는 온도변화에 의한 팽창량이 큰 관계로 접점이 쉽게 형성될 우려가 있다.
	목 적	실보(失報)를 방지한다.	오동작을 방지한다.

㉰ 공기관과 감지구역 각 변과의 수평거리는 1.5m 이하가 되도록 하고, 공기관 상호간의 거리는 6m(주요 구조부가 내화구조인 경우 9m) 이하가 되도록 할 것

공기관의 간격이 너무 넓거나 간격이 골고루 분포되어 있지 않은 경우에는 화재발생시 공기관 내부 공기의 온도가 상승하는 데 시간이 지연되므로 감도특성에 적합한 공기의 팽창률을 기대하기가 어려우므로 다음 그림과 같이 일정간격을 유지하여 공기관을 설치하여야 한다.

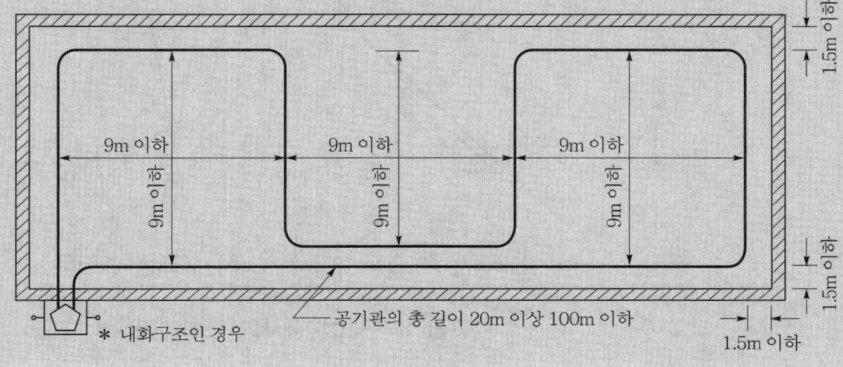

[그림 2-1-9(B)] 공기관식 분포형 감지기 설치(1개 구역)

상호거리란 동일한 경계구역일 경우 공기관과 공기관의 간격에 대한 기준으로 이를 경계구역간 공기관과 공기관 사이의 간격에 적용하여서는 아니 된다. 공기관 경계구역과 다른 공기관의 경계구역 사이에서 화재가 발생할 경우 신속하게 이를 감지하기 위해서는 구역이 다른 경우 공기관과 공기관의 간격은 1.5m 이하로 적용하여야 한다.

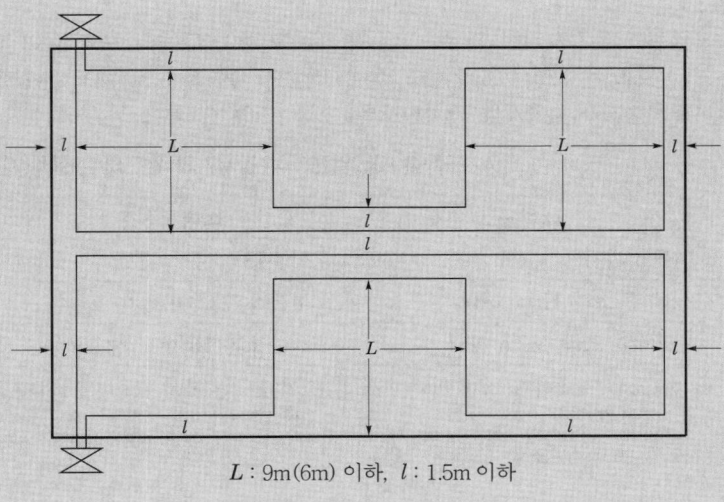

L : 9m(6m) 이하, l : 1.5m 이하

[그림 2-1-9(C)] 공기관식 분포형 감지기 설치(2개 구역)

㉑ 공기관은 도중에서 분기하지 아니하도록 할 것

㉒ 검출부는 5° 이상 경사되지 아니하도록 부착할 것

➡ 제7조 3항 6호에 따라 스포트형의 감지기는 45° 이상 경사되지 말아야 하나, 분포형의 검출부는 5° 이상 경사되지 말아야 한다. 스포트형 감지기는 일반적으로 천장에 설치하므로 바닥에 대한 수평면과의 경사각을 의미하나, 분포형의 경우는 감지기가 아닌 검출부로서 검출부는 일반적으로 벽에 설치하므로 경사각은 벽에 대한 수직면과의 경사각을 말한다.

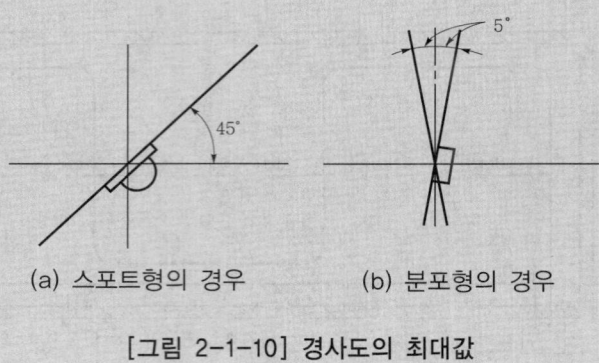

(a) 스포트형의 경우　　　(b) 분포형의 경우

[그림 2-1-10] 경사도의 최대값

㉓ 검출부는 바닥에서 높이 0.8m 이상 1.5m 이하의 위치에 설치할 것

② **열전대식** : 제7조 3항 8호(2.4.3.8)

㉮ 열전대부(部)는 감지구역의 바닥면적 18m^2(주요 구조부가 내화구조인 경우 22m^2)마다 1개 이상으로 할 것. 다만, 바닥면적이 72m^2(주요 구조부가 내화구조인 경우 88m^2) 이하인 경우에는 4개 이상으로 할 것

➡ 열전대식 감지기의 경우는 바닥면적에 대하여 다음의 표와 같이 설치하여야 한다. 실제 시공시에는 내화구조 건물의 경우 바닥면적을 22m^{2}로 각각 분할한 후 분할된 부분마다 열전대부가 각 1개씩 배치되도록 설치하여야 한다.

[표 2-1-3(A)] 열전대식 감지기의 열전대부 설치(최소치)

내화구조	비내화구조	열전대부(최소치)
88m^{2}까지	72m^{2}까지	4개
88m^2 초과 110m^{2}까지	72m^2 초과 90m^{2}까지	5개
110m^2 초과 132m^{2}까지	90m^2 초과 108m^{2}까지	6개
* 이하 계속하여 22m^{2}마다 1개씩 증가	* 이하 계속하여 18m^{2}마다 1개씩 증가	1개씩 증가

④ 하나의 검출부에 접속하는 열전대부는 20개 이하로 할 것. 다만, 각각의 열전대부에 대한 작동여부를 검출부에서 표시할 수 있는 것(주소형)은 형식승인 받은 성능인정 범위 내의 수량으로 설치할 수 있다.

→ 열전대식의 경우 열전대부의 최소수량과 최대수량을 제한하고 있으며, 사유는 다음과 같다.

[표 2-1-3(B)] 열전대식 분포형 감지기의 설치수량

동작방식		열기전력 → 전기적 접점	
열전대부	수 량	최소수량 4개 이상(감지구역당)	최대수량 20개 이하(검출부당)
	제한 이유	일정 수량 이상 확보하여 미터 릴레이를 작동시키기 위한 열 기전력을 확보하여야 한다.	검출부별로 최대합성저항값을 초과하지 않아야 한다.

㊟ 각각의 열전대부에 대한 작동여부를 검출부에서 표시할 수 있는 주소형의 경우는 형식승인 받은 성능인정 범위 내의 수량으로 설치할 수 있다.

③ **열반도체식** : 제7조 3항 9호(2.4.3.9)

㉮ 감지부는 그 부착높이 및 소방대상물에 따라 다음 표에 따른 바닥면적마다 1개 이상으로 할 것. 다만, 바닥면적이 다음 표에 따른 면적의 2배 이하인 경우에는 2개(부착높이가 8m 미만이고, 바닥면적이 다음 표에 따른 면적 이하인 경우에는 1개) 이상으로 하여야 한다.

[표 2-1-4] 열반도체식 분포형 감지기의 배치기준　　　　(단위 : m²)

부착높이 및 소방대상물 구분		열반도체식	
		1종	2종
8m 미만	주요 구조부가 내화구조인 경우	65 이하	36 이하
	주요 구조부가 비내화구조인 경우	40 이하	23 이하
8m 이상~15m 미만	주요 구조부가 내화구조인 경우	50 이하	36 이하
	주요 구조부가 비내화구조인 경우	30 이하	23 이하

㉯ 하나의 검출기에 접속하는 감지부는 2개 이상 15개 이하가 되도록 할 것. 다만, 각각의 감지부에 대한 작동여부를 검출기에서 표시할 수 있는 것(주소형)은 형식승인 받은 성능인정 범위 내의 수량으로 설치할 수 있다.

→ 열반도체식은 검출기라고 표기하였으나 검출부와 같은 의미이며, 열반도체식의 경우 감지부의 최소수량과 최대수량을 제한하고 있으며, 사유는 다음과 같다.

[표 2-1-5] 열반도체식 분포형 감지기의 설치수량

동작방식		열기전력 → 전기적 접점	
감지부	수 량	최소수량 2개 이상(검출부당)	최대수량 15개 이하(검출부당)
	제한 이유	일정 수량 이상 확보하여 미터 릴레이를 작동시키기 위한 열기 전력을 확보하여야 한다.	검출부별로 최대합성저항값을 초과하지 않아야 한다.

㊟ 각각의 감지부에 대한 작동여부를 검출기에서 표시할 수 있는 주소형의 경우는 형식승인 받은 성능인정 범위 내의 수량으로 설치할 수 있다.

(3) 공기관식 분포형 감지기의 시험

1) 개념

① 스포트형 감지기의 경우는 가열시험기나 가연(加煙)시험기를 이용하여 감지기의 성능에 대하여 개별적으로 검사를 할 수 있으나 분포형 감지기의 경우는 감지부분이 실 전체에 분포되어 있으므로 이러한 장비를 사용하여 화재시와 같은 상황을 만들어 검사를 할 수가 없다. 따라서 공기관식 차동식 분포형 감지기의 경우는 인위적으로 외부에서 공기를 주입하여 검출부를 작동시켜 각종 검사를 실시하고 있다.

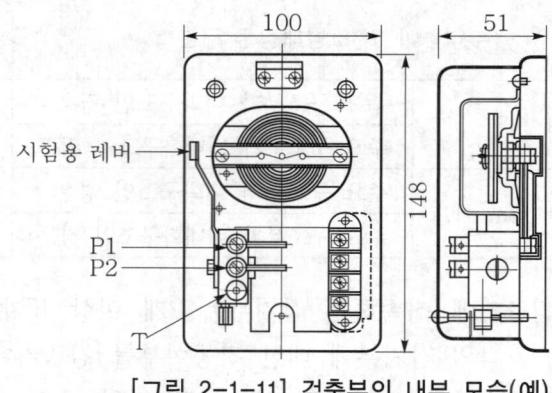

[그림 2-1-11] 검출부의 내부 모습(예)

② 공기관식 분포형 감지기에 대해 시험을 할 경우 검출부에 접속되어 있는 각 부분을 살펴보면 공기관을 접속하는 접속부인 P₁, P₂ 단자는 단자에 짧은 동관이 나사로 고정부착 되어 있고 동관에 공기관이 접속되어 있다. 공기가 누설되기 위한 리크공(Leak孔)인 L, 공기관을 시험하기 위한 시험용 구멍인 시험공(試驗孔) T가 있으며, 이외에 시험용 레버, 검출부의 접점부분인 다이어프램 F가 있다. 접점 수고(水高)란 다이어프램의 접점을 형성하기 위한 공기압력을 수두(水頭)로 표시한 것으로 시험의 종류에는 ① 화재작동시험, ② 작동계속시험, ③ 유통시험, ④ 접점수고시험, ⑤ 리크저항시험의 5가지 시험방법이 있다.

③ 공기관식 분포형 감지기를 시험할 경우는 위에서 예시한 5가지의 시험을 모두 행하는 것이 아니라 기본적으로는 화재작동시험과 작동계속시험만 행하는 것이다. 그 결과 이상이 있을 경우(부작동되거나, 측정시간이 설정범위를 벗어나거나, 측정치가 차이가 있을 경우 등)에 그에 대한 원인을 규명하기 위하여 실시하는 것이 유통시험, 접점수고시험, 리크저항시험이다.

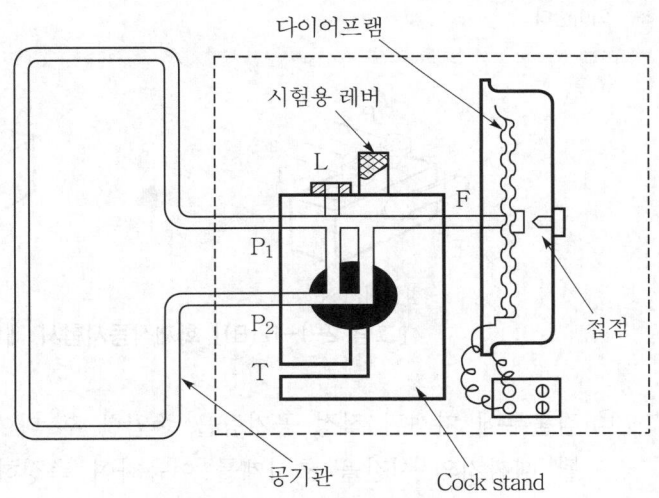

[그림 2-1-12(A)] 검출부의 내부 회로도

2) 시험의 종류

① 화재작동시험(=공기주입시험)

㉮ 시험목적 : 화재시 공기관식 감지기가 작동되는 공기압에 해당하는 공기량을 Test pump(공기주입기)[361]를 이용하여 공기관에 주입하여 인위적으로 검출부를 작동시켜 작동시간이 정상인지 여부를 시험하는 것이다.

---

361) "공기주입기"로서 고무호스와 주사기를 이용하여 검출부에 공기를 주입하는 장비이다.

④ 시험방법
   ㉠ 공기주입기를 이용하여 공기를 주입하며 주입하는 공기량은 감지기의
      종별(1종, 2종, 3종), 공기관 길이별(20~100m)로 다르며 작동시간의
      범위(최소시간~최대시간)는 보통 제조사별로 검출부에 기재되어 있다.
      규정량 이상의 공기를 주입할 경우 다이어프램이 손상되거나 기능이
      저하되므로 조심하여야 하며 시험방법은 다음과 같다.
   ㉡ 검출부의 시험공 T에 공기주입기를 접속한 후 검출부의 시험용 레버
      를 정상위치(N)에서 작동시험위치(P.A)로 돌린다. 시험용 레버를 작동
      시험위치로 돌리는 순간 내부에 있는 송기구가 열려 시험공 T와 공기
      관의 접속단자 P_2가 접속하게 된다(평상시는 레버가 N의 위치에 있
      으며 이 경우 시험공은 막혀 있는 상태이다).

 분포형 감지기의 N과 P.A

검출부의 외함을 열면 N과 P.A라고 기재되어 있으며, P는 화재작동시험을 A는 유통시험을
의미한다.

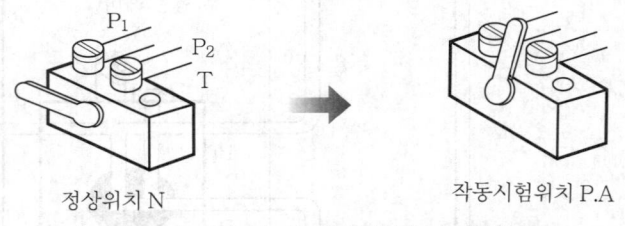

정상위치 N   작동시험위치 P.A
[그림 2-1-12(B)] 화재작동시험시 레버위치

   ㉢ 검출부에 기재된 적정 공기량을 주입한 후 다이어프램의 접점이 접속
      될 때까지의 시간을 초시계를 이용하여 측정하고 검출부에 기재되어
      있는 작동시간 이내인지를 확인한다. 다이어프램의 접속여부는 지구
      경종의 작동으로 판단하기로 한다.

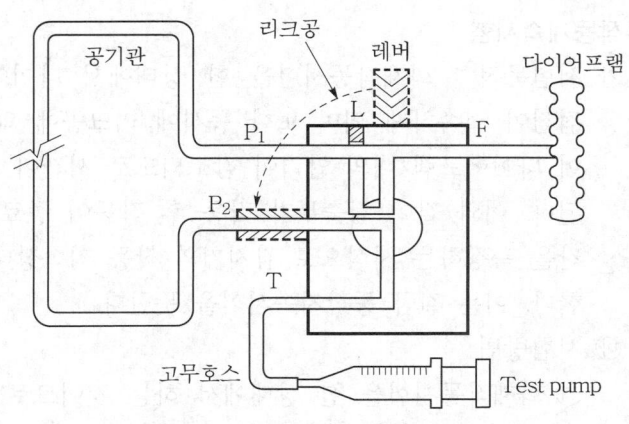

[그림 2-1-12(C)] 화재작동시험

ⓓ 시험결과

　ⓐ 작동시간 및 공기주입량은 제조사마다 다르므로 검출부에 기재되어 있는 제조사의 사양을 우선으로 하며, 국내제품 중 한 가지 예를 들면 다음과 같다.

[표 2-1-6(A)] 차동식 분포형의 급기량 및 작동시간(예)

공기관 길이(m)	공기량(c.c)			작동시간(sec)
	1종	2종	3종	
60m 미만	0.6	1.2	2.4	6초 이내
60~80m 미만	0.8	1.6	3.2	10초 이내
80~100m 미만	1.0	2.0	4.0	15초 이내

　ⓑ 제품에 따라서 작동시간이 상한값과 하한값이 있으며, 작동시간이 기준(허용범위)을 초과하거나 미달되는 경우(하한값이 있는 경우)에 대한 원인은 다음과 같다.

[표 2-1-6(B)] 작동시간의 점검결과 불량원인

작동시간이 늦은 경우(시간 초과)	① 리크저항값이 규정치보다 작다(누설이 용이하다). ② 접점수고(水高)값이 규정치보다 높다. ③ 공기관이 막혀있거나 변형되어 있다. ④ 주입한 공기량에 비해 공기관의 길이가 길다. ⑤ 공기관에 작은 구멍이 있다. ⑥ 검출부 접점의 접촉이 불량하다.
작동시간이 빠른 경우(시간 미달)	① 리크저항값이 규정치보다 크다(누설이 지연된다). ② 접점수고(水高)값이 규정치보다 낮다. ③ 주입한 공기량에 비해 공기관의 길이가 짧다.

② 작동계속시험

㉮ 시험목적 : 화재작동시험을 한 상태에서 다이어프램은 압력이 증가하여 접점이 접속하게 되며 또한 동시에 리크공에 의해 공기가 서서히 누설되어 다이어프램 내의 압력이 감소되므로 시간이 경과하면 접점이 개방하게 된다. 이와 같이 검출부가 작동 후 작동이 종료(복구)될 때까지의 소요시간을 측정하는 시험으로 감지기의 작동 지속상태가 정상인지 여부를 시험한다. 이는 결국 동작지속시험을 뜻한다.

㉯ 시험방법

㉠ 화재작동시험을 한 상태에서 하는 것이므로 시험방법은 화재작동시험과 같으며, 작동 순간 공기의 공급을 중단하고 이 상태에서 공급해준 공기가 자연적으로 리크공 L을 통하여 누설되어 접점이 해제될 때까지의 시간을 측정한다(리크공으로 누설되는 것이므로 공기주입기는 T에 접속한 상태로 측정한다).

㉡ 현장에서는 수신기를 자동 복구로 한 후 지구경종의 음량을 청취하면서 경종이 울리지 않을 때까지의 시간을 초시계로 측정하도록 한다.

㉰ 시험결과

㉠ 작동을 유지하는 작동계속시간은 제조사의 사양을 우선으로 하되 국내제품 중 한 가지 예를 들면 다음과 같다.

[표 2-1-7] 차동식 분포형의 작동계속시간(예)

공기관 길이(m)	작동계속시간(sec)
60m 미만	4~42
60~80m 미만	6~56
80~100m 미만	10~72

㉡ 작동계속시간이 기준(허용범위)을 초과하거나 미달되는 경우 이에 대한 원인은 다음과 같다.

[표 2-1-8] 작동계속시간의 점검결과 불량원인

작동계속시간이 긴 경우(시간 초과)	① 리크저항값이 규정치보다 크다. ② 접점수고(水高)값이 규정치보다 낮다. ③ 공기관이 막혀있거나 변형되어 있다.
작동계속시간이 짧은 경우(시간 미달)	① 리크저항값이 규정치보다 적다. ② 접점수고(水高)값이 규정치보다 높다. ③ 공기관에 작은 구멍이 있다.

㉩ 작동시간 및 작동계속시간 곡선 : 작동시험 및 작동계속시험을 할 경우 시간 경과에 따른 접점수고값의 커브는 다음 그림과 같으며, 각 구간별 (ⓐ~ⓕ) 의미는 다음 다음과 같다.

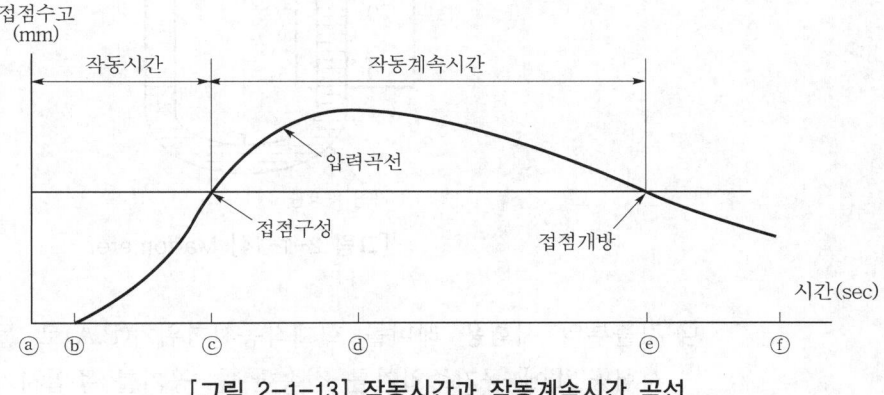

[그림 2-1-13] 작동시간과 작동계속시간 곡선

ⓐ : 공기를 주입하여 공기관에 공기를 채워 작동시간과 작동계속시간을 시험하려는 시점이다.

ⓑ : 어느 정도 공기가 주입되기 시작하여 다이어프램에 압력이 가해지기 시작한다.

ⓒ : 접점수고값에 도달하여 접점이 형성되는 시점으로 이때까지가 작동시간이며, 이때부터 작동계속시간이 시작된다.

ⓓ : 이미 주입한 공기 때문에 다이어프램에 가해지는 압력이 약간 증가하여 최고압을 이룬 후 리크공을 통하여 공기가 서서히 누설되기 시작한다.

ⓔ : 리크공을 통한 공기누설로 인하여 접점이 개방되기 시작한 시점으로 ⓒ~ⓔ 구간이 작동계속시간이 된다.

ⓕ : 공기주입기로부터 가압된 공기가 외기로 배출되고 있는 과정이다.

③ **유통시험**

㉮ 시험목적 : 공기관에 공기를 주입하여 공기관의 누설, 폐쇄, 변형 등 공기관의 상태와 공기관 길이의 적정성 여부를 시험하는 것이다.

㉯ 시험방법

㉠ 공기관의 한쪽인 P_1 단자에서 공기관을 풀어 놓은 후 이 공기관의 한쪽 (P_1)끝에 접속단자를 이용하여 Manometer를 접속시킨다. Manometer란 내경 3mm(4mm나 6mm용도 있으나 공기관 시험은 내경 3mm용을 사용한다)의 U자형 유리관으로 내부에는 물이 담겨져 있으며 물의 눈금은 0에 맞추어져 있다.

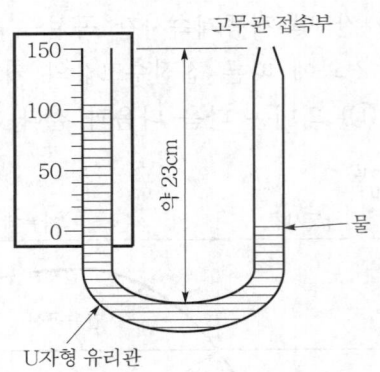

[그림 2-1-14] Manometer

ⓛ 검출부의 시험용 레버를 화재작동시험위치(P.A)로 돌린다. 검출부의 시험공 T에 공기주입기를 접속한 후 공기를 주입시켜 Manometer의 수위를 100mm로 상승시킨 후 공기주입을 멈추고 수위가 정지상태인지를 확인한다(수위가 정지가 안 되면 공기관에 누설이 있는 것이므로 시험을 중단하고 점검하여야 한다).

ⓒ 이후 공기주입기를 T에서 빼고 이때부터 공기가 서서히 빠져나가면서 수위가 1/2인 50mm까지 강하하는 데 소요되는 시간(sec)인 반감(半減)시간을 초시계를 사용하여 측정한다.[362] 이는 공기관 자체의 유통을 확인하는 것이므로 누설공이 아니라 P_1을 통하여 공기를 누설시키는 것이다. 이 값이 공기관 유통시험곡선에서 공기관 길이에 대응하는 시간범위 내에 있는지를 확인한다. 유통시험은 공기관 자체의 시험이므로 감지기(다이어프램)의 작동 여부와 무관하다.

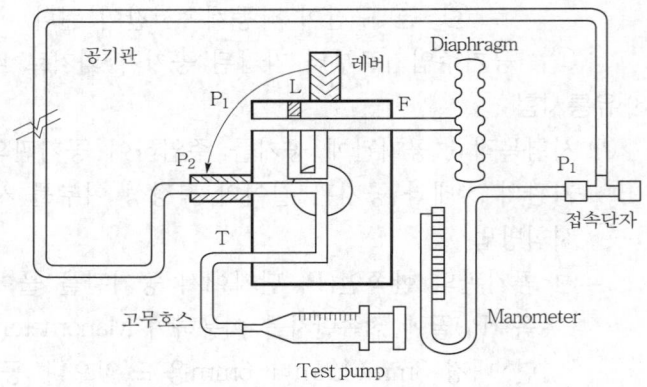

[그림 2-1-15] 유통시험

---

362) 따라서 이를 반감(半減)시간 측정방법이라 한다.

ⓒ 시험결과

　　　㉠ 시험의 양부 판단기준은 유통시간에 따라 공기관의 길이를 산출하여 산출된 공기관의 길이가 유통시험 그래프의 범위(상한~하한) 내에 있어야 하며 반드시 공기관의 길이는 100m를 초과하지 말아야 한다.

　　　㉡ 다음의 유통시험 그래프는 x축은 공기관 길이(단위 m)이며, y축은 시간(단위 sec)으로 이 그래프와 비교하여 판단하도록 한다. 예를 들어 공기관의 길이가 80m라면 유통시험 측정시간이 x축의 80m에 해당하는 y축의 상한값과 하한값 범위 내의 시간이 되어야 한다.

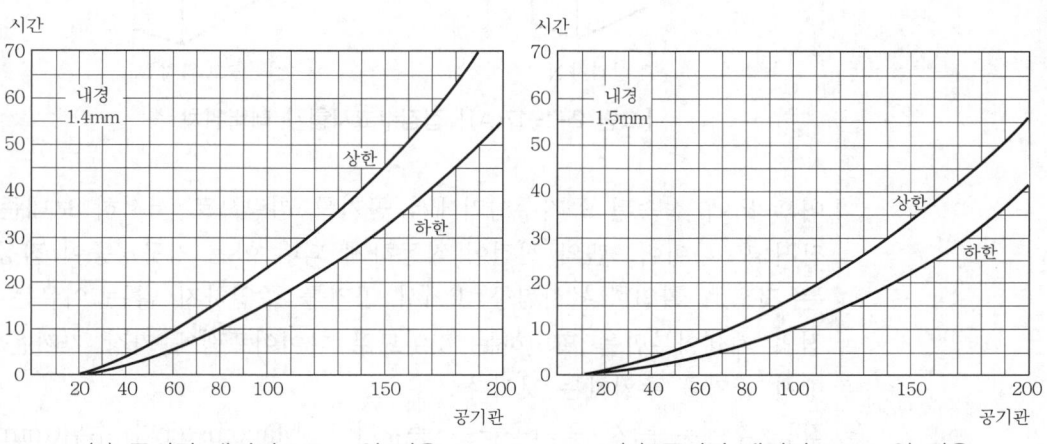

(a) 공기관 내경이 1.4mm인 경우　　　(b) 공기관 내경이 1.5mm인 경우

[그림 2-1-16] 유통시험 그래프

④ 접점수고(水高)시험(＝다이어프램시험)

　　㉮ 시험목적 : 접점수고(水高)란 검출부에서 접점을 형성해 주는 다이어프램(Diaphragm)의 접점압력을 수두(mmAq)로 표현한 것이다. 이 시험은 접점수고값이 낮을 경우 감도가 예민해져 비화재보의 원인이 되며, 반면에 접점수고값이 높으면 감도가 저하된 것으로 작동이 늦어지는 원인이 되므로 적정한 값을 유지하고 있는지 확인하는 시험이다.

　　㉯ 시험방법

　　　㉠ 공기관의 한쪽인 P₁ 단자에서 공기관을 풀고, 풀어 놓은 단자부위 P₁에 고무호스와 접속단자를 이용하여 공기주입기와 Manometer를 접속시킨다.

　　　㉡ 검출부의 시험용 레버를 정상위치(N)에서 접점수고시험위치(D.L)로 돌린다. 이 위치는 화재작동시험위치에서 한 번 더 검사자 앞쪽으로 레버를 돌리는 것이다(레버가 이 위치가 되면 시험공 T 위치에서 다이어프램 F 및 공기관 P₁과 직접 유통하게 된다).

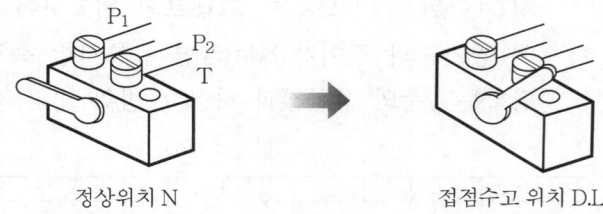

분포형 감지기 검출부 외함을 열면 D와 L이라고 기재되어 있으며, D는 접점수고시험을, L을 리크시험을 의미한다.

정상위치 N → 접점수고 위치 D.L

[그림 2-1-17(A)] 접점수고시험시 레버위치

ⓒ 이후 P₁에 접속된 공기주입기에서 공기를 미량으로 서서히 보내준다. 잠시 후 다이어프램의 접점이 작동하게 되며 이는 지구경종이 작동하는 것으로 확인한다(시험공 T에서 공기를 주입하지 않는 이유는 접점의 폐쇄여부만을 확인하는 것이므로 다이어프램에 가장 가까운 P₁에서 공기를 주입하는 것이다).

ⓔ 작동 후에는 즉시 공기공급을 중지하고, Manometer의 수위(mm)를 기록하면 이것이 접점수고값이 된다.

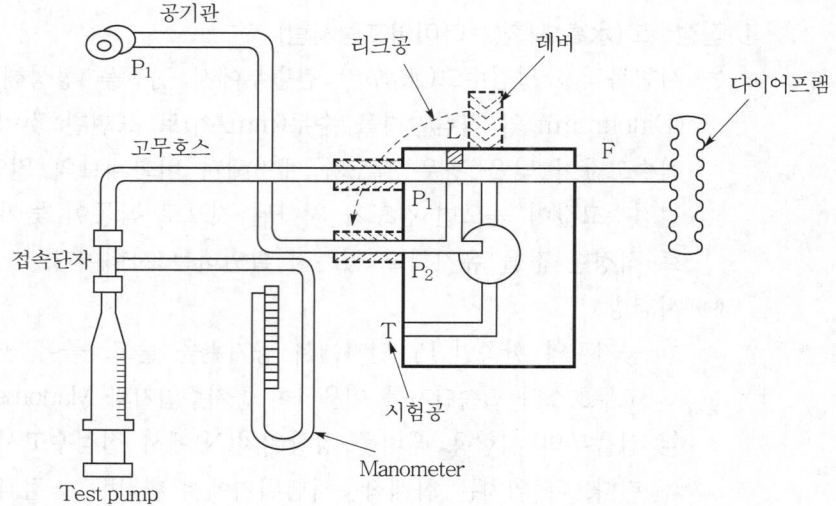

[그림 2-1-17(B)] 접점수고시험

㉰ 시험결과 : 판정은 접점수고값은 검출부에 기록된 제조사의 사양을 기준으로 하여 해당 범위 내에 있는 값인지를 확인하도록 한다.

[표 2-1-9] 접점수고시험의 점검결과 불량원인

접점수고값이 높은 경우	늦게 동작하게 되므로 실보의 위험이 있다.
접점수고값이 낮은 경우	빨리 동작하므로 비화재보의 우려가 있다.

⑤ 리크저항시험

㉮ 시험목적 : 리크공은 온도의 변화에 따라 화재조건이 아닐 경우 공기의 누적 팽창압을 해소하기 위해 설치되는 공기의 유출관으로 유리관을 인발시켜 사용하거나 흡습성이 낮은 면을 이용하기도 한다. 리크시험은 리크저항의 적정성 여부를 판단하는 시험이다.

㉯ 시험방법

㉠ 먼저 공기관 P_2 단자에서 공기관을 풀어 놓고, 이 곳에 공기주입기를 접속한다.

㉡ 검출부의 시험용 레버를 접점수고 시험위치(D.L)로 돌린다.

㉢ 공기주입기로 공기를 서서히 주입하면서 리크공의 공기누설 여부를 점검한다.

㉰ 시험결과 : 리크시험에 대한 리크저항의 판정기준은 별도로 없으나 공기를 주입할 경우 리크공을 통하여 공기가 서서히 누설되는지 여부를 육안으로 판단한다.

[표 2-1-10] 리크저항의 점검결과 불량원인

리크저항값이 작은 경우	내부의 공기압이 누설되어 둔감해지므로 실보(失報)의 원인이 된다.
리크저항값이 큰 경우	내부의 공기압이 쉽게 누설되지 않아 온도변화에 민감해지므로 비화재보(非火災報)의 원인이 된다.

(4) 정온식 감지기의 구조

화재시 열에 의해 주위온도가 감지기가 동작되는 작동온도(공칭작동온도)가 될 경우 이를 감지하는 방식으로 스포트형과 분포형으로 구분하며, 분포형의 경우 특별히 감지선형 감지기라 한다.

1) **스포트형** : 일국소의 열의 효과를 검출하며 감지부와 검출부가 통합되어 있는

구조이다. 열을 검출하는 방식은 다양하나 가장 일반적으로 사용하는 방식을 열거하면 다음과 같다.

① 바이메탈(Bimetal)방식 : 가장 일반적인 정온식 스포트형 감지기의 동작방식으로서 선팽창계수가 서로 다른 두 종류의 금속을 이용하여 온도변화에 따른 금속의 선팽창계수로 인해 변형되는 차이를 이용하며 팽창계수가 다르므로 화재시 열에 의해 한쪽으로 휘어지므로 감지기 내부에서 접점이 형성된다. 고팽창 금속은 황동을 사용하며, 저팽창 금속은 니켈(Ni)이나 Invar(Fe 63.5% +Ni 36.5%의 합금)를 사용하며, 공칭작동온도가 100℃까지는 황동(고팽창)과 니켈(저팽창)을, 150℃까지는 황동(고팽창)과 Invar(저팽창)를 주로 사용한다.

바이메탈(Bimetal)

1. 황동(黃銅 ; Brass) : 구리에 아연을 가하여 만든 합금으로 놋쇠라고도 하는데 강도가 있으면서 선팽창계수가 큰 대표적인 금속이다.
2. Invar : 철과 니켈의 합금으로 선팽창계수가 매우 작아 온도변화에 대하여 길이 변화가 거의 없는 대표적인 물질이다.

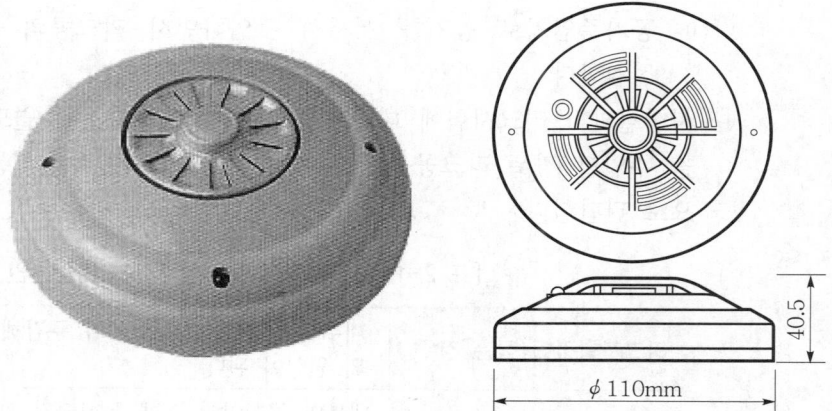

[그림 2-1-18] 정온식 스포트형(Bimetal 방식) (예)

② 온도감지 소자를 이용하는 방식 : 서미스터를 이용하는 방식으로 차동식 스포트형의 반도체를 이용하는 방식과 원리가 동일하다. 차동식의 경우는 서미스터를 감지기 외부 및 내부에 각각 설치하여 열이 2개의 서미스터에 전달되는 시간차에 따른 온도변화율(결국 전압변화율)을 검출하는 것이나, 정온식은 서미스터를 외부에 1개만 설치하여 일정한 온도(공칭작동온도)에 도달할 경우 이를 검출하는 것이다.

③ 금속의 팽창계수를 이용하는 방식 : 팽창계수가 큰 금속의 외통과 팽창계수가 작은 금속의 내부 접점으로 구성되어 있으며, 화재시 외통의 변형으로 내부 접점이 형성되는 것으로 방폭형 감지기에 이용되고 있다.

2) 분포형

① 비재용형(非再用型) 감지기 : 감지선형 감지기

㉮ 감지기의 구조

㉠ 정온식의 분포형 감지기는 감지선형 감지기로 불리는 대표적인 비재용형(非再用型) 감지기로서 주위온도가 일정온도 이상일 경우 가용절연물(可溶絕緣物)이 용융되어 절연물 내부의 접점이 형성되는 방식이다. 내부선은 일반적으로 스프링에 사용하는 피아노선(Piano wire)으로 서로 꼬여 있으며 가용절연물로 피복한 다음 이를 다시 보호 테이프로 감은 후 난연성의 재료로 피복을 입힌 외관이 전선 형태이다.

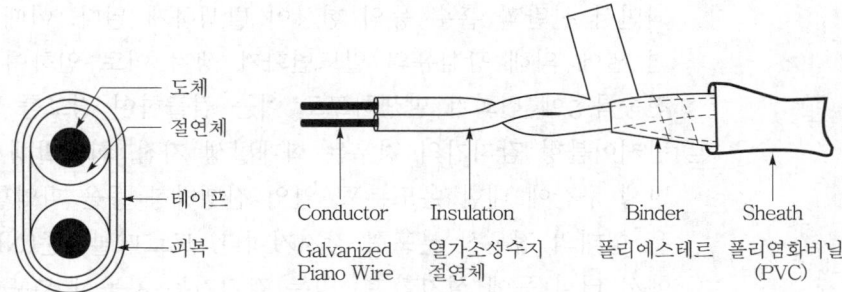

| 도체 | 절연체 | 테이프 | 피복 |

| Conductor | Insulation | Binder | Sheath |
| Galvanized Piano Wire | 열가소성수지 절연체 | 폴리에스테르 | 폴리염화비닐 (PVC) |

[그림 2-1-19] 감지선형 감지기(예)

㉡ 화재시 전선 주위가 공칭작동온도가 되면 가용절연물이 녹으면서 서로 꼬인 피아노선이 선간 단락(短絡)되어 접점이 형성되어 회로를 구성하는 것으로 감지선의 외형상 건축물 이외에 케이블 트레이, 지하구 등 다양한 장소에 적용할 수 있으며 또한 감지선을 연결할 경우 1실에 1개 이상의 접속단자(Splicing kit)를 이용하여 접속하며 이로 인하여 감지기 동작 후 감지선 교체 구간을 최소화할 수 있다.

 감지선형 감지기의 열감지

감지선형은 분포형이나 어느 지점에서 동작하여도 회로구성이 되므로 일국소의 열을 감지하게 된다.

㉯ 비재용형 감지선형 감지기의 특징

특 징	① 일반적으로 비재용형(재사용 불가)의 감지기이다. ② 분포형이나 일국소의 열효과를 감지하여 동작한다. ③ 감지기 형태가 전선 형태이므로 건축물 이외에 다양한 장소(지하구, 케이블 트레이, 옥외 시설물 등)에도 적용이 가능하다. ④ 환경조건이 불량한 장소(습기, 먼지, 부식, 폭발위험 등)에도 설치가 가능하다.

② 재용형 감지기 : 광케이블형 감지기

㉮ 감지기의 구조

㉠ 기존의 감지선형 감지기와 달리 난연성의 광케이블을 이용하는 감지기로서 광케이블은 광섬유에 아크릴 등으로 코팅된 구조로서 스테인리스 전선관(보통 10mm 이하)에 내장되어 있다. 광케이블형 중계기에서 레이저 펄스를 전송하면 광섬유에 입사되어 광섬유 내에서 반사되면서 산란과 흡수 등의 현상이 발생하게 된다. 이때 화재가 발생하면 열에 의해 광섬유의 밀도변화가 생겨 이로 인하여 레이저 펄스의 전송특성에 변화가 발생하므로 이를 검출하여 경보를 발하는 것이다.

㉡ 광케이블형 감지기의 경우는 화재발생 지점, 화재발생시의 온도, 화재발생 구간에 대한 온도분포, 열의 진행방향 등을 파악할 수 있는 새로운 형태의 정온식 분포형 감지기이다. 도로터널기준(NFTC 603 2.5.1)에서 터널 등에 설치할 수 있는 감지기는 차동식 분포형, 정온식 감지선형 감지기(Analog식에 한한다), 기타 중앙기술심의위원회의 심의를 거쳐 터널화재에 적응성이 있다고 인정된 감지기 중 하나이어야 하며, 광케이블용 감지기는 모두 Analog식의 정온식 감지선형 감지기이므로 이는 터널에 매우 적합한 감지기가 된다.

㉯ 재용형 감지기의 특징

특 징	① 일반적으로 재용형(재사용 가능) 감지기이다. ② 환경조건에 내구성이 강하며 일반 감지선형에 비해 비전도성으로 전자파의 장애를 받지 않는다. ③ 화재발생 지점이나 화재 진행방향의 파악이 가능하다. ④ 환경조건이 불량한 장소(습기, 먼지, 부식, 폭발위험 등)에도 적용이 가능하다. ⑤ 한 가닥의 광케이블을 사용하기 때문에 경량화, 소형화가 가능하다. ⑥ 장대(長大) 터널과 같은 넓은 지역에 대해서도 온도분포를 파악할 수 있어 터널화재 등에 매우 효과적이다.

(5) 정온식 감지기의 기준

1) 스포트형 감지기

① 공칭작동온도 : 제7조 3항 4호(2.4.3.4)

정온식 감지기는 주방·보일러실 등으로서 다량의 화기를 취급하는 장소에 설치하되, 공칭작동온도가 최고주위온도보다 20℃ 이상 높은 것으로 설치할 것

㉮ 개념 : 공칭작동온도란 정온식 감지기에서 감지기가 작동하는 작동점으로 [식 2-1-1]과 같다. 정온식의 공칭작동온도(아날로그식은 제외)는 60~150℃로 하되 60~80℃는 5℃ 간격으로, 80℃ 초과는 10℃ 간격으로 한다.[363] 따라서 설계자는 주방이나 보일러실 등과 같은 화기사용 장소에 정온식 감지기를 선정할 경우 설치장소의 최고주위온도를 감안하여 공칭작동온도를 결정하여야 한다.

$$공칭작동온도(℃) \geq 최고주위온도 + 20℃$$ .... [식 2-1-1]

NFPA 72에서는 온도를 구분하는 단계에 대해 다음의 7가지로 분류하고 있으며, 이에 따른 최고주위온도(Maximum ceiling temperature)는 다음과 같다.

[표 2-1-11] NFPA의 정온식 온도등급

온도등급 (Temperature classification)	온도범위(℃) (Temperature rating)	최고주위온도(℃) (Maximum ceiling Temperature)
① Low	38~56	28
② Ordinary	57~79	47
③ Intermediate	80~121	69
④ High	122~162	111
⑤ Extra high	163~204	152
⑥ Very extra high	205~259	194
⑦ Ultra high	260~302	249

 [표 2-1-11]의 출전(出典)

NFPA 72(2022 edition) Table 17.6.2.1 Temperature classification

㉯ 공칭작동온도 표시 : 형식승인 기준에서는 감지선형 감지기에는 외피에 다음의 구분에 의한 공칭작동온도의 색상을 표시하도록 하고 있다.

---

363) 감지기의 형식승인 및 제품검사의 기술기준 제16조

        ㉠ 80℃ 이하 : 백색

        ㉡ 80℃ 초과 120℃ 이하 : 청색

        ㉢ 120℃ 초과 : 적색

② 설치기준 : 제7조 3항 5호(표 2.4.3.5)

부착높이에 따라 설치하는 정온식 스포트형 감지기 1개의 기준은 다음 표와 같다.

[표 2-1-12] 정온식 스포트형의 배치기준　　　　　　　　(단위 : m^2)

부착높이 및 소방대상물 구분		정온식 스포트형		
		특 종	1종	2종
4m 미만	주요 구조부가 내화구조인 경우	70 이하	60 이하	20 이하
	주요 구조부가 비내화구조인 경우	40 이하	30 이하	15 이하
4m 이상~8m 미만	주요 구조부가 내화구조인 경우	35 이하	30 이하	–
	주요 구조부가 비내화구조인 경우	25 이하	15 이하	–

2) 분포형 감지기 : 제7조 3항 12호(2.4.3.12)

정온식 감지선형 감지기의 설치기준은 다음과 같다.

① 보조선이나 고정금구(金具)를 사용하여 감지선이 늘어지지 않도록 설치할 것

> 감지선형 감지기는 외관이 전선형태이므로 이를 설치하기 위하여 고정금구를 이용하거나 보조선을 이용하여 설치하게 된다. 보조선(補助線 ; 이를 Messenger wire라 한다)이란 내식성이 있는 스테인리스 재질의 선으로 천장에 이를 매단 후에 보조선에 감지선을 고정시켜 설치한다.

② 단자부와 마감 고정금구와의 설치간격은 10cm 이내로 설치할 것

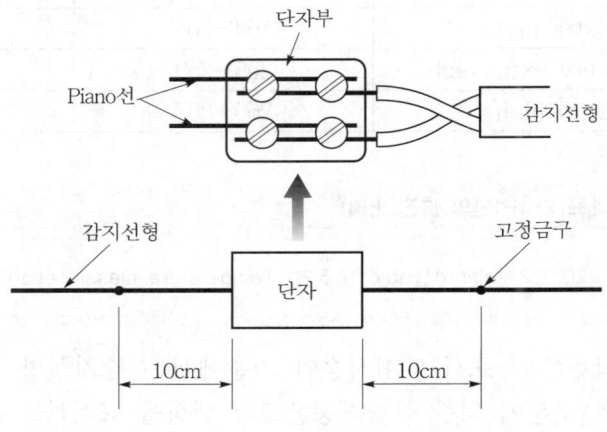

[그림 2-1-20] 단자와 고정금구

③ 감지선형 감지기의 굴곡반경은 5cm 이상으로 할 것

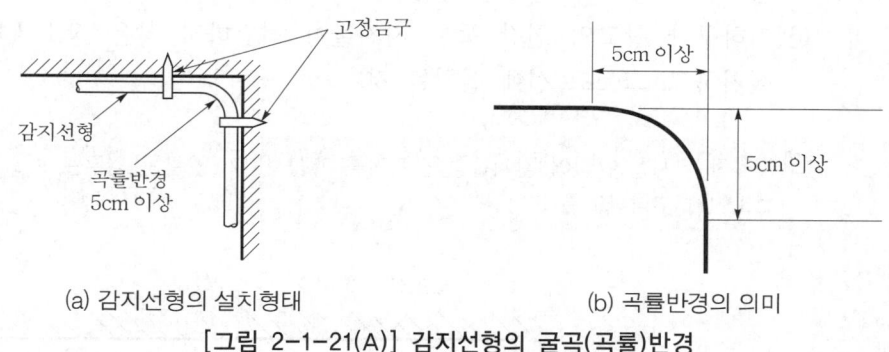

(a) 감지선형의 설치형태   (b) 곡률반경의 의미

[그림 2-1-21(A)] 감지선형의 굴곡(곡률)반경

> 화재안전기준에서는 굴곡반경이라고 표현하고 있지만 일반적으로 곡률반경이라고 칭한다.

④ 감지기와 감지구역의 각 부분과의 수평거리가 내화구조의 경우 1종 4.5m 이하, 2종 3m 이하로 할 것. 기타 구조의 경우 1종 3m 이하, 2종 1m 이하로 할 것

[표 2-1-13] 감지선형 감지기의 수평거리(R)

정온식 감지선형	내화구조	기타 구조
1종	수평거리 4.5m 이하	수평거리 3.0m 이하
2종	수평거리 3m 이하	수평거리 1m 이하

> 실내에 감지선형 감지기를 설치할 경우는 다음 그림과 같이 감지선의 각 부분에서 [표 2-1-13]의 수평거리를 만족하여야 한다.

[그림 2-1-21(B)] 감지선형 감지기의 수평거리

⑤ 케이블 트레이에 감지기를 설치하는 경우에는 케이블 트레이 받침대에 마감 금구를 사용하여 설치할 것

⑥ 지하구나 창고의 천장 등에 지지물이 적당하지 않은 장소에서는 보조선을 설치하고, 그 보조선에 설치할 것

> 지지하는 시설이 없어 감지선형 감지기를 고정시키기 곤란한 경우는 보조선을 설치하고 보조선에 부착하도록 한다.

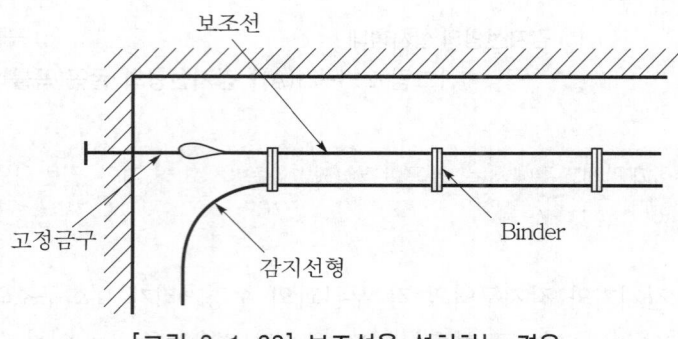

[그림 2-1-22] 보조선을 설치하는 경우

⑦ 분전반 내부에 설치하는 경우 접착제를 이용하여 돌기를 바닥에 고정시키고, 그 곳에 감지기를 설치할 것

⑧ 그 밖의 설치방법은 형식승인 내용에 따르며, 형식승인 사항이 아닌 것은 제조사의 시방(示方)에 따라 설치할 것

(6) 보상식 스포트형 감지기의 구조 및 기준

1) 구조

① 차동식의 단점은 심부화재와 같이 온도변화율이 완만한 경우에는 이를 감지하지 못하며 정온식의 단점은 공칭작동온도에 도달할 때까지는 시간이 지연되는, 즉 감도가 예민하지 않다는 것이다. 따라서 이러한 단점을 보완하기 위하여 차동식과 정온식의 기능을 가지는 소자를 모두 설치하여 두 가지 기능(차동기능＋정온기능) 중 어느 한쪽의 기능이 동작하는 환경조건이 조성될 경우 해당하는 기능이 먼저 동작되도록 제작된 감지기로서[364] 감도에 따라 1종 및 2종으로 구분한다. 즉 하나의 감지기 내에 차동식 요소와 정온식 요

---

364) 보상식 감지기는 과거 국내에서도 생산을 하였으나 현재 국내를 포함하여 일본의 경우에도 생산하고 있지 않다.

소가 복합되어 있는 OR 회로의 감지기이며 이때 정온 요소가 작동되는 온도를 정온점(定溫點)이라 한다.

② 정온점의 기준은 정온식 감지기의 공칭작동온도 기준과 같으며, 60℃에서 150℃까지의 범위로 하되, 60~80℃는 5℃ 간격으로, 80℃ 초과는 10℃ 간격으로 한다. 보상식 감지기의 경우도 차동식 요소와 정온식 요소를 가지고 있으나 보상식과 열복합형 감지기 간에는 다음 표와 같은 차이점이 있다.

감지기 종류	회로 구성	신호 송출
보상식 감지기	OR 회로	단(單)신호
열복합형 감지기	AND 회로	단(單)신호
	OR 회로	다(多)신호

2) 기준 : 제7조 3항 3호 & 5호(2.4.3.3 & 표 2.4.3.5)

① 부착높이에 따라 설치하는 보상식 스포트형 감지기 1개의 배치기준은 다음 표와 같으며, 설치기준은 차동식 스포트형의 기준과 같다.

[표 2-1-14] 보상식 스포트형의 배치기준 　　　　(단위 : m²)

부착높이 및 소방대상물 구분		보상식 스포트형	
		1종	2종
4m 미만	주요 구조부가 내화구조인 경우	90 이하	70 이하
	주요 구조부가 비내화구조인 경우	50 이하	40 이하
4m 이상~8m 미만	주요 구조부가 내화구조인 경우	45 이하	35 이하
	주요 구조부가 비내화구조인 경우	30 이하	25 이하

② 보상식 스포트형 감지기는 정온점이 감지기 주위의 평상시 최고온도보다 20℃ 이상 높은 것으로 설치할 것

2. 연기감지기의 구조 및 기준

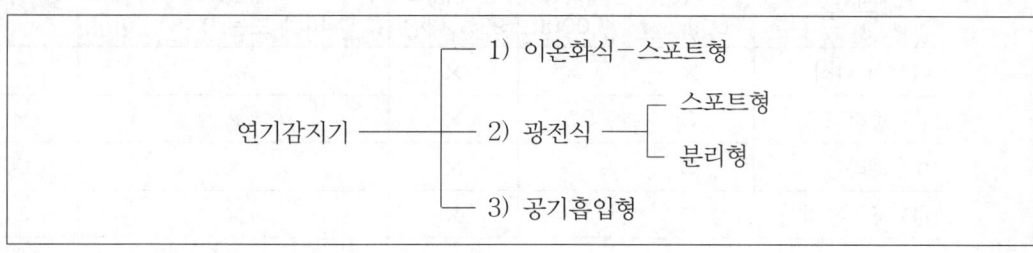

(1) 연감지기의 감도

1) 입자 크기와 감도

① 연기감지기는 주위의 공기가 일정한 농도의 연기를 포함할 경우 이를 검출하여 작동하는 것으로 이온화식, 광전식 스포트형 및 분리형, 공기흡입식으로 대별할 수 있다. Ion화식의 감도는 연기입자에 Ion이 흡착되는 것에 관계되므로 작은 연기입자($0.01 \sim 0.3 \mu m$)에 민감하며 따라서 입자가 작은 표면화재에 적응성이 높다.

② 반면에 광전식은 입자의 빛에 의한 산란을 이용하는 것이므로 산란이 되기 위해 광을 반사할 수 있는 정도의 크기를 가진 큰 연기입자($0.3 \sim 1 \mu m$)에 민감하며 따라서 입자가 큰 훈소화재에 적응성이 높다. 또한 광전식의 경우 송광부의 적외선 파장인 0.95를 전후하여 감도가 극대치를 이루고 이보다 적으면 감도가 급격하게 떨어진다.

③ 입자크기의 대소는 상대적인 개념으로서 작은 입자란 육안으로는 식별이 불가능한 크기인 $0.3 \mu m$ 이하의 비가시적(非可視的) 입자를 뜻하며, 큰 입자란 육안으로 식별이 가능한 크기인 $0.3 \mu m$ 이상의 가시적 입자를 뜻한다.

2) 연기색상과 감도 : 연기의 색상에 따라 빛이 흡수 또는 반사되는 정도가 다르므로 화재시 발생하는 연기의 색상도 감도와 관련이 있다. 즉, 광전식의 경우 검은색은 광을 흡수하고 흰색은 광을 반사하므로 회색이나 검은색계열의 연기보다는 흰색계열의 연기가 감도에 민감하다. 그러나 이온화식의 경우는 화재시 발생하는 연기의 색상은 감도와 관련이 없다.

3) 환경조건과 감도 : Ion화식, 광전식, 분리형, 공기흡입식의 4종류에 대하여 감도에 영향을 주는 환경조건을 검토하면 다음 표와 같다.

[표 2-1-15] 연감지기의 응답에 따른 환경조건

구 분	풍속 > 300ft/min	해발 > 3,000ft	상대습도 93% 이상	온도 (0℃ 이하 또는 37.8℃ 이상)	연기색상
① Ion화식	×	×	×	×	○
② 광전식	○	○	×	×	×
③ 분리형	○	○	×	×	○
④ 공기흡입식	○	○	×	×	○

㊟ 1. ×(성능 불량) : 응답에 영향이 있다.
   2. ○(성능 양호) : 응답에 영향이 없다.

[표 2-1-15]의 출전(出典)

NFPA 72(2022 edition) A.17.7.1.8(Environmental conditions that in fluence smoke detector response)

(2) 연기의 농도 : 연기감지기의 감지 농도를 위해 연기를 표시하는 방법은 크게 연기의 농도와 연기의 밀도개념이 있다. 연기의 농도란 연기가 공간에 얼마나 있느냐 하는 연기의 양 자체를 의미하는 것으로 이는 가시도(可視度 ; Visibility)와 관련이 있으며 유도등이나 비상조명등의 식별도나 연감지기의 작동농도와 관련이 있다. 연기의 농도를 표시하는 방법은 다음과 같이 분류할 수 있다.

1) 절대농도 : 이는 화재발생시 존재하는 연기의 양 그 자체를 가지고 판단하는 것으로 중량농도와 입자농도로 구분한다.

① **중량농도 :** 단위체적당 연기의 무게(mg/m³)로 표시한다.

② **입자농도 :** 단위체적당 연기입자의 개수(개/cm³)로 표시한다.

2) 상대농도 : 이는 화재발생시 존재하는 연기의 양으로 인하여 연기 속을 빛이 통과할 경우 연기 때문에 빛의 세기가 감쇠(減衰)하게 되므로 연기의 투과 정도를 광학적으로 표시한 것으로 보통 감광계수를 사용한다.

 감광계수(減光係數 ; Extingction coefficient)

감광계수의 감광은 빛이 감쇠된다는 감광(減光)이지 빛을 감지하는 감광(感光)이 아님을 유의하기 바람.

① **감광계수(C_S) :** 감광계수란 연기속에서의 빛의 투과량을 광학적 농도로 표시한 것으로, 연기농도(Smoke concentration)의 의미로 C_S로 표기하며 다음과 같이 정의한다.

$$C_S = \frac{1}{L}\ln\left(\frac{I_0}{I}\right)$$ ················ [식 2-1-2]

여기서, L : 연기층의 두께(path length of the smoke)(m)
　　　　I_0 : 연기가 없을 때의 빛의 강도(intensity)(lux)
　　　　I : 연기가 있을 때의 빛의 강도(intensity)(lux)

㉮ L이란 연기의 두께를 의미하며, 이는 결국 빛이 통과할 거리이므로 자동화재탐지설비에서는 화점과 연기감지기간의 거리를 의미한다.

㉯ I_0나 I가 빛의 세기임에도 광도(光度)의 단위인 (Cd)가 아닌 조도(照度)의 단위인 (lux)인 것은 이는 화점에서 발생되는 빛이 연기가 있을 경우와 없을 경우 연감지기에 도달하는 빛의 세기를 의미하므로 감지기 입장에서는 조도의 개념이 된다.

② 물리적 의미

㉮ 단위는 $1/L$이므로 단위는 (1/m)가 되며 이는 결국 (m^2/m^3)의 의미이다. 즉, 물리적인 의미는 단위체적당 연기로 인한 빛이 흡수된 단면적을 의미한다.

㉯ 따라서 C_S=0란 것은 감광(빛의 감쇠)이 없다는 것이므로 연기가 없는 투명한 것이며 연기가 많을수록 빛의 감쇠가 커지므로, 연기가 많아질수록 C_S는 증가한다.

㉰ 보통 스포트형 연감지기가 작동될 경우의 감광계수 C_S=0.1 정도이므로 이는 가시거리 20~30m[365)]가 되며 이로 인하여 일본에서 복도의 연감지기 거리기준을 30m마다 설치하도록 규정한 것으로 국내는 이를 준용한 것이다.

(3) 연기의 밀도(Smoke density) : 연기의 밀도란 연기가 공간에 일정한 농도만큼 있을 경우에도 그 연기의 색상이나 연기의 조밀상태에 따라 빛의 강도가 감소되거나 가시도가 떨어지게 되므로 이를 판단하는 것으로 연기의 밀도를 표시하는 방법은 다음과 같이 분류할 수 있다.

1) 암흑도(Light obscuration) : 화재시 발생하는 연기에 의해 빛이 차단되는 정도를 나타내며 분리형 연감지기의 경우는 암흑도에 따라 감지기의 응답감도가 결정된다.

$$O(\%) = \left(\frac{I_0 - I}{I_0}\right) \times 100 = \left(1 - \frac{I}{I_0}\right) \times 100 \qquad \text{················ [식 2-1-3]}$$

여기서, O : 암흑도(단위 %)
I_0 : 연기가 없을 때의 빛의 강도
I : 연기를 통과한 후의 빛의 강도

2) 광학밀도(Optical density) : 화재시 발생하는 연기에 의해 빛이 감쇠되는 정도를 자연대수 법칙에 따라 연기 속의 고체나 액체의 광학적인 밀도로 나타낸 것이다.

---

365) SFPE Handbook(3rd) p.2-47 Table 2-4.3

$$D = \log\left(\frac{I_0}{I}\right) = -\log\left(\frac{I}{I_0}\right)$$ ················· [식 2-1-4]

여기서, D : 광학밀도(단위 무차원)
   I_0 : 연기가 없을 때의 빛의 강도
   I : 연기가 있을 때의 빛의 강도

(4) 이온화식과 광전식 감지기의 비교

1) **연기의 감지능력** : 연기감지기는 연기입자의 크기 및 색상에 따라 감지능력이 다르며 이는 결국 화재의 성상과도 연관되어 이온화식은 입자가 작은 표면화재에 적응성이 높으며 광전식은 입자가 큰 훈소화재에 적응성이 높다.

이온화식	광전식
① 비가시적(非可視的) 입자인 작은 연기(0.01~0.3μm)입자에 민감하다.	① 가시적(非可視的) 입자인 큰 연기입자(0.3~1μm)에 민감하다.
② 표면화재에 유리하다(작은 입자).	② 훈소화재에 유리하다(큰 입자).
③ 연기의 색상은 무관하다.	③ 연기의 색상과 관련이 있다.
④ 경년변화와 무관하다.	④ 경년변화가 발생한다.

2) **비화재보** : 작은 입자에 민감한 이온화식의 경우는 [표 2-1-15]와 같이 환경조건에 매우 민감하게 영향을 받는다. 이에 비해 광전식의 경우는 분광특성이나 입력신호에 대한 증폭도 문제로 인하여 전자파에 의한 오동작의 우려가 있으므로 변전실 등에 설치하는 것은 바람직하지 않다.

이온화식	광전식
① 온도·습도·바람의 영향을 받는다. ② 전자파에 의한 영향이 없다.	① 분광(分光) 특성상 다른 파장의 빛에 의해 작동될 수 있다. ② 증폭도가 크기 때문에 전자파에 의한 오동작의 우려가 있다.

3) **적응성** : 작은 입자에 민감한 이온화식의 경우는 작은 입자의 연기가 발생하는 불꽃화재에 적합하며, 큰 입자에 민감한 광전식의 경우는 큰 입자의 연기가 발생하는 훈소화재에 적합하다.

이온화식	광전식
① B급화재 등 불꽃화재(작은 입자화재)에 적합하다.	① A급화재 등 훈소화재가 예상되는 장소에 적합하다.
② 환경이 깨끗한 장소에 유리하다.	② 엷은 회색의 연기에 유리하다.
③ 광전식보다 오동작 비율이 높다.	③ 이온화식보다 오동작 비율이 낮다.

chapter **2** 경보설비

(5) 연기감지기의 구조

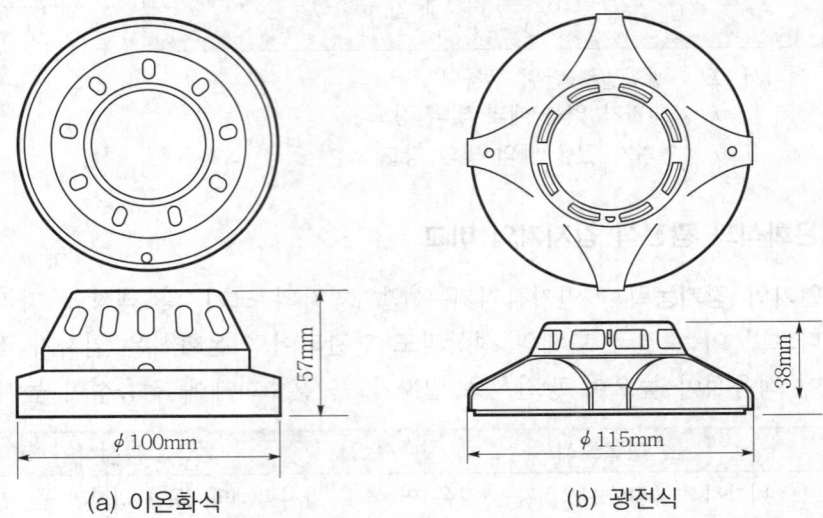

(a) 이온화식　　　　　　　　(b) 광전식

[그림 2-1-23] 스포트형 연기감지기(예)

1) 이온화식(Ionization type) 스포트형 감지기

① 감지기의 구조 : 공기를 이온화시키기 위해서는 고압이나 방사선을 이용하여
야 하나 이온화식 감지기에는 이온화 방법으로 방사선원으로 Am 241을 이
용한다. Am은 Americium이라는 원자번호 95번의 초우라늄(超Uranium)원
소로서 여러 종의 동위원소(同位元素)가 있으나 가장 대표적인 것이 Am
241로서 이온화 경향이 매우 큰 물질이다(현재 Am 241은 전량 수입에 의
존하고 있다). 감지기 구조는 내부 이온실과 외부 이온실로 구분하고 내부
이온실은 외부로부터 밀폐된 부분이며 외부 이온실은 연기가 유입되는 부분
으로 연기유입구가 설치되어 있다. 내부 및 외부 이온실에는 방사성 동위원
소인 Am 241이 미량 설치되어 있으며,[366] 평상시에는 내부 이온실과 외부
이온실은 전압이 평형을 이루고 있으며 Am 241에서 방사되는 α선에 의해
주변공기가 이온화 되어 이온전류가 흐르게 된다.

---

366) 제조사마다 Am 241의 방사선원 용량이 다르나 국내제품은 1.5μcurie를 주로 사용하며, 이는
원자력법의 규제를 받지 않는 수준 이하로 하기 위함이다.

② 동작 Mechanism

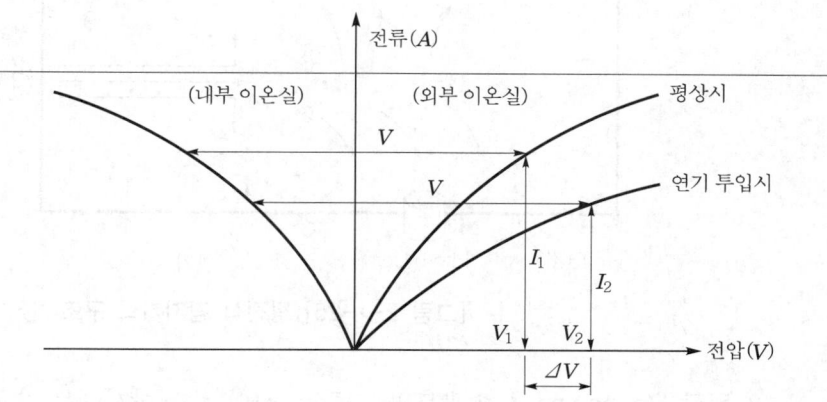

[그림 2-1-24] 이온화식 감지기의 동작 Mechanism

위와 같은 상황에서 평상시는 이온이 전하를 운반하므로 내부 및 외부 이온실에는 전류(감시전류는 보통 $50\mu A$ 이하)가 흐르는 것과 겉보기로는 동일하게 되나, 화재가 발생하여 외부 이온실에 연기가 유입하게 되면 이온이 연기입자에 흡착하게 되며 이로 인하여 저항이 증가하여 전류의 흐름을 방해하므로 전류가 I_1에서 I_2로 감소하게 된다. 그러나 내부 이온실과 외부 이온실 간의 전압 V는 수신기의 전압으로 언제나 일정하므로 내부 및 외부 이온실의 전압 분담비율이 변화하여 상대적으로 외부 이온실은 전압이 V_1에서 V_2로 상승하게 된다. 이때 외부 이온실에서 상승하는 전압인 $\Delta V(V_2 - V_1)$를 감도(感度)전압이라 하며 이를 증폭하여 이 값이 규정치 이상일 경우 감지기가 동작하게 된다. 동작비율은 연기입자 표면에 흡착하는 이온의 양이므로 입자의 표면적의 합계가 매우 중요한 척도가 되며 따라서 작은 연기입자에 대해 감도가 높게 된다.

2) 광전식(光電式 ; Photoelectric type) 스포트형 감지기

① 감지기의 구조 : 광전식의 경우는 적외선을 방사하는 송광부(送光部)와 이를 받는 수광부(受光部)로 구성되어 있다. 송광부는 적외선 LED(파장은 $0.95\mu m$)를 이용하며 송광부와 90° 방향에 있는 수광부는 Photo Diode를 사용한다. 수광부는 광에너지를 전기적 에너지로 변환시켜 주는 소자(素子)로서 광에너지의 변화에 따라 기전력이 발생하게 된다. 보통 2초에 1회 LED가 점등되어 광을 발사하며, 연기가 흡입되는 Chamber는 광이 반사되지 않도록 흑색의 암(暗)상자로 되어 있다.

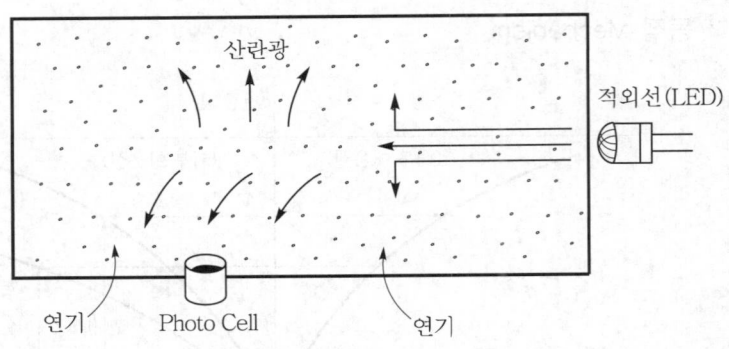

[그림 2-1-25] 광전식 감지기의 구조

② 동작 Mechanism : 송광부와 수광부 사이는 평상시에는 송광부의 빛이 직접 수광부에 전달되는 것을 방지하기 위해서 차폐판이 설치되어 있다. 그러나 화재시 연기가 유입되면 송광부에서 방사되는 적외선 파장이 연기와 부딪혀 난반사를 일으키게 되므로 수광부에서는 입사광량인 수광량이 증가하게 된다. 평상시는 난반사되는 빛이 없어 출력이 0Volt이나 연기가 유입되어 난반사가 되면 1mV정도의 전압상승이 발생하게 된다. 이로 인하여 수광부의 전류가 미약하게 증가하므로 출력전압을 증폭하여 이 값이 규정치 이상일 경우 감지기가 동작하게 되며 이때 수광부의 파장과 연기입자의 크기가 같을 때 감도가 최대를 이룬다. 이와 같이 빛이 난반사되어 산란되는 것을 이용하므로 광전식 감지기 동작을 산란광식(散亂光式 ; Light scattering type) 동작방식이라 한다. 광전식에서 연기입자의 크기와 입자를 검출하는 적외선 파장과의 관계는 다음과 같다.

㉮ 입자의 크기≒파장의 크기 : 감도가 최대

㉯ 입자의 크기>파장의 크기 : 파장을 흡수

㉰ 입자의 크기<파장의 크기 : 파장이 통과

3) 광전식 분리형(Projected beam type) 감지기

① 감지기의 구조 : 광전식 분리형은 일종의 분포형으로서 송광부와 수광부를 별도로 분리하여 설치하는 연기감지기이다. 구조는 송광부, 수광부, 수광제어부로 구성되어 있으며 송광부의 발광소자에서는 발광 LED를 이용하여 적외선 펄스를 보내며 이를 수광부에서 수광하고 있는 구조로 송광부와 수광부와의 거리(공칭 감시거리)는 최대 100m이다. 분리형 연감지기는 설치위치가 높은 관계로 스포트형 감지기로 화재발생을 감지하기 곤란한 장소나 대공간 등 개방된 장소에 매우 적합한 감지기이다.

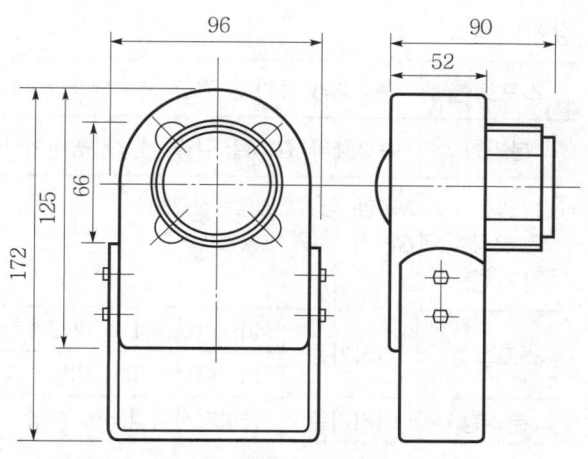

[그림 2-1-26] 분리형 감지기의 외관도(예)

② 동작 Mechanism : 동작은 화재시 광축(송광부와 수광부의 축) 사이로 연기가 유입되면 수광량이 감소하므로 이를 검출하는 방식이다. 즉, 연기가 위로 상승하여 광축의 경로상에 유입하게 되면 적외선의 수광량이 감소하게 되며 이로 인하여 신호의 강도가 약해져서 적외선이 수광되지 않는 상황인 암흑도(暗黑度 ; Obscuration)가 사전에 설정된 조건 이상으로 일정시간(보통 5~10초) 유지되면 이를 화재로 인식하여 신호를 출력하게 된다. 이와 같이 수광량이 감소되는 것을 검출하는 방식을 감광식(減光式 ; Light obscuration type) 동작방식이라고 한다. 화재발생시에는 열기가 수직상승하여 천장에 모이게 되므로 연기가 열기층으로 진입하지 못하는 현상이 발생하는 연기의 단층(斷層 ; Stratification)이 형성하게 된다. 이를 감안하여 분리형 연감지기는 천장 아래 일정거리를 두고(30~60cm정도) 설치하여야 하며 아울러 송광부와 수광부는 광축이 일직선이 되도록 설치하여야 하며 최초 설치시 송광부와 수광부의 광축이 일치하지 않으면 감지기가 감시신호를 송출하지 아니한다.

③ 분리형 연감지기의 특징 : 국소적인 연기의 체류나 일시적인 연기의 통과에는 동작하지 않으므로 비화재보의 방지기능이 매우 높으며 대공간(경기장·회의장·Atrium·공동구·격납고) 등에 매우 이상적인 감지기이다. 스포트형과 분리형 연감지기에 대한 비교는 다음과 같다.

㉮ 구조

스포트형	송광부와 수광부가 통합되어 있다.
분리형	송광부와 수광부가 분리되어 있다.

ⓝ 감지방식

스포트형	수광량의 증가를 검출하는 산란광식이다.
분리형	수광량의 감소를 검출하는 감광식이다.

☞ 1. 광전식 스포트형, 공기흡입형＝산란광식
   2. 분리형 연감지기＝감광식(減光式)

ⓓ 설치기준

스포트형	면적기준	4m 미만 : 1종 및 2종＝1개/150m², 3종＝1개/50m²
		4m 이상~20m 미만 : 1종 및 2종＝1개/75m²
분리형	거리기준	공칭감시거리 5m 이상~100m 이하

ⓡ 설치장소

스포트형	계단, 경사로, 피트, 덕트, 승강기 기계실 등과 같은 수직부분 및 복도 등으로 연기의 유통로 부분에 설치한다.
분리형	넓은 공간의 홀, 강당, 체육관 등과 같은 대공간에 설치한다.

ⓜ 신뢰도

스포트형	오동작의 빈도가 높으며 비화재보의 우려가 많아 신뢰도가 낮다.
분리형	오동작의 빈도가 낮으며 비화재보의 우려가 없어 신뢰도가 높다.

4) 공기흡입형 감지기(Air sampling detector)

① 감지기의 구조

ⓐ 감지기 외관은 붉은색의 난연성 ABS 배관으로 관경 20~25mm에 구경 2~2.5mm의 Sampling hole을 설치하고 주변의 공기를 마이크로프로세서로 조절되는 공기흡입펌프(Aspirator라 한다)를 이용하여 흡입하고 흡인된 공기 속에 포함된 연기입자를 Laser beam(VESDA 제품은 파장 $0.786\mu m$)을 이용하여 산란광식방식으로 검출한다. 파이프의 구성 및 Sampling hole의 규격은 제조사의 프로그램에 의하며 경보기준, 감지 농도 설정 등은 수신기에서 프로그램으로 조정할 수 있다. 최초로 개발할 당시 호주에서의 상품명에 따라서 일명 VESDA(Very Early Smoke Detecting Apparatus) 감지기라고도 칭한다.

㉴ [그림 2-1-27(A)]는 전용 수신기의 표시제어부(Display module)에 나타 나는 것으로 1단계인 초기 화재시(Incipient stage)에 공기흡입식 감지기 는 이를 감지할 수 있으며 일반연감지기는 2단계인 연기가 눈에 보이는 단계(Visible smoke) 이후에 감지가 가능하다.

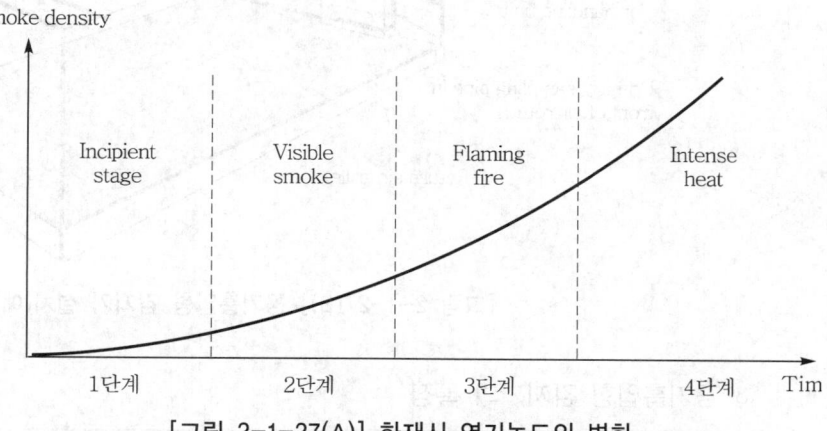

[그림 2-1-27(A)] 화재시 연기농도의 변화

② 동작 Mechanism

㉮ 평상시 공기흡입펌프를 이용하여 배관의 Sampling hole에서 Hole 주변 의 표본공기를 계속하여 흡입한다. 연소가 진행되면 초기 단계에 열분해 로 인한 초미립자(超微粒子 ; Submicrometer particle)가 대량으로 발생 하며, 초미립자를 포함한 흡입된 주변의 표본공기는 이중 필터를 통과하 면서 먼지와 분진은 제거되고 연기성분의 초미립자만 통과된다. 필터의 규 격은 제조사에 따라 다르나 $10\mu m$ 까지는 먼지로 간주하며, 보통 $0.3\mu m$까지 는 먼지로 인식하여 제거하게 된다.

㉯ 필터를 통과한 표본공기는 감지 Chamber(검출부)에서 연기농도를 산란광 식과 동일한 방법으로 분석하여 밀도가 설정치 이상이 되면 이를 검출하여 화재신호를 발신하는 방법이다. 이와 같이 점화 직후 불꽃이나 연기 등이 발생하기 전 단계인 화재 초기의 경우에도 인간이 감각적으로는 느낄 수 없는 초미립자가 발생하고 있으며 이러한 단계에서 초미립자를 검출하여 조기에 경보를 송출하므로 관계인이 화재 초기에 신속하게 대응할 수 있다.

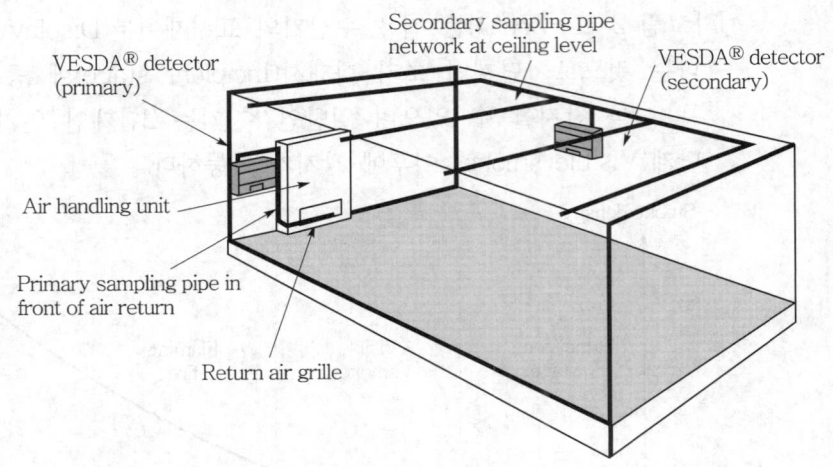

[그림 2-1-27(B)] 공기흡입형 감지기 설치(예)

③ 공기흡입형 감지기의 특징

특 징	① 일반 연기감지기에 비해 조기 감지의 능력이 탁월하다. ② 화재의 발생 초기단계에서 감지가 가능하며, 화열 이외에 연기 피해도 방지할 수 있다. ③ 풍속, 분진, 습기, 온도 등 환경적 요인에 의한 오동작의 우려가 적다. ④ 기류의 강제 유동으로 인해 일반 연기감지기로 검출이 불가능한 장소에서도 감지가 가능하다.

④ 적용이 가능한 장소

㉮ 고가의 시설물이나 영구보존할 자료가 있는 장소

　예 박물관, 미술관, 문서보관소, 도서관 등

㉯ 인명안전을 위하여 조기에 피난을 해야 하는 장소

　예 병원, 장애인시설, 노인복지시설 등

㉰ 화재를 조기에 발견하여야 하는 중요 보안시설

　예 전화국의 통신기계실, 중앙전산센터, 방송국, 원자력발전소 등

㉱ 층고가 높거나 개방된 지역이나, 빠른 환기로 인하여 연기가 축적되지 아니하여 감지가 어려운 장소

　예 클린룸, 의약품제조소, 비행기격납고 등

(6) 연기감지기의 기준

1) 연감지기 설치장소

① 기준 : 제7조 2항(7.4.2)

다음의 장소에는 연감지기를 설치해야 한다. 다만 교차회로 방식에 따른 감지기가 설치된 장소 또는 NFTC 2.4.1 단서에 따른 감지기가 설치된 장소에는 그렇지 않다.

㉮ 계단·경사로 및 에스컬레이터 경사로

㉯ 복도(30m 미만의 것을 제외한다)

㉰ 엘리베이터 승강로(권상기실이 있는 경우에는 권상기실)·린넨 슈트·파이프 피트 및 덕트 기타 이와 유사한 장소

㉱ 천장 또는 반자의 높이가 15m 이상 20m 미만의 장소

㉲ 다음의 어느 하나에 해당하는 특정소방대상물의 취침·숙박·입원 등 이와 유사한 용도로 사용되는 거실

㉠ 공동주택·오피스텔·숙박시설·노유자시설·수련시설

㉡ 교육연구시설 중 합숙소

㉢ 의료시설, 근린생활시설 중 입원실이 있는 의원·조산원

㉣ 교정 및 군사시설

㉤ 근린생활시설 중 고시원

② 해설

㉮ 교차회로 방식에 따라 감지기가 설치된 장소란 예를 들어 준비작동식 스프링클러설비의 기동용 감지기로 복도에 감지기 A, B를 설치할 경우에는 위 조항을 적용하지 아니하여도 무방하다는 의미이다.

㉯ NFTC 2.4.1 단서에 따른 감지기란 다음에 예시한 감지기로서 이는 신뢰도가 높으며 오동작의 우려가 낮은 관계로 다음의 감지기가 설치된 장소에는 연감지기의 설치조항을 적용하지 아니하여도 무방하다는 의미이다.

NFTC 2.4.1 단서규정에 따른 감지기	
① 불꽃감지기	② 정온식 감지선형 감지기
③ 분포형 감지기	④ 복합형 감지기
⑤ 광전식 분리형 감지기	⑥ 아날로그방식의 감지기
⑦ 다신호방식의 감지기	⑧ 축적방식의 감지기

2) 연감지기 설치기준

① 스포트형 감지기 : 제7조 3항 10호(2.4.3.10)

㉮ 부착높이 기준 : 부착높이에 따라 다음 표에 따른 바닥면적마다 1개 이상으로 배치할 것

[표 2-1-16] 바닥면적별 연기감지기 배치기준 : NFTC 표 2.4.3.10.1

부착높이	연기감지기	
	1종·2종	3종
4m 미만	150m²마다	50m²마다
4m 이상~20m 미만	75m²마다	−

→ 위 조항의 경우는 스포트형 연기감지기에만 적용하는 것으로 분포형인 광전식 분리형 연감지기는 해당하지 않는다. 일본의 경우는 소방법 시행규칙 제23조 4항 7호에서 이를 명확히 규정하고 있으나 국내는 이에 대한 명확한 근거가 누락된 상태이다.

㈏ 복도 및 계단의 설치기준 : 다음 표에 의한 기준마다 1개 이상 설치할 것

[표 2-1-17] 복도 및 계단의 연감지기 설치기준

부착높이	연기감지기	
	1종·2종	3종
복도 및 통로	보행거리 30m마다	보행거리 20m마다
계단 및 경사로	수직거리 15m마다	수직거리 10m마다

→ 연감지기의 경우 복도에는 보행거리 30m마다(1종, 2종의 경우) 1개 이상을 설치하라는 의미는 최소한 30m 간격마다 해당 지점에 연감지기를 1개 배치하라는 의미이다. 예를 들면 복도길이가 50m일 경우 중간 지점에 연감지기(1종)를 설치한다면 좌측과 우측 모두 25m 이내이므로 보행거리 30m 마다 설치한 것으로 적용하여서는 아니 된다. 즉, 연감지기나 통로유도등에 있어서 "보행거리 ~마다"의 경우는 수평거리 개념이 아니라 해당하는 구간마다 연감지기를 1개씩 배치하는 것으로 복도길이가 30m를 초과할 경우는 2개를 설치하라는 의미이다.

㈐ 천장 또는 반자가 낮은 실내 또는 좁은 실내에 있어서는 출입구의 가까운 부분에 설치할 것

→ 천장이 낮거나 좁은 실내는 출입구쪽이 연기의 체류가 적으므로 비화재보를 방지하기 위해서는 출입구쪽에 설치하도록 한다. 이 경우 천장이나 반자가 낮은 실내란 일본의 경우 천장높이가 2.3m 이하를 뜻하며, 좁은 실내란 바닥면적 약 40m² 미만의 장소를 뜻한다. 화재안전기준에서도 해당 수치를 참고로 하여 제7조 1항 본문(2.4.1)과 같이 오동작의 우려가 있는 장소에 이를 적용하고 있다.

㈑ 천장 또는 반자 부근에 배기구가 있는 경우에는 그 부근에 설치할 것

> 배기구에서는 연기가 배출되므로 근처에 설치하여야 하나 급기구에서는 1.5m 이상 이격하여 설치하여야 한다.

㉺ 감지기는 벽 또는 보로부터 0.6m 이상 떨어진 곳에 설치할 것

> 벽과의 이격거리 60cm 기준은 차동식 감지기는 적용하지 않으나, 연기감지기의 경우는 벽이나 보의 경우는 연기의 흐름을 방해하므로 일정한 거리를 이격하여 연기의 유통이 원활한 위치에 설치하기 위하여 규정한 것이다.

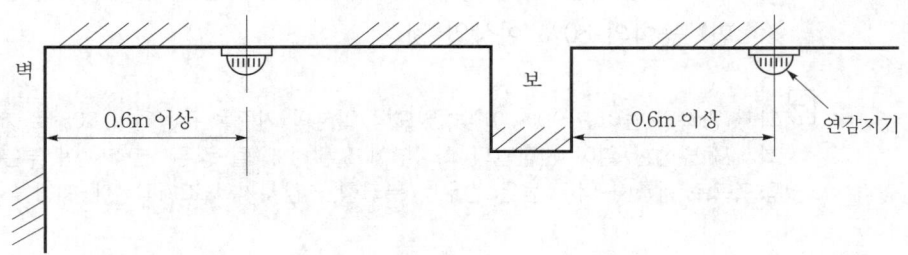

[그림 2-1-28] 연기감지기의 이격거리

② 분리형 감지기 : 제7조 3항 15호(2.4.3.15)

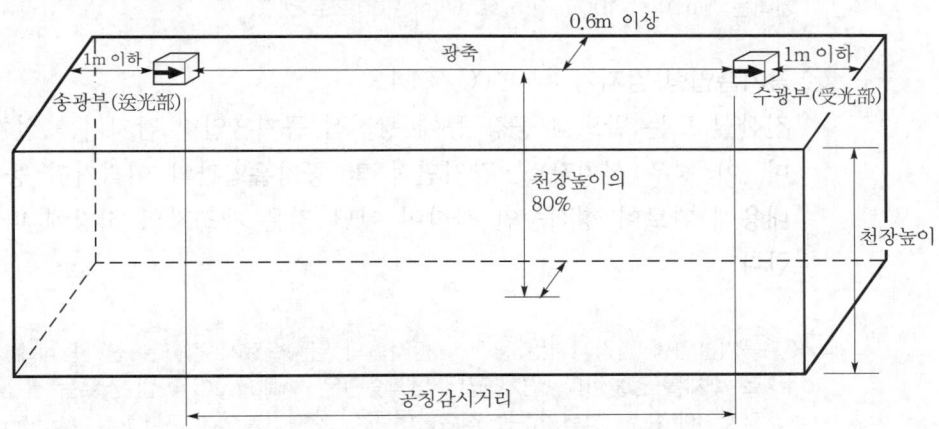

[그림 2-1-29] 광전식 분리형 감지기 설치기준

㉠ 감지기의 수광면은 햇빛을 직접 받지 않도록 설치할 것
㉡ 광축(光軸 ; 송광면과 수광면의 중심을 연결한 선)은 나란한 벽으로부터 0.6m 이상 이격하여 설치할 것

➡ 벽으로부터 광축의 이격거리만 규제하고 있으며 가장 중요한 광축과 광축 사이의 간격, 즉 분리형 연감지기의 배치기준을 국내에는 규정하고 있지 않으므로 이는 제조사의 사양을 따라야 한다. 그러나 일본의 경우는 0.6m 이상 7m 이내로서 이는 곧 하나의 광축으로부터 각 부분까지의 수평거리를 의미하며 따라서 일본의 경우 하나의 광축으로부터 7m 이내이므로 광축에서 광축까지의 간격은 14m가 된다.

　㉰ 감지기의 송광부와 수광부는 설치된 뒷벽으로부터 1m 이내 위치에 설치할 것

　㉱ 광축의 높이는 천장 등(천장의 실내에 면한 부분 또는 상층의 바닥 하부면) 높이의 80% 이상일 것

➡ 과거 광축의 높이는 90% 이상이었으나 일본의 기준을 준용하여 80%로 개정하였다.[367] 화재시 발생한 열이 천장면의 최상부에 도달하게 될 경우 연기가 이 부분을 침투할 수 없으므로 광축이 너무 높은 경우는 분리형 연감지기의 조기작동에 지장을 주게 된다.

　㉲ 감지기의 광축의 길이는 공칭감시거리 범위 이내일 것

➡ 감지기에 관한 형식승인 기준[368]에 의하면 분리형 연감지기의 유효감지거리인 공칭감시거리는 5m 이상 100m 이하로서 5m 간격으로 한다.

③ 공기흡입형 감지기 : NFTC 2.4.4.2

　전산실 또는 반도체 공장 등에 광전식 공기흡입형 감지기를 설치할 수 있으며, 이 경우 설치장소·감지면적 및 공기흡입관의 이격거리 등은 형식승인 내용에 따르며 형식승인 사항이 아닌 것은 제조자의 시방에 따라 설치해야 한다.

➡ ① 공기흡입형 연감지기는 광전식 감지기의 일종으로서 검출은 산란광식에 의한 방식으로 화재를 검출한다. 현재 국내 형식승인은 Analog식이 아닌 경우는 광전식 스포트형 감지기에 준한 시험기준을 적용하여 1종, 2종, 3종으로 구분하며, Analog식인 경우는 Analog식 광전식 감지기의 공칭감지농도 범위를 적용한다.
② 보통 공기흡입형 감지기는 Analog식 광전식 감지기로 형식승인을 받고 있으며, 감지기에 대한 세부 설치기준은 제조사의 사양에 따르도록 한다.

---

367) 일본소방법 시행규칙 제23조 4항 7의 3호 : 감지기의 광축높이가 천장높이의 80% 이상이 되도록 설치할 것(感知器の光軸の高さが天井等の高さの80%以上となるように設けること).
368) 감지기의 형식승인 및 제품검사의 기술기준 제19조

3. 불꽃감지기의 구조 및 기준

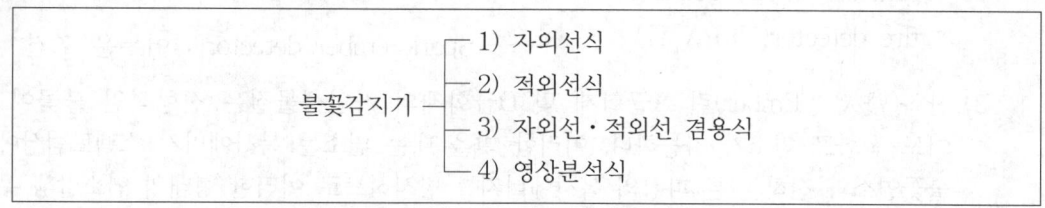

불꽃감지기 ─┬─ 1) 자외선식
            ├─ 2) 적외선식
            ├─ 3) 자외선·적외선 겸용식
            └─ 4) 영상분석식

(1) 개념

1) 화재시 화염(火炎 ; Flame), 전기불꽃(Spark), 잔화(殘火 ; Ember)로부터의 복사에너지는 스펙트럼상에서 자외선, 가시광선, 적외선의 다양한 방출물로 나타나게 된다. 불꽃감지기의 원리는 다양한 파장의 방사에너지 중에서 화재시 포함하고 있는 특정파장의 자외선이나 적외선을 검출하여 이를 전기에너지로 변환하는 것으로 이는 물질이 빛을 흡수하면 광전자를 방출하여 기전력이 발생하는 현상인 광전효과(光電效果 ; Photoelectric effect)를 이용한 것이다.

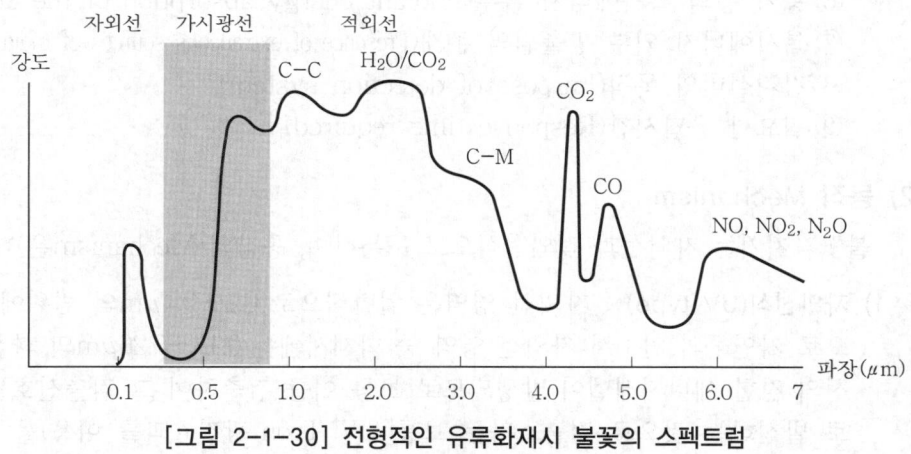

[그림 2-1-30] 전형적인 유류화재시 불꽃의 스펙트럼

2) NFPA에서는 불꽃감지기를 단독으로 분류하지 않고 불꽃이나 Spark 등 모든 복사(輻射)에너지를 감지할 수 있는 "복사에너지 감지기(Radiant energy sensing fire detector)"로 총칭하며 이를 다시 불꽃감지기(Flame detector)와 스파크-잔화 감지기(Spark-ember detector)로 구분한다.[369] 이 경우 불꽃감지기는 햇빛이나 조명이 있는 밝은 조건에서 작동되도록 설계된 감지기이며 스파크-잔화 감지기는 Spark나 잔화를 감지하도록 어두운 조건에서 작동되도록 설계된 감지기이다. 스파크-잔화 감지기는 연료의 이송 등을 감시하도록 덕트나 컨베이어에 장착하여 사용하는 것으로 밀폐되어 설치한다.

---

369) NFPA 72(2022 edition) 17.8 Radiant energy sensing fire detectors(복사에너지 감지기)

Radiant energy sensing fire detector(NFPA 17)
- Flame detector : 밝은 조건
- Spark-ember detector : 어두운 조건

3) 잔화(殘火 ; Ember)란 A급화재 및 D급화재의 가연성물질은 전형적인 불꽃이 없어도 잔화로 연소가 가능하다. 이러한 빛을 내는 연소는 복사에너지 스펙트럼상에서 불꽃연소와 전혀 다른 파장의 복사에너지를 방사하므로 이러한 형태의 연소발생 우려가 있는 장소에서는 일반 불꽃감지기가 아닌 특수 설계된 감지기를 사용하여야 한다. 불꽃감지기의 경우 설치기준은 제조사의 사양을 우선으로 하되 NFPA에서는 불꽃감지기의 위치와 간격은 다음 사항을 고려한 공학적 평가에 따라 적용하도록 한다.[370]

① 감지할 화재의 규모(Size of the fire that is to be detected)
② 관련된 연료(Fuel involved)
③ 감지기의 감도(Sensitivity of the detector)
④ 감지기의 시야각(視野角)(Field of view of the detector)
⑤ 감지기의 감시거리(Distance between the fire and the detector)
⑥ 공기 중의 복사에너지 흡수(Radiant energy absorption of the atmosphere)
⑦ 복사에너지 외부 방출원의 존재(Presence of extraneous sources of radiant emissions)
⑧ 감지설비의 목적(Purpose of detection system)
⑨ 필요한 응답시간(Response time required)

(2) 동작 Mechanism

불꽃감지기는 자외선과 적외선식으로 구분하며, 동작의 Mechanism은 다음과 같다.

1) **자외선식(UV type)** : 자외선 영역은 일반적으로 $0.1 \sim 0.4 \mu$m의 범위에 있는 파장으로 가연물의 연소시 자외선 영역 중 화재시에는 $0.18 \sim 0.26 \mu$m의 파장에서 자외선의 강한 에너지레벨이 발생되므로 보통 이를 검출하여 그 검출신호를 화재신호로 발신하는 것으로 검출소자는 보통 UV Tron(광전효과를 이용)을 사용한다.

2) **적외선식(IR type)** : 적외선 영역은 일반적으로 $0.78 \sim 220 \mu$m의 범위에 있는 파장으로 불꽃연소에 관련된 물질은 탄소연료를 위주로 하며, 이 경우 적외선 영역 중 화재시에는 대략 4.35μm$(4.3 \sim 4.4 \mu$m)에서 적외선의 강한 에너지레벨이 발생한다. 이는 탄소가 함유된 탄화수소 물질의 화재시에 발생하는 CO_2가 열을 받아서 생기는 특유의 파장 중 4.35μm의 파장에서 많은 양의 적외선을 방출하기 때문에 최대에너지강도를 갖는 것으로 이러한 현상을 CO_2 "공명 방사(共鳴 放射 ; Resonance radiation)"라 하며, 이 파장을 검출할 경우 화재로 인식하는 것으로 따라서 적외선 감지기는 이 파장을 검출하여 화재신호로 발신하는 것이다.

---

370) NFPA 72(2022 edition) 17.8.3.2 Spacing consideration for flame detectors(불꽃감지 간격에 대한 고려사항)

3) **영상분석식** : CCTV를 설치하고 화재시 발생하는 불꽃의 실시간 영상 이미지를 자동분석하여 화재 여부를 판단하고 화재신호를 발신하는 지능형 화재감시카메라가 부설된 시스템으로 일종의 불꽃감시카메라 장비이다. 본 제품은 카메라 형태의 감지기가 불꽃을 포함한 화재시의 장면을 영상분석(Image processing)하고 이에 따라 화재통보를 하여 방재실에 통보하거나 소화설비를 연동하여 작동시키게 된다. 본 품목은 2017. 12. 6. 감지기 형식승인 기준을 개정하여 불꽃감지기의 한 종류로 분류되었다.

(3) 불꽃감지기의 장·단점

장 점	① 부착높이에 제한이 없어 모든 높이에 대해 설치가 가능하다. ② 천장 이외 모서리나 벽 등에 설치할 수 있으며, 감지기의 설치위치에 제한이 없다. ③ 열감지기나 연기감지기에 비해 감지면적이 넓어 감지기의 설치수량을 대폭 줄일 수 있다. ④ 열발생, 분진, 바람, 부식성 가스 등 환경적 요인에 장애를 받지 않는다.
단 점	① 훈소화재와 같이 불꽃이 보이지 않는 화재에는 적응성이 낮다. ② 연기가 발생하는 화재 초기에는 감지대상이 아니며, 불꽃이 발생하는 단계에서부터 감지가 가능하다. ③ 기둥이나 보 등에 의해 시야가 확보되지 못하는 지역은 감지할 수 없다. ④ 가격이 다른 감지기에 비해 매우 고가이다.

(4) 설치기준

1) **설치 적응장소**

① 감지기 부착면의 높이가 20m 이상인 장소(NFTC 표 2.4.1)

② 지하층, 무창층으로 환기가 잘 되지 아니하거나 실내면적이 40m² 미만인 장소(NFTC 2.4.1)

③ 반자높이 2.3m 이하인 곳으로서 오동작의 우려가 있는 장소(NFTC 2.4.1)

④ 화학 공장·격납고·제련소(製鍊所) 등(NFTC 2.4.4.1)

2) **설치방법** : 제7조 3항 13호(2.4.3.13)

① 기준

㉮ 공칭감시거리 및 공칭시야각은 형식승인 내용에 따를 것

㉯ 감지기는 공칭감시거리와 공칭시야각을 기준으로 감시구역이 모두 포용될 수 있도록 설치할 것

② 해설

㉮ 공칭감시거리와 공칭시야각 : 공칭감시거리(Detection range)란 불꽃감지기가 감시할 수 있는 최대거리이며 감지기에서 감시하는 영역인 감시공간까지의 직선거리가 되며, 공칭시야각(視野角 ; Field of view)이란 불꽃감지기가 감지할 수 있는 원추형의 감시각도를 말한다. 「감지기의 형식

승인 및 제품검사의 기술기준」에 의하면 2015. 3. 19. 공칭감시거리를 유효감지거리로 개정하였기에[371] 화재안전기준(NFPC 및 NFTC)도 개정되어야 한다. 형식승인 기준에 따르면, 불꽃감지기의 유효감지거리는 20m 미만의 경우는 1m 간격으로, 20m 이상의 경우는 5m 간격으로 분할하고 시야각은 5° 간격으로 규정하고 있다. 또한 도로형의 경우는 최대시야각이 180° 이상이어야 한다. 불꽃감지기에는 옥내형과 옥외형 또는 도로형이 있는데 감도시험에 있어 옥내형과 옥외형 또는 도로형의 유효감지거리 값이 각기 다르므로 옥외형을 옥내에 설치하여서는 아니 된다.[372]

㉯ 감시공간

㉠ 일본의 경우 "감시공간"의 정의는 벽으로 구획된 장소에서, 당해 구역의 바닥면으로부터 높이 1.2m까지의 공간으로, 감시거리란 감시공간의 각 부분으로부터 감지기까지의 거리를 말한다. 감시범위란 결국 감지기 1개가 감시할 수 있는 범위로서 외국의 경우는 감시거리 및 시야각의 경우 연료에 따라 이를 달리 적용하고 있으나 국내의 경우는 연료에 불문하고 단일거리로 규정하고 있다.

㉡ 국내에는 감시공간에 대한 규정이 없으나 일본의 경우는 감시공간 내에 1.2m 이하의 장애물이 있는 경우는 이를 장애로 간주하지 않으며, 감시공간 내에 1.2m를 초과하는 기둥이 있거나 또는 감시공간 외부 등이 있는 경우는 이를 미감시공간으로 간주하여 별도의 불꽃감지에 선반기를 추가로 설치하여야 한다. 국내의 경우에도 불꽃감지기 제조업체의 모든 시방은 이와 같이 되어 있으며 실제 불꽃감지기 설치시 감시공간에 대한 개념을 적용하여 설치를 하고 있다.

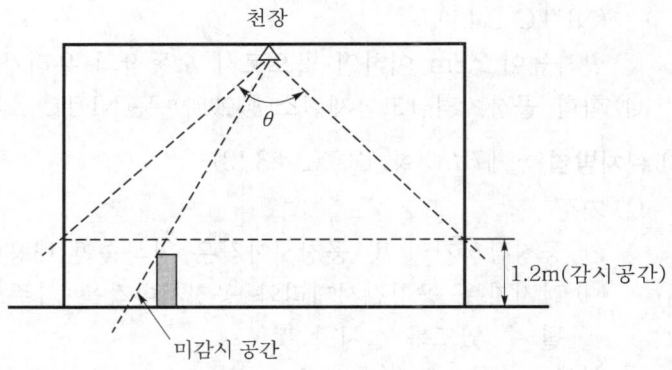

1.2m 이하이므로 감지장애로 간주하지 않아 추가 감지기 불필요

(a) 불꽃감지기 1개만 필요한 경우

---

371) 감지기의 형식승인 및 제품검사의 기술기준 제19조의 2 제1항
372) 소방청 질의회신 : 소방정책과-3378호(2005. 7. 29.)

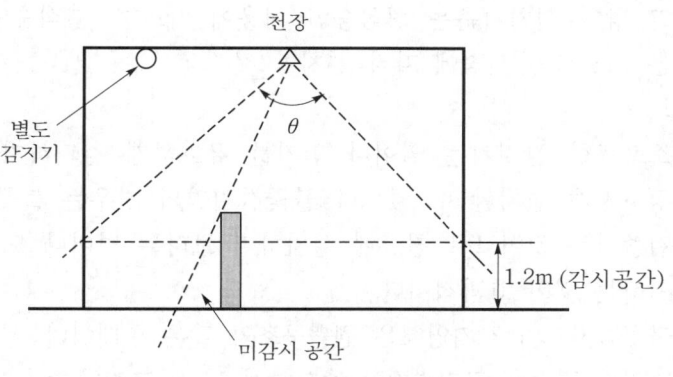

1.2m 초과하므로 감지장래로 간주하여 추가 감지기 필요

(b) 불꽃감지기 2개가 필요한 경우

[그림 2-1-31] 불꽃감지기와 감시공간과의 관계(일본의 예)

ⓒ 공칭시야각은 최소 수평 및 수직 90° 이상인 불꽃감지기로 선정하여야 감시구역을 유효하게 감시할 수 있다.

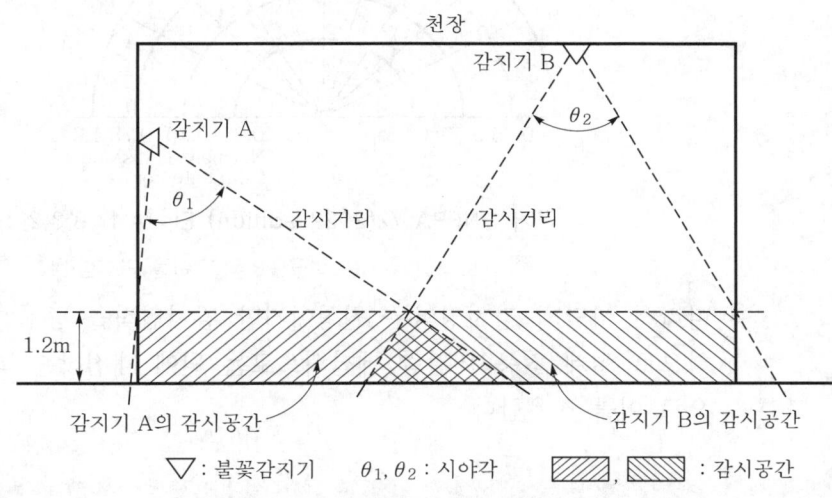

$\bigtriangledown$: 불꽃감지기 θ_1, θ_2 : 시야각   ▨ , ▨ : 감시공간

[그림 2-1-32] 불꽃감지기 설치

3) 설치위치 : 제7조 3항 13호(2.4.3.13)

① 기준

㉮ 감지기는 화재감지를 유효하게 감지할 수 있는 모서리 또는 벽 등에 설치할 것

㉯ 감지기를 천장에 설치하는 경우 감지기는 바닥을 향하여 설치할 것

㉰ 수분이 많이 발생할 우려가 있는 장소에는 방수형으로 설치할 것

chapter **2** 경보설비

㉣ 그 밖의 설치기준은 형식승인 내용에 따르며, 형식승인 사항이 아닌 것은 제조사의 시방에 따라 설치할 것

② 해설

㉮ 스포트형 감지기는 열이나 연기를 유효하게 감지하기 위하여 45° 이상 경사지게 설치할 수 없으나 불꽃감지기의 경우는 불꽃 속의 특정파장을 검출하는 것이므로 천장에 설치하기 보다는 벽이나 모서리(Corner)에 설치하는 것이 효과적이다.

㉯ 불꽃감지기의 감지영역은 원뿔구조와 같은 형태이며, 부착면과 바닥까지의 거리가 길수록 감지면적이 증가하게 된다. 그러나 어느 정도까지는 바닥면적이 증가하지만 일정한 거리를 지나면 오히려 감지면적이 감소하는 특징이 있다(다음 그림 중 가운데 곡선부분).

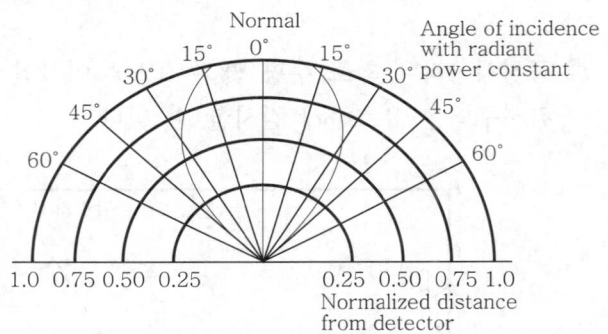

근거 : NFPA 72(2022 edition) Fig A.17.8.3.2.3

㈜ 가로축의 수치는 비율(1.0 = 100%)을 의미함.

㉰ 따라서 바닥의 감지영역은 원형이지만 감지면적을 중첩하여 설치하여야 하므로 설계 적용시 간략 계산식으로는 원에 내접하는 최대사각형 면적으로 이를 적용한다.

예제

실내의 천장면에 설치된 불꽃감지기의 유효감지거리를 $D(\text{m})$, 공칭시야각이 2θ이다. 이 경우 불꽃감지기 1개가 바닥면까지 원뿔형의 형태로 감지한다고 가정하면, 다음의 물음에 답하여라.

1. 감지기 1개가 바닥면에서 1.2m 높이의 유효감시공간(바닥에서 1.2m 높이의 감시공간에 대한 원면적)을 감시한다면 이때 해당하는 면적 $S(\text{m}^2)$는 얼마인가?

2. 설계 적용시 불꽃감지기의 1개당 설치 수량 적용을 유효감시공간의 원에 내접한 정사각형으로 할 경우 정사각형의 면적(m^2)을 구하여라.

풀이 ① 위 조건을 이용하여 그림을 그리면 다음 원뿔 그림과 같으며 이때 유효감지거리(D)는 원뿔이 바닥면과 만나는 빗변의 길이이며, 감시가능한 최대실높이를 H라면,

$\cos\theta = \dfrac{H}{D}$ 에서 $H = \cos\theta \times D$가 된다.

따라서 유효감시공간의 높이 $H' = (H-1.2) = (D\cos\theta - 1.2)$이다.

이 경우 유효감시공간의 면적은 바닥에서 1.2m 높이에 있는 원의 면적이 된다.

이 경우 유효감시공간의 반지름을 r라면,

$\tan\theta = \dfrac{r}{H'}$ 이므로 $r = H' \times \tan\theta = \tan\theta(D\cos\theta - 1.2)$

따라서 원면적 $S = \pi r^2 = \pi \times \tan^2\theta(D\cos\theta - 1.2)^2$

② 원에 내접하는 사각형의 면적을 구하면 원의 지름 $2r$가 정사각형의 대각선에 해당하므로 정사각형 1변의 길이를 x라면 $x^2 + x^2 = (2r)^2$ 따라서 $x = \sqrt{2}\,r = \sqrt{2}\tan\theta(D\cos\theta - 1.2)$ ∴ 정사각형 면적 $= x^2 = 2\tan^2\theta(D\cos\theta - 1.2)^2$

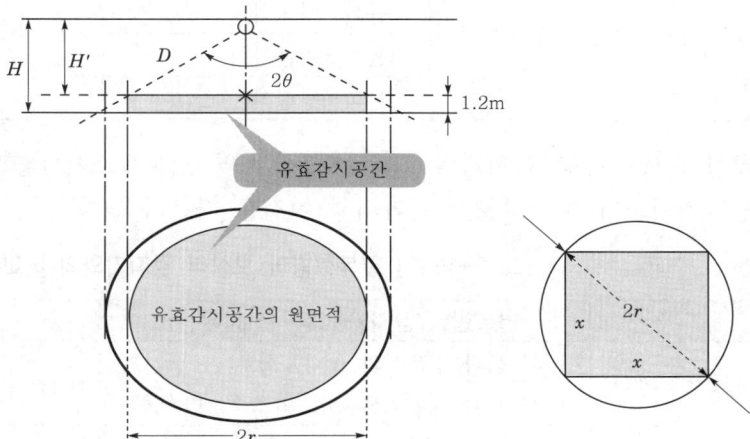

 **보충 자료**

불꽃감지기가 감지하고자 하는 유효감시공간의 바닥면적에 대해, 원에 내접하는 정사각형의 면적으로 나누어 주면 계략적인 불꽃감지기의 설치 수량이 산정된다.

4. 복합형 감지기의 구조 및 기준

(1) 개념

1) **구조** : 국내 형식승인 기준에서는 복합형 감지기의 정의를 서로 다른 두 가지 종류의 감지기 기능을 하나의 감지기에 내장하여 두 가지 성능이 동시에 작동될 때(AND 회로) 신호를 발신하거나 또는 두 개의 화재신호를 각각 발신하는(OR 회로) 감지기를 복합형 감지기라 규정하고 있다. 따라서 AND 회로일 경우는

chapter

2

경보설비

단신호이나 OR 회로일 경우는 2개의 신호를 발신하므로 이때는 다신호식 감지기가 되며 종류에는 열복합형, 연복합형, 불꽃복합, 열연기복합, 열불꽃복합, 연기불꽃복합, 열연기불꽃복합형의 7종류가 있다.

[표 2-1-18] 복합형 감지기의 종류(예)

종 류	구성 요소	신호 송출	
① 열복합형 감지기	차동식＋정온식	단신호 (AND 회로)	다신호 (OR 회로)
② 연기복합형 감지기	이온화식＋광전식		
③ 불꽃복합형 감지기	자외선식＋적외선식		
④ 열·연복합형 감지기	차동식＋이온화식		
	차동식＋광전식		
	정온식＋이온화식		
	정온식＋광전식		

2) **특징** : 열복합형 감지기의 경우 차동요소와 정온요소가 결합되어 있는 형식의 열감지기이나 보상식 감지기와의 차이점은 다음과 같다.

[표 2-1-19] 열복합형과 보상식 감지기와의 비교

구 분	열복합형 감지기(차동식＋정온식)	보상식 감지기
① 동작방식	• 차동식과 정온식의 AND 회로 → 단신호 • 차동식과 정온식의 OR 회로 → 다신호	• 차동식과 정온식의 OR 회로
	[AND : 단신호]　　　[OR : 다신호]	[단신호]
② 회로구성	• 단신호 : 차동요소와 정온요소가 둘다 동작할 경우에 신호가 출력된다. • 다신호 : 두 요소 중 어느 하나가 동작하면 해당하는 동작신호(#1)가 출력되고 이후 또 다른 요소가 동작되면 두 번째 동작신호(#2)가 출력된다.	차동요소와 정온요소 중 어느 하나가 먼저 동작하면 해당되는 동작신호만 출력된다.
③ 목적	비화재보방지가 목적이다.	실보(失報)방지가 목적이다.
④ 적응성	일시적으로 오동작의 우려가 높은 장소	심부성 화재가 예상되는 장소

📝 열복합형은 AND 회로가 원칙이나 국내 형식승인에서는 AND와 OR 회로를 둘다 인정하고 있다. 이는 AND만을 인정할 경우는 연기와 열의 동시 검출기준 제정이나 시험기준이 용이하지 않기 때문으로 외국의 경우는 OR인 경우에 수신기에서 AND로 취합하여 사용하고 있다.

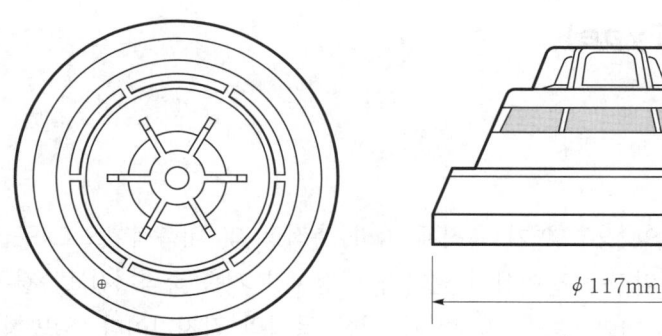

[그림 2-1-33] 열연복합형 감지기(예)

(2) 설치기준

1) 국내기준 : 제7조 3항 11호(2.4.3.11)

열복합형 감지기의 경우는 열감지기 기준을 준용하며, 연기복합형 감지기의 경우는 연감지기 기준을 준용하며, 열연복합형 감지기의 경우 부착높이별 수량기준은 열감지기 기준을 적용하고, 다만 복도 및 통로, 계단 및 경사로에 있어서는 연감지기 기준을 준용하도록 규정하고 있다.

> ⇥ 열연복합형 감지기를 실내에 설치할 경우 국내는 이를 열감지기 기준을 적용하도록 하고 있으나 이는 매우 불합리한 규정이다. 일본의 경우는 일본소방법 시행규칙 제23조 4항 "7의 2호"에서 열보다 연기의 감지가 빠르며 매우 우수한 신뢰도로 인하여 실내에 열연복합형을 설치할 경우에는 이를 연감지기 기준으로 적용하고 있다.

2) 일본기준

① 설치기준

㉮ 담당하는 면적이 다를 경우 : 감지기 1개당 적용하는 바닥면적이 서로 다를 경우에는 바닥면적이 큰쪽을 기준으로 1개 이상 설치한다.

㉯ 동작온도가 다를 경우 : 감지기 1개당 적용하는 공칭작동온도가 서로 다를 경우에는 낮은 공칭작동온도를 기준으로 적용한다.

② 설치장소 : 열연복합형 감지기의 경우 복도, 지하층, 11층 이상의 경우는 이를 설치할 수 있으나, 연감지기의 설치의무 장소인 계단, 경사로, 높이 15m 이상 20m 이하의 장소에는 일반 연감지기로 설치한다.

5. 감지기의 형식(Type)

(1) 축적형 감지기

1) 개념

① 연기감지기의 경우 연기 축적에 따라 축적형 및 비축적형으로 구분하고 축적형이라 함은 일정농도 이상의 연기가 일정시간 지속(축적시간)될 경우에 작동하는 감지기로서 비화재보를 방지하기 위한 목적의 감지기이다. 일반형 연감지기(비축적형)의 경우는 연기가 작동농도 이상인 경우 감지가 되면 5초 이내에 화재신호를 발신하여야 하나 축적형의 경우는 신호입력이 된 순간부터 축적을 개시하고 축적이 종료되는 시점에서 판단하여 화재신호가 계속 입력되고 있는 경우에는 화재로 인식하여 동작신호가 발신되는 감지기이다. 축적시간은 5초 이상 60초이내이고, 공칭축적 시간은 10초 이상 60초 이내에서 10초 간격으로 한다. 이를 Block diagram으로 그리면 다음 그림과 같다. 공칭축적시간은 축적시간을 반올림한 것으로(예 축적시간 14초 → 공칭축적시간 10초, 축적시간 15초 → 공칭축적시간 20초) 감지기를 제조사에서 형식승인을 받을 경우 관련 시험은 공칭축적시간에 의해 시험한다.

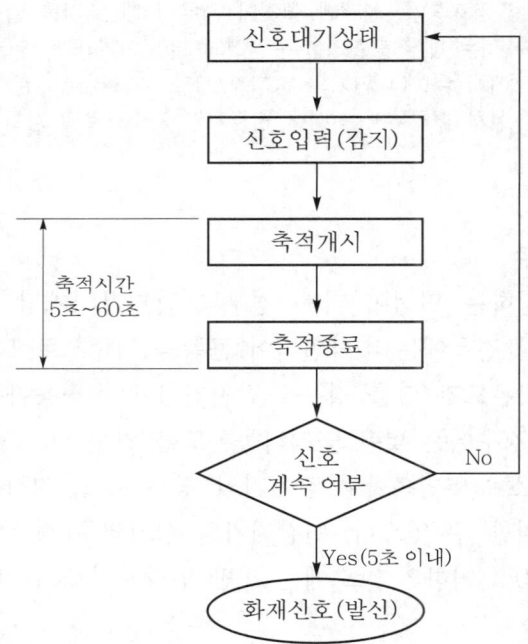

[그림 2-1-34] 축적형 감지기의 동작 Diagram

② 감지기의 공칭축적시간은 최대 60초이나 국내제품의 대부분은 30초용 제품으로 제작하고 있다. 축적형 감지기의 경우 모두 연기감지기만 적용되며 열감지기는 축적형 감지기가 해당되지 않는다. 이는 대표적인 축적형 감지기인 광전식의 경우 연기를 감지하는 암상자의 360° 방향으로 연기가 유입되어 일정한 출력이 발생할 경우 작동되거나 또는 연기가 유출되어 부작동되는 구조이다. 이에 비해 열감지기의 경우는 차동식이나 정온식을 막론하고 연감지기에 비해 동작 Mechanism이 매우 완만하므로 공칭축적시간인 60초 이내의 짧은 시간 동안에 열에 의한 작동이나 부작동을 조절하는 것이 매우 곤란하기 때문이다.

2) 축적형 감지기의 적용 : 제7조 1항 단서의 8호(2.4.1(8))

다음에 사용하는 감지기는 축적기능을 포함한 적응성 있는 감지기(축적형)를 설치해야 한다(단, 축적형 수신기를 설치한 장소를 제외한다).

① 지하층·무창층 등으로 환기가 잘 되지 아니하거나 실내면적이 $40m^2$ 미만인 장소

② 감지기의 부착면과 실내바닥과의 거리가 2.3m 이하인 곳으로서 일시적으로 발생한 열·연기 또는 먼지 등으로 인하여 화재신호를 발신할 우려가 있는 장소

3) 비축적형 감지기의 적용 : 제7조 3항 단서(2.4.3)

다음에 사용하는 감지기는 축적기능이 없는 것(비축적형)으로 설치해야 한다.

① 교차회로 방식에 사용되는 감지기

② 급속한 연소확대가 우려되는 장소에 사용되는 감지기

③ 축적기능이 있는 수신기에 연결하여 사용되는 감지기

> 축적기능이란 오동작을 방지하는 순기능(順機能)만 있는 것이 아니라 동작이 지연되는 역기능도 가지고 있다. 따라서 축적기능이 불필요하거나 축적이 중복될 경우에는 이를 사용할 수 없도록 규제한 것이다. 교차회로방식의 경우는 감지기의 오동작을 방지하기 위하여 AND 회로를 구성한 것이므로 감지기까지 축적기능을 부여할 필요가 없다. 급속한 연소확대가 우려되는 유류 취급소 등과 같은 장소에는 화재를 감지할 경우 즉시 동작신호가 발생하여야 하므로 축적기능을 적용할 수 없으며, 수신기가 축적기능이 있을 경우는 감지기도 축적형이라면 2중 축적이 되므로 적용할 수 없다.

(2) 아날로그형 감지기

1) 개념 : 아날로그(Analog) 감지기라 함은 주위의 온도나 연기량의 변화에 따라 각각

다른 출력을 발하는 방식의 감지기를 말한다. 화재동작신호는 1개이나 열이나 연기의 변화를 단계별로 출력할 수 있는 감지기이며 이는 감지기 내 Microprocessor를 내장하여 온도(정온식 감지기의 경우) 또는 연기의 농도(연기감지기의 경우) 변화를 다단계의 Analog 출력으로 R형 수신기에 발신하여 이에 따라 단계별로 화재대응을 할 수 있는 감지기이다. 아날로그 감지기는 일반적으로 다음과 같은 특징을 가지고 있으며, 특히 감지기의 위치를 표시하는 주소기능이 부가되어 있는 경우 이를 별도로 어드레스(Address) 감지기라고 하며 일반적으로 아날로그 감지기는 어드레스 감지기의 기능을 가지고 있다.

2) 특징

① 수신기는 R형 수신기에 국한하여 적용할 수 있다.
② 감지기가 주소화 기능을 가지고 있다.
③ 감지기 동작시 신호는 전류신호가 아닌 다중통신(Multiplexing communication)에 의한 Digital data 신호를 사용한다.
④ 감지기의 감지레벨(열이나 연기)을 수신기에서 조정할 수 있다.
⑤ 감지기는 자기진단(Self diagnostics) 기능을 가지고 있다.
  ㉠ 오염시 : 장해신호를 발신
  ㉡ 탈락시 : 이상경보신호를 발신
  ㉢ 고장시 : 고장신호를 발신

(3) 다신호식 감지기

1) 감지기는 화재신호를 수신한 후 수신기에 출력할 때의 신호가 1개의 신호출력, 2개 이상의 출력신호, 변화하는 연속적인 출력신호 인지에 따라 단신호식·다신호식·Analog식으로 구분한다. 다신호식 감지기라 함은 1개의 감지기 내에 서로 다른 종별 또는 서로 다른 감도 등의 기능이 있는 것으로서 동작시 각각 다른 2개의 화재신호를 발신하는 감지기를 말한다. 보상식 감지기는 차동식과 정온식의 두 가지 요소가 있으나 단신호를 출력하므로 다신호식 감지기가 아니며, 복합형감지기의 경우에도 AND 회로는 1개의 신호를 발신하므로 다신호식 감지기가 아니다.

2) 그러나 복합형 감지기에서 OR 회로의 경우는 보상식과 달리 각 요소별로 신호를 발신하므로 이는 다신호식 감지기에 해당하며, 다신호식 감지기의 경우는 다신호식의 전용수신기를 사용하여야 한다.

단신호 감지기		다신호 감지기
보상식 감지기(OR 회로)	복합형 감지기(AND 회로)	복합형 감지기(OR 회로)
출력 1개(최초 동작신호)	출력 1개(동시 작동시)	출력 #1 출력 #2

④ 감지기의 적응성 및 비화재보

1. 부착높이별 적응성 : 제7조 1항의 표(표 2.4.1)

(1) 기준

[표 2-1-20] 부착높이별 적응 감지기

부착높이	감지기의 종류
4m 미만	① 차동식(스포트형, 분포형) ② 보상식(스포트형) ③ 정온식(스포트형, 감지선형) ④ 이온화식 또는 광전식(스포트형, 분리형, 공기흡입형) ⑤ 복합형 감지기(열복합, 연기복합, 열연기복합) ⑥ 불꽃감지기
4m 이상~8m 미만	① 차동식(스포트형, 분포형) ② 보상식(스포트형) ③ 정온식(스포트형, 감지선형) 특종 또는 1종 ④ 이온화식 1종 또는 2종 ⑤ 광전식(스포트형, 분리형, 공기흡입형) 1종 또는 2종 ⑥ 복합형 감지기(열복합, 연기복합, 열연기복합) ⑦ 불꽃감지기
8m 이상~15m 미만	① 차동식 분포형 ② 이온화식 1종 또는 2종 ③ 광전식(스포트형, 분리형, 공기흡입형) 1종 또는 2종 ④ 연기복합형 ⑤ 불꽃감지기

15m 이상~20m 미만	① 이온화식 1종 ② 광전식(스포트형, 분리형, 공기흡입형) 1종 ③ 연기복합형 ④ 불꽃감지기
20m 이상	① 불꽃감지기 ② 광전식(분리형, 공기흡입형) 중 아날로그방식

비고 1. 감지기별 부착높이 등에 대하여 별도로 형식승인 받은 경우에는 그 성능인정 범위 내에서 사용할 수 있다.
2. 부착높이 20m 이상에 설치되는 광전식 중 아날로그방식의 감지기는 공칭감지농도 하한값이 감광률 5%/m 미만인 것으로 한다.

(2) 해설

1) **개념** : 위 표는 부착높이별로 적용성 있는 감지기의 종류를 규정한 것으로 이 경우 감지기는 종류별로 열감지기, 연기감지기, 불꽃감지기, 복합형 감지기로 구분하기 때문에 부착높이 기준도 감지기 종류별로 구분하였다. 부착높이가 4m 이하로 낮은 지역에는 열, 연기, 불꽃 등 모든 감지기를 설치할 수 있으나, 천장이 높은 경우에는 열이 감지기까지 도달하여 작동하기에는 시간이 지연되어 조기에 화재경보를 발하지 못하게 되므로 연기감지기나 또는 불꽃감지기를 설치하여야 한다. 종류가 같은 감지기일지라도 종별(예 1종, 2종, 3종)에 따라 부착높이가 달라지게 되므로 감지기 선정시 높이에 따른 적응성 여부를 검토하여야 한다.

2) **감지기별 기준** : [표 2-1-20]을 높이 기준이 아닌 감지기 기준으로 작성하면 다음 표와 같다.

[표 2-1-21] 감지기에 따른 부착높이

감지기	부착높이	4m 미만	4~8m	8~15m	15~20m	20m 이상
① 차동식	스포트형	○	○			
	분포형	○	○	○		
② 정온식	스포트형	○ (특종, 1종, 2종)	○ (특종, 1종)			
	감지선형					
③ 보상식	스포트형	○	○			

④ 연기식	이온화식	○ (1종, 2종, 3종)	○ (1종, 2종)	○ (1종, 2종)	○ (1종)	
	광전식 (스포트형)					
	광전식 (분리형)					○ (아날로그식)
	공기흡입형					○ (아날로그식)
⑤ 복합형	열복합	○	○			
	연기복합	○	○	○	○	
	열연복합	○	○			
⑥ 불꽃감지기		○	○	○	○	○

3) 부착높이의 정의 : 감지기의 종류별 높이에 대한 설치규정은 건물의 높이를 의미하는 것이 아니라 "부착높이"로서 감지기가 천장면에 부착될 경우의 높이를 의미한다. 따라서 건물 지붕 및 천장구조에 따라 부착높이에 대한 기준을 규정하여야 하며 일본의 경우 부착높이에 대한 용어의 정의를 다음과 같이 최고높이와 최저높이의 평균치를 감지기의 부착높이로 적용하고 있다. 또한 [표 2-1-20]의 비고에서 부착높이 등에 대해 별도로 형식승인을 받은 경우에는 그 성능인정 범위 내에서 이를 사용할 수 있도록 하고 있다.

$$\text{부착높이} : h(\text{m}) = \frac{H(\text{최고높이}) + H'(\text{최저높이})}{2} \quad \cdots\cdots\cdots\cdots\cdots [\text{식 2-1-5}]$$

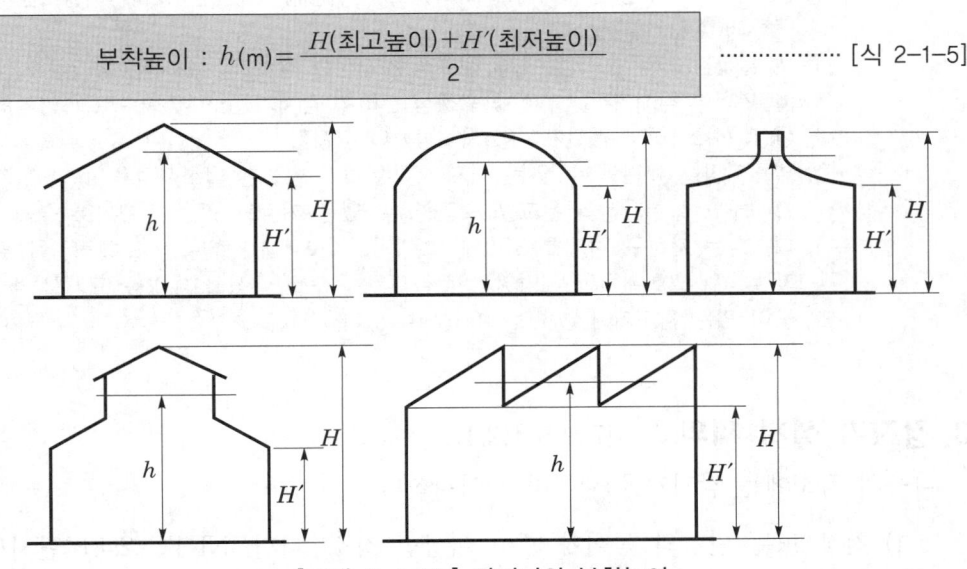

[그림 2-1-35] 감지기의 부착높이

4) 높이 20m 이상의 적용

① 높이 20m 이상되는 경우 불꽃감지기 및 광전식(분리형, 공기흡입형) 중 아날로그방식에 대해서만 유효하며 과거에 인정한 아날로그방식의 열감지기는 대상에서 제외하였다. 이는 열식 아날로그 감지기의 경우 해당 소자는 정온식으로서 20m 이상의 경우는 적응성이 없는 관계로 이를 제외시킨 것이다.

② 또한 국내는 불꽃감지기 이외 분리형과 공기흡입형 연감지기(아날로그 방식)도 인정하고 있으나, 일본의 경우는 높이 20m 이상되는 장소에는 오직 불꽃감지기만을 적응성 감지기로 인정하고 있다.[373] 국내를 포함하여 국제적으로 분리형 연감지기의 경우는 일반적으로 비아날로그방식의 감지기가 대부분이며, 공기흡입형 연감지기는 모두 아날로그방식이므로 실질적으로 20m 이상의 장소에 주로 설치할 수 있는 감지기는 공기흡입형 감지기와 불꽃감지기가 된다.

2. 지하구의 경우 : NFPC 603(지하구) 제6조 1항 1호/NFTC 603 2.2.1.1

지하구에 설치하는 감지기는 다음의 감지기로서 먼지·습기 등의 영향을 받지 아니하고 발화지점(1m 단위)과 온도를 확인할 수 있는 감지기를 설치해야 한다.

> ① 지하구에서 다음의 감지기란 비화재보시 적응성 있는 감지기에 해당하는 다음의 8종류의 감지기를 말한다.
> ㉮ 불꽃감지기　　　　　㉯ 정온식 감지선형 감지기　㉰ 분포형 감지기
> ㉱ 복합형 감지기　　　　㉲ 광전식 분리형 감지기　　㉳ 아날로그 방식의 감지기
> ㉴ 다신호방식의 감지기　㉵ 축적방식의 감지기
> ② 발화지점을 확인할 수 있는 감지기란 화재가 발생한 발화지점을 1m 단위의 거리로 표시하고 발화지점의 온도를 확인할 수 있는 기능이 있는 감지기로 설치하여야 한다. 이는 지하구 화재를 조기에 발견하고 이에 대해 신속한 소화적업을 위하여 화재발생시 발화위치와 해당위치의 화재시 온도를 측정하고 이를 표시할 수 있는 기능이 있는 감지기에 한하여 설치할 수 있다.

3. 감지기 설치 제외 : 제7조 5항(2.4.5)

다음의 장소에는 감지기를 설치하지 아니한다.

1) 천장 또는 반자의 높이가 20m 이상인 장소. 다만, NFTC 2.4.1 단서의 감지기로서 부착높이에 따라 적응성이 있는 장소는 제외한다.

---

373) 일본소방법 시행규칙 제23조 4항 1호

> 단서 조항의 의미는 결국 NFTC 2.4.1 단서에 있는 8가지 종류의 감지기 중에서 20m 이상에 적응성이 있는 것은 불꽃감지기, 광전식 분리형 감지기(아날로그방식), 공기흡입형 감지기(아날로그방식)이므로 해당하는 3종류의 감지기가 해당 장소의 용도에 적응성이 없다면 설치하지 않지만 해당 장소의 용도에 적응성이 있다면 이를 설치하라는 의미이다.

2) 헛간 등 외부와 기류가 통하는 장소로서 감지기에 의해 화재발생을 유효하게 감지할 수 없는 장소

3) 부식성 가스가 체류하고 있는 장소

4) 고온도 및 저온도로서 감지기의 기능이 정지되기 쉽거나 감지기의 유지관리가 어려운 장소

5) 목욕실·욕조나 샤워시설이 있는 화장실 기타 이와 유사한 장소

> ① 과거에는 화장실이나 목욕실은 감지기를 제외하였으나 화장실에서 흡연으로 인한 화재 발생의 빈도가 높아 이를 보완하기 위하여 화장실에 감지기를 설치하도록 2007. 4. 12. 개정하였으며, 다만 욕조나 샤워시설이 있어 목욕을 할 수 있는 경우 목욕시 발생하는 수증기로 인하여 좁은 화장실에서 감지기의 오동작이 발생하므로 이를 감안한 것이다.
> ② 따라서 화장실에 욕조 또는 샤워시설이 있는 아파트, 오피스텔, 숙박업소 등의 경우는 해당되지 아니하나 화장실에 욕조나 샤워시설이 없는 일반사무실 등의 경우는 화장실에 감지기를 설치하여야 한다.

6) 파이프덕트 등 그 밖의 이와 비슷한 것으로서 2개층마다 방화구획된 것이나 수평단면적이 5m² 이하인 장소

7) 먼지·가루 또는 수증기가 다량으로 체류하는 장소 또는 주방 등 평시에 연기가 발생하는 장소(연기감지기에 한한다.)

8) 프레스 공장·주조(鑄造)공장 등 화재발생 위험이 적은 장소로서 감지기의 유지관리가 어려운 장소

 주조공장

주형(鑄型 ; 틀)을 짜서 그 안에 쇳물을 부어서 제조하는 작업장

4. 비화재보의 개념 및 기준

(1) 비화재보(非火災報)의 개념

실제 화재시 발생하는 열·연기·불꽃 등 연소생성물이 아닌 다른 요인에 의해 설비가 작동되어 경보되는 현상을 비화재보라 한다. NFPA 72에서는 비화재보(Unwanted alarm)의 종류를 다음과 같이 구분하고 있다.[374]

1) 고의적 경보(Malicious alarm) : 고의성이 있는 행동에 따른 비화재보
① 장난 ② 고의적인 행위

2) 환경적 경보(Nuisance alarm) : 환경적, 설비적인 요인에 따른 비화재보
① 기계적인 결함 ② 설비의 고장
③ 잘못된 시설 ④ 시설의 유지관리 미비
⑤ 감지기 주변의 환경(열이나 연기발생 등)

3) 우발적 경보(Unintentional alarm) : 고의성이 없는 행동에 따른 비화재보
① 오조작 ② 실수에 의한 행동

4) 미확인 경보(Unknown alarm)
① 원인이 확인되지 않은 원인불명의 비화재보
② 기타 원인을 알 수 없는 사유에 따른 제반 경보

> NFPA 72에서는 비화재보(Unwanted alarm)를 광의로 False alarm(오보)이라고도 하며, 협의로는 환경적 경보(Nuisance alarm)를 False alarm이라 한다. 즉, 바화재보경보는 크게 고의성과 비고의성의 두 종류로 대별할 수 있다NFPA 72(2022 edition) A.3.3.326 & A.3.3.326.2].

(2) 비화재보시 적응성 감지기

1) 제7조 1항 단서(2.4.1 단서)의 경우 : 지하층·무창층 등으로서 환기가 잘 되지 아니하거나 실내면적이 $40m^2$ 미만인 장소, 감지기의 부착면과 실내바닥과의 사이가 2.3m 이하인 곳으로서 일시적으로 발생한 열기·연기 또는 먼지 등으로 인하여 화재신호를 발신할 우려가 있는 장소에는 다음의 기준에서 정한 감지기 중 적응성 있는 감지기를 설치해야 한다.
① 불꽃감지기
② 정온식 감지선형 감지기
③ 분포형 감지기

---

374) NFPA 72(2022 edition) 3.3.326 Unwanted alarm

④ 복합형 감지기

⑤ 광전식분리형 감지기

⑥ 아날로그방식의 감지기

⑦ 다신호방식의 감지기

⑧ 축적방식의 감지기

> ① 지하층이나 무창층으로 환기가 불량하거나 실내면적이 좁은(약 40m² 미만) 경우, 실내 층고가 낮은 경우(기준 2.3m 이하)로 비화재보의 우려가 있는 장소에는 이를 방지하기 위하여 8가지 종류의 감지기를 선정하여 이에 한하여 설치하도록 규정한 것이다.
>
> ② 위의 기준에 대한 수치의 근거는 제7조 3항 10호 다목(2.4.3.10.3)의 경우 "천장 또는 반자가 낮은 실내 또는 좁은 실내에 있어서는"이라는 조항에 대해 일본의 사찰편람[375])에서는 이를 2.3m 이하, 40m² 미만으로 적용하고 있는 것을 참고로 하여 국가화재안전기준 제정시 동 수치만을 준용한 것이다.

2) NFTC 2.4.6의 경우 : 단서에 불구하고 일시적으로 발생한 열·연기 또는 먼지 등으로 인하여 화재신호를 발신할 우려가 있는 장소에는 표 2.4.6(1) 및 표 2.4.6(2)에 따라 해당 장소에 적응성 있는 감지기를 설치할 수 있으며, 연기감지기를 설치할 수 없는 장소에는 표 2.4.6(1)을 적용하여 설치할 수 있다.

> ① NFTC 2.4.1 단서의 경우 비화재보의 우려가 있는 경우에는 8가지의 감지기를 설치하되 그럼에도 불구하고 비화재보의 우려가 있는 경우 표 2.4.6(1) 및 표 2.4.6(2)의 장소에 대해서는 해당 표를 적용하라는 의미이다. 따라서 이는 반드시 "비화재보 우려가 있는 장소"라는 전제하에 환경장소 및 적응장소에 해당하는 용도에 국한하여 해당 표를 적용하여야 한다. 또한 표 2.4.6(1)은 연감지기를 설치할 수 없는 경우에 적응성 있는 감지기를 예시한 것이며, 표 2.4.6(2)는 연감지기를 설치할 수 있는 경우 적응성 있는 감지기 및 장소를 예시한 것이다.
>
> ② 표 2.4.6(1) 및 표 2.4.6(2)는 최초에 "소방시설용 특수 감지기에 관한 기준(행자부 고시 제2002-8호 : 2002. 3. 18.)"으로 고시된 것을 화재안전기준에 반영한 것이다. 이에 대한 근거는 일본에서 "자동화재탐지설비 감지기의 설치에 관한 선택기준(개정 1991. 12. 6. : 消防予 240호)"을 제정하였으며, 이후 불꽃감지기 설치장소를 추가하여 1994. 2. 15.(消防予 35호) 개정한 내용을 준용한 것이다. 일본에서 선택기준의 운용을 보면, 환경상태가 유사한 장소에 있어서는 적응장소 이외에 대해서도 본 기준을 적용할 수 있으며, 기존 건물의 경우는 비화재보의 발생이 많거나 실보(失報)의 우려가 있는 감지기의 경우는 본 기준을 준용해서 감지기를 교환하도록 지도하고 있다.

---

375) 동경소방청 사찰편람 6.1 자동화재탐지설비 注 7 p.2,393의 4 : 低い天井の居室(天井高が2.3m以下) 又は狭い(おおむね40m²未満)に設ける場合は、出入口附近に設けること.

[NFTC 표 2.4.6(1)] 설치장소별 감지기 적응성(연기감지기를 설치할 수 없는 경우)

설치장소		적응 열감지기									비 고
환경 상태	적응 장소	차동식 스포트형		차동식 분포형		보상식 스포트형		정온식		열아날로그식	불꽃 감지기	
		1종	2종	1종	2종	1종	2종	특종	1종			
① 먼지 또는 미분 등이 다량으로 체류하는 장소	쓰레기장, 하역장, 도장실, 섬유·목재·석재 등 가공 공장	○	○	○	○	○	○	○	×	○ (저자주)	○	1. 불꽃감지기에 따라 감시가 곤란한 장소는 적응성이 있는 열감지기를 설치할 것 2. 차동식 분포형 감지기를 설치하는 경우에는 검출부에 먼지, 미분 등이 침입하지 않도록 조치할 것 3. 차동식 스포트형 감지기 또는 보상식 스포트형 감지기를 설치하는 경우에는 검출부에 먼지, 미분 등이 침입하지 않도록 조치할 것 4. 정온식 감지기를 설치하는 경우에는 특종으로 설치할 것 5. 섬유, 목재가공 공장 등 화재확대가 급속하게 진행될 우려가 있는 장소에 설치하는 경우 정온식 감지기는 특종으로 설치할 것, 공칭작동온도 75℃ 이하, 열아날로그식 스포트형 감지기는 화재표시 설정은 80℃ 이하가 되도록 할 것
② 수증기가 다량으로 머무는 장소	증기 세정실, 탕비실, 소독실 등	×	×	×	○	×	○	○	○	○ (저자주)	○	1. 차동식 분포형 감지기 또는 보상식 스포트형 감지기는 급격한 온도변화가 없는 장소에 한하여 사용할 것 2. 차동식 분포형 감지기를 설치하는 경우에는 검출부에 수증기가 침입하지 않도록 조치할 것 3. 보상식 스포트형 감지기, 정온식 감지기 또는 열아날로그식 감지기를 설치하는 경우에는 방수형으로 설치할 것 4. 불꽃감지기를 설치할 경우 방수형으로 할 것

(저자 주) 일본의 원전은 "×" → "○"로, "○" → "×"이며, 잘못 준용되어 개정이 필요함.

[NFTC 표 2.4.6(1)] 계속

설치장소		적응 열감지기								열아날로그식	불꽃감지기	비 고
환경상태	적응장소	차동식 스포트형		차동식 분포형		보상식 스포트형		정온식				
		1종	2종	1종	2종	1종	2종	특종	1종			
③ 부식성 가스가 발생할 우려가 있는 장소	도금공장, 축전지실, 오수처리장 등	×	×	○	○	○	○	○ (저자주)	× (저자주)	○	○ (저자주)	1. 차동식 분포형 감지기를 설치하는 경우에는 감지부가 피복되어 있고 검출부가 부식성 가스에 영향을 받지 않는 것 또는 검출부에 부식성 가스가 침입하지 않도록 조치할 것 2. 보상식 스포트형 감지기, 정온식 감지기 또는 열아날로그식 스포트형 감지기를 설치하는 경우에는 부식성 가스의 성상에 반응하지 않는 내산형 또는 내알칼리형으로 설치할 것 3. 정온식 감지기를 설치하는 경우에는 특종으로 설치할 것
④ 주방, 기타 평상시에 연기가 체류하는 장소	주방, 조리실, 용접작업장 등	×	×	×	×	×	×	○	○	○	○ (저자주)	1. 주방, 조리실 등 습도가 많은 장소에는 방수형 감지기를 설치할 것 2. 불꽃감지기는 UV/IR형을 설치할 것
⑤ 현저하게 고온으로 되는 장소	건조실, 살균실, 보일러실, 주조실, 영사실, 스튜디오	×	×	×	×	×	×	○	○	○	×	–
⑥ 배기가스가 다량으로 체류하는 장소	주차장, 차고, 화물취급소 차로, 자가발전실, 트럭터미널, 엔진시험실	○	○	○	○	○	○	×	×	○	○	1. 불꽃감지기에 따라 감시가 곤란한 장소는 적응성이 있는 열감지기를 설치할 것 2. 열아날로그식 스포트형 감지기는 화재표시 설정이 60℃ 이하가 바람직하다.

(저자 주) 일본의 원전은 "×" → "○"로, "○" → "×"이며, 잘못 준용되어 개정이 필요함.

[NFTC 표 2.4.6(1)] 계속

설치장소		적응 열감지기									비 고
		차동식 스포트형		차동식 분포형		보상식 스포트형		정온식		열아날로그식	불꽃감지기	
환경 상태	적응 장소	1종	2종	1종	2종	1종	2종	특종	1종			
⑦ 연기가 다량으로 유입할 우려가 있는 장소	음식물 배급실, 주방전실, 주방 내 식품 저장실, 음식물 운반용 엘리베이터, 주방 주변의 복도 및 통로, 식당 등	○	○	○	○	○	○	○	○	○	×	1. 고체연료 등 가연물이 수납되어 있는 음식물 배급실, 주방 전실에 설치하는 정온식 감지기는 특종으로 설치할 것 2. 주방 주변의 복도 및 통로, 식당 등에는 정온식 감지기를 설치하지 말 것 3. 제1호 및 제2호의 장소에 열아날로그식 스포트형 감지기를 설치하는 경우에는 화재표시 설정을 60℃ 이하로 할 것
⑧ 물방울이 발생하는 장소	스레트 또는 철판으로 설치한 지붕 창고·공장, 패키지형 냉각기 전용 수납실 밀폐된 지하창고, 냉동실 주변 등	×	×	○	○	○	○	○	○	○	(저자 주 ①) ○	1. 보상식 스포트형 감지기, 정온식 감지기 또는 열아날로그식 스포트형 감지기를 설치하는 경우에는 방수형으로 설치할 것 2. 보상식 스포트형 감지기는 급격한 온도변화가 없는 장소에 한하여 설치할 것 3. 불꽃감지기를 설치하는 경우에는 방수형으로 설치할 것
⑨ 불을 사용하는 설비로서 불꽃이 노출되는 장소	유리공장, 용선로가 있는 장소, 용접실, 주방, 작업장, 주방, 주조실 등	×	×	×	×	×	×	○	○	○	×	—

㊟ 1. "○"는 당해 설치장소에 적응하는 것을 표시, "×"는 당해 설치장소에 적응하지 않는 것을 표시

2. 차동식 스포트형, 차동식 분포형 및 보상식 스포트형 1종은 감도가 예민하기 때문에 비화재보 발생은 2종에 비해 불리한 조건이라는 것을 유의할 것

3. 차동식 분포형 3종 및 정온식 2종은 소화설비와 연동하는 경우에 한해서 사용할 것

4. 다신호식 감지기는 그 감지기가 가지고 있는 종별, 공칭작동 온도별로 따르지 말고 상기 표에 따른 적응성이 있는 감지기로 할 것(저자 주 ②)

(저자 주 ①) 일본의 원전은 "×"로 되어 있으며 잘못 준용되어 개정이 필요함.

(저자 주 ②) 공칭작동 온도별로 "따르지 말고"는 "따르고"의 오류로 법의 개정이 필요함.

[NFTC 표 2.4.6(2)] 설치장소별 감지기 적응성(연기감지기를 설치할 수 있는 경우)

설치장소		적응 열감지기					적응 연기감지기						불꽃감지기	비고
환경상태	적응장소	차동식 스포트형	차동식 분포형	보상식 스포트형	정온식	열아날로그식	이온화식 스포트형	광전식 스포트형	이온아날로그식 스포트형	광전아날로그식 스포트형	광전식 분리형	광전아날로그식 분리형		
① 흡연에 의해 연기가 체류하며, 환기가 되지 않는 장소	회의실, 응접실, 휴게실, 노래연습실, 오락실, 다방, 음식점, 대합실, 카바레 등의 객실, 집회장, 연회장 등	○	○	○	−	−	−	◎	−	◎	○	○	−	−
② 취침시설로 사용하는 장소	호텔 객실, 여관, 수면실 등	−	−	−	−	−	◎	◎	◎	◎	○	○	−	−
③ 연기 이외의 미분이 떠다니는 장소	복도, 통로 등	−	−	−	−	−	◎	◎	◎	◎	○	○	−	−
④ 바람에 영향을 받기 쉬운 장소	로비, 교회, 관람장, 옥탑에 있는 기계실	−	○	−	−	−	−	◎	−	◎	○	○	−	−
⑤ 연기가 멀리 이동해서 감지기에 도달하는 장소	계단, 경사로	−	−	−	−	−	−	○	−	○	○	○	−	비고
⑥ 훈소화재의 우려가 있는 장소	전화기기실, 통신기기실, 전산실, 기계제어실	−	−	−	−	−	−	○	−	○	○	○	−	−
⑦ 넓은 공간으로 천장이 높아 열 및 연기가 확산하는 장소	체육관, 항공기 격납고, 높은 천장의 창고·공장, 관람석 상부 등 감지기 부착높이가 8m 이상의 장소	−	○	−	−	−	−	○	−	−	○	○	○	−

[비고] 광전식 스포트형 감지기 또는 광전식 아날로그식 스포트형 감지기를 설치하는 경우에는 당해 감지기 회로에 축적기능을 갖지 않는 것으로 할 것

주 1. "○"는 당해 설치장소에 적응하는 것을 표시
  2. "◎"는 당해 설치장소에 연감지기를 설치하는 경우에는 당해 감지회로에 축적기능을 갖는 것을 표시
  3. 차동식 스포트형, 차동식 분포형, 보상식 스포트형 및 연기식(당해 감지기회로에 축적기능을 갖지 않는 것) 1종은 감도가 예민하기 때문에 비화재보 발생은 2종에 비해 불리한 조건이라는 것을 유의하여 따를 것
  4. 차동식 분포형 3종 및 정온식 2종은 소화설비와 연동하는 경우에 한해서 사용할 것
  5. 광전식 분리형 감지기는 평상시 연기가 발생하는 장소 또는 공간이 협소한 경우에는 적응성이 없음
  6. 넓은 공간으로 천장이 높아 열 및 연기가 확산하는 장소로서 차동식 분포형 또는 광전식 분리형 2종을 설치하는 경우에는 제조사의 사양에 따를 것

7. 다신호식 감지기는 그 감지기가 가지고 있는 종별, 공칭작동온도별로 따르고 표에 따른 적응성이 있는 감지기로 할 것
8. 축적형 감지기 또는 축적형 중계기 혹은 축적형 수신기를 설치하는 경우에는 NFTC 2.4에 따를 것

5 수신기(Fire alarm control unit) 각론(구조 및 기준)

1. 수신기의 종류

[표 2-1-22] 수신기의 종류별 특징

수신기	신호 전달방식	신호의 종류	수신 소요시간	비 고
P	개별 신호선방식	전회로 공통신호	5초	축적형은 60초 이내
R	다중 통신선방식	회로별 고유신호	5초	
M	공통 신호선방식	발신기별 고유신호	20초	2회 기록 소요시간

(1) P(Proprietary)형 수신기

가장 기본이 되는 형태의 수신기로서 감지기 또는 발신기로부터 발하여지는 신호를 직접 또는 중계기를 통하여 공통신호로서 수신하여 화재의 발생을 당해 소방대상물의 관계자에게 경보하여 주는 수신기이다.

(2) R(Record)형 수신기

전압강하 및 간선수의 증가에 따른 문제점으로 인하여 대규모 단지 및 고층빌딩의 경우에 적용하며, 감지기 또는 발신기로부터 발하여지는 신호를 직접 또는 중계기를 통하여 고유신호로서 수신하여 화재의 발생을 당해 소방대상물의 관계자에게 경보하여 주는 수신기이다.

(3) M(Municipal)형 수신기

1) 국내에는 설치사례가 없으며 일본, 미국 등에 설치되어 있는 공공용 수신기로서 도로나 중요 건물에 설치된 M형 발신기를 이용하여 소방서에 설치된 M형 수신기에 화재발생을 통보하는 화재속보설비를 겸한 설비이다. 외국의 경우도 현재는 유선전화 및 휴대전화의 보급으로 인하여 구 시가지에 한하여 일부 설치되어 있으며 기존 시설도 순차적으로 철거하는 추세로 일본 동경소방청의 경우는 공식적으로 관내 M형 설비를 1974년도에 폐지하였다.

2) M형 발신기의 경우 신호전달은 발신기별 고유신호를 이용하는 공통신호선에 의한 전송방식이다. 수신기는 소방서에 설치하는 M형 수신기를 이용하며, M형 수신기의 경우는 오직 M형 발신기의 경우에만 사용하는 것으로 P형 발신기로는 사용할 수 없는 구조이다.

국내의 경우

국내는 2016. 1. 11.「수신기의 형식승인 및 제품검사의 기술기준(소방청 고시)」을 개정하여 수신기 종류에서 M형 수신기를 삭제하였다.

chapter

2

경보설비

2. 수신기의 형식

(1) 일반 수신기

감지기나 발신기의 발신 개시로부터 화재신호를 수신 완료하기까지 5초 이내이어야 하며 수신완료 직후 화재표시등, 주경종, 지구표시장치와 지구경종이 동작되는 가장 일반적인 수신기이다.

화재표시등과 지구표시장치

화재표시등은 수신기 상부에 "화재"라고 표시된 창으로 화재시 점등되며, 지구표시장치는 경계구역의 회로창을 말한다.

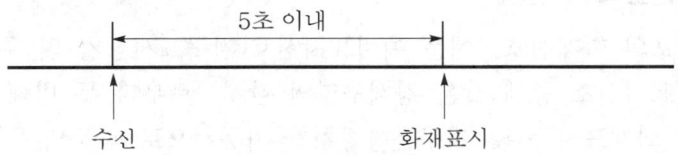

(2) 축적형 수신기

1) 최초의 화재신호를 수신한 후 곧 수신을 개시하지 않고 수신기는 축적시간 동안에는 예비표시신호(Pre-alarm)인 지구표시장치의 점등 및 주경종을 작동시킬 수 있으며, 축적시간(5초 초과 60초 이하) 종료시점에서도 화재신호가 계속 입력될 경우에 지구경종 및 수신기의 화재표시등이 작동되는 수신기이다. 축적 종료시 신호가 입력되지 않으면 자동으로 예비표시신호는 복구가 되며 화재신호 축적시간은 5초 이상 60초 이하이어야 하고, 공칭축적시간은 10초 이상 60초 이하에서 10초 간격으로 한다. 또한 축적기능의 수신기에는 축적형 감지기를 설치하지 않아야 한다.

> 🔍 **공칭축적시간**
>
> 공칭축적시간이란 축적시간을 10초 단위로 반올림한 것으로 예를 들면 축적시간 24초는 공칭축적시간 20초이며, 축적시간 25초는 공칭축적시간 30초가 된다.

2) 수신기의 축적은 Hardware가 아닌 Software로 조정하는 것으로 수신기 내부에는 형식승인시 이를 확인하기 위한 조정장치가 있으나 이는 제조사에서 조정할 수 있는 것으로 사용자가 조정할 수 없는 구조이다. 수신기는 일반적으로 수신기 전체 회로에 대하여 동시 축적으로 사용하는 것으로 이를 회로별로 구분하여 축적여부를 적용하지 않으며 현장에서 이를 회로별로 조정할 수 없으나 제조사에서 일부 회로만 축적기능을 갖게 하는 것은 무방하다. 다만, 감지기는 사용자가 공칭축적시간을 조절하는 것이 불가능하나 수신기는 이에 대한 조절이 가능하다.

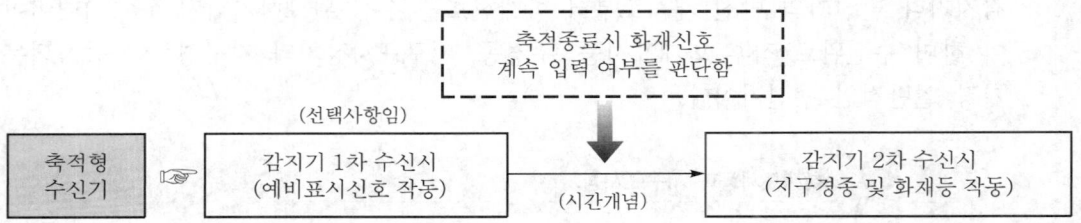

☞ 발신기 작동시는 축적기능이 자동으로 해제된다.

(3) 다신호식 수신기

최초의 화재신호시에는 예비표시신호(지구표시장치 및 주경종)만 작동이 되며, 예비표시신호 중에 같은 경계구역의 감지기로부터 두 번째 화재신호를 수신하는 경우 화재표시등 및 지구음향장치가 자동적으로 작동되는 수신기이다. 같은 경계구역의 감지기란 같은 경계구역 내 설치된 다른 감지기이거나 또는 동일한 다신호식 감지기의 두 번째 신호를 의미한다. 다신호식 수신기를 일본에서는 2신호식(二信號式) 수신기라 하며, 축적형 수신기의 2차 신호는 시간적 개념이나 다신호식 수신기의 2차 신호는 시간과 무관한 공간적 개념이다. 축적형이나 다신호식 수신기의 경우는 발신기 입력신호시에는 축적기능이나 다신호 기능이 자동적으로 해제되고 즉시 화재표시가 되며 지구경종이 작동하여야 한다.

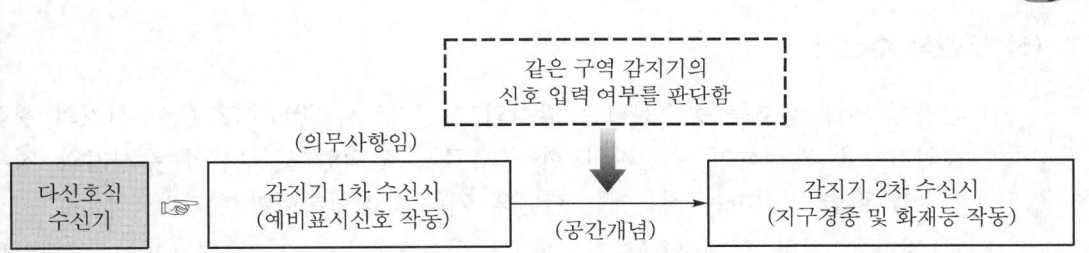

☞ 발신기 작동시는 다신호식 기능이 자동으로 해제된다.

(4) 아날로그식 수신기

아날로그 감지기로부터 출력된 신호를 입력하는 경우 예비표시신호 및 화재표시등과 지구경종이 동시에 작동하며 입력신호량(열 또는 연기)을 단계별로 표시하는 기능이 있어야 하며 아울러 아날로그감지기의 작동레벨(정온식의 공칭감지온도, 연기감지기의 공칭감지농도 범위)을 조정할 수 있는 조정장치가 있는 수신기이다.

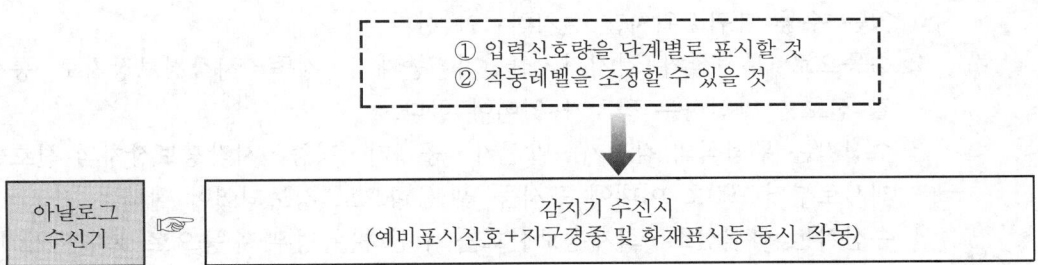

(5) 복합식 수신기

일반 수신기의 주기능인 경보설비 기능 이외에 수신기의 입력신호와 연동하여 소화설비나 제연설비 등 관련된 설비를 제어할 수 있는 제어기능이 있을 때 이를 복합식 수신기라 하며 복합식 수신기의 제어기능은 수계소화설비, 가스계 및 분말소화설비, 제연설비에 대한 제어기능을 말하며 스프링클러설비를 예로 들면 다음의 기능이 있어야 한다.

1) 각 유수검지장치, 일제개방밸브 및 펌프의 작동여부를 확인할 수 있는 표시기능

2) 수원 또는 물올림탱크의 저수위 감시 표시기능

3) 일제개방밸브를 개방시킬 수 있는 기능

4) 각 펌프를 수동으로 작동 또는 중단시킬 수 있는 기능

5) 일제개방밸브용 화재감지기의 경계구역에 대한 화재표시 기능

(6) 무선식 수신기

1) 전파에 의해 신호를 송수신하는 방식의 수신기로서 2017. 12. 6. 수신기의 형식 승인기준을 개정하여 수신기의 한 종류로 도입되었다. 무선식 수신기의 경우 전파를 직접 발신하는 경우에는 다음의 기준에 적합하여야 한다.

　① 전파에 의한 화재신호(감지기・발신기・중계기・수신기 간) 또는 화재경보 신호(수신기・중계기・경종・시각경보장치 간)는 "도난, 화재경보장치 등의 안전시스템용 주파수(신고하지 아니하고 개설할 수 있는 무선국용 무선설비 의 기술기준 제7조 3항)"를 적용하여야 한다.

　② 방송통신기자재 등의 적합성평가(전파법 제58조의 2)에 적합하여야 한다.

2) 무선식의 감지기, 중계기, 발신기, 경종, 시각경보장치와 접속되는 수신기의 기 능은 다음의 기준에 적합하여야 한다.

　① 화재발생을 경보하고 있는 수신기 및 작동상태를 지속되고 있는 무선식의 감지기・중계기・경종・시각경보장치를 화재감시 정상상태로 전환시킬 수 있는 수동 복귀스위치를 설치하여야 한다.

　② 수동으로 무선식의 감지기・발신기・중계기・경종・시각경보장치로 통신점 검 신호를 발신하는 장치가 있어야 한다.

　③ 수신기는 무선식의 감지기・발신기・중계기・경종・시각경보장치의 신호발신 개시로부터 200초 이내에 표시등 및 음향으로 경보되어야 한다.

　④ 수신기는 화재신호・화재정보신호를 수신하는 경우 수동으로 복귀시키지 않 는 한 60초 이내 주기마다 연결되는 무선식의 경종・중계기・시각경보장치 에 발신하여야 한다.

3. 수신기의 화재안전기준

(1) 수신기의 적용

1) 해당 특정소방대상물의 경계구역을 각각 표시할 수 있는 회선수 이상의 수신기 를 설치할 것

> ① 과거에는 전화통화장치가 있는 P형-1급과 전화통화장치가 없는 P형-2급으로 수신 기와 발신기를 구분하였으나, 2016. 1. 11. 수신기의 형식승인 기준을 개정하여 수신 기와 발신기 간의 전화통화장치는 선택사항으로 개정되었다.
> ② 이에 따라 P-1급, P-2급 수신기라는 용어는 삭제되고 모두 P형 수신기로 단일화 되었다.
> ③ 4층 이상 특정소방대상물에 대해 전화통화가 가능한 수신기 설치 조항은 2022. 5. 9. 개정 으로 삭제되었으며 이로 인하여 자동화재탐지설비에서 "전화선"은 의무사항에서 선택사항 으로 변경되었다.

2) 해당 특정소방대상물에 가스누설탐지설비가 설치된 경우에는 가스누설탐지설비로부터 가스누설신호를 수신하여 가스누설경보를 할 수 있는 수신기를 설치할 것(가스누설탐지설비의 수신부를 별도로 설치한 경우에는 제외한다)

> ① 가스누설탐지설비는 탐지부와 경보부가 별도로 분리되어 있거나 또는 일체형으로 구성되어 있다. 이 경우 가스누설탐지설비를 설치할 경우에는 화재수신기와 가스수신기가 복합된 GP형 또는 GR형 수신기를 설치하거나 전용의 가스수신부(가스의 누설 상황을 표시하고 경보음을 발할 수 있는 수신기)를 설치하여야 한다.
> ② 가스수신부를 설치할 경우는 가스사용 장소에 설치하기 보다는 유지관리 및 제어를 위하여 방재센터 내에 설치하거나 최소한 방재센터에서 신호를 받아 감시가 가능하도록 조치하여야 한다.

chapter

2

경
보
설
비

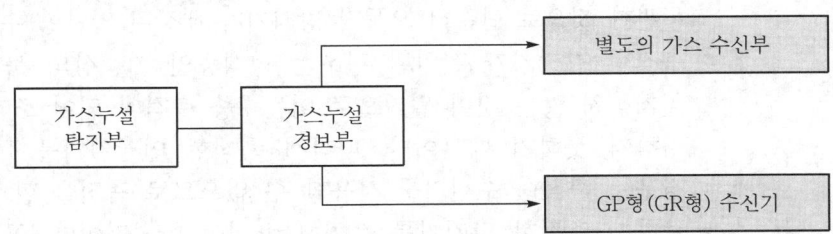

(2) 수신기의 비화재보 방지기능

1) 비화재보 기능이 필요한 경우

① 기준 : NFTC 2.2.2

수신기는 다음의 장소인 경우 축적기능 등이 있는 것(축적형 감지기가 설치된 장소에는 감지기 회로의 감시전류를 단속적으로 차단시켜 화재를 판단하는 방식 외의 것을 말한다)으로 설치해야 한다. 다만, NFTC 2.4.1 단서에 따른 감지기를 설치한 경우에는 그렇지 않다.

㉮ 지하층·무창층 등으로서 환기가 잘 되지 아니하거나 실내면적이 40m² 미만인 장소

㉯ 감지기의 부착면과 실내바닥과의 거리가 2.3m 이하인 장소로서 일시적으로 발생한 열·연기 또는 먼지 등으로 인하여 화재신호를 발신할 우려가 있는 경우

② 해설

㉮ 축적형 수신기의 적용

㉠ 축적형 수신기의 경우는 감지기가 작동할 경우 감지기 회로의 감시전류를 한 번 Off시켜 주는 것으로 이 경우 연감지기의 경우는 자동으로 즉시 복구가 되어버린다. 열감지기의 경우 기계적인 접점을 이용하는 경우는

전원이 차단되어도 기계적 접점이 계속 접속된 상태라면 즉시 복구되지 않으나, 이온전류의 변화율이나 수광량의 증가를 검출하는 연감지기의 경우는 입력전원의 차단시 즉시 원상으로 복구하게 되며, 연기농도에 따라 신호가 다시 송출되면 수신기에서 축적시간 경과 후 신호를 출력하게 된다.

ⓒ 수신기 내부에는 제조사에 따라 오동작 방지기를 수신기에 내장하여 사용하고 있으며 내부에 선택 S/W를 설치하여 이를 현장상황에 따라 On-Off할 수 있도록 하고 있다. 오동작 방지기의 원리는 수신기에서 감지기에 감시전류를 보내 화재신호가 되돌아오면 한 번 차단하고 다시 재신호가 계속하여 입력되면 이를 화재로 간주하여 동작하는 것으로 원리는 축적형 수신기와 유사하나 이는 형식승인 기준상 축적형의 수신기가 아니므로 수신기의 공칭축적시간이나 예비표시 신호기능 등과 무관한 것으로 단순히 오동작 방지기가 내장된 일반형 수신기일 뿐이다.

ⓒ 축적형 감지기가 설치된 경우는 형식승인 기준상의 축적형 수신기를 설치하지 않는 것이 원칙으로 이는 2중 축적이 되어 조기에 화재를 감지하지 못하기 때문이다. 따라서 축적형 연감지기를 1개라도 설치한 경우는 축적형 수신기를 사용할 수 없으므로 축적을 할 경우는 수신기보다는 축적형 감지기를 설치하는 것이 합리적이다. 국내제품의 경우 축적형 수신기는 회로별로 축적을 할 수 있는 제품이 없는 관계로 축적형 수신기의 경우는 접속된 전체 회로에 대해 축적을 수행하게 된다.

ⓑ 축적을 하는 장소

㉠ 지하층이나 무창층의 경우 환기시설이나 창 등이 없는 경우는 연기가 체류할 가능성이 높으며 이 경우 실내면적이 40m² 미만일 경우 오동작의 우려가 높다고 간주한 것이다.

ⓒ 감지기 부착면으로부터 바닥간의 거리가 2.3m인 경우에도 층고가 낮으므로 비화재보에 의한 연기발생시 체류될 가능성이 높으므로 오동작의 우려가 높다고 간주한 것으로 이에 대한 근거는 연기감지기를 설치하는데 적용하는 일본의 예방심사기준에서 천장이 낮은 거실을 천장높이 2.3m 이하로 적용하며, 좁은 거실은 면적을 40m² 미만으로 적용하는 기준을 참고하여 제정한 것이다.[376]

2) 비화재보 방지기능이 필요하지 않은 경우 : NFTC 2.2.2 단서

다만 NFTC 2.2.2 단서 조항에 따라 NFTC 2.4.1에서 지정하는 감지기를 설치한 경우에는 비화재보 방지기능이 필요하지 않기에 축적기능의 수신기를 적용하지 아니한다.

---

376) 동경소방청 사찰편람 6.1 자동화재탐지설비 p.2,493의 4(예방심사기준 注 7) : 低い天井の居室 (天井高が2.3m以下)又は狭い居室(概ね40m²未満)に設ける場合は、出入口附近に設けること.

> NFTC 2.2.2 단서 조항에 따라 NFTC 2.4.1에서 지정한 감지기는 다음 8종목의 감지기로서 이는 신뢰도가 높아 오동작의 우려가 적으므로 축적기능 수신기의 적용을 배제한 것이다.
> ① 불꽃감지기
> ② 정온식 감지선형 감지기
> ③ 분포형 감지기
> ④ 복합형 감지기
> ⑤ 광전식 분리형 감지기
> ⑥ 아날로그방식의 감지기
> ⑦ 다신호방식의 감지기
> ⑧ 축적방식의 감지기 : 감지기가 축적형일 경우 수신기는 축적형을 사용할 수 없으며, 사용한다면 이 경우는 시간지연이나 실보의 우려가 있다.

(3) 수신기의 설치기준 : 제5조 3항(2.2.3)

수신기는 다음의 기준에 따라 설치해야 한다.

1) 수위실 등 상시 사람이 근무하는 장소에 설치할 것. 다만, 사람이 상시 근무하는 장소가 없는 경우에는 관계인이 쉽게 접근할 수 있고 관리가 용이한 장소에 설치할 수 있다.

> ① 감시제어반의 경우에는 위치나 구조, 시설 등에 대하여 엄격한 기준을 요구하고 있으나 화재수신기의 경우에는 제어반과 달리 위치나 구조 등에 대한 별도의 기준을 요하지 않는다. 이는 화재수신기의 경우는 자동화재탐지설비 대상이 600㎡부터 매우 소규모의 건물이며 소규모의 건물에는 상주자가 없는 경우가 많은 현실을 감안한 것이다. 또한 순수한 일반 화재수신기 자체는 소화설비용 제어반과 달리 화재표시 및 경보기능 등만 있는 관계로 이를 완화한 것이다.
> ② 따라서 상시 근무자가 없는 경우에는 접근이 쉽고 관리가 용이한 장소에 화재수신기를 설치할 경우 이를 인정하도록 한 것이다. 그러나 화재수신기와 수계 소화설비의 제어반을 겸하는 복합식 수신기(예 스프링클러 제어반을 겸하는 화재수신기 등)의 경우는 감시제어반의 기준을 적용받는 것으로 이러한 복합식 수신기의 경우는 화재수신기의 설치조항을 적용하여서는 아니되며, NFPC 103(스프링클러설비) 제13조 3항/NFTC 103 2.10.3을 적용하여야 한다.

2) 수신기가 설치된 장소에는 경계구역 일람도를 비치할 것. 다만, 주 수신기(모든 수신기와 연결되어 각 수신기의 상황을 감시하고 제어할 수 있는 수신기)를 설치하는 경우에는 주 수신기를 제외한 기타 수신기는 그렇지 않다.

> 아파트의 경우 각 동별로 전용 수신기가 있으며 관리실의 방재센터 내에 주 수신기가 있을 경우 주 수신기에서는 동별 수신기를 감시는 하나 제어를 하지 못하므로 위 기준에 의한 주 수신기로 적용하지 않아야 한다. 따라서 이 경우는 경계구역의 일람도를 각 동별 수신기 직근에 설치하여야 한다.

3) 수신기는 음향기구는 그 음량 및 음색이 다른 기기의 소음 등과 명확히 구별될 수 있는 것으로 할 것

4) 수신기는 감지기·중계기 또는 발신기가 작동하는 경계구역을 표시할 수 있는 것으로 할 것

5) 화재·가스 전기 등에 대한 종합 방재반을 설치한 경우에는 당해 조작반에 수신기의 작동과 연동하여 감지기·중계기 또는 발신기가 작동하는 경계구역을 표시할 수 있는 것으로 할 것

6) 하나의 경계구역은 하나의 표시등 또는 하나의 문자로 표시되도록 할 것

7) 수신기의 조작스위치는 바닥으로부터의 높이가 0.8m 이상 1.5m 이하인 장소에 설치할 것

> 수신기 전면에 있는 각종 조작용 스위치의 높이를 0.8~1.5m로 규정한 것은 일반인이 지면에 서 있는 상태에서 가장 편리하게 조작할 수 있는 위치를 의미한다. 따라서 의자에 앉아서 조작하는 탁상용(Desk type)의 제품으로 인하여 일본에서는 소방법 시행규칙 제24조 2호 "ㅁ"목에서 이 경우에는 0.6~1.5m로 규정하고 있다.

8) 하나의 특정소방대상물에 2 이상의 수신기를 설치하는 경우에는 수신기를 상호간 연동하여 화재발생 상황을 각 수신기마다 확인할 수 있도록 할 것

> ① 증축이나 개축 등으로 인하여 수신기를 추가로 설치한 건물이나, 또는 동별로 수신기를 설치한 아파트에서 지하 주차장으로 서로 통하는 경우에 해당하는 사항이다.
> ② 이 경우 화재발생 상황을 확인하라는 의미는 경계구역을 표시하라는 것이 아니고 다른 수신기에서 작동된 화재발생 신호(즉, 대표 신호)를 상호간 연동하여 수신하라는 의미이며, 이 경우 화재신호를 수신하는 것일 뿐 각 수신기를 제어할 수 있는 것은 아니다.

4. P형 및 R형 설비

(1) P형 설비의 문제점

P형 설비에서 가장 문제가 되는 것은 첫 번째, 수신기에서 거리가 멀리 떨어진 경계구역의 경우(예 초고층 건물이나 대규모 부지에 설치된 공장 등의 경우)에 수신기와 최말단 회로 사이의 거리로 인하여 선로의 전압강하가 발생하게 되며 이로 인하여 경종 등 Local 장치가 동작하지 않을 수 있다. 두 번째는 수신기에서 각종 말단의 Local 장치까지 모든 입출력선을 직접 연결하는 실선 배선을 하여야 하므

로 대형 건축물의 경우는 수신기에 입선되는 배선수가 대량으로 증가하게 되어 이로 인한 전선관의 크기 및 공간의 확보, 배선의 발열 및 유지관리 등에 많은 문제점이 발생하게 된다. 이러한 두 가지 문제점에 대하여 상세히 검토하면 다음과 같다.

1) **전압강하** : 제11조 8호(2.8.1.8)에 따르면 종단 감지기의 전압은 정격전압의 80% 이상이어야 한다. 수신기 정격전압은 24V이므로 80%는 19.2V이며 따라서 24V−19.2V=4.8V가 되므로 결국 자동화재탐지설비는 최대로 4.8V까지만 선로 전압강하를 허용하는 것이다. 따라서 대략 5V 이상의 전압강하가 발생할 경우에는 P형의 경우 경종이 작동되지 않거나 음량 미달이 되는 등의 우려가 있으며 전압강하의 식은 다음과 같이 표시할 수 있다.

$$전압강하 : e(V) = \frac{0.0356 \times L \times I}{S}$$ ················· [식 2-1-6]

여기서, L : 전선의 길이(m)
I : 소요전류(A)
S : 전선의 단면적(mm^2)

→ **[식 2-1-6]의 유도**

Ohm의 법칙에서 $V = I \times R = I \times \rho \frac{L}{S}$ 이때 ρ를 고유저항[377]이라 하며, 이는 물질에 따른 고유한 값으로 순동(純銅)의 고유저항 표준값은 $\rho = 1/58\,\Omega \cdot mm^2/m$이다.

이때 전선에 사용하는 표준경동(硬銅)의 도전율(導電率 ; Conductivity)은 96~98%이므로 보통 97%로 적용하며 도전율과 고유저항은 역수인 관계이므로 $\rho = \frac{1}{58} \times \frac{1}{0.97} =$ 0.0178 Ω · mm²/m가 된다.

1상 2선식의 경우 전선이 2가닥이므로 $\rho = 0.0178 \times 2 = 0.0356\,\Omega \cdot mm^2/m$가 된다.

∴ 전압강하 $e(V) = I \cdot \rho \frac{L}{S} = 0.0356 \times \frac{L \times I}{S}$ 가 된다.

예제

일반적으로 국내제품의 경우 "발신기의 경종=50mA/1개, 램프 점등=30mA/1개"이므로 1회로당 80mA의 전류가 소모된다. 경비실에서 500m 떨어진 본 공장(지상 6층/지하 1층)은 각 층별 2회로씩 사용하며(총 14회로), 전선을 HFIX(450/750V 저독성 난연 가교폴리올레핀 절연전선) 2.5mm²라고 하면 직상층 · 발화층 우선경보방식에서 전압강하(V)를 계산하여 전선의 사용가능 여부를 판단하라.
[조건] 경보방식은 법령 개정 이전의 기존 건축물인 관계로 직상 1개층 · 발화층 우선경보(구분경보)방식으로 적용한다.

---

377) 고유저항(固有抵抗 ; Specific resistance) : 일명 비저항이라 하며, 물체의 물성에 따른 물질 고유한 저항값으로 단위는 (Ω · m)이다.

풀이 ① 각 표시등 소요전류＝표시등 14개×0.03A＝0.42A
② 경종 동작(직상층 우선 경보)＝경종 6개×0.05A＝0.3A

보충 1층 화재시 경보는 최대로 B1, 1층, 2층의 경종 6개가 작동한다.
∴ 소요전류＝0.72A, 조건에서 HFIX 전선의 단면적이 2.5mm²이다.
따라서 경비실에서 본 공장까지 최대소요전류는 [식 2-1-6]에 의해

$$e = \frac{0.0356 \times 500 \times 0.72}{2.5} = 5.24V$$

즉 5V를 초과하여 경종이 작동하지 않을 수 있다. 이는 간선의 굵기를 증가시켜 해결하거나 또는 전원반을 별도로 동별로 설치하여 해결할 수 있다.
그러나 거리가 매우 먼 경우 간선의 굵기를 한없이 크게 할 수 없으며 R형을 사용하면 통신선에 의한 다중 통신방법을 이용하여 신호선으로 접속하므로 전압강하에 따른 문제점이 없어지게 된다.

 전선규격의 경우 HIV 등의 경우 2006. 7. 1.부터는 종전의 KS 기준인 1.2mm, 1.6mm 등의 규격 기준은 사용할 수 없으며, IEC 기준과의 부합화(附合化)에 의거 공칭단면적(mm²)에 의한 1.5mm², 2.5mm² 등의 19단계로 표시하여 사용한다.[378]

🔍 **풀이 방법**

위 풀이 방식은 감지기의 감시전류를 고려하지 않는 약식 계산 방식이나, 위 방법은 자동화재탐지설비의 선로 전압강하를 구할 경우 범용으로 사용하는 가장 일반화된 계산방법이다.

---

2) **간선수의 증가** : P형의 경우, 전화선을 선택할 경우 1회로별 7선이 필요하며 회로별 7선은 다음과 같다. 입력 및 출력 신호는 회로별(예 회로선, 회로공통선, 경종선)로 간선이 증가하나, 입력이나 출력과 무관한 신호(예 표시등, 경종표시등 공통, 응답램프, 전화선)의 경우는 간선이 증가하지 않고 언제나 4선만이 필요하다.

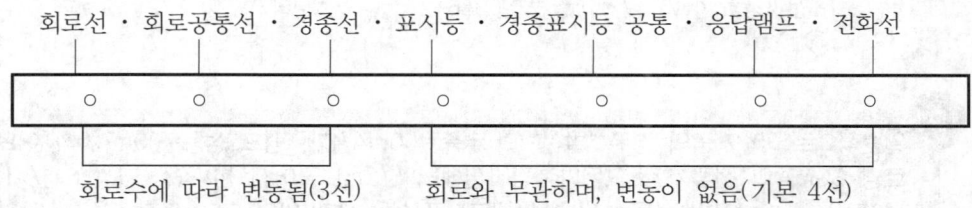

---

378) 전기설비기술기준의 판단기준은 2020. 12. 31.자로 폐지되고 2021. 1. 1.부터 한국전기설비규정 (KEC)이 신설되어 적용하고 있다. 동 규정은 판단기준과 국제표준인 IEC기준을 반영하여 판단기준을 대체하기 위한 통합기준이다.

예제 지상 20층/지하 5층에서 지상은 층별 2회로, 지하는 층별 4회로일 경우 P형 수신기의 간선 수를 구하시오.

[조건] 기존 건축물이므로 전화선이 있으며, 직상 1개층·발화층 우선경보(구분경보)방식의 건물이다.

 ① 회로선 : 지상 40선(20층×2회로)＋지하 20선(5층×4회로)＝60선
② 회로공통선 : 60선÷7회로＝9선
③ 경종선 : 지상 20＋지하 1＝21선

보충 지상층은 층별로 1선씩 필요하나 지하층의 경우는 전 층이 동시에 작동하여야 하므로 경종선은 1선만 추가됨.

④ 기본선＝4선
∴ 총 94선(60＋9＋21＋4＝94)이 필요하나 이를 R형 설비로 할 경우 소요 선수(線數)는 8선(중계기×2선·신호 전송선×2선·표시등×2선·전화 1선·발신기 응답 1선)만 소요되므로 초고층 건물의 경우에는 간선의 수가 대폭적으로 절감하게 된다.

> 🔍 **간선수**
>
> 제조사마다 간선수에는 차이가 있으나 전화선을 선택할 경우 가장 일반적인 경우를 예시한 것이며 실제의 경우는 소화전함 상부에 발신기를 설치하므로 소화전 기동×2선이 추가로 필요하므로 최소선수는 총 10선을 사용하게 된다.

(2) P형 및 R형 설비의 비교

1) 구성

① P형 : P형 수신기·감지기·발신기로 구성되어 있다.
② R형 : 감지기·발신기 이외 각종 Local 장치와 R형 수신기·중계기로 구성되어 있다.

2) 시스템 작동

① P형 : 감지기·발신기 등 Local 장치의 신호를 수신하여 화재표시 및 경보를 발한다.
② R형 : Local 장치가 동작시 이를 중계기에서 고유신호로 변환하여 수신기에 통보하며, 수신기는 화재표시 및 경보를 발하고, 수신기에서는 이에 대응하는 출력신호를 중계기를 통하여 송신한다.

3) 신호전달

① P형 : 개별신호선 방식에 의한 전회로 공통신호 방식
② R형 : 다중통신 방법에 의한 각 회선 고유신호 방식

chapter

2

경보설비

4) 신호표시

① P형 : 창구식의 점등방식으로 1회로당 1개의 표시창을 사용한다.

② R형 : 디지털 표시 방법이므로 회선수가 많아도 수신기의 표시면적은 증가하지 않으며 CRT, 프린터 등의 시각장치를 사용할 수 있다.

5) 배선

① P형 : 각 층의 Local 장치는 수신기까지 직접 실선(Hardwire)으로 연결한다.

② R형 : 각 층의 Local 장치는 중계기까지만 연결하고, 중계기에서 수신기까지는 신호선으로만 연결한다.

6) 신뢰성

① P형 : 수신기 고장시 전체 시스템의 기능이 마비된다.

② R형 : 수신기 상호간에 Network를 구성할 경우 수신기 1대가 고장시에도 다른 수신기는 독립적으로 그 기능을 수행할 수 있다.

㉮ 주종(主從) 및 대등(對等) 관계 : R형 설비는 전압강하 및 간선수의 증가를 해소할 수 있는 것 이외에도 다양한 기능을 수행할 수 있는 특징이 있다. P형 설비에서는 수신기와 부(副)수신기가 있을 경우 주 수신기가 고장이 나면 전체 시스템이 마비되며, 부 수신기는 주 수신기의 상황에 따라 정상적인 작동을 할 수 없게 된다. 이러한 관계를 "Master-Slave (주종)관계"라 한다. 이에 비하여 R형 설비에서는 여러 대의 수신기가 Network를 구성하고 있을 경우에 1대의 수신기가 고장시에도 다른 수신기는 자기가 담당하는 구역에 대해 다른 수신기에 종속되어 있지 않고 각자의 기능을 유지하고 있으며, 이 경우 각각의 R형 수신기를 "Peer to Peer(대등)관계"라 한다.

㉯ 독립수행 기능 : 수신기 상호간에 Loop 배선이 되어 폐회로가 구성되면 Network가 구성이 되므로, 건물 내 수신기 상호간에는 감지기와 동일하게 하나의 선로(Primary line)에서 고장이 발생하여도, 다른 선로(Secondary line)로 통신이 가능하므로 시스템이 마비되어도 수신기별로 담당 구역에 대한 각각 감시 및 제어신호를 송신 및 송출할 수 있게 된다. 이와 같이 수신기 1대가 트러블이 발생하여도 다른 수신기는 독립적으로 그 기능을 수행할 수 있는 것을 "Stand alone(독립수행) 기능"이라 한다.

7) 경제성

① P형 : 고층 건물의 경우 층수에 따라 배선수가 증가되므로 배관·배선이 다량으로 소모된다.

② R형 : 고층 건물의 경우 중계기에서 수신기까지는 신호선으로만 연결하므로 배관·배선이 절감된다.

8) 공사의 편리성

① P형 : 신축·변경·증설시에 실선으로 수신기까지 연결하여야 하므로 공사가 용이하지 않다.

② R형 : 신축·변경·증설시에도 중계기에서 신호선만 분기하면 가능하므로 공사가 용이하다.

9) 설치장소

① P형 : 시스템 구성이 단순하므로 전압강하 및 간선수 증가에 지장이 없는 소규모 빌딩, 단지 규모가 작은 아파트 및 부지가 넓지 않은 공장 등에 적합하다.

② R형 : 전압강하 및 간선수가 대폭적으로 증가하는 초고층 빌딩, 대단지 아파트, 부지가 넓은 공장 등에 적합하며 수신기 및 부대설비 가격이 고가이므로 소규모 건물에 있어서는 비경제적이다.

(3) R형 설비의 통신방법

1) 다중통신의 개념 : P형은 각 층의 발신기 및 감지기를 회로별로 수신기까지 실선배선을 하나(이를 Hardwire라 한다), R형은 Local 기기에서 중계기까지는 P형과 동일한 실선 배선방식이나 중계기에서 수신기까지는 2선의 신호선만을 이용하여 수많은 입력 및 출력 신호를 주고받게 된다. 따라서 대폭적으로 간선수를 절약할 수 있으며 이러한 신호방식은 결국 양방향 통신으로 수많은 Data를 고유신호로 변환하여 수신기에 통보하고 이에 대응하는 출력신호(예 밸브개방·경종 및 사이렌 작동·유도등 점등·솔레노이드 개방·댐퍼 작동 등)를 중계기로 송출하는 것이다. 이와 같이 2선을 이용하여 양방향 통신으로 수많은 입출력 신호를 고유신호로 변환하여 전송하는 방식을 다중통신(多重通信 ; Multiplexing communication)이라 한다.

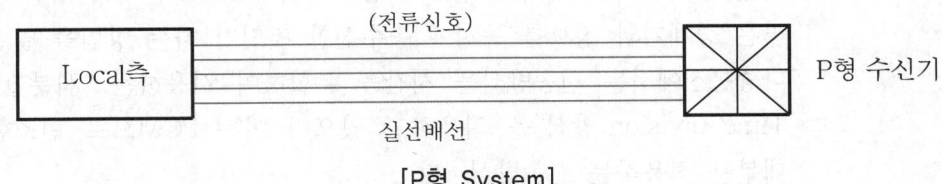

[P형 System]

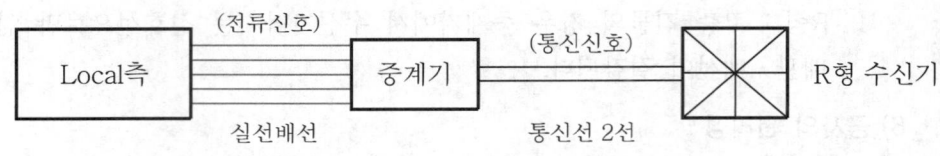

[R형 System]

2) 다중통신 방법

① 변조방식 → 펄스부호변조(Pulse Code Modulation)

Local측에서 동작된 신호는 전류신호(접점신호)이며, 이를 2가닥의 신호선을 이용하여 각종 정보를 전송하려면 결국 통신을 이용한 통신신호(Digital data)로 신호를 바꿔주어야 하며 이를 변조(變調 ; Modulation)라 한다. R형 설비의 경우는 전류신호를 펄스로 변조하여 전송하며 펄스변조의 경우도 펄스를 진폭, 주파수, 부호 등으로 변조할 수 있으나 "펄스부호변조", 즉 PCM(Pulse Code Modulation)을 사용한 방식을 채택하고 있다. PCM 변조란 데이터를 전송하기 위해서 모든 정보(동작위치, 동작구역, 동작설비 등)를 0과 1의 디지털 데이터로 변환하여 8bit의 펄스로 변환시켜 통신선로를 이용하여 송수신하는 방식으로 이와 같이 R형 시스템 다중통신에서는 Noise를 최소화하고 경제성을 위하여 PCM 변조를 사용한다.

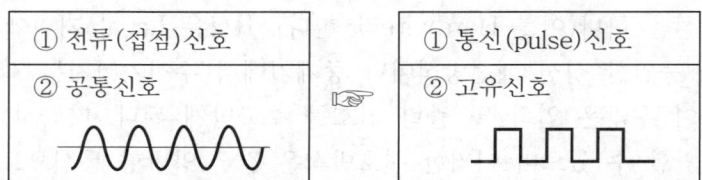

② 전송방식 → 시분할 다중화(Time division multiplexing)

㉮ 위와 같이 해당 정보를 PCM으로 변조하여 송수신할 경우 수신기 1대가 중계기 1대와 1 대 1 통신을 하는 것이 아니라 수신기 1대에서 수많은 중계기를 상대로 데이터를 송수신하여야 한다. 전송방식이란 이 경우 어떠한 방식을 사용하여야 신호가 중복되지 않고 또한 시간지연이 없이 수많은 중계기와 정보를 동시에 송수신할 것인가 하는 방법을 말한다.

다중통신에서는 전송방식을 시간을 분할하여 사용하는 "시분할(時分割 ; Time division)방식"을 적용하고 있으며 이는 PCM으로 변조한 경우에 대부분 적용하는 전송방식이다.

㉯ 시분할방식이란 좁은 시간간격으로 펄스를 분할하고 다시 각 중계기별로 펄스 위치를 어긋나게 하여 분할된 펄스를 각 중계기별로 송수신하면 혼

신(混信)이 없이 송수신할 수 있다. 또 이렇게 시간을 분할하여 각 중계기의 데이터를 순차적으로 보내도 시간의 지연을 느낄 수 없는 것은 디지털 데이터의 경우 펄스의 1bit당 시간이 매우 짧은 관계로 시스템에서는 시간지연을 전혀 느낄 수 없기 때문이다. 따라서 수신기에서는 설치된 모든 중계기를 이와 같이 시분할하여 정보를 주고 받을 경우 겉보기에는 수많은 중계기와 수신기간에 검색동작이 마치 동시에 수행되는 것 같이 보이는 것이다. 이러한 시분할방식은 결국 정보가 아날로그 데이터가 아닌 디지털 데이터로 변조되었기 때문에 가능한 것이다.

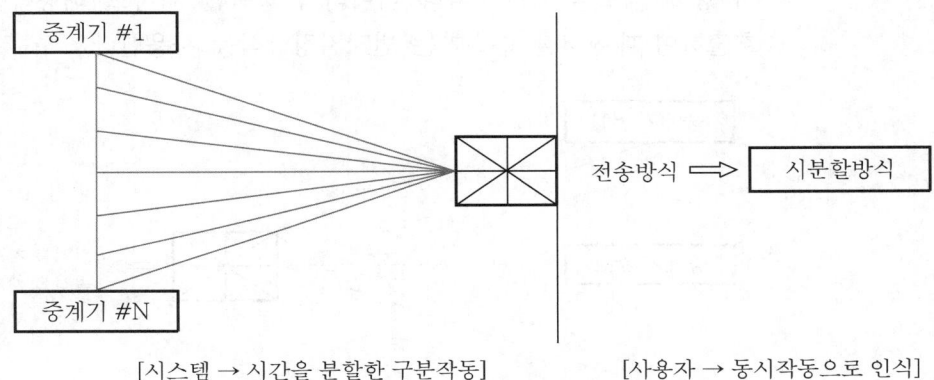

[시스템 → 시간을 분할한 구분작동]　　　　[사용자 → 동시작동으로 인식]

[그림 2-1-36(A)] 시분할 다중통신방식

③ 신호통신방식 → 번지지정 방식(Polling addressing)

이제 송수신하고자 하는 데이터를 PCM으로 변조하여 시분할방식을 이용하여 전송하는 경우 수신기 1대에서 수많은 중계기 중 정보를 주고자 하는 해당 중계기를 어떻게 선택하여 해당 중계기에만 특정정보를 주고 대응하는 출력을 받을 것인가 하는 것이 신호통신방식이다.

㉮ 폴링(Polling)이란 디지털 통신의 경우 수신기에서 특정한 중계기를 지정하여 수신기에서 정보를 송신하는 절차로서, 수신기와 중계기와 같은 주종관계(Master-Slave)인 경우는 수신기가 중계기를 일일이 하나씩 선택하여 정보 송신요구의 유무를 확인하는 것이다. 즉, 수신기에서는 각 중계기를 Scanning하면서 전송할 데이터의 유무를 묻고 전송할 데이터가 있으면 전송을 허용하고 없으면 다음 중계기로 넘어가는 방식이다. 폴링은 프로그램의 제어를 받아서 이루어지며 이것이 가능하기 위해서는 중계기마다 고유한 주소를 가지고 있으며 이 주소 코드를 지니는 폴링에 대해서만 중계기는 응답을 하게 된다. 즉, 자기 주소의 정보가 아니면 중

계기는 데이터를 통과(Pass)시키고 폴링 메세지 내용 중 자기주소가 있는 경우에는 데이터를 수신하고 이에 응답하게 된다. 폴링을 행하는 순서는 폴링 목록에 나타나는 주소의 순서와 빈도수에 따라 결정되며 이러한 방식으로 폴링 테이블에 배열되어 있는 주소 항목들을 소프트웨어적으로 수정함으로써 폴링의 빈도수를 바꿀 수도 있다.

㉯ 어드레싱(Addressing)이란 번지를 지정한다는 의미로 번지지정(Polling Addressing)방식이란 번지를 지정하면서 Polling한다는 의미로 결론적으로 R형 설비에서의 신호통신방식은 수신기와 수많은 중계기간의 통신에서 중계기 호출신호에 따라 데이터의 중복을 피하고 해당하는 중계기를 호출하여 데이터를 주고받는 번지지정방식을 사용한다.

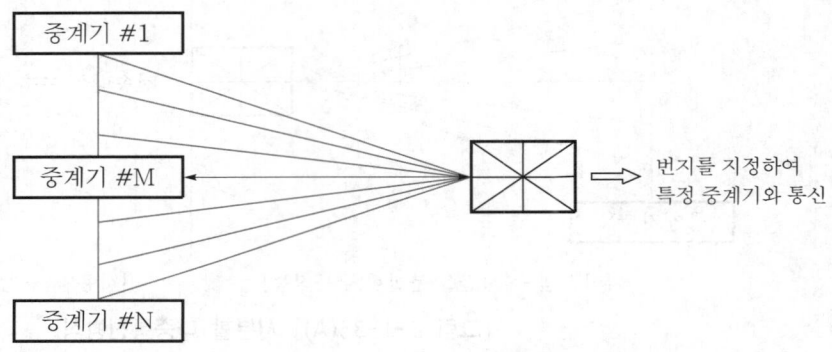

[그림 2-1-36(B)] 번지지정방식

3) 신호선 : NFTC 2.8.1.2.1

① 기준 : 아날로그식, 다신호식 감지기나 R형 수신기용으로 사용되는 것은 전자파 방해를 받지 않는 실드선 등을 사용해야 하며, 광케이블의 경우에는 전자파 방해를 받지 아니하고 내열성능이 있는 경우 사용할 것. 다만, 전자파 방해를 받지 아니하는 방식의 경우에는 그렇지 않다.

② 신호선의 개념

㉮ 다중통신에서 사용하는 신호선은 전력선이 아니라 분류상 제어용 케이블이며, 소방시설용 경보설비는 전송하는 신호가 매우 약한 신호이므로 주위로부터의 전자파 및 전자유도의 각종 Noise로 인하여 오신호(誤信號)가 입력되는 등 오동작이 될 우려가 있다. 따라서 이를 방지하기 위하여 신호선은 실드선을 사용하여야 한다.

㉯ 실드선이란 차폐선(遮蔽線 ; Shield wire)으로서 이는 전자유도를 방지하기 위하여 동 테이프나 알루미늄 테이프를 감거나 또는 동선을 편조(編組)

한 것으로 신호선 2가닥을 서로 꼬아서 자계(磁界)를 서로 상쇄시키도록
하며 이러한 상태의 선을 일명 Twist pair cable이라 하며, 실드선은 차폐
층부분이 접지되어 유도전파를 대지로 흘릴 수 있으며 신호선 단자에 접지
단자가 별도로 부설되어 있다. 외부의 Noise에 의해 내부에 자속이 발생할
지라도 차폐선의 심선이 서로 Twist되어 있기에 ＋와 －가 상쇄하게 된다.

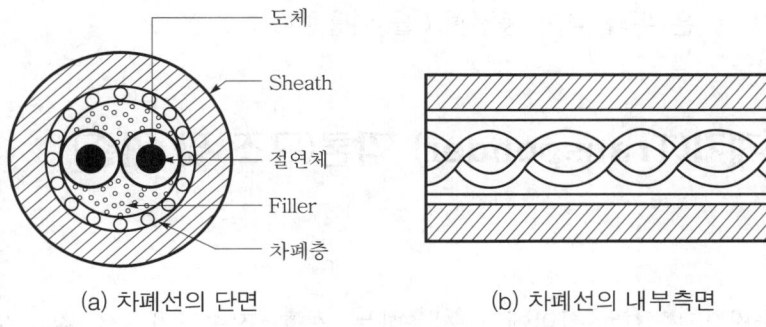

(a) 차폐선의 단면　　　(b) 차폐선의 내부측면

[그림 2-1-37] 차폐선의 단면

㉰ 단서 조항에서 전자파 방해를 받지 아니하는 방식의 경우 차폐선을 제외
할 수 있도록 한 것은 제조사에 따라 R형 수신기가 전자파를 방지할 수
있는 Noise filter 등을 설치하는 제품이 있으므로 이러한 경우 차폐선을
사용하지 않고 일반 전선을 사용할 수 있는 근거를 마련한 것이다. R형
설비에서 사용하는 차폐선에는 내열성 케이블(H-CVV-SB)과 난연성 케
이블(FR-CVV-SB)의 2종류가 있다.

③ 신호선(차폐선)의 재질

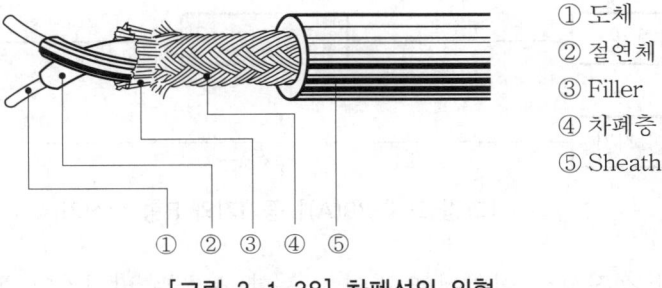

① 도체
② 절연체
③ Filler
④ 차폐층
⑤ Sheath

[그림 2-1-38] 차폐선의 외형

㉮ 내열성 케이블(전선기호 H-CVV-SB) : 내열성 케이블에 사용하는 H-
CVV-SB는 "비닐절연 비닐 시스 내열성 제어용 케이블"로서 차폐방식
은 가는 동선을 여러 가닥으로 직조한 동선편조(銅線編組)방식으로 하며,
차폐부분은 서로 간에 접속한 후 반드시 접지하여야 한다. 동선편조는 주

위에 고압선이 있을 경우 유도장애에 따라 오동작 되는 것을 막는 것이 주목적으로, 동선으로 편조한 방식은 굴곡성이 양호하며 차폐효과가 우수한 방식으로 이는 일종의 정전차폐(靜電遮蔽)를 이용한 방식이다. 내열성 케이블은 R형 설비에서 신호선으로 사용하는 가장 일반적인 신호선이다.

㉯ 난연성 케이블(전선기호 FR-CVV-SB) : 난연성 케이블에 사용하는 FR-CVV-SB는 "비닐절연 비닐 시스 난연성 제어용 케이블"로서 차폐방식은 위와 같이 동선편조를 이용한다.

6 중계기(Transponder) 각론(구조 및 기준)

1. 개요

(1) 일반적으로 R형 설비에서 사용하는 신호 전송장치로서 감지기 및 발신기 등 Local 기기장치와 수신기 사이에 설치하여, 화재신호를 수신기에 통보하고 이에 대응하는 출력신호를 Local 기기장치에 송출하는 중계 역할을 하는 장치이다.

(2) P형 설비에는 없는 중계기가 R형 설비에 필요한 것은 감지기의 동작은 전류에 의한 접점신호이나 R형 수신기의 입력은 디지털 데이터 신호로서 통신신호이기 때문이다. 따라서 전류신호를 통신신호로 변환시켜 주어야 하며 또한 대응하는 출력에 대한 통신신호를 전류신호로 변환하여야 한다. 이러한 기능을 수행하는 것이 중계기이며, 아날로그 감지기의 경우는 직접 통신신호를 송출하므로 중계기를 거치지 않고 수신기에 직접 연결한다.

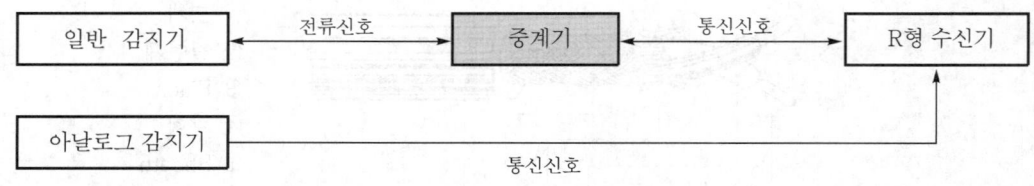

[그림 2-1-39(A)] 중계기와 R형 수신기

(3) 감지기의 접점신호 이외에 입력이 가능한 신호는 발신기의 동작신호, 소화펌프의 작동신호, 수조의 저수위 신호, 스프링클러설비의 밸브 관련신호, 댐퍼개방 신호, 가스계설비의 동작신호, 방화셔터의 작동신호 등 각종 소방관련설비의 입력신호가 있다. 아울러 수신기에서는 이에 대응하는 출력신호를 통신신호로 송출하면 중계기에서는 이를 접점신호로 변환시켜 Local측의 각종 시설이 작동하도록 한다. 중계기에는 전원장치의 내장 유무 및 사용회로에 따라 집합형과 분산형으로 구분한다.

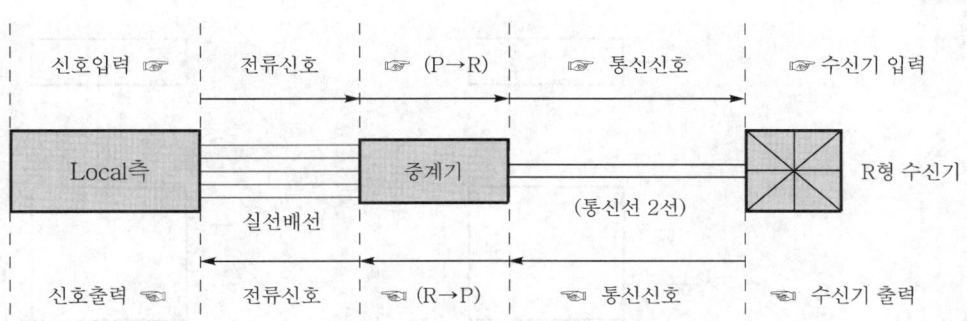

[그림 2-1-39(B)] 중계기의 신호체계

2. 설치기준 : 제6조(2.3)

(1) 수신기에서 직접 감지기회로의 도통시험을 행하지 아니하는 것에 있어서는 수신기와 감지기 사이에 설치할 것

> R형의 경우는 수신기에서 도통시험을 직접 행하는 구조가 아니며 도통시험이 불량할 경우 이에 대한 표시가 나타나는 구조이다. 따라서 "수신기에서 직접 감지기회로의 도통시험을 행하지 아니하는 것"이란 결국 R형 시스템을 말하는 것으로 이는 중계기를 수신기와 감지기 사이에 설치하라는 의미이다. 다만, 아날로그 감지기는 해당되지 않으므로 비(非)아날로그 감지기에 해당하는 사항이다.

(2) 조작 및 점검에 편리하고 화재 및 침수 등의 재해로 인한 피해를 받을 우려가 없는 장소에 설치할 것

(3) 수신기에 따라 감시되지 아니하는 배선을 통하여 전력을 공급받는 것에 있어서는 전원 입력측의 배선에 과전류 차단기를 설치하고 당해 전원의 정전이 즉시 수신기에 표시되는 것으로 하며, 상용전원 및 예비전원의 시험을 할 수 있도록 할 것

> ① 중계기에 접속하는 통신선을 이용하여 감지기의 감시에 필요한 미소 전류를 공급할 수는 있으나 경종 등의 출력을 공급하기 위해서는 해당하는 전류가 공급되어야 하므로 중계기에 별도로 전원을 공급하여야 한다.
> ② 중계기의 전원은 수신기를 통하지 않고 중계기에 전원을 직접 공급하는 경우와 수신기를 통하여 전원을 공급하는 2가지의 경우가 있다. 위의 조항에서 수신기에 따라 "감시되지 아니하는 배선을 통하여 전력을 공급 받는 중계기"란 의미는 집합형 중계기를 뜻하는 것으로 집합형 중계기는 수신기의 전원을 사용하는 것이 아니라 외부 전원을 별도로 공급받는 것이다.

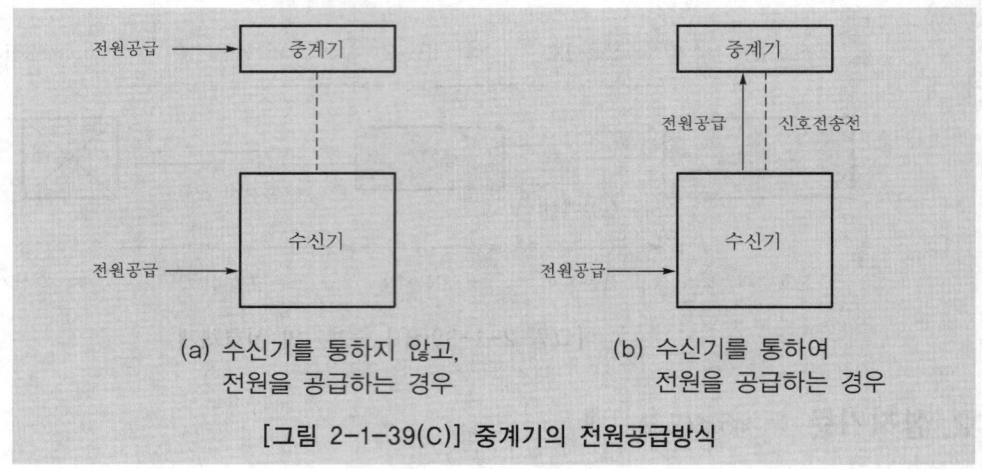

(a) 수신기를 통하지 않고, 전원을 공급하는 경우

(b) 수신기를 통하여 전원을 공급하는 경우

[그림 2-1-39(C)] 중계기의 전원공급방식

3. 중계기의 분류

중계기는 입력과 출력수에 따라 이를 선택적으로 결정할 수 있으며 집합형 중계기는 별도의 외부전원을 받아 동작하며 자체에 정류기와 비상전원을 내장하고 있다. 따라서 수용하는 용량이 분산형에 비해 대용량이며 수신기와 중계기간에 선로에 이상이 발생하여도 중계기 자체는 전원이 공급되므로 독립적으로 그 기능을 수행할 수 있다. 집합형의 경우는 층별로 또는 몇 개층에 중계기 1대를 설치하여 소방부하를 담당하도록 한다.

반면에 분산형은 수신기의 입력전원과 비상전원을 이용하는 것으로 수용하는 용량은 집합형 대비 소용량이며 자체의 전원이 없으므로 수신기와 중계기간 선로에 이상이 발생하면 시스템 전체가 작동불능상태가 된다. 분산형 중계기는 각종 장비별로 설치하여야 하므로 설비별 입출력수에 따라 설치하는 중계기의 수량이 결정된다. 과거에는 집합형으로 적용하는 비율이 높았으나 최근에는 설계 및 시공의 편리성으로 인하여 대부분 분산형으로 설계하고 있는 추세이다. 또한 분산형 중계기를 설치할 경우 최근에는 별도의 전원공급장치를 설치하고 있으며, 소규모 건물의 경우는 수신기 직근에, 대규모 건물의 경우는 층별로 이를 설치한다.

(1) 공급 전원방식에 의한 분류

1) **외부 전원을 이용하는 방식** : 외부에서 직접 중계기에 전원을 공급하는 방식이다.

2) **수신기 전원을 이용하는 방식** : 수신기에 공급된 수신기의 전원을 수신기를 통하여 전력을 공급받는 방식이다.

(2) 목적에 의한 분류

1) **입력용 중계기** : 감지기 등의 동작신호를 수신기에 전달하는 입력 전용의 기능을 갖는 중계기이다.

2) **출력용 중계기** : 수신기의 제어신호에 대한 대응 출력을 현장에 설치된 관련설비에 전달하는 출력 전용의 기능을 갖는 중계기이다.

3) **입출력 겸용 중계기**

입력용과 출력용의 두 가지 기능을 모두 가지고 있는 중계기로서 국내의 경우는 일반적으로 입출력 겸용의 중계기를 사용하고 있다.

(3) 용량에 의한 분류

1) **집합형**

① 전원장치를 내장하며, 보통 전기 Pit실 등에 설치한다.
② 회로는 대용량(30~40회로)의 회로를 수용하며, 하나의 중계기당 보통 1~3개 층을 담당한다.

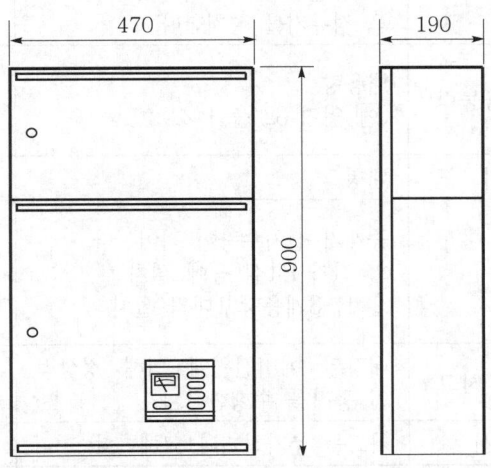

[그림 2-1-40(A)] 집합형 중계기(예)

2) **분산형**

① 전원장치를 내장하지 않고 수신기의 전원(D.C 24V)을 이용하며, 발신기함 등에 내장하여 설치한다.
② 회로는 소용량(5회로 미만)으로 Local 기기별로 중계기를 설치한다.

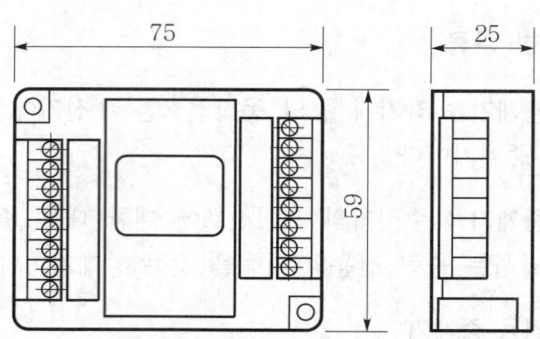

[그림 2-1-40(B)] 분산형 중계기(예)

4. 중계기별 비교

(1) 중계기별 특징

[표 2-1-23] 중계기별 비교

구 분	집합형	분산형
1. 입력 전원	A.C 110V/220V(외부전원)	D.C 24V(수신기전원)
2. 전원 공급	중계기용 전원장치가 있다. ① 전원은 외부 전원을 이용하며 비상전원이 내장되어있다. ② 정류기를 설치한다.	중계기용 전원장치가 없다. ① 전원 및 비상전원은 수신기전원을 이용한다. ② 별도의 정류장치는 없다.
3. 회로 수용능력	대용량 (예 입력 32/출력 22)	소용량 (예 입력 1/출력 1, 입력 2/출력 2, 입력 4/출력 4 등)
4. 외형 크기	대형	소형
5. 설치방식	중계기 설치수량이 적어진다. ① 전기 Pit실 등에 설치 ② 1~3개층당 1대씩 설치	중계기설치 수량이 많아진다. ① 발신기함에 내장하거나 별도의 격납함에 설치 ② 각 Local 기기별 1개씩 설치
6. 전원공급 사고	내장된 예비전원에 의해 정상적인 동작을 수행한다.	중계기 전원 선로의 사고시 해당 계통 전체 시스템이 마비된다.
7. 회로증설시	카드를 추가하거나 교체한다.	중계기를 신설한다.
8. 선로의 용량	중계기와 Local간의 거리가 짧고 중계기 직근에서 전원을 공급받으므로 전압강하는 무시할 수 있다.	수신기의 전원을 이용하여 Local 측의 부하전원을 공급하게되므로 부하전류가 크거나, 거리가 먼 경우 전선의 용량을 증가시키거나 전원장치를 설치하여야 한다.
9. 설치적용	① 전압강하가 우려되는 장소 ② 수신기와 거리가 먼 초고층 빌딩	① 전기 피트가 좁은 건축물 ② 아날로그 감지기를 실별로 설치하는 건물의 경우

(2) 중계기별 회로구성

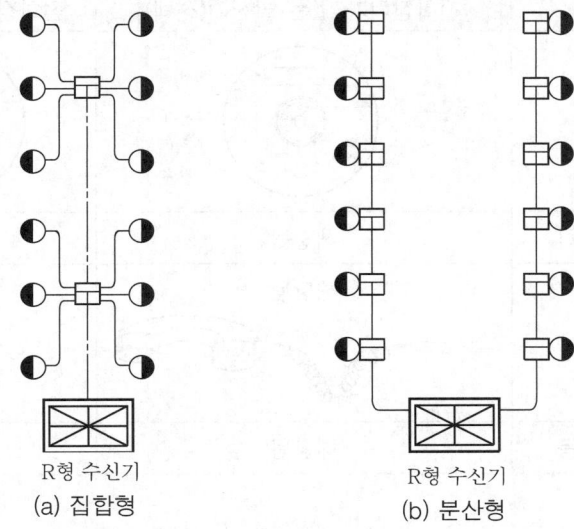

R형 수신기
(a) 집합형

R형 수신기
(b) 분산형

[그림 2-1-40(C)] 중계기별 회로구성(예)

7 발신기(Manual fire alarm box) 각론(구조 및 기준)

1. P형 발신기의 구분

(1) 수신기 형식승인 기준을 2016. 1. 11. 개정하여 P-1과 P-2급 수신기를 통합하여 P형 수신기로 하고, 동 형식승인 기준 제3조 17호에서 "발신기와 화재신호 전달에 지장이 없다면 상호 연락을 위한 전화는 선택할 수 있도록"하였다. 이에 따라 종전까지는 발신기를 P-1급 발신기(전화통화기능 있음)와 P-2급 발신기(전화통화기능 없음)로 구분하였으나, 수신기에 이어 발신기의 경우도 2016. 4. 1. 발신기 형식승인 기준을 개정하여 전화통화장치는 선택사항으로 하고, 형식은 P형 발신기로 단일화하였다.

(2) 대신에, 종전의 P-1급 발신기에서만 요구한 응답표시등(발신기 버튼을 누를 경우 동작 여부를 알 수 있도록 표시되는 램프)을 모든 P형 발신기에 설치하도록 하고 화재신호가 수신기에 전송되도록 2016. 4. 1.에 발신기 형식승인 기준(제4조의 2 제2항)을 신설하였다.

(3) 이후, 화재안전기준에서 4층 이상 특정소방대상물에 대해 전화통화가 가능한 수신기 설치 조항을 2022. 5. 9. 삭제하였으며 이로 이로 인하여 자동화재탐지설비 배선에서 "전화선"은 공식적으로 의무사항에서 제외되었다.

[표 2-1-24] 전화장치 유무별 발신기 구분

구 분	전화장치가 있는 발신기(선택)	전화장치가 없는 발신기(기본)
① 구조	명판 / 응답표시등 / 누름버튼 / 보호판 / 전화 Jack	명판 / 누름버튼 / 보호판
② 누름스위치	해당됨	해당됨
③ 전화 Jack	해당됨	해당되지 않음
④ 응답표시등	해당됨	해당됨

2. 발신기의 기준

(1) 설치위치 : 제9조 1항(2.6.1)

1) 기준

① 조작이 쉬운 장소에 설치하고, 그 스위치는 바닥으로부터 0.8m 이상 1.5m 이하의 높이에 설치할 것

② 특정소방대상물의 층마다 설치하되, 해당 층의 각 부분으로부터 하나의 발신기까지 수평거리가 25m 이하가 되도록 설치할 것. 다만, 복도 또는 별도로 구획된 실로서 보행거리가 40m 이상일 경우에는 추가로 설치해야 한다.

③ 제2호에 불구하고 제2호의 기준을 초과하는 경우로서 기둥 또는 벽이 설치되지 아니한 대형 공간의 경우 발신기는 설치대상 장소의 가장 가까운 장소의 벽 또는 기둥 등에 설치할 것

2) 해설

① 발신기라 함은 경종, 표시등, 누름스위치의 일체형 발신기 세트 중 누름스위치를 의미하며 국내의 경우는 기존에 발신기 설치를 수평거리를 기준으로 적용하였다. 그러나 칸막이 등으로 구획된 경우에 경종의 음량 청취는 음파가 직진하므로 수평거리로 적용하여도 문제가 없으나, 누름스위치의 경우는 관계인이 해당 발신기를 찾아서 직접 작동하여야 하므로 수평거리 25m를 기준으로 설치한 기준은 보행거리가 합리적이다. 이를 감안하여 보행거리

40m 이내가 되도록 수평거리 기준에 보행거리 기준을 추가한 것이다. 대공간으로 인하여 수평거리 25m나 보행거리 40m를 초과할 경우는 옥내소화전 (NFTC 102) 2.4.1.2에서 대공간의 경우는 방수구를 가까운 벽이나 기둥에 설치하도록 개정한 것을 준용하여 발신기에서도 해당 조항을 적용하도록 개정하였다.

② 발신기를 층마다 설치한다는 의미는 자동화재탐지설비(NFTC 203) 2.1.1.2의 단서에 따라 2개층인 500m^{2}를 하나의 구역으로 한 경우에도 경계구역은 동일하나 발신기는 각 층별로 설치하여야 한다. 왜냐하면, 상하층이 동일 경계구역일지라도 화재시에 직접 발신기를 작동시키려면 상층이나 하층까지 이동하여야 하기 때문이다.

③ 발신기 누름스위치의 거리기준에 대해 NFPA와 일본에서는 다음과 같이 규정하고 있다.

    ㉮ NFPA의 경우 : NFPA 72에서는 발신기 간의 보행거리(Travel distance)는 수평으로 측정하여 층별로 200ft(61m)를 초과하지 아니할 것[379]

    ㉯ 일본의 경우 : 각 층에서 그 층의 각 부분으로부터 1개의 발신기까지의 보행거리(步行距離)는 50m 이하가 되도록 설치할 것[380]

(2) 위치표시등 기준 : 제9조 2항(2.6.2)

1) 발신기의 위치를 표시하는 표시등은 함의 상부에 설치할 것

> 이 조항에서 말하는 함이란 발신기 세트(경종, 표시등, 누름스위치)함이나 소화전함의 표면을 말하며 야간에 발신기를 식별할 수 있도록 하기 위하여 적색의 표시등을 설치하도록 한 것이다. 그러나 발신기 표시등이 발신기(누름스위치)에 내장된 일체형 제품이 출시되고 있으므로 이 경우는 함의 상부가 아니어도 입법의 취지로 보아 인정하도록 한다.

2) 그 불빛은 부착면으로부터 15° 이상의 범위 안에서 10m 이내의 어느 곳에서도 쉽게 식별할 수 있는 적색등으로 해야 한다.

---

379) NFPA 72(2022 edition) 17.15.9.5 : Additional manual fire alarm boxes shall be provided so that the travel distance to the nearest fire alarm box will not exceed 200 ft(61m), measured horizontally on the same floor(가장 가까운 발신기까지의 보행거리가 같은 층에서 수평으로 측정했을 때 200ft(61m)를 초과하지 않도록 발싱기를 추가로 설치하여야 한다).

380) 일본소방법 시행규칙 제24조 8호의 2 "イ"목 : 各階ごとに, その階の各部分から一の発信機までの步行距離が50m以下となるように設けること.

국내 수신기 형식승인 기준상 가장 큰 문제점은 정전시 축전지 용량의 한계로 인하여 발신기 표시등은 점등되지 않도록 제작되고 있다는 것이다. 이는 형식승인 기준에서 정전시 축전지만을 비상전원으로 인정하는 수신기 특성상 정전시 발신기 표시등에 대한 점등을 의무화 하지 않고 있다. 따라서 현재 화재시 정전이 된 경우에는 현재 발신기 표시등은 점등되지 아니한다.

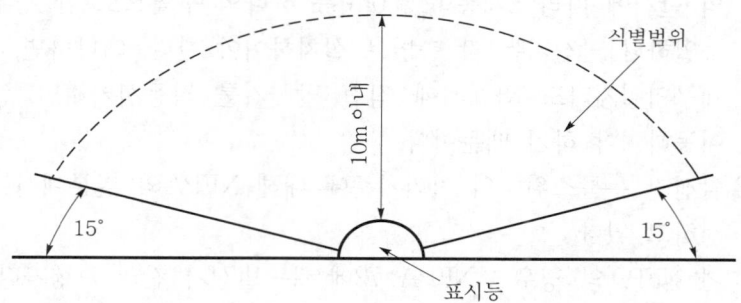

[그림 2-1-41] 발신기 표시등 식별범위

3. 음향장치의 기준

(1) 설치위치 : 제8조 1항(2.5.1)

1) 주음향장치는 수신기의 내부 또는 그 직근에 설치할 것

2) 지구음향장치는 특정소방대상물의 층마다 설치하되 해당 특정소방대상물의 각 부분으로부터 하나의 음향장치까지의 수평거리는 25m 이하가 되도록 하고 해당 층의 각 부분에 유효하게 경보를 발할 수 있도록 할 것. 다만, NFTC 202(비상방송설비) 규정에 적합한 방송설비를 자동화재탐지설비의 감지기와 연동하여 작동하도록 설치한 경우에는 지구음향장치를 설치하지 아니할 수 있다.

음향장치란 경종(Bell)을 말하는 것으로 칸막이 등으로 구획된 경우에도 경종의 음량은 음파가 직진하므로 수평거리로 적용한 것이다.

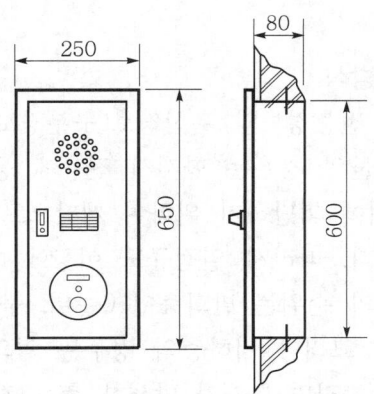

[그림 2-1-42(A)] 표시등 및 경종

3) 앞의 규정에도 불구하고 해당 기준을 초과하는 경우로서 기둥 또는 벽이 설치되지 아니한 대형 공간의 경우 지구음향장치는 설치대상 장소의 가장 가까운 장소의 벽 또는 기둥 등에 설치할 것

4) **터널의 경우** : NFPC 603(도로터널) 제8조 3호/NFTC 603 2.4.1.2

음향장치는 발신기 설치위치와 동일하게 설치할 것. 다만, NFTC 202(비상방송설비)에 적합하게 설치된 방송설비를 비상경보설비와 연동하여 작동하도록 설치한 경우에는 비상경보설비의 지구음향장치를 설치하지 않을 수 있다.

(2) 경보의 방식

층수가 11층(공동주택의 경우에는 16층) 이상의 특정소방대상물에는 다음의 기준에 따라 경보를 발할 수 있도록 할 것

1) 기준

① **경보의 순서** : 제8조 1항 2호(2.5.1.2)

㉮ 2층 이상의 층에서 발화한 때에는 발화층 및 그 직상 4개 층에 경보를 발할 것

㉯ 1층에서 발화한 때에는 발화층·그 직상 4개 층 및 지하층에 경보를 발할 것

㉰ 지하층에서 발화한 때에는 발화층·그 직상층 및 기타의 지하층에 경보를 발할 것

② **2개의 수신기가 있을 경우** : 제8조 3항(2.2.3.8)

하나의 소방대상물에 2 이상의 수신기가 설치 된 경우 어느 수신기에서도 지구 음향장치 및 시각경보장치를 작동할 수 있도록 할 것

2) 해설

① 일반적인 경보방식

경보방식에는 전층경보와 우선경보(구분경보)의 두 가지 방식이 있으며, 층고가 높은 건물의 경우는 화재시 전층에 동시에 경보를 발할 경우 전층의 재실자가 일시에 피난하기 위하여 계단으로 이동할 경우 오히려 피난에 장애를 주게 된다. 따라서 일정규모 이상에 대해서는 구분경보를 하게 된다. 이 경우 경보의 순위는 발화층이 0순위, 불길이 위로 올라가므로 직상층이 1순위가 된다. 그러나 지하층의 경우는 임의의 층에서 화재가 발생한 경우 지상으로 탈출하려면 화재가 발생한 층을 경유하여야 하므로 지하층은 지하 전층에 동시에 경보를 발하여야 한다.

② 경보방식의 개정(개정 2022. 5. 9./시행 2023. 2. 10.)

종전까지는 5층 이상으로 연면적 3,000m²를 초과하는 경우 직상 1개층·발화층 우선경보를 오랫동안 적용하였다. 그러나 건물이 점차 고층화되고 수직연소 확대로 인한 잠재적인 위험요소를 경감하고 화재시 신속한 대피의 필요성에 따라 11층 이상 건물(공동주택은 16층)부터는 발화층 및 직상 4개층에 대한 우선경보방식으로 2022. 5. 9. 개정하였다. 이에 따라 10층 이하(공동주택은 15층 이하)의 건물은 전층경보방식으로 적용하여야 한다. 또한 개정 부칙(시행일)에서 발령 후 9개월이 경과한 날부터 시행하도록 규정하여 시행일은 2023. 2. 10.부터이다.

11층					
7층	○				
6층	○				
5층	○	○			
4층	○	○			
3층	◉	○			
2층		○			
1층		◉	○		
B1		○	◉	○	○
B2		○	○	◉	○
B3		○	○	○	◉

[그림 2-1-42(B)] 발화층·직상 4개층 우선경보의 방식

㈜ ◉ : 화재발생, ○ : 동시경보

③ 수직회로의 경보방식

계단 등과 같은 수직회로의 경우에는 45m가 하나의 경계구역이므로 직상층·발화층 우선경보를 적용할 수가 없으며 설계시 주 경종만 작동되도록 한다. 따라서 일본의 경우는 경보방식에 대한 법적 모순을 보완하기 위해 계단 등과 같은 수직회로의 경우는 경보구역에서 제외하고 있다.[381]

④ 터널의 경보방식 NFPC 603 제8조 5호(2.4.1.3)

음향장치는 터널 내부 전체에 동시에 경보를 발하도록 설치하여야 한다. 터널의 경우에는 일반 소방대상물과 같이 구분경보를 하지 않고 터널 전체에 동시경보가 되도록 한 것은 일반 소방대상물과 달리 층이 동일한 평면이며 터널의 길이가 길어 화재가 발생한 지점과 멀리 떨어져 있는 경우에도 피난할 수 있는 출입구가 좌우 양쪽의 입구에 한정되어 있으므로 신속하게 터널 전체에 화재발생을 알려서 조기에 대피가 가능하도록 한 조치이다.

(3) 화재시 배선의 안전조치

1) **기준** : 제5조 3항 9호(2.2.3.9)

화재로 인하여 하나의 층의 지구음향장치 배선이 단락되어도 다른 층의 화재통보에 지장이 없도록 각 층 배선상에 유효한 조치를 할 것

2) **해설**

① 과거 NFSC 202(비상방송설비)에서는 화재시 배선의 안전조치에 대해 "화재로 인하여 하나의 층의 확성기 또는 배선이 단락 또는 단선되어도 다른 층의 화재통보에 지장이 없도록 할 것"으로 규정하고 있다. 이에 따라 화재시 스피커의 단락·단선으로 다른 층에 방송 송출이 되지 않는 것을 방지하기 위하여 회로별 퓨즈 설치 등 다양한 방법을 시행하고 있다.

② 방송설비에서만 규정한 동 조항을 확대하여 자동화재탐지설비에서도 반영하기 위해 2022. 5. 9. 당시 NFSC 203의 제5조 3항 9호를 신설하여 화재시 배선의 안전조치 사항을 도입하였다. 다만, 개정 부칙 제2조(일반적 적용례)에 따르면 "고시는 이 고시 시행 후 특정소방대상물의 신축·증축·개축·재축·이전·용도변경 또는 대수선의 허가·협의를 신청하거나 신고하는 경우부터 적용한다"라고 규정하고 있다. 이에 기존건축물은 소급하지 않고 2022. 5. 9. 이후 신축 등의 허가동의 건축물부터 적용하여야 한다.

---

381) 동경소방청 사찰편람(査察便覽) 자동화재탐지설비 6.1.6.1 위치 (2) p.2,507

(4) 음향장치의 성능

1) 기준 : 제8조 1항 4호(2.5.1.4)

① 음향장치는 정격전압의 80% 전압에서 음향을 발할 수 있는 것으로 할 것. 다만, 건전지를 주전원으로 사용하는 음향장치는 그렇지 않다.

② 음향의 크기는 부착된 음향장치의 중심으로부터 1m 떨어진 위치에서 90dB 이상이 되는 것으로 할 것

③ 감지기 및 발신기의 작동과 연동하여 작동할 수 있는 것으로 할 것

2) 해설

① 음량(音量 ; Loudness)과 음압(音壓 ; Sound pressure)

㉮ 음량은 발생 음압에 관계없이 청감으로 느끼는 "소음의 강도"이며 단위는 폰(Phone, 표시할 경우 phon)을 사용하며 이에 대해 음압(音壓 ; Sound pressure)은 음파가 가하는 단위면적당 압력으로서 음의 강도에 해당하며 단위는 dB(데시벨)을 사용한다. 즉 음량은 인간의 가청여부를 고려한 생리적 수치이나 음압은 가청여부와 관계없이 음의 에너지만을 고려한 물리적 수치이다.

인간이 느끼는 음의 대소는 청감으로 지각할 수 있는 감각량이어서 물리적인 음압과 일치하지 않는다. 예를 들면 소리의 크기는 진폭 이외에 주파수의 대소에 의해서도 결정되며 주파수가 클수록 음은 크게 들리고, 주파수가 작을수록 작게 들린다. 즉, 물리적인 측정치인 음압(dB)이 동일하여도 음파란 주파수에 따라 가청시 인간이 감각적으로 느끼는 음의 크기인 음량(Phon)은 이러한 이유 때문에 차이가 발생한다. 따라서 어떤 소리의 크기를 그것과 같은 크기로 들리는 기준음(1kHz를 사용)을 이용하여 음압(dB)으로 나타낸 것이 폰(Phon)이 된다. 예를 들면 주파수 100Hz, 51dB의 소리가 실제 1kHz에서 40dB의 세기를 가질 때와 같은 크기로 들리므로 이는 40Phon이 된다.

㉯ 국내 형식승인 기준에서 경종에 대한 형식승인을 할 경우나 NFPA나 일본소방법 기준이나 모두 음향장치의 경우 이를 음압(Sound pressure)을 기준으로 하여 "음압측정시험"을 하고 있으며, 단위는 dB을 사용하고 있다. NFPC 제8조 1항 4호에서는 "음량(Phon)"으로, NFTC 2.5.1.4에서는 "음향의 크기"로 표현하고 있으며, 이는 모두 잘못된 것으로 "음압"으로 개정되어야 한다.

② 경종 음압의 크기

㉮ 국내의 경우 : 경종의 형식승인 시험시 음압의 크기는 무향실(無響室)에서 경종의 중심에서부터 1m 이격하여 90dB 이상이 되어야 하며 이때 소비전류는 최대 50mA 이하이어야 한다. 무향실이란 음압측정시 외부의 소음이 완전히 차단되고 경종이 울릴 경우 내부의 벽에서 반사되는 음이 반영되지 않도록 제작된 시험실을 말한다. NFTC의 경우 음압크기는 경종의 1m 앞에서의 기준으로 실제 화재시 칸막이로 구획된 실내에 근무하는 재실자가 청취할 수 있는 음압에 대한 기준이 없으므로 이는 시급히 보완되어야 한다.

㉯ NFPA의 경우 : NFPA 72(2022 edition)에서는 경보의 음향특성(Audible characteristics)을 ㉠ 공공모드(Public mode) ㉡ 사설모드(Private mode) ㉢ 수면지역(Sleeping area)의 3가지로 구분하여 음압을 각각 달리 적용하며 측정은 해당구역의 바닥위 1.5m(15ft)에서 측정한다.

㉠ NFPA 72 18.4.4 공공모드(Public mode audible requirement) : 평균주변음량(Average ambient sound level)보다 15dB 이상이거나 최소 60초간 지속되는 최대음량(Maximum sound level having a duration of at least 60sec)보다 5dB 이상일 것(둘 중 큰 것을 적용)

㉡ NFPA 72 18.4.5 사설모드(Private mode audible requirement) : 평균주변음량보다 10dB 이상이거나 최소 60초간 지속되는 최대음량보다 5dB 이상일 것(둘 중 큰 것을 적용)

㉢ NFPA 72 18.4.6 수면지역(Sleeping area requirement) : 평균주변음량보다 15dB 이상이거나 최소 60초간 지속되는 최대음량보다 5dB 이상이거나 최소음량 75dB 이상일 것(셋 중 큰 것을 적용)

4. 발신기의 배선

공통선을 사용하여 하나의 공통선당 7개 회로의 경계구역을 배선할 수 있으며, 공통선을 "−"선으로 하여 각 회로선은 "+"으로 회로 구성을 한다. 경계구역 및 경보의 방식에 따라 배선수가 증가되며, 경계구역별 배선수는 다음과 같다.

(1) 입·출력선의 전선수

1) 기준 : 제11조 7호(2.81.7)

P형 수신기 및 GP형 수신기의 감지기 회로의 배선에 있어서 하나의 공통선에 접속할 수 있는 경계구역은 7개 이하로 할 것

2) 해설

① 하나의 경계구역마다 독립적으로 각각 2선으로 구성하여 감지기와 발신기를 접속하고 말단에 종단저항을 설치하는 것이 이상적이나, 경제적인 부담을 경감시켜 주기 위하여 경계구역 회로 1선을 공통선으로 하여 7회로까지를 같이 사용하도록 허용한 것으로 이는 일본의 소방법 기준을 국내에서 준용한 것이다.

② 그러나 이는 경제성을 떠나서 잘못된 방법으로 공통선이 단선될 경우는 7개의 회로가 작동되지 않으므로 언젠가는 개정되어야 한다. 수신기에서 이를 확인하려면 공통선 1선을 단자에서 풀어 놓은 후 도통시험을 할 경우 단선으로 표시되는 회로가 7개 회로 이하가 되어야 한다.

③ 과거에는 전화통화장치가 있는 P형-1급과 없는 P형-2급의 수신기 및 발신기로 구분하였으나, 2016. 1. 11. 수신기의 형식승인 기준을 개정하여 수신기와 발신기 간의 전화통화장치는 선택사항으로 개정하였다. 이후, 4층 이상 특정소방대상물에 대해 전화통화가 가능한 수신기 설치 조항을 2022. 5. 9. 화재안전기준 개정시 삭제하였다. 이에 따라 "전화선"은 의무사항에서 제외되었기에(수신기 제품에 따라 설치는 가능함) 자동화재탐지설비 배선에서 최소 배선수 적용시 전화선을 제외하고 계산하여야 한다.

[표 2-1-25(A)] 입·출력선의 소요 전선수

입·출력선			소요 전선수	비 고
① 회로선(+선)			1선/경계구역마다	경계구역수나 층수와 관련됨
② 회로공통선(-선)			1선/7경계구역(회로)마다	
③ 경종선 (+선)	전층경보		1선만 필요	
	구분경보	지상층의 경우	1선/층마다	
		지하층의 경우	1선만 필요	

④ 경종선의 경우는 경보방식과 지상층 경보와 지하층 경보에 따라 소요 전선수가 다르며, 전층경보 및 구분경보 중 지하층의 경우는 전층이 동시에 경보되므로 공통선을 제외하면 경종선 1선만 필요로 한다.

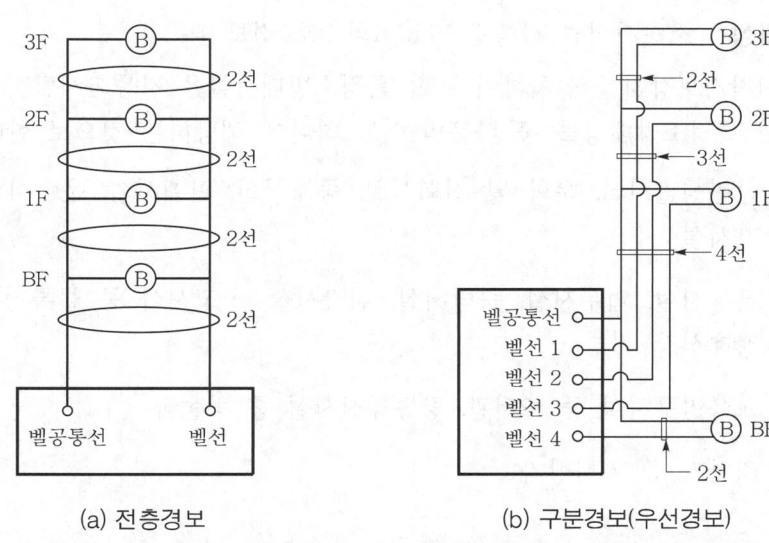

(a) 전층경보   (b) 구분경보(우선경보)

[그림 2-1-43(A)] 경보방식에 따른 경종선

(2) 비입출력선의 전선수

전화선·발신기 응답선·표시등선·경종표시등 공통선과 같은 비입출력선의 경우는 경계구역이나 층수와 무관하게 언제나 1선씩만 필요하다. 전화선과 응답선(발신기)에 대한 −선으로는 회로공통선을 사용하며 따라서 회로공통선을 −선으로 하여 회로선, 응답선(발신기), 전화선의 3선을 각각 +선으로 회로구성이 되게 배선한다. 마찬가지로 경종과 표시등은 경종표시등공통선을 −선으로 하고 경종선 및 표시등선은 각각 +선으로 하여 회로구성이 되게 배선한다.

[표 2-1-25(B)] 비입출력선의 소요 전선수

비입출력선	소요 전선수	비 고
① 전화선(+선) : 선택사항	1선만 필요	
② 응답선(+선)	1선만 필요	경계구역수나 층수와 무관함
③ 표시등선(+선)	1선만 필요	
④ 경종·표시등 공통선(−선)	1선만 필요	

5. 시각경보장치의 각론(구조 및 기준)

"시각경보장치"란 자동화재탐지설비에서 발하는 화재신호를 시각경보기에 전달하여 청각장애인에게 점멸형태의 시각경보를 발하는 것을 말한다.

(1) 대상 : 소방시설법 시행령 별표 4의 2호 경보설비

시각경보장치를 설치하여야 할 특정소방대상물은 자동화재탐지설비를 설치하여야 할 특정소방대상물 중 다음의 어느 하나에 해당하는 것으로 한다.

1) 근린생활시설, 문화 및 집회시설, 종교시설, 판매시설, 운수시설, 의료시설, 노유자시설

2) 운동시설, 업무시설, 숙박시설, 위락시설, 창고시설 중 물류터미널, 발전시설 및 장례식장

3) 교육연구시설 중 도서관, 방송통신시설 중 방송국

4) 지하가 중 지하상가

> 청각장애인을 위하여 시각경보장치(Strobe light)를 도입한 것으로 공공기관이나 불특정 다수인이 모이는 장소를 위주로 하여 적용하도록 규정한 것이다.

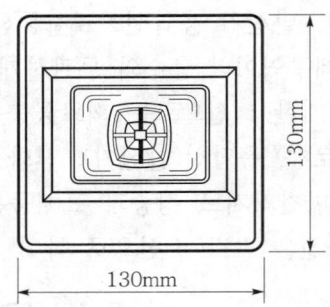

[그림 2-1-43(B)] 시각경보기(예)

(2) 설치기준 : 제8조 2항 본문(2.5.2)

1) 청각장애인용 시각경보장치는 소방청장이 정하여 고시한 "시각경보장치의 성능인증 및 제품검사의 기술기준"에 적합한 것으로 설치해야 한다.

> 시각경보기는 설치시 한국소방산업기술원 또는 성능시험 업무를 위탁받은 기관에서 검증받은 제품으로 설치하여야 한다. 이를 위하여 한국소방산업기술원에서는 시각경보기에 대한 성능시험 인정기준382)을 제정하여 제품에 대한 성능시험을 실시하고 있으며, 동 기준은 UL Standard 1971(Signaling devices for the hearing impaired)을 참조한 것으로 주요기준은 다음과 같다.

---

382) 시각경보장치의 성능인증 및 제품검사의 기술기준

① 점멸주기	1초당 1~3회
② 유효광도	15cd 이상(6m 전방에서 측정시)
③ 광원종류	투명 또는 백색으로 1,000cd 이하의 Xenon lamp
④ 작동시간	신호 입력 후 3초 이내 작동, 정지신호 후 3초 이내 정지
⑤ 식별범위	광원의 중심에서 수평 180°, 수직 90°

 식별범위

식별범위란 측정시 12.5m 이격된 임의의 지점에서 시각경보기의 빛이 보이는 범위를 말한다.

2) 시각경보장치의 광원은 전용의 축전지설비 또는 전기저장장치에 의하여 점등되도록 할 것. 다만, 시각경보기에 작동전원을 공급할 수 있도록 형식승인을 얻은 수신기를 설치한 경우에는 그렇지 않다.

① 시각경보기에 대해서는 보통 경종과 병렬로 설치하고 있으나 소비전류가 큰 관계로 직상층·발화층 우선경보시 경종 및 시각경보기의 정상적인 작동이 가능한지 반드시 부하계산을 검토하여야 한다. 일반적으로 시각경보기는 Xenon 섬광램프를 사용하는 관계로 소비전류가 100~300mA로 매우 큰 관계로 수신기의 전원을 이용할 경우 안정적인 동작을 확보할 수 없어 전용의 축전지설비를 설치하여야 한다. 필요시에는 별도의 전원반을 설치하여 시각경보기 전원선을 별도 배선으로 설치하는 것이 바람직하다.
② R형 설비의 경우는 전원공급장치를 별도로 사용하므로 시각경보기를 설치하여도 무리가 없으나 P형 설비의 경우 별도의 전원반이나 별도의 축전지를 사용하지 않을 경우는 과부하로 인하여 시스템이 무력화될 수 있다.

3) 터널의 경우 : NFTC 603 2.4.1.4

전체 시각경보기는 동기 방식에 의해 작동될 수 있도록 할 것

※ (저자 주) : 동기식에 대한 해설은 도로터널 화재안전기준편을 참조

(3) 설치위치 : 제8조 2항(2.5.2)

1) 복도, 통로, 청각장애인용 객실 및 공용으로 사용하는 거실(로비, 회의실, 강의실, 식당, 휴게실, 오락실, 대기실, 체력단련실, 접객실, 안내실, 전시실, 기타 이와 유사한 장소를 말한다)에 설치하며 각 부분으로부터 유효하게 경보를 발할 수 있는 위치에 설치할 것

2) 공연장, 집회장, 관람장 또는 이와 유사한 장소에 설치하는 경우에는 시선이 집중되는 무대부 부분 등에 설치할 것

> 시각경보기는 반드시 발신기와 동일하게 설치할 필요는 없으며, 제8조 2항(2.5.2)에서 "각 부분으로부터 유효하게 경보를 발할 수 있는 위치"의 의미는 모든 곳에서 식별이 용이하도록 설치하라는 선언적 의미이다. 또한 공연장 등의 경우는 관람을 위한 용도이므로 무대부 부분에 국한하여 설치하라는 의미이다.

3) 설치높이는 바닥으로부터 2m 이상 2.5m 이하의 장소에 설치할 것. 다만, 천장의 높이가 2m 이하인 경우에는 천장으로부터 0.15m 이내의 장소에 설치해야 한다.

> ① NFPA 72에서는 시각경보기는 벽에만 설치하는 것이 아니라 천장면에도 설치할 수 있으며 실의 크기에 따라 부착면의 높이를 조정하도록 하고 있다. 2m의 근거는 NFPA 72(2022 edition) 18.5.5 Appliance location에서 벽부착 기구(Wall-mount appliance)는 바닥에서 2m(80in) 이상 2.4m(96in) 이하이어야 한다. 그러나 천장부착 기구(Ceiling-mount appliance)일 경우는 9.14m(30ft)까지 설치할 수 있다. 국내의 경우 벽부착 기구만을 준용하여 동 기준을 제정한 것이다.
> ② 천장이 2m 이하인 경우는 천장에서 15cm 이내에 설치하라는 것은 NFPA 72(2022 edition) 18.5.5.2에 의한 것으로 낮은 천장의 경우는 15cm(6in) 이내에 설치하는 것을 준용한 것이다.

4) 터널의 경우 : NFTC 603 2.4.1.4

시각경보기는 주행차로 한쪽 측벽에 50m 이내의 간격으로 비상경보설비 상부 직근에 설치한다.

8 전원 및 배선 기준

1. 전원기준

(1) 상용전원 : 제10조 1항(2.7.1)

1) 전원은 전기가 정상적으로 공급되는 축전지, 전기저장장치 또는 교류전압의 옥내간선으로 하고 전원까지의 배선은 전용으로 할 것

2) 개폐기에는 "자동화재탐지설비용"이라고 표시한 표지를 할 것

(2) 비상전원

1) 기준 : 제10조 2항(2.7.2)

자동화재탐지설비에는 그 설비에 대한 감시상태를 60분간 지속한 후 유효하게 10분 이상, 경보할 수 있는 축전지설비(수신기에 내장하는 경우를 포함한다) 또는 전기저장장치(외부 전기에너지를 저장해 두었다가 필요한 때 전기를 공급하는 장치)를 설치해야 한다. 다만, 상용전원이 축전지설비인 경우 또는 건전지를 주전원으로 사용하는 무선식 설비인 경우에는 그렇지 않다.

2) 해설

① 자동화재탐지설비의 경우 상용(常用) 전원은 교류전원만 인정하는 것이 아니라 축전지설비도 인정하고 있으며, 이 경우 축전지설비란 수신기에 내장된 축전지 또는 축전지실에 설치하는 거치형(据置形)의 축전지설비 등을 의미한다.

② 비상전원은 반드시 축전지설비에 한하며 자동식 발전기는 경보설비에서 비상전원으로 인정하지 않고 있다. 발전기는 내연기관의 엔진이므로 정전시 발전기 엔진이 가동되어 정격회전수에 도달하여야 정격 사이클과 정격전압이 발생하게 되어 정격전압을 확립하게 된다. 발전기는 이러한 기동시간의 갭이 보통 10초 이상 소요하게 된다. 그러나 경보설비는 목적상 평시나 정전시를 포함하여 화재발생 상황에 대해 즉시 경보를 발하여 대피하도록 해야 하기 때문에 자동식 발전기의 경우에는 이를 비상전원으로 인정하지 않고 있다.

③ 제10조 2항(2.7.2)의 단서 조항은 자동화재탐지설비의 상용전원을 축전지설비로 공급할 경우에는 정전과 무관하게 언제나 전원이 즉시 공급되므로 수신기에 별도의 비상전원용 축전지를 설치할 필요가 없으며 건전지가 주전원인 경우도 동일한 뜻이다. 아울러 축전지의 용량은 정전된 시점에서 수신기가 60분간을 화재를 감시하여야 하며, 60분이 지난 순간에 화재신호 입력으로 인한 경종이 작동된다면 최소 10분간 경종이 울릴 수 있는 그러한 용량 이상의 축전지를 설치하라는 의미이다.

④ 전기저장장치(Energy Storage System ; ESS)는 비상전원 중 하나로서 외부 전기에너지를 저장해 두었다가 필요한 때 전기를 공급하는 장치이다. 동 장치는 2017. 7. 13.부터 화재안전기준에 도입되어 비상전원으로 인정하고 있다. ESS는 전기를 저장하는 경우(예 충전)에는 부하로 동작하며, 전기를 공급하는 경우(예 방전)에는 전원으로 동작하게 된다. ESS에 대한 소방 기준으로는 「전기저장시설의 화재안전기준」이 2022. 2. 7. 제정되어 현재 NFPC 607과 NFTC 607로 구성되어 있다.

화재안전기준에서 인정하는 비상전원의 종류

① 자가발전설비, ② 축전지설비, ③ 비상전원수전설비, ④ 전기저장장치

2. 배선의 기준

(1) 송배선(送配線)방식 : 제11조 4호(2.8.1.4)

감지기 사이의 회로의 배선은 송배선식으로 할 것

1) **목적 :** 송배선방식이란 도통(導通)시험을 확실하게 하기 위한 배선방식으로 일명 보내기 방식이라고 한다. 도통시험이란 회로별로 감지기 및 발신기 배선에 대하여 이상유무(정상, 단선, 단락)를 확인하기 위한 시험방법이다.

 송배선방식의 용어

종전까지는 화재안전기준에서 송배전(送配電)방식이라는 잘못된 용어를 사용하여 필자가 본 교재에서 오랫동안 오류를 지적한 사안이다. 2022. 12. 1.자로 화재안전기준이 분법화(NFPC와 NFTC)되면서 드디어 송배전(送配電)방식을 송배선(送配線)방식으로 오류를 수정하였다.

2) **배선방식**

① 송배선방식으로 하려면, 첫 번째로 감지기 배선은 감지기 1극에 2개씩 총 4개의 단자를 이용하여 배선을 하므로 배선의 도중에서 분기하지 않도록 다음 그림과 같이 시공하여야 한다. 예를 들어 감지기 D를 배선할 경우 A와 B 사이를 직접 결선한 후 중간에서 2선으로 분기배선(T−tapping)하여서는 아니 된다. 즉 언제나 감지기 1개에 대한 배선은 입력 2선, 출력 2선으로 총 4선으로 접속되어야 한다.

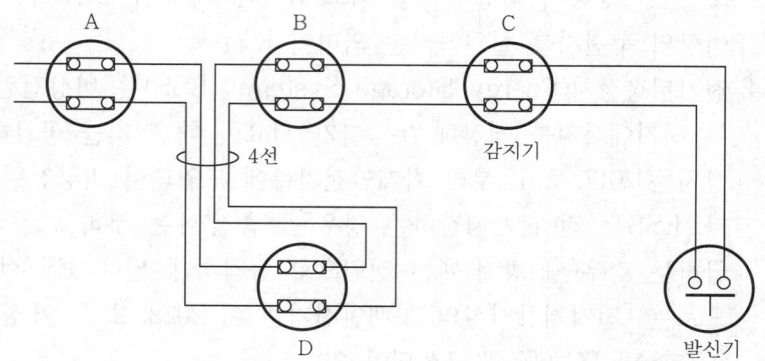

[그림 2-1-44(A)] 송배선방식의 결선

② 두 번째는 도통시험이 가능하도록 하기 위하여 말단부위에 종단(終端)저항을 설치하여야 하며 일반적으로 점검이나 유지관리의 편의상 발신기에 설치한다. 종단저항은 시스템마다 차이는 있으나 대부분 10kΩ의 저항을 발신기 내부 단자에 설치하여 회로(경계구역)별로 폐회로를 구성하도록 한다.

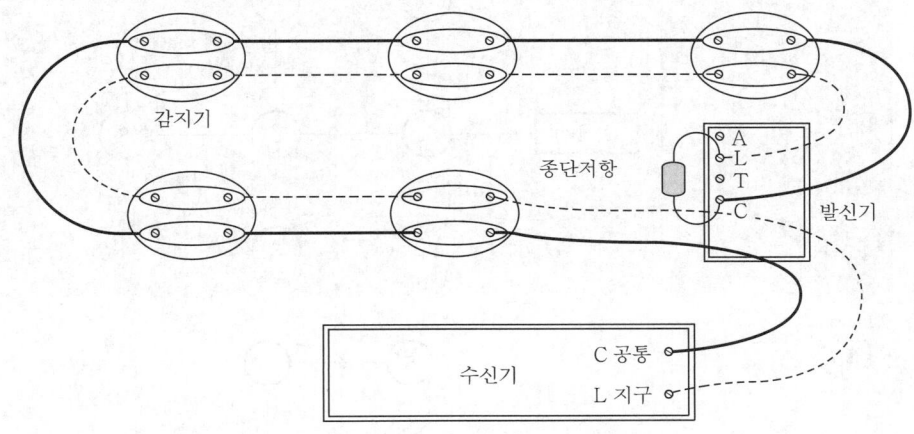

[그림 2-1-44(B)] 종단저항의 설치

수신기에서 도통시험을 행할 경우는 회로별로 수신기 전압 24V가 인가되므로 선로저항을 무시하고 종단저항만 적용할 경우 $V = I \times R$에서 $I = \dfrac{24}{10 \times 10^3} = 0.0024\text{A} =$ 2.4mA의 감시전류가 회로별로 흐르게 된다. 따라서 송배선식으로 배선이 설치되어 있을 경우 감시전류의 상황에 따라 정상(감시전류 ≒ 정상범위), 단선(감시전류 ≒ 0), 단락(감시전류 ≒ ∞)이 되며 평상시 감시전류는 전류값이 매우 미소하여 지구경종(소비전류 50mA)이나 지구표시창(소비전류 30mA)을 작동시킬 수 없다.

3) 기준 : NFTC 2.8.1.3

감지기 회로의 도통시험을 위한 종단저항은 다음의 기준에 따라야 한다.
① 점검 및 관리가 쉬운 장소에 설치할 것
② 전용함을 설치하는 경우 그 설치 높이는 바닥으로부터 1.5m 이내로 할 것
③ 감지기 회로의 끝부분에 설치하며, 종단감지기에 설치할 경우에는 구별이 쉽도록 해당 감지기의 기판 및 감지기 외부 등에 별도의 표시를 할 것

> 형식승인 기준에서는 도통시험을 하기 위해 수신기에 시험장치를 별도로 설치하도록 규정하고 있으며 보통 P형일 경우는 도통시험용 스위치와 전압계를 이용한다. 만일에 화재가 발생하여 감지기가 동작하게 되면 내부에 접점이 형성되며 감지기는 각 회로별로 병렬접속 상태이므로 동작된 감지기 내부의 접점을 통하여 폐회로가 구성되고 동작전류가 흐르며 신호출력을 송출하게 된다. 즉 평상시에는 종단저항을 통하여 감시전류가 흐르며, 화재시에는 동작된 감지기 내부접점을 통하여(발신기를 누르는 경우도 동일함) 동작전류가 흐르게 되는 것이다.

예제 다음 그림과 같이 연감지기가 6개를 송배선방식으로 배관 배선할 경우 종단저항을 발신기에 설치한다면 배선수를 기재하시오.

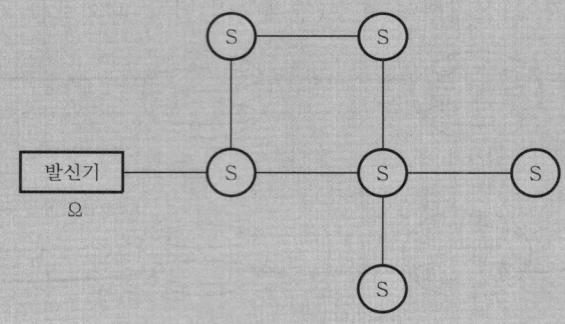

풀이

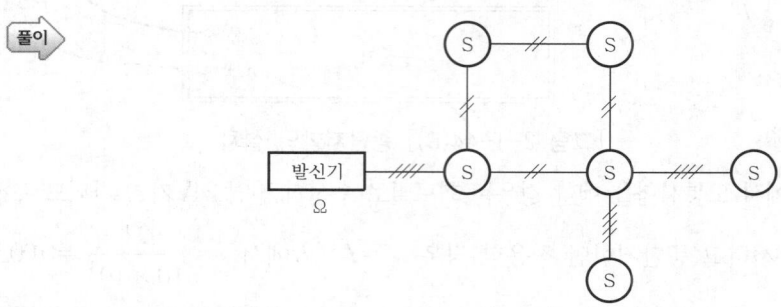

보충 Loop상태는 2선으로 Tree상태는 4선이 된다.

(2) 전선관 : 제11조 6호(2.8.1.6)

배선은 다른 전선과 별도의 관·덕트(절연효력이 있는 것으로 구획한 때에는 그 구획된 부분은 별개의 덕트로 본다)·몰드 또는 풀박스 등에 설치할 것. 다만, 60V 미만의 약전류 회로에 사용하는 전선으로서 각각의 전압이 같을 때에는 그렇지 않다.

 다른 전선이란 개념상으로는 강전(強電)에 사용하는 전선을 의미하며 이를 동일전선관에 설치하는 것을 금하는 이유는 강전류 전선에 의해 유도장애 등이 발생할 수 있어 이를 방지하기 위한 조치이다. 다만, 60V 이하의 약전류 회로의 경우에는 이러한 효과가 무시할 수 있을 정도이므로 허용한 것이다.

🔍 **몰드(Mold)와 풀박스(Pull box)**

1. 몰드란 금속제나 합성수지제로서 전선을 수용하기 위한 전선관의 일종이다.
2. 풀박스란 여러 전선들을 집합 수용하거나 접속하기 위한 목적으로 사용하는 분기용 전선관의 일종이다.

(3) 전로저항 : 제11조 8호(2.8.1.8)

자동화재탐지설비의 감지기 회로의 전로(電路) 저항은 50Ω 이하가 되도록 하여야 하며, 수신기의 각 회로별 종단에 설치되는 감지기에 접속되는 배선의 전압은 감지기 정격전압의 80% 이상이어야 한다.

> ① 전로저항은 선로 자체의 전선저항과 접속점의 저항을 의미하며 이는 경계구역별로 외부 배선의 회로저항을 말하는 것이다. 50Ω 이하로 제한하는 것은 P형 수신기의 경우 외부 배선의 저항을 규제하지 않을 경우 동작전류가 감소하여 릴레이가 작동하지 않는 등 수신기에 발생하는 장애를 방지하기 위함이다. 아울러 이는 P형 설비에만 해당하는 사항으로 전류신호가 아닌 통신신호를 사용하는 R형 설비에 적용하는 것은 아니다. 이에 대해 일본소방법 시행규칙에서는 P형이나 GP형 수신기의 감지기 회로라고 명확히 규정하고 있다.[383]
> ② 종단 감지기의 전압은 정격전압의 80% 이상이어야 하므로 수신기의 정격전압이 24V이므로 80%인 19.2V 이상이어야 하며 따라서 회로별로 4.8V까지만 선로전압강하를 허용하는 것이다.

3. 내화 및 내열 배선

(1) 개요

1) 소방설비에서 사용하는 상용전원 및 비상전원 등 전원부분의 배선은 화재시에도 일정 시간까지는 그 기능이 유지되어야 하므로 내열 및 내화 조치가 필요하며, 그 중에서 전원부분의 배선은 내화, 기타부분의 배선은 최소한 내열 이상의 조치가 필요하다. 내화배선 및 내열배선은 전선 자체의 재질이 상이한 것이 아니며 사용하는 전선은 동일하나 공사방법에 따라 내화 또는 내열 배선으로 분류하는 것이다.

전선과 배선

전선은 전류를 전송하기 위해 사용되는 도체인 전선 자체를 말하는 것이며 배선은 전선을 사용하여 전기회로를 구성하고 공사방법에 따라 시설한 것을 말한다.

---

383) 일본소방법 시행규칙 제24조 1항 1호 "ト"목 : P型受信機及びGP型受信機の感知器回路の電路の抵抗は、50Ω以下となるように設けること(P형 수신기 및 GP형 수신기의 감지기 회로 전로 저항은 50Ω 이하가 되도록 설치할 것).

2) 내화전선 및 내열전선에 대하여는 "성능인증 및 제품검사의 기술기준"이 소방청 고시로 제정되어 있으며, 필요시 제조사에서 해당 제품에 대하여 한국소방산업기술원에서 성능인증을 받을 수 있다. 또한 동 기준에 따르면 내화 및 내열전선은 용도가 소방시설용 배선에 사용하는 것으로 국한하고 있으며 일반 전기설비용 전선까지 소방에서 성능시험 기준을 적용하는 것은 아니다.

구 분	내화전선의 기준	내열전선의 기준
2012. 12. 31. 이전	내화전선의 성능시험기술기준 (소방방재청 고시)	내열전선의 성능시험기술기준 (소방방재청 고시)
	⬇ (통합)	
2012. 12. 31. 이후	제정 : 소방용 전선의 성능인증 및 제품검사의 기술기준 (현재 소방청 고시 2022-28호 2022. 12. 1. 개정)	

(2) 자동화재탐지설비의 배선

1) 기준 : NFTC 2.8.1.1 & 2.8.1.2

① 전원회로의 배선은 내화배선에 따르고 그 밖의 배선(감지기 상호간 또는 감지기로부터 수신기에 이르는 감지기 회로배선은 제외)은 내화배선 또는 내열배선에 따를 것

② 감지기 상호간 또는 감지기로부터 수신기에 이르는 감지기 회로는 아날로그식·다신호식 감지기나, R형 수신기용으로 사용되는 것은 전자파 방해를 받지 않는 실드선 등을 사용해야 하며, 광케이블의 경우에는 전자파 방해를 받지 아니하고 내열성능이 있는 경우 사용할 것. 다만, 전자파 방해를 받지 않는 방식의 경우에는 그렇지 않다.

2) 해설

배선에 대한 기준을 표와 그림으로 예시하면 다음과 같다.

[표 2-1-25(C)] 자동화재탐지설비 배선의 적용

자동화재탐지설비 배선		배선 종류	비 고
① 전원회로 배선		내화배선	-
② 감지기회로 배선(감지기 상호간 또는 감지기로부터 수신기에 이르는 감지기회로 배선)	• 아날로그식, 다신호식 감지기, R형 수신기용	전자파 방해를 받지 않는 실드선(차폐선)	광케이블 가능(전자파 방해를 받지 않고 내열성이 있을 것)
	• 감지기 상호간	내화배선 또는 내열배선	-
	• 기타	내화배선 또는 내열배선	-
③ 그 밖의 회로배선		내화배선 또는 내열배선	-

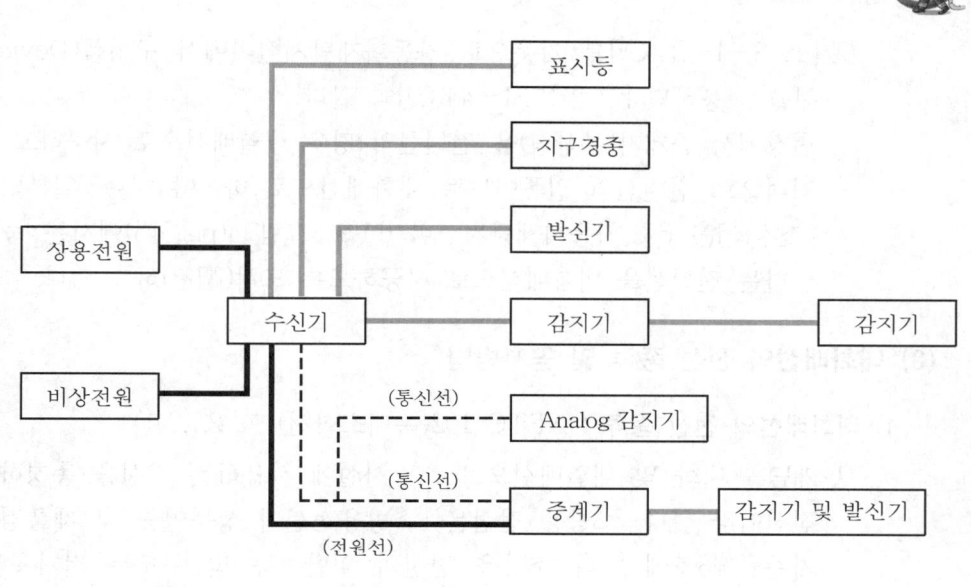

: 내화배선   : 내열배선   ----- : 실드선

[그림 2-1-44(C)] 자동화재탐지설비의 내화 및 내열 배선

주 1. 감지기와 감지기간은 내열 이상이다.
2. 전원선은 수신기에서 공급하는 분산형 중계기용 전원선이다.

요점

> 전원은 중요하므로 내화 이상, 기타는 내열 이상이며 R형 설비에서 다중통신에서 사용하는
> 부분은 실드선(또는 광케이블도 가능)을 사용한다.

① R형의 통신선에 실드선을 사용하는 것은 전자파에 의한 전자유도를 방지하기 위한 것으로 현재 수신기 형식승인 기준에서는 전자파 적합성 시험[384]을 확인하고 있다.

② 일반전선은 구리선을 사용하지만, 광케이블(Optical cable)은 광섬유를 여러 가닥으로 묶어서 케이블을 만들어 사용하는 통신선으로 일반전선에 비해 자료의 전송속도가 빠르며 정보의 손실이 적고 장거리 전송 및 대용량 통신에 매우 유리한 장점이 있다. 이는 전기신호를 빛으로 변환하여 광속으로 데이터를 전송하는 것으로 전기신호를 중간변환 없이 전송하는 전선과 비교하면 변환과정이 필요하지만, 자기장의 간섭이나 전기저항에 의한 데이터 손실이 없다는 장점 때문에 구리선을 대체할 통신기술이다.

---

384) 수신기의 형식승인 및 제품검사의 기술기준 제21조의 5(전자파 적합성) : 수신기는 국립전파연구원장이 정하여 고시하는 전자파 적합성 기준에 적합하여야 한다.

③ [표 2-1-25(C)]를 기준으로 자동화재탐지설비에서 구성품(Device)별로 배선을 적용하면 [그림 2-1-44(C)]와 같다.

현장에서 중계기(분산형)용 전원선의 경우 내열배선으로 시공하고 있으나 원칙적으로 전원선의 일종이므로 내화배선으로 하여야 하며, 일본의 사찰편람(査察便覽) 6.1 자동화재탐지설비 6.1.9-그림 4(p.2,515)에서는 중계기에 공급하는 전원선을 내화배선으로 시공하도록 도시(圖示)하고 있다.

(3) 내화배선의 전선 종류 및 공사방법

1) 내화배선의 전선 종류 : NFTC 102(옥내소화전) 표 2.7.2(1)

① 개념 : 내화 및 내열배선으로 소방시설에 사용하는 전선을 총칭하여 소방용 전선이라 한다. 소방용 전선은 「소방용전선의 성능인증 및 제품검사의 기술기준」제3조에 따라 소방용 전선의 일반성능 및 구조는 전기용품안전인증 또는 KS 인증이나 V-check 인증을 받은 난연성의 전선이어야 한다. 이러한 조건을 갖춘 전선으로 동 기술기준에서 규정한 연기밀도시험, 연소가스 부식성 시험, 절연내력시험, 내화시험(내열전선은 내열시험) 등에 대한 성능인증을 받아야 화재안전기준상 내화 또는 내열전선으로 최종 인증되는 것이다.

② 소방용 전선의 일반성능 및 구조 인증

㉮ 전기용품안전인증 : 「전기용품 및 생활용품안전관리법」에 따라 시행되는 강제 인증제도로서 안전인증대상 전기용품은 안전인증을 받아야 제조 및 판매할 수 있다. 전기용품 및 생활용품에 대한 인증은 한국기계전기전자시험연구원(KTC) 등 기관에서 시행하며 인증받은 제품의 경우 KC 마크를 부여하고 있다.

㉯ KS 인증 : KS 인증은 한국산업표준인증제도로서 광공업품 및 산업활동 관련 서비스가 KS 인증기준에 해당함을 인증하는 국가표준제도이다. 인증기관은 한국표준협회 등에서 시행하며 인증받은 제품의 경우 KS 마크를 부여하고 있다.

㉰ V-check 인증 : V-check 인증이란, 제품의 품질과 성능 향상을 통한 경쟁력 향상과 안전사고로부터 소비자를 보호하기 위해 제품의 안전, 성능, 신뢰성 등에 대해 인증하는 제도로서 국가표준기본법에 따라 KOLAS(한국인정기구)가 공인한 제품인증기관의 통합 인증마크이다. V-check 인증은 조달청의 우수조달 물품으로 지정되며 다수의 기관이 인증업무를 수행하고 있다.

③ 내화배선의 사용전선

국제표준의 변화에 대처하기 위한 KS 규격의 선진화 계획에 따라 전기분야의 경우 국내규격과 IEC 규격[385]을 일치시키기 위한 전면적인 개편작업을 시행하여 국제규격과 일치화(Identical) 또는 부합화(modified)시키고 있다. 이로 인해 과거 소방에서 사용한 HIV 전선(KSC 3328)은 국제규격이 아닌 관계로 2009. 8. 21.자로 KS 규격이 폐지되고 대응규격으로 IEC 기준과 부합화시킨 KSCIEC 60227(450/750V 염화비닐절연 케이블)이 채택되었다. 이에 따라 2009. 10. 22.자로 이를 내화·내열전선으로 수용하여 화재안전기준을 개정하였다. 이후, 화재시 유독가스로 인한 질식을 방지하기 위하여 염소나 브롬 등을 첨가하지 않는 저독성(Halongen free)의 친환경 소재 전선을 사용하게 됨에 따라 또 다시 2013. 6. 10. 내화·내열전선을 친환경 전선으로 전면 개정하였으며, 내화배선의 종류는 NFTC 102 표 2.7.2(1)과 같다.

[NFTC 102 표 2.7.2(1) 내화배선에 사용하는 전선의 종류 및 공사방법]

사용전선의 종류	공사방법
1. 450/750V 저독성 난연 가교 폴리올레핀 절연전선 2. 0.6/1kV 가교 폴리에틸렌 절연 저독성 난연 폴리올레핀 시스 전력 케이블 3. 6/10kV 가교 폴리에틸렌 절연 저독성 난연 폴리올레핀 시스 전력용 케이블 4. 가교 폴리에틸렌 절연 비닐시스 트레이용 난연 전력 케이블 5. 0.6/1kV EP 고무절연 클로로프렌 시스 케이블 6. 300/500V 내열성 실리콘 고무 절연전선(180℃) 7. 내열성 에틸렌-비닐 아세테이트 고무절연 케이블 8. 버스덕트(Bus duct) 9. 기타 「전기용품 안전관리법」 및 「전기설비기술기준」에 따라 동등 이상의 내화성능이 있다고 산업통상자원부장관이 인정하는 것	금속관·2종 금속제 가요전선관 또는 합성수지관에 수납하여 내화구조로 된 벽 또는 바닥 등에 벽 또는 바닥의 표면으로부터 25mm 이상의 깊이로 매설해야 한다. 다만, 다음의 기준에 적합하게 설치하는 경우에는 그렇지 않다. 가. 배선을 내화성능을 갖는 배선전용실 또는 배선용 샤프트·피트·덕트 등에 설치하는 경우 나. 배선전용실 또는 배선용 샤프트·피트·덕트 등에 다른 설비의 배선이 있는 경우에는 이로 부터 15cm 이상 떨어지게 하거나 소화설비의 배선과 이웃하는 다른 설비의 배선 사이에 배선지름(배선의 지름이 다른 경우에는 가장 큰 것을 기준으로 한다)의 1.5배 이상의 높이의 불연성 격벽을 설치하는 경우
내화전선	케이블공사의 방법에 따라 설치해야 한다.

비고 내화전선의 내화성능은 KSCIEC-60331-1과 2(온도 830℃/가열시간 120분) 표준 이상을 충족하고 난연성능 확보를 위해 KSCIEC 60332-3-24 성능 이상을 충족할 것

---

385) IEC(International Electrotechnical Commission ; 국제전기기술위원회) : 전기통신 분야의 규격을 통일하기 위한 국제기구이다.

㉮ 450/750V 저독성 난연 가교 폴리올레핀 절연전선(KSC 3341 ; 기호 450/750 HFIX) : 용도는 독성이 낮은 난연성의 전선으로 절연재료는 폴리올레핀(Polyolefine)을 사용한 옥내배선용 절연전선이다. 규격은 KS C 3341로 지정되어 있으며 최고허용온도는 90℃이며 기호는 "450/750V HFIX"로 표기하며, 종전에 사용한 HIV 전선의 대체품이다.

 HFIX의 뜻

1. HF : 저독성 난연(Halogen free flame retardant)
2. I : 절연전선(Insulation wire)
3. X : 가교 폴리에틸렌(Cross-linked polyolefin)

㉯ 0.6/1kV 가교 폴리에틸렌 절연 저독성 난연 폴리올레핀 시스 전력 케이블(KSCIEC 60502-1 ; 전선표기 0.6/1kV HFCO) : 주거 및 상업용 건물이나 산업용 배전회로에 사용하는 저독성의 난연성능 전력 케이블로 정격전압기준은 600V 및 1kV이다. 절연재료는 "가교 폴리에틸렌(XLPE)"을 사용하며 규격은 KSCIEC 60502-1로 지정되어 있고, 최고허용온도는 90℃이며 기호는 "0.6/1kV HFCO"로 표기한다.

 가교(架橋)

가교결합(Cross link)이란 사슬모양 구조의 유기화합물에서 내열성과 기계적 성능을 개선한 결합구조를 뜻한다. 따라서 가교 폴리에틸렌 전력 케이블은 폴리에틸렌 분자간에 가교를 행하여 폴리에틸렌의 결점인 내열성, 기계적 성능을 개선시킨 전력용 케이블이다.

㉰ 6/10kV 가교 폴리에틸렌 절연 저독성 난연 폴리올레핀 시스 전력용 케이블(KSCIEC 60502-2 ; 전선표기 6/10kV HFCO) : ㉯와 유사한 규격의 전력용 케이블로 정격전압기준은 고압인 6kV와 특별고압인 10kV이다. 규격은 KSCIEC 60502-2로 지정되어 있으며 최고허용온도는 90℃이며 기호는 "6/10kV HFCO"로 표기한다.

㉱ 가교 폴리에틸렌 절연 비닐시스 트레이용 난연 전력 케이블(KSCIEC 60502-1 ; 전선표기 F-CV) : 전기설비기술기준에 의한 트레이용 케이블로서 전압표기가 화재안전기준에는 누락되었으나 정격전압기준은 0.6/1kV이다. 규격은 KSCIEC 60502-1로 지정되어 있으며 최고허용온도는 90℃로 기호는 "0.6/1kV F-CV(또는 TFR-CV)"로 표기한다.

ⓜ 0.6/1kV EP 고무절연 클로로프렌 시스 케이블(KSCIEC 60502-1) : EP 란 에틸렌 프로필렌(Ethylene propylene)을 의미하며, 절연재료는 EP 고무를 사용하고 시스(Sheath)는 클로로프렌(Chloroprene) 고무로 전력용이나 제어용 등에 주로 사용하며 이동이나 철거가 용이한 케이블이다. 규격은 KSCIEC 60502 -1로 지정되어 있으며 기호는 "0.6/1kV PNCT"로 표기한다.

ⓝ 300/500V 내열성 실리콘 고무 절연전선 180℃(KSCIEC 60245-3) : 정격전압 300/500V 이하의 전력용이나 제어용에 사용하는 케이블이다. 내열성의 실리콘 고무를 사용한 절연전선으로 실리콘고무는 특수고무로 내열성이 매우 높아 최고 350℃까지 사용할 수 있는 재료이다. 규격은 KSCIEC 60245-3으로 지정되어 있으며 최고허용온도는 180℃이며 기호는 "60245 KSIEC 03"이다.

ⓞ 내열성 에틸렌-비닐 아세테이트 고무 절연 케이블(KSCIEC 60245-7) : 에틸렌 비닐 아세테이트 고무를 절연체로 사용하는 전력용 케이블이다. 정격전압은 450/750V이며 규격은 KSCIEC 60245-7로 지정되어 있으며 기호는 "60245 KSIEC 04"이며 최고허용온도는 110℃이다.

에틸렌 비닐 아세테이트(EVA ; Ethylene Vinyl Acetate)

합성수지의 일종으로 연성이 우수하며 PVC의 대체 소재로 사용되는 재질로 전선의 경우는 EVA고무를 절연체로 사용하는 케이블이다.

ⓟ 버스덕트(Bus duct) : 공장이나 빌딩 등에서 비교적 대전류를 이용하는 옥내간선을 설치하는 경우 사용하며 덕트 내 Bus-bar 형태의 동대(銅帶)를 설치한 것이다. 이에 비해 금속덕트는 덕트 내 전선을 포설하여 간선의 배선에 사용하는 것으로 금속제의 덕트 내에 절연전선을 설치하는 것이나, 버스덕트는 강판이나 알루미늄의 금속제 덕트 내에 나선(裸線) 상태인 동대를 설치하는 것이다.

2) 내화배선의 공사방법

① 기준 : 사용전선의 종류 1~9호 전선에 대한 내화배선의 공사방법은 다음 표와 같으며, 내화전선의 경우는 케이블 공사방법에 따른다.

[NFTC 102 표 2.7.2(1) 내화배선의 공사방법]

	전선관사용 : 금속관·2종 금속제 가요전선관·합성수지관에 수납	
	매립하는 경우	매립하지 않는 경우
1~9호 사용전선의 공사방법	내화구조로 된 벽 또는 바닥에 표면으로부터 25mm 이상 매립한다.	① 내화성능의 배선전용실 또는 배선용 샤프트·피트·덕트 등에 설치하거나 ② 타 설비 배선이 있는 경우 15cm 이상 이격하거나 또는 이웃하는 가장 큰 타 설비 배선 직경의 1.5배 이상 높이의 불연성 격벽을 설치한다.
내화전선의 공사방법	케이블 공사방법에 따라 설치한다.	

② 해설

㉠ 1~9호 사용전선의 공사방법이란, NFTC 102 표 2.7.2(1)에 제시한 1~9호의 전선을 표 2.7.2(1)의 공사방법에 따라 공사하는 것을 말한다. 즉, 1~9호의 전선은 KS 인증 등의 국가공인제품일 경우에는 그 자체가 내화배선용 사용전선이 되지만 반드시 내화배선의 공사방법에 따라 전선관을 사용하여 매립 시공하여야 하며, 내화성능의 배선전용실 등의 경우는 매립으로 인정하는 것이다. 그러나 내화전선의 공사방법이란, NFTC 표 2.7.2(1)의 맨 아래 칸에 있는 내화전선을 말하는 것으로 이는 제조사에서 자체적으로 내화전선을 개발할 경우 NFTC 표 2.7.2(1)의 비고에 따라 내화성능시험을 실시하여 성능인증을 받은 전선을 뜻하며 이는 내화배선 공사방법이 아닌 케이블 공사방법으로 시공하라는 의미이다.

㉡ 케이블 공사방법이란 전선관을 사용하여 매립하지 않고 노출상태로 시공하는 것을 말하며, 예를 들면 케이블 트레이에 설치하는 케이블 공사 등을 말한다. 내화성능을 갖는 배선전용실(샤프트·피트·덕트 포함) 등에 설치하는 경우는 다음의 그림과 같이 설치하도록 한다.

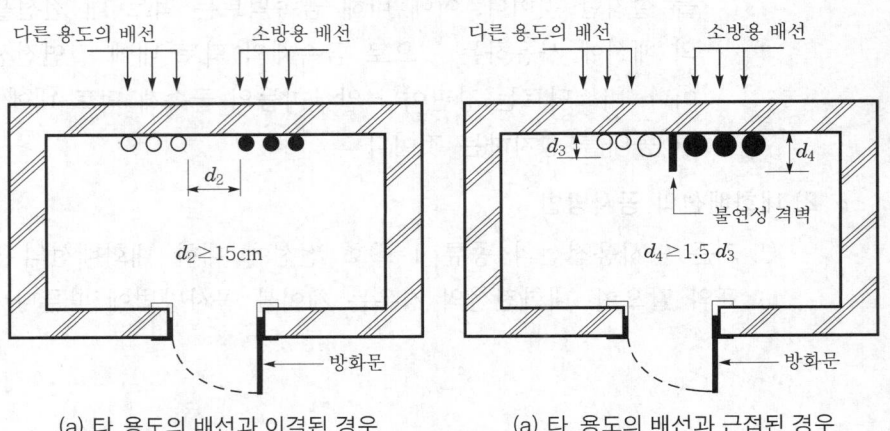

(a) 타 용도의 배선과 이격된 경우 (a) 타 용도의 배선과 근접된 경우

(4) 내열배선의 전선종류 및 공사방법

1) **내열배선의 전선종류** : NFTC 102(옥내소화전) 표 2.7.2(2)

① 개념

㉮ 내열배선의 경우 사용전선이 내화배선의 사용전선과 동일한 것은 내화 및 내열배선의 경우 사용전선의 재질이 다른 것이 아니라 어떠한 공사방법으로 시공하는가에 따라 내화배선과 내열배선으로 구분하기 때문이다. 따라서, NFTC 102 표 2.7.2(1)의 내화배선과 표 2.7.2(2)의 내열배선에서 사용전선은 동일한 것이다.

㉯ 표 2.7.2(2)의 맨 아래 칸은 종전의 화재안전기준에서는 "내화전선·내열전선"이었으나 NFTC 102의 표 2.7.2(2) 도입시 "내화전선"만 규정하고 "내열전선"은 삭제하였다. 왜냐하면 소방용 전선의 내열성능 기준은 난연전선 기준이 혼재되어 있고 국제표준도 없으므로 소방용 내열전선은 내화전선 성능 이상을 확보하도록 하기 위해 케이블 공사방법에서 "내열전선" 항목을 삭제하였다.

② 내열배선의 사용전선

[NFTC 102 표 2.7.2(2) 내열배선에 사용하는 전선의 종류 및 공사방법]

사용전선의 종류	공사방법
1. 450/750V 저독성 난연 가교 폴리올레핀 절연전선 2. 0.6/1KV 가교 폴리에틸렌 절연 저독성 난연 폴리올레핀 시스 전력 케이블 3. 6/10kV 가교 폴리에틸렌 절연 저독성 난연 폴리올레핀 시스 전력용 케이블 4. 가교 폴리에틸렌 절연 비닐시스 트레이용 난연 전력 케이블 5. 0.6/1kV EP 고무절연 클로로프렌 시스 케이블 6. 300/500V 내열성 실리콘 고무 절연전선(180℃) 7. 내열성 에틸렌-비닐 아세테이트 고무절연 케이블 8. 버스덕트(Bus duct) 9. 기타 「전기용품안전관리법」 및 「전기설비기술기준」에 따라 동등 이상의 내화성능이 있다고 산업통상자원부장관이 인정하는 것	금속관·금속제 가요전선관·금속덕트 또는 케이블(불연성 덕트에 설치하는 경우에 한한다) 공사방법에 따라야 한다. 다만, 다음의 기준에 적합하게 설치하는 경우에는 그렇지 않다. 가. 배선을 내화성능을 갖는 배선전용실 또는 배선용 샤프트·피트·덕트 등에 설치하는 경우 나. 배선전용실 또는 배선용 샤프트·피트·덕트 등에 다른 설비의 배선이 있는 경우에는 이로 부터 15cm 이상 떨어지게 하거나 소화설비의 배선과 이웃하는 다른 설비의 배선 사이에 배선지름(배선의 지름이 다른 경우에는 가장 큰 것을 기준으로 한다)의 1.5배 이상의 높이의 불연성 격벽을 설치하는 경우
내화전선	케이블 공사의 방법에 따라 설치해야 한다.

2) 내열배선의 공사방법

① 기준 : 사용전선의 종류 1~9호 전선에 대한 내열배선의 공사방법은 다음 표와 같으며, 내화전선의 경우는 케이블 공사방법에 따른다.

[NFTC 102 표 2.7.2(2) 내열배선의 공사방법]

	전선관 공사	노출 공사
1~9호 사용전선의 공사방법	① 금속관·금속제 가요전선관·금속덕트공사로 하거나 ② 케이블 공사(불연성 덕트 내에 설치하는 경우)로 한다.	① 내화성능의 배선전용실 또는 배선용 샤프트·피트·덕트 등에 설치하거나 ② 타 설비 배선이 있는 경우 15cm 이상 이격하거나 또는 이웃하는 가장 큰 타 설비 배선 직경의 1.5배 이상 높이의 불연성 격벽을 설치한다.
내화전선의 공사방법	케이블 공사방법에 따라 설치한다.	

② 해설

㉮ 1~9호 사용전선의 공사방법이란, NFTC 102 표 2.7.2(2)에 제시한 1~9호의 전선을 표 2.7.2(2)의 공사방법에 따라 공사하는 것을 말한다. 즉, 1~9호의 전선은 KS 인증 등의 국가공인제품일 경우에는 그 자체가 내열배선용 사용전선이 되지만 반드시 전선관을 사용하여 노출 공사를 하거나 또는 전선관 대신 내화성능의 배선전용실 등에 배선을 노출 공사로 시공하여야 한다.

㉯ 그러나 내화전선 공사방법이란 NFTC 102 표 2.7.2(2)의 맨 아래 칸에 있는 내화전선을 말하는 것으로 이는 제조사에서 자체적으로 내화전선을 개발할 경우 NFTC 102 표 2.7.2(1)의 비고에 따라 내화성능시험을 실시하여 성능인증을 받은 전선을 뜻하며 이는 내열배선 공사방법이 아닌 케이블 공사방법으로 시공하라는 의미이다.

9 NFPA의 자동화재탐지설비 기준

NFPA 72(2022 edition)의 경우는 자동화재탐지설비의 분류를 국내처럼 수신기, 감지기, 발신기, 중계기와 같이 설비(Device)의 구성부품에 따라 분류하지 아니하며, "구내 자동화재탐지설비"(Protected premises fire alarm systems)를 기준으로 할 경우 입력장치, 통보장치, 신호 선로장치의 3가지의 기본적인 회로형태로 분류하고 있다.

1. 설비의 구성

(1) 입력장치회로(Initiating Device Circuit ; IDC)

NFPA 72에서는 수신기나 중계기에 신호(Signal)를 입력하는 주소 기능이 없는 입력장치에 사용하는 회로를 뜻하며, 입력장치의 종류는 다음과 같다. [NFPA 72(2022 edition) 3.3.148]

1) 아날로그형 입력장치(Analog initiating device(Sensor)) : 연기농도, 온도변화, 수압 또는 수위의 변화 등을 측정하여 수신기에 통보하는 입력장치

2) 자동식 소화설비용 감시장치(Automatic extinguishing system supervisory device) : 스프링클러, 물분무소화설비등의 기동장치

3) 비재용형 입력장치(Nonrestorable initiating device) : 감지선형 감지기와 같이 작동과정에서 감지소자가 파괴되는 입력장치

4) 재용형 입력장치(Restorable initiating device) : 작동과정에서 감지소자가 파괴되지 않아 복구가 가능한 입력장치

5) 감시용 신호입력장치(Supervisory signal-initiating device) : 수위지시계, 밸브 감시, 건식스프링클러설비의 저공기압 발신장치 등과 같이 상황의 변화에 따라 설비 내부의 비정상상태, 정상상태로의 복귀, 화재진압설비의 유지보수 특성에 관한 신호를 보내는 입력장치

(2) 통보장치회로(Notification Appliance Circuits ; NAC)

통보장치에 사용하는 회로로서 수신반에 화재의 발생을 알리고 대피 및 소화활동에 필요한 신호를 발생시키는 통보장치는 NFPA 72(2022 edition) 3.3.189에서는 다음과 같이 구분한다.

1) 청각용 통보장치(Audible notification appliance) : 종류에는 Bell, Horn(경적 ; 警笛), Buzzer, Siren, Speaker 등이 있으며 특히 음성멘트가 표시되는 경우 이를 "문자형 청각 통보장치(Textual audible notification appliance)"라 하며 피난을 하기 위해 피난구나 피난통로를 알려주는 음성 유도장치를 "피난표시 청각 통보장치(Exit marking audible notification appliance)"라 한다.

 문자형 청각 통보장치

문자형 청각 통보장치란 예를 들면 스피커에서 경보음이 아닌 안내방송용 Message를 송출하는 것 등이 해당한다.

2) **시각용 통보장치(Visual notification appliance)** : 종류에는 Strobe light, Monitor, Printer, Display(전광판) 등이 있으며 특히 문자가 표시되는 경우 이를 "문자형 시각 통보장치(Textual visible notification appliance)"라 한다.

3) **촉각용 통보장치(Tactile notification appliance)** : 진동이나 접촉에 의한 출력장치(예 터치 스크린)로서 Audible이나 Visible과 병행하여 주로 장애인용으로 사용하는 장치이다.

(3) 신호선로회로(Signaling Line Circuits ; SLC)

R형 System에서 통신선로를 이용하여 입력장치와 수신기, 수신기와 수신기, 수신기와 중계기간의 통신에 사용되는 다중통신회로로 다음과 같이 구분한다.

1) R형 수신기

2) 중계기

3) 주소(Address) 기능이 있는 감지기

2. Class[386]

(1) Class의 개념

1) 입력장치회로(IDC)·통보장치회로(NAC)·신호선로회로(SLC)는 선로의 비정상상태(Abnormal condition)에서도 그 기능을 계속할 수 있는지의 여부에 따라 이를 Class로 구분한다. 기존의 NFPA 72(2007 edition)에서는 Class와 Style의 2가지로 이를 구분하였으나 2010 edition부터는 Style을 삭제하고 Class로만 규정하도록 개정되었다. 이는 종전까지는 동선(銅線)을 사용한 전기배선을 기준으로 하여 자동화재탐지설비에서 IDC, NAC, SLC의 성능을 규정하였으나 LAN, 인터넷, 광섬유(Optical fiber), 무선설비 등 새로운 통신기술과 연계된 다양한 종류의 자동화재탐지설비가 개발되었기에 어떠한 종류의 경보설비에 대해서도 적용할 수 있는 새로운 기준을 제정하고자 Style을 삭제하고 Class로 전면 개정하였다.

2) 예를 들면 무선설비나 광섬유의 경우는 단락이나 지락의 경우가 전통적인 배선선로와는 다른 상황이기 때문에 이제는 회로(Circuit)라 하지 않고 경로(Pathway)라는 용어를 도입하여 사용하고 있다. Pathway의 선정은 화재로부터 그 기능

---

386) NFPA 72 2013 edition부터는 Style 조항을 삭제하고 2016 edition부터는 Class에 대해 Class A, B, C, D, E, N, X의 7단계로 개정하였다.

을 유지할 수 있는 능력과 고장상태(Fault condition)에서 동작을 지속할 수 있는 성능에 따라 이를 선정하게 된다. 이는 화재경보설비(Fire alarm system)는 물론이고 화재 이외의 비상상황을 알려주는 경보설비(Alarm system)를 포함한 통합설비로 접근하고자 하는 의미도 있으며 화재경보설비에서 고장상태란 단선(斷線 ; Single Open), 지락(地絡 ; Single Ground), 단락(短絡 ; Wire to Wire short)의 3가지를 말한다.

(2) Class의 종류[387]

1) **Class A** : 이는 곧 Loop 배선방식을 뜻하며 Class A는 단선이나 지락시에도 정상작동을 요구하므로 Class B보다 신뢰도가 높으며, SLC(신호선로 회로)와 같은 주요선로의 경우에는 반드시 Class A를 적용한다. 그러나 단선이나 지락 외에 단락의 경우에는 정상작동이 되지 않는다.

① 별도의 경로(Redundant pathway)가 있어야 한다.

② 단선된 지점 이후에서도 정상적인 작동을 할 수 있어야 한다. : 단선이나 지락 중에서 어느 한 가지 고장이 발생한 상태에서 IDC나 SLC는 경보나 감시신호를 전송하며, NAC는 모든 출력장치에 접속이 가능하여야 한다.

③ 경로(Pathway)에 고장이 발생한 경우 해당 상황에 대해 고장신호(Trouble signal)가 표시되어야 한다. : 광섬유나 무선통신의 경우는 지락이나 단락에 대해 회로 장애의 문제가 없으므로 이러한 상황에 대해 이를 에러(Fault)로 표시하지 않는다.

④ 지락(地絡)으로 인한 고장이 지속되는 동안에도 금속도체(전선, 통신선 등)는 작동능력(Operational capability)이 유지되어야 한다.

⑤ 금속도체에 지락이 발생하면 고장신호가 표시되어야 한다.

2) **Class B** : 경로에서 단선된 지점부터는, IDC나 SLC는 경보나 감시신호를 전송하지 못하며, NAC는 해당 출력장치에 접속이 불가한 것을 Class B라 한다. 이는 곧 일반배선방식을 뜻하며 Class B 역시 단락의 경우에는 정상작동이 되지 않는다.

① 별도의 경로는 적용하지 아니한다.

② 단선된 지점 이후부터는 정상적인 작동을 하지 못한다.

③ 고장이 발생한 경우 해당 상황에 대해 장애신호가 표시되어야 한다.

④ 지락(地絡)으로 인한 고장이 지속되는 동안에도 금속도체(전선, 통신선 등)는 작동능력(Operational capability)이 유지되어야 한다.

⑤ 금속도체에 지락이 발생하면 고장신호가 표시되어야 한다.

---

387) NFPA 72(2022 edition) 12.3 Pathway class designation

3) Class C : LAN(Local Area Network ; 근거리 통신망), WAN(Wide Area Network ; 원거리 통신망), 인터넷, 무선통신망 등을 사용하는 경보설비를 위한 종단간 통신(End to end communication)의 경로에 해당한다. 이는 Polling 이나 Handshaking에 의한 통신과 같은 통신선로를 감시하기 위한 기술적 사항을 위하여 제정한 것이다. Class C의 경우는 개별 경로에 대한 감시기능은 없으나 양단간 통신에서 발생하는 손실에 대해서는 표시되어야 한다.

> **Polling과 Handshaking**
>
> 컴퓨터간 자료를 전송하는 방식으로는 ① 동기 데이터 전송방식과 ② 비동기 데이터 전송방식의 2가지 방식이 있다.
> ① Polling : "폴링"이란 동기 데이터 전송방식 중 하나로, 동기 데이터 전송방식이란 컴퓨터를 구성하는 각 장치 간의 자료 전송이 CPU의 제어장치에 의한 순서에 따라 수행되는 방식을 말한다.
> ② Handshaking : "핸드셰이킹"이란 비동기 데이터 전송방식 중 하나로, 비동기 데이터 전송방식이란 컴퓨터를 구성하는 각 장치가 별도의 Clock pulse를 이용하여 장치 상호 간의 자료 전송을 위한 타이밍을 유지하며 자료를 전송하는 방식을 말한다.

① 종단간 통신을 통해 작동능력은 검증되지만, 개별경로(Individual path)에 대한 이상유무 감시기능은 해당되지 않는다.
② 종단간 통신의 손실은 고장신호로 표시되어야 한다.

4) Class D : 경로에 대한 고장상태가 통보되지는 않지만 Fail-safe 작동(Fail-safe operation)기능이 있어, 회로 고장이 발생할 경우 사전에 지정된 기능을 대신 수행할 수 있는 경로를 말한다.

5) Class E : 선로에 대한 이상유무 감시기능이 해당되지 않는 경로를 말한다.

6) Class N : 각 장치가 종단간에 통신을 확인할 수 있도록 1차 경로와 별도의 경로(2차 경로를 의미) 등 2개 이상의 경로가 있는 것을 말한다.

① 개별 장치의 1차 경로와 별도의 2차 경로의 작동능력이 확인되는 경우에는 2개 이상의 경로를 포함해야 한다.
② 종단간에 발생하는 통신손실은 고장신호(Trouble signal)로 통보되어야 한다.
③ 경로상의 단선, 지락, 단락 또는 복합된 고장의 경우에도 다른 경로에 영향을 주어서는 아니 된다.
④ 1차 및 별도의 2차 경로의 작동에 영향을 미치는 조건일 경우 시스템의 최소동작 요구사항을 만족할 수 없다면 고장신호가 통보되어야 한다.
⑤ 1차 및 별도의 2차 경로는 물리적인 구획을 통해 통신정보를 공유할 수 없다.

7) Class X : SLC에 있어서 구 Class A Style 7인 경로를 말한다.

① 별도의 경로(Redundant pathway)가 있어야 한다.

② 단락이나 단선된 지점 이후에서도 정상적인 작동을 할 수 있어야 한다.

③ 고장이 발생한 경우 해당 상황에 대해 고장신호가 표시되어야 한다.

(3) Class의 회로별 성능

IDC, NAC, SLC에 대한 Class의 성능은 다음 표와 같으며, 이 표에서 의미하는 용어는 다음과 같다.

① 고장표시(Trouble) : 단선이나 지락에 대한 표시기능을 말한다.

② 고장 중 경보기능(ARC ; Alarm Receipt Capability during abnormal condition) : 시스템 고장 상태하에서의 경보능력으로 소위 Network 기능을 말한다.

③ R : 요구되는 능력(Required capacity)을 말한다.

1) **입력장치회로(IDC)의 성능** : 다음 표의 요구조건과 같이 고장 상태하에서 IDC의 성능은 단선이나 지락일 경우는 고장표시(Trouble signal)가 되어야 하며, 지락일 경우는 경보기능(Alarm Receipt Capability)을 가지고 있어야 한다.

[표 2-1-26] IDC의 성능(Performances of IDC)

| Class | 구 분 | 고장 상태(Abnormal condition) | |
		단선(Single open)	지락(Single ground)
A (Loop)	고장표시(Trouble)	O	O
	고장 중 경보기능(ARC)	R	R
B (일반)	고장표시(Trouble)	O	O
	고장 중 경보기능(ARC)	–	R

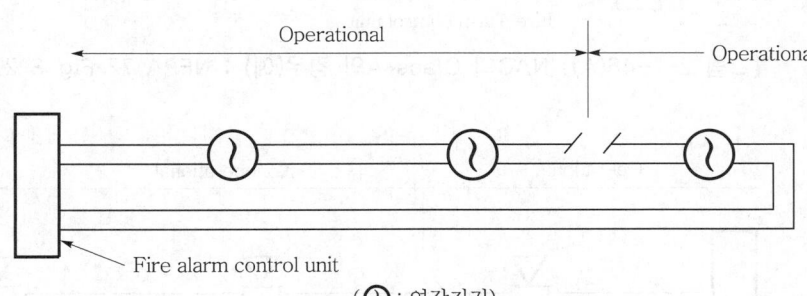

[그림 2-1-45(A)] IDC의 Class A의 경우(예) : NFPA 72 Fig F 2.4

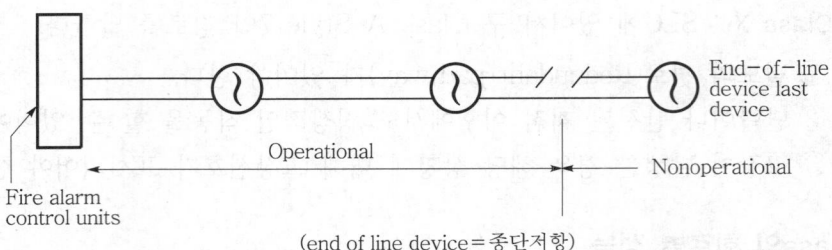

[그림 2-1-45(B)] IDC의 Class B의 경우(예) : NFPA 72 Fig F 2.3

2) **통보장치회로(NAC)의 성능** : 다음 표의 요구조건과 같이 고장 상태하에서 NAC 의 성능은 단선이나 지락일 경우는 고장표시(Trouble signal)가 되어야 하며, 지락일 경우는 경보기능(Alarm Receipt Capability)을 가지고 있어야 한다.

[표 2-1-27] NAC의 성능(Performances of NAC)

Class	구 분	고장 상태(Abnormal condition)		
		단선 (Single open)	지락(地絡) (Single ground)	단락(短絡) (Wire-to-wire short)
A (Loop)	고장표시(Trouble)	O	O	O
	고장 중 경보기능(ARC)	R	R	—
B (일반)	고장 표시(Trouble)	O	O	O
	고장 중 경보기능(ARC)	—	R	—

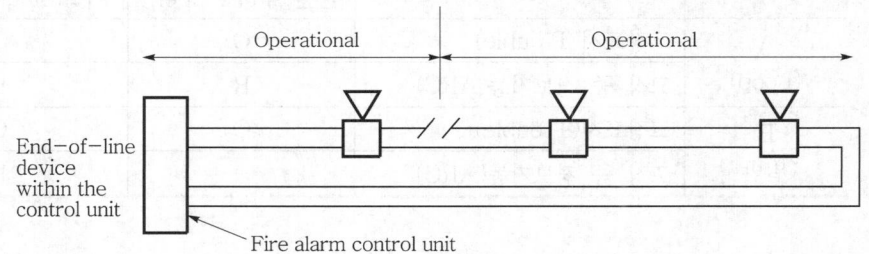

[그림 2-1-46(A)] NAC의 Class A의 경우(예) : NFPA 72 Fig F 2.10

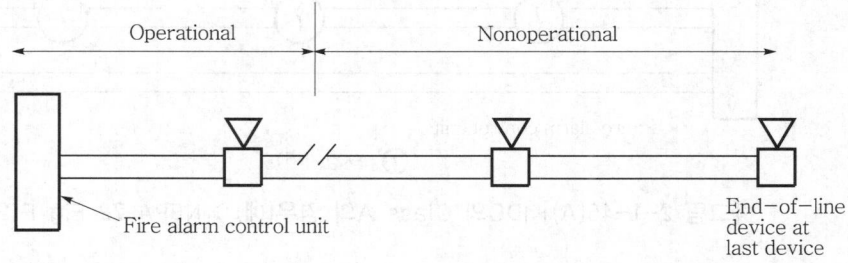

[그림 2-1-46(B)] NAC의 Class B의 경우(예) : NFPA 72 Fig F 2.9

3) 신호선로회로(SLC)의 성능

① 신호선로회로(SLC)에 대해 단선, 지락, 단락 중 어느 한 가지 또는 2가지가 동시 고장일 경우(즉, 모두 6가지의 경우가 발생함), 고장표시 및 고장 중 경보기능을 송신하는 기능에 따라 적용하는 것으로 Class A, Class B, Class X의 3종류로 구분한다. 종전까지의 Class A Style 6와 Class A Style 7에 대해 이에 대한 성능을 구분하고 이를 명확히 하고자 SLC의 성능에 대해 Class A Style 7을 Class X로 개정하였다.

② SLC의 성능 : 일반적으로 SLC에서의 Class A, B는 감지기와 감지기, 감지기와 수신기, 감지기와 중계기 사이의 배선에 사용되며(즉, 감지기와 다른 장치), Class X는 수신기와 수신기, 수신기와 중계기 사이의 배선에 적용하고 있으며(즉, 수신기와 다른 장치), SLC에서의 Class A는 Loop 배선방식, Class B는 일반배선방식, Class X는 Network용 Loop 배선방식이라고 할 수 있다.

③ 다음 표의 요구조건과 같이 고장상태하에서 SLC의 성능은 단선이나 지락이나 단락일 경우는 고장표시가 되어야 한다. 또한 Class B는 지락일 경우는 경보능력이 있어야 하며, Class A와 Class X는 지락일 경우와 단선 및 지락일 경우에 경보기능이 있어야 한다.

[표 2-1-28] SLC의 성능(Performances of SLC)

Class	구 분	단선	지락	단락	단선&단락	지락&단락	단선&지락
B	고장 표시 (Trouble)	O	O	O	O	O	O
B	고장 중 경보기능 (ARC)	–	R	–	–	–	–
A	고장 표시 (Trouble)	O	O	O	O	O	O
A	고장 중 경보기능 (ARC)	R	R	–	–	–	R
X	고장 표시 (Trouble)	O	O	O	O	O	O
X	고장 중 경보기능 (ARC)	R	R	R	–	–	R

(표 헤더: 단일 고장 = 단선·지락·단락 / 동시 고장 = 단선&단락·지락&단락·단선&지락)

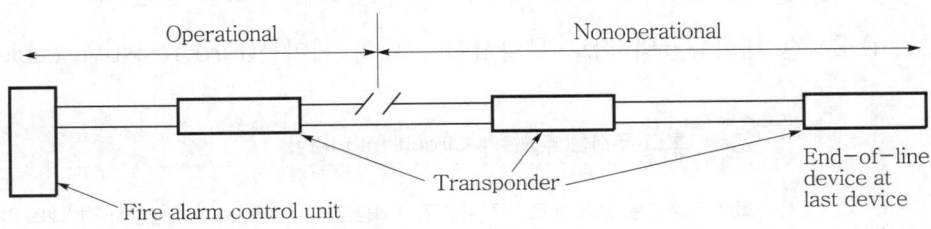

(Transponder : 중계기)

[그림 2-1-47] SLC의 Class B의 경우(예) : NFPA 72 Fig F 3.7

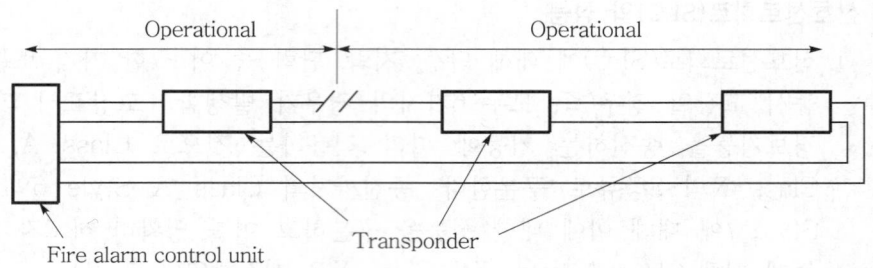

Operational   Operational

Fire alarm control unit

Transponder

[그림 2-1-48] SLC의 Class A 또는 X의 경우(예) : NFPA 72 Fig F 3.11.1

3. 경로의 잔존능력(Pathway survivability)

NFPA 72(2022 edition) 12.4에서 화재시 화열 등으로 인하여 피해를 보지 않고 경보설비가 정상적인 기능을 수행하는 데 필요한 성능을 표시한 것으로 이를 경로의 잔존능력(Pathway survivability)이라 하며 Level 4까지 5단계로 구분한다. 종전(2019 edition)까지는 Level 3까지 4단계이었으나 2022 edition부터 Level 4까지 5단계로 구분하고 있으며, 레벨 번호는 순위와는 무관하며 내화강도의 상하 개념이 아님을 유의하기 바란다. 이는 화재시 화열로 인한 경로(Pathway)에 대한 내화·내열 성능과 경로가 설치된 공간이나 장소에 대한 방화성능을 가지고 구분한 것으로 다음과 같다.

(1) Level 0

경로에 대한 잔존능력이 어떠한 경로에도 적용되지 않는 경우를 말한다.

(2) Level 1

내부도체, 케이블, 금속제의 레이스웨이(Race way)에 설치된 물리적 경로 등으로서 자동식 스프링클러설비에 의해 방호되는 건축물에 설치된 경로를 말한다.

(3) Level 2

다음 중 어느 하나 이상의 기능을 가지고 있는 경로를 말한다.

1) 2시간 내화등급의 회로 무결성이나 내화 케이블(Fire-resistive cable)

 회로 무결성(無缺性 ; Circuit integrity)

회로 무결성은 일명 회로 안전성으로 내화등급의 한 형태로 화재발생시 전기회로의 작동에 미치는 영향이 최소화하도록 하는 일련의 조치이다.

2) 2시간 내화등급의 케이블설비(전기적인 보호기능을 보유)

3) 2시간 내화등급의 방호구역이나 방화구획

4) 관계기관에 의해 승인된 성능위주의 대체설비(Performance based alternative)

(4) Level 3

자동식 스프링클러설비에 의해 방호되는 건축물에 설치된 경로에 해당하며 다음 중 어느 하나 이상의 기능을 가지고 있는 경로를 말한다.

1) 2시간 내화등급의 회로 무결성이나 내화 케이블

2) 2시간 내화등급의 케이블설비(전기적인 보호기능을 보유)

3) 2시간 내화등급의 방호구역이나 방화구획

4) 관계기관에 의해 승인된 성능위주의 대체설비

(5) Level 4

다음 중 어느 하나 이상의 기능을 가지고 있는 경로를 말한다.

1) 1시간 내화등급의 회로 무결성이나 내화 케이블

2) 1시간 내화등급의 케이블설비(전기적인 보호기능을 보유)

3) 1시간 내화등급의 방호구역이나 방화구획

4) 관계기관에 의해 승인된 성능위주의 대체설비

4. 경보설비의 분류

NFPA 72(2022 edition)에서는 경보설비(Alarm system)와 화재경보설비(Fire alarm system)를 구분하여 분류하고 있다. 화재경보설비는 순수한 화재전용의 설비이나 경보설비는 화재를 포함하여 비상사태를 알리거나 어떠한 조치가 필요한 경보신호(Alarm signal)를 전달하는 설비이다. 경보설비의 분류는 국내와 같이 수신기별로 구분하지 않고 신호의 감시방식·통보방식·관리방식·시설의 운영주체 등에 따라 다음과 같이 구분하고 있다.

chapter

2

경보설비

[표 2-1-29] NFPA의 Alarm system

구 분	Alarm system의 종류
화재전용설비 (Fire alarm system) [NFPA 72 3.3.118]	① 주택용 화재경보설비(Household fire alarm system) ② 구내 화재경보설비(Protected premises fire alarm system) ③ 복합식 화재경보설비(Combination system)
감시실 경보설비 (Supervising station alarm system) : 감시실이 있는 구외설비 [NFPA 72 3.3.302]	① 중앙감시실 경보설비(Central station service alarm system) ② 사설감시실 경보설비(Proprietary supervising station alarm system) ③ 원격감시실 경보설비(Remote supervising station alarm system)
공공비상경보 보고설비 (Public emergency alarm reporting system) : 감시실이 없는 구외설비 [NFPA 72 3.3.229]	① 보조경보설비(Auxiliary alarm system) ② A형 공공비상경보설비(Type A public emergency alarm reporting system) ③ B형 공공비상경보설비(Type B public emergency alarm reporting system)

(1) 화재전용설비(Fire alarm system)

1) 주택용 화재경보설비(Household hold fire alarm system)

거주자에게 화재발생을 알려 피난하도록 하기 위해 경보신호를 주택 내에 통보하는 설비로서 세대 내 주거시설에 원칙적으로 연기감지기를 설치하며 이는 인명안전 및 피난이 주목적이다.

2) 구내 화재경보설비(Protected premises fire alarm system)

① 건물 내 근무자를 위한 구내 화재경보설비로서 감시인이 상주할 의무는 없으며 소방서 등에 자동으로 화재를 통보하는 시설은 설치되어 있지 않다. 따라서 건물 화재시에는 관계자 또는 인근의 거주자가 화재발생을 별도로 신고(전화, 무선통신, 사설라디오방송 등을 이용)하여야 한다.

② 국내법상 건축물의 자동화재탐지설비와 유사하며 방호대상물 내 재실자(在室者)의 피난을 위한 화재경보설비로 다음의 3가지 종류가 있다.

㉮ 건물 화재경보설비(Building fire alarm system) : 가장 일반적인 자동화재탐지설비 위주의 설비로 거주자 또는 소방서에 통보한다.

㉯ 기능부여 화재경보설비(Dedicated function fire alarm system) : 화재안전기능(Fire safety function)이 부여된 시설이 있는 화재경보설비

 화재안전기능(Fire safety function)

거주자의 인명안전을 향상시키거나 화재시 유해한 영향을 통제할 수 있는 건물이나 화재제어방법을 말한다. 예를 들면 난방, 환기, 공조설비, 도어릴리즈에 있어 팬(Fan)제어, 방화문제어 또는 승강기 등이 경보설비와 연동되어 제어되는 경우가 이에 해당된다.

㉰ 기동용 화재경보설비(Releasing fire alarm system) : 소화설비와 연동되는 화재경보설비

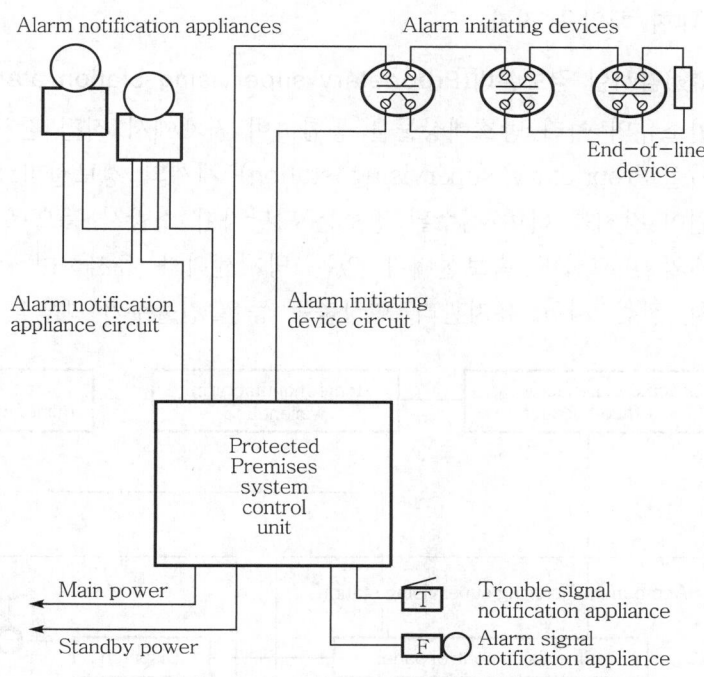

[그림 2-1-49] 구내 화재경보설비(예)

3) 복합식 화재경보설비(Combination system)

화재경보 이외에 비화재신호(㉐ 보안관련, CCTV, 배경음악, 빌딩자동화설비, 무선호출설비 등)가 설비의 일부분으로 구성되어 있는 화재경보설비를 말한다.

(2) 감시실 경보설비(Supervising station alarm system)

감시실 경보설비란 구외 경보설비로서 감시실이 있는 경우를 말한다. 이 경우 감시실(Supervising station)이란, 서비스 대상지역의 건물로부터 경보신호를 수신하는 일종의 방재센터로 신호에 대응하기 위해 요원들이 상주하고 있다. 감시실에는 중앙감시실, 사설감시실, 원격감시실의 3종류가 있다.

1) 중앙감시실 경보설비(Central station service alarm system)

① 인접 대지의 서로 다른 방호대상물의 경보설비를 등록된 별도의 감시실에 연결하고 각 대상물을 UL이나 FMRC에 등록된 전문업체가 24시간 상주하여 공동으로 감시하는 장소를 중앙감시실(Central supervising station)이라 한다.

② 사설감시실 경보설비는 개인소유의 자체 수위실 등에서 자기가 관리하는 건물에 대해 감시를 수행하나, 이 경우에는 방호대상물의 소유와 관계없이 등

록된 용역회사에서 별도로 운영하며 다수 건물의 경보설비에 대한 감시 및 통보, 설치, 점검, 시험, 유지관리, 현장출동 등을 수행하고 용역회사에서 이에 대한 책임을 진다.

2) 사설(私設)감시실 경보설비(Proprietary supervising station alarm system)

① 개인소유의 여러 방호대상물을 통합하여 자체에서 직접 감시 운용하는 사설감시실(Proprietary supervising station) 체재의 경보설비로서 24시간 상주인원이 감시를 하며 접수된 경보는 담당자가 소방서 등으로 신고한다.

② 국내와 비교하면 속보설비가 있는 방재센터와 유사하며, 경보설비에 대한 설치, 점검, 시험, 유지관리, 현장출동 등은 건물주가 책임을 진다.

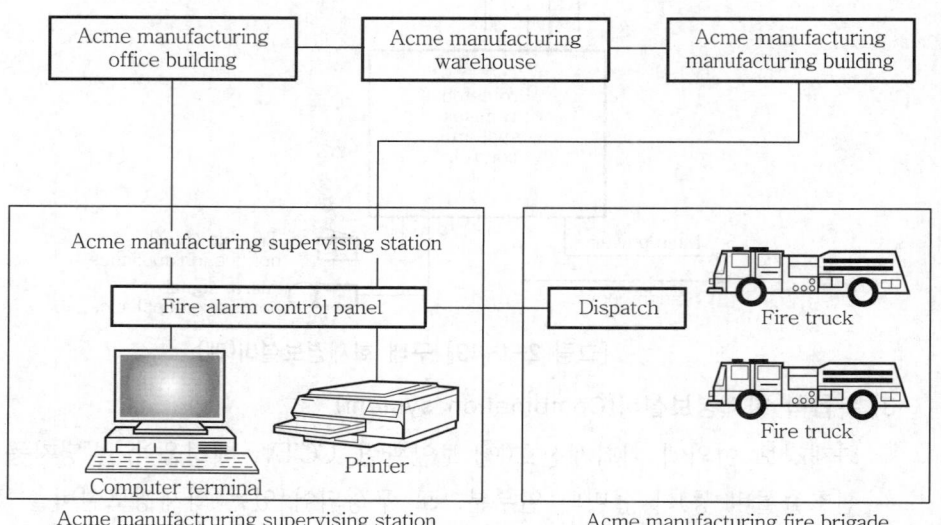

[그림 2-1-50] 사설감시실 경보설비(예)

3) 원격감시실 경보설비(Remote supervising station alarm system)

① 다수의 방호대상물 경보설비를 별도의 원격감시실에서 통신선로를 이용하여 자동으로 수신 및 감시하는 원격감시실(Remote supervising station) 체재의 경보설비로 상주인력이 배치되어 감시 및 통보하는 방식이다.

② 중앙감시실 경보설비와 차이점은 경보설비의 유지관리 책임은 원격감시실에서 부담하지 않고 단순히 원격감시 및 기록, 통보(소방관련 부서 및 관계인) 업무만 수행하며, 경보설비에 대한 설치, 점검, 시험, 유지관리 등은 건물주가 책임을 진다.

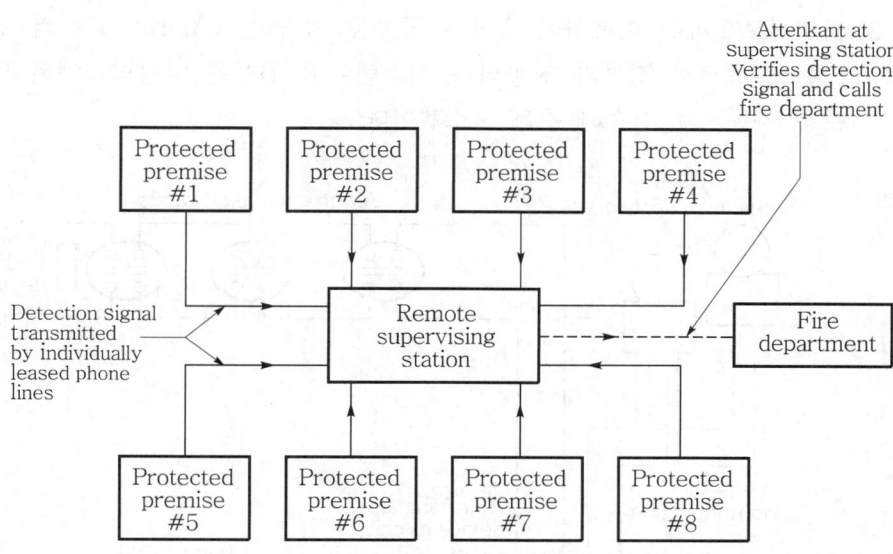

[그림 2-1-51] 원격감시실 경보설비(예)

(3) 공공비상경보 보고설비(Public emergency alarm reporting system)

1) 공공비상경보 보고설비(이하 공공 비상경보설비라 함)란 구외 경보설비로서 감시실이 없는 경우를 말한다. 이 경우는 감시실이 없는 지방자치단체의 공용 비상경보설비에 해당한다. 해당 설비는 비상시에 경보(화재경보 이외 비상관련 경보 포함)를 통신센터(Communication center)로 보내주는 송수신 및 통신시설로 구성되어 있으며 통신시설은 전화망 이외의 통신망을 뜻한다. 통신센터 위치는 소규모 지방자치단체의 경우는 소방서, 지역경찰서, 지역보안관 사무실 또는 계약된 사설기관에 설치하며 대규모 지방자치단체는 자체적으로 설립한 통신센터 건물에 설치한다.

2) 통신센터에 경보를 송신하기 위해서는 구내 화재경보설비나 공공장소에 설치된 경보설비가 도로에 포설된 "공공비상경보설비"에 접속되어야 한다. 이렇게 접속하기 위한 건물 내의 장치를 보조경보설비(Auxiliary alarm system)라 한다. 즉, 공공비상 경보설비는 보조경보설비가 있어야 건물에서 통신센터로 경보 송신이 가능한 것으로, 보조경보설비를 이용하여 통신망에 접속하는 방법에 따라 A형과 B형으로 구분한다.

3) 보조경보설비를 이용하여 A형은 공공용 알람박스(Alarm box)의 경보를 자동 또는 수동으로 경보가 전송되는 시스템이며, B형은 알람박스에서 발생하는 경보를 자동으로 전송해 주는 시스템이다.

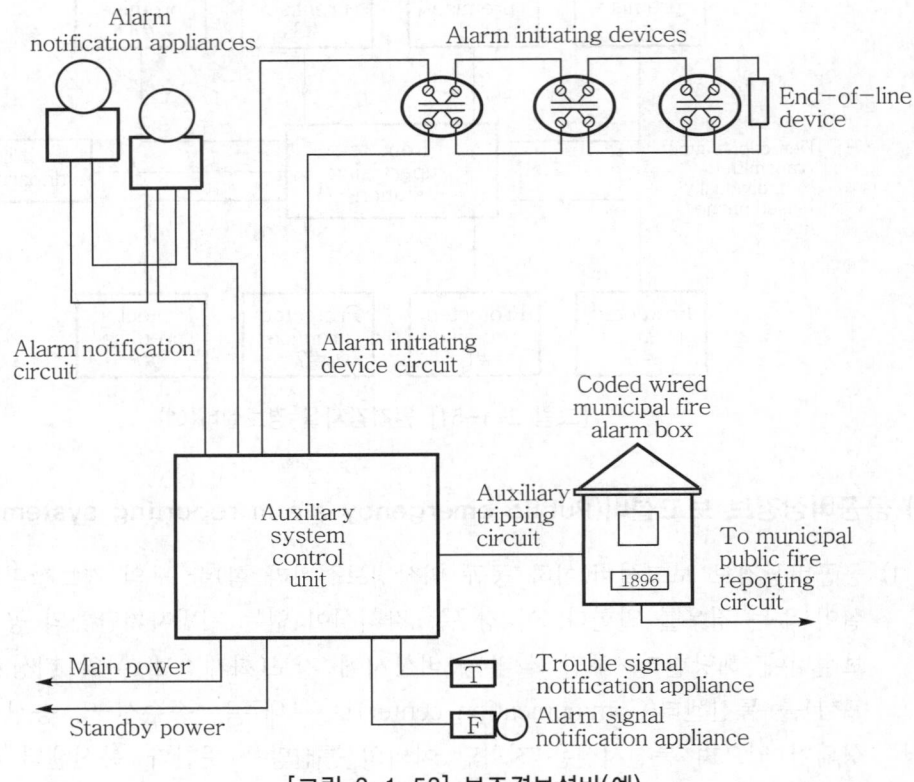

[그림 2-1-52] 보조경보설비(예)

⑩ 자동화재탐지설비 설계실무

1. R형의 계통도

R형의 경우는 제조사별로 배선수 적용에 차이가 있으나 가장 일반적인 경우는 다음과 같다.

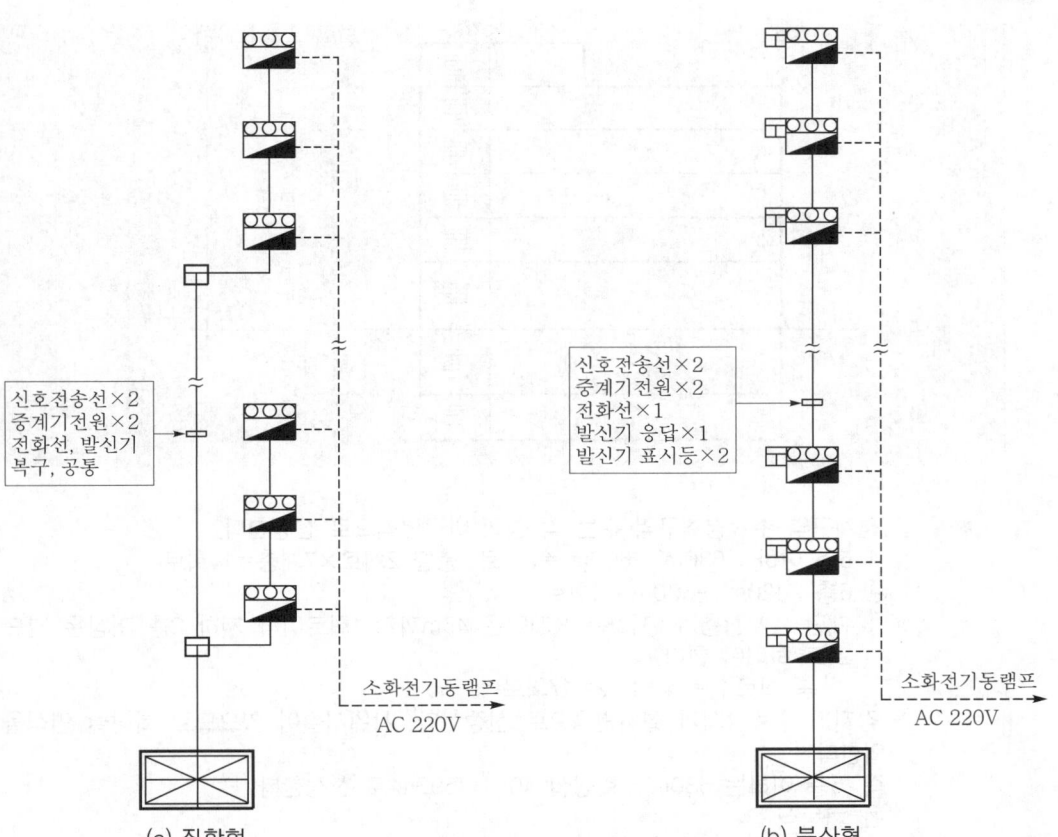

신호전송선×2
중계기전원×2
전화선, 발신기
복구, 공통

신호전송선×2
중계기전원×2
전화선×1
발신기 응답×1
발신기 표시등×2

소화전기동램프
AC 220V

소화전기동램프
AC 220V

(a) 집합형

(b) 분산형

[그림 2-1-53] 자동화재탐지설비의 계통도

㈜ 개정된 전선규격에 따르면 HIV 1.6mm는 2.5mm^{2}로, 2.0mm는 4mm^{2}로 적용하도록 한다.

2. 설계예제 및 풀이

예제 다음 내화구조 건물에서 경계구역의 수 및 건물에 설치하는 감지기 종류별로 수량을 구하시오.
[조건] 1) 지하 2층에서 6층까지의 직통 계단은 1개소이다.
2) 각 층은 차동식 스포트형(1종)을 설치한다.
3) 5층 이하는 바닥면적이 630m^{2}이며, 화장실 면적(샤워시설 있음)은 각 층별로 40m^{2}이다.
4) B1, 1층은 반자높이가 4m 이상이며, 기타 층은 반자높이가 4m 미만이다.
5) 복도는 없는 구조이며, 6층 면적은 120m^{2}이다.

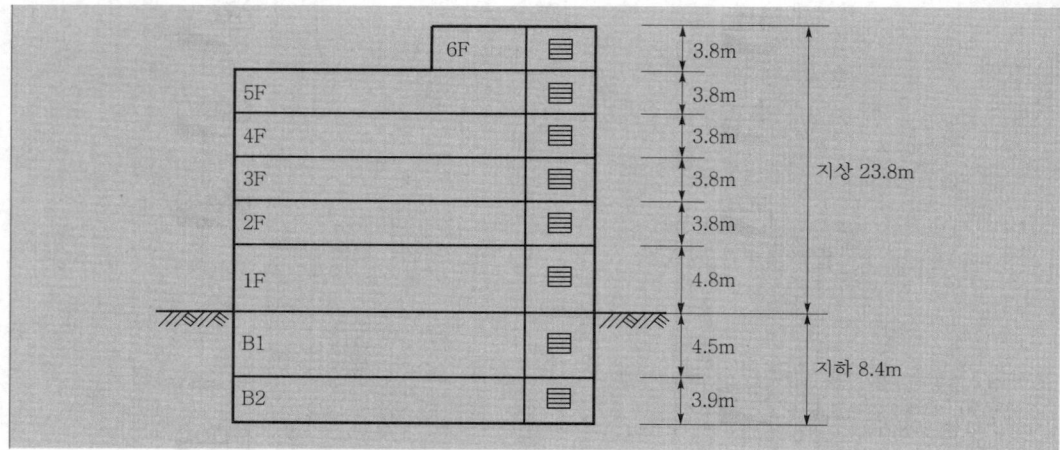

 ① 경계구역 수＝경계구역 수는 각 층의 바닥면적으로 산정한다.
　　㉮ 5층 이하 : 630m² ÷ 600m² ÷ 2회로, 층별 2회로 × 7개층 = 14회로
　　㉯ 6층 : 120m² ÷ 600m² ÷ 1회로
　　㉰ 계단 : 지상층 1, 지하층 1(계단은 45m까지 1회로이나 지하 2층 이상은 별도 회
　　　로로 하여야 한다.)
　　　　∴ 총 회로수 = 14 + 1 + 2 = 17회로
② 감지기 수＝감지기 설치면적으로 산정한다. 샤워시설이 있으므로 화장실 면적을 제
　외한다.
　즉, 5층 이하는 630m² − 화장실 40m² = 590m²로 산정한다.
　㉮ 차동식
　　㉠ 4m 미만 (B2층, 2층, 3층, 4층, 5층) : 590 ÷ 90 ÷ 7개, 층별 7개 × 5개층 = 35개
　　㉡ 4m 이상(B1층, 1층) : 590 ÷ 45 ÷ 14개, 층별 14개 × 2개층 = 28개
　　㉢ 6층 : 120 ÷ 90 ÷ 2개
　　∴ 차동식은 총 65개이다.
　㉯ 연기식
　　계단 : 지상 2개(연기), 지하 1개(연기)
　　∴ 감지기 총 수량 : 차동식 65개, 연기식 3개

🔍 **연감지기 수량**

연감지기는 수직거리 15m마다 1개씩이므로 지상층 계단은 2개가 필요하다.

3. 법 적용시 유의사항

(1) 엘리베이터 승강로의 연감지기 설치

1) 과거 소방법 기준은 엘리베이터 승강로의 경우도 파이프 샤프트와 같이 연기감
지기를 설치하도록 규정하였으나 승강로에 연기감지기를 설치할 경우 승강기가

운행할 때마다 승강로 내의 먼지가 부유(浮遊)하여 오동작 발생으로 인하여 일본기준388)을 준용하여 승강기 기계실에 연기감지기를 설치하도록 하였다.

2) 이로 인하여 1984. 8. 16. 구 기술기준을 개정하여 승강기 기계실 내 연감지기를 설치하도록 하고 이를 단독회로로 구성함으로서 승강로에서 발생하는 연기를 승강기 기계실에서 전용회로로 감시하도록 하였다.

3) 그러나 최근 승강기기계실이 없는 유압식 승강기로 인하여 승강기 샤프트에 대한 감시를 위하여 연기감지기를 승강로에 설치하되 승강기기계실(권상기실)이 있는 경우에는 권상기실에 설치하도록 2015. 1. 23. 이를 개정하였다.

(2) 경보설비의 비상전원 적용

1) 자동화재탐지설비(NFTC 203의 2.7.2), 비상경보설비(NFTC 201의 2.1.7), 비상방송설비(NFTC 202의 2.3.2)에 따르면 비상전원은 오직 축전지설비(전기저장장치 포함)에 한하도록 되어 있다. 즉 경보설비는 자동식 발전기를 비상전원으로 인정하지 않으며 축전지설비에 국한하여 비상전원으로 인정한 것이다.

2) 정전시에 자동식 발전기가 동작하려면 저전압 계전기(Under voltage relay)가 정전을 감지한 후 차단기를 자동으로 절체(切替)하고 발전기를 자동으로 기동시키게 된다. 이후 발전기 엔진이 일정시간 경과(10초 전후)하여 정격 회전수에 도달하면 정격전압 및 정격 사이클이 발생하여 소방부하가 정상적으로 작동하게 된다. 그러나 경보설비 및 유도등 설비의 경우는 이러한 전압확립 시간의 갭으로 인하여 정전시 즉각적으로 피난유도 및 경보를 행할 수 없어 대피에 관한 인명안전(Life safety)에 중요한 문제가 발생할 수 있으므로 경보설비 및 유도등 설비에 대하여는 인명안전을 위하여 정전시 즉각적으로 작동되는 축전지설비에 한하여 비상전원으로 인정한 것이다.

(3) 비상전원과 예비전원의 차이

1) 국내의 경우 화재안전기준에서는 "비상전원"으로 용어가 통일되어 있으며 건축법에서는 예비전원으로 용어를 사용하고 있다(ⓒf 건축 관련법상 배연창의 예비전원, 특별피난계단 배연설비의 예비전원, 비상용이나 피난용 승강기의 예비전원, 특별피난계단, 피난안전구역, 대피공간의 예비전원에 의한 조명설비, 방화셔터의 예비전원 등). 그러나 형식승인 기준에서는 수신기에 내장된 경우 이를

---

388) 일본 동경소방청 사찰편람 6.1 자동화재탐지설비 p.2,493-4 (イ) 예방심사기준 注 4

예비전원[389]이란 용어를 사용하고 있으므로 화재안전기준과 같이 용어의 통일이 필요하다. 다만, 비상조명등의 경우 NFPC 304 제4조(NFTC 304 2.1.1.2)에서 "예비전원"이라는 용어를 사용하고 있으나 이것도 비상전원으로 용어를 통일하여야 한다.

2) 그러나 일본소방법의 경우는 예비전원 및 비상전원에 대하여 다음과 같이 용어를 구분하여 사용하고 있다.

① 비상전원(외장형 전원)

㉮ 개념 : 상용전원이 사고시 대체하는 전원이다.

㉯ 시설 : 시스템 외부에 있는 별도의 전원설비를 말한다.

㉰ 목적 : 상용전원의 대칭 개념으로 주전원으로 사용하는 것으로 일반 부하용 전원이 사고 등으로 인하여 정전될 경우를 대비하여 확보하기 위한 비상시 전원으로 고정식 축전지설비·자동식 발전기 등을 말한다.

② 예비전원(내장형 전원)

㉮ 개념 : 시스템의 기능을 유지하기 위한 장치전원으로 상용전원이 A.C인 경우 자동절환 및 복구가 되어야 한다.

㉯ 시설 : P형 및 R형 수신기 등 장치류에 내장하여 사용하는 전원을 말한다.

㉰ 목적 : 입력전원의 공급중단, 용량 부족시 기능을 유지하기 위한 것으로 수신기에 내장하며 주전원으로 사용할 수 없다.

[일본 자동화재탐지설비의 경우] 사찰편람(査察便覽) 자동화재탐지설비 6.1.8 전원

• 축전지설비 또는 비상전원전용 수전설비(1,000m² 미만)

• 축전지설비(1,000m² 이상)

㉮ 1. 비상전원이 축전지설비이거나 1회선의 P-2급 수신기 : 예비전원 생략

2. 상용전원이 축전지설비인 경우 : 비상전원 생략

(4) 계단감지기의 직상층·발화층 우선경보

1) NFPC 제8조 1항 2호(NFTC 2.5.1.2)에서는 층수가 11층(공동주택의 경우에는 16층) 이상의 경우 발화층 및 직상 4개층을 우선경보하도록 개정하고 2023. 2. 10.부터 시행하도록 하였다. 이는 화재시 일정규모 이상의 소방대상물에 대한

---

389) 수신기의 형식승인 및 제품검사의 기술기준(소방청 고시) 제4조 7호

경보를 전층으로 할 경우 일시에 많은 사람에게 피난을 유도함으로서 오히려 혼란을 야기하게 된다. 따라서 소규모 건물(10층 이하/공동주택은 15층 이하)은 전층경보를 하고, 일정규모 이상의 건물에 대해서는 이에 따라 우선경보(구분경보)를 하라는 것이 입법 취지이다.

2) 이 경우 화재가 발생한 층(발화층)은 피난상 0순위이며 불길이 위로 향하므로 직상층은 피난상 1순위가 되어 직상 4개층·발화층에 한하여 우선경보를 행하는 것이다. 그러나 지하층의 경우는 지상층과 달리 발화층이 지하 3층이라면 B4층이나 B5층에서는 발화층을 통과하여야만 피난을 할 수 있으므로 지하층에서 화재시는 언제나 지하 전층을 하나의 단일 경보구역으로 하여야 한다.

3) 아울러 수직회로의 경우는 45m까지를 1회로로 할 수 있으므로 층 구분이 없는 관계로 직상층·발화층 우선경보를 적용할 수 없으며 또한 수직회로 전용의 발신기 및 지구 경종이 없는 관계로 수직회로의 감지기가 동작시에는 주 경종만 작동하게 설계를 한다. 일본의 경우는 이 경우 법 적용시 모순이 없도록 하기 위하여 직상층·발화층 우선경보의 경우 계단 등과 같은 수직회로의 경우는 적용하지 아니한다는 단서 조항을 규정하고 있다.

(5) 1종 연기감지기의 경우

1) NFPC 203 제7조 1항(NFTC 2.4.1)의 표(부착높이에 따른 감지기)에서 적응성 감지기의 경우 높이가 15m 이상일 경우 연기감지기는 1종에 한하도록 규정하고 있다. 그러나 연기감지기의 경우 1종 및 2종이 감지기 1개당 적용면적이 동일한 관계로(NFTC 203 표 2.4.3.10.1) 국내에서는 연기감지기 1종이 생산되지 않고 있으며 이로 인하여 높이 15m 이상의 경우 국내제품의 연기감지기로는 적응성이 없는 문제가 발생하게 된다.

2) 따라서 부착높이가 15m 이상 20m 미만의 장소는 현재 불꽃감지기, 분리형 연감지기, 공기흡입형 감지기 등이 적응성 있는 감지기가 된다.

(6) 내화배선 및 내열배선의 오해

1) 내화배선 및 내열배선에 관한 첫 번째 오해는 내화 및 내열 배선에 대한 전선의 종류와 재질이 다른 것으로 알고 있으나 시험에 의해 결정하는 내화전선 및 내열전선을 제외하고는 내화전선 및 내열전선에서 사용하는 전선재질은 같으며 다만, 동일한 재질의 전선일지라도 배선공사를 어떠한 공사방법으로 하느냐에 따라 내화 또는 내열 배선으로 구분하는 것이다. 즉, 배선이란 전선을 사용하여 전기회로 구성이 되도록 소방공사를 시공한 것을 말한다.

chapter
2
경보설비

2) 두 번째 오해는 내화 및 배열 배선 기준을 일반 전기설비 등 모든 시설물에도 적용하는 것으로 알고 있으나, 이는 소방시설에 사용하는 배선에 대해서만 국한하여 적용할 수 있는 것으로 「소방용전선의 성능인증 및 제품검사의 기술기준」 제2조(용어의 정의)에 따르면 소방설비용 배선에 사용하는 소방전선으로 규정하고 있다.

(7) 비내화구조의 감지기 적용

1) NFPC 203 제7조 3항 5호(NFTC 2.4.3.5)에서는 건물의 부착높이에 따라 스포트형 열감지기의 배치기준(바닥면적당 설치수량에 대한 기준)을 규정하고 있으며, 제7조 3항 9호(2.4.3.9.1)에서는 차동식 분포형 감지기 중 열반도체식에 대한 배치기준을, 연기감지기의 경우는 제7조 3항 10호(2.4.3.10.1)에서 부착높이에 따른 배치기준을 규정하고 있다.

2) 위의 경우 열감지기의 경우는 건물의 주요 구조부가 내화구조인지, 비내화구조인지에 따라 배치기준을 달리하고 있으나 연기감지기의 경우는 건물의 구조는 배치기준 면적과 무관하며 오직 부착높이로만 적용하고 있다. 이는 열감지기의 경우는 화재실(거실)에 설치하여 직접 열을 받아 동작하는 기구이며, 건물구조가 비내화구조인 경우는 화재시 신속하게 연소가 진행되어 열이 확산되므로 배치기준을 더 강화시켜 화재를 조기에 감지하도록 한 것이다.
반면에 연감지기의 경우는 화재실보다는 복도, 통로, 계단 등과 같은 연기의 유통로 부분에 설치하며, 화열을 감지하는 것이 아니라 연기를 감지하는 것이므로 건물의 구조보다는 연기가 계단이나 덕트 등과 같이 수직으로 전파되므로 부착높이로 이를 규정한 것이다.

3) 이 경우 주요 구조부란 건축법 제2조 1항 7호에서 "주요 구조부라 함은 내력벽·기둥·바닥·보·지붕틀 및 주계단을 말한다. 다만, 사잇기둥·최하층 바닥·작은 보·차양·옥외 계단 기타 이와 유사한 것으로 건축물의 구조상 중요하지 아니한 부분을 제외한다."라고 규정하고 있다. 따라서 지붕틀이 철골 구조인 경우는 원칙적으로 내화구조가 아니므로 감지기 적용시 비내화구조로 적용하여야 하나 천장 마감재의 경우는 주요 구조부에 해당되지 아니하므로 마감재를 가지고 내화나 비내화를 적용하여서는 아니 된다.

[표 2-1-30] 감지기 종류별 배치밀도 (단위 : m²)

감지기의 구분		부착높이	4m 미만		4~8m 미만		8~15m 미만		15~20m 미만
			내화	비내화	내화	비내화	내화	비내화	
열식	차동식 스포트형	1종	90	50	45	30		—	—
		2종	70	40	35	25		—	—
	차동식 분포형	열반도체식 1종	65	40	65	40	50	30	—
		열반도체식 2종	36	23	36	23	36	23	—
	정온식 스포트형	특종	70	40	35	25		—	—
		1종	60	30	30	15		—	—
		2종	20	15	—	—		—	—
	보상식 스포트형	1종	90	50	45	30		—	—
		2종	70	40	35	25		—	—
연기식	연기식 스포트형	1종	150		75		75		75
		2종	150		75		75		—
		3종	50		—		—		—

㊀ 감지기 1개당 배치면적은 해당하는 값 이하를 의미한다.

1 적용 기준

1. 특정소방대상물

(1) 설치대상 : 소방시설법 시행령 별표 4

1) 비상경보설비

비상경보설비 대상
① 연면적 400m² 이상인 것은 모든 층
② 지하층 또는 무창층의 바닥면적이 150m²(공연장인 경우 100m²) 이상인 것은 모든 층
③ 지하가 중 터널로서 길이가 500m 이상인 것
④ 50인 이상의 근로자가 작업하는 옥내작업장

☞ 모래·석재 등 불연재료 공장 및 창고시설, 위험물저장 및 처리시설 중 가스시설, 사람이 거주하지 않거나 벽이 없는 축사 등 동물 및 식물관련 시설 및 지하구는 제외한다.

2) 단독경보형 감지기

단독경보형 감지기 대상
① 교육연구시설 내에 있는 기숙사 또는 합숙소로서 연면적 2,000m² 미만인 것
② 수련시설 내에 있는 기숙사 또는 합숙소로서 연면적 2,000m² 미만인 것
③ 경보설비 다목 7)에 해당하지 않는 수련시설(숙박시설이 있는 것만 해당)
④ 연면적 400m² 미만의 유치원
⑤ 공동주택 중 연립주택 및 다세대주택

☞ 1. 위에서 경보설비 다목 7)에 해당하지 않는 수련시설이란, 숙박시설이 있는 수용인원 100명 미만인 수련시설을 뜻한다.
　 2. 연립주택 및 다세대주택의 경우는 연동형으로 설치해야 한다.

3) 비상방송설비

비상방송설비 대상
① 연면적 3,500m² 이상인 것은 모든 층
② 지상 11층 이상인 것은 모든 층
③ 지하 3층 이상인 것은 모든 층

☞ 위험물저장 및 처리시설 중 가스시설, 사람이 거주하지 않거나 동물 및 식물관련시설, 지하가 중 터널, 축사 및 지하구는 제외한다.

4) 화재알림설비 : 판매시설 중 전통시장

화재알림설비(소방시설법 시행령 별표 4)

전통시장에 자동화재탐지설비와 자동화재속보설비의 기능을 결합한 화재알림설비를 설치하도록 하고, 화재알림설비가 설치된 경우에는 자동화재탐지설비 및 자동화재속보설비의 설치를 면제하도록 함(시행 : 2022. 12. 1.).

(2) 설치면제 : 소방시설법 시행령 별표 5

면제 대상설비	면제가 되는 조건
① 비상경보설비	• 자동화재탐지설비 또는 화재알림설비를 설치시 • 단독경보형 감지기 2개 이상을 연동하여 설치한 경우
② 단독경보형 감지기	• 자동화재탐지설비 또는 화재알림설비를 설치시
③ 비상방송설비	• 경보설비와 동등 이상의 음향을 발하는 장치를 부설한 (일반)방송설비를 화재안전기준에 적합하게 설치한 경우

1) 비상경보설비

① 자동화재탐지설비를 또는 화재알림설비를 화재안전기준에 적합하게 설치한 경우에는 그 설비의 유효범위 안의 부분에서 설치가 면제된다.

② 단독경보형 감지기를 2개 이상의 단독경보형 감지기와 연동하여 설치하는 경우에는 그 설비의 유효범위 안의 부분에서 설치가 면제된다.

2) 단독경보형 감지기 : 자동화재탐지설비 또는 화재알림설비를 화재안전기준에 적합하게 설치한 경우에는 그 설비의 유효범위 안의 부분에서 설치가 면제된다.

3) 비상방송설비 : 자동화재탐지설비 또는 비상경보설비와 같은 수준 이상의 음향을 발하는 장치를 부설한 방송설비를 화재안전기준에 적합하게 설치한 경우에는 그 설비의 유효범위 안의 부분에서 설치가 면제된다.

2. 다중이용업소

다중이용업소의 비상경보설비 적용은 화재안전기준의 비상경보설비 기준이 아니라 "다중이용업소의 안전관리법"을 적용하여야 한다.

(1) 설치대상 : 다중이용업소법 시행규칙 별표 2

1) 비상벨설비 또는 자동화재탐지설비

① 다중이용업소의 영업장 안의 구획된 실마다 비상벨설비 또는 자동화재탐지설비 중 하나 이상을 화재안전기준에 따라 설치할 것

② 자동화재탐지설비를 설치하는 경우에는 감지기와 지구음향장치는 영업장의 구획된 실마다 설치할 것. 다만, 영업장의 구획된 실에 비상방송설비의 음향장치가 설치된 경우 해당 실에는 지구음향장치를 설치하지 않을 수 있다.

③ 영상음향차단장치가 설치된 영업장에 자동화재탐지설비의 수신기를 별도로 설치할 것

 구획된 실(室)

"구획된 실(室)"이라 함은 영업장 내부에 이용객 등이 사용할 수 있는 공간을 벽 또는 칸막이 등으로 구획한 공간을 말한다. 다만, 영업장 내부를 벽 또는 칸막이 등으로 구획한 공간이 없는 경우에는 영업장 내부 전체 공간을 하나의 구획된 실(室)로 본다.

② 설비의 구성요소

1. 비상경보설비

(1) 비상벨

비상벨은 기동장치, 음향장치, 표시등, 비상전원, 배선으로 구성되어 있다. 기동장치는 발신기 세트의 누름스위치를 사용하며 일반적으로 경종, 표시등, 누름스위치를 일체형으로 한 발신기 세트(일명 속보세트)를 사용한다.

(2) 자동식 사이렌

자동식 사이렌(Siren) 역시 기동장치(발신기 누름스위치), 음향장치, 표시등, 비상전원, 배선으로 구성되어 있다. 발신기 세트에서 경종 대신 사이렌을 사용하는 것으로 작동원리는 비상벨설비와 동일하다.

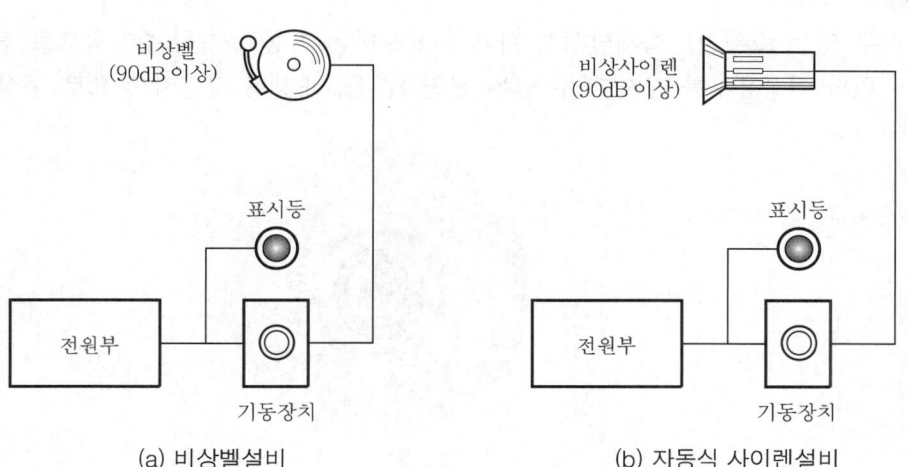

(a) 비상벨설비　　　　　　　(b) 자동식 사이렌설비

[그림 2-2-1(A)] 비상경보설비

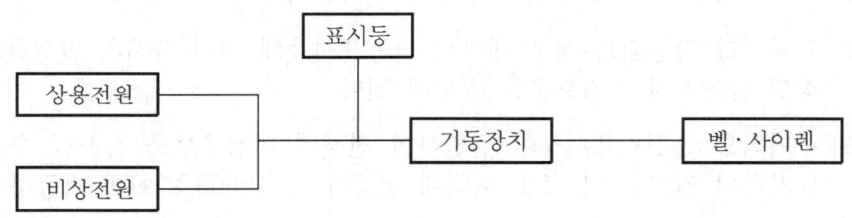

[그림 2-2-1(B)] 비상경보설비 구성도

2. 단독경보형 감지기

(1) 개념

단독경보형 감지기란 수신기나 발신기를 설치하지 않고 감지기만 단독으로 설치하는 것으로 음향장치가 내장된 일체형의 감지기이다. 전원은 외부의 상용전원을 사용하는 제품도 가능하지만 대부분은 내장된 건전지를 이용하여 작동하는 감지기로서 정온식이나 연기감지기에 한하여 적용하고 있다. 최초의 개발은 주택의 화재감지를 위하여 개발된 것이나 배관, 배선이 필요없는 관계로 소규모건물의 경우 구획된 장소에 설치하면 매우 편리한 제품이다.

(2) 구성[390]

수동으로 작동시험을 할 수 있는 자동복귀형 스위치(자동적으로 정위치에 복귀될

---

390) 감지기의 형식승인 및 제품검사의 기술기준 제5조의 2(소방청 고시)

수 있는 스위치), 화재발생시 화재를 표시하는 작동표시등, 주기적으로 점멸하여 전원의 이상유무를 감시할 수 있는 전원표시등, 내장형 건전지 등으로 구성되어 있다.

[그림 2-2-2] 단독경보형 감지기(예)

1) 자동복귀형 스위치가 있어 수동으로 작동시험을 할 수 있다.

2) 감지기가 작동되는 경우 내장된 작동표시등에 의해 화재의 발생을 표시하고, 내장된 음향장치가 경보음을 발하게 된다.

3) 주기적으로 전원표시등이 점멸하여 전원의 이상유무를 감시할 수 있으며, 전원표시등의 점멸주기는 1초 이내에 점등하고, 30~60초 이내 소등하게 된다.

4) 경보음은 감지기로부터 1m 떨어진 위치에서 85dB 이상으로 10분 이상 계속하여 경보할 수 있어야 한다. 이 경우 화재경보음에 음성안내를 포함할 수 있다.

5) 건전지의 성능이 저하되어 교체가 필요한 경우에는 음향 및 표시등에 의해 72시간 이상 경보할 수 있어야 한다. 이 경우 음향경보는 1m 떨어진 거리에서 70dB (음성안내는 60dB) 이상이어야 한다.

6) 건전지는 리튬전지 또는 이와 동등 이상의 지속적인 사용이 가능한 성능이 되어야 한다.

3. 비상방송설비

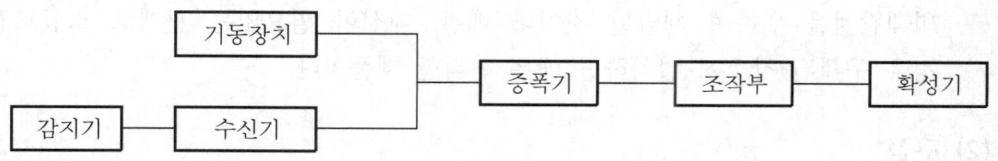

[그림 2-2-3] 비상방송설비 구성도

비상방송설비는 확성기(Speaker), 음량 조정기(Attenuator), 증폭기(Amplifier), 조작부 (Operation panel), 기동장치 등으로 구성되어 있다.

(1) 확성기(Speaker)

화재시 음향을 발하는 부분으로, 원리는 플래밍(Flaming)의 왼손법칙에 따라 입력신호에 대한 전기에너지가 운동에너지로 변환하게 되면 이때 스피커의 앞부분이 운동에너지에 따라 진동하게 되며 이러한 스피커의 진동이 공기라는 매질을 통하여 파장형태로 전파되어 청취가 가능한 음으로 전달되는 것이다.

1) 콘(Cone)형 : 용량은 보통 3W로 사무실 등의 천장 매입형으로 설치하며, 옥내용으로서 주파수 특성이 좋고 음질이 우수하다.

2) 혼(Horn)형 : 용량은 보통 5W로 주차장 등에서 벽이나 기둥에 설치하며, 옥외용으로서 주파수 특성이 나쁘고 음질이 불량하다.

(2) 음량 조정기(Attenuator ; ATT)

1) 개념 : 가변(可變)저항을 이용하여 전류를 변화시켜 음량(Volume)을 조절하는 장치이다.

2) 적용

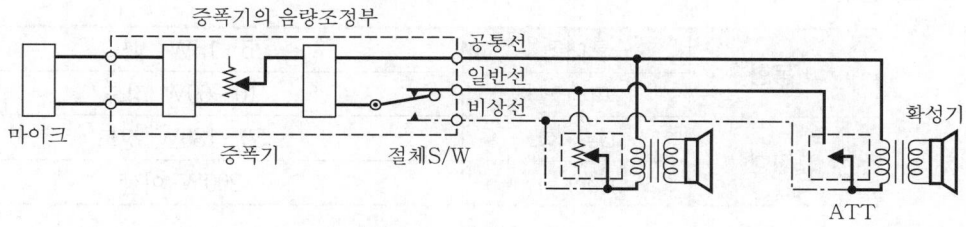

[그림 2-2-4] 음량 조정기(ATT)(예)

① 평상시 경우 : 비상방송설비의 경우에도 평소에는 일반방송을 하고 있으므로 재실자가 음량을 조절하여 방송을 청취할 수 있도록 하기 위하여 일부실에는 실별로 ATT(음량조절기)를 설치한다. 그러나 이 경우 각실에서 음량을 0으로 조절한 상태에서도 화재시에는 비상방송이 송출되어야 하므로 이를 위하여 [그림 2-2-4]와 같이 3선식으로 배선하고 ATT 내부의 볼륨스위치에는 가변(可變)저항이 설치되어 있다. 이 경우 평소에는 공통선과 일반선을 이용하여 방송을 송출하며 각 실에서 ATT(음량조절기)를 사용하여 필요시 볼륨 스위치를 0으로 한 경우는 그림에서 ATT의 화살표에 있는 가변저항 접촉부가 이동하여 저항을 크게 조정함으로써 전류가 감소하게 되어 결국 음량이 줄어들게 된다.

② 화재시 경우 : 이때 화재가 발생하여 감지기 입력신호가 수신되면 감지기 신호와 연동하여 증폭기 내부의 절체 스위치가 작동하게 되며 일반선 단자에서 비상선 단자로 절체되어 공통선과 비상선을 이용한 방송이 송출된다. 이 경우 비상선은 ATT에서 가변저항을 통하지 않고 직접 확성기에 접속되어 있으므로 음량을 0으로 줄인 경우에도 비상방송 송출에는 지장이 없게 된다.

③ 따라서 음량 조정장치가 있는 경우는 반드시 "3선식 배선방식(비상선-공통선-일반선)"을 적용하여야 하며 화재시에는 감지기의 동작신호와 연동하여 릴레이에 의해 방송설비용 스위치가 일반라인에서 비상라인으로 자동 접속되도록 한다.

(3) 증폭기(Amplifier)

1) 개념 : 방송을 하기 위하여 마이크에 음성입력을 하는 경우 입력측에 들어가는 적은 신호를 스피커와 같이 출력측에 큰 신호로 변환시키기 위해서는 이를 증폭하여야 하는 장치를 말한다. 즉 입력측에 가해진 신호의 전압, 또는 전력 등을 확대하여 출력측에 큰 에너지의 변화로 출력하는 장치이다.

2) 종류[391]

이동형	휴대형	5~15W 정도
	탁상형	10~60W 정도
고정형	Desk형	30~180W 정도
	Rack형	200W 이상

3) 개별 특징

이동형	휴대형	① 경량의 증폭기로서 휴대를 목적으로 제작된 것으로 소화 활동시 안내방송 등에 이용된다. ② 마이크·증폭기·확성기를 일체화한 경량화된 제품이다.
	탁상형	소규모 방송설비에 사용되며, 입력장치로는 마이크·라디오·사이렌·카세트테이프 등을 사용한다.
고정형	데스크형	책상식의 형태로 입력장치로는 랙(Rack)형과 유사하다.
	랙형	데스크형과 외형은 같으나 유니트(Unit)화되어 교체·철거·신설이 용이하며, 용량의 제한이 없다.

---

391) 도해 건축전기설비(일본) 井上書院 1993 p.182

(4) 조작부(Operating panel)

비상방송설비를 제어하고 조작하기 위한 각종 장치가 있는 판넬을 뜻하며, 보통 방재센터 내에 증폭기와 조작부가 일체형으로 설치되어 있다.

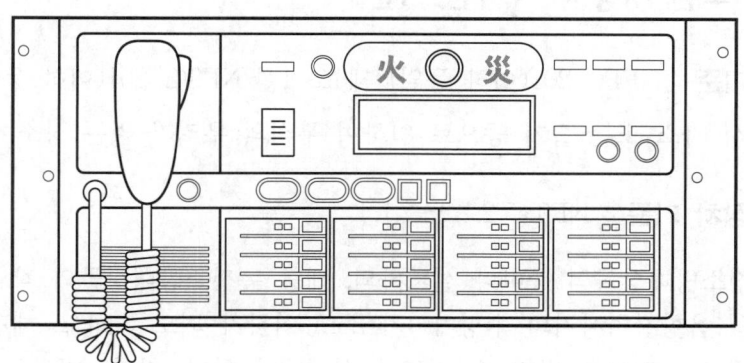

[그림 2-2-5] 조작부(예)

(5) 기동장치

1) **개념** : 방송을 기동시켜 주는 장치로서 자동화재탐지설비와 연동되어 자동 기동되는 방법과 기동장치를 수동으로 조작하는 수동 기동되는 방법이 있다. 이중 수동식 기동장치란 비상전화와의 연동 기동·발신기와 연동 기동·누름스위치와의 연동 기동의 3가지 방법이 있다. 기동장치란 의미는 원칙적으로 수동식 기동장치를 뜻하는 것으로 일본의 경우는 방송설비가 자동화재탐지설비와 연동되는 경우는 기동장치를 생략할 수 있으나[392] 국내는 이에 대한 상세 기준이 없는 실정이다.

2) **기준** : 기동장치에 따른 화재신고를 수신한 후 필요한 음량으로 화재발생 상황 및 피난에 유효한 방송이 자동으로 개시될 때까지의 소요시간은 10초 이하로 할 것(제4조 9호/2.1.1.11)

> ① 구 기준에서는 필요한 음량으로만 규정하고 있어 방송시 전자사이렌 음을 송출할 수도 있었으나 "필요한 음량으로 화재발생 상황 및 피난에 유효한 방송"으로 개정되었으므로 반드시 피난에 필요한 안내방송이 송출되어야 한다.
> ② 감지기 동작 후 방송이 송출될 때까지의 소요시간은 10초 이하이어야 하며, 자동화재탐지설비 수신기의 경우는 5초(축적형은 60초) 이하로 관련 형식승인 기준에서 규정하고 있다.

392) 동경소방청 사찰편람(査察便覽) 6.4 비상경보설비 6.4.4.3 기동장치 p.2,573

3 비상경보설비 기준

1. 비상벨 또는 자동식 사이렌 기준

(1) 설치기준 : NFPC 201(이하 동일) 제4조 1항/NFTC 201(이하 동일) 2.1.1

부식성 가스 또는 습기 등으로 인하여 부식의 우려가 없는 장소에 설치해야 한다.

(2) 음향장치 기준 : NFTC 2.1.2~2.1.4

1) 특정소방대상물의 층마다 설치하되, 해당 특정소방대상물의 각 부분으로부터 하나의 음향장치까지의 수평거리가 25m 이하가 되도록 하고, 해당층의 각 부분에 유효하게 경보를 발할 수 있도록 설치해야 한다. 다만, NFTC 202(방송설비)에 적합한 방송설비를 비상벨설비 또는 자동식 사이렌설비와 연동하여 작동하도록 설치한 경우에는 지구음향장치를 설치하지 않을 수 있다.

2) 음향장치는 정격전압의 80% 전압에서도 음향을 발할 수 있도록 해야 한다. 다만, 건전지를 주전원으로 사용하는 음향장치는 그렇지 않다.

3) 음향장치의 음량의 크기는 부착된 음향장치의 중심으로부터 1m 떨어진 위치에서 음압이 90dB 이상이 되는 것으로 해야 한다.

(3) 발신기 기준 : 제4조 5항(2.1.5)

발신기는 다음의 기준에 따라 설치해야 한다.

1) 조작이 쉬운 장소에 설치하고, 조작 스위치는 바닥으로부터 0.8m 이상 1.5m 이하의 높이에 설치할 것

2) 특정소방대상물의 층마다 설치하되, 해당 층의 각 부분으로부터 하나의 발신기까지의 수평거리가 25m 이하가 되도록 할 것. 다만, 복도 또는 별도로 구획된 실로서 보행거리가 40m 이상일 경우에는 추가로 설치해야 한다.

3) 발신기의 위치표시등은 함의 상부에 설치하되, 그 불빛은 부착면으로부터 15° 이상의 범위 안에서 부착지점으로부터 10m 이내의 어느 곳에서도 쉽게 식별할 수 있는 적색등으로 할 것

(4) 전원기준 : 제4조 6항 & 7항(2.1.6 & 2.17)

1) **상용전원 :** 전원은 전기가 정상적으로 공급되는 축전지설비, 전기저장장치 또는 교류전압의 옥내간선으로 하고, 전원까지의 배선은 전용으로 할 것

2) **표지 :** 개폐기에는 "비상벨설비 또는 자동식 사이렌설비용"이라고 표시한 표지를 할 것

3) **비상전원 :** 비상벨설비 또는 자동식 사이렌설비에는 그 설비에 대한 감시상태를 60분간 지속한 후 유효하게 10분 이상 경보할 수 있는 축전지설비(수신기에 내장하는 경우를 포함) 또는 전기저장장치를 설치해야 한다. 다만, 상용전원이 축전지설비인 경우 또는 건전지를 주전원으로 사용하는 무선식 설비인 경우에는 그렇지 않다.

(5) 배선기준 : 제4조 8항(2.1.8)

1) 전원회로의 배선은 NFTC 102의 표 2.7.2(1)에 따른 내화배선에 따르고, 그 밖의 배선은 NFTC 102의 표 2.7.2(1) 또는 표 2.7.2(2)에 따른 내화배선 또는 내열배선에 따를 것

2) 배선은 다른 전선과 별도의 관·덕트(절연효력이 있는 것으로 구획한 때에는 그 구획된 부분은 별개의 덕트로 본다)·몰드 또는 풀박스 등에 설치할 것. 다만, 60V 미만의 약전류 회로에 사용하는 전선으로서 각각의 전압이 같을 때에는 그렇지 않다.

2. 단독경보형 감지기 기준 : 제5조(2.2)

(1) 설치기준

1) 각 실(이웃하는 실내의 바닥면적이 각각 $30m^2$ 미만이고, 벽체의 상부의 전부 또는 일부가 개방되어 이웃하는 실내와 공기가 상호 유통되는 경우에는 이를 1개의 실로 본다)마다 설치하되, 바닥면적이 $150m^2$를 초과하는 경우에는 $150m^2$ 마다 1개 이상 설치할 것

2) 계단실은 최상층의 계단실 천장(외기가 상통하는 계단실의 경우를 제외한다)에 설치할 것

(2) 전원기준

1) 건전지를 주전원으로 사용하는 단독경보형 감지기는 정상적인 작동상태를 유지할 수 있도록 건전지를 교환할 것

2) 상용전원을 주전원으로 사용하는 단독경보형 감지기의 2차 전지는 법 제40조 규정에 따른 제품검사에 합격한 것을 사용할 것

> **법 제40조**
>
> 법 제40조란 소방시설법 제40조(소방용품의 성능인증 등)로서 소방용품에 대한 성능인증시험을 할 수 있는 규정을 말한다.

④ 비상방송설비 기준

1. 확성기 기준 : NFPC 202(이하 동일) 제4조 1호 & 2호/NFTC 202(이하 동일) 2.1.1.1 & 2.1.1.2

(1) 확성기의 음성입력은 3W(실내에 설치하는 것에 있어서는 1W) 이상일 것

> ① 국내기준
> ㉮ 사무실 등 실내는 보통 천장 매립형으로 3W용 Cone(원추)형을 설치하며, 지하 주차장의 경우 반자가 없으므로 노출로 설치하며, 보통 5W용의 Horn형을 설치한다.
> ㉯ 음성입력으로 규정한 것은 방송되는 메시지의 경우는 발신기와 같이 출력 음량으로 규정하기가 곤란하기 때문이다.
>
> ② 일본기준
> 일본의 경우도 구 기준은 음성입력을 3W(실내는 1W)로 규정하였으나 소방법 시행규칙 제25조의 2 제1항 3호에서 확성기를 음압에 따라 설치하도록 개정하였으며 L(Large), M(Medium), S(Small)급으로 다음과 같이 구분하여 적용하고 있다.
>
> | 확성기 | 음압의 크기 | 확성기 설치기준 |
> |---|---|---|
> | L급 | 92dB 이상 | ① 100m² 이상의 방송구역 : L급 |
> | M급 | 87dB 이상 92dB 미만 | ② 50m² 초과~100m² 미만의 방송구역 : L급 또는 M급 |
> | S급 | 84dB 이상 87dB 미만 | ③ 50m² 미만의 방송구역 : L급, M급 또는 S급
 ④ 계단이나 경사로 : L급 |

(2) 확성기는 각 층마다 설치하되, 그 층의 각 부분으로부터 하나의 확성기까지의 수평거리가 25m 이하가 되도록 하고, 해당 층의 각 부분에 유효하게 경보를 발할 수 있도록 설치할 것

2. 음량조정기 기준 : 제4조 3호(2.1.1.3)

음량조정기를 설치하는 경우 음량조정기의 배선은 3선식으로 할 것

3. 조작부 기준 : NFTC 2.1.1.4 & 2.1.1.5/2.1.1.10 & 2.1.1.11

(1) 조작부의 조작스위치는 바닥으로부터 0.8m 이상 1.5m 이하의 높이에 설치할 것

(2) 조작부는 기동장치의 작동과 연동하여 당해 기동장치가 작동한 층 또는 구역을 표시할 수 있는 것으로 할 것

(3) 증폭기 및 조작부는 수위실 등 상시 사람이 근무하는 장소로서 점검이 편리하고 방화상 유효한 곳에 설치할 것

(4) 하나의 특정소방대상물에 2 이상의 조작부가 설치되어 있는 때에는 각각의 조작부가 있는 장소 상호간에 동시 통화가 가능한 설비를 설치하고, 어느 조작부에서도 당해 소방대상물의 전 구역에 방송을 할 수 있도록 할 것

(5) 기동장치에 따른 화재신호를 수신한 후 필요한 음량으로 화재발생상황 및 피난에 유효한 방송이 자동으로 개시될 때까지의 소요시간은 10초 이내로 할 것

> ① 증폭기(Amplifier)와 조작부(Operating panel)는 원칙적으로 동일 장소에 설치하여야 하며, 상시 사람이 근무하는 장소에 있어야 한다.
> ② 위의 조항 중 상시 사람이 근무하는 장소란 문귀는 방송설비가 자동화재탐지설비와 동일한 경보설비이므로 NFTC 203(자동화재탐지설비) 2.2.3.1 단서 조항과 같이 "다만, 사람이 상시 근무하는 장소가 없는 경우에는 관계인이 쉽게 접근할 수 있고 관리가 용이한 장소에 설치할 수 있다."를 단서 조항으로 삽입하는 것이 바람직하다. 구 기준에서는 필요한 음량으로만 규정하고 있어 방송시 전자사이렌 음을 송출할 수도 있었으나 "필요한 음량으로 화재발생 상황 및 피난에 유효한 방송"으로 개정되었으므로 반드시 피난에 필요한 안내방송이 송출되어야 한다.

4. 경보의 기준

(1) 경보를 발하는 방식 : NFTC 2.1.1.7(2023. 2. 10. 개정)

층수가 11층(공동주택의 경우에는 16층) 이상의 특정소방대상물은 다음의 기준에 따라 경보를 발할 수 있도록 해야 한다.

1) 2층 이상의 층에서 발화한 때에는 발화층 및 그 직상 4개층에 경보를 발할 것

2) 1층에서 발화한 때에는 발화층·그 직상 4개층 및 지하층에 경보를 발할 것

3) 지하층에서 발화한 때에는 발화층·그 직상층 및 기타의 지하층에 경보를 발할 것

(2) 비상방송과 일반방송의 겸용시 : 제4조 6호(2.1.1.8)

다른 방송설비와 공용하는 것에 있어서는 화재시 비상경보 외의 방송을 차단할 수 있는 구조로 할 것

> ① 경보의 방식 : 자동화재탐지설비에서 경보의 방식이 개정된 것과 보조를 맞추기 위해 비상방송에서도 우선경보의 경우 발화층 및 직상 4개층으로 하고 자동화재탐지설비와 같이 2023. 2 10.부터 시행하도록 하였다.
> ② 비상경보 외의 방송 차단 : 일반방송과 비상방송을 겸하는 설비의 경우는 일반방송으로 방송 중 비상방송의 신호가 입력되면 자동으로 비상방송으로 절환되어야 한다는 의미이다.

5. 음향장치 기준 : 제4조 10호(2.1.1.12)

음향장치는 다음의 기준에 따른 구조 및 성능의 것으로 해야 한다.

(1) 정격전압의 80% 전압에서 음향을 발할 수 있는 것으로 할 것

(2) 자동화재탐지설비의 작동과 연동하여 작동할 수 있는 것으로 할 것

6. 화재시 배선의 안전조치 : 제5조 1호(2.2.1.1)

화재로 인하여 하나의 층의 확성기 또는 배선이 단락 또는 단선되어도 다른 층의 화재통보에 지장이 없도록 할 것

(1) 해설 : 화재로 인하여 스피커 배선이 단락될 경우에는 과전류가 흘러 증폭기(앰프)에 충격을 주게 되어 증폭기가 작동불능이 되어 이로 인하여 다른 층에 비상방송이 송출되지 않을 수 있다. 방송설비용 확성기(스피커) 배선은 화재시 화염에

의해 스피커선이 단락 또는 단선되어도 다른 층의 경보에 지장이 없도록 하기 위하여 층별로 스피커 분기 지점에 퓨즈나 부가장치를 설치하여야 한다.

(2) 이에 대한 대책은 다음과 같다.

1) 각 층의 스피커 배선에 퓨즈를 설치한다.

설 치	각 층 중계기함, 스피커 단자대에 출력전압에 맞는 퓨즈를 설치한다.
장 점	시공비가 저렴하고, 설치가 용이하다.
단 점	퓨즈 이상 발생시 단선여부 확인이 곤란하다. 이를 보완하기 위해 작동 확인 LED가 부설된 퓨즈를 설치한다.

2) 각 층별로 앰프 또는 다채널 앰프를 설치한다.

설 치	방재실의 비상방송반 증폭기에 설치한다.
장 점	스피커 배선에 별도로 퓨즈를 설치할 필요가 없다.
단 점	앰프 증가에 따른 비용이 증가된다.

3) 별도의 부가장치를 설치한다. 화재시 스피커 배선이 단락되어도 앰프에 과전류가 흐르는 것을 차단하여 직상층의 방송 송출에 지장이 없도록 하는 부가장치가 다양하게 개발되어 있다.

설 치	소방용 중계기 또는 통신단자함에 설치한다.
장 점	단선이나 단락시 감지할 수 있는 기능이 있다.
단 점	주로 제조사의 특허용 제품으로 해당 제품을 사용하여야 한다.

(3) 일본의 경우 : 일본의 경우는 비상방송설비에서 확성기 배선의 단락시 직상층에 방송 송출이 되지 않는 것을 방지하기 위하여 층별로 회로분할장치라는 부가장치를 사용한다.

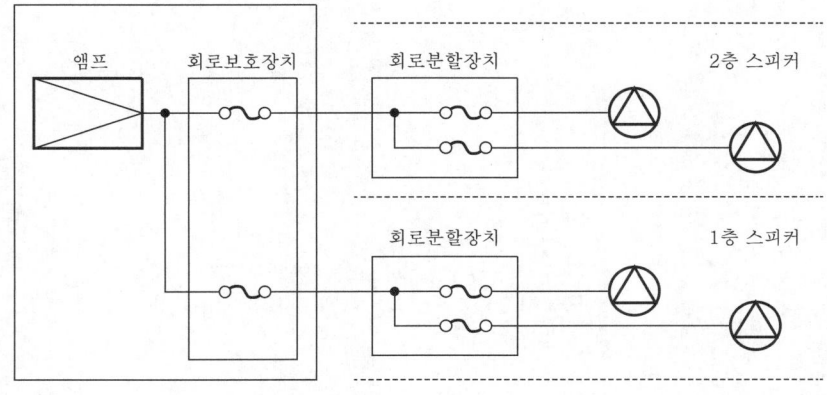

[그림 2-2-6] 회로분할장치 개념도(일본의 경우)

7. 전원회로 배선기준

전원회로의 배선은 NFPC 102(옥내소화전설비) 표 2.7.2(1)에 따른 내화배선에 따르고, 그 밖의 배선은 NFPC 102(옥내소화전설비) 표 2.7.2(1) 또는 2.7.2(2)에 따른 내화배선 또는 내열배선에 따를 것

8. 전원기준 : 제6조(2.3)

비상방송설비의 상용전원은 다음의 기준에 따라 설치해야 한다.

(1) 전원은 전기가 정상적으로 공급되는 축전지, 전기저장장치 또는 교류전압의 옥내 간선으로 하고, 전원까지의 배선은 전용으로 할 것

(2) 개폐기에는 "비상방송설비용"이라고 표시한 표지를 할 것

(3) 비상방송설비에는 그 설비에 대한 감시상태를 60분간 지속한 후 유효하게 10분 이상 경보할 수 있는 축전지설비(수신기에 내장하는 경우를 포함한다) 또는 전기 저장장치를 설치해야 한다.

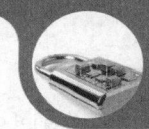

1 소화설비에서 교차회로 방식을 적용하지 않는 감지기는 어떠한 감지기인가?

1. 불꽃감지기
2. 정온식 감지선형 감지기
3. 분포형 감지기
4. 복합형 감지기
5. 광전식 분리형 감지기
6. 아날로그방식의 감지기
7. 다신호방식의 감지기
8. 축적방식의 감지기

2 20m 이상 높이에 설치할 수 있는 감지기는 어떠한 감지기인가?

1. 불꽃감지기
2. 광전식(분리형, 공기흡입형) 중 아날로그방식
   단, 광전식 중 아날로그방식의 감지기는 공칭감지농도 하한값이 감광률 5%/m 미만이어야 한다.

3 축적형 감지기를 사용하여야 하는 경우와 사용하지 않는 경우는?

1. 사용하여야 하는 경우
   ㉮ 지하층·무창층으로 환기가 잘 되지 아니하거나 실내면적이 40m² 미만인 장소
   ㉯ 감지기의 부착면과 실내바닥과의 거리가 2.3m 이하인 곳으로서 일시적으로 발생한 열·연기 또는 먼지 등으로 인하여 화재신호를 발신할 우려가 있는 장소
2. 사용하지 않는 경우
   ㉮ 교차회로방식에 사용되는 감지기
   ㉯ 급속한 연소확대가 우려되는 장소에 사용되는 감지기
   ㉰ 축적기능이 있는 수신기에 연결하여 사용되는 감지기

4 다음 괄호 속에 알맞은 단어를 기입하시오.

> 광전식 스포트형은 동작방식이 수광부에 입사하는 수광량이 (①)된 것을 검출하므로 일명 (②)식에 의한 감지기이며, 광전식 분리형은 수광량이 (③)한 것을 검출하므로 일명 (④)식에 의한 감지기가 된다.

 ① : 증가, ② : 산란광(散亂光), ③ : 감소, ④ : 감광(減光)

5 보상식과 열복합형 감지기를 상호 비교하시오.

1. 동작방식

보상식 감지기	열복합형 감지기(차동식+정온식)
차동식과 정온식의 OR 회로	① 차동식과 정온식의 AND 회로 → 단신호 ② 차동식과 정온식의 OR 회로 → 다신호

2. 신호출력

보상식 감지기	열복합형 감지기(차동식+정온식)
[단신호]=OR 회로	AND 회로=[단신호] OR 회로=[다신호]

3. 회로구성

보상식 감지기	열복합형 감지기(차동식+정온식)
단신호 : 차동요소와 정온요소 중 어느 하나가 먼저 작동하면 해당하는 동작신호만 출력된다.	① 단신호 : 차동요소와 정온요소가 모두 작동할 경우 동작신호가 출력된다. ② 다신호 : 두 요소 중 어느 하나가 작동하면 해당하는 동작신호(#1)가 출력되고 이후 또 다른 요소가 작동되면 두 번째 동작신호(#2)가 출력된다.

4. 목적

보상식 감지기	열복합형 감지기(차동식+정온식)
실보(失報)방지가 목적이다.	비화재보방지가 목적이다.

5. 적응성

보상식 감지기	열복합형 감지기(차동식+정온식)
심부성 화재가 예상되는 장소	일시적으로 오동작의 우려가 높은 장소

6 비화재보의 우려가 있어 차동식 스포트형 대신 차동식 분포형을 설치하여야 할 경우 환경장소 4개소를 예시하고, 예시한 환경장소에 대해 구체적인 적응성 장소를 예시하시오.

1. 수증기가 다량으로 머무는 장소
   예 증기세정실, 탕비실, 소독실 등
2. 부식성 가스가 발생하는 장소
   예 도금공장, 축전지실, 오수처리장 등
3. 물방울이 발생하는 장소
   예 슬레이트 또는 철판으로 설치한 지붕 창고·공장, 패키지형 냉각기전용 수납실, 밀폐된 지하창고, 냉동실 주변 등
4. 먼지 또는 미분(微粉) 등이 다량으로 체류하는 장소
   예 쓰레기장, 하역장, 도장실, 섬유·목재·석재 등 가공공장 등

7 이온화식과 광전식 감지기의 감도에 따른 특성을 비교하시오.

1. 연기입자
   ㉮ 이온화식은 상대적으로 작은 연기입자($0.01 \sim 0.3\mu$m)인 비가시적입자에 민감하며 따라서 표면화재에 적응성이 높다.
   ㉯ 광전식은 입자의 빛에 의한 산란을 이용하는 것이므로 상대적으로 큰 연기입자($0.3 \sim 1\mu$m)인 가시적 입자에 민감하며 따라서 입자가 큰 훈소화재에 적응성이 높다.
2. 연기의 색상
   ㉮ 이온화식은 연기입자에 이온이 흡착되는 것에 관계되므로 연기의 색상과는 무관하다.
   ㉯ 광전식은 수광량의 증가를 검출하므로 연기의 색상에 따라 빛이 흡수 또는 반사되는 정도가 다르므로 검은색보다는 흰색의 연기가 감도에 유리하다.
3. 파장의 크기
   ㉮ 파장과 입자의 크기가 같을 때 감도가 최대가 되며, 입자가 크면 광을 흡수하게 되고 입자가 작으면 광이 통과하게 된다.
   ㉯ 비가시적 입자 크기의 최대치인 0.3μm까지는 이온화식이 민감하며, 0.3μm 이상 가시적 크기의 입자는 광전식이 민감하다. 광전식은 송광부의 발광 다이오드 파장인 0.95μm를 전후하여 감도가 극대치를 이루고 이보다 적으면 감도가 급격하게 떨어진다.

8 이온화식 감지기와 광전식 감지기의 차이점을 상호 비교하시오.

 1. 연기의 감지능력

이온화식	광전식
① 작은 연기(0.01~0.3μm)입자에 민감하다. : 비가시적(非可視的) 입자 ② 표면화재에 유리하다(작은 입자). ③ 연기의 색상은 무관하다. ④ 경년변화와 무관하다.	① 큰 연기입자(0.3~1μm)에 민감하다. : 가시적(可視的) 입자 ② 훈소화재에 유리하다(큰 입자). ③ 연기의 색상과 관련이 있다. ④ 경년변화가 발생한다.

2. 비화재보

이온화식	광전식
① 온도·습도·바람의 영향을 받는다. ② 전자파에 의한 영향이 없다.	① 분광(分光) 특성상 다른 파장의 빛에 의해 작동될 수 있다. ② 증폭도가 크기 때문에 전자파에 의한 오동작의 우려가 있다.

3. 적응성

이온화식	광전식
① B급화재 등 불꽃화재(작은 입자 화재)에 적합하다. ② 환경이 깨끗한 장소에 유리하다. ③ 광전식보다 오동작 비율이 높다.	① A급화재 등 훈소화재가 예상되는 장소에 적합하다. ② 엷은 회색의 연기에 유리하다. ③ 이온화식보다 오동작 비율이 낮다.

9 자외선(UV)감지기와 적외선(IR)감지기의 차이점을 상호 비교하여라.

1. 검출 파장

UV	IR
0.18~0.26μm의 자외선 파장	적외선 4.35μm(CO_2 공명방사방식)

2. 기능

UV	IR
감도가 높으나 비화재보의 우려가 높다.	감도가 낮으나 비화재보의 우려가 낮다.

3. 연기의 영향

UV	IR
파장이 짧기 때문에 연기 증가시 급격하게 감도가 저하되며, 연기 속에서 불꽃을 감지하지 못한다.	파장이 길기 때문에 연기의 영향을 받지 않으며, 연기 속에서 불꽃을 감지할 수 있다.

4. 관리적 측면

UV	IR
투과창이 오손될 경우 감도가 저하되므로 수시로 청소가 필요하다(검출파장의 대역이 좁다).	투과창이 오손되어도 감도 기능의 저하가 크지 않다.

10 기존 건축물에서 직상 1개층·발화층 우선경보로 시공된 경우 각 부호에 해당하는 전선 수를 기입하시오. (단, 전화선은 선택하는 것으로 한다)

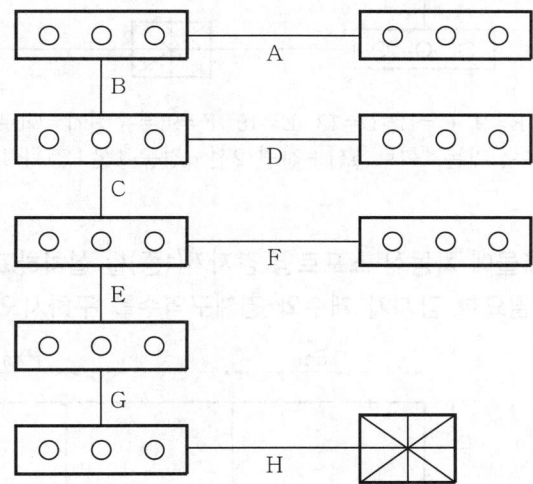

 A=D=F=7, B=8, C=11, E=14, G=16, H=19(H는 공통선 1선을 추가함.)

1. 시작하는 부분은 항상 기본 7선이다(A, D, F).

2. B는 A보다 회로선 1선만 증가됨(경종선은 동일층이므로 증가 안 됨).

3. C 및 E는 각각 2회로 증가 및 경종선 1선 증가로 총 3선씩 증가됨.

4. G는 1회로 증가 및 경종선 1선 증가로 총 2선 증가됨.

5. H는 1회로 증가, 경종선 1선 증가, 공통선 1선 증가(공통선은 7회로당 1선임)로 총 3선 증가함.

   ∴ H=회로선 8선+경종선 5선+공통선 2선+기본 4선=19선

11 기존 건축물에서 직상 1개층 · 발화층 우선경보로 시공된 경우 각 부호에 해당하는 전선 수를 기입하시오. (단, 전화선은 선택하는 것으로 한다)

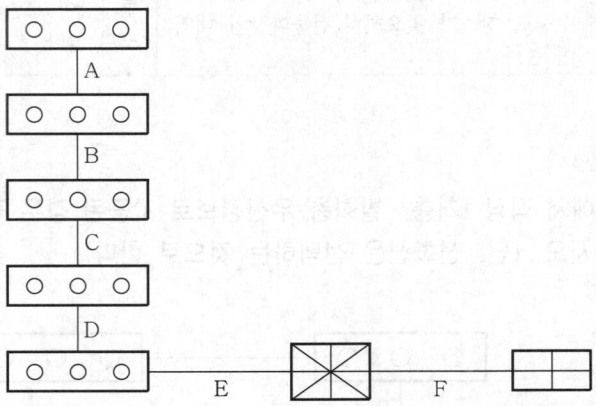

해답 A=7, B=9, C=11, D=13, E=15, F=9(부수신기＝회로 5＋전원 2＋경종 1＋전화 1)
㈜ 부수신기는 "회로 5선＋전원 2선＋경종 1선＋전화 1선"이다.

12 다음의 내화건축물에 차동식 스포트형 감지기(1종)를 설치하고자 한다. 감지기 부착높이는 4.2m일 때 필요한 감지기 개수와 경계구역수를 구하시오.

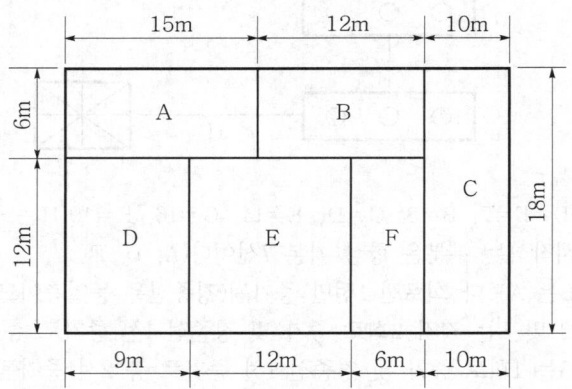

해답 1. A실 : $15 \times 6 = 90\text{m}^2$ $90 \div 45 = 2$개
   B실 : $12 \times 6 = 72\text{m}^2$ $72 \div 45 \fallingdotseq 2$개
   C실 : $10 \times 18 = 180\text{m}^2$ $180 \div 45 = 4$개
   D실 : $12 \times 9 = 108\text{m}^2$ $108 \div 45 \fallingdotseq 3$개
   E실 : $12 \times 12 = 144\text{m}^2$ $144 \div 45 \fallingdotseq 4$개
   F실 : $12 \times 6 = 72\text{m}^2$ $72 \div 45 \fallingdotseq 2$개
   ∴ 총 설치 개수＝2＋2＋4＋3＋4＋2＝17개
   2. 경계구역수 : $18 \times 37 = 666\text{m}^2$
   ∴ $666 \div 600 \fallingdotseq 2$회로

13 공기관식 분포형 감지기에서 평상시의 회로도가 조건 1과 같을 경우, 조건 1과 조건 2를 보고 문제에서 제시한 회로도 ①~④에 해당하는 시험의 종류와 이 경우 해당하는 작동 레버위치(영문부호)를 빈 칸에 쓰시오.

[조건 1]

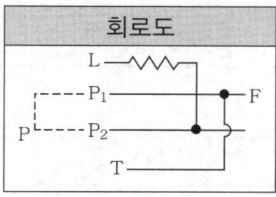

회로도	
	P : 공기관 P_1 P_2 : 공기관 접속구 T : 시험공 F : 다이어프램 TP : 공기주입기 M : Manometer L : 리크 저항

[조건 2] 레버 위치

레버위치 N	레버위치 P&A	레버위치 D&L
P_1 P_2 T		

[문제]

회로도 ①	회로도 ②	회로도 ③	회로도 ④

구 분	회로도 ①	회로도 ②	회로도 ③	회로도 ④
시험의 종류				
레버 위치				

구 분	회로도 ①	회로도 ②	회로도 ③	회로도 ④
시험의 종류	화재작동시험 작동계속시험	유통시험	다이어프램시험	리크저항시험
레버 위치	P&A	P&A	D&L	D&L

14 광전식의 경우 스포트형과 분리형의 차이점을 비교하시오.

 감지기에 대한 비교는 다음과 같다.

1. 구조

스포트형	송광부와 수광부가 통합되어 있다.
분리형	송광부와 수광부가 분리되어 있다.

2. 감지방식

스포트형	수광량의 증가를 검출하는 산란광식이다.
분리형	수광량의 감소를 검출하는 감광식이다.

㈜ 1. 광전식 스포트형, 공기흡입형＝산란광식
　　2. 분리형 연감지기＝감광식(減光式)

3. 설치기준

스포트형	면적기준	4m 미만 : 1종 및 2종＝1개/150m², 3종＝1개/50m²
		4～20m 미만 : 1종 및 2종＝1개/75m²
분리형	거리기준	공칭감시거리 5～100m 이하

4. 설치장소

스포트형	계단, 피트, 덕트, 승강기 기계실 등과 같은 수직부분 및 복도 등으로 연기의 유통로 부분에 설치
분리형	넓은 공간의 홀, 강당, 체육관 등과 같은 대공간에 설치

5. 신뢰도

스포트형	오동작의 빈도가 높으며, 비화재보의 우려가 많아 신뢰도가 낮다.
분리형	오동작의 빈도가 낮으며, 비화재보의 우려가 없어 신뢰도가 높다.

15 칸막이가 없이 개방되어 있는 지상 10층/지하 2층 건축물에 자동화재탐지설비와 비상방송설비를 시공하고자 할 경우 각 번호에 알맞은 답을 적으시오. (단, 주된 출입구에서 내부 전체가 보이는 구조는 아님)

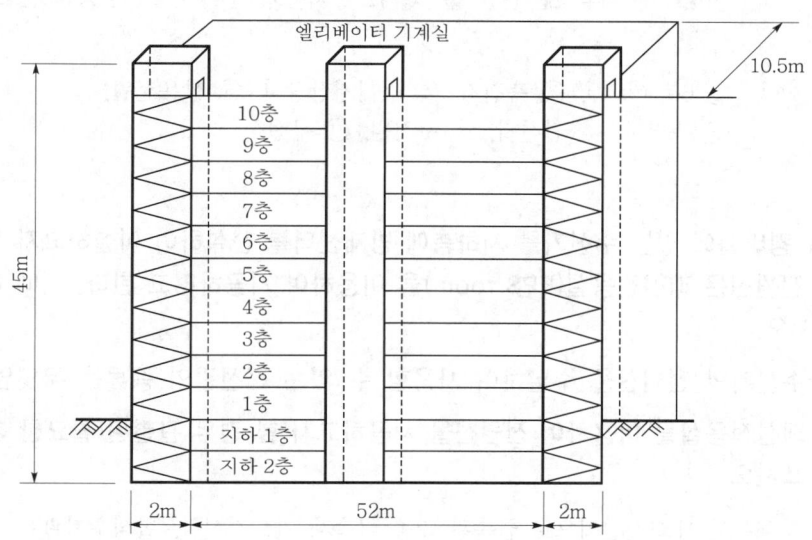

1. 각 층 바닥면적이 동일한 위 건물에 필요한 자동화재탐지설비의 최소경계구역수를 구하시오.

2. 1층의 감지기가 동작할 경우 연동되어 비상방송이 송출되는 층을 모두 적으시오.

 1. 최소경계구역수

㉮ 층별 구역수 : 1층의 바닥면적은 $56 \times 10.5 = 588m^2$로 $600m^2$ 이하이나 한 변의 길이가 52m로 50m를 초과하므로 2개 구역으로 하여야 한다.

∴ 12개층(지하 2층~지상 10층)×2개 구역=24구역

㉯ 계단의 경우 별도로 하되 지하 2층의 경우는 지상층과 지하층을 구분하여야 한다. 또한 높이 45m 이하로 지상층은 단일 구역이다.

∴ 계단 2개×2개 구역=4구역

㉰ 엘리베이터 기계실은 별도 구역으로 선정하며, 높이와 무관하다.

∴ 1구역

답 24구역+4구역+1구역=29개 구역

2. 비상방송 송출

NFTC 202(비상방송설비) 2.1.1.7의 개정(시행 2023. 2. 10.)에 따라 10층 이하의 건물은 전층경보로 방송 송출이 되어야 한다.

답 지하 2층~지상 10층의 전층

16 자동화재탐지설비의 비상전원 기준에 대하여 괄호 속에 알맞은 숫자나 단어를 적으시오.

> 자동화재탐지설비는 그 설비에 대한 감시상태를 (①)분간 지속한 후 유효하게 (②)분 이상 경보할
> 수 있는 (③)설비(수신기에 내장하는 경우를 포함한다) 또는 (④)를 설치해야 한다. 다만, (⑤)
> 이 (⑥)설비인 경우 또는 (⑦)를 (⑧)으로 사용하는 (⑨) 설비인 경우에는 그렇지 않다.

 ① 60, ② 10, ③ 축전지, ④ 전기저장장치, ⑤ 상용전원,
⑥ 축전지, ⑦ 건전지, ⑧ 주전원, ⑨ 무선식

17 1층 경비실에 있는 수신기를 지하층에 방재센터를 신설하여 이설하고자 할 경우 수신기
의 전원선은 배선전용실(EPS room)을 이용하여 시공하려고 한다. 이때 다음 물음에 답
하시오.

1. 수신기의 전원선을 수납하여 사용할 수 있는 전선관의 종류는 무엇인가?

2. 배선전용실을 이용하여 전원선을 시공하고자 할 경우 관련된 필요한 기준을 3가지를
쓰시오.

1. 내화전선이므로 금속관, 2종 금속제 가요전선관, 합성수지관
2. ㉮ 배선전용실은 내화성능을 갖는 구조일 것
㉯ 다른 설비의 배선이 있는 경우 이로부터 15cm 이상 떨어지게 설치할 것
㉰ 다른 설비의 배선이 있는 경우 소화설비 배선과 이웃하는 다른 설비의 배선
사이에 가장 큰 배선지름의 1.5배 이상 높이의 불연성 격벽을 설치할 것

18 준비작동식 스프링클러설비에서 기동용 감지기를 A, B의 교차회로 방식으로 다음 그림
과 같이 수퍼 비조리 판넬(Super visory panel)에 결선 시공하였다. 이때 각 구간별로
필요한 감지기 배선 가닥수를 괄호 속에 쓰시오.

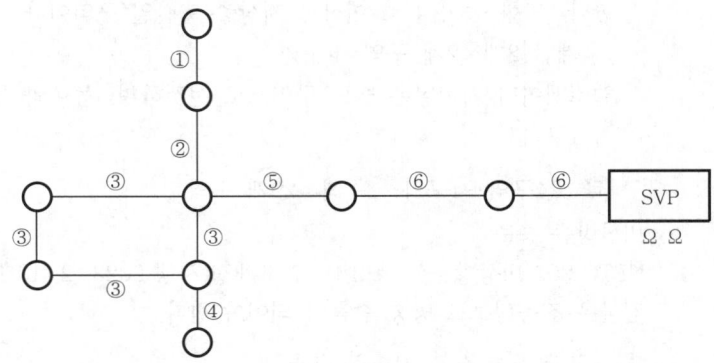

구 간	①	②	③	④	⑤	⑥
소요 전선수	( )선	( )선	( )선	( )선	( )선	( )선

구 간	①	②	③	④	⑤	⑥
소요 전선수	(4) 선	(8) 선	(4) 선	(4) 선	(8) 선	(8) 선

19 비상방송설비의 앰프와 스피커, 음량조정 장치간의 전선수를 도시하시오. (단, AT는 음량조정기를 뜻한다)

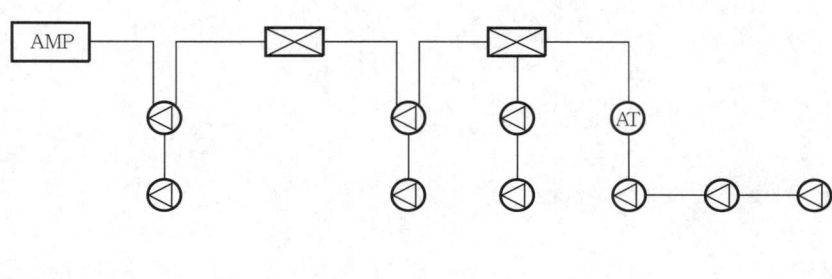

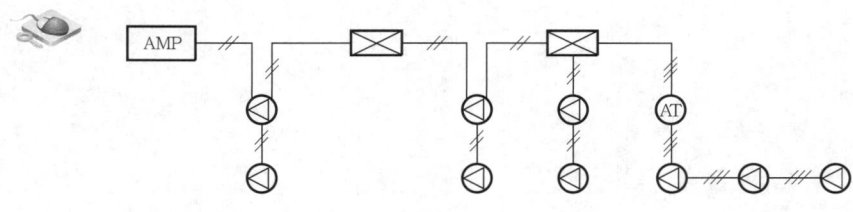

Memo

3장 피난구조설비

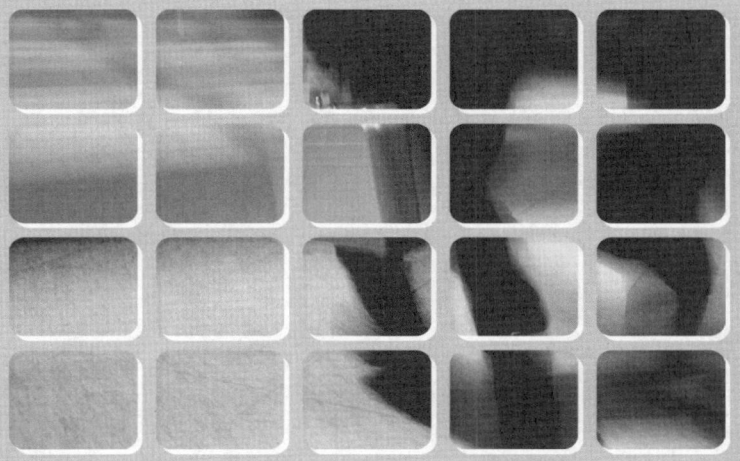

제3장 피난구조설비

제1절
피난기구(NFPC & NFTC 301)

① 적 용

1. 설치대상 : 소방시설법 시행령 별표 4

특정소방대상물	적용기준
모든 특정소방대상물(단, 위험물저장 및 처리시설 중 가스시설·지하가 중 터널 및 지하구는 그렇지 않다)	모든 층(다만, 피난층·1층·2층·층수가 11층 이상의 층은 제외)

 노유자시설 중 피난층이 아닌 지상 1층과 피난층이 아닌 지상 2층은 제외한다.

> **노유자시설의 적용**
>
> 피난층, 1층, 2층, 11층 이상의 층은 피난기구 설치대상이 아니나, 노유자시설의 경우는 1층과 2층이 피난층일 경우에만 이를 제외한다는 의미이다.

2. 제외대상 : NFTC 301(이하 동일) 2.2

다음의 어느 하나[(1)부터 (7)까지를 의미함]에 해당하는 특정소방대상물 또는 그 부분에는 피난기구를 설치하지 않을 수 있다. 다만, NFTC 2.1.2.2에 따라 숙박시설(휴양콘도미니엄을 제외한다)에 설치되는 완강기 및 간이완강기의 경우에는 그렇지 않다.

> **NFTC 2.1.2.2.**
>
> 설치한 피난기구 외에 숙박시설(휴양콘도미니엄을 제외한다)의 경우에는 추가로 객실마다 완강기 또는 2 이상의 간이완강기를 설치할 것

(1) 다음의 기준에 적합한 층(다음의 모두를 만족해야 함)

　　1) 주요 구조부가 내화구조로 되어 있어야 할 것

　　2) 실내에 면하는 부분의 마감이 불연재료·준불연재료 또는 난연재료로 되어 있고, 방화구획이 건축법 시행령 제46조의 규정에 적합하게 구획되어 있어야 할 것

건축법 시행령 제46조

　건축물의 층별, 면적별, 용도별 방화구획에 대한 조항이다.

　　3) 거실의 각 부분으로부터 직접 복도로 쉽게 통할 수 있어야 할 것

　　4) 복도에 2 이상의 특별 피난계단 또는 피난계단이 건축법 시행령 제35조의 규정에 적합하게 설치되어 있어야 할 것

건축법 시행령 제35조

　피난계단 및 특별 피난계단의 대상 및 기준에 관한 조항이다.

　　5) 복도의 어느 부분에서도 2 이상의 방향으로 각각 다른 계단에 도달할 수 있어야 할 것

양방향 피난

　이러한 구조를 양방향 피난이 가능한 구조라고 칭한다.

(2) 다음의 기준에 적합한 특정소방대상물 중 그 옥상의 직하층 또는 최상층(단, 문화 및 집회시설, 운동시설 또는 판매시설을 제외한다)

　　1) 주요 구조부가 내화구조로 되어 있어야 할 것

　　2) 옥상의 면적이 1,500m² 이상이어야 할 것

　　3) 옥상으로 쉽게 통할 수 있는 창 또는 출입구가 설치되어 있어야 할 것

　　4) 옥상이 소방사다리차가 쉽게 통행할 수 있는 도로(폭 6m 이상) 또는 공지(공원 또는 광장 등을 말한다)에 면하여 설치되어 있거나, 옥상으로부터 피난층 또는

지상으로 통하는 2 이상의 피난계단 또는 특별 피난계단이 건축법 시행령 제35 조의 규정에 적합하게 설치되어 있어야 할 것

(3) 주요 구조부가 내화구조이고 지하층을 제외한 층수가 4층 이하이며, 소방사다리 차가 쉽게 통행할 수 있는 도로 또는 공지에 면하는 부분에 영(슈) 제2조 1호 각 목의 기준에 적합한 개구부가 2 이상 설치되어 있는 층(단, 문화집회 및 운동시 설·판매시설 및 영업시설 또는 노유자시설의 용도로 사용되는 층으로서 그 층의 바닥면적이 1,000m² 이상인 것을 제외한다)

※ (저자 주) 개정된 용도별 분류(시행령 별표 2)에 따르면 "문화집회 및 운동시 설"은 문화 및 집회시설, 종교시설(종교집회장), 운동시설로, "판매시설 및 영 업시설"은 판매시설, 운수시설, 창고시설(화물터미널)로 재편되었다.

chapter **3** 피난구조설비

 기준에 적합한 개구부

영 제2조 1호의 기준에 적합한 개구부란 다음을 모두 만족하는 개구부(건축물에서 채광·환 기·통풍 또는 출입 등을 위하여 만든 창·출입구, 그 밖에 이와 비슷한 것)를 말한다. (소방시설법 시행령 제2조 1호)
1. 개구부의 크기가 지름 50cm 이상의 원이 내접할 수 있을 것
2. 그 층의 바닥면으로부터 개구부 밑부분까지의 높이가 1.2m 이내일 것
3. 도로 또는 차량이 진입할 수 있는 빈터를 향할 것
4. 화재시 건물로부터 쉽게 피난할 수 있도록 창살 그 밖의 장애물이 설치되지 아니할 것
5. 내부 또는 외부에서 쉽게 부수거나 열 수 있을 것

(4) 갓복도식 아파트 또는 건축법 시행령 제46조 5항에 해당하는 구조 또는 시설을 설 치하여 인접(수평 또는 수직) 세대로 피난할 수 있는 아파트

 건축법 시행령 제46조 4항에 해당하는 구조 또는 시설

인접 세대와 공동으로 또는 각 세대별로 설치된 요건을 모두 갖춘 대피공간

(5) 주요 구조부가 내화구조로서 거실의 각 부분으로부터 직접 복도로 피난할 수 있 는 학교(강의실 용도로 사용되는 층에 한한다)

(6) 무인공장 또는 자동창고로서 사람의 출입이 금지된 장소(관리를 위하여 일시적으 로 출입하는 장소를 포함한다)

(7) 건축물의 옥상부분으로서 거실에 해당하지 아니하고 건축법 시행령(시행령 제119조 1항 9호)에 해당하여 층수로 산정된 층으로 사람이 근무하거나 거주하지 않는 장소

3. 감소대상 : NFTC 2.3

피난기구를 감소할 수 있는 조건은 다음의 (1)~(3)의 3가지 방법이 있다.

(1) 다음의 기준에 적합한 층에는 규정에 따른 피난기구의 1/2을 감소할 수 있다. 이 경우 설치하여야 할 피난기구의 수에 있어서 소수점 이하의 수는 1로 한다.

1) 주요 구조부가 내화구조로 되어 있을 것

2) 직통계단이 피난계단 또는 특별 피난계단으로 2 이상 설치되어 있을 것

(2) 주요 구조부가 내화구조이고 다음의 기준에 적합한 건널 복도가 설치되어 있는 층에는 규정에 따른 피난기구 수에서 당해 건널 복도수의 2배수를 뺀 수로 한다.

1) 내화구조 또는 철골조로 되어 있을 것

2) 건널 복도 양단의 출입문에 자동폐쇄장치를 한 60분＋방화문 또는 60분 방화문 (방화셔터를 제외한다)이 설치되어 있을 것

3) 피난·통행 또는 운반의 전용 용도일 것

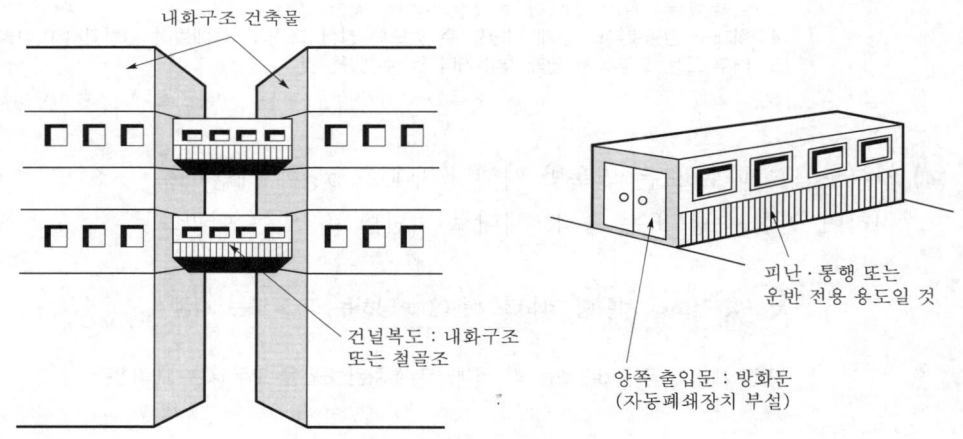

[그림 3-1-1] 감소대상의 건널복도가 설치된 경우

(3) 다음의 기준에 적합한 노대(露臺)가 설치된 거실의 바닥면적은 규정에 따른 피난 기구의 설치개수 산정을 위한 바닥면적 산정에서 이를 제외한다.

1) 노대를 포함한 소방대상물의 주요 구조부가 내화구조일 것

2) 노대가 거실의 외기에 면하는 부분에 피난상 유효하게 설치되어 있어야 할 것

3) 노대가 소방사다리차가 쉽게 통행할 수 있는 도로 또는 공지에 면하여 설치되어 있거나 또는 거실부분과 방화구획 되어 있거나 또는 노대에 지상으로 통하는 계단 그 밖의 피난기구가 설치되어 있어야 할 것

노대

노대(露臺)란 특별 피난계단 구조에서 부속실의 일종인 발코니(Balcony)로서 직접 옥외에 면하여 있는 공간을 말한다.

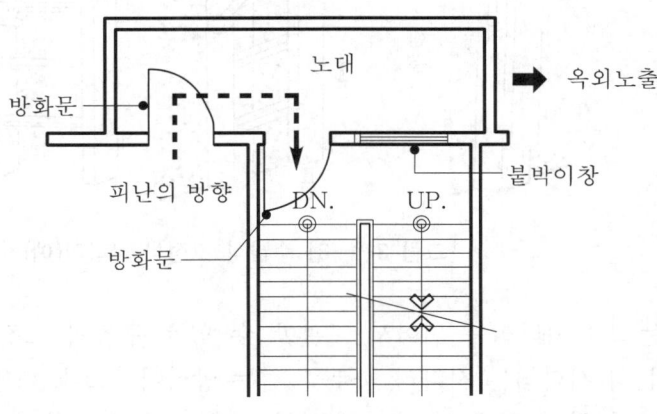

[그림 3-1-2] 노대를 설치한 경우

② 피난기구의 종류

1. 피난사다리

피난사다리란 형식승인 기준[393])에 의하면 화재시 긴급대피에 사용하는 사다리로서 고정식, 올림식 및 내림식 사다리를 말한다. 피난사다리는 구조 및 사용법에 따라 다음과 같이 분류한다.

(1) 고정식 사다리

1) **구조** : 고정식 사다리란 상시 사용할 수 있도록 소방대상물의 벽면 등에 고정되어 있는 것으로 구조상 ① 수납식(收納式) ② 접는식(＝일명 절첩식 ; 折疊式) ③ 신축식(伸縮式)으로 분류한다.

---

393) 피난사다리의 형식승인 및 제품검사의 기술기준(소방청 고시)

2) 종류

① 수납식 : 가로봉(횡봉 ; 橫棒)을 상시 세로봉(종봉 ; 縱棒) 안에 수납해 두었
다가 사용할 때에 가로봉을 꺼내어 펴서 사용할 수 있는 고정식 사다리로
평소에는 세로봉이 한 개만 있는 모습이나 사용할 경우에는 가로봉을 펼치
는 구조의 고정식 사다리이다.

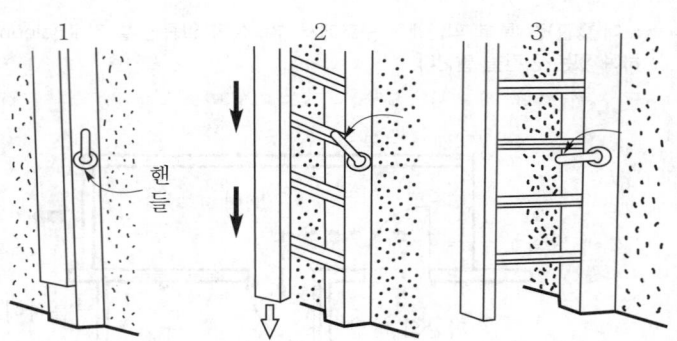

[그림 3-1-3] 수납식 고정식 사다리(예)

② 접는식 : 사다리를 접어서 보관할 수 있는 구조의 고정식 사다리이다. 당초
접는식 사다리는 사다리 하부를 접는 방식이었으나, 다양한 제품개발을 가능
하도록 하기 위해 "사다리 하부를 접을 수 있는 것"에서 "사다리를 접을 수
있는 것"으로 2019. 9. 30. 개정하였다.

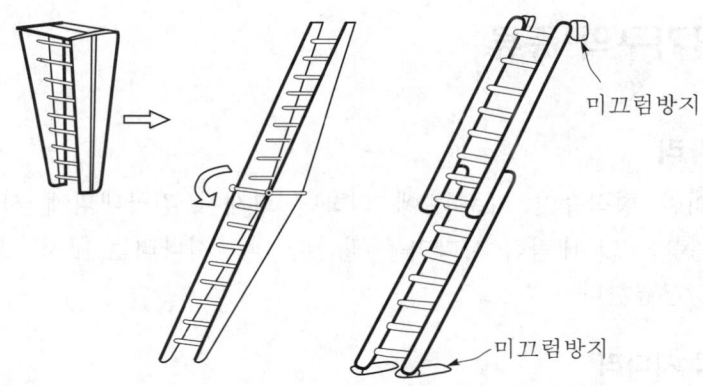

[그림 3-1-4] 접는식 고정식 사다리(예)

③ 신축식 : 평소에는 사다리 하부를 줄여 두었다가 사용할 때는 펼칠 수 있는
구조의 고정식 사다리이다.

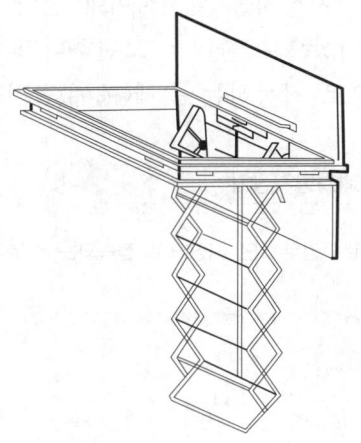

[그림 3-1-5] 신축식 고정식 사다리(예)

(2) 올림식 사다리

1) **구조** : 올림식 사다리란 소방대상물 등에 기대어 세워서 사용하는 사다리로 보
통 사다리의 상부 지지점을 걸고 올려 받쳐서 사용하는 것으로서 형태는 2단
이상으로 되어 있으며 형식승인 기준상 중량은 35kg 이하이어야 하며, 구조상
① 접는식 ② 신축식으로 분류한다. 상부지지점에는 미끄러지거나 또는 넘어지지
아니하도록 하기 위한 안전장치와 하부지지점에는 미끄럼방지장치를 설치하여
야 한다.

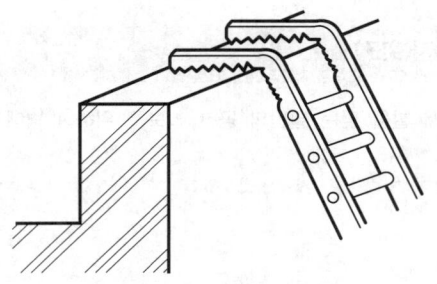

상부의 안전장치(예)

[그림 3-1-6] 올림식 사다리

chapter

3

피난구조설비

2) 종류

① 접는식 : 2단 이상으로 접어 보관하다가 사용할 때 여는 것으로 자동적으로 작동하는 접힘방지장치를 설치하여야 한다.

② 신축식 : 2단 이상으로 줄여서 보관하다가 사용할 때에 펼치는 것으로 사용할 때 자동적으로 작동하는 축제(縮梯)방지장치를 설치하여야 한다.

 축제(縮梯)방지장치

> 사다리를 펼치는 경우 2단 이상으로 접속되는 부분이 줄어지지 않도록 하는 자동 잠금장치이다.

(3) 내림식 사다리

1) 구조 : 내림식 사다리란 평상시에는 접어둔 상태로 두었다가 사용시에는 견고한 부분에 걸어 내린 후 사용하는 것으로서 형식승인 기준상 중량은 20kg 이하이어야 하며, 세로봉의 재질이나 구조에 따라 ① 와이어로프(wire rope)식 ② 체인(Chain)식 ③ 하향식 피난구용 내림식 사다리 등으로 분류할 수 있다. 특히 내림식 사다리에 한하여 사용할 때 방화대상물로부터 일정한 간격을 유지하고 사용자의 딛는 발이 충분히 가로봉에 걸치도록 하기 위하여 소방대상물에서 10cm 이상의 간격을 갖는 돌자(突子)를 가로봉마다 설치하여야 한다. 가로봉의 끝부분에는 가변식 걸고리 또는 걸림장치(하향식 피난구용 내림식 사다리는 해치 등에 고정할 수 있는 장치를 말한다)가 부착되어 있어야 하며 걸림장치는 쉽게 이탈되거나 파손되지 아니하는 구조이어야 한다.

 돌자(突子)

> 사다리에서 발을 딛는 발판의 공간 확보를 위하여 벽에서 10cm 이상의 간격으로 가로봉에 설치한다.

2) 종류

① 와이어로프식 : 사다리의 세로봉이 철심으로 되어 있는 것

② 체인식 : 사다리의 세로봉이 체인으로 되어 있는 것

③ 하향식 피난구용 내림식 사다리 : 하향식 피난구 해치(Hatch ; 피난사다리를 항상 사용가능한 상태로 넣어 두는 장치)에 격납(格納)하여 보관하고 사용시

에는 사다리 등이 소방대상물과 접촉되지 아니하는 내림식 사다리를 말한다.

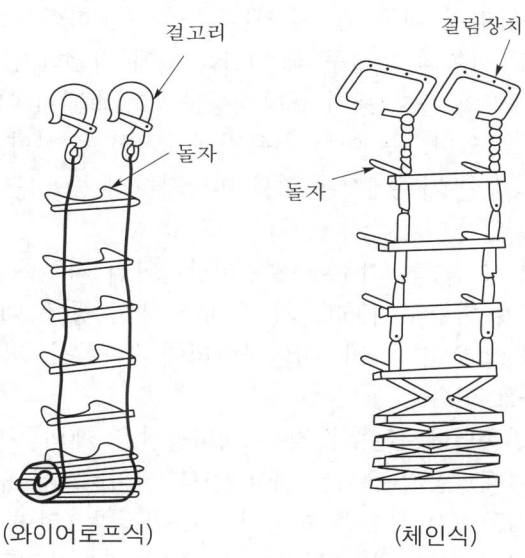

(와이어로프식)　　　　　　　(체인식)

[그림 3-1-7] 내림식 사다리(예)

3) **해설** : 하향식 피난구용 내림식 사다리에 대해서는 건축법과 화재안전기준에서 서로 상이하게 규정하고 있으므로 적용시 세심한 주의가 필요하다.

① 하향식 피난구(건축기준)

⑦ 건축법 시행령 제46조 4항에서는 4층 이상 아파트로서 각 세대가 2개 이상의 직통계단을 사용할 수 없는 경우(계단식 아파트의 경우 해당됨) 세대 내부에 대피공간을 설치하도록 규정하고 있다. 그러나 대피공간을 제외해 주는 조건으로 동 시행령 제46조 5항에서는 4층 이상인 각 세대의 발코니 바닥에 "하향식 피난구"를 설치할 경우 대피공간을 제외할 수 있도록 규정하고 있다.

④ 이에 따라 하향식 피난구에 대한 세부사항을 "건축물의 피난·방화구조 등의 기준에 관한 규칙" 제14조 4항에서 다음과 같이 규정하고 있다.

> "건축물의 피난·방화구조 등의 기준에 관한 규칙" 제14조 4항
> ① 피난구의 덮개는 품질시험을 실시한 결과 비차열 1시간 이상의 내화성능을 가져야 하며, 피난구의 유효 개구부 규격은 직경 60cm 이상일 것
> ② 상층·하층간 피난구의 수평거리는 15cm 이상 떨어져 있을 것
> ③ 아래층에서는 바로 윗층의 피난구를 열 수 없는 구조일 것
> ④ 사다리는 바로 아래층의 바닥면으로부터 50cm 이하까지 내려오는 길이로 할 것
> ⑤ 덮개가 개방될 경우에는 건축물 관리시스템 등을 통하여 경보음이 울리는 구조일 것
> ⑥ 피난구가 있는 곳에는 예비전원에 의한 조명설비를 설치할 것

② 하향식 피난구용 내림식 사다리(소방기준)

㉮ 피난사다리에 대한 형식승인 기준에서는 하향식 피난구용 내림식 사다리에 대해 하향식 피난구 해치(Hatch)에 격납하여 보관되다가 사용하는 때에 사다리의 돌자 등이 소방대상물과 접촉되지 아니하는 내림식 사다리로 정의하고 있다. 즉, 이는 건축법에서 말하는 하향식 피난구와 동일한 것으로 형식승인 기준에서는 이를 피난사다리 중 내림식 사다리의 일종으로 적용하고 있다.

㉯ 아울러 형식승인 기준에서는 피난사다리 자체에 대해서만 형식승인 대상품목이며 하향구(下向口)의 덮개나 해치 등에 대해서는 별도의 형식승인 규정이 없으며, 다만 피난사다리에 "하향식 피난구용"으로 표시하도록 규정하고 있다.

㉰ 또한 건축법에서는 이 경우 대피공간을 제외할 수 있으나 화재안전기준에서는 대피공간(용어는 대피실)을 설치하도록 규정하고 있으므로 동 제품을 설치해서 유효한 피난기구로 인정받으려면 대피실을 반드시 설치하여야 하며(외부 개방된 공간시 제외) 관련기준은 다음과 같다. 관련기준에서 대피실 출입문이 개방되거나 또는 피난기구를 사용하기 위해 해치를 열 경우 경보가 작동되도록 하고 있으나 이는 대피실의 청소나 환기 등 유지관리를 고려하지 않은 매우 과도한 기준으로 피난사다리를 사용하기 위해 해치를 개방할 경우에만 경보되도록 개정되어야 한다.

승강식 피난기 및 하향식 피난구용 내림식 사다리 : 제5조 3항 9호(2.1.3.9)
① 승강식 피난기 및 하향식 피난구용 내림식 사다리는 설치경로가 설치층에서 피난층까지 연계될 수 있는 구조로 설치할 것(단, 건축물 구조 및 설치 여건상 불가피한 경우에는 그렇지 않다)
② 대피실의 면적은 2m²(2세대 이상일 경우에는 3m²) 이상으로 하고, 건축법 시행령 제46조 4항 각 호의 규정에 적합하여야 하며 하강구(개구부) 규격은 직경 60cm 이상일 것. 다만, 외기와 개방된 장소에는 그렇지 않다.
③ 하강구 내측에는 기구의 연결 금속구 등이 없어야 하며 전개된 피난기구는 하강구 수평투영면적 공간 내의 범위를 침범하지 않는 구조이어야 할 것(단, 직경 60cm 크기의 범위를 벗어난 경우이거나, 직하층의 바닥면으로부터 높이 50cm 이하의 범위는 제외한다)
④ 대피실의 출입문은 60분+방화문 또는 60분 방화문으로 설치하고, 피난방향에서 식별할 수 있는 위치에 대피실 표지판을 부착할 것(단, 외기와 개방된 장소에는 그렇지 않다)
⑤ 착지점과 하강구는 상호 수평거리 15cm 이상의 간격을 둘 것
⑥ 대피실 내에는 비상조명등을 설치할 것
⑦ 대피실에는 층의 위치표시와 피난기구 사용설명서 및 주의사항 표지판을 부착할 것
⑧ 대피실 출입문이 개방되거나, 피난기구 작동시 해당층 및 직하층 거실에 설치된 표시등 및 경보장치가 작동되고, 감시 제어반에서는 피난기구의 작동을 확인할 수 있어야 할 것
⑨ 사용시 기울거나 흔들리지 않도록 설치할 것

2. 완강기(緩降機)

(1) 개념

1) 완강기에는 일반완강기와 간이완강기가 있으며 일반완강기란 지지대에 걸어서 사용자의 몸무게에 의하여 자동적으로 내려올 수 있는 기구로 사용자가 교대하여 연속적으로 사용할 수 있으며, 간이완강기란 지지대 또는 단단한 물체에 걸어서 사용자의 몸무게에 의하여 자동적으로 내려올 수 있는 기구이나 사용자가 교대하여 연속적으로 사용할 수 없는 1회용의 것을 말한다.

2) 완강기는 금속제 사다리와 마찬가지로 구조 및 기능에 관한 기준이 정해져 있으며[394] 따라서 금속제 사다리와 동일하게 형식승인 합격품의 표시가 없으면 사용할 수 없으며 또 일반적으로 분해를 하지 못하도록 봉인이 되어 있다.

(2) 완강기의 구성요소

완강기란 사용자가 자중(自重)에 의해 자동적으로 하강할 수 있는 것으로서, 속도 조절기(일명 조속기 ; 調速器)·로프·벨트·Hook(속도 조절기의 연결부)·완강기 지지대 등으로 구성되어 있다.

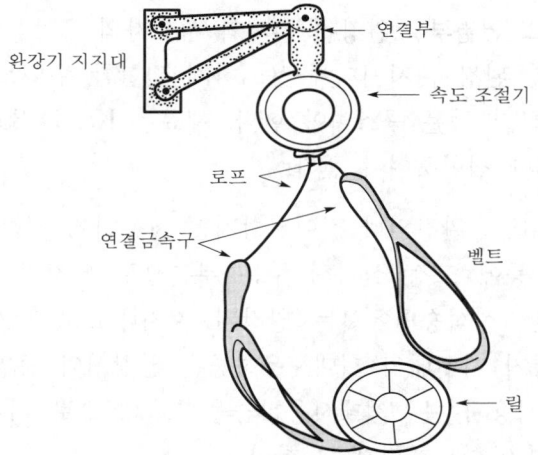

[그림 3-1-8] 완강기의 구조

1) **속도 조절기(조속기)** : 속도 조절기는 피난자의 하강속도를 일정범위로 조정하는 것으로서, 피난자의 체중에 의해서 주행하는 로프가 도르래를 회전시켜 기어에 의해 원심브레이크를 작동시켜 하강속도를 일정한 범위 내로 제어하거나 또는

---

394) 완강기의 형식승인 및 제품검사의 기술기준(소방청 고시)

유압식에 의해 제어한다. 내부에 모래 등 이물질이 들어가지 않도록 덮개로 덮어두고 장기간 사용에 견딜 수 있는 구조의 것으로서 분해 청소 등을 하지 않아도 작동할 수 있어야 한다. 속도 조절기의 연결부는 사용 중에 분해·손상·변형되지 아니하여야 하며 이탈이 생기지 아니하여야 한다. 또한 로프의 선단에 미치는 하중에 의한 자연낙하속도를 일정한 안전하강속도로 자동적으로 조절하는 능력을 갖고 있어야 한다.

2) **로프** : 로프는 직경 3mm 이상의 와이어로프를 심(芯)으로 하여 면사(綿絲)나 나일론 실로 외장을 한 것이다. 또 로프의 구조는 전체가 균일해야 하며 하중이 걸려도 비틀리지 않도록 하고 양 끝은 이탈되지 않도록 벨트의 연결장치에 연결되어야 한다. 와이어로프는 KS D 3514(와이어로프), KS D 7010(항공기용 와이어로프)에 적합한 것으로 내식(耐蝕) 가공된 것이어야 한다.

3) **벨트** : 로프의 양단에 피난자의 가슴을 감아서 몸을 지지하는 것으로서, 재료는 로프와 같이 면사(綿絲)나 나이론실로 되어 있다. 치수는 폭 45mm 이상, 장착하는 부분의 길이(최대원주길이) 160cm 이상 180cm 이하로 가슴둘레에 맞추어서 길이를 조절할 수 있는 조정고리가 있어야 한다. 하강시에 사용자가 손과 발을 자유롭게 움직일 수가 있고, 또 금속류에 의해서 부상을 입을 염려가 없는 구조이어야 한다.

4) **속도조절기의 연결부** : 완강기 본체와 사용자의 체중을 지지하는 것으로서, 건축물에 설치한 완강기 지지대에 용이하게 결합할 수 있으며, 사용 중 절손(切損), 분해, 이탈하지 않는 구조여야 한다. 재료는 KS D 3503(일반 구조용 압연강재 ; 壓延鋼材)에 적합하여야 한다.

5) **완강기 지지대** : 완강기나 간이완강기를 사용하기 위하여 완강기 등을 천장·벽 또는 바닥 등에 고정 설치해 주는 부분으로 완강기 지지대는 금속재료이어야 하며 개정된 형식승인에서는 완강기 지지대도 완강기의 구성품으로 되어 있다.[395] 완강기 지지대의 최대사용하중은 완강기와 동일하게 1,500N 이상이어야 하며, 최대사용자수는 최대사용하중을 1,500N으로 나누어서 얻은 값(1 미만의 수는 계산하지 아니한다)으로 한다.

 사용하중의 단위

형식승인 기준에서는 당초 kgf로 규정된 수치를 SI 단위로 변환할 경우 유효숫자가 변경되는 불편함으로 인하여 1kgf를 9.8N이 아니라 10N으로 적용하여 계산한다.

---

395) 완강기의 형식승인 및 제품검사의 기술기준(소방청 고시) 제16조

(3) 완강기의 최대사용자수

형식승인 기준상 완강기의 최대사용자수는 다음과 같다.

1) 완강기의 최대사용하중은 1,500N 이상의 하중이어야 한다.

2) 완강기의 최대사용자수(1회에 강하할 수 있는 사용자의 최대수)는 완강기의 최대사용하중을 1,500N으로 나누어서 얻은 값(1 미만의 수는 계산하지 아니한다)으로 한다.

3) 완강기는 최대사용자수에 상당하는 수의 벨트가 있어야 한다.

3. 다수인 피난장비

(1) 개념 : 다수인 피난장비는 화재시 2인 이상의 피난자가 동시에 해당층에서 지상 또는 피난층으로 하강하는 피난기구를 말한다. 이는 완강기와 같이 외벽을 통하여 피난자의 자중에 의하여 하강하되 2인 이상이 동시에 함께 사용하는 것으로 2010. 2. 4. 시행령 당시 별표 1(소방시설)에 정식으로 피난기구로 반영된 장비로 이는 성능을 인증받은 제품에 한하여 사용할 수 있으며 이를 위하여 성능인증 기준396)이 제정되어 있다. 다수인 피난장비는 국내에서 개발된 제품으로 피난기구에는 최대사용길이 또는 높이 및 최대사용자수 및 최대사용하중을 반드시 표기하도록 규정하고 있다.

(2) 구성 요소

1) **피난장비 본체 :** 로프·속도조절기구(조속기)·벨트로 구성되어 있다.

2) **고정지지대 :** 피난장비를 건물의 구조체에 고정시키는 기구를 말한다.

3) **벨트 :** 피난장비 사용자가 겨드랑이 등에 끼워 양손을 놓아도 안전하게 하강할 수 있게 사용자를 잡아주는 기구를 말한다.

4) **보호대 :** 피난장비를 사용하여 하강하는 때에 화염 등으로부터 사용자를 보호하기 위한 바지형태 등의 기구를 말한다.

5) **탑승장치 :** 피난장비를 사용하여 하강하는 때에 화염 등으로부터 사용자를 보호하기 위한 캐빈(Cabin) 형태의 기구를 말한다.

---

396) 다수인 피난장비의 성능인증 및 제품검사의 기술기준(소방청 고시)

(3) 관련기준 : 제5조 3항 8호(2.1.3.8)

다수인 피난장비는 다음의 기준에 적합하게 설치할 것

1) 피난에 용이하고 안전하게 하강할 수 있는 장소에 적재 하중을 충분히 견딜 수 있도록 "건축물의 구조기준 등에 관한 규칙" 제3조에서 정하는 구조안전의 확인을 받아 견고하게 설치할 것

2) 다수인 피난장비 보관실은 건물 외측보다 돌출되지 아니하고, 빗물·먼지 등으로부터 장비를 보호할 수 있는 구조일 것

3) 사용시에 보관실 외측 문이 먼저 열리고 탑승기가 외측으로 자동으로 전개될 것

4) 하강시에 탑승기가 건물 외벽이나 돌출물에 충돌하지 않도록 설치할 것

5) 상·하층에 설치할 경우에는 탑승기의 하강경로가 중첩되지 않도록 할 것

6) 하강시에는 안전하고 일정한 속도를 유지하도록 하고 전복, 흔들림, 경로이탈 방지를 위한 안전조치를 할 것

7) 보관실의 문에는 오작동 방지조치를 하고, 문 개방시에는 당해 소방대상물에 설치된 경보설비와 연동하여 유효한 경보음을 발하도록 할 것

8) 피난층에는 해당층에 설치된 피난기구가 착지에 지장이 없도록 충분한 공간을 확보할 것

9) 한국소방산업기술원 또는 성능시험기관으로 지정받은 기관에서 그 성능을 검증받은 것으로 설치할 것

4. 구조대(救助袋)

구조대는 3층 이상의 층에 설치하고 비상시 건축물의 창, 발코니 등에서 지상까지 포대(布袋)를 사용하여 그 포대 속을 활강하는 피난기구이다. 구조대는 경사강하식(일명 사강식 ; 斜降式)과 수직강하식(일명 수강식 ; 垂降式)의 2종류가 있다.[397]

(1) 종류

1) **경사강하식 구조대(사강식)** : 건축물의 개구부에서 지상으로 비스듬하게 고정시키거나 설치하여 사용자가 그 각도에 의해 미끄럼식으로 내려올 수 있는 구조대이다.

---

397) 구조대의 형식승인 및 제품검사의 기술기준(소방청 고시)

2) **수직강하식 구조대(수강식)** : 건축물의 개구부에서 지상으로 수직으로 설치하는 것으로서 일정한 간격으로 설치한 협축부(狹縮部)에 의한 마찰로 하강속도를 감속시키는 구조대이다.

(2) 구조

1) **경사강하식 구조대** : 취부틀(상부설치 금구), 입구틀, 구조대 본체, 낙하방지장치, 하부지지장치, 유도선, 수납함 등으로 구성되어 있다.

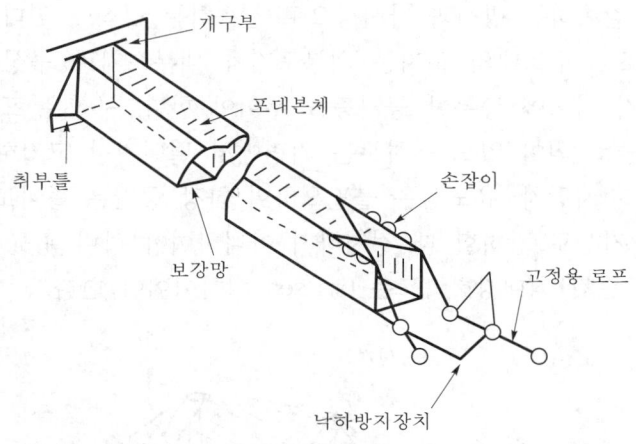

[그림 3-1-9] 경사강하식 구조대(각형) (예)

① **취부틀** : 내식(耐蝕)처리를 한 강재(鋼材)로 만들어지고, 건축 구조물에 고정하는 대(臺)와 포대 상단을 결합하는 틀을 회전할 수 있도록 연결하고 평상시는 틀을 개구부 내측에 수납하고 사용할 때에 일으켜서 포대를 설치한다. 크기는 50cm의 원형물체가 통과할 수 있어야 한다.

② **구조대 본체** : 포대에는 원형의 환대(丸袋)와 사각형의 각대(角袋)가 있으며 환대는 주로 포대를 구성하는 범포(帆布)에 인장력을 지니게 하고, 각대는 주로 포대에 설치한 로프에 인장력을 지니게 하는 구조로 되어 있다. 포대의 길이는 30m 이하, 40m 이하, 40m 초과의 3종류이며 포대의 입구틀의 크기는 50cm의 원형물체가 통과할 수 있어야 한다.

③ **낙하방지장치** : 포대의 하단 하강구의 밑면 및 창틀 등에 접속하는 부분에 받침포(보호매트) 등을 장착해서 하강자의 부상을 방지한다.

④ **하부지지장치** : 하강 지면에 매설한 설치 금구, 또는 건축 구조물 등 적당한 지지물에 연결하기 위한 것으로서 선단에 Hook를 중간에 설치용의 도르래를 설치한 고정용 로프를 포대의 하단 양측에 접속시킨다. 이 외에 인력에 의해서 지지하기 위한 손잡이를 좌우 각 3개 이상을 출구 부근에 부착하여야 한다.

⑤ 유도선 : 유도선은 구조대를 내릴 경우 전선, 수목 등의 장애물을 피해서 펼치는 경우 사전에 로프의 하강 위치에 투하하고, 이 로프에 의해서 포대를 유도하여 소정의 지점에 하강시키는 것이다. 로프는 길이 4m 이상, 지름 4mm 이상으로 하고 끝에는 3N(300g) 이상의 모래주머니 등을 설치하여야 한다.

2) 수직강하식 구조대

① 감속방식 : 수직강하식 구조대를 사용할 때 개구부에서 수직으로 포대를 하강하고 그 속으로 하강 피난하는 구조대로서, 포대의 협착작용에 의한 마찰로 감속하는 방식과 나선상으로 감속하는 방식이 있다.

② 구조 : 구조대의 포지는 외부포지와 내부포지로 구성하되 외부포지와 내부포지 사이에 충분한 공기층을 두어야 한다. 구성은 포대 본체, 취부틀, 하부캡슐로 되어 있으며 하부는 지면에서 떨어져서 고정하지 않는다. 따라서 하부 지지장치, 유도선은 불필요하며 하강 공간은 좁아도 된다. 사람이 정상적인 자세로 강하할 때 정지하지 아니하여야 하며 평균 강하속도는 4m/sec이하, 순간 최대강하속도는 6m/sec 이하이어야 한다.

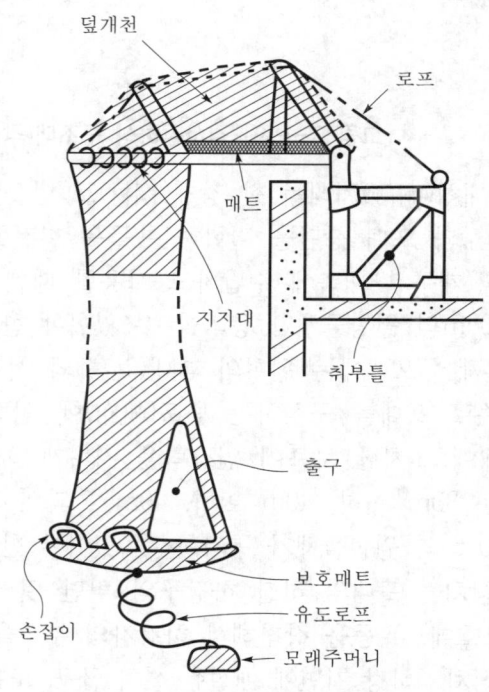

[그림 3-1-10] 수직강하식 구조대(예)

5. 승강식 피난기

(1) 개념 : 대피실 안에 설치된 승강식 피난기를 이용하여 아래층으로 피난하는 장비로 피난자가 승강장치에 오르면 자중으로 아래층으로 하강하며 탑승자가 아래층에서 바닥면에 내리면 무동력으로 피난기가 다시 윗층으로 상승하여 윗층의 다음 피난자가 사용할 수 있도록 한 피난기구이다. 승강식 피난기는 2대를 1조로 좌우측에 설치하여 피난자가 층마다 좌측과 우측의 피난기를 교대로 사용하여 지그재그 방향으로 탑승과 하강을 반복하면서 피난층으로 피난하도록 되어 있다. 따라서 대피실안은 최상층부터 피난층까지 승강식 피난기가 통과하여야 하므로 상하층이 전부 관통되는 구조이어야 한다. 다만, 건축물의 구조 및 설치여건상 불가피한 경우에는 그렇지 않다.

(2) 관련기준 : 제5조 3항 9호(2.1.3.9)

승강식 피난기는 하향식 피난구용 내림식 사다리와 같이 대피실을 만든 후 사용하는 피난기구이며 관련기준은 하향식 피난구용 내림식 사다리와 동일하므로 이를 참고하도록 한다. 승강식 피난기에 대해서는 "승강식 피난기의 성능인증 및 제품검사 기술기준(소방청 고시)"이 제정되어 있다.

6. 공기안전매트

(1) 종류

1) 공기안전매트는 화재발생시 사람이 건물 내에서 외부로 뛰어 내릴 때 충격을 흡수하여 안전하게 지상에 도달할 수 있도록 포지에 공기를 주입하는 구조로 된 인명구조 장비이다. 현재 피난기구 중 금속제 사다리, 완강기, 구조대는 검정대상 품목이나 공기안전매트는 형식승인대상 품목이 아닌 관계로, 형식승인 기준 대신 "성능인증 및 제품검사의 기술기준"이 제정되어 있으며 이를 이용하여 성능시험을 받을 수 있다.[398]

2) 공기안전매트는 공기주입방법에 따라 실린더방식과 송풍기방식의 2종류로 구분한다. 실린더방식은 압축공기용 실린더를 공기안전매트의 공기주입 잭을 이용하여 주입시켜 사용하는 것으로 신속하게 사용할 수 있는 장점이 있다. 반면에 송풍기방식은 외부의 전원을 이용하여 휴대용 송풍기를 가동시켜 공기안전매트에 공기를 주입하는 방식으로 반드시 인근에 전원을 공급할 수 있는 단자가 있어야 한다.

---

398) 공기안전매트의 성능인증 및 제품검사의 기술기준(소방청 고시)

(2) 매트의 기준

국내 성능인증 기준상의 주요한 기준은 다음과 같다.

1) 매트의 규격 : 일반적으로 매트에 사용하는 포지는 방염성능이 있어야 하며, 매트의 규격은 사용높이 15m 이하인 경우 3.5m×3.5m×1.7m 이상으로 하고, 사용시 필요한 부품을 포함한 중량은 100kg 이하이어야 한다.

2) 설치시간 : 매트의 설치시간은 성인 3명이 보관상태에서 낙하준비를 완료할 때까지 소요되는 시간이 15m 이하는 90초 이내이어야 한다.

3) 복원시간 : 매트의 복원시간은 1,200N(120kg)의 모래주머니(800mm×500mm)를 사용 높이에서 연속 2회 낙하시킨 후 다시 낙하시킬 수 있는 상태까지 복원되는 시간은 20초 이내이어야 한다.

4) 낙하시험 : 매트의 낙하시험은 1,200N(120kg)의 모래주머니(800mm×500mm)를 낙하면(落下面) 각 부분에 연속 10회 낙하시킨 경우에 설치상태를 유지하고, 포지는 파열, 갈라짐 등의 손상이 생기지 아니하여야 한다.

7. 미끄럼대

(1) 종류

1) 미끄럼대는 3층 이하 소방대상물에 창 또는 발코니 등의 견고한 부분에 설치하는 것으로 구조는 바닥판 및 옆판(측판 ; 側板), 난간으로 구성되어 있으며 일정한 경사도를 가지고 있다. 국내의 경우는 한국소방산업기술원에서 미끄럼대에 대한 KFI 인정기준이 제정되어 있다.[399]

2) 미끄럼대의 종류에는 설치상태에 따라 ① 고정식(항시 사용가능한 상태로 소방대상물에 고정 설치되는 미끄럼대)과 ② 자동설치식(평상시에 보관함 등에 보관하다가 별도의 동력 등을 이용하여 자동으로 사용상태로 설치할 수 있는 미끄럼대)으로 구분하며, 이용자에 따라 ① 일반인용(영유아 이상의 일반적인 사람이 사용할 수 있도록 제작된 미끄럼대)과 ② 영유아용(영유아가 사용할 수 있도록 제작된 미끄럼대)으로 구분하며, 미끄럼면의 형상에 따라 ① 직선형(미끄럼면이 직선으로 구성된 것), ② 나선형(미끄럼면이 나선으로 구성된 것), ③ 원통형(미끄럼대의 형상이 원통으로 둘러싸인 미끄럼대), ④ 반원통형(미끄럼대의 형상이 반원통으로 둘러싸인 미끄럼대)으로 구분한다.

---

399) 미끄럼대의 KFI 인정기준(한국소방산업기술원) 제305호

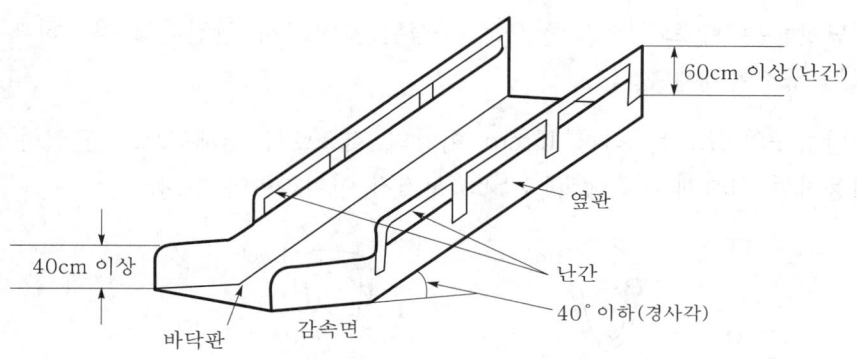

[그림 3-1-11] 직선형 미끄럼대(예)

(2) 미끄럼대의 기준

1) 미끄럼대의 재료는 내열성이 있는 금속·콘크리트·합성수지재 등을 사용할 수 있다.

2) 강도는 미끄럼면(바닥판), 측면판(옆판), 난간 등에 작용하는 자중·적재하중· 풍압·지진 등에 대하여 구조 내력상 안전하여야 한다.

3) 적재하중은 미끄럼면의 길이 1m당 1,300N(130kgf)의 하중을 미끄럼면에 올려 놓고 미끄러지지 아니하도록 고정한 상태에서 5분 경과한 후에 미끄럼대의 변형 및 손상여부 등을 확인한다.

4) 미끄럼면(바닥판)의 유효폭은 40cm 이상, 미끄럼면의 경사는 수평면을 기준으로 평균 40° 이하이어야 한다.

5) 측면판(옆판)의 높이는 40cm 이상, 난간의 높이는 60cm 이상이어야 한다.

6) 바닥판은 일정한 기울기를 가지고 있는 미끄러운 면으로서, 피난자의 안전을 위하여 하부에는 감속면(減速面)을 설치하여야 한다.

8. 피난밧줄

피난밧줄은 숙박시설(휴양 콘도미니엄 제외)의 경우 기존 피난기구 이외에 보조적으로 추가 설치를 하는 경우에만 적용되는 피난기구로서 급격한 하강을 방지하기 위하여 매듭을 만들어서 미끄럼 방지 조치를 하고 소방대상물에 고정 설치된 앵커볼트 등에 후크(Hook)를 걸어서 피난밧줄을 연결하여 사용한다. 피난밧줄에 대해서는 그동안 국내 관련기준이 없었으나 현재는 인정기준이 제정되었으며 관련기준은 다음과 같다.[400]

---

400) 피난밧줄의 KFI 인정기준(한국소방산업기술원) 제304호

(1) 피난밧줄은 로프와 후크 등으로 구성된 것으로서 안전하고 용이하게 사용할 수 있는 구조이어야 한다.

(2) 피난밧줄의 로프는 직경 12mm 이상의 것으로서 전체적으로 균일하게 제조되고 사용자를 심하게 선회(旋回 ; Slip)시키지 아니하여야 한다.

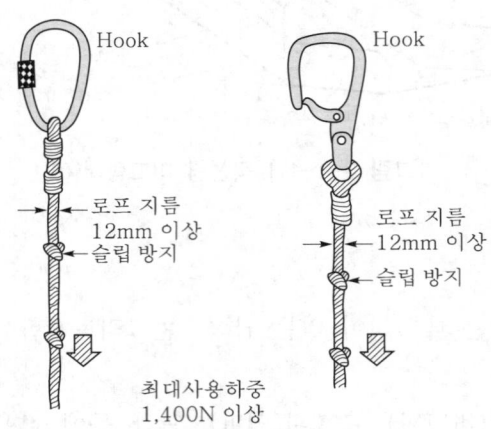

로프 지름
12mm 이상
슬립 방지

로프 지름
12mm 이상
슬립 방지

최대사용하중
1,400N 이상

[그림 3-1-12] 피닌밧줄

(3) 피난밧줄의 로프는 쉽게 미끄러지지 아니하도록 하는 매듭 등의 조치를 0.3m의 간격마다 하여야 한다. 다만, 사용자가 안전하게 하강할 수 있는 부가장치가 있는 경우에는 그러하지 아니하다.

(4) 피난밧줄의 로프는 매끄럽고 손상 또는 끊김 등의 결함이 없는 것으로서 말단부분은 쉽게 풀리지 아니하도록 하는 조치를 하여야 한다.

(5) 피난밧줄의 최대사용하중(제조자가 피난밧줄의 안전성 등을 고려하여 설계하는 하중으로서 피난밧줄에 가할 수 있는 최대하중)은 1,400N 이상이어야 한다.

9. 피난교(避難橋)

피난교는 2개동의 소방대상물 각각의 옥상부분 또는 외벽에 설치된 개구부를 연결하여 양쪽에서 상호간에 피난할 수 있는 것으로서 교각(橋脚)·바닥판(교판 ; 橋板)·난간 등으로 구성되어 있다.

피난교에는 고정식과 이동식이 있으며 피난교는 건물 상호간에 안전상 충분히 걸칠 수 있는 길이를 가져야 하며 주요부분의 접합은 리벳(Rivet)접합, 용접 또는 이와 동등 이상의 강도를 가진 접합으로 하여야 한다. 피난교의 경우 국내에는 규격에 대한 기준이 없어 일본의 기준을 예로 들면 다음과 같다.[401]

---

401) 동경소방청 사찰편람(査察便覽) 7. 避難器具 7.1.9 (3) 避難橋(피난교) p.2,634

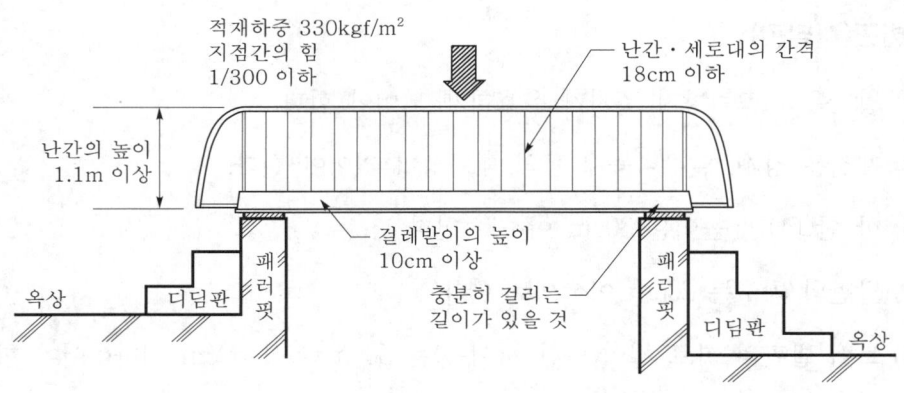

적재하중 330kgf/m²
지점간의 힘
1/300 이하

난간·세로대의 간격
18cm 이하

난간의 높이
1.1m 이상

걸레받이의 높이
10cm 이상

충분히 걸리는
길이가 있을 것

옥상 디딤판 패러핏

패러핏 디딤판 옥상

[그림 3-1-13] 피난교(고정식)의 구조

(1) 바닥판

1) 바닥면의 기울기는 1/5 미만으로 하고, 1/5 이상의 기울기를 만들 때에는 계단식으로 한다.

2) 기울기를 가진 바닥면은 미끄럼방지 조치를 하여야 한다.

3) 바닥판은 틈새가 없고 바닥판과 걸레받이와는 틈새가 없는 구조이어야 한다.

4) 적재하중은 바닥면적 1m²당 330kgf 이상이어야 한다.

(2) 난간

1) 난간 및 걸레받이는 추락방지를 위하여 바닥판의 양쪽에 난간의 높이 1.1m 이상, 난간의 간격 18cm 이하, 걸레받이의 높이를 10cm 이상으로 한다.

2) 난간·난간대·걸레받이는 바닥판의 양쪽에 설치한다.

10. 피난용 트랩(Trap)

피난용 트랩은 소방대상물의 지하층 또는 3층 이하의 층에 설치하는(의료시설 등 일부용도는 10층까지) 계단형태로서 고정식(평상시에 고정되어 있는 것)과 반고정식(평상시에는 트랩의 하단을 들어 올려놓는 것)이 있으며 반고정식은 한 동작으로 가설하여야 한다. 피난용 트랩 역시 국내에는 관련 기준이 없으므로 일본의 기준을 예로 들면 다음과 같다.[402]

402) 동경소방청 사찰편람(査察便覽) 7. 避難器具 7.1.9 (5) 避難用タラップ(피난용 트랩) p.2,638

(1) 발판(디딤판)

1) 발판은 미끄럼방지 조치가 유효하게 되어야 한다.

2) 재질은 강재, 알루미늄재 등의 내구성이 있어야 한다.

3) 한 단(段)의 높이는 30cm 이하로 한다.

4) 발판의 치수는 20cm 이상으로 한다.

5) 트랩 발판의 가로 길이(난간 사이폭)는 50cm 이상 60cm 이하이어야 한다.

6) 트랩의 높이가 4m를 초과할 경우는 높이 4m 이내마다 계단참을 설치하고, 계단참의 디딤폭은 1.2m 이상으로 한다.

7) 적재하중은 난간 사이의 각각의 발판은 65kgf로 하며, 계단참의 경우는 $1m^2$당 330kgf로 한다.

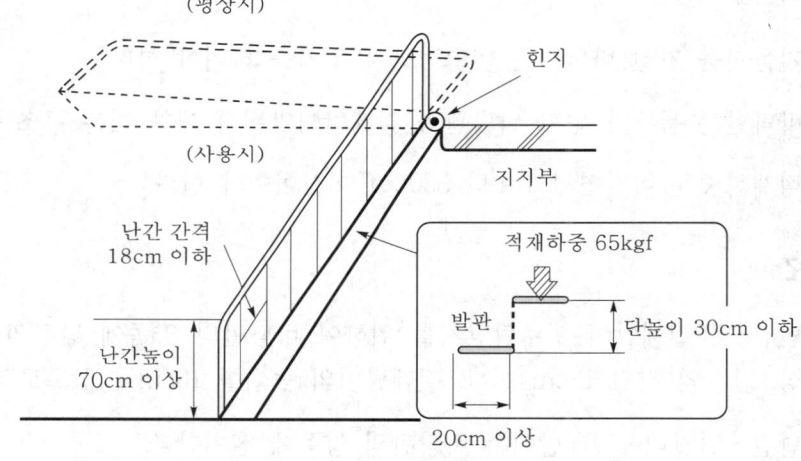

[그림 3-1-14] 피난용 트랩

(2) 난간

1) 강재 및 알루미늄재 등의 내구성을 지닌 재료로 한다.

2) 난간 및 난간대는 발판의 양쪽에 설치하며, 난간의 높이는 70cm 이상, 난간대의 간격은 18cm 이하로 한다.

3 피난기구의 화재안전기준

1. 피난기구의 적용성

피난기구는 NFTC 표 2.1.1에 따라 특정소방대상물의 설치 장소별로 그에 적용하는 종류의 것으로 설치해야 한다(NFTC 표 2.1.1).

[표 3-1-1] 설치장소별 피난기구의 적용성 : NFTC 표 2.1.1

설치장소별 구분 / 층별	1층	2층	3층	4~10층
노유자시설	미끄럼대 · 구조대 · 피난교 · 다수인피난장비 · 승강식 피난기			구조대[주 1] · 피난교 · 다수인피난장비 · 승강식 피난기
의료시설 · 근린생활시설 중 입원실이 있는 의원 · 접골원 · 조산원	–	–	미끄럼대 · 구조대 · 피난교 · 피난용 트랩 · 다수인피난장비 · 승강식 피난기	구조대 · 피난교 · 피난용 트랩 · 다수인피난장비 · 승강식 피난기
다중이용업소로서 영업장의 위치가 4층 이하인 다중이용업소	–	미끄럼대 · 피난사다리 · 구조대 · 완강기 · 다수인피난장비 · 승강식 피난기		
그 밖의 것	–	–	미끄럼대 · 피난사다리 · 구조대 · 완강기 · 피난교 · 피난용 트랩 · 간이완강기[주 2] · 공기안전매트[주 3] · 다수인피난장비 · 승강식 피난기	피난사다리 · 구조대 · 완강기 · 피난교 · 간이완강기[주 2] · 공기안전매트[주 3] · 다수인피난장비 · 승강식 피난기

주 1. 구조대의 적응성은 장애인 관련 시설로서 주된 사용자 중 스스로 피난이 불가한 자가 있는 경우 제4조 2항 4호에 따라 추가로 설치하는 경우에 한한다.

2 & 3. 간이완강기의 적응성은 제4조 2항 2호에 따라 숙박시설의 3층 이상에 있는 객실에, 공기안전매트의 적응성은 제4조 2항 3호에 따라 공동주택(공동주택관리법 제2조 1항 2호 가목부터 라목까지 중 어느 하나에 해당하는 공동주택)에 추가로 설치하는 경우에 한한다.

> **공동주택관리법 시행령 제2조 1항 2호 가~라목**
>
> 의무관리대상 공동주택이란, 해당 공동주택을 전문적으로 관리하는 자를 두고 자치의결기구를 의무적으로 구성하여야 하는 일정한 의무가 부과되는 아파트를 말하며, 다음 중 어느 하나에 해당하는 공동주택이다.
> 1. 300세대 이상의 공동주택
> 2. 150세대 이상으로서 승강기가 설치된 공동주택
> 3. 150세대 이상으로서 중앙집중식 난방방식(지역난방방식을 포함)의 공동주택
> 4. 건축법 제11조에 따른 건축허가를 받아, 주택 외의 시설과 주택을 동일 건축물로 건축한 건물로서 주택이 150세대 이상인 건축물

➡ 피난층이나 1층의 경우는 피난기구를 사용할 필요가 없는 높이이며 11층 이상 고층의 경우에는 피난기구를 개인이 사용하여 인위적으로 피난하기에는 부적절하므로 이를 제외한 것이다. 다만, 장애인 등이 이용하는 노유자시설의 경우는 1층이나 2층의 경우도 피난기구를 설치하여야 한다.

2. 피난기구의 설치수량

피난기구는 다음의 기준에 따른 개수 이상을 설치해야 한다.

(1) 기본 설치수량 : 제5조 2항 1호(2.1.2.1)

층마다 설치하되 특정소방대상물의 종류에 따라 그 층의 용도 및 바닥면적을 고려하여 한 개 이상 설치하며, 시행령 별표 2 제1호 가목의 아파트등에 있어서는 각 세대마다 한 개 이상 설치할 것

[표 3-1-2] 피난기구 기본 설치기준

특정소방대상물	설치수량
① 숙박시설·노유자시설 및 의료시설로 사용되는 층	1개 이상/그 층의 바닥면적 $500m^2$마다
② 위락시설·문화집회 및 운동시설·판매시설로 사용되는 층 또는 복합용도의 층	1개 이상/그 층의 바닥면적 $800m^2$마다
③ 계단실형 아파트	1개 이상/각 세대마다
④ 그 밖의 용도의 층	1개 이상/그 층의 바닥면적 $1,000m^2$마다

㊟ 복합용도의 층 : 하나의 층이 "소방시설법 시행령"별표 2의 제1호 내지 제4호 또는 제8호 내지 제18호 중 2 이상의 용도로 사용되는 층을 말한다.

(저자 주) 개정된 용도별 분류(시행령 별표 2)에 따르면 "문화집회 및 운동시설"은 문화 및 집회시설, 종교시설(종교집회장), 운동시설로 분류한다.

(2) 추가 설치수량 : 제5조 2항 2호 & 3호(2.1.2.2 & 2.1.2.3)

[표 3-1-3] 피난기구 추가 설치기준

특정소방대상물	피난기구	적 용
① 숙박시설 (휴양 콘도미니엄 제외)	완강기 또는 둘 이상의 간이 완강기를 추가 설치	객실마다 설치
② 공동주택(주)	공기안전매트×1개 이상을 추가로 설치할 것	하나의 관리주체가 관리하는 공동주택 구역마다 설치(다만, 옥상으로 피난이 가능하거나 인접세대로 피난할 수 있는 구조인 경우에는 추가로 설치하지 않을 수 있다)

㈜ 공동주택은 공동주택관리법 시행령 제2조 1항 2호 가~라목 중 어느 하나에 해당하는 공동주택에 한한다.

3. 피난기구의 설치기준

(1) 설치위치 : 제5조 3항 1호 & 2호(2.1.3.1 & 2.1.3.2)

1) 피난기구는 계단·피난구 기타 피난시설로부터 적당한 거리에 있는 안전한 구조로 된 피난 또는 소화활동상 유효한 개구부(가로 0.5m 이상, 세로 1m 이상인 것을 말한다. 이 경우 개구부 하단이 바닥에서 1.2m 이상이면 발판 등을 설치하여야 하고, 밀폐된 창문은 쉽게 파괴할 수 있는 파괴장치를 비치해야 한다)에 고정하여 설치하거나 필요할 때에만 신속하고 유효하게 설치할 수 있는 상태에 둘 것

> 발판을 설치하는 개구부 하단의 바닥에서 높이 1m는 1.2m 이상으로 2010. 12. 27. 개정되었다.

2) 피난기구를 설치하는 개구부는 서로 동일 직선상이 아닌 위치에 있을 것. 다만, 피난교·피난용 트랩·간이완강기·아파트에 설치되는 피난기구(다수인 피난장비는 제외한다)·기타 피난상 지장이 없는 것에 있어서는 그렇지 않다.

> ① 아파트의 경우는 특수성을 인정하여 동일 직선상인 위치라도 피난기구를 사용할 수 있으나 "다수인 피난장비"는 여러 사람이 이용하는 장비이므로 충돌의 위험이 있어 제외시킨 것이다. 따라서 다수인 피난장비는 아파트에 설치할 경우에도 동일 직선상에 설치할 수 없다.

② 피난기구를 설치할 때 동일 직선상이 아닌 경우의 예는 다음 그림과 같으며, 사고 발생을 방지하기 위하여 이를 준수하여야 한다.

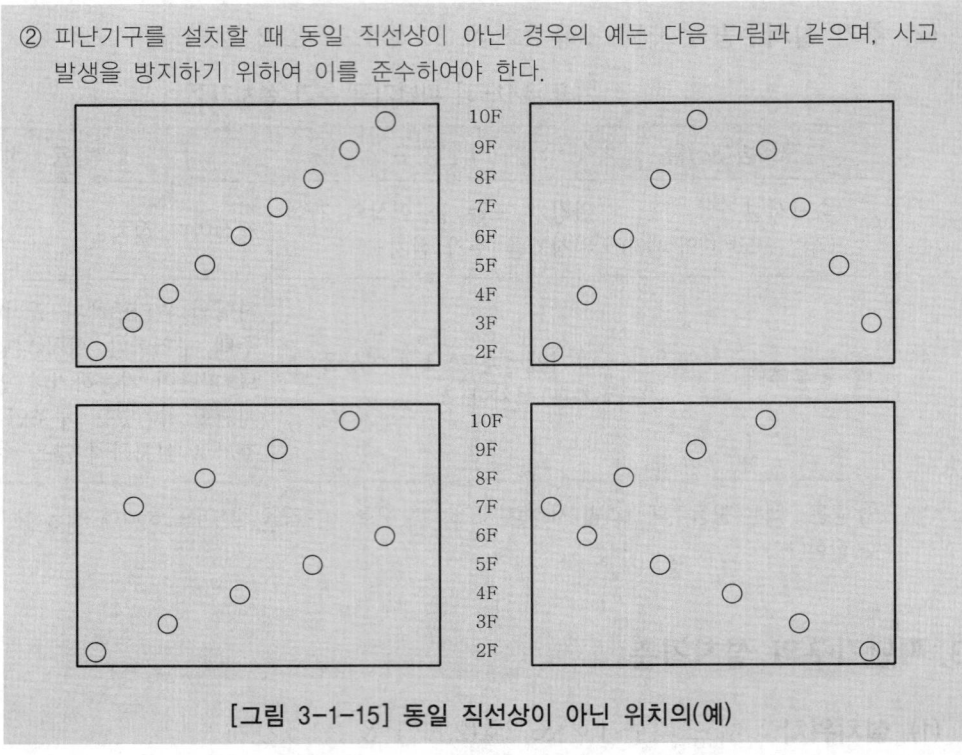

[그림 3-1-15] 동일 직선상이 아닌 위치의(예)

(2) 설치 일반기준 : 제5조 3항 3~7호(2.1.3.3~2.1.3.7)

1) 피난기구는 특정소방대상물의 기둥·바닥·보 기타 구조상 견고한 부분에 볼트조임·매입·용접 기타의 방법으로 견고하게 부착할 것

> ➡ 피난기구는 벽에만 부착하는 것이 아니라 사용자가 피난 및 사용에 지장이 없다면 필요 시에는 바닥이나 천장에 부착하여 사용할 수도 있다.

2) 4층 이상의 층에 피난사다리(하향식 피난구용 내림식 사다리는 제외한다)를 설치하는 경우에는 금속성 고정사다리를 설치하고 당해 고정사다리는 쉽게 피난할 수 있는 구조의 노대를 설치할 것

3) 완강기는 강하시 로프가 건축물 또는 구조물과 접촉하여 손상되지 않도록 하고 로프의 길이는 부착위치에서 지면 기타 피난상 유효한 착지면(着地面)까지의 길이로 할 것

4) 미끄럼대는 안전한 강하속도를 유지하도록 하고, 전락방지를 위한 안전 조치를 할 것

 전락방지

전락(轉落)방지란 일본식 표현으로 우리식 표현은 추락방지이다.

5) 구조대의 길이는 피난상 지장이 없고 안전한 강하속도를 유지할 수 있는 길이로 할 것

(3) 설치위치 표시 : NFTC 2.1.4

피난기구를 설치한 장소에는 가까운 곳의 보기 쉬운 곳에 피난기구의 위치를 표시하는 발광식 또는 축광식 표지와 그 사용방법을 표시한 표지(외국어 및 그림 병기)를 부착할 것

1) 방사성 물질을 사용하는 위치표지는 쉽게 파괴되지 아니하는 재질로 처리할 것

 방사성 물질의 표지판

방사성 물질을 사용하는 표지판은 발암성이 있는 관계로 현재 사용하지 않고 있으므로 삭제되어야 한다.

2) 축광식 표지는 소방청장이 정하여 고시한 "축광표지의 성능인증 및 제품검사의 기술기준"에 적합해야 한다.

 축광표지의 성능인증 및 제품검사의 기술기준

1. 위치표지는 주위 조도 0lx에서 60분간 발광 후 직선거리 10m 떨어진 위치에서 보통시력으로 표시면의 문자 또는 화살표 등을 쉽게 식별할 수 있는 것으로 할 것
2. 위치표지의 표시면은 쉽게 변형·변질 또는 변색되지 아니할 것
3. 위치표지의 표지면의 휘도는 주위 조도 0lx에서 60분간 발광 후 7mcd/m^2로 할 것
   ※ 조도(照度)의 단위는 (lx)이며 광도(光度)의 단위는 (cd)이다.

chapter

3

피난구조설비

④ 법 적용시 유의사항

1. 아파트의 공기안전매트

(1) NFTC 301(피난기구) 표 2.1.1에 의하면 공기안전매트를 설치하는 아파트는 "공동주택관리법 시행령 제2조 1항 2호에서 가목부터 라목까지에 해당하는 공동주택에 한한다"로 규정하고 있는바 모든 아파트에 공기안전매트를 적용하는 것이 아니다. 따라서 다음의 "공동주택관리법 시행령"에 해당하는 아파트의 경우에만 이를 적용하여야 한다.

    1) 300세대 이상의 공동주택

    2) 150세대 이상으로서 승강기가 설치된 공동주택

    3) 150세대 이상으로서 중앙집중식 난방방식(지역난방방식을 포함한다)의 공동주택

    4) 건축법 제11조에 따른 건축허가를 받아, 주택 외의 시설과 주택을 동일 건축물로 건축한 건물로서 주택이 150세대 이상인 건축물

(2) 공동주택관리법 시행령에서 규정한 4개소는 일명 의무관리대상 공동주택을 뜻한다. 이는 해당 공동주택을 전문적으로 관리하는 자를 두고 자치의결기구를 의무적으로 구성하여야 하는 일정한 의무가 부과되는 아파트이다. 또한 단지(團地) 전체가 옥상으로 피난이 가능한 아파트의 경우나, 편복도식 아파트의 경우나, 단지 전체가 발코니를 통하여 인접세대로 피난할 수 있는 구조의 계단실형 아파트는 공기안전매트를 적용하지 아니한다. 옥상으로 피난이 가능하다는 것은 옥상이 박공(博栱) 지붕구조가 아니며, 피난할 수 있는 옥상광장이 형성된 경우를 뜻한다.

2. 피난기구를 창문에 설치할 경우

(1) 창문을 통하여 피난기구를 사용하려면 개방창 구조가 바람직하나 피난기구를 설치할 창문이 밀폐창의 경우에도 유리창의 구조가 파손이 가능한 구조라면 적용할 수 있다. 다만, 망입유리나 방탄유리 등은 파손이 불가하므로 적용하여서는 아니되며, 복층유리 등은 파손이 가능한 것으로 판단하여도 무방하다. 또한 이 경우 유리창을 파손할 수 있는 망치 등의 파손장비를 비치하여야 한다.

(2) 국내의 경우 피난기구를 사용하여 피난할 수 있는 개구부의 크기나 상태에 대해서는 NFTC 2.1.3.1에서 "피난기구는 계단·피난구 기타 피난시설로부터 적당한 거리에 있는 안전한 구조로 된 피난 또는 소화활동상 유효한 개구부(가로 0.5m 이상, 세로 1m 이상인 것을 말한다. 이 경우 개구부 하단이 바닥에서 1.2m 이상이면 발판 등을 설치하여야 하고, 밀폐된 창문은 쉽게 파괴할 수 있는 파괴장치를 비치하여야 한다)에 고정하여 설치하거나 필요한 때에 신속하고 유효하게 설치할 수 있는 상태에 둘 것"으로 규정하고 있다.

(3) 이에 비해 일본의 경우는 부착면적(피난기구를 부착 및 피난하는 데 필요한 개구부의 크기), 조작면적(피난기구를 조작하는 데 필요한 면적), 강하공간(피난기구를 이용하여 강하하는 데 필요한 건물 외부의 공간 크기), 피난 공지(피난기구를 이용하여 피난층에 도달할 경우 필요한 공간부분)에 대해 피난기구별로 상세히 규정하고 있다.

1) 부착면적(附着面積) : 피난기구를 부착하고 이를 이용하여 피난하는 데 사용하는 개구부의 면적으로 개구부는 피난상 유효한 크기 및 형상이 항상 확보되어야 한다. 또 그 형상은 직사각형일 경우 높이 및 폭은 피난기구 사용시 유효하게 사용할 수 있도록 하여야 한다.

2) 조작면적(操作面積) : 피난기구를 조작하기 위하여 피난기구 부착위치 주위에 확보하여야 하는 면적이다. 따라서 이 범위에는 조작에 방해가 되는 물품은 놓지 않아야 하나, 즉시 이동이 가능한 물품(예 가벼운 책상, 의자 등)은 예외로 하나 이것이 피난동선을 방해해서는 아니 된다.

3) 강하공간(降下空間) : 피난기구를 사용하여 피난할 경우 그 기구의 주위에 확보하여야 할 최소한의 필요공간이다. 피난공지와 같이 돌출물이 없는 유효공간이어야 한다. 그러나 이 공간에는 고정적인 것(예 나무, 건물의 차양 등)은 물론 임시적인 것(예 회전창이나 외부 개방창 등)과 같은 방해되는 것이 없어야 한다.

4) 피난공지(避難空地) : 돌출물이 없는 유효공간이어야 하며, 피난상 유효한 통로로서 도로, 공원, 광장 등으로 통하여야 한다.

3. 일반완강기와 간이완강기의 차이점

(1) 간이완강기는 숙박시설(휴양 콘도미니엄 제외)의 객실에 한하여 추가로 적용하는 피난기구로서 기타 용도에는 적용할 수 없으며, 또한 숙박시설의 간이완강기는 피난기구 설치가 제외될 수 있는 경우에도 이를 면제할 수 없다.

(2) 또한 간이완강기는 일반완강기와 달리 1회용의 것으로서 일반완강기와 같이 사용자가 교대로 연속하여 사용하여서는 아니되며, 일반완강기는 완강기 지지대를 사용하여야 하나 간이용 완강기는 지지대 또는 단단한 물체에 걸어서 사용할 수 있다.

(3) 피난기구에 대한 형식승인 및 검정기술기준에 따르면 간이완강기의 경우 구조·재료의 경우는 일반완강기의 기준을 준용하나 강도나 강하속도의 경우는 일반완강기보다 기준이 완화되어 있다.

제1-1절
인명구조기구(NFPC & NFTC 302)

① 설치대상 : 소방시설법 시행령 별표 4/NFPC 302(이하 동일) 제4조 & NFTC 302

(이하동일) 표 2.1.1.1

적용시설[주 1]	특정소방대상물	비 고
1) 방열복 또는 방화복 2) 인공소생기 및 공기호흡기	7층 이상인 관광호텔 용도로 사용하는 층(층수는 지하층을 포함한다)	각 2개 이상 비치할 것[주 2]
3) 방열복 또는 방화복 및 공기호흡기	5층 이상인 병원(층수는 지하층을 포함한다)	
4) 공기호흡기	① 수용인원 100인 이상의 문화 및 집회시설 중 영화상영관 ② 판매시설 중 대규모 점포 ③ 운수시설 중 지하역사 ④ 지하가 중 지하상가	층마다 2개 이상 비치할 것[주 3]
	⑤ CO_2소화설비를 설치하여야 하는 특정소방대상물(호스릴 CO_2소화설비 제외)	CO_2소화설비가 설치된 장소의 출입문 외부 인근에 1개 이상 비치할 것

㈜ 1. 방열복 또는 방화복에는 안전모, 보호장갑 및 안전화를 포함한다.
   2. 다만, 병원의 경우에는 인공소생기를 설치하지 않을 수 있다.
   3. 각 층마다 갖추어 두어야 할 공기호흡기 중 일부를 직원이 상주하는 인근 사무실에 갖추어 둘 수 있다.

② 인명구조기구의 종류 및 기준

1. 종류

(1) 방열복

1) 방열복의 개념

"방열복"이란 고온의 복사열에 가까이 접근하여 소방활동을 수행할 수 있는 내열 피복을 말한다. 방열복은 방열상의, 방열하의, 방열장갑, 방열두건, 방열화로 구분한다. 방열복은 화재현장에서 소방관이 착용하는 것으로, 소방청장이 고시한 "방열복의 성능인증 및 제품검사의 기술기준"이 제정되어 있으며 이에 적합한 것을 사용하여야 한다.

2) 방열복의 종류

 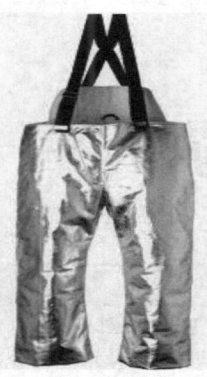

(a) 방열상의   (b) 방열하의

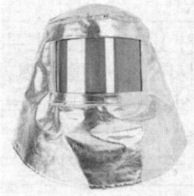 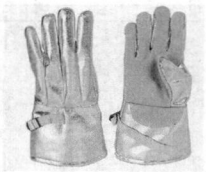

(c) 방열두건   (d) 방열장갑

[그림 3-1-16] 방열복(방열상의, 방열하의, 방열두건, 방열장갑)

① 방열상의란 손과 머리를 제외한 상반신과 팔의 보호를 위하여 상체에 입는 옷을 말한다.
② 방열하의란 발을 제외한 하반신의 보호를 위하여 하체에 입는 옷을 말한다.
③ 방열장갑이란 손과 손목의 보호를 위하여 착용하는 장갑을 말한다.
④ 방열두건이란 함은 머리부분의 보호를 위하여 머리에 쓰는 두건을 말한다.

(2) 방화복

1) 방화복의 개념

"방화복"이란 각종 재난현장에서 신체를 보호하기 위해 착용하는 상의와 하의로 구성된 개인안전장비를 말하며 소방관이 착용하는 방화복은 제외한다. 방화복은 소방산업기술원에서 제정한 "방화복의 KFI 인정기준"이 제정되어 있으며 이에 적합한 것을 사용하여야 한다.

2) 방화복의 종류

방화복의 구성은 상의와 하의가 있으며 "상의"란 손과 머리를 제외한 상반신과 팔의 보호를 위하여 상체에 입는 옷을 말하며, "하의"란 발을 제외한 하반신 보호를 위하여 하체에 입는 옷을 말한다. 방화복은 형태와 안전성에 따라 다음과 같이 구분한다.

① A형 방화복 : 겉감, 중간층, 안감이 하나로 봉제되어 분리되지 않는 형태의 방화복을 말한다.

② B형 방화복 : 겉감과 내피(중간층과 안감 등이 결합된 부분)가 분리되는 형태의 방화복을 말한다.

③ C형 방화복 : B형 방화복에 화재 안전성 및 기능을 강화한 방화복을 말한다.

(3) 공기호흡기

1) 공기호흡기의 개념

"공기호흡기"란 소화 또는 구조활동시에 화재로 인하여 발생하는 각종 유독가스가 있는 장소에서 일정시간 사용할 수 있도록 제조된 압축공기식 개인호흡장비를 말하며 보조마스크(피구조자에게 착용시키기 위한 호흡보호장비)를 포함한다. 즉, 이는 산소가 부족한 장소나 높은 농도의 유독가스가 존재하는 곳에서 사용하는 장비로서 소화활동시에 화재로 인하여 발생하는 각종 유독가스 중에서도 일정시간 사용할 수 있도록 제조된 압축공기식 개인 호흡장비이다. 공기호흡기는 소방청에서 제정한 "공기호흡기의 형식승인 및 제품검사의 기술기준"에 적합한 제품을 사용하여야 한다.

2) 공기호흡기의 종류

공기호흡기의 구성은 면체(面體), 고압공기용기, 공급밸브, 배기밸브, 감압밸브, 등지게, 압력지시계, 경보장치, 급기호스 등으로 되어 있으며 공기호흡기의 종류는 다음과 같이 구분한다.

[그림 3-1-17] 공기호흡기

① 음압형(陰壓形) 공기호흡기 : 흡기에 따라 열리고 흡기가 정지했을 때 및 배기할 때에 닫히는 디맨드 밸브를 갖춘 것을 말하며, 보조 마스크는 음압형이어야 한다.

② 양압형(陽壓形) 공기호흡기 : 면체 내의 압력이 외기압보다 항상 일정압만큼 높은 것으로서 면체 내에 일정 정압 이하가 되면 작동되는 압력 디맨드 밸브를 갖춘 것을 말하며 공기호흡기는 양압형이어야 한다.

(4) 인공소생기

인공소생기란 호흡부전(不全) 상태인 사람에게 인공호흡을 시켜 환자를 보호하거나 구급하는 데 사용하는 이동용의 휴대용 기구를 말한다.

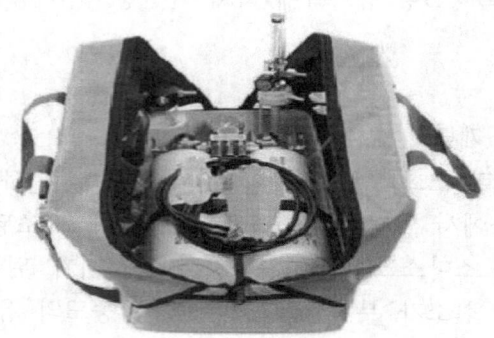

[그림 3-1-18] 인공소생기

2. 기준

인명구조기구는 다음의 기준에 따라 설치해야 한다[제4조(2.1.1)].

(1) 화재시 쉽게 반출 사용할 수 있는 장소에 비치할 것

(2) 인명구조기구가 설치된 가까운 장소의 보기 쉬운 곳에 "인명구조기구"라는 축광식표지와 그 사용방법을 표시한 표시를 부착하되, 축광식표지는 소방청장이 고시한 "축광표지의 성능인증 및 제품검사의 기술기준"에 적합한 것으로 할 것

(3) 방열복은 소방청장이 고시한 "소방용 방열복의 성능인증 및 제품검사의 기술기준"에 적합한 것으로 설치할 것

(4) 방화복(안전모, 보호장갑 및 안전화를 포함한다)은 「소방장비관리법」 제10조 2항 및 「표준규격을 정해야 하는 소방장비의 종류고시」 제2조 1항 4호에 따른 표준규격에 적합한 것으로 설치할 것

 소방장비의 종류고시

소방청 고시인 「표준규격을 정해야 하는 소방장비의 종류고시」는 2023. 5. 16.자로 「기본규격을 정해야 하는 소방장비의 종류고시」로 고시 명칭이 개정되었다.

제2절
유도등 및 유도표지설비
(NFPC & NFTC 303)

 **개 요**

1. 설치대상 : 소방시설법 시행령 별표 4

(1) 피난구유도등·통로유도등 및 유도표지

모든 특정소방대상물. 다만, 다음의 어느 하나에 해당하는 경우는 제외한다.

1) 동물 및 식물 관련 시설 중 축사로서 가축을 직접 가두어 사육하는 부분

2) 지하가 중 터널

(2) 객석유도등

다음의 어느 하나에 해당하는 특정소방대성물에 설치한다.

1) 유흥주점영업시설(단, 유흥주점영업 중 손님이 춤을 출 수 있는 무대가 설치된 카바레, 나이트클럽 또는 그 밖의 이와 비슷한 영업시설만 해당한다)

2) 문화 및 집회시설

3) 종교시설

4) 운동시설

 유흥주점영업

주로 주류를 조리·판매하는 영업으로서 유흥 종사자를 두거나 유흥시설을 설치할 수 있고, 손님이 노래를 부르거나 춤을 추는 행위가 허용되는 영업

(3) 피난유도선 : 다중이용업소법 시행령 별표 1의 2

영업장 내부 피난통로 또는 복도가 있는 영업장에만 설치한다.

2. 제외대상 : NFPC 303(이하 동일) 제11조/NFTC 303(이하 동일) 2.8

다음의 어느 하나에 해당하는 경우에는 유도등을 설치하지 않을 수 있다.

(1) 피난구유도등

1) 바닥면적이 1,000m² 미만인 층으로서 옥내로부터 직접 지상으로 통하는 출입구 (외부의 식별이 용이한 경우에 한한다)

2) 대각선 길이가 15m 이내인 구획된 실의 출입구

3) 거실 각 부분으로부터 하나의 출입구에 이르는 보행거리가 20m 이하이고, 비상 조명등과 유도표지가 설치된 거실의 출입구

4) 출입구가 3 이상 있는 거실로서 그 거실 각 부분으로부터 하나의 출입구에 이르는 보행거리가 30m 이하인 경우에는 주된 출입구 2개소 외의 출입구(유도표지가 부착된 출입구를 말한다) 다만, 공연장·집회장·관람장·전시장·판매시설·운수시설·숙박시설·노유자시설·의료시설·장례식장의 경우에는 그렇지 않다.

(2) 통로유도등

1) 구부러지지 아니한 복도 또는 통로로서 길이가 30m 미만인 복도 또는 통로

2) 위에 해당하지 않는 복도 또는 통로로서 보행거리가 20m 미만이고, 그 복도 또는 통로와 연결된 출입구 또는 그 부속실의 출입구에 피난구유도등이 설치된 복도 또는 통로

(3) 객석유도등

1) 주간에만 사용하는 장소로서 채광이 충분한 객석

2) 거실 등의 각 부분으로부터 하나의 거실 출입구에 이르는 보행거리가 20m 이하인 객석의 통로로서 그 통로에 통로유도등이 설치된 객석

(4) 유도표지 : 다음의 어느 하나에 해당하는 경우에는 유도표지를 설치하지 않을 수 있다.

1) 유도등이 해당 설치규정에 적합하게 설치된 출입구·복도·계단 및 통로

2) NFTC 2.8.1.1, 2.8.1.2와 2.8.2에 해당하는 출입구·복도·계단 및 통로

 NFTC 2.8.1.1 & 2.8.1.2와 2.8.2

피난구유도등 제외장소로 바닥면적이 1,000m² 미만이거나 대각선 길이가 15m 이내인 출입구와 통로유도등 제외 장소를 말한다.

3. 유도등의 적용 : 제4조(표 2.1.1)

특정소방대상물의 용도별로 설치하여야 할 유도등 및 유도표지는 다음 표에 따라 그에 적응하는 종류의 것으로 설치해야 한다.

[표 3-2-1] 설치장소별 유도등 및 유도표지의 종류 : NFTC 표 2.1.1

	설치 장소	유도등 및 유도표지의 종류
①	공연장·집회장(종교집회장 포함)·관람장·운동시설	• 대형 피난구유도등 • 통로유도등 • 객석유도등
②	유흥주점영업시설(춤을 출 수 있는 무대가 설치된 카바레, 나이트클럽 또는 그 밖에 이와 비슷한 영업시설만 해당)	
③	위락시설·판매시설·운수시설·관광숙박업·의료시설·장례식장·방송통신시설·전시장·지하상가·지하철역사	• 대형 피난구유도등 • 통로유도등
④	숙박시설(관광숙박업 이외)·오피스텔	• 중형 피난구유도등 • 통로유도등
⑤	①~③ 외의 건물로 지하층·무창층 또는 층수가 11층 이상인 특정소방대상물	
⑥	근린생활시설(①~⑤ 이외)·노유자시설·업무시설·발전시설·종교시설(집회장 용도로 사용하는 부분 제외)·교육연구시설·수련시설·공장·창고시설·교정 및 군사시설(국방·군사시설 제외)·기숙사·자동차정비공장·운전학원 및 정비학원·다중이용업소·복합건축물·아파트	• 소형 피난구유도등 • 통로유도등
⑦	그 밖의 것	• 피난구유도표지 • 통로유도표지

비고 1. 소방서장은 특정소방대상물의 위치·구조 및 설비의 상황을 판단하여 대형 피난구유도등을 설치하여야 할 소방대상물에 중형 또는 소형 피난구유도등을, 중형 피난구유도등을 설치하여야 할 소방대상물에 소형 피난구유도등을 설치하게 할 수 있다.
2. 복합건축물과 아파트의 경우, 주택의 세대 내에는 유도등을 설치하지 않을 수 있다.

통로유도등에도 대형, 중형, 소형의 규격기준이 있으나 통로유도등은 보행거리 20m 이내마다 설치하여야 하는 거리기준으로 인하여 대, 중, 소의 크기가 무의미하다. 이로 인하여 NFTC 표 2.1.1에서 피난구유도등은 용도별이나 층별로 대형, 중형, 소형 피난구유도등을 규정하고 있으나 통로유도등은 크기를 규정하지 아니한 것이다.

2 유도등 및 유도표지의 종류 및 형식

1. 유도등(유도표지)의 종류

(1) 피난구유도등

피난구유도등은 피난구 또는 피난경로로 사용되는 출입구를 표시하여 피난을 유도하는 등을 말한다[제3조 2호(1.7.1.2)].

1) **유도등의 규격** : 피난구유도등은 대형, 중형, 소형의 3종류가 있으며 규격은 정사각형의 경우는 최소길이(mm)가, 직사각형의 경우는 짧은변의 길이와 최소면적이 규정되어 있다.[403] 따라서 피난구유도등의 크기는 일정한 규격이 있는 것이 아니라 최소길이와 최소면적만 정해져 있으므로 다양한 크기의 제품 생산이 가능하다.

[표 3-2-2] 피난구유도등의 규격(표시면)

피난구유도등	정사각형 : 한 변(mm)	직사각형	
		짧은변(mm)	최소면적(m^2)
대형	250 이상	200 이상	0.1
중형	200 이상	140 이상	0.07
소형	100 이상	110 이상	0.036

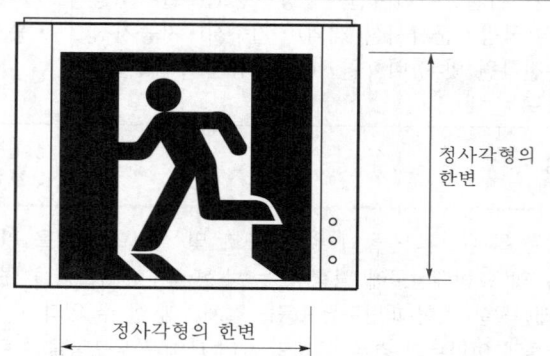

[그림 3-2-1(A)] 피난구유도등의 기본형태

403) 유도등의 형식승인 및 제품검사의 기술기준(소방청 고시)

2) **유도등의 형태** : 피난구유도등의 표시면(피난구나 피난방향을 안내하기 위한 문자 또는 부호등이 표시된 면)의 색상은 녹색바탕에 백색문자를 사용하며, 표시면은 ISO 기준에 의한 그림문자로 하며 이때 식별이 용이하도록 비상문·비상탈출구·EXIT·FIRE EXIT 또는 화살표 등을 함께 표시할 수 있다.

[그림 3-2-1(B)] 표시면 심볼의 여러 종류

3) **유도등의 색상**

① **눈과 색채** : 인간이 색을 느끼는 것은 망막(網膜)에 빛을 감지하는 막대형의 간상체(桿狀体 ; Rod Cell)와 원뿔형의 추상체(錐狀体 ; Cone Cell)라는 세 포조직이 있으며 간상체와 추상체가 감도를 뇌에 전달하여 인간은 주변 환경을 볼 수 있는 이미지가 생성된다. 추상체는 천연색에는 민감하지만 약한 빛에는 무력한 반면 간상체는 색깔은 구별할 줄 모르지만 매우 약한 빛도 볼 수 있다. 즉 간상체는 약한 빛에서도 형태를 구분하게 하지만 흑백의 명암에만 작용하며, 추상체는 밝은 조명아래에서 우리에게 색상을 감지할 수 있게 해준다. 이와 같이 주위 밝기의 변화에 따라 물체색의 명도가 변화되어 보이는 현상을 푸르키네 현상(Purkinje effect)이라 한다.

② **피난구의 색상** : 따라서 화재처럼 위급상황에서는 흔히 정전사고가 발생할 가능성이 높으며 이때 색을 구분하는 추상체는 도움이 되지 않으며 오히려 색을 잘 구분하지 못하는 간상체가 중요한 역할을 하게 된다. 그런데 간상체에는 세포 생리구조상 녹색광은 잘 흡수하지만 적광색은 흡수하지 않는 관계로 평소에 눈에 잘 띄던 적색도 어두운 곳에선 잘 보이지 않으며 오히려 연기가 체류하는 어두운 공간에서는 녹색이 식별도가 높기 때문에 유도등을 녹색으로 표시하고 있다.

(2) 통로유도등

피난통로를 안내하기 위해 유도하는 등을 말하며 종류에는 복도 통로유도등, 거실 통로유도등, 계단 통로유도등이 있다. 표시면과 조사면(照射面 ; 유도등에 있어서 표시면 외에 조명에 사용되는 면)의 구조는 바닥면과 피난방향을 비출 수 있어야 하며 표시면은 옆방향에서 일부가 보이도록 복도통로등의 경우는 외함에서 10mm 이상 돌출하여야 한다. 다만, 바닥에 매립하는 경우는 돌출시키지 아니할 수 있다.

1) **유도등의 규격** : 통로유도등도 대형, 중형, 소형의 3종류가 있으며 규격은 피난구유도등과 같이 최소길이(mm)와 최소면적이 규정되어 있다.

[표 3-2-3] 통로유도등의 규격

통로유도등	정사각형 : 한 변(mm)	직사각형	
		짧은변(mm)	최소 면적(m²)
대형	400 이상	200 이상	0.16
중형	200 이상	110 이상	0.036
소형	130 이상	85 이상	0.022

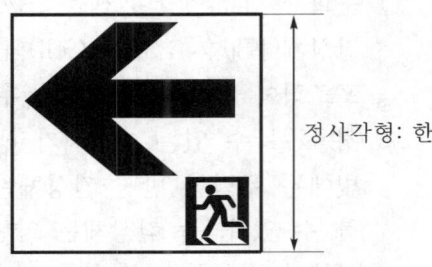

(a) 양방향 표시   (b) 단방향 표시

정사각형: 한변

[그림 3-2-2] 통로유도등의 기본형태

2) **유도등의 형태** : 통로유도등의 표시면은 백색바탕에 녹색으로 문자를 사용하며 표시면은 ISO 기준에 의한 그림문자와 함께 피난방향을 지시하는 화살표를 표시하여야 한다. 다만, 계단에 설치하는 것에 있어서는 피난의 방향을 표시하지 아니할 수 있다.

3) **통로유도등의 종류**

① 복도 통로유도등 : 피난통로가 되는 복도에 설치하는 피난구의 방향을 명시하는 통로유도등으로 바닥으로부터 높이 1m 이하의 위치에 설치하며, 따라서 바닥에 매립하는 경우도 복도 통로유도등의 범주에 속한다.

② 거실 통로유도등 : 거실이나 주차장 등 개방된 통로에 설치하며, 피난구의 방향을 명시하는 통로유도등이다.

① 복도 통로유도등과 거실 통로유도등은 유도등의 규격이나 형태의 기준이 같으며 외형상 큰 차이점은 없으나, 설치목적이 다른 관계로 조도나 식별도에서 차이가 있다. 복도 통로유도등은 연기가 복도에 체류할 경우 피난구까지의 경로를 유도하기 위한 목적이므로 바닥에서 낮은 위치(바닥에서 1m 이하)에 설치하며, 거실 통로유도등은 거실이나 주차장과 같은 경우 내부에 통로가 형성된 경우 피난구까지의 경로를 유도하기 위한 목적으로 거실 천장 상부(바닥에서 1.5m 이상)에 설치한다.

② 따라서 복도 통로유도등보다 거실 통로유도등은 훨씬 높은 식별도와 조도를 요구하고 있으며, 관련 기준은 다음 표와 같다.[404]

[표 3-2-4] 통로유도등의 식별도 및 조도

시험항목		복도 통로유도등	거실 통로유도등
식별도	상용 전원시	직선거리 20m의 위치에서 표시면이 식별될 것	직선거리 30m의 위치에서 표시면이 식별될 것
	비상 전원시	직선거리 15m의 위치에서 표시면이 식별될 것	직선거리 20m의 위치에서 표시면이 식별될 것
조도		1m 높이에 설치하고, 바닥에서 측정하여 1lx 이상	2m 높이에 설치하고, 바닥에서 측정하여 1lx 이상

③ 지하 주차장에 통로유도등을 적용할 경우 복도가 형성된 것보다는 개방된 내부에 통로가 형성된 것이므로 기둥에 복도 통로유도등을 설치하는 것보다 천장 상부에 거실 통로유도등을 설치하는 것이 더욱 합리적이다.

③ **계단 통로유도등** : 피난통로가 되는 계단이나 경사로에 설치하며, 바닥면 및 디딤 바닥면을 비추는 통로유도등이다.

(3) 객석유도등

객석의 통로, 바닥 또는 벽에 설치하는 유도등을 말한다.

1) **점멸기와 비상전원** : 유도등에는 유도등을 점검하기 위해서 자동복귀형의 점멸기를 설치하여야 하나 객석유도등은 점멸기를 설치하지 않아도 무관하며 객석유도등의 비상전원은 내부에 설치하지 않고 외부에 설치할 수 있다.

---

404) 유도등의 형식승인 및 제품검사의 기술기준 제16조 및 제23조

 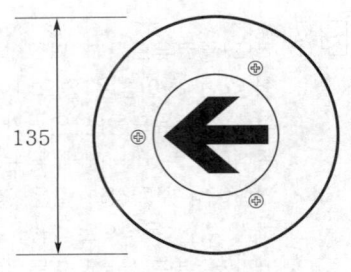

(a) 객석유도등 외형   (b) 객석유도등 도형

[그림 3-2-3(A)] 객석유도등의 기본형태

2) **설치위치** : 객석유도등의 설치위치를 화재안전기준에서는 통로, 바닥, 벽에 설치
하도록 제7조 1항(2.4.1)에서 규정하고 있으나 형식승인 기준에서는 이외에 객
석용 의자 등에 견고하게 부착할 수 있으며[405] 바닥면을 비출 수 있어야 한다.
객석유도등은 벽에도 설치할 수 있으므로, 객석유도등의 부착높이에 대한 기준
이 있어야 하나 화재안전기준에서는 해당 기준이 누락되어 있으며, 일본의 경우
는 50cm 이하로 규정하고 있다.[406]

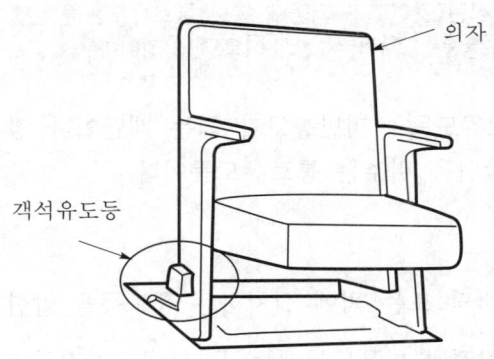

[그림 3-2-3(B)] 의자 부착형 객석유도등

(4) 유도표지

1) **개념**

① 유도표지란 전원에 의한 조명시설이 없이 축광성 야광도료(전등이나 태양광
을 흡수하여 이를 축적시킨 후 일정시간 발광이 계속되는 것)를 이용하는
것으로 어두운 곳에서도 도안·문자 등이 쉽게 식별될 수 있도록 된 것을

---

405) 유도등의 형식승인 및 제품검사의 기술기준 제12조
406) 예방사무심사·검사기준(通達) 제16.5(1979. 7. 12.)

말한다. 축광표지의 종류에는 축광유도표지, 축광위치표지, 축광보조표지가 있으며 축광유도표지는 피난구 축광유도표지와 통로 축광유도표지가 있다. 과거에는 방사성 물질을 이용한 발광유도표지를 사용하였으나 발암성 물질로 현재는 사용이 금지되어 있다.

② 축광성 야광도료의 주성분은 Zn, Si, Cu이며 발광의 원리는 광에 의한 루미네센스(Luminescence)이다. 루미네센스란 형광이나 인광과 같이 열을 동반하지 않는 발광현상으로 일명 냉광(冷光)이라고도 하고 광 루미네센스란 외부의 인공광이나 자연광에 의한 발광 자극에 의해 자극이 제거된 후에도 일정기간 발광하는 것을 말한다.

2) **유도표지의 규격** : 축광유도표지의 재질은 난연재료 또는 방염성능이 있는 합성수지이거나 이와 동등이상의 것으로서 예를 들어 도자기 재질의 유도표지는 동등 이상에 해당한다. 표시면의 두께는 1.0mm(금속재질은 0.5mm) 이상으로 표시면의 크기는 다음 표와 같다.[407]

[표 3-2-5] 축광유도표지의 규격

규 격	피난구 축광유도표지	통로 축광유도표지
긴 변	360mm 이상	250mm 이상
짧은 변	120mm 이상	85mm 이상

> 가로길이나 세로길이가 아닌 긴 변과 짧은 변으로 규정한 것은 표지의 형태를 가로형이나 세로형 중 제조사가 원하는 형태로 제조하도록 한 것이며, 표시면이 사각형이 아닌 경우에는 표시면에 내접하는 사각형의 크기가 [표 3-2-5]에 적합하여야 한다.

3) **축광표지의 종류**

① 축광유도표지

㉮ 피난구 축광유도표지 : 피난구 또는 피난경로로 사용되는 출입구를 표시하여 피난을 유도하는 표지를 말한다. 피난구유도표지의 경우 표시면 가장자리에서 5mm 이상의 폭이 되도록 녹색 또는 백색 계통의 축광성 야광도료를 사용해야 한다.

㉯ 통로 축광유도표지 : 피난통로가 되는 복도, 계단 등에 설치하는 것으로서 피난구의 방향을 표시하는 유도표지를 말한다.

② **축광위치표지** : 옥내소화전설비의 함, 발신기, 피난기구(완강기, 간이완강기, 구조대, 금속제 피난사다리), 소화기, 투척용 소화용구 및 연결송수관설비의 방수구 등 소방용품의 위치를 표시하기 위한 축광표지를 말한다.

---

407) 축광표지의 성능인증 및 제품검사의 기술기준(소방청 고시)

③ 축광보조표지 : 피난로 등의 바닥·계단·벽면 등에 설치함으로서 피난방향 또는 소방용품의 위치를 알려주는 보조역할을 하는 표지를 말한다.

(5) 피난유도선

1) 개념 : 피난유도선이라 함은 햇빛이나 전등불에 따라 축광하거나 전류에 따라 빛을 발하는 유도체로서 어두운 상태에서 피난을 유도할 수 있도록 띠 형태로 설치되는 피난유도시설을 말하며 피난유도선은 성능시험 대상품목[408]으로 규정되어 있다.

2) 피난유도선의 종류 : 피난유도선에는 "축광식 피난유도선"과 "광원점등식 피난유도선"의 2종류가 있으며 다중이용업소에서 영업장 내부 피난통로 또 는 복도에 설치하는 피난유도선은 광원점등방식의 피난유도선에 국한하여 이를 설치하여야 한다(다중이용업소법 시행규칙 별표 2).

① 축광식 피난유도선 : 전원의 공급 없이 전등 또는 태양 등에서 발산되는 빛을 흡수하여 이를 축적시킨 상태에서 전등 또는 태양 등의 빛이 없어지는 경우 일정시간 동안 발광이 유지되어 어두운 곳에서도 피난유도선에 표시되어 있는 피난방향 안내 문자 또는 부호 등이 쉽게 식별될 수 있도록 함으로서 피난을 유도하는 기능의 피난유도선을 말한다.

② 광원점등식 피난유도선 : 수신기 화재신호의 수신 및 수동조작에 의하여 표시부에 내장된 광원을 점등시켜 표시부의 피난방향 안내문자 또는 부호 등이 쉽게 식별되도록 함으로서 피난을 유도하는 기능의 피난유도선을 말한다.

2. 유도등의 형식

(1) 고휘도유도등

1) 고휘도유도등 생산 배경

① 유도등의 형식승인 기준[409] 중 유도등 규격에 대해 2001. 9. 11. 일부 조항을 개정하여 유도등의 크기는 최소크기만을 규정하여 유도등의 크기를 다양화할 수 있도록 하였으며, 아울러 유도등의 평균휘도를 규정함으로서 유도등의 식별도를 명확히 하도록 개정하였다.

② 그러나 형식승인 기준에서 정한 평균휘도를 만족하기 위해서는 기존의 형광램프(보통 32mm 형광램프로서 이를 열음극형 형광램프라 함)로는 개정된

---

408) 피난유도선의 성능인증 및 제품검사의 기술기준(소방청 고시)
409) 유도등의 형식승인 및 제품검사의 기술기준(소방청 고시)

휘도를 충족시킬 수 없으며, 개정된 휘도조건을 만족시키기 위해서는 부득
이하게 새로운 등기구 제품의 유도등을 생산할 수 밖에 없게 되었으며, 이
러한 제품은 과거에 비해 휘도가 매우 높으므로 고휘도유도등이라고 불리게
된 것이다.

③ 그러나 형식승인 기준 개정으로 인한 제품 수급상 문제점 때문에 형식승인
기준 부칙에서 "종전 기준에 의하여 형식승인을 받은 경우는 고시일로부터
2년간 종전기준에 의한 제품을 생산할 수 있도록" 경과조치를 두었으며, 이
로 인하여 2년 후인 2003. 9. 11. 이후부터는 종전의 일반 형광램프용 유도
등은 생산되지 않고 있으며 새로운 광원을 이용한 고휘도 제품의 유도등만
현재 생산하고 있다.

2) **휘도의 개념** : 휘도(輝度 ; Brightness)란 눈부심의 밝기로서 광원의 광도(光
度 ; luminous intensity)나 피사체의 조도(照度 ; Illumination)와는 또 다른 개
념으로 광원에서 발생하는 빛에 의한 눈부심의 크기로서 이는 유도등을 식별하
는 식별도(識別度)에 대한 중요한 값이 된다. 유도등은 비상조명등이 아닌 관계
로 휘도가 너무 클 경우 유도등 표시면의 글씨나 문자 등을 판독하는 식별도가
떨어지므로 휘도를 제한하여야 하며 따라서 형식승인 기준에서는 상용전원 및
비상전원으로 점등시 최소휘도뿐 아니라 최대휘도를 규정하고 있다.

3) **고휘도유도등의 특징**

특 징	① 일반유도등과 달리 다양한 광원을 사용할 수 있으며 휘도가 높다. ② 표시면의 크기 및 두께가 대폭 축소되어 소형화가 가능하다. ③ 전력소비가 매우 적어 에너지 절감이 가능하다. ④ 일반유도등에 비해 수명이 매우 길다. ⑤ 소형, 경량인 관계로 설치위치 변경 및 시공이 편리하다. ⑥ 시각적으로 매우 미려(美麗)하다. ⑦ 설치공간을 최소화할 수 있으며, 이로 인하여 낮은 천장이나 출입문의 경 우에도 시공이 가능하다. ⑧ 일반유도등에 비해 가격이 고가이다.

4) **고휘도유도등의 종류** : 형식승인 기준에서 "광원의 규격 및 크기 등"에 대한 기
준을 삭제하였으며, 이는 광원의 종류를 특별히 규정하지 않고 어떠한 광원을
사용할지라도 규정한 평균휘도 및 기타 관련기준을 모두 만족하면 형식승인이
가능한 것이다. 현재 국내에서 사용하는 고휘도유도등의 광원은 대부분 LED
제품이나 그 외에도 CCFL, T5 형광등을 사용한 제품이 있으며 이는 전부 광
효율이 높고, 수명이 길며, 전력소모가 적고, 슬림형의 특징을 가지고 있다.

① LED : 발광 Diode를 이용한 것으로 형광램프에 비해 광도는 낮으나 소비전력이 매우 적은 특징을 가지고 있으며 또한 램프의 교체가 필요하지 않은 우수한 장점이 있으며 대부분의 고휘도유도등에서 사용하고 있다.

② CCFL : "냉음극형 형광등(Cold Cathode Fluorescent Lamp)"으로서, 우리가 사용하는 일반적인 형광등은 방전관이 방전을 시작할 때 열전자를 사용하는 열음극형(熱陰極型)이나, CCFL은 방전시 가열되지 않고 이온충격에 의한 2차 전자방출과 이온의 재결합에 의해 생기는 광전자 방출로 방전을 시작하는 형태의 형광등으로 국내제품의 경우 CCFL 형광램프 관경은 2.6mm이다.

③ T5 형광등 : 20~60kHz의 고주파를 이용하여 전자식 안정기로만 점등되는 형광램프이며 이에 비해 일반 형광등은 60Hz로 자기식(磁氣式) 안정기를 사용하는 제품이다. T5의 의미는 형광등 관경에 대한 규격으로서 일반유도등의 형광등 32mm는 T10, 28mm는 T9, 26mm는 T8이며, T5 관경은 16mm, T4는 13mm로 이는 형광등 규격(관경)을 의미한다.

(2) 점멸유도장치(내장형) 유도등

유도등 하부 또는 내부에 4W의 점멸형 램프(고휘도의 Xenon lamp)를 부착한 유도등으로 화재 및 비상시에는 주기적으로 점멸하는 점멸형 램프가 동작하여 피난효과를 증대시킨다. 이 유도등은 청각장애자에게 매우 효과적인 유도등으로 동 제품은 "유도등에는 점멸, 음성 또는 이와 유사한 방식 등에 의한 유도장치를 설치할 수 있다"는 형식승인 기준에 따라 생산이 가능하게 되었으며 비상전원은 유도등용 및 점멸장치용의 비상전원으로 2가지가 내장되어 있다.

[그림 3-2-4] 점멸형 유도등(예)

(3) 음성유도장치(내장형) 유도등

유도등 하부 또는 내부에 일정 음압 이상의 음성으로 피난구를 안내하는 장치가 부설된 유도등으로, 경고음과 음성으로 구성되어 있다. 이 유도등은 시각장애자에게 매우 효과적인 유도등으로 동 제품은 개정된 형식승인 기준에 따라 생산이 가능하게 되었으며 비상전원은 유도등용 및 음성장치용의 비상전원으로 2가지가 내장되어 있다.

> ① 형식승인 기준의 시험세칙에 따르면 유도음(誘導音)의 측정은 주위소음이 35dB 이하인 상태에서 유도음 전면으로 1m 떨어진 지점에서 음압측정시 최소 70dB 이상이어야 하며, 음압조정은 90dB 이상 조정이 가능하여야 한다.
> ② 경보음은 기본 주파수가 다른 2개의 주기적인 복합파를 한 주기로 하여 각 주파수마다 2회 반복하는 것으로 예를 들면, 경보음은 1,056Hz, 음성은 880Hz로 하여 "뚜 – 뚜 –, 비상문은 이쪽입니다. 비상문은 이쪽입니다." 또는 "뚜 – 뚜 –, 비상문은 이쪽입니다. Here is an emergency exit."와 같이 반복하도록 한다.

(4) 복합표시형 유도등

복합표시형 피난구유도등이라 함은 피난구유도등의 표시면과 피난목적이 아닌 안내표시면이 구분되어 함께 설치된 유도등을 말하며 국내 형식승인 기준에서도 이를 규정하고 있다.

[그림 3-2-5] 복합표시형 유도등(예)

(5) 감광형(減光形) 유도등

국내에는 기준이 없으나 일본에서 규정하고 있는 유도등으로 광원을 평소 감광된 상태로 점등하여 사용하다가 화재발생시 감지기 등의 신호에 의해 자동으로 광원을 정상으로 점등시키는 구조의 유도등이다. 이는 공연장, 의료시설 등에서 조명도로 인하여 장애가 발생될 수 있는 장소에 적용하며 중형 이상의 피난구 및 거실통로 등에 한하여 적용한다.

chapter
3
피난구조설비

3 유도등(유도표지)의 화재안전기준

1. 피난구유도등

피난구 또는 피난경로로 사용되는 출입구의 위치를 표시하는 녹색의 등으로 설치기준은 다음과 같다.

(1) 설치기준

1) 설치장소(NFTC 2.2.1) : 피난구유도등은 다음의 장소에 설치해야 한다.

구 분	설치장소
①	옥내로부터 직접 지상으로 통하는 출입구 및 그 부속실의 출입구 (NFTC 2.2.1.1)
②	직통계단·직통계단의 계단실 및 그 부속실의 출입구(NFTC 2.2.1.2)
③	위 ① 및 ②에 따른 출입구에 이르는 복도 또는 통로로 통하는 출입구 (NFTC 2.2.1.3)
④	안전구획된 거실로 통하는 출입구(NFTC 2.2.1.4)

2) 설치 높이(NFTC 2.2.2) : 피난구의 바닥으로부터 높이 1.5m 이상으로서 출입구에 인접하도록 설치해야 한다.

3) 추가 설치(NFTC 2.2.3) : 피난층으로 향하는 피난구의 위치를 안내할 수 있도록 2.2.1.1 또는 2.2.1.2의 출입구 인근 천장에 2.2.1.1 또는 2.2.1.2에 따라 설치된 피난구유도등의 면과 수직이 되도록 피난구유도등을 추가로 설치해야 한다. 다만, 2.2.1.1 또는 2.2.1.2에 따라 설치된 피난구유도등이 입체형인 경우에는 그렇지 않다.

(2) 해설

1) 설치장소

① 옥내로부터 직접 지상으로 통하는 출입구 및 그 부속실의 출입구

㉮ 제5조 1항 1호(2.2.1.1)에서 규정한 동 조항은 일본소방법 시행규칙 제28조의 3 제3항 1호를 준용한 것으로 옥내에서 직접 지상으로 통하는 피난층의 경우에만 적용하는 조항이다. 국내는 그 부속실의 출입구에도 유도등을 적용하고 있으나 일본의 경우는 옥내로부터 직접 지상으로 통하는 출입구에 설치하되 부속실이 설치된 경우(일본에서는 이를 부실(附室)이라 한다)에는 해당 부속실의 출입구에만 설치하는 것으로 되어 있다.

㉯ 이때의 부속실은 특별 피난계단의 부속실(전실)만을 의미하는 것이 아니고 부속된 모든 실의 개념으로서 지상으로 통하는 출입문 앞에 설치된 공간(예를 들면 방풍실 등)도 모두 부속실의 개념으로 적용하여야 한다.

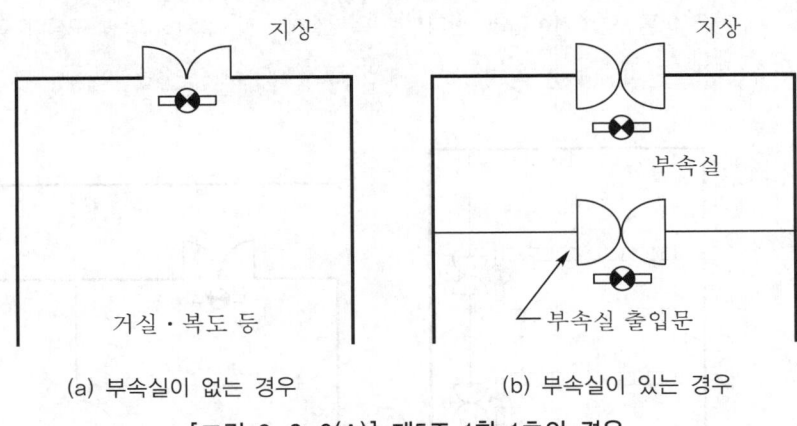

[그림 3-2-6(A)] 제5조 1항 1호의 경우

② 직통계단·직통계단의 계단실 및 그 부속실의 출입구 : 거실이나 복도에서 바로 직통계단으로 출입하는 문을 말하며, 직통계단의 계단실 출입구란 예를 들면 특별 피난계단 구조에서, 전실에서 계단으로 통하는 출입구를 말하며, 그 부속실의 출입구란 거실이나 복도에서 전실로 출입하는 문을 말한다. 이 경우도 국내는 계단실 출입구 및 그 부속실의 출입구에 동시에 설치하고 있으나 동 조항의 출전인 일본의 경우는 부속실이 있는 경우는 부속실 출입구에만 적용하고 있다. 즉 부속실로 대피한 경우 바로 전면에 있는 계단측 부속실 출입문에 또 유도등을 설치하는 것이 합리적인지 재검토가 필요한 사항이다.

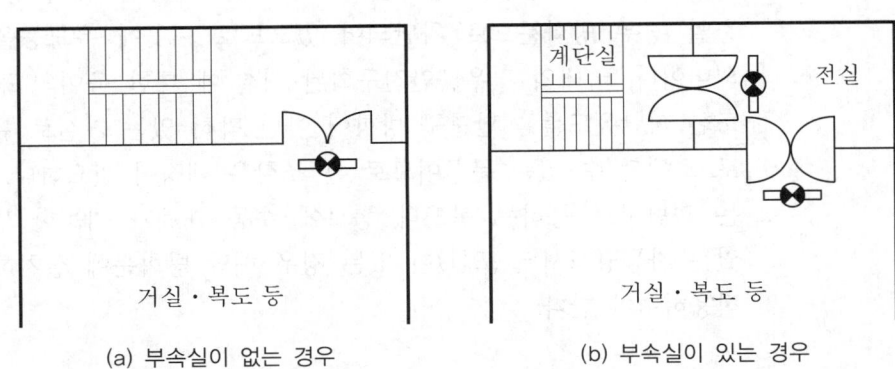

[그림 3-2-6(B)] 제5조 1항 2호의 경우

③ 위 ① 및 ②호에 따른 출입구에 이르는 복도 또는 통로로 통하는 출입구

➡ ①호 및 ②호에 따른 출입구에 이르는 복도 또는 통로로 통하는 출입구란 복도 등에 면해 있는 거실의 출입문을 말하는 것으로, 따라서 거실 내부에 또 하나의 거실이 있는 경우(이를 연속거실이라 한다), 연속거실에까지 설치하라는 규정이 아님을 유의하여야 한다.

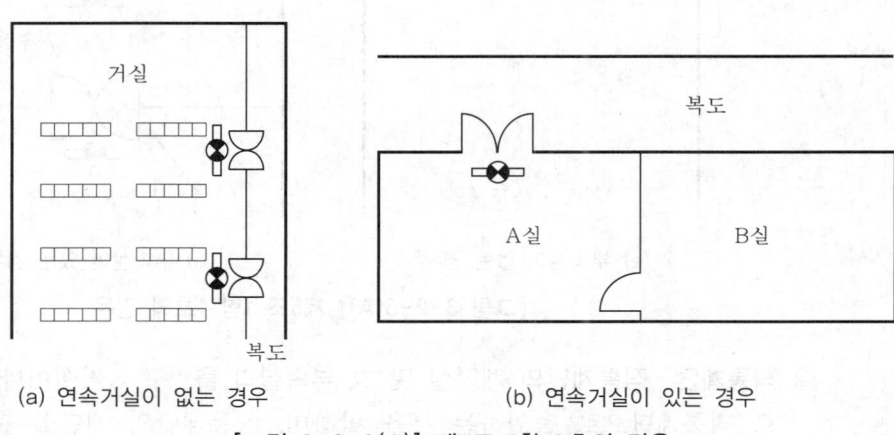

<table>
<tr><td>(a) 연속거실이 없는 경우</td><td>(b) 연속거실이 있는 경우</td></tr>
</table>

[그림 3-2-6(C)] 제5조 1항 3호의 경우

④ 안전구획된 거실로 통하는 출입구

㉮ 제5조 1항 4호(2.2.1.4)의 경우 일본의 원전은 "1~3호에 의한 피난구로 통하는 복도나 통로에 설치된 방화문(자동방화셔터 포함)을 직접 손으로 열수 있는 장소"로 규정하고 있다. 이를 준용하는 과정에서 화재안전기준은 "안전구획된 거실"로 표현한 것으로 판단된다.

㉯ 따라서 일본의 경우는 방화문으로 구획된 장소가 피난출구로 통하는 장소일 경우 방화문으로 차단되어 있으므로 이곳에 유도등을 설치하라는 의미이나, 국내의 경우 "안전구획된 거실"에 대한 용어의 정의가 없으며 또한 피난유도를 피난출구 방향이 아닌 막혀 있는 거실로 유도하는 것으로 오해할 수 있는 문구이므로 본 조항은 개정이 필요하다. 입법의 취지는 피난구로 통하는 복도나 통로에 수동 개폐가 가능한 방화문(쪽문이 있는 자동방화셔터 포함)이 있는 경우 해당 방화문에 설치하라는 의미로 적용하여야 한다.

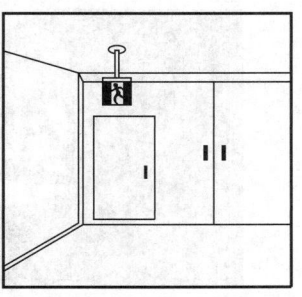

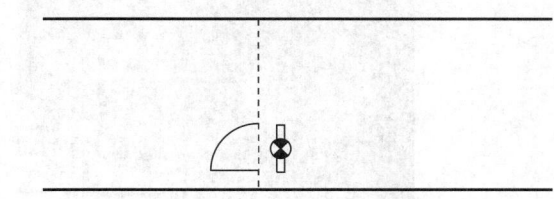

(a) 입면도 : 안전구획 거실　　　　　(b) 평면도 : 안전구획 거실

[그림 3-2-6(D)] 제5조 1항 4호의 경우

2) 추가 설치

① 최근의 건축물은 구조가 매우 복잡하고 용도가 다양하여 화재 등 위급상황 시 재실자가 직관적으로 피난구를 쉽게 식별하기가 어려워지고 있다. 이에 따라 신속하게 피난구를 찾을 수 있도록, 피난층이나 계단실 출입구 인근에 피난구유도등을 추가로 설치하거나 입체형 피난구유도등 설치하도록 유도등 추가 설치기준을 2021. 7. 8. 신설하였으며 부칙에 따라 6개월 후인 2022. 1. 9.부터 시행하도록 하였다.

② NFTC 2.2.1.1(옥내로부터 직접 지상으로 통하는 출입구 및 그 부속실의 출입구)와 2.2.1.2(직통계단·직통계단의 계단실 및 그 부속실의 출입구)에는 출입문 위에 설치한 피난구유도등과 별도로 피난구유도등을 수직한 방향으로 추가 설치하거나 또는 출입문에 입체식 유도등 하나만 설치하거나 둘 중 한 가지 방법을 선택하여야 한다.

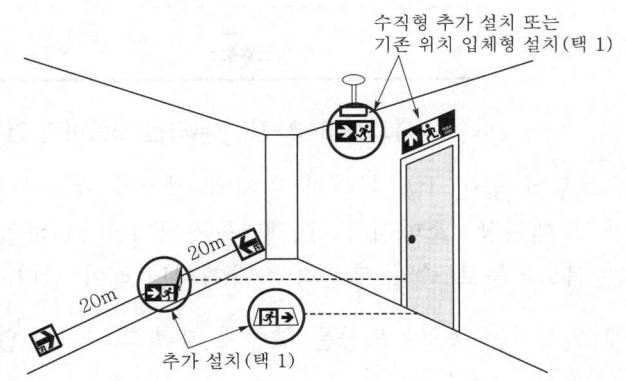

[그림 3-2-6(E)] 배치도(수직형 추가 설치 또는 입체형 설치)

 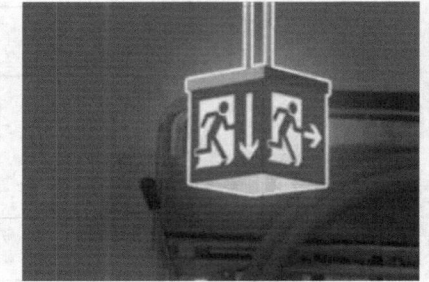

(a) 수직형 유도등 추가 설치　　　　　　(b) 입체형 유도등 설치

[그림 3-2-6(F)] 실물 사진

2. 통로유도등

통로유도등은 특정소방대상물의 각 거실과 그로부터 지상에 이르는 복도 또는 계단의 통로에 다음의 기준에 따라 설치해야 한다.

(1) 복도 통로유도등 : 제6조 1항 1호(2.3.1.1)

1) 복도에 설치하되 NFTC 2.2.1.1 또는 2.2.1.2에 따라 피난구유도등이 설치된 출입구의 맞은편 복도에는 입체형으로 설치하거나, 바닥에 설치할 것

2) 구부러진 모퉁이 및 설치된 통로유도등을 기점으로 보행거리 20m마다 설치할 것

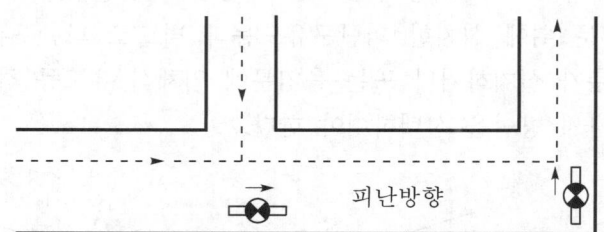

[그림 3-2-7] 구부러진 모퉁이의 경우

3) 바닥으로부터 높이 1m 이하의 위치에 설치할 것. 다만, 지하층 또는 무창층의 용도가 도매시장·소매시장·여객자동차터미널·지하역사 또는 지하상가인 경우에는 복도·통로 중앙 부분의 바닥에 설치해야 한다.

4) 바닥에 설치하는 통로유도등은 하중에 따라 파괴되지 않는 강도의 것으로 할 것

(2) 거실 통로유도등 : 제6조 1항 2호(2.3.1.2)

1) 거실의 통로에 설치할 것. 다만, 거실의 통로가 벽체 등으로 구획된 경우에는 복도 통로유도등을 설치할 것

2) 구부러진 모퉁이 및 보행거리 20m마다 설치할 것

3) 바닥으로부터 높이 1.5m 이상의 위치에 설치할 것. 다만, 거실 통로에 기둥이 설치된 경우에는 기둥부분의 바닥으로부터 높이 1.5m 이하의 위치에 설치할 수 있다.

> 복도통로등이나 계단통로등은 바닥에서 높이 1m 이하의 위치에 설치하나 거실통로등은 피난구유도등과 같이 바닥에서 높이 1.5m 이상의 위치에 설치하여야 한다. 그러나 주차장과 같이 통로에 기둥이 있는 경우 기둥 부분에 1.5m 이하의 위치에 설치할 수 있다.

(3) 계단 통로유도등 : 제6조 1항 3호(2.3.1.3)

1) 각 층의 경사로참 또는 계단참마다(1개층에 경사로참 또는 계단참이 2 이상 있는 경우에는 2개의 계단참마다) 설치할 것

> 예를 들어 지하층의 깊이가 깊어서 1개층에 계단참이 3개소 있을 경우 계단참 2개소에만 통로유도등을 설치하여도 무방하다는 의미이다.

2) 바닥으로부터 높이 1m 이하의 위치에 설치할 것

3. 객석유도등 : 제7조(2.4)

(1) 객석유도등은 객석의 통로, 바닥 또는 벽에 설치해야 한다.

(2) 객석 내의 통로가 경사로 또는 수평로로 되어 있는 부분은 다음의 식에 따라 산출한 수(소수점 이하의 수는 1로 본다)의 유도등을 설치하고, 그 조도는 통로바닥의 중심선 0.5m 높이에서 측정하여 0.2lx 이상이어야 한다.

$$N = \frac{L}{4} - 1$$ ················· [식 3-2-1]

여기서, N : 설치개수(개)
L : 객석통로의 직선부분의 길이(m)

> ① 객석의 통로 길이(m)를 4로 나누는 것은 4m마다 객석등을 설치하라는 뜻으로 길이를 4m마다 등분할 경우 객석유도등을 중심으로 좌측과 우측이 각각 4m 이내가 된다. 아울러 1을 빼주는 것은 예를 들어 4m씩 N분등한 경우는 객석등을 $(N-1)$개 설치하면 객석등마다 좌우 4m 이내가 되므로 1을 빼준 것이다.
> ② 점검장비를 규정한 소방시설법 시행규칙 별표 3의 제7호 "자체점검용 점검장비 중 조도계"에 대한 규격에서 최소눈금이 0.1lx 이하로 되어 있는 것은 바로 객석유도등의 조도인 0.2lx를 측정하기 위하여 최소눈금단위를 0.1로 한 조도계를 법정장비로 규정한 것이다.

chapter **3** 피난구조설비

(3) 객석 내의 통로가 옥외 또는 이와 유사한 부분에 있는 경우에는 해당 통로 전체에 미칠 수 있는 개수의 유도등을 설치해야 한다.

4. 유도표지 : 제8조(2.5)

(1) 계단에 설치하는 것을 제외하고는 각 층마다 복도 및 통로의 각 부분으로부터 하나의 유도표지까지의 보행거리가 15m 이하가 되는 곳과 구부러진 모퉁이의 벽에 설치할 것

(2) 피난구유도표지는 출입구 상단에 설치하고, 통로유도표지는 바닥으로부터 높이 1m 이하의 위치에 설치할 것

(3) 주위에는 이와 유사한 등화·광고물·게시물 등을 설치하지 아니할 것

(4) 유도표지는 부착판 등을 사용하여 쉽게 떨어지지 아니하도록 설치할 것

(5) 축광방식의 유도표지는 외광 또는 조명장치에 의하여 상시 조명이 제공되거나 비상조명등에 의한 조명이 제공되도록 설치할 것

(6) 유도표지는 소방청장이 정하여 고시한 「축광표지의 성능인증 및 제품검사의 기술기준」에 적합한 것이어야 한다. 다만, 방사성 물질을 사용하는 위치표지는 쉽게 파괴되지 않는 재질로 처리해야 한다.

5. 피난유도선 : 제9조(2.6)

피난유도선은 소방청장이 정하여 고시한 「피난유도선의 성능인증 및 제품검사의 기술기준」에 적합한 것으로 설치해야 한다.

(1) 축광식 피난유도선

1) 구획된 각 실로부터 주출입구 또는 비상구까지 설치할 것

2) 바닥으로부터 높이 50cm 이하의 위치 또는 바닥면에 설치할 것

3) 피난유도 표시부는 50cm 이내의 간격으로 연속되도록 설치

4) 부착대에 의하여 견고하게 설치할 것

5) 외부의 빛 또는 조명장치에 의하여 상시 조명이 제공되거나 비상조명등에 의한 조명이 제공되도록 설치할 것

(2) 광원점등식 피난유도선

1) 구획된 각 실로부터 주출입구 또는 비상구까지 설치할 것

2) 피난유도 표시부는 바닥으로부터 높이 1m 이하의 위치 또는 바닥면에 설치할 것

3) 피난유도 표시부는 50cm 이내의 간격으로 연속되도록 설치하되 실내장식물 등으로 설치가 곤란할 경우 1m 이내로 설치할 것

4) 수신기로부터의 화재신호 및 수동조작에 의하여 광원이 점등되도록 설치할 것

5) 비상전원이 상시 충전 상태를 유지하도록 설치할 것

6) 바닥에 설치되는 피난유도 표시부는 매립하는 방식을 사용할 것

7) 피난유도 제어부는 조작 및 관리가 용이하도록 바닥으로부터 0.8m 이상 1.5m 이하의 높이에 설치할 것

4 전원 및 배선

1. 전원

(1) 기준

1) **상용전원** : 제10조 1항(2.7.1)

전기가 정상적으로 공급되는 축전지설비, 전기저장장치 또는 교류전압의 옥내 간선으로 하고, 전원까지의 배선은 전용으로 해야 한다.

2) **비상전원** : 제10조 2항(2.7.2)

① 축전지로 할 것

 유도등의 발전설비 비상전원 적용

자동식 발전기의 경우 유도등에서는 비상전원으로 인정되지 않으며 축전지설비(전기저장장치 포함)에 국한한다.

② 유도등을 20분 이상 유효하게 작동시킬 수 있는 용량으로 할 것. 다만, 다음의 특정소방대상물의 경우에는 그 부분에서 피난층에 이르는 부분의 유도등을 60분 이상 유효하게 작동시킬 수 있는 용량으로 해야 한다.

㉮ 지하층을 제외한 층수가 11층 이상의 층

㉯ 지하층 또는 무창층으로서 용도가 도매시장·소매시장·여객자동차터미널·지하역사 또는 지하상가

(2) 해설

1) 비상전원의 용량

① 용량의 일반기준 : 유도등의 비상전원 용량은 다음과 같이 적용하도록 한다.

특정소방대상물	비상전원 용량	유도등의 비상전원 적용
10층 이하의 경우	20분 이상	해당하는 모든 유도등
지상의 층수가 11층 이상의 층의 경우	60분 이상	해당 층이나 해당 용도에서 피난층에 이르는 부분의 유도등
지하층 또는 무창층으로서 용도가 도매시장·소매시장·여객자동차터미널·지하역사 또는 지하상가		

② 60분 용량의 적용 : 화재시 피난출구의 식별이 용이하지 않은 지하층이나 무창층 중에서 불특정다수인이 운집하는 용도와 피난에 장시간이 소요되는 11층 이상 층의 경우는 비상전원의 용량을 60분으로 강화시킨 것으로, 이 경우 해당 부분에서 피난층에 이르는 부분을 포함하므로 원칙적으로 직통계단 등과 같이 피난층까지의 경로에 해당하는 장소는 모두 60분으로 적용하여야 한다. 현재 생산되고 있는 고휘도유도등의 경우는 대부분 비상전원 60분 용량의 제품으로 출시되고 있다.

2) 비상전원으로서 축전지

① 유도등의 비상전원은 형식승인 기준상 알칼리계 또는 리튬계 2차 축전지로서, 알칼리축전지(Alkaline battery)는 전해액으로 알칼리용액을 사용하는 축전지로서 1셀당 평균전압은 1.2V이며 납축전지에 비해 진동에 강하고, 자기방전이 적으며, 가혹한 사용조건에서도 장기간 사용할 수 있는 장점을 가지고 있다. 반면에 납축전지에 비해 기전력이 작고, 방전한 전기량과 충전한 전기량의 비가 납축전지에 비해 낮으며 가격이 높은 단점이 있다.

② 리튬축전지(Lithium battery)는 전지의 음극판을 리튬으로 만든 전지로서 약 2배의 용량과 약 3배의 전압(3.6V)을 유지하며 자기 방전이 적은 특징을 가지고 있다. 그리고 충전과 방전을 1,000회 이상 반복해도 메모리효과(전지를 완전히 방전시키지 않은 상태에서 충전을 하게 되면 전지의 충전가능 용량이 줄어드는 현상)가 발생하지 않으며, 전지를 다 쓰지 않고 재충전해도 수명이 단축되지 않으며, 내구성이 좋다.

3) **비상전원의 감시장치** : 유도등의 경우 상용전원이 정전되는 경우에는 즉시 비상전원으로 절환되어 작동되어야 하며, 형식승인 기준에서 유도등에는 비상전원의 상태를 감시할 수 있는 장치를 유도등 외부에 설치하도록(객석유도등은 제외) 규정하고 있다.

2. 배선

(1) 배선의 일반기준 : 제10조 3항(2.7.3.1 & 2.7.3.3)

1) **결선방식** : 유도등의 인입선과 옥내배선은 직접 연결할 것

> **직접연결**
>
> 직접연결의 뜻은 배선도중에 개폐기를 설치할 수 없다는 의미이다.

2) **내화배열배선** : 3선식 배선은 내화배선 또는 내열배선으로 할 것

(2) 3선식 배선방식

1) **개요**

① 3선식 배선의 장·단점

장 점	㉠ 평소에 주간(畫間)의 경우에도 유도등을 상시 점등시켜야 하는 불합리한 점을 개선시킬 수 있다. ㉡ 유도등을 소등시킴으로써 에너지를 절감할 수 있다. ㉢ 유도등 등기구의 수명을 연장할 수 있다.
단 점	㉠ 유도등 램프 및 배선 등에 이상이 있는 경우 외관 상태로는 불량사항에 대해 식별이 되지 않는다. ㉡ 이로 인하여 관리가 미비할 경우 화재시 유도등 점등 및 피난유도에 문제가 야기될 수 있다.

② 3선식 배선의 결선

㉮ 공통선(백색)·충전선(흑색)·점등선(적색 또는 녹색)의 3선을 이용하며 축전지는 충전선과 공통선을, 램프는 공통선과 점등선을 이용하여 접속한다.

㉯ 평소에는 점등선에 점멸기를 설치하여 소등상태로 사용하나 축전지에는 상시 충전상태를 유지하고 있다.

㉰ 화재시 수신기의 입력신호에 따라 유도등용 분전반 내 릴레이가 동작하게 되면 점등선의 릴레이가 자동투입하여 각 층의 유도등이 점등하게 된다.

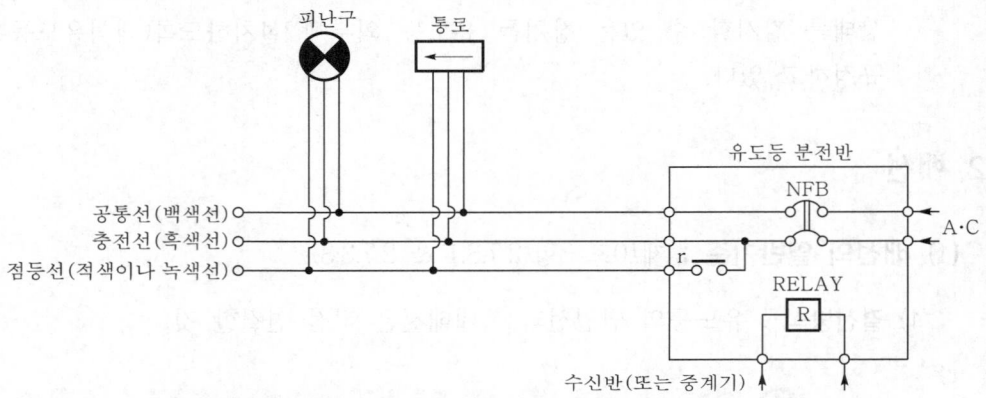

[그림 3-2-8] 3선식 배선 결선도

2) 기준

① 3선식 배선의 적용장소 : 제10조 4항(2.7.3.2)

유도등은 전기회로에 점멸기를 설치하지 아니하고 항상 점등상태를 유지할 것. 다만, 특정소방대상물 또는 그 부분에 사람이 없거나 다음의 어느 하나에 해당하는 장소로서 3선식 배선에 따라 상시 충전되는 구조인 경우에는 그렇지 않다.

㉮ 외부의 빛에 의해 피난구 또는 피난방향을 쉽게 식별할 수 있는 장소

㉯ 공연장, 암실(暗室) 등으로서 어두워야 할 필요가 있는 장소

㉰ 특정소방대상물의 관계인 또는 종사원이 주로 사용하는 장소

→ 화재안전기준에서는 전류나 전압을 차단이나 개폐 또는 점멸하는 경우 이를 다음과 같이 3가지로 구분하여 표시하고 있다.
① 점멸기(Local switch) : 1개극에 설치하여 개폐할 경우 전류를 차단시켜 주는 개폐기구로서 전등과 같은 경우의 점멸에 주로 사용한다.
② 개폐기(Switch) : 단상이나 3상 회로에서 2개극이나 3개극에 설치하여 전류와 전압을 차단하기 위한 수동개폐용 기구로서 부하의 기동이나 정지를 위하여 인입구의 간선과 분기회로의 분기점 등에 설치한다.

③ 차단기(Circuit breaker) : 개폐기와 같이 2개극이나 3개극에 설치하여 과전류(과부
하전류나 단락시 전류)를 검출하여 자동으로 차단시켜 주는 개폐기구이다. 수동으
로도 차단할 수 있으나 전류와 전압을 자동으로 차단하는 목적의 개폐기구로서 개
폐기와 달리 차단능력을 가지고 있으며, 보통 변전실 내 설치되어 있다.

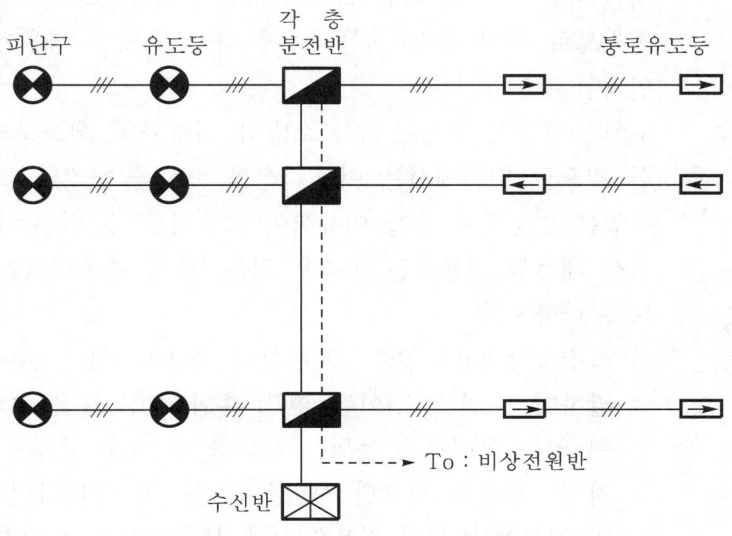

[그림 3-2-9] 3선식 배선 계통도

3선식 배선의 적용장소	특정소방대상물 또는 그 부분에 사람이 없는 경우
	외부의 빛에 따라 피난구 또는 피난방향을 쉽게 식별할 수 있는 장소
	공연장, 암실(暗室) 등으로서 어두워야 할 필요가 있는 장소
	특정소방대상물의 관계인 또는 종사원이 주로 사용하는 장소

② 3선식 배선시 점등조건 : NFTC 2.7.4

3선식 배선에 따라 상시 충전되는 유도등의 전기회로에 점멸기를 설치하는
경우에는 다음의 어느 하나에 해당되는 경우에 자동으로 점등되도록 해야
한다.

㉮ 자동화재탐지설비의 감지기 또는 발신기가 작동되는 때

㉯ 비상경보설비의 발신기가 작동되는 때

㉰ 상용전원이 정전되거나 전원선이 단선되는 때

㉱ 방재업무를 통제하는 곳 또는 전기실의 배전반에서 수동으로 점등하는 때

㉲ 자동소화설비가 작동되는 때

chapter

3

피난구조설비

3) 해설

① 3선식 배선의 적용장소 : 유도등설비는 2선식에 의해 상시점등이 원칙이며, 사람이 없는 장소 등 특수한 경우에 한하여 3선식 배선으로 적용하여야 한다. 3선식 배선의 경우는 평소에는 소등상태이므로 유도등이 고장임에도 유지관리가 미비할 경우 불량상태가 방치될 소지가 있으므로, 2선식 배선을 원칙으로 하여 상시 점등되어야 하며 특별한 경우에 한하여 3선식 배선을 인정한 것이다.

3선식 배선의 적용은 일본소방법 시행규칙 제28조의 3 제4항 2호를 준용한 것으로 일본에서는 이를 3선식 배선을 하거나 또는 조명기구 연동장치, 출입문 연동장치 등을 이용하여 소등시킬 수 있는 대상을 규정하고 있다. 3선식 배선을 적용하는 기준은 일본기준을 준용하였기에 다음과 같이 적용하도록 한다.410)

㉮ 특정소방대상물 또는 그 부분에 사람이 없는 경우 : 근무자가 없는 건물을 말하며, 무인(無人)이란 휴일, 휴업, 야간 등을 제외하고 정기적으로 사람이 없는 상태가 반복되는 것으로 이 경우 방재실 직원이나 경비원, 숙직자 등 관리에 필요한 사람은 적용하지 아니하며, 소등시간은 무인 조건일 경우에 한하여 적용한다(예 무인변전실, 무인창고).

㉯ 외부의 빛에 의해 피난구 또는 피난방향을 쉽게 식별할 수 있는 장소 : 외부광이란 외부의 인공적인 빛(예 조명)이나 자연광을 말하며, 자연광의 경우는 채광이 가능하며 해당 장소에서 채광에 필요한 충분한 개구부가 있거나 또는 외부의 인공적인 빛에 의해 피난구나 피난방향을 용이하게 식별할 수 있는 경우 적용하며, 소등시간은 위와 같은 조건이 유효한 경우(유효 외광상태)에 한하여 적용한다.

㉰ 공연장, 암실(暗室) 등으로서 어두워야 할 필요가 있는 장소 : 용도상 어두워야 하나 특히 유도등의 조명으로 인하여 용도상 지장이 있는 경우를 말하며 다음과 같은 경우가 이에 해당한다.

㉠ 일반적인 사용 상태에서 용도상 상시 어두워야 하는 장소로 유도등의 점등이 해당 특정소방대상물이나 그 부분의 사용목적에 지장을 주는 장소를 말한다. 다만, 위락시설 중 음주를 하는 용도와 음식점의 용도에 해당하는 부분은 제외한다.

㉡ 일반적인 사용상태에서 용도상 상시 어두워야 하며 또한 유도등의 점등이 해당 특정소방대상물이나 그 부분의 사용목적에 장해를 주는 극장,

---

410) 유도등의 소등 : 예방심사 검사기준 제16.5(1999 消防豫 245호)

공연장, 플레네타리움(Planetarium) 등의 용도에 사용하는 부분을 말하며 소등은 영업시간 내에 한하며 청소나 점검 등을 하기 위한 경우는 소등하지 아니하여야 한다.

> **플레네타리움(Planetarium)**
>
> 영사기로 둥근 천장에 천체의 운행 상황을 비춰 보이는 장치로 별자리 투영기(投影機)를 말한다.

ⓒ 무대 등의 연출효과를 위하여 일시적(몇분 정도)으로 소등이 필요한 부분을 말하며 소등시간은 극장 등과 같은 경우 상연(上演) 중에 특별히 어두워야 하는 상태가 필요한 시간 이내이어야 한다.

㉺ 특정소방대상물의 관계인 또는 종사원이 주로 사용하는 장소 : "소방대상물의 관계인 또는 종사원"의 경우는 해당 특정소방대상물의 피난경로를 평소에 숙지하고 있는 자이어야 하며, 내부 상태를 모르는 자를 포함시키면 아니 된다.

ⓐ 기숙사, 공장 등과 같이 용도상 통상적으로 당해 건물의 관계자, 종업원 및 이용자 이외에 불특정다수인이 없는 장소

ⓑ 기숙사, 학교, 공동주택 등과 같이 종사자나 사용인에 한하여 사용하며 아울러 불특정다수인이 피난경로로 사용하지 않는 부분

ⓒ 평소에 잠겨 있는 전기실, 기계실, 창고 등

② 3선식 배선의 점등조건

방재업무를 통제하는 곳이란 방재센터, 중앙감시실 등을 말한다. 또한 자동소화설비란 스프링클러설비·포소화설비·물분무설비·미분무설비·CO_2소화설비·할론소화설비·할로겐화합물 및 불활성기체 소화설비·분말소화설비·고체에어로졸소화설비를 말한다. 따라서 호스릴방식의 가스계 소화설비나 수압개폐방식의 옥내·외소화전설비를 사용할 경우에는 동작하지 아니하여도 무방하다.

⑤ 법 적용시 유의사항

1. Escalator 주변 방화문의 유도등 위치

(1) Escalator 주변의 방화문(Escalator 주변의 자동방화셔터 동작시 이용하는 직근의 방화문)에 피난구유도등을 설치할 경우 거실쪽에서 보이는 위치에 설치할 것이냐, Escalator 내부에서 보이는 위치에 설치할 것이냐 하는 문제가 발생할 수 있다.

이는 화재시 Escalator를 피난경로로 인정할 것인가 하는 문제로 귀결할 수 있다. 일반적으로 피난용 승강기를 제외한 승용 승강기의 경우는 정전시를 고려하여 이를 피난경로로 인정할 수 없으나 Escalator는 화재시 정전이 된 경우에도 이를 피난경로로 사용하는 데 전혀 지장이 없다.

(2) 왜냐하면 피난이란 Flash over가 발생하기 이전의 초기화재에서 피난이 유효한 것이므로, Escalator가 내화구조가 아니어도 화열에 의한 변형을 고려하여 유효한 피난에 장해를 주는 것으로 적용하지는 않는다. 따라서 화재시 거실쪽 위치에 유도등을 부착하여 Escalator를 피난로로 이용하는 것이 합리적이며, 반대로 Escalator에서 거실쪽으로 나와서 직통계단을 통하여 피난하는 것은 현실성이 없다. 이 경우 기준층은 위와 같이 적용하나 피난층에서는 Escalator 안쪽에 유도등을 설치하여 피난층 내부를 경유하여 바로 옥외로 대피할 수 있도록 적용하여야 한다.

2. 유도등의 비상전원 적용

(1) 유도등은 정전시 축전지설비(전기저장장치 포함)에 한해서만 비상전원으로 인정하고 있으며 자동식 발전기의 경우는 이를 비상전원으로 인정하지 않는다. 자동식 발전기의 경우 정전 후 정격전압 및 정격 사이클이 발생하기까지 수십 초의 전압확립 시간이 필요하므로, 정전시 즉시 경보 및 피난유도를 행하여 인명피해를 사전에 방지하여야 하는 설비인 경보설비, 유도등설비의 경우에는 비상전원으로 축전지설비만을 인정하고 있다.

(2) 일본의 경우는 유도등의 비상전원이 직통계단의 출입구일 경우는 60분 용량이며, 60분 용량과 같이 20분을 초과하는 경우는 초과하는 시간에 대한 작동은 자동식 발전기를 인정하고 있다.[411] 이는 매우 합리적인 기준으로 20분 경과 후 시점에서는 초기 피난이 완료된 상태이므로 기동시간의 문제점으로 인해 자동식 발전기의 비상전원 적용을 완화해준 것이다.

3. 대각선 길이가 15m 이내인 구획된 실

(1) 유도등의 설치 제외 조항 중 종전의 NFSC 303의 제10조 1항 2호에 의하면 "거실 각 부분으로부터 쉽게 도달할 수 있는 출입구"에는 피난구유도등을 제외할 수

---

411) 일본소방법 시행규칙 제28조의 3 제4항 10호

있도록 하였다. 그러나 거실 각 부분으로부터 쉽게 도달할 수 있다는 것은 매우 주관적인 규정이기에 이를 현장에서 적용시 많은 논란이 발생하였다.

(2) 이에, 피난구유도등 제외기준을 명확히 하고자 2021. 7. 8. "대각선 길이가 15m 이내인 구획된 실의 출입구"로 이를 개정하였다. 대각선 길이가 15m일 경우 해당 실이 정사각형 형태라면 한 변의 길이는 약 10.6m가 되며 실의 면적은 약 112m^2(34평) 정도의 규모이다. 따라서 정사각형 형태일 경우 유도등을 제외할 수 있는 규모가 짐작될 수 있으며, 또한 반드시 구획된 실이어야 한다. 여기서 구획이란, 방화구획을 말하는 것이 아니라 칸막이로 구획된 하나의 전용실을 의미한다.

4. 유도등의 배선기준

(1) 화재안전기준(NFSC) 시기에는 각 소방시설에 대하여 내화·내열배선의 기준이 정립되지 않았으며 특히 유도등의 경우는 내열배선이나 내화배선에 대한 기준이 규정화되지 않은 시기이다.

(2) 2022. 12. 1. 화재안전기준을 NFPC와 NFTC로 분법화한 이후 NFTC 2.7.3.3에서 3선식 배선에 한하여 내화배선 또는 내열배선으로 하도록 화재시 배선의 안전조치 개념을 도입하였다. 그러나 이는 3선식 배선에 국한한 것으로 2선식 배선의 유도등까지 규제한 것은 아니다. 그렇지만, 이는 2선식 배선에 대하여 내열이나 내화 배선에 대한 구분을 하지 않은 것으로 판단하여야지 기준이 없으므로 일반 배선을 사용할 수 있다고 적용하여서는 아니 되며 설계시 최소한 내열 이상으로 적용하여야 한다.

(3) 이에 대한 일본의 기준은 유도등의 비상전원을 외부에 별도로 설치하는 경우에 한하여 비상전원으로부터 유도등까지의 배선은 내화배선을 요구하고 있으며 상용전원에 대해서는 규제하지 않고 있다.[412)

5. 주차장에 설치하는 거실 통로유도등

(1) 건축법상 거실이란 건축법 제2조(정의) 6호에서 "건축물 안에서 거주·집무·작업·집회·오락, 그 밖에 이와 유사한 목적을 위하여 사용되는 방을 말한다"라고 정의하고 있으며 이는 거실이란 건축에서 보건위생(채광, 환기, 방습 등)과 방재

---

412) 동경소방청 사찰편람(査察便覽) 7.2 유도등·유도표지 7.2.13 전원 및 배선 p.2,667

(피난시설, 화재 등) 관련 설비를 위하여 다른 실보다 규제를 강화하기 위한 목적 때문이다. 이에 따라 화재안전기준에서도 거실에 대한 정의를 건축법과 동일하게 규정하고 있으며 결국 거실이란 건축물 내에 사람이 근무하는 각 실을 의미한다고 할 수 있다.

(2) 따라서 창고나 주차장은 원칙적으로 거실로 적용하지 않아도 무방하나 제3조 5호 (1.7.1.5)에서 거실 통로유도등에 대한 용어의 정의를 "(전략) 그 밖에 이와 유사한 목적을 위하여 계속적으로 사용하는 거실, 주차장 등 개방된 통로에 설치하는 유도등으로 피난의 방향을 명시하는 것을 말한다"라고 정의하고 있다. 이로 인하여 주차장은 건축법상 거실은 아니나, 거실 통로유도등을 설치할 수 있는 근거가 마련되었으며 지하 주차장의 기둥에 복도 통로유도등을 설치하기 보다는 천장에 거실 통로유도등을 설치하는 것이 더 효과적이다.

(3) 왜냐하면 주차장에서 차량에 탑승한 상태에서는 복도 통로유도등보다 천장에 부착한 거실 통로유도등의 식별도가 더 높으며, 피난층으로의 차량유도에도 도움을 줄 수 있기 때문이다. 다만, 거실 통로유도등의 경우 화살표시는 좌측과 우측방향 표시만 있는 관계로 차량의 진행방향(직진방향)으로의 화살표시가 필요한 위치가 있으나 이 경우는 설치위치 선정에 한계가 있게 된다.

제3절
비상조명등설비(NFPC & NFTC 304)

① 적용기준

1. 설치대상

(1) 비상조명등 : 소방시설법 시행령 별표 4

비상조명등을 설치하여야 할 특정 소방대상물은 다음과 같다. 다만, 창고시설 중 창고 및 하역장, 위험물저장 및 처리시설 중 가스시설 및 사람이 거주하지 않거나 벽이 없는 축사 등 동물 및 식물 관련 시설은 제외한다.

특정소방대상물	적용기준	적용장소
① 지하층을 포함한 층수가 5층 이상 건축물	연면적 3,000m² 이상인 것	모든 층
② 위에 해당되지 아니하는 특정소방대상물로서 지하층 또는 무창층	바닥면적이 450m² 이상인 경우 그 지하층 또는 무창층	해당 층
③ 지하가 중 터널	길이 500m 이상인 것	해당 터널

(2) 휴대용 비상조명등

휴대용 비상조명등을 설치하여야 할 특정소방대상물은 다음과 같다.

특정소방대상물	적용기준	근 거
① 숙박시설	일반숙박시설 관광숙박시설	소방시설법 시행령 별표 4
② 영화상영관·판매시설 중 대규모점포·철도 및 도시철도시설 중 지하역사·지하가 중 지하상가	수용인원 100인 이상	
③ 다중이용업소	영업장 안의 구획된 실마다	다중이용업소법 시행규칙 별표 2

> **다중이용업소의 종류**
> 다중이용업소의 종류는 본 교재의 "제1장 소화설비 – 제4 – 1절 간이스프링클러설비 – 3. 다중이용업소의 종류"를 참고하기 바람.

2. 제외대상

(1) 설치면제 : 소방시설법 시행령 별표 5 제15호

피난구유도등 또는 통로유도등을 화재안전기준에 적합하게 설치한 경우에는 그 유도등의 유효범위 안의 부분에는 비상조명등 설치가 면제된다.

유효범위

유효범위란 유도등의 조도가 바닥에서 1lx 이상이 되는 부분을 말한다(NFPC 304 제4조 1항 6호/NFTC 304 2.1.1.6).

(2) 설치제외 : NFPC 304(이하 동일) 제5조/NFTC 304(이하 동일) 2.2

1) 비상조명등의 제외

① 거실의 각 부분으로부터 하나의 출입구까지의 보행거리가 15m 이내인 부분
② 의원·경기장·공동주택·의료시설·학교의 거실

비상조명등 설치면제와 설치제외

1. 설치면제는 특정소방대상물 전체에 비상조명등설비 자체를 면제하는 것이다.
2. 설치제외는 비상조명등설비는 대상이나 다만, 해당하는 장소에 국한하여 조명등기구를 제외하는 것이다. 따라서, 거실 부분이 제외대상이 될 경우 해당하는 거실에서 피난층에 이르는 복도, 통로, 계단 등은 등기구를 설치하여야 한다.

2) 휴대용 비상조명등의 제외

① 지상 1층 또는 피난층으로서 복도·통로 또는 창문 등의 개구부를 통하여 피난이 용이한 경우
② 숙박시설로서 복도에 비상조명등을 설치한 경우

2 종류 및 성능기준

1. 비상조명등의 종류

(1) 전용형(專用型)

상용전원과 비상전원 광원이 분리되어 있는 구조

예 벽부형(壁付型) 조명등·상용형광등 내 예비전원용 백열등을 설치한 경우

(2) 겸용형

동일한 광원을 상용 및 비상전원으로 겸용하는 구조

예 동일한 형광등을 상용전원 및 발전기로 사용하는 경우

2. 비상조명등의 성능기준

(1) 광학적 성능

비상시 유효 점등시간(20분 또는 60분) 및 평균조도 1lx 이상을 유지할 것

(2) 내열성능

전선은 내열성능(NFPC/NFTC 102 참조) 이상의 전선을 사용하고 등기구는 불연성 재료로 구성할 것

(3) 즉시 점등성

1) 정전시 비상전원에 의해 즉시 점등되는 구조일 것 따라서 비상조명등은 보통 백열등을 사용하며 형광등의 경우 Rapid start type의 형광등이어야 한다.

 Rapid start type

Rapid start형의 형광등이란 스타트 전구없이 즉시 점등되는 형식의 형광등이다.

2) 비상전원이 축전지일 경우 백열등의 경우는 축전지로 작동이 되나 형광등의 경우는 축전지로 동작되기 위해서는 인버터(Inverter)회로를 내장하여야 한다.

> 🔍 **인버터회로**
>
> 인버터회로란 직류를 교류로 변환시켜 주는 회로이다.

(4) 전원의 자동절환

정전시 비상전원으로 자동절환되고, 상용전원이 공급되면 자동으로 복구되는 구조일 것

3. 비상조명등의 설계기준

(1) 등기구의 형상

설치장소의 사용목적을 고려하여 등기구의 형상, 조명도, 광원의 형태 등을 결정한다.

(2) 등기구의 배치

비상시 피난을 유도할 수 있도록 최적위치 및 설치장소를 결정한다.

(3) 적정한 초기 조도

경년(經年) 변화에 따른 광속의 감소를 고려하여 최저 1lx를 유지하기 위한 설계상 초기 조도를 산출한다.

(4) 점등방식의 선정

광원에 대해 상용전원 및 비상전원의 겸용 여부 또는 비상전원의 전용 여부를 결정한다.

> ➡ 형광등만을 사용하는 일반 사무실의 경우는 비상용 형광등회로와 일반 형광등회로를 분리하여 배선한 후 분전반에서 각각 차단기를 설치한다. 평소 상용전원으로 동시 점등도 가능하며 정전시에는 비상발전기에 의해 비상회로만 선택하여 급전(給電)할 수 있다. 비상전원 회로의 공급방법은 ① 비상회로만 묶어 마그네트 접점을 이용하거나 ② 조명 자동제어 시스템으로 분리하여 공급하거나 ③ 시퀀스회로를 이용하는 방법 등이 있다.

(5) 비상전원의 선정

비상전원의 내장여부 또는 별도의 비상전원 설치 등을 선정한다.

3 비상조명등의 화재안전기준

1. 비상조명등설비

(1) 설치장소 : 제4조 1항 1호(2.1.1.1)

특정소방대상물의 각 거실과 그로부터 지상에 이르는 복도·계단 및 그 밖의 통로에 설치한다.

(2) 조도 : 제4조 1항 2호(2.1.1.2)

비상조명등이 설치된 장소의 각 부분의 바닥에서 1lx 이상일 것

(3) 비상전원

1) 예비전원 내장형 : 제4조 1항 3호(2.1.1.3)

① 평상시 점등 여부를 확인할 수 있는 점검스위치를 설치한다.

> **점검 스위치의 경우**
>
> 내부회로에 스위치를 설치할 경우는 자동 복귀형으로 하여야 한다.

② 해당 조명등을 유효하게 작동시킬 수 있는 용량의 축전지와 예비전원 충전장치를 내장할 것

2) 예비전원 비내장형 : 제4조 1항 4호(2.1.1.4)

예비전원을 내장하지 않는 비상조명등의 비상전원은 자가발전설비, 축전지설비 또는 전기저장장치를 다음의 기준에 따라 설치해야 한다.

① 점검에 편리하고 화재 및 침수 등의 재해로 인한 피해를 받을 우려가 없는 곳에 설치할 것

② 상용전원으로부터 전력의 공급이 중단된 때에는 자동으로 비상전원으로부터 전력을 공급받을 수 있도록 할 것

③ 비상전원의 설치장소는 다른 장소와 방화구획 할 것. 이 경우 그 장소에는 비상전원의 공급에 필요한 기구나 설비 외의 것(열병합 발전설비에 필요한 기구나 설비는 제외한다)을 두어서는 아니 된다.

④ 비상전원을 실내에 설치하는 때에는 그 실내에 비상조명등을 설치할 것

3) 비상전원 용량 : 제4조 1항 5호(2.1.1.5)

특정소방대상물	비상전원 용량	유도등의 비상전원 적용
① 10층 이하의 경우	20분 이상	해당하는 모든 유도등
② 지상의 층수가 11층 이상의 층의 경우	60분 이상	해당 층이나 해당 용도에서 피난층에 이르는 부분의 유도등
③ 지하층 또는 무창층으로서 용도가 도매시장·소매시장·여객자동차터미널·지하역사 또는 지하상가		

➡ NFPC 제4조(NFTC 2.1.5)에서 예비전원과 비상전원을 혼용하여 사용하고 있으며 내장형은 예비전원, 외장형은 비상전원으로 표현하고 있으나, 상용전원에 대비한 정전시의 전원은 화재안전기준에서 용어를 모두 비상전원으로 통일하고 있으므로 개정이 필요하다.

2. 휴대용 비상조명등

화재발생 등으로 정전시 안전하고 원활한 피난을 위하여 피난자가 직접 휴대하여 사용할 수 있는 조명등을 말하며, 휴대용 비상조명등은 다음의 기준에 적합하게 설치해야 한다.

(1) 설치장소 및 수량

1) **화재안전기준** : 제4조 2항(2.1.2)

① 숙박시설 또는 다중이용업소 : 객실 또는 영업장 안의 구획된 실마다 잘 보이는 곳(외부에 설치시 출입문 손잡이로부터 1m 이내 부분)에 1개 이상 설치할 것

② 대규모 점포(지하상가 및 지하역사 제외)와 영화상영관 : 보행거리 50m 이내마다 3개 이상 설치

 대규모 점포

유통산업발전법 제2조 3호에 따른 대규모 점포를 말한다..

③ 지하상가 및 지하역사 : 보행거리 25m 이내마다 3개 이상 설치할 것

2) **특별법** : 다중이용업소법 시행규칙 별표 2

① 다중이용업소 : 영업장 안의 구획된 실마다 설치할 것

> 영업장 안의 구획된 실(室)이라 함은 영업장 내부에 이용객 등이 사용할 수 있는 공간을 벽 또는 칸막이 등으로 구획한 공간을 말한다. 다만, 영업장 내부를 벽 또는 칸막이 등으로 구획한 공간이 없는 경우에는 영업장 내부 전체 공간을 하나의 구획된 실(室)로 본다(다중이용업소법 시행령 별표 1의 2 비고 3).

(2) 설치기준 : 제4조 2항 2~7호(2.1.2.2~2.1.2.7)

1) 설치높이는 바닥으로부터 0.8m 이상 1.5m 이하의 높이에 설치할 것

2) 어둠 속에서 위치를 확인할 수 있도록 할 것

3) 사용시 자동으로 점등되는 구조일 것

> 사용시 자동으로 점등되는 구조란 평소에는 휴대용 비상조명등을 거치대(据置台)에 접속하고, 사용하기 위해서 거치대에서 꺼내는 순간 점등되는 구조를 의미한다.

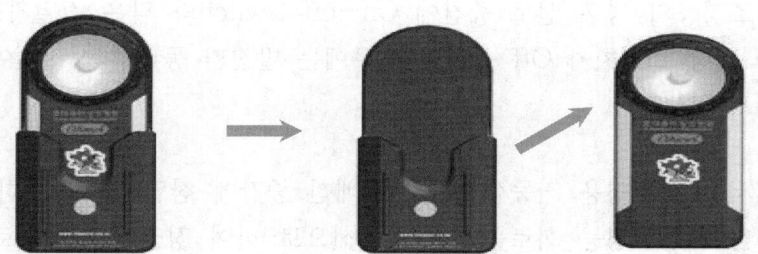

평소 : 거치대에 보관   사용시 : 거치대에서 꺼내는 순간 점등

[그림 3-3-1] 휴대용 비상조명등 평소 및 사용시

4) 외함은 난연성능이 있을 것

5) 건전지를 사용하는 경우에는 방전방지조치를 하여야 하고, 충전식 배터리의 경우에는 상시 충전되도록 할 것

6) 건전지 및 충전식 배터리의 용량은 20분 이상 유효하게 사용할 수 있는 것으로 할 것

4 법 적용시 유의사항

1. 센서(Sensor)등의 비상조명등 인정여부

(1) 최근의 아파트는 통로 및 계단에 센서등을 설치하고, 이를 비상조명등 설비로 겸용하고 있으나 센서등의 경우는 물체가 근접될 경우에 한하여 이를 감지하여 작동되므로 화재안전기준의 비상조명등으로 인정할 수 없다(행자부 예방 13807-282 : 2000. 3. 10.)

(2) 따라서 설계시에는 등기구 내에 센서용 조명기구와 비상조명용 전구를 동시에 설치하여 사용하도록 적용하여야 한다.

2. 비상조명등에 설치하는 점등용 Switch 문제

(1) 비상조명등의 경우 선로 중간에 On-off Switch와 같은 점멸기를 설치할 수 없으며 해당 스위치가 Off 상태일 경우에는 발전기 등의 비상전원이 가동되어도 점등되지 않는다.

(2) 따라서 비상조명용 전등설비는 회로배선 중간에 점멸기를 설치하지 않아야 한다. 그러나 비상조명등 회로를 3선식 배선으로 하여 정전시 자동으로 비상전원이 접속되게 시공하는 경우는 무관하다.

3. 비상조명등과 유도등의 면제여부

(1) 유도등이 설치되어 있을 경우 유도등의 유효범위 내에서는 비상조명등을 면제할 수 있으나(소방시설법 시행령 별표 5 제15호), 반대로 비상조명등과 같은 조명시설이 설치되어 있을 경우에는 유도등을 면제할 수 없다.

(2) 이는 유도등의 목적이 조명 역할 이외에 화재시 피난방향의 지시 및 피난구의 위치를 알려주는 피난유도의 역할을 겸하고 있기 때문이다.

(3) 또한 제4조 1항 6호(2.1.1.6)에서 유효범위란 유도등의 조도가 바닥에서 1lx 이상 인 부분으로 정의하고 있다. 아울러, 유도등의 비상전원은 축전지설비에 한하며 비상용 발전기를 유도등의 비상전원으로 인정할 수 없으나 비상조명등의 경우는 축전지설비 및 비상발전기에 대해서도 비상전원으로 인정하고 있다.

4. 비상조명등의 즉시 점등성

(1) 비상조명등은 화재발생시 수반되는 정전에 대비하여 정전시에도 안전하고 원활한 피난을 할 수 있도록 거실이나 피난통로에 설치하여 자동으로 점등되는 구조의 조명등이다. 따라서 비상조명등의 경우는 정전시 즉시점등성이 있는 형식의 등기 구이어야 하며, 점등에 시간이 소요되는 방전등 타입의 등기구를 비상조명등으로 선정하여서는 절대로 아니 된다.

(2) 비상조명등으로는 백열전구가 가장 일반적이나 이외에도 할로겐등, 즉시 점등형의 형광등, Xenon램프, LED 등 용도에 따라 다양한 종류의 광원을 사용하는 등기구 를 선정할 수 있다.

(3) 그러나 일반적으로 방전을 위주로 하는 방전등(Discharge lamp)의 경우는 점등 후 완전발광까지 시간이 소요되므로 이러한 등기구를 비상조명용등 기구로 채택 할 수 없으며 대표적인 방전등으로서는 수은등, 나트륨등, 메탈헬라이드(Metal halide)등이 있다.

5. 비상조명등의 정전시 작동

(1) 발전기를 비상전원으로 사용하는 비상조명등의 경우는 NFPC 304의 제4조 1항 4호 나목(NFTC 304의 2.1.1.4.2)에서 "상용전원으로부터 전력의 공급이 중단된 때에는 자동으로 비상전원으로부터 전력을 공급받을 수 있도록 할 것"으로 규정 하고 있다. 이는 수전입력측인 한전측의 상용전원이 정전이나 사고 등으로 수전 전력의 공급이 중단된 경우에만 해당하는 것이며, 아파트에서 동별로, 즉 발전기 의 부하측에서 인위적으로 전원을 차단(Off)시켰다고 하여 비상조명등이 점등되 는 것은 아니다.

(2) 왜냐하면 자동식 발전기가 가동되기 위해서는 1차측 수전 전원의 공급이 중단되어야 발전반의 UVR(Under Voltage Relay ; 저전압 계전기)이 이를 감지한 후 발전기가 자동으로 기동하는 것이며, 아울러 상용전원측 차단기와 비상전원측 차단기는 상호 인터록(Interlock)이 되어 있어 상용전원과 비상전원이 동시에 투입되는 것을 방지하고 있다. 따라서 발전기 부하측에 해당하는 아파트 동별 주분전반의 개폐기를 인위적으로 차단할 경우에는 수전선로에서 상용전원이 공급되고 있으므로 비상발전기는 가동되지 않으며 비상조명등이 점등되지 아니한다. 따라서 이 경우 비상조명등의 비상시 점등을 확인하려면 인위적으로 입력측의 수전전원을 차단시켜 정전을 시킨 후 발전기를 자동 또는 수동으로 가동시켜 확인하여야 한다.

4장 소화활동설비

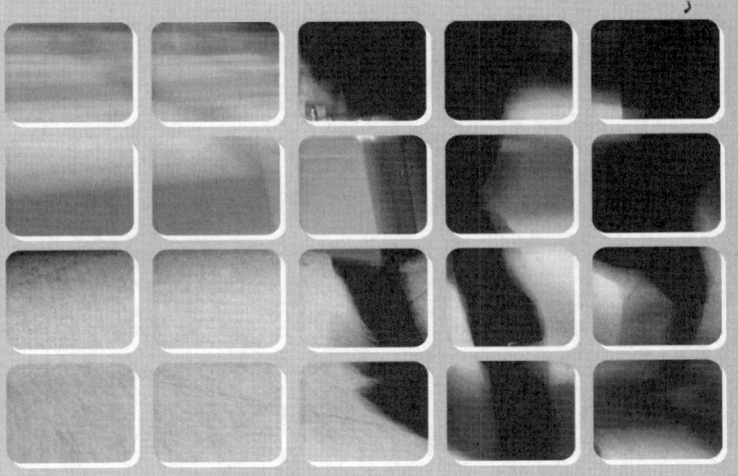

제1절
제연설비용 송풍기

① 공기 유체역학

1. 압력의 단위

압력(壓力 ; Pressure)이란 단위면적당 가해지는 힘으로서 면에 대해 수직방향으로 작용하게 되며 지표면에 있는 모든 물체는 대기압을 받게 되므로 압력의 크기를 나타낼 때는 대기압을 기준점 즉 0으로 하고 측정치의 압력을 나타내는 게이지압력과 대기압을 포함하는 절대압력(=게이지압력+대기압)의 2가지를 사용하며, 일반적으로 실무에서는 게이지압력으로 나타낸다.

일반적으로 사용하는 압력의 단위는 다음과 같다.

(1) SI 단위계

$Pa(=N/m^2)$

(2) 중력단위계

kgf/cm^2, kgf/m^2(공학에서는 편의상 kgf를 kg으로 표기한다)

(3) 이 외에 공학에서 사용하는 단위로서 기압의 단위인 atm · bar, 수은주로 표시하는 mmHg, 수주(水柱)로 표시하는 mmAq · mAq 등이 있다.

1) $1mmAq = 1kgf/m^2 = 10^{-4}kgf/cm^2$

2) $1kgf/cm^2 = 10mAq = 0.98 \times 10^5 Pa$

3) $1Pa(N/m^2) = 1/9.81(=0.102)mmAq = 1.02 \times 10^{-5}kgf/cm^2$

4) $1atm = 760mmHg = 1.033kgf/cm^2 = 1.013bar$

5) $1bar = 10^5 Pa = 0.1MPa$

> **mmAq**
>
> 1. 배관 내의 수압에 비하여 Duct 내의 공기압력은 미소압력이므로 제연 Fan의 경우 압력은 보통 수주(水柱)높이인 mmAq로 나타낸다.
> 2. Aq란 라틴어의 Aqua(물)의 의미로 물기둥이 바닥면에 가하는 압력을 의미한다.

2. 정압과 동압

정압(靜壓 ; Static pressure)이란 덕트 내에서 기체의 흐름에 평행인 물체의 표면에 수직으로 미치는 압력으로서 그 표면에 수직인 구멍을 통하여 측정한다. 한쪽 끝이 폐쇄된 덕트의 다른 끝에서 Fan으로 공기를 주입시키면 덕트 내에는 공기의 유동이 없으므로 이때 발생하는 압력은 정압이 된다.

이에 비해 동압(動壓 ; Dynamic pressure)이란 기체의 속도에 의해 발생되는 풍속과 관계되는 압력으로서 동압은 속도에너지를 압력에너지로 환산한 값으로 다음 식으로 표현한다.

$$\text{[동압] } P_V \,(\text{mmAq}) = \frac{V^2}{2g} \cdot \gamma$$

·················· [식 4-1-1]

여기서, V : 풍속(m/sec)
$\qquad g$: 중력가속도(m/sec^2)
$\qquad \gamma$: 기체의 비중량(kgf/m^3)

따라서 덕트 내의 압력은 정압에 기류의 동압이 가해진 결과이며, 정압과 동압을 총칭하여 이를 전압(全壓 ; Total pressure)이라 한다.

3. 공기유체역학의 기본원리

(1) 덕트에서의 연속의 법칙

배관에서의 물에 대한 연속의 법칙(Principle of continuity)인 "단위시간당 배관 단면을 통과하는 물의 체적유량(m^3/sec)은 관경과 관계없이 일정하다"라는 것은 덕트 내에서 공기의 흐름에 대해서도 동일하게 적용할 수 있으며 이는 공기유체에 대한 질량보전의 법칙이다. 그러나 공기의 경우는 압축이 가능하므로 비중량 γ(kgf/m^3)를 도입하여 체적유량(m^3/sec)이 아닌 중량유량(kgf/sec)으로 적용하여야 하며, 즉 공기가 덕트 내부를 흐르는 경우 "단위시간당 덕트 단면을 통과하는 공기의 중량유량(kgf/sec)은 덕트 내경과 관계없이 일정하다."가 된다. 따라서 덕트의 단면적이 $A_1(\mathrm{m}^2)$, $A_2(\mathrm{m}^2)$이고, 풍속이 $V(\mathrm{m/sec})$, 비중량을 $\gamma(\mathrm{kgf/m}^3)$라면, $Q(\mathrm{kgf/sec})=A_1 \cdot V_1 \cdot \gamma_1 = A_2 \cdot V_2 \cdot \gamma_2$이며, 이때 $\gamma_1 = \gamma_2$이므로 $A_1 \cdot V_1 = A_2 \cdot V_2$가 되며, 따라서 $\dfrac{V_1}{V_2} = \dfrac{A_2}{A_1}$가 된다. 이때의 덕트는 원형덕트를 기준으로 한 것으로 다음과 같은 사항이 성립한다.

1) 공기흐름은 덕트의 단면적과 반비례한다(풍속은 관경의 2승에 반비례한다).

2) 단위시간당 덕트 단면적을 통과하는 풍량(중량유량)은 덕트의 크기에 관계없이 일정하다.

(2) 덕트에서의 베르누이 정리

1) 덕트 내의 기류에 대해서도 배관 내의 물과 같이 베르누이 정리를 적용할 수 있으며 "덕트 내 저항을 무시하면 덕트 내의 전압은 어느 위치에서나 항상 일정하다."라고 표현할 수 있다.

즉, 덕트 내에 공기가 흐를 때 덕트 내 임의의 단면에 대해 정압을 $P(\mathrm{kg/m}^2)$, 풍속을 $V(\mathrm{m/sec})$, 기준 수평면에서 덕트 중심까지의 높이를 $Z(\mathrm{m})$, 공기의 비중량을 $\gamma(\mathrm{kgf/m}^3)$라면 $P_1 + \dfrac{V_1^2}{2g}\gamma + h_1\gamma = P_2 + \dfrac{V_2^2}{2g}\gamma + h_2\gamma$가 되며 이때 P는 정압, $\dfrac{V^2}{2g}\gamma$는 동압에 해당한다.

따라서 동일 수평면상의 덕트에 대하여는 $h_1 = h_2$가 되므로 덕트 내 저항을 무시하면 덕트 내의 "정압+동압"의 합인 전압은 언제나 같게 되며 이는 공기유체에 대한 에너지보존법칙이다.

2) 만일 다음의 그림과 같이 단면적이 변화하는 덕트에 기류가 흐르는 것을 가정하면 단면이 커지면 유속이 감소하므로 동압(P_V)은 감소하나 정압(P_S)이 증가하게 되며, 반대로 덕트 단면이 작아지면 유속이 커져 동압(P_V)이 증가하며 정압(P_S)은 감소하게 되므로 전압(P_T)은 어느 경우에나 일정하게 된다. 즉, 이를 식으로 표현하면 $P_{V1} + P_{S1} = P_{V2} + P_{S2} = P_T$가 된다. 이렇게 동압이 감소한 만큼 정압이 증가하는 것을 정압재취득(靜壓 再取得 ; Static pressure regain)이라 한다.

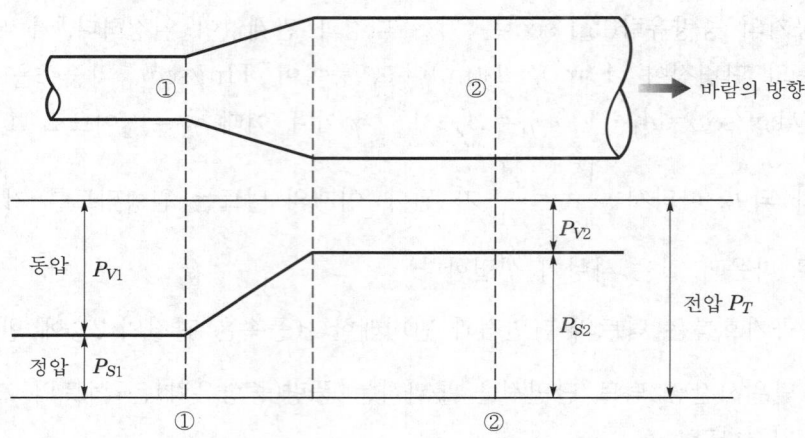

[그림 4-1-1] 정압과 동압의 변화

위의 그림에서 지점 ①과 지점 ② 사이의 정압의 증가 즉 정압재취득의 양은 $\Delta P(P_{S2} - P_{S1}) = P_{V1} - P_{V2}$가 된다. 이때 덕트의 저항이 실질적으로는 존재하므로 이를 감안하여 ①지점과 ②지점 사이의 저항손실을 $P_{\gamma12}$라고 하면 $P_{V1} + P_{S1} = P_{V2} + P_{S2} + P_{\gamma12}$ 이므로 따라서 실제 정압재취득의 양은 다음과 같다.

$$\Delta P(P_{S2} - P_{S1}) = P_{V1} - P_{V2} - P_{\gamma12}$$ ·················· [식 4-1-2]

따라서 실제 정압재취득의 양은 이상적인 정압재취득의 양보다 $P_{\gamma12}$만큼 작아지게 된다.

(3) 덕트에서의 마찰손실

공기가 덕트 내부를 통과할 때 직관부분에서는 공기와 관벽 사이의 마찰저항인 직관부의 저항손실이 발생하며, 굴곡부분 및 분기부분에서는 마찰에 의한 압력손실이외 공기의 와류(渦流) 등에 의해 직관부분과 다른 성질의 압력손실이 발생하며 이를 국부저항(局部抵抗 ; Local resistance)이라고 한다. 따라서 덕트 내에서의 마찰손실은 직관덕트의 압력손실과 국부저항의 압력손실을 구분하여 계산하여야 한다.

이는 소화설비 배관에서 직관의 손실수두와 관 부속류의 손실수두와 같은 개념으로 부속류의 손실수두를 등가길이로 환산하여 적용하는 것과 동일한 개념이다.

1) 덕트의 직관손실(원형 Duct 기준)

① **마찰손실의 식** : 덕트의 손실은 배관과 마찬가지로 원형덕트를 기준으로 하며 원형덕트에서의 직관부분의 저항은 배관에서의 손실과 같이 Darcy-Weisbach(다르시-바이스바하)식에 의해 다음과 같이 구할 수 있다.

$$\Delta P(\mathrm{mmAq}) = \lambda \cdot \frac{L}{d} \cdot \frac{V^2}{2g} \cdot \gamma$$ ················ [식 4-1-3]

여기서, ΔP : 마찰손실(mmAq)
  λ : 관마찰계수(무차원)
  L : 덕트의 길이(m)
  d : 덕트의 직경(m)
  V : 풍속(m/sec)
  g : 중력가속도(9.8m/sec^2)
  γ : 공기의 비중량(kgf/m^3)

이때 1기압, 20℃에서 공기의 비중량 $\gamma=1.2$kgf/m^{3}이므로 [식 4-1-3]은 다음 식이 된다.

$$\Delta P = \lambda \cdot \frac{L}{d} \cdot \frac{V^2}{2g} \cdot \gamma$$

$$= \lambda \cdot \frac{L}{d} \cdot \frac{V^2}{2 \times 9.8} \times 1.2$$

$$= \lambda \cdot \frac{L}{d} \cdot \frac{V^2}{16.33}$$

$$= \lambda \cdot \frac{L}{d} \left(\frac{V}{4.04} \right)^2$$

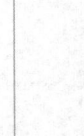

chapter

4

소화활동설비

$$\Delta P(\mathrm{mmAq}) = \lambda \cdot \frac{L}{d} \left(\frac{V}{4.04} \right)^2 \text{(상온일 경우)}$$ ················ [식 4-1-4]

따라서 관마찰계수 λ 및 덕트(원형)의 직경 d, 풍속 V를 알면 단위길이당 덕트의 마찰손실수두를 구할 수 있다.

② **마찰손실의 적용** : 이때 ΔP는 전압 기준의 압력손실로서 정밀성이 요구되는 계산의 경우는 전압을 기준으로 하여야 하며 이는 결국 동압변화에 따른 정압재취득을 고려한다는 의미이다.

그러나 소방용 제연덕트에서 수직 입상덕트의 경우는 단면적 및 덕트형태의 변화가 없다면 덕트 내부에서의 풍속의 변화가 크지 않다고 가정할 수 있으며 따라서 입상덕트 내부에서는 동압이 거의 동일하다고 가정하면 이 경우는 전압(全壓) 기준 대신 정압기준의 압력손실 ΔP_s(정압기준의 저항)

로 적용하여도 실무상 무리가 없다고 판단된다. 직관 덕트의 저항을 계산할 경우 Darcy-Weisbach의 식을 이용하여 직접 계산할 수 있으나 실무에서는 [그림 4-1-3]과 같은 덕트의 마찰손실선도(線圖)를 이용하여 계산하게 된다. 선도를 이용하여 단위길이당 마찰손실을 구하고 여기에 덕트 직관의 길이를 곱하여 구한다.

[그림 4-1-3]의 경우는 덕트 내부면의 요철(凹凸)에 대한 절대조도(粗度)인 ε을 ε=0.18mm의 아연도 강판에 대한 것으로 일본에서는 이 선도를 주로 사용하고 있으나 ASHRAE Handbook[413])에서는 ε=0.15mm를 사용하고 있다. 또한 해당 선도는 원형덕트를 기준으로 한 것으로서, 각형(角形)덕트는 등가경(等價徑)으로 환산한 다음 적용하여야 하며, 등가경의 적용은 [식 4-1-5]를 참고하도록 한다.

③ 마찰손실 선도 : [그림 4-1-3]은 습도 60%, 1기압, 상온(20℃)에서 제연설비에 사용하는 아연도 철판을 기준으로 한 1m당 마찰손실(mmAq) 선도이다.

선도의 구성은 가로축은 덕트 길이 1m당 마찰손실(mmAq/m)을, 세로축은 풍량(m^3/h)을, 풍속(m/sec)은 좌측상단에서 우측하단까지 사선으로, 덕트의 직경(cm)은 우측상단에서 좌측하단까지 사선으로 되어 있다.

선도를 보는 방법은 통과 풍량과 덕트 직경과의 교점을 구한 후 교점에서 가로축쪽으로 수직선을 내리면 마찰손실이 구해지며 교점에서 풍속을 표시하는 선과 평행하게 선을 그으면 해당하는 덕트 내의 풍속이 구해진다.

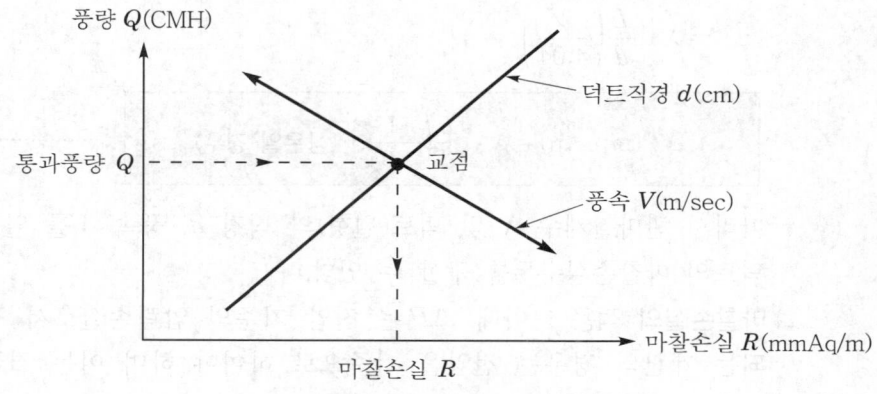

[그림 4-1-2] 덕트 선도의 의미

---

413) ASHRAE(American Society of Heating, Refrigerating & Air-Conditioning Engineers)

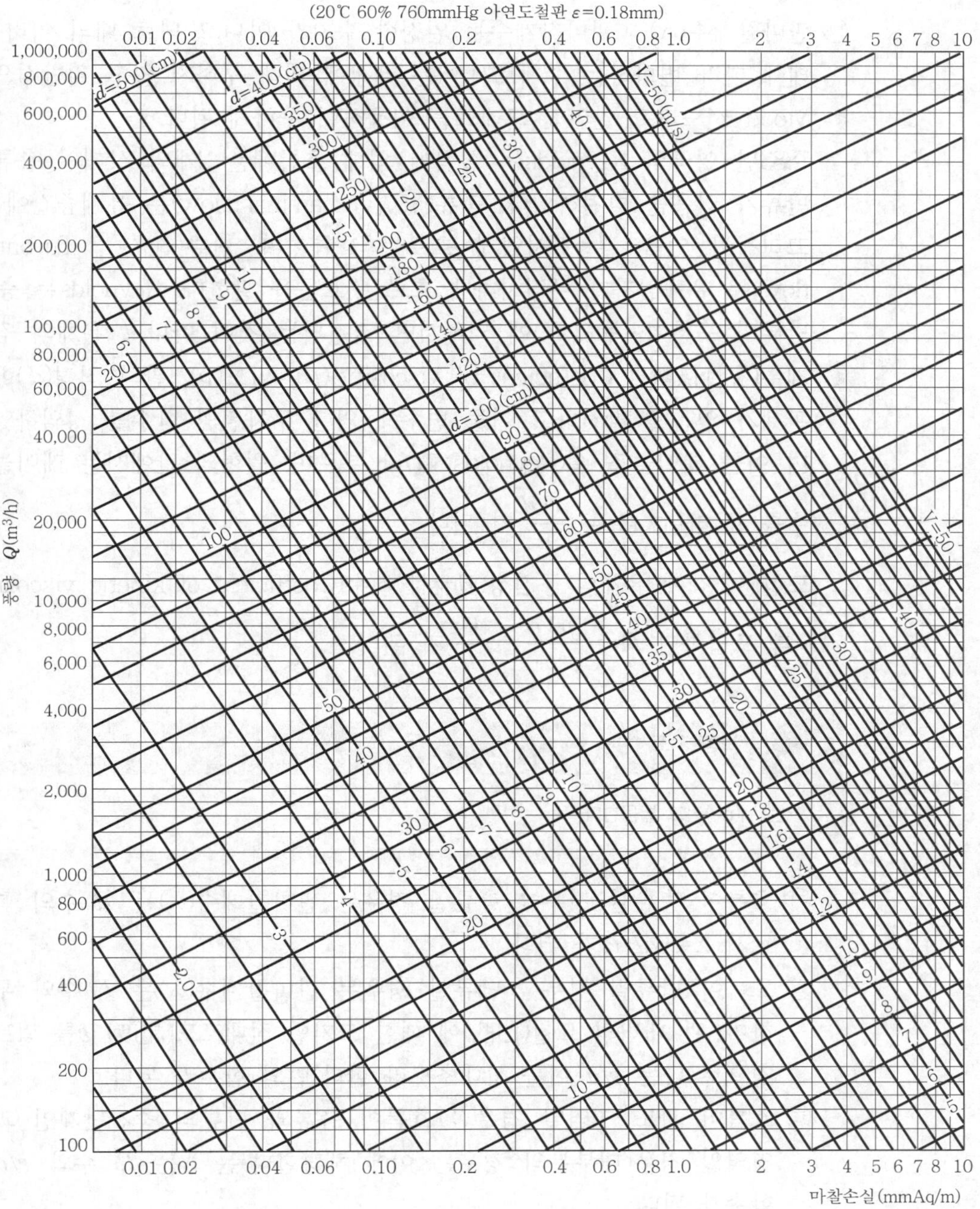

[그림 4-1-3] 덕트의 마찰손실 선도(線圖)

㉮ 관마찰계수(λ) : 관마찰계수는 일정한 수치가 아니고 덕트 내의 여러 상태에 따라 변화하는 수치로서 λ는 계산에 의해 구하지 않고 일반적으로 Moody선도라고 알려진 그래프를 이용하여 구하게 된다.

1883년 영국의 Reynolds는 실험에 의해 흐름에는 2개의 상태인 층류와 난류가 있음을 발견하였다. 층류(層流 ; Laminar flow)는 유체중간에 미끄러짐이 있을 뿐 질서있게 흐르는 흐름이며, 난류(亂流 ; Turbulent flow)는 유체입자가 무질서하게 흐르는 흐름을 말한다. Reynolds는 층류, 난류의 구분이 속도(V)에 의해서만 결정되는 것이 아니고 유체의 점성계수(黏性係數 ; Coefficient of viscosity)(μ), 밀도(ρ), 관의 직경(d)에도 관계가 있음을 발견하고 이들 변수에 의한 무차원의 함수를 정의하였으며 이를 레이놀즈 수(Reynolds 數)라 부르며, 원형의 관에서는 레이놀즈 수를 Re라면, $Re = \dfrac{\rho Vd}{\mu}$가 된다.

또한 이 식에 유체의 동점성(動粘性)계수(Coefficient of kinetic viscosity) ν를 도입하면 $Re = \dfrac{\rho Vd}{\mu} = \dfrac{Vd}{\nu}$가 된다.

 보충 자료

ν는 뉘(nu)라고 발음한다.

㉠ 흐름이 층류일 경우 : 층류일 경우는 관마찰계수(λ)는 Re수의 함수로서 $\lambda = 64/Re$가 된다.

㉡ 흐름이 난류일 경우 : 난류일 경우는 관마찰계수(λ)는 Re수와 무관하며, 관 내벽의 요철(凹凸)에 대한 크기인 절대조도(粗度) ε를 덕트직경으로 나눈 ε/d(이를 상대조도라 한다)만의 함수가 된다.

㉢ 흐름이 과도 영역일 경우 : 흐름이 층류와 난류의 중간단계인 과도영역일 경우(대부분의 경우는 이에 해당한다)는 λ는 Re 수와 ε/d의 함수가 된다.

㉯ 직관손실의 보정 : 덕트의 직관손실에 영향을 주는 요인은 온도·습도·덕트 내면의 조도(粗度)·덕트의 형상 등이 있으며, 각각의 영향을 주는 요인에 대한 세부사항을 검토하면 다음과 같다.

㉠ 내면조도의 보정 : 절대조도 ε의 경우 제연설비에서 사용하는 아연도

철판의 경우는 $\varepsilon = 0.15 \sim 0.18mm$의 값이나, 콘크리트 덕트의 경우는 $\varepsilon = 1.0 \sim 3.0mm$가 된다. 또한 덕트 내부면의 상태가 다를 경우는 덕트 내면의 조도계수를 보정해 주어야 한다(덕트 내면의 조도에 대한 보정계수를 아연도 철판 덕트의 마찰손실에 곱하여 사용한다).

ⓛ 덕트 내면의 조도에 대한 보정계수는 다음과 같다.[414]

[표 4-1-1] 덕트 내면 조도에 대한 보정계수

구 분	덕트 직경(mm)	500		1,000	
	풍속(m/sec)	5	15	5	15
① 대단히 거칠음($\varepsilon = 0.3$)	콘크리트	1.78	1.92	1.73	1.85
② 거칠음($\varepsilon = 0.9$)	모르타르 마감	1.33	1.41	1.30	1.38
③ 약간 거칠음($\varepsilon = 0.3$)	유리섬유 덕트	1.08	1.10	1.07	1.09
④ 매끄러움($\varepsilon = 0.01$)	PVC관	0.85	0.76	0.86	0.78

㈜ 절대조도 $\varepsilon = 0.18mm$의 경우에 대한 보정계수임.

ⓒ 온도보정 : 덕트 내의 정상적인 그래프는 온도 20℃, 습도 60%를 기준으로 한 것으로 온도가 다를 경우 이를 보정하여야 한다.

특히 제연용 배기덕트의 경우는 온도 보정을 하는 것이 합리적이나 100℃ 이하에서는 오차의 범위는 몇 % 이하이므로 최종단계에서 여유율을 고려한다면 무시하여도 실무에는 큰 영향이 없다.

ⓡ 덕트형상의 보정 : [식 4-1-3]에 의한 손실계산식은 원형덕트에 의한 것으로 제연설비와 같은 직사각형 덕트일 경우에는 이를 각형으로 환산하여 적용하여야 한다.

직사각형 덕트에서 긴변과 짧은변의 길이를 각각 a, b라면, 동일한 풍량이 흐를 경우 단위길이당 동일한 마찰손실을 갖는 원형덕트의 상당(相當)직경은 다음과 같이 표현된다.

$$d_{eq} = 1.3 \times \left[\frac{(ab)^5}{(a+b)^2} \right]^{1/8}$$ ·················· [식 4-1-5]

여기서, a : 사각덕트의 긴변,　　　　b : 사각덕트의 짧은변
　　　　d_{eq} : 동일 저항인 원형덕트의 등가직경

동일 저항인 원형덕트의 등가 직경일 때 a와 b의 비를 Aspect ratio라고 한다. 위의 식을 이용하여 원형덕트와 동일한 저항손실을 갖는 직

---

414) 박종일・서기원 건축설비설계(세진사) 표 7-11(1944) p.346

사각형 덕트를 구할 수 있다. 그러나 이 경우 유의해야 할 것은 원형 덕트를 직사각형 덕트로 보정할 경우 풍속이 달라진다. [식 4-1-5]에서 상수값 1.3은 무차원의 값이므로 a, b, d_{eq}에 대해 모든 SI 단위에 대해 성립한다.

앞의 값을 구할 경우는 보통 관련 Table을 이용하여 계산하게 된다.

2) **덕트의 국부저항 손실** : 덕트의 곡면부, 분기부 또는 합류되는 부분, 단면변화부분 등은 마찰에 의한 압력손실 이외 와류(渦流)에 의해 직관부분과는 다른 성질의 또 다른 손실이 발생하며 이를 국부저항(局部抵抗 ; Local resistance)이라 한다.

국부저항은 다음 식으로 표현할 수 있다.

$$\Delta P = \zeta P_V = \zeta \frac{V^2}{2g} \gamma$$ .... [식 4-1-6]

여기서, ΔP : 국부저항(mmAq), ζ : 국부저항계수
P_V : 동압(mmAq), g : 중력가속도
γ : 공기의 비중량(kgf/m³)

보충 자료

ζ 는 Zeta라고 발음한다.

이때 국부저항은 이와 동일한 압력손실이 발생하는 직관의 덕트의 길이로 표시되며 이를 국부저항의 상당장(相當長)이라 하며 배관 계통에서 밸브 및 부속류의 상당장과 동일한 개념이다.

국부저항의 상당장을 l_e이라 하면 국부저항 ΔP는 l_e에 비례하고, 관경 d에 반비례하므로 이때의 비례상수를 λ라면 [식 4-1-6]은 다음 식이 되며, 이는 [식 4-1-3]과 유사한 식이 된다.

$$\Delta P = \zeta P_V = \lambda \frac{l_e}{d} \times \frac{V^2}{2g} \gamma$$ .... [식 4-1-7]

여기서, λ : 관마찰계수(무차원), l_e : 국부저항의 상당길이
d : 덕트의 직경(m), V : 풍속(m/sec)

일반적으로 국부저항의 계수를 계산할 경우는 관련 Table을 사용하여야 하며, 이에 대한 다양한 측정치가 ASHRAE Handbook에 제시되어 있다.

4. 덕트의 설계

덕트에는 저속덕트와 고속덕트의 2종류가 있으며 덕트 내 풍속이 15m/sec 이하를 저속덕트라 하며, 이를 초과하는 것을 고속덕트라 한다.

일반적으로 소방설비에서 사용하는 제연용 덕트는 고속덕트에 해당하므로 풍속이 크고, 마찰손실도 증가하기 때문에 저속덕트에 비해 경제성이 낮다.

덕트의 설계법에는 등속법, 등압법, 정압재취득법의 3가지 종류로 크게 구분할 수 있다.

(1) 등속법(等速法 ; Constant velocity method)

1) 특징

① 덕트 내 풍속을 주관과 가지관까지 일정하게 한 후 덕트의 크기를 결정하는 방법으로 덕트저항 계산은 각 구간의 마찰손실이 다르므로 등압법보다 복잡하다.

② 덕트의 마찰저항 계산시에는 "저항선도"가 필요하며, 계산과정은 등압법보다 번거롭다.

③ 풍속을 크게 하면 덕트의 단면적은 줄어드나 공기저항이 증가하여 동력이 커지게 되고 소음, 진동 등으로 풍속에 제한을 받게 된다.

④ 배기구가 1개인 덕트에는 적합하나 다수의 배기구가 있는 덕트에서는 Fan에서 각 그릴까지의 손실저항이 다른 관계로 설계풍량으로 운전을 해도 설계풍량이 발생되지 못한다.

2) 적용

① 일반적으로 분체의 경우는 일정한 속도로 이송하여야 하므로 분체를 포함한 공업용 배기덕트 등에 주로 사용되며 공조용으로는 잘 사용하지 않으나 공조용의 경우는 덕트의 저항선도가 없을 때 계략적인 계산치를 구할 때 편리하다.

② 공조덕트의 경우는 풍량이 바뀔 때마다 단위길이당 압력손실이 변화하며 풍량의 배분이 곤란하여 Volume damper에 의존하게 되므로 간단한 경우에만 적용하게 되며, 일반적으로 공조용으로는 사용하지 않는다.

(2) 등압법(等壓法 ; Constant pressure method)

1) 특징

① 이는 등마찰법(等摩擦法)으로 덕트저항손실(mmAq/m)을 일정하게 적용하고 덕트의 크기를 계산하는 방법으로 주덕트 및 분기덕트의 압력을 균일하게 적용한다.

chapter

4

소화활동설비

② 분기부분 이후부터는 동압의 감소분이 정압으로 변환하는 정압재취득을 무시하므로 말단으로 갈수록 풍량이 증대하여 조정이 곤란해진다.

③ 덕트의 크기결정 및 송풍기의 정압계산이 간단해진다.

④ 풍속은 말단으로 갈수록 감소되며, 그릴에서의 압력은 각각 다르게 된다.

⑤ 급기구에서의 압력이 각각 다르므로 조정이 곤란하다.

2) 적용

① 실무적으로는 등압법은 마찰저항 선도를 이용하여 덕트의 허용최대풍속을 선정한 후 최대풍량과의 교점에서 마찰저항을 구해서 이에 대응하는 덕트의 직경을 구한다. 저속덕트는 $0.08 \sim 0.15 \text{mmAq/m}(0.1\text{mmAq/m}$가 기준$)$, 고속덕트의 경우는 $0.4 \sim 0.6 \text{mmAq/m}$의 범위 내에서 덕트저항손실을 적용한다.

② 예를 들면, 다음 그림의 마찰선도에서 덕트의 최대허용풍속 V_{max}를 선정한 후 이때의 최대풍량 Q_{max}와 V_{max}의 교점에서 마찰손실을 $R(\text{mmAq/m})$을 구한다. 이후 R의 일정한 선상에서 덕트 각 구간의 소요풍량 Q_1, Q_2, ……에 상당하는 덕트 직경 d_1, d_2, ……를 구하게 된다.

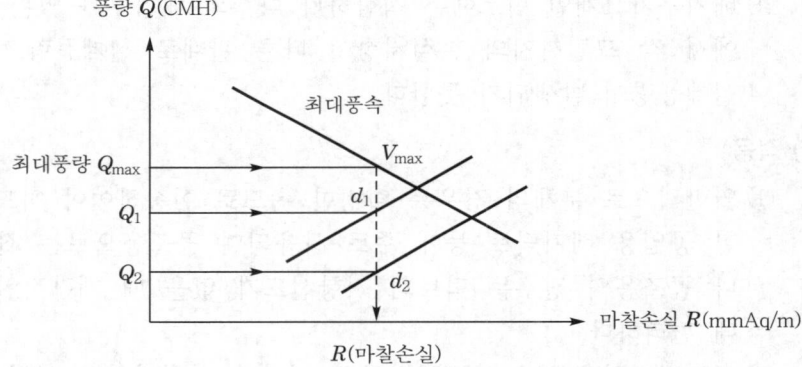

(3) 정압재취득법(靜壓再取得法 ; Static pressure regain method)

1) 특징

① 풍속의 변화에 따른 정압의 증감을 반영한 것으로 급기구 또는 분기부분에서는 속도의 저하로 정압이 증가하며 이 증가분을 다음의 급기구 또는 분기부까지의 직관 및 국부저항의 합계와 같도록 하는 방법이다.

② 급기부의 정압분포가 양호하다.

③ 등압법보다 덕트가 커지지만 정압이 다시 이용되므로 송풍동력은 작아진다.

④ 풍량조정의 번잡함이 없다.

2) 적용

① 계산방법은 매우 복잡하며 특별한 장점이 없어 사용빈도가 낮으며 수계산으로 적용하기에는 무리가 있다.

② 일반적으로 국내에서는 설계적용시 이를 사용하지 않고 있다.

2 송풍기의 적용

1. 개요

송풍기는 유체(流體) 중 액체를 이송하는 펌프와 기본적인 원리가 같은 것으로 송풍기는 다만 유체 중 기체를 대상으로 하는 것으로 펌프와 송풍기는 동일한 유체 이송기계이다. 송풍기는 회전차(Impeller)의 회전운동으로 공기에 에너지를 가하여 풍량과 압력을 얻는 기계장치로서 송풍기는 팬과 블로어로 구분하며 토출압력의 크기에 따라 다음과 같이 구분한다.

(1) 압력에 의한 분류

[표 4-1-2] 압력에 의한 송풍기 분류

종 류	압력기준	비 고
① 팬(Fan)	$0.1kg/cm^2$ 미만	송풍기
② 블로어(Blower)	$0.1kg/cm^2$ 이상 $1kg/cm^2$ 미만	
③ 컴프레서(Compressor)	$1kg/cm^2$ 이상	압축기

(2) 송풍기(Fan)의 종류

송풍기는 압력을 높이는 작동원리에 따라 용적식과 비용적식이 있으며 일반적인 송풍기는 비용적식으로 송풍기는 공기의 이송방향과 임펠러축이 이루는 각도에 따라 날개의 지름방향으로 공기가 흐르는 원심식 송풍기와 축방향으로 공기가 흐르는 축류식 송풍기로 구분하며, 임펠러의 형상 및 구조에 따라 여러 가지로 분류하게 된다.

chapter
4
소화활동설비

> 🔍 **용적식 송풍기**
>
> 용적식(容積式)의 경우는 왕복펌프와 같이 특수한 모양의 Rotary 또는 Piston으로 일정한 체적 내에 기체를 흡입하여 이 기체의 체적을 축소함으로써 압력을 높이는 형식이다.

비용적식 송풍기 중 특히 제연설비에서 주로 사용하는 송풍기는 원심력에 의해 에너지를 얻는 원심식(遠心式 ; Centrifugal type) 송풍기와 회전차가 회전함으로써 발생하는 날개의 양력에 의하여 에너지를 얻게 되는 축류식(軸流式 ; Axial flow type) 송풍기가 있다.

[표 4-1-3] 제연용 송풍기의 구분 및 종류

구 분		종 류	날개방향
원심식 송풍기	① 임펠러의 회전에 의한 원심력으로 공기에 에너지를 주는 방식 ② 날개의 지름방향으로 공기가 흐르게 된다.	• 멀티블레이드팬(Multi blade fan)	전곡형 (前曲形)
		• 터보팬(Turbo fan) • 리미트로드팬(Limit load fan) • 에어포일팬(Airfoil fan)	후곡형 (後曲形)
축류식 송풍기	① 임펠러가 회전함으로써 발생하는 날개의 양력에 의하여 에너지를 주는 방식 ② 날개의 축방향으로 공기가 흐르게 된다.	• 베인(Vane)형 • 튜브(Tube)형 • 프로펠러(Propeller)형 • 덕트 인라인(Duct in-line)형	―

1) 원심식 송풍기

① 원심식 송풍기의 종류

㉮ 멀티블레이드팬 : 일명 시로코팬(Sirocco fan)이라고 하는 다익형(多翼型) 팬으로 소방용 제연설비에서 가장 많이 사용하는 송풍기이고 정압은 80mmAq 이하이다.

㉯ 터보팬 : 터보팬은 정압 100mmAq 이상 250mmAq 이하에서 다량의 공기 또는 가스를 취급하는 데 가장 적합한 팬으로 그 구조는 원심식 송풍기 중에 가장 크며 효율도 가장 높고 내구성도 좋아 적용범위가 넓다.

㉰ 리미트로드팬 : 날개가 S자의 형상을 가지고 있으며 Casing 흡입구에 프로펠러형 안내깃이 고정되어 있는 송풍기로 공조에서 정압이 100~150 mmAq정도로 대풍량일 경우에 사용한다.

㉱ 에어포일팬 : 운전특성은 터보형과 유사하나 효율이 높으며 소음이 낮은 특성이 있으며 대풍량으로 압력이 높은 곳에 사용한다. 높은 정압을 필요로 하는 고층건물에서는 제연설비에서 에어포일팬을 사용하고 있다.

② 날개방향에 의한 분류

㉮ 전곡형(前曲形 ; Forward curved vane type) : 날개의 끝부분이 회전하는 방향으로 되어 있어 대풍량에는 적합하나, 반면에 효율 및 고속회전에서는 불리한 구조이다. Sirocco fan은 대표적인 전곡형 팬이다.

㉯ 후곡형(後曲形 ; Backward curved vane type) : 날개의 끝부분이 회전방향의 뒷부분(회전 반대방향)으로 굽은 것으로 효율이 높고 고속에서도 정숙 운전을 할 수 있다. 터보 · 리미트로드 · 에어포일팬은 후곡형 팬이다.

㉰ 방사형(放射形 ; Radial vane type, 반지름 방향형) : 날개 끝의 각도가 90°인 방사형의 날개로서, 날개는 평판구조이며, 소음면에서는 다른 송풍기에 비해 좋지 못하다.

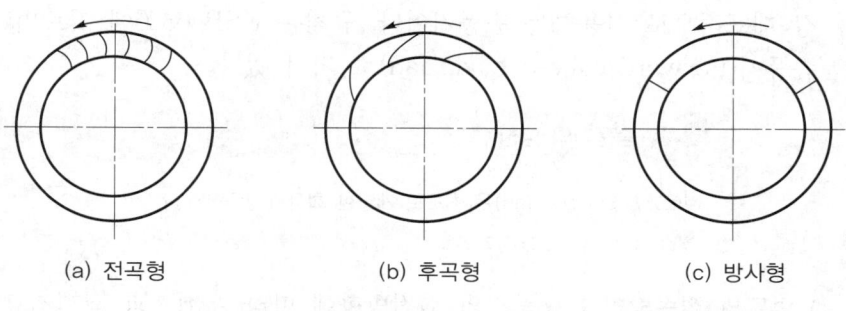

(a) 전곡형   (b) 후곡형   (c) 방사형

[그림 4-1-4] 날개방향에 의한 팬 분류

2) **축류식 송풍기** : 일반적으로 정압이 낮고 대풍량일 경우에 적합하며 소음이 높은 것이 특징으로 임펠러는 프로펠러형으로 구성되며 깃(Blade)은 익형(翼型)으로 되어 있다. 케이싱의 형상과 안내날개 및 디퓨저의 유무에 따라 프로펠러형, 튜브형, 베인형, 덕트 인라인형 등으로 구분한다.

① **프로펠러형** : 튜브가 없는 송풍기로써 축류식 송풍기 중 구조가 가장 간단하다. 프로펠러 송풍기는 낮은 압력하에서 많은 공기량을 이송할 때 주로 사용하며 실내 환기용이나 냉각탑 등에서 사용한다.

② **튜브형** : 임펠러가 효율 및 압력 향상을 위하여 튜브 안에 설치되어 있는 송풍기로서 정상운전 영역에서는 축동력, 정압, 정압효율의 최대점이 일치한다.

③ **베인형** : 베인형 축류송풍기는 튜브형의 축류식 송풍기에 효율 및 압력 향상을 위하여 Guide Vane(안내깃)을 부착한 송풍기로써 베인을 제외하면 튜브식의 축류식 송풍기와 동일하다. 베인으로 인하여 튜브식 축류송풍기보다 효율이 좋으며 더 높은 압력을 발생시킨다.

chapter

4

소화활동설비

④ 덕트 인라인형 : 덕트에 삽입하는 송풍기로서 다른 어떤 송풍기보다 좁은 장소에도 설치가 가능하다. 바람의 속도를 줄여 소음방지가 우수하며 설치와 이동이 용이하다.

2. 제연설비용 송풍기의 특성

건축물의 제연설비에 주로 사용하는 송풍기는 원심식에서 다익형 송풍기와 축류식 송풍기로서 이들 위주로 특징 및 특성곡선을 검토하면 다음과 같다.

(1) 다익형 송풍기(Multiblade fan)

일명 시로코팬이라고 부르며, 날개는 앞보기형 날개(前曲形)로서 제연설비에서 가장 대표적으로 사용하는 송풍기이다. 규격은 KSB 6326에 따르며, 전향익(前向翼) 송풍기(Forward curved blade fan)로 되어 있다.

송풍기의 명칭

시로코팬(Sirocco fan)은 최초로 개발한 회사의 상품명이다.

1) **덕트의 접속방법** : 송풍기의 회전방향에 따라 우회전과 좌회전 방향으로 구분하며, 각 회전방향별로 덕트를 접속하는 방향은 다음의 4가지로 구분한다.

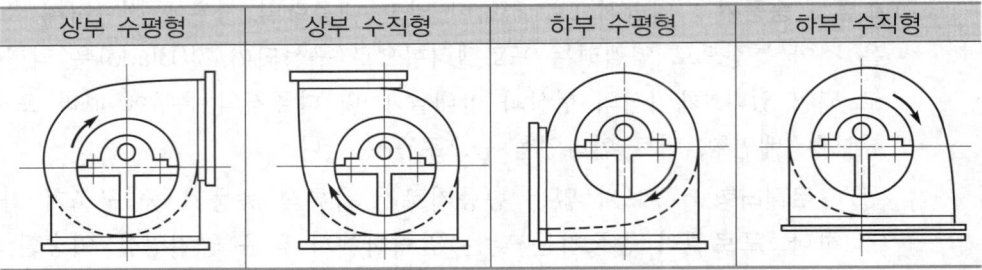

[그림 4-1-5(A)] 흡출방향 : 우회전 방향

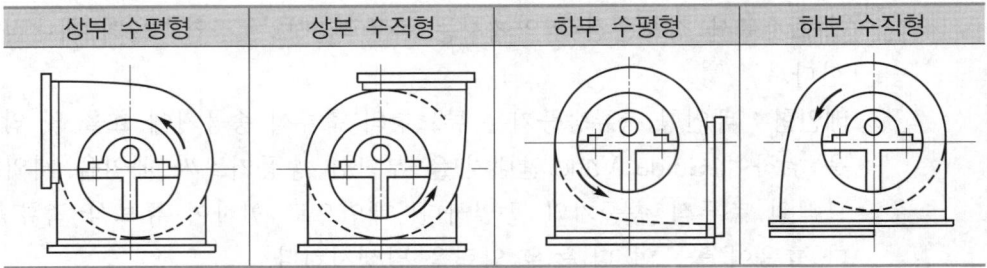

[그림 4-1-5(B)] 흡출방향 : 좌회전 방향

2) 특징

① 날개폭이 좁고 날개수가 많으며, 앞보기형 날개이다.

② 낮은 속도에서 운전되며 낮은 압력에서 많은 공기량이 요구될 때 주로 사용된다.

③ 일반적으로 운전영역 중 정압이 최대인 점에서 효율이 최대가 되며, 최대 정압효율은 60~68%정도이다.

④ 일정한 회전수에서는 풍량의 증가에 따라 소요동력이 점차 증가하게 된다.

⑤ 주로 건물의 공기조화 및 환기용으로 많이 사용되고 있다.

3) 장·단점

장 점	① 정상운전영역이 정격 공기량의 30~80%로 넓은 범위에서 운전이 가능하다. ② 특성곡선상 풍량변동에 대한 정압곡선이 다른 송풍기에 비해 완만하다. ③ 동일한 공기량과 압력에 대하여 임펠러의 직경이 작기 때문에 설치공간을 최소화 할 수 있다. ④ 제작비가 저렴하여 경제성이 매우 높다.
단 점	① 깃의 형태와 구조적인 취약점으로 인하여 공정에 사용하는 물질 이동용으로는 적합하지 않다. ② 소형으로 대풍량을 취급할 수 있으나 고속회전에 적합하지 않으므로 높은 압력(최대정압은 100~125mmAq로 보통 70~80mmAq)은 발생할 수 없다. ③ 다른 기종에 비하여 소음이 크고, 효율이 대체로 낮은 편이다.

4) 송풍기의 특성곡선

① 압력곡선은 풍량 0의 위치에서 최고압력을 나타내고, 풍량 증가와 함께 압력이 감소되어 골짜기가 되나 풍량이 계속 증가하면 압력이 상승하여 산마루를 이루다가 점차 압력이 내려가는 형태이다.

② 그러나 Axial fan보다는 풍량의 변화에 대하여 정압의 변화가 적어 병렬운전에는 부적합하다.

③ 동력곡선은 풍량 0에서 최저를 나타내고 풍량 증가와 함께 급속히 증가하는 형상을 갖는다. 따라서 모터 출력산정에는 여유율을 고려하여야 한다.

chapter

4

소화활동설비

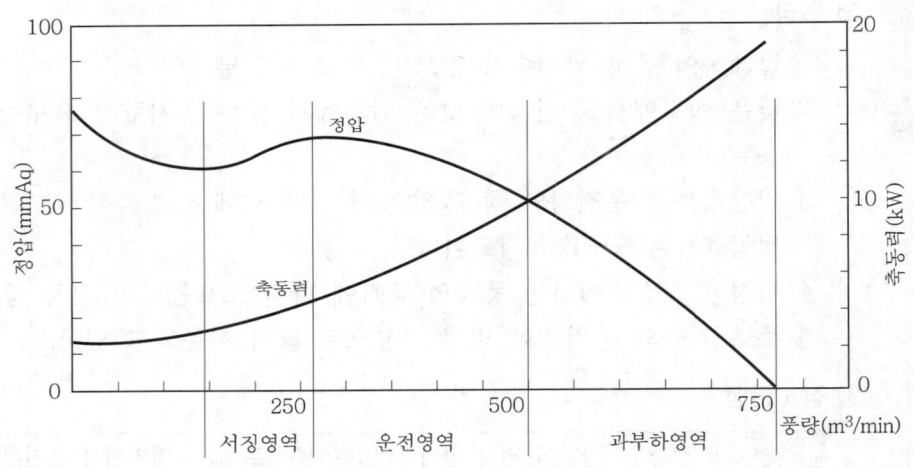

[그림 4-1-6] 시로코팬의 특성곡선

(2) 축류식 송풍기

엑셀팬(Axial fan)이라고 부르는 것으로서 일반적으로 정압은 낮으나 다량의 풍량이 필요한 경우에 적합한 송풍기이다. 정압 10mmAq 이상 150mmAq 이하에서 다량의 공기 또는 가스를 취급하는 데 적합한 송풍기로 효율이 높다.

1) 특징

① 대풍량이며, 구조가 간단하다.

② 소형 및 경량이며, 배관이 용이하고 운전이 원활하다.

③ 소음이 매우 높다.

④ 덕트에 내장하는 경우 V-벨트식과 모터 직결식이 있다.

㉮ V-벨트식은 모터를 덕트 외부에 설치하고 송풍기는 덕트 내에 설치한 후 V-벨트를 이용하여 동작시키는 것으로서 대형 덕트용으로 사용할 수 있으며 모터의 동작상태를 확인할 수 있고, 유지관리 및 보수가 용이하다. 그러나 V-벨트가 파손되면 송풍기의 기능을 상실하게 된다.

㉯ 모터 직결식은 모터와 송풍기가 덕트 내부에 같이 설치되어 있는 것으로 모터의 축에 의해 동작하게 된다. 이는 모터 고장시 수리 및 유지관리상 매우 불편하며 대형 덕트용으로는 적합하지 않다.

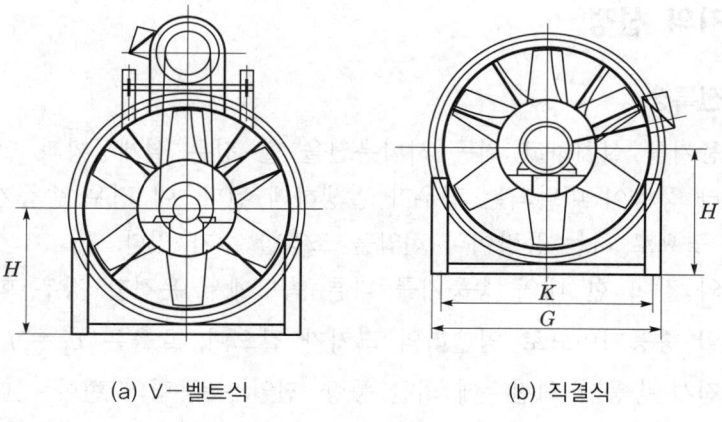

(a) V－벨트식   (b) 직결식

[그림 4-1-7] 엑셀팬(예)

2) 송풍기의 특성곡선[415]

① 정압변동에 대하여 축동력은 변화가 매우 완만하다.

② 동력은 풍량이 0인 지점에서 최대가 된다.

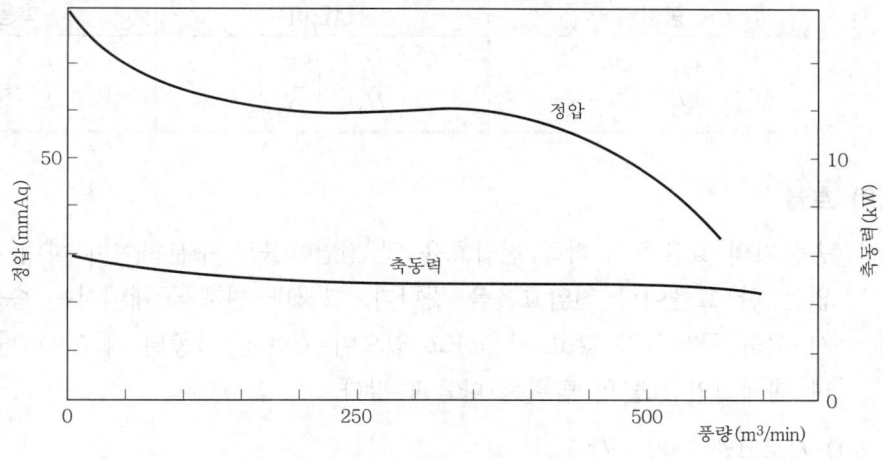

[그림 4-1-8] 엑셀팬의 특성곡선

---

415) 한미출판. 덕트 설계시공편람(1992) p.90

3. 송풍기의 선정

(1) 운전특성

송풍기를 설치하고 최종 시험운전을 할 경우 설계상황과 달리 실제 현장상황에 따라 풍량이 미달되는 경우가 발생하게 된다. 이 경우 송풍기의 회전수를 변경시켜 필요로 하는 풍량이나 전압을 조정할 수가 있다.

이와 같이 한 대의 송풍기를 다른 속도에서 운전할 경우 회전수를 N_1, N_2라면, 동일 송풍기이므로 임펠러의 크기가 같으며, 효율은 $\eta_1 = \eta_2$로 간주하고, 각각의 운전시 송풍기 회전수에 의한 풍량, 전압, 축동력의 변화는 다음과 같다.

1) **풍량의 경우** : 회전수에 비례하여 풍량이 증가한다.

2) **전압(全壓)의 경우** : 회전수의 제곱에 비례하여 전압이 증가한다.

3) **축동력의 경우** : 회전수의 세제곱에 비례하여 축동력이 증가한다.

[표 4 -1-4] 한 대의 송풍기를 다른 속도에서 운전할 경우

풍량비	전압비	축동력비
$\dfrac{Q_1}{Q_2} = \dfrac{N_1}{N_2}$	$\dfrac{H_1}{H_2} = \left(\dfrac{N_1}{N_2}\right)^2$	$\dfrac{L_1}{L_2} = \left(\dfrac{N_1}{N_2}\right)^3$

(2) 효율

송풍기의 효율은 엄격히 전압효율 및 정압효율로 구분하여야 하며 특별한 규정이 없는 한 효율이란 전압효율을 뜻한다. 그러나 현재 국내에서는 송풍기 제조사에서 이를 구분하지 않고 사용하고 있으며 효율은 기종별 제조사마다 차이가 있으나 대체적인 효율의 범위는 다음과 같다.

1) **시로코팬** : 40~60%

2) **엑셀팬** : 40~85%

3) **터보팬** : 60~80%

(3) 동력

송풍기 동력에서 풍량의 기준은 송풍기가 단위시간당 흡입하는 공기의 양으로서 토출측일 경우는 흡입상태로 환산하는 것을 말한다.

흡입상태는 별도로 명기하지 않는 한 온도 20℃, 1기압, 습도 65%, 공기의 비중량 γ를 1.2kgf/m³로 적용하며 이를 "표준흡입상태"라고 하며, 이때의 송풍기 축

동력 식은 [식 4-1-8]로 적용하며 이는 축동력이므로 제연설비 설계시 모터 동력을 구할 경우는 전달계수인 K(보통 1.1 적용)값을 곱하여야 한다.

$$L = \frac{Q \times H}{6,120 \times \eta}$$ .... [식 4-1-8]

여기서, L : 송풍기의 축동력(kW), Q : 풍량(m^3/min)
        H : 전압(mmAq), η : 효율(소수점 수치)

> **[식 4-1-8]의 유도**
>
> ① 송풍기의 경우는 공기유체에 대해 물리적으로 일(Work)을 수행하는 것으로 이는 펌프 등과 같은 모든 유체기계와 동일한 개념이다.
>
> 송풍기란 급기량 q(m^3/sec)를 H(m)만큼 움직이는 데 수행하는 물리적 "일"로서 이를 송풍기의 모터가 수행하는 것으로 다음과 같이 표현할 수 있다.
>
> "W(일) = F(힘) × H(거리)"이며 또 "F(힘) = m(질량) × g(가속도)"이다.
>
> 소요 이론동력 P_0(단위 W)은 단위시간당 "일"에 해당하므로
>
> 소요 이론동력 $P_0(\text{W}) = \dfrac{F(\text{N}) \times H(\text{m})}{t(\text{sec})} = \dfrac{m(\text{kg}) \times g \times H(\text{m})}{t(\text{sec})}$ .... ㉠
>
> ② 이때 공기의 질량유량 $\dfrac{m}{t}$(kg/sec)은 공기밀도 ρ(kg/m^3) × 급기량 q(m^3/sec)이므로
>
> 식 ㉠은 $P_0(\text{W}) = \rho(\text{kg/}m^3) \times q(m^3\text{/sec}) \times g \times H(\text{m})$ .... ㉡
>
> 각 항에 대해 단위변환을 하면 $q(m^3\text{/sec}) \times 60 = Q(m^3\text{/min})$
>
> $\therefore \ q(m^3\text{/sec}) = \dfrac{Q(m^3\text{/min})}{60}$ .... ⓐ
>
> 압력에 대한 중력단위 식 $P = H\gamma$에서 비중량 $\gamma = \rho g$이므로 SI 단위로 하면
>
> $P(\text{N/}m^2) = H(\text{m}) \times \rho \times g \quad \therefore \ H(\text{m}) = \dfrac{P(\text{N/}m^2)}{\rho g}$ .... ⓑ
>
> 식 ㉡에 ⓐ, ⓑ를 대입하면
>
> $P_0(\text{W}) = \rho \times \dfrac{Q}{60} \times g \times \dfrac{P}{\rho g} = \dfrac{Q(m^3\text{/min})}{60} \times P(\text{N/}m^2)$ .... ⓒ
>
> ③ 이때 1kgf = 9.8N이므로, 9.8N/m^2 = 1kgf/m^2 = 1mmAq
>
> 즉 $P(\text{N/}m^2) \times \dfrac{1}{9.8} = H'(\text{mmAq})$
>
> $\therefore \ P(\text{N/}m^2) = 9.8H'(\text{mmAq})$이므로
>
> 이를 식 ⓒ에 대입하고 (kW)로 변환하면 다음과 같다.
>
> 동력 $P_0(\text{kW}) = \dfrac{Q(m^3\text{/min})}{60} \times \dfrac{9.8H'(\text{mmAq})}{1,000} = \dfrac{Q \times H'}{0.102 \times 1,000 \times 60} = \dfrac{Q \times H'}{102 \times 60}$
> $= \dfrac{Q \times H'}{6,120}$
>
> 이때 효율을 η라면 필요한 송풍기의 축동력에 대한 일반식의 표기 방법은
>
> [식 4-1-8]의 $L(\text{kW}) = \dfrac{Q(m^3\text{/min}) \times H(\text{mmAq})}{6,120 \times \eta}$ 가 된다.

chapter

4

소화활동설비

제2절
거실제연설비(NFPC & NFTC 50

① 적용기준

1. 설치대상 : 소방시설법 시행령 별표 4

(1) 대상

거실제연설비에 대한 설치대상은 다음 표와 같다.

[표 4-2-1] 거실제연설비 대상

특정소방대상물	적용기준	설치장소
① 문화 및 집회시설·종교시설·운동시설	• 무대부 바닥면적 200m² 이상인 경우	해당 무대부
	• 영화상영관으로 수용인원 100인 이상인 경우	해당 영화상영관
② 근린생활시설·판매시설·운수시설·숙박시설·위락시설·의료시설·노유자시설·창고시설 중 물류터미널	지하층이나 무창층에 설치된 해당용도로 사용되는 바닥면적의 합계 1,000m² 이상인 경우	해당 부분
③ 운수시설 중 시외버스정류장·철도 및 도시철도시설·공항시설 및 항만시설의 대기실 또는 휴게시설	지하층 또는 무창층의 바닥면적 1,000m² 이상인 경우	모든 층
④ 지하가(터널 제외)	연면적 1,000m² 이상	—
⑤ 지하가 중 터널	행정안전부령으로 정하는 경우^(주)	—

㈜ 예상 교통량·경사도 등 터널의 특성을 고려하여 행정안전부령으로 정하는 위험등급 이상에 해당하는 터널을 말한다.

(2) 해설

거실제연설비의 설치목적은 화재시 발생한 연기가 배출되지 않고 체류할 수 있는 지하층이나 무창층에 대하여 급배기를 실시함으로서 화재실에서 발생하는 연기를 배출하고 다른 장소로 전파되는 것을 억제함으로서 재실자의 안전한 피난을 위한 피난경로 확보 및 소방대가 원활한 소화활동을 하도록 지원하는 소화활동설비이다.

1) 문화 및 집회시설 · 종교시설 · 운동시설

① 제연설비 적용 사유 : 문화 및 집회시설 · 종교시설 · 운동시설의 경우는 지하층이나 무창층과 무관하게 무대부 바닥면적이나 영화상영관(문화 및 집회시설 일 때)의 경우는 수용인원으로만 거실제연설비를 적용하고 있다. 이는 다음과 같은 사유로 인하여 연기로 인한 인명피해의 우려가 높은 장소이므로 연기에 대한 제어가 필요하기 때문이다.

㉮ 높은 수용인원의 밀도 : 무대부가 있는 장소나 영화상영관의 경우는 수용인원 밀도(바닥면적당 수용인원)가 다른 용도보다 매우 높아 화재시 많은 사람이 일시에 대피하여야 한다.

㉯ 장소의 폐쇄성 : 실내에 무대부가 있거나 또는 영화상영관의 경우 공연을 하는 공연장 내부는 외부와 방화구획을 하고 소음이 차단되는 구획된 공간이며 아울러 객석에는 조명을 하지 않아 실내가 어두운 관계로 내부 또는 외부에서 화재가 발생할 경우 신속한 대피가 어려운 특성이 있다.

㉰ 연기확산의 위험성 : 무대부나 영화상영관의 경우 공연장 내부는 방화구획이 제외되는 대공간이며 무대부로 인하여 높은 천장구조로 되어 있다. 아울러 무대부에 설치된 각종 장치물로 인하여 화재가 발생하면 순식간에 불길이 천장 상부로 전파되고 연기가 공연장 내부로 확산될 우려가 높은 장소이다.

② 무대부의 개념

㉮ 제연설비를 적용하는 경우 "무대부"란 반드시 공연을 하기 위한 무대장치가 있는 경우에 한하여 이를 무대부로 적용하여야 한다. 무대부로 거실제연설비 대상이 된 경우는 해당 무대부만 제연설비 설치 대상이며, 무대부가 있는 해당 시설(문화 및 집회시설 · 종교시설 · 운동시설) 전체가 제연설비 대상이 되는 것이 아니다.

㉯ NFPA 101(Life Safety Code) 2021 edition 3.3.276에서 무대(Stage)란 오락과 무대 외 현수막 또는 무대장면이나 기타 무대효과를 위하여 사용되는 건물 내의 장소로 정의하고 있으며 이를 정통무대(Legitimate Stage : 무대바닥에서 천장까지의 무대높이가 15m를 초과하는 경우)와 일반무대(Regular Stage : 무대높이가 15m 이하인 경우)로 구분하고 있다.

2) 근린생활시설 등 : 근린생활시설 등의 경우는 지하층이나 무창층에서 해당 용도로 사용되는 바닥면적이 1,000m² 이상인 것으로 2013. 1. 9.자로 개정되었다.

① 무창층이란 "개구부면적≤바닥면적×1/30"의 층으로서 개구부(건축물에서 채광·환기·통풍 또는 출입 등을 위하여 만든 창·출입문, 그 밖에 이와 비슷한 것을 말한다)란 다음의 다음 각 목의 요건을 모두 갖춘 개구부를 뜻한다.[416]

─────────────
416) 소방시설법 시행령 제2조

㉮ 크기는 지름 50cm 이상의 원이 내접할 수 있는 크기일 것

㉯ 해당 층의 바닥면으로부터 개구부 밑 부분까지의 높이가 1.2m 이내일 것

㉰ 개구부는 도로 또는 차량이 진입할 수 있는 빈터를 향할 것

㉱ 화재시 건축물로부터 쉽게 피난할 수 있도록 창살이나 그 밖의 장애물이 설치되지 아니할 것

㉲ 내부 또는 외부에서 쉽게 부수거나 열 수 있을 것

무창층의 정의에서 11층 이상의 고층부분을 제외하지 않는 이유는 무창층은 피난기구 적용과 같이 피난상 유효한 개구부가 아니라 피난상 유효한 개구부이거나 또는 소화활동상 유효한 개구부로서 2가지 개념을 포함하고 있기 때문이다.

② 거실제연설비란 연기의 배출이 되지 않는 지하층이나 무창층 구조에 대해 이를 적용하기 위하여 도입한 설비이다. 그럼에도 불구하고 근린생활시설 등의 경우에 종전까지는 "해당용도로 사용하는 모든 층"으로 규정되어 적용시 많은 문제점이 발생하게 되었다. 예를 들어 제연설비 대상이 되는 지하층이나 무창층 건물에서, 지하층(또는 무창층)뿐 아니라 지상층이나 유창층(창 면적이 바닥면적의 1/30을 초과하는 층) 부분에도 근린생활시설 등의 용도가 있을 경우 해당 층에도 추가로 제연설비를 설치해야 하는 모순이 발생하게 되어 2013. 1. 9.자로 현재 기준과 같이 개정되었다.

3) 시외버스정류장 등의 대기실 또는 휴게시설

① 운수시설은 여객자동차터미널, 철도 및 도시철도 시설, 공항시설, 항만시설 및 종합여객시설로 구분한다. 이 중에서 제연설비는 버스, 기차(지하철 포함), 비행기, 선박의 승객이 이용하는 대기실(구 대합실) 또는 휴게시설에 국한하여 제연설비를 적용하고 있다.

② 따라서 운수시설의 경우 거실제연설비 대상 유무는 해당 용도 전체가 대상이 아니라 대기실이나 휴게시설에 국한하므로 해당 시설의 바닥면적이 1,000m^2 이상일 경우에는 모든 층에 설치하여야 한다.

4) 지하가(터널 제외) : 지하가는 지하상가 및 터널로 구분하고 있으며 이 중 터널을 제외하므로 실질적으로 지하상가에 대해 이를 적용하는 것이다. 지하상가의 정의는 지하의 공작물 안에 설치되어 있는 점포·사무실, 그 밖에 이와 비슷한 시설로서 연속하여 지하도에 면하여 설치된 것과 그 지하도를 합한 것을 말한다.

5) 지하가 중 터널

① 터널은 지하·해저 또는 산을 뚫어서 차량(궤도차량용을 제외) 등의 통행 목적으로 만든 것을 말한다. 이 중에서 궤도차량이란 지하철이나 철도와 같이 레일을 이용하는 차량을 말하는 것으로 거실제연설비 대상인 터널은 국도나 고속도로 등과 같이 레일이 없는 일반도로에 설치된 터널에 국한한다.

② 왜냐하면 고정된 레일 위로만 운행하는 철도차량의 경우는 위험도가 상대적으로 낮으나 일반도로의 경우는 직접 운전을 하게 되므로 운전 중 실수나 사고 등으로 인하여 터널에서 차량사고로 인한 화재 발생가능성이 높기 때문이다.

③ 아울러 행정안전부령으로 정하는 위험등급 이상에 해당하는 터널에만 제연설비를 적용하도록 규정하고 있다. 행정안전부령으로 정하는 위험등급 이상에 해당하는 터널이란 "소방시설법 시행규칙" 제16조에서 "도로의 구조·시설기준에 관한 규칙" 제48조에 따라 국토교통부장관이 정하는 위험등급의 터널로 규정하고 있다. 해당 규칙의 제48조를 보면, 세부적인 사항은 이를 국토교통부장관이 별도로 위임하도록 하였다. 이에 따라 국토교통부에서는 기존의 "도로·터널 방재시설 설치 및 관리지침"을 2009. 8. 24. 예규로 제정 발령(국토교통부 예규 제100호)하고 현재는 2020. 8. 31. 개정되어 동 지침 내에 있는 터널의 위험등급에 관한 기준을 적용하도록 한다.

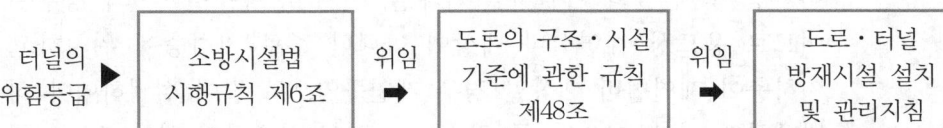

터널의 위험등급 ▶ 소방시설법 시행규칙 제6조 → (위임) → 도로의 구조·시설 기준에 관한 규칙 제48조 → (위임) → 도로·터널 방재시설 설치 및 관리지침

2. 제외대상

(1) 설치면제 : 소방시설법 시행령 별표 5

제연설비를 설치하여야 하는 특정소방대상물에 다음의 어느 하나에 해당하는 설비를 설치한 경우에는 설치가 면제된다.

1) 공기조화설비를 화재안전기준의 제연설비기준에 적합하게 설치하고 공기조화설비가 화재시 제연설비 기능으로 자동전환되는 구조로 설치되어 있는 경우

2) 직접 외기로 통하는 배출구의 면적의 합계가 해당 제연구역[제연경계(제연설비의 일부인 천장을 포함한다)에 의하여 구획된 건축물 내의 공간을 말한다] 바닥면적의 1/100 이상이며, 배출구로부터 각 부분의 수평거리가 30m 이내이고,

소화활동설비 (chapter 4)

공기유입이 화재안전기준에 적합하게(외기를 직접 자연유입할 경우에 유입구의 크기는 배출구의 크기 이상인 경우) 설치되어 있는 경우

3) 제연설비를 설치하여야 하는 특정소방대상물 중 노대와 연결된 특별피난계단 또는 노대가 설치된 비상용 승강기 승강장의 경우 또는 피난용 승강기(건축법 시행령에 따른 배연설비가 설치된 경우)

(2) 설치제외 : NFPC 501(이하 동일) 제13조/NFTC 501(이하 동일) 2.9

1) **기준** : 제연설비를 설치하여야 할 특정소방대상물 중 화장실·목욕실·주차장·발코니를 설치한 숙박시설(가족호텔 및 휴양콘도미니엄에 한한다)의 객실과 사람이 상주하지 아니하는 기계실·전기실·공조실·50m² 미만의 창고 등으로 사용되는 부분에 대하여는 배출구·공기유입구의 설치 및 배출량 산정에서 이를 제외할 수 있다.

2) **해설**

① 제연설비를 설치할 대상 중에서 화장실·목욕실의 경우는 화재 발생의 우려가 낮은 장소이며 또한 사람이 상주하지 않는 50m² 미만 창고는 사람이 상주하지 않는 소규모의 장소인 관계로 이를 제연설비 적용에서 제외하도록 한 것이다.

② 주차장 및 건물의 지원시설(기계실, 전기실, 공조실 등)의 경우는 업무시설이므로 용도상 제연설비 대상이 아니나 주로 지하층에 위치하고 있으므로 지하층이 제연설비 대상일 경우 제연구역으로 같이 설정하여야 하는 문제가 발생하게 된다. 그러나 동 장소는 사람이 상주하지 않는 장소이며 건축법상 거실에 해당하지 않는 관계로 이를 제연설비 적용장소에서 제외한 것이다.

③ 숙박시설(가족호텔 및 휴양콘도미니엄에 한한다)의 객실에 대한 적용은 다음과 같이 하도록 한다.

㉮ 발코니가 있어야 하며 발코니가 없는 경우는 제외할 수 없다. 발코니가 있을 경우에는 객실 화재시 발코니를 통하여 연기의 배출이 가능하므로 객실 내 연기가 체류하는 것이 제한되며 또한 발코니를 이용하여 피난이 가능하기 때문이다.

㉯ 숙박시설은 모두 제외되는 것이 아니라 숙박시설 중 가족호텔 및 휴양콘도미니엄에 한하여 제외할 수 있다. 건축법상417) 숙박시설은 다음과 같이 일반숙박시설 및 생활숙박시설과 관광숙박시설로 구분하며 취사시설이

---

417) 건축법 시행령 별표 1(용도별 건축물의 종류) 제15호(숙박시설)

없는 것은 일반숙박시설이고 취사시설이 있는 경우가 생활숙박시설이다. 아울러, 관광숙박시설에는 관광호텔, 수상관광호텔, 한국전통호텔, 가족호텔, 호스텔, 소형호텔, 의료관광호텔 및 휴양콘도미니엄으로 분류한다.

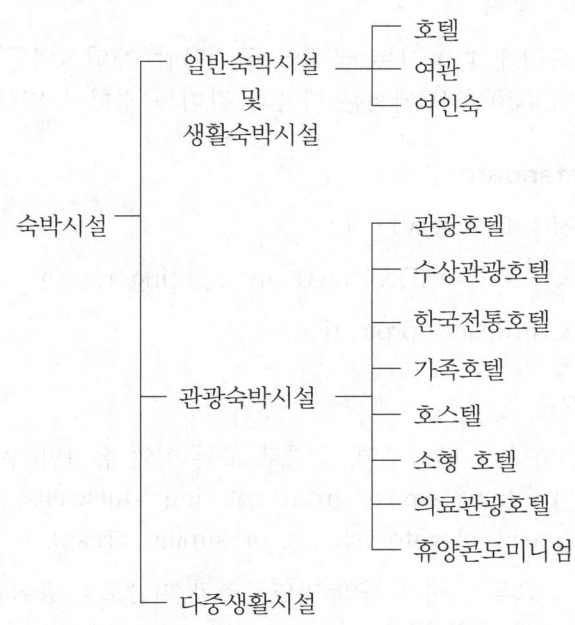

ⓒ 일반숙박시설은 공중위생관리법의 적용을 받으나, 관광숙박시설은 관광진흥법의 적용을 받는다. 관광진흥법에 따르면 휴양콘도미니엄은 동일단지 안에 객실을 50개 이상이어야 한다. 가족호텔이나 휴양콘도미니엄에 대한 정의는 다음과 같다.

　ㄱ 가족호텔 : 관광진흥법 시행령 제2조에 따르면 가족호텔은 가족단위 관광객의 숙박에 적합한 시설 및 취사도구를 갖추어 관광객에게 이용하게 하거나 숙박에 딸린 음식·운동·휴양 또는 연수에 적합한 시설을 함께 갖추어 관광객에게 이용하게 하는 업으로 규정하고 있다.

　ㄴ 휴양콘도미니엄 : 관광진흥법 제3조에 따르면 휴양콘도미니엄은 관광객의 숙박과 취사에 적합한 시설을 갖추어 이를 그 시설의 회원이나 공유자, 그 밖의 관광객에게 제공하거나 숙박에 딸린 음식·운동·오락·휴양·공연 또는 연수에 적합한 시설 등을 함께 갖추어 이를 이용하게 하는 업으로 규정하고 있다.

2 제연설비의 이론

1. 제연설비의 목적

제연설비의 목적에 대해서는 국내의 급기가압 제연설비를 제정할 때 참고한 British Standard[418]와 NFPA 92에서는 다음과 같이 규정하고 있다.

(1) British standard[419]

1) 인명안전(Life safety)

2) 소화활동경로 부여(Dedicated fire fighting route)

3) 재산보호(Property protection)

(2) NFPA 92[420]

1) 계단실, 피난로, 방연구역, 승강로 또는 이와 유사한 구역에 연기가 유입되는 것을 억제한다(Inhibit smoke from entering stairwells, means of egress, smoke refuge areas, elevator shafts, or similar areas).

2) 피난에 소요되는 시간 동안 방연구역과 피난로의 방어환경(Tenable environment)을 유지시켜 준다(Maintain a tenable environment in smoke refuse areas and means of egress during the time required for evacuation).[421]

3) 제연구역으로부터 연기의 확산을 억제한다. (Inhibit the migration of smoke from the smoke zone)

4) 비상요원이 소화 및 구조활동을 수행하고 화재의 위치를 파악하고 통제할 수 있도록 제연구역 외부에 조건을 제공한다(Provide conditions outside the smoke zone that enable emergency response personnel to conduct search and rescue operations and to locate and control the fire).

5) 인명을 보호하고 재산손실을 감소시켜 준다(Contribute to the protection of life and to the reduction of property loss).

---

418) 급기가압설비에 대한 영국의 기준인 BS(British Standard) Code 5588-4는 유럽규격(EN ; European Norm)과 부합화(附合化)하기 위하여 BS-EN 12101-6으로 2005년 개정되었다 [BS EN 12101-6(2005년) Smoke and heat control systems-specification for pressure differential systems].

419) BS EN 12101-6 Smoke and heat control systems(2022 edition)

420) NFPA 92 Smoke control system(2021 edition) 1.2. Purpose : NFPA 92A와 92B는 2012년 판에서 NFPA 92(Smoke control system)로 통합한 후 전면 개정되었다.

421) 방어환경(Tenable environment) : 연기나 열을 제한시키거나 또는 재실자에게 생명에 지장을 주지 않을 정도의 수준으로 연기나 열을 억제시켜주는 공간

2. 연기의 확산요인

화재가 발생하게 되면 생성되는 연기가 건물 전체에 확산되어 피난이나 소화활동에 심각한 장애를 주게 된다. 연기(Smoke)란 NFPA에서는 "물질이 연소되는 경우 열분해를 거치면서 발생하는 부유성의 고체나 액체상태의 입자 및 가스"로 정의하고 있으며[422] 화재시 연기가 건물에 확산되는 요인으로는 다음과 같은 5가지의 요인이 있다.[423]

(1) 굴뚝효과(Stack effect)

굴뚝효과란 건물 내에 있는 샤프트, 계단, 승강로, 덕트, 피트 등과 같은 수직용 공기 이동통로에 대해 상승기류나 하강기류가 형성되는 것을 말한다. 이는 건물의 내부와 외부의 온도차에 의해 결정되는 것으로 외부온도가 낮을 경우는(내부보다) 상승기류가 발생되며 이를 "정상 굴뚝효과(Normal stack effect)"라 하며, 외부온도가 높을 경우는(내부보다) 하강기류가 발생되며 이를 "역방향 굴뚝효과(Reverse stack effect)"라 한다. 굴뚝효과로 인하여 수직통로에서는 상하간에 압력차가 발생하며 대기압상태에서 굴뚝효과로 인해 발생하는 압력차는 다음과 같다.

$$\Delta P = K\left(\frac{1}{T_0} - \frac{1}{T_i}\right)h \qquad \cdots\cdots\cdots\cdots [식 4-2-1]$$

여기서, ΔP : 압력차(Pa), K : 상수(3,460), T_0 : 건물 외부의 온도(K)
$\qquad T_i$: 수직통로 내부의 온도(K), h : 중성대로부터의 높이(m)

위의 식에서 중성대(中性帶 ; Neutral plane)란 건물의 외부 및 내부의 압력이 동일한 수평면을 뜻한다.

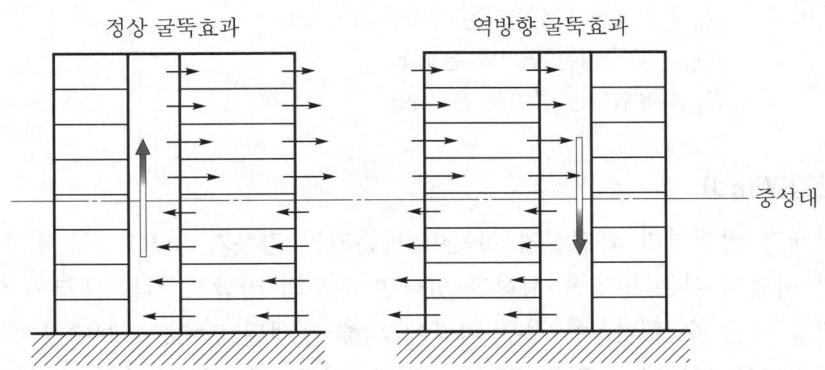

정상 굴뚝효과 / 역방향 굴뚝효과 / 중성대

[그림 4-2-1] 연돌효과로 인한 공기이동방향

---

422) NFPA 92(2021 edition) 3.3.12(Smoke) : The airborne solid and liquid particulates and gases evolved when a material undergoes pyrolysis of combustion, together with the quantity of air that is entrained or otherwise mixed into the mass.

423) SFPE Handbook 3rd edition Chap. 12 p.4-275

일반적으로 화재시에는 건물 내부의 온도가 올라가므로 상승기류가 형성되어 연기가 건물 전체에 확산되는 요인이 된다.

(2) 부력(浮力 ; Buoyancy)

화재시에 발생하는 열로 인하여 주위의 공기가 팽창하게 되면 동일 질량 대비 주변공기의 부피가 팽창하여 비중이 가벼워지므로 자연적으로 부력이 발생하게 된다. 부력에 의해 형성되는 압력차 역시 [식 4-2-1]과 동일한 식이 된다.

화재실 천장에 개구부 등의 누설틈새가 있는 경우에는 발생하는 부력에 의해 형성되는 압력으로 인하여 화재실에서 상층으로 연기가 확산되는 요인이 된다. 연기가 화재실로부터 멀어질수록 연기온도는 낮아지며 이로 인하여 부력의 효과는 화재 발생장소로부터 거리에 따라 감소하게 된다.

(3) 팽창(Expansion)

화재시 발생되는 열에 의해 주변의 공기가 팽창하게 되며 이로 인하여 연기확산의 요인이 된다. 개구부가 하나인 화재실의 경우는 외부의 공기가 화재실로 유입되고 동시에 고온의 연기가 화재실로부터 외부로 유출하게 된다. 유동하는 기류에 비해 가해지는 연료의 양을 무시할 수 있다면 다음 식이 성립된다.

$$\frac{Q_{out}}{Q_{in}} = \frac{T_{out}}{T_{in}} \qquad \text{.................. [식 4-2-2]}$$

여기서, Q_{out} : 화재실에서 유출되는 연기량(m^3/sec)
  Q_{in} : 화재실로 유입되는 공기량(m^3/sec)
  T_{out} : 유출되는 연기의 온도(K)
  T_{in} : 유입되는 공기의 온도(K)

(4) 바람(Wind)

화재가 발생하면 화재실의 창문이 파손되는 경우가 많으며 이 경우 파손된 창문이 바람이 부는 방향을 향하고 있다면 외부의 바람은 건물 내부의 연기이동에 큰 영향을 줄 수 있다. 이 경우 바람에 의해 형성된 압력은 매우 큰 관계로 건물 전체의 연기이동의 주요한 요인이 될 수 있다. 바람으로 인해 표면에 작용하는 압력은 다음 식으로 표현할 수 있다.

$$P_W = \frac{1}{2} C_w \rho V^2 \qquad \text{.................. [식 4-2-3]}$$

여기서, P_W : 풍압(Pa)

$\quad$ C_w : 압력계수(무차원) 0.5

$\quad$ ρ : 외부 공기밀도(1.2kg/m^3)

$\quad$ V : 풍속(m/sec)

압력계수(Pressure coefficient)란 $-0.8 \sim +0.8$의 범위에 있는 값으로 양수는 바람을 면하는 방향, 음수는 바람의 반대방향에 있는 벽을 뜻한다. 일반적으로 풍속은 지면으로부터의 높이에 따라 증가하게 된다.

(5) 공조설비(HVAC System)

공조설비는 화재실의 연기를 다른 장소로 전파시키는 역할을 하게 되며, 화재 초기에는 오히려 연기를 전파시킴으로서 감지기가 화재를 조기 감지하는 데 도움을 주게 된다. 그러나 연소가 점차 확대되면서 공조설비는 연기를 건물 전체에 확산시킴으로서 피난에 결정적인 장애를 줄 수 있으므로 일반적으로 화재시에는 공조설비는 정지되어야 한다. 그러나 공조설비는 정지되어도 화재시에는 공조설비 외에 연돌효과, 부력, 팽창, 바람의 효과 등으로 인하여 개구부나 수직통로를 통하여 연기가 건물 전체로 이동하게 된다.

3. 제연설비의 개념

(1) 거실제연

1) **개념** : 거실은 그 공간이 화재가 발생하는 화재실이므로 해당 화재실에서 연기와 열기를 직접 배출시켜야 하며, 배기만 실시하고 급기를 실시하지 않을 경우는 배기시킨 공간으로 주위에서 연기가 계속 유입되어 재실자가 피난할 수 있는 피난경로를 확보해 주지 못하게 된다. 따라서 배출시킨 배기량(m^3/sec) 체적에 대응한 급기를 실시하여 피난 및 소화활동을 위한 공간을 조성하도록 한다. 이를 위하여 상부에 배기구를 설치하여 제연경계 하부만큼의 연기를 배출시키며 배출되지 않은 연기는 제연경계 상부에 체류하게 된다. 또한 제연경계 하단부로는 외기가 주입되어 이로 인하여 제연경계 하부는 피난 및 소화활동의 공간이 조성되며, 이때의 급기량은 배기량의 배출에 지장이 없도록 하여야 한다.

2) **적용** : 급기를 할 경우 풍속은 저속으로 급기하여야 하며 화재안전기준에서는 이를 5m/sec 이하로 규정하고 있다. NFPA 204(Smoke & heat venting ; 2021 edition) A.6.6.3에서는 급기풍속을 200ft/min(1.02m/sec) 이하로 제한하고 있으며 다음과 같은 사유로 인하여 저속으로 급기하도록 하고 있다.

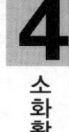

chapter

4

소화활동설비

① 화재시 화재플룸(Fire plume)을 방해하고 과잉 공기가 공급될 수 있으므로 이를 방지하기 위해(To avoid disturbing the fire plume and causing excess air entrainment)

② 해당 제연구역에 대한 압력감소의 범위와 이로 인한 출입문 개폐시 영향을 제한하기 위해(To limit the degree of depressurization of the space and consequent effects on door opening and closing)

③ 실내로 유입되는 공기가 거주자의 탈출을 방해하지 않도록 하기 위해(To avoid incoming air hampering escape of occupants)

구 분	적 용	제연대책	제연방식	적용장소
거실제연	화재실(Fire area)	① 적극적인 대책 ② Smoke venting	급배기방식	거실

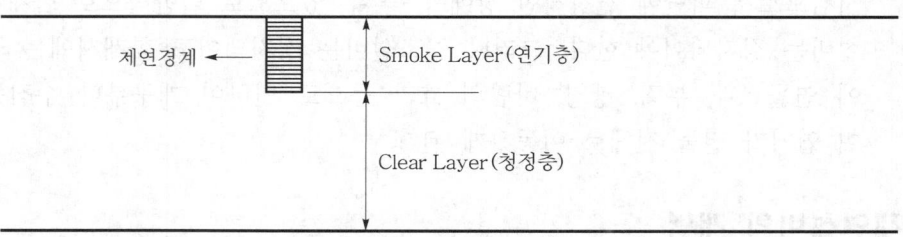

3) 급기량과 배출량의 대소 관계

거실제연에서는 재실자의 피난 이외에 소방대의 소화활동을 위하여 화재실에 청정층(Clear layer)을 형성하여야 하므로 화재안전기준에서는 종전까지 거실제연에서 급기량을 배출량과 동등 이상으로 규정하였으나, 2022. 9. 15.자로 "배출량의 배출에 지장이 없는 양으로 급기하도록" 제8조 7항(2.5.7)을 개정하였다. 급기량이 배출량과 동등 이상이어야 하는 것은 국제적인 근거가 부족하며 NFPA 92[424]에서는 대규모 공간에서 양압이 생성되는 것을 피하기 위해 급기량을 배출량보다 적게 공급하도록 규정한 것을 참고하여 개정한 것이다. 또한 NFPA 92 A.4.4.4.1에서는 급기량은 배출량의 85~95%로 설계하도록 권장하고 있다.[425]

---

424) NFPA 92(2021 edition) 4.4.4.1.2 : Mechanical makeup air shall be less than the mass flow rate of the mechanical smoke exhaust(기계적 급기량은 기계적 배연의 질량유량보다 적어야 한다).

425) NFPA 92(2021 editiion) A.4.4.4.1 : It is recommended that makeup air be designed at 85 percent to 95 percent of the exhaust, not including the leakage through small paths(급기량은 미소경로를 통한 누설을 제외하고 배출량의 85~95% 수준으로 설계하는 것이 권장된다).

(2) 부속실 제연

1) **개념** : 특별피난계단의 부속실이나 피난용 및 비상용 승강기의 승강장의 경우는 화재가 발생하는 화재실이 아니며 피난경로상의 안전구역(Safety zone)이다. 이러한 안전구역은 피난자 및 소방대가 대기하는 공간이므로 따라서 거실 등에서 화재가 발생할 경우 안전구역으로 연기의 침투를 방지하는 대책이 가장 중요하다. 근본적으로 안전구역은 화재실이 아니므로 연기발생이 없는 공간으로서 배기를 실시할 경우 환기의 의미밖에는 되지 않는다. 따라서 부속실 등의 안전구역은 연기의 침투를 방지하기 위하여 양압(陽壓)을 유지하여야 하며 이에 따라 급기 가압 방식을 적용하도록 한다.

2) **적용** : 화재시 부속실의 압력을 P_1, 화재실의 압력을 P_2라면, 일반적으로 화재가 발생하는 장소의 압력은 상승하므로 P_1 보다 P_2가 다소 압력이 높게 형성된다. 이때 부속실에서 배기만 할 경우, 급배기를 할 경우, 급기만 할 경우를 비교하면 다음과 같다.

① 부속실 배기만 실시할 경우 : 부속실의 압력은 부압(負壓)이 되며, $P_1 < P_2$가 되므로 화재실에서 발생하는 연기가 부속실로 유입하게 된다.

② 부속실 급배기를 실시할 경우 : 부속실의 압력은 급배기 실시 전과 유사하며, 결국 $P_1 \fallingdotseq P_2$로서 환기상태의 경우에 해당한다.

③ 부속실 급기만 실시할 경우 : 부속실의 압력은 양압(陽壓)이 되며, $P_1 > P_2$로서 화재실로부터 연기의 유입을 차단하게 된다. 이때 연기가 침투되지 못할 정도의 압력차를 유지하기 위한 급기를 부속실에 공급하도록 한다.

구 분	적 용	제연대책	제연방식	적용장소
부속실 제연	피난로(Escape route)	① 소극적인 대책 ② Smoke defence	급기가압방식	• 특별피난계단의 부속실 • 피난용 및 비상용 승강기의 승강장

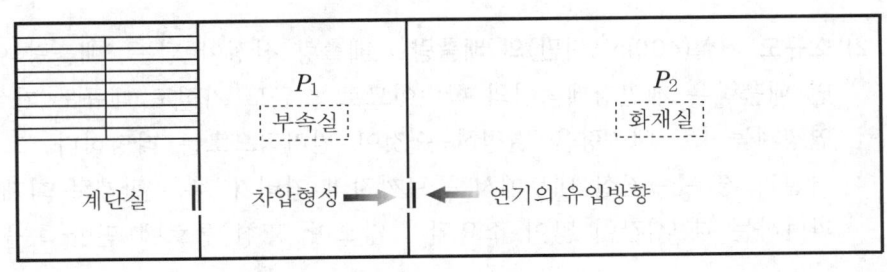

4. 배출량의 이론

(1) 배출량의 개념

1) 거실의 배출량 적용

① 제연설비에서 하나의 예상제연구역에 대한 단독제연방식을 적용할 경우 배출량 산정의 가장 기본적인 구분은 소규모 거실과 대규모 거실의 2부분으로 구분하여 배출량을 다르게 산정한다는 것이다. 소규모 거실이란 화재안전기준에서 바닥면적 400m² 미만으로 구획된 거실에 해당하며 대규모 거실이란 400m² 이상으로 구획된 거실에 해당한다. 이 경우 소규모 거실은 바닥면적별로 배출량을 산정하며 대규모 거실은 제연경계 수직거리(높이)별로 배출량을 산정한다.

② 제연경계의 수직거리가 구획부분에 따라 다른 경우는 수직거리가 긴 것을 기준으로 한다(제6조 5항/2.3.5). 제연경계의 수직거리란 제연경계 하단부에서 바닥까지의 거리를 말하는 것으로 예상제연구역별로 2개 이상의 제연경계가 설치되고 제연경계의 수직거리가 같지 않을 경우는 수직거리가 가장 긴 것으로 적용한다. 이는 배출량 적용시 가장 불리한 조건인 배출량을 큰 쪽으로 한다는 것으로 이 경우 제연경계의 폭은 가장 짧은 쪽이 해당하게 된다. 다음 그림과 같이 B구역에 대한 배출량 적용은 제연경계의 수직거리가 각각 a, b로서 다르므로 수직거리가 긴 b로 적용하여 배출량 기준을 적용하여야 한다.

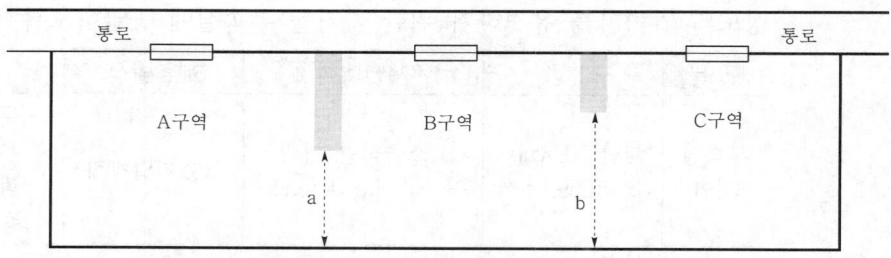

[그림 4-2-2] 제연경계의 수직거리가 다를 경우

2) 소규모 거실(400m² 미만)의 배출량 : 배출량 산정이 되는 "배출량 이론"에 의하면 배출량은 제연경계높이의 함수이므로 소규모 거실도 대규모 거실과 같이 제연경계높이로 배출량을 결정하는 것이 원리적으로는 타당하다. 그러나 소규모 거실의 경우는 거실 내부에서 통로까지의 거리가 짧은 관계로 화재시 통로까지 피난하는 데 시간이 많이 소요되지 않으며, 또한 통로에 면한 쪽을 제외하고는

칸막이 등으로 구획되어야 하므로 화재실에서 발생하는 연기가 다른 공간으로 쉽게 유동하기 어려운 조건이 된다. 따라서 이 경우는 구획된 공간 내에 체류하는 연기를 배출시켜 주는 배연의 개념으로 단순화시켜 바닥면적당 배출량을 결정하고 있으며 이는 간략한 방식이지만 적용에 무리가 없다고 할 수 있다.

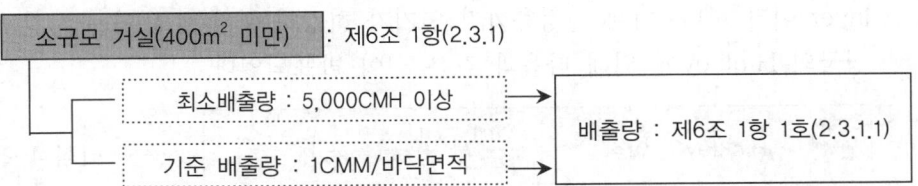

3) **대규모 거실(400m² 이상)의 배출량** : 이에 비하여 대규모 거실의 경우는 거실 내부에서 통로까지 피난하는 데 소규모 거실에 비하여 시간이 소요되며, 또 소규모 거실과 달리 대규모 거실은 칸막이(벽체 등) 구획 이외에 제연경계로 구획된 경우도 인정하고 있다. 따라서 이는 제연구역간에 기류가 유동되는 관계로 단순한 배출측면보다는 화재실에서 제연경계 아래쪽의 체적에 해당하는 연기를 배출하고 대신 제연경계 아래쪽에는 급기를 공급하여 안전공간인 청정층(Clear layer)을 확보하여야 하므로 배출량은 제연경계높이에 따라 산정되도록 한 것이다.

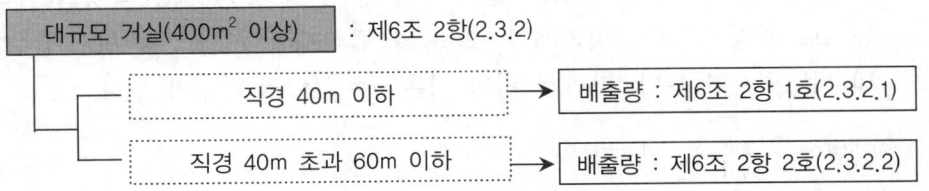

위 사항을 정리하면 다음 표와 같다.

구 분	소규모 거실(400m² 미만)	대규모 거실(400m² 이상)
① 피난시간	통로까지의 피난시간이 짧다.	통로까지의 피난시간이 길다.
② 배출량	바닥면적별 기준	제연경계 높이별 기준
③ 제연구획	칸막이나 벽 등에 의한 제연구획 (거실과 통로는 제연경계도 가능)	제연경계를 포함한 칸막이, 벽 등에 의한 제연구획
④ 배출의 개념	구획된 화재실에서 발생하는 연기를 배출시켜주는 배연의 개념	연기를 배출시킨 제연경계 아래 공간에 급기를 하여 청정층을 확보하는 개념

chapter

4

소화활동설비

(2) 배출량의 이론적 배경

화재시 바닥면에서 발생되는 연기가 수직 상승하여 천장면에 부딪힌 후 위에서부터 하강하기 시작하여 바닥에서 일정높이까지 연기가 충만될 경우 연기가 체류하는 윗부분을 연기층(Smoke layer)이라 하며, 하부의 공기층을 청정층(Clear layer)이라 한다. 이때 청정층까지 연기가 하강하는 데 소요되는 시간(t)에 대하여 영국의 Hinkley에 의해 다음과 같은 식이 발표되었다.

$$\text{Hinkley의 법칙} : t = \frac{20A}{P\sqrt{g}}\left(\frac{1}{\sqrt{y}} - \frac{1}{\sqrt{h}}\right)$$ ············ [식 4-2-4]

여기서, t : 청정층(Clear layer)까지 소요시간(sec)
  A : 화재실의 바닥면적(m^2)
  P : 화염의 둘레(m)
  y : 청정층(Clear layer)의 높이(m)
  h : 화재실의 높이(m)
  g : 중력가속도($9.81m/sec^2$)

위의 식에서 층고가 h(m)이므로 Clear layer 높이가 y라면 Smoke layer 높이는 $(h-y)$가 된다. 영국의 F.R.S(Fire Research Station)에 의하면 스프링클러설비가 있는 건물의 화재시 화세의 최대크기주변(Perimeter)은 4개의 헤드에 의해 방호되는 범위 내부로 보아 화염의 둘레 P는 한 변이 3m인 정사각형의 둘레, 즉 최대 12m로 가정한다.[426] 따라서 Hinkley의 법칙에서 P, g, A, h는 상수가 되며, y 및 t는 변수가 된다. 따라서 위의 식은 $y = f(t)$의 함수가 된다.

양변에 $\dfrac{p\sqrt{g}}{20A}$를 곱하면

$$\frac{p\sqrt{g}}{20A} \times t = \frac{1}{\sqrt{y}} - \frac{1}{\sqrt{h}} \quad \therefore \quad \frac{1}{\sqrt{y}} = \frac{p\sqrt{g}}{20A} \times t + \frac{1}{\sqrt{h}}$$

이때 양변을 t로 미분하면

$$-\frac{1}{2} \cdot y^{-\frac{3}{2}} \cdot \frac{dy}{dt} = \frac{p\sqrt{g}}{20A} \quad \text{양변에 } -2 \cdot y^{\frac{3}{2}} \text{를 곱하면}$$

$$\frac{dy}{dt} = \frac{p\sqrt{g}}{20A} \cdot -2y^{\frac{3}{2}} = \frac{-p\sqrt{g}}{10A} \cdot y^{\frac{3}{2}}$$

---

426) Smoke control in fire safety design, E. G. Butcher(1979) p.6 : In a large building the installation of sprinklers will usually be specified, in which case it is possible to assume that the fire will be limited to a size which is approximately a 3m×3m square(대형 건물에서는 일반적으로 스프링클러 설치가 명시되어 있으며, 이 경우 화재는 대략 3m×3m의 정사각형 크기로 제한될 것이라고 가정할 수 있다).

시간에 대한 청정층 높이의 변화율$\left(\dfrac{dy}{dt}\right)$에 A를 곱하면 이는 시간에 대한 청정층

체적의 변화율$\left(\dfrac{dv}{dt}\right)$가 된다. 결국 $\dfrac{dv}{dt}$는 단위 시간당 청정층의 체적이 되므로 이

는 배출하여야 할 배출량이 된다.

$$\therefore A\frac{dy}{dt} = \frac{p\sqrt{g}}{-10} \cdot y^{\frac{3}{2}}, \ A\frac{dy}{dt} \to \frac{dv}{dt} \ \text{가 되므로} \ \frac{dv}{dt} = \frac{p\sqrt{g}}{-10} \cdot y^{\frac{3}{2}}$$

즉, 이 결과로 알 수 있는 것은 시간당 청정층(Clear layer)의 체적변화율$\left(=\dfrac{dy}{dt}\right)$

은 화재실에서 배출하여야 하는 배출량이 되며 결국 청정층 높이(y)의 함수(3/2

승)가 되는 것을 알 수 있다. $\dfrac{dv}{dt}$의 값에 음수부호가 있는 것은 해당하는 값만큼

배출시킨다는 의미이다. 이 식에서 나타내고자 하는 것은 구획된 일정한 거실에

대하여 배출량은 청정층에 대한 높이의 함수라는 것이다. 따라서 거실제연에서는

제연경계의 수직거리(바닥에서 제연경계 하단부까지의 높이)에 따라 배출량이 결

정된다는 것으로 제6조 2항(표 2.3.2)은 이를 근거로 한 것이다.

③ 거실제연설비의 종류

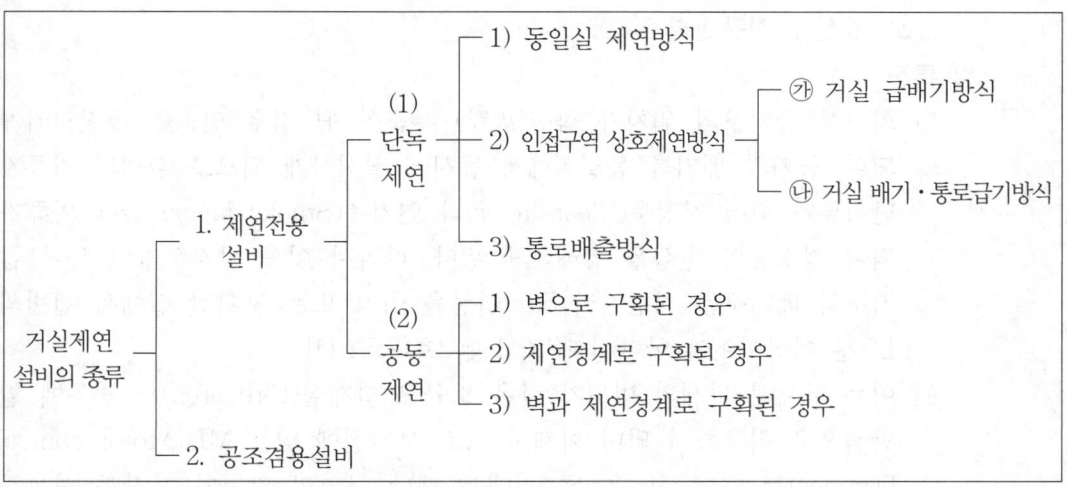

1. 제연전용설비

거실제연의 경우 제연방식은 제연전용설비와 공조겸용설비의 2가지로 크게 구분하며
제연전용설비는 다시 단독제연과 공동제연으로 구분할 수 있다.

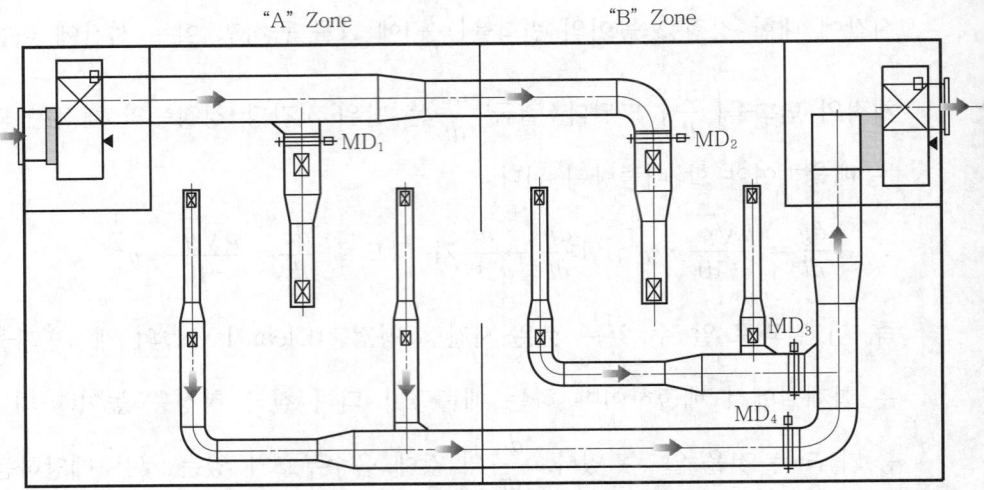

[그림 4-2-3(A)] 거실제연설비의 덕트 구성(예)

(1) 단독제연방식

1) 동일실 제연방식

① 적용 : 화재실에서 급기 및 배기를 동시에 실시하는 방식으로 설계 빈도는 매우 낮은 일반적이지 않은 제연방식으로 화재시 피해의 범위가 작은 소규모 거실에 적용한다.

② 특징

㉮ 화재시 급기구의 위치가 화점(火點) 부근이 될 경우 연소를 촉진시키게 되며, 급기와 배기를 동일실에서 동시에 실시하게 되므로 실내의 기류가 난기류가 되어 청정층(Clear layer)과 연기층(Smoke layer) 간에 와류가 되어 청정층의 형성을 방해하게 된다. 따라서 이를 방지하기 위하여 급기구와 배기구는 직선거리 5m 이상을 이격 또는 구획된 실에서 긴변의 1/2분 이상이어야 한다. [제8조 1항 2호(2.5.2.1)]

㉯ 이는 화재시 피해의 범위가 작은 소규모 화재실(Fire area)의 경우에 일반적으로 적용하게 되며 화재시 덕트 분기점에 있는 MD(Motor control Damper)는 [그림 4-2-3(A)]에서 해당 구역의 감지기 동작과 연동하여 사전에 다음의 표와 같은 시퀀스(Sequence) 구성에 따라 개폐되도록 한다.

제연구역	급 기	배 기
A구역 화재시	MD$_1$(Open)	MD$_4$(Open)
	MD$_2$(Close)	MD$_3$(Close)
B구역 화재시	MD$_2$(Open)	MD$_3$(Open)
	MD$_1$(Close)	MD$_4$(Close)

2) 인접구역 상호제연방식

① 적용 : 화재실에서 배기를 하고, 인접구역에서 급기를 실시하여 급기가 해당 구역으로 유입되는 방식으로 거실제연은 대부분 이 방식으로 설계를 한다.

② 종류

㉮ 거실 급배기방식 : 백화점 등의 판매장과 같이 복도가 없이 개방된 넓은 공간에 적용하는 방식이다. 구역별로 제연경계를 설치한 후 화재구역에서 배기하고 인접구역에서 급기하여 제연경계 하단부에서 급기가 유입되는 방식이다.

㉯ 거실 배기·통로급기방식 : 지하상가와 같이 각 실이 구획되어 있는 경우는 인접한 거실에서 화재실로 급기가 불가하므로 거실에서 배기를 하고 급기는 통로에서 실시하는 방식이다. 거실은 화재실로서 연기를 직접 배출시켜야 하므로 배기를 실시하나 급기는 통로 부분에서 실시하되, 구획된 각 실의 복도측 외벽에 급기가 유입되는 하부 그릴을 설치하여 화재실로 급기가 유입되도록 한다.

③ 특징

㉮ 거실 급배기방식 : 화재실은 연기를 배출시켜야 하므로 화재실에서는 직접 배기를 실시하며 인접실(인접한 제연구역이나 통로)에서는 급기를 실시하여 화재실로 급기가 유입되어 청정층(Clear layer)이 형성되도록 조치한다. MD(Motor control Damper)는 [그림 4-2-3(A)]에서 해당 구역의 감지기 동작과 연동하여 사전에 다음의 표와 같은 시퀀스(Sequence) 구성에 따라 개폐되도록 한다.

제연구역	급 기	배 기
A구역 화재시	MD$_2$(Open)	MD$_4$(Open)
	MD$_1$(Close)	MD$_3$(Close)
B구역 화재시	MD$_1$(Open)	MD$_3$(Open)
	MD$_2$(Close)	MD$_4$(Close)

④ 거실 배기·통로급기방식 : 이 방식은 통로에서는 급기만을 실시하며 배기를 하지 않으므로 통로를 제연구역으로 간주하지 않는다는 개념이 반영되어 있는 것으로, 만일 통로를 화재구역으로 간주할 경우는 통로에서도 배기를 하여야 한다.

3) 통로배출방식 : 제5조 2항(2.2.2)

① **적용** : 통로에 연기가 체류되지 않도록 화재시 통로를 유효한 피난경로로 확보하기 위하여 통로에서 배기를 실시하는 방식이다.

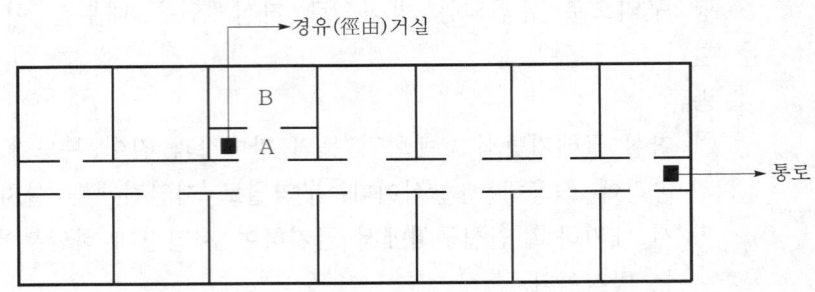

[그림 4-2-3(B)] 통로 배출방식에서의 경유 거실

② **특징**

㉮ $50m^2$ 미만으로 각 실이 각각 구획되어 통로에 면(面)한 경우에 한하여 적용할 수 있으며 거실에서 배기하지 않고 통로에서 배기를 실시하는 방식이다. 이 방식은 화재실의 면적이 적고 출입구가 통로에 면해 있으므로 거실에서 화재시 통로까지 피난하는 데 소요되는 시간이 짧아 피난에 큰 지장이 없다고 간주한 것으로, 화재실에서의 연기가 통로로 유입되는 것을 배출시켜 통로를 피난경로로 사용하는 데 지장이 없도록만 한 방식이다.

㉯ 이 경우 A처럼 다른 거실 B의 피난을 위해 통과하는 실을 경유(經由)거실이라 하며, 복도에 면한 실별로 $50m^2$ 미만인 경우에도 경유 거실이 있는 경우에는 반드시 경유 거실인 A부분에서도 별도로 배기를 실시하여야 한다(제5조 2항/2.2.2). 종전에는 이 경우 경유거실의 배기량은 50%를 할증하였으나, 건축 준공 이후 거실의 구획 변경에 따라 경유거실이 발생하거나 또는 사라지는 등 현장 적용의 어려움을 고려하여 50% 할증 조항을 2022. 9. 15.자로 삭제하였다.

㉰ 통로에서 배기만 실시하고 급기를 실시하지 않을 경우, 배기시킨 공간으로 연기가 통로로 계속 유입되어 피난할 수 있는 피난경로를 확보해 주지 못하게 된다. 따라서 이를 보완하기 위하여 2008. 12. 15. "화재시 그 거실에서 직접 배출하지 아니하고 인접한 통로의 배출만으로 갈음할 수 있다."

에서 '배출만으로'를 '배출로'로 개정하였다. 이는 배출만 하여서는 아니되고 통로에 급기도 하도록 한 것으로 배출량의 배출에 지장이 없는 범위 내에서 급기를 하여 피난 및 소화활동을 위한 공간을 조성하도록 한다.

(2) 공동제연방식

1) 공동제연의 개념

① 단독제연은 하나의 제연구역에 대한 개별적인 제연방식이나 이에 비해 공동제연이란 단독제연에 대비되는 제연방식으로, 벽으로 구획되거나 제연경계로 구획된 2 이상의 제연구역에 대해 어느 하나의 구역에서 화재가 발생하여도 2 이상의 제연구역에 대해 동시에 제연(급기 및 배기)을 실시하는 것을 말한다. 공동제연방식에서 구획된 각각의 제연구역에 대해 제연구획을 하는 방법이나 몇 개의 제연구역을 공동제연구역으로 설정할 것인가의 사항은 소요배출량과 건물의 형상 등을 감안하여 설계자가 결정하게 된다.

② 아울러 제4조 1호 및 4호에서 규정하는 제연구역의 면적 $1,000m^2$ 이내, 제연구역의 직경 60m 이내는 "하나의" 예상제연구역에 대한 기준이며 공동제연의 경우는 2개 이상의 예상제연구역을 말하는 것이므로 제4조(2.1.1)를 적용하는 것이 아니라 제연구획방법에 따라 제6조 4항(2.3.4)을 적용하여야 한다.

2) 공동제연의 특징 : 공동제연은 단독제연에 비해 다음과 같은 특징을 가지고 있다.

① 예상제연구역의 회로 구역수와 댐퍼 수량을 대폭적으로 줄일 수 있다.

② 예상제연구역 설정과 화재시 동작 시퀀스(Sequence)가 매우 단순해진다.

③ 일반적으로 송풍기의 용량은 증가하게 된다.

④ 단독제연과 달리 벽으로 구획된 경우에는 바닥면적이나 한 변의 길이를 제한하지 아니한다.

3) 공동제연의 종류

① 벽으로 구획된 경우 : 제6조 4항 1호(2.3.4.1)

㉮ 기준 : 예상제연구역이 각각 벽으로 구획된 경우(제연구역의 구획 중 출입구만을 제연경계로 구획한 경우를 포함한다)에는 각 예상제연구역의 배출량을 합한 것 이상으로 할 것. 다만, 예상제연구역의 바닥면적이 $400m^2$ 미만인 경우 배출량은 1CMM 이상으로 하고 공동예상구역 전체 배출량은 시간당 $5,000m^3$(5,000CMH) 이상으로 할 것

㉯ 해설

㉠ 벽으로 구획된 공동제연의 경우에 거실과 통로와의 부분은 제연경계로 설치할 수 있다. 벽으로 구획된 경우에는 공동제연구역의 면적이나 직경의 길이는 별도로 규제하지 않는다. 왜냐하면 이 경우는 각각의 예상제연구역의 배출량을 전부 합산하여야 하므로 송풍기 용량을 무한대로 증가시킬 수가 없기 때문에 자연히 건물 규모에 맞는 송풍기 용량을 감안하여 적정한 범위로 공동제연구역의 범위를 제한하여야 하기 때문이다.

㉡ 최저배출량에 대한 적용을 통일하기 위해 공동제연일 경우는 개별적인 하나의 예상제연구역에 대해 최저배출량인 5,000CMH는 적용하지 않고, 공동제연구역 전체의 최저배출량을 5,000CMH로 적용하도록 2022. 9. 15.자로 개정하였다.

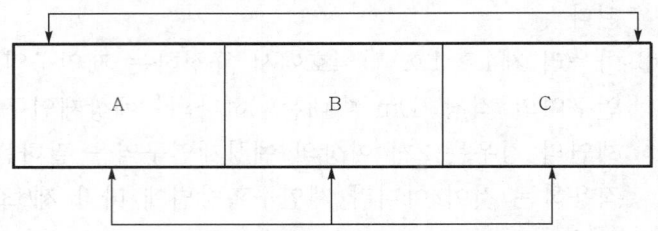

공동제연구역으로 할 경우 A, B, C 전체에
대해서는 면적이나 직경 기준은 적용하지 않는다.

A, B, C는 하나의 제연구역이므로 공동제연일 경우에도 각각 A, B, C는
1,000m² 이하이고 직경 60m 이내일 것

② 제연경계로 구획된 경우 : 제6조 4항 2호(2.3.4.2)

㉮ 기준 : 예상제연구역이 각각 제연경계로 구획된 경우(예상제연구역의 구획 중 일부가 제연경계로 구획된 경우를 포함하나, 출입구 부분만을 제연경계로 구획한 경우를 제외한다)에 배출량은 각 예상제연구역의 배출량 중 최대의 것으로 할 것. 이 경우 공동제연예상구역이 거실일 때에는 그 바닥면적이 1,000m² 이하이며, 직경 40m 원 안에 들어가야 하고, 공동제연예상구역이 통로일 때에는 보행중심선의 길이를 40m 이하로 해야 한다.

㉯ 해설

㉠ 제연경계로 구획된 경우란 하나의 예상제연구역이 모두 제연경계로 구획된 경우만 해당하는 것이 아니라, 하나의 예상제연구역 중 통로의 출입문 부분을 제외하고 어느 부분에 제연경계가 있는 경우에도 적용하여야 한다. 다만, 이 경우는 벽으로 구획된 것과 달리 각 예상

제연구역 중 최대배출량만을 적용하는 관계로 공동제연구역에 대해서는 1,000m² 이하이고, 직경 40m의 원내에 있어야 한다. 물론 이 경우 공동예상제연구역이 통로일 경우에는 면적과 무관하게 통로의 보행중심선의 길이가 40m 이하이어야 한다.

ⓒ 벽과 제연경계로 구획된 경우란 제연경계로 구획된 경우와 벽으로 구획된 경우가 복합되어 있는 경우로서 이는 제6조 4항 1호와 2호(2.3.4.1과 2.3.4.2)를 동시에 적용하여야 한다. 따라서 배출량은 "벽으로 구획된 것을 합한 배출량"과 "제연경계로 구획된 것 중 최대배출량" 2가지를 합산하여야 한다. 또한 제연구역의 경우는 공동제연구역은 거실인 경우 바닥면적이 1,000m² 이하이며 대각선의 길이가 40m 이하이어야 하며, 통로인 경우는 보행중심선의 길이가 40m 이하이어야 한다.

2. 공조겸용 설비

(1) 적용

평소에는 공조 모드로 운행하다가 화재시 해당 구역 감지기의 동작신호에 따라 제연 모드로 변환되는 방식이다. 제연전용설비보다 신뢰도는 낮으나 반자 위의 제한된 공간으로 인하여 대형 건축물의 경우는 대부분 공조겸용설비로 적용하고 있다.

(2) 특징

1) 공조겸용설비에서 덕트만 겸용할지 덕트와 송풍기까지 겸용할지 여부는 건물의 유지관리에 가장 편리하고 경제성이 있으며 안전에 지장이 없는 것을 감안하여 건축주와 협의하여 설계자가 판단하여 결정한다.

2) 또한 층별로 공조기가 설치되어 있지 않은 경우는 층별구획을 하여야 하므로 공조기에서 각층으로 분기되는 공조겸용 제연덕트에 층별로 FD(방화댐퍼 ; Fire Damper)가 필요하며, 또한 화재시 해당층만 급배기가 되려면 덕트에 MD가 있어야 하므로 결국 MFD를 설치하여 감지기 동작신호에 따라 작동되도록 한다.

3) 공조겸용일 경우는 공조기의 전원을 차단할 경우에도 감지기가 동작할 경우 동작신호에 따라 제연설비의 전원이 자동으로 접속되는 D.D.C(Direct Digital Control) 설비를 자동제어 분야에서 조치해 주어야 한다.

chapter
4
소화활동설비

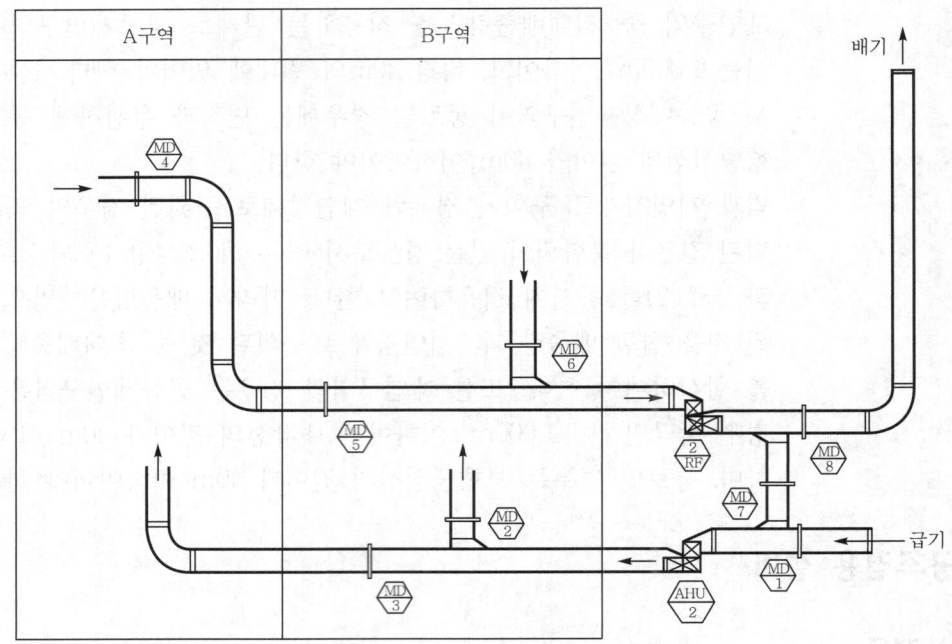

[그림 4-2-4] 공조 겸용 거실제연설비(예)

구 분	급 기			배 기				
	MD$_1$	MD$_2$	MD$_3$	MD$_4$	MD$_5$	MD$_6$	MD$_7$	MD$_8$
① A구역 화재시	Open	Open	Close	Open	Open	Close	Close	Open
② B구역 화재시	Open	Close	Open	Close	Close	Open	Close	Open
③ 공조시	Open	Open	Open	Open	Open	Open	Open	Open

4 거실 제연구역의 화재안전기준

1. 제연구역의 설정

(1) 하나의 제연구역 면적은 1,000m^2 이내로 할 것[제4조 1항 1호(2.1.1.1)]

> 하나의 제연구역은 면적단위는 1,000m^{2}마다 설치하는 것으로, 이는 결국 바닥면적 1,000m^2 이내마다 층별로 제연구역을 적용하도록 규정한 것이다. 또한 이 경우 제연구역이란 "하나의 제연구역"을 의미하므로 2 이상의 제연구역을 대상으로 하는 공동예상제연구역에 대해서는 위 조항을 적용하지 아니하며 단독제연의 경우 개별적인 하나의 제연구역에 대한 적용기준이 된다.

(2) 거실과 통로(복도를 포함)는 각각 제연구획할 것[제4조 1항 2호(2.1.1.2)]

　1) 거실과 통로를 각각 제연구획하라는 뜻은 거실은 화재실이며 통로(복도)는 피난경로이므로 화재실과 피난경로를 동일한 제연구역으로 적용하여서는 아니되며, 거실부분과 통로부분은 별개의 Zone으로 구분하여 제연구획하라는 의미이다. 이는 일반적으로 거실은 화재실로서 배출을 하여야 하나, 통로는 피난경로서 급기를 하여 피난 및 안전공간을 확보하여야 하므로 거실과 통로 즉, 화재실과 피난통로를 동일한 제연구역으로 설정하는 것을 금지한 것이다. 따라서 거실은 화재시 배기하고 통로에는 급기를 하여 급기량이 화재실로 유입되는 것을 원칙으로 하고 있다. 또한 제5조 1항(2.2.1)에 의해 거실에서 배기할 경우는 동시에 통로에 급기가 되어야 하므로 거실 배기·통로급기방식으로 적용할 경우는 해당 조항을 모두 만족하게 된다.

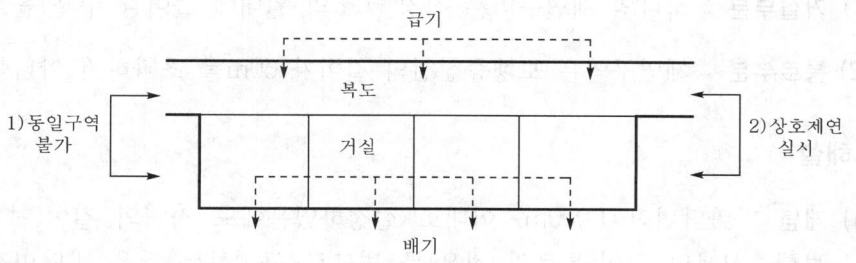

　2) 위 조문에서 통로란 대형거실의 경우 고정식 칸막이로 구획되어 있지 아니한 거실 내부의 이동경로를 말하며, 복도란 고정식 칸막이를 설치하여 형성된 실 밖의 이동경로를 말한다.

(3) 하나의 제연구역은 2개 이상의 층에 미치지 않도록 할 것. 다만, 층의 구분이 불분명할 경우는 그 부분을 다른 부분과 별도로 제연구획해야 한다[제4조 1항 5호(2.1.1.5)].

> ① 하나의 제연구역은 층별로 설치하는 것을 원칙으로 한다. 이는 제연설비 외에 스프링클러나 자동화재탐지설비의 경우도 동일하게 모든 소방설비구역(zone)의 대원칙으로 화재시 동작구역을 신속하게 파악하고 이에 대응하기 위해서는 층별로 구분하여 구역을 설정하도록 한 것이다.
> ② 제연구역은 면적에 불구하고 반드시 층별로 적용하여야 하며, 층의 구분이 불분명한 경우란 예를 들면 아래와 같은 구조의 2층 건물이 있을 경우는 그림과 같이 제연구획하라는 의미이다.

chapter

4

소화활동설비

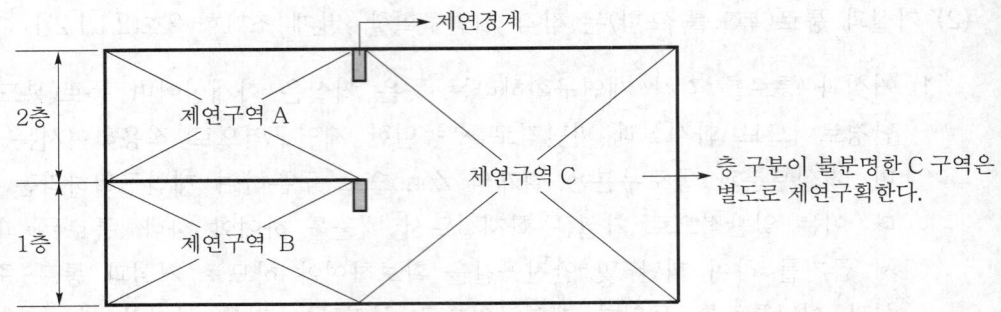

2. 제연구역의 범위

(1) 기준 : 제4조 1항 3~4호(2.1.1.3~2.1.1.4)

   1) 거실부분 : 하나의 제연구역은 직경 60m의 원내에 들어갈 수 있을 것

   2) 통로부분 : 제연구역은 보행중심선의 길이가 60m를 초과하지 아니할 것

(2) 해설

   1) 개념 : 바닥면적 1,000m² 이내로 설정하였음에도 직경의 길이(거실의 경우)나 보행중심선의 길이(통로의 경우)를 별도로 규제하는 것은 바닥면적 이외에 형상을 규제하여 제연구역의 범위를 한정하도록 하기 위한 목적으로 이는 마치 자동화재탐지설비에서 하나의 경계구역은 600m² 이하이나 한 변의 길이는 50m 이내이어야 한다는 것과 동일한 개념이다. 또한 이는 "하나의 제연구역"에 대한 기준이므로 이를 공동제연의 구역에 대해서 적용하여서는 아니되며 단독제연구역에 대하여 적용하는 기준이다.

   2) 거실부분 : 구 기준은 40m를 기준으로 하고 구조상 불가피한 경우 60m까지 적용하도록 규정하였으나, 실제 설계시 구조상 불가피한 것으로 적용하여 대부분 60m까지 적용하는 것을 현실화시켜 2004. 6. 4.자로 60m로 완화한 것이다.

   3) 통로부분 : 통로의 경우는 보행경로에서 중심선을 연장한 선이 60m 이내이어야 한다. 통로의 폭이 일정하지 않을 경우 보행중심선이란 통로폭의 한가운데 지점을 연장한 선을 말한다. 따라서 통로를 제연구역으로 적용할 경우에는 보행중심선의 길이가 60m를 초과하지 않아야 한다.

3. 제연경계의 기준

(1) 기준 : 제4조 2항(2.1.2)

제연구역의 구획은 보·제연경계벽(이하 제연경계)·벽(화재시 자동으로 구획되는 가동벽, 셔터, 방화문 포함)으로 하되, 다음의 기준에 적합해야 한다.

1) 제연경계의 폭이 0.6cm 이상이고 수직거리는 2m 이내이어야 한다. 다만, 구조상 불가피한 경우 2m를 초과할 수 있다.

2) 재질은 내화재료, 불연재료 또는 제연경계벽으로 성능을 인정받은 것으로서 화재시 쉽게 변형·파괴되지 아니하고 연기가 누설되지 않는 기밀성 있는 재료로 할 것

3) 제연경계벽은 배연시 기류에 따라 그 하단이 쉽게 흔들리지 않고 가동식의 경우에는 급속히 하강하여 인명에 위해를 주지 않는 구조일 것

4) 가동식의 벽, 제연경계벽, 댐퍼 및 배출기의 작동은 감지기와 연동되어야 하며, 예상제연구역(또는 인접장소) 및 제어반에서 수동으로 기동이 가능하도록 해야 한다[제11조 2항(2.8.2)].

(2) 해설

1) 제연구역의 구획 : 제4조 2항 본문(2.1.2)

① 구획방법

㉮ 제연구역에 대한 구획방법은 보(Beam), 제연경계벽(고정식의 벽체), 가동벽(감지기와 연동하여 자동으로 작동되는 벽체), 셔터, 방화문으로 구획하여야 한다. 이 경우 고정식의 벽체가 아닌 가동벽(可動壁)이나 셔터, 방화문의 경우는 대전제가 화재시 감지기와 연동하여 자동으로 작동하거나 또는 항상 자동으로 닫힌 상태를 유지하여야 한다.

㉯ 따라서 가동벽이나 방화셔터는 일반적으로 연기감지기 등의 작동신호에 따라 동작하도록 하며, 방화문의 경우는 자동폐쇄장치(Door check)를 부착하여 개방시 즉시 폐쇄되도록 하여야 한다.

㉰ 이 경우 방화문은 「건축법 시행령」 제64조의 규정에 따른 60분＋방화문, 60분 방화문 또는 30분 방화문으로써 언제나 닫힌 상태를 유지하거나 화재감지기와 연동하여 자동적으로 닫히는 구조를 말한다(제3조 10호/1.7.1.12). 자동폐쇄장치의 경우는 방화구획용 방화문이 아닌 제연구획용 방화문인 관계로 일반형 도어체크나 감지기 기동형 도어체크를 사용하여야 하며, 화재시 열에 의해 용융할 경우 자동폐쇄가 되는 퓨지블링크(Fusible-link) 타입의 도어체크를 설치하여서는 아니 된다.

chapter

4

소화활동설비

② **가동벽의 종류** : 가동벽에는 작동방식에 따라 다음 그림과 같이 회전형, 하강형, 셔터 기동형의 3가지 종류가 있다.

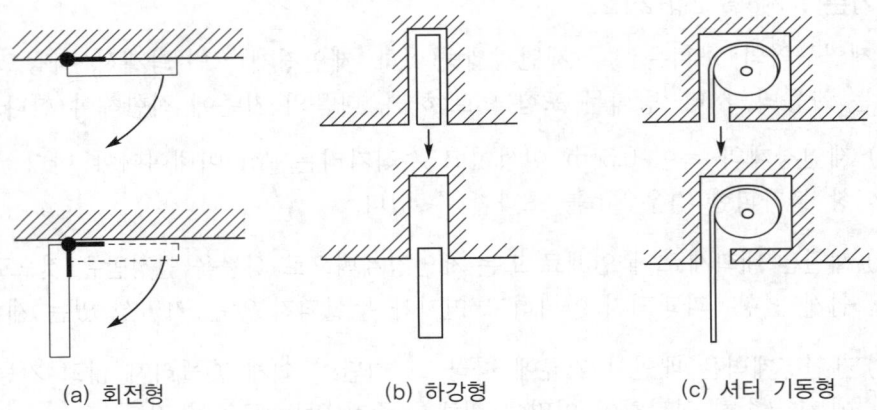

(a) 회전형 (b) 하강형 (c) 셔터 기동형

[그림 4-2-5] 가동벽의 작동방식별 종류

2) 제연경계의 폭 : 제4조 2항 2호(2.1.2.2)

① **국내기준** : 제연설비에서의 제연경계의 폭은 60cm 이상이어야 한다. 제연경계의 폭이란 천장이나 반자로부터 제연경계의 수직하단까지의 길이를 말하며, 수직거리란 바닥으로부터 제연경계 수직하단까지의 거리를 말한다. 수직거리는 결국 제연경계 하단부까지의 높이로서 재실자가 피난을 하거나 소방대가 소화활동을 할 수 있는 공간이므로 원칙적으로 2m 이내이어야 하나, 건물의 구조에 따라 2m를 초과할 수 있으며, 이 경우는 높이별로 배기량 및 급기량이 달라지게 된다. 제연경계의 폭은 화재시 배기를 실시하면 배출되지 않는 연기는 상부로 수직상승하여 체류하는 공간으로서 제연경계의 폭이 클수록 많은 연기를 화재실 내에 가두는 것으로 일반적으로 보의 높이를 참고하여 폭을 60cm 이상으로 규정하였다.

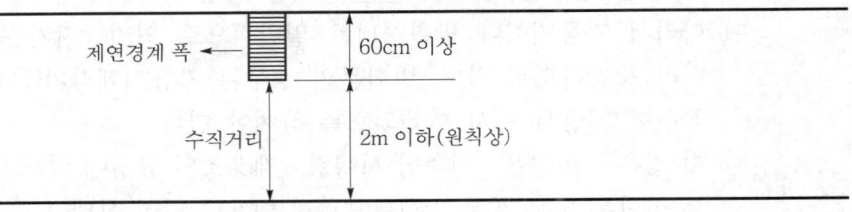

제연경계 폭 ← 60cm 이상

수직거리   2m 이하(원칙상)

② **외국기준** : 일본소방법에서는 소방법 시행규칙 제30조에서 제연경계 높이는 50cm 이상이며, NFPA의 경우 NFPA 204(Smoke & Heat venting)(2021 edition) Fig 5.4.2(b)에서는 제연경계(Draft curtain)는 고정값이 아니라 화재실의 천장높이와 연계하여 방연커튼의 깊이(Curtain board depth ; d_c)는 다음 그림과 같이 측정한 천장높이(H)의 20% 이상이어야 한다.

㉮ 평지붕의 경우 : 천장으로부터 바닥까지 높이×20% 이상

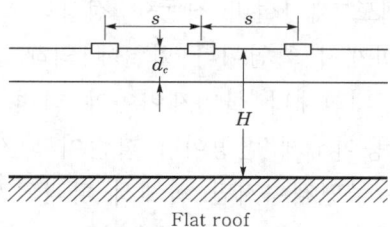

Flat roof

[그림 4-2-6(A)] 평(平)지붕(Flat roof)의 경우

㉯ 박공지붕의 경우 : 천장으로부터 바닥까지 높이×20% 이상

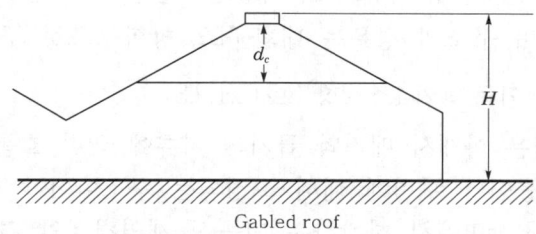

Gabled roof

[그림 4-2-6(B)] 박공지붕(Gabled roof)의 경우

㉰ 경사지붕의 경우 : 배출구의 중앙으로부터 바닥까지 높이×20% 이상

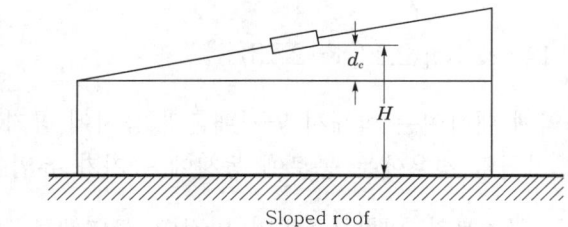

Sloped roof

[그림 4-2-6(C)] 경사지붕(Sloped roof)의 경우

㉱ 톱날지붕의 경우 : 배출구의 중앙으로부터 바닥까지 높이×20% 이상

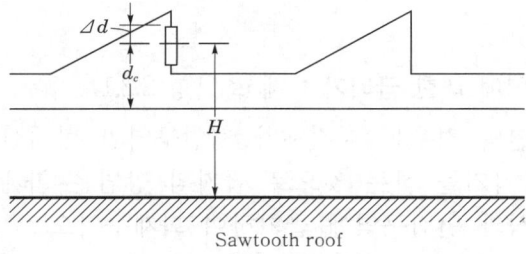

Sawtooth roof

[그림 4-2-6(D)] 톱날지붕(Sawtooth roof)의 경우

chapter

4

소화활동설비

3) 제연경계의 재질 : 제4조 2항 1호(2.1.2.1)

① **물성 :** 화재 후에도 제연설비 작동이 정상적으로 수행되기 위해서는 제연경계의 재질은 화재시 화염이나 화열에 의해 손상되지 않아야 한다. 따라서 물성(物性)은 내화재나 불연재이어야 하며, 내화재나 불연재일 경우에도 화열에 의해 용이하게 변형이나 파손이 되지 않아야 한다. 따라서 일반 유리의 경우에는 불연재이지만 화재시 파괴되기에 이를 사용할 수 없으므로 유리의 경우에는 망입유리를 사용하여야 한다. 아울러 연기가 누설되지 않는 기밀성(氣密性) 있는 재료이어야 하므로 금속제품의 경우는 용접부위나 접합부위 등에서 연기가 누설되지 않아야 한다.

② **구조 :** 건축법상 구조부의 재료는 불연재료, 준불연재료, 난연(難燃)재료로 구분하며 구조의 경우는 내화구조, 방화구조로 구분한다.[427]

4) 제연경계의 가동 : 제4조 2항 3호(2.1.2.3)

제연경계벽은 화재시 배기와 급기의 기류에 의한 흐름과 화재시의 화열에 의한 기류의 유동이나 부력에 대해 고정되는 구조이어야 한다. 또한 감지기 동작과 연동하여 천장면에서 하강하는 가동식 제연경계의 경우는 이로 인하여 안전사고가 발생하지 않도록 하강시 천천히 하강하여야 한다.

4. 제연방식

(1) 기준 : 제5조 1항 & 3항(2.2.1 & 2.2.3)

1) 예상제연구역에 대하여는 화재시 연기배출과 동시에 공기유입이 될 수 있게 하고, 배출구역이 거실일 경우에는 통로에 동시에 공기가 유입될 수 있도록 해야 한다.

2) 통로의 주요 구조부가 내화구조이며 마감이 불연재료 또는 난연재료로 처리되고 가연성 내용물이 없는 경우에 그 통로는 예상제연구역으로 간주하지 않을 수 있다. 다만, 화재시 연기의 유입이 우려되는 통로는 그렇지 않다.

(2) 해설

1) 예상제연구역에 대한 급배기 : 제5조 1항(2.2.1)

① 거실제연의 경우는 대전제가 제연구역인 화재실에 대해 연기를 배출하고 동시에 급기를 하는 것으로 급기의 방법은 화재실에 직접 급기하는 강제유입방식과 인접구역에 급기하여 화재구역으로 유입되는 인접구역 유입방

---

427) 건축물의 피난 · 방화구조 등의 기준에 관한 규칙 제3~7조

식의 2가지가 있다. 아울러 통로가 있는 거실의 경우에는 반드시 통로에 동시에 급기를 하여 피난경로를 확보하도록 하여야 한다.

② 예상제연구역이 거실인 경우, 일반적인 제연방식은 거실에서 배출하는 동시에 통로에 급기를 하여 통로에 급기한 기류가 거실로 유입되는 인접구역 유입방식을 사용하며 이 경우는 거실의 출입문 하단에 그릴을 설치하여 급기가 거실로 유입되도록 한다. 만일 통로가 화재실로 간주할 수 있는 경우는 통로 자체도 예상제연구역으로 적용하여 급배기 조치를 하여야 한다.

2) 예상제연구역이 통로인 경우 : 제5조 3항(2.2.3)

① 일반적으로 통로가 있는 거실의 경우는 거실에서는 배출하고 통로에서 급기하여 통로부터의 급기가 거실로 유입되는 방식을 적용하고 있다. 이 경우 통로에서는 배출을 하지 않고 급기만을 한다는 것은 결국 통로에서 연기발생이 없다는 것으로 이는 결국 통로를 예상제연구역으로 적용하지 않는다는 의미이다.

② 통로를 예상제연구역으로 적용하지 않을 경우는 전제조건으로 통로에서 화재가 발생하지 않는다고 가정하여야 하므로 통로의 주요 구조부(내력벽, 기둥, 바닥, 보, 지붕틀 및 주계단)가 내화구조이며 내장재는 가연재가 아닌 불연재나 난연재이어야 한다. 그러나 통로의 내장재가 가연재이거나 또는 용도상 통로에 상시 가연성 물품이 있는 건물의 경우에는 통로에서 화재가 발생할 가능성이 있다. 따라서 이와 같이 통로에서 화재가 발생할 우려가 있는 경우에는 통로도 하나의 예상제연구역으로 간주하여 급기와 배기를 실시하여야 한다.

5 배출량 및 배출구의 화재안전기준

1. 단독제연방식의 배출량

하나의 예상제연구역만을 단독으로 제연하는 방식이다.

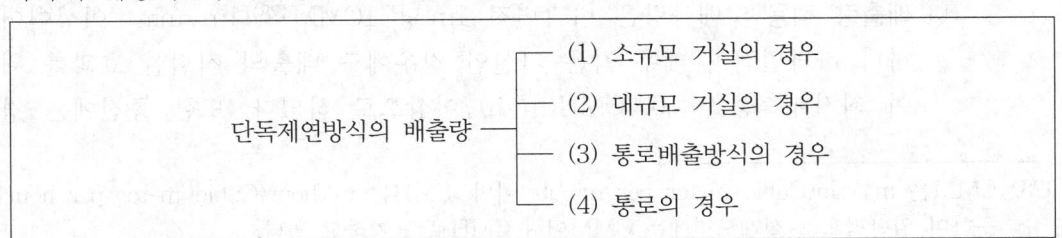

단독제연방식의 배출량
— (1) 소규모 거실의 경우
— (2) 대규모 거실의 경우
— (3) 통로배출방식의 경우
— (4) 통로의 경우

(1) 소규모 거실의 경우(바닥면적 400m² 미만) : 제6조 1항 1호(2.3.1)

1) 기준 : 바닥면적 1m²당 1m³/min 이상으로 하되, 예상제연구역 전체에 대한 최저배출량은 5,000m³/h 이상으로 할 것

[표 4-2-2(A)] 소규모 거실(400m² 미만)의 배출량

예상제연구역	배출량	비 고
소규모 거실	1CMM/바닥면적(m²) 이상	최저 5,000CMH

2) 해설(소규모 거실의 배출)

① 소규모 거실의 조건 : 소규모 거실에서 400m² 미만으로 구획된 거실이란 방화구획을 말하는 것이 아니라 칸막이나 벽 등으로 구획된 예상제연구역을 말한다. 그러나 거실과 통로 사이에 벽체와 출입문 대신에 제연경계를 설치한 것은 제연구획된 것으로 간주하여 위 조항을 적용할 수 있다. 또이 조항은 하나의 예상제연구획 즉, 단독제연방식인 경우에 적용하는 것으로 공동제연일 경우에는 제6조(2.3.4)를 적용하여야 한다. 또한 400m² 미만의 소규모 거실의 경우는 벽체 등의 칸막이 구획만 인정되는 것으로 제연경계로 구획하는 것(통로 쪽은 제외)은 인정하지 아니한다.

② 소규모 거실의 구획 : 소규모 거실의 경우 배출량 적용은 칸막이 등으로 구획된 제한된 공간 내부의 연기를 배출한다는 개념이므로 제연경계로 구획할 경우는 기류가 다른 구역으로 유동하게 되므로 이를 적용할 수 없다. 따라서 다음과 같이 칸막이(실선) 또는 제연경계(점선)로 구획된 소규모 거실의 경우 ⓐ 및 ⓑ는 적용이 가능하나, ⓒ 및 ⓓ는 적용할 수 없다.

③ 배출량 적용 : 배출량은 바닥면적 1m²당 1CMM[428](1m³/min) 이상이어야 하나 바닥면적이 매우 작은 거실인 경우에도 배출의 적절한 효과를 위하여 최저배출량을 5,000CMH(m³/h) 이상으로 하였다. 또한 종전에는 경유

---

428) CMM은 m³/min(Cubic meter per minute)이며, CMH는 m³/hour(Cubic meter per hour)를 뜻하며 일반적으로 설계도면에는 CMM이나 CMH로 표기하고 있다.

거실이 있을 경우 경유거실의 배기량은 50%를 할증하였으나, 건축 준공 이후 거실의 구획 변경에 따라 경유거실이 발생하거나 사라지는 등 현장 적용의 어려움을 고려하여 2022. 9. 15.자로 해당 기준을 삭제하였다.

(2) 대규모 거실의 경우(바닥면적 400m² 이상) : 제6조 2항(2.3.2)

1) 기준

① 예상제연구역이 직경 40m인 원의 범위 안에 있을 경우에는 배출량은 40,000 CMH 이상으로 할 것. 다만, 예상제연구역이 제연경계로 구획된 경우에는 그 수직거리에 따라 배출량은 다음 표에 따른다.

[표 4-2-2(B)] 대규모 거실의 배출량(직경 40m 이내) : NFTC 표 2.3.2.1

예상제연구역	제연경계 수직거리	배출량
직경 40m인 원내에 있는 경우	2m 이하	40,000CMH 이상
	2m 초과 2.5m 이하	45,000CMH 이상
	2.5m 초과 3m 이하	50,000CMH 이상
	3m 초과	60,000CMH 이상

② 예상제연구역이 직경 40m인 원의 범위를 초과할 경우에는 배출량이 45,000 CMH 이상으로 할 것. 다만, 예상제연구역이 제연경계로 구획된 경우에는 그 수직거리에 따라 배출량은 다음 표에 따른다.

[표 4-2-2(C)] 대규모 거실의 배출량(직경 40m 초과) : NFTC 표 2.3.2.2

예상제연구역	제연경계 수직거리	배출량
직경 40m인 원을 초과하는 경우	2m 이하	45,000CMH 이상
	2m 초과 2.5m 이하	50,000CMH 이상
	2.5m 초과 3m 이하	55,000CMH 이상
	3m 초과	65,000CMH 이상

2) 해설(대규모 거실의 배출)

① **대규모 거실의 조건** : 대규모 거실의 경우는 소규모 거실과 달리 칸막이 구획은 물론이고 제연경계로 구획된 경우도 적용이 가능하다. 이 경우 칸막이 등과 같이 벽으로 완전히 막혀있는 경우는 바닥까지의 수직높이가 0이므로 수직거리는 2m 이하를 적용하여야 한다.

② **배출량 적용** : 소규모 거실은 바닥면적별로 배기량을 규정하고 있으나 대규모 거실(400m² 이상)이나 통로배출방식의 경우는 제연경계의 높이(수직거리)를 기준으로 배출량을 결정한다. 소규모 거실의 경우는 화재시 피해

의 범위가 작고 연기가 발생할 경우 실내에서 통로로 피난이 용이한 규모이므로 이를 단순히 연기를 배출하는 배연차원의 개념을 반영하여 배출량을 바닥면적 기준으로 단순화시킨 것이다. 그러나 대규모 거실의 경우는 규모가 큰 관계로 피난에 시간이 소요되므로 거실 내부에 반드시 청정층(Clear layer)을 형성하여야 하므로 공학적 원리에 따라 제연경계 높이별로 배출량을 결정한 것이다. 벽으로 완전히 구획된 경우는 높이가 0이므로 수직거리는 2m 이하를 적용하여야 하며 대규모 거실의 경우 제연구역이 직경 60m를 초과할 경우는 예상제연구역을 분리하여 별도구역으로 적용하여야 한다.

(3) 통로배출방식의 경우 : 제6조 1항 2호(2.3.1.2)

1) 기준 : 거실의 바닥면적이 $50m^2$ 미만인 예상제연구역을 통로배출방식으로 하는 경우에는 통로 보행중심선의 길이 및 수직거리에 따라 다음 표에서 정하는 기준량 이상으로 할 것

[표 4-2-3] 통로배출방식의 배출량

예상제연구역	제연경계 수직거리	배출량
통로의 보행중심선 40m 이하	2m 이하	25,000CMH 이상
	2m 초과 2.5m 이하	30,000CMH 이상
	2.5m 초과 3m 이하	35,000CMH 이상
	3m 초과	45,000CMH 이상
통로의 보행중심선 40m 초과 60m 이하	2m 이하	30,000CMH 이상
	2m 초과 2.5m 이하	35,000CMH 이상
	2.5m 초과 3m 이하	40,000CMH 이상
	3m 초과	50,000CMH 이상

2) 해설(통로배출방식의 배출)

① **통로배출의 조건** : 각 거실이 $50m^2$ 미만으로 구획되고 출입문이 통로에 면해 있는 것을 전제로 적용하여야 한다. 통로배출방식의 배출량은 통로의 길이를 먼저 40m 이하 또는 60m 이하로 구분한 후 제연경계 수직높이에 따라 해당하는 배출량을 적용하도록 한다.

② **배출량 적용** : 통로배출방식의 경우에도 대규모 거실과 같이 제연경계의 높이에 따라 배출량을 결정하도록 한다. 화재안전기준에서는 통로배출방식에서의 배출을 소규모 거실과 동일한 항인 제6조 1항(2.3.1.2)으로 구분하고 있으나, 오히려 배출량의 산정방식에서 제연경계의 높이별로 배출량을 산

정하므로 대규모 거실과 배기량 적용기준이 같은 제6조 2항(2.3.2)으로 분류하는 것이 합리적이다. 다만, 대규모 거실은 예상제연구역에 대해 대각선의 직경을 40m와 60m에 따라 구분 적용하나 통로배출은 예상제연구역에 대해 통로의 보행중심선의 길이를 40m와 60m에 따라 구분 적용하게 된다.

(4) 통로의 경우 : 제6조 3항(2.3.3)

1) 기준 : 예상제연구역이 통로인 경우의 배출량은 45,000CMH 이상으로 해야 한다. 다만, 예상제연구역이 제연경계로 구획된 경우에는 그 수직거리에 따라 배출량은 제6조 2항 2호의 표(NFTC 표 2.3.2.2)에 따른다.

2) 해설(통로의 배출)

① 예상제연구역인 통로의 조건 : 통로의 주요 구조부가 내화구조이며 내장재가 불연재료(또는 난연재료)로서 통로에 가연물이 없는 경우에는 원칙적으로 통로를 별도의 예상제연구역으로 적용하지 않는다. 다만, 통로가 내화구조가 아니거나 통로에 가연성 물품 등으로 인하여 통로가 화재실로서의 역할을 할 수 있는 경우와 화재시 연기의 유입이 우려되는 통로인 경우는 통로 자체를 예상제연구역으로 적용하며 통로에서 직접 배출을 하여야 한다.

② 배출량 적용 : 제연경계 설치 유무에 따라 다음 표에 의한 배출량을 적용한다. 통로배출방식과 달리 제6조 3항(2.3.3)의 경우는 통로 자체가 예상제연구역인 경우를 뜻하며 이는 통로에서 급기와 배기를 각각 실시하는 것이다. 통로는 제5조 3항(2.2.3)에 의해 원칙적으로 예상제연구역으로 적용하지 아니할 수 있으나 이를 예상제연구역으로 적용할 경우에 제6조 3항(2.3.3)의 기준을 적용하게 된다.

[표 4-2-4] 통로의 경우 배출량

예상제연구역	배출량
① 제연경계로 구획되지 않은 경우	45,000CMH 이상
② 제연경계로 구획된 경우	제연경계 수직거리에 따라 "대규모 거실의 직경 40m의 원을 초과하는 기준"을 적용한다.

	수직거리	배출량
	2m 이하	45,000CMH 이상
	2m 초과 2.5m 이하	50,000CMH 이상
	2.5m 초과 3m 이하	55,000CMH 이상
	3m 초과	65,000CMH 이상

chapter

4

소화활동설비

2. 공동제연방식의 배출량

2 이상의 예상제연구역을 동시에 제연하는 방식이다.

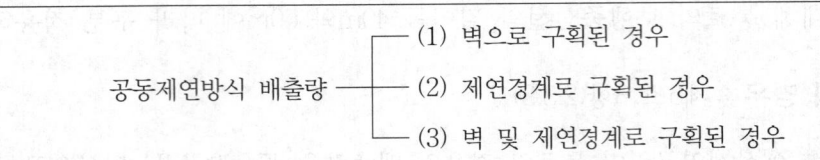

공동제연의 구획방법에는 ① 벽으로 구획된 경우 ② 제연경계로 구획된 경우 ③ 벽과 제연경계로 구획된 경우의 3가지 방법이 있다. 공동제연의 경우는 구획방법에 따라서 배출량을 결정하는 방법과 배출량이 달라지게 된다. 또한 거실과 통로부분의 경우 각각 제연을 하여야 하므로, 공동예상제연구역에서도 거실부분과 통로부분은 각각 별도의 제연구역으로 설정하여야 한다. 일반적으로 설계 적용시 공동예상제연구역인 거실에서는 동시에 배출되도록 하고 통로에서는 항상 급기를 하여 통로의 급기가 각 공동예상제연구역의 거실로 유입되도록 적용한다.

(1) 벽으로 구획된 경우

1) 기준 : 제6조 4항 본문 & 1호(2.3.4 & 2.3.4.1)

① 배출은 각 예상제연구역별로 단독제연에 따른 규정 배출량 이상을 배출하되, 2개 이상의 예상제연구역이 설치된 소방대상물에서 배출을 각 예상지역별로 구분하지 아니하고 공동 예상제연구역을 동시에 배출하고자 할 때의 배출량은 다음의 기준에 따라야 한다. 다만, 거실과 통로는 공동 예상제연구역으로 할 수 없다.

② 공동 예상제연구역 안에 설치된 예상제연구역이 각각 벽으로 구획된 경우(제연구역의 구획 중 출입구만을 제연경계로 구획한 경우를 포함한다)에는 각 예상제연구역의 배출량을 합한 것 이상으로 할 것. 다만, 예상제연구역의 바닥면적이 400m² 미만인 경우 배출량은 바닥면 1m²당 1m³/min 이상으로 하고 공동예상구역 전체 배출량은 5,000m³/h 이상으로 할 것

2) 해설

① 배출량 적용

㉮ 하나의 제연구역이 벽(구조에 불문하고 개구부가 없는 경우를 벽이라고 칭한 것으로 칸막이 등으로 구획한 것도 벽으로 적용한다)으로 각각 구획된 경우, 이를 공동제연으로 적용할 경우의 배출량은 하나의 예상제연구역에 해당하는 각각의 배출량을 별도로 구하여 이를 전부 합산하도록

한다. 이 경우 배출량을 합산하는 이유는 각각의 예상제연구역이 벽이나 칸막이 등으로 전부 막혀 있고, 전체 예상제연구역을 동시에 급기와 배기를 하여야 하기 때문에 배출량을 합산하게 된다. 다음 그림과 같이 제연구역이 벽으로 구획된 거실 ①, ②, ③을 동시에 배출할 경우 각 거실의 배출량을 합한 것(=①+②+③)으로 한다.

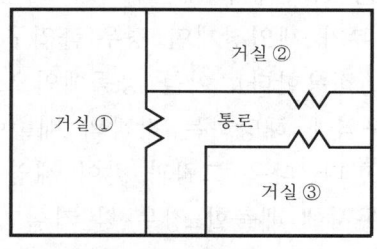

   ⓝ 공동제연에서 각 예상제연구역이 400m² 미만의 소규모 거실인 경우 배출량이 5,000CMH에 미달되어도 최소배출량 기준을 적용하지 않도록 2022. 9. 15. 개정하였다. 대신 공동예상구역 전체가 5,000CMH에 미달될 경우는 최소배출량인 5,000CMH를 적용하여야 한다.

 ② 해당 제연구역의 특징

  ㉮ 제연구역은 벽으로만 구획되어 있는 경우에 적용하며 다만, 출입구와 통로 간에는 제연경계로 구획할 수 있다.

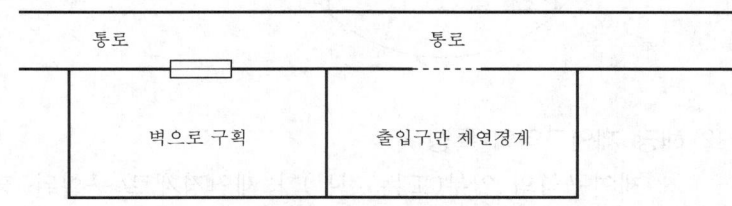

  ㉯ 배출량은 각 실의 배출량을 전부 합산한 양 이상이어야 한다.

  ㉰ 공동제연구역에 대해 면적 1,000m² 이하나 대각선의 길이 60m 이내는 적용하지 않는다.

  ㉱ 공동제연구역 전체에 대해 최소배출량은 5,000CMH 이상이 되어야 한다.

(2) 제연경계로 구획된 경우

 1) **기준** : 제6조 4항 2호(2.3.4.2)

  ① 공동예상제연구역 안에 설치된 예상제연구역이 각각 제연경계로 구획된 경우(예상제연구역의 구획 중 일부가 제연경계로 구획된 경우를 포함하나 출입구 부분만을 제연경계로 구획한 경우를 제외한다)에 배출량은 각 예상제연구역의 배출량 중 최대의 것으로 할 것

② 이 경우 공동 제연예상구역이 거실일 때에는 그 바닥면적이 1,000m² 이하이며, 직경 40m 원 안에 들어가야 하고, 공동 제연예상구역이 통로일 때에는 보행중심선의 길이를 40m 이하로 해야 한다.

2) 해설

① 배출량 적용 : 하나의 제연구역이 제연경계로만 구획되거나 또는 거실의 구획된 일부가 제연경계인 경우(출입구만 제연경계인 경우는 벽으로 구획된 경우로 적용한다), 이를 공동제연으로 적용할 경우의 배출량은 하나의 예상제연구역에 해당하는 각각의 배출량을 구하여 이 중에서 최대배출량으로 적용한다. 다음 그림과 같이 제연구역이 제연경계로 구획된 거실 ①, ②, ③을 동시에 배출할 경우 각 거실 ①, ②, ③의 배출량 중 최대의 것으로 한다.

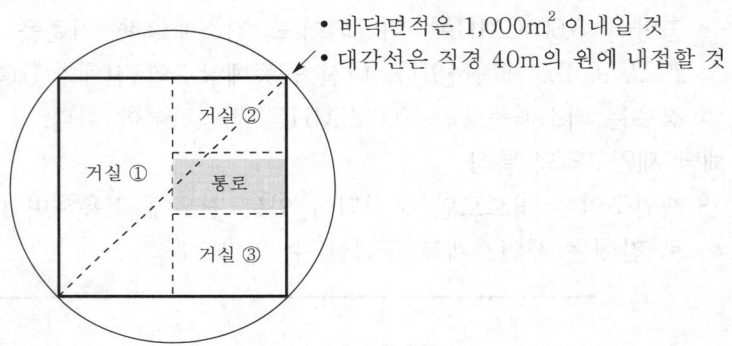

• 바닥면적은 1,000m² 이내일 것
• 대각선은 직경 40m의 원에 내접할 것

② 해당 제연구역의 특징

㉮ 제연구역의 일부(또는 전부)가 제연경계로 구획된 경우에 적용하며, 출입구와 통로간의 경우만 제연경계일 경우는 해당하지 않는다.

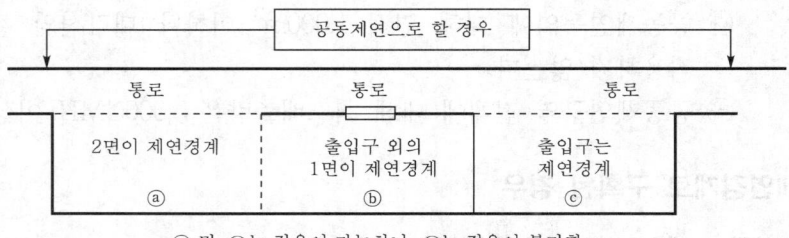

ⓐ 및 ⓑ는 적용이 가능하나 ⓒ는 적용이 불가함

㉯ 배출량은 제연경계로 구획된 각각의 제연구역별 해당하는 배출량 중에서 최대량을 해당 배출량으로 적용한다.

㉰ 공동제연구역은 거실인 경우 바닥면적이 1,000m² 이하이며 대각선의 길이가 40m 이하이어야 하며, 통로인 경우는 보행중심선의 길이가 40m 이하이어야 한다.

(3) 벽과 제연경계로 구획된 경우

1) 기준 : 화재안전기준에 별도로 규정하고 있지는 않으나 제연경계로 구획된 경우와 벽으로 구획된 경우가 복합되어 있는 경우에는 제6조 4항 1호와 2호(2.3.4.1과 2.3.4.2)를 동시에 만족해야 한다.

2) 해설

① 배출량 적용 : 하나의 제연구역이 벽으로 된 경우와 제연경계로 구획된 경우가 복합하여 설치된 경우, 이를 공동제연으로 적용할 경우의 배출량은 하나의 예상제연구역 중 벽으로 구획된 것의 배출량에, 제연경계로 구획된 것 중 최대량을 합산한 것으로 적용한다. 벽과 제연경계로 구획된 경우는 다음 그림과 같이 제연경계로 구획된 "거실 ①과 ② 중 최대의 것"+"벽으로 구획된 ③"의 배출량으로 한다.

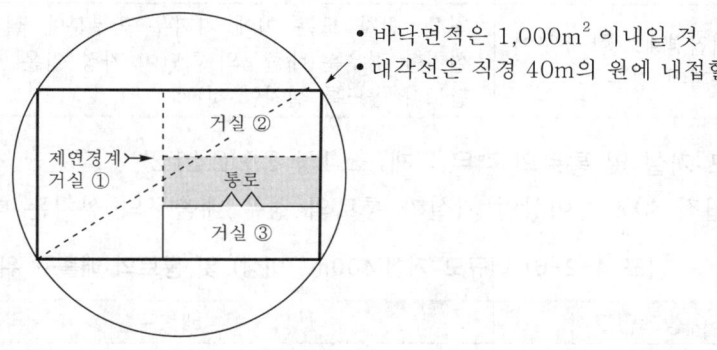

• 바닥면적은 1,000m² 이내일 것
• 대각선은 직경 40m의 원에 내접할 것

② 해당 제연구역의 특징

㉮ 제연구역이 벽으로 구획된 것과 제연경계로 구획된 것이 복합되어 있는 경우에 적용한다.

㉯ 배출량은 벽으로 구획된 제연구역의 배출량 총량(ⓐ)과 제연경계로 구획된 각각의 제연구역별 해당하는 배출량 중 최대량(ⓑ)을 합산한 양(ⓐ+ⓑ)으로 적용한다.

㉰ 공동제연구역은 거실인 경우 바닥면적은 1,000m² 이하, 대각선의 길이는 40m 이하이어야 하며, 통로인 경우는 보행중심선의 길이가 40m 이하이어야 한다.

3. 배출구의 기준

(1) 기준

1) 배출구 수평거리 : 예상제연구역 각 부분으로부터 10m 이내[제7조 2항(2.4.2)]

2) 배출구 제외 : 화장실·목욕실·주차장·발코니를 설치한 숙박시설(가족호텔 및 휴양콘도미니엄에 한한다)의 객실과 사람이 상주하지 않는 기계실·전기실·공조실·50m^2 미만의 창고 등으로 사용되는 부분에 대하여는 배출구·공기유입구의 설치 및 배출량 산정에서 이를 제외할 수 있다[제12조(2.9.1)].

3) 배출구의 위치

① 소규모 거실의 경우 : 제7조 1항 1호(2.4.1.1)

바닥면적이 400m^2 미만인 거실인 경우(통로는 제외) 배출구의 설치는 다음의 기준에 적합할 것

[표 4-2-5] 소규모 거실(400m^2 미만)의 배출구 위치

예상제연구획	배출구
① 벽으로 구획된 경우	천장 또는 반자와 바닥 사이의 중간 윗부분에 설치할 것
② 제연경계로 한 부분이 구획된 경우	천장·반자 또는 이에 가까운 벽부분에 설치(다만, 벽에 설치할 경우는 배출구의 하단이 가장 짧은 제연경계의 하단보다 높도록 설치할 것)

② 대규모 거실 및 통로의 경우 : 제7조 1항 2호(2.4.1.2)

바닥면적 400m^2 이상인 거실과 통로의 경우 배출구의 설치는 다음과 같다.

[표 4-2-6] 대규모 거실(400m^2 이상) 및 통로의 배출구 위치

예상제연구획	배출구
① 벽으로 구획된 경우	천장·반자 또는 이에 가까운 벽에 설치(다만, 벽에 설치할 경우 배출구 하단과 바닥간 거리는 2m 이상일 것)
② 제연경계로 한 부분이 구획된 경우	천장·반자 또는 이에 가까운 벽(제연경계 포함)에 설치(다만, 벽 또는 제연경계에 설치시 배출구 하단이 가장 짧은 해당 제연경계 하단보다 높도록 설치)

(2) 해설

1) 배출구 설치의 적용

① 예상제연구역에 설치하는 배출구의 위치는 배출량을 적용하는 방식에 따라 설치위치가 달라진다. 즉, 예상제연구역의 조건이 소규모 거실, 대규

모 거실, 통로인 경우로 분류되며 또한 구획하는 방법이 벽으로 구획된 경우와 제연경계로 구획된 경우로 각각 구분하여 다음과 같이 적용하여야 한다.

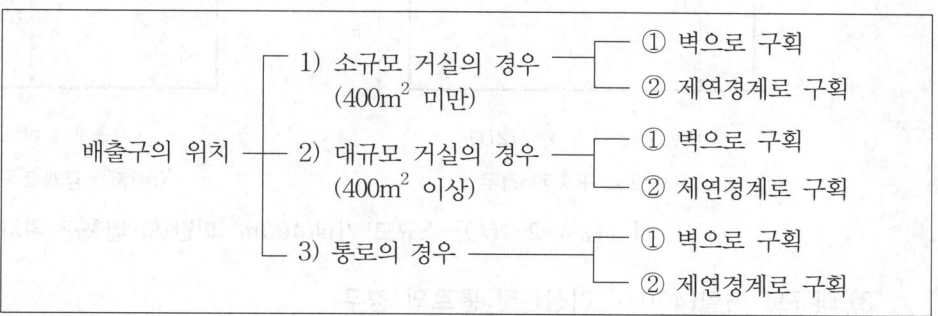

② 유입구의 위치는 제8조(2.5)에서는 단독제연인 경우와 공동제연인 경우로 구분하여 적용하고 있으나 배출구의 경우는 이를 구분하지 아니한다. 이는 급기의 경우는 화재실에 강제급기를 하거나 인접구역에서도 급기를 할 수 있으나, 이에 비해 배출은 화재가 발생하는 장소(거실이나 통로) 즉, 화재실에서 언제나 직접 배출하여야 한다. 따라서 배출의 경우는 인접구역에서 배출하는 것이 아니므로 단독제연이든 공동제연이든 화재 발생구역 자체를 대상으로 배출구 기준을 적용하기 때문이다.

2) 소규모 거실(400m² 미만)의 배출구

① **벽으로 구획된 경우** : 예상제연구역이 벽으로 구획되어 있는 경우
  ㉮ 배출구의 말단 위치가 천장(반자 포함)에 설치하거나 또는 거실높이(반자와 바닥 사이)의 중간보다 위쪽 부분(예 벽)에 설치하여야 한다.
  ㉯ 이는 연기배출이 용이하도록 천장에 설치하거나 실높이의 50% 이상 높이에 설치하도록 한 것이다.

② **제연경계로 구획된 경우** : 예상제연구역 중 어느 한쪽 부분이라도 제연경계로 구획되어 있는 경우
  ㉮ 배출구는 천장·반자 또는 이에 가까운 벽의 부분에 설치할 것
  ㉯ 벽에 설치하는 경우에는 배출구의 하단이, 가장 짧은 제연경계 하단보다 위쪽에 설치할 것. 이는 연기배출이 용이하도록 천장에 설치하거나 제연경계보다 위쪽에 설치하도록 한 것이다.

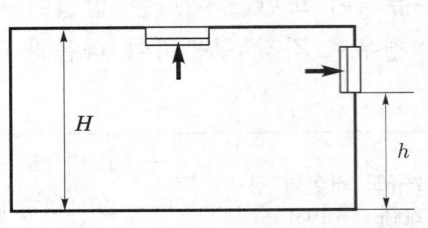

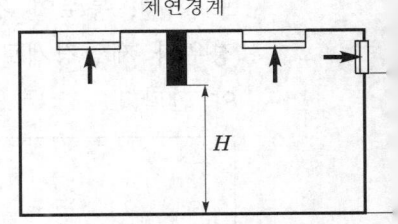

배출구 높이 $h > (1/2H)$

(a) 벽으로 구획된 경우

배출구 높이 $h > H$

(b) 제연경계로 구획된 경우

[그림 4-2-7(A)] 소규모 거실(400m² 미만)의 배출구 위치

3) 대규모 거실(400m² 이상) 및 통로의 경우

① 벽으로 구획된 경우 : 예상제연구역이 벽으로 구획되어 있는 경우

㉮ 배출구는 천장·반자 또는 이에 가까운 벽의 부분에 설치할 것

㉯ 벽에 설치할 경우는 배출구의 하단이 바닥과 2m 이상이 되어야 한다.

② 제연경계로 구획된 경우 : 예상제연구역 중 어느 한쪽 부분이라도 제연경계로 구획되어 있는 경우

㉮ 배출구는 천장·반자 또는 이에 가까운 벽이나 제연경계에 설치할 것

㉯ 벽이나 제연경계에 설치하는 경우에는 배출구의 하단이, 가장 짧은 제연경계 하단보다 위쪽에 설치하도록 한 것이다.

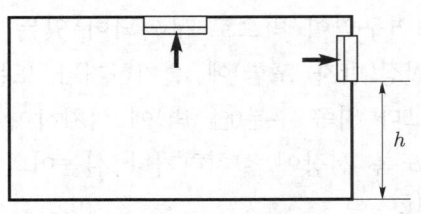

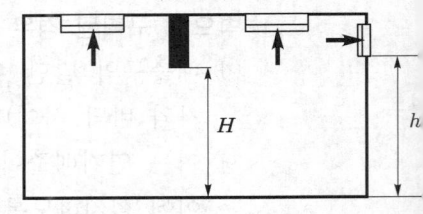

배출구 높이 $h \geqq 2m$

(a) 벽으로 구획된 경우

배출구 높이 $h > H$

(b) 제연경계로 구획된 경우

[그림 4-2-7(B)] 대규모 거실(400m² 이상)의 배출구 위치

4. 배출설비의 기준

(1) 배출기

1) 기준 : 제9조 1항(2.6.1)

① 배출기의 배출능력은 규정에 따른 배출량 이상이 되도록 할 것

② 배출기와 배출풍도의 접속부분에 사용하는 캔버스는 내열성(석면재료는 제외)이 있는 것으로 할 것

③ 배출기의 전동기 부분과 배풍기 부분은 분리하여 설치해야 하며, 배풍기 부분은 유효한 내열처리를 할 것

2) 해설

① 배출기란 배기용 송풍기를 뜻하며 배출기는 동력에 따라 구동하는 모터인 전동기(電動機)부분과 날개가 회전하는 배풍기(排風機)부분으로 구분한다.

② 송풍기의 진동이 덕트로 전달됨을 방지하기 위하여 송풍기와 덕트를 접속할 때 사용하는 것이 캔버스(Canvas)로서 화재시 열기와 연기를 배출시켜야 하므로 캔버스는 내열성이 있어야 한다. 그러나 석면(石綿 ; Asbestos)의 경우는 발암물질인 관계로 캔버스 재질에 사용하여서는 아니 된다.

③ 배출기에서 배출하는 연기와 열기를 감안하여 내열성의 기준을 정립하여야 하나 이를 일률적으로 규정할 수는 없으며 이는 주변온도, 연기층의 온도, 열방출 속도, 연기층 가스의 비열 등에 따라 온도조건이 달라지기 때문이다. NFPA[429]에서는 덕트에 공급되는 공기나 시험온도를 121℃(250°F)를 기준으로 하고 있다.

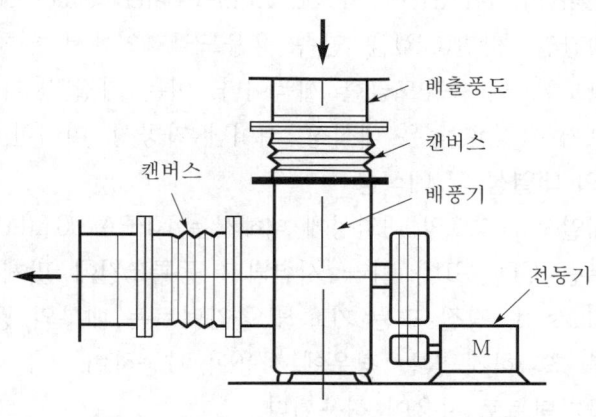

[그림 4-2-7(C)] 캔버스 설치

(2) 배출풍도

1) 기준 : 제9조 2항(2.6.2)

① 아연도금강판 또는 이와 동등 이상의 내식성·내열성이 있는 것으로 하며, 「건축법 시행령」제2조 10호에 따른 불연재료(석면재료를 제외한다)인 단열재로 풍도 외부에 유효한 단열처리를 할 것

429) NFPA 90A(Installation of air-conditioning and ventilating system) 2021 edition 4.3.1.2

② 강판의 두께는 배출풍도의 크기에 따라 다음 표에 따른 기준 이상으로 할 것

[표 4-2-7] 배출풍도의 크기 및 두께

풍도단면의 긴 변 또는 직경(mm)	450 이하	450 초과 750 이하	750 초과 1,500 이하	1,500 초과 2,250 이하	2,250 초과
강판두께(이상)	0.5mm	0.6mm	0.8mm	1.0mm	1.2mm

2) 해설
① 풍도의 재질
㉮ 아연도금(亞鉛鍍金)강판이란 기초 소재인 냉연강판에 아연을 도금한 것으로 냉연강판에 비해 부식이 잘 되지 않는다는 특성을 가지고 있는 소재이다. 도금은 크게 전기도금, 화학도금, 용융도금으로 구분하며 아연도금강판은 용융도금에 해당한다. 용융도금이란 비철금속을 녹여서 도금할 제품을 넣어 용융금속의 피막을 입히는 것으로 아연도강판은 일반적으로 내식성(耐蝕性)과 우수한 작업성 및 용접성을 특징으로 하고 있는 강판이다.
㉯ 용융아연도금강판(GI)은 흔히 "함석"이라고 말하는 용융아연도금강판(Galvanized Steel Sheet, Zinc Coated Steel Sheet)을 말하는 것으로 냉간압연강판(CR)을 연속 용융도금라인에서 열처리하여 소정의 재질을 확보한 후 용융도금한 제품이다. 이는 가장 많이 사용되고 있는 제품으로써 특징은 높은 내식성, 뛰어난 가공성, 미려한 표면 등이다.
② 풍도의 내열성 및 내식성
㉮ 내열성 : 덕트의 내열성에 대해서는 NFPA 90A(2021 edition) 4.3.1.2에 따르면 UL 181에 따라 시험되고 등록조건에 맞게 설치된 Class 0 또는 Class Ⅰ 경질 또는 가요성 공기덕트는 내부의 공기온도가 250℉(121℃)를 초과하지 않는 경우에 사용이 가능하며, 2층 이하의 높이에서는 수직 공기덕트로 사용이 허용된다.
㉯ 내식성 : 금속에 대한 내식성 시험은 일반적으로 염수분무시험을 행하며 이에 대한 기준은 KS D 9502(염수분무시험방법)로 규정되어 있다. KS 규격은 국제규격인 ISO 9227(Corrosion tests in artificial atmospheres)을 반영하여 제정한 것으로 염수분무시험방법에는 중성 염수분무시험, 아세트산(Acetic acid) 염수분무시험, 캐스(C.A.S)시험의 3가지가 있다.
③ 풍도의 두께 및 단열처리
㉮ 풍도의 두께 : 풍도에 사용하는 강판의 두께는 배출풍도의 크기에 따라 [표 4-2-7]에 따른 기준 이상으로 하여야 한다. 표에서 단면의 긴 변이

란 직사각형의 풍도에서 긴 변을 말하며, 직경이란 원형풍도에서의 직경을 말한다. 풍도의 경우 단면에 대해 가로 대 세로의 비를 Aspect ratio라 하며 이는 마찰손실을 최소화하기 위하여 1 : 2 이하가 바람직하다.

㉯ 단열처리 : 종전까지는 덕트의 단열처리를 "내열성(석면재료를 제외한다)의 단열재로 유효한 단열처리"를 하도록 규정하였으나, 단열재 물성의 기준을 명확히 하고자 2022. 9. 15.자로 "단열재의 재질을 불연재료로 하고, 단열재를 풍도 외부에 설치하도록" 개정하였다. 이 경우 불연재료란, 불에 타지 않는 성질의 재료로서「건축물의 피난·방화구조 등의 기준에 관한 규칙」제6조에서 다음과 같이 규정하고 있다.

㉠ 콘크리트 등과 같이 물성 자체가 내화성능인 재료로 건축표준시방서에서 정한 일정 두께 이상인 것

㉡ KS 기준에 따라 시험한 결과 국토부장관이 고시한 불연재료의 성능기준을 충족하는 것

㉢ 그 밖에 ㉠과 유사한 불연성의 재료로서 국토부장관이 인정하는 재료인 것

(3) 배출풍속 : 제9조 2항 2호(2.6.2.2)

1) 배출기의 흡입측 풍도안의 풍속 : 15m/sec 이하

2) 배출기의 배출측 풍속 : 20m/sec 이하

① 배출기에서 흡입측 풍도의 풍속이란 결국 배출측 덕트에서의 풍속을 말하며 이는 초속 15m 이하로 하여야 한다. 배출측의 덕트의 풍속을 규제하는 이유는 결국 배출덕트의 크기를 결정하는 것으로 이를 이용하여 배출덕트의 단면을 구할 수 있다. 배출덕트의 단면을 구할 경우 마찰손실을 무시하고 원형 덕트라면, 배출덕트 내의 풍속이 최소 15m/sec이므로 풍량을 $Q(\text{m}^3/\text{sec})$, 풍속을 V, 덕트의 단면을 A라면 $Q(\text{m}^3/\text{sec})$ = $V(\text{m/sec}) \times A(\text{m}^2)$가 성립한다.

② 예를 들면 제6조 2항(2.3.2.1)에 따라 400m² 이상의 거실로서 직경 40m 이내이며 벽으로 구획되어 있다면 제연경계 수직거리가 2m에 해당하므로 배출량은 40,000CMH가 된다. 즉 Q=40,000m³/h이며, V=15m/sec를 적용하면 원형의 배출덕트의 단면적인 $A(\text{m}^2)$를 계산할 수 있다. 이 경우 설계자는 각형으로 변환한 후 덕트의 가로와 세로의 비(종횡비 ; Aspect ratio)를 결정하게 되는데, 마찰손실을 감안하여 덕트의 단면은 가능하면 정사각형이 되도록 한다.

6 급기 관련 화재안전기준

1. 급기방식의 종류

(1) 기준 : 제8조 1항(2.5.1)

예상제연구역에 대한 공기유입은 유입풍도를 경유한 강제유입 또는 자연유입방식으로 하거나, 인접한 제연구역 또는 통로에 유입되는 공기(가압의 결과를 일으키는 경우를 포함한다)가 해당 구역으로 유입되는 방식으로 할 수 있다.

(2) 해설

급기하는 방식에는 다음과 같은 3가지의 방법이 있다.

1) 강제유입방식

① 개념 : 급기풍도 및 송풍기를 이용하여 해당 제연구역에 기계적으로 직접 급기하는 방식이다. 강제유입방식은 하나의 예상제연구역에 대해 화재실에서 배출과 동시에 급기를 수행하는 "동일실 급배기방식"에서 주로 사용하는 방식이다. 이는 적용 빈도가 낮은 급기방식으로 다음과 같은 특징이 있다.

② 특징 : 화재시 유입구의 위치가 화점(火點) 부근이 될 경우 연소를 촉진 및 확산시키게 되며, 급기와 배출을 동일실에서 동시에 실시하게 되므로 실내의 기류가 난기류가 되어 청정층(Clear layer)과 연기층(Smoke layer) 간에 와류(渦流)가 되어 제연경계 하부의 청정층 형성을 방해하게 된다.

③ 적용 : 일반적으로 화재시 피해의 범위가 작은 소규모 화재실의 경우에 적용하거나, 통로와 같은 피난경로에 대해 적용하게 된다.

2) 자연유입방식

① 개념 : 창문 등 개구부를 이용하여 해당 제연구역에 급기하는 자연급기방식이다.

② 특징 : 화재안전기준에서는 자연유입방식을 인정하고 있으나 실무에서 설계적용이 된 사례는 없으며 자연유입방식을 현실적으로 적용할 수 없다. 왜냐하면 자연유입방식을 적용하려면 자연유입되는 공기량이 화재안전기준에서 요구하는 급기풍량, 급기풍속, 급기구의 위치 등이 언제나 만족하여야 한다. 그러나 이러한 조건이 항상 충족될 수 없으며 또한 이를 실증한다는 것이 현실적으로 불가능하기에 급기방식 중 자연유입방식은 화재안전기준에서 삭제되어야 한다.

3) 인접구역 유입방식

① **개념** : 인접한 제연구역이나 통로에 유입되는 공기를 이용하여 해당 제연구역으로 급기하는 방식이다. 거실제연설비에서 가장 일반적인 공기유입방식으로 인접구역 유입방식은 "거실 급배기방식"과 "거실 배기·통로급기방식"의 2가지로 분류할 수 있다.

② **특징** : 인접구역유입이란 바로 인접한 직근의 제연구역에 급기한 유입공기가 해당 제연구역으로 유입되는 것에 한하는 것으로 다른 제연구역을 경유하여 유입되는 방식은 인접구역유입으로 적용할 수 없다. 예를 들면 다음 그림과 같이 거실 A와 거실 B가 칸막이로 구획되고 출입문이 복도 방향으로 면해 있을 경우, 거실 A에 급기하기 위해서는 거실 A에 급기덕트 및 유입구를 설치하여 강제급기를 하거나 또는 거실 B에 강제급기를 하고 거실 A의 외벽 하부에 그릴을 설치하여 B에 강제급기한 공기가 A로 유입되는 인접구역 유입방식으로 적용하여야 한다. 이 경우 통로에 유입된 공기가 B로 유입된 후 이 공기가 다시 A로 유입되는 방식은 인정되지 아니한다.

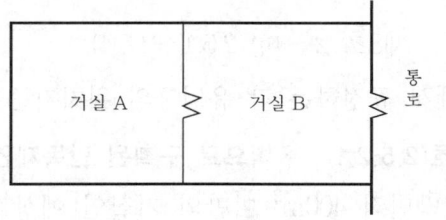

③ **적용**

㉮ **거실 급배기방식** : 개방된 판매시설 등과 같이 내부에 복도가 없이 개방된 넓은 공간에 적용하는 방식이다. 예상제연구역별로 제연경계를 설치한 후 화재구역에서 배출하고 인접구역에서 급기하여 제연경계 하단부에서 급기가 유입되는 인접구역 유입방식이다.

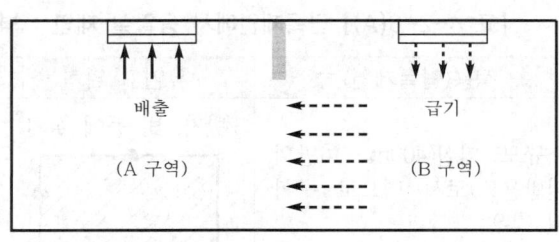

ⒶⒾ 거실 배기·통로급기방식 : 지하상가와 같이 통로에 면하는 각 실이 구획되어 있는 경우는 거실 급배기방식이 불가하므로 거실에서 배출을 하고 급기는 통로에서 실시하는 방식이다. 거실은 화재실로서 연기를 직접 배출시켜야 하므로 배기를 하나 급기는 통로부분에서 하고, 구획된 각 실의 복도측 외벽에 급기가 유입되는 하부 그릴을 설치하여 화재실로 급기가 유입되는 인접구역 유입방식이다.

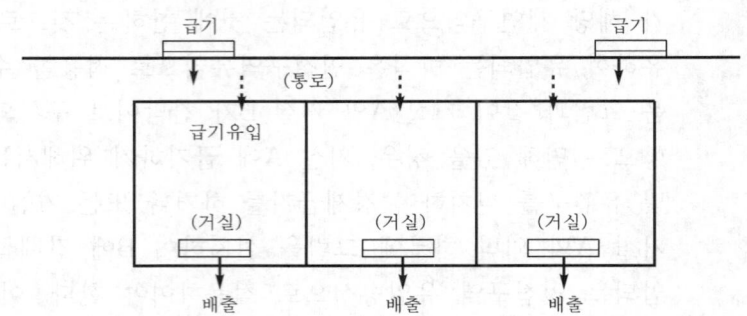

2. 유입구의 기준

(1) 유입구의 위치 : 제8조 2~4항(2.5.1~2.5.4)

화재안전기준에서 규정하는 각 유입구의 위치기준에 대한 기준은 다음과 같다.

1) 제8조 2항 1호(2.5.2.1) → 벽으로 구획된 단독제연의 소규모 거실

① 기준 : 바닥면적 $400m^2$ 미만의 거실인 예상제연구역(제연경계에 따른 구획을 제외한다. 다만, 거실과 통로와의 구획은 그렇지 않다)에 대하여서는 공기유입구와 배출구간의 직선거리는 5m 이상으로 또는 구획된 실의 장변의 1/2 이상으로 할 것. 다만, 공연장·집회장·위락시설의 용도로 사용되는 부분의 바닥면적이 $200m^2$를 초과하는 경우의 공기유입구는 제2호(2.5.2.2)의 기준에 따른다.

② 해설

[표 4-2-8(A)] 단독제연에서 동일실 제연 : 벽으로 구획된 소규모 거실

적용(단독제연)	유입구 위치	비 고
소규모 거실($400m^2$ 미만의 일반용도)로서 벽으로 구획된 경우	반자, 벽 등에 설치	• 배출구와 직선거리 5m 이상 또는 거실 긴 변의 1/2 이상 • 통로와 거실간의 구획은 제연경계도 가능

㊟ ●=유입구 위치, 빗금=예상제연구역

㉮ 조건 : 동일실 급배기방식 중 바닥면적 400m² 미만으로 벽으로 구획된 단독제연을 뜻한다(통로와의 구획은 제연경계도 가능).

㉯ 유입구 위치

　㉠ 면적이 작아 화재시 실내에서 출구까지의 거리가 짧고 대피가 용이하므로 피난 및 진압을 위한 피난로의 형성을 필요로 하지 않는다. 다만 위험을 억제, 지연시킬 정도의 환기상태는 필요로 하므로 유입구는 배출구와 동일한 레벨인 반자 또는 벽에 설치할 수 있으며 급배기구의 거리는 연기와 유입공기의 혼합을 방지하기 위하여 이격거리는 5m 이상 또는 거실 긴 변의 1/2 이상이어야 한다.

　㉡ 다만, 공연장·집회장·위락시설과 같은 용도의 경우는 불특정다수인이 모여 있는 용도상 화재시 조기 피난이 매우 중요한 조건이 200m² 초과시에는 다음의 기준(제8조 2항 2호)에 따른다.

2) 제8조 2항 2호(2.5.2.2) → 벽으로 구획된 단독제연의 대규모 거실

① 기준 : 바닥면적이 400m² 이상의 거실인 예상제연구역(제연경계에 따른 구획을 제외한다. 다만, 거실과 통로와의 구획은 그렇지 않다)에 대하여는 바닥으로부터 1.5m 이하의 높이에 설치하고 그 주변은 공기의 유입에 장애가 없도록 할 것

② 해설

[표 4-2-8(B)] 단독제연에서 동일실 제연 : 벽으로 구획된 대규모 거실

적용(단독제연)	유입구 위치	비 고
① 공연장·집회장·위락시설의 경우는 사용하는 부분의 바닥면적이 200m²를 초과하는 경우 ② 대규모 거실(400m² 이상)로서 벽으로 구획된 경우	바닥에서 1.5m 이하의 높이에 설치 유입구 높이 $h \leq 1.5m$	• 유입구 주변은 공기의 유입에 장애가 없을 것 • 통로와 거실간의 구획은 제연경계도 가능

㉮ 조건 : 동일실 급배기방식 중 바닥면적 400m² 이상으로 벽으로 구획된 단독제연을 뜻한다(통로와의 구획은 제연경계도 가능).

㉯ 유입구 위치

　㉠ 대규모 거실이므로 화재시 피난로를 형성해 주어야 하므로 Smoke layer와 Clear layer의 원활한 형성을 위하여 유입구를 반자에 설치할 수 없으며 바닥으로부터 1.5m 이하 위치에 설치하며, 주변은 공기

의 유입에 장애가 없어야 한다. 종전에는 유입구 주변 2m 이내에 가연물이 없도록 하였으나 이는 공학적 근거가 없는 것이므로 2022. 9. 15.자로 이를 개정 삭제하였다.

ⓛ 소규모 거실인 경우에도 바닥면적 $200m^2$ 이상인 공연장·집회장·위락시설의 경우는 수용인원이 높은 특성상 피난에 소요되는 시간과 인명피해를 감안하여 대규모 거실에 준하여 적용하도록 한 것이다.

3) 제8조 2항 3호(2.5.2.3) → 제연경계로 구획되거나 통로가 제연구역인 경우로 단독제연

① 기준 : 제8조 1호 내지 2호(2.5.2.1 & 2.5.2.2)에 해당하는 것 외의 예상제연구역(통로인 예상제연구역을 포함한다)에 대한 유입구는 다음의 기준에 따를 것. 다만, 제연경계로 인접하는 구역의 유입공기가 해당 예상제연구역으로 유입되게 한 때에는 그렇지 않다.

㉮ 유입구를 벽에 설치할 경우에는 2호(2.5.2.2)의 기준에 따를 것

㉯ 유입구를 벽 외의 장소에 설치할 경우에는 유입구 상단이 천장 또는 반자와 바닥 사이의 중간 아랫부분보다 낮게 되도록 하고, 수직거리가 가장 짧은 제연경계 하단보다 낮게 되도록 설치할 것

② 해설

[표 4-2-8(C)] 동일실 제연 : 제연경계로 구획되거나 통로가 제연구역인 경우

적용(단독제연)	유입구 위치
① 거실이 제연경계로 구획된 경우 ② 통로가 제연구역인 경우	• 벽에 설치하는 경우, 바닥에서 1.5m 이하의 높이에 설치 유입구 높이 $h \leq 1.5m$ • 벽 외의 장소에 설치하는 경우 유입구 높이 h $h < (1/2)H_1$ 및 $h < H_2$

㊟ 제8조 2항 3호(2.5.2.3)에서 벽 외의 장소에 설치하는 경우란 덕트를 인출(引出)하여 제연경계 하단부에 설치하는 경우이며, 이는 벽이 있는 부분이 아니므로 벽 외의 장소(바닥도 포함)라고 표현한 것임.

㉮ 조건 : 통로의 경우 또는 동일실 급배기방식 중 제연경계로 구획된 단독 제연을 뜻한다. 면적의 대소에 불문하고 제연경계로 구성되어 있거나 피난경로인 통로의 경우에 해당한다.

㉯ 유입구 위치 : 벽으로 구획된 경우는 1차적으로 연기가 화재실 내에 체류하게 되며 화재실 밖으로 나올 경우 피난상 큰 문제가 없으나, 제연경계로 구획되거나 통로의 경우에는 연기가 해당층 전체로 확산하게 되므로 Clear Layer를 형성해 주어야 하며 이를 위하여 다음과 같이 하부에서 급기하여야 한다. 이 경우 "벽 외의 장소"에 해당하는 경우 유입구 높이는 유입구의 상단을 기준으로 한다.

　　㉠ 유입구를 벽에 설치한 경우 : 바닥에서 1.5m 이하 위치에 설치

　　㉡ 유입구를 벽 이외의 곳에 설치한 경우 : 반자높이의 중간 이하 위치에 설치하며 가장 짧은 제연경계 하단보다 낮을 것

4) 제8조 3항 1호(2.5.3.1) → 벽으로 구획된 공동제연으로 동일실 급배기방식(강제유입)

① 기준 : 공동예상제연구역 안에 설치된 각 예상제연구역이 벽으로 구획되어 있을 때에는 제8조 2항 1호 및 2호(2.5.2.1 및 2.5.2.2)에 따라 설치할 것

② 해설

㉮ 동일실 급배기방식에서 벽으로 구획된 공동예상제연구획의 경우를 뜻한다. 종전까지 해당 기준은 "공동예상제연구역 안에 설치된 각 예상제연구역이 벽으로 구획되어 있을 때에는 대규모 거실 기준을 적용하도록" 규정하였다. 그러나 공동예상제연의 경우 하나의 예상제연구역 바닥면적별로 유입구(급기구) 위치를 정하도록 2022. 9. 15.자로 이를 개정하였다.

㉯ 이에 따라 공동예상제연구역에서 하나의 예상제연구역이 소규모나 대규모 거실이냐에 따라서 해당 기준을 다음의 표와 같이 적용하도록 한다.

[표 4-2-9(A)] 유입구의 위치

구 분	유입구 위치 : 제8조 3항 1호(2.5.3.1)	
개정 전	대규모 거실 기준을 적용함 : NFSC 제8조 제2항 2호를 적용	
개정 후 (2022. 9. 15.)	각 예상제연구역이 소규모 거실 (400m^2 미만)일 경우	제8조 2항 1호(2.5.2.1) 적용
	각 예상제연구역이 대규모 거실 (400m^2 이상)일 경우	제8조 2항 2호(2.5.2.2) 적용

chapter

4

소화활동설비

[표 4-2-9(B)] 공동제연의 경우(벽으로 구획)

적용(공동제연)	유입구 위치	비 고
벽으로 구획된 경우	[표 4-2-8(A)] 그림 참조	해당하는 예상제연구역이 소규모 거실일 경우
	[표 4-2-8(B)] 그림 참조	해당하는 예상제연구역이 대규모 거실일 경우

5) 제8조 3항 2호(2.5.3.2) → 제연경계로 구획된 공동제연으로 동일실 급배기방식(강제유입)

① 기준 : 공동예상제연구역 안에 설치된 각 예상제연구역의 일부 또는 전부가 제연경계로 구획되어 있을 때에는 공동예상제연구역 안의 1개 이상의 장소에 제8조 2항 3호(2.5.2.3)의 규정에 따라 설치할 것

② 해설 : 동일실 급배기방식에서 제연경계로 구획된 공동예상제연구획의 경우를 뜻한다. 이 경우는 제8조 2항 3호(2.5.2.3)와 유사하며 공동예상제연구역 안의 임의의 1개 구역에 유입구를 설치하되 다음과 같다.

㉮ 유입구를 벽에 설치한 경우 : 바닥에서 1.5m 이하 위치에 설치

㉯ 유입구를 벽 이외의 곳에 설치한 경우 : 반자높이의 중간 이하 위치에 설치하며 가장 짧은 제연경계하단보다 낮을 것

[표 4-2-9(C)] 공동제연의 경우(제연경계로 구획)

적용(공동제연)	유입구 위치
제연경계로 구획(일부 또는 전부)된 경우	벽에 설치하는 경우, 바닥에서 1.5m 이하의 높이에 설치 유입구 높이 $h \leq 1.5m$ 벽 외의 장소에 설치하는 경우 유입구 높이 h $h < (1/2)H_1$ 및 $h < H_2$

6) 제8조 4항(2.5.4) → 인접구역 상호제연방식의 경우(단독 또는 공동제연 포함)

① 기준 : 인접한 제연구역 또는 통로에 유입되는 공기를 해당 예상제연구역에 대한 공기유입으로 하는 경우에는 그 인접한 제연구역 또는 통로의 유입구가 제연경계 하단보다 높은 경우에는 그 인접한 제연구역 또는 통로의 화재시 그 유입구는 다음의 어느 하나에 적합해야 한다.

㉮ 각 유입구는 자동폐쇄될 것

㉯ 해당 구역 내에 설치된 유입풍도가 해당 제연구획부분을 지나는 곳에 설치된 댐퍼는 자동폐쇄될 것

② 해설

㉮ 인접구역 상호제연방식에 해당하는 모든 경우를 뜻한다. 이 경우는 유입구를 인접구역이나 통로의 반자에 설치할 수 있으며 제연경계 하단부 또는 출입문 하부의 그릴을 통하여 상호제연하도록 한다.

따라서 이 경우 해당 구역 화재시에는 화재가 발생하는 해당 구역 내의 유입구는 자동으로 폐쇄되어야 하며, 화재가 발생하지 않는 인접구역 내 설치된 유입풍도가 지나는 경계부위에 댐퍼가 있을 경우 상호제연을 위하여 댐퍼가 자동으로 폐쇄되어야 한다.

㉯ 대부분의 거실제연은 인접구역 상호제연방식을 적용하므로 이 경우 제8조 4항(2.5.4)을 적용할 수 있다. 따라서 공동제연에 대한 기준을 규정한 제8조 3항(2.5.3)은 "동일실 급배기방식"을 전제로 한 공동제연임을 유의하여야 한다.

[표 4-2-10] 인접구역 상호제연의 경우

인접구역 상호제연방식		
기 준	방 식	유입구 위치
제8조 4항 (2.5.4)	1. 인접한 구역에서 유입되는 것을 공기유입으로 하는 경우 2. 통로에 유입되는 것을 공기유입으로 하는 경우	① 유입구 위치의 높이 기준이 없음. ② 다만, 인접한 제연구역 또는 통로의 유입구가 제연경계 하단보다 높은 경우 • 그 유입구(인접한 제연구역이나 통로의 유입구)는 자동폐쇄될 것 • 해당 구역 내에 설치된 유입풍도가 해당 제연구획부분을 지나는 곳에 설치된 댐퍼는 자동폐쇄될 것

chapter

4

소화활동설비

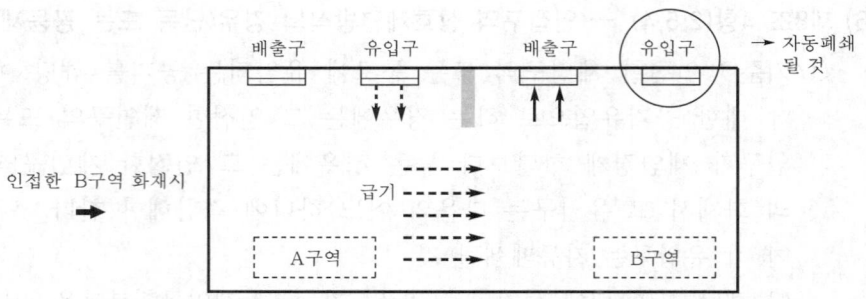

(2) 유입구의 조건

1) 기준 : 제8조 5항 & 6항(2.5.5. & 2.5.6)

① 예상제연구역에 공기가 유입되는 순간의 풍속은 5m/sec 이하가 되도록 하고, 유입구의 구조는 유입공기를 상향으로 분출하지 않도록 설치하여야 한다. 다만, 유입구가 바닥에 설치되는 경우에는 상향으로 분출이 가능하며 이때의 풍속은 1m/sec 이하가 되도록 해야 한다.

② 예상제연구역에 대한 공기유입구의 크기는 당해 예상제연구역 배출량 1CMM에 대하여 35cm² 이상으로 해야 한다.

2) 해설

① 풍속 및 급기방향 : 제8조 5항(2.5.5)

⑦ 유입구의 풍속

㉠ 유입구는 배출구처럼 수량의 기준은 없으나 한 곳에 설치하기 보다는 분산 배치하여 담당 급기량을 줄여 주어야 한다. 거실제연에서는 화재실에서 배출하고 인접구역에서 급기를 하여 급기의 흐름이 화재실로 유입되는 시스템이 가장 일반적인 방식이다. 이 경우 예상제연구역에 급기되는 순간의 풍속이 고속일 경우는 화재가 발생하는 실에 급기를 하는 관계로 화세(火勢)를 촉진할 우려가 있다. 따라서 예상제연구역에 급기할 경우는 화세에 영향을 주지 않고 연기를 배출시킨 공간에 외부의 신선한 공기를 충전하는 역할만을 수행하여야 한다. 제연경계 아래쪽은 외부에서 공급하는 급기가 체류하는 곳으로 피난 및 소화활동 공간으로 사용하는 것으로 이로 인하여 5m/sec의 저속으로 급기하도록 한다.

㉡ 유입구의 풍속은 최대 5m/sec이므로 이를 이용하여 유입구의 그릴 단면적을 계산할 수 있다. 예를 들면 풍량을 Q, 풍속을 V, 유입구의 단면을 A라면 $Q(\mathrm{m}^3/\mathrm{sec}) = V(\mathrm{m}/\mathrm{sec}) \times A(\mathrm{m}^2)$이다. 급기풍량이 구해지면

$V = 5\text{m/sec}$이므로 유입구의 단면적인 $A(\text{m}^2)$를 계산할 수 있으며 유입구의 가로와 세로의 비는 마찰손실을 감안하여 적정한 비율로 적용하도록 한다.

㉔ 급기의 방향 : 화재시 뜨거운 연기는 제연경계 상부로 이동하고 외부에서 공급하는 신선한 급기는 제연경계 하부로 이동하여 제연경계를 기준으로 상부는 연기층, 하부는 공기층을 형성하게 된다. 이러한 기류의 흐름을 만족하기 위해서는 급기는 위쪽 방향이 아닌 아래쪽 방향으로 공급하여야 한다. 종전에는 하향 60° 이내로 분출하도록 하였으나, 급기구의 설치 상황에 따라 급기기류의 방향을 일률적으로 제한할 수 없는 현장 상황을 감안하여, 상향으로 분출하지 않도록 선언적인 내용으로 2022. 9. 15. 개정하였다. 또한 유입구가 바닥에 있는 경우도 감안하여 이 경우는 상향 분출이 가능하되 대신에 풍속을 초속 1m 이하로 제한하였다.

② 유입구의 크기 : 제8조 6항(2.5.6)

㉮ 유입구의 단면적 크기는 급기 풍속인 5m/sec를 이용하여 구하며 이 경우 해당 예상제연구역에 설치할 유입구의 총 유효면적에 대해서는 제8조 6항(2.5.6)을 적용하여 해당 예상제연구역 배출량 1CMM에 대해서 최소 35cm²가 되어야 한다.

㉯ 예를 들면 400m² 이상의 거실로서 직경 40m 이내의 경우 벽으로 구획되어 있다면 제연경계 수직거리는 0이므로 제6조 2항에 따라 배출량은 40,000 CMH가 된다. 따라서 이러한 조건일 경우 필요한 유입구의 총 면적은 40,000 m^3/h를 단위변환하면 $40,000/60\text{m}^3/\text{min}$이므로 $(40,000/60) \times 35 \fallingdotseq 23,334\text{cm}^2$가 되며, 이는 약 2.34m²의 유입구 면적에 해당한다. 따라서 하나의 유입구 면적으로 이를 나누면 필요로 하는 최소유입구의 수량이 구하여진다.

(3) 유입량 및 유입풍도 : 제8조 7항 & 제10조(2.5.7 & 2.7)

1) 기준

① 예상제연구역에 대한 공기유입량은 제6조 1~4항(2.3.1~2.3.4)에 따른 배출량의 배출에 지장이 없는 양으로 해야 한다.

② 유입풍도는 아연도금강판 또는 이와 동등 이상의 내식성·내열성이 있는 것으로 하며, 풍도 안의 풍속은 20m/sec 이하로 하고 풍도의 강판 두께는 제9조 2항 1호(2.6.2.1)에 따라 설치해야 한다.

③ 옥외에 면하는 배출구 및 공기유입구는 비 또는 눈 등이 들어가지 아니하도록 하고, 배출된 연기가 공기유입구로 순환 유입되지 않도록 해야 한다.

2) 해설

① **유입풍량** : 거실제연설비는 화재실에서 발생하는 연기를 직접 배출하고 동시에 화재실이나 또는 인접구역을 통해서 급기를 하는 시스템이다. 이때 제연경계 아래쪽에 있는 체적에 해당하는 연기를 배출하고 배출되지 못한 연기는 상승하여 제연경계 위쪽에 체류하게 된다. 동시에 배출한 제연경계 아래쪽 체적에 해당하는 양의 공기를 급기하여 제연경계 하부에 피난 및 소화활동을 위한 공간을 확보하는 것이 국내 거실제연설비의 동작 개념이다. 종전까지는 급기량이 배출량과 동등 이상으로 규정하였으나, "배출량의 배출에 지장이 없는 양으로 급기하도록" 2022. 9. 15. 이를 개정하였다.

② **풍속 및 강판의 두께**

㉮ **풍속** : 유입풍도 내의 풍속은 20m/sec 이하이어야 한다. 초속 20m는 공조설비에서 고속에 해당하는 속도로 급기덕트에 고속으로 외부의 공기를 주입하는 것은, 화재시 발생하는 열기류에 의해 화재실의 압력이 상승하게 되므로 이러한 조건에서 외부에서 강제 급기를 하기 위해서는 급기덕트의 풍속은 20m/sec의 고속으로 공기를 공급하도록 한다. 그러나 유입구에서도 계속하여 20m/sec의 풍속으로 토출된다면 화재실의 화세를 촉진시키며 열기류나 연기를 확산시키게 되므로 유입구에서의 풍속은 제8조 5항(2.5.5)과 같이 5m/sec 이하가 되어야 한다. 급기설비와 배기설비의 풍속을 비교하면 다음의 표와 같다.

풍속의 기준	풍도(Duct)	유입구(Grill)	비 고
급기설비	20m/sec 이하 : 제10조 1항(2.7.1)	5m/sec 이하 : 제8조 5항(2.5.5)	–
배기설비	15m/sec 이하 : 제9조 2항 2호(2.6.2.2)		배출기의 배출측 풍속은 20m/sec 이하

㉯ **강판의 두께** : 과거에는 급기덕트의 경우 외부의 신선한 공기를 주입하므로 열과 연기를 배출하는 배기덕트와 달리 강판의 두께에 대해 규제하지 않았다. 그러나 급기덕트의 경우도 화재시에는 배기덕트와 같은 공간에 위치하고 있으므로 강판에 대한 두께를 배기덕트에 준하여 설치하도록 2008. 12. 15. 개정하였다.

③ **배출구 및 유입구의 위치** : 배출구 및 유입구가 옥외에 면할 경우는 우천시 비나 눈 등이 유입될 우려가 있으므로 이를 방지하도록 비맞이 시설을 설치하도록 한다. 또한 바람의 영향에 따라 연기가 유효하게 배출되지 않거나 급기에 장애를 줄 우려가 있으므로 옥외에 면하는 부분은 이를 고려하

여 설치하여야 한다. 배출구와 공기유입구가 근접되어 설치될 경우는 배출구에서 배출된 연기가 공기유입구를 통하여 각 실에 재순환 될 수 있으므로 배출구에서 배출되는 연기가 유입구로 흡입되지 않도록 충분한 거리를 이격하여 배치하여야 한다. 특히 배출구와 유입구가 수평으로 설치하는 것보다 수직방향으로 설치될 경우에는 배출구 바로 위에 유입구를 설치하여서는 아니 된다.

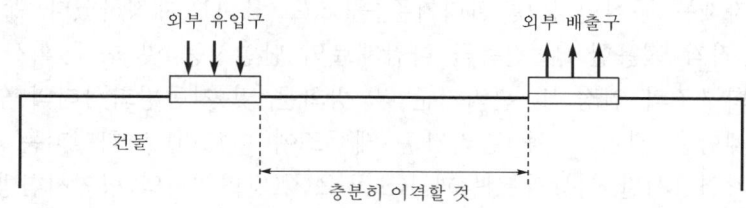

7 법 적용시 유의사항

1. 거실제연설비용 덕트가 방화구획선을 관통시 조치 사항

(1) 제연덕트가 층별 또는 면적별 방화구획을 관통할 경우 일반적으로 덕트 내 방화댐퍼(Fire Damper)를 설치하고 있으나 이는 근본적인 문제점을 내포하고 있다. 화재시 F.D가 동작할 경우 덕트가 폐쇄되므로 제연설비로서의 기능을 수행할 수 없게 된다. 따라서 우선은 제연덕트가 방화구획을 관통하지 않도록 덕트의 경로를 설정하여야 하나, 부득이 통과되는 경우 72℃용 저온도 Fuse의 경우 초기화재시 작동되므로 사용하여서는 아니 된다.

(2) 일본에서는 위와 같은 경우 280℃ 이상의 중온도(中溫用)용 온도 Fuse를 사용하도록 규정하고 있으며[430] 이는 초기화재시에는 작동하지 않으므로 제연설비로서의 기능을 수행하다가 중기(中期) 화재시에는 이미 피난이 불가한 조건이 되므로 이 경우는 F.D가 동작하여 제연설비로서의 기능보다는 화염의 전파를 차단하여 연소를 차단시키는 방화구획을 만족하도록 하기 위한 조치이다.

---

430) 일본소방법 시행규칙 제30조 3호 : 화재에 의해 풍도 내부의 온도가 현저하게 상승하는 경우 이외에는 폐쇄하지 말 것. 이 경우에 있어서 자동폐쇄장치를 설치한 댐퍼의 폐쇄온도는 280° 이상으로 할 것(火災により風道內部の溫度が著しく上昇したとき以外は,閉鎖しないこと. この場合において, 自動閉鎖裝置を設けたダンパーの閉鎖する溫度は, 二百八十度以上とすること)

(3) 국내의 경우 덕트가 방화구획을 관통할 경우 이에 대한 기준으로「건축물의 피난
·방화구조 등의 기준에 관한 규칙」제14조 2항 3호에서는 환기나 냉난방용 덕트
가 방화구획을 관통하는 부분이나 근접한 부분에 방화댐퍼를 설치하고 화재시 이
를 감지하여 자동으로 폐쇄되고, 국토부장관이 고시하는 비차열 및 방연성능을
만족하도록 요구하고 있다. 국토부는 건축물 화재안전과 관련된 주요 건축자재
등에 대한 품질관리 강화를 위해 기존 건축자재 국토부 고시를 통합 정비해「건
축자재등 품질인정 및 관리기준」을 2022. 2. 11. 제정하였다. 동 관리기준은 그 동
안 각각 적용한 ① 건축물 마감재료의 난연성능 및 화재 확산 방지구조 기준 ②
내화구조의 인정 및 관리기준 ③ 방화문 및 자동방화셔터의 인정 및 관리기준을
통폐합한 것이다. 동 관리기준 제35조에 따르면, 방화댐퍼는 내화성능시험 결과
비차열 1시간 이상의 성능과 KS F 2822(방화댐퍼의 방연시험방법)에서 규정한 방
연성능을 확보하고 이를 성능시험기관에서 인정받아야 한다.

2. 구획된 장소의 인접구역 유입방식 적용

(1) 거실제연에서 칸막이 등으로 구획된 장소에 급기를 하기 위해서는 제8조 1항(2.5.1)
에 의해 강제유입, 자연유입, 인접구역유입 중에서 일반적이지 않은 자연유입방식
을 제외하면 2가지 방식 중에서 선정하여야 한다. 따라서 구획된 거실의 경우는
덕트와 급기구를 해당 거실에 설치하여 직접 급기하는 강제유입방식이나 인접한
제연구역에서 급기하는 공기가 해당 제연구역으로 유입되는 인접구역 유입방식
중에서 이를 택일하여야 한다.

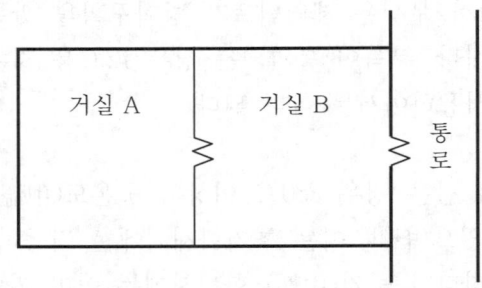

(2) 위의 그림과 같이 거실 A와 거실 B가 칸막이로 구획되고 출입문이 복도방향으로
면해 있을 경우 거실 A에 급기하기 위해서는 거실 A에 급기덕트와 유입구를 설
치하여 강제급기를 하거나 또는 거실 B에 강제급기를 하고, 거실 A의 외벽 하부
에 그릴을 설치하여 B에 강제급기한 공기가 A로 유입되는 인접구역 유입방식으
로 적용하여야 한다. 이 경우 통로에 유입된 공기가 B로 유입된 후 이 공기가 다
시 A로 유입되는 방식은 적용할 수가 없다. 왜냐하면 인접구역유입이란 바로 인

접한 직근의 제연구역에 급기한 유입공기가 해당 제연구역으로 유입되는 것에 한하여 이를 인정한다는 의미이며 다른 제연구역을 경유하여 유입되는 방식은 인접구역유입으로 적용하여서는 아니 된다.

3. 공동제연방식의 최소배출량 적용 개정

(1) 공동제연방식에 대해 적용시 잘못 적용하는 사례가 많으며 정확한 이해를 돕기 위하여 공동제연방식의 일례를 들면 다음과 같다. 다음 그림과 같이 거실제연설비가 대상인 층에 각각 칸막이로 구획된 반자높이가 2.3m인 $60m^2$의 7개의 실이 통로에 면해 있으며 "거실배기·통로급기"방식을 적용하고자 한다. 이 경우 각 실을 단독제연하지 않고 공동제연한다는 것은 ①부터 ⑦까지의 각 실에 설치된 감지기가 어느 실에서 작동할 경우에도 해당 실에만 제연(배기 및 급기)하는 것이 아니라 '①~⑦'까지의 각 실을 동시에 배기를 하며, 급기는 통로의 천장 상부에서 급기하여 각 실의 출입문 하부에 설치한 그릴을 통하여 각 실 '(①~⑦)'에 동시에 유입되는 방식을 말한다.

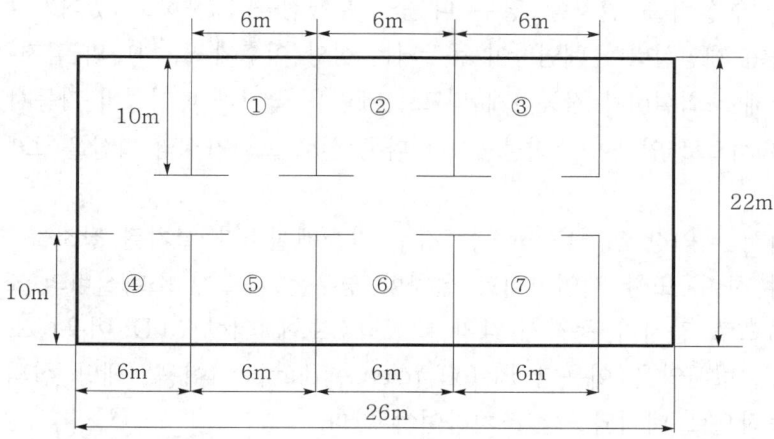

(2) 이 경우 공동제연을 적용하여 배출량을 구할 경우 다음과 같이 오류를 범할 수 있다. 즉, 1층의 바닥면적이 $572m^2(=22m \times 26m)$이므로 $400m^2$ 이상인 대규모 거실에 해당하며, 대각선의 길이는 약 $34m(=\sqrt{22^2+26^2})$이므로 직경 40m인 원의 범위 안에 있으며, 벽으로 구획되어 있어 제연경계 높이는 0에 해당하므로 제6조 2항 1호 (2.3.2.1)를 적용하여 40,000CMH로 계산할 수 있다. 그러나 제6조 2항 1호(2.3.2.1)는 단독제연일 경우 적용하는 방식이며 공동제연방식이므로 이와 같이 적용하여서는 아니 된다.

(3) 공동제연을 할 경우는 제6조 4항 1호(2.3.4.1)를 적용하여 구획된 각 예상제연구역인 7개의 실별 배출량을 구해 이를 합산하는 것이다. 따라서 각 실(①~⑦개의 실)의 실별 면적이 $60m^2$로 실별로 $400m^2$ 미만이므로 제6조 1항 1호(2.3.1.1)에 따라 바닥면적당 1CMM이고(즉, 60CMM) 시간당 3,600CMH이며 7개의 실이므로 해당 배출량은 25,200CMH(3,600×7)가 된다. 이 경우 종전에는 하나의 예상제연구역이 최소배출량인 5,000CMH에 미달되므로 각 실을 최소배출량인 5,000CMH로 적용하여 7개의 실만큼 곱한 값으로 적용하였다. 그러나 공동제연구역에 대한 기준을 재정립하기 위해 2022. 9. 15. 개정된 제6조 4항 1호(2.3.4.1)에 따르면 공동제연일 경우에는 하나의 예상제연구역에 대해 최저배출량 적용은 개별적으로 하지 않고 대신 공동제연구역 전체의 배출량이 5,000CMH에 미달될 경우만 최소배출량을 5,000CMH로 적용하도록 개정하였다.

4. 거실제연설비 설치장소에 가스계 소화설비의 적용여부

(1) 무창층(無窓層)의 전산실 등에 가스계 소화설비를 설치하고 해당 장소에 배연창이나 제연설비를 설치할 경우 다음의 문제점을 내포하고 있다. 감지기(A) 동작에 의하여 제연설비나 배연창이 동작되는 상황 이후에 또 하나의 감지기(B)가 작동되어 가스계 소화설비가 작동하게 되므로 제연용 급기나 배기설비 가동시 가스 약제의 농도 희석으로 인하여 소화불능이나 다른 실로 소화가스의 확산을 초래하게 된다.

(2) 따라서 배연창 위치를 선정할 경우 가스계설비가 설치된 장소를 제외하고 선정하여야 하며, 또한 제연설비를 설치할 경우는 가스계 소화설비의 소화 유효성이 없게되므로 감지기 동작시(감지기 동작신호에 의한 M.D 이용) 또는 가스 방사시(가스 방사압을 이용한 Piston release damper 이용) 해당 실의 급배기 그릴이 자동적으로 폐쇄되도록 조치하여야 한다.

5. 거실제연설비에서 급기량과 배기량의 대소 관계

(1) 종전의 화재안전기준(NFSC) 거실제연설비에서 급기량은 배출량 이상으로 규정하여 급기량이 배출량보다 같거나 크도록 설계하였다. 이는 거실제연설비에서는 재실자와 소방대를 위하여 제연경계벽 아래쪽에 청정층(Clear layer)을 형성하여야 하므로 제연경계벽 아래쪽에 배출량보다 큰 급기량을 공급하여 재실자의 피난과 소방대의 소화활동 작업을 위한 공간을 확보하기 위한 조치였다.

(2) 그러나 국제적으로 급기량이 배출량과 동등 이상인 것은 근거가 부족하며 NFPA 92(Smoke control system 2021 edition) 4.4.4.1.2에서는 오히려 대규모 공간에서 양압이 생성되는 것을 피하기 위해 급기량을 배출량보다 적게 공급하도록 "기계적 급기량은 기계적 배연의 질량유량보다 적어야 한다(Mechanical makeup air shall be less than the mass flow rate of the mechanical smoke exhaust)."라고 규정하고 있다. 또한 NFPA 92 A.4.4.4.1에서는 "급기량은 미소경로를 통한 누설을 제외하고 배출량의 85~95% 수준으로 설계하는 것이 권장된다(It is recommended that makeup air be designed at 85 percent to 95 percent of the exhaust, not including the leakage through small paths)."라고 급기량이 배출량보다 5~15% 적게 설계할 것을 권장하고 있다.

(3) 이에 따라 당시 NFSC 501의 제8조 7항에서 "예상제연구역에 대한 공기유입량은 제6조 1항부터 4항까지에 따른 배출량 이상이 되도록 하여야 한다"를 국제적 기준에 맞게 2022. 9. 15. 개정하였다. 개정된 내용은 현재 NFPC의 제8조 7항과 NFTC의 2.5.7과 같이 "예상제연구역에 대한 공기유입량은 (중략) 배출량의 배출에 지장이 없는 양으로 해야 한다."로 되어 배출량의 크기에 대해 급기량 대비 정량적으로 이를 규정하지 아니하였다.

chapter

4

소화활동설비

제2-1절
부속실제연설비(NFPC & NFTC 501

최초의 거실제연설비는 일본의 소방법을 일부 준용하여 당시 국내 소방법에 이를 도입하여 제정하였으나, 부속실(특별피난계단 부속실 또는 비상용이나 피난용 승강장) 제연설비는 일본의 기준과 무관하게 당시 영국의 BS-Code를 참고하여 1995. 5. 9.자로 국내기준(내무부 고시 제1995-7호)을 제정하였으며 부칙에서 시행은 2달 후인 1995. 7. 9.부터 적용하도록 하였다. 따라서 부속실제연설비의 경우는 1995. 7. 9. 이후 건축허가 동의를 신청한 건물부터 부속실 제연설비를 적용하여야 한다.

1995년 최초 제정된 내무부 고시는 이후 수차례의 개정을 거쳐 2004. 6. 4. NFSC(화재안전기준) 501A로 개편되었다. 특히 2004. 6. 4. 화재안전기준 501A로 개편될 당시는 NFPA 101(Life safety code)과 NFPA 92(Smoke control system) 중 일부 기준을 반영하여 최소차압 및 최대차압에 대한 기준을 개정하였다. 또한 좀 더 개선된 성능설계를 하도록 하기 위한 조치로 누설면적과 방연풍속의 기준이 되는 별표 1과 별표 2를 삭제하였다.

이후 수 차례의 개정을 거쳐 NFSC 501A를 고시기준인 NFPC(성능기준) 501A와 공고기준인 NFTC(기술기준) 501A로 분법화하여 현재에 이르고 있다.

1 개 요

1. 설치대상

특정소방대상물(갓복도형 아파트를 제외한다)에 부설된 특별피난계단, 비상용 승강기의 승강장 또는 피난용 승강기의 승강장(소방시설법 시행령 별표 4)

(1) 특별피난계단의 경우

1) 특별피난계단 대상 : 건축법 시행령 제35조 2항

건축물(갓복도식 공동주택을 제외)의 11층(공동주택의 경우에는 16층) 이상의 층(바닥면적이 400m² 미만인 층을 제외한다) 또는 지하 3층 이하의 층(바닥면적이 400m² 미만인 층을 제외한다)으로부터 피난층 또는 지상으로 통하는 직통계단은 특별피난계단으로 설치하여야 한다.

> ➡️ 건축법 시행령 제35조 2항의 의미는 일반건축물의 경우를 예로 들면, 해당층(지상 11층 이상의 층, 지하 3층 이하의 층)으로부터 피난층(또는 지상층)으로 통하는 직통계단을 특별피난계단으로 하라는 의미이다. 따라서 지하 3층/지상 10층의 건축물은 법적으로는 "지하 3층에서 피난층으로 통하는" 지하층 계단만 특별피난계단 대상이며 지상층은 특별피난계단 대상이 아닌 피난계단 대상이 된다.

건축물 구분		특별피난계단 대상	비 고
1. 일반건축물의 경우	① 일반건축물	• 지상 11층 이상의 경우 • 지하 3층 이하의 경우	–
	② 판매시설의 용도	• 지상 5층 이상의 경우 • 지하 2층 이하의 경우	직통계단 중 1개소 이상
2. 아파트의 경우	① 계단식 아파트 ② 중(重)복도식 아파트	• 지상 16층 이상의 경우 • 지하 3층 이하의 경우	–
	③ 갓복도식 아파트	특별피난계단 대상이 아님	–

㊟ 바닥면적 400m² 미만인 층은 특별피난계단 대상 적용시 층수 산정에서 제외한다.

2) 특별피난계단의 구조

① **건축물의 피난·방화구조 등의 기준에 관한 규칙(제9조 2항 3호 가목)** : 건축물의 내부와 계단실은 노대를 통하여 연결하거나 외부를 향하여 열 수 있는 면적 1m² 이상인 창문(바닥으로부터 1m 이상의 높이에 설치) 또는 "건축물의 설비기준 등에 관한 규칙" 제14조의 규정에 적합한 구조의 배연설비가 있는 면적 3m² 이상인 부속실을 통하여 연결할 것

② **건축물의 설비기준 등에 관한 규칙(제14조 2항 본문 및 7호)**

㉮ 특별피난계단 및 비상용 승강기의 승강장에 설치하는 배연설비의 구조는 제14조 2항의 기준에 적합하여야 한다.

㉯ 공기유입방식을 급기가압방식 또는 급·배기방식으로 하는 경우에는 (중략) 소방관계법령의 규정에 적합하게 할 것

3) 갓복도식 공동주택의 정의 : 건축물의 피난·방화구조 등의 기준에 관한 규칙 제9조 4항

"갓복도식 공동주택"이란 편복도형의 아파트를 의미하며 다음과 같이 정의하고 있다. "갓복도식 공동주택이라 함은 각 층의 계단실 및 승강기에서 각 세대로 통하는 복도의 한쪽 면이 외기(外氣)에 개방된 구조의 공동주택"을 말한다.

chapter

4

소화활동설비

(2) 비상용 승강기의 경우

1) 비상용 승강기 대상 및 면제

① 대상

㉮ 높이 31m를 초과하는 건축물에는 (중략) 승강기 외에 비상용 승강기를 추가로 설치하여야 한다. 다만, 국토교통부령이 정하는 건축물의 경우에는 그러하지 아니하다(건축법 제64조 2항).

㉯ 10층 이상인 공동주택의 경우에는 승용승강기를 비상용 승강기의 구조로 하여야 한다(주택건설기준 등에 관한 규정 제15조 2항).

② 면제 : 건축물의 설비기준 등에 관한 규칙 제9조(국토교통부령)

비상용 승강기를 설치하지 아니할 수 있는 건축물은 다음과 같다.

㉮ 높이 31m를 넘는 각 층을 거실 외의 용도로 쓰는 건축물

㉯ 높이 31m를 넘는 각 층의 바닥면적의 합계가 500m² 이하인 건축물

㉰ 높이 31m를 넘는 층수가 4개층 이하로서 당해 각 층의 바닥면적의 합계 200m²(벽 및 반자가 실내에 접하는 부분의 마감을 불연재료로 한 경우에는 500m²) 이내마다 방화구획으로 구획한 건축물

2) 비상용 승강기의 구조 : 건축물의 설비기준 등에 관한 규칙

① 제10조(비상용 승강기의 승강장 및 승강로의 구조)

㉮ 승강장의 창문·출입구 기타 개구부를 제외한 부분은 당해 건축물의 다른 부분과 내화구조의 바닥 및 벽으로 구획할 것. 다만, 공동주택의 경우에는 승강장과 특별피난계단의 부속실과의 겸용부분을 특별피난계단의 계단실과 별도로 구획하는 때에는 승강장을 특별피난계단의 부속실과 겸용할 수 있다.

㉯ 승강장은 각 층의 내부와 연결될 수 있도록 하되, 그 출입구(승강로의 출입구를 제외한다)에는 갑종방화문을 설치할 것. 다만, 피난층에는 갑종방화문을 설치하지 아니할 수 있다.

㉰ 노대 또는 외부를 향하여 열 수 있는 창문이나 배연설비를 설치할 것

② 제14조(배연설비)

㉮ 특별피난계단 및 비상용 승강기의 승강장에 설치하는 배연설비의 구조는 다음 (중략) 기준에 적합하여야 한다.

㉯ 공기유입방식을 급기가압방식 또는 급·배기방식으로 하는 경우에는 (중략) 소방관계법령의 규정에 적합하여야 한다.

(3) 피난용 승강기의 경우

1) 피난용 승강기 대상(건축법 제64조)

: 고층건축물에는 (중략) 승용 승강기 중 1대 이상을 (중략) 피난용 승강기로 설치하여야 한다.

2) 피난용 승강기의 구조(건축물의 피난·방화구조 등의 기준에 관한 규칙 제30조)

① 승강장의 출입구를 제외한 부분은 해당 건축물의 다른 부분과 내화구조의 바닥 및 벽으로 구획할 것

② 승강장은 각 층의 내부와 연결될 수 있도록 하되, 그 출입구에는 60+방화문 또는 60분 방화문을 설치할 것. 이 경우 방화문은 언제나 닫힌 상태를 유지할 수 있는 구조이어야 한다.

③ (전략) 배연설비를 설치할 것. 다만, 「소방시설법 시행령」별표 5 제5호 가목에 따른 제연설비를 설치한 경우에는 배연설비를 설치하지 아니할 수 있다.

고층/준초고층/초고층 건축물

1. 고층 : 층수가 30층 이상이거나 높이가 120m 이상인 건축물을 말한다(건축법 제2조 1항 19호).
2. 준초고층 : 고층건축물 중 초고층이 아닌 것을 말한다(건축법 시행령 제2조 15의 2호).
3. 초고층 : 층수가 50층 이상이거나 높이가 200m 이상인 건축물을 말한다(건축법 시행령 제2조 15호).

---

2. 제외대상 : 소방시설법 시행령 별표 5의 제17호

소방시설법 시행령 별표 5의 기준을 요약하여 기재하면 다음과 같다.

(1) 자동절환되는 구조의 공조설비를 제연설비와 겸용으로 사용하는 경우

(2) 자연유입방식으로 제연설비를 설치한 경우

(3) 노대와 연결된 특별피난계단이나 비상용 승강기의 승강장의 경우

(4) 건축법 기준에 따라 배연설비가 설치된 피난용 승강기 승강장의 경우

chapter **4**

소화활동설비

3. 제연구역의 선정

제연구역은 다음의 어느 하나에 따라야 한다.

(1) 계단실 및 그 부속실을 동시에 제연하는 것 : NFPC 501A(이하 동일) 제5조 1호 /NFTC 501A(이하 동일) 2.2.1.1

1) 기준

① 계단실과 부속실을 동시에 제연하는 경우 부속실의 기압은 계단실과 같게 하거나 계단실의 기압보다 낮게 할 경우에는 부속실과 계단실의 압력차이는 5Pa 이하가 되도록 해야 한다[제6조 4호(2.3.4)].

② 계단실 및 부속실을 동시에 제연하는 경우 계단실에 대해서는 그 부속실의 수직풍도를 통해 급기할 수 있다[제16조 2호(2.13.1.2)].

③ 계단실과 부속실을 동시에 제연하거나 또는 계단실만을 제연하는 경우 급기구는 계단실 매 3개층 이하의 높이마다 설치할 것[제17조 2호(2.14.1.2)]

2) 해설

① 건축법상 특별피난계단일 경우 피난층에도 부속실을 설치하여야 하나, 이에 불구하고 피난층에 실제 부속실을 설치하지 않는 건물의 경우에는 계단실 및 부속실을 동시에 가압하여야 한다. 즉, 피난층에 부속실이 없는 경우에는 피난층의 거실에서 화재가 발생하면 피난층에 부속실이 없으므로 계단실의 방화문 개방시 피난층에서 연기가 계단으로 유입되어 계단을 피난경로로 사용할 수 없는 문제가 발생하므로 반드시 계단실과 부속실을 동시에 가압하여야 하며 따라서 계단 및 부속실 동시제연방식으로 선정하여야 한다.

② 급기용 덕트는 원칙적으로 전용의 수직풍도에 의해 개별적으로 급기를 하여야 하나, 계단실 및 부속실을 동시제연할 경우는 부속실의 풍도를 이용하여 계단실에도 급기할 수 있으며, 계단실은 전체가 하나의 개방된 공간이므로 부속실과 달리 급기구를 각 층마다 설치하지 않고 3개층 이하 높이마다 설치하도록 한 것이다.

③ 「주택법」 제39조에 따르면 일정규모 이상의 공동주택을 공급할 경우는 주택의 성능과 품질에 대해 공동주택 성능등급을 받아 입주자 모집공고시 이를 표시하도록 규정하고 있다. 아울러 「주택건설기준 등에 관한 규정」 제58조에서는 이를 500세대 이상의 공동주택으로 규정하고 있으며, 성능등급에 대한 서식은 「주택건설기준 등에 관한 규칙」 별지 1호 서식에서 규정

하고 있다. 동 성능등급 서식에 따르면 "화재·소방 관련 등급"의 경우 제연설비 외 총 6개 평가항목이 있으며 해당 항목의 인증은 「녹색건축 인증기준」에 따라 평가한다. 동 인증기준의 별표 13(공동주택성능등급 표시항목)을 보면 성능평가등급은 별 1~4개까지 등급표시를 하고 있으며, 제연설비 항목의 경우 계단실 및 부속실 동시 제연설비일 경우는 일반적으로 별 4개를 적용하고 있다.

(2) 부속실만을 단독으로 제연하는 것 : 제5조 2호(2.2.1.2)

1) **기준 :** 피난층에 부속실이 있는 경우에 적용한다.

2) **해설 :** 특별피난계단이나 비상용(또는 피난용) 승강기 승강장의 경우 피난층에 부속실이 설치되는 경우에 적용하는 부속실 단독으로 제연하는 방식이다.

① 지하층만 특별피난계단 등이 대상이 되어 법적으로 지하층에만 부속실을 설치하는 경우에는 지상층이 부속실 설치대상이 아니므로 지하층 부속실에만 제연을 하며 이 경우에는 피난층에 부속실이 없어도 계단실 가압을 적용하지 아니한다. 즉 계단실까지 가압을 한다는 것은 특별피난계단 대상임에도 불구하고 피난층에 부속실을 설치하지 아니한 경우에 한하여 계단실 가압을 적용하는 것이다.

② 지상층 또는 건물 전층이 특별피난계단인 경우 반드시 피난층에 부속실을 설치하여야 하며, 이는 계단식 아파트의 경우에도 피난층에 부속실을 설치하고 전층의 부속실을 가압하도록 한다. 피난층이라고 하여 가압공간인 부속실이 피난층에 없을 경우 피난층에서 화재가 발생하면 연기가 계단으로 유입하게 되므로 계단을 유효한 피난경로로 사용할 수 없게 된다. 특별피난계단에서 급기가압은 대부분 부속실 가압방식을 적용하고 있다.

(3) 계단실을 단독 제연하는 것 : 제5조 3호(2.2.1.3)

1) **기준**

① 계단실만을 제연하는 경우에는 전용수직풍도를 설치하거나 계단실에 급기풍도 또는 급기송풍기를 직접 연결하여 급기하는 방식으로 할 것[제16조 3호(2.13.1.3)]

② 급기구는 계단실 매 3개층 이하의 높이마다 설치할 것. 다만, 계단실의 높이가 31m 이하로서 계단실만을 제연하는 경우에는 하나의 계단실에 하나의 급기구만을 설치할 수 있다[제17조 2호(2.14.1.2)].

2) 해설

① 영국이나 미국의 경우에는 부속실 유무에 불구하고 원칙적으로 계단실 단독 가압을 주로 적용하고 있으며 이를 계단실 가압설비(Stairwell pressurization system)라 한다. 계단실만 단독으로 제연하는 것을 화재안전기준에서도 인정하고 있으나 국내에서는 계단실 단독제연의 설계 사례는 매우 드문 경우에 해당한다. 왜냐하면 특별피난계단의 구조에서 계단실은 노대를 통하여 연결하거나 외부를 향하여 열 수 있는 창문 또는 제연설비가 있는 부속실을 통하여 연결하도록 법적 사항으로 규정하고 있기 때문이다.[431] 따라서 공학적 측면에서 계단실 단독제연을 적용할 수는 있으나 특별피난계단 구조로서의 법적 기준에는 미달하게 되는 문제점이 있어 국내에서는 설계 사례가 거의 없는 실정이다.

② 계단실 단독제연의 경우는 전용의 수직풍도를 설치하거나 계단실에 급기풍도나 급기송풍기를 직접연결하여 급기하도록 한다. 급기풍도나 급기송풍기를 직접 연결하여 급기한다는 것은 NFPA에서 인정하는 계단가압방식으로 [그림 4-2-8]과 같이 송풍기를 옥상에 설치하고 직접 계단실에 가압을 하는 방식으로 송풍기는 1층보다는 옥상층에 설치하여야 한다. 이는 1층의 경우는 피난층이므로 계단실의 방화문을 개폐하는 빈도가 기준층보다 많을 것으로 예상되므로 옥상층에 설치하는 것이 보다 합리적이다.

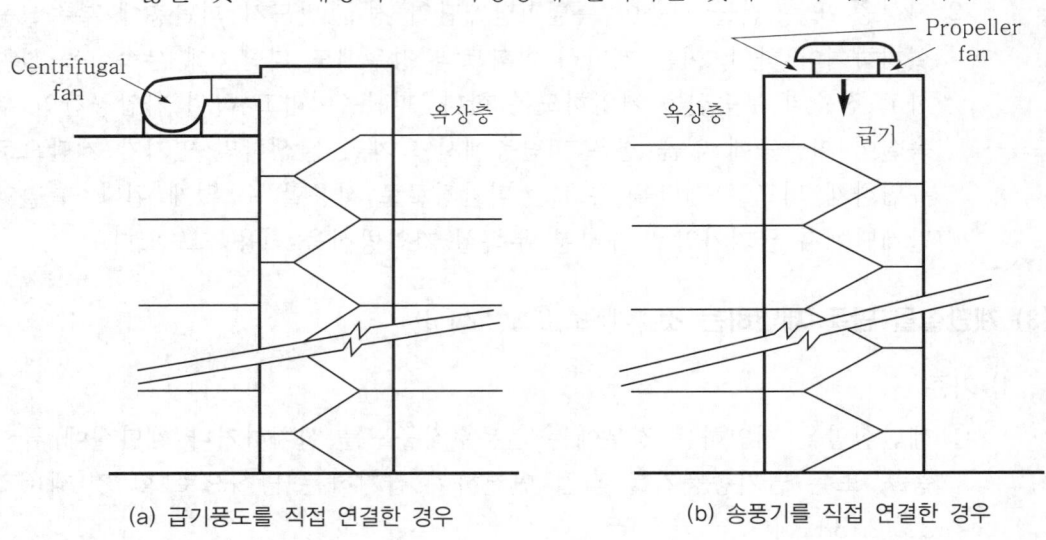

(a) 급기풍도를 직접 연결한 경우   (b) 송풍기를 직접 연결한 경우

[그림 4-2-8] 계단실 가압시 송풍기 설치(NFPA)

---

431) 건축물의 피난·방화 구조 등의 기준에 관한 규칙 제9조 2항 3호 특별피난계단의 구조

 [그림 4-2-8]의 출전(出典)

NFPA 92(Smoke control system) 2021 edition
(a) Stairwell pressurization by top injection : Fig A.4.6.4.1.1
(b) Stairwell pressurization by roof mounted propeller fan : Fig A.4.6.3.1

(4) 비상용 승강기 승강장을 단독 제연하는 것 : 제5조 4호(2.2.1.4)

1) 기준 : 비상용 승강기의 승강장만을 단독으로 제연하는 것을 말한다. 비상용 승강기의 승강장을 제연하는 경우에는 비상용 승강기의 승강로를 급기풍도로 사용할 수 있다[제16조 5호(2.13.1.5)].

2) 해설

① 비상용 승강기의 승강장은 원칙적으로 특별피난계단의 부속실과 겸용으로 사용할 수 없다. 이에 대해 건축물의 설비기준 등에 관한 규칙 제10조 2호 가목에서는 공동주택에 한하여 예외적으로 부속실과 비상용 승강기 승강장의 겸용을 인정하고 있다. 따라서 공동주택을 제외하고 일반용도의 건축물은 반드시 비상용 승강장을 특별피난계단의 부속실과 별도로 설치하고 이를 승강장에 대한 별도 제연방식으로 선정하여야 한다.

② 비상용 승강기 승강장은 「건축물의 설비기준 등에 관한 규칙」 제10조 2호 나목에 따르면 "(전략) 그 출입구(승강로의 출입구를 제외한다)에는 방화문을 설치할 것. 다만, 피난층에는 방화문을 설치하지 아니할 수 있다."로 규정하고 있다. 그러나 이는 피난층이므로 승강기에서 외부로 피난하는 측면만을 고려한 매우 잘못된 조항이다. 비상용 승강기의 승강장을 구획한다는 것은 구획한 승강장을 급기 가압하여 승강로에 연기가 유입되는 것을 방지하기 위한 것이다. 그러나 피난층이라고 하여 방화문을 설치하지 않을 경우 피난층의 거실에서 화재가 발생할 경우는 연기가 승강장으로 바로 유입되는 문제가 발생하게 되므로 피난층의 경우에도 비상용 승강기 승강장은 방화문을 설치하는 것이 원칙이다. 또한 현재 건축법 시행령에서는 갑종 및 을종방화문은 폐지되고 60분+방화문, 60분 방화문, 30분 방화문으로 2020. 10. 8. 개정되었으나 동 규칙에서는 이를 반영하지 못하고 있다.

③ 비상용 승강기의 승강장만을 제연하는 경우에는 비상용 승강기의 승강로를 급기풍도로 사용할 수 있다[제16조 5호(2.13.1.5)]. : 비상용 승강기 승강장의 경우 해당 장소에는 승강로 샤프트를 급기풍도로 할 수 있도록 승강로가압방식을 2013. 9. 3.에 도입하였다.

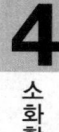

chapter

4

소화활동설비

2 부속실 제연설비의 화재안전기준

부속실에 대한 급기가압 제연설비에 있어서 가장 중요한 개념은 제연구역에 대한 차압형성, 적정한 급기량의 공급, 방연풍속의 확보, 제연구역의 과압 공기배출과 거실유입공기의 배출 등이 된다.

1. 차압(差壓)의 기준

(1) 차압의 개념

1) 기준

① 제연구역에 옥외의 신선한 공기를 공급하여 제연구역의 기압을 제연구역 이외의 옥내보다 높게 하되 일정한 기압의 차이를 유지하게 함으로써 옥내로부터 제연구역 내로 연기가 침투하지 못하도록 할 것[제4조 1호(2.1.1.1)]

② 출입문이 닫히는 경우 제연구역의 과압을 방지할 수 있는 유효한 조치를 하여 차압을 유지할 것[제4조 3호(2.1.1.3)]

2) 해설

① 차압(Pressure Difference)[432]이란 제연구역과 옥내와의 압력차로서 옥내란 비제연구역을 뜻하는 것으로 복도나 통로 또는 거실 등과 같은 화재실(Fire zone)을 의미한다. 즉 차압은 화재실에서 발생하는 연기가 부속실의 방화문 누설틈새(Crack)를 통하여 부속실로 침투하는 것을 막아주기 위한 최소한의 압력차이다. 이 경우 주의할 점은 법에서 규정한 40Pa의 최소차압의 값은 화재시 형성되는 압력차를 의미하는 것이 아니라, 평상시 제연용 송풍기를 동작시킨 경우 제연구역과 비제연구역간에 형성되는 압력차를 말하는 것이다.

② 만일 차압이 평상시가 아닌 화재시 형성되는 압력차라면 옥내에서 화재시 발생하는 여러 환경적 요인(굴뚝효과, 부력, 외부의 바람 등)에 따라 압력이 증가하게 되는데 이 경우에도 일정한 차압을 계속 유지하려면 부속실의 풍량이 정풍량이 아닌 변풍량(Variable air volume)이 되어야 할 것이다. 따라서 최소차압이란 개념은 화재시에 발생하는 환경적 요인까지를 미리 예측하여 이를 포함시켜 제정한 값이 된다. 이에 대해 B.S EN 12101-6에서는 "본 Standard에서 권장하는 차압은 부력이나 외부의 바람의 조건을 감안한 것이다"라고 규정하고 있다.[433]

---

432) 차압을 BS EN 12101-6에서는 Pressure differential, NFPA 92에서는 Pressure difference라고 한다.

433) BS EN 12101-6 : Annex B B.1 "The pressure differentials recommended in this document are intended to take account of fire buoyancy and external wind conditions."

(2) 최소차압

1) 기준

① 제연구역과 옥내와의 사이에 유지하여야 하는 최소차압은 40Pa(옥내에 스프링클러설비가 설치된 경우에는 12.5Pa) 이상으로 해야 한다[제6조 1항 (2.3.1)].

② 출입문이 일시적으로 개방되는 경우 개방되지 아니하는 제연구역과 옥내와의 차압은 1항의 기준에 불구하고 1항의 기준에 따른 차압의 70% 이상이어야 한다[제6조 3항(2.3.3)].

2) 해설

① **최소차압의 개념** : 급기가압설비에 대한 연구는 일찍이 영국의 F.R.S(Fire Research Station)로부터 시작된 것으로 국내의 급기가압설비는 영국의 B.S Code 5588 Part 4(1998 edition)[434]를 준용한 것으로 B.S Code 5588은 모두 17개의 Part로 구성되어 있다. 차압이 낮은 경우는 화재실의 연기가 누설틈새를 통하여 제연구역으로 유입하게 되므로 이를 방지하기 위한 최소한의 압력차가 최소차압(Minimum pressure difference)이 된다.

② **최소차압의 근거** : 구 기준(행자부 고시)에서는 B.S Code를 근거로 하여 기준 차압을 50Pa로 하고 차압범위를 40~60Pa(50Pa±20%)로 하여 최소차압을 40Pa로 규정하였으나, NFPA에서는 이를 달리 규정하고 있다. 예를 들면 NFPA 92[435]에 의하면 제연경계벽 근처의 가스온도가 925℃(1,700℉)일 경우 최소설계차압을 다음 표와 같이 규정하고 있다.

[표 4-2-11] 방연벽에 대한 최소설계차압

건물형태 (Building type)	천장높이 (Ceiling height)	설계차압 (Design pressure difference)
스프링클러 설치	Any	0.05(inAq) → 12.5Pa
스프링클러 미설치	9ft(2.7m)	0.10(inAq) → 25Pa
스프링클러 미설치	15ft(4.6m)	0.14(inAq) → 35Pa
스프링클러 미설치	21ft(6.4m)	0.18(inAq) → 45Pa

---

434) B.S(British Standard) Code 5588-4는 유럽규격(EN ; European Norm)과 부합화하기 위하여 2005. 6. 30.에 BS EN 12101-6으로 개정되었다.

435) NFPA 92(Standard for Smoke-Control Systems) 2021 edition Table 4.4.2.1.1

[표 4-2-11]의 출전(出典)

NFPA 92(2021 edition) Table 4.4.2.1.1

위와 같이 NFPA 92에서는 스프링클러 설치시 천장높이에 관계없이 차압을 12.5Pa로, 스프링클러 미설치시는 천장높이에 따라 다르나 9ft(≒2.7m)일 때 25Pa로 정하고 있다. 따라서 위 2가지 기준을 참조하여 2004. 6. 4. 당시 화재안전기준(NFSC 501A) 제정시 최소차압을 40Pa로 하되 스프링클러 설치시에는 12.5Pa로 제6조 1항(2.3.1)을 개정한 것이다.

③ **최소차압의 특징** : 그러나 NFPA 92에서 요구하는 최소차압인 [표 4-2-11]은 굴뚝효과나 바람에 의한 설계조건하에서도 해당하는 차압을 확보하여야 한다.[436] 즉, BS-EN Code의 40Pa은 평상시의 차압조건이므로 화재시의 환경적 요인을 사전에 감안한 수치이나 NFPA의 25Pa은 화재시의 차압으로 환경적 요인이 반영되어 있지 않은 수치이다. 다시말하면 BS-EN Code에서 정한 40Pa의 차압에서 화재시 환경적 요인에 의한 차압을 공제하면 25Pa의 순수한 차압만 발생하여도 화재시 차압으로서의 효과를 발휘할 수 있다는 의미이다. 그러므로 실무에서 스프링클러가 설치된 경우 설계시 기준차압을 12.5Pa로 하는 것은 바람직하지 않으며, 일반적으로 설계차압을 50Pa의 기준차압으로 적용하는 것이 합리적이다. 또한 스프링클러가 있을 경우 차압을 감소할 수 있는 것은 화재시 헤드 동작에 따라 방사되는 물로 인하여 화세(火勢)가 억제되어 열에 의한 부력이나 열팽창의 효과를 감소시키는 영향이 있기 때문이다.

결 론 ➡	차 압	2004. 6. 4. 이전 (행자부 고시)	2004. 6. 4. 이후 (NFPC & NFTC 501A)
	최소차압	40Pa 이상	① 40Pa 이상(SP가 없을 경우) ② 12.5Pa 이상(SP가 있을 경우)

---

436) NFPA 92(2021 edition) Table 4.4.2.11 Note(2) : For design purposes, a smoke-control system must maintain these minimum pressure differences under specified design conditions of stack effect or wind(설계목적을 위해 제연설비는 굴뚝효과나 바람에 대한 특정 설계 조건하에서도 이러한 최소차압을 유지해야 한다).

3) 최소차압의 측정

① 기준 : NFTC 2.22.2.5.2

(전략) 기준에 따른 시험 등의 과정에서 출입문을 개방하지 아니하는 제연구역의 실제 차압이 제6조 3항(2.3.3)의 기준에 적합한지 여부를 출입문 등에 차압측정공을 설치하고 이를 통하여 차압측정기구로 실측하여 확인·조정할 것

② 측정방법 : 최소차압을 측정할 경우는 차압계를 이용하여 제연구역인 부속실과 비제연구역인 통로(또는 거실 등)와의 압력차를 측정하게 된다. 일반적으로 차압계는 디지털 계기를 사용하며 차압계의 접속단자에 가느다란 비닐호스를 연결하여 방화문 표면에 설치된 차압측정공을 이용하여 측정하도록 한다. 차압표시계가 있는 자동차압급기댐퍼의 경우 댐퍼에 설치된 차압표시계의 부정확성 때문에 반드시 차압측정공을 설치하고 차압계를 사용하여 직접 계측하여야 한다. 측정시에는 반드시 설계조건과 일치된 상황에서 측정하여야 하며, 설계조건이란 누설면적을 적용하는 과정을 말하는 것으로 모든 계단실의 창문과 부속실의 출입문을 전부 닫고 승강기를 정지시킨 상태에서 측정하여야 한다. 차압계는 관리업의 등록기준에 필요한 필수 법정장비이다.[437]

(a) 차압계 외관(예)

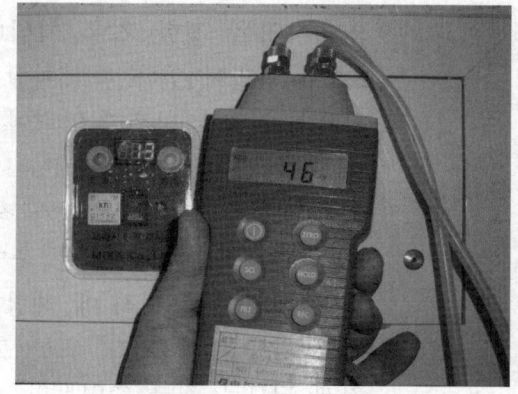

← 접속단자

(b) 차압계 측정 모습

[그림 4-2-9(A)] 디지털 차압계

(3) 최대차압

1) 기준 : 제6조 2항(2.3.2)

제연설비가 가동되었을 경우 출입문의 개방에 필요한 힘은 110N 이하로 해야 한다.

---

437) 소방시설법 시행규칙 별표 3의 제7호(자체점검 점검장비)

2) 해설

① **최대차압의 개념** : 차압이 형성되는 경우는 발생하는 차압으로 인하여 부속실 내부의 압력이 상승하여 방화문에 미치는 힘(=부속실 내부의 압력×방화문면적)이 수직으로 작용하게 되며, 형성되는 차압이 높을 경우 부속실에서 방화문에 미치는 힘이 증가하여 거실이나 통로에서 피난방향으로 노약자가 부속실의 방화문을 개방할 수 없게 된다. 이를 방지하기 위한 압력차의 상한값이 최대차압(Maximum pressure difference)이 된다.

② **최대차압의 근거**

㉮ 구 기준(행자부 고시)에서는 BS-EN Code(구 B.S Code)를 근거로 하여 최대차압을 60Pa로 적용하였으나 현재의 BS-EN 12101-6에서는 이와 별도로 문을 개방하는 데 필요한 힘을 100N 이하로 규제하고 있으며[438] 도어체크를 이기는 데 필요한 힘은 설계단계에서는 알 수가 없기 때문에, 설계시 60Pa을 최대차압으로 적용할 수 있다고 규정하고 있다.[439] 그러나 NFPA에서는 이와 달리 방화문을 개방하는 데 133N(30lbf)를 초과하지 않도록 규정하고 있다.[440] 2004. 6. 4. 화재안전기준(NFSC 501A) 제정 당시 NFPA를 참고하여 동양인의 체격을 감안하여 최대차압을 110N 이하로 개정한 것이 현재의 제6조 2항(2.3.2)이다.

㉯ 최대차압을 정할 경우 차압(Pa)으로 정하는 것과 힘(N)으로 정하는 2가지 방법이 있다. 최대차압을 규제한 것은 결국 도어체크의 폐쇄력과 차압의 결과로 발생한 압력이 방화문에 미치는 힘을 극복하기 위한 것으로 이를 힘이 아닌 차압(Pa)으로 규제할 경우는 차압이 방화문의 크기에 따른 방화문에 미치는 힘과 직접적인 관계가 있는 것은 아니나, 이에 비해 힘으로 규제하는 것은 출입문의 크기(면적)에 따라 "차압에 의한 압력발생×출입문 면적"에 해당하는 힘이 작용하므로 힘의 경우는 직접적인 영향을 주게 된다. 또한 출입문이 커질수록 도어체크의 폐쇄력도 커지게 되므로 결국 출입문의 개방력에 대해서는 차압보다는 힘으로 규제하는 것이 보다 합리적이다.

---

438) B.S EN 12101-6 7.4.2.3 : The maximum force required to open any door within the escape shall in no circumstances exceed 100N, applied at the handle(비상구 내 문을 여는 데 필요한 최대힘은 어떠한 경우에도 손잡이에 가해지는 힘이 100N을 초과해서는 안 된다).

439) B.S EN 12101-6 7.4.2.3 Note 1 : The force required to overcome the door closer will often not be known at the preliminary design stage and a maximum pressure differential 60 Pa can be utilized for design purpose(자동폐쇄장치를 극복하는 데 필요한 힘은 기본설계 단계에서는 알 수 없는 경우가 많으며, 설계목적으로 최대차압 60Pa을 활용할 수 있다).

440) NFPA 101 Life Safety Code(2021 edition) 7.2.3.9.1(Enclosure pressurization)

③ **최대차압의 특징** : 133N와 관련하여 NFPA에서는 빗장을 여는 데 67N(15 lbf), 문을 움직이는 데 133N(30lbf), 최소한 필요 폭까지 문을 여는 데 67N(15lbf)을 초과할 수 없도록 규정하고 있다.[441] 따라서 국내 기준 110N 은 문을 열어서 필요 폭까지 움직이는 데 소요되는 모든 힘이 아니라 가 압상태에서 문의 관성력을 극복하고 방화문을 열리게 하는 순간의 힘을 말하는 것이다. 제연구역에서 방화문을 열기 위해서는 도어체크의 저항력 (F_{dc})과 차압으로 인한 방화문의 저항력을 이기는 데 필요한 힘(F_P)을 합한 것이 된다. 이러한 힘의 크기에 대해서는 SFPE Handbook에서 다음과 같 은 식을 제시하고 있다.[442]

출입문의 개방력(Door opening force) : $F = F_{dc} + F_P$ .... [식 4-2-5]

단, $F_P = \dfrac{K_d W \cdot A \cdot \Delta P}{2(W-d)}$

여기서, F : 문을 개방하는 데 필요한 전체 힘(N)
F_{dc} : 도어체크의 저항력(N)
F_P : 차압에 의해 방화문에 미치는 힘(N)
K_d : 상수값(=1.0)
W : 문의 폭(m)
A : 방화문의 면적(m^2)
ΔP : 비제연구역과의 차압(Pa)
d : 손잡이에서 문의 끝까지의 거리(m)

 식 [4-2-5]

[식 4-2-5]에서 SI 단위에서는 K_d =1.0이며, ft-lb 단위에서는 K_d =5.2가 된다.

---

441) NFPA 101 Life Safety Code(2021 edition) : 7.2.1.4.5.2(Door unlatching & leaf operating forces) The forces required to fully open any door leaf manually in a means of egress shall not exceed 30lbf(133N) to set the leaf in motion, and 15lbf(67N) to open the leaf to the minimum required width, unless otherwise specified as follows(피난로에서 문짝을 수동으로 완전히 개방하는 데 필요한 힘은 다음과 같이 달리 지정되지 않는 한 문짝을 움직 이게 하기 위해 30lbf(133N)를 초과하지 않아야 하며 필요한 최소폭으로 문짝을 여는 데 15lbf(67N) 를 초과하지 않아야 한다).
442) SFPE Handbook(3rd edition 2002) Door opening forces p.4-281

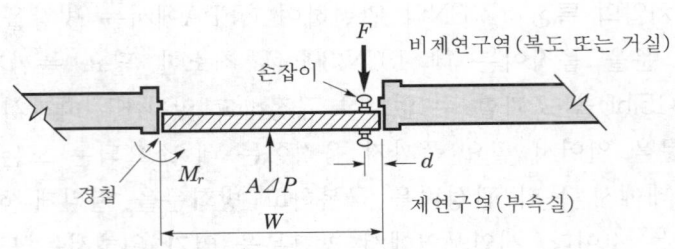

[그림 4-2-9(B)] 제연구역 출입문에 미치는 힘

위의 식에서 보듯이 출입문을 개방하는 데 소요되는 힘은 손잡이의 위치 d와 연관이 있으며, F_{dc}는 일반적으로 13N 이상이 되나 어느 경우에는 90N이 될 정도로 큰 경우도 있다.[443] SFPE Handbook에서는 출입문의 높이 7ft(2.13m), d=3in(0.06m)를 기준으로 하여 출입문의 다양한 폭에 대해서 차압별로 F_P의 값을 그래프로 제시하고 있다.

결 론 ➡	차 압	2004. 6. 4. 이전 (행자부 고시)	2004. 6. 4. 이후 (NFPC & NFTC 501A)
	최대차압	60Pa 이하	110N 이하

3) 최대차압의 측정

① 기준 : NFTC 2.22.2.5.3

제연구역의 출입문이 모두 닫혀 있는 상태에서 제연설비를 가동시킨 후 출입문의 개방에 필요한 힘을 측정하여 제6조 2항(2.3.2)의 규정에 따른 개방력에 적합한지 여부를 확인하고, 적합하지 아니한 경우에는 급기구의 개구율 조정 및 플랩댐퍼(설치하는 경우에 한한다)와 풍량조절용 댐퍼 등의 조정에 따라 적합하도록 조치할 것

② 측정방법 : 최대차압을 측정할 경우는 문의 폐쇄력을 측정하는 디지털 타입의 폐쇄력 측정기(Pushpull gauge)를 이용하여 비제연구역(복도나 거실 등)에서 제연구역 부속실로 들어가는 출입문의 폐쇄력을 측정하게 된다. 편의에 따라 비제연구역에서 제연구역으로 출입문을 밀어서 측정하거나 또는 제연구역 안쪽에서 문에 거는 고리를 사용하여 출입문을 당겨서 측정할 수도 있다. 특히 부속실 출입문의 폐쇄력 측정은 출입문이 개방된 순

---

443) SFPE Handbook p.4-282 : The force to overcome the door closer is usually greater than 3lb(13N) and in some cases, can be as large as 20lb(90N)(자동폐쇄장치를 극복하는 힘은 일반적으로 3lb(13N)보다 크며 경우에 따라 20lb(90N)까지 커질 수 있다).

간(즉, 차압이 0인 순간)의 폐쇄력을 측정하는 것이 목적이며 개방된 순간 이후에 방화문을 열고 들어가는 힘까지 포함할 필요는 없다. 현재 폐쇄력 측정기는 관리업의 점검장비로만 국한되어 있으나 이는 매우 잘못된 규정으로 신축건물 준공시 필히 측정하여야 하므로 감리업과 공사업의 경우에도 등록기준에 필요한 법정장비 제도를 도입하여야 한다.

(a) 폐쇄력 측정기 외관(예)

(b) 폐쇄력 측정 모습

[그림 4-2-10] 폐쇄력 측정기

2. 급기량의 기준

제연구역에 급기하여야 할 급기량(Air flow rate)은 누설량과 보충량으로 구분하여 적용하여야 하며 급기량은 이것을 합한 양 이상이 되어야 한다.

(1) 누설량의 적용

1) 기준

① 제4조 1호(2.1.1.1)의 기준에 따른 차압을 유지하기 위하여 제연구역에 공급하여야 할 공기량으로 이 경우 제연구역에 설치된 출입문(창문을 포함한다)의 누설량과 같아야 한다[제7조 1호(2.4.1)].

② 제7조 1호(2.4.1.1)의 기준에 따른 누설량은 제연구역의 누설량을 합한 양으로 한다. 이 경우 출입문이 2개소 이상인 경우에는 각 출입문의 누설틈새 면적을 합한 것으로 한다[제8조(2.5.1)].

2) 해설

누설량이란 급기 가압을 하고 있는 제연구역에서 출입문이 닫혀 있을 경우 제연구역으로부터 창이나 출입문 등의 누설틈새를 통하여 비제연구역인 통로나 거실 등으로 흘러나가는 누설공기량을 말한다. 따라서 언제나 최소차압을 유지하기 위해서는 이러한 누설공기량을 계속하여 공급하여야 하므로, 누설량이란 정량적(定量的)으로는 제연구역과 비제연구역간의 최소차압이 항상 40Pa(스프링클러설치시 12.5Pa) 이상이 되도록 유지하여 문의 누설틈새를 통하여 옥내로부터 연기가 침투하지 못하도록 하는 공기량이며, 정성적(定性的)으로는 출입문이 닫혀있는 상태에서의 필요한 최소급기량이 된다.

3) 누설량의 식

① **일반식** : 제연구역의 누설틈새 면적을 $A(\text{m}^2)$, 차압을 $P(\text{Pa})$, 부속실 1개소의 급기량을 $Q(\text{m}^3/\text{sec})$라면 다음과 같은 식이 1차적으로 유도된다.

$$\boxed{\text{[일반식] 누설량 } Q = K \times A \times P^{1/n}} \quad \cdots\cdots\cdots\cdots\cdots \text{[식 4–2–6(A)]}$$

여기서, Q : 급기량(m^3/sec), K : 상수값
       A : 누설면적(m^2), P : 차압(Pa)
       n : 개구부 계수
         창문(=1.6), 문(=2)

n은 개구부 계수로서 값은 1과 2 사이의 값이며 누설경로의 형태에 따라 결정된다. 일반적으로 출입문이나 대형 개구부와 같이 개구부가 큰 경우는 2이며 창문 등과 같이 작은 개구부는 1.6으로 적용한다. 그러나 매우 좁은 누설틈새를 제외한 모든 누설경로에 대해서도 $n=2$를 적용할 수 있다.[444]

② **일반식 [식 4–2–6(A)]의 유도** : 제연구역에서 누설틈새로 통하여 배출되는 공기량은 오리피스를 통하여 흐르는 유체의 흐름과 동일한 개념이다. 따라서 제연구역에서의 누설틈새로의 풍속을 V_1, 누설틈새를 통과한 풍속을 V_2, 공기의 비중량을 $\gamma(\text{kg/m}^3)$, 개구부(누설틈새) A에서 분출되는 공기의 유관(流管 ; Stream tube)의 단면적을 A_1이라 하자.

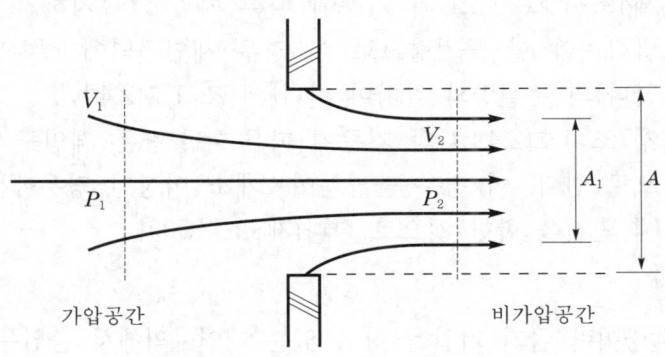

444) SFPE Handbook(3rd edition 2002) Pressurization p.4–281

가압공간(부속실)의 압력을 P_1, 비가압공간(복도나 거실)의 압력을 P_2라고 하면, 이에 대해 베르누이 정리를 적용하면

$$\frac{V_1^2}{2g}\gamma + h_1\gamma + P_1 = \frac{V_2^2}{2g}\gamma + h_2\gamma + P_2$$

이때 $h_1 = h_2$이며 문을 개방하지 않고 닫혀 있는 누설량의 조건에서는 가압공간 내에서의 유체의 흐름인 V_1은 0에 근접한 값이 되며 0으로 간주할 수 있다.

$$\therefore\; P_1 = \frac{V_2^2}{2g}\gamma + P_2$$

$$V_2^2 = \left(\frac{P_1 - P_2}{\gamma}\right) \times 2g$$

$(P_1 - P_2) = \Delta P$(차압)라 하고, 공기의 비중량 $\gamma = \rho \cdot g$이므로

$$\therefore\; V_2 = \sqrt{\frac{2g}{\rho g} \times \Delta P} = \sqrt{\frac{2}{\rho} \cdot \Delta P}$$

이때 누설틈새를 통하여 유입되는 공기중량(kg/sec)과 비제연구역으로 분출되는 공기중량은 동일하므로 $Q(\text{kg/sec}) = V_1 \times A \times \gamma = V_2 \times A_1 \times \gamma$ 이다.

$$\therefore\; \frac{Q(\text{kg/sec})}{\gamma(\text{kg/m}^3)} = V_1 \times A = V_2 \times A_1$$

이때 $\dfrac{Q}{\gamma}$는 체적유량 $Q'(\text{m}^3/\text{sec})$가 되므로 $Q'(\text{m}^3/\text{sec}) = V_1 A = V_2 A_1$

이때 $\dfrac{A_1}{A} = C$라 하자. 이 경우 C를 유량계수(Flow coefficient)라 한다.

$$Q' = V_2 \times A_1 = V_2 \times A \times C = \sqrt{\frac{2}{\rho}\Delta P} \times A \times C$$

상온(20℃)에서 공기의 밀도(ρ)는 1.21kg/m^3이므로

$$Q' = \sqrt{\frac{2 \times \Delta P}{1.21}} \times A \times C \fallingdotseq 1.29 \times C \times A \times \sqrt{\Delta P}$$

여기에서 체적유량 Q'에서 유량계수 C는 누설면적의 형상뿐 아니라 흐름에 따라서도 달라지며, 난류(亂流)에서는 0.6, 층류(層流)에서는 0.7로 적용하며 실무에서는 일반적으로 중간값인 0.65로 적용한다.

따라서 이를 일반식으로 정리하면

체적유량 $Q(\text{m}^3/\text{sec}) = 1.29 \times 0.65 \times A$(누설면적)$\times \sqrt{P(\text{차압})} \fallingdotseq 0.839 \times A \times$
$\sqrt{P} \fallingdotseq K \times A \times \sqrt{P}$가 된다.

이때 $Q(\text{m}^3/\text{sec})$는 급기량(Airflow rate), $A(\text{m}^2)$는 누설면적(Leakage area), $P(\text{Pa})$는 차압(Pressure difference)이 된다.

상수값 K의 국내 적용

1. SFPE Handbook(3rd edition 2002) Smoke control p.4-280에서는 상수 K값을 위와 같이 0.839로 적용하고 있다.
2. BS EN 12101-6 A.2(Estimation of leakage)에서는 K값을 0.83으로 적용하고 있다.
3. Smoke control in fire safety design(E.G Butcher 1979) p.140에서는 K값으로 0.827로 적용하고 있다.

③ 실제 적용 : [식 4-2-6(A)]을 실제로 실무에 사용하기 위해서는 다음과 같이 이를 보정하여야 한다. 첫째로 적용 유체가 공기이므로 누설을 감안하여야 하며 이를 보정하기 위하여 여유율을 적용하여야 하므로 일반적으로 25%의 여유율을 적용하고 있다. 둘째로는 가압을 행하는 부속실의 수를 정하여야 하는데 화재실이 어느층이 될지라도 전층에서 계단쪽으로 연기의 누설을 완전히 봉쇄하기 위해서는 가압을 행하는 부속실을 최고층부터 최저층까지 전층을 동시에 급기를 하여야 하므로 이를 감안하여 전 부속실의 수(N)[445]를 곱하면 최종식은 다음과 같다.

[최종식] 누설량 $Q(\text{m}^3/\text{sec})=0.827\times A\times\sqrt{P}\times1.25\times N$ ·········· [식 4-2-6(B)]

㈜ 당초 종전의 NFSC에서는 상수 K값을 0.827로 규정하였다.

㉮ 누설면적 : 윗 식에서 누설량 Q는 거실제연과 달리 바닥면적이나 층고와 무관하며 오직 누설면적과 함수관계가 있다는 것을 알 수 있다(차압 P는 기준차압이며 N은 부속실의 수이므로 상수값이 된다). 따라서 급기가압시 부속실의 기밀성(氣密性)은 누설량의 결정에 대단히 중요한 요소가 되며 누설면적 A는 누설면적의 공학적 계산방식에 의해 부속실의 형태에 따라 직접 수계산으로 계산하여야 한다.

㉯ 별표 1 : 당초 구 고시에서는 누설면적의 계산을 용이하게 하기 위하여 별표 1을 제시하고 누설량 Q를 용이하게 구하도록 이를 공식화하였다. 그러나 설계자가 다양한 방법에 따라 설계하여 최소차압이 발생하는 경우 이를 적합하다고 할 수 있으므로, 이와 같이 성능설계를 위하여 계산방법 자체를 법제화할 필요가 없다고 판단하여 2004. 6. 4. 화재안전기준

---

445) 정확한 표현은 부속실이 있는 층의 수가 된다.

(NFSC 501A) 제정 당시 별표 1을 삭제하였다. 그러나 현실적으로는 누설량을 계산하기 위한 별도의 기준이 없는 관계로 현재 많은 설계업체에서 별표 1을 계속 사용하고 있으며 이에 따라 본서에서는 이를 감안하여 삭제된 별표 1에서 해당 식만을 그대로 게재하였다.

(2) 보충량의 적용

1) 기준

① 피난을 위하여 제연구역의 출입문이 일시적으로 개방되는 경우 방연풍속을 유지하도록 옥외의 공기를 제연구역 내로 보충 공급하도록 할 것[제4조 2호 (2.1.1.2)]

② 급기량은 기준에 따른 보충량을 합한 양 이상이 되어야 한다[제7조 2호(2.4.1.2)].

③ 제7조 2호(2.4.1.2)의 기준에 따른 보충량은 부속실(또는 승강장)의 수가 20 이하는 1개층 이상, 20을 초과하는 경우에는 2개층 이상의 보충량으로 한다 [제9조(2.6.1)].

2) 해설

① **보충량의 개념** : 보충량이란 급기가압을 하고 있는 제연구역에서 피난을 위하여 출입문을 일시적으로 개방할 경우 일정한 풍속인 방연풍속을 발생시켜 비제연구역(복도나 거실)에서 제연구역인 부속실로 연기가 유입되지 않도록 하기 위해 추가로 공급해 주는 보충공기량을 말한다. 제연구역의 출입문을 개방하는 경우 개방과 동시에 거의 순간적으로 차압이 0가 되며 이때 연기가 침투하게 되므로 이를 방지하고자 연기를 막아 주는 풍속인 방연풍속(防煙風速 ; Air egress velocity) 이상의 속도를 갖는 바람을 추가로 공급하는 것이 보충량의 개념으로서, 정량적으로는 방연풍속을 유지하기 위한 급기량이며, 정성적으로는 출입문이 열려 있는 상태에서의 필요한 급기량이 된다. 방연풍속이란 "옥내로부터 제연구역 내로 연기의 유입을 유효하게 방지할 수 있는 풍속"으로 제3조 2호(1.7.1.2)에서 정의하고 있다.

② **보충량의 근거** : 피난을 위하여 출입문을 일시적으로 개방할 경우 부속실의 차압이 순간적으로 0가 되므로, 이 순간 방연(防煙)풍속을 갖는 급기량을 보충하여야 한다. 제10조(NFTC 표 2.7.1)에서는 [표 4-2-12]와 같이 방연풍속을 적용하고 있으며 이는 B.S EN Code를 준용한 것이 아니라 영국에서 출판된 제연설계 자료를 참고하여 국내에서 제정한 것이다.[446] 동 자료에 의하면 다음과 같이 규정하고 있다.

446) E. G. Butcher ; Smoke control in fire safety design 1979 pp.153~154

⑦ 부속실이 없는 계단실 단독제연일 경우에 출입문을 개방할 경우 : 필요한 방연풍속은 0.75m/sec 이상이어야 한다(When the staircase only is pressurized, with no intervening lobby, then the minimum air egress velocity through an open door is required to be 0.75m/sec). B.S EN 12101-6에서는 방연풍속을 일률적으로 0.75m/sec로만 적용하고 있는 것은 B.S EN Code에서는 계단실 가압을 원칙으로 하기 때문이다.

④ 부속실이 있는 건물에서 계단실과 부속실을 동시에 각각 가압할 경우 : 부속실의 출입문은 개방하고 계단실쪽 출입문은 닫혀 있을 경우 필요한 방연풍속은 0.5m/sec 이상이어야 한다(When the staircase and a lobby on each floor are independently pressurized, then a minimum air egress velocity of 0.5m/sec is through an open lobby door, provided there is another closed door leading to the staircase).

⑤ 부속실이 있는 건물에서 계단실과 부속실을 동시에 각각 가압할 경우 : 부속실의 출입문과 계단실쪽 출입문을 둘 다 개방한 경우 필요한 방연풍속은 0.7m/sec 이상이어야 한다(When the staircase and a lobby on each floor are independently pressurized, then a minimum air egress velocity of 0.7m/sec is required when two lobby doors on one floor are open. This means a staircase-to-lobby door and a lobby-to-accommodation door are open).

위 내용을 준용하여 화재안전기준에서는 방연풍속[제10조(표 2.7.1)]을 [표 4-2-12]와 같이 적용하고 있다.

[표 4-2-12] 방연풍속의 적용

제연구역		방연풍속
① 계단실 및 그 부속실 동시에 제연하는 것 또는 계단실만 단독으로 제연하는 경우		0.5m/sec 이상
② 부속실만 단독으로 제연하는 것 또는 승강장만 단독으로 제연하는 것	부속실 또는 승강장이 면하는 옥내가 거실인 경우	0.7m/sec 이상
	부속실 또는 승강장이 면하는 옥내가 복도로서 그 구조가 방화구조(내화시간이 30분 이상인 구조를 포함한다)인 것	0.5m/sec 이상

③ 보충량의 특징

⑦ 제4조 2호(2.1.1.2)에서 "일시적으로 개방되는 경우"라고 표현한 것은 화재시 재실자가 피난을 하기 위해서 방화문 2개소(부속실의 입구와 출구쪽

방화문)를 연이어 개방하고 대피할 경우 도어체크에 의해 잠시 후 폐쇄되는 상황을 의미한다. 방연풍속은 이러한 일시적인 개방일 경우에 해당하는 값으로, 일시적이 아닌 장시간 개방시에는 B.S EN Code에 의하면 최소 2m/sec 이상의 방연풍속이 필요하다. 따라서 수용인원이 많은 층에서 화재가 발생할 경우는 피난조건이 방화문의 개방이 일시적이 아니라 지속적으로 개방하게 되므로 이러한 경우는 일반적인 방연풍속(0.5m/sec 또는 0.7m/sec)으로는 연기의 유입을 차단할 수 없게 된다. 따라서 방연풍속을 측정할 경우는 방화문을 개방한 후 도어체크에 의해 자동폐쇄가 되는 동안에 측정하여야 하며, 이는 화재시 방화문을 열고 피난하는 순간 출입문에서 방연풍속이 확보되어야 한다는 것과 같은 개념이다.

㉯ 부속실 단독제연일 경우 부속실이 복도와 접할 경우는 0.5m/sec 이상이며 거실과 면할 경우는 0.7m/sec 이상이어야 한다. 위 표에서 거실의 개념은 건축법상 거실의 개념이 아니라 화재가 발생하는 화재실(Fire area)의 의미로서 부속실이 화재실과 바로 면하는 경우는 방연풍속을 상대적으로 크게 한 것이며, 부속실이 화재실과 직접 면하지 않고 피난경로인 복도와 면한 경우는 상대적으로 방연풍속을 낮게 한 것이다. 따라서 주차장의 경우 이를 건축법상 거실이 아니라고 하여 0.5m/sec로 적용하여서는 입법의 취지가 아니며 이는 복도가 없이 화재실이 부속실과 면한 경우에 해당하므로 0.7m/sec 이상으로 적용하여야 한다.

3) 보충량의 식

① 일반식 : 방화문 면적을 S, 방연풍속을 V, 거실유입풍량을 Q_0라면 다음과 같은 식이 1차적으로 유도된다.

$$\text{[일반식] 보충량 } q(\text{m}^3/\text{sec}) = (S \times V) - Q_0 \quad \cdots\cdots\cdots\cdots \text{[식 4-2-7(A)]}$$

여기서, q : 보충량(m^3/sec)
S : 제연구역의 방화문 면적(m^2)
V : 방연풍속(m/sec) → [표 4-2-12] 참조
Q_0 : 거실유입풍량 → 부속실 출입문 개방시 거실로 유입되는 공기량(m^3/sec)

② 일반식 [식 4-2-7(A)]의 유도 : 가압된 고무풍선에 구멍이 나면 바람이 풍선 밖으로 분출하는 것과 같이 피난을 위하여 부속실의 출입문을 개방할 경우는 부속실의 가압된 공기가 순간적으로 통로(또는 거실쪽)으로 자연유입하게 되며 이를 "거실유입풍량(Q_0)"이라고 하면 다음 그림과 같은 상태가 된다.

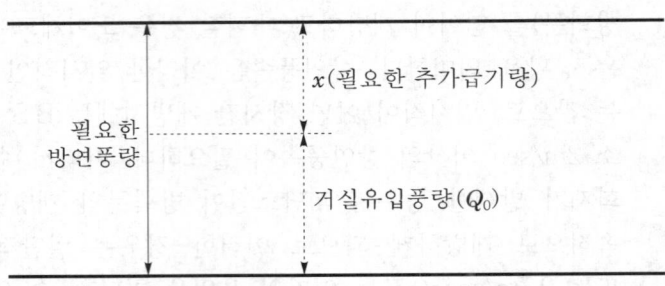

따라서 출입문 개방시 연기를 막아주는 필요한 방연풍량이 되려면 추가로 (x)라는 바람을 외부에서 보충하여 주면 거실유입풍량 Q_0가 부속실에서 거실쪽으로 자연 유입되므로 전체적으로 방연풍량의 크기가 되어 거실(또는 복도)에서 출입문을 개방하여도 제연구역인 부속실로 연기가 유입되지 않는다.

즉, 구하고자 하는 보충풍량 q는 바로 x에 해당하며 이는 "필요한 방연풍량－거실유입풍량(Q_0)"이 된다. 일반적으로 "풍량＝풍속(m/sec)×단면적(m^2)"이 되므로 따라서 "필요한 방연풍량(m^3/sec)＝방연풍속 V(m/sec)×방화문면적 S(m^2)"이 되므로 따라서 보충량 $q = (V \times S) - Q_0$가 된다.

③ **실제 적용** : 그러나 방화문을 일시적으로 개방할 경우 송풍기에서 발생하는 풍량과 풍속이 덕트와 댐퍼를 통하여 부속실 출입구를 통과할 경우의 효과는 댐퍼와 출입구간의 거리에 따른 손실, 댐퍼의 개구율, 댐퍼의 루버 토출방향의 하향구조 등으로 인하여 출입문에서의 풍속의 분포 및 급기량의 효과는 댐퍼 전면에서와 같지 않으며 또한 균일하지 않다. 이로 인하여 방화문 출입구에서의 실제상황은 평균적으로 60%의 효과만 나타나게 된다. 따라서 이러한 것을 보정하기 위하여 0.6(Resistant factor)으로 나누어 줌으로서 이론적으로 필요한 100%의 설계방연풍량을 얻을 수 있게 된다.

소요방연풍량	→	실제방연풍량	→	설계방연풍량
($S \times V$)		($S \times V$)×0.6		(실제상황 ÷ 0.6)

또한 방화문을 개방하는 숫자에 따라 방연풍량의 값도 차이가 나게 되므로, 제9조(2.6.1)에서는 부속실(또는 승강장)의 수가 20개 이하는 1개층 이상을 개방하는 것으로 하며, 21개 이상은 2개층 이상의 방화문이 열리는 것으로 규정하였다.[447] 이 결과 보충량의 최종식은 [식 4-2-7(B)]가 된다.

---

447) E. G. Butcher ; Smoke control in fire safety design 1979 pp.153~154

여기서 말하는 부속실의 수란 부속실 별로 설치된 수직풍도에 접속되어 있는 부속실의 수를 의미한다.

$$[\text{최종식}]\ \text{보충량}\ q(\text{m}^3/\text{sec}) = K\left(\frac{S \times V}{0.6}\right) - Q_0$$

·················· [식 4-2-7(B)]

여기서, K : 부속실이 20개 이하 → 1, 부속실이 21개 이상 → 2

㉮ 방화문의 개방 : 부속실의 방화문이 1개소만 개방된다는 의미는 동일한 시점에서 2개층 이상의 부속실 출입문이 동시에 열리지 않는다고 가정한 것으로, 약간의 시간차를 두고 여러층의 방화문이 각각 1개층씩 개방되는 것도 당연히 포함한 내용이다. 또한 출입문을 개방한다는 것은 부속실로 들어가는 문과 계단으로 나가는 문이 동시에 개방된다고 적용하는 것이다. 이때 거실유입풍량 $Q_0(\text{m}^3/\text{sec})$는 제연구역 내에 출입문이 여러개 있어도 제연구역으로 들어가는 문과 나가는 문 1짝(pair)의 문만 개방되는 것으로 적용한다. 즉, 피난시 부속실 방향으로 여러 개의 방화문이 있어도 1개소의 문만 열리며, 계단쪽으로도 1개소의 문만 동시에 열리는 것으로 가정하여 보충량을 구하여야 한다. 또한 거실유입풍량이 클 경우에는 보충량이 음수가 나오는 경우가 있으나 이 경우는 보충량을 당연히 적용하지 아니한다.

㉯ 별표 2의 적용 : 당초 구 고시에서는 보충량의 계산을 용이하게 하기 위하여 별표 2를 제시하고 거실유입풍량 Q_0를 용이하게 구하도록 이를 공식화하였다. 그러나 설계자가 다양한 방법에 따라 설계하여 방연풍속이 발생하는 경우 이를 적합하다고 할 수 있으므로, 이와 같이 성능설계를 위하여 계산방법 자체를 법제화 할 필요가 없다고 판단하여 2004. 6. 4. 화재안전기준(NFSC 501A) 제정시 별표 2를 삭제하였다. 그러나 현실적으로는 보충량을 계산하기 위한 별도의 기준이 없는 관계로 현재 많은 설계업체에서 별표 2를 계속 사용하고 있으며 이에 따라 본서에서는 이를 감안하여 삭제된 별표 2에 대해 해당 식만을 그대로 게재하였다.

chapter

4

소화활동설비

4) 방연풍속 측정

① 기준 : NFTC 2.22.2.5.1

부속실과 면하는 옥내 및 계단실의 출입문을 동시에 개방할 경우, 유입공기의 풍속이 제10조(2.7.1)의 규정에 따른 방연풍속에 적합한지 여부를 확인하고, 적합하지 아니한 경우에는 급기구의 개구율과 송풍기의 풍량조절댐퍼 등을 조정하여 적합하게 할 것 이 경우 유입공기의 풍속은 출입문의 개방에 따른 개구부를 대칭적으로 균등분할하는 10 이상의 지점에서 측정하는 풍속의 평균치로 할 것

② 측정방법

㉮ 방연풍속을 측정하고자 하는 부속실의 방화문(부속실로 들어가는 쪽)을 열고 출입문용 개구부에 최소 10개 이상의 지점(Point)을 분할한다.

㉯ 분할은 기준상 10개(2×5)지점 이상이나 구획 편의상 12(3×4)개, 16(4×4)개 지점 등으로 분할할 수 있다. 10개 지점일 경우는 방화문의 폭보다는 높이가 높으므로 가로 2×세로 5의 10개 지점으로 하고, 끈을 고정시켜 출입문의 개구부 칸을 분할하도록 한다.

㉰ 모든 부속실과 계단실의 출입문을 전부 닫은 후 준비가 완료되면 송풍기를 가동하고 부속실의 방화문 2개소(들어가는 문과 나가는 문)를 동시에 열고 각 측정지점에 풍속계의 측정봉을 이용하여 측정지점별로 풍속을 계측한다. 측정시 방화문은 일시적으로 개방하여야 하며 장시간 개방하여 측정하여서는 아니 된다. 아울러 반드시 부속실에서 계단실로 나가는 문과 복도에서 부속실로 들어가는 방화문 2개를 동시에 열고 측정하여야 한다. 부속실의 출입문 양쪽을 개방하는 것은 계단실에 체류하는 가압된 공기가 부속실 방화문을 개방할 경우 부속실을 경유하여 복도로 유입하게 되며 이러한 요소까지 방연풍속에 반영되어야한다. 삭제된 별표 2의 보충량 산정식에는 계단실에 체류하는 이러한 공기량도 반영하여 식이 유도된 것이다.

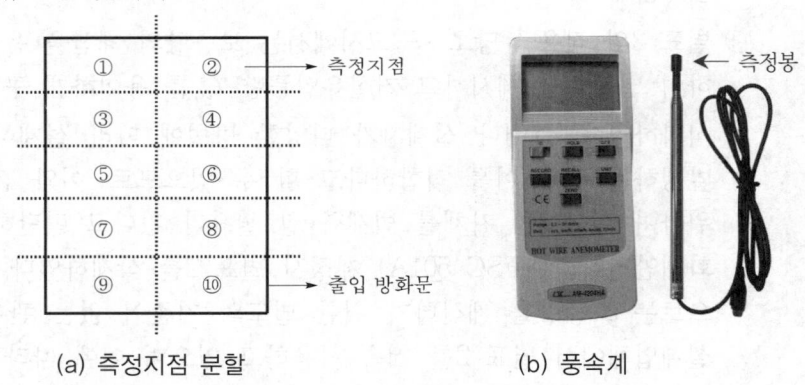

(a) 측정지점 분할   (b) 풍속계

[그림 4-2-11] 방연풍속 측정지점과 풍속계

㉱ 하나의 부속실에 방화문이 여러 개가 있을 경우는 들어가는 출입문 중 가장 큰 것과 나가는 출입문 중 가장 큰 것을 개방하며, 제9조(2.6.1)에 의거 부속실의 수가 20개 이하는 1개층을, 21개 이상은 2개층을 동시에 개방한 상태에서 측정하여야 한다.

㉲ 측정지점을 인쇄한 방연풍속 측정표를 이용하여 각 지점별로 측정한 방연풍속을 기록하고 그 평균치를 해당층 부속실의 방연풍속으로 하며 이 값은 [표 4-2-12] 이상이 되어야 한다.

(3) 결론 : 누설량과 보충량의 비교

	누설량(Q)	보충량(q)
개 념	출입문이 닫혀 있을 때 최소차압을 유지하기 위한 바람의 양(m³/sec)	출입문이 일시적으로 열려 있을 때 방연풍속을 발생하기 위한 바람의 양(m³/sec)
목 적	차압유지	방연풍속 발생
조 건	문이 닫혀 있는 상태	문이 열려 있는 상태
기 준	① 차압 : 최소차압~최대차압범위 <table><tr><td>최소 차압</td><td>40Pa 이상(단, SP 설치시에는 12.5Pa 이상)</td></tr><tr><td>최대 차압</td><td>110N 이하</td></tr></table> ② 측정 • 최소차압 : 차압계 • 최대차압 : 폐쇄력 측정기	① 풍속 : 방연풍속 이상 <table><tr><td>제연구역</td><td>방연 풍속</td></tr><tr><td>계단실 및 그 부속실 동시에 제연하는 것 또는 계단실만 단독으로 제연하는 경우</td><td>0.5 m/sec 이상</td></tr><tr><td>부속실만 단독으로 제연하는 것 또는 승강장만 단독으로 제연하는 것</td><td rowspan="2">0.7 m/sec 이상</td></tr><tr><td>부속실 또는 승강장이 면하는 옥내가 거실인 경우</td></tr><tr><td>부속실 또는 승강장이 면하는 옥내가 복도로서 그 구조가 방화구조(내화시간이 30분 이상인 구조 포함)인 것</td><td>0.5 m/sec 이상</td></tr></table> ② 측정 : 풍속계
공 식	$Q=0.827 \times A \times \sqrt{P} \times 1.25 \times N$	$q = K\left(\dfrac{S \times V}{0.6}\right) - Q_0$

3. 과압방지장치(Overpressure relief)

부속실 내에서 방화문 개방에 필요한 힘이 110N을 초과할 경우는 피난시 노약자가 방화문을 용이하게 개방하기 어려우므로 이 경우 부속실 내의 차압이 설정압력을 초과하는 경우 자동으로 압력을 조절하여 과압을 방지하는 장치이다.

(1) 과압방지장치의 개념 : 누설량은 최소차압을 유지하기 위한 급기량이므로 누설량만으로는 문이 닫혀도 차압이 초과되는 일은 없으나, 문이 닫혀 있을 경우에도 불필요한 보충량이 계속하여 공급되므로 이로 인하여 최대차압을 초과하여 과압이 발생하게 되며 출입문 개방에 필요한 힘이 초과될 수 있다. 이를 방지하기 위해서 제연구역의 차압이 설정압력을 초과할 경우 이를 감지하여 설정압력 범위를

chapter

4

소화활동설비

유지시켜 주는 "과압방지장치"를 설치하여야 하며 현장에서 일반건축물은 플랩댐퍼(Flap damper)로, 아파트는 자동차압급기댐퍼를 주로 설치하고 있다.

1) **플랩댐퍼의 특징** : 설정압력 범위를 초과할 경우 제연구역의 과압 공기를 외부로 배출하여 설정압력을 유지하는 장치로, 배출은 반드시 비제연구역(복도나 거실)이나 옥외로 배출하여야 하며 계단으로 배출하여서는 아니 된다. 이는 미량(微量)이나마 부속실 내로 연기가 일부 유입될 우려가 있으므로 절대로 계단실쪽으로 배출하여서는 아니 된다. 결국 플랩댐퍼는 출입문이 닫혀 있는 경우 불필요한 급기량인 보충량으로 인한 과압공기량을 자동으로 비제연구역으로 배출하여 설정압력 범위를 유지시켜 주는 과압방지장치의 한 종류이다.

2) **차압감지관의 설치** : 플랩댐퍼에서 압력배출을 하기 위한 과압의 측정은 부속실과 화재실에 압력센서를 설치하고, 6mm정도의 동관을 이용하여 차압감지관을 연결하여 양쪽의 압력차를 감지하여 설정압력 범위를 초과하게 되면 플랩댐퍼가 개방되어 과압공기량을 배출시키는 방법을 이용하고 있다. 이 경우 차압 감지용 센서를 각 실마다 설치할 필요가 없다. 왜냐하면 원칙적으로 차압이란 평상시 송풍기를 작동시킨 상태에서 압력의 차를 감지하는 것이므로(차압 항목의 해설 참조), 이는 결국 비제연구역의 평상시 압력이 대기압이라면 대기압과 부속실간의 압력차를 측정하는 것이기 때문이다. 그러나 실제 화재시 실내에 차압감지관을 설치하게 되면 화재시에 압력 상승 등 영향을 받게 되므로 차압감지관은 화재시 피해가 적거나 평상시 바람 등의 영향을 받지 않고 대기압을 항시 감지할 수 있는 위치에 설치하는 것이 가장 바람직하다.[448]

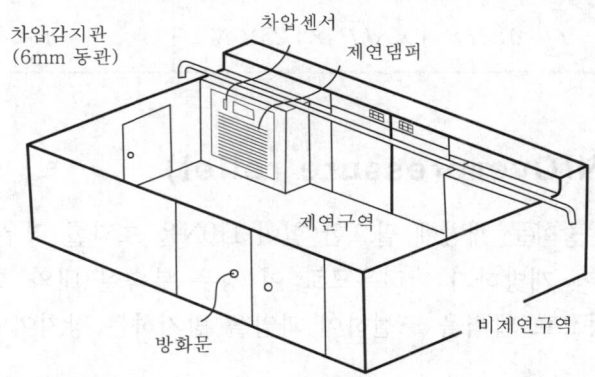

[그림 4-2-12] 차압감지관의 설치모습

---

448) 소방방재청 업무지침 통보 : 소방정책과-2602호(2005. 6. 16.)
차압감지관을 제3의 장소에 설치하여야 함. 다만, 스프링클러가 설치된 아파트의 경우는 옥내에 설치할 수 있음. 제3의 장소란, 바람 등의 영향을 받지 않는 제3의 장소를 일률적으로 지정 또는 지칭할 수 없는 점은 모든 건축물의 구조적 특성이 각기 다르고 제연방식 등을 고려하여야 하는 바, 이는 설계자 및 시공자 등이 동 설비의 화재안전기준에 의거 적합한 곳을 검토하여 결정할 사항임.

(2) 과압방지조치의 기준

(출입문이 닫혀 있을 때) 제연구역에 과압의 우려가 있는 경우에는 과압방지를 위하여 해당 제연구역에 자동차압급기댐퍼 또는 과압방지장치를 다음의 기준에 따라 설치해야 한다[제11조(2.8.1)].

1) 플랩댐퍼(과압방지장치)를 사용하는 경우

① 과압방지장치는 제연구역의 압력을 자동으로 조절하는 성능이 있는 것으로 할 것

② 과압방지를 위한 과압방지장치는 차압[제6조(2.3)]과 방연풍속[제10조(2.7)]의 해당 조건을 만족할 것

③ 플랩댐퍼는 소방청장이 고시하는 「플랩댐퍼의 성능인증 및 제품검사의 기술기준」에 적합한 것으로 설치할 것

④ 플랩댐퍼에 사용하는 철판은 두께 1.5mm 이상의 열간압연강판(KS D 3501) 또는 이와 동등 이상의 내식성 및 내열성이 있는 것으로 할 것

2) 자동차압급기댐퍼(이하 자동차압댐퍼)를 사용하는 경우 : NFTC 2.14.1.3

① 자동차압댐퍼를 설치하는 경우 차압범위의 수동설정 기능과 설정범위의 차압이 유지되도록 개구율을 자동조절하는 기능이 있을 것

② 자동차압댐퍼는 옥내와 면하는 개방된 출입문이 완전히 닫히기 전에 개구율을 자동감소시켜 과압을 방지하는 기능이 있을 것

③ 자동차압댐퍼는 주위온도 및 습도의 변화에 의해 기능이 영향을 받지 아니하는 구조일 것

④ 자동차압댐퍼는 "자동차압급기댐퍼의 성능인증 및 제품검사의 기술기준"에 적합한 것으로 설치할 것

⑤ 자동차압댐퍼가 아닌 댐퍼는 개구율을 수동으로 조절할 수 있는 구조로 할 것

(3) 과압방지장치의 해설

1) 플랩댐퍼(과압방지장치)를 사용하는 경우

① 압력조절 성능 : 부속실의 과압을 방지하는 방법은 플랩댐퍼를 설치하는 방법 이외에도 송풍기 회전수를 제어하거나, 복합댐퍼를 송풍기 흡입측이나 배출측에 설치하는 방법 등 여러 방법이 있으므로 "보충량 등을 자동으로 배출"한다는 구 기준을 2013. 9. 3. "압력을 자동으로 조절"하는 것으로 개정하였다.

② 차압과 방연풍속 조건을 만족 : 위 내용과 마찬가지로 과압을 방지하는 다양한 방법이 있으므로 "옥내 또는 옥외로 보충량을 유효하게 배출"한다는 구 기준을 2013. 9. 3. "차압과 방연풍속을 만족"하도록 개정하였다.

③ 플랩댐퍼의 성능인증 : 구 기준은 플랩댐퍼의 날개면적을 규정하였으나 이는 제품의 성능에 따라서 크기가 결정되는 관계로 날개면적에 대한 구 기준을 2013. 9. 3. 삭제하여 플랩댐퍼는 성능인증을 받은 제품을 사용하도록 개정하고, 「플랩댐퍼의 성능인증 및 제품검사의 기술기준」이 소방청 고시로 제정되어 있다.

2) 자동차압급기댐퍼(이하 자동차압댐퍼)를 사용하는 경우

과압방지장치로서 플랩댐퍼 대신 자동차압댐퍼를 설치할 수 있으며 이는 플랩댐퍼와 급기댐퍼의 기능을 겸한 것이다.

① 급기댐퍼와 플랩댐퍼의 기능을 겸한 자동차압댐퍼는 차압센서를 이용하여 부속실의 차압을 감지한 후 자동으로 층별 댐퍼의 개구율을 조절하여 적정차압을 유지하고 과압을 방지하는 기능으로 급기댐퍼와 플랩댐퍼의 기능을 겸한 댐퍼이다. 자동차압댐퍼는 DC 24V의 전동모터로 작동되는 구조로서 감지기 작동에 따라 자동으로 작동을 개시하며 수동으로도 작동되는 구조로서 차압을 수동으로도 설정할 수 있다.

② 한국소방산업기술원에서는 자동차압댐퍼에 대해 성능시험 인증제도[449]를 실시하고 있으며 현장에서는 반드시 인증제품에 한하여 이를 사용하여야 한다.

4. 유입공기의 배출장치(Air release)

(1) 개념

1) 부속실 제연설비가 동작시 제연구역에서 비제연구역으로 유입되는 공기는 ① 방화문의 누설틈새를 통하여 유입되는 누설공기량 ② 출입문의 개방시 거실로 유입되는 거실유입공기량 ③ 플랩댐퍼에 의하여 거실로 유입되는 과압공기량의 3가지가 있다. 이러한 공기량은 시간이 경과함에 따라 비제연구역의 복도나 통로 등에 체류하게 되며 특히 비제연구역이 밀폐 공간일 경우는 제연구역과 부속실 및 복도 등 비제연구역 간의 압력이 균등해지게 되어 최소차압이 유지되는 것을 방해하는 요인이 된다.

---

449) 자동차압급기댐퍼의 성능인증 및 제품검사 기술기준(소방청 고시)

2) 또한 화재시에는 거실이나 복도 등의 실내압력이 증가하게 되므로 계속하여 차압을 지속적으로 유지하려면 비제연구역에서 일정수준 이상 증가되는 압력은 외부로 배출시켜 주어야 한다. 따라서 항상 최소차압 이상 유지되려면 비제연구역으로 유입된 위와 같은 불필요한 모든 급기량이나 압력이 증가된 비제연구역의 실내공기를 완전히 건물 외부로 배출시켜야 하며 이러한 설비를 "유입공기 배출장치"라고 한다. 결국 유입공기 배출장치의 기본적인 목적은 화재시 비제연구역의 게이지압력을 대기압 조건으로 조성하여 부속실간의 최소차압을 안정적으로 유지하기 위한 방편인 것이다.

3) 아울러 유입공기를 건물 외부로 배출함으로써 부수적으로 비제연구역에서 공기의 흐름을 외부로 연장시켜 부속실의 출입문 개방시 방연풍속의 확보에도 큰 도움을 줄 수가 있다. 일부 자료에서는 유입공기배출장치를 방연풍속을 발생시키기 위해 필요한 것으로 기술하고 있으나, 유입공기배출장치로 인하여 방연풍속이 증가하더라도 이는 목적이 아닌 공기의 흐름에 따른 결과이며, 유입공기배출장치의 설치목적은 다음에 기술한 BS-EN Code처럼 화재가 진행될 경우 실내압력이 상승하는 비제연구역(화재실)의 기압을 대기압 상태로 유지시켜 제연구역과 비제연구역간에 계속하여 차압형성을 유지할 수 있도록 하는 것이 주 목적이다.

(2) 관련근거

1) B.S EN Code 11.3 Air release(공기배출)에서는 다음과 같이 규정하고 있다. "외기로 향하는 손실이 적은 경로를 가압/감압설비에 설치하는 것이 필수적이다. 이러한 경로를 거실구역에 설치함으로서, 거실구역과 방호공간 사이에 필요한 차압을 유지할 수 있으며 방호공간에 연기가 침투하지 못하도록 한다(An essential feature of a pressurizaion/depressurization system is the provision of a low-resistance path to external air. By providing such a path to external air the desired pressure differential between the accommodation area and the protected space can be maintained, thus excluding smoke from the protected space).450)"

2) 또한 동 기준의 5.3 공기배출(Air release)에서는 "시스템이 동작하는 동안에 가압공간에서 거실구역으로는 가압기류가 흐른다. 화재층에서 비가압공간으로 누설되는 공기가 건물 밖으로 빠져나감으로써 가압공간과 거주구역 사이에 차압이 유지되도록 장치를 하는 것이 중요하다(During operation of the system,

---

450) B.S EN-12101-6 11.3(Air release)

pressurizing air flow from the pressurized space into the accommodation. It is important that provision is made on the fire storey for the air that has leaked into the unpressurized spaces to escape from the building. This is essential in order to maintain the pressure differential between pressurized space and the accommodation).451)"라고 규정하고 있다.

(3) 유입공기 배출장치의 특징

1) 비제연구역이 개방공간이거나 대공간일 경우는 유입공기가 체류하거나 화재실의 압력이 증가하여 제연구역간 차압 확보에 장애를 주는 효과가 매우 낮으므로 개념상 유입공기배출에 대한 효과가 적다. 따라서 다음과 같은 경우나 이와 유사한 경우는 유입공기 배출장치를 제외하도록 하는 법의 개정이 필요하다.

   ① 복도가 외기에 개방된 구조인 경우 : 복도에 배연창이 설치되어 있거나, 복도에 노대가 있거나, 복도가 외기와 직접 통하는 편복도식 구조인 건물의 경우

   ② 외기와 직접 통하는 램프가 있는 대형 주차장의 경우

   ③ 아트리움(Atrium) 같이 중정(中井)이 있는 건축물의 경우

2) 아파트의 경우 유입공기 배출장치를 제외한 것은 다른 용도와 달리 다음과 같은 특수성이 있기 때문이다.

   ① 아파트의 경우는 한 세대의 거주인원이 4인 내지 5인으로서 화재시 한 번의 피난(방화문을 한 번 개방한다는 뜻)으로 피난이 종료되어 지속적으로 방화문이 개방되는 용도가 아닌 특징이 있다.

   ② 아파트의 경우에는 특별피난계단 대상이 원칙적으로 계단식 아파트인 관계로 비제연구역의 복도가 없는 구조이며 화재실에 해당하는 세대는 모두 방화문으로 구획되어 있다. 따라서 일반건축물의 경우 복도가 있으며 각 실이 일반출입문으로 복도에 면한 것과 달리 아파트는 화재발생이 한 세대의 내부에 국한된다는 특징이 있다.

   ③ 계단식 아파트의 경우는 복도가 없는 관계로 세대 출입문에서 계단실까지의 이동거리가 매우 짧아 피난하는 데 시간이 소요되지 않으므로 일반건물과 같이 층별 수용인원에 의한 피난소요시간이 길지 않은 특징이 있다. 위와 같은 사유로 인하여 아파트는 유입공기 배출장치를 제외하여도 실용상 큰 문제가 없다고 판단한 것이다.

---

451) B.S EN-12101-6 5.3(Air release)

(4) 기준

유입공기는 화재층의 제연구역과 면하는 옥내로부터 옥외로 배출되도록 해야 한다. 다만, 직통계단식 공동주택의 경우에는 그렇지 않다.

1) 배출방식의 종류 : 제13조 2항(2.10.2)

유입공기의 배출은 다음의 기준에 따른 배출방식으로 해야 한다.

① **수직풍도에 따른 배출** : 옥상으로 직통하는 전용의 배출용 수직풍도를 설치하여 배출하는 것으로서 다음의 어느 하나에 해당하는 것

㉮ 자연배출식 : 굴뚝효과에 따라 배출하는 것

> ➡ 옥상으로 직통하는 전용의 수직풍도를 설치하되 송풍기가 없이 굴뚝효과(Stack effect)를 이용하여 자연배출하는 것으로 기계배출식보다 풍도의 단면적이 커지게 된다.

㉯ 기계배출식 : 수직풍도의 상부에 전용의 배출용 송풍기를 설치하여 강제로 배출하는 것. 다만, 지하층만을 제연하는 경우 배출용 송풍기의 설치위치는 배출된 공기로 인하여 피난 및 소화활동에 지장을 주지 아니하는 곳에 설치할 수 있다.

② **배출구에 따른 배출** : 건물의 옥내와 면하는 외벽마다 옥외와 통하는 배출구를 설치하여 배출하는 것

㉮ 빗물과 이물질이 유입하지 아니하는 구조로 할 것

㉯ 옥외쪽으로만 열리도록 하고, 옥외의 풍압에 따라 자동으로 닫히도록 할 것(NFTC 2.12.1.1.2)

> ➡ 배출구의 경우는 옥외의 풍압에 의하여 자동으로 닫혀야 하므로 배연창은 배출구로서 인정할 수 없다. 배출구는 건물의 각 면에 설치하여 화재시 유입공기를 배출하다가 외부에서 배출구 방향으로 바람이 불면 풍압에 의해 제15조에 따라 자동으로 닫혀야 하는 기능 때문에 국내에서는 설치 사례가 없다.

③ **제연설비에 따른 배출** : 거실제연설비가 설치되어 있고 당해 옥내로부터 옥외로 배출하여야 하는 유입공기의 양을 거실제연설비의 배출량에 합하여 배출하는 경우 유입공기의 배출은 당해 거실제연설비에 따른 배출로 갈음할 수 있다.

chapter **4**

소화활동설비

2) 배출방식별 크기(덕트 단면적 또는 개구면적)

① 자연배출방식 : 제14조 4호 가목(2.11.1.4.1)

내부단면적은 다음 식에 따라 산출하는 수치 이상으로 할 것. 다만, 수직풍도의 길이가 100m를 초과하는 경우에는 산출 수치의 1.2배 이상의 수치를 기준으로 해야 한다.

$$A_P = \frac{Q_N}{2}$$

.... [식 4-2-8]

여기서, A_P : 수직풍도의 내부단면적(m^2)

Q_N : 수직풍도가 담당하는 1개층의 제연구역의 출입문 1개의 면적과 방연풍속을 곱한 값(m^3/sec)(출입문은 옥내와 면하는 출입문을 말한다.)

➔ 자연배출방식의 경우는 B.S Code의 "Size of vertical air release shafts"[452]에서 ($Q_N/2$)로 규정한 것을 준용한 것이다.

② 기계배출방식 : 제14조 4호 나목(2.11.1.4.2)

송풍기를 이용한 기계배출식의 경우 풍속 15m/sec 이하로 할 것

➔ 기존의 화재안전기준(NFSC)에서는 기계배출방식에서도 풍도의 내부단면적에 대한 식이 있었으나, 송풍기를 이용할 경우는 덕트의 크기는 송풍기 용량에 따라 설계하는 것이므로 NFPC/NFTC 도입시 삭제하였다.

③ 배출구에 의한 배출 : 제15조 2호(2.12.1.2)

개폐기의 개구면적은 다음 식에 따라 산출한 수치 이상으로 할 것

$$A_0 = \frac{Q_N}{2.5}$$

.... [식 4-2-9]

여기서, A_0 : 개폐기의 개구면적(m^2)

Q_N : 수직풍도가 담당하는 1개층의 제연구역의 출입문 1개의 면적과 방연풍속을 곱한 값(m^3/sec)(출입문은 옥내와 면하는 출입문을 말한다.)

㊟ 배출구를 이용하는 배출용 장치를 개폐기라 칭한다.

➔ 배출구에 의한 배출방식의 경우는 B.S EN Code의 vent area requirement[453]에서 ($Q_N/2.5$)로 규정한 것을 준용한 것이다.

---

452) B.S−EN 12101-6(2005 edition) A.4.3 "Estimation of Size of vertical air release shafts."
453) B.S EN 12101-6(2005 edition) A.4.2 "Estimation of vent area requirements."

3) 배출풍도 및 댐퍼의 구조와 기준

① 수직풍도의 구조 : 제14조 1호 & 2호(2.11.1.1 & 2.11.1.2)

㉮ 수직풍도는 내화구조로 하되 "건축물의 피난·방화구조 등의 기준에 관한 규칙" 제3조 1호(벽) 또는 2호(외벽)의 기준 이상의 성능으로 할 것

㉯ 내부면은 0.5mm의 아연도금강판 또는 동등 이상의 내식성·내열성이 있는 것으로 마감하는 접합부에 대하여는 통기성이 없도록 조치할 것

② 배출댐퍼의 기준 : 제14조 3호(2.11.13)

㉮ 두께는 1.5mm 이상의 강판 또는 이와 동등 이상의 성능이 있는 것으로 설치하며 비내식성 재료에는 부식방지 조치를 할 것

㉯ 평상시 닫힌 구조로 기밀상태를 유지할 것

㉰ 개폐여부를 당해 장치 및 제어반에서 확인할 수 있는 감지기능을 내장하고 있을 것

㉱ 구동부의 작동상태와 닫혀 있을 때의 기밀상태를 수시로 점검할 수 있는 구조일 것

㉲ 풍도의 내부마감 상태에 대한 점검 및 댐퍼의 정비가 가능한 이·탈착(離脫着)식 구조로 할 것

㉳ 화재층의 옥내에 설치된 화재감지기의 동작에 따라 당해층의 댐퍼가 개방될 것

㉴ 개방시의 실제 개구부(개구율을 감안)의 크기는 수직풍도의 내부단면적과 같도록 할 것

㉵ 댐퍼는 풍도 내의 공기 흐름에 지장을 주지 않도록 수직풍도의 내부로 돌출하지 않게 설치할 것

5. 급기 관련기준

(1) 급기방식 : 제16조(2.13)

1) 부속실만을 제연하는 경우 : 동일 수직선상의 모든 부속실은 하나의 전용 수직풍도를 통해 동시에 급기할 것. 다만, 동일 수직선상에 2대 이상의 급기송풍기가 설치되는 경우에는 수직풍도를 분리하여 설치할 수 있다.

2) 계단실 및 부속실을 동시에 제연하는 경우 : 계단실에 대하여는 그 부속실의 수직풍도를 통해 급기할 수 있다.

3) 계단실만을 제연하는 경우 : 전용 수직풍도를 설치하거나 계단실에 급기풍도 또는 급기송풍기를 직접 연결하여 급기하는 방식으로 할 것

4) 하나의 수직풍도마다 전용의 송풍기로 급기할 것

① 부속실이 한 층에 여러 개소가 있을 경우 각 부속실별로 수직풍도를 전용으로 설치하여야 한다.
② 또한 소화설비의 경우는 펌프를 동별로 설치하지 않고 단지 내 1개를 설치하여 각 동에서 이를 공유할 수 있으나 부속실 제연의 경우는 전용의 수직 덕트별로 전용의 송풍기를 각각 설치하여야 한다.
③ 따라서 아파트에서 각 동이 지하주차장으로 연결된 경우 하나의 소방대상물로 적용하여 감지기 작동시 모든 동의 전층의 급기댐퍼가 개방되는 것은 바람직하지 않다. 이는 법에 불구하고 지하층은 동시에 댐퍼가 개방되어도 지상층은 해당하는 동별로 수직풍도별로 동작하는 것이 더 합리적인 방법이다.

(2) 급기구의 기준 : 제17조(2.14)

1) 급기용 수직풍도와 직접 면하는 벽체 또는 천장(당해 수직풍도와 천장급기구 사이의 풍도를 포함한다)에 고정하되, 급기되는 기류 흐름이 출입문으로 인하여 차단되거나 방해받지 않도록 옥내와 면하는 출입문으로부터 가능한 한 먼 위치에 설치할 것

2) 계단실과 그 부속실을 동시에 제연하거나 또는 계단실만을 제연하는 경우 급기구는 계단실 매 3개층 이하의 높이마다 설치할 것. 다만, 계단실의 높이가 31m 이하로서 계단실만을 제연하는 경우에는 하나의 계단실에 하나의 급기구만을 설치할 수 있다.

3) 급기댐퍼는 두께 1.5mm 이상의 강판 또는 이와 동등 이상의 강도가 있는 것으로 설치하여야 하며, 비내식성 재료의 경우에는 부식방지 조치를 할 것

4) 옥내에 설치된 화재감지기에 따라 모든 제연구역의 댐퍼가 개방되도록 할 것. 다만, 둘 이상의 특정소방대상물이 지하에 설치된 주차장으로 연결되어 있는 경우에는 주차장에서 하나의 특정소방대상물의 제연구역으로 들어가는 입구에 설치된 제연용 연기감지기의 작동에 따라 특정소방대상물의 해당 수직풍도에 연결된 모든 제연구역의 댐퍼가 개방되도록 해야 한다.

하나의 소방대상물이라도 감지기 작동시 주차장 전체의 댐퍼가 개방되는 것은 불합리하므로 2013. 9. 3. 이를 합리적으로 개정하였다.

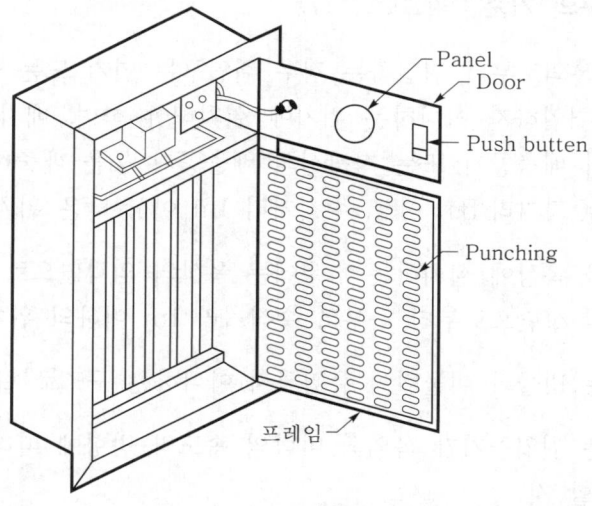

[그림 4-2-13(A)] 급기댐퍼

(3) 급기풍도의 기준 : 제18조(2.15)

1) 수직풍도는 2.11.1.1(내화구조), 2.11.1.2(내부면은 0.5mm 이상의 아연도금강판 또는 동등이상의 내식성·내열성이 있는 것으로 마감하는 접합부에 대하여는 통기성이 없을 것)의 기준을 준용할 것

2) 수직풍도 이외의 풍도로서 금속판으로 설치하는 풍도는 다음 기준에 적합할 것
   ① 풍도는 아연도금강판 또는 이와 동등 이상의 내식성·내열성이 있는 것으로 하며, 불연재료(석면재료를 제외한다)인 단열재로 유효한 단열처리를 하고, 강판의 두께는 풍도의 크기에 따라 다음 표에 따른 기준 이상으로 할 것. 다만, 방화구획이 되는 전용실에 급기송풍기와 연결되는 덕트는 단열이 필요없다.

[표 4-2-13] 수직풍도 이외의 풍도(크기 및 두께)

풍도단면의 긴 변 또는 직경(mm)	450 이하	450 초과 750 이하	750 초과 1,500 이하	1,500 초과 2,250 이하	2,250 초과
강판 두께(이상)	0.5mm	0.6mm	0.8mm	1.0mm	1.2mm

   ② 풍도에서의 누설량은 급기량의 10%를 초과하지 않을 것

3) 풍도는 정기적으로 풍도 내부를 청소할 수 있는 구조로 설치할 것

chapter

4

소화활동설비

(4) 외기취입구의 기준 : 제20조(2.17)

1) 외기를 옥외로부터 취입하는 경우 취입구는 연기 또는 공해물질 등으로 오염된 공기를 취입하지 아니하는 위치에 설치해야 하며, 배기구 등(유입공기, 주방의 조리대의 배출공기 또는 화장실의 배출공기 등을 배출하는 배기구를 말한다)으로부터 수평거리 5m 이상, 수직거리 1m 이상 낮은 위치에 설치할 것

2) 취입구를 옥상에 설치하는 경우에는 옥상의 외곽면으로부터 수평거리 5m 이상, 외곽면의 상단으로부터 하부로 수직거리 1m 이하의 위치에 설치할 것

3) 취입구는 빗물과 이물질이 유입하지 아니하는 구조로 할 것

4) 취입구는 취입공기가 옥외의 바람의 속도와 방향에 따라 영향을 받지 아니하는 구조로 할 것

> ① 외부로부터 급기를 취입(吹入)하여 급기덕트에 공급하는 외부 공기의 취입구는 1층 옥외에 설치하거나 옥상층에 설치하는 2가지 방법을 사용한다.
> ② 유입공기 배출풍도의 경우는 배출물질 중 연기가 포함되어 있으므로, 1층 옥외에 설치하는 옥외 취입구는 이로부터 일정한 거리를 이격하여야 한다. 옥상에 설치하는 옥상 취입구는 배기구로부터 이격거리 외에 옥상 외곽면으로부터 일정한 수평거리 및 수직거리를 유지하여야 한다.
> ③ 옥상 취입구가 건물구조상 이격거리기준을 만족할 수 없는 경우는 급기송풍기를 지하층 Fan room에 설치하여야 한다.

6. 장비 관련기준

(1) 급기용 송풍기의 기준 : 제19조(2.16)

1) 송풍기 송풍능력은 송풍기가 담당하는 제연구역에 대한 급기량의 1.15배 이상으로 할 것. 다만, 풍도에서의 누설을 실측하여 조정하는 경우에는 그렇지 않다.

> 위 조항에 따라 급기량을 계산으로 구한 후 송풍기의 용량 산정시는 최종적으로 15%를 할증하여 적용하여야 한다. 이 경우 15%는 여유율 개념으로 할증하는 것이다.

2) 송풍기에는 풍량조절장치를 설치하여 풍량조절을 할 수 있도록 할 것

① 풍량조절을 위하여 볼륨댐퍼(Volume damper)를 설치하도록 한다. 종전의 기준은 배출측만 허용하였으나, 풍량을 조절하기 용이한 장소에 설치하도록 하기 위하여 2008. 12. 15. NFTC 2.22.2.5.3에서 "풍량조절댐퍼(급기송풍기의 배출측에 설치한 것) 등의 조정에 따라"에서 "(급기송풍기의 배출측에 설치한 것)"을 삭제하였다.
② 아울러, 송풍기의 경우에도, 풍량조절장치(볼륨댐퍼)는 급기용 송풍기의 배출측이나 급기측에 편리한 위치에 설치가 가능하다.

3) 송풍기에는 풍량을 실측할 수 있는 유효한 조치를 할 것

4) 송풍기는 인접장소의 화재로부터 영향을 받지 아니하고 접근 및 점검이 용이한 곳에 설치할 것

5) 송풍기는 옥내의 화재감지기의 동작에 따라 작동하도록 할 것

6) 송풍기와 연결되는 캔버스는 내열성(석면재료 제외)이 있는 것으로 할 것

(2) 배출용 송풍기의 기준 : 제14조 5호(2.11.1.5)

1) 열기류에 노출되는 송풍기 및 그 부품은 250℃에서 1시간 이상 가동상태를 유지할 것

최초의 기준은 "500℃의 온도에서 1시간 이상의 내열성이 있는 것"으로 규정하였으나 이는 과도한 기준으로서 현실성 있도록 완화한 것임.

2) 송풍기의 풍량은 자연배출방식의 $Q_N(\text{m}^3/\text{sec})$에 여유량을 더한 양을 기준으로 할 것

3) 송풍기는 옥내의 화재감지기의 동작에 따라 연동하도록 할 것

4) 수직풍도의 상부의 말단(기계배출식의 송풍기도 포함한다)은 빗물이 흘러들지 아니하는 구조로 하고, 옥외의 풍압에 따라 배출성능이 감소하지 아니하도록 유효한 조치를 할 것

(3) 수동기동장치의 기준 : 제22조(2.19)

배출댐퍼 및 개폐기의 직근과 제연구역에는 다음의 기준에 따른 장치의 작동을 위하여 전용의 수동기동장치를 설치해야 한다. 다만, 계단실 및 부속실을 동시에 제연하는 제연구역에는 그 부속실에만 설치할 수 있다.

1) 전층의 제연구역에 설치된 급기댐퍼의 개방

2) 당해층의 배출댐퍼 또는 개폐기의 개방

3) 급기송풍기 및 유입공기의 배출용 송풍기(설치한 경우)의 작동

4) 개방·고정된 모든 출입문(제연구역과 옥내 사이의 출입문에 한한다)의 개폐장치의 작동

> ① 평상시에는 제연구역의 출입문을 열어 놓은 후 화재시에는 감지기와 연동하여 홀더(Holder)가 풀리면 출입문이 자동으로 닫히는 도어릴리저(Door releaser)의 경우 수동기동장치 동작시 도어릴리저가 자동으로 풀리도록 하라는 의미이다.
> ② 따라서 화재시 감지기가 동작하기 전에 재실자가 화재를 먼저 발견한 경우에는 수동기동장치를 누를 경우 시스템이 자동으로 작동하기 위해 송풍기 동작, 댐퍼개방 이외에 도어릴리저의 경우 해당 장치가 작동되어 출입문이 닫혀야 한다.

5) 수동기동장치의 기준에 따른 장치는 옥내에 설치된 수동발신기의 조작에 따라서도 작동할 수 있도록 해야 한다.

> ① 발신기도 수동기동장치와 동일한 기능을 가지고 있어야 하며, 발신기와 수동기동장치는 각각 별도로 설치하여야 한다.
> ② 발신기는 수평거리 25m(또는 보행거리 40m 이내)를 기준으로 설치하나 수동기동장치는 복도 등에 있는 배출댐퍼 옆과 제연구역별로 설치하도록 규정하고 있다.

(4) 제어반 및 비상전원의 기준

1) 제어반의 기능 : 제23조(2.20)

제연설비의 제어반은 다음의 기능을 보유할 것

기 능	① 급기용 댐퍼의 개폐에 대한 감시 및 원격조작기능 ② 배출댐퍼 또는 개폐기의 작동여부에 대한 감시 및 원격조작기능 ③ 급기송풍기와 유입공기의 배출용 송풍기(설치한 경우)의 작동여부에 대한 감시 및 원격조작기능 ④ 제연구역의 출입문의 일시적인 고정개방 및 해정(解錠)에 대한 감시 및 원격조작기능 ⑤ 수동기동장치의 작동여부에 대한 감시기능 ⑥ 급기구 개구율의 자동조절장치(설치한 경우)의 작동여부에 대한 감시. 다만, 급기구에 차압표시계를 고정 부착한 자동차압댐퍼를 설치하고 당해 제어반에도 차압표시계를 설치한 경우에는 그렇지 않다. ⑦ 감시선로의 단선에 대한 감시기능 ⑧ 예비전원이 확보되고 예비전원의 적합여부를 시험할 수 있어야 할 것

> ① 개폐기란 배출구에 의한 배출용 장치를 말한다.
> ② 해정(解錠)이란 자물쇠 등과 같이 잠긴 것을 푸는 장치란 의미로 도어릴리즈의 경우 작동되는 것을 말한다.

2) 비상전원 : 제24조(2.21)

① 제어반에는 제어반의 기능을 1시간 이상 유지할 수 있는 용량의 비상용 축전지를 내장할 것 다만, 당해 제어반이 종합방재 제어반에 함께 설치되어 종합방재 제어반으로부터 이 기준에 따른 용량의 전원을 공급받을 수 있는 경우에는 그렇지 않다.

② 비상전원은 자가발전설비, 축전지설비 또는 전기저장장치로서 제연설비를 유효하게 20분 이상 작동할 수 있도록 할 것. 다만, 2 이상의 변전소에서 전력을 동시에 공급받을 수 있거나 하나의 변전소로부터 전력의 공급이 중단되는 때에는 자동으로 다른 변전소로부터 전원을 공급받을 수 있도록 상용전원을 설치한 경우에는 그렇지 않다.

(5) 제연구역의 출입문 기준 : 제21조 1항(2.18.1)

1) 기준

제연구역의 출입문은 다음의 기준에 적합해야 한다.

① 제연구역의 출입문(창문을 포함한다)은 언제나 닫힌 상태를 유지하거나 자동폐쇄장치에 의해 자동으로 닫히는 구조로 할 것. 다만, 아파트인 경우 제연구역과 계단실 사이 출입문은 자동폐쇄장치에 의해 자동으로 닫히는 구조로 해야 한다.

② 제연구역의 출입문에 설치하는 자동폐쇄장치는 제연구역의 기압에도 불구하고 출입문을 용이하게 닫을 수 있는 충분한 폐쇄력이 있을 것

③ 제연구역의 출입문 등에 자동폐쇄장치를 사용하는 경우에는 "자동폐쇄장치의 성능인증 및 제품검사의 기술기준"에 적합한 것으로 설치해야 한다.

2) 해설

① 출입 방화문의 규격 기준

㉮ 종전까지 방화문은 갑종과 을종방화문으로 구분하였으나, 방화문의 명칭으로 방화성능을 알 수 있도록 연기 및 불꽃을 차단할 수 있는 시간과 열을 차단할 수 있는 시간을 기준으로 분류체계를 2020. 10. 8. 전면 개정하였다.

chapter

4

소화활동설비

ⓝ 개정된 방화문의 분류체계는 건축법 시행령 제64조(방화문의 구분)에 따르면, 60분＋방화문, 60분 방화문, 30분 방화문의 3가지로 구분한다. 이 중 "60분＋방화문"은 연기 및 불꽃을 차단할 수 있는 시간이 60분 이상이고, 열을 차단할 수 있는 시간이 30분 이상인 방화문이며, "60분 방화문"은 연기 및 불꽃을 차단할 수 있는 시간이 60분 이상인 방화문이며, "30분 방화문"은 연기 및 불꽃을 차단할 수 있는 시간이 30분 이상 60분 미만인 방화문을 뜻한다.

방화문 분류	성능기준	비 고
60분＋방화문	① 차연성(遮煙性) 60분 이상 ② 차염성(遮炎性) 60분 이상 ③ 차열성(遮熱性) 30분 이상	차열방화문
60분 방화문	① 차연성(遮煙性) 60분 이상 ② 차염성(遮炎性) 60분 이상	비차열 60분 방화문
30분 방화문	① 차연성(遮煙性) 30~60분 ② 차염성(遮炎性) 30~60분	비차열 30분 방화문

② 방화문 자동폐쇄의 문제점

㉮ 부속실의 입구쪽 방화문은 개방 후 부속실에서 급기하는 바람의 방향이 개방되는 방향과 역방향이므로 도어체크의 폐쇄력으로 자연적으로 자동폐쇄가 가능하다. 그러나 부속실에서 출구쪽 계단방향 방화문은 바람의 방향과 방화문의 개방방향이 같으므로 방화문을 한 번 개방된 이후에는 자동폐쇄가 되지 못하는 문제점이 있다.

왜냐하면 도어체크는 출입문을 용이하게 닫을 수 있는 충분한 폐쇄력이 있어야 하나, 이는 차압과 방연풍속의 압력에 적응하는 도어체크가 아닌 대기압상태에서 적응하는 것을 사용함에 따라 차압과 방연풍속이 발생할 경우 부속실 출입문의 도어체크가 완전폐쇄가 되지 못하는 경우가 발생하게 되며 한 번 개방 후 완전폐쇄가 되지 못할 경우는 차압이 형성되지 못하게 된다.

㉯ 또한 최근의 방화문은 방화문 성능기준에 따라 차연성능의 향상으로 인하여 방화문의 누설이 최소화되어 이러한 현상이 더욱 심화되고 있다. 이 경우 이를 보완하기 위하여 도어체크의 폐쇄력을 증가시킨 고장력(高張力) 도어체크를 설치할 경우는 노약자가 계단쪽 출입문을 열기 곤란한 문제가 발생하게 된다. 따라서 이러한 문제점을 근본적으로 해결하기 위하여 아파트에 한하여 계단쪽 방화문은 감지기와 연동되는 자동폐쇄장치를 도입하게 된 것이다.

③ 자동폐쇄장치(감지기 연동형)

㉮ NFPC/NFTC 501A에서 말하는 자동폐쇄장치란 일반적인 도어체크를 말하는 것이 아니라 제3조 10호(1.7.1.10)에 따르면 "제연구역의 출입문 등에 설치하는 것으로서 화재발생시 옥내에 설치된 감지기 작동과 연동하여 출입문을 자동적으로 닫게 하는 장치"라고 정의하고 있다. 특히 제연구역에 창문이 있는 경우에는 출입문과 동일한 기준을 적용하게 되므로 고정 창이 아니고 개방창인 경우에는 화재시에는 창문이 자동으로 닫히는 구조(배연창의 반대 개념)가 되어야 한다. 이는 화재시 급기가압을 할 경우 제연구역 내에 창문이 있는 경우 창문이 개방되면 가압이 되지 않으므로 이를 보완한 것이다.

㉯ 계단실에 설치하는 방화문은 계단실이 대기압인 경우라면 최대차압이 110N의 조건에서도 자동폐쇄될 수 있는 고장력의 도어체크가 되어야 하나, 이러한 문제점을 해결하고 고장력 도어체크의 경우 노약자가 방화문을 개방하기 어려운 것을 해결하기 위하여 아파트의 경우에 국한하여 계단실쪽 방화문은 반드시 감지기 연동형의 자동폐쇄장치를 설치하여야 한다. 그러나 아파트 이외의 경우와 부속실로 들어가는 출입문의 경우는 감지기 연동형의 자동폐쇄장치가 아니어도 일반형 도어체크를 설치하여 언제나 닫힌 상태를 유지하면 가능하도록 하였다.

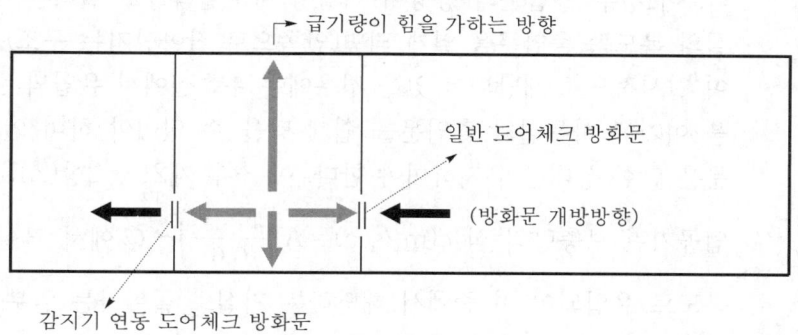

[그림 4-2-13(B)] 아파트 부속실의 방화문 조건

㉰ 이 경우 감지기 연동형 자동폐쇄장치는 「자동폐쇄장치의 성능인증 및 제품검사의 기술기준」(소방청 고시)에 따라 소방산업기술원에서 성능인증을 받은 제품에 한해 사용하여야 한다. 동 제품은 평상시에는 방화문을 열린 상태로 사용하다가 화재 또는 비상시 연기감지기 등의 입력신호에 따라 작동되어 출입문을 자동적으로 닫게 하는 장치로서 도어체크에 전선이 접속되어 있다. 동 제품은 수동으로도 문을 열거나 닫을 수 있으며 수신기 등의 외부장치에서 작동상태를 감시할 수 있고 도통상태를 확인할 수 있다.

(6) 옥내의 출입문 기준 : 제21조 2항(2.18.2)

1) 관련기준 : 옥내의 출입문(제10조의 기준에 따른 방화구조의 복도가 있는 경우로서 복도와 거실 사이의 출입문에 한한다)은 다음의 기준에 적합하도록 할 것

① 출입문은 언제나 닫힌상태를 유지하거나 자동폐쇄장치에 의해 자동으로 닫히는 구조로 할 것

② 거실쪽으로 열리는 구조의 출입문에 자동폐쇄장치를 설치하는 경우에는 출입문의 개방시 유입공기의 압력에도 불구하고 출입문을 용이하게 닫을 수 있는 충분한 폐쇄력이 있는 것으로 할 것

2) 해설

① 위 조항에서 뜻하는 "옥내의 출입문"이란, 부속실 또는 비상용 승강장에서 방연풍속 0.5m/sec 기준을 적용받을 수 있는 부속실(또는 승강장)에 면한 복도가 방화구조인 복도(내화시간 30분 이상인 구조도 포함)에 있는 사무실 출입문을 말한다.

② 이와 같은 복도에 면하는 사무실의 출입문은 거실에서 발생하는 화재시 연기의 확산을 피난경로인 복도쪽으로 제한하고 복도와 부속실간의 안정적인 차압 확보를 위하여 출입문에 대해 감지기 연동형의 자동폐쇄장치를 요구한 것이다. 이 경우 출입문의 방향이 역방향(사무실쪽으로 열리는 구조)일 경우 사무실의 복도쪽 출입문을 열게 되면(안쪽으로 잡아당기는 구조), 부속실의 출입문이 일시적으로 개방되어 있을 경우에는 부속실에서 유입되는 유입공기의 압력을 이기고 사무실의 출입문을 쉽게 닫을 수 있어야 하며 언제나 옥내의 출입문은 닫힌 상태를 유지하여야 한다. 이 경우 제21조 2항(2.18.2)에서 말하는 유입공기란 보충량의 식 $q(\text{m}^3/\text{sec}) = K\left(\dfrac{S \times V}{0.6}\right) - Q_0$에서 거실유입풍량인 Q_0가 복도로 유입되어 이 중에서 해당하는 거실로 들어가는 일부 급기량을 뜻한다.

③ 부속실 제연설비의 급기량 계산 실무

1. 누설량의 계산방법

> (1) 누설틈새면적(A)을 구한다.
> (2) 누설경로에 따라 누설틈새면적의 합(A_t)을 계산한다.
> (3) 이후 누설량(Q)을 계산한다.

(1) 누설틈새면적(A)을 구한다.

제연구역으로부터 공기가 누설하는 틈새면적은 다음의 기준에 따라야 한다.

1) 출입문 : 제12조(2.9.1.1)

① 기준 : 출입문의 틈새면적은 다음의 식에 따라 산출하는 수치를 기준으로 할 것. 다만, 방화문의 경우에는 "한국산업표준"에서 정하는 문세트(KS F 3109)에 따른 기준을 고려하여 산출할 수 있다.

$$A = (L/l) \times A_d$$ .... [식 4-2-10]

여기서, A : 설치된 출입문의 틈새의 면적(m²)
L : 설치된 출입문의 틈새의 길이(m)
다만, L의 수치가 l의 수치 이하인 경우에는 l의 수치로 할 것
l : 기준이 되는 출입문 틈새의 길이(m)
A_d : 기준이 되는 출입문 틈새의 면적(m²)

[표 4-2-14] 출입문의 틈새면적 적용

출입문의 유형		기준 틈새길이 l(m)	기준 틈새면적 A_d(m²)
① 외여닫이문	제연구역 실내쪽으로 개방	5.6m	0.01m²
	제연구역 실외쪽으로 개방		0.02m²
② 쌍여닫이문(Double leaf door)		9.2m	0.03m²
③ 승강기 출입문(Lift landing door)		8.0m	0.06m²

② 해설 : 출입문의 누설틈새면적을 적용하는 제12조(2.9.1.1)의 값은 B.S EN Code[454])에서도 틈새면적(Leakage area) 및 틈새길이(Crack length)를 제시하고 있으나, 차압별로 달리 적용하고 있다. 또한 SFPE Handbook(3rd edition) p.4-282에서는 상업용 건축물에 대해 벽과 바닥의 누설면적 비(Area ratio)만을 제시하고 있다. 따라서 [표 4-2-14]의 자료는 영국의 제연설계 자료[455])를 준용하여 제정한 것으로 누설틈새면적은 출입문, 창문, 승강로의 3가지 종류로 구분하여 이를 규정하고 있다.

㉮ 틈새의 길이란 방화문의 4면의 둘레길이를 말하며 틈새의 면적이란 방화문의 둘레와 문틀과의 틈새의 면적을 말한다. 설치된 출입문의 실제 틈

---

454) B.S EN 12101-6 (2005) Table A.3 Air leakage data from doors/Table A.4 Air leakage data from windows
455) E. G. Butcher ; Smoke control in fire safety design 1979 Table 5.4 p.145

새길이가 위의 표에서 제시한 기준 틈새길이보다 작을 경우는 누설틈새
면적은 [표 4-2-14]의 수치로 적용한다.

㉯ 설치된 출입문의 실제 틈새길이가 위의 표에서 제시한 기준 틈새길이보
다 긴 경우는 [식 4-2-10]에 의해 계산하여 틈새면적을 구한다.

㉰ 외여닫이문의 경우 제연구역 실내쪽은 가압공간이므로 누설면적을 작게
(0.01m²) 적용한 것이며, 제연구역 실외쪽은 비가압 공간이므로 누설면적
을 크게(0.02m²) 적용한 것이다.

예제 복도에서 전실로 들어가는 외짝문의 경우 방화문의 4변 둘레가 5.2m와 6.2m라면 각각에
대해 틈새면적(m²)을 구하시오.

풀이 ① 틈새길이 5.2m인 경우 : 기준 틈새길이 5.6m보다 적으므로 5.6m로 적용하며, 제연
구역 실내쪽으로 개방되는 것이므로 0.01m²되 된다.

② 틈새길이 6.2m인 경우는 기준 틈새길이 5.6m보다 크므로 [식 4-2-10]에 의거 비례
식으로 구한다. 제연구역 실내쪽으로 개방되므로

$$5.6 : 0.01 = 6.2 : x$$

$$\therefore x = \frac{6.2}{5.6} \times 0.01 \fallingdotseq 0.011m^2$$

2) 창문 : 제12조(2.9.1.1)

① 기준 : 창문의 틈새면적은 다음의 식에 따라 산출하는 수치를 기준으로 할
것. 다만, "한국산업표준"에서 정하는 창세트(KS F 3117)에 따른 기준을 고
려하여 산출할 수 있다.

[표 4-2-15] 창문의 누설면적 적용

창문의 유형		틈새면적(틈새길이 1m당)
① 여닫이식 창문	창틀에 방수 Packing이 없는 경우	$2.55 \times 10^{-4} m^2$
	창틀에 방수 Packing이 있는 경우	$3.61 \times 10^{-5} m^2$
② 미닫이식 창문(Sliding)		$1.00 \times 10^{-4} m^2$

② 해설 : 창문의 누설틈새면적 및 틈새길이도 B.S EN 12101-6(2005년)의
Table A.4(Air leakage data from windows)에 제시하고 있으나 이를 준용
한 것이 아니라 앞에서 언급한 영국의 제연설계 자료 Smoke control in
fire safety design에서 Table 5.6을 준용한 것이다. 예를 들면 B.S EN
Code에서는 창틀에 방수패킹이 없는 경우(Pivoted, no weathers stripping)
틈새면적을 2.5×10^{-4}으로 하고 있으나, 동 설계자료에서는 화재안전기준과
동일하게 2.55×10^{-4}으로 제시하고 있다.

3) **승강로** : 제연구역으로부터 누설하는 공기가 승강기의 승강로를 경유하여 승강로의 외부로 유출하는 유출면적은 승강로 상부의 승강로와 기계실 사이의 개구부 면적을 합한 것을 기준으로 할 것

(2) 누설틈새면적의 합(A_t)을 계산한다.

누설틈새면적의 계산이란 위의 기준에 따라 구해진 출입문, 창문, 승강로 등의 틈새가 여러 가지 형태로 배열되어 있을 경우 이에 대한 누설면적의 합(合)을 구하는 것을 말한다. 우선 누설틈새면적은 배열방법에 따라 병렬배열, 직렬배열, 직·병렬이 혼합된 혼합배열의 3가지 종류가 있다. 부속실 제연설비에서 누설량을 계산할 경우 가장 먼저 대상건물에 대한 누설틈새면적(이하 누설면적)부터 구하여야 한다. 누설면적의 합은 누설경로를 검토한 후 다음과 같이 계산하며, 음영표시는 가압공간을 뜻한다.

1) **병렬배열(Leakage path in Parallel)** : 하나의 제연구역에서 급기량이 외부로 누설되는 누설면적 A_1, A_2, ..., A_n이 있을 때 이를 병렬배열이라 하며, 이 경우 누설면적의 합(A_t)에 대한 일반식은 다음과 같다.

$$A_t = A_1 + A_2 + A_3 + \cdots\cdots + A_n (\text{일반식})$$

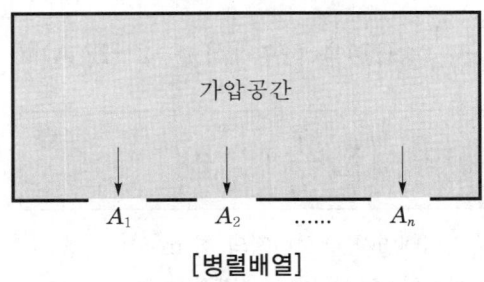

[병렬배열]

위의 일반식을 수학기호를 이용하여 표현하면 [식 4-2-11]과 같다.

$$A_t = \sum_{i=1}^{n} A_i$$ .... [식 4-2-11]

여기서, A_t : 병렬배열시 누설면적의 합(m^2)

A_i : 설치된 출입문의 누설면적(m^2)

n : 병렬배열 되어 있는 누설면적 A_i의 개수

따라서 가압공간에 누설면적이 A_1, A_2의 2개소만 있을 경우는 $A_t = (A_1 + A_2)$가 되며, 이 계산식은 저항 R_1과 R_2가 있을 때 직렬저항의 합 $(R_1 + R_2)$와 같다.

2) **직렬배열(Leakage path in Series)** : 하나의 제연구역에 급기량이 유입되는 누설면적 A_1이 있고 인접실에 급기량이 누설되는 누설면적 A_1, A_2, ……, A_n이 연접(連接)되어 있을 때 이를 직렬배열이라 하며, 이 경우 누설면적의 합(A_t)에 대한 일반식은 다음과 같다.

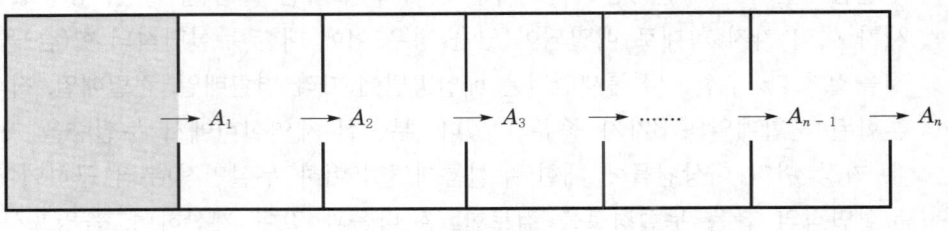

[직렬배열]

$$\frac{1}{A_t^2} = \frac{1}{A_1^2} + \frac{1}{A_2^2} + \cdots\cdots + \frac{1}{A_{n-1}^2} + \frac{1}{A_n^2}$$

위의 일반식을 수학기호를 이용하여 표현하면 다음과 같다.

$$\frac{1}{A_t^2} = \sum_{i=1}^{n} \frac{1}{A_i^2}$$

이때 양변을 $-\frac{1}{2}$ 승(乘)을 하면 [식 4-2-12(A)]가 된다.

$$A_t = \left(\sum_{i=1}^{n} \frac{1}{A_i^2} \right)^{-1/2}$$ ·················· [식 4-2-12(A)]

여기서, A_t : 직렬배열시 누설면적의 합(m^2)

A_i : 설치된 출입문의 누설면적(m^2)

n : 직렬배열되어 있는 누설면적 A_i의 개수

따라서 가압공간에 누설면적이 A_1, A_2의 2개소만 있을 경우는 $\frac{1}{A_t^2} = \frac{1}{A_1^2} + \frac{1}{A_2^2}$

가 되며, 이 계산식은 저항 R_1과 R_2가 있을 때 병렬저항의 합 $\frac{1}{R} = \frac{1}{R_1} + \frac{1}{R_2}$

와 매우 유사하다.

예제
직렬배열의 경우 실이 2개만 있을 경우 누설면적 A_t의 최종식을 구하여라. (단, 2개의 실 누설면적은 각각 A_1, A_2라 한다)

 풀이 인접된 실이 있는 경우 직렬배열에서 실이 2개만 있을 경우의 일반식은

$$\frac{1}{A_t{}^2} = \frac{1}{A_1{}^2} + \frac{1}{A_2{}^2}$$ 이다.

이는 저항 R_1과 R_2가 있을 때 병렬저항의 합 $\frac{1}{R} = \left(\frac{1}{R_1} + \frac{1}{R_2}\right)$과 유사하다.

이를 다시 정리하면, 누설면적의 합 $\frac{1}{A_t{}^2} = \frac{1}{A_1{}^2} + \frac{1}{A_2{}^2}$에서

양변에 역수를 취하면 $A_t{}^2 = 1/\left(\frac{1}{A_1{}^2} + \frac{1}{A_2{}^2}\right)$

이때 $1/\left(\frac{1}{A_1{}^2} + \frac{1}{A_2{}^2}\right) = 1/\frac{A_1^2 + A_2^2}{A_1^2 \cdot A_2^2} = \frac{A_1^2 \cdot A_2^2}{A_1^2 + A_2^2}$

$\therefore A_t{}^2 = \frac{A_1^2 \cdot A_2^2}{A_1^2 + A_2^2}$ 양변을 1/2승을 하면

최종식은 $A_t = \frac{(A_1^2 \times A_2^2)^{1/2}}{(A_1^2 + A_2^2)^{1/2}} = \frac{(A_1 \times A_2)}{(A_1^2 + A_2^2)^{1/2}}$가 된다.

따라서 실이 2개인 경우 최종식은 [식 4-2-12(B)]와 같다.

$$A_t = \frac{A_1 \times A_2}{(A_1^2 + A_2^2)^{1/2}} \text{ (누설틈새가 2개소인 경우의 직렬배열)} \quad \cdots\cdots\cdots \text{[식 4-2-12(B)]}$$

3) **혼합배열의 경우** : 위에서 설명한 직렬 및 병렬 배열의 누설면적이 혼합되어 있을 경우 등가 누설면적 A_t의 계산방법은 다음과 같다.

> ① 바람의 방향(급기 또는 배기)을 유의하여 적용하여야 한다.
> ② 누설경로의 계산은 직·병렬 배열시 가압공간의 먼 위치부터 역순으로 계산하여야 한다.
> ③ 계산은 구간별로 직렬배열은 직렬공식을 병렬배열은 병렬공식을 각각 적용한다.

chapter

4

소화활동설비

(3) 이후 누설량(Q)을 계산한다.

삭제된 구 기준 별표 1을 참조하여 누설량을 계산하되 별표 1에서 정해 주지 않은 경우는 다음의 예를 참고하여 직접 수계산으로 누설면적을 계산한 후 누설량을 구하여야 한다.

1) **구 기준(별표 1 [식 7])** : 승강장 겸용 부속실의 경우를 예로 들어 누설면적을 계산하면 다음과 같다.

별표 1의 [식 7]을 기준층에 대하여 표시하면 다음 그림과 같이 표현할 수 있으며 음영표시는 가압공간을 뜻한다.

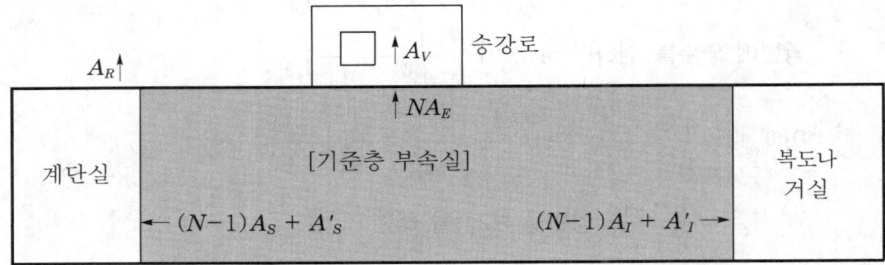

직·병렬 혼합배열에 해당하므로 우선 가압공간의 먼 곳부터 계산을 하여야 하므로 승강로쪽 또는 계단실쪽 누설면적을 먼저 구하여야 한다.

① **승강로쪽 총 누설면적** : N개의 승강기 출입문 누설 A_E와 승강로 누설량 A_V와의 직렬배열이다.

따라서 $\dfrac{NA_E \times A_V}{[(NA_E)^2 + A_V^2]^{\frac{1}{2}}}$ 이며 이를 $N \times A_F$라고 하자.

단, $A_F = \dfrac{A_E \times A_V}{[(NA_E)^2 + A_V^2]^{\frac{1}{2}}}$

② **계단실쪽 총 누설면적** : 계단쪽은 기준층은 $(N-1)$개의 A_S이며, 1층은 1개의 A'_S로 구성되어 있다. 따라서 $(N-1)A_S + A'_S$가 된다. 따라서 계단실 누설은 $(N-1)A_S + A'_S$와 옥상층 방화문 A_R의 직렬배열이므로

$\dfrac{[(N-1)A_S + A'_S] \times A_R}{\{[(N-1)A_S + A'_S]^2 + A_R^2\}^{\frac{1}{2}}}$ 이 되며, 이를 A_T라고 하자.

① 부속실에서 계단쪽 방화문 A_S는 기준층은 1층과 방화문 방향이 반대이므로(1층은 피난방향 때문에) [표 4-2-14]에 따라 제연구역 실내방향과 실외방향으로 구분하여야 하므로 기준층(N-1개)은 A_S로 하고, 1층(1개)은 A'_S로 표시하여야 한다(아래 그림 참조).

② 피난층 방화문은 개폐방향이 기준층과 반대이며 화살표는 방화문 개방표시가 아니라 가압공기의 흐름을 표시한 것이다.

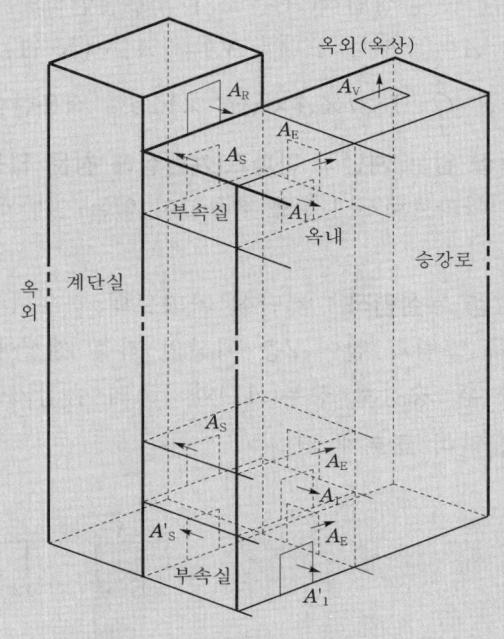

[그림 4-2-14(A)] 승강장 겸용 부속실의 기본형태

③ 거실쪽 총 누설면적 : 기준층은 $(N-1)$개의 A_I이며 1층은 1개의 A'_I이다. 따라서 $(N-1)A_I+A'_I$가 된다.

부속실에서 거실쪽 방화문 A_I는 기준층은 1층과 방화문 방향이 반대이므로(1층은 피난방향 때문에) [표 4-2-14]에 따라 제연구역 실내방향과 실외방향으로 구분하여야 하므로 기준층(N-1개)은 A_I로 하고, 1층(1개)은 A'_I로 표시하여야 한다.

따라서 ① 승강로쪽 누설면적, ② 계단실쪽 누설면적, ③ 거실쪽 누설면적을 각각 계산하였으므로 별표 1 예시도 7의 누설면적 그림은 다음 그림과 같이 변환이 된다.

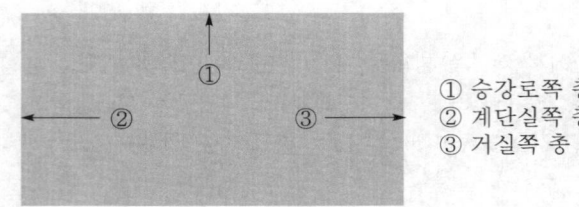

① 승강로쪽 총 누설량
② 계단실쪽 총 누설량
③ 거실쪽 총 누설량

이 경우, 총 누설면적(A)은 3가지 누설면적의 직렬배열이므로
따라서 $A = ① + ② + ③ = NA_F + A_T + (N-1)A_I + A'_I$가 된다.
누설량은 $Q = 0.827 \times A \times \sqrt{P} \times 1.25$로 적용한다.

2) 1층에 부속실 없는 계단식 아파트(계단실에 창문 없음) : 부속실과 승강장을 겸용한 계단식 아파트로서 1층에 부속실이 없는 일반적인 경우를 예로 들면 다음과 같다.

① 승강로 총 누설면적 : 계단식 아파트의 경우 1층에 부속실(전실)이 없을 경우 다음 그림과 같이 2층 이상의 각층 전실에 가압한 급기량이 승강로로 유입된 후, 승강로 상부(A_V)와 1층의 승강기 출입문(1층의 A_E) 바깥쪽으로 분산하여 흐르게 된다.

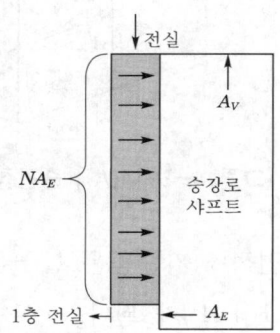

즉, NA_E와 $(A_V + A_E)$의 직렬배열이다.

따라서 누설면적은 $\dfrac{NA_E \times (A_E + A_V)}{[(NA_E)^2 + (A_E + A_V)^2]^{\frac{1}{2}}} = N \times A_F$라 하자.

㊂ N의 정의는 설치된 부속실의 수이므로 1층에 부속실이 없어도 표기는 N으로 하여야 하며 ($N-1$)로 하지 않아야 한다.

② **계단실 총 누설면적** : 계단식 아파트의 경우 1층은 부속실(전실)이 없으므로 다음 그림과 같이 2층 이상의 각층 전실에 가압한 급기량이 계단으로 유입된 후, 계단 상부 옥상 출입문(A_R)과 1층의 계단 출입문(1층의 A'_S) 바깥쪽으로 분산하여 흐르게 된다.

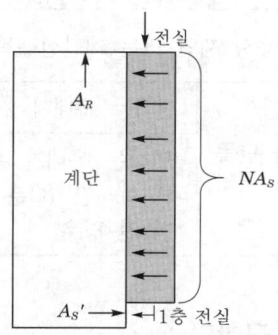

즉, NA_S와 $(A'_S + A_R)$의 직렬배열이다.

따라서 누설면적은 $\dfrac{NA_S \times (A'_S + A_R)}{[(NA_S)^2 + (A'_S + A_R)^2]^{\frac{1}{2}}} = N \times A_T$라 하자.

③ **거실측 총 누설면적** : 부속실의 수 N개에 대하여 각 부속실의 거실쪽으로 누설면적은 NA_I가 된다.

총 누설면적 $A = N(A_F + A_T + A_I)$

따라서 누설량 $Q = 0.827 \times N \times (A_F + A_T + A_I) \times \sqrt{P} \times 1.25$

 **주의**

1층에 부속실이 없는 아파트에 대한 누설면적 식은 위와 같이 적용하여야 올바른 것임.

2. 보충량의 계산방법

(1) 방연풍속(V)을 정한다.
(2) 거실유입풍량(Q_0)을 구한다.
(3) 이후 보충량(q)을 계산한다.

(1) 방연풍속(V)을 정한다.

방연풍속은 제10조(2.7)에 의거 다음 표를 적용한다.

[표 4-2-16] 방연풍속의 적용

적 용		방연풍속
① 계단실 및 부속실 동시 제연 또는 계단실 단독 제연하는 경우		0.5m/sec 이상
② 부속실이나 승강장을 단독으로 제연하는 경우	면하는 옥내가 거실인 경우	0.7m/sec 이상
	면하는 옥내가 복도로서 방화구조(내화시간 30분 이상인 구조 포함)인 경우	0.5m/sec 이상

(2) 거실유입풍량(Q_0)을 구한다.

1) 출입문 개방의 적용기준

거실유입풍량을 구할 경우 다음의 기본적인 사항을 감안하여 이를 적용하여야 한다.

① 부속실이 20개소 이하는 1개층 출입문을, 21개소 이상은 2개층의 출입문이 동시에 개방되는 것으로 한다.

② 개방되는 출입문(S)은 부속실 출입문의 수량과 관계없이 부속실로 들어가는 문(가장 큰 것)과 부속실에서 나가는 문(가장 큰 것) 1짝에 대해서만 개방되는 것으로 적용한다.

③ 개방하는 출입문은 부속실로 들어가는 출입문과 계단실로 나가는 출입문이 동시에 열리는 것으로 한다.

④ 출입문이 쌍여닫이문일 경우에 개방하는 출입문은 쌍여닫이문에서 한쪽만 개방되는 것으로 적용한다.

2) 거실유입풍량(Q_0)의 성분

승강장 겸용 부속실의 경우 출입문을 여는 순간 거실로 유입되는 풍량(Q_0)은 다음의 3가지 공기량이 합산되어 거실로 유입되는 것이 된다. 부속실이 20개 이하로서 1개층을 개방하는 경우를 예로 들면 다음과 같다.[456]

---

456) 21개소 이상의 경우는 2개층이 개방되는 것으로 유입공기량은 더욱 복잡한 양상이 된다.

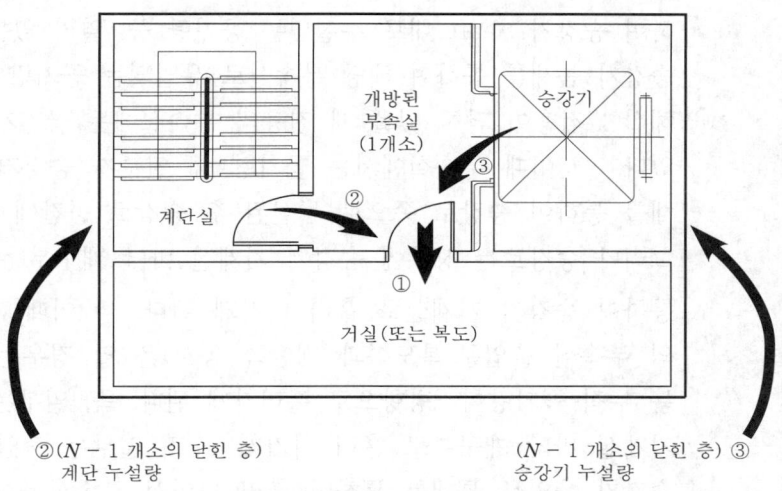

②(N − 1 개소의 닫힌 층)   (N − 1 개소의 닫힌 층) ③
계단 누설량   승강기 누설량

[그림 4-2-14(B)] 거실유입풍량의 구성요소

① [그림 4-2-14(B)]의 ①번 풍량

  ㉮ 개념 : 모든 부속실(N 개소)이 닫혀 있을 때 1개층의 부속실에 공급되는 공기량이다.

  ㉯ 해설 : 전층이 닫혀 있을 때 전층의 부속실에는 급기풍량이 동시에 가해지고 있다. → 이때 피난하고자 1개 층의 부속실 출입문(복도쪽과 계단쪽 출입문 동시개방을 뜻함)을 열게 되면 → 출입문을 개방한 부속실 1개소에 가해진 급기량은 비제연구역(복도나 거실)쪽으로 유입하게 되며 이것이 ①번 바람이다.

② [그림 4-2-14(B)]의 ②번 풍량

  ㉮ 개념 : 닫혀 있는 부속실(N −1개소)로부터 계단실로 누설되는 공기량이다.

  ㉯ 해설 : 전층이 닫혀 있을 때 전층의 부속실에는 급기가 동시에 가해지고 있다. → 이때 부속실에서는 계단실 쪽으로 방화문의 누설틈새를 통하여 급기량 중 일부가 지속적으로 누설된 후 구획된 계단실 공간에 체류하게 된다(물론 체류공기량 중 일부는 옥상의 출입문 누설틈새로 누설은 진행되고 있음). → 이때 피난하고자 1개 층의 부속실 출입문(복도쪽과 계단쪽 동시)을 열 경우 계단실 전체에 체류하고 있는 누적 공기량이 출입문을 연 해당층의 부속실을 통하여 일시에 해당층의 비제연구역으로 흘러 들어가게 되며 이것이 ②번 바람이다.

③ [그림 4−2−14(B)]의 ③번 풍량

  ㉮ 개념 : 닫혀 있는 부속실(N −1개소)로부터 비상용 승강기 출입문을 통

하여 승강기 Shaft 내로 누설되는 공기량 중, 열려 있는 부속실(1개소)의 승강기 틈새를 통하여 해당 부속실로 유입되는 공기량이다.

㉯ 해설 : 전층이 닫혀 있을 때 전층의 부속실에는 급기가 동시에 가해지고 있다. → 이때 부속실에서는 급기량 중 일부가 승강기 출입문의 누설틈새를 통하여 승강로 쪽으로 누설된 후 승강로 공간에 체류하게 된다. → 그러나 승강로는 상부에 승강기 기계실 바닥 개구부($=A_V$)가 있어 이를 통하여 승강기 기계실로 흘러 나가게 된다. → 이때 피난하고자 1개 층의 부속실 출입문(복도쪽과 계단쪽 동시)을 열 경우는 승강로에 잔류하는 누적 공기량이 2방향으로 흘러가게 된다. 즉, 일부는 계속하여 승강기 기계실 바닥 개구부로 흘러 나가게 되고, 일부는 출입문을 연 해당층의 승강기 출입문 틈새를 통하여 흘러 나와서 부속실을 통해 비제연구역으로 유입하게 된다. 이 경우, 구하고자 하는 Q_0는 "거실방향의 유입풍량" 이므로 승강로에 누적된 공기량 중에서 승강기 출입문 틈새를 통해서 부속실을 통해 비제연구역으로 유입되는 부분만 따로 계산하여야 이것이 ③번 바람이다.

3) 거실유입풍량의 계산 예

① 삭제된 구 기준 별표 2를 참조하여 보충량을 계산하되 별표 2에서 정해주지 않은 경우는 다음의 예를 참고하여 직접 수계산으로 거실유입풍량을 계산한 후 보충량을 구하여야 한다.

② 보충량을 파악하기 위한 별표 2의 계산과정은 본 교재에 상세히 기술하기에는 식 1개당 4~5쪽이 소요되므로 승강장이 없는 단순한 것을 선정하였다. 구 기준 별표 2의 [식 9] "부속실만의 제연(승강장 없음), 20층 이하"를 예로 들어 거실유입풍량을 계산해 보면 다음과 같다.

③ 승강장이 없는 부속실의 경우는 앞에서 설명한 내용 중 ③번 바람은 없는 조건이 되며 출입문 1개소가 열린 경우 거실로의 유입공기량(Q_0)은 다음의 2가지 공기량이 합산되어 방화문이 열린 거실쪽으로 유입하게 된다.

[그림 4-2-14(B)에서 ①번 풍량] : 모든 부속실(N개소)이 닫혀 있을 때 1개층의 부속실에 공급되는 공기량 → 식 Ⓐ

[그림 4-2-14(B)에서 ②번 풍량] : ($N-1$)개의 닫혀있는 층에 공급한 급기량 중 계단실로 누설되는 공기량→ 식 Ⓑ의 합이 된다.

㉮ 식 Ⓐ의 계산 : 먼저 총 누설면적을 구한다. → 이를 N으로 나누면 기준층 1개층당 누설면적이 구해진다. → 이에 따라 거실유입풍량(Q_0)을 구한다.

   ㉠ 계단쪽 누설면적 : 먼저 모든 부속실이 닫혀 있는 경우에 대해 우선 계단쪽 누설면적의 합을 구하면 "전층 계단실방향 누설면적"과 "옥상 출입문 누설면적"과 직렬이므로 앞에서 풀어 본 "누설량의 계산 실례"에서 언급한 바와 같으며 다음과 같다.

$$\frac{[(N-1)A_S + A'_S] \times A_R}{\left\{[(N-1)A_S + A'_S]^2 + A_R^2\right\}^{\frac{1}{2}}} = A_T 라 하자.$$

   그런데 ①번 풍량은 1개층만 고려하므로 이를 기준층에 대해서만 적용한다면 $A'_S = A_S$이며 $A'_I = A_I$이므로 기준층 1개층당 누설면적은 다음 식과 같다.

$$\frac{NA_S \times A_R}{[(NA_S)^2 + A_R^2]^{\frac{1}{2}}} \div N = \frac{A_S \times A_R}{[(NA_S)^2 + A_R^2]^{\frac{1}{2}}} = A_S \cdot A_d$$

   단, $A_d = \dfrac{A_R}{[(NA_S)^2 + A_R^2]^{1/2}}$ 이다.

   ㉡ 거실쪽 누설면적 : 동일한 조건에서 거실쪽 누설면적은 $(N-1)A_I + A'_I$이나 기준층의 경우 $A'_I = A_I$로 적용하여 1개층당 거실쪽 누설면적은 A_I가 된다.

   ㉢ 계산결과 : 따라서 1개층만의 누설면적의 합은 $A_I + A_S A_d$이므로 1개층(기준층)의 부속실에 공급되는 공기량은 다음의 식이 되며 이것이 식 Ⓐ로서 출입문 개방시 거실로 유입하게 된다. 피난층 1개소의 경우를 구하면 이 경우는 식 Ⓐ'가 된다.

$$0.827 \times (A_I + A_d A_S) \times \sqrt{P} \times 1.25 \cdots\cdots\cdots 식 Ⓐ$$

$$0.827 \times (A'_I + A_d A'_S) \times \sqrt{P} \times 1.25 \cdots\cdots\cdots 식 Ⓐ'$$

㉯ 식 Ⓑ의 계산 : 먼저 총 누설면적을 구한다. → 기준층 1개층당 누설면적을 구한다. → 부속실에 가한 급기량 중에서 계단실쪽으로 누설되는 급기량만을 구분하여 따로 구한다. → 이것이 결국 거실로 유입되는 거실유입공기량(Q_0)이 된다.

ⓐ 먼저 누설면적을 계산하여야 한다. : 이 경우는 부속실 출입문이 열린 이후의 사항으로서, 이때는 계단실이 이제는 가압공기의 경유장소(부속실 가압공기가 체류하여 건물외부로 누설되는 장소)가 아니라 피난하려고 출입문이 열려 있는 부속실과 동일한 개방된 공간이므로 누설면적 A_R[그림 4-2-14(A) 참고]은 반영되지 않는다. 왜냐하면 1개층의 방화문이 열린 순간 계단실에 누적된 공기량 모두가, 큰 개구부가 발생하고 차압이 없어져 버린 열려있는 부속실을 통해 해당층의 거실로 유입하기 때문에 이 경우 A_R을 통한 누설은 0이라고 간주하게 된다.

위 방법과 같이하면 우선 1개층이 열린 상태에서 닫혀있는 $(N-1)$개층에 대한 기준층의 계단실쪽 누설면적은 A_S이며(A_R은 반영되지 않음), 동일한 방법으로 $(N-1)$개층에 대한 기준층의 거실쪽 누설면적은 A_I이다. 따라서 1개층이 열린 경우 닫혀있는 $(N-1)$개소에 대해 기준층의 누설면적의 합은 (A_S+A_I)이다.

ⓑ 급기량 중 계단실쪽 누설량만을 구하여야 한다. : 출입문을 개방한 층을 제외한 나머지 $(N-1)$개층에 대해서 거실쪽으로 유입되는 것을 제외하고 계단쪽 방향으로 유입되는 급기량만을 선택하여 구하여야 한다. 그런데 1층 피난층의 경우는 거실쪽 및 계단쪽 누설면적(피난층은 A_S' 및 A_I')이 기준층과 다르므로(기준층은 A_S 및 A_I), 이를 피난층과 기준층으로 구분하여 계산하여야 한다. 또한 부속실에 급기된 공기량 중 거실쪽과 계단쪽에 대해 계단쪽만을 적용하기 위해서는 계단쪽의 누설면적 비율만큼만 반영하여야 한다.

ⓒ 계산결과
- 기준층의 경우 : 닫힌 층의 계단측 급기량은 문을 연 층과 피난층을 제외하면 $N-2$개소가 되며 이는 다음과 같다.

$$(\text{기준층의 급기량}=\text{식 Ⓐ}) \times \frac{A_S}{A_S+A_I} \times (N-2)\text{개소} \cdots\cdots\cdots \text{식 Ⓑ}$$

$$\rightarrow 0.827 \times (A_I + A_d A_S) \times \sqrt{P} \times 1.25 \times \frac{A_S}{A_S+A_I} \times (N-2)\text{개}$$

- 피난층의 경우 : 닫힌 층의 계단측 급기량은 피난층은 출입문 개폐방향이 반대이므로 별도로 산정하여야 하며 이는 다음과 같다.

$$(피난층의 급기량=식 ⓐ') \times \frac{A'_S}{A'_S+A'_I} \times 1개소 \cdots\cdots\cdots 식 ⓑ'$$

$$\rightarrow 0.827 \times (A'_I + A_d A'_S) \times \sqrt{P} \times 1.25 \times \frac{A'_S}{A'_S+A'_I} \times 1개소$$

4) 최종 계산결과 : 따라서 거실유입공기량 Q_0＝식 ⓐ+식 ⓑ+식 ⓑ'가 되며 이는 각 항에서 $0.827 \times \sqrt{P} \times 1.25$가 공통인수로 있으므로 이를 공통인수로 빼면 나머지는 마치 누설면적(A)을 구하는 것과 같은 계산과정이 된다.

따라서 공통인수를 빼고 식 ⓐ+식 ⓑ+식 ⓑ'에서 나머지 부분을 계산하면 다음과 같다.

식 ⓐ+식 ⓑ+식 ⓑ'의 나머지부분

$$= (A_I + A_d A_S) + (A_I + A_d A_S)\frac{A_S}{A_S+A_I} \times (N-2) + (A'_I + A_d A'_S)\frac{A'_S}{A'_S+A'_I} \times 1$$

$$= (A_I + A_d A_s)\left[1 + \frac{(N-2)A_S}{A_S+A_I}\right] + (A'_I + A_d A'_S)\frac{A'_S}{A'_S+A'_I} \times 1$$

$$= \frac{(A_I + A_d A_S) \times [(A_S+A_I)+(N-2)A_S]}{A_S+A_I} + (A'_I + A_d A'_S)\frac{A'_S}{A'_S+A'_I} \times 1$$

$$= \frac{(A_I + A_d A_S) \times (NA_S - A_S + A_I)}{A_S+A_I} + \frac{(A'_I + A_d A'_S) \times A'_S}{A'_S+A'_I} = \alpha \text{ 라 하자.}$$

따라서 공통인수와 α를 곱하면 거실유입풍량은 $Q_0 = 0.827 \times \alpha \times \sqrt{P} \times 1.25$가 된다.

(3) 이후 보충량(q)을 계산한다.

삭제된 구 기준 별표 2를 참조하여 보충량을 계산하되 별표 2에서 규정하지 않은 경우는 직접 거실유입풍량인 Q_0를 먼저 수계산으로 구하여야 한다.

위에서 계산한 것을 예로 들면 Q_0가 구해지면 보충량은 $q = k\left(\frac{S \times V}{0.6}\right) - Q_0$에서 Q_0가 $0.827 \times \alpha \times \sqrt{P} \times 1.25$이므로 따라서 최종식을 구할 수 있다. 여기에서 보충량은 출입문이 개방되는 층만 공급하는 급기량이므로 20개소 이하의 경우는 1개소만 개방이 된다는 조건이므로 Q_0의 식에서 N을 곱하지 않으며 $K=1$이 된다.

따라서 최종적으로 보충량 $q = 1 \times \left(\dfrac{S \times V}{0.6} \right) - 0.827 \times \alpha \times \sqrt{P} \times 1.25$가 되며 이것이 별표 2의 [식 9](부속실만의 제연−승강장 비겸용−계단실 창문 없음)에 해당한다.

단, $\alpha = \dfrac{(A_I + A_d A_S) \times (NA_S - A_S + A_I)}{A_S + A_I} + \dfrac{(A'_I + A_d A'_S) \times A'_S}{A'_S + A'_I}$

3. 부속실 제연설비 계산식(간략 계산식)

① 급기량 Q_t(m³/sec)	급기량 Q_t = 누설량(Q) + 보충량(q) • $Q(\text{m}^3/\text{sec}) = 0.827 \times A \times \sqrt{P} \times 1.25 \times N$ • $q(\text{m}^3/\text{sec}) = K\left(\dfrac{S \times V}{0.6} \right) - Q_0$
② 급기 Duct Size A_d(m²)	$A_d = \dfrac{Q_t(\text{m}^3/\text{sec})}{20\text{m}/\text{sec}}$
③ 급기 Grill Size A_g(m²)	$A_g = \dfrac{Q_N(\text{m}^3/\text{sec})}{5\text{m}/\text{sec}}$ 단, 20층 이하 : $Q_N = \left(\dfrac{Q}{N} + q \right)$ 　　20층 초과 : $Q_N = \left(\dfrac{Q}{N} + \dfrac{q}{2} \right)$
④ Flap Damper Size A_f(m²)	$A_f = \dfrac{q}{5.85}$
⑤ 급기 Fan 동력 P(kW)	$= \dfrac{Q_t(\text{m}^3/\text{sec}) \times 1.15 \times H(\text{mmAq})}{102 \times \eta} \times 1.1$ $= \dfrac{Q_t(\text{m}^3/\text{min}) \times 1.15 \times H(\text{mmAq})}{6{,}120 \times \eta} \times 1.1$

㉻ 1. 송풍기 풍량은 급기량의 1.15배 이상으로 할 것[제19조 1호(2.16.1.1)]

　2. 급기구의 크기(Grill size)를 계산할 경우 20층 이하의 경우, 한 개층당 급기량을 $Q_N = \dfrac{(Q+q)}{N}$로 하여서는 아니되며 $Q_N = \left(\dfrac{Q}{N} + q \right)$로 하여야 한다. 왜냐하면 누설량($Q$)은 전층에 유효하게 작용하나, 보충량($q$)은 방화문을 개방한 층에만 유효하게 작용하여야 하므로 급기구면적은 가장 불리한 조건으로 계산하여야 한다.

4. 설계예제 및 풀이

다음 그림과 같은 지상 11층의 내화구조 건물에서 특별피난계단용 부속실에 급기 가압용 제연설비를 할 경우 다음 물음에 답하여라. (단, 모든 항목의 답은 소수 셋째자리까지 구한다)

조건 1) 부속실에서 거실쪽, 계단쪽, 옥상쪽 등 모든 출입문의 크기는 높이 2.1m×폭 1.8m의 쌍여닫이문으로 부속실만의 단독제연방식이다.

2) 방연풍속은 0.5m/sec로 적용한다.

3) 유입공기의 배출은 자연배출방식으로 한다.

4) 기준차압을 50Pa로 적용한다.

5) 출입문의 누설틈새면적은 다음에 제시된 표를 이용한다.

6) 급기용 덕트의 총 길이는 66m이다.

7) 덕트 직관의 마찰저항은 0.2mmAq/m로 하며, 국부저항은 적용하지 아니한다.

8) 덕트 내 각종 부속장치류의 총 마찰손실은 14mmAq로 한다.

9) 풍도의 누설량 및 급기 그릴의 개구율은 무시한다.

10) 급기 팬의 모터 효율은 50%로 한다.

출입문의 유형		틈새길이	틈새면적
외여닫이문	실내쪽으로 개방	5.6m	$0.01m^2$
	실외쪽으로 개방		$0.02m^2$
쌍여닫이문		9.2m	$0.03m^2$

 예제

1. 부속실의 누설량(m^3/sec)을 구하여라.

2. 부속실의 보충량(m^3/sec)을 구하여라.

3. 부속실의 급기량(m^3/sec)을 구하여라.

4. 부속실 급기덕트 풍도의 단면적(m^2) 및 1개층의 그릴의 단면적(m^2)을 구하여라.

5. 유입공기 배출을 위한 자연배출방식에서 배출풍도의 단면적(m^2)을 구하여라.

6. 부속실의 급기용 팬의 동력(kW)을 구하여라.

부속실만의 제연(승강장 비겸용, 창문없음)

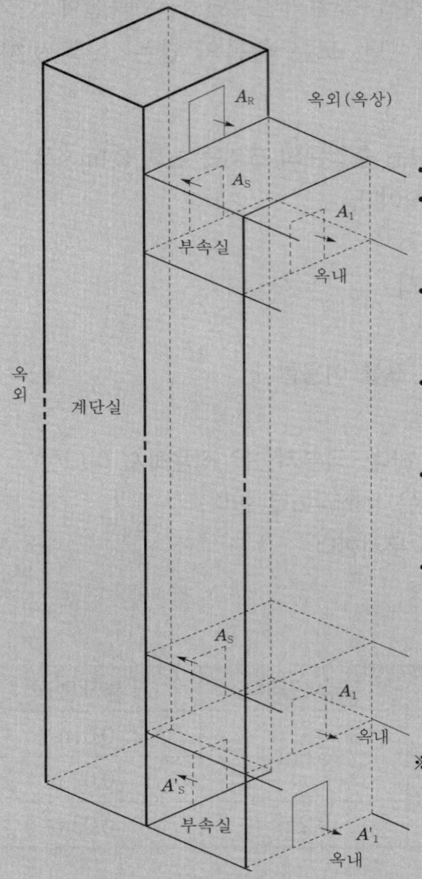

- N : 하나의 계단실에 부속하는 부속실의 수(개)
- A_1 : 부속실과 옥내 사이의 출입문의 누설틈새면적
  출입문이 2개소 이상인 경우에는 각 출입문의 누설틈새면적을 합한 것(m^2)
- A_R : 계단실과 옥외 사이의 출입문의 누설틈새면적
  출입문이 2개소 이상인 경우에는 각 출입문의 누설틈새면적을 합한 것(m^2)
- A_S : 계단실과 부속실 사이의 출입문의 누설틈새면적
  출입문이 2개소 이상인 경우에는 각 출입문의 누설틈새면적을 합한 것(m^2)
- A'_1 : 1층 부속실과 옥내 사이의 출입문의 누설틈새면적
  출입문이 2개소 이상인 경우에는 각 출입문의 누설틈새면적을 합한 것(m^2)
- A'_S : 1층 부속실과 계단실 사이의 출입문의 누설틈새면적
  출입문이 2개소 이상인 경우에는 각 출입문의 누설틈새면적을 합한 것(m^2)

※ 화살표는 방화문 개방 방향 표시가 아니라 가압공기 흐름의 방향 표기임.

[설계 및 예제풀이용 그림]

풀이 ① 누설량 계산

㉮ 먼저 각 출입문의 "누설틈새면적"을 구한다.
옥내 출입문이 쌍여닫이문으로 2짝이므로
누설틈새의 길이(m)는 $(2.1 \times 3) + (1.8 \times 2) = 9.9m$
따라서 제시된 누설틈새 표를 적용하여
$9.2m : 0.03m^2 = 9.9m : x$
$\therefore x = 0.03228m^2$
조건에 따라 모든 문
$A_1 = A'_1 = A_S = A'_S = A_R = 0.03228m^2$이다.
또한 부속실의 수(N) = 11이 된다.

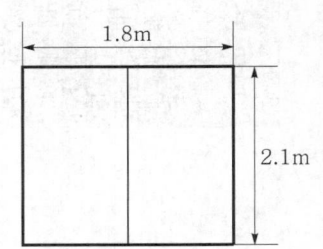

㉯ 누설량을 Q_V라면

$$Q_V = K \times [(N-1)A_I + A'_I + A_T] \times P^{1/2} \times 1.25 가 된다.$$

[힌트] 삭제된 구 고시 별표 1의 [식 5]에 해당한다.

먼저, A_T(계단실쪽 누설면적의 합)를 계산한다.

A_T는 계단실쪽 누설면적인$(N-1)A_S + A'_S$와 옥상의 출입문 A_R와의 직렬 관계이다.

$$A_T = \frac{[(N-1)A_S + A'_S] \times A_R}{\left\{[(N-1)A_S + A'_S]^2 + A_R^2\right\}^{\frac{1}{2}}}$$

$$= \frac{(10 \times 0.03228 + 0.03228) \times 0.03228}{[(10 \times 0.03228 + 0.03228)^2 + 0.03228^2]^{1/2}} \doteqdot \frac{0.01146}{0.35654} \doteqdot 0.03214 m^2$$

따라서 $Q_V = 0.827 \times (10 \times 0.03228 + 0.03228 + 0.03214) \times \sqrt{50} \times 1.25$

$\doteqdot 0.827 \times 0.38722 \times 7.07107 \times 1.25 \doteqdot 2.83047 \doteqdot 2.83 m^3/sec$ ··········· ㉠

② 보충량의 계산

[힌트] 삭제된 구 고시 별표 2의 [식 9] 참조

㉮ 보충량 q는 다음과 같다.

$$\frac{S \times V}{0.6} - K \times \left[\frac{(A_I + A_d A_S) \times (N A_S - A_S + A_I)}{A_S + A_I} + \frac{(A'_I + A_d A'_S) \times A'_S}{A'_S + A'_I} \right]$$
$$\times P^{1/2} \times 1.25$$

단, $A_d = \left\{ \frac{A_R}{([(N-1)A_S + A'_S]^2 + A_R^2)^{1/2}} \right\}$이다.

㉯ S(출입문 1짝의 면적)$= 2.1 \times 0.9 = 1.89 m^2$

V(방연풍속)$= 0.5 m/sec$ 모든 출입문은 동일하므로

$$\therefore A_d = \frac{0.03228}{[(10 \times 0.03228 + 0.03228)^2 + 0.03228^2]^{\frac{1}{2}}} \doteqdot \frac{0.03228}{0.35654} \doteqdot 0.09054$$

$$\therefore q = \frac{1.89 \times 0.5}{0.6} - 0.827$$

$$\times \left[\frac{(0.03228 + 0.09054 \times 0.03228) \times (11 \times 0.03228 - 0.03228 + 0.03228)}{0.03228 + 0.03228} \right.$$

$$\left. + \frac{(0.03228 + 0.09054 \times 0.03228) \times 0.03228}{0.03228 + 0.03228} \right] \times \sqrt{50} \times 1.25$$

$$= \frac{0.945}{0.6} - 0.827 \times \left(\frac{0.0352 \times 0.35508}{0.06456} + \frac{0.00114}{0.06456} \right) \times \sqrt{50} \times 1.25$$

$$= 1.575 - 0.827 \times \left(\frac{0.01364}{0.06456} \right) \times 7.07107 \times 1.25$$

$$\doteqdot 1.575 - 1.544 = 0.031 m^3/sec$$ ·················· ㉡

보충 보충량 계산 후 값이 음수가 될 경우는 0으로 처리한다.

③ 급기량(Q)의 계산
급기량＝누설량＋보충량이다.
∴ $Q = ㉠＋㉡ = 2.83＋0.031 ≒ 2.861 \text{m}^3/\text{sec}$ ·········· ㉢

④ 풍도단면적 및 그릴 단면적의 계산
（보충） 부속실 제연의 경우는 풍도 및 그릴의 풍속에 관한 기준이 없으나, 풍도 및 그릴의 단면적 계산을 용이하게 하기 위해서 편의상 거실제연과 같이 풍도는 20m/sec, 그릴은 5m/sec로 실무상 적용을 한다.

㉮ 풍도 최소단면적 : 급기량(㉢)÷20m/s＝2.861÷20≒0.143m²
㉯ 그릴 최소단면적 : 1개층 부속실에서 급기되는 최대풍량은 "1개층당 누설량＋보충량"이 되며, 따라서 그릴면적은 해당 풍량을 5m/s로 급기해야 하는 크기가 된다.

（보충） 누설량은 전층 댐퍼가 개방되어 층별로 분산되나, 보충량은 개방되는 1개층(20층 이하의 경우)에 전부 급기되는 것으로 적용하여야 한다.

1개층당 누설량＝누설량 Q_V(㉠)÷N＝2.83÷11≒0.257, 보충량＝0.031(㉡)이므로
최대급기풍량＝0.257＋0.031＝0.288m³/s
∴ 그릴 최소단면적＝0.288m³/s÷5m/s≒0.0576≒0.058m²

⑤ 배출풍도 최소단면적(자연배출식)의 계산
[힌트] 제14조 4호 가목을 참조한다.
단면적 $A_P = (Q_N ÷ 2)$이다.
이때 Q_N＝출입문 1개의 면적×방연풍속＝(2.1m×0.9m)×0.5m/s＝0.945m³/s
∴ A_P＝0.945÷2≒0.473m²

⑥ 급기용 송풍기 동력의 계산
급기 가압용 송풍기의 급기량(m³/sec)은 15%의 여유율을 주어야 한다. (제19조 1호). 따라서 급기가압 제연설비용 송풍기의 동력은 다음과 같다.

$$P = \frac{Q(\text{m}^3/\text{min}) \times 1.15 \times P_T(\text{mmAq}) \times K}{6,120 \times \eta}$$

㉮ 송풍기의 급기량 : Q＝2.861(㉢)m³/sec
∴ Q＝2.861×60＝171.66m³/min
㉯ 송풍기의 전압 P_T＝덕트의 직관 마찰손실＋덕트의 부속기기 손실＋부속실 가압
＝(66m×0.2mmAq/m)＋14mmAq＋5.1mmAq(＝50Pa)
＝32.3mmAq

（보충） 50Pa(부속실 가압)＝5.1mmAq가 된다.

㉰ K＝1.1, η＝50%이므로
∴ $P = \dfrac{171.66 \times 1.15 \times 32.3}{6,120 \times 0.5} \times 1.1 = 2.084 \text{kW}$

（보충） 실제 설계적용시에는 여유율을 감안하여 15,000CMH, 40mmAq, 5HP 이상의 송풍기로 선정하도록 한다.

5. 법 적용시 유의사항

(1) 스프링클러설비가 있는 경우 기준차압의 적용

1) 제6조 1항(2.3.1)에서 최소차압을 40Pa로 하되 스프링클러가 있는 경우는 12.5Pa로 규정하고 있다. 최소차압 40Pa은 영국의 B.S EN 12101-6(2005년)을 준용한 것이며, 스프링클러가 있는 경우 최소차압 12.5Pa은 NFPA 92를 준용한 것이다.

2) NFPA 92에서는 스프링클러가 없는 경우는 25Pa이나, 스프링클러설비가 있는 경우 12.5Pa로 차압을 낮추는 것은 화재시 헤드에서 살수되는 물로 인하여 화열을 억제하고 이로 인하여 열에 의한 화재실의 공기팽창이나 부력이 감소하게 되므로 차압을 조정한 것이다. 그러나 B.S EN Code의 경우는 화재시 발생하는 환경적 요인인 부력이나 굴뚝효과(Stack effect) 등의 요인을 감안하여 차압을 설정한 것이나 NFPA 92는 환경적 요인을 감안하지 않은 순수한 차압의 수치만을 규정한 것이다. 따라서 스프링클러가 설치되었다고 하여 기준차압을 12.5Pa로 하는 것은 화재시 환경적 요인을 감안한다면 합리적이지 않으며, 기준차압을 50Pa로 설계하는 것이 오히려 합리적이다.

(2) 부속실 제연에서 급기풍도의 구조

1) 거실제연(NFPC/NFTC 501)에서 급배기덕트의 규격은 아연도금강판이나 이와 동등 이상의 내식성이나 내열성을 요구하고 있으며, 석면을 제외한 불연재료로 유효한 단열처리를 요구하고 있다.

2) 아연도금강판에 내열성이나 단열처리를 필요로 하는 거실제연덕트에 비해, 부속실 제연설비의 경우 수직풍도에 대한 급기덕트[제18조(2.15.1.1)] 및 배출덕트[제14조 1호(2.11.1.1)] 모두 내화구조를 필요로 하도록 하며, 내부면을 아연도철판으로 마감하도록 하고 있다. 이것은 거실제연설비에 비해 급기가압용 제연설비의 급기덕트 위치가 특별피난계단 부속실 또는 비상용이나 피난용 승강기 승강장이기 때문으로, 동 장소는 화재시 피난자나 소방대가 체류하는 안전구역(Safety zone)인 관계로 벽체는 내화구조이어야 하며 개구부는 방화문으로 설치하여야 한다.

3) 따라서 급기가압용 급기덕트의 경우도 안전구역 내 설치한 구조체의 일부로 간주하여 내화구조를 요구한 것이며 내부면은 마찰손실의 경감 및 누설을 방지하기 위하여 아연도 철판으로 마감하도록 한 것이다.

chapter

4

소화활동설비

따라서 수직풍도가 아닌 송풍기실에서 부속실 제연용 수직덕트에 접속하기 위한 수평덕트의 경우는 안전구역 외부에 설치하는 덕트이므로 이 경우는 제18조 2호 가목(2.15.1.2.1)에서 금속판으로 설치할 수 있으며 단열처리를 요구하고 있다. 다만, 방화구획이 되는 전용실에 급기송풍기와 연결되는 덕트는 단열하지 아니하여도 무방하다(NFTC 2.15.1.2.1 단서).

(3) 아파트의 유입공기 배출장치의 면제

1) 부속실 등에서 과압이 발생할 경우 이를 해소하기 위해서는 플랩댐퍼 또는 자동차압급기댐퍼를 설치하여야 한다. 그러나 급기댐퍼와 플랩댐퍼의 기능을 겸하는 구조인 자동차압급기댐퍼를 설치할 경우에도 유입공기 배출장치를 제외할 수는 없다. 유입공기배출은 누설틈새에 의해 거실로 누설되는 급기량(㉠), 출입문을 개방할 경우 거실로 유입하는 급기량(㉡), 플랩댐퍼 등 개방에 의한 과압급기량(㉢)의 3가지 급기량이 지속적으로 비제연구역으로 유입하게 되므로 이를 배출하는 것으로, 부속실이 기준차압을 유지하고 있어도 ㉠은 누설틈새를 통하여 계속 발생되며 ㉡은 출입문을 수시로 개방할 경우 유입하게 된다. 또한 화재시 발생하는 열팽창에 의해 비제연구역의 압력이 상승하게 되므로 유입공기 배출장치는 배출시 비제연구역의 압력을 낮춰주는 부수적인 기능도 하게 된다.

2) 그럼에도 불구하고 아파트의 경우 유입공기 배출장치를 면제하는 것은 아파트의 경우 수용인원은 1세대에 일반적으로 4인 내지 5인이므로 피난시 한 번의 방화문 개방으로 피난이 종료되는 특성이 있으므로 방화문의 개방 횟수가 많지 않다. 계단식 아파트의 경우 출입문 직근에 계단이 있는 관계로 계단까지의 피난경로가 단순하며 세대와 부속실만 있으며 일반적으로 통로가 없는 특징이 있다. 이로 인하여 화재실인 세대에서 즉시로 부속실로 피난이 가능하며 한 번의 방화문 개방으로 피난이 종료되는 특성상 거실유입공기의 배출장치를 면제하고 있다.

3) 또한 유입공기 배출장치의 배출구의 높이에 대한 기준이 없는 것은 배출구는 연기를 배출하는 것이 아니라 비제연구역으로 유입된 공기를 배출하는 것이 목적이므로 배출구의 높이에 대한 기준을 규정하지 않고 있다.

(4) 급기용 송풍기 및 배출용 송풍기의 위치

1) 거실부분에서 화재시 화재실의 연기 및 주변 공기의 온도가 상승하게 되면, 주변의 공기가 팽창하며 비중이 가벼워지므로 부력(浮力)이 발생하게 되어 위로 상승하게 된다. 또한 수직덕트로 인하여 자연히 굴뚝효과가 발생하게 되어 기

류가 위로 상승하게 되므로 기계식 배출에서는 배출용 송풍기는 수직풍도의 상부에 설치하도록 제13조 2항 1호 나목(2.10.2.1.2)에서 규정하고 있다. 또한 지하 전용 건축물로서 옥상이 없는 경우에도 인근에 있는 1층의 화단을 이용하여 지상층에 설치하는 것이 원칙이다.

2) 이와 반대로 급기덕트의 경우에도 급기용 송풍기를 옥상에 설치하게 되면 굴뚝 효과에 의하여 수직상승 기류에 역방향으로 급기를 공급하게 되며, 또한 화재시 상승하는 연기를 건물 옥상에서 흡입하여 급기를 할 우려가 있으므로 급기용 Fan은 지하층에 설치하는 것이 바람직하다. 그러나 급기용 송풍기의 경우 설치위치에 대해서는 규정이 없으며, 다만 NFTC 2.16.1.4에 의하면 "송풍기는 인접 장소의 화재로부터 영향을 받지 아니하고, 접근 및 점검이 용이한 곳에 설치하도록"만 규정하고 있으며 아울러 NFTC 2.17.1.2에서는 송풍기의 외기취입구를 옥상에 설치할 경우 옥상 외곽면으로부터의 수평거리 및 외곽면의 상단으로부터 하부의 수직거리 기준도 만족하여야 한다.

(5) 구 기준인 별표 1과 별표 2의 삭제 및 적용

1) 급기 가압용 제연설비를 설계할 경우 누설량을 계산할 경우는 누설면적을 먼저 구하여야 하며, 보충량을 계산할 경우는 먼저 거실유입풍량을 구하여야 한다. 구 기준에서는 이를 편리하게 계산할 수 있도록 누설면적 적용을 위하여 별표 1을, 거실유입풍량 산정을 위하여 별표 2를 제정하였다.

2) 그러나 성능설계를 하도록 하기 위하여 2004. 6. 4. 화재안전기준 개정시 별표 1과 별표 2를 삭제하였으나, 별표 1과 별표 2는 국내에서 공학적 기반을 근거로 하여 자체 제정한 식으로 특히 별표 2의 보충량의 식은 유사한 식이 국제적으로 없는 실정이다. 이로 인하여 별표가 삭제되기 전 10여년 간을 이 식을 사용하여 급기량을 계산한 상황에서 별표의 식이 삭제되었다고 하여 새로운 식을 적용할 수 없는 관계로, 많은 설계업체에서는 현재에도 설계시 삭제된 별표를 적용하여 급기량을 계산하고 있다. 다만, 이는 각 설계업체에서 삭제된 별표를 사용하지 않아도 준공시 부속실 제연설비의 관련 성능(차압, 방연풍속, 방화문의 개방력 등)이 만족된다면 자체적으로 성능설계를 하여 설계하여도 무방하다.

(6) 층고가 높아 덕트를 분할하여 설치하는 경우

1) 건물의 층고가 높은 초고층 건물의 경우 송풍기의 용량 및 덕트의 내부단면적을 한없이 증가시킬 수 없으므로, 수직덕트를 고층부와 저층부로 2개 이상의 구역으로 분할하고 송풍기를 별도로 설치하여 급기를 행하는 경우가 있다.

chapter

4

소화활동설비

2) 이 경우 최초의 구 고시에서는 "부속실을 제연하는 경우 동일 수직선상의 모든 부속실을 하나의 전용 수직풍도에 따라 동시에 급기할 것"으로만 규정하였다. 동 조항의 취지는 화재가 발생할 경우 부속실에 대해 최상층에서 최하층까지 전체 부속실에 대해 동시에 급기를 하고 이 경우 급기덕트는 타설비와 겸용하지 않는 전용의 덕트와 전용의 송풍기에 의해 급기하라는 의도이다. 따라서 송풍기 용량의 한계 등으로 인하여 덕트를 분할한 경우는 분할된 2개(또는 2개 초과)의 덕트에 전용의 송풍기를 각각 설치하고 건물 내 감지기 동작시 동시에 저층부와 고층부의 송풍기가 동시에 급기를 할 경우 이는 입법의 취지에 위배되지 않는다. 따라서 해당 조항 적용상 문제를 없애기 위해 "다만, 동일 수직선상에 2대 이상의 급기송풍기가 설치되는 경우에는 수직풍도를 분리하여 설치할 수 있다"라는 단서를 2013. 9. 3. 추가하여 현재의 기준인 NFTC 2.13.1.1의 조문이 된 것이다.

(7) 감지기와 연동하는 자동폐쇄장치의 적용

1) 층별이나 면적별 방화구획에 필요한 방화문의 구조는 건축관련 법령[457]에서 이를 규정하고 있으나, 제연구역의 출입문이나 창문에 대해서는 화재안전기준에서도 별도로 이에 관한 기준을 정하고 있다. 즉, 제연구역 내에 설치된 창문이나 출입문은 언제나 닫힌 상태로 있거나 또는 화재감지기와 연동되는 자동폐쇄장치에 의해 자동으로 닫히는 구조가 되어야 한다. 이에 제3조 10호(1.7.1.10)에서 자동폐쇄장치란 "제연구역의 출입문 등에 설치하는 것으로서 화재시 화재감지기의 작동과 연동하여 출입문을 자동적으로 닫게 하는 장치"로 정의를 하고 있다.

2) 이때, 아파트의 경우에는 NFTC 2.18.1.1 단서에 따라 "아파트인 경우 제연구역과 계단실 사이의 출입문은 자동폐쇄장치에 의하여 자동으로 닫히는 구조로 해야 한다"라고 규정하고 있다. 이에 따라 현재 소방산업기술원에서는 「자동폐쇄장치의 성능인증 및 제품검사의 기술기준」에 따라 자동폐쇄장치에 대한 성능인증을 하고 있으며, 현장에서는 반드시 성능인증 제품을 사용하여야 한다.

3) 계단실 방향의 방화문은 개방한 이후에는 가압된 공기가 계속하여 공급되는 상황에서 밀고 나간 이후 방화문의 성능개선으로 누기되는 양이 없다보니 방화문이 완전히 닫히지 않는 문제점이 발생하기 때문이다. 이를 개선하기 위하여 감지기 연동형의 자동폐쇄장치를 도입하게 된 것으로 이와 같이 아파트의 계단실쪽 방화문에 대해서는 설치를 의무화 한 것이나 기타 장소의 계단실 방향의 제연구역 방화문은 언제나 닫힌상태를 유지할 경우 일반형 도어체크를 사용할 수 있다.

---

457) 건축물의 피난·방화구조 등의 기준에 관한 규칙 제26조

[별표 1] 누설량의 산출기준

> 삭제된 구 기준이나 실무상 필요에 의해 게재함.

1. 계단실 및 (또는) 부속실의 제연

가. 계단실 및 그 부속실의 동시제연

(1) 부속실의 승강장 비겸용

계단실의 창문 설치여부	누설량의 산출기준
없음 [식 1]	① 모든 부속실의 누설량 $= K \times N \times A_I \times P^{1/2} \times 1.25$ ② 계단실의 누설량 $= K \times (A_R + A_G) \times P^{1/2} \times 1.25$
있음 [식 2]	③ 모든 부속실의 누설량 $= K \times N \times A_I \times P^{1/2} \times 1.25$ ④ 계단실의 누설량 $= K \times \left[(A_R + A_G) \times P^{1/2} + A_W \times P^{1/1.6} \right] \times 1.25$

(2) 부속실의 승강장 겸용

계단실의 창문 설치여부	누설량의 산출기준
없음 [식 3]	⑤ 모든 부속실의 누설량 $= K \times N \times (A_F + A_I) \times P^{1/2} \times 1.25$ 다만, $A_F = \left\{ \dfrac{A_E \times A_V}{\left[(N \times A_E)^2 + A_V{}^2 \right]^{\frac{1}{2}}} \right\}$ ⑥ 계단실의 누설량 $= K \times (A_R + A_G) \times P^{1/2} \times 1.25$
있음 [식 4]	⑦ 모든 부속실의 누설량 $= K \times N \times (A_F + A_I) \times P^{1/2} \times 1.25$ ⑧ 계단실의 누설량 $= K \times \left[(A_R + A_G) \times P^{1/2} + A_W \times P^{1/1.6} \right] \times 1.25$

chapter

4

소화활동설비

나. 부속실만의 제연

(1) 부속실의 승강장 비겸용

계단실의 창문 설치여부	누설량의 산출기준
없음 [식 5]	⑨ 모든 부속실의 누설량 $= K \times [(N-1)A_I + A'_I + A_T] \times P^{1/2} \times 1.25$ 다만, $A_T = \dfrac{[(N-1)A_S + A'_S] \times A_R}{\left\{[(N-1)A_S + A'_S]^2 + A_R^2\right\}^{\frac{1}{2}}}$
있음 [식 6]	⑩ 모든 부속실의 누설량 $= K \times [(N-1)A_I + A'_I] \times P^{1/2} + [(N-1)A_S + A'_S] \times (P - P_0)^{1/2}$ $\times 1.25$ 다만, P_0는 다음 식에 의하여 산출할 것 $[(N-1)A_S + A'_S] \times (P - P_0)^{1/2} = A_R \times P_0^{1/2} + A_W \times P_0^{1/1.6}$

(2) 부속실의 승강장 겸용

계단실의 창문 설치여부	누설량의 산출기준
없음 [식 7]	⑪ 모든 부속실의 누설량 $= K \times [(N-1)A_I + A'_I + NA_F + A_T] \times P^{1/2} \times 1.25$ 다만, A_F는 제5호 단서의 경우와 같고, A_T는 제9호 단서의 경우와 같다.
있음 [식 8]	⑫ 모든 부속실의 누설량 $= K \times \big[[(N-1)A_I + A'_I + NA_F] \times P^{1/2} + [(N-1)A_S + A'_S] \times (P - P_0)^{1/2}\big]$ $\times 1.25$ 다만, A_F는 제5호 단서의 경우와 같고, P_0는 $[(N-1)A_S + A'_S] \times (P - P_0)^{1/2} = A_R \times P_0^{1/2} + A_W \times P_0^{1/1.6}$의 식에서 산출하는 수치와 같다.

비고 1. K : 상수(차압을 파스칼의 크기로 나타내는 경우 0.827, 밀리미터 수두로 나타내는 경우에는 출입문에 대하여 2.59, 창문에 대하여는 3.446으로 할 것)

2. N : 하나의 계단실에 부속하는 부속실의 수

3. A_I : 부속실(또는 승강장)과 옥내 사이의 출입문의 누설틈새면적(m^2), 출입문이 2개소 이상인 경우에는 각 출입문의 누설틈새면적을 합한 것

4. A_R : 계단실과 옥외 사이의 출입문의 누설틈새면적(m^2), 출입문이 2개소 이상인 경우에는 각 출입문의 누설틈새면적을 합한 것

5. A_G : 계단실과 옥내 사이의 출입문의 누설틈새면적(m^2), 출입문이 2개소 이상인 경우에는 각 출입문의 누설틈새면적을 합한 것

6. P : 차압

7. A_W : 창문의 누설틈새면적(m^2), 창문이 2개소 이상인 경우에는 각 창문의 누설틈새면적을 합한 것

8. A_E : 승강기의 출입문 1개소의 누설틈새면적(m^2)

9. A_V : 승강로 상부의 환기구의 면적(m^2)

10. A_S : 계단실과 부속실 사이의 출입문의 누설틈새면적(m^2), 출입문이 2개소 이상인 경우에는 각 출입문의 누설틈새면적을 합한 것

11. P_0 : P를 파스칼로 나타내는 경우에는 P_0도 파스칼, P를 mm 수두로 나타내는 경우에는 P_0도 mm 수두임.

12. A'_S : 1층 부속실과 계단실 사이의 출입문의 누설틈새면적(m^2), 출입문이 2개소 이상인 경우에는 각 출입문의 누설틈새면적을 합한 것

13. A'_I : 1층 부속실과 옥내 사이의 출입문의 누설틈새면적(m^2), 출입문이 2개소 이상인 경우에는 각 출입문의 누설틈새면적을 합한 것

2. 승강장(하나의 승강로에 부속하는 것)의 제연

하나의 승강장의 출입문 개소	누설량의 산출기준
1개소 [식 9]	① 누설량 $= K \times [(N-1)A_I + A'_I + NA_F] \times P^{1/2} \times 1.25$
2개소 [식 10]	② 누설량 $= K \times [2(N-1)A_I + 2A'_I + NA_F] \times P^{1/2} \times 1.25$

비고 1. K : 제1항의 경우와 같다.

2. N : 승강장의 수

3. A_F : 제1항 제5호 단서[1. 계단실 및 (또는) 부속실의 제연 – 가. 계단실 및 그 부속실의 동시 제연 – (2) 부속실의 승강장 겸용의 ⑤]의 경우와 같다.

4. A_I : 출입문 1개소의 누설틈새면적(m^2)

5. A'_I : 1층 출입문 1개소의 누설틈새면적(m^2)

[별표 2] 보충량의 산출기준

삭제된 구 기준이나 실무상 필요에 의해 게재함.

1. 계단실 및 (또는) 부속실의 제연

가. 계단실 및 그 부속실의 동시제연

(1) 부속실의 승강장 비겸용

① 계단실 창문 없음

부속실의 수	
20 이하	20 초과
① 보충량[식 1] $$=\dfrac{S \times V}{0.6}-(별표\ 1\ 제1항\ 제1호의\ 식$$ $$\times \dfrac{1}{N} \times \dfrac{N \times A_S + A_I}{A_S + A_I}+별표\ 1\ 제1항$$ 제2호의 식)	② 보충량[식 2] $$=\dfrac{S \times V}{0.3}-(별표\ 1\ 제1항\ 제1호의\ 식$$ $$\times \dfrac{1}{N} \times \dfrac{N \times A_S + 2A_I}{A_S + A_I}+별표\ 1\ 제1항$$ 제2호의 식)

② 계단실 창문 있음

부속실의 수	
20 이하	20 초과
③ 보충량[식 3] $$=\dfrac{S \times V}{0.6}-(별표\ 1\ 제1항\ 제3호의\ 식$$ $$\times \dfrac{1}{N} \times \dfrac{N \times A_S + A_I}{A_S + A_I}+별표\ 1\ 제1항$$ 제4호의 식)	④ 보충량[식 4] $$=\dfrac{S \times V}{0.3}-(별표\ 1\ 제1항\ 제3호의\ 식$$ $$\times \dfrac{1}{N} \times \dfrac{N \times A_S + 2A_I}{A_S + A_I}+별표\ 1\ 제1항$$ 제4호의 식)

(2) 부속실의 승강장 겸용

① 계단실 창문 없음

부속실의 수	
20 이하	20 초과
⑤ 보충량[식 5]	⑥ 보충량[식 6]

20 이하 (식 5):

$$= \frac{S \times V}{0.6} - \left\{ \text{별표 1 제1항 제5호의 식} \times \frac{1}{N} \times \left[\frac{N \times A_S + A'_F + A_I}{A_S + A'_F + A_I} + \frac{(N-1) \times A'_F \times A_E}{(A_S + A'_F + A_I) \times (A_V + A_E)} \right] + \text{별표 1 제1항 제6호의 식} \right\}$$

다만, A'_F

$$= \frac{A_E \times (A_V + A_E)}{\left\{ [(N-1) \times A_E]^2 + (A_V + A_E)^2 \right\}^{\frac{1}{2}}}$$

20 초과 (식 6):

$$= \frac{S \times V}{0.6} - 2 \times \left\{ \text{별표 1 제1항 제5호의 식} \times \frac{1}{N} \times \left[\frac{N \times A_S + 2A''_F + 2A_I}{A_S + A''_F + A_I} + \frac{(N-2) \times A''_F \times A_E}{(A_S + A''_F + A_I) \times (A_V + 2A_E)} \right] + \frac{1}{2} \times \text{별표 1 제1항 제6호의 식} \right\}$$

다만, A''_F

$$= \frac{A_E \times (A_V + 2A_E)}{\left\{ [(N-2) \times A_E]^2 + (A_V + 2A_E)^2 \right\}^{\frac{1}{2}}}$$

② 계단실 창문 있음

부속실의 수	
20 이하	20 초과
⑦ 보충량[식 7]	⑧ 보충량[식 8]

20 이하 (식 7):

$$= \frac{S \times V}{0.6} - \left\{ \text{별표 1 제1항 제7호의 식} \times \frac{1}{N} \times \left[\frac{N \times A_S + A'_F + A_I}{A_S + A'_F + A_I} + \frac{(N-1) \times A'_F \times A_E}{(A_S + A'_F + A_I) \times (A_V + A_E)} \right] + \text{별표 1 제1항 제8호의 식} \right\}$$

다만, A'_F

$$= \frac{A_E \times (A_V + A_E)}{\left\{ [(N-1) \times A_E]^2 + (A_V + A_E)^2 \right\}^{\frac{1}{2}}}$$

20 초과 (식 8):

$$= \frac{S \times V}{0.6} - 2 \times \left\{ \text{별표 1 제1항 제7호의 식} \times \frac{1}{N} \times \left[\frac{N \times A_S + 2A''_F + 2A_I}{2(A_S + A''_F + A_I)} + \frac{(N-2) \times A''_F \times A_E}{(A_S + A''_F + A_I) \times (A_V + 2A_E)} \right] + \frac{1}{2} \times \text{별표 1 제1항 제8호의 식} \right\}$$

다만, A''_F

$$= \frac{A_E \times (A_V + 2A_E)}{\left\{ [(N-2) \times A_E]^2 + (A_V + 2A_E)^2 \right\}^{\frac{1}{2}}}$$

chapter

4

소화활동설비

나. 부속실만의 제연

(1) 승강장 비겸용

① 계단실 창문 없음

부속실의 수	
20 이하	20 초과
⑨ 보충량[식 9] $= \dfrac{S \times V}{0.6} - K$ $\times \left[\dfrac{(A_I + A_d A_S) \times (NA_S - A_S + A_I)}{A_S + A_I} \right.$ $\left. + \dfrac{(A'_I + A_d A'_S) \times A'_S}{A'_S + A'_I} \right] \times P^{1/2} \times 1.25$ 다만, $A_d = \dfrac{A_R}{\left\{ [(N-1)A_S + A'_S]^2 + A_R^2 \right\}^{\frac{1}{2}}}$	⑩ 보충량[식 10] $= \dfrac{S \times V}{0.3} - K$ $\times \left[\dfrac{(A_I + A_d A_S) \times (NA_S - A_S + 2A_I)}{A_S + A_I} \right.$ $\left. + \dfrac{(A'_I + A_d A'_S) \times A'_S}{A'_S + A'_I} \right] \times P^{1/2} \times 1.25$ 다만, $A_d = \dfrac{A_R}{\left\{ [(N-1)A_S + A'_S]^2 + A_R^2 \right\}^{\frac{1}{2}}}$

② 계단실 창문 있음

부속실의 수	
20 이하	20 초과
⑪ 보충량[식 11] $= \dfrac{S \times V}{0.6}$ $- K \times \left[\dfrac{A_P \times (NA_S - A_S + A_I)}{A_S + A_I} \right.$ $\left. + \dfrac{A'_P \times A'_S}{A'_S + A'_I} \right] \times 1.25$ 다만, $A_P = A_I \times P^{1/2} + A_S \times (P - P_0)^{1/2}$ 이고, $A'_P = A'_I \times P^{1/2} + A'_S \times (P - P_0)^{1/2}$ 이며, P_0 는 별표 1 제1항 제10호 단서의 경우와 같다.	⑫ 보충량[식 12] $= \dfrac{S \times V}{0.3}$ $- K \times \left[\dfrac{A_P \times (NA_S - A_S + 2A_I)}{A_S + A_I} \right.$ $\left. + \dfrac{A'_P \times A'_S}{A'_S + A'_I} \right] \times 1.25$ 다만, A_P, A'_P 및 P_0 는 제11호 단서의 경우와 같다.

(2) 승강장 겸용

① 계단실 창문 없음

부속실의 수	
20 이하	20 초과
⑬ 보충량[식 13]	⑭ 보충량[식 14]

⑬ 보충량[식 13]

$$= \frac{S \times V}{0.6} - K \times \left\{ (A_I + A_F + A_d A_S) \right.$$

$$\times \left[\frac{NA_S - A_S + A_I + A'_F}{A_S + A_I + A'_F} + \right.$$

$$\left. \frac{(N-2)A'_F \times A_E}{(A_S + A_I + A'_F) \times (A_E + A_V)} \right] +$$

$$(A'_I + A_F + A_d A'_S) \times \left[\frac{A'_S}{A'_S + A'_I + A'_F} \right.$$

$$\left. \left. + \frac{A'_F \times A_E}{(A'_S + A'_I + A'_F) \times (A_E + A_V)} \right] \right\}$$

$$\times P^{1/2} \times 1.25$$

다만, A_F는 별표 1 제1항 제5호 단서의 식과 같고, A'_F는 제5호 단서의 식과 같으며, A_d는 제9호 단서의 식과 같다.

⑭ 보충량[식 14]

$$= \frac{S \times V}{0.3} - K \times \left\{ (A_I + A_F + A_d A_S) \right.$$

$$\times \left[\frac{NA_S - A_S + 2A_I + 2A''_F}{A_S + A_I + A''_F} + \right.$$

$$\left. \frac{(N-3)A''_F \times 2A_E}{(A_S + A_I + A''_F) \times (2A_E + A_V)} \right] +$$

$$(A'_I + A_F + A_d A'_S) \times \left[\frac{A'_S}{A'_S + A'_I + A_F} \right.$$

$$\left. \left. + \frac{A''_F \times 2A_E}{(A'_S + A'_I + A''_F) \times (2A_E + A_V)} \right] \right\}$$

$$\times P^{1/2} \times 1.25$$

다만, A_F는 별표 1 제1항 제5호 단서의 식과 같고, A''_F는 제6호 단서의 식과 같으며, A_d는 제9호 단서의 식과 같다.

② 계단실 창문 있음

부속실의 수	
20 이하	20 초과
⑮ 보충량[식 15]	⑯ 보충량[식 16]

⑮ 보충량[식 15]

$$= \frac{S \times V}{0.6} - K \times \left\{ A_m \times \right.$$

$$\left[\frac{NA_S - A_S + A_I + A'_F}{A_S + A_I + A'_F} \right.$$

$$\left. + \frac{(N-2)A'_F \times A_E}{(A_S + A_I + A'_F) \times (A_E + A_V)} \right]$$

$$+ A'_m \left[\frac{A'_S}{A'_S + A'_I + A'_F} \right.$$

$$\left. \left. \frac{A'_F \times A_E}{(A'_S + A'_I + A'_F) \times (A_E + A_V)} \right] \right\}$$

$$\times 1.25$$

다만, $A_m = [(A_I + A_F) \times P^{1/2} + A_S \times (P - P_0)^{1/2}]$이고, $A'_m = [(A'_I + A_F) \times P^{1/2} + A'_S \times (P - P_0)^{1/2}]$이며, A_F는 별표 1 제1항 제5호 단서의 식과 같고, P_0는 별표 1 제1항 제10호 단서의 경우와 같다.

⑯ 보충량[식 16]

$$= \frac{S \times V}{0.3} - K \times \left\{ A_m \times \right.$$

$$\left[\frac{NA_S - A_S + 2A_I + 2A''_F}{A_S + A_I + A''_F} \right.$$

$$\left. + \frac{(N-3)A''_F \times 2A_E}{(A_S + A_I + A''_F) \times (2A_E + A_V)} \right]$$

$$+ A'_m \left[\frac{A'_S}{A'_S + A'_I + A''_F} \right.$$

$$\left. \left. + \frac{A''_F \times 2A_E}{(A'_S + A'_F + A''_F) \times (2A_E + A_V)} \right] \right\}$$

$$\times 1.25$$

다만, A_m 및 A'_m는 제15호 단서의 경우와 같고, A''_F는 제6호 단서의 식과 같다.

비고 1. S : 부속실과 옥내 사이의 출입문 한짝의 면적(m^2)
　　　 2. V : 방연풍속
　　　 3. N : 부속실의 수
　　　 4. K, K_S, A'_S, P, A_I, A'_I, A_E, A_V는 별표 1의 경우와 같다.

2. 승강장(하나의 승강로에 부속하는 것)의 제연

하나의 승강장의 출입문 개소	승강장의 수	
	20 이하	20 초과
1개소	① 보충량[식 17] $= \dfrac{S \times V}{0.6} - K \times \Big\{ \big[(A_I + A_F) \times$ $\dfrac{(N-1)A'_F A_E + A'_F A_V + A_I A_E + A_I A_V}{(A_I + A'_F) \times (A_E + A_V)} \big]$ $+ \big[(A'_I + A_F) \times$ $\dfrac{A'_F \times A_E}{(A'_I + A'_F) \times (A_E + A_V)} \big] \Big\} \times P^{1/2} \times 1.25$	② 보충량[식 18] $= \dfrac{S \times V}{0.3} - 2 \times K \times \Big\{ \big[(A_I + A_F) \times$ $\dfrac{(N-1)A''_F A_E + A''_F A_V + 2A_I A_E + A_I A_V}{(A_I + A''_F) \times (A_E + A_V)} \big]$ $+ \big[(A'_I + A_F) \times$ $\dfrac{A''_F \times A_E}{(A'_I + A''_F) \times (A_E + A_V)} \big] \Big\} \times P^{1/2} \times 1.25$
2개소	③ 보충량[식 19] $= \dfrac{S \times V}{0.6} - K \times \Big\{ \big[(2A_I + A_F) \times$ $\dfrac{(N-1)A'_F A_E + A'_F A_V + 2A_I A_E + 2A_I A_V}{(2A_I + A'_F) \times (A_E + A_V)} \big]$ $+ \big[(2A_I + A_F) \times$ $\dfrac{A'_F \times A_E}{(2A_I + A'_F) \times (A_E + A_V)} \big] \Big\} \times P^{1/2} \times 1.25$	④ 보충량[식 20] $= \dfrac{S \times V}{0.3} - 2 \times K \times \Big\{ \big[(2A_I + A_F) \times$ $\dfrac{(N-1)A''_F A_E + A''_F A_V + 4A_I A_E + 2A_I A_V}{(2A_I + A''_F) \times (2A_E + A_V)} \big]$ $+ \big[(2A_I + A_F) \times$ $\dfrac{A''_F \times A_E}{(2A'_I + A''_F) \times (2A_E + A_V)} \big] \Big\} \times P^{1/2} \times 1.25$

비고 S, V, N, A'_F, A_E, A_V, A_I, A'_I 및 A''_F는 별표 1의 경우와 같다.

1 거실제연설비에서 제연구역의 구획 설정 기준 5가지를 써라.

    1. 하나의 제연구역의 면적은 $1,000m^2$ 이내로 할 것
    2. 거실과 통로(복도를 포함한다)는 각각 제연구획할 것
    3. 통로상의 제연구역은 보행중심선의 길이가 60m를 초과하지 아니할 것
    4. 하나의 제연구역은 직경 60m 원내에 들어갈 수 있을 것
    5. 하나의 제연구역은 2개 이상 층에 미치지 아니하도록 할 것. 다만, 층의 구분
       이 불분명한 부분은 그 부분을 다른 부분과 별도로 제연구획해야 한다.

2 바닥면적이 $380m^2$인 거실에 대해 안전을 위해 배출량에 50% 여유율을 주어 적용하고자 한다. 이 경우 거실제연설비에 대하여 다음의 물음에 답하라.

1. 해당하는 장소의 소요풍량(CMH)은 얼마인가?

2. 흡입측 풍도의 높이를 600mm로 할 때 폭은 최소 얼마(mm)로 해야 하는가?

3. 송풍기의 전압이 50mmAq이고 효율이 55%이며, 회전수는 1,200rpm이다. 다익형 송 풍기를 사용할 경우 최소축동력(kW)을 구하여라. (단, 소수 둘째자리까지만 구하시오)

4. 제연설비 설치 후 회전차 크기는 변화시키지 않고 배출풍량을 20% 증가시키려면 최 소 회전수는 얼마이어야 하는가?

5. 문제 4에서 회전수가 증가하였을 때 송풍기의 전압(mmAq)은 얼마인가?

6. 문제 3에서의 계산결과를 근거로 축동력 15kW 전동기를 설치하였다. 그러나 풍량을 20% 증가시킨 후에도 이 전동기를 사용할 수 있는지 검토하여라.

7. 제연설비에서 가장 많이 사용하는 송풍기 명칭을 쓰고, 주요 특징을 기술하여라.

    1. 배출량에 50%의 여유율을 주는 조건이므로 배출량의 1.5배로 하여야 한다.
       따라서 $380m^2 \times 1CMM/m^2 \times 60 = 22,800CMH$에서 $22,800 \times 1.5 = 34,200CMH$

    2. $34,200CMH \div 3,600 = 9.5m^3/sec$, $Q = V \times A$에서 $Q = 9.5m^3/sec$
       배기설비에서 풍속 $V = 15m/sec$이므로 $A = Q/V = 9.5/15 \fallingdotseq 0.63m^2$
       조건에서 폭이 600mm이므로 $0.63 \div 0.6 = 1.05m$
       따라서 덕트폭은 1,050mm

    3. $34,200CMH \div 60 = 570CMM$

       이때 축동력 $L = \dfrac{H(mmAq) \times Q(CMM)}{6,120 \times \eta} = \dfrac{50 \times 570}{6,120 \times 0.55} \fallingdotseq 8.47kW$

4. $Q_1/Q_2 = N_1/N_2$에서 $Q_1/(Q_1 \times 1.2) = N_1/N_2$ ∴ $1/1.2 = 1,200/N_2$

    $N_2 = 1.2 \times 1,200 = 1,440 \text{rpm}$

5. $H_1/H_2 = N_1^2/N_2^2$, $50/H_2 = (1,200/1,400)^2$ ∴ $H_2 = \left(\dfrac{1,440}{1,200}\right)^2 \times 50 = 72 \text{mmAq}$

6. 풍량을 20% 증가시키면 문 4에서 회전수는 1,440rpm이 된다.

    $L_1/L_2 = N_1^3/N_2^3$이므로 $8.47/L_2 = (1,200/1,400)^3$

    $L_2 = \left(\dfrac{1,440}{1,200}\right)^3 \times 8.47 ≒ 14.6 \text{kW}$, 축동력 15kW용은 사용할 수 있다.

7. ① 다익형 송풍기(상품명 Sirocco fan)

    ② ㉮ 날개폭이 넓고, 날개수가 많다.

       ㉯ 특성곡선상 정압곡선이 다른 송풍기에 비해 완만하기 때문에 풍량변동
에 대한 정압의 변화가 완만하다.

       ㉰ 소형으로 대풍량을 취급할 수 있으나 고속회전에는 적합하지 않아 높은
압력은 발생할 수 없다.

       ㉱ 다른 기종에 비해 소음이 크고 효율이 낮은 편이다.

3 다음 조건과 같은 거실에 제연설비를 설치하고자 한다. 본 거실의 배기팬 구동에 필요한 전동기 용량(kW)을 계산하시오.

조건 1) 바닥면적 850m²인 거실로서 예상제연구역은 직경 50m이고, 제연경계벽의 수직거리
는 2.7m이다.

    2) 덕트의 길이는 170m, 덕트저항은 0.2mmAq/m, 그릴저항은 4mmAq, 기타 부속류의
저항은 덕트저항의 60%로 하며 효율은 55%, 전달계수는 1.1로 한다.

    3) 배기량의 기준은 다음 표를 사용한다.

예상제연구역	제연경계 수직거리	배출량
직경 40m인 원을 초과하는 경우	2m 이하	45,000CMH 이상
	2m 초과 2.5m 이하	50,000CMH 이상
	2.5m 초과 3m 이하	55,000CMH 이상
	3m 초과	65,000CMH 이상

 1. 400m² 이상이므로 제연경계 높이에 따라 배출량이 결정되며 조건에 따라 배출량은
55,000CMH가 된다. $55,000\text{CMH} = 55,000/60\text{m}^3/\text{min} = 916.7\text{m}^3/\text{min}$

    2. 저항 중 덕트저항 : $0.2\text{mmAq/m} \times 170\text{m} = 34\text{mmAq}$

    그릴 저항 : 4mmAq

    기타 부속류저항 : 덕트저항의 60%이므로 $34\text{mmAq} \times 0.6 = 20.4\text{mmAq}$

    따라서 손실저항 전체 $= 34 + 4 + 20.4 = 58.4\text{mmAq}$이며 이것이 송풍기의 전압
에 해당된다.

3. 송풍기의 동력식 $P(\text{kW}) = \dfrac{Q \times H}{6,120 \times \eta} \times K$에서

$Q = 916.7\text{m}^3/\text{min}$, $H = 58.4\text{mmAq}$, $\eta = 55\%$, $K = 1.1$이므로

$$\therefore \ P(\text{kW}) = \frac{916.7 \times 58.4}{6,120 \times 0.55} \times 1.1 = 17.5\text{kW}$$

4 다음의 거실제연설비에서 조건을 보고 각 물음에 답하라. (단, 최종 답은 소수 둘째자리까지 구한다)

조건 1) 예상제연구역의 바닥면적은 500m², 직경은 50m이다.

2) 제연경계 하단까지의 수직거리는 3.2m이다.

3) 송풍기의 효율은 50%이다.

4) 전압은 65mmAq이다.

5) 배출구 흡입측 풍도높이는 600mm이다.

1. 배출량(m³/min)을 구하여라.

2. 전동기의 용량(kW)을 구하여라. (단, 전달계수는 1.1이다)

3. 흡입측 풍도의 최소폭(mm)을 구하여라.

4. 흡입측 풍도 강판의 두께(mm)는 얼마인가?

 1. 배출량

예상제연구역의 바닥면적은 500m²이고 직경은 50m이며 제연경계 수직거리가 3.2m이므로 [표 4-2-2(C)]에 따라 배출량은 65,000CMH이므로

$65,000\text{m}^3/\text{h} = 65,000\text{m}^3/60\text{min} \fallingdotseq 1083.33\text{m}^3/\text{min}$

2. 전동기 용량

전동기 용량은 [식 4-1-8]에 전달계수를 곱하여

$$P = \frac{Q \times H \times 1.2}{6,120 \times \eta}$$

여기서, P : 송풍기의 동력(kW)

Q : 풍량(m³/min)

H : 전압(mmAq)

η : 효율(소수점 수치)

따라서, $P = \dfrac{1083.33 \times 65 \times 1.2}{6,120 \times 0.5}$

$= 27.61\text{kW}$

3. 흡입측 풍도의 최소폭

$Q = V \times A$

여기서, Q : 풍량(m^3/sec)

V : 풍속(m/sec)

A : 풍도의 단면적(m^2)

따라서 $Q=1083.33$m^3/min$=1083.33$m^3/60sec$=18.06$m^3/sec

배출기의 흡입측 풍속 V는 15m/s 이하이므로 $18.06=15 \times A$

$A = \dfrac{18.06}{15} = 1.2037$m^2, 그런데 풍도 높이가 600mm이므로

최소폭은 1.2037m^2/0.6m$=2.00617$m$=2006.17$mm

4. 흡입측 풍도의 강판

표 [4-2-7]에 따라, 긴 변이 2006.17mm이므로 두께는 1mm 이상이어야 한다.

5 거실제연설비에서 다음 조건과 평면도를 참고하여 각 물음에 답하라.

조건 1) 예상제연구역의 A구역과 B구역은 2개의 거실이 인접한 구조이다.

2) 제연경계로 구획된 경우에는 인접구역 상호제연방식을 적용한다.

3) 최소배출량 산정시 송풍기 용량 산정은 고려하지 않는다.

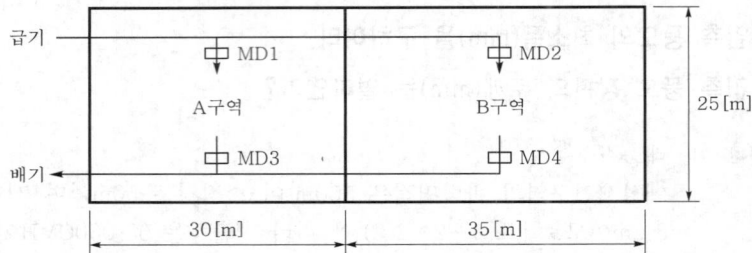

1. A구역과 B구역을 자동방화셔터로 구획할 경우 A구역의 최소배출량(m^3/h)을 구하라.

2. A구역과 B구역을 자동방화셔터로 구획할 경우 B구역의 최소배출량(m^3/h)을 구하라.

3. A구역과 B구역을 제연경계로 구획할 경우 예상제연구역의 급배기댐퍼별 동작 상태(개방 또는 폐쇄)를 표기하라.

제연구역	급기댐퍼	배기댐퍼
A구역 화재시	MD1 :	MD3 :
	MD2 :	MD4 :
B구역 화재시	MD1 :	MD3 :
	MD2 :	MD4 :

 1. A구역 최소배출량

공동제연방식에서 셔터로 구획된 것에 해당하여 수직거리는 0이다.

A구역의 바닥면적은 $30 \times 25 = 750m^2$이고, 직경(대각선)은 $\sqrt{25^2 + 30^2} = \sqrt{1,525}$ ≒39.05로 40m 이내이다.

따라서, 벽으로 구획되어 수직거리는 0이므로 [표 4-2-2(B)]에 따라 최소배출량은 $40,000m^3/h$가 된다.

2. B구역 최소배출량

공동제연방식에서 셔터로 구획된 것에 해당하여 수직거리는 0이다.

B구역의 바닥면적은 $35 \times 25 = 875m^2$이고 직경(대각선)은 $\sqrt{25^2 + 35^2} = \sqrt{1,850}$ =43.01로 40m를 초과한다.

따라서, [표 4-2-2(C)]에 따라 최소배출량은 $45,000m^3/h$가 된다.

3. 급배기댐퍼별 동작 상태

인접구역 상호제연방식이므로 화재시 해당 구역에서 배기하고 인접구역에서 급기하여야 한다.

제연구역	급기댐퍼	배기댐퍼
A구역 화재시	MD1 : 폐쇄	MD3 : 개방
	MD2 : 개방	MD4 : 폐쇄
B구역 화재시	MD1 : 개방	MD3 : 폐쇄
	MD2 : 폐쇄	MD4 : 개방

6 그림과 같은 구조의 1개층 평면에서 각 개구부의 누설면적이 A, B, C, D, E라면 빗금친 부분에 급기가압을 한 경우 전체 누설면적의 합을 구하여라.

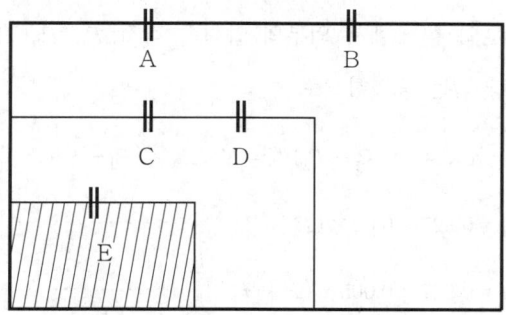

[힌트] ① 가압공간의 가장 먼 곳에서부터 역순으로 계산한다.
② 바람의 방향에 유의한다.

1. 첫 번째로 맨 윗실의 누설면적을 구하면 $(A+B)$와 $(C+D)$에 대한 직렬배열이 된다.

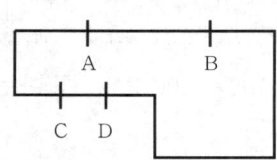

$$\therefore \frac{(A+B) \times (C+D)}{[(A+B)^2 + (C+D)^2]^{1/2}} = A_{A-D}$$ 라 하자. … ㉠

2. 두 번째는 A_{A-D}와 E와의 또 다른 직렬이 된다.

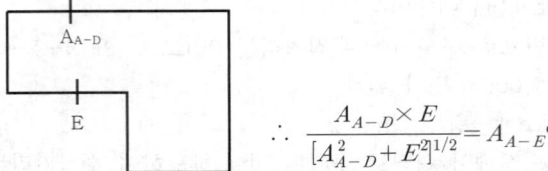

$$\therefore \quad \frac{A_{A-D} \times E}{[A_{A-D}^2 + E^2]^{1/2}} = A_{A-E} \text{이 된다.} \quad \cdots\cdots\cdots\cdots\cdots ㉡$$

식 ㉡에 식 ㉠을 대입하면 전체의 누설면적 A_T는 다음과 같다.

$$A_T = \frac{\dfrac{(A+B) \times (C+D)}{[(A+B)^2 + (C+D)^2]^{1/2}} \times E}{\left\{ \dfrac{(A+B)^2 \times (C+D)^2}{[(A+B)^2 + (C+D)^2]} + E^2 \right\}^{1/2}}$$

7 누설면적 0.02m^2의 출입문이 있는 실 A와 누설면적 0.005m^2의 창문이 있는 실 B가 그림과 같이 연결되어 있다. 이때 실 A에 $0.1\text{m}^3/\text{sec}$의 급기를 가할 경우 실 A와 외부와의 차압을 구하여라.

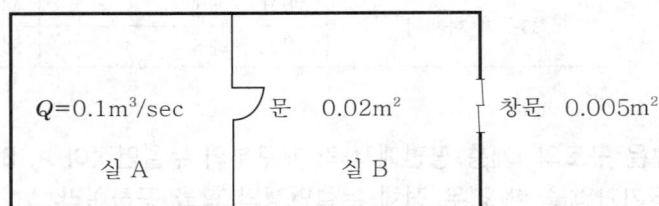

실 A와 실 B에서 외부의 압력은 각각 P_1, P_2, P_3이고 누설면적이 A_1, A_2라면 급기량 Q는 동일하므로

$$Q = K \times A_1 \times (P_1 - P_2)^{\frac{1}{n}} = K \times A_2 \times (P_2 - P_3)^{\frac{1}{n}}$$

$$0.1 = 0.827 \times 0.02 \times (P_1 - P_2)^{\frac{1}{2}} \quad \cdots\cdots\cdots\cdots\cdots\cdots\cdots\cdots\cdots\cdots\cdots\cdots\cdots\cdots\cdots ㉠$$

$$0.1 = 0.827 \times 0.005 \times (P_2 - P_3)^{\frac{1}{1.6}} \quad \cdots\cdots\cdots\cdots\cdots\cdots\cdots\cdots\cdots\cdots\cdots\cdots\cdots ㉡$$

식 ㉠ → $(P_1 - P_2)^{\frac{1}{2}} = \dfrac{0.1}{0.827 \times 0.02} \fallingdotseq 6.046$ 양변을 2승하면,

$$P_1 - P_2 = 36.554 \cdots\cdots\cdots\cdots\cdots\cdots\cdots\cdots\cdots\cdots\cdots\cdots\cdots\cdots\cdots\cdots ㉢$$

식 ㉡ → $(P_2 - P_3)^{\frac{1}{1.6}} = \dfrac{0.1}{0.827 \times 0.005} \fallingdotseq 24.184$ 양변을 1.6승하면,

$$P_2 - P_3 = 163.548 \cdots\cdots\cdots\cdots\cdots\cdots\cdots\cdots\cdots\cdots\cdots\cdots\cdots ㉣$$

식 ㉢+식 ㉣이라 하면 $P_1 - P_3 = 200.102 \fallingdotseq 200.1\text{Pa}$, 즉 이는 P_1과 P_3의 압력차로서 실 A와 외기와의 압력차가 된다.

8 실 A와 실 외부와의 압력차를 50Pa로 유지할 경우 실 A에서 실 D까지 각 실에 그림과 같이 누설경로 ①~⑥이 있는 경우 실 A에 급기할 풍량(CMH)은 얼마인가? (단, 각 방화문의 누설틈새는 0.01m²이며, 급기량의 여유율은 25%로 적용한다)

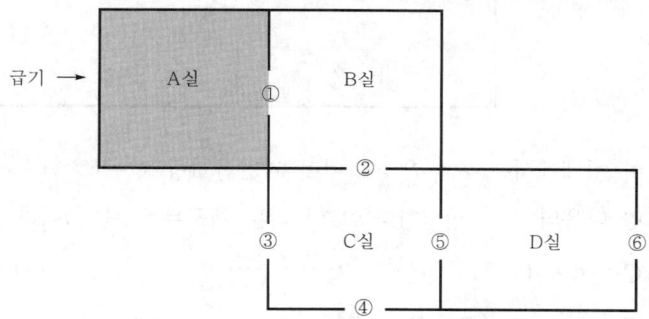

1. 실 D의 누설면적 : ⑤와 ⑥의 직렬이다. $\dfrac{0.01 \times 0.01}{[0.01^2 + 0.01^2]^{\frac{1}{2}}} \fallingdotseq 0.00707$ ········ ㉠

2. 실 C의 누설면적
   ① 우선 ③, ④, 식 ㉠은 병렬배열이 되므로 이를 구하면

   $0.01 + 0.01 + 0.00707 = 0.02707$ ·· ㉡

   ② 실 C은 ②와 식 ㉡의 직렬배열이 된다.

   즉 $\dfrac{0.01 \times 0.02707}{[0.01^2 + 0.02707^2]^{\frac{1}{2}}} \fallingdotseq \dfrac{0.00027}{0.02881} \fallingdotseq 0.00937$ ·········· ㉢

3. 실 B의 누설면적 : ①과 식 ㉢의 직렬배열이다.

   즉 $\dfrac{0.01 \times 0.00937}{[0.01^2 + 0.00937^2]^{\frac{1}{2}}} \fallingdotseq \dfrac{0.00009}{0.01378} \fallingdotseq 0.00653$ ············· ㉣

   총 누설면적은 식 ㉣이 된다.

   따라서 실 A에 급기할 풍량은 $Q = 0.827 \times A \times \sqrt{P} \times 1.25$ 에서

   $Q = 0.827 \times 0.00653 \times \sqrt{50} \times 1.25 = 0.04773 \, \text{m}^3/\text{sec}$

   따라서 $0.0477 \times 3,600 = 171.828 \, \text{m}^3/\text{h}$

9 하나의 제연구역에 누설면적 A_1이 있고, 급기가 누설되는 인접실에 누설면적 A_2가 연접(連接)되어 있을 때 누설면적의 합에 대한 일반식 $A_t = \dfrac{A_1 \times A_2}{(A_1^2 + A_2^2)^{1/2}}$ 을 유도하여라.

누설공간이 연속하여 실 A와 실 B가 직렬로 있는 경우 실 A에 급기량 $Q(\text{m}^3/\text{sec})$를 가했을 때 실 A의 기압을 P_1, 누설면적을 A_1, 인접실 B의 기압을 P_2 누설면적을 A_2 외부 기압을 P_3라면 실 A에 가해진 급기량 Q는 실 A를 가압 후 누설경로 A_1을 통하여 실 B를 경유한 후 A_2를 통하여 외부로 배출하게 된다(급기량 Q는 중간에 소실되지 않는 것으로 적용한다).

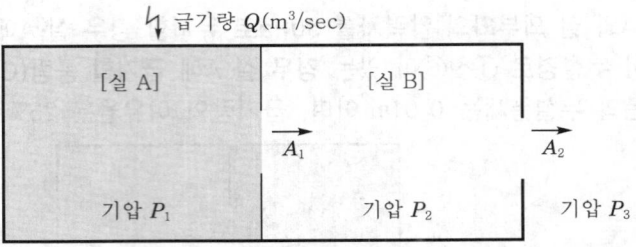

이 상태에서는 $P_1 > P_2 > P_3$ 이며 가압급기량 $Q = K \times A \times P^{1/n}$의 일반식을 대입하면 다음의 식이 성립한다(이후부터는 개구부계수를 n이라 표현하자).

$$Q = K \times A_1 \times (P_1 - P_2)^{1/n} \quad \cdots\cdots\cdots\cdots\cdots\cdots\cdots\cdots\cdots\cdots\cdots\cdots\cdots\cdots \text{ㄱ}$$

$$Q = K \times A_2 \times (P_2 - P_3)^{1/n} \quad \cdots\cdots\cdots\cdots\cdots\cdots\cdots\cdots\cdots\cdots\cdots\cdots\cdots\cdots \text{ㄴ}$$

위의 그림에서 실 A와 실 B의 누설면적을 합산한 등가누설면적을 A_t라면 이 경우는 다음과 같은 상태가 되므로

$$\therefore Q = K \times A_t \times (P_1 - P_3)^{1/n} \quad \cdots\cdots\cdots\cdots\cdots\cdots\cdots\cdots\cdots\cdots\cdots\cdots \text{ㄷ}$$

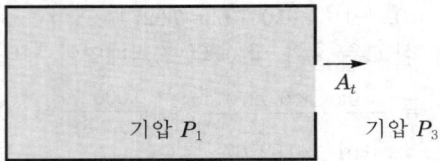

식 ㄱ과 식 ㄴ에서 $A_1 \times (P_1 - P_2)^{1/n} = A_2 \times (P_2 - P_3)^{1/n}$ 양변을 n승을 하면

$A_1^{\,n}(P_1 - P_2) = A_2^{\,n}(P_2 - P_3)$ 여기에서 P_2를 구하면

$$A_1^{\,n}P_1 + A_2^{\,n}P_3 = P_2(A_2^{\,n} + A_1^{\,n}) \quad \therefore P_2 = \frac{A_1^{\,n}P_1 + A_2^{\,n}P_3}{A_1^{\,n} + A_2^{\,n}} \quad \cdots\cdots\cdots\cdots\cdots\cdots \text{ㄹ}$$

즉 P_2는 P_1과 P_3로 표시된다. 마찬가지 방법으로 식 ㄴ, 식 ㄷ에서

$A_2 \times (P_2 - P_3)^{1/n} = A_t \times (P_1 - P_3)^{1/n}$

$$A_2^{\,n}(P_2 - P_3) = A_t^{\,n}(P_1 - P_3) \quad \cdots\cdots\cdots\cdots\cdots\cdots\cdots\cdots\cdots\cdots\cdots\cdots\cdots \text{ㅁ}$$

식 ㄹ의 P_2를 식 ㅁ에 대입하면 식 ㅁ은 P_1과 P_3로 다음과 같이 표시된다.

$$A_2^{\,n} \times \frac{A_1^{\,n}P_1 + A_2^{\,n}P_3}{A_1^{\,n} + A_2^{\,n}} - A_2^{\,n}P_3 = A_t^{\,n}(P_1 - P_3)$$

$$\frac{A_2^{\,n}A_1^{\,n}P_1 + A_2^{\,n}A_2^{\,n}P_3 - A_1^{\,n}A_2^{\,n}P_3 - A_2^{\,n}A_2^{\,n}P_3}{A_1^{\,n} + A_2^{\,n}} = A_t^{\,n}(P_1 - P_3)$$

$$\frac{A_1^{\,n}A_2^{\,n}(P_1 - P_3)}{A_1^{\,n} + A_2^{\,n}} = A_t^{\,n}(P_1 - P_3)$$

$$\therefore \ A_t^{\,n} = \frac{A_1^{\,n} A_2^{\,n}(P_1-P_3)}{(A_1^{\,n}+A_2^{\,n})(P_1-P_3)} = \frac{A_1^{\,n} A_2^{\,n}}{A_1^{\,n}+A_2^{\,n}}$$

여기에서 출입문의 경우 개구부 계수는 $n=2$를 적용하면 식은

$A_t^{\,2} = \dfrac{A_1^{\,2} A_2^{\,2}}{A_1^{\,2}+A_2^{\,2}}$ 양변에 1/2승을 하면

따라서 최종식은 $A_t = \dfrac{A_1 \times A_2}{[A_1^{\,2}+A_2^{\,2}]^{1/2}}$ 가 된다.

10 특별피난계단의 계단실 및 부속실 제연설비의 화재안전기준에 따라 부속실에 제연설비를 설치하고자 한다. 다음 조건에 따라 다음에 답하라.

조건 1) 제연구역에 설치된 출입문의 크기는 폭 1.6m, 높이 2.0m이다.

2) 외여닫이문으로 제연구역의 실내쪽으로 열린다.

3) 주어진 조건 외에는 고려하지 않으며, 계산값은 소수 넷째자리에서 반올림하여 셋째 자리까지 구한다.

1. 출입문의 누설틈새 면적(m^2)을 산출하라.

2. 위의 누설틈새를 통한 최소누설량(m^3/s)을 $Q = 0.827A\sqrt{P}$ 의 식을 이용하여 산출하라.

 1. 누설틈새면적

외여닫이문으로 실내쪽으로 열릴 경우 [표 4-2-14]를 이용하여 틈새길이 5.6m 기준에 틈새면적은 0.01m^2이다. 누설틈새 면적은 비례식으로 구한다.

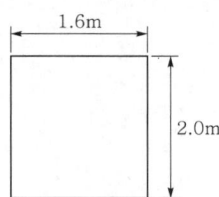

① 폭의 경우 1.6×2=3.2m이다.

따라서 폭의 틈새면적 5.6 : 0.01=3.2 : x_1

$x_1 = \dfrac{(0.01 \times 3.2)}{5.6} = 0.006 m^2$

② 높이의 경우 2.0×2=4m이다.

따라서 높이의 틈새면적 5.6 : 0.01=4 : x_2

$x_2 = \dfrac{(0.01 \times 4)}{5.6} = 0.007 m^2$

따라서 틈새면적의 합=0.006+0.007=0.013m^2

2. 최소누설량
   ① 스프링클러설비가 없는 경우

   $Q = 0.827A\sqrt{P}$ 에서 스프링클러가 없는 경우 최소차압은 40Pa이다.
   따라서 최소누설량

   $Q = 0.827 \times 0.013 \times \sqrt{40}$

   $\quad = 0.827 \times 0.013 \times 6.325 = 0.068\,\mathrm{m^3/s}$

   ② 스프링클러설비가 있는 경우

   $Q = 0.827A\sqrt{P}$ 에서 스프링클러가 있는 경우 최소차압은 12.5Pa이다.
   따라서 최소누설량

   $Q = 0.827 \times 0.013 \times \sqrt{12.5}$

   $\quad = 0.827 \times 0.013 \times 3.536 = 0.038\,\mathrm{m^3/s}$

제3절
연결송수관설비(NFPC & NFTC 502)

 **개 요**

1. 적용기준

(1) 설치대상 : 소방시설법 시행령 별표 4(가스시설, 지하구 제외)

[표 4-3-1] 연결송수관 설치대상

	특정소방대상물	적용기준	설치장소
①	5층 이상의 특정소방대상물	연면적 6,000m² 이상인 경우	모든 층
②	①에 해당되지 아니하는 특정소방대상물	지하층을 포함한 층수가 7층 이상인 경우	모든 층
③	① 및 ②에 해당되지 아니하는 지하 3층 이상의 특정소방대상물	지하층의 바닥면적 합계가 1,000m² 이상인 경우	모든 층
④	지하가 중 터널	길이가 1,000m 이상인 것	—

(2) 제외대상

1) 설치면제 : 소방시설법 시행령 별표 5 제18호

연결송수관설비를 설치하여야 할 특정소방대상물에 옥외에 연결송수구 및 옥내에 방수구가 부설된 옥내소화전설비·스프링클러설비·간이스프링클러설비 또는 연결살수설비를 화재안전기준에 적합하게 설치한 경우에는 그 설비의 유효범위안의 부분에서 설치가 면제된다. 다만, 지표면에서 최상층 방수구의 높이가 70m이상인 경우에는 설치하여야 한다.

> ① 옥내에 송수구가 부설(附設)된 것이란 연결송수관용 호스를 접결할 수 있는 65mm의 방수구가 해당 소방설비의 배관에 부설되어 있는 것을 말한다.
> ② 유효범위란 해당 소화설비가 화재를 진화할 수 있는 범위를 말하며 옥내소화전은 호스 접결구를 중심으로 반경 25m 이내, 스프링클러나 살수설비에서 헤드의 유효 방사 범위 내에 포함된 부분을 말한다. 이 경우 스프링클러나 연결살수설비의 헤드를 법적으로 제외할 수 있는 장소에는 헤드가 없어도 이를 유효범위 내로 적용하여야 한다.

2) **설치제외** : 다음에 해당하는 층에는 방수구를 설치하지 않을 수 있다[NFTC 502 (이하 동일) 2.3.1.1].

① 아파트의 1층 및 2층

② 소방차의 접근이 가능하고 소방대원이 소방차로부터 각 부분에 쉽게 도달할 수 있는 피난층

③ 송수구가 부설된 옥내소화전이 설치된 특정소방대상물(집회장·관람장·백화점·도매시장·소매시장·판매시설·공장·창고시설·지하가를 제외한다)로서 다음의 어느 하나에 해당하는 층

㉮ 지하층을 제외한 층수가 4층 이하이고 연면적이 6,000m² 미만인 특정소방대상물의 지상층

㉯ 지하층의 층수가 2 이하인 특정소방대상물의 지하층

3) **특례 조항** : 소방시설법 시행령 별표 6 3호 & 4호

① 화재안전기준을 달리 적용하여야 하는 특수한 용도 또는 구조를 가진 특정소방대상물(예 원자력발전소, 핵폐기물처리시설)

> ① 방사능 물질을 취급하는 원자력발전소나 방폐장 등의 경우는 화재가 발생할 경우 소화작업시 방사한 소화수로 인하여 방사능 물질이 함유된 침출수에 대한 처리가 큰 문제가 될 수 있다.
> ② 따라서 직접적으로 화재를 진압하는 소화설비가 아닌, 소화활동설비인 연결송수관설비와 연결살수설비에 대해서는 이를 제외할 수 있는 근거를 마련한 조항이다.

② 위험물안전관리법 제19조에 따른 자체소방대가 설치된 특정소방대상물 중 제조소등에 부속된 사무실

2. 연결송수관설비의 개념

(1) 연결송수관과 옥내소화전의 개념상 차이는 연결송수관은 소방대에 의해 사용되는 타력(他力)설비이며 옥내소화전은 관계자가 사용하는 자력(自力)설비이다. 따라서 연결송수관 방수구는 소방대가 건물 외부에서 침투하여 연결송수관 방수구에 접근하기에 용이하도록 계단에서 5m 이내에 설치하도록 규정하고 있으나 옥내소화전은 관계인 누구나 초기화재시 사용하기에 편리하여야 하므로 복도에 설치하는 것이 원칙이다. 또한 소화전 호스는 관계인이 즉시 사용하기 위하여 방수구에 상시 접결(接結)되어야 하나 연결송수관용 호스는 소방대가 사용하는 것이므로 평소에는 접결하지 않고 방수기구함 내 별도로 보관하는 것이다. 두 설비의 상호비교는 다음 표와 같다.

[표 4-3-2] 연결송수관과 옥내소화전 비교

구 분	옥내소화전설비	연결송수관설비
① 개념	자력(自力) 설비	타력(他力) 설비
② 수원	설치	높이 31m 이상 또는 11층 이상의 경우
③ 가압송수장치	설치	높이 70m 이상의 경우에 설치
④ 호스 및 노즐	상시 접결	방수기구함 내 보관
⑤ 위치	사용이 편리한 장소	계단에서 5m 이내(수평거리 기준)
⑥ 사용자	관계인	소방대

관계인

관계인이란 소방대상물의 소유자·점유자·관리자를 말한다.

(2) 국내와 일본의 경우는 옥내소화전과 연결송수관을 별도의 시스템으로 구분하여 적용하고 있으나 NFPA에서는 이를 구분하지 않고 하나의 설비로 간주하여 "Stand pipe & Hose system"로 규정[458]하고 있다.

즉, NFPA 14에서는 연결송수관은 Standpipe에 65A 구경의 호스를, 옥내소화전은 40A 구경의 호스를 부착한 것으로 간주하며 따라서 NFPA에서는 옥내소화전에 관한 별도의 단독 기준이 제정되어 있지 않다.

Standpipe에는 국내와 비교하면 연결송수관과 유사한 Class I [459], 옥내소화전과 유사한 Class II[460], 연결송수관과 소화전의 겸용인 Class III[461]의 3가지 Type이 있으며, Class III에서 Hose station이란, 호스, 호스릴, 노즐, 호스연결금구 등 일체를 뜻하며, Standpipe system을 국내와 비교하여 요약하면 다음의 표와 같다.

---

458) NFPA 14(Installation of standpipe & Hose systems) 2019 edition
459) NFPA 14 3.3.22.1 Class I system : A system that provides 65mm hose connection to supply water for use by fire department(소방서에서 사용할 수 있도록 65mm 호스를 접속하여 수원을 공급하는 시스템이다).
460) NFPA 14 3.3.22.2 Class II system : A system that provides 40mm hose connection to supply water for use primarily by trained personnel or by the fire department during initial response(초기 대응시 숙련된 직원이나 소방서에서 주로 사용할 수 있도록 40mm 호스를 접속하여 수원을 공급하는 시스템이다).
461) NFPA 14 3.3.22.3 Class III system : A system that provides 40mm hose station to supply water for use by trained personnel and 65mm hose connection to supply a large volume of water for use by the fire departments(훈련된 인력이 사용할 수 있는 40mm 호스 스테이션과 소방서에서 사용할 수 있는 대용량의 수원을 공급할 수 있는 65mm 호스 접속부를 제공하는 시스템이다).

구 분	해당 내용	비 고
국내 및 일본	① 옥내소화전설비 : 소화설비 ② 연결송수관설비 : 소화활동설비	배관겸용 가능함
NFPA 14	① Class Ⅰ : 소방대에서 수원을 공급받을 수 있는 65mm 호스가 접속된 설비	국내의 연결송수관
	② Class Ⅱ : 초기에는 건물 자체의 숙련자가 먼저 사용하거나 출동한 소방대가 사용할 수 있는 40mm 호스가 접결된 설비	국내의 옥내소화전
	③ Class Ⅲ : 숙련된 사람이 사용하는 40mm 호스 및 소방대에서 대량의 물을 공급받을 수 있는 65mm 호스가 있는 설비	국내의 연결송수관 겸용 설비의 옥내소화전

3. 구성 요소

(1) 송수구 : 연결송수관 설비의 배관에 소방펌프차에 의해 소화수를 공급하기 위하여, 건물외벽 등에 설치하는 송수용 호스 접결구이다. 송수구는 소방차가 외부에서 접속하여 물을 공급하게 되므로 소방차의 진입이나 소방차에서 급수호스를 연결할 때에 건물 주변의 수목이나 화단 등으로 인하여 장애가 없는 위치로 송수구의 위치 및 높이를 선정하여야 하며 송수구는 스탠드형, 벽체 노출형, 매립형 등의 형태가 있다.

[그림 4-3-1(A)] 송수구의 여러 형태

(2) 방수구 : 방수기구함 내에 있는 호스 및 노즐을 이용하여 소방펌프차에 의해 송수되는 물을 각 층에서 방수하기 위한 방수용 호스 접결구이다. 방수구는 소방대가 사용하는 관계로 외부에서 침투하여 접근이 용이한 계단 근처(5m 이내)에 설치하는 것이나 옥내소화전용 방수구는 건물 내의 관계인이 사용하는 설비이므로 이 기준을 적용하지 않는다. 다만, 대부분의 건물이 연결송수관 배관을 옥내소화전 배관과 겸용으로 사용하기 때문에 옥내소화전 방수구도 계단 직근에 설치되어 있을 뿐이다.

[그림 4-3-1(B)] 방수구와 방수기구함(예)

(3) 방수기구함 : 소방대가 사용하는 연결송수관용 호스 및 노즐을 상시 보관하기 위한 기구함으로 소방대가 침투하여 사용하게 되므로 호스 및 노즐은 옥내소화전과 같이 평소에 방수구에 접속하지 않고 별도의 기구함에 수납하여 보관하는 것으로 일본소방법에서는 이를 격납함(格納函)이라고 한다.

chapter
4
소
화
활
동
설
비

4. 연결송수관설비의 종류

(1) 국내의 경우

1) 건식방식

입상관에 물을 채워두지 않고 비워 놓은 방식으로 10층 이하 또는 지면으로부터 높이가 31m 미만의 저층 건물에 적용하며 소방펌프차로 물을 공급하는 설비이다.

2) 습식방식 : NFPC 502(이하 동일) 제5조 1항 2호/NFTC 502(이하 동일) 2.2.1.2

옥상수조에 의해 입상관에 물이 상시 충수되어 있는 방식으로 높이가 31m 이상 또는 11층 이상의 고층 건물에 적용하는 설비이다.

 보충 자료

저층 건물일지라도 옥내소화전과 주배관을 겸용할 경우는 습식설비로 간주한다.

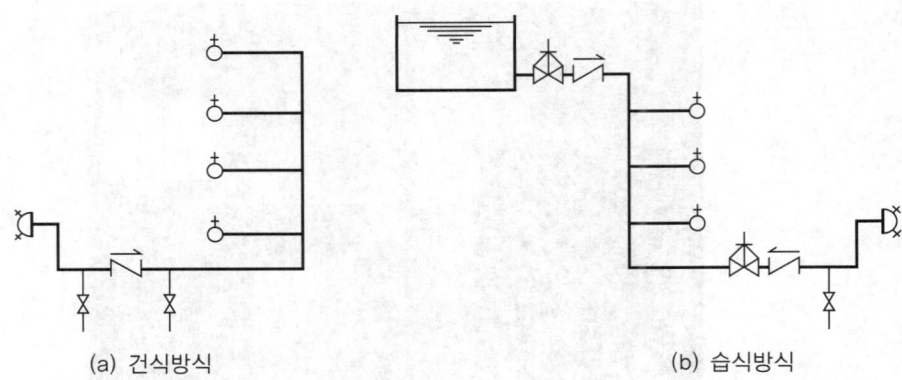

(a) 건식방식   (b) 습식방식

[그림 4-3-2(A)] 연결송수관설비

(2) NFPA의 경우 : NFPA 14에서는 Standpipe system의 종류를 다음과 같이 구분하고 있으며 국내의 연결송수관설비는 NFPA 분류로는 수동식-습식설비(또는 건식설비)에 해당하며 국내의 옥내소화전설비는 자동식-습식설비에 해당한다(NFPA 14 3.3.20 Standpipe systems).

1) 자동식 : 방수구 개방에 의해 언제나 자동으로 급수가 공급되는 설비로 수원은 자체수원을 이용하는 방식을 말한다.

① **습식설비(Automatic wet standpipe) :** 배관 내 항상 물이 충수되어 있으므로 언제나 수원공급이 가능하며 호스밸브를 개방하여 사용하는 설비이다.

② **건식설비(Automatic dry standpipe) :** 건식설비는 국내의 경우 배관 내 물이 충수되어 있지 않는 상태를 뜻하나 NFPA의 경우는 배관 내 압축공기나 질소로 충전하고 호스 밸브를 개방하게 되면 이 신호에 따라 건식밸브가 개방되고 유수가 흐르는 설비이다.

2) 수동식 : 건물 외벽에 설치된 송수구를 이용하여 급수를 공급받는 설비로 수원은 외부 수원(예 소방차 등)을 이용하는 방식을 말한다.

① **습식설비(Manual wet standpipe) :** 배관 내 물이 충수되어 있다.

② **건식설비(Manual dry standpipe) :** 배관 내 물이 충수되어 있지 않다.

3) 반자동식(건식설비)(Semiautomatic dry standpipe) : 급수는 자체수원을 이용하나 주관에 디류지밸브 등을 설치하고 방수용 기동 스위치를 원격 조작하여 사용하는 방식을 말한다.

4) 복합식(Combined system) : 연결송수관용 방수구 또는 스프링클러설비의 두 시스템에 모두 수원을 공급할 수 있도록 입상 주관을 겸용으로 사용하는 방식

을 말한다. 복합식설비는 다음 그림과 같이 스프링클러설비의 접속구간에 대하여 컨트롤밸브와 체크밸브를 설치하고 있으며 주관의 관경은 최소 150mm 이상이어야 한다.462)

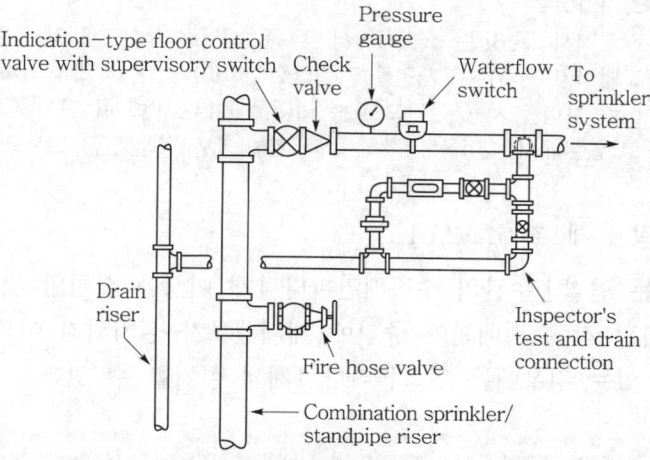

[그림 4-3-2(B)] 복합식 연결송수관설비(NFPA방식)

② 연결송수관설비의 화재안전기준

1. 송수구의 기준

(1) **설치위치** : NFTC 2.1.1.1~2.1.1.3

1) 소방차가 쉽게 접근할 수 있고, 잘 보이는 장소에 설치할 것

2) 지면으로부터 높이가 0.5m 이상 1m 이하의 위치에 설치할 것

3) 송수구는 화재층으로부터 지면으로 떨어지는 유리창 등이 송수 및 그 밖의 소화작업에 지장을 주지 아니하는 장소에 설치할 것

---

462) NFPA 14(2019 edition) 7.6.2 : Standpipe that are part of a combined system in a building that is partially sprinklered shall be at least 150mm in size(부분적으로 스프링클러가 설치된 건물에서 복합식 연결송수관의 일부인 스탠드파이프는 최소 150mm 이상이어야 한다).

> ① 최근에 건설하는 아파트의 경우는 지하에 주차장을 건설하고 지상에는 조경시설만 설치하고 주차시설을 제외하고 있다. 이러한 경우에도 단지 내의 모든 동에는 소방차가 진입할 수 있어야 하며 연결송수구에 호스를 접속할 수 있도록 설계시 소방차량 진입동선을 고려하여야 한다.
> ② 지면에서의 높이는 소방차에서 호스를 접결하기 쉽도록 하기 위한 것으로 높이기준은 소방차가 주차하는 지면을 기준으로 하여야 한다. 따라서 바닥이란 용어 대신 "지면"이란 용어를 사용한 것으로 동 기준은 일본소방법시행규칙 제31조 1호를 준용한 것으로 일본에서는 이를 명확히 하기 위해 지반면(地盤面)으로 표현하고 있다.

(2) 설치수량 : 제4조 6호(2.1.1.7)

송수구는 연결송수관의 수직배관마다 1개 이상을 설치할 것. 다만, 하나의 건축물에 설치된 각 수직배관이 중간에 개폐밸브가 설치되지 아니한 배관으로 상호 연결되어 있는 경우에는 건축물마다 1개씩 설치할 수 있다.

> 계단식 아파트의 경우 계단별 수직배관을 인입측에서 서로 접속한 경우에는 송수구를 계단별로 설치하지 않아도 되나 반드시 동별로는 설치하여야 한다.

(3) 송수구 : 제4조 4호 & 5호, 8호 & 9호(2.1.1.5 & 2.1.1.6, 2.1.1.9 & 2.1.1.10)

1) 구경 65mm의 쌍구형(双口型)으로 할 것

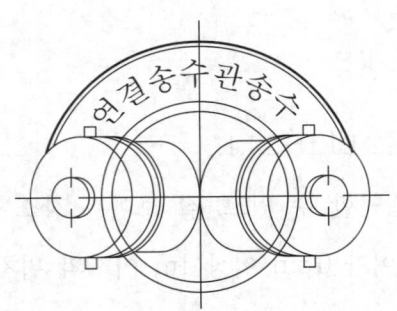

[그림 4-3-2(C)] 쌍구형 송수구

2) 송수구에는 그 가까운 곳의 보기 쉬운 곳에 송수압력범위를 표시한 표지를 할 것

> 송수압력범위란 소방차가 송수구에 호스를 접결하여 가압송수할 경우 최상층에서 0.35MPa 이상의 방사압이 발생하여야 한다. 따라서 설계자는 건물의 높이와 배관의 손실을 감안하여 소방차에서 가압할 수 있는 압력의 범위를 사전에 계산하여 이를 제시하여야 한다. 실제 화재시 소방관은 표지판에 게시된 송수압력의 범위를 감안하여 가장 적합한 방수압력이 발생하는 소방차를 선정하거나 조치를 할 수 있다.

3) 송수구에는 가까운 곳의 보기 쉬운 곳에 "연결송수관설비 송수구"라고 표시한 표지를 설치할 것

4) 송수구에는 이물질을 막기 위한 마개를 씌울 것

(4) 밸브

1) 개폐밸브 : 제4조 3호(2.1.1.4)

송수구로부터 연결송수관설비의 주배관에 이르는 연결배관에 개폐밸브를 설치한 때에는 그 개폐상태를 쉽게 확인 및 조작할 수 있는 옥외 또는 기계실 등의 장소에 설치할 것. 이 경우 개폐밸브에는 그 밸브의 개폐상태를 감시제어반에서 확인할 수 있도록 급수개폐밸브 작동표시스위치(탬퍼스위치)를 다음의 기준에 따라 설치해야 한다.

① 급수개폐밸브가 잠길 경우 탬퍼스위치의 동작으로 인하여 감시제어반 또는 수신기에 표시되어야 하며 경보음을 발할 것

② 탬퍼스위치는 감시제어반 또는 수신기에서 동작의 유무확인과 동작시험, 도통시험을 할 수 있을 것

③ 탬퍼스위치에 사용되는 전기배선은 내화전선 또는 내열전선으로 설치할 것

2) 자동배수밸브 : NFTC 2.1.1.8

송수구의 부근에는 자동배수밸브 및 체크밸브를 다음의 기준에 따라 설치할 것. 이 경우 자동배수밸브는 배관안의 물이 잘 빠지는 위치에 설치하되 배수로 인하여 다른 물건이나 장소에 피해를 주지 않아야 한다.

① 습식의 경우 : 송수구 → 자동배수밸브 → 체크밸브 순으로 설치할 것

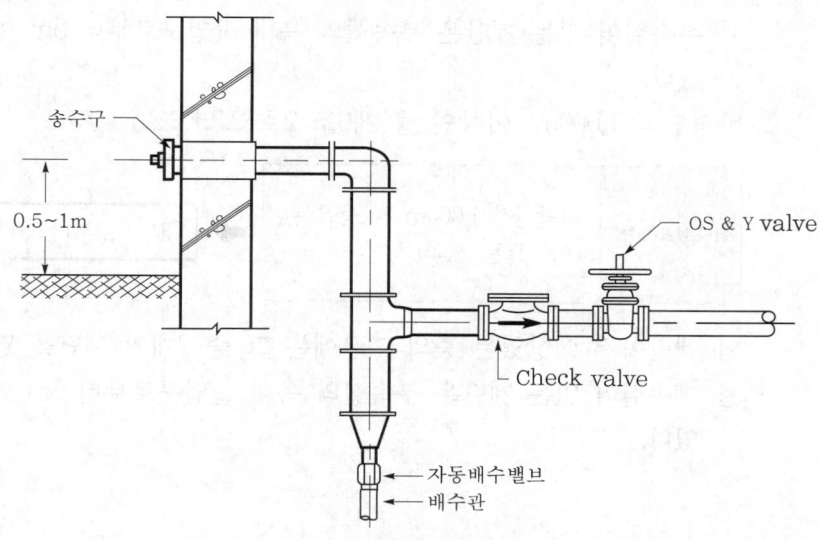

[그림 4-3-3] 연결송수관 배관 및 밸브(습식의 경우)

② 건식의 경우 : 송수구 → 자동배수밸브 → 체크밸브 → 자동배수밸브 순으
로 설치할 것

> 건식의 경우 체크밸브에서 송수구쪽에 있는 자동배수밸브는 소방차로부터 급수한 후에
송수구와 체크밸브 사이의 배관에 남아 있는 물을 배수하는 것이며, 체크밸브에서 방수
구쪽에 있는 자동배수밸브는 건식이므로 체크밸브에서 방수구간의 주관에 남아 있는 물
을 자동배수시키는 것이다.

2. 방수구의 수량 및 기준

방수구의 호스 접결구는 바닥으로부터 높이 0.5m 이상 1m 이하의 위치에 설치할 것
[제6조 4호(2.3.1.4)]

(1) 기본배치

1) 기준 : 제6조 2호(2.3.1.2.1)

① 아파트 또는 바닥면적이 1,000m² 미만인 층[제6조 2호(2.3.1.2.1)]

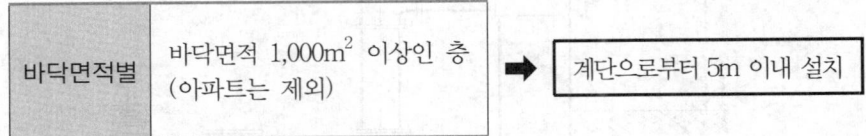

용도별	아파트인 경우 (면적/층수 무관)	➡ 계단으로부터 5m 이내 설치
바닥면적별	바닥면적 1,000m² 미만인 층 (용도 무관)	

㉮ 계단이 2 이상일 경우는 그 중 1개의 계단을 말한다.

㉯ 부속실이 있는 계단은 부속실의 옥내 출입구로부터 5m 이내에 설치할 수
있다.

② 바닥면적 1,000m² 이상인 층[제6조 2호(2.3.1.2.2)]

바닥면적별	바닥면적 1,000m² 이상인 층 (아파트는 제외)	➡ 계단으로부터 5m 이내 설치

㉮ 계단이 3 이상있는 층의 경우에는 그 중 2개의 계단을 말한다.

㉯ 부속실이 있는 계단은 부속실의 옥내 출입구로부터 5m 이내에 설치할 수
있다.

2) 해설

① 건물의 용도나 바닥면적에 따라 연결송수구용 방수구를 설치할 위치는 위 기준과 같이 적용한다. 이 경우 설치위치는 계단의 출입구로부터 5m 이내 이나, 부속실이 있는 경우는 부속실을 포함하므로 설계시에는 부속실의 출입구로부터 수평거리 5m 이내에 설치하도록 한다. 5m가 수평거리인지 보행거리인지 화재안전기준에는 기준이 없으나 질의회신에서 수평거리로 회신한 바 있으며 일반적으로 이는 수평거리로 적용하고 있다.

② 국내는 계단 직근만 설치장소로 규정하고 있으나 일본의 경우는 비상용승강기를 소방대가 사용하는 것을 고려하여 비상용 승강기 승강장의 경우에도 방수구를 설치할 수 있도록 규정하고 있다.[463]

(2) 추가배치 : 제6조 2호(2.3.1.2.3)

1) 기준

2.3.1.2.1 또는 2.3.1.2.2에 따라 설치하는 방수구로부터 그 층의 각 부분까지의 거리가 다음의 기준을 초과하는 경우에는 그 기준 이하가 되도록 방수구를 추가하여 설치할 것

① 지하가(터널은 제외한다) 또는 지하층의 바닥면적의 합계가 3,000m^2 이상인 것은 수평거리 25m

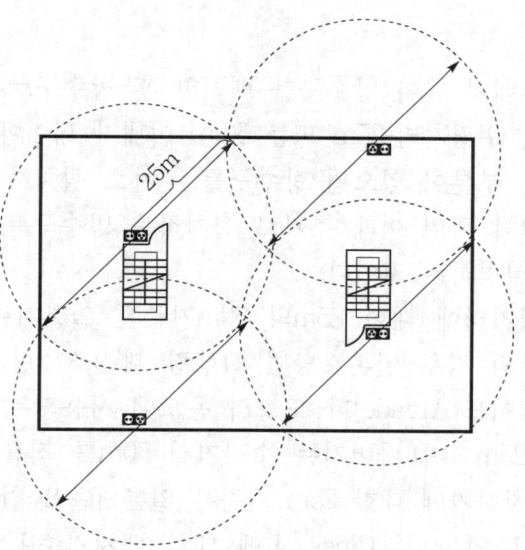

[그림 4-3-4(A)] 25m 수평거리인 경우(예)

---

463) 일본소방법시행령 제29조 2항 1호 본문

② 위 ①에 해당하지 않는 것은 수평거리 50m

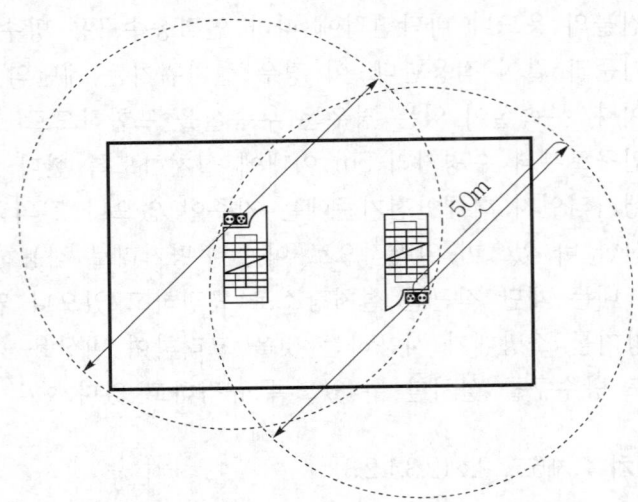

[그림 4-3-4(B)] 50m 수평거리인 경우(예)

→ 예를 들면 실무 적용시 바닥면적이 2,000m²인 지상층의 경우라면 최소 2개의 계단에 방수구를 설치한 후(5m 이내), 설치한 방수구로부터 해당 층별로 수평거리를 그려서 50m 이내가 된다면 양호하며, 50m를 초과하는 부분이 있다면 50m 이내가 되도록 추가로 방수구를 배치하도록 한다.

2) 해설

① 기본배치 같이 방수구를 배치한 후 방수구로부터 소방대상물의 각 부분까지는 수평거리(25m 또는 50m) 이내가 되어야 한다. 만일 수평거리를 초과되는 부분이 있으면 방수구를 추가로 설치하여 해당되는 수평거리 이내가 되어야 하며 이때 추가로 설치하는 방수구는 계단에서 5m 이내와 무관하게 설치하는 것이다.

② 배치거리에 대한 25m와 50m기준은 일본기준을 참고한 것으로 판단되며 일본의 경우 일본소방법 시행령 제29조 2항 1호에서는 길이 50m 이상의 아케이드(Arcade)나 도로의 용도에 사용되는 건물부분에 대해서는 수평거리 25m이며 나머지는 수평거리 50m를 적용하고 있다. 화재안전기준에서도 지하가에 대한 25m 기준은 일본기준을 참고한 것으로 볼 수 있다.

③ NFPA의 경우 Class Ⅰ에 대한 배치기준(Location)은 스프링클러가 없는 바닥면적이나 층은 계단으로부터 보행거리(Travel distance) 130ft(39.7m) 이내이어야 하며, 스프링클러가 있는 경우는 200ft(61m) 이내이어야 한다.

[표 4-3-3] 연결송수관의 국가별 배치기준

구 분	배치기준	배치거리	적용기준
① 국내	수평거리 기준	25m/50m	용도 및 바닥면적 기준
② 일본	수평거리 기준	25m/50m	용도 및 층수 기준
③ NFPA	보행거리 기준	130ft(39.7m)	스프링클러가 없는 경우
		200ft(61m)	스프링클러가 있는 경우

(3) 방수구의 기준 : 제6조 3호, 5호, 7호(2.3.1.3, 2.3.1.5, 2.3.1.7)

1) 11층 이상의 부분에 설치하는 방수구는 쌍구형으로 할 것. 다만, 다음의 어느 하나에 해당하는 층에는 단구형으로 할 수 있다.

　① 아파트의 용도로 사용되는 층

　② 스프링클러설비가 유효하게 설치되어 있고, 방수구가 2개소 이상 설치된 층

　→ 스프링클러설비가 설치된 경우 11층 이상의 층에 방수구를 2개소 이상 설치한다면 방수구를 쌍구형으로 하지 않고, 단구형(單口型)으로 설치하여도 무방하다는 뜻이다.

2) 방수구는 연결송수관설비의 전용방수구 또는 옥내소화전 방수구로서 구경은 65mm 이상일 것

　→ 전용방수구란 연결송수관 전용설비의 주배관에 접속된 방수구를 말하며, 옥내소화전 방수구란 옥내소화전과 연결송수관이 겸용인 주배관에 접속된 방수구를 말한다.

3) 방수구는 개폐기능을 가진 것으로 설치하여야 하며, 평상시 닫힌 상태를 유지할 것

(4) 위치표시 : 제6조 6호(2.3.1.6)

　방수구의 위치표시는 표시등 또는 축광식표지로 하되 다음의 기준에 따라 설치할 것

1) 표시등을 설치하는 경우에는 함의 상부에 설치하되, 소방청장이 고시한 "표시등의 성능인증 및 제품검사의 기술기준"에 적합한 것으로 설치할 것

2) 축광식 표지를 설치하는 경우에는 소방방청장이 고시한 "축광표지의 성능인증 및 제품검사의 기술기준"에 적합한 것으로 설치하여야 한다.

chapter
4

소화활동설비

3. 방수기구함의 기준 : 제7조(2.4)

(1) 설치위치

그 층의 방수구마다 보행거리 5m 이내에 설치한다.

(2) 설치수량

피난층과 가장 가까운 층을 기준으로 3개층마다 설치한다.

(3) 호스 및 관창

1) 15m 호스 및 방사형 관창을 비치한다.

2) 호스는 방수구에 연결하였을 때 그 방수구가 담당하는 구역의 각 부분에 유효하게 물이 뿌려질 수 있는 개수 이상을 비치할 것. 이 경우 쌍구형 방수구는 단구형 방수구의 2배 이상의 개수를 설치해야 한다.

3) 방사형 관창은 단구형 방수구의 경우에는 1개, 쌍구형 방수구의 경우에는 2개 이상을 비치할 것

> ① 수평거리가 25m이거나 50m이므로 호스는 15m가 아닌 20m용을 사용하는 것이 더 효과적이나 화재안전기준에는 15m로 규정되어 있다. 이에 비해, 일본의 경우는 20m 호스 4개 및 노즐 2개를 비치하도록 규정하고 있다.
> ② 관창(管鎗 ; 노즐을 의미함)의 수량은 규정하고 있으나 호스의 수량을 규정하지 않은 것은 건물구조에 따라 수평거리가 만족되는 경우에도 보행거리로는 50m를 초과할 수 있으므로 각 부분에 유효한 살수가 되기 위해서는 수량을 규정하지 않고, 건물마다 판단하여 가장 적절한 호스 수량을 비치하도록 한 것이다.

(4) 표지설치

방수기구함에는 "방수기구함"이라고 표시한 축광식표지를 할 것. 이 경우 축광식표지는 소방청장이 고시한 "축광표지의 성능인증 및 제품검사의 기술기준"에 적합한 것으로 설치해야 한다.

4. 배관의 기준

(1) 기준

1) 주배관의 구경은 100mm 이상의 것으로 할 것[제5조 1항 1호(2.2.1.1)]

2) 지면으로부터의 높이가 31m 이상인 소방대상물 또는 지상 11층 이상 소방대상물은 습식설비로 할 것[제5조 1항 2호(2.2.1.2)]

3) 주배관의 구경이 100mm 이상인 옥내소화전설비·스프링클러설비 또는 물분무등소화설비의 배관과 겸용할 수 있다[제5조 4항(2.2.4)].

4) 연결송수관설비의 수직배관은 내화구조로 구획된 계단실(부속실을 포함) 또는 파이프덕트 등 화재의 우려가 없는 장소에 설치해야 한다. 다만, 학교 또는 공장이거나 배관주위를 1시간 이상의 내화성능이 있는 재료로 보호하는 경우에는 그렇지 않다[제5조 5항(2.2.5)].

5) **배관의 규격** : 배관과 배관이음쇠는 다음의 어느 하나에 해당하는 것 또는 동등 이상의 강도·내식성 및 내열성을 국내·외 공인기관으로부터 인정받은 것을 사용해야 한다[제5조 2항 & 3항(2.2.2 & 2.2.3)].

① 금속배관을 사용할 경우

배관 내 사용압력	배관의 규격
1.2MPa 미만인 경우	① 배관용 탄소강관(KS D 3507) ② 이음매 없는 구리 및 구리합금관(KS D 5301) 　다만, 습식의 배관에 한한다. ③ 배관용 스테인리스강관(KS D 3576) 또는 일반배관용 　스테인리스강관(KS D 3595). 　다만, 배관용 스테인리스강관(KS D 3576)의 이음을 　용접으로 할 경우에는 텅스텐 불활성가스 아크용접 　(Tungsten inertgas arc welding)방식에 따른다. ④ 덕타일 주철관(KS D 4311)
1.2MPa 이상인 경우	① 압력배관용 탄소강관(KS D 3562) ② 배관용 아크용접 탄소강강관(KS D 3583)

② 비금속배관을 사용할 경우 : 다음의 어느 하나에 해당하는 장소에는 소방청장이 정하여 고시한 "소방용 합성수지배관의 성능인증 및 제품검사의 기술기준"에 적합한 소방용 합성수지배관으로 설치할 수 있다.

㉮ 배관을 지하에 매설하는 경우

㉯ 다른 부분과 내화구조로 구획된 덕트 또는 피트의 내부에 설치하는 경우

㉰ 천장(상층이 있는 경우에는 상층바닥의 하단을 포함한다)과 반자를 불연재료 또는 준불연재료로 설치하고 소화배관 내부에 항상 소화수가 채워진 상태로 설치하는 경우

chapter

4

소화활동설비

(2) 해설

1) **구경** : 주관은 100mm 이상이어야 하므로 옥내소화전 등과 같이 소화설비와 겸용을 할 경우는 연결송수관설비의 기준을 만족하여야 하므로 옥내소화전의 입상주관도 동시에 100mm 이상을 사용하게 된다. 연결송수관의 구경에 대한 기준은 NFPA 14[464]에서 Class Ⅰ 및 Class Ⅲ의 경우는 4인치(100mm)를 최소 관경으로 규정하고 있으며 일본 및 국내의 경우는 이를 준용한 것이다.

2) **습식설비의 적용**

① 화재안전기준에서는 11층 이상이나 높이 31m일 경우 습식설비를 규정하고 있으나 이에 해당될 경우는 옥상 저수조에 주관을 접속하여 사용하고 있다. 그러나 이 경우는 연결송수관용 가압펌프가 없는 건물이므로 소방대가 도착하기까지는 낙차압을 이용하는 것 외에는 정상적인 역할을 할 수 없게 된다. 옥내소화전배관과 겸용일 경우는 소화전 펌프를 이용할 수는 있으나 방사압과 방사량이 상이하여 적법한 시설로 사용할 수 없으며 다만, 소방대가 도착하여 건식상태인 배관보다는 습식상태의 배관일 경우는 소방차를 접속하여 물을 공급할 때 신속하게 송수 및 방수가 되는 이점이 있다.

② 습식설비에 대한 일본의 경우는 높이 70m를 초과(국내는 70m 이상이나 일본은 초과임)하여 연결송수관용 가압펌프를 설치하는 건물에 대해서만 습식설비를 요구하고 있다.[465] NFPA 14에서는 고층건물(High-rise building)을 75ft(23m)를 초과한 경우로 규정하고 고층건물에서의 연결송수관(Class Ⅰ)은 자동식이나 반자동식만 인정하고 있으며 수동식은 인정하지 않는다.[466] 즉, NFPA에서는 고층건물의 경우 습식이냐 건식이냐 보다는 자동인지 수동인지의 여부를 더 중시하고 있다.

3) **배관의 내압력(耐壓力)**

① 배관의 내압력은 배관의 재질과 밀접한 관계가 있으며 최근의 초고층건물에 있어서는 Fail-safe 차원에서 입상 주관(Riser)의 경우 옥내소화전설비와 연결송수관설비의 주관을 겸용하지 않고 분리하여 설치하고 있다. 이 경우 옥내소화전은 상한값이 0.7MPa이며 펌프의 사양에 따라 배관의 구간별 마찰손실을 계산하면 압력분포를 사전에 정확히 알 수 있어 이에 따

---

464) NFPA 14(2019 edition) 7.6 Minimum size for standpipe & Branch line
465) 일본소방법시행규칙 제31조 6호 "ㅓ"목
466) NFPA 14(2019 edition) 5.4.1.2 : Class Ⅰ standpipe systems in buildings classified as high-rise buildings shall be automatic or semiautomatic(고층건물로 분류되는 건물의 Class Ⅰ 스탠드파이프설비는 자동식 또는 반자동식이어야 한다).

라 배관의 규격을 결정하기가 용이하다. 그러나 연결송수관설비의 경우는 70m 이상일 경우 펌프를 설치할지라도 외부의 소방차에 의한 직렬연결 상태이므로 접속할 소방 펌프차에 따라 배관의 압력분포가 달라지며 국내 의 경우 이에 대한 세부 지침이 없는 관계로 적용에 많은 어려움이 있다.

② 이에 관해 일본의 기준을 보면 일본소방법시행규칙 제31조 5호[467]에서는 배관의 내압력은 설계송수압력의 1.5배 수압을 가할 경우에 이를 견딜 수 있어야 하며, 가압펌프를 설치한 건물은 가압펌프 체절압력의 1.5배 수압 에 견딜 수 있어야 한다. 따라서 이를 기준으로 배관의 규격(재질, 관경, 두께 등)을 정하고 있다.

4) 배관의 내화성능 보호방법

① 일반적으로 소화설비용 배관은 배관의 설치위치에 대한 내화성능을 요구 하지 않는다. 왜냐하면 소화설비란 근본적으로 초기화재에 사용하는 설비 로서 소방차가 출동하기 전까지 건물에서 자체적으로 소화하는 데 필요한 시설물이기 때문이다. 이에 비해 연결송수관설비는 화재가 진행되는 중기 화재 이후에 소방대가 도착하여 사용하는 설비인 관계로 배관의 설치 주 변에 대한 내화성능을 요구하는 것이다.

② 학교나 공장용도의 경우는 내화구조의 계단실이 없는 구조가 많은 관계로 이에 대한 대책으로 "배관주위를 1시간 이상의 내화성능이 있는 재료로 보호"할 경우 이를 제외하도록 하고 있다. 연결송수관에서 입상 수직주관 에 대한 내화조치는 NFPA에 근거하고 있으나, NFPA 14에서는 수직주관 이외에 수평주관이나 분기용 배관까지도 피난용 계단으로 둘러싸인 장소 나 내화구조로 보호되도록 요구하고 있다. 이 경우 내화등급 기준은 연결 송수관 배관이 설치된 건물의 피난용 계단이 필요로 하는 내화성능과 동 등 이상이 되도록 규정하고 있다.

chapter 4 소화활동설비

---

467) 제31조 5호 "ト"목 : 配管の耐圧力は、当該配管の設計送水圧力の一・五倍以上の水圧を加えた 場合において当該水圧に耐えるものであること。ただし、次号イの規定により加圧送水装置を設 けた場合における当該加圧送水装置の吐出側の配管の耐圧力は、加圧送水装置の締切圧力の一・ 五倍以上の水圧を加えた場合において当該水圧に耐えるものであること(배관의 내압은 해당 배 관의 설계송수압력의 1.5배 이상의 수압을 가한 경우 해당 수압을 견딜 수 있는 것일 것. 다 만, 다음 호 "イ"목의 규정에 따라 가압송수장치를 설치한 경우 해당 가압송수장치의 토출측 배관의 내압은 가압송수장치의 체절압력의 1.5배 이상의 수압을 가하였을 때 해당 수압을 견 딜 수 있는 것일 것).

③ 1시간 이상의 내화성능 적용은 배관자체를 내화성능의 물질로 도포(塗布)하거나 또는 내화성능이 있는 재질로 입상 주관을 구획할 수 있다. 국내의 경우는 내화구조에 대한 내화성능확인은 연결송수관의 내화조치방법에 관계없이 1시간 이상의 내화성능을 보유하는 것에 대해 관계기관의 공인된 시험성적서로서 이를 입증하여야 한다.

㉮ 내화도료를 사용할 경우 : 내화도료(페인트)를 연결송수관 입상관에 도포할 경우 화재시에는 화열에 의해 수십 배로 발포 팽창하여 표면에 탄화 단열층을 형성함으로서 화열이 연결송수관의 강재에 접근하여 내력이 저하되는 것을 방지하여 준다. 내화도료의 경우는 도포한 도막의 두께 및 도장회수가 매우 중요하므로 반드시 이를 준수하여야 한다.

㉯ 내화성능의 재질로 구획한 경우 : 내화구조에 대한 성능인증을 받은 제품(예 내화용 석고보드)을 사용하여 연결송수관 입상관 주위를 구획하는 것을 말한다. 내화구조로 성능을 인정받은 제품의 경우는 반드시 성능인증 과정에서 승인된 공사방법대로 시공하여야 한다.

5. 전원 및 배선의 기준

(1) 전원 : 제9조(2.6)

가압송수장치의 상용전원회로의 배선 및 비상전원은 다음의 기준에 따라 설치해야 한다.

1) 상용전원의 경우

① 저압수전인 경우에는 인입개폐기의 직후에서 분기하여 전용배선으로 할 것
② 특별고압수전 또는 고압수전일 경우에는 전력용 변압기 2차측의 주차단기 1차측에서 분기하여 전용배선으로 하되, 상용전원 공급에 지장이 없을 경우에는 주차단기 2차측에서 분기하여 전용배선으로 할 것. 다만, 가압송수장치의 정격입력전압이 수전전압과 같은 경우에는 저압수전의 기준에 따른다.

2) 비상전원의 경우

① 비상전원은 자가발전설비 또는 축전지설비(내연기관에 따른 펌프를 사용하는 경우에는 내연기관의 기동 및 제어용 축전지를 말한다) 또는 전기저장장치로 설치해야 한다.
② 연결송수관설비를 유효하게 20분 이상 작동할 수 있어야 할 것

(2) 배선 : 제10조(2.7)

1) 비상전원으로부터 동력제어반 및 가압송수장치에 이르는 전원회로배선은 내화 배선으로 할 것 다만, 자가발전설비와 동력제어반이 동일한 실에 설치된 경우에 는 자가발전기로부터 그 제어반에 이르는 전원회로배선은 그렇지 않다.

2) 상용전원으로부터 동력제어반에 이르는 배선, 그 밖의 연결송수관설비의 감시·조작 또는 표시등 회로의 배선은 내화배선 또는 내열배선으로 할 것. 다만, 감시제어반 또 는 동력제어반 안의 감시·조작 또는 표시등 회로의 배선은 그렇지 않다.

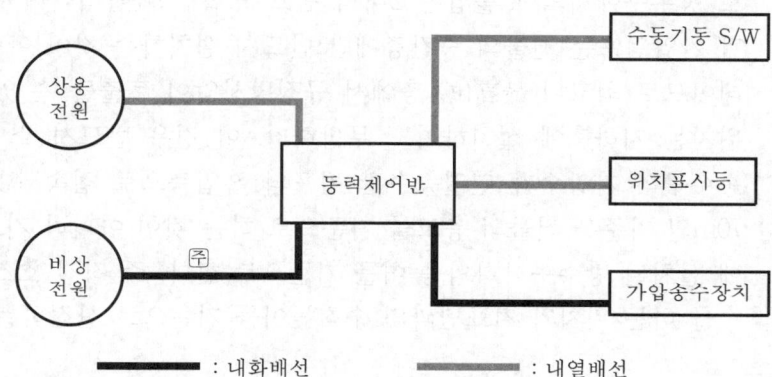

㊟ 발전기와 동력제어반이 동일한 실에 있을 경우는 발전기와 동력제어반 간의 배선은 내화배선에 서 제외할 수 있다.

③ 연결송수관설비의 설계실무

고층 건축물에서 중간펌프인 Booster pump[468]를 설치하는 경우 유지관리상 Booster pump 를 방재실이나 송수구 직근에서 원격으로 시동할 수 있도록 수동 스위치를 설치하도록 한 다. 중간펌프에 대한 화재안전기준상 설치기준 및 펌프의 설계기준은 다음과 같다.

1. 가압송수장치의 설치기준

(1) 설치대상

1) **기준 :** 제8조 본문(2.5.1)

지표면에서 최상층 방수구의 높이가 70m 이상의 특정소방대상물에 설치한다.

---

468) 이를 일명 중계(中継)펌프, 승압(昇圧)펌프 또는 증압(增圧)펌프라고 한다.

2) 해설

① 연결송수관설비에서 가압펌프의 목적은 일정높이 이상의 고층건물은 소방펌프차가 지상에서 고층부까지 유효하게 송수를 할 수 없으므로 이를 보완하기 위하여 도입된 것으로 이는 주펌프의 개념이 아닌 Booster pump 즉 증압용(增壓用) 중간펌프의 개념이다. 즉, 연결송수관용 펌프는 소화설비용 펌프와 달리 소방차의 소방펌프 수압을 받아 이를 중계하는 중간펌프의 역할을 하게 된다.

② 또한 수리적으로 소방차의 펌프와 연결송수관 펌프가 직렬 연결된 상태이므로 방수구에서의 토출압은 2대의 펌프가 합산된 압력이며 따라서 연결송수관 가압펌프는 건물의 중간층에만 반드시 설치하는 것이 아니라 직렬연결상태이므로 최고위(最高位) 층에서 규정방사압이 토출될 수 있으면 펌프 설치 위치는 지하층에 설치하여도 무방하다. 이 경우 반드시 소방차에서 급수한 송수구의 가압수가 연결송수관 펌프의 흡입측으로 접속되어야 한다.

③ 70m의 기준은 건물의 층고를 기준으로 하는 것이 아니라 지표면에서 최상층에 설치된 방수구까지의 높이를 기준으로 한다. 즉 직접 호스를 접결하여 방수를 하는 위치와 지표면과의 수직높이를 기준으로 산정하는 것이 원칙이다.

(2) 기동방법 : 제8조 9호(2.5.1.9)

1) 가압송수장치는 방수가 개방될 때 자동으로 기동되거나 또는 수동 스위치의 조작에 따라 기동되도록 할 것

> ① 연결송수관용 펌프는 자동으로만 기동되는 것이 아니라 수동·기동방식도 인정하고 있으며, 이 경우는 원격스위치를 설치하여 원격으로 기동하는 방식이다.
> ② 수동스위치를 옥외 송수구 부근에 설치할 경우 행인에 의해 오조작을 할 우려가 있으므로, 이 경우에는 방재센터에서도 펌프의 기동 및 정지용 스위치를 별도로 설치하여 수동으로 관리하는 것이 편리하다.

2) 수동 스위치는 2개 이상을 설치하되 그 중 1개는 다음 기준에 따라 송수구 부근에 설치해야 한다.

① 송수구로부터 5m 이내의 보기 쉬운 장소에 바닥으로부터 높이 0.8m 이상 1.5m 이하로 설치할 것

② 1.5mm 이상의 강판함에 수납하여 설치하고 "연결송수관설비 수동스위치"라고 표시한 표지를 부착할 것. 이 경우 문짝은 불연재료로 설치할 수 있다.

③ 「전기사업법」 제67조에 따른 「전기설비기술기준」에 따라 접지하고 빗물 등이 들어가지 않는 구조로 할 것

(3) 기동장치 : 제8조 10호(2.5.1.10)

기동장치로는 기동용수압개폐장치 또는 이와 동등 이상의 성능이 있는 것으로 설치할 것. 다만, 기동용수압개폐장치 중 압력체임버를 사용할 경우 그 용적은 100l 이상의 것으로 할 것

2. 펌프의 기준

(1) 양정계산

연결송수관 가압펌프의 양정계산은 관련 기준이 없으나 실무상 다음과 같이 적용하도록 한다.

$$펌프의\ 양정 : H(m) = H_1 + H_2 + H_3 + H_4$$ ················· [식 4-3-1]

여기서, H_1 : 건물의 실양정(m), H_2 : 배관의 마찰손실수두(m)
  H_3 : 호스의 마찰손실수두(m), H_4 : 노즐선단 방사압의 환산수두

1) 건물높이의 실양정(=H_1) : H_1의 개념은 최고위치에 설치된 방수구의 높이로부터 소방펌프차가 접속하는 외부 송수구까지의 수직높이차를 뜻한다. 아파트와 같이 다수동일 경우에는 건물높이가 가장 높은 것을 기준으로 적용하여야 한다.

2) 배관의 마찰손실수두(=H_2) : 배관의 마찰손실은 하젠-윌리엄스의 식을 사용하여 구할 수 있으며, 일본에서 실무에 사용하는 연결송수관의 마찰손실수두(압력배관용 탄소강관 Sch 40의 경우) 값을 아래에 기재하니 참고하기 바란다.

[표 4-3-4] 배관길이 1m당 마찰손실수두 값(m)

관 경 유 량	100mm	125mm	150mm	200mm
1,200$l$pm	0.0720	0.0255	0.0108	0.0028
1,600$l$pm	0.1227	0.0434	0.0184	0.0047
2,000$l$pm	0.1610	0.0560	0.0243	0.0063
2,400$l$pm	0.2597	0.0920	0.0390	0.0099

3) 호스의 마찰손실수두(=H_3) : 연결송수관에 대한 호스의 손실수두는 제시되어 있는 문헌이 없으나 일본의 사찰편람에서는 길이 100m 기준으로 구경 65mm 호스, 유량 400$l$pm일 경우 마찰손실은 6m(고무내장호스 기준)로 제시하고 있다.[469]

① 호스유량 2,400$l$pm의 경우 : 방수구가 단구형으로 1개인 경우 토출량은 2,400$l$pm

---

469) 동경소방청 사찰편람(査察便覽) 옥내소화전 5.2.7 표 5

이 되며, 하젠－윌리엄스의 식에서 위 조건에 따라 $Q^{1.85}$에 비례하므로 $400l\mathrm{pm}$의 경우 100m당 손실 6m이므로 1m당 호스손실은 $400^{1.85} : 0.06 = 2,400^{1.85} : x$ $x = (2,400/400)^{1.85} \times 0.06 = 1.65\mathrm{m}$, 이때 호스길이는 15m일 경우 $1.65 \times 115 ≒$ 25m가 된다.

② 호스유량 $1,200l\mathrm{pm}$의 경우 : 계단식 아파트에서 방수구가 단구형으로 1개인 경우 펌프토출량은 $1,200l\mathrm{pm}$이므로 따라서 위와 동일하게 이를 적용하면, $400^{1.85} : 0.06 = 1,200^{1.85} : x$, 1m당 호스 1개는 $(1,200/400)^{1.85} \times 0.06 ≒ 0.46\mathrm{m}$ 호스길이 15m일 경우 $0.46 \times 15 ≒ 7\mathrm{m}$

③ 호스유량 $800l\mathrm{pm}$의 경우 : 위와 동일하게 적용하면 $(800/400)^{1.85} \times 0.06 ≒$ $0.22\mathrm{m}$, 호스길이 15m일 경우 $0.22 \times 15 ≒ 3.3\mathrm{m} \rightarrow 4\mathrm{m}$

호스(65mm) 1개의 토출량	호스의 마찰손실수두	비 고
$2,400l\mathrm{pm}$	25m	호스길이 15m인 경우
$1,200l\mathrm{pm}$	7m	
$800l\mathrm{pm}$	4m	

㈜ 위에서 언급한 이외의 유량의 경우도 위와 같은 방법으로 구하도록 한다.

4) **노즐선단 방사압의 환산수두($=H_4$)** : 연결송수관설비에서 최상층의 노즐선단의 방사압은 제8조 8호에서 최소 0.35MPa 이상이므로 환산수두압은 35m가 된다.

① 방사압의 경우 일본은 노즐선단에서의 방사압이 0.6MPa로 국내 기준보다 매우 높게 적용하고 있다. 또한 일본의 경우는 소방대가 연결송수관을 사용할 경우 수손(水損)에 의한 피해가 매우 큰 관계로 종전의 노즐보다 수손의 피해가 적고 조작이 용이한 포그 건(Fog gun)이라는 노즐을 사용하기도 한다.

② 이는 방사압이 1MPa인 관계로 종전의 노즐에 비해 매우 고압이나 봉상(棒狀)이나 분무상으로 유량을 자유로이 조절할 수 있으며 두 손으로 조작하도록 되어 있는 노즐구조이다. 포그 건은 압력은 높으나 분무노즐로 사용할 수 있는 관계로 적은 유량으로 소화활동 작업을 수행할 수 있게 된다.

5) **최종 결론** : 연결송수관용 펌프는 증압(增壓)을 하기 위한 것으로서 단독으로 사용하는 것이 아니며 외부에서 물을 송수하는 소방펌프차와 중간펌프인 Booster pump가 직렬로 연결된 것이다. 따라서 두 펌프의 정격토출압력을 합산하여야 하며 합산된 정격토출압력이 위에서 계산한 펌프의 전양정의 환산압력보다 커야 한다. 따라서 최종적으로 중간펌프에 필요한 토출양정은 다음의 최종식이 된다.

$$(H_b + H_p) \geq (H_1 + H_2 + H_3 + H_4)$$ ·················· [식 4-3-2]

여기서, H_b : 중간 펌프의 소요양정(m)
H_p : 소방펌프차의 정격 토출양정(m)

위의 식에서 소방펌프차의 토출양정을 일률적으로 결정할 수는 없으나, 높이 70m 이상의 경우 중간펌프를 설치하여야 하는 것을 감안하여 70m 이하에서 0.35MPa의 방사압이 발생하여야 하므로 대략 10kg/cm², 즉 100m로 가정하고 중간펌프의 양정을 계산하도록 한다.

펌프 선정시 유의사항

펌프의 직렬 연결시 배관의 저항으로 인하여 실제 특성곡선상의 합산된 양정은 단독 운전시의 합보다 작게 되므로 반드시 펌프에 여유율을 반영하여 주어야 한다.

(2) 토출량 계산 : 제8조 7호(2.5.1.7)

1) 기준 : 펌프의 토출량은 2,400*l*pm(계단식 아파트의 경우에는 1,200*l*pm) 이상이 되는 것으로 할 것 다만, 당해 층에 설치된 방수구가 3개를 초과(방수구가 5개 이상인 경우에는 5개)하는 것에 있어서는 1개마다 800*l*pm(계단식 아파트의 경우에는 400*l*pm)을 가산한 양이 되도록 할 것

2) 해설

① 위의 의미는 계단식 아파트 이외의 경우는 방수구가 3개 이하일 경우는 2,400 *l*pm이며, 5개를 최대로 하여 방수구를 1개 추가시마다 800*l*pm을 가산하라는 의미이다. 계단식 아파트 및 기타 용도에 대하여 이를 표로 작성하면 다음과 같다.

[표 4-3-5] 방수구별 펌프토출량

층별 방수구의 수	펌프 토출량	
	계단식 아파트	기타 용도
① 3개 이하인 경우	1,200*l*pm	2,400*l*pm
② 4개인 경우	1,600*l*pm=1,200+400	3,200*l*pm=2,400+800
③ 5개 이상인 경우	2,000*l*pm=1,600+400	4,000*l*pm=3,200+800

② 이때 단구형은 방수구를 1개로 적용하여야 하며, 쌍구형은 방수구를 2개로 적용하여야 한다. 위의 기준은 과거처럼 옥내소화전의 기준개수 5개를 연상시키는 내용으로, 1개층에서 동시에 연결송수관 호스를 5개 사용하겠다는 것은 대단히 비현실적인 상황으로서 시급히 개정되어야 한다. 일본의 경우는 2개층에 설치된 방수구 수량의 합계가 3개를 초과할 경우는 최대 3개로 적용하도록

규정하고 방수구 1개당 800*l*pm으로 규정하고 있다.[470] 그러나 국내는 연결송수관 펌프토출량을 일본의 기준을 준용하면서 방수구 3개를 기준으로 최소 2,400*l*pm으로 규정한 결과(계단식 아파트 이외의 경우), 방수구가 층별로 1~2개인 경우도 2,400*l*pm으로 적용하여야 하는 불합리한 면이 발생하고 있다.

※ 펌프에 대한 기타 기준은 옥내소화전과 동일하므로 "제1장 소화설비 – 제3절 옥내소화전설비"편을 참고할 것

3. 계통도

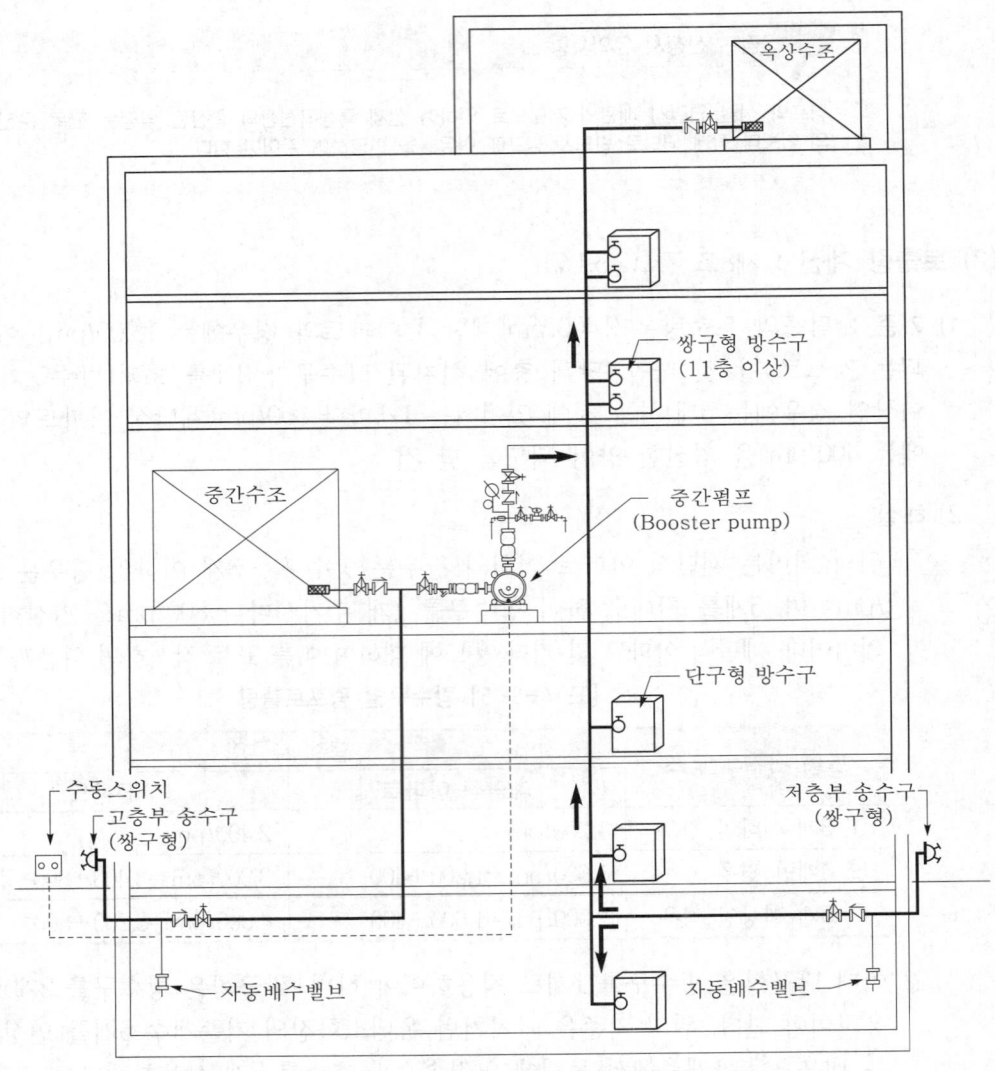

[그림 4-3-5] 고층건물에서의 연결송수관 계통도

---

470) 일본소방법 시행규칙 제31조 제6호 "イ"

1. 법 적용시 유의사항

(1) 연결송수관 기준개수의 적용

1) 건물에 설치된 중간펌프(Booster pump)가 있는 연결송수관설비에서 층별로 방수구의 수량이 다를 경우 옥내소화전과 같이 무조건 층별 최대방수구수량을 기준수량으로 적용할 수 없다. 왜냐하면, 연결송수관 가압펌프는 높이 70m 이상인 부분의 규정압력 발생을 위하여 설치하는 것이므로 펌프의 유량을 산정하기 위한 방수구의 기준개수를 산정할 경우는 70m 이상 부분의 방수구수량을 기준으로 적용하는 것이 원칙이다.

2) 따라서 건물 내 설치되어 있는 층별 최대수량이 아니라 70m 이상 부분에 설치되어 있는 층별 최대수량(5개 초과시는 5개)으로 적용하여야 하며, 70m 이하 부분의 수량과 차이가 있을 경우에도 이에 불구하고 위와 같이 적용하도록 한다.

(2) 지하층만 설치한 경우

1) NFTC 2.1.1.8.2에서는 건식 연결송수관설비의 경우는 송수구-자동배수밸브-체크밸브-자동배수밸브 순으로 설치하도록 규정하고 있다. 이 경우 체크밸브의 목적은 송수하는 물이 배관에서 역류하지 않도록 하기 위한 것이나 지상층이 없는 지하층 단독 건물로서 지하층 부분에만 연결송수관이 설치되어 있는 경우에도 체크밸브를 설치하여야 한다.

2) 지하층만 있는 건물은 기본이 건식설비이며 모든 방수구가 물을 주입하는 송수구보다 아랫부분에 설치되어 있다. 이러한 경우에도 체크밸브를 설치해야 하는 이유는 방수구의 밸브가 개방되기 전에 주수하거나 또는 소방차에서 주입하는 급수량보다 건물에 설치된 주관의 관경이 미달되어 이를 수용하지 못할 경우 물이 원활하게 송수되지 아니하므로 이를 방지하기 위하여 체크밸브를 설치하는 것이 원칙이다.

(3) 연결송수관 펌프의 유량계

1) 제8조(2.5)에 의하면 가압송수장치의 설치기준은 옥내소화전펌프에 대한 기준 중 성능시험배관, 순환배관 등을 준용하도록 되어 있으며, 압력계, 연성계, 진공계에 대해서도 규정하고 있으나 유독 성능시험배관 유량계의 설치기준에 대한 적용이 누락되어 있다.

chapter

4

소화활동설비

2) 그러나 성능시험배관을 설치할 경우 당연히 유량계가 필요하므로 법적으로는 유량계의 설치 근거가 없으나 설계시 적용하는 것이 원칙이며 관련기준의 개정이 필요하다.

(4) 연결송수관의 비적응성 검토

1) 수계소화설비가 비적응성인 변전실·발전실·축전지실 등이 있는 전용건물(또는 관련 용도만 있는 층)의 경우에도 연결송수관설비를 면제할 수 있는 근거는 없다.

2) 이는 연결송수관설비의 경우 초기화재시 수계설비로서의 비적응성 여부로 판단하는 것이 아니라 화세가 진전된 후 중기(中期)화재 이후에 건물자체의 연소상태로 인하여 타 건물의 연소확대방지 및 건물에 소방대가 진입하는 등의 차원에서 이를 검토하여야 한다. 즉 이는 소화설비가 아니라 소화활동설비인 관계로 전원이 차단된 중기화재 이후에 소방활동을 위하여 사용할 수도 있기 때문이다.

3) 변전소 용도의 경우 연결송수관설비를 제외할 수 없다고 질의 회신된 바가 있음을 참고하기 바란다(예방 13807-209 : 1996. 3. 12.).

제4절
연결살수설비(NFPC & NFTC 503)

1 개 요

1. 적용기준

(1) 설치대상 : 소방시설법 시행령 별표 4

설치대상은 다음 표와 같으며 지하구를 제외한다.

[표 4-4-1] 연결살수설비 대상

특정소방대상물		적용기준	설치장소
①	판매시설·운수시설·창고시설 중 물류터미널	해당 용도로 사용하는 부분의 바닥면적의 합계 1,000m² 이상인 경우	해당 시설
② 지하층 부분(주 1)	• 국민주택규모 이하의 아파트로서 대피 시설로만 사용하는 지하층(주 2)	바닥면적의 합계 700m² 이상인 경우	모든 지하층
	• 교육연구시설 중 학교의 지하층		
	• 기타의 경우 지하층	바닥면적의 합계 150m² 이상인 경우	
③	가스시설 중 지상에 노출된 탱크	용량 30ton 이상인 탱크시설	
④	위의 '①' 및 '②'에 부속된 연결통로	연결통로 부분	

주 1. 피난층으로 주된 출입구가 도로와 접한 경우는 제외한다.
　2. 주택법 시행령 제46조 1항의 규정에 의한 국민주택 규모를 말한다.

> 🔍 **국민주택 규모**
> ---
> 1. 국민주택 규모란 주택법 제2조(정의) 6호에 따르면 주거전용면적이 1세대당 85m² 이하, 비수도권으로 읍 또는 면 지역은 100m² 이하인 주택을 말한다.
> 2. 소방시설법 시행령 별표 4의 5호(소화활동설비) 다목 2)에서 국민주택 규모를 주택법 시행령 제46조의 1항이라고 표기한 것은 오류이므로 개정이 필요하다.

(2) 제외대상

1) 설치면제 : 소방시설법 시행령 별표 5 제19호

① 송수구를 부설한 스프링클러설비·간이 스프링클러설비·물분무 소화설비 또는 미분무소화설비를 화재안전기준에 적합하게 설치할 경우에는 그 설비의 유효범위 안의 부분에서 설치가 면제된다.

② 가스 관계법령에 따라 설치되는 물분무장치 등에 소방대가 사용할 수 있는 연결송수구가 설치되거나 물분무장치 등에 6시간 이상 공급할 수 있는 수원이 확보된 경우에는 설치를 면제한다.

> ➡ 연결살수설비의 대상 중 용량 30ton 이상의 탱크시설에 설치하는 가스시설에 대한 면제기준이다.

2) 설치 제외 : NFPC 503(이하 동일) 제7조/NFTC 503(이하 동일) 2.4

다음의 어느 하나에 해당하는 장소에는 연결살수설비의 헤드를 설치하지 않을 수 있다.

① 상점(판매시설 및 운수시설을 말하며 바닥면적이 150m² 이상인 지하층에 설치된 것은 제외한다)으로서 주요 구조부가 내화구조(또는 방화구조)이며, 바닥면적이 500m² 미만으로 방화구획이 되어 있는 특정소방대상물 또는 그 부분

② 스프링클러헤드 설치 제외장소에 해당하는 모든 경우

 ※ NFPC 103(스프링클러설비) 제15조/NFTC 103 2.12 참고할 것

3) 특례 조항 : 소방시설법 시행령 별표 7 제1~4호

다음의 특정소방대상물에는 연결살수설비를 설치하지 않을 수 있다.

① 화재위험도가 낮은 특정소방대상물 : 석재·불연성 금속·불연성 건축재료 등의 가공공장·기계조립 공장·주물공장 또는 불연성 물품을 저장하는 창고

② 화재안전기준을 적용하기가 어려운 특정소방대상물

 ㉮ 펄프공장의 작업장·음료수 공장의 세정(洗淨) 또는 충전하는 작업장, 그 밖에 이와 비슷한 용도로 사용하는 것

 ㉯ 정수장, 수영장, 목욕장, 농예(農藝), 축산, 어류양식장시설, 그 밖에 이와 비슷한 용도로 사용하는 것

③ 화재안전기준을 달리 적용하여야 하는 특수한 용도 또는 구조를 가진 특정소방대상물 : 원자력발전소, 핵폐기물 처리시설

④ 위험물안전관리법 제19조의 규정에 의한 자체소방대가 설치된 특정소방대상물
: 자체소방대가 설치된 위험물제조소 등에 부속된 사무실

① 설치면제란 법적대상에서 해당하는 시스템 전체를 무조건 제외시킬 수 있는 것을 의미한다.
② 설치 제외란 해당하는 시스템 자체를 제외하는 것이 아니라 해당하는 장소에 한하여 설비 중 일부(예 헤드)를 제외할 수 있는 것을 의미한다.
③ 특례 조항이란 화재안전기준을 적용하기가 용도별로 곤란한 소방대상물에는 소방시설을 설치하지 아니할 수 있는 근거를 마련한 것이다. 설치면제와 특례 조항의 차이는 설치면제는 법적으로 무조건 면제가 되는 것으로 면제에 해당되는 경우에는 소방대상물의 관계인이 판단하여 제외시킬 수 있으나, 특례 조항의 경우는 조건에 해당 될지라도 건물의 형태 및 구조, 용도, 화재의 위험도 등을 종합적으로 판단하여 적용여부를 결정하여야 하므로 소방대상물의 관계인이 이를 판단하여 결정할 수 없다.

2. 연결살수설비의 개념

(1) 연결살수설비의 목적

1) 연결살수설비의 설치목적은 지하층에서 화재가 발생할 경우 열기와 연기가 배출되지 않고 체류하여 소방대가 출동하여도 진입이 곤란하며, 아울러 지하층은 소방활동이 매우 곤란한 장소인 관계로 소방대의 소방활동에 지장이 없도록 하기 위하여 바닥면적이 일정 규모 이상인 지하층에 설치하여 소방대가 화점에 접근하지 않은 상태에서도 소방차를 이용하여 살수가 가능하도록 조치하기 위한 소화활동을 지원하는 설비이다. 따라서 최초에는 연기가 배출되지 않는 지하층만 연결살수설비 대상으로 적용하였으나, 판매시설의 경우 화재시 화재하중이 매우 큰 관계로 연기가 충만하여 소방대의 진입이 곤란할 수 있으므로 지상층일지라도 설치하도록 추가한 것이며, 또 옥외에 설치된 가스 저장탱크의 경우는 인근에서 화재가 발생할 경우 복사열에 의해 가스 탱크가 파괴 또는 폭발되는 것을 미연에 방지하기 위하여 소방용이 아닌 탱크 냉각용으로 설치하도록 규정한 것이다.

2) 그러나 연결살수설비는 소화설비가 아닌 소화활동설비인 관계로 지하층이 아닌 경우, 현행 기준처럼 지상층 판매시설에 살수설비를 대상으로 규정한 것은 합리적인 기준이 아니며, 이는 옥내소화전이나 스프링클러설비와 같은 소화설비를 적용하도록 검토하는 것이 합리적이다. 즉 지상층은 창을 통하여 연기가 배출되는 장소인 관계로 지하층에 비해 소방대의 진입 및 활동에 문제가 적으므로 소화설비가 아닌 소화활동설비로서의 연결살수설비 대상은 재검토가 필요하다.

3) 일본의 경우는 연기가 배출되지 않는 지하층만 연결살수설비 대상으로 하고 있으며, 또한 지하층의 경우에도 제연설비가 설치되어 있는 장소는 연기가 체류하지 않고 유효하게 배출되므로 소방대의 활동에 지장이 없다고 간주하여 연결살수설비를 면제하고 있다(일본소방법 시행규칙 제30조의 2의 2 제1호).

(2) 살수전용헤드[471)]와 SP헤드의 비교

[표 4-4-2] 살수헤드(개방형)와 SP헤드(폐쇄형)의 비교

구 분	연결살수설비 헤드(개방형)	스프링클러설비 헤드(폐쇄형)
① 개념	연기가 체류하여 소방대의 활동이 곤란하므로 소방활동을 보조하기 위한 소화활동설비이다.	자동식 소화설비로서 화재시 연소를 제어하고 소화를 하기 위한 소화설비이다.
② 방사량시험	방사압 0.5MPa의 경우 방사량 169~194lpm이다. : 성능시험기준	방사압 0.1MPa의 경우 방사량 80 lpm이다.
③ 내열내화시험	내화시험 1,000±5℃인 시험로 속에서 10분간 가열한 다음 물속에 넣은 경우 기능에 영향을 미치는 변형·손상 또는 뒤틀림이 없을 것	내열시험 800℃의 온도에 15분 동안 노출시킨 후 15℃의 물에 순간적으로 냉각시켜도 변형 등의 손상이 없을 것
④ 수평거리	살수설비 전용헤드 : 3.7m 이하	스프링클러헤드 : 2.3m 이하
⑤ 배관구경	개방형은 10개 이하일 것 ([표 4-4-3] 참조)	스프링클러설비를 준용 ([표 4-4-4] 참조)
⑥ 송수구측 밸브	송수구-자동배수밸브	송수구-자동배수밸브-체크밸브

(3) 살수설비헤드의 특성

살수전용헤드와 스프링클러 폐쇄형 헤드를 사용할 경우 수평거리 및 배관의 관경에 차이가 있는 이유는 다음과 같다.

1) 스프링클러헤드는 소화설비용으로 초기화재에 사용하는 설비로서 헤드의 방사량은 방사압력이 0.1MPa일 경우 80lpm으로 살수헤드보다 방사압 및 방사량이 적다. 이에 비해서 살수전용 헤드는 화재가 진행된 이후에 소방차가 도달하여 주수를 하여야 하므로 중기(中期) 화재용으로서 헤드의 방사량은 성능시험기준

---

471) 소화설비용 헤드의 성능인증 및 제품검사의 기술기준

에서 방사압력이 0.5MPa일 경우 169~194$l$pm 이내로 스프링클러헤드보다 유량이 크다.[472] 또한 내열성에 대한 기준도 스프링클러헤드는 화재시 즉시 작동하여 소화가 되는 초기화재용도이나 살수헤드는 소방대가 출동하여 사용하므로 화재가 진전된 상태에서 사용하는 중기화재용도이다. 이로 인하여 살수설비헤드가 스프링클러헤드보다 더 높은 내열성능을 필요로 한다.

2) 따라서 스프링클러헤드보다 살수헤드가 주수(注水)밀도가 높은 관계로 수평거리 및 관경을 크게 적용하고 있다. 살수설비용 전용헤드는 제조사에서 현재까지 하향형으로 제조하여 출시하고 있으며, 이 경우 살수전용헤드를 상향형으로 설치하여서는 아니 된다.

2 연결살수설비의 화재안전기준

1. 송수구의 기준

(1) 설치위치 : 제4조 1항 1호, 4호(2.1.1.1, 2.1.1.2, 2.1.1.5)

1) 소방펌프차가 쉽게 접근할 수 있고 노출된 장소에 설치할 것

2) 이 경우 가연성가스의 저장·취급시설에 설치하는 송수구는 그 방호대상물로부터 20m 이상 거리를 두거나, 방호대상물에 면하는 부분이 높이 1.5m 이상, 폭 2.5m 이상의 철근콘크리트벽으로 가려진 장소에 설치해야 한다.

3) 소방관의 호스연결 등 소화작업에 용이하도록 지면으로부터 높이가 0.5m 이상 1m 이하의 위치에 설치할 것

(2) 설치수량 : 제4조 1항 3호(2.1.1.4)

개방형 헤드를 사용하는 송수구의 호스 접결구는 각 송수구역마다 설치할 것. 다만, 송수구역을 선택할 수 있는 선택밸브가 설치되어 있고 각 송수구역의 주요구조부가 내화구조로 되어 있는 경우에는 그렇지 않다.

---

472) 소화설비용 헤드의 성능인증 및 제품검사의 기술기준 제13조

chapter **4**

소화활동설비

⟶ 연결살수설비에서 송수구역이 2구역 이상일 경우 송수를 원활히 하기 위하여 구역별로 송수구를 설치할 수 있으나, 송수구는 1개만 설치하고 다음 그림과 같이 선택밸브 및 조작부를 설치하여 송수하는 2가지 방법이 있다.

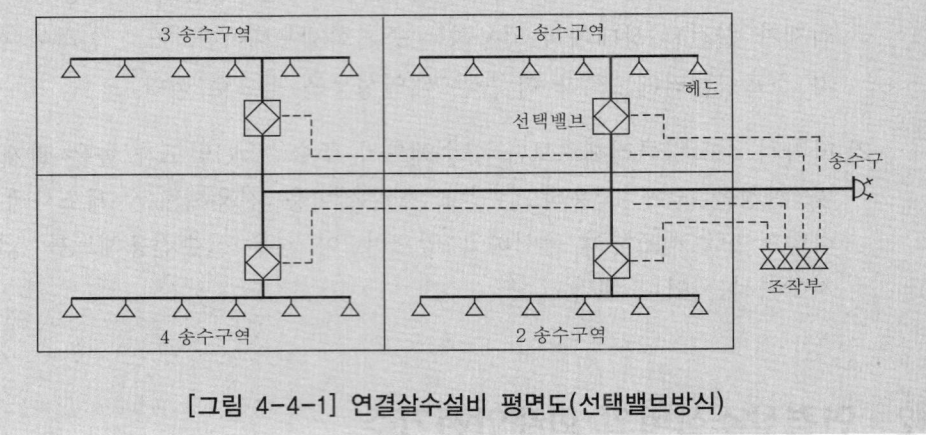

[그림 4-4-1] 연결살수설비 평면도(선택밸브방식)

(3) 송수구 : 제4조 1항 2호, 6호, 7호(2.1.1.3, 2.1.1.7, 2.1.1.8)

1) 송수구 구경 : 송수구는 구경 65mm의 쌍구형으로 할 것. 다만, 하나의 송수구역에 부착하는 살수 헤드수가 10개 이하인 것은 단구형으로 할 수 있다.

2) 송수구 표지 : 송수구의 부근에는 "연결살수설비 송수구"라고 표시한 표지와 송수구역 일람표를 설치할 것. 다만, 선택밸브를 설치한 경우에는 그렇지 않다.

⟶ ① 송수구역 일람표란 송수구별이나 선택밸브별로 살수설비가 설치된 층에 대한 살수구역(Zone)의 평면도를 그림으로 표시하도록 하여, 소방대가 화재가 발생한 구역을 쉽게 확인하고 송수하도록 하기 위해 설치한다.
② 선택밸브가 있는 경우에는 송수구 부근이 아닌 선택밸브 부근에 설치하여야 한다.

3) 송수구 마개 : 송수구에는 이물질을 막기 위한 마개를 씌워야 한다.

(4) 밸브

1) 연결배관의 개폐밸브 : 4조 1항 5호(2.1.1.6)

송수구로부터 주배관에 이르는 연결배관에는 개폐밸브를 설치하지 아니할 것 다만, 스프링클러설비·물분무소화설비·포소화설비 또는 연결송수관설비의 배관과 겸용하는 경우에는 그렇지 않다.

⟶ 미분무소화설비도 포함하도록 개정되어야 한다.

2) 선택밸브 : 제4조 2항(2.1.2)

선택밸브는 다음의 기준에 따라 설치해야 한다. 다만, 송수구를 송수구역마다 설치한 때에는 그렇지 않다.

> 송수구가 송수구역마다 설치된 경우는 선택밸브가 필요하지 않다.

① 화재시 연소의 우려가 없는 장소로서 조작 및 점검이 쉬운 위치에 설치할 것
② 자동개방밸브에 따른 선택밸브를 사용하는 경우에 있어서는 송수구역에 방수하지 아니하고 자동밸브의 작동시험이 가능하도록 할 것
③ 선택밸브 부근에는 송수구역 일람표를 설치할 것

3) 자동배수밸브 및 체크밸브 : 제4조 3항(2.1.3)

송수구의 가까운 부분에 자동배수밸브와 체크밸브를 다음의 기준에 따라 설치해야 한다.
① 폐쇄형 헤드를 사용하는 설비의 경우 : 송수구 → 자동배수밸브 → 체크밸브의 순으로 설치할 것
② 개방형 헤드를 사용하는 설비의 경우 : 송수구 → 자동배수밸브의 순으로 설치할 것
③ 자동배수밸브는 배관 내의 물이 잘 빠질 수 있는 위치에 설치하되, 배수로 인하여 다른 물건 또는 장소에 피해를 주지 않을 것

2. 헤드의 기준

헤드에 관한 기준은 다음 기준에 의하되 기타 기준은 스프링클러설비의 헤드기준을 준용한다.

(1) 설치헤드의 적용

1) 사용헤드 : 제6조 1항(2.3.1)

연결살수설비 전용헤드 또는 스프링클러헤드로 설치할 것

> 연결살수설비 전용헤드란 개방형 헤드이며, 스프링클러헤드란 개방형 또는 폐쇄형 헤드를 말한다.

2) 개방형 헤드 : 제4조 4항(2.1.4)

개방형 헤드의 경우 하나의 송수구역당 설치하는 살수헤드수는 10개 이하일 것

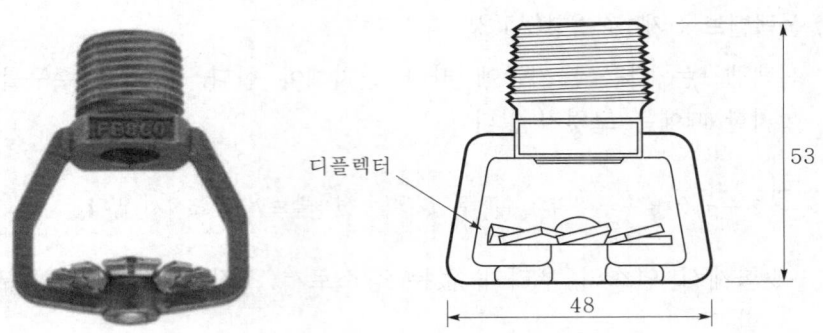

디플렉터

53

48

[그림 4-4-2] 개방형 살수헤드(예)

➡ ① 연결살수설비는 설비 자체에 가압송수장치가 없이 소방차의 송수압력에 의해 송수되는 것을 이용하여 헤드에서 방수가 되므로, 소방차의 송수능력에 한계가 있는 관계로 송수구역당 개방형 살수헤드를 10개 이하로 제한한 것이다.
② 또한 일본의 경우는 폐쇄형 살수헤드는 20개 이하로 별도로 규정하고 있으나 국내는 폐쇄형 헤드의 경우는 스프링클러설비의 헤드를 준용하도록 하고 있으나 헤드수량에 대한 제한은 없다.

(2) 헤드의 설치기준

1) 건축물의 경우 : 제6조 2항 & 3항(2.3.2.1 & 2.3.2.2)

건축물에 설치하는 연결살수설비의 헤드는 다음의 기준에 따라 설치해야 한다.
① 천장 또는 반자의 실내에 면하는 부분에 설치할 것
② 천장 또는 반자의 각 부분으로부터 살수헤드까지의 수평거리는 다음과 같다. 다만, 살수헤드의 부착면과 바닥과의 높이가 2.1m 이하인 부분은 살수헤드의 살수분포에 따른 거리로 할 수 있다.
㉮ 살수설비 전용헤드 : 3.7m 이하
㉯ 스프링클러헤드 : 2.3m 이하
③ 폐쇄형 스프링클러헤드를 설치하는 경우에는 스프링클러설비의 기준에 따라 설치해야 한다.
※ 스프링클러의 헤드 관련 기준 참고

2) 가연성가스 저장·취급시설의 경우 : 제6조 4항(2.3.4)

가연성가스의 저장·취급시설에 설치하는 연결살수설비의 헤드는 다음의 기준에 따라 설치해야 한다. 다만, 지하에 설치된 가연성가스의 저장·취급시설로서 지상에 노출된 부분이 없는 경우에는 그렇지 않다.
① 연결살수설비 전용의 개방형 헤드를 설치할 것
② 가스저장탱크·가스홀더 및 가스 발생기의 주위에 설치하되, 헤드 상호간의 거리는 3.7m 이하로 할 것

가스저장탱크와 가스홀더

가스저장탱크는 액화상태의 가스저장탱크를 말하며, 가스홀더(Gas holder)란 액상이나 기체 상태로 저장하는 지상의 탱크로서 보통 도시가스 등을 저장하는 시설로 사용한다.

③ 헤드의 살수범위는 가스저장탱크·가스홀더 및 가스 발생기의 몸체의 중간 윗부분의 모든 부분이 포함되도록 하고 살수된 물이 흘러내리면서 살수범위에 포함되지 아니한 부분에도 모두 적셔질 수 있도록 할 것

3. 배관의 기준

(1) 배관의 규격 : 제5조 1항(2.2)

배관과 배관이음쇠는 다음의 어느 하나에 해당하는 것 또는 동등 이상의 강도·내식성 및 내열성을 국내외 공인기관으로부터 인정받은 것을 사용해야 한다. 다만, 본 기준에서 정하지 않은 사항은 「건설기술 진흥법」 제44조 1항의 규정에 따른 "건설기준"에 따른다.

1) 금속배관을 사용할 경우

배관 내 사용압력	배관의 규격
1.2MPa 미만인 경우	① 배관용 탄소강관(KS D 3507) ② 이음매 없는 구리 및 구리합금관(KS D 5301) 　다만, 습식의 배관에 한한다. ③ 배관용 스테인리스강관(KS D 3576) 또는 일반배관용 스테인리스강관(KS D 3595) ③ 덕타일 주철관(KS D 4311)
1.2MPa 이상인 경우	① 압력배관용 탄소강관(KS D 3562) ② 배관용 아크용접 탄소강강관(KS D 3583)

2) 비금속배관을 사용할 경우 : 다음의 어느 하나에 해당하는 장소에는 소방청장이 정하여 고시한 「소방용 합성수지배관의 성능인증 및 제품검사의 기술기준」에 적합한 소방용 합성수지배관으로 설치할 수 있다.

① 배관을 지하에 매설하는 경우
② 다른 부분과 내화구조로 구획된 덕트 또는 피트의 내부에 설치하는 경우
③ 천장(상층이 있는 경우에는 상층바닥의 하단을 포함한다)과 반자를 불연재료 또는 준불연재료로 설치하고 소화배관 내부에 항상 소화수가 채워진 상태로 설치하는 경우

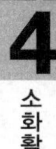

chapter

4

소화활동설비

(2) 배관의 구경 : 제5조 2항(2.2.3)

1) 살수설비 전용헤드를 사용할 때 : 다음 표와 같이 적용한다.

[표 4-4-3] 살수전용헤드 사용시 관경(NFTC 표 2.2.3.1)

살수헤드	1개	2개	3개	4~5개	6~10개
배관구경(mm)	32	40	50	65	80

2) 스프링클러헤드(폐쇄형)를 사용시 : NFPC 103 별표 1(NFTC 103 표 2.5.3.3)의 기준인 다음 표와 같이 적용한다.

[표 4-4-4] 스프링클러헤드(폐쇄형) 사용시 관경

SP 헤드	2개까지	3개까지	5개까지	10개까지	30개까지
배관구경(mm)	25	32	40	50	65

(3) 폐쇄형 헤드 사용시 배관

1) 주배관 : 제5조 4항 1호(2.2.4.1)

주배관은 다음의 어느 하나에 해당하는 배관 또는 수조에 접속하여야 한다. 이 경우 접속부분에는 체크밸브를 설치하되 점검하기 쉽게 해야 한다.
① 옥내소화전설비의 주배관(옥내소화전설비가 설치된 경우에 한한다)
② 수도배관(연결살수설비가 설치된 건축물 안에 설치된 수도배관 중 구경이 가장 큰 배관을 말한다)
③ 옥상에 설치된 수조(다른 설비의 수조를 포함한다)

> 폐쇄형 헤드 사용시 수원
> ① 폐쇄형 헤드의 경우 살수설비의 주관은 옥내소화전 주관(설치된 경우), 수도배관 또는 옥상수조 중 어느 하나에 접속하여야 한다. 따라서 판매시설의 경우 옥내소화전 및 연결살수설비 대상일 경우 각 층에 폐쇄형 헤드를 설치하려면 보통 옥내소화전의 주관 및 옥상수조에 주관을 접속하도록 한다.
> ② 이때 소화전설비는 1차 수원으로, 옥상수조는 2차 수원으로서의 역할을 하게 된다. 즉 폐쇄형 살수헤드가 화재시 개방되면 소화전 배관 내의 압력강하로 옥내소화전 펌프가 자동 기동하여 살수헤드에서 물을 방사하게 되어 소방대가 도착하기 전까지 소화전 펌프는 소방대 펌프로서의 역할을 수행하게 된다. 또한 소화전펌프가 동작하지 않을 경우에도 옥상의 수원에 의한 자연낙차압으로 물을 방사하게 된다.

2) **시험배관** : 제5조 4항 2호(2.2.4.2)

폐쇄형 헤드를 사용하는 연결살수설비에는 다음의 기준에 따른 시험배관을 설치해야 한다.

① 송수구의 가장 먼 가지배관의 끝으로부터 연결하여 설치할 것

② 시험장치배관의 구경은 25mm 이상으로 하고, 그 끝에는 물받이통 및 배수관을 설치하여 시험 중 방사된 물이 바닥으로 흘러내리지 아니하도록 할 것. 다만, 목욕실·화장실 또는 그 밖의 배수처리가 쉬운 장소의 경우에는 물받이통 또는 배수관을 설치하지 않을 수 있다.

> 시험장치 배관의 구경에 대해 종전의 기준인 "가장 먼 가지배관의 구경과 동일한 구경"을 현재의 기준인 "25mm 이상"으로 스프링클러설비와 마찬가지로 2020. 8. 26. 개정하였다.

(4) 개방형 헤드 사용시 배관 : 제5조 5항(2.2.5)

수평주행 배관은 헤드를 향하여 상향 1/100의 이상의 기울기로 설치하고, 주배관 중 낮은 부분에는 자동배수 밸브를 설치해야 한다.

(5) 가지배관 또는 교차배관 : 제5조 6항(2.2.6)

1) 가지배관의 배열은 토너먼트방식이 아니어야 한다.

2) 가지배관은 교차배관 또는 주배관에서 분기되는 지점을 기점으로 한쪽 가지배관에 설치되는 헤드의 개수는 8개 이하로 해야 한다.

(6) 배관의 개폐밸브 : 제5조 8항(2.2.8)

급수배관에 설치되어 급수를 차단할 수 있는 개폐밸브는 개폐표시형으로 해야 한다. 이 경우 펌프의 흡입측에는 버터플라이(볼형식의 것을 제외한다) 외의 개폐표시형 밸브를 설치해야 한다.

4. 계통도

[그림 4-4-3]은 판매시설의 연결살수설비 설치 사례로서 소화전설비는 1차 수원으로서, 옥상수조는 2차 수원으로서의 역할을 하게 된다. 폐쇄형 살수헤드가 화재시 개방되면 소화전 배관 내의 압력강하로 옥내소화전 펌프가 자동 기동하여 살수헤드에서 물을 방사하게 되어 소방대가 도착하기 전까지 소화전 펌프는 소방대 펌프로서의 역할을 대행하게 된다. 또한 소화전 펌프가 동작하지 않을 경우에도 옥상의 수원에 의한 자연낙차압으로 물을 방사할 수 있다.

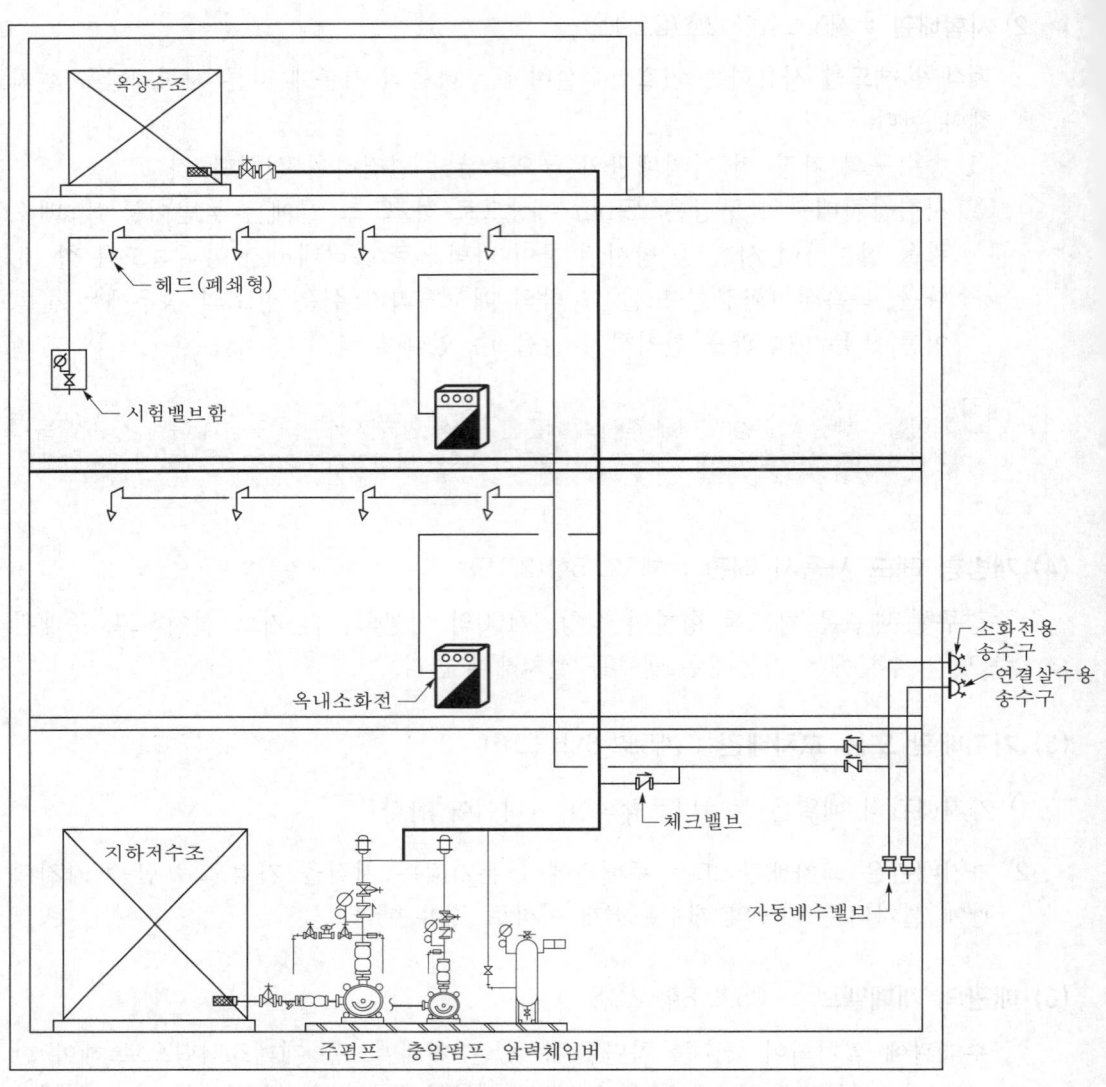

[그림 4-4-3] 연결살수설비(폐쇄형 헤드를 사용하는 경우)

제5절
비상콘센트설비(NFPC & NFTC 504)

 **개 요**

1. 설치대상 : 소방시설법 시행령 별표 4

특정소방대상물		적용기준
①	층수가 11층 이상인 특정소방대상물	11층 이상의 층
②	지하 3층 이상으로 지하층 바닥면적의 합계가 1,000m² 이상인 경우	지하층의 모든 층
③	지하가 중 터널	길이 500m 이상인 것

㈜ 위험물저장 및 처리시설 중 가스시설 또는 지하구는 제외한다.

2. 개념

(1) 비상콘센트란 관계인이 사용하는 설비가 아니라 소방대가 사용하는 소화활동설비이다. 소방대가 소화작업 중에 상용전원의 정전이나 상용전원의 소손으로 전원이 차단될 경우에도 비상전원으로 접속이 되며 또한 화재시를 대비하여 비상콘센트는 내화조치가 되어 있으므로 일정시간까지는 전원을 공급받을 수 있는 수전(受電)용 콘센트이다. 이는 화재시 소화활동을 보조하기 위해 소화작업에 필요한 각종 소방장비를 사용하거나 조명을 하기 위한 전원설비로 이용할 수 있다.

(2) 비상콘센트란 원칙적으로 외부에서 직접 전원을 접속하기 어려운 고층 부분이나 지하 심층(深層) 부분을 설치대상으로 하는 것으로 전통적으로 지상층의 경우는 11층 이상 건물에서 11층 이상의 층 부분만 설치하는 것이 원칙이다.

(3) 아울러 종전까지는 비상콘센트설비에서 1상과 3상 모두를 요구하였으나 현실적으로 소방관서에서 사용하는 소방장비가 3상 전용의 장비가 없으므로 1상으로도 충분히 사용이 가능하다. 이로 인하여 일본에서는 3상용 콘센트를 비상콘센트에서 삭제하였으며 국내의 경우도 2013. 9. 3.에 3상용 콘센트를 개정 삭제하였다. 참고로 콘센트라는 용어는 정식 영어가 아닌 일본식 영어 표기로서 영미식 명칭은 Outlet(또는 Receptacle)이라고 한다.

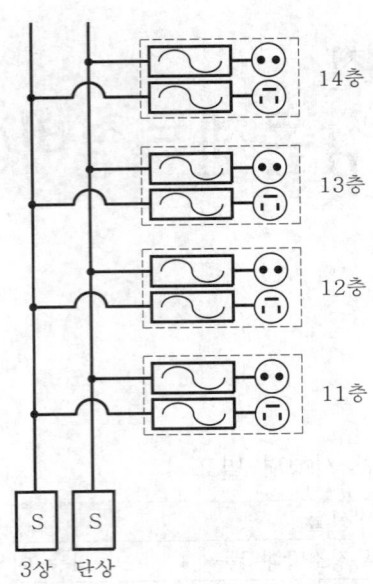

[그림 4-5-1] 비상콘센트설비(1상과 3상을 설치한 경우)

② 비상콘센트설비의 화재안전기준

1. 전원기준

(1) **상용전원** : NFPC 504(이하 동일) 제4조 1항 1호/NFTC 504(이하 동일) 2.1.1

1) 기준

① 저압수전의 경우 : 상용전원회로의 배선은 저압수전인 경우에는 인입개폐기의 직후에서 분기하여 전용으로 할 것

② 고압수전(특고압 포함)의 경우 : 고압수전 또는 특고압수전인 경우에는 전력용변압기 2차측의 주차단기 1차측 또는 2차측에서 분기하여 전용배선으로 할 것

2) 해설

① 전압의 구분

전압의 구분은 수치적 계산에 의해서 정의된 것이 아니고 옥내배선, 배전 및 송전전압의 위험도와 유지관리의 실용적 편의성에 의해서 구분한 것이다. 국내의 경우 100/200V에서 220/380V로 승압이 이뤄지면서 1974년 당시 「전기설비기술기준」에서 저압의 범위가 직류 750V, 교류 600V 이하로 조정되었다.

그러나 전기에 대한 국제기구인 IEC의 국제표준 전압의 구분과 부합화하기 위하여 2018. 1. 10.「전기사업법 시행규칙」제2조(정의)에서 저압, 고압, 특고압에 대한 정의를 다음의 표와 같이 개정(시행일은 2021. 1. 1.)하였다.

구 분	변경 전		변경 후	
	교류(A.C)	직류(D.C)	교류(A.C)	직류(D.C)
저압	600V 이하	750V 이하	1kV 이하	1.5kV 이하
고압	600V 초과 7kV 이하	750V 초과 7kV 이하	1kV 초과 7kV 이하	1.5kV 초과 7kV 이하
특고압	7kV 초과			

② 비상콘센트회로의 전원분기방식

㉮ 개념 : 저압수전은 인입개폐기 직후에서 분기하여야 하며, 고압(특고압 포함)수전은 변압기의 2차측 주 차단기 1차측 또는 2차측에서 분기하고 배선은 전용으로 설치하여야 한다. 이와 같이 비상콘센트 회로는 다른 부하와 공용으로 사용하지 않도록 전용배선을 원칙으로 하되, 수동으로 개폐하는 개폐기의 경우는 인위적으로 차단되지 않도록 개폐기 직후에서 분기하여야 한다.

㉯ 전압별 분기방식

㉠ 저압인 경우 회로구성 예

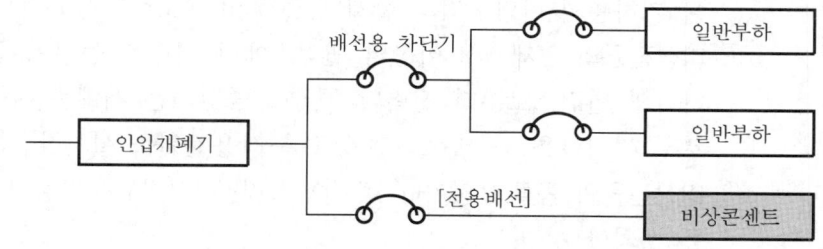

[그림 4-5-2(A)] 인입개폐기 직후에서 분기방법

㉡ 고압이나 특고압인 경우 회로구성(예 1)

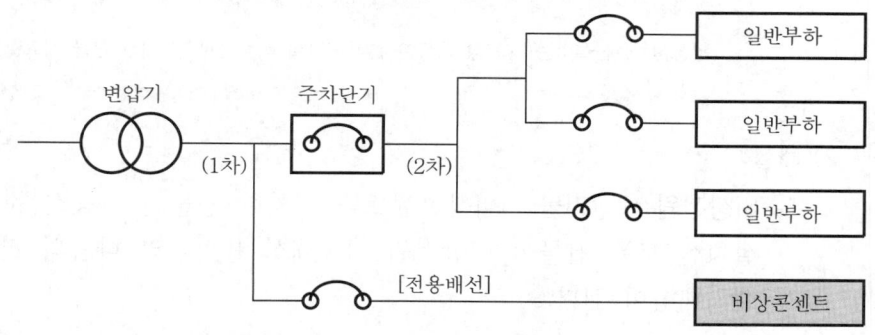

[그림 4-5-2(B)] 변압기의 2차측 주 차단기 1차측에서 분기방법

ⓒ 고압이나 특고압인 경우 회로구성(예 2)

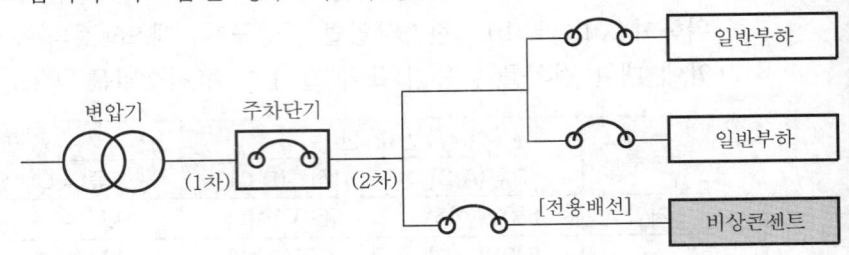

[그림 4-5-2(C)] 변압기의 2차측 주 차단기 2차측에서 분기방법

(2) 비상전원 : 제4조 1항 2호 & 3호(2.1.1.2 & 2.1.1.3)

1) 기준

① 비상전원 대상

㉮ 지상 7층 이상으로 연면적이 2,000m² 이상일 경우

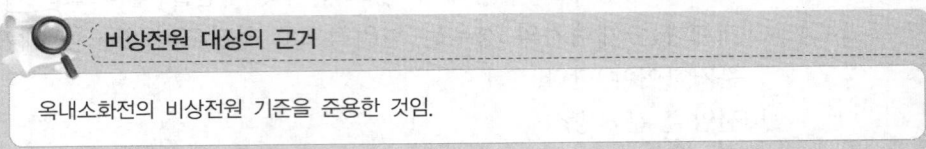

비상전원 대상의 근거

옥내소화전의 비상전원 기준을 준용한 것임.

㉯ 지하층의 바닥면적의 합계가 3,000m² 이상일 경우

② **비상전원의 면제 :** 2 이상의 변전소에서 전력을 동시에 공급받을 수 있거나 하나의 변전소로부터 전력의 공급이 중단되는 때에는 자동으로 다른 변전소로부터 전력을 공급받을 수 있도록 상용전원을 설치한 경우

③ **비상전원의 종류 :** 자가(自家)발전설비, 비상전원수전설비 또는 전기저장장치를 설치할 것

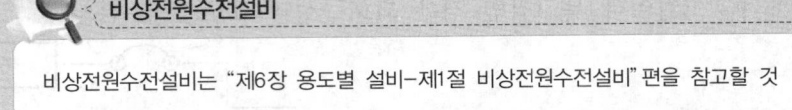

비상전원수전설비

비상전원수전설비는 "제6장 용도별 설비-제1절 비상전원수전설비" 편을 참고할 것

2) 해설

① **비상전원 대상건물 :** 비상콘센트를 설치한 건물은 자동식 소화설비와 달리 설치한 모든 건물이 비상전원 설치대상이 아니라 다음의 건물만 비상전원 설치대상이 된다.

㉮ 지상 7층 이상이면서 동시에 연면적이 2,000m² 이상인 경우는 비상전원 설치대상으로 이는 옥내소화전의 비상전원 설치대상을 그대로 준용한 결과이다.

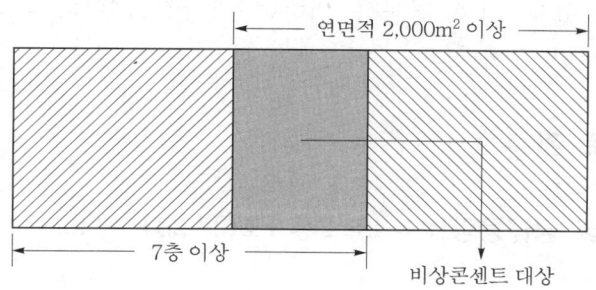

㉯ 지하층 각 층의 바닥면적을 합산하여 3,000m² 이상인 경우는 비상전원을 설치하여야 한다. 이 경우 종전에는 바닥면적 적용시 차고·주차장·보일러실·기계실 또는 전기실의 바닥면적은 제외하고 적용하였으나 2013. 9. 3.에 이를 개정 삭제하였다. 이는 동 장소가 거실보다 화재위험도가 더 낮다고 판단할 수 없으며 비상전원의 적용대상을 용도와 관련 없이 바닥면적으로만 판단하도록 개정하였다.

② 비상전원의 면제

㉮ 2개의 변전소에서 전기를 공급받아 한 변전소에서 급전이 중단될 경우 자동으로 다른 변전소에서 전기를 공급받는 경우는 비상전원설비가 면제된다. 과거에는 이러한 시스템을 "비상전원 전용수전설비"라고 칭하였으나 현재 화재안전기준에서는 이러한 표현을 사용하지 않고 있으며 "비상전원 수전설비"는 비상전원의 일종으로 이와는 무관한 설비이다. 또한 한 변전소의 급전이 중단될 경우 다른 변전소로부터 자동으로 절체(切替)되어야 하며 수동으로 절체되는 경우는 이를 비상전원이 면제되는 시설로 적용할 수 없다.

㉯ 이때 변전소란 변전실과는 다른 개념으로 구외(構外)로부터 전송되는 전기를 구내에 설치한 전기 기계기구에 의하여 변성(變成)하는 곳으로서 변성한 전기를 다시 구외로 전송하는 곳을 말한다. 이에 비해 변전실이란 구외로부터 전송받은 전기를 구내에서 사용하기 위하여 고압이나 특고압의 전기를 저압으로 강압(降壓)시켜 구내의 부하에 공급하는 장소를 말한다. 따라서 변전소란 한전에서 수용가에 전기를 공급하기 위한 경우가 해당되나 변전실은 대형건축물이나 산업시설 등과 같은 소방대상물에 있는 자체적으로 설치한 변압기가 있는 전기실을 의미한다.

③ 비상콘센트용 비상전원의 종류 : 비상콘센트용 비상전원의 경우는 자가발전
설비 이외에 비상전원수전설비도 비상전원으로 인정하고 있다. 이는 지하
층의 바닥면적 합계만으로 비상콘센트 대상건물이 될 수 있으므로 이러한
소규모 저층 건물을 위하여 비상전원수전설비의 경우도 비상전원에 포함
시킨 것이다.

2. 전원회로 기준

(1) 전압 및 공급용량 : 제4조 2항 1호(2.1.2.1)

1) 기준

① 3상의 경우 : 삭제(2013. 9. 3.)
② 1상의 경우 : 전압=교류전압 220V, 공급용량=1.5kVA 이상

2) 해설

① **단상과 3상** : 단상이란 전등, 전열 등에 사용하는 일반용의 전원회로 방식으로
가정용 전원은 일반적으로 단상 2선(또는 단상 3선)이다. 이에 반해 산업용으
로 사용하는 동력용 전원방식은 전원회로에 3상(3상 3선 또는 3상 4선)을 사용
하고 있다. 3상(相 ; Phase)이란 전압이나 전류의 파형이 사인파(Sine波)를 이
루고 있으며 각각의 파형이 120°의 위상차(位相差)를 가지고 있는 것을 말한다.
② **공급용량** : 전기설비에서 용량을 표시할 경우 소비하는 경우(예 각종 부
하)는 (kW)로 표시하나, 공급하는 경우(예 발전기, 변압기)는 (kVA)로 표
시한다. 왜냐하면 공급하는 경우는 부하가 접속되는 상황에 따라 전력이
소비되는 것이지 해당 용량 자체가 부하접속과 관계없이 소비되는 것이
아니기 때문이다. (kVA)는 피상(皮相)전력의 단위이며, (kW)는 유효전력
의 단위로서 이들의 관계는 다음 그림과 같다.

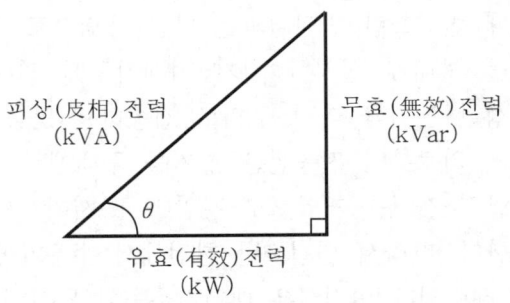

피상(皮相)전력
(kVA)

무효(無效)전력
(kVar)

θ

유효(有效)전력
(kW)

㈜ 위 관계에서 cosθ 를 역률(力率 ; Power factor)이라 한다.

③ 표준전압 : 표준전압이란 국내의 전력계통의 선로나, 설비의 융통성을 높이고 사용자의 편의를 도모하기 위하여 표준이 되는 전압을 제정한 것을 말한다. 표준전압은 국가마다 다르나 표준전압은 대부분의 국가가 IEC(국제전기표준) 규격을 적용하고 있다. 국내의 경우 1상은 220V, 3상은 380V를 표준전압으로 규정하고 있다. 현재 국내의 경우 소방대에서 사용하는 각종 장비는 단상 220V로 사용이 가능한 실정이며, 반드시 3상 전용으로만 사용해야 하는 장비가 없는 관계로 3상용 콘센트는 2013. 9. 3.에 삭제하였다. 참고로 일본의 경우도 소방법을 개정하여 건물에 설치하는 3상용 비상콘센트를 폐지하고 현재 단상으로만 적용하고 있다.

(2) 전원회로 설치

1) 기준 : 제4조 2항 2호, 3호, 8호(2.1.2.2, 2.1.2.3, 2.1.2.8)

① 전원회로는 각 층에 있어서 2 이상이 되도록 할 것. 다만, 설치하여야 할 층의 비상콘센트가 1개인 때에는 하나의 회로로 할 수 있다.

② 전원회로는 주배전반에서 전용회로로 할 것. 다만, 다른 설비의 회로에 접속한 것으로서 다른 설비의 회로의 사고에 따른 영향을 받지 아니하도록 되어 있는 것에 있어서는 그렇지 않다.

③ 하나의 전용회로에 설치하는 비상콘센트는 10개 이하일 것. 이 경우 전선의 용량은 각 비상콘센트(최대 3개)의 공급용량을 합한 용량 이상의 것으로 해야 한다.

2) 해설

① 전원회로 : 제4조 2항 2호(2.1.2.2)

㉮ 전원회로란 비상콘센트에 전력을 공급하는 회로를 뜻하는 것으로 전원회로란 일반용의 1상과 동력용의 3상으로 구분하며, 종전까지는 1층에 비상콘센트가 2조(1조는 1상 및 3상을 말함) 이상이 설치되어 있을 경우 입법의 취지가 각각 1상이나 3상의 전원용 수직간선을 분리하고 하나의 간선에서 분기하지 말라는 의미이다. 그러나 2013. 9. 3.에 3상용 전원회로가 삭제되었기에, 이제 동 조문은 1상용 콘센트가 한 층에 2개 이상일 경우 수직간선을 구분하여 설치하라는 것으로 적용하여야 한다. 이는 소화설비에서 입상관을 구분하여 하나의 배관에 이상이 발생하여도 다른 배관에 영향을 주지 않도록 하는 것과 동일한 개념이다.

chapter

4

소화활동설비

ⓝ 단서의 의미는 비상콘센트가 1개일 경우는 간선을 콘센트별로 하나의 회
로로 설치하게 되므로 이에 대해 별도록 규정한 것으로, 본 전원회로 조
문의 근거는 일본소방법 시행규칙 제31조의 2 제6호를 준용[473]한 결과
본문과 같이 표현하게 된 것이다.

② 전용의 회로 : 제4조 2항 3호(2.1.2.3.)

㉮ 비상콘센트용 회로는 원칙적으로 주배전반에서부터 전용의 회로로 설치
하여야 한다. 그러나 단서조항에 따라 전용이 아닌 경우도 법상 인정하
고 있으나 다만, 다른 부하와 겸용일 경우는 비상콘센트가 아닌 다른 부
하의 사고로 인하여 지장이 없도록 하여야 한다.

㉯ 예를 들면 겸용배선으로 비상콘센트와 일반부하가 접속되어 있을 경우
다른 부하의 회로 사고시 영향을 받지 않도록 하려면, 주 차단기는 겸용
배선에 접속된 일반 부하 개폐기보다 먼저 차단되어서는 아니 되며, 비
상콘센트의 개폐기 차단용량은 겸용배선에 접속된 일반부하 개폐기의 차
단용량보다 동등 이상이 되어야 한다.

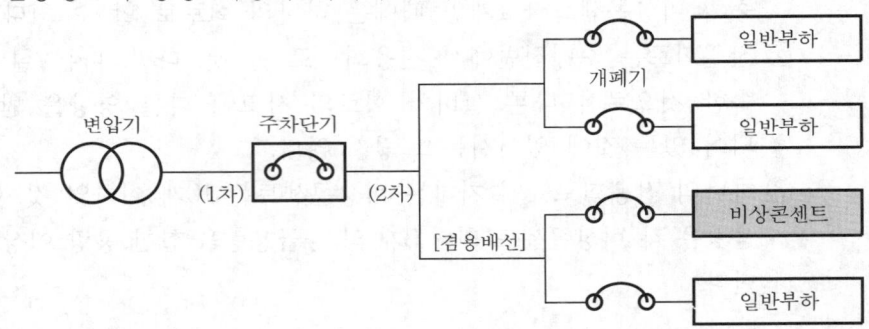

[그림 4-5-3] 겸용배선일 경우 비상콘센트 회로구성(예)

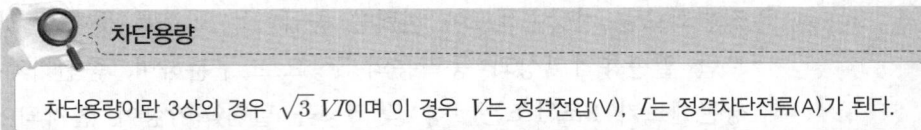

🔍 차단용량

차단용량이란 3상의 경우 $\sqrt{3}\,VI$이며 이 경우 V는 정격전압(V), I는 정격차단전류(A)가 된다.

③ 회로당 콘센트 수량 : 제4조 2항 8호(2.1.2.8)

㉮ 비상콘센트는 하나의 전용선에 콘센트를 10개 이하만 접속하여야 한다.
따라서 고층건물에서 수직하는 간선에 접속한 층별 콘센트가 10개를 초

---

473) 非常コンセントに電気を供給する電源からの回路は、各階において、二以上となるように設けること.
ただし、階ごとの非常コンセントの数が一個のときは、一回路とすることができる(비상콘센트에
전기를 공급하는 전원회로는 각 층에 있어서 2 이상이 되도록 설치할 것. 다만, 층별로 비상
콘센트 수가 1개일 경우는 하나의 회로로 할 수 있다).

과할 경우는 회로를 분리하여야 한다. 이는 각 콘센트에 소방대용 부하가 접속될 경우를 감안하여 회로별 비상콘센트의 수를 제한한 것이다.

㉯ 아울러 비상콘센트의 전원용 회로선에 대한 용량규격은 최대 3개를 기준으로 하여 정하고 있다. 이는 하나의 수직 간선에 콘센트가 최대 10개가 설치되어 있어도 실제 화재 현장에서는 층별로 보면 최대로 콘센트 3개 정도를 사용한다고 판단한 것으로, 이를 초과하여 소방부하를 사용하지는 않는다는 것을 전제로 결정한 사항이다. 따라서 비상콘센트가 한 회로에 콘센트는 10개를 설치하여도 간선의 용량은 콘센트 3개 용량을 부담할 전류를 계산하고 허용전류에 대한 전선의 굵기를 선정하고 이에 따라 전선관의 굵기도 선정하도록 한다.

예제

건물에 1상 콘센트를 설치할 경우, 콘센트 전원용 분전반에서 콘센트 간선(A)에 흐르는 최대허용전류를 구하여라. (단, 역률은 1로 가정한다)

풀이 1상의 경우는 전력을 P(kW), 전류를 I(A), 전압을 V(V)라 하면
P = 공급용량 × 콘센트 3개 = 1.5kVA × 3 = 4.5kVA가 된다.
단상에서 전력 $P = VI\cos\phi$이며 이 경우 정격전압 V = 220V이고 $\cos\phi$(역률) = 1 이므로, 1상에서 간선에 흐르는 최대허용전류는
I = 4,500VA/220V이므로 20.5A가 된다.

(3) 배선용 차단기

1) 기준 : 제4조 2항 4~7호(2.1.2.4~2.1.2.7)

① 전원으로부터 각 층의 비상콘센트에 분기되는 경우에는 분기배선용 차단기를 보호함 안에 설치할 것

② 콘센트마다 배선용 차단기를 설치하여야 하며, 충전부가 노출되지 아니하도록 할 것

③ 개폐기에는 "비상콘센트"라고 표시한 표지를 할 것

④ 비상콘센트의 풀박스(Pull box)는 방청도장을 한 것으로 1.6mm 이상의 철판으로 할 것

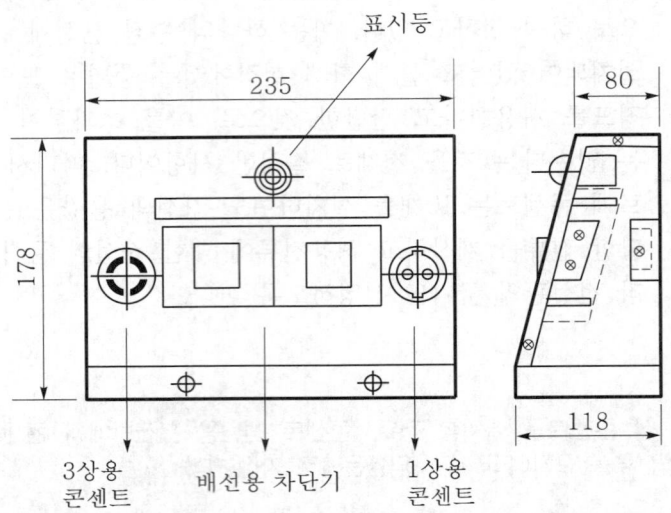

표시등

235

80

178

118

3상용
콘센트

배선용 차단기

1상용
콘센트

[그림 4-5-4] 소화전 내장형 비상콘센트(기존 건물의 예)

2) 해설

① 배선용 차단기

㉮ 배선용 차단기란 저압에서 사용하는 Fuse가 없는 차단기(NFB ; No Fuse Breaker)로서 일반개폐기와 달리 충전부가 노출되어 있지 않으며 과전류 발생시 자동으로 트립(Trip)되어 전로를 보호하는 일종의 저압용 자동개폐장치이다. 국제규격인 IEC에서는 배선용 차단기를 산업용과 주택용으로 구분하는 관계로 국제기준과 부합화하기 위하여 KS에서도 종전의 기준인 "배선용 차단기"를 개정하여 주택용 배선차단기(KSC 8332)와 산업용 배선차단기(KSC 8321)로 분리하였다.

㉯ 이로 인하여 배선용 차단기라는 용어는 "주택용 배선차단기"[474]로 2009. 12. 31. 개정되었다. 현행판은 2018 edition으로, 적용범위는 정격전압 380V 이하로 주택 및 이와 유사한 용도에 사용하는 것으로 규정하고 있다. 주택용이라 함은 일반인(Ordinary person)이 사용하는 것을 전제로 하는 것으로 KS기준에서 일반인이란 숙련자[475]나 기능인[476]이 아닌 경우를 말하며

---

474) KSC 8332 : 주택용 배선차단기(MCB ; Miniature Circuit-Breaker for overcurrent protection for household uses)

475) 숙련자(Skilled person) : 전기로 인해 발생하는 위험을 방지하기 위하여 관련된 교육을 받고 경험을 쌓는 사람

476) 기능인(Instructed person) : 전기로 인해 발생하는 위험을 방지하기 위하여 숙련자에 의해 적절한 지도 및 감독을 받고 있는 사람

다만, 개정된 내용을 반영하기 위하여 시행은 2012. 1. 1.부터 시행하기로 하였다.

② 표지 : 제4조 2항 6호(2.1.2.6)의 표지판은 비상콘센트 외함에 대한 표지판이 아니라 비상콘센트용 개폐기에 대한 표지판이다. 비상콘센트용 개폐기에 표지판을 설치하여 관리자가 평상시 항상 전원을 투입하도록 하고 보수공사시 개폐기를 차단할 경우 이를 용이하게 확인할 수 있도록 한 것이다. 표지판의 크기나 재질 등 규격에 대한 기준은 없으므로 현장 여건에 맞는 적당한 크기의 제품으로 설치하도록 한다.

③ 풀박스 : 풀박스(Pull box)란 배선의 중간 접속부위 및 경로변경에 사용하는 배선 단자함으로, 풀박스의 녹을 방지하기 위하여 방청(防錆)도장을 하여야 하며 풀박스의 보호를 위하여 철판의 두께는 최소 1.6mm 이상으로 규정하였다. 비상콘센트용 풀박스를 소화전함 위쪽 발신기 함에 설치할 경우, 발신기함 내부에는 발신기, 경종, 위치표시등용으로 공급되는 DC 24V 전원과 비상콘센트 전원공급용의 AC 220V용 전선이 동시에 인입되므로 발신기 함 내부로 유입되는 풀박스 내부에서 전선이 뒤엉키게 된다. 또한 약전과 강전의 전선을 서로 묶어서 설치하게 되면 전자유도와 같은 장애를 발생시킬 수 있으므로 이는 선로를 분리하여 시공하도록 한다.

3. 플러그(Plug) 접속기

(1) 기준 : 제4조 3항 & 4항(2.1.3 & 2.1.4)

1) 1상 교류(220V) : 접지형 2극 플러그 접속기(KS C 8305) 사용

2) 칼받이 접지극에는 접지공사를 해야 한다.

(2) 해설

1) 플러그 접속기

① 플러그 접속기란 콘센트 자체를 의미하는 것으로 화재안전기준에서 말하는 플러그 접속기란 KSC 8305에서의 접속기를 말하며 배선과 코드의 접속 또는 코드 상호간에 접속 사용하는 꽂음 접속기에 대한 규격기준이다.

② KSC 8305는 국내의 배선기구 분야 표준화 사업에 따라 국제기준인 IEC 60884-1과 KSCIEC 60309-1을 준용한 것으로 현행판은 2021 edition이다.

③ 따라서 현재의 KSC 8305(배선용 꽂음접속기) 규격은 콘센트에 대한 정격전압과 전류의 기준이 구 KS기준(125V/250V)과 다르며 접지형 2극과 접

지형 3극에 대한 현재의 규격기준을 요약하면 다음의 표와 같다.

> **KS C 8305 규격명**
>
> 배선용 꽂음 접속기(Plugs and socket-outlets for domestic and similar purposes)

2) 플러그접속기의 종류[477]

배선용 꽂음접속기 중 접지형으로 2극 및 3극용 제품은 다음과 같다.

① 접지형 2극 콘센트

종 류 명 칭	극 수	극배치		정 격
		콘센트(칼받이)	플러그(칼)	
[일반형] ① 플러그 ② 콘센트	2극 (접지형)			16A/125V
				20A/250V
				32A/250V
	2극 (측면 접지형 또는 2중 접지형)			16A/250V
[걸림형] ① 플러그 ② 콘센트	2극 (접지형)			10A/250V

☞ 걸림형이란 칼 및 칼받이를 구부려서 이에 적합한 플러그를 꽂고 오른쪽으로 회전시켜서 플러그가 빠지지 않게 한 구조인 것을 말한다.

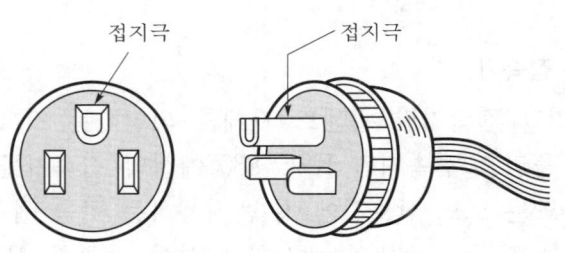

접지극   접지극

(a) 접지형 2극 콘센트   (b) 접지형 2극 플러그

[그림 4-5-5(A)] 1상형(KS C 8305 : 125V, 20A) (예)

---

477) KSC 8305(배선용 꽂음 접속기 : 2011. 12. 29.) 5.1 종류·극수·극배치 및 정격

② 접지형 3극 콘센트 : 2013. 9. 3.자로 3상은 삭제됨.

종 류	극 수	극배치		정 격
명 칭		콘센트(칼받이)	플러그(칼)	
[일반형] ① 플러그 ② 콘센트	3극 (접지형)			16A/250V
				20A/250V
				32A/250V
				50A/250V
[걸림형] ① 플러그 ② 콘센트	3극 (접지형)			20A/480V
				20A/600V
				32A/480V
				32A/600V

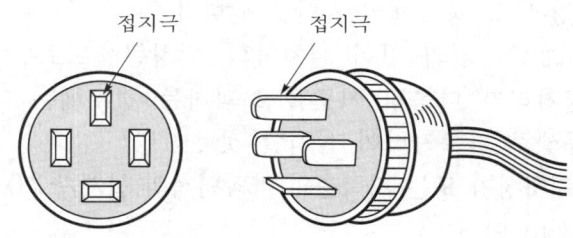

접지극   접지극

(a) 접지형 3극 콘센트   (b) 접지형 3극 플러그

[그림 4-5-5(B)] 3상형(KS C 8305 : 250V, 32A) (예)

3) **칼받이 접지** : 칼받이는 콘센트 구멍을 말하며 화재 진압 후 소화전 방사 후 바닥에 고인 물로 인하여 소방관의 감전재해를 방지하기 위하여 콘센트에는 접지극을 설치하여야 한다. 이 경우 종전까지는 접지극의 접지공사는 3종 접지로 시공하였다(접지저항은 100Ω 이하, 접지선의 굵기는 $2.5mm^2$ 이상의 연동선). 그러나, 전기설비에 대하여 국제기준인 IEC 기준과 부합화한 한국전기설비규정(KEC)[478]이 제정되어 2022. 1. 1.부터 시행하고 있으며 접지공사의 경우 종전의 종별 접지(1·2·3종·특별 접지)는 폐지되었다. KEC에 따르면 접지공사는 목적에 따라 계통접지, 보호접지, 피뢰시스템접지로 구분 적용하며 접지구성방법에 따라 단독접지, 공통접지, 통합접지로 시공한다. 비상콘센트의 칼받이접지는 개정된 KEC에서 보호접지방법에 따라야 한다.

---

478) 기존의 전기설비기술기준은 폐지되고 IEC 기준을 부합화한 한국전기설비규정(KEC ; Korea Electro-technical CODE)을 산업통상자원부 공고로 제정하고 시행은 2022. 1. 1.부터이다.

4. 비상콘센트 설치기준 : 제4조 5항(2.1.5)

(1) 기준

1) **높이** : 바닥으로부터 높이 0.8m 이상 1.5m 이하의 위치에 설치할 것

2) **설치수량**

① 기본배치

㉮ 아파트 또는 바닥면적이 1,000m² 미만인 층 : 계단의 출입구(부속실 포함)로 부터 5m 이내에 설치하되 계단이 2 이상 있을 경우 그 중 1개의 계단을 말한다.

㉯ 바닥면적이 1,000m² 이상인 층(아파트 제외) : 각 계단의 출입구 또는 계단 부속실의 출입구로부터 5m 이내에 설치하되 계단이 3 이상 있는 층의 경우 그 중 2개의 계단을 말한다.

② 추가배치 : 위와 같이 설치하되, 비상콘센트로부터 그 층의 각 부분까지의 수평거리가 다음의 기준을 초과하는 경우에는 그 기준 이하가 되도록 비상콘센트를 추가하여 설치할 것

㉮ 지하상가 또는 지하층의 바닥면적의 합계가 3,000m² 이상인 것은 수평거리 25m 이내

㉯ 위에 해당되지 아니하는 특정소방대상물은 수평거리 50m 이내

(2) 해설

1) **높이** : 과거 기준은 일본소방법 시행규칙 제31조의 2 제1호를 준용[479]한 결과 바닥에서 높이 1m 이상 1.5m 이하로 규정하였다. 그러나 화재안전기준에서는 모든 소방시설물에 대한 높이는 일반인이 조작이 용이한 0.8~1.5m이므로 비상콘센트 높이도 동일하게 2008. 12. 15. 현재와 같이 개정하였다. 이 경우 높이의 기준점인 바닥이란 소방대가 비상콘센트를 사용하는 콘센트 바로 직하의 바닥면을 말하는 것이므로 따라서 복도나 통로의 바닥면뿐 아니라 계단의 디딤면(踏面)도 바닥으로 간주하여야 한다.

2) **설치수량**

① 기본배치 : 건물의 용도나 바닥면적에 따라 비상콘센트를 설치할 위치는 다음과 같이 적용한다. 이 경우 설치위치는 계단의 출입구로부터 5m 이내

---

479) 非常コンセントは、床面又は階段の踏面からの高さが一メートル以上一・五メートル以下の位置に設けること(비상콘센트는 바닥면이나 또는 계단 디딤면으로부터 높이 1m 이상 1.5m 이하 위치에 설치할 것).

이나, 부속실이 있는 경우는 부속실을 포함하므로 설계시에는 부속실의 출입구로부터 5m 이내에 설치하도록 하며 5m 이내는 보행거리가 아닌 수평거리의 개념으로 적용하여야 한다.

㉮ 아파트 또는 바닥면적 $1,000m^2$ 미만인 층

용도별	아파트인 경우 (면적/층수 무관)
바닥면적별	바닥면적 $1,000m^2$ 미만인 층 (용도 무관)

➡ 계단으로부터 5m 이내 설치

㊟ 계단이 2 이상일 경우는 그 중 1개소의 계단에 설치함.

㉯ 바닥면적 $1,000m^2$ 이상인 층

바닥면적별	바닥면적 $1,000m^2$ 이상인 층(아파트는 제외)

➡ 계단으로부터 5m 이내 설치

㊟ 각 계단이 3 이상일 경우는 그 중 2개소의 계단에 설치함.

② **추가배치** : 위 기준과 같이 비상콘센트를 배치한 후 콘센트로부터 소방대상물의 각 부분까지의 수평거리가 다음과 같이 25m 또는 50m 이내가 되어야 한다. 만일 수평거리를 초과되는 부분이 있으면 비상콘센트를 추가로 설치하여 해당되는 수평거리 이내가 되어야 하며 이때 추가로 설치하는 비상콘센트는 계단에서 5m 이내와 무관하게 설치하는 것이다.

㉮ 지하상가 또는 지하층 바닥면적 합계가 $3,000m^2$ 이상인 경우 : 수평거리 25m 이내일 것

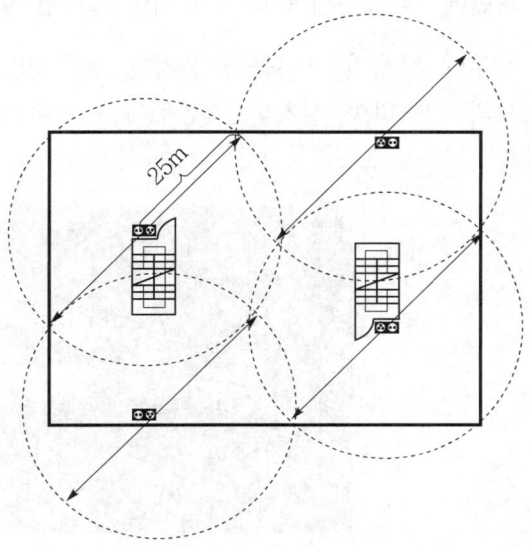

[그림 4-5-6(A)] 25m 수평거리인 경우(예)

㉯ 기타의 경우 : 수평거리 50m 이내일 것

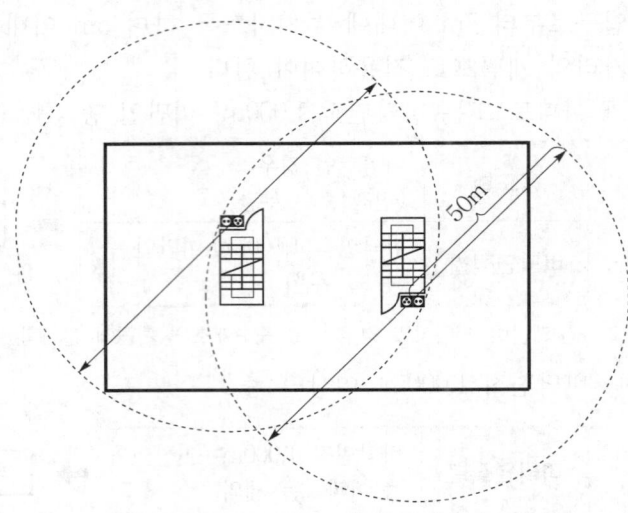

[그림 4-5-6(B)] 50m 수평거리인 경우(예)

5. 비상콘센트 보호함

(1) 보호함 : 제5조(2.2)

비상콘센트를 보호하기 위하여 비상콘센트 보호함은 다음의 기준에 따라 설치해야 한다.

1) 보호함에는 쉽게 개폐할 수 있는 문을 설치할 것

2) 보호함 표면에 "비상콘센트"라고 표시한 표지를 할 것

3) 보호함 상부에 적색의 표시등을 설치할 것. 다만, 비상콘센트 보호함을 옥내소화전함 등과 접속하여 설치하는 경우에는 옥내소화전함 등의 표시등과 겸용할 수 있다.

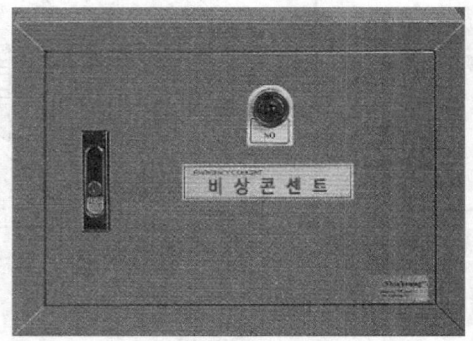

[그림 4-5-7] 비상콘센트 보호함(단독형)

① 보호함의 문 : 비상콘센트를 설치하고 이를 보호하기 위하여 외부에 보호함을 설치하여야 하며 보호함에는 개폐가 가능한 문을 설치하여야 한다.

② 표지판 : 보호함 외부에는 표지판을 부착하고 "비상콘센트"라고 표기하도록 하며 규격(크기·색상 및 재질 등)에 대해서는 규정하지 않고 있다.

③ 표시등 : 보호함 상부에는 야간이나 어두운 장소에서 위치를 식별할 수 있도록 표시등을 설치한다. 일반적으로 비상콘센트 외함은 옥내소화전함 상부의 발신기함 내부에 설치하게 되므로 이러한 경우는 옥내소화전용 위치표시등이 부착되어 있으므로 이를 겸용할 수 있다.

(2) 절연저항 및 절연내력

1) 기준 : 제4조 6항(2.1.6)

① 절연저항은 전원부와 외함 사이를 500V 절연저항계로 측정할 때 20MΩ 이상일 것

② 절연내력은 전원부와 외함 사이에 정격전압이 150V 이하인 경우에는 1,000V의 실효전압을, 정격전압이 150V 이상인 경우에는 그 정격전압에 2를 곱하여 1,000을 더한 실효전압을 가하는 시험에서 1분 이상 견디는 것으로 할 것

2) 해설

① 절연저항 : 절연저항시험이나 절연내력시험은 성능기술기준[480] 제7조에 해당하는 기준으로서, 한국소방산업기술원에서 비상콘센트의 성능시험시 시험을 하는 항목이다. 제4조 6항 1호(2.1.6.1)의 절연저항시험이란 누전여부를 판단하는 측정기준으로 전원부와 외함 사이를 측정한다는 것은 외함은 전원부와 절연이 되어 있어서 화재시 소방대가 비상콘센트를 사용하기 위하여 외함에 접촉할 경우 누전으로 인한 감전사고를 방지하기 위함이다.

② 절연내력시험(絕緣耐力試驗 ; Dielectric strength test) : 본 조문은 비상콘센트에 대한 성능기술기준 제8조(절연내력시험)에 해당하는 기준으로 절연물이 어느 정도의 전압에 견딜 수 있는지를 확인하는 시험을 뜻한다. 절연내력시험에서 어떤 일정한 전압을 규정한 시간 동안 가하여 이상이 있는지를 확인하는 것을 별도로 내전압시험이라 한다.

현재 비상콘센트의 전원회로는 단상 220V이므로 150V 이하의 절연내력시험은 불필요하며 150V 초과 조항에 해당하여 "(정격전압×2)+1,000V에서 1분 이상 견딜 것"으로 적용하여야 한다. 또한 제4조 6항 2호(2.1.6.2)에서 "150V 이상"은 "150V 초과"로 수정하여야 한다.

---

480) 비상콘센트설비의 성능인증 및 제품검사의 기술기준

③ 실효전압(實效電壓 ; Virtual voltage) : 직류전압은 시간에 따라 일정한 전압을 유지하지만 교류전압은 파형이 Sin파로 변화하므로 시간에 따라 크기가 일정하지 않다. 따라서 직류전압과 같이 일정하게 교류전압을 표현하기 위해 사용하는 전압을 실효전압이라 하며 교류전압 220V, 380V 등은 실효전압을 의미한다. 실효값의 개념은 일정한 저항을 갖는 회로에 전류가 흐르면 열이 발생하는데 직류를 인가한 것과 동일한 열을 발생시키는 교류를 교류전압의 실효값으로 규정한 것이다.

6. 비상콘센트 배선 : 제6조(2.3)

(1) 회로배선 기준

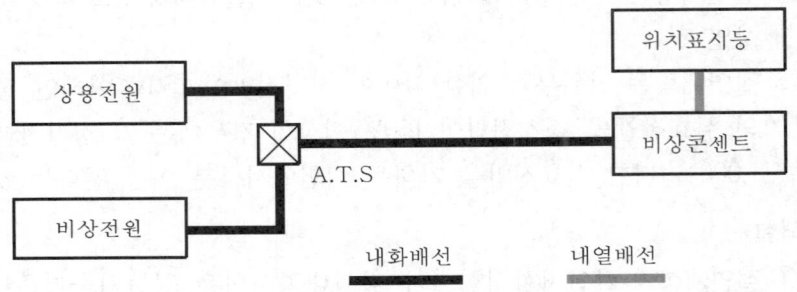

[그림 4-5-8] 비상콘센트설비의 내화 · 내열 배선

1) **전원회로배선** : 내화배선으로 할 것

2) **기타회로배선** : 내화배선 또는 내열배선으로 할 것

> ① 전원회로배선이란 상용 및 비상전원 회로 인입부위에서 비상콘센트까지의 회로배선을 말한다. 국내 기준의 경우 비상콘센트설비는 비상전원의 경우 이외에 상용전원도 내화배선으로 규정하고 있어 매우 과도한 기준으로 판단되며, 기타 회로란 표시등의 경우로서 이는 내열배선 이상으로 적용하여야 한다.
> ② 비상콘센트 전원회로는 내화배선이므로 수직간선은 물론이나 수직간선에서 분기하여 각 층의 콘센트함까지 공급하는 분기선도 반드시 25mm 이상 매립하거나 또는 케이블공사방법에 의한 내화배선으로 공사하여야 한다.

(2) 내화 및 내열 배선의 종류 및 공사방법

※ 관련 기준은 NFTC 102(옥내소화전) 표 2.7.2 "배선에 사용되는 전선 및 공사
방법"을 참조하고, 상세 내용은 본 교재의 "제2장 경보설비 – 제1절 자동화재
탐지설비 및 시각경보장치 – 8. 전원 및 배선기준 – 3. 내화 및 내열배선 – (3) 내
화배선의 전선 종류 및 공사방법"을 참고하기 바람.

(3) 비상콘센트설비 계통도

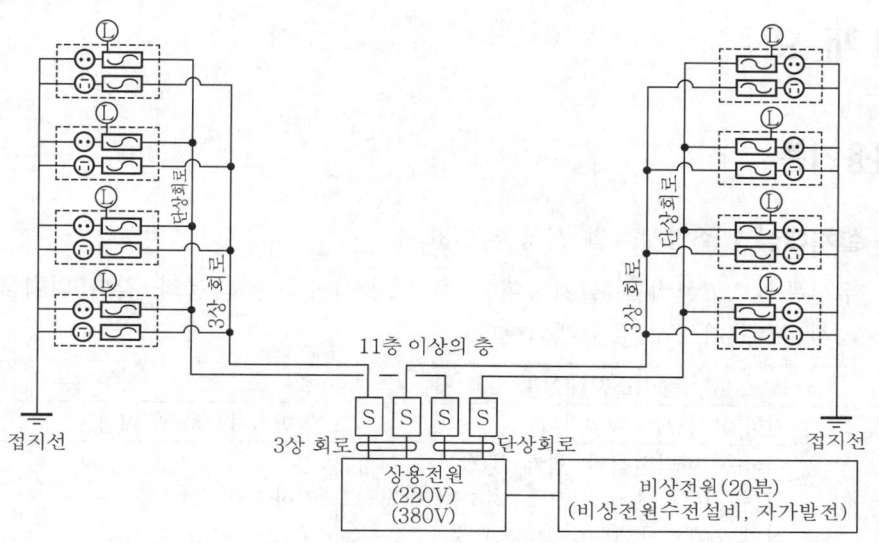

[그림 4-5-9] 비상콘센트설비 구성도(1상과 3상이 설치된 경우)

제6절
무선통신보조설비(NFPC & NFTC 5

1 개 요

1. 적용기준

(1) 설치대상 : 소방시설법 시행령 별표 4

무선통신보조설비를 설치하여야 할 소방대상물은 다음과 같다(위험물저장 및 처리시설 중 가스시설은 제외한다).

특정소방대상물		적용기준
①	지하가(터널은 제외한다)	연면적 1,000m² 이상
②	지하층 바닥면적의 합계 3,000m² 이상 또는 지하 3층 이상으로 지하층 바닥면적의 합계가 1,000m² 이상인 것	지하층의 모든 층
③	지하가 중 터널	길이 500m 이상인 것
④	지하구	지하구 중 공동구
⑤	30층 이상인 것	16층 이상 부분의 모든 층

> **국토의 계획 및 이용에 관한 법률 제2조 9호**
>
> "공동구"라 함은 지하매설물(전기가스 수도 등의 공급설비, 통신시설, 하수도시설 등)을 공동 수용함으로써 미관의 개선, 도로 구조의 보전 및 교통의 원활한 소통을 위하여 지하에 설치하는 시설물을 말한다.

(2) 제외대상

1) 설치면제 : 소방시설법 시행령 별표 5 제20호

특정소방대상물에 이동통신 구내 중계기 선로설비 또는 무선이동중계기(전파법 제58조의 2에 따른 적합성 평가를 받은 제품에 한한다) 등을 화재안전기준의 무선통신보조설비 기준에 적합하게 설치한 경우 설치가 면제된다.

2) 설치제외 : NFPC 505(이하 동일) 제4조/NFTC 505(이하 동일) 2.1.1

지하층으로서 특정소방대상물의 2면 이상이 지표면과 동일하거나 지표면으로부터 깊이가 1m 이하인 경우에는 해당층에 한하여 설치하지 아니할 수 있다.

> ① 설치면제
> ㉮ 이동통신 구내중계기 : 통신사에서 일반건축물이나 아파트 등에 설치하는 구내용의 이동통신장비이다. 이는 옥상이나 옥외에 안테나를 설치하고 급전선(또는 광케이블)을 이용하여 중계장치까지 배관으로 접속한 후 중계장치에서 각 층에 급전선을 포설하고 옥내안테나를 설치하는 방식이다. 즉, 구내 중계기는 기지국에서 발사한 전파가 닿을 수 없는 실내 음영지역의 품질을 개선하는 것이 주목적이다.
> ㉯ 무선이동중계기 : 이동통신 구내 중계기가 유선식이라면, 무선이동중계기는 무선식의 중계기로 이는 전파법에 의해 적합성평가를 받을 경우 무전기 접속단자와 증폭기 설치가 필요하지 않다.
> ② 설치제외 : 지하층 부분이 지표면과 레벨이 같거나 깊이가 1m 정도일 경우는 전파가 지하층일지라도 쉽게 도달하여 일반무선기 상호간에 통화가 가능하다고 판단되므로 이 경우에 해당할 경우는 해당층에 한하여 무선통신보조설비를 제외할 수 있다.

2. 무선통신보조설비의 구분

(1) 누설동축케이블방식

1) 전송장치 : 누설동축케이블(Leaky Coaxial Cable ; LCX) 사용

① 누설동축케이블은 일반적으로 안테나를 설치하기 어려운 지하공간 및 터널에 주로 설치하는 통신용 케이블로, 동축케이블(ECX) 외부도체에 신호누설용 슬롯(Slot)이 형성되도록 가공하여 케이블 자체가 안테나 역할을 하는 케이블이다. 이는 결국 동축케이블과 안테나를 겸하는 고주파 전송용 케이블로 균일한 전계(電界)를 케이블에 따라 광범위하게 방사할 수 있다. 보통 LCX로 표기하고 있으며, LCX는 고주파를 전송하는 급전선 역할인 피더(Feeder)선인 동시에 슬롯이 안테나 역할을 하는 통신용 케이블이다.

② 케이블의 오염이나 경년변화에 대해 열화가 적으며 누설동축케이블은 표피효과로 도체 내부는 튜브 상태이며 또한 결합손실이 작은 케이블을 접속시켜 희망하는 전송거리를 얻을 수 있으며 이 과정을 정합(整合 ; Grading)이라 한다. 소방용 LCX는 특성임피던스가 50Ω이며, LCX에는 결합모드(Coupled mode)와 방사모드(Radiated mode)의 2종류가 있으며 무선통신보조설비에서는 전파방사 효율이 더 우수한 방사모드 LCX를 사용한다.

chapter

4

소화활동설비

🔍 **표피효과/결합손실**

표피효과란 도체 내부의 주파수가 증가하면 전류밀도가 도체 표면에 집중되는 현상이며, 결합 손실이란 전기회로에 기기를 삽입할 경우 발생되는 전력 손실이다.

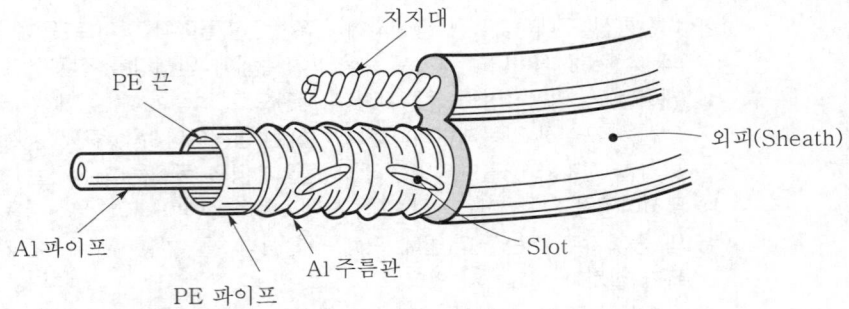

[그림 4-6-1] 누설동축케이블(예)

2) **특징** : 무선통신보조설비 대상 지역에 누설동축케이블을 포설하고 분배기에서 접속단자함 사이는 동축케이블을 설치한 것으로 다음 그림과 같이 사용한다.

특 징	① 터널, 지하철역 등 폭이 좁고 긴 지하가나 구조가 복잡한 건축물 내부에 적합하다. ② 전파를 균일하고 광범위하게 방사할 수 있다. ③ 케이블이 외부에 노출되므로 유지 보수가 용이하다.

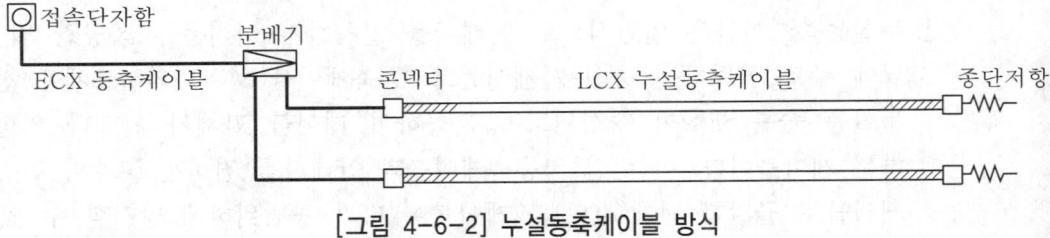

[그림 4-6-2] 누설동축케이블 방식

(2) 안테나방식

1) **전송장치** : 안테나와 동축케이블(ECX) 사용

① 동축케이블과 안테나를 조합한 방식이거나 또는 안테나와 무선중계기를 조합한 방식으로 사용한다. "안테나＋동축케이블"방식은 무선통신보조설비 방식으로 설치하고 있으나, 무선중계기를 사용하는 경우는 16층 이상 무선 통신보조설비 설치장소에 소방용 안테나를 주로 설치한다. 이 경우 옥내 용으로 천장형의 돔(Dome)식 안테나 외에 미관상 문제가 되지 않는 지하

주차장 등에는 휩(Whip)타입의 안테나를 설치하기도 한다. 현재 국내는 이동통신사에서 주요 건물에 LCX를 사용하지 않고 중계기용 안테나를 설치하고 있으며, 이동통신 분야에서 무선중계기 기술이 발전됨에 따라 무선통신보조설비의 경우도 LCX 방식에서 안테나와 무선중계기방식으로 변화되고 있는 추세이며, LCX에 비해 안테나방식은 전파방사효율이 좋으며 경제성이 우수하다.

② 무선중계기는 안테나를 통하여 수신된 무전기 신호를 증폭한 후 음영지역(陰影地域 ; 장애물로 인하여 소리가 전달되지 못하는 음의 사각지대)에 다시 방사하여 무전기 상호간 송수신이 가능하도록 하는 장치이다. 이동통신에서는 LCX 대신 동축케이블을 분배망으로 사용하고 무선증폭기와 안테나를 이용하여 전파를 방사하고 있다.

2) **특징** : 동축케이블과 안테나를 조합한 것으로 다음 그림과 같이 사용한다.

특 징	① 장애물이 적은 넓은 대공간인 대강당, 공연장 등에 적합하다. ② 말단에서는 전파의 강도가 떨어져서 통화의 어려움이 있다. ③ 누설동축케이블방식보다 경제적이다. ④ 케이블을 반자 내 은폐할 수 있으므로 화재시 영향이 적고 미관을 해치지 않는다.

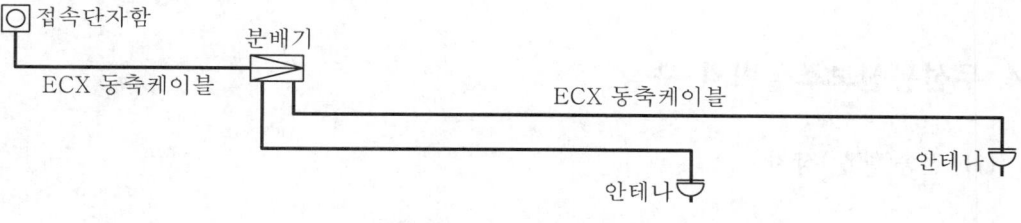

[그림 4-6-3] 안테나방식

3. 무선통신보조설비의 통신방식

(1) 기준

1) 누설동축케이블 또는 동축케이블과 이에 접속하는 안테나가 설치된 층은 모든 부분(계단실, 승강기, 별도 구획된 실 포함)에서 유효하게 통신이 가능할 것[제5조 3항(2.2.3.1)]

2) 옥외안테나와 연결된 무전기와 건축물 내부에 존재하는 무전기 간의 상호통신, 건축물 내부에 존재하는 무전기 간의 상호통신, 옥외안테나와 연결된 무전기와 방재실 또는 건축물 내부에 존재하는 무전기와 방재실 간의 상호통신이 가능할 것(NFTC 2.2.3.2)

(2) 해설

1) 통신방식에서 누설통축케이블방식이나 안테나+동축케이블방식을 사용하여 특정소방대상물에 무선통신보조설비를 설치할 경우, 모든 장소에서 유효하게 통신이 가능하도록 2021. 3. 25. 동 조항을 신설하여 이를 명문화하였다. 특히 무선통신이 원활하지 않은 계단실, 승강기, 별도 구획된 실의 경우도 유효하게 통신이 가능하여야 하므로 이에 부합되도록 해당하는 장소와 건물의 전층에서 통신장애가 없도록 누설통신케이블, 안테나 또는 무선중계기 등을 활용하여 음영지역이 없게 설계 및 시공하여야 한다.

2) 옥외안테나는 통신방식의 하나인 옥내안테나와 달리 "감시제어반 등에 설치된 무선중계기의 입력과 출력포트에 연결되어 송수신 신호를 원활하게 방사·수신하기 위해 옥외에 설치하는 장치"를 말한다. 즉 이는 종전처럼 무전기를 방재실이나 옥외 접속단자에 유선으로 연결하여 사용한 방식을 획기적으로 개선하고자 2021. 3. 25.에 신설한 조항이다. 이에 따라 무선통신보조설비 대상인 특정소방대상물의 경우 옥외에 안테나를 설치하고 옥외안테나에 무선으로 접속하여 방재실과 소방대원 및 지휘부는 물론 종전까지 실현되지 못한 소방대원 상호간 무선통신이 가능하도록 조치한 것이다.

4. 무선통신보조설비의 구성

(1) 전송(傳送)장치

(2) 무반사 종단저항(Dummy load)

(3) 안테나

(4) 분배기 등(분배기·분파기·혼합기)

(5) 접속단자(Cable connector)

(6) 증폭기(Amplifier)

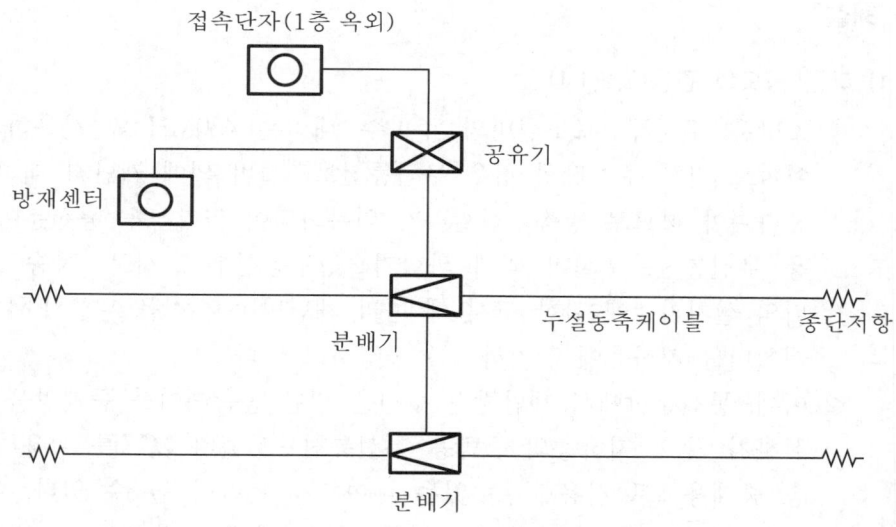

[그림 4-6-4] 무선통신보조설비 계통도

② 무선통신보조설비의 화재안전기준

1. 전송장치

(1) 기준

1) 소방전용 주파수대에서 전파의 전송 또는 복사에 적합한 것으로서 소방전용의 것으로 할 것 다만, 소방대 상호간의 무선연락에 지장이 없는 경우에는 다른 용도와 겸용할 수 있다[제5조 1항 1호(2.2.1.1)].

2) 누설동축케이블 및 동축케이블은 불연 또는 난연성의 것으로서 습기에 따라 전기의 특성이 변질되지 아니하는 것으로 하고, 노출하여 설치한 경우에는 피난 및 통행에 장애가 없도록 할 것[제5조 1항 3호(2.2.1.3)]

3) 누설동축케이블 및 동축케이블은 화재에 따라 해당 케이블의 피복이 소실된 경우에 케이블 본체가 떨어지지 않도록 4m 이내마다 금속제 또는 자기제 등의 지지금구(支持金具)로 벽·천장·기둥 등에 견고하게 고정할 것. 다만, 불연재료로 구획된 반자 안에 설치하는 경우에는 그렇지 않다[제5조 1항 4호(2.2.1.4)].

(2) 해설

1) 다른 용도와 겸용(2.2.1.1)

① 소방용 무선통신보조설비의 주파수 대역은 450MHz를 사용하고 있으나, 아파트 지하 주차장의 경우 무선통신보조설비 외에 재난시 대피시설로 활용하여야 하므로 방송수신설비가 의무화되어 있다. 즉, 통신분야로는 소방용 무선통신보조설비 외에 과학기술정보통신부 고시로「방송 공동수신설비의 설치기준에 관한 고시」에 따라 재난방송 수신을 위한 FM 라디오 중계설비를 지하층에 설치하도록 규정하고 있다.

② 이에, 통신분야에서 재난방송 수신을 위한 동축케이블 중계망을 별도로 포설하지 않고, 지하층의 소방용 무선통신보조설비 LCX를 이용하여 재난방송 중계용으로 사용할 수 있는지 여부가 논란이 될 수 있다. 이 경우 본 조문에 따르면, "소방대 상호간의 무선연락에 지장이 없는 경우" 겸용을 허용하고 있다. 이에 따라 주파수 대역을 보면 소방용 주파수(450MHz)와 FM 방송용 주파수(88~108MHz)는 주파수 대역이 서로 다르기에 사용에 지장이 없으므로 겸용으로 사용이 가능하다.

2) 케이블 화재시 대책(2.2.1.3 & 2.2.1.4) : 케이블은 불연성이나 난연성 재질을 사용하여야 하며, 화재가 발생할 경우 케이블 피복이 소손되어 케이블 자체가 천장에서 이탈이나 탈락하지 않도록 고정금구 등을 이용하여 견고하게 고정시켜야 한다. 시중에서는 내열성(Flame Resistance) LCX 제품의 자기지지(Self Supporting ; SS) 형으로 20, 32, 42mm 구경의 LCX-FR-SS-20, -32, -42 등의 제품이 있다.

2. 안테나

(1) 기준

1) 옥내안테나

① 누설동축케이블과 이에 접속하는 안테나 또는 동축케이블과 이에 접속하는 안테나로 구성할 것[제5조 1항 2호(2.2.1.2)]

② 누설동축케이블 및 안테나는 금속판 등에 따라 전파의 복사 또는 특성이 현저하게 저하되지 않는 위치에 설치할 것[제5조 1항 5호(2.2.1.5)]

③ 누설동축케이블 및 안테나는 고압의 전로로부터 1.5m 이상 떨어진 위치에 설치할 것. 다만, 해당 전로에 정전기 차폐장치를 유효하게 설치한 경우에는 그렇지 않다(NFTC 2.2.1.6).

2) 옥외안테나 : 제6조(2.3)

① 건축물, 지하가, 터널 또는 공동구의 출입구(「건축법 시행령」제39조에 따른 출구 또는 이와 유사한 출입구를 말한다) 및 출입구 인근에서 통신이 가능한 장소에 설치할 것

② 다른 용도로 사용되는 안테나로 인한 통신장애가 발생하지 않도록 설치할 것

③ 옥외안테나는 견고하게 파손의 우려가 없는 곳에 설치하고 그 가까운 곳의 보기 쉬운 곳에 "무선통신보조설비 안테나"라는 표시와 함께 통신가능 거리를 표시한 표지를 설치할 것

④ 수신기가 설치된 장소 등 사람이 상시 근무하는 장소에는 옥외안테나의 위치가 모두 표시된 옥외안테나 위치표시도를 비치할 것

(2) 해설

1) 옥내안테나

① 옥내안테나는 무선통신보조설비방식 중 하나인 안테나방식에서 사용하는 옥내에 설치하는 안테나로 화재안전기준에서는 "안테나"로만 표기하고 있으나, 2021. 3. 25.에 옥외안테나 기준이 신설되어 이와 구분하기 위해 본 교재에서는 옥내안테나로 표기하였다.

② 옥내안테나는 전파를 효율적으로 송신하거나 수신하기 위하여 사용하는 공중 도체로서 안테나의 길이는 주파수에 따라 무지향성과 지향성으로 구분하며 다음 그림은 가장 기본적인 안테나의 형태로 동축케이블 말단에 설치한다. 아울러, 무선중계기를 2022. 12. 1. 무선통신보조설비에 도입하여 안테나를 통하여 수신된 무전기 신호를 무선중계기에서 증폭한 후 특정소방대상물 전체에 무선통신이 원활하도록 조치할 수도 있다.

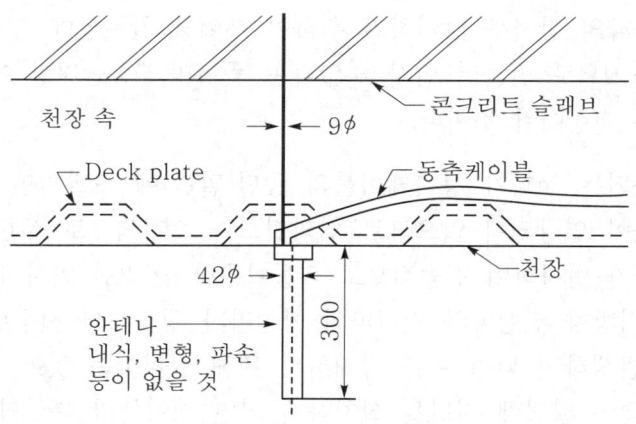

[그림 4-6-5] 안테나의 구조

2) 옥외안테나

① 건물이 고층화 및 심층화(深層化)되는 추세에 대비하고자 기존의 방재실이나 옥외 접속단자에서 유선으로만 무전기를 접속하여 사용하던 방식을 획기적으로 바꾸기 위해 무선통신보조설비에서 의무적으로 옥외안테나를 설치하도록 하여 무전기 접속을 유선식에서 무선식으로 변경하는 계기가 되었다.

② 즉, 종전처럼 지하층이나 옥외접속단자에 설치된 LCX 방식의 접속단자 대신 옥외안테나를 설치함으로써 다음과 같은 장점이 있다.

㉮ 유선대신 무선으로 소방대용 무전기를 접속함으로써 무전기를 제한적으로 사용하는 송수신 범위가 확대되고 통신환경이 개선되었다.

㉯ 접속단자를 사용할 경우 접속단자의 커넥터 형태가 제조사마다 달라 소방대가 여러 타입의 젠더(Gender)선을 가지고 출동하는 문제가 개선되었다.

㉰ 기존의 무선통신보조설비는 지상의 지휘부와 지하현장의 소방대원간만 통화가 가능하고 소방대 상호간이나 층간 통화가 불가능하나 옥외안테나에 무선으로 접속함으로써 대원간 원활한 무선교신이 가능하게 되었다.

3. 무반사 종단저항(Dummy load)

(1) **기준** : 누설동축케이블의 끝부분에는 무반사 종단저항을 견고하게 설치할 것[제5조 1항 6호(2.2.1.7)]

(2) **해설**

1) 설치목적은 누설동축케이블로 전송된 전자파는 케이블 끝에서 반사되어 송신효율이 저하되고 이에 따라 교신을 방해하게 된다. 따라서 송신부로 되돌아오는 전자파의 반사를 방지하기 위하여 케이블 끝부분에 설치한다. "무반사"란 반사파를 0으로 만들어 반사가 없다는 뜻이며, "종단저항"이란 케이블 말단에 설치하는 저항이란 뜻이다.

2) 전송되는 전파가 동축케이블의 종단(말단)에 도달하면 말단에서는 더 이상 케이블이 연장되지 않으므로 임피던스가 순간적으로 무한대로 되며 그 지점에서 전파가 반사하여 전송점으로 되돌아온다. 이러한 반사가 일어나면 동축케이블에는 정방향 진행파와 반사파의 합성파가 형성되어 전송된 신호를 왜곡시켜 잡음이 발생하게 되며 이를 방지하기 위해 설치하는 것이 무반사 종단저항이다. 이와 같이 말단에 저항을 설치하게 되면 케이블의 특성임피던스와 종단저항을 같게 함으로써 반사파가 소멸하게 된다.

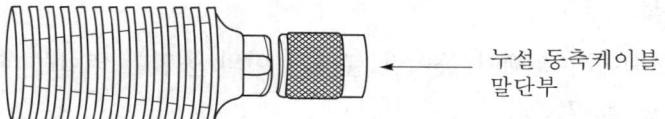

[그림 4-6-6] 무반사 종단저항의 형태

4. 분배기(Distributor) : 제7조(2.4)

(1) 목적

분배기란 제3조 2호(1.7.1.2)에 따르면 "신호의 전송로가 분기되는 장소에 설치하는 것으로 임피던스 매칭(Matching)과 신호 균등분배를 위해 사용하는 장치"를 말한다. 그 종류에는 2분배기·4분배기·6분배기 등이 있다.

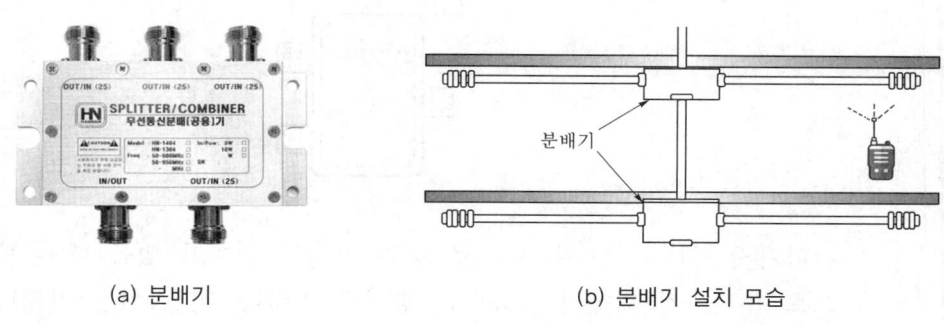

(a) 분배기   (b) 분배기 설치 모습

[그림 4-6-7] 분배기 및 설치상황

(2) 위치

누설동축케이블을 분기하는 장소에 설치하며 입력신호를 2개소 이상 분배하는 장치로 입력신호를 누설동축케이블 방향의 양쪽으로 각 주파수 대역의 신호를 분배해 주게 된다.

(3) 설치기준

분배기·분파기·혼합기 등은 다음의 기준에 따라 설치해야 한다.

1) 먼지·습기 및 부식 등에 따라 기능에 이상을 가져오지 아니하도록 할 것

2) 임피던스는 50Ω의 것으로 할 것

3) 점검에 편리하고 화재 등의 재해로 인한 피해의 우려가 없는 장소에 설치할 것

chapter

4

소화활동설비

(4) 용어해설

제7조(2.4)에서 분배기 등이란 분배기 이외 동일한 역할을 하는 분파기(分波器)·
혼합기 등을 말한다.

① 분배기(分配器) : 신호의 전송로가 분기되는 장소에 설치하는 것으로 정합
(整合)과 신호 균등분배를 위해 사용하는 장치를 말한다. 신호의 세기가 미
약한 통신회로에서는 입력측에 유기된 전력을 최대한 출력측으로 전달하
여야 하며 이를 위해 임피던스 정합과 신호전원의 전력을 효율적으로 각
부하에 균등하게 배분하기 위한 목적으로 사용한다. 분배기는 공유기를 통
하여 나오는 출력신호를 누설동축 케이블 방향의 양쪽으로 분배하기 위하
여 각 주파수 대역의 신호를 손실 없이 나누어줄 수 있어야 한다. 종류에
는 형상 및 사용에 따라 2분배기, 4분배기, 6분배기 등으로 구분하게 된다.

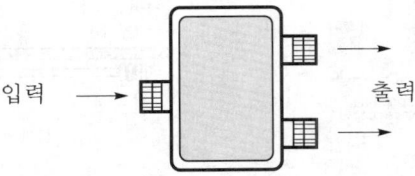

② 분파기(分波器) : 주파수가 서로 다른 합성된 신호가 있을 때 이를 효율적
으로 분리하기 위해서 사용하는 장치를 말한다. 본 장치는 안테나에서 수
신된 외부의 CDMA, Paging, FM 신호를 각각 간섭 없이 분리시켜 줄 수
있어야 한다.

③ 혼합기(混合器) : 두 개 이상의 입력신호를 원하는 비율로 조합한 출력이
발생하도록 하는 장치를 말한다.

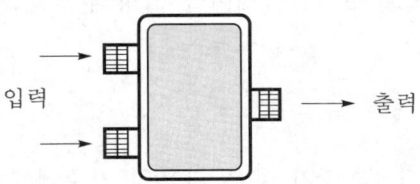

5. 증폭기 및 무선중계기

증폭기 및 무선중계기를 설치하는 경우에는 다음의 기준에 따라 설치해야 한다[제8조
(2.5)].

(1) 기준

1) 상용전원은 전기가 정상적으로 공급되는 축전지설비, 전기저장장치(외부 전기에 너지를 저장해 두었다가 필요한 때 전기를 공급하는 장치) 또는 교류전압의 옥내 간선으로 하고, 전원까지의 배선은 전용으로 할 것(NFTC 2.5.1.1)

2) 증폭기의 전면에는 주 회로 전원의 정상여부를 표시할 수 있는 표시등 및 전압계를 설치할 것(NFTC 2.5.1.2)

3) 증폭기에는 비상전원이 부착된 것으로 하고 해당 비상전원 용량은 무선통신보조설비를 유효하게 30분 이상 작동시킬 수 있는 것으로 할 것(NFTC 2.5.1.3)

4) 증폭기 및 무선중계기를 설치하는 경우에는 전파법 제58조의 2에 따른 적합성평가를 받은 제품으로 설치하고 임의로 변경하지 않도록 할 것(NFTC 2.5.1.4)

5) 디지털방식의 무전기를 사용하는 데 지장이 없도록 설치할 것(NFTC 2.5.1.5)

(2) 해설

1) **상용전원(NFTC 2.5.1.1)** : 증폭기란, 신호전송시 전송거리에 따라 신호가 약해져서 말단에서는 수신이 불가능해질 수가 있으며 이 경우 이를 증폭하여 사용하는 장비이다. 사용전원은 자동화재탐지설비와 동일하게 교류 또는 직류일 경우는 축전지나 전기저장장치로 하고 전원까지는 전용배선으로 해야 한다.

2) **표시등 및 전압계(NFTC 2.5.1.2)** : 증폭기의 앞면에 A.C 또는 D.C 주전원 공급을 표시하는 표시등과 전압계를 설치하여야 한다.

3) **비상전원(NFTC 2.5.1.3)** : 증폭기의 비상전원 종류에 대해 화재안전기준에서는 규정하지 않고 오직 비상전원의 용량(용량)만 정하고 있으나, 국내 무선통신보조설비 기준은 일본소방법 기준을 준용한 것으로 일본소방법 시행규칙[481]의 경우 축전지설비 및 비상전원수전설비에 한하여 적용하며 비상발전기는 인정하지 않고 있다. 이는 발전기 가동시 전압확립시간(10초 이상) 동안에는 무선통신이 유효하게 동작되지 않기 때문이다.

4) **적합성평가(NFTC 2.5.1.4)** : 전파법 제58조의 2(방송통신기자재 등의 적합성평가)란 방송통신기자재와 전자파장해를 주거나 전자파로부터 영향을 받는 기자재를 제조 또는 판매하거나 수입하려는 자는 해당 기자재에 대하여 적합성평가를 받아야 한다.

---

481) 일본소방법 시행규칙 제31조의 2의 2 제7호 "イ"목

chapter

4

소화활동설비

5) 디지털방식의 무전기(2.5.1.5)

① 소방관이 사용하는 무전기는 현재 모두 디지털방식으로 교체되었으며, 디지털방식으로 전환한 이유는 양호한 통화품질 확보와 문자메시지, 비상호출, GPS 기반 소방관 위치식별 등 매우 편리한 부가기능을 사용할 수 있기 때문이다. 종전의 아날로그방식은 FM 신호이지만 디지털방식은 4FSK 신호이다.

 4FSK 신호

디지털 신호를 전송하기 위해서는 변조를 해야 하는데 FSK(Frequency Shit Keying)란, "주파수 편이 변조"로 디지털 데이터의 변조방식 중 하나이다. 이는 서로 다른 주파수를 이용하여 변조하는 것으로 4FSK는 4가지 종류의 주파수를 사용하는 방식이다.

② 무선통신보조설비의 경우 무전기간에 연결 경로만 제공하는 것이며 아날로그나 디지털 변조는 무전기 단말에서 수행하게 되므로 무전기가 디지털로 전환되어도 무선통신보조설비 사용에는 문제가 없어야 한다. 다만, 증폭기와 중계기가 있을 경우 전송방향에 따라 신호를 분리한 후 증폭을 하여 중계 전송하게 되므로 불통현상이 발생할 수 있다. 따라서 소방관용 디지털무전기 사용에 지장이 없도록 증폭기 및 중계기는 호환되는 제품으로 선정하여 설치하여야 한다.

5장 소화용수설비

제1절 상수도 소화용수설비(NFPC & NFTC 401)
제2절 소화수조 및 저수조(NFPC & NFTC 402)

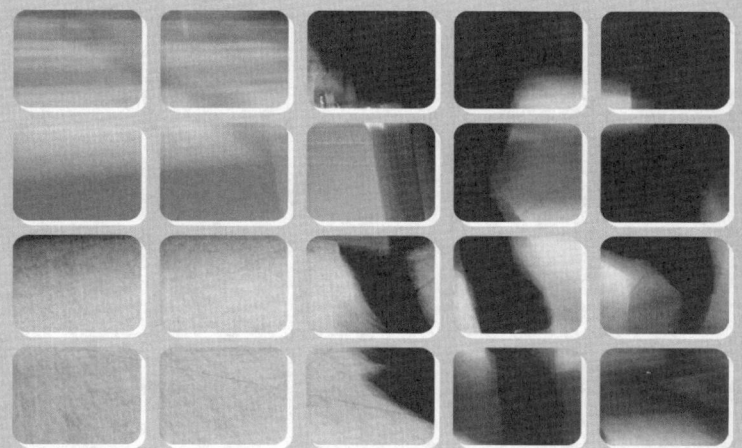

제1절
상수도 소화용수설비
(NFPC & NFTC 401)

① 적용기준

1. 설치대상 : 소방시설법 시행령 별표 4

상수도 소화용수설비의 설치대상은 다음의 어느 하나에 해당하는 것으로 한다. 다만, 상수도 소화용수설비를 설치하여야 할 특정소방대상물의 대지 경계선으로부터 180m 이내에 지름 75mm 이상인 상수도용 배수관이 설치되지 않는 지역의 경우에는 화재안전기준에 따른 소화수조 또는 저수조를 설치해야 한다.

> **🔍 배수관**
>
> 별표 4의 상수도 소화용수설비에서 말하는 배수관은 물을 퇴수하는 배수(排水)가 아니라 물을 공급해 주는 급수의 뜻인 배수(配水)를 뜻한다.

특정소방대상물	적용기준
① 연면적 5,000m² 이상	위험물저장 및 처리시설 중 가스시설·지하가 중 터널·지하구의 경우에는 제외한다.
② 가스시설로서 지상에 노출된 탱크	저장용량의 합계가 100톤 이상인 것
③ 자원순환 관련 시설 중	폐기물재활용시설 및 폐기물처분시설

2. 설치면제 : 소방시설법 시행령 별표 5 제16호

(1) 상수도 소화용수설비를 설치하여야 할 특정소방대상물의 각 부분으로부터 수평거리 140m 이내에 공공의 소방을 위한 소화전이 화재안전기준에 따라 적합하게 설치되어 있는 경우에는 설치가 면제된다.

(2) 소방본부장 또는 소방서장이 상수도 소화용수설비의 설치가 곤란하다고 인정하는 경우로서 화재안전기준에 적합한 소화수조 또는 저수조가 설치되어 있거나, 이를 설치할 경우에는 그 설비의 유효범위 안의 부분에서 설치가 면제된다.

> 🔍 **공공의 소방을 위한 소화전**
>
> 공공의 소방을 위한 소화전이란 공설소화전을 의미한다.

3. 특례 조항 : 소방시설법 시행령 별표 6 제2호 및 제4호

화재안전기준을 적용하기 어려운 특정소방대상물은 다음과 같다.

(1) 펄프공장의 작업장, 음료수공장의 세정 또는 충전을 하는 작업장, 그 밖에 이와 비슷한 용도로 사용하는 것

(2) 정수장, 수영장, 목욕장, 농예·축산·어류양식용 시설, 그 밖에 이와 비슷한 용도로 사용되는 것

② 개 념

1. 목적

(1) 상수도 소화전이란 용어를 사용하지만 소화설비용도로 사용하는 것이 아니라, 소방차가 화재현장에 출동하여 화재시 추가로 급수가 필요한 경우 무한급수원인 상수도로부터 직접 급수를 받아 소방차의 소화활동을 지원해주는 용수시설이다.

(2) 상수도 소화설비는 소방대상물의 평면상(수평투영면적의 각 부분) 수평거리 140m까지를 포용하므로 동별로 설치하는 것이 아니라, 140m를 초과하는 대상건물이 있는 경우에 추가로 설치하여야 한다. 또한 대지 밖의 도로에 공설소화전이 있는 경우에도 수평거리 140m 이내에 위치한다면 상수도 소화설비를 설치하지 아니한다.

2. 시설

(1) 상수도 소화전의 경우 도로에 설치하는 공설소화전은 소방기본법 제10조(소방용수시설의 설치 및 관리 등)에 따라 시장이나 도지사가 유지·관리하여야 한다. 그러나 이와 달리 상수도 소화전은 소방대상물에 설치된 소방시설물로서 이는 개인소유의 시설물이다. 따라서 상수도 소화전에서 용수를 사용할 경우는 사용자가 부담하는 것으로 반드시 상수도와 접속할 경우는 계량기 후단에 접속하여야 한다.

(2) 상수도 소화설비에는 상수도 소화전을 보수하거나 교체할 경우 상수도의 급수를 차단할 필요가 있으므로 반드시 상수도 소화전 전단에 제수(制水)밸브를 설치하여야 한다.

(3) 상수도 소화전을 사용한 후 상수도 소화전의 배관 내부에 물이 잔류할 경우에는 겨울에 동파의 요인이 되므로 잔류수(殘留水)를 자연적으로 배출해 주는 자동배수밸브도 설치하여야 한다.

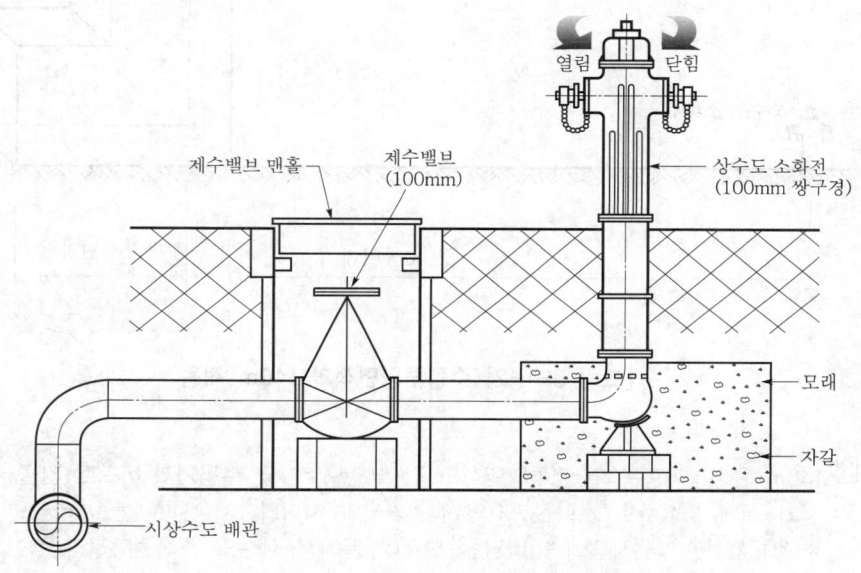

[그림 5-1-1] 상수도 소화전과 상수도배관

3 설치기준 : NFPC 401(이하 동일) 제4조/NFTC 401(이하 동일) 2.11

1. 배관경
호칭지름 75mm 이상의 수도관에 호칭지름 100mm 이상의 소화전을 접속할 것

2. 위치
소방자동차 등의 진입이 쉬운 도로변 또는 공지에 설치할 것

3. 수평거리
특정소방대상물의 수평투영면의 각 부분으로부터 140m 이하가 되도록 설치할 것

chapter

5

소화용수설비

→ 신축건물이 상수도 소화용수설비 대상일 경우 동일 대지 내 140m 이내에 상수도 소화전이 있을 경우에는 이를 설치하지 아니한다. 즉 상수도 소화전은 대상이 되는 건축물에 대해 동별로 적용하는 것이 아니라 수평거리가 140m가 되는 지역 단위로 적용하여야 한다.

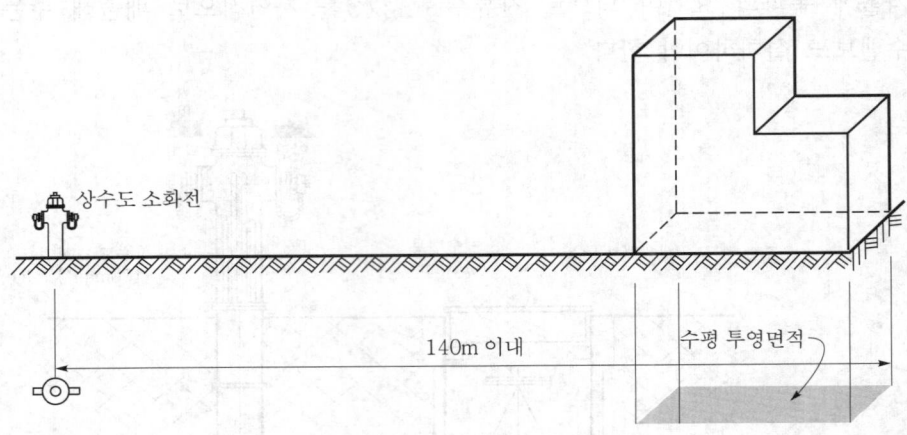

[그림 5-1-2] 수평투영면적과 140m 적용

→ 140m의 거리기준은 "수평투영면적의 각 부분으로부터 수평거리"이므로 건물 최상층 모서리 끝에서 상수도 소화전까지의 직선거리가 아니라, 지상층 건물을 바닥면에다 수평투영(投影)한 그림자의 1층 바닥면 모서리 끝에서 상수도 소화전까지의 직선거리를 뜻한다.

제2절
소화수조 및 저수조(NFPC & NFTC 402)

① 적용기준

1. 설치대상

(1) 소화수조는 1999. 7. 29. 당시 소방법 시행령을 개정하여 소화수조를 의무적으로 설치하는 소방시설 대상에서 이를 제외하였다. 그러나 상수도 소화용수설비가 대상인 건물에서 주위에 수도배관이 없어(대지경계선으로부터 180m 이내에 구경 75mm 이상인 상수도용 배수관이 없는 경우) 이를 설치할 수 없는 경우에는 "소화수조나 저수조를 설치하여야 하므로" 법적 대상에서는 삭제되었으나 상수도 소화용수설비를 대처하기 위한 설비로서 관련 조항의 적용을 위하여 소화수조 기준(NFPC/NFTC 402)을 존치(存置)시키고 있다.

(2) 소화수조와 저수조의 차이점은 다음과 같다.

"소화수조 또는 저수조"란 수조를 설치하고 여기에 소화에 필요한 물을 항시 채워 두는 것으로서, 소화수조는 소화용수의 전용 수조를 말하고, 저수조란 소화용수와 일반 생활용수의 겸용 수조를 말한다[NFPC 402(이하 동일) 제3조 1호/NFTC 402(이하 동일) 1.7.1.1].

2. 설치제외 : NFTC 2.1.4

소화수조를 설치하여야 할 특정소방대상물에 있어서 유수(流水)의 양이 $0.8\text{m}^3/\text{min}$ (800$l$pm) 이상인 유수를 사용할 수 있는 경우에는 소화수조를 설치하지 않을 수 있다.

> 소방대상물 주변에 수로(水路) 등이 있어 이를 소화수조로 활용이 가능한 경우를 말하는 것으로 이 경우 유수의 양 ($l$pm)은 "유수의 단면적(m^2)×유속(m/min)"을 구하여 적용하도록 한다.

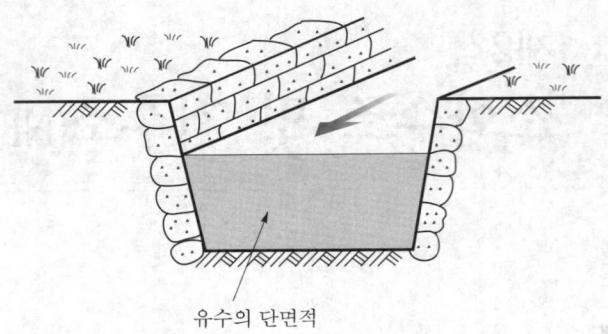

유수의 단면적

[그림 5-2-1] 유수를 이용한 소화수조

3. 특례 조항 : 소방시설법 시행령 별표 6 제4호

「위험물안전관리법」제19조에 따른 자체소방대가 설치된 특정소방대상물로서, 자체소방대가 설치된 제조소등에 부속된 사무실의 경우는 소화용수설비를 설치하지 않을 수 있다.

② 설치기준

1. 설치위치 : 제4조 1항(2.1.1)

소화수조 및 저수조의 채수구 또는 흡수관 투입구는 소방차가 2m 이내의 지점까지 접근할 수 있는 위치에 설치해야 한다.

2. 저수량 : 제4조 2항(2.1.2)

소화수조 또는 저수조의 저수량은 특정소방대상물의 연면적을 다음 표에 의한 기준면적으로 나누어 얻은 수(소수점 이하의 수는 1로 본다)에 $20m^3$를 곱한 양 이상이 되도록 한다.

[표 5-2-1] 저수량 기준

특정소방대상물	기준면적
① 1층 및 2층의 바닥면적의 합계가 $15,000m^2$ 이상	$7,500m^2$
② 위 ①에 해당하지 아니하는 그 밖의 소방대상물	$12,500m^2$

예제 기준층 바닥면적이 6,000m²인 지상 5층 건물에서 상수도 소화전 대신 소화수조를 설치하고자 한다. 이 경우 필요로 하는 저수량(m³)을 구하여라.

풀이 기준층 바닥면적이 6,000m²의 5층 건물이므로 [표 5-2-1]에서 '②'의 경우에 해당한다.
저수량은 연면적을 기준으로 하기에 연면적은 6,000×5＝30,000m²
30,000÷12,500＝2.4 → 3으로 한다(소수점 이하는 1로 본다).
∴ 3×20m³＝60m³, 즉 60m³가 필요 저수량이 된다.

3. 흡입방식의 종류

(1) 흡수관 투입구(吸水管 投入口) : 제4조 3항 1호(2.1.3.1)

1) 기준 : 소화수조 또는 저수조는 다음의 기준에 따라 흡수관 투입구 또는 채수구를 설치해야 한다.

① 지하에 설치하는 소화용수설비의 흡수관 투입구는 한 변이 0.6m 이상이거나 직경이 0.6m 이상일 것

② 소요수량이 80m³ 미만일 경우는 1개 이상, 80m³ 이상인 것은 2개 이상을 설치할 것

③ "흡수관 투입구"라고 표시한 표지를 설치할 것

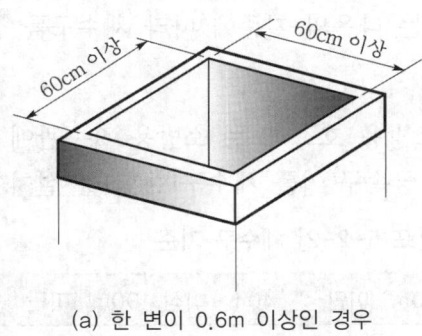
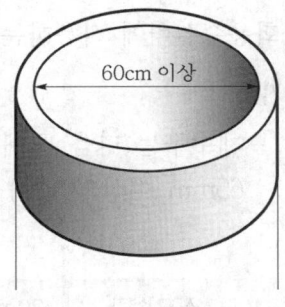

(a) 한 변이 0.6m 이상인 경우 (b) 직경이 0.6m 이상인 경우

[그림 5-2-2] 흡수관 투입구의 형태

2) 해설

① 물의 이론흡입 양정은 10.33m(1기압의 경우)이나 배관마찰손실 등으로 인하여 실제는 6m정도가 흡입이 가능한 상한값이 된다. 이때 소방펌프차의 지면에서 호스 접결구까지의 높이를 약 1.5m로 간주하면 실제 흡입이 가능한 높이는 4.5m 정도가 된다.

chapter
5
소화용수설비

② 따라서 지표면에서 수조 내부 바닥까지의 거리가 4.5m 미만일 경우는 소방
차의 펌프로 물을 흡입할 수 있으므로 소방호스를 투입하기 위한 지하수조
용 맨홀이 흡수관 투입구이다.

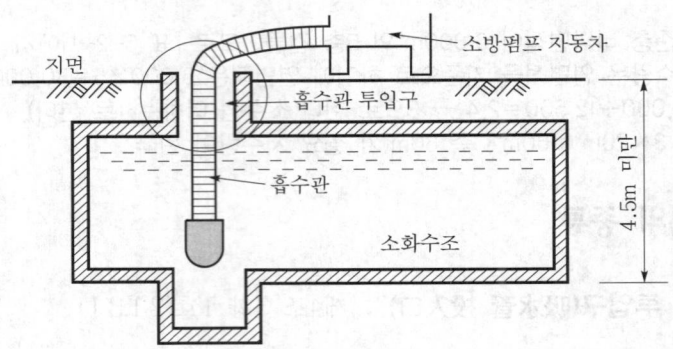

[그림 5-2-3] 흡수관 투입구와 소방차의 흡수관

③ 한 변이 0.6m 이상이란 사각형의 흡수관 투입구를 뜻하며, 직경이 0.6m 이
상이란 원형의 흡수관 투입구를 말한다. 이 경우 사각형 흡수관 투입구의 최
소면적은 $0.36m^2(0.6m \times 0.6m)$이며, 원형 흡수관 투입구의 최소면적은 약
$0.28m^2(\pi \times 0.3m \times 0.3m)$가 된다.

(2) 채수구(採水口) : 제4조 3항 2호(2.1.3.2)

소화용수설비에 사용하는 채수구는 다음의 기준에 따라 채수구를 설치할 것

1) 기준

① 채수구는 다음 표에 따라 소방용 호스 또는 소방용 흡수관에 사용하는 구경
65mm 이상의 나사식 결합 금속구(이를 채수구라 함)를 설치할 것

[표 5-2-2] 채수구 기준

소요수량	20m³ 이상 40m³ 미만	40m³ 이상 100m³ 미만	100m³ 이상
채수구의 수	1개	2개	3개

② 채수구는 지면으로부터 높이가 0.5m 이상 1m 이하의 위치에 설치할 것
③ "채수구"라고 표시한 표지를 할 것

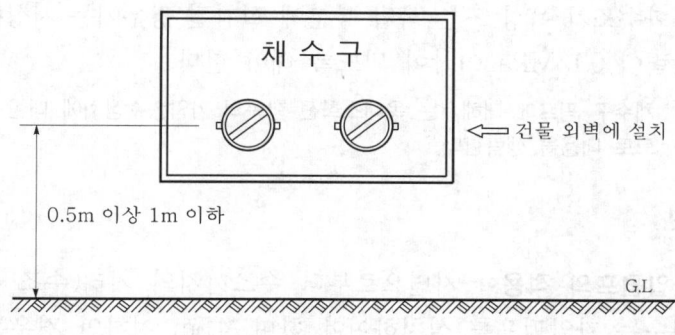

채 수 구

건물 외벽에 설치

0.5m 이상 1m 이하

G.L

[그림 5-2-4] 채수구 설치 모습

2) 해설

① 채수구나 흡수관 투입구를 2개 모두 설치하는 것이 아니고 상황에 따라 1개만 설치하는 것으로 흡수관 투입구는 소방차의 자체펌프에 의하여 흡입을 하는 것이고 채수구는 소방대상물에 설치된 건물 자체의 펌프에 의하여 양수(揚水)된 것을 소방차가 흡입하는 것이다.

② 이에 비해 지표면에서 수조 내부 바닥까지의 거리가 4.5m 이상일 경우에는 소방차 펌프로 흡입 불능상태가 되어 흡수관 투입구를 사용할 수 없으므로, 소방대상물 자체에서 소화수조용 가압펌프를 설치하여(채수구용 가압펌프) 지상으로 송수하게 되면 소방차가 이를 흡입하는 것으로 이때 소방차의 소방호스를 접결하는 것이 채수구이다.

4. 가압송수장치 : 제5조 1항(2.2)

(1) 기준

1) 소화수조 또는 저수조가 지표면으로부터의 깊이(수조 내부 바닥까지의 길이를 말한다)가 4.5m 이상인 지하에 있을 경우 다음 표에 의한 가압송수장치를 해야 한다.

[표 5-2-3] 가압송수장치 기준

소요수량	$20m^3$ 이상 $40m^3$ 미만	$40m^3$ 이상 $100m^3$ 미만	$100m^3$ 이상
펌프토출량	1,100 $l$pm	2,200 $l$pm	3,300 $l$pm

2) 다만, 규정에 따른 저수량을 지표면으로부터 4.5m 이하인 지하에서 확보할 수 있는 경우에는 소화수조 또는 저수조의 지표면으로부터의 깊이에 관계없이 가압송수장치를 설치하지 않을 수 있다.

3) 소화수조가 옥상 또는 옥탑 부분에 설치된 경우에는 지상에 설치된 채수구에서의 압력이 0.15MPa 이상이 되도록 해야 한다.

　🈯 채수구 펌프에 대해서는 옥내소화전 항목의 가압송수장치에 대한 일반적인 기술기준을 준용하므로 내용을 생략한다.

(2) 해설

1) **가압펌프의 적용** : 지면으로부터 수조까지의 거리(수조 바닥면)가 4.5m 이상인 경우는 가압펌프를 설치하여야 하며, 4.5m 이하인 경우는 가압펌프를 설치하지 않는다는 의미이다.

2) **0.15MPa의 의미** : 맨홀에 흡수관 투입구를 설치하여 물을 흡입하는 경우는 내부가 보강(補强)되어 있는 흡관용 소방호스를 사용하게 된다. 그러나 옥상수조의 경우는 흡수관 투입구를 설치할 수 없으므로, 대신 소방차의 흡수관을 접속하여야 하나 이 경우 자연압이 낮은 경우는 소방차에서 펌프를 사용할 경우 흡입압력으로 인하여 호스가 압착되어 변형되므로 물을 흡입할 수 없게 된다. 따라서 최소 0.15MPa 이상의 낙차압은 발생하여야 옥상수조를 소화수조로 인정한다는 뜻이다.

3) **지하수조와 저수조의 비교** : 위의 내용을 정리하면 다음과 같다.

[표 5-2-4] 지하수조와 옥상수조

종 류	조 건	적용방법
지하수조	깊이 4.5m 이상	채수구(가압송수장치 설치)
	깊이 4.5m 미만	흡수관 투입구(가압송수장치 제외)
옥상수조	압력 0.15MPa 이상	채수구(가압송수장치 제외)
	압력 0.15MPa 미만	설치할 수 없음.

6장 용도별 설비

제1절
비상전원수전설비의 화재안전기준
(NFPC & NFTC 602)

NFSC 601(다중이용업소의 화재안전기준) : 폐지

당초 NFSC 601의 경우, 행정자치부 고시 제2004-36호로「다중이용업소의 화재안전기준」을 제정하고 2004. 6. 4.부터 시행하였으나, 고시기준을 특별법인「다중이용업소의 안전관리에 관한 특별법」으로 2006. 3. 24. 개편하였다. 이후 1년 후인 2007. 3. 25.자로 동법 시행령과 시행규칙을 제정 시행하면서 NFSC 601은 2007. 3. 25.자로 폐지되었다.

---

① 개 요

1. 개념 및 적용

(1) 개념

1) 비상전원수전설비에 대한 최초의 도입은 1995. 7. 13. 당시 행정자치부 고시 1995-24호로서 자동식 소화설비가 있는 경우 소규모건물에도 비상발전기를 설치하여야 하는 문제점과 이를 유지관리 하여야 하는 것을 개선하기 위하여 도입된 것으로 상용전원의 신뢰도와 내화성능을 향상시킨 제한적인 범위의 비상전원설비이다.

2) 동 기준은 일본에서 시행하고 있는 2개의 법령을 준용하여[483] 제정한 것으로 이후 화재안전기준(NFSC 602)으로 도입되고 2022. 12. 1.자로 고시기준의 NFPC(성능기준) 602와 공고기준의 NFTC(기술기준) 602로 분법화되었다.

---

483) 준용한 2개의 법령은 ① 큐비클(Cubicle)식 비상전원전용수전설비의 기준(일본소방청 고시 제8호 : 2000. 5. 31. 개정)과 ② 배전반 및 분전반의 기준(일본소방청 고시 제8호 : 2000. 5. 31. 개정)이다.

(2) 비상전원 적용 : 비상전원수전설비를 적용할 수 있는 경우는 다음과 같다.

[표 6-1-1] 비상전원으로 비상전원수전설비를 적용하는 소방시설

소방시설	적용기준	용량
① 스프링클러설비 ② 미분무소화설비	• 차고, 주차장으로 스프링클러설비를 설치한 부분의 바닥면적 합계가 1,000m² 미만인 경우	20분
③ 간이스프링클러설비	• 대상건물 전체(전원이 필요한 경우)	10분 또는 20분[주]
③ 포소화설비	• 호스릴포 또는 포소화전만을 설치한 차고, 주차장 • 포헤드 또는 고정포 방출설비가 설치된 부분의 바닥면적 합계가 1,000m² 미만인 경우	20분
⑤ 비상콘센트설비	• 7층 이상으로 연면적 2,000m² 이상인 경우 • 지하층의 바닥면적의 합계가 3,000m² 이상인 경우	20분

㊟ 20분인 경우 해당
  1. 근린생활시설로 사용하는 부분의 바닥면적의 합계가 1,000m² 이상인 것은 모든 층
  2. 숙박시설로서 사용하는 바닥면적의 합계가 300m² 이상 600m² 미만인 시설
  3. 복합건축물로서 연면적 1,000m² 이상인 것은 모든 층

2. 비상전원수전설비의 수전방식

(1) 고압(또는 특별고압) 수전방식

전기사업자인 한전으로부터 전력을 수전하는 경우 이를 비상전원수전설비로 적용받으려면 고압 이상의 수전설비는 반드시 ① 방화구획형 ② 옥외개방형 ③ 큐비클(Cubicle)형의 3가지 수전방식 중 어느 하나가 되어야 한다.

1) 방화구획형 : 제5조 1항 1호(2.2.1.1)

  ① 전용의 방화구획 내에 설치할 것

> ▷ 변압기 등의 수전시설을 방화구획된 전용의 전기실 등에 설치하는 것을 의미한다.

2) 옥외개방형 : 제5조 2항(2.2.2.1 & 2.2.2.2)

  ① 건축물의 옥상에 설치하는 경우에는 그 건축물에 화재가 발생할 경우에도 화재로 인한 손상을 받지 않도록 설치할 것
  ② 공지에 설치하는 경우에는 인접 건축물에 화재가 발생한 경우에도 화재로 인한 손상을 받지 않도록 설치할 것

[그림 6-1-1] 옥외개방형(예)

→ 옥외개방형의 경우는 건물의 옥상이나 공지(空地)에 수전설비를 설치하는 것을 말한다. 이 경우 옥상에 설치할 경우는 본 건물 화재시 손상을 받지 않도록 위치를 선정하여야 하며, 공지에 설치할 경우는 주변의 건물화재시 손상을 받지 않도록 보호조치를 하여야 한다. 아울러 옥외개방형은 개방상태일지라도 수전설비에 대한 보호와 불특정다수인의 출입 통제와 안전을 위해 펜스를 설치하여야 한다.

3) 큐비클(Cubicle)형 : 제5조 3항 1호(2.2.3.1)

전용 큐비클 또는 공용 큐비클식으로 설치할 것

[그림 6-1-2] 큐비클형(예)

→ ① 큐비클(Cubicle) : 큐비클이란 수전설비나 변전설비 등을 금속제의 접지된 캐비닛에 수납하여 설치하는 수변전시설이다. KS C 4507(큐비클식 고압수전설비)에서는 큐비클에 대한 정의를 "고압수전설비로 사용하는 기기 1식을 금속상자 안에 넣은 것"이라고 정의하고 있다. KSC 4507은 1976. 7. 30. 제정 이후 6.6kV급에 해당하는 표준으로 존치하였으나, 현재는 25.8kV 제품만 생산되고 6.6kV 제품은 생산 실적이 없어 2016. 12. 15.자로 규격을 폐지하였다.
② 큐비클의 설치 : 비상전원수전설비로서의 큐비클은 전용큐비클이나 공용큐비클 중 하나를 선정하여 설치하여야 한다. 전용큐비클은 소방회로전용의 수변전설비와 그 밖의 기기 및 배선을 큐비클에 수납한 것을 말하며, 공용큐비클은 소방회로와 기타 일반회로를 겸용으로 한 수변전설비와 그 밖의 기기 및 배선을 큐비클에 수납한 것을 말한다.

(2) 저압수전방식 : 제6조(2.3)

저압으로 수전하는 소방대상물의 경우 비상전원 수전설비는 ① 전용배전반형(1종 2종), ② 전용분전반형(1종, 2종), ③ 공용배전반형(1종, 2종) ④ 공용분전반형(1종 2종)의 4종류로 구분한다. 다만, 제3조(1.7) 정의에서는 공용배전반을 정의하고 본문인 제6조(2.3)에서는 "공용배전반"이 누락되어 있어 법의 보완이 필요하며 전용의 배전반과 분전반, 공용의 배전반과 분전반은 다음과 같다.

1) 기준 : 제3조 4호 & 5호(1.7.1.4 & 1.7.1.5)

① "전용배전반"이란 소방회로 전용의 것으로서 개폐기, 과전류 차단기, 계기, 그 밖의 배선용 기기 및 배선을 금속제 외함에 수납한 것을 말한다.

② "전용분전반"이란 소방회로 전용의 것으로서 분기 개폐기, 분기 과전류차단기, 그 밖의 배선용 기기 및 배선을 금속제 외함에 수납한 것을 말한다.

③ "공용배전반"이란 소방회로 및 일반회로 겸용의 것으로서 개폐기, 과전류 차단기, 계기, 그 밖의 배선용 기기 및 배선을 금속제 외함에 수납한 것을 말한다.

④ "공용분전반"이란 소방회로 및 일반회로 겸용의 것으로서 분기 개폐기, 분기 과전류 차단기, 그 밖의 배선용 기기 및 배선을 금속제 외함에 수납한 것을 말한다.

2) 해설

① 비상전원수전설비에서 배전반이나 분전반에 대한 분류는 일본기준[484]을 준용한 것으로, 국내의 경우도 이를 준용하여 비상전원수전설비에서 배전반이나 분전반을 전용과 공용의 2가지로 구분하고 있다. 배전반은 건물의 인입점 이후에 설치된 전원회로를 배전(配電)하기 위한 주전원판넬이며, 분전반은 배전반 이후 전원회로를 각 분기회로별로 공급하기 위해 설치된 분기용 전원판넬이 된다.

[그림 6-1-3] 배전반(예)

---

484) 배전반 및 분전반의 기준 : 일본소방청 고시 제8호(2000. 5. 31.)

② 전용이란 분·배전반 내에 소방회로만을 전용으로 수납하여 설치한 것을 말하며 공용이란 분·배전반 내에 소방 이외의 회로를 같이 수납하여 설치한 것을 말한다. 배전반에서는 개폐기와 과전류 차단기는 주개폐기 및 주차단기의 개념이나, 분전반에서는 개폐기나 차단기는 분기용 개폐기나 분기회로용 차단기가 된다.

[그림 6-1-4] 분전반(예)

② 비상전원수전설비의 시설기준

1. 고압(또는 특고압) 수전방식

(1) 기준

1) **방화구획형/옥외개방형** : 제5조 1항 2호 & 4호(2.2.1.2 & 2.2.1.4)

① 소방회로배선은 일반회로배선과 불연성 벽으로 구획할 것. 다만, 소방회로배선과 일반회로배선을 15cm 이상 떨어져 설치한 경우는 그렇지 않다.

② 소방회로용 개폐기 및 과전류 차단기에는 "소방시설용"이라 표시할 것

2) **큐비클형** : 제5조 3항(2.2.3)

chapter

6

용도별 설비

① 큐비클 외함의 기준

[표 6-1-2] 전용 또는 공용큐비클의 외함

구 분	전용큐비클 또는 공용큐비클로 설치(NFTC 2.2.3.1)
설치 (NFTC 2.2.3.4)	① 건축물의 바닥 등에 견고하게 고정할 것
구조 (NFTC 2.2.3.2)	① 외함은 두께 2.3mm 이상의 강판과 이와 동등 이상의 강도와 내화성능 ② 개구부에는 60분+방화문, 60분 방화문 또는 30분 방화문으로 설치
수납용 설비 (NFTC 2.2.3.5)	수납하는 수전설비, 변전설비, 그 밖의 기기 및 배선은 다음의 기준에 적합하게 설치할 것 ① 외함 또는 프레임(Frame) 등에 견고하게 고정할 것 ② 외함의 바닥에서 10cm(시험단자, 단자대 등의 충전부는 15cm) 이상의 높이에 설치할 것
부속설비 (NFTC 2.2.3.3)	① 표시등(불연성 또는 난연성 재료로 덮개를 설치한 것에 한한다) ② 전선의 인입구 및 인출구 ③ 환기장치 ④ 전압계(퓨즈 등으로 보호한 것에 한한다) ⑤ 전류계(변류기의 2차측에 접속된 것에 한한다) ⑥ 계기용 전환스위치(불연성 또는 난연성 재료로 제작된 것에 한한다)
전선 인입구 및 인출구 (NFTC 2.2.3.6)	전선 인입구 및 인출구에는 금속관 또는 금속제 가요전선관을 쉽게 접속할 수 있도록 할 것

㊟ 부속설비 중 ①은 외함에 노출설치가 가능하며 옥외에 설치하는 경우는 ①~③에 대해서는 노출하여 설치할 수 있다.

② 큐비클 환기장치의 기준(NFTC 2.2.3.7)

[표 6-1-3] 전용 또는 공용큐비클의 환기장치

구 분	전용큐비클 또는 공용큐비클
목적 (NFTC 2.2.3.7.1)	① 내부의 온도가 상승하지 않도록 환기장치를 할 것
종류 (NFTC 2.2.3.7.2, 2.2.3.7.3)	① 자연환기구 : 개구부 면적의 합계는 외함의 한 면에 대하여 당해 면적의 1/3 이하로 할 것. 이 경우 하나의 통기구의 크기는 직경 10mm 이상의 둥근막대가 들어가서는 아니 된다. ② 강제환기구 : 자연환기구에 따라 충분히 환기할 수 없는 경우에는 환기설비를 설치할 것
부속설비 (NFTC 2.2.3.7.4)	① 환기구에는 금속망, 방화댐퍼 등으로 방화조치를 하고, 옥외에 설치하는 것은 빗물 등이 들어가지 않도록 할 것

③ 큐비클 내 배선 및 기기의 구획(NFTC 2.2.3.8) : 공용큐비클식의 소방회로와 일반회로에 사용되는 배선 및 배선기기는 불연재료로 구획할 것

(2) 해설

1) 방화구획형 및 옥외개방형

① 격벽 설치 : 공용배전반이나 공용분전반의 경우는 소방회로만을 단독으로 설치하는 것이 아니라 소방설비 이외의 일반회로도 설치하게 된다. 이러한 경우 비상전원수전설비로 적용하려면 불연성의 격벽으로 상호(소방회로와 일반회로)간에 구획하여 일반배선에서 화재가 발생할 경우 소방회로에 직접적으로 소손 등의 영향을 주지 않아야 한다. 만일 격벽을 설치할 수 없는 경우에는 최소 15cm를 이격한 경우는 격벽설치와 동등한 것으로 간주하고 있다. 큐비클형일 경우는 회로배선뿐 아니라 배선용 기기까지도 불연재료로 상호(소방회로와 일반회로)간에 구획하도록 규정하고 있다.

② 표지판 설치 : 일반회로용에는 표지판을 설치하지 아니하나, 소방용 회로의 경우는 개폐기 및 과전류 차단기에 "소방시설용"이란 표지판을 설치하여 유지관리 및 회로 보수시 유의하도록 하며, 표지판에 대한 재질이나 규격은 별도의 기준을 제정하지 않고 있다.

2) 큐비클형

① 외함의 구조 : 큐비클형은 전용큐비클이나 공용큐비클 중 하나를 선정하여 설치하여야 한다. 전용이나 공용의 경우 큐비클의 강판 두께인 2.3mm 이상은 KS 기준[485]에서 옥외형 큐비클을 참고하여 제정한 기준이며 또한 동등 이상의 강도와 내화성능이 있어야 한다. 동 기준에서 KS D 3501은 "열간압연 연강판 및 강대"에 대한 기준이며, KS D 3512는 "냉간압연 강판 및 강대(鋼帶 ; Strip)"의 기준으로 동 기준에서 큐비클의 두께 2.3mm를 적용한 것은 결국 비상전원수전설비의 경우는 옥외용 큐비클 규격을 사용하라는 뜻이다.

② 외함의 개구부 : 개구부에 설치하는 방화문은 60분＋방화문, 60분 방화문 또는 30분 방화문으로 설치하고 "건축물의 피난·방화구조 등의 기준에 관한 규칙" 제26조(방화문의 구조)를 적용하도록 한다.

③ 외함의 설치방법 : KS 기준[486]에 의하면 큐비클 외함은 바닥에서 10cm 이상, 시험단자, 단자대의 충전부는 15cm 이상 높이에 설치하여야 하며 바닥 등에 견고하게 고정시켜야 한다. 제5조 3항 5호는 이를 준용하여 제정한 것이다.

---

485) KS C 4507(큐비클식 고압수전설비) 7.2(금속상자) : 강제의 튼튼한 구조로 하고 KS D 3501 또는 KS D 3512에서 규정하는 강판을 사용하기로 하고 강판의 두께는 옥내용은 표준 두께 1.6mm 이상, 옥외용은 표준 두께 2.3mm 이상으로 할 것

486) KS C 4507(큐비클식 고압수전설비) 7.3(수납기기의 부착)
- 금속상자는 바닥면에서 100mm 이상의 높이에 부착하고 충전부 부착위치는 바닥면에서 150mm 이상의 높이로 할 것
- 금속상자, 틀 등에 견고히 부착할 것

chapter

6

용도별 설비

④ **외함의 전선 인입·인출구** : 큐비클에서 전선의 인입구 및 인출구에 대한 기준은 KS 기준에 별도로 없으며, 본 조문은 일본의 고시[487]를 준용하여 제정한 것이다

⑤ **외함의 부속설비** : 일반적으로 고압의 수전설비는 큐비클에 수납하여 설치하는 것이나 다음의 경우에는 큐비클의 외함에 노출하여 설치할 수 있도록 한 것이다
  ㉮ 충전부가 노출되어 있지 않는 장치류인 경우
  ㉯ 용도상 외함에 장착하여야 하는 시설물인 경우
  ㉰ 외부에서 관리자가 조작을 하는 조작용 스위치인 경우
  ㉱ 육안으로 확인을 하여야 하는 계측장치인 경우

⑥ **외함의 환기장치**
  ㉮ 온도기준 : 수변전설비를 큐비클의 금속상자 안에 넣으면 기기나 전선에서 발생하는 열에 의해 온도가 상승하게 되므로 각 기기 및 재료의 기준에서 특별히 지정하지 않는 한 표준상태에서 사용하여야 하며 표준상태란 옥내외를 막론하고 40℃ 이하를 말하며 24시간의 평균온도값은 35℃를 초과하지 않아야 한다.[488]
  ㉯ 자연환기 : 자연환기구의 각 개구부 면적의 합은 한 면당 1/3을 초과할 수 없으며 이에 대한 근거는 일본의 기준인 "큐비클식 비상전원 전용수전설비의 기준" 제2조 7항을 준용한 것으로 KS C 4507에서는 규정하고 있지 않다. 하나의 통기구의 크기는 직경 10mm 이상의 둥근막대가 들어가서는 안 되는 이유는 외부에서 쥐와 같은 동물의 침입을 방지하기 위해서이며 KS C 4507에서 다음과 같이 규정하고 있다.

> **KS C 4507(큐비클식 고압수전설비) : 7.2(금속상자)**
> 통기구멍에는 쥐가 드나들지 못하게 하고 지름 10mm의 둥근 봉이 들어가는 구멍 또는 틈이 없을 것. 또 Cable 관통부 등도 같은 모양으로 한다.

  ㉰ 강제환기 : 큐비클에 대한 통기구의 환기장치는 원칙적으로 자연환기를 기본으로 하는 것으로 큐비클 내 온도는 냉각방법에 따라 크게 좌우되므로 환기구멍의 크기, 위치 및 수량, 금속상자의 겉모양 치수 등에 대하여 충분히 검토하고 적용하여야 한다. 그러나 수전용량이 500kVA를 넘는 경우는 자연환기만으로는 온도상승을 기준 이내로 억제하는 것이 곤란하므로 큐비클 내 환기장치에 대한 기준은 KS 기준[489]에 다음과 같이 별도로 규정하고 있다. 따라서 수전용량 500kVA 이하에서는 자연환기로 온

487) 큐비클식 비상전원 전용수전설비의 기준(일본소방청 고시 제8호 : 2000. 5. 31.) 제3조 6항
488) KSC 4507(큐비클식 고압수전설비) 4.1 표준사용 상태
489) KSC 4507(큐비클식 고압수전설비) 7.5(환기)

도상승을 억제하여도 무방하나, 자체적으로 기계 환기장치를 할 경우에는 다음의 기준에 따라 적용하여야 한다.

→ KS C 4507(큐비클식 고압수전설비) : 7.5(환기)
환기는 다음에 적합하여야 한다.
① 환기는 통기구멍 등으로 자연환기를 하는 것을 원칙으로 한다.
② 수전설비 용량 500kVA를 넘고 기계 환기장치를 설치하여야 하는 경우는 다음에 따를 것
  ㉮ 환기장치는 2대 이상으로 할 것
  ㉯ 1대마다 독립한 고장경보장치를 설치할 것
  ㉰ 교체는 안전하면서 쉽게 할 수 있을 것

⑦ 배선 및 기기의 구획
  ㉮ 전용큐비클의 경우는 소방회로만 사용하는 관계로 불연재료로 구획하지 않으나, 공용큐비클의 경우는 소방회로와 기타 일반회로를 동시에 수납하여 사용하는 관계로, 소방회로의 보호를 위하여 상호간에 불연재료로 구획을 하여야 한다. 공용큐비클의 경우 그 밖의 기준은 전용큐비클을 준용하거나 큐비클에 대한 KS C 4507을 적용하도록 한다.
  ㉯ 건축법상 구조부의 재료는 불연재료, 준불연재료, 난연(難燃)재료로 구분하며 구조의 경우는 내화구조, 방화구조로 구분한다.

2. 저압수전방식

(1) 기준

전기사업자로부터 저압으로 수전하는 비상전원수전설비는 전용배전반(1·2종)·전용분전반(1·2종) 또는 공용분전반(1·2종)으로 해야 한다(NFTC 2.3.1).

1) 제1종 배전반 및 분전반 : 제6조 1항(2.3.1.1)

[표 6-1-4(A)] 제1종 배전반 및 분전반의 구조

구 분	제1종 배전반 및 제1종 분전반의 기준
외함	① 외함 두께는 1.6mm(전면은 2.3mm)의 강판 ② 외함 내부는 외부의 열에 의해 영향을 받지 많도록 내열성 및 단열성 재료로 단열처리 ③ 다음은 외함에 노출하여 설치할 수 있다. 　㉠ 표시등(불연성 또는 난연성 재료로 덮개를 설치한 것에 한한다) 　㉡ 전선의 인입구 및 입출구
배선	① 외함은 금속관 또는 금속제 가요전선관을 쉽게 접속할 수 있도록 하고 접속부분에는 단열조치 ② 공용(배전반 및 분전반)의 경우에는 소방회로와 일반회로에 사용하는 배선 및 배선용 기기는 불연재로 구획

2) 제2종 배전반 및 분전반 : 제6조 2항(2.3.1.2)

[표 6-1-4(B)] 제2종 배전반 및 분전반의 구조

구 분	제2종 배전반 및 제2종 분전반의 기준
외함	① 외함 두께는 1mm(함 전면의 면적이 1,000cm² 초과 2,000cm² 이하인 경우 1.2mm, 2,000cm²를 초과하는 경우 1.6mm)의 강판 ② 단열을 위해 배선용 불연전용실에 설치할 것 ③ 다음은 외함에 노출하여 설치할 수 있다. 　㉠ 표시등(불연성 또는 난연성 재료로 덮개를 설치한 것에 한한다) 　㉡ 전선의 인입구 및 입출구 　㉢ 120℃의 온도를 가했을 때 이상이 없는 전압계 및 전류계
배선	① 외함은 금속관 또는 금속제 가요전선관을 쉽게 접속할 수 있도록 하고 접속부분에는 단열조치 ② 공용(배전반 및 분전반)의 경우에는 소방회로와 일반회로에 사용하는 배선 및 배선용 기기는 불연재로 구획

(2) 해설

1) 저압수전에 있어서 1종 및 2종 분·배전반의 경우는 일본의 기준을 준용하였으나, 일본의 경우는 국내와 같이 단순히 분·배전반에 대한 두께나 함의 면적 등 외형적인 사항만 만족한다고 가능한 것이 아니라 내화시험 등 성능시험을 하여 합격한 경우에 한하여 이를 사용할 수 있다.

2) 예를 들면 제1종 분·배전반은 시험기준은 건축물의 내화시험에 따른 화재온도 곡선에 따라 840℃(허용 온도범위 ±10%)에서 30분간 가열시험을 하며 시험한 후 판정은 단열조치를 취한 내부의 온도가 280℃ 이하이어야 한다. 제2종 분·배전반의 경우는 화재온도곡선의 1/3에 해당하는 280℃(허용 온도범위 ±10%)에서 30분간 가열시험을 하여 내부 온도가 105℃ 이하가 되어야 한다.[490] 가열로에서 시험을 할 경우 온도 및 시간에 대한 기준은 건축부재의 내화시험에 사용하는 국제적인 "표준시간－온도곡선(Standard time-temperature curve)"을 적용하며 국내의 KS F 2257－1(건축부재의 내화시험방법－일반요구사항)에 해당하는 일본의 JIS(일본공업규격) A 1304를 적용하고 있다.

---

490) 배전반 및 분전반의 기준(일본소방청 고시 제8호 : 2000. 5. 31. 개정) 제4조

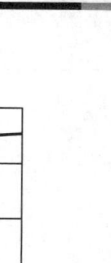

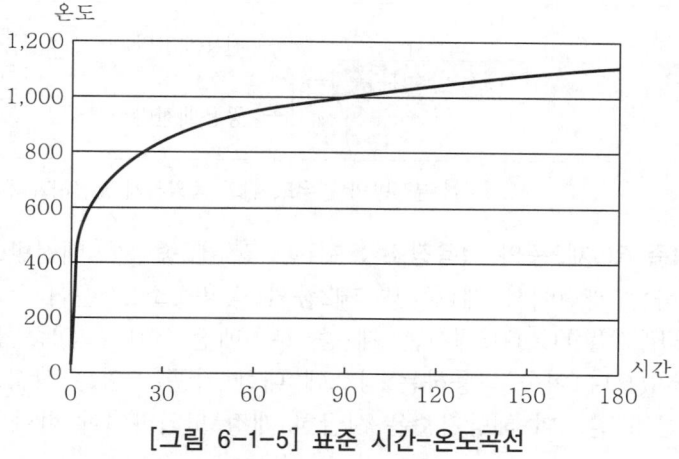

[그림 6-1-5] 표준 시간-온도곡선

3) 현재 국내에서는 비상전원수전설비에 대한 법령만 제정된 것일 뿐 실질적으로 비상전원수전설비에 사용하는 각종 분·배전반 및 관련된 배선용 전기장치류에 대한 화재 성능시험을 할 수 있는 기준이나 제도가 되어 있지 않은 실정이다.

4) **분·배전반 용어의 정의** : KS에서 제정한 국제전기용어 기준 441장491)을 보면 배전반에 대해 "일반적으로 제어, 측정, 보호 및 조정장비가 관련된 스위칭과 차단기 등의 총칭. 발전, 전력의 전송, 배전, 변환에 관련된 결합체, 보조물, 상자와 지지구조 등에 관련된 위의 장치들의 집합체도 포함된다"라고 정의하고 있다. 분전반의 경우는 종전의 분전반 기준인 KS C 8320(분전반의 통칙)은 IEC규격과 부합화를 위하여 2003. 9. 30. 폐지되었으나 동 기준에서 분전반은 "분기 과전류 차단기(개폐기를 겸하는 것을 포함한다)를 기판에 모아서 부착한 것. 분기개폐기, 주과전류 차단기, 주개폐기 등을 병설한 것. 수급용 계기, 전류제한기의 설치장소를 마련한 것도 분전반에 포함한다"라고 정의하고 있다.

5) **제1종 및 제2종 분·배전반의 기준** : 이는 일본의 고시(배전반 및 분전반의 기준 : 일본소방청 고시 제8호)를 준용하여 외함 및 배선설치 기준을 제정한 것이다. 규격은 제1종 분·배전반이 화재에 더 우수한 규격으로 저압수전 건축물에서는 전원회로를 비상전원수전설비로 인정받기 위해서는 건물 내 설치하는 분·배전반의 규격은 제46조를 만족하여야 한다. 비상전원수전설비용 분·배전반은 다음과 같이 전용과 공용으로 구분하고 이를 다시 1종 또는 2종으로 분류하게 된다.

chapter

6

용도별 설비

---

491) KSCIEC 60050-441(2001년) 441-11-02 배전반(Switchgear) : 국제기준인 IEC 60050-441 (1984)을 준용하여 작성된 한국산업규격이다.

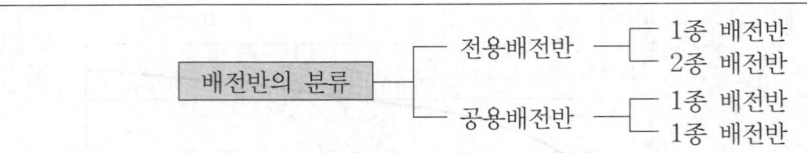

		전용배전반		1종 배전반
배전반의 분류				2종 배전반
		공용배전반		1종 배전반
				1종 배전반

주) 분전반의 경우도 위와 동일하게 분류하게 된다.

6) 제1종 및 제2종의 적용장소 : 제1종 및 제2종 분·배전반에 대한 일본기준을 준용하는 과정에서 제1종 및 제2종의 적용장소 기준이 누락되었다. 이로 인하여 NFPC/NFTC 602에서는 제1종 분·배전반이나 제2종 분·배전반의 구조기준은 있으나 이를 적용하는 장소에 대한 기준은 없는 상황으로 누락된 기준[492]은 다음과 같으며 해당기준은 시급히 개정 도입하여야 한다.

① 1종 배전반 또는 1종 분전반 : 원칙적으로 저압수전 방식인 경우의 건물은 제1종을 설치하여야 한다.

② 2종 배전반 또는 분전반 : 불연재료로 구획된 변전실, 기계실(화재발생의 우려가 있는 기기가 설치된 것은 제외한다), 보일러실 기타 이와 유사한 장소에는 2종을 설치할 수 있다.

③ 1종 이외의 배전반 또는 분전반

㉮ 불연재료로 된 벽, 기둥, 바닥, 천장(천장이 없는 경우는 반자)으로 구획된 경우, 다만 창이나 출입문은 방화문을 설치한 전용실에 한한다.

㉯ 옥외 또는 주요구조부가 내화구조인 건축물의 옥상(인접한 건축물 등으로부터 3m 이상 이격하여 있거나 또는 해당 수변전설비로부터 3m 미만의 범위에 인접한 건축물 등의 부분이 불연재료로 되어 있는 경우에 한한다. 다만, 당해 건축물 등의 개구부에 방화문이 설치된 경우에 한한다)의 경우는 1종 이외의 배전반이나 분전반을 설치할 수 있다.

③ 비상전원수전설비의 회로 배선기준

1. 총칙

(1) 인입선의 기준

1) 기준 : 제4조 1항(2.1.1)

인입선은 특정소방대상물에 화재가 발생할 경우에도 화재로 인한 손상을 받지 않도록 설치해야 한다.

---

492) 일본소방법 시행규칙 제12조 1항 4호

2) 해설

① 용어의 정의 : 인입선(引入線)이란 관련기준[493]에서 "가공인입선 및 수용장소의 조영물의 옆면 등에 시설하는 전선으로서 그 수용장소의 인입구에 이르는 부분의 전선"을 말한다. 본문에서 가공인입선이란 "가공전선로의 지지물로부터 다른 지지물을 거치지 아니하고 수용장소의 붙임점에 이르는 가공전선"을 말한다. 또한 조영물(造營物)이란 토지에 정착(定着)한 시설물 중 지붕 및 기둥 또는 벽이 있는 시설물로서 비상전원수전설비를 설치하는 소방대상물에 해당한다.

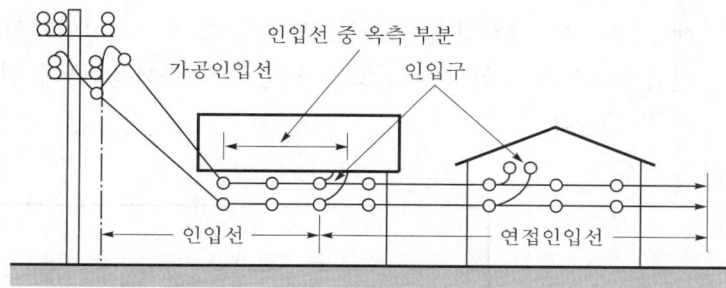

[그림 6-1-6] 인입선의 구분

② 인입선 설치 : 전원회로용 인입선의 경우는 가공인입선, 연접인입선, 옥측배선, 지중전선로의 4가지 방법이 있으나 화재로 인한 손상을 받지 않아야 하므로 이 중에서 선정 및 설치시 건물화재로부터 피해가 없는 공사방식을 고려하여야 한다.

㉮ 가공(架空)인입선 : 가공전선로의 지지물로부터 다른 지지물을 거치지 아니하고 수용장소의 붙임점에 이르는 가공전선을 말한다.

㉯ 연접(連接)인입선 : 한 수용장소의 인입선에서 분기하여 지지물을 거치지 아니하고 다른 수용 장소의 인입구에 이르는 부분의 전선을 말한다.

㉰ 옥측(屋側)배선 : 옥외의 전기사용장소에서 그 전기사용장소에서의 전기사용을 목적으로 조영물에 고정시켜 시설하는 전선을 말한다.

㉱ 지중전선로 : 전선에 케이블을 사용하고 또한 관로식·암거식(暗渠式) 또는 직접 매설식에 의하여 시설하는 전선을 말한다.

(2) 인입구배선의 기준 : 제4조 2항(2.1.2)

1) 기준 : 인입구 배선은 NFTC 102(옥내소화전) 표 2.7.2(1)에 따른 내화배선으로 해야 한다.

---

493) 전기설비기술기준(산업통상자원부 고시) 제3조(정의) 1항 9호

2) 해설

① **인입구(引入口) 배선** : 인입구 배선은 제3조 11호(1.7.1.11)에 따른 용어의 정의에서 "인입선 연결점으로부터 특정소방대상물 내에 시설하는 인입개폐기에 이르는 배선"을 말한다. 이와 같이 인입구 배선이란 건물 외부에서 건물에 인입되는 지점인 인입구(인입선 연결점)부터 인입용 개폐기까지의 배선을 말한다.

② **인입개폐기** : 인입개폐기란 제3조 4호에서 "전기설비기술기준 제190조의 규정에 따른 것"을 말한다. 현재 전기설비기술기준 제190조는 삭제되었으며 해당 조문은 전기설비기술기준의 판단기준(전기설비) 제169조로 이관되었다. 인입개폐기란 저압 옥내전로의 인입구에 가까운 곳에 설치하는 전용의 개폐기를 뜻한다.

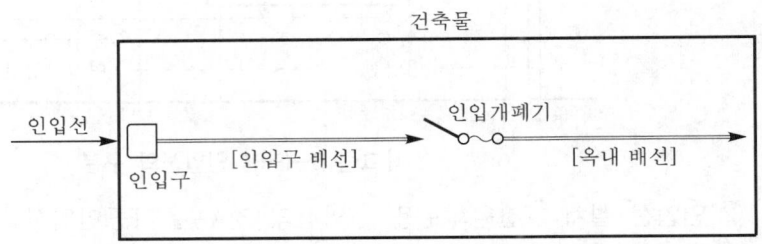

※ 내화배선에 대한 해설 : 제2장 경보설비 - 제1절 자동화재탐지설비 및 시각경보장치 - 8. 전원 및 배선기준 - 3. 내화 및 내열배선을 참고하기 바람.

2. 고압(또는 특고압) 수전설비의 회로

(1) 기준 : 제5조 1항 3호 & 5호(2.2.1.3 & 2.2.1.5)

1) 일반회로에서 과부하, 지락사고 또는 단락사고가 발생한 경우에도 이에 영향을 받지 아니하고 계속하여 소방회로에 전원을 공급시켜 줄 수 있어야 할 것

2) 전기회로는 별표 1(그림 2.2.1.5)와 같이 결선할 것

[표 6-1-5] 고압(또는 특고압) 수전의 경우 : 별표 1(그림 2.2.1.5)

전용의 전력용 변압기에서 소방부하에 전원을 공급하는 경우	공용의 전력용 변압기에서 소방부하에 전원을 공급하는 경우
인입구에서 배선 CB_{10}(또는 PF_{10}) CB_{11}(또는 PF_{11}) CB_{12}(또는 PF_{12}) Tr1 Tr2 CB_{21}(또는 F_{21}) CB_{22}(또는 F_{22}) 소방부하 일반부하	인입구 배선 CB_{10}(또는 PF_{10}) Tr CB_{21}(또는 F_{21}) CB_{22}(또는 F_{22}) 소방부하 CB(또는 F) CB(또는 F) 일반부하 일반부하
㈜ 1. 일반회로의 과부하 또는 단락사고시에 CB_{10}(또는 PF_{10})이 CB_{12}(또는 PF_{12}) 및 CB_{22}(또는 F_{22})보다 먼저 차단되어서는 아니 된다. 　2. CB_{11}(또는 PF_{11})은 CB_{12}(또는 PF_{12})와 동등 이상의 차단용량일 것	㈜ 1. 일반회로의 과부하 또는 단락사고시에 CB_{10}(또는 PF_{10})이 CB_{22}(또는 F_{22}) 및 CB(또는 F)보다 먼저 차단되어서는 아니 된다. 　2. CB_{21}(또는 F_{21})은 CB_{22}(또는 F_{22})와 동등 이상의 차단용량일 것

[약호(명칭)] • CB(전력차단기) • F(퓨즈 : 저압용)
　　　　　　• PF(전력퓨즈 : 고압 또는 특별고압용) • Tr(전력용 변압기)

(2) 해설

1) **전기회로 사고** : 회로에서 전기사고가 발생할 경우는 과전류가 흐르게 되며 이로 인하여 차단기가 작동하게 된다. 따라서 일반회로 사고시 차단기가 작동하여도 이는 소방회로에 영향을 주지 않아야 하며 차단기가 작동되는 전기사고는 주로 다음의 종류와 같다.

① **과부하(過負荷)** : 각 회로에는 접속하여야 할 정격용량의 부하가 있으며 이를 초과하여 부하가 접속되어 있을 경우는 허용전류를 초과하여 전류가 흐르게 된다. 전류가 정격전류의 범위일 경우는 발열에 따른 열이 발산되어 전기적으로 문제가 없으나 과부하일 경우는 과도한 전류로 인한 줄(Joule)열의 발생으로 과열되어 화재의 위험이 있으며 이 경우 과전류로 인하여 차단기가 작동하게 된다.

chapter

6

용도별 설비

② **지락(地絡)** : 전로를 형성하는 전선 중 한 선이 끊어져서 지면이나 또는 지면에 있는 수목이나 물체 등에 접속될 경우를 지락이라 한다. 이는 결국 도선으로 흐르는 전류가 도체를 통하여 대지로 흐르는 현상으로 이에 따라 감전이나 주변의 가연물에 착화하여 화재의 요인이 될 수 있으며 아울러 지락시는 회로의 차단기가 작동하게 된다.

③ **단락(短絡)** : 전위차를 갖는 회로 상의 두 부분이 피복의 손상 등의 이유로 전기적으로 접촉되는 현상을 말한다. 전위차가 있는 두 지점이 전기적인 접촉을 했을 때 이 접점은 저항이 0에 가까운 상태이므로 이 부분을 통해 많은 양의 대전류가 순간적으로 흐르게 되며 이로 인하여 열이 발생하여 화재의 원인이 되며 아울러 단락사고의 경우는 차단기가 작동하게 된다.

2) 별표 1(그림 2.2.1.5)의 적용

① [표 6-1-5]는 고압(특별고압)에서 소방부하나 일반부하가 사고시 회로차단에 관한 사항으로, 일반부하에서 과부하(過負荷)나 지락(地絡), 단락(短絡)과 같은 사고가 발생할 경우 소방회로가 먼저 차단되지 않도록 하라는 것과 주차단기가 분기차단기보다 먼저 차단되지 않도록 하라는 것이 기본적인 의미이다. 항목구분에서 전용의 변압기란 소방부하와 일반부하용 변압기가 분리되어 있는 것이며, 공용의 변압기란 소방부하와 일반부하용 변압기가 동일한 것을 말한다.

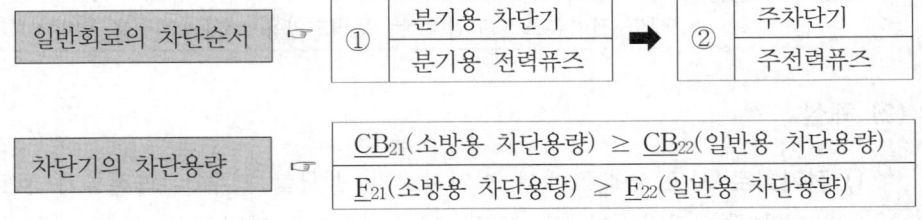

② CB란 차단기(Circuit breaker)로서 고압의 회로에서 정상상태에서는 회로를 수동 개폐하는 역할 외에 이상상태에서는 자동으로 회로를 차단시켜 기기를 보호하는 전기기구이다. 회로에 단락사고 등 사고가 발생할 경우 차단기가 단락전류를 차단할 수 있는 능력이 있어야 하며 차단능력이 없다면 중대사고로 이어지게 된다. 차단용량이란 정격전압을 V(V), 정격차단전류를 I(A)라고 하면 $\sqrt{3}\,VI$가 된다.

③ PF란 전력퓨즈(Power fuse)로서 고압의 회로 및 계기의 단락보호용 퓨즈로서 차단기에 비해 소형 경량이지만 큰 차단용량을 가지고 있으며, 고속으로 차단이 가능하고 보수가 용이한 기기이다. 보통 소용량 변압기나 고압 모터용 차단기에 사용한다.

3. 저압수전설비의 회로

(1) 기준 : 제6조 3항(2.3.1.3.1 & 2.3.1.3.3)

1) 일반회로에서 과부하·지락사고 또는 단락사고가 발생한 경우에도 이에 영향을 받지 아니하고 계속하여 소방회로에 전원을 공급시켜 줄 수 있어야 할 것

2) 전기회로는 별표 2(그림 2.3.1.3.3)와 같이 결선할 것

[표 6-1-6] 저압수전의 경우 : 별표 2(그림 2.3.1.3.3)

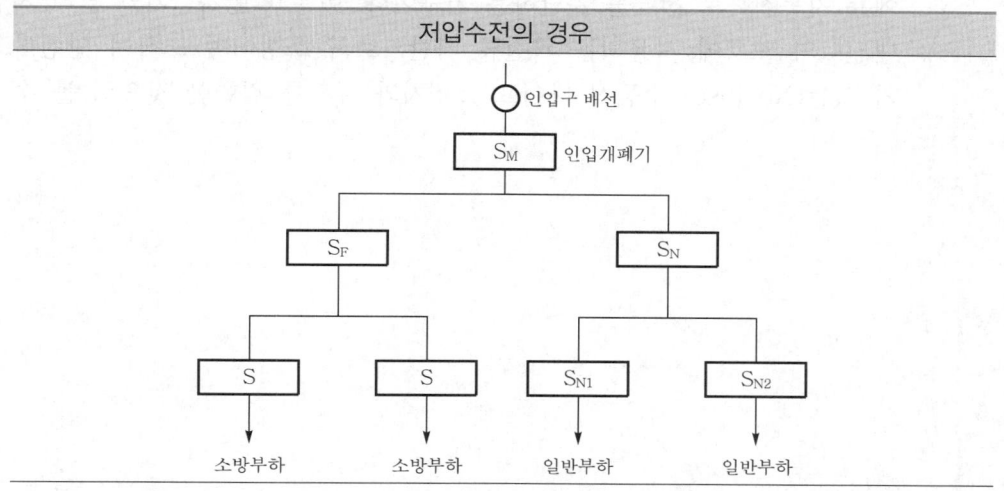

저압수전의 경우

🈺 1. 일반회로의 과부하 또는 단락사고시 S_M이 S_N, S_{N1} 및 S_{N2}보다 먼저 차단되어서는 아니 된다.
　 2. S_F는 S_N과 동등 이상의 차단 용량일 것

[약호(명칭)] S : 저압용 개폐기 및 과전류 차단기

(2) 해설

1) 별표 2(그림 2.3.1.3.3)의 그림도 저압에서 소방부하나 일반부하가 사고시 회로차단에 관한 사항으로, 일반부하에서 과부하(過負荷)나 지락(地絡), 단락(短絡)과 같은 사고시에도 소방회로가 먼저 차단되지 않도록 하라는 것과 인입개폐기(S_M)가 일반용 부하의 분기 개폐기(S_N, S_{N1}, S_{N2})보다 먼저 차단되지 않도록 하라는 것이 기본적인 개념이다. 별표 2에서 말하는 과전류 차단기(S)란 일반개폐기 내에 설치한 퓨즈에 의해 자동으로 차단되거나 배선용 개폐장치인 MCCB(Molded Case Circuit Breaker)와 같은 개폐장치에 의해 자동으로 Trip되는 전기기구를 말한다.

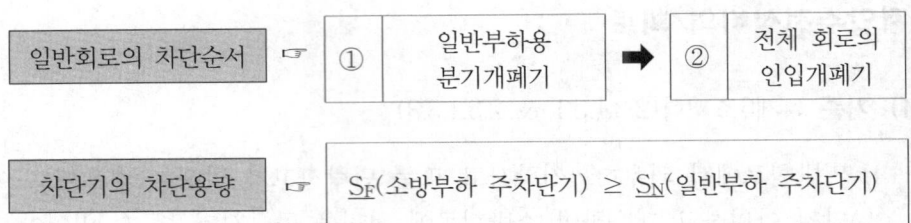

2) MCCB란 "배선용 차단기"로서 개폐기구, 트립장치 등을 절연물 용기 내에 일체형으로 조립한 것으로 수동으로 개폐할 수 있으며 과부하나 단락 등의 사고시에는 자동적으로 전류를 차단하는 기구이다. 이는 일반차단기와 달리 저압의 옥내전로의 보호에 사용되는 과전류 차단기로서 소형이며 조작이 안전하고 퓨즈가 없는(No fuse) 수동식 나이프 스위치와 퓨즈를 결합한 것으로 볼 수 있다.

제2절
도로터널의 화재안전기준
(NFPC & NFTC 603)

1 개 요

1. 정의

도로터널이란 도로법 제10조에서 규정한 도로의 일부로서 자동차의 통행을 위해 지붕이 있는 지하 구조물을 말한다[NFPC 603(이하 동일) 제3조 1호/NFTC 603(이하 동일) 1.7.1.1].

 도로법 제10조(도로의 종류와 등급)

도로의 종류는 다음 각 호와 같고, 그 등급은 다음에 열거한 순위에 의한다.
1. 고속국도　　　　2. 일반국도　　　　3. 특별시도·광역시도　　　　4. 지방도
5. 시도(市道)　　　6. 군도(郡道)　　　7. 구도(區道)

2. 도로터널의 법령

(1) 기준 제정

1) 국내 화재안전기준은 소방대상물의 용도별 기준이 아닌 소방시설별 기준이나, 최근에 자주 발생하는 터널 화재를 방지하고자 최초로 소방대상물의 용도별 기준인 "도로터널 화재안전기준(NFSC 603)을 2007. 7. 27.자로 제정하였다. 도로터널의 경우 관련 기준은 그동안 여러 화재안전기준에 분산되어 있던 것을 통합하고 이를 대폭적으로 개정한 것으로 기존의 화재안전기준에 있던 터널과 관련된 기준과는 매우 상이한 내용으로 되어 있으며 이와 같은 이유는 다음과 같다.

2) 2003년 대구 지하철 사건 이후에 지하 터널구조물의 화재에 대한 효과적인 방재대책을 수립하고자 한국터널공학회의 자문을 받아 건설교통부 도로국에서 2004. 12. "도로터널 방재시설 설치지침"(이하 터널 방재지침)을 제정하였다.494)

동 지침에서는 도로터널을 터널길이에 따라 4개 등급으로 분류하고, 이에 맞는 방재시설을 구분하여 적용하도록 하고 외국의 사례를 검토하여 소방시설별로 다양한 기준을 제정하였다. 이후 건교부에서 공사 발주를 하는 도로의 각종 터널에서는 동 지침에 따라 설계용역을 하거나 발주처가 이를 기준으로 공사를 시행하고 있으므로 이를 감안하여 동 지침을 준용하여 NFSC 603을 제정한 것이다. 이후 2022. 12. 1.자로 고시기준인 NFPC(성능기준) 603과 공고기준인 NFTC(기술기준) 603으로 분법화되었다.

(2) 도로터널의 종류

NFPC/NFTC 603에서 규정하는 터널의 종류는 다음과 같다.

1) 양방향 터널 : 하나의 터널 안에서 차량의 흐름이 서로 마주보게 되는 터널을 말한다.

2) 일방향 터널 : 하나의 터널 안에서 차량의 흐름이 하나의 방향으로만 진행되는 터널을 말한다.

② 도로터널의 화재안전기준

1. 소화기 : 제5조(2.1)

(1) 기준

1) 능력단위

① 소화기의 능력단위는 A급화재는 3단위 이상, B급화재는 5단위 이상 및 C급화재에 적응성이 있는 것으로 할 것

② 소화기의 총 중량은 사용 및 운반의 편리성을 고려하여 7kg 이하로 할 것

2) 배치기준

① 소화기는 주행차로의 우측 측벽에 50m 이내의 간격으로 2개 이상을 설치하며, 편도 2차선 이상의 양방향 터널과 4차로 이상의 일방향 터널의 경우에는 양쪽 측벽에 각각 50m 이내의 간격으로 엇갈리게 2개 이상을 설치할 것

---

494) 동 지침은 국토교통부 주관으로 한국터널공학회에서 개정작업을 실시하여 2009. 4. "도로터널 방재시설 설치 및 관리지침"으로 개정되었다.

② 바닥면(차로 또는 보행로를 말한다)으로부터 1.5m 이하의 높이에 설치할 것
③ 소화기구함의 상부에 "소화기"라고 조명식 또는 반사식의 표지판을 부착하여
사용자가 쉽게 인지할 수 있도록 할 것

(2) 해설

1) 배치기준

① 터널의 소화기는 일방향이나 양방향 터널의 차로 수에 따라 한쪽 또는 양쪽
측벽에 설치하도록 규정한 것이다. 이 경우 우측 측벽에 설치하는 이유는
차량 주행시 1차로가 아닌 우측 차로에 정차한 후 소화기를 사용하여야 하
기 때문이다. 또한 터널 내의 전체 차로(車路)가 3개 차로 이하일 경우는 한
쪽에만 설치하며 4개 차로 이상일 경우는 양쪽에만 설치하는 것을 기준으로
한 것이다.

[표 6-2-1] 터널의 소화기 설치기준

소화기 설치구분	터널의 조건	설치방법
① 한쪽 측벽 설치	• 양방향 터널 : 편도 1차로 이하 • 일방향 터널 : 3차로 이하	한쪽 측벽 우측에 50m이내 간격(2개 이상 설치)
② 양쪽 측벽 설치	• 양방향 터널 : 편도 2차로 이상 • 일방향 터널 : 4차로 이상	양쪽 측벽에 50m 이내 간격(엇갈리게 2개 이상 설치)

② 2개 이상을 설치한다는 것은 소화기 2개를 1조로 하여 동일 장소에 설치한
다는 의미이며, 엇갈리게 설치한다는 것은 예를 들면 다음과 같이 설치하는
것을 말한다.

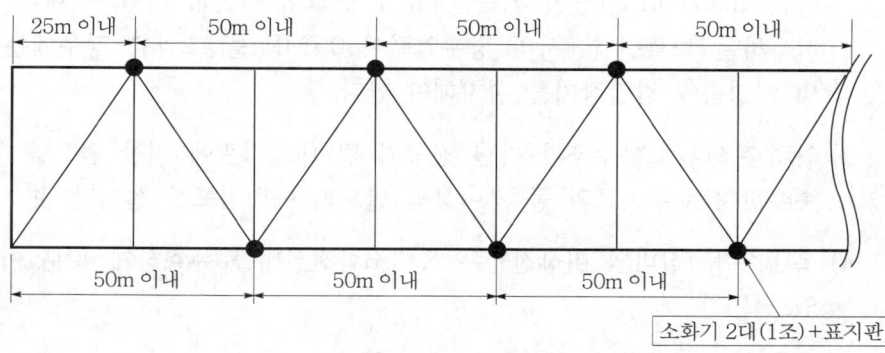

[그림 6-2-1] 터널의 소화기 배치기준

2) 소화기 표지판

① 터널의 경우 소화기 표지판은 일반 건축물과 달리 어두운 장소인 관계로 반 드시 조명식이나 반사식의 표지판으로 설치하여야 한다.

② 이 경우 조명식 표지판이란 빛을 발하는 광원이 있는 것으로 광원에는 형광 등, CCFL(냉음극형 형광램프), LED, 표시램프 등이 있다. 반사식 표지판이 란 자체에 광원이 있는 것이 아니라 "소화기" 글씨가 쓰인 표지판을 부착한 것으로 자동차의 불빛을 받을 경우 빛을 발하여 글씨를 확인할 수 있도록 한 반사식의 표지판을 말한다.

2. 옥내소화전설비 : 제6조(2.2)

(1) 배치기준

소화전함과 방수구는 주행차로 우측 측벽을 따라 50m 이내의 간격으로 설치하 며, 편도 2차선 이상의 양방향 터널이나 4차로 이상의 일방향 터널의 경우에는 양쪽 측벽에 각각 50m 이내의 간격으로 엇갈리게 설치할 것

(2) 수원 및 가압송수장치

1) 수원은 그 저수량이 옥내소화전의 설치개수 2개(4차로 이상의 터널의 경우 3개) 를 동시에 40분 이상 사용할 수 있는 충분한 양 이상을 확보할 것

2) 가압송수장치는 옥내소화전 2개(4차로 이상의 터널인 경우 3개)를 동시에 사용 할 경우 각 옥내소화전의 노즐선단에서의 방수압력은 0.35MPa 이상이고 방수 량은 190ℓ/min 이상이 되는 성능의 것으로 할 것. 다만, 하나의 옥내소화전을 사용하는 노즐선단에서의 방수압력이 0.7MPa을 초과할 경우에는 호스접 결구 의 인입측에 감압장치를 설치해야 한다.

3) 압력수조나 고가수조가 아닌 전동기 및 내연기관에 의한 펌프를 이용하는 가압 송수장치는 주펌프와 동등 이상인 별도의 예비펌프를 설치할 것

4) 옥내소화전설비의 비상전원은 옥내소화전설비를 유효하게 40분 이상 작동할 수 있도록 할 것

> ① 국토교통부의 "터널 방재지침 3.2 옥내소화전"을 준용하여 방수압을 0.35MPa, 방수량 을 190ℓpm, 수원량 및 토출량 적용은 동시 사용개수 2개(4차로 이상의 경우는 3개), 비상 전원을 40분 이상으로 규정하였다.
> ② 터널 방재지침에서 비상전원을 40분으로 한 것은 터널의 지역적인 특성상 도심지가 아니 므로 소방차의 출동시간을 고려하여 방수 지속시간을 최소 40분 이상으로 규정한 것이다.

(3) 방수구 및 호스

1) 방수구는 40mm 구경의 단구형을 옥내소화전이 설치된 벽면의 바닥면으로부터 1.5m 이하의 높이에 설치할 것

2) 소화전함에는 옥내소화전 방수구 1개, 15m 이상의 소방호스 3본 이상 및 방수 노즐을 비치할 것

3. 물분무소화설비 : 제7조(2.3)

(1) 물분무 헤드는 도로면에 $1m^2$당 $6l/min$ 이상의 수량을 균일하게 방수할 수 있도록 할 것

(2) 물분무설비의 하나의 방수구역은 25m 이상으로 하며, 3개 방수구역을 동시에 40분 이상 방수할 수 있는 수량을 확보할 것

(3) 물분무설비의 비상전원은 물분무소화설비를 유효하게 40분 이상 작동할 수 있도록 할 것

> ① 국토교통부의 "터널 방재지침" 3.3 물분무소화설비를 준용하여 방사량은 $6l/min \cdot m^2$로 한다.
> ② 아울러 동 지침에 따라 방수구역은 25m 이상으로 하며 수량기준은 3개 방수구역을 40분 이상 방수할 수 있는 수량으로 한다.

4. 비상경보설비 : 제8조(2.4)

(1) 기준

1) 발신기

① 발신기는 주행차로 한쪽 측벽에 50m 이내의 간격으로 설치하며, 편도 2차선 이상의 양방향 터널이나 4차로 이상의 일방향 터널의 경우에는 양쪽의 측벽에 각각 50m 이내의 간격으로 엇갈리게 설치할 것

② 발신기는 바닥면으로부터 0.8m 이상 1.5m 이하의 높이에 설치할 것

2) 시각경보장치

시각경보기는 주행차로 한쪽 측벽에 50m 이내의 간격으로 비상경보설비 상부 직근에 설치하고, 전체 시각경보기는 동기방식에 의해 작동될 수 있도록 할 것

chapter

6

용도별 설비

3) 음향장치

① 음향장치는 발신기 설치위치와 동일하게 설치할 것. 다만, 비상방송설비의 화재안전기준(NFPC/NFTC 202)에 적합하게 설치된 방송설비를 비상경보설비와 연동하여 작동하도록 설치한 경우에는 비상경보설비의 지구음향장치를 설치하지 않을 수 있다(NFTC 2.4.1.2).

② 음향장치의 음량은 부착된 음향장치의 중심으로부터 1m 떨어진 위치에서 90dB 이상이 되도록 할 것(NFTC 2.4.1.3)

③ 음향장치는 터널 내부 전체에 동시에 경보를 발하도록 설치할 것

(2) 해설

1) 발신기

① 터널의 경우는 자동화재탐지설비 규정에서 발신기 기준을 삭제하고, NFPC/NFTC 603에서 위와 같이 별도 규정한 것으로 설치는 우측차로의 측벽에 설치하도록 한다.

[표 6-2-2] 터널의 발신기 배치기준

발신기 설치구분	터널의 조건	설치방법
① 한쪽 측벽 설치	• 양방향 터널 : 편도 1차로 이하 • 일방향 터널 : 3차로 이하	한쪽 측벽에 50m 이내 간격
② 양쪽 측벽 설치	• 양방향 터널 : 편도 2차로 이상 • 일방향 터널 : 4차로 이상	양쪽 측벽에 50m 이내 간격 (엇갈리게 설치한다)

② 엇갈리게 설치한다는 것은 소화기와 같이 다음과 같이 설치하는 것을 말한다.

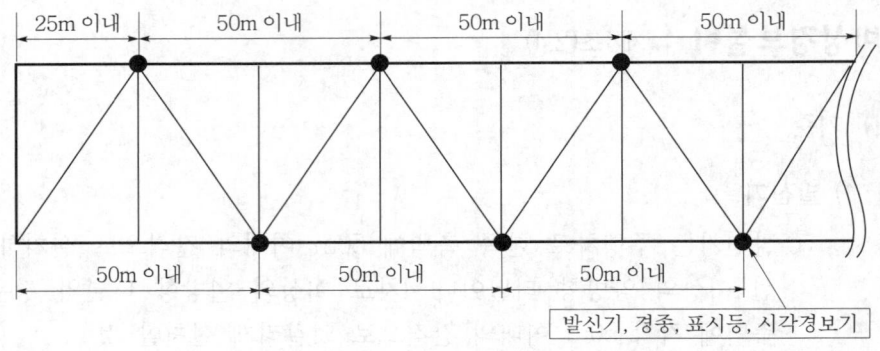

[그림 6-2-2] 터널의 발신기 배치기준

2) 시각경보장치

① 시각경보장치는 1초당 1~3회 점멸하는 것으로 각각의 시각경보기 점멸시간이 일치하지 않으나, 동기식이란 설치된 시각경보기의 점멸주기가 일정하고 시각

경보기가 동시에 점멸하는 것을 말한다. NFPC/NFTC 203에서는 이를 법적 요구사항으로 규정하고 있지 않으나 공공장소의 경우는 시각경보기가 다수 설치되는 대공간의 경우에 비동기식을 적용할 경우 장애인 중 광(光)과민성 환자의 경우는 문제가 될 우려가 있다. 이를 보완하기 위해서는 동조기(同調器 ; Synchronizing module)를 사용하여 점멸시기를 동조(일치)시켜 주어야 한다.

② 그러나 제8조 6항(2.4.1.4)에서 터널의 경우는 시각경보기가 동기방식에 의해 작동되는 것을 요구하고 있다. 이는 정상인의 경우에도 터널 내부에서 화재가 발생할 경우는 밀폐공간이라는 특수성으로 인하여 Panic현상이 발생할 수 있으므로 혼란을 방지하기 위하여 전체 시각경보기를 동기방식으로 작동하도록 규정한 것이다.

③ 동조기는 수신기와 시각경보기간에 설치하는 것으로 동조기의 사양이 해당 제품별로 다르므로 모든 제품에 대해 범용으로 적용되지는 않는다.

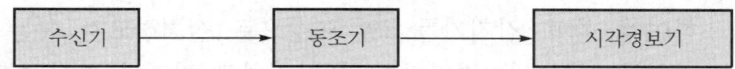

3) 음향장치

① 음량(音量 ; Loudness)은 발생 음압에 관계없이 청감으로 느끼는 "소음의 강도"이며 단위는 폰(Phone, 표시할 경우 phon)을 사용하며 이에 대해 음압(音壓 ; Sound pressure)은 음파가 가하는 단위면적당 압력으로서 음의 강도에 해당하며, 단위는 데시벨(dB)을 사용한다.

② NFPC/NFTC 203(자동화재탐지설비)이나 NFPC/NFTC 603(도로터널)에서는 경종의 음량은 90dB 이상으로 규정하고 있으며 단위가 (dB)이므로 "음량"이 아니고, "음압"으로 개정되어야 한다.

③ 터널의 경우에는 일반 소방대상물과 같이 층이 구분되지 않는 동일 평면이므로 구분경보를 하지 않고 터널 전체에 동시경보가 되도록 한 것이다. 이는 터널의 길이가 길어 화재가 발생한 지점과 멀리 떨어져 있는 경우에도 피난할 수 있는 출입구가 좌우 양쪽의 입구에 한정되어 있으므로 신속하게 터널 전체에 화재발생을 알려서 조기에 대피가 가능하도록 한 조치이다.

5. 자동화재탐지설비 : 제9조(2.5)

(1) 감지기

1) 터널에 설치할 수 있는 감지기의 종류
① 차동식 분포형 감지기

chapter

6

용도별 설비

② 정온식 감지선형 감지기(아날로그식에 한한다. 이하 같다)

③ 중앙기술심의위원회의 심의를 거쳐 터널화재에 적응성이 있다고 인정된 감지기

2) 감지기의 설치기준은 다음의 기준과 같다. 다만, 중앙기술심의위원회의 심의를 거쳐 제조사 시방서에 따른 설치방법이 터널화재에 적합하다고 인정되는 경우에는 다음의 기준에 의하지 아니하고 심의결과에 의한 제조사 시방서에 따라 설치할 수 있다.

① 감지기의 감열부(열을 감지하는 기능을 갖는 부분을 말한다. 이하 같다)와 감열부 사이의 이격거리는 10m 이하로, 감지기와 터널 좌·우측 벽면과의 이격거리는 6.5m 이하로 설치할 것

② 제1호의 규정에 불구하고 터널 천장의 구조가 아치형의 터널에 감지기를 터널 진행방향으로 설치하고자 하는 경우에는 감열부와 감열부 사이의 이격거리를 10m 이하로 하여 아치형 천장의 중앙 최상부에 1열로 감지기를 설치하여야 하며, 감지기를 2열 이상으로 설치하고자 하는 경우에는 감열부와 감열부 사이의 이격거리는 10m 이하로 감지기 간의 이격거리는 6.5m 이하로 설치할 것

③ 감지기를 천장면(터널 안 도로 등에 면한 부분 또는 상층의 바닥 하부면을 말한다. 이하 같다)에 설치하는 경우에는 감기기가 천장면에 밀착되지 않도록 고정금구 등을 사용하여 설치할 것

④ 형식승인 내용에 설치방법이 규정된 경우에는 형식승인 내용에 따라 설치할 것. 다만, 감지기와 천장면과의 이격거리에 대해 제조사의 시방서에 규정되어 있는 경우에는 시방서의 규정에 따라 설치할 수 있다.

> 차동식 분포형과 정온식 감지선형의 경우 터널과 터널 이외의 장소에 대한 기준을 달리 적용하고 있다.

[표 6-2-3] 감지기의 (벽간)수평거리 및 (상호)이격거리

거 리	감지기 종류	터널 (화재안전기준 603)	터널 이외 (화재안전기준 203)
(벽간) 수평거리	차동식 분포형	6.5m 이하	• 1.5m 이하 • 내화구조 : 1종(4.5m), 2종(3m) 이하
	정온식 감지선형		• 비내화구조 : 1종(3.0m), 2종(1m) 이하
(상호간) 이격거리	차동식 분포형	10m 이하	• 내화구조 : 9m 이하 • 비내화구조 : 6m 이하
	정온식 감지선형		—

　1. NFPC/NFTC 203에서 차동식 분포형은 공기관식의 경우이다.
　2. 터널의 경우 정온식 감지선형은 아날로그식에 한한다.

> ➡ 위와 같이 터널의 경우에는 감지기와 벽간의 거리 및 상호간 이격거리를 타 용도보다 완화시킨 이유는 터널 화재시는 좁은 폭의 긴 터널구조로 인하여 열이 상부로 상승하여 터널 천장에 모여 있는 관계로 상부에서 주로 감지가 되기 때문이다. 따라서 천장이 아치형의 경우에는 천장 상부의 중앙에 설치하도록 한 것이다.

(2) 경계구역

1) 하나의 경계구역의 길이는 100m 이하로 해야 한다.

> ➡ 터널은 경계구역 100m이나, 지하구의 경우는 경계구역 대신 먼지·습기 등의 영향을 받지 않고 발화지점(1m 단위)과 온도를 확인할 수 있도록 규정하고 있다.

2) 감지기의 설치기준 규정에도 불구하고 감지기의 작동에 의하여 다른 소방시설 등이 연동되는 경우로서 해당 소방시설 등의 작동을 위한 정확한 발화위치를 확인할 필요가 있는 경우에는 경계구역의 길이가 해당 설비의 방호구역 등에 포함되도록 설치해야 한다.

(3) 발신기 및 음향장치

발신기, 지구음향장치 및 시각경보기는 설치하지 않을 수 있다.

6. 비상조명등 : 제10조(2.6)

(1) 조도

상시 조명이 소등된 상태에서 비상조명등이 점등되는 경우 터널 안의 차도 및 보도의 바닥면의 조도는 10lx 이상, 그 외 모든 지점의 조도는 1lx 이상이 될 수 있도록 설치할 것

(2) 비상전원

1) 비상조명등은 상용전원이 차단되는 경우 자동으로 비상전원으로 60분 이상 점등되도록 설치할 것

2) 비상조명등에 내장된 예비전원이나 축전지설비는 상용전원의 공급에 의하여 상시 충전상태를 유지할 수 있도록 설치할 것

chapter

6

용도별 설비

7. 제연설비

(1) 설계 화재강도 : 제11조 1항(2.7.1)

1) 기준 : 제연설비는 다음 사양을 만족하도록 설계해야 한다.

① 설계화재강도 20MW를 기준으로 하고, 이때 연기발생률은 $80m^3/sec$로 하며, 배출량은 발생된 연기와 혼합된 공기를 충분히 배출할 수 있는 용량 이상을 확보할 것

② 제1호의 규정에도 불구하고 화재강도가 설계화재강도보다 높을 것으로 예상될 경우 위험도 분석을 통하여 설계화재강도를 설정하도록 할 것

2) 해설

① 용어의 개념

㉮ 연기발생률 : 연기발생률이라 함은 일정한 설계화재강도의 차량에서 단위시간(sec)당 발생하는 연기량(m^3)을 말한다.

㉯ 화재강도(Fire intensity) : 화재강도란 화염의 크기를 나타내는 기준으로 열방출률(HRR ; Heat Release Rate)을 의미한다. 화재강도는 가연물, 공기의 공급, 화재실의 구조에 따라 달라진다. HRR의 정의는 단위시간당 방출되는 열에너지로 단위는 (W)를 사용하며 (W=J/sec)이다. Flash over의 발생 여부는 HRR과 밀접한 관계가 있으며 HRR은 보통 다음의 식을 사용한다.

$$Q(kW) = m \cdot A \cdot \Delta H_C$$ .... [식 6-2-1]

여기서, Q : 열방출률(kW)
m : 질량연소속도($g/m^2 \cdot sec$)
A : 기화되는 면적(m^2)
ΔH_C : 연소열(kJ/g) → 단위질량당 방출되는 에너지

② 제연설비 용량 : 제연설비 용량은 설계화재강도와 임계풍속, 연기발생량에 따라서 차이가 발생하며 일반적인 설계화재강도 및 이에 따른 연기발생량은 국토교통부의 "터널 방재지침 6.1.2"에 의하면 다음 표와 같다.

[표 6-2-4] 설계화재 강도 및 연기발생량

적용 차종	승용차	버 스	트 럭	탱크롤리
화재강도(MW)	5	20	30	100
연기발생량(m^3/sec)	20	60~80	80	200

위 표에 따라 동 지침에서는 설계화재강도를 20MW로 하며, 이때의 연기발생량은 80m³/sec로 할 것을 권장하고 있다. 또한 화재강도가 설계화재강도보다 증가할 것으로 예상하여 설계 화재강도를 높게 설정하고자 하는 경우에는 위험도 분석을 수행하여 시행하도록 권고하고 있으며 이를 참고로 하여 제11조 1항(2.7.1)을 제정하였다.

(2) 환기장치 및 방식

1) 터널 제연의 개념

① 방연시스템(Smoke defence system)

㉮ 터널에서 화재시 발생하는 연기에 대한 대책은 일반건축물과는 매우 큰 차이를 보이게 된다. 즉, 터널은 공간적으로 일반건축물과 같이 거실, 복도, 계단, 부속실 등의 개념이 없는 좁고 긴 밀폐공간이라는 특성이 있으며 화재시 발생하는 열에 의한 부력으로 연기나 열기가 천장 부근으로 수직 상승한 후 터널의 양끝으로 이동하게 된다. 터널은 평소에도 차량의 배기가스를 배출시키기 위하여 환기 시스템에 의해 기류가 유동하고 있으며 아울러 피스톤 효과에 의해 터널의 축방향(차량 진행방향)으로 공기가 유동하게 된다.

 피스톤 효과(Piston effect)

> 터널과 같은 밀폐공간을 차량이 주행할 경우는 차량의 속도압에 따라 기류에 압력이 가해져서 터널의 축방향으로 기류가 흐르게 되는 현상을 말하며 이는 평상시 터널에 필요한 환기량을 보충하는 역할을 하게 된다.

㉯ 종류식은 터널 화재시 이러한 환기시스템을 이용하여 연기의 흐름을 피난 반대 방향으로 흐르게 하여 피난자의 대피공간을 확보하는 방법인 방연(防煙) 시스템을 적용하는 방식이다.

② 배연시스템(Smoke exhaust system)

㉮ 종류식이 수동적인 제연방식이라면, 횡류식은 능동적인 제연방식으로 터널 화재시 발생하는 연기를 직접 배출시켜 연기를 화재공간에서 제거하여 피난자가 대피할 수 있도록 하는 배연(排煙)시스템을 적용하는 방식이다.

㉯ 횡류식은 종류식에 비해 연기배출 기능이 양호하고 덕트를 설치하여 직접 연기를 배출하기 때문에 신뢰성이 매우 우수한 방식이다. 그러나 덕트로 인하여 터널 단면이 증가하며 유지관리 및 설치비용이 종류식보다 높아 적용에 어려움이 있다.

chapter

6

용도별 설비

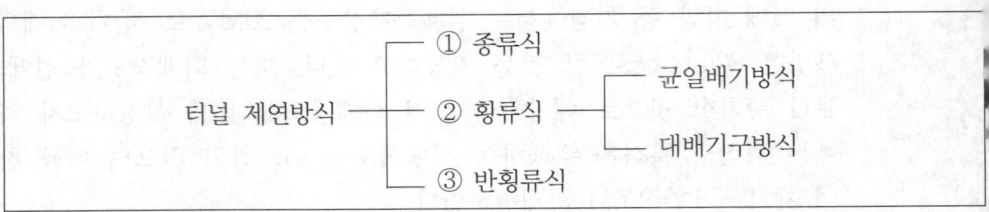

터널 제연방식 ─┬─ ① 종류식
　　　　　　　├─ ② 횡류식 ─┬─ 균일배기방식
　　　　　　　│　　　　　　└─ 대배기구방식
　　　　　　　└─ ③ 반횡류식

2) 터널 제연방식의 종류

① 종류식 환기방식(從流式 換氣方式 ; Longitudinal ventilation)

　㉮ 종류식은 터널의 환기방식 중 기류가 차도를 종(從)방향(차도길이 방향을 뜻함)으로 흐르는 방식으로 전용의 덕트가 없이 터널 전체를 일종의 덕트로 적용하는 방식이다. 급기는 터널 천장에 제트팬(Jet fan)을 설치하여 터널의 축 방향으로 환기를 하며 제트팬 이외에도 터널 중간 위치의 천장에 수직갱을 설치하거나 터널입구에서 급기를 하여 기류가 터널 길이 방향으로 흐르게 한다. 따라서 이 경우는 일방향터널에서는 효과가 있으나 장대(長大)터널의 경우는 환기풍량이 충분하지 않아 효과적이지 않다.

　㉯ 차량이 운행 중일 때에는 차량에 의한 피스톤효과가 도움을 주나 차량이 정지상태일 경우에는 역기류가 발생할 수 있다. 따라서 화점부근의 연기가 역류하는 것을 방지하기 위한 최저유속인 임계풍속을 유지할 수 있도록 시스템(제트팬의 수량, 설치거리, 풍량선정 등)을 계획하여야 한다.

> **역기류(逆氣流 ; Backlayering)/임계풍속(臨界風俗 ; Critical velocity)**
>
> 1. 역기류 : 화재시 차량의 진행이 정지된다면 피스톤효과가 없어지며 터널 축방향으로 기류의 흐름이 불량할 경우는 연기가 반대방향으로 이동하는 현상이 발생하는데 이를 역기류라 한다.
> 2. 임계풍속 : 임계풍속이란 터널화재에서 역기류 현상이 발생하지 않도록 하는 환기 기류의 최소속도로서 제트팬에서 발생하는 기류의 속도가 임계풍속 이상이 되어야 한다. 임계풍속은 터널의 형상(면적이나 높이 등), 터널 내 화재하중(차량의 연료하중 등), 열방출률(예상되는 차량별 화재 등)의 인자와 관련이 있다.

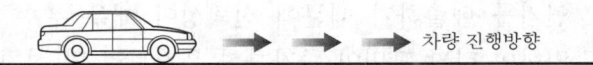

제트팬　　　→ 환기

차량 진행방향

[그림 6-2-3] 종류식 환기방식

② 횡류식 환기방식(橫流式 換氣方式 ; Transverse ventilation)

㉮ 횡류식은 터널의 환기방식 중 환기가 횡방향(바닥에서 천장)으로 흐르는 방식으로 덕트는 터널의 길이방향으로 설치하여 적용하는 방식이다. 전용의 급기덕트를 설치하여 외기를 공급하고 배기덕트는 화재시 연기나 평상시 오염된 공기를 배출시키게 된다. 급기와 배기가 차도를 중심으로 병렬로 동시에 이루어지며 급기용 송풍기와 배기용 송풍기, 그리고 급기구와 배기구를 터널 천장에 설치하여 환기를 한다. 차도바닥 부근에서 급기하고 실내 오염된 공기는 터널 천장 상부에서 배기하는 시스템이다.

㉯ 횡류식은 비용이 많이 소요되나 길이가 매우 긴 장대(長大)터널에 매우 효과적인 방식으로, 횡류식은 균일배기방식과 대배기구(大排氣口)방식의 2종류로 구분할 수 있다. 균일배기방식이란, 천장에 덕트를 설치하고 일정간격으로 배기구를 설치하여 배연을 수행하는 횡류환기방식의 한 종류로 단위길이당 배기풍량이 균일하도록 배기하는 방식을 말한다. 대배기구방식이란, 배기구에 개방 및 폐쇄가 가능한 전동댐퍼를 설치하여 화재시 화재지점 부근의 배기구를 개방하여 집중적으로 배연할 수 있는 횡류방식의 한 종류이다.

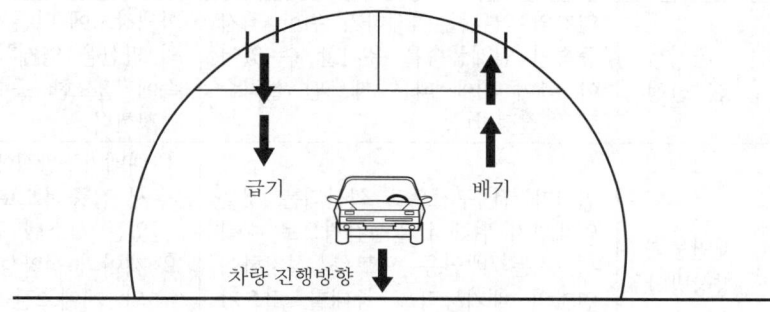

[그림 6-2-4] 횡류식 환기방식

③ 반횡류식 환기방식(半橫流式 換氣方式 ; Semi-transverse ventilation)

㉮ 반횡류식은 횡류식에서 급기만 적용하거나 또는 배기만 적용하는 방식으로, 급기형 반횡류방식과 배기형 반횡류방식으로 구분할 수 있으며 배기형은 급기형에 비해 일반적으로 환기효율이 불량하므로 급기형이 더 효율적이다. 그러나 급기형의 경우는 평상시 환기를 실시하다가 화재시에는 연기를 배출시키기 위하여 송풍기를 역회전시켜서 사용하므로 시간이 지연되어 화재 초기대응을 원활하게 하지 못하게 된다.

chapter

6

용도별 설비

④ 급기구로부터 공급된 공기가 여러 개의 연결구를 통해서 차도 내로 균등하게 공급되거나, 반대로 차도 내의 공기가 여러 개의 연결구를 통해서 배기구로 배기되는 방식이므로 횡방향과 종방향으로 기류를 흐르게 하여 환기하는 방식으로 국내에서는 적용사례가 없는 실정이다.

3) 횡류식과 종류식 환기설비의 특징

[표 6-2-5] 종류식과 횡류식의 비교

구 분	종류식	횡류식(또는 반횡류식)
연기의 제어 개념	화재지역으로부터 한 방향으로 연기 및 열기류를 유동시켜 방연하는 방식(Smoke defense system)이며 열기류의 유동방향 제어가 용이하다.	화재지역으로부터 연기를 배출하는 방식(Smoke exhaust system)이며 연기 및 열기류의 방향성 제어가 곤란하여 화재규모가 큰 경우에는 적응성이 떨어진다.
통행 방식에 따른 적용	① 양방향 터널보다는 일방향 터널에 대해 적응성이 우수하다. ② 교통 정체시에는 연기가 화재하류 지역의 차량이나 대피자를 침범할 수 있으므로 정체빈도가 높은 도시지역의 터널과 양방향 통행 터널에는 적절하지 않다.	① 일방향 터널의 경우에는 차량의 운행에 의해서 발생하는 피스톤 효과(차량진행에 따른 자연환기방식)에 의한 풍속이 상시 존재하므로 열기류의 방향성 제어가 곤란하다. ② 일방향 터널보다는 양방향 터널에 대한 적응성이 우수하다.
환기 용량산정	연기의 역류를 억제하기 위한 최저 풍속인 임계풍속을 유지할 수 있어야 하며 이에 따른 제트팬 설치수량을 결정한다.	화재강도에 따른 연기발생량 및 연기의 확산을 억제할 수 있도록 최소풍속에 필요한 풍량에 의해 배연량을 결정한다.
제연능력 향상방안	연기가 전 구간으로 확산되는 것을 억제하기 위해서 일정간격으로 수직갱 또는 배연용 덕트를 설치하여 연기의 배기능력을 증대할 필요가 있다.	① 대배기구방식에 의해서 화재지점에서 집중적으로 연기를 배기할 수 있는 시스템 구축이 필요하다. ② 제어의 정확성이 요구되며 배기구의 개폐조절을 위한 전동댐퍼의 설치로 인하여 설치비용 및 유지관리 비용이 증가한다.

4) 제연설비의 설치기준

제연설비는 다음의 기준에 따라 설치해야 한다[제11조 2항(2.7.2)].

① 기준

㉮ 종류환기방식의 경우 제트팬의 소손을 고려하여 예비용 제트팬을 설치하도록 할 것

㉯ 횡류환기방식(또는 반횡류환기방식) 및 대배기구방식의 배연용 팬은 덕트의 길이에 따라서 노출온도가 달라질 수 있으므로 수치해석 등을 통해서 내열온도 등을 검토한 후에 적용하도록 할 것

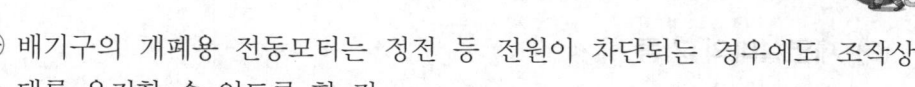

ⓒ 배기구의 개폐용 전동모터는 정전 등 전원이 차단되는 경우에도 조작상 태를 유지할 수 있도록 할 것

ⓓ 화재에 노출이 우려되는 제연설비와 전원공급선 및 제트팬 사이의 전원 공급장치 등은 250℃의 온도에서 60분 이상 운전상태를 유지할 수 있도 록 할 것[제11조 1항 4호(2.7.2.4)]

② 해설

㉮ 횡류환기방식에는 균일배기방식과 대배기구방식으로 크게 분류할 수 있다.

[표 6-2-6] 터널에서의 횡류환기방식의 종류

구 분	횡류환기방식	
	균일배기방식	대배기구방식
정의	천장에 설치된 덕트를 통해서 배연을 수행하는 방식으로 배기구에 대한 개폐조정이 불가능하다.	배기구에 전동댐퍼를 설치하여 화재시 선택적으로 배연을 수행할 수 있는 방식이다.
배연량	$Q(\mathrm{m^3/sec})=80+3.0A_r$	$Q(\mathrm{m^3/sec})=80+1.0A_r$

㉯ 배연량 $Q(\mathrm{m^3/sec})$은 "연기발생량+주변공기의 유입으로 인하여 증가하는 풍량"이 되며 균일배기방식의 배연량은 $Q=80+3.0A_r$ 이상 대배기구방식 의 배연량 $Q=80+1.0A_r$ 이상이다. 이때 연기발생량은 20MW 화재시 기 준으로 80m³/sec이며, 주변공기의 유입으로 인하여 증가하는 풍량은 풍속 (균일배기는 3m/sec, 대배기구는 1m/sec을 기준)과 터널 내 단면적(A_r)의 곱이 된다.

㉰ 제11조 1항 4호(2.7.2.4)의 근거는 국토해양부의 "터널 방재지침 6.1.5 환 기시설의 온도저항"으로서 관련 기준은 다음과 같다.

㉠ 연기를 주행 공간으로부터 직접 배출시키는 제연용 제트팬은 250℃의 온도에서 60분 이상 정상 가동상태를 유지할 수 있어야 한다.

㉡ 화재에 간접 노출되는 횡류식(또는 반횡류식) 및 대배기구방식의 배 연용 팬은 덕트의 길이 등에 따라서 노출온도가 달라질 수 있으므로 수치해석 등을 통해서 내열온도 등을 검토한 후에 적용한다.

㉢ 또한 대배기구의 개폐용 전동모터는 250℃ 이상의 온도에서 60분 이 상 정상 가동되어야 하며, 정전 등 전원이 차단되는 경우에도 조작된 상태를 유지할 수 있어야 한다.

㉣ 주행 공간 내의 전원 공급라인과 제트팬과 전원연결장치들은 250℃의 온도에서 60분 이상 운전상태를 유지할 수 있도록 한다.

chapter

6

용도별 설비

(3) 제연설비의 기동

1) 제연설비의 기동은 다음의 어느 하나에 의하여 자동 또는 수동으로 기동될 수 있도록 해야 한다[제11조 3항(2.7.3)].

   ① 화재감지기가 동작되는 경우
   ② 발신기의 스위치 조작 또는 자동소화설비의 기동장치를 동작시키는 경우
   ③ 화재수신기 또는 감시제어반의 수동조작 스위치를 동작시키는 경우

2) 제연설비의 비상전원은 60분 이상 작동할 수 있도록 해야 한다[제11조 4항(2.7.4)].

8. 연결송수관설비 : 제12조(2.8)

연결송수관설비는 다음의 기준에 따라 설치해야 한다.

(1) 노즐선단의 방수압력은 0.35MPa 이상, 방수량은 400l/min 이상을 유지할 수 있도록 할 것

> 국토해양부의 "터널 방재지침"에서는 연결송수관의 방사압이나 방사량에 대한 기준이 별도로 없으며 위 조항은 위험물에 대한 포소화설비 중 옥외포소화전 기준[495]을 준용한 것으로 판단된다.

(2) 방수구는 50m 이내의 간격으로 옥내소화전함에 병설하거나 독립적으로 터널출입구 부근과 피난연결통로에 설치할 것

(3) 방수기구함은 50m 이내의 간격으로 옥내소화전함 안에 설치하거나 독립적으로 설치하고, 하나의 방수기구함에는 65mm 방수노즐 1개와 15m 이상의 호스 3본을 설치하도록 할 것

9. 무선통신보조설비 : 제13조(2.9)

(1) 기준

1) 무선통신보조설비의 옥외안테나는 방재실 인근과 터널의 입구 및 출구, 피난연결통로 등에 설치해야 한다.

---

495) 위험물안전관리법 세부기준 제133조 3호 라목

2) 라디오 재방송설비가 설치되는 터널의 경우에는 무선통신보조설비와 겸용으로 설치할 수 있다.

(2) 해설

1) 옥외안테나 설치 : 무선통신보조설비에서 종전과 같이 방재실에 접속단자를 설치하여 유선으로 무전기를 접속하여 무선통신을 한 방식을 무선식으로 접속하여 사용하도록 2022. 12. 1. 옥외안테나 제도를 도입하였다. 옥외안테나는 방재실 인근이나 터널 입·출구쪽, 피난연결통로 등에 설치하여 옥외안테나에 무선으로 접속하여 소방대원 상호간이나 소방대원과 지휘부간에 원활한 무선통신을 하도록 조치한 것이다.

2) 라디오 재방송설비

① 라디오 재방송설비에서 재방송(再放送)이란 표현을 사용하는 것은 터널에서 방송이 나오는 것은 방송국에서 보내는 전파를 바로 수신하는 것이 아니고 AM/FM 라디오 청취가 불가능한 지하철, 터널, 지하주차장, 지하상가 등 지하공간에 라디오 재방송 설비를 터널의 관리실에 설치해 놓고 방송을 외부에서 안테나로 받아서 다시 터널 내부로 재방송을 하는 방식을 사용하기 때문이다. 이 경우 비상사태가 발생할 경우에는 라디오 주파수로 관리실에서 긴급방송이 가능하므로 터널 내 라디오 청취자에게 비상사태에 신속하게 대처할 수 있도록 하여 귀중한 인명과 재산을 보호하도록 도와주는 설비이다.

② 라디오 재방송설비가 설치될 경우 재난 발생시 긴급방송(보통 FM 방송 라디오)을 송출하게 되며, 이때 별도의 통신망을 포설하지 않고 기존에 설치한 소방용 무선통신보조설비의 누설동축케이블이나 안테나 시설을 활용할 수 있다. 이 경우 이를 겸용으로 사용할 수 있는 것은 주파수 대역이 다르기에 허용하는 것으로 소방용 주파수 대역은 450MHz이나 FM 방송의 경우는 88~108MHz이므로 겸용으로 사용하여도 지장이 없다.

chapter

6

용도별 설비

10. 비상콘센트설비 : 제14조(2.10)

비상콘센트설비는 다음의 기준에 따라 설치해야 한다.

(1) 전원회로

1) 비상콘센트설비의 전원회로는 단상교류 220V인 것으로서, 그 공급용량은 1.5kVA 이상인 것으로 할 것

터널의 경우 비상콘센트 전원은 단상(일반)만 규정하고 있으며 3상(동력)은 규정하고 있지 않다. 이는 소방장비 중 터널에서 사용하는 3상 전용의 장비는 없으며 대부분이 1상으로 작동되는 관계로 3상을 규정하지 아니한 것으로 일본의 경우는 일반소방대상물에서도 3상용 비상콘센트는 폐지하였다.

2) 전원회로는 주배전반에서 전용회로로 할 것. 다만, 다른 설비의 회로의 사고에 따른 영향을 받지 아니하도록 되어 있는 것에 있어서는 그렇지 않다.

(2) 콘센트

1) **콘센트용 배선용 차단기** : 콘센트마다 배선용 차단기(KS C 8321)를 설치하여야 하며, 충전부가 노출되지 아니하도록 할 것

2) **콘센트 배치** : 주행차로의 우측 측벽에 50m 이내의 간격으로 바닥으로부터 0.8m 이상 1.5m 이하의 높이에 설치할 것

국토해양부의 "터널 방재지침 6.4" 비상콘센트설비에 의하면 설치관련 기준은 다음과 같다.
① 설치간격은 50m 이내로 하여, 소화기 또는 소화전함에 병설하며, 피난연락갱, 피난 대피소, 비상주차대에 설치한다.
② 비상콘센트는 보호함에 내장 설치하여야 하며, 소화기함이나 소화전함에 일체형으로 병설한다.
③ 1개의 전용회로에 설치할 수 있는 비상콘센트의 수는 터널 화재시 동시 사용률이 아주 낮다는 점을 고려하여 결정한다.

고층건축물의 화재안전기준
(NFPC & NFTC 604)

1 개 요

1. 정의

고층건축물이란 고층, 준초고층, 초고층 건축물을 총칭하여 말하는 것으로 이에 대한 용어의 정의는 다음과 같다.

[표 6-3-1] 고층 · 준초고층 · 초고층의 정의

고층건축물의 구분	정 의	비 고
① 고층건축물	층수가 30층 이상이거나 높이가 120m 이상인 건축물	건축법 제2조 1항 19호
② 준초고층건축물	고층건축물 중 초고층이 아닌 건축물	건축법 시행령 제2조 15의 2호
③ 초고층건축물	층수가 50층 이상이거나 높이가 200m 이상인 건축물	건축법 시행령 제2조 15호

2. 고층건축물의 법령

(1) 기준 제정

1) 최근에 국내에서도 일반건축물 이외에 아파트의 경우에도 고층건축물이 빠르게 건설되고 있으며, 이로 인하여 건축법에서도 고층건축물의 피난 및 방재관리 대책의 일환으로 피난안전구역, 피난용 승강기, 불연성 외장재, 대피공간 등의 기준을 도입하고 있다. 또한 고층건축물에서 화재가 발생할 경우 피난 및 소화대책에 대해 소방분야에서도 다양한 논의와 법적, 제도적 검토가 계속 진행되고 있다. 이러한 분위기에서 2010. 10. 1. 부산 해운대 주상복합건물의 피트층에서 발생한 화재로 인하여 건물 외벽이 전소된 사건은 사회적으로 고층건축물 화재에 대한 경각심을 준 계기가 되었다.

2) 이에 따라 고층건축물에 대한 별도의 화재안전기준 제정에 대한 논의가 결실을
   맺어 또 하나의 용도별 코드인 "고층건축물의 화재안전기준(NFSC 604 : 2012. 2.
   3.)"을 제정하게 되었다. 화재안전기준 604는 신설된 화재안전기준이지만, 내용은
   기존의 화재안전기준에서 설비별로 분산되어 있던 고층건축물에 대한 기준을 발
   췌하여 단일 법령으로 제정한 것이다.

3) 화재안전기준 604는 옥내소화전설비, 스프링클러설비, 비상방송설비, 자동화재탐
   지설비, 부속실 제연설비, 연결송수관설비의 6개 설비에 대한 고층건축물에서의
   기준을 취합한 것으로 이외에도 피난안전구역에 설치하는 소방시설을 별도로
   제정하였다. 이후 2022. 12. 1.자로 NFSC 604는 고시기준인 NFPC(성능기준)
   604와 공고기준인 NFTC(기술기준) 604로 분법화되었다.

(2) 관련 법령

고층건축물에 대한 방재분야(피난, 안전, 소방 등)에 관련된 법령은 건축관련 법
령이나 소방관련 법령에서 시설별로 이를 각각 규정하고 있으며 이와 연관된 사
항은 다음의 표와 같다.

[표 6-3-2] 고층건축물 관련 법령 및 방재시설

구 분	관련 법령	관련 시설
건축관련 법령	① 건축법 ② 건축물의 피난·방화구조 등의 기준에 관한 규칙 ③ 건축물의 설비기준 등에 관한 규칙	특별피난계단, 내장재, 대피공간, 피난안전구역, 방화구획, 옥상광장, 비상용 승강기, 피난용 승강기 등
소방관련 법령	① 고층건축물의 화재안전기준 ② 초고층 및 지하연계 복합건축물 재난 관리에 관한 특별법(주)	소방시설, 사전재난영향성검토, 재난예방 및 피해대책 경감수립, 총괄관리자 지정, 종합방재실 운영, 피난안전구역의 소방시설 등

 🔍 ㈜ 지하연계 복합건축물의 정의

1. 제2조 2호 : 다음 각 목의 요건을 모두 갖춘 것을 말한다.
   ① 층수가 11층 이상이거나 1일 수용인원이 5천명 이상인 건축물로서 지하 부분이 지하역
      사 또는 지하도 상가와 연결된 건축물
   ② 건축물 안에 건축법상 문화 및 집회시설, 판매시설, 운수시설, 업무시설, 숙박시설, 위
      락시설 중 유원시설업(遊園施設業)의 시설 또는 대통령령으로 정하는 용도의 시설이
      하나 이상 있는 건축물
2. 시행령 제2조 : "대통령령으로 정하는 용도의 시설"이란 종합병원과 요양병원을 말한다.

2 고층건축물의 화재안전기준

1. 옥내소화전설비

(1) 수원

1) 기준

① 주수원(1차 수원) : NFPC 604(이하 동일) 제5조 1항/NFTC 604(이하 동일) 2.1.1
수원은 그 저수량이 옥내소화전의 설치개수가 가장 많은 층의 설치개수(5개 이상 설치된 경우에는 5개)에 $5.2m^3$(호스릴 옥내소화전설비를 포함한다)를 곱한 양 이상이 되도록 해야 한다. 다만, 층수가 50층 이상인 건축물의 경우에는 $7.8m^3$를 곱한 양 이상이 되어야 한다.

$$수원의 양(m^3) = N \times K \qquad \text{............... [식 6-3-1]}$$

여기서, N : 1개층당 최대소화전(또는 호스릴소화전)의 수(최대 5개)
K : 5.2(30층 이상 50층 미만), 7.8(50층 이상)

② 옥상수원(2차 수원) : 제5조 2항(2.1.2)
수원은 산출된 유효수량 외에 유효수량의 1/3 이상을 옥상(옥내소화전이 설치된 건축물의 주된 옥상을 말한다)에 설치해야 한다. 다만, NFTC 102(옥내소화전설비) 2.1.2(2) 또는 2.1.2(3)에 해당하는 경우에는 그렇지 않다.

2) 해설

① 고층건축물의 증가에 따라 고층건축물 화재규모를 감안하여 수원의 기준을 강화하였다. 30층 미만의 일반 건축물은 20분이나, 50층 미만은 $5.2m^3$(=130 $lpm \times 40분$)이므로 40분이며, 50층 이상은 $7.8m^3$(=130$lpm \times 60분$)이므로 60분으로 옥내소화전 방사시간을 강화하였다.

② 호스릴의 경우는, 노약자가 사용할 수 있도록 배려하여 도입된 설비로서 이를 초고층의 경우에 설치할 수 있도록 한 것과 또한 소화전의 기준수량을 관계인이 직접 사용하는 설비의 특성상 고층건물이라고 하여도 저층건물과 달리 1개 층당 최대 5개로 적용하는 것은 합리적인 기준이 아니므로 개정되어야 한다.

③ 옥상수원의 단서 조항에서 말하는 NFTC 102(옥내소화전설비) 2.1.2(2) 또는 2.1.2(3)은 고가수조방식이나 1차 수원이 옥상수조인 것을 뜻하며 이 경우는 보조 수원인 2차 수원이 필요하지 않은 옥내소화전설비이다.

chapter

6

용도별 설비

(2) 가압송수장치 : 제5조 3항(2.1.3)

1) 기준

① 전동기 또는 내연기관을 이용한 펌프방식의 가압송수장치는 옥내소화전설비 전용으로 설치하여야 하며, 옥내소화전설비 주 펌프 이외에 동등 이상인 별도의 예비펌프를 설치해야 한다.

② 내연기관의 연료량은 펌프를 40분(50층 이상인 건축물의 경우에는 60분) 이상 운전할 수 있는 용량일 것

2) 해설

① 고층건축물의 경우 모터나 엔진을 이용하는 펌프방식의 가압송수장치는 다른 소화설비의 펌프와 겸용을 하여서는 아니 되며 전용으로 설치하여야 한다. 이는 고층건물의 특성상 옥내소화전 펌프의 신뢰도 측면에서 전용의 펌프를 요구하는 것으로, 아울러 의무적으로 예비펌프를 설치하여야 한다.

② 예비펌프의 경우 일반건축물은 옥상수조 또는 예비펌프 중 어느 하나를 선택하여 설치하도록 규정하고 있으나, 고층건축물은 펌프방식일 경우 옥상수조(2차 수원)와 예비펌프를 모두 설치하여야 한다.

③ 펌프 토출시간이 50층 미만은 40분, 50층 이상은 60분인 것을 감안하여 엔진펌프 등과 같은 내연기관일 경유 연료 용량을 펌프의 토출시간과 동일하게 40분, 60분으로 하였다.

(3) 배관 : 제5조 5항 & 6항(2.1.5 & 2.1.6)

1) 기준

① 급수배관은 전용으로 해야 한다. 다만, 옥내소화전설비의 성능에 지장이 없는 경우에는 연결송수관설비의 배관과 겸용할 수 있다.

② 50층 이상인 건축물의 옥내소화전 주 배관 중 수직배관은 2개 이상(주 배관 성능을 갖는 동일 호칭배관)으로 설치하여야 하며, 하나의 수직배관의 파손 등 작동 불능 시에도 다른 수직배관으로부터 소화용수가 공급되도록 구성해야 한다.

2) 해설

① 펌프방식의 가압송수장치와 마찬가지로 급수배관은 옥내소화전설비 전용으로 하여야 한다. 따라서 일반건축물의 경우처럼 옥내소화전 배관은 스프링클러설비 배관과 겸용으로 사용할 수 없으며, 다만, 연결송수관설비의 경우는 소화활동설비인 관계로 겸용을 허용하고 있다.

② 아울러 초고층 건물인 50층 이상의 경우는 옥내소화전 주관인 입상관은 1개가 아니라 2개 이상을 설치하고, 입상관은 상호 연결(Bypass)하여 1개의 주관이 파손된 경우에도 다른 주관을 통하여 급수가 가능하여야 한다. 이 경우 접속 라인에는 수리 및 보수와 관리적인 측면을 위하여 개폐표시형 밸브를 설치하고 평상시에는 각각의 입상 주관별로 급수가 공급되도록 하여야 한다.

(4) 비상전원 : 제5조 7항(2.1.7)

1) 기준 : 비상전원은 자가발전설비 또는 축전지설비 또는 전기저장장치로서 옥내소화전설비를 유효하게 40분(50층 이상인 건축물의 경우에는 60분) 이상 작동할 수 있어야 한다.

2) 해설 : 일반건축물의 경우는 비상전원에 대한 작동시간을 20분으로 규정하고 있으나, 고층건축물의 경우 준초고층은 40분 이상, 초고층은 60분 이상 비상전원이 공급되어야 한다.

2. 스프링클러설비

(1) 수원

1) 기준

① **주수원(1차 수원)** : 제6조 1항(2.2.1)
수원은 스프링클러설비 설치장소별 스프링클러헤드의 기준개수에 3.2m³를 곱한 양 이상이 되도록 해야 한다. 다만, 50층 이상인 건축물의 경우에는 4.8m³를 곱한 양 이상이 되도록 해야 한다.

$$수원의 \ 양(m^3) = 기준개수 \times K$$ .... [식 6-3-2]

여기서, K : 3.2(30층 이상 50층 미만), 4.8(50층 이상)

② **옥상수원(2차 수원)** : 제6조 2항(2.2.2)
산출된 유효수량 외에 유효수량의 1/3 이상을 옥상(옥내소화전설비가 설치된 건축물의 주된 옥상을 말한다)에 설치해야 한다. 다만, NFTC 103(스프링클러설비)의 2.1.2(3) 또는 2.1.2(4)에 해당하는 경우에는 그렇지 않다.

2) 해설

① 옥내소화전설비와 마찬가지로 스프링클러설비 역시 고층건물 화재규모에 적합한 수원의 수량을 확보하기 위하여 30층 미만의 일반 건축물은 20분이나, 50층 미만은 40분, 50층 이상은 60분으로 강화한 것이다.

② 수원의 양 산정시 수량의 기준이 되는 K값의 개념은 유효방사시간내 토출되는 스프링클러헤드 1개당 토출량으로 준초고층에서 3.2는 $80l\text{pm} \times 40$분, 초고층에서 4.8은 $80l\text{pm} \times 60$분을 방사하는 것을 기준으로 한 것이다.

③ 단서 조항 역시 옥내소화전과 마찬가지로 고가수조방식이나 1차 수원이 옥상수조인 것은 보조수원인 2차 수원을 필요로 하지 않는다.

(2) 가압송수장치 : 제6조 3항(2.2.3)

1) 기준 : 전동기 또는 내연기관에 의한 펌프를 이용하는 가압송수장치는 스프링클러설비 전용으로 설치해야 하며, 주 펌프와 동등 이상의 성능이 있는 별도의 펌프로서 내연기관과 연동하여 작동하거나 비상전원을 연결한 예비펌프를 추가로 설치해야 한다.

2) 해설 : 옥내소화전설비와 동일한 내용으로 고층건축물의 신뢰도 향상을 위하여 스프링클러설비에서 펌프방식의 가압송수장치는 다른 소화설비의 펌프와 겸용하지 않고 전용설비로 설치하여야 한다. 아울러 2차 수원인 옥상수조가 설치된 경우에도 의무적으로 예비펌프를 설치하여야 한다.

(3) 배관 : 제6조 5~7항(2.2.5~2.2.7)

1) 기준

① 급수배관은 전용으로 해야 한다.

② 50층 이상인 건축물의 스프링클러설비 주배관 중 수직배관은 2개 이상(주배관 성능을 갖는 동일 호칭배관)으로 설치하고, 하나의 수직배관이 파손 등 작동불능시에도 다른 수직배관으로부터 소화수가 공급되도록 구성해야 하며, 각각의 수직배관에 유수검지장치를 설치해야 한다.

③ 50층 이상인 건축물의 스프링클러헤드에는 2개 이상의 가지배관으로부터 양방향에서 소화수가 공급되도록 하고, 수리계산에 의한 설계를 해야 한다.

2) 해설

① 옥내소화전설비와 마찬가지로 스프링클러설비의 급수배관은 전용배관으로 설치하여야 한다. 따라서 고층건축물의 소화설비인 옥내소화전설비와 스프링클러설비는 각각 전용배관으로 설치해야 한다.

② 초고층(50층 이상)인 경우는 주관인 입상관은 2개 이상을 설치하고, 입상관은 상호 연결하여 1개의 주관이 파손된 경우에도 다른 주관을 통하여 급수가 가능한 Fail safe 개념을 적용하고 있다. 이 경우 입상 주관별로 유수의 흐름 및 경보발생을 위하여 주관별로 유수검지장치를 설치하도록 하였다.

③ 아울러 초고층건축물의 경우는 헤드 1개마다 2개 이상의 가지배관 양방향에서 급수가 되어야 한다. 이에 대한 한가지 방법으로는 [그림 6-3-1]과 같은 격자형 배관방식(Gridded sprinkler system)으로 설계할 수 있다. 일반적으로 격자형 방식은 매우 복잡한 수리계산을 하여야 하므로 수리 프로그램에 의한 설계를 하고 있다.

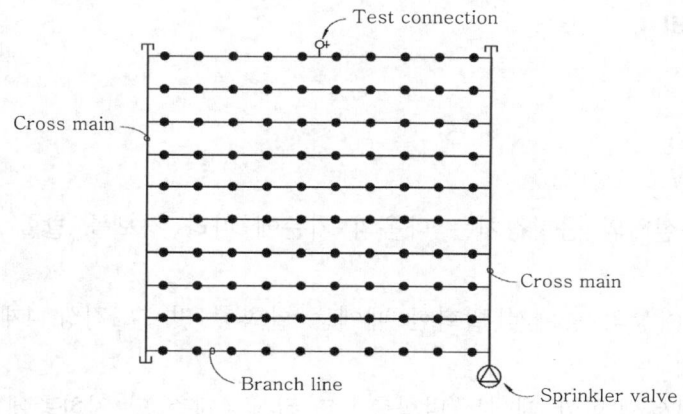

[그림 6-3-1] 격자형 배관(예)

(4) 경보방식

1) 기준 : 제6조 8항(2.2.8)

스프링클러설비의 음향장치는 NFTC 103 2.6에 따라 설치하되, 다음의 기준에 따라 경보를 발할 수 있도록 해야 한다.

① 2층 이상의 층에서 발화한 때에는 발화층 및 그 직상 4개층에 경보를 발할 것

② 1층에서 발화한 때에는 발화층 · 그 직상 4개층 및 지하층에 경보를 발할 것

③ 지하층에서 발화한 때에는 발화층 · 그 직상층 및 기타의 지하층에 경보를 발할 것

2) **해설** : 고층건축물의 경우 스프링클러설비, 방송설비, 자동화재탐지설비에 대한 경보방식은 모두 동일하다. 고층이 아닌 저층의 일반건축물의 경우에도 수직연소 확대로 인한 잠재적인 위험요소를 경감하고 화재시 신속한 대피의 필요성에 따라 11층 이상 건물(공동주택은 16층)부터는 발화층 및 직상 4개층에 대한 우선경보방식으로 2022. 5. 9.(시행일 2023. 2. 10.) 개정하였다. 이에 따라 10층 이하(공동주택은 15층 이하)의 건물은 전층경보방식으로 적용하고 있다.

(5) 비상전원 : 제6조 9항(2.2.9)

※ 옥내소화전설비와 기준이 동일하므로 이를 참고하기 바람.

3. 비상방송설비

(1) 경보방식

1) **기준** : 제7조 1항(2.3)

비상방송설비의 음향장치는 다음의 기준에 따라 경보를 발할 수 있도록 해야 한다.
① 2층 이상의 층에서 발화한 때에는 발화층 및 그 직상 4개층에 경보를 발할 것
② 1층에서 발화한 때에는 발화층·그 직상 4개층 및 지하층에 경보를 발할 것
③ 지하층에서 발화한 때에는 발화층·그 직상층 및 기타의 지하층에 경보를 발할 것

2) **해설**

※ 스프링클러설비와 기준이 동일하므로 이를 참고하기 바람.

(2) 비상전원

1) **기준** : 제7조 2항(2.3.2)

비상방송설비에는 그 설비에 대한 감시상태를 60분간 지속한 후 유효하게 30분 이상 경보할 수 있는 축전지설비(수신기에 내장하는 경우를 포함한다) 또는 전기저장장치를 설치할 것

2) **해설** : 일반건축물의 경우는 감시상태를 60분간 지속한 후 10분 경보방식이지만 고층건축물의 경우는 감시상태가 60분으로 동일하나 30분 이상의 경보를 할 수 있는 축전지설비를 요구하고 있다.

4. 자동화재탐지설비

(1) 감지기 및 배선

1) 기준

① 감지기 : 제8조 1항(2.4.1)

감지기는 아날로그방식의 감지기로서 감지기의 작동 및 설치지점을 수신기에서 확인할 수 있는 것으로 설치해야 한다. 다만, 공동주택의 경우에는 감지기별로 작동 및 설치지점을 수신기에서 확인할 수 있는 아날로그방식 외의 감지기로 설치할 수 있다.

② 배선 : 제8조 3항(2.4.3)

50층 이상인 건축물에 설치하는 통신·신호배선은 이중배선을 설치하도록 하고 단선(斷線)시에도 고장표시가 되며 정상작동할 수 있는 성능을 갖도록 설비를 해야 한다.

㉮ 수신기와 수신기 사이의 통신배선

㉯ 수신기와 중계기 사이의 신호배선

㉰ 수신기와 감지기 사이의 신호배선

2) 해설

① 주소기능 감지기

㉮ 고층건축물의 경우는 주소기능이 있는 아날로그방식의 감지기를 설치하여야 한다. 아날로그 감지기란 주위의 온도나 연기량의 변화에 따라 각각 다른 출력을 표시하는 방식의 감지기를 뜻한다. 즉, 화재동작신호는 1개이나 열이나 연기의 변화를 단계별로 출력할 수 있는 감지기이며, 감지기 내부에 마이크로프로세서(Microprocessor)를 내장하여 감지기별로 고유한 주소(Address)를 수신기에 표시할 수 있다. 다만, 공동주택에 대해서는 아날로그방식의 감지기가 아닌 경우에도 동작위치를 수신기에 알려주는 방식의 감지기도 사용이 가능하도록 완화하였다.

㉯ 현재 국내에서는 비(非)아날로그방식의 감지기로서 주소기능이 있는 차동식, 정온식, 광전식 감지기가 출시되고 있다. 열감지기의 경우는 반도체식이며 감지기가 동작될 경우 동작위치(주소) 신호를 주소형 기능이 있는 수신기에 송출하게 된다. 아울러 일반 주소기능이 있는 비아날로그 감지기는 감지기 내부에 딥스위치(Dip S/W)를 설치하여 주소를 임의로 설정할 수 있으며 일반감지기와 병행하여 설치가 가능하다.

② 이중배선

㉮ 초고층건물의 경우는 소규모 일반건축물에서 사용하는 P형 설비가 아닌 R형 설비로 자동화재탐지설비를 시공하고 있다. P형 설비는 감지기와 수신기 간에 실선배선을 하고 작동은 전류신호에 따른 전회로 공통신호방식이나, 이에 비해 R형 설비의 경우는 중계기를 설치하고 신호선을 이용하는 다중통신방식으로 작동은 회로별 고유신호에 따라 감시 및 통보를 하는 경보방식이다.

㉯ 이 경우 50층 이상의 초고층건축물은 다중통신선에 대해 이중배선을 요구하고 있으며 이중배선이란 Class A의 Loop 배선방식을 뜻한다. NFPA 72에 따르면 Class A의 Loop 배선일 경우는 단선의 경우 고장표시(Trouble signal)가 되어야 하며, 고장 중 경보능력(Alarm receipt capability)을 가지고 있어야 한다.

(2) 경보방식 : 제8조 2항(2.4.2)

※ 스프링클러설비와 기준이 동일하므로 이를 참고하기 바람.

(3) 비상전원 : 제8조 4항(2.4.4)

※ 비상방송설비와 기준이 동일하므로 이를 참고하기 바람.

5. 특별피난계단의 계단실 및 부속실 제연설비 : 제9조(2.5)

비상전원은 자가발전설비, 축전지설비, 전기저장장치로 하고 제연설비를 유효하게 40분 이상 작동할 수 있도록 할 것. 다만, 50층 이상인 건축물의 경우에는 60분 이상 작동할 수 있어야 한다.

6. 연결송수관설비 : 제11조(2.7)

(1) 연결송수관설비의 배관은 전용으로 한다. 다만, 주배관의 구경이 100mm 이상인 옥내소화전설비와 겸용할 수 있다.

(2) 연결송수관설비의 비상전원은 자가발전설비 또는 축전지설비(내연기관에 따른 펌프를 사용하는 경우에는 내연기관의 기동 및 제어용 축전지를 말한다)로서 연결송수관설비를 유효하게 40분 이상 작동할 수 있어야 할 것. 다만, 50층 이상인 건축물의 경우에는 60분 이상 작동할 수 있어야 한다.

7. 피난안전구역의 소방시설 : 제10조(2.6)

(1) 기준

"초고층 및 지하연계 복합건축물 재난관리에 관한 특별법 시행령" 제14조 2항에 따라 피난안전구역에 설치하는 소방시설은 별표 1과 같이 설치하여야 하며, 이 기준에서 정하지 아니한 것은 개별 화재안전기준에 따라 설치해야 한다.

(2) 해설

1) 초고층 및 지하연계 복합건축물 시행령 제14조 2항의 기준은 다음과 같다.

> (전략) 설치하는 피난안전구역은 건축법 시행령 제34조 5항에 따른 피난안전구역의 규모와 설치기준에 맞게 설치하여야 하며, 다음 각 호의 소방시설을 모두 갖추어야 한다. 이 경우 소방시설은 소방시설법 제9조 1항에 따른 화재안전기준에 맞는 것이어야 한다.
> ① 소화설비 중 소화기구(소화기 및 간이소화용구만 해당한다), 옥내소화전설비 및 스프링클러설비
> ② 경보설비 중 자동화재탐지설비
> ③ 피난구조설비 중 방열복, 공기호흡기(보조마스크를 포함한다), 인공소생기
> ④ 피난유도선(피난안전구역으로 통하는 직통계단 및 특별피난계단을 포함한다), 피난안전구역으로 피난을 유도하기 위한 유도등·유도표지, 비상조명등 및 휴대용 비상조명등
> ④ 소화활동설비 중 제연설비, 무선통신보조설비

2) 피난안전구역에 설치하는 소방시설 설치기준 : NFTC 표 2.6.1

① 제연설비 : 피난안전구역과 비제연구역 간의 차압은 50Pa(옥내에 스프링클러설비가 설치된 경우에는 12.5Pa) 이상으로 하여야 한다. 다만 피난안전구역의 한쪽 면 이상이 외기에 개방된 구조의 경우에는 설치하지 않을 수 있다.

② 피난유도선 : 피난유도선은 다음의 기준에 따라 설치해야 한다.

㉮ 피난안전구역이 설치된 층의 계단실 출입구에서 피난안전구역 주 출입구 또는 비상구까지 설치할 것

㉯ 계단실에 설치하는 경우 계단 및 계단참에 설치할 것

㉰ 피난유도 표시부의 너비는 최소 25mm 이상으로 설치할 것

㉱ 광원점등방식(전류에 의하여 빛을 내는 방식)으로 설치하되, 60분 이상 유효하게 작동할 것

③ 비상조명등 : 피난안전구역의 비상조명등은 상시 조명이 소등된 상태에서 그 비상조명등이 점등되는 경우 각 부분의 바닥에서 조도는 10lx 이상이 될 수 있도록 설치할 것

④ 휴대용 비상조명등

㉮ 피난안전구역에는 휴대용 비상조명등을 다음의 기준에 따라 설치해야 한다.

㉠ 초고층 건축물에 설치된 피난안전구역 : 피난안전구역 위층의 재실자수(건축물의 피난·방화구조 등의 기준에 관한 규칙 별표 1의2에 따라 산정된 재실자 수를 말한다)의 1/10 이상

㉡ 지하연계 복합건축물에 설치된 피난안전구역 : 피난안전구역이 설치된 층의 수용인원(시행령 별표 2에 따라 산정된 수용인원을 말한다)의 1/10 이상

㉯ 건전지 및 충전식 건전지의 용량은 40분 이상 유효하게 사용할 수 있는 것으로 한다. 다만, 피난안전구역이 50층 이상에 설치되어 있을 경우의 용량은 60분 이상으로 할 것

⑤ 인명구조기구

㉮ 방열복, 인공소생기를 각 2개 이상 비치할 것

㉯ 45분 이상 사용할 수 있는 성능의 공기호흡기(보조마스크를 포함한다)를 2개 이상 비치해야 한다. 다만, 피난안전구역이 50층 이상에 설치되어 있을 경우에는 동일한 성능의 예비용기를 10개 이상 비치할 것

㉰ 화재시 쉽게 반출할 수 있는 곳에 비치할 것

㉱ 인명구조기구가 설치된 장소의 보기 쉬운 곳에 "인명구조기구"라는 표지판 등을 설치할 것

8. 고층건축물의 소화설비 항목별 비교

(1) 옥내소화전설비

[표 6-3-3] 일반·고층건축물의 옥내소화전설비 비교

구 분	일반건축물	고층건축물		비 고
① 수원의 수량	2.6m³×층별 수량	준초고층	5.2m³×층별 수량	1층 최대 5개
		초고층	7.8m³×층별 수량	
② 펌프방식	겸용가능	고층	전용(겸용불가)	–
③ 주배관	겸용가능	고층	전용(겸용불가)	연결송수관은 겸용가능
		초고층	입상 주관 2개 이상 및 상호접속	
④ 비상전원	20분	준초고층	40분	–
		초고층	60분	

(2) 스프링클러설비

[표 6-3-4] 일반·고층건축물의 스프링클러설비 비교

구 분	일반건축물	고층건축물	
① 수원의 수량	$1.6m^3 \times$ 기준개수	준초고층	$3.2m^3 \times$ 기준개수
		초고층	$4.8m^3 \times$ 기준개수
② 펌프방식	겸용가능	고층	전용(겸용불가)
③ 주배관	겸용가능	고층	전용(겸용불가)
		초고층의 경우 • 입상 주관 2개 이상 및 상호접속 • 헤드는 2개 이상의 가지배관 양방향에서 급수	
④ 경보방식[주]	• 2층 이상의 경우 : 발화층 + 그 직상 4개층 • 1층의 경우 : 발화층 + 그 직상 4개층 + 지하층 • 지하층의 경우 : 발화층 + 그 직상층 + 기타 지하층		
⑤ 비상전원	20분	준초고층	40분
		초고층	60분

㊟ 경보방식 : 일반건축물의 경우, 10층 이하 건물(공동주택은 15층 이하)은 전층경보방식이다.

chapter

6

용도별 설비

제4절
지하구의 화재안전기준
(NFPC & NFTC 605)

1 개 요

1. 제정 배경

지하구 화재안전기준에 대한 연혁은 당초 소방방재청 시절인 2004. 6. 4.에 「연소방지설비의 화재안전기준(NFSC 506)」을 제정한 것이 시초이다. 연소방지설비는 지하구에 설치하는 소방시설로 동 화재안전기준에는 연소방지설비 외에 연소방지도료, 방화벽, 통합감시시설 등을 규정하고 있다. 이후 지하구에서 화재발생이 빈번해지자 여러 화재안전기준에 분산되어 있던 지하구에 설치하는 소방시설을 하나의 단일 코드로 통합하고자 연소방지설비 등을 포함하여 2021. 1. 15.자로 「지하구 화재안전기준(NFSC 605)」을 제정하였다. 이후 2022. 12. 1.자로 고시기준인 NFPC(성능기준) 605와 공고기준인 NFTC(기술기준) 605로 분법화되었다.

2. 지하구의 정의 : 소방시설법 시행령 별표 2 제28호

(1) 지하구

전력·통신용의 전선이나 가스·냉난방용의 배관 또는 이와 비슷한 것을 집합 수용하기 위하여 설치한 지하 인공구조물로서 사람이 점검 또는 보수를 하기 위하여 출입이 가능한 것 중 다음의 어느 하나에 해당하는 것

1) 전력 또는 통신사업용 지하 인공구조물로서 전력구(케이블 접속부가 없는 경우는 제외한다) 또는 통신구 방식으로 설치된 것

2) 위 1) 외의 지하 인공구조물로서 폭이 1.8m 이상이고 높이가 2m 이상이며 길이가 50m 이상인 것

> 전력 또는 통신사업용의 범위는 소방청 유권해석(예방 13807-704 : 1997. 11. 3.)에 따르면 "영업(사업)을 목적으로 설치되는 전력 또는 통신용 지하구"라고 해석하고 있다. 따라서 이는 한전의 전력용 지하구 또는 통신사의 전화통신용 지하구 및 이와 유사한 것에 국한하여 적용하여야 한다.

(2) **공동구** : 「국토의 계획 및 이용에 관한 법률」제2조 9호에 따른 공동구

2 소방시설 등의 화재안전기준

1. 소화기구 및 자동소화장치

(1) **기준** : 제5조(2.1)

1) **소화기구**

① 소화기의 능력단위는 A급화재는 개당 3단위 이상, B급화재는 개당 5단위 이상 및 C급화재에 적응성이 있는 것으로 할 것

② 소화기 한 대의 총중량은 사용 및 운반의 편리성을 고려하여 7kg 이하로 할 것

③ 소화기는 사람이 출입할 수 있는 출입구(환기구, 작업구를 포함한다) 부근에 5개 이상 설치할 것

> ① 환기구란, 지하구의 온도 및 습도의 조절 및 유해가스를 배출하기 위해 설치되는 것으로 자연환기구와 강제환기구로 구분된다.
> ② 작업구란, 지하구의 유지관리를 위하여 자재, 기계기구의 반출입 및 작업자의 출입을 위하여 만들어진 출입구를 말한다.

④ 소화기는 바닥면으로부터 1.5m 이하의 높이에 설치할 것

⑤ 소화기의 상부에 "소화기"라고 표시한 조명식 또는 반사식의 표지판을 부착하여 사용자가 쉽게 알 수 있도록 할 것

2) **자동소화장치**

① **300㎡ 미만의 전기실** : 지하구 내 발전실·변전실·송전실·변압기실·배전반실·통신기기실·전산기기실·기타 이와 유사한 시설이 있는 장소 중 바닥면적이 300㎡ 미만인 곳에는 유효설치 방호체적 이내의 가스·분말·고체에어로졸·캐비닛형 자동소화장치를 설치해야 한다. 다만, 해당 장소에 물분무등소화설비를 설치한 경우에는 설치하지 않을 수 있다.

② **제어반이나 분전반** : 제어반 또는 분전반마다 가스·분말·고체에어로졸 자동소화장치 또는 유효설치 방호체적 이내의 소공간용 소화용구를 설치해야 한다.

chapter
6
용도별 설비

③ 케이블 접속부(절연유를 포함한 접속부에 한한다)마다 다음의 어느 하나에 해당하는 자동소화장치를 설치하되 소화성능이 확보될 수 있도록 방호공간을 구획하는 등 유효한 조치를 해야 한다.

㉮ 가스·분말·고체에어로졸 자동소화장치

㉯ 중앙소방기술심의위원회의 심의를 거쳐 소방청장이 인정하는 자동소화장치

(2) 해설

소화기 및 자동소화장치의 설치는 다음의 표와 같이 적용한다.

[표 6-4-1] 지하구의 소화설비기준

구 분	설치장소	적용기준
소화기	출입구 부근(환기구, 작업구를 포함한다)	① A급×3단위/B급×5단위/C급은 적응성이 있을 것 ② 1대당 7kg 이하 ③ 출입구 부근에 5개 이상 설치
자동소화 장치	300m² 미만의 전기실	① 가스·분말자동소화장치 ② 고체에어로졸자동소화장치 ③ 캐비닛형 자동소화장치
	제어반이나 분전반	① 가스·분말자동소화장치 ② 고체에어로졸자동소화장치 ③ 소공간용 소화용구
	케이블 접속부(절연유를 포함한 경우)	① 가스·분말자동소화장치 ② 고체에어로졸자동소화장치

2. 자동화재탐지설비

(1) 기준 : 제6조(2.2)

1) 감지기

① NFTC 2.4.1(1)부터 2.4.1(8)의 감지기 중 먼지·습기 등의 영향을 받지 않고 발화지점(1m 단위)과 온도를 확인할 수 있는 것을 설치할 것

② 지하구 천장의 중심부에 설치하되 감지기와 천장 중심부 하단과의 수직거리는 30cm 이내로 할 것. 다만, 형식승인 내용에 설치방법이 규정되어 있거나, 중앙소방기술심의위원회의 심의를 거쳐 제조사 시방서에 따른 설치방법이 지하구 화재에 적합하다고 인정되는 경우에는 형식승인 내용 또는 심의결과에 의한 제조사 시방서에 따라 설치할 수 있다.

③ 발화지점이 지하구의 실제 거리와 일치하도록 수신기 등에 표시할 것

④ 공동구 내부에 상수도용 또는 냉·난방용 설비만 존재하는 부분은 감지기를 설치하지 않을 수 있다.

2) 발신기 및 시각경보기 : 발신기, 지구음향장치 및 시각경보기는 설치하지 않을 수 있다.

(2) 해설

1) 적응성 감지기 : NFTC 2.4.1(1)부터 2.4.1(8)에서 감지기란 신뢰도가 높아 오동작의 우려가 낮은 ① 불꽃감지기 ② 정온식 감지선형 감지기 ③ 분포형 감지기 ④ 복합형 감지기 ⑤ 광전식 분리형 감지기 ⑥ 아날로그방식의 감지기 ⑦ 다신호방식의 감지기 ⑧ 축적방식의 감지기를 말한다. 따라서 이러한 8종의 감지기 중 화재시 온도와 발화지점(1m 단위)을 수신기에 표시할 수 있는 제품이 되어야 하기 때문에 대표적으로 광케이블형의 감지선형 감지기나 아날로그감지기 등이 이에 해당한다.

2) 감지기 설치위치 : 감지기는 원칙적으로 천장이나 반자의 옥내에 면하는 부분에 설치하고 있다. 그러나 지하구의 경우는 천장에 전선관이나 각종 배관이 통과하고 있으며 또한 아치형의 구조인 경우도 있다. 이에 따라 아치형 천장일 경우는 화열이 천장 중심부로 집열되므로, 감지기는 천장 중심부에 설치하도록 하였으며 천장 구조와 배관과의 위치로 인해 천장면과 30cm 이내에 설치하도록 하였다.

3) 제외사항 : 지하구가 전력통신이나 가스용 배관이 없는 상하수도나 냉·난방 용도일 경우는 화재발생의 우려가 매우 낮으므로 감지기 설치를 제외하였다. 또한 지하구에는 원칙적으로 상주자가 없으며 필요시에 한해 관리자의 출입만 가능한 장소이므로 발신기, 경종, 시각경보기는 설치하지 않아도 무방하다.

3. 유도등 : 제7조(2.3.1)

사람이 출입할 수 있는 출입구(환기구, 작업구를 포함한다)에는 해당 지하구의 환경에 적합한 크기의 피난구유도등을 설치해야 한다.

> 설치위치는 사람이 출입이 가능한 출입구, 환기구, 작업구이며, 유도등 크기는 대형, 중형, 소형 중에서 현장 여건에 맞게 선택하도록 하였다.

chapter

6

용도별 설비

4. 연소방지설비

(1) 배관의 기준 : 제8조 1항(2.4.1)

1) **급수배관[제8조 1항 2호(2.4.1.2)]** : 급수배관(송수구로부터 연소방지설비 방수구에 급수하는 배관)은 전용으로 할 것

2) **배관의 규격[제8조 1항 1호(2.4.1.1)]** : 배관은 배관용 탄소강관(KS D 3507) 또는 압력배관용 탄소강관(KS D 3562)이나 이와 같은 수준 이상의 강도·내식성 및 내열성을 가진 것으로 할 것

3) **배관의 구경**

① 연소방지설비 전용헤드를 사용하는 경우에는 다음 표에 따른 구경 이상으로 할 것[제8조 1항 3호 가목(2.4.1.3.1)]

[표 6-4-2] 연소방지설비 전용헤드의 관경

살수헤드	1개	2개	3개	4~5개	6개 이상
배관구경(mm)	32	40	50	65	80

 연소방지용 전용헤드

연소방지용 전용헤드는 현재 제품이 없으며 헤드 수량에 대한 관경의 기준이 살수설비 전용헤드와 동일하다. 차이점은 살수설비와 같이 송수구 1개당 헤드 수량의 제한을 하지 않는다.

② 개방형 헤드를 사용하는 경우에는 NFPC 103(스프링클러설비) 별표 1/NFTC 103 표 2.5.3.3의 기준에 따를 것[제8조 1항 3호 나목(2.4.1.3.2)]

→ 연소방지설비는 습식 외의 방식으로 사용하는 설비이므로 개방형 헤드에 대한 규정만 있으며 폐쇄형 헤드에 대한 규정은 없다.

(2) 연소방지설비의 헤드 : 제8조 2항(2.4.2)

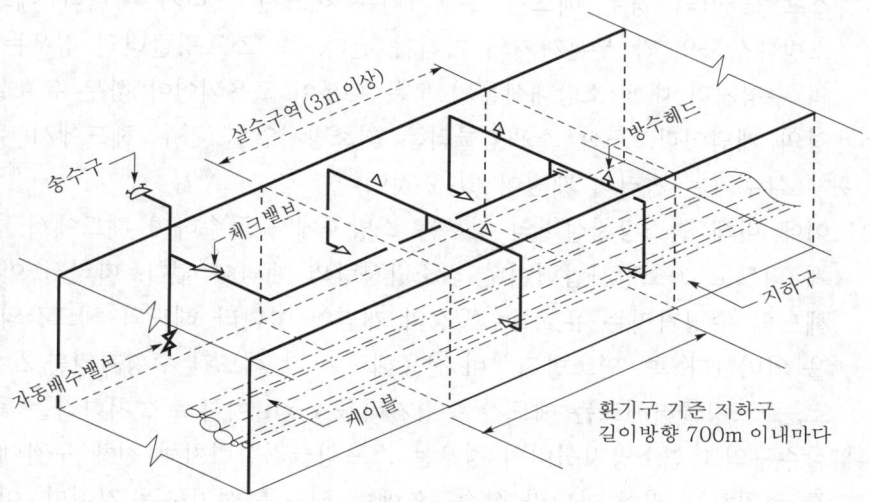

[그림 6-4-1] 연소방지설비의 설치

1) 기준

① 천장 또는 벽면에 설치할 것

② 헤드간의 수평거리는 연소방지설비 전용헤드의 경우에는 2m 이하, 스프링 클러헤드의 경우에는 1.5m 이하로 할 것

③ 소방대원의 출입이 가능한 환기구·작업구마다 지하구의 양쪽방향으로 살수헤드를 설정하되, 한쪽 방향의 살수구역의 길이는 3m 이상으로 할 것. 다만, 환기구 사이의 간격이 700m를 초과할 경우에는 700m 이내마다 살수구역을 설정하되, 지하구의 구조를 고려하여 방화벽을 설치한 경우에는 그렇지 않다.

④ 연소방지설비 전용헤드를 설치할 경우에는 「소화설비용헤드의 성능인증 및 제품검사의 기술기준」에 적합한 살수헤드를 설치할 것

2) 해설

① 헤드위치 : 연소방지설비 헤드는 소화목적이 아니라 살수구역에 수막을 형성하여 케이블이나 전선관 등을 따라 화점에서 다른 장소로 연소가 확대되는 것을 억제하며, 아울러 소방대원이 출입하는 환기구나 작업구를 통해 지하구로 진입시 소화작업을 지원해 주는 일종의 소화활동설비이다. 따라서 헤드는 천장에만 설치하는 것이 아니라 환기구나 작업구의 경우 필요시에는 벽면에도 설치할 수 있다.

chapter

6

용도별 설비

② 헤드간 수평거리

㉮ 스프링클러의 경우 헤드간 수평거리는 헤드간 거리가 아니라 헤드에서 소방대상물의 각 부분까지의 거리가 된다. 즉, 스프링클러의 경우는 헤드의 수평거리 내에 소방대상물의 모든 부분이 포용되어야 하는 유효살수반경의 개념이다. 또한 스프링클러는 최소방사압일 경우 헤드에서 유효하게 살수되는 거리의 개념이 있는 것이다.

㉯ 이에 비해 연소방지설비의 경우는 소방차에서 급수하여 헤드에서 방사하게 되므로 최소방사압력이나 최소방사량의 개념이 없다. 따라서 이 경우 헤드의 수평거리는 유효살수반경의 개념이 아니라 헤드와 헤드간의 간격을 의미한다. 즉, 연소방지설비 전용헤드는 각 헤드간 수평거리를 2m 이하로, 스프링클러헤드는 헤드간 수평거리를 1.5m 이하로 설치하라는 뜻이다.

㉰ 살수구역 : 연소방지설비의 경우는 스프링클러설비처럼 전체 구간에 헤드를 설치하는 것이 아니라 살수구역에만 헤드를 설치하는 것이다. 이때 살수구역은 소방대원이 지하구에 출입할 수 있는 위치인 환기구나 작업구를 중심으로 좌우 3m 이상 설치하도록 한 것이다. 또한 환기구간 거리가 너무 멀 경우, 예를 들면 700m를 초과한다면 환기구가 아닐지라도 지하구 통로에 최소한 700m마다 살수구역을 설치하라는 의미이다. 그러나 방화벽이 중간에 있다면 거리 기준을 완화하여 방화벽으로부터 700m를 계산하여 살수구역을 설치하라는 뜻이다.

㉱ 전용헤드 : 연소방지설비용으로 개발된 전용의 헤드는 없으며 스프링클러헤드가 아닌 경우 연소방지설비용 전용헤드는 살수헤드를 말하며, 이 경우 살수헤드는 연결살수설비용 헤드를 의미한다. 스프링클러헤드는 초기화재에 사용하는 헤드이나, 이에 비해서 살수헤드는 화재가 진행된 이후에 소방차가 도달하여 주수를 하여야 하므로 중기(中期)화재용이다. 그래서 살수설비헤드가 스프링클러헤드보다 더 높은 내열성능을 보유하고 있다. 아울러, 주수밀도도 스프링클러헤드보다 살수헤드가 큰 관계로 수평거리 및 관경을 크게 적용하고 있다. 살수설비 전용헤드는 제조사에서 현재까지 하향형으로 제조하여 출시하고 있으므로, 이 경우 살수전용헤드를 상향형으로 설치하여서는 아니 된다.

(3) 송수구의 기준 : 제8조 3항(2.4.3)

1) 소방차가 쉽게 접근할 수 있는 노출된 장소에 설치하되, 눈에 띄기 쉬운 보도 또는 차도에 설치할 것

> → 송수구는 건축물에 대한 송수가 아니라 지하구에 대한 송수이므로 노출된 장소로 용이하게 식별할 수 있는 보도나 차도에 설치하도록 한 것이다.

2) 송수구는 구경 65mm의 쌍구형으로 할 것

3) 송수구로부터 1m 이내에 살수구역 안내표지를 설치할 것

4) 지면으로부터 높이가 0.5m 이상 1m 이하의 위치에 설치할 것

5) 송수구의 가까운 부분에 자동배수밸브(또는 직경 5mm의 배수공)를 설치할 것. 이 경우 자동배수밸브는 배관 안의 물이 잘 빠질 수 있는 위치에 설치하되, 배수로 인하여 다른 물건 또는 장소에 피해를 주지 않아야 한다.

6) 송수구로부터 주배관에 이르는 연결배관에는 개폐밸브를 설치하지 않을 것

5. 연소방지재

(1) **기준** : 지하구 내에 설치하는 케이블·전선 등에는 다음 기준에 따라 연소방지재를 설치해야 한다. 다만, 케이블·전선 등을 난연성능 이상을 충족하는 것으로 설치한 경우에는 연소방지재를 설치하지 않을 수 있다.

1) **연소방지재의 난연성능** : 제9조 1호(2.5.1.1)

연소방지재는 한국산업표준(KSCIEC 60332−3−24)에서 정한 난연성능 이상의 제품을 사용하되 다음의 기준을 충족할 것

① 시험에 사용되는 연소방지재는 시료(케이블 등)의 아래쪽(점화원으로부터 가까운 쪽)으로부터 30cm 지점부터 부착 또는 설치되어야 한다.

② 시험에 사용되는 시료(케이블 등)의 단면적은 325mm^{2}로 한다.

③ 시험성적서의 유효기간은 발급 후 3년으로 한다.

2) **연소방지재의 설치위치** : 제9조 2호(2.5.1.2)

연소방지재는 다음의 기준에 해당하는 부분에 NFTC 2.5.1.1과 관련된 시험성적서에 명시된 방식으로 시험성적서에 명시된 길이 이상으로 설치하되, 연소방지재간의 설치 간격은 350m를 넘지 않도록 해야 한다.

① 분기구

② 지하구의 인입부 또는 인출부

③ 절연유 순환펌프 등이 설치된 부분

④ 기타 화재발생 위험이 우려되는 부분

chapter

6

용도별 설비

(2) 해설

1) 연소방지재의 난연성능

① 지하구 안에 설치된 케이블·전선 등에는 종전까지는 연소방지용 도료를 도포하도록 하였으며, 다만, 소방법상 내화배선방법으로 설치한 경우와 이와 동등 이상의 내화성능이 있는 경우는 이를 면제하였다. 이후 지하구의 화재안전기준으로 NFPC/NFTC 605가 도입되면서 연소방지도료는 폐지되고 대신 연소방지재를 설치하도록 개정하였다.

② 연소방지재란 시트나 테이프 타입으로 전기에 절연성이 있는 무기화합물 계열의 열가소성수지이다. 국내 출시된 제품은 시트 타입의 경우 화재시 고온에서 화염과 반응하여 소화 캡슐이 자동으로 분사되는 제품으로 케이블 위에 덮어 놓아서 사용할 수 있으며, 제품의 난연기준은 KSCIEC 60332-3-24를 적용한다.

2) 연소방지재의 설치위치

① 연소방지재의 설치위치를 명시하고 있으며 이러한 장소는 케이블 화재나 절연유 화재시 연소의 확산을 막아주는 위치에 해당한다.

② 분기구란 전기, 통신, 상하수도, 난방 등의 공급시설의 일부를 분기하기 위하여 지하구의 단면 또는 형태를 변화시키는 부분을 말한다.

6. 방화벽 : 제10조(2.6)

방화벽은 다음의 기준에 따라 설치하고, 방화벽의 출입문은 항상 닫힌 상태를 유지하거나 자동폐쇄장치에 의하여 화재신호를 받으면 자동으로 닫히는 구조로 해야 한다.

(1) 내화구조로서 홀로 설 수 있는 구조일 것

(2) 방화벽의 출입문은 「건축법 시행령」 제64조에 따른 방화문으로서 60분+방화문 또는 60분 방화문으로 설치할 것

(3) 방화벽을 관통하는 케이블·전선 등에는 국토교통부 고시(「건축자재등 품질인정 및 관리기준」)에 따라 내화채움구조로 마감할 것

(4) 방화벽은 분기구 및 국사(局舍, Central office)·변전소 등의 건축물과 지하구가 연결되는 부위(건축물로부터 20m 이내)에 설치할 것

(5) 자동폐쇄장치를 사용하는 경우에는 「자동폐쇄장치의 성능인증 및 제품검사의 기술기준」에 적합한 것으로 설치할 것

7. 무선통신보조설비 : 제11조(2.7)

무선통신보조설비의 옥외안테나는 방재실 인근과 공동구의 입구 및 연소방지설비의 송수구가 설치된 장소(지상)에 설치해야 한다.

8. 통합감시시설 : 제12조(2.8)

통합감시시설은 다음의 기준에 따라 설치한다.

(1) 소방관서와 지하구의 통제실간에 화재 등 소방활동과 관련된 정보를 상시 교환할 수 있는 정보통신망을 구축할 것

(2) 위의 규정에 따른 정보통신망(무선통신망 포함)은 광케이블 또는 이와 유사한 성능을 가진 선로일 것

(3) 주수신기는 지하구의 통제실에 설치하되, 화재신호, 경보, 발화지점 등 수신기에 표시되는 정보가 NFTC 표 2.8.1.3에 적합한 방식으로 119상황실이 있는 관할 소방관서의 정보통신장치에 표시되도록 할 것

　※ NFTC 표 2.8.1.3(통합감시시설의 구성 표준 프로토콜 정의서)은 관할 소방관서의 정보통신장치에 표시되는 방식이므로 본 교재에서는 기재를 생략함.

chapter

6

용도별 설비

제5절
임시소방시설의 화재안전기준
(NFPC & NFTC 606)

1 제정 배경 및 적용기준 근거

1. 제정 배경

신축공사 등의 공사현장은 준공 이전의 건축물인 관계로 소방관련법상 특정소방대상물이 아니기에 공사 중 화재가 발생하여도 해당 신축현장 등에는 이에 대응하는 소방시설이 없는 실정이다. 그러나 최근 공사현장에서 지속적으로 화재가 발생하여 재산 및 인명피해가 늘어나자 공사현장에도 화재예방을 위한 근본적인 안전대책의 필요성이 대두되었다. 이에 화재위험이 높은 공사현장에 국한하여 준공 이후에는 시설물을 철거할 것을 감안하여 설치 및 철거가 쉬운 최소한의 소방시설 위주로 2015. 1. 8. "임시소방시설의 화재안전기준(NFSC 606)"을 제정하게 되었다.
이후 2022. 12. 1.자로 고시기준인 NFPC(성능기준) 606과 공고기준인 NFTC(기술기준) 606으로 분법화되었다.

2. 임시소방시설의 적용 근거 : 소방시설법 제15조(건설현장의 임시소방시설 설치 및 관리)

(1) 공사시공자는 특정소방대상물의 신축·증축·개축·재축·이전·용도변경·대수선 또는 설비설치 등을 위한 공사현장에서 인화성 물품을 취급하는 작업 등 대통령령으로 정하는 작업(화재위험작업)을 하기 전에 설치 및 철거가 쉬운 임시소방시설을 설치하고 관리하여야 한다.

(2) 위 (1)에도 불구하고 소방공사업자가 화재위험작업 현장에 소방시설 중 임시소방시설과 기능 및 성능이 유사한 것으로서 대통령령으로 정하는 소방시설을 화재안전기준에 맞게 설치 및 관리하고 있는 경우에는 공사시공자가 임시소방시설을 설치하고 관리한 것으로 본다.

(3) 소방본부장 또는 소방서장은 위 (1)이나 (2)에 따라 임시소방시설 또는 소방시설이 설치 및 관리되지 아니할 때에는 해당 공사시공자에게 필요한 조치를 명할 수 있다.

(4) 위 (1)에 따라 임시소방시설을 설치하여야 하는 공사의 종류와 규모, 임시소방시설의 종류 등에 필요한 사항은 대통령령으로 정하고, 임시소방시설의 설치 및 관리기준은 소방청장이 정하여 고시한다.

2 임시소방시설의 개요

1. 설치대상 및 화재위험작업

(1) 임시소방시설 설치대상 : 소방시설법 시행령 별표 8 제2호

1) **소화기** : 화재위험작업 현장

2) **간이소화장치** : 다음의 어느 하나에 해당하는 공사의 화재위험작업 현장에 설치한다.
   ① 연면적 $3,000m^2$ 이상
   ② 지하층, 무창층 또는 4층 이상의 층. 이 경우 해당 층의 바닥면적이 $600m^2$ 이상인 경우만 해당한다.

3) **비상경보장치** : 다음의 어느 하나에 해당하는 공사의 화재위험작업 현장에 설치한다.
   ① 연면적 $400m^2$ 이상
   ② 지하층 또는 무창층, 이 경우 해당 층의 바닥면적이 $150m^2$ 이상인 경우만 해당한다.

4) **가스누설경보기** : 바닥면적이 $150m^2$ 이상인 지하층 또는 무창층의 화재위험작업 현장에 설치한다.

5) **간이피난유도선** : 바닥면적이 $150m^2$ 이상인 지하층 또는 무창층의 화재위험작업 현장에 설치한다.

6) **비상조명등** : 바닥면적이 $150m^2$ 이상인 지하층 또는 무창층의 화재위험작업 현장에 설치한다.

7) **방화포** : 용접·용단 작업이 진행되는 화재위험작업 현장에 설치한다.

(2) **화재위험작업** : 소방시설법 시행령 제18조

임시소방시설을 설치하는 조건인 "인화성(引火性) 물품을 취급하는 작업 등 대통령령으로 정하는 작업(화재위험작업)"이란 다음 각 호의 어느 하나에 해당하는 작업을 말한다.

1) 인화성·가연성·폭발성 물질을 취급하거나 가연성가스를 발생시키는 작업

2) 용접·용단(금속·유리·플라스틱 따위를 녹여서 절단하는 일을 말한다) 등 불꽃을 발생시키거나 화기를 취급하는 작업

3) 전열기구, 가열전선 등 열을 발생시키는 기구를 취급하는 작업

4) 알루미늄, 마그네슘 등을 취급하여 폭발성 부유(浮遊)분진을 발생시킬 수 있는 작업

5) 그 밖에 위 1)부터 4)까지와 비슷한 작업으로 소방청장이 정하여 고시하는 작업

2. 임시소방시설의 종류와 대처시설

(1) **임시소방시설의 종류** : 소방시설법 시행령 별표 8 제1호

1) 소화기

2) **간이소화장치** : 물을 방사하여 화재를 진화할 수 있는 장치로서 소방청장이 정하는 성능을 갖추고 있을 것

> 소방청장이 정하는 성능 : "간이소화장치"란 공사현장에서 화재위험작업시 신속한 화재진압이 가능하도록 물을 방수하는 이동식 또는 고정식 형태의 소화장치를 말한다[NFPC 606(이하 동일) 제3조 2호/NFTC 606(이하 동일) 1.7.1.2].

3) **비상경보장치** : 화재가 발생한 경우 주변에 있는 작업자에게 화재사실을 알릴 수 있는 장치로서 소방청장이 정하는 성능을 갖추고 있을 것

> 소방청장이 정하는 성능 : "비상경보장치"란 화재위험작업 공간 등에서 수동조작에 의해서 화재경보상황을 알려줄 수 있는 설비(비상벨, 사이렌, 휴대용 확성기 등)를 말한다[제3조 4호(1.7.1.4)].

4) 가스누설경보기 : 가연성가스가 누설되거나 발생된 경우 이를 탐지하여 경보하는 장치로 법 제37조에 따른 형식승인 및 제품검사를 받은 것

5) 간이피난유도선 : 화재가 발생한 경우 피난구 방향을 안내할 수 있는 장치로서 소방청장이 정하는 성능을 갖추고 있을 것

> 소방청장이 정하는 성능 : "간이피난유도선"이란 화재위험작업시 작업자의 피난을 유도할 수 있는 케이블 형태의 장치를 말한다[제3조 3호(1.7.1.3)].

6) 비상조명등 : 화재가 발생한 경우 안전하고 원활한 피난활동을 할 수 있도록 자동점등되는 조명장치로서 소방청장이 정하는 성능을 갖추고 있을 것

7) 방화포 : 용접·용단 등의 작업시 발생하는 불티로부터 가연물이 점화되는 것을 방지해 주는 천 또는 불연성 물품으로서 소방청장이 정하는 성능을 갖추고 있을 것

㈜ 4), 6), 7)의 경우 시행일은 2023. 7. 1.부터 시행한다.

(2) 임시소방시설의 대처시설 : 소방시설법 시행령 별표 8 제3호

임시소방시설과 기능 및 성능이 유사한 소방시설로서 다음의 경우는 임시소방시설을 설치한 것으로 본다.

1) 간이소화장치를 설치한 것으로 보는 소방시설 : 소방청장이 정하여 고시하는 기준에 맞는 소화기(연결송수관설비의 방수구 인근에 설치한 경우로 한정한다) 또는 옥내소화전설비

> **소방청장이 정하여 고시한 기준에 맞는 소화기**
>
> "소방청장이 정하여 고시한 기준에 맞는 소화기"란 대형 소화기를 작업지점으로부터 25m 이내 쉽게 보이는 장소에 6개 이상 배치한 경우를 말한다(NFTC 2.5.1).

2) 비상경보장치를 설치한 것으로 보는 소방시설 : 비상방송설비 또는 자동화재탐지설비

3) 간이피난유도선을 설치한 것으로 보는 소방시설 : 피난유도선, 피난구유도등, 통로유도등 또는 비상조명등

chapter

6

용도별 설비

3 임시소방시설의 화재안전기준

"임시소방시설"이란 소방시설법 시행령 별표 8에 해당하는 소방시설로, 공사현장 등에 임시로 설치하는 것이며 설치 및 철거가 쉬운 화재대비시설을 말한다[제3조 1호 (1.7.1.1)].

1. 소화기 : 제5조(2.1.1)

(1) **소화약제** : 소화기의 소화약제는 NFTC 101(소화기구 및 자동소화장치) 표 2.1.1.1에 따른 적응성이 있는 것을 설치할 것

(2) **배치 기준** : 소화기는 각 층마다 능력단위 3단위 이상인 소화기 2개 이상을 설치할 것

(3) **화재위험작업 현장** : 화재위험작업(시행령 제18조 1항)에 해당하는 경우에는 작업종료시까지 작업지점으로부터 5m 이내의 쉽게 보이는 장소에 능력단위 3단위 이상인 소화기 2개 이상과 대형 소화기 1개를 추가 배치할 것

2. 간이소화장치 : 제6조(2.2.1)

(1) **수원의 기준** : 수원은 20분 이상의 소화수를 공급할 수 있는 양을 확보해야 하며, 소화수의 방수압력은 최소 0.1MPa 이상, 방수량은 65*l*/min 이상일 것

(2) **화재위험작업 현장** : 화재위험작업(시행령 제18조 1항)에 해당하는 작업을 하는 경우에는 작업종료시까지 작업지점으로부터 25m 이내에 설치 또는 배치하여 상시 사용이 가능해야 하며 동결방지조치를 할 것

(3) **표지판 설치** : 넘어질 우려가 없어야 하고 손쉽게 사용할 수 있어야 하며, 식별이 용이하도록 "간이소화장치" 표시를 해야 한다.

3. 비상경보장치 : 제7조(2.3.1)

(1) **화재위험작업 현장** : 화재위험작업(시행령 제18조 1항)에 해당하는 작업을 하는 경우에는 작업종료시까지 작업지점으로부터 5m 이내에 설치 또는 배치하여 상시 사용이 가능하도록 할 것

(2) 음량 기준 : 비상경보장치는 화재사실 통보 및 대피를 해당 작업장의 모든 사람이 알 수 있을 정도의 음량을 확보할 것

4. 간이피난유도선 : 제8조(2.4.1)

(1) 점등방식 : 간이피난유도선은 광원점등방식으로 공사장의 출입구까지 설치하고 공사의 작업 중에는 상시 점등되도록 할 것

(2) 설치방법 : 설치위치는 바닥으로부터 높이 1m 이하로 하며, 작업장의 어느 위치에서도 출입구로의 피난방향을 알 수 있는 표시를 할 것

chapter

6

용도별 설비

제6절
전기저장시설의 화재안전기준
(NFPC & NFTC 607)

1 개 요

1. 제정 배경

(1) 에너지저장장치(ESS ; Energy Storage System)를 활용한 전기저장시설의 화재가 전국적으로 지속적으로 발생함에 따라 이에 대한 대책이 소방업계에 큰 문제로 대두되었다. 또한 화재가 발생할 경우 소화작업이 매우 어려운 관계로 소방분야에서는 전기저장시설이나 전기자동차에 대한 소화대책의 연구가 최대의 과제가 되고 있다.

(2) 화재안전기준 제정 이전에 전기저장시설에 소방시설을 적용하려면 먼저 이를 특정소방대상물로 해야 하기에 소방시설법 시행령 별표 2(특정소방대상물)를 2021. 8. 24. 개정하였다. 이에 따르면, 별표 2 제23호 발전시설에 전기저장시설을 포함시켜 소방시설을 설치할 법적 근거를 마련하였다. 이후, 소방청에서는 화재사고 예방 및 피해 확산방지를 위해 전기저장시설의 화재특성과 설치환경을 종합적으로 고려하여 전용의 화재안전기준을 제정한 것이다. 이는 기존의 화재안전기준 외에 전기저장시설만의 화재안전기준을 제정함으로써 관련 소방시설과 안전기준을 강화하여 ESS에 대한 화재방지의 역할을 하고자 함이다.

2. 비상전원의 적용

전기저정시설의 비상전원 적용은 소화설비 전체, 경보설비 전체, 피난구조설비(유도등, 비상조명등), 소화활동설비 전체에 대해 적용이 가능하다.

3. 용어의 정의

(1) 소방법의 경우 : 소방시설법 시행령 별표 2 제23호

전기저장시설이란, 20kWh를 초과하는 리튬·나트륨·레독스플로우 계열의 2차전지를 이용한 전기저장장치의 시설을 말한다.

① 2차전지 : 외부의 전기에너지를 화학에너지의 형태로 바꾸어 저장해 재사용할 수 있
   게 만든 전지로 축전지가 대표적인 2차전지이다. 재사용이 안 되는 건전지가 1차전
   지라면, 충전을 반복하여 재사용이 가능한 축전지는 2차전지에 해당한다.
② 레독스플로우 계열 : 2차전지의 일종으로, 양극의 전해액 및 음극의 전해액으로 구
   성된 전지로서 두 극의 전해액을 구성하고 있는 레독스 쌍(Redox couple)의 전위
   차에 의해 기전력이 발생하고 충전 및 방전이 가능한 2차전지이다.

(2) 화재안전기준의 경우 : NFPC 607(이하 동일) 제3조/NFTC 607(이하 동일) 1.7

1) 전기저장장치

① 기준 : 생산된 전기를 전력계통에 저장했다가 전기가 가장 필요한 시기에 공
   급해 에너지 효율을 높이는 것으로 배터리(2차전지에 한정한다), 배터리관리
   시스템, 전력변환장치 및 에너지관리시스템 등으로 구성되어 발전·송배전·
   일반건축물에서 목적에 따라 단계별 저장이 가능한 장치를 말한다.
② 해설 : 전기저장장치는 생산된 전기를 저장장치(배터리 등)에 저장했다가 전
   력이 필요할 때 공급하여 전력사용 효율을 향상을 하는 장치이다. 전기저장장
   치는 크게 전력저장원(배터리), 전력변환장치, 전력관리시스템으로 구분한다.
   ㉮ 전력저장원인 배터리는 리튬·나트륨·레독스플로우 계열의 2차전지를
      사용한다.
   ㉯ 전력변환장치(PCS ; Power Conversion System)는 직류전원인 배터리
      에 교류를 받아서 직류로 충전하거나, 반대로 사용할 때는 충전된 직류
      를 교류전원으로 변환하여 계통으로 전송하는 전력변환시스템 일체를 말
      한다.
   ㉰ 에너지관리시스템(EMS ; Energy Management System)은 전기를 사용
      하는 수용가의 효율적 에너지 사용목적에 맞게 ESS 및 관련 설비를 최
      적으로 운영하는 제어 프로그램을 말하는 것으로, 일명 전력관리시스템이
      라고도 하며 EMS는 ESS 내 전력의 사용과 공급 상태를 실시간으로 모
      니터링하고 관리해 주는 시스템 일체를 말한다.

chapter

6

용도별 설비

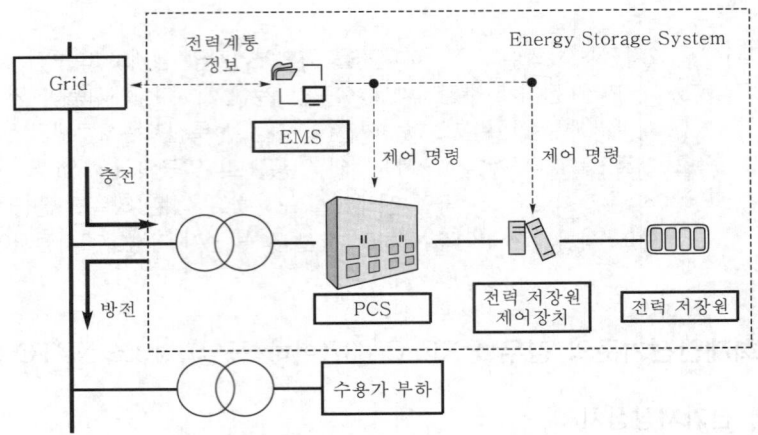

[그림 6-6-1] ESS 기술 구성도

2) **옥외형 전기저장장치 설비** : 컨테이너, 패널 등 전기저장장치 설비 전용 건축물의 형태로 옥외의 구획된 실에 설치된 전기저장장치를 말한다.

3) **옥내형 전기저장장치 설비** : 전기저장장치 설비 전용 건축물이 아닌 건축물의 내부에 설치되는 전기저장장치로 "옥외형 전기저장장치 설비"가 아닌 설비를 말한다.

4) **배터리실** : 전기저장장치 중 배터리를 보관하기 위해 별도로 구획된 실을 말한다.

5) **더블인터락(Double-Interlock)방식** : 준비작동식 스프링클러설비의 작동방식 중 화재감지기와 스프링클러헤드가 모두 작동되는 경우 준비작동식 유수검지장치가 개방되는 방식을 말한다.

② 전기저장시설의 화재안전기준

1. 전기저장시설의 구조 및 성능 기준

(1) 기준

1) **설치장소[제11조(2.7)]** : 전기저장장치는 관할 소방대의 원활한 소방활동을 위해 지면으로부터 지상 22m(전기저장장치가 설치된 전용 건축물의 최상부 끝단까지의 높이) 이내, 지하 9m(전기저장장치가 설치된 바닥면까지의 깊이) 이내로 설치해야 한다.

2) **방화구획[제12조(2.8)]** : 전기저장장치 설치장소의 벽체, 바닥 및 천장은「건축물의 피난·방화구조 등의 기준에 관한 규칙」에 따라 건축물의 다른 부분과 방화구획해야 한다. 다만, 배터리실 외의 장소와 옥외형 전기저장장치 설비는 방화구획하지 않을 수 있다.

3) **화재안전성능[제13조(2.9)]**

① 소방본부장 또는 소방서장은 중앙소방기술심의위원회의 심의를 거쳐 소방청장이 인정하는 시험방법에 따라 NFTC 2.9.2에 따른 시험기관에서 화재안전성능을 인정받은 경우에는 인정받은 성능범위 안에서 NFTC 2.2(스프링클러) 및 2.3(배터리용 소화장치)을 적용하지 않을 수 있다.

② 전기저장시설의 화재안전성능과 관련된 시험은 다음의 시험기관에서 수행할 수 있다(NFTC 2.9.2).

㉮ 한국소방산업기술원

㉯ 한국화재보험협회 부설 방재시험연구원

㉰ NFTC 2.9.1에 따라 소방청장이 인정하는 시험방법으로 화재안전성능을 시험할 수 있는 비영리 국가 공인시험기관(「국가표준기본법」제23조에 따라 한국인정기구로부터 시험기관으로 인정받은 기관을 말한다)

4) **배출설비[제10조(2.6)]** : 배출설비는 다음의 기준에 따라 설치해야 한다.

① 배풍기·배출덕트·후드 등을 이용하여 강제적으로 배출할 것

② 바닥면적 $1m^2$에 시간당 $18m^3$ 이상의 용량을 배출할 것

③ 화재감지기의 감지에 따라 작동할 것

④ 옥외와 면하는 벽체에 설치할 것

(2) 해설

1) **설치장소** : 전기저장시설 화재시 소방대가 출동하여 소화작업을 하는 과정에서 고층이나 심층(深層)일 경우 소화활동이 매우 어려운 문제점이 발생하고 있다. 이에 전기저장시설의 위치를 화재안전기준에서 강제로 제한하는 입법을 하였다. 이는 매우 엄격한 기준으로 지하층은 바닥면에서 측정하고 지상층은 천장면까지 측정하여 지하는 9m~지상은 22m이므로 앞으로는 지하 2층~지상 6층 정도의 범위 내에 전기저장시설을 배치하여야 한다.

2) **방화구획** : 전기저장시설에서 배터리실은 타 부분과 방화구획을 하여야 한다. 이에 따라 건축법상 방화구획 대상이 아닌 소방법령에서 방화구획을 요구하는 것은 비상전원실, 가스계 용기저장실, 감시제어반실 외에 전기저장시설의 배터리실이

chapter

6

용도별 설비

추가되었다. 다만, 전기저장시설에서 배터리실 이외의 장소나 전기저장장치 설비 전용 건축물의 형태로 옥외의 구획된 실에 설치된 전기저장시설에 대해서는 적용하지 않는다.

3) 화재안전성능

① 건물 내 전기저장시설이 있는 경우 소화설비는 스프링클러설비가 대상이며, 옥외에 있는 경우는 화재위험도가 낮으므로 이를 완화하여 배터리용 소화장치를 설치하도록 하였다. 옥외에 있다는 것은, 옥외형 전기저장장치 설비를 말하는 것으로 이는 컨테이너, 패널 등 전기저장장치 설비 전용 건축물의 형태로 옥외의 구획된 실에 설치된 전기저장장치를 말한다.

② 소방청장이 인정하는 시험방법에 따라 시험을 실시하여 화재안전성능을 인정받은 경우는 전기저장시설에 대해 스프링클러설비나 배터리용 소화장치를 설치하지 않을 수 있다. 이 경우 시험방법에 대해서는 중앙소방기술심의위원회의 심의를 거친 후 소방청장의 시험방법에 따라 시험기관에서 화재안전성능을 인정받아야 한다.

4) 배출설비 : 전기저장실에서 발생하는 화재시 유독가스 등의 배출을 위하여 옥외와 면하는 벽체에 화재감지기와 연동되는 배풍기로 배출용량 18CMH로 강제배출을 하여야 한다.

2. 전기저장시설의 소방시설 기준

(1) 소화기 : 제5조(2.1)

소화기는 NFTC 101(소화기구 및 자동소화장치)의 표 2.1.1.3 제2호에 따라 구획된 실마다 추가하여 설치해야 한다.

(2) 스프링클러설비 : 제6조(2.2)

1) 기준 : 스프링클러설비는 다음의 기준에 따라 설치해야 한다. 다만, 배터리실 외의 장소에는 스프링클러헤드를 설치하지 않을 수 있다.

① 스프링클러설비는 습식 스프링클러설비 또는 준비작동식 스프링클러설비(신속한 작동을 위해 "더블인터락"방식은 제외한다)로 설치할 것

② 전기저장장치가 설치된 실의 바닥면적(바닥면적이 $230m^2$ 이상인 경우에는 $230m^2$) $230m^2$에 분당 12.2$l$pm 이상의 수량을 균일하게 30분 이상 방수할 수 있도록 할 것

③ 스프링클러헤드의 방수로 인해 인접 헤드에 미치는 영향을 최소화하기 위하여 스프링클러헤드 사이의 간격을 1.8m 이상 유지할 것. 이 경우 헤드 사이의

최대간격은 스프링클러설비의 소화성능에 영향을 미치지 않는 간격 이내로 해야 한다.

④ 준비작동식 스프링클러설비를 설치할 경우 NFTC 2.4.2에 따른 감지기를 설치할 것

⑤ 스프링클러설비를 30분 이상 작동할 수 있는 비상전원을 갖출 것

⑥ 준비작동식 스프링클러설비의 경우 전기저장장치의 출입구 부근에 수동식 기동장치를 설치할 것

⑦ 소방자동차로부터 전기저장장치 설비에 송수할 수 있는 송수구를 NFTC 103(스프링클러설비) 2.8(송수구)에 따라 설치할 것

2) 해설

① 시스템 적용

㉮ 배터리실의 화재는 화염이 순간적으로 확산하는 형상이기에 신속한 동작을 위하여 습식이나 준비작동식 설비에 한한다. 준비작동식의 경우에도 기동용 감지기와 헤드가 모두 작동되어야 유수검지장치가 개방되는 더블인터락방식(2중 잠금시스템)은 불가하며, 건식의 경우도 배관 내 충전된 압축가스가 모두 배출되어야 하므로 시간지연현상이 발생하여 적용할 수 없다.

㉯ 유수검지장치가 1단계의 동작으로 개방될 경우 이를 싱글인터락이라 하며, 예를 들면 감지기 동작에 따라 유수검지장치 밸브가 개방되는 경우가 해당된다. 이에 비해 더블인터락은 2단계의 동작이 필요하며, 예를 들면 유수검지장치 2차측에 건식설비처럼 압축공기를 충전하고 감지기가 동작하고 아울러 헤드도 개방되어 배관 내 압축공기가 배출되는 2단계가 발생할 경우 유수검지장치가 개방되는 구조이다.

② 살수밀도(Water density) : 제6조(2.2)에 제시된 바닥면적 230m²에 12.2$l$pm 이상의 수량을 균일하게 방사하라는 근거는 NFPA 855(Energy Storage Systems) 2023 edition 4.9.2.1을 참고로 한 것이다. NFPA 855(4.9.2.1)에 따르면, 최대저장에너지가 50kWh인 ESS 장치의 경우 스프링클러설비는 화재 및 폭발테스트를 기반으로 더 낮은 밀도가 승인되지 않는 한 실내면적 또는 설계면적(Design area) 2,500ft²(230m²) 중 작은 값을 기준으로 최소밀도 12.2$l$pm(0.3gpm/ft²)을 사용하여 설계하여야 한다.

③ 헤드간 최소간격(Minimum distance between sprinklers) : 헤드간 최소간격과 최대간격 개념은 NFPA 기준으로 국내에서는 헤드 수평거리로 적용하고 있으나, 전기저장시설에서 처음으로 헤드간 최소간격과 최대간격을 규정하였다. 최소간격 1.8m는 스키핑현상을 방지하기 위해 NFPA 13에서 표준형

chapter

6

용도별 설비

헤드의 경우 6ft(1.8m)인 것을 준용한 것이다. 또한 NFPA 13에서 최대간ㅈ 은 표준형 헤드의 경우 15ft(4.6m)이며 상급위험에서 수리계산에 의한 경우 는 살수밀도에 따라 4.6m나 3.7m를 적용하고 있다. 따라서 화재안전기준ㅇ 서는 구체적인 수치를 적용하지 않고 "소화성능에 영향을 미치지 않는 간ㅈ 이내로 해야 한다."라고 규정하였다.

④ **준비작동식 설비의 경우 감지기 및 수동기동장치** : 준비작동식일 경우 적용하 는 감지기는 공기흡입형 감지기와 아날로그식 연기감지기에 한한다. 이는 오 동작 우려가 낮아 신뢰도가 높으며 연기감지기 특성상 열감지기보다 감지시 간이 단축되어 조기에 감지가 가능하기 때문이다. 또한 수동기동장치(SVP) 는 출입문 부근에 설치하여야 한다.

⑤ **비상전원 용량** : 저층건축물에서 일반적인 비상전원 용량은 20분으로 이는 소방대가 현장에 도착하는 시간을 감안하여 제정한 것이다. 전기저장시설의 경우 비상전원 용량을 30분으로 하였기에 디젤형 발전기를 설치한다면 연료 용량은 최소 30분 이상 운행에 필요한 저유량을 확보하여야 한다.

(3) 배터리용 소화장치 : 제7조(2.3)

다음의 어느 하나에 해당하는 경우에는 NFTC 2.2에도 불구하고 중앙소방기술심 의위원회의 심의를 거쳐 소방청장이 인정하는 시험방법으로 NFTC 2.9.2에 따른 시험기관에서 전기저장장치에 대한 소화성능을 인정받은 배터리용 소화장치를 설 치할 수 있다.

1) 옥외형 전기저장장치 설비가 컨테이너 내부에 설치된 경우

2) 옥외형 전기저장장치 설비가 다른 건축물, 주차장, 공용 도로, 적재된 가연물, 위 험물 등으로부터 30m 이상 떨어진 지역에 설치된 경우

> ① 전기저장시설의 배터리실에 스프링클러설비를 설치하여야 하나, 옥외형일 경우는 이 를 완화하여 소화성능으로 인정받은 배터리용 소화장치를 설치할 수 있다.
> ② 이 경우 소방청장이 인정하는 시험법법이란, 소방청 공고로 「전기저장시설에 설치되 는 배터리용 소화장치의 성능평가 기준」을 2022. 3. 17. 공고(소방청 공고 2022-40 호)하였으며, 동 공고는 옥외형 전기저장장치 설비에 설치되는 배터리용 소화장치의 열폭주(Thermal runaway)진압성능 등을 평가하는 목적으로 적용한다.

(4) 자동화재탐지설비 : 제8조(2.4)

1) 자동화재탐지설비는 NFTC 203(자동화재탐지설비)에 따라 설치해야 한다. 다만, 옥외형 전기저장장치 설비에는 자동화재탐지설비를 설치하지 않을 수 있다.

2) 화재감지기는 다음의 어느 하나에 해당하는 감지기를 설치해야 한다.

① 공기흡입형 감지기 또는 아날로그식 연기감지기 : 감지기의 신호처리방식은 NFTC 203 1.7.2에 따른다.

② 중앙소방기술심의위원회의 심의를 통해 전기저장장치 화재에 적응성이 있다고 인정된 감지기

(5) 자동화재속보설비 : 제9조(2.5)

자동화재속보설비는 NFTC 204(자동화재속보설비)에 따라 설치해야 한다. 다만, 옥외형 전기저장장치 설비에 설치하는 자동화재속보설비는 속보기에 감지기를 직접 연결하는 방식으로 설치할 수 있다.

chapter

6

용도별 설비

Memo

찾·아·보·기

ㅅ

ㅈ

ㅊ

ㅎ

Memo

【저자 약력】

* 남상욱(南相旭) Nam, Sang-Wook

- 고려대학교 전기공학과 졸
- 고려대학교 공과대학원 최고위과정 이수
- (주)윤영방재엔지니어링 회장
- 소방기술사 · 소방시설관리사

(현)방재시험연구원 인증 심의위원
(현)국가기술자격 전문위원
(역임)한국소방시설관리협회 회장
(역임)한국화재소방학회 부회장
(역임)한국소방산업공제조합 이사
(역임)한국소방산업기술원 심의위원
(역임)중앙소방기술위원회 위원

| 수상 |
- 대한민국 훈장(목련장) 수훈(2019.11.8.)
- 국무총리상 수상(2003.11.8.)
- 미래창조과학부장관상 수상(2013.8.8.)
- 서울시장상 수상(2014.11.9.)
- 소방방재청장상 수상(2012.11.9.)
- 한국화재소방학회 기술대상(2013.4.18.)
- 남헌상 수상(2018.11.8.)

소방시설의 설계 및 시공
Design & Construction of Fire Protection Systems

2003. 1. 7. 초 판 4쇄 발행
2024. 1. 3. 8차 개정증보 12판 1쇄 발행

지은이 | 남상욱
펴낸이 | 이종춘
펴낸곳 | **BM** ㈜도서출판 **성안당**

주소
04032 서울시 마포구 양화로 127 첨단빌딩 3층(출판기획 R&D 센터)
10881 경기도 파주시 문발로 112 파주 출판 문화도시(제작 및 물류)

전화
02) 3142-0036
031) 950-6300

팩스 | 031) 955-0510
등록 | 1973. 2. 1. 제406-2005-000046호
출판사 홈페이지 | **www.cyber.co.kr**
ISBN | 978-89-315-2907-4 (13530)
정가 | 73,000원(1 · 2권 SET)

이 책을 만든 사람들
기획 | 최옥현
진행 | 박경희
교정 · 교열 | 김혜린
전산편집 | 오정은
표지 디자인 | 박현정
홍보 | 김계향, 유미나, 정단비, 김주승
국제부 | 이선민, 조혜란
마케팅 | 구본철, 차정욱, 오영일, 나진호, 강호묵
마케팅 지원 | 장상범
제작 | 김유석

www.cyber.co.kr
★★★
성안당 Web 사이트